世界兵器词典

主　编　房立中

副主编　徐建军

天工書局印行

主　　编　　房立中
副 主 编　　徐建军

（以下均以姓氏笔画为序）

编　　撰　　丁白　　　王黎　　　王立国　　　王宝慧坤
　　　　　　王洪武　　王洪福　　王方全　　　王皮兆政祥
　　　　　　叶元树　　乔松楼　　方建勇　　　刘文立中阳
　　　　　　刘登荣　　关节福　　许振华　　　李房立象奎
　　　　　　张惠民　　陈剑卫平　徐建军雷　　席韩
　　　　　　孟光波　　韩诚椿　　韩春胡
　　　　　　郭云英　　程刚　　　曾
　　　　　　蒋俊

审　　稿　　王济生　　车凤翔　　齐跃刚　　　安钢
　　　　　　孙秀德　　李凤翔　　吴宝森　　　何启泰
　　　　　　周世昌　　贺久如　　高连华

插　　图　　余德海　　宋后军　　陈振生　　　赵丁泽

责任编辑　　徐建军

审　　校　　王洪武　　王洪福　　全勇　　　刘政
　　　　　　关节福　　张惠民　　尚虹　　　程刚

前　言

　　本书是为满足全民国防教育和军事工作需要而组织编写的，具有工具书和普及读物的双重作用。全书除兵器的总概念外，共分18大类，每大类又分为若干小类。在各大类和小类的开头，配有相应的兵器综合示意图或结构示意图，在重要的具体兵器条目释文中，插有的该兵器的外形图。全书共收5000多个条目，约170万字，470幅插图。正文前有《兵器起源与发展》一篇专论，正文之后编有兵器发明时间表、兵器发展趋势示意图和兵器分类表。书前设分类目录，书后条目索引。

　　本书初稿由有经验的辞书撰稿人编撰。成稿后分别由国防大学、军事科学院、后勤学院、空军学院、海军后勤研究所、装甲兵工程学院、防化指挥工程学院、军事医学科学院等单位的有关专家审订修改。初步定稿后又由国防大学几位熟悉兵器专业知识的青年教员分别审校，最后由各方面专家审查定稿。

　　中国人民解放军国防大学校长张震上将为本书题签书名。

　　中国人民解放军总参谋长迟浩田上将为本书题辞。

　　中国人民解放军国防大学后勤教研主任、教授孙秀德少将对本书的总体结构及专论、总论部分进行了审定。本书在编写过程中得到了有关领导和同志的关心和帮助，参阅了国内外公开出版的大量资料，吸收了公开报导的兵器研究成果。北京图书馆、军事科学院图书馆、国防大学图书馆、后勤学院图书馆、北京大学图书馆的同志为本书的编撰工作提供了许多方便，给予了热情支持；学苑出版社的同志为本书的编辑做了大量精心细致的工作。在此，我们谨向所有对本书的出版发行给予热情支持和付出辛勤劳动的各位领导和各位同志表示衷心的感谢。

　　《世界兵器博览词典》是关于兵器知识的一部大型工具书。编写类似的词典在国内尚属首次尝试，由于编者水平有限、资料不足、时间仓促，书中疏漏以至谬误之处恐所难免，诚望各方面专家及广大读者批评指正。

凡　例

一、本词典主要收录比较重要的兵器概念和古代及外国的具体兵器条目。

二、全部条目按内容分类编排，首先是兵器的总概念条目，然后将各种兵器按相近的特性归为十八大类。每大类首先列出该类的概念性条目，之后分若干小类分别介绍具体兵器。不便列出具体条目的，则全部采编概念性条目。

三、具体兵器条目一般按国别排列。其顺序一般是：美国、苏联、英国、法国、联邦德国、意大利、瑞典、瑞士、奥地利、比利时，芬兰、西班牙、丹麦、西欧其它各国、南斯拉夫、捷克、东欧其它各国、加拿大、南北美洲其它各国、以色列、南非、澳大利亚、亚洲各国、联合制造、中国。

四、分类中对一些归类有不同意见的，采用一家之说。对其性质兼跨几种类别的具体兵器，取其一种性质归类，一般不重复出现。

五、书后附有条目索引，汉字开头的采用了通用的笔画顺序编排，外文、数字开头的条目编在中文部分之后。

总　目　录

兵器的起源与发展

房立中

　　"兵"字，甲骨文写作"𠬶"；①金文写作"𠦃"、②"𤰇"；③石鼓文写作"𠬞"。④属会意字，表示双手持斤用力挥动之貌。其本义当为作战。其转义和引伸义很多，有的辞书列出九项，即：①器械；②军人；③军队；④防御；⑤守备；⑥战术；⑦战死；⑧战灾；⑨杀戮。加上本义共十个义项。但是从根本上说可归为三类，也是常用的三类。他们是"作战"、"军人"和"武器"。

　　现代考古发现证明，人类最早使用的工具就是石斧。它是人猿揖别的标志，其历史之悠久可以与人类相提并论。它也是人类使用时间最久的和最有效的工具。从旧石器时代到新石器时代，石斧经历了漫长的演变过程。其构造渐趋适用，性能逐步提高。由选择器、打击器发展到磨制器，从手斧发展到带柄石斧。恩格斯说："战争同相邻的几个公社集团同时存在的现象一样是由来已久的"。⑦如果说战争现象与人类历史同样悠久的话，那么石斧就无疑是人类最早的兵器，它的历史也与人类同样悠久。

　　文字是人类发展到一定历史阶段才产生的，是人类文明的主要标志之一。"兵"字的产生能以"斤"作为主要因素来构字，说明"斤"在当时战争中是一种主要武器。从"斤"的字形看，已经不是手斧，而是一种带柄的斧或锛。石斧、石锛属同类兵器，只是刃有横竖之分。在原始社会晚期的出土文物中有石斧与木柄相结合的图形。在现代，菲律宾棉兰老岛上的原始部落里也使用这类木石结构的石斧。"兵"字至少要在石斧发展到这个程度时才有可能产生。与"兵"字结构类似的还有古兵字，写作"𠃔"，还有戒字，写作"𢦑"。分别表示双手执干或执戈，都是作战的意思。如果说战争是阶级社会的产物，那么石斧也应是最早的兵器。

　　中国历代的辞书都从《说文解字》之说把"兵"解为"戎器"、"兵器"或"武器"。历代典籍中也常将"兵"字作武器的含义使用。

　　"兵"字与"器"字结合使用，最早见于《周礼》一书，原文为："掌比其邑之众寡，与其六畜兵器，治其政令"。⑧又见于《六韬》，原文为："简练兵器，刺举非法"。⑨其后，历代典籍屡见"兵器"之说，并与"武器"相通。

　　在现代"兵器"亦称"武器"，从根本属性上说，它是人群之间进行斗争所使用的工具。

　　武器的发展是随着人类社会的发展而发展的，其发展的动力是战争的需要，其发展水平受社会经济和科学技术水平的制约。为满足军事斗争需要，人们通常将一切可能的经济力量和最先进的科学技术用于武器制造方面，因此，武器的水平常常是当时社会生产力的突出标志。与此同时，武器的发展还有自身的一些规律：进攻性武器的发展总与防御装具和设施的发展彼此消长；构造由简到繁；射程由近到远；威力由小到大。

　　武器作为人类进行战争的工具在原始社会已经萌芽。在石器时代，武器与工具合为一体，作则为工，战则为兵。原始器具具有工具与武器的双重作用。直到现代武器与工具也不能完全分离。但是从总体上讲，武器在原始社会后期才从器具中分离出来，成为专用的作战器具——武器。

　　人类最早制造兵器的材料是木、竹、石、陶、皮、骨等材料。无论在中国还是在外国都有许多原始时代的石、陶、骨兵器出土。其形制与以后的武器有着鲜明的渊源关系，反映了它们之间的历史演变过程。石器时代人类经历了数百万年的漫长历史，兵器发展也十分缓慢。从简单的木棍到投矛、竹弹弓和弓箭；石制武器，从石斧、石刀、石矛、石球。发展为石木结合的复合武器，如带柄石斧，带柄石矛等。苏美尔人早在公元前4000年就进入了金石并用时代，公元前21世纪进入了青铜时代；古埃及也于公元前21世纪至公元前18世纪进入了青铜时代。所有这些在传说材料中都有生动的描述，并得到了现代考古成果的充分证实。古埃及主要进攻武器有：短剑、长矛、长斧、圆锤、投石器、飞去来器；防御性武器是盾牌。短剑为防身兵器，长矛是主要搏斗兵器，还有特长矛，由两人共同操用，是一种攻城武器。投矛等投掷器与弓箭属于远程兵器，可以先发制人。弓箭的射程可达150~180米。在中国，传说材料也提到公元前21世纪有了铜兵器。已经出土的大量商代铜兵器，从其数量、形制和规模看都不是初级形态的兵器。山西柳林县的商代武士墓出土的随葬品有：铜盔一件，铜剑一件，铜矛一件，铜钺一件，铜斧一件，铜刀三件，还有铜靴一只及其它铜饰若干。商代妇好墓出土的大量兵器，其中有大小铜钺和戈、刀、镞等，反映了当时兵器发展的水平。两河流域早在公元前4000年就使用了陨铁，现在发现的最早的炼铁炉距今已有3000多年，公元前10世纪——公元前8世纪，一些发达地区就进入了铁器时代。而铁器一出现，首先被应用于军事，开始出现了铁兵器。在中国，春秋时期已有了铁器。据史料记载和考古研究证明，当时还有简易的炼钢技术。湖南长沙杨家山和河北易县燕下都都有钢制兵器出土。

当金属武器出现后，武器的形制也有了发展。有了战车和高级弓——弩机，有了战船和各类攻防器械。马成了重要装备，并能不断通过改良品种和训练使马更加驯服，从而提高了战车的战斗性能。战车本身也得到了不断改进，如关健部位以金属为零件。在出土的商代战车上还装备一片片铜甲板。秦始皇陵出土的铜车有2000多个零件，复杂精美，这虽然是殉葬的艺术品，但也大体上反映了当时战车的技术性能和战斗性能。在西方，古代战车的水平也与此相当，其形制与中国古代战车有所不同。如古希腊广口壶图案中的战车轮很小，战士是立在车上。其他文物上也多见这类战车。在古代亚述帝国和中国的战国后期，骑兵的作用仅次于战车。亚述的骑兵通常两人两马协同作战，一人操纵两匹马，一人专门作战。中国古代的骑兵通常独自操纵马匹并同时作战。在古代印度有"象兵"，每头大象上设一方箱，里面乘四人，分别对前、后、左、右作战。公元前6世纪——公元前3世纪古希腊有了专用战船，并装有连续的甲板。7世纪威尼斯出现的木桡战船长60米，宽达7.5米，每舷各有26~32把长约16米的桨，载400余名水手和士兵。中国秦汉时期的楼船，有楼橹三四层，可容千余人，船上可奔马、驰车，上面配备水兵和各种武器。中国隋代的牙船，"上起楼五层，高百余尺，左右前后置六百竿，并高五十尺，容战士八百人。"在冷兵器时代，兵器不但在材质上、形制上日益改进，在结构上也不断发展。在中国，冷兵器的性能到隋唐时期达到了高峰。如绞车张弓弩，"弓长一丈二尺，径七寸，……一发声如雷。"又有车弩，"车上定十二弩弓，以铁钩绳连，车行轴转，引弩弓，持满弦，牙上箭为七衢，中衢大箭一，镞刃七寸，围五寸，箭杆长三尺，围五寸，以铁为羽。左右各三箭，次于中箭。其牙一发，诸箭齐起，及七百步，所中城垒，无不摧陷，楼橹亦颠坠。"

火药的发明为结束冷兵器时代准备了条件。在中国，于公元10世纪（宋朝初年），人们就较普遍地认识了火药的杀伤威力，并经常用于战争。在宋代出现了突火枪等火器，在中国的西夏时期（公元1038-1227年）制成了世界上最早的管形火器——铜火炮。在中国元明时期出现了各种形制的火器，并与战车结合，造出了"雷火车"、"火柜攻敌车"等。造船技术更为突出，大福船高大如楼，可纳百人，设三层，旁有护板，最上层为露台，借以战斗。至清代中国的兵器发展处于停滞状态。而在同一时期西方的武器却得到了突飞猛进的发展。在西方，13世纪中叶人们才了解到火药的作用，14世纪被应用于战争。在欧洲首先出现了前装滑膛枪，15世纪欧洲出现了炮身和药室一体的青铜炮。17世纪中叶法国造出了燧发枪，并发明了刺刀。与此同时出现轮式火枪和舰炮，滑膛枪取代了长矛，机动炮代替了攻城炮，披盔带甲的骑士时代过去了。

1759年法国发明家尼古拉·寇格洛制作了第一台蒸汽驱动的公路车。1783年，法国造出了第一艘蒸汽船。19世纪30年代，美国制造了第一艘螺旋桨战舰。1780年，出现了人类第一个载人热气球。不久又出现了氢气球。法国出现了第一支"空军"——气球部队，并于1794年参加了费勒鲁斯作战。1900年德国制造出了第一艘飞艇——齐柏林飞艇，并正式装备军事部门。19世纪上半叶，普鲁士的克虏伯公司制造出钢质火炮。1863 年，制造出了第一艘钢壳船。1850 年左右，美国和法国造出了子弹壳。1850 年至 1860 年发明了来福枪和圆锥子弹。1846 年意大利制造出了第一门线膛炮。19 世纪中叶，出现了铁路并用于军事运输。19 世纪末，开始使用野战电话。19 世纪 80 年代，在无烟火药和金属子弹的基础上出现了自动机枪，如"加特林"、"马克沁"和"霍奇基斯"机枪。

1887 年内燃机问世。1908 年美国的福特公司产出 T 型汽车，引起了交通运输业历史性的变革。不久汽车被用于军事运输。1906 年英国与法国同时产出坦克，并用于作战。1911 年 10 月 23 日，飞机首次在战争中使用。意土战争中意大利飞机对土耳其阵地上空进行了侦察，此后进行了轰炸。1912 年英国皇家飞机工厂开始研制军用飞机，同年出现了航空部队。1917 年战斗轰炸机制成并成了地面战斗的参加者。自此，战争从平地扩展到了天空。第一次世界大战就是在这样一个背景下爆发的。参战的几个主要工业国都使用了机械化兵器。但是当时坦克数量少，机械性能差，主要是缺乏必要的速度和行程进行纵深突破。20 世纪初，毒气被用于军事。20 年代生物战剂被用于军事，武器库中又多了化学武器和生物武器。

第二次世界大战爆发后，在战争的刺激下武器的发展水平达到了惊人的程度。出现了火箭筒、无后座力炮、快速坦克、自行防坦克火炮、弹道导弹、战略轰炸机、雷达、电子计算机等。

1939 年德国化学家 O·哈恩和 F·斯特拉斯曼发现了原子核的裂变现象。1945 年美国制造出第一颗原子弹——"3.1"核弹，并于 1945 年 7 月 16 日试爆成功。1945 年 8 月 6 日，美国将名为"小男孩"的核弹投在日本的广岛，9 日又将名为"胖子"的核弹投在日本的长崎。至此，武器的发展实现了第三次历史性的飞跃，进入了一个新的历史时期。继美国之后，苏联、英国、法国、中国、印度相继制造出了原子弹。1953 年 8 月，苏联制造出以固体氘化锂——6 为装料的氢弹。继苏联之后，美国、英国、中国、法国也先后制造出氢弹。1977 年，美国研制出中子弹。到 20 世纪 80 年代止，世界上的核弹头约有 5 万枚。爆炸总当量为 130—160 亿吨，约等于 100 万个"小男孩"核弹。世界上许多政治家、军事家和科学家们都认为这些核武器可以将世界毁灭几次。在核武器发展的同时，其他方面的武器也得到了突飞猛进的发展。先后出现了战略轰炸机、航空母舰、潜艇、导弹等。这些武器在威力方面无法与核武器相比。然而，这些武器与核武器相结合，有如火借风力，风助火势，使武器的效能得到了更充分的发挥，使其破坏性成倍增长。

20 世纪以来，在核武器、化学武器、生物武器大力发展的同时，常规武器也得到迅速发展。陆军武器日益通用化、机动化、装甲化。许多主战坦克采用复合装甲，装有防核、防化、防生物武器装置和计算机火力控制系统。在陆军武器中又增加了战术导弹和战术直升机。海军武器中出现了核动力航空母舰、核潜艇；战略、战术导弹逐渐成为主要的舰载武器；舰载飞机得广泛应用，其种类迅速增多。空军武器的发展主要表现为飞机性能的提高和种类的增加，歼击机的最大速度已超过 3.0 马赫，实用升限超过 2 万米。航程可达 13000 公里。现代军用飞机种类繁多，其中有歼击机、轰炸机、歼击轰炸机、强击机、舰载机、反潜机、侦察机、预警机、电子对抗飞机、空中加油机、运输机、教练机、武装直升机、无人驾驶飞机；从特征来说，又有隐形飞机、地表效应飞机、垂直起降飞机。飞机的性能正向高空、低空和远程方向发展。

与进攻武器对应发展的是防御性武器。当世界上出现了矛以后，接着便是盾的发明。从某种意义上说，世界上的武器只有矛和盾两大类，一切进攻性的武器都是矛的发展，一切防御性的武器都是盾的发展。战争发展到今天，进攻手段和防御手段都超出了武器的范畴。进攻武器从矛发展到导弹及其配套的设施和系统；防御性武器从盾发展到拦截导弹及其配套的设施和系统。还有坦克一类的矛、盾联合体，以至于任何武器都在尽可能地集矛、盾于一身。

防御手段的发展似乎比进攻手段更多样化，但是，它又总是与进攻手段相对应发展的。每当一种进攻手段问世，必然有一种防御手段诞生。从发展趋势看，这两类武器对应发明的间隔越来越小，在现代，往往一种新的进攻武器刚刚试制，与其相应的防御手段的研制也开始紧张地进行了。

防御手段的发展，大致经历了这样一些阶段：从构成来看，从用具到设施，再到系统；从方法上说，从防护、隐蔽到障碍、伪装，再到截击。人类最早的防御用具是盾牌，以后发展为装甲。甲胄是人的装甲，马甲是马的装甲，古代战车有铜甲，现代坦克、军舰及部分飞机有钢甲。装甲从古到今所使用的材料有：皮、木、竹、铜、铁、钢、硬塑料等。与防御用具同步发展的还有伪装之类的防御方法，有迷彩、烟雾、假目标、遮蔽、埋伏及隐形术。配合防护和隐蔽的防御手段还有阻碍措施。这些措施有桩砦、陷井、拒马、水障、火障、地雷、铁丝网及现代的气象武器。拦截导弹及拦截卫星可以称作主动式防御武器，其发展趋势日益与进攻性武器相融合。

武器发展到 20 世纪 80 年代末，已多达数十种、上百类（可参见兵器分类表）。其构造之复杂，耗尽了世界上最优秀的科学家们的精力；其耗费之惊人，可以将人类所创造的一切财富吞没；其威力之可怕，足以使人类毁灭几次。尽管如此，武器的发展至今还没有停止。一批新的武器正在孕育之中，它们是：精密制导武器、定向能武器、声波武器、人工智能武器、气象武器、环境武器等等。

武器是应战争的需要被创造出来的，它又对战争的发展起着推动作用。主要表现为推动战略、战术的发展；推动战争类型与样式的发展；推动战争规模的发展。

武器是科学技术发展的结果，它又有力地刺激着科学技术的发展。

武器是社会财富的结晶，又大量地消耗财富和毁灭财富。

武器是人造的，它可以帮助人类清除前进道路上的障碍，但是，从本质上说它又是杀人的，它给人类带来的是威胁和灾难。

武器在产生初期，杀伤力很低，对人的危害有限。因而，人们对它的约束也有限。当武器发展到高级阶段，当它对人类的生存构成威胁时，人们将以各种形式对它进行约束。由此，推动了军事约章的发展。当火器出现之后，几乎每一种新式武器的采用，都伴随出现一种新的军事约章。

武器作为战争的重要因素，从来都不是孤立存在的，它总是与战争的其他因素一起，互相促进，相互制约，使战争一直保持着人类所能承受的程度。

随着人类文明的进展，随着社会的进步，随着战争的消亡，武器也将逐步实现向工具的复归，而且是更高一级的复归。

注：

① 商承祚：《殷契佚存》一二九片。

② "釁"铭文。（见容庚《金文编》，中华书局 1985 年 7 月第 1 版，第一六〇页。）

③ "古钵"铭文。（见《中文大辞典》第四册，第一〇四页）。

④ 同③。

⑤ 许慎：《说文解字》，中华书局 1963 年 12 月第 1 版，第 59 页。

⑥ 段玉裁：《说文解字注》，上海古籍出版社 1981 年 10 月第一版，第一〇四页。

⑦ 恩格斯：《反杜林论》，马克思恩格斯选集》第 3 卷，人民出版社 1972 年 5 月第 1 版，第 219—220 页。

⑧ 《周礼》地官·司徒下。

⑨ 《六韬》龙韬·王翼。

条 目 目 录

一、冷兵器

1、短兵器

6、器械、用具

二、枪械

1、古近代火枪

2、手枪

目 录

6、枪族

7、榴弹发射器

三、火炮

目录

3、反坦克炮

4、榴弹炮

四、弹药

1、古近代弹药

2、火药、炸药

7、引信

8、火工品

五、地雷、水雷、鱼雷

1、地雷

2、水雷、深水炸弹

六、装甲车、坦克

目录

1、古代战车

2、作战坦克、步兵战斗车

七、军用车辆

1、运输、牵引车辆

2、专用车辆

八、舰船

1.　古近代舰船

2、 航空母舰

3、 战列舰

4、 巡洋舰

5、驱逐舰

目 录

目录

7、　扫雷、布雷舰艇

8、 两栖舰船

9、小型水面作战舰艇

10、潜艇

目 录

11.辅助舰船

九、航天器、浮空器

1、无人航天器

2、载人航天器

3、浮空器

十、军用飞机

1、歼击机、强击机

目 录

2、轰炸机、歼轰机

3、运输机

4、效用机、侦察机、预警机、反潜机

5、教练机、靶机

6、直升机

目 录

十一、火箭

十二、导弹

1、弹道导弹

2. 巡航导弹

3、地对空导弹

4、舰对空导弹

5、空对空导弹

6、空对地导弹

7、反舰导弹

目 录

十三、核武器

1、核航弹

2、导弹弹头

十四、化学武器

十五、生物武器

十六、雷达、声纳

1、雷达

2、声纳

十七、军用仪器、器材、工程机械

目 录

十八、探索性武器

1、定向能武器

2、声波武器

3、军用机器人

4、人工智能武器

5、气象武器

兵　器

【兵器】 亦称武器。人群之间进行武装斗争所使用的器具。狭义的兵器是指直接用于杀伤有生力量和破坏军事设施的器具；广义的兵器凡指直接和间接用于武装斗争的器具，即包括战斗兵器和保障兵器两大部分。

兵器按时代可分为古代兵器、近代兵器、现代兵器、未来兵器；按制造材料可分为木兵器、石兵器、铜兵器、铁兵器、复合金属兵器、非金属兵器；按性质可分为进攻性兵器、防御性兵器；按作用可分为战斗兵器、辅助兵器；按能源可分为冷兵器、火药兵器、核兵器、化学兵器、生物兵器、激光兵器、粒子束兵器、声波兵器；按原理可分为打击兵器、劈刺兵器、弹射兵器、爆炸兵器、射击兵器、毒害性兵器、传染性兵器、定向能兵器、动能兵器；按杀伤能力可分为常规兵器、非常规兵器；按作战任务可分为战略兵器、战役战斗兵器；按使用空间可分为地面兵器、水域兵器、空中兵器、太空兵器；按军种可分为陆军兵器、海军兵器、空军兵器、导弹部队兵器；按操作人数量可分为单兵兵器、兵组兵器；按用途可分为压制兵器、反坦克兵器、防空兵器、反舰艇兵器、反卫星兵器；按重量可分为轻兵器、重兵器，等等。

【战斗兵器】 直接用于杀伤敌人的兵器。主要包括：冷兵器、枪械、火炮、火箭、导弹、弹药、爆破器材、战斗车辆、作战舰艇、作战飞机等等。化学武器、生物武器、核武器也属于战斗兵器。

【辅助兵器】 辅助战斗兵器实施实现杀伤功能兵能。主要包括：通信器材、侦察探测器材、雷达、声纳、电子对抗装备、情报处理设备、军用电子计算机、野战工程机械、渡河器材、三防装备、勤务舰船、辅助飞机、军用车辆及伪装器材等。

【古代兵器】 在古代人们所制造和使用的武器。主要包括：刀、剑等短兵器；戈、矛等长兵器和弓、弩等抛射兵器。及其它各种兵器。

【近代兵器】 在近代人们所制造和使用的武器。主要包括：一部分冷兵器、旧式管形火器、战斗舰船等。

【现代武器】 现实实用的和库存的武器。主要包括：枪械、火炮、导弹、飞机、舰船、生物武器、化学武器、核武器等。

【未来武器】 亦称"意向性武器"。是在未来可能实现的武器。主要指：定向能武器、动能武器、人工智能武器以及基因武器等。

【进攻性兵器】 用于杀伤敌人的兵器。主要有打击兵器、劈刺兵器、弹射兵器、爆炸兵器、射击兵器等。进攻性兵器的典型代表是矛，历史上一切进攻性兵器都是矛的发展。进攻性兵器的主要作用是杀伤敌人，同时也有一定的防御作用。

【防御性兵器】 用于保护自己以防止被敌人杀伤的兵器。主要有：卫体兵器、防护兵器等，其典型代表是盾牌。防御性兵器的主要作用是防御敌人杀伤。

【合体兵器】 集进攻性与防御性为一身的兵器。主要包括各类装甲兵器，其典型代表是坦克。具有进攻和防御的双重作用。

【地面武器】 在地面使用的武器。主要包括坦克及其他装甲战车、地面火炮及枪械、陆基导弹等。

【水域武器】 在水域使用的武器。主要指各类舰船，如水面舰艇、潜艇及其他辅助舰船。同时也包括水雷、鱼雷、深水炸弹及舰船上装备的各种武器，如飞机、火炮、导弹等。

【空中武器】 在空中使用的武器。主要指各类作战飞机，如歼击机、强击机、轰炸机、运输机等。同时也指飞机上装备的武器，如导弹、航炮、航弹等。

【太空武器】 在太空使用的武器。主要指各类航天器，如航天飞机、卫星、航天站等。也包括航天器携带的各种武器。

【金属武器】 以金属为主要材料制造的武器。这些材料主要有钢、铁等黑色金属和铜、铝等有色金属及钨、锰、钛等稀有金属。金属武器有许多优点，但容易遭到现代探测技术的跟踪和现代制导武器的袭击。

【非金属武器】 以非金属材料制成的武器。这些材料主要有：碳素、环氧物、玻璃钢、特殊陶磁和碳塑材料等。非金属材料可以避开红外、雷达和声波的侦察，隐蔽性好。该类武器抗弹能力强，战术性能好。此外还有重量轻，耗能少，耐磨损，易修理等优点。

【投射武器】 投掷和抛射弹药的设备。如火箭定向管、导弹发射架、鱼雷发射管、火箭布雷器等。

【射击武器】 利用火药燃烧产生的气体能量，把弹药从枪、炮膛内发射出的武器。

【自动武器】 靠发射时火药产生的气体能量或其他能量，自行退壳、装弹和连续射击的武器。它用专门的弹匣或弹链供弹。其战斗性能特点是：射速高，射击威力大，机动性强，火力密度大。按其自动程度不同，可分为全自动武器和半自动武器。前者开始射击后，发射动作就自动连续地进行，直至供弹具内的子弹发射完毕或停扣扳机为止，如冲锋枪和机枪等。后者只能自动完成退壳、装弹动作，若要连续射击，则须松开手指再次扣压扳机，如多数手枪和阻击步枪等。自动武器按其战斗性能不同可分为：自动手枪、冲锋枪和突击步枪，自动步枪和卡宾枪，机枪和机关炮。自动武器出现于 19 世纪下半叶，在第二次世界大战中得到广泛使用，为现代军队所普遍装备。

【自行武器】 自身装有动力和行驶装置的武器。主要包括：自行火炮、自行导弹等。

【可控武器】 弹头向目标运动过程中可以进行控制的武器。主要有：导弹、制导炮弹、制导鱼雷等。

【精确制导武器】 采用高精度制导系统，直接命中概率很高的武器。主要包括导弹、制导炮弹和制导炸弹等。通常采用非核弹头，用于打击坦克、装甲车、飞机、舰艇、雷达、指挥控制通信中心、桥梁、武器库等点目标。

精确制导的方式主要有：有线指令制导、电视制导、红外制导、激光制导和微波雷达制导等。对于射程较远的精确制导武器，通常采用复合制导，即先用精度较低的制导系统把武器引导到目标附近，然后用高精度末端制导系统引向目标。

【盲射武器】 不需外界进行任何干预即能自寻目标的精密制导弹药。装有电脑，用以发现和确认目标，并自动制导命中目标。如辅以其他制导手段，可以全天候使用，并可在对方直接火力射程以外发射。具有射程远、命中率高等特点。

【无声武器】 射击声微弱或人耳一般听不到声音的轻武器。主要包括供侦察兵、特工人员和游击队员使用的微声手枪、步枪、冲锋枪。无声武器通常是以装在普通枪管上的消声器消声的。有的无声武器以橡胶缓冲器消声。

【常规武器】 战斗使用中不能大规模杀伤有生力量，且不属于大规模杀伤破坏性武器范围的各种武器。常规武器包括各种射击武器、反推力武器、火箭武器、轰炸性武器、地雷爆炸性武器、喷火燃烧武器、鱼雷武器等。其直接杀伤手段均系装填的炸药或燃烧剂。此外还包括冷兵器。"常规武器"这一术语出现于 20 世纪 50 年代，即军队装备导弹核武器的时期。在大规模杀伤破坏性武器出现以前，常规武器是武装斗争的主要工具。在不使用核武器的战争中，常规武器依然是杀伤敌人的基本手段；在核战争中，有许多作战任务也宜于用常规武器去完成。

【非常规武器】 亦称"大规模杀伤破坏性武器"。杀伤力和破坏力超出常规的武器。主要包括：核武器、化学武器、生物武器、定向能武器、动能武器、气象武器等。

【战略武器】 在战争中遂行战略任务的各种导弹核武器、技术兵器、指挥和保障系统。根据用途不同，通常分为战略进攻武器和战略防御武器。进攻性战略武器由洲际导弹系统、导弹核潜艇、装备有空对地导弹和航空炸弹的战略轰炸机等组成。防御性战略武器，由毁伤战略导弹和其他空中目标的防空导弹及反导弹系统、对空防御兵器、搜索和预警系统等组成。

【战术武器】 直接用于战斗行动或支援战斗行动的武器。主要包括枪械、火炮、战斗机、普通舰船及中小射程的导弹等。

【步兵武器】 以装备步兵为主的各种武器。如步枪、冲锋枪、机枪、手榴弹、火箭筒、单兵火箭、轻型火炮和反坦克导弹、肩射防空导弹等。

【装甲坦克武器】 装在装甲车或坦克车辆上的杀伤兵器。包括：火炮、导弹和火箭弹发射装置、机枪、枪弹、炮弹、导弹、火箭弹等杀伤兵器。以及瞄准镜、稳定器、瞄准操纵装置、导弹制导系统、测距仪、计算机、传感器等辅助设备。

【舰艇武器】 装在舰艇上的各种武器。主要包括：枪械、火炮、鱼雷、导弹、水雷、深水炸弹等。导弹有从潜艇上发射的弹道导弹，有从潜艇或水面舰艇上发射的巡航导弹，有从水面舰艇上发射的防空导弹。鱼雷用以打击水域目标，有潜艇鱼雷和水面舰艇鱼雷。火炮用以打击水面、空中和岸上目标，有高射炮、平射炮和高平两用炮。水雷是水面布雷艇和布雷潜艇的主要武器，其他舰艇也备有必要的水雷，用于布设水雷障碍。深水炸弹主要配备在反潜舰艇和反潜舰艇上的反潜飞机上，用以摧毁潜艇。

【航空武器】 装在飞行器上的武器。按其性能特点可分为：火箭武器，包括火箭、导弹等；射击武器，包括机关枪、弹药等；轰炸武器，包括炸弹、集束炸弹、炸弹箱、地雷、鱼雷、火箭鱼雷等；特种武器，包括核弹、核火箭、化学炸弹和化学杀伤器、纵火器以及其他特种用途的兵器等。

【轻武器】 可由人员携行和骡马驮载的身

管武器。包括枪械（重型高射机枪除外）、口径不大于 100 毫米的迫击炮和无坐力炮、反坦克火箭筒、枪榴弹发射器等。其有效射程一般在 1000 米以内，主要用于在近战中杀伤敌有生力量，毁伤敌装甲目标，压制野战火力点，以及射击低空的飞机和伞兵。轻武器结构简单，重量轻，可靠性和机动性好，便于操作与维修，适于在各种地形和气候条件下使用，是步兵的主要武器。

【重武器】　需要用车辆装载、牵引实施运动的或自行的武器。重武器按其性能特点的不同可分为：支援武器，如重机枪、火箭筒、无后坐力炮、高射炮、反坦克火炮及导弹等；压制武器，如迫击炮、加农炮、榴弹炮及火箭炮等；突击武器，如坦克、装甲车及自行炮等。重武器是军队武器装备中的骨干兵器。

【压制武器】　执行压制任务的武器。主要用于压制和毁伤地面集群目标、炮兵和导弹发射阵地。包括地面压制火炮、地地导弹、强击机、轰炸机等。

【反坦克武器】　用以摧毁敌人坦克和其他装甲目标的各种武器及其辅助器具。包括：反坦克火箭筒和其他反坦克近战兵器、反坦克炮和无坐力炮、反坦克导弹综合系统、反坦克航空炸弹、装有反坦克地雷的炸弹箱、反坦克航空火箭和反坦克地雷等。

【空袭兵器】　用于从空中袭击地面和水面目标的兵器。主要包括：轰炸机、歼击轰炸机、强击机、武装直升机和某些导弹。

【防空武器】　主要用于歼灭空中目标的武器。如高射机关枪、高射炮、地空导弹、歼击机等。

【教练武器】　用于训练的专门武器和废旧武器。采用教练武器训练，是预防事故、减缓战斗武器磨损和老化的一项重要措施。教练武器按其性质不同，可分为教练枪、教练炮、教练弹、教练机、教练舰等。按训练用途不同，可分为非解剖式教练武器和解剖式教练武器。

【模拟武器】　运用激光、影视和机械手段模拟真实兵器进行训练的器材。这种器材，在不改变原有的射击训练规则情况下，能够模拟实弹射击时的发射、命中以及弹着点偏差等真实情况，检查射手的射击基本技能。

一、冷兵器

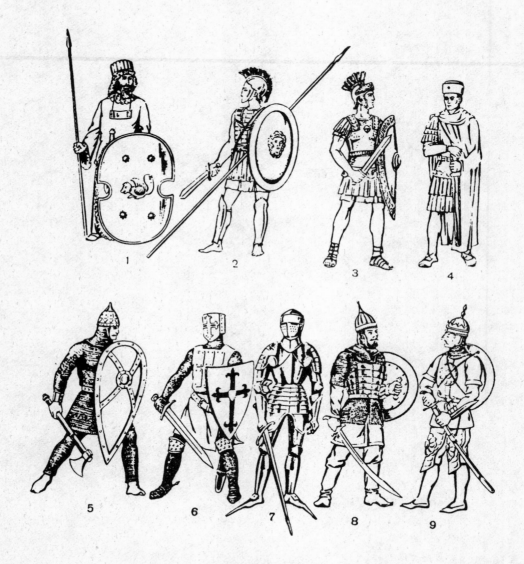

图 1—1　各时期战用护具和冷兵器

1.亚西利亚的长矛兵（公元前 8—7 世纪）　2.重武装的古希腊步兵—甲兵（4 世纪至新世纪）　3.罗马士兵（2
世纪至新世纪）　4.拜占庭士兵（6—7 世纪）　5.古代俄罗斯卫兵（10—11 世纪）　6.条顿骑士（11—12 世纪）
7.西欧骑士（14—15 世纪）　8.俄罗斯士兵（14—15 世纪）　9.蒙古时代的士兵（16 世纪初）

图 1-2　各时期战用护具和冷兵器

10. 瑞典胸甲骑兵（17世纪初叶）　11. 萨克森胸甲骑兵（17世纪末-18世纪初）　12. 波兰胸甲骑兵（18世纪初）　13. 俄罗斯胸甲骑兵（18世纪末）　14. 法国胸甲骑兵（19世纪初）

【冷兵器】　　一般指不利用火药、炸药等热能打击系统、热动力机械系统和现代技术杀伤手段，在战斗中直接杀伤敌人，保护自己的武器装备。广义的冷兵器则指冷兵器时代所有的作战装备。冷兵器按材质可分为石、骨、蚌、竹、木、皮革、青铜、钢铁等种；按用途可分为进攻性兵器和防护装具，进攻性兵器中又可分为格斗、远射和卫体三类；按作战使用可分为步战兵器、车战兵器、骑战兵器、水战兵器和攻守城器械等；按结构形制可分为短兵器、长兵器、抛射兵器、系兵器、护体装具、器械、兵车、战船等。应指出，许多冷兵器是复合材料制成兼有两种以上的用途、性质的。一般以其主要材料和用途、性质划分类别。

冷兵器出现于人类社会发展的早期，由耕作、守猎等劳动工具演变而成，随着战争和社会生产水平的发展，经历了由低级到高级，由单一到多样，由庞杂到统一的发展完善过程。世界各国、各地区冷兵器的发展过程各有特点，但基本上可归结为石木兵器时代、铜兵器时代、铁兵器时代和冷兵器与火器并用时代。其中石木兵器时代延续的时间最长，铜兵器时代和铁兵器时代是冷兵器的鼎盛时代，冷兵器与火器并用时代是冷兵器逐渐衰落的时代。但随着科学技术的发展，冷兵器更为精良，使用更为合理。冷兵器的性能，基本上都是以近战杀伤为主，在冷兵器时代，兵器只有量的提高，没有

质的突变。火器时代开始后，冷兵器已不是作战的主要兵器，但由于它的特殊作用以及在各国、各地区的发展进程不同，冷兵器一直延用至今。

【石器】　　用石头制作的工具或兵器。主要是指锋刃器。旧石器时代使用打制石器，新石器时代流行磨制石器，也使用一定数量的打制石器。石器在青铜器时代仍继续使用，到铁器时代才被工具所代替。石器时代是兵器与工具合一的时代，一般石器均有兵工双重作用，至原始时代后期兵器才从工具中分离出来。石器是兵器之源。

【石片石器】　　指从石块上打下的石片经过加工而成的石器。如刮削器、尖状器等。通常具有兵器和工具双重作用。是旧石器时代人类生产和作战的主要器具。

【打制石器】　　利用石块打制的石核或石片，加工成一定形状的石器。种类有砍砸器、刮削器、尖状器等。是旧石器时代的主要工具或兵器。

【磨制石器】　　指表面磨光的石器。先将石材打成或琢成适当形状，然后在砥石上研磨加工而成。种类很多，常见的有斧、锛、凿、刀、镰、镞等。中石器时代开始出现局部磨光的石器，新石器时代广泛使用通体磨光石器，到了铜器时代仍继续使用。兼有兵器与工具双重职能。

【石兵器】　　古代人们用自然石料磨制成的武器。是冷兵器的一种。它是从石工具转化而来，

开始制作比较粗糙、简单，到夏代制作比较精良，种类也较多，比如石刀、石铲、石镞、石矛、石戈等。由于那时生产力发展缓慢，其使用的年代较长，直到铜兵器盛行的时代，仍然夹杂使用，后因铜兵器兴起并取得进展后，才基本消亡。

【铜兵器】 古代用铜铸造的武器，是冷兵器的一种，盛行于商、周、春秋时期。它是随着制陶、冶炼技术的提高，先由红铜兵器发展为青铜兵器的。青铜是铜、锡、铅三种金属元素的合金。在冶铸青铜兵器时，合金随着含锡量的增加，熔点逐渐降低，而硬度却相应增高，根据化验，商代的青铜刀含铜约百分之八十，含锡、铅约百分之十五；戈含铜约百分之八十，含锡，铅约百分之二十；镞的含铜量在刀戈之间。除了铜、锡、铅之外，还含有铁、银、矽酸质及其它微量元素。青铜兵器的制造工艺精巧，外表雕饰、镶嵌着各种美丽的花纹，有的兵器上还铸有铭文。据古籍记载和考古出土文物证明，在中国长城以北，长江中下游以及山东、陕西等地铜兵器都很盛行。进攻性铜兵器如铜戈、铜矛、铜刀、铜戟等，防护兵器如铜盔甲等。形制和工艺水平也不断发展完善。直到铁兵器出现并发展后，铜兵器被铁兵器所取代。

【铁兵器】 古代利用钢铁铸造的武器，是冷兵器的一种。始于春秋末期，盛行于战国以至火器发明的漫长时期。主要包括铁剑、铁杖、铁锥、铁鞭、铁锏、铁枪等。随着炼钢术的不断进步，铁兵器的质量和形制及种类也不断发展、完善，其形状逐渐趋于统一和定型，但性能仍没脱离近战的以直接杀伤为主的范围。铁兵器直到火器出现并发展后才逐渐消亡。

【长兵器】 古代较长的手持格斗兵器的统称。长兵器的称谓是与较短的手持格斗兵器比较而言的。古代长兵器与短兵器的划分没有严格的尺寸标准，一般将等于身长或超过身长，多用双手操持的冷兵器列为长兵器。

【短兵器】 古代较短的手持格斗兵器的统称。短兵器的称谓是与较长的手持格斗兵器比较而言的。古代长兵器与短兵器的划分，没有严格的尺寸标准，一般将不及身长，多以单手操持格斗的冷兵器列为短兵器。

【抛射兵器】 利用物体惯性，在空中独立飞行一段距离后杀伤敌人的冷兵器。抛射兵器种类繁多，按赋予飞行动力的形式可划分为手抛兵器、抛掷器械和弹射器械。抛射兵器源于在原始社会用于狩猎的石块、木棒等。后出现了将树枝弯曲用绳索绷紧的弓。随着劳动和战争实践的发展，出现了金属手抛兵器和较为复杂的抛掷、弹射器械。射击武器出现后，抛射兵器作用逐渐下降，现已成为狩猎，体育和特种用具。

抛射兵器利用人的臂力、重力、木头的弹力、卷起或拉长的纤维的弹力投掷各种弹丸以杀伤敌人有生力量和摧毁其防御工事。常用的有：投掷镖、狼牙棰、飞镖、投石带、投矛器、弓、弩、希腊纵火剂、投掷机、弓箭、自射器、镖枪、短投枪、德里德矛和投射机。

【系兵器】 古代系以绳索，抛放打击敌人后可以收回的兵器。系兵器按杀伤方式分为打击、钩割、捆缚等类型。打击、钩割类系兵器中国古代又称为"弋兵"，捆缚类系兵器一般称为"袭索"。系兵器是抛射兵器与长、短兵器的结合，具有独特的作用。这种兵器不算军队主要武器，往往用于特定人员和任务。

【卫体装具】 对古代直接用于防护人（马）体，免遭敌人兵器伤害的装具和器械的总称。它可分为附着人（马）体的防护装具和手持防护器械两大类。人（马）体防护装具包括头盔和铠甲。铠甲又有人体和各部位防护甲之分，如面甲、颈甲、胸甲、护手、甲裙等等。手持防护器械在古代各国一般均选用盾牌。卫体装备按制作材料区分可分为木、竹、藤、革、金属等类型；按作用可分为单纯防御型和攻守结合型（如喷火盾牌）两类。

【戎】 中国古代对兵器的总称。如弓、殳、矛、戈、戟称五戎。《礼记·王制》："戎器不粥于市。"郑玄注："戎器，军器也。"

【五兵】 中国西周和春秋时期军队配置的一组兵器的合称。关于五兵的记载，最早见于《左传》昭公二十七年（公元前515年），楚国的子恶清令尹子常，曾"取五甲五兵……帷诸门左"。五兵又有车兵五兵与步兵五兵之分。据《考工记·庐人》记载，车兵五兵为戈、殳、戟、酋矛、夷矛；这五种兵器都插放在战车的车舆上，供甲士在作战中使用。步兵五兵，据《周礼·夏官·司右》郑玄注所引《司马法》文记载，包括弓矢、殳、矛、戈、戟。它是当时步兵的一个基本编制单位——伍的兵器装备。当时认为，步兵的这五种杀伤方式和杀伤距离各不相同的兵器所构成的梯次配置的组合体，可以充分发扬多种兵器协同的威力，即《司马法》所阐明的"兵惟杂"，"兵不杂则不利"的原则。

战国以后，由于兵器的品种增多，五兵的含义日见其滥，如《穀梁传》庄公二十五年注认为，五兵是"矛、戟、钺、楯、弓矢"；杜佑《通典》及肖吉《五行大义》引《周书》所述之五兵是"弓、戟、矛、剑、楯"。由此五兵一词也渐渐流为对兵器的泛称。

【十八般兵器】　中国民间对古代兵器的泛称。源于"十八般武艺"之说。十八般武艺是指使用兵器的技艺，由于多是兵器名称，久之，便演化出"十八般兵器"一说，其具体说法有八、九种之多，较为常见的有两种，一种是指刀、枪、剑、戟、棍、棒、槊、镜、斧、钺、铲、钯、鞭、锏、锤、叉、戈、矛十八般。另一种说法，出于明代谢肇淛《五杂组》和朱国桢《涌幢小品》中，是指弓、弩、枪、刀、矛、剑、盾、斧、钺、戟、鞭、锏、挝、殳、叉、爬头、绵绳、白打。前17种是兵器名称，第18种是徒手拳术。

【古代作战器械】　古代用于作战工程保障的器材的统称。按尺寸可分为大型、中型、小型器械；按作用可分为攻击型、防守型、机动保障型、维修保障型等；按使用范围可分为步骑战阵器械、攻守城器械、水战器械，车战器械等。

【诃罗摩迦】　印度古籍记载的一些尖端锋利的劈刺武器。其中有：(1) 铄积底，有4臂长，金属制的手执武器；(2) 帕罗斯，24安古尔（1安古尔相当于1英寸）长的双柄铁制武器；(3) 恭特，长约7臂，或6臂，或5臂的标枪；(4) 哈特迦，三角矛；(5) 米底帕拉，巨型标枪；(6) 首罗，尖角矛；(7) 达摩罗，前端如箭形，长4臂，或4臂半，或5臂的木棍；(8) 猪耳，顶端如猪耳形，锋利的木棍；(9) 迦那那，铁制武器，两端各有三角，长有20、22、24安古尔，中间有双柄；(10) 迦罗帕那，手中投掷物，即矛，重量分别为7、8、9迦尔沙（1迦尔沙等于16克），可投出一百驮努沙（1驮努沙即1弓的长度）；(11) 特拉悉迦，尖端锋利的铁制武器。

1、　短兵器

【砍砸器】　石器时代的工具或兵器，形状不固定。将砾石或石核边缘打成厚刃，用以砍砸。常见于旧石器时代和新石器时代的遗址中。

【刀】　古代砍杀兵器。原始人用石、骨等材料制造，以后逐步出现铜刀、铁刀、钢刀。盛行于

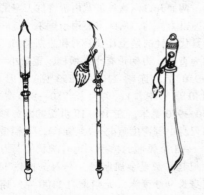

图 1-3

从左至右：《武经总要》中的掉刀、屈刀、手刀

中国汉代。主要分为长刀和短刀两类。史书记载中国宋代通用八种刀，明代使用的主要有长刀、短刀，钩镰刀。偃月刀等。西方一些地区和国家及印度、波斯古代的刀与中国古代的刀在形制上有显著差别。

【石刀】　石头打磨制成的刀。人类史前时代已有石刀。在中国周口店旧石器时期遗址中发现了许多长方形、椭圆形、菱形、三角形的石刀。所用的石料以石英石和砂岩为主，也有少量的燧石和水晶，还有用鹿骨和其它动物腿骨打制成的骨刀，锋刃都很锐利。这些早期的石刀、骨刀既是劳动工具，也是随身携带的武器。到了传说的黄帝时代，石刀被称为"玉兵"。许多仪仗用的武器，都是用珍贵的玉石磨制成的，上面雕刻着精美的花纹图案。

【环柄刀】　中国汉代通用的战刀，又称环首刀。直背直刃，刀背较厚，刀柄扁圆环状，所以称为环柄刀、环首刀。两汉时代刀的长度多在一米左右，1957——1958年洛阳西郊西汉墓中出土大量环柄刀，长度从85至114厘米不等。后来普遍加长到一米以上。长沙东汉墓出土的刀，有的达128.5厘米。

【阮家刀】　中国汉代著名制刀工匠阮师所

制的刀。据说阮师作刀"受法于宝青之虚以水火之齐，五精之陶，用阴阳之侯，取刚柔之和"，三年造刀1770口。制成后，阮师已经精衰力竭，双目竟然失明。这种宝刀"平口狭刃，方口洪首，截轻微无丝发之际，斫坚刚无变动之异"。名闻海内，"百金求之不得"。

【宿铁刀】 中国北齐时期采用灌钢法所造的著名钢刀。中国晋代已创造了用生铁与熟铁合炼成钢的灌钢法。北齐綦母怀文发展了灌钢法，造出著名的宿铁刀。其法，"烧生铁精以重柔铤，数宿则成钢。以柔铁为刀脊，浴以五牲之溺，淬以五牲之脂"。这是一种和铸铁脱碳、生铁炒炼不同的新的制钢工艺。先把生铁熔化，浇灌到熟铁上；使碳渗入熟铁，增加熟铁的含碳量，然后分别用牲尿和牲脂淬火成钢。牲畜尿中含有盐分，淬火时比水冷却快，淬火后的钢质坚硬；用牲畜脂肪淬火时冷却慢，因此钢质柔韧。经过这两种淬火剂处理后，钢质柔韧，刀刃刚柔兼得，可以"斩甲过三十扎"。

【阿拉伯弯刀】 一种曲线形的刀。因为古代阿拉伯穆斯林惯常制造和使用而得名。刀身狭窄，弯度较大，长3——4英尺，刀身上有一道较深的凹痕。其特点是弯度大，韧性和硬度好，刀刃极为锋利。古代大马士革和托莱多的军械工匠因制作优质的阿拉伯弯刀而闻名于世。

【俄式军刀】 由刀身、刀柄（不带护手盘）和刀鞘组成。最早装备俄国非正规骑兵的军刀是高加索式军刀，刀身稍弯曲（弯度约30毫米），凸面为刀刃，前端（战斗部分）为双刃，刀长700——900毫米，宽约40毫米，带鞘重约1.2公斤。俄式军刀（1834与1842年式龙骑兵军刀，1868年式炮兵军刀）在刀鞘和刀柄的构造上不同

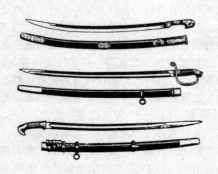

图1-4 军刀
上—亚洲高加索式军刀 下—1909年式军官军刀

于高加索式军刀。1881年Г.Л.戈尔洛夫中将设计的6种军刀装备了俄国骑兵和骑兵炮兵。苏军装备

的军刀是1881年式和1927年式的军刀。取消骑兵和骑兵炮兵以后，就不再佩用军刀（从50年代中期起，仅用作阅兵武器）。1940年规定合成军队将军和炮兵将军佩带的阅兵军刀，于1949年改为短佩剑。苏军建军五十周年时制发了带有苏联国徽的军刀作为一种奖励冷兵器。

【俄式大军刀】 一种直刀身单刃（刀尖为双面刃）劈刺冷兵器。刀身长85厘米；刀柄上有防护盘（护手）。置于腰带上的鞘内或挂在马鞍上。出现于16世纪。在俄国军队中，大军刀从17世纪末开始广泛使用；18—19世纪装备于重骑兵的胸甲骑兵团、龙骑兵团和马枪团。19世纪末停止装备部队。在海军中，大军刀属于接舷搏斗武器，刀身较短。1917年以前，是海军准尉候补生制服装具的一部分。1940年规定苏联高等海军学校的学员佩带大军刀，1958年取消。在苏联海军中，大军刀仅作为副战旗手制服装具的一部分保留下来。

【马刀】 劈杀或劈刺冷兵器。包括刀身、刀柄和刀鞘。刀身呈弧形，凸部是刀刃，凹部是刀背，有刀尖（有时刀身带槽）和安刀柄的刀尾。由于刀身弯曲，重心远离刀柄，增大了马刀的杀伤力量和杀伤范围。马刀的这种特点在用弹性大和韧度高的硬质钢制成的刀身上表现最为显著。刀柄有带彩的握把和十字横挡（东方马刀）或护手（欧洲马刀）。刀鞘有裹皮革、山羊皮和丝绒的木鞘，也有表面烧兰、镀铬和镀镍的金属鞘。

马刀出现于东方，7—8世纪盛行于东欧和中亚游牧民族，用作劈刺武器。14世纪，马刀上有了宽脊，即刀身打击部分的宽部，加宽处逐步变尖，两面开口，这种加宽用于增加刀身的重量和增大撞击力。马刀从此主要用于劈杀。这一类马刀中最具代表性的是土耳其马刀和波斯马刀。两种马刀均为直把，刀柄带有十字横挡，重量小（无鞘850—950克，连鞘1100—1250克），刀身弯度大（140毫米左右），刀身长750—850毫米，全长950—970毫米。在18—19世纪的欧洲军队中，马刀刀身中等弯度（45—65毫米），刀柄带有笨重的呈1—3个弧形的护手，也有碗状的，刀鞘从十九世纪起一般是金属制的。马刀全长达1110毫米，刀身长900毫米，无鞘重约1100克，连金属刀鞘重约2300克。刀身弯度减至35—40毫米，马刀又重新具备劈刺性能。马刀在各国普遍装备骑兵，一些国家也用于装备禁卫军。现代一些国家仍装备有马刀，但大部分作为仪仗武器。体育用马刀是一

种刺杀和劈杀冷兵器。由弹力钢制刀身和刀柄（碗状护手和握把）组成。变截面（靠顶端窄部）的刀身尖端有一突起部（4×4毫米）。刀长不超过1050毫米（刀身不超过880毫米），重约500克。

【大砍刀】 一种割甘蔗用的长50厘米以上的刀。在拉丁美洲国家中，使用大砍刀清理稠密的杂草灌木丛中的道路。古巴起义者在19世纪最后25年的解放战争中，曾利用大砍刀这种冷兵器抵抗西班牙殖民主义者。

【剑】 古代和中世纪步兵及骑兵所使用的一种带把柄的直形双面刀身，柄与剑身成十字形交叉，顶端有剑首的冷兵器。青铜剑出现于公元前二千年，铁剑出现于公元前一千年。依剑的形制和长度可分为刺剑和劈剑；有些剑则刺劈两用。最古老的剑很短，主要是刺剑。公元前一千年，在欧洲和亚洲出现了长劈剑，在步兵和重骑兵中使用。可是，由于战车广泛使用，以及遇骑兵须下马步战时，短剑仍没有失去作用。古罗马人（公元前3世纪—公元3世纪）有供步兵用的短刺剑和宽刺剑，供骑兵用的长劈剑。在古俄罗斯，劈剑出现于9世纪，刺剑出现于13世纪。这些剑主要由古俄罗斯的工匠制成，其特点是钢质优良。许多国家还有大的双手握的长柄剑，但未广泛使用。

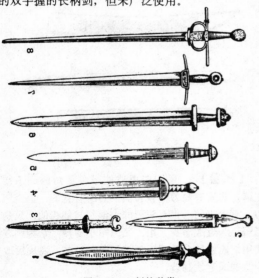

图1-5 剑的种类

1.2. 最古老的青铜剑(公元前九至前八世纪) 3. 西徐亚人剑 4. 罗马短剑 5. 罗马长剑 6.7 古俄罗斯剑(九至十三世纪) 8. 西欧剑(十六世纪)

14—15世纪时，骑士队配备了这种双柄剑。15—16世纪时，步兵用这种剑同骑兵作战。16世纪初，由于射击武器的推广，剑在步兵中就不再使用，而在骑兵中则改用马刀和大军刀。

在中国，剑又称为"直兵"。迄今发现最早的是张家坡柳叶形青铜短剑，周代以后出现钢铁剑。汉代以后由于步骑兵砍劈的需要，多用单刀厚背的环首刀，剑逐渐变为饰物和防身兵器。

【张家坡西周墓青铜剑】 中国迄今出土最早的青铜剑。1956—1957年出土于陕西长安张家坡第206号西周墓中，剑全长27厘米，形状很象一条细长的柳叶，两刃上端平直，下端稍宽，并呈外凸的弧线。安装剑柄的那部分略微瘦些，上面凿有两个圆孔，大概是为绑扎木柄而留，类似短剑，在北京琉璃河、陕西宝鸡竹园沟也有出土。

【柱脊剑】 中国早期的青铜剑。柱脊剑是指圆柱形的剑茎，一直向前延伸，到剑身部分形成凸起的剑脊，茎和脊两者之间没有明显的分界线，浑然联成一体。剑的长度一般在40厘米以下。有的剑在剑茎上装有剑首，有的剑没有剑首。

【勾践剑】 中国古代名剑。1965年出土于湖北省江陵县望山一号楚墓中，剑长55.7厘米，柄长8.4厘米，剑宽4.6厘米。剑身上装饰着菱形花纹，剑格两面都用兰色琉璃镶嵌精美的花纹。剑身靠近剑格处有八个错金鸟篆体铭文："越王鸠浅自作用剑"考古学家称此剑为"勾践剑"。这口剑从铸成至今，已有两千四百多年，全剑仍然锋利如初。据分析化验，勾践剑是用青锡铜铸成的，其中还含有少量的铅和微量的镍，在灰黑色的花纹和黑色的剑柄、剑格中都含有硫元素。这口剑是中国青铜兵器中罕见的珍品。

【蒙古剑】 蒙古骑兵常用的短刃兵器。蒙古骑兵重短刃，所用剑制造轻巧，锋刃犀利。西征时，召募印度，土耳其，阿拉伯及欧洲著名工匠制造，吸收了欧亚各国兵器制造工艺之精华，铸造出许多举世闻名的利刃。其中有的剑袭用中国剑制，有的剑型受印度、伊朗或欧洲的影响。后者剑刃、剑柄采用欧洲式样，剑身细长，刃部狭窄尖锐。因其能洞穿敌铁网盔甲，故意大利称其为透网剑。

图1-6 蒙古剑

【印度古剑】 古代印度剑有弓形剑、圆形剑和细长型剑等。剑柄由犀牛、母水牛角，象牙等制成，也有用木竹制成的。

【欧式刺剑】 多用于刺杀、少数也用于劈刺的短兵器。它有剑身和剑柄（握把、护手和各种形状的柄圈）。剑身笔直而长（约1米或1米以上），单锋或双锋，扁平带槽或呈棱状。16世纪盛行于西欧，是表明贵族身份的武器，并装备步兵和骑兵。17世纪起开始在俄国军队中使用，19世纪上半叶停止装备部队（1826年起仅将官和军官在队列外佩带，军政官员也佩带刺剑）。一些国家保留刺剑作为荣誉武器和仪仗武器。

【巨剑】 西欧各国步兵使用的一种双手握的大型剑。由剑身和剑柄组成。盛行于15世纪到16世纪。

【长剑】 一种用于刺杀或劈杀的钢剑。17世纪下半期出现于欧洲，用于掌握冷兵器（击剑）的训练。也曾用于决斗。剑身笔直，带锐剑头（用于决斗）、钝剑头或有固定保护护帽的剑头（用于击剑），有护手和带纹防滑圆握把。19世纪末，在长剑的基础上产生了至今仍在使用的体育用长剑。

【佩剑】 一种直而薄的棱状双刃剑。带鞘，佩于腰带上。出现于16世纪末。初为接舷肉搏武器。在十月革命前的俄国，海军军官和海洋事务文职官吏使用这种佩剑。现为许多国家海军制服的佩带物。在苏联海军中，佩剑为元帅、将官、校官、准尉礼服的佩带物，穿礼服时，根据特别指示挂佩剑。在苏联陆军中，将官、校官和准尉在参加阅兵式时，根据特别指示带佩剑。在欧洲，佩剑用于掌握冷兵器的训练。也曾用于决斗。剑身笔直，带锐剑头、钝剑头或有固定保护帽的剑头（用于击剑），有护手和带纹防滑圆握把。19世纪末，在击剑用长剑的基础上产生了至今仍在使用的体育用长剑。

【三棱剑】 古代俄罗斯和东方的一种刺杀武器。剑身直长（约1.5米）而窄，呈三棱或四棱。用于刺透环状盔甲，将敌消灭。可置于剑鞘佩腰间或系于马鞍。14—16世纪间使用。

【曲剑】 用于劈杀与刺杀的曲形剑。出现于16世纪，刀身逆弯，凹面为刀刃，刀背为弓形。少数曲剑剑身是双曲形，剑身底部为逆弯，而战斗部分为马刀形。剑柄没有护手盘。剑柄（骨制的，少数是金属）头上有加粗把，便于手掌抓靠。木质剑鞘用皮革或金属包面。曲剑总长800毫米，剑身长650毫米，弯度40毫米，不带鞘重量约800克，带鞘约1200克。除土耳其外，近东、巴尔干半岛各国和南高加索军队都使用过曲剑。

【怀剑】 匕首的一种。由金属书写文具——尖笔发展而来。由很薄的锋利的三棱剑身和十字形剑柄组成。通常置于武装带上的鞘内作为仪仗武器，或藏于衣中，无战斗作用。盛行于15—17世纪的西欧各国。

【小剑】 一种有双锋钢刃和十字柄的弯曲形短剑。装在包着皮革并涂上漆的木鞘中。剑鞘用一个环系于腰带上。20世纪初，在俄国军队中，曾是机枪队、野战（轻）炮兵和山地炮兵分队的士官（除司务长、炮兵军士和司号员外）和炮场人员的个人武器。

【短剑】 用于劈刺的短兵器。短剑（短刀），有长49—67厘米，宽4—5厘米的剑（刀）身，十字形或弓形的剑（刀）柄。剑（刀）身有直的或弯的，两刃的或单刃的。短剑（短刀）置于剑（刀）鞘，佩在武装带上。古希腊斯巴达人、古罗马人在近战格斗中，曾大量使用双面刃短剑。

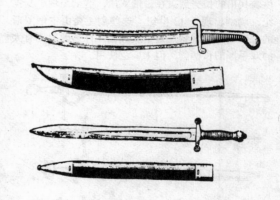

图1-7 短剑

【匕首】 用于白刃战的一种最短的刺杀冷兵器。匕首有短刀身和刀柄。刀身有直的，也有弯的，有单刃的，也有双刃的。形制与剑相似，只是更短，为近战防身之用，又因短小易藏，常为刺客使用。原始社会已有石匕首和角制匕首，商周后改为青铜或钢铁制造。

【椎】 古代一种打击兵器。铜、铁制成。始于战国，形制不一，有方头长柄的，有长圆形的，有形如蒜头的，重量也因人而异。《史记》上记有朱亥击晋鄙的锤重40斤，张良使力士狙击秦始皇的铁椎重120斤。清代喇嘛随身携带的椎称手椎，长仅6、7寸，铜制，三角形，有柄，藏于袖中，出其不意用以凿人。

图 1-8　中国清代手锤

【锤】　　一种带柄的锤状打击兵器，类似椎，但头圆，有长柄，短柄，更多用于手执格斗，而不是抛掷。元朝蒙古骑兵善用铁锤，元军常用的铁锤有两种：一种称夏西帕耳锤，六棱形锤头。另一种锤头为六角形，称佛来尔锤，用短铁链系于柄上。元军西征时，多用这两种短锤在马上作战。明代的　与宋代的骨朵相似，但柄较短。清军入关前喜用锤，成立过铁锤军，定鼎中原后遂不复用。

【石锤】　　木石结构的冷打击兵器。石锤是在粗头木棍的基础上发展而来的。粗头木棍即加粗打击部位的木棍，加粗部分通常用石块嵌成。石圆锤在此基础上改进，以专门制作的石锤头固定在木棍的一端，石锤头多呈球状或梨状。为了加强打击力量，锤头上还增添一些凸起的配件，锤头用皮条固定在木棒上，木棒的下端加粗，有的则缠绕皮条，以免使用时滑落。石锤是较为原始的武器，一般出现于原始社会和世界上古时期，埃及的古王国时代的遗址中就有这种武器。

【尖锤】　　古罗斯的打击冷兵器，是战斧的一种。因斧刃窄尖而得名。10—17 世纪时用来打击穿着防护装具的敌人。尖锤也用作军事首领的功勋标志。

【短柄流星锤】　　古代打击武器。其形为一根短棍，棍一端用皮带或铁环系着重物（石块、铁锤、特制的多棱铸铁块），另一端有绳套（系带）套在手上。古罗斯和许多东方国家都曾使用过这种武器。

【短棒】　　古代一种近战和自卫的短兵器。是殳的演进。用坚硬木料制作。各代棒形制基本相同，只不过有的用铁包头尾，有的安装钩和镈，有的头部周围植钉，明代有的棒头上加刃，可打可刺。由于棒取料方便，制作简单，使用灵活，所以被各代军队所利用。随着近代兵器的产生和发展，

逐步被淘汰。

【狼牙棒】　　一种打击或投掷冷兵器。远古时代起即为步兵和骑兵使用。古代俄罗斯军人使用的狼牙棒叫"长木棒"。狼牙棒用坚木制成，形似粗木棒，长 1.2 米，一端比另一端粗 2—4 倍。狼牙棒的粗端有时外包金属（铁、青铜）或钉有粗大的钉子（尖刃石），细端为柄。狼牙棒重达 12 公斤。后来，俄国的狼牙棒又有狼牙锤、短锤矛、六翅杖等，这些也用作指挥官权力的象征。

图 1-9　狼牙棒

【铁鞭】　　打击短兵器。铁鞭鞭身有六角短棍形、竹节形等，无刃，鞭柄形似剑柄，大小长短随使用者的需要。有的鞭首以短铁链系两节铁棍，称联珠双铁鞭。

【锏】　　古代一种打击性短兵器。长条方形，有四棱，无刃，上端略小，下端安柄。有铜制的，有铁制的。宋代铁锏形制比较讲究，柄有铁或铜环，系穗。清代又由单锏发展为双锏，每只长 2尺，重 1 斤多。

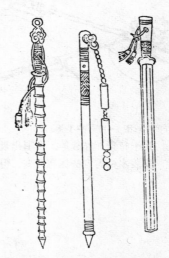

· 图 1-10　从左至右：铁锏、连珠双铁鞭、铁鞭

【锤矛】　　古代一种较短的打击冷兵器，又称"狼牙锤"、"钉头锤"等。其基本形制是一根短棒的一端安有一个圆形锤，锤一般是木料或金属制成，棒顶端的圆形锤一般由金属制成或木质锤覆以

金属叶片。古埃及的矛锤（称钉头锤）是木制的，箍以青铜片，约 2.5 英尺长。古亚述人使用的锤矛，棒是木质，锤头大致是铁制，锤矛杆下端有皮套或绳套，使用锤矛时套在手上不致甩掉。亚述人、波斯军队中的步兵弓箭手、国王侍卫队中多有携带锤矛的。在古俄罗斯这种兵器视为狼牙棒的一种，也用作军事长官权力的象征。短锤矛的构造为，短杆的一端装有用金属叶片（盾片）制成的小头。16—17 世纪的短锤矛长约 50 厘米，带有直径 14 厘米的铁头，铁头上带有 14 个叶片。在哥萨克人中，短锤矛作为首领权力的标志一直沿用到苏联国内战争（1918—1920）时期。

【短矛】 古代一种较短，轻便的矛，它一般带有一个狭而尖的金属头，矛长不足身高，非常轻便，可供投掷、刺杀两用。据古罗马史学家塔西佗（约公元 55—120 年）所著《日耳曼尼亚志》记载，当时的日耳曼人很少用剑和长矛，大都使用这种短矛，他们称这种短矛为"夫拉矛"（framea），骑兵、步兵都装备有这种兵器。古罗马人、波斯人也曾使用过类似的短矛。

【短柄战斧】 短柄投掷和劈砍兵器。最早的战斧雏形源于石器时代的磨制和打制砍砸器，后

图 1—11 护手斧

捆在木柄上，用于狩猎、作战等。金属出现后，石斧即被取代，安装木柄的方法也有改变，但基本形

制没大变化。较早使用战斧的民族、地区见于古印度、古埃及、北美印第安人、中国等，都是既用于劈砍又用于抛掷。在古罗马和中世纪一些国家，战斧还作为权力的象征。

【手斧】 旧石器时代初期的工具或兵器，沿石核两侧边缘交互打击成为一端尖锐、一端钝厚的扁形器，原始人类用以挖掘和砍斫以及搏斗。

【古埃及战斧】 埃及古王国时代已大量使用石斧，铜斧也很快出现了。战斧的形状不一，有的呈楔形，有的弧形扁平状斧头，通常用皮条或其它办法固定在斧柄上。到新王国时代又分为手斧和战斧两种。手斧较小，单刃，其长度很少超过 2 或 2.5 英尺。战斧较大，刃部呈弯形，一般用青铜制造，也有钢的。战斧柄稍长，约 3 英尺，也有稍短的。

【二里头遗址铜戚】 中国迄今出土最早的青铜斧，也是最早的青铜兵器之一。该斧出土于河南偃师二里头遗址，距今约 3500 年，称为铜戚。通长 23.5 厘米，宽 12 厘米，后部有"内"，宽 2.9 厘米。横切面呈椭圆形，刃部略微外移，内与身之间有阑。

【手柄短戟】 用于防身自卫的短戟。戟端矛、戈与长戟形制相似，戟柄则较短，既可击刺又可投掷。古人常以双手使双短戟。

【卢塞恩锤】 欧式戟的一种。瑞士人制造、使用。其特点是戟前端不是斧头而是弯曲的尖叉。

【短柄钩】 一种有短柄的钩，从刀剑演化而来。《汉书 甘延寿传》注："钩亦兵器，似剑而曲。"它的顶端内向弯曲，可以钩杀敌人。据《墨子》城守各篇和《六韬》记载，战国时期的城防战和坑道战中，曾大量使用短柄钩，从城上勾取攀城敌人，或当攻守双方地道凿通时，从洞口伸出钩敌。后来，为了提高杀伤能力，又出现了刃似弯刀状的短柄钩。

2、 长兵器

【戈】 中国古代击刺勾啄长兵器。其特点一般为在端首带有横向伸出的短刃，刃锋向内，安有长柄，用以勾割或啄刺敌人。最早的戈由石刀、石

斧、石镰等原始工具发展为石戈、青铜戈等。戈的形制尺寸多样，据《考工记》记载，戈的规格是：戈广（宽度）2 寸，内长七寸，胡长 6 寸，援长 8

寸，重1斤14两，柄长6尺6寸。但实际上戈的尺寸并不一律。

标准的戈，由戈头、柄、铜尊三部分组成。(1) 戈头，分为援、内、胡三部分。援：就是平出的刃，用来勾啄敌人，是戈的主要杀伤部。长约8寸，宽2寸，体狭长，多数体中有脊棱，剖面成扁菱形。援的上刃和下刃向前弧收，而聚成锐利的前锋。内：位于援的后尾，呈榫状，用来安装木柄，有直的，也有末尾向下弯曲的。内上面有穿绳缚柄的孔，称为“穿”。为了避免在挥杀时向后脱，有的在援和内之间设有突起的“阑”。胡：戈援下刃接近阑的弧曲下延，并沿阑侧增开缚绳的穿孔，这部分称为胡。开始时，胡只是为了增加穿孔而设，胡越长穿孔越多，柄和戈头缚绑得更牢固，所以胡部就越来越长。西周时期将胡身加刃，增加了戈的勾割能力。胡的长度一般为戈刃的三倍，即6寸，到了战国时期，胡的长度又有所增加，成为长胡多穿式戈。(2) 柄：即木柄。为了便于前砍后勾，多用扁圆形柄，以利于把持。戈柄的长度不一样，根据实战需要，步战用的柄短，车战用的柄长。(3)镈：早期的镈，只是为了便于使戈在不用时插在地上，不致斜，所以在柄的尾端加上一个铜制镈，并不能杀伤敌人。　也可能用于刺击。

戈盛行于中国商朝至战国时期，具有击刺、勾、啄等多种功能。它的缺点是易掉头，转头，使用不够灵活。随着兵器和战术的发展，戈被逐渐淘汰，后一度成为仪仗兵器。

【二里头遗址铜戈】　中国迄今为止出土最早的青铜戈。在河南偃师二里头遗址发现，据考古学家测定，其年代距今约3500年。

【曲内戈】　中国商周时期的一种戈。其援和内之间没有明显的分界，没有阑，装上柄以后，容易脱落，商以后被淘汰。

【直内戈】　中国商周时期的一种戈。它开始在援和内之间没有明显界限。商以后，为了防止脱落，增添了阑，后来又增设了胡，不容易掉头。商以后，直内式的戈很流行。在殷墟西区出土的21件直内铜戈中，11件有胡。

【銎】　中国商周时期的一种戈。《说文》段注：銎“谓斤斧之孔，所以受柄者”。銎内戈，就是在“内”部铸成圆套，把柄装在銎内，以防脱头。这种戈制造复杂，容易脱落，商以后不常见，出土者很少。

【商勾兵】　中国商代青铜戈。解放前传说保定出土，也有说出于易县或平山县的，也称“易州三勾兵”。三戈都是直援，内端饰夔纹。援上铸铭文，分别列祖辈、父辈、兄辈的名字，顺读时戈刃向上。从铭文内容和读法看，这种铸铭的戈应是商代仪仗，不是实用兵器。

【镈】　戈柄下端圆锥形的金属套，可以插入地中。《礼记·曲礼上》：“进戈者前其镈。

【矛】　一种带有尖锐刃器的长直形刺杀兵器。世界上多数民族过去在狩猎和战争中曾使用的刺杀武器或投掷武器。出现于旧石器时代。最初的矛是削尖了的棍棒，后来的矛是在矛杆上装上矛头，全长1.5—5米。在石器时代使用石矛头和骨矛头，从青铜时代开始使用金属矛头。矛使用最广泛的时间是在铁器时代。罗马步兵装备矛头重而长的投掷矛和长矛。中世纪时，骑兵和步兵使用矛。在古罗马，矛是徒步军人和乘骑军人的一种通用武器，军人通常将投掷矛放在特制的矛筒内携带。15—16世纪，俄国的矛主要使用铁或上等铸剑钢制作的带棱矛头。矛头的头部称为矛尖，套在矛杆上的矛头的管部，称作矛銎。矛杆末端有金属套箍。矛头和矛銎相连的粗大部分制成球形。一种长杆轻便矛在步兵中一直使用到枪刺的出现，而在骑兵中一直使用到20世纪30年代。

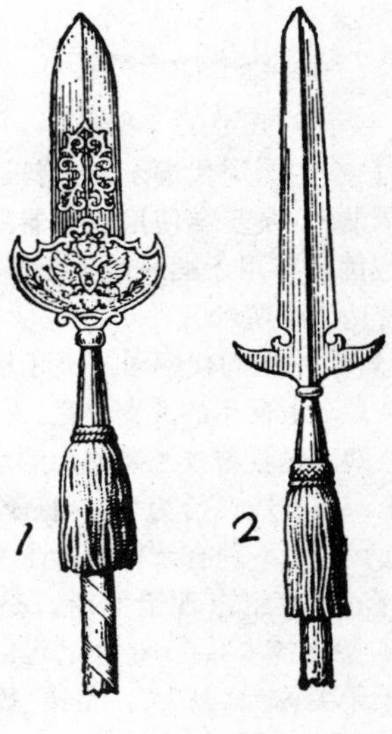

图1—12

1. 欧州十八世纪中叶军官用埃斯潘通矛矛尖

2. 十八世纪初叶军官用的菱形矛矛尖

在中国，矛又名𨱇𨰻、销、铍，后进化为枪。矛由矛身、骸、柄、镈四部分组成。矛身，就是矛头带刃的部分，中线起脊，有的两旁留有血槽。刃身下口是骸（銎），略呈圆锥形，用来安插矛柄。柄为竹制或木制，长为2丈或2丈4尺。为了防止矛头脱落，两旁常有两个环纽或留出两个小孔，以便用绳索将矛头绑牢在矛柄上，或用钉子钉牢。柄端有　，用来插地。最初用尖形的石块或骨角做矛头，绑在竹木杆上，商周时期，矛头改用青铜制造，分酋矛和夷矛两种。战国以后，改为铁制。由于枪的出现和兴起，矛的作用减弱，晋以后矛逐渐演变为枪。

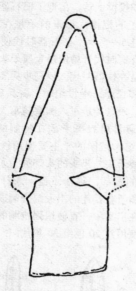

图1—13　石矛

【**酋矛**】　中国周代铜矛。史料记载，酋矛柄长2丈（周制），是步卒使用的武器。中国已出土的春秋、战国步卒用矛柄一般在165～220厘米之间，最长者达297厘米。

【**夷矛**】　中国周代铜矛。夷矛柄长2丈4尺（周制），是兵车上使用的武器，是"五兵"中最长的一种兵器。湖北随县曾候乙墓出土的战国楚矛，柄长7米以上，折合周尺恰为"丈八长矛"。

【**羽形矛**】　一种有矛杆、矛头比较粗重的矛。羽形矛12世纪出现于罗斯，是一种狩猎武器。以后主要装备步兵，16世纪起也装备贵族骑兵。羽形矛尖称为"橛尖"，俗语"硬往橛子上碰"（铤而走险之意）便由此而来。18世纪初起，羽形矛仅作为猎取大野兽的狩猎武器。

【**菱形矛**】　长杆上装有扁长铁（钢）尖头的矛。尖头上饰有图案、徽志等。菱形矛往往长达2.5米或更长。菱形矛为16世纪德国雇佣兵的武器，17世纪时为君主卫士的武器。在俄国，菱形矛出现于17世纪，并作为军官的荣誉武器保留到

18世纪30年代，但不用于作战。菱形矛的变体——埃斯潘通矛作为俄国军队的武器一直沿用到19世纪初。

【**长矛**】　公元前4—3世纪，古希腊（古马其顿）及其他一些古国长矛兵的基本武器。起初，长矛约长3米，是一种投掷和刺杀兵器，后来长度增到6—7米，变成仅作刺杀用的兵器。

【**铩**】　中国古兵器。即铍、大矛。

【**瞿**】　中国古兵器名。《书·顾命》："一人冕，执瞿，立于东垂；一人冕，执瞿，立于西垂。"孔传："瞿、瞿，皆戟属。"郑玄注："瞿、瞿，盖今三锋矛。"

【**戛**】　古兵器名，即戟。一说为长矛。张衡《东京赋》："立戈迤戛。"

【**瑞士长矛**】　中世纪瑞士人使用的矛。瑞士长矛由上古时期欧洲长矛发展而来，经不断改进，到14—15世纪其长度达20英尺，矛前端3英尺，用铁制成，以防敌人战斧，砍刀砍断。作战时，方阵正面排4—6排长矛兵组成的屏障。

【**马其顿长矛**】　是古代世界上大规模使用的矛中最长的一种。马其顿人的长矛短的2米，最长的达6—7米，矛杆用坚硬的山茱萸木制成，矛头多为金属制成（铜、青铜、铁等）。长矛是古马其顿重装步兵配备的主要武器之一，在重装步兵组成的马其顿方阵中，长矛的威力发挥到古代战争的顶点。在马其顿方阵中，前6排战士平持长短不同的长矛（2—6米），使6排矛头均露在最前方，象一面带刺的墙向敌人冲击。

图1—14　马其顿的长矛手

上：　马其顿的长矛手；　下：　战斗姿势的辛塔哥马（前6行平持长矛，后10行斜持长矛）

【**枪**】　古代一种刺击长兵器。根据李筌《太白阴经》记载：两军对阵时，持枪刺敌；宿营结寨时，树枪为营；涉渡河川时，缚枪为筏。枪的形制

和矛相似，起初将竹杆、木削制尖头，后又加铜或铁判枪头。晋代，枪头改为短而尖的形式。唐和五代以至更后各时期，枪都成为军队的主要武器。唐代枪分漆枪、木枪、白杆枪、棒扑枪四种，漆枪短，是骑兵用的；木枪长，是步兵用的，其余两种为皇朝禁卫军所用。宋朝的枪种类繁多，《武经总要》中记有捣马突枪、双钩枪、单钩枪、环子枪、素木枪、鸦项枪、锥枪、梭枪、槌枪、太宁笔枪、短刃枪、抓枪（两种）、蒺藜枪、拐枪、拐突枪、拐刃枪等。明朝军队中，枪仍居"白刃之首"，主要有四角枪、箭形枪、龙刀枪等，还有手头标枪。清代的长枪有镞形枪、笔形枪、钩形枪、矛形枪等。到清末，经战争的淘汰，种类繁多的长枪趋向于单一化，枪头一般为扁形，圆底，简外加数个铜箍，其外形接近矛头。

这种枪一直沿用到中国工农民主大革命时期。北方革命根据地叫做红缨枪，南方革命人民则叫做梭镖。

图 1-15
从左至右：中国鸦项枪、素木枪、环子枪、单钩枪、双钩枪、大宁笔枪、槌枪、梭枪

【戟】　古代一种戈、矛合一或矛、斧合一的长柄兵器。中国戟又称镘、棘等，是戈与矛的合一体，这种形制是世界独有的。中国戟柄前安置直刃，一侧枝生横刃，具有钩、啄、刺、割四种功能，杀伤力强于戈和矛。

戟的基本形制是戈、矛联装在木柄上。据《考工记》记载，西周时期的规格是：戟广寸半，内长4寸半，胡长6寸，援长7寸半，刺长6寸，重1斤4两，柄长1丈6寸。

中国目前已发现最早的戟是河北棠城台西商代遗址出土的一支矛、戈合体是铜戟。戟普遍使用于商、周以至汉、晋各代。南北朝后逐渐被枪代替，

变为仪仗兵器，唐代以后被淘汰。

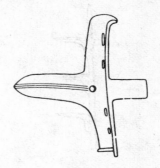

图 1-16　"十"字状将戟

【整体铸戟】　矛、戈合铸为一体的戟，一般有两种形式，一种以矛为主体，旁边生一横刃，柄装于矛体的骹（銎）部。这种戟杀伤力强，但钩啄时容易掉头。另一种则以戈体为主，突出前伸的锋刺；有的戟把锋端铸成反卷的钩状。

这两种戟的制造工艺都很复杂，技术要求较高，而且青铜质地易脆、易折，用起来总容易掉头，是商周时期制造的较原始的戟，后来很快地被战争实践所淘汰。

【分铸联装戟】　戈矛分铸联装的戟。出现于春秋时期，它的戈、矛部分分别铸造再联装在同一木柄上。这种戟直刺有力，横钩也不容易脱落，因而杀伤力大大增强。其柄不但有木制的，还有积竹柄戟。

【积竹柄戟】　以竹、木、漆等复合材料为柄的戟。其构造是柄中心有一根较粗的有棱木棒，在木棒外用16片青皮竹篾与木棒平行地包在木棒外边，然后用丝线缠紧，再涂上黑漆或红漆，使其光亮平滑。这种竹木兼用的柄，刚柔相济，比单纯的木柄坚韧而有弹性。1971年湖南长沙，浏城挢春秋晚期楚墓出土的青铜戟中有一部分这种积竹柄戟。

【钩戟】　亦作勾戟、钩棘。古代兵器。《史记·秦始皇本纪》："非锬于勾戟长铩也。"裴骃集解引如淳曰："长刃矛也。"又曰："钩，似矛，刃下有铁，横方上钩曲也。"谢灵运《撰征赋》："钩棘未曜，殒前禽于金埔。"

【三戈戟】　一种矛、戈分铸联装戟。战国时期出现。由三戈一矛安装在同一柄上，也有二戈一矛戟。它与春秋时期单戈戟的区别除了由单戈变为双戈、三戈外，戈身更加细而尖锐，而且只有最上端的戈有内，其它戈无内。湖北随县曾候乙墓中曾

发现长柄三戈戟。

图 1-17　战国三戈戟

【欧式戟】　中世纪欧州军队使用的劈刺兵器。它与中国戟有所不同。欧式戟是一种长约 6 至 10 英尺的长矛型兵器，由钢、铁制成，头上有一很重的斧头，背面是一尖铁（有时是弯曲的）或钩子，顶端是矛或棱标的尖头。14 世纪初，瑞士人大量使用这种兵器。它能穿透头盔，砍断剑锋或击倒马匹。它也可以当作短矛来用，它的弯钩还能将骑兵拖下马来。欧州戟一度是中世纪欧洲步兵杀伤力最大的武器之一。

【卜字戟】　钢铁制成的戟。铁戟的戟刺尖锐细长，侧旁小枝由原来宽肥而有中脊变成象前锋一样窄长尖利。"内"已消失，用来缚柄的胡加长，整个戟近似于"卜"字形，故又称"卜字戟"。这种铁戟刃锋尖利，杀伤力强，是步骑兵的主要兵器。两汉以后，戟的形状有了新的变化，小枝由原来与戟体垂直，变成了小枝垂直横出后，稍向上弧曲，枝刺上扬，进一步增强了戟的杀伤力。

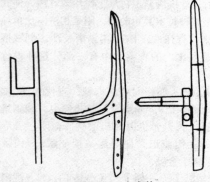

图 1-18　卜字戟

【棨戟】　中国古代仪仗用戟。根据汉代仪注，将领重臣可以持戟侍立皇帝身边。皇帝简放亲信大臣到外地巡视，或统兵征伐，常常赐以棨戟，"以代斧钺"，允许他专征、专伐，代表皇帝处决有

罪官吏。为了表示隆重，在这支皇帝新赐的戟上，罩以赤黑绸布制的戟衣，这种有衣的戟就叫做棨戟。后来，棨戟成为高级官员表示崇高身份的仪仗物。根据隋制、磨制"三品以上，门皆列戟"。唐以后，文武官员都以门前列戟为荣。

【门戟】　仪仗之物。用木头制成，设在门外的戟架上。天子宫殿门、国学、文宣王庙、武成王庙及各州公廨门口都设门戟，以示隆重。仪仗用的戟，造型华丽，多带戟刀，戏曲舞台上武将手持的"方天画戟"，就是按照这种戟的样子设计制造。

【殳】　又叫杵、杖、棓、棍、棒等。古代一种竹木制打击兵器。起初只有竹、木制作，后又套有尖形或棱形铜、铁头，并出现全铁殳，由单纯打击发展为能打击能刺杀两种效能。它具有取料方便，制作简单，使用轻使等特点，成为古代基本兵器之一，以后各代也掺杂使用。各代殳的长短、轻重、名称各异，形制不尽相同。按材料可分为：竹木殳、金属殳、混材殳；按功用可分为：无刃殳、带刃殳、礼殳等。如中国夏、商、周代的殳由坚木制作，一端为八棱形，无刃。秦汉时有的殳顶端套三棱刮刀型的钢头，头和杆上各有一个球状铜箍，殳杆和 3.3 米左右。随着军队士兵防护能力的提高和火器的出现，逐渐显示出殳的杀伤力的局限，其作用逐步下降。

【无刃殳】　不带利刃，以击打为杀伤手段的殳，又称殳。早期的殳是一根八棱粗木棒，长约 1 丈 2 尺左右，后出现铜无刃殳，战国后出现铁无刃殳。无刃殳特点是形制简单，短粗结实，自身较重，适于打击。

【带刃殳】　带有利刃，除打击外还可以起到劈砍刺等杀伤作用的殳。通常用竹木殳杆配以金属刃、刺、钩等附件。如湖北随县曾侯乙墓出土的带

图 1-19　中国曾侯乙墓出土的带刃殳

刃殳，在长杆顶端有两个球状铜箍，两者相距 35
—51 厘米，殳头有三棱形矛刺。殳杆通长 3.39—
3.40 米，直径约 2.8—3 厘米，这些殳上有"曾侯郕
之用殳"等铭文。因此可以确认，战国时期确有带
刃的殳。有的铜箍上带刺球。

【礼殳】 中国古代仪仗用的殳。礼殳积竹为
棒，八棱，"建于兵车，族贲以为是驱也"。(《说
文·殳部》) 汉代的"执金吾"所执的金吾就是礼
殳。礼殳通体铜制，两头镀金，很威武。朝会时，
御史太夫。司棣校尉手持金吾夹侍皇帝。后来，殳
成为法律的象征。

【金吾】 中国汉代的一种礼殳。铜制，两头
镀金。是权力和法律的象征。因御史大夫等官常执
金吾，也用"执金吾"来指官名。是一种由兵器演化
而成的礼器。

【六翅杖】 古俄罗斯的打击冷兵器。杖头有
六个金属板——"翅"，由此得名。翅的数量少至 4
个，多至 8 个。六翅杖盛行于 15—17 世纪。六翅
杖还是军事长官权力的象征，这种六翅杖的"翅"则
饰以模压花纹、贵重金属和宝石。

【棍棒】 殳发展到古代后期的改称。殳到中
国宋朝，一般称无刃殳为棍，或称杆棒，称有附件
的殳或带刃殳为棒。明代把白椂（白木棍）叫做
棍，棍长约 8 尺，重 3 斤 8 两，又叫少林棒，端首
有刃的则称为大棒。

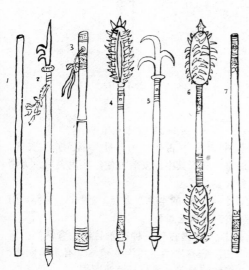

图 1-20　中国宋代棍棒

1.杆棒　2.钩棒　3.柯蒙棒　4.狼牙棒　5.抓子
棒　6.杵棒　7.白棒

【晨星棍】 中世纪瑞士棍棒兵器。棍两端带
有尖铁。

【骨朵】 打击长兵器，本名胍肫，讹为骨
朵。这种兵器类似长柄锤。木柄一端安有蒜头形或
蒺藜形的重铁器，凭籍重力槌击敌人。

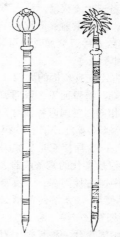

图 1-21　蒜头骨朵　蒺藜骨朵

【权杖】 冲击用的冷兵器。权杖的头部呈球
形，用石头或金属制成，安装在木制的短手柄上。
中世纪在古东方各国（如同形状不同的棒槌）曾广
泛使用，而在罗斯公国 13 世纪至 17 世纪才得以
风行。19 世纪以前，在土耳其、波兰和乌克兰，
权杖还作为军事首领权力的象征。

【狼筅】 中国古代一种防御性兵器。公元
1444—1449 年矿工叶宗留起义军发明，用长而多
节叉的毛竹，末端包上铁，如小枪，两旁多留枝
刺，用火熨使有直有钩，再用桐油灌之，敷上毒
药。长 1 丈 5 尺，枝有 9—11 层。使用时，须与
其他兵器配合使用，以长枪夹其左右，镗钯接应于
后，才能发挥其效能。戚继光的部队，在平倭战争
中，用狼筅对付倭寇的长刀，起了良好的作用。但
狼筅笨重，须体力强壮的和训练有素的士兵才能使
用。盛行于明代，清代被淘汰。

【伤钯】 中国古代一种短柄多刺的钯。柄长
仅 3 尺，柄上安装五根坚硬的木杆，长 2 尺 1 寸，
杆上装 3 寸长的铁头。步战时，"进退周旋，惯能隔
架枪刀，乘隙攻刺"，配合其它白刃兵器作战。

【扒】 勾击格架长兵器。扒长柄，横端有
齿，和农家用的铁齿耙差不多。主要用于船战。可
以格架敌人长兵器，也能乘机杀伤敌人。《西游
记》中猪八戒用的就是这种兵器。

【镋钯】 中国古代击刺、挡隔的多刃长兵
器。镋钯是从农具演变来的兵器，创始于明代中叶

御倭战争中，分为钯、镋钯、扒、伤把、铲、马叉六种，统称 钯。其中 钯长7尺6寸，重5斤，正锋似矛头，长出两股2寸，两旁各有一横股，有四棱形刃。这种兵器"可击、可御、兼矛盾两用"。每两名镋钯手配备三十支火箭，敌人离远时，两股可以充当火箭架，用来发射火箭敌人；迫近时，持之以杀敌；当与敌人兵刃交加时，可以架拿敌械，被称为"军中最利者"。

【长刀】 古代安有长柄的大刀。一种砍杀兵器。创自后汉时期，有单面刃、双面刃之分，各代形制、名称各不相同。三国时称偃月刀，晋代称大刀，刃长3尺，柄长4尺，下有铁镡。唐代称陌刀，全长1丈，重15斤。它是从佩刀和短柄长刀发展起来的，是汉后各代的常备武器之一。

【朴刀】 中国古代刀名。刀身窄长，其柄比大刀的短，双手使用。《水浒传》第二回："少华山上朱武、陈达、杨春……将了朴刀"。

【陌刀】 中国唐代一种长柄大刀。唐开元之间，"军队中初用陌刀"。据《唐书·李嗣业传》载，唐代军有陌刀队，并设有陌刀将。陌刀两面有刃，通长1丈，重15斤。

【拍刀】 中国唐代一种长柄大刀。长约1丈。

【钩】 钩杀、捕获敌人的白刃兵器。钩有一刃或数刃，刃向内弯曲似鹰瓜。钩的种类很多，性能和用途各不相同，根据历代兵书记载，大致可分为三类：飞钩、短柄钩，长柄钩。

【长柄钩】 一种安有长柄的钩。从戈、镰演变而来。柄很长，可达1丈5尺，主要用于攻守战中。公元前11世纪的文王伐崇战争中，曾经使用长杆钩来攻击崇城。《诗经·大雅·皇点》朱熹

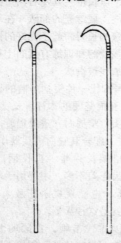

图1-22 中国明代的撩钩和钩镰

注："钩援、钩梯，所以钩行上城"。钩援即后世的长柄钩。水战中，使用长柄钩或和多头的撩钩来割断敌军的船缆，帆蓬，或搭钩敌船，也可以用来捞取落水的敌人首级。步骑兵交战时，步兵用长柄钩钩敌骑的下肢。

【钩刀】 古代海战中用于破坏敌舰设备的钩割工具。其基本形制是一根很长的杆子上绑缚固定一把锐利的钩形刀，接近敌舰时伸出钩刀，钩割敌舰桅帆的绳索，使其帆布落下从而失去风动力，以便于接船作战。凯撒在《高卢战记》中曾记载，罗马舰队在海上与舰只比己方高大的高卢舰队作战时即使用钩刀，割钩高卢舰队桅帆的绳索，使其处于被动处境。

【斧】 古代劈砍兵器。石斧在原始人类遗存中常有发现。以后发展为铜、铁及钢制斧。主要有长斧短斧两类。是古代出现最早和最有效的兵器之一。有一种又被演变为礼器，象征权力。

图1-23 欧州长柄斧

【长柯斧】 古代一种劈砍兵器。斧头安柄。刃部加室，柄安其中。安装方便，使用灵活，为唐代常备兵器之一。

【戊】 "钺"的本字。大斧。《说文· 部》引《司马法》："夏执玄戊"。

【钺】 中国古代一种砍杀兵器。青铜制。圆刃或平刃，安有木柄，用于砍杀，又有玉石制作，多为礼仪或殉葬用，盛行于商及西周。

【铁刃铜钺】 因钺体用铜制，而以铁为刃，故习称铁刃铜钺。迄今为止共出土三件。出土的铁刃铜钺形状大体相同，钺身一面扁平，一面微凸。直内，内上有一圆孔。在钺身与内之间有阑。两件

铜钺的铁刃都已残损。一件残长 11.1 厘米，阑宽 8.5 厘米；另一件残长 8.4 厘米，阑宽 5 厘米。据有关单位对铁刃铜钺的铁刃部分进行的 X 射线透视，知铁刃残存部分包人青铜器身内约 1 厘米。又通过化学分析和金相学考察，铁刃系陨铁锻制而成。铁刃铜钺时代属商代晚期或西周初期。

3、抛射兵器

【投矛器】 提高矛的投掷距离、打击力量和准确性的抛射装置。投矛器是一块扁平的骨头或木头制成的小板（长 30—150 厘米），板上装有矛杆托架和握把，握把上有指槽。投矛器出现在太古时期，在考古发掘时曾在上旧石器时代地层发现了投矛器（公元前 1—1.2 万年）。澳洲土著民族、巴西的印第安人和其他一些民族都曾使用过投矛器。

【弹弓】 发射弹丸的弓。弹弓早于射箭的弓弩出现，原为狩猎工具，后也用于作战格斗。明清两代军中，也有身怀弹弓做为暗器的。弹弓弹力较小，弓脂多用竹制，外裹牛筋，内衬牛角，强弓内衬钢片，以增加弹力。弓弦丝制，也有用牛筋劈丝，混合人发、杂丝编成。强弓需四个力才能挽开。普通弓为两个半力。强弓射出弹丸，着人即毙命。弓长约十八拳，如拳宽 2 寸，则弓长 3.6 尺。一般弹丸用粘土和胶团制成，晒至极干，即可使用，也有钢铁弹丸。

【飞去来器】 投掷兵器。它原是原始人的狩猎工具。古代埃及人和其它一些国家中也把它作为兵器。它是有一定长度、角度和形状（十字形，折角形等）的薄片或曲棒，抛出后飞速旋转，利用空气动力原理呈曲线击向敌人，如击不中目标可借助自身的回旋力飞回来。

【弓】 射箭用的器械。起源于原始社会，初将树枝弯曲用绳索绷紧制成，以后在制作技术上不断发展，选材、配料、制作程序和规格逐步充实，精良。但弓的基本动力原理和形制没有改变，即由弓背，弓弦两部分组成，射箭时拉引弓弦使弓背弯曲度加大，利用弓背伸的弹力将箭弹射出去。使用方法有双臂拉引，也有脚手并用拉引的（如古代印度弓）。弓是古人战争中远距离打击的有利武器，自人类出现战争到近代枪炮大量使用为止，弓的作用是任何武器无法替代的。

【中国弓】 古代射箭用的器械。起源于原始社会，初将树枝弯曲用绳索绷紧即成，以后各代在制作技术上都有发展，选材、配料、制作程序都有严格的规定。原始的制弓材料为单一材料，由竹木制成，后发展为复合材料，一般由兽角、筋、竹木材、丝、漆、胶等复合而成。弓的种类繁多，如春秋战国时分王弓、弧弓、夹弓、庾弓、唐弓和大弓六种。王弓、弧弓用于守城和车战；夹弓、庾弓用于狩猎和弋射飞鸟。汉代分虎贲弓、雕弓、角端弓、路弓、疆弓。唐代分长弓、角弓、稍弓和格弓四种，长弓步兵用，角弓骑兵用，稍弓、格弓皇朝禁卫军用。

【长弓】 中世纪英国弓箭。英国 13 世纪大力发展弓箭部队，并对弓具进行改进，逐渐用长弓取代十字弓。长弓用榆木、榛木和罗勒木制成，后来主要用紫杉木制造。最好的紫杉木并不产于英国，而是从意大利和西班牙进口。长弓的长度为 6 英尺，箭长 3 英尺。弓身的中间用手握住的地方为 1.5 英寸宽，往两端方向逐渐变细。弓的两端用角料镶包。弓架的前部为圆形，后面是平的。长弓射程是十字弓的两倍（最远达 400 码，有效射程接近 250 码），而且射箭速率要高得多（每分钟可发 10 至 12 箭）。在技术熟练的英国士兵手中，长弓的命中率大大高于十字弓。它更轻便、更容易掌握，适用于散兵射击或齐射。就当时来说，它是战场上最有效和用途最广的单兵武器。长弓的不足之处是弓过硬，技术要求高，必须经过长期训练的弓手才能掌握它。

【古埃及弓箭】 古埃及的弓在世界古代史上是较为精良的。新王国时期埃及人的弓一般是用圆木条制成，长度 5—5.5 英尺，中间粗两端逐渐细尖。也有复合材料制成的弓，在木弓上嵌以羚羊角片，外覆一条牛筋，用棕榈树皮将各种复合件紧缠在木弓上。复合弓力量大，射程远，但不易拉开。箭杆长度 22—34 英寸不等。箭杆材料有木棍、芦苇等，金属箭头，通常有三支羽毛做尾翼。

【亚述弓箭】 亚述人的弓弦长度一般短于埃

及弓，最长约4英尺。弓用木料制成，亚述人的弓分角形弓和曲形弓。角形弓整个弓身一样粗细，曲形弓则从中间到两端由粗变细，角形弓较小，使用也少。二种弓的两端均有节纽（后被雕成鸭首），节纽附近刻有沟槽，用以挂弓弦。弓的携带方法可直接背在背上或放入弓鞘内。

亚述人的箭杆直细，大约用芦苇或轻质木材制成。箭头用青铜或铁制造，箭头菱形，扁平，箭头中央带一条隆起的线以增加强度，下端有洞，嵌入箭杆。箭尾有两道羽翅，末端有沟槽以便于搭在弓弦上。

【古印度弓箭】 在现已发掘出的考古材料中，发现过印度河文明时期（约公元前2300—前1750年）的青铜箭头。弓箭是古代印度各兵种普遍使用的武器。典型的印度弓箭在《中阿含经》的《箭喻经》中有详细记载：弓的材料为柘、桑、槻、角，扎弓的材料为牛筋、獐鹿筋、丝，弓弦为筋、丝、纻、麻；箭缠为牛筋、獐鹿筋、丝；箭羽为飘鸿毛、雕鹫毛、鹤毛；箭镞为锎、矛、铍刀；弓色为黑、白、赤、黄。据史料记载，波斯国王抗击亚力山大入侵时（约公元前七世纪），印度人使用的弓按照使用者的身高制做，弓很硬，拉弓时需将一端撑在地上，左脚蹬弓，双手拉弦，箭有三库比特（肘）长。这种弓箭穿透力大，当时一般盾牌、衣甲均能射穿。

另据《政事论》记载，新孔雀王朝时期弓的名字有：迦罗摩迦、桥檀陀、特鲁那等，它们用棕榈、竹子、木材或兽角制作。弓弦用藤蔓植物纤维，竹子纤维以及羊肠制作。箭有竹箭、木箭、铁箭，箭矢用铁、骨、木制成，具有穿制、切割、撞击等作用。

【弩】 利用机械力量的弹射器。弩是由弓发

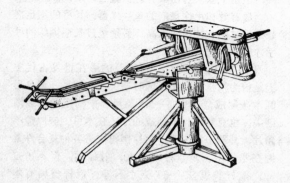

图1-24 欧式弩箭

展而来，是把强劲的弓固定在带有箭槽和发射装置

的木（或金属）杠上，弓弦张开后，由发射装置固定住，箭放槽中，弓弦接箭尾。发身时开动发射装置，箭沿着箭槽射出。有的弩还可以发射石弹、铅弹等，因此弩又可以分为箭弩和弹弩。弩与弓的根本区别在于弩具有延时结构，不须引弓和同时瞄准，可利用臂、足、腰、机械等多种方式引弓，从容瞄准，伺机发射。弩比弓发射的箭程远，准确性高，穿透性强。但发射速度逊于弓，且比弓笨重。早在古希腊和中国战国时期已出现了最早的弩，以后传及几乎所有主要军事国家，并一直沿用到近代火器大量使用时期为止。弩的质量和种类也不断发展，出现了连射弩、自射弩、火箭弩等种类。近现代射击火器出现后，弩渐被淘汰。

【中国弩】 中国已发现最早的弩是河南洛阳出土的战国中期弩，木制弩臂，铜制弩机。汉代出现腰形弩、连弩、床弩。

弩的基本结构由弩弓、弦、弩臂、弩机四大部分组成，弩弓弦与普通弓相似，但更加强劲。弩臂由坚硬木料制成，刻有槽、孔，前端固定弩弓，中间有纵槽，放置箭矢，后部装置弩机。弩机是发射的控制机构，一般由牙、悬刀、牛三部分构成。牙，又称机钩，据《释名·释兵》："钩弦者曰牙"，用来钩张弩弦。悬刀又称机拨，是扣发用的板机。牛，又称垫机。在张弩时，用它把牙和悬刀钩合在一起。发弩时，扣扳悬刀，牛即松开，牙面下落，被钩紧的弩弦突然驰开，把弩箭发射出去。牙的上面直立部有照门——"望山"，用来瞄准。弩机组合后，装在一个匣里，称为弩郭。

在中国，弩最早用于狩猎，约在春秋时代始用于战争，盛行于汉、晋至唐。各代弩的种类较多，性能也不尽一致。如战国时期分夹弩、庚弩、唐弩和大弩；唐代分擘张弩、角弓弩、木车弩、大木车弩、竹杆弩、竹杆弩、大竹杆弩、伏远弩等。

【臂张弩】 仅依靠人臂力张弓置箭的弩。

【蹶张弩】 同时利用臂，足或膝之力张弓的弩。蹶张弩有两种引弓方法；一种是脚蹶出弩，用于强弩；一种是膝上上弩，用于弱弩。

【腰开弩】 以坐姿同时利用臂、足、腰之力张弓的弩。使用时将身平坐地上，以弩平放面前，左右脚掌俱蹦入担内，紧挽弩身，撬上腰钩，钩住弩弦，两手扯腰钩索，两脚掌往前一蹬，身体往后一倒，一齐用力，其机自起，挂住机构。

【连弩】 可同时发射许多箭的弩。约出现于战国末期。《墨子·备高临》篇记载，为专门守城战设计的连弩弓力很大，要用十个人推动绞车才能

上满弦。连弩用的矢"长十尺"，用绳子拴住箭尾，射出后，可以用辘轳收回来。这种重型繵弩，主要是用来射击城外敌军的守城战具。《六韬·虎韬·军用篇》提到，发射"赤茎白羽，以铜为首"或"青茎赤羽，以铁为首"的长箭的"绞车弩"与"五尺车轮绞车连弩"。汉以后，连弩有了改进，诸葛亮创造了"一弩十矢俱发"的元戎连弩。《清异录》记载，晋朝时，有一种称做"急龙车"的连弩"其弩张一大机则十二小机皆发。用连珠大箭，无远不及。"

【转射机】　一种装置在要塞、城堡、坞台、敌楼上面，可以环转射击的大型弩。《墨子·备穴》记载，这种弩装在弩床上，埋于地下（或城堞上），"机长六尺"，可以环转发射弩箭。居延甲渠侯官、甲渠塞第四燧和肖水金关三处遗址中出土的这种遗物，由上下两横枋间竖装二立枋构成。形似'Ⅱ'状，中心有圆轴，上开一内高外低的斜孔，可以左右旋转，转射角达120度。将它砌在坞顶的堞上，把弩承装其间，则可以向外左右旋转发射。而敌方的箭难以射入。它的形制和功用类似一座活"射塔"。

【床弩】　装置在床架上的大型弩。床弩出现于北宋。弩弓极为强劲有力，利用轮轴、绞索绞动张弓，弩身安装在木架上以增加稳定性。床弩使用的箭如幅，簇如巨斧，射程可达500—1000步。《武经总要》载，北宋军队床弩主要有6种：三弓

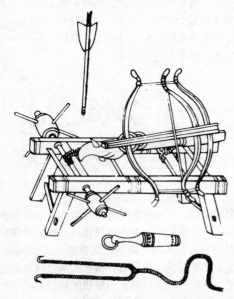

图1-25　三弓床弩

床弩，又名八牛弩，7人张发，发大凿头箭，射150步；小合蝉弩，7人张发，发大凿头箭，射140步。斗子弩，4人张发，发小凿头箭，射150步；手射弩，20人张发，发踏蹶箭，射250步；三弓弩，70人张发，发一枪三剑箭，射300步；次三弓弩，30人张发，发踏蹶箭，射200步。这些大型床弩，多用于攻守战中。

【背弩】　一种暗发弩，又名紧背低头花装弩。弩弓平缚于背上，用绳两条，分套于两肩，另一条绳索从弩机连于腰上，弩背之出口处向上。临阵时贯矢于臂，扣弦于弩机之上。发射时，弯腰低头，将系于腰间之绳向下拉引，触发弩机，箭从颈后射出。弓长约8寸，箭长2寸左右。宋朝军中常用此弩。

【踃弩】　一种暗发弩。较小，装置在马蹬之下，用脚踏发。弩背上有一条绳，系于马踏蹬下，再以两绳分系于弓渊之上，一端缚于马蹬之耳环上，臂口向前，弩机在后，弩机之上用绳缚住，另一端缚在骑者的脚胫上。在作战中需要发射时，用脚一蹬，则绳牵弩机，箭即从脚下射出，可射伤敌人马。

【袖炮】　一种暗发弩。形式与弩相似，弓上加一臂，装有机关，藏于大袖之中，用时拨机发石击敌。

【伏弩】　古代预设待敌触发的弩，又称耕戈，窝弩。伏弩与普通弩形式上基本相同，只是增加了触发装置。放置时，扣弦张弩，置于敌人必经之路上，上面加以掩饰，弩机拨机上拴一长线，其另端拴在路另侧的短木桩上，长线横悬在路面上，当敌人通过时，脚触长线，牵动拨机，发弩杀敌。地雷出现后伏弩被淘汰。

【卡塔普里特弩】　古希腊一种带有机架的箭弩。自重约1.5公斤，射程平均300—400米，最有效射程为75—150米。使用的箭长为44—185厘米，通常为66厘米。

【波里色勒】　古希腊一种箭弩。它具有箭射出后自动装好新箭的机械装置。

【弩机】　古罗马发射标枪的大型弩。这种弩带有支架，可固定在地上，弦索很粗，可发射2米长的标枪，威力很大。

【砲】　中国古代抛石器械。在中国最早抛射石弹的器械称为"砲"，晋代以后出现"砲"字。春秋时军队已装备砲，汉代以后大量使用。形制逐渐完善，多样。

唐代李筌著《太白阴经》载，砲体是木料制成，接合部采用铁件。砲应用杠杆原理，以人力拉拽发射。形状类似北方农村井边打水的吊杆——

桔棒。砲中心有条砲柱，埋在地上，或架在架上，有的装在车上。柱顶端横放一条富于弹性的砲梢，利用它的弹力发射石弹。砲梢长约2.5—2.8丈，轻型战砲为单根砲梢，重一些的则为合股砲梢。根据发射石弹的重量有两梢、三梢、五梢、七梢，最多达到十三梢。砲梢选用优质木料经过特殊加工而成，使它既坚固，又有弹性。砲梢越多，射出的石弹越重量，发射距离越远。砲梢的一端要放弹窠，另一端拴着砲索。每条砲索由1—2人拉拽。普通单梢用40人拽，大型的则需上百人拽，最重要的十三梢砲要用200多人才能拽得动。在施放时，将石弹放入皮窠内，用很多人各自握绳一条，听号令一齐用力猛拉，利用杠杆的原理和离心力作用，把石弹抛至敌方。

根据实际作战需要，战砲有不同的种类。初期的抛车变换方向困难，后来发明一种可以左右旋转的"旋风抛车"。南北朝时，将抛车装在车上随军行动，称"拍车"。梁元帝时，有人将其装在战船上，称"拍船"。唐代的抛车比过去的大，称"将军砲"或"擂石车"。《武经总要》记载了宋代十六种不同种类的砲，如杂砲、虎蹲砲、旋风五砲、车砲、柱腹砲、卧车砲、旋风车砲、合砲等。还有一种适于近战的手砲。

砲的威力很大，一般可射50步—300步，（宋代每步6尺，合今1.4米）。每颗石弹重约数十斤，大者可达百斤以上。据《宋史·兵志》载，按照国家标准：上等单梢砲射程应在270步以上，中等的为260步，下等的为250步。

图1-26 中国《武经总要》中的砲图

最早的砲弹是石制的。后来出现了特殊砲弹，如燃烧弹，化学弹等。后来也有用砲发射毒烟球、烟幕弹、毒药等化学战剂的。有些小型战砲使用泥弹，不仅便于制造，而且射出后立即"炸"得粉碎，不易被敌人拾起反射回来。

砲在古代长期作为城市攻防战的重型主要武器，火炮出现后逐渐被淘汰。

【霹雳车】 中国最早见于实战的抛石车。《三国志·魏书》记载，公元200年曹操与袁绍官渡之战，曹军制发石车，攻击袁绍军壁楼。因发石时声如霹雳，故名霹雳车。

【弹射器】 由扭绞的纤维绳的弹力带动的投掷器，也称弩炮。此种投掷器于伯罗奔尼撒战争（公元前431—404年）期间第一次出现于锡腊库扎，在古希腊和罗马的战争中围攻要塞时使用过。轻便型弹射器也用于野战，并安装在舰船上进行海战。弹射器的构造是：在坚固的木架上固定一束扭绞的绳索（皮带、鬃绳）等。投掷杠杆的下端插入绳内，上端有装弹碗。装弹时，把绳绞紧，杠杆被绞车几乎拉成水平位置。投射时，杠杆有力地磕打在横框的横梁上，把所装弹丸沿弯曲弹道抛出。弹射器可投掷石头、石弹、金属弹、圆木、箭、装有燃烧着油脂的瓶罐、动物尸体等，在中世纪还投掷过球型弹、燃烧弹和爆炸弹。弹射器可将150—480公斤重的石头投掷250—400米，可将箭和30公斤重的石头投掷850米远。据波利比阿的《历史》记载，阿基米德设计的巨型投石器，曾把许多罗马海军的舰船打坏，打沉。在欧洲，到14—15世纪，弹射器曾与火炮同时使用。罗斯，有一种类似弹射器的装置，叫投射机。

图1-27 古希腊弩炮

【抛石机】 依靠物体张力（如弓、木板弯曲时产生的力）抛射弹丸的大型投掷器。典型的靠扭力发射的抛石机由地上的坚固沉重的长方形框架，一根直立的弹射杆，顶上装有横梁的两根结实的柱子构成。弹射杆的下端插在一根扭绞得很紧的水平绳索里，绳索绑在长方形框架的两端，正好位于支撑架下面的位置。平时绳索使弹射杆紧紧顶牢支撑架上的横梁。弹射杆的顶部通常做成勺子的形状，有时在弹射杆的顶端装一皮弹袋。弹射时，先用绞盘将弹射杆拉至接近水平的位置，再在"勺子"或皮弹袋里放进岩石或其他种类的弹体。当用扳机装置松开绞盘绳索时，弹射杆便以很大的力量恢复到垂直位置，并与横梁撞击，产生的惯性力便将弹体以弧形轨道弹向目标。据考证，亚述军事帝国时期，已开始用机械投掷石块，据说可把大约 10 公斤的石块投射 500—600 米。后来犹太人、波斯人、希腊人、罗马人也陆续开始使用。

【重锤抛石机】 利用重锤重力发射的投射机器。出现于中世纪初期，使用至 15 世纪，主要用于围攻和防守要塞。抛石机的杠杆力臂不等，可以围绕固定在机架两支柱间的轴上下自由转动。在杠杆的短臂上固定有一个重物——重锤。装填抛石机的时候，用绞车把杠杆长臂拉向机架底部，并向石袋装弹。抛射时，急剧将杠杆长臂放开，装弹的石袋快速升起，重锤完全落下时，石弹从石袋中沿约 45 度角飞出。抛石机可将 30 公斤左右的石弹抛 140—210 米远，可将 100 公斤左右的石弹抛 40—70 米远。

图 1-28 抛石机

【铄积底】 古代印度史料中记载的一种对空投掷的器械。据《摩诃婆罗多》记载，列国时代国王萨尔瓦用"空中飞车"向敌城内投掷石块，满城降下石雨，（可能是投石器投射的石弹）。为了对付这种空袭，城内普遍安装了一种向"空中飞车"投掷武器的器械。这种器械被称为铄积底。

【古俄罗斯投射机】 古俄罗斯的投射机械。投射机的构造和作用是利用柔软物具有弹性的原理。在围攻和防守要塞时，用来投射石头、重箭、圆木和其他装填物。10—15 世纪，投射机广为使用。此种投射机按其构造和使用原理分为两种：一种类似弩炮，用于平直投射；另一种似弹射器，用于曲线投射。俄国军队中装备有大小两种

投射机，大型投射机能把约 200 公斤重的装填物投射 600—700 米远。16 世纪时，则用于发射炸弹和燃烧弹。16 世纪末，由于火炮的广泛使用，投射机遂废。

图 1-29 杠杆投射机

【尤塞托能抛石机】 古代欧洲使用的一种抛石机。它基本上由炮架、弹射装置、弹射槽和底座等部分构成。炮架由两根水平横杆组成，横杆被四根坚硬的垂直木条隔开，炮架被牢固地放置在底座上。这样炮架就形成了三个窗口，弹射槽穿过中间的一个窗口，旁边二个窗口的外侧支撑杆上各系着一束稍微扭绞着的垂直绳索。在扭绞着的绳索中插两根坚硬的木梢，然后同另一根结实的弓弦绑在一起。用很大的拉力将弓弦安放在弹射槽中弹射物的后面，然后拨动扳机装置将弹射物弹出。

【排林托能抛石机】 古希腊一种抛石机。它是一种类似弹弩的较轻便的抛石机，其原理跟弹弩相同，不过它有两根导杆在一个斜面上，连在两根木臂上的弓弦将滑动弹射槽内的石弹沿此斜面弹射出去。这种弹射器长达 10 码，高 5 码，宽 4 码，体积很大。发射的石弹重达 8 磅，射距 300 码甚至更远。它基本上用于攻城，也可用来防守。马其顿菲利普王和亚历山大大帝的野战部队都曾携带过这种抛石机。

【帕林吞】 古希腊一种弹弩。可以准确地投射小型石核和标枪，其特点是带有瞄准装置。

【巴里斯塔】 古希腊一种木弩炮。可投射石块、石核、铅核等。是一种重投射机械。射程 300—500 米。使用的石核重量 3.5 公斤左右，最重可

投射 70 公斤的石核。

【自射器】 一种有大弯度弓架及张弦、控弦和放弦装置的机械弓。用来投射箭和石头。与弓相比，自射器射得更远更准，但造价昂贵且制作复杂。分为作战用和狩猎用两类。作战用者又分轻重两种。轻自射器是一种嵌入木槽带托（支架）的弓。弓弦靠跳蹬（用脚踏的铁环）拉紧，用一种极简单的发射装置发射。重自射器装在带轮的特制床子（架子）上，装以钢弓和绳或牛筋制的粗弦，用一种齿轮装置——摇柄来张弦发射。摇柄的采用是自射器构造的巨大改进，因为 12—14 世纪造的自射器需要 50 人才能张开。在罗斯，自射器始于 10 世纪，西欧始于 11 世纪末，称为弩。17 世纪时，自射器被火器取代。

狩猎用自射器（支在下面的弓）用于猎取各种野兽，将其藏于隐蔽的地方，用一根经过伪装的绳横扯到野兽出没的道路上。野兽碰到绳上，机弩即行发射。

【箭】 亦称矢。古代搭在弓或弩上发射的兵器。最初的箭只是削尖的树枝或竹子，后来用石块或骨、贝作箭镞，安在箭杆头部。为保持飞行方向，后来又在箭杆尾部装上羽毛（箭羽）。铜铁出现后，箭镞改用铜铁制造，种类也随之增多，但其形制历代基本相同，所不同的是，根据用途，箭杆的长度和箭镞的长短、大小以及式样有所区别。

【錍】 中国箭镞的一种。《方言》第九：“[箭镞]其广长而薄镰，谓之錍，或谓之鈀。”《广韵·九麻》：“鈀”字注引《方言》：“江东呼镇箭。”

【箙】 中国古代盛弩箭器。《汉书·韩延寿传》：“抱弩负箙。”颜师古注：“箙者，盛弩矢者也，其形如木桶。”

【箭筒】 存放箭的袋子或筒。最初用皮革、木料、竹子制成，后来用金属制作，装饰有花纹和金属牌子。有的箭筒按放箭的数量分成几格。装备弓的步兵或骑兵通常将箭筒佩在右侧，扣在挂马刀的腰带或专门的腰带上，而将带套（名为弓套）的弓佩于左侧。有时，箭筒上面还罩上一个套子，名为筒套，防止箭因天气阴湿受潮。

【袖箭】 藏于袖中的暗箭。可暗藏在袖中的特制箭匣中，箭杆短轻，箭镞较重。射出后可杀伤 30 步内的敌人。除了在两军交战白刃格斗时使用外，还可作为镖客、拳师、技击家的防身武器。袖箭有单发袖箭和梅花袖箭两种。单发袖箭，每次只能发射一支箭。箭筒长 8 寸，周径 8 分，筒顶有盖，连于筒身，盖的中央留一小孔，由此装箭。筒

盖旁一寸处有一活动的蝴蝶片，专司开闭。筒底装设弹簧，簧上有一块圆铁板，装箭后，弹簧压下，用蝴蝶板将箭关在筒中，发射时，拨开蝴蝶片，弹簧弹起，筒中的箭就能弹射出去。箭长 7 寸，镞长 1 寸，每筒装箭 12 支。梅花袖箭，每次装箭 6 支，可连续发射。箭筒径约为 1.2—1.5 寸，比单发袖箭略粗。筒内有 6 个小管，中间 1 支，周围 5 支，状如梅花瓣。每个筒上各有一蝴蝶片控制开关，匣盖之后有一铁圈，发射一箭之后，须将筒身旋转一定角度，使之连续射出。

【筒子箭】 一种暗箭。竹筒中装箭 15—20 支，箭长 1.2 尺。箭杆长 7 寸，镞长 5 寸，涂敷毒药。竹筒分为两截，后节为燕尾形，燕尾上有绊带，箭插入绊带中。发射时，用手持燕尾和箭用力掷出，力大者一次可发 20 支，力小者发 15 支。

【流星箭】 即手发箭。使用时不用弓，直接以手甩出。铁箭杆中加铅 4 两，以加强重力。后来逐渐演变为镖。

【鞭箭】 手抛箭，与流星箭相似，发射时箭盛在铜溜子中，手抛铜溜子，箭顺铜溜子甩出。

【镖】 刀鞘末端的铜饰物。又是一种暗器，形如矛头，用以投掷伤人。

【标枪】 一种带镞的短投掷梭标，又称“投枪”、“投矛”、“短矛”、“镖枪”等。石镞和骨镞标枪，在上旧石器时代（石器时代晚期）为狩猎武器。铁镞标枪在古希腊和古罗马军队中都曾装备过。古希腊斯巴达人的轻装步兵可将标枪投掷 20—60 米远。古罗马重装步兵的投矛长约 1.5—2 米，重 4—5 公斤，其投矛有很长的铁尖安在木柄上，可投掷 30 米。为使标枪投掷得更远，（达 70—80 米），有的标枪上装有皮带环，以使投掷力显著增加，在尚不懂使用弓箭的部落（澳大利亚人）和不使用弓箭的部落（阿留申群岛人），标枪是一种基本的投掷武器。在西欧，标枪一直流传至中世纪。在俄罗斯，标枪即为短投枪。在《伊戈尔远征记》一书（公元 12 世纪）中首次提到标枪。在中国，原始社会已有标枪，但到宋代才成为军队常规武器，又称“梭枪”。元朝蒙古军善用标枪，杆短刃尖，枪有四角形、三角形、圆形数种，多数两端有刃，既可以马上刺敌，又可抛掷杀敌。明代军队中有一种两头带刃的标枪，长 68 厘米，枪刃长 23.5 厘米，尖尾长 7 厘米，两头尖，中间粗，有如长箭，两端都可以刺人，便于投掷。清代的标枪多用木竹为柄上加铁镞，略如明制。还有一种卫体用的标枪，枪杆较短，镞长 6 寸，木柄杆长 1.8—1.9

尺，重不到2斤。纯铁打造的标枪更短，全长不到2尺，重不过4斤。技艺精熟者可于50步内投中敌人。

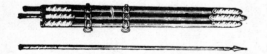

图1-30 短投枪

【杰里德矛】 形似标枪的细短投矛，装于一不大的矛袋中，佩于军人腰带左侧。近东各国和阿拉伯人称骑兵持矛操练为杰里德。15—17世纪时，俄军也使用这种矛作战，后一段时期，也叫杰里德矛。"СУЛИЦА"这一名词源自与"СОВАТЬ"一词有联系的古斯拉夫语"СУДИЦА"，"СОВАТЬ"在古俄语中有"掷矛"的意思。这种短投枪长约一米，枪头很重，分为刃和裤，小管内插入一根轻而坚固的杆子——枪杆。16—17世纪，常在杆子尾部装上一个薄薄的金属筒，以便较易从枪筒中抽出。

【投石带】 一种投掷武器，又称投石器。根据记载，古埃及的中王国时代（约公元前2133—前1786年）它曾经出现在埃及军队中的努比亚雇佣军中。后来，手抛投石带广泛运用于古代世界（埃及、希腊、罗马、波斯、印度、亚述、马其顿等国）和中世纪各国的军队。它是一条由兽皮或杆

物纤维做成的带子，中间部分宽，一端带有环扣，套于投石手手上或木柄上（长鞭掷弹带）。弹丸（鹅卵石、金属球，16—17世纪时为榴弹）放于投石带宽部。投石手在握住套球扣的同时，也握住投石带的无环一端。投掷时，把"装上弹"的投石带在头顶上方旋转，逐渐加力，挥力最大时松开无环扣的一端。快速飞出的弹丸可杀伤距离150米内的目标。投石手带有10发以上的弹丸。投石带有多种，澳洲、非洲、大洋洲诸部落一直使用到20世纪初。投石带也可在投射机械（木炮）中使用，以增加投弹距离。投石器曾是一些国家野战、攻城、海战的主要武器，古罗马、波斯等国均曾在军队中

图1-31 投石手

组建专门的投石手部队，古希腊的海军舰船上也曾有专门的投石手部队。

4、系兵器

【弋兵】 中国古代对系兵器的统称。最早特指带绳子可收回的箭为"弋兵"。飞钩、飞挝、流星锤、套索等均可称为弋兵。

【飞锤】 又名"流星锤"。古代系兵器的一种。铁制，多棱，以绳索系之，用以打击敌人。

【飞钩】 又名"铁鹞脚"。古代系兵器的一种。其形如锚，有四个尖锐爪钩，用铁链系之，再续以绳，待敌人蚁集在城脚时，出其不意，投入敌群中，据说一次可钩取2—3人。

【圈套】 捆束、套取敌人或敌装备的兵器。圈套一般用皮条、麻、藤、线绳制作，长短视需要

而定，一端有活结套，预设在敌人经过的地面或半空，敌人经过时突然拉紧，捆束或勒死敌人。这种兵器在古代印度、非洲、东南亚等一些丛林国家和地区使用较多。

【轮索】 捆束敌人或装备的兵器。也称"套索"。其制作材料及方法与圈套大致相同，只是使用方法和对象不同。套索一般由徒步或骑马者手持，使用时抛出，套住敌人或牲畜加以俘获、勒杀。套索一般在亚洲、欧洲、美洲等平原游牧国家和民族中使用较多。据希罗多德著《历史》一书记载，波斯军队中的撒伽尔提欧伊人（游牧民）提供

8000骑兵，他们的武器除一把匕首外，只用草纽、皮革编成的轮索，与敌人遭遇时投出轮索套敌人的人或马，并拉紧套圈将其绞死。

　　【罗网】　　笼罩敌人的网状器具。罗网由原始社会捕鸟、兽、鱼的网沿用、发展而使用于格斗中。它多是用绳、革编成的大网，突然撒出罩住敌人，使其失去战斗力。古代各国普遍使用。

5、卫体兵器

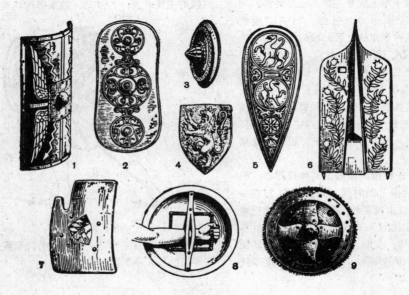

图1-32　盾

1.罗马大盾—斯库图姆(古希腊罗马时期)　2.欧洲铜盾(公元前一世纪至公元一世纪)　3.带环纹的拳形盾，能折损敌兵器刃部(八至十六世纪)　4.骑士盾(十三世纪)　5.诺曼人的盾(十二世纪)　6.帕武阿盾(用于构筑简易防御工事，十四世纪)　7.欧洲轻盾—塔尔奇(十四世纪)　8.希腊圆形盾(古希腊罗马时期)　9.俄国圆形盾(十三至十七世纪)

　　【盔甲】　　冷兵器时代头部和躯干各部位防护装具的统称。它的名称繁多，但基本上分为护头的盔和护身的甲两部分，甲又可分为甲身、甲裙、甲袖和配件几部分。早期，人们用兽皮柳条，有垫衬材料的布套，木头等固定在躯干上用以防护兵器的攻击。随着生产技术的发展，逐步出现了皮盔甲、藤盔甲、铜(青铜)铸盔甲、整块金属锤炼而成的板甲、金属编织的锁子甲等。较早的铜制盔甲出现于亚洲。公元前2600年左右的两河流域、殷周时代的中国、吠陀时代的印度都已出现了铜盔甲。最早大量使用铁制盔甲是中东的亚述人。在盔甲的普及过程中，还出现了颈甲、面甲、腕甲、胸甲、手套等防护特定部位的配套甲具。封建时代的亚洲一些国家和中世纪的欧洲盔甲倍受重视，制作极为完善精美，也较昂贵，还出现了金银、稀少皮革制作的盔甲。随着近代火器的广泛使用，古代盔甲在战场上的防护作用逐渐降低，最终被以现代技术制作的防弹背心、钢盔等取代。

　　【铠甲】　　一种护身的防护甲。形似衬衫，最初是把一些皮带或薄金属片缝在皮衣上做成。有时铠甲用丝绒覆盖，饰以压制花纹和雕刻图案。11世纪出现了锁子甲和鱼鳞甲；13世纪起逐渐被锁子甲和细密铠甲所代替。在俄罗斯，铠甲是用小环通常是小铁环紧密连接起来的长衫。

【锁子甲】　古代作战时保护身体的防护装具。一般用铁锻制成小片，再以小片铁用铁链子衔接，互相密扣缀合而成衣状，穿起来柔和轻便。盛行于中国唐代。

【叶片甲】　一种防备冷兵器和火器杀伤的防护装具。最初使用的是结实的麻布衣或皮衣，随着金属的出现，装上了铜片、青铜片、铁片和钢片。古代东方各民族早已有叶片甲，全金属叶片甲就产生于那里，后来为罗马人广泛使用。叶片甲分叶子甲和鱼鳞甲两种。火器广泛使用以后（14世纪起），叶片甲变为分别保护躯干和四肢等部分的厚金属局部护甲。

【脸甲】　头盔的前部，防止冷兵器袭击军人脸部用。古代和中世纪使用脸甲。脸甲严密地与头盔连在一起，有的是活动的。由铁或钢制成，呈整块瓦片状或鳞片状。法国圆柱形头盔的脸甲就是头盔前墙的延长部分，并且有2个眼孔及1—2个鼻、嘴孔。古俄罗斯头盔实际上没有脸甲，而只有一窄条箭状金属片下垂在脸部中央。古俄罗斯军人，也戴球顶尖盔；有时这种头盔还带有锁子甲护肩，放下来可遮住后脑部、颈部、肩部，同时也遮住脸部。

【颈甲】　护具的一种配件。使用于古代和中世纪，用以保护军人的后脑、脖颈、肩膀和肩胛骨免受冷兵器伤害。在套环盔甲中，颈甲成锁状固定在军人头盔边缘，垂于双肩。在叶片甲中，颈甲用环索连接整块的铁板或者数块金属板制成。在中世纪无缝隙的骑士盔甲中，颈甲是防护装备的主要组成部分。颈甲连接叶片甲、披膊和头盔，按尺寸和武士体形精工制作，分前后两部分，左面用活动铰链联接，右面用暗扣扣联接。

【胸甲】　用于保护军人的胸背免受冷兵器和火器杀伤的护具。由两块坚固的弯板——胸板和背板组成。古代胸甲用密实的毡片外包皮革制成。后来出现了铁制胸甲，其前半部与后半部上面用环扣和铰链或包铁皮带连接，下面用腰带系紧。胸甲点缀以压制纹或镶嵌饰物，且镀金或镀银，重6—10公斤，厚1—3.5毫米。在俄国军队中，胸甲于1731年装备重骑兵，经短时停用（1801—1812年）之后，作为护具一直沿用到19世纪60年代，此后仅在近卫骑兵第一师各团中用作礼服。御林军骑兵团的士兵、军官及其他人员的胸甲在结构和饰物多寡方面各不相同，御林军的胸甲表面光滑带有铜制饰物。俄军胸甲骑兵仅在乘马队形中穿胸甲。由于火器的不断改进，胸甲变成了近卫骑兵的

仪仗装具（至1917年）。

【铠甲手套】　古代铠甲中护手配件。古代铠甲开始没有手套，后用皮革、毡片等护住手背。精致的金属锁子甲、锻甲出现后，在护臂甲的下端伸出一块叶片护住手背。欧洲是在13世纪初制成了锁子甲连指手套，后又制成五指分开的铠甲手套。

【中国铁铠甲】　中国约在春秋战国之际出现了铁甲。甲又名铠，《释名·释兵》："铠，犹垲也。垲，坚重之言也，或谓之甲。"各代铁铠甲往往因材因体而制，形制繁多。汉代称铁甲为玄甲，以别于金甲、铜甲。汉代军队中已普遍装备铁甲。河北满城西汉中山靖王刘胜墓出土的鱼鳞甲，重约16.85公斤，共由2859片铁甲片缀成。据测定，当时铁甲片由块炼铁锻成甲片后，再退火脱炭，具有韧性。穿用者躯干及肩至肘部均用铁甲围护，外形如半袖短衣。南北朝时期，主要盛行两当铠和明光铠。两当铠因形制和服饰中的两当形状相近似而得名，它由一片胸甲和一片背甲组成。明光铠胸前和背后都有大型镜子样金属圆护。唐代的铠甲形制多样，据《唐六典》记载有十三种：即明光甲、细鳞甲、山文甲、乌锤甲、白布甲、皂绢甲、布背甲、步兵甲、皮甲、木甲、锁子甲、马甲，主要供步骑兵使用。

宋代以后，虽然火器出现，但铠甲仍然是重要的防护装备。宋代铠甲有钢铁锁子甲、黑漆顺水山泉甲、明光细网甲、明举甲、步人甲等数种。据《宋史·兵志》记载：宋代一套铠甲的总重量达45斤至50斤，甲叶有1825片，制造时费工作日120个，花用经费三贯半。明代着眼减轻铠甲重量，每付减至40斤至25斤，多为铁网甲（锁子甲）。清朝前期装备的铠甲承袭明代工艺传统，又吸收了各族制甲工艺的优点，铁甲防护能力和外观装饰都有进步。故宫博物院存清高宗弘历御用铠甲，由铜盔、护项、护膊、战袍、护胸、铜镜、战裙、战靴八部分组成。甲衣内衬钢片，明哈片、玳瑁边、战袍上密缀铜星，一般武士的铠甲，制成坎肩、马蹄袖袍型式。战袍外绣花，密缀铜星。清末操练新军，改着西式军装，铁铠甲废止。

【绵甲】　以纺织品制做的甲。主要使用于中国的明代、清代和古代波斯等地区。以棉、麻、织布等材料制成，由甲身、甲袖、甲裙组成，还有小臂，小腿护套等配件。甲表面或可染成彩色，钉有大颗的铜、铁甲泡。绵甲用材比较轻软，甲衣宽大，战斗中较着铁甲行动较为自如，沾湿后还可抵御初级火器的射击。20世纪初，清王朝编练"新

军"，使用近代枪炮，绵甲与其它甲一同停止使用。

【胄】 中国头盔。胄，战国以后称兜鍪，宋代以后称盔。中国传说最早的胄由蚩尤创造。人们用兽角、藤条兽皮制成头盔。目前出土最早的铜胄为商代青铜胄，皆用青铜整体范铸，饰有兽纹。铜盔也称胄，古代作战时用以防头部的防护装备，其形如帽，可以同时防护头顶、面部和颈部，盛行于商周时期。周代铜胄也是整块范铸，左右两侧向下延伸形成护耳，有的在周边宽带上凸出一排圆泡钉。出土的周胄，造型朴实。战国出现铁兜鍪，用铁甲片层层编压而成。此后至宋代，头盔一般为整块范铸，铁甲片编缀，或二者结合制成。明代头盔大体承袭宋制，有所改进。明朝御林军用锁子盔，铁钵象一顶便帽，下沿装锁子钢丝网，盔高八寸许，网长一尺左右，网环极为细密。士兵的铁盔较简单，装饰不多，铁钵高大，肩庇较宽，整个盔面上宽下窄，形如尖塔形。军官用的铁盔雕刻有龙虎图纹，有的用金银镶嵌，盔上有赏，可插貂缨。及至火器广泛应用后，铁盔的形制趋向轻体化。清中叶以后，甲胄成为仪仗、校阅时着用的装饰品，实战中较少应用。清朝末年，西式钢盔传入中国，成为步兵通用的防护器具。

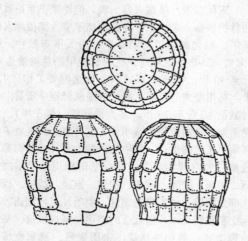

图 1-33 战国铁胄

【中国皮革甲】 甲是古代作战中人马防护装具。中国传说蚩尤发明甲，在夏代常备军已装备甲。早期的甲以藤条、木片、皮革等原料制成，以皮革为主。商代一般以整皮护驱干，四肢不着甲。由于整片皮裹身不便于作战，至迟到春秋末期已出现由小块皮革联缀成的片甲。周代，全甲由身甲、甲块、甲袖三部分组成，每部分由小块革以丝带或皮条编缀而成。甲均涂漆，皮革以犀牛皮、兕皮、鲨鱼皮、水牛皮等为主。几乎每个武士均装备甲，有的马匹也着甲。春秋战国之交，铁兵器出现后，皮甲不能抵御锋利兵器的打击，逐步让位于铁铠甲，但皮革作为轻便防护装具仍沿用达千年之久。

【韐】 中国古代革制的胸甲。《管子·小匡》："轻罪入兰盾、韐革、二戟。"尹知章注："兰，即所谓兰韐，兵架也。韐革，重革，当心著之，可以御矢。"

【古埃及头盔】 新王国时代以前的埃及军队作战没有盔甲，全靠盾牌防护，以后出现了金属和缝制的盔甲。头盔有青铜的但更多是缝制的。头盔缝制的很厚，长度一般达到耳的下部，较长者下垂至肩部，形状与头形一致，贴扣在头上。国王头盔隆起，设有尖顶。有的头盔顶上有圆形饰物，如同鸟冠。

【古埃及衣甲】 新王国时代的鱼鳞甲衣外表由约 11 行横排金属片组成，由青铜钉固定。鳞片宽度 1 英寸多。袖短，有时不及肘的一半。胸甲大部分无颖，袖较长，几乎达到肘部。胸甲的长度一般不小于 2.5 英尺。为了减轻胸甲对肩部的压力，埃及人用腰带把它紧束在腰上，并使用亚麻材料缝制的甲衣背心。

【亚述尖顶式头盔】 亚述尖顶式头盔呈圆锥形，底部有 1—2 个环，前额外一般有半圆的护罩，有的头盔挂有下垂的护颈，上覆金属片以保护额、颈、耳、后脑。这种护颈制做复杂，有时代之以简单的金属薄板，与头盔下线相连，仅护住耳朵和两颊，呈半圆或半椭圆形。考古发现的亚述尖顶头盔是铁制的，其下部的环和前额护罩是铜的。

【亚述鸟冠式头盔】 鸟冠式头盔多种多样，

图 1-34 亚述的头盔

制作材料为金属，盔本身呈半圆、大半圆形，头盔下缘连结下垂的护颈和耳盖。顶部有一鸟冠，有的为金属制、有的为一簇茸毛，样式有的向前弯曲呈勾状，有的向前后两边弯曲呈双勾状。

【亚述铠甲】 亚述人是最早使用铁铠甲的民族。亚述人的铠甲，按其长度大体可分为二种。早期的铠甲较长，有的达于足部，有的达于膝部。这一时期的铠甲只是把铁鳞片和铜片一排一排地缝在亚麻布或毡制的衣服上。后期的铠甲较短，其长度不超过腰部，根据鳞片的长度可分为新、旧两种。鳞片的一端呈方形，而另一端呈圆形。鳞片是由铁和铜制成的。旧式的铠甲鳞片长约 2～3 英寸，新式的不超过 1 英寸。亚述人的铠甲通常有短袖，达于肩和肘的中间部位。

【拜占庭骑兵盔甲】 拜占庭帝国骑兵盔甲。呈锅形头盔或圆锥形头盔，带护耳，盔顶上有一簇彩色马鬃。身着锁子甲，由皮条、金属片编织而成，脚蹬铁履，上部为皮靴或胫甲保护小腿，手和腕部带有铁手套。铠甲外罩较轻的棉制披风或长衣。全付重装甲重 30—50 磅。每支骑兵盔顶马鬃统一颜色，以区别其他部队。队列前排马匹配有头、胸、胫甲。

【波斯鱼鳞甲】 波斯人的一种铠甲。波斯人的鱼鳞甲带有袖子。波斯和米底人的步兵和骑兵就穿着这样的铠甲。铠甲是由一排排连结在一起的金属片制的，有青铜制的，有铁制的。贵族骑兵的铠甲常常是镀金的。这些铠甲是由国王军械制造作坊生产。鱼鳞甲的样式有几种类型。第一种类型是用金属鳞片制成的。鳞片的上边呈直角，下边呈圆形。它有各种尺寸，从 1.5 厘米到 5 厘米不等。用金属（青铜）鳞片制成的盔甲产生于公元前二千年的叙利亚和巴勒斯坦地区。制作形式（都是把鳞片固定在软底上）有两种：第一种型式是鳞片的上部、中部和下部都有孔，整个平面被固定在软底上；第二种形式是鳞片仅仅上部有孔，有时中间也有孔，鳞片只是上半部被固定在软底上。第二种类型是用长方形金属薄片制成的。这类的薄片呈长方形，长度为 2.5～9 厘米，宽度为 1.2—3.2 厘米。大多数长方形的薄片有 4 个孔，每个角上有一个，供穿绳（或皮条）固定之用。第三种类型通常是用镀金的方形薄铁片制成的。第四种类型是用边上带有许多孔的青铜直角薄片制成的。阿黑门尼德时代的波斯人还有用非金属的软材料制成的铠甲，例如用亚麻、毡子和皮革等材料制成的铠甲。

【古印度铠甲】 古印度铠甲因地制宜，种类繁多。据《政事论》记载有下列各种：（1）罗哈甲利克，用铁丝编成的周身防护；（2）罗哈帕陀，除手之外全身遮盖的铁制铠甲；（3）罗哈迦

婆，遮盖头、胸、手臂的铁制铠甲；（4）罗哈苏陀罗迦，铁丝制成系于腰或腿的防护物；（5）悉罗斯特拉那，头盔；（6）乾陀特拉那，咽喉甲；（7）俱罗帕斯，胸甲；（8）乾鸠迦，膝甲；（9）婆罗婆那，至脚部的全身甲胄；（10）帕陀，仅露手臂的铠甲；（11）那高陀里迦，手套；（12）帕提，植物纤维编制的铠甲；（13）旃摩罗，兽皮甲。

【球顶尖盔】 用铁、钢或铜制成的战斗防护帽，头盔的一种。由盔圈、盔头和顶端安有苹果形或松球形小球的管状物组成。盔圈附有护罩、护耳、护鼻、帽瓦和护颈。球顶尖盔 12—17 世纪始用于东方国家，后流传到俄国和西欧。

【盾】 古代一种手持的防卫兵器。开始用木、竹、皮革，后来用铜铁制造。形体多为长方形、圆形或梯形。表面涂以色彩及图式。背后有握持的把手。通常与刀、剑等兵器配合使用。古代东方、古希腊及古罗马诸国，广泛使用盾。公元前两千年出现了铜盾，后来又出现了铁盾。木盾外侧表面中央通常固定一块突起的金属板——铁护手。盾包有一层或数层皮革，可防止箭、矛和剑的伤害.作战时，可将盾用皮带系在一只手臂上，或执其把手；行军时，以盾内侧的皮带挂在背后。盾的正面通常绘有各种彩色图案、标志、徽章等。9—13世纪，扁桃形、三角形和圆形带铁护手的木盾在西欧和东欧得到广泛应用。到 13 世纪中叶，随着冷兵器的发展和盔甲的改进，步兵扁桃形盾的高度从1.7 米减到 0.75 米，骑兵圆形盾的直径也缩小到0.75 米。15—16 世纪，直径为 0.5 米左右的圆形铁盾开始占多数。

中国原始社会就有简单的盾，以后种类和形制越发完备，又称为"干"、"牌"。盾的名称、形状、尺寸也各有区别。如《释名》记载出于吴地大而平的盾叫"吴魁"，出于蜀地脊部隆起的盾叫"滇盾"，再如步兵用盾称步盾，车上用盾叫"子盾"，骑兵用盾叫"旁柳"等。明代还发明了一些与火器并用的盾牌，内藏火器或箭，接近敌人时，即可发出，不仅掩护自己，还可以杀伤敌人。随着火兵器的发展，盾逐渐被废弃。但是，在中非、南美及大洋洲诸岛的一些民族中，盾仍延用至今。

【中国盾牌】 中国古代盾牌又称"干"、"秉甲"。占人作战，左手秉盾以自卫，右手持刃以杀敌。盾一般不超过三尺长，多为长方形或梯形，也有圆形的。较大的盾叫"吴魁"，或称吴科。战车用的盾较小，称为矛盾。盾的后面有把手，便于手持

作战。大型的防盾称做"彭排"，高约八尺，牌长可蔽身，内施枪木倚立于地，供城守、水战，布营用的大型盾叫橹，是防守战具。盾大部分用木头、藤、竹制作，有的蒙以生牛皮。铜铁盾因份量重，除仪仗外，很少在战场上使用。盾的表面涂漆，并绘有龙虎、神怪、鸟兽花纹。殷商时期，盾牌上装有青铜饰器，多制成狰狞的兽面或人面，藉以恐吓敌人。东周流行长方形木盾，表面涂漆，纹饰精美。春秋时代盾成为主要卫体护具。宋代骑兵用小圆形旁牌，步兵用长方形尖顶旁牌。明代军中多使用轻型盾牌，如手牌、挨（捱）牌、燕尾牌等。每面长五尺，多用白杨木、松木制造，阔约一尺左右。还有藤条编织的圆形藤牌，径约二尺，周缘略高，箭射中后，防止箭滑脱伤人。火器出现后，盾逐渐被淘汰。

【亚述柳条盾】 这种盾牌与希罗多德所描写的古代波斯人的盾牌十分相似，他们所使用的盾牌是细枝编成的。柳条盾的长度，大者相当于或超过士兵的身高；宽度可掩护二至三人。这种大盾牌的形状，有的是长方形；有的是顶部向后突出一块，与盾体成直角的方形；还有的是从一定高度（约2／3）开始向内弯曲并逐渐变窄，最后形成尖顶状，这是最常见的一种。作战时，持盾者和弓箭手二人一组。持盾者携带短剑或矛，将盾牌立在地上以掩护弓箭手；而弓箭手在盾牌的掩护下得以充分发挥其射箭的效能。这种大柳条盾最适于攻城战斗。上部向内弯曲的尖顶盾、顶部向后突出类似屋顶的盾，都能有效地遮挡从城头抛下的石块。单人使用这种大盾时，则把尖顶盾倚靠在墙上，自己藏匿其中进行攻城作业。柳条盾还有略小一点的，约半人高左右。这种小柳条盾供掩护一人或二人使用。

【亚述圆盾】 圆盾在亚述人中间使用的较为普遍。战车兵多半使用圆盾，步兵矛手和早期帝王的侍从也使用这种盾。盾牌一般是用金属制成的，因而比较小，其直径很少超过2英尺或2英尺半。圆盾的边缘向内弯曲。圆盾的金属材料，有的是青铜制造的，有的是铁制的，也有少数用金银制成的。金盾是为国王和高官显宦等少数上层人物制造的。后来，圆形金属盾为同样形状的圆形柳条盾所代替，盾缘是用硬木或金属材料制成的，有时盾的中央饰以凸出物。

【亚述凸面盾】 早期亚述凸面盾一般为长方形，后期也经常使用这种盾，但要大得多。后期凸面盾的底部是方形的，而顶部呈弧形。这种盾有的是柳条编的，有的是金属制的，盾的中心和边缘常常饰以蔷薇花或环状图样。盾的长度有4—5英尺，使士兵从头至膝都能够得到防护。行军时负在背上。也有些凸面盾是椭圆形的，较大，在行军、渡河或其他类似的场合都悬挂在背上。

【波斯柳条盾】 波斯人较普遍使用的盾牌。盾为长方形，立在地上能达战士的下巴或鼻子，宽度50—70厘米。盾用树条编成，将树条插入以皮板条为基架的切口里，使之相互连接，上下两端用横板条加固。这种柳条盾可能是仿效了亚述人的柳条盾。波希战争中，波斯步兵曾用这种盾连成屏障，从后面射箭。

【波斯椭圆盾】 波斯国王近卫军装备的盾牌。尺寸很大，从肩到腿的中部，盾两侧有椭圆形开口。盾牌为木制，包以皮革或青铜片。

【古罗马大盾】 古罗马军团重装步兵使用

图1-35 古罗马的龟甲阵

的盾牌。罗马人初斯使用圆形小铜盾，高卢战争后被大盾所代替，一直沿用到帝国时代。大盾为半圆筒形，高1.25米，宽0.8米。盾为木框架，包蒙皮革，铁皮镶边，里面中间部分衬有铁片。作战中有时排列在战斗队形正面。侧面使用，有很好的防护作用。

6、器械、用具

【云梯】　古代攻城时攀登城墙的长梯。云梯有两种形制：一种为直排云梯，一种为折叠式云梯。古代世界各国普遍采用。中国云梯，最早叫"钩援"，春秋末期，公输班加以改造，称为云梯。其形制《武备志·军资乘》载："以大木为床，下施六轮，上立二梯，各长2丈余，中施转轴，车四面以生牛皮为屏蔽，内以人推进。及城，则起飞梯于云梯之上，以窥城中。"

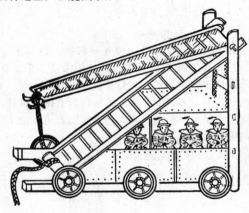

图1-36　云梯

【盾车】　古罗马人用于攻城的一种战车。盾车为木制，象一间小屋子，两面或三面设有木板墙，顶部用厚木板制成，上面覆有铁皮或兽皮，用以防火，下面装有子，可以用人推动。墙上有孔可以观察、射箭。盾车还可用做挖掘地道的掩护屏障。

【"钳子"】　古罗马一种用于海战的抓钩。在罗马帝国内战时期由阿格里巴设计。"钳子"为铁制，安装在一块5尺长木头的一端，木头由铁皮包着以防砍断。木头另一端有铁环，系着绳索，战斗中用弩炮把"钳子"射出，"钳子"抓住敌舰后用机械力量绞动绳索把"钳子"拉回来，使敌舰靠拢，以便接舷作战。

【"乌鸦"吊桥】　古罗马时期海战中用于搭载士兵接舷战斗的器械。它是带有拦杆的轻便木桥，前端带有抓钩，垂直安放在舰船头部，系在桅杆上。接近敌舰时，放下吊桥搭在敌舰甲板上，吊桥前端的抓钩象乌鸦嘴一样钳住甲板，使两只船连在一起。士兵便可以从吊桥上冲过去，在敌舰甲板上展开肉搏。也可将乌鸦吊桥改装后用于破坏敌城墙和吊载士兵登城作战。

【攻城塔】　古代用于攻城的一种高大的塔型器械，又称攻城木塔，活动塔等等。古代埃及人、

图1-37　马其顿攻城塔

波斯人、马其顿人、罗马人、中国人等普遍制造并使用这种器械攻城。攻城塔一般为木制多层塔形结构。正面设有屏障墙，墙上开有瞭望、射击孔，墙表面覆盖金属或兽皮防火，塔内有数层隔板和梯子，有的塔内或塔顶装有投射器械，塔底部有轮子可以够动。作战时，士兵在塔内接近城墙守敌，实施压制打击，掩护登城士兵。有的攻城塔还可以直接搭城头。或附有吊桥，搭载士兵登城作战。火炮出现后，有些攻城塔内还安置了火炮。公元前305年，马其顿人攻打罗德斯岛罗德斯城时，使用的攻城塔有9层，高达50米，设有大量投射机器。

【塞门刀车】　古代一种专用于守城的器械。是在两轮车的前端挡板上装数支枪刃，如敌人把城门破坏，用此车直接将城门堵住，以防敌入城。

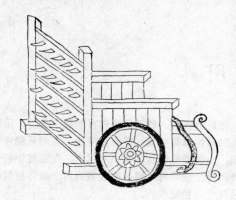

图 1-38 塞门刀车

【□袁寨】 古代守城器械。在塞门刀车基础上改进而成。这种车较重，用牛驾挽，车上有四根粗木柱，每条长 4 尺 6 寸，径方 1 寸 5 分，密布数层椎钻。它既可防守结营，又能推出去攻击敌人。防守时将车环城联结，抵御敌人冲击。攻击时将车移开用弩射敌。每车由一名步兵守卫。

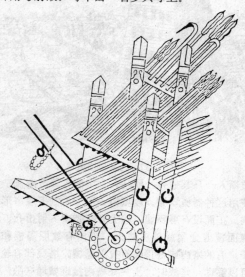

图 1-39 飞辕寨

【拒马】 古代一种木制的可以移动的障碍器械。传说在夏商周时就有了，当时是用以堵门，阻止行人通过，后来用于战斗，以阻止和迟滞敌军人马的行动。唐代叫做"拒马枪"，它用周径 2 尺的圆木为干，长短根据需要而定，在圆木上凿十字孔，安上长 1 丈的横木数根，将上端削尖，设在城门、巷口和要路，阻绝人马通行。唐代以后，拒马分大型和小型两种：大型的叫做"近守拒马鹿角枪"，它是用圆木一根（长短无一定），在大圆木上凿孔，

上安铁枪，前面设四根斜木制成的。设置时，将其打开，用铁链固定在地上，行军时，用牲畜驮载，随军移动，因此，称其为远驮固营拒马。

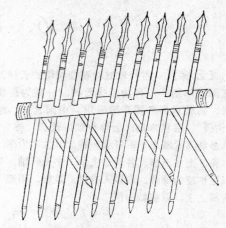

图 1-40 拒马枪

【狼牙拍】 古代一种守城器械。以榆木为箕，长 5 尺，阔 4 尺 5 寸，以狼牙铁钉 3 千 2 百个，皆长 5 寸重 6 两，布钉于拍上，出木 3 寸。4 面嵌一刃刀，刀入木寸半。木板前后有两个铁环，用绳吊在城头滑车上。敌人接近城墙时将其堕下，以刺压敌人。

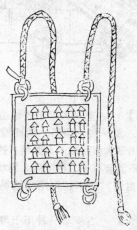

图 1-41 狼牙拍

【楼车】 一种攻坚战用的瞭望车，因车上高悬望楼，形状"如鸟之巢"，又称巢车，还称云车，望楼车等。杜佑《通典》记载巢车的构造是"以八轮车上竖高竿，竿上安辘轳，以绳挽板屋上竿首，以窥城中。板屋方四尺，高九尺，有十二孔，四面别布车可进退，环城而行。"攻城时，人在板屋里，用辘轳提升至竿顶，可以瞭望城中守敌动态。公元前 575 年鄢陵之战时，楚共王曾在太宰伯洲

犁陪同下，亲登巢车窥敌。汉朝与匈奴作战时，制造许多楼车，"可驾数牛，上作楼橹"，用来观察动静。公元23年王莽围昆阳时，造成了高十余丈的大型楼车，称为云车。宋代楼车分为两种。除巢车外，又出现一种望楼固定在高竿上的望楼车。据《武经总要》卷十载：望楼车"上建望竿，长四十五尺"，望楼建于竿上，"下施转轴"，可以四面活动观察。观察者踏着木竿上钉的木橛，攀登到楼上观察敌情。这种望楼车比巢车高大，架设时，要用粗绳六根分三层固定在楔入地内的铁环橛上。

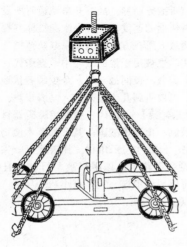

图1-42 望楼车

【冲车】 古代攻城用器械，又称临车。此车分数层，下装车轮，每层有梯子可以上下，车顶有天桥，车下有撞木，外面用生牛皮被覆，车装备各种武器和破坏工具。进攻时，将车推至城脚，可利用天桥冲至城上和敌人搏斗，也可用撞木破坏城墙。

【轒辒】 古代攻城用的器械。下有四轮，上有屋顶形木架，用生牛皮被覆，并涂泥浆以防敌矢石和火烧。车内可容10人，攻城时，将其推至城下与城墙贴近，人员在其掩蔽下进行作业，可免遭敌矢石、纵火、檑木的伤害。

【撞车】 一种撞击云梯的工具。有车架，四轮，车架上系一根撞杆，杆前端用铁叶包裹。敌云梯靠近城墙时，推动撞杆将其撞毁。北宋时，宋军曾用撞车撞击金人攻城云梯。

【临冲吕公车】 古代世界上最大的攻城战车，又名吕公车。中国明代制造。该车高数丈，长50丈，设木轮，车上置搁板，建楼五层，以牛革屏蔽，各层装载武士数百名，执剑并用弓弩向守城

敌人射击。行进用牛拉或多至千人拥推。

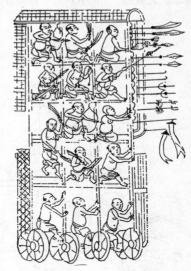

图1-43 临冲吕公车

【挂搭绪棚头车】 组合式攻城战车。发明于宋代。前端为一辆独轮的屏风牌，三面能遮挡矢石。牌后为头车，士兵藏在车内，前后左右和头上均用坚厚木板防护。车上有天窗，便于上下。车顶前方"施屏风笆，中开箭窗"，兵士"于笆内射外"。车上设泥浆桶。城上守敌施火攻时，以泥浆防火。凡攻城，凿地道时，以车蔽人，先于百步内，以矢石击当面守城敌人，使不能立，进车至壕外。车中兵士利用绞车和撬杠，使车首昂起前进，前进数步后，即以绪棚接绪车后，构成一条坚固的战棚。工兵"运土、杂乱蒿"，填塞城壕，来往均在绪棚内。如此前进，直抵城下。

【火龙卷地飞车】 中国古代一种喷火，喷毒车。木制，下设双轮，车上设木制虎、豹、狼、熊等猛兽，腹藏火器24件，火从兽口喷出，木兽两旁设飞翅神牌，牌上留望眼，以便隐蔽，观察。车前装利刀，上涂毒药，车由4人推动，冲击敌阵。

【壕桥】 中国古代保障军队通过城外壕沟的器材，又名飞桥。由两根长圆木，横钉木板制成，下面安有木轮。另有两个以上壕桥连接的折迭桥。军队越壕时将其放置壕上，从桥上通过。

【扬尘车】 中国古代一种施放烟尘的战车。宋代创制。车为木质，车有方形底架，安4轮，底架上立2根立柱，柱上端设索轴，排橐（即木盒子），索上缠绳索连系在拉车的马尾上，排橐内盛石灰。行车时马尾牵动绳索，绳索颤动排橐，使石

冷 兵 器

灰扬起烟尘。野战时驶马顺风鼓灰迷惑敌阵，攻城时，推车逼近城墙，牵绳索扬尘，迫敌躲避。

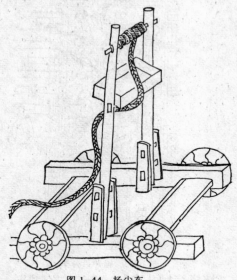

图 1-44 扬尘车

【火车】 中国古代专门焚烧城门楼的工具。火车为木质，两轮，车厢内设锅灶，锅内盛满油脂，用炭火烧沸，车四周堆集干柴。攻城时推至城门下纵火焚烧。

图 1-45 火车

【套索】 破坏破城锤的器械。它用粗大坚固的绳索制成，一端为有活结的套。待敌方用破城锤撞击城体时，从城头抛下套索，索住破城锤一端拉起，将其缴获或使其丧失作用。在伯罗奔尼撒等战争中，套索曾是守城尤其是防御破城锤的主要器械。

【滚木】 防御者于敌人强攻堡垒时从围墙上投放（滚放）的长粗圆木。滚木主要用来防守要塞和其它筑垒要点。

【夜叉擂】 古代一种城防用的碾刺兵器，又名留客柱。用直径1尺，长1丈多的湿榆木，周围密钉逆顺钉制成。钉露出木面5寸，木的两端安装直径2尺的轮子，用铁索系于木的两端，再以绳索系于绞车上。当敌蚁集城脚时，投入敌群中，绞动绞车，使其滚动，用以碾杀敌人。

【地听】 古代战争中用于侦测有声目标方位的一种器材，又称瓮听。最早应用战国时期的城防战中。据《墨子·备穴》记载：当守城者发现敌军开掘地道时，立即在城内墙下挖井，井中放置一口新缸，缸口蒙一层薄牛皮，令听力聪敏的人伏在缸上，监听敌方动静。敌方开凿地道时所发生的音响在地下传播的速度快，容易激起缸体共振，从而可以侦测敌人所在方位，以便采取防范措施。这种侦察方法，也被用于地面战斗中。据唐代兵书《太白阴经》记载，夜间战斗时，令少睡者伏地枕在空葫芦上，可以听到几十里外的人马脚步声。

【铁蒺藜】 古代一种军用障碍器材，又名渠答。铁制，出现于战国。其形如草木植物蒺藜。有4个尖，长数寸，三角状。凡着地有一尖朝上，通常布设在道路上，以阻碍敌军行动，有的中心有防，可以用绳串连。它具有小巧、易带，布设简便等特点。

图 1-46 铁蒺藜

【地涩】 古代一种布设障碍的器材。地涩

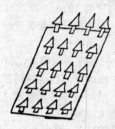

图 1-47 地涩

是在长阔各约二三尺、厚约3寸的木板上密钉逆须钉或铜铁钉。为了提高其效能，有的还在钉的尖端蘸上虎药。通常设在陷井内，上面施以伪装。多用于城垒的守护。

【**挡蹄**】　古代守城的一种设障器材。是用角径 7 寸的方木做成方框，方框里外都钉上逆须钉，有的还在钉尖上蘸虎药。通常设在陷坑内，上边施以伪装，敌方人马陷入，即被刺伤或因毒致死。

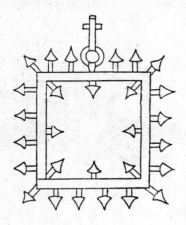

图 1-48　挡蹄

【**钩拒**】　古代一种长竿水战兵器。在长竹杆或木棒的前端安装锋利的金属钩刀。《汉书·杨雄传》注："钩，规也；矩，方也。又牵引也。"这种兵器，利用钩部"牵引"敌船，也可以用刀部杀伤敌人。当敌舰冲击过来时，以钩拒阻挡敌舰；敌舰逃窜时，勾住船舷进行接舷战。钩拒在中国创造于春秋时期，由公输班为楚国水军所造。上古时期，欧亚一些国家也开始使用这种兵器，只是形制、名称有所不同。

【**拍竿**】　古代战船上装备的重型拍击兵器。拍竿是在大型舰船上竖一立柱，顶端固定一根横杆，有的横杆安有锤头。作战时利用杠杆原理，以人力搬动横杆一端，使另一端拍击敌船。舰载火炮出现后拍竿被淘汰。

【**叉竿**】　古代一种守城器械。在木竿上安一金属制横刃。既可抗拒敌人利用飞梯攀城，又可用以击伤爬城之敌。在敌人飞梯靠近城墙时，利用叉竿的横刃抵着飞梯将其推倒，或等敌人爬到半途时，用叉竿从上向下顺梯用力向下推，能将敌手切断。

【**象方箱**】　象战器械。是一种固定于战象背上，防御、进攻兼用的作战装备。象方箱一般由竹、木、藤等轻质材料编制成，用革带捆绑固定在象背上。史料记载，印度古代象兵一般每象乘 4 人，1 名驭者，坐方箱前面（外面），手持刺棒，

驾驭战象；3 名弓箭手，立于方箱内，用弓箭或标枪射击敌人。

图 1-49　战象背上的象方箱

【**皮囊**】　古代军队渡河器材。以兽皮缝制成袋状，用时吹胀，捆于腹部或直接伏在上面，以手或小浆划水渡河。也可将若干皮囊排列在水面，上面敷设木板。树技等材料组成浮桥。在中国，亚述等地区都曾有记载。

图 1-50　借助皮囊渡河

【**指南车**】　中国最早的指南仪器，又名司南车。传说中国上古时代已发明指南车。有文字记载的是三国时马钧发明的指南车，其指南原理不是利用磁性，而是利用机械装置，即 7 个齿轮和 2 个滑轮的差动作用制定方向的。车上立有木人，车转动，木人所指方向不变。

【**布城**】　中国古代布制遮蔽、伪装器材。系由 16 世纪明代将领戚继光的军队率先使用。布城即在布上彩绘砖城图案，妨碍敌方观察，利于己方

隐蔽和射击。

【千里镜】 中国自制最早的望远镜。由明末清初江苏省吴县（今苏州市）人孙云球制造。孙云球先以水晶为原料，手工磨制镜片，制成"晶镜"，矫治近、远视眼。后将凹凸两块镜片组合，制成可以望远的"千里镜"。公元1631年，科学家薄珏把望远镜放置在自制的铜炮上，使望远镜在中国第一次用于军事上。

【杠杆】 古罗马时期开始使用的城防器械。杠杆一般是木制的，由底座和长臂杠杆组成。底座带有绞盘，中间安有复合滑轮，杆臂前端伸出铁抓钩。使用时将杠杆安放在防守城墙的城垛上，向下伸出铁抓钩抓捕、吊翻敌人的破城锤、云梯等攻城器械。《历史》一书曾记载，阿基米德设计的巨型杠杆甚至能抓捕靠近敌堤的敌舰。

【吊箱】 古代欧洲等地区用以搭载士兵攻城的器械。据说由马其顿亚历山大手下一名叫戴德斯的工匠发明。吊箱由吊杆、支架、索具、巨型箱子或篮子组成。吊杆是一根横置的长木杆，由很高的直支架支撑，牵拉索具可以使吊杆上升或下降，吊杆一端吊着巨型箱子或篮子，可以搭载若干名士兵。利用吊箱可以搭载士兵越过护城河，城墙的胸墙，直接登上城头作战。

【吊梁】 用于破坏敌破城锤及步兵攻城的器具。吊梁与中国古代滚木作用类似。吊梁一般是用两根铁索悬挂在两根平行地放在城墙上的木杆。当发现破城锤等撞击城墙时，把吊梁移动到破城锤的正上方，然后放铁索，使吊梁突然坠落，砸毁破城锤的头部，有时也可用于破坏其它大型、集群目标。修昔底德《伯罗奔尼撒战争史》曾记载了使用吊梁的成功战例。

【破城锤】 用以破坏城堡墙体、塔堡、城门的古代撞击器，又称"攻城锤"。其形制多种多样，最简单的破城锤是一根大木梁，以金属包头，由士兵抬着直接向敌城撞击。锤头的形状有尖头的，羊

图1-51 亚述士兵使用的破城锤

头状的、喇叭形的等等。较为复杂的破城锤配以轮子和架子，由人推着撞击敌城。有的是将破城锤吊

在木梁支架上，固定在城下，由人摇晃利用惯力冲撞城墙。配以轮架的实际已成为撞城机械，所以又名撞城车、破城机。有些装有防护挡板、兽皮、金属等材料，有的安装在活动的攻城塔下部。

破城锤在古代亚、非、欧等洲各国中使用较普遍。布匿战争中围攻迦太基的罗马人制造的两个巨型撞城机，其中一个巨型撞城机需要由6000名士兵运送。

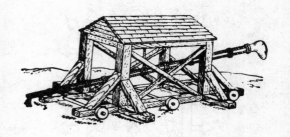

图1-52 欧式破城锤

【銮】 古代车上饰物，安装在轭首或车衡上方。銮的上部一般为肩圆形的铃，铃内有弹丸，铃上有辐射状的镂孔。下部为长方形的座，座的两面常有钉孔。西周时开始流行。

【銮铃】 亦作鸾铃。古代车乘的马铃。青铜制成，上有轮形铃，下连方銮，一般套在轭的顶端。

【马冠】 古代系在马额上的保护品或饰物。一般作兽面形，兽面粗眉圆目，巨鼻大口。边缘多有穿孔，用以穿皮条缚扎。已发现的马冠大都是西周时代的。

【镳】 马具。与衔合用，衔在口内，镳在口旁。商周时有青铜制的，也有骨、角制的。

【轭】 马具。形状略作人字形，驾车时套在马的颈部。

【衔】 马具。横在马口中，用以勒马。殷周时用青铜制。

【当卢】 马饰。多用青铜制。装饰于马额中央。

【马镫】 骑马时踏脚的装置。悬挂鞍子两边的皮带上。

【轫】 阻碍车轮转动的木头。车行走时须抽去。《后汉书·申屠刚传》："光武尝欲出游，刚……谏不见听，遂以头轫乘舆轮。"李贤注："谓以头止车轮也。"

【鞅】 套在马颈上的皮带，一说在马腹。

【鞧】 套在马后的皮带。

【勒】 套在马头上带嚼口的笼头。《汉书·匈奴传》:"鞍勒一具。"

图1-53 中国南北朝时马具装示意图

【锛】 古代常称为斤,是砍削木料用的工具。呈单斜面或双斜面,青铜锛始见于商代。春秋战国时数量增多,有不少流传到后世。是古代兵车中常备的修理工具。

【策】 马鞭。

【锥】 穿孔用的工具。后世见到的为数不多的青铜锥中,属于商代的呈细长扁条形或细长条形;战国和汉代的锥有的末端有环,可以穿系佩带,也有作成圆形镂孔的把手或附有镂花锥柄的。铁锥出现后其形制变化多端,是古代兵车上常备的工具。

【削】 又称削形刀,是一种小型刮削工具。通常用来修理车辆部件和马具,有时也用于修理兵器的手柄。在采用竹简作为书写材料的时候,常用于刮削竹简,因而又是一种文具。比刀小,多凸背凹刃,柄端常有一圆环可以穿系佩带。是古代兵车上常配备的工具。

【凿】 凿孔或挖槽用的工具。《说文解字》说:"凿,所以穿木也。"体细长,上宽下窄,刃部略呈弧形,直銎,使用时借助锤子一类工具锤击。青铜凿开始见于商代,春秋战国时代较多。如山彪镇、琉璃阁、寿县等地都有出土。铁(钢)凿一直延用至现代。是古代车辆上的主要修理工具。

【锯】 用于锯解竹、木、骨、角等,青铜锯很少保留到后世。最早的属于商代。中国历史博物馆收藏的一件商代锯为矩形,两边都有锯齿。战国时有直锯和弯锯。铁锯出现后一直延用至现代,形制也演变为各种各样。在古代,锯是军事装备的主要修理工具。

【锉(错)】 用于磨擦加工竹、木、骨、角等器。河南汲县山彪镇战国墓和安徽寿县楚墓出土的铜锉,有直锉、弯锉两种。铁锉一直延用至现代。形制与古代无大变化。在古代,它常是修理军事装备的工具。

【钻】 用于在物品上钻孔的工具。已发现的青铜钻有的为柱状,横截面近于等边八角形,下端略呈弧形,两面刃;有的为长条形,截面呈菱形,下端两侧有刃。铁钻形制变化较大。在古代是修理军事装备的常用工具。

【刁斗】 古代军中用具。铜质,有柄,能容一斗。军中白天用来烧饭,夜则击以巡更。

【砺】 磨刀石。《荀子·劝学》:"金就砺则利。"是最原始的兵器修理工具。

【砥】 磨刀石。《淮南子·说山训》:"厉利剑者必以柔砥。"又《修务训》:"剑待砥而后能利。"是最原始的兵器修理工具。

【鼓】 古代铜鼓。常用于战争中指挥军队进退。有时也用于宴会、祭祀的乐舞。

【镯】 钟状的铃,古代军中乐器。

【鱼符】 中国唐代授予臣属的信物。唐高祖避其祖李虎的名讳,废除虎符,改用鱼符,武则天改为龟符,中宗初年又恢复为鱼符。符分左右两半,字都刻于符阴,上端有一"同"字,侧刻"合同"两半字,首有孔,可以系佩。除发兵用的兵符外,五品以上的官都有随身佩带的符,分金质、银质、铜质等。此外尚有过宫殿门、城门用的通行符等。

【虎符】 中国古代帝王授予臣属兵权和调发军队的信物。用铜铸成虎形,背有铭文,分为两半,右半留存中央,左半发给地方官吏或统兵的将帅。调发军队时,须由使臣持符验合,方能生效。

二、枪　械

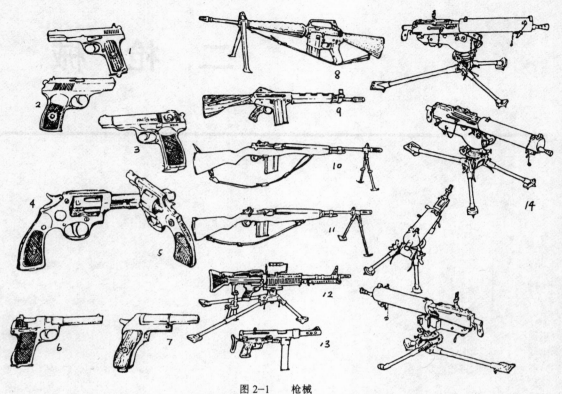

图 2-1　枪械

1.TT-33 式("特加列夫")手枪(苏)　2.ПМ 式("马卡洛夫")手枪(苏)　3.АПC 式("斯杰启金")手枪(苏)　4.史密斯威生工手枪(美)　5.M-13 式手枪(美)　6.67 年式微声手枪　7.57 年式信号枪　8.M-16 式"阿玛莱特"自动步枪(美)　9.AR-16"阿玛莱特"自动步枪(美)　10.M-14 式半自动步枪(美)　11.M-15 式自动步枪(美)　12.M60 式机枪(美)　13.巴勒斯坦游击队使用的冲锋枪　14.M-1918A2"勃朗宁"重机枪

【枪械】　一般指利用火药燃气能量发射弹头，口径小于 20 毫米的身管射击武器。枪械主要用于发射枪弹，打击暴露的有生目标和薄壁装甲目标。它是步兵的主要武器，也广泛装备于各军种、兵种；同时还应用于治安、狩猎和体育竞赛方面。枪械通常可分为手枪、步枪、冲锋枪、机枪等。按自动化程度，枪械有全自动、半自动和非自动三种。全自动枪械可利用火药燃气能量或其他附加能源，实现装填与连发；半自动枪械能实现自动装填，但不能连发；而非自动枪械仅能单发，重新装填与再次击发都由人工完成。各国现装备的军用枪械多为全自动或半自动枪械，均能实现自动装填，都属于自动武器。常见的民用枪械有猎枪和运动枪，多为非自动或半自动枪械。

枪械的战术技术性能，通常根据弹道参数、有效射程、战斗射速、尺寸和重量等诸元来评价。弹道参数包括口径、弹头重和初速。由弹头重和初速

决定的弹头枪口动能，是枪械威力的主要标志之一。枪械的口径一般可分为三种，通常称 6 毫米以下的为小口径，12 毫米以上的为大口径，介于二者之间的为普通口径。有效射程是枪械对常见目标射击时能获得可靠效果的最大距离，反映枪械的远射性。战斗射速是枪械在实战条件下每分钟射弹的平均数，反映枪械的速射性。尺寸和重量反映枪械的机动性。

现代自动枪械一般由枪管、机匣、瞄准装置、自动机各机构、发射机构、保险机构和枪架(或握把、枪托)等部分组成，有些枪械还有刺刀、枪口装置等辅助部件。自动机各机构用于实现连续射击，它包括闭锁、复进、供弹、击发和退壳机构等。

全自动枪械在连发时，手扣扳机，击针打燃枪弹底火，在膛内火药燃气的作用下射出弹头，并推动活动机件后坐，依次完成开锁、抽壳、抛壳、输

弹、待击等动作，同时压缩复进簧；活动机件后坐到位后，在复进簧力的推动下复进，完成进弹、闭锁、击发等动作，接着又开始下一个射击循环。半自动枪械射出一发弹后，接着自动进行退壳、装弹和闭锁，但击发机构受控于待击状态，不能自动再发，须放松扳机并重新扣引，才能实现再次发射。非自动枪械，没有自动开锁装置和复进机构，退壳与装填都是由手动完成的，只能单发。

据史料记载，1259年，中国就制成了以黑火药发射子窠的竹管突火枪，这是世界上最早的管形射击火器。随后，又发明了金属管形射击火器——火铳，到明代已在军队中大量装备。

14世纪欧洲也有了从枪管后端火门点火发射的火门枪。15世纪欧洲的火绳枪，从枪口装入黑火药和铅丸，转动一个杠杆，将用硝酸钾浸过的阴燃着的火绳头移近火孔，即可点燃火药发射。由于火绳雨天容易熄灭，夜间容易暴露，这种枪在16世纪后逐渐被燧石枪所代替。最初的燧石枪是轮式燧石枪，用转轮同压在它上面的燧石摩擦发火。以后又出现了几种利用燧石与铁砧或药池盖撞击迸发火星，点燃火药的撞击式燧石枪。燧石枪曾在军队中使用了约300年。

早期的枪械都是前装滑膛枪。15世纪已经知道在枪膛内刻上直线形膛线，可以更方便地从枪口装入铅丸，16世纪以后，将直线形膛线改为螺旋形，发射时能使长形铅丸作旋转运动，出膛后飞行稳定，提高了射击精度，增大了射程。但由于这种线膛枪前装很费时间，因而直到后装枪真正得到发展以后，螺旋形膛线才被广泛采用。

19世纪初发明了含雷汞击发药的火帽。把火帽套在带火孔的击砧上，打击火帽即可引燃膛内火药，这就是击发式枪机。具有击发式枪机的枪称为击发枪。

1812年在法国出现了定装式枪弹，它是将弹头、发射药和纸弹壳（装有带底火的金属基底）连成一体的枪弹，大大简化了从枪管尾部装填枪弹的操作。1835年在德国研制成功的德莱赛步枪，1840年装备普鲁士军队。这是最早的机柄式步枪，它用击针打击点火药，点燃火药，发射弹头，称为击针枪。它明显地提高了射速，并能以任何姿式（卧、跪或行进中）重新装弹。19世纪60年代，出现了用黄铜片卷制的整体金属弹壳，代替了纸弹壳，发射时可以更好地密闭火药燃气，从而提高了初速。

德国装备的1871年式毛瑟步枪，是首先成功地采用金属弹壳枪弹的机柄式步枪。这种枪的口径为11毫米，有螺旋膛线，发射定装式枪弹，由射手操纵枪机机柄，实现开锁、退壳、装弹和闭锁。1884年毛瑟步枪改进后，在枪管下方枪托里装上可容8发枪弹的管形弹仓，将弹仓装满后，可多次发射。1886年无烟火药首先在法国用作枪弹发射药后，由于火药性能提高，残渣减少，以及金属深孔加工技术的进步，步枪的口径大都减小到8毫米以下（一般为6.5～8毫米），弹头初速也进一步得到提高。

为了提高枪械的射速，增强火力密度，中国清代康熙年间（17世纪下半叶），戴梓发明了一种连珠火铳，它的弹仓中贮火药铅丸28发，可扣动扳机进行装弹与发射。19世纪中叶前，在欧美一些国家常将许多支枪平行或环形排列，进行齐射或连射。1862年，美国人R.J.加特林发明的手摇式机枪，用6支口径为14.7毫米的枪管，安放在枪架上。射手转动曲柄，6支枪管依次发射。曾在美国南北战争中（1861～1865年）起了很大的作用。

枪械发展史上常把英籍美国人H.S.马克沁发明的机枪，作为第一种成功地以火药燃气为能源的自动武器。这种枪采用的枪管短后坐自动原理于1883年试验成功，1884年应用这种原理的机枪取得了专利。它以膛内火药燃气作动力，采用曲柄连杆式闭锁机构，布料弹链供弹，水冷枪管，能长时间连续射击，理论射速可达每分钟600发，枪重27.2公斤，一些国家引进并装备了部队。1902年在丹麦出现了丹麦德森机枪，它带有两脚架，采用气冷枪管，外形似步枪，枪重9.98公斤。人们为了便于区分，称前者为重机枪，称后者为轻机枪。第一次世界大战的实战证明，机枪对集团有生目标有很大的杀伤作用，是步兵分队有力的支援武器。1915年，意大利人B.A.列维里采用半自由枪机式自动原理，设计了一种发射9毫米手枪弹的维拉·派洛沙双管自动枪，但由于威力较小，重量较大，单兵使用不便，未得到发展。西班牙内战（1936～1939年）时期，交战双方使用了德国MP18式等多种发射手枪弹的手提式机枪，这些枪短小轻便，弹匣容弹量较大，在冲锋、反冲锋、巷战和丛林战等近距离战斗中火力猛烈，被称为冲锋枪。第二次世界大战中，又陆续出现了许多不同类型的冲锋枪。

第一次世界大战中，出现了军用飞机、坦克，接着就出现了航空机枪和坦克机枪；为了射击低空目标和薄壁装甲目标，又出现了威力较大的大口径机枪。

随着战争规模的扩大和作战方式的变化,武器弹药种类繁多,使后勤补给日趋复杂。许多国家枪械的改革,都首先致力于弹药的通用化。第二次世界大战中,出现了弹重和尺寸介于手枪弹和步枪弹之间的中间型枪弹。德国研制了 7.92 毫米短弹,用于 MP43 冲锋枪;苏联也研制了口径为 7.62 毫米的 43 式枪弹,战后按此枪弹设计了 CKC 半自动卡宾枪、AK47 自动枪和 PⅡЛ 轻机枪,首先解决了班用枪械弹药统一的问题。1953 年 12 月,北大西洋公约组织选用了美国 7.62 毫米 T65 枪弹作为标准弹。与此同时,为了减少枪种,许多国家都寻求设计一种能同时在装备中取代自动步枪、冲锋枪、卡宾枪,有效射程 400 米左右,火力突击性较强的步枪。这种步枪后来称为突击步枪。德国的 StG44 突击步枪和苏联的 AK47 自动枪,都体现了这种设计思想。

直到第二次世界大战末,重机枪仍是步兵作战的主要支援武器,但它过于笨重,行动很不方便。各国在研制重机枪时,都设法在保持其应有威力的前提下,尽量减轻重量,这样就出现了通用机枪。这种机枪首先出现在德国。20 世纪 30~40 年代,德国先后设计出 MG34 和 MG42 机枪,支开两脚架可作轻机枪用,装在三脚架上也可作重机枪用,既轻便又可两用。第二次世界大战后各国设计的通用机枪,枪身和枪架全重一般在 20 公斤左右。枪身可轻重两用,枪架一般可高平两用,并能改装在坦克、步兵战车、直升飞机或舰艇上使用。其中有代表性的是苏联的 ЛKM／ЛKMC 通用机枪和美国的 M60 通用机枪。

经过对实战中步枪开火距离的大量统计研究,同时考虑到在战争中将大量使用步兵战车,人们认识到步枪的有效射程可缩短到 400 米以内。这样就可以适当降低枪弹威力,提高连发精度和机动性,增加携弹量,提高步兵持续作战能力。1958年美军首先开始试验发射 5.56 毫米雷明顿枪弹的小口径自动步枪 AR15,1963 年定名为 M16 步枪,并列装部队,首开了枪械小口径化的历程。M16 枪重 3.1 公斤,有效射程 400 米,由于弹头命中目标后能产生翻滚,在有效射程内的杀伤威力较大。这种枪的改进型 M16A1 和 M16A2 步枪,均为美军制式装备。继美国之后,许多国家也都研制了发射小口径枪弹的步枪。苏联于 1974 年定型了口径为 5.45 毫米的 AK74 自动枪和 PПK74 轻机枪。1980 年 10 月,北大西洋公约组织选定 5.56

毫米作为枪械的第二标准口径。

为了减少枪种,便于生产、维修、训练和补给,苏联于 60 年代在 AK47 自动枪的基础上设计出卡拉什尼科夫班用枪族,其中的 AKM 自动枪和 PПK 轻机枪采用同一种 43 式枪弹,多数部件可互换使用。苏联还同时发展了使用 7.62 毫米 1908 式枪弹的 ПK 机枪枪族。联邦德国发展了 5.56 毫米 HK33 枪族。其他许多国家也发展了各种枪族。

此外,由于步兵反装甲目标的实战需要,枪榴弹和步枪配用的榴弹发射器也发展较快。1969 年美军装备了 M203 榴弹发射器,将它安装在 M16A1 自动步枪的枪管下方,可发射 40 毫米榴弹,使步枪成了一种点面杀伤和破甲一体化的武器。联邦德国于 1969 年开始研制 4.7 毫米 G11 无壳弹步枪,这种枪采用无壳枪弹,使用高燃点发射药,掺进少量可燃加强材料(如各种纤维素)和粘合剂制成药柱,把弹丸和底火嵌在药柱中。枪身采用了密封机匣,机匣枪托合一结构,大容量弹匣、高速点射控制机构等新的技术措施。

随着科学技术的发展,各国都在寻求研制新型枪械的途径,主要是探索新工作原理和新型结构的枪弹,并力图应用轻金属材料和非金属材料。减少弹枪系统的尺寸和重量,提高火力密度,增强杀伤威力等。研制适于乘车战斗的步枪和机枪;加强步兵反坦克、反空降能力,实现步枪点面杀伤和破甲一体化;提高枪械全天候作战使用的能力。有些国家还在探索非火药能源(高压电能、声能或激光等)的枪械。

【小口径枪械】 口径在 6 毫米以下的射击武器。按用途不同,分为小口径战斗枪械和小口径射击运动枪械。前者始用于本世纪 60 年代,已采用的有小口径自动步枪、冲锋枪、班用机枪.小口径战斗枪械的特点是:外廓尺寸小,重量轻,便于携带、使用;初速高,弹道低伸,后坐力小,在有效射程内有较好的连发精度和较大的杀伤威力;弹头轻,减速快,有效射程较短。小口径射击运动枪械包括步枪和手枪。步枪通常为单发装填的非自动枪,手枪为自动枪。为获得良好的射击密集度,此类枪通常采用重枪管,并改装了瞄准装置等。

【微口径枪械】 口径小于 5 毫米的射击武器。其结构和性能特点同小口径枪械。

【前装枪】 弹药由枪口装入膛内的枪的统称。包括滑膛前装枪和线膛前装枪两种。由枪身、枪托、击锤、火帽的击发装置和带表尺的瞄准具构成，并附有刺刀。

【后装枪】 由枪机将子弹推入枪膛的枪的统称。近代火器之一，分为单发、连发两种，其技术特点是在机槽内安有闭锁机（亦称枪机），以其前后运动，推子弹进入药室和退出空弹壳。

【特种枪】 配备于特种分队或特种装备的专门制造或改装的枪械。如侦察兵用的微声冲锋枪，特等射手用的狙击步枪，航空机枪，舰艇机枪，坦克机枪等。

【手枪】 单手发射的短枪。是近战和自卫用的小型武器。它短小轻便，能突然开火，在 50 米内具有良好的杀伤效力。手枪按用途可分为自卫手枪、战斗手枪和特种手枪。按构造又可分为转轮手枪和自动手枪。

转轮手枪的转轮上通常有 5～6 个既作弹仓又作弹膛的弹巢。枪弹装于巢中，旋转转轮，枪弹可逐发对正枪管。常见的转轮手枪，装弹时转轮从左侧摆出，又称左轮手枪。转轮手枪的发射机构有两种类型：一种是单动机构，先用手向后压倒击锤待击，同时带动转轮旋转到位，然后扣压扳机完成单动击发；另一种是双动机构，可以一次扣压扳机自行联动完成待击和击发两步动作，也可以进行单动击发。其中以双动机构应用最为普遍。

自动手枪的自动方式，大多为枪机后坐式或枪管短后坐式。采用弹匣供弹，弹匣通常装在握把内，容弹量多为 6～12 发，有的可达 20 发。一般均有空仓挂机装置，采用单动或双动击发机构。多数自动手枪为可自动装填的单发手枪，战斗射速约 24～40 发／分。

一般转轮手枪和自动手枪主要用于自卫，称为自卫手枪；少数大威力手枪和冲锋手枪，火力较强，有效射程较远，又称为战斗手枪。冲锋手枪可单发，也可连发，必要时能附加枪盒或枪托抵肩射击，战斗射速可高达 110 发／分以上。特种手枪包括微声手枪和各种隐形手枪等，用于执行特殊任务。

中国元明时期（13～17 世纪）的军队已装备了手持火铳。欧洲原始的手枪出现在 14 世纪，它是一种单手发射的手持火门枪，15 世纪发展为火绳手枪，随后被燧石手枪所取代。19 世纪初出现击发手枪后，曾有一种称为"胡椒盒"的多枪管旋转手枪问世。1835 年美国人 S.柯尔特改进的转轮手枪，取得了英国专利，这支枪被认为是第一支真正成功并得到广泛应用的转轮手枪。1855 年后，转轮手枪采用了双动力击发发射机构，并逐渐改用定

装式枪弹。自动手枪出现于 19 世纪末期，1892 年奥地利首先研制出 8 毫米舍恩伯格手枪，1893 年德国制造的 7.65 毫米博查特手枪问世，1896 年德国开始制造 7.63 毫米毛瑟手枪。在这以后的十余年间，自动手枪发展迅速，出现了许多型号。由于它比转轮手枪初速大、装弹快、容弹量多、射速高，因而自 20 世纪初以来，各国大多采用了自动手枪。由于转轮手枪对瞎火弹的处理十分简便，故在一些国家仍有使用。

【左轮手枪】 个人使用的多发装填非自动枪械。其主要特征是枪上装有一个转鼓式弹仓，鼓内有数个弹膛。左轮手枪最早出现于 16 世纪。现代左轮手枪击锤呈待击状态或扣动扳机时，鼓轮随即转动并使下一发枪弹到位。按照击锤呈待击状态的方法区分，有单动左轮手枪和双动左轮手枪。按用途分为战斗用左轮手枪、民用左轮手枪与射击运动专用左轮手枪。战斗用左轮手枪用于杀伤 100 米以内的活动目标。其口径为 7.62-11.50 毫米，重量为 0.75-1.3 公斤，鼓轮的弹膛通常为 6-7 个，优等型号手枪的射速每 15-20 秒钟不超过 6-7 发。左轮手枪于第二次世界大战后逐渐被自动手枪所取代。

【步枪】 单兵肩射的长管枪械。主要用于发射枪弹，杀伤暴露的有生目标，有效射程一般为 400 米；也可用刺刀、枪托格斗；有的还可发射枪榴弹，具有点面杀伤和反装甲能力。

步枪按自动化程度分为非自动、半自动和全自动三种，现代步枪多为自动步枪。按用途分，除普通步枪外，还有骑枪（卡宾）、突击步枪和狙击步枪。狙击步枪是一种特制的高精度步枪，一般仅能单发，多数配有光学瞄准镜，有的还带有两脚架，装备狙击手，用于杀伤 600-800 米以内重要的单个有生目标。

自从 13 世纪出现射击火器后，大约经过 600 年的发展过程，非自动步枪在结构与性能等方面均已比较完善。19 世纪末，一些国家开始从事自动步枪的研制。1908 年墨西哥首先装备了蒙德拉贡设计的 6.5 毫米半自动步枪。第二次世界大战后，各国的自动步枪逐渐得到发展。但由于枪弹威力大，后坐太猛，精度很差，全自动步枪并没有得到推广。当时研制的多数仍为半自动步枪，如美国 M1 加兰德半自动步枪。

第二次世界大战后期，出现了中间型枪弹，减小了弹头重量和初速，降低了武器的后坐冲量，从而研制成了射速较高、射击较稳定、枪身较短和重

量较轻的全自动步枪，这种步枪也称为突击步枪，此后全自动步枪在一些国家得到了发展，如德国的StG44突击步枪、苏联的AK47自动枪等。

战后，为了统一弹药、简化弹种和枪种，有些国家以步枪为基础，发展了基本结构相同，多数零部件可以互换，使用同种枪弹的班用枪族。如苏联的AKM自动枪和МП班用轻机枪枪族，同时取代了结构不同的AK47自动枪、CKC半自动步枪和РПД班用轻机枪等三种武器。

1958年美国开始试验5.56毫米自动步枪，首开了步枪小口径化的进程。这种枪1963年定名为M16自动步枪，它口径小，初速高，在有效射程内弹头的杀伤威力有明显的提高；并且减小了后坐冲量，提高了连发精度；由于弹枪系统重量较轻，可以增加携弹量，提高士兵的持续作战能力。此后，许多国家都相继发展了小口径步枪。1974年苏联也定型了5.45毫米AK74自动枪。在欧洲一些国家还装备了一种枪托与机匣合一的步枪。这种枪握把在弹匣前方，可保持足够的枪管长度，明显减少枪长。如法国的玛斯步枪，奥地利的施泰尔通用枪和英国的SA80步枪已经列装。联邦德国研制的这种步枪则是带有高速点射控制机构的4.7毫米G11无壳弹步枪，该枪已于1983年初开始在部队试用。

【小口径步枪】　口径5~6毫米的步枪。初速大，弹道低伸，后坐力小，连发精度好，体积小，重量轻。但有效射程短，膛压较高。

【微口径步枪】　口径5毫米以下的步枪。其优缺点同小口径步枪。目前国外研制较成功的微口径步枪有英国的4.85毫米自动步枪、西德的4.6毫米HK36突击步枪、美国的4.32毫米点射步枪。

【半自动步枪】　利用部分火药气体能量和弹簧伸张力自动完成退壳、送弹的单发步枪。战斗射速35~40发/分，扣动一次板机发射一发子弹。

【自动步枪】　利用部分火药气体能量和弹簧伸张力进行连发射击的步枪。战斗射速，连发90~100发/分，单发40发/分。自动步枪可自动装填子弹和退壳，只要扣引扳机不放松，即可连续发射。

【狙击步枪】　狙击手使用的具有光学瞄准具的步枪。用于对最重要的单个目标实施精确射击。利用光学瞄准具可以在能见度不好的条件下进行有效的观察，从而提高瞄准精度。进行夜间射击时，在狙击步枪上装有夜视瞄准具或者接通光学瞄准具分划镜的照明。狙击步枪分为非自动与自动两种。

【骑枪】　又称马枪。最初用来装备骑兵的单兵射击武器。结构同步枪，但枪身稍短，便于骑乘中使用。由于现代步枪的轻便化，骑枪与步枪的差别已经消失。

【卡宾枪】　缩短的轻型步枪。枪管比普通步枪的短，初速略低，有效射程略近。现代的自动卡宾枪与自动步枪已无明显区别。卡宾枪的研制始于15世纪末。开始为直膛线卡宾枪，后来出现了螺旋膛线卡宾枪和滑膛卡宾枪。起初主要装备于炮兵和骑兵。

【冲锋枪】　通常指双手握持发射手枪弹的单兵连发枪械。它是一种介于手枪和机枪之间的武器，比步枪短小轻便，便于突然开火，射速高，火力猛，适用于近战和冲锋，在200米内有良好的杀伤效力。

冲锋枪的结构较为简单，枪管也较短。自动方式多采用枪机后坐式，枪机较重，发射时碰撞较厉害。采用容弹量较大的弹匣供弹，弹匣通常装在武器下方，有的装在侧方或上方。战斗射速单发时约40发/分，长点射时约100~120发/分。简单的冲锋枪没有快慢机，只能连发射击。冲锋枪多具有小握把，枪托一般可伸缩或折叠。

一般认为冲锋枪起源于第一次世界大战时期，为适应阵地争夺战的需要，1915年意大利人B.A.列维里设计了发射9毫米手枪弹的维拉·派洛沙双管自动枪。这种枪的射速太高（3000发/分），精度很差，也较笨重，不适用于单兵使用。1918年出现了德国人H.斯迈塞尔设计的9毫米MP18冲锋枪，它虽然射程近，精度不高，但较适合单兵使用，且具有猛烈的火力。其改进型MP18I型当年装备了德国陆军。西班牙内战时期（1936~1939年），交战双方都曾大量使用冲锋枪。第二次世界大战中，不同型号的冲锋枪得到了迅速发展和大量应用。大战后期，出现了发射中间型枪弹的自动枪械，它具有冲锋枪的密集火力和近于步枪的杀伤威力，这种枪在中国曾称为冲锋枪，有些国家则称为突击步枪或自动枪，如德国的StG44突击步枪，苏联的AK47自动枪，中国的56式冲锋枪等。20世纪60年代以后，有些国家研制了微型冲锋枪，如美国的英格拉姆M10冲锋枪，中国的79式7.62毫米冲锋枪等。由于它更加短小轻便，使用灵活，必要时可单手发射，适于特种部队装备。

【微声冲锋枪】 体积小、重量轻，携行方便的冲锋枪。一般使用手枪弹，供特种分队使用。

【机枪】 带有两脚架、枪架或枪座，能实施连发射击的自动枪械。机枪以杀伤有生目标为主，也可以射击地面、水面或空中的薄壁装甲目标，或压制敌火力点。通常分为轻机枪、重机枪、通用机枪和大口径机枪。根据装备对象，又分为野战机枪（含高射机枪）、车载机枪（含坦克机枪）、航空机枪和舰用机枪。轻机枪装有两脚架，重量较轻，携行方便。可卧姿抵肩射击，也可立姿或行进间射击，战斗射速一般为 80～150 发／分左右，有效射程 500～800 米。重机枪装有稳固的枪架，射击精度较好，能长时间连续射击。全枪较重，可分解搬运。其战斗射速为 200～300 发／分，有效射程平射为 800～1000 米，高射为 500 米。通用机枪，又称两用机枪，以两脚架支撑可当轻机枪用，装在枪架上可当重机枪用。大口径机枪，口径一般在 12 毫米以上，可高射 2000 米内的空中目标、地面薄壁装甲目标和火力点。

机枪由枪身、枪架或枪座组成。自动方式多为导气式，少数为枪管短后坐或枪机后坐式。枪管壁较厚，热容量大，有的枪管过热时还能迅速更换，适于较长时间的连续射击。闭锁机构一般强度较高，能承受连续射击时的猛烈撞击和振动。供弹方式以弹链供弹为多，也有采用弹匣或弹鼓供弹的。发射机构一般采用连发结构。坦克机枪和航空机枪多采用电控发射机构。为了射击活动目标或进行风偏及偏流修正，多数机枪还有横表尺。高射机枪装有简易机械瞄准装置或自动向量瞄准具。枪架用于支持枪身，并赋予枪身一定的射角和射向。枪架上有高低机和方向机，有的还装有精瞄机，并有高低、方向射角限制器，可实施固定射、间隙射、超越射、纵深或方向散布射。重机枪和高射机枪采用三脚架或轮式枪架，三脚架较轻，适于在不平坦地面上架枪射击；轮式枪架适于在平坦地表上机动作战。车载机枪、航空机枪和舰用机枪一般安装在枪座上。为了提高火力密度，通常采用提高射速或多枪联装的方法。采用多管转膛原理的航空机枪，射速可达 6000 发／分以上；高射机枪和舰用机枪常采用双枪或四枪联装。

为了提高枪械的发射速度，19 世纪 80 年代前，许多国家都研制过连发枪械，英国人 J.帕克尔发明的单管手摇机枪，1718 年在英国取得专利，由于枪身太重，且装弹困难，未引起普遍重视。美国人 R.J.加特林发明的手摇式机枪，于 1862 年取得专利，首次使用于美国南北战争（1861～1865 年）。世界上第一支以火药燃气为能源的机枪，是英籍美国人 H.S.马克沁发明的，1883 年他试验成功了枪管短后坐自动原理，1884 年应用这种原理机枪取得了专利。这是枪械发展史上的一项重大技术突破。这种机枪的理论射速约为 600 发／分，枪身重量 27.2 公斤，后人称为马克沁重机枪。它在英布战争（1899～1902 年）中首次使用。此后，其他国家也相继研制成了各种重机枪。在第一次世界大战的索姆河会战中，1916 年 7 月 1 日英军向德军发起进攻，德军用马克沁重机枪等武器，向密集队形的英军进行了猛烈持续的射击，使英军一天之中伤亡了近 6 万人。这个战例足以说明重机枪的密集火力对集团有生目标的杀伤作用。为了使机枪能紧密伴随步兵作战，1902 年丹麦人 W.O.H.麦德森设计了一种有两脚架带枪托可抵肩发射的机枪，全枪重量 9.98 公斤，称为轻机枪。

第一次世界大战期间，军用飞机和坦克问世，要求步兵有相应的防空和反装甲能力，为了提高机枪威力，出现了大口径机枪。1918 年德军首先装备了 13.2 毫米苏罗通机枪，随后英国装备了 12.7 毫米维克斯机枪。军用飞机和坦克上也相应装备了航空机枪和坦克机枪。至于军舰，则在机枪刚出现时就装备了舰用机枪。

第一次世界大战后，德国设计了 MG34 通用机枪，枪身带两脚架，全重 12 公斤，1934 年装备部队，配备弹鼓和两脚架可作轻机枪用，配备弹链和三脚架可作重机枪用。第二次世界大战后各国研制的新型通用机枪相继出现，如美国的 M60 机枪，苏联的 ΠKM／ΠKMC 机枪，中国的 67-2 式机枪等。

【轻机枪】 装有两脚架的重量较轻的步兵自动武器。主要用以杀伤集团生动目标，也可用以射击低空敌机、伞兵和轻型装甲目标。它携带方便，火力猛烈，是步兵班的主要武器。一般由枪管、机匣、枪机、复进机、击发机、受弹机、瞄准装置、脚架和枪托等组成。有效射程一般为 800 米，战斗射速为 150 发／分左右。射弹为普通弹、曳光弹、曳光燃烧弹和穿甲燃烧弹。通常用弹匣或弹盘、弹鼓、弹链供弹。可行短点射（3—5 发）、长点射（10—15 发）和连续射击。可用两脚架支撑射击和在行进中手提射击。

【重机枪】 装有稳固枪架且须分解搬运的步兵自动武器，是步兵分队的一种支援火器。主要用以杀伤敌生动目标，压制火力点，也可用以射击低空敌机、伞兵以及轻型装甲目标。一般由枪管、机匣、枪机、复进机、枪尾部、受弹机、瞄准装置、枪架等组成。由机枪组集体使用。转移时可分解为几部分。枪架一般为三脚架式，也有轮式。转换枪架可实施平射和高射。有效射程一般为 1000 米，战斗射速为 300—400 发／分。使用弹种为普通弹、曳光弹、穿甲弹和穿甲燃烧弹等。用容量较大的弹链供弹，可实施间隙射击、散布射击和超越射击。它射击的稳定性好，精度高，火力猛烈，威力较大。

【坦克高射机枪】 安装在坦克炮塔门旋转架上的对空射击机枪。射击时由二炮手操作。也可对地面目标射击。

【坦克航向机枪】 安装在驾驶员右侧，射击方向与坦克行进方向一致的机枪。射击时由驾驶员操作。

【坦克并列机枪】 与坦克炮并列安装的机枪。射击时与坦克炮共用一个火控系统，由一炮手操作。

【高射机枪】 口径小于 20 毫米的毁伤低空目标的自动连射武器。也可用以射击地面轻型装甲目标和压制火力点。一般由枪管、机匣、枪机、复进机、击发机、枪尾部、受弹机、普通瞄准装置、高射瞄准装置、枪架等组成。按其枪管数量可分为单管和多管高射机枪。对空射击有效射程为 2000 米，对地面射击一般为 1000—1500 米。战斗射速，单管的为 80—150 发／分，双联装和四联装的分别为单管的 2 倍和 4 倍。使用穿甲燃烧弹、穿甲燃烧曳光弹实施射击。通常以弹链供弹。其射角可达 90°，方向界界为 360°，操作灵便，射击稳定性好，射弹穿甲能力较强。

【枪族】 口径和结构相同而战术用途各异的枪种系列。同一枪族式的，使用同一弹种，大部分零部件可以互换。实行枪族化，便于生产、供应和维修，尤其便于战时拆配修理，可大大提高枪械的战场维修效率。但不同枪种主要部位的强度，奉命和性能相似或相同，不能完全满足对各枪种的特殊要求。目前，枪族化是枪械发展的主要趋势之一。

【气动枪】 靠压缩空气或气体的压力将弹头射出的轻武器。气动枪的雏型是古代的鼓气管。欧洲的第一支气枪出现于 1430 年。19 世纪初，由于气枪的战斗性能差，所以被更加完善的火器取代。从此，气动枪作为竞赛用武器而得到进一步发展。现代线膛气动枪膛内有 4—12 条膛线，口径 3~5.6 毫米，最大射程将近 100 米。气动枪用空心管状的铅弹或带尾翼的尖头钢弹进行射击。气动枪有弹簧式和气瓶式两种。弹簧式气动枪靠活塞在圆筒中压缩空气进行发射。气瓶式气动枪利用压缩二氧化碳气体的膨胀能量将弹头从枪管中射出去。

【气枪】 ①用于狩猎而很少用于军事目的的古代武器。枪管长 1.5~3 米，通常可套入另一根较大口径的管内。有毒的小箭头在空气压力下从枪管抛射出去，距离可达 30~50 米。气枪在印度尼西亚群岛和马来半岛、南美洲的热带森林中仍在使用。②一种现代体育用武器。它是利用压缩空气发射的，而空气则是用活塞压进去或由气瓶充进去的。

【TASEY 电枪】 美国发明的一种最新式的亚致命武器的名称。它是由一个手电筒和两格小空间组成。每格小空间内放置一个小匣子，匣子内藏有一个微小的倒刺及连接倒刺的电线。手电筒用于瞄准和照亮目标，一旦瞄准了目标，只要扣动电枪的扳机，匣子里就迅速射出倒刺，命中率极高。倒刺接触目标后，强力电池释放出强大电流使敌人在两、三秒钟内发生肌肉痉挛而无法动弹，如电流持续十几秒钟，可使一个健康正常的人完全丧失知觉。

【头盔枪】 联邦德国研制的一种新型步兵射击武器。其枪膛装置在头盔的最上方。在前额的上方有一条装有光学瞄准具的瞄准线。当前方出现目标时，士兵双目的反射镜能准确地把目标反射到人的视线以内，然后由电发光装置自动地向敌人连续射击。它能发射 9 毫米的无壳弹，子弹初速为 580 米／秒，无后坐力，且有相当高的命中率。头盔密封对核、化学和生物武器具有一定的防护能力，能抗住 500 米以外的步枪直射弹。头盔口部、耳部装有传声器和耳机，便于与附近伙伴联系；还装有 12 频道的微型发报机，用于 1000 米以内的通信联络。头盔内还装有食品输送管。使用头盔枪的最大优点是反应快，先敌开火，首发命中，便于隐蔽，且大大减轻了步兵负荷。

【信号枪】 发射信号弹的手枪，是简易通信工具之一。主要用于传达命令、通报情况和发出遇险信号。一般由枪管、退壳钣、击发机、握把座四大部分组成。按枪管数量可分为单管和多管信号枪。信号弹的射击高度一般为 100 米左右，飞行距离为 150 米左右。战斗射速一般为 10—12 发／分。使用红、绿、黄、白四种发光信号弹。以发射不同颜色和数目的信号弹表达一定的信号内容。

【飞机信号枪】 飞机上发射信号弹的装

置。用于飞机与地面或飞机相互之间的联络和识别。信号弹有白、红、绿、黄四种颜色。通过发射不同颜色和数目的信号弹表达一定的信号内容。目前使用的飞机信号枪一般可装四颗信号弹。

【测风枪】 在火箭飞行弹道主动段范围内测定风速、风向的装置。是一种装在特制托架上的大口径枪。配有昼间用和夜间用的两种探测弹。发射时，借球形水准器固定射向。为进行方向标定和测量水平角，配备有方向分划盘和瞄准器。此外，还配有测量测风枪与探测弹平均弹着点之间距离的测尺和秒表。

【照相枪】 用以保证在机关枪射击、发射火箭和轰炸时能同时对两个影象——目标和瞄准具光环——一个画面接一个画面地连续拍摄的专门电影摄影机。照相枪用于检查射击、发射火箭和投弹时的瞄准质量、实施条件和攻击效果。主要在空军中使用，是训练飞行员、领航员、空中射击员在空中射击和轰炸当中能有效地使用航空武器的重要技术器材。照相枪的区别以拍摄速度、镜头焦距所用胶卷的宽度而定。照相枪有3个主要部分：摄影机、暗盒、校靶镜。摄影机内装有光学和机械部件及电路。暗盒装有胶卷，置于摄影机内。校靶镜有一目镜，其光轴与摄影机镜头的光轴一致，用以检查照相枪的安装。电路能保障遥控接通照相枪或为摄影机加温。

【反坦克枪】 用于击毁装甲目标的装有膛线枪管的火器。反坦克枪有三种类型：(1) 口径6.5—9 毫米，重 9—12 公斤，弹头初速 1175 米／秒或更大；(2) 口径 12—14.5 毫米，重 16—21 公斤，弹头初速 900—1000 米／秒；(3) 口径 20 毫米，重 35—60 公斤，枪弹初速 550—950 米／秒。反坦克枪的射弹用加大装药量和加长枪管的办法使其初速增大。为便于射击，反坦克枪通常配有两脚架。根据反坦克枪的构造特点，可分为非自动反坦克枪和自动反坦克枪。反坦克枪出现于第一次世界大战的末期。

【榴弹发射器】 一种发射小型榴弹的轻武器。主要用于毁伤有生目标和轻型装甲目标，口径一般为 20～60 毫米，外形、结构和使用方式大多象步枪或步机或机枪。也有与迫击炮相似的，又称掷弹筒。

最早的榴弹发射器出现于 16 世纪末期，但发展缓慢。第一次世界大战时，出现了发射手榴弹的掷弹筒。后来，才有了发射专用弹药的掷弹筒，提高了精度，有的射程可达 600 米。

第二次世界大战末期，德军曾在 27 毫米信号枪上加折叠枪托，抵肩发射小型定装式榴弹。20 世纪 60 年代初，美军使用了 M79 式 40 毫米榴弹发射器，外形与结构很象猎枪，也称榴弹枪。它采用高低压发射技术，火药在高压室中燃烧，产生压力高达 240 兆帕的火药燃气，高压燃气冲入空间较大的低压室后，压力降为 20 兆帕，继续膨胀，射出弹丸。这样，可使火药充分燃烧，能量得到较好的利用。发射筒内压力低，可用轻金属制造，武器重量仅 2.72 公斤。后坐力也小，能抵肩射击，曲平两用。其初速为 76 米／秒，最大射程 400米。可弥补手榴弹与迫击炮之间的火力空白。

单发榴弹发射器有些还可与枪结合。美国 M16A1 自动步枪上安装的 M203 式榴弹发射器，重量 1.36 公斤，发射 40 毫米榴弹；联邦德国 HK 步枪上安装的 HK69A1 式 40 毫米榴弹发射器，重量约 1.8 公斤，有伸缩枪托，并可离枪使用。这类武器为步枪提供了点面杀伤，摧毁轻型装甲和工事的能力。

20 世纪 70 年代以来，出现了各种自动榴弹发射器，如美国 40 毫米 M174 式和 MK19 式、苏联 30 毫米 AГC-17 式等。自动榴弹发射器的结构大体与机枪相似，所以也称为榴弹机枪。人力携行使用的多装两脚架或三脚架，有的还可离架手持发射。装在车辆、舰艇、直升飞机上的设有专用架座，一般采用弹链或弹鼓供弹，理论射速 300～400 发／分，武器重量 10～40 公斤，带弹鼓和弹药后重量为 20～50 公斤。最大射程 400～2200米。

榴弹发射器可配用杀伤弹、杀伤破甲弹、榴霰弹以及发烟、照明、信号、教练弹等。榴弹一般配触发引信，也有的配反跳或非触发引信。如美国 M433 式杀伤破甲弹，全弹重 230 克，配触发引信，垂直破甲 50 毫米以上，杀伤破片约 300 个，密集杀伤半径可达 8 米以上。有的国家还利用弹射原理，研制了能抵地曲射、微声、无光、无烟，并能联装齐射的新型榴弹发射器。

【枪榴弹发射器】 发射小型榴弹和破甲弹的武器。用以杀伤暴露和野战掩体内的有生力量，毁伤装甲目标。枪榴弹的弹径为 30—75 毫米。榴弹的杀伤半径为 5 米左右。破甲弹的破甲厚度为 50—300 毫米。枪榴弹发射器按照结构、性能和使用方法的不同，可分为枪榴弹筒、单兵枪榴弹发射器和枪榴弹自动发射器三类。

【纵火掷弹筒】 使用纵火剂的兵器之一。

它主要以纵火弹的火焰消灭坦克和其他技术兵器，还可用来杀伤各种掩体及遮蔽工事中的敌有生力量。纵火弹借助抛射药从掷弹筒的筒身内抛射出去。纵火弹抛射的最大射程为 240—250 米，射速每分钟 6—8 发，弹中自燃液体的装量约 1 升。纵火掷弹筒由带药室的筒身、枪机、瞄准具和支架组成。全重 25—28 公斤。1942 年中期，出现了对付坦克更加强完善的兵器，纵火掷弹筒即停止生产。

【单兵火箭】 单兵使用的一种小型火箭。主要用于摧毁近距离装甲车辆和坚固工事。由安有磁电击发机的前筒和盛装火箭弹的后筒组成。直射距离约 150 米。

【火箭筒】 单人使用的发射火箭弹的轻型武器。由身筒、击发机构、瞄准具、支架等部分组成。筒内无膛线，发射时无后坐力，装有红外线瞄准镜，可在夜间进行射击。直射距离一般为 150—300 米。它重量轻，体积小，携带和使用方便。用于摧毁近距离内的装甲目标和坚固工事。

【枪刺】 亦称刺刀。装在步枪、冲锋枪上用于刺杀的尖刀。16 世纪末开始出现，并与火枪结合为于。它在军事上的应用使火枪的杀伤力倍增，超过了长矛的杀伤力，并逐步使长矛退出主要战斗兵器的行列。世界各国家和地区的枪刺形状各异。但总体来说，都是由柄、刃等主要部分组成。通常可以从枪上卸下或折上，搏斗时接上或打开。

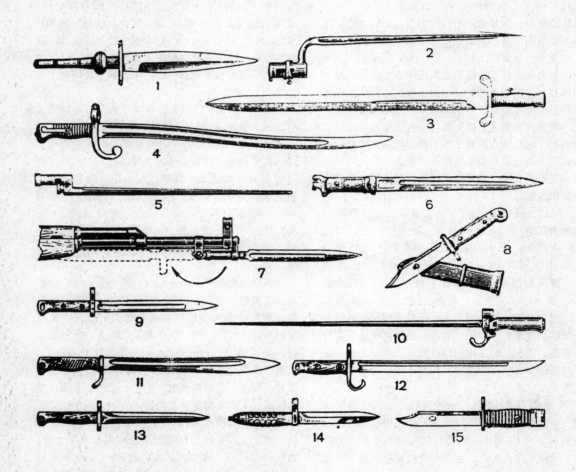

图 2-2　枪刺

1、古、近代火枪

【突火枪】　中国古代一种用火药发射弹丸的竹管射击火器。南宋开庆元年（公元 1259 年）寿春府（今安徽省寿县）造，是世界最早的管形射击火器。据《宋史·兵志》记载，突火枪"以巨竹为筒，内安子窠"，点火后，"子窠发出，炮声，远闻百五十余步"。子窠是一种弹丸。突火枪由火枪发展而来，同火枪相比，已经从喷射火焰烧灼敌人的管形喷射火器，发展为射弹丸（子窠）杀伤敌人的管形射击火器，其发射原理是步枪、火炮发射原理的先导。

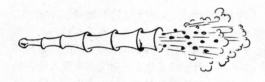

图 2-3　突火枪

【手铳】　中国古代单兵用火铳。元、明代以后出现。手铳为金属管形火器，可发射弹丸。手铳轻巧灵便，铳身细长，前膛呈圆筒形，内放弹丸。药室呈球形隆起，室壁有火门，供安放引线点火用。尾銎中空，可安木柄，便于发射者操作。有的手铳从铳口至铳尾有几道加强箍。"天字"手铳，口径为 15 毫米左右，全长为 36 厘米左右，铳身刻有以"天"为字头的统一编号和制造年月。铳身自药室至铳口，壁厚逐渐递减，使外形成为有一定锥度的圆筒，火门铸有一个长方形槽，便于装填引火药，上面装有一个活动盖，以保持槽内的引火药干燥洁净。手铳还配有装药匙，使每匙装药量相等。迄今出土的"天字"号铳，最小序号为"天字五十九号"，制于建文二年（1400 年），最大序号为"天字九万八千六百十二号"，制于正统元年（1436 年）。这些手铳一直使用到明朝中叶。

【火枪】　中国古代火枪。盛行于南宋时期。用一两个纸筒或竹管装上火药，缚在长枪枪头的下面，与敌人交锋时，先发射火焰烧灼敌人，再用枪锋刺杀，梨花枪就是南宋火枪之一种，金人叫做飞火枪，用 16 层黄纸制成筒子，长 2 尺多，内装柳

炭、铁渣、磁末、硫磺、砒霜等混合药剂，用法和宋人火枪相同。明代的枪柄长 6 尺，末端有铁钻，枪头长 1 尺多，在枪头下夹装两个喷射药筒，有引信相连，先点燃一个喷火，接着引起另一个继续喷射。枪头两侧有钩镰状的叉，两长刃向上可做铲用，两短刃向下可做镰用，可以烧、刺、叉、钩四用。明代梨花枪只用一个铁筒子，铁筒形状如尖笋，小头口径 3 分，安引信，大头口径 1 寸 8 分，内装毒性药料，用泥土封闭。每人携带几个药筒，随发随换。喷射的火焰可达几丈远，敌人中毒可立即致死。清代梨花枪，长 7 尺 3 寸，枪头是由各 5 寸长的两直刃和各 6 寸径的两横刃做成，刃下装竹筒，长 2 尺 6 寸，束铁三道，筒内装"狼烟"，其作用与用法与明代相同。

【火铳】　中国元代和明代前期对金属管形射击火器的通称，又称火筒。火铳以火药发射石弹、铅弹和铁弹，是在竹管、纸管火枪的基础上发展起来的。用铜或铁铸成，由前膛、药室和尾銎构成。通常分为单兵用的手铳、城防和水战用的大碗口铳、盏口铳以及多管铳（如骑兵用的三眼铳）等。是元、明时军队的主要装备，明嘉靖年间以后，逐渐被鸟铳和火炮取代。

【三眼铳】　中国古代一种多管火铳。三眼铳在中国明代等时期是一种常见的多管铳，铳身由三个铳管平行铸合成"品"字形，大多有加强箍，尾部为一个尾銎，安装木柄。每个铳管各有 1 个药室和火门，点火后可连射或齐射。嘉靖年间的三眼铳，口径多在 13—15 毫米之间，铳身长短不一，一般为 40 厘米左右。常用于骑兵，射毕后可以铳头做锤打击敌人。

【两头铜铳】　中国古代火器。盛行于明代。它是把两个相反发射方向的铜铳联结起来，安装在木凳上，两头同时装填火药和铁弹。一头射后，掉转来再发射另一头，以增大射击速度。通常配合短枪（火铳）使用，在短枪放完后，敌人乘隙蜂拥而来之际进行射击。

【铜铳】　中国元末单管火枪。是中国目前发现最早的金属火枪，公元 1351 年（元惠宗至正十

一年）制造的，没有瞄准具。口径为9分4，长1尺3寸，重9斤半，铳身上有"射穿百孔，声振九天"的铭文，是步骑兵用于冲锋陷阵的火器。

【神枪】 中国明代火枪。是明成祖永乐初（公元1406—1410年），根据安南（今越南北部）的神机枪仿制的，它比明朝造的枪身管较长，射程也较远，可以发射铅弹，又可发射箭。装填弹药后，垫上一块铁力木（明代广东产的一种木材）制成的"木送子"，上面再装一支箭，由于铁力木重而有力，射程可达300步。

【击贼砭铳】 中国明代火枪。用铁打造，身管长3尺，木柄长2尺，射程300步，可能是参照神枪的形制造成的。

【飞天神火毒龙枪】 中国明代火枪。用铜或铁铸造。身管长1尺5寸，装铅弹一枚，下安长木柄，枪管上端装叉形枪锋，长2寸5分，上涂虎药，两旁缚毒火药筒两个。敌远时发射铅弹，敌近时放毒火，与敌格斗时则使用枪锋刺敌，一器三用。

图2-4 飞天神火毒龙枪

【夹把铳】 中国明代多管火枪。有双管，夹装在中间的长木柄上，柄上端安铁叉，是一器两用的火器。

【七星铳】 中国明代多管火枪。有七个枪管，用净铁打造，每个长1尺3寸，1管居中，6管围绕排列，外面用厚铁破包裹，加铁箍3道。各枪管的尾部总合一处，安装5尺长的木柄，装置在直径为1尺5寸两轮子的铁轴上，一人可以推挽。各枪管多装铁铅子，对准目标，可高可低，点火发射。这种枪的形状，类似近代多管式机关枪。

【十眼铳】 中国明代多管火铳。用熟铁打造，重15斤，长5尺，中间1尺为实体，两头各2尺为枪管，每节长4寸钻一火眼，每头各5眼。装药一节，稍加填实，下重1钱5分的铅子一枚，用纸片隔住，再装第二节，依次装完。发射时先点近出口的第一节，然后逐次从头向后点放。

图2-5 十眼铳

【大追风枪】 中国明代有瞄准具的火枪。身管连枪尾长4尺9寸，后5寸装入木柄内，柄长1尺9寸，柄尾向下弯曲，全重18斤。装药6钱，铅子一个重6钱5分，平射二百多步。每支枪由二人使用，将枪安设在铁三脚架上，一人持枪瞄准，一人点火发射。

【剑枪】 中国明代装瞄准具的火枪。身管长4尺8寸，重8斤，枪管后尾装有9寸长的枪峰。木柄长2.03尺，前9寸3分作为枪鞘，后1尺1寸渐向下弯曲。装药3钱，铅子一枚重3钱，平放射程二百多步。这枪是一器三用，敌远时射击，敌近时作为木棒，去掉木柄，倒转来作为长枪。

【万胜佛郎机】 中国明代的瞄准具的火枪。系参照佛郎机炮的形制创造的，身管长1尺6寸（不包括后部），有子炮三套共9个。子炮长1尺7寸，每个子炮可装药3钱，铅子一个重3钱。三人使用一支枪，一人掌握带铁环的铳棍作枪架，一人瞄准发射，一人装填弹药。发射时依次将子炮装入枪管内，随发随装，循环连续发射。

【百出先锋】 中国明代有瞄准具的单管火枪。（明世宗嘉靖二十五年公元1546年）翁万达创制。形状似神枪。枪身减短为佛郎机的6/10（长3—4尺），有子炮10个，预先将弹药装好，发射时从枪口装入一个子炮，发射后将子炮倒出，再装第二个，连发连装，循环不断。在枪管与子炮之间，用驻笋扣住，使枪倒提或向下射击时，子弹不会滑出来。枪口上装有戈形锐锋，无耳，长6

寸，以备格斗之用。这枪的特点，是射击速度快，在长时间连续发射的情况下，也不会炸裂。

【五雷神机】 中国明代有瞄准具的多管火枪。有5个枪管，各长1尺5寸，重5斤，枪口各有准星，枪后装木柄，柄尾向下弯曲，柄上装总照门和铜管。枪管可以旋转，铜管夹火绳对准一个枪管的火门，手按铜管发射击，一管一管地挨次轮转发射。每发装药2钱，铅子一枚重1钱5分，平射时120步内命中精度良好。

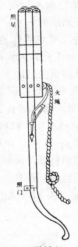

图 2-6　五雷神机

【迅雷铳】 中国古代一种有瞄准具的多管火枪，是五雷神机的发展，并参照鸟枪而创制的。这铳有枪管5个，各长2尺多，共重10斤多，安装在前后两个圆盘上，中央为长木柄，柄上设有发火装置"机匣"，柄末端装枪头。各个枪管上有准星、照门。另备特别的小斧和半径1尺6寸的圆牌各一。发射时，将牌套在铳上，小斧倒插于地架枪，使"机匣"上的龙头对准一个枪管的火门，按一下龙头即发火，依次轮转射击。五枪放完，来不及装填，敌人已经逼近时即去掉圆盘倒转来当长枪刺杀。

【自来火枪】 中国古代火枪。用铸铁制造，重5斤9两，长3尺3寸6分。装药8分，铁子重6分5厘。发火机衔燧石，旁有花轮，转动花轮与火枪上的燧石摩擦发火，身管上设有照门、照星，以木床为托，末前端比枪口稍短，内藏搠杖，杖比枪口长1寸，床下装木叉，以便瞄准发射。

【神虎枪】 中国古代火枪。用铸铁制造，长4尺8寸，身管重8斤10两，床和鞘重3斤10两，共重12斤4两。木床下面的两个叉，系用羚羊角制成。装药2钱5分，铁子重7钱，火绳发火。

【御制自来火枪】 中国明代火枪。自来火枪用铸铁制造，重5斤9两，长3尺3寸6分。装药8分，铁子重6分5厘。发火机衔燧石，旁有花轮，转动花轮与火枪上的燧石磨擦发火，身管上没有照门、照星，以木床为托，床前端比枪口稍短，内藏搠杖，杖比枪口长1寸，床下装木叉，以便瞄准发射。

【掣电铳】 中国古代火枪。掣电铳是明神宗万历二十六年（公元1598年）赵士桢参照西洋鸟铳和佛郎机创造的。长约六尺重五斤，采用后装子铳的形式。子铳5个，各长6寸，重约10两，前有圆小嘴，后有扁方笋，笋中有眼，用梢钉钉住，以防前撞后坐。装药2钱5分，铅弹重2钱。这铳的发火装置下面加有护圈。子铳预先装填好，轮流装入枪管发射，可以加快射击速度。

【鲁密鸟铳】 中国古代火枪。明代神宗万历二十六年（公元1598年）仿制日本鸟铳制成。鲁密鸟铳连床全重8斤，长约5—7尺，装药4钱，铅弹3钱。龙头机规安在床内，拨之则落于火门，火燃之后，自行昂起。床尾有钢刃，敌人逼近时，即倒转来作斩马刀用。这铳射程远，威力大，在结构上也优于日本式鸟铳。故《武备志》说："鸟铳：唯鲁密铳最远最毒。"

【鸟铳】 一种有瞄准具的多管火枪。是中国明代对火绳枪和燧发枪的统称，清代多称为鸟枪。鸟铳为欧洲发明，中国于明世宗嘉靖三十七年（公元1558年）根据沿海剿倭寇战争中虏获日本人的鸟枪仿制，鸟铳用熟铁打造，有准星、照门，安装木床之上。铳口长出木床，床后向下弯曲，床腹藏搠杖（通条）一根，另有火绳。每次装粒状黑色火药，铅子圆形，同于枪筒口径。火门有盖，使用龙头类似火绳的发火装置。发射时将火绳点燃安入龙头，左手托枪身，右手握枪柄，开火门后紧握枪尾，用食指拨规（扣扳机）向后，龙头落在火门，燃药发射。明初仿制的鸟铳为前装、滑膛、火绳枪机。口径约为9—13毫米，枪管长1—1.5米，全枪长1.3—2米，枪重2—4公斤，弹重3—11克，射程150—300米。每名鸟铳手配备药罐1个，铅弹300发，每发射一次，要经过装发射药、用搠杖捣实药、装铅子、捣实铅子、开火门、下点火药、闭火门等一系列繁杂的动作，发射速度较慢。作战时多成五排横队，轮流装填和举放，以保持火力不中断。由于前装弹药的限制，发射时一般取立姿和跪姿。是明清军队的主要装备。

【兵丁鸟枪】　中国清代装备军队的一种火器。铸铁制造，长6尺1寸，装药3钱，铁子1钱。木床下装铁叉长1尺。木床漆色不同，满蒙八族的漆黄色，汉军的漆黑色，绿营的漆红色。具有身管长、口径小、重量轻等特点。多用于步骑兵。

【大线枪】　中国清代轻火器。铸铁制造。重8斤14两，长5尺5寸，装药1钱5分，铁砂子8钱。具有身管长、口径小、重量轻等特点，便于步骑兵使用。

【明火枪】　罗斯、波兰和东欧其它国家的第一批轻火器之一。出现于14世纪末，主要是用来装备步兵。明火枪有锻铁滑膛枪身，通常用圆环固定在木托上。从枪口装填铁丸或铅丸；用火绳、火绳枪机和燧石枪机点燃装药。明火枪口径12.5—25毫米，重约8公斤。射击瞄准距离150米左右。18世纪初，明火枪被"穆什克特"火枪所代替。但带燧石枪机的哥萨克枪直到18世纪上半期仍称明火枪。

【库列夫林那火枪】　最早的法国火绳枪（14—16世纪）型手持式射击武器。这种火枪的口径为12.5—22毫米，长1.2—2.4米，重5—28公斤。枪托窄小而弯曲，射击时夹在腋下。枪管是铁制或青铜制的，用套箍将它与木托固定在一起。

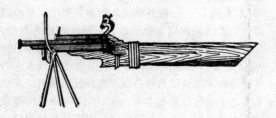

图2-7　库列夫林那火枪

【火绳枪】　一种从枪口装填弹药，用火绳点火发射的火枪，是早期型式的一种轻火器。火绳枪于15世纪初叶出现于欧洲。早期发射石弹，后来发射圆形铅弹。发射药经由枪管内的导火管孔用手点燃，而在15世纪则是借助火绳式枪机点燃。在16世纪，火绳枪被装有燧石枪机的"穆什克特"火枪所取代。

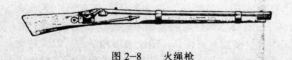

图2-8　火绳枪

最早的法国火绳枪型手持式射击武器。这种火枪的口径为12.5—22毫米，长1.2—2.4米，重5—28公斤。枪托窄小而弯曲，射击时夹在腋下。枪管是铁制的或青铜制的，用套箍将它与木托固定在一起。俄国最早的射击武器叫皮夏利火铳。

【"穆什克特"火枪】　一种长身管枪，主要是火绳枪，16世纪20年代出现于西班牙，以后出现于西欧其它国家和俄国。"穆什克特"火枪用来在近战中杀伤穿戴护具的敌军。这种火枪的口径在23毫米以内，枪重8—10公斤，弹丸重约50克，射程达250米。用木制或铁制的通条从枪口装填。为了保障瞄准射击，它的身管架在特制的枪架上。有时这种支架也可作为劈刺冷兵器。装备"穆什克特"火枪的步兵称为火枪兵。火枪兵往往配有搬运火枪及其附属品的助手。为了减轻射击时很强的后座力，火枪兵的右肩上垫有枪托抵肩用的皮垫。17世纪初，瑞典装备了轻便的"穆什克特"火枪，不带枪架和肩垫，口径约18毫米，枪重约5公斤，弹丸重约34克。弹丸和发射药装在同一个纸筒内，装填前将纸筒撕破，将部分发射药倒入火枪枪机的火药池内，而其余的发射药倒入枪膛，弹丸也装入枪膛。从17世纪末开始，燧发枪代替了"穆什克特"火枪。

图2-9　"穆什克特"火枪

【前装短步枪】　枪膛有膛线的、由枪口装弹的短枪。出现于16世纪。由于有膛线，因此前装短步枪具有较高的射击密集度和较大的射程。但是，由于弹头被膛线挤紧而装填困难，它的射速仅为滑膛枪的几分之一。因此，在17—18世纪前装短步枪的使用并不广泛。19世纪前半叶，前装短步枪得到如下改进：燧发式枪机由底火击发式枪机取代，使用长椭圆形弹头能够自由地向枪膛内装填。由此这种短步枪的射速提高到1.5—2发／分，射程达850米。因而前装短步枪在步兵中得到了更广泛的应用。

【燧发枪】　一种枪口装弹的滑膛燧发式武器。出现于18世纪初，用以更换俄军的"穆什克特"火枪。与穆什克特火枪相比，燧发枪射速快、口径小、身管短、重量轻、后座力小。主要样式有步兵燧发枪（口径19.8毫米，带刺刀重5.69公斤，枪长1560毫米，弹重32.1克）和龙骑兵燧发枪（口径 17.3 毫米，带刺刀重 4.6 公斤，枪长 1210 毫米，弹重 21.3 克）两种分别装备于步兵和骑兵。这两种样式的枪构造相同，都有完善的燧石撞击式枪机（火镰同时又是火门盖）、大弯曲托架、带套管的刺刀；刺刀安上后仍可进行射击，并能迅速转入白刃战。"燧发枪"这一术语一直沿用到18 世纪 60 年代。

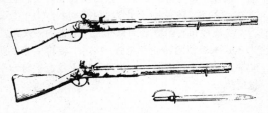

图 2-10　燧发枪

【来复枪】　英国帕特里克·弗格森于 1776年发明的一种新式步枪。这种枪射程可达 200码，能在 4、5 分钟内连续发射，平均每分钟可射 4—6 次。这比起当时每分钟只能发射一次，射程仅 100 码的一般步枪来说，确是一巨大进展。弗格森是在肖梅德后膛枪的基础上进行革新的。他重新设计了枪栓；在枪膛内刻上螺旋形的纹路即来复线，使发射的弹头旋转前进，增加了子弹飞行的稳定性、射程和穿透力；在枪上安装了调整距离和瞄准的标尺，提高了射击命中率。

【击针枪】　一种装有纸壳定装子弹的后装步枪，子弹在枪机的专门击针撞击底火时发火。它系N.德雷泽所设计，于 1840 年用于装备普鲁士军队。击针枪比以前的枪结构型式具有更高的射速，而且射手能以任何一种姿势重新装填子弹。由于使用击针枪，有利于普鲁士在 1866 年奥普战争中取胜。1866 年，法国装备了 A.沙斯波式击针枪，俄国则装备了英国人卡莱式结构的确性击针枪。然而，纸壳子弹没有可靠的密闭，影响射击精度，并使枪机结构复杂化了，因此，在 19 世纪 70 年代，击针枪被更完善的步枪所代替，这种步枪使用定装式金属壳子弹和装有弹簧击针的活动枪机。

【另旦式步枪】　19 世纪 70—90 年代制造的一种口径 10.67 毫米的独弹步枪。1870 年，改进为具有滑动枪机的别旦式步枪。这种步枪有三种型式：步兵型、龙骑兵型和哥萨克型，它们的长度和重量各不相同，结构也稍有差异。步兵型别旦式步枪长度为 1.35 米，重 4.5 公斤，瞄准射程达1800 米，射速 8 发／分。

【米宁来复枪】　法国近代前装步枪。其长度（除刺刀）4 尺 7 寸（1.4 米），重量（除刺刀）约 10 磅 8 盎斯（约 4.8 公斤），口径为 0.702 寸（17.8 毫米），螺形膛线 4 条，初速大约 1200 尺／秒（365.7 米／秒），最大射程 1000 码（914 米）。弹丸长形，头部蛋形，底部中空，略小于口径，比较容易填装，发射时火药气体使弹底部膨胀而嵌入膛线，以发生充分的旋转。

【林明敦枪】　美国近代后装单发枪。1867年中国亦仿制。口径 13 毫米，枪长（除刺刀）1.86 米，枪重（除刺刀）4.9 公斤，膛线 6 条，初速 430 米／秒，表尺射程 1100 码（1005.8 米），子弹为铅弹，黑色药，弹全重 41.4 克。药筒分纸的和金属制的两种。

【毛瑟枪】　德国姓毛瑟的两兄弟发明的步兵武器。毛瑟式武器的主要类型有：11 毫米 1871 式单弹步枪，1884 年改成装 8 发子弹的弹仓式步枪；1888 式和 1898 式使用无烟药枪弹的 7.92 毫米弹仓式步枪；1910—1913 式 7.92 毫米自动步枪；1896 式和 1908 式 7.63 毫米和 9 毫米自动步枪；6.35 毫米和 7.65 毫米"民用"式手枪。许多国家的军队都装备过毛瑟步枪和手枪。在俄国最通用的是 1818—1820 年的内战期间所广泛使用的 1908式 7.63 毫米自动毛瑟手枪。毛瑟手枪有连在一起的、能装 6 发和 10 发子弹的弹仓，也有补充加放的能装 20 发子弹的弹仓；能可靠地杀伤 100 米距离内的目标。毛瑟手枪套在木制枪套中佩带，木制枪套可以作为枪托使用。

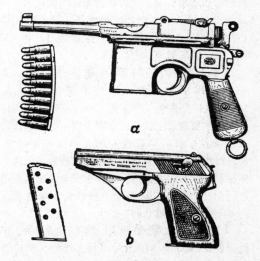

图 2-11　毛瑟枪
a——1899 式毛瑟手枪和弹匣
b——1937 式毛瑟手枪和弹匣

【88 式毛瑟枪】 德国采用无烟药于 1888 年制造的新枪。口径 7.9 毫米，枪长 1.24 米，枪重 3.75 公斤，初速 600 米／秒，表尺射程 2000 米，枪机是回转式，即开动枪机和关闭枪机时须将机柄回转 90 度，才能向后拉动和推进关闭。

【曼利夏枪】 奥国采用无烟药所改良的小口径步枪。其口径 8 毫米，枪长 1.27 米，枪重 3.78 公斤，初速 620 米／秒，子弹为圆头，枪机是直动式，即机柄前后推拉，就可送子弹进入药室和退出空弹壳。直动式枪机的优点是操作便易，不须由肩部卸下枪亦可装进子弹和退出弹壳，每分钟可发射 22 发左右，缺点是构造较复杂。这种枪质量较劣，各部机件易于损伤，连放时热度较大，影响操作。

【"纳甘"转轮手枪】 19 世纪末比利时军械师 L.纳甘研制成的 7.62 毫米转轮手枪流行的非正式名称。许多军队都曾装备过这种手枪，苏军装备过的这种手枪称作"1895 年式转轮手枪"。"纳甘"转轮手枪有装 7 发子弹的转轮，转轮既是弹膛又是弹仓。这种手枪的构造特点是：为了防止火药气体在枪管和转轮之间溢出，击发时有一个能将转轮向前推，顶住枪管尾部的装置。按击锤扳成待发状态的方式，"纳甘"转轮手枪分为两种：用于打开击锤的；扣压扳机时击锤自动打开的。射击的表尺距离达 100 米，使用转轮手枪弹。"纳甘"转轮手枪主要的缺点是装子弹不方便。这种转轮手枪已被自动手枪所代替。

2、手枪

【M1911A1 式 0.45 英寸自动手枪】 美国制造。是 1911 式手枪的改进型。其原型枪为勃朗宁设计的 M1905 式手枪，1923 年美国斯普林菲尔德兵工厂为了改进枪的瞄准系统和便于在射击过程中有效地控制枪，对枪进行了改进，改进型于 1926 年起开始列装，称为 M1911A1 式手枪。采用枪管短后座自动方式，枪管偏移闭锁机构，半自动射击。枪长 219 毫米，枪管长 128 毫米，枪重（带空弹匣）1.13 公斤，弹匣容量 7 发，初速 252 米／秒。实际射速 35 发／分。

【柯尔特 M1971 式 9 毫米手枪】 美国一种现代军用手枪。其外形类似 0.45 英寸 M1911A1 式手枪，并保留了 M1911A1 式的许多特点。主要改进之处是：全部采用不锈钢制作，以减少维护，提高可靠性；加大弹匣容弹量至 15 发，以增强火力；采用联动击发式的发射机构和直接控制击针的保险机构，既便于安全携带又能迅速进行射击。枪长 202 毫米，枪管长 114 毫米，枪高 136 毫米，枪重 0.992 公斤。

【13 毫米火箭手枪】 美国陆军 1962 年开始研制，1965 年 MBA 公司制火样枪，但最终没有被军方采用，仅在市场上有出售。该枪采用火箭原理自动方式，半自动射击方式；枪全长 276 毫米，枪管长 127 毫米，带实弹匣枪便重 0.48 公斤，弹匣容量 6 了。枪弹最大飞行速度 382 米／秒，实际射速 20 发／分，有效射程 50 米。使用 13 毫米喷气旋转火箭枪弹。

【"斯捷什金"AПC 式 9 毫米手枪】 苏联制造。口径 9 毫米，全重 0.77 公斤，带木制套 1.78 公斤。全长 220 毫米，枪套拉开时全长 540 毫米，最大射程 350 米，用肩托的有效射程为 100—150 米，不用肩托有效射程为 50 米。射速 40—90 发／分，初速 340 米／秒。弹匣容量 20 发。是苏军的制式武器，可进行自动或半自动射击。该枪备有木制枪套，可作肩托。

【ПCM5.45 毫米手枪】 苏联制造。70 年代中期定型，装备于警察、边防军、上层军官。采用自由枪机式自动原理，击锤式击发机构，能自动待击，半自动单发射击。全枪长 155 毫米，枪管长 85 毫米，全枪宽 17.5 毫米，枪重（带一个空弹匣）0.46 公斤，弹匣容量 8 发，初速 310 米／秒，有效射程 50 米。该枪重量轻，体积小，厚度薄，便于佩带和隐蔽，所使用的 ПМЦ 枪弹，比 9 毫米马卡洛夫手枪弹重量减轻一半多，弹头采用镀铜的钢被甲，弹头前半部是钢心，后半部是铅柱。一般手枪弹的弹头长是口径的 1.3～1.6 倍，而它是 2.6 倍，弹头细长，具有较强侵彻力和较大停止作用。

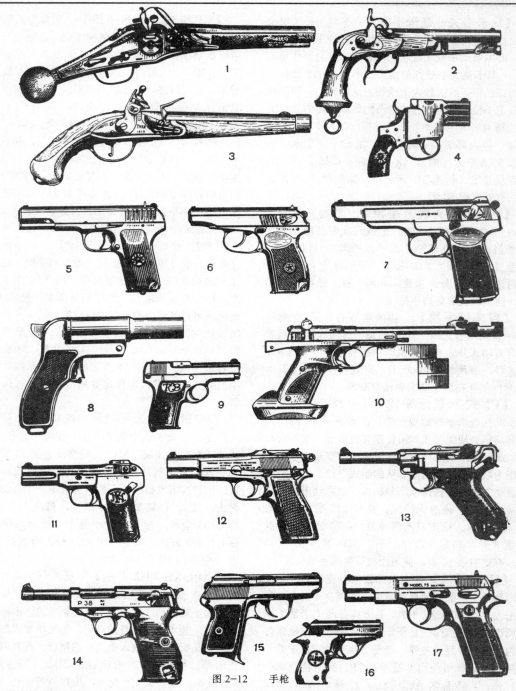

图 2-12　手枪

1.装有轮发发火机的手枪　2.装有火帽发火机的线膛手枪　3.燧石击发式发火机的手枪　4.6.35 毫米的德国四管手枪(十九世纪末)　5.7.62 毫米托卡列夫手枪(TT,苏联)　6.9 毫米马卡罗夫手枪(ПM,苏联)　7.9 毫米斯捷厅金自动手枪(AПC,苏联)　8.会帕金信号枪(苏联)　9.6.35 毫米科罗温手枪(TK,苏联)　10.5.6 毫米马尔戈林运动手枪(МцY,苏联)　11.1900 年式 7.65 毫米勃朗宁手枪(比利时)　12.1935 年式 9 毫米勃朗宁手枪(比利时)　13.1908 年试 9 毫米鲁格"派拉贝兰姆"手枪(德国)　14.1938 年式 9 毫米"华尔特"手枪(德国)　15.9 毫米 П−64 式手枪(波兰)　16.6.35 毫米"拉马"袖珍手枪(西班牙)　17.9 毫米 M−75 式手枪(捷克斯洛伐克)

【马卡洛夫9毫米手枪】 苏联一种采用枪机自由后座的半自动手枪。该枪外形较小、重量较轻，既可单动击发又可联动击发。虽然它所作用的 9×18 马卡洛夫手枪弹的威力比不上 9×19 巴拉贝鲁姆弹，但仍具有较大的杀伤力，因此是一种较好的自卫手枪。该枪现为华沙条约集团各国的制式手枪。马卡洛夫手枪的外形与德国华尔特 PP 式手枪相似，但内部结构差异较大。枪长 163 毫米，枪管长 93.5 毫米，枪重（不带弹匣）0.66 公斤，弹匣容量 8 发，初速 315 米／秒，实际射速 35 发／分，有效射程 50 米。

【PA15式9毫米手枪】 法国制造。是 M1950 式手枪的改进型。击锤式发射机构，半自由动射击。全枪长 203 毫米，枪管长 117 毫米，枪重（带空弹匣）1.09 公斤，弹匣容量 15 发，战斗射速 40 发／分，初速 350 米／秒，有效射程 50 米，使用巴拉贝鲁姆手枪弹。

【自来得手枪】 德国制造的毛瑟 10 响和 20 响自动式驳壳枪。10 响的是半自动式，20 响的是全自动式并附有单发机，均配有木壳，初速 425 米／秒，表尺射程 1000 米，有效射程：手上射击 70 米；依托在肩上瞄准射击 900 米。

【P1式9毫米手枪】 联邦德国柯尔特 P38 式 9 毫米手枪的现代型。两者的差别为 P1 式的套筒座为硬铝制成，击针亦有所改进，故不能与 P38 式互换。该枪有军用和民用两种型号，军用手枪现为联邦德国等国家军队的制式手枪。枪管短后座自动方式，卡铁摆动闭锁机构，能联动击发，又可单动击发，还有保险机。枪长 218 毫米，枪管长 124 毫米，枪重（不带弹匣）0.77 公斤，弹匣容量 8 发，初速 350 米／秒，实际射速 32 发／分，有效射程 50 米，使用派拉贝鲁姆手枪弹。

【HK4手枪】 由联邦德国赫克勒和科赫公司研制并生产的一种自动装填（即半自动射击）联动击发的袖珍手枪。HK4 手枪具有两个通常手枪上所少见的特点：一是便于从发射中心发火枪弹改装为发射边缘发火枪弹；二是更换枪管、复进簧和弹匣后，该枪可使用 9 毫米 ACP（柯尔特自动手枪）弹、7.65 毫米 ACP 弹、6.35 毫米 ACP 弹或 0.22 英寸 LR 弹。枪机采用自由后座自动方式，枪长 157 毫米，枪管长 85 毫米，枪重（不带弹匣）0.48 公斤，弹匣容量分别是：9 毫米弹 8 发，7.65 毫米弹 9 发，6.35 毫米弹和 0.22 英寸弹均为 10 发，初速分别为：299 米／秒，302 米／秒，257 米和 300 米／秒。有效射程 27 米。

【VP70式9毫米手枪】 联邦德国科赫公司研制生产的一种新颖的结构特殊的自动手枪。采用枪机自由后座自动方式，当作为单手射击武器时，仅能半自动射击；当将枪套用作枪托而装于枪上时，就可以进行 3 发控制点射。手枪型枪长 204 毫米。冲锋枪型枪长 545 毫米，枪管长 116 毫米，手枪型枪重 0.82 公斤，冲锋枪型枪重 1.27 公斤，弹匣容量 18 发，实弹匣重 315 克，初速 360 米／秒，冲锋枪型理论射速 2200 发／分，实际射速半自动为 40 发／分，3 发点射为 100 发／分，有效射程手枪型 50 米、冲锋枪型 150 米，使用派拉贝鲁姆手枪弹。该枪运动部件数量少，寿命长，而且大量采用塑料件和铝制件。

【P9、P9S式9毫米手枪】 联邦德国赫克勒和科赫公司生产的新型自动装填手枪。两枪的基本结构相同，唯有发射机构不同，P9 为单动击发，P9S 为联动击发。该枪现装备联邦德国警察。枪机采用延迟后座的半自由枪机的自动方式，滚柱闭锁机构。枪长 193 毫米，枪管长 102 毫米，枪重（不带弹匣）0.88 公斤，实弹匣重 183 克，弹匣容量 9 发，初速 315 米／秒，使用派拉贝鲁姆手枪弹。该枪亦可用作比赛枪，有短、长两种枪管。

【P7式9毫米手枪】 联邦德国，科赫公司产品，被德军选为制式手枪。有两种型号，M8 式的弹匣容量 8 发，M13 式的弹匣容量 13 发，结构一样，采用气体延迟后座的自由枪机式自动原理，击针式击发机构，不能自动待击，半自动单发射击。枪长（M8 式）166 毫米，枪高 127 毫米，枪宽 34 毫米，枪管长 105 毫米，枪重（带空弹匣）0.852 公斤，初速 350 米／秒，有效射程 50 米，使用派拉贝鲁姆手枪弹。

【M93RS冲锋手枪】 意大利伯莱达公司制造。在 M92 式手枪基础上发展而来的。枪管采用短后坐式自动原理，起落式闭锁机构，击锤式击发机构，能实施 3 发自控点射，也能单发或连发射击。枪托折叠后可放入手枪套内携行。有膛内存弹指示器。枪托伸开时枪长 608 毫米，枪托缩回时 435 毫米，枪管长 156 毫米，枪重（带枪托、带空弹匣）1.4 公斤，弹匣容量 20 发，理论射速 1100 发／分，初速 375 米／秒，使用派拉贝鲁姆手枪弹。

【92F式9毫米手枪】 意大利伯莱达公司 1976 年定型生产。采用枪管后坐式自动原理，击锤式击发机构，能自动待击，半自动发射。全枪长

217 毫米，枪管长 125 毫米，全枪宽 37 毫米，枪重（带空弹匣）0.98 公斤，弹匣容量 15 发，初速 390 米／秒，有效射程 50 米。该枪开火迅速，精度好，左右手均能方便使用，动作可靠。使用 9 毫米派拉贝鲁姆手枪弹。

【M1951 式 9 毫米手枪】 意大利制造。枪管采用短后座自动方式，卡铁闭锁机构，半自动单动击发射击。枪长 203 毫米，枪管长 114 毫米，枪重（不带弹匣）钢套筒座型 0.87 公斤，铝合金套筒座型 0.71 公斤，弹匣容量 8 发，初速 350 米／秒，实际射速 32 发／分，有效射程 50 米，使用派拉贝鲁姆手枪弹。

【Pi18 式 9 毫米手枪】 奥地利施太尔公司制造。该枪是一种半自动手枪，有军用和比赛枪两种型号，主要特点是采用气体延迟后座的闭锁机构和多边形膛线的枪管，还采用大容易弹匣和联动击发的发射机构。结构比较简单，易于分解结合。该枪全长 215 毫米，枪管长 140 毫米，枪全重（不带匣）0.84 公斤，实弹匣重 0.33 公斤，弹匣容易 18 发，初速 361 米／秒，理论射速 1～2 发／秒，使用派拉贝鲁姆手枪弹。

【GB 式 9 毫米手枪】 奥地利施太尔公司新产品，被奥军列为制式手枪。采用气体延迟开锁的半自由枪机式自动原理，击锤式击发机构、自动待击、半自动单发击。枪管内膛为多边形膛线，提高了枪管寿命。绉纹漆表面美观，具有特色。枪长 216 毫米，枪高 143 毫米，枪宽 37 毫米，枪管长 136 毫米，枪重（带空弹匣）0.962 公斤，弹匣容量 18 发，初速 370 米／秒，有效射程 50 米，使用派拉贝鲁姆手枪弹。

【P230 式手枪】 瑞士工业公司（SIG）设计制造。P230 式手枪设计思想与 P220 式手枪相同，特别是击锤保险和击针保险机构以及"一枪使用多种口径枪弹"的特点，更是完全一样。两枪的不同之处在于，P220 采用枪管短后座的自动方式，P230 是采用枪机自由后座；另外 P220 是军用手枪，P230 则主要用作警用手枪。为此，SIG 公司又专门为 P230 研制出一种 9 毫米警用手枪弹，其威力介于 9 毫米以派拉贝鲁姆手枪弹和 9 毫米短弹（又称 0.380 英寸 ACP 弹）之间。更换枪管和弹匣后，P230 手枪还可发射 9 毫米短弹、7.65 毫米勃朗宁手枪弹、0.22LR 弹。鉴于 9 毫米短弹及其它弹的威力都较小，因此采用铅套筒座。发射 9 毫米警用手枪弹的 P230 手枪的套筒座采用钢件，比铝套筒座重 70 克，以此降低后座速度。

【P220（M75）式手枪】 瑞士工业公司研制出的一种军用手枪，由 SIG 公司和联邦德国绍尔公司共同生产。P220（M75）式现生产型号为 9 毫米和 0.45 英寸（11.43 毫米）两种口径，其中 9 毫米口径的型号已开始装备瑞士军队，并命名为 M75。

和世界上最近出现的大多数新型手枪一样，该枪在换装不同的枪管、弹匣等部件后，也能使用不同口径的枪弹，如 0.45 英寸 ACP 弹、0.38 英寸柯尔特高级自动手枪弹、9 毫米和 7.65 毫米派拉贝鲁姆手枪弹、0.22 英寸 LR 弹等。P220 式手枪的套筒座为铝合金件，其它部件大多都是钢冲压件。

【P210 式 9 毫米手枪】 瑞士制造。有四种型号，其中 P210-1 和 P210-2 为军用和警用手枪，P210-5 和 P210-6 为比赛枪。军用手枪装备瑞士和丹麦军队，比赛枪为各国广泛采用。P210-1 和 P210-2 型都有两种口径，分别发射 9 毫米和 7.65 毫米派拉贝鲁姆手枪弹；两者的枪管（连同复进簧）可以互换。更换枪管、复进簧、套筒和弹匣后，这两种枪都可发射 0.22 英寸 LR 长步枪弹，通常在射击中使用。该枪采用枪管短后座自动方式，枪管偏移闭锁机构，半自动射击。枪长 216 毫米，枪管长 120 毫米，枪重（不带弹匣）0.909 公斤（发射长步枪弹时 0.852 公斤），弹匣容量 8 发，初速 335 米／秒（发射 7.65 毫米手枪弹时为 385 米／秒，发射长步枪弹为 330 米／秒），实际射速 32 发／秒，有效射程 50 米。

【M40 式 9 毫米手枪】 瑞典仿制芬兰的拉蒂 M35 手枪，略有改进。枪管采用短后座自动方式，卡铁偏移闭锁机构，半自动射击。枪长 271 毫米，枪管长 140 毫米，枪重 1.11 公斤，弹匣容量 8 发，初速 381 米／秒，实际射速 32 发／分，有效射程 50 米，使用派拉贝鲁姆手枪弹。

【勃朗宁 9 毫米手枪】 1925 年在美国设计定型，1935 年在比利时投产，是世界上广泛使用的军用手枪之一。有标准型和可调表尺型两种型号。枪管采用短后座式自动方式，枪管偏移闭锁机构，半自动单动射击。枪长 196 毫米，枪管长 112 毫米，枪重（不带弹匣）0.88 公斤，弹匣容量 13 发，实弹匣重 227 克，初速 354 米／秒，实际射速 40 发／分，有效射程 45 米，使用派拉贝鲁姆手枪弹。

【M52 式 7.62 毫米手枪】 捷克一种采用枪管短后座自动方式的半自动手枪。发射捷克 M48 式手枪弹。M48 式枪弹与德国 7.63 毫米毛瑟弹以及苏联 7.62 毫米"Π"型枪弹相似，唯装药量多 20%左右，其枪口动能高达 67.8 公斤·米，是目前军用手枪中的最大者。由于 M48 手枪弹威力甚大，所以为确保机构的可靠动作，该枪采用了滚柱闭锁结构。M52 式手枪已停产，仅装备捷克后备部队。枪长 209 毫米，枪管长 120 毫米，枪重（带空弹匣）0.96 公斤，弹匣容量 8 发，初速 488 米／秒（使用苏联 Π 型枪弹为 396 米／秒），实际射速 32 发／分，有效射程 63 米。

【P-64 式 9 毫米手枪】 波兰制造。该枪的基本结构与苏联马卡洛夫手枪相似，也具有德国华尔特 PP 式手枪的一些特点。枪机采用自由后座自动方式，既可单动击发，又可联动击发。枪长

155 毫米，枪管长 84 毫米，枪重（不带弹匣）0.636 公斤，弹匣容量 8 发，初速 314 米／秒，实际射速 30 发／分，有效射程 50 米，使用马卡洛夫手枪弹。

【T68 式 7.62 毫米手枪】 朝鲜制造。是苏联托加列夫 TT33 式手枪的改进型，除长度缩短外，内部结构也有较大的变动。采用枪管短后座自动方式，凸耳式枪管偏移闭锁机构，半自动单动击发射击。枪长 185 毫米，枪管长 108 毫米，枪重（不带弹匣）0.795 公斤，弹匣容量 8 发，初速 395 米／秒，实际射速 32 发／分，有效射程 50 米，使用苏 7.62 毫米"Π"型枪弹，也可使用 7.63 毫米枪弹。

3、步枪

【伽兰德 M1 式 0.30 英寸半自动步枪】 美国制造。1936 年正式定型装备，1937 年投产，此后，M1 半自动步枪一直是美军的主要制式步枪，一直到 1957 年才被 M14 自动步枪换装。在二次大战中，M1 被认为是最好的一种步枪，它的击发和发射机构至今仍为许多步枪采用。该枪为导气式自动方式，枪机回转的闭锁机构。枪长 1107 毫米，枪管长 610 毫米，枪重（不带枪弹、刺刀）4.3 公斤，供弹具为 8 发弹夹，初速 865 米／秒，射速 30 发／分，有效射程 600 米，使用美国 0.30 英寸 M2 枪弹。该枪可发射枪榴弹。

图 2-13 伽兰德 M1 式 0.30 英寸半自动步枪

【M1 式 0.30 英寸卡宾枪】 美国制造。又称轻型步枪，研制工作开始于 1940 年，1941 年 10 月正式定型，第二次世界大战中美军大量装备，据称，它是美国生产量最大的一种枪械。由于该枪重量轻、精度好、侵彻作用又比通常使用手枪弹的冲锋枪强，故在 40、50 年代是一种较好的近距离战斗武器。该枪为导气式自动方式，枪机回转闭锁机构，M1-半自动射击。枪长 904 毫米，枪管长 458 毫米，枪重（带空弹匣）2.36 公斤，弹

匣容量 15 发，初速 607 米／秒，射速 40 发／分，有效射程 300 米，使用 0.30 英寸 M1 卡宾枪弹。后来在 M1 卡客枪的基础上发展了 M1A1、M1A2、M1A3、M2、M3 等各种型号的卡宾枪。

【M14 式 7.62 毫米自动步枪】 美国在第二次世界大战后换装的第一代步兵基本武器，于 1957 年正式定型装备。该枪的结构是从 M1 半自动步枪演变而来，又较好地克服了 M1 存在重量较大、容量太少等缺陷。后来经过进一步改进，于 1968 年重新命名为 M14A1 式 7.62 毫米步枪。自动方式为导气式，枪机回转闭锁机构，能半自动或全自动射击。枪长（带枪口稳定器）1120 毫米，枪管长 559 毫米，枪重（带实弹匣擦拭工具）5.1 公斤，弹匣容量 20 发，初速 853 米／秒，理论射速 700～750 发／分，实际射速半自动 40 发／分，全自动 60 发／分，有效射程 460～700 米，使用 7.62×51NATO 多种枪弹。该枪配有许多附件，能发射枪榴弹。

【M21 式 7.62 毫米狙击步枪】 美国陆军现装备的制式狙击步枪，是 1959 年在 M14 式 7.62 毫米步枪基础上改进而成。生产工艺要求严，精度高，枪口装消音器。该枪为导气式自动原理，机头回转式闭锁机构，只能半自动射击，配有专门的瞄准镜。初速 727 米／秒，有效射程 1000 米，弹匣容量 20 发。

【AR-18式5.56毫米自动步枪】 美国阿玛莱特公司于1954年研制成功。设计者是阿瑟·米勒。该枪与AR-15相比，具有结构简单、坚实，便于制造（采用普通钢冲压件、减少机加件等），可靠性有所提高，操作和勤务保养也方便，特别是该枪后座冲量小，精度甚佳。自动方式采用导气式，枪机回转闭锁机构，可半自动射击或全自动射击。枪长枪托打开为940毫米、枪托折叠为736毫米，枪管长464毫米，枪重（不带弹匣）3.17公斤，弹匣容量20发，初速990米／秒，理论射速800发／分，实际射速全自动射击80发／分，半自动射击40发／分，有效射程400米，使用5.56×45M193枪弹。

【AR-10式7.62毫米自动步枪】 AR-10枪族的一种。美国阿玛莱特公司的尤金·期通纳在50年代初设计，50年代末，荷兰国家兵工厂和美国柯尔特武器公司曾少量生产过AR-10步枪，但该枪从没被列入正式装备。尽管如此，AR-10仍是二次大战后比较引人注目的自动步枪之一，动作原理和结构安排上都有一些独到之处，后来都在5.56毫米口径的AR-15（即M16）上进一步得到发展。该枪采用直接气推自动方式，枪机回转闭锁机构，半自动或全自动射击。枪长1029毫米，枪管长508毫米，枪重（带空弹匣）4.1公斤，弹匣容量20发，初速845米／秒，理论射速700发／分，实际射速全自动为80发／分，半自动40发／分，可使用0.30英寸-06式枪弹和7.62毫米NATO枪弹。

【M16式5.56毫米自动步枪】 亦称AR-15式0.223英寸步枪，美国阿马莱特公司研制。M16是美国第二次世界大战以后换装的第二代步枪，也是世界上第一种列入正式装备的小口径军用步枪。60年代初美空军首先使用，随后1964年底美陆军正式采用，1967年改进型M16A1定型，1969年起大量装备美军。M16具有以下突出优点：弹药和枪的重量大大减轻，士兵携弹量成倍增加；小口径弹药冲量低，射击时武器易于控制，精度好；弹丸轻、初速高，撞击目标后的翻倒作用猛烈，在步枪的通用射程（400米）内有较好的杀伤作用。显然，这些优点都是口径减小的直接结果。因此，在各国引起巨大关注，尤其是西方各国竞相研制自己的5.56毫米口径（甚至更小口径）的军用步枪。M16自动步枪采用直接气推的自动方式，枪机回转闭锁机构，能半自动或全自动射击。枪长（带消焰器）990毫米，枪管长508毫米，枪重（不带背带和擦拭工具）3.10公斤，弹匣容量20发或30发两种，初速1000米／秒，理论射速650～850发／分，实际射速全自动150～200发／分、半自动45～65发／分，有效射程400米，使用5.56×45枪弹。该枪可以发射枪榴弹、40毫米榴弹、手榴弹等。

【M16A1型5.56毫米自动步枪】 美国制造。以铝合金和塑料为材料制成，全枪重2.9公斤，带20发的空弹匣重3.18公斤，是世界上最轻的步枪。也是世界上第一枝小口径步枪。1969年大量装备美军。该枪其他诸元和所配备弹种同M16式。

图2-14　M16A1型5.56毫米自动步枪

【鲁格Mini-14式5.56毫米步枪】 美国斯图尔姆·鲁格公司于1973年研制的一种卡宾枪。该枪最初是按半自动步枪设计的，基本上采用伽兰德M1式0.30英寸步枪的结构原理。自动方式采用导气式，枪机回转闭锁机构，半自动射击。枪长946毫米，枪管长470毫米，枪重（带空弹匣）2.9公斤，供弹具为5发或20发直弹匣，初速1005米／秒，射速40发／分，有效射程300米，使用5.56×45M193枪弹或其它类似的枪弹。

【M16A2-733式5.56毫米小突击步枪】 美国制造。M16A2式5.56毫米班用枪族的一种。该枪全长758毫米（枪托缩回677毫米），枪管长290毫米，全枪重（带空弹匣）2.74公斤，弹匣容量30发，使用比利时5.56毫米SS109枪弹。

【M16A2-701式5.56毫米突击步枪】 美国制造。是M16A2式5.56毫米班用枪族的一种。从1980年开始对M16A1式突击步枪进行改进，1982年定型为M16A2式，1984年美海军陆战队装备，该枪比M16A1式5.56毫米突击步枪加粗枪管，重量增加，增加三发点射机构、便于操作。还可发射枪榴弹和M203榴弹。枪全长1000毫米，枪管长510毫米，全枪重（带空弹匣）3.51公斤，弹匣容量30发，初速948米／秒，有效射程400米，使用北约第二标准口径的比利时SS109式枪弹。

【巴雷特M82式12.7毫米轻型狙击步

枪】　美国巴雷特火器制造有限公司新研制的狙击步枪。有较大的威力和射程，能在敌轻武器不易还击的距离上，先发制人，可为步兵班提供重型火力支援，可以清除机场或战场上敌人投下的踏发或定时集束炸弹，子母炸弹等。该枪全长1549毫米，全枪重14.7千克，初速865米／秒，11发可装卸弹匣。

【12 号 OLIN / HK 近距突击步枪】　由美国欧林公司和联邦德国在美的赫科子公司共同应美三军轻武器规划委员会1979年提出要求而研制。后坐力比M16A1步枪小、常规弹匣供弹、单发与连发发射。发射霰弹、集束箭形弹、破甲弹、燃烧弹、烟幕弹等多弹种；也能发射商用12号霰弹，具有更好的精度和更大的侵彻力。其中霰弹由8个重4.5克的铅丸组成，初速488米／秒；集束箭形弹由20个重0.376克的小箭组成，初速914米／秒。该武器为自由枪机式，闭膛待击，口径为19.5毫米，枪长（带消焰器）862毫米，枪管长460毫米，枪重（不带弹匣）4.3公斤，弹匣容量10发，理论射速240发／分，有效射程150米。

【MK3A1 式霰弹枪】　美国潘科（pancor）公司研制，第一支样枪的制造开始于1978年。主要设计要求由美三军轻武器规划委员会制定。导气式自动原理。圆筒式塑料弹匣，10发弹密封包装。枪长762毫米，枪管长457毫米，枪重（装满10发）4.6公斤，理论射速240发／分，使用弹药为2.75霰弹。

【"非闭锁" 5.56 毫米步枪】　美国休斯直升飞机公司研制成功的一种发射塑料弹壳枪弹的自动武器。"非闭锁"的原理最初是由美国高级研究项目规划局提出。该枪的新颖之处就是采用"非闭锁"型的滑动套筒式自动机，无须用通常的金属弹壳实现闭气，因此可采用重量较轻、结构较紧凑的塑料弹壳枪弹，以大幅度减轻武器系统的重量。该枪自动方式为导气式，半自动或全自动射击。枪长1002毫米，枪管长559毫米，枪宽51毫米，枪高184毫米，枪重（带64发实弹匣）4.45公斤，初速945米／秒，理论射速420发／分，有效射程1000米。该枪使用休斯公司非闭锁步机枪弹，弹丸为全嵌入式，每个弹匣64发弹，并都在出厂时就已装好弹，可长期储存，弹匣打完后即丢弃，简化了后勤供应。由于更换弹匣迅速，再加上该枪采用后座平稳的结构，因此自动射击时易于控制，精度较好。

【柯尔特 CAR-15 式 5.56 毫米重枪管突击步枪】　美国制造。CAR-15枪族中的一种，动作原理、枪弹使用、全枪长和枪管长均与AR-15步枪相同，但枪管重量增大，空枪重3.45公斤，战斗状态全重3.82公斤。柯尔特公司还曾研制出既可用弹匣供弹、又可使用弹链供弹的M2型的突击步枪。

【柯尔特 CAR-15 式 5.56 毫米卡宾枪】　美国制造。CAR-15枪族中的一种，动作原理和使用枪弹等都同AR-15步枪。枪全长865毫米，枪管长380毫米，战斗状态枪全重3.09公斤，初速为925米／秒。

【艾奇逊 12 号突击步（猎）枪】　美国国际防务公司制造。该枪自动方式为自由枪机式，前冲击发原理，半自动、会自动射击方式。枪全长990毫米。枪管长475毫米，枪全重（不带弹鼓或弹匣）5.2公斤，采用20发弹鼓或5发单排直弹匣供弹，理论射速360发／分，可以发射多种猎枪弹，其火力普通步枪大得多。

【可控短点射 4.32 毫米步枪】　美国研制。该枪采用直接气推自动方式，枪机回转闭锁方式，半自动和了发控制点射击。枪全长875毫米，枪全重（带空弹匣）4.54公斤，30发弹匣供弹，可使用4.42毫米普通枪弹，枪管下方可安装4发装30毫米榴弹发射筒。

【XM19 / 70 可控短点射箭弹枪】　美国研制的一种集束箭弹枪。是一种在一次控制点射中发射了枚箭弹的试中，还能够半自动或自动射击。枪全得（带60发弹）3.18公斤，箭弹头弹头重0.66克，初速1478米／秒，理论射速点射1800发／分，全自动射速600发／分。能穿透钢盔的最大射程800米。

【LMR5.56 毫米 "低维修率" 步枪】　美国 TRW 公司1973年研制。该枪特点：开启式枪机发射；仅能全自动射击；采用低射速、直枪托和枪口补偿器的办法控制弹着数布，连发精度将等。该枪为导气式自动方式，滚柱闭锁机构，带消焰器枪全长872毫米，枪全重（不带弹匣）3.3公斤，弹容量为30发弹匣，初速986米／秒，理论射速450发／分，实际射速120发／分，有效射程460米。使用5.56×45M193枪弹。

【AAI 战斗霰弹枪】　美国空军装备工业有限公司（AAI）研制的先进近战突击武器。它是一种12标号（18.5毫米口径）三弹种（霰弹、榴弹、破甲弹）通用的突击武器，射击频率高，膛口火焰小，直枪托，可单、连发射击。枪全长984

毫米，弹匣容量 12 发。每发霰弹内装有 8 支小箭，能在 150 米处穿透 7.62 毫米松木板或 3 毫米钢板。

【西蒙诺夫（CKC）7.62 毫米半自动步枪】 苏联制造。第二次世界大战结束后不久换装使用的三种主要枪种之一。该枪采用导气式自动方式，枪机偏移闭锁机构，半自动射击。枪长 1021 毫米，枪管长 520 毫米，枪重（不带弹）3.85 公斤，10 发固定弹仓，初速 735 米／秒，实际射速 35～40 发／分，有效射程 400 米。使用 7.62×39M43 式枪弹。

【AK-47 式 7.62 毫米突击步枪】 苏联制造。由卡拉什尼科夫设计，1947 年定型，1951 年起正式装备苏军。该枪的优点是可靠性和勤务性好、故障率低、坚实耐用，尤其是在特种条件下（如风沙、泥水等）性能可靠。该枪采用导气式自动方式，枪机回转闭锁方式，可半自动式或全自动射击。枪长（固定枪托或折叠打开）870 毫米，枪管长 415 毫米，枪重（带空弹匣及附品）4.3 公斤，弹匣容量 30 发，初速 710 米／秒，理论射速 600 发／分，实际射速半自动 40 发／分，全自动 100 发／分，有效射程 300 米，使用 7.62×39M43 式枪弹。世界上许多国家仿制，是世界上产量最多的步枪。

图 2-15　AK-47 式 7.62 毫米突击步枪

【德拉戈诺夫 7.62 毫米狙击步枪】 苏联

图 2-16　德拉戈诺夫 7.62 毫米狙击步枪

制造。1967 年正式装备苏军。采用导气式短行程活塞自动方式，枪机回转闭锁机构，半自动射击。枪长 1225 毫米，枪管长 547 毫米，枪重（带瞄准镜）4.3 公斤，10 发弹匣，初速 830 米／秒，实际射速 20 发／分，最大有效射程 1300 米，使用 7.62×54 凸缘式枪弹。配有 ПCO-1 瞄准镜。

【EM1 式 7 毫米步枪】 英国在第二次世界大战结束后研制。吸取了德国 StG45（M）突击步枪的一些设计经验。该枪采用导气式自动方式，滚柱闭锁机构，可半自动射击，也可全自动射击。枪长 914 毫米，枪管长 622 毫米，枪重（带空弹匣）4.66 公斤，初速 771 米／秒，理论射速 600～650 发／分，实际最大射速半自动射击 60 发／分，全自动射击 120 发／分，有效射程 900 米，使用 7 毫米枪弹。

【EM2 式 7 毫米步枪】 英国在 40 年代末提出研制的一种实验型步枪。从结构原理上讲，该枪是一种比较成功的武器，它具有后座小、精度好，采用"无托"结构，全枪长度较短，便于携带和操作等优点。此外，在步枪上首次采用光学瞄准镜，瞄准镜架又兼作提把。该枪的缺点是：发射机构和自动机比较复杂、擦试困难，在沙暴等特种条件下动作不够可靠。该枪自动方式为导气式，卡铁闭锁机构，枪长 889 毫米，枪管长 622 毫米，枪重（不带弹匣和背带）3.56 公斤，弹匣容量 20 发，初速 771 米／秒，理论射速 600～650 发／分，实际射速半自动射击 60 发／分，全自动射击 120 发／分，有效射程 900 米。使用 7 毫米 MKIZ 枪弹。

【斯特林 5.56 毫米轻型自动步枪】 英国斯特林军械公司研制。有两种型号：固定枪托型和折叠枪托型。该枪是一种导气式武器，采用枪机回转的闭锁方式，可半自动或全自动射击。枪长 970 毫米（枪托折叠 755 毫米），枪重（不带弹匣）3.4 公斤，弹匣容量 20 发，初速 990 米／秒，理论射速 650 发／分，实际射速全自动射击 100 发／分、半自动射击 40 发／分，有效射程 400 米，使用 5.56×45M193 枪弹。

【XL70 式 4.85 毫米自动步枪】 英国恩菲尔德公司在 70 年代研制。系 4.85 毫米枪族中的一种，该武器族也是北大西洋公约组织下一代步枪选型试验的枪种之一。该枪采用导气式自动方式，枪机回转，前端闭锁机构，能自动射击或半自动射击。该枪与常见步枪不同的是：采用"无托"结构；机框不在机匣导轨上运动，而是在复进簧导杆上运动。因而武器后座小、重量轻、结构简单。该枪不完全分解时仅有 8 个组件，分解擦试方便。枪长

769.6毫米,枪管长(带消焰器)511.5毫米,枪重(不带弹匣及瞄准镜)3.12公斤,弹匣容量20发,初速900米/秒,理论射速700～850发/分。该枪使用的是恩菲尔德公司新研制的4.85毫米新式枪弹,重和体积仅为7.62毫米NATO枪弹的一半,但其威力超过30%,在600米射程上能穿透3毫米厚的钢板,5.56毫米M193枪弹在300米处就不能穿透了。弹种齐全。XL70式步枪配有低倍率、宽视场的光学瞄准镜,能发射"梅卡"型榴弹,与同武器族XL73班用轻机枪之间80%零件互换通用。

【L85A1式5.56毫米突击步枪】 英国制造。1985年英军正式列装XL70E3式5.56毫米突击步枪,定名为L85A1式突击步枪。该枪为导气管式自动原理,机头回转式闭锁机构。总体设计的特点是将机匣与枪托在长度上合二为一,俗称"无托"结构,这种结构的好处在于枪管长不缩短、枪长可以大为减短。该枪可装0.8公斤的氖光瞄准镜,也可用照门准星,瞄准镜造价是枪价的一半。刺刀可作匕首、钢锯、电线剪等用,刀鞘上备有磨刀石。制造上尽采用模锻、冲压件和塑料件。该枪全长785毫米,枪管长520毫米,枪重(带空弹匣、不带瞄准镜)3.92公斤,弹匣容量30发,初速(SS109弹)940米/秒,有效射程500米。

【FA·MAS式5.56毫米自动步枪】 法国制造。由圣·埃蒂纳工厂1971年开始研制,1979年定型列装。该枪采用枪机延迟后座自动方式,可半自动、全自动射击和3发点射,"无托"结构,轻合金件、塑料件较多,还可发射尾管直径为22毫米的榴弹。枪长757毫米,枪管长488毫米,枪重(不带弹匣、背带和两脚架)3.38公斤,弹匣容量25发,初速960米/秒,理论射速900～1000发/分,实际射速全自动125发/分、半自动50发/分,有效射程400米,使用5.56×45M193(钢壳)枪弹。

【F-3自动攻击步枪】 法国研制。是一种步兵肩射自动攻击武器。口径为5.56毫米,长为76厘米,全重4.58公斤。弹匣容弹量为25发。子弹的理论速射为每分钟1000发,最大有效射程为300米。发射反坦克枪榴弹时,有效射程为75—199米。瞄准具嵌入巨大的携柄中。

【MP43、MP44式7.92毫米突击步枪】 德国制造。是德国在第二次世界大战末期开始大量生产的一种发射"中间"型枪弹、能够半自动和全自动射击的突击步枪,也是世界上最先出现的一种突击步枪,与发射大威力枪弹的步枪相比,该枪重量轻、携弹量增加,它的设计思想对战后轻武器的发展有重要影响。该枪长940毫米,枪管长419毫米,枪全重5.22公斤,导气式自动方式,30发弹匣,初速650米/秒,理论射速500发/分,实际射速半自动为40发/分,全自动为120发/分,有效射程500米,使用7.92×33枪弹。1945年,毛瑟公司又在该枪基础上,试制出StG45CM7.92毫米突击步枪。

【G3式7.62毫米自动步枪】 联邦德国赫克勒和科赫公司在西班牙赛特迈S8式7.62毫米突击步枪的基础上研制而成。1959年联邦德国军队正式装备,世界不少国家军队也装备,它是发射7.62毫米NATO枪弹的主要军用步枪之一。有三种型号:G3A3为塑料前托、转鼓式表尺照门;G3A4是伸缩式枪托;G3A3ZF上装有瞄准镜架。该枪采用半自由枪机自动方式,滚柱闭锁机构,可半自动或全自动射击。枪长固定枪托型为1020毫米、伸缩枪托型为800毫米,枪管长450毫米,枪重(不带弹匣)固定枪托型为4.25公斤,伸缩枪托型为4.52公斤,弹匣容量20发,初速780～800米/秒,理论射速500～600发/分,实际射速半自动40发/分、全自动100发/分,有效射程400米,使用7.62×51NATO枪弹,可以发射枪榴弹。

【G3SG/1式7.62毫米狙击步枪】 联邦德国制造。G3SG/1狙击步枪是G3的一种变型枪,结构与G3A3基本相同。配用专用的瞄准镜,放大倍率为1.5～6,在100～600米射程内可进行风偏和距离修正。也可使用普通机械瞄具。

图2-17 G3SG/1式7.62毫米狙击步枪

【HK32A2式7.62毫米自动步枪】 联邦德国赫克勒和科赫公司研制。系HK32式7.62毫米武器族中的一种。采用半自由枪机自动方式,滚柱闭锁机构,可半自动或全自动射击。枪长920毫米,枪管长390毫米,枪重(不带弹匣)3.55公斤,弹匣容量20、30或40发,初速730米/秒,理论射速750发/分,实际射速全自动100发/分、半自动40发/分,使用7.62×39M43式枪弹。

【HK33式5.56毫米自动步枪】 联邦德国赫克勒和科赫公司研制。系HK33式5.56毫米武器族的一种。采用半自由枪机自动方式，滚柱闭锁机构，可半自动或全自动射击。枪长枪托缩回时735毫米，枪托伸出时940毫米，枪重（不带弹匣）3.98公斤，弹匣容量20发和40发，初速920米/秒，理论射速750发/分，实际射速全自动100发/分、半自动40发/分，有效射程400米，使用5.56×45M193枪弹。能发射枪榴弹。

【G41式5.56毫米突击步枪】 联邦德国制造。该枪由HK公司在G3式自动步枪基础上配用5.56毫米SS109式枪弹而成。半自由枪机式自动原理，对称滚柱式延迟开锁。发射方式有半自动单发、3发自控点射、连发。弹匣与美M16A1弹匣通用。该枪是在G11无壳步枪装备之前的过渡性装备。全枪长997毫米，枪管长（不带消焰器）450毫米，枪重（带空弹匣）3.71公斤，弹匣容量30发，理论射速850～900发/分，初速910米/秒，有效射程400米，使用5.56×45枪弹。

【HK36式4.6毫米突击步枪】 联邦德国赫克勒和科赫公司研制的一种小口径军用步枪。是北约组织下一代步枪选型试验的三种步枪之一。该枪重量轻、精度好、全密封式弹匣结构。采用半自由枪机自动方式，滚柱闭锁机构，可以半自动，全自动射击和控制点射。枪长枪托打开为890毫米，枪托折回为796.6毫米，枪管长（带消焰器）398.8毫米，枪重（带固定弹匣）2.85公斤，初速850米/秒，有效射程300米。该枪使用4.6×36弹尖部非对称枪弹，采用容弹量为30发的包装筒装弹，出厂时已装好弹，使用后可丢弃。配有反射式瞄准具。

【G11式4.7毫米无壳弹突击步枪】 联邦德国制造。第二次世界大战中德国就开始研制7.92毫米无壳弹枪，60年代联邦德国赫克勒和科赫公司再次开始研制。1973年G11采用横向转膛式枪机。1974年造出样枪，参加了1977年—1980年北约步枪选型试验。1980年改用HITP高燃点发射药。该枪由于采用无壳弹，能实现高射速，提高点射精度，增大携弹量，从而使火力突击性大大增强。采用"无托"结构和弹匣水平置于枪管上方，配备光学瞄准镜。该枪可半自动，全自动射击和点射，全枪长750毫米，全枪宽65毫米，枪管长540毫米，枪重（不装弹）3.6公斤，弹匣容量50发，初速930米/秒，有效射程400米。使用4.7×21无壳枪弹。

【毛瑟4.75毫米发射无壳枪弹步枪】 联邦德国毛瑟公司研制。该枪除使用无壳枪弹之外，还采用"无托"结构和弹匣置于枪身内部、机匣下方，全枪结构十分紧凑。枪身由左、右两大部分组合而成，提把和枪身为一整体，表尺装在提把内。初速1000米/秒，理论射速1500发/分，使用4.75毫米无壳枪弹，70发内装式弹匣。

【BM59式7.62毫米自动步枪】 意大利制造。伯莱达公司在50年代初期成功地将美M1半自动步枪进行了改进，制成了发射7.62毫米北约制式枪弹（又称NATO弹）的BM59自动步枪，作为意大利陆军的制式步枪。该枪既保留了M1步枪的优点，又简化了供弹机构，增加了全自动发射部件，改善了瞄准装置，更换了新枪管等。该枪为导气式自动方式，可半自动或全自动射击，枪长（不带刺刀）1095毫米，枪管长490毫米，枪重（不带附件）4.4公斤，供弹具为20发弹匣，初速823米/秒，理论射速750发/分，实际射速全自动为120发/分，半自动为40发/分，有效射程600米，使用7.62毫米NATO枪弹。该枪附件有两脚架、多用扳机（兼作发射榴弹的扳机）以及装有三用补偿器的伯莱达型枪榴弹发射插座等。

【AR70/90式5.56毫米突击步枪】 意大利伯莱达公司1969年研制。属M70式5.56班用枪族，意大利陆军1985年正式列装。该枪除AR标准枪外，还有一种小突击步枪（SCS）。该枪采用导气式自动方式，枪机回转闭锁机构，30发弹匣，可半自动或全自动射击。枪长：打开AR型固定枪托为955毫米，SCS型枪托打开820毫米、枪托折叠596毫米、枪管长AR型450毫米、SCS型320毫米，枪重（不带弹匣）AR型3.41公斤、SCS型3.52公斤，初速AR型950米/秒、SCS型885米/秒，理论射速AR型650发/分、SCS型600发/分，有效射程AR型400米，SCS型300米，使用5.56×45M193枪弹。

【AUG5.56毫米小突击步枪】 奥地利施太耶—丹姆勒—普赫公司与奥地利陆军共同研制。系奥地利AUG5.56毫米班用枪族的一种。该枪全长626毫米，枪管长350毫米，枪重（带空弹匣）3.15公斤，弹匣容量30发，理论射速680～850发/分，初速925米/秒，使用5.56×45M193枪弹。

【AUG5.56毫米突击步枪】 奥地利斯太耶—丹姆勒—普赫公司与奥陆军共同研制。系奥地利 AUG5.56 毫米班用枪族的一种。1977 年装备奥军，命名 Stg77，部分出口其他国家。该枪全长 790 毫米，枪管长 508 毫米，枪重（带空弹匣）3.7 公斤，弹匣容量 30 发，理论射速 680—850 发／分，初速 970 米／秒，有效射程 400 米，使用 5.56×45M193 枪弹。

【SSG69 式 7.62 毫米狙击步枪】 奥地利施太耶—丹姆勒—普赫公司制造。系奥地利陆军的制式狙击步枪。该枪是非自动武器，枪机回转闭锁机构，单发射击。枪长 1130 毫米，枪管长 650 毫米，枪重（带空弹匣）3.9 公斤，采用 5 发转筒式弹仓，初速 860 米／秒，有效射程 800 米，配有 6 倍放大率瞄准镜，使用 7.62×51NATO 枪弹。

【Steyr 万能突击步枪】 奥地利研制的一种新式突击步枪。口径为 5.56 毫米。其特点是：仅靠扳机系统即可作自动或半自动射击；不需专用工具就可对枪管和机匣进行快速更换组成多种不同应用的枪；采用 1.5 倍光学瞄准具和带亮点的普通瞄准具提供低能见度时的快速瞄准，光学瞄准具在 60 余米深的水中不漏水；防腐蚀性能好；在沙漠或热带地区使用不会发生故障。

【FNC5.56 毫米半自动步枪】 比利时制造。该枪有 FNC-1976（NATO）和 FNC-1979（生产型）两种，其外形与 FN·CAL5.56 毫米自动步枪基本相同。枪长当枪托打开为 990 毫米、枪托折叠为 760 毫米，枪管长 450 毫米，枪重（不带弹匣）3.8 公斤，初速（SS109 弹）925 米／秒，理论射速 600～750 发／分，实际射速 60～120 发／分，有效射程 400 米，使用比利时的 SS109 枪弹和 M193 枪弹，弹匣容量 20／30 发，弹匣与美 M16A1 步枪通用。

【FN·CAL5.56 毫米自动步枪】 比利时 FN 兵工厂 1963 年开始研制，1967 年正式生产定型。该枪是欧洲第一批小口径军用步枪之一，曾出售给许多国家，但由于该枪成本高，没有竞争能力，后停止生产。该枪采用导气式自动方式，枪机回转闭锁机构，可半自动、全自动射击和 3 发点射。枪长 980 毫米，枪管长 467 毫米，枪重（不带弹匣、背带）3 千克，弹匣容量 20 发，初速 970 米／秒，使用 5.56×45M193 枪弹。可发射 40 毫米榴弹，配有红外瞄准镜和两脚架等。

【FN·FAL7.62 毫米自动步枪】 比利时国家兵工厂（FN）于 50 年代初研制。它具有坚实可靠、精度好、使用方便、分解简单、气体调节器

结构新颖、能发射枪榴弹等优点，生产工艺也比较先进。该枪在世界上为许多国家所采用。它的自动方式为导气式，枪机偏移闭锁机构，可半自动或全自动射击。枪长 1100 毫米，枪管长 533 毫米，枪重（不带弹匣）4.31 公斤，10 发和 20 发弹匣，初速 823 米／秒，理论射速 650～700 发／分，实际射速全自动为 120 发／分、半自动为 60 发／分，有效射程 600 米，使用 7.62×51NATO 枪弹。

【赛特迈 L 型 5.56 毫米突击步枪】 西班牙特种金属材料研究中心研制。该枪有固定枪托的标准型和配伸缩式枪托的短枪管型。采用枪机延迟后座的自动方式，滚柱闭锁机构，可半自动、全自动射击和控制点射，标准弹匣 20 发，枪重 3.4 公斤。枪长：标准型为 925 毫米，短枪管型枪托伸出 860 毫米、未伸出 665 毫米。枪管长标准型为 400 毫米、短枪管型为 320 毫米，初速标准型为 920 米／秒、短枪管型为 850 米／秒，理论射速为 700～800 发／分。使用 5.56×45M193 枪弹。

【赛特迈 7.62 毫米突击步枪】 西班牙特种材料技术研究中心研制。1953 年定型，1958 年正式装备西班牙军队。该枪工艺性较好，全枪需要机加的零件数不到 20 个，其余大多是冲压件。采用半自由枪机自动方式，滚柱闭锁机构，可半自动或全自动射击。枪长 1015 毫米，枪管长 450 毫米，枪重木制前托型 4.2 公斤，金属前托型（带两脚架）4.5 公斤，弹匣容量 20 发，初速 780 米／秒，理论射速 550～650 发／分，有效射程 600 米，使用 7.62×51NATO 枪弹。

【SIG450 式 5.56 毫米自动步枪】 瑞士工业公司制造。该枪采用导气式自动方式，枪机回转闭锁方式，可半自动或全自动射击。枪长（带消焰器）固定枪托型 950 毫米、折叠枪托型 714 毫米，枪管长 460 毫米，枪重（固定枪托型不带两脚架和弹匣）3.12 公斤，弹匣为 20 发和 30 发两种，初速 980 米／秒，理论射速 725 发／分，实际射速全自动 90 发／分、半自动 40 发／分，有效射程 400 米，使用 5.56×M193 枪弹。

【SIG510-4 式 7.62 毫米突击步枪】 瑞士工业公司（SIG）制造，并为本国和其他国家装备。该枪自动方式为半自由枪机式，滚柱闭锁机构，可半自动或全自动射击。枪长 1016 毫米，枪管长 505 毫米，枪重 4.25 公斤，弹匣容量 20 发，初速 790 米／秒，理论射速 600 发／分，实际射速全自动 80 发／分、半自动 40 发／分，有效射

程 600 米，使用 7.62×51NATO 枪弹，可发射枪榴弹，配有瞄准镜、红外瞄准具和两脚架等。

【SIG530-1 式 5.56 毫米自动步枪】 瑞士工业公司制造。该枪采用导气式自动方式，滚柱闭锁机构，可半自动或全自动射击。枪长 953 毫米，枪管长 391 毫米，枪重 3.27 公斤，弹匣容量 30 发，初速 877 米／秒，理论射速 600 发／分，实际射速全自动 90 发／分、半自动 30 发／分，有效射程 400 米，使用 5.56×45M193 枪弹，换用特制的枪管后可发射联邦德国毛瑟-IWK5.56 毫米枪弹，以提高远射程上的侵彻和杀伤作用。

【SIG542 式 7.62 毫米自动步枪】 瑞士工业公司制造。该枪采用导气式自动方式，枪机回转闭锁方式，可半自动或全自动射击。枪长（带消焰器）固定枪托型 1002 毫米、折叠枪托型 748 毫米，枪管长 465 毫米，枪重（固定枪托型不带两脚架和弹匣）3.36 公斤，弹匣为 20 发，初速 820 米／秒，理论射速 725 发／分，实际射速全自动 80 发／分、半自动 40 发／分，有效射程 400 米，使用 7.62×51NATO 枪弹。

【MKS 式 5.56 毫米突击步枪】 瑞典国际动力公司研制，是一种外形比较奇特的小口径军用步枪。该枪采用"无托"结构，机匣短、结构紧凑，重量轻，操作方便。生产工艺简单，周期短，因此生产成本比 M16 步枪低 40％。该枪有标准型和卡宾枪型两种，自动方式均为导气式，枪机回转闭锁机构，半自动或全自动射击，理论射速 700～1100 发／分，有效射程 400 米，使用 5.56×45M193 枪弹，供弹具采用 30 发直弹匣。标准型枪长枪托打开 868 毫米，枪托折叠 634 毫米，枪管长 467 毫米，枪重（带空弹匣）2.75 公斤，初速 975 米／秒；卡宾枪型枪长枪托打开 751 毫米，枪托折叠 517 毫米，枪管长 350 毫米、枪重（带空弹匣）2.36 公斤，初速 925 米／秒。标准型枪可发射枪榴弹和配用刺刀。

【VZ52 式 7.62 毫米半自动步枪】 捷克布尔诺兵工厂（ZB）在第二次世界大战后设计制造。该枪采用导气式自动方式，枪机偏移闭锁机构，半自动射击。枪长 1003 毫米，枪管长 523 毫米，枪重（不带弹匣）4.1 公斤，弹匣容量 10 发，初速 744 米／秒，实际射速 30 发／分，有效射程 400 米，使用捷克 7.62×45M52 枪弹。

【VZ58 式 7.62 毫米突击步枪】 捷克研制。系捷军的制式步枪。该枪采用导气式自动方式、卡铁摆动式闭锁机构，可半自动或全自动射击。枪长 820 毫米，枪管长 401 毫米，枪重（不带弹匣）3.14 公斤，弹匣容量 30 发，初速 710 米／秒，理论射速 800 发／分，实际射速全自动 90 发／分、半自动 40 发／分，有效射程 400 米，使用 7.62×39M43 式枪弹。

【加利尔 AR／SAR 5.56 毫米突击步枪】 以色列军事工业公司研制。属加利尔 5.56 毫米班用枪族，1973 年正式装备以军。该枪为导气式自动方式，枪机回转闭锁机构，35 发和 50 发弹匣，可以半自动或全自动射击，理论射速 650 发／分，实际射速全自动 105 发／分、半自动 40 发／分，枪长：枪托打开 AR 型 970 毫米、SAR 型 820 毫米；枪托折叠 AR 型 740 毫米、SAR 型 600 毫米，枪管长 AR 型 460 毫米，SAR 型 330 毫米，枪重（带空弹匣）AR 型 3.9 公斤、SAR 型 3.5 公斤，初速 AR 型 950 米／秒、SAR 型 900 米／秒，有效射程 400 米。使用 5.56×45M193 枪弹。

图 2-18　加利尔 AR／SAR　5.56 毫米突击步枪

【三八式步枪】 日本明治 38 年（1905 年）改良的新式步枪。口径 6.5 毫米，枪长（除刺刀）1.289 米，枪重（除刺刀）3.95 公斤，子弹尖头，初速 762 米／秒，表尺射程 2400 米。这种枪的特点是，枪机上有防尘盖，保险机在枪机的后尾，使用简便。

【巩造民 24 式步枪】 亦称中正式步枪。中国 1935 年仿照德国 1924 式短管毛瑟枪制成的一种连发步枪。口径 7.9 毫米。枪长 1.11 米，枪重 4.08 公斤，弹形尖头，初速 810 米／秒，表尺射程 2000 米。这种枪的特点是枪管短，便于携带，可兼作步骑两用，当时规定为制式步枪。

【汉阳式步枪】 中国清代光绪十九年（1893 年）汉阳兵工厂仿德国 88 式毛瑟枪制造。枪口径 14.8 毫米，加木护盖，表尺为固定弧形式，重 4.66 公斤。

4、冲锋枪

【汤姆森冲锋枪】 美国制造的一种冲锋枪。口径 11.25 毫米，枪全长 855 毫米，枪全重 4.87 公斤，弹匣连 20 发子弹重 0.594 公斤，弹盘连 50 发子弹重 2.25 公斤，初速 244 米／秒，理论射速 600 发／分，最大射程 1462 米（1600 码），有效射程 274 米（300 码）。

【M1957 式 9 毫米冲锋枪】 美国制造。由马克斯威尔·艾奇逊设计，主要特点是结构简单，重量轻、长度短、分解方便、工艺性好。该枪的自动方式为枪机自由后座，半自动和全自动射击方式，枪长枪托拉出为 610 毫米，枪托缩入 387 毫米，枪管长 203 毫米，枪重（不带弹匣）2.1 公斤，32 发直弹匣，初速 366 米／秒，有效射程 200 米，使用派拉贝鲁姆手枪弹。

【柯尔特 XM177E2 式 5.56 毫米冲锋枪】 美国制造，又称柯尔特突击枪，系 CAR-15 枪族的一种，是在 60 年代末 M16A1 自动步枪的一种变型枪。该枪原是作为一种比较轻便的自卫武器而设计的，在正式装备越南美军特种部队后，实际上作冲锋枪使用。该枪机构特点等都与 M16A1 步枪一样，自动方式为直接气推式，枪机回转闭锁机构，可半自动、全自动射击，还可实施 3 发控制点射。枪长枪托拉出 787 毫米，枪托缩入 711 毫米，枪管长（不带消焰器）254 毫米，枪重（不带弹匣和背带）2.78 公斤，20、30 发弹匣，初速 824 米／秒，理论射速 700～800 发／分，实际射速全自动为 150～200 发／分，半自动 40～50 发／分，持续射击的射速 12～15 发／分，有效射程 200 米，使用 5.56×45M193 枪弹。该枪长度、重量减小，尤其适合丛林地区作战。

1969 年由乔治·英格拉姆公司研制而成，军用武器公司生产，已在许多国家使用。

【英格拉姆冲锋枪】 美国制造。专为飞行员、坦克乘员及汽车驾驶员研制的一种微型冲锋枪，主要特点是长度较短，结构紧凑坚实，生产工艺简单、射击过程中容易控制。有两种型号：M10 和 M11，M10 又有两种口径，分别配用 0.45 英寸 ACP 柯尔特自动手枪弹和 9 毫米巴拉贝鲁姆手枪弹；M11 发射 9 毫米短弹（0.38 英寸 ACP）。该枪均配有 MAC 消音器，可用于伏击而不惊动 70 米外的部队。自动方式采用枪机自由后座式，可半自动或全自动射击。枪长：不带枪托 M10 为 267 毫米、M11 为 222 毫米；枪托拉出 M10 为 548 毫米、M11 为 460 毫米；枪托缩入 M10 为 269 毫米、M11 为 248 毫米。枪管长 M10 为 146 毫米、M11 为 129 毫米。枪重（带空弹匣）M10 为 2.84 公斤，M11 为 1.59 公斤。弹匣容量 M10 按口径分别为 30 发和 32 发，M11 为 16 发或 32 发。初速 M10 按口径分为 280 米／秒、366 米／秒，M11 为 293 米／秒。实际射速全自动 M10 是 90 发／分和 96 发／分，M11 为 96 发／分，半自动射速均是 40 发／分。有效射程 100 米。

图 2—19 英格拉姆冲锋枪

【M16 式 9 毫米冲锋枪】 美国制造。由马克斯威尔·艾奇逊，在 M16A1 式 5.56 毫米自动步枪基础上改进而成。两枪外形相似，一些部件可以互换，但 M16 冲锋枪的自动方式为枪机自由后座，使用 9 毫米巴拉贝鲁姆手枪弹。该枪有三种型号：一是短枪管型，枪和枪托伸出为 692 毫米，枪托折叠 609 毫米，枪管长 260 毫米，枪重（不带弹匣）2.25 公斤，25 发弹匣，全自动射击方式，停射时枪机位置在后方；二是金属枪管护筒型，枪长枪管长与前者一样，枪重（不带弹匣）2.1 公斤，25 发弹匣，全自动射击方式，停射时枪机位置在后方；三是微声冲锋枪型，枪长枪托伸出 838 毫米，枪托折叠 756 毫米，枪管长 406 毫米，25 发弹匣，半自动射击方式，停射时枪机位置在前方，枪重（不带弹匣）2.93公斤。

【AR-185S式5.56毫米冲锋枪】 美国阿玛莱特公司研制。该枪枪长枪托打开为760毫米，枪托折叠520毫米，枪管长260毫米，枪重（不带弹匣）2.74公斤，初速780米／秒，理论射速800～830发／分，实际射速全自动射击为100发／分、半自动射击为40发／分，有效射程300米。其它诸元与AR-18式5.56毫米自动步枪一样。

【"卡拉什尼柯夫"AH-47式7.62毫米冲锋枪】 苏联制造。口径7.62毫米，全重4.3公斤（装30发子弹），全长870毫米，折叠枪托全长645毫米，最大射程3000米，有效射程400米，射速40—100发／分，初速715米／秒，弹夹容量30发，有折叠枪托者供空降部队、装甲部队和海军陆战队使用。

【AKM式7.62毫米冲锋枪】 苏联1959年制造。苏军及一部分东欧国家装备。该枪全重3.9公斤，全长870毫米，最大射程3000米，有效射程400米，射速40—100发／分，初速710米／秒，弹夹容量30发，比AK-47有某种改进，枪托改用胶合板，在枪的结构上改动不大。枪上有刺刀，可当锯子和破坏剪使用。

【L2A3式9毫米冲锋枪】 英国制造。又称斯特林MK4冲锋枪。是英军1953年换装的L2A1冲锋枪的改进型，于1956年起正式装备英军。该枪配用消音器后称L34A1微声冲锋枪、也是英军的制式武器。自动方式为枪机自由后座式，快慢机有半自动射击、全自动射击和保险三个位置。枪长枪托打开为711毫米，枪托折叠为483毫米，枪管长198毫米，枪重（不带弹匣）2.72公斤，弹匣容量34发，初速390米／秒，理论射速550发／分，实际射速全自动为100发／分，半自动40发／分，有效射程200米，使用派拉贝鲁姆枪弹。

图2-20 L2A3式9毫米冲锋枪

【柏格门冲锋枪】 亦称手提机枪。法国制造的一种冲锋枪。口径7.65毫米，枪全长820毫米，枪全重4.33公斤，枪管长200毫米，膛线右

旋4条，弹匣容量50发，初速390米／秒，表尺射程50—100米，理论射速500—600发／分。系药筒底压的自动装置。

【MAT49式9毫米冲锋枪】 法国制造。1950年开始装备法军。该枪采用重规钢板冲压件，结构比较坚实，弹匣套可向前转至枪管护筒下方，采用嵌入式枪机。自动方式为枪机自由后座，前冲击发原理，无单发机构，只能全自动射击。分解结合不需要专用工具。枪长当枪托伸出710毫米，当枪托缩入460毫米，枪管长228毫米，枪重（不带弹匣）3.64公斤，32发双排装直弹匣，初速354米／秒，理论射速600发／分，实际射速128发／分，有效射程200米，使用派拉贝鲁姆手枪弹。

【MP-K和MP-L式9毫米冲锋枪】 联邦德国华尔特公司制造。MP-K为短枪管型，MP-L为长枪管型，内部构造则完全相同。该枪于1963年定型投产，现为一些国家的公安部队和海军所装备。两种型号枪的自动方式均为枪机自由后座，采用前冲击发的原理，32发直弹匣供弹，机匣两侧都有快慢机柄，可半自动或全自动射击，都可配装消音器，枪托可折叠于枪的任意一侧，理论射速550发／分，实际射速全自动为96发／分、半自动为40发／分，有效射程100米，使用派拉贝鲁姆手枪弹。MP-K式枪长，枪托打开时653毫米、枪托折叠时368毫米，枪管长171毫米，枪重（不带弹匣）2.8公斤，初速356米／秒；MP-L式枪长，枪托打开737毫米，枪托折叠为455毫米，枪管长257毫米，枪重（不带弹匣）3公斤，初速396米／秒。

【MP5式9毫米冲锋枪】 联邦德国赫克勒和HK公司在60年代研制出的一种新型冲锋枪。原型称为HK54。1966年正式装备联邦德国公安部队和边防警察，并命名为MP59毫米冲锋枪。MP5冲锋枪是以著名的G3步枪为基础研制改进而成的。动作原理与G3完全相同，即采用枪机延迟后座的自动方式和滚柱闭锁的闭锁方式，而且它的一些部件还可以与G3步枪的互换。不同之处是该枪能安装点射控制机构。自动方式为枪机延迟后座，滚柱闭锁机构，10、15或30发弹匣供弹，半自动和全自动射击方式，理论射速650发／分，实际射速全自动时为100发／分，半自动时40～50发／分。该枪配有空包弹发射器、次口径弹发射装具和HK1003夜间瞄准具等。该枪有四种变型枪：MP5A2、MP5A3、MP5SD2和

MP5SD3，其中后两种为微声冲锋枪。MP5A2型枪长680毫米，枪重（不带弹匣）2.45公斤，初速400米／秒，有效射程200米，使用派拉贝鲁姆手枪弹。

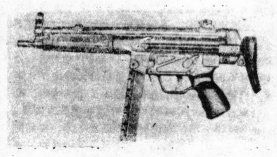

图2-21 MP5式9毫米冲锋枪

【HK32KA1式7.62毫米冲锋枪】 联邦德国赫克勒和科赫公司研制。系H327.62毫米武器族中的一种。采用半自由枪机自动方式，滚柱闭锁机构，可半自动或全自动射击。枪长枪托伸出为864毫米、枪托缩回为670毫米，枪管长322毫米，枪重（不带弹匣）3.8公斤，弹匣容量20、30或40发，初速690米／秒，理论射速750发／分，实际射速全自动100发／分，半自动40发／分，使用7.62×39M43式枪弹。

【HK53、HK53A1式5.56毫米冲锋枪】 联邦德国赫克勒和科赫公司研制的HK33系列武器族中的冲锋枪。发射美国5.56×45M193枪弹，其基本结构和G3步枪相同，都是采用滚柱闭锁的枪机延迟后座的自动方式，而且许多部件可与G3互换。该枪可半自动或全自动射击，枪长枪托打开为764毫米，枪托缩入为563毫米，枪管长225毫米，枪重（不带弹匣）3.36公斤，弹匣容量40发，初速750米／秒，理论射速600发／分，实际射速全自动是160发／分，半自动40发／分，最大有效射程400米。HK53A1又称HK53KL，是HK53的改进型，专为机械化步兵而研制的，士兵在战车内可用该枪从射击孔对外射击。

【HK33KA1式5.56毫米冲锋枪】 联邦德国赫克勒和科赫公司研制。系HK33式5.56毫米武器族中的一种。该枪采用半自由枪机自动方式，滚柱闭锁机构，可半自动或全自动射击。枪长枪托缩回680毫米、枪托伸出863毫米，枪重（不带弹匣）3.98公斤，弹匣容量40发，理论射速750发／分，实际射速100发／分，有效射程400米，使用5.56×45M193枪弹。

【M12式9毫米冲锋枪】 意大利伯莱达公司于1958年研制成功，1959年投产。装备意大利陆军的特种部队。该枪的自动方式为枪机自由后座。枪机为套入式，固定击针位于枪机后部，击发瞬间200毫米长的枪管有150毫米被枪机套住。显然，这是枪全长得以缩短的主要原因。另外，这种套入式枪机结构还可以减弱枪在射击过程中的振动，因此连发射击时比较平稳，枪口上跳不太明显。该枪为半自动和全自动射击方式，有握把保险和保险按钮两个保险机构，枪托打开时枪长645毫米，枪托折叠时枪长416毫米，枪重（不带弹匣）2.98公斤，20、30和40发弹匣供弹，枪管长200毫米，初速381米／秒，理论射速550发／分，实际射速全自动时120发／分，半自动时40发／分，有效射程200米，使用派拉贝鲁姆手枪弹。

【MPi69式9毫米冲锋枪】 奥地利施太耶—戴姆勒—普赫公司研制生产。该枪现由奥地利军队试用。主要特点是采用前冲击发原理和套入式枪机结构，全枪结构简单、工艺性好。采用枪机自由后座自动方式，既可半自动也可全自动射击，轻扣扳机为半自动射击，重扣扳机为全自动射击。用保险机亦可选择射击方式。枪长（枪托拉出）673毫米，枪托缩入470毫米，枪管长260毫米，枪重（不带弹匣）2.95公斤，弹匣分30发和20发两种容量，初速381米／秒，理论射速550发／分，实际射速全自动为100发／分、半自动为50发／分，有效射程200米，使用派拉贝鲁姆手枪弹。

【星牌Z62式9毫米冲锋枪】 西班牙军队的制式武器。该枪在重量、尺寸、保险方式和动作可靠性方面都比西班牙军队原先装备的Z45式冲锋枪有较大的改进，勤务性能也有所改善。该枪是枪机自由后座自动方式，半自动和全自动射击，枪长枪托打开时701毫米，枪托折叠时480毫米，枪管长201毫米，枪重（不带弹匣）2.87公斤，有20、30或40发弹匣，理论射速550发／分，实际射速全自动120发／分、半自动40发／分，初速381米／秒，有效射程200米，使用伯格曼——巴稚德枪弹和派拉贝鲁姆枪弹。Z-70／B式为改进型，增加了快慢机装置。

【M45式9毫米冲锋枪】 瑞典军队的制式冲锋枪，其他国家也有装备，该枪还可配用消音器，美军在越南战争中曾用其装备特种部队。自动方式为枪机自由后座，全自动射击。枪长枪托打开

808 毫米，枪托折叠 554 毫米，枪管长 203 毫米，枪重（不带弹匣）3.4 公斤，采用 36 发卡尔·古斯塔夫弹匣，初速 364 米／秒，理论射速 550～600 发／分，有效射程 200 米，使用 M39B9 毫米枪弹。

【M1950 式 9 毫米冲锋枪】 丹麦制造。第二次世界大战后，丹麦麦德森公司定型生产了一系列 9 毫米的冲锋枪，如 M1946、M1950、M1953 和 MK2 等。这几种型号的基本结构都相同，其特点是结构简单、便于生产（大量采用冲压件），故为一些国家所装备。枪机自由后座自动方式，全自动射击，M1953 式可全自动或半自动射击。枪长枪托打开 794 毫米、枪托折回为 528 毫米，枪管长 198 毫米，枪重（带空弹匣）3.2 公斤，32 发直弹匣，初速 390 米／秒，理论射速 550 发／分，实际射速 100 发／分，有效射程 150 米，使用派拉贝鲁姆手枪弹。

【M61 式 7.65 毫米微型冲锋枪】 捷克制造。又称"蝎"牌冲锋枪。该枪主要装备捷军特种部队和保安部队。由于它能发射西方国家普遍采用的美国 0.32 英寸 ACP 手枪弹，故能大量出售，一些非洲国家的军队或警察也装备。该枪既能打开枪托抵肩射击作冲锋枪用，也能单手射击当手枪用，还可配装消音器，供执行特殊任务时使用。该枪重

图 2-22　M61 式 7.65 毫米微型冲锋枪

量较轻、精度较好、制造精良、结构简单坚实、动作可靠，零部件互换性好。自动方式为枪机自由后座，可半自动或全自动射击，有保险装置。枪长枪托打开为 522 毫米，枪托折叠为 269 毫米，枪宽 43 毫米，枪高 167 毫米，枪管长 112 毫米，枪重（不带弹匣）1.59 公斤，10 发或 20 发弹匣，初速 317 米／秒（装消音器为 274 米／秒），理论射速 840 发／分，实际射速全自动为 100 发／分，半自动为 40 发／分，有效射程为 200 米（枪托折叠后只有 50 米），使用 0.32 英寸（7.65 毫米）ACP 柯尔特自动手枪弹。

【WZ63 式 9 毫米微型冲锋枪】 波兰制造。1963 年定型装备波军，作为特种兵的自卫武器。该枪自动方式为枪机自由后座式，采用前冲击发原理。该枪没有快慢机，由射手控制扳机行程的长短来实现半自动和全自动射击。枪打开时枪长 583 毫米，枪托折叠时 333 毫米，枪管长 152 毫米，枪重（不带弹匣）1.6 公斤，弹匣容量有 25 发和 40 发两种，初速为 323 米／秒，理论射速 600 发／分，实际射速全自动 75 发／分，半自动 40 发／分，有效射程 200 米（枪托打开）和 40 米（枪托折叠）。配用马卡洛夫手枪弹。

【MGP-84 新式微型冲锋枪】 秘鲁生产的一种口径为 9 毫米的微型冲锋枪。全枪长 280 毫米，装有长 220 毫米的可折叠金属托，从外表看，犹如一支精美的特制手枪。此枪有二个弹匣，枪全重 2.885 公斤。这种枪理论射速每分钟 1100 发，发射弹丸初速为 410 米／秒。最大射程为 1600 米，有效射程为 125 米。这种枪具有冲锋枪射程远，精度高和火力大的优点，还可发射催泪弹和烟幕弹。该枪能进行点射和连射，穿甲性能良好，配有高效力消音器，80 米外便听不见枪声。

【Uzi 式 9 毫米冲锋枪】 以色列制造。1949 年开始研制，充分考虑到中东地区多沙漠的环境条件，现除以色列军队作为制式冲锋枪外，也是目前西方国家广为使用的一种冲锋枪。该枪从结构设计上比较成功，结构紧凑、动作可靠、勤务性好。枪机自由后座自动方式，该枪的快慢机有三个装定位置：全自动射击、半自动射击和手动保险，另外还有握把保险。枪托打开时枪长 640 毫米，枪托叠时枪长 470 毫米，枪管长 260 毫米，枪重（不带弹匣）3.7 公斤，有 25、32、40 和 64 发弹匣，初速 400 米／秒，理论射速 550～600 发／分，实际射速全自动 128 发／分、半自动 64 发／分，有效射程 180 米，配备派拉贝鲁姆手枪弹。该枪的标准附件有刺刀、榴弹发射插座、照明星等。

5、机枪

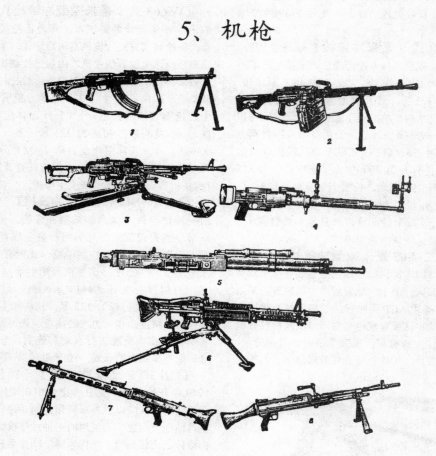

图 2-23   机枪

1.轻机枪 2.轻重用两用机枪 3.重机枪 4.航空速射机枪

【勃朗宁 M1917A1 式 0.30 英寸重机枪】   美国制造。勃朗宁 M1917 式 0.30 英寸重机枪是一种水冷式重机枪，于 1917 年定型装备美军，并作为美军的主要机枪参加了两次世界大战，1936 年的改进型称为 M1917A1。该枪采用枪管短后座自动方式，枪长 981 毫米，枪管长 607.毫米，枪重（水筒中无水）14.8 千克，使用美国 0.30 英寸 M1 或 M2 枪弹，供弹具采用 250 发弹带，初速 845 米／秒，理论射速 450～600 发／分，实际射速 250 发／分，有效射程 1000 米。该枪由于是水冷枪管结构，致使全枪笨重、机动性差，勤务性不好，特别在沙漠及高寒地区难以使用。

【勃朗宁 M1919A4、M1919A6 式 0.30 英寸机枪】   美国制造。勃朗宁 M1919A4 是

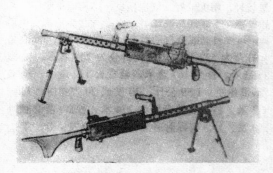

图 2-24   勃朗宁 M1919A4、M1919A6 式 0.30 英寸机枪

M1917 的改进型，主要是采用了气冷枪管。主要

作为步兵连用机枪，在第二次世界大战中也用作坦克机枪。该枪全长 1044 毫米，枪管长 610 毫米，枪重 14.06 千克，初速 860 米／秒。理论射速 400～500 发／分，实际射速 120 发／分，有效射程 1000 米。M1919A6 机枪也是 M1917 的改进型枪，不但采用气冷式枪管，而且采用了可更换的轻型枪管。

【勃朗宁 M2 式 12.7 毫米重机枪】　美国制造。该枪 1921 年正式定型（M1921），也采用水冷式枪管，随后出现了重量较轻、操作方便的气冷枪管型—M2 型，1933 年又有了 M2HB 重枪管型。迄今为止，许多国家仍装备，主要用作高射机枪和车载机枪。该枪自动方式为枪管短后座式，卡铁起落闭锁机构，枪长（M2HB）1653 毫米，枪管长 1143 毫米，枪身重（M2HB）38.2 公斤，初速 893 米／秒，理论射速（M2HB）250～550 发／分，有效射程 1400 米。

【路易士机枪】　美国发明家 И.Н.路易士（1858—1931）设计的轻机枪。以 1915 型和 1923 型两种路易士机枪最著名。英制 1915 型路易士机枪称为轻机枪或手提机枪。其口径为 7.71 毫米，连同两脚架总重为 14.5 公斤，带三脚枪架的为 23.5 公斤，弹盘可装 47 发与 97 发枪弹；表尺射程为 1830 米；射速为 500 发／分。实际射速约 150 发／分。1923 型路易士机枪与以前的型号相比，其不同之点是重量轻，装有简便的弹盒，内装 20 发枪弹。

【M60 式 7.62 毫米通用机枪】　美国制造。在第二次世界大战末开始设计，1957 年正式定型生产，1958 年起装备美军，用以取代勃朗宁 M1917A1、M1919A4 重机枪和 M1919A6 轻机枪。该枪除美军用作制式武器外，也有许多国家装备，是西方各国广为使用的主要机枪之一。M60 通用机枪结构紧凑、火力较强、用途广泛、易于控制，而且与老式机枪相比，重量减轻。在结构上较多地采用滚轮，以减小各部摩擦；广泛采用冲压件。该枪自动方式为导气式，枪机回转闭锁机构，冷却方式为气冷、速换枪管，枪长 1100 毫米，枪管长 560 毫米，枪全重 10.48 公斤，初速 850 米／秒，理论射速 550 发／分，实际射速 200 发／分，有效射程（配两脚架）800 米，使用 7.62×51NATO 枪弹，供弹具为可散弹链。M60 机枪装备后，又出现 M60C、M60D、M60E1 和 E2 等改型枪。

【斯通纳 63 式 5.56 毫米机枪】　美国制造。属斯通纳 63 式 5.56 毫米枪族，分为轻机枪和中型机枪两类，轻机枪又有弹匣供弹型和弹链供弹型两种。轻机枪的自动方式均为导气式，枪机回转闭锁机构，枪全长 1022 毫米，枪管长 508 毫米，枪全重（不带供弹具）4.99 公斤（弹链供弹枪为 5.41 公斤），冷却方式为气冷、速换枪管式，初速 1000 米／秒，理论射速 750 发／分，实际射速 60 发／分，有效射程 800 米，使用 5.56×45 枪弹，30 发弹匣和 50 发、150 发可散弹链。中型机枪除与轻机枪相同之处外，枪战斗状态全重 15.9 公斤，有效射程 1000 米。

【M16A1 式 5.56 毫米自动枪／班用轻机枪】　美国"国际防务公司"制造。系制式 M16A1 自动步枪的变型枪与制式 M16A1 相比，该枪主要改进是：可配用重枪管和"赛特迈"型两脚架作轻机枪使用；三层弹匣 90 发的容弹量；缓冲器强度提高，复进簧刚度加强；枪口装置制退作用明显；停射时枪呈挂机状态等。枪全长 1041 毫米，枪全重（不带弹匣、重枪管）3.8 千克，理论射速 600～700 发／分，全自动射击实际射速 250～300 发／分，使用三层弹匣的最大射速 310～360 发／分。

【富特 69 式 5.56 毫米两用机枪】　由美国 J.P.富特设计，1969 年制作出样枪，但没有投产。该枪为导气式自动方式，弹链供弹，枪全长 1060 毫米，枪全重 6.6 公斤，枪管长（带枪管节套和消焰器）554 毫米，初速 1018 米／秒，理论射速 700 发／分，实际射速 250 发／分，使用 5.56×45M193 枪弹。

【非闭锁式 5.56 毫米轻机枪】　美国休斯公司研制的一种发射塑料弹壳枪弹的机枪。该枪采用新颖的非闭锁型的滑动套筒式自动机，无须用通常的金属弹壳实现闭气，因此可采用重量轻、结构紧凑的塑料弹壳枪弹，以减轻武器系统重量。该枪采用导气式自动方式，枪长 1091 毫米，枪管长 559 毫米，枪重 8.2 公斤，初速 945 米／秒，理论射速 420 发／分，有效射程 1000 米。该枪使用休斯公司非闭锁步枪枪弹，一个弹箱 200 发。该枪自动射击时易控制，精度较好，枪管可快速更换，两脚架高度可以调整，枪上有快慢机和握把保险。

【M60E3 式 7.62 毫米通用机枪】　美国制造。该枪是 80 年代初，在 M60 式通用机枪基础上改进而来，重量减轻 2 公斤，提把从机匣上改装到枪管上，两脚架从枪管装到机匣上，为便于行进间射击增加了前握把。该枪全长 1076 毫米，枪管长 560 毫米，枪重 8.5 公斤，初速 853 米／秒，理论射速 600 发／分，有效射程 1000 米，使用 7.62X51 毫米枪弹。

【CMG-2 式 5.56 毫米轻机枪】

美国柯尔特公司研制。该枪采用导气式自动方式，枪机回转闭锁机构，枪全长 1065 毫米，枪全重（不带两脚架）5.9 公斤，初速重弹为 884 米／秒，M193 弹为 991 米／秒，理论射速 650 发／分，实际射速 120 发／分，有效射程重弹为 800 米，M193 弹为 600 米，使用 5.56 毫米 M193 普通弹和重弹等，供弹具为可散弹链。

【马雷蒙特 7.62 毫米通用机枪】

美国马雷蒙特公司新研制的 7.62 毫米通用机枪。该枪具有重量轻、体积小、结构简单等特点。自动方式可以根据需要改变为导气式或枪管短后座式，枪机回转闭锁机构，可散弹链供弹。枪全长（带消焰器）940 毫米，枪全重（不带两脚架）6.8 公斤，初速 854 米／秒，理论射速 500～650 发／分，使用 7.62 毫米 NATO 枪弹。

【M16A2-741 式 5.56 毫米班用机枪】

美国制造。系 M16A2 式 5.56 毫米班用枪族的一种。该枪全枪长 1000 毫米，枪管长 510 毫米，全枪重（带空弹匣）4.69 公斤，弹匣容量 30 发，初速 948 米／秒，有效射程 600 米，使用比利时 5.56 毫米 SS109 枪弹。

【M73 和 M219 7.62 毫米坦克机枪】

美国斯普灵莫尔德兵工厂研制，纽约通用电气公司制造。该枪采用枪管短后座自动方式，枪机横向闭锁机构，全自动射击。枪身长 889 毫米，枪管长 559 毫米，枪身重 14 公斤，枪管重 2.4 公斤，可散弹链供弹具。初速 854 米／秒，理论射速 500-625 发／分，有效射程 900 米，使用 7.62×51NATO 枪弹。M219 是 M73 的改进型，现为美军制式装备，用作主战坦克上的固定并列机枪或装甲车上的活动机枪。

【米尼岗 M134 型 7.62 毫米六管航空机枪】

美国制造。是一种高射速航空武器，主要装备于各种类型的武装直升飞机，作为支援火力和压制火力，用以对付地面集团目标。也可以安装在装甲运兵车、吉普车等车辆上，作为机械化步兵的车载武器。该枪为电驱动自动方式，机头回转闭锁方式，枪身长 800 毫米，枪管长 559 毫米，枪身重（包括电动机和供弹机）26 公斤，弹箱容弹量 4000-5200 发，枪管寿命 30000 发，最大射速为 6000 发／分，初速 869 米／秒，常用射速 2000-4000 发／分，有效射程 1000 米。

【捷格加廖夫 ДПМ 7.62 毫米轻机枪】

苏联制造。苏联 ДП 式轻机枪 1926 年设计定型，1928 年正式装备苏军，50 年代被换装。ДПМ 式轻机枪是 ДП 的改进型，1944 年定型。该枪采用导气式自动方式，闭锁片撑开式闭锁机构，弹盘供弹，使用 7.62×54 凸缘式枪弹，枪全长 1270 毫米，枪管长 605 毫米，枪全重（不带弹盘）9.1 公斤，冷却方式为气冷、速换枪管，初速 840 米／秒，理论射速 600 发／分，战斗射速 80～90 发／分，有效射程 800 米。

【捷格加廖夫 РПД 7.62 毫米轻机枪】

苏联制造。该枪 1943 年设计定型，第二次世界大战后正式装备苏军。代替 ДП 式轻机枪。从 60 年起，苏联和一些东欧国家已用新的 РПК 7.62 毫米轻机枪换装。自动方式为导气式，闭锁片撑开式闭锁机构，不散弹链供弹，枪全长 1037 毫米，枪管长 520 毫米，枪全重（带两脚架）7.1 公斤，冷却方式为气冷但不能更换枪管，初速 700 米／秒，理论射速 700 发／分，实际射速 150 发／分，有效射程 800 米，使用 7.62×39M43 式枪弹。

【部留诺夫 СГ43 式 7.62 毫米重机枪】

苏联在第二次世界大战中研制并大量装备。自动方式采用导气式，枪机偏移闭锁机构，250 发闭式不散弹链，枪全长（战斗状态）1708 毫米，枪管长 720 毫米，枪全重（带轻式枪架）40.4 公斤，冷却方式为气冷、速换枪管。初速轻弹为 865 米／秒，重弹 800 米／秒，理论射速 650 发／分，实际射速 250 发／分，有效射程平射为 1000 米、高射 500 米，使用 7.62×54 凸缘式枪弹（包括重弹和轻弹）。

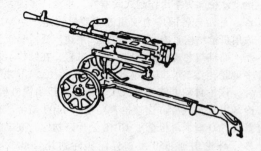

图 2-25　部留诺夫 СГ43 式 7.62 毫米重机枪

【ПК 7.62 毫米两用机枪】

苏联 50 年代研制。系卡拉什尼科夫武器族的一种，1959 年开始装备苏军，其他华沙条约国家也相继装备。该枪是苏军装备的第一种两用机枪，可以用作重机枪、轻机枪和车载机枪使用。它采用 AK—47 式 7.62 毫米突击步枪的自动机结构，50、100、200 发和 250 发弹链盒供弹，枪全长 1160 毫米，枪管长 658 毫米，枪重 9 公斤（ПКМ7.8 公斤），气冷，更换枪管方式，初速 825 米／秒，理论射速 650 发／分，实际射速 250 发／分，有效程 1000 米，使用 7.62×54 凸缘式枪弹。

【СГM 式（"戈留诺夫"）7.62 毫米重机枪】 苏联制造。口径 7.62 毫米，全重 36.8 或 27.7 公斤，枪重 13.8 公斤，枪长 1120 毫米，最大射程 3000 米，有效射程 1000 米，射速 250—300 发／分，初速 800 米／秒，弹带容量 250 发。СГM 式重机枪有轮式和三脚架式两种，系 СГ—43 式重机枪的改进型，是苏军现设部队的营用机枪。

【ДШК 式 12.7 毫米（"捷施卡"）高、平射两用机枪】 苏联制造。口径 12.7 毫米，不带防弹板全重 157 公斤，带防弹板 180 公斤，枪重 34 公斤，全长 2328 毫米，枪长 1588 毫米，最大射程 7000 米，有效射程 800 米（对地面 10 毫米厚的装甲目标），1600 米（对飞机），射速 540—600 发／分，初速 860 米／秒，弹夹容量 50 发。ДШR 式机枪可装在轮式枪架或高射三脚枪架上，现装在坦克或装甲车上。

图 2-26　ДШК 式 12.7 毫米（"捷施卡"）高、平射两用机枪

【PПK7.62 毫米轻机枪】 苏联制造。苏军从 60 年代起装备。该枪自动方式为导气式，枪机回转闭锁机构，30、40 发弹匣和 75 发弹鼓供

弹，可半自动射击。枪全长 1035 毫米，枪管长 590 毫米，枪全重 5 公斤，冷却方式为气冷但不能更换枪管，初速 732 米／秒，理论射速 600～660 发／分，实际射速 80 发／分，有效射程 800 米。使用 7.62×39M43 式枪弹。

【PПK74 5.45 毫米班用机枪】 苏联制造。属 5.45 毫米班用枪族，60 年代末开始研制，1974 年定型生产。该枪全长 1055 毫米，枪管长 590 毫米，全枪重（带空弹盒）5.8 公斤，弹盒容量 75 发，理论射速 600 米，初速 950 米／秒，有效射程 600 米，使用苏 5.45 毫米枪弹。

【HCB 式 12.7 毫米机枪】 该枪是苏联 1969 年研制成功，1972 年列装的大口径机枪。先作为车装机枪，后再配上三脚架成为连用携行重型机枪，两人操作，每个摩步连 4～6 挺。导气式自动原理，鱼鳃式卡铁闭锁机构。全枪重 25 公斤，初速 845 米／秒，理论射速 750 发／分，对空有效射程 1500 米，平射有效射程 800 米，使用 12.7×108 毫米枪弹。

【ЭПУ-2 式 14.5 毫米双联装高射机枪】 苏联制造。口径 14.5 毫米，全重 940 公斤，枪重 48.9 公斤（一管），全长 2870 毫米，有效射程 2000 米，方向射界 360 度，射速 300 发／分（双管），初速 1000 米／秒。弹带容量 150 发，弹药基数 2000 发。运动方式为汽车牵引。用于射击高度在 2000 米以下的飞机，并可对 1000 米以内的轻装甲目标射击。装有 ЭАПП-2 式高射瞄准镜，用目测或 ЭД 式测定目标距离。

【ЭПУ-4 式 14.5 毫米四联装高射机枪】 苏联制造。口径 14.5 毫米，全重 2100 公斤，一管枪重 48.9 公斤，全长 4000 毫米，有效射程 2000 米，方向射界 360 度，射速 600 发／分，初速 1000 米／秒，弹带容量 150 发，弹药基数 4000 发，运动方式为汽车牵制。是世界上口径最大和最重的枪械。

【布全式 7.62 毫米轻机枪】 英国恩菲尔德轻兵器工厂和捷克 ZB 兵工厂协作，在 30 年代中期研制。被认为是第二次世界大战中最好的一种轻机枪，先后有许多国家的军队装备。该枪有两个型号系列：1953 年前为 MK 系列，从 MK1 至 MK4 有四种变型枪；1953 年当北约组织决定采用 7.62 毫米 NATO 枪弹后，改成 L4 系列，从 L4A1 至 L4A7 有七种变型枪。该枪采用导气式自动方式，枪机偏移闭锁机构，30 发弹匣供弹，可半自动或全自动射击。以 L4A4 为例：枪全长 1133 毫

米,枪管长536毫米,枪全重9.5公斤,冷却方式为气冷、速换枪管,初速823米/秒,理论射速500发/分,全自动实际射速为120发/分,有效射程800米,使用7.62×51NATO枪弹。

图2-27 布全式7.62毫米轻机枪

【XL73式4.85毫米班用轻机枪】 英国恩菲尔德公司70年代研制。系4.85毫米枪族中的一种。该枪自动方式为导气式,枪机回转、前端闭锁机构,采用"无托"结构。枪后部稍重,既便于握枪,射击时也比较平稳。枪长899毫米,枪管长(带消焰器)645.2毫米,枪重(不带弹匣及瞄准镜)4.08公斤,弹匣容量30发,初速930米/秒,理论射速700～850发/分,有效射程800～1000米。该枪使用4.85毫米新式枪弹,弹种齐全;配备低倍率、宽视场的光学瞄准镜;装有两脚架。该武器族大量采用冲压件,塑料件,所以成本较低。80%的零件步、机枪都可互换。

【哈其开斯机关枪】 法国制造的一种气冷式重机关枪。口径7.9毫米,膛线右旋4条,枪管长740毫米,枪全长1410毫米,枪全重49公斤,枪身连枪机重24公斤,枪架重25公斤,枪架方向射界72度,使用尖弹、重尖弹和钢性弹,弹板容弹量30发,铜弹链容弹量250发,初速840米/秒,表尺射程2000米,实际射速每分钟约400发。其自动装置系气体活塞传动的自动装置。

【AA52式7.5毫米两用机枪】 法国在第二次世界大战后研制,由圣·埃蒂纳兵工厂制造。该枪采用枪机延迟后座式自动方式,杠杆闭锁机构,50发可散弹链供弹。枪长:轻型枪管枪托缩入980毫米、枪托拉出1145毫米;重型枪管枪托拉出1245毫米。枪管长轻型枪管500毫米、重型枪管600毫米,枪全重轻型枪管不带两脚架为9.15公斤,重型枪管不带两脚架为10.6公斤,初速820米/秒,理论射速900发/分,实际射速轻型枪管150发/分、重型枪管250～700发/分,有效射程轻型枪管800米、重型枪管1200

米,使用法国7.5×54无凸缘式枪弹和7.62毫米NATO枪弹。

【马克沁重机枪】 德国制成的一种重机枪。口径7.9毫米,膛线右旋4条,枪管长721毫米,枪全长1198毫米,枪身连枪机重20公斤,枪架重29公斤,枪全重49公斤,使用尖头弹初速870米/秒,重尖弹初速770米/秒,表尺射程尖头弹2500米,重尖弹3500米,理论射速600发/分。射击时枪管后退1.25毫米。其自动装置,系利用枪管后坐的式装置。

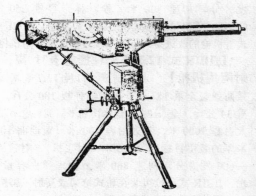

图2-28 马克沁重机枪

【MG34式7.92毫米两用机枪】 德国在第二次世界前研制并正式装备德军。该枪是世界上最早出现的一种两用机枪(或称通用机枪),是德国在大战中使用的主要步兵武器之一。MG34两用机枪采用枪管短后座自动方式,机头回转闭锁机构,供弹分为50发不散弹链和75发鞍形弹鼓。枪全长1224毫米,枪管长629毫米,枪全重(带两脚架及背带)12公斤,冷却方式为气冷,更换枪管式,初速755米/秒,理论射速800～900发/分,实际射速200发/分,有效射程配两脚架为800米、配三脚架为1800米,使用7.92×57枪弹。

【MG 42式7.92毫米两用机枪】 德国在第二次世界大战中设计。大战结束时联邦德国研制出它的改进型MG42V(又称MG45),但MG42V采用半自由枪机的自动方式,而MG42则为枪管短后座自动方式。1959年MG42/59(又称MG1)定型,该枪是一种非常典型的机枪,具有许多特点:结构可靠;射速较高,为1000～1300发/分,即能平射,又能高射;特种条件下勤务性好;生产工艺简单,成本较低。所以世界上有许多国家生产或装备它。该枪使用7.92

×57 枪弹。

【MG3 式 7.62 毫米两用机枪】 联邦德国研制的制式机枪。1968 年正式定型，是世界上装备量较大的一种机枪。该枪自动方式为枪管短后座式，滚柱闭锁机构，弹链供弹。枪全长 1225 毫米，枪管长 565 毫米，枪全重 11.5 公斤，冷却方式为气冷、更换枪管式，初速 820 米／秒，理论射速 700～1300 发／分，实际射速 250 发／分，有效射程配用两脚架为 800 米、配三脚架为 1200 米，使用 7.62×51NATO 枪弹。

【HK13 式 5.56 毫米轻机枪】 联邦德国赫克勒和科赫公司研制。采用 HKG3 步枪的工本结构。自动方式为半自由枪机式，滚柱闭锁机构，20、30、40 发弹匣或 100 发弹鼓供弹，可半自动或全自动射击。枪长 1016 毫米，枪管长 559 毫米，枪全重（不带两脚架和弹匣）5.4 公斤，初速 970 米／秒，理论射速 800 发／分，实际射速全自动 100 发／分，有效射程 400 米，使用 5.56×45 枪弹。

【HK21 和 HK21A1 式 7.62 毫米两用机枪】 联邦德国制造。HK21 7.62 毫米两用机枪，采用半自由枪机的自动方式，滚柱闭锁机构，可全自动或半自动射击，弹链、弹匣和弹鼓都可供弹。枪全长 1021 毫米，枪管长 450 毫米，枪全重（不带两脚架）7.32 公斤，初速 800 米／秒，有效射程 1200 米，使用 7.62×51NATO 枪弹，更换枪管、枪机及供弹机后，可发射美国 5.56 毫米 M193 弹或苏联 7.62 毫米 M43 式枪弹。该枪与 HKG3 式 7.62 毫米自动步枪 48% 的零件可以互换。HK21A1 7.62 毫米两用机枪是 HK21 系列中最新改进的一种机枪，主要是采用了折叠的供弹机，这种供弹机构装取弹链容易，排除故障方便。

【HK23 式 5.56 毫米轻机枪】 联邦德国赫克勒和科赫公司研制。采用联邦德国著名 G3 步枪的基本结构。与 HK13 机枪相比，结构设计和生产工艺更好，成本较低。该枪采用半自由枪机自动方式，滚柱闭锁机构，可散弹链或 50 发不散弹链供弹。枪全长 1016 毫米，枪管长 559 毫米，枪全重（带两脚架）7.9 公斤，初速 991 米／秒，理论射速 600 发／分，实际全自动射速 120 发／分，有效射程 400 米，使用 5.56×45 枪弹。该枪的改进型为 HK23A1 式 5.56 毫米轻机枪，主要采用了铰链折叠式供弹机。

【HK33A2 5.56 毫米班用轻机枪】 联邦德国赫克勒和科赫公司研制。系 HK33 5.56 毫米武器族的一种。该枪采用半自由枪机自动方式，滚柱闭锁机构，装有两脚架。枪长 920 毫米，枪重（不带弹匣）3.65 公斤，弹匣容量 20 发和 40 发，初速 920 米／秒，理论射速 750 发／分，实际射速 100 发／分，有效射程 400 米，使用 5.56×45M193 枪弹。

【M70／LM 式 5.56 毫米班用机枪】 意大利伯莱达公司制造。属 M70 式 5.56 毫米班用枪族。该枪为导气式自动方式，枪机回转闭锁机构，枪长 955 毫米，枪管长 450 毫米，枪重（不带弹匣）4.06 公斤，弹匣容量 40 发。初速 950 米／秒，理论射速 670 发／分，有效射程 600 米，使用 5.56×45M193 枪弹。

【AUG5.56 毫米班用机枪】 奥地利由施太耶勒——丹姆——普赫公司与奥陆军共同研制。该枪系奥地利 AUG5.56 毫米班用枪族的一种。该枪全长 900 毫米，枪管长 610 毫米，枪重（带空弹匣）4 公斤，弹匣容量 40 发，理论射速 680～850 发／分，初速 1000 米／秒，有效射程 600 米。

【FN·MAG7.62 毫米两用机枪】 比利时于 50 年代初正式定型生产。该枪具有战术使用广泛，结构坚实，动作可靠等优点，是目前西方各国装备的主要机枪之一。该枪采用导气式自动方式，闭锁杆起落闭锁机构，弹链供弹，枪全长 1225 毫米，枪管长 545 毫米，枪全重（带两脚架）10.85 公斤，初速 840 米／秒，理论射速 600～1000 发／分，实际射速 250 发／分，有效射程 1200 米，使用 7.62×51NATO 枪弹。

【FN5.56 毫米"米尼米"轻机枪】 比利时 FN 公司 1974 年研制成功，是美国"班用自动武器"预选机枪之一。该枪采用导气式自动方式，枪机回转闭锁机构，枪全长固定枪托为 1000 毫米、枪托折叠 816 毫米，枪管长 468 毫米，枪重（带两脚架、不带弹箱）6.5 公斤，盒形弹箱、弹链和美国 M16 步枪弹匣都可供弹，理论射速 750～1000 发／分，装减速器后的射速 500 发／分，初速：SS109 枪弹 915 米／秒，S101 枪弹 895 米／秒，M193 枪弹 935 米／秒。

【BRG15 毫米机枪】 比利时制造。该枪是 FN 公司从 1980 年 3 月开始研制的。主要设计思想是威力大于苏联的 14.5 毫米机枪，侵彻能力达到 20 毫米机关炮水平。导气式自动原理、机头回转式闭锁机构。双路供弹，可迅速更换射击弹种。有射弹计数器、电子击发机，射速在 250～

750 发／分之间可调。可以车装、可配陆用三脚架；可以单管，可以多管并联。该枪枪身长 2000 毫米，枪管长 1350 毫米，枪身重 55 公斤，初速 1010 米／秒，射程 2000 米，配用 15 毫米普通弹和脱壳弹。

【SIG710－3 式 7.62 毫米两用机枪】 瑞士工业公司根据德国的 MG42V（又称 MG45）机枪研制而成。有三种型号：SIG710－1，SIG710－2 和 SIG710－3。前两种型号机枪可发射德国 6.5 毫米毛瑟枪弹，德国 7.92 毫米枪弹以及 7.62 毫米 NATO 枪弹。SIG710－3 机枪与前两种型号相比，改动较大：较多采用冲压件，重量减轻；只能发射 7.62 毫米 NATO 枪弹；能够发射枪榴弹；是两用机枪。它配用两脚架可作为轻机枪／自动步枪使用，配三脚架后为重机枪。该枪自动方式为轮机延退后座式，滚柱闭锁机构，可散弹链或不散弹链供弹，可全自动或短点射射击。枪全长 1143 毫米，枪管长 559 毫米，枪全重 9.25 公斤，初速 790 米／秒，理论射速 600 发／分，实际射速 200 发／分，有效射程配两脚架 800 米、配三脚架为 2000 米。

【VZ52 式 7.62 毫米轻机枪】 捷克制造。该枪由著名的 Zb26 轻机枪演变而来，原先使用捷克 M52 式 7.62 毫米短弹，后改用苏联 M4 式 37.62 毫米枪弹，枪名改成 VZ52／57 式 7.62 毫米轻机枪。该枪采用导气式、活塞长行程自动方式，枪机偏移闭锁机构，25 发弹匣、100 发弹链供弹，枪全长 1041 毫米，枪管长 581 毫米，枪全重 8 公斤，冷却方式为气冷、速换枪管式，初速 755 米／秒，理论射速弹链供弹 1200 发／分、弹匣供弹 900 发／分。

【VZ59 式 7.62 毫米两用机枪】 捷克制造。该枪是继 VZ52 轻机枪之后研制的，两者的设计思想基本相同。但 VZ59 在操作使用方面略有简化，加工制造也比较容易。VZ59 原型枪配装重型枪管和轻型三脚架为重机枪（三脚架可改装成高射枪架）；VZ59L 配装轻型枪管和两脚架为班用轻机枪，装重型枪管和两脚架为连用轻机枪；VZ59T 是坦克并列机枪；VZ59N 为发射 7.62×51NATO

枪弹。该枪自动方式为导气式，卡铁摆动闭锁机构，弹链供弹，枪全长配重型枪管 1215 毫米、配轻型枪管 1116 毫米，重枪管长 693 毫米、轻枪管长 593 毫米，枪全重带两脚架 8.67 公斤、带三脚架 19.24 公斤，初速重枪管 830 米／秒、轻枪管 810 米／秒，理论平均射速 700～800 发／分，理论最高射速 1000 发／分，实际射速重枪管为 350 发／分、轻枪管为 150 发／分，有效射程重机枪 1400 米、轻机枪 900 米，使用苏联 7.62×54 凸缘式枪弹或 7.62×51NATO 枪弹。

【加利尔 LMG 5.56 毫米班用轻机枪】 以色列军事工业公司研制。该枪属加利尔 5.56 毫米班用枪族，自动方式为导气式，枪机回转闭锁机构，枪长枪托打开 970 毫米、枪托折叠 740 毫米，枪管长 460 毫米，枪重 4.74 公斤，弹匣容量 50 发，初速 950 米／秒，理论射速 650 发／分，有效射程 600 米，使用 5.56×45M193 枪弹。

【M62 式 7.62 毫米两用机枪】 日本自卫队的制式装备之一，1956 年开始研制，1962 年正式定型装备。采用导气式自动原理，枪机偏移闭锁机构，可散弹链供弹，枪全长 1200 毫米，枪管长 635 毫米，枪全重 10.7 公斤，气冷、速换枪管冷却方式。初速全装药弹 855 米／秒、减装药弹 775 米／秒，理论射速 600～650 发／分，实际射速 275 发／分，有效射程 600 米（配用两脚架）、1100 米（配用三脚架），使用 7.62×51NATO 枪弹。

【民 26 式轻机枪】 中国 1937 年（民国 26 年）制造的一种仿捷克式轻机枪。口径 7.9 毫米，枪管长 600 毫米，枪全长 1165 毫米，枪全重约 9 公斤，子弹为 7.9 毫米尖弹，弹匣容量 12 发，初速 830 米／秒，表尺射程 1500 米，理论射速 550 发／分，实际射速 240 发／分，自动装置系活塞传动的自动装置。

【77 式高射机枪】 中国制造。口径为 12.7 毫米，弹头重 47.4 克（穿甲燃烧弹）。初速 820 米／秒。枪身重 21.5 公斤，全枪重 56.1 公斤。容弹 60 发。理论射速为 650～750 发／分。

6、枪族

【M16A2式5.56毫米班用枪族】 1980年，美国开始对M16A1式突击步枪进行改进，逐步形成了有M16A2-701式5.56毫米突击步枪、M16A2-733式5.56毫米小突击步枪和M16A2-741式5.56毫米班用机枪组成的M16A2式5.56毫米班用枪族，但美军尚未采用该枪族。

【斯通纳63式5.56毫米枪族】 斯通纳63式5.56毫米通用枪族是美国的E·斯通纳M16式5.56毫米自动步枪的设计者在1963年设计成功的，包括自动步枪、冲锋枪、弹匣供弹轻机枪、弹链供弹轻机枪、带三脚架的中型机枪、以及可安装在车辆或直升飞机上的弹链供弹的固定机枪等六种枪，以自动步枪和轻机枪为主。

该通用枪族是二次大战后出现的第一种完整的组合式通用枪族，它的主要设计思想在于：采用一套基本组件（机匣、枪机、活塞、复进装置、击发和发射机构）作基础，加上一些专用或部分共用的组件，包括各种枪管组件、弹匣座、弹链供弹机构、各种枪托、表尺组件、以及两脚架、三脚架等16种，即可构成上述任意种枪。每种枪都具有独特的性能，这样就可满足进攻和防御中的各种需要，以适应战场上战术要求的变化，同时使加工制造和后勤供应也在为简化。

斯通纳通用枪族问世后，先是由美国海军陆战队，后由美国陆军进行了性能试验和部队试验。试验表明，该武器族的自动步枪和轻机枪动作可靠、后座小、精度好，这在同类型武器中是比较突出的。以后又对该武器族作了一些改进，改进型称斯通纳63A和斯通纳63A1。

迄今为止，除美国海军陆战队少量装备斯通纳63A1轻机枪（试验型为XM207，正式型号是MK23），该通用枪族未见大量装备。当然，一部分人对"枪族"本身持反对意见是一个原因。但就步枪而言，因为M16已经大量装备部队，出于从经济上考虑，因此没有装备这种比M16优越的步枪；就轻机枪而言，则是由于对5.56毫米是否为未来机枪的理想口径尚在争论不休，所以尽管枪本身的结构是成功的，最终却没有被装备。

【柯尔特CAR-15式5.56毫米班用枪族】 美国柯尔特公司以AR-15为基础，研制出若干种变型枪，统称为CAR-15武器族。这几种变型枪有：CAR-15冲锋枪、CAR-15卡宾枪，CAR-15重枪管突击步枪、CAR-15自卫枪以及装有40毫米CGL-4榴弹发射筒的AR-15步枪。它们的动作原理都和AR-15步枪相同，也都使用5.56口径的枪弹，但各枪的尺寸和重量不一样，个别枪的结构稍有差异。

【卡拉什尼科夫7.62毫米通用枪族】 自从AK47式7.62毫米突击步枪问世后，苏军相继装备РПК7.62毫米轻机枪和ПК7.62毫米两用机枪，它们的基本结构都相同。形成苏联第一次比较完整的枪族——卡拉什尼科夫7.62毫米通用枪族。

【5.45毫米班用枪族】 60年代末苏联鉴于美军在世界上第一个列装了5.56毫米M193式枪弹和M16A1式小口径步枪，立即着手研制了5.45毫米口径的枪弹，克服美国M193式枪弹的弹形差、膛压高、侵彻能力弱、采用铜弹壳等缺点，1974年定型生产。使小口径枪弹的重量轻、携弹量大、直射距离远、近距离杀伤效果好的优点进一步发扬。在使用AKM/РПК班用枪族的经验基础上，将7.62毫米口径改成5.45毫米，很快定型了AKC74突击步枪-РПК74班用机枪-AKP小突击步枪。AKP主要供特种兵使用，与AKC74、РПК74使用同一枪弹。AKC74/РПК74/AKP班用枪族是目前世界上较成功的枪族，具有可靠性好、系统重量轻、杀伤性能好的特点。

【4.85毫米班用枪族】 英国4.85毫米班用枪族是由英国恩菲尔德皇家兵工厂研制，包括突击步枪（XL70）和班用机枪（XL73）两种武器。两枪之间80%的零件通用互换，采用新研制的4.85毫米的新式枪弹。该武器族也是参加1977年开始举行的北约组织下一代步枪选型试验的枪种之一。

【70式5.56毫米班用枪族】 该枪族由意

大利伯莱达公司1969年研制，1985年通过意大利陆军技术鉴定。有突击步枪（AR70／90）、小突击步枪（SCS）和班用机枪（LMG）三种枪组成，使用5.56×45M193枪弹。

【AUG5.56毫米班用枪族】 奥地利由斯太耶——丹姆勒——普赫公司与奥陆军共同研制，1970年开始设计，1972年定型，1977年装备奥军，已部分出口其他国家。该枪族有突击步枪、小突击步枪和班用机枪，均为导气式自动原理，机头回转式闭锁机构。枪管可以迅速更换，对步枪必要性不大。发射方式为单发、连发，轻扣扳机为单发，扣扳机到底为连发。采用"无托"结构。光学瞄准镜装在提把内。机匣用铝合金，枪托、发射机、击锤等5分之1零件用工程塑料制成，弹匣用透明塑料，一次使用。步枪的缠距为228毫米，介于其他5.56毫米口径的305和178毫米的两者之

间，该枪特点是全枪短、单发精度好，但抗风沙性能差，低温下塑料件有脆裂。

【URZ7.62毫米通用枪族】 捷克1970年研制成功，目前处于试验阶段。该枪族由自动步枪、轻机枪、两用机枪和坦克机枪组成。四种枪的基本结构基本相同。

【加利尔5.56毫米班用枪族】 以色列在1967年六天战争中发现FN公司7.62毫米FAL步枪不能抗风沙，决定自行研制新步枪。以色列军事工业公司在AK47基础上综合M16A1、HK33等小口径步枪优点研制出该班用枪族，以军1973年5月正式列装。该枪族有突击步枪、小突击步枪和班用机枪组成，为导气式自动原理，机头回转式闭锁机构，可单发、连发。两脚架能作钢丝剪用，直径4毫米以下钢丝都能剪断。

7、榴弹发射器

【M79式40毫米榴弹发射器】 美国制造。M79榴弹发射器是一种单兵使用的近战武器。配有破甲、杀伤、照明、信号、烟幕等多个弹种。采用高低压发射原理，发射时枪口焰小、声音小、后座小。可用于填补手榴弹与迫击炮之间的火力空白。战斗射速4发／分，初速76米／秒，最大射程400米，有效射程150米。

【MK19式40毫米自动榴弹发射器】 美国制造。MK19是为适应美海军陆战队的需要研制的一种自动武器。可用于发射破甲、杀伤、照明、烟幕等多个弹种。MK19除要装在M3三脚架上使用外，还可安装在直升机、巡逻艇和装甲车上使用。MK19配有40毫米高速榴弹，可用于实施远距离火力压制。战斗射速4发／分，初速76米／秒，最大射程400米，有效射程150米。

【MK19-Ⅲ40毫米自动榴弹发射器】 美国制造。MK19原型的第三代改进型，路易维尔海军军械研究所于1976年研制，美海军陆战队于1982年底已装备。该发射器采用自由枪机式、前冲击发原理，弹箱弹带供弹，可自动或半自动射击，配有近十种高速40毫米榴弹。发射器全长1097.3毫米，系统全重（含三脚架）42.5公斤，

弹箱容量48发，战斗射速325～375发／分，初速244米／秒，机械瞄准具，最大射程2200米，有效射程1800米。

【M203式40毫米榴弹发射器】 美国制造。M203附装在M16A1或M16A2式5.56毫米突击步枪枪管下，M203于1969年正式列装为美陆军和海军陆战队的制式装备。目前已全部取代了M19和M148。现在美军步兵班中配装两具。可发射多达20余种（型）的低速40毫米榴弹系列，成为世界上发射弹种最多的武器。发射器采用高低压发射原理，线膛结构，装弹采用身管滑动后装式，操作简单可靠；大量铝合金的使用，减轻了整体重量；除装有象限瞄准具外，在护木上还装有用于直射的框式表尺。发射器全长389毫米，战斗全重1.59公斤，单发射击，象限瞄准具和框式表尺，战斗射速7～10发／分，初速76米／秒，最大射程400米，有效射程点目标150米，面目标350米。

【PI-M203式40毫米榴弹发射器】 美国制造。PI-M203是N203的改进型，旨在解决M203不能与步枪快速分解结合的不足，从而减轻了单兵负荷；瞄准装置进行了重大改进，采用了单

点式光学瞄准镜。改进后的结合座，使 PI-M203 适有于任何突击步枪，使用弹药同 M203。该发射器由美国明尼阿波利斯 J·C 公司研制，尚未装备。发射器全长 381 毫米，重量为 1.36 公斤，初速 74.7 米／秒，瞄准装置为单点式瞄具，最大射程 400 米。

【АГС-17 式 30 毫米自动榴弹发射器】

苏联制造。发射器采用了枪机自由后座式，闭膛击锤击发机构；复进、后座及供弹采用曲线导轨形式；自动机采用强力双复进簧和一个活塞式气体缓冲装置；配用光学瞄准镜和三脚架；采用弹鼓弹链供弹。由于采用冲压、焊接件，使它具有良好的工艺性。发射器全长 1300 毫米，全重 30 公斤，弹鼓容量 29 发，初速 183 米／秒，战斗射速 65 发／分，自动或半自动射击，光学瞄准镜，弹长 131.6 毫米，最大射程 1730 米，有效射程 800 米。发射器由三人操作，配备在摩步连每连两具。1975 年正式列装。除车载地面使用外，以在米-8Hip-E 直升机上安装有改进型。

【БГ-15 式 40 毫米榴弹发射器】

苏联制造。该发射器附装在 AKC-74 式 5.45 毫米突击步枪上，是苏联近年装备的一种单兵榴弹。发射器采用高低压发射原理，线膛结构，装弹采用前装式；高压室与弹体连成一体，使发射器和弹药结构均得到简化；榴弹分长、短两型；象限瞄具安装在步枪的左侧。现已生产装备试用。发射器全长约 350 毫米，发射器全重 2.9 公斤，弹长 118 毫米（短型 108 毫米），手工、前装方式，单发射击，象限机械瞄具，最大射程约 420～450 米。

【HK·MZP-1 型 40 毫米榴弹发射器】

联邦德国制造。该发射器的前身是 HK69A1 型榴弹发射器，与该发射器相应的 HK·MZP 型是供警方使用的武器。发射器零部件少，结构简单；除部分熔模铸造件外，大量采用了冲压件，使发射器具有良好的工艺性和操持性能；发射器采用了折叠肩托，框式表尺和准星的机械瞄具；采用与美国 40 毫米弹药相同的高低压发射原理，使用着发延时引信，延期时间 8 秒；除各种战斗用弹外，还为警方配备了催泪弹、橡皮弹和追踪用的着色弹。发射器全长携行为 463 毫米，战斗时 683 毫米，重量 2.62 公斤，初速 75 米／秒，装填方式为手动后装式，单发射击，机械瞄准装置，最大射程 350 米。

【NR8111A1 榴弹发射器】

比利时 PRB 公司生产。NR8111A1 榴弹发射器采用了"瞬时高压弹射原理"，发射时无声、无焰、无烟，故也可称之为"三无弹射器"，该发射器的突出特点是发射时隐蔽性好，从而提高了射手生存力，发射器配有高爆杀伤榴弹、照明弹、发烟弹等多种弹药。该发射器全长 605 毫米，全重 4.5 公斤，口径 52 毫米，榴弹弹长 330 毫米，榴弹初速 90 米／秒，榴弹射程 200～600 米。

【"小隼"式 24 毫米半自动榴弹发射器】

瑞士 Sarmac S·A 公司研制。在伸缩式发射管的上方装有液压式气动缓冲器，下方装有折叠式两脚架；利用气动缓冲器完成退壳、供弹等动作；采用 5 发弹匣供弹；配用 24 毫米高爆进攻型榴弹和 12 枚箭形子弹的防御型榴弹。发射器全长携行时 900 毫米，战斗时 1100 毫米，重量 6 公斤，表尺和光学瞄准具。发射进攻榴弹时初速为 400 米／秒，最大射程 600 米，发射防御榴弹时初速为 600 米／秒，最大射程 150 米。

【40／37 毫米榴弹发射器】

南非 ARMSCOR 公司研制。40／37 毫米榴弹发射器分别配于作战部队和治安部队。其大部分零件采用了熔模铸造，从而降低了生产成本；改机械瞄具为遮目式光学瞄准镜（OEG），瞄准镜中还配装有整体式光源（寿命 10 年的氚光光源），从而可在夜暗条件使用。可发射美国、联邦德国制造的低速 40 毫米榴弹系列。发射器全长携行时 475／506 毫米、战斗时 665／700 毫米，发射器重量 3.5／3.2 千克，战斗射速 15 发／分，初速 76～84 米／秒。手动，后装装填，单发射击，瞄准装置为遮目式光学瞄准具／机械瞄具，最大射程 425／250 米，有效射程 150～375／50～75 米。

【40 毫米六发半自动榴弹发射器】

南非 ARMSCOR 公司研制。采用左轮手枪工作原理，利用火药气体驱动装有 6 发弹的弹巢转动；采用了遮目式光学瞄准镜；钢制发射筒，试验证明身管最低寿命为 500 发；配用一整套 40 毫米常规榴弹。发射器全长携行时 566 毫米，战斗时 777 毫米，武器系统全重 5.3 公斤，战斗射速 25 发／分，初速 76 米／秒，装填方式为气体驱动后装式，遮目式光学瞄准镜，最大射程 425 米，有效射程 150～375 米。

【肩射榴弹发射器】

南非研制。一种半自动榴弹发射装置。该榴弹发射器口径为 40 毫米，全长 77.7 厘米，自重 5.3 公斤，全重 6.8 公斤，弹鼓容量 6 发，理论射速 200 发／分，实际射速 25 发／分，有效射程 150—375 米。射手只要像使用冲锋枪那样,将铁托抵于肩窝,即可瞄准击发。

【二八式枪榴弹发射筒】 中国最早制造的枪榴弹。中国1939年制造。筒口径28.5毫米,全长250毫米,重750克,射程达250米。射击速度约为每分钟4发。弹有普通爆炸枪榴弹及燃烧、烟幕、信号、照明等枪榴弹。爆炸枪榴弹的外

形与木柄手榴弹相似,重1公斤,长约50毫米,内装TNT炸药,地面爆炸威力半径为10米。木柄上刻有射程表尺,将木柄一段插入发射筒,枪榴弹可依靠表尺所示射程发射,木柄全部插入发射筒,即可达最大射程。

8、火箭筒

【M20 反坦克火箭筒】 美国制造。筒径88.9毫米,筒长803毫米(行军状态)、549毫米(战斗状态),筒重5.5公斤。配用弹种为破甲弹,弹径88.9毫米,弹长597毫米,弹重4.04公斤,初速104米/秒,最大射程1200米,有效射程200米,直射距离110米,垂直破甲厚度280毫米,射速8发/分(最大)、4发/分(持续)。战斗全重9.45公斤。配用瞄准镜为光学瞄准镜。它由两人操作,由发射筒,发射机、带电击发装置的握把,瞄准镜和肩托组成。发射筒为铝制,两部结构,用螺纹连接。50年代、60年代在美军步兵中广泛使用,已逐步被M72系列取代。北约国家也有装备。

【M20A1B13 反坦克火箭筒】 美国制造。口径为88.9毫米,初速104米/秒,最大射程870米,表尺射程450米,直射距离120米,垂直破甲厚度279毫米,最大射速8发/分,持续射速4发/分。发射筒长1524毫米,发射筒重5.9公斤。配弹种为破甲弹、燃烧弹,弹径88.19毫米,弹长597毫米,弹重4.1公斤,炸药重0.9公斤。1950年起美军少量装备。北约集团亦装备。是M20的改进型。

【M72、M72A1、M72A2和M72A3反坦克火箭筒】 美国制造。筒径66毫米,筒长644毫米、895毫米(战斗状态),筒重1.36千克,配用弹种为破甲弹,弹径66毫米,弹长508毫米,弹重1公斤,炸药重0.34公斤,初速145米/秒,最大射程1000米,有效射程对活动目标150米,对固定目标300米,垂直破甲厚度305毫米(破甲弹),配用瞄准具为机械瞄准具。M72系列大部结构基本一样,由发射筒、击发装置和瞄准具组成。发射筒为套筒结构,外筒为玻璃钢制,内

筒为铝制。瞄准具为机械结构,包括前、后瞄准具。射击前,拉出内筒,武器自动呈待发状态,射击后抛弃。M72型1962年起装备美军,70年代后由M72-A1等型号取代。北约国家也大量装备。

【M202 四联装火箭发射器】 美国制造。筒径66毫米,筒长635毫米(行军状态)、939毫米(战斗状态),筒重(四个筒)5.2公斤。配用弹种为燃烧、毒剂、破甲,弹径66毫米。弹长:燃烧弹、毒剂弹533毫米,破甲弹508毫米。弹重:燃烧弹、毒剂弹1.4公斤,破甲弹1.1公斤。武器重12公斤。初速(破甲弹)134米/秒。最大射程:燃烧弹、毒剂弹为750米,破甲弹为1000米。有效射程(破甲弹)200米。配用机械瞄准具、光学瞄准镜。M202由发射筒、框架击发装置、瞄准具等组成。发射筒有4个,与M72式一样采用套筒式结构,由框架固定,可多次使用。击发为联动式,可在1秒内连发4枚火箭弹。1974年起装备美陆军和海军陆战队。主要打击面积目标,也可打击点目标。

【M202A1 四联装火箭发射器】 美国制造。口径为66毫米,初速为115米/秒(燃烧弹和毒气弹)、134米/秒(破甲弹),最大射程750米(燃烧弹和毒气弹)、1000米(破甲弹),最小射程20米(燃烧弹和毒气弹)、50米(破甲弹)。发射筒长635毫米(行军状态)、939毫米(发射状态),发射筒重5.2公斤。配用弹种为燃烧弹、毒气弹、破甲弹,弹径66毫米,弹长533毫米(燃烧弹和毒气弹)、508毫米(破甲弹),弹重1.4公斤(燃烧弹和毒气弹)、1.1公斤(破甲弹)。燃烧区半径为20米。使用温度范围为0°—+60℃。是M72式66毫米火箭筒的改进型,于1974装备

部队。

【"毒蛇"反坦克火箭筒】 美国制造。筒径69.8毫米,筒长695毫米(行军状态)、1143毫米(战斗状态),筒重3.73(带弹)公斤,初速257米/秒,最大射程500米,有效射程250米,弹飞行时间1.1秒(250米时),重直破甲厚度400毫米。配用瞄准具为机械瞄准具。它采用套筒结构,内筒从外筒中抽出可自动接通点火线路,发射后即抛弃,不发射可收回。该火箭筒全面地采用了新工艺、技术和材料。如:发射筒由全玻璃钢制成;发动机外壳采用S-2玻璃钢结构;发动机推进剂为高速碳硼烷复合推进剂;战斗部空心装药采用压装工艺等。它为便携式,操作简单,完成战斗准备仅需几秒钟。1979年完成研制。

【РП-2式40毫米火箭筒】 苏联制造,口径40毫米,全重2.86公斤,全长950毫米,最大射程150米,有效射程100米,射速4-6米/分,初速84米/秒,穿甲厚度250毫米,火箭弹重1.84公斤,火箭弹直径80毫米,火箭弹长670毫米,筒重2.75公斤,筒长950毫米。配用弹药:空心装药破甲弹。是目前苏军班用反坦克武器。其特点是重量轻,结构简单。

【ПГ-7式40毫米火箭筒】 苏联制造。口径40毫米,初速100米/秒,最大速度300米/秒。有效射程500米,直射距离330米,垂直破甲厚度300-320毫米,射速4-6发/分,发射筒长1000毫米,发射筒重(不带弹)6.3公斤、(带弹)8.6公斤。配用弹种为破甲弹,弹径85毫米,弹长725毫米,弹重2.3公斤。装备苏军步兵班。

【Ⅲ9反坦克火箭筒】 苏联制造。口径为73毫米,初速435米/秒,最大速度780米/秒,最大射程900米,有效射程800米,直射距离800米,垂直破甲厚度300毫米,射速4-6发/分。战斗全重为55公斤(三脚支架)、7.5公斤(轮式支架)。发射筒长1700毫米,发射筒重24公斤。配用弹种为破甲弹、杀伤弹,弹径73毫米,全弹长1123毫米,飞行时弹长786毫米,全弹重4.5公斤,飞行时弹重2.55公斤,战斗部重1.06公斤。70年代装备苏军。

【РПГ-7反坦克火箭筒】 苏联制造。筒径40毫米,筒长990毫米,筒重6.3公斤(带光学瞄准镜)。配用弹种为ПГ-7Б破甲弹。ПГ-7БМ破甲弹。弹径:ПГ-7Б为85毫米,ПГ-7БМ70.5毫米。弹长:ПГ-7Б带发射药925毫米,ПГ-7БМ带发射药940毫米。弹重:ПГ-7Б带发射药2.25公斤,ПГ-7БМ带发射药2公斤。初速:ПГ-7Б120米/秒,ПГ-7БМ140米/秒。弹飞行最大速度300米/秒,有效射程500米。直射距离:ПГ-7Б330米,ПГ-7БМ310米。垂直破甲厚度320毫米,射速4~6发/分。战斗全重:配СП-7БМ8.3公斤。配用瞄准镜ПО-7光学瞄准镜、НСП-2红外瞄准镜,微光瞄准镜。该火箭筒由发射筒、击发机构和光学瞄准镜组成。火箭弹击中目标时,压电引信引爆空心装药,产生高温高压金属流,穿透装甲目标。可从左肩发射,也可从右肩发射;可采用卧、跪、立三种姿势射击。1962年起装备苏军。华约国家,中东国家、非洲国家,越南等也有这种装备。

【РПГ-16反坦克火箭筒】 苏联制造。РПГ-16反坦克火箭筒的产量为РПГ-7的两倍,发射73毫米破甲弹,其射程和威力都比РПГ-7有很大提高。其它性能不详。它配有两脚架和红外瞄准镜。火箭弹采用双锥型战斗部,内有两个药形罩,击中目标时先以一个空装药击穿一个洞,再由第二个扩大破甲效果。70年代末期装备苏军。

【РПГ-18反坦克火箭筒】 苏联制造。筒径64毫米,筒长705(行军状态)毫米、1050(战斗状态)毫米,筒重1.5公斤。配用弹种为破甲弹,弹径64毫米,弹长500毫米,弹重2.5公斤,初速114米/秒,最大射程300米,有效射程200米,直射距离135米,重直破甲厚度280毫米,战斗全重4公斤。配用瞄准具为机械瞄准具。该火箭筒采用套筒结构,发射筒兼作包装筒,筒身由玻璃钢制成。战斗部配有压电引信并装有自毁装置。该筒为一次性使用。操作简便,抽出内筒即为待发状态,不能再收回。70年代出现,装备苏军和一些华约国家。

【СПГ-9式73毫米火箭筒】 苏联制造。口径73毫米,初速435米/秒,最大速度780米/秒,最大射程900米,有效射程800米,直射距离800米,垂直破甲厚度300毫米,战斗全重:三脚支架55公斤,轮式支架75公斤,射速4-6发/分,发射筒长1700毫米,发射筒重24公斤,配用弹种为破甲弹、杀伤弹,弹径73毫米,全弹长1123毫米,飞行时弹长786毫米,全弹重4.5公斤,飞行时弹重2.55公斤,战斗部重1.06公斤。系苏军新式火箭筒。

【"劳80"反坦克火箭筒】 英国制造。筒径94毫米,筒长1000毫米(行军状态)、1500毫米

（战斗状态），筒重 4 公斤。配用弹种为破甲弹，弹径 94 毫米，弹长 720 毫米，弹重 4 公斤，炸药重 0.5 公斤，初速 305 米／秒，最大射程 500 米，有效射程 300 米，垂直破甲厚度 600 毫米。配用瞄准具为简易瞄准具。筒为套筒式，玻璃钢制成。外筒上有肩托、提把、击发机构、保险开关和瞄准具。火箭弹出厂就装在发射筒内。该火箭筒于 1983 年结束研制。

图 2-29 "劳 80"反坦克火箭筒

【"萨尔巴克"反坦克火箭筒】 法国制造。口径 68 毫米，初速 150 米／秒，有效射程 150-200 米，垂直破甲厚度 300 毫米。最小着角 20°。发射筒长 734 毫米（行军状态），997 毫米（发射状态），发射筒重 1.28 公斤，战斗全重 2.67 公斤。弹径 68 毫米，弹长 472 毫米（尾翼折迭状），505 毫米（尾翼展开状），弹重 1.07 公斤。精度为射距 150 米，散布 0.5 米。装备法军。

【"丘辟特"反坦克火箭筒】 法国研制。它采用直径 115 毫米的空心装药弹。弹长 650 毫米，弹重 3.5 公斤，壳体为铝合金材料，装药量 1.3 公斤。空心装药弹头内装有一个 2 毫米厚的纯铜药型罩，弹头前部装有一个炸高的探针。其威力相当于反坦克导弹的破甲威力，能击穿苏 T-72 坦克的前部装甲。它的发射筒是一个金属管，内有两活塞，其间装有发射药。发射时，发射药燃烧，产生的推力同时作用于两个活塞，一个推弹向前，另一个推平衡质量向后。平衡质量减少了后喷火焰，降低了后坐力。当弹头和平衡质量飞出筒口后，两个活塞分别为两端制动环所阻，阻止了火药气体、火焰、爆炸气浪和冲击波外逸，因此噪音很小，喷出的火焰少。它重 12 公斤，全长 1.2 米，发射管为一次使用型，管上装有可调式肩托和一个内装发火装置的扳机握手，发火装置采用感应线圈，瞄准

具采用 3 倍望远镜，300 米的距离上可以准确地命中目标。

图 2-30 "丘辟特"反坦克火箭筒

【M50 反坦克火箭筒】 法国制造。口径 73 毫米，初速 160 米／秒，最大射程为 1200 米，有效射程 350 米（对固定目标）、200 米（对活动目标），直射距离 200 米（对固定目标）、150 米（对活动目标），垂直破甲厚度 300 毫米，持续射速 4-5 发／分。最小着角 20°。发射筒长 1200 毫米，发射筒重 6.7 公斤。配用弹种为破甲弹，弹径 73 毫米，弹长 580 毫米，弹重 1.48 公斤，发射药重 108 克，炸药重 350 克。精度为射距 200 米，10 枚弹的散布面为 1 米^2。1950 年起装备法军步兵。

【APX 反坦克火箭筒】 法国制造。口径为 80 毫米，初速 400 米／秒，最大速度 530 米／秒，有效射程 800 米（对坦克）、1500 米（对人员），直射距离 530 米。战斗全重为 16.44 公斤。发射筒长 1400 毫米，发射筒重 13 公斤（包括瞄准镜）。配用弹种为破甲弹、杀伤弹、照明弹和发烟弹，弹径 80 毫米，弹长 530 毫米，弹重 3.44 公斤，炸药重 0.55 公斤。精度射距为 1500 米，散布 2 米。使用温度范围为 -30°—+50℃。装备法军。

【F1 式"斯特安"反坦克火箭筒】 法国制造。口径 88.9 毫米，初速为 291 米／秒（20℃时），最大射程 500 米（破甲弹）、2000 米（杀伤弹），直射距离 400 米，垂直破甲厚度 400 毫米。最小着角 20°。战斗全重 7.7 公斤（包括弹和瞄准具）。发射筒长 1168 毫米（行军状态）、1600 毫米（发射状态），发射筒重 4 公斤（不包括瞄准具），瞄准具重 0.5 公斤。配用弹种为破甲弹、燃烧弹、杀伤弹、照明弹和发烟弹，弹径 88.9 毫米，弹长 600 毫米，弹重 2.2 公斤（不包括包装筒）、3.2 公斤（包括包装筒），炸药重 0.565 公斤。于 1970 年起装备法军步兵。

【F1 式 80 毫米反坦克火箭筒】 法国制

造。筒径 88.9 毫米，筒长 1168 毫米（行军状态），1600 毫米（战斗状态），筒重 5.5 公斤。配用弹种为破甲、发烟、照明、破甲杀伤双用弹，弹径 88.9 毫米，弹长 600 毫米，弹重 2.2 公斤，初速 300 米／秒，最大射程 2300 米，有效射程 600 米，直射距离 400 米，垂直破甲厚度 400 毫米。配用瞄准镜为光学瞄准镜、微光瞄准镜、光电瞄准装置。它由火箭筒和带火箭弹的包装筒组成。筒上肩托和前握把可以移动，后握把为手枪式并带击发装置，筒带减震环、两脚架和护盖。使用时将包装筒与发射筒连接，发射后将包装筒丢弃。一般由军士、射手和装填手 3 人操作。射击精度高。该火箭筒还可安装在坦克、战车炮塔上。1970 年开始装备法军，并向数十个国家出口，是世界上销售最多的火箭筒之一。

图 2-31　F1 式 80 毫米反坦克火箭筒

【"阿比拉"反坦克火箭筒】　法国制造。筒径 112 毫米，筒长 1290 毫米，筒重 4.7 公斤。配用弹种为破甲弹，弹径 112 毫米，弹长 925 毫米，弹重 4.3 公斤，炸药重 1.5 公斤，初速 295 米／秒，最大射程 2300 米，有效射程 330 米，弹飞行时间 1.2 秒（330 米时），垂直破甲厚度 720 毫米，战斗全重 9 公斤。配用瞄准镜为光学瞄准镜、光电瞄准装置、微光瞄准镜。它为单管式，由"凯夫拉"复合材料制成，两端和中部有多孔聚苯乙烯防护环，中部下方有击发机构和肩托，上方有 3 倍塑料瞄准镜。火箭弹动力装置采用新型装药结构，由 147 根药柱组成，药柱截面呈"Ω"型，使单位面积保持最大的燃烧面。"阿比拉"为单兵一次性使用武器，可从左、右不同位置瞄准，可肩射、卧射和在三脚架上发射。它最大的特点是破甲威力大，超过了大部分反坦克导弹，据称可穿透当前世界上最先进的坦克。缺点是噪音大。1983 年起装备法军。

【"萨布拉冈"反坦克火箭筒】　法国制造。

筒径 130 毫米，筒长 1200 毫米。配用弹种为破甲弹，弹径 130 毫米，弹重 4.5 公斤，初速 210 米／秒，有效射射程 300 米，弹飞行时间 1.2 秒（300 米时），垂直破甲厚度（复合装甲）800 毫米，（均质装甲）900 毫米，战斗全重 13 公斤。配用光学瞄准镜。"萨布拉冈"是采用无坐力炮原理和配重物平衡的近程反坦克武器。发射筒用后可丢弃，但瞄准镜和握把部分可多次使用。配用火箭增程弹，破甲厚度很大。1983 年曾在法国展出。

【PZF44-1 反坦克火箭筒】　联邦德国制造。口径 43.8 毫米，初速 107 米／秒，最大射程 800 米，表尺射程 200 米，有效射程 150 米（对活动目标），垂直破甲厚度 375 毫米，持续射速 6 发／分，战斗全重 7.4 公斤（包括弹）。发射筒长 880 毫米，发射筒重 4.8 公斤。配用弹种为破甲弹，弹径 81 毫米，弹重 2.3 公斤，炸药重 220 克。1959 年起装备联邦德国军队。

【PZF44-2A1 反坦克火箭筒（"长矛"）】
联邦德国制造。筒径 44 毫米，筒长 880 毫米（未装弹）、1162 毫米（已装弹），筒重 7.8 公斤（含瞄准镜及镜盒）。配用弹种为破甲弹，弹径 67 毫米，弹长 550 毫米，弹重 1.5 公斤，炸药重 1 公斤，初速 168 米／秒，弹飞行最大速度 210 米／秒，有效射程 300 米（对活动目标）、400 米（对固定目标），直射距离 150 米，弹飞行时间 1.56 秒（300 米时），垂直破甲厚度 370 毫米。配用机械瞄准具，光学瞄准镜。它的发射筒由滑膛筒管、击发机、握把和护套组成。射击前将药筒、击发机插入发射筒，战斗部露在外面。1973 年起装备联邦德国军队。

【"弩箭"300 反坦克火箭筒】　联邦德制造。口径 74 毫米，初速 220 米／秒（破甲弹），有效射程为 300 米（破甲弹）、500 米（杀伤弹）、1000 米（照明弹），破甲厚度 300 毫米（法线角 17°）。发射筒长 820 毫米（包括弹），发射筒重 4.8 公斤（包括弹），弹径 67 毫米。1973 年投产并装备部队。

【"弩箭"反坦克火箭筒】　联邦德国制造。筒径 78 毫米，筒长 850 毫米。配用弹种为破甲、榴弹、照明弹，弹径 67 毫米，弹重 1 公斤，初速 220 米／秒，有效射程 300 米，弹飞行时间 1.5 秒（300 米时），垂直破甲厚度 300 毫米。武器全重 6.3 公斤。配用瞄准镜为反射式瞄准镜。"弩箭"的发射筒兼作火箭弹的包装筒，筒上安有折迭式肩托、手枪式握把、提把、扳机、保险装置、背带和瞄准镜等。筒内装有火箭弹、发射药、两个活塞和配重物。它为一次性使用，不需备件和维修。1977年投产，装备联邦德国军队和北约一些国家。

【"铁拳3"反坦克火箭筒】 联邦德国制造。筒径60毫米，筒长1200毫米（含弹），筒重8.4公斤。配用弹种为破甲弹，弹径110毫米，弹重3.6公斤，初速165米/秒，弹飞行最大速度250米/秒，有效射程300米（对活动目标）、400米（对固定目标），弹飞行时间1.55秒（300米时），垂直破甲厚度700毫米，武器全重12公斤。配用光学瞄准镜。"铁拳3"发射筒由玻璃钢卷制而成，内有铝制衬筒，装有火箭弹、发射药及点火具和配重物。发射装置由握把式击发机构、保险机构、肩托、前手柄等组成。它采用"戴维斯"火炮原理，发射空心装药破甲弹，射出时膨涨气体量小，可在狭小空间使用。发射筒为一次性使用，发射装置及瞄准具可重复使用。1978年开始研制。

图2-32 "铁拳3"反坦克火箭筒

【"弗格里"反坦克火箭筒】 意大利制造。筒径80毫米，筒长1850毫米，筒重27公斤（三脚架式）、17公斤（肩射式）。配用弹种为破甲弹，弹径80毫米，弹长740毫米，弹重5.2公斤，初速380米/秒，弹飞行最大速度500米/秒。有效射程：配带有测距仪的光学瞄准镜时为1000米，配普通光学瞄准镜时为500米。垂直破甲厚度400毫米。三脚架式配用带测距仪的光学瞄准镜；肩射式配用普通光学瞄准镜。它是采用无坐力炮原理的重型、近距离反坦克武器。可采用三角架式或肩射。1979年起装备意大利地面部队。

【"米尼曼"反坦克火箭筒】 瑞典制造。口径74毫米，初速160米/秒，有效射程250米（对固定目标）、150米（对活动目标），直射距离

150米，垂直破甲厚度340毫米。战斗全重2.6公斤（包括破甲弹）。发射筒长900毫米。配用弹种有破甲弹、照明弹，弹径74毫米，弹重0.88千克（破甲弹），2.59公斤（照明弹），炸药重310克（破甲弹）。于1958年起装备瑞典步兵。

【AT-4反坦克火箭筒】 瑞典制造。筒径84毫米，筒长1000毫米，筒重3公斤。配用弹种为破甲弹，弹径84毫米，弹重3公斤，初速290米/秒，有效射程300米，垂直破甲厚度300～400毫米。配用简易机械瞄准具、光学瞄准镜。该火箭筒由玻璃钢发射筒、铝合金后喷管、击发装置、瞄准具、肩托和背带组成。弹的战斗部采用最佳设计方案，具有很好的破甲后效，爆炸后在车体内产生的峰值超压达到2巴，并伴有致盲性强光和燃烧作用，可使坦克完全失去战斗能力。1984年交付部队使用。

【M2"卡尔·古斯塔夫"反坦克火箭筒】 瑞典制造。筒径84毫米，筒长1130毫米，筒重14.2公斤。配用弹种为破甲弹、榴弹、发烟弹、照明弹。全弹重2.6公斤，初速310米/秒，最大射程2300米，有效射程400米（对活动目标）、500米（对固定目标），直射距离350米，垂直破甲厚度400毫米，射速6发/分。配用机械瞄准具、光学瞄准镜。它是采用无坐力炮原理的中型反坦克武器。筒尾配有后喷管，筒内有24条膛线。火箭弹利用空气动力稳定，没有尾翼，战斗部呈酒瓶状。一般由两人操作。1958年起装备瑞典陆军，还大量装备西欧、中东、非洲、澳洲、北美一些国家。

图2-33 M2"卡尔·古斯塔夫"反坦克火箭筒

【M2-550"卡尔·古斯塔夫"反坦克火箭筒】 瑞典制造。筒径84毫米，筒长1130毫米，筒重15公斤（带三脚架）。配用弹种为破甲弹、榴弹、发烟弹、照明弹，全弹重3公斤，初速260米/秒，弹飞行最大速度350米/秒，最大射

程 2300 米，有效射程 700 米，弹飞行时间 1.3 秒（400 米时）、2.2 秒（700 米时），垂直破甲厚度 400 毫米，射速 6 发／分。它是 M2："卡尔·古斯塔夫"的改进型，区别在于前者配用了新型瞄准镜和火箭增程弹。它的 FFV556 瞄准镜由带有望远镜的光学系统，光轴重合测距机和弹道计算机组成，不但能测距、瞄准，还能测定提前量，精度非常高。配有三角架，一般由两人操作。70 年代初装备瑞典陆军，以及一些北约国家和其它国家。

【RL-83 反坦克火箭筒（"布林吉西"）】 比利时制造。筒径 83 毫米，筒长 900 毫米（行军状态）。1700 毫米（战斗状态），筒重 8.4 公斤（带辅助光学瞄准镜）。配用弹种为破甲弹、榴弹、双用途弹、照明弹、燃烧弹，弹长 570 毫米，弹重 2.4 公斤，初速 120 米／秒，弹飞行最大速度 300 米／秒，射程 500 米，垂直破甲厚度 300 毫米（对混凝土 1000 毫米）。RL-83 为折叠式火箭筒，由两人操作。配有 3 种瞄准系统：机械瞄准具和光学瞄准镜用于对付 400 米以内目标；辅助光学瞄准镜用于对付 900 米以内目标。50 年代末起在比利时部队服役，还装备瑞典，巴基斯坦等国军队，尤其在非洲一些国家军队中大量装备。

【RLC-83 反坦克火箭筒】 比利时制造。筒径 83 毫米，筒长 1200 毫米，筒重 6.2 公斤，射速 10 发／分。其结构与 RL-83 很相似，使用方式完全一样。两者主要区别是 RLC-83 比较短，只能发射新的远程反坦克火箭弹。已装备比利时军队。

【M-55 反坦克火箭筒】 芬兰制造。筒径 55 毫米，筒长 940 毫米（行军状态）、1240 毫米（战斗状态），筒重 8.5 公斤。配用弹种为破甲弹，弹径 88 毫米，弹重 2.5 公斤，有效射程 200 米，垂直破甲厚度 200 毫米，射速 3～5 发／分，配用光学瞄准镜，发射超口径火箭弹。M-55 是陈旧武器，已停产。50 年代末开始装备芬兰陆军。

【"雷卡"系列反坦克火箭筒】 芬兰制造。筒径："雷卡 41"为 41 毫米，"雷卡 55"为 55 毫米，"雷卡 81"为 81 毫米，筒长："雷卡 41"为 760 毫米，"雷卡 55"为 900 毫米，"雷卡 81"为 1150 毫米。筒重："雷卡 41"为 3 公斤，"雷卡 55"为 4.5 公斤，"雷卡 81"为 15 公斤，弹重："雷卡 41"为 1 公斤，"雷卡 55"为 2 公斤，"雷卡 81"为 3.3 公斤，初速："雷卡 41"为 170 米／秒，"雷卡 55"为 170 米／秒，"雷卡 81"250 米／秒，有效射程："雷卡 41"为 200 米，"雷卡 55"为 200 米，"雷卡 81"为 300 米，

"雷卡"系列采用并坐力炮和配重物平衡原理，发射时配重物向后喷出，保持发射筒平衡。是芬兰 80 年代研制的产品。

【三联装火箭发射器】 西班牙制造。口径 70 毫米，初速 125 米／秒，射程 150 米（对运动坦克），垂直破甲厚度 300 毫米，发射筒长 800 毫米，发射筒重 5 公斤（包括三枚弹）。配用弹种为破甲弹，弹径 70 毫米，弹重 1.05 公斤，炸药重 340 克。装备西班牙步兵。

【M-65 反坦克火箭筒】 西班牙制造。筒径 88.9 毫米，筒长 830 毫米（行军状态）、1600 毫米（战斗状态），筒重 6 公斤。配用弹种为破甲弹、双用途弹、发烟弹、弹重 1.9 公斤，初速 236 米／秒，最大射程 2500 米，有效射程 400 米，垂直破甲厚度 360 毫米，配用光学瞄准镜。发射筒分为两段，筒上装有电磁击发装置、光学瞄准镜和肩托。瞄准镜可配用照明灯。其发烟弹内有燃烧剂，垂直命中目标时，燃烧剂散布半径为 30 米；对地面目标射击时，在 700 米距离上燃烧剂散布半径达 100 米左右。火箭弹引信均带有三种保险装置：运输保险、落地保险和弹道初段保险。全筒为折迭结构，携带方便。80 年代研制。

【C-90B 反坦克火箭筒】 西班牙制造。筒径 90 毫米，筒长 800 毫米，筒重 1 公斤。配用弹种为破甲弹，弹长 700 毫米，弹重 2.3 公斤，初速 140 米／秒，有效射程 200 米（对活动目标）、350 米（对固定目标），垂直破甲厚度 450 毫米。C-90B 的发射筒兼作包装筒，由玻璃钢制成。发动机推进剂在火箭弹离开发射筒前就燃烧完毕。80 年代开始试用。

【M72-750 反坦克火箭筒】 挪威制造。筒长 893 毫米，弹径 67.5 毫米，弹长 597 毫米，初速 228 米／秒，垂直破甲厚度 380 毫米，武器全重 3 公斤。配用简易机械瞄准具。它是在美 M72A3 火箭筒基础上发展而成的，主要是增大了发动机和战斗部。战斗部前加装一个固定触杆，以获得最佳炸高。战斗部改装后破甲威力提高 25%。击发机上增加了传感装置，使射手能更精确地判断发射时机。到 1982 年底生产了一批。

【M57 反坦克火箭筒】 南斯拉夫制造。筒径 44 毫米，筒长 900 毫米，筒重 8.2 公斤。配用弹种为破甲、杀伤榴弹，弹径 90 毫米，弹重 2.4 公斤，初速 146 米／秒，最大射程 1200 米，有效射程 200 米（对活动目标）、400 米（对固定目标），垂上破甲厚度 300 毫米，射速 4 发／分。

配用机械瞄准具、光学瞄准镜。M57 是 50 年代后期南斯拉夫陆军装备的轻型反坦克武器，至今仍在大量装备。

【RBRM-80 反坦克火箭筒】 南斯拉夫制造。是一次使用的轻型反坦克武器，其结构与苏 РПГ-18 火箭筒相似。发射筒采用套筒结构，玻璃钢制成，重 3.5 公斤。若火箭推进剂没点燃，呈战斗状态的发射筒可重新套选起来。引信上装有自毁机构。缺点是噪音大。80 年代后大量装备南斯拉夫军队。

【II27 反坦克火箭筒】 捷克制造。口径 45 毫米，初速 71 米／秒，最大射程 360 米，有效射程为 100 米（对固定目标）、80 米（对活动目标）、150 米（对人员），表尺射程 150 米，垂直破甲厚度 200—230 毫米。战斗全重 18 公斤（不包括弹）。射速 6 发／分。发射筒长 1030 毫米，发射筒重 6.4 公斤，附件重 11.65 公斤。配用弹种为破甲弹，弹径 112 毫米，弹重 3.74 公斤，战斗部重 3.3 公斤，炸药重 1.3 公斤。1947 年起装备部队。

【"前哨"反坦克火箭筒】 以色列制造。筒径 81 毫米，筒长 760 毫米，筒重 1.8 公斤。配用弹种为破甲弹，弹径 81 毫米，弹长 720 毫米，弹重 4.2 公斤，初速 400 米／秒，最大射程 500 米，有效射程 300 米，战斗全重 6 公斤。配用光学瞄准镜。"前哨"是介于反坦克导弹和传统火箭筒之间的产品。火箭弹在出厂前就装在发射筒中，主要由空心装药战斗部、电子部件、续航发动机、陀螺仪、起飞发动机和稳定尾翼组成。射手扣动扳机后陀螺仪有 1／5 秒的旋转启动时间，达到高速旋转后起飞发动机自动开始工作，推动火箭弹旋转向前运动。射弹飞行中陀螺仪、电子导航器件和四个燃气舵组成的推动矢量控制系统始终工作，修正偏差，使其沿瞄准线飞行，直达目标。筒身为一次性使用，击发机构和瞄准镜可重复使用。该火箭筒重量轻，精度高，操作简便，射击前不用检查，后喷焰很小。1979 年在巴黎航空展览会上首次展出。

【B-300 反坦克火箭筒】 以色列制造。筒径 82 毫米，筒长 755 毫米（行军状态）、1350 毫米（战斗状态），筒重 3.5 公斤。配用弹种为破甲弹，弹长 725 毫米，弹重 4.5 公斤，初速 240 米／秒，最大射程 600 米，有效射程 400 米，破甲厚度 400／65°。B-300 结构与法国 F-1 火箭筒相似，由两部分组成：可重复使用的发射筒和一次性使用的火箭弹包装筒。发射筒为玻璃钢制品，装有折叠式两脚架、肩托、击发装置、机械瞄准具及测距瞄准镜支座。包装筒亦为玻璃钢制，内装火箭弹。射击时将二者连为一体，发射后将包装筒卸下丢掉，它还可配用测距瞄准镜或微光夜视仪，前者能在能见度低时使用，后者供夜间射击用。1980 年开始研制。

【M20 改 4 式反坦克火箭筒】 日本制造。口径 88.9 毫米。初速 104 米／秒，最大射程 875 米，直射距离 120 米，垂直破甲厚度 280 毫米，最大射速 10 发／分。发射筒长 1530 毫米，发射筒重 6.8 公斤。配用弹种为破甲弹，弹径 88.9 毫米，弹重 3.85 公斤。用于装备日军。

三、火　炮

图 3—1 火炮

1—26.各种火炮 1—10.76毫米加农炮：2.炮身 3.炮架 4.摇架 5.驻锄 6.牵引环 7.车轮 8.火炮周视瞄准镜 9.防盾 10.大架；11—16.85毫米加农炮：12.炮口制退器 13.平衡机 14.方向机转轮 15.高低机转轮 16.调架棍；17—20.122毫米榴弹炮：18.复进机 19.驻退机 20.炮闩；21—26.100毫米高射炮：22.后转向架 23.折合炮脚 24.炮盘 25.前转向架 26.牵引杆；27—29.水陆两用装甲履带火炮牵引车：28.挂钩 29.钢绳和挂钩。

【火炮】 以发射药产生的动力发射弹丸，口径在20毫米以上的身管射击武器。用于对地面、水上和空中目标射击，歼灭和压制敌有生力量和技术兵器，摧毁各种防御工事和设施，以及完成其它战斗任务。火炮种类很多，如按时代分为古代火炮和近现代火炮；按用途分为地面压制火炮、高射炮、反坦克炮、坦克炮、航空炮、舰炮和岸炮等；按炮膛结构分为线膛炮和滑膛炮；按结构和弹道特性分为加农炮、榴弹炮、迫击炮、无后坐力炮、复合性能炮（如加农榴弹炮）、机关炮等；按发射弹药分为普通火炮、抛石炮、火箭炮、化学炮、中子炮、原子炮等；按机动方式分为固定火炮、自运火炮、自行火炮等。火炮的作用原理是将发射药在膛内燃烧的能量转换为弹丸的动能以抛射弹丸，产生声响、光、热等效应。火炮的主要战斗性能是射程、射速、射击精度、弹丸威力和机动性等。火炮通常由炮身和炮架两大部分组成。近现代火炮炮身部一般由身管、炮尾、炮闩和炮口制退器组成。身管用以赋予弹丸初速及飞行方向（线膛炮管使弹丸旋转）。炮尾用以盛装炮闩。炮闩用以闭锁炮膛、击发炮弹和抽出发射后的药筒。炮口制退器用以减少炮身后座能量。炮架部分一般由反后坐装置、摇架、上架、高低机、方向机、平衡机、瞄准装置、下架、大架和运动体等组成。炮架的主要作用是限制后座、控制射击方向和角度，支撑移动炮体等。

古代火炮是由竹木、石质的管形喷火，射击火器如火枪、火筒等发展演变而出现的。目前世界已发现的最早的金属火炮是中国西夏时期的一尊铜火炮（它也是世界发现最早的金属管形火器），同时还附带发现了世界最早的火炮火药和铁弹丸。中国元、宋代火炮已大量使用。中国火药、火器西传后，中亚、欧洲等地也开始制造火炮。在欧洲，从14世纪开始制造发射石弹的火炮后，逐渐对火炮进行改进。古代火炮没有严格的分类，基本上是滑膛炮，发射实心弹、爆炸弹、霰弹等。随着科学的发展，近现代火炮逐步加长了炮管、改进了装药，提高火炮标准化和机动性，创制了线膛炮管和反后坐装置，专用火炮及弹药种类也不断丰富。火炮长期以来是军队的主要作战武器之一。

【地面压制火炮】　　主要用于压制和破坏地面目标的炮兵武器。包括各种加农炮、榴弹炮、加榴炮、火箭炮、迫击炮等。主要特点是射程远，威力大。

【加农炮】　　一种身管较长弹道低伸的火炮。按口径加农炮分为小口径（75毫米以内）加农炮、中口径（76～130毫米）加农炮和大口径（130毫米以上）加农炮；按运动方式和结构分为牵引式、自运式、自行式和安装在运载工具（坦克、飞机、舰艇）上的四种。反坦克炮、坦克炮、高射炮、航空炮、舰炮和海岸炮均属加农炮。使用弹种有杀伤榴弹、爆破榴弹、杀伤爆破榴弹、穿甲弹、脱壳超速穿甲弹、碎甲弹、燃烧弹等。其结构主要由炮身、炮闩、摆架、反后座装置、上架、高低机、方向机、平衡机、防盾、瞄准装置、下架、运动体等组成（非牵引火炮无下架和运动体）。其特点是：身管长、初速大、射程远。

最早的加农炮起源于14世纪，但当时没有严格的火炮分类，16世纪后欧洲开始把炮身长16～22倍口径的火炮称作加农炮。18世纪，欧洲的加农炮身长一般为口径的22～26倍。20世纪20年代，出现了具有加农炮弹道特性的专用火炮。第二次世界大战前后，口径在105～108毫米之间的加农炮得到了迅速发展。炮身长为口径的30～52倍，初速达880米／秒，最大射程30000米。20世纪50～60年代，加农炮发展到炮身长为口径的40～61倍，初速达950米／秒，最大射程达35000米。20世纪70年代，有些国家没有再研制新型加农炮。有的还用新研制的榴弹炮更换已装备的加农炮。

【榴弹炮】　　一种身管较短，弹道较弯的火炮。按机动方式可分为牵引式和自动式榴弹炮。主要使用各种榴弹和特种弹（燃烧弹，照明弹，发烟弹，宣传弹等）。其结构与加农炮相似，特点是身管较短，初速较小，射角较大，弹丸落地角也大，杀伤爆破效果好，采用变装药变更弹道可在较大纵深内实施火力机动。适用于水平目标射击，主要用于歼灭，压制敌有生力量和技术兵器，破坏工程设施等。是地面炮兵的主要炮种之一。

早期的榴弹炮为发射石霰弹，爆炸弹等的滑膛炮。17世纪，欧洲把发射爆炸弹的射角较大的火炮称为榴弹炮。19世纪榴弹炮采用了变装药。第一次世界大战期间榴弹炮身长为口径15～22倍，最大射程达14200米，最大射角一般为45°。第二次世界大战期间，炮身长为口径的20—30倍，初速达635／秒，最大射角65°，最大射程达18100米。20世纪60年代后，榴弹炮一般身长为口径的30—44倍，初速达827／秒，最大射角达75°，发射制式榴弹最大射程达24500米，发射火箭增程弹最大射程达30000米。由于榴弹炮的性能显著提高，有些国家已用榴弹炮代替加农炮。

【加农榴弹炮】　　兼有加农炮和榴弹炮弹道特性的火炮，简称加榴。有的国家称为榴弹加农炮，而把以加农炮性为主的火炮称为加农榴弹炮。按其运动方式分为牵引式、自运式、自行式三种。配用弹种与榴弹炮相似。由炮身部和炮架部等组成，具体结构与加农炮和榴弹炮相似。其特点是，可行平射和曲射；比加农炮炮身短，弹丸初速范围广（使用变装药），炮身射角大，弹丸落地大；比榴弹炮炮身长，射程远；用大号装药和小射角射击时，具有加农炮的性能；用小号装药和大射角射击时，具有榴弹炮的性能。第一次世界大战期间德国最早研制加榴炮，在第二次世界大战中得到广泛使用。现代加榴炮的口径多为152—155毫米，身管长一般为口径25—40倍，弹重为45公斤左右，最大射程为17～25公里。

第一次世界大战中，由于构有堑壕体系的筑垒阵地防御战的发展，交战各国都需要增加平射火炮和曲射火炮。为了适应战术上的这种要求，又要便于生产，有些国家研究把加农炮和榴弹炮合为一体的加榴。20世纪60年代以来，许多国家发展的新型榴弹炮，多兼有加农炮的性能，但没有使用加榴炮这一名称。

【迫击炮】　　以座钣承受后坐力、发射迫击炮弹的曲射火炮。按口径分为大口径、中口径、小口径迫击炮；按装填方式分为前装式和后装式迫击炮;按炮膛结构分为线膛式和滑膛式迫击炮;按运动方式分为便携式(分解后由炮手搬运)、驮载式、车载式、牵引式和自行式迫击炮。其结构通常由炮身、炮架、座钣和瞄准具组成。炮身以滑膛居多,炮尾内大多有发火装置,前装式靠下滑的炮弹撞击击针,后装式靠控火机机锤撞击击针。座钣与炮身连接,承受发射时的后坐力传至地面。炮架由脚架、缓冲机构、螺杆式高低机和方向机等组成,起支撑炮身、控制后坐、调整射角、射向作用。现代迫击炮的口径为51—240毫米左右,射程为300—10000米左右。主要配备的弹种是杀伤爆破榴弹,还配有烟幕弹、照明弹、宣传弹及其他特种炮弹。迫击炮特点是射角大(一般为45°—85°),初速小,弹道弯曲,最小射程近,适于对近距离遮蔽物后的目标和反斜面上的目标射击;结构简单,操作方便,与同口径的其它火炮比较体积较小,重量较轻,适于伴随步兵迅速隐蔽地行动。

迫击炮出现于近代,第一次世界大战中由于堑壕战的发展,各国开始重视迫击炮的发展和使用。第二次世界大战中迫击炮的使用更加广泛。20世纪60年代以来,迫击炮在增大射程,减轻重量,提高机动性和杀伤力方面不断发展。

【毒气迫击炮】 第一次世界大战时将毒剂用于地面染毒的一种化学武器。1917年英军首次使用毒气迫击炮。毒气迫击炮乃是一直径为18~20厘米的短炮管,其座钣埋在土中。该炮装填迫击炮弹,弹内装有9—27公斤毒剂(光气、双光气、氯化苦、芥子气等)。以数百门毒气迫击炮的同时齐射实施射击,射程达1.2公里。

【火箭炮】 炮兵装备的火箭弹发射装置。由于通常为多发联装,又称为齐射火箭,多管火箭炮。按机动方式可分为牵引式和自行式。其弹药,有杀伤爆破火箭弹、燃烧弹、烟幕弹、末段制导弹、反坦克子母弹、燃烧空气弹和干扰弹等。火箭炮结构通常由火箭发射装置——定向器、回转盘、方向机、高低机、平衡机、瞄准装置、发火系统和运行体两大部分组成,定向器在火箭炮带弹行进时固定火箭弹,发射时赋予火箭弹初始飞行方向。通过耳轴、高低机、平衡机连接在回转盘上。转动高低机手轮,赋予火箭炮射角。平衡机使高低机操作轻便、平稳。瞄准装置和高低机、方向机配合,实施瞄准。发火系统在发射时使各火箭弹的发动机按预定的时间间隔依次点火。火箭炮除了自动发射机构,一般还有手动发射机构或简易发射机构。齐射火箭炮的发射装置可装在自行式或牵引式

汽车底盘上,直升机上和舰艇上。自行式发射装置称为火箭炮兵战车;装在舰艇上的发射装置称为火箭式深水炸弹发射装置;装在飞机(直升机)上的发射装置仍称为发射装置。火箭发射装置的主要作用是引燃火箭弹的点火具和赋予火箭弹初始飞行方向。由于火箭弹靠车身发动机的推力飞行,火箭炮不需承受膛压的笨重炮身和炮闩,没有反后坐装置,能多发联装和发射弹较大的火箭弹。火箭炮发射速度快,火力强,突袭性好,因射弹散布大,多用于对面积目标射击。它主要配有杀伤爆破火箭弹,用以歼灭、压制有生力量和技术兵器,也可配用特种火箭弹,用以布雷,照明和施放烟幕等。

中国明代人已使用火箭和火箭发射装置,有单发火箭和多发火箭。古代火箭的推进剂是黑色火药,只能发射较轻的箭矢,最远发射至几百步。20世纪初,由于双基推进剂的应用,火箭炮得到了发展。1939年,苏联制成M-13式火箭炮,俗称"卡秋莎"。它装有轨式定向器,可联装16发弹径为132毫米的尾翼式火箭弹,最大射程约8500米。第二次世界大战末期,交战双方重视了火箭炮的发展与应用。火箭炮现已成为各国军队的重要常规武器之一,其性能较之第二次世界大战时有了明显改进。射程最大达40公里,定向器装弹数目一般为12~40发。除配用杀伤爆破火箭弹外,还可配用燃烧弹、烟幕弹、末段制导弹、反坦克子母弹、燃烧空气弹和干扰弹等。射弹密集度,距离上约为1/200,方向上约为1/100。齐射的准备时间为2分钟左右。

火箭炮将进一步减小射弹散布,实现自动化装弹,采用电子计算机控制操作和指挥,并在保证良好机动性的前提下,适当地增加定向器的装弹数目和增大射程。

【反坦克炮】 主要用于对坦克和其他装甲目标射击的火炮。旧名战防炮、防坦克炮。属加农炮或无后坐力炮类型。按机动方式可分为牵引反坦克炮、自行反坦克炮;按结构和弹道特性分为滑膛反坦克炮、线膛反坦克炮。反坦克炮的构造与一般火炮基本相同(见火炮)。为了提高发射速度和射击精度,便于对运动目标射击,一般采用半自动炮闩和测距与瞄准合一的瞄准装置。它炮身长,初速大,直射距离远,发射速度快,射角范围小,火线高度低,穿甲效力大。

第一次世界大战中,出现坦克,曾用步兵炮和野炮对坦克射击(当时坦克装甲厚度仅有6~18毫米)。战后,随着坦克性能的不断提高,各国专

用反坦克炮相继问世。第二次世界大战中，有的中型坦克和重型坦克的装甲厚度增加到 70～100 毫米，反坦克炮口径也达到 57～100 毫米，初速达 900～1000 米／秒，穿甲厚度在 1000 米距离上达 70～150 毫米。使用的弹种有次口径钨芯超速穿甲弹、钝头穿甲弹和空心装药破甲弹。有的国家还装备了自行反坦克炮。20 世纪 60 年代以来，出现了发射尾翼稳定脱壳穿甲弹的滑膛反坦克炮，穿甲厚度明显增大。线膛反坦克炮也能发射有活动弹带的尾翼稳定脱壳穿甲弹。

牵引反坦克炮较笨重，机动性差，进出阵地迟缓，因此有的国家用反坦克导弹代替反坦克炮。但反坦克炮有多种弹药，适应性好，比较经济，近距离首发命中率较高，有些国家仍继续装备使用。目前正在研制和装备的自行反坦克自动炮，设想使数发炮弹命中坦克同一部位，以提高对复合装甲的破坏力。

【自行反坦克炮】　车炮结合，能够自行运动的反坦克炮。按其行动部分的结构，可分为履带式、半履带式、轮式和轮履合一式自行反坦克炮；按其防护程度，可分为全装甲式（封闭式）和半装甲式（半封闭式、敞开式）自行反坦克炮；战斗室前置式和后置式自行反坦克炮；炮塔式和非炮塔式反坦克炮。其结构由反坦克炮和自行车体（如坦克、履带牵引车底盘）组成。自行反坦克炮的结构特点是车体结合，有装甲防护，反后坐装置配置特殊，使用护拦、退壳筒、送弹机和将弹药送至装填线的输弹机，装有炮膛抽气装置和战斗室排烟装置，采用炮口制退器。携行的弹药基数依火炮口径、全弹重和自行反坦克炮的体积而定。自行反坦克炮在第二次世界大战中出现。现代自行反坦克炮的主要战术技术性能是：口径 90～105 毫米，弹丸重（穿甲弹或空心装药破甲弹）10～15 公斤，初速 800～930 米／秒；有效射程 1500 米以下，战斗状态重 7.5～23 吨。

【无坐力炮】　发射过程中利用后喷物质的动量使炮身不后坐的火炮。亦称无后坐力炮。按其身管结构，可分为线膛无坐力炮和滑膛无坐力炮；按身管数量可分为单管的和多管的无坐力炮；按运动方式可分为便携式、驮载式、车载式、牵引式、自行式无坐力炮。主要配用空心装药破甲弹。无坐力炮主要由炮身、炮架和瞄准装置组成。炮身与炮架成刚性连接。炮身尾部有炮闩，闩上有孔，其后有喷管。发射时，向前运动的弹丸和火药燃气的动量与由闩孔和喷管向后喷出的火药燃气（有的还含添加的配重物）的动量大小相等，故炮身不后坐。其口径一般为 57～120 毫米，对坦克的直射距离为 400—800 米。它体积较小，重量较轻（与其它同口径后坐火炮相比，约轻 90%），便于机动，结构简单，操作方便，适于伴随步兵作战。但发射时容易暴露阵地。主要用于摧毁近距离的装甲目标和火力点。

1914 年，美国制造了一种发射时两管对接的无坐力炮。该炮在向前射出一弹丸的同时，向后射出一铅质配重体，使炮身不后坐。第一次世界大战时，曾把它用在飞机上。1936 年，苏联制成带喷管的无坐力炮，口径为 76.2 毫米。第二次世界大战中，由于空心装药破甲弹的应用，无坐力炮成为有效的近距离反坦克武器。第二次世界大战以后，无坐力炮性能不断提高。70 年代以来，有些国家着重发展口径为 80 毫米左右的无坐力炮，多配用火箭增程弹以减轻火炮重量，增大直射距离，提高弹丸破甲能力。

【高射炮】　从地面或舰艇上对空中目标射击的火炮。简称高炮。按其口径可分为：小口径高炮（20—60 毫米，含 60 毫米）、中口径高炮（60—100 毫米，含 100 毫米）和大口径高炮（100 毫米以上）；按运动方式可分为自行高炮和牵引式高炮；按身管数量可分为单管和多管高炮；按发射方式有自动高炮和半自动高炮。高炮由炮身、炮闩、自动装填机构、摇架、反后坐装置、托架、高低机、方向机、平衡机、炮车、自动瞄准具等组成。自动高炮还有随动装置，以配备的雷达搜索目标和测其目标，用射击指挥仪计算射击诸元。通过同类联动自地瞄准射击。一般小口径高炮采用穿甲燃烧弹，以直接命中毁伤目标，也有采用近炸引信毁伤目标的，大中口径高炮采用装有时间引信和近炸引信的爆破弹片毁伤目标。高炮炮身细长，初速大，射速快（有的达 1000 发／分），射界大（方向射界 360°，高射射界 10—87°），射击精度高。除对空中目标射击外还可用于对地面或水面目标射击。

第一次世界大战前夕，德国和法国首先出现了高射炮。20 世纪 60 年代以来，各国着重发展小口径高射炮，并将炮瞄雷达、光电跟踪和测距装置、火控计算机、火炮和自行车体结为一体，构成自行高射炮系统。

【自行高射炮】　车炮结合，能够自行运动的高射炮。现代自行高炮由火炮、雷达、射击指挥仪和履带式车体组成。火炮、雷达、射击指挥仪通常安装在同一车体上。高射炮本由数个构造相同的自动炮炮身、瞄准装置、平衡机、传动装置等组成。火炮多安装在封闭式旋转炮塔内。雷达和射击指挥仪安装在炮塔和车体内。履带式车辆由装甲车体、炮塔、动力装置、电源系统和行驶部分组成。装甲车体分为操纵部分、战斗部分和动力部分。履带式车辆多采用轻型、中型坦克式装甲输送车的底盘，也可特制底盘。

它是一个能独立作战的高炮综合系统。机动性好，能发现较远距离内的空中目标，从原地或行进间对目标实施全天候的自动瞄准射击。可消灭低空飞行目标，也可用于毁伤地面目标。

【小高炮】 口径小于 60 毫米的高射炮。如 37 毫米高射断和 57 毫米高射炮。

【中高炮】 口径为 60～100 毫米的高射炮和 100 毫米高射炮。

【高射炮系统】 高射炮及其配套装备的统称。能在全天候条件下连续测定空中目标坐标，计算射击诸元，使火炮自动跟踪射击。按运动方式分为自行高射炮系统和牵引高射炮系统。前者一般由装于同一车上的炮瞄雷达、光电跟踪和测距装置、火控计算机以及火炮构成；后者一般由炮瞄雷达、高射炮射击指挥仪、电源机和全连火炮构成。

【坦克炮】 安装在坦克上，按坦克的特殊要求所制成的火炮。分为线膛炮、滑膛炮。它具有威力大，命中精度高和火力机动好等特点。身管一般装有抽气装置，有的装有热护套。一些现代坦克炮装有双向稳定装置，红外线夜间瞄准装置和炮弹自动装填装置等。坦克炮使用的炮弹主要用穿甲弹、空心装药破甲弹、碎甲弹和杀伤爆破弹等。主要以直接瞄准射击击毁装甲目标。

【海军炮】 装备在舰艇、海军要塞和岸防阵地上的火炮的统称。分为舰炮和岸炮。舰炮多为加农炮、高射炮、机关炮等；岸炮多为大口径加农炮，射程较远，威力大，准确性高。

【舰炮】 装备在舰艇上的海军炮。舰炮按口径区分，有大、中、小口径炮；按管数区分，有单管、双管和多管联装；按防护结构区分，有炮塔炮、护板炮和敞开式炮；按自动化程度区分，有全自动炮、半自动炮和非自动炮；按射击对象区分，有平射炮和平高两用炮；按战斗使命和任务区分，有主炮和副炮。舰炮结构由基座、起落部分、旋回部分、瞄准装置、拖动系统、弹药输送系统、电气系统和引信测合机等构成。舰炮及其弹药和火控系统组成舰炮武器系统。现代舰炮的口径一般在

20—130 毫米之间，一般初速为 1000 米／秒左右，射速 10～100 发／分左右，最大射高 3～15 公里左右，最大射程 4～20 公里左右。通常是采用加农炮，自重平衡，多管联装，具有重量较轻、结构紧凑、射界较大、射速快、操纵灵活、瞄准快速、命中率高和弹丸破坏威力大等特点。使用的弹药有穿甲弹、爆破弹、杀伤弹、空炸榴弹和特种弹。用于射击水面、空中和岸上目标。

公元 14 世纪出现火炮后也装上了军舰。最初的舰炮是臼炮。直到 18 世纪末，其结构和陆炮相同，都是用生铁、铜和青铜铸造的滑膛炮，配置在多层甲板的两舷，故称为舷炮。1861 年，北美首先建造了有旋转炮塔的甲板炮。随着后装线膛炮的发展，无烟火药和高能炸药的采用，舰炮的口径不断增大，结构和性能不断改进，加之装备了光学测距仪、炮瞄雷达和射击指挥仪等。舰炮的射程、发射率、命中率和弹丸破坏力等都有了很大的提高。20 世纪 60 年代，精确制导反舰武器的出现使舰炮的地位发展了显著变化。但舰炮依然是水面战斗舰艇不可缺少的武器。

【主炮】 某一军舰为完成其基本任务（如与相同舰种之敌舰进行炮战）而装备的口径最大的舰炮。到第二次世界大战末期，战列舰的主炮口径已达 457 毫米，数量约 6～12 门，安装在双联装、三联装或四联装的炮塔中，战后，由于舰炮任务发生变化（舰炮通常是高平两用炮，既能摧毁空中目标，又能摧毁岸上和海上目标），大型军舰的火炮口径已经减小。现代巡洋舰主炮口径达 203 毫米，驱逐舰的为 130 毫米，护航舰的为 127 毫米。它们装在单炮炮塔、双联装炮塔和三联装炮塔内。

【副炮】 舰艇上除主炮以外的其它火炮。

【炮塔炮】 用装甲封闭的、装有 1-4 门火炮、可作水平旋转的舰炮或转台岸炮。炮身经前装甲的炮眼伸出，顶部和两侧有供瞄准装置和光学测距仪或雷达测距仪用的开口，开口上装有装甲罩。19 世纪中期，舰上出现了炮塔炮。现代舰用炮塔炮由炮室、炮塔底室和转运室组成。炮室内装火炮、高低机和射击指挥仪。炮塔底室装有方向机、操纵台和送弹装置。转运室将炮塔同弹头舱、装药舱隔开。现代水面舰艇上炮塔炮的特点是：瞄准、送弹与装弹高度自动化；装甲防护完全密闭，外形椭圆；防护装甲与法线之间的夹角较大。小口径炮塔炮已完全自动化，不需要人操纵。由于采用自动化装置，中、大口径炮塔炮的操纵人员减少。

【深水炸弹发射炮】　　水面舰艇对潜艇和鱼雷发射火箭式深水炸弹的装置。按其工作原理分为气动式和火箭式两种。第二次世界大战期间的深水炸弹发射炮为单管气动式，装于舰尾。战后的深水炸弹发射炮多为多管火箭式，射程达 6.5 公里（如北约各国海军采用的挪威制"特尔尼 MK-7"式深水炸弹发射炮）。火箭式深水炸弹发射炮可进行面积齐射，也可进行单发点射。深水炸弹的发射可由专用计算仪器根据声纳或其他搜索器材和目标指示器材所提供的数据自动进行控制。深水炸弹装药重达 100 公斤，用专门的引信在设定深度或目标附近引爆。

【高平两用炮】　　能对空中、海上和地面（岸上）目标实施射击的火炮，广泛用于各种舰艇。现代舰艇高平两用炮的口径 20—127 毫米。由于口径小于 76 毫米的高平两用炮主要用于毁伤低空目标，因而常称之为小口径高射炮。按结构高平两用炮分为炮塔式、甲板炮塔式和甲板式三处。炮塔炮的所有装置、人员位置和弹药输送道均有防枪弹和防破片的封闭装甲（20 毫米以内）防护。炮塔炮的炮室、弹药输送道和弹舱是一个统一系统。口径为 76—127 毫米的炮塔炮用于装备航空母舰、巡洋舰、护卫舰和驱逐舰。甲板炮塔炮的炮室和弹药输送道有防枪弹的非封闭装甲防护，炮塔的后部和下部是敞开的。便于搬走药筒和保障射击时通风良好。甲板炮塔炮的弹仓不包括在统一系统中，与炮塔是隔开的。装备甲板炮塔炮的舰艇种类与炮塔炮的相同。甲板炮（有防盾或无防盾的）通过其旋转部分直接装在甲板的固定基座上。弹药由扬弹机从弹仓传送。甲板炮的人员、射击指挥仪和瞄准机有单独的防枪弹的防盾防护。甲板炮构造简单，使用简便，重量轻，因此战时可装在商船队的船上使用。甲板炮的口径为 20—100 毫米。口径为 76—127 毫米的高平两用炮通常是单管炮或双管炮，口径小于 76 毫米的高平两用炮通常是多管火炮。高平两用炮的高低射角大（85—90°），射速高。高平两用炮的弹药中，配有定时引信对空射击的杀伤爆破弹，和着发引信对海上和岸上目标射击的杀伤爆破弹。小口径高平两用炮射击时使用曳光杀伤弹。高平两用炮的发展方向是增大射速，提高射击精度和弹丸对目标的破坏作用。

【海岸炮】　　配置在沿海、岛屿和水道两侧的海军炮。简称岸炮。海岸炮有固定式和移动式两种。固定式海岸炮一般配置在永备工事内；移动式海岸炮有机械牵引炮和铁道列车炮。此外，按其口径分为大、中、小口径炮；按管数分为单管、双管、多管炮；按防护结构分为炮塔炮、护板炮、敞开式炮，按操作条件分为自动、半自动、非自动炮；按射击性能分为平射、平高两用炮等。

现代海岸炮的口径一般为 100~406 毫米，射程为 30—48 公里，火炮连同指挥仪、炮瞄雷达装置、光电观测仪等组成海岸炮武器系统，能自动测定目标要素，计算射击诸元，在昼夜条件下对目标射击。具有投入战斗快、战斗持久力强、不易干扰、射击死角小、命中概率高、穿甲破坏力强等特点，是海军岸防兵的主要武器之一。主要用于射击海上舰船，封锁航道，也可用于对陆上和空中目标射击。初期的海岸炮与陆炮相同，以后逐步发展成专用的海岸炮。20 世纪初，海岸炮和舰炮统一了建造规格，统称为海军炮。其发展趋势主要是增大射程，提高命中概率和破坏力，实现指挥和射击的自动化，以及研制车载自行海岸炮等。

【航空机关炮】　　安装在飞机上，口径在 20 毫米以上的自动射击武器。简称航炮。按其构造可分单管式机关炮（有一个弹膛的）、鼓筒式或转膛式机关炮（有一身管和一个弹膛组）、多管式机关炮（3-6 管炮）。一般由炮身、弹膛（弹膛组）和保证战斗使用的航空炮装置（由炮架、航空射击军械的瞄准操纵系统、供弹系统和射击操纵系统构成）等组成。其口径一般为 20—44 毫米，弹丸初速为 700—1100 米／秒，射速一般为 400—1200 发／分，有效射程为 2000 米左右。使用的弹药具有杀伤、爆破、穿甲和燃烧作用。主要用于射击空中飞行目标。1916 年，法国首先在飞机上安装使用了 37 毫米的机关炮。目前航炮向提高射击精度、射速和初速的方向发展。

【固定火炮】　　安装在固定基座上的火炮。由于固定火炮的重量无须受到严格限制，因此在固定火炮中可以有弹道示性数高的大口径火炮。在第一次世界大战以前，固定火炮主要装备在陆地、海岸（濒海）要塞中。在现代条件下，固定火炮可以装备于筑垒地域以及海岸炮兵。在发射阵地上固定火炮可以设置在暗堡、侧防暗堡、炮塔、钢帽堡内，或者暴露配置。筑垒地域的火炮通常安装在防御工事内的平台式或基座式炮架上。这种火炮在有限的射界内以直接瞄准射击遂行射击任务。海岸固定火炮以单个炮兵连或炮兵连群为单位安装在一定的海岸（海岛）地段上。按构造海岸固定火炮分为炮塔式和暴露式两种。射击通常从遮蔽发射阵地实施，使用现代化射击指挥仪器、雷达、光学测距机保障射击。

【牵引火炮】 靠机械车辆牵引而运动的火炮。它是从机动方式上与自行火炮、固定火炮、载驮火炮等相对而言的，其类别包括除此之外的绝大部分地面炮兵的火炮。牵引火炮均有运动体和牵引装置，有的还带有前车。运动体包括车轮、缓冲器和制动器，车轮采用海绵胎或充气胎。有的牵引火炮在炮架上装有辅助推进装置，用以在火炮解脱牵引后驱动火炮进入阵地和短距离行军，或在通过难行地段时驱动火炮车轮与牵引车一起运动。第一次世界大战期间，出现汽车和拖拉机的牵引火炮。第二次世界大战时，机械车辆牵引成为大炮运动的一种基本方式。牵引火炮结构简单，造价低，易于操作和维修，可靠性好，有些国家在发展自行火炮的同时，仍重视牵引火炮的发展。

【自行火炮】 同车辆构成一体，靠自身动力运动的火炮。按重量分为轻型、中型和重型自行火炮；按行驶部分可分为轮式和履带式自行火炮；按装甲防护程度可分为全装甲式（封闭式）、半装甲式（半封闭式，顶部与尾部暴露）敞开式（没有战斗室，火炮直接安装在车体平台上，炮手只靠装甲防盾防护）；按火炮种类可分为自行榴弹炮、自行加农炮、自行加农榴弹炮、自行高射炮、自行反坦克炮等。其结构主要由武器系统、动力装置、底盘部分和装甲车体组成。武器系统包括火炮、机枪、火控装置和供弹装填机构等。动力装置多采用柴油发动机。底盘部分包括动力装置、传动装置、行动装置和操纵装置，通常采用坦克或装甲车辆底盘，有的则是专门设计的。装甲车体的厚度一般为10—50毫米。其战斗部分有前置的、中置的和后置的三种；炮塔有旋转、固定和有限射界旋转的三种。其最大时速一般为30—70公里，最大行程一般为250—700公里，最大射程一般为8—25公里。越野性能好，进出阵地快，多数有装甲防护，战场生存力强，有利于与装甲兵、摩托化步兵保持紧密协同，不间地实施火力支援和掩护。自行火炮出现于第一次世界大战期间。第二次世界大战期间作为坦克的伴随武器而迅速发展。战后，美、苏等国均重视自行火炮的发展，研制和装备了多种自行火炮，并不断改进其战术技术性能。

【空降自行火炮】 空降兵装备的、可由空中运输并实施伞降的一种自行火炮。其构造特点是：铝制外壳，扭力式缓冲器，带有多层尼龙轮胎的负重轮，橡胶金属履带。美制M56"蝎式"90毫米空降自行反坦克炮便是这种火炮中的一例（弹丸重10.8公斤，弹丸初速930米／秒），最大射程18.1公里，对坦克直接瞄准有效射程1500米，火炮重7.5吨。

【强击炮】 第二次世界大战时期某些外国军队中的有装甲庇护的自行火炮的名称。强击炮用于对步兵和坦克实施火力支援和火力护送，强击炮的口径比坦克炮的口径大。强击炮用杀伤爆破弹、穿甲弹和空心装药破甲弹从原地以直接瞄准射击毁伤目标。这种火炮在德国军队中使用得最广，它装备有75、105和150毫米强击炮。

【铁道炮】 装置一特制的台车上由机车牵引在铁道上机动和发射的大口径火炮。通常用于要塞、海岸防御和城市战斗。

【自运火炮】 有自运装置的火炮，利用该装置火炮战斗时在近距离内可独自转移，远距离仍用牵引车牵引。在战场上自运火炮由于具备自运能力，因此它能经常处在步兵战斗队形内，并以直接瞄准对目标进行射击。自运装置包括发动机、传动装置和操纵机构。发动机的燃料装在燃料箱内，有时装在大架内。自运火炮通常利用汽化器内燃机。它体积小，重量轻。根据道路条件，传动装置（离合器、变速箱、主轴、桥和火炮主动轮侧传动器）可以变换运动速度。发动机同传动装置装在专门的框架或大架上，并设有装甲可以防枪弹和小弹片。操纵机构用于改变火炮运动的方向和速度，由转向机构、制动器和发动机与传动装置工作的操纵装置组成，由一名炮手操作。自运火炮由牵引车运输时主动轮与传动装置断开。为了提高在困难的道路条件下的通行能力，自运火炮配有自救装置和主动轮防滑链。于第二次世界大战后出现。

【滑膛炮】 炮膛内没有膛线的火炮。从火炮出现到19世纪线膛炮出现以前，所有的火炮均为滑膛炮，它较线膛炮射击精度低，射程近。目前，迫击炮等仍为滑膛炮身。

【线膛炮】 炮膛内有膛线的火炮。螺旋膛线可使弹丸发射时产生旋转，飞行稳定。最初的线膛炮是直膛线的，主要是为了前装弹丸方便。1846年，意大利G·卡瓦利少校首先制成螺旋线膛炮，提高了火炮威力和射击精度。线膛炮是火炮结构的一次重大变革，目前大部分火炮均采用线膛炮身。

【大口径火炮】 对口径较大的火炮的统称。大口径火炮是对较小口径火炮相对而言的。有些国家特指口径在76毫米以上的火炮。地面压制火炮、坦克炮、反坦克炮、舰炮的主炮、岸炮等通常是大口径的，大部分迫击炮、一些高射炮、舰炮的副炮也是大口径的。大口径炮由于弹丸大，装药多，通常射程远，威力大。但在射速和机动灵活性方面通常逊于小口径火炮。

【小口径火炮】 口径为 20—75 毫米的身管火炮。第二次世界大战前和大战中，小口径火炮得到广泛使用，它包括反坦克炮、坦克炮、高射炮和航空炮。战后由于坦克的火力威力不断增大和研制出反坦克的新的有效兵器（如反坦克导弹综合系统），小口径的反坦克炮和坦克炮已消失，主要用来对空中目标射击的小口径高射炮和航空炮却得到了很大发展。现代小口径火炮都是自动的（可以进行长点射或短点射，也可以进行单发射），射速大（每管射速达 1000 发／分）。为了提高射击精度，小口径火炮装备搜索目标、决定目标坐标和火炮自动瞄准的装置和仪器（雷达、解算装置、随动传动装置、火控系统等）。

【前装炮】 炮弹由炮口装入膛内的炮的统称。近代兵器的一种。中国在 19 世纪 60 年代输入的仿制的前装炮，主要是炸炮，或称开花炮。依其身管长短，分为长炸炮、短炸炮两类。长炸炮就是加农炮。其大小是按炮弹重量区分的，大的弹重百余磅以至几百磅，小的弹重几磅到十余磅。短炸炮就是臼炮（中国当时称为田鸡炮、崩炮或天炮）。前装炮的炮身短，一般约为口径的 6—12倍。口径较大，一般为 13 英寸、15 英寸或更大一些。发射时固定于 45 度角，用加减装药来定射程的远近，如 18 磅炮用药 3 两多，射程达千余米，初速为 200～260 米／秒，弹道弯曲。一般用于攻城或装备在军舰上，也可用于野战。

【后装炮】 炮弹从后填装的炮的统称。近代兵器之一。它经历了架退炮和管退炮两个阶段，其特点是：有完善的炮闩，使装弹简便迅速；改球弹为长弹并附有弹带，发射时弹带嵌入膛线，赋予弹丸以旋转运动，同时防止火药气体逸出，以充分利用火药气体的推送力；制炮的材料为钢或锰钢。制退复进机（驻退机）的发明，促进了后装炮由架退炮的发展。

【前冲炮】 利用身管前冲运动所产生的能量抵消部分后坐能量的一种火炮。火炮后坐减小，有利于提高射速和射击稳定性。发射前，火炮身管和复进装置均被闭锁装置卡住。发射时，闭锁解脱，复进装置带动身管前冲，前冲速度达到预定值时，炮弹发射，身管同时受到前冲力和后坐力的作用，前冲力抵消了部分后坐力。余下的后坐力使身管退到待发位置，重新被闭锁。前冲式舰载小高炮在第一次世界大战期间出现。

【自动炮】 利用火药气体能量和机械作用完成装填、退壳和连发射击的火炮。操作简便、发射速度快，适用于射击快速目标。现代自动炮，还能用指挥仪计算射击诸元，通过电气动装置进行自动瞄准射击。机关炮为自动炮，高射炮、航空炮和舰炮也多为自动炮。

【半自动炮】 利用火药气体能量和机械作用自行开闩、退壳的火炮。

【曲射炮】 初速小、弹道弯曲的火炮，如迫击炮。适用于射击水平目标和遮蔽物后的目标。

【平射炮】 初速大、弹道低伸的火炮，如坦克炮、反坦克炮。适用于射击暴露的垂直目标。

【液体发射药炮】 采用液体发射药作推动弹丸运动能源的火炮。按结构分，有整装式和注入式。比用固体发射药的火炮重量轻，初速大。

【基准炮】 作为炮兵连或排射击与操作的基准火炮。起示范作用。

【步兵炮】 步兵团以下装备的火炮。按编制等级又可分为团炮和营炮。

【团炮】 装备于陆军（合成军）团一级直属单位的火炮。团炮主要用于完成团给予的任务或加强给主要方向上行动的步兵营，同敌人坦克、装甲输送车、反坦克兵器及其它火器和有生力量作斗争。包括口径较大的无坐力炮（如 105 毫米无坐力炮）和迫击炮（如 100 毫米、120 毫米迫击炮）。有的国家军队中的团炮不包括榴弹炮和高射炮。

【师炮】 装备于陆军（合成军）师属炮兵团（地面炮团）和高炮分队的火炮。用于同敌人的核武器、炮兵、坦克、火器、有生力量和飞机作斗争。包括 85—155 毫米口径的加农炮、榴弹炮、火箭炮、反坦克炮以及小口径高射炮等。

【军炮】 装备于陆军（合成军）军属炮兵团（地面炮团）和高炮团的火炮。主要用于同敌人的核武器作斗争，歼灭和压制远距离目标，以及掩护军队免遭空中突袭。包括远射程加农炮、反坦克炮、加榴炮、火箭炮、高射炮等。其特点是：比师属火炮口径大，射程远、威力强。

1、古近代火炮

【西夏铜炮】 中国西夏时期使用的管形铜铸火炮。1980 年 5 月在武威市北关出土，是迄今世界上发现最早的管形火炮。炮长 100 厘米，重 108.5 公斤。由前腔、药室和尾銎三部分组成。

【元至顺三年铜火铳】 迄今发现的世界古代仅晚于西夏铜火炮的金属火炮。元宁宗至顺三年（公元 1332 年）铸造。口径为 3 寸 1 分 8，长 1 尺 1 寸，重约 28 斤。现存北京中国历史博物馆内。这尊火铳铸有铭文"绥远讨寇军"，可以推断是随军携带用于野战的。

图 3—2　元至顺三年铜火铳

【霹雳炮】 世界上最早的化学炮之一。中国宋高宗绍兴三十一年（公元 1161 年），虞允文在采石矶与金兵作战时使用。史书记载，这种炮是用纸筒装石灰和硫磺制成。发射后升空，落入水中后爆炸，石灰迸射，迷盲敌人，实际上是一种迷盲性化学炮弹。

【明洪武五年大碗口筒】 世界上现存最早的舰用火炮。该炮铸造于 1372 年，口径为 110 毫米，全长 365 毫米。该炮体短，前端口径大如碗口。铳口下镌有铭文："水军左卫进字四十二号大碗口筒重二十八斤洪武五年十二月吉日宝源局造"。

【明洪武十年铁炮】 中国明代一尊大口径直筒形火炮，是迄今所知中国最早的带有炮耳的铁铸火炮。该炮为明洪武十年（公元 1377 年）制造，铁铸，口径 210 毫米，全长 100 厘米，两侧有双炮耳，用于调整火炮的射击角度。炮身为直筒，比敞口炮具有更大威力。

【百子连珠炮】 中国古代火炮。用精铜制造，长约 4 尺，装药 1 升 5 合。炮筒上近炮口处，有 1 尺多长的装弹嘴，装铅弹约百枚，分次发射。

它安装在炮架上，炮有尾轴，手握尾轴，可以上下左右旋转，可向各个方向射击。

图 3-3　百子连珠炮

【飞蒙炮】 中国古代化学炮。用铁铸造，长 1 尺，口径 3 寸，下安 2 尺 5 寸长的木柄。炮弹长 4 寸，直径 2 寸 5 分，内装毒药和铁渣，用纸将弹口糊住，弹底有药线通向炮筒内。发射时抛向敌阵，有"人马中之，瞬息而毙"之誉。

【飞云霹雳炮】 中国古代火炮。炮身长 3——4 尺，安装在炮架上，弹丸用生铁熔铸，其大如碗，其圆如球，以母炮发射。多用于攻城和野战。

【千子雷炮】 中国古代火炮。用铜铸造，口径 5 寸，身长 1 尺 8 寸。装药满 6 分，填实，再装细干 2 分，药铁子二三升。炮身用铁箍扣于 4 轮炮车上，前端安一隔板，使敌人不易发觉，临放时去掉隔板，突然发射。

【攻戎炮】 中国古代火炮。安装在双轮的炮车上，用骡马挽曳。炮车有用榆槐木挖成的车箱，把炮嵌在车箱内，加铁箍 5 道，上绊铁锚 4 具。发射时，将铁锚向炮车前面扣住，并用积土掩盖，以减轻后坐，情况紧急时，则仅用铁锚扣在地上。多用于野战。

【叶公神铳车炮】 中国古代火炮。盛行于元、明代。用净铁打造，分天、地、玄三号。天字号重 280 斤，长 3 尺 5 寸；地字号重 200 斤，长 3 尺 2 寸；玄字号重 150 斤，长 3 尺 1 寸。这种炮安装在三轮炮车上，炮车前两轮高 2 尺 5 寸，轴长 3 尺 5 寸，后一轮高 1 尺 3 寸，轴长 1 尺 1 寸。并以铁绊固定炮身，另用 2 尺长的横枕木挡住炮尾。

每发先装火药 1～2 斤，钉紧后隔以干土，再填入火药 3～5 斤，装 3～5 斤重铅子一个，生铁子半升。最大射程可达六七里，铁子的散布面约数丈。

【铅弹一窝蜂】 中国古代一种无瞄准具的小型火炮。盛行于明代。用铁铸造，口径小，身管短，装小弹子 100 枚，射程可达三四里。它较轻便，装入皮套内，一人可以肩负。发射时用铁制脚架将其固定，炮口昂起三四寸，炮尾抵于小木桩上。

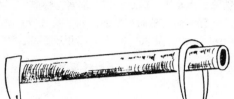

图 3-4 铅弹一窝蜂

【迅雷炮】 明代火炮。炮身长 1 尺多，重 20 斤，在火门下面凿一大眼，发射时用铁橛钉住，使其不后坐。每装药 2 两，将炮口垫高 1 寸，装入重 8 两的大铅子时，射程可远达五六里；装重 3 钱的小铅子时，可达二三里，散布面约三五十步。

【铜发熕】 中国古代火炮。明世宗嘉靖中（公元 1523 年以后）创制的，重 500 斤，发射的铅弹每个重 4 斤，石弹大如小斗。发射时要挖掘土坑，以便炮手点火后掩护，避免震伤。这种大型炮是在仿制佛郎机以后铸造的，据说威力很大，能洞穿墙壁，摧毁建筑物，利于攻坚。

【虎蹲炮】 中国明代火炮。外形很象虎蹲，因而得名。该种炮造于嘉靖年间。炮身长 1 尺 9 寸（约合 0.6 米），重 36 斤（约合 21.55 斤），口径 2 寸多，外有 5 道铁箍，配有铁爪、铁绊，发射前将铁爪钉入土中，以扣住炮身，防止发射时后坐的震动。使用时，先将导线从炮身放入药眼内，后从炮口装进 6～7 两火药，用木法马（木塞）推至第二道箍，再一层铅子一层土依次填放，至炮口用石子杵实，与炮口齐平为止。射击时后坐力小，其霰弹对集结人马杀伤力大。多用于野战。

【天字炮】 中国明代前期大将军炮之一。有几种形制，一般长 5 尺左右，口径约 4 寸，重 375—400 斤不等。有耳有环有箍。炮身有"天字第××号大将军"铭文。多用于野战。

【威远炮】 明代火炮。装药部分较厚，前加准星，后设照门。该种炮设一、二两号。二号身

长 2 尺 8 寸，口径 2 寸 2 分，重 112 斤，千步处可瞄准发射。每次装药 8 两，重 3 斤 6 两的大铅子 1 枚；装小铅子时，可装 100 枚，每枚重 6 钱。发射时将炮口垫高 1 寸，据说大铅子可远达 10 里，小铅子可远达四五里，子弹散布面约 40 多步。一号重 200 斤，口径大小和炮身长度，比照二号炮的尺寸增加。炮身用车装，发射时将炮口垫高五六寸，射程比二号炮为远。

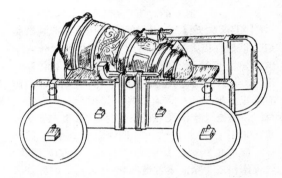

图 3-5 威远将军炮

【大样铜（铁）佛郎机】 明代后期的轻型火炮.装有瞄准器。明世宗嘉靖二年（公元 1523 年）开始在南京仿佛郎机制造。炮长 2 尺 8 寸 5 分，重 300 多斤。后来《武备志》将仿制的佛郎机区分为 5 号，其中 3 号和 4 号是属于轻型的。3 号长 4—5 尺。装铅子每个重 5 两，用药 6 两。4 号长 2—3 尺，装铅子每个重 3 两，用药 3 两半。各式佛郎机的射程，凡重在 70 斤以上的可达五六里。多用于攻城和野战。

【佛郎机铳】 中国明代后期从葡萄牙输入并仿造的重型火炮。用铜铸造，身长五六尺，大的重 1000 多斤，腹部膨大，留有长口，炮身外面用木包住，并加防炸裂的铁箍，另有子铳（炮）5 个（子铳又称提心炮，相当于火炮的药室部分），在子铳内装填弹药，轮流安人腹部的长口内发射，射程可达百余丈。佛郎机的特点是母铳和子铳分离，它是后装炮的一种形式，但不同于现代的后装炮，前有准星，后有照门可从照门孔内进行瞄准，有炮架，可以上下左右转动。《武备志》卷一百二十二记载的仿制佛郎机，子铳增为 9 门。一号佛郎机长 8—9 尺，装铅子每个重 1 斤，用药 1 斤。二号长 6—7 尺，装铅子每个重 10 两，用药 11 两、一、二号佛郎机，用于攻守城堡和水战。

【百子佛郎机】 古代装有瞄准器的轻型火

炮。是戚继光根据大样佛郎机改良而成的，主要是将其身管加长加厚，装载在木制的两轮炮车上，发射时将两个车轮去掉，以内实棉絮的铁筒置于炮后，作为活动的横档，借以防止火炮后坐。

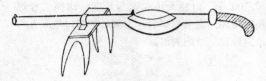

图 3-6　百子佛郎机

【红衣大炮】　中国明、清代重型前装滑膛炮，早称红夷大炮。在明万历年间由荷兰传入中国。公元 1622 年（明熹宗天启二年）开始仿制红夷炮，并封为大将军。炮身由前至后逐渐加厚，铸有准星、照门、中部有炮耳。崇祯十一年造的一尊，口径 2 寸半，长 6 尺，炮身有"红夷大炮一位重 500 斤，装放用药一斤四两，封口铁子重一斤，群子九个……"的铭文。《明史·兵志》记载，红夷炮长二丈余，重者至 3000 斤，清代改称红衣炮，重 1500—5000 斤，长自 6 尺 6 寸至 1 丈零 5 寸，装置在三轮炮车上。装药 2.6—7.8 斤，铁子 5—15 斤。炮具备有铳规（角度测量尺）、望远镜和辅助工具。红夷炮在明、清历次战斗中，起了很大作用。

【神飞炮】　中国明、清代重型火炮。封为"神威飞电大将军"。有"狮子吼"之称。取佛郎机与红夷炮之优点制造。分为三式：一号身长 6 尺，口径 8 寸，重 1000 斤，有子炮 5 门，每门重 80 斤，长 1 尺 5 寸，可装药 5 斤；二号身长 7 尺，口径 7 寸，重 800 斤，子炮 5 门。神飞炮比佛郎机威力大，比红夷炮轻便，装填容易，发射迅速，而且炮身连续发射不会炸裂。多用于攻城和野战。

【龙炮】　中国清代初期的轻型火炮。公元 1680 年（康熙 19 年）用铜铸造的金龙炮，重 250—300 斤，长 5 尺 6 寸，弹重 13—14 两。次年铸造的铜金龙炮重 280—370 斤，长 5 尺 8 寸至 6 尺，装药 6 两 5 钱至 8 两，铁弹重 13—16 两。公元 1686 年（康熙 25 年）用铁铸造的金龙炮重量减为 100 斤，长 4 尺 5 寸，装药 2 两 4 钱，铁弹重 5 两 2 钱。龙炮装有双轮炮车或四足炮架，遍锲龙凤花纹，皇帝亲征时，才使用这种火炮。

【神威将军炮】　中国清代初期轻型火炮。是公元 1681 年（康熙 20 年）用铜铸造的，口径 3 寸 3 分，长 6 尺 6 寸，重 390 斤，装药 8 两，铅子重 18 两。装药 8 两时，射程 500—600 步，加药 1 两，则射程可达 750—900 步。此外，还有同一时期制造的得胜将军铜炮，重 365 斤；威严将军铁炮，重 310 斤；铁心铜炮，重 110 斤，这三种火炮的性质和性能，与神威将军炮相似。

【奇炮】　清代轻型火炮。康熙二十四（公元 1685 年），采取佛郎机的形式，用铁铸造。这炮长 5 尺 5 寸 6 分，重 30 斤，装药 9 钱至 1 两，铁子 2 两 6 钱。炮身安装在木制三脚架上，炮的尾部装有木柄，稍向下弯曲。长 2 尺 5 寸，装药 0.8—6 斤，铁弹重 30—35 斤。多用于野战。

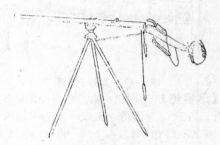

图 3-7　奇炮

【神威无敌大将军炮】　清代重型火炮。是康熙十五年（公元 1676 年）用铜铸造的。口径 3 寸 7 分，长 7 尺 7 寸，重 2274 斤，装药 4 斤，铁弹重 8 斤。多用于攻守城寨和野战。

【武成永固大将军炮】　清代重型火炮。康熙二十八年（公元 1689 年）用铜铸造。口径自 3 寸 8 分至 4 寸 9 分，长 9 尺 7 寸 5 分至 1 丈 2 尺，重 3600—3700 斤，装药 5—10 斤，铁弹重 10—12 斤。多用于攻城和野战。

【冲天炮】　中国古代火炮。康熙二十六年开始用铁铸造。是一种短管炮。重量 285 斤，长 2

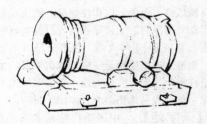

图 3-8　冲天铜炮

尺左右，装药 1 斤，射程 250 步，射角在 45°时射程最远。发射时，先从炮口点燃弹丸上的引信，再点燃火门上的引信。将弹丸射至敌阵爆炸。这种炮由 4 轮炮车装载，炮上没有炮尺。

【子母炮】 中国清代轻型火炮。康熙二十九年（公元1690年）铸造了两种铁子母炮。一种长5尺3寸，重95斤。子炮5门。各重8斤。装药2两2钱，铁子5两。另一种长5尺8寸，重85斤，余同前一种。炮的尾部装有木柄，柄的后部向下弯曲，并以铁索联于炮架上。这炮装备四足木架，足上安有铁轮，可推可挽。上述两种子母炮，起初使用实心弹丸和小弹子，到康熙五十六（公元1717年）以后，改用爆炸弹。

【成克式75毫米山炮】 中国最早自制的管退炮。清代光绪三十一年（公元1905年）由江南制造所建造。炮架为双轮单脚式，炮闩为横楔式，行列全长4600毫米，行列全重405公斤，高低射界−8°——80°，方向射界左右各2°。使用榴弹重5.3公斤，初速286米/秒，最大射程4300米，有效射程4000米。

【民14式75山炮】 中国1925年（民国14年）仿照日本大正6年式制成的一种后装管退炮。其炮身为口径的18倍，用六马驮载或二马挽曳。炮闩为断隔螺式，使用弹种有榴弹（2.74公斤）、锥孔榴弹（3.74公斤）、破甲弹（6.575公斤）、榴霰弹等。初速360米/秒，最大射程为6400米。

【37步兵平射炮】 口径为37毫米的可伴随步兵行动的一种后装管退平射炮。中国1924年仿照日本大正11年式制成。其放列全重112.5公斤，高低射界−6°——+16°，方向射界为20°，初速450米/秒，最大射程3330米，具有半自动炮闩，发射速度每分钟20—25发，其特点是重量轻，在战斗中可用臂力搬运，伴随步兵行动不受地形限制。

【"莫德法"炮】 阿拉伯人于12—13世纪使用的一种古老的手持式射击武器。它是由固定在长木柄（便于用双手握炮）上的带底的金属短炮身（管子）构成的。通常支在脚架上用球形胡桃弹进行射击。由硝石、硫和炭的机械混合物构成的黑药粉作为发射药。装填时，首先将黑火药填入身管，然后再装入弹丸。发射时，利用烧红的铁条或阴燃的火绳通过填有火药的导火孔点燃抛射药。由于直径小的炮身制造复杂，"莫德法"炮的口径通常超过20毫米。1342年摩尔人在阿尔热济拉斯城（非洲北部）防御西班牙军队进攻时，成功地使用了"莫德法"炮。按照"莫德法"炮的原理，后来制造了最初的"博姆巴尔达"炮。

【射石炮】 发射石弹、石块的滑膛火炮。在欧洲出现于14世纪。射石炮用铜或铁浇铸。炮身短，前装药，炮膛截面多呈锥形或方形。由于发射的石弹重，火药常塞满炮管，石弹部分露在外边。一般的中型射石炮炮身重约3000磅，口径约10英寸，最大射程约2500码，有效射程500码。15世纪土耳其进攻君士坦丁堡时使用的一门叫"巴西利卡"的巨型射石炮，口径达36英寸，发射的石弹重达1600磅，射程在1英里以上，需要200人和60头牛牵引。根据设计，一天可发射7发炮弹。射石炮主要用于城市和要塞的攻防战斗，也用于野战。这种炮一直使用到19世纪初，后被发射榴弹和霰弹的火炮取代。

【秋菲亚克炮】 用石弹子或铁弹子在近距离上对敌有生力量射击的俄国火炮。用于保卫和围攻筑垒城市，通常从木架上或垫木上实施射击。霰弹炮也属于秋菲亚克型火炮。秋菲亚克炮的炮身多半是锥形的（有利于弹子散飞），喇叭口直径76—200毫米，炮身长0.9—1.1米，炮重60—120公斤。最早提到秋菲亚克炮的战斗使用是在1382年，到16世纪被高夫尼察炮代替。

【长管炮】 15—17世纪，欧洲各国陆军和海军使用的各种不同口径长身管火炮。这种长管炮于1415年问世，是用青铜或铁制造的。应用于野战时（例如，1494年意大利战争），长管炮架设在木制轮式炮架上。长管炮的弹重（口径）从0.5俄磅（42毫米）至50俄磅（240毫米），身管长为18—50倍口径。开始用石弹，后来用铸铁弹进行射击。这类火炮之所以使用长身管是由于人们企图使用大装药量（相对炮重而言），以装药数量来弥补火药质量上的不足。

【皮夏利火铳】 俄罗斯最初用以对有生力量和工事进行瞄准平射的手持式射击武器和火炮的共同名称。皮夏利火铳出现于14世纪末。最初手持式皮夏利火铳与要塞皮夏利火铳没有什么大的区别。手持式皮夏利火铳与皮夏利炮在结构上的重大区别是在15世纪末出现火绳枪机后产生的。16世纪出现了手持式皮夏利燧发枪，这种枪在俄国军队一直装备到18世纪。皮夏利炮按用途分为要塞炮、攻城炮、团炮和野炮，按身管的制造材料分为铁炮、铜炮和铸铁炮。这种炮使用的炮弹有石霰弹和碎铁块（铅弹子）、实心球形弹和爆炸球形弹。弹重达30公斤，这种火炮共有60多种口径——从30毫米到250毫米；火炮长度从840毫米到6080毫米，炮重从20公斤到7500公斤。皮夏利炮一直装备到17世纪。

【"阿尔马塔"炮】　　俄罗斯最早的一种火炮，出现于14世纪后半期。"阿尔马塔"炮是固定在结构简单的木架上的铁炮筒。此铁炮筒用锻造的铁板卷成，然后将筒缝加以焊接，并用铁箍加固。

【博姆巴尔达炮】　　早期型式的一种火炮（14—16世纪）。供围攻堡垒和防守要塞之用。该炮最初制造时口径不大，后来口径达到1000毫米，重量达14—19吨。炮弹用的是300—400公斤的圆形石，有时用铁箍加固。炮身用扁铁焊接而成并以金属箍加固；后来，用青铜铸造。该炮没有耳轴和炮架，而是装在顶到木桩或砖墙上的木垫上。射程达700米。

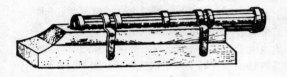

图3-9　　博姆巴尔达炮

【霰弹炮】　　15—16世纪俄国的一种在近距离上用霰弹子对有生力量进行射击的榴弹炮。有些霰弹炮身管的炮口部分稍稍护张成喇叭形，用以扩大杀伤体的散布。16世纪末，装在带底的圆铁筒内的球形铅弹子和铁弹子取代了上述霰弹子。

【索罗卡炮】　　16世纪俄国的多管火炮。由装在同一炮架上的同一类型的若干短枪、长枪或皮夏利火铳的身管组成。每排身管的点火孔由一个总的火药火道连结，以便同时点燃装药。射击以齐射实现，在西欧类似的火炮称为奥尔甘炮。

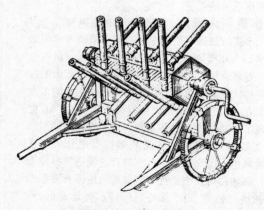

图3-10　　滚筒式索罗卡炮

【独角兽炮】　　炮上铸有或绘有独角兽（神话中额上有独角的野兽）的古俄罗斯的"皮夏利"炮和炮兵炮。1757—1759年俄国研制的数种型号的平射和曲射的滑膛榴弹炮，均称作独角兽炮。这些火炮的炮身长7.5—12.5倍口径，锥形药室，装填快，发射时火药气体密闭好，射弹散布小，机动性能良好，可用爆炸弹射击，射速较大（3—4发／分），射击精度高。独角兽炮用于舰船炮兵、攻城炮兵、野战炮兵和乘骑炮兵。

【"高夫尼察"炮】　　16世纪俄国最早的榴弹炮之旧称。高夫尼察炮是一种大口径、短身管，发射石弹和石霰弹的滑膛炮。1542年匠师伊格纳季铸造的高夫尼察炮一直保存至今，它的口径为130毫米，炮身长约1米（或为口径的7.5倍），炮身装饰华美。

【炮王】　　一种轰天炮式的铜制滑膛火炮。1586年由俄罗斯铸炮工匠安德烈·乔霍夫铸造。炮王因其体积庞大而得名。炮王带炮架总重约80吨；炮身重40吨，口径890毫米，长5.34米。炮身的筒式弹膛长1.74米，直径440毫米。炮身壁厚不等（炮口部150毫米，炮尾部390毫米），并有沉重的耳轴。炮身的无缝后壁厚420毫米，后壁上部有一直径10毫米的点火孔。孔旁制有一方形深火药槽，并有槽盖。古时，人们用粗大的木滚移动炮王。炮身表面多处饰有浅浮雕。炮王的装饰性炮架铸造于1835年彼得堡铸造厂。炮王是为保卫莫斯科克里姆林宫而铸造的。陈列在莫斯科克里姆林宫内。

【奥尔甘炮】　　通过增加管数提高射速的多管火炮。该炮的名称取自同名多管吹奏乐器。16—17世纪该炮曾在各国军队中使用，该炮的管数

图3-11　　平行放置的3列奥尔甘炮

有时多达50管以上，装在特殊的圆筒或框架内排成数列。装填从每一炮口逐个进行，而发射则以同一列的所有身管同时实施。为此，同一列的所有身管的火道与总的点火槽相连。奥尔甘炮通常装在轮式炮架上。在俄国这类火炮称为索罗卡炮。由于炮弹的改进，奥尔甘炮就不再使用了。

【轰天炮】　古俄罗斯臼炮。是一种短身管大口径火炮。用途是以曲射火力杀伤目标。1606年铸造，口径542毫米，身管长1.3米。由于它是一门独一无二的火炮，所以在熔化旧火炮时，根据彼得一世的命令（公元1703年）被保存下来，现存放在列宁格勒的炮兵历史博物馆内。

【鹰炮】　16—18世纪装备团炮兵、野战炮兵和舰艇的口径为45—100毫米的火炮。俄国鹰炮最早出现于16世纪中叶，一直沿用到19世纪初。18世纪在某些国家的军队中将团属小口径火炮称为鹰炮。鹰炮主要用球形铅弹射击。

【卡伦炮】　口径大、炮身短的滑膛炮。因首先制造这种炮的苏格兰卡伦铸造厂而得名。曾用作舰炮和海岸炮，用球形弹或爆炸弹在近距离射击敌舰。1774年英国海军最先使用卡伦炮，1805年俄国海军开始使用。卡伦舰炮按其发射的球形弹的重量分类。俄国海军有24、36、68和96磅的卡伦炮。卡伦炮是和木船舰队一起失去作用的。

【"大培尔塔"臼炮】　第一次世界大战时期德国克虏伯工厂制造的420毫米臼炮。德军曾用以炮击比利时的安特卫普和列日等地附近的要塞和工事。该炮身管长为12倍口径，最大射程达14公里，弹丸重约900公斤，爆炸装药重约200公斤。射击时高低机最高可打到70°，方向射界达20°。炮轮上装有卡块，射击时支撑在特制的基座上。该炮转移时，分装在三辆金属轮式平板车上，用汽车牵引。

【连珠炮】　一种早期的高射速炮（枪）。该种炮（枪）为多身管，机械化装填，射速可达600发／分。连珠炮的原型是多管炮——俄国的索罗卡炮和西欧的奥尔甘炮。定装弹的发明使开闭炮闩（枪机）、重新装填、击针成待发状态和击发等动作有可能实现机械化，从而促使了连珠炮的出现。19世纪60年代连珠炮列入军队装备序列。最初的连珠炮很重，要求配有笨重的炮架。以后通过减轻重量、采用轻型炮架和改进发射机构使连珠炮不断改进。连珠炮的口径在11—12毫米到25.4毫米之间，分单管和多管两种。后者又可分为固定身管的和活动身管的两种。连珠炮的装填和射击可以按每个身管逐次进行，也可用所有的身管同时进行。最完善的连珠炮有美国盖特林发明的6管连珠炮、法国韦射尔戴·雷菲发明的25管连珠炮、俄国戈尔洛夫的10管连珠炮、巴拉诺夫斯基的6管连珠炮、瑞典诺登菲尔德的单管和5管连珠炮。巴拉诺夫斯基的连珠炮的重量最轻，在1877—1878年的

俄土战争中这种炮使用得很成功。连珠炮按其结构来说近似于机关炮和机枪，但是连珠炮完成装填和射击的装置是完全靠人的臂力来操作的。

图3-12　盖特林连珠炮

【"米特拉约兹"炮】　19世纪下半叶法国连珠炮的名称，后来是重机枪的名称。在1870—1871年普法战争中曾使用过数种"米特拉约兹"炮，其中最完善的一种是法国设计师J.B.韦谢戴·雷菲设计的，该炮有25个口径为13毫米的固定身管，射速达200发／分，装备在所谓"米特拉约兹"炮炮兵连内，每连6门。战争经验证明，这种炮的使用，除个别情况外，都是不成功的。

【掷弹炮】　第一次世界大战中各国陆军用以杀伤有生力量的近战炮，口径20—152毫米，可曲射投掷重2.5—21公斤的杀伤榴弹和炸弹，射程达850米。由于破坏效果不大，在第一次世界大战行将结束时被迫击炮所代替。

【臼炮】　一种主要用于破坏特别坚固防御工事的，短身管，弹道弯曲的大口径火炮。最早的臼炮身管长是口径2—4倍，外形似臼，因而得名。这种臼炮射击时炮身的射角为50°—75°，最初发射石弹，后来发射铸铁球形弹和燃烧弹。大射

图3-13　1911年式305毫米臼炮(奥匈帝国)

角限制了重型滑膛臼炮身管长度的增大，因为从炮

口装填很困难。那时臼炮的射角是利用放在炮口部下方的专用木"枕"来赋予的。为了取得两射角之间的某一射距离，可变换装药量。臼炮可以用来对防御工事、舰艇甲板、隐蔽的军队进行射击。19世纪下半叶随着向线膛炮过渡，出现了身管长为口径6—12倍的线膛臼炮。1895年俄国最早将152毫米线膛臼炮装备野战炮兵。第一次世界大战中，使用了口径为152—420毫米、射程达14公里的野战臼炮、攻城臼炮和海岸臼炮。第二次世界大战前夕，欧洲军队装备了280毫米、211毫米、355毫米和420毫米、260毫米臼炮。苏联制造的1939年280毫米臼炮，发射爆破弹和混凝土破坏弹。这种臼炮装在与1931年203毫米榴弹炮的通用履带式炮架上。长途运输时，分解成两部分装在两辆辎重车上用履带牵引车牵引，短距离可成结合状态输送。第二次世界大战期间，与其它炮种相比，臼炮使用得很少，它的作用已被迫击炮和榴弹炮所代替。现代军队已不装备臼炮。

图3-14 1939年式280毫米臼炮(苏联)

【野炮】 用于野战的火炮。多为口径75毫米左右的加农炮。是第一次世界大战时野战中使用的主炮。

【山炮】 适于山地作战的一种轻型榴弹炮。口径多为75毫米，重量较轻，能迅速分解结合，便于机动。运动时，用骡马挽曳或驮载，也可用人力搬运。已逐渐淘汰。

【堑壕炮】 主要从堑壕以近距离曲射火力毁伤敌有生力量、火器和野战工事的火炮。包括掷弹炮、迫击炮和专用堑壕炮。是营属火炮和团属火炮的雏形。"堑壕炮"一词出现于第一次世界大战，并在战后使用了一段时间。

【要塞炮】 设置在要塞上的火炮。口径大，射程远。多用机械装填炮弹。有要塞加农炮和要塞榴弹炮两种。

【105加农炮】 口径为105毫米的后装管退火炮。炮架为具有射向60°的双轮开脚式。发射榴弹、破甲弹、榴霰弹和化学弹，分一、二号装药，初速640、554米／秒，最大射程11300米、11350米，发射速度每分钟6—8发。1909年发明，第一次世界大战用于战场。

【150榴弹炮】 口径为150毫米的后装管退火炮。炮身长1800毫米，行列全重1850公斤，用六马挽曳，有榴弹及破甲榴弹，分一、二、三号装药，初速分别为275、200、150米／秒。最大射程5900米。

【苏罗通机关炮】 德国于第一次世界大战以后不久制造的一种口径为20毫米的自动火炮。其性能是：方向射角360°，高低射角-10°——+90°（三脚双轮式为-15°——+85°），炮全重750公斤，最大射高3600米，最大射程5600米，射速每分钟220—300发，初速850米／秒。炮架式样有旋台双轮式和三脚双轮式两种。三脚双轮式用马拉或驮载，旋台双轮式为机械化，自动装置系管退后坐式。此炮在500米距离内能穿彻30毫米的镍、铬、钢板。具有操作简便，发射速度快，穿彻力强等特点。1930年装备中国军队，是中国军队最早装备的外国机关炮之一。

【37毫米高射机关炮】 德国于第一次世界大战后制造的一种自动炮。其主要性能：放列全重1660公斤，最大射高为4000米，方向射界360°，高低射界-5°——+85°，初速820米／秒，射速每分钟150发。运动方式挽曳及牵引车牵引。这种炮性能不及同时代的同类炮优良，第二次世界大战后逐渐被淘汰。

【卜福式75毫米高射炮】 瑞士制造。中国装备的最早的外国高射炮之一。1915年中国输入，装备军队。最大射程14500米，最大射高9400米，高低射角-3°——+80°，方向射界360°，放列重量2500公斤，初速750米／秒。射击方式为平射和高射。由牵引车牵引。

2、迫击炮

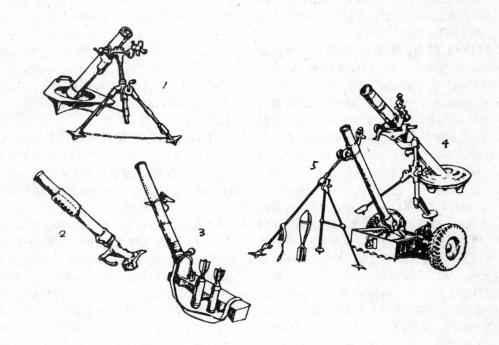

图 3-15   迫击炮

1.M63式迫击炮(法国)   2.卡曼多迫击炮(法国)   3.MKⅡ式迫击炮(英国)   4.LIAI式迫击炮(英国)   5.MKⅡ式迫击炮(英国)

【M19式60毫米迫击炮】   美国制造。口径60毫米，初速157米／秒，射程200—1800米（榴弹）、200—1470米（发烟弹），最大射速30—50发／分，持续射速18发／分，方向射界±7°，高低射界+45°—+85°。战斗全重20.5公斤。炮身长762毫米，炮身重7.26公斤，脚架重7.44公斤，座钣重5.8公斤。配用弹种为榴弹、照明弹、发烟弹，全弹重1.36—1.83公斤。杀伤半径10米，弹药基数72发。机动方式为人背。1949年起装备美军，曾一度退役，后又装备侵越美军步兵连和陆战连。日军也装备。

【M224式60毫米迫击炮】   美国制造。口径60毫米，初速237.7米／秒（M720式榴弹），最大射程3500米，最小射程50米，最大射速30发／分，持续射速15发／分。战斗全重20.8公斤。炮身重6.4公斤，炮架重6.9公斤，座钣重6.4公斤。采用1.1公斤M64式瞄准具。配用弹种及型号有M720式榴弹、XM721式照明弹、XM722式发烟弹、XM723式白磷发烟弹，榴弹重1.7公斤。机动方式为人携。该炮既可迫击发射，又可扳机发射。还设计有一种手提型，不用炮架，全重7.8公斤，射程1000米，一人即可携带发射。该炮采用新式榴弹、多用途引信和激光测距机，具有射程远，威力大，精度高的特点。1979年起装备美军，为步兵提供近接火力支援。

【M29式81毫米迫击炮】   美国制造。口径为81.4毫米，初速234米／秒，（M362A1式榴弹），264米／秒（M374式榴弹），腔压644公斤／厘米^2，最大射程3650米（M362A1式榴弹）、4500米（M374式榴弹），最小射程50米。最大射速30发／分，持续射速18发／分，方向射界±5°，高低射界+40°—+85°。战斗全重

48.15 公斤（钢座钣），37.35 公斤（钛合金座钣），炮身重 13 公斤，脚架重 13.35 公斤，座钣重 21.8 公斤（钢制），11 公斤（钛合金制）。配用弹种为榴弹、发烟弹、照明弹、毒气弹。全弹重 4.28 公斤（M362A1 式榴弹），4.17 公斤（M374 式榴弹）；炸药重 0.95 公斤，弹药基数 120 发。机动方式为人背。1951 年起装备美军步兵连迫击炮分排。北约集团各国也大量仿制装备。

【M29A1 式 81 毫米迫击炮】　美国制造。口径 81 毫米，初速 M374 式榴弹 264 米／秒，M374A3 式榴弹 268 米／秒。最大射程 M362A1 式榴弹为 3987 米，M374A2 式榴弹为 4595 米，M374A3 式榴弹为 4800 米；最小射程 M362A1 式榴弹为 46 米，M374A2 式榴弹为 72 米。高低射界 45°～84.4°，方向射界（不移动架腿）为 5.34°。最大射速 30 发／分（1 分钟），25 发／分（2 分钟）；持续射速 M362 式榴弹为 5 发／分，M374 式榴弹为 8 发／分，M374A3 榴弹为 13 发／分。炮身长 1295 毫米，战斗全重 44.55 公斤（铝座钣），54.98 公斤（钢座板），炮身重 12.7 公斤，炮架重 18.14 公斤，M3 式铝座钣重 11.34 公斤，M23A1 式钢座钣重 21.77 公斤，M53 式瞄准具重 2.37 公斤，M34A2 重 1.87 公斤。配用弹种有榴弹、白磷发烟弹、照明弹、教练弹。杀伤范围 M374、M374A2 式榴弹为直径 34 米，M362A1 式榴弹 25 米×20 米；精度（M374A2 式榴弹）距离公算偏差为 1／208，方向公算偏差为 1／480，机动方式为人背、车载，炮手人数为 5 人。该炮是 M29 式的改进型，具有更高的持续射速。1970 年起装备美军，澳、奥、意等国军队也装备该炮。

【M252 式 81 毫米迫击炮】　美国制造。口径 81 毫米，初速 250 米／秒（L15A3 式榴弹），最大射程 L15A3 式榴弹为 5660 米，L31 式榴弹为 5775 米，XM821 式榴弹为 5850 米；最小射程 L15A3 式榴弹为 180 米。高低射界为 45°～85°，方向射界（不移动架腿）为 5.5°，最大射速 30 发／分，持续射速 15 发／分。炮身长（英 L16 式）1280 毫米，战斗全重 36.48 公斤，炮身（英 L16 式）重 12.28 公斤，炮架（英 L5A5 式）重 11.8 公斤，座钣（美 M3 式）重 11.3 公斤，瞄准具（美 M64 式）重 1.1 公斤。配用弹种及型号为英 L15A3 式榴弹、英 XL31E2（美命名为 XM821）式榴弹、美发烟弹、美照明弹，榴弹（L15 式）重 4.4 公斤，（L31 式）重 4.2 公斤，机

动方式为人背。该炮为英国皇家军械厂的 L16 式 81 迫击炮的攻进型，采用高强度合金钢，耐磨损，重量轻，射速高，炮弹破片效率高。适于装备快速机动部队，进行近接火力支援。

【M125A1 式 81 毫米自行迫击炮】　美国制造。火炮性能见 M29 式 81 毫米迫击炮性能。方向射界 360°。车体型号为 M113A1 型装甲车的改进型，车体尺寸为 4787 毫米×2650 毫米×2227 毫米，发动机功率 209 马力，最大时速 65 公里，最大行程 322 公里，最大爬坡度 30°，越壕宽 1.67 米，通过垂直墙高 0.61 米，乘员 6 人，弹药携行量 114 发，战斗全重 10100 公斤。1964 年起装备美军机械化步兵。

【M30 式 107 毫米迫击炮】　美国制造。口径 106.7 毫米，初速 M329A1 式榴弹为 299 米／秒，M329A2 式榴弹为 308 米／秒；最大射程 M329A1 式榴弹为 5650 米，M329A2 式榴弹为 6600 米，M3 式榴弹为 4620 米；最小射程 M329A2 式榴弹为 770 米，M329A1 式榴弹为 920 米，M3 式榴弹为 870 米。高低射界 40°～65°，方向射界（不移动架腿）±7°，最大射速 18 发／分（发射 1 分钟），9 发／分（发射 5 分钟），持续射速 3 发／分（长时间发射）。炮身长 1524 毫米，座钣直径 965.2 毫米。战斗全重（含焊接钢回转器，M24A1 座钣）305 公斤，炮身重 71 公斤，连接桥重 76.7 公斤。炮架重 27 公斤，回转器重 26 公斤（铸镁）、40.37 公斤（焊接钢），座钣重 M24A1 式 87.6 公斤，M24 式重 100.3 公斤，瞄准具 M34A2 式重 1.8 公斤，M53 式重 2.3 公斤。配用弹种及型号，榴弹：M329、M329A1、M329A2、M3、M3A1 式，发烟弹：M2、M328、M328A1 式，照明弹：M335、M335A1、M335A2 式，化学弹：M2、M2A1、M630 式。榴弹重：M329A1 式 12.29 公斤，M329A2 式 10 公斤。杀伤范围 40 米×20 米。机动方式为 M106A1 式履带车载，炮手人数 7 人。该炮为线膛式。能发射化学弹，故有化学迫击炮之称。1951 年开始装备美军步兵、坦克兵、空降兵和海军陆战队。现已不生产。60 年代美军将其装在 M113 装甲输送车上，定型为 M106A1 式 107 自行迫击炮。

【M98 式 107 毫米迫击炮】　美国制造。口径为 106.7 毫米，初速 293 米／秒，射程 550—5650 米，最大射速 10 发／分，持续射速 4 发／分，方向射界 ±3.5°，高低射界 -6.6°——+66.6°

战斗全重为 589 公斤。配用弹种为榴弹、发烟弹、照明弹、毒气弹，全弹重 11.3—13 公斤。杀伤面积 15 米×40 米。弹药基数 70 发。机动方式为 0.75 吨汽车牵引。1962 年起装备美海军陆战师。由 M30 式 106.7 毫米迫击炮炮身与 75 毫米榴弹炮的炮架和驻退机组成，又称为迫榴炮。

【M106A1 式 107 毫米自行迫击炮】 美国制造。火炮性能见美 M30 式 107 毫米迫击炮性能。方向射界为 −46°—+43°。车体型号 M113A1 型装甲车的改进型。车体尺寸 4789 毫米×2650 毫米×2227 毫米，发动机功率 209 马力，最大时速 65 公里，最大行程 298 公里，最大爬坡度 30°，越壕宽 1.67 米，通过垂直墙高 0.61 米，乘员 6 人，弹药携行量 88 发。战斗全重 12300 公斤。1964 年起装备美军步兵、机械化步兵和坦克兵。

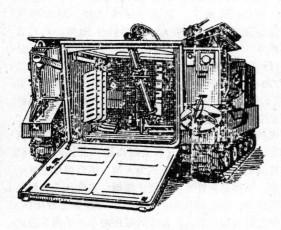

图 3—16 M106 式 107 毫米自行迫击炮示意图

【1941 年式 82 毫米迫击炮】 苏联制造。口径为 82 毫米，初速 211 米／秒，最大射程 3000 米（榴弹），3800 米（黄磷助爆弹），最小射程 100 米，射速 25 发／分，方向射界±3°（不移动脚架）、±30°（移动脚架），高低射界为 +45°—+85°。战斗全重 56 公斤，炮身重 19 公斤，脚架重 20 公斤，座钣重 15 公斤，瞄准镜重 2 公斤。配用弹种为榴弹、发烟弹、宣传弹。炸药重 0.4 公斤（榴弹）。杀伤半径 12 米，弹药基数 120 发。机动方式为人背和车载。1941 年起装备苏军摩托化步兵和空降兵。

【82 毫米自动迫击炮】 苏联制造。口径 82 毫米，最大射程 5000 米，最大射速 120 发／分，实际射速 60 发／分。炮身长约 1000 毫米。该炮没有座钣，增加了反后坐装置，有一个与牵引

火炮相同的大架。后膛装填，配有自动装弹箱，每次可装弹 4 发。有自行式和牵引式两种。自行式安装在步兵战车、装甲输送车或汽车上，发射时从车上卸下，发射后用机械装到车上。该炮既能间瞄射击又能直瞄射击；既能单发又能连发；既能曲射又能平射；既能发射迫击炮弹又能发射反坦克弹种。1973 年起装备苏军。主要用于压制杀伤较近距离人员和反坦克武器，还可参加强击群直瞄射击。

【新 M37 式 82 毫米迫击炮】 苏联制造。口径 82 毫米，初速 211 米／秒，最大膛压 430 公斤／厘米^2，最大射程 3040 米，最小射程 100 米，高低射界 +45°—+85°，方向射界：不移动架腿±3°，移动架腿±30°，射速 15～25 发／分。炮身长 1325 毫米，座钣直径 500 毫米。行军全重 61 公斤，战斗全重 55.5 公斤。炮身行军状态重 19.6 公斤，炮架行军状态重 20.1 公斤，座钣行军状态重 21.3 公斤。配用弹种有杀伤榴弹，发烟弹。榴弹重 3.1 公斤，机动方式为人背。炮手人数 5 人，行军战斗转换时间为 1 分。该炮系 1937 年式 82 毫米迫击炮改进而成，主要是减轻了重量，炮口装有防重装填器。现装备苏伞兵和空降部队，用于压制破坏敌有生力量、火力点、观察所、铁丝网等。另捷克、古巴、埃及、越南等 10 余国也装备该炮。

【1943 年式 120 毫米迫击炮】 苏联制造。口径为 120 毫米，初速 272 米／秒，最大射程 5700 米，最小射程 460 米，持续射速 6 发／分，最大射速 15 发／分，方向射界±4°（不移动脚架）、±15°（移动脚架），高低射界 +45°—+80°。战斗全重 275 公斤。炮身长 1530 毫米，炮身重 105 公斤，脚架重 75 公斤，座钣重 95 公斤。配用弹种有榴弹、发烟弹、照明弹、宣传弹。炸药重 3 公斤（榴弹）。杀伤半径为 25 米，弹药基数 80 发。机动方式为人背、马驮、车辆牵引。1943 年起装备苏军摩托化步兵和伞兵。现为 ПM-120 式 120 毫米迫击炮取代，性能略同。

【ПM-120 式 120 毫米迫击炮】 苏联制造。口径 120 毫米，射程 460～7200 米，高低射界 +45°～+80°，方向射界：不移动架腿为 8°，移动架腿为 30°，射速 6～15 发／分，行军全重 500 公斤，战斗全重 275 公斤，配用弹种为杀伤爆破榴弹、发烟弹、燃烧弹、照明弹，榴弹重 15.9 公斤，行军战斗转换时间 1～1.5 分，用"嘎斯66"（4×4）车牵引。用于替代 1938 年式和 1943 年式 120 毫米迫击炮，装备苏军摩托化步兵和空

降兵。

【ЛРМ65式120毫米迫击炮】　苏联制造。口径120毫米，最大射程为12000米（火箭增程弹）。已代替现行装备的120和160毫米迫击炮。

【1953年式160毫米迫击炮】　苏联制造。口径为160毫米，初速335米／秒，最大射程8000米，最小射程750米，最大射速3—4发／分，方向射界±12°（不移动炮架）、±39°（移动炮架），高低射界+45°—+85°。战斗全重1300公斤，行军全重1470公斤。炮身长4480毫米，炮身重378公斤，脚架重133公斤，座钣重260公斤，瞄准具重2.3公斤。配用弹种为榴弹、核弹，全弹重41.14公斤（榴弹），炸药重9公斤（榴弹），杀伤半径50米，弹药基数60发。机动方式为汽车或履带装甲车牵引。1953年起装备苏军摩托化步兵和坦克兵。

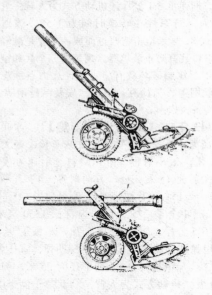

图3—17　160毫米后装迫击炮示意图
1.炮身　2.炮架

【1953年式240毫米迫击炮】　苏联制造。口径240毫米，初速362米／秒，最大射程为9700米，最大射速1发／分，方向射界±8.5°，高低射界+45°—+80°。战斗全重为4150公斤。配用弹种有榴弹、核弹，全弹重130.75公斤（榴弹）。机动方式为履带车牵引。1953年起装备苏军统帅部预备队炮兵师和摩托化步兵师属炮兵团。

【240毫米自行迫击炮】　苏联制造。口径

240毫米，最大射程12700米，射速1发／分。配用弹种为爆破榴弹、核弹（当量2000吨）、化学弹、混凝土破坏弹。该炮采用与2C3式152毫米自行榴弹相同的底盘，车上装有自动装弹机构。它无装甲防护。由于射击时承受压力大，座钣装在底盘下面，发射时将座钣放在地面上。该炮于70年代初开始装备苏军和民主德国军队。西方国家称它为M1975或M1976式240毫米自行迫击炮。

【MKⅡ式51毫米自行迫击炮】　英国制造。口径51毫米，初速125米／秒，最大射程480米，最大射速15发／分，方向射界±30°，最大射角+69°。战斗全重9.5公斤。配用弹种有榴弹、发烟弹、照明弹，全弹重0.985公斤，弹药基数66发。机动方式为人携。装备英军机械化步兵，已被新式迫击炮代替。印军亦装备。

【L9A1式51毫米迫击炮】　英国制造。口径51.25毫米，初速104米／秒，最大射程（L1A1式榴弹）750米，最小射程50米，高低射界0°～80°，方向射界360°、射速8发／分（持续2分钟）、3发／分（持续5分钟）。炮身长750毫米，战斗全重6.27（含背带）公斤，身管重2.6公斤。座钣重3.05（含炮尾）公斤。配用弹种及型号有：L1A1式榴弹、L2A1式发烟弹、L3A2式照明弹，榴弹重（L1A1式）1.025公斤。精度：距离公算偏差（射击距离的）20%，方向公算偏差3密位，机动方式为人携。该炮炮口呈喇叭形，以提高身管强度和便于装填；瞄准具装有氚照明装置，以提高夜间瞄准精度；特配有击针接杆，使用时从炮口装入，射击时膛压减小和炮弹在膛内行程缩短，使最小射程可减到50米。80年代开始装备英国陆军步兵排，作近接支援武器。

【L16式81毫米迫击炮】　英国制造。口径81毫米，初速（L15A3式榴弹，6号装药）250米／秒，最大射程：L15A3式榴弹为5660米，L31E3式榴弹为5775米，L27A1式教练弹为80米，最小射程L15A3式榴弹为180米，高低射界45°—80°，方向射界（不移动架腿，射角45°时）为±5.6°，最大射速30发／分，持续射速15发／分。炮身长（L16式）1280毫米，座钣直径546毫米。战斗全重36.69公斤，炮身重12.28公斤，炮架重（L5A5式）11.8公斤，座钣重（MK1）11.36公斤，瞄准具（C2式）重1.25公斤。配用弹种及型号：L15A3和L31E3式榴弹、L19A4式发烟弹、L20式照明弹、L27A1式教练弹，榴弹重（L15A3式）4.47公斤。机动方式为

人背或装在 FV432 装甲车上。精度距离公算偏差为射距离的 50%，方向公算偏差 71.5 密位。炮手人数 3 人。该炮炮身由高强度合金钢整体锻造，耐磨损，耐烧蚀，重量轻。采用 K 型两脚架腿，两条架腿不一样长，折叠后全长仅 1143 毫米。1963年起装备英国陆军，主要用来支援步兵和机械化步兵作战。另加拿大、印度、也门等十几个国家也装备此炮。

【L1A1 式 81 毫米迫击炮】 英国制造。口径 81 毫米，最大射程 4500 米（正装药）、5400米（强装药），射速 15 发／分，方向射界 ±5.5°，高低射界 +45°—85°。战斗全重 36.8 公斤，炮身长 1280 毫米，炮身重 12.3 公斤，脚架重11.8 公斤，座钣重 11.4 公斤，瞄准具重 1.25 公斤。配用弹种有榴弹、燃烧弹、发烟弹，全弹重4.27 公斤。杀伤半径为 20 米。机动方式为人背或装甲车载。1963 年起装备英国、加拿大陆军步兵。

【MKⅡ型 106.7 毫米迫击炮】 英国制造。口径为 106.7 毫米，初速 229 米／秒，射程为960 米—3930 米，最大射速 10 发／分，方向射界±7°，高低射界 +40°—+85°。战斗全重 116.67公斤，行军全重 380 公斤。炮身长 1186 毫米，炮身重 41.31 公斤，脚架重 20.88 公斤，座钣重54.48 公斤。配用弹种为榴弹、发烟弹，全弹重9.08 或 13.6 公斤，杀伤半径 18 米。机动方式为汽车牵引。1942 年起装备英军空降旅和印度步兵师。

【M63 式 60 毫米迫击炮】 法国制造。口径为 60 毫米，射程 50—2000 米（MK61 式榴弹），方向射界 ±8.5°，高低射界 +40°—+85°。战斗全重 14.8 公斤，炮身长 724 毫米（包括弹尾），炮身重 3.8 公斤，脚架重 5 公斤，座钣重 6 公斤。配用弹种为美制和法制榴弹、发烟弹、照明弹，全弹重 1.73 公斤（MK61 式榴弹）。机动方式为人携。此系法军新研制的便携式迫击炮，已投入生产。

【"卡曼多"60 毫米迫击炮】 法国制造。口径为 60 毫米，最大射程 1050 米。战斗全重为8.1 公斤（轻型），10 公斤（重型），炮身长 650 毫米，全炮长 680 毫米（轻型），850 毫米（重型）。配用弹种有：MK61 榴弹、发烟弹、照明弹，全弹重 1.73 公斤。机动方式为人携。此是法军为特种作战新研制的便携式武器，射击时用手臂支撑。轻型采用撞火射击，重型采用拉火射击。两种火炮

均已投产。

【60 毫米远程迫击炮】 法国制造。口径60 毫米，最大射程 5000 米，高低射界 40°～85°，方向射界（不移动架腿）17°。炮身长1390 毫米。战斗全重 23 公斤，炮身重 7.7 公斤，炮架重 7.3 公斤，座钣重 8 公斤，榴弹重（LR式）2.2 公斤。配用弹种及型号：ML61、ML72式榴弹，LR 式远程榴弹，ML61、ML72 式发烟弹，ML61、ML72 式照明弹，ML61、ML72 式教练弹。机动方式为人背。该炮击发方式为迫击和拉发，可发射 LPEC 远程榴弹。

【M69CS 式 60 毫米自行迫击炮】 法国制造。口径为 60 毫米，射程为 300—1600 米，最大射速 36 发／分，持续射速 18 发／分。炮重 18公斤。配用弹种有：榴弹、照明弹、发烟弹，全弹重 1.5 公斤。车体型号为 AML245 型装甲车，车体尺寸 3700 毫米×1970 毫米×1860 毫米。发动机功率 85 马力，平均时速 60 公里，最大行程 600公里，乘员 3 人。弹药携行量 53 发。战斗全重4920 公斤。1961 年起装备法军侦察部队。

【M44 式 81 毫米迫击炮】 法国制造。口径 81.4 毫米，初速 246 米／秒，最大膛压 420公斤／厘米^2，最大射程 3150 米（FA32 式榴弹），3400 米（M57D 式榴弹）、1150 米（M35 式重榴弹），最小射程 100 米，射速 12—20 发／分，方向射界 ±6°，高低射界 +45°—+84°。战斗全重 57.5 公斤。炮身长 1150 毫米，炮身重 19.5公斤，炮架重 18.5 公斤，座钣重 19.5 公斤。配用弹种有榴弹、发烟弹、照明弹，全弹重 3.3i 公斤（FA32 式榴弹），3.27 公斤（M57D 式榴弹），6.85 公斤（M35 式重榴弹），杀伤半径 20 米。机动方式为人背。此系旧式武器，装备法军步兵营，联邦德国亦装备，正逐步被新式迫击炮代替。

【MO-81-61C、MO-81-61L 式 81 毫米迫击炮】 法国制造。口径为 81 毫米，初速245 米／秒（61C 式），271 米／秒（61L 式），最大膛压 580 公斤／厘米^2，射程 120—4100 米（61C 式），75—5000 米（61L 式），射速 12—20发／分，高低射界 +30°—+85°。战斗全重 38.6公斤（61C 式），40.6 公斤（61L 式）。炮身长1150 毫米（61C 式），1450 毫米（61L 式）。炮身重 12.5 公斤（61C 式），14.5 公斤（61L 式），脚架重 11.7 公斤，座钣重 14.4 公斤。配用弹种有榴弹、火箭增程弹、照明弹、发烟弹，弹长 381.76毫米（M57D 式榴弹），411.4 毫米（ML61 式榴

弹），弹重 4.33 公斤（ML61 式榴弹）。杀伤半径为 20 米。机动方式为人背。MO-81-61C 式和 MO-81-61L 式的区别在于前者是短身管，后者是长身管（专供出口）。1965 年起 61C 式装备法军步兵。联邦德国、意大利等国亦装备。

【81 毫米远程迫击炮】

法国制造。口径 81 毫米，最大射程 LPEC 榴弹为 8000 米，ML81 式榴弹为 5750 米，M57D 式榴弹为 4550 米，高低射界 30°～85°，方向射界 45°，炮身长 1650 毫米，战斗全重 94 公斤，炮身重 43 公斤，炮架重 15 公斤，座钣重 36 公斤，榴弹重 LPEC 远程榴弹为 7 公斤，M57D 式为 3.3 公斤。该炮可发射 LPEC 远程榴弹，击发方式为迫击和拉发，可做为摩托化、机械化部队的主要支援武器。

【CL81 式 81 毫米自行迫击炮】

法国制造。口径 81 毫米。最大射程 7.2 公里（ED-LP 炮弹）、10 公里（穿甲弹），方向射界 360°，高低射界-7°—+60°。配用弹种有穿甲弹、照明弹等。炮全重 550 公斤。车体型号"潘哈德"轮式装甲车。该炮专为机械化步兵设计，装置在轻型轮式装甲车上，机动性大，防护能力强，并具有两栖能力，除发射各种制式 81 毫米迫击炮弹外，还能发射新式尾翼稳定穿甲弹。

【MO-120-60 式 120 毫米轻型迫击炮】

法国制造。口径 120 毫米，初速 240 米／秒，最大膛压 480 公斤／厘米^2。最大射程 PEPA 火箭增程弹为 6550 米，PEPA-LP 远程火箭增程弹为 9000 米，M44 式榴弹 4 号装药 4250 米；最小射程 PEPA 火箭增程弹为 600 米，PEPA-LP 远程火箭增程弹为 1200 米，M44 式榴弹为 500 米。高低射界 40°～85°，方向射界（移动架腿）360 度，最大射速 15 发／分（发射 1 分钟），正常射速 8 分／分（发射 3 分钟）。炮身长 1632 毫米，战斗全重 92 公斤，炮身重 34 公斤，炮架重 25 公斤，座钣重 33 公斤。配用弹种及型号有火箭增程弹、远程火箭增程弹、榴弹、照明弹。榴弹重：M44 式为 13 公斤，PEPA 式为 13.8 公斤，PEPA-LP 式为 13.42 公斤。机动方式为人背、马驮、车载或牵引。牵引车型号 FL500（4×4）；VTM（6×6）。该炮是一种机动性和火力性相结合的迫击炮。身管采用高强度钢，重量轻，可分成三大部分，由人背；也可装在橡皮艇、雪橇或吉普车上。座钣为三角形，允许全方位射击。炮尾装有退弹保险器和安全取弹器。60 年代中期开始在法军服役，比利时、意大利、阿根廷等国也装备。

【MO-120-RT-61 式 120 毫米线膛迫击炮】

法国制造。口径 120 毫米，最大膛压 1200 公斤／厘米^2。最大射程 PR14 旋转弹为 8135 米，PRPA 火箭增程弹为 13000 米；最小射程 1100 米。高低射界（不移动架腿，射角 60°时）为 14°，最大射速 20 发／分，正常射速 6 发／分。炮身长 2080 毫米。行军全重 582 公斤，战斗全重 565 公斤，炮身重 114 公斤，牵引环重 17 公斤，炮架重（含车轮）257 公斤，座钣重 190 公斤，炮箍重 4 公斤。配用弹种及型号：PRPA 式火箭增程榴弹、PR14 式旋转式榴弹、PRECLAIR 式照明弹、120 线膛反坦克弹，也可发射 M44 式滑膛弹或 PEPA-LP 式弹，榴弹重 18.7 公斤。机动方式为牵引，牵引车型号有 FL500（4×4）、AM×10TM、F.N.22L。炮手人数 6 人。炮全长 3015 毫米，炮全宽 1930 毫米，行军状态高（可调）1250 毫米，车架距地高 325 毫米，轴距 1734 毫米，车轮直径 700 毫米。行军状态转入战斗状态时间 3 分，战斗状态转入行军状态时间 2 分。该炮可能是最复杂的现代迫击炮，其精度、威力和射程同 105 毫米轻型榴弹炮差不多，但重量不超过一般重型迫击炮。其特点是：炮身外部刻有螺纹，便于调整炮箍与炮身的相对位置，使火炮具有精确的射角；击针室为密封式，可使火炮在沙土、水中和泥地射击时不致使沙粒进入炮膛；火炮能在很小射角（28°）内发射，采用迫击式和拉火式击发。70 年代开始陆续装备法军步兵师、空降师和装甲师机械化步兵。荷兰陆军也装备。

【AM50 式 120 毫米迫击炮】

法国制造。口径为 120 毫米，初速 285 米／秒，射程 500—4200 米（榴弹），1200—9000 米（火箭增程弹），最大射速 12 发／分，持续射速 8 发／分，方向射界±8.5°，高低射界+45°—+80°。战斗全重 242 公斤（两脚支架）、404 公斤（轮式支架）。炮身长 1674 毫米，炮身重 76 公斤，脚架重 86 公斤（两脚支架）、137 公斤（轮式支架），座钣重 80 公斤，紧定环重 8 公斤，护板重 17 公斤。配用弹种有榴弹、重榴弹、发烟弹、火箭增程弹、照明弹。全弹重 13 公斤（M44 式榴弹）、12.9 公斤（PEPA-LP 式火箭增程弹）；炸药重 2.5 公斤（M44 式榴弹）、2.25 公斤（PEPA-LP 式火箭增程弹）。火箭增程精度（射距 9000 米）1／125（横向），1／50（纵向）。机动方式为车辆牵引。1950 年起装备法国和联邦德国机械化步

【M65式 120毫米迫击炮】 法国制造。口径 120 毫米，射程 500—4200 米（M44 式榴弹）、9000 米（PEPA-LP 式火箭增程弹），最大射速 12 发／分，持续射速 8 发／分，方向射界 ±8.5°，高低射界 +40°—85°。战斗全重 104 公斤，行军全重 144 公斤。炮身长 1640 毫米，炮身重 44 公斤，脚架重 24 公斤，座钣重 36 公斤，炮架及牵引环重 40 公斤。配用弹种有榴弹、火箭增程弹，全弹重 13 公斤（M44 式榴弹）、12.9 公斤（PEPA-LP 式火箭增程弹）。机动方式为人背、车辆牵引。此系 AM50 和 M60 两种 120 毫米迫击炮的改进型。

【M41式 120毫米迫击炮】 瑞典制造。口径 120 毫米，初速 125—137 米／秒，最大射程 6400 米，射速 12—15 发／分，高低射界 +45°—+80°。战斗全重 285 公斤，炮身长 1886 毫米，全弹重 13.3 公斤。已装备。

【81毫米轻型迫击炮】 瑞士制造。口径为 81 毫米，初速 330 米／秒，有效射程 3000 米，最大射速 26 发／分，高低射界 +44°—+88°。战斗全重 48 公斤，炮身长 1215 毫米，全弹重 3.3 公斤。装备瑞士步兵连。

【120毫米轻型迫击炮】 瑞士制造。口径 120 毫米，初速 270 米／秒，最大射程 4000 米，最大射速 10 发／分，持续射速 6 发／分，方向射界 ±5°，高低射界 +45°—+85°，战斗全重 262 公斤，全弹重 14 公斤。机动方式为摩托车牵引。装备瑞士机械化师属装甲团和侦察分队。

【SMI81毫米迫击炮】 奥地利制造。口径 81 毫米，初速 300 米／秒，最大膛压 765 公斤／厘米²，最大射程 5800 米，高低射界 45°～85°，方向射界（不移动架腿）为 7.87°。炮身长 1285 毫米，座钣直径 540 毫米。战斗全重 34.2 公斤，炮身重 12.25 公斤，炮架重 9.85 公斤，座钣重 10.9 公斤，瞄准具重 1.2 公斤。配用弹种为远程榴弹、各种 81 毫米迫击炮弹，榴弹重 4.15 公斤。精度（最大射程的半数必中界）40×20 米。该炮配用远程榴弹时的射程是当前世界各国装备的同口径迫击炮中最远者。1980 年起装备奥地利陆军。其它国家也有订购。

【M8／112式 81毫米迫击炮】 奥地利制造。口径 81 毫米，初速 70 式榴弹（6 号装药）256 米／秒，70LD 式榴弹 296 米／秒，最大膛压 765 公斤／厘米²。装药号数 70 式榴弹为 0～7，

70LD 式榴弹为 0～6。最大射程 70 式榴弹（7 号装药）5300 米，70LD 式榴弹（6 号装药）5900 米；最小射程 100 米。高低射界 39°～85°，方向射界（不移动架腿）11°，最大射速 30 发／分，正常射速 18 发／分。炮身长 1280 毫米，座钣直径 546 毫米。战斗全重 36.54 公斤，炮身重 11.6 公斤，炮架重 11.7 公斤，座钣重 11.9 公斤，瞄准具重 1.34 公斤。配用弹种及型号：70LD、70 式榴弹、各种制式 81 毫米迫击炮弹，榴弹重（70 式）4.25 公斤。机动方式为人背。该炮炮身后部有螺旋式散热片，以促进冷退；座钣为铝合金，重量轻；架腿比较特殊为对称式。炮架上装有缓冲机、炮箍、高低机、方向机和水平调整机。

【"泰普勒"60毫米迫击炮】 芬兰制造。口径为 60.75 毫米，最大初速 202 米／秒，最小初速 68 米／秒，最大膛压 500 公斤／厘米²，射程 150—2555 米，方向射界 70°，仰角 ±7.7°，高低射界 +40°—+79°。战斗全重 14.5 公斤，炮身长 740 毫米，炮身重 5.5 公斤，脚架重 4.5 公斤，座钣重 3.4 公斤，瞄准具重 1.1 公斤。配用弹种有榴弹、黄磷发烟弹，弹重为 1.54 公斤。

【"泰普勒"81毫米迫击炮】 芬兰制造。口径为 81 毫米，最大膛压 800 公斤／厘米²，射程 150—4660 米（长身管和两段式身管），140-3980 米（短身管），最大射速 20 发／分。战斗全重 40 公斤（长身管），37 公斤（短身管），43 公斤（两段式身管），方向射界 ±5.5°，高低射界 +43°—+80°。炮身长 1455 毫米（长身管和两段式身管），1155 毫米（短身管），炮身重 14.5 公斤（长身管），11.5 公斤（短身管），17.5 公斤（两段式身管），脚架重 12.3 公斤，座钣重 13.2 公斤，瞄准具重 1.45 公斤（A 型），1.57 公斤（B 型）。配用弹种为榴弹、发烟弹、照明弹，弹重 3.86 公斤（榴弹），炸药重 0.54 公斤（榴弹）。其中两段式身管是专为空降部队设计的。

【"泰普勒"120毫米迫击炮】 芬兰制造。口径为 120 毫米，最大膛压 1250 公斤／厘米²，射程 400—6200 米（M58F 式榴弹），8300 米（超"泰普勒"式榴弹），最大射速 10 发／分，持续射速 5 发／分，方向射界 ±6.5°，高低射界 +39°—+87°。炮身长 1940 毫米，战斗全重 221.5 公斤，行军全重 346 公斤，炮身重 82 公斤，脚架重 66 公斤，座钣重 72 公斤，炮架重 110 公斤，牵引杆重 16 公斤，瞄准具重 1.45 公斤（A 型），1.57 公斤（B 型）。配用弹种为榴弹、火箭增程弹、照明

弹、发烟弹，弹重 12.6 公斤（榴弹），炸药重 2.25 公斤（榴弹）。以色列亦生产、装备，并配用超"泰普勒"榴弹和火箭增程弹。

【"泰普勒"120 毫米轻型迫击炮】 芬兰制造。口径 120 毫米，最大膛压 950 公斤／厘米^2，射程 400—6200 米（M58 式榴弹），7000 米（M58FF 式榴弹），最大射速 10 发／分，持续时速 5 发／分，方向射界 70°，仰角 ±7.3°，高低射界 +45°—+70°。炮身长 1730 毫米，战斗全重 110 公斤，炮身重 44 公斤，脚架重 27.5 公斤，座钣重 37 公斤，瞄准具重 1.57 公斤。配用弹种有榴弹、火箭增程弹、照明弹、发烟弹，弹重 12.6 公斤（榴弹），炸药重 0.23 公斤（榴弹）。以色列亦生产、装备，并配用火箭增程弹。

【"泰普勒"160 毫米迫击炮】 芬兰制造。口径为 160 毫米，最大射程 9300 米，射速 5—8 发／分，高低射界 +43°—+70°。身管长 2850 毫米，战斗全重 1700 公斤，行军重 1450 公斤（不包括座钣），钛座钣重 250 公斤，瞄准具重 1.45 公斤（A 型），1.57 公斤（B 型）。配用弹种为榴弹，弹重 40 公斤，炸药重 5 公斤。精度为射程的 0.75—1.25%。

【"ECIA"C 式 60 毫米迫击炮】 西班牙制造。口径为 60.7 毫米，最大射程 1070 米，射速 30 发／分。战斗全重 5 公斤，炮身长 650 毫米。弹长 220 毫米（不包括引信），定心部直径为 60 毫米，全弹重 1.42 公斤，炸药重 0.232 公斤。机动方式为人携。此炮没有支架，射击时用手臂支撑。

【"ECIA"L 式 60 毫米迫击炮】 西班牙制造。口径为 60 毫米，装药号数为 0～5，最大射程 1975 米，高低射界 40°—80°，最大射速 30 发／分。炮身长 650 毫米。战斗全重 12 公斤，炮身重 4.2 公斤，炮架重 3.9 公斤，座钣重 2.8 公斤，瞄准具重 1.1 公斤。配用弹种为榴弹、发烟弹、照明弹，榴弹重 1.43 公斤。机动方式为人背。该炮重量轻，一名士兵即可背运；有迫击、拉火两种发射方式；腿架为三角形，一条腿架在前，两条腿架在后；瞄瞄具安在炮身上。装备西班牙陆军步兵连，其它国家也有装备的。

【"ECIA"L-N 和 L-L 式 81 毫米迫击炮】 西班牙制造。口径 81 毫米，装药号数为 0～6，最大射程（N 式榴弹）L-N 式为 4270 米、L-L 式为 5200 米，最大射速 15 发／分。炮身长 L-N 式为 1150 毫米、L-L 式为 1450 毫米。战斗全重 L-N 式为 43 公斤、L-L 式为 46 公斤，炮身重 L-N 式为 17 公斤、L-L 式为 19 公斤，炮架重 L-N 式为 10.5 公斤、L-L 式为 11.5 公斤，座钣重 L-N 式为 13.5 公斤、L-L 式为 13.5 公斤，瞄准具 L-N 式重 2 公斤、L-L 式为 2 公斤。配用弹种及型号 N 或 NA 式榴弹、发烟弹、照明弹。N 式榴弹重 L-N 式为 4.13 公斤、L-L 式为 4.13 公斤，NA 式为 3.2 公斤。机动方式为人背。L-N 式与 L-L 式两种型号只有微小差别，L-N 式为短身管形，L-L 式为长身管形。架腿为三角式。装备西班牙陆军和其它几个国家的军队。

【"ECIA"L 式 105 毫米迫击炮】 西班牙制造。口径 105 毫米，装药号数 0～5，最大射程为 6000 米，方向射界（不移动架腿）15°，最大射速 12 发／分。炮身长 1500 毫米。战斗全重 102.95 公斤，炮身重 35.7 公斤，炮架重 24.25 公斤，座钣重 43 公斤，炮车重 111 公斤。配用弹种为榴弹、发烟弹，榴弹重 9.4 公斤。机动方式为牵引，牵引车型号为"陆地流浪者"。也可人背、马驮。该炮系按 81 毫米迫击炮的比例放大的。主要特点是行军时将该炮放在两轮炮车上。该炮装备西班牙陆军。

【"ECIA"L 和 SL 式 120 毫米迫击炮】 西班牙制造。口径 120 毫米，装药号数 0～5，最大射程 N 式榴弹 L 式 5700 米、SL 式 5000 米，L 式榴弹 L 式 6250 米、SL 式为 6260 米，最大射速 12 发／分。炮身长 1600 毫米。战斗全重 L 式 328 公斤、SL 式为 229 公斤，炮身重 L 式为 61 公斤、SL 式为 47 公斤，炮架重 L 式 40 公斤、SL 式 26 公斤，座钣重 L 式 100 公斤、SL 式为 43 公斤，瞄准具重 2 公斤，炮车重 L 式 125 公斤、SL 式为 111 公斤。配用弹种为榴弹、发烟弹，榴弹重（N 式）为 16.745 公斤、（L 式）13.195 公斤。机动方式为牵引，牵引车型号为"陆地流浪者"、M113 人员输送车。L 式是制式 120 毫米迫击炮，结构与西班牙"ECIA"公司制其它口径迫击炮相似；SL 式重量较轻，采用 L 式 105 毫米迫击炮车。装备西班牙陆军。

【C-06 式 60 毫米远程迫击炮】 丹麦制造。口径 60 毫米，初速（M38 式远程榴弹）89～291 米／秒，装药号数 0～6，最大射程 4000 米，最小射程 200 米，高低射界 40°～79°，方向射界（不移动架腿，射角 50°时）为 5.6°、（不移动架腿，射角 70°时）7.8°。最大射速 20 发／分。炮身长 940 毫米。战斗全重 18 公斤，炮身重（含瞄准具）5.5 公斤，座钣重 5.5 公斤。配用弹种及型号：M38 式远程榴弹和泰普勒公司生产的榴弹，榴弹重（M38 式远程弹）1.84 公斤。机动方式为人背。设计该炮的意图是填补近程 60 和 81 毫米迫击炮之间的火力空隙。其特点是瞄准具直接给出全射程上各装药号的分划读数，炮手可直从瞄准具上读出射击诸元并装填炮弹，简化了射击程序。该炮可发射各种 60 毫米迫击炮弹。

【IMI52 毫米迫击炮】 以色列制造。口径 52 毫米，初速 75 米／秒，装药号数 0～4，最大射程（射角 45°时）450 米，最小射程 130 米，高低射界 20°～85°，方向射界 360°。射速 20～35 发／分。炮身长 490 毫米。座钣尺寸 150×85×35 毫米^3。战斗全重 7.9 公斤，炮身重 6.6 公斤，座钣重 1.3 公斤。配用弹种为榴弹、发烟弹、照明弹，榴弹重（IMI 式）1.15 公斤。机动方式为人携。炮手人数 1 人。该炮结构简单。槽形小座钣与炮身相连，炮尾装有击发机。炮手转动右边的小轮进行击发。它无炮架，无瞄准具，靠炮身上的白色标定线进行简易瞄准。70 年代装备以色列步兵，用作近接支援武器。

【"索尔塔姆"60 毫米迫击炮】 以色列制造。口径普通型为 60 毫米、"突击队"型为 60 毫米、远程型为 60 毫米，装药号数为 0～4，最大射程普通型为 2550 米、"突击队"型为 900 米、远程型为 4000 米，最小射程普通型为 150 米、"突击队"型为 100 米、远程型为 250 米，最大射速普通型为 30 发／分、"突击队型"为 20 发／分、远程型为 20 发／分。炮身长普通型为 739 毫米、"突击队"型 533 毫米、远程型为 940 毫米，，座钣直径普通型为 358 毫米、远程型为 358 毫米。战斗全重普通型为 16.3 公斤、"突击队"型为 6 公斤、远程型为 18 公斤，炮身重普通型为 6.4 公斤（含瞄准具）、"突击队"型为 6 公斤、远程型为 7 公斤，炮架重普通型为 4.5 公斤、"突击队"型为 4.5 公斤，座钣重普通型为 4.7 公斤、远程型为 5.5 公斤，瞄准具重远程型为 0.85 公斤。配用弹种为榴弹、高破片率杀伤弹、发烟弹、照明弹，榴弹重 1.72 公斤。杀伤范围榴弹为 490 米^2，杀伤弹 1385 米^2。机动方式为人携。该炮普通型支援步兵连时带炮架；完成突击任务时不带炮架。"突击队"型不带炮架，身管短，用击发机发射。远程型身管较长，用炮架。以色列步兵只装备普通型。另一些国家三种型号均有装备。

【"索尔塔姆"81 毫米迫击炮】 以色列制造。口径 81 毫米，初速远程型 70～350 米／秒。

长身管型 66～285 米／秒、短身管型 66～248 米／秒，最大膛压远程型 827 公斤／厘米^2，装药号数远程型 0～8、长身管型 0～7、短身管型 0～6，最大射程远程型 6500 米、长身管型 4900 米、短身管型 4100 米、两段式身管型 4660 米，最小射程远程型 200 米、长身管型为 150 米、短身管型 150 米、两段式身管型 150 米，高低射界 43°～85°，方向射界（不移动架腿，45°射角时）5.6°、（移动架腿）360°，最大射速 20 发／分。炮身长远程型 1560 毫米、长身管型 1455 毫米、短身管型 1155 毫米、两段式身管型 1455 毫米，座钣直径 518 毫米。战斗全重远程型 49.07 公斤、长身管型 45.07 公斤、短身管型 39.57 公斤、两段式身管型 46.07 公斤，炮身重远程型 21 公斤、长身管型 17 公斤、短身管型 11.5 公斤、两段式身管型 18 公斤，炮架重 14 公斤。座钣重 12.5 公斤，瞄准具重 1.57 公斤。配用弹种为榴弹、发烟弹、照明弹。榴弹重长身管型（M64 式）4.6 公斤、短身管型（M21 式）3.9 公斤。精度：距离公算偏差为射击距离的 0.5%，方向公算偏差 3 密位。机动方式为人背、车载。生产四种型号主要是为了可根据需要灵活选择。远程性较重，射程远，但机动性较差；长身管型作为制式迫击炮使用，可装在 M113 式装甲车上，成为车载型，两段式身管型主要为便于人背和小型车载运；短身管型专用于突击队和伞兵部队。该炮 70 年代装备以色列陆军，东非一些国家也装备。

【"索尔塔姆"120 毫米轻型迫击炮】 以色列制造。口径 120 毫米，初速 M58F 式榴弹 310 米／秒、M57 式榴弹 320 米／秒，最大膛压 M58F 式榴弹 900 公斤／厘米^2、M57 式榴弹 850 公斤／厘米^2，装药号数 M58F 式榴弹 0～8、M57 式榴弹 0～10，最大射程 M58F 式榴弹 6200 米、M57 式榴弹 7200 米，最小射程 M58F 式榴弹 400 米、M57 式榴弹 250 米，高低射界 45°～80°，方向射界（不移动架腿，45°射角时）4.7°、（不移动架腿，75°射角时）9.4°，最大射速 10 发／分，正常射速 5 发／分。炮身长 1730 毫米，座钣直径 880 毫米。行军全重 272 公斤，战斗全重 138.07 公斤，炮身重 43 公斤，炮架重 31.5 公斤，座钣重 62 公斤，瞄准具重 1.57 公斤。配用弹种及型号：M58F、M57 式榴弹，M58F、M68 式发烟弹，榴弹重 M57 式为 13.2 公斤、M58F 式为 12.9 公斤。精度为射距离的 1%。机动方式为人背、马驮、车载或牵引，直升机空运或空降。行军长

2170 毫米，行军宽 1500 毫米，行军高 980 毫米。该炮配有两轮轻型炮车，行进时使用。炮车除载炮外还可装运备附件、工具和备用弹药等。该炮最新型号为 K6 式，有较长的新式身管，发射 M57 式远程榴弹射程可达 7200 米。现装备以色列陆军，联邦德国将该炮装在 M113 履带式装甲车上。其它国家也有装备此炮的。

【M-65 式 120 毫米迫击炮】 以色列制造。口径 120 毫米，最大膛压 1250 公斤／厘米^2，初速 M58F 式榴弹 310 米／秒、M57 式榴弹 320 米／秒，装药号数 M58F 式榴弹 0～8、M57 式榴弹 0～10、火箭增程弹 0～9，最大射程 M58F 式榴弹 6200 米、M57 式榴弹 7200 米、火箭增程弹 10500 米，最小射程 600 米，高低射界 45°～80°，方向射界（不移动架腿）13.5°、（移动架腿）360°，最大射速 10 发／分，正常射速 5 发／分。炮身长 1960 毫米，座钣直径 960 毫米。行军全重 359.17 公斤，战斗全重（含瞄准具）227.17 公斤，炮身重 84.6 公斤，炮架重 69 公斤，座钣重 72 公斤，瞄准具重 1.57 公斤，炮车重 116 公斤，牵引环重 16 公斤。配用弹种为榴弹、发烟弹、照明弹，榴弹重 M58F 式 12.9 公斤、M57 式 13.2 公斤、火箭增程弹 16.7 公斤。行军状态长 2650 毫米，行军状态宽 1530 毫米，行军状态高 1050 毫米。该炮为以色列制式迫击炮；既可按传统方法使用，也装置在车辆上。其它一些国家军队也有装备此炮的。

【M-66 式 160 毫米自行迫击炮】 以色列制造。口径 160 毫米，最大射程 9600 米，最小射程 600 米，高低射界 43°～70°，方向射界（移动架腿）360°，射速 5～8 发／分。炮身长 2850 毫米。行军全重（不含座钣）1450 公斤，战斗全重 1700 公斤，座钣重 250 公斤，瞄准具重 A 型 1.45 公斤、B 型 1.57 公斤。配用弹种为榴弹、发烟弹，榴弹重 40 公斤。精度为射距离的 0.75～1.25%。机动方式为牵引或装在"舍曼"坦克底盘上。炮手人数 6～8 人。该炮装有击发机；炮架上有两个轮子，不移动座钣即可进行圆周射击；可装在坦克底盘上成为自行迫击。该炮装备以色列陆军。

【64 式 81 毫米迫击炮】 日本制造。口径 81 毫米，初速 213 米／秒，最大射程 3000 米，最大射速 30 发／分，持续射速 18 发／分，方向射界

±5°，高低射界 +40°—+85°。战斗全重 52 公斤，炮身重 12.4 公斤，脚架重 17.5 公斤，座钣重 22.1 公斤。配用弹种有：榴弹、发烟弹、照明弹。机动方式为人背。1964 年起装备日军步兵连。

【60 式 81 毫米自行迫击炮】 日本制造。火炮性能与美 M29 式 81 毫米迫击炮相同。车体尺寸 4850 毫米×2400 毫米×1700 毫米。发动机功率 220 马力，时速 45 公里，最大行程 200 公里。乘员 5 人。战斗全重 12100 公斤。1960 年起装备日军机械化步兵连。

【M2 式 106.7 毫米迫击炮】 日本制造。口径 106.7 毫米，初速 255 米／秒，射程 500—4200 米，最大射速 16 发／分，持续射速 5 发／分，方向射界 ±7°，高低射界 +45°—+60°。战斗全重 161 公斤，炮身长 1285 毫米，炮身重 50 公斤，脚架重 29 公斤，座钣重 82 公斤。配用弹种有榴弹、发烟弹、毒气弹，全弹重 12.29 公斤（榴弹）、13 公斤（发烟弹），炸药重 3.54 公斤（榴弹），毒气弹装料重 2.6—2.81 公斤（芥子气），有效杀伤半径 18 米（榴弹）。弹药基数 60 发。1960 年仿美制产品，用于装备日军步兵和空降兵。

【60 式 106.7 毫米自行迫击炮】 日本制造。火炮性能与日 M2 式 106.7 毫米迫击炮性能相同。车体尺寸为 4850 毫米×2400 毫米×1700 毫米。发动机功率 220 马力，时速 45 公里，最大行程 200 公里。乘员 5 人。战斗全重 12900 公斤。1960 年起装备日军机械化步兵。

【民 20 式 82 迫击炮】 中国 1931 年（民国 20 年）仿法国布朗德迫击炮制成的一种迫击炮。其性能：炮身长 1326 毫米，高低射界 45°—85°，方向射界 150—440 密位，放列全重 69 公斤，一马驮载或 3 人肩负。炮弹种类及重量：榴弹 3.8 公斤，黄磷弹 4.05 公斤，初速：榴弹 8 药包，196 米／秒，最大射程：榴弹 2850 米。

【民 33 式 120 迫击炮】 中国 1944 年（民国 33 年）制造的一种口径为 120 毫米的迫击炮。射程可达 5000 米。其炮弹种类及弹重：榴弹（半钢）10.5 公斤；初速：底火 40.7 米／秒，六药包 256 米／秒；炮管长 1500 毫米；炮身重 78.5 公斤；脚架重 70.5 公斤；底钣重 62.5 公斤；放列全重 212.7 公斤；行列全重 313 公斤；运动方式：人力抬运或一马挽曳或四马驮载。适用于山地作战。

3、反坦克炮

【75毫米遥控反坦克炮】 美国制造。是艾里斯公司研制的一种新式反坦克武器。口径75毫米,理论射速为60发／分,方向射界为360°,高低射界为-10°～+55°。该炮由XM274式75毫米速射炮与M102式105毫米榴弹炮的M31型炮架组装而成,发射定装式穿甲弹。炮身上部装有一台电视摄像机和一台激光测距机。瞄准镜的十字线可在遥控荧光屏上显示,全部射击诸元由遥控视频装置提供。操作手通过电动控制器射击和进行高低、方向修正。弹药由自动装填机装填。这种炮可装备"快速部署部队"或作为轻型步兵师的补充火器。

【1955年式57毫米反坦克炮】 苏联制造。口径为57毫米,初速990米／秒(穿甲弹)、700米／秒(榴弹)、1270米／秒(超速穿甲弹),最大膛压3100公斤／厘米^2,最大射程8400米(榴弹),直射距离1100米(穿甲弹),垂直穿甲厚度105毫米(射距1000米),最大射速25发／分,方向射界±27°,高低射界-5°—+25°。炮身长4161毫米,战斗全重8.5公斤,带辅助推进器为1250公斤。配用弹种有:穿甲弹、榴弹、超速穿甲弹,全弹重6.61公斤(穿甲弹)、6.57公斤(榴弹)、5.4公斤(超速穿甲弹),弹丸重3.14公斤(穿甲弹)、3.74公斤(榴弹)、1.79公斤(超速穿甲弹),炸药重200克(榴弹)。机动方式为"嘎斯"63型汽车牵引或六马挽曳,短途自行推进。1955年起装备苏军摩托步兵的反坦克分队。

【ACY式57毫米自行反坦克炮】 苏联制造。火炮性能见苏1955式57毫米反坦克炮性能。车体尺寸为3670毫米×2074毫米×1647毫米,发动机功率为100马力,公路时速30—45公里,最大行程250公里。方向射界±8°,高低射界-5°—+12°。最大爬坡度30°,越壕宽1.4米,涉水深0.7米,通过垂直墙高0.5米。装甲厚度12毫米。乘员3人。战斗全重5440公斤。1957年起装备苏军空降兵。

【1945式85毫米反坦克炮】 苏联制造。口径85毫米,初速800米／秒(穿甲弹)、793米／秒(榴弹)、1020米／秒(超速穿甲弹),最大膛压为2550公斤／厘米^2,最大射程15650米,有效射程1000—1200米,直射距离1000米,垂直穿甲厚度130毫米,最大射速20发／分,方向射界±27°,高低射界-5°—+40°。炮身长4685毫米,战斗全重1725公斤(带辅助推进器为2100公斤)。配用弹种有穿甲弹、超速穿甲弹、榴弹、发烟弹,全弹重16公斤(穿甲弹)、16.3公斤(榴弹)、11.42公斤(超速穿甲弹)、15.4公斤(发烟弹),弹丸重9.54公斤(榴弹)、9.34公斤(穿甲弹)、5.35公斤(超速穿甲弹)、10.07公斤(发烟弹),炸药重741克(榴弹)。机动方式为卡车牵引、短途自行推进。1945年起装备苏军师属炮兵团。

【СД-44式85毫米反坦克炮】 苏联制造。口径85毫米,初速曳光超速穿甲弹为1020米／秒,破甲弹为840米／秒,最大射程15650米,有效射程1150米,直射距离1120米,射速15~20发／分,火线高825毫米,方向射界±27°,高低射界-7°—+35°。身管长4145毫米,炮身长4685毫米。最大膛压2550公斤／厘米^2,炮口压力735公斤／厘米^2,炮口制退器效率68%。配用弹种:简装药榴弹、全装药榴弹、钢性铣榴弹、曳光穿甲弹、钝头曳光穿甲弹、尖头曳光穿甲弹、曳光超速穿甲弹、破甲弹、发烟弹。全弹重:曳光超速穿甲弹5.35公斤,破穿甲弹7.34公斤。炸药重0.96公斤(破甲弹)。侵彻厚度:曳光超速穿甲弹178毫米,破甲弹300毫米。行军长8340毫米,行军宽1730毫米,行军高1420毫米,行军全重2250公斤,战斗全重1725公斤,最低点离地高350毫米。弹药基数140发。炮班人数7~8名。最大运动速度:在公路上牵引时60公里／小时,越野牵引时15公里／小时,炮身向后并用辅助推进器时25公里／小时,炮身向前并用辅助推进器时5~6公里／小时。机动方式为装甲车或载重卡车牵引,辅助推进器短途独立行驶。СД-44式是Д-44式85毫米反坦克炮(40年代装备）装上辅助推进器后的型号。其辅助推进器装有一台 14 马力双缸汽油发动机，可迅速进入和撤出战斗。该炮结构比较合理，除苏军外，许多华约国家和亚非国家军队也装备这种炮。已停止生产。

图 3-18 СД-44 式 85 毫米反坦克炮

【АСУ 式 85 毫米自行反坦克炮】 苏联制造。口径 85 毫米。初速：穿甲弹 792 米／秒，超速穿甲弹 1030 米／秒，榴弹 792 米／秒。最大射程 15650 米，有效射程 1000—1200 米，直射距离 1000 米，射速 15～20 发／分，方向射界 ±16°，高低射界 -4°—+15°。身管长 4145 毫米，炮身长 4685 毫米。配用弹种为穿甲弹、超速穿甲弹、榴弹、发烟弹。全弹重：穿甲弹 16 公斤，超速穿甲弹 11.42 公斤，榴弹 16.3 公斤，发烟弹 15.4 公斤。弹丸重：穿甲弹 9.34 公斤，超速穿甲弹 5 公斤，榴弹 9.54 公斤，发烟弹 10 公斤。炸药重 0.741 公斤（榴弹）。侵彻厚度：穿甲弹 102 毫米，超速穿甲弹 130 毫米。载运车体型号为 ПТ76 轻型坦克。车体尺寸 6500 毫米×2800 毫米×2100 毫米，车底距地高 440 毫米，平均单位压力 0.44 公斤／厘米^2，发动机型号为 V-6 缸直列水冷柴油机，发动机功率 240 马力，单位功率 13.5 马力／吨，最大运动速度 45 公里／小时（公路）、9.6 公里／小时（水上），最大行程 260 公里，最大爬坡度 38°，越壕宽 2.8 米，涉水深 1.1 米，通过垂直墙高 1.1 米，车体装甲厚度 8～40 毫米。弹药携行量 40 发。战斗全重 14200 公斤。乘员 4 名。该炮配有红外夜视仪和红外探照灯，便于夜战；可以空运。缺点是火炮不能旋转 360°，火力机动性差；初速较低；最大行程小；越野性能差。1962 年起装备苏军空降师。华约国家及阿富汗、芬兰、越南等十余个欧、亚、非国家军队中也装备这种炮。

【1944 年式 100 毫米反坦克炮】 苏联制造。口径为 100 毫米，初速 1100 米／秒（超速穿甲弹）、900 米／秒（榴弹），最大射程 20000 米，有效射程 1500—2000 米，直射距离 1100 米，垂直穿甲厚度 175 毫米（射距 1000 米），最大射速 7—8 发／分，方向射界 ±29°，高低射界 -5°—+45°。炮身长 5960 毫米，战斗全重 3650 公斤。配用弹种为穿甲弹、榴弹、超速穿甲弹、发烟弹，全弹重 30.4 公斤（穿甲弹）、30.19 公斤（榴弹），弹丸重 15.8 公斤（穿甲弹）、15.6 公斤（榴弹）、9.38 公斤（超速穿甲弹），炸药重 1.46 公斤（榴弹）。机动方式为卡车或履带车牵引。1944 年起装备苏军摩托化步兵，逐渐被新式火炮代替。

【1955 年式 100 毫米反坦克炮】 苏联制造。口径 100 毫米，初速 900 米／秒（榴弹），最大射程 22000 米，直射距离 1000 米，垂直穿甲厚度 130 毫米，最大射速 8—10 发／分，方向射界 ±27.5°，高低射界 -5°—+40°。炮身长 5400 毫米，战斗全重 2700 公斤。配用弹种同苏 1944 年式 100 毫米反坦克炮。机动方式为卡车或履带车牵引。1955 年起装备苏军摩托化步兵。

【T-12（MT-12）式 100 毫米反坦克炮】 苏联制造。口径 100 毫米。初速：穿甲弹为 1500 米／秒，破甲弹为 900 米／秒。最大射程 8200 米（T-12）、15000 米（MT-12），射速 14 发／分（最大）、6 发／分（持续），方向射界 54°，高低射界 -10°—+20°（T-12）、-6°～+30°（MT-12）。身管长 6200 毫米，炮身长 6480 毫米。配用弹种为尾翼稳定脱壳穿甲弹、尾翼稳定破甲弹、榴弹，全弹重 29 公斤（榴弹），弹丸重：穿甲弹为 5.5 公斤，破甲弹为 9.5 公斤，榴弹为 17 公斤。侵彻厚度：穿甲弹 350 毫米（射距 1000 米时），破甲弹 380 毫米。行军长 9162 毫米，行军宽 1700 毫米，行军高 1448 毫米。战斗全重 3000 公斤（T-12）、3100 公斤（MT-12）。最低点离地高 380 毫米。弹药基数 60 发。炮班人数 6 名。最大运动速度 70 公里／小时。机动方式为 MT-ЛБ、AT-П 履带牵引车、"吉尔-131"、"吉尔-175"、"乌拉尔-375"等车牵引。该炮装有滑撬装置，便于在雪地、沼泽地行进；最低点离地较高，具有较好的越野能力。50 年代中后期开始成为苏军重型反坦克炮，华约国家及中东、北非一些国家也装备该炮。在苏军中该炮正逐渐被新式 125 毫米滑膛反坦克炮取代。

【T12 式 100 毫米反坦克炮】 苏联制造。口径为 100 毫米，初速 900—1300 米／秒，垂直穿甲厚度 350 毫米。炮身长 6200 毫米。方向射界 ±27°，高低射界 -10°—+20°。机动方式为卡车或履带车牵引。1965 年起装备苏军。

【CY 式 100 毫米自行反坦克炮】 苏联制造。火炮性能见苏 1944 年式 100 毫米反坦克炮性能。方向射界 ±8°，高低射界 -5°—+20°。车体型号为 T34 式坦克，车体尺寸为 6100 毫米×3000 毫米×2245 毫米，发动机功率 500 马力。最大时速 55 公里，最大行程 300 公里，最大爬坡度 35°，越壕宽 2.5 米，涉水深 1.3 米，通过垂直墙高 0.73 米，最大装甲厚度 90 毫米。乘员 4 人。战斗全重 31600 公斤。1945 年起装备少数苏军摩托化步兵团。

【125 毫米滑膛反坦克炮】 苏联制造。口径 125 毫米。初速：穿甲弹 1800 米／秒，破甲弹 1100 米／秒。直射距离：穿甲弹 2100 米，破甲弹 1150 米。身管长 6250 毫米。配用弹种为尾翼稳定脱壳穿甲弹、尾翼稳定空心装药破甲弹。弹丸重：穿甲弹为 9 公斤，破甲弹为 13 公斤。侵彻厚度：穿甲弹，射距 2000 米，垂直穿甲时 300～340 毫米；射距 2000 米，倾角 60°时，150～170 毫米。破甲弹，垂直破甲 500 毫米。弹药基数为 40 发。该炮由 T-72 滑膛坦克炮改装而成，穿甲能力强，是 70 年代后期装备苏军的反坦克武器。

【M1966 式 90 毫米反坦克炮】 联邦德国制造。口径为 90 毫米，初速 930 米／秒（穿甲弹）、850 米／秒（破甲弹），最大射程 7000 米，有效射程 1500 米（破甲弹）、1800 米（碎甲弹），方向射界 ±25°，高低射界 -8°—+25°，火线高 1065 毫米。炮身长 3635 毫米，战斗全重 5000 公斤（包括辅助推进器）。配用弹种有穿甲弹、破甲弹、碎甲弹、超速穿甲弹，弹丸重 10.8 公斤（穿甲弹）、6.5 公斤（破甲弹）、5.5 公斤（超速穿甲弹）。机动方式为汽车牵引、短途自行推进。1966 年起装备联邦德国反坦克部队。

【90 毫米自行反坦克炮】 联邦德国制造。口径 90 毫米，初速：穿甲弹 930 米／秒，破甲弹 850 米／秒，碎甲弹 823 米／秒，超速穿甲弹 1250 米／秒。最大射程 7000 米，有效射程 1800 米（破甲弹）、1500 米（碎甲弹），射速 12 发／分，火线高 1065 毫米，方向射界 ±15°，高低射界 -8°—+15°。炮身长 3635 毫米。配用弹种有破甲弹、碎甲弹、穿甲弹、超速穿甲弹、北约国家制式弹药。全弹重：穿甲弹 19.39 公斤，破甲弹 15.78 公斤，超速穿甲弹 14.97 公斤。弹丸重：穿甲弹 10.8 公斤、破甲弹 6.5 公斤、超速穿甲弹 5.5 公斤。侵彻厚度 330 毫米（破甲弹，1000 米时）。载运车体型号 JP24-5。车体尺寸 6238 毫米

×2980 毫米×2085 毫米，车底距地高 450 毫米（前）、440 毫米（后），平均单位压力 0.75 公斤／厘米²。发动机型号为戴姆勒·本茨 MB837，8 缸水冷柴油机，发动机功率 500 马力，单位功率 18.18 马力／吨。最大运动速度 70 公里／小时（前进）、70 公里／小时（倒退），最大行程 400 公里，最大爬坡度 30°，越壕宽 2 米，涉水深 1.4 米（使用专用通气设备时 2.1 米），通过垂直墙高 0.89 米，车体装甲厚度 12～50 毫米。弹药携行量 51 发。战斗全重 25700 公斤。乘员 4 名。该炮特点是，装有 8 管发烟器；装有测角仪、红外探测仪、红外驾驶仪、红外／白光探照灯等设备；采用暗炮塔，减低了高度；前进、后退均能高速行驶；具有潜渡能力；仅需 30 秒钟即可完成射击准备。1976 年起装备联邦德国机械化步兵，还装备比利时军队。近年来，随着新型装甲的出现，190 毫米反坦克炮由于破甲威力小，有效射程近，难以对付防护能力强的坦克，因此已停止生产。其中有些改装成"陶"式导弹发射车。

【"埃内加"90 毫米反坦克炮】 比利时制造。口径 90 毫米。初速：破甲弹为 633 米／秒，榴弹 338 米／秒。最大射程 3500 米（破甲弹），有效射程 1000 米，直射距离 1000 米，射速 18 发／分（最大）、10 发／分（持续），方向射界 360°，高低射界 -10°～+12°。炮身长 2898 毫米，最大膛压 500～600 公斤／厘米²。配用弹种为曳光破甲弹、榴弹、霰弹、冷口径弹、发烟弹。全弹重：破甲弹 3.54 公斤，榴弹 5.21 公斤。弹丸重：破甲弹 2.28 公斤，榴弹 4.1 公斤。侵彻厚度 350 毫米，行军长 3615 毫米，行军宽 1360 毫米，行军高 1300 毫米，行军全重 800 公斤，战斗全重 780 公斤。炮班人数 3～4 名。机动方式为装甲车或一般车辆牵引。该炮与同类火炮相比射速高，隐蔽性好，重量轻，放列操作简便。轻型"埃内加"反坦克炮配有适于野战的特制轻型三角架，可由车辆牵引也可由人员拖运。由于以上特点，该炮不仅适于反坦克，也适于山地、丛林战斗。60 年代起装备比利时、联邦德国、意大利、瑞士等国家军队。

【"骑兵"105 毫米自行反坦克炮】 奥地利制造。口径 105 毫米。初速：破甲弹为 800 米／秒，榴弹为 700 米／秒，发烟弹为 695 米／秒。有效射程 2700 米，射速 6 发／分，火线高 1945 毫米，方向射界 360°，高低射界 -6°—+13°。配用弹种为破甲弹、发烟弹、榴弹。全弹重：破甲弹为 17.3 公斤，榴弹 21 公斤，发烟弹 19.1 公

斤。弹丸重：破甲弹 10.95 公斤，榴弹 12.1 公斤。炸药重 0.78 公斤（破甲弹），侵彻厚度为 150～420 毫米。载运车体型号为"绍尔"4K 装甲车。车体尺寸 5552 毫米×2500 毫米×2355 毫米，车底距地高 380 毫米，平均单位压力 0.68 公斤/厘米^2。发动机型号为"斯泰尔"7FA，发动机功率 300 马力，最大运动速度 65.34 公里/小时，最大行程 520 公里，最大爬坡度 37°，越壕宽 2.41 米，涉水深 1 米，通过垂直墙高 0.8 米，车体装甲厚度 12～40。弹药携行量 44 发。战斗全重 17500 公斤。乘员 3 名。该炮采用法国 AMX-13 坦克上的 M57 式 105 毫米加农炮及炮塔。其特点是，高低方向瞄准采用电气压瞄准机构，也配有机械式瞄准机构；配有激光测距机和潜望式红外瞄准镜；动力室内配有柴油加热器和手动或自动灭火器；履带配有挂胶履带板，可安装防滑钉；火炮精度高，垂直命中侵彻 420 毫米装甲的可靠性达 55%；具有三防能力；体积小，重量轻。该炮重要用于在较远距离上消灭单个装甲目标、坦克等，也可做轻型坦克用。1971 年起装备奥地利军队，也装备阿根廷、波利维亚、摩洛哥、突尼斯等国。

图 3-19　"骑兵"105 毫米自行反坦克炮

【M52 式 85 毫米反坦克炮】　捷克制造。口径 85 毫米，初速 820 米/秒（穿甲）、1070 米/秒（脱壳穿甲弹），最大射程 16200 米，垂直穿甲厚度 123 毫米（射距 1000 米），方向射界 ±30°，高低射界 -6°—+38°。战斗全重 2095 公斤。配用弹种为穿甲弹、脱壳穿甲弹、榴弹，全弹重 15.42 公斤（穿甲弹），弹丸重 9.3 公斤（穿甲弹）。机动方式为卡车牵引。装备捷克陆军师、团两级。

4、榴弹炮

【M1A1 式 75 毫米榴弹炮】　美国制造。口径 75 毫米，初速 381 米/秒（榴弹）、305 米/秒（破甲弹），膛压 1250 公斤/厘米^2（21.1℃时），最大射程 8800 米（榴弹）、6400 米（破甲弹），最大射速 8 发/分，持续射速 2.5 发/分，方向射界 ±3°，高低射界 -5°—+45°。炮身长 1194 毫米，战斗全重 654 公斤，行军全重 700 公斤。配用弹种为榴弹、破甲弹、发烟弹、照明弹、毒气弹，全弹重 8.2 公斤（榴弹）、7.7 公斤（破甲），弹丸重 6.7 公斤（榴弹）、6 公斤（破甲弹），有效杀伤面积为 20 米×15 米（榴弹）。弹药基数 63 发。机动方式为吉普车牵引，马驮，直升机吊运。系美制旧式武器，现装备日军空降旅。

【M101A1 式 105 毫米榴弹炮】　美国制造。为 M101 式 105 毫米榴弹炮系列中的一种。口径 105 毫米，初速 473 米/秒（榴弹）、518 米/秒（火箭增程弹），最大膛压 1970 公斤/厘米$_2$，最大射程 11000 米（榴弹）、15000 米（火箭增程弹），最小射程 1800 米，最大射速 10 发/分，持续射速 3 发/分，方向射界 ±22.5°，高低射界 -5°—+65°。炮身长 2574 毫米，战斗全重 2261 公斤。配有弹种为榴弹、凹底榴弹、破甲弹、碎甲弹、火箭增程弹、箭式杀伤弹、照明弹、发烟弹、化学毒气弹，全弹重 19.07 公斤（榴弹）、17.69 公斤（凹底榴弹）、16.84 公斤（破甲弹）、18.6 公斤（碎甲弹）、17.25 公斤（箭式杀伤弹），弹丸重 14.98 公斤（榴弹）、12.93 公斤（凹底榴弹）、13.3 公斤（破甲弹）、17.34 公斤（火箭增程弹），炸药重 2.18 公斤（榴弹）、2.53 公斤（凹底榴弹）、1.3 公斤（破甲弹）、3.45 公斤（碎甲弹），有效杀伤面积 45 米×13.5 米，垂直破甲厚度 127-140 毫米（射程 1000 米）。机动方式为 2.5 吨汽车牵引或空运。该炮特点是结构简单，坚固可靠，发射弹种多，机动性好，能适应各种地形，用于直接支援步兵和反迫击炮战斗。40 年代起装备美军步兵师、空降师和海军陆战队，是一种老式火炮，在美军中正逐渐被 M102 式 105 毫米榴弹炮取代。但目前世界上仍有 60 多个国家和地区的军队装备有 M101 式系列的 105 毫米榴弹炮。

图 3—20　M101 式 105 毫米榴弹炮

【M102 式 105 毫米榴弹炮】　美国制造。口径为 105 毫米，初速 494 米／秒（榴弹）、671 米／秒（凹底榴弹）、549 米／秒（火箭增程弹），最大膛压 1150 公斤／厘米^2、3000 公斤／厘米^2。最大射程 11500 米（榴弹）、15080 米（凹底榴弹）、15000 米（火箭增程弹），最小射程 1000 米，最大射速 10 发／分，持续射速 3 发／分，方向射界 360°，高低射界−5°—+75°。炮身长 3343 毫米，战斗全重 1470 公斤。配用弹种与美 M101A1 式 105 毫米榴弹炮同。机动方式为汽车牵引、空运。该炮广泛采用铝合金制造，重量轻、可空运，机动性好；采用液压气动式后座装置，大射角射击时不需挖后坐坑；瞄准装置采用放射性光源照明。1965 年起正式装备部队，系美军步兵师、空降师和空中机动师属炮兵的制式火炮。

【XM164 式 105 毫米榴弹炮】　美国制造。口径 105 毫米，初速 473 米／秒（榴弹），最大射程 12500 米（榴弹）、15300 米（凹底榴弹）、15000 米（火箭增程弹），方向射界±22.5°，高低射界−5°—+75°。炮身长 5537 毫米，战斗全重为 1590 公斤。配用弹种有榴弹、凹底榴弹、火箭增程弹。机动方式为 0.75 吨汽车牵引或空运。是为美海军陆军战师研制的火炮。

【XM204 式 105 毫米榴弹炮】　美国制造。口径 105 毫米，最大射程 11000 米（榴弹）、15000 米（凹底榴弹），射速 20 发／分，方向射界 360°，高低射界−5°—+75°。总后坐力为 2047 公斤，后坐周期 1.5 秒。全炮长 4200 毫米，战斗全重 1350 公斤。机动方式为汽车牵引或空运。系美军根据前冲原理设计的速射火炮。

【M52A1 式 105 毫米自行榴弹炮】　美国制造。口径为 105 毫米，初速 473 米／秒，最大射程 11000 米，最大射速 10 发／分，持续射速 3 发／分，方向射界±60°，高低射界−10°—+65°。炮身长 2574 毫米。配用弹种有榴弹、破甲弹、发烟弹、照明弹、毒气弹，全弹重 19.07 公斤（榴弹）、16.84 公斤（破甲弹），弹丸重 14.98 公斤（榴弹）、13.3 公斤（破甲弹），炸药重 2.1 公斤（榴弹），有效杀伤面积为 45 米×13.5 米，垂直破甲厚度为 127−140 毫米。车体型号 M41 式坦克，车体尺寸为 5785 毫米×3120 毫米×3310 毫米，发动机功率 500 马力，最大时速 67.5 公里，最大行程 160 公里，最大爬坡度 31°，越壕宽 1.83 米，涉水深 1.22 米，通过垂直墙高 0.74 米，最大装甲厚度 15 毫米。弹药携行量 102 发。乘员 5 人。战斗全重 24060 公斤。系美制旧式武器，1954 年起装备日军机械化师。

【M108 式 105 毫米自行榴弹炮】　美国制造。口径 105 毫米，初速为 494 米／秒（榴弹），最大射程 11500 米（榴弹）、15000 米（凹底榴弹），最大射速 10 发／分，持续射速 3 发／分，方向射界 360°，高低射界−6°—+75°。炮身长 3343 毫米。配用弹种有榴弹、破甲弹、凹底榴弹、照明弹、发烟弹、化学毒气弹，全弹重 19.07 公斤（榴弹）、16.84 公斤（破甲弹），弹丸重 14.98 公斤（榴弹）、13.3 公斤（破甲弹），炸药重 2.1 公斤（榴弹），有效杀伤面积 45 米×13.5 米，垂直破甲厚度 127−140 毫米（射距 1370 米）。车体型号为 M113 型装甲车，车体尺寸 6113 毫米×3150 毫米×3059 毫米。发动机功率 405 马力，最大时速 56 公里，最大行程 354 公里，最大爬坡度 31°，越壕宽 1.63 米，通过垂直墙高 0.53 米，最大装甲厚度 32 毫米，弹药携行量 85 发。乘员 4 人。战斗全重 21000 公斤。1964 年起少量装备。

【M114A1 式 155 毫米榴弹炮】　美国制造。是 M114 系列 155 毫米榴弹炮中较有代表性的一种。口径 155 毫米，初速 564 米／秒，膛压 1650 公斤／厘米^2，最大射程 14600 米，有效射程 12700 米，最大射速 4 发／分，持续射速 1 发／分，方向射界±23°，高低射界 0°—+65°。炮身长 3790 毫米，战斗全重 5880 公斤，带辅助推进器为 6150 公斤。配用弹种为榴弹、核弹、毒气弹、发烟弹、照明弹。其中榴弹全弹重 49.3 公斤，弹丸重 43.13 公斤，炸药重 6.86 公斤；核弹全弹重 62.65 公斤，弹丸重 54.48 公斤，核弹头 TNT 当量为 1000 吨。有效杀伤面积为 54 米×16

米（榴弹），弹药基数 110 发。机动方式为 5 吨卡车牵引。第二次世界大战后，M114 系列 155 毫米榴弹炮正式命名（原名 M1 式）。装备于美陆军、海军陆战队和联邦德国、比利时等 30 多个国家。

【XM198 式 155 毫米榴弹炮】 美国制造。口径 155 毫米，初速 836 米／秒，最大射程 28000 米，最大射速 4 发／分，方向界界 360°。炮身长 6230 毫米，战斗全重 6583 公斤。配用弹种有制式 155 毫米弹药、核弹、火箭增程弹、激光末段制导破甲弹。机动方式为履带车或卡车牵引、空运。该炮炮架多采用铝合金，重量轻，达至直升机吊运要求；行军时炮身可回转 180°，缩短了行军长度；采用液压传动装置，提高了火力机动性；配有氙照明装置，便于夜间射击；威力大，射程远。缺点是射速低。1979 年后开始取代 M114A1 式 155 毫米榴弹炮、M101A1 式和 M102 式 105 毫米榴弹炮。

图 3-21　　M198 式 155 毫米榴弹炮

【M—109G 155 毫米自行榴弹炮】 美国制造的一种自行火炮。与 M-107 及 M-110 研制时间大致相同。但是，因 M-109 火炮较轻，口径较小，所以，在重量不超过 M-107 和 M-110，而且可以空运的情况下，给乘员提供了全装甲防护，并备有"三防"装置，同时，还能够浮渡。M-109 和 M-108 式的火炮口径为 105 毫米。采用通用底盘。M-109、M-108 与 M-107、M-110 使用的发动机相同，均为底特律 405 马力八缸柴油发动机。M-109 最大行驶速度为 56 公里／小时。在水上靠履带划水推进。浮渡时，在车体正前部和两侧要附加九个气囊，水上行驶速度大约为 6.5 公里／小时。行动部分有七对负重轮，悬挂为扭力杆式，主动轮在前，发动机位于车体前右侧，驾驶员位于发动机左侧，车体后半部分是战斗舱，战斗舱顶上戴着一个大而全密封旋转炮塔，塔

内装有 M-126 型口径为 155 毫米、炮管为 23 倍口径长的榴弹炮。该炮最大仰角为 75°，最大射程 14.7 公里（使用 43.5 公斤重的榴弹）。M-109G 是 M-109 的改进型，其主要武器是，德国莱茵钢铁公司设计并经过了多次改进的火炮，其射程为 18.5 公里。美国只提供车辆，然后，在德国安装火炮以供联邦德国军队使用。或者由意大利奥托，梅莱拉公司安装火炮，以供意大利陆军使用。还有 M-109 自行火炮安装的是 39 倍口径的长管炮，其射程为 18 公里，车的型号是 M-109A₁，这种自行火炮也早已在陆军中使用。由意大利奥托、梅莱拉公司研制的改进型莱茵炮，其射程为 24 公里。

图 3-22　　M109 式 155 毫米自行榴弹炮

【M—107 式 175 毫米自行榴弹炮】 美国制造的一种自行火炮。是太平洋汽车和铸造公司设计和研制的。采用铝合金 M-113 装甲车车体。悬挂装置很象缩短了的 M-113 的变型，它没有专用的诱导轮，后负重轮接地兼起诱导轮作用。驾驶员位于车体前左侧，只给他备有防护装甲板。其他四名乘员位于炮座四周，另外八名乘员都在供弹车上，供弹车通常是 M-548 型物资运输车，同时，也运载炮弹。发动机位于车体前右侧，采用的是底特律八缸，405 马力柴油发动机。最大行驶速度是 56 公里／小时。没配备浮渡装置。主要武器是 M-113 型口径为 175 毫米，炮管为 60 倍口径长的榴弹炮。可发射重 66.6 公斤的高爆榴弹，最大射程为 32 公里。可以空运。

【M110 式 203 毫米自行榴弹炮】 美国制造。口径 203.2 毫米，初速 594 米／秒，最大膛压 1900 公斤／厘米²，最大射程 16930 米（榴

弹)、16800 米（核弹），最大射速 1.5 发／分，方向射界 ±30°，高低射界 −2°——+65°。炮身长 5486 毫米。配用弹种为榴弹、核弹、化学弹。其中榴弹全弹重 103.65 公斤，弹丸重 90.78 公斤，炸药重 16.67 公斤，有效杀伤面积 72 米×18 米；核弹全弹重 123.49 公斤，弹丸重 109.87 公斤，核弹头 TNT 当量为 2000 吨、10000 吨、20000 吨，有效杀伤半径为 400 米−620 米。车体型号为 M158 履带装甲车，车体尺寸为 5720 毫米×3150 毫米×3470 毫米。发动机功率 405 马力，最大时速 56 公里，最大行程 724 公里，最大爬坡度 31°，越壕宽 2.36 米，涉水深 1.07 米，通过垂直墙高 1.02 米。弹药携行量 3 发。乘员 5 人。战斗全重 26300 公斤。美国还制造了改进型的 M110A1 式、M110A2 式。炮身加长 2.44 米，对发动机、电子设备、液压机构，装退弹装置及驻锄等进行了改进。M110 系列 203 毫米自行榴弹炮的特点是没有炮塔，只有火炮和底盘。底盘后面设有大型液压驻锄，射击时降下，行进时升起。M110 式于 1963 年装备美军；M110A1 式和 M110A2 式分别于 1977 年和 1980 年装备美军。此外另有 10 余个国家装备该系列火炮。

图 3—23　M110A2 式 203 毫米自行榴弹炮

【M115 式 203 毫米榴弹炮】　美国制造。口径 203.2 毫米，初速 594 米／秒，最大膛压 2310 公斤／厘米²，最大射程 16930 米（榴弹）、16800 米（核弹），有效射程 14340 米，最大射速 1 发／分，方向射界 ±30°，高低射界 −2°——+65°。身管长 5075 毫米，战斗全重 13620 公斤。配用弹种有榴弹、核弹、化学弹。其中榴弹全弹重 103.65 公斤，弹丸重 90.8 公斤，炸药重 16.67 公斤，有效杀伤面积为 72 米×18 米：核弹全弹重 123.5 公斤，弹丸重 109.87 公斤，核弹头 TNT 当量为 2000 吨、10000 吨、20000 吨，有效杀伤半径为 400−620 米。弹药基数 60 发（榴

弹）、12 发（核弹）。机动方式为履带车牵引。1946 年起装备部队，现美军少量装备部队，英、日、联邦德国和意大利等国也装备。

【1969 式 76 毫米山榴炮】　苏联制造。口径为 76 毫米，最大射程 11000 米。配用弹种为榴弹、穿甲弹、超速穿甲弹、破甲弹，全弹重 9 公斤（榴弹）、5.72 公斤（穿甲弹）、6.17 公斤（超速穿甲弹）、3.95 公斤（破甲弹）。机动方式为汽车牵引。1969 年起装备苏军。

【1938 年式 122 毫米榴弹炮】　苏联制造。口径为 121.92 毫米，初速 515 米／秒，最大膛压 2350 公斤／厘米²，最大射程 11800 米，最大射速 5−6 发／分，方向射界 ±24.5°，高低射界 −3°——+63.5°。炮身长 2769 毫米，战斗全重 2450 公斤。配用弹种有榴弹、破甲弹、发烟弹、照明弹、化学弹，全弹重 27.37 公斤（榴弹）、17.16 公斤（破甲弹），弹丸重 21.76 公斤（榴弹）、13.25 公斤（破甲弹），炸药重 3.53 公斤（榴弹）、1.45 公斤（破甲弹），有效杀伤面积 60 米×20 米，垂直破甲厚度 178−203 毫米。弹药基数 80 发。机动方式为卡车牵引。1938 年起装备苏军炮兵，为主要火炮。

【Д−30 式 122 毫米榴弹炮】　苏联制造。口径 122 毫米，初速 700 米／秒（榴弹）、740 米／秒（破甲弹），最大射程 14087 米，最大射速 6 发／分，方向射界 360°，高低射界 −10°——+70°。战斗全重 3150 公斤。配用弹种为榴弹、破甲弹、发烟弹、照明弹，全弹重 39 公斤，弹丸重 21.76 公斤（榴弹）、14.1 公斤（破甲弹），垂直破甲厚度 450 毫米。机动方式为"乌拉尔"375 型或"吉斯"214 型卡车牵引。其特点是炮身可回转 180°，行军时炮身与大架在同一方向，缩短了行军长度；配有破甲弹，能直瞄打坦克；可空运。主要用于毁伤敌工事内有生力量和火器，破坏防御工事，在布雷区开辟通路，与敌炮兵作斗争，还可担任迷盲、照明等任务。1960 年起装备苏军、华约军队及一些亚、非国家。

【CY−122 自行榴弹炮】　苏联制造的一种自行火炮。1974 年第一次公开露面。在 122 毫米自行火炮上，安装一个可旋转的炮塔，早期的这种火炮的炮塔都是固定在底盘上的，而且炮塔的外型都与美国的 M−109 外型相似。还有一种口径为 152 毫米的榴弹炮也安装在类似的底盘上。悬挂装置和ПТ−76 系列相似，发动机为前置，驾驶员在发动机左侧，炮塔位于车体后部，车长和炮手位于

炮塔内。这样的布置有利于弹药的补充。

【1943 年式 152 毫米榴弹炮】 苏联制造。口径为 152.4 毫米，初速 508 米／秒，最大射程 12400 米，最大射速 4 发／分，方向射界±17.5°，高低射界－3°—＋63.5°。炮身长 3800毫米，战斗全重 4150 公斤，行军全重 4550 公斤。配用弹种为榴弹、曳光榴弹，全弹重 46.96 公斤（榴弹），弹丸重 40 公斤（榴弹），炸药重 5.77公斤（榴弹），有效杀伤面积为 30 米×70 米。弹药基数 60 发。机动方式为卡车牵引。1943 年起装备部队，逐步被取代。

【1955 年式 152 毫米榴弹炮】 苏联制造。口径为 152.4 毫米，最大射程 13500 米，最大射速 4 发／分。战斗全重 3600 公斤。配用弹种为榴弹。全弹重 46.96 公斤，弹丸重 40 公斤，炸药重 5.77 公斤，有效杀伤面积 30 米×70 米。弹药基数 60 发。机动方式为履带车牵引。1955 年起装备苏军摩托化步兵、坦克兵和炮兵。

【2C3 式 152 毫米自行榴弹炮】 苏联制造。火炮部分是Д－20 式 152 毫米加榴炮的改进型。口径 152 毫米，最大初速 655 米／秒（榴弹）、665 米／秒（穿甲弹），最大射程 17300 米（榴弹），直射距离 580 米（目标高 2 米），1000 米距离穿甲厚度 124 毫米，高低射界－4°—＋60°，方向射界 360°，最大射速 3 发／分。身管长度为口径的 28 倍。行军状态长 7780 毫米，行军全重 27500 公斤。炮塔位于底盘后半部上，可电动旋转 360°，配有观察孔和机枪。底盘是"萨姆－4"防空

图 3-24　2C3 式 152 毫米自行榴弹炮

导弹车的改进型。行进速度在公路上 62 公里／小时，在土路上 25～30 公里／小时。乘员 4 人。配用弹种有榴弹、照明弹、发烟弹、穿甲弹、火箭增程弹、化学弹。该炮配有夜视器材、机械装填机和三防系统。火炮和底盘利用现成火炮和底盘改进而成，造价低，便于维修。底盘对地面压力

仅为 0.6 公斤／平方厘米，能在沼泽、雪地、沙漠地上通行。由于配有三防系统，可在核、生、化条件下作战。配用穿甲弹可对火炮直瞄射击。主要用于压制敌核武器、火炮，毁伤坦克、防御工事等目标。70 年代初期装备苏军。

【105 毫米轻型榴弹炮】 英国制造。其基本型号为 L118 式、L119 式、L127 式等，以适应不同国家的弹药。口径为 105 毫米，射程 2500-17400 米，最大射速为 6 发／分，持续射速为 3 发／分。方向射界 360°，高低射界－5.5°—＋70°。炮身长 4800 毫米。战斗全重 1858 公斤。配用用弹种为榴弹、碎甲弹、燃烧弹、发烟弹、照明弹。机动方式为 1～2 吨汽车牵引。该种炮加工精细，炮架多由轻合金制成；车轮宽并有液压制动器，适于车辆高速牵引；指挥系统配有计算机和自动气象探测装置。1974 年起正式装备英军并出口其它国家。

【"阿伯特"105 毫米自行榴弹炮】 英国制造，是英国军队中的主要的自行榴弹炮。现在，这种口径的牵引火炮仅在有空降等特殊任务时应用。与其他国家所对应的火炮比较，它具有较大的射程（17000 米）和较强的摧毁性，其射速为 12 发／分。底盘有许多部件与 FV432 装甲输送车系列相同，其中包括罗尔斯－罗易斯二冲程 6缸多种燃料发动机，功率为 240 马力，综合传动装置，悬挂装置也相同，车的每侧有五个中等大小的负重轮，分别装在扭力杆上。发动机置于前左侧。驾驶员在右侧。这样的布置使车后空间变得更大些，既适用于自行火炮，也适用于装甲输送车。105 毫米火炮装在全回转的炮塔内，炮塔靠电动旋转。火炮的最大仰角为 70°，俯角为－5°。炮塔内有三名乘员，载弹量（在炮塔内和车后）为 32～34 发，弹种为爆破榴弹和碎甲弹，一挺 7.62 毫米机枪安装在车长指挥塔上，用它作为车辆本身的防卫武器。最大行驶速度为 48 公里／小时，该车经常带有围帐，通常折迭在车体顶部四周，将围帐竖起即可浮渡，而竖起围帐大约需用 13 分钟，浮渡时靠履带划水推进，水上行驶速度为 5 公里／小时。"阿伯特"的另一种变型车是工程车，在工程车上取消了原来车辆上的非主要作用的全部项目。已有的"威流"阿伯特工程车，就是在 1965～1967 年为印度军队设计的，后由英国"威克斯"有限公司为印度生产了大约 100 台。与标准的"阿伯特"比较，其最大的不同点是，取消了浮渡围帐；改成了只使用柴油的发动机；炮

塔旋转取消了电力驱动，改成手摇驱动；简化了车长的指挥塔，改成了固定炮塔；甚至连排气管口上的滤网也取消了。这样做的主要目的是最大限度地降低"威流"阿伯特工程车的成本；但是，如果需要时，还可以恢复这些特点，使之达至英国部队的标准。"威克斯"公司已经提出，改用通用汽车公司的214马力柴油发动机，来代替罗尔斯-罗易斯发动机。

图 3—25 英"阿伯特"105 毫米自行榴弹炮

【GBT155 式 155 毫米自行火炮炮塔】

英国制造。口径 155 毫米，最大射程 24000 米（榴弹）、30000 米（火箭增程弹），最大射速 6 发／分，高低射界−5°——+70°，方向射界 360°。身管长度为口径的 39 倍，炮塔尺寸为 3730 毫米×3100 毫米×1260 毫米，炮塔全重 14000 公斤。配用弹种为榴弹、照明弹、发烟弹、子母弹、远程弹、火箭增程弹。机动方式为自行。乘员 5 人。该炮塔特点是可同任何主战坦克底盘匹配；供弹装填半机械化，速度快且省力；采用计算机和显示面板，瞄准系统具有半自动瞄准性能；炮塔靠液力旋转，方向瞄准省力；有三防设备，可在核、生、化条件下作战。该炮塔在 1982 年英国陆军装备展览会上首次展出，研制目的主要为出口。

【HM2 式 105 毫米榴弹炮】

法国制造。口径为 105 毫米，初速 657 米／秒（凹底榴弹）、700 米／秒（破甲弹），最大膛压 2675 公斤／厘米^2，最大射程 15000 米（凹底榴弹），方向射界±23°，高低射界−5°——+66°。炮身长 3175 毫米，战斗全重 2200 公斤。配用弹种为榴弹、凹底榴弹、破甲弹，全弹重 18 公斤（凹底榴弹）、22.2 公斤（破甲弹）。弹丸重 13 公斤（凹底榴弹）、10.95 公斤（破甲弹）。机动方式为汽车牵引。系美制武器的改进型。

【105 毫米轻型榴弹炮】

法国制造。口径 105 毫米，初速为 675 米／秒（凹底榴弹）、700 米／秒（破甲弹），最大膛压 2675 公斤／厘米$_2$，最大射程 11680 公斤（美制榴弹）、15000 米（凹底榴弹），直射距离 850 米，射速 4—8 发／分，方向射界±22.5°，高低射界−5°—+70°。炮身长 3175 毫米，火线高 0.8 米，战斗全重 1200 公斤。配用弹种为榴弹、凹底榴弹、破甲弹，全弹重 18 公斤（凹底榴弹）、22.2 公斤（破甲弹），弹丸重 13 公斤（凹底榴弹）、10.95 公斤（破甲弹），炸药重 2.1 公斤（榴弹），垂直破甲厚度为 400 毫米。机动方式为汽车牵引、空运、伞降。已装备法军空降师。

【AMX105A、B 式 105 毫米自行榴弹炮】

法国制造。口径 105 毫米，初速 586 米／秒，最大射程为 15000 米（凹底榴弹），方向射界±25°（A 式）、360°（B 式），高低射界为−4.5°—+70°。炮身长 2415 毫米（A 式）、3150 毫米（B 式）。配用弹种为榴弹、凹底榴弹、发烟弹、照明弹。车体型号为 AMX13 式坦克，车体尺寸为 5216 毫米×2535 毫米×2654 毫米，发动机功率 270 马力，最大时速 60 公里，最大行程 300 公里，最大爬坡度 31°，越壕宽 1.9 米，涉水深 0.56 米，通过垂直墙高 0.66 米，最大装甲厚度为 40 毫米。弹药携行量 54 发（A 式）、80 发（B 式）。乘员 5 人。战斗全重为 16000 公斤（A 式）、17085 公斤（B 式）。1952 年起 A 式装备法军机械化步兵团；1964 年起 B 式开始代替 A 式装备法军机械化步兵团。

【TRF1 式 155 毫米榴弹炮】

法国制造。口径 155 毫米，最大初速 830 米／秒，最大射程 32000 米（火箭增程弹），爆发射速 3 发／18 秒，最大射速 6 发／分（持续 2 分钟），高低射界−5°—+66°，方向射界左 25°、右 28°。身管长 6200 毫米，战斗状态长 10000 毫米，战斗全重 1030 公斤。配用弹种主要为法国凹底榴弹，也可使用北约各国各种 155 毫米弹药。机动方式为 250 马力以上牵引车牵引。其外貌与 FH70 式 155 毫米榴弹炮相似，配有弹丸自动装填装置，配有 32 马力辅助动力装置和液压蓄能器来辅助操纵炮轮和其它装置。1984 年开始装备法军炮兵。

【AMX13 式 155 毫米自行榴弹炮】

法国制造。口径 155 毫米，初速 647 米／秒（美制榴弹）、725 米／秒（法制榴弹）、765 米／秒（凹底榴弹），最大射程 20000 米（法制榴弹）、21500

米（凹底榴弹）、25000 米（火箭增程弹），最大射速 3 发／分，持续射速 1 发／分，方向射界为 ±25°，高低射界 0°——+67°；炮身长为 5115 毫米。配用弹种有榴弹、火箭增程弹、凹底榴弹、发烟弹、照明弹，全弹重 49.3 公斤（美制榴弹）、42.5 公斤（火箭增程弹），弹丸重 43.13 公斤（美制榴弹），炸药重 6.86 公斤（美制榴弹）、5 公斤（火箭增程弹）。车体型号为 AMX13 式坦克，车体尺寸为 4880 毫米×2740 毫米×2120 毫米，发动机功率为 270 马力，最大时速 60 公里，最大行程 300 公里，最大爬坡度 26°，越壕宽 1.5 米，涉水深 0.65 米，通过垂直墙高 0.6 米。弹药携行量为 10 发。乘员 2 人。战斗全重 17400 公斤。1968 年起装备法国机械化步兵师。

【AUF1 式 155 毫米自行榴弹炮】 法国制造。口径 155 毫米，最大初速 760 米／秒（榴弹）、810 米／秒（凹底榴弹），最大射程 32330 米（凹底榴弹）、30500 米（火箭增程弹），高低射界 -5°——+66°，方向射界 360°，最大射速 8 发／分，持续射速 2～3 发／分。身管长 6200 毫米，行军状态尺寸为 10400 毫米（身管向前）×3155 毫米×3300 毫米，战斗全重 41000 公斤。配用弹种有榴弹、凹底榴弹、火箭增程弹、发烟弹、照明弹。底盘采用法国 AMX30 主战坦克底盘加以改进。运动速度 60 公里／小时（公路）。乘员 4 人。该炮特点是有自动供弹装填系统，省力且带弹药多；有三防设备，能在核、生、化条件下作战；火控系统与炮兵连计算机连接，射击诸元准备快。它射程远，射速快，机动性高，是目前较先进的火炮。缺点是结构复杂，价格昂贵。1980 年开始装备法国陆军和一些中东国家。

【DM1 式 105 毫米榴弹炮】 联邦德国制造。口径 105 毫米，初速 640 米／秒，最大射程为 14175 米，射速 6 发／分，方向射界 ±22.15°，高低射界 -5°——+65°。炮身长 3790 毫米，身管长 3360 毫米，战斗全重 2500 公斤。配用弹种为美制榴弹。机动方式为汽车牵引。是美 M101 式 105 毫米榴弹炮的改进型。

【M56 式 105 毫米驮载榴弹炮】 意大利制造。口径 105 毫米，初速 472 米／秒，最大射程为 10575 米（榴弹），持续射速 3～8 发／分，方向射界为 36°（作榴弹炮用）、56°（作反坦克炮用），高低射界为 -5°——+70°。炮身长 2200 毫米，炮身重 221 公斤。战斗全重 1290 公斤，行军全重 1310 公斤。配用弹种为榴弹、穿甲弹、发烟弹、照明弹，弹丸重 14.98 公斤（榴弹）。机动方式为汽车牵引、驮载。该炮是一种近距离火力支援武器，适用于山地、丛林地和空降作战。它是专为山地作战而设计的，故又称山地榴弹炮。它可作为野炮、反坦克炮和重型迫击炮使用，故又称之为榴弹炮。1957 年起为北约各国的制式武器，南美、澳洲、亚洲、非洲一些国家军队也装备此炮。

【"帕尔码瑞" 155 毫米自行榴弹炮】 意大利制造。由美国 M109 式自行榴弹炮改进而成。口径 155 毫米，最大射程 24000 米（榴弹）、30000 米（火箭增程弹），最大射速 4 发／分，持续射速 1 发／分，高低射界 -5°——+75°，方向射界 360°。身管长为口径的 41 倍，行军状态尺寸为 11474 毫米（炮身向前）×2350 毫米×2874 毫米，战斗全重 46000 公斤。动力为 750 马力柴油机，行动部分与 OF40 主战坦克行动部分相同。运动速度 60 公里／小时（公路）。配用弹种有 P3 榴弹、P3 弹底排气榴弹、P5 发烟弹、P4 照明弹、P3 火箭增程弹，它们均是为该炮专门设计的。基本携行量为 30 发。乘员 5 人。该炮 80 年代投入生产，专供出口。

【4140 式 105 毫米榴弹炮】 瑞典制造。口径 105 毫米，初速 610 米／秒，最大射程 14600 米，最大射速 8 发／分，方向射界为 360°，高低射界 -5°——+65°。身管长 2940 毫米，战斗全重 2600 公斤，弹丸重 15.2 公斤。机动方式为牵引车牵引。装备瑞典步兵旅。

【FH77A 式 155 毫米榴弹炮】 瑞典制造。口径 155 毫米，最大初速 774 米／秒，最大射程 21700 米（榴弹），高低射界 -3°——+50°，方向射界左右各 30°，爆发射速 3 发／8 秒，6 发／20～25 秒，持续射速 6 发／20 分。炮身长 6500 毫米，身管长 5890 毫米，战斗全重 11300 公斤。配用弹种有榴弹、发烟弹、照明弹、教练弹等。机动方式有牵引、自运两种，牵引车为"斯堪尼亚"SBAT111S 式卡车。该炮发射机为电动机械式；反后坐装置为双筒联合式结构，没有变后坐装置；没有普通的高低机、方向机和平衡机，高低方向由两个手柄操作；有辅助动力装置和自动瞄准装置；所有操作靠液压动力完成。其射速在同类炮中较突出，是比较先进的榴弹炮。其缺点是较复杂，维修困难。1978 年开始装备瑞典陆军。

【FH77B 式 155 毫米榴弹炮】 瑞典制

造。口径155毫米，最大初速827米／秒，最大射程24000米（榴弹）、30000米（火箭增程弹），爆发射速3发／10～12秒，持续射速6发／20分钟，高低射界-3°—+70°，方向射界左右各30°。炮身长6750毫米，身管长6045毫米，战斗状态长11200毫米，行军全重11900公斤。配用弹种除FH77A配用的弹药外还可使用北约各国的制式炮弹。机动方式为牵引、自运，牵引车型号为"斯堪尼亚"SBAT111S式卡车。该炮较FH77A式身管稍长；输弹槽有两个，一个输送弹丸，一个输送药包；射程更远且能使用更多的弹种。具有射速快、机动性好、操作展开方便。缺点是一些系统复杂，维护不便，使用别国炮弹不能发挥最佳性能。1981年起开始出口。

图 3-26　　FH77B 式 155 毫米榴弹炮

【M46 式 105 毫米榴弹炮】　瑞士制造。口径105毫米，初速490米／秒，最大射程10000米，最大射速6发／分，方向射界±30°，高低射界-5°—+65°，炮身长2310毫米，战斗全重为1850公斤，弹丸重15公斤，机动方式为牵引车牵引。装备瑞士步兵师。

【105 毫米榴弹炮】　西班牙制造。口径105毫米，初速443米／秒，最大射程为9400米，方向射界±25°，高低射界-5°—+45°。身管长2730毫米。战斗全重1950公斤。机动方式为汽车牵引。装备西班牙陆军师。

【M48B1 式 76.2 毫米山榴炮】　南斯拉夫制造。口径76.2毫米，初速398米／秒，最大射程8750米，最大射速6—7发／分，方向射界±25°，高低射界-15°—+45°。炮身长为1178毫米。战斗全重720公斤。弹丸重6.2公斤。机动方式为卡车牵引或驮载。装备南斯拉夫山地部队和摩托化步兵团。

【M56 式 105 毫米榴弹炮】　南斯拉夫制造。口径105毫米，初速570米／秒，最大膛压

为2350公斤／厘米^2，最大射程为13000米，最大射速为6—7发／分，方向射界±26°，高低射界-12°—+68°。炮身长3480毫米。行军重2100公斤。配用弹种有榴弹、破甲弹、发烟弹。全弹重19公斤（榴弹）、16.8公斤（破甲弹），弹丸重15公斤（榴弹）、13.3公斤（破甲弹），炸药重2.2公斤（榴弹）、1.33公斤（破甲弹）。机动方式为汽车牵引。

【DANA152 毫米自行榴弹炮】　捷克制造。口径152毫米，最大射程17300米（榴弹），高低射界-3°—+60°。行军状态尺寸为10400毫米×2970毫米×3525毫米，战斗全重23000公斤。运载车是捷"太脱拉"813卡车底盘。运动速度为80公里／小时（公路）。配用弹种有榴弹、穿甲弹、照明弹、发烟弹、火箭增程弹。乘员4人。该炮是世界上为数不多的较大口径轮式自行火炮之一。炮身与苏2C3式152毫米自行榴弹炮炮身相似。底盘采用4轮轴式卡车底盘，8个车轮，没有装甲，采用290马力柴油发动机，有20个前进档和4个倒档。底盘设有3个稳定支座，2个在两侧，1个在后方，射击前放下，以便承受后坐力，保持射击稳定性。主要用于歼灭压制有生力量和技术兵器，破坏各种工程设施。

【M77 式 155 毫米榴弹炮】　阿根廷制造。口径155毫米，最大初速765米／秒，最大射程22000米（榴弹）、25300米（火箭增程弹），最大射速4发／分，高低射界0°—+67°，方向射界70°。身管长5115毫米，行军状态长10150毫米（炮身向前），行军全重8000公斤。配用弹种有榴弹、照明弹、发烟弹、火箭增程弹。机动方式为车辆牵引。该炮采用法国F3式155毫米自行榴弹炮的上架，由两个平衡气压筒与下架连接。射击时将炮轮打高，火炮支承在座盘和大架上，在不平坦地面上座盘可使射击平稳。适用于各种地形和气候，特别适用于阿根廷一些地区。该炮有M81式改进型，两种火炮战术技术性能完全一致。

【M71 式 155 毫米榴弹炮】　以色列制造。口径155毫米，最大射程23500米（榴弹）、30000米（火箭增程弹），最大射速4发／分，高低射界-5°—+52°，方向射界90°。身管长6045毫米，行军全重9200公斤。可配用北约各种制式同口径炮弹。机动方式为5吨卡车牵引。该炮由以色列M68式155毫米榴弹炮发展而来，主要是加长了身管，增加了射程。采用由压缩气体驱动的机械式输弹机，可快速装填，有4个炮

轮；行军时炮身可后转 180°锁定在大架上，缩短了行军长度。主要优点是结构简单，操作方便，故障少，价格便宜。1975 年起装备以色列军队，并向多国出口。

【M72 式"索尔塔姆"155 毫米自行榴弹炮】　以色列"索尔塔姆"公司制造。口径 155 毫米，最大初速 820 米／秒，最大射程 23500 米（榴弹），最大射速 5 发／分，持续射速 2 发／分，高低射界−3°～+65°，方向射界 360°。身管长为口径的 39 倍，战斗全重约 51000 公斤。采用"百人队长"式坦克底盘。弹药基本携行量为 42 发。乘员 5 人。该炮采用 M71 工牵引火炮炮身，其底盘除"百人队长"式外还可采用 M48 和 M60 主战坦克底盘。炮塔内有直径 2 米的空间，便于炮手操作；为全封闭式，加压后可进行三防。行进和射击时炮塔通常朝后。底盘前左侧设有较大的舱门，朝后射击时可从此门补充弹药。该炮研制工作结束不久。

【155 毫米自行榴弹炮】　以色列改装的一种自行火炮。用 M−4A$_3$E$_8$ 坦克底盘改装而成。是较为重要的 155 毫米自行榴弹炮。该自行榴弹炮曾在 1973 年 10 月中东战争中使用过。火炮安装在顶部密封的不旋转焊接装甲掩体内，其炮管长为口径 33 倍，射程为 20500 米左右。由于采用半自动炮门和气动推弹，对于如此大口径的炮来说，射速较高，短时间内可达 4～5 发／分，在一小时内可连续射击，其射速为 2 发／分。一般状况下间接射击时，用测角瞄准镜瞄准；直接对付坦克目标时，则测角瞄准镜配普通瞄准镜瞄准。炮的高低射界为−3°～+52°，方向射界 60°。155 毫米自行榴弹炮重 41.5 吨，弹药基数为 60 发。车体顶部有一挺 7.62 毫米机枪供高射、平射两用。个别车辆的机枪安装在旋转的指挥塔上。改进型的 155 毫米榴弹炮，身管增长到口径的 39 倍，射程为 23500 米，可安装在"逊邱伦"M−47、M−48 或 M−60 坦克的炮塔上。

【M58 式 105 毫米榴弹炮】　日本制造。口径为 105 毫米，初速 473 米／秒，最大射程为 11160 米（榴弹）、7850 米（破甲弹），有效射程 9850 米，最大射速 8 发／分，持续射速 3 发／分，方向射界±22.8°，高低射界−5°～+65°。炮身长 2360 毫米，战斗全重 2300 公斤。配用弹种为榴弹、破甲弹，有效杀伤面积 30 米×20 米。机动方式为 2.5 吨卡车牵引。1958 年起装备日军步兵师，系美制武器的改进型。

【105 毫米自行榴弹炮】　日本制造。口径 105 毫米，方向射界 360°。战斗全重约为 20000 公斤。发动机功率 350 马力，最大时速 50 公里。1974 年投产，用以代替 M52A1 式 105 毫米自行榴弹炮。系美制火炮的仿制品。

【M44A1 式 155 毫米自行榴弹炮】　日本制造。口径为 155 毫米，初速 564 米／秒，最大射程 14900 米，最大射速 4 发／分，持续射速 1 发／分，方向射界±30°，高低射界−5°～+58.5°。炮身长 3790 毫米。配用弹种有榴弹、照明弹、发烟弹，全弹重 49.3 公斤（榴弹），弹丸重 43.1 公斤（榴弹），炸药重 6.86 公斤（榴弹），有效杀伤面积为 54 米×16 米。车体型号为 M41 式坦克，车体尺寸为 6096 毫米×3251 毫米×3098 毫米，发动机功率 500 马力，最大时速 56 公里，最大行程 241 公里，最大爬坡度 31°，越壕宽 1.83 米，涉水深 1.07 米，通过垂直墙高 0.76 米，最大装甲厚度为 15 毫米，弹药携行量 24 发，乘员 5 人。战斗全重 28300 公斤。该炮系美制旧式装备，1953 年起装备日军机械化师，英国、联邦德国亦装备。

【73 式 155 毫米自行榴弹炮】　日本研制的一种自行火炮。炮塔位于车体后部，可旋转 360°。炮塔内装有一门口径为 155 毫米火炮，其仰角为 65°，俯角为−5°。这样，就要把 420 马力的二冲程柴油发动机前置。履带，行走部分及车体等均与 74 式主战坦克相同。传动装置也是前置。与 74 式主战坦克相反的是通过前置的主动轮驱动履带，虽然前传动不常见于现代主战坦克，但日本的 61 式却是较早的前轮驱动车辆。一挺口径为 12.7 毫米机枪安装在炮塔顶上。155 毫米自行火炮重为 24 吨，最大行驶速度为 50 公里／小时。全车有六名乘员，除了驾驶员外，均在炮塔内。驾驶员位置在炮塔之前，车体的右侧。该车是日本防卫厅和三菱重工业制作所联合研制的，由东京三菱重工业机械工厂生产。

【75 式 155 毫米自行榴弹炮】　日本制造。口径 155 毫米，最大初速 720 米／秒，最大射程 18500 米（榴弹），最大射速 6 发／分，高低射界−5°～+65°，方向射界 360°。身管长 4630 毫米，行军状态尺寸为 7790 毫米×3090 毫米×2545 毫米，战斗全重 25300 公斤，运动时速为 47 公里。配用弹种有榴弹、远程弹，基本携行量 28 发。乘员 6 人。该炮特点是配有电力、液压系统，炮塔旋转和弹药装填自动化；有自动归位装

置和半自动装填装置，提高了发射速度；有三防装置，可在核、生、化条件下作战；能原地旋转，机动灵活，能对付突然出现的目标。主要缺点是射程近。1978 年装备日本陆上自卫队，主要为师提供火力支援。

【ARE 型 122 毫米自行榴弹炮】 埃及和美国合制。底盘采用美 M-109 式 155 毫米自行火炮底盘，火炮采用埃及的 D-30 型榴弹炮。这种榴弹炮战斗全重 23 吨，最大时速 56.3 公里，最大行程 349 公里，最大射程 15.3 公里，每分钟发射 6-8 发炮弹。

【FH70 式 155 毫米榴弹炮】 联邦德国、英国、意大利联合制造。口径 155 毫米，初速 827 米／秒，最大射程 24000 米（榴弹）、30000 米（次口径弹和火箭增程弹），正常射速 6 发／分，持续射速 3 发／分，方向射界 ±27.5°，高低射界 -5.5°～+70°。身管长 6750 毫米（包括炮口制退器），战斗全重 9300 公斤。配用弹种有榴弹、核弹、次口径弹、火箭增程弹、穿甲弹、发烟弹、照明弹、布雷弹。机动方式为轮胎式牵引车牵引。该炮用优质钢制成，炮身可后转 180°以减少行军长度，有半自动装填装置，大架驻锄靠首发弹后坐力自行埋入地下而不用人挖，装有辅助推进装置可使火炮短距离自行运动，射击精度优于其它同类火炮。1978 年首批装备军队。

图 3-27　　FH70 式 155 毫米榴弹炮

【SP70 式 155 毫米自行榴弹炮】 联邦德国、英国、意大利联合制造。口径 155 毫米，最大初速 827 米／秒，最大射程 24000 米（榴弹）、30000 米（火箭增程弹），爆发射速 3 发／10 秒，最大射速 6 发／分，高低射界 -2.5°～+70°，方向射界 360°。身管长度为口径的 39 倍，行军状态尺寸为 10235 毫米×3500 毫米×2800 毫米，战斗全重 43524 公斤。配用弹种有榴弹、发烟弹、照明弹、火箭增程弹。运动速度为 68 公里／小时（公路）。乘员 5 人。该炮特点是配有电子和液压系统，操作方便省力；有三防装置，底盘可防水；可在核、生、化条件下作战。

图 3-28　　SP70 式 155 毫米自行榴弹炮

【54-1 式 122 毫米榴弹炮】 中国制造。行军全重 2474 公斤，最大射程 11800 米，最小射程为 3400 米，直射距离为 600 米。最高射界 63.5°，最低射界 -3°，射界方向 49°。战斗射速每分 5～6 发，炮弹的初速度每秒 515 米，杀伤效力 40×20 平方米，散布精度：纵向为最大射程的 1／190，横向为最大射程的 1／1573，行军状态长 6.35 米，宽 1.975 米，高 1.80 米。弹药基数 80 发，弹药种类包括榴弹、发烟弹、燃烧弹和照明弹。

5、加农炮、加农榴弹炮

【M56 式 90 毫米自行加农炮】 美国制造。口径为 90 毫米,最大初速 1023 米／秒(超速穿甲弹),最大射程 17880 米(榴弹),有效射程 2000 米(对装甲目标)、4600 米(对其他目标),垂直穿甲厚度 252 毫米(射距 1000 米),最大射速 8 发／分,方向射界 ±30°,高低射界 -10°～+25°。炮身长 4320 毫米。配备弹种有榴弹、超速穿甲弹、发烟弹,全弹重 19.02 公斤(榴弹)、16.8 公斤(超速穿甲弹),弹丸重 10.6 公斤(榴弹)、7.62 公斤(超速穿甲弹),有效杀伤面积为 37 米×6 米。车体尺寸为 4420 毫米×2542 毫米×2186 毫米,发动机功率为 205 马力,最大时速 48 公里,最大行程 240 公里,最大爬坡度 31°,越壕宽 1.2 米,涉水深 1.04 米,通过垂直墙高 0.7 米。乘员 4 人。战斗全重 7030 公斤。1957 年起装备美军空降师,已被新的轻型侦察坦克代替。

【M109 式 90 毫米自行加农炮】 美国制造。口径 90 毫米,初速 338 米／秒(榴弹)、634 米／秒(穿甲弹),最大射程 8046 米。直射距离 1000 米,垂直穿甲厚度为 356 毫米,方向射界 360°,高低射界 -7°～+20°。配用弹种有穿甲弹、榴弹、燃烧弹、照明弹。车体型号为 V200 型"袭击队"装甲车。车体尺寸为 5500 毫米×2196 毫米×1678 毫米,发动机功率为 212 马力,最大时速 96 公里,最大行程 886 公里,最大爬坡度为 35°,通过垂直墙高 0.61 米。战斗全重为 7120 公斤。60 年代起装备美军。

【M2A1 式 155 毫米加农炮】 美国制造。口径 155 毫米,初速 853 米／秒(榴弹)、836 米／秒(穿甲弹),最大膛压为 2800 公斤／厘米^2,最大射程 23400 米(榴弹)、22000 米(穿甲弹),穿甲厚度 183 毫米(射距 1372 米,法线角 60°)。最大射速 2 发／分,持续射速 0.5 发／分,方向射界 ±30°,高低射界 -2°～+63°。炮身长 7285 毫米。战斗全重 15000 公斤(M2 式)、12600 公斤(M2A1 式)。配用弹种为榴弹、穿甲弹、毒气弹、照明弹、发烟弹,全弹重 58 公斤,弹丸重 43.47 公斤(榴弹)、45.44 公斤(穿甲

弹),有效杀伤面积 30 米×50 米(榴弹)。弹药基数为 120 发。机动方式为履带车牵引。又称 M59 式。

【M53 式 155 毫米自行加农炮】 美国制造。口径 155 毫米,初速 853 米／秒,最大射程为 23513 米,最大射速 4 发／分,方向射界 ±30°,高低射界 -5°～+65°。配用弹种为榴弹、毒气弹,全弹重 58 公斤(榴弹)、60 公斤(毒气弹),弹丸重 43.47 公斤(榴弹)、45.4 公斤(毒气弹),炸药重 7.03 公斤。弹药基数 66 发。车体型号为 M48 中型坦克,车体尺寸为 4087 毫米×3630 毫米×3477 毫米,发动机功率 810 马力,最大时速 48 公里,最大行程 256 公里,最大爬坡度 31°,越壕宽 2.26 米,涉水深 1.22 米,通过垂直墙高 1.02 米,装甲厚度 13 毫米。乘员 6 人。弹药携行量 20 发。战斗全重为 43584 公斤。1954 年起装备美海军陆战队直属炮兵部队。

【1955 年式 122 毫米加农炮】 苏联制造。口径 121.92 毫米,初速 880 米／秒,膛压 3150 公斤／厘米^2,最大射程 24000 米,直射距离为 1080 米,穿甲厚度 130 毫米(射距 1000 米,着角 60°),最大射速 5~6 发／分,方向射界 ±29°,高低射界 -5°～+45°。炮身长 6450 毫米,战斗全重 5470 公斤。配用弹种为榴弹、穿甲弹,全弹重 48 公斤(榴弹)、46 公斤(穿甲弹),弹丸重 27.3 公斤(榴弹)、25.1 公斤(穿甲弹)。机动方式为履带车或卡车牵引。1955 年起装备。

【M-46 式 130 毫米加农炮】 苏联制造。口径 130 毫米,初速 930 米／秒,最大射程为 27000 米(旧弹)、29000 米(新弹),直射距离 1170 米,垂直穿甲厚度 170 毫米,最大射速 7~8 发／分,方向射界 ±25°,高低射界 -2.5°～+45°。炮身长 7150 毫米。行军全重 8450 公斤,战斗全重 7700 公斤。配用弹种有榴弹、穿甲弹、照明弹。机动方式为履带车或卡车牵引。1954 年起装备苏军、华约集团和亚洲、非洲一些国家。配用射击指挥系统。主要用于与敌炮兵作战,摧毁坦克、永备工事和杀伤有生力量,亦用作海岸

炮。

【1947 年式 152 毫米加农炮】 苏联制造。口径为 152 毫米，初速 770 米／秒，膛压 2350 公斤／厘米^2，最大射程 20470 米，直射距离 860 米，垂直穿甲厚度 145 毫米，最大射速 5-6 发／分，方向射界 ±25°，高低射界-2.5°～45°。战斗全重为 8450 公斤。配用弹种为榴弹、穿甲弹，全弹重 66 公斤（榴弹）、70.2 公斤（穿甲弹），弹丸重 43.56 公斤（榴弹）、49 公斤（穿甲弹），炸药重 5.85 公斤（榴弹）、0.48 公斤（穿甲弹）。机动方式为履带车牵引。1947 年起装备苏军炮兵，正逐渐被同口径加榴炮代替。

【2C5 式 152 毫米自行加农炮】 苏联制造。该炮没有炮塔，火炮部分后置，底盘后面装有大型驻锄，行动部分为履带装甲式。射程 30～40 公里。

【C-23 式 180 毫米加农炮】 苏联制造。口径 180 毫米，初速 860 米／秒（爆破榴弹），最大射程 44500 米（火箭增程弹），最大射速 1.5 发／分。炮身长 8800 毫米，行军状态全炮长 13050 毫米，高低射界-2°～+55°，方向射界 40°。战斗全重 21500 公斤。配用弹种有爆破榴弹、混凝土破坏弹。机动方式为车辆牵引。该炮射程较远，威力大，但机动性差。50 年代中期起装备苏军。

图 3-29　　C-23 式 180 毫米加农炮

【Д-20 式 152 毫米加榴炮】 苏联制造。口径 152.4 毫米，最大初速 655 米／秒，最大射程 17410 米（榴弹），直射距离 720 米（目标高 2 米），高低射界-5°～+45°，方向射界 ±58°，杀伤面积 70×25 平方米。炮身长 4565 毫米（无炮口制退器），身管长 4240 毫米，不带前车的行军状态长 8690 毫米、高 2520 毫米，行军全重 5720 公斤。机动方式为 AT-Ⅱ 履带车牵引，运动速度公路每小时 60 公里。配用弹种有榴弹、穿甲弹。炮班人数 9 人。该炮是 МЛ-20 式 152 毫米加榴炮的改进型。改进后重量轻；射速

快；配用射击座盘，射击时为三点支撑，提高了稳定性和射击精度；不用前车；不用炮身推拉器；行军战斗转换时间短。主要用于毁伤有生力量，压制敌炮兵和远距离目标，射击坦克、舰艇等目标。1955 年起装备苏军，已基本为 2C3 式 152 毫米自行榴弹炮取代。

图 3-30　　Д-20 式 152 毫米加榴炮

【1955 年式 203 毫米加榴炮】 苏联制造。口径 203 毫米，初速 790 米／秒，最大射程为 29000 米，最大射速 0.5 发／分，方向射界 ±22°，高低射界-2°～+50°。炮身长 8526 毫米，战斗全重 20400 公斤。配用弹种榴弹、核弹，其中核弹丸重 135 公斤，核弹头 TNT 当量为千吨级。机动方式为履带车牵引。1955 年起装备苏军炮兵。

【"萨拉丁"76.2 毫米自行加农炮】 英国制造。口径为 76.2 毫米，初速 884 米／秒，最大射程 10500 米，有效射程 1370 米（对固定目标）、915 米（对活动目标），穿甲厚度为 138 毫米，持续射速 10 发／分，方向射界 360°。配用弹种为榴弹、碎甲弹、发烟弹，弹丸重 7.7 公斤（榴弹）。车体型号为"萨拉丁"装甲车，车体尺寸为 4390 毫米×2540 毫米×2380 毫米，发动机功率为 160 马力，最大时速 72 公里，最大行程 160 公里，最大爬坡度 30°，越壕宽 1.5 米，涉水深 1.07 米，通过垂直墙高 0.45 米，最大装甲厚度为 32 毫米。乘员 3 人。弹药携行量 42 发。战斗全重 11600 公斤。1955 年起装备英陆军装甲侦察分队。联邦德国、比利时亦装备。

【EBR90 式 90 毫米自行加农炮】 法国制造。口径 90 毫米，初速 750 米／秒（破甲弹）、650 米／秒（榴弹），有效射程 2011 米（破甲弹）、2285 米（榴弹），直射距离 1200 米，垂直破甲能力 320 毫米。配用弹种为破甲弹、榴弹、发烟弹，全弹重 7.08 公斤（破甲弹）、8.96 公斤（榴弹），弹丸重 3.65 公斤（破甲弹）、5.72 公斤（榴弹）。车体尺寸 5560 毫米×2287 毫米×2240

毫米，发动机功率 200 马力，最大时速 100 公里，最大行程 600 公里，最大爬坡度 31°，越壕宽 2 米，涉水深 1.2 米，最大装甲厚度 40 毫米。乘员 4 人。弹药携行量 56 发。战斗全重 13500 公斤。1966 年装备法陆军侦察分队。火炮为滑膛炮。

【AML245 式 90 毫米自行加农炮】　法国制造。火炮性能见法 EBR90 式 90 毫米自行加农炮。车体型号为 AML245 型装甲车，车体尺寸 3690 毫米×1980 毫米×1890 毫米，发动机功率 85 马力，最大时速为 90 公里，最大行程 600 公里，最大爬坡度 31°，涉水深 1.1 米，最大装甲厚度 12 毫米，方向射界 360°。乘员 3 人。弹药携行量 20 发。战斗全重 6650 公斤。1966 年起装备法军装甲旅属侦察营。车上配有红外夜视仪。

【AMX30 式 155 毫米自行加农炮】　法国制造。口径 155 毫米，初速 810 米/秒，最大射程为 23500 米（T86 式凹底榴弹）、30000 米（火箭增程弹），最小射程 3200 米，最大射速 8 发/分，方向射界 360°，高低射界 −5°～+66°。炮身长 6200 毫米。配用弹种为榴弹、凹底榴弹、火箭增程弹。车体型号为 AMX30 式坦克，车体尺寸为 6180 毫米×3100 毫米×3000 毫米，发动机功率 720 马力，最大时速 60 公里，最大行程 450 公里。乘员 4 人。弹药携行量 43 发。战斗全重 41000 公斤。

【90 毫米自行加农炮】　比利时制造。口径 90 毫米，初速 750 米/秒，直射距离 1000 米，垂直穿甲厚度 320 毫米，方向射界 360°。配用弹种有榴弹、穿甲弹，弹丸重 3 公斤。车体型号为 EN4RM62 型轻装甲车，车体尺寸为 4500 毫米×2260 毫米×2520 毫米，最大时速 110 公里，最大行程 550 公里。乘员 3 人。弹药携行量 40 发。战斗全重为 8800 公斤。

【GC45 式 155 毫米加榴炮】　比利时制造。口径 155 毫米，最大初速 897 米/秒，最大射程 45000 米，最小射程 2850 米，最大射速 4 发/分（发射 15 分钟），持续射速 2 发/分，高低射界 −5°～+69°，方向射界左 30°、右 40°。身管长 6975 毫米，战斗状态长 10820 毫米、宽 10364 毫米，战斗全重 8222 公斤。机动方式为 5～10 吨卡车牵引。配用弹种有远程全腔榴弹、远程全腔弹底排气榴弹、发烟弹、照明弹。炮班人数 8 人。该炮采用 45 倍口径的长身管和远程全腔榴弹，射程大大增加，而且射弹散布小，这是它

的突出特点。驻锄可利用火炮发射的后座力自动埋入土中。该炮装有带液压起重机的支承座盘，具有良好的支承性能，一名炮手在 90 秒钟内可轻松地支起火炮。该炮主要用于火力突击，压制敌炮兵。1981 年泰国海军陆战队少量装备。

【M1957 式 90 毫米加农炮】　瑞士制造。口径为 90 毫米，初速 625 米/秒，直射距离 1000 米，垂直穿甲厚度为 330 毫米，最大射速 20 发/分，方向射界 ±30°，高低射界 −10°～+32°。战斗全重为 550 公斤。配用弹种为穿甲弹，全弹重 3.15 公斤，弹丸重 2 公斤。弹药基数 80 发。机动方式为卡车牵引。1957 年起装备瑞士步兵。

【105 毫米加农炮】　瑞士制造。口径为 105 毫米，初速为 785 米/秒，最大射程 18000 米，最大射速 6 发/分，方向射界 ±30°，高低射界 −3°～+45°。战斗全重 3750 公斤。弹丸重 15 公斤。机动方式为 M6 型牵引车牵引。装备瑞士陆军。

【68 式 155 毫米自行加农炮】　瑞士制造。口径 155 毫米，最大射程 30000 米。车体尺寸 6900 毫米×3140 毫米×2740 毫米，发动机功率 700 马力，最大时速 55 公里，最大爬坡度 35°，越壕宽 2.6 米，涉水深 1.1 米。乘员 4 人。战斗全重为 47000 公斤。

【BKV1A155 毫米加农火炮】　瑞典研制的一种自行火炮。由波复公司制造，原命名为 VK—155。其研制工作早在 50 年代就开始了，但到 1965 年才接受订货。BK1A 只装备瑞典陆军，于 1968 年交付完毕。该车炮塔只能旋转 30°，火炮的身管长为口径的 50 倍，最大仰角 40°，由 14 发的弹舱进行自动装填（第一发弹除外）。发射完毕后，在两分钟内，通过炮塔上方的吊杆，从弹药供给车上更换弹舱。主炮射速 14 发/分，最大射程 25600 米。配用弹种为榴弹，全弹重 85 公斤，弹丸重 48 公斤。车体尺寸为 6375 毫米×3370 毫米×3250 毫米，发动机为 240 马力柴油发动机和 300 马力燃气涡轮发动机各一台，最大时速 28 公里，最大行程 400 公里，最大爬坡度 30°，越壕宽 2 米，涉水深 1 米，最大装甲厚度 20 毫米。乘员 5 人。弹药携行量 14 发。战斗全重 51000 公斤。该车特点是装有自动装填机，有防原子、生物、化学武器设备，可使用多种燃料。缺点是太重，不灵活，造价昂贵。1967 年起装备瑞典陆军炮兵，已停产。

【M60式122毫米加农炮】　芬兰制造。口径122毫米，初速950米／秒，最大射程25000米，方向射界±45°（使用辅助装置360°），高低射界−5°—+50°。行军全重9500公斤。弹丸重25公斤。装备芬兰炮兵。

【K式105毫米自行加农炮】　奥地利制造。口径105毫米，初速800米／秒（破甲弹），有效射程2700米，方向射界360°，高低射界−6°—+13°。配用弹种有破甲弹、榴弹、发烟弹，弹丸重15公斤（破甲弹）。车体尺寸为5570毫米×2500毫米×1970毫米，发动机功率为300马力，最大时速63公里，最大爬坡度31°，越壕宽2米，通过垂直墙高0.7米。乘员3人。弹药携行量为26发。战斗全重16800公斤。

【GHN45式155毫米加榴炮】　奥地利制造。口径155毫米，最大初速903米／秒，最大射程39000米，最小射程4500米，最大射速6发／分，持续射速2发／分。射程39公里时射击精度为：距离公算偏差0.35%，方向公算偏差0.7密位。高低射界−5°～+72°，方向射界右40°、左30°。炮身长7582毫米，身管长6975毫米，战斗状态长11400毫米（射角为0°时），宽9931毫米、高2189高米（射角为0°时），行军全重12140公斤。辅助推进装置重2100公斤，功率125马力，推进速度5～35公里／小时，最大行程100～150公里，最大爬坡度23°。基本机动方式为车辆牵引，运动速度15～90公里。该炮是GC45式155毫米加榴炮的改进型。最大的改进是配备了辅助动力装置，可驱动火炮的4个驱动轮，还向座盘和操作系统输送动力，牵引车司机可在车内操纵辅助动力装置。它与前身GC45式一样，外弹道很先进，射程远，精度高，威力大，是同类火炮中最先进的种类之一。目前还在改进中。已卖给中东某些国家。

图3-31　GHN45式155毫米加榴炮

【G5式155毫米加榴炮】　南非制造。口径155毫米，最大初速897米／秒，最大射程37500米，最大射速3发／分（发射15分钟），高低射界−3°～+75°，方向射界65°—84°。身管长6975毫米，行军状态长11100毫米（炮身向前）、高2300毫米（炮身水平）、宽2500毫米，行军全重13500公斤。配用弹种有南非M57系列弹药（榴弹、远程全膛弹底排气弹、发烟弹、白磷发烟弹、照明弹）和西方各种155毫米弹药。机动方式为车辆牵引。辅助推进装置68马力（51千瓦），推进速度硬地8公里／小时、沙滩地3公里／小时。炮班人数5人。G5式是在GC45式基础上改进而成的，是西方公认的比较先进的现代化火炮。该炮采用45倍口径高强度钢身管和远程全膛弹，采用了辅助推进装置和初速测定雷达，射程远，精度高，机动性好，成本较低。1980年前后装备南非国防军。

【G6式155毫米自行加榴炮】　南非制造。口径155毫米，最大初速897米／秒，最大射程37500米，最小射程3000米，持续射速4发／分，高低射界−5°—+75°，方向射界±40°。身管长6875毫米。行军状态长10200毫米，宽3250毫米，高3250毫米。战斗全重36000公斤。车体为6×6轮式装甲车底盘。运动速度为：公路90公里／小时，越野45公里／小时。配用弹种有榴弹、弹底排气弹、发烟弹、照明弹、黄磷弹。弹药基本携行量为44发。乘员5人。该炮是在G5式牵引火炮基础上为解决机动性而研制的。G6火炮炮身与G5式相同，只是增加了抽烟装置。炮塔和火炮由电气——液压伺服装置操纵。射击时底盘4个支承座放下，支承底盘，保障射击稳定性。底盘的结构和布局采取了防地雷措施。发动机功率为550～600马力。优点是射程远、行驶速度快，防地雷性能好。缺点是弹药手需到车外取弹。

【59-1式130加农炮】　中国制造。行军全重6300公斤，最大射程27490米，最小射程为7800米，直射距离为1140米。最高射界45度，最低射界零下2.5度，方向射界正负58度。战斗射速每分8—10发，炮弹的初速度每秒930米，杀伤效力40×20平方米，散布精度：纵向为最大射程的1／267；横向为最大射程的1／1964，行军状态长11.06米，宽2.42米，高2.75米，弹药基数60发，配用弹种为杀伤爆破榴弹，牵引时速为15-60公里。

【66式152加榴炮】　中国制造。行军全重5720公斤，最大射程17230米，最小射程4400米，直射距离为800米。高低射界−5°～

+45°．方向射界 58°。战斗射速 6—8 发／分钟，炮弹初速度 655 米／秒，杀伤效力 43 米×22 米，散布精度：纵向为最大射程的 1／239，横向为最大射程的 1／1435，行军状态长 8.69 米，宽 2.42 米，高 2.52 米，弹药基数 60 发。

6、火箭炮

【M91 式火箭炮】　美国制造。口径为 115 毫米。管数为 45，最大射程 11000 米，精度为横向 1／100、纵向 1／200，方向射界±10°，高低射界—1°—+60°。弹径 115 毫米，弹长 1900 毫米，弹重 25.88 公斤。战斗部装料为化学战剂，稳定方式为尾翼。发射架重 544 公斤，带弹为 1810 公斤。机动方式为吉普车牵引或 2.5 吨汽车车载。1963 年起装备美军，作为师属炮兵的辅助武器。

【M270 式多管火箭炮】　美国制造。口径为 227 毫米，管数 12。战斗射速（一次齐射）12 发／60 秒，发射方式为单发、连射、齐射，高低射界 0°～60°，方向射界 360°。发射车不装弹重 20000 公斤，战斗全重 25564 公斤。最大射程：子母弹为 32000 米，布雷弹 40000 米，末制导反坦克子母弹 45000 米。行军战斗转换时间 5 分钟，战斗行军转换时间 2 分钟，再装填时间为 5 分钟。行军状态长 6.832 米，宽 2.972 米，高 2.597 米。运动速度 64 公里／小时，最大行程 480 公里，最大爬坡度 31°（60%）。机动方式为自行，运载车型号 M993。炮班人数 3 人。配用弹种为子母弹、布雷弹、末制导反坦克子母弹。火箭弹弹径：双用途子母弹 227 毫米，布雷弹 236.6 毫米。弹长 3940 毫米。弹重：双用途子母弹 310 公斤，布雷弹 257.5 公斤。稳定方式为尾翼，加速度 40～50（g），火箭发动机种类为固体燃料。子母弹战斗部重量 159 公斤，长度 1958.7 毫米，子弹数量 644 个。布雷弹战斗部重量 107 公斤，子雷数量 28 个。该炮由履带发射车、发射箱及火控系统组成。M993 式自行发射车具有良好的机动性能。车内装的火控系统由火控装置、遥控发射装置、稳定基准装置、电子装置和火控面板等组成。发射箱内装入两个各有 6 发火箭弹的发射／贮存器，便于装填。该炮采用了许多新技术。如配用 BCS 连用数字计算机，缩短了射击指挥时间；采用电力、液电和电力液压传动装置，缩短了瞄准时间；采用自动收放炮装置，缩短了行军战斗转换时间。火箭炮进入阵地后，自动放列、自动调平、自动计算射击诸元并进行修正，射击后自动收炮。其射击精度比苏制 БМ—27 式提高一倍以上。该炮可单发射，多发射和齐射，一次齐射时间为 50 秒，发射和再装填均可在车内实施。运载车具有三防能力。该炮是世界上最好的火箭炮。1983 年起装备美军，北约国家、亚洲和澳洲一些国家也陆续装备。

【多管自行火箭炮】　美国制造。1978 年试射。口径 227 毫米，管数 12 个，最大射程 30 公里，方向射界为 360 度，弹长 4 米，火箭发射架及弹重 12.7 吨，动力装置用固体燃料火箭。乘员 3 人，公路最大时速 64 公里，公路最大行程 480 公里，最大爬坡度 30°，通过垂直墙高 0.91 米，越壕宽 2.29 米，涉水深 1.02 米，战斗全重 22.7 吨。

【"喀秋莎"火箭炮】　苏联在第二次世界大战时期火箭炮的流行名称。当时这种新武器的射击效率高，外形不寻常，齐射的声音独特，因而驰名前线。那时由于保密的原因，没有称呼火箭炮的牌号。但是在发射架上标有以字母"K"表示的工厂（以共产国际命名的沃罗涅日工厂）牌号。由于这个原因，在操作该炮的战士中间就出现了"喀秋莎"这个随意起的名称，并且迅速在军队中传播开来。

【"冰雹"Ⅱ式单管火箭炮】　苏联制造。口径 122.4 毫米，最大射程 15000 米（不带阻力环）、9000 米（带阻力环），射速 1 发／分，方向射界±7°，高低射界+10°—+40°。发射装置重 55 公斤，发射筒重 22 公斤。弹径 122 毫米，弹长 1933 毫米，弹重 46 公斤，战斗部重 18.4 公斤，炸药重 6.4 公斤，推进剂重 9.5 公斤。动力装置为单级固体燃料火箭，稳定方式为尾翼和微旋。机动方式为人背、马驮、车载。系苏军旧式武器，装备摩托化步兵。

【РПУ-14式火箭炮】 苏联制造。口径140.3毫米，管数16，管长1150毫米。战斗射速（一次齐射）16发／8-10秒，高低射界0~50°，方向射界70°。火箭炮长4.15米，宽1.73米，高1.45米，不装弹重925公斤，装弹重1560公斤。最大射程9810米，精度为横向1／90、纵向1／200。行军战斗转换时间2分，再装填时间3分。运动速度65公里／小时，最大行程405公里。机动方式为"嘎斯66"卡车牵引。炮班人数5人。配用弹种为М-140Ф榴弹、М-14Д发烟弹。火箭弹弹径140毫米，弹长1085毫米，弹重39.6公斤。起始飞行速度400米／秒。火箭发动机种类为涡轮。该炮体积小，重量轻，卡车牵引该炮机动灵活，是空降部队有效的火力支援武器。50年代起装备苏联及华约国家的空降部队。

图3-32　　РПУ-14式火箭炮

【БМД20／4式火箭炮】 苏联制造。口径200毫米，管数为4，最大射程18500米，精度为横向1／90、纵向1／100。弹径200毫米，弹长3150毫米，翼长400毫米，弹重194.3公斤，战斗部重59.3公斤，炸药重20.08公斤。动力装置为单级固体燃料火箭，稳定方式为尾翼和微旋。弹药基数为120发。战斗全重8000公斤。机动方式为"吉尔"151型卡车车载。1954年起，装备苏军摩托化步兵师和坦克师。

【БМД25／6式火箭炮】 苏联制造。口径为250毫米，管数为6，最大射程20000米。弹径250毫米，弹长5800毫米，翼长670毫米，弹重454公斤，战斗部重219.5公斤。动力装置为单级固体燃料火箭，稳定方式为尾翼和微旋。战斗全重182000公斤。机动方式为"雅斯"214型卡车车载。1957年起，装备苏军摩托化步兵师和坦克师。

【БМ14／16式火箭炮】 苏联制造。口径为140毫米，管数为16，最大射程为9170米，精度横向1／90、纵向1／200，再装填时间3-4分。弹径140毫米，弹长1040毫米，弹重54.4公斤，战斗部重24.97公斤，战斗部装料为炸药或化学战剂。动力装置为单数固体燃料火箭，稳定方式为旋转。战斗全重为8150公斤。机动方式为"吉尔"151型卡车车载。1954年起装备苏军集团军和摩托化步兵师火箭炮部队。牵引式自1964年装备空降师。

【БМ14／17式火箭炮】 苏联制造。管数为17。战斗全重4540公斤。机动方式为"嘎斯"63型卡车车载，系БМ14／16式改进型，1959年起装备苏军摩托化步兵师、坦克师、空降师、海军陆战队。其它性能与БМ14／16式相同。

【БМ14／8式火箭炮】 苏联制造。管数为8。战斗全重600公斤。机动方式为"嘎斯"69型吉普车牵引。1963年起装备苏军空降部队。其它性能与БМ14／16式火箭炮相同。

【БМ-21式火箭炮】 苏联制造。口径122.4毫米，管数40，管长3000毫米。战斗射速（一次齐射）40发／18~20秒，发射方式为单发、连射、齐射，发射间隔0.5秒，高低射界0~55°，方向射界70°～-102°。最大射程20750米，带阻力环射程15000米，精度横向为1／123，纵向为1／217，瞄准速度高低为5°／秒、方向为7°／秒。行军战斗转换时间3分，再装填时间为10分。行军状态长7340毫米，行军状态宽2400毫米，行军状态高3090毫米，行军全重13700公斤。运动速度70公里／小时，最大行程650公里，最大爬坡度31°（60%）。机动方式为自行，运载车型号为"乌拉尔-375Д"。炮班人数6人。配用弹种为燃烧子母弹和杀伤爆破榴弹。

图3-33　　БМ-21式火箭炮

火箭弹弹径122毫米，弹长2870毫米，弹重66公斤，稳定方式为尾翼和微旋，最大飞行速度690米／秒。火箭发动机比冲202.3秒，燃烧室压力

145～205 公斤／厘米²，燃烧时间 1.83 秒。杀爆战斗部型号为 М-210Ф，重量 18.4 公斤，长度 2070（含引信）毫米，炸药种类为 ТГАГ-5，炸药重量 6.4 公斤，杀伤面积 1100 米²。为提高射击精度，在长弹上安装了旋转定向钮，有较高的炮口转速，可以提高射击精度；采用弧形尾翼，阻力较小，提高了飞行稳定性；采用两节燃烧室和两节药柱，可增大射程；采用预制破片战斗部，杀伤威力较大；火箭弹上配用阻力环，进一步缩小了射弹散布偏差。该炮于 1964 年以前装备苏军。华约和亚、非许多国家也都装备有这种火箭炮。

【БМ24／12 式火箭炮】　苏联制造。口径为 240 毫米，管数为 12，最大射程 7000 米，精度为横向 1／100、纵向 1／150，再装填时间约 5 分钟。弹径 240 毫米，弹长 1280 毫米，弹重 112.6 公斤，战斗部重 49.2 公斤，炸药重 18 公斤，战斗部装料为炸药或燃烧剂。动力装置为单级固体燃料火箭，稳定方式为旋转。弹药基数 60 发。战斗全重：吉尔 151 型汽车车载为 9600 公斤，AT-C 型履带车车载为 15000 公斤。1953 年起，汽车车载型装备苏军摩托化步兵师；1957 年起，履带车车载型装备苏军坦克师。

【БМ-27 式火箭炮】　苏联制造。口径 220 毫米，管数 16，管长 5000 毫米。发射方式为单发、连射、齐射，发射间隔 1 秒，高低射界 15°～50°，方向射界 240°，最大射程 35000～40000 米。再装填时间 20 分。运动速度 65 公里／小时，最大行程 500 公里，最大爬坡度 29°41′（57%）。机动方式为自行。发射车型号为"吉尔-135"。配用弹种为杀爆、布雷、子母弹。火箭弹弹径 220 毫米，弹重 300 公斤，稳定方式为尾翼和微旋。火箭发动机种类为固体燃料。子母弹战斗部内有子弹 30 个；布雷弹战斗部内有子雷 23 个。该炮结构特点是行军时发射管与发射车成水平（炮口向后）。发射时，通过下架使炮口转向发射方向，共 16 个发射管可任意回转方向。该炮发射的布雷战斗部一次齐射可发射 2208 个反坦克地雷，按每米一个地雷的平均密度计算，可布设雷场 2～3 公里（正面宽）。要用"吉尔-135"卡车为弹药输送装填车，装填时车尾与发射管对准，用吊车的伸缩起重臂将火箭弹逐一推进发射管。该炮射程远，火力猛，可有效压制集结步兵，阻止装甲集群冲击和布雷。1977 年起装备苏联陆军部队。

【30 管火箭炮】　英国制造。管数为 30，射程 7000 米，射速为一次齐射／7-8 秒。弹径 76 毫米或 127 毫米，弹重 30 公斤。机动方式为 0.25 吨汽车牵引。

【"标枪"防空火箭炮】　法国制造。口径 40 毫米，管数为 96，最大射程 2300 米，初速 700 米／秒，最大速度 1300 米／秒。弹径 40 毫米，弹长 460 毫米，弹重 0.85 公斤，战斗部重 0.4 公斤。动力装置为单级固体燃料火箭，稳定方式为尾翼和旋转（20 转／秒）。全炮重 1000 公斤。机动方式为装甲车和舰艇搭载。

【RAP-14 式多管火箭炮】　法国制造。口径 140 毫米，管数 22。战斗射速（一次齐射）22 发／10 秒，高低射界 0°～52°，方向射界 360°。最大射程：RAP-14 式火箭弹 16000 米，RAP-14S 式火箭弹 20000 米。行军战斗转换时间 2 分，再装填时间 4 分钟（手工）。机动方式为"雷诺"TRM4000 型车牵引。配用弹种为榴弹、照明弹、燃烧弹、发烟弹。火箭弹弹径 140 毫米，弹长 2000 毫米，弹重 54 公斤。稳定方式为尾翼和微旋，最大飞行速度 2 马赫。火箭发动机重量 15.5 公斤，推进剂重 19 公斤，燃烧室压力 97 公斤／厘米²，燃烧时间 2.08 秒。杀爆战斗部重 19 公斤，炸药重量 5.5 公斤；杀伤战斗部重 18.5 公斤，装填 4 公斤炸药及 7300 个钢珠。该炮由带有液压悬挂装置的拖车和发射／贮存器组成。射击时车轮升起与 3 个千斤顶支撑。1 门火箭炮覆盖面积为 10 公顷。配有射击程序控制器和精度修正器，用以选择发射方式和弹道修正，使其射击精度很高。1969 年首次展出。

【"哈法勒"多管火箭炮】　法国制造。火箭炮口径 145 毫米，管数 18 或 30，管长 5000 毫米。战斗射速（一次齐射）30 发／15 秒（30 管），发射方式为单发射或齐射，发射间隔 0.5 秒，高低射界 14°～52°，最大射程 30000 米，最小射程 10000 米。精度横向为 0.4／100，纵向 1.1／100。再装填时间 15 分。运动速度 87 公里／小时，最大行程 800 公里，最大爬坡度 24°14′（45%）。运载车型号为"雷诺"TRM9000。火箭弹弹径 147 毫米，弹长 3200 毫米，弹重 78 公斤。稳定方式为尾翼和旋转。起始飞行速度 100 米／秒，最大飞行速度 1100 米／秒。火箭发动机种类为固体燃料，燃烧时间 4 秒。杀伤战斗部重 19 公斤，装填 35 个子弹，破片数量 12600 个。"哈法勒"火箭炮分为 18 管和 30 管两种。前者发射架由 3 个定向器组成，定向器内各有 6 个发射管；后者 3 层排列，各 10 个发射管。发射架采用卡车底盘，驾驶室内有火控操作台。发射前，车体两侧有 4 个液压千斤顶支撑地面。一次连齐射（8 部发射车），在 24 公里距离上可覆盖 20 公顷。1970 年开始研制。

图 3-34　"哈法勒"多管火箭炮

【轻型火箭炮】　联邦德国制造。口径为 110.6 毫米，管数 36，射程为 6500～14500 米，初速 50 米／秒，最大飞行速度 635 米／秒，射速为一次齐射／18 秒，方向射界 ±105°，高低射界 0°——+55°。弹径 110.6 毫米，弹长 2260 毫米，弹重 35 公斤，翼展 272 毫米，战斗部重 17.6 公斤，炸药重 2 公斤。动力装置为单级固体燃料火箭，推进剂重 10 公斤，稳定方式为尾翼和旋转（7 转／秒）。战斗全重为 14900 公斤。机动方式为 7 吨卡车搭载。1970 年起，装备联邦德国机械化旅。

【"拉尔斯 II"式火箭炮】　联邦德国制造。由"拉尔斯 I 式"改进而成。火箭炮口径 110 毫米，管长 3900 毫米，管数 36。战斗射速（一次齐射）36 发／18 秒，发射方式为单发、连射、齐射，发射间隔 0.5 秒，高低射界 0°～55°，方向射界 95°，最大射程 14000 米，最小射程 6000 米。行军战斗转换时间 3 分。运动速度 90 公里／小时，最大行程 700 公里，最大爬坡度 31°（60%），机动方式为自行，运载车型号为 MAN7 吨。配用 67 式或 59 式周视瞄准镜，FSE38／58 式电台、7.62 毫米机枪。配用弹种有 DM-711 式布雷弹、DM28／38 式教练弹、DM-39 式雷达寻的弹、DM-11 式杀伤弹。炮班人数 3 人。火箭弹弹径 110 毫米，弹长 2.263 毫米，弹重 35.15 公斤，稳定方式为尾翼和旋转，起始飞行速度 50 米／秒，最大飞行速度 630 米／秒。火箭发动机为

DM-14 式单级固体燃料，重量 17.4 公斤，推进剂重量 9.85 公斤，推力 1125 公斤，燃烧室压力 103 公斤／厘米^2，燃烧时间 2.2 秒。杀伤战斗部重 17.6 公斤，装填 2 公斤梯恩梯、5000 个破片（预制钢珠），复盖面积（一次齐射）200×300～300×300 米^2；布雷战斗部装子雷 5-8 个。该炮除发射车和发射箱外，配备了"战场哨兵"射击指挥系统，增设了 2 型火箭弹装定检验发射仪，提高了射击精度；配备了新型越野卡车，机动性较好。1980 年起装备联邦德国陆军。

图 3-35　"拉尔斯 I"式 110 毫米轻型火箭炮

【"奥托·米拉拉"火箭炮】　意大利制造。管数为 12，最大射程为 17000 米（121ARF／8 式弹）、13000 米（105ARF／8C 式弹）。弹长 2000 毫米以上（121ARF／8 式弹）、2000 毫米（105ARF／8C 式弹），弹重 44 公斤（121ARF／8 式弹）、27 公斤（105ARF／8C 式弹）。

【"艾蒂拉"II 式火箭炮】　意大利制造。最大射程 5000 米。弹径 77.18 毫米，弹重 11.5 公斤，弹长 1575 毫米，战斗部重 2.95 公斤，战斗部装料为凝固汽油。动力装置为化学反应器。

【BR51GS 多管火箭炮】　意大利制造。最大射程 24000 米，精度为 0.75%。弹径 158 毫米，弹重 123 公斤，战斗部重 60 公斤。战斗部种类有杀伤弹、霰弹、燃烧弹、集束式反坦克地雷弹。稳定方式为尾翼。机动方式为履带车车载。于 70 年代后期装备意大利军队。

【"菲洛斯 6"式多管火箭炮】　意大利制造。口径 51 毫米，管数 48，战斗射速 10 发／秒，高低射界为 -5°～+45°，方向射界 360°。发射架长 2.08 米，宽 0.67 米，高 0.93 米；发射架不装弹重 250 公斤，装弹重 480 公斤。最大射程 6550 米，最小射程 3000 米。火箭弹弹长 1050 毫米，弹重 4.8 公斤，最大飞行速度 515 米／秒，飞行时间 39 秒，平均推力 200 公斤，总冲量 210

公斤·秒，燃烧室压力 100 公斤／厘米²，燃烧时间 1.1 秒。配用弹种及型号为反坦克／杀伤弹、预制破片弹、照明练习弹、燃烧榴弹、发烟弹、练习弹。炮班人数为 2～3 人。该炮最大特点是口径小、管数多、重量轻、机动性强，战斗部种类多，进入撤出阵地快，再装填仸。1980 年开始生产。

【"菲洛斯 25"式多管火箭炮】　意大利制造。口径 122 毫米，管数 40，管长 3700 毫米。战斗射速 4 发／秒，高低射界 0°～60°，方向射界 ±105°，最大射程普通战斗部 25000 米、子母弹战斗部 22000 米。运动速度 73 公里／小时，最大行程 500 公里。火箭弹弹径 122 毫米，弹长（不含战斗部）2005 毫米，弹重（不含战斗部）35.5 公斤，火箭推进剂重量 22 公斤，推力 5000 吨，总冲量 5000 公斤·秒，燃烧室压力 190 公斤／厘米²，燃烧时间 0.96 秒。子母弹战斗部重量 26.5 公斤，长度 1169 毫米，装有子弹 112 个。该炮发射架有两个 20 管发射箱，采用联邦德国 310D26AK 卡车为发射车，高低和方向转动靠电力操纵，车上备有辅助发电机，驾驶室内装有齐射选择器和发射控制按钮。"菲洛斯 25"作战时通常由前进观察员报告诸元，炮班测定距基准点的距离或确定炮的位置。用计算机计算诸元，用瞄准镜起动驱动装置进行高低和方向瞄准。6 门连齐射普通战斗部，在 27 公里距离上可覆盖 50 公顷面积的 50%。1976 年开始研制，主要供出口。

图 3-36　"菲洛斯 25"式多管火箭炮

【"厄利康"火箭炮】　瑞士制造。口径为 80 毫米，管数为 2，最大射程 10000 米，初速为 710 米／秒，射速为一次齐射／2 秒、18 发／10 秒。弹重 11.2 公斤。动力装置为单级固体燃料火箭。战斗全重 14000 公斤。机动方式为轻装甲车搭载。装备瑞士、奥地利等国炮兵。

【"厄利康 RWK-014"式多管火箭炮】　瑞士制造。口径 81 毫米，管数 30，战斗射速（一次齐射）30 发／6 秒，高低射界 -10°～+50°，方向射界 360°。战斗全重（含 M113 发射车）10258 公斤。再装填时间 5 分。机动方式为自行，运载车型号为 M113、"飓风"轮式装甲输送车。使用弹种为 SNORA 火箭弹，弹径 81 毫米，弹长 1782 毫米，弹重 15.7～19.6 公斤，稳定方式为尾翼，杀爆战斗部重量为 7-11 公斤，炸药重量为 1.9-2.9 公斤。该炮 80 年代投入生产。

【L-21／E2／E3 式火箭炮】　西班牙制造。口径 216 毫米，管数 21。最大射程：E2B 为 11000 米，E3 为 14500 米。发射车型号 Barreiros，PaneerⅢPB-185 卡车底盘。火箭弹弹重：E2B 为 82 公斤，E3 为 101 公斤。稳定方式为尾翼。该炮采用笼式发射架，行军时朝后，以调整发射车前后桥的载荷，增强爬坡能力。现装备西班牙陆军。

【L-10／D3 式火箭炮】　西班牙制造。口径 300 毫米，管数 10，管长 1950 毫米，最大射程 17000 米。机动方式为自行，发射车型号为 Barreiros，PaneerⅢPB-185 卡车底盘。火箭弹弹径 300 毫米，弹长 1950 毫米，弹重 250 公斤，最大飞行速度 790 米／秒，火箭推进剂重量 75.12 公斤，推力 15000 公斤，杀爆战斗部重量 81 公斤。该炮火箭弹分上下两排，每排 5 管，行军时发射架朝后。现装备西班牙陆军。

【M-63 式火箭炮】　南斯拉夫制造。口径 128 毫米，管数 32，管长 1030 毫米。最大射程 8600 米，战斗射速（一次齐射）32 发／30 秒，发射方式为单发、连射、齐射，发射间隔 0.2 秒，高低射界 0°～48°，方向射界 30°。发射架长 3.682 米，宽 2.212 米，高 1.278 米；发射架不装弹重 1395 公斤，装弹重 2134 公斤，战斗全重 2500 公斤。行军战斗转换时间 7 分，再装填时间 3 分。运动速度 60 公里／小时，机动方式为 TAM1500 车牵引。炮班人数 3～6 人。火箭弹弹径 128 毫米，弹长 814 毫米，弹重 23.4 公斤，稳定方式为旋转，最大飞行速度 420 米／秒。火箭发动机种类为单级固体燃料，推进剂重量 4.78 公斤。该炮装在两脚式炮架上，高低机、方向机、发射装置和瞄准装置都安装在发射架左侧。1963 年起装备南斯拉夫军队。M-63 式还有 8 管和 16 管两种。

【M-66 式火箭炮】　南斯拉夫制造。口径为 128 毫米，管数 32，最大射程 8600 米，最大速度 420 米／秒，精度横向 1／90、纵向 1／164，射速为一次齐射／30 秒，方向射界为 ±15°，高低射界 0°—+48°30′。弹径 128 毫米，弹长 814 毫米（带引信），弹重 23.4 公斤，战斗部重 7.55 公斤，炸药重 2.3 公斤。动力装置为单级固体燃料火箭，推进剂重 4.78 公斤。战斗全重 2500 公斤（牵引式）。机动方式为汽车牵引或车载。

【32 管火箭炮】 南斯拉夫制造。口径 128 毫米，管数 32，战斗射速（一次齐射）32／18 发／秒，高低射界 0°～50°，方向射界 360°，最大射程 20000 米，再装填时间 2 分。运动速度 80 公里／小时，最大行程 600 公里，机动方式为自行，运载车型号为 FAP2020BS（6×6）。火箭弹弹径 128 毫米，弹长 2600 毫米，弹重 65 公斤。杀伤战斗部装填炸药 5 公斤，破片 5000 个，杀伤半径 30 米。该炮经改进，现运载车配有轮胎中央调压系统，越野性能较好。火箭炮安装在车体后端，靠近驾驶室处有 32 发备份弹，发射可采用人工、半自动和全自动三种控制方式，发射完后，发射架转向，可由装填机装填备份弹，也可人工装填。70 年代初开始研制。

【RM130 式火箭炮】 捷克制造。口径 130 毫米，管数为 32，最大射程 8200 米，初速 410 米／秒，射速 13 发／分（平均），方向射界 360°，高低射界 0°—+45°。弹径 130 毫米，弹重 26 公斤，战斗部重 7 公斤，动力装置为单级固体燃料火箭。战斗全重为 12000 公斤（包括车体）。机动方式为 V3S 型汽车车载。1955 年起，装备捷克摩托化步兵师和坦克师，奥地利、芬兰陆军亦装备。

【MK70 式火箭炮】 捷克制造。口径 122.4+0.5 毫米，管数 40，战斗射速（一次齐射）40／18～22 秒，发射间隔 0.5 秒，最大射程 20380 米，带阻力环射程（小）15900 米、（大）12000 米。瞄准速度：高低 8°／秒，方向 5°／秒。再装填时间 30～36 秒。运动速度公路 85 公里／小时，土路 35 公里／小时，最大行程 1100 公里。运载车型号为："太脱拉 813"。炮班人数 7 人。火箭弹弹径 122 毫米，弹长 2867.5～2881 毫米，弹重 66.35 公斤，稳定方式为尾翼和微旋。起始飞行速度 40～50 米／秒，最大飞行速度 690～

700 米／秒，杀爆战斗部重 19.35 公斤，炸药重 6.4 公斤。MK70 式由发射架、运载车、装填机和推土铲等部分组成。运载车有 40 发备份弹，用自动装填机装填。发射车采用轮胎中央调压装置，可根据不同地形调整轮胎压力，越野性能高。驾驶室有空调设备，有装甲防护，并涂有防原子辐射的涂料层。车前部的推土铲用以平整发射阵地。捷克、民主德国、北非某些国家装备这种炮。

【75 式 130 毫米多管火箭炮】 日本制造。火箭炮口径 130 毫米，管数 30。战斗射速（一次齐射）为 30 发／12 秒，最大射程 14500 米。发射方式为单发、连射、齐射，发射间隔 0.2～0.5 秒，高低射界 0°～50°，方向射界 50°。发射架长 3 米，不装弹重 2000 公斤，装弹重 3200 公斤，战斗全重 16500 公斤。行军状态长 5.78 米，宽 2.8 米，高 2.67 米。运动速度 53 公里／小时，最大行程 300 公里，最大爬坡度 31°（60%）。机动方式为自行，发射车型号为 73 式装甲输送车。辅助武器为 12.7 毫米机枪（子弹 600 发）。炮班人数 3 人。火箭弹弹径 131.5 毫米，弹长 1.856 米，弹重 43 公斤，稳定方式为尾翼，火箭发动机为固体燃料，推进剂种类为双基推进剂。该炮主要由发射车、发射装置、风向风速测定装置和瞄准装置组成。发射装置为长方形箱体，分 3 层，每层 10 个发射管。1 门 75 式相当于 9 门 105 毫米榴弹炮最大射速发射的弹药。车上有导向装置，不需预先赋予射向。测风装置使反应时间缩短，提高了精度。1975 年起装备日本陆上自卫队。

【70 式 130 履带自行火箭炮】 中国制造。战斗全重 13.4 吨，乘员 6 人，外形尺寸长为 5.47 米，宽为 2.97 米、高为 2.62 米。火炮最大射程 10115 米，最小射程 3000 米；最高射界 50 度，最低射界零度，射界方向正负 180 度。战斗一次发射的射速每 10 秒左右 19 发，杀伤效力 800 平方米，散布精度：纵向为最大射程的 1／250，横向为最大射程的 1／100。发动机功率为 260 马力，公路最大时速 55 公里，水上最大时速 5 公里，公路最大行程 500 公里，最大爬坡度为 30 度，通过垂直墙高 0.6 米，可越 2 米宽壕沟，储备浮力为 17.6%。炮上设有电台，型号为 A220A。

7、无后坐力炮

图 3-37　无后座力炮

1-12.无后座力炮　1-16.82 毫米无后座力炮；2.带击发装置的炮闩　3.药室体　4.炮身　5.三脚炮架
6.车轮；7-12.107 毫米无后座力炮；8.闭锁机构和喷管组　9.闩柄　10.瞄准具　11.支架　12.瞄准镜

【M67 式 90 毫米无坐力炮】 美国制造。口径 90 毫米，初速破甲弹为 213.36 米/秒，子母弹为 381 米/秒，最大射程 2100 米，有效射程 450 米，直射距离 280 米，火线高 432 毫米（用三角架），最高射速 5 发/分、1 发/分（持续）。炮身长 1346 毫米，炮身重 15.88 公斤。配用瞄准镜型号为 M103、M103A1。配用弹种为 M371E1 式破甲弹、M590 式子母弹，全弹重 4.3 公斤（破甲弹），弹丸重 3.085 公斤（破甲弹），垂直破甲厚度 300 毫米。弹药携行量 18 发。炮组人数 2 人。机动方式为两人或单人携带。该炮为气冷式，炮尾装填。配有三角架，一支脚架在炮身前部，两支脚架在炮身后部。通常使用三角架支在地上发射，也可托在肩上发射。主要缺点是后喷火危险区大，易暴露，射程近，射击精度不高。60 年代广泛装备美陆军步兵师，从 70 年代中期后逐渐为 M47"龙"反坦克导弹取代。此外，日本等国也有装备。

【MA1 式 106 毫米无坐力炮】 美国制造。口径 106 毫米，初速 503 米/秒（破甲弹）、499 米/秒（碎甲弹），最大膛压 600 公斤/厘米²，

最大射程 7678 米，有效射程 1100 米（对活动目标）、1370 米（对固定目标），直射距离 550 米，最大射速 5 发/分，垂直破甲厚度为 400-500 毫米。方向射界 360°，高低射界-20°—+60°（车上）、-17°—+27°（支架上）。战斗全重 219 公斤（不包括车体）、1500 公斤（包括车体）。炮身长 2730 毫米。配用弹种为破甲弹、碎甲弹、箭式杀伤弹，全弹重 16.43 公斤（破甲弹）、17.22 公斤（碎甲弹）、18.7 公斤（箭式杀伤弹），弹丸重 7.77 公斤（破甲弹）、7.92 公斤（碎甲弹），炸药重 1.27 公斤（破甲弹）、3.4 公斤（碎甲弹）。弹药基数 40 发。机动方式为吉普车载运。1953 年起装备美军各种步兵营的反坦克分队和空降步兵。美海军陆战队亦装备。北约集团大量仿制装备。

【M56 式 106 毫米自行无坐力炮】 美国制造。火炮性能见美 M40A1 式 106 毫米无坐力炮性能。方向射界 360°，高低射界-27°—+56°。车体型号为 M56 型履带装甲车，车体尺寸为 4420 毫米×2490 毫米×2195 毫米，发动机功率 205 马力，最大时速 48 公里，最大行程 240 公里，最大

爬坡度 31°，越壕宽 1.2 米，涉水深 1.05 米，通过垂直墙高 0.91 米。战斗全重 7000 公斤。1953 年起装备美军空降师装甲侦察分队、空中机动师空中侦察分队及海军陆战队。

【M50A1 式"奥图斯"106 毫米六管自行无坐力炮】 美国制造。火炮性能见 M40A1 式 106 毫米无坐力炮性能。方向射界 ±40°，高低射界 -10°—+20°。车体型号为 M50A01 型履带装甲车，车体尺寸为 3835 毫米×2597 毫米×2184 毫米，发动机功率 180 马力，最大时速为 48 公里，最大行程 200 公里，最大爬坡度 30°，越壕宽 1.37 米，涉水深 0.6 米，通过垂直墙高 0.71 米。乘员 3 人。弹药携行量 18 发。战斗全重 8650 公斤。1956 年起装备美海军陆战师的反坦克分队。

【M28 式"大卫·克罗科特"120 毫米无坐力炮】 美国制造。口径为 120 毫米，初速 140 米／秒，最大射程 1900 米，最小射程 350 米（榴弹），530 米（核弹），方向射界 360°（车上），±9.6°（支架上），高低射界 0°—+48°。战斗全重为 50 公斤。配用弹种有榴弹、核弹，弹径 279 毫米，其中核弹全弹重 34.4 公斤，TNT 当量 100 吨，有效杀伤半径 183—457 平方米。机动方式为人携或吉普车装载。该炮是专为发射核弹药设计的轻型无坐力炮。1962 年起装备美军分队，1967 年撤销。空降师和空中机动师在必要时配属"大卫·克罗科特"原子排。

【M29 式"大卫·克罗科特"155 毫米无坐力炮】 美国制造。口径为 155 毫米，初速 200 米／秒，最大射程 4000 米，最小射程 350 米（榴弹）、526 米（核弹），方向射界 360°，高低射界 0°—+48°。战斗全重 166 公斤（不包括车体）。配用弹种有榴弹、核弹，弹径 279 毫米，其中核弹重 34.4 公斤，TNT 当量 100 吨，有效杀伤半径 183—457 米。机动方式为吉普车或装甲车载。该炮是专为发射核弹药设计的重型无坐力炮。1962 年起装备美军分队，1967 年撤销。空降师和空中机动师在必要时配属"大卫·克罗科特"原子炮排。

【Б10 式 82 毫米无坐力炮】 苏联制造。口径为 82 毫米，初速 322 米／秒（破甲弹）、320 米／秒（榴弹），最大膛压 620 公斤／厘米²，最大射程 4470 米，有效射程 500 米，直射距离 390 米，垂直破甲厚度 200 毫米，射速 5—6 发／分，方向射界 360°，高低射界 -20°—+30°，方向瞄准 1.03°／转（手轮），高低瞄准 4°／转（手

轮）。炮身长 1913 毫米，火线高 420 毫米（不带架轮），750—850 毫米（带架轮）。战斗全重 85.5 公斤。配用弹种有破甲弹、榴弹，全弹重 4.9 公斤（破甲弹）、4.87 公斤（榴弹），弹丸重 3.6 公斤（破甲弹）、3.8 公斤（榴弹）。弹药基数为 60 发。机动方式有车载、马驮、人力挽曳。用于装备苏军摩托化步兵。华约集团各国大量装备。

【Б11 式 107 毫米无坐力炮】 苏联制造。口径为 107 毫米。初速 400 米／秒（破甲弹）、375 米／秒（榴弹），膛压 610 公斤／厘米²，最大射程 1710 米（破甲弹）、6650 米（榴弹），有效射程 800—1000 米，直射距离 450 米，垂直破甲厚度 380 毫米，射速为 5 发／分，方向射界 ±17.5°，高低射界 -10°—+45°，方向瞄速 1°／转（手轮），高低瞄射 1.37°／转（手轮）。炮身长 3180 毫米，火线高 700—1200 毫米，战斗全重 305 公斤。配用弹种有破甲弹、榴弹，全弹重 12.6 公斤（破甲弹）、13.6 公斤（榴弹），弹丸重 7.6 公斤（破甲弹）、8.51 公斤（榴弹）。弹药基数 50 发。机动方式为"嘎斯"69 型吉普车牵引。1953 年起装备苏军摩托化步兵。

【L4 式"莫巴特"120 毫米无坐力炮】 英国制造。口径为 120 毫米，初速 462 米／秒，最大射程 3650 米，有效射程 730 米，破甲厚度为 250—360 毫米，射速 6 发／分，方向射界为 ±20°，高低射界 +5°—+13°。炮身长 3190 毫米，炮重 765 公斤。配用弹种为破甲弹、碎甲弹，全弹重 27.24 公斤（破甲弹），弹丸重 12.85 公斤（破甲弹）。弹药基数 30 发。机动方式为吉普车牵引。1953 年起装备英军步兵，逐渐被 L6 式 120 毫米无坐力炮代替。

【L6 式"翁巴特"120 毫米无坐力炮】 英国制造。口径为 120 毫米，初速 462 米／秒（碎甲弹），有效射程 820 米（活动目标）、1000 米（固定目标），直射距离 500 米，射速 4～5 发／分，火线高 860 毫米，方向射界 360°，高低射界 -8°～+17°。炮身重 186 公斤。配用弹种为碎甲、破甲、榴弹，全弹重 27.2 公斤（碎甲弹），弹丸重 12.84 公斤（碎甲弹），炸药重 4.5 公斤（碎甲弹），垂直破甲厚度 400 毫米。全炮长 3860 毫米、高 1090 毫米、宽 860 毫米，炮架重 90 公斤，战斗全重 295 公斤。炮组人数 2～3 人。机动方式为"流浪者"吉普车、FV432 型履带装甲车和 BV202 型"雪地越野车"运载。该炮特点是，炮身上方装有一支美 M8 式 12.7 毫米弹着观察半自动枪，配有曳

光和爆破子弹，用以校正射击，精度较好，基本保证首发命中。另外，该炮炮架上装有小型气压轮胎，在崎岖地形上射击时稳定性较好。缺点射击时声响巨大，后扬尘大，很容易暴露。该炮1964年起装备英军，担任营反坦克火力支援任务，还装备了澳大利亚、约旦、马来西亚等国家军队，但在英军中正逐步淘汰。

【ACL75毫米无坐力炮】　法国制造。口径为75毫米，初速400米／秒，有效射程1000米，直射距离530米，垂直破甲厚度300毫米。全炮长1500毫米，炮重11.4公斤。配用弹种为火箭增程破甲弹，弹长530毫米，全弹重3.25公斤，炸药重0.55公斤。

【"罗阿纳"105毫米无坐力炮】　法国制造。口径为105毫米，最大射程8000米，有效射程1000米，垂直破甲厚度为400毫米（射距1000米）。全炮长3000毫米，炮身重150公斤，全炮重580公斤。配用弹种为榴弹、破甲弹，全弹重18公斤。机动方式为汽车或装甲车牵引。1955年起装备法军机械化步兵。

【M1963式90毫米无坐力炮】　瑞典制造。口径为90毫米，初速350米／秒（榴弹）、715米／秒（破甲弹），最大膛压为1200公斤／厘米^2，最大射程3000米，有效射程800-1000米，直射距离800米，垂直破甲厚度300毫米，最大射速6发／分，方向射界-45°——+30°（地上）、-65°——+45°（车上），高低射界-10°——+15°（地上）、-10°——+15°（车上）。炮身长3700毫米（包括炮闩与炮尾），炮身重125公斤，炮架重135公斤，全炮重260公斤（不包括车体）、2000公斤（包括车体）。配用弹种有榴弹、破甲弹，全弹重5.3公斤（破甲弹）、9.6公斤（榴弹），弹丸重3.1公斤（破甲弹）、7公斤（榴弹），炸药重0.66公斤（破甲弹）、1.2公斤（榴弹）。机动方式为牵引或车载。1963年起装备瑞典步兵和坦克旅。

【M58式95毫米无坐力炮】　芬兰制造。口径为95毫米，初速615米／秒，有效射程700米，垂直破甲厚度300毫米，射速6-8发／分。炮身长3200毫米，战斗全重为140公斤，全弹重10.1公斤。装备芬兰步兵。

【M60式82毫米无坐力炮】　南斯拉夫制造。口径为82毫米，初速388米／秒，最大射程4500米，有效射1000米（对活动目标）、1500米（对固定目标），直射距离500米，垂直破甲厚度

220毫米，最大射速4-5发／分，方向射界360°，高低射界-20°——+35°。战斗全重122公斤，全弹重7.2公斤。

【T21式82毫米无坐力炮】　捷克制造。口径为82毫米，初速250米／秒，膛压360公斤／厘米^2，最大射程2800米，有效射程450米，直射距离300米，垂直破甲厚度230毫米，射速4-6发／分，最大仰角+43°。战斗全重19.6公斤。配用弹种为破甲弹，全弹重3.6公斤，弹丸重2.1公斤。机动方式为人携、车载。1954年起装备捷克机械化步兵和空降兵。

【59A式82毫米无坐力炮】　捷克制造。口径为82毫米，初速745米／秒，最大射程7000米，有效射程1200米，直射距离800米，垂直破甲厚度250毫米，最大射速4发／分。全炮重386公斤。配用弹种为破甲弹、榴弹，弹丸重6公斤。机动方式为汽车牵引。装备营级，以代替T21式82毫米无坐力炮。

【M20式75毫米无坐力炮】　日本制造。口径为75毫米，初速305米／秒，最大射程6670米，有效射程1350米，直射距离500米，垂直破甲厚度90毫米，方向射界360°，高低射界-27°——+65°，射速7发／分。炮身长2025毫米，战斗全重72公斤（包括支架）。配用弹种有破甲弹、碎甲弹、榴弹、发烟弹，全弹重9.37公斤（破甲弹）、9.97公斤（榴弹），弹丸重6.54公斤（破甲弹）、6.36公斤（榴弹）。弹药基数42发。机动方式为吉普车载。50年代起装备日军空降兵。系美国M20式75毫米无坐力炮的仿制品。

【60式106毫米无坐力炮】　日本制造。火炮性能见美M40A1式106毫米无坐力炮性能。1961年起装备日军步兵反坦克分队。系美M40A1式106毫米无坐力炮的仿制品。

【60式106毫米双管自行无坐力炮】　日本制造。口径106毫米，初速破甲弹为500米／秒，碎甲弹为493米／秒，最大射程7678米，有效射程1100米（活动目标）、1370米（固定目标），直射距离550米，最大射速10发／分，持续射速6发／分。方向射界：炮架降低时为±10°，炮架升高时为±30°；高低射界：炮架降低时为-5°～+10°，炮架升高时为-15°～+25°。炮身长3400毫米，炮身重220公斤。配用弹种为破甲弹、碎甲弹。全弹重：破甲弹16.43公斤；碎甲弹17.22公斤。弹丸重：破甲弹7.77公斤；碎甲弹7.92公斤。炸药重：破甲弹1.27公斤；碎甲弹

3.4 公斤。垂直破甲厚度 550 毫米（破甲弹）。载运车体型号为 SSIVC 履带车，车底距地高 350 毫米，平均单位压力 0.67 公斤／厘米²。发动机型号"小松"6T120-2（A、B 型）；"小松"SA4D105（C 型），发动机功率为 120 马力（A、B 型）、150 马力（C 型），单位功率为 15 马力／吨（A、B 型）、18 马力／吨（C 型），最大运动速度 45 公里／小时（A、B 型）、55 公里／小时（C 型），最大行程 130 公里，最大爬坡度 31°，越壕宽 1.8 米，涉水深 1 米，通过垂直墙高 0.55 米。车体装甲厚度 10～30 毫米。弹药携行量 10 发。战斗全重 8000 公斤。乘员 3 名。该炮主要特点是，有两具炮身安装在装甲车右上部，炮管内有 36 条膛线。右炮身上安有弹着观察枪和 0.75 米测距机；左炮身上安有 75 式微光瞄准镜。炮的指挥塔有较好的防弹外形，与炮架是一体结构，由液压机构操纵，随同火炮升降。车体履带配有公路用橡皮垫，在雪地上行驶换上雪地专用履带。1960 年起装备日本陆上自卫队。

【60 式 106 毫米自行无坐力炮】　日本研制的一种自行火炮。是一种自行反坦克炮。该车的设计工作是 1954 年开始的。小松和三菱公司分别提供了 SS-1 和 SS-2 样车。经过试验后，制成了 SS-3 和 SS-4 样车。60 式 106 毫米自行火炮炮车上，安装有两门 106 毫米无坐力炮。这两门炮安装在车体的右边；乘员位置在左边；车长和装填手的位置在驾驶员的后边。车上的两门火炮，在炮架上可以和指挥塔一起升高。在升高后的位置上，火炮的方向射界左右各为 30°。虽然炮弹笨重，车内仅能装运 10 发，但由于火炮是由炮闩装填的，射速可达 6 发／分。火炮在低的位置上也能发射，只是方向射界限制在左右各为 10°范围之内。这种结构使得车高仅有 1.38 米，很容易隐蔽。但是在战斗中，无坐力炮向后喷火，抵销了车体低矮的优点。这种薄管炮是线膛炮，使用空心装药反坦克弹和榴弹，有效射程为 1100 米。由一挺装有测距仪和光学瞄准装置控制的口径为 12.7 毫米机枪，进行火炮射程的测距。120 马力风冷 6 缸柴油发动机安装在车的后部，这种自行无坐力炮的最大行驶速度为 48 公里／小时。

【75 毫米无坐力炮】　中国最早使用的无后坐力炮之一。口径 75 毫米，炮身长 2.44 米，炮管长 1.98 米。炮身重 47.73 公斤。炮管壁薄，右旋腔线，后端药室扩张很大，室壁较厚。炮闩使用断间螺丝炮闩，击锤发火，炮闩上开有 4 个气孔。三角支架，重 24.19 公斤。初速 304 米／秒，最大射程 6812.28 米，侵彻力为 3⁵/8 英寸钢板。

【57 毫米无坐力炮】　中国最早使用的无后坐力炮之一。口径 57 毫米，炮身长 1.87 米，炮管长 1.46 米。炮管壁薄，药室壁厚。炮闩使用断间螺丝炮闩，击锤发火，炮闩有二个气孔。三角支架，重 24.19 公斤。初速 365.76 米／秒，最大射程 3931.92 米，侵彻力 3 英寸钢板。

8、高射炮

【M-163 式 20 毫米高射炮】　美国制造。口径 20 毫米，最大射程 6400 米，有效射高 1800 米。射速：对空中目标 3000 发／分；对地面目标 1000 发／分。方向射界 360°。配用弹种有穿甲燃烧弹、燃烧榴弹、穿甲弹。该炮为牵引式。装备步兵师和空降师属防空分队。

【M167 式 20 毫米高射炮（"伏尔康"）】　美国制造。它是一种机关炮。口径 20 毫米，管数 6 管，最大初速 1030 米／秒，最大射程 4500 米，有效射程 1650 米，最大射高 2800 米，有效射高 900 米，身管长 1524 毫米，高低射界-5°～+80°，方向射界 360°，高低瞄速 40°／秒，方向瞄速 60°／秒。行军状态长 4907 毫米，行军状态宽 1980 毫米，行军状态高 2038 毫米；战斗状态长 4040 毫米，战斗状态宽 764 毫米，战斗状态高 2360 毫米。战斗全重 1565 公斤。供弹方式为弹链，理论射速 1000 发／分或 3000 发／分。机动方式为牵引，牵引车型号为 M715 或 M37 卡车。弹药基本携行量为 1500 发。炮班人数 4 人。该炮的构造特点是，首次利用了转管原理，提高了射速和火力密度。它配有测距雷达和陀螺稳定提前量计算瞄准具，火炮完全靠电力驱动，可行

10、30、60、100 发长点射。M167 式牵引"伏尔康"有多种变型炮，如四轮炮架式"伏尔康"、轻便式"伏尔康"、"康曼多"车载式"伏尔康"、"产品改进型伏尔康"等，分别在运行和火控等系统有不同的改进，目前仍在改进中。它还可击毁亚音速导弹。该炮 1969 年装备美国空中机动师和空降师，另有以色列等 10 余个国家装备这种炮。

【M139 式 20 毫米自行高射机关炮】 美国制造。火炮性能见瑞士 HS820SL 式 20 毫米高射炮性能。车体型号为 M114A1 型装甲车，车体尺寸 4560 毫米×2440 毫米×2130 毫米，发动机功率 160 马力，最大时速 54 公里，最大行程 440 公里，最大爬坡度 31°，乘员 9 人。战斗全重 8000 公斤。1969 年起装备美军机械化步兵师，装甲师属侦察分队。可高平两用。

【M163 式 20 毫米自行高射炮（"伏尔康"）】 美国制造。口径 20 毫米，管数为 6 管，最大初速 1030 米／秒，有效射程 1650 米，最大射高 2800 米，有效射高 900 米。身管长 1524 毫米，高低射界−5°～+85°，方向射界 360°，高低瞄速 45°／秒，方向瞄速 60°／秒，高低瞄准加速度 160°／秒2，方向瞄准加 160°／秒2，战斗全重 12310 公斤。供弹方式为弹鼓（无弹链），理论射速 3000 发／分。机动方式为自行，运载车型号为 M741。弹药基本携行量 2100 发。乘员 4 人。该高射炮系统由六管联装的 M168 式 20 毫米航空机关炮、测距雷达、陀螺提前量计算瞄准具、像增强夜视瞄准镜和 M741 式履带装甲车底盘组成。机关炮配用转管式自动机，发射时 6 个身管围绕轴线旋转，每次只有 1 管发射；炮口紧定器有圆形和椭圆形两种，前者用于对空射击，使射弹形成圆形散布；火炮采用电击发。1968 年起装备美陆军和其它一些国家。

【GEMAG−25 式 25 毫米高射炮】 美国制造。它是一种机关炮。型号 GAU−12／U，口径 25 毫米，管数为 5 管，最大初速 1097 米／秒，高低射界−5°～+80°，方向射界 360°，高低瞄速 60°／秒，方向瞄速 75°／秒。行军状态长 3683 毫米，行军状态宽 3589 毫米，行军状态高 2540 毫米，战斗全重 1814.4 公斤。供弹方式为双向弹链，理论射速 1000 发／分或 1200 发／分。机动方式为牵引。弹药基本携行量 530 发。该炮比"伏尔康"式高射炮口径加大，身管加长，但重量增加不多，火炮全长还有减少。样炮上采用了带有数字式处理机的光学瞄准具，其使用的次口径穿甲弹可以有效地

对付地面轻型装甲目标。1981 年已生产出样炮。美国还研制一种全天候的 GEMAG−25 式高射炮，采用自动跟踪雷达、头盔式瞄准具、新式火控计算机和改进的随动系统。可能还采用前视红外传感装置和激光测距机，以实现夜间作战的目的。

【TRW6425 式 25 毫米自行高射机关炮】 美国制造。口径 25 毫米，初速 1100 米／秒（榴弹）、1428 米／秒、1000 米（超速穿甲弹），直射距离 1500 米（榴弹）、1000 米（超速穿甲弹），射速 540−600 发／分，方向射界 360°。身管长 2000 毫米，炮重 68 公斤。配用弹种为榴弹、超速穿甲弹、铀质穿甲弹，全弹重 0.45 公斤（榴弹）、0.482 公斤（超速穿甲弹）。穿甲厚度为 25.4 毫米（超速穿甲弹，射距 1000 米，着角 60°）。机动方式为装甲车、坦克和直升机塔载。已用来代替 M139 式 20 毫米自行机关炮。

【M42A1 式 40 毫米双管自行高射炮】 美国制造。口径 40 毫米，初速 875 米／秒，最大射程 8200 米，有效射程 5000 米，最大射高 4800 米，有效射高 1640 米，最大射速 2×120 发／分，方向射界 360°，高低射界−5°—+85°，方向瞄速为 40°／秒，高低瞄速 25°／秒。炮身长为 2400 毫米。配用弹种为榴弹、穿甲弹、燃烧弹，全弹重 2.15 公斤（榴弹）、2.08 公斤（穿甲弹），弹丸重 0.934 公斤（榴弹）、0.889 公斤（穿甲弹），炸药重 730 克（榴弹）。车体型号为 M41 式坦克，车体尺寸 5900 毫米×3230 毫米×2860 毫米，发动机功率 506 马力，最大时速 72 公里，最大行程 160 公里，最大爬坡度 31°，越壕宽 1.83 米，涉水深 1.2 米，通过垂直墙高 0.71 米，乘员 6 人，弹药携行量 480 发。战斗全重为 22500 公斤。1954 年起装备美军，1966 年重又装备美军。联邦德国、日本师级部队大量装备。

【M247 式 40 毫米双管自行高射炮（"约克中士"）】 美国制造。口径 40 毫米，管数为 2 管，最大初速 1060 米／秒，最大射程 12500 米，有效射程 4000 米，最大射高 8700 米，有效射高 3000 米。炮身长 2424 毫米，身管长 2800 毫米，高低射界−5°～+85°，方向射界 360°。战斗全重 54431 公斤。供弹方式为非弹链弹鼓，理论射速 2×310 发／分。机动方式为自行，运载车型号为 M988。弹药携行量 502 发。乘员 3 人。全系统包括两个瑞典 L70 式 40 毫米高射炮炮身、封闭式炮塔和 M48A5 坦克底盘、搜索和跟踪雷达、数字式计算机、辅助光学瞄准具、激光测距机和气象探测

设备等。其各个部分均采用现成产品，经改进组配成新式系统。该炮使用特点是，有两套独立的供弹系统，一套故障后另一套仍可保障射击；采用直线无弹链供弹，简化了装退弹操作；炮塔方向和高低转动靠液压动力驱动；其稳定系统可保障行进间射击；具有三防能力等。缺点是可靠性低，雷达抗电子干扰能力差。1974 年开始研制，1985 年 9 月宣布停止研制。

图 3-38　　M247 式 40 毫米双管自行高射炮
("约克中士")

【M51 式 75 毫米高射炮】　　美国制造。口径 75 毫米，初速 860 米／秒，最大射程 13710 米，有效射高 6300 米，持续射速为 45 发／分，方向射界 360°，高低射界-6°——+85°，方向瞄速 60°／秒，高低瞄速 35°／秒。炮身长 4500 毫米，战斗全重 8640 公斤。配用弹种为榴弹、曳光穿甲弹，全弹重 9.9 公斤（榴弹），弹丸重 5.9 公斤（榴弹）。配用仪器为 M38 型射击指挥系统。机动方式为汽车牵引。装备日本军队防空部队。

【3У-23-2 式 23 毫米双管高射炮】　　苏联制造。口径 23 毫米，型号 A3П-23，管数为 2 管，最大初速 970 米／秒，最大射程 7000 米，有效射程 2500 米，直射距离 900 米，最大射高 5100 米，有效射高 1500 米。炮身长 2425 毫米，身管长 1880 毫米，高低射界-4°～+85°，方向射界 360°，高低瞄速 40°／秒，方向瞄速 60°／秒。行军状态长 4570 毫米，宽 1830 毫米，高 1870 毫米；战斗状态长 4570 毫米，战斗状态宽 2880 毫米，战斗状态高 1220 毫米。最低点离地高 360 毫米，火线高 620 毫米。行军全重 950 公斤。供弹方式为弹链，理论射速 2×800～1000 发／分，战斗射速 2×200 发／分。机动方式为牵引，牵引车型号为"嘎斯-63"或"嘎斯-69"。最大运动速度：公路 70 公里／小时，越野 20 公里／小时。行军战斗转

换时间 1／4～1／3 分；战斗行军转换时间 1／2～2／3 分。弹药基数为 2400 发。炮班人数 5 人。该炮配有炮瞄雷达。使用特点是重量轻，便于空运；自动机为全自动式；对阵地要求低；行军和战斗状态转换快。自 1961 年起装备苏联陆军，一些华约国家和接受苏联军援的 20 多个国家也装备这种炮。

【3СУ-23-4 式 23 毫米四管自行高射炮】　　苏联制造。口径 23 毫米，管数为 4 管，最大初速 970 米／秒，最大射程 7000 米，有效射程 2500 米，直射距离 900 米，最大射高 5100 米，有效射高 1500 米。身管长 1880 毫米。高低射界-4°～+85°，方向射界 360°，高低瞄速 60°／秒，方向瞄速 70°／秒，高低瞄准加速度 35°／秒^2，方向瞄准加速度 55°／秒^2。供弹方式为弹链，理论射速 4×850～1000 发／分，战斗射速 4×200 发／分，毁歼概率 33%（停止间）、28%（行进间），系统反应时间 14 秒（有预警时）。机动方式为自行。运载车型号为 TM575。战斗全重 19000 公斤。行军战斗转换时间 5 秒。弹药基本携行量 2000 发。乘员 4 人。该炮采用 A3П 式 23 毫米机关炮、ГМ575 式车体、封闭式炮塔，配备 РПК 式火控系统。各单个部件性能并不是最好的，但组配合理，整体性能十分良好。其结构和技术特点是，火炮由 AM-23 式航炮改进而成，后坐小，理论射速高；采用的瞄准线和射线两个稳定系统解决了行进间（时速 25 公里以下）和车体倾侧（不大于 10°）时的射击问题；简化了雷达线路和结构，计算机坚固耐用；车体设计合理，空间利用率好；底盘水陆两用，机动性好；辅助设备有导航仪、车内通话器、无线电台、夜视器材、灭火设备等，比较齐全。约在 1960 年前后装备苏军，另华约国家和其它 10 余个国家也装备这种炮。

【3СУ-30-6 式 30 毫米六管自行高射炮】　　苏联制造。口径 30 毫米，管数 6 管，有效射高 3810 米，理论射速 667～1000 发／分，机动方式为自行。该炮采用转管式火炮，配用雷达，战技术性能较 3СУ-23-4 式自行高射炮有很大提高，除配用雷达火控系统外，还可能配用激光、热成像、电视等光电火控系统。1982 年起装备苏陆军。

【3СУ-57-2 式 57 毫米双管自行高射炮】　　苏联制造。口径 57 毫米，管数为 2 管，最大初速 1000 米／秒，最大射程 12000 米，有效射程 6000 米，最大射高 8800 米，有效射高 4000 米。炮身长 4390 毫米，身管长 4047 毫米，高低射

界−5°～+85°，方向射界360°，高低瞄速18°／秒，方向瞄速30°／秒。供弹方式为手工（4发弹夹），理论射速2×105～120发／分，战斗射速2×70发／分。机动方式为自行，运载车型号T54。弹药基本携行量316发。战斗全重28100公斤。乘员4人。该炮系统主要包括C—68式火炮、敞开式炮塔、T—54式坦克底盘和向量瞄准具。火炮为全自动火炮，方向和高低转动由电力液压驱动，也可手动控制；驾驶员头顶有整体式舱盖，配有红外观察镜，炮塔没顶盖，车体较T—54坦克装甲薄，发动机装有电子起动器和用于低温起动的压缩空气装置；炮口有炮口帽自动脱落装置，不必下车脱炮口帽；履带较宽，容易通过雪地和沼泽地段。缺点是不配用雷达，不能全天候作战，不能三防，不能两栖作战。1957年起装备苏军坦克师，已逐步为防空导弹取代，一些接受苏军援的国家还在使用。

【C—60式57毫米高射炮】　苏联制造。口径57毫米，最大初速1000米／秒，最大射程12000米，有效射程6000米，最大射高8800米，有效射高5000米（雷达瞄准）或4000米（光学瞄准）。炮身长4390毫米，身管长4047毫米。高低射界−2°～+87°，方向射界360°，高低瞄速18°／秒，方向瞄速30°／秒。行军状态长8500毫米，行军状态宽2054毫米，行军状态高2370毫米，最低点离地高380毫米，火线高1030毫米，行军全重4750公斤，战斗全重4500公斤。供弹方式为弹夹，理论射速105～120发／分，战斗射速70发／分。机动方式为牵引，牵引车型号为"吉尔—157"或"乌拉尔—375"卡车。最大运动速度公路60公里／小时，越野25公里／小时。行军战斗转换时间：全连15分；单炮1分。战斗行军转换时间：全连15分；单炮2分。弹药基数200发。炮班人数7人。该炮配有炮瞄雷达和搜索雷达，瞄准机构有手摇和电传两种传动装置。使用特点是高平两用；发射全部动作均由后坐力自动进行；有自动停射器，当仅剩一发炮弹时自动停止射击；有液压装置，行军与战斗状态转换快。1961年起陆续装备苏陆军、华约国家和其它20多个国家。

【1944年式85毫米高射炮】　苏联制造。口径85毫米，初速792米／秒，最大射程15400米，有效射高9400米，最大射速15～20发／分，方向射界360°，高低射界−3°—+82°。身管长4505毫米。战斗全重4300公斤。配用弹种有榴弹、曳光穿甲弹、超速穿甲弹，全弹重15.95公斤，弹丸重9.2公斤（榴弹）、9.2公斤（曳光穿甲弹）、4.99公斤（超速穿甲弹）。配用雷达为"火罐"炮瞄雷达。机动方式为卡车牵引。1944年起装备苏军集团军以及国土防空军。

【1949年式100毫米高射炮】　苏联制造。口径100毫米，初速900米／秒，最大膛压为3000公斤／厘米^2，最大射程21000米，有效射程12000米，最大射高14000米，有效射高11000米，射速15发／分，方向射界360°，高低射界−3°—+85°，方向瞄速为18°／秒，高低瞄速为9°／秒。炮身长6073毫米，战斗全重9350公斤，行军全重9450公斤。配用弹种有榴弹、曳光穿甲弹，全弹重30公斤，弹丸重15.6公斤（榴弹）、15.9公斤（穿甲弹），炸药重1.46公斤（榴弹）、0.65（穿甲弹），垂直穿甲厚度144毫米（射距1000米）。弹药基数100发。配用雷达为COH9或COH9A炮瞄雷达及6—19型射击指挥仪。机动方式为履带牵引车或汽车牵引。1949年起装备苏军集团军及国土防空军。

【1950年式57毫米高射炮】　苏联制造。口径57毫米，初速1000米／秒，最大膛压3200公斤／厘米^2，最大射程12000米，有效射程8000米，最大射高8800米，有效射高5000米，直射距离1100米，射速为105—120发／分，方向射界360°，高低射界−2°—+87°，方向瞄速为30°／秒或13°／转，高低瞄速18°／秒或4.5°／转。炮身长4390毫米。战斗全重4500公斤，行军全重4750公斤。配用弹种有曳光榴弹、被帽穿甲弹，全弹重6.61公斤，弹丸重2.8公斤，垂直穿甲厚度100毫米（射距1000米）。弹药基数150发。配用雷达为COH9或COH9A炮瞄雷达及6—60型射击指挥仪。机动方式为卡车牵引。1950年起装备苏军摩托化步兵师和坦克师。可高平两用。华约各国亦大量装备。

【1955年式130毫米高射炮】　苏联制造。口径130毫米，初速945米／秒，最大射程为25000米，有效射高15000米，最大射速10—12发／分，方向射界360°，高低射界−5°—+80°。战斗全重25200公斤。弹丸重33.5公斤。配用雷达为"瓣轮"炮瞄雷达。机动方式为履带牵引车牵引。1955年起装备苏国土防空军。

【"鹰"30毫米双管自行高射炮】　英国制造。火炮性能与瑞士HS831SL式30毫米高射炮性能相同。方向射界360°，高低射界−10°—+85°，方向瞄速80°／秒，高低瞄速40°／秒。

车体型号为 FV433 型装甲车，车体尺寸为 5330 毫米×2640 毫米×2520 毫米，发动机功率 240 马力，最大时速 48 公里，最大行程 480 公里，最大爬坡度 30°，越壕宽 2.1 米，涉水深 1.2 米，通过垂直墙高 0.6 米。乘员 3 人。战斗全重 15850 公斤。1970 年起装备英军装甲部队。

【"拉登"30 毫米自行高射炮】 英国制造。口径为 30 毫米，初速 1080 米／秒（榴弹）、1100 米／秒（穿甲弹）、1224 米／秒（脱壳穿甲弹），最大射程 10200 米，有效射程 2000 米，直射距离 1000 米，射速 120 发／分，方向射界 360°。配用弹种为榴弹、穿甲弹、脱壳穿甲弹，全弹重 0.82 公斤（榴弹）、0.872 公斤（穿甲弹）、0.78 公斤（脱壳穿甲弹），弹丸重 0.36 公斤（榴弹）、0.36 公斤（穿甲弹）、0.29 公斤（脱壳穿甲弹）。车体型号为"狐狸"装甲侦察车，车体尺寸为 4100 毫米×2120 毫米×2070 毫米，发动机功率 150 马力，时速 100 公里，最大行程 400 公里。乘员 3 人。弹药携行量 96 发。战斗全重 5670 公斤。可高平两用。1970 年起装备英军侦察分队。

【"范尔康"自行高射炮】 英国制造。是一种轻型装甲车辆，它能对付低空飞机。该炮是由"威克斯"公司和英国"马克"公司联合"伊斯拜诺—瑞依扎"公司共同研制而成的。该炮使用了"威流"阿伯特工程车的底盘，车上安装了一个特制的炮塔，炮塔内装有双 30 毫米"伊斯拜诺—瑞依扎"公司制造的自动炮，其射速（每门炮）为 650 发／分。火炮的水平旋转和仰俯都靠电力来驱动。火炮附有稳定装置，因此，需要时，可进行行进间射击。作战时，探测到的目标信息可被输入到计算机中，而后，计算机再提供目标数据，以便对目标进行交叉射击。和法国的"奥尔诺尔"高炮不同，它不能把目标显示和跟踪雷达联在一起，因为它被认为在黑夜或弱光下的低空袭击不是严重的威胁。由于外界地面的警戒雷达系统能够事先提供袭击的迫近信号和大致方向，所以，"范尔康"的乘员通过光学火控系统，就可以得到一个良好的击中目标的机会。

【M621 式 20 毫米高射炮】 法国制造。它是一种机关炮。口径 20 毫米，初速 1030 米／秒（榴弹和燃烧弹）、1000 米／秒（穿甲弹），直射距离 800 米，自炸高度 2500 米，射速为 300—740 发／分。炮长 2200 毫米，炮重 58 公斤（包括摇架）。配用弹种为榴弹、燃烧弹、穿甲弹，全弹重 0.26 公斤，弹丸重 0.1 公斤（榴弹和燃烧弹）、

0.11 公斤（穿甲弹），垂直穿甲厚度为 25 毫米（射距 800 米）。机动方式为各种车辆和飞机搭载。装备法军。可高平两用。

【AML-S530 式 20 毫米双管自行高射炮】 法国制造。火炮性能见法 M621 式 20 毫米高射炮性能。射速 2×740 发／分，方向射界 360°，高低射界-10°—+75°，方向瞄速 80°／秒，高低瞄速 40°／秒。车体型号为 AML245 型装甲车，车体尺寸 3790 毫米×1970 毫米×2315 毫米，发动机功率 85 马力，最大时速 90 公里，最大行程 600 公里，最大爬坡度 30°，越壕宽 1.1 米，通过垂直墙高 0.3 米，最大装甲厚度 12 毫米，乘员 3 人，弹药携行量 480 发。战斗全重 5500 公斤。

【M693 式 20 毫米自行高射炮】 法国制造。口径 20 毫米，初速 1030 米／秒（穿甲弹）、1300 米／秒（脱壳穿甲弹），射速 700—750 发／分，方向射界 360°，方向瞄速 50°／秒。身管长 2065 毫米（包括炮口制退器），炮重 82.25 公斤（包括摇架与控制箱）。配用弹种为榴弹、脱壳装甲弹。穿甲厚度为 20 毫米（射距 1000 米，着角 60°）。车体型号为 AMX13VTT 型或 AMX10P 型装甲车，车体尺寸 5850 毫米×2780 毫米×2540 毫米，发动机功率为 276 马力，最大时速 65 公里，最大行程 600 公里，最大爬坡度 31°，越壕宽 1.6 米，通过垂直墙高 0.69 米，乘员 11 人，弹药携行量 800 发。战斗全重 13800 公斤。系 M621 的改进型，曾大批生产，可配用在各种车体上，高平两用。

【"桑托尔"20 毫米双管高射炮】 法国制造。型号（M693）F2，口径 20 毫米，管数为 2 管，最大初速 1050 米／秒（燃烧榴弹），最大射程 7000 米，有效射程 1500～2000 米。身管长 2065 毫米，高低射界-5°～+85°，方向射界 360°，高低瞄速 9°／转，方向瞄速 28°／转。行军状态长 4815 毫米，行军状态高宽 1800 毫米，火线高 535 毫米，行军全重 994 公斤，战斗全重 914 公斤。供弹方式为弹链，理论射速 2×740 发／分，战斗射速 2×200 发／分。机动方式为牵引，牵引车型号为吉普车，行军战斗转换时间 2 分。弹药基本携行量 200 发。炮班人数 3 人。该炮包括两管 M693（F2）式 20 毫米机关炮，其情况与"西拉"双管自行高炮相同；方向和高低转动由手轮控制，由左脚踏板击发；有对空射击的重影式瞄准镜和对地面射击的分立式望远瞄准镜；大架在射击时打开成十字形并锁定，再用液压千斤顶把炮架支起。这种

炮既可对空中目标射击，又可杀伤地面人员和击毁地面轻型装甲车辆。已投产，主要供出口。

【"塔拉斯科"20毫米高射炮】

法国制造。型号（M693）F2，口径20毫米，最大初速1050米／秒，最大射程7000米，有效射程1500～2000米。身管长2065毫米，高低界界−8°～+83°，方向射界360°，高低瞄速40°／秒，方向瞄速80°／秒，高低瞄准加速度103°／秒²，方向瞄准加速度229°／秒²。行军全重840公斤，战斗全重660公斤。供弹方式为弹链，理论射速740发／分，战斗射速200发／分。机动方式为牵引，牵引车型号为吉普车（4×4）。行军战斗转换时间15秒。弹药基本携行量140发。炮班人数3人。该炮由M693（F2）式机关炮、双轮炮架、M384式瞄准镜、汽油发动机和牵引车组成。该机关炮可配用多种炮架，炮架为管形结构的三角形。其特点是，炮手和瞄准手座椅固定在一个运动体上，由液压动力驱动进行方向与高低瞄准，射手只要眼睛对准瞄准镜的轴线即可迅速捕捉到目标并较容易地跟踪；该炮结构简单轻便，一名炮手即可操作，在普通地面上由两人操作15秒钟之内即可放列完毕；装油蓄压油泵，汽油发动机停止加压后，储备压力仍可供5～6次对空瞄准，因此可实现无声操作，可高平两用。1982年起装备法国陆军。

【"西拉"20毫米双管自行高射炮】

法国制造。口径20毫米，管数为2管，最大初速1050米／秒（燃烧榴弹）、1300米／秒（脱壳穿甲弹）。最大射程700米，有效射程1800米。身管

图3-39　"西拉"20毫米双管自行高射炮

长2065毫米（包括炮口制退器），方向射界360°。战斗全重15800公斤。供弹方式为弹链双向供弹，理论射速2×700发／分。机动方式为自行，运载车型号为P4R。弹药携行量1500发。乘

员3人。该炮全系统由两门F2式20毫米机关炮、"轻剑"20型炮塔、火控系统、P4R电动轮式装甲车底盘等组成。其使用特点是装有电控射击方式选择开关，可选择单发、短点射、长点射等发射方式；采用双向供弹，可迅速变换弹种；炮车内有空调和三防装置；重量轻，便于舰船、飞机运输。

【M3VDA"庞阿尔"20毫米双管自行高射炮】

法国制造。口径20毫米，管数为2管，最大初速1050米／秒，最大射程7200米，有效射程1800米，最大射高2400米，有效射高800米。炮身长2316毫米，身管长1916毫米，高低界界−5°～+85°，方向射界360°，高低瞄速60°／秒，方向瞄速90°／秒，高低瞄准加速度100°／秒²，方向瞄准加速度100°／秒²。战斗全重7200公斤。供弹方式为弹链，理论射速2×1000发／分，命中概率30～50%（不用雷达时），系统反应时间5秒。机动方式为自行，运载车型号为M3VTT，行军战斗转换时间1分，战斗行军转换时间1／3分。弹药基本携行量600发。乘员3人。该系统由

图3-40　M3VDA"庞阿尔"20毫米双管自行高射炮

两门KAD式20毫米机关炮、改进的M3型"阿庞尔"轮式装甲人员输送车、P56T式简易计算机瞄准装置和一部搜索雷达组成。火炮装有液压装填系统、炮尾定位指示器和电击发机构，火炮全部操作和控制可在炮塔内部进行；火控系统可同时跟踪2～4个目标；具有三防和两栖能力。缺点是弹丸威力小，携弹量少，不能全天候和在夜间作战。1976～1977年开始装备法国陆军，仅作为机械化部队自卫武器，不列为防空兵装备。非洲等地区一些国家也装备这种炮。

【AML-H30式30毫米自行高射炮】

法国制造。火炮性能见瑞士HS831A式或HS831SL式30毫米高射炮性能。射速650发／分，方向射界360°。车体型号为AML245型装甲

车，车体尺寸为 3790 毫米×1970 毫米×2070 毫米，发动机功率 85 马力，最大时速 90 公里，最大行程 600 公里，最大爬坡度 30°，越壕宽 1.1 米，通过垂直墙高 0.3 米，最大装甲厚度 12 毫米。乘员 3 人。弹药携行量 200 发。战斗全重 5400 公斤。

【AMX13DCA30 毫米双管自行高射炮】

法国制造。口径 30 毫米，管数为 2 管，最大初速 1080 米／秒，最大射程 10200 米，有效射程 3300 米，最大射高 4700 米，有效射高 2000 米。炮身长 2410 毫米，身管长 2250 毫米，高低射界-8°～+85°，方向射界 360°，高低瞄速 45°／秒，方向瞄速 80°／秒，高低瞄准加速度 120°／秒^2，方向瞄准加速度 120°／秒^2。战斗状态长 5400 毫米，战斗状态宽 2500 毫米，战斗状态高 3800 毫米，最低点离地高 430 毫米，战斗全重 17200 公斤。供弹方式为弹链，理论射速 2×650 发／分。机动方式为自行，运载车型号为 AMX13。弹药基本携行量 600 发。乘员 3 人。该炮系统由 KCB-B 式 30 毫米机关炮、S401A 式炮塔、雷达火控系统和 AMX13 型坦克底盘组成。由于大量采用了液压传动装置，操作简便省力，稳定性好。1965 年起装备法国陆军。

【AMX30SA30 毫米双管自行高射炮】

法国制造。口径 30 毫米，管数为 2 管，最大初速 1080 米／秒，最大射程 10200 米，有效射程 3300 米，最大射高 4700 米，有效射高 2000 米。炮身长 2410 毫米，身管长 2250 毫米，高低射界-8°～+85°，方向射界 360°，高低瞄速 45°／秒，方向瞄速 80°／秒，高低瞄准加速度 120°／秒^2，方向瞄准加速度 120°／秒^2。战斗全重 35000 公斤。供弹方式为弹链，理论射速 2×650 发／分，命中概率 65%。机动方式为自行，运载车型号为 AMX30。弹药基本携行量 1500 发。乘员 3 人。该炮是 AMX13DCA 式的改进型。主要是更换了雷达，提高了其性能；改用 AMX30 中型坦克底盘，机动性能较强；装有红外驾驶仪，具有三防能力。70 年代后期装备法国陆军和中东某些国家。

【MK20RH202 式 20 毫米双管高射炮】

联邦德国制造。口径 20 毫米，管数为 2 管，最大初速 1045 米／秒（燃烧榴弹）、1150 米／秒（脱壳穿甲弹），最大射程 7000 米，有效射程 1600 米，最大射高 2000 米，有效射高 800 米。炮身长 2610 毫米（带炮口制退器），身管长 1840 毫米，高低射界-3.5°～+81.6°，方向射界 360°，高低瞄速 48°／秒，方向瞄速 80°／秒，高低瞄

准加速度 220°／秒^2，方向瞄准加速度 120°／秒$_2$。行军状态长 5035 毫米，行军状态宽 2360 毫米，行军状态高 2070 毫米，战斗状态长 4050 毫米，战斗状态宽 2300 毫米，战斗状态高 1670 毫米，火线高 735 毫米。行军全重 2160 公斤（不带弹），战斗全重 1640 公斤。供弹方式为弹链，理论射速 2×800～1000 发／分，系统反应时间 4～6 秒。机动方式为汽车牵引或直升机吊运。弹药基本携行量 600 发。炮班人数 3～4 人。该炮主要由两管 20 毫米机关炮、摇架、上架、下架、供弹装置、双轮炮车及火控系统组成。该炮装有三向供弹机，可从左、右、上三方输入炮弹而不用更换部件，并可交替发射不同的弹种。火控系统的一个重要特征是采用了一种程序化的"禁射"保险装置，把射界分成战斗区和非战斗区，可自动在火炮跟踪目标进入非战斗区时中断射击。另一个特点是训练射手简易省时，1970 年开始装备联邦德国陆军，也装备一些北约国家和阿根廷等。

【"野猫" 30 毫米双管自行高射炮】

联邦德国制造。口径 30 毫米，管数为 2 管，最大初速 1040 米／秒（燃烧榴弹），最大射程 6500 米，有效射程 3000 米，最大射高 4800 米，有效射高 2500 米。身管长 2458 毫米，高低射界-5°～+85°，方向射界 360°，高低瞄速 60°／秒，方向瞄速 90°／秒，高低瞄准加速度 112°／秒^2，方向瞄准加速度 112°／秒^2。供弹方式为双向弹链，理论射速 2×800 发／分，系统反应时间 6 秒。机动方式为自行，运载车型号为 TP2-1（6×6）轮式车。弹药基本携行量 540 发。发射班人数 3 人。该炮全系统由两管 MK30F 式 30 毫米自动炮、炮塔、组件式火控系统和 TP2-1 式轮式装甲车底盘组成。它采用了灵活的组件结构、先进的微型电子部件和全新设计的自动炮，体积小，重量轻，作战效果好，底盘可水陆两栖；可用飞机空运或吊运，具有三防能力。它可掩护固定目标和实施跟进掩护。生产主要供出口。

【"龙" 30 毫米双管自行高射炮】

联邦德国和法国制造。口径 30 毫米，管数为 2 管，最大初速 1080 米／秒，最大射程 10200 米，有效射程 3300 米，最大射高 4700 米，有效射高 2000 米。身管长 2250 毫米，高低射界-8°～+85°，方向射界 360°，高低瞄速 45°／秒，方向瞄速 80°／秒，高低瞄准加速度 120°／秒^2，方向瞄准加速度 120°／秒^2。战斗全重 31000 公斤，供弹方式为弹链，理论射速 2×650 发／分，命中概率 65%。机

动方式为自行，运载车型号为 AMX30。弹药基本携行量 1500 发。乘员 3 人。该炮主要由联邦德国的"黄鼠狼"步兵战车底盘、瑞士两管 KCB30 毫米速射炮、法国"轻剑"炮塔和火控系统组成。火炮利用后坐力实现射击自动化，装有射弹计数器，可双管射击，也可单管射击；火控系统由"绿眼"雷达、火控计算机和光学瞄准镜组成；具有三防能力；炮车可防枪弹和 20～25 毫米机关炮炮弹。70 年代末研制成功，主要用于对付低空飞机和武装直升机。

【"猎豹"35 毫米双管自行高射炮】 联邦德国制造。口径 35 毫米，管数为 2 管，最大初速度 1175 米／秒（燃烧榴弹），最大射程 12800 米，有效射 4000 米，最大射高 6000 米，有效射高 3000 米。炮身长 4185 毫米，身管长 3150 毫米，高低射界-5°～+85°，方向射界 360°，高低瞄速 42.9°／秒，（搜索与跟踪），方向瞄速 91.6°／秒（搜索）、56°／秒（跟踪），高低瞄准加速度 78°／秒²（搜索）、39°／秒²（跟踪），方向瞄准加速度 78°／秒²（搜索）、56°／秒²（跟踪）。战斗全重 46300 公斤。供弹方式为双向弹链，理论射速 2×550 发／分，命中概率 1.5%（单发），毁歼概率 50%（单发命中），系统反应时间 6～8 秒（一般）、5.5 秒（紧急时）。机动方式为自行，运载车型号"豹Ⅰ"坦克。弹药基本携行量 680 发。炮班人数 3 人。全系统由两门 KDA-L／R04 自动炮、火控系统，GPD 炮塔和"豹Ⅰ"坦克车体组成。炮管分别装在炮塔两侧，以避免火药气体进入车内。火控系统包括 MPDR12 搜索雷达、MPDR12／4 跟踪雷达、模拟计算机、辅助计算机、光学瞄准具、红外跟踪装置和激光测距机等。底盘对"豹Ⅰ"式底盘进行改装，改进了前后装甲，使用了间隔装甲。炮塔为锻造，配有辅助

图 3-41　"猎豹"35 毫米双管自行高射炮

发动机，配有 5 种电路，车内还装有导航仪和水平自动测量俯、三防设备、红外观察仪及红外驾驶仪

等。该炮使用特点是，自动化程度高，必要时可由一人操纵；反应快，最快达 5.5 秒；命中和歼毁率高，单发命中和单发命中歼毁率分别达 1.5% 和 50%；机动能力强，越野时速达 40 公里；抗干扰能力、三防能力、装甲防护能力，战场生存能力均很强，可在核条件下长期作战。它是西方各国公认的迄今战术技术性能最优越、结构最复杂、造价最高的高射炮系统。1976 年开始陆续装备联邦德国、比利时等国军队，中东某些国家也有订购。

【"奥托·米拉拉"25 毫米四管自行高射炮】 意大利制造。口径 25 毫米，管数为 4 管，最大初速 1100 米／秒（燃烧弹）、1325 米／秒（脱穿弹），最大射程 7000 米，有效射程 1500 米，有效射高 1000 米。身管长 2173 毫米，高低射界-5°—+87°，方向射界 360°，高低瞄速 80～100°／秒，方向瞄速 120°／秒，高低瞄准加速度 120°／秒²、方向瞄准加速度 150°／秒²。战斗全重 12500 公斤。供弹方式为弹链，理论射速 4×570 发／分，系统反应时间 6 秒。机动方式为自行，运载车型号为 M113。弹药基本携行量 630 发。乘员 3 人。该炮系统由意大利 KBA-B 式 25 毫米 4 管机关炮、铝合金焊接炮塔、光电火控系统和 M113 装甲人员输送车组成。火炮为双向供弹，可以单发、15 发、25 发短点射和长点射方式射击；射手控制台有弹种选择钮。炮塔靠液压驱动变换方向，炮塔内有目标报警显示器。火控系统有自带稳定装置的光学瞄准镜、昼用和夜用电视摄像机、激光测距机、模拟式计算机、炮车倾侧测定装置和敌我识别装置。该炮不具备全天候作战能力。1983 年制出样炮，1985 年开始装备意大利军队。

【"布雷达"30 毫米双管高射炮】 意大利制造。口径 30 毫米，管数为 2 管，初速 1040 米／秒。身管长 2458 毫米，高低射界-5°～+85°，方向射界 360°，高低瞄速 60°／秒，方向瞄速 80°／秒，高低瞄准加速度 90°／秒²，方向瞄准加速度 120°／秒²。行军状态长 6460 毫米，行军状态宽 1760 毫米，行军状态高 1940 毫米，最低点离地高 430 毫米，战斗全重 4900 公斤（不带弹）、5300 公斤（带弹）。供弹方式为双向弹链，理论射速 2×800 发／分，机动方式为牵引。弹药基本携行量 500 发。该高射炮系统采用德国毛瑟公司的 F30 式 30 毫米自动炮，配用光电火控系统并自带电源。火控系统由光学瞄准镜、激光测距机和计算机组成，还备有一个被动式红外瞄准镜。火炮配有柴油机驱动的三相发电机。油机装在后炮架上，利

用油机动力,火炮可做短距离运行。1985年首次在法国航空展览会上展出。

【"布雷达"40毫米高射炮】 意大利制造。口径40毫米,管数为1管,最大初速970～1200米/秒,最大射程12500米,有效射程4000米,最大射高8700米,有效射高1000米(光学瞄准)、3000米(雷达瞄准)。身管长2800毫米.高低射界-5°～+85°,方向射界360°,高低瞄速45°/秒,方向瞄速85°/秒。行军状态长7280毫米,行军状态宽2289毫米,行军状态高2655毫米,战斗全重5300公斤。弹药基本携行量144发。理论射速300发/分。机动方式为牵引。该高炮系统由瑞典L/70式40毫米高射炮改进而成,除自动供弹机外,其它与L/70式均相同。改进后全炮只需两人操作,射速提高。1969年开始生产,已装备某些国家。

【"布雷达"40L/70式40毫米双管高射炮】 意大利制造。口径40毫米,管数为2,最大初速1025米/秒(榴弹),最大射程12500米,有效射程4000米,最大射高8700米,有效射高1000米(光学火控)、3000米(雷达火控)。身管长2800毫米(口径倍数70),高低射界-5°～+85°,方向射界360°,高低瞄速60°/秒,方向瞄速100°/秒,高低瞄准加速度150°/秒2,方向瞄准加速度150°/秒2。行军状态长8050毫米,行军状态宽3200毫米,行军状态高3650毫米,最低点离地高300毫米,行军全重11500公斤。理论射速2×600发/分,系统反应时间4秒。机动方式为牵引,牵引车型号为"菲亚特6605"(6×6)卡车。弹药基本携行量444发。此炮由舰载40毫米双管高射炮发展而来,为全自动式,不需射手直接在炮上操作,可以和多种火控系统相匹配。它采用瑞典"博福斯"L/70式40毫米火炮炮身;弹仓在托架下的炮床内,装弹444发,自动供弹;炮上半部置在防水玻璃钢炮塔内;战斗状态时以6个千斤顶将炮床调整成水平状态。该炮两个炮管供弹系统各自独立,当一个身管发生故障时,另一个可继续射击。该炮作为地面部队的防空武器,主要用于击毁低空飞机和导弹。

【"奥托"76毫米自行高射炮】 意大利制造。口径76毫米,管数为1管,最大初速900米/秒,最大射程16000米,有效射程4000米(预破弹)、1500米(脱穿弹),最大射高12000米,有效射高5000米。身管长4712毫米,高低射界-5°～+60°,方向射界360°,高低瞄速45°/秒,方向瞄速70°/秒,高低瞄准加速度100°/秒2,方向瞄准加速度50°/秒2。战斗全重46636公斤。供弹方式为手工或自动,理论射速120发/分。机动方式为自行,运载车型号为OF40。弹药携行量100发。乘员4人。该炮系统由76/62式火炮、全焊接钢质炮塔、电子火控系统和OF4式主战坦克底盘组合而成。76/62式自动炮是意大利海军一种舰炮,靠电液压驱动,配有稳定装置。炮塔外形呈一定倾斜度,可抵御从法线角0°方向袭来的20毫米炮弹,配有发烟罐、超压三防设备、灭火器和辅助涡轮发电机。火控系统有搜索和跟踪雷达、光学瞄准具、计算机、敌我识别器、激光测距机和控制台等,可同时跟踪4架飞机并测得高低角和距离。底盘内外有防弹钢板,车内有陀螺稳定导航稳定导航装置为计算机提供炮车座标位置。1981年在巴黎航空展览会上展出过模型。

【6JLa/5TG式20毫米高射炮】 瑞士制造。口径20毫米,初速1200米/秒,最大膛压3300公斤/厘米2,最大射程7000米,有效射高1500米,自炸高度3300米,最大射速1000发/分,方向射界360,高低射界-5°—+85°,方向瞄速70°/秒,高低瞄速40°/秒。身管长2260毫米。战斗全重336公斤(不包括弹夹),行军全重484公斤。配用弹种为榴弹、穿甲弹,全弹重0.32公斤,弹丸重102克,炸药重18克,垂直穿甲厚度20毫米(射距800米)。机动方式为汽车牵引或搭载。50年代起装备瑞士、芬兰等国陆军。有单管和四管两种形式。

【10JLa/5TG式20毫米高射炮】 瑞士制造。口径20毫米,初速1100—1200米/秒,有效射程2000米,射速1000发/分。战斗全重383公斤,行军全重544公斤。

【HS820SL式20毫米高射炮】 瑞士制造。口径20毫米,初速1100米/秒(穿甲燃烧弹)、1050米/秒(杀伤燃烧弹),最大膛压3500公斤/厘米2,最大射程7200米,有效射程2000米,有效射高1500米,自炸高度2900—3800米,最大射速为800-1050发/分,方向射界360°,高低射界-7°—+83°,方向瞄速50°/秒,高低瞄速40°/秒。炮身长1700毫米,炮身重57公斤(不包括弹夹)。战斗全重376公斤,行军全重571公斤。配用弹种为穿甲燃烧弹、杀伤燃烧弹,全弹重0.31公斤(穿甲燃烧弹)、0.317公斤(杀伤燃烧弹),弹丸重111克(穿甲燃烧弹)、120克(杀伤燃烧弹),炸药重10克,垂直穿甲厚度 40 毫米（射距 800 米）。机动方式为车辆牵引或搭载。60 年代初期，大量装备瑞士、美、法、联邦德国等国陆军，可高平两用。根据供弹方式和炮架的不同，有 HS673、HS669、HS665（三管）、HS639 和 HS676 等多种型号。

【GAI-B01 式 20 毫米高射炮】

瑞士制造。口径 20 毫米，管数为 1 管，最大初速 1100 米／秒（燃烧榴弹），有效射程 1500～2000 米，炮身长 2990 毫米，身管长 2440 毫米，高低射界－8°～＋85°，方向射界 360°。行军状态长 3850 毫米，宽 1550 毫米，高 2500 毫米；战斗状态长 4710 毫米，宽 1550 毫米，高 1200 毫米；最低点离地高 200 毫米；火线高 425 毫米。行军全重 547 公斤，战斗全重 405 公斤。供弹方式为弹箱或弹鼓，理论射速 1000 发／分。机动方式为牵引，牵引车型号为卡车（4×4），行军战斗转换时间 25 秒。弹药基本携行量 50 发。炮班人数 3 人。该高炮配装 KAB-001 式 20 毫米机关炮，原型号为 5TG，是一种重量很轻的高炮。这种炮以三角架支撑全炮、配有保持平衡的配重装置和炮耳轴，高低由手轮控制，方向由脚踏板控制；配有两种瞄准具，均有对空和对地瞄准功能。使用特点是，震动小，结构简单，越野性能好，约 20 秒钟即可由行军状态转为战斗状态，可以高平两用。现西班牙、南非等许多国家装备此炮。

【GAI-C01 式 20 毫米高射炮】

瑞士制造。口径 20 毫米，管数为 1 管，最大初速 1050 米／秒（燃烧榴弹），有效射程 1500～2000 米，高低射界－7°～＋83°，方向射界 360°，高低瞄速 8°／转。战斗状态长 3870 毫米，宽 1700 毫米，高 1450 毫米，火线高 500 毫米。行军全重 534 公斤，战斗全重 370 公斤。供弹方式为弹链供弹，理

图 3-42　　GAI-C01 式 20 毫米高射炮

论射速 1050 发／分。机动方式为卡车牵引。炮班人数 3 人。该高射炮采用 KAD-B13-3 导气式火

炮，身管右侧装有一个弹匣，由弹链单向供弹。火炮使用双轮轻型炮架，装有高低转动手轮和方向控制踏板。方向可自由转动，也可由控制装置控制。瞄准装置是"德尔塔-4"型反射式瞄准镜，有分别用于瞄准低速飞行目标和高速飞行目标的两个分划尺，还配有望远瞄准镜用于对地面目标瞄准。该炮使用特点是，可高平两用；重量较轻，火炮和炮架可拆开分别运输；瞄准手可选择单发和全自动连发两种射击方式。装备智利等国家，现已停产。

【GAI-C03 式 20 毫米高射炮】

瑞士制造。口径 20 毫米，管数为 1 管，最大初速 1100 米／秒（燃烧榴弹），有效射程 1500～2000 米，高低射界 360°，高低瞄速 8°／转。战斗状态长 4270 毫米，战斗状态宽 1700 毫米，战斗状态高 1450 毫米，火线高 500 毫米。行军全重 510 公斤，战斗全重 342 公斤。供弹方式为弹鼓或弹箱，理论射速 1050 发／分。机动方式为牵引，牵引车型号为卡车（4×4）。炮班人数 3 人。该炮采用 KAD-A01 导气式火炮，装有一个鼓形弹仓，其余部分与 GAI-C01 式相同。已停产。

【GAI-C04 式 20 毫米高射炮】

瑞士制造。口径 20 毫米，管数为 1 管，最大初速 1100 米／秒（燃烧榴弹），有效射程 1500～2000 米。身管长 1906 毫米，高低射界－7°～＋83°，方向射界 360°。战斗状态长 3870 毫米，战斗状态宽 1700 毫米，战斗状态高 1450 毫米，火线高 500 毫米。行军全重 589 公斤，战斗全重 435 公斤。供弹方式为弹链，理论射速 1050 发／分。机动方式为牵引，牵引车型号为卡车（4×4）。炮班人数 3 人。GAI-C04 的火炮是 KAD-B14 式导气式机关炮，炮身管两侧有弹匣，可从两侧供弹，其它部分与 GAI-C01 相同。该炮装备智利等一些国家，已停产。

【GAI-D01 式 20 毫米双管高射炮】

瑞士制造。口径 20 毫米，管数为 2 管，最大初速 1050 米／秒（燃烧榴弹），有效射程 1500～2000 米。身管长 1906 毫米，高低射界－3°～＋81°，方向射界 360°，高低瞄速 48°／秒，方向瞄速 80°／秒。行军状态长 4590 毫米，行军状态宽 1860 毫米，行军状态高 2340 毫米，战斗状态长 4555 毫米，战斗状态宽 1810 毫米，战斗状态高 1300 毫米，火线高 600 毫米。行军全重 1800 公斤，战斗全重 1330 公斤。供弹方式为弹链，理论射速 2×1000 发／分。机动方式为牵引，牵引车型号为卡车（4×4）。炮班人数 5 人。该炮是以炮架型号命名

的,是一种较成功的设计型号,有多种变形。这种炮由电气击发;高低和方向转动由液压动力驱动;可采用多种射击方式;对空射击时采用液压自动驱动瞄准,瞄准具可连续不断地计算出射击提前量。

【GBI-A01 式 25 毫米高射炮】 瑞士制造。口径 25 毫米,管数为 1 管,最大初速 1100 米／秒(燃烧榴弹),有效射程 2000～2500 米,身管长 2182 毫米,高低射界 $-10°\sim+70°$,方向射界 $360°$,高低瞄速 $4°$／转,方向瞄速 $10°$／转。行军状态长 4720 毫米,行军状态宽 1800 毫米,行军状态高 1650 毫米,战斗状态长 4170 毫米,战斗状态宽 1790 毫米,战斗状态高 1450 毫米,最低点离地高 400 毫米。行军全重 666 公斤,战斗全重 440 公斤。供弹方式为弹链,理论射速 570 发／分,战斗射速 160 发／分。机动方式为牵引,牵引车型号为卡车(4×4)。炮班人数 3 人。该炮炮管装有多孔式炮口制退器,自动机为导气式,左右各有一个 40 发弹仓,双向供弹。由三角架支撑整个火炮,也可由双轮支撑火炮或在炮架与牵引车不分离情况下射击。装备一些国家团以下分队。

图 3-43　GBI-A01 式 25 毫米高射炮

【KBA 式 25 毫米高射炮】 瑞士制造。口径 25 毫米,初速 1100 米／秒(杀伤燃烧弹)、1460 米／秒(脱壳穿甲弹),有效射程 2000 米,最大理论射速为 570 发／分。炮身长 2180 毫米,炮重 110 公斤。配用弹种为杀伤燃烧弹、脱壳穿甲弹。垂直穿甲厚度为 25 毫米(射距 1000 米)。机动方式为各种车辆搭载或牵引。高平两用。

【GBF-AOB 式 25 毫米双管高射炮("狩猎女神")】 瑞士制造。口径 25 毫米,管数为 2 管,最大初速 1160 米／秒(燃烧榴弹)、1460 米／秒(脱壳穿甲弹),有效射程 1800 米,有效射高 1000 米。炮身长 3190 毫米,身管长 2300 毫米,高低射界 $-5°\sim+85°$,方向射界 $360°$,高低射速 48.7°／秒,方向瞄速 80°／秒,高低瞄准加速度 74.5°／秒^2,方向瞄准加速度 57°／秒^2。行军状态长 4295 毫米,行军状态宽 2100 毫米,行军状态高 2130 毫米,最低点离地高 320 毫米,火线高 900 毫米。战斗全重 2100 公斤。供弹方式为弹链(双向),理论射速 2×800 发／分。机动方式为轻、中型卡车牵引。弹药基本携行量 500 发。全炮由两门 KBB 式 25 毫米机关炮、"炮王"光电瞄准具、射手舱、电源和双轮炮架组成。样炮于 1983 年在巴黎航空展览会首次展出。

【HS831A 式 30 毫米高射炮】 瑞士制造。口径 30 毫米,初速 1000 米／秒,最大膛压 3500 公斤／厘米^2,最大射程 8500 米,有效射高 2000 米,自炸高度 3100-4700 米,最大射速 650 发／分,方向射界 $360°$,高低射界 $-5°\sim+83°$,方向瞄速 90°／秒,高低瞄速 50°／秒。炮身长 2100 毫米,炮身重 128 公斤,火线高 490-650 毫米。战斗全重 1100 公斤,行军全重 1200 公斤。配用弹种为榴弹、穿甲弹,全弹重 0.95 公斤,弹丸重 420 克,炸药重 42 克。机动方式为汽车牵引或搭载。1958 年起装备瑞士、法国陆军。

【HS831SL 式 30 毫米高射炮】 瑞士制造。口径 30 毫米,初速 1080 米／秒(榴弹)、1100 米／秒(穿甲弹),最大膛压 3500 公斤／厘米^2,最大射程 10200 米,有效射程 4000 米,有效射高 2000 米,自炸高度 3800-4700 米,最大射速 650 发／分,方向射界 $360°$,高低射界 $-8°\sim+85°$,方向瞄速 112°／秒,高低瞄速 62°／秒。炮身长 2250 毫米,炮身重 136 公斤。配用弹种为榴弹、穿甲弹,全弹重 0.87 公斤,弹丸重 360 克,炸药重 28 克(榴弹)。机动方式为车辆牵引或搭载。1959 年起装备瑞士、法国、北约集团等国军队。

【GCF-BM2 式 30 毫米双管高射炮】 瑞士制造。口径 30 毫米,管数为 2 管,最大初速 1080 米／秒,有效射程 3000 米,身管长 2555 毫米,(口径倍数 75),高低射界 $-15°\sim+85°$,方向射界 $360°$,高低瞄速 60°／秒,方向瞄速 90°／秒,高低瞄准加速度 120°／秒^2,方向瞄准加速度 120°／秒^2。行军状态长 7470 毫米,行军状态宽 2400 毫米,行军状态高 2435 毫米,行军全重 5492 公斤,战斗全重 5492 公斤。供弹方式为弹链,理论射速 2×650 发／分。机动方式为牵引,牵引车型号为 3 吨卡车(4×4),最大运动速度公路 72 公里／小时。该高射炮是以舰载 GCM 式 30 毫米双管高射炮为基础改装而成。火炮是 KCB 式 30 毫米机关炮，是一种导气式、弹链供弹的火炮，安装在 FVZ505 系列四轮拖车上，拖车后部装有一个交流发电机给火炮提供动力，也可由人工手动操纵瞄准和击发。瞄准手坐在火炮右侧，其四周均有装甲防护。该炮可与遥控火控系统相连接并成为整个防空系统的一个组成部分。该炮装备了中东某些国家。

【MK353 式 35 毫米双管高射炮】 瑞士制造。口径 35 毫米，初速 1175 米／秒（穿甲燃烧榴弹）、1200 米／秒（穿甲弹），最大膛压 3300 公斤／厘米^2，最大射程 12800 米，有效射程 3500 米，有效射高 3000 米，自炸高度 6000 米，最大射速 2×550 发／分，方向射界 360°，高低射界 −7.5°～+90°，方向瞄速 120°／秒，高低瞄速 60°／秒，炮身长 3150 毫米，炮身重 120 公斤。战斗全重 5850 公斤，行军全重 6210 公斤。配用弹种为穿甲燃烧榴弹、穿甲弹、破甲弹，全弹重 1.56 公斤，弹丸重 550 克，炸药重 120 克（穿甲燃烧榴弹）、22 克（破甲弹），发射药重 340 克。垂直破甲厚度 80 毫米（射距 900 米）。配用仪器为"超蝙蝠"射击指挥系统。机动方式为汽车牵引。1962 年起，装备日本、瑞士、联邦德国等国陆军。

【GDF-001 式 35 毫米双管高射炮】 瑞士制造。口径 35 毫米。管数为 2 管，最大初速 1175 米／秒，最大射程 12800 米，有效射程 4000 米，最大射高 6000 米，有效射高 3000 米，炮身长 4180 毫米，身管长 3150 毫米，高低射界 −5°～+92°，方向射界 360°，高低瞄速 60°／秒，方向瞄速 120°／秒，方向瞄准加速度 180°／秒^2，高低瞄准加速度 120°／秒^2。行军状态长 7870 毫米，行军状态宽 2260 毫米，行军状态高 2600 毫米，火线高 1280 毫米，行军全重 6210 公斤，战斗全重 5850 公斤。供弹方式为弹夹（自动），理论射速 2×550 发／分，命中概率 2-15%（单发），毁歼概率 50%（单发命中弹），系统反应时间配"超蝙蝠"系统 6 秒，配"防空卫士"系统 5.7 秒。机动方式为牵引，牵引车型号 6×6 卡车，行军战斗转换时间 1.5 分（3 人）、2.5 分（1 人）。弹药基本携行量 238 发。炮班人数 3 人。该炮采用 KDB 火炮，为提高射击精度，两个身管的炮身轴线仅相距 30 厘米，并采用弹簧液压式浮动反后坐装置，可降低 30% 的后坐力；采用供弹机自动供弹；由电动液压装置进行行军战斗转换，并借助三个调平器

可遥控自动调平。该炮配用的瑞士"超蝙蝠"射击指挥系统由 AFR150 目标搜索与指示雷达、与雷达联动的光学搜索和跟踪装置、机电模拟计算机、154 型初速测定仪组成，全套装置安在一辆四轮拖车上，可控制 3 门 GDF-001 式高炮。其使用特点是可全天候作战，集火射击和单炮射击都比较便利，具有自动操作、本机操作、辅助操作、应急操作等四种操作方法。该炮历史较长，信誉较好，有多种变型和改进型，为多国仿制。1962 年起装备芬兰陆军，日本、希腊、埃及等 10 多个国家也装备这种炮。

【GDF-002 式 35 毫米双管高射炮】 瑞士制造。口径 35 毫米，管数为 2 管，最大初速 1175 米／秒，最大射程 12800 米，有效射程 4000 米，最大射高 6000 米，有效射高 3000 米。炮身长 4180 毫米，身管长 3150 毫米，高低射界 −5°～+92°，方向射界 360°，高低瞄速 60°／秒，方向瞄速 120°／秒，高低瞄准加速度 120°／秒^2，方向瞄准加速度 180°／秒^2。行军状态长 7870 毫米，行军状态宽 2260 毫米，行军状态高 2600 毫米，火线高 1280 毫米，行军全重 6700 公斤。供弹方式为弹夹（自动），理论射速 2×550 发／分，命中概率 2-15%（单发）、毁歼概率 50%（单发命中弹），系统反应时间配"超蝙蝠"系统 6 秒，配"防空卫士"系统 5.7 秒。机动方式为牵引，牵引车型号 6×6 卡车，行军战斗转换时间 1.5 分（3 人）、2.5 分（1 人）。弹药基本携行量 238 发。炮班人数 3 人。该炮是 GDF-001 式改进而成，采用 GDB-R01／L01 式自动炮并用"防空卫士"火控系统取代"超蝙蝠"火控系统；采用了新的光学瞄准具和校准光学系统；火炮重量也有所增加，"防空卫士"火控系统由带有敌我识别装置的搜索雷达、跟踪雷达、电视跟踪装置、数字式计算机、中央控制台、数据传输装置及电源组成，可同时指挥高炮与防空导弹的发射。全套设备安在一辆四轮拖车上，可车辆牵引，也可空运。1967 年开始投产，已装备瑞士、西班牙、希腊、埃及等 10 余个国家。

【GDF-004 式 35 毫米双管高射炮】 瑞士制造。口径 35 毫米，管数为 2 管，最大初速 1175 米／秒，最大射程 12800 米，有效射程 4000 米，最大射高 6000 米，有效射高 3000 米。炮身长 4180 毫米，身管长 3150 毫米，高低射界 −5°～+92°，方向射界 360°，高低瞄速 60°／秒，方向瞄速 120°／秒，高低瞄准加速度 120°／秒^2，方向瞄准加速度 180°／秒^2。行军状态长 7870 毫

米，行军状态宽 2260 毫米，行军状态高 2600 毫米，火线高 1280 毫米，行军全重 7800 公斤。供弹方式为弹夹（自动），理论射速 2×550 发／分，命中概率 2—15%（单发）、毁歼概率 50%（单发命中弹），系统反应时间 5.7 秒（配"防空卫士"火控系统）。机动方式为牵引，牵引车型号 6×6 卡车，行军战斗转换时间 1.5 分（3 人）、2.5 分（1人）。弹药基本携行量 280 发。炮班人数 3 人。该炮是 GDF-004 式高射炮基础上发展而来。炮床上安装了一个带空调设备的单人工作舱，此舱具有防枪弹和炮弹破片的性能；用两个自动输弹装置代替了两个备用弹箱，由整体式液压系统驱动，使全炮可由一名射手操作；加装了一部辅助光学瞄准具，该瞄准具可独立工作。据生产 GDF 系列高射炮的瑞士厄利康公司称，这是符合 80 年代要求的最好的牵引高射炮。已投产，主要供出口。

【GDF-D03 式 35 毫米双管自行高射炮】 瑞士制造，又称"护航者 35"自行高射炮。口径 35 毫米，管数为 2 管，最大初速：适口径弹为 1175 米／秒；次口径弹为 1385 米／秒。有效射程 4000 米，有效射高 3000 米，射速 2×600 发／分，高低射界−5°～+85°，方向射界 360°。该炮系统由 KDF 火炮、火控系统、HYKA 轮式车等组成。火炮身管装有初速测定仪，两侧各有一个容弹 200 发的大弹鼓；雷达可在有地面杂波干扰情况下和行进间工作；驾驶舱可自由升降；轮胎有自动充气系统。已有样炮并生产。

【GDF-C02 式 35 毫米双管自行高射炮】 瑞士制造。口径 35 毫米，管数为 2 管，最大初速 1175 米／秒，最大射程 12800 米，有效射程 4000 米，最大射高 6000 米，有效射高 3000 米。炮身长 4180 毫米，身管长 3150 毫米，高低射界−5°～+85°，方向射界 360°。高低瞄准速 60°／秒，方向瞄速 125°／秒，高低瞄准加速度 104°／秒²，方向瞄准加速度 145°／秒²。战斗全重 16000 公斤。供弹方式为弹链，理论射速 2×550发／分。机动方式为自行，运载车型号为 M548。弹药基本携行量 430 发。炮班人数 2 人。该炮主要有由双管 KDFR01／L01 式 35 毫米机关炮，炮塔、M548 履带运输车底盘和光电火控系统组成，还可同独立的搜索雷达和外部火控系统一起配用。炮手座舱有空调设备和三防装置，能防轻武器和弹片杀伤，不受天气影响。

【L70 式 40 毫米高射炮】 瑞典制造。口径 40 毫米，初速 970 米／秒（榴弹）、1025 米／秒（穿甲弹）、1200 米／秒（脱壳穿甲弹），最大膛压 3250 公斤／厘米²，最大射程 12600 米，有效射程 5000 米，最大射高 4650 米，有效射高 3000米（配指挥仪）、1400 米（不配指挥仪），自炸高度 5000 米，最大射速 300 发／分，方向射界 360°。高低射界−5°～+90°，方向瞄速 85°／秒，高低瞄速 45°／秒。炮身长 2800 毫米。战斗全重为 5250 公斤（A 型）、4800 公斤（B 型）。配用弹种为榴弹、穿甲弹、脱壳穿甲弹，全弹重 2.5 公斤（榴弹和穿甲弹）、2.25 公斤（脱壳穿甲弹），弹丸重 977 克（榴弹）、930 克（穿甲弹）、432 克（脱壳穿甲弹），炸弹重 112 克（榴弹）。垂直穿甲厚度 75 毫米，配用仪器为英 AA7型射击指挥系统。A 型自带电瓶，B 型由油机供电。机动方式为 7 吨卡车牵引。1951 年起装备英、瑞典等国陆军，荷兰装备此炮配用 L4／5 型射击指挥仪。

【VEAK40×62 式 40 毫米双管自行高射炮】 瑞典制造。火炮性能见瑞典 L70 式 40 毫米高射炮性能。射速 2×325 发／分，方向射界360°。高低射界−5°～+85°，方向瞄速 85°／秒（一般）、127°／秒（最大），高低瞄速 95°／秒（一般）、135°／秒（最大）。车体型号 S式坦克，车体尺寸 6450 毫米×3300 毫米×3150 毫米，发动机功率为 540 马力，最大时速 50 公里，最大行程 400 公里，最大爬坡度 31°，越壕宽 1.2米，涉水深 1.5 米，通过垂直墙高 1.1 米，装甲厚度 5—15 毫米，乘员 3 人。弹药携行量 425 发。火控系统主要有炮瞄雷达及射击指挥仪。战斗全重35000 公斤。于 1967 年起装备部队。

【博福斯 M／36L／60 式 40 毫米高射炮】 瑞典制造。型号 L／60，口径 40 毫米，管数为 1 管，最大初速 820 米／秒，最大射程 10100米，有效射程 2560 米，最大射高 4660 米，有效射高 1200 米，身管长 2400 毫米，高低射界−5°～+90°，方向射界 360°。战斗状态长 5100 毫米，战斗状态宽 4000 毫米，战斗状态高 1600 毫米，火线高 1170 毫米，行军全重 2150 公斤（不带炮车和拆装辅助设备），战斗全重 2150 公斤（m38 式炮架）。供弹方式为弹夹，理论射速 120 发／分。机动方式为牵引。该炮是瑞典博福斯公司生产的 40毫米自动高射炮的第一代产品。配有简易光学瞄准具，由高低和方向两个瞄准手手控瞄准，4 名炮手人工供弹。1937 年开始服役，装备 10 余个国家，现已停产。

【博福斯L／70式40毫米高射炮】 瑞典制造。口径40毫米，管数为1管，最大初速970～1200米／秒（取决于弹种），最大射程12500米，有效射程4000米，最大射高8700米，有效射高1000米（瞄准具）、3000米（指挥仪）。身管长2800毫米，高低射界−5°～+90°，方向射界360°，高低瞄速45°／秒，方向瞄速85°／秒，高低瞄准加速度135°／秒²，方向瞄准加速度127°／秒²。行军状态长7290毫米，行军状态宽2240毫米，行军状态高2400毫米，战斗状态长5940毫米，战斗状态宽4420毫米，战斗状态高1980毫米，最低点离地高390毫米，火线高1335毫米（战斗状态时），战斗全重4800公斤（A式）、5150公斤（B式）。供弹方式为弹夹，理论射速240发／分，毁歼概率87%（单发命中弹）。机动方式为牵引，牵引车型号为TL22L2204（6×6）卡车，行军战斗转换时间1分。弹药基本携行量122发。发射班人数6人。该炮为自动式火炮，有A、B两种型号。采用动力操作，瞄准速度高、精度好；配有光学瞄准具，也可配外部火控系统；安在四轮炮车上并有辅助短程推器，机动性较好；火炮操作比L／60式简便的多。该炮还广泛用作舰炮。1951年装备瑞典军队，后陆续装备北约国家、以色列、印度等50多个国家，是世界上使用最广泛的轻型高射炮。

【博福斯"博菲"40毫米高射炮】 瑞典制造。口径40毫米，管数为1管，最大初速1025米／秒（预制破片弹），最大射程12500米，有效射程4000米，最大射高8700米，有效射高3000米。身管长2800毫米，（口径倍数70），高低射界−4°～+90°，方向射界360°，高低瞄速45°／秒，方向瞄速85°／秒，高低瞄准加速度135°／秒²，方向瞄准加速度127°／秒²。行军状态长6320毫米，行军状态宽2225毫米，行军状态高3250毫米，最低点离地高390毫米，火线高1335毫米，战斗全重5300公斤（不带弹）。供弹方式为弹夹，理论射速300发／分，命中概率1.5%（单发），毁歼概率90%（单发命中弹）。弹药基本携行量122发。机动方式为牵引（3吨汽车）。该炮分为晴天候和全天候两种，前者配用光电火控系统，后者配用雷达火控系统。它由L／70式40毫米高射炮改进而成。该炮的突击特点是，采用光电火控系统，不用炮瞄雷达，降低了成本，同时配用跟踪雷达，提高了全天候作战能力；电源、火炮、火控系统结为一体，战斗准备时间短；采用带

近炸引信的预制破片弹，提高了对飞机、导弹的毁伤概率。其缺点是计算机预测目标航路与实际航路不相符，对可作多种机动飞行的飞机作用不大。1975年投产，1979年完成全天候型试验，已有国家订购。

图3-44　75式"博菲"40毫米高射炮

【CA-1式35毫米双管自行高射炮（"凯撒"）】 荷兰制造。口径35毫米，管数为2管，最大初速1175米／秒（燃烧榴弹），最大射程12800米，有效射程4000米，最大射高6000米，有效射高3000米，炮身长4185毫米，身管长3150毫米，高低射界−5°～+85°，方向射界360°，高低瞄速42.9°／秒（搜索与跟踪），方向瞄速91.6°／秒（搜索）、56°／秒（跟踪），高低瞄准加速度78°／秒²（搜索）、39°／秒（跟踪），方向瞄准加速度78°／秒²（搜索）、56°／秒²（跟踪）。战斗全重46000公斤。供弹方式为双向弹链，理论射速2×550发／分，毁歼概率50%（单发命中弹），系统反应时间5～7秒。机动方式为自行，运载车型号为"豹1"坦克。弹药基本携行量680发。炮班人数3人。CA-1式除雷达、履带、发烟罐外，各部分与"猎豹"式完全相同。其雷达采用荷兰"京燕"雷达的改进型，它在搜索、跟踪时使用同一个发射机，故称组合式搜索、跟踪雷达系统。该系统特点是可全天候工作；同时进行周圆搜索和跟踪，并自动补偿车体行进速度导致的误差；抗干扰能力强；采用组件式结构，布局紧凑，便于维修。1977年开始装备荷兰步兵、坦克兵。

【5PFZ-C式35毫米双管自行高射炮】 荷兰制造。火炮及车辆性能见联邦德国Ⅰ式35毫米双管自行高射炮性能。配用仪器为荷兰信号器材公司研制的搜索和跟踪雷达及射击指挥系统。

【"狩猎女神"30毫米双管高射炮】 希腊

制造。口径 30 毫米，管数为 2，最大初速 1040 米／秒，最大射程 6500 米，有效射程 3500 米，最大射高 4800 米。身管长 2458 毫米，高低射界-5°～+85°，方向射界 360°，高低瞄速 85°／秒，方向瞄速 115°／秒，高低瞄准加速度 125°／秒²，方向瞄准加速度 200°／秒²。战斗全重 6200 公斤。理论射速 2×800 发／分，系统反应时间 5 秒。机动方式为牵引。该炮采用德国 F30 式 30 毫米机关炮，配备雷达火控系统、光电火控系统和火炮自备光学瞄准系统以及美国 GAU8／A 式弹药系列。使用特点是，由于两个炮管摇架各自独立，且有滑动的反后坐装置，减轻了后坐力对炮架伺服系统的作用；重新装填方便；火控系统功能齐全，当使用雷达火控系统射击时，射手只需监视射击过程即可。1982 年造出样炮。

图 3-45　"狩猎女神"30 毫米双管高射炮

【**M55 式 20 毫米三管高射炮**】　南斯拉夫制造。口径 20 毫米，初速 850 米／秒（榴弹）、840 米／秒（穿甲弹），最大射程 5500 米，最大射高 4000 米，有效射高 1500 米，射速 3×650-800 发／分，方向射界 360°，高低射界-5°—+83°，方向瞄速 14°／转，高低瞄速 6°／转。炮身长 1725 毫米。战斗全重 1170 公斤。配用弹种为榴弹、曳光榴弹、穿甲燃烧弹、曳光穿甲弹，全弹重 258 克（榴弹）、265 克（穿甲燃烧弹）、弹丸重 136 克（榴弹）、140 克（穿甲燃烧弹）。机动方式为吉普车牵引。

【**M53／59 式 30 毫米双管自行高射炮**】

捷克制造。口径 30 毫米，管数为 2 管，最大初速 1000 米／秒，最大射程 10000 米，有效射程 3000 米，最大射高 6300 米，有效射高 2000 米。身管长 2429 毫米，高低射界-10°～+85°，方向射界 360°。战斗全重 10900 公斤。理论射速 2×450～500 发／分，战斗射速 2×200 发／分。机动方式为自行，运载车型号为 V3S（轮式）。弹药基本携行量 600-800 发。乘员 4 人。该炮全系统由两门 M53 式 30 毫米机关炮、"布拉格"V3S 轮式装甲车底盘和光学瞄准具组成。该炮供弹方式为弹仓垂直供弹，提高了射速；火炮为全自动气动式，炮手四周有装甲，顶部无装甲；高低和方向转动由液压驱动，也可手动控制。该炮最大特点是结构简单，造价低，但只有光学瞄准具，没有夜视器材，人员没有炮塔防护，没有三防能力，不能两栖作战。1959 年起装备捷克步兵，已停产。

图 3-46　M53／59 式 30 毫米双管自行高射炮

【**TCM-20 式 20 毫米双管高射炮**】　以色列制造。口径 20 毫米，管数为 2 管，最大初速 850 米／秒，最大射程 5700 米，有效射程 1200 米，最大射高 4500 米。身管长 1400 毫米，高低射界-10°～+90°，方向射界 360°，高低瞄速 60～67°／秒，方向瞄速 60～72°／秒。行军状态时长 3270 毫米，宽 1700 毫米，高 1630 毫米，最低点离地高 310 毫米，行军全重 1350 公斤。供弹方式为弹链，理论射速 2×650 发／分，战斗射速 2×150 发／分。机动方式为牵引，牵引车型号为吉普车（4×4）。该高射炮系统主要由瑞士 HS404 两管机关炮、轻型炮架、炮床、瞄准装置、辅助发电机、电池组和牵引车组成。机关炮采取弹鼓式弹仓、电动瞄准、电发火方式。炮架为双轮，也可由 3 个千斤顶支撑。前部和后部均有装置防护。具有良好的机动性。该炮还可与警戒雷达配合使用。在 1973 年第四次中东战争中，该高射炮系统击落的敌机占以色列击落敌机总数的 60%。1970 年装备以色列陆军，并向 6 个国家出口。

四、弹 药

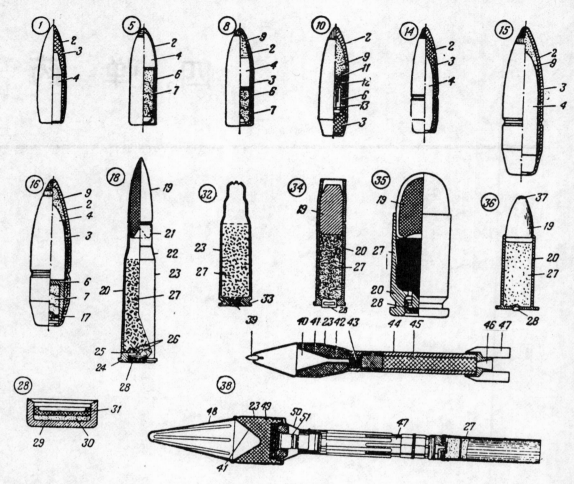

图 4-1　轻武器弹药

1-17.弹头　1-4.普通弹头；2.弹头壳　3.铅套　4.钢心；5-7.曳光弹；6.曳光管　7.曳光剂；　8-9.燃烧弹；9.燃烧剂；10-13.试射燃烧弹；11.火帽　12.保险裂筒　13.击针；14.穿甲弹　15.燃烧穿甲弹　16-17.曳光燃烧穿甲弹；17.点火药；18-37.轻武器弹药　18-28.步枪实弹；19.弹丸　20-26.弹壳　21.弹室　22.斜肩　23.弹壳体　24-26.底部；25.火台　26.传火孔；27.发射药　28-31.底火(壳)；29.底壳体　30.击发药　31.锡箔；32-33.步枪空包弹；33.底槽；34.转轮手枪实弹　35.手枪实弹　36-37.放射弹；37.放射剂弹头；38-51.反坦克火箭弹；39.引信　40.聚能锥孔　41.金属药型罩　42.炸药　43.雷管　44.尾管　45.发射药　46.喷管　47.尾翼　48.圆锥形风帽　49.炸药　50.底盖　51.弹底引信

【弹药】　　含有火药、炸药等装填物，能对目标起毁伤作用的物品。包括枪弹、炮弹、手榴弹、枪榴弹、航空炸弹、火箭弹、导弹、鱼雷、水雷、地雷等。弹药一般由战斗部、投射部和稳定部等部分组成。

战斗部是各类弹药的核心部分，用于毁伤目标。典型的战斗部含壳体(弹体)、装填物及引信。壳体为战斗部的本体；装填物为毁伤目标的能源物质或战剂。常用的装填物有普通炸药、烟火

药，还有生物战剂、化学战剂、核装药及其它物品；引信用于适时引爆装药，以充分发挥战斗部的作用。常用的引信有触发、非触发、时间三种基本类型。战斗部按其作用，分为杀伤、爆破、穿甲、破甲、碎甲、燃烧等种类。此外，还有用于照明、发烟、宣传、电子干扰、侦察、传递信号及指示目标等的特种战斗部。

投射部大多含有发射药或推进剂，用于提供投射动力。枪弹、炮弹的投射部为装有发射药的弹

壳、药筒或药包；火箭和鱼雷的投射部则为自身的推进系统。

稳定部用以保证飞行稳定，以提高射击精度和发挥弹药威力。常用的有尾翼式和旋转式两种。除以上部分外，某些弹药还有制导部分，用以导引或控制战斗部进入目标区。

用身管武器发射的枪弹、炮弹，称为射击式弹药。常以身管发射武器的口径（毫米值）标示大小。它具有初速大、射击精度高、经济性好等特点，是应用最广泛的弹药。主要用于压制敌人火力，杀伤有生目标，摧毁工事、坦克和其它技术装备。为了增大射程，除应用火箭增程技术和采用脱壳弹结构外，还研制了底部排气弹及各种低阻力外形的远程炮弹。20 世纪 70 年代研制成功的末段制导炮弹，可在远距离上准确命中坦克。

本身带有推进系统的导弹、火箭弹、鱼雷等称为自推式弹药。近程导弹多用于对付坦克等战术目标。中、远程导弹常装核弹头，主要用于打击战略目标。火箭弹的发射装置比较简单，可多发联装，因而火力猛，突袭性强，适于作为压制兵器对付面状目标。轻型火箭弹可用便携式发射筒发射，适于步兵反坦克作战。鱼雷一般用热动力或电力驱动，带有制导系统，用于对付各种舰艇。

航空炸弹、手榴弹等称为投掷式弹药。通常没有投射部，可直接从飞机上投放，或用人力投掷。航空炸弹常用质量（公斤）标示量级，战斗部容量大，装填物较多，主要用于轰炸重点目标或对付集群目标。手榴弹为单兵携带，用于对付有生目标或轻型装甲目标。

地雷、水雷等称为布设式弹药。可用空投、炮射、火箭或人工等方式布设，用以毁伤敌人的步兵、坦克或舰艇。当目标碰触或接近时，引信受压或受感，使装药爆炸，也可遥控引爆。

核弹、化学弹和生物弹是特殊类型的弹药。具有大面积的杀伤破坏能力，同时能够污染环境。核弹以梯恩梯当量（吨）标示量级。

【定装弹】 枪械和小口径炮的弹药。它由弹头、发射"装药"和点火装置组成，并用弹壳把它们装成一个整体。这种弹药被称作定装弹。定装弹分为枪弹和炮弹。根据现代定装弹的用途，分为实弹和辅助弹。按照使用枪弹的武器种类，枪械实弹分为：手枪弹、左轮手枪弹、突击步枪弹、步枪弹。大口径机枪弹和反坦克枪弹称为大口径。战场上目标类别繁多，因此枪（炮）弹必须分为普通弹头与特种弹头。普通弹头通常用于手枪弹、突击步枪弹和步枪弹，而特种弹头则用于突击步枪弹、步枪弹和大口径弹。炮弹分为杀伤弹、穿甲弹、穿甲燃烧弹、曳光穿甲燃烧弹和曳光杀伤爆破燃烧弹。根据射击任务，定装弹按一定的组合装填弹匣和弹链。用带有无声装置的武器射击时，利用弹头飞行速度较低的弹。这种弹同普通弹的区别是重量较大，装药量较少。辅助弹用于完成与杀伤有生力量和与击毁军事技术装备无直接联系的任务。属于此种弹的有：用于进行小口径步枪和手枪运动射击和教练射击的小口径弹，用于在战术演习中模拟射击和鸣放礼炮的空包弹，用于训练装弹与击发方法的教练弹，用于在工厂测试武器强度的强装药弹等。空包弹没有弹头；教练弹没有发射药，火帽中没有击发剂。

【定装式炮（枪）弹】 弹丸、发射药和点火具用药筒联结成一个整体的小口径炮弹或各种枪弹。口径超过 75 毫米的此类弹药属于定装式装填的炮弹。

【空心装药弹药】 用以毁伤装甲目标的一种弹药。空心装药弹药的作用原理是利用聚能效应。主要有手榴弹、枪榴弹、反坦克火箭筒榴弹、炮弹、反坦克导弹、反坦克航空炸弹、反坦克航空火箭弹、工程地雷和工程爆破装药。各种空心装药弹药的破甲能力如下：空心装药手榴弹和空心装药枪榴弹为 120—300 毫米，反坦克火箭筒榴弹为 270—400 毫米，弹径为 105—120 毫米的炮弹为 300—400 毫米，反坦克导弹为 450—600 毫米，反坦克航空炸弹、火箭弹和工程地雷为 150—200 毫米。

空心装药弹药的缺点是，制造比较复杂，对有屏蔽防护的目标无效（在离主装甲一定距离上爆炸，主装甲不会受到毁坏）。上述缺点可通过采用所谓双作用空心装药弹药的办法来克服，即第一次爆炸穿透屏蔽，而第二次爆炸穿透主装甲。

【燃烧弹药】 配有燃烧剂的弹药。燃烧航空炸弹、燃烧弹、燃烧地雷、燃烧子弹、燃烧箱和配有燃烧剂的导弹战斗部均属燃烧弹药。

【不灵敏弹药】 英国皇家武器研究所发明的一种在意外情况下不易爆炸的弹药。1981 年开始应"北约"的要求研制。主要特点是在发生事故，被子弹击中或发生火灾时不发生爆炸。

【无壳弹】 发射时药筒伴随发射药燃完而无须退壳的一种新型弹药。按属性不同可分为无壳枪弹和无壳炮弹。此种弹药的药筒，是由粒状单基药与树脂混合液模注后硬化成型的，或以硝化纤维为主，并加入适量普通纤维调浆脱水成型的可燃药筒。它重量轻，省金属，利于补给，便于操作。

【空包弹药】 模拟火器的战斗射击以及在鸣放礼炮和发射信号时使用的辅助弹药。空包弹与实弹所不同的是没有弹头。空包弹由弹壳中的发射药、药筒盖和点火器材组成。标准口径枪械所用的空包弹弹壳上口有星状压花；而在大口径空包弹药筒口部，则压进塞子。射击时，在火药气体的作用下，药筒盖被冲出，同时，伴有声效应和光效应。使用自动枪械进行空包弹射击时，为保障自动装置的工作，应使用专用装置。

【业务弹】 军械部门遂行业务工作时所使用的弹药。其主要包括鉴定修复后的武器器材质量的试射用弹；鉴定弹药质量的试投（试射）、化验用弹；矫正武器射效的用弹；新配武器的试射用弹等。

【训练弹】 供实弹训练用的弹药。按其性质不同，分为枪弹、炮弹、炸弹、导弹、鱼雷、水雷、地雷、手榴弹、信号弹和爆破器材等；按训练阶段不同，分为基础训练弹、应用训练弹。

【限用弹】 不符合技术标准，但可以在限定条件下使用的弹药。凡能在限定条件下，保证基本战术和技术性能的，但不符合技术标准的弹药，均属限用弹。确定限用弹的权限属总部。规定限用弹有利于在确保安全的前提下充分利用弹药。对限用弹必须单独存放，妥善保管，严格按总部规定的范围发放、使用。

【禁用弹】 禁止用于实弹射击的弹药。凡不能保证射击安全或射击效果的弹药均属禁用弹。确定禁用弹的权限属总部。对禁用弹必须单独放置，妥善管理，并按规定及时进行倒空或销毁处理。

【炸弹】 1.航空兵使用的一种主要弹药。2.海军舰艇用来破坏水下目标的炸弹。3.17至19世纪炮兵使用的重量在16公斤以上起杀伤爆破作用的炮弹的旧称。滑膛炮兵用的炸弹，由生铁制成的空心球形弹体、爆炸装药和带黑色火药的导火管组成。导火管或在发射前借导火索点火，或借发射时产生的燃气点火。线膛炮兵用的炸弹具有长圆形弹体、爆炸装药和引信。炸弹这个名称一直用到20世纪20年代初。4.第一次世界大战中掷弹筒所发射的杀伤弹。5.用于破坏和暗杀目的的以手工方式制造的炸弹。

【火药】 多组分的固体可爆性混合物，能在绝氧的情况下，有规律地按平行层燃烧，形成可

用于发射炮弹、推进火箭和其它目的的气体产物。

火药分纤维素硝酸酯火药（无烟火药）和机械混合火药（包括有烟火药）两种。用于火箭发动机的火药叫做固体火箭燃料。纤维素硝酸酯火药的基本成分为纤维素硝酸酯与溶剂。除基本成分外，还有添加剂。纤维素硝酸酯火药按溶剂的成分与种类又可分为硝化棉火药、巴力斯特型火药和柯达型火药。硝化棉火药一般含有 91—96% 硝化棉成分，1.2—5%挥发物，1.0—1.5%安定剂，2—6%钝感剂，0.2—0.3%石墨和消焰添加剂。硝化棉火药可制成片状、带状、环状、管状和粒状装药，用于枪械和火炮。其主要缺点是：贮存时火药中的剩余溶剂和水分含量会发生变化，从而对其弹道特性产生不利影响；制造工艺周期长。由于添加剂以及用途的不同，除了普通硝化棉火药以外，还有专用火药：消焰火药，低吸湿性火药，小梯度火药，低烧蚀火药，钝感火药，多孔火药等等。

巴力斯特型火药的主要成分为纤维素硝酸酯和不易排除的溶剂，因此有时也叫双基。根据所用溶剂的不同，可称为硝化甘油火药、二乙二醇火药等。其一般成分为：50—60% 弱棉，25—40%硝化甘油或硝化二乙二醇，或者它们的混合剂。此外，这些火药中加有芳香族硝基化合物、安定剂、凡士林、樟脑和其它添加剂等物质。巴力斯特型火药可制成管状、片状、环状和带状。按用途可分为：火箭火药、炮用火药。与硝化棉火药比较，它的吸湿性小，制作快，能制成直径达 1 米的大型装药，物理安定性高和弹道稳定性强。巴力斯特型火药的缺点是：其成分中有对外界作用很敏感的爆炸物——硝化甘油，因此制造时比较危险。

柯达型火药中含有高氮量的硝化棉。为使其溶解，除硝化甘油外，还需加入挥发性溶剂。因而其制造工艺与硝化棉火药的相类似。柯达火药的优点是威力大，但会加剧枪膛、炮膛的烧蚀。

混合火药作为固体火箭燃料，大约含有 60—70% 高氯酸铵，15—20% 作粘合剂用的聚合物（可燃物），10—20%铝粉和各种添加剂。与巴力斯特型火药相比，它具有一系列优点：单位推力较大，燃速与压力、温度的关系较小，借助各种添加剂来调节燃速的范围较大，等等。

现代的有烟火药制成不规则形状的颗粒。用硝酸钾作氧化剂，而主要的可燃物是木炭。硫作为减低火药吸湿性并使之易燃的粘合剂。有烟火药的种类有：导火索用有烟火药，枪用有烟火药，粗粒有烟火药，缓燃有烟火药，矿用烟火药和猎用有烟火

药。有烟火药在火焰和火花影响下容易燃烧，因此处理时有危险。贮存时要密封包装，并与其它火药分开。有烟火药吸湿性强，含水量超过 2%时就难以点燃。

最早的火药是中国发明的。早在汉代，人们就知道了火药的用途。唐宋时期即开始用于军事。当时的火药是有烟火药。类似的混合物在古代就已出现，那时主要用作燃烧器材和破坏器材。其抛射性能发现甚迟，这种发现推动了火器的发展。火药从 13 世纪起从中国传入欧洲。随着纤维素硝酸酯火药的发明，有烟火药在很大程度上失去其价值。1884 年法国 P.维埃尔首先制成了硝化棉火药。1888 年瑞典 A.诺贝尔制成了巴力斯特型火药。19 世纪末，在英国制成了柯达型火药。

【药包】 炮弹和迫击炮弹发射药的包皮。用来盛装定装药、变装药的基本装药和附加装药、点火药和消焰剂等。药包应做得结实，在某些情况下还必须能防潮防尘，发射时应尽可能使其完全燃烧，不应产生影响火炮装填的阴燃残渣。药包是由结实的纺织品以及硝化胶片制成。药包最早是在 17 世纪开始使用的。由于使用了药包，就可以预先称出装药的重量，能使装药和弹丸结合在一起，这就大大地提高了火炮的射速。

【火药柱】 用有烟火药压成的装药。用于加强和传递火焰；在时间信管中将来自延期药的火焰传递给雷管；在底火中将来自火帽的火焰传递给炮弹药筒中的发射药。

【炸药】 在一定的外界作用下能发生爆炸，同时释放热量并形成高热气体的化合物或混合物。炸药对外界作用的感度取决于作用（激发冲量）的形式，并用引起某种爆炸变化所需的最小能量来表示。可分为热感度和机械感度，以及对其它炸药爆炸的感度。感度的大小用标准试验方法测定。

炸药作为能源，其特性除用爆速表述外，还有爆热（一公斤炸药爆炸时所释放的热量）、爆炸变化气体产物的成分、体积和最高温度（爆温）以及其它物理性能来表述，爆轰时炸药分解速度之快，可使数千度高温气体分解产物处于接近装药原有体积的压缩状态。气体产物急剧膨胀，这是爆炸破坏作用的最基本因素。爆炸的破坏作用可分为两种基本形式：猛度和威力。炸药的猛度与爆轰产物对装药邻近物体的破坏作用有关。猛度用爆炸波阵面的压力来确定，这种压力的大小则取决于装药的密度和爆速，可高达数十万公斤力／平方厘米。这时，

可观察到物体严重变形、击穿和破碎，以及所形成的破片飞散等现象。炸药的威力与装药爆炸时产生的冲击波的破坏作用有关。对威力具有决定性影响的是爆炸变化气体产物的体积。威力通常用与标准炸药比较得出的相对百分数来表示。炸药除破坏能力外，在装填、运输及贮存过程中保持化学与物理性能不变的能力具有重要意义。耐贮存对军用炸药来说尤其重要，因为大量弹药是远在战争开始以前的和平时期制造的。

炸药按化学组成分为两大类：单质炸药和混合炸药。第一类炸药大部分是含氧化合物，具有无空气参加也能在分子内部全部或部分氧化的性能。还有不含氧而具有爆炸性能的化合物。它们通常具有不稳定的分子结构，对外界作用的感度较高，属于易爆性较高的物质。混合炸药由两种或两种以上彼此不化合的物质组成。有气体、液体和固体的三种。军事上主要采用固体混合炸药。按用途，炸药分为起爆药、猛炸药、发射药和烟火剂。

起爆药用于激发其它炸药装药的爆炸变化。其特点是感度高，在简单的激发冲量作用下即可爆炸。主要的起爆药有雷汞、叠氮化铅、斯蒂芬酸铅、特屈拉辛和二硝基重氮酚。在军事上起爆药用于装填火帽、底火、点火管、各种电点火具、炮弹雷管、爆破雷管和电雷管等。还用于各种自动爆炸器材：起爆器、电燃药筒、爆炸锁、爆炸顶杆、爆炸膜、爆炸起动器、弹射器、爆炸螺杆、爆炸螺帽、爆炸切割器及自炸装置等。

猛炸药对外界作用的感度较迟钝，主要靠起爆药来激发其爆炸变化。一般用各种硝基化合物、硝铵及醇类硝酸酯作猛炸药。这些化合物还往往以混合物的形式使用。在猛炸药的组成中可以加入非爆炸性物质。例如，为降低它对外界作用的感度，可加入专用的易熔物质——钝感剂。而为提高爆热，常在猛炸药中加入金属粉（如铝粉和镁粉）。还有用几种非爆炸性物质制成的混合猛炸药。它们按氧化剂种类分为：氯酸盐炸药、高氯酸盐炸药、阿莫尼特炸药、液氧炸药等。按制造方法，固体混合猛炸药分为压制的或浇铸的两种。后者叫做铸装炸药。猛炸药用于装填各种火箭的战斗部、火箭炮和身管火炮炮弹、迫击炮弹和地雷、航空炸弹、鱼雷、深水炸弹和手榴弹等。在核弹药中，猛炸药装药可用来使核燃料转变成超临界状态。在火箭航天技术装备的各种辅助系统中，猛炸药用作主装药，用于分离火箭和航天器的结构元件，终止推力，紧急关闭和爆破发动机，抛出和切离降落伞，以及紧

急打开舱口等。在飞机的自动爆炸系统中，猛炸药用于紧急分隔机舱和爆炸抛弃直升机旋翼等。

发射药用作发射物体或推动火箭运行的能源。它的最大特点是爆炸变化表现为迅速燃烧形式，而不发生爆轰。

烟火剂用于取得烟火效应。其爆炸变化的基本形式也是燃烧。

炸药在国民经济中广泛用于实施各种爆破作业。工业发达国家的炸药年消耗量甚至在和平时期也达数十万吨。在战争时期炸药的消耗量激增。例如，在第一次世界大战期间，交战国双方炸药的消耗量约为五百万吨，而在第二次世界大战期间则超过了一千万吨。

【浆状炸药】 一种含有氧化剂、可燃剂、火药、20%的水和粘合剂的混合炸药。可塑性和流动性大，单位体积的能量密度较高。加水可降低其对外界作用的感度，减少处理时的危险性，并且可使装填炸药的过程机械化。用聚乙烯包装后可贮存和运输。适用于爆破坚硬岩石，构筑技术装备、避弹所和掩蔽部等用的平底坑。

【装药】 通常加有起爆剂的一定数量的炸药（核燃料）。装药有发射装药、抛射装药，火箭固体推进剂装药、爆炸装药、爆破装药和核装药。发射装药为一定数量的火药，用以按给定的初速将弹丸从炮膛抛射出去。发射装药装入药筒或药包内，有定装药和变装药两种。变装药由数个单个的药包组成，这样可以通过变换装药的重量来改变射弹的初速、弹道特性和射击距离。发射装药分为战斗装药、专用装药和空包弹装药。专用装药用于武器试验和科学研究，空包弹装药用来模拟射击声。抛射装药应用于子母弹、照明弹、燃烧弹、宣传弹和其它炮弹上，是一定剂量的火药或其它炸药，用以将弹体内的装填物抛出，而不破坏弹体。在跳飞的工程地雷中，抛射装药用以将地雷抛射到一定高度。火箭固体推进剂装药由放置在火箭发动机燃烧室内的一根或数根固体推进剂药柱组成。固体推进剂燃烧时，由于火药气体通过发动机喷管喷出，从而产生了使火箭具有一定速度的反作用力。爆炸装药是装在炮弹弹体的猛炸药，用以产生爆炸，从而破坏弹体，产生冲击波，形成破片和喷射装填物等。爆破装药是对军队的战斗行动进行工程保障时，为实施爆破而准备的一定数量的炸药。在国民经济建设中，筑坝、修运河、采矿、筑路、地质勘探等也都广泛应用这类装药。核装药系放置在导弹战斗部、航空炸弹和其它核弹中的一种装置，依据

重元素（铀235、钚239的同位素）核分裂反应或轻元素核聚合反应，在该装置中进行释放核能的爆炸反应。

【枪弹】 用枪发射的弹药。用于射击暴露的有生目标和薄壁装甲目标等。枪弹按配属枪种可分为手枪弹、步、机枪弹和大口径机枪弹等；按作用效果，可分为普通弹、穿甲弹、燃烧弹、曳光弹、爆炸弹等，另外还有穿甲燃烧弹、燃烧曳光弹、穿甲燃烧曳光弹、空包弹、教练弹和各种试验弹等。通常称口径在6毫米以下的为小口径枪弹，在12毫米以上的为大口径枪弹。枪弹由弹头、发射药、弹壳和底火构成。底火点燃发射药，高温高压的火药燃气，高速膨胀，将弹头射出枪膛。高速飞行的弹头可直接杀伤或破坏目标。为保证弹头在空气中飞行稳定，旋转稳定的弹头长度一般不超过口径的5.5倍。同一枪械所使用的各种弹头，应尽可能与主用弹具有良好的弹道一致性。弹壳将各个元部件联成一个整体，盛装发射药，密封防潮，并使枪弹在膛内定位；发射时还能密闭火药燃气，保护弹膛不被烧蚀。

【炮弹】 供一次发射所用的炮兵弹药。它包括：装有引信的弹丸，装有发射药的药筒或药包，装药点火具和辅助元件。炮弹按其用途分为：供实弹射击用的实弹；供炮兵和坦克乘员射击训练用的练习弹；供训练装填和射击动作，以及训练弹药使用方法用的教练弹；供模拟实弹射击，以及作礼炮和信号用的空包弹。炮弹按装填方式分为：定装式炮弹——炮弹的各组成部分连成一个整体，火炮装填动作为一次；药筒分装式炮弹——装有发射药的药筒与弹丸不连接，火炮装填动作为两次，即先弹丸，后装药；药包分装式炮弹——炮弹的各组成部分分别放置，火炮装填动作为数次。

【弹丸】 炮弹的主要元件，用于毁伤各种目标和遂行其他任务（照明、施放烟幕、训练等）。弹丸由弹体、装填物和引信组成。

弹体包括弹头部、圆柱部和弹尾部。发射时为了正确导引弹丸沿炮膛运动，在圆柱部上有1—2个定心部和一条压在环槽内的弹带。为了保障装填自如和弹丸沿炮膛运动，定心部直径小于火炮口径。发射时弹带嵌入膛线，带动弹丸旋转，保证弹丸在弹道上稳定飞行（旋转弹）。弹带直径比炮膛阴线直径大出一个所谓强制量（0.2—0.5毫米），以保证发射时密闭火药气体。弹丸飞行的稳定性还可以依靠弹丸的稳定装置来实现（尾翼弹）。弹丸的内腔是一个装填装填物的腔室，内装爆炸装药或专

用装填物（发烟剂、预制杀伤体或燃烧炬、宣传品等）加爆炸装药和抛射药。引信是用来引爆弹丸的。完全装配好的并旋上引信的弹丸称为整装弹丸。现代弹丸的长度为 2.8—5.6 倍口径，弹重为0.1—133 公斤。

弹丸按其结构分为普通弹和火箭增程弹。弹丸按其用途可分为主用弹、特种弹和辅助弹三种。主用弹用于毁伤各种目标。特种弹用于照明地形、布设烟幕、指示目标、试射、投掷宣传品和遂行其他任务。辅助弹用于试验射击和实弹演习射击，研究弹的构造和射击训练。弹丸按其弹径分为小口径弹（20—75 毫米）、中口径弹（地炮 76—155 毫米，海军炮 76—152 毫米，高炮 76—100 毫米）和大口径弹（地炮大于 155 毫米，海军炮大于 152 毫米，高炮大于 100 毫米）。按炮弹与火炮口径的关系可分为同口径弹、次口径弹和超口径弹。

弹丸的性能包括威力、远射性能或高射性能、密集度、射击时的安全性和保管时的安定性。弹丸的威力是弹丸对目标的作用效率指标，是根据弹丸的用途和目标的性质决定的。例如，杀伤弹的威力主要是由杀伤破片的数量及其杀伤半径决定的，穿甲弹的威力是由穿甲厚度决定的，照明弹的威力是由光度和照明的持续时间决定的。在一般情况下，多数主用弹的威力取决于弹丸的结构、弹形、尺寸、金属壳体的机械性能、炸药的种类和重量。弹丸的远射性能（高射性能）是通过提高弹丸的初速，做成流线型（尖弹头部、斜弹尾部），增加横向负载（重量与横载面积之比），保证飞行稳定性（取决于弹丸各组成部分的重量分布，旋转的角速度或尾翼面）来保障的。火箭增程弹能大大增加射程，但这是靠减小弹丸（战斗部）的有效重量来达到的。良好的射击密集度是靠弹丸内外限界、质心位置一致，发射药称量准确，火药性能、装填条件（弹丸在膛内的位置、装药温度、湿度等）一致来达成的，同时还取决于火炮状况和发射时火炮的稳定性。发射时弹丸的安全性和保管时弹丸的安定性是由弹丸爆炸装药的有关性能、弹丸的结构、防护涂层来保障的。为了保证长期保管的安全性，可以成非整装形式保管弹丸。此时需取下引信，旋上假引信，而将引信单独放于密封箱内保管。

【药筒】　定装式炮弹或分装式炮弹的组成元件，是一种薄壁金属筒，用来盛装发射药、辅助元件（除铜剂、消焰剂等）、点火具（底火、火帽等），以及在发射过程中用来密闭火药气体。在定装式炮弹中，药筒将弹丸、装药和点火具结合成一个完整弹，提高了武器的射速。

【榴弹】　用以在近距离上杀伤敌有生力量和毁伤军事技术装备的弹药。榴弹由弹体、爆炸装药和引信组成。它靠破片、冲击波或爆集喷流起杀伤作用。榴弹按使用方式分为：手榴弹、枪榴弹和火箭筒发射的榴弹。按用途分为：反坦克榴弹、反步兵榴弹、燃煤榴弹和特种榴弹。榴弹可配用着发引信或时间引信。部队训练使用教练榴弹。

手榴弹出现于 16 世纪，用于围攻和保卫要塞，从 17 世纪起应用于野战。通常指定精悍的士兵——掷弹兵投掷手榴弹。现代杀伤手榴弹分为进攻和防御用两种。破片散飞半径为 5～200 米，弹重 0.3～0.7 公斤。第二次世界大战期间，出现了空心装药反坦克手榴弹，弹重 1～1.2 公斤，装有稳定弹尾。训练有素的士兵，杀伤手榴弹能投40～50 米，反坦克手榴弹能投 20 米左右。

枪榴弹筒和轻、重火箭筒使用的榴弹可分为定装式和分装式两种。按其结构型式，可分为飞行中以旋转稳定的或以尾翼稳定的同口径弹和超口径弹。弹径为 30—90 毫米，弹重 0.2—5 公斤。枪榴弹筒和火箭筒发射的某些杀伤爆破榴弹的弹体刻装有预制破片，爆炸时能形成一定数量的杀伤破片；有的杀伤爆破榴弹还能跳飞空炸。火箭筒发射的空心装药反坦克榴弹的破甲厚度达 400 毫米，这种弹也能击穿混凝土墙和砖墙以及其它障碍物。弹体部件采用轻合金、单位强度高的材料和塑料。某些超口径枪榴弹可以直接用枪械发射，而不需要辅助的发射管。结构最完善的榴弹是配用压电引信的反坦克火箭增程榴弹。

【航空炸弹】　航空弹药的一种，从飞行器上投放。航空炸弹分为主要用途的炸弹和辅助用途的炸弹两类。主要用途的航空炸弹，以其爆炸的破坏作用、弹片和火焰摧毁各种地面目标和海上目标。用毒剂杀伤有生力量的航空炸弹，也属于主要用途的航空炸弹。辅助用途的航空炸弹用来完成专门的任务。1911—1912 年意土战争时期，意大利首次使用了航空炸弹。

二次大战后，各国陆续改进了航空炸弹的设计，提高了航空炸弹在不同的战斗使用条件下的作用效果，制成了原子弹、可控航空炸弹和自导航空炸弹。

航空炸弹由弹体、装药和安定器组成。弹体通常为尖顶卵式圆筒形，带锥形尾部。弹体把航空炸弹的各部分连接成一个统一的结构，并保护其内部装药免受破坏。航空杀伤炸弹和爆破炸弹的弹体在爆炸时裂成破片。用作航空炸弹装药的有各种类型的炸药，如梯恩梯及其与三亚甲基三硝胺和硝酸铵等的混合炸药。航空燃烧炸弹装满燃烧剂或稠化可燃液体。辅助用途的航空炸弹装有各种烟火剂。在航空炸弹弹体尾部和头部有安装引信的传爆筒。为了悬挂，航空炸弹装有弹耳；重量轻（25公斤以下）的航空炸弹通常没有弹耳，因为这种航空炸弹装在一次使用的子母弹箱里使用，或结成弹束使用，或装在多次使用的炸弹箱里使用。安定器可保证航空炸弹从飞行器上投掷后在空中稳定飞行。为了提高航空炸弹在跨音速飞行时弹道上的稳定性，在炸弹头部焊有弹道环。现代航空炸弹的安定器有箭羽形的、箭羽圆筒形的和方框形的。用作低空（不低于35米）轰炸的航空炸弹，有的采用伞形安定器。在投掷这种航空炸弹时，专用弹簧在气流的作用下打开安定器的叶片，使其成伞形，延长航空炸弹的降落时间。从而能保证飞行器飞离轰炸点而到达安全距离上。从某些航空炸弹的构造来说，低空轰炸时飞行器的安全是靠一种专门的伞形减速装置来保障的。这种减速装置在航空炸弹脱离飞行器后，即自行打开。用于引爆装药的引信有：撞发引信、定时引信、非触发引信等，航空炸弹的主要性能是：圆径、装填系数、标准时间、效果指数和战斗使用条件的范围。航空炸弹的重量称圆径，以公斤表示。根据型别和重量，航空炸弹可相对地分为小圆径、中圆径和大圆径炸弹3种。对于航空爆破炸弹和穿甲炸弹来说，重量小于100公斤的为小圆径炸弹，重量为250～500公斤的为中圆径炸弹，重量在1000公斤以上的为大圆径炸弹。对于航空杀伤炸弹、杀伤爆破炸弹、燃烧炸弹和反潜炸弹来说，重量小于50公斤的为小圆径炸弹，重量为50～100公斤的为中圆径炸弹，重量大于100公斤的为大圆径炸弹。现有的航空炸弹的最小圆径不到0.5公斤，最大圆径为20吨。航空炸弹的装药重量与其全重之比称为装填系数。薄壁弹体的航空炸弹的装填系数达0.7；厚壁弹休的航空炸弹（穿甲炸弹和杀伤炸弹）的装填系数为0.1—0.2。标准时间 θ 是炸弹弹道性能的主要标志，这指的是在标准大气条件下，从高度2000米、速度40米／秒的平飞的飞行器上投下的航空炸弹的落下时间。对现有的航空炸弹来说，标准时间一般都在20.25—33.75秒范围内。θ 值表示航空炸弹的弹道类型，在确定瞄准角时要将其装入轰炸瞄准具。航空炸弹破坏作用的效果指数有助于我们判断航空炸弹战斗使用的预期效果。效果指数分部分的和总

的，部分的如弹坑容积、被击穿的装甲厚度和火源数量等，总的如击毁目标所必需的平均命中弹数、炸弹命中时目标被击毁的破坏区域的面积。这些指数可用来确定目标的预期损害程度。战斗使用的范围包括轰炸高度和轰炸速度的最大和最小允许值的数据。高度和速度的最大值限，取决于航空炸弹在弹道上的稳定条件及其与目标相遇瞬间弹体的强度条件，而最小值限则取决于飞行器本身所要求的安全条件和所使用的引信的性能。

【火箭弹】 地面、飞机和舰艇装备的现代齐射火箭炮使用的靠火箭发动机的推力送达目标，飞行中无控的弹药。火箭弹的弹径为37～300毫米。按战斗用途火箭弹分为杀伤弹、杀伤爆破弹、爆破弹、空心装药破甲弹、子母弹、燃料空气炸药弹、燃烧弹、发烟弹等。按飞行稳定的方式分为非旋转火箭弹和旋转火箭弹。

尾翼火箭弹由战斗部、火箭弹发动机和稳定尾翼组成。战斗部由炸药和引信组成。战斗部的装填系数为20～50%。在火箭发动机里通常采用双基火药压成的空心药柱作为固体燃料。为了点燃发射药，采用了有烟火药制作的点火药，而点火药则由电燃药筒、电发火管或电点火管来点燃。火箭发动机的工作时间为0.5秒到数秒。火箭弹的离轨速度为30～70米／秒。尾翼火箭弹在飞行中的稳定性是由稳定尾翼保障的，稳定尾翼片与弹的纵轴平行安装或与纵轴成一定角度。现代火箭安装有发射前折叠而在飞行中张开的尾翼。装填和沿定向器推送火箭弹时通常用装在发动机壳体上的定向销定位。尾翼火箭弹的弹长为弹径的20倍以上。

涡轮火箭弹没有尾翼，它利用倾斜设置的喷管使火箭弹围绕对称轴旋转并在弹道上保持稳定。弹长通常不超弹径的5～7倍。

火箭弹的弹道有两段：主动段和被动段。火箭弹在主动段末端达到最大速度（达1000米／秒）。火箭弹的另一特点是用小射角（10～15°）发射时，最小射程也比较远。因为发动机要在燃料全部烧完后才能停止工作。

火箭弹的缺点是散布大，其原因在于反作用力的偏心率、弹的空气动力不对称、脱离发射架定向器时的初扰动、阵风等。距离散布通常随定向器射角的增大而减小。因此，为了减小火箭弹的散布以大射角实施中间距离射击，而为了缩小火箭弹的飞行距离则在弹前部安装不同直径的阻力环。为了同样目的，使火箭弹能围绕纵轴大约以每秒一千转的速度旋转。旋转是靠在发动机燃烧室内装设斜置喷

孔、用螺旋定向器射击、安装张开式稳定尾翼片或使喷管对弹轴成一小角度等方法来保障的。改进现代火箭弹的一个趋势是在弹道末段修正火箭弹的飞行，以此来减小散布。

在身管火炮中应用了将普通炮弹和火箭弹的特性结合在一起的炮弹，即所谓火箭增程弹。

【引信】　使弹药按预定用途起爆的装置。按属性可分为：炮弹、迫击炮弹、火箭弹、火箭、手榴弹、地雷、应用地雷、航空炸弹、水雷、深水炸弹、鱼雷等引信；按作用原理可分为：着发、时间、非触发引信；按在弹体内的位置可分为：弹头、弹底、弹身、复合引信。不同的引信分别在碰到目标时，在目标区，在给定深度的水中和其它条件下起爆。

对引信的需要，是由于制造爆炸弹而产生的。当时爆炸弹的火药装药由一个带贯通孔道的信管点燃，孔道内装有点火药，而点火药本身则被弹丸发射药的火焰所点燃。对不同的距离射击时，必须改变信管的长度，以改变点火药的燃烧时间。最初的信管不能保证弹丸在碰到目标时爆炸，直到19世纪才制成弹体碰撞目标时爆炸的着发信管。19世纪末叶，在炮弹中开始用威力更大的炸药代替黑火药，原来信管的火焰已不足以引爆这类炸药，因此研制了引信，其传爆系列中，除火帽外，又增加了雷管和传爆药。

着发引信——碰撞到目标物时起爆的引信——通常需由带击针的瞬发击针座、火帽、雷管、传爆药和保险机构组成。当弹丸撞击目标时，击针击发火帽，火帽产生的火焰传给雷管，雷管又起爆传爆药，进而引起弹丸装药的爆轰。有些引信中，采用活塞代替带击针的瞬发击针座。当弹丸撞击目标时，活塞压缩后面空间的空气，使其中温度急剧升高，从而点燃火帽。着发引信有瞬发作用的，或带有2~3种定时作用的。瞬发引信使炮弹在碰撞目标后0.001秒即爆炸。惯性作用（约0.005秒）是通过带火帽的惯性击针座向固定的击针运动而获得的。延期作用则靠专用的延期药来保证。地雷、航空炸弹和某些炮弹的引信采用钟表机构或化学药剂控制延期时间，可达几小时甚至几昼夜。而且这种引信还可能有特殊的反拆装置和诡计装置，保证炸弹在企图从弹着点将其挪走或拆下引信时，立即爆炸。引信的勤务处理安全问题和在目标处不瞎火的问题，是由苏联军械设计师 В.И.勒杜尔托夫斯基及其学生 М.Ф.瓦西里耶夫首先解决的。

时间引信在到达一定的时间后即在飞行弹道上爆炸。这种引信适用于杀伤弹、爆破弹、杀伤爆破弹、发烟弹、以及某些航空炸弹、火箭弹及其它弹药。对地面或空中目标射击时，使用时间引信可以大大提高弹丸的杀伤效果。时间引信的定时装置可采用时间药剂、钟表机构或电装置。高射炮弹上的时间引信可有自炸机构，在没有命中目标时，使炮弹在空中自行爆炸。航空炮炮弹的着发引信也有自炸机构。飞行稳定性差的炮弹和低空投掷的炸弹，采用侧向和多向击发机构的引信，使弹体在侧部或任何部位与目标相撞时，都会爆炸。

在地雷和应用地雷中，引信是在荷载作用下爆炸的，或者在受到磁、电感应、振动或其它作用时爆炸。还采用摩擦引信和拉发引信、按照有线电或无线电信号爆炸的引信、受多次作用后才爆炸的引信等等。

第二次世界大战后，发展得特别广泛的是非触发引信——弹体接近目标时，在对破坏最有利的距离上爆炸的一种引信。这种引信广泛用于高射炮弹、火箭、航空火箭、水雷、鱼雷及其它弹药。它可利用声、光、磁等不同物理场起爆，也可利用气压、静水压、光敏特性等物理量的变化起爆。非触发引信可以分为辐射源位于弹药本身的主动式引信、辐射源在弹体之外的半主动式引信和捕捉目标各种辐射的被动式引信。

【火工品】　亦称火具。点燃火药（烟火剂）和引爆炸药的器材。用对外界冲量感度很高的起爆药和其它添加剂装填。根据引起燃烧或爆轰的形式，火工品又分为点火器材和起爆器材两种。按激发方式不同，点火器材又分为热点火具、撞击点火具和电点火具。起爆器材有雷管、点火管、拉火管、电雷管、导爆索等。

1、古近代弹药

【蒺藜火球】　中国最早以火药为动力的抛散障碍物，又称火蒺藜。北宋时期研制。其基本形制是一个附有铁蒺藜的火药包，点燃抛出后，利用火药爆炸抛散铁蒺藜，落地构成障碍物，用以封锁道路，阻敌人马前进。

【霹雳火球】　中国古代燃烧弹。是以直径1寸半粗、两三节长的干竹竿为轴，用薄瓷如钱30片，与3斤火药混合，包裹竹竿为球，两头各留出竹竿1寸多长，球外面再涂上沥青、麻皮等材料制成的。放时，用烙锥将球锥透，爆发火焰熏灼敌人，主要作为守城之用。

【万火飞砂神炮】　中国古代一种发烟弹。盛行于宋、元各代。是用烧酒炒炼石灰末、砒霜、硇砂、皂角等14种药料，制成飞砂药，盛于瓷罐内，并配合火药。敌人攻城时，点燃引信后将瓷罐投于城下，火发罐破，烟雾迷漫，遮障敌人。

【铁棒雷飞炮弹】　中国明代开花炮弹。明世宗嘉靖年间（公元1522～1566年），为减轻火炮重量，制成适于野战的铁棒雷飞炮。其炮弹宜于轰击敌人队形，可空中爆炸、地面爆炸或击中人马而炸。

【毒火龙炮弹】　世界最早出现的开花弹之一。中国明代孝宗弘治年间（公元1488～1505年），所造毒火龙炮，其炮弹"熔铁为子，虚其子而实之药"，用母弹将飞弹打出200步外，炸碎伤人。炮身、炮弹较重，适用于攻守城寨。

【炸炮】　古代一种踏发式地雷。用生铁铸造，大小和碗一样（用石制时大小不拘），内空，上留一指粗的口，装填炸药以后，用小竹管穿线于内。临阵时选定敌人必经的要道上，或自己阵地前方敌人容易接近的地区，将几十个炸炮都连接在"钢轮发火"装置的"火槽"上，挖坑埋设，用土掩盖，敌人踏动钢轮机，即发火爆炸。

【掷石雷】　一种野战应用地雷。属于爆炸性障碍物。在17世纪上半期守卫被围城市时开始使用。设置时，挖掘一个带斜坡的雷坑，坑深1.5～2米，斜坡向着地雷预期作用的方向。坑底装填炸药，上面盖有抛射板，板上堆积石块。炸药量按

每立方米石块10～15公斤计算。用导火索（导爆索）起爆，后来也用电点火法起爆。起爆时，石块飞散的距离可达150～300米。

【水底鸣雷】　中国明代一种触发沉底雷。《火攻问答》记载，该种雷是将铁雷放入密封的大缸中，沉于水底，上横绳索，置水面下一二寸处，并与雷体内的发火装置相连，敌船触之，机落火发，炸毁敌船。

【中国明代水底雷】　世界最早的人工操纵机械击发的锚雷。据明代嘉靖二十八年（公元1549年）唐荆川著《武论》载：明代水底雷用大木箱做雷壳，油灰粘缝，装以黑火药，其击发装置用一根绳索联接，拉到岸边，由人控制发火。木箱下安3个铁锚，用1根绳索和木箱联接，以控制深度。水雷布设于港口附近，敌船驶近后，在岸上拉动绳索，击发发火装置，引爆水雷。

【万弹地雷炮】　中国古代地雷。系用大坛一个，装满炸药，坛口用土填紧，留一小眼安装引线。探明敌人出没之处，将坛埋入地下，上面堆放鹅卵石，同时埋设钢轮发火机一个与坛口的引线相连，地面安放绊索，或用长绳由远处拉发。敌人触动绊索，或拉动长绳，使钢轮发火，引起爆炸，响声如雷，泥土卵石乱飞，以杀伤敌方人马。

【无敌地雷炮】　中国古代地雷。用生铁铸造，圆形。炮内填装火药，大型的装一斗药，小型的装三五升，有的还加装燃烧性、中毒性化学战剂，称为"神火"或"毒火"。装药应用木"法马"填实。为了防止单根火线熄灭，每个地雷上安装3根导火索，合装在一根短竹管内，如果某条火线闭塞不燃，可用另外两根引爆。地雷埋在敌人必经之处，然后，诱敌人套，举号为令，点火发炮。

【水底龙王炮】　中国古代一种定时爆炸漂雷。盛行于宋、金、元之际。外壳用熟铁打造，每个重4、5、6斤不等，内装炸药5升至1斗。炮口安香头引火，香头的长短，根据所要轰击敌船距离的远近而定。点燃香头后，将炮装入牛脬做的囊中，加以密封，载在木板上，根据河流及敌船泊的深度，用石块坠入水中，囊内有羊肠引到水面，置

于鹅雁瓴做成的浮筏上，以通空气，黑夜顺流放下，接近敌船时，香尽火发，炮从水底炸裂，将敌船炸毁。用于水战。

【钦赏炮】 中国古代一种诱敌炸弹。将小型炸雷藏在印有"钦赏"标签的酒坛内，里面装上砒霜、硇毒、牙皂、姜粉和以烧酒炒制的矿砂，使敌人得到后误以为是"钦赏"御酒，一掀坛口，触动发火装置，立即爆炸，杀伤敌人。

【冲阵火牛轰雷炮】 中国明代军队使用的一种兽力驮载的炸弹。用一头牛，以两条竹杆绑在牛身两侧，使它只能前进，不能转身向回跑。牛背上驮一口大铁雷，内藏一斗炸药和毒剂，药信盘曲在雷内。临阵时，点燃药信驱赶驮雷的牛冲入敌阵，杀伤敌人马。

图 4-2　冲阵火牛轰雷炮

【西瓜炮】 又叫皮炮。古代炸弹。炮的外壳是用 20 层坚实的纸制成，再包两层麻布，内装火药，放入小蒺藜一二百枚，带有细毛钩的火老鼠五六十只，顶上安 4 根引信。用时点燃引信，抛落敌群中，纸壳碎裂，蒺藜、火老鼠遍地散布，有烧灼、杀伤、障碍敌人马的作用。盛行于中国南宋，多用于守城。

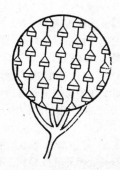

图 4-3　西瓜炮

【击贼神机石榴炮】 古代炸弹。盛行于宋、元、明代。它用生铁铸造，形状象石榴，上留

一孔，内装火药、毒药 6/10，再放酒杯一个，杯内燃火种，用铁盖将炮口塞住，炮外面粉成白色，上绘五彩花卉，临敌时可以投掷，也可放置路旁，敌人拾取后摇动火种，立即爆炸，杀伤敌人，并有使敌人中毒封喉、瞎眼的作用。

【震天雷】 中国古代一种铁壳爆炸性火器，又称铁火炮。它是世界最早的金属弹药。最早记载见于南宋，盛行于宋、元、明代。用生铁铸成，有罐子式、葫芦式、圆体式和合碗式。其中罐子式震天雷，口小身粗，厚 2 寸，内装火药，上安引信。点燃后，火药在密闭的铁壳内燃烧，产生高压气体使铁壳爆裂。用时由抛石机发射，或由上向下投掷，或用铁丝线沿城壁吊下，到达目标爆发。其效能可以炸毁防御物，杀伤人马。

【威远石炮】 中国古代一种类似地雷的炸弹。盛行于宋、元、明代。用石挖成，内装火药 2 斤，小石子 100 枚，用一个大石弹塞炮口，另开火眼安引线和发火装置，用沥青、黄蜡封固。攻城时，置于城下敌人易接近之处，野战时置于敌人必经的要道，用长绳拉发。

【慢炮】 中国最早的定时炸弹。明代嘉靖年间（公元 1522—1566 年）发明。形状如圆斗，外涂五彩花纹，内装火药和发火装置。点燃三四小时后，自动爆炸。敌人进攻时放置路旁，当敌人观赏时突然爆炸，杀伤敌人。

【球形弹】 供投射机和滑膛火炮抛射用的一种实心圆形弹。石球形弹和铅球形弹作为抛射机的弹丸从远古起就开始使用。滑膛炮使用的球形弹计有击毁球形弹、燃烧球形弹和发光球形弹（照明球形弹）。击毁球形弹用石头（14 世纪中至 17 世纪初）、铁（15—16 世纪）、铅和铸铁（15 世纪末至 19 世纪中）制做。有时，石弹表面浇以一层熔化的铅或锡。为了射击舰船的风帆，曾使用过锁链式球形弹、链石式球形弹和拉开式球形弹。燃烧球形弹是表面涂有燃烧剂的石球形弹和赤热球形弹。发光球形弹是石弹，其表面覆盖着燃烧时能发出强光的发光剂。从装备了线膛炮和长形炮弹后，球形弹就不再使用。

【赤热球形弹】 供滑膛炮作为燃烧弹使用的一种射击前烧红的石头或金属（铸铁、锻铁）的实心球形弹。赤热球形弹从 14 世纪到 19 世纪上半期用于对舰船和木质工事进行射击。射击时，先用涂有粘土的木塞将发射药紧塞在炮膛内。然后用特制的钳子将烧红的球形弹放入身管，进行发射。

【球形燃烧弹】 代替赤热球形弹和烧夷弹

的一种燃烧弹。这种球形燃烧弹出现于 18 世纪，主要是用于海军对木船射击。它是一种铸铁炸弹（空心球形弹），内装燃烧剂，并有数个带速燃导火索（导火索）的径向孔。球形燃烧弹的燃烧剂由发射时点燃的速燃导火索引燃。随着线膛火炮的出现，球形燃烧弹就停止了使用。

【石炸炮】 古代早期石制地雷。取一块圆形石头，把中间凿空，放上炸药，然后杵实，留下十分之一的空隙，插进一节小竹筒，筒中放置引火线，然后用"纸浆泥"密封，埋在敌人可能通过的地方。当敌人接近时，点燃药线，引爆地雷，杀伤敌人。

【爆炸筒】 内装黑火药的金属筒状爆炸弹。16—17 世纪时用于爆破要塞城墙、桥梁和其它建筑物。

2、火药、炸药

【爆破装药】 一种工程战斗器材，是具有固定结构以及一定形状和质量的炸药。按形状，分为集团装药和直列装药；按作用性质，分为爆炸装药和聚能装药。集团爆炸装药的形状为立方体或平行六面体，其长度不超过宽度或高度的 5 倍。直列装药的长度则超过其横向尺寸的 5 倍。聚能装药的特点是有一个特制金属药型罩。借助这种金属药型罩，装药爆炸时形成一股具有强大侵彻作用的聚能射流。聚能装药的形状有集团的、直列的或环形的。为了拧入电雷管、点火管或引信，爆破装药有一个或数个螺纹孔，而为了便于搬运和将装药固定在要爆破的目标上，还设有把手、提环、磁铁等。爆破装药的外壳用金属、塑料或织物制作，也有无壳的。

【直列装药】 长度与横截面之比在 5：1 以上的长条形炸药装药，按用途可分为聚能作用的和爆破作用的。前者用于炸断金属结构；后者用于破坏金属、钢筋混凝土和木质结构，爆破土壤和在地雷场中用瀑破法开辟通路。扫雷直列装药的炸药重量，每纵长米从几百克到几公斤。直列装药根据类型的不同而用坦克、火药火箭发动机或人工送往雷场。

【反坑道装药】 在保护防御工事近接近地时，为爆破围攻之敌的爆破坑道而设置于地下通道内的装药。设置的深度通常为 5～15 米。从 16 世纪起，反坑道装药就已在要塞和野战工事的防御中广泛使用。第一次世界大战中，在阵地战时期也在坑道战中使用过反坑道装药。第二世界大战期间，个别情况下也使用过反坑道装药。

【锥孔形装药】 炸药装在带有锥孔罩的弹体内，前部成锥孔形的装药。锥孔形装药炮弹在命中目标时，产生聚能反应（即锥孔形装药在爆炸时产生的高温、高压、高速定向射流集聚在一点上形成极大的贯穿能力的现象），击穿装甲目标。

【爆破药块】 一定形状的炸药装药，用于各种爆破作业和装填地雷。用得最多的是梯恩梯炸药药块：400 克大药块、200 克小药块和 75 克圆药柱。用药块可组成各种形状和重量的炸药装药。药块上有一雷管室，用以插入起爆药块用的雷管。为了使药块与火具的连接更加可靠，雷管室可有螺纹衬套。为防止受到外界影响，药块上涂有一层石蜡，外面再包上一层浸透石蜡的纸。药块在运输和贮存时要装箱。装箱的药块完全可以作为集中装药使用。多箱装药又可组成大的炸药装药。

【集团药包】 长度不大于宽度和高度 3 倍的炸药包。

【直列药包】 长度是其宽度或直径 3 倍以上的炸药包。

【聚能药包】 底部有锥形、半球形或槽形、空穴的炸药包。其作用是使炸药的爆爆能量形成聚能射流，以提高穿透能力。

【抛射药包】 （1）被抛射到预定目标使之爆炸的炸药包。用于在障碍物中开辟通路或杀伤敌人有生力量。（2）抛射炸药包时作为动力的炸药包。

【附加药包】 迫击炮弹基本发射药之外的变装发射药。外形一般为环状或袋状。基本发射药为基本药管，一般称 0 号装药，每增加一个附加药包为增加 1 号装药。装药号数越大，附加药包就越多，弹丸的初速和射程就越大。调整附加药包的装药数量，可适应本炮有效射程范围内的不同射距的需要。

【延期药】 弹药中用于延长火焰从火帽到雷管的传递时间的装置。用于保证炮弹在发射后经过一定时间或到达目标的一定深度处发生爆炸，因而获得最大的杀伤破坏作用。延期药为压实的黑火药或烟火剂的小药柱，置于火帽和雷管之间的套管内。延期有固定延期和不定延期两种。

【引火药】 用以引燃火药或其它易爆药的药剂。如电桥丝上的引火药球。主要成分有硫氰酸铅、氯酸钾、硝棉漆等。

【传爆药】 一种猛炸药装药，用于引爆炮弹、地雷、航空炸弹、火箭战斗部和爆破装药等的主装药。通常采用特屈儿、梯恩梯、钝化黑索金、太恩和其它敏感度较高的炸药的压缩药柱作为传爆药。选择传爆药的质量和形状时，务必考虑其爆炸时形成的冲量能确保弹药的主装药爆轰。传爆药由雷管、电雷管、拉火管等起爆。为加强传爆药的效果，在有些弹药中还加入辅助传爆药。

【起爆药】 在外界能量作用下，能激起其它炸药爆炸变化的药剂。如雷汞、叠氮化铅、斯蒂酚酸铅等。对冲击、摩擦和热的感度灵敏，爆炸变化速度增长迅速，通常用于装填雷管和火帽。

【破坏药】 用于装填爆炸性武器、器材和进行爆破作业的炸药。爆炸威力大，对冲击、摩擦和热的感度较迟钝，便于使用和保管。按爆炸威力可分为高级、中级、低级炸药。高级炸药有特屈儿、黑索金和太恩等，主要用作扩爆药，装填炮（炸）弹和雷管，或制作导爆索。中级炸药有梯恩梯、塑性炸药等，主要用于破坏作业，装填炮（炸）弹和地雷。低级炸药有硝铵炸药等，主要用于土壤、岩石的内部爆破，也可装填地雷。

【黑火药】 又称黑药、有烟药、黑色炸药。由硝酸钾、硫磺和木碳混合而成的一种火药。对火焰感度灵敏，传火和燃烧速度快，吸湿性强，爆炸威力较小。目前，黑火药已很少用作发射药，也不单独用作弹头装药，主要用作导火索芯药、烟火和爆竹装药，也用于土壤、岩石的内部爆破和装填地雷。黑火药是我国古代四大发明之一。

【无烟火药】 亦称胶质火药，是以硝化棉和硝化甘油为主要成分制成的燃烧时几乎不发烟的火药。其结构比较均匀，常用作发射药。它包括单基药、双基药、三基药。单基药是用乙醇和乙醚的混合剂将硝化棉溶解并胶化而成的；双基药是用硝化甘油将硝化棉溶解并胶化而成的；三基药是由硝化棉与两种可爆性溶剂组成的。

【单基火药】 亦称挥发性溶剂火药。以硝化棉为主要成分，经挥发性有机溶剂胶化成形，除去溶剂而成的火药。主要用作枪弹和炮弹的发射药。

【双基火药】 亦称难挥发性溶剂火药。以硝化棉和硝化甘油为主要成分胶化成形的火药。主要用作火箭发射药。

【柯达火药】 以含氮高的、用硝化甘油和挥发性溶剂增塑的硝化纤维为基础制成的火药。最早生产的柯达火药为线、绳状，由此而称作线状火药。最早的柯达火药是英国于 1890 年制造出来的，含有 57.5% 的硝化甘油，37% 的硝化纤维。尔后为了降低对身管的烧蚀，硝化甘油量大约减少到 30%，并相应地增加硝化纤维的比例。除主要成分外，柯达火药还含有防止火药在保存时分解的安定剂，以及 0.4—1.5% 的水。不同牌号、形状的柯达火药应用于炮弹、迫击炮弹和枪弹中。

与巴里斯泰火药比较，柯达火药的优点是能量较大，但缺点是火药气体对炮膛的烧蚀侵蚀作用大，制造周期长。柯达火药的安全保管期约为 20 年。但是，由于在保管期柯达火药降低了弹道性能，因而其适用期一般减少 1／3—1／2。英国、意大利和其他一些国家的军队广泛使用柯达火药。

【伏火法火药】 中国最早有具体配方记载的火药。隋末唐初，孙思邈（公元 581—682 年）编著的《丹经内伏硫黄法》载有用硝石、硫黄各 2 两，加入三个碳化的皂角的火药配方，称"伏火法"。

【硝铵炸药】 以硝酸铵为主要成分的混合炸药。多为浅黄色或灰白色，吸湿性强，易结块，感度迟钝，使用安全、经济，有效保存期通常为 6 个月。主要用于内部爆破和土石方爆破作业。

【代那买特炸药】 一种猛性炸药，含硝化甘油、硝化乙二醇（用于降低炸药凝固点）、粉状填充剂和专用附加剂。代那买特是有威力的炸药，具有高的撞击和摩擦感度。它是用机械搅拌器将各组分进行混合而成。根据硝化甘油的含量，代那买特可分为高含量的和低含量的两种。从 19 世纪末期到 20 世纪上半期，代那买特是工业用的主要类型炸药，也曾试图将其用于军事。在现代条件下代那买特主要用于坚硬岩石的爆破作业，因为这需要有威力大和爆轰能力高的炸药。

【苦味酸】 一种猛炸药。用硝硫混酸硝化苯酚制成。对冲击、摩擦的感度比梯恩梯炸药大。

为淡黄色结晶体。熔点 122.5℃ （不分解），爆热 1050 千卡／公斤，爆速在密度 1.6 克／立方厘米时为 7100 米／秒。难溶于冷水，易溶于酒精、树脂、清漆、沸水等。

【奥克脱金炸药】 一种猛炸药，爆炸性能和敏感度近似黑索金。为无色晶体，熔点 278.5—280℃，爆发点在 290℃ 左右，爆热 5.7 兆焦耳／公斤 （1356 千卡／公斤），爆速在密度 1.84 克／立方厘米时为 9100 米／秒。耐热性比黑索金强，适用于装填火工品和各种在使用或战斗应用过程中变热的弹药。

【特屈儿炸药】 芳香族硝基化合物中的一种高级猛炸药。特屈儿晶体呈白色或淡黄色。熔点为 129.5℃；爆发点温度为 200℃ 左右；爆热为 4.6 兆焦耳／公斤 （1100 千卡／公斤）；当密度为 1.63 克／立方厘米时，爆速为 7500 米／秒。特屈儿极难溶于水，实际上不吸湿，易溶于苯、二氯乙烷和丙酮；中性，对金属不起作用。被弹头（弹片）击中时，能引起爆炸。苯二甲胺用硝酸和硫酸的混合物进行硝化后，可得特屈儿。特屈儿广泛用作扩爆药、雷管副药和导爆索芯药。

【克西里儿炸药】 代用猛炸药。它是炼油或煤加工时制得的二甲苯的硝化产物。在第一次和第二次世界大战时期，克西里儿与梯恩梯炸药、苦味酸和硝酸铵的共熔物或混合物，用于装填手榴弹、炮弹和反坦克地雷以及爆破作业。

【太恩炸药】 一种威力强大的猛炸药。爆轰能力强，机械感度高，为白色结晶体，熔点 141.3℃（伴随分解），爆发点 200℃，爆热 5803 千焦耳／公斤 （1385 千卡／公斤）。当密度为 1.6 克／立方厘米时爆速 8300 米／秒。不吸湿、中性，与金属不相互作用，实际上不溶于水。最好的溶剂为丙酮。太恩炸药由四元酮与浓亚硝酸硝化而成，或由浓亚硝酸与硫酸混合而成。用于制造导爆索、传爆药和雷管中的次发装药。与梯恩梯熔合后用于装填聚能弹药，以及制造某些塑性炸药。

【梯恩梯炸药】 一种猛炸药。化学活泼性小，能长期储存，对各种初次冲击不敏感，用子弹击穿时通常不燃烧，不起爆。梯恩梯是白色结晶，贮存时变成黄色结晶。熔点约 81℃，爆发点 290℃，爆热 4190 千焦耳／公斤 （1000 千卡／公斤），密度在 1.6 克／立方厘米时的爆速为 7000 米／秒。爆炸的气体生成物体积为 730 升／公斤。梯恩梯难溶于水，易溶于苯、甲苯和丙酮。梯恩梯制备的方法是用硝酸和硫酸的混合酸将甲苯进行硝

化，随后用亚硫酸钠水溶液洗涤。无论是纯梯恩梯，还是梯恩梯同其它炸药及非爆炸药制成的熔合物和混合物，都广泛地用于装填各种弹药和进行爆破。梯恩梯与硝酸铵的混合炸药、梯恩梯与硝酸铵和铝粉的混合炸药和梯恩梯与其它物质的混合炸药，在战时都获得特别大量的应用。

【黑索金炸药】 一种猛炸药，其威力和感度都比梯恩梯炸药、苦味酸和特屈儿炸药大。黑索金的熔点 204.1℃，爆发点约 230℃，爆热 5.4 兆焦耳／公斤 （1300 千卡／公斤），密度在 1.7 克／立方厘米时的爆速为 8350 米／秒。黑索金是无色的晶体，不溶于水，微溶于醇、醚、苯和氯仿，用子弹（破片）击穿时能起爆。黑索金用于装填弹药、制造传爆管和实施爆破作业，主要是与梯恩梯、铝粉和硝酸铵混合作用或加入钝感剂，以提高处理的安全性。

【硝化棉】 含氮量 12.2—13.5% 的纤维素硝酸酯，是一种能燃烧和爆轰的猛性炸药，用硝硫混酸硝化纤维素制成。可分为 1 号硝化棉 （含氮量 13.0—13.5%）和 2 号硝化棉 （含氮量 12.2—12.5%）。含氮量 10.7—12.2% 的称弱棉。硝化棉有纤维状结构，呈白色或微黄色，爆发点为 180—190℃；含氮量 13.3% 时爆热约 4.4 兆焦耳／公斤 （1040 千卡／公斤），含氮量 12.7% 时爆热约为 4 兆焦耳／公斤 （950 千卡／公斤）；压实硝化棉的爆速为 6000—7000 米／秒。

硝化棉在空气中碰到火焰能迅速点燃，但不爆轰。受冲击、雷管爆炸、枪弹贯穿等作用时，能引起爆轰。其感度取决于含水量：含水量为 10% 时，爆轰就困难；含水量为 20% 时，受强力冲击和雷管爆炸也不爆轰；含水超过 25% 时，不受外界作用影响。

硝化棉不溶于水，但溶于有机溶剂，如丙酮、醇醚溶剂、硝基甲烷、硝化甘油、硝化二乙二醇等，易受大气影响，耐热性差，温度升到 40—60℃ 时就分解。硝化棉和弱棉广泛用于制造硝化棉火药、硝化甘油火药、硝化二乙二醇火药和胶质火箭燃料。

【硝化甘油】 一种有威力的炸药。它是无色油状液体。当温度为 2.8℃ 和 13.5℃ 时呈结晶状。在 25℃ 时的密度为 1.591 克／立方厘米。易溶于丙酮、醚和苯，几乎不溶于水。很轻微撞击时便爆炸。爆热 6.3 兆焦耳／公斤 （1500 千卡／公斤），爆速 7700 米／秒，爆炸的气体生成物体积 690 升／公斤，爆发点 ≈200℃。硝化甘油是用硝

酸和硫酸混合液处理甘油而成。硝化甘油作为猛炸药大量用于生产代那买特炸药和火药，在医疗中制成水剂（滴剂）或片剂，用于治心绞痛。

【燃料空气炸药】 由环氧乙烷等碳氢化合物与空气充分混合而成的炸药。遇火即爆炸，但在暴雨和大风条件下不易起爆。与等量的梯恩梯相比，威力比梯恩梯大 2.5—5 倍；冲击波持续时间长 4 倍；冲击波作用面积比梯恩梯大 40%。主要用于杀伤阵地上的步兵，摧毁地雷场或在其中开辟通路、快速清理场地。也可用于装填航空炸弹、火箭弹、导弹、水雷和鱼雷等。

【液体炸药】 呈液体状态的炸药。主要成分是液体氧化剂（硝酸、硝酸肼、过氯酸肼等）和液体可燃物（苯、硝基苯、硝基甲烷、肼等）。具有威力大、冲击感度迟钝、使用方便等特点。可直接浇注在土地上，渗入土中后用机械引信或电雷管起爆。

【橡皮炸药】 以黑索金为主要成分，与橡胶等制成的具有弹性的炸药。爆炸威力较大，可以做成各种形状的药块或药条。

【胶质炸药】 由硝化甘油、硝化棉、氧化剂及可燃剂所制成的胶态炸药。不吸湿，对冲击、摩擦的感度比较灵敏，枪弹贯穿会引起爆炸。在冻结或半冻结时，遇轻微冲击、摩擦也可能引起爆炸。主要用于对涌水岩层和坚硬岩石的爆破。

【塑性炸药】 以黑索金为主要成分，与非爆炸性粘合剂、增塑剂混合制成的能塑造形状的炸药。主要用以装填特种雷、弹或供特种技术爆破使用。

【雷汞】 亦称雷酸汞。由硝酸、汞与乙醇作用而成的一种起爆药，对机械作用（撞击、针刺）和热作用的感度高，为白色或灰色结晶体，爆发点为 170℃ 左右；爆热为 350 千卡／公斤；爆速在密度 4.0 克／立方厘米时为 5400 米／秒。难溶于水，但能在沸水中分解。受潮后爆炸性能减弱。不溶于一般的有机溶剂中，在浓硫酸作用下分解，同时产生爆炸。有毒。与氯酸钾、三硫化二锑（天然硫化锑）一起，用于配制火帽击发药和针刺药，同时可用于装填爆破用的雷管等。由于对震动非常敏感，因此不用于炮弹雷管。雷汞是英国化学家 E.霍华德在 1799 年发明的。后来，雷汞已逐渐为叠氮化铅等更为有效的起爆药所取代。

【氮化铅】 亦称迭氮化铅。由氮化钠和硝酸铅化合而成的起爆药。白色粉状结晶体，不溶于水，机械、火焰感度比雷汞迟钝，起爆能力大于雷汞。主要用于装填雷管。

【斯蒂酚酸铅】 亦称梯恩尔斯（俄文 T、H、P、C 的音译）。由斯蒂酚酸、碳酸钠和硝酸铅制成的起爆药。呈深黄色或金红色细粒结晶体，不溶于水，冲击、摩擦感度比氮化铅迟钝，但火焰感度比雷汞灵敏。

【二硝基重氮酚】 起爆药的一种。由苦味酸钠的化合物（碳酸钠、硫化钠、亚硝酸钠）和盐酸等制成。呈亮黄色针状结晶体，微溶于水，感度比雷汞小。主要用于装填工程爆破雷管。

3、枪弹

【信号弹】 用于发布信号的专用弹药。信号弹的弹丸为信号炬，发射后在空中产生耀眼强光或烟云，借以与较远的部队进行联络。信号炬分为发光、发烟两类。按信号炬在空中浮动的方式，信号弹分为带伞和不带伞两种；按信号炬发光或发烟的颜色，发光信号弹分为：红色、绿色、白色 3 种，发烟信号弹分为红色、绿色、黄色、兰色 4 种。信号弹通常与专用信号枪和枪榴弹发射器配用。

【爆炸弹】 能起爆炸燃烧作用的一种弹药。有时间爆炸弹和触发爆炸弹两种，主要用于射击薄壁储油器、飞机等低强度的易燃目标，使其爆炸燃烧。

【穿甲燃烧弹】 弹头壳内装穿甲钢心和燃烧剂的弹药。主要用于射击薄壁装甲目标，是大口径机枪的主用弹药。当弹头碰击目标时，靠冲击动能穿透装甲，并使燃烧剂发火，引燃装甲后面的易燃物。

【曳光弹】 弹头尾部装有曳光剂的弹药。发射时通常靠膛内火药燃气点燃，飞行中形成光迹显示弹道，用来指示目标、试射以修正弹着点或施放信号。

【达姆弹】 头部带十字形切口或孔穴的炸裂枪弹。英军在英布战争（1899—1902 年）中最先使用达姆弹。这种弹射入人体后能炸裂造成重伤。达姆弹造成的伤口，射出孔比射入孔大得多。达姆弹因印度加尔各答市郊区一城镇的名字叫达姆－达姆而得名。该地有一枪弹厂，按照英国人的定货生产达姆弹。1899 年海牙第一届和平大会通过的国际宣言禁止使用"达姆弹"。

【箭形枪弹】 弹头为小箭或小镖，弹形细长的枪弹。有单箭的和集束箭的两种。初速非常大，重量很轻，在近距离射中生动目标后，弹头翻滚，致伤效果好，但精度差。

【燃烧枪弹】 弹头内装有燃烧剂的枪弹。弹头头部涂有红色标志。弹头击中目标后，燃烧剂发火，点燃易燃物体，烧毁和烧伤敌人员、物资等。

【普通弹】 枪械的主用弹药。它的金属弹头壳具有一定的强度和塑性，内装铅心或带铅套的钢心。铅易于变形，可减少弹头对枪膛的磨损。采用淬火钢心和铅心的复合式弹心，可提高弹头远距离的侵彻性能。普通弹对有生目标的杀伤效果，取决于命中目标时的动能，以及对目标传递动能的多少和快慢。若弹头的存速高，动能大，而且在较短的时间内能将较多的能量传递给目标，则其杀伤效果就大。步枪和机枪的枪弹，为减小空气阻力，保持弹道低伸和对目标的作用效果，弹头前部锐长带尖，有的还带有尾锥。手枪弹的射程较近，为使被命中的目标尽快丧失战斗力，弹头前部圆钝，近于半球形。

4、炮弹

【超口径弹】 弹体最大直径大于武器口径的炮弹。超口径弹一般是为较轻型武器制造的，供在近距离以不大的初速射击而要求有较大的威力时使用。超口径弹从炮口装填，靠尾翼保障其飞行中的稳定性。在第一次世界大战中曾广泛使用超口径迫击炮弹。超口径弹通常采用火箭增程方式和火箭方式抛射。

【次口径弹】 弹径小于火炮口径的一种主用炮弹。为了使次口径弹能正确地沿炮膛运动，装有与武器口径相适应的导引部。使用给定口径的火炮射击时，次口径弹的弹径小，从而它的重量比同口径弹轻，因此可以获得较大的初速。此外，次口径弹在飞行中导引部脱离后，弹丸横截面的面积减小，这就改进了弹丸的弹道系数。由于次口径弹具有这些特性，所以最大射程和直射距离可显著增大，到目标的飞行时间可以大大缩短，与普通弹相比可以提高穿甲能力和对活动目标的毁伤概率。根据飞行中的稳定方式不同，次口径弹分为旋转式和尾翼式。尾翼式次口径弹在安装相应的导引部后既可以用滑膛炮发射，也可以用线膛炮发射。导引部用轻金属材料或聚合物制造。导引部分为飞行中不分离的、出炮膛后分离的和沿炮膛运动时压缩的三种。不分离的导引部通常用于次口径穿甲弹，在弹丸撞击装甲时导引部即遭破坏，而用高密度和高强度的材料制作的穿甲弹心则起毁伤作用。在第二次世界大战中，这种结构的次口径弹得到广泛使用。但是它们存在着明显的缺陷：由于弹道系数大，这种弹丸在飞行中速度降低得很快，在弹道上实际与同口径弹一样，次口径弹只是在弹丸撞击装甲时才真正起作用。在现代条件下，这种弹已由尾翼式次口径脱壳穿甲弹代替了。这种脱壳穿甲弹与目标撞击的速度比较大，且有一定长度和相对重量，具有很大的穿甲能力。

【爆破弹】 爆破作用的主用炮弹。爆破弹通常用于口径在 152 毫米以上的现代火炮，以破坏坚固的防御工事、地雷、铁丝网和其它障碍物，有土木防护层或木石防护层的指挥所、通信枢纽部，敌人改作支撑点的砖、石建筑物；毁伤集结地上敌荫蔽的有生力量、火器和军事技术装备。爆破弹还用于摧毁战术导弹和防空导弹的发射阵地、机

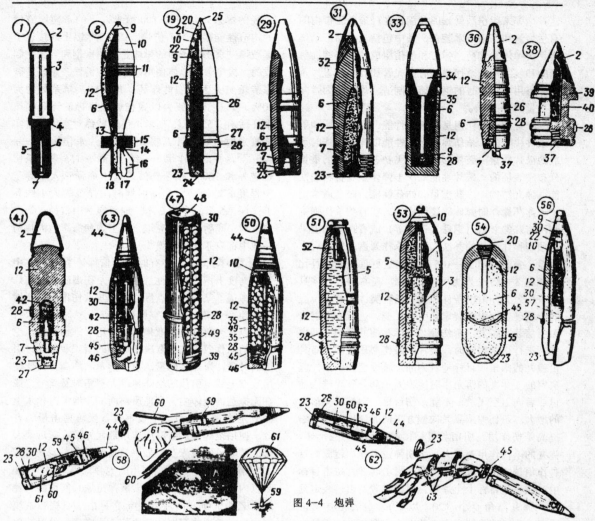

图4-4 炮弹

1—7.化学火箭弹；2.风帽 3.推进剂 4.喷管 5.毒剂 6.炸药 7.弹底引信；8—18.迫击炮弹；9.引信(包括
传爆药) 10.弹头 11.(迫击炮弹的)闭气沟槽 12.弹体 13.尾管 14.尾翼 15.附加药包 16.稳定翼 17.药
管底火 18.基本药管；19—28.杀伤爆破榴弹；20.弹头着发引信 21.引信室 22.传爆管 23.弹底 24.弹底
切面 25.弹尖 26.上定心部 27.下定心部 28.弹带；29—30.混凝土破坏弹；30.垫圈；31—32.穿甲弹；32.
被帽；33—35.空心装药破甲弹；34.聚能锥孔 35.中心管；36—37.曳光穿甲弹；37.曳光管药；38—40.曳光
超速穿甲弹；39.弹托 40.穿甲弹心；41—42.曳光燃烧穿甲弹 42.燃烧剂；43—46.燃烧弹；44.时间引信
45.隔板 46.抛射药；47—49.群子弹；48.弹盖 49.杀伤钢球[珠]；50.榴霰弹 51—52.化学毒剂弹；52.起
爆管 53.杀伤化学毒剂弹；54—55.放射性战剂弹；55.放射性战剂；56—57.发烟弹；57.发烟剂；58—61.
照明弹及其作用；59.照明炬 60.半圆瓦 61.吊伞 62—63.宣传弹及其作用；63.宣传品。

场和其它目标。爆破弹的破坏作用是由于射弹对障碍物的冲击作用、爆炸生成物的作用、冲击波和射弹爆炸时产生的破片等形成的。

爆破弹由钢弹体、装药、弹带和引信组成。爆破弹配有可装定瞬发作用、惯性作用的弹头或弹底着发引信。爆破的效力以爆炸后在地面上形成的弹坑容积、余压量和冲击波冲量来表征。例如，203

毫米爆破弹爆炸后弹坑直径为5～7米，深2～3.5米；这种弹对堑壕的破坏区平均计算幅员为108米²；冲击波和破片共同作用对荫蔽的有生力量的毁伤区平均计算幅员为70～80米²。

【杀伤弹】 弹丸爆炸时以弹体破片毁伤目标以及以爆炸生成物和冲击波部分地毁伤目标的主用炮弹。地面炮、高射炮、海军炮和航空军械使用这种炮弹来毁伤敌暴露的和配置在轻掩蔽工事内的有生力量和军事技术装备，其中包括飞行器。杀伤弹是由弹体、炸药、弹带和引信组成的。有些高射用的和航空用的杀伤弹装有曳光管和自爆装置。杀伤弹可用各种牌号的钢和铸铁制造。炸药重为弹丸总重量的 5—14%。

弹丸的杀伤作用是由破片性能、目标性质和射击条件决定的。杀伤弹的破片性能以弹丸爆炸时形成的破片数量、破片形状、散飞初速和破片的重量分布来表征的。破片性能取决于弹体金属材料的性能、弹丸结构、炸药重量和炸药性能。破片通常是由于炸药爆炸时弹体碎裂而成的。在有些杀伤弹中利用特殊的装料（钢珠、钢针等）或者在结构上采用预制弹体破片的办法。为了杀伤暴露配置的有生力量，重量在 0.25—0.5 克和比这更重些的并且比动能在 8～15 公斤力·米／厘米^2 左右的破片才具有杀伤效力。射击条件包括射击种类、弹着点位置的土壤硬度、引信装定和引信性能。进行着发射击时引信装定瞬发，杀伤弹与目标相撞的瞬间立即爆炸。进行这种射击时，破片在毁伤面积上的分布是由弹丸的落角、目标地域内的土壤硬度和引信性能决定的。弹丸的落角小时，很大一部分破片进入地里或者向上空飞散，不能杀伤目标。随着弹丸落角的增大，杀伤弹依靠其向侧方飞散的弹体破片不断提高杀伤作用。引信与目标接触时起爆得越迅速，弹丸的杀伤作用就越大。杀伤弹侵入地内越深则这种作用越急剧下降。进行跳弹射击时弹丸碰击目标后，跳飞至目标上空爆炸。射击时着发引信装定延期，弹丸落角要小（20°以下）。进行空炸射击时，杀伤弹同目标碰击之前在空中爆炸。空炸是由定时引信和非触发引信保障的。进行跳弹射击和空炸射击时杀伤弹的杀伤作用比进行着发射击大得多。

【杀伤爆破弹】　用于毁伤敌有生力量、军事技术装备、野战防御工事，在障碍物中和地雷场开辟通路和完成其它任务的主用炮弹（迫击炮弹）。杀伤爆破弹的杀伤作用或爆破作用是根据目标的性能和所遂行任务的性质由引信种类和引信装定来决定的。引信装定瞬发和为进行跳弹射击装定延期时，使用时间引信或非触发引信时，炮弹在目标表面或在目标上空爆炸，目标被弹体破片和局部地被冲击波杀伤。引信装定短延期或延期时，炮弹钻入目标一定深度后爆炸，目标被爆炸生成物、冲击波和炮弹的撞击所摧毁。杀伤爆破弹是通用弹，其杀伤作用不如同口径的杀伤弹，爆破作用不如同

口径的爆破弹。弹径 100 毫米以下的杀伤爆破弹的构造性能接近于杀伤弹，100 毫米以上的接近于爆破弹。杀伤爆破弹的弹体是由碳素钢和合金钢制成的，极少数的弹体使用高强度的铸铁。杀伤爆破弹装填威力大的烈性炸药。炸药的装填系数约为 20%。这种弹的威力以毁伤典型目标的计算幅员来评估.用 152—155 毫米杀伤爆破弹对有生力量实施着发射击时，计算幅员为：破片杀伤作用——800 米^2，冲击波作用——约 30 米^3。155 毫米杀伤爆破弹和 160 毫米杀伤爆破迫击炮弹钻入中等坚硬程度的地面一定深度爆炸时，弹坑的大小约等于：深 1.5 米，半径 2 米。地面炮兵中口径火炮和迫击炮、高射炮、坦克炮、航空炮和海军炮的弹药基数中都有杀伤爆破弹。

【空炸弹】　装有时间引信保障射弹在空中一定高度上爆炸的一种杀伤弹或杀伤爆破弹。空炸弹在弹道上某一预定点爆炸时，其杀伤作用有所增大。空炸弹用于建立空中试射点，试射和指示目标，以及当着发射击效果不好时用于杀伤目标。空炸弹的杀伤效果主要取决于炮弹的型式和弹径，引信的种类，爆炸装药量，射弹落角和炸高。火炮使用装有无线电引信的空炸弹以大射角对暴露配置或在无掩盖的掩体内、高地反斜面上、地褶内和水上的有生力量和轻型装甲技术装备实施射击最为有效。使用空炸弹射击时应选用最大号的或接近最大号的装药，以保障获得最小的高低散布。

【霰弹】　近距离作用的炮弹，用来杀伤 300 米以内暴露的敌有生力量。霰弹是炮兵使用的一种最古老的炮弹。14—16 世纪它是由小石块和铁块制成的，把这些石块和铁块装入炮膛置于发射药前面，然后用弹塞盖紧。为了防止炮膛磨损，后来将这些石块和铁块（即所谓"霰弹子"）装在弹壳内。17—19 世纪霰弹由钢、铁或硬纸板制的圆筒形弹体、弹体内装填的球形（圆柱形）铸铁弹子或铅弹子、坚固的钢弹底和前盖组成。霰弹内既没有爆炸装药也没有抛射装药。发射时，在线性加速度和离心力的惯性力作用下，冲破弹体形成集束飞出炮口切面。19 世纪初由于榴霰弹的出现，霰弹就很少使用了。

【榴霰弹】　装有预制杀伤元件的炮弹，这些预制杀伤元件有球形弹子、钢柱、链杆、钢箭等。榴霰弹音译名称是什拉普尼尔，这个名称是根据 1803 年提出霰弹作用炮弹的英国军官什拉普尼尔的名字命名的。

榴霰弹弹体头部拧有头螺，弹体内装有黑火药

制成的抛射药，抛射药与装在弹体内的杀伤元件用隔板分开。杀伤元件之间的空隙底层用发烟剂填塞，而上层用松香或硫磺填塞。装有火药的中心管经弹体与抛射药相通。时间引信能保障榴霰弹在离火炮一定距离的目标上空爆炸。榴霰弹对暴露配置的有生力量具有很高的杀伤效率。但到 20 世纪 40 年代，榴霰弹被杀伤弹和杀伤爆破弹所取代，失去了本身的作用。

【穿甲弹】 用于摧毁装甲目标的一种主用炮弹。它也可用于对永备防御工事的发射孔和钢帽堡射击。由于普通炮弹不能击穿舰艇装甲。因此，19 世纪 60 年代在舰炮和岸炮中初次装备了用淬火铸铁制造的尖头穿甲弹。第一次世界大战中，野战炮兵开始使用这种穿甲弹同坦克作斗争。穿甲弹列入加农炮弹药基数，是坦克炮和反坦克炮的主要弹药。穿甲弹的作用特点是：穿甲能力强，穿甲后效好。穿甲弹的穿甲能力主要取决于射弹命中目标瞬间的动能，弹体强度和命中角。穿甲弹的速度和重量愈大，命中角愈接近 90°，它能击穿的装甲就愈厚。穿甲后效是以射弹的撞击，破片杀伤，爆破和燃烧作用来体现的。

穿甲弹分为同口径穿甲弹和次口径穿甲弹。同口径穿甲弹，按其构造可分为装药穿甲弹和实心穿甲弹；按其头部结构则分为：尖头穿甲弹、钝头穿甲弹和被帽尖头穿甲弹。装药穿甲弹由弹体、底螺、少量炸药、弹底引信和曳光管构成。弹体的头部很厚，系用经过热处理的高合金钢制成。尖头穿甲弹对低硬度装甲目标射击最为有效；钝头穿甲弹对高硬度装甲目标射击最为有效。为了使钝头穿甲弹具有空气动力形状，在弹头部装上一个风帽。穿甲弹如有足够的撞击力和强度，完全能够击穿装甲，并在爆炸后以其弹体和装甲的破片起杀伤作用。为使穿甲弹具有燃烧性能，有时在装有炸药的药室内，装入高热剂或铝粉。实心穿甲弹由坚硬的钢质弹体、风帽和曳光管构成，弹内不装炸药和引信。它仅利用撞击力击穿障碍物，并以弹体与被炮弹击碎的装甲破片，毁伤坦克的乘员和要害部位。次口径穿甲弹按构造特点分为：线轴形次口径穿甲弹，流线型次口径穿甲弹和次口径脱壳穿甲弹；按飞行中稳定的方法分为：旋转式和尾翼式两种。次口径穿甲弹由弹体、穿甲弹心、风帽和曳光管构成。次口径穿甲弹的穿甲部分是一个直径比火炮口径大约小三分之二的弹心。弹心由比重大的合金制成，具有很高的强度。当射弹撞击装甲时，弹体变形，弹心击穿装甲，以弹心和装甲的破片杀伤乘

员，并毁坏其内部设备。如果同口径弹在 1000 米以内的距离上击穿装甲的厚度比其口径仅大 0.2—0.3 倍，那末，次口径穿甲弹击穿装甲的厚度则比其口径大 1—2 倍。在 1500—2000 米以内的远距离上，只有使用流线型次口径穿甲弹射击才有效。因为线轴形穿甲弹在弹道上会迅速减速，从而失去它在穿甲力方面的优越性。

【爆破穿甲弹】 装有塑性炸药的炮弹。亦称碎甲弹。现代坦克炮和反坦克炮既把它同穿甲弹一样使用，也把它同爆破弹一样使用。美国 M60 式、联邦德国"豹"式、法国 AMX−30 式坦克的 105 毫米坦克炮，英国"奇伏坦"坦克的 120 毫米坦克炮，美国 M40A1 式 106 毫米无坐力炮以及野战炮兵和反坦克炮兵的一些其它火炮的弹药基数中配有爆破穿甲弹。

爆破穿甲弹由薄钢弹体、炸药、弹带、弹底引信和曳光管组成。弹内装有"奥斯托莱特"塑性炸药，爆轰速度达 8200 米／秒。爆破穿甲弹撞击钢甲时，弹头部受压变形，塑性炸药"堆积"起来，使"弹与钢甲"的接触面增大到 1.5—2 倍。在此瞬间弹底引信起作用并引爆炸药。爆炸生成物的压力在每平方厘米的钢甲上达数十吨，经过 1—2 微秒后降到正常大气压，在钢甲内形成了具有一定平面阵面的压缩波以大约 5000 米／秒的速度进行扩散。压缩波传至钢甲背面后，作为扩张波被反射回来。由于两波叠加相互干扰，钢甲背面产生崩落。崩落碎片具有较高杀伤能量，能毁伤坦克内的乘员和内部设备。射弹爆炸时形成的破片能杀伤在坦克上或坦克附近的有生力量。爆破穿甲弹的作用实际上不取决于射弹的着速和撞击目标的动能。爆破穿甲弹的优点是结构比较简单，射弹的崩落作用与命中角关系不大。缺点是对屏蔽装甲、层状或组合装甲和背面带衬板的装甲射击时效果差；在实用距离内对快速运动的装甲目标射击时由于射弹初速小，也即射弹飞行时间长，毁伤概率大大降低。

【P 型穿甲弹】 一种新型的穿甲炮弹。由瑞典和联邦德国研制，它分 155 毫米和 203.2 毫米两种。由圆柱形弹体、拧入式蛋形部、非触发引信、前后两个破片杀伤体和 3 个抛射药组成。破片杀伤体有一金属壳体，壳体前部有预制破片（155 毫米炮弹装 170 枚破片，203.2 毫米炮弹装 110 枚破片）。此外，还有爆炸装药和引信。其特点是能从顶部击毁敌方装甲战斗车辆。穿甲能力达 20～40 毫米。

【钨合金穿甲弹】 采用碳化钨硬质合金材

料制成弹心的穿甲弹。钨合金穿甲弹的弹心，比重大（19.3）、硬度高，比普通穿甲弹能更有效地摧毁装甲目标。

【铀合金穿甲弹】　采用铀合金材料做弹心的穿甲弹。是近年来新出现的一个穿甲弹种。它的弹心采用铀235的副产品制成。主要特点是弹丸比重大（接近于钨）、硬度高、易氧化燃烧。在穿甲时，高速撞击和燃烧交替作用，加强了穿甲威力。击穿钢甲后，可烧杀乘员、毁坏设备，有较好的后效。

【空心装药破甲弹】　以聚能作用的装药毁伤目标的一种主用炮弹，用来对装甲目标以及钢筋混凝土筑城工事实施射击。在第二次世界大战中，参战的各国军队都广泛使用了空心装药破甲弹。

空心装药破甲弹由弹体、爆炸装药、聚能凹槽、引信和曳光管组成。爆炸装药采用的是具有高爆速的猛炸药。破甲厚度取决于：药型罩的形状、大小和材料；爆炸装药的重量和性能；起爆线路的作用时间；弹丸旋转速度；命中角；装甲特性。

空心装药破甲弹旋转时由于离心力的作用会使聚能射流分散，从而降低破甲能力。因此，为了排除旋转，在有些线膛火炮发射的空心装药破甲弹上，让空心装药组合件或弹带与弹体成相对转动。另一提高空心装药破甲弹破甲厚度的方法是使用滑膛炮。为了使弹丸在飞行中保持稳定，在非旋转的空心装药破甲弹上装有同口径或超口径尾翼，超口径尾翼在弹丸离开炮膛后展开。这种构造能提高空心装药破甲弹的破甲效果，但结构复杂。旋转的空心装药破甲弹的破甲厚度通常约为弹径的2倍，非旋转的空心装药破甲弹破甲厚度约为弹径的4倍以上。

【灵巧智能炮弹】　一种现代电子技术和子母弹技术相结合，以提高毁伤面积和命中精度的炮弹。美军最近研制的用203毫米榴弹炮发射的"萨达姆"自寻的子母弹，在飞临目标上空时抛出三个子弹，子弹在降落伞的作用下徐徐降落，在降落过程中，弹体上的传感器搜索目标（搜索范围约十公倾），弹芯在距目标约一百五十米时射向目标，可穿透152.4毫米的顶装甲；如采用遥控飞行器进行探测时，能攻击前进观察员视线以外和直瞄武器射程以外的目标。

这类炮弹要在几秒钟内，从战场地面杂波中识别象坦克这样的目标，比搜索空中飞机和海上舰艇要困难得多，需要进行大量而复杂的数据处理，因此采用微电子技术。到2000年以后将作为"可射

击的"小型导弹大量出现于战场。

【燃烧弹】　用来点燃敌配置地域内易燃的物体的炮弹。定时燃烧弹由弹体、头螺、燃烧炬、推板、抛射药和时间引信组成。飞行中引信经过一定间隔时间点燃燃烧炬和抛射药。抛射药形成的火药气体顶掉头螺，并将燃烧炬高速抛出。燃烧弹通常与杀伤爆破弹结合使用，使敌人难于救火。在第二次世界大战中，曾使用了曳光穿甲燃烧弹和装有燃烧剂药块的高射曳光杀伤燃烧弹。

【无焰弹】　一种炮弹，其发射药内含有有机物质松香、磷苯二酸二丁酯、二硝基甲苯等和无机物质硫酸钾、氟铝化钾等消焰附加剂。在发射药燃烧时有机物质附加剂与发射药气体发生反应，降低发射药气体的温度，从而减少发射时的火焰。在发射药燃烧时无机物质附加剂与发射药气体混合而提高发射药气体的燃烧温度。采用有机物质附加剂会降低发射药的效能，而采用无机物质附加剂会提高射弹的烟浓度。在夜间射击时常使用附加剂以避免产生火焰影响测算，同时不被敌方发现。

【迫击炮弹】　供迫击炮射击用的弹药。迫击炮弹分为：主用迫击炮弹，用于毁伤敌人有生力量和火器，破坏其防御工事；特种迫击炮弹；教练迫击炮弹。整装迫击炮弹由装有爆炸装药的弹体、引信、钢制或铝制弹尾、基本发射装药和补充发射装药组成。迫击炮弹弹体上有定心部，尾翼上有定心凸起部，用以保障迫击炮弹沿炮膛正确运动。

按保障飞行稳定的方法，迫击炮弹分为尾翼式和旋转式两种。尾翼式迫击炮弹使用最广，其尾翼的直径不超过身管的口径。有一种迫击炮弹具有张开尾翼，如法国120毫米火箭增程迫击炮弹。使用旋转式迫击炮弹的有美国106.7毫米迫击炮和法国120毫米迫击炮。这种迫击炮弹一般都有弹带，弹带上有装填时嵌入膛线的凸起部。同尾翼式迫击炮弹比较，旋转式迫击炮弹的射击密度好，但是制造比较复杂。为了增大射程，研制了一种火箭增程迫击炮弹，这种炮弹装有火箭发动机，炮弹发射后火箭发动机开始工作。在其它条件相同时，这种迫击炮弹由于爆炸装药较少，故战斗效能稍低于普通迫击炮弹。

【末端制导反装甲迫击炮弹】　美国研制的一种反坦克导弹。是美国陆军准备用107毫米迫击炮，抗击装甲目标的新型弹药。

【冲压式喷气炮弹】　一种装有冲压式空气喷气发动机的炮弹。喷气炮弹装有能承受加速度影响的引导头、回转罗盘、控制器、推进器等。炮弹

发射后，冲压式空气喷气发动机开始工作，使弹体运行速度超过音速。当高度达到两万米左右时，弹体开始滑翔。到达目标上空后，装有红外线或毫米波诱导器的引导头开始搜索跟踪目标，自动导的，准确地命中目标。美军正在研制的远程破甲喷气弹由203毫米榴弹炮或126.2厘米舰炮发射，最大射程可达30公里左右。若改用固体燃料的喷气发动机，射程可达70公里。

【子母炮弹】 弹体（母弹）内装有若干小弹（子弹）的炮弹。炮弹飞至目标区上空，在时间引信作用下，将子弹推出、撒下，攻击面目标。如美155毫米炮弹，每发内可装88个破甲杀伤子弹。

【低阻榴弹】 外形细长如枣核，弹体无圆柱部，带有4个定心舵的炮弹。飞行阻力小，射程远。

【底部喷气榴弹】 弹丸在飞行中其尾部能喷气增程的炮弹。由药筒、底火、发射装药、弹体、喷气装置、爆炸装药、引信等组成。喷气装置中装有喷气焰火剂。弹丸飞行时，点燃焰火剂向后喷气从而能减小阻力，增大射程。它用于对远距离目标的射击。

【混凝土破坏弹】 用于破坏钢筋混凝土永备工事和坚固的石砖建筑物的一种炮弹。它也可用于对装甲目标实施直接瞄准射击。混凝土破坏弹由弹体、爆炸装药、底螺和引信构成。整块弹体由经过连续热处理的合金钢制成，它的弹壁很厚，弹头部的硬度很高。混凝土破坏弹适用于150毫米以上口径的火炮射击。它兼有侵彻和爆破两种作用。混凝土破坏弹的射击效果取决于弹丸撞击混凝土瞬间的命中角和速度。混凝土破坏弹以大于30°的法线角撞击待破坏的墙壁时，会产生跳弹。弹丸撞击目标瞬间的速度愈小，跳弹的出现率就愈大，当速度小于300米／秒时，以任何角度命中都可能产生跳弹。垂直命中时，152毫米混凝土破坏弹贯穿钢筋混凝土的深度达0.75米，203毫米混凝土破坏弹贯穿的深度达1.25米。混凝土破坏弹通过撞击和爆炸，形成弹坑，出现裂缝、倒塌、墙壁内表面震塌，从而使工事变形和遭到破坏。

【雷达干扰弹】 内装无源干扰物的炮弹。发射后形成雷达反射干扰云，以干扰敌方雷达。

【照明弹】 夜间实施战斗行动时为照明目标和敌军所占领的地形而使用的一种特种炮弹。它还用来观察射击结果，标示我军的行动方向，建立发光方位物和发光叠标，对敌光电器材实施干扰。

照明弹的照明剂平均含有35%的金属燃料、60%的氧化剂和5%的胶合剂。按结构分为吊伞照明弹和无吊伞照明弹。吊伞照明弹由弹体、旋入式弹底、抛射药、推钣、照明剂盒、吊伞装置和时间引信组成。照明弹飞行时，经过预定时间，时间引信的火焰点燃抛射药，抛射药点燃盒中的照明剂。同时，抛射药燃烧形成的火药气体压力切断弹底螺纹，将照明剂盒和吊伞装置喷出。吊伞张开后，照明剂盒由阻旋制动器稳定，防止吊伞吊绳互相扭曲。燃烧的照明炬由吊伞吊着以2—8米／秒的速度降落。各种照明弹的光度在40万—100万烛光之间，有时大于2百万烛光。照明地形的时间是40—120秒。吊伞——照明炬系统在水平方向上的移动速度接近风速。无吊伞照明弹的照明元件在弹体内排列成数行。由于降落速度快（30—40米／秒），所以它们燃烧的时间不长（20—30秒）。

【曳光弹】 含有专用曳光剂以保障能观察到飞行弹道的炮弹。用以试射、射击修正和目标指示。此外，曳光枪弹还用于施放信号。曳光弹的曳光剂装在弹体内。发射时发射药火焰先点燃点火剂，然后点燃曳光剂。弹迹的颜色依曳光剂的成分而定。红色和黄色火焰的曳光剂应用得最多。

在第一次世界大战中，曳光弹广泛用于对活动目标射击，这种弹由于杀伤作用小，在现代条件下已不再使用。但是曳光管作为复合炮弹和枪弹的组成部分还大量使用。曳光管主要用于枪械和小口径自动炮的弹药。

【发烟弹】 装有发烟剂，爆炸时能形成浓密烟云的炮弹。发烟弹用来迷盲敌人的观察所、指挥所、火器和有生力量，设置烟幕或烟云，以及用来指示目标、发出信号、进行试射和测定目标地域内的风速和风向。发烟弹有着发作用的和定时作用的两种。着发作用的发烟弹由装发烟剂（白磷和三氧化硫等）的弹体、含爆炸装药的传爆管和引信组成。发烟弹撞击地面的瞬间引信起爆，引起爆炸装药爆轰，炸裂弹体，将发烟剂喷散，并在空中自燃。白磷发烟弹的氧化物凝聚成浓白烟。散飞的燃烧磷粒子能杀伤有生力量和引起易燃物体燃烧。发射定时作用的发烟弹时，引信在某一规定的瞬间起爆，点燃抛射药将有发烟剂的容器从弹体中抛出，形成白色的或其它颜色的浓烟云。烟幕迷盲地段的持续时间依地形特点和气象条件而定。凉爽阴暗的天气，风速在4—5米／秒时使用发烟弹最为有效。

【宣传弹】 用于向敌前沿阵地发送和散发宣传品的一种特制炮弹。宣传弹由薄壁弹体、可分离的弹底、抛射药、2—3 个装宣传品的金属容器和时间引信组成。宣传弹飞行时，时间引信在规定时间内点燃抛射火药，将装有宣传品的容器从弹体内抛出，容器内的宣传品自行散落。宣传弹最初出现于第一次世界大战期间，法国人在战争末期（1918 年）广泛利用它影响德军士兵的士气。传单的散落面积取决于宣传弹的飞行速度、抛射药作用高度及天气情况。在有雨、雾、上升气流和强风的条件下，不宜使用宣传弹。

【实习弹】 供实习射击和火炮靶场试验用辅助炮弹。实习弹在训练人员时代替昂贵的实弹使用。实习弹的重量、尺寸和弹形与主用弹相同，但结构简单，不装炸药，用非稀有材料制造。例如，代替穿甲弹的实习弹是用未经热处理的普通炭素钢制造的实心弹。为了进行射击校正，实习弹有曳光装置。

【教练弹】 具有辅助用途的炮弹，用来训练装填和射击动作，进行弹药处理，以及研究弹药结构。作为武器的附属件，教练弹分火炮教练弹和迫击炮教练弹。火炮教练弹由相应的实弹的倒空元件或这些元件的模拟零件所组成。教练弹的弹体由金属或木料制成，弹带由橡皮、塑料和其它材料制成。为保持教练弹的重量，弹腔内填满惰性药。迫击炮教练弹由倒空迫击炮弹和带制式点火器的抛射药组成。为使抛射距离近，教练迫击炮弹弹体上钻有许多孔或安装有能降低初速的其它专门装置。教练弹及其部件上有各种各样的剖面，用于学习弹体结构及其各部分的相互作用。

【试射—目标指示弹药】 专用炮弹。这种弹在结构上与主用弹比较，炸点可见度好，便于对其进行可靠的观察和测定。试射—目标指示弹药用于试射、目标指示和建立射点。它的重量和弹道性能与主用弹药相同，可使用统一的射表。在地面炮兵中，发烟弹药、结构和作用原理类似发烟弹的试射—目标指示弹可作为试射—目标指示弹药。作为试射—目标指示弹药的填充物，除磷以外还利用含有各种颜色的烟火剂，以便能获得清楚可见的白、绿、红、黄、紫等各种颜色的烟云。这种填充物所产生的彩色烟云应具有一定的范围，与地形背景或天空色彩有明显的区别，而且能保持一定时间，以便各种光学器材能在各处相应距离上对烟云进行测定。地面炮兵通常在利用直升机射击时，以及在夜间和能见度受限制的条件下使用试射—目标指示弹药进行试射和目标指示。使用试射—目标指示弹药可以大大减少主用弹药的消耗和缩短完成射击任务的时间。如果没有试射—目标指示弹药，则可用主用弹药进行试射和指示目标。高射炮的主用弹药通常装有曳光剂和增强发烟亮度的药块，使它具有试射—目标指示弹药的性能。穿甲弹、反坦克导弹、某些专用枪弹等里面的曳光剂具有类似的用途。

5、榴弹

【枪榴弹】 用枪和枪弹发射的超口径弹药。它由弹体、引信、弹尾等组成。常用弹种有杀伤、反坦克、反装甲、杀伤破甲枪榴弹，以及燃烧、发烟、照明、信号、毒气枪榴弹等。

杀伤枪榴弹弹体多为球形或柱形，预制破片弹壳，配瞬发或跳炸引信。一般弹径 35～65 毫米，弹重 200～600 克，杀伤半径 10～30 米，最大射程 300～600 米。反坦克枪榴弹多采用铝制弹壳，空心装药，配用机械或压电瞬发引信。一般弹径 40～75 毫米，弹重 500～700 克，直射距离 50～100 米，垂直破甲可达 350 毫米，可穿透混凝土工事 1000 毫米。

【手榴弹】 用手投掷的弹药。一般由弹体、引信两部分组成。弹体呈柱形或卵形，有的带有手柄，内盛炸药或其它装填物。多采用击发（或拉发）延期引信，也有采用电触发和延期双重作用引信的。手榴弹可分为杀伤、反坦克、燃烧、发烟、照明、毒气和教练等弹种。因早期榴弹的外形和破片有些象石榴和石榴子，故得此名。

杀伤手榴弹又分两种。一种是常用的破片型（也称防御手榴弹），主要用破片杀伤有生目标，兼有震慑破坏作用。其弹体外壳用铸铁或冲压钢板制成，也有用铁皮（或塑料）壳内衬钢珠、钢丝等预制破片制成的。一般全弹重 300～600 克，有的仅重 120 克，也有的重达 1000 克左右。引信延期时间 3～5 秒，有效破片重 0.1～0.4 克，数量 300～1000 片，有的可达 5000 片以上。杀伤半径为 5～15 米。另一种是爆破型（也称进攻手榴弹），弹壳用铁皮、塑料或其它材料制成。一般全弹重 100～400 克，炸药重量占 30～70%，引信延期时间 4 秒左右。爆炸时，产生爆轰作用，震慑杀伤敌人。因产生破片很轻飞散不远，投掷后继续冲锋，也不致伤及自己，适于在进攻中使用。有的可临时加装破片套，作防御手榴弹用。普通木柄杀伤手榴弹在投掷时，带出拉火绳，可使火帽、延期药、雷管、炸药相继作用，产生爆炸。加重型木柄杀伤手榴弹则适于在防御中使用。

反坦克手榴弹也称反坦克手雷，多用空心装药，瞬发引信，通常配有手柄，弹尾有尾翅或稳定伞，以保证命中姿态正确，利于破甲。一般全弹重 1000 克左右，垂直破甲厚度可达 170 毫米，可穿透混凝土工事 500 毫米以上。

燃烧、发烟、照明、毒气等手榴弹外形和结构与杀伤手榴弹相似，内装化学战剂或烟火药，配延期起爆或点火引信。

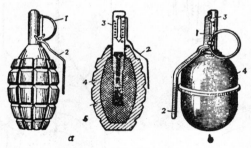

图 4-5　手榴弹

a—防御用手榴弹　　b—进攻用手榴弹

1.保险栓环　2.保险片　3.发火管

4.弹体　5.爆炸装药

【电子手榴弹】　一种配用电子引信的手榴弹。这种手榴弹的引信去掉了机械装置，用微电子线路与雷管相连；用作电源的电池很小，有效期至少可达 10 年；弹体是防水长铝筒，电子线路装在模铸乙醛塑料盖内。它与现代拉火式手榴弹相比，在投掷过程中没有声响（后者常伴有保险脱落时的"砰"声、火帽被击针撞击时的"喀嗒"声和火药延期燃烧时的"嘶嘶"声）不易引起对方警觉。据美国《军事评论》1984 年 10 号报道，英国哈利与韦勒公司最先研制出了电子手榴弹。

【乒乓球手榴弹】　荷兰研制 V-40 式手榴弹只有乒乓球大小，直径 40 毫米，重 120 克。一般可投掷 75 米。每个士兵可携带 10 枚。由于在弹体内预制刻槽，可产生 380 枚有效杀伤破片，杀伤面积可达 5 平方米。

【反坦克手雷】　用手投掷的装有强磁力磁钢的反坦克爆炸性武器。能炸穿坦克侧、后装甲和破坏其发动机。

【反坦克手榴弹】　用于击毁坦克和装甲车辆的手榴弹。破甲厚度为 75～170 毫米。

【声炸弹】　联邦德国科技人员研制成功的一种专门用来对付恐怖分子的炸弹。它爆炸时产生的巨响和噪声，能使人昏厥。

【窒息弹】　一种燃料和空气相混合而制成的炸弹。它利用化学反应起爆，爆炸后出现的化学气体迅速将空气中的氧气消耗掉，从而使人窒息而死。

【气体炸药炸弹】　美国海军研制的一种新型炸弹。弹体内有 3 个长 53 厘米、直径 35 厘米，能装大约 33 公斤燃料的金属容器。这种炸弹由直升机或低速飞机投向目标，通过制动降落伞减速，在目标上空爆炸。金属容器破裂后，散布在目标上方的液体燃料立即气化，形成一片直径约 15 米，厚度约 2.4 米的乙烯氧化物雾状体，然后由延期点火装置引爆，产生强大的气压，摧毁目标。据称，这种气体炸药爆炸产生的压力相当于普通炸药的 2.7—5 倍，爆炸有效持续时间长 2～3 倍。气体炸药炸弹可以用于轰炸地面（水面）目标。

【云雾炸弹】　亦称燃料空气弹。一种新型炸弹。可用于杀伤人员，对各种压发地雷进行超压诱爆，或用于破坏战斗车辆、飞机、舰船的附属设备，以及对付来袭的反舰导弹等。云雾炸弹为桶形子母弹结构，弹内装有 3 个直径为 345 毫米、长为 530 毫米、重量 45 公斤的容器。每个容器内装 32.6 公斤液体环氧乙烷，并带有一个减速伞。飞机在 600 米高度投弹后，每个容器脱离弹体，缓慢下降，触地爆炸后，形成高 2.5 米、直径 15 米的浮粒云。距爆心 15 米处，冲击波超压最大，每平方厘米达 131154.4 公斤。同时空投两枚炸弹，可在几分钟内开辟一条 8—10 米宽、100 米长的通路。目前，美国正在研制第二代和第三代云雾炸弹。新的云雾炸弹由于使用效能更高的多种碳氢化合物，杀伤破坏力将会更大。

6、航弹、火箭弹

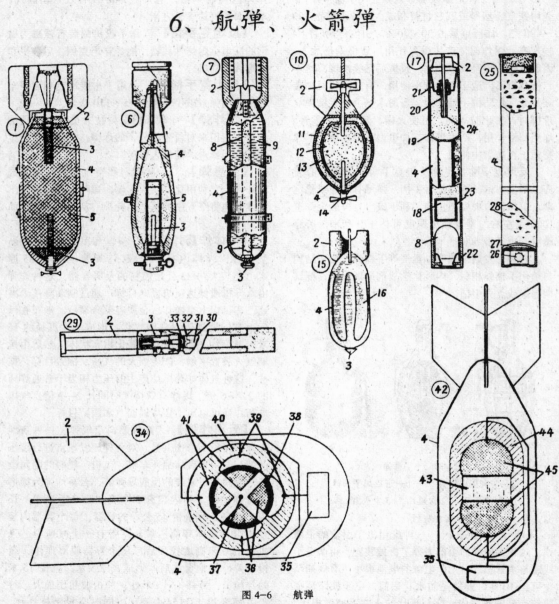

图4-6 航弹

1-5.杀伤爆破炸弹: 2.稳定器 3.引信 4.弹体 5.炸药; 6.杀伤炸弹 7-9.毒气炸弹: 8.传爆管 9.毒剂: 10-14.放射性炸弹: 11.放射性战剂 12.炸药 13.炸药保护层 14.风翼; 15-16.细菌炸弹: 16.加强肋; 17-33.燃烧炸弹: 17-24.热氩炸弹 18.磷 19.热氩 20.起爆雷管 21.弹底盖 22.弹头盖 23.塑料盒 24.稳定器杆; 25-28.凝固汽油炸弹: 26.引信孔 27.膜片 28.凝固汽油; 29-33.铝热剂炸弹: 30.轻质镁基合金弹体 31.铝热剂 32.传爆药 33.黑色火药纸; 34-41.原子弹构造示意图: 35.引爆装置 36.裂变物质 37.中子源 38.中子反射层 39.传爆管 40.炸药外壳 41.常规炸药; 42-45.热核炸弹构造示意图: 43.热核装药 44.铀^{238}外壳 45.钚^{239}铀^{235}装药

【基本炸弹】 直接用来杀伤和破坏目标的航空炸弹。如航空爆破炸弹、航空杀伤炸弹、航空杀伤爆破炸弹、航空燃烧炸弹、航空爆破燃烧炸弹、航空穿甲炸弹、航空反坦克炸弹等。都属于基本炸弹。用毒剂杀伤有生力量的航空炸弹，也属于基本炸弹的范畴。

【辅助炸弹】 为飞机在执行轰炸任务和在航行过程中起辅助作用的航空炸弹。如用以照明目标的航空照明炸弹，指示目标的航空标志炸弹等。

【航空低阻弹】 弹形细长、阻力较小的航空炸弹。供高速飞机外挂使用。其弹体长度与直径之比即长细比通常为 7～8（外低阻炸弹通常为 4～5），弹体表面的光滑度高。与普通炸弹相比，携带此种形状的炸弹有利于增大飞机航程，改善飞机操纵性。任何一种用途的炸弹都可做成航空低阻弹。

【航空减速弹】 配有可以延长落下时间的减速装置的航空炸弹，用于超低空轰炸。弹上的减速装置有阻力伞型、金属板型和组合型等几种。这些装置以反推力作用或空气的阻力作用减低炸弹落速，保证在超低空轰炸的载机有足够时间脱离炸弹爆炸的危险区。弹上还装有保险装置，这种保险装置在减速装置正常起作用时，使引信处于瞬发状态；当减速装置不能正常工作时，则控制引信有十几秒钟的延期时间，以保证载机的安全。

【可控航空炸弹】 一种为提高命中精度而装有空气动力面和引导系统的航空炸弹。制造可控航空炸弹的最初尝试，是在第二次世界大战末期。当时研制的样品能从飞机上用无线电或有线电发出的指令操纵舵面飞向目标。60 年代初，制成了电视自动导引的可控航空炸弹；60 年代后半期，制成了半主动式激光自动导引的可控航空炸弹。随着防空兵器的发展，可控航空炸弹开始装有弹翼，以便在敌方高射兵器火力范围以外投掷。这种炸弹叫做滑翔式可控航空炸弹。

【航空爆破炸弹】 是一种用途最广、最普及的航空炸弹，用于破坏和消灭各种目标（军事工业目标、铁路枢纽、动力设施、筑城工事、有生力量、技术兵器等）。中圆径航空爆破炸弹是最普及的航空炸弹。航空爆破炸弹对目标的毁伤是靠爆炸生成物、冲击波和弹体破片的作用达成的。航空爆破炸弹使用瞬发撞发引信（对地面目标）和延期撞发引信（对需从内部炸毁的目标和位于深处的目标）。在后一种情况下，航空爆破炸弹的效果会因爆炸的地震作用而加强。航空爆破炸弹在土中爆炸

时，会造成弹坑，弹坑的大小取决于土壤的性质、炸弹的圆径和爆炸的深度。例如，圆径为 500 公斤的航空爆破炸弹在沙质粘土里（3 米深处）爆炸时，会造成直径 8.5 米的弹坑。装有长延期引信的航空爆破炸弹可用于地区布雷。在这种情况下，炸弹有时装有震动装置和防卸装置，当运动的列车和坦克等震动泥土时或有人企图使炸弹失效时即引起爆炸。

【航空杀伤炸弹】 与航空爆破炸弹一样，也是一种多用途炸弹，用于杀伤和破坏各种暴露的、无装甲的或轻装甲的目标。航空杀伤炸弹的圆径为 0.5～100 公斤。炸弹弹体的破片击中目标时才能带来根本性的破坏。航空杀伤炸弹的弹体破裂时，产生不同重量的破片。破片总数依据圆径而定，例如，圆径为 100 公斤的航空杀伤炸弹，可产生 5000～6000 块重量大于 1 克的破片。为了提高杀伤效果和保证弹体破裂成规定重量的破片，在某些航空杀伤炸弹弹体的内表面或外表面上有刻纹。在越南战争中，美国空军使用了装满钢珠和塑料珠的所谓球形炸弹。航空杀伤炸弹一般装有瞬发撞发引信，也可能使用非触发引信，使航空炸弹在离地面一定的高度上起爆。利用小圆径航空杀伤炸弹布设防有生力量的地雷场时，炸弹装有振雷引信和诡雷引信，或 15 秒钟到几小时范围的随机延期引信。

【航空杀伤爆破炸弹】 一种加强爆破作用的航空杀伤炸弹。其杀伤目标同于航空杀伤炸弹杀伤的目标和通常由航空爆破炸弹破坏的非深处目标。航空杀伤爆破炸弹的圆径为 100～250 公斤。这种炸弹装有瞬发撞发引信或在 5～15 米高度上起爆的非触发引信。

【航空反坦克炸弹】 用于破坏坦克、自行火炮和其它有装甲防护的目标，以及露天弹药库、油罐、汽车运输工具和铁路运输工具。现代航空反坦克炸弹的圆径为 0.5～5 公斤。航空反坦克炸弹的破坏作用是由聚能喷流产生的，聚能喷流是由于具有特种形状的装药爆炸而形成的。这种炸弹能穿透装甲。毁伤装甲后面的有生力量、机件、燃料和弹药。航空反坦克炸弹弹体的破片能杀伤附近的有生力量。

【航空燃烧炸弹】 用于造成火源并以火力直接杀伤有生力量和破坏军事技术装备。航空燃烧炸弹的圆径一般为 0.5～500 公斤。小圆径航空燃烧炸弹通常装有以各种金属氧化物为基础的、燃烧温度高达 2000～3000℃ 的固体混合燃料。这种航

空燃烧炸弹的弹体可用轻质镁基合金或其它可燃材料制成。大圆径航空燃烧炸弹装有稠化到各种浓度的易燃油料，例如凝固汽油，或装有各种有机化合物。与非稠化油料不同的是，这种喷火油料在爆炸时会分裂成较大的碎块，向多方飞散，达 150 米，从而造成火源。在装填稠化喷火油料的航空燃烧炸弹里，有爆炸装药和磷筒。当引信起爆时，喷火油料和磷就碎裂并混合起来；在空气中能自然的磷便把喷火油料点燃。用于破坏面状目标的燃烧箱构造也相同，它装有粘性的喷火油料。与航空燃烧弹不同的是，燃烧箱有薄壁壳体，而且仅挂在飞行器的外挂弹架上。

【航空爆破燃烧炸弹】 既用于对付爆破炸弹所破坏的目标，也用于对付燃烧炸弹所破坏的目标的航空炸弹。它装有烟火剂或其它燃烧剂及炸药。在引信起爆时，装药爆炸，热熔管点火。热熔管可飞掷到很远的距离，造成附加火源。

【凝固汽油弹】 装有凝固汽油的航空燃烧炸弹。主要是以高温火焰杀伤有生力量和烧毁装备、物资。由弹体扩爆药栓、黄磷、燃烧剂、引信等组成。凝固汽油的溅开面积大，粘附性强，燃烧时间长，可产生 1000℃ 左右的高温火焰和大量有毒气体，使周围的人员中毒或因严重缺氧而窒息。其火焰可用沙土或灭火剂扑灭。凝固汽油弹的圆径为 250 公斤。

【航空反坦克弹】 简称航坦弹。以弹头内锥孔装药爆炸时，产生的高速、高温、金属射流穿透装甲的航空炸弹。由弹头、药形罩、装药、弹体、引信等组成。其爆炸时形成的金属射流进入目标内部，可杀伤人员、毁坏设备、引燃油料、引爆弹药；弹片也可杀伤附近的有生力量。其圆径一般为 2 公斤以下。使用时可装入航空子母弹箱或机上多次使用弹箱内集束投放。主要用于摧毁坦克、步兵战车、自行火炮、油罐等有装甲防护的目标。

【航空穿甲炸弹】 用于破坏有装甲的目标和有坚固的混凝土或钢筋混凝土防护的目标。航空穿甲炸弹的圆径为 100 公斤到 1 吨。航空穿甲炸弹在遇到障碍时即穿透之，并在目标内部爆炸。这种炸弹头部的形状及弹壁的厚度和材料，能保证炸弹在穿甲过程中保持完整。

【航空反潜炸弹】 专门用于破坏潜艇。小圆径航空反潜炸弹用于直接命中浮出水面或潜入水下的潜艇。航空反潜炸弹装有撞发引信，引信起爆时，起杀伤爆破作用的战斗部分即从炸弹弹体内抛出，穿透潜艇壳体，经短延期后爆炸，从而击毁潜艇内部的设备。大圆径航空反潜炸弹在水中接近目标至一定距离时爆炸，以其爆炸生成物和冲击波摧毁目标。航空反潜炸弹装有可保证在规定深度爆炸的定时引信或水压引信，或装有非触发引信。

【航空子母弹】 亦称航空子母弹箱。由许多小型子炸弹集装在母弹箱内构成的航空炸弹。圆径通常为 25 公斤和 600 公斤。子母弹箱由具有普通炸弹外形的空弹和定距（时间）引信等组成。内装的小炸弹少则几个，多则上千。按装填的小炸弹的类型，分为杀伤子母弹、燃烧子母弹、反坦克子母弹、训练子母弹等。投掷后，至一定高度，在定距（时间）引信作用下弹箱解体，抛出小炸弹。用于大面积杀伤目标。

【航空穿破弹】 用火箭加速器增大侵彻力，以破坏混凝土结构目标的航空炸弹。由半穿甲型航空减速弹上加装火箭加速器构成。一般为 30～300 公斤。当在超低空投下时，它有足够着速侵入混凝土结构，然后爆炸形成弹坑或摧毁目标。主要用于破坏混凝土跑道和钢筋混凝土防御工事等。

【航空燃料空气弹】 亦称航空汽油弹，俗称气浪弹。以气化燃料爆炸形成的超压大面积杀伤破坏目标的航空炸弹。由弹体引信、液体燃料、降落伞箱、降落伞、延伸探杆、自炸装置、起爆雷管等组成。燃料以液态贮存在战斗部内，着地后，战斗部壳体炸开放出燃料，与空气中的氧结合形成气溶胶态的爆炸云，起爆后产生超压和冲击波，以杀伤人员，摧毁工事，引爆地雷，破坏装备、器材等。

【飞箱式炸弹】 一种新型炸弹。实际上是集装箱里面装有弹药。飞箱挂在飞机上。飞箱的投掷系统有两种，一种是飞箱箱体两侧各有 48 个投掷筒，炸弹从投掷筒里射出；另一种是箱体两侧各有 2 个或者 4 个隔舱。

【航空火箭弹】 从飞机上发射，以火箭发动机为动力的非制导弹药。亦称"航空火箭"。它由引信、战斗部、火箭发动机和稳定装置等组成。航空火箭的射程一般为 7～10 公里，最大速度 M2～3。按用途可分为空空火箭、空地火箭和空空、空地两用火箭。空空火箭的弹径一般为 50～70 毫米，用于攻击速度低于 750 公里／小时、相距 1000 米左右的空中目标；空地火箭的弹径为 70～300 毫米，多用于攻击装甲车辆；空空、空地两用火箭的弹径为 70～127 毫米。大弹径的航空火箭，已被机载导弹所取代。航空火箭同航空机关炮相比，射程远、威力大，但命中概率低。它装在飞机挂载的发射器中，一架飞机一般挂 2～4 个发射器，每个发射器装 7～32 枚。航空火箭与瞄准设备、发射装置配套使用，可单发或连发发射。

1916 年，法国首先使用空空火箭攻击德国系留侦察气球，取得明显的效果。第二次世界大战期间，美、苏、德、英等国的作战飞机，也大量装备航空火箭，用以攻击空中目标。20 世纪 60～70 年代，美国在越南、柬埔寨大量使用了航空火箭，主要攻击地面目标。到 80 年代初，航空火箭已有多种型号，除使用杀伤爆破、破甲、多用途子母弹、"箭霰"战斗部外，还使用烟幕、照明、无源干扰等特殊用途的弹头。空空火箭由于命中概率低，在空战中使用的越来越少，但空地火箭已成为飞机，特别是武装直升机对地攻击的重要武器。

【航空照明炸弹】 在夜间实施空中侦察和利用光学瞄准具轰炸时用来照明地面的航空炸弹。它装有一个或几个烟火照明炬，每个照明炬都有自己的降落伞系统。当定时引信起爆时，抛出装置即把照明炬点燃。并将其从航空照明炸弹的弹体内抛出。照明炬吊在降落伞下面下降，造成几百万烛光的总光强，将地面照明 5～7 分钟。

【航空照相炸弹】 在夜间航空摄影时用来照明地面的航空炸弹。航空照相炸弹装有摄影照明剂和爆炸装药。当定时引信起爆时，爆炸装药爆炸，将摄影照明剂抛出并点燃。摄影照明剂的短时（0.1～0.2 秒）闪光具有几十亿烛光的光强。

【航空烟幕炸弹】 用于在地面施放烟幕的航空炸弹。它在构造上与航空燃烧炸弹相似。它装有增塑了的白磷和少量爆炸装药。装药爆炸时，将磷炸散，磷燃烧起来，造成烟幕。

【航空宣传炸弹】 用于撒放宣传品的航空炸弹。在工作原理和构造上，它类似一次使用的子母弹箱，在定时引信起爆时，传单和小册子即从箱内抛撒出去。

【航空标志弹】 简称航标弹。以有色强光、浓烟等视觉信号标示目标的航空炸弹。由弹体、抛射药盒、药包、安定器、弹耳、火炬、吊伞和锚钉等组成。主要用于飞机轰炸时标示目标，或为飞机在无地标地区（如沙漠、海洋）和夜航时标示飞机航线检查点、空降着陆点。按用途不同分为陆地航空标志弹和海上航空标志弹。前者以有色强光或浓烟标志目标，颜色有红、黄、白、绿等多种；后者使水面变色起标志作用。航空标志弹的圆径一般在 100 公斤以下。

【航空示位信号炸弹】 用于标示飞行器群的集合区域、飞行航线，解决领航和轰炸问题，以及表示地面、水上和空中的各种约定信号的航空炸弹。供昼间使用的航空示位信号炸弹装有烟火剂。烟火剂燃烧时，产生某种颜色的烟云。夜间使用的航空示位信号炸弹则装有特种药剂。药剂燃烧时发出各种颜色的火焰。为建立地面信号点，航空示位信号炸弹装有撞发引信。空中信号点则利用吊在降落伞下面下降的信号照明炬来建立；这种照明炬在定时引信起爆瞬间从弹体里抛出。用于海上的航空示位信号炸弹装有荧光液。荧光液在与水面相碰时成为薄膜向四面流散，形成非常明显的斑点———信号点。

【航空校靶弹】 简称航校弹。用于校正飞机上的瞄准具、射击武器、照相枪的轴线间相互关系的弹药。是航空训练弹药中射击弹药的一种。校射弹也可作为检验武器性能的试射弹药使用。

【航空练习炸弹】 用来对飞行人员进行轰炸训练的航空炸弹。在构造上它与航空示位信号炸弹相似。它装有夜间和昼间起作用的烟火剂。烟火剂以摄影照明剂闪光的形式或烟云的形式来标示炸弹的弹着点。为了标示出弹道在空中的痕迹，航空练习炸弹装有曳光剂筒。

【航空模拟炸弹】 在军队训练中用来表示核爆点的航空炸弹。它装有爆炸装药、液体燃料和白磷。液体燃料爆炸闪光可模拟核爆炸的火球。白磷燃烧时造成蘑菇状烟云。为模拟地面爆炸或空中爆炸，分别使用撞发引信或定时引信。

【航空抛放弹】 飞机救生装备用的弹药。不同型号的航空抛放弹，分别用于飞机射伞，开锁、人椅分离、点燃弹射火箭和抛座舱盖等。

【航空座椅弹射弹】 简称座椅弹。为飞机的弹射救生设备提供弹射动力的弹药。一般由药筒、底火、引燃药饼、发射药和药筒盖组成。按其用途可分为机上用航空座椅弹射弹和地面训练用航空座椅弹射弹。不同机型使用的座椅弹的型号亦不相同。

【航空座椅弹射火箭弹】 弹射跳伞救生装备的火箭动力装置。主要由燃烧室、推进剂、喷管、挡药板、锁弹机头、点火管、底盖和通道体组成。用以接替座椅弹的动力，使人椅系统继续上升，从而提高弹射高度，以保证飞行员在低空或零高度（起飞、着陆、滑跑）弹射跳伞时获得足够的安全开伞高度。弥补了座椅弹在使用区间的空白。

【火箭增程弹】 利用普通发射装药和火箭装药保障其飞行的一种炮弹。火箭增程弹具有普通

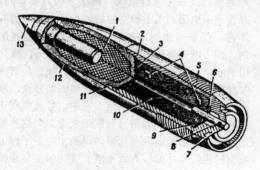

图 4-7 火箭增程弹

1.炸药 2.火箭发动机壳体 3.9.减震垫 4.推
进剂装药衬套 5.弹带 6.延期装置 7.紧塞垫
8.喷嘴 10.火箭发动机的药柱 11.紧塞环
12.战斗部 13.引信

炮弹的外形，弹体内装有火箭发动机。发射药在火
炮药室中燃烧，产生火药气体，赋予火箭增程弹以
初速。随后，已在弹道上燃烧的火箭装药则赋予火
箭增程弹以附加速度。这样，可在不改变火炮结构
的情况下使其射程增大 20～100%，或在保障一定
射程的前提下减轻火炮的重量。火箭增程弹的缺点
是：与普通炮弹相比，成本增加约 10～15%（因
结构较复杂）；对目标的毁伤效力减少（因炸药量
减少）；射击密度降低。火箭增程弹出现于第二次
世界大战以后。许多国家都在进行它的改进工作。
美国研制了自 40 毫米至 155 毫米不同口径火炮使
用的火箭增程弹。火箭增程弹的使用被认为是提高
射程和缩小火炮或迫击炮体积的极有发展前景的途
径之一。

【长柄反坦克火箭弹】　近战轻型反坦克
火箭武器。这种武器由带尾翼的超口径空心装药榴
弹、装有发射药的两端敞开的发射筒、发射机构和
表尺组成。有 F-1 和 F-2 两种弹型，其射程都在
30 米以内。F-1 全重 5.35 公斤，F-2 全重 3.25 公
斤；F-1 榴弹重量为 2.8 公斤，F-2 榴弹重量为
1.65 公斤；垂直穿甲力分别为 200 和 140 毫米。
射击时从发射筒向后喷出火焰长达 4 米。

7、引 信

【拉发引信】　受到一定拉力而发火的引
信。通常使用于防步兵地雷，也可用作防坦克地雷
的副引信。

【松发引信】　失去控制的外力（压力、拉
力）即发火的引信。通常用于设置诡雷。

【复次压发引信】　必须受到两次一定压力
作用才能发火的引信。

【红外引信】　利用红外光束探测目标信息
或接收目标发出的红外光波而发火的引信。

【着发引信】　亦称触发引信。只有碰击目
标或其它物体才起爆的引信。通常由击针、火帽、
雷管、传爆药和保险机构等组成。按作用时间长短
分为瞬发引信、短延期引信和延期引信等。

【瞬发引信】　在弹丸碰击目标瞬间（通常
小于 0.001 秒），借助目标的反作用力引起爆炸的
引信。通常配用于杀伤榴弹、空心装药破甲弹和小
高炮榴弹。

【短延期引信】　亦称惯性引信。在弹丸碰
击目标后，借助轴向惯力发火引起爆炸的引信。其
作用时间比瞬发引信稍长（接近 0.005 秒），弹丸
侵入目标也较瞬发引信深。通常配用于杀伤榴弹和
爆破榴弹。

【延期引信】　由于火药延期装置的作用，
在弹丸钻入目标一定深度，或触地跳起后始引起爆
炸的引信。其作用时间较长（大于 0.005 秒）。通
常配用于爆破榴弹、穿甲弹和混凝土破坏弹。

【时间引信】　按照预先装定的时间在飞行
弹道上引爆弹丸的引信。一般由时控、发火和保险
机构等组成。按控制时间的方式，分为药盘时间引
信、钟表时间引信和电子时间引信等。广泛配用于
杀伤弹、爆破弹、杀伤爆破弹、发烟弹、照明弹、
宣传弹以及航弹等。

【感应引信】　亦称非触发引信。借助目标
发出或反射的能源感应引爆的引信。是在距目标预
定的距离引爆弹药的一种自动装置。依引爆的能源
类型分为雷达、磁性、光学、音响、热能等类引
信。依引爆能源的发射位置分为主动引信（引信向
目标发射信号并接收目标反射回来的信号），半主

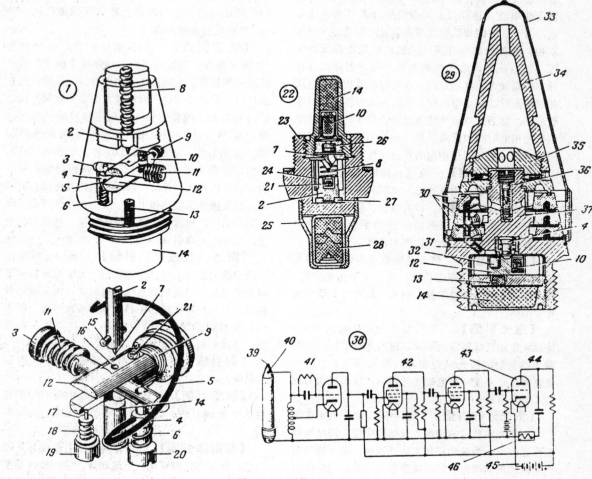

图 4-8 引信

1-21.弹头着发引信; 2.击针 3.保险销 4.惯性销 5.运输保险销 6.惯性销簧 7.击针 8.击针簧 9.滑块簧 10.滑块式雷管 11.保险簧 12.滑块 13.导引传爆药 14.传爆管 15.切断销 16.通孔 17.滑块制动销 18.滑块制动销簧 19.滑动制动销塞 20.惯性销塞 21.火帽; 22-28.弹底引信; 23.引信体 24.卷筒式保险筒 25.曳光管壳 26.延期药 27.垫圈 28.曳光剂; 29-37.时间引信; 30.时间药盘 31.加强药 32.滑块加重体 33.保护帽; 34-41.风帽; 35.头螺 36.击针 37.惯性火帽; 38-46.无线电引信(线路图); 39.天线 40.无线电引信 41.(自差)收发机 42.放大器 43.闸流管 44.电雷管回路 45.电池 46.电雷管

动引信(靠外部发射源向目标发射信号,而引信只接收回波信号),被动引信(引信接收目标发射出的信号)。感应引信对目标的毁伤率较触发引信高,已广泛应用在炮弹、导弹、鱼雷等弹药上。

【摩擦引信】 在摩擦作用下而发火的引信。有压发、拉发两种类型。

【震发引信】 靠震动场作用而发火的引信。

【化学引信】 利用物质的化学反应直接发火或控制发火的引信。

【无线电引信】 靠目标发射或反射的无线电波能量作用的非触发引信。用于炮弹、导弹和航空炸弹。无线电引信的结构是多种多样的,例如,炮弹用的一种无线电引信是由收发机、天线、放大器、电源、电雷管、时间和保险装置、着发装置或自炸器组成的。收发机是含有无线电发射和无线电接收机的小型部件。在电雷管的电路中有闸流管———单控制栅或多控制栅的气体放电管。闸流管靠专门的偏压电池供给的电压截止。发射时,电解质小玻璃管由于惯性力的作用而破碎,电池生效。收发机通过时间装置接通工作，无线电发射机开始发射无线电波，遇到目标后被反射回来并被天线接收。由于发射的和反射的高频信号的相互作用产生差拍。差拍检波时在接收机的输出端出现低频电压，该电压放大后供给闸流管。随着射弹接近目标，振幅加大，电压升高。当接收机输出端的电压超过闸流管的截止电压时，电流进入电雷管，电雷管起爆。然后爆炸脉冲传给起爆管和炸药。无线电引信使用的时间和保险装置、着发装置或自炸器是时间引信或着发引信使用的普通装置。

【磁感应引信】　在目标磁场的作用下而发火的引信。通常使用在地雷、水雷和航弹上，对活动的铁磁目标产生感应，以起爆雷、弹。

【声引信】　在声波的作用下而发火的引信。常用的有超声引信、次声引信等。

【光学引信】　借助光能确定起爆点和触发起爆的引信。是感应引信的一种。主要由光电管、放大器和环形透镜等组成。激光、红外线引信均属光学引信。

【激光引信】　利用激光测距确定起爆点，使弹丸在距目标预定的距离起爆的光学引信。它以激光器发射的激光束为能源（参见[激光器]）。其主要特点是不受外界电磁场的影响，抗干扰能力较强，安全可靠。

【激光近炸引信】　利用激光测距确定起爆点，使弹丸在预定的距离上起爆的引信。按结构和工作原理可分为被动式和主动式两种。即不携带激光光源的被动激光引信和携带激光光源、向外发射激光的主动激光引信。它不受外界电磁场和静电感应的影响，抗干扰能力强，安全可靠。

【喷火引信】　发火后能喷出火焰的一种制式起爆装置。用于起爆爆破筒。拉火后经1～2秒钟，喷出强烈火焰（能防止敌人反推爆破筒），5～7秒钟后起爆爆破筒。

【航空引信】　旧称航空信管。航空弹药（炸弹、炮弹、鱼雷、火箭、导弹战斗部等）的引爆或引燃装置。正确选择和使用引信，能使弹药在最佳时机爆炸或燃烧，取得最大的破坏效果。按起爆时机分为：瞬发引信——碰击目标瞬间弹药起爆；延期引信——碰击目标后一定时间弹药起爆。延期时间，短的只有0.01秒，长的可达100小时；空爆引信——碰击目标前弹药起爆。航空引信通常由打火、保险、解脱等机构及传爆系列组成。在导弹和重型炸弹上，一般由几个分布在不同位置的引信，通过电路或机械的连接，构成引信系统，以保证可靠引爆。

【雷达（无线电）引信】　利用无线电定位法引爆的感应引信。雷达引信的发射机向目标发射无线电波，电波碰到目标反射回来，由其接收机接收、放大，并在弹药距目标预定距离引爆。雷达引信较普通触发引信杀伤率高，已广泛使用在炮弹、导弹和航空炸弹上。

【副引信】　装在地雷底部或侧面，用以防敌排除的引信。

【教练引信】　在教学、训练中使用的配有教练雷管的引信。其外形、尺寸、结构与实物相同。

【多用途引信】　具有两种以上作用方式的引信。作用方式有空炸、近地面炸、碰炸和短延期炸。它装有装定选择装置，使用时可根据需要选择装定某种作用方式，以取得弹药对目标的最佳毁伤效果。

8、火工品

【点火管】　一种用点火法引爆装药的装置。工业制造的制式点火管由雷管导火索和点火具三部分组成。雷管带螺纹套管，以便将点火管拧入爆破药块或制式装药中。拔出点火具的保险销，其击针即在弹簧作用下击发火帽，点燃火药柱，进而引燃导火索，然后将火焰传至雷管。点火管也可由部队自制。点燃这种点火管之前，要斜切导火索的端部，以露出较多的心药。

【拉火管】　用以点燃导火索的管状火具。由管体（塑料壳或纸壳）、火帽、拉火丝、摩擦药和拉火炳组成。

【导火管】　某些类型弹药的引爆管。这是一个带有火帽和雷管的金属（间或塑料）管，用于工兵地雷和着发手榴弹。定时手榴弹的导火管附有延期药。有些导火管是不带火帽的。"导火管"这一概念，除导火管本射外，还包括一个由撞针、撞针簧、击发杠杆和带环的保险销构成的点火装置。

【导火索】 传输火焰冲量，用以在一定时间后引爆雷管或点燃火药装药的器材。当导火索烧完时，火焰传输给雷管的起爆药，使雷管引爆主装药。火药由导火索直接点燃。导火索由心线、心药及数层涂有防湿剂的包缠线和表皮组成。导火索直径 5—6 毫米，在空气中的燃速约为 1 厘米／秒，在深 5 米以内的水中燃速还要快些。

【导爆索】 原称爆炸导火索。用以连接若干炸药包使其同时爆炸的线状火具。由芯线、芯药（黑索金）和数层棉线、纸包缠制成。外表呈红色，用雷管起爆，爆速每秒约 6500 米。受摩擦、撞击或燃烧时都可能引起爆炸。

【火绳】 一种缓慢阴燃（无火焰）的细绳，用于点燃火器的发射药，点燃导爆索以及用于其它目的。火绳于 14 世纪末开始使用。火绳，最初是用硝酸钾溶液蒸煮的木材制成，后来是用直径约 1 厘米的细麻（棉）绳放入硝酸钾溶液中蒸煮或放入木灰、石灰浓碱液中浸泡制成。15 世纪末，火绳开始用于手持枪械的火绳枪机上。火绳用于火炮附件上，直到 19 世纪中叶。在爆破作业中，火绳一直使用到发明现在的导火索为止。

【雷管】 弹药中用来点燃发射装药或起爆爆炸装药的装置，还用于爆破作业。它是由起爆药或点火药和薄金属壳或塑料壳等组成。它能在火药、击针撞击、针刺、摩擦、电流加热等作用下起爆或发火。按其作用方式可分为：以火花形式产生起爆冲量的火帽和能形成激发爆炸冲量的雷管。

19 世纪初由于发明了雷汞火帽，就使得燧发武器过渡到了击发武器，之后又制出了定装式枪弹。这样就大大提高了武器的射速，并使武器进入了进一步发展的重要阶段。

【电点火器材】 实施电点火所需的电雷管、导电线、电源和检测仪表等器具的总称。

【电爆管】 由电流起爆的装置。灼热铂丝电爆管获得了极其广泛的使用。

【电雷管】 借助电流引爆炸药的器材。由装在同一壳体内的电点火具和雷管构成。点火具主要是两根导线和外涂点火药的铂铱灼热电桥或镍铬灼热电桥。当电流通过电桥时，电桥炽热，引燃点火药，使雷管爆炸。军事上最常用的是瞬发电雷管。在土中进行定向爆破和其它场合，可采用短延期电雷管（根据电雷管类型不同，延期时间从 15 到 250 毫秒）和延期电雷管（延期时间从 0.5 到 10 秒）。为造成延期作用，使用专门的延期药。根据用途和使用条件的不同，电雷管可分防水的和不防水的、正常感度的和低感度的、抗静电的、耐热性强的等多种。

【瞬发电雷管】 通电后瞬间爆炸的电雷管。

【延期电雷管】 通电后能延迟一定时间爆炸的电雷管。分为秒延期和毫秒延期两种。使用延期电雷管分段爆破，可以提高爆破效果，减少爆破地震的破坏作用。

【火雷管】 以火焰引爆的雷管。由管壳、加强帽、起爆药和高级炸药组成。用于导火索点火时起爆炸药或导爆索。

五、地雷、水雷、鱼雷

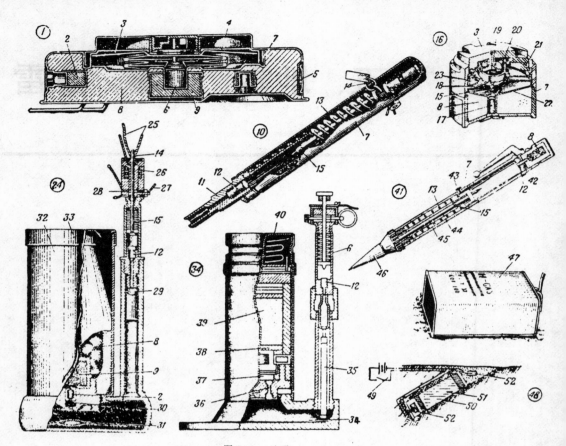

图 5-1　地雷

1—46.地雷　1—9.防坦克地雷；　2.扩爆药　3.压盘　4.碟簧　5.注药孔　6.引信　7.雷壳　8.装药　9.扩爆药　10—15.延期引信　11.接管　12.火帽　13.击针簧　14.保险销　15.击针；16—23.防步兵地雷；17.起爆管　18.弹簧片　19.压力柱　20.击针座支架　21.橡皮圈　22.隔板　23.紧定箍　24—33.防步兵跳雷；25.触角　26.弹簧　27.拉火环　28.保险销孔　29.点火药　30.延期点火药　31.抛射药　32.抛射筒　33.抛射筒盖　34—40.照明雷　35.传火药　36.延期药　37.抛射药　38.毡垫　39.照明剂　40.降落伞；41—46.诡雷,铅笔雷；42.塞子　43.击针栓　44.引信　45.击针杆　46.塑料尖；47—52.应用地雷；47.化学地雷　48—52.反步兵凝固汽油地雷；49.电源　50.药筒　51.凝固汽油混合剂　52.黄磷发烟手榴弹

【地雷】　构成地雷爆炸性障碍物的工程战斗器材,用于杀伤敌人有生力量和炸毁敌人军事技术装备,破坏道路和各种建筑物,使敌军前进和机动困难。

地雷由装药、引信、引信目标传感器和雷壳组成。有些类型的地雷设有保证布雷安全的保险装置、使敌人难以取出地雷的不可取出装置和难以使其失效的反拆装置以及在规定时间能使地雷爆炸的自毁装置或使其转入安全状态的自行失效装置。地雷按照起爆方式,可分为非操纵地雷和操纵地雷。前者在人员、坦克、汽车等对引信作用下爆炸,以

及在规定的时间过后爆炸。后者则按无线电或有线电指令进入战斗状态或起爆。按照发火时间,可分为瞬发地雷和延发地雷。按照引信结构,可分为触发地雷和非触发地雷。触发地雷在人员、坦克等对引信直接作用下爆炸,非触发地雷则在目标物理场作用下爆炸。按照设置方法,分为可取出的、不可取出的、能使其失效的和不能使其失效的地雷。按照用途,分为防坦克、防步兵、防运输车辆、建筑物爆破和特种地雷以及防登陆水雷、江河水雷。

防坦克地雷用于炸毁坦克、自行火炮、步兵战车、装甲输送车、装甲汽车。使用最普遍的是炸履

带爆破地雷，在目标直接压上时爆炸。炸车底地雷在坦克压上触杆时爆炸，或者由特种引信起爆。它们通常采用聚能装药，能炸穿坦克车底装甲或炸断履带。炸侧甲地雷是现地设置的反坦克火器。

防步兵地雷以其爆炸产物的作用（爆破地雷）或爆炸破片杀伤敌人的有生力量。跳雷和定向雷是破片地雷的变种。有时利用装有各种引信的炮弹作为防步兵破片地雷。防步兵爆破地雷采用压发引信，而破片地雷采用拉发引信或压、拉两用引信。防运输车辆地雷用于破坏敌人汽车和铁路运输工具。其中某些类型在一定时间过后即自动进入战斗状态，或按照无线电或有线电指令进入战斗状态。在公路上布雷时可采用普通的防步兵和防坦克地雷。防登陆水雷用于在敌登陆兵于濒陆地带和江湖岸登陆时杀伤其有生力量，破坏其登陆工具及其它军事技术装备。使用最普遍的是带触发杆机械引信的防登陆沉底水雷。还有触发锚雷和带非触发引信的沉底水雷。它们与普通的海军水雷的区别是装药量较轻。江河水雷用于炸毁敌人的江河船只、登陆工具、低水桥和浮桥。属于这种水雷的有漂雷，其装药量10～20公斤。为了破坏浮游器材，可采用专门的江河锚雷和江河沉底水雷以及某些防登陆水雷和海军水雷。建筑物爆破地雷用于破坏具有得要战术或战役意义的建筑物。这种地雷都设置在目标内部，借助钟表引信和化学引信到规定时间自行爆炸。特种地雷用于完成特殊任务。属于这种地雷的有诡雷破坏雷、信号雷、破冰雷。

第二次世界大战中，交战双方的军队都大规模地使用了各种类型的地雷。战后时期，由于核武器和爆炸性扫雷器材的发展，许多国家都在研制对空中冲击波作用具有较高稳定性的耐爆地雷。办法是减小地雷引信受冲击波作用的面积，以及研制气动引信，这种引信在冲击波载荷作用下不会起爆，但能保证在坦克履带的较长时间作用下起爆地雷，已经有一种防步兵地雷，它仅在作用于雷体边缘时起爆，而在空中冲击波作用于地雷整个面积时不起爆。为了使地雷不易为探雷器所发现，有些防步兵和防坦克地雷采用塑料雷壳，还有些地雷根本不采用金属零件。各国还特别得视研制机械化布雷器材。研制各种布雷车，并制成了用飞机、火炮和火箭炮布设的地雷。

【应用地雷】 一种设置在土内、目标内或水下的炸药装药，通常出敌意外地爆炸，用于给敌人造成损失，或造成破坏、堵塞、崩塌和水灾，以迟滞敌人的行动。有些应用地雷除含炸药外，还可含有燃烧剂、金属破片、石块。在17～18世纪，应用地雷指的是挖到敌人工事下面的带有火药装药室的坑道。19世纪这种坑道改称为"坑道装药"，而把设置在土内或水中的单个装药叫做应用地雷。在两次世界大战中，应用地雷曾用来构筑地雷爆炸性障碍物和造成破坏。在70年代，"应用地雷"这一名称被"炸药装药"、"建筑物爆破地雷"等名称所取代。

【特种地雷】 具有特殊性能和用途的地雷。如信号地雷、定向地雷、延期地雷、照明地雷、燃烧地雷、防空降地雷、化学地雷、核地雷等。

【破片地雷】 爆炸后以雷体内的钢珠及金属雷壳皮片杀伤有生力量的地雷。

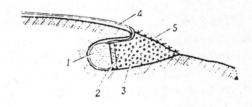

图5-2 破片应用地雷

1.炸药装药 2.木板 3.杀伤物（金属、石块、碎砖等） 4.电点火线路 5.伪装层

【定向地雷】 爆炸后雷体内的钢珠（破片）向预定方向飞散的地雷。主要用于杀伤密集步兵、骑兵，也可在铁丝网中开辟通路。通常设在防御阵地前沿或伏击阵地上。钢珠密集飞散角60度，最大飞散角120度，密集杀伤距离50～55米，有效杀伤距离80米。

【跳雷】 发火后雷体能腾空爆炸杀伤有生力量的地雷。腾炸高度一般为0.5～2米，密集杀伤半径为11～14米。

【诡雷】 设有诡计装置的应用地雷或爆炸物。一般采用诱惑、欺骗、激怒等手段进行设置。如诱惑性诡雷，可制成具有诱惑力的各种物品，当人们好奇地拾取或触动诱惑物时，即发生爆炸，从而达到杀伤目的。

【延期地雷】 亦称定时地雷。装有延期（定时）引信的地雷。常用的延期（定时）引信，有钟表的和化学的。其装药量根据预定破坏目标的种类和所需破坏的程度确定。

【耐爆地雷】 其结构设计和引信的发火原理具有抗爆炸冲击波（炸药爆炸或核爆炸）的诱爆

能力,且其结构不被破坏仍能可靠起爆的地雷。

【操纵地雷】 能根据需要控制起爆时机的地雷。发火装置采用电引信或拉发引信,可单独或成群配置,用以防敌坦克和步兵。按控制方式分为有线电操纵地雷、无线电操纵地雷和绳索操纵地雷。

【非操纵地雷】 不需人为控制其发火时机,当受到目标作用能适时爆炸的地雷。如配用压发、拉发、松发及磁感应引信的地雷等。

【全保险地雷】 装有隔爆机构,在解除保险前,即使雷管爆炸也不会起爆装药的地雷。其特点是便于保管、运输和使用,适于用机械、火箭、火炮、飞机布设。

【磁性雷】 能以安装在雷壳上的磁铁吸附在钢铁目标上爆炸的武器。有磁性手雷、磁性地雷和磁性定时水雷。用以炸毁装甲目标或舰艇。

【可撒布地雷】 用发射、运载工具撒布的带有着陆缓冲装置的地雷。通常有防坦克的、防步兵的和防登陆工具的可撒布地雷。可单独撒布,也可混合撒布。撒布系统有布雷弹和地雷撒布器。发射或运载工具有火箭布雷车、火箭炮、榴弹炮、直升机、强击机等。

【石雷】 雷壳用石料凿制而成,爆炸后以碎石杀伤人员的一种应用地雷。

【铸铁雷】 雷壳用生铸铁造的破片地雷。

【防坦克地雷】 用以炸毁装甲目标(坦克、装甲车、步后战车、自行火炮、装甲汽车等)的地雷。按装药类型可分为爆破地雷和聚能地雷。按用途不同,可分为炸履带地雷、炸车底地雷和炸侧甲(后顶)地雷。炸履带爆破地雷使用最为普遍,它在被目标直接压上时爆炸。炸车底地雷在被目标压上触杆时爆炸,或者由特种引信(开闭器)起爆。炸侧甲地雷在被目标压上引信传感器时击穿目标侧甲。

【炸坦克履带地雷】 用于炸毁坦克履带,破坏负得轮,使其失去行动能力的地雷。通常使用压发引信,由履带或车轮的碾压使地雷起爆。

【棍雷】 一种形似棍棒的反坦克地雷。英国制造。长120厘米,内装有压发引信,全重11公斤,其中爆炸装药为8.4公斤。可摧毁现在世界上各种坦克装甲车辆的履带,并严得损坏车体。通常由履带车牵引布雷装置布设。

【防坦克两用地雷】 既能用于炸坦克底甲,又能用于炸坦克履带的地雷。与其它防坦克地雷相比,其特点是单雷障碍能力大。

· 192 ·

【防步兵地雷】 用以专门杀伤徒步人员的地雷。按其杀伤因素不同,分为爆破地雷(以其爆炸后的冲击波杀伤人员)和破片(钢珠)地雷(以其爆炸后的破片或钢珠杀伤人员)。破片(钢珠)地雷又分为定向爆炸、地面爆炸和跳起爆炸3种。

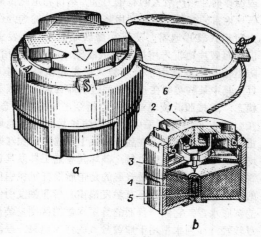

图 5-3 防步兵爆破地雷

a. 概貌 b. 断面图

1.压盖 2.压力柱 3.弹簧片 4.装药 5.起爆管 6.保险夹

【滚雷】 从高处滚放的能延时爆炸的地雷。用以杀伤步兵、骑兵等目标。通常设在山谷、隘路和道路两侧的斜坡处。

【连环雷】 进行串联设置能连续爆炸的防步兵地雷。用以杀伤成纵队行进的步兵、骑兵。

【防空降地雷】 起爆后抛向空中杀伤降落过程中的空降兵的应用地雷。通常设在预定的防空降地域内。

【燃烧地雷】 装填燃烧剂的地雷。爆炸后能形成火障。

【信号地雷】 发火后能产生光和音响的地雷。通常用于报警。一般设在地雷前沿和其它障碍物上,或设在需要警戒的目标周围。

【照明地雷】 装填照明剂或照明弹的地雷。发火后能引燃照明剂原地燃烧,或将照明弹抛向空中,对半径数十米至数百米的地域起照明作用。

【教练地雷】 教学、训练中可反复使用的不装填炸药及起爆装置的地雷。外形尺寸、得量和结构与实物相同。

【水雷】 布设在水中用来炸毁敌潜艇、水面舰船和阻碍其航行的武器。

水雷分为锚雷、沉底雷和漂雷。锚雷的雷体有正浮力，靠固定在锚上的雷索悬浮在设定的深度。雷体内装有炸药以及点火装置和引信装置。反潜触线水雷是锚雷的一种。沉底雷布设在海底，壳内有装起爆管和炸药的药室、装引信装置的仪器室和装降落伞的伞舱（用于空投水雷）。布设沉底雷的水深一般不超过50～70米；特制的反潜沉底雷也可以布设在更深的水中。漂雷入水后，借助专门的装置保持在设定的深度，随流漂移。

按引信的工作原理，水雷分为触发水雷、非触发水雷和人工操纵水雷。

触发水雷分：电液撞发水雷、机械撞发水雷、接电撞发水雷和触线水雷。电液撞发引信有个一次电池，装电解液的玻璃管安在铅制触角内。舰艇碰撞触角时，触角弯曲，玻璃管破碎，电池产生电流，引起炸药爆炸。机械撞发引信是当水雷受到舰艇撞击时，引信中支撑击发机框的惯性铊产生位移，击发机框在弹簧的作用下下落，使撞针击发起爆装置的雷管。接电撞发引信有数根触棒从雷体伸出，触棒与舰体碰撞时，电路接通，水雷爆炸。触线引信装在反潜水雷上。这种水雷是装有上触线和下触线的普通锚雷，每条触线长达30米。当潜艇钢壳触及水中的金属触线时产生电流，接通水雷引信的电路。

非触发引信既可安装在沉底雷中也可安装在锚雷中。它分为磁性引信、感应引信、音响引信、水压引信和综合引信。磁性引信在舰艇磁场作用下工作，其主要元件是磁针。磁针偏转，接通电池的电路，亦即接通水雷的起爆管。感应引信的敏感元件为一感应线圈。舰艇通过时引起磁场变化，使线圈内产生电流，电流通过继电器引爆水雷炸药。音响引信是利用专门装置——水听器将舰艇航行时发出的噪音转变为电脉冲，引起水雷爆炸。水压引信靠舰艇通过时水压发生的变化而工作。使用最广的是综合引信，如磁性音响引信、磁性水压引信，为了给敌人扫雷造成困难，非触发水雷上装有定时器和定次器。为使水雷不被敌人破获，水雷内装有特殊设备——抗拆装置。当拆卸水雷任一零件时，这种装置会因噪声、触摸和振动而引起水雷爆炸。

第二次世界大战期间，水雷是由水面舰艇、潜艇和飞机布设的。大战末期，使用了潜艇鱼雷发射管在水下布设的水雷。战后最初几年，研制出一种用于布设在港口和海军基地进出口附近的所谓"自航"水雷。这种水雷实际上是一种用沉底雷代替战雷头的鱼雷。鱼雷朝选定方向发射，沉坐在海底

后，进入战斗状态。40年代末50年代初，美国和代初，美国和英国试验过一种2万吨梯恩梯当量的核水雷。这种水雷能在700米以内炸沉大型军舰或使其遭到严重破损，能在1400米以内击伤各种舰艇，大大降低其战斗力。

70年代初，一些国家的海军制造了一种"自导水雷"——电动自导鱼雷。这种鱼雷式水雷用锚固定在水中或潜卧海底，当舰艇驶近时，在其物理场作用下，水雷即脱离雷锚，自动导向目标。七十年代中期，各发达国家的海军仍在继续改进水雷，对飞机和潜艇布设的非触发沉底雷的改进尤为得视，还研制出了非触发引信的锚雷。此外，对制造威力更大的炸药和对付不同扫雷方法的各种类型的非触发引信，也进行了深入的研究。

【应用水雷】 用防水性能好的各种就便容器、炸药和火具自制的水雷。通常设置在江河、湖泊。有应用锚定水雷、应用沉底水雷、应用漂雷。

【锚雷】 用雷索和雷锚把雷体系留在水中一定深度的一种爆炸武器。用以炸毁敌舰艇和封锁敌港口。由雷体和雷锚组成。按引信工作原理分为触发锚雷和非触发锚雷。触发锚雷是在舰艇碰弯雷体触角后引起锚雷爆炸的。非触发锚雷是在目标物理场作用下引起爆炸的（见"非触发水雷"）。

【沉底雷】 布放后沉在水底的非触发水雷。

【漂雷】 ①借助专门装置保持在设定的深度随流漂移的水中爆炸武器。用于炸毁敌舰或水中、岸边的设施。根据设定深度，分为水面漂雷和定深漂雷。漂雷配用撞发引信或音响引信。为预防误伤己方和中立国的舰船，它通常装有定时下沉或自毁装置。②锚雷的雷索断后，雷体呈漂移状态的水雷。

【自行水雷】 亦称自航水雷。水雷布入水中后，能自航到达预定布设点的水雷。

【自动跟踪水雷】 自导鱼雷和水雷的结合体。兼有水雷的长期威胁作用和鱼雷的主动攻击能力。主要用于攻击潜艇。它由雷体、雷锚和识别控制系统等组成。雷体是一个密闭容器，其中有一条自动鱼雷。布设于深水中，当目标进入水雷引信作用范围时，从水雷壳体内射出鱼雷，自动攻击目标。

【自动上浮水雷】 布设在水底，其火箭发动机在舰船物理场的作用下自动工作，使雷体上浮，攻击水面舰船或潜艇的非触发水雷。

【航空水雷】 从飞机上投布的水雷。通常

由轰炸机携带投布，用于毁伤敌舰船或限制其行动。为增强抗扫和抗自然干扰的能力，多采用联合引信。供训练用的水雷，称"航空训练水雷"。

【可撒布水雷】　可用飞机空投或用火箭布撒的水雷。它主要用于快速机动布雷，以构成水中障碍。

【触发水雷】　舰船碰撞时才能引爆的水雷。装有触发引信。分为电液触发水雷、惯性撞发水雷、接电撞发水雷和触线水雷（反潜水雷）。

【非触发水雷】　以舰船的物理场引爆的水雷。用以炸毁敌舰艇。装有非触发引信，不需直接碰撞，只要各种物理场（磁、声、水压场等）的数值变化达到一定量时即行爆炸。其种类：有利用单一物理场引爆的水雷，如磁性水雷、声波水雷、水压水雷；有利用两种以上物理场的联合引信水雷，如声波——磁性水雷、超声——水压水雷、感应——次声水雷等。

【触线水雷】　利用潜艇碰撞水雷触线或雷体而引爆的水雷。主要用以毁伤潜艇，也可毁伤水面舰船。

【水压水雷】　利用舰船通过的水压场引爆的一种非触发水雷。由水雷和水压接收器构成。用以炸毁敌舰船。当舰船通过水雷上方时，水的流速加快，水压力变小，水雷压力接受器上的橡皮膜膨胀，使接受器上下室的压力不相等，而接通爆炸开关，引起水压水雷爆炸。水压水雷抗扫能力较强，是一种比较先进的水雷。

【遥控水雷】　在一定距离上由人工控制引爆的水中武器。用以炸毁敌舰船。由雷体、雷锭、起爆装置、电池组、遥控接收装置、天线、保险和沉雷及定时失效器等组成。它根据岸上控制台的指令密码，可自动处于安全、爆炸和自控状态。当其在有效期中成为漂雷后，漂浮到规定时间即自行沉没。有效期满，它的电源自行短路，从而失效。

【磁性水雷】　布设在水中的利用舰船磁场引爆的一种水雷。由雷体和雷尾组成。雷尾装有电雷管、电池和磁针等（磁感应引信水雷以感应线圈代替磁针），用以炸毁敌舰船。按其引信可分为磁性引信水雷和磁感应引信水雷。前者靠舰船磁场引起磁针摆动接通电路起爆；后者靠感应线圈接受舰船磁场产生电流使指针摆动接通电路起爆。

【磁性定时水雷】　装有磁钢和钟表定时机械引信的水雷。主要用于破坏敌人停泊在港湾码头的具有钢质外壳的各种小型舰艇。一般由单个战士潜游携带设置在敌舰艇外壳上。

【声波水雷】　原称音响水雷。利用舰艇的声场引起爆炸的水雷。由雷体和仪器套组成。用以炸毁敌人的舰船和潜艇。当舰艇从声波水雷附近经过时，舰艇的机器、螺旋桨转动发出的声波被声波接受器接收变成电信号，电信号经放大和整流后，输送到线框，使指针摆动，接通爆炸开关，引起水雷爆炸。声波水雷按其接收的声波不同，分为次声水雷、音响水雷和超声水雷。

【声磁水雷】　利用舰船声、磁场的共同作用而引爆的非触发水雷。通常由壳体、装药、声引信、磁引信、电源和仪器等组成。声、磁引信的联合动作方式，有先声后磁、先磁后声或声、磁同时等几种。声、磁水雷灵敏度高，抗干扰和抗扫能力强。

【联合引信水雷】　利用舰船两种以上物理场（如声磁场等）引爆的水雷。

【江河水雷】　专门用于封锁江河航道，破坏航行于江河上的船只的小型水雷。

【高桩水雷】　设置在植入近海或江河、湖泊浅水处的桩柱顶部的水雷。是应用水雷的一种。

【防登陆水雷】　设置在浅水、岸滩，用于炸阻敌登陆艇（船）和水陆两用坦克、车辆的水雷。通常与浮游拦障、桩砦、轨条砦等筑城障碍物配系。

【破雷水雷】　19世纪用来对付敌人海洋水雷的一种大装药量锚雷。爆炸一个可以销毁几个敌人水雷或使其失去作用。

【深水炸弹】　海军用于消灭水下潜艇、蛙人、锚雷和没底水雷等水下目标的武器之一。可装普通装药或核装药，分为航空深水炸弹和舰用深水炸弹两种。舰用深水炸弹按结构又分为火箭式和投掷式。前者类似火箭弹，由火箭式深水炸弹发射装置发射；后者由舰尾投弹器或深水炸弹发射炮投射。火箭式深水炸弹呈流线型，并装有稳定器，因此能在空中保持稳定飞行和入水后获得较大的下潜速度。深水炸弹引信有触发引信、非触发引信、水压引信和定时引信等数种。触发引信在深水炸弹碰撞水下目标时起爆。非触发引信在深水炸弹从目标附近通过时受目标磁场、声场、水压场等作用而起爆。水压引信在深水炸弹降到预定深度时起爆。定时引信是在深水炸弹深入水后于钟表装置或延迟装置的作用下，按装定的延发时间引爆。深水炸弹在第一次世界大战中（1915）开始使用。

【火箭式深水炸弹】　以火箭发动机的推力作为飞行动力的深水炸弹。

【摧势弹】　用于海上作战的一种新式武器。它爆炸后产生强大的电磁波，能摧毁敌舰上的雷达、通信设备、武器指挥系统和导弹制导系统。

【气幕弹】　潜艇水下航行时，由发射装置向艇外发射，其化学药剂使海水发泡造成气幕，以对抗声纳搜索的伪装器材。由金属壳和化学药块组成。

【鱼雷】　一种形似雪茄，装有战斗装药的自行推进、自行控制的水中武器。鱼雷的使命是击毁水面舰艇、潜艇和船舶，也可以摧毁水线附近的建筑物。它是潜艇、巡洋舰、反潜舰艇、驱逐舰、鱼雷艇和反潜航空兵的武器装备。鱼雷可作为反潜导弹的战斗部，也可作为"自航"水雷和鱼雷式水雷的主体。

第二次世界大战期间，许多国家的海军中出现了装有非触发引信的，以及声自导系统的鱼雷。意大利、英国、德国和日本的海军曾使用过人操鱼雷。1939～1945年期间，仅英国、美国和日本因被鱼雷击中而损失的大型军舰即达158艘，运输船只达数千艘。

70年代，世界各国海军装备了大量不同类型的各式各样鱼雷：（1）按外形尺寸分为直径为324、400、482、533、550毫米的鱼雷，长度为2300～6500毫米，甚至更长的鱼雷；（2）按使命分为反潜鱼雷、对舰鱼雷、通用鱼雷；（3）按携带工具分为舰用鱼雷（含潜艇）和航空鱼雷；（4）按动力装置分为蒸汽瓦斯鱼雷、电动鱼雷和喷气鱼雷等；（5）按控制系统分为自导鱼雷、线导鱼雷和程序控制机动鱼雷等。鱼雷由雷头，雷身和雷尾组成。雷头通常装有炸药、起爆管、引信、自导系统的发射机和接收机等；雷身装有能源、发动机、控制仪器；雷尾装有舵机传动装置、螺旋桨，带升降舵（航空鱼雷上还有稳定尾翼）和方向舵的雷鳍等等。鱼雷的航速可达55节（101.8公里／小时），总重量达2000公斤，装药量达400公斤。航空鱼雷的结构与舰用鱼雷相同，只是另有稳定装置或降落伞。

【人操鱼雷】　由人操纵的用以消灭敌大型军舰的水下装置。第二次世界大战期间，英国、德国、意大利和日本均使用过人操鱼雷。第一条人操鱼雷是意大利研制成功的，其结构与普通鱼雷相似。人操鱼雷上的特制座位上可坐两人——驾驶员和潜水员各一名，他们穿防水服和配备供氧装置。鱼雷长6.7米，直径0.53米，活动半径约10海里，最大航速2.5节（4.65公里／小时），下潜深度达30米。人操鱼雷装在雷箱中，雷箱固定在潜艇甲板上由潜艇运往作战区。然后乘员坐在人操鱼雷上驾驶鱼雷驶近目标。驾驶员和潜水员将便于分离的雷头固定到敌舰船底部后，乘人操鱼雷的其余部分返回潜艇。1941年12月18日，意大利人用这种人操鱼雷，在亚历山大港重创英国战列舰2艘，击沉油船1艘。英国人也使用过类似的人操鱼雷，成功地击沉意大利巡洋舰2艘，运输船1艘，击伤驱逐舰3艘，还击沉过数艘日本运输船。第二次世界大战期间，还用人操鱼雷隐蔽地将携带炸药包的潜水侦察员和潜水破坏人员运往敌方水域，70年代，某些外国海军的特种分队中还有人操鱼雷的各种试验样品。

【蒸气瓦斯鱼雷】　利用燃油点燃时生成的瓦斯和淡水加热的蒸气，两者混合而成的热能作为动力的一种鱼雷。是潜艇、快艇和反潜舰艇的攻击武器，用以击毁敌水面舰艇和潜艇。由雷头、雷身和雷尾组成。此种鱼雷航行时，因其燃烧剂中含有的大量氮气不溶于水，从雷尾排出立即形成一条1.5～2米宽的水泡痕迹，故既易被敌舰发现而避开攻击，又易暴露发射位置而遭敌反击。

【电动鱼雷】　以电池为能源、电动机为主机的一种鱼雷。是潜艇的自卫武器，一般装于艇尾的发射管内，用以攻击来袭的敌舰，也可用以攻击慢速行驶的敌舰船。由雷头、雷身和雷尾三部分组成。雷头内装炸药和爆发器，雷身前部储放蓄电池，后部装有电动机和接触开关等，雷尾装有舵机和螺旋桨。电动鱼雷的特点是无航迹，隐蔽性强。缺点是速度较低，航程较短。

【火箭助飞鱼雷】　一种舰载的反潜、反舰导弹武器。它是一种单级固体燃料火箭，可将战斗部——体型较小的自导鱼雷推送到目标区。与火箭助飞鱼雷配套的有：发射装置，指挥仪，存放及装填系统。装填到发射装置上的火箭助飞鱼雷，根据舰艇声纳提供的数据、瞄准和射向目标区。在空中，火箭助飞鱼雷按弹道飞行或由制导系统控制飞行，鱼雷在预定点脱离运载工具，然后减速伞自动打开。在鱼雷着水的瞬间，减速伞和头部防护整流罩同时脱离鱼雷。鱼雷下潜到预定深度后，按预定程序进行搜索机动，发现目标时自动跟踪，并将其击毁。潜艇是在水下状态利用鱼雷发射管发射火箭助飞鱼雷。火箭助飞鱼雷的战斗部也可不用鱼雷，而用核深水炸弹。

【航空鱼雷】　从飞机上投射的鱼雷。通常由海军轰炸机、强击机和反潜机携带，用于攻击敌水面舰船和潜艇。按动力分，有热动力鱼雷和电动力鱼雷；按作战使命分，有空舰鱼雷和空潜鱼雷。供作战用的称"战用雷"，供训练用的称"航空训练鱼雷"。

【航空喷气鱼雷】 以火箭发动机为动力装置的机载空投鱼雷。它装有降落伞装置，以免在空投入水时冲击负荷过大而遭损坏。

【自导鱼雷】 能自动搜索、跟踪目标的一种鱼雷。用以击毁水面舰艇和潜艇。由雷头、雷身和雷尾组成。雷头内除装有炸药和爆发器外，还装有自导系统的发射机和接收机等。雷身装有能源（蓄电池或燃烧剂与氧化剂）、发动机、控制仪器等。雷尾装有舵机传动装置、螺旋桨、雷鳍等。

【线导鱼雷】 由发射舰艇用导线传输指令制导的鱼雷。它通常还有末自导装置。由雷头、雷身和雷尾组成。雷头内除装有炸药和爆发器外，还

装有自导系统的发射机和接收机等。雷身装有能源。

【声自导鱼雷】 利用水中声波自动寻找目标的鱼雷。有主动、被动和主动被动联合等自导方式。它和发（投）射装置、射击指挥控制系统、探测设备等构成声自导鱼雷武器系统。其自导与控制系统包括换能器、发射机、接收机、自动驾驶仪、微型计算机和电源组件等。按其自导方式可分为被动声自导鱼雷、主动声自导鱼雷和主被动联合声自导鱼雷。

【反潜鱼雷】 亦称双平面自导鱼雷。能在水平面和垂直面内进行自导跟踪毁伤潜艇的鱼雷。

【航空反潜鱼雷】 亦称空潜鱼雷、双平面自导鱼雷。从飞机上投射，是攻击敌潜艇的重要武器。

1、地雷

【M6A1 防坦克地雷】 一种反坦克履带地雷。1944 年生产，1945 年装备美军。该地雷为金属雷壳。内装梯恩梯炸药 5.4 公斤，使用 M603 机械引信或 M600 化学引信。地雷压盘中央有引信室，引信室周围有压盘簧，雷体侧面和底部各有一个副引信室，供设置诡计装置用，通常使用 M1 拉发引信室。地雷受到 1274 牛顿以上压力时发生爆炸。地雷全重 9 公斤，直径 330 毫米，高度 85 毫米。

【M15 防坦克地雷】 一种重型反坦克履带地雷。1953 年装备美军。金属雷壳，雷侧和雷底各有一个副引信室，配用 M603 机械引信。地雷的动作原理与 M6A1 防坦克地雷相同。地雷重量 13.6 公斤，直径 330 毫米，高度 127 毫米。该雷内装 10 公斤 B 炸药，动作压力 1274——1764 牛顿。

【M19 防坦克地雷】 一种反坦克履带地雷。1954 年装备美军。地雷呈方形，塑料雷壳。地雷主引信室在雷体中央，雷侧和雷底各有一个副引信室。地雷抽出保险夹后进入战斗状态，当地雷受到一定的压力后发生爆炸。地雷全重 12.7 公斤，长度 332 毫米，宽度 332 毫米，高度 94 毫

米，装药量为 9.5 公斤 B 混合药，配用 M606 压发引信，动作压力是 1274—1764 牛顿。

【M21 防坦克地雷】 一种反坦克两用地雷。能炸穿坦克底甲和坦克履带。1961 年装备美军。钢质雷壳。由引信体、传力机构、击发机构和 M46 雷管组成。地雷在设置成触发状态时，坦克或车辆碰撞其触杆，超过 20° 倾斜时，传力机械部分塑料箍破裂，触杆接杆迫使支撑幅下降，使砾簧下翻，击针撞击雷管，引燃抛射药，将引信雷盖及伪装土层抛掉。同时，抛射药燃烧产生气体，又压迫击针撞击火帽，点燃延期体，经 0.15 秒的延期，依次引爆扩爆装置、传爆管，使地雷爆炸。地雷全重 8.1 公斤，直径 228 毫米，高度 127 毫米。内装 4.8 公斤 H6 混合药，配用 M607 或 M612 引信，动作压力为 1294 牛顿。

【M24 防坦克地雷】 一种反坦克侧甲地雷。1968 年装备美军。塑料雷壳，雷弹用 M20 火箭筒的 M28A2 火箭弹改制而成。当坦克或其它装甲车辆压上设在道路上的开闭器的两个触片时，发火装置发火，雷弹从发射筒发射出去。雷弹重 4.1 公斤。装药量为 0.86 公斤。雷弹直径 88.9 毫米，雷弹长度 597 毫米。破甲厚度 280 毫米。

【M34 防坦克地雷】 一种反坦克履带地雷。用以破坏坦克履带和运输车辆，是美军 M56 直升飞机布雷系统的一种专用地雷，1974 年设计定型，1976 年列装。地雷呈半圆柱形，雷体装有 4 片雷翼，采用冲压成形的铝质雷壳，内装 H6 混合炸药 1.48 公斤。该雷配用机电压发引信并具有自毁装置。地雷由直升飞机布撒到地面，1~2 分钟后进入战斗状态，当坦克或其它车辆压上地雷时，引信动作，地雷爆炸。可炸断坦克的履带或使轮式车辆的车轮遭到破坏。全重 2.7 公斤，长 267 毫米，宽 114 毫米。

【M66 防坦克地雷】 是美国匹克汀尼兵工厂研制成功的第 2 代反坦克侧甲地雷。于 1972 年底研制成功。地雷由发射筒、雷弹、红外线源、红外线接收机，地音探听器以及数据处理装置组成。数据处理装置内装有可供点火用的电池，该装置主要用于处理地震和红外线信号，并通过电缆为点燃火箭发射雷弹提供能源。雷弹由 M28A2 巴祖卡火箭弹改制而成。地雷埋设在土中的地音探听器探测到由车辆产生的地震信号时，首先把地震信号转换成电信号，一旦被攻击的车辆进入它的瞄准线，就遮断由红外线源对着火箭发射筒射出的红外线来，随即产生第二个电信号。此时，数据处理装置通过电缆点燃雷弹（火箭弹），将其发射出去，攻击已进入其瞄准线的车辆。雷弹重 4.1 公斤，装药 0.86 公斤。雷弹直径 88.9 毫米，长 597 毫米，破甲厚 280 毫米。

【XM77 防坦克地雷】 一种反坦克车底地雷。用于击穿坦克底甲，杀伤车内乘员，使坦克丧失战斗力。该雷是美军 MOP—MS 布雷系统的专用地雷。地雷外形呈扁圆形，配用磁感应引信，含有 3 块大规模集成电路基片，其中包括传感器和接收机。雷壳材料为塑料，由 XM132 布雷箱抛撒。全重 1.8 公斤。

【XM84 防坦克地雷】 是美军发展的第三代反坦克侧甲地雷。地雷呈方形，上面有一提手。该雷采用自锻破片装药结构，设有警戒传感器、点火传感器、定时和信号识别电路、电源以及保险和解脱保险装置。地雷利用雷达原理探测移动的目标，并由信号识别电路保证它只攻击坦克或得型装甲车辆。一旦这些目标进入其攻击范围内时，点发传感器即发出点火信号，引爆装药，压缩药型罩，形成高速翻转弹丸，攻击目标的侧甲或顶部装甲。地雷全重 16 公斤。外形尺寸：300×300×300 毫米，射程 50 米，能击穿 80 毫米厚的装甲板。

【BLU—91／B 防坦克地雷】 一种反坦克车底地雷。用于击穿坦克底甲，杀伤车内乘员，使坦克丧失战斗力。它是美军盖托布雷系统的专用地雷。该雷 1981 年设计定型。地雷呈扁圆形，雷壳由苯乙烯塑料制成，雷侧安装有两片稳流片。雷内装 0.6 公斤 PBX 炸药，配用磁引信，具有自毁功能，由飞机空投。全重 1.7 公斤，长 140 毫米，宽 140 毫米，高 60 毫米。

【ERAM 防坦克地雷】 一种空投红外寻的地雷。它是美国空军大面积反装甲弹药的一种，用于攻击坦克的顶甲，杀伤车内乘员，使坦克丧失战斗力。该雷的样品曾在 1982 年英国德恩巴勒国际航空博览会上展出。地雷由发射器、声响探测器、数据处理装置和两枚带红外寻的自锻破片弹头等 4 部分组成。子弹呈圆柱状，直径约 12.7 厘米，高 9.4 厘米。子弹的药型罩在装药起爆时能在 100~150 毫秒时间内被爆轰波锻造成高速弹丸，其飞行速度约为 2750 米／秒。该雷脱离投雷箱后，自动打开降落伞，以 50 米／秒落速下降到地面。触地时借用冲击惯性，抛掉降落伞，伸出 3 根接收目标声响的传感器天线，探寻进入其范围内的车辆。当发现目标时，就自动对目标进行识别和跟踪，其数据处理装置自动地计算出目标未来的位置，并旋转发射器，以 45°角，沿着目标截弹道，将第 1 枚子弹发射出去，然后子弹上的红外寻的器探测、追踪目标和引爆子弹，以自锻成形弹丸攻击坦克的顶甲，杀伤其内部乘员。接着，发射器便自动旋转 180°，对准第 2 枚子弹，以攻击下一个目标。子弹全重 2.7 公斤。

【IRAAM 防坦克地雷】 一种反坦克雷弹。它具有双得功能，由火炮发射布设，用于攻击坦克的顶甲或底甲。这是一种通用型 skeet 反装甲子弹，它的核心是自锻成形弹丸战斗部和红外寻的器。这种雷从布雷弹底推出后，借助美国 ARRADCM 公司创造的简单定估稳定装置对地面进行扫描，当它发现诸如坦克这样合适的"热目标"时，红外寻的器便引爆地雷装药，形成高速弹丸，攻击坦克顶甲。若在降落过程中未碰上合适的热目标，落地后，便转换成反坦克车底地雷。此后若有坦克从它上面驶过，它就爆炸，攻击坦克底甲，杀伤车内乘员。该雷由 155 毫米榴弹炮发射布设。全重 2.7 公斤左右。直径 127 毫米，高度 94 毫米。

【M14 防步兵地雷】 一种爆破型防步兵地雷。美国制造。可炸伤敌人下肢，使之失去机动能力。这种地雷由压盖、压力柱、击针座、簧片、击针、起爆管和保险夹等组成。雷体中有塑料弹簧片，其中心有击针。下雷体中装有特屈儿炸药。雷底部有一个螺塞型起爆管，由雷管座和 M46 雷管组成。平时与雷体分开，使用时将起爆管拧于地雷底部。雷盖顶部有一块十字压板，其下有一个压力柱。在地雷处于战斗状态时，压盖上受到一定的压力即下降，通过压力柱将压力传给击针座，击针座受力后，使簧片猛力下翻，带动击针击发起爆管，使地雷爆炸。全重99克，直径56毫米，高度40毫米。装药量为28.4克。配用整体式压发引信。引信动作压力为88～157牛顿。塑料雷壳。

【M25 防步兵地雷】 一种利用聚能射流杀伤目标的地雷。由美国制造，其威力可炸穿人员脚板。地雷由三部分组成：雷壳、装药和引信。雷壳呈锥形，上部中央为装药孔，内为聚能装药，并有药形罩。雷壳下部内装引信部分，引信与装药筒之间有隔板分开。其零件包括：击针、击针座、击针簧、钢珠和雷管。当装药筒受压时，击针座下降，压迫击针簧使两颗钢珠脱出，击针簧失去控制，使击针击发雷管，引起装药爆炸。全重78克，直径29毫米，高度76毫米。装药量9.4克特屈儿。配用整体压发引信。引信动作压力是59～108牛顿。使用酚醛塑料雷壳。

【蝙蝠防步兵地雷】 一种爆破型防步兵地雷。该雷美国制造，通常布撒在待要运输线和战场周围的树林里，能炸伤人员脚部。该雷外形似蝙蝠，由雷壳、装药、引信三部分组成。雷壳由塑料制成，中间有圆柱形空腔引信室，安置液压机械引信。其中一个雷翼为炸药腔，内装液体炸药6毫升。引信室与炸药腔之间有小洞相通。另一个雷翼只有半毫米厚，起平衡飞行，降低着陆速度的作用。该雷用飞机布撒，布撒前装在母雷内，母雷内装42个小筒，每个小筒内装48个雷。全重29克，配用液压机械引信，引信动作压力为98牛顿。

【M2A4 防步兵地雷】 一种破片型防步兵跳雷。该雷装备美国陆军和丹麦陆军。雷壳由抛射筒、雷体、抛射药和引信组成。雷体用60毫米迫击炮弹改制，重1.3公斤，内装梯恩梯炸药。配用M6A1压、拉两用引信。它通过螺纹安装于支承板上。雷体底部安装有延期发火装置和抛射药。该雷在离地面0.5—2米高处爆炸。全重2.948公斤，装有约154克TNT炸药。直径104毫米，高度244毫米。引信动作压力：35～88牛顿，动作拉力：13～44牛顿。

【M16A1 防步兵地雷】 一种破片型防步兵跳雷。该雷是美国制造，它由抛射筒、雷体、抛射药和引信组成。抛射筒用薄钢板冲制。雷体为铸铁制成，内装梯恩梯炸药513克。其底部有个延期发火装置。抛射药在雷体下面。该雷配用M605压、拉两用引信，在离地面0.2—1.2米处爆炸。全重3.74公斤，直径103毫米，高度120毫米。动作压力为35—196牛顿，动作拉力为16—27牛顿。有效杀伤半径为20米。

【M3 防步兵地雷】 一种破片型防步兵地雷。现已装备美国陆军。雷体由铸铁制成，雷体中装磷片状梯恩梯。形状呈矩形。该雷有三个引信室，顶部一个，两侧各一个。配用M7A1压、拉两用引信。全重4.18公斤，宽度89毫米，高度136毫米。装药为408克TNT炸药。动作压力为35～88牛顿，动作拉力为13～44牛顿。

【M26 防步兵地雷】 一种破片型防步兵跳雷。现已装备美国陆军。该雷由抛射筒、雷体、炸药、抛射药等部分组成。抛射筒是用铝材压铸而成，呈锥状。下部有4条垂直加强筋。具有钢珠的圆柱形雷体装于抛射筒中。雷体中装炸药，并有凹座，在凹座中有延期装置。雷体底部为抛射药。该雷配用拊发和压发时间引信。全重1公斤，直径79毫米，高度145毫米。装药为170克B炸药。动作压力为63～124牛顿，动作拉力为16～31牛顿。杀伤半径约20米。

【美国触发雷】 一种球状破片型防步兵地雷。一般布撒在重要运输线、交通枢纽等处，或单独布撒在部队集结地、炮兵阵地以及兵站附近。触发雷由雷壳、装药、引信三部分组成。金属雷壳由两个带凸棱的半球体扣合而成，结合部用钢圈箍成一体。内装梯恩梯和黑索金混合炸药60克。触发电子引信由绊线系统、保险系统和电子系统三部分组成。绊线系统由绊线、绊线弹簧、四爪卡箍、双槽控制杆、控制销、带钩弹簧片、长柱、短柱旋转开关等组成。保险系统由接电销、接电销弹簧、接电销管、钢珠、筒盘、筒盘弹簧、离心块、离心块弹簧等组成。电子系统由电子电路盒、干电池、敏感元件、气雷管、电雷管、旋转开关等组成。全重470克，密集杀伤半径8米。

【M18A1 防步兵地雷】 一种定向破片型防步兵地雷。美国制造，主要用于防御和阻击。该雷雷体是用玻璃纤维增强的聚苯乙烯塑料制成，其外形呈弯曲的长方形，沿弧面一侧嵌有700个钢珠，在钢珠破片的后面装压制的 C-4 塑性炸药682 克。雷体顶部有供瞄准的观察孔，两侧为雷管室，底部有两对剪刀形支腿。全重 1.58 公斤、长216 毫米、宽 35 毫米、高 83 毫米。有效杀伤距离50 米。

【M67／M72 防步兵地雷】 两种由火炮布撒的破片型防步兵跳雷。这两种地雷于 1976 年设计定型，系美军 ADAM 布雷系统的专用地雷。地雷外形呈楔形，内有一个 $M_{43}A_1$ 破片子雷。子雷内装 A_5 炸药 21.25 克。在壳体内子雷的周围是液体抛射药。该雷采用绊发引信，并有自毁功能。这两种地雷落地后，自动弹出 7 条 6.7 米长的绊线，一旦绊线受到触动，引信动作，壳体内的液体抛射药将子雷抛起，子雷跳到一人多高时爆炸，产生约 600 颗 1.5 克重的高速破片，向四处飞散，杀伤步兵。该雷由 155 毫米榴弹炮发射布设。全重0.45 公斤，侧面宽 65 毫米，圆弧面长 95 毫米，高度 65 毫米。

【M74 防步兵地雷】 一种破片型防步兵地雷。该雷于 1980 年设计定型，系美军 GEMSS布雷系统的一种专用地雷。地雷外形呈扁圆形，内装 0.408 公斤 B 炸药，配用绊发引信，并具有自毁功能。该雷有 4 根向外展开的绊线，当绊线受到触动时，引信动作，地雷爆炸，杀伤半径 10～15米。该雷由 M128 抛撒布雷车布撒。全重 1.63 公斤，直径 119 毫米，高度 66 毫米。金属、苯乙烯塑料雷壳。

【BLU-92／B 防步兵地雷】 一种破片型防步兵地雷。该雷于 1981 年设计定型，系美军盖托布雷系统的专用地雷。外型呈扁圆形，雷侧安装有两片稳流片。该雷内装 B 炸药 0.4 公斤，配用绊发引信，并有自毁功能。该雷由飞机空投，落地后伸出 4 根绊线，当绊线受到触动时，引信动作，地雷爆炸，杀伤半径约 10～1V 刈。全重 1.7 公斤，长 140 毫米，宽 140 毫米，高 60 毫米。金属、苯乙烯塑料雷壳。

【XM78 防步兵地雷】 一种破片型防步兵地雷。系美军 MOPMS 便携式布雷系统的专用地雷。这种地雷外形呈扁圆形，配用绊发引信，具有遥控自毁功能，雷体内有传感和接收机。该雷由XM131 布雷箱抛撒，地雷落地后伸出 4 根绊线，当它们中的任一绊线受到触动时，地雷即爆炸。另外，接到无线电遥控起爆指令信号时也会爆炸。全重 1.7 公斤，装药为 0.4 公斤 B 炸药。金属、塑料雷壳。

【TM—46 防坦克地雷】 一种反坦克履带地雷。装备苏军。地雷金属雷壳、内装梯恩梯炸药。部分地雷底部有副引信室，用于安装 MrB 副引信或其它诡计装置。该雷通常使用 MB—5 引信，配用普通螺盖。这种地雷还可使用 MBⅢ—46耐爆引信和 46 式不可取出引信装置。使用 MBⅢ—46 耐爆引信时，地雷具有一定的防冲击波诱爆的能力。使用 46 式不可取出引信装置时，内装的MB—5 引信不能从雷体中取出。地雷使用 MB—5引信，传压板上受到 1960～4960 牛顿压力时，传压板下降，将压力传给引信，引信管帽压缩弹簧沿着管体下降，钢珠被弹簧推进窝槽中，击针失去控制，借弹簧张力撞击火帽，使地雷爆炸。如使用MBⅢ—46 耐爆引信，当坦克撞到引信的弯头上时，触发管弯曲，衬圈向一侧倾斜，拉杆连同卡帽向上拉起，当拉至钢珠的位置超过套管顶端时，两颗钢珠失去套管的阻挡向外移开，击针失去钢针的控制，在击针簧的作用下，撞击起爆管，地雷爆炸。地雷全重 8.5 公斤，直径 300 毫米，高 100 毫米，装梯恩梯炸药 5.7 公斤。

【TM—56 防坦克地雷】 一种耐爆地雷。50 年代中装备苏军。金属雷壳。上面为一半球形凹面，中央有引信室和扩爆药。雷侧有一副引信室。地雷被坦克压上时，雷壳上部变形，雷盖同螺盖沿半球形凹面运动。螺盖衬套横向挤压引信凸缘，当凸缘受到 600—1800 牛顿挤压压力时，引信从颈部拆断，击针失去控制，在击针簧的作用下击发起爆管，使地雷爆炸。地雷全重 10.5 公斤，直径 320 毫米，高 110 毫米，内装 80／20 梯恩梯和阿莫尼特炸药 6.5 公斤或 50／50 梯恩和阿莫尼特炸药公斤，配用 MB—56 引信，动作压力为 4900～6860 牛顿。

【TM—57 防坦克地雷】 一种反坦克履带地雷。50 年代末装备苏军。金属雷壳。雷体中央有引信室和扩爆药，雷侧有一副引信室。地雷被坦克履带压上时，传压板连同引信一起下降，直至起爆管顶住扩爆药，此时击发机构内套管停止下降，而外套管连同螺盖一起继续下降，切断切断销，钢珠通过外套管孔滚出，击针失去控制，限制销在击针簧的作用下带动击针下降，击发起爆管，使地雷爆炸。地雷全重 9 公斤，直径 320 毫米，高 110 毫米，内装梯恩梯或阿莫尼特炸药 6.5 公斤，配用 MB—57 引信、MB3—57 引信和 MBⅢ—57 引信，动作压力为 1960～4900 牛顿。

【TM—62Π 防坦克地雷】 一种反坦克

履带地雷。60年代装备苏军。地雷雷体和雷底由塑料制成，彼此用螺纹连接。雷体中央有一扩爆药室，内装扩爆药，另外有一螺孔，用于拧入引信和橡皮衬垫。地雷被坦克履带压上压盖时，压盖在较小直径部位与较大直径部位交接截面处破裂，压盖连同击发机构下降，起爆管顶住扩爆药。压盖继续下降，使滑体下移，弓形簧进入滑体阶梯槽较深部位。此时，击针解脱，在击针簧的作用下，击发起爆管，使地雷爆炸。地雷全重9～11公斤（随装药种类不同而异）直径340毫米，高129毫米，内装80/20阿莫尼特炸药时6.8公斤，50/50阿莫尼特炸药时7.3公斤，梯恩梯炸药时7.8公斤，MC或TГA混合炸药时8.9公斤，A—IX—2混合炸药时7.8公斤，配用MB—62压发引信，动作压力为1715～6370牛顿。

【TM—62Б防坦克地雷】 一种无壳反坦克履带地雷。用于破坏坦克履带和行走机构。60年代初装备苏军。该雷雷体由梯恩梯、硝化棉和铝粉混合压制而成。雷体中央有一带螺纹的扩爆药室，以便用螺帽固定扩爆药，且有一螺纹孔，以拧入MB—62引信和橡皮衬垫。全重8.6公斤。直径315毫米，高125毫米。装药8.2公斤。动作压力为1715～6370牛顿。

【TM—62Д防坦克地雷】 一种反坦克履带地雷。用于破坏坦克履带和行走机构。60年代初装备苏军。雷壳用木板制成，中央有一方孔，安装扩爆药室。扩爆药室上有螺纹，用于拧上螺帽，固定扩爆药，另有一螺纹孔，以拧入引信和橡皮衬垫。雷侧有一提手。该雷配用MB—62引信，全重11.3—13公斤，长340毫米，宽300毫米，高180毫米，装填80/20阿莫尼特炸药时5.8—7.4公斤，装填梯恩梯炸药时8.8—10.3公斤，装填MC或TTA混合炸药时7.6—11.1公斤。动作压力为1715～6370牛顿。

【TMK—2防坦克地雷】 一种反坦克车底地雷。用于炸穿坦克底甲，杀伤车内伤员。60年代初装备苏军。该雷采用聚能装药，装药底部有扩爆药室和木块。木块在装药爆炸时，起惰性隔板作用。雷侧有一螺纹套管，用于拧入导爆装置的下端头。该雷使用MBK—2触发杆引信和ПУB—2导爆装置起爆。全重12公斤。直径307毫米，高度1130毫米。装药为50/50TT炸药6.5公斤或梯恩梯炸药6公斤。触发杆起炸推力78—112牛顿。触发杆起爆偏离角24～30度。穿甲能力60～110毫米。金属雷壳。

【3AM—3型防坦克地雷】 一种反坦克车底地雷。用于击穿坦克的底甲，杀伤车内乘员，使坦克丧失战斗力。该雷是苏军苏—7歼击轰炸机布雷系统的专用地雷，于70年代中期研制成功。该雷金属雷壳，采用聚能装药结构，内装炸药0.8公斤，配用震动引信，并装有自毁装置。该雷由飞机空投到地面后，经短暂延期，便自动进入战斗状态。当坦克从其上方驶过时，引信动作，使地雷爆炸。全重3.35公斤。自毁时间5～7小时。

【ПМД—6防步兵地雷】 一种爆破型木壳防步兵地雷。该雷由苏联研制，目前华约成员国有贮存，越南军队装备有这种地雷。雷体和雷盖用胶合板制成，雷体中装一块标准的200克制式梯恩梯药块。前端有一个圆孔，安放引信。当压力作用到雷盖上时，雷盖下移，推出击针杆上的保险销，击针失去控制，在压缩弹簧作用下撞击KV—11火帽，引起8号雷管和装药爆炸。全重0.4公斤，长200毫米，宽90毫米，高65毫米。配用MUV拉发引信。引信动作压力为9.8～88牛顿。

【ПМК—40防步兵地雷】 一种爆破型防步兵地雷。该雷苏联已不生产，但越南军队仍在使用。雷壳是用浸腊硬纸板制成，雷体中装一块梯恩梯药块，重51克。雷壳侧面有一个横孔，安放引信。当外力作用到雷盖上时，雷盖即向下移动，迫使压发杆一端向下，而另一端由于杠杆原理向上移动，释放击针，在压缩弹簧作用下撞击火帽，引起雷管和主装药爆炸。全重90克。直径70毫米，高度38毫米。动作压力为88～176牛顿。

【ПМН防步兵地雷】 一种非金属爆破型防步兵地雷。该雷由苏联研制，主要装备华沙条约成员国。雷体是用热固性塑料制成的。在雷的侧面有一个横向圆孔，用以安放机械点火装置、起爆管、以及传爆药柱等。地雷上部为带有压发板的橡胶套，用一条薄金属带将它固定于下壳体上。当雷盖上受到一定的外作用力时，压发杆下降，释放击针。在压缩弹簧作用下，击针穿过压发杆的圆孔，撞击雷管使地雷起爆。全重600克，直径112毫米，高度56毫米。装药为200克梯恩梯炸药。动作压力是68～294牛顿。

【ПОM3-2防步兵地雷】 一种破片型防步兵地雷，又称木桩地雷。该雷由苏联研制，主要装备华约成员国。雷体由铸铁制成，其上有6排预制网状沟槽。雷体中装填标准的75克压制梯恩梯药柱。雷顶部中心为引信室，配用MUV、VPF

拉发引信。当使用 MUV 引信时，绊线受到外力作用，即拉出击针保险销。击针失去控制，在弹簧作用下击发雷管，使地雷起爆。若使用 VPF 引信，外力作用到绊线口时，将击针螺栓头环拉掉，释放击针，击针在弹簧作用下撞击雷管，使地雷起爆。全重 2 公斤，直径 64 毫米，高度 135 毫米。引信动作压力为 9.8 牛顿。杀伤半径是 4 米。

【O3M-3 防步兵地雷】　一种破片型防步兵跳雷。该雷由苏联研制，装备于华沙成员国。这种地雷既可远距离遥控起爆，又可采用拉发引信、压发引信、松发相信等起爆。当有外力作用到绊线上时，拉出保险销，击针在弹簧作用下撞击火帽，点燃抛射药使地雷向上抛起，达到 1.5 米高度时，地雷爆炸。全重 3 公斤，直径 75 毫米，高度 120 毫米。装药为 75 克梯恩梯炸药。雷壳材料是铸铁。

【O3M-160 防步兵地雷】　一种大型电操纵的破片型防步兵跳雷。该雷苏联制造，由雷弹、抛射筒和抛射药室三部分组成。雷弹壳体用铸钢制成，内装压制梯恩梯药柱。底部中心位置有一个孔，使雷弹同抛射药室相连。抛射药室由外壳、抛射药包、钢索、击发机构和雷管等部分组成。抛射药为黑火药，重 200 克。钢索直径为 4 毫米、长 2 米，绕在抛射室外壳的内表面。击发机构由外壳、击针簧、击针、击针销、尾部和尾部销组成。传爆管由起爆管、重 20 克的梯恩梯药块、M-1 雷管、箔片、螺帽等部分组成。抛射筒系一段时，将击针螺栓头环拉掉，释放击针。击针在弹簧作用下撞击雷管，使地雷起爆。全重 2 公斤，直径 64 毫米，高度 135 毫米。引信动作压力为 9.8 牛顿。杀伤半径是 4 米。

【MOH-100 和 MOH-200 防步兵地雷】　两种电操纵起爆的定向破片型防步兵地雷。该雷由苏联研制，雷体呈锥形凹面焊有钢质隔板，在隔板和凹面之间装满钢筋切制的破片，破片之间用沥青填塞，破片面后装炸药 2 公斤。外壳用薄钢板冲压制成，凸面中心位置有一个带螺纹的起爆管室，用以安插 ЭДЛ—Р 电雷管。全重：MOH-100：5 公斤；MOH-200：25 公斤。直径：MOH-100：236 毫米；MOH-200：434 毫米，高度：MOH-100：82.5 毫米；MOH-200：130 毫米。破片数目：MOH-100：400 块，MOH-200：900 块。密集杀伤距离：MOH-100：100 米；MOH-200：200 米。

【ЛФM-1 型空投防步兵地雷】　一种爆破型防步兵地雷。该雷由苏联研制，外形呈不规则形状，塑料雷壳。雷体的下半部装有液体炸药 35～40 克，中间系延期保险装置和起爆系统。雷体的其余部分在空投降落时作为稳定翼面。地雷爆炸时能炸断手臂或下肢。此雷由飞机布设。全重 70 克，长 127 毫米，宽 51 毫米，厚 25 毫米。配用压发引信。

【CM-320 信号雷】　苏联制造。通常设置在防步兵雷场中或防坦克雷场的边缘，以及得要目标的荫蔽接近地段上，起战斗警戒作用。此雷由雷壳、引火药、信号药、抛射药、引信等组成。雷壳为铜质，上部有一火帽座，中间是火帽。雷壳内上部装引火药，下部有 15 片信号药，每片信号药中都有引火孔，下面有黑色抛射药和纸垫。使用 MYB 引信。当绊线受到 4.9～9.8 牛顿拉力时，击针失去控制击发火帽，点燃引火药，燃烧约 20 秒钟后，由上至下逐个点燃抛射药，并将信号药点燃抛出，经 20 秒钟左右，15 片信号药抛射完。发出的声响在 200 米内可以听到，发出的红色火焰高 20 余米。全重小于 400 克。直径 25 毫米，高 320 毫米。

【MΠM 小型磁性雷】　苏军装备。用于破坏技术兵器，运输车辆和其它目标。该雷由雷壳、装药、磁铁和引信等组成。塑料雷壳，内装 TГ50 混合药 0.3 公斤，并装有两块磁铁。使用带 MД-2 起爆管的 B3Ц-2X 化学延期引信。其延期时间（在 20℃时）有 2、5、14 小时三种。当盛化学液的玻璃瓶被挤碎后，化学液腐蚀一段铜丝。铜丝被拉断，击针失去控制，击发起爆管，使地雷爆炸。全重 0.77 公斤。高 46 毫米，宽 72 毫米，长 147 毫米。磁铁吸引力：对 1 毫米厚钢板 49 牛顿。

【MK5-HC 防坦克地雷】　MK5 防坦克地雷的改进型。由英国制造。它能破坏中型坦克的履带，属于第二次世界大战期间的产品。该雷呈圆筒形，金属雷壳，雷侧有 4 个搭扣，内有一隔板将雷壳的内腔分成两部分，内装梯恩梯炸药。地雷顶部装有一个 MK1 或 MK2 十字形压架，压架每端各有一个卡爪，以便同雷壳的搭扣连接。引信室位于地雷中央，上面有一个金属压帽。全重 5.67 公斤。直径 205 毫米，高度 102 毫米。装药量 3.8 公斤。配用十字形框架压发引信。动作压力为 1568～1793 牛顿。

【L3A1 防坦克地雷】　一种非金属反坦克履带地雷。1961 年由英国开始生产，主要用于训练和作为一种储备器材。该雷是扁圆形，雷壳为聚乙烯塑料，外包有一层很薄的黑色橡胶涂层。雷的顶部有两对突缘、中央有一个引信室，配用 L39 压发引信。雷侧有一个提手。全重 7.7 公斤，直径 266 毫米，高度 145 毫米。装有梯恩梯炸药 6 公斤。动作压力是 1176～1960 牛顿。

【MK7 防坦克地雷】 一种重型反坦克地雷。用来破坏重型坦克履带及行走机构。该雷由英国皇家兵工厂生产，1952 年开始装备英军。该雷呈圆形，金属雷壳。雷上部压盖中央有一螺孔，其上配有螺盖，内装压发引信。雷底设有副引信室，雷侧有提手。此外，这种地雷尚可配用触发杆引信。全重 13.6 公斤，直径 325 毫米，高度 130 毫米。装药 8.89 公斤。配用压发引信或触发杆引信。动作压力为 2450 牛顿。

【L9A1 型防坦克地雷】 一种棒状反坦克履带地雷。用于炸坦克履带，但是它也能破坏坦克底甲。70 年代初由英国皇家武器装备中心研制成功，75 年左右开始装备英军。该雷外形为棒状，塑料雷壳。雷体上面有一个条形传压盖。雷侧装有保险装置旋钮。这种地雷起初配用一次和两次压发的气动引信。80 年代初又补充了 XL127E2 型触发杆机械引信和 XL128E2 型电子引信。XL128E2 型引信使用厚膜电路，配用锂一氧化铜电池。当使用气动引信时，地雷具有良好的耐爆性能；使用触发杆引信或电子引信时，地雷能对坦克的全宽度起攻击作用。全重 11 公斤，长 1200 毫米，宽 108 毫米，高 81 毫米。装药量 8.4 公斤。

【IMP 防坦克地雷】 一种适合步兵使用的反坦克车底地雷。由英国亨廷工程有限公司研制。该雷外形呈矩形，雷壳为尼龙塑料。雷壳内一端有一个采用自锻破片装药结构的战斗部，另一端装磁感应引信。设有反拆和自毁装置。全重 1 公斤，长 160 毫米，高 55 毫米，宽 192 毫米，战斗部直径 88 毫米。

【劳式防坦克地雷】 一种反坦克侧甲地雷。由英国航空与宇航公司希莱克尼特动力部和亨廷工程公司联合研制。以劳-80 有舵火箭筒为基础，配一个高性能的设在前视管内的传感器系统构成。传感器系统探测范围 100 米。装有弹径为 94 毫米火箭弹的发射管与前视管紧靠在一起，装在一个三角架上，利用光学瞄准，使地雷对准目标，然后攻击目标。

【沃洛普信号雷】 英国沃洛普公司研制。设置在部队驻地周围或雷场周围，起警戒作用。该

雷内含照明弹、发射药和点火装置。它配有一个固定架和一个线轴，使用绊发引信。一旦拉动绊线，销子被拉出，引信即动作，点燃发射药将照明弹抛至 10 米的空中，燃烧发光，并发出声响。全重 87 克，直径 26.5 毫米，高度 50 毫米。照明持续时间 10 秒，发光强度 14000 坎。

【51 式防坦克地雷】 一种无壳反坦克地雷。50 年代初装备法军。该雷外形呈扁圆形，用玻璃纤维增强的铸装梯恩梯炸药构成雷体。雷体中央为主引信室，雷底和雷侧各有一副引信室，雷体的另一侧有一提手。全重 7 公斤，直径 300 毫米，高度 95 毫米。装药量为 6.49 公斤梯恩梯炸药。配用 1950 式化学引信或 1952 式压发-摩擦引信。动作压力为 2940 牛顿。

【52 式防坦克地雷】 一种无壳防坦克地雷。50 年代初研制成功并装备法军。雷体由玻璃纤维增强的铸装梯恩梯炸药构成。雷侧有一副引信室，在其另一侧有一提手。全重 9 公斤，直径 300 毫米，高度 120 毫米。装药量为 8.3 公斤梯恩梯炸药。配用 1952 式触发杆引信、1952 式压发-摩擦引信、1950 式化学引信。

【ACPM 型防坦克地雷】 一种反坦克履带地雷。法国拉克卢瓦公司生产。该雷呈长方形。雷壳由以树脂为基础的材料制成，雷体上部有一圆型压盖，内配双得保险的压发引信。另有一副引信室，供设置诡计装置或外部引爆之用。全重 6.3 公斤，长 280 毫米，宽 185 毫米，高 105 毫米。装药量为 4 公斤。

【MACIPE 防坦克地雷】 一种非金属反坦克履带地雷。由法国制造。该雷采用热塑性塑料雷壳，配用压发引信。装有自动解脱保险延时器，并设有副引信室。当坦克履带压上地雷时，引信动作，地雷即爆炸。全重 5 公斤，长 280 毫米，宽 1850 毫米，高 105 毫米。装药量为 3.5 公斤。

【53 式防坦克地雷】 一种空心装药反坦克车底地雷。于 50 年代中期装备法军使用。该雷由 50 式 73 毫米反坦克空心装药手榴弹改制而成，其外形呈筒形，雷壳系合金材料，雷底配有一导爆索联接装置。当坦克压上设置在导爆索上的反坦克履带地雷时，引起爆炸，从而引爆导爆索，使两个 53 式反坦克车底地雷爆炸。全重 1 公斤，直径 73 毫米，高度 280 毫米。装药量为 0.3 公斤。

【54 式防坦克地雷】 用 50 式 73 毫米空心装药手榴弹改制而成。50 年代中期装备法军。它的侧面装有一个 52 式触发杆引信。当坦克车底碰

到引信的触发杆，使之发生倾斜，地雷发生爆炸。能炸穿距地 600 毫米高的 100 毫米厚的装甲板。全重 1.2 公斤。直径 73 毫米，高度 280 毫米。装药 0.3 公斤，轻合金雷壳。

【HPDF1 型防坦克地雷】 一种反坦克两用地雷。于 1979 年由法国工业研究和制造中心研制成功，1974 年装备法军。该雷采用塑料雷壳，由电源、引信、抛土装置和自锻破片装药等组成。引信采用震动-磁感应复合引信。另外，这种地雷可以配自毁或自行失效装置。全重 6 公斤，长 280 毫米，宽 185 毫米，高 105 毫米。装药量为 2 公斤。

【HPDF2 型防坦克地雷】 法国发展的第二代高威力防坦克地雷。这种地雷于 1983 年法国第九届萨托利兵器展览会上展出。该雷主要采用聚能装药结构，并设有用于掀掉雷上伪装层的抛土装药。其引信部分包括传感器、自行失效装置、电源和保险机构等。全重 6.5-7 公斤，长 280 毫米，宽 185 毫米，高 105 毫米。装药约 3 公斤。配用感应引信。

【HPD-1A 型防坦克地雷】 一种反坦克两用地雷。在 1983 年法国第九届萨托利兵器展览会上展出。该雷配用震动-磁感应复合引信，并装有自行失效装置。它的雷盖，改用了整体式雷盖。地雷布设后，若有 8 吨以上的履带或车轮从它上面驶过，感应引信就会动作，使地雷爆炸。全重 7 公斤，长 280 毫米，宽 187 毫米，高 103 毫米。装药量为 3.3 公斤。

【HPD-XF1A 型防坦克教练地雷】 一种模拟 HPD 型地雷用于部队训练的地雷，现为法国陆军所使用。该雷的外形、装配重量及得心与 HPD 型地雷相同，只是用红色发烟药代替了主装药。全重 6.5 公斤，长 280 毫米，宽 187 毫米，高 103 毫米。内装红色发烟药包，发烟时间 30 秒。

【MAHF1 型防坦克地雷】 一种反坦克侧甲地雷。用于攻击坦克的侧甲，封锁道路、沼泽地或河流。于 70 年代初研制成功，现已装备法军。该雷呈鼓形，通过其两侧的支轴按装在带圆箍的支架上。金属雷壳，内装海宋炸药。装药的前端为大锥角铜质药型罩，装药的中心有一个传爆药柱的通道，以提高爆轰波的速度。装药的后面是电子引信和传爆系列。全重 12 公斤，直径 200 毫米，长度 260 毫米。装药量为 6.5 公斤。配用电子引信，外带电缆式触发导线。

【IRMAHF1 型防坦克地雷】 MAHF1 型防坦克地雷的改进型。于 80 年代初投入批量生产，现已装备法军使用。该雷雷体上方有一红外传感器，在雷体内装有程序装置。当坦克从地雷前方 80 米以内的距离通过时，其上的传感器即可接收到坦克发出的声响和红外辐射，使地雷爆炸，并通过雷内的程序装置来确定攻击第一、第二或第三辆坦克。全重 1.35 公斤，直径 80 毫米，长度 250 毫米。对速度 5～60 公里／小时的坦克和装甲车辆的探测距离为 0～80 米。

【火炮布撒防坦克地雷】 一种反坦克车底地雷。用于击穿坦克底甲，杀伤车内乘员，使坦克失战斗力。它是法军 155 毫米火炮布雷系统的一种专用地雷。于 80 年代初研制成功。地雷呈扁圆形，塑料雷壳。采用双药型罩聚能装药结构，内装 0.64 公斤炸药。该雷配用磁感应引信，并装有自毁装置。地雷由 155 毫米火炮射布设。当被撒到地面以后，经过短暂延期进入战斗状态，若有坦克从地雷上方通过，磁感应引信动作，使地雷爆炸。只要地雷与地面的夹角等于或大于 60 度，它就能击穿在它上方 50 厘米的坦克底甲。全重 1.8 公斤。直径 130 毫米。自毁时间 2～48 小时。

【火箭布撒防坦克地雷】 法军 122 毫米火箭布雷系统的一种专用地雷。于 70 年代末研制成功，曾在 1979 年法国第 7 届萨托利展览会上展出。全重 2 公斤。由 122 毫米轻型多管火箭炮发射布设。

【抛撒式防坦克地雷】 一种反坦克车底地雷。用于击穿坦克的底甲，杀伤车内乘员，使坦克失战斗能力。该雷由法国制造。以 EBG 装甲工程车布雷系统发射。地雷采用聚能装药结构，装药量 0.7 公斤。它具有自毁装置，自毁时间可以调节。当 15 吨以上车辆从地雷上方通过时，引信动作，使地雷爆炸。当它与地面的倾角不小于 60 度时，能击穿在它上方 50 厘米处的装甲车辆的底甲。全重 2.34 公斤，直径 139 毫米。

【1951 年式防步兵地雷】 一种非金属爆破型防步兵地雷。装备于法国陆军。该雷雷体用塑料制成，下部为园柱形，上部呈锥形，外侧四周有加强筋。该雷雷体用塑料制成，下部为园柱形，上部呈锥形，外侧四周有加强筋。雷体中装压制太恩药柱。雷顶部中心位置安放整体工压发摩擦引信，雷管设备在炸药中心位置。当外力作用以压棒上时，切断环被压断裂、带明红磷和碎玻璃的混合药的压棒与表面粗糙的套筒摩擦产生火焰点爆雷管，使地雷起爆。全重 85 克，直径 69 毫米，高度 50

毫米。装有 51 克压制太恩炸药，引信动作压力是 137~235 牛顿。

【DV56 型防步兵地雷】 一种爆破型防步兵地雷。装备于法国陆军。该雷雷体用塑料注塑制成。形状似黑水瓶。引信室在雷体中心位置，配用压发摩擦引信。当压力作用到地雷顶部时，迫使引信发棒下移，与摩擦板发生摩擦，而使易燃物着火，点爆雷管，使主装药起爆。全重 162 克，直径 72 毫米，高度 80 毫米。装药为 79 克梯恩梯炸药。

【MAPDV59 型防步兵地雷】 一种爆破型防步兵地雷。装备于法国陆军。该雷是塑料结构的地雷，其引信室在雷顶中心位置，配用 NMSAE59 型压发摩擦引信。全重 130 克，直径 62 毫米，高度 55 毫米。装药为 56.7 克梯恩梯炸药。

【1951 / 1953 型防步兵地雷】 一种破片型防步兵跳雷。装备于法国陆军。该雷由抛射筒。破片弹体，抛射药等部分组成。破片弹体为双层结构，中间填满破片。雷体上有 3 个引信室：主引信室、中心引信室和自毁引信室。当外力作用到触发杆或绊线上时，点着延期导火索和抛身药，将弹体从抛射筒中抛出，同时拉出体引信的钢珠止动销，击针止动钢珠滚出，击针失去控制。全重 4.5 公斤，直径 97 毫米，高度 158 毫米。装药为 408 克苦味酸。动力作用压力是 29 牛顿。

【MK61 和 MK63 防步兵地雷】 两种雷都是桩式破片型防步兵地雷。装备法国陆军。两种雷的雷体均用塑料制成，里面包括钢珠破片，雷体下部是固定桩，与雷体连成一体。当外力作用到雷顶部或绊线上时，引信动作，引起地雷爆炸。全重：MK61 是 125 克；MK63 是 100 克，直径都是 35 毫米。高度都是 270 毫米。装药：MK61 是 57 克梯恩梯；MK63 是 30 克特屈儿。破片数目都是 225 个。杀伤半径都是 10 米。

【MAPEDF1 型防步兵地雷】 一种定向破片杀伤地雷。装备于法国陆军。该雷主要由三部分组成：雷体，支架及点火装置。雷体呈长方形，并有一个弧形凸面，剪刀形支架在雷体两侧。该雷在远距离用 MKF1 电点火器起爆，也可用无线电电子点火器成压力式点火器起爆。当给以电信号后引起雷管爆炸。从而使主装药爆炸。能在 60 度角范围内散射出 500 个金属破片，最大射距离 40 米。全重 1 公斤，长 180 毫米，宽 60 毫米，高 220 毫米。

【连接式烟幕雷】 一种烟幕施放装置，由法国 E·拉克卢瓦公司研制。这种雷通常由 3 个或 3 个以上的烟幕雷构成，每个雷有一个带凹槽的雷壳，内装发烟装药。它的密封盖凹处装有点火器。第一个烟幕雷由普通引信点燃，施放 3 分钟后装药爆炸，压缩压电元件使连接下一个雷的点火装置发火，引燃施放烟幕，其它类推。每一个烟幕雷重 1.8 公斤，直径 65 毫米，高度 175 毫米。

【稳定照明雷】 法国 E·拉克卢瓦公司研制，该雷秒受环境因素影响，在整个照明周期内照明中心区照明亮度保持不变。它用 36 个照明弹构成。上照明弹内装照明剂。发火后，36 个照明弹依次以一秒钟的间隔射向空中，在 40 米高度点照明剂，36 个照明弹在该高度上持续照明 40 秒钟。全重 4 公斤，长 220 毫米，宽 174 毫米，高 105 毫米。照明半径 200 米，光照度 5 个勒克司。

【50 式照明雷】 法国研制，并装备法军。通常设置在地雷场等障碍物中或防御阵地前沿，防止敌人侦察骚扰。该雷为圆柱形，内装照明剂，使用拉发引信，绊线装在雷的顶部、触动绊线时，引信动作，点燃照明剂，照明警戒区。全重 465 克。直径 55 毫米，高度 170 毫米。照明时间 40 秒，发光强度 40000 坎，照明半径 100 米。

【58 式照明雷】 法国 E·拉克卢瓦公司研制，用于警戒和起照明作用。该雷由雷壳、带降落伞的空中照明剂、抛身药、固定在雷体内的原地照明剂信五部分组成。一旦触动绊线，引信动作，点燃抛射药，带降落伞的照明剂即被抛向空中。与此同时，点燃射向空中的照明剂和固定在雷体内剂。尔后，经过短暂延期，约在 120 米的高度上降落伞打开，使悬挂在降落伞下的照明剂，徐徐燃烧，缓慢下降；全重 1.6 公斤，直径 76 毫米，高度 225 毫米。带降落伞的照明剂照明时间为 40 秒，发光强度是 50000 坎，固定不动的照明剂照明时间为 50 秒，发光强度是 30000 坎。

【273 式照明雷】 法国 E·拉克卢瓦公司研制，由雷壳、照明剂、密封盖和尖桩组成。配用绊发引信，雷盖上有一凹槽，内置点火装置。一旦触动绊张，引信动作，点火装置发火，抛掉雷盖。同时点燃照明剂，原地燃烧 60 秒钟。全重 680 克，直径 65 毫米，高度 125 毫米。照明时间 60 秒。发光强度 70000 坎。

【RTE424 型声响照明雷】 法国装备部吕吉埃尔工厂研制。并装备法国陆军。用于阵地和重要目标警戒和照明。雷体为圆柱形，内装引信、发声剂和照明剂。照明剂位于地雷的底部，由一弹将其推向雷的顶部燃烧。一旦触动绊线，引信动作，点火装置发火，发声剂被抛送到 10 米高的空中爆炸，发出声响，同时使照明剂开始燃烧约 3 分钟，全重 1.65 公斤，引信重 50 克，直径 60 毫米，高度 373，上信高度 420 毫米。照明强度 40000 坎。

【451 型连续作用信号雷】　法国 E·拉克卢瓦公司研制，设置在重要目标和障碍物中，起报警作用，它由塑料雷体，烟火延期点火器和 20 枚信号弹组成。该雷可以遥控或用拉发引信。发射第一颗信号弹后，延期一秒钟。接着发射第二颗信号弹，此后依次类推，使同一方向上保证有 3 颗信号弹。全重 2 公斤，照明半径 250 米。每颗信号弹照明时间 4 秒。

【F1 型照明雷】　法国 E·拉克卢瓦公司研制，装备法军和其他一些国家的军队。它是一种发光时间较长的照明雷。用于警戒报警和照明。它由雷体、照明剂、点火器、密封盖等组成。密封盖下凹槽处装有点火器和推力弹簧，推力弹簧推送照明剂，使之始终在雷的顶部。以保持光照度不变。配用 F2 型或金属型拉发引信。当绊线受到触动时，引信动作，点燃照明剂，喷掉雷盖。持续照明约 6 分钟，全重 2.5 公斤。直径 65～75 毫米，高度 385 毫米。发光强度为 5000 坎。

【DM11 防坦克地雷】　一种仿 51 式无壳地雷的反坦克履带地雷。它是联邦德国战后装备的第一种防坦克地雷，现仍在服役中。该雷雷体是由梯恩梯炸药加入 5% 的树脂构成的。雷体中央有一引信室，可以配用 DM16 或 DM46 引信，雷侧有一副引信室，可以安装反排装置。全重 6.89 公斤，直径 300 毫米，高度 94 毫米。装药量为 6.48 公斤。动作压力是 1470～3920 牛顿。

【DM21 防坦克地雷】　一种反坦克履带地雷。于 70 年代中期开始装备联邦德国国防军。该雷呈扁圆形，金属雷壳。雷体中央有一引信室，雷侧有一提手。该雷配用 DM1001 型机械压发引信，雷体密封，可设置水 7.3 个月。延期保险时间 5 分钟。全重 9.3 公斤，直径 300 毫米，高度 100 毫米。装药量为 5 公斤。

【DM24 防坦克地雷】　是一种耐爆的反坦克履带地雷。于 70 年代中装备联邦德国国防军。该雷由雷壳、传动机构、延期保险机构、装药、引信和副引信室等组成。雷壳为金属材料，配用机械压发引信。延期解脱保险时间 6 分钟。当坦克从地

雷边缘逐渐加压时，使雷盖沿雷体中央球形凹口倾斜，导致引信动作，地雷爆炸。如果坦克速度加快，雷盖不发生倾伴，地雷就不会爆炸。全重 8.48—9.16 公斤，直径 305 毫米，高度 133 毫米。装药量 4.49—5.17 公斤。动作压力为 1764—3430 牛顿。

【PARM1 型防坦克地雷】　一种反坦克侧甲地雷。该雷由联邦德国制造，用于攻击机动军事目标。地雷由带尾翼的战斗部、发火机构、传感器、电缆、电路和电源等组成。雷体安装在小型三角架上。它可以旋转 360°，高低角调整范围 −45°—+45°。它可以摧毁 40 米范围内的目标。全重 10 公斤，弹径 128 毫米，装药量为 1.5 公斤。

【AT—1 型防坦克地雷】　一种反坦克履带地雷。用于破坏坦克履带和运输车辆，由联邦德国 110 毫米火箭布雷系统发射布撒。这种地雷的外形呈条状，金属雷壳，内装 1.3 公斤炸药，配用压发引信，有自毁装置，自毁时间为 24 小时。全重 2 公斤，长 335 毫米，侧面宽 55 毫米。

【AT—2 型防坦克地雷】　一种反坦克车底地雷。该雷前称"梅杜萨"地雷，于 1970 年秋研制成功，是联邦德国 MSM——FZ 布雷系统、110 毫米火箭布雷系统和美国 MLRS 火箭布雷系统的配套地雷。该雷采用聚能装药结构，内装 0.7 公斤炸药。雷的上部系有降落伞，雷体四周有 12 条支腿。该雷配用电能发引信，并有自毁功能，自毁时间 6—96 小时分 6 档可调。这种雷被发射出去以后，就自动展开降落伞，以一定的落速下降到地面。能地时借以冲击惯性抛掉雷伞，并释放出支腿将雷扶起。经过短暂延期，进入战斗状态。若有坦克碰触它的向上伸出的传感器线，地雷就爆炸。全重 2.22 公斤，直径 103.5 毫米，高度 128.7 毫米。塑料雷壳。

【MIFF 防坦克地雷】　一种反坦克车底地雷。用于击穿坦克底甲，杀伤车内成员，使坦克丧失战斗力。它由联邦德国 MW—1 多用途撒布系统撒布，于 1984 年装备联邦德国空军。该雷采用双药罩聚能装药结构，配用电子引信，具有自毁功能，自毁时间按程序可以调整。全重 3.4 公斤。直径 132 毫米，高度 98 毫米。

【DM—11 防步兵地雷】　一种压发起爆的爆破型防步兵地雷。装备于联邦德国陆军。DM—18 是该雷的一种数练型号。全重 200 克，直径 85 毫米，高度 35 毫米。装有 120 克梯恩梯和

黑索金混合炸药，支动作压力是49～98牛顿。

【DM-31防步兵地雷】 一种破片型防步兵跳雷。装备于联邦德国陆军。该雷主要有抛射筒、雷体、引主和抛射药等部分组成。雷体用塑料制成，双层结构，破片装于雷体间壁中。配用拉发引信，引信上可系2-3根绊线。当外力作用到绊线上时，拉出保险销，释放击针撞击火帽，点着抛射药。抛射药燃烧产生的气体将雷从抛射筒中抛聘对地面一定高度爆炸。直径100毫米，高度135毫米。

【SH—55型防坦克地雷】 一种反坦克履带地雷。于1955年研制成功，装备意大利陆军。该雷呈扁圆柱形，采用塑料雷壳，内装B型混合炸药。它配杉VS—N型气动压发引信，有两个副引信，一个在雷底，另一个在雷侧。它的另一侧有提手。全重7.3公斤，直径280毫米，高度122毫米。装药量为5.5公斤。动作压力是1813牛顿。

【SBP-04型防坦克地雷】 一种反坦克履带地雷。由意大利米萨公司于70年代研制成功。该雷采用塑料雷壳，内装4公斤HE炸药。配用SAT型引信或其改进型SAT／AT和SAT／QE型引信。SAT引信能防燃料空气炸药毁雷，它的改进型SAT／AR装有反排和自行失效装置；SAT／QE装有反排和可调自行失效装置。全重5公斤，直径250毫米，高度110毫米。动作压为1470—3038牛顿。

【SBP-07型防坦克地雷】 一种反坦克履带地雷。由意大利米萨公司在70年代研制成攻。该雷采用塑料雷壳，防水。配用SAT型引信或其改进型SAT／AR和SAT／QE型引信。全重8.2公斤。直径300毫米，高度130毫米。装药量为7公斤HE炸药。动力压力是1470-3038牛顿。

【VS-2.2型防坦克地雷】 一种反坦克履带地雷。它是北约组织和经济共同体的标准地雷，由意大利凡尔赛勒公司在70年代中期研制成功。该雷采用塑料雷壳，呈扁圆形。雷侧有一提把，内装1.85公斤B炸药，配用意大利陆军批准的VS-N型气动压发引信。全重3.5公斤，直径242毫米，高度118毫米。动作压力为1470—3038牛顿。使用温度为-31.5—+55℃。

【VS-3.6型防坦克地雷】 一种反坦克履带地雷。由意大利凡尔赛勒公司于70年代研制成功。该雷呈扁圆形，雷侧有一提把，塑料雷壳，内装TNT或B混合炸药3.75公斤，配用VS-N气

动压发引信。引信用螺纹拧在雷体上，里面装有气动耐爆装置，以使地雷能防爆破扫雷。全重5公斤，直径245毫米，高度114毫米。动作压力为1470—3038牛顿。使用温度为-31.5—+55℃。

【TC／3.6型防坦克地雷】 一种反坦克履带地雷。由意大利特希诺韦公司于70年代后期研制成功。该雷为圆形，塑料雷壳，内装B型混合炸药，配用压发引信。当坦克履带压上地雷，压力超过1764牛顿时，引信动作，地雷即爆炸。全重6.8公斤，直径270毫米，高度145毫米。装药量为3.6公斤。

【TCE／3.6型防坦克地雷】 一种遥挖操纵型反坦克履带地雷。由意大利特希诺韦公司于70年代后期开制成功。该雷塑料雷壳，内装3.6公斤B炸药，并装有遥挖保险和解脱保险装置。当地雷接收到解脱保险的指令信号进入战斗状态后，如受到1764牛顿的压力时，地雷爆炸。如果己方车辆需要通过雷场，可给地雷一个不解脱保险的指令信号，新以地雷不会爆炸。全重6.8公斤，直径270毫米，高度145毫米。配用电子压发引信。

【TC／6型防坦克地雷】 一种反坦克履带地雷。由意大利特希诺韦公司于70年代后期研制成功。该雷为圆柱形，塑料雷壳，内装B型混合炸药6公斤。配用压发引信。当有平均1764牛顿的压力作用于地雷传压板时，引信动作，地雷爆炸。全重9.6公斤，直径270毫米，高度185毫米。

【TCE／6型防坦克地雷】 一种遥控操纵型反坦克履带地雷。由意大利特希诺韦公司于70年代末研制成功。该雷采用塑料雷壳，内装B型混合炸药6公斤，配用电子压发引信，装有遥控保险和解脱保险装置。当地雷接收到解脱保险指令信号后，地雷即进入战斗状态，当地雷上方受到1764牛顿以上的压力时，地雷爆炸。如果己方坦克和车辆需要通过雷区时，可给地雷发一个不解脱保险的指令信号，即可字全通过。全重9.6公斤，直径270毫米，高度185毫米。

【VS-HCT型防坦克地雷】 一种既能炸断坦克履带，又能击穿坦克车底的反坦克两用雷。由意大利凡尔赛勒公司于1980年研制成功。该雷由雷壳、装药和震动—磁感应复合引信等部分组成。配用长寿命锂电池，装有机械、电子双得保险机构、电子诡计装置和自行失效装置。坦克接近地雷和从地雷上方通过时，引起地面震动和磁场发生

变化，使震动—磁感应复合引信动作，地雷爆炸。能炸断履带炸穿底甲，并在车内产和一大量的高速飞散破片，杀伤乘员，有反排装置，在有效期间排雷会引起爆炸。全重 4 公斤，直径 222 毫米，高度 104 毫米。装药为 2 公斤 B 型混合炸药。解脱保险延期 15 分钟。自行失效时间在 1—128 天内可调。

【SB—MV／T 防坦克地雷】 一种既能炸断履带又能炸穿坦克底甲的反坦克两用地雷。由意大利米萨公司研制，于 1979 年投入批量生产。该雷呈扁圆形，塑料雷壳，采用翻转弹丸聚能装药结构，内装 2.6 公斤 CB 炸药。该雷设有旋转保险杆，机械延时器和保险电路。当坦克向地雷驶近，引起的地面震动首先被地雷传感器探测到，尔后将信号传到电子放大器和识别电路，使磁感应传感器进入工作状态。当坦克从地雷上方通过时坦克引起的地磁场变化即被磁传感器新拾取，则点火电路发出信号，引爆地雷。能炸断履带，又能炸穿车底，并在车内产和一高温高压和大量高速飞散破片，杀伤车内乘员和破坏内部设备。全重 5 公斤，直径 236 毫米，高度 100 毫米。

【VS—1.61 型防坦克地雷】 种可撒布反坦克履带地雷。按照北大西尖公约组织和法国、意大利、荷兰、比利时、卢森堡等国的要求于 70 年代末由意大利研制成功。地雷为扁圆形，塑料雷壳，内装 1.6 公斤 HE 炸药，配用压发引信，并装有耐爆装置。雷侧装有一个活动保险销，在很得的员载下地雷也不会爆炸。地雷从直升飞机携载的地雷撒布器推出时，雷侧的保险销被拔除，落地后进入战斗状态。当坦克压上地雷时，地雷即爆炸。全重 3.2 公斤，直径 225 毫米，高度 95 毫米。动作压力为 1500—3500 牛顿。

【VS1.6AR／AN 防坦克地雷】 一种可撒布反坦克履带地雷。按照北大西洋公约组织和法国、意大利、比利时、卢森堡的要求于 80 年代初由意大利研制成功。它配用由长寿命锂电池供电的电子引信，并有耐爆装置。此外，这种地雷还设有电子延期保险、电子诡计装置和自行失效装置。地雷设置后，经过 15—20 分钟的延期，进入战斗状态。当坦克或车辆压上地雷时，引信的电了电路输出电流脉冲，点燃 S206 电起爆管，使地雷爆炸。因该雷有耐爆装置，新以在受到爆炸冲击波超压作用时一般不会爆炸。全重 3.1 公斤，直径 232 毫米，高度 93 毫米。塑料雷壳。动作压力为 1500—3100 牛顿。

【MATS 防坦克地雷】 一种可撒布反坦克履带地雷。该雷于 70 年代初研制成功，现已装备意大利陆军。地雷为圆形，采用高强度塑料雷壳，四周有垂直加强筋，雷侧有保险销，配用压发引信。该雷分为 I 型和 II 型两种：I 型装药量为 1.5 公斤，全重为 3.6 公斤；II 型装药 2.4 公斤，便重为 52 公斤。地雷可以装在特希诺韦公司研制的 DAT 型地雷撒布器内由直升机布撒。地雷从撒布器排出时，自动拔掉雷侧的可险销。落地后受到 1800 牛顿以上的压力时引信动作，地雷爆炸。I 型直径为 220 毫米，II 型直径为 260 毫米，高度都是 90 毫米。

【SB—81 型防坦克地雷】 一种可撒布反坦克履带地雷。于 1978 年由意大利研制成功。地雷呈扁圆形，塑料雷壳，四周有加强筋。配用压发引信，并设计有耐爆装置，能防止燃料空气炸药爆炸冲击波的诱爆。它另有两种型号：一种装有电子反排和自行失效装置；另一种装有电子反排和自毁装置。地雷可以装在 SY—AT 型地雷撒布器内由直升飞机空投或由 SY—TT 地面车辆布雷系统布撒。当雷盖上受到 1500 牛顿以上的压力，且达到标定压力的加载时间符合要求时，引信动作，地雷爆炸。全重 3.15 公斤，直径 132 毫米，高度 90 毫米。装药量为 2 公斤 HE 炸药。

【FSA—ATM 防坦克地雷】 一种反坦克车底地雷。该雷系意大利 122 毫米火箭布雷系统的配套地雷，用于击穿坦克底甲，杀伤车内成员，使坦克丧失战斗力。该雷为塑料雷壳，雷侧有 6 条支腿，雷体上部药型罩的空穴部位设有雷伞系统。地雷采用空心装药结构，配用电子近炸引信，并装有自毁装置和反排装置。这种地雷在布雷火箭战斗部，脱离弹体时解脱第一道保险，接着借以雷伞展开后伞绳的拉力，拔去保险销，并减速定向，触地时抛掉雷伞，经短暂延期，雷侧的支腿展开，将雷扶起，尔后进入战斗状态。若有坦克从地雷上方通过，引信就动作，使地雷爆炸。全重 1.3 公斤，直径 115 毫米，高度 97 毫米。自毁时间最长为 48 小时，分 8 档可调。

【VAR／40 型防步兵地雷】 一种类似钮扣状的爆破型防步兵地雷。装备意大利陆军。该雷雷体是用树脂增强的塑料制在，具有较好的防水性能。当有 118～127 牛顿的外力作用到钮扣头部时，引信动作，使地雷起爆。全重 105 克，直径 78 毫米，高度 45 毫米。装药为 40 克 B 炸药或 T4 炸药。

【VAR／100 型防步兵地雷】 VAR／40 型地雷的改时型号。由意大利特希诺公司研制,并装备意大利陆军。该雷是用树脂增强的塑料制成,分上下两体,上体中间凸起,使地雷形如钮扣。全重 170 克,直径 78 毫米,高度 57 毫米。装药为 100 克 B 型炸药或 T₄ 炸药。动作压力是 118～127 牛顿。

【P-25 防步兵地雷】 一种爆破型防步兵地雷。该雷由意大利米萨公司研制,于 1978 年投入生产。地雷为塑料雷壳,雷体呈长圆柱形,在其一侧有一条 A 型槽。利用 A 型槽可以固定桩柱。引信室在雷顶部中心位置。该雷为全密封型,具有良好的防水性能。每个雷有根 15 米长的绊线。当有 20 牛顿的外力作用到绊线上时,拉出保险销,释放击针,在弹簧作用下撞击雷管,使主装药爆炸。全重 630 克,直径 80 毫米,总高 180 毫米。装药为 140 克 HF 炸药。杀伤半径 15 米。

【P-40 防步兵地雷】 一种破片型防步兵跳雷。意大利研制,地雷抛射筒体为塑料结构,雷体内装高级炸药和破片。引信室在雷体中心位置。此雷密封性能较好,具有良好的防水性能。当外力作用到绊线上时,拉出保险销,引信动作,点燃抛射药。抛射药燃烧产生的气体将雷体抛到预定高度时,主装药引信动作,雷体爆炸。全重 1.5 公斤,直径 90 毫米,高度 120 毫米。装药为 250 克 HF 炸药。动作拉力是 20～98 牛顿。

【AUS50／5 型防步兵地雷】 一种破片型防步兵跳雷。现装备于意大利陆军。该雷形似陀螺,雷体骨架部分用塑料制成,锥形部分用胶合剂制成,并在其中嵌有破片。引信室在地雷顶部,配用 PS-51 式压、拉两用引信。当外力作用到地雷顶部或绊线上时,切断或拉出保险销,击针失去控制而撞击火帽。火帽点燃两根延期导火索,其中一根延期结束后点着黑火药,将地雷抛起,当达到 0.5 米高度时,另一根导火索延期结束,点爆主装药。全重 1.4 公斤,直径 126 毫米,高度 98 毫米。装药量为 147 克,引信动作压力 133～221 牛顿,动作拉力 4.4～70 牛顿,杀伤半径 15 米。

【VAR／100／SP 防步兵地雷】 一种破片型防步兵地雷。由意大利特希诺韦公司研制,雷体是用铸铁制在,形似钮扣。雷体上有预先刻制的破片槽,地雷上部有一个三叉触角。该雷还备有绊桩和绊线。当外力作用到地雷顶部三叉触角、或绊线上时,雷管起爆,使地雷爆炸。全重 1.77 公斤,雷体重 1.6 公斤,直径 120 毫米,高度 138 毫

米。装有 100 克 HE 炸药,引信动作压为 118～127 牛顿,动作拉力 59 牛顿。破片数目 500 块,杀伤半径 25 米。

【Valmara69 防步兵地雷】 一种破片型的防步兵跳雷。由意大利凡尔赛勒公司研制,并装备于意大利陆军。该雷主要由抛射筒、抛射药、雷体和引信等组成。抛射筒由塑料制成,雷体为圆柱形铸铁壳体,内装炸药 480 克,其中心为引信室。当压力或横向拉力作用到地雷顶部触角时,抬起钢珠限制器,释放保险钢珠,使击针失去控制,在弹簧上撞击火帽,引燃抛射药,使雷体抛到距地约 45 厘米高度时,主装药引信动作,引起雷体爆炸。全重 3.7 公斤,直径 130 毫米,高度 205 毫米。引信动作压力 106 牛顿,引信动作拉力 93 牛顿。破片数目 10000 块,杀伤半径 40 米。

【VS-ER-83 防步兵地雷】 一种埋设并连在插入土中尖桩上的直立破片型防步兵地雷。由意大利制造。主要由雷体、气体发生推进器、尖桩和引信等部分组成。地雷与尖桩连接附近具有铰链机构。绊发引信本射具有机械解除保险延时器。该雷还可安装 VS-AR-5 防排装置。当外力作用到绊线上时,引信动作,首先使地雷头部的气体发生推进器发火,把地雷主体和战斗部推离地面,藉助于定位尖桩铰链周围的螺旋弹簧,在雷体上升时一旦与尖桩拉直,撞击机构发火,使地雷爆炸向四周散射出约 1600 个钢珠。该雷也可以直接用电发火起爆。全重 4.35 公斤,尖桩重 0.35 公斤。长度 345 毫米,战斗部直径 113 毫米。装药量 0.7 公斤,有效杀伤半径 50 米。

【VS-50 型防步兵地雷】 一种非金属防步兵地雷。该雷是根据北约组织和法国、卢森堡等国的需要,由意大利凡尔赛勒公司研制的,可由直升飞机或低速飞行的飞机布撒。地雷雷壳由合成树脂制成,可根据需要染或各种颜色。地雷是全密封的,使用压发引信,并装有采用气动原理设计的耐爆装置。地雷从撒布器撒出时,雷侧的保险销被拔出,落地后自动进入战斗状态。人踩上这种地雷,引信动作,地雷爆炸。全重 185 克,直径 90 毫米,高度 46 毫米。装药为 42 克压装黑索金,引信动作压力是 120 牛顿。

【TS50 型防步兵地雷】 一种撒布型非金属防步兵地雷。装备于意大利陆军。雷壳用塑料制成,分上下两部分。该雷外表有加强筋,平时还附有安全装置,保证贮存和运输的安全。这种地雷是全密封的,配用压发引信。当 125 牛顿以上的压

力作用到地雷的传压板上时，引信动作，地雷爆炸。全重 186 克，直径 90 毫米，高度 45 毫米。装药为 50 克 T_4 炸药。

【SB-33 型防步兵地雷】 一种不规则小型防步兵地雷。该雷根据北约组织的技术要求，于 1977 年由意大利米萨公司研制.地雷外形旦不规则扁圆状，雷壳由塑料制成，雷底凹部有一保险销，配用压发引信。地雷传压板较大，倒置也能可靠动作，并有耐爆装置。当雷底的保险销被拔除后，地雷进入战斗状态，一旦人踩上，引信即动作，使地雷爆炸。全重 140 克，直径 88 毫米，高度 32 毫米。装药为 35 克 HE 炸药，引信动作压力是 100~120 牛顿。

【VSMK2 防步兵地雷】 一种非金属地雷。该雷根据北约组织和法国、卢森保等国的需要，由意大利凡尔赛勒公司研制。地雷外形呈圆形，全密封结构，雷壳由热塑性树脂制成，根据需要可染成不同的颜色，并涂有防红外探测涂料.，该雷配用压发引信，装有采用气动原理的耐爆装置。当地雷从撒布器里撒出时，雷侧的保险销被拔除，薄地后进入战斗状态，人员踩上这种地雷，引信即动作，使地雷爆炸。全重 135 克，直径 9 毫米，高度 33 毫米。装药为 33 克压装黑索金炸药，引信动作压力是 100 牛顿。

【VS-T 照明雷】 意大利凡尔赛勒公司研制，并装备意大利陆军和其他国家的军队。设置在防御阵地前沿，起警戒和照明作用，其光照度和发光持续时间足够瞄准和射击之用。该雷呈圆柱形，塑料雷壳，配用触压、绊发两用引信，内装照明剂 350 克。另外，可选配两种长度不同的塑料桩。当雷触角受 40 牛顿以上的压力或触动其绊线时，地雷的击针撞击火帽，引爆起爆管，点燃照明剂。全重 470 克，直径 71 毫米，高度 233 毫米。照明半径 57 米，照明时间不小于 45 秒，光照度不小于 25 勒克司。

【VAR / IG 照明雷】 意大利特希诺韦公司研制，设置在部队驻地周围和地雷场边缘，作为视觉报警和照明用。该雷塑料雷壳，在地雷顶部装有一个触压、绊发两有引信，动作压力为 120~130 牛顿，动作拉力为 60 牛顿。当 3 个触角中的一个受到压力或两根绊线中的一根受到拉力时，引信动作，击针撞击火帽，点燃起爆管和照明剂。全重 500 克，直径 65 毫米，高度 2107 毫米。照明半径 57 米，光照度 10 勒克司，照明持续时间 40 秒。

【IM / 77 照明雷】 意大利米萨公司研制，设置在部队驻地周围和地雷场边缘，起视觉报警和照明作用。该雷为圆柱形，塑料雷壳，配用绊发引信，引信动作拉力为 20~100 牛顿。拉动绊线时，引信动作，击针撞击火帽，引爆起爆管和点燃照明剂。全重 0.48 公斤，直径 80 毫米，高度 180 毫米。照明半径 57 米，光照度 8 勒克司。

【PRB-M3 型防坦克地雷】 一种破坏重型坦克履带及行走机构的地雷。由比利时 PRB 公司研制。该雷呈方形，采用聚乙烯塑料雷壳，内装梯恩梯、黑索金和铝粉混合药。雷体上面有一传压板，用螺纹拧在胶木支座上。支座中央有一引信室，安装 M30 压发引信。雷侧有一提手，雷底可以安装 PRB-M30 反排装置。除击针和火螺是金属外，其余件用塑料制成。全重 6.8 公斤，长 230 毫米，宽 230 毫米，高 130 毫米。动作压力为 2450 牛顿。

【PRB-408 型防坦克地雷】 一种轻型反坦克履带地雷。由比利时 PRB 公司研制。该雷是一种组合式地雷，由 SUM-MADE 多用途组合式地雷和药块系列的部件结构而成。在防水塑料壳里装上 9 块 PRB416 药块，一个 PRB407 标准起爆管和 PRBM3 型防坦克地雷使用的传压板。雷体呈方形，传压板及引信装在雷体中央。全重 4.13 公斤，长 215 毫米，宽 215 毫米，高 98 毫米。装药量为 3.3 公斤。配用 M30 压发引信。动作压力是 2450 牛顿。

【NR257 防步兵地雷】 一种爆破型防步兵地雷。装备比利时陆军。雷体呈圆柱形颜色为黄褐橄榄色。雷顶部有一个带螺纹的引信室，配用 M5 引信。这种引信有两个击针，分别被两个孔的圆柱形中空螺栓相隔并支撑住。螺栓连接到引信的压发板上，且可以沿一条滑槽自由地滑动，而滑槽中有两个相互紧靠、位置相反的火帽。雷体和引信为全密封。全重 158 克，直径 65 毫米，高度 39 毫米。装药量为 100 克，动作压力是 49~147 牛顿。

【U / 1 型防步兵地雷】 一种小型爆破型防步兵地雷。现装备于比利时陆军。该雷用塑料注塑而或，上下雷体用螺纹相连，下雷体中装主装药、闪光黑药和起爆管。上雷体中装机械击发机构。当压力作用到地雷顶部时，弹簧被向下压缩，当切断销被切断，并将柱塞推到化学闪光剂中时，闪光剂突然摩燃烧，使雷管起爆，引起主装药爆炸。全重 138 克直径 57 毫米，高度 65 毫米。装药为 60 克梯恩梯炸药。

【NR409 防步兵地雷】 一种爆破型地雷。装备利时陆军。该雷是一种扁圆形的塑料雷，颜色呈黄褐橄榄色。压发板用一块安全板保护看，而安全板又被一根钢制保险销在雷体上。该雷使用双击针型引信。两个具有弹簧的钢击针被具有两个孔的圆柱形螺栓分开支撑着，螺栓连接在引信的压发板上，并能沿着滑槽自由滑动。在滑槽中有两个紧靠着的而方向相反的火帽。全重 138 克，直径 82 毫米，高度 28 毫米。装药为 80 克混合炸药。

【NR413 防步兵地雷】 一种破片型地雷。装备比利时陆军。雷雷主要由四部分组成：雷体、点火装置、钢制尖桩、两根 15 米长绊线。雷体上刻有预制破片槽，爆炸冒能保证分袭成大约600 块均匀的杀伤破片。引信室在雷体顶部。该雷配用 PRB410 引信，引信上有 4 个触角，每一个触角上有一个环，其绊线系于环上。全重 640克，直径 46 毫米，高度 230 毫米。装药为 95 克混合炸药。

【NR442 防步兵地雷】 一种破片型跳雷。该雷由比利时制造，主要有三个部分组成：抛射筒、雷体、点火装置。地雷呈钟型，在五部有一对凹形膨胀室，在其空间内贮存点火绳。雷体中装560 克梯恩梯炸药，雷体壁有两层事先刻有切口听钢丝网，爆炸时能产生大约 2500 个破片。起爆装置有上细小触角，按 90°位置排列。当压力作用到任何一个触角或外力作用到绊线上时，装置在地雷底部的小黑火药块爆发，将雷体抛到 1～1.2 米高度时爆炸。破片的致命杀伤半径达 25 米，并能对非装甲车辆造成很大损伤。全重 4.5 公斤，直径105 毫米，总高 245 毫米，雷高 150 毫米。

【C-3-A 型防坦克地雷】 一种非金属地雷。用于破坏坦克的履带和行走机构，现在西班牙陆军使用。该雷塑料雷壳，雷体中央是一个塑料的压发引信和传压机构。当坦克压上地雷上部的传压板时，引信动作，地雷爆炸。全重 5.9 公斤，直径285 毫米，高度 115 毫米。装药为 5 公斤梯恩梯炸药。

【CETME 型防坦克地雷】 一种反坦克履带地雷。用于破坏坦克的履带和行走机构，现在西班牙陆军使用。地雷呈扁圆表，酚醛塑料雷壳，雷底有一副引信室。该雷传压机构装有 3 个圆柱形的液压件，用来阻滞降低传压板向下运动的速度，以使这种地雷具有一定的耐爆性和抗机械扫雷的能

力。全和理 9.98 公斤，直径 460 毫米，高度 153毫米。配用机械或化学引信。装药为 5.22 公斤梯恩梯炸药。

【FAMA 型防步兵地雷】 一种小型爆破型防步兵地雷。现装备西班牙陆军。地雷为全塑料结构，雷体分上下两部分，两者粘合在一起。，上下雷体的外侧均有加强筋。雷顶部中心位置有引信室。引信设置后用一个圆形盖盖住，起到保护引信作用。全重 86 克，直径 71 毫米，高度 38 毫米。装药量为 50 克，动作压力是 294 牛顿。

【P-4-A 防步兵地雷】 一种非金属爆破型防步兵地雷。装备西班牙陆军。该雷雷体用塑料注塑而成，所用引信也是塑料制成的。平时引信和雷体分类，使用时结合。引信室在地雷中心位置。全重 210 克，直径 72 毫米，高度 55 毫米。装药为 100 克梯恩梯。

【P-S-1 防步兵地雷】 一种破片型防步兵跳雷。装备西班牙陆军。地雷主要有三部分组成：抛射筒、雷体和引信。抛射筒用薄钢板冲压而成，雷体用铸铁制成，引信设置在雷体顶部。当外力作用到绊线上时，拉出保险销，使击针失去控制而撞击火帽，点燃抛射药，使雷体抛出抛射筒。当达到 1.2 米高度时，主装药爆炸。全重 3.78 公斤，直径 98 毫米，高度 127 毫米。配用拉发引信，装药为 450 克梯恩梯，有效杀伤半径为 20米。

【25 型防坦克地雷】 一种反坦克履带地雷。现在荷兰陆军使用，用以破坏得型坦克的履带和行走机构。该雷钢壳，内装梯恩梯炸药 9 公斤。有两个副引信室：一个在雷侧，另一个在雷底。它有 3 个传爆药，分别在雷体中央的主引信室和两个副引信室。全重 12.97 公斤，直径 305 毫米，高度128 毫米。配用 29 型压发引信。引信动作压力为2450—3430 牛顿。

【T40-2 型防坦克地雷】 破坏坦克履带和轮式车辆的地雷。现在荷兰陆军使用。雷壳由两个盘形金属冲压件构成，密封连接。雷体上部有两个注药孔，分别位于雷体中央引信室的两边，雷侧有一提手。该雷防水，配用压发引信。全重 6 公斤，直径 280 毫米，高度 90 毫米。装药为 4.08 公斤梯恩梯炸药。引信动作压力是 441 牛顿。

【26C1 型坦克地雷】 一种反坦克履带地雷。用于破坏坦克履带和行走机构。现在荷兰陆军使用。地雷外形为扁圆形，雷壳由玻璃纤维制成，内装梯恩梯炸药 8.3 公斤。该雷有两个传爆药，一

个在雷的中心轴线上，供主引信和雷底副引信共用；另一个在雷的径向，供雷侧第二副引信用。全重9公斤。直径300毫米，高度120毫米。配用26型压发摩擦引信。引信动作压力为3430牛顿。

【15型防步兵地雷】 一种爆破型防步兵地雷。现装备于荷兰陆军。该雷雷体呈正方形，用塑料制成。雷盖和雷体用铰链相连，在相对一侧雷体上有一个引信室。当压力作用到雷盖上时，雷盖向下运动压迫引信顶部，并通过压杆将内部的玻璃小瓶压碎，使酸和药粉混和，突然燃烧，点爆雷管使地雷爆炸。全重0.79公斤，长113毫米，宽100毫米，高67毫米。装药量为176克梯恩梯炸药，配用压发化学引信，动作压力是50～245牛顿。

【球形防步兵地雷】 为特殊用途而设计的一种破片型防步兵地雷。该雷由荷兰制造，埋设在高草或浓密作物下面，防止敌方人员侵扰。雷体用铸铁制成，引信室在顶部中心位置，与其相对的一面有一个螺纹孔，用以与一根钢制尖桩相配。引信室用一个塞子盖住。当压力或拉力作用到绊线上时，拉出保险销，击针失去控制，在弹簧作用下撞击雷管，使地雷爆炸。全重8.2公斤，直径203毫米，高度255毫米，装药为4.45公斤压制梯恩梯。

【AP23防步兵地雷】 一种破片型防步兵跳雷。装备于荷兰陆军。地雷主要由抛射筒、雷体、抛射药、主装药和引信等部分组成。抛射筒由薄钢板冲制而成，雷体用铸铁制成，内装炸药。引信设置在雷顶部中央，引信上有一根可拆卸的触发杆。当外力作用到触发杆或绊线上时，导致压力片移动，引起带击针的碟形弹簧向下运动，并突然翻转，使击针撞击火帽，经传火药，点燃抛射药，把雷体抛到空中，当达到1米高度时，雷体爆炸。全重4.5公斤，直径100毫米，高度185毫米。装药为500克混合炸药。

【22型防步兵地雷】 一种爆破型防步兵地雷，现装备荷兰陆军。该雷主要有塑料雷体、整体式引信和主装药等三部分组成。雷体外表面有加强筋。引信室在雷体中央，击发杆在顶部。配用22型压发摩擦引信。全重85克，直径72毫米，高度50毫米。装药为40克梯恩梯，动作压力是49～245牛顿。

【M3防步兵地雷】 一种爆破型防步兵地雷。现装备瑞士陆军。地雷为塑料结构，采用碟形弹簧式整体引信。当压力作用到雷顶部时，碟形弹簧翻转，击针在翻转力的作用下撞击雷管使地雷起爆。全重93克，直径80毫米，高度18毫米。装药为68克梯恩梯炸药，动作压力是147牛顿。

【49型防步兵地雷】 一种破片型防步挟地雷。现装备于瑞士陆军。该雷雷体用混凝土制造，其外表嵌入钢破片。形状呈圆柱状。引信室在雷顶部，而雷体下部有便于固定在木桩上的孔。该雷配用ZDZ-49型压、拉、松三用引信。当外力作用的绊线上、或雷顶部时，引动作，使地雷起爆。全重8.6公斤，直径150毫米，高度224毫米。装药为490克梯恩梯，动作压力是78牛顿。

【P59防步兵地雷】 一种爆破型防步兵地雷。现装备于瑞士陆军。该雷是塑料结构，有下列几部分组成；防水雷盖、尼龙塑料结构，有下列几部分组成：防水雷盖、尼龙塑料雷体、机械点火装置和装药。当压力作用到地雷顶部时，雷盖将击针向下压。迫使击针在弹簧作用下撞击雷管，使地雷起爆。直径72毫米，高度54毫米。配用压发引信。装药为48～59克压制梯恩梯。动作压力是49牛顿。

【41-47型防坦克地雷】 一种反坦克履带地雷。用于破坏坦克履带和行走机构，至今仍在瑞典陆军中使用。该雷金属雷壳，内装梯恩梯炸药5公斤，雷侧有一提手。引信室位于雷体中央，上面有传压框架通过卡圈拧在雷体上。全重8公斤，直径270毫米，高度125毫米。配用压发引信。引信动作压力为1960～3920牛顿。

【52型防坦克地雷】 一种反坦克履带地雷。用于破坏坦克履带和行走机构，现在瑞典陆军使用。地雷外形为圆形，使用胶木板雷壳，用防水布包裹。雷体上部有一引信室，安装47型压发引信，雷侧有一提手。这种地雷可以配用3种不同的传压件，其中一种是触发杆。全重8.98公斤，直径345毫米，高度77毫米。装药为7.48公斤梯恩梯炸药。引信动作压力：压发2450牛顿；使用触发杆142牛顿。

【BoforsMil01、Mil02和Mil03防坦克地雷】 破坏坦克履带和行走机构的地雷雷。瑞典制造，3种地雷结构相同，仅是外形尺寸和重量不同。地雷外形呈扁圆形，雷壳为增强玻璃纤维，雷体中央是引信室及传爆药。雷侧有一副引信室、并有一提手。全重Mil01型12.5公斤；Mil02型8公斤；Mil03型10公斤；Mil01型305毫米；Mil02型310毫米；直径Mil03型335毫米。高：Mil01型155毫米。装药量：Mil01型装梯恩梯或梯黑混合药 11 公斤。配用压发引信。引信动作压力：1372～2744 牛顿。

【FFV-028 型防坦克地雷】　一种反坦克两用雷。用于破坏坦克的履带或车底，杀伤车内乘员。该雷由瑞典于 70 年代初开始研制，1981 年开始成批生产。它由雷体和引信两大部分组成。雷体包括带有药型罩的空心装药和电池室，外壳由非磁性材料制成。该雷使用磁引信，并设有电子和机械双重延期保险机构。这种地雷对炮弹爆炸和核爆作的冲击波，具有一定的耐爆能力。全重 5～7.5 公斤，直径 250 毫米，高度 110 毫米。装药量为黑索金／梯恩梯混合药 3.5 公斤。

【L1-II 型防步兵地雷】　一种爆破型耐爆防步兵地雷。装备于瑞典陆军。地雷由雷体和雷盖两部分组合而成，用橡胶套结合一体。地雷引信是与雷体相结合的整体式压发引信，传爆药柱和雷管由雷盖中心装进，并用螺塞固定。该雷为全密封结构，防潮性能较好。全重 200 克，直径 80 毫米，高度 35 毫米，装药为 110 克梯恩梯，动作压力是49～58 牛顿。

【M49 和 M49B 防步兵地雷】　两种爆破型防步兵地雷。现装备瑞典陆军。雷体都是用硬纸板制成，雷体上有 4 个垂直通过地雷的通孔。中心孔安放引信，其余 3 个孔是供用大钉将地雷固定在地面上用的。当外力作用到地雷顶部时，引信动作，地雷爆炸。全重 235 克，直径 75 毫米，高度 55 毫米。配用压发引信。动作压力：M49 为 67～127 牛顿；M49B 为 49～98 牛顿。

【M／43T 防步兵地雷】　一种爆破型防步兵地雷。现装备于瑞典陆军。该雷雷体是用硬纸制成的，呈正方形，外表涂伪装颜色。雷体中装梯恩梯炸药 136 克。雷体顶部有一个可转动的臂，其上有一个小红点，供指示用。配用整体式压发引信。当压力作用到地雷顶部时，引信动作，地雷爆炸。全重 227 克，直径 105 毫米，宽 105 毫米，高 40 毫米。

【M／48 防步兵地雷】　一种破片型防步兵地雷：现装备瑞典陆军。地雷是用一种炮弹壳体制成的。弹体中装填梯恩梯炸药和碎铁块。地雷外壳侧边有一条具有两个孔的金属带，地雷上部侧面有一个通孔，可使地雷悬挂在适当位置。当有外力作用到绊线上时，击针保险销被拉出，击针失去控制，在弹簧作用下撞击火帽，使地雷爆炸。全重 2.9 公斤，直径 90 毫米，高度 180 毫米。装药量为 226 克梯恩梯，配用拉发引信，动作拉力为 24

牛顿。

【Truppmina9 防步兵地雷】　一种破片型防步兵地雷。现装备瑞典陆军。该雷呈长柱状、在端部有螺纹，以便逐个连接，构成爆破筒使用。另一端有内螺纹，用以安放 M／48 引信。当外力作用到绊线上时，将击针限制销拨出，击针失去控制，在压缩弹簧作用下撞击火帽，使地雷爆炸。全重 590 克，直径 36 毫米，长度 190 毫米。装药为 122 克梯恩梯，动作拉力是 18～49 牛顿，最大杀伤半径是 10 米。

【FFV-013 防步兵地雷】　一种定向破片型防步兵地雷。现装备瑞典陆军。地雷由雷体、支架、点火系统等三部分组成。雷体是用玻璃纤维增强塑料制成，呈长方形，并略带弧形。在凸面嵌有重 5 克的六角形钢质预制破片 1200 个。当敌人踩到开闭器时，接通电路，电雷管起爆，并使地雷爆炸，从而使破片散射出去。该雷也可以用非电起爆系统起爆。全重 20 公斤，宽度 420 毫米，高度 250 毫米。有效杀伤距离 150 米。

【PM83 型防坦克地雷】　一种多用途地雷。由奥地利欣滕贝格尔弹药火工品和金属材料公司制造，可使用多种方法起爆。雷体呈方形，采用空心装药。在雷体的 4 个角上各有一个压电传感器，其中一个可以由一个触发杆替代。此外，该雷尚有一个专供按装遥控起爆器的引信室。当坦克撞击触发杆时，地雷爆炸。坦克从地雷边缘驶过，压上任何一个压电传感器时，地雷都会爆炸。还可以由无线电遥控起爆。全重 7.5 公斤，长 280 毫米，宽 280 毫米，高 140 毫米。触杆高度 750 毫米。装药量 4 公斤。能穿透 500 毫米处 60 毫米厚的装甲板。

【APM-6 型防坦克地雷】　一种反坦克侧甲地雷。由奥地利欣滕贝格尔弹药火工品和金属材料公司制造，用于封锁道路，攻击水陆两用车辆。雷体呈鼓形，安装在支架上端，也可按装在支架中间。雷壳由薄钢板制成，内装 7.2 公斤 B 炸药，采用自锻破片装药结构，使用传感器和电发火装置。当坦克从地雷传感器的带子上驶过时，地雷主装药爆炸，药型罩形成 2.8 公斤重的高速翻转弹丸，以每秒 1800 米的速度射向目标，能穿透 30 米处 90 毫米厚或 60 米处 80 毫米厚的装甲板。全重 13 公斤，长 320 毫米，直径 180 毫米。

【SMI22／6 型防坦克地雷】　一种设置在路旁，用于攻击坦克的侧甲，杀伤车内乘员和破坏内部设备的地雷。由奥地利南士的里亚金属工业有限公司制造。地雷呈圆筒形，由雷体、支架和电发火引信等组成。雷体上有一个瞄准装置，内装6公斤炸药。当坦克或车辆压上触发线时，地雷就爆炸，形成高速翻转弹丸攻击坦克或车辆。能穿透60毫米厚的钢板。全重10公斤，直径180毫米，长度280毫米。配用电发火引信带触发线。最大有效攻击距离50米。

【SMI22／7C型防坦克地雷】　一种反坦克侧甲地雷。由奥地利南士的里亚金属工业有限公司研制。雷体为圆柱状，上面有一提手，下有一支架。雷内有一个电子装置，与两个外接的能识别各种车辆的传感器相连接。另外，还可以装上自行失效装置。当坦克从传感器上通过时，引起地雷装药爆炸，形成高速翻转弹丸，攻击坦克侧甲，能穿透30米距离上80毫米厚或50米距离上70毫米厚的钢板。全重13.5公斤，长290毫米，直径180毫米。装药为7公斤B型混合炸药。

【SPM75防步兵地雷】　一种破片型防步兵跳雷。装备于奥地利陆军。地雷有三个主要部分组成：雷体、抛射机构、引信机构。雷体是用塑料制成的，内含4600个0.7—0.8克重的钢珠。上部用一块圆形盖板盖封，盖板上有两个孔，一个安放转动式拉发引信，另一个安放电引信。在雷体纵轴方向有一根发射管，发射管中有一根导向管。具有压缩弹簧和击针的另一个导向管垂直横穿射管的插座，击针用保险销固定。在发射管中的导向管周围有一圈环状黑火药，而发射管和雷体之间为炸药装药。全重6公斤，直径125毫米，高度160毫米。装药量0.5公斤，引信动作拉力49～98牛顿，杀伤半径20米。

【SMI系列防步兵地雷】　一种定向破片型地雷。该雷包括20／1C、21／3C和21／11C几种型号。雷体用增强塑料制成，呈长方形。内装"B"炸药，并且在一个面嵌有钢制破片。雷体上有两个引信室，一个在顶部，通常安插电雷管。另一个在底部，可以通过它用导爆索与别的雷相连，以便实施同时起爆，或者在该引信室设置反排装置。雷体下部两侧具有两对剪刀形可折叠的支腿。雷体顶部具有60°视界的瞄准器。该雷用电雷管起爆或遥控起爆。当雷管起爆后，引起炸药爆炸，从而使雷面的破片向一个方向散射出去，达到杀伤目的。也可用拉发引信起爆，当外力作用到绊线上时，拉出保险机构，使引信动作而起爆。

【SMI 21／2防步兵地雷】　一种区域防御水平作用破片型地雷。奥地利研制。雷体呈长方形，其中一面有预先按几何形状排列的破片，注塑时镶嵌在塑料壳体中。在破片面后有一层炸药。该雷爆炸时其破片散布范围为75度，能穿透30米距离处2毫米厚的钢板。全重7.5公斤，长315毫米，高160毫米，厚80毫米。配用拉发引信或遥控引信，装药量3.5公斤，有效杀伤距离为80米。

【17／4C"巨型猎枪"地雷】　一种新颖的武器。由奥地利研制，它可以用于清除带刺铁丝网障碍，也可作为杀伤敌人有生力量的定向破片雷或反车辆雷。该雷雷壳用塑料制成，雷体呈圆盘形，其中圆盘面壳体中嵌有钢珠。地雷具有可支撑的支架。"巨型猎枪"定向雷爆炸时钢珠飞散距离大于50米，并在50米处有一个2米直径的横截面，在此范围内钢珠能贯穿8毫米厚装甲钢板和清除5圈带刺铁丝网障碍，也可清除密集的丛林。全重8公斤，直径302毫米，厚度150毫米，正面中心轴线高度240毫米。装药为5公斤B炸药。

【APM-3防步兵地雷】　一种定向破片杀伤型地雷。由奥地利研制，几乎全是塑料制成。雷体呈长方形，雷面呈弧形。雷体中嵌有1800个钢珠，破片面的后边装有一层1.2公斤的炸药。雷体另一面有加强筋，可以安装夜间使用时的指示装置。雷体两侧各有一个雷管室，其中一个安插电雷管，另一个安插导爆索与别的地雷相连，实施同时起爆。雷顶部有一个小型瞄准器，用来确定散布方向。雷体下部有一个三脚架，在三脚架上还有一个辅助瞄准的插头。全重3公斤，长280毫米，高140毫米，厚23毫米。配用电引信或时间引信。

【ARGES防步兵地雷】　一种破片型定向作用防步兵地雷。装备于奥地利陆军。该地雷由雷体、炸药、预制破片、引信、支架等部分组成。雷体呈长方形，略带弧形，内装高爆炸药2公斤。雷体的一面有2500个直径为5～8毫米的钢珠，两侧有两对支架。该雷采用拉发引信或电引信起爆，也可遥控起爆。全重5.8公斤，长320毫米，宽75毫米，高130毫米。塑料雷壳，最大杀伤距离为100米。

【ARGES M80防步兵地雷】　一种定向破片型防步兵地雷。装备于奥地利陆军。雷体呈长方形，用塑料制造。在其凸面嵌有大约1250块预制破片，雷体中装填朋托列特炸药1.3公斤。雷顶部装有供瞄准用的瞄准器，在底部有两个安放引爆装置的引信室，引爆装置为拉发引信或电引信。雷体两侧有两对剪刀形的支腿，每枚雷配一套点火装置。全重 3 公斤，长 250 毫米，宽 75 毫米，高 130 毫米。

【DNWHM 1000 防步兵地雷】 一种定向破片型防步兵地雷。该雷由奥地利研制。雷壳用塑料注塑制成，内装高级炸药。有一个面嵌有 1500 个钢珠。外壳两侧靠下各有一对剪刀形支腿。雷顶部装有供瞄准用的瞄准器。雷底部有两个雷管室，配用拉发、绊发或电引信。该雷在 50×2 米²、厚 2 厘米的木制靶板墙上，每平方米有 4 个钢珠完全穿透。钢珠的致命杀伤距离达 30 米，致成重伤的距离可达 50 米。地雷后部的致命面积达 6 平方米。全重 2.4 公斤，长 290 毫米，高 130 毫米，厚 30 毫米。

【APM-02 防步兵地雷】 一种定向破片防步兵地雷。由奥地利制造，雷体略具弧形凸面有 290 块钢破片。三角架上部伸出一个活动头，活动头上面有一个托盘支托着雷体，能使雷转向任何方向。该雷爆炸后其破片散射范围为 60°弧形，在这个范围离雷 10 米处，每平方米有 10 个有效破片。在侧向 40°范围 25 米处每平方米有 4 个或 5 个有效破片。每个有效破片能穿透 20 毫米松木板或 4 毫米厚铝板。全重 1 公斤，长 140 毫米，宽 80 毫米，厚 40 毫米。装药为 0.36 公斤 B 炸药。

【47-1 型防步兵地雷】 一种爆破型防步兵地雷。装备于丹麦陆军。雷体是木制的或酚醛塑料制造的。雷盖和雷体用铰链相连接。当外力作用到雷盖上时，切割销断裂，使具有压缩弹簧的击针失去控制而撞击火帽。从而点爆雷管使地雷爆炸。全重 6.35 公斤，长 155 毫米，宽 54 毫米，高 77 毫米。装药为 3.17 公斤梯恩梯，动作压力是 118 牛顿。

【TMA-1A 型防坦克地雷】 一种反坦克履带地雷。现在南斯拉夫陆军中使用。地雷外形呈扁圆形，塑料雷壳。有两个引信室，在上部独特的波形传压板中央的引信室里安装主引信，雷体底部副引信室里安装诡计装置。另外，雷体四周有 4 个插孔，用于插入连接件，调整动作压力。全重 6.5 公斤，直径 315 毫米，高度 100 毫米。配用 UTMAH-1 型摩擦压发引信。装药为 5.4 公斤梯恩梯炸药。引信动作压力是 980 牛顿。

【TMA-2A 型防坦克地雷】 一种反坦克履带地雷。60 年代初装备南斯拉夫陆军使用。该雷为长方形，塑料雷壳。它有两个引信室，雷体上部的引信室装主引信，雷底的引信室安装诡计装置。全重 7.5 公斤，长 260 毫米，宽 200 毫米，高

140 毫米。配用 UTMAH-1 型摩擦压发引信。装药为 6.5 公斤梯恩梯炸药。引信动作压力是 1176～3136 牛顿。

【TMA-3 型防坦克地雷】 一种耐爆地雷。60 年代中装备南斯拉夫陆军使用。该雷无壳，雷的新有部件都是用非金属材料制成。雷体顶部有 3 个引信室，各装一个 UTMAH-1 型摩擦压发引信。另外雷底有一安装诡计装置的副引信室。全重 6.5-7 公斤，直径 265 毫米，高度 110 毫米。装药为 6.1～6.5 公斤梯恩梯炸药。引信动作压力是 1666～3136 牛顿。

【TMA-4 型防坦克地雷】 一种反坦克履带地雷。用于破坏坦克的履带和行走机构，现已装备南斯拉夫陆军使用。该雷为圆形，塑料雷壳，雷体上部有 3 个引信室，各装 1 个 UTMAH-1 型摩擦压发引信。雷底有 1 个副引信室，用于安装诡计装置。雷侧有一提手。全重 6.3 公斤，直径 285 毫米，高度 110 毫米。装药量为 5.5 公斤。引信动作压力是 1960 牛顿。

【TMA-5 型和 TMA-5A 型防坦克地雷】 破坏坦克履带和行走机构的地雷。现已装备南斯拉夫陆军。TMA-5 型地雷呈正方形，塑料雷壳。雷体四周有 4 个角柱加强，中央有一引信室，雷侧有一提手。它的改进型 TMA-5A 型防坦克地雷，只是在一些细节上有些不同，外形为矩形。全重 6.6 公斤，长 312 毫米，宽 275 毫米，高 113 毫米，配用压发引信。装药为 5.5 公斤梯恩梯炸药。引信动作压力是 980～2940 牛顿。

【PT56 型防坦克地雷】 一种反坦克履带地雷。南斯拉夫制造，用于破坏坦克履带和行走机构。外形为矩形，顶部是有加强肋的雷盖。这种地雷有两个引信室，一个是主引信室，另一个是副引信室。全重 10 公斤，装药为 5.4 公斤梯恩梯炸药。

【TMM1 型防坦克地雷】 一种反坦克履带地雷。现在南斯拉夫陆军后备役部队中使用。地雷呈扁圆形，金属雷壳，雷底和雷侧各有一个副引信室。雷体上部中央的主引信室中安装 UTMM 型压发引信。雷侧有提手。全重 8.6 公斤，直径 310 毫米，高度 100 毫米。装药量为 5.6 公斤。引信动作压力是 1274～4116 牛顿。

【PMA-1 防步兵地雷】 一种非金属的爆破型防步兵地雷。现装备于南斯拉夫陆军。该雷雷体用塑料注塑而成。雷盖一侧用铰链与雷体相连。雷体中装引信、起爆管和炸药。为将此雷使用于潮

湿多雨地区，雷底部有两个排水孔。当30～49牛顿的外力作用到雷盖时，雷盖的凸块压碎小玻璃瓶，使内部药剂突然燃烧，引起8号火雷管起爆，从而使主装药爆炸。全重400克，长140毫米，亮70毫米，高30毫米，配用UPMAH-1化学压发引信，装药为200克梯恩梯炸药。

【PMA-2防步兵地雷】 一种圆形塑料爆破型防步兵地雷。装备南斯拉夫陆军。该雷用塑料制成。引信室在地雷中心位置，底部为扩爆药柱。当引信头部受到88～147牛顿压力时，引信动作，地雷爆炸。全重135克，直径68毫米，高度61毫米。配用机械压发引信，装药为100克梯恩梯炸药。

【PMR-1和PMR-2防步兵地雷】 两种破片型防步兵地雷。现装备于南斯拉夫陆军PMR-1型雷类似苏联的POMZ-2M防步兵地雷。雷体上有9排预制破片刻槽。PMR-2型雷类似捷克的PP-Mi-Sb型地雷。雷体是混凝土制成的，上面嵌有碎金属破片。以上两种地雷配用UPM-1拉发引信，直径都是80毫米，高度均为120毫米，全重：PMR-为2公斤；PMR-2为2.2公斤。装药均为75克梯恩梯。

【PMA-3防步兵地雷】 一种爆破型防步兵地雷。装备于南斯拉夫陆军。雷壳是用聚苯乙烯和酚醛塑料制造的。实际上此雷由两个圆盘组成。其中一个盘固定引信，另一个盘装35克特屈儿，并可绕引信转动。两部用橡胶套套封，使地雷具有一定密封性。防水性能较好。当雷顶受到79～196牛顿压力后，引起上压盘绕引信转动，当移动行程超过6毫米时，引信被压碎，引起可燃烧的小药柱突然燃烧，点爆M-17P$_2$雷管，使地雷主装药爆炸。该雷能抗冲击波作用，包括距离20公里，离地面500-600米高处原子弹爆炸冲击波的作用。全重183克。直径111毫米，高度40毫米。配用化学引信，动作压力为79～196牛顿。

【PMD-1防步兵地雷】 一种木壳爆破型防步兵地雷。现装备南斯拉夫陆军。该雷配用UPMD-1引信，在设计结构方面类似苏联PMD-6防步兵地雷。全重0.5公斤，长120毫米，宽100毫米，高40毫米。装药为200克梯恩梯炸药。动作压力是49牛顿。

【PROM-1防步兵地雷】 一种破片弄防步兵地雷。现装备南斯拉夫陆军。该雷主要由两部分组成：雷体和抛射筒引信室在雷体中心位置。地雷设置成压发状态时，外力作用到地雷顶部引信上，推动引信套筒下移。运动一定距离后，止动钢珠被释放，击针失去控制，在弹簧作用下撞击火帽，点燃抛射药，将雷体抛到离地0.7～1.5米高度，主装药引信动作，使地雷爆炸。全重3公斤，直径75毫米，高度470毫米。装药为425克梯恩梯炸药。配用压、拉两用引信。动作压力为88～160牛顿，动作拉力是29～54牛顿。

【PMR-2A防步兵地雷】 一种破片型防步兵地雷，现装备南斯拉夫陆军。雷体用铸铁制成，其表面刻槽。内装压制梯恩梯炸药。引信室在地雷顶部，配用拉发引信。雷体下部有一个孔，便于将地雷安装于木桩上。当外力作用到绊线上时，引信保险销就被拨出，击针被释放。在弹簧力的作用下撞击火帽，接着火帽点爆雷管，使主装药爆炸。全重约1.7公斤，直径66毫米，高度132毫米。装药量为100克，动作拉力大于29.4牛顿。杀伤半径是30米。

【MRUD防步兵地雷】 一种定向破片型防步兵地雷。装备南斯拉夫陆军。雷壳用塑料制成，内装一块重0.9公斤的塑料炸药，里面有650个钢珠。雷壳下面有两对剪刀形支腿。该雷便于携带，，通常装于背包中。每枚配备30米长双芯电缆一根，以及电路检测装置和手摇磁石发电机。用手摇磁石发电机充电，通过电缆引爆电雷管，使主装药爆炸，从而使钢珠破片向前散射。该雷起爆后，有一个水平60°、垂直方向3°的扇形致命杀伤范围。全重1.5公斤，长231毫米，高度89毫米，厚度46毫米。

【PT-Mi-K型防坦克地雷】 一种破坏坦克履带和行走机构的地雷。在捷克斯洛伐克陆军和中东一些国家军队中使用。该雷金属雷壳，内装梯恩梯炸药4.9公斤。引信室位于雷体中央，雷的上部为一带十字形辐条的传压件。该传压件被4个切断销固定在雷壳上。另外，在雷的底部有一个用安装反排装置的副引信室。全重7.2公斤，直径300毫米，高度102毫米。配用RO-5型或RO-9型压发引信。引信动作压力为2970～4410牛顿。

【PT-Mi-Ba型防坦克地雷】 一种反坦克履带地雷。用于破坏坦克履带和行走机构，50年代初装备捷克斯洛伐克陆军。地雷呈扁圆形。雷壳为酚醛塑料，内装梯恩梯炸药5.6公斤。引信由雷底装入并由螺盖压紧，另外雷底还有两个注药孔。该雷使用RO-7-11型压发引信，此种引信只含少量金属件。全重7.6公斤，直径322毫米，高度102毫米。引信动作压力为1960～3920牛顿。

【PT-Mi-Ba-Ⅱ型防坦克地雷】 一种反坦克履带地雷。用于破坏坦克履带和行走机构，现在捷克斯洛伐克陆军使用。地雷外形为矩形。塑料雷壳，内装梯梯炸药6公斤。这种地雷使用两个 RO-7-Ⅱ 型压发引信。全重 9.6 公斤、长 395 毫米，宽 230 毫米，高 135 毫米。引信动作压力为 1960～4410 牛顿。

【PT-Mi-Ba-Ⅲ型防坦克地雷】 一种反坦克履带地雷。用于破坏坦克履带和行走机构，1973 年投产，现在捷克斯洛伐克陆军使用。地雷呈扇圆形。雷壳用棕褐色酚醛塑料制成，内装梯恩梯炸药 7.2 公斤，配用 RO-7-Ⅱ 型压发引信。塑料提把位于地雷底部侧面。运输时可以推进去。全重 10 公斤，直径 330 毫米，高度 108 毫米。引信动作压力为 1960 牛顿。

【PP-Mi-Ba 防步兵地雷】 一种圆形塑料结构爆破型防步兵地雷。装备捷克陆军。全重 340 克，直径 150 毫米，高度 60 毫米。塑料雷壳，装药为 200 克梯恩梯炸药，动作压力是 5～9.8 牛顿。

【PP-Mi-D 防步兵地雷】 一种木壳结构的爆破型防步兵地雷。现装备捷克陆军。全重 500 克，长 135 毫米，宽 105 毫米，高 55 毫米。装药为 200 克梯恩梯炸药。配用 RO-1 拉发引信，动作压力为 40 牛顿。

【PP-Mi-Sb 防步兵地雷】 一种破片型防步兵地雷。由捷克制造，装备华约成员国。雷体用混凝土制作，其上嵌有钢质破片，但外表面是光滑的。当外力作用到绊线上时，拉出保险销，击针在压缩弹簧作用下掸击雷管，使地雷爆炸。全重 2.1 公斤，直径 75 毫米，高度 140 毫米。装药为 75 克梯恩梯炸药。配用 UPM-1 拉发引信，动作拉力为 9.8 牛顿。

【PP-Mi-SK 防步兵地雷】 一种破片型防步兵桩雷。由捷克制造。装备华约成员国。该雷外青有 6 排预制破片槽。雷顶中心部有引信室，配用 RO-2 拉发引信。雷下部有一个孔，便于设置于桩上。当外力作用到绊线上时，拉出保险销，击针失去控制，在弹簧作用下撞击雷管，使地雷起爆。全重 1.6 公斤，直径 60 毫米，高度 137 毫米，装药为 75 克梯恩梯炸药，铸铁雷壳。

【PP-Mi-Sr 防步兵地雷】 一种破片型防步兵跳雷。装备捷克陆军和华约成员国军队。该雷是圆柱形金属结构，主要有雷体和抛射筒组成。雷体置于抛射筒中，破片是用钢筋预制的碎块，嵌

在雷体内壁和外壁之间。雷体中心为引信室，两侧有装药口和雷管室。当压力作用到 RO-8 压发引信上或外力作用到 RO-1 拉发引信的绊线上时止动钢珠滚出滑槽，释放击针，击针在弹簧作用下撞击火帽，点着抛射药，将弹体从抛射筒中抛出。当离地 1 米高时，地雷起爆。全重 3.2 公斤，直径 102 毫米，高度 152 毫米，装药为 325 克梯恩梯药。动作压力是 29～58 牛顿。动作拉力是 39～78 牛顿。

【空心装药防坦克地雷】 一种破坏坦克履带或车底地雷。现在匈牙利陆军使用。地雷的壳体由纸板和胶木板制成。四周是纸板，雷盖和雷底是胶木板，外面包有一层帆布。该雷主装药由固定在雷侧上部四周的纸板衬托着。引信室在雷底。配用压发引信。另带有一个 L 形金属触发杆。全重 5.7 公斤，直径 298 毫米，高度 142 毫米。引信动作力为 4410 牛顿。

【匈牙利多用途防坦克地雷】 用来破坏、攻击坦克的履带、车底或侧甲地雷。该雷采用聚能装药结构，可以配用 4 种不同类型的引信，其中一种是触发杆引信。此雷具有防冲击波诱爆和一定的抗机械扫雷的能力。全重 9 公斤，直径 300 毫米。

【M49 防步兵地雷】 一种木制爆破型防步兵地雷。现装备于匈牙利陆军。该雷由两部分组成，上雷体和下雷体。两部分用铰链相连接，引信设置在自由端。当外力作用到绊线上时，拉出保险销，击针失去控制，在弹簧作用下撞击雷管使地雷起爆。全重 330 克，长 185 毫米，宽 50 毫米，高 58 毫米。装药为 75 克梯恩梯炸药。配用拉发引信，动作拉力为 9.8 牛顿。木质雷壳。

【M62 防步兵地雷】 一种爆破型防步兵地雷。现装备匈牙利陆军。雷体由塑料制成，而转轴、保险销、引信和击针、击针簧，以及卡销为金属件。当压力作用到雷盖上时，雷盖绕转向下旋转，自由端推动翼状销向下，拉出保险销。击针在弹簧作用下撞击雷管，使地雷起爆。全重 318 克，长 187 毫米，宽 50 毫米，高 65 毫米。装药为 75 克梯恩梯炸药。配用压、拉两种引信，动作压力为 15～44 牛顿。

【Ramp 防步兵地雷】 一种条形防步兵地雷。该雷由匈牙利制造。雷体用薄钢板制成。在细长的雷体中装 4 块炸药块，配用的引信是一种具有压缩弹簧的机械式引信，设置时用一块金属支撑在压缩弹簧的机械式引信，设置时用一块金属支撑

着。当压力作用到架高的一端时，稗舌从击针孔中被推出，击针被释放，在弹簧作用下撞击火帽，使雷管和地雷起爆。全重 1.36 公斤，长 475 毫米，宽 50 毫米，厚 30 毫米。装药为 0.816 公斤梯恩梯炸药。配用压、拉两种引信，动作压力为 44 牛顿。

【波兰塑料防坦克地雷】 一种反坦克履带地雷。用于破坏中型坦克的履带和行走机构。该雷呈扇圆形，塑料雷壳。主引信室位于雷体中央的上部，配用压发引信，主雷的侧面有一副引信室。全重 6 公斤，直径 315 毫米，高度 80 毫米。

【MinAcNMAET1 型防坦克地雷】 一种反坦克履带地雷，用于破坏坦克履带及行走机构，现已装备巴西陆军使用。这是一种非金属地雷。呈方形，有一个塑料提手，主装药采用 Trotil 炸药。该雷使用压发绌信，并可配用 T1 和 T1A 型两种动作压力不同的传压机构。全重 8 公斤。外形尺寸：225×225×155 毫米。装药量为 7 公斤。动作压力是 588～1960 牛顿。

【MinAPNMAET1 防步兵地雷】 一种非金属爆破型防步兵地雷。装备巴西陆军。该雷装填朋托列特炸药，扩爆药为太恩。全重 420 克，直径 85 毫米，高度 95 毫米。塑料雷壳材料，配用压发引信，动作压力为 167 牛顿。

【MAA-1 型防坦克地雷】 一种反坦克履带地雷。用于破坏坦克的履带及行走机构，该雷现为阿根廷陆军新装备。该雷呈圆形，雷壳由梯恩梯炸药加 7～8% 的棉纱制成，壳的厚度 5～10 毫米。内装梯恩梯炸药。雷体顶部有一传压板，也是梯恩梯炸药加 7～8% 棉纱制成。当地雷受到 1470 牛顿以上压力时，引信动作，使地雷爆炸。

【FMK-3 型防坦克地雷】 一种反坦克履带地雷。由阿根廷制造，用于破坏坦克的履带及行走机构，并在马尔维纳斯群岛英阿战争中使用。地雷呈方形，雷壳由塑料制成，内装炸药块，药块上部有一个供安装 FMK-1 型防步兵地雷的圆孔，雷侧有一绳索提手。长 240 毫米，宽 240 毫米，高 90 毫米。配用 FMK-1 型防步兵地雷。

【FMK-1 防步兵地雷】 一种非金属爆破型防步兵地雷。装备于阿根廷武装部队，并在马尔维纳斯与英军对抗中应用。雷壳用塑料注塑成型，呈圆形，壳体较薄。在贮藏和运输时，该地雷两根安全保险销被一条长的黄色带子固定。同时该带子还把一个钢垫圈和一个小型钢圈固定在地雷适当位置，小型钢圈被安置于压发引爆系列的上部。该雷既可作防步兵地雷，也可用于起爆 FMK-3 型防坦克地雷。直径 82 毫米，高度 43 毫米。

【MAPG 防步兵地雷】 一种普通的圆柱形金属防步兵地雷。现装备于阿根廷陆军和海军陆战队的特种部队。该雷引信安装于地雷顶部既可设置成拉发状态，也可设置成压发状态。全重 2.6 公斤。主装药是梯恩梯，传爆药是黑索金，主装药和传爆药重 0.4 公斤。动作压力为 88～117 牛顿，动作拉力为 18～34 牛顿。

【MAPPG 防步兵地雷】 一种破片型防步兵跳雷。现装备于阿根廷陆军和海军陆战队特种部队。该雷在外观方面类似于 MAPG 雷。当外力作用到压发引信或绊线上时，引起抛射引信动作，抛射药将雷体抛到一定高度爆炸，而后由于爆炸作用，使破片向四周散射，杀伤目标。全重 2.6 公斤。金属雷壳，配用压、拉两用引信，动作压力是 88～117 牛顿，动作拉力是 18～34 牛顿。装药量为 0.4 公斤。

【M6 防步兵地雷】 一种普通形防步兵地雷。现装备于委内瑞拉陆军。该雷使用拉发摩擦引信。当外力作用到绊线上时，拉动引信，引起地雷爆炸。壳体直径 140 毫米，带盖时为 152 毫米，高度 79 毫米。

【Cardoen 防坦克地雷】 一种反坦克履带地雷。用于破坏重型坦克履带及行走机构，现已在智利陆军中使用。该雷呈扁圆形，金属雷壳。雷体中央有一引信室，它的上面是传压板。该雷配用压发引信，雷侧有一提手。当坦克压上地雷时，引信动作，使地雷爆炸。全重 14 公斤。直径 380 毫米，高度 150 毫米。装药量为 9.5 公斤。

【Cardoen Ⅱ 防步兵地雷】 一种既可用来杀伤步兵，也可用来对付轻型车辆的地雷。装备智利陆军。该雷由两部分组成，炸药装在雷体中。为了有效地对付车辆，装药制成圆锥状，并且中心位置有一个引信室。雷盖外表面具有加强筋，可以一直套到雷体较低的位置。全重 770 克，直径 113 毫米，高度 83 毫米。装药量为 330 克。配用压发引信，动作压力为 98～137 牛顿。

【Cardoen 防步兵地雷】 一种定向破片型防步兵地雷。装备于智利陆军。该雷雷体形状为带弧形的长方形。其中一面有预制破片。雷顶部中间位置有一个狭长的窥视瞄准孔，其两侧有两个起爆雷管室。雷体下部两侧位置有两对剪刀形支腿。该雷通常装在帆布袋中，以便携带。该雷瞄准目标后，拉发起爆器、经延期后起爆、冲击波经 Nonel

管到 8 号雷管，使用管起爆，从而装药爆炸，使破片向一个方向散射出去。破片飞散角 60°，破片飞散高度 2.5 米，破片飞散危险距离 250 米。

【A/PHE 防步兵地雷】　一种爆破型防步兵地雷。装备于南非武装力量。该雷雷体用塑料制成，内装 58 克钝化黑索金。防潮性能较好。颜色为深黄。配用机械压发引信，全重 126 克，引信重量 6.5 克。动作压力的 29～68 牛顿。

【2 号防步兵地雷】　一种定向破片型防步兵地雷。装备于南非武装力量。雷体呈弧形，是用聚苯乙烯塑料制成。其中一面嵌有钢球，内装 680 克塑性炸药。雷顶部有两个雷管室。在雷室中间有一个简易瞄准具。雷体下面有两对剪刀形支腿。全重 1.58 公斤。配用电雷管起爆引信。有效杀伤距离为 50 米。

【6 号防坦克地雷】　一种反坦克履带地雷。由以色列制造，用于破坏坦克履带和行走机构。地雷呈扁圆形，钢制雷壳，雷体上部有一直径 200 毫米的塔形传压板，雷侧有一提手，配用 N0·61 压发引信。全重 9 公斤，直径 205 毫米，高度 110 毫米。装药为 6 公斤梯恩梯炸药。

【8 号防坦克地雷】　一种反坦克履带地雷。用于破坏坦克的履带和行走机构。雷壳用热塑性塑料制成，内装黑索金／梯恩梯混合炸药 7.4 公斤。该雷除引信中的击针是金属材料外，其余均为非金属材料。地雷的传压板位于雷体顶部，并印有伪装的不规则花纹。雷侧有一个绳索提手。地雷上设有运输保险栓。全重 7.4 公斤，配用压发引信。动作压力为 1470～2150 牛顿。

【4 号防步兵地雷】　一种长方形的塑料爆破型防步兵地雷。装备于色列陆军。雷盖可以盖到雷体底部。雷盖一侧用铰链与雷体相连接。当雷盖受到 78 牛顿力作用时，引信就动作。主装药爆炸。全重 350 克，长 136 毫米，宽 67 毫米，高 52 毫米。装药为 180 克梯恩梯炸药。

【10 号防步兵地雷】　一种圆柱形爆破型防步兵地雷。装备以色列陆军。雷壳是用塑料制成的。该雷有一个安全帽，平时起保护雷体作用。全重 120 克，直径 70 毫米，高度 75 毫米。配用压发引信。装药为 50 克梯恩梯炸药。动作压力是 147～343 牛顿。

【12 号防步兵地雷】　一种破片型防步兵跳雷。该雷由以色列制造，现装备以色列、阿根廷、乌干达等国家陆军。雷体用铸铁制造，有一个 4.5 秒的延期引信，引信是具有 3 个触角的拉发、

压发、松发装置。当外力作用到绊线上后，引信动作，首先点着抛射药。使雷体抛到空中大约 1 米的高度时爆炸。全重 3.5 公斤，直径 102 毫米，高度 159 毫米。装药为 250 克梯恩梯炸药。

【M1A3 绊发照明雷】　该雷适用于警戒报警和照明之用，现为以色列陆军新装备。该雷由雷体、点火机构、固定桩和绊线等组成。雷体采用塑料壳，内装照明剂 210 克，绊线长度 10 米。当绊线受到触动或者切断时，点火机构即动作，使照明剂燃火。全重 560 克，直径 62 毫米，高度 130 毫米。照明时间约 1 分钟，发光强度 70000 坎。

【63 式防坦克地雷】　是一种非磁性反坦克履带地雷。60 年代中期装备日本自卫队。地雷呈扁圆形，配用压发引信，具有良好的防水密封性能。当坦克压上地雷时，传压板压缩硬橡皮环，击针解脱，撞击火帽，使地雷爆炸。全重 14.5 公斤，直径 305 毫米，高度 216 毫米。装药量为 11 公斤 B 炸药。动作压力是 1774 牛顿。

【72 式防坦克地雷】　是一种反坦克履带地雷。70 年代初装备日本自卫队。地雷外形呈扁圆形，是一种无壳地雷，配用压发引信。当坦克压上地雷时，引信动作，地雷爆炸。

【SKg4 型防坦克地雷】　一种反坦克履带地雷。用于破坏坦克履带和行走机构。现在土耳其陆军中使用。该雷为圆形，金属雷壳，雷顶部和底部镀锌。雷体中央有一引信室，雷侧有一提手。全重 6.48 公斤，直径 254 毫米，高度 78 毫米。配用压发引信。装药为 4.49 公斤梯恩梯炸药。引信动作压力是 735 牛顿。

【巴基斯坦非金属防坦克地雷】　一种反坦克履带带地雷。用于破坏坦克的履带和行走机构，现已为巴基斯坦武装部队新装备，雷体呈扁圆形，内装梯恩梯炸药，中央放一 135 克重的塑料防步兵地雷。上部凸起的压盖由塑料制成。雷侧有一帆布提手。当坦克压上地雷时，防步兵雷受力爆炸，从而使地雷的主装药爆炸。

【巴基斯坦防步兵地雷】　一种爆破型防步兵地雷。雷体用塑料制成，雷体中装填特屈儿炸药，雷底座是一个旋转开关，在敷设时可设时可将其旋转到战斗状态。雷体上有一根细长绳，如果需要转到战斗状态。可用它将地雷固定到一根桩上。配用巴基斯坦防坦克地雷雷管。全重约 135 克。

【P3MK2 防步兵地雷】　一种破片型跳雷。装备巴基斯坦武装部队。该雷由抛射筒、雷体和引信等部分组成。抛射筒为金属材料制成。雷体

为 ARGES-69 手榴弹，倒置于抛射筒中，底部置以小黑火药块。当压力作用到雷顶或绊线上时，引信移至雷体一侧。当引信被触发时，在雷体底部的小黑火药块点燃。将倒置于抛射筒中的手榴弹抛出，当抛到 1.25-2 米高度时，手榴弹爆炸，从而使破片向周围散射。有效致命杀伤半径为 25 米。

【P5MK1 防步兵地雷】　一种定向破片型防步兵地雷。装备巴基斯坦武装部队。雷体用密胺塑料制造，用螺丝将其固定到剪刀形支撑框架上。地雷主壳体为聚苯乙烯塑料，嵌有 760 个钢珠。雷顶部有两个雷管室，在雷管室之间有一个简易瞄准具。地雷破片高度和定向弧能用金属支撑框架上的两个蝶形螺母调心。该雷可以绊发起爆，也可用电远距离起爆。雷管起爆后，引起雷体内炸药爆炸，使破片向前散射。全重 1.6 公斤。

【PPM-2 防步兵地雷】　越南军队经常使用的一种爆破型塑料压发防步兵地雷。地雷呈扁圆形，压盖直径为 8 厘米，雷壳底部直径为 10.25 厘米，中间最大直径为 12.5 厘米，雷高 6.5 厘米。全重 350 克。雷体内装 120 克梯恩梯炸药和一枚长 3.5 厘米、直径为 0.7 厘米的特制金属电雷管。该雷使用压发引信，当 147～294 牛顿的外力作用到雷盖上时，雷盖向下并压到压电引信，压电引信产生电压，电流通过导线使电雷管起爆，从而引起主装药爆炸。

【MN-79 防步兵地雷】　一种爆破型防步兵地雷。现装备越南军队。雷体用塑料制成，呈草绿色，压盖呈黑色，壳体上面边缘标有 "K" 和 "M" 字样，压盖上标有黄色箭头。当箭头指向 "K" 时为安全状态，指向 "M" 时为战斗状态。当外力作用到压盖上时，使压盖下移，迫使碟簧突然翻转，击发雷管，使地雷起爆。直径 51 毫米，高度 37 毫米。配用整体式压发引信，动作压力为 127～196 牛顿，装药是 28 克混合炸药。

【DH-3 防步兵地雷】　一种长方形的定向破片型防步兵地雷，现装备越南军队。雷体是用薄钢板制造的。雷体前部向内凹进，且嵌有钉制破片。破片后面为炸药层。雷体后部是平的。地雷外壳上有一个箭头，箭头指向就是地雷爆炸的时破片飞散的方向。长 68 毫米，宽 52 毫米，厚 26 毫米。

【DH-5 防步兵地雷】　一种类似碟状的破片型防步兵地雷。现装备越南军队。该雷由薄钢板制成。破片用锻铁条切割而成，破片尺寸为 8×8×3 毫米。这种雷有两个引信室，一个在雷顶部中间，另一个在雷侧面，直径 115 毫米，高度 30 毫米。

【MDH-7 防步兵地雷】　一种定向破片型防步兵地雷。现装备越南军队。该雷是用薄钢板冲制而成的，雷体呈扁圆形，一面向内凹进，另一面向外凸出。该雷主要由雷壳、装药、破片点火具和固定装置几部分组成。在雷体的凹进部位有一层密集的细钢筋头制成的破片，破片间注满沥青。雷体中装梯恩梯炸药 1.587 公斤，中心位置有传爆药室，内装传爆药柱。这种定向雷一般用电远距离操纵起爆，主要杀伤密集的敌方人员，也可用来在铁丝网中开辟通路。全重 3.8 公斤，直径 200 毫米，厚度 51 毫米。破片数目为 420 块，密集杀伤距离为 70 米。

【MDH 防步兵地雷】　一种定向破片杀伤雷。现装备越南军队。雷体呈弧形，其凸面朝向敌方。雷顶部有一个红色箭头，表示在设置时应指向目标。雷顶部还有一个凹槽，是用来瞄准目标的观察孔。雷正面向里凹进 5 毫米深，长 230 毫米、宽 34 毫米，高 86 毫米。

【DH-10 防步兵地雷】　一种扁圆形的定向破片杀伤雷。现装备越南军队。雷体面向里凹进，另一面凸出。在凹进的一面大约有 450 个 12.7 毫米长的钢筋破片，嵌在铸装的梯恩梯炸药中。引爆室在雷体后部中间，用电雷管起爆，通常用来反击暴露的敌方人员或轻型车辆。全重 9.072 公斤，直径 458 毫米，厚度 102 毫米。

【STM-1 型防坦克地雷】　一种反坦克履带地雷。由新加坡制造，用于破坏中型坦克履带及行走机构。雷壳由外磁性材料制成，呈浅褐色。引信室位于雷体中央。雷侧有一提手，由细绳搓合而成，并用塑料套套紧固。该雷具有良好的防水性能，可设置在水深 1 米的浅滩或江河岸边。全重 7 公斤，直径 300 毫米，高度 95 毫米。配用压发引信。动作压力为 2205～4900 牛顿。

2、水雷、深水炸弹

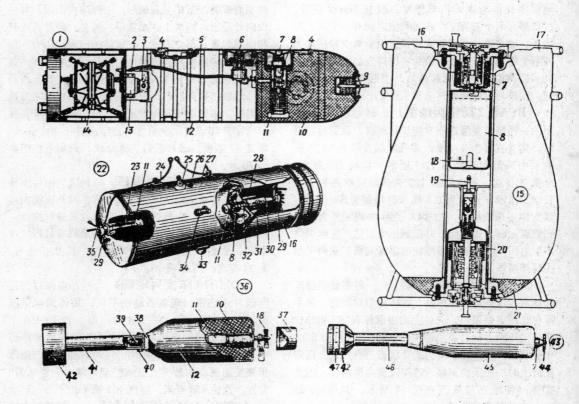

图 5—4　水雷、深水炸弹

1—14.潜布非触发水雷：　2.水雷电池组　3.沉雷器　4.导子　5.保险板　6.定时器　7.传爆管遣送器　8.传爆管　9.铅块　10.炸药　11.辅助传爆管　12.雷壳　13.失效器　14.非触发引信；15—21.深水炸弹；16.弹尾　17.稳定器　18.起爆管座　19.起爆管　20.引信　21.弹头　22—25.反潜航空炸弹：　23.传爆管套　24.吊耳　25.吊环　26.吊环累纹孔　27.拉绳(用于炸弹与飞机脱离时去掉保险栓)　28.橡皮垫　29.保险销定位器　30.保险栓支架　31.弹尾水压引信　32.加药孔盖　33.单吊耳　34.保险栓耳轴　35.带叶轮的弹头引信；　36—42.深水炸弹(由多管发射炮发射)：37.引信护罩　38.壳体底部　39.发射药　40.定位销　41.尾管　42.稳定圈；43—47.火箭式深水炸弹：44.(引信)叶轮　45.弹头　46.喷气发动机　47.接触环。

【MK—36 型水雷】　一种浅底水雷。该雷是用 MK—82 系列航弹改装的浅水速击系列水雷，50 年代末装备美军。该雷由飞机布设，布深与定深为 5～55 米。使用磁、声、水压三种引信。全重 259 公斤，装药量为 116 公斤。

图 5—5　MK-36 型沉底雷

【**MK-40 型水雷**】　美国研制的一种浅底水雷。是用 MK-82 系列航弹改装的浅水速击系列水雷，50 年代末装备美军。该雷由飞机布设，使用磁、声、水压三种引信。全重：447～502 公斤。

【**MK-41 型水雷**】　一种浅底水雷。是用 MK-82 系列航弹改装的浅水速击系列水雷，50 年代装备美军。该雷由飞机布设，使用磁、声、水压三种引信。全重 951 公斤。

【**MK-52 型水雷**】　一种浅底水雷。该雷由美国制造，于 1958 年装备部队。水雷由飞机布设，布深与定深为 45.7～182 米。该雷使用磁、声、水压三种引信。全重 540 公斤，装药量为 284 公斤。长 2.3 米，直径 0.337 米。

图 5—6　　MK52 型沉底雷

【**MK-55 型水雷**】　一种浅底水雷。该

图 5—7　　MK55 型沉底雷

雷由美国制造，于 1961 年装备部队。水雷由飞机

布设，布深与定深为 44.7～182 米。该雷使用磁、声、水压三种引信。全重 963 公斤，装药量为 586 公斤。长 2.9 米，直径 0.591 米。

【**MK-56 型水雷**】　一种锚式水雷。该雷由美国制造，于 50 年代装备部队。水雷由飞机布设，布深与定深为 365 米。该雷使用磁梯度引信。全重 934 公斤，装药量为 159 公斤。长 3.5 米，直径 0.591 米。

图 5—8　　MK56 锚雷

【**MK-57 型水雷**】　一种锚式水雷。该雷由美国制造，玻璃钢壳体。水雷由潜艇布设，布深与定深为 350 米。该雷使用磁梯度引信。全重 935 公斤，装药量为 154 公斤。长 3.1 米，直径 0.533 米。

【**MK-60 型水雷**】　一种深锚水雷。该雷由美国制造，于 1989 年装备部队。是鱼水雷结合的一种水雷，战斗部为 M-46-4 型鱼雷。水雷使用主、被动声引信，飞机潜艇均可布设，布深与定深为 762 米。全重 907 公斤，装药量为 44 公斤。长 3.7 米，直径 0.533 米。

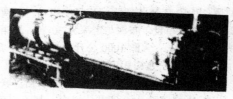

图 5—9　　MK60 型捕手式水雷

【**中等深度水雷**】　一种火箭上浮式水雷。由美国制造，目前处于研制阶段。据有关专家估计，这钟水雷单价约为 13.4 万美元。该雷由潜艇布设，布深与定深为 50～300 米。全重 1136 公斤，装药量为 227 公斤。长 3.65 米，直径 0.533 米。

【**MK-67 型水雷**】　一种浅底水雷。该雷由美国制造，是在 MK-37-Ⅱ型鱼雷基础上改装的自航式水雷，单价约为 6 万美元。该雷使用磁、水压、地震波引信，由潜艇布设，布深与定深为 4

～100 米。全重 810 公斤，装药量为 144 公斤。长 3.55 米，直径 0.481 米。

【MK-65 型水雷】 一种浅底水雷。由美国制造，属浅水速击系列。据有关专家估计单价约为 1.5 万美元。该雷使用磁、水压、地震波引信，飞机，舰艇均可布设，布深与定深为 4～100 米。全重 1086 公斤，装药量为 202 公斤。长 3.3 米，直径 0.734 米。

【АПМ 型水雷】 一种空漂水雷。由苏联制造，1956 年装备部队。该雷使用触发引信，由飞机布设，布深与定深 2～7 米。战斗服役期为 10 昼夜。全重 825 公斤，装药量为 200 公斤。长 2.65 米，直径 0.63 米。

【ИГДМ 型水雷】 一种浅底水雷。苏联制造。1955 年装备部队。该雷使用磁、水压两种引信，飞机舰艇均可布设，布深与定深为 50 米。战斗服役期为 12 个月。全重 1000 公斤。装药量为 620 公斤。长 3.13 米，直径 0.63 米。

【СЕРПЕИ 型水雷】 一种浅底水雷。苏联制造，1956 年装备部队。该雷使用磁、次声两种引信，飞机、舰艇均可布设，布深与定深 50 米。战斗服役期为 12 个月。全重 1000 公斤，装药量为 700 公斤。

【АМД-2М 型水雷】 一种浅底水雷。苏联制造，1956 年装备部队。该雷使用被动声、磁两种引信，飞机、舰艇均可布设，布深与定深为 50 米。战斗服役期为 12 个月。全重 1000 公斤，装药量为 700 公斤。长 2.8 米，直径 0.533 米。

【ТУМ 型水雷】 一种遥控浅底水雷。苏联制造。1959 年装备部队。该雷使用电、磁两种引信，由舰艇布设，布深与定深为 30 米。战斗服役期为 12 个月。全重 1000 公斤，装药量为 700 公斤。长 2.8 米，直径 0.533 米。

【ЛИРА 型水雷】 一种浅锚雷。由苏联制造，1955 年装备部队。该雷使用声、超声引信，由飞机布设，布深与定深分别为 3 米、50 米、10 米、15 米和 25 米。全重 980 公斤，装药量为 250 公斤。长 2.65 米，直径 0.63 米。战斗服役期为 48 个月。

【КБ-КРАБ 型水雷】 一种浅锚水雷。由苏联制造，1952 年装备部队。该雷使用被动声、超声引信，用舰艇布设，布深与定深为 9 米、14 米、19 米、24 米、30 米。全重 1090 公斤，装药量为 230 公斤。长 2.16 米。战斗服役期为 24 个月。

【KAM 型水雷】 一种浅锚水雷。由苏联制造，于 1958 年装备部队。该雷使用被动声、主动超声引信，用舰艇布设，布深与定深为 20 米、25 米、30 米、35 米、40 米。战斗服役期为 48 个月。全重 1250 公斤，装药量为 300 公斤。直径 0.875 米。

【KCM 型水雷】 一种中深锚水雷。由苏联制造。于 1957 年装备部队。该雷使用电引信，用舰艇布设，布深与定深为 200 米。战斗服役期限为 48 个月。全重 1300 公斤，装药量为 150 公斤。

【KPM 型水雷】 一种中深锚水雷。亦称火箭喷射上浮式水雷。由苏联制造，于 1958 年装备部队。该雷使用被动声、主动超声引信，由舰艇布设，布深与定深为 210 米。长 2.8 米，直径 0.6 米。装药量为 100 公斤。

【ClusterBay 型水雷】 一种深锚水雷。该雷是苏联最新的火箭上浮式机动水雷、布放在大陆架。此雷使用主、被动声引信，飞机、舰艇、潜艇均可布设。

【ClusterGulf 型水雷】 一种深锚水雷。该雷是Ⅱ型的改进型，布放深度增加，用于大陆架边缘区。此雷使用主、被动声引信，飞机、舰艇、潜艇均可布设。

【TSM3510 型水雷】 一种浅底水雷。该雷由法国制造。使用磁、声两种引信。由潜艇布设，布深与定深为 12～150 米。战斗服役期大于 48 个月。全重 850 公斤，装药量为 600 公斤。长 2.368 米。直径 0.533 米。

【TSM3530 型水雷】 一种浅底水雷。该雷由法国制造，使用磁、声两种引信。由舰艇布设，布深与定深为 12～100 米。战斗服役期大于 48 个月。全重 1500 公斤，装药量为 1000 公斤。高 1.1 米，直径 1.2 米。

【GI 型水雷】 一种水底类水雷。该雷由联邦德国制造，使用磁、声、水压 3 种引信。水雷用潜艇布设，直径为 0.533 米。

【MR-80 型水雷】 一种水底类水雷。该雷由意大利制造，玻璃钢壳体，有有线和无线遥控装置，于 1989 年装备部队。该雷使用磁、声、水压任意组合引信，由飞机、舰艇或潜艇布设，布深与定深为 8～300 米。战斗服役期为 17～33 个月。此雷共有 3 种型号，A 型：全重 1100 公斤，装药量为 850 公斤，长 2.97 米；B 型：全重 800 公斤，装药量为 600 公斤，长 2.29 米，直径 0.533

米；C型：全重 600 公斤，装药量为 400 公斤，长 1.74 米。

【曼塔水雷】 一种水底类水雷。该雷由意大利制造，于 80 年代初装备部队。水雷使用磁、声引信，有线遥控。由舰艇或水下布雷车布设，布深与定深为 2～100 米，战斗服役期大于 12 个月。全重 220 公斤，装药量为 100 公斤。雷高 0.38 米，直径 0.98 米。

【罗坎水雷】 一种浅底水雷。该雷瑞典制造，玻璃钢壳体，外形呈龟形。使用磁、水压引信，布深与定深为 5～100 米。全重 180 公斤，装药量为 100 公斤。

【80 式水雷】 一种深锚水雷。该雷由日本制造，是火箭上浮式水雷，1980 年定型，1982 年批量生产。布深与定深为 1000 米。

【"KX"深海水雷】 日本研制。直径约 1 米，磁性-音响联合引信，可布放在 1000 米深的海底。该水雷周围以无反射特征的胶质物包裹，声纳探测不到。水雷在海底由特别纤维绳固定。主要用于打击在深水区活动的敌潜艇。当潜艇产生的音响和磁场变化作用于水雷引信时，水雷便施放出一枚自导鱼雷，追踪并摧毁目标。

【海甲式水雷】 中国抗日战争时期制造。雷身为圆筒形，高 34 英寸，直径 30 英寸，上部为浮力筒，下部为装药室，可装药 300 磅，适用于爆破码头等建筑物。

【海乙式水雷】 中国抗日战争时期制造。略同海甲式水雷，雷顶添装保险机，改 4 个触角为 5 个。可以敷设于江河之中。

【海丙式水雷】 中国抗日战争时期制造。该式水雷为圆锥形，雷高 23 英寸，上部直径为 30 英寸，下部直径为 15 英寸，前者为装药室，后者为浮力筒，可装药 300 磅。其中"视发水雷"，属水陆两用式。主要用于防区要点及破坏桥梁、铁道等。

【海丁式触发水雷】 中国抗日战争时期制造。雷高 28 英寸，直径 26 英寸，装药量 270 磅。能在水中浮动，利用水流随波向敌舰迎击。

【RBU-1800 型深水炸弹】 苏联制造。1955 年装备部队。此弹火箭发射，火箭管长 1.6 米，管数 5 根，安装形式上 3 根，下 2 根。弹径为 250 毫米，射程 1800 米，射速每秒 1 发。

【RBU-2500 型深水炸弹】 苏联制造。1957 年装备部队。此弹火箭发射，火箭管长 1.6 米，共 16 根管，安装形式分两排，每排 8 根。每排的边缘 2 根和中间 4 根有一定距离。弹重约 200 公斤，弹径 250 毫米，射程 2500 米。

【RBU-2500A 型深水炸弹】 苏联制造。1960 年装备部队。此弹由火箭发射，火箭管长 1.6 米。共有 12 根管，安装形式成"八"字排列。弹重 180 公斤，弹径 250 毫米，射程 6000 米。

【RBU-4500 型深水炸弹】 苏联制造。1962 年装备部队。此弹用火箭火射，火箭管长 1.5 米，共有 6 根管，安装形式为左边 3 根，右边 3 根。弹径 300 毫米，射程 4500 米。

【RBU-4500A 型深水炸弹】 苏联制造。1962 年装备部队。此弹用火箭发射，火箭管长 1.8 米，管数为 6 根，安装形式成"门"形。弹径 300 毫米，射程 4500 米。

【"特尼"深水炸弹】 该弹由挪威制造。火箭发射。火箭管长 2 米，管数共 6 根，安装形式成"一"字形排列。弹径 375 毫米，射程 3000 米，每 5 秒齐射 6 发。

3、鱼雷

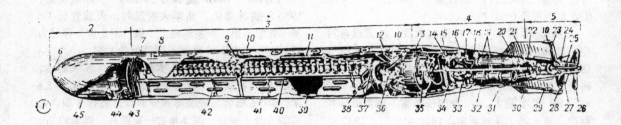

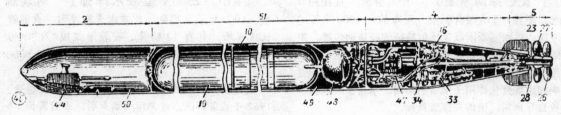

图 5-10　鱼雷

1-45.电动鱼雷；　2.战雷头　3.畜电池舱　4.后舱　5.雷尾　6.直吊环　7.电池组正极电缆　8.塞盖　9.燃氢器　10.导子　11.燃氢器馈线　12.排气阀　13.电动机　14.深度指示器　15.减压阀　16.板机　17.锁气阀　18.充气阀　19.空气瓶　20.电池组充电插座　21.通风排气管　22.通风进气管　23.上直舵　24.横鳍　25.横舵　26.后螺旋桨　27.前螺旋桨　28.下直舵　29.电缆导管　30.直鳍　31.尾舵接合隔板　32.主传动轴　33.方向仪　34.定深器　35.起动接触器　36.保险丝　37.电池组负极电缆　38.电池组固定尾横梁　39.绝缘垫片　40.凸缘　41.电池箱　42.固定拉杆　43.隔舱　44.爆发器　45.进水管；　46-51.蒸汽瓦斯鱼雷；　47.主机　48.油舱　49.水舱　50.装药　51.气舱

【"捕手"式反潜鱼雷】　美国制造。一种有自导装置的水中兵器。由锚装置、探测装置、目标识别装置、激活装置、保险及解除保险装置和灭雷及弃雷装置组成，另外还有一枚用作战斗部的MK46 鱼雷。鱼雷入水后，下沉到设定深度，发射附件和锚装置自动解脱。鱼雷由于其本身的自浮力，便头朝下尾朝上垂直浮在水中。下端用锚固定在海底。一旦探测到目标并经识别为敌舰时，立即发射鱼雷。"捕手"鱼雷的布设深度至少可达300米。从水面舰艇和飞机上发射的鱼雷直径为533毫米，雷长370毫米，重1080公斤，重心距离雷首135厘米；从潜艇发射的，直径为335厘米，重935公斤，重心距雷首120厘米。MK46鱼雷直径324毫米，雷长2.6米。

【MK37-0／3型鱼雷】　美国制造。全长3.52米，直径483毫米，全重645公斤，动力为电池。航速24节（3型）。射程8公里，作战深度270米，战斗部150公斤高爆炸药，制导为主被动声导，装备平台为潜艇、水面舰艇。

该鱼雷1957年进入现役，3型1967年进入现役。正由MK48型鱼雷代替。原设计为潜艇发射，后改为水面舰只用MK23或MK25鱼雷发射管发射。

【MK37-1／2型鱼雷】　美国制造。全长4.09米，直径483毫米，全重766公斤、657公斤（教练弹），动力为电池，航速24节，射程8公里，作战深度270米（2型）；战斗部150公斤高爆炸药，制导为线导，装备平台为潜艇。该型鱼雷在体积和制导方式上与MK37O型、3型有所不同，后者为自航式鱼雷。

【MK-43 型鱼雷】 美国研制的一种反潜鱼雷。该型鱼雷直径 324 毫米，重量为 120 公斤。装备飞机，配合"阿斯洛克 MK32"使用。

【MK44-1 型鱼雷】 美国研制的一种反潜鱼雷。该型鱼雷长 2.6 米，直径 324 毫米，航速 40 节，航程 5000 米，航深 300 米，全重 233 公斤。装药重 40 公斤。采用电动机为动力主动声自导。装备水面舰艇和飞机

【MK45F 型鱼雷（阿斯托 2 型）】 美国研制的一种反潜鱼雷。该型鱼雷长 5.72 米，直径 484 毫米，航速 40 节，航程大约为 15000 米，航深 150 米，全重 1300 公斤，装药重约 300 公斤。采用电动为动力、线导或自导。装备潜艇和水面舰艇。

【MK46-1/2 型反潜鱼雷】 美国制造。全长 2.59 米，直径 324 毫米，全重 230 公斤，动力为奥托液体燃料，般速 40 节，射程 11 公里，作战深度 760 米，战斗部 44 公斤炸药，制导为主被动声导，装备平台为水面舰艇、反潜机。MK46 鱼雷是一种深潜、高速反潜鱼雷，用于各种反潜系统中。该鱼雷如第一次未击中目标，还可重新进行攻击。

【MK48-1/3/4 型鱼雷】 美国制造。全长 5.8 米，直径 533 毫米，全长 1600 公斤，动力为奥托液体燃料，航速 55 节，射程 38 公里，作战深度 914 米，战斗部 295 公斤炸药，制导方式为线导、主被动声导，装备平台为潜艇。该鱼雷正在研制改装成水面艇艇发射型，目前仅用于潜艇发射。

【MK48-5 型鱼雷】 美国研制的一种反潜、反舰鱼雷。该型鱼雷长 5.85 毫米，直径 533 毫米，航速 55 节，航程 46000 米，航深 1200 米，鱼雷全重 1582 公斤。采用奥托-Ⅱ燃料，斜盘活塞发动机，线导加主、被动声自导。装备潜艇。

【MK50 型鱼雷】 美国制造。全长 2.9 米，直径 324 毫米，全重 363 公斤，动力为化学能推动系统，航速 50 节，制导为主被动声导，装备平台为水面舰艇、反潜机。此型鱼雷正在研制中，预计 1990 年可装备部队。

【PAT-52 型鱼雷】 苏联研制的一种空投反舰鱼雷。该鱼雷长 3.9 米，直径 450 毫米，重 627 公斤，航速 58～68 节，航程 600 米，航深 2～8 米，装药重 243 公斤，采用固体火箭发动机。1952 年装备部队。

【53～65 型鱼雷】 苏联研制的一种反舰鱼雷。该型鱼雷长 7.8 米，直径 533 毫米，重 2000 公斤，航深 2～14 米，装药重 400 公斤。采用氧气蒸汽发动机。装备水面舰艇和潜艇。

【CA3T-60 型鱼雷】 苏联研制的一种潜对舰鱼雷。该鱼雷长 7.9 米，直径 534 毫米，重量 1905 公斤，航速 35～42 节，航程 13000～15000 米，装药重 300 公斤，采用电动机为动力。1960 年装备部队。

【MГT-1 型鱼雷】 苏联研制的一种反潜鱼雷。该型鱼雷长 4.5 米，直径 400 毫米，重量为 510 公斤，航速 28.5 节，航程 6500 米，航深 200 米，装药重 80 公斤，采用电动机为动力，被动声纳制导。1960 年装备部队。

【AT-IM 型鱼雷】 苏联研制的一种反潜鱼雷。该型鱼雷长 4 米，直径 450 毫米，重量为 580 公斤，航速为 27 节，航程 5000 米，航深 20～100 米，采用 SS-N-14 的战斗部，装药重 70 公斤，使用主、被动声纳自寻的制导，电动机为动力。1966 年装备部队。

【7525 重型鱼雷】 英国研制的一种远程、深潜、高速、低噪音、高爆力且自导性能好的新一代反潜、反舰鱼雷。其雷体长 9 米，试验航速 70.5 节，最大航程 40 公里。潜艇可在航速 20 节、水下 500 米内的任意深度上，发射这种鱼雷。7525 鱼雷采用了 300 公斤重的定向能战斗部，可产生一束高速汽化金属喷射流，能在 5 厘米厚的壳体上冲出一个直径为 20 厘米的洞。击中几分钟后，就可使潜艇进水沉没。如攻击目标为水面舰艇。其起爆点可控制在龙骨以下 3～8 米处。据称，一枚 7525 鱼雷即可击沉 4 万吨级以上的目标。7525 鱼雷主要用来取代英弹道导弹核潜艇上的 MK24-0 型和 I 型"虎鱼"鱼雷。它是以苏 A 级核潜艇及 80 年代以后可能出现的大型水下目标为作战对象而设计的。

【MK-8 型鱼雷】 英国研制的一种反舰鱼雷。该型鱼雷长 6.7 米，直径 533 毫米，航速 45 节，航程 4500 米，航深 18 米，动力装置为压缩空气发动机。鱼雷全重 1535 公斤，装药重 300 公斤，采用触发或声响引信。装备水面舰艇或潜艇。

【MK-20 型鱼雷】 英国研制的一种反舰、反潜鱼雷。该型鱼雷长 4.11 米，直径 533 毫米，航速 20 节，航程 11000 米，航深 245 米，采用被动声自导，以电动机为动力。鱼雷全重 820 公斤，装药重 91 公斤。触发或声响引信。装备潜

艇。

【MK-23型鱼雷】 英国研制的一种反舰、反潜鱼雷。该型鱼雷长4.4米，直径533毫米，航速20节，航程8000米，采用电动机为动力，有线制导。鱼雷全重821公斤，装药重91公斤。装备水面舰艇或潜艇。

【MK-24型鱼雷（"虎鱼"）】 英国研制的一种反潜、反舰鱼雷。该型鱼雷长6.46米，直径533毫米，航速35节，航程30900米，航深350米，使用银锌电池电动机为动力，制导方式为线导加主、被动声自导。鱼雷全重1550公斤，装药重200公斤。1974年装备部队。装备其敏捷级核潜艇。

【MW-30型鱼雷（MK-44）】 英国研制的一种反舰、反潜鱼雷。该型鱼雷长2.6米，直径324毫米，鱼雷全重233公斤。装备水面舰艇或飞机。

【7511型鱼雷（"鲋鱼"）】 英国研制的一种反潜鱼雷。该型鱼雷长2.6米，直径324毫米，航速45节，航程8300米，航深700米，使用镁一氯化银电池电动机为动力，主、被动声自导。鱼雷全重267公斤，装药重45公斤。装备飞机，水面舰艇或反潜导弹。

【"虹"型鱼雷】 英国研制的一种反潜鱼雷。该型鱼雷长2.6米，直径324毫米，航速45节，航程700米，鱼雷全重266公斤。采用电动机动力、主、被动声自导。该型鱼雷特别适用于浅海，装备水面舰艇和飞机。

【L3型鱼雷】 法国研制的一种反潜鱼雷。该型鱼雷长4.6米，直径550毫米，航速25节，航程5500米，航深300米，鱼雷全重910公斤，装药重200公斤，采用电动机为动力，主动声自导装备水面舰艇和飞机。

【L4型鱼雷】 法国研制的一种反潜鱼雷。该型鱼雷长3.13米，直径533毫米，航速30节，航程4500米，航深300米，鱼雷全重540公斤，装药重100公斤。使用镍镉电池电动机为动力，主动声自导。装备飞机和马拉丰反潜导弹。

【L5型鱼雷】 法国研制的一种反潜、反舰鱼雷。该型鱼雷长4.3米，直径533毫米，航速35节，航深300米，鱼雷全重1000公斤，装药重150公斤。采用镍镉电池电动机为动力，线导加主、动被声自导。主要装备潜艇。

【E14型鱼雷】 法国研制的一种反舰、反潜鱼雷。该型鱼雷长4.3米、直径550毫米、航速25节、航程5500米、航深6~18米，鱼雷全重900公斤，装药重200公斤，采用镍镉电池电动机为动力，被动声自导。装备潜艇。

【E15型鱼雷】 法国研制的一种反舰鱼雷。鱼雷长6米，直径550毫米，航速25节，航程12000米，航深6~8米，鱼雷全重1350公斤，装药重300公斤，采用镍镉电池电动机为动力，被动声寻的制导。装备用潜艇。

【F17型鱼雷】 法国研制的一种反潜、反舰鱼雷。该型鱼雷长5.91米，直径533毫米，航速30节，航程20000米，鱼雷全重1410公斤、采用银锌电池电动机为动力，线导加主、被动声自导。装备潜艇。

【E16型鱼雷】 法国研制的一种反潜、反舰鱼雷。该型鱼雷长7.2米，直径550毫米，航速30节，航程10000米，航深180米、鱼雷全重1700公斤，装药重300公斤，采用电动机为动力。

【NTL型鱼雷】 法国研制的一种小型反潜鱼雷。该型鱼雷长2.54米，直径400毫米，航速45节，航程7000米，采用电动机为动力。装备飞机和水面舰艇。

【R3型鱼雷】 法国研制的一种反潜鱼雷。该型鱼雷长2.6米，直径324毫米、航速32节，装药重235公斤。

【SST4型鱼雷】 联邦德国研制的一种反潜、反舰鱼雷。该型鱼雷长6.55米，直径533毫米，航速35节，航程35000米，航深100米。鱼雷全重1370公斤，装药重260公斤，采用银锌电池电动机为动力，线导加主、被动声自导。是"海豹"的改型。装备水面舰艇和潜艇。

【祖特型鱼雷】 联邦德国研制的一种反潜、反舰鱼雷。该型鱼雷长6.39米，直径533毫米，航速35节，航程35000米、鱼雷全重1370公斤，装药重260公斤，采用电动机为动力，线导加主、被动声自导。装备水面舰艇和潜艇。

【海鳝型鱼雷】 联邦德国研制的一种反舰鱼雷。该型鱼雷直径为533毫米，航速35节，全重1370公斤，采用电动机为动力，线导加主被动声自导。装备水面舰艇和潜艇。

【海蛇型鱼雷】 联邦德国研制的一种反潜鱼雷。该型鱼雷长4.15米，直径533毫米，航速35节，航程大于12000米，鱼雷全重1000公斤。采用电动机为动力，线导加主、被动声自导。装备水面舰艇和潜艇。

【海豹型鱼雷】 联邦德国研制的一种反潜、反舰鱼雷。该型鱼雷长 6.55 米，直径 533 毫米，航速 35 节，航程 35000 米，鱼雷全重 1370 公斤、装药重 260 公斤。采用电动机为动力，线导加主、被动声自导。装备水面舰艇。

【A184 型鱼雷】 意大利研制的一种反潜、反舰鱼雷。该型鱼雷长 6 米，直径 533 毫米，航速 36~38 节，航程 15000 米，航深 350 米，鱼雷全重 1300 公斤，装药重 150 公斤以上。使用银锌电池电动机，线导加主被动声自导。装备潜艇和水面舰艇。

【A224／S 型鱼雷】 意大利研制的一种反潜鱼雷。该型鱼雷长 2.70 米，直径 324 毫米，航速 32~33 节，航程 7000 米，航深 25~500 米，鱼雷全重 230 公斤，装药重 40 公斤，采用银锌电池电动机，主动声自导。装备飞机、水面舰艇和依卡拉反潜导弹。

【G6E 型鱼雷】 意大利研制的一种反潜鱼雷。该型鱼雷长 6 米，直径 533 毫米，装药重 300 公斤。采用电动机为动力，线导加主动场自导。装备水面舰艇和潜艇。

【G6EF 型鱼雷】（"袋鼠"） 意大利研制的一种反潜鱼雷。该型鱼雷长 6.2 米，直径为 533 毫米。采用电动机为动力，线导加主动声自导。装备潜艇。

【B515／M 型鱼雷】 意大利研制的一种反舰、反潜鱼雷。该型鱼雷直径 324 毫米，采用电动机为动力、主、被动声自导。装备水面舰艇。

【B512 型鱼雷】 意大利研制的一种反潜鱼雷，反舰鱼雷。该鱼雷直径 533 毫米。装备潜舰。

【B513 型鱼雷】 意大利研制的一种反舰、反潜鱼雷。该鱼雷直径 533 毫米。装备水面舰艇。

【"61"型鱼雷】 瑞典研制的一种反舰鱼雷。该型鱼雷长 7.02 米，直径 533 毫米，航速 50 节，航程 30000 米，航深 2~18 米，鱼雷全重 1792 公斤，装药重 250 公斤。采用热动力、有线制导。装备水面舰艇和潜艇。

【"42"型鱼雷】 瑞典研制的一种反舰、反潜鱼雷。该型鱼雷长 2.62 米，直径 400 毫米，航速大约为 30 节，航程 20000 米，鱼雷全重 300 公斤，装药重 50 公斤。采用银锌电池电动机、主动

声自导或线导。装备水面舰艇，潜艇和飞机。

【"617"型鱼雷】 瑞典研制的一种线导、主动声自导的鱼雷。

【73 式–改鱼雷】 日本研制的一种反潜鱼雷。该型鱼雷长 2.57 米，直径 324 毫米，航速 40 节，航程 6000 米、航深 450 米，鱼雷全重 235 公斤，装药重 40 公斤。采用海水电池电动机为动力，主、被动声自导。装备飞机和水面舰艇。

【G–RX3 型鱼雷】 日本研制的一种反潜鱼雷。分为 G–RX3–I 和 G–RX3–Ⅱ 两种型号。其长度均为 2.6 米，直径均为 324 毫米，航速均为 50~60 节，航程均为 5000 米，航深均为 600 米。重量均为 500 公斤。其中 G–RX3–I 型采用电动力，G–RX3–Ⅱ 型采用热动力，G–RX3–I 型采用线导加声自导，G–RX3–Ⅱ 型采用惯性加声自导。

【72 式–I 鱼雷】 日本研制的一种反潜、反舰鱼雷。该型鱼雷长 6.25 米，直径 533 毫米，航速 65 节，航程 10000 米，航深 200 米。采用乙醇过酸化氢为燃料，往复式活塞发动机。装备潜艇和水面舰艇。

【G–RX2 型鱼雷】 日本研制的一种反潜、反舰鱼雷。该型鱼雷长 7 米，直径 533 毫米，航速 55 节，航程 20000 米，航深 600 米。采用过氧化氢加酒精为燃料，斜盘式发动机，线导加主、被动声自导。装备潜艇。

【"回天"鱼雷】 第二次世界大战末期，日军指挥部为了改变战争进程，使之朝着有利于自己的方向发展，不惜采取各种手段，因此令其海军在太平洋水域使用"回天"鱼雷。首批"回天"鱼雷的排水量为 8.3 吨，雷身长 14.75 米，装药 550 公斤，航速达 30 节（56 公里／小时），最大航程 40 海里（74 公里）。回天"鱼雷是由潜艇载运到作战海区的。此外，也考虑到可用巡洋舰和驱逐舰载运。第一批设计的"回天"鱼雷，只有当携带鱼雷的潜艇处于水上状态时，驾驶员方可进入鱼雷驾驶舵。后来，鱼雷经过改进，驾驶员在潜艇处于水下状态时也可进入鱼雷驾驶舱。鱼雷脱离潜艇以后，驾驶员借助潜望镜和陀螺罗经操纵鱼雷驶向目标。1945 年春，还试验过一种大型的新式"回天"鱼雷，装药 1550 公斤，航速达 40 节（74 公里／小时），但因这种鱼雷发动机的生产遇到了困难，所以并没有用于实战。

六、装甲车、坦克

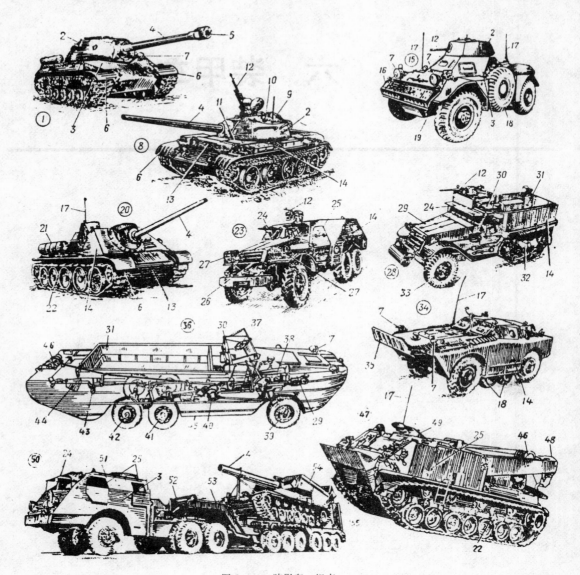

图 6-1　装甲车、坦克

1—7.重型坦克　2.炮塔　3.车体　4.火炮　5.炮口制退器　6.挡泥板　7.前大灯；8—14.中型坦克　9.指挥塔　10.观察仪器　11.驾驶窗盖　12.(高射)机枪　13.前装甲板　14.侧装甲板；15—19.轮式装甲车；16.烟幕装置　17.天线　18.备用轮　19.信号枪；20—22.自行火炮　21.车外燃油箱　22.悬挂装置；23—27.六轮装甲人员输送车　24.观察窗盖　25.门　26.牵引抢救钢丝绳　27.前大灯护罩；28—33.半履带式装甲输送车　29.动力部分　30.操纵部分　31.战斗部分　32.履带推进器　33.诱导轮和主动轮；　34—35.轮式装甲侦察车　35.挡浪板；36—46.六轮水陆两用汽车　37.方向盘　38.发动机　39.前桥　40.分动力箱　41.中桥　42.后桥　43.水上推进器　44.舵　45.车厢侧板　46.绞盘　47—49.重型抢救坦克　48.吊杆　49.后平台　50—55.坦克输送车　51.装甲牵引汽车　52.挂车连接装置　53.阶梯形平台挂车　54.自行火炮　55.上下渡板(呈升起状态)

【古代战车】　冷兵器时代的战车是指以人力、畜力推挽，直接用于作战的各种车辆。约在公元前26世纪古代两河流域苏美尔人使用的战车是世界最早的战车。苏美尔人的战车为木质，4轮，由2头驴拉挽。至迟在公元前18世纪希克索斯人入侵埃及时已开始使用2轮马拉战车，其机动力和冲击能力大大提高。马拉战车各国一般为二轮单辕，只是车体大小和形状、轮辐数量、驭马的多少不同。在古代亚非诸国，战车一度是最重要的兵器之一。古埃及人，赫梯人等都曾动用数以千计的战车投入一次作战。在中国战车始于商代盛行于春秋战国时期。周代的文献中曾出现"千乘之国"、"万乘之国"的记载。在欧洲，战车很少成为作战的主要兵器，而是用于作战指挥或一些特殊活动。由于战车往往处于战斗队形的重要位置上，其本身又具有很大的威力，战车的乘员往往是国王、贵族、军官和其它在军队中地位较高的人。随着兵器、战术的发展，战车本身又受地形、战斗队形，成本等因素的局限，它后来在作战中的作用逐渐降低，被更为灵活的骑兵、步兵取代，当配以机械动力、金属装甲和火器的近、现代战车出现后，古代战车退出了历史舞台。

【装甲车】　装有武器和防护装甲的军用车辆。分为履带装甲车、轮式装甲车、轨道装甲车。装甲车主要是指坦克和步兵战车，也包括自行武器、装甲输送车、装甲指挥车及其他辅助用的装甲车辆。

【坦克】　具有强大直射火力、高度越野机动性和坚固防护力的履带式装甲战斗车辆。它是地面作战的主要突击兵器和装甲兵的基本装备，主要用于与敌方坦克和其他装甲车辆作战，也可以压制、消灭反坦克武器，摧毁野战工事，歼灭有生力量。"坦克"一词是英语"tank"的音译，原意是储存液体或气体的容器。这种战斗车辆首次参战前，为保密而取用这个名称，一直沿用至今。坦克由武器系统、推进系统、防护系统、通信设备、电气设备以及其他特种设备和装置组成。坦克武器系统包括武器和火力控制系统；坦克推进系统包括动力、传动、行动和操纵装置；坦克防护系统包括装甲壳体和各种特殊防护装置、伪装器材；坦克通信设备有无线电台、车内通话器等；坦克电气设备有电源、耗电装置、检测仪表等。有些坦克还有潜度、导向、通风、取暖等特种设备和装置。乘员3～4人，分别担负指挥、射击、驾驶、通信等任务。20世纪60年代以前，坦克通常按战斗全重、火炮口径分为轻、中、重型。英国曾一度将坦克分为"步兵"坦克和"巡洋"坦克。"步兵"坦克装甲较厚，机动性较差，用于伴随步兵作战。"巡洋"坦克装甲较薄，机动性较强，用于机动作战。

60年代以来，多数国家将坦克按用途分为主战坦克和特种坦克。主战坦克取代了传统的中型和重型坦克，是现代装甲兵的主要战斗武器，用于完成多种作战任务。特种坦克是装有特殊设备、担负专门任务的坦克，如侦察、空降、水陆两用坦克和喷火坦克等。

但坦克的诞生，则是近代战争的要求和科学技术发展的结果。第一次世界大战期间，交战双方为突破由堑壕、铁丝网、机枪火力点组成的防御阵地，打破阵地战的僵局，迫切需要研制一种使火力、机动、防护三者有机结合的新式武器。1915年，英国政府采纳了E.D.斯文顿的建议，利用汽车、拖拉机、枪炮制造和冶金技术，试制了坦克的样车。1916年生产了I型坦克，分"雌性"和"雄性"两种。车体呈菱形，两条履带从顶上绕过车体，车后伸出一对转向轮。"雄性"装有2门口径57毫米的火炮和4挺机枪，"雌性"仅装5挺机枪。1916年9月15日，有32辆I型坦克首次参加了索姆河会战。大战期间，英、法两国制造了近万辆坦克。坦克的问世，开始了陆军机械化的新时期，对军队作战行动产生了深远的影响。但由于当时技术条件的限制，坦克的火力较弱，机动性差，机械故障多，乘员工作条件恶劣，只能引导步兵完成战术突破，不能向纵深扩张战果。

两次世界大战之间，一些国家根据各自的作战思想、研制、装备了多种型式的坦克。轻型、超轻型坦克曾盛行一时，也出现过能用履带和车轮互换行驶的轮-履式轻型坦克和多炮塔结构的重型坦克。

第二次世界大战期间，交战双方生产了约30万辆坦克和自行火炮。大战初期，德国首先集中使用大量坦克，进行闪击战。大战中、后期，在苏德战场上曾多次出现有数千辆坦克参加的大会战；在北非战场以及诺曼底战役、远东战役中，也有大量坦克参战。与坦克作斗争，已成为坦克的首要任务。坦克与坦克、坦克与反坦克火炮的激烈对抗，促进了坦克技术的迅速发展，使坦克的结构型式趋于成熟，性能得到全面提高。在第二次世界大战中，坦克经受了各种复杂条件下的战斗考验，成为地面作战的主要突击兵器。

战后至50年代，苏、美、英、法等国设计制造了新一代坦克，为了提高战术技术性能，有的坦克开始采用火炮双向稳定器、红外夜视仪、合像式或体视光学测距仪、机械模拟式计算机、三防（防核、化学、生物武器）装置和潜渡设备。

60年代，中型坦克的火力和装甲防护，已经达到或超过以往重型坦克的水平，同时克服了重型坦克机动性差的弱点，从而形成了一种具有现代特性的单一战斗坦克，即主战坦克。其主要技术特性是：普遍采用了脱壳穿甲弹、空心装药破甲弹和碎甲弹，火炮双向稳定器、光学测距仪、红外夜视夜瞄仪器等，大功率柴油机或多种燃料发动机，双功率传动装置、扭杆式独立悬挂装置，三防装置和潜渡设备；并降低了车高，改善了防弹外形。有的安装了激光测距仪和机电模拟式计算机。各国发展的主战坦克，都优先增强火力，但在处理机动和防护性能的关系上，反映了设计思想的差异。有些偏重于提高机动性能；有些偏重于提高防护性能；有些则同时相应提高机动性能和防护性能。

70年代以来，现代光学、电子计算机、自动控制、新材料、新工艺等技术成就，日益广泛应用于坦克的设计制造，使坦克的总体性能有了显著提高，更加适应现代战争要求。这些坦克仍优先增强火力，同时较均衡地提高机动力和防护性能。总体布置多采用驾驶室在前，战斗室居中，动力—传动力装置后置的方案，兼有步兵战车的作用。这时期新型主战坦克的主要技术特征是：

武器系统：多采用高膛压的105～125毫米滑膛炮（有的火炮有自动装弹机），炮弹基数30～60发，尾翼稳定脱壳穿甲弹成为击毁装甲目标的主要弹种，并多为高密度合金弹芯，穿甲能力大幅度提高。有些坦克炮使用的尾翼稳定脱壳穿甲弹，初速达1600～1800米／秒，在通常的射击距离内，可击穿250～400毫米厚的垂直均质钢装甲。武器系统普遍装备了以电子计算机为中心的火控系统（包括数字式计算机及各种传感器、火炮双向稳定器、激光测距仪和微光夜视夜瞄仪器等，有的还安装了瞄准线稳定装置和热象仪），缩短了射击反应时间，提高了火炮首发命中率和坦克夜间作战能力。

推进系统：多采用562.5～1125千瓦的增压柴油机，有的安装了燃气轮机，配有带静液转向的动力传动装置和高强度、高韧性的扭杆式悬挂装置，有的采用了可调的液气式悬挂装置，可调整车高，并能使车体俯仰、倾斜。坦克的最大时速达72公里，越野时速达30～55公里，最大行程300～650公里，最大爬坡度约30度，越壕宽2.7～3.15米，过垂直墙高0.9～1.2米，涉水深1～1.4米，潜水深4～5.5米。

防护系统：车体和炮塔的主要部位多采用金属与非金属的复合装甲（通常在金属板之间填入陶瓷和增强塑料等非金属材料），以增强抗弹能力。此外，还配有性能良好的三防、灭火、伪装、施放烟

幕等多种防护装置和器材，并采取进一步降低车高、合理布置油料和弹药、设置隔舱等措施，使坦克的综合防护能力显著提高。

70年代以来的主战坦克，其火力、机动、防护性能虽有显著提高，但通行能力仍受天候、地形条件的限制，防护薄弱部位仍易遭毁坏，对后勤补给的依赖性较大。由于新部件日益增多，使坦克的结构日趋复杂，成本也大幅度提高。为了更好地发挥坦克的战斗效能，延长寿命，降低成本，在研制中越来越重视提高可靠性、可用性、可维修性和耐久性。

【主战坦克】 在战场上担负主要作战任务的战斗坦克。由重型、中型坦克发展演变而成，是现代装甲兵的基本装备和地面作战的主要突击兵器。70年代至80年代初出现的新型主战坦克，多采用高膛压、高初速的105—125毫米滑膛炮或线膛炮，主要使用长杆尾翼稳定脱壳穿甲弹；武器系统普遍装备了以电子计算机为中心的火控系统（包括数字式计算机及各种传感器、火炮双向稳定器、激光测距仪和微光夜视仪器等）；推进系统多采用750—1500马力的增压柴油机，坦克越野时速达30—55公里，最大行程300—650公里，最大爬坡度约30度，越壕宽2.7—3.15米，通过垂直障碍高0.9—1.2米，涉水深1—1.4米，潜水深4—5.5米；车体和炮塔的主要部位多采用金属与非金属的复合装甲，抗弹能力较强。

【重型坦克】 战斗全重和火炮口径比较大的坦克。一般重量为40—60吨，火炮口径最大为122毫米。主要用于支援中型坦克作战。

【中型坦克】 全重和火炮口径居于中等的坦克。一般重量为20—40吨，火炮口径最大为105毫米，用于遂行装甲兵的主要作战任务。

【轻型坦克】 重量比较轻、火炮口径比较小的坦克。坦克重10—20吨，火炮口径一般不超过85毫米，主要用于侦察警戒。也可用于特定条件下作战，如水网稻田地和山地作战。

【超轻型坦克】 一种装有一至两挺机枪，用于侦察和通信联络的履带式装甲战斗车辆。1924年，英军开始了名为"卡登—洛伊德"超轻型坦克的试验工作。获准购买其生产特许权的有意大利、波兰、捷克斯洛伐克和日本等国家。然而，在意大利—埃塞俄比亚战争（1935—1936）和西班牙人民民族革命战争（1936—1939）中使用意大利"菲亚特—安萨尔多"超轻型坦克的经验却证明，这种坦克的战斗效能并不高。

【**特种坦克**】 装有特种设备，具有特种性能或担任专门任务的坦克。是与普通坦克相对而言的。主要包括：水陆两用坦克、架桥坦克、扫雷坦克、喷火坦克、侦察坦克等。

【**装甲指挥车**】 专门用于作战指挥的装甲车辆。车内设有指挥室，配有电台和观察仪器。主要装备坦克和机械化（摩托化）部队，用于作战指挥。装甲指挥车分履带式和轮式两种。通常利用装甲输送车或步兵战车底盘改装，具有与基型车相同的机动性能和防护力，多数装有机枪，乘员1—3人。指挥室内可乘坐指挥员、参谋和电台操作人员2—8人，装有多部不同调制体制的无线电台、1—3部接收机、一套多功能的车内通话器、多种观察仪器及工作台、图板等。有的指挥车还装有有线遥控装置，辅助发电机和附加帐篷等。

【**装甲通信车**】 装有专用通信设备的轻型装甲车辆。分为履带式和轮式两种。用于保障部队作战指挥、协同等通信联络。主要装备坦克和机械化（摩托化）步兵部队的通信分队。

【**扫雷坦克**】 装有扫雷器的坦克。用于在地雷场中为坦克开辟通路。扫雷坦克通常在坦克战斗队形内边扫雷边战斗。扫雷器主要有机械扫雷器和爆破扫雷器两类，可根据需要在战斗前临时挂装。

机械扫雷器按工作原理分为滚压式、挖掘式和打击式三种。滚压式扫雷器利用钢质辊轮的重量压爆地雷，重7—10吨。挖掘式扫雷器利用带齿的犁刀将地雷挖出并排到车辙以外，重1.1—2吨。打击式扫雷器利用运动机件拍打地面，使地雷爆炸。滚压式和挖掘式开辟车辙式通路，每侧扫雷宽度0.6—1.3米，扫雷速度每小时10—12公里。打击式开辟全通路，扫雷宽度可达4米，扫雷速度每小时1—2公里。

爆破扫雷器利用爆炸装药的冲击波诱爆或炸毁地雷，开辟全通路。爆炸装药通常为单列柔性直列装药，由火箭拖带落入雷场爆炸，装药量400—1000公斤，火箭射程200—400米。在非耐爆雷场中，一次作业时间一般不超过30秒，扫雷宽度5—7.3米，开辟通路纵深60—180米。

第一次世界大战末期，英国在Ⅳ型坦克上试装了滚压式扫雷器。第二次世界大战期间，英、苏、美等国相继使用了多种坦克扫雷器，如英国在"马蒂尔达"坦克上安装了"蝎"型打击式扫雷器，苏联在T-34坦克上安装了ПT-3型滚压式扫雷器，美国在M4和M4A3坦克上分别安装了T-1型滚压式和T5E1型挖掘式扫雷器等。这些扫雷坦克在战斗中发挥了一定的作用，但扫雷速度低，扫雷器结构笨重，运输和安装困难。

20世纪50—60年代，扫雷坦克得到迅速发展，性能也有很大提高。装有滚压式或挖掘式扫雷器的扫雷坦克，减轻了重量，简化了结构，提高了扫雷速度。扫雷器与坦克的联接方式简单可靠，并易于装卸和操作。由于固体燃料火箭技术的发展，英、美、苏等国陆续将火箭爆破扫雷器安装在拖车或坦克上使用。70年代以来，为了适应在复杂条件下扫雷需要，一些国家在坦克上安装了挖掘和滚压相结合、挖掘和爆破相结合的混合扫雷装置。许多国家在发展扫雷坦克的同时，还研制和装备了各种专用装甲扫雷车。如苏联在ПT-76坦克改进型的底盘上安装了三具火箭爆破扫雷器，美国装备了爆破和挖掘相结合的LVTE装甲扫雷车。由于多数反坦克车底地雷使用磁感应引信，一些国家已开始研制磁感应扫雷器。

【**喷火坦克**】 一种装有喷火装置的战斗车辆，用来以燃烧着的喷火油料杀伤敌有生力量和军事技术装备。喷火坦克以喷火器做为主要武器时，喷火器通常装在炮塔上以代替火炮。以喷火器为辅助武器，而以火炮和机枪为主要武器的喷火坦克广泛地得到了使用。装有喷火油料的贮存器可装在坦克内或车体外，亦可用单轴挂车携载。在1935至1936年埃塞俄比亚战争中，意大利军队首次使用喷火坦克。第二次世界大战期间，许多国家的军队都装备了喷火坦克。在朝鲜和越南战争中，美军也使用了喷火坦克。战后，通过增大火焰喷射距离进一步继续改进了喷火坦克，到70年代中期，其喷射距离已经超过200米。

【**水陆两用坦克**】 不用辅助设备便能通过水障碍并在水上进行射击的履带式装甲战斗车辆。被称为两栖车辆的水陆两用坦克的首批样车于第一次世界大战结束后不久便在法国和美国进行了试验。苏军于1933年装备了T-37小型水陆两用坦克，经过几年不断的设计和改进，三年后，便开始生产更为完善的T-38水陆两用坦克，继而于1940年安排了T-40轻型水陆两用坦克的成批生产。这些车辆的浮力是靠密闭车体的必要排水量来保证的。通常，水陆两用坦克均利用螺旋桨做为水上推进器（有些水陆两用坦克在水中行驶时靠履带划水前进）。由于重量的限制，水陆两用坦克只有防枪弹装甲和机枪武器。第二次世界大战期间，美军和日军在太平洋作战中均使用过水陆两用坦克。

苏联在战后研制了ПТ—76轻型水陆两用坦克。美军装备的是可空运的M551"谢里登"轻型水陆两用坦克。

【步兵战车】 摩托化步兵用于行进和战斗的装甲车辆。步兵战车可以提高军队的机动性、火力和人员对核爆炸的杀伤要素、常规兵器的火力以及化学和细菌武器的防护能力；能够使人员在有利条件下乘车实施战斗，从而保障与坦克更加密切地协同动作。步兵战车以其机枪和火炮的火力，支援下车的摩托化步兵的行动。

步兵战车出现于60年代。在结构上是一种履带式装甲车辆，具有高度的机动性和通行能力，通常为水陆两用且可空运和伞降。其成员可通过车体两侧的射击孔从行进间射击，必要时亦可迅速下车成徒步战斗队形实施战斗。步兵战车的武器有：机关炮和机枪，用以击毁敌人的轻型装甲车辆、低空飞行的飞机、有生力量和火器。步兵战车还可装备更大口径的火炮和反坦克导弹。在使用大规模杀伤武器的条件下，为了保障人员生命安全，步兵战车装有通风过滤装置；而为保障夜间的战斗行动，还安装有夜视仪。利用步兵战车底盘可研制各种用途的战斗车辆。

【装甲输送车】 具有高度通行能力用于执行输送任务的装甲车辆。主要用于往战场输送摩托化步兵分队的人员和对其进行支援。必要时，可用装甲输送车的制式武器和摩托化步兵的个人武器从行进间对敌人射击。装甲输送车还可用来实施侦察、行军警戒和巡逻。为在夜间行动，装甲输送车装有夜视仪。带有专用装置的装甲输送车可用来牵引火炮、后送伤员、运送弹药和其它物资。利用装甲输送车的底盘可以制成自行火炮和自行迫击炮、自行防空武器、反坦克战斗车辆等。装甲输送车于1918年出现在英国。第二次世界大战期间，各国军队装备的装甲输送车有履带式的、半履带式的和轮式的，车体顶部为敞开式。现代装甲输送车的装甲车体内安装有制式武器、动力装置、传动装置；设有战斗室和操纵部分。战斗室可容纳摩托化步兵10—20人。操纵部分通常位于车首，内有车长和驾驶员座位。装甲输送车的车体为承载式密闭车体，很少是敞式的。装甲通常可防枪弹。闭式车体是密封的，备有防原子装置，使装甲输送车能够通过放射性、化学和细菌沾染地段。装甲输送车的制式武器通常由两挺机枪组成。许多国家军队的一些装甲输送车的变型车以小口径机关炮代替大口径机枪，并装备有火箭筒和反坦克导弹发射装置，用于摧毁

装甲目标。武器均安装在车体支架上或旋转炮塔内。

轮式装甲输送车的行驶速度每小时可达100公里、最大行程达800公里；履带式装甲输送车的时速为65—70公里，最大行程为350—400公里。装甲输送车的爬坡度可达30°，侧倾行驶坡度可达25°。四轴轮式装甲输送车和履带式装甲输送车可以越过两米宽的堑壕，有些车型的越壕能力还要大些。装甲输送车的战斗全重为6—12吨，长5.6—8米，宽2.2—3米，高1.9—2.4米。多数装甲输送车为水陆两用的，可以空运，也可用飞机伞投。车上装有单独的螺旋桨式水上推进器或喷水式推进器。某些装甲输送车用自身履带作为水上推进装置。为提高战斗和使用性能，装甲输送车还拥有辅助和专用设备：绞盘、绞车、越壕设备、深水徒涉设备、浮渡设备、轮胎气压调装置、加温器、空气调节装置，放射性、化学和细菌沾染的探测设备以及灭火设备等。

【装甲侦察车】 装有侦察设备的装甲战斗车辆。主要用于实施战术侦察。分履带和轮式两种。现代装甲侦察车装有多种侦察仪器和设备。其中，大倍率光学潜望镜用于在能见度良好的昼间进行观察，对装甲车辆的最大观察距离为15公里左右。红外夜视观察镜、微光瞄准镜、微光夜视观察系统和热像仪用以进行夜间侦察。微光瞄准镜最大观察距离：星光下为1200米，月光下为2000米。热像仪是一种被动式红外侦察器材，观察距离有的可达3000米。激光测距仪在能见度良好条件下，可测量20公里内目标的距离，误差约10米。侦察雷达是一种主动式电子侦察器材，具有全天候侦察能力，最大探测距离约20公里，误差一般为10—20米。车上装有较完善的通信设备，可将侦察的情报及时准确地报告指挥机关。有的车上还装有地面导向仪、红外报警器、地面激光目标指示器、核辐射及毒剂探测报警器等。装甲侦察车的外廓尺寸小、重量轻、速度快。战斗全重6—16吨，个别的达19.5吨，乘员3—5人。车长4.4—7.7米，车宽2.1—2.9米，车高1.9—2.8米。车上通常装有20—30毫米机关炮和7.62毫米机枪，有些车装有76—105毫米火炮或14.5毫米机枪。履带式装甲侦察车陆上最大爬坡度35度，越壕宽可达2.1米，过垂直墙高0.7米。轮式装甲侦察车陆上最大时速105公里，最大行程800公里，最大爬坡度27度，越壕宽可达1.9米，通过垂直障碍高0.4米。水上最大时速：履带划水6.45公里，轮胎划

水 5 公里，装有喷水推进装置的可达 10 公里。

【坦克架桥车】 装有制式车辙桥和架设、撤收装置的装甲车辆。多为履带式。通常用于在敌火力威胁下，快速架设车辙桥，保障坦克和其他车辆通过防坦克壕、沟渠等人工或天然障碍。1918年英国研制成 V 型坦克架桥车的试验样车。第一次世界大战后，苏联、法国、意大利和波兰等国也相继制成了坦克架桥车的试验样车。第二次世界大战期间，一些国家的军队先后装备了用坦克底盘改装的坦克架桥车，如苏 T-26 和 T-34MTY、德 PzKpfwⅠ 和 Ⅳ、英"邱吉尔"坦克架桥车。这一时期的坦克架桥车主要有前置式、翻转式和跳板式三种，对提高坦克部队在战场上的机动能力起到了一定的作用。第二次世界大战后，坦克架桥车的技术性能有显著提高。20 世纪 40 年代后期，英国在翻转式基础上制成了 Ⅲ 型剪刀式坦克架桥车。50 年代中期，苏联在跳板式基础上制成了 MTY-1 平推式坦克架桥车。70 年代以来，剪刀式坦克架桥车的技术性能更趋完善，如捷克斯洛伐克 MT-55 式和英国"酋长"式；随后联邦德国生产了"海狸"式、苏联生产了 MTY-2 式多节平推式坦克架桥车。坦克架桥车的桥体，多由合金钢或高强度铝合金制成。桥梁的架设和撤收，由乘员在车内操作。多数平推式坦克架桥车，前端装有推土铲，架桥时用于支撑和稳定车体，必要时可用于清除路障。坦克架桥车战斗全重一般为 30-56 吨，乘员 2-4 人，行军状态车长 11-18.5 米，车宽 2.0-3.3 米，车高 3-4.3 米。桥长 12-25 米，桥宽 3-4.2 米，履带式架桥车承载量 40-60 吨。

【坦克抢救车】 装有专用救援设备的履带式装甲车辆。亦称坦克抢救牵引车。主要用于野战条件下，对淤陷、战伤和技术故障的坦克实施拖救和牵引后送；必要时，也可用于排除路障和挖掘坦克掩体等。通常装有绞盘起吊设备、驻铲和刚性牵引装置等，有的还携带拆装工具和部分修理器材。车上通常有两名乘员，还可搭乘 2-3 名修理人员。第二次世界大战期间，坦克抢救车多用坦克底盘改装，大多依靠车钩牵引完成拖救作业，有的装有绞盘和起吊设备。战后，坦克抢救车普遍安装了绞盘、起吊设备、驻铲和刚性牵引装置等，提高了拖救、抢修和牵引能力。20 世纪 70 年代以来，各国在生产新型坦克的同时，也生产相应底盘的坦克抢救车，并广泛采用液压驱动技术，使作业装置的工作能力、可靠性、自动化程度及总体性能得到较大的改进和提高。

【水陆装甲抢救车】 具有在陆地和水上作业能力的装甲抢救车辆。车上装有抢救、牵引、起重设备和水上行驶装置。主要用于抢救、牵引水陆坦克和其他水陆装备。

【坦克维修工程车】 装有坦克维修设备、工具、仪器的技术保障车辆。通常由越野车辆底盘改装，主要用于野战条件下对损伤和有技术故障的坦克及其他装甲车辆进行检测、修理、充电、充气和保养。坦克维修工程车按维修专业，分为拆装、电焊气焊、军械、电气设备、光学仪器、无线电、充电和技术保养等专业车。主要装备坦克和机械化步兵部队的修理分队。通常混合编组配套使用，也可单车开展工作。各种专业车上大都配有功率为 5-20 千瓦的交流发电机、工作台、帐篷、取暖设备和钳工工具等。按专业需要，还分别配有起吊重量为 1-6 吨的吊杆、通信和电气设备的检测仪器及其他专用工具。

【装甲救护车】 用于在敌火下救护和运送伤员的轻型装甲车辆。分为履带式装甲救护车和轮式装甲救护车两种。车上配有医疗急救设备、器材和药品。

【装甲汽车】 装有武器的轮式装甲战斗车辆。用于侦察、战斗警戒和通信、摧毁敌人兵器和杀伤敌人有生力量。许多国家的军队均装备有此种车辆。第一批装甲汽车于 20 世纪初在英国制成，并在 1899-1902 年英国-布尔战争中使用了这种车辆。俄国于 1914 年开始生产装甲汽车，到 1917年年中，俄军拥有装甲汽车约 300 辆，编成 13 个装甲汽车营，其中有些营积极参加了十月武装起义和国内战争。研制现代装甲汽车时采用了新结构和新装置（如装于轮毂内的减速器，分动力箱和充气浮渡器材等）以提高其通行性能、越壕和浮渡水障碍的能力。装甲汽车内安装有可防护乘员免遭大规模杀伤武器伤害的通风过滤装置，电台和夜视仪等。装甲汽车的底盘为 2 轴或 3 轴全驱动式，并装有防弹充气轮胎。装甲汽车按其战斗全重分为轻型（4 吨以下）、中型（4-8 吨）和重型（8 吨以上）三种，乘员为 2-4 人。陆上最大时速为 90-105 公里，水上最大时速为 4-5 公里（靠轮胎划水），最大行程为 500-750 公里。轻型装甲汽车的武器为机枪，有时为无后坐力炮和反坦克导弹；中型和重型装甲汽车的武器为 20-30 毫米机关炮和反坦克导弹。某些重型装甲汽车还装有坦克炮及 75-105 毫米火炮。轻型装甲汽车的装甲可防枪弹，而中型和重型则可防弹片。装甲汽车车身为承载式，通常是密闭的，并设有旋转炮塔，内装主要武器。装甲汽车的底盘可用来制造装甲输送车，反坦克导弹和防空导弹发射车以及其它各种战斗车辆。

【装甲列车】 　在铁路沿线对部队进行火力支援和实施独立作战的装甲铁路车辆。装甲列车在编制上是一个由战斗列车和基地列车组成的部队。数列装甲列车编成一个营，组成一个营的基地列车。战斗列车用于实施战斗，有一台装甲蒸气机车，两节或两节以上的装甲车厢或装甲平台和二至四节作掩护用的铁路平板。装甲蒸气机车位于装甲车厢之间，煤水车朝向敌方，机车上通常设有装甲列车指挥员的指挥室，并备有必要的通信设备和射击指挥器材。装甲车厢的武器有：一至两门火炮，四到八挺机枪，位于车厢两侧和旋转炮塔内。战斗前，战斗列车各节车辆采用刚性连接，以使装甲列车能够通过轻微损坏的铁路线段。基地列车用于配置司令部，安排人员休息和放置随车储备物资。它有一台机车和数节车厢。战斗时，基地列车要做好随时供应物资器材的准备，在敌人炮火射程以外，于战斗列车之后跟进。原型装甲列车于1861－1865年美国国内战争期间用来对骑兵作战。1870－1871年普法战争和1899－1902年英国－布尔战争中，在使用木板、绳束、土袋代替装甲防护的所谓土木掩体列车的同时，亦出现了装甲列车。第一次世界大战爆发前，各交战强国均拥有数列结构极为简陋的装甲列车。战争中，西欧诸国的军队里出现了重型装甲列车，车上装有用以摧毁要塞工事的大威力火炮。第二次世界大战中，航空兵和装甲坦克兵的发展，降低了装甲列车的作用。装甲列车只偶尔以其火力杀伤敌人，参与濒海地区的防御，担任对浅近战役后方铁路交通线的警戒。装备有高射炮和高射机枪的装甲列车，对掩护大型铁路枢纽部和铁路车站免遭敌航空兵的袭击，曾起过重要作用。

【装甲轨道车】 　一种战斗用的有装甲防护的铁路自动轨道车，用于对铁路地带的侦察和警戒，装备有火炮和机枪、通信工具、灭火器材和生活保障器材。车上有乘员3至5人。装甲轨道车按其武器分为轻型、重型两种。轻型装甲轨道车有机枪2至4挺，重型装甲轨道车除机枪外，还装有1门小口径火炮。武器位于炮塔内和装甲车体两侧。装备有装甲轨道车的分队在编制上隶属于装甲列车营的建制。在第一次世界大战和第二次世界大战中都曾使用过装甲轨道车。

【基型车】 　底盘可作为各种技术兵器底座的车辆。70年代，许多国家的军队广泛发展基型车，研制一系列适用于各种战斗车辆的多用途通用底盘。这些车辆的底盘相同，差别主要在于武器或设备，有时对各种杀伤兵器的防护水平也有所不同。联邦德国用一种通用履带车底盘，制造了一族23－27吨的装甲战斗车辆，其中有装备20毫米自动炮的"鼬鼠"步兵战车、90毫米自行反坦克炮、指挥车、通信车和防空专用车等。英国用F.V.432"特洛伊人"履带式装甲输送车的底盘研制成81毫米自行迫击炮、F.V.433"阿伯特"105毫米自行加农炮、救护车和司令部指挥车等。

【导弹发射车】 　专门用以发射导弹的车辆。通常装有相应的装甲，被列为装甲战车的一类。可分为轮式和履带式两种。一般由某种基型车改装而成。

【自行火炮车】 　专用于火炮自行运动的车辆。通常由某种基型车改装，并装有相应的装甲。它即是一种自行运动的火炮，又是一种装甲战斗车辆。有轮式和履带式两种。

1、　古代战车

【亚述战车】 　亚述人是世界最早使用马拉战车的民族之一。据记载，亚述人曾装备了数以万计的战车。亚述人的战车为木制。从后面上下，后面的车门是一个盾牌，挂在车厢的出入口上，一举两用。车厢两侧是镶板，其上常饰以美观的装潢。车轮有两个，安置在车体的末端，绝大部分重量落在车辕上。车轮的轮缘很宽，轮辐细而精致，车轴小而适度。轮辐有6-8根。轮缘由3个大小不同的木制车圈套在一起，中圈薄，内圈居中，外圈最厚，外部用金属箍加以紧固。车体直接放在车轴和辕杆上。辕杆连结在车轴的上间，沿平行的方向，从车体的底部通过，然后通常向上弯曲直到大约车体一半的高度，又沿平行的方向延伸一段后再向上弯曲直到前端。辕杆通常用一根由金属制成的细杆或一个象梭子形的东西同车体前部的中方连结在一起，这样可以使很长的辕杆与整个车体连结起来，更加牢固。辕杆的顶端通常带有兽头（牛、马）或鸭头形状的装饰物。亚述的战车为单辕，与古代中国战车相同。但古代中国的战车驾驭 4 马，亚述通常由两匹马牵引，有时用绳子或皮带额外栓上一匹马作为意外时备用的马匹。在辕杆上驾驭马的轭或横木有的是金属条制成的环形物，有的是一根粗木棍，两端加以装饰（如兽头）。最常见的一种轭带有两个弯，每个弯套上一匹马。亚述人的战车主要有两种类型。早期的战车（大约在萨尔贡二世以前）比较低而且车身短。轮为辐，直径很小。车厢前部为圆形，有两个箭筒成对角线悬挂在车厢的一侧。在车厢的后上角设有一个人头状的矛架。晚期的战车较高，整大于早期的战车。车轮为 8 辐，几

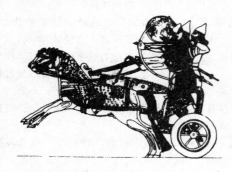

图 6-2　亚述战车

乎达于马的背部，直径约 5 英尺。车体高出车轮约 1 英尺。整个车厢呈正方形。箭筒在车体的一个或二个角上。战车的后面悬挂一快带花纹的织物。这两个时期的战车的马具和马饰没有多大差异。马具和马饰主要包括笼头、颈圈、胸饰、马衣、挂在驭马身侧的长缨垂饰以及缰绳和马衔等。笼头一般有 3 条皮带：一条两端连接马衔；另一条皮带环绕在马颈部最细的部位上；第三条皮带环绕在马的前额和面夹骨上。此外，还连结几条细小的皮带，并在不同的部位还点缀一些花样和装饰品。颈圈通常是一条套在马颈上的宽带，在马肩骨间之隆起部和面夹骨之间，饰以花样。胸饰是一种饰以图之隆起部和面夹骨之间，饰以花样。胸饰是一种饰以图案的皮带，上面有一排下垂的长缨。有时战车驾马从耳至尾几乎全部披着华丽的马衣，垂落在身体的两侧，通过肚带以及环绕臀部的皮带加以固定。缰绳有两条，由驭者用两手分别操纵。马衔的形式，象

两把短柄的双刃斧连结在一起，由青铜制成。马口含着连结在一起的短柄，而类似双刃斧的横棍从马口的两侧露出。早期的缰绳连结在横棍（马衔）的中央，后来通常连结在马衔的下端。

【苏美尔战车】　现有考古材料中出现最早的战车。从苏美尔人乌尔第 1 王朝（约公元前 27 世纪-前 26 世纪）王陵中发掘的乌尔军旗上雕刻有苏美尔人战车的形状。战车为 4 轮，轮外缘宽，内缘窄，直接同车轴连结，无轮辐。车厢略呈长方形，似栏杆。车厢前部隆起，有作掩护用的小盾和斜挂着的标枪筒。战车驾 4 头毛驴，车上配有驭者和佩带斧子的战士。

【古埃及战车】　据考证，古代埃及新王国时期从希克索斯人或其它亚洲人那里引进了马和战车。古代埃及战车为木制，车体较小，单辕底部用皮条或绳子织成的网制成，使之具有弹力，在行进中保持稳定，车轮有两个，安置在车体末端，车轮轮缘较窄。车辐的数目有 4 根、6 根、8 根不等。战车一般有 2 匹挽马，乘 2 人，1 名驭手，1 名战士。战车兵一般使用弓箭。

【波斯战车】　波斯在统一内部和对外征服的战争中普遍使用战车。波斯战车为木制，单辕，一般为双马牵挽。车体带有较高的车厢，较稳重。车轮安置于车体后部，轮缘较宽，轮辐多的达 12 根，也有较少的。车轴较粗，轮轴外部安装有镰状弯刀，车轮转动时不会触地。轮缘的内圈安置直刀。弯刀和直刀使敌人难以接近战车。由于波斯处于多山地区，在其对外征服战争中，战车的作用已不太大。

图 6-3　波斯战车

【印度古代战车】　印度在吠陀时期已出现战车，是当时步兵、骑兵、车兵、象兵 4 大兵种中的主要兵器。当时有 2 马、3 马或 4 马战车。车兵使用弓箭、盾牌和刀枪，每辆战车的兵员数目约为 3-6 人，其中 1 名驭者，2 名战士。据记载，在马其顿亚历山大率军入侵印度时，印度的一个国王波

罗斯曾率领有战车 300 辆的军队抗击。每辆战车由 4 匹马牵挽，车上载 6 人。其中 2 名弓箭手，位于战车两侧，2 名盾牌手，2 名驭者。驭者在战斗中也有时用标枪战斗。

【中国古代战车】　中国古代战车分为攻车、守车。攻车直接对敌作战，守车用于屯守并载运超辎重。一般习惯将攻车称为战车，又称兵车、革车、战车、轻车、长毂等。中国古代战车在商代已出现，盛行于春秋战国时期。其形制不断变化。攻车基本样式是木制、单辕、双轮、长方形车舆（箱）、后开车门，车辕前端横缚木衡，衡上缚轭，用以驾马。车轮高大，轮径约 120—140 厘米，

图 6-4　中国古代战车

辐条 18—26 根不等，毂长轴头一般装有青铜的軎和辖，车厢横宽纵短，安有车厢板，按规定车厢两侧装有戈、殳、戟、酋矛、夷矛，合称"车之五兵"。通常两马或四马驾。车上配军士 3 人，车下配一定数目的徒兵，合为一个基层作战单位，称"一乘"。战车战斗时用以冲击追逐，行车时用以运载军械、粮秣，驻军时用以结阵扎营。从春秋晚期开始，中国的战车逐渐被兴起的更为灵活的步兵、骑兵取代，至汉代大量发展骑兵对匈奴作战，战车便逐渐从战场上消失了。

【阙车】　中国周代车战阵中机动补充的战车。阙就是空缺，两车对阵，方阵出了空缺时，即由阙车来补充。《国语·晋语》："军有左右，阙从补之。"阙车在战斗中充当机动队。如邲之战中，楚将潘党"率游阙四十乘"，补唐侯的左翼方阵。

【苹车】　中国古代战阵中和宿营时用以屏护的车辆。苹，是屏障的意思。军队宿营、列阵，先以苹车周匝四面作为活动堡垒。郑玄说："孙子八阵有苹车之阵"。晋代马隆造偏厢车，明戚继光训练车营，出塞抗击蒙古骑兵，结车自环以卫护营地，也是苹车遗制。明代兵书中叫屏风车。

【广车】　中国古代一种较重的兵车。郑玄说："广车，横阵之车也"。广车与苹车同属防御用车。列阵时，先派出机动轻车（阙车）在两翼警戒，然后广车出军门，横列阵前。

【戎车】　中国周代君或统帅所乘的战车。又称元戎、戎路等。周代国君，诸候统帅亲自乘车指挥战斗，所乘的指挥车配有驭手称"御戎"，执戈勇士称"戎右"。车居于战阵之中或之前，装备精良，装饰华丽，往往"车缦轮，马被甲，衡轭之上，尽有剑戟"，是车战阵的中坚。比"元戎"级别低的指挥车称"小戎"。

【轻车】　中国古代的一种战车。取其轻捷便于驰骋。《周礼·春官·车仆》："轻车之萃"。郑玄注："轻车，所用驰敌致师之车也。"《国策·齐策一》："使轻车锐骑冲雍门。"是古代军队的主要装备。

2、　作战坦克、步兵战斗车

【M-48A5 中型坦克】　美国制造。1976 年美国开始改装的 M-48 型坦克的改进型。战斗全重 48.8 吨。乘员 4 人。车长（炮向前）9.30 米，车宽 3.63 米，车高 3.09 米。火炮为一门 105 毫米加农炮。主要弹种有：穿甲弹、破甲弹、碎甲弹。弹药基数 54 发。最大有效射程 1850 米，直射距离 1400 米。并列机枪口径 7.62 毫米，枪弹 6950 发。火控系统有：双向火炮稳定器、全像式测距仪、电子式计算机、红外夜瞄装置。发动机功率 750 马力，公路最大时速 48.3 公里，公路最大

行程 483 公里，最大爬坡度 31°，通过垂直墙高 0.91 米，越壕宽度为 2.59 米，涉水深 1.22 米。

图 6-5　　M-48A5 中型坦克

【M-60、M-60A1 主战坦克】 美国研制的一种主战坦克。M-60 系列的动力装置采用大陆公司生产的 12 缸 750 马力的柴油发动机。该机位于车后，和阿里逊变速箱匹配，其主动轮为后置，车体的每侧有六个中等大小的负重轮和三个托带轮。采用扭力杆悬挂，铸造式车体。驾驶员位于车子前中部。车长和炮长、装填手均在炮塔内。炮塔与车体一样也用铸造结构。M-60 和 M-60A1 的主要武器是一门口径为 105 毫米火炮。辅助武器是装在炮塔内的一挺口径为 7.62 毫米并列机枪，和安装在炮塔顶车上指挥塔内的一挺口径为 12.7 毫米高射机枪。M-60 和 M-60A1 之间主要区别是车体，M-60 坦克是 M-48 坦克的车体，M-60A1 采用的是 M-48 坦克的改进型。在 M-60 上装备"橡树棍"导弹系统，就要用一种特制的炮塔，而且必须使用 152 毫米火炮／导弹发射器。M-60／M-60A1 和火炮发射脱壳穿甲弹。其有效射程只有 1800 米，M-60 和 M-60A1 已向包括美国在内的大约 12 个国家提供。

图 6-6　　M-60A1 中型坦克

【M-60A2 主战坦克】 美国研制的主战坦克。1964 年在 M-60 坦克底盘基础上开始研制，1971 年 9 月正式定型，1974 年装备。该坦克底盘是 M-60、M-60A1 坦克的底盘，机动性和车体防护力均与后两种坦克相同。该坦克安装了一种形状狭长的炮塔。主要武器是一门 M162 式 152 毫米常规炮弹-导弹两用发射管，它可发射常规炮弹（主要弹种是 M-409A1 式多用途曳光空心装药破甲弹和 M-625A1 式杀伤爆破榴弹），也能发射 MGM-51 式"橡树棍"反坦克导弹。两用炮身管共有 48 条膛线，缠角 7°。该炮身管短，发射常规炮弹时初速低（M-409A1 破甲弹初速只有 650 米／秒），有效射程近（1000 米左右）。遂行远距离（1000～3000 米）反坦克作战任务时，使用"橡树棍"反坦克导弹。M-60A2 坦克装有"橡树棍"导弹的红外指令制导系统。导弹发射后，炮长用瞄准镜十字线一直对准目标，直到命中。导弹飞行中，与瞄准镜相连的导弹跟踪器测量导弹相对于瞄准线的偏差，用红外发射机向导弹的接收机传输红外指令，进行制导。该坦克作用的火控系统主要由 AN／VVS-1 型激光测距仪和 XM-19 型弹道计算机组成。AN／VVS-1 型激光测距仪重 20 公斤，它采用红宝石激光器（波长 0.69 微米，脉冲宽度 30 毫微秒），测距范围 200～400 米，频率 6 次／分。它由发射接收器、车长及炮长用控制器和显示板以及电源部分组成。车长和炮长均可操纵。测量的距离显示在控制器的数字盘上，并自动输入 XM-19 型弹道计算机。XM-19 型弹道计算机是一种电子计算机，它能计算四个弹种独立归零，自动修正身管磨损、视差、偏流、横风和耳轴倾斜，接收激光测距仪输入的信息，计算坦克对运动目标射击的提前量等。另外，车长与炮长均配备有昼夜合一的潜望式瞄准镜。炮长用 XM-50 型瞄准镜大且重，由 8 块棱镜，10 块反射镜和 16 块透镜组成，由于装有被动式光增强管，昼夜均可使用。安装在指挥塔内的车长用 XM-51 型瞄准镜与 XM-50 型基本相同。炮塔左侧装填手门前面有一盏很大的红外／白光探照灯，这种探照灯是一种氙弧灯（功率 2 千瓦），工作距离为：红外 1000 米，白光 1200 米。驾驶员在夜间驾驶时使用一具 M24 型红外潜望镜，借助加滤光片的前火灯，视距可达 50 米。

【M-60A3 主战坦克】 美国研制的主战坦克。由 M-60A1 改进而成。主要采用了主炮双向稳定器、火炮身管隔热套、休斯公司的 AN／VVG-2 型激光测距仪、M21 型固态弹道计算机、新式 AN／VSS-3A 型探照灯、被动式夜视设备。定型生产的 M-60A3 的主炮均装有身管隔热套，其作用是尽可能减少以至消除身管由于受热不均而变形，从而提高射击精度。休斯公司的AN／VVG-2型激光测距仪是第二代产品，激光器采用掺钕钇铝石榴石作为激发物质，波长1.06微米，对人眼伤害小，仪器本身体积小，重量轻。通常条件下测距范围为200～5000米，最大可达8000米，精度±10米。重复频率达30次／分。性能较第一代产品有较大提高。M21型弹道计算机，系一电子模拟式固态弹道计算机，能自动修正装药温度、炮膛磨损、耳轴倾斜、横风、运动目标提前量等参数。AN／VSS-3A型红外／白光探照灯较原用的氙弧灯体积小、重量轻。AN／VSG2型炮长瞄准镜是一种热成象系统（单价估计为55000～60000美元），其优点是，它是完全被动的、使用时，不易被敌方探测到，可以昼夜两用，烟雾、雨雪以及尘埃对其影响不大。

该坦克装有"哈伦"1301灭火剂灭火效率高，对人无窒息作用，灭火后不留残迹。与此系统配用的共有7个双谱红外探测器，分别装在战斗室和发动机舱内。这些探测器灵敏度高，不会发生失误。为了增强三防能力，该车增装了核生化探测仪以及单兵用防毒面具。M-60A3坦克增装烟幕施放装置，首先可以起到自身的防护作用，其次可以少带，甚至不带主炮发射的烟幕弹，从而可以多带主要弹种。英国M239式烟幕弹发射器发射的烟幕弹距地7～10米处引爆，能在车前方30米、120°的弧形地带内形成浓密的烟幕。

【M-113装甲人员输送车】

美国制造的用以输送人员的装甲战车。是世界上使用最广泛的装甲车辆之一。世界上大约有三十六个国家使用了M-113和M-113A1的各种变型车。

M-113输送车是美国食品机械和化学品公司研制的产品。该车是在M-59、M-75装甲人员输送车的基础上研制的，首批车辆使用铝合金装甲。最后，M-113装甲人员输送车代替了M-59和M-75装甲人员输送车。尽管M-113装甲人员输送车代替了M-59和M-75装甲人员输送车。尽管M-113和M-59、M-75乘员／载员数相同（十名载员、一名乘员），但是M-113的重量却减轻了大约7吨，如果要使铝合金装甲的防护力与钢装甲板的防护力相同，则铝合金装甲厚度必须增大三倍。因此，这样厚的铝合金结构的车体与钢装甲板结构的车体的重量也相差不多了，但其刚度却比钢装甲大得多。用铝合金做车体，再减去一些结构部件，这样就能使车子重量大大下降。车体两侧装甲板呈垂直形，是盒形车体，车前的甲板是坡度很陡的斜甲板。车后甲板可作下车用的跳板，甲板上还有一扇单门。步兵的座椅位于车的两侧，每侧对面坐着五人。车体后顶装甲板上有一大圆盖，盖上有三个射击孔，供乘员从车里用他们手中的武器向外射击。车长位置位于车体中央，在旋转的指挥塔上装有一挺口径为12.7毫米机枪。驾驶员位于车体前部左侧，他旁边就是发动机。该车动力装置是克莱斯勒8缸汽油发动机，功率为209马力。

该车是继M-113以后，于1964年生产的，该车的车厢很大。M-113A1的动力装置是底特律通用汽车公司6缸215马力水冷柴油机，这种发动机代替了M-113的汽油发动机。M113A1的传动装置和主动轮均前置，这样，后载员舱就没有传动部件了。M-113／M-113A1的行动部分每侧都有五个负重轮，悬挂为扭杆式。该车无需任何准备就可以浮渡，也是一种两栖车辆。即只需将前部倾斜装甲板上的一快防浪板竖立起来即可浮渡。水中行驶靠履带划水，履带的上行进部分装有橡胶裙板，它能提高水上推进性能。其水上行驶速度稍低于6公里／小时，陆上行驶速度大约为68公里／小时。

图6-7　　M-113A1装甲人员输送车

【M-551空运轻型坦克】

又称"谢里登"。是美国制造的一种装甲战车。战斗全重16吨。其主要武器与M-60A2主战坦克的配备相同。"谢里登"坦克是1959年初着手研制的，当时代号为XM-551。想用其代替当时的M-41轻型侦察坦克和配备口径为90毫米加农炮的M-56自行反坦克火炮，起空运支援车辆的作用。该坦克有一个发射"橡树棍"导弹的口径为152毫米火炮／导弹发射器，该火炮和M-60A2的火炮相同，也和已被淘汰的MBT-70主战坦克上的火炮相同。它的辅助武器是安装在炮塔内的一挺口径7.62毫米的并列机枪，和车长指挥塔上的一艇口径为12、7毫米的高射机枪。

由于采用了铝合金锻压车体，同时，在发动机、变速箱、散热器上也广泛地采用了铝合金部件，所以重量比较轻。M-551坦克是水陆两用车，在水中行驶时，利用履带划水和浮渡围帐浮渡，围帐前部的外形象一个高的防浪挡板，帐板上带有两个透明观察窗，通常折叠在车首前斜甲板上。围帐之两侧及后都是用柔性纤维材料制成。在不用时，把它们折叠在车体上部的周围。当两侧的栏杆被支撑杆竖起时，可以确保围帐不发生弯曲。M-551轻型坦克的动力装置是美国底特律6缸柴油机，最大功率为300马力，最大行驶速度为70公里／小时，水上最大行驶速度为5.6公里／小时。这种坦克总共生产了大约1700辆，仅供美国陆军在装甲部队做侦察坦克使用，也有一些作为空运支援坦克。

图6-8　　M-551空运轻型坦克

【XM-1主战坦克】　　美国制造，是最新一代主战坦克。美国陆军为研制代替 M-60 系列的新一代坦克，于1972年制订新的性能要求并进行设计和试验。1976年11月选中克莱斯勒公司设计的样车，该公司接受了继续改进样车的全面技术研制合同。

该车采用了 AVCO 莱卡明公司生产AGT-1500马力燃气轮机。该机的起动耗油虽然大，其效率略低于柴油发动机，但它可靠性好，使用寿命长，保养费用少。1500马力的输出功率使克莱斯勒生产的XM-1样车的加速能力，从0～32公里／小时只用6.2秒。最大行驶速度为70公里／小时。该燃气轮机与一台阿里逊（X1100-3A）液力自动变速箱和差速转向机构匹配成套。XM-1主战坦克的行动部分，每侧有七个负重轮，采用扭杆悬挂，取消了原来 M-60 坦克的液气悬挂系统，这主要是因为扭力杆悬挂坚固耐用，而且十分简便，特别是前面的扭力轴能防地雷。

XM-1坦克的主要武器为一门 105 毫米火炮，能发射已改进的炮弹。同时可安装联邦德国120毫米的滑膛炮，或者英国的120毫米线膛炮的炮塔。该车装有一挺7.62毫米的并列机枪，在炮塔顶部，还装有一挺12.7毫米的高射机枪，由车长操纵。7.62毫米机枪安放在带有枢轴的底座上，由装填手操纵。

105毫米的火炮上装有高低稳定装置，炮塔上装有水平稳定装置。火控系统还装有热成象夜视仪。

XM-1的防护是复合装甲，在负重轮上半部，即车的两侧有裙板，XM-1共有四名乘员，即车长、炮长、装填手（以上均在炮塔内）和驾驶员。驾驶员的位置在车前部中间。驾驶椅为斜倚靠背式。

【XM-2步兵战斗车】　　美国制造。1976年底开始发展。特点是机动性好、生存能力强，可输送一个步兵班伴随 XM-1 坦克行进。步兵可通过枪孔在行进中射击。战斗全重21.3吨。乘员3人。火炮为一门25毫米加农炮。导弹是双联装陶式导弹发射架一座，7.62毫米机枪1挺，车体枪孔6个，载员6名步兵。发动机功率500马力，最大时速：陆上66公里；水上7.2公里。最大行程483公里，最大爬坡度31°，通过垂直墙高0.91米，越壕宽2.54米。

图6-9　　XM-2步兵战斗车

【LVTP-7履带式装甲登陆输送车】美国研制的一各专门用于登陆的战车。1966年，美国食品机械和化学品公司设计了 LTPX-12 试验型样车。试验样车的最后命名，称之为LVTP-7，该车定型后，于1970年交付使用。

LVTP-7为全密封车体，前下装甲板向上抬高成船首状或弯成特殊角。这种弯曲角度，是根据实验而设计的，并已证明能够减少水的阻力和紊流。行动部分有 6 对负重轮，扭杆悬挂，发动机和传动装置前置，主动轮也前置。通过动力输出装置，把发动机的动力输给装在车体后部的两台喷水推进器。喷水推进器的位置，恰好在诱导轮的上面。喷水口上有一个可转动的导流片，用于水上转向和倒驶。动力装置为美国底特律 8V53T 型 8 缸水冷涡轮增压柴油发动机，功率为 400 马力。该车最大行驶速度为 63 公里／小时，水上最大行驶速度为 13.5 公里／小时。该车最大的一个优点是：当在浅水行驶或者离开水面时，它能够同时驱动履带和喷水推进器。

LVTP-7 履带式装甲登陆输送车除了乘员外能载 25 名海军陆战队士兵，分三行乘坐。该车有三名乘员，驾驶员（位于车前左侧）、车长（位于驾驶员之后）、炮长（在炮塔内），指挥塔设在车体顶部右侧。指挥塔上装有一挺口径为 12.7 毫米机枪。车尾甲板可作为一个大的方形台板使用，来装载物资，尾甲板上，还设有一个门，供士兵进出。

图 6-10　　LVTP-7 履带式装甲登陆输送车

【M-114 指挥侦察车】　　美国通用汽车公司卡迪拉克分公司研制的一种专用战车。行动部分每侧也是四个负重轮，车内的机械传动布置很近似美国食品机械和化学品研制的 M-113。该车的发动机和传动装置为前置。动力装置为"雪佛蓝"Ｖ型 8 缸汽油发动机，功率为 160 马力，最大行驶速度为 58 公里／小时。M-114 的所有变型车，都装备了 7.62 毫米机枪，而且有两个可替换使用的机枪架。但是，主要武器则相互相同，在 M-114

图 6-11　　M-114A1 指挥侦察车

车顶枢轴枪架上，安装的是口径为 12.7 毫米机枪，由车长操纵。M-114A1 的 12.7 毫米机枪，由原来的车外操纵改为车内操纵。在最近的 M-114 改进型车上，改装了瑞士伊斯拜诺·瑞依扎公司生产的口径为 25 毫米的加农炮。

【"山猫"指挥侦察车】　　美国研制的一种专用战车。由美国食品机械和化学品公司以 M-113 装甲输送车作为基础，为美国陆军设计的指挥和侦察用车。它的铝制车体相当宽阔，三个乘员只要在车前安装一块平衡板，无需任何器材就能够浮渡。加拿大陆军把该车称之为"山猫"，该车非常象小型的 M-113。行动部分为 4 对负重轮，车内布置与 M-113 不同，虽然发动机后置，可是，通过传动机构，主动轮却是前置，动力装置采用的是底特律柴油机，功率为 215 马力，和 M-113A1 的动力装置相同，所以，这种 8.5 吨侦察车的最大行驶速度为 71 公里／小时。荷兰和加拿大两国的侦察车起初都配一挺 12.7 毫米的机枪，装在车顶指挥塔上，可以在车内进行瞄准和射击。车顶后舱口附近安有带枢轴的机枪架，架上装有 7.62 毫米的机枪。然而，荷兰在该指挥车上改装厄利肯式炮塔，内装 25 毫米加农炮，取消了原来的口径为 12.7 毫米的机枪指挥塔。

【M-577A1 装甲指挥车】　　美国制造的一各专用装甲指挥车。在 M-113A1 装甲人员输送车的基础上改装而成。该车有一种特殊的车体，在车体结构上的改动，主要是为了适应于作战的需要。恰好在发动机之后，车体容积增加了，M-577A1 驾驶员后面的高度增高了 0.64 米，达到了后乘舱的指挥人员完全站立的高度。车上带有篷布及支架，车停后，能在车辆的后部支起帐篷，这样就提供了更大的空间。通讯工具有 3～5 部电台，用以联系司令部和前线作战部队。有一部 28 伏的发电机，当发电机发电时，可供电台长时间工作，也有战地电话和射击方向控制装置。

【"越野车"坦克】　　一种轻型的、速度较快的车辆。苏联制造。它有一条很宽的履带，装在车体底部，作为推进装置；履带前端翘起，以便更好地超越障碍。履带的宽大支承面保证该车对地面具有较小的单位压力，并使其具有良好的通行能力。"越野车"坦克具有防枪弹装甲并装有机枪（试验型样车尚无塔形上部结构）。设计上的战斗全重约 3.5-4 吨，长 3.6 米，宽 2 米，高（不带炮塔）1.5 米。1916 年研制出了"二号越野车"模型，该车按规定有 8 毫米厚的装甲和 3-4 挺各自独立瞄准的机枪。

【T-34式重型坦克】 苏联制造的主战坦克。T-34坦克是苏联在第二次世界大战中使用的主要坦克。在整个战争期间T-34坦克进行了多次改进，1942年增加了装甲厚度，简化了结构，增装了指挥塔，将四速变速箱改为五速变速箱，并增大了柴油箱的容量。T-34坦克战斗全重32吨，装85毫米线膛炮一门，该炮直射距离950米，最大射程14000米，穿甲厚度80毫米。其武器系统还有7.62毫米机枪2挺，12.7毫米高射机枪1挺，炮弹56～60发。T-34坦克的公路平均时速为30公里/小时，公路最高速度为55公里/小时，公路最大行程300公里，最大爬坡30度，越壕宽2.5米，涉水深1.3米，通过崖壁高0.73米。

【T-10重型坦克】 苏联制造。于1957年开始装备部队。战斗全重50吨，乘员4人。车体带炮长10280毫米，车长7680毫米，车宽3350毫米，车高2420毫米，车底距地高450毫米。单位压力0.7公斤/平方厘米。炮塔装甲厚度200毫米，车体装甲厚度60-120毫米。发动机功率600-700马力。122毫米加农炮1门，12.7毫米机枪2挺。122毫米火炮最大射程17700米。122毫米炮弹基数30发。最大爬坡度36度，越壕宽3米，涉水深1.3米，通过垂直墙高1米。最大时速45公里，最大行程300-350公里。车内有三防装置和测距仪。

【T-54中型坦克】 苏联制造，于1954年在T-44式坦克的基础上改进而成。安装了火炮稳定器和红外线装置，车体较低，炮塔呈流线型。战斗全重36吨，乘员4人。车体带炮长9000毫米，

图6-12　T-54式中型坦克

车长6040毫米，车宽3250毫米，车高2250毫米，车底距地高420毫米。单位压力0.8公斤/平方厘米。炮塔装甲厚度200毫米，车体装甲厚度20-100毫米。武器有：100毫米加农炮一门、12.7毫米高射机枪一挺、7.62毫米机枪2挺。100毫米火炮标尺射程6900米，100毫米火炮最大射程

15600米，100毫米炮弹基数34发。最大上坡度30度，越壕宽2.7米，涉水深1.4米，通过垂直墙高0.8米。最大时速50公里，最大行程400公里。主储油箱容量530公斤，发动机功率520马力。车上可安装扫雷器和推土铲。

【T-55主战坦克】 苏联生产的一种主战坦克。是从第二次世界大战中著名的T-34坦克演变而来的。经过过渡型T-44、T-54之后，T-55坦克于1960年前后装备部队，1961年第一次公开露面。T-55坦克是经过许多样车逐渐改进而成的。主要改进是发动机传动装置以及火炮稳定装置。

T-55坦克的动力装置，是一种改进型的V型12缸水冷柴油发动机，功率为580马力。而T-54的发动机功率为520马力。T-55坦克发动机的性能比T-54发动机稍好些。为了适应增大的输出功率，T-55坦克改进了传动装置。燃料容积提高，作战半径增加约25%，T-54坦克（除了较早的几种车型外）口径为100毫米的火炮，只有高低稳定器，而T-55坦克的火炮则是双向稳定器。这样就能在行进间精确射击。T-55坦克的弹药基数也较T-54增加9发。

T-54/T-55坦克系列的布置，仍适用于现代主战坦克。它的发动机和传动系统位于车体后部（主动轮在后），驾驶员在车体的前左侧，战斗室和炮塔在车体中间。车长、炮长和装填手都在炮塔内工作。行动部分每侧有5个大负重轮，悬挂在横向扭力杆上。

T-54和T-55都装备一门口径为100毫米的火炮，并装有一挺口径为7.62毫米并列机枪，而另一挺机枪安装在车体前部，由驾驶员操纵。但在最后的T-55车型上，去掉了车前部的航向机枪。

T-55坦克的炮塔是从T-54坦克炮塔发展而来的。T-54坦克的靠近炮塔顶部前方的位置上有一个风扇防护罩。原来有两个小炮塔，一个是装填手进出门，另一个是车长指挥塔。T-54坦克的后期车型已改装成一个指挥塔，和T-55坦克一样没有风扇防护罩。在部分T-54坦克和T-55坦克上安装了高射机枪，但不是所有车都是如此。

T-55坦克和T-54坦克一样，是一种结构紧凑，而且可靠的坦克。苏联曾生产了大批的T-55坦克。除了华沙条约国部队使用外，还向二十多个国家提供了这种坦克。

【T-62主战坦克】 苏联研制的一种主战坦克。系T-54/55中型坦克系列的新发展。1964

年开始装备苏军，用以代替苏军装备中的ИС-3、Т-10、Т-10M重型坦克以及Т-54和Т-54Б中型坦克。已于1975年停产，截至停产时为止，共生产4万辆左右。Т-62坦克除装备苏军部队外，还向埃及、叙利亚等中东国家出口。

该坦克采用了115毫米滑膛加农炮（带双稳），配用尾翼稳定的超速脱壳穿甲弹（初速约1525米／秒，直射距离约1700米）、空心装药破甲弹（初速约1000米／秒，垂直破甲厚度约400毫米）和爆破杀伤榴弹（初速约1000米／秒），改进了双向稳定器和夜视夜瞄装置，加装了半自动抛壳机构，较显著地提高了坦克的火力。该炮在1500米距离内性能良好，但随距离的继续增大，其射击精度严重下降，难以对付较远距离上的目标。Т-62坦克的2A20型火炮除比Т-55坦克的Д10-T2C型火炮加大了口径，增长了身管并由线膛改成滑膛外，其在炮塔上的安装以及反后坐装置、高低机等也都改用了新的结构。此外，在炮塔的后壁上还开有抛壳窗。

其夜视夜瞄器材，除车长昼夜指挥仪、供电箱晶体管化及变象管的性能提高外，与Т-55坦克无大差别。车长夜视和炮长夜瞄因采用二级串联变象管，夜视距离分别增至500和1000米。

该坦克仍然采用B-2型坦克柴油机，功率580马力。由于整车重量增加而动力未变，故其单位功率反比Т-55坦克为低，仅约15.5马力／吨，最大车速仍保持50公里／小时。改进了装甲材质，增加了主要防护部位的装甲厚度，改善了炮塔外形，提高了坦克的防护性能。该坦克装甲仍系含有较高镍铬元素的钢种，但加入了稀土元素，以提高其性能，特别是低温韧性。炮塔钢中减少了镍的含量，而增加了锰并加入了稀土元素，这虽使其硬度降低，但抗冲击性能却得到了提高。

该坦克的炮塔是整体浇铸的，有较好的流线型，被称为是"防弹外形最好的现代坦克"。炮塔前部厚度增至220毫米，比Т-55的厚45毫米，而且内部空间利用较好，改善了乘员的工作条件。Т-62坦克高度尚不足2.4米。比美制M-60A1坦克几乎低1米，故比后者的中弹概率较小。

该坦克采用了新式的P-123型坦克电台，加宽了频率范围，增多了波道数（比Т-55坦克的P-113型电台多12倍），加大了功率，从而提高了通讯能力。此外，P-123型电台由于采用印刷电路、铝合金压铸件、小型化元件和器件以及半导体化电源，电台结构更为紧凑，体积、重量均有减

小。此外，还改装了Г-6.5型发电机（Т-55型上用Г-5型发电机），功率增至6.5千瓦，并采用了新式结构的锗晶体管无触点调压器，提高和改善了电气系统的供电能力。Т-62坦克保留了Т-55坦克的基本结构型式与大量零部件，故该坦克与Т-55中型坦克相比较，主要是火力有了明显提高，其它方面虽有某些改进，但变动不大。

1970年以后，苏军对Т-62坦克进行了改进，先后出现了Т-62A、Т-62K和Т-62M等车型。Т-62A型坦克，改变了装填手门上的布置，增装了一挺12.7毫米ДШК高射机枪，并对夜视夜瞄器材作了进一步的改进。Т-62K系指挥车装有辅助电台，天线座可升降。由于增装了电台通讯设备，弹药基数较小。此外，还装有一台辅助发电机和一台THA-3式地面导航仪。Т-62M，又称Т-62（1977），它的行动部分采用了Т-72坦克行动部分的主要部件，如履带、负重轮、主动轮等。

图6-13　Т-62主战坦克

【Т-64主战坦克】　苏联60年代后期研制的一种主战坦克。是Т-62到Т-72坦克之间的过渡车型。车体是重新设计的，行动部分采取小负重轮带托带轮的结构型式。样车（M-1970）曾沿用了Т-62坦克的炮塔和2A20型115毫米滑膛炮，Т-64定型后即改用新式炮塔和新研制的125毫米滑膛炮。与Т-62坦克相比，Т-64坦克的火力、机动性和装甲防护力上都有显著提高，在许多方面与其后继车型Т-72坦克相同。Т-64坦克自1970年以后有少量装备部队。到1976年为止，共生产了约2000辆。该坦克的动力装置采用一台新设计的700马力水冷柴油机，单位功率由Т-62坦克的15.5马力／吨提高到17.5马力／吨，因此，虽然车重略有增加，但机动性仍有较大提高。行动部分除悬挂装置仍采用传统的扭杆式独立悬挂外，其余部分都是新设计的。Т-64坦克采用小负重轮带托带轮的结构型式，增大了悬挂行程，改善了越野通行性能。这种结构型式与西方所采用的基本相同，

它是突破从 T-34 到 T-62 坦克的传统结构的一个重要标志。履带与 БМП-1 步兵战车相似，为销耳挂胶双销金属铰链式履带，减小了阻力和噪音，延长了履带的使用寿命。该坦克的炮塔呈圆形，仍保持较好的流线型。装甲车体的长度和宽度虽稍有增加，但高度却略有下降，降至不足 2.3 米，为当前世界上最低矮的有炮塔坦克，从而减少了中弹几率。装甲材质与 T-62 坦克大致相同，但是，由于炮塔比 T-62 坦克炮塔的位置靠后，车首装甲板的倾角有了增大，近于与地面平行，因此在装甲厚度相同的情况下，装甲防护力有了相应的提高。此外，由于采用了火炮的自动装填机构，改变了主炮弹药在车内的配置，从而减少了中弹后炮弹在车内诱爆的可能性。

【T-72 主战坦克】　苏联制造。在 T-64 坦克基础上改进而成，于 70 年代初期定型投产，1973-1974 年间开始装备，首先用来代替苏军驻民主德国部队装备中的 T-55 中型坦克，是 80 年代的主要车型之一。

该坦克装有一门带有隔热套管的 125 毫米滑膛炮，这种坦克炮比 115 毫米滑膛炮加长了身管、增大了壁厚，能发射重量较大、初速更高的弹丸，从而提高了威力和增大了射程。脱壳穿甲弹初速达 1800 米／秒，2000 米距离上垂直穿甲厚度可达 280 毫米，破甲厚度达 500 毫米。配用全钨脱壳穿甲弹、榴弹、破甲弹三种弹药。炮弹为分装式，采用半可燃药筒。其中穿甲弹 14 发，榴弹 20 发，破甲弹 5 发，全部弹药基数共 39 发。

该坦克配用自动装填机，取消了装填手。自动装填机结构原理与 БМП 步兵战车基本相同，由旋转底盘、提弹机构、推弹机构、选弹机构和抛壳机构等几部分组成。旋转底盘圆形盖板下设有两层辐射式布弹的旋转弹架，上层置药筒，底层置弹头，可储弹 22 发。炮塔后方顶部有一圆形抛壳窗，可将发射后的半可燃药筒金属底座从此窗口抛出车外。坦克内由过滤通风装置形成不小于 60 毫米水柱的余压，可阻止开门时火药气体由燃烧室进入车内。该坦克的火控系统包括：火炮双向稳定器，机电式弹道计算机，合象式光学测距仪，象稳式瞄准镜（高低稳定），从而提高了火炮的射击精度。为进行夜间作战，炮长有红外夜间瞄准镜，车长有一昼夜合一红外夜视潜望镜。

该坦克安装一台 Б-46 型多种燃料发动机。它是 Б-55 发动机的改进型，由于采用了机械增压和改进了高压柴油泵，将功率增大至 780 马力，从

而将单位功率提高到 19 马力／吨。离心风扇可调节转速，一般情况下以低转速工作，当气温高于 25°C 时，则接通风扇的高速挡，以提高冷却效率和更好地发挥发动机功率。此外，由于冷却风扇倾斜安装，还降低了车体的高度。传动装置为机械式，但作了较大的改进，并采用了液压操纵。动力从发动机输出，经主离合器和中间传动箱，传至左右两侧的两个行星变速箱。每个变速箱由若干行星排、制动器和离合器组成，兼起到变速、转向和制动的作用。可提供 7 个前进挡和 1 个倒挡。驾驶员位置有两根操纵杆、排挡选择杆、主离合器踏板、油门踏板和制动踏板。

该坦克前装甲板水平倾角为 22°，在目前国外现装备坦克的前装甲中，水平倾斜角度最小，提高了防破甲弹的能力。

图 6-14　　T-72 主战坦克

【T-80 主战坦克】　苏联继 T-72 坦克之后于 70 年代后期研制的新型主战坦克。T-80 主战坦克在某些方面突破了苏联主战坦克原有的传统结构，采用了一些先进技术和新材料，故其装甲防护力、火力和机动性均有显著提高。

在装甲防护力方面，T-80 坦克除仍保持苏联坦克外廓低矮、流线型好的特点外，首次采用了复合装甲。据报道，这种装甲与英国发明的"乔巴姆"装甲相类似，是由钢、陶瓷及铝组成的蜂窝结构，其防护力相当于普通钢装甲的三倍，而且不致引起车重增加。当时这种复合装甲能够抵御各国现装备中的步兵反坦克导弹的袭击。在机动性方面，T-80 坦克采用了一台新计的 1000 马力柴油机。使该车的最大行驶速度提高到 70-80 公里／小时，最大行程仍保持在 500 公里以上。传动结构方面，仍采用 T-72 坦克的液力机械式传动装置和静液差速转向机构。但在悬挂装置方面，T-80 坦克首次采用了能调整车体高度的空气液力悬挂，大大提高了该车的越野性能，并保持车廓低矮，有助于防护性能的改善。在火力方面，T-80 坦克虽然

仍采用与 T—72 坦克相同的 125 毫米滑膛炮，但对火控系统作了较大改进。除炮塔采取双向稳定，为该车提供了一个稳定的火炮平台外，还采用了激光测距仪、炮手像式瞄准镜和弹道计算机等新技术，同时对火炮的自动装填机构也作了改进。射速每分钟 15—16 发，相当于人工装填的两倍。

【БМП—76ПБ 式步兵战斗车】 苏联制造。1967 年装备部队。曾称 M—167、БТР—76 式，由 БТР—50 式和 БТР—60 式装甲输送车改进而成，主要是增加了炮塔，车体顶部改为可开式装甲防护盖，车两侧共有 8 个供搭载步兵用的潜望镜和可开关的射孔，车内装有潜望式测距仪、红外线夜视仪和三防装置，是 70 年代苏军最新式装甲车。战斗全重 12 吨，乘员 3 人，车内人员容量 8 人。车长 6850 毫米，车宽 3180 毫米，车高 2000 毫米。装有 73 毫米火炮 1 门，7.62 毫米机枪 1 挺，"萨格尔"反坦克导弹 1 枚。火炮高低射角－3～+25 度。最大时速 65 公里，最大行程 350—450 公里。发动机功率 280 马力。

【嘎斯—71 型履带式装甲输送车】 苏联制造。车重 3.75 吨，载重 1 吨或 10 人，牵引重 2 吨。车长 5365 毫米，车宽 2585 毫米，车高 1740 毫米。履带间距 2180 毫米。车底距地高 380 毫米。最小转弯半径 2.2 米。单位压力 0.17 公斤／平方厘米。发动机功率 115 马力。最大速度：公路 50 公里／小时，水上 5—6 公里／小时，雪地（雪深 0.8 米—0.9 米）17 公里／小时，沼泽地 12—18 公里／小时。平均速度：土路 30—40 公里／小时。公路储备行程 400 公里。

【K—61 式水陆输送车】 苏联制造。主要用于强渡江河作战时输送人员和物资。车重 9.5

图 6—15 K—61 式水陆输送车

吨，乘员 3 人。车内人员容量 32 人。车长 9150 毫米，车宽 3150 毫米，车高 2150 毫米。车底距地高 400 毫米。单位压力 1 公斤／平方厘米。最大爬坡度 25 度。越壕宽 3 米，通过垂直墙高 0.65

米。陆上最大时速 36 公里，水上最大时速 10 公里。陆上最大行程 170—260 公里。水上最大行程 10 小时行程。发动机功率 130 马力。

【БТР—50ПУ 式装甲指挥车】 苏联制造。由 БТР—50 型装甲输送车改装而成，两侧均设有了望塔，车内装有 4 部电台，可容纳无线电报务员和指挥联络官各 4 名，浮渡时人员容量不得超过 8 人。70 年代逐步由新型步兵战车 БМП—76ПБ 所取代。战斗全重 15 吨，乘员 2 人，车内人员容量 8 人。车长 6700 毫米，车宽 3080 毫米，车高 2100 毫米。车体正面装甲厚度 12—40 毫米。12.7 毫米高射机枪 1 挺。陆上最大时速 60 公里，水上最大时速 9.6 公里。陆上最大行程 550 公里。发动机功率 240 马力。

【БТР—50ПК 式水陆装甲输送车】 苏联制造。1955 年利用 ПТ—76 型轻型坦克车体改为 БТР—50 式，1960 年改进为 БТР—50ПК 式。主要担任侦察和输送人员。战斗全重 15 吨，乘员 2 人。车内人员容量 12 人。车长 6700 毫米，车宽 3080 毫米，车高 2100 毫米。车体正面装甲厚度 12—40 毫米。12.7 毫米高射机枪 1 挺。最大爬坡度 30 度。越壕宽 2.8 米，通过垂直墙高 1.1 米。陆上最大时速 44 公里，水上最大时速 10.2 公里。陆上最大行程 240—260 公里，水上最大行程 60—70 公里。发动机功率 240 马力。

图 6—16 БТР—50ПК 式水陆装甲输送车

【T—10M 重型坦克】 苏联制造。是 T—10 式重型坦克的改进型，改装了坦克机枪、火炮制退器和采用了折迭式履带板，于 1967 年装备部队。战斗全重 50 吨，乘员 4 人。车体带炮长 10560 毫米，车长 7680 毫米，车宽 3350 毫米，车高 2420 毫米，车底距地高 460 毫米。单位压力 0.74 公斤／平方厘米。炮塔装甲厚度 200 毫米，车体装甲厚度 45—120 毫米。122 毫米加农炮 1 门，14.5 毫米大口径机枪 2 挺。122 毫米炮最大射程 17700 米。122 毫米炮弹基数 30 发，最大上坡度 32 度。越壕宽 3 米，涉水深 1.5 米，通过垂直墙高 0.9 米。最大时速 45—50 公里，平均时速 35 公里，最大行程 350 公里。发动机功率 750 马力。

图 6-17　T-10M 式重型坦克

【ПТ-76 水陆坦克】　　苏联制造的一种侦察坦克。1950 年首次公开露面。重量为 14 吨，可以空投，具有全部水陆两用的性能。下水前，需要作的唯一准备工作是安装防浪板。该防浪板悬挂在斜甲板和前下甲板车接处。在水上行驶时，靠车内

图 6-18　ПТ-76 水陆坦克

装有的一对推进器推进。喷水口位于垂直后甲板的下方，靠主发动机驱动水泵喷水。推进器和车体两侧各有一个操纵水门，以便控制水的流量，从而使坦克在水上左右转向。两个操纵水门，位于履带挡泥板之上，并通向车体尾部。在平静水面上行驶时，速度为 10 公里／小时。陆地上的最大行驶速度为 44 公里／小时。驾驶员位于车体中心，恰好在炮塔的前面。驾驶员的位置上，有三个陆地行驶时使用的闭窗驾驶潜望镜，和一个水上行驶时使用的加高潜望镜。此潜望镜能使驾驶员越过防浪板看清外界。车长和炮手位于靠近车辆前部的炮塔内。炮塔内有一门口径为 72.6 毫米火炮和一挺口径为 7.62 毫米并列机枪。最后一批坦克上为 76 毫米火炮安装了双向稳定装置。发动机为后置，采用直列式 6 缸水冷柴油机，功率为 240 马力，通过传动

装置，将发动机动力传递给后置的主动轮。悬挂系统采用扭杆悬挂，每侧装有 6 个中等大小的负重轮。

【БМП-1 步兵战车】　　苏联制造的用以输送人员的装甲战车。是苏联第二代装甲人员输送车。车内的步兵可以用随身携带的小口径武器和安装在炮塔上的武器有效地抗击对方装甲车辆。是同类车辆中较好的车辆之一。它的机动性高，不用准备就能浮渡。虽然也象许多苏联装甲车一样，外形低矮，但这在某种程度上是以牺牲乘员舒适性为代价的。车体是轻合金装甲结构，车重 12.5 吨，仅是联邦德国"黄鼠狼"步兵战车的一半重。БМП-1 有 3 名乘员，可载 8 名步兵。该车采用 6 缸水冷式柴油机，功率为 280 马力。发动机安置在车体前部。最大行驶速度为 55 公里／小时。水上行驶时，用履带划水，其行驶速度为 8 公里／小时。许多部件与 ПТ-76 坦克部件相同。战车安装一门口径为 73 毫米滑膛炮。它带有自动装填机构，并发射尾翼稳定破甲弹和尾翼稳定榴弹。炮塔内有一挺口径为 7.62 毫米机枪。在口径为 73 毫米火炮上安放一个导弹发射架，可发射"萨格"反坦克有线制导导弹。火炮和"萨格"导弹都有穿透厚装甲的能力。"萨格"的射程可达 3000 米。该车在华沙条约的大多数国家和阿拉伯国家中服役。

【БМД 空投步兵战车】　　苏联制造的一种轻型装甲战车。既能作为机动火力支援，抗击敌军坦克，也能载运一定数量的步兵。该车大约重 8.5 吨。车身长度为 5.3 米。车身装甲非常薄。车上的武器装备与 БМП-1 一样，是进攻性武器。在极狭小的空间内，除了 3 名乘员外，最多还能载运 6 人。

【"威克斯"主战坦克】　　英国威克斯有限公司设计的一种主战坦克，也称为 37 吨坦克。"威克斯"坦克采用了"逊邱伦"坦克的高命中率火炮，是一辆轻型而简单的坦克。该坦克采用一门口径为 105 毫米的火炮。总体设计大致与"逊邱伦"坦克相同，重量比"逊邱伦"坦克轻 10 吨。车体和炮塔都用轧制钢板焊接而成，装甲防护性能不强。使用了里兰德公司 L60 型发动机和 52 吨"奇伏坦"的传动装置，机动性能好。发动机的输出功率被限定在 650 马力之内，性能可靠。最高行驶速度为 56 公里／小时。该坦克每侧的 6 个负重轮都采用扭杆悬挂。在第一对、第二对和最后一对负重轮上，又附加辅助扭杆。这些辅助扭杆主要是用来吸收轮子较大的震动，同时，液压减震器也吸收这些轮子的震

动。车体和炮塔装甲最厚的地方为 80 毫米，该坦克上安装了一种先进的火控和稳定系统。这个系统能使火炮在行进间瞄准，坦克暂停，立即射击。在紧急情况下，甚至行进间也能射击。该车装备的口径为 105 毫米火炮，是用火炮旁边口径为 12.7 毫米的机枪测距。特别是在刮风或光线弱的条件下，这种方法的优越性就更大。测距机枪和口径为 7.62 毫米并列机枪都安装在火炮的左侧，另一挺口径为 7.62 毫米机枪安装在车长指挥塔上。车长指挥塔位于炮塔顶部的左侧。

"威克斯"主战坦克于 1966 年在印度投入生产，称为"胜利"坦克。

除了常规武器外，"威克斯"主战坦克的 II 型车，在炮塔两侧又安装了 4 枚"旋火"反坦克导弹。就目前所知，英国和印度都还没生产这种 II 型"威克斯"。

"威克斯"主战坦克的其他各种改进型暂且叫做"威克斯"III 型坦克。最初的"威克斯"III 型坦克装有一个新的、前部呈圆形的铸造炮塔和一个铸造斜甲板。这样就大大地提高了防护能力。"威克斯"型主战坦克基本上是标准车体和标准炮塔。动力装置采用的是通用汽车公司制造的功率 800 马力 12 缸柴油发动机。

在"威克斯"主战坦克的设计中，已经把尼龙浮渡围帐考虑在内。围帐可以折叠并安放在上履带防护板的沟槽里。在 15 分钟之内就可撑起浮渡围帐。用履带划水时，水上行驶速度为 7 公里／小时。

【"逊邱伦"主战坦克】 英国研制的一种主战坦克。基本车型虽然设计于 1944 年，采用了第二次世界大战中通用的总体布置，即驾驶室在前，战斗室和炮塔居中，发动机机舱在后。履带由后边的主动轮驱动。悬挂装置是改进了的"豪茨曼"型。负重轮每两个为一组，每侧安装 3 组，均装配在水平弹簧上。虽然采用的不如当今流行的独立横置扭力轴，但是不占用车体的底板空间倒是一个优点。

"逊邱伦"主战坦克采用 12 缸的"麦捷尔"发动机，功率为 600／650 马力，该机是著名的罗尔斯－罗伊斯公司生产的"摩林"航空发动机。"逊邱伦"坦克原来的火炮口径为 72.6 毫米，它是第二次世界大战中最有效的英国坦克炮。50 年代初期，采用了口径为 83.4 毫米火炮。到 1961 年被"威克斯"L7A1 口径为 105 毫米火炮所代替，这是一种美国、德国和许多国家都采用的武器，现在也仍然是广泛使用的坦克炮之一。

【"奇伏坦"主战坦克】 英国制造。该坦克采用了 70 年代大多数主战坦克通用的总体布置。发动机后置，战斗室和炮塔在发动机之前，驾驶员在车内的前部。当坦克驾驶舱盖关闭后，驾驶员就处在半倾斜状态。这样安排能使车体高度降低，车重减少，并且缩小车子外型的目标，从而改善车辆的生存能力。该坦克采用了一种新型的炮塔设计。取消了炮塔前防盾。这也是为了减少车重，而且也有利于 120 毫米火炮的安装。当时服役的主战坦克火炮都比 120 毫米火炮小，都是依靠小口径火炮发射穿透能力强的空心装药炮弹。而 120 毫米火炮比现役大多数主战坦克的火炮威力大。重型线膛炮管除了它的射程远，命中目标准确外，还能穿透战斗坦克的大多数装甲，包括防空心装药炮弹的间隔屏蔽装甲板。因装填方式是手工装填，所以把沉重的炮弹改为分装式，足以保证火炮在短时间内的发射速度为 10 发／分。这门口径为 120 毫米火炮是用 12.7 毫米机枪和光学瞄准具测距的。炮塔内还有一挺与主炮并列的 7.62 毫米机枪。另一挺机枪安放在车长指挥塔内。车长在炮塔里就可以用这挺机枪瞄准和射击。

"奇伏坦"坦克采用英国里兰德发动机公司研制的一种多燃料发动机。这种发动机主要使用柴油，但也能使用北大西洋公约组织规定的其他液体燃料。里兰德 L60 发动机是一种结构紧凑的 12 缸立式对置发动机。较新的 L60 发动机的功率为 750 马力。这种发动机最初型号的功率仅为 585 马力，而且性能不可靠。"奇伏坦"坦克采用了改进的霍茨曼式悬挂系统。这种悬挂每侧有 3 对负重轮，每对轮子上有 3 个直径不等的水平弹簧。"奇伏坦"坦克的最高行驶速度为 48 公里／小时，低于大多数同代坦克的行驶速度，但它的相当好的防护性能，却弥补了速度较低的不足。"奇伏坦"坦克没有浮渡器材，但当安上通气管后，坦克能在深水中潜渡。"奇伏坦"坦克共有 8 种型号和许多种附属型号。

【P4030 主战坦克】 英国在"奇伏坦"主战坦克基础上研制的一种新型主战坦克。主要供出口。P4030 也称 FV4030，系英国国防部为这种主战坦克研制计划定的代号。1974 年开始研制，迄今为止，共出口了三种型号：P4030／1、P4030／2 和 P4030／3，P4030／1 和 P4030／2 原是为伊朗研制的。P4030／1 即"伊朗狮"（Shir Iran）型，供试验鉴定和训练用 P4030／2 即"伊朗狮"2 型），伊朗原先订购 1225 辆，由于伊朗的，所以，英国放弃了"伊朗狮"2 型的投产计划。

P4030／3 即约旦所称"哈立德"（Khalid）或英国陆军所称"挑战者"（Challenger）。英国放弃MBT-80 主战坦克研制计划之后，又制订MBT-90 主战坦克的研制计划。为了维持生产厂的劳动大军，为了在 BT-90 主战坦克投入使用以前有较先进的主战坦克替换英军现装备的、较老的"奇伏坦"主战坦克，英国陆军就采用了 P4030／3（"挑战者"式）。

P4030／1 是"奇伏坦"MK5 主战坦克的出口型号，所不同的是其发动机功率增到 840 马力（SAE 标准）。

P4030／2 主战坦克采用了较多的新技术和新部件，在动力、传动装置和装甲防护等方面，较"奇伏坦"主战坦克有了显著的改进。

采用了新研制的 120 毫米线膛炮，并配用新弹种和综合式火控装置，火力有较大的提高。

P4030／2 坦克的 L11A5 型 120 毫米线膛炮采用了电渣精炼炮管钢和新的热处理工艺，强度大大提高，能经受更大的膛压（达 6324 公斤／厘米2），从而使穿甲弹初速大幅度提高。炮管寿命为550 发。该火炮发射的炮弹有 7 种：具有滑动闭气弹带的尾翼稳定脱壳穿甲弹、改进型旋转稳定式脱壳穿甲弹、空心装药破甲弹、改进型碎甲弹、榴弹、照明弹和烟幕弹等。据报道，尾翼稳定脱壳穿甲弹的初速比苏联 T-62 坦克 115 毫米滑膛炮穿甲弹的初速要高。破甲弹供在较远距离上射击装甲目标之用。榴弹和碎甲弹则用于杀伤有生力量和摧毁工事、机动车辆等。

P4030／3 型坦克仍采用"奇伏坦"MK5 坦克的改进型火控系统，但有一些修改：一是用新设计的№.15 型指挥塔代替了"奇伏坦"MK5 坦克较高№.21 型指挥塔；二是没有采用梅尔（MEL）公司的热定向器。

安装了 1200 马力涡轮增压发动机，新研制的TN37 型综合式传动装置和不可调的液气悬挂系统，机动性比"奇伏坦"系列坦克有较大提高。

P4030／2 型坦克采用了英国罗尔斯·罗依斯公司研制的 CV12TCA 型柴油发动机。该发动机是以"鹰"系列发动机为基础研制而成的。发动机功率为 1200 马力，可以进一步提高到 1800 马力，从而使坦克的单位功率达到 30 马力／吨以上。

该发动机的主要特点是：1.发动机的汽缸工作容积为 26.11 升，增压比为 3，压缩比为 12。还采用了中冷，额定点的最大爆发压力的活塞速度超过民用发动机的相应参数的量限定为不多于

10%。

2.在进气管内安装有加热器，以克服降低压缩比给起动和部分负荷工作带来的困难。加热器由发动机驱动的一个小燃油泵供油，并通过燃油泵上的转速传感器控制。起动时，加热器所需的空气由电动空气泵输送。在上述工况下，当汽缸的进气温度低时，加热器便自动工作。

3.采用了民用发动机上的传统结构，因而通用性较好。主要铸件均为铸铁件，可靠耐久，而比重量仅为 1.7 公斤／马力，略高于铝制发动机水平。

4.采用了一套性能较好的混流式风扇冷却系统。混流式风扇突出的优点是兼有轴流式风扇流量大和离心式风扇压头高的特点。噪音小，消耗功率小。该冷却系统的主要部件有：两个水散热器，两个气冷式中冷器，三个直径为 380 毫米的混流式风扇。

为了适应新的发动机，P4030／2 型坦克采用了新研制和 TN37 型综合式传动装置。该装置包括带闭锁离合器的动液变矩器，行星变速箱，静液转向机构和"邓洛普"片式制动器等。变速箱有 4 个前进挡和 3 个倒挡。

悬挂装置是"邓洛普"公司研制和一种液气悬挂系统。每个负重轮都有一套独立的液气悬挂，需要时，可通过一个连接装置将各液气悬挂机构连通起来。采用这种悬挂装置加大了负重轮行程，改善了悬挂特性，从而使发动机功率可以充分发挥，使坦克具有较高的越野速度。车体和炮塔均装有新型的"乔巴姆"复合装甲，防护性达到了较高水平。

P4030／2 型坦克的车体和炮塔均为焊接结构，装有新型的可卸式"乔巴姆"复合装甲。与"奇伏坦"系列各车相比，虽然加大了车体长度和动力传动部分的高度，以适应安装大功率发动机和新型传动装置的需要，但由于设计的改进和新型"乔巴姆"装甲的应用，P4030／2 型坦克的防护性仍有较大提高。

"乔巴姆"装甲是英 70 年代中期研制成功的一种新型的复合装甲。据报道，它是由多层不同性质的材料（如钢、陶瓷、铝）制成的。根据不同部位的防护要求做成不同的厚度，并用螺栓固定到车体和炮塔上。英国陆军按照北约的靶板标准，用 120毫米脱壳穿甲弹、空心装药破甲弹（包括"斯温费厄"和"萨格"反坦克导弹）、碎甲弹等对该装甲进行了打靶试验。试验结果，上述几种弹均未击穿这种装甲，而同样重量的均质钢装甲在同样距离上均被击穿。

P4030／3 是从 P4030／2（"伊朗狮"2 型）主战坦克演变来的。这两种型号使用许多通用部件：L11A5 式 120 毫米线膛炮、马可尼空间防务系统公司的综合火控系统、罗尔斯·罗伊斯公司的 CV12TCA 型 1200 马力柴油发动机、大卫·布朗公司的 TN37 型全自动变速箱等。据报道，P4030／3 将不使用液气悬挂装置，而彩用"霍斯特曼"机械式悬挂系统。P4030／3 主战坦克的辅助武器有了改进，并列机枪是 L8A2 型 7.62 毫米机枪，高射机枪是 L37A2 型 7.62 毫米机枪，装在指挥塔上。炮塔两侧各有一组 5 具烟幕筒。

P4030／3 和 P4030／2 的车体和炮塔都采用"乔巴姆"复合装甲，但二者的外貌不同，P4030／3 主战坦克的车长为 11.55 米，较 P4030／2 约长 1 米。

【"蝎"式轻型侦察坦克】 英国制造的一种轻型战车。是为了满足英国陆军对可空运的履带式侦察车的要求而研制的。在执行战斗侦察任务中，如果紧急情况时，应能对付对方主战坦克。在该坦克上装有 76 毫米的火炮，可以发射各种炮弹。此坦克还能被空运，支援地面部队。"蝎"式坦克采用的发动机是"美洲虎"型 6 缸汽车发动机，该机输出功率从正常的 265 马力降低 195 马力。它可使"蝎"式坦克的最大速度达到 81 公里／小时。作为履带车辆，其加速度并不亚于"美洲虎"型竞赛汽车的加速度。由于"蝎"式坦克车体和炮塔采用铝合金结构，因此，其重量不到 8 吨。发动机安装在车体前右侧，驾驶员位于车体前左侧，7 个挡拉的半自动变速箱和侧传动在发动机的前部，主动轮也在前部，战斗室在全车的后部，这种布置很容易为其他变型车辆所利用。"蝎""式坦克每侧为 5 个铝制的负重轮，轮子安装在横置的扭力杆上。战斗室上方的炮塔上装有一门口径为 76 毫米的火炮。火炮仰角为 35°，俯角为－10°，弹药基数约为 40－60 发。在战斗室的后面，如果不安装防原子、防化学和防生物装置，则弹药基数还能多一些。一挺 7.62 毫米并列机枪，用于为主炮测距。车长和炮长位于炮塔内。向气候炎热地区的国家提供"蝎"式坦克时，此车还备有空气调节系统。比利时也参加"蝎"式坦克及其变型车的生产，并在本国装备了部队。除英国部队外，还有许多非洲和亚洲国家也都装备了"蝎"式坦克。

【"勇士"履带式装甲输送车】 英国制造的用以输送人员或特种物资的装甲战车。就象"蝎"式坦克一样，发动机和驾驶员也在全车的前部，但尾部的车体增高了。车内可容纳 4 名乘员及随身的武器装备。车长的位置在右侧紧挨着发动机的后边。乘员室在全车的后部。车体后部有一车门，车的两侧都有潜望镜，还有射击孔，乘员可用随身携带的武器从射击孔向外面射击。炮长（兼任电台报务员）在驾驶员之后，他操纵一挺 7.62 毫米的机枪。该机枪安装在炮长指挥塔的外面，炮长可以瞄准、射击，并可在车内重新装填弹药。"勇士"装甲输送车比"蝎"式坦克稍微重些，但实际上它与"蝎"式坦克比，其性能是一样的，当安装好围帐后，"勇士"装甲输送车也是可以浮渡的。

"勇士"装甲输送车是一种高机动性车辆，但是，与 FV432 比它的载运人数相对来说少些，因此，它通常不作为步兵战车使用，而常用它来执行侦察任务或者运送工程兵突击队。它既可作为特种货物输送车，也可为"打击者"式反坦克导弹发射车运送"旋火"导弹。

【FV432 履带式装甲人员输送车】 英国研制的用以输送人员的装甲车。主要有两种车型：一种是车顶专门设计成敞开式轻型装甲车辆，应用很广，主要用作输送车。另一种是稍加改进后即可作为坦克或自行火炮底盘使用。战后英国研制车辆的方向是把早期的输送车和改进后的坦克性能综合起来。然而，经美国试验之后，提出要求是一种履带式全封闭的装甲车，用以拌随坦克运载步兵。后来，在美国就出现了 M－75、M－59 和 M－113 系列，而在英国出现了 FV432 系列。FV432 系列也是经过各种型号的样车试验后才定型的。第一台样车准备于 1961 年进行试验，但由于对 FV432 车辆的许多性能已在早期的车辆上进行过长期试验，故于 1962 年就进行了成批的生产，下一年第一批车辆已交付使用。该车车体为装甲钢全焊接结构，比美国的铝合金结构的 M－113 车体重些，所以，无特殊准备设施是不能进行浮渡的。动力装置为罗尔斯－罗易斯二冲程 6 缸多种燃料发动机，功率为 240 马力。悬挂装置为扭杆式，每侧各有 5 个中等大小负重轮。主动轮在前，发动机和传动装置在车的前左侧，这种布置有利于增大车子后部的载员舱。驾驶员位于发动机旁边，在车的前左侧，车长（他有一个可旋转的指挥塔，塔上装有三具潜望镜和一个可以打开的工作窗口）紧靠在驾驶员的后面。载员舱可容纳 10 名步兵，舱内每侧可坐 5 人。座椅用折叶与载员舱侧甲板连接。载员可从车后的大门出入。载员舱顶还有一个大圆形舱口，利用此圆形舱口可操纵象 81 毫米的迫击炮这样的武器，也可以用个人武器进行射击。该车最大行驶速度为 52 公里／小时。水上行驶速度可达 6—7 公里／小时。浮渡时，车顶四周安装的浮渡围帐必须竖起来，还要在斜甲板上升起防浪板。

【"苏丹"履带式战斗指挥车】 英国制造的一种专用指挥车。是"蝎"式侦察车的变型车，就象"勇士"装甲输送车那样，使用相同的车体，所不同的是车高增至 2.016 米，增大了车内顶部空间。有三个乘员，即驾驶员、车长（兼作电台报务员）、电台报务员。共同负责 2—3 个装甲部队，或者机械化部队指挥官之间的联系。车内备有地图等有关资料，还有指挥用的无线电装置，并备有附加电池组，用以保证长时间的电讯联系，特别是在停车时，进行通讯联系使用。在该车的尾部可接出一个临时帐篷，以提供大约两倍的有屋顶的工作场所。通常，车上都带着这个帐篷，把它附在车后甲板上。该车还装备一挺 7.62 毫米的机枪，将其架设在带转轴的底盘上，以备遇有紧急情况时自卫。

【"弯刀"履带侦察车】 英国制造的一种轻型战车。与"蝎"式轻型侦察坦克比较，总体性能相同，武器口径较小，弹药数量较多，对付轻型装甲车辆和装甲防护薄弱的车辆很有效。"弯刀"履带侦察车配备一门口径为 30 毫米的"拉登"加农炮。"拉登"加农炮与 7.62 毫米机枪均安装在改进的"蝎"式坦克炮塔内。"拉登"加农炮是一种自动武器，可连射 6 发，也可单独发射。最大射速为 100 发／分，采用的炮弹为英国或者瑞士伊斯拜诺公司制造的 30 毫米炮弹。通常，虽然"弯刀"履带侦察车只对付轻装甲和非装甲目标，但是，如果发射英国的脱壳穿甲弹却能击穿对方主战坦克的侧装甲。虽然没打算把"弯刀"式作为一种防空武器，但当"拉登"加农炮仰角为 40 度时，至少是对直升飞机的一种威胁。

这两种车型的车体布置紧凑，虽然重量较轻，但在水中"蝎"式和"弯刀"式两者缺乏足够的浮力，然而，利用围帐完全可以解决这个不足。浮渡围帐安装在履带上部的车体周围。浮渡围帐安装的时间不超过 5 分钟。用履带划水时，水上行驶速度大约为 6.5 公里／小时。

【AMX30 主战坦克】 法国制造。该坦克带有常规炮塔并装备口径为 105 毫米的新型火炮。法国线膛炮是用专门设计的锥孔装药破甲弹。弹头在膛内的旋转度缓慢。该武器综合了线膛炮管的精度与锥孔装药弹头小、穿透力强等优点。这种 OCC105F1 或 O busG 弹，其空心装药部分装在一个钢球滚道内，从而克服了膛线引起旋转的问题。AMX30 的辅助武器，有一挺口径为 12.7 毫米并列机枪，它比火炮的仰角还要大 20 度，因此，可用来对空射击。还有一挺口径为 7.62 毫米的机枪，安装在指挥塔右侧，可在坦克内操纵。AMX30 坦克行走部分采用中等大小铝合金负重轮，扭力杆横向悬挂。发动机后置，通过 5 挡变速箱将动力传给位于车后的主动轮。转向机构采用新型差速器可根据使用的排挡，提供不同的转向半径。AMX30 动力装置是依斯拜诺瑞依扎公司 HS-110 型 12 缸水冷柴油发动机，功率为 720 马力。标准的 AMX30 坦克配有一个潜渡时用的通气管。MX30 系列的变型车都是一些具有专门用途的车辆，主要是用来出口的。

现代化的 AMX30 主战坦克，是通过改用 120 毫米滑膛炮代替原来的线膛炮。所用的弹种和"豹"式坦克炮相同。

图 6-19　　AMX30 主战坦克

【AMX-32 主战坦克】 法国制造。法国地面武器工业集团的产品，是在 AMX-30 主战坦克的基础上改进而成的，1979 年 7 月在法国"萨托利"第七届兵展上展出了 AMX-32 主战坦克的第一台样车。与 AMX-30 相比，AMX-32 坦克的主要改进有火控系统、弹药、传动装置以及车体和炮塔的装甲结构等方面。

AMX-32 坦克装备的"柯达克"火控系统包括：M581 型炮长激光测距瞄准装置、电子弹道计算机、各种传感器以及气压、气温、横风速度显示器等。M581 型激光测距瞄准装置包括：望远式光学瞄准镜，与瞄准镜组合在一起的 M550 型掺钕钇铝石榴石激光测距仪和射击修正量自动显示装置。望远式瞄准镜的放大倍率为 10 倍，视场 115 密位，出射瞳孔直径 5 毫米；激光测距仪工作波长 1.06 微米，发射速率 12 次／分，测距最短间隔时间 2 秒，测距范围 400—9995 米，测距精度 ±5 米；射击修正量自动显示装置的修正量显示范围是：高低 0—60 密位，方向 ±30 密位，精度 ±0.1 密位。

在 APXM581"柯达克"自动火控系统中，所有重要参数都是用传感器测出的，并将其输入计算机，计算机则计算出高低和方向射击修正量。这些修正量通过射击修正量显示装置自动显示在炮长瞄准镜中，或经微光电视系统显示在监视屏幕上。车上还装有紧急备用的手操纵机械装置，该装置同样可测得高低、方向修正量和耳轴倾斜，以备自动火控系统发生故障时使用，或供车长于紧急情况下不通过自动火控系统直接对突然出现的目标进行射击时使用。

"柯达克"火控系统与 M527 型车长瞄准镜配合使用。M527 型瞄准镜安装在指挥塔左侧塔顶上，是一种陀螺稳定式周视潜望瞄准镜，带有光增强装置，可昼夜两用。昼瞄系统的放大倍率为 2 倍和 8 倍，夜瞄系统的放大倍率为 1 倍，视界 31°，视距在 400 米距离内可看清 >5.10^4 勒克司照度的景物。车长用此瞄准镜可以搜索、跟踪目标，向炮长指示目标等。另外，车长还配备有超越控制装置，因而也可用此瞄准镜进行主炮的瞄准和射击。AMX-32 主战坦克配备有 DIVT-13A 型微光电视系统。电视摄象机装在车外火炮防盾的右侧，与火炮一起俯仰。炮长和车长分别配备有一个 11 厘米的微光电视监视萤光屏。车长和炮长在萤光屏上可同时看到目标物象和瞄准十字线，借此进行夜间瞄准和射击。通过微光电视系统，在 3—4 级夜暗条件下可实施 1500 米距离上的夜间射击，在 5 级夜暗条件下实施夜间射击的距离则达 1000 米。

AMX-32 主战坦克的主要武器仍沿用一门 F1 型 105 毫米线膛炮，使用 105 毫米尾翼稳定脱壳穿甲弹。该弹采用高密度钨合金长杆弹芯（弹芯直径为 26—28 毫米）初速 1525 米／秒，精度高。其主要性能如下：1.直射距离为 2000 米。试验中该弹在 2000 米射程上可击穿北约三层装甲的标准靶板，精度达 0.2 密位。弹丸飞行 2000 米距离需时 1.38 秒。2.对 3000 米距离上的敌坦克目标有较高的首发命中率。3.在 5000 米距离上能击穿倾角 60°、厚 150 毫米的装甲板（相当于 300 毫米）。4.弹芯头部装有大量钢球霰弹，对轻型装甲目标也具有相当大的破坏力。除上述弹种外，该火炮配用的主要弹种还有：DCC105F1 破甲弹和 OE105F1 杀伤爆破榴弹。

AMX-32 主战坦克仍保留了 AMX-30 坦克的 HS110 型 720 马力柴油发动机。该坦克的自动传动装置由液力变扭器、带前进挡／倒挡变速杆的变速箱（5 个前进挡和 1 个倒挡）和静液转向系统组成。变速箱为预选式，电液控制，换挡时不切断动力，操作灵便。与 AMX-30 坦克的老式传动装置相比，新式传动装置有以下四个主要特点：可在坦克转向时换挡；越野时驾驶员操作省力；工作可靠；操作简便，乘员训练时间短。

悬挂装置与履带基本上与 AMX-30 坦克相同。但是，由于 AMX-32 主战坦克战斗全重稍有增加（36 吨增到 38 吨），战术机动性有较大提高（越野速度从 35—40 提高到 45 公里／小时）。因此，为了与此相适应，扭杆、减震器以及行程限制器均增加了强度。还有一种供选用的双销挂胶履带，履带宽 510 毫米，比 AMX-30 坦克的履带要窄 60 毫米。这种新履带的销孔内挂胶，噪音小，寿命长。

AMX-32 坦克与 AMX-30 坦克相比，防护力有较大增强，炮塔为全焊接结构。炮塔尺寸加大，从而使车内战斗室空间增加，改善了乘员的工作条件。炮塔更呈流线形，防弹外形较好。AMX-30 坦克车体是全浇铸结构，而 AMX-32 坦克则采用浇铸与焊接的混合结构。车首是焊接结构，且增加了厚度。车体两侧增加了履带裙板，裙板可向上掀起 180°，以便于对行动部分进行保养。

图 6-20　　AMX32 主战坦克

【AMX13 轻型坦克】　　法国研制的一种轻型坦克。从 1952 年起，这种坦克一直在法国军队中服役。开始，提出要设计一种 13 吨重的轻型坦克，按此要求来设计研制，是因为要满足法国空军的空运要求。后来，法国战车研究和发展中心的一个设计单位提出的设计方案，满足了这项技术规格的条件。因此，给这个轻型坦克起名为 AMX13 坦克。该车的总体布置是：发动机前置，驾驶员在前左侧，采用前轮驱动。这样布置其优点是便于车后安装炮塔，从而减少火炮向前突出的缺点。该车炮塔的特点是：采用一个摇摆式固定耳轴的炮塔，这种炮塔的结构分为上下两个塔，上塔安装着火炮，并随火炮一起仰俯，下半塔上有耳轴，用以连接和固定上塔，并能在车体上回转。摇摆炮塔简化了火控装置，因为它消除自动装弹机和炮座之间的相对运动，也便于安装自动装填机构。在法国部队中服役的 AMX13 轻型坦克，安装一门长身管口径为 75 毫米火炮。然而也有些身管较短的坦克火炮曾装在"潘哈德"轮式装甲车辆的炮塔里。法国和其他一些国家在使用 AMX13 的过程中，对其部件进行了许多改进，安装了口径为 90 毫米的火炮，该炮可以发射空心装药破甲弹。为了进一步增大火炮的威力，炮塔两侧还可增加四枚 SS-11 型反坦克导弹。还有一批 AMX13 坦克安装了 105毫米 Mle57 型火炮。一批装备 105 毫米炮的坦克已提供给荷兰军队。有些早期生产的坦克，根据需要也安装大口径火炮。

【AMX13 步兵战车】 法国研制的一种用于运送人员的装甲车。该车底盘是 50—60 年代为法国军队研制的，后来该车底盘成为一系列轻型配套车辆的通用底盘。基型车是装甲人员输送车，后来命名为步兵战车。这类步兵战车车体后部有一载员舱，车体顶部比坦克高。采用这种布置非常适用于救护、指挥、载货及其他用处；同时，也可安装不同口径的迫击炮，其最大口径可达 120 毫米；也可配备推土铲和吊车而将其改装成工程车。是全封闭式车辆，除驾驶员外，可载乘 12 名武装步兵。该车是第一批在载员舱内设有射击孔的战车，步兵可在车内向外射击。AMX13 步兵战车配备一挺口径为 7.62 毫米的机枪，安装在车体顶部右侧的小炮塔上。也有的在敞开的小炮塔座圈架上安装一挺口径为 12.7 毫米高射机枪。而在荷兰军队的部分 AMX13 步兵战车上，此位置安装的是"陶"式反坦克导弹发射架。除法国和荷兰军队使用外，按合同规定，还输入到阿根廷。意大利、比利时也生产这类战车。

【AMX10P 步兵战车】 法国研制的用于运送人员的装甲车。这种系列的车辆能完成 AMX13 系列车辆的各项任务，其总体性能高于AMX13 系列。与 AMX13 步兵战车相比，该车载员较少，除驾驶员和炮长外，只载乘步兵 9 人；但它具有两栖性能。水上行驶时，用履带划水，并以喷水推进器推进，水上最大行驶速度为 8 公里／小时；陆上最大行驶速度为 45 公里／小时。动力装置采用水冷增压柴油发动机，其功率为 280 马力。最大行程为 600 公里，配备一门 20 毫米机关炮和一挺 7.62 毫米机枪，都安装在指挥塔上。

AMX10P 步兵战车正逐步代替法国部队中的 AMX13 步兵战车。AMX10 型的履带车辆系列还

包括指挥车、抢救车、75 毫米自行迫击炮和"霍特"反坦克导弹发射车，这些车辆有的已经投产，有的尚在研制中。

图 6-21　　AMX10P 步兵战半车

【"豹"I 式主战坦克】 联邦德国制造。标准"豹"I 战车的样车在 1961 年进行了初次试验，而后对样车又进行大量的改进，指定慕尼黑市的联邦德国克劳斯·马菲依公司制造。1965 年 9 月生产出第一台"豹"I 式坦克。"豹"式坦克有两个主要特点。一是火炮为 105 毫米的英国 L7A1 火炮。选这种火炮的原因是它能便于和北大西洋各国标准化。二是采用戴姆勒-奔驰公司 DB838、830 马力、10缸柴油发动机。此发动机为坦克提供了良好的机动性能，通过 4 速单级变矩器把动力传给履带。"豹"式坦克的最大行驶速度为 65 公里／小时，它具有良好的加速性能，这在主战坦克中是少见的。悬挂使用横置扭杆，车的每侧有 7 个负重轮。"豹"式坦克 105 毫米火炮的辅助武器是两挺 7.62 毫米机枪。一挺是并列机枪；另一挺安装在炮塔顶上。炮塔内的乘员有炮手、装填手和车长。驾驶员位于车体右前方。车长和驾驶员都能控制主操纵。

图 6-22　　豹 IA4 中型坦克

【"豹"II 式主战坦克】 联邦德国制造。"豹"II 式坦克安装有口径为 120 毫米的滑膛炮，该炮是莱茵钢铁公司研制的，采用尾翼稳定式穿甲弹和多种用途弹。此外，该炮还配有自动输入式弹道计算机控制的火控装置。还配有激光测距仪，火炮稳定器，可以在行进间射击。在炮塔上，还安装了一

个自动稳定的车长潜望镜，一个连续自动测距的炮长瞄准镜和一个被动式热成像仪。辅助武器是两挺口径为 7.62 毫米的机枪，一挺装在炮塔上，为防空用；另一挺是并列机枪。该坦克采用 4 冲程水冷 12 缸 1500 马力的柴油发动机（也可采用多种燃料），使"豹"Ⅱ式坦克的单位功率为 30 马力／吨。车底距地较高。采用扭杆式悬挂，使其减振性能较好。该车行程较长。传动部分采用液力机械式 4 速行星变速箱，是伦克公司制造的 HSWL-354／3 型。每侧负重轮数为 7 个铝制双负重轮。可以安上通气管潜渡 4 米深的水障碍。公路和起伏地行驶速度高，越野能力强，公路速度为 68 公里／小时。"豹"Ⅱ坦克改进了装甲防护能力，第一台样车在炮塔和底盘上安装了夹层装甲，后期的"豹"Ⅱ车体与炮塔改用"乔巴姆"装甲。总的来看，"豹"Ⅱ坦克的装甲防护比"豹"Ⅰ式坦克强（在重量有限的情况下），其夹层结构、新的材料、总成、外形及其安装、弹药和总的布置等，构成了一个比较好的防护系统。但是车重却高达 56.6 吨。"豹"Ⅱ坦克乘员为四人，即车长、炮长、装填手和驾驶员。联邦德国已生产几千台"豹"Ⅱ坦克，用它取代陆军中的美制 M-48 坦克。

图 6-23　豹 Ⅱ 主战坦克

【"豹"Ⅲ主战坦克】　联邦德国研制的第三代主战坦克。于 1972 年研制成两台试验样车，即装有两门 105 毫米线膛炮的 VT1-1 型和装有两门 120 毫米滑膛炮的 VT1-2 型。VT1-1 型样车利用缩短了的 MBT70 主战坦克的底盘安装了液气悬挂，每侧有 5 个负重轮。该车仅重 38 吨，采用一台 MTU 公司的 MB873Ka-500 型发动机，额定功率从 1500 马力提高到 2000 马力，因而其单位功率高达 52.5 马力／吨。但是，该车型无特殊装甲，也未装自动装弹机。VT1-2 型样车上的两门火炮则已有一门装上了自动装弹机，其发动机的输出功率已提高到 2200 马力。车上两名乘员，无专职驾驶员。车长位于右侧，炮长位于左侧，各有 1

具"蔡斯"PERI-R12 型潜望式周视瞄准镜，用以进行战场观察和两门火炮的瞄准。两门火炮在水平方向上是固定的，它们的纵轴线在 1500 米处交会。双向稳定的瞄准镜用来操纵火炮进行瞄准。火炮在垂直面上可高低俯仰，水平面上的方向瞄准则靠车体转向来实现。当两门火炮中之一门的瞄准线与目标重合时，这门火炮就可射击。哪一门火炮先发射，要依目标所在位置而定。

该车在中等射程上对北约大型标准靶板（2.3×2.3 米）的首发命中率超过 90%，要比有炮塔坦克高 15% 左右。但是，由于在战斗中必须连续按"之"字路线行驶，以及在遮蔽阵地中不能立即对侧方出现的目标进行射击，因而首发命中率高的这一优点就被大大削弱。这种无炮塔坦克，由于去掉了炮塔，重量大大减轻。但这一优点由于增加了第二门火炮和自动装弹机而被大大地抵消了。

【TAM 主战坦克】　联邦德国蒂森·亨舍尔公司专门为阿根廷设计研制的一种新型主战坦克。阿根廷计划用 TAM 代替阿根廷陆军装备的美制"谢尔曼"坦克。TAM 主战坦克采用"黄鼠狼"步兵战车的底盘，1974 年年中开始研制，1976 年 9 月制成第一台样车 TAM-1。1977 年又相继制成 TAM-2 和 TAM-3 两台样车。定型后，由阿根廷进行特许生产。

TAM 主战坦克的突出特点是重量轻（战斗全重 30 吨）、火力强、机动性好，战斗全重 30 吨这个要求，是阿根廷根据南美的桥梁和道路条件提出的。

TAM 主战坦克采用联邦德国莱茵金属公司设计制造的 Rh105-30 型 105 毫米线膛炮。身管为英制 L7A3 型，经过自紧工艺处理，因此重量轻、强度大、惯性力矩小。这对炮塔来说，不但可缩小结构体积、减轻重量，同时也提高了炮塔的旋转速度。炮弹基数 50 发。配用的主要弹种有：尾翼稳定脱壳穿甲弹、旋转稳定脱壳穿甲弹、破甲弹、碎甲弹等。破甲弹可击穿 400-500 毫米厚的装甲板。旋转稳定和尾翼稳定的脱壳穿甲弹初速高弹道低伸。尾翼稳定脱壳穿甲弹能击穿双层，甚至三层装甲靶板。采用 Rh-105-30 型线膛炮，射击精度高，在 2000 米距离上对 0.8×1.5 米² 目标的命中率达 72%，而法国 AMX-30 坦克的 MleF1 型 105 毫米坦克炮（使用 OCC 型弹）和英国"奇伏坦"坦克的 L11A3 型 120 毫米坦克炮的命中率，在相同条件下，则分别为 65% 和 50%。火控系统比较先进，主要由 1 台模拟式弹道计算机、1 具炮长用的激光测距瞄准装置和 1 具车长用的 PERI-R-12 型周视潜望镜等组成。

弹道计算机为 FLER-HG 型模拟式电子计算机，它处理目标距离、弹种、耳轴倾斜和提前角等参数。经过修正的信号经稳定系统直接传递到炮瞄机构内，对火炮进行修正。炮长用激光测距瞄准装置，是一种瞄准线独立稳定式单目瞄准镜，瞄准镜内结合有 1 具微型激光测距仪。此具激光测距仪为掺钕钇榴石激光测距仪，工作波长 1.06 微米，测距范围 400～5000 米，精度 ±10 米。PERI-R-12 型车长周视潜望镜是一种线稳式双目瞄准镜，上镜体可在 -10°～+60° 范围内俯仰。

炮长还配备有一具 TZF 型辅助光学瞄准镜，它与主炮并列安装。TAM 主战坦克配备有一套微光电视系统，它主要由 1 台电视摄像机和 2 台监视器组成。电视摄像机安装在防盾上，它用 1 个长焦距（280 毫米）反光物镜产生清晰度接近白昼的环境影像。2 具监视器分别供车长和炮长使用，监视器显示的影像上除有一组光学十字线之外，还有一组电子十字线可根据弹种、目标距离以及耳轴倾斜进行调整。这两组十字线由车长或炮长手柄控制，它们重合时，火炮即可射击。驾驶员共有 3 具观察镜，在夜间驾驶时，中间一具观察镜可换成一具被动式夜间驾驶潜望镜。TAM 主战坦克的辅助武器有 1 挺 FN60-40 型 7.62 毫米并列机枪，1 挺 FN60-20 型 7.62 毫米高射机枪。弹药基数为 6000发。TAM 主战坦克单位压力小（0.77 公斤／厘米2），单位功率大（24 马力／吨），车辆轻，因此受桥梁及道路条件的限制就比 40 吨以上的主战坦克小得多。此外，TAM 主战坦克在车尾可随车携带 2 个容积各为 200 升的备分油箱，从而使其最大公路行程由 500 公里增大到 900 公里。TAM 主战坦克采用 MB833Ka500 型 6 缸四冲程水冷柴油发动机，最大功率可达 720～750 马力。这种发动机为预燃室结构，汽缸呈 V90°。2 个汽缸排各配有 1个废气涡轮增压器。传动装置为 HSWL-204 型，它比“黄鼠狼”步兵战车采用的 HSWL-194 型增加了一个液力减速器，其它均相同。液力减速器用于车辆的转向和制动，它的最大制动功率为 400 马力。由于有了液力减速器，制动器的使用明显减少，这样就提高了平均行驶速度和转向的灵活性、平稳性。TAM 主战坦克采用扭杆式独立悬挂装置，但每侧还配备有 3 个截顶锥形弹簧，作为扭杆的辅助设备。当负重轮行程达到 80 毫米时，这些锥形弹簧即开始与扭杆一起承受负荷，防止平衡时

对行程限制器的撞击，从而减轻了车体的震动。履带为销耳挂胶、双销式履带，橡胶垫块可以拆换。

TAM 主战坦克的车体和炮塔均为焊接结构。因战斗全重 30 吨的限制，装甲板就不能过厚，因此防护力比较薄弱，只能防 20～40 毫米口径的炮弹。为了增强防护力，TAM 主战坦克采取了以下措施：1.装甲材料使用抗拉强度高达 160 公斤／毫米^2 的优质钢板。2.采取动力传动装置前置的总体布局，炮塔靠后配置，增大车首倾斜装甲的倾角，从而提高乘员对正面火力的防护力。3.车体两侧可挂装履带裙板，提高两侧的防护力。4.炮塔两侧各安装有一组 4 具烟幕筒，发射的烟幕弹可形成高 10～20 米、宽 200 米、厚 40 米的浓厚烟幕。5.车底和车尾各开有 1 个安全门。车尾安全门既便于乘员出入，不受正面火力的威胁，又便于补充弹药。6.配备有核、生、化三防设备。TAM 主战坦克车廓低矮、机动性好，也提供了一定的防护作用。

【“黄鼠狼”步兵战车】　联邦德国制造的一种用于运送人员的装甲车。按照第二次世界大战期间德国惯用装甲掷弹车的传统，西德于 50 年代开始用外国和本国造的车辆改装步兵战车。最初采用法国“豪奇开斯”装甲人员输送车的车体。该车原由瑞士设计，而在英国生产的，安装英国的发动机。联邦德国战后于 1963 年首批研制成 HWK-Ⅱ 装

图 6-24　黄鼠狼 A1 型履带式步兵战斗车

甲人员输送车。HWK-Ⅱ 是联邦德国轻型装甲车的组成部分。该车仅有少量的出口，实际上，联邦德国军队并没有装备此种战车。当德国对法国和瑞士的作战经验进行了研究之后，1959 年拟定出步兵战车的车型和技术指标。指标要求机动性至少应与主战坦克相同，应有良好的装甲防护，能充分发挥步兵的火力，还要求在此战车上安装机关炮。开始，由三个生产单位生产了不同的样车，经试验后，1969 年由莱茵钢铁公司承受了生产合同。“黄鼠狼”步兵战车经过如此长期的研制，性能较高，但全车稍微重了些。“黄鼠狼”步兵战车的动力是 6缸柴油发动机，其功率为 600 马力，安装在车体

前部，在长而倾斜的前装甲板后面。左侧是驾驶员。炮塔位于车体中部，炮塔内装有 20 毫米机关炮和 7.62 毫米机枪。载员舱位于车体后部，除车长和两名炮手外，还可载乘 6 名步兵。乘员舱的后甲板上有载员进出门。该车具有"三防"能力。

【IKV91 歼击坦克】 瑞典陆军用于支援步兵反坦克作战的轻型坦克，故命名为"步兵反坦克炮车"，但因它首先是作为歼击坦克使用，其次才是为步兵提供直接火力支援，故又称为"歼击坦克"。该车于 60 年代中期开始研制，1974 年成批投产，1975 年装备部队，主要装备瑞典陆军中的步兵旅和装甲旅的侦察连，用以代替 IKV103 自行火炮和 Strv47 轻型坦克。

该坦克采用了 90 毫米低膛压坦克炮及较完整的现代化火控系统。主要发射尾翼稳定式空心装药破甲弹，也可发射装有钽表引信的杀伤爆破榴弹，从而获得较强的破甲威力和较高的射击精度。KV90S70 型 90 毫米坦克炮的最大特点是膛压低，最大膛压仅 1195 公斤／厘米²，而一般 90 毫米坦克炮的最大膛压均为 2672～2800 公斤／厘米²。因此，它比一般炮身要轻，后坐力小，从而保证该车在重量轻的情况下获得较强的火力。该火炮发射的尾翼稳定式空心装药破甲弹，初速为 825 米／秒，采用压电引信，在有效射程内的破甲能力达 270 毫米。据报道，能穿透北约军队装备的所有战斗坦克的装甲板，从而保障该坦克完全有能力完成反坦克的作战任务。IKV91 坦克的现代火控系统，最大优点是瞄准镜和弹道计算机可配合使用，并与激光测距仪有机地结合在一起，使火炮停顿间对运动目标和固定目标的首发命中率得到显著提高。停顿间对运动目标射击时，从车长瞄准目标到火炮发射总共仅需 8 秒钟，而到第二发炮弹发射则仅需 12 秒钟。IKV91 坦克采用 1 台 330 马力柴油机，使该车单位功率高达 21 马力／吨。发动机在车体内采取 45°角斜向安装，通过锥齿轮与传动装置相联接。该坦克与 Pbv302 装甲输送车相同，通过多片干摩擦式离合-制动-转向机构进行无级制动转向。因此，发动机排出的废气除用来驱动涡轮增压器外，还经由引射装置引入车内对转向离合器进行冷却。车体两侧采用夹层装甲，并有较好的防弹外形，只是甲板偏薄，防护力显得较差。该车的行动部还可装除雪和防滑设备。因此，特别适于在低温严寒地区使用。此外，一般水陆两用车辆为增加浮力起见，内部容积都很大，而 IKV91 的结构却非常紧凑。

【STRV103B 坦克】 瑞典研制的一种主战坦克。S 坦克有外形低矮的车体，没有炮塔。它带有一门能自动装填，刚性安装的火炮。火炮的方向射界和高低仰俯，全靠车辆本身的运动来调节。动力由一台柴油发动机和一台燃气轮发动机共同提供。

从 50 年代开始，瑞典就用各种类型的坦克底盘，分别进行了多次的试验。首先用改变车体位置的方法来调整火炮仰俯角；然后，用坦克底盘转向来调整火炮的水平面上的方向角度；其次，把火炮相对刚性地固定的底盘上，以满足火炮自动装填机构的需要。在 S 坦克样车制造之前，还试验了液气悬挂机构和转向操纵机构。这种新坦克的设计工作，是由 AB 波复公司和瑞典陆军军械部坦克设计分部进行的。1961 年，制成了第一台样车。该样车体现了新设计思想的全部基本内容。这种外形低矮，结构紧凑的车辆，装备了口径为 105 毫米火炮。该炮是英国设计，而由瑞典制造的。制造时加大了炮管的长度，变成 62 倍口径。炮管从长长的前斜甲板中心伸出。车体每侧有 4 个负重轮，负重轮和"逊邱伦"坦克相同，这样就简化了备件问题。每侧的诱导轮在后，主动轮在前。两个发动机和传动装置位于前斜甲板下面。乘员位于发动机的后面。火炮的两边是：驾驶员和电台报务员，他们背靠背坐在左侧。车长在右侧。电台报务员有一套驾驶用的操纵控制装置，在紧急情况时，电台报务员也能把坦克向后开。车长和驾驶员都有一个坦克驾驶和火炮操纵机构。这两套机构联在一起。这样，他们中的任何一人都能驾驶坦克和发射火炮，或者万一需要时，可替换工作。自动装填机设在坦克后部，火炮很容易地通过后装甲板上的两个门反复装填。自动装填机使火炮射速达到 15 发／分，大约是同口径火炮人工装填速度的二倍。弹药基数为 50 发。辅助武器有两挺固定的 7.62 毫米机枪，安装在斜甲板左边的武器座内。在车长的指挥塔外部，也安装了一挺机枪。

采用柴油机和燃气轮发动机复合式动力系统，柴油发动机是一台 6 缸罗尔斯-罗易斯 K60 式发动机，功率为 240 马力。燃气轮发动机采用原波音 502-10MA 型发动机，功率为 330 马力。现在，所有的波音 502-10MA 型燃汽轮发动机，已被波音 553 型功率为 490 马力所代替。安装 490 马力燃汽轮的坦克被称为 strv103B。最大行驶速度可达到 50 公里／小时。如果在车前甲板上加一个挖土铲，即是很容易的。浮渡围帐也可折迭起来，放在车体四周的槽内。

图 6—25　STRV103 型无炮塔坦克

【IKV—91 轻型坦克】　瑞典研制的一种轻型坦克。具有轻型侦察坦克的许多特征，它是专为步兵支援而设计的，瑞典陆军曾经用联邦德国各类型歼击步兵战车实施步兵支援。该车的总布置是从先后设计的 14 种方案中选定的。共生产了 3 台样车，第一台样车于 1969 年完成。提供给军方的首批车辆于 1975 年交货。为适应瑞典军队在本国北部沼泽地区的作战需要，IKV-91 轻型坦克具有不必准备就可在水上行驶的性能。由于该车体相当宽阔，而且重量轻，只有 15.5 吨，因此，满足了

图 6-26　IKV91 轻型坦克

上述要求。该车装甲十分薄弱，但前甲板长而倾斜，炮塔低而具有良好的防弹外形，这些结构提供了最有效的正面防护。履带根据现有类型进行了重新设计，既延长了在沙质路上行驶时的磨损寿命，同时又加大了它在水中行驶时的推力。水上行驶速度可达 7 公里／小时。火炮由波复公司设计，是一种重量轻、低压、低后坐力的口径为 90 毫米的火炮，能发射穿甲弹、榴弹等尾翼稳定弹种。主炮虽然可在行进间射击，但更多的用于隐蔽射击。虽然未装稳定器，但有先进的火控系统，其中包括激光测距仪，自动偏移计算机，风向传感器，气压传感器和弹道计算机等。IKV-91 轻型坦克还装有两挺口径为 7.62 毫米机枪，一挺与主炮并列安装，另一挺安装在装填手进出门上。动力装置是一台 6 缸直列式柴油发动机，由沃尔沃公司制造，功率为 294 马力，斜置在车体后部的机舱内。采用这样的

布置，既缩小了占用的空间，又有利于传动的简化。IKV-91 轻型坦克的最高行驶速度为 64 公里／小时。全车有四名乘员，驾驶员位于车体左前方；车长、炮长、二炮手兼无线电手位于炮塔之内。

【Pbv—302 装甲人员输送车】　瑞典改装的用于输送人员的装甲战车。于 1962 年出样车，1966 年投产，其外形犹如美国的 M—113。与 M—113 不同的是，Pbv—302 装备 20 毫米机关炮，该炮安装在炮塔顶部的左前侧。驾驶员位于靠近炮塔中部，车长位于驾驶员右侧。发机功率为 270 马力，传动装置位于炮塔内地板的下面，也就是说，刚好在前面三名乘员的脚下。车体后部的载员舱可载步兵 9 名，后甲板上有两扇门供步兵进出。两炮塔顶部的进出门供载员发挥个人武器之用。因此，Pbv—302 装甲人员输送车具有后来才发展起来的机械化步兵战车的主要特征。另一不同点是，车体用双层装甲，一方面增加了强度，另一方面也提高了对空心装药反坦克导弹的防卫能力。外层装甲的形状有助于减少水阻力，Pbv—302 在水中履带划水，行驶速度可达 8 公里／小时。陆上最高行驶速度为 65～70 公里／小时。

【Pz61 主战坦克】　瑞士改装的一种坦克。装有 105 毫米炮的瑞士新坦克被命名为 Pz61 主战坦克，其突出的特征是：结构紧凑，重量较轻（只有 38 吨），有较好的机动性能。因此。该车特别适用于多山和多起伏地的国家。Pz61 坦克的柴油布置在驾驶员两侧，油箱之间是主炮弹药，因而车体挟长，此外车体采用大块铸件，而且在力所能及的范围内，将其装甲作得尽可能厚，从而具有较好的防弹外形。其第二个突出特点是，该车采用伯利维尔式悬挂装置。Pz61 坦克是采用此种悬挂装置较少的几种坦克之一。每侧装有 6 个负重轮，负重轮独立悬挂，锥形弹簧组固定在车体外部。炮塔采用铸造结构。主炮经特许后在瑞士生产。炮闩经过改进，能承受更大的后坐力，从而减轻了坦克内的应力。与主炮并列安装的是一挺"厄利空"20 毫米机关炮，炮塔左侧二炮手进出门安装一挺 7.5 毫米机枪。Pz61 坦克用联邦德国戴姆勒-奔驰公司的 MB837V8 缸 630 马力柴油发动机作动力，与其匹配使用的是瑞士制造 SLM 传动装置，该装置有一双差速静液转向系统。最高行驶速度为 55 公里／小时。

【PZ68 主战坦克】　瑞士研制的主战坦克。是在 PZ61 坦克基础上改进而成的。该车于

1968 年投产，1971 年装备部队，主要用来装备瑞士陆军机械化师的坦克营。PZ68 坦克除采用联邦德国提供的发动机和仿制的英国 105 毫米的火炮及法国制造的火控系统外，其余部件均由瑞士自行设计、生产。PZ68 坦克采用铸造车体，具有 6 个前进挡和 6 个倒挡的全自动变速装置，无级式静液转向机构和蝶片弹簧式悬挂装置，具有较好的越野机动性。

动力装置除主机外，还装有一台辅助发动机（四冲程水冷柴油机，功率 35 马力），供辅助驱动之用。PZ68 较 PZ61 的主要改进有以下几项：发动机功率由 630 马力增至 660 马力，提高了车速，增大了行程；安装了火炮双向稳定器；用 7.5 毫米并列机枪取代了原来的 20 毫米机关炮；炮塔左侧增设了补充弹药窗口，炮塔尾部增加了备品储放架；变速箱倒挡数由 2 个增至 6 个；以干销式金属橡胶履带取代了全金属履带。

自 1975 年以后，又出现了 PZ68 改进型——PZ68AA2 主战坦克。该坦克与 PZ68 相比较，主要改进有：火炮身管增装了隔热套管；安装了新式火炮稳定器；改进了炮塔液压操纵系统的油冷装置；安装了改进型的炮长瞄准镜；增加了弹药基数，改进了对空弹壳的处理方法；对三防装置作了改进；战斗部分和驾驶员操纵部分安装了新式取暖设备；空气滤清器由湿式改为干式；改进了散热器。

PZ68 坦克的变型车有：Bru、PZ68 架桥车，Entp、PZ65 抢救车，68 式 155 毫米自行榴弹炮等。

图 6-27　　PZ68MK1 主战坦克

【4KH6FA 歼击坦克】　奥地利改装的一种轻型坦克。是用奥地利 4K4FA 型装甲人员输送车的底盘，和法国 AMX-13 轻型坦克摇摆炮塔总装而成的。4KH6FA 坦克的发动机，安装在车体的后部，主动轮后置，摇摆式炮塔位于车体中部，炮塔内有车长和炮手。主炮口径 105 毫米，并带

有自动装弹机，射速约为 12 发／分。为了适应夜战的需要，在炮塔顶部靠后处，装有红外探照灯。4KH6FA 坦克主炮的性能稍次于法国 AMX-30 主战坦克的 105 毫米火炮。对于 17.5 吨重的坦克来说，口径是大了些。该车的装甲防护较差，除炮塔前部装甲厚度为 40 毫米外，其余部分一般为 8～20 毫米。4KH6FA 歼击坦克采用斯泰尔戴姆勒公司的 6 缸柴油发动机。该车最高行驶速度可达 67 公里／小时，因而弥补了装甲防护薄弱的缺点。包括样车在内，斯泰尔戴勒-普奇公司为奥地利陆军生产了 115 台 4KH6FA 歼击坦克，但火炮和炮塔是由法国提供的。奥地利已将部分车辆卖给了突尼斯。用 4KH6FA 的车体还改装成一种无炮塔的装甲抢救车，该车车体高度有所增加，装有推土铲、吊车和绞盘。

【4K4FA 装甲人员输送车】　奥地利研制的一种用于运送人员的装甲战车。奥地利的绍勒尔股分有限公司，即现今的斯泰尔戴勒-普奇公司，于 1956 年开始设计装甲人员输送车，1958 年后制造出第一批样车。由于受德国车型影响较深，采用了极为普通的设计布局。以后的样车及定型车辆虽经大量改进，但仍保留了原车的总体布置。4K4FA 装甲人员输送车相当低矮，发动机、动力传动系统和侧传动都在车体前部右侧，驾驶员在左侧，车体后部的载员舱可载乘 8 名步兵，车长也位于载员舱内，即在驾驶员之后，主炮由车长操纵，车体后装甲板上有两个门供步兵出入。4K4FA 装甲人员输送车的 12.7 毫米机枪，采用敞开式安装，有时可加护板。炮塔顶部也可装一挺口径为 20 毫米机关炮。装机关炮的车型被称为 4K4FA-G。各种车型都采用横向扭力杆悬挂，其上装有 5 对中等大小的负重轮。奥地利已生产了约 400～500 台输送车，都在奥军中服现役。

【M-980 步兵战车】　南斯拉夫研制的一种运送人员的装甲战车。南斯拉夫自己设计的新型装甲输送车，最先公开的时间为 1965 年。该车称为 M-60 或 M-590。其车体相当高大。柴油机只有 140 马力，所以性能相对较差。1975 年制造成功 M-980 步兵战车，作为步兵战车全部装备了部队。此车的性能比较良好，前斜甲板长而且坡度不大。驾驶员位于车前左侧，其右侧是发动机。发动机是伊斯拜诺-瑞依扎 8 缸柴油机，功率为 280 马力，和法国的 AMX10P 步兵战车所装备的发动机相同。后载员舱可乘武装步兵 6～8 人，车体两侧和车后共设有 8 个步兵射击孔。另外两个乘员是车

长和炮长。M-980 作为步兵战车来说，武器装备是良好的，炮塔中安装一门瑞士伊斯拜诺-瑞依扎公司的口径为 20 毫米自动加农炮和两挺口径为 7.62 毫米的机枪，还有两个"萨格"SS 反坦克导弹发射架。该车为两栖车辆，水上最大行驶速度为 8 公里／小时，陆地最大速度可达 70 公里／小时。

【OT.62 装甲输送车】 捷克制造的一种用于运送人员的装甲战车。波兰人称为 TOP 运输车，它是由 БТР-50ПК 改进发展而来的一种装甲人员输送车。该车悬挂装置类似苏联 ПТ-76 两栖坦克，每侧各有 6 个负重轮，扭杆悬挂。车高与 ПТ-76 坦克相比更高些。但这样可为 18 人小组的载员增加一定的空间高度。苏联与捷克车辆之间在外形上虽有变化，但主要是动力装置不同。OT.62 装甲输送车采用 6 缸直列水冷柴油发动机，该机设有增压装置，其功率可达 300 马力。该车的装甲防护厚度为 10 毫米。OT.62 装甲输送车的 I 型车，没有安装固定的武器。II 型车带有一个小型炮塔，一挺口径为 7.62 毫米机枪，安装在车体的右前方。而最新的一种车型是波兰与捷克合作的产品称为 2AP，它有一个象"斯科达"8 轮装甲输送车那样的炮塔。装有一挺口径为 14.5 毫米重机枪和一挺口径为 7.62 毫米的轻机枪。除了 3 位乘员外，载员减少到 12 人。OT.62 装甲输送车的最大行驶速度约为 62 公里／小时，它是两栖车辆，无需任何准备即可浮渡。水上靠两个喷水推进器行驶，喷水推进器位于车的尾部，靠主发动机驱动，通过侧甲板上的孔道把水引进，从后装甲底部的喷口喷出。水上行驶速度约为 11 公里／小时。水中行驶时的转向，是通过控制喷水器以及相关孔口水的流量和流向来实现的。

【"撒拉丁"式 M-113A1 装甲人员输送车】 澳大利亚改装的用于运送人员的装甲战车。该车采用英国"撒拉丁"装甲人员输送车的炮塔。为使主炮获得足够的俯角，炮塔安装在加高的座圈上。同时，无论炮塔处于何种位置，驾驶窗盖都能保证开启。驾驶窗改为向旁边旋转的结构，代替了原来的枢轴铰链结构。增加炮塔后，M-113A1 重量增加了两吨左右，结果，车辆的稳定性既受到了影响，也缩短了履带和悬挂装置的使用寿命。

【"蝎"式 M-113A1 火力支援车】 澳大利亚改装的一种装甲战车。为了克服上述缺点，M-113A1 火力支援车改用英国"蝎"式轻型坦克的炮塔，这样既降低了车高，又可用（C-130 大力

士）运输机运输，同时，也改善了水陆稳定性能。"蝎"式坦克炮塔由英国制造。并根据澳大利亚的要求而做了若干取舍。武器有一门口径为 76 毫米火炮，和口径为 7.62 毫米一挺并列机枪，还有一挺高射机枪。

【"梅卡瓦"主战坦克】 以色列制造。于 1970 年正式开始研制，1977 年 5 月定型并开始试生产，估计已于 1978 年秋季装备部队使用。

"梅卡瓦"主战坦克的研制过程中主要吸取了 1967 年 6 月战争和 1973 年 10 月战争中的经验教训，考虑了以色列作战地区的地形和环境条件。

"梅卡瓦"主战坦克车体是铸造-焊接混合结构，前装甲很厚，倾角大，并且动力装置前置，炮塔由两半铸造件焊接而成。车体两侧、顶部和后部以及炮塔四周和顶部均采用夹层装甲，车体两侧挂有履带裙板。据称，该车顶部可防近距离发射的 30 毫米炮弹，后部可防近距离发射的 20 毫米炮弹，两侧可防苏制 РПГ-7 型 40 毫米火箭筒。

"梅卡瓦"主战坦克车廓低矮（车高 2.66 米），炮塔尺寸小，呈楔形，外形低矮（座圈至炮塔顶部 0.895 米）正面投影面较任何现役坦克都小。弹药全部贮放在炮塔座圈以下的车体内，从而避免了经常暴露的炮塔万一被击穿后发生二次杀伤效应。

该车有 4 名乘员，动力装置后方左侧是驾驶员位置。炮塔内有 3 名乘员，主炮左侧是装填手，右侧前方是炮长，后方是车长。除车长位置较高外，炮长的装填手和位置都较低矮。车长有一个小型指挥塔。"梅卡瓦"坦克不同于现代各国主战坦克的最大独特之处，是炮塔后面还有一个宽大的载员舱，可载 8 名全付武装的步兵。进攻中，步兵可下车扼守已夺取的阵地。防御时，该载员舱也可用来运载 10 倍基数的主炮弹药，作为机动库使用。车尾共有 3 扇门，中间一扇是乘员出入门，分为上、下两半部分，分别向上、向下开启，下半部分放落后可作为跳板使用，乘员出入比较方便，同时也减少了乘员受到正面火力杀伤的可能性。右侧车门内安装有三防过滤装置，从而使该车具有三防能力；左侧车门内可储放蓄电池。这样的设计结构是比较新颖独特的。

"梅卡瓦"主战坦克配备有新式的自动灭火系统，它由红外探测器、控制装置和灭火瓶组成，使用"氟利昂"1301 作为灭火剂。"梅卡瓦"主战坦克的主炮是以色列专利生产的英 L7A1 系列 105 毫米线膛炮，与美国 M-68 式相同。主炮身管装有隔热套管，高低射界为-10°～+20°。选用 105 毫米

线膛炮作为主炮，"梅卡瓦"采用双向稳定，炮塔最大旋转速度为 22.5 度／秒。火控系统由激光测距仪和数字式弹道计算机组成。炮长瞄准镜为三合一式，兼备昼瞄、夜瞄和测距三种功能。车长指挥塔上装昼夜两用被动式瞄准镜。激光测距仪所测数据，车长、炮长可同时读到，并自动输入计算机。辅助武器有 3 挺 MAG58 式 7.62 毫米机枪：1 挺并列机枪，装在主炮左侧；1 挺高射机枪，装在指挥塔上和 1 挺装填手用机枪，共有 10000 发机枪弹。另有 1 门 60 毫米迫击炮，配 44 发迫击炮弹（榴弹 20 发、烟幕弹 12 发、照明弹 12 发）。"梅卡瓦"主战坦克战斗全重 56 吨，为适应中东沙漠干旱地带的使用条件，采用美国泰里达因－大陆汽车公司的 AVDS-1790-5A 型 900 马力风冷柴油机，单位功率只有 16 马力／吨，比 XM-1、"豹"II 等新式坦克都要低。配用的传动装置是美国阿利森 CD-850-6B 型。最高车速只有 50 公里／小时。但是，由于重视越野机动性，研制了新式独立螺旋悬挂装置，因此越野速度可高达 40 公里／小时。车体每侧'专有 6 个负重轮和 4 个托带轮，负重轮成对地与弹簧悬挂装置相连，负重轮向上行程可达 210 毫米。悬挂装置用数个螺栓固定在车体外部，便于更换。

图 6-28   "梅卡瓦"主战坦克

【61 式主战坦克】   日本制造。从 1954 年开始研制。第一台样车完成于 1957 年初被命名为"STA-1"，"STA-4"于 1961 年被确定为投产型样车。

61 式主战坦克主炮口径为 90 毫米，其外形及性能均与 M—48 主炮相似，有一丁字形炮口驻退器。辅助武器有一挺 7.62 毫米并列机枪和一挺 12.7 毫米高射机枪。并列机枪安装在主炮右侧，高射机枪安装在指挥塔。

61 式主战坦克有四名乘员，战斗重量 35 吨，继承了战斗装甲车辆采用风冷柴油发动机的传统。

发动机为 12 缸，功率为 600 马力，61 式主战坦克最大行驶速度可达到 45 公里／小时。

【74 式主战坦克】   日本制造。与其他主战坦克相比 74 式坦克更为低矮，更为紧凑，目标较小，易于隐蔽，同时，采用空气液力悬挂，车底距地高可从 60 厘米降到 20 厘米，使上述优点得到发挥。研制过程中，74 式坦克样车命名为 STB。头两台样车于 1969 年 9 月完成，称为"STB-1"。最后的样车称为"STB-6"，于 1973 年完成，74 式主战坦克采用了二冲程 10 缸柴油发动机，功率为 750 马力，最大行驶速度为 53 公里／小时。据认为，机动性能的其他方面，也有较大提高。由于采用空气液力悬挂，74 式坦克具有良好的持续越野机动性，乘员舒适，不易发生疲劳；此坦克涉水深 1 米，指挥塔安装进气筒，并将发动机排气管延长后可进行潜渡。74 式坦克主炮采用双向稳定，火控系统有激光测距仪和弹道计算机，因而，首发命中率得到提高。辅助武器有 7.62 毫米并列机枪和 12.7 毫米机枪各一挺。炮塔两侧各有 3 个发射筒，用作发射烟幕弹或投掷手榴弹。

【60 式装甲输送车】   日本早期研制的一种用于运送人员的装甲战车。

1957 年小松和三菱公司分别提出 SU01 和 SU-2 样车。当三菱公司的样车被选中之后，又作了进一步的研制。定型后，由三菱重工业公司东京制作所生产，称之为 60 式装甲输送车，装备了日本自卫队。该车为全密封车体，除 2 名乘员外，还可容纳 8 名载员；动力装置是 V 型 8 缸风冷柴油发动机，其功率为 220 马力，车的最大行驶速度为 45 公里／小时；该车的武器系统是装在驾驶员身后右侧环形座圈上的一挺 12.7 毫米机枪。辅助武器是位于前斜甲板球形支架上固定的 7.62 毫米机枪。

【73 式装甲输送车】   日本研制的用于运送人员的装甲战车。是继 60 式之后研制的。它具有 70 年代步兵战车所要求的性能，由三菱重工业公司设计和生产。这种车采用了铝合金焊接结构，车体较大些；除了 2 名乘员外，还可容纳 10 名载员。其总体性能要比 60 式好得多；但重量比 60 式超过 2 吨多。该车动力装置是风冷式 300 马力的二冲程柴油发动机，车的最大行驶速度可达 60 公里／小时，水上行驶履带推进；它有"三防"性能；有夜间行驶和战斗用的红外夜视、夜瞄装置。该车武器装备为两挺机枪。一挺 12.7 毫米机枪为主要武器，安装在车体右侧的顶部，或者在炮塔里

或在敞开式的环形回转支架上。另外一挺 7.62 毫米机枪安装在前斜甲板的球形支架上。

【69 式坦克】 中国制造的一种中型坦克。战斗全重 36.5 吨，乘员 4 人。长 9.12 米，宽 3.27 米，高 2.4 米。装甲厚：车体前上部 100 毫米，两侧 80 毫米，炮塔前部 200 毫米。炮塔侧部 160 毫米。发动机 580 马力。公路最大时速 50 公里。公路最大行程 420～440 公里。最大爬坡度 32°，通过垂直墙高 0.8 米。越壕宽 2.7 米，涉水深 1.4 米。车长夜视距离 400～600 米，驾驶员夜视距离 50～60 米。火力装置为 100 坦克炮（滑膛）。最大射程 12000 米，榴弹、破甲弹直射距离 1050 米，穿甲弹直射距离 1736 米。火炮初速：穿甲弹 1490 米／秒，榴弹 890 米／秒，破甲弹 1000 米／秒。

杀伤效力（半径）28 米。穿甲弹穿甲厚度 100 毫米／60／度，破甲弹破甲厚度 120 毫米／65 度。装有 12.7 高射机枪 1 挺，7.62 毫米重机枪 2 挺。

【63 式履带装甲输送车】 中国制造。战斗全重 12.8 吨，乘员 2 人。外形尺寸：长为 5.47 米，宽为 2.97 米，高为 2.11 米。可运载步兵 13 人，运输货物 15 吨，容纳体积 3.5 米^3。发动机功率为 260 马力。可供水、陆两用，水面上的最大时速 6 公里，最大行程 61 公里。最大入水角 20 度，最大出水角 25 度。抗风浪能力为 3 级。储备浮力 21.5%；在公路上最大时速 60 公里。最大行程 500 公里，最大爬坡度为 32 度，通过垂直墙高 0.6 米，可越过 2 米宽的壕沟。

3、 导弹发射车

【"矛"导弹发射车】 美国改装的一种专门用以发射导弹的车辆。整个"矛"导弹系统包括导弹、两种不同型的发射装置和辅助设备。"矛"导弹通常使用两辆自行履带发射车（M-752 型发射车和 M-688 型供弹车）。这两种车型都是 M-588 无装甲的物资供应车的变型车。"矛"地对地战术导弹能从 M-752 车上发射，或者从两轮的"零位长度发射器"上发射。必要时，可用卡车牵引两轮车。全部发射车和导弹都可以空运。M-688 型供弹车上载有两发导弹，并有液压起重机，用以把导弹输送到发射架上。M-752 型发射车通常作为发射平台使用。"矛"地对地战术导弹的全部发射功能，都由一部包括模拟——数字计算机在内的监控和程序装置操纵。导弹推进装置是一个单级预包好的液体燃料火箭，射程约为 112 公里，并载有一个 210 公斤的核弹头。新式中子弹也能由"矛"导弹发射车发射。另外，450 公斤左右的普通弹头，发射后，能分散许多子导弹的弹头，以寻找和跟踪敌人装甲坦克。"矛"导弹的新型"矛"2 导弹推进装置，采用的是固体燃料火箭。

【"小槲树"导弹发射车】 美国改装的一种专门用以发射导弹的车辆。"小槲树"系统由四个改进型的红外跟踪"响尾蛇"导弹组成。装在改进型的 M-548 履带运输车车体后部的旋转发射架上。导弹是用光学瞄准。但是，最后飞向目标是利用弹头的被动红外跟踪器所接收的信号来控制的。每枚导弹的重量约 84 公斤。8 枚都存放在车上备用，4 枚装在发射架上。

【"萨姆"6 防空导弹发射车】 苏联制造。是安装导弹发射架的车辆。萨姆 6 防空导弹系统是一种具有高度机动性和灵活性的武器。在 1973 年中东战争中，它击毁了以色列三分之一的飞机。用来对付大约 5 至 30 公里范围内的空中目标。它有三个导弹发射架。这三个发射架都置于一个可以旋转的转台。转台固定在根据 ΠT-76 坦克底盘设计的发射车底盘上。萨姆 6 是一种 6.2 米长的单级导弹。它的发射动力靠固体燃料火箭发动机，空中飞行，速度近 2.5 马赫，靠液体燃料推进。它的弹头是榴弹碎片型。制导系统的控制机构位于导弹的中心部分。在两个尾翼的端部都有接收天线和定向舵轮。除了两栖性能外，该导弹发射车具有 ΠT-76 坦克的机动性和总体性能。

【"夫劳克"导弹发射车】 苏联制造的一种安装导弹发射架的车辆。"夫劳克"系列中最早的"夫劳克"，曾安装在 C-3 坦克底盘上。1957 年首次公开的"夫劳克"2 和以后出现"夫劳克"3、"夫劳克"4、"夫劳克"5 都是以 ΠT-76 侦察坦克为基础设计的。除了两栖性能外，"夫劳克"车辆大体与 ΠT-76

侦察坦克相同。全部的履带式"夫劳克"系列车辆，都是在车顶上的一个工字结构的发射架内装运火箭。发射时，火箭头部仰起。当行驶时，发射架被支承在前斜装甲板的支架上。

这种自飞式炮兵火箭的射程，因型而异，大约依次在20公里到50公里之间。除了"夫劳克"2是单级式火箭外，其余火箭都是二级固体燃料推进的，并可安装原子弹头、榴弹头、化学弹头和细菌弹头。"夫劳克"3和"夫劳克"4的火箭长度是10.5米，"夫劳克"5的长度降到9.5米，而"夫劳克"7甚至更短些，但它的直径增大了。"夫劳克"5导弹发射车和发射架的乘员共3—4人。

【"萨姆"4地对空导弹发射车】 苏联制造的一种安装导弹发射架的车辆。于1964年在莫斯科第一次公开露面。发射架上的两枚导弹安放在专用履带车辆的车顶上。这种车辆不象大家所熟悉的早期坦克或装甲车辆那样。它的发动机和传动装置集中在车前部，以便扩大车的尾部空间，留用安装导弹发射装置。该车可以空运。另外，还可以根据其它任务将该车进行改进设计。"萨姆"4导弹大约9米长，靠四个安装在外部的固体燃料火箭推进器升起之后，用喷气发动机推进。

"萨姆"4火箭和扫瞄雷达可以同时操纵。而目标搜索雷达和火控雷达装在另外的车上。"萨姆"4火箭系统用来对付中距离和远距离大约70公里的目标。

【SS—14"恶棍"战略导弹输送发射车】 苏联制造的一种运载远程弹道导弹的车辆。SS—14导弹是用安装在运输车上的简形储存管运载的。发射前，需要把储存管用液压升起，并垂直放到低于车尾部的发射平台上，然后把储存管打开，移走空管，导弹准备发射。SS—14是一种带核弹头的中程导弹，大约为10.7米长，靠固体燃料火箭推进，射程为3500公里。

【SS—15"吝啬汉"战略导弹输送发射车】 苏联制造的一种运载远程弹道导弹的车辆。SS—15洲际弹道导弹大约18.3米长，安装在发射车上的发射核弹头的发射管里。发射前，用与SS—14相似的方法，使其垂直。也有些人认为，SS—15的导弹能直接从发射管里发射出去。SS—15靠固体燃料火箭推进，其射程大约为5600公里。弹身较长，较重的SS—15需要附加支承支架。这个支架伸出输送车车体前部。这两种车辆的行走部分都是由ИС—3坦克或Γ—10坦克派生出来的，大部分由T—10重型坦克的部件构成。输送车两侧

各有8个略小一点的负重轮（ИС—3坦克有6个负重轮，T—10坦克有7个负重轮）支承在扭力杆上。每侧负重轮间不等的5个间距安装着托带轮，以支承着长长的上履带。动力是通过后边的主动轮传递给履带的。采用的发动机是类似T—10坦克的V型12缸柴油机，功率为700马力。SS—14和SS—15这两种类型的车辆，乘员都在车的最前端进行工作，车子前部都无装甲或只有薄装甲。

【"打击者"导弹发射车】 英国制造的用以发射反坦克导弹的车辆。与"勇士"装甲输送车大体相同，所不同的是该车尾部被"旋火"导弹装置所占据。三个乘员位置与"勇士"装甲输送车一样，只是车长位置在驾驶员后面，车长可以操纵7.62毫米机枪。右边的位置为导弹发射手座位，并为他配备一个变倍单目瞄准镜，该瞄准镜的放大倍率为1倍和10倍，方向角向两边各为55度。

在车顶发射器的盒里携带着5枚"旋火"式导弹，它们挂在车体尾端的枢轴上，竖起时靠液压推动。车子内部还载运着5枚备用导弹。但是发射器只能从车体外部重新装填。"旋火"式导弹射程超过了3000米，能够击毁对方的主战坦克。发射时，在可见区域内，由发射手进行自动程序控制，用遥控手柄操纵导弹，使它飞向目标。导弹在飞行时，可通过导弹线把指令输送给它。通常，用来作为辅助车辆，配合有轻型坦克和其他轻型装甲车的侦察部队一起执行任务。

【FV438履带式"旋火"导弹发射车】 英国研制和专门用于发射导弹的车辆。装备了"旋火"导弹（有线制导火箭）系统。两个发射架装在车顶后部，当用潜望镜可观察到目标时，导弹开始发射，然后自动瞄准目标不使偏离瞄准线，同时操作手进行校正以确保击中目标。该导弹射程为4000米，全车载弹量为14发，可以在车内装弹。

【AMX30"冥王星"导弹发射车】 法国研制的专门用以发射导弹的车辆。"冥王星"武器系统是一种发射和制导核导弹的装置。核导弹重为2400公斤，射程为120公里，它还有一个简易的惯性制导系统。导弹是靠固体燃料火箭发动机推进的。这种武器可装载10000吨到25000吨爆炸力的弹头。其主要用于地面支援或截击导弹。"冥王星"导弹长7.6米，安装在特殊改进的AMX30坦克底盘上的一个发射筒内，导弹在筒内仰起时发射。全车有4名乘员。指挥车也应用了AMX30坦克的底盘，车上装有计算机数字处理装置，用它来识别目标、发射和控制导弹。指挥车上还有供远

距离通讯用的无线电设备。在每 5 个法国炮兵团中，第一炮兵团装备了 6 个"冥王星"导弹及其配套设备。此导弹已在 1974 年装备部队。

图 6-29　　"冥王星"导弹发射车

【AMX30"罗兰德"防空导弹发射车】
法国研制的一种专门以发射导弹的车辆。"罗兰德"导弹是联邦德国和法国联合研制的，准备将它作为防御导弹。这种导弹特别适用于低空防御，可加速到 1.3 马赫。已研制成的这个系统有两种形式，一种是"罗兰德"Ⅱ号，可用于全天候；另一种是"罗兰德"Ⅰ号，只能用光学制导。联邦德国国防部只用"罗兰德"Ⅱ号，而法国部队既用"罗兰德"Ⅰ号，也用"罗兰德"Ⅱ号，两种导弹的使用比例为 2∶1。然而，配备上的跟踪和制导雷达，很容易地把"罗兰德"Ⅰ号在 48 小时内转变成全天候形式。安装在 AMX30 底盘上的法国"罗兰德"Ⅰ号发射车有一个全旋转的炮塔，炮塔两侧各有一个导弹发射架。"汤姆森"—CST 监视雷达扫瞄器装在炮塔的顶部。工作时，车长的雷达屏幕上注视着雷达搜索和

辩认来的目标，当目标在瞄准手的视野范围内，而又进入射程时，瞄准手对准瞄准线，车长接通发射线路，于是，瞄准手立即发射导弹。导弹通过光学仪器紧紧地跟踪目标。这些光学仪器包括一个来自导弹尾部对红外发射敏感的红外跟踪仪，这个信息用电子计算机处理，并经过微波输送来校正导弹，通过巡航马达的导向装置接受指令来修正航向。有两枚导弹平时在发射筒内，随时准备待发。车内有两个旋转筒，每筒装有四枚储备导弹，能够自动装填。该车重 33 吨，有三个乘员—车长（兼雷达工作者）、炮手和驾驶员。

【"罗兰"导弹发射车】　　联邦德国制造的一种用以发导弹的车辆。该车只有联邦德国使用。该车配有全天候跟踪、制导雷达。与"黄鼠狼"基型战车相比较，炮塔上装 20 毫米机关炮的位置上，装的是两个导弹发射架。共携带导弹 10 枚，其中两枚处于待发位置。

【PZR3 火箭发射车】　　联邦德国制造的一种用以发射导弹的车辆。PZR2 火箭发射车与 PZK4—5 歼击坦克车体相同，主要功用也是对付坦克的。该车也能发射制导导弹。1967 年开始生产。车体顶部有两个 SS-11 地对地导弹发射装置，运载 14 枚火箭，火箭的有效射程为 3000 米。最新的车型 PZR3 火箭发射车发射"霍特"（Hot）导弹，它是法国和联邦德国联合的成果，导弹射程为 4000 米，运载 19 枚导弹，在车体左方装有一个单独的发射装置，在发射装置旁边也有一个供导弹瞄准和制导用的潜望式瞄准镜。现已经从 SS-11 型转变为 Hot 型。

4、　　指挥辅助坦克、装甲车

【LVTE-7 履带式装甲登陆工程车】
美国研制的用以扫雷和登陆工程作业的专用车辆。最初，LVTE-7 登陆工程车是为登陆作战时扫雷用而设计的。为此，车的后舱里装载着三枚一组的火箭发射器，使用时，打开舱顶窗门，把发射架升起，三枚火箭依次连续发射到雷区，火箭载运的炸药，可把雷区所布的地雷引爆并炸出一条路来。为了在扫雷后的雷区清除出一条平坦的通路，和做一些其他工程作业，在车前还装有液压操纵的推土

铲。LVTE-7 登陆工程车有 6 名乘员，其中 3 人操作 LVTP-7 工程车，另外 3 人控制火箭的发射。

先后大约 1000 辆 LVTP-7 系列的车辆，已交付美国海军陆战队使用，以代替早期的 LVT 履带登陆车。同时，也向其他一些国家提供了这种车辆。

【M-60 坦克架桥车】　　美国制造的专门在战场上架设临时桥梁的车辆。架桥坦克的桥架为

"剪刀"式，该桥架安装在无炮塔的 M-60 底盘上。桥架与以前装在 M-48 坦克底盘上的桥架相同。桥身采用铝合金结构。采用液压操纵。桥身张开后，长为 19.202 米，可跨接宽度不超过 18.228 米的壕沟。桥身张开连并接于车前。架桥时间为 3 分钟，收桥时间最快需 10 分钟。目前，正在研制可装在 M-60 坦克底盘上的新轻型桥架。该桥身展开长为 28.956 米，能跨接 27.432 米宽的壕沟。

【M-88 中型抢救车】　美国研制的用在战场上抢救坦克和其他装甲车的车辆。M-88 抢救车所抢救的坦克重量，不能超过 56000 公斤。M-578 抢救车的最大抢救能力是 30000 公斤。采用了 M-48 坦克系列的许多部件，包括美国大陆公司制造的 12 缸汽油发动机。行动部分也与 M-48 系列的大致类似，但车体是专门设计的。悬挂装置与 M-48 的悬挂装置一样，为扭杆式悬挂。行动部分有 6 对负重轮，M-88 车上有一个 A 字型起重架，自身不能旋转，可在车前面升降，其起吊能力为 25400 公斤，主绞盘的牵引力为 40800 公斤，其上带有 61 米钢丝绳。第二台绞盘的牵引力是 22680 公斤。车前装有推土铲，采用液力操纵，在起重、牵引或推土时，推土铲起支撑和稳定的作用。作为抢救车，该车还设有辅助燃油泵，用它可把燃油输给其他装甲车辆。

【M-113 雷达车】　由美国制造的 M-113 装甲输送车改装而成的雷达专用车。该种车采用 M-113 装甲输送车装配各式雷达。其中包括在联邦德国的 M-113 雷达车 2 号上装配的法德合制的 RATAC 雷达和英国的格林—阿其迫击炮雷达，格林—阿其雷达分别装在联邦德国的雷达车 3 号和丹麦 M-113 上。这种雷达能够跟踪正在飞行的迫击炮炮弹，而且可用计算机绘出迫击炮自身的位置图。如果安装"格林—阿其"雷达则车后部分要去掉，以供安装有旋转架的扫瞄仪。电力是由无声旋转的发电机供给。

【M-578 轻型抢救车】　美国制造的专门用于在战场上抢救坦克和其他装甲车的车辆。采用的是 M-107 和 M-110 自行火炮的底盘。这个底盘的布置，便于在车尾炮塔内安装全旋转的起重架。若把车后的驻锄稳定地支承时，则起重架之最大起重量为 13620 公斤。该车有 3 名乘员，驾驶员在车前左侧，紧挨着发动机，其他两人在起吊塔内。炮塔的顶部，用枢轴固定着一挺口径为 12.7 毫米机枪。于 1957 年开始设计，于 1962 年制成第一台样车。

【M-728 履带式战斗工程车】　美国制造的专门用于战场工程作业的车辆。其主要作用是破坏防御工事；平整和填平地面工事，为炮兵准备阵地；构筑坦克隐蔽工事等等。该车底盘主要是 M-60A1 的底盘，有一个炮塔（包括指挥塔），指挥塔内装有一挺口径为 12.7 毫米机枪。主要武器是一门口径为 165 毫米的短管火炮，该炮射程为 1000 米，能发射 30 公斤重的炸药，可摧毁敌人炮兵阵地，混凝土工事。炮塔上还装有一挺并列机枪。炮塔的另一个作用是，充当 A 字形起重架的旋转台。该起重架起重量为 15 吨。起重架位于炮塔的前方。当起重架不用时，可将其架设在坦克的后顶甲板上。炮塔还有一个二速绞盘，安装在车体尾部。车前装有推土铲，推土时，可用液压操纵推土铲。

【T-54 扫雷坦克】　苏联和捷克研制的一种专门用来排除地雷的车辆。使用犁板和滚子装置进行扫雷。这些装置都安在 T-54 或 T-55 坦克上。捷克设计的犁有一个犁铲，它能把坦克道上的地雷挖出，并翻到一边。苏联和捷克两国设计的现役扫雷滚轮器有许多种类型。T-54 扫雷坦克，有两个重型带钉齿的滚轮，由坦克前面伸出的支架牵引。每个滚轮都由 3 个并排的小齿轮构成。能滚轧出一条比坦克履带宽的车道，滚轮的重量能起爆任一种普通的反坦克地雷。

【T-54 坦克架桥车】　苏联研制的一种专门用于在战场上架设临时桥梁的装甲车辆。用 T-54 或者 T-55 坦克作底盘改成。因为这些底盘都无炮塔，所以无法区别它们。架桥坦克的车型中使用最广泛的一种是 T-54 架桥坦克。这种架桥坦克有 12 米跨距的桥架。单个刚性桁架格子结构的桥架，装备在坦克车体顶部的支座上。支向车前伸出大约 2-3 米。架桥时，利用这些支座可将桥架向前推进。另一种架桥坦克的桥架是盒式结构。载运方式与 T-54 架桥坦克的相同。为了便于运输，将两个较短的端部折叠于主桥体之上。展开后，桥的跨距大约为 19 米。架桥作业和上述的架桥坦克作业相同。但在坦克前部安装一个起稳定作用的锄铲，借以支承较大的重量，以利架桥作业的进行。第三种架桥坦克是捷克研制的。这种架桥坦克的桥架大约 18 米，是"剪刀"式折叠运载的。当前支座做为稳定器下落着陆时，桥架打开，开始架桥。

【"SF"雷达指挥车】　苏联制造的一种专用装甲指挥车。与萨姆 6 导弹发射车配合使用。它的底盘同萨姆 6 火箭发射车一样。目标跟踪雷达和目标搜索雷达都安装在车体中心的台座上。目标跟踪雷达的位置在搜索雷达之上。战斗中，"SF"雷达指挥车将始终用远程雷达接收目标信息。使目标准确定位后，通过雷达识别目标，然后再把信息传给跟踪雷达，使导弹系统瞄定目标，导弹就可以发射。

【"撒玛利亚人"装甲救护车】　英国制造的一种专用装甲救护车。是非武器车辆。车内备有四付担架或者两付担架及 3 个座箱，或是 6 个座箱。为了使担架出入方便，车的后门（与指挥车一样）比装甲输送车大些。在车体侧甲板上还装有可伸缩的导轨，担架能够在导轨上滑出或滑入。车长（一般是军医官）的位置在后舱的前左侧，即发动机的后面。车长指挥塔门上安装着 5 个潜望镜，供车长使用。

【FV434 履带式装甲修理保养车】　英国制造的专门用于战场修理的装甲车辆。在机械上大体与 FV432 相同。它是专门为满足英国军队在战场上修理和保养步兵战车的需要而设计的。在FV434 保养车顶的右侧，装有液压吊车。吊车安装在可转动的底座上，当吊臂的旋转半径为 2.13～2.44 米时，起吊重量为 3.05 吨；当旋转半径为 3.66 米时，起吊重量为 12.5 吨。该吊臂可吊起"奇伏坦"坦克的动力装置或炮管。该车配有老虎钳在内的一套工具，其部分放在车后的工具箱内，将箱盖放下即为乘坐椅子，工具的配置与早期车辆的配置是不同的。车上有乘员四人（驾驶员、车长、两名装配钳工）。该车性能（包括两栖性能）与 FV432 履带式装甲人员输送车大致相同。

【FV432"兰格"布雷车】　英国研制的一种专门用于火箭布雷的车辆。小型"兰格"火箭装载在 FV432 车顶部可旋转的发射架上，该发射架排列着 72 根发射管。该管分三层布置，每层 24 根，每根发射管装有 20 枚地雷。地雷是用电激发火药筒发射，抛出距离可达 100 米。操作者可根据车速和火箭布雷区域所需的密集度来调节射速。配备"兰格"火箭的 FV432 布雷车也能牵引"巴尔"地雷布雷车，该布雷车是布设反坦克的"巴尔"地雷的一种拖车。"巴尔"地雷长为 685 毫米，宽为 108 毫米，几乎完全是由非金属材料制的，因此不易探测。敷设地雷时，乘坐在牵引车后面的乘员应首先关闭安全销，然后，"巴尔"地雷被输入到和拖车相连接的滑槽里，当拖车上的犁将地面犁开一条沟后，就把地雷放入沟中，用一个引爆簧片接通，使其成待击发状态，然后，用土将沟埋好。这种方法每小时可埋设 600～700 个地雷。

【"奇伏坦"5 型坦克架桥车】　英国研制的专门在战场上架设临时桥梁的装甲车辆。已代替了"逊邱伦"架桥坦克，并在英国军队中使用。它恢复了第二次世界大战时，首次出现的那种"范伦泰"和"盟约者"架桥坦克的"剪刀"式桥型。英国自称"奇伏坦"架桥坦克是现役坦克渡桥中最长的。"奇伏坦"8 号坦克桥的桥长为 24.4 米，可以在宽达 22.8 米的壕沟或者缺口上架设。该桥为 60 吨级，也就是说，它能承受 60 吨重的装甲车。桥上车行道和包边都是铝合金材料。当该车辆行驶时，桥体折迭在车体上方，在车尾铰接固定。架桥时，由坦克发动机带动液压泵，液压泵再驱动桥架向前移到支脚架上，支脚架能把桥架举起成直立状，再将桥架张开，直至桥架全部伸开后，方可将桥架跨接在缺口或壕沟上。架桥过程可在大约 3～5 分钟完成。桥体可以任意一端收回，方法与架桥相反，这一作业大约需要 10 分钟。履带车辆通过的桥身有两条轨道，（每条轨道都是 1.62 米宽，轨道之间距离为0.76 米）小型轮式车辆使用单轨道即可通过，因此，小型车辆可以在两轨上同时通行。

【"奇伏坦"5 型装甲抢救车】　英国制造的专门用于战场修理的装甲车辆。以"奇伏坦"5 型为基础，车顶上安装了车长用的旋转指挥塔。在车中央的最高处安装一挺能遥控的 7.62 毫米机枪。驾驶员位于前甲板的左侧，但他的坐椅没有通常"奇伏坦"主战坦克上的斜靠装置。乘员除去车长和驾驶员外，还有两个装配修理工。车上装有主、辅两个绞盘，主绞盘由坦克主发动机进行机械驱动，绞盘最大牵引力为 30 吨，钢丝绳长 120 米，由于牵引绳从车前引出，并通过斜甲板上的滑轮，所以其操作比"逊邱伦"装甲抢救车车后放绳方便得多。辅助绞盘的牵引力为 3 吨，其绳长 300 米，采用液压驱动，它被用于放主绞盘的牵引绳，也用于一般救援任务。当利用车前装备的液压操纵驻锄，使之支撑地面时，主绞盘的牵引力可高达 90 吨。在抢救车上还装有一组滑轮装置。"奇伏坦"抢救车无需准备就可以在 1.07 米深的水中涉渡。陆上最大行驶速度为 42 公里／小时。

【"逊邱伦"5 型抢救车】　英国改装的专门用于战场抢修的装甲车。是 1943-1944 年制造的，该车系由"雪而曼"坦克发展而来并曾参加过大规模进攻战。它有助于抢救登陆时淤陷的车辆，同时也能将搁浅的登陆舰拖至水中。"逊邱伦""海滩"装甲抢救车的主要特点是，采用防水发动机、密封车体、车体上部有超高的装甲车厢，可使车辆涉水深达 2.896 米。由于不用它去完成重型抢救任务，所以，该车只在前部安装了一个轻型绞盘和有限的牵引钢丝绳。该车有 4 名乘员，其中包括一名潜水员，他能保证在水下安装一些设备。有一个稍微比履带长出一些的长方形箱体，箱体前面附有钢丝绳护板，借此，"海滩"装甲抢救车可以推动搁浅的登陆艇入水，及帮助损坏的登陆艇重新浮起。

【FV180 履带式工程车】　英国研制的一种特制的工程牵引车。用它将完成英国工程兵所属的"逊邱伦"工程车以前所从事的工作。所以，FV180 并不是用于直接进攻的车辆，因此，车上没有安装迫击炮。通常，它的任务就是为坦克和其他战车开拓场地，也可以执行火线上的其他战地任务。由于该车是专门的设计车辆，而没有选用现有的坦克底盘。所以，才有可能使工程牵引车在满载时全重控制在 17.1 吨。并具有相当的机动性和良好的两栖性能。该车动力装置采用的是罗尔斯—罗易斯 6 缸水冷柴油发动机其功率为 320 马力。FV180 的最大行驶速度为 60 公里／小时；水上推进是用两个喷水推进器实现的，速度为 9 公里／小时。为了支援车辆爬上极陡坡或者出水时驶过松软的土堤岸，车上装有接地锚或者四爪锚，这些锚都带有绞盘缆绳，可用火箭射出。该车还可以靠车上的绞盘进行自救。战斗工程牵引车的车体是铝合金结构的，这有利于降低车重。行动部分每侧有 5 个负重轮（最后的负重轮起诱导轮作用）悬挂装置是扭杆式的。车内布置，采用后置发动机，并靠近右侧。两个乘员一前一后地坐在左侧的车内最高处，四周有 10 个观察孔。每个乘员都有各自的出入舱口。乘员们在这样高的位置上观测十分方便，并且也减弱了地雷爆炸对乘员的有效杀伤力。乘员可随着不同操作位置进行转动。通常在行军时，由前面的乘员驾驶，但是后面的乘员也可以驾驶，因他也有同样的操纵机构。该车有 4 个倒挡和 4 个前进挡。陆地行驶性能在前进和后退行驶方向上是完全相同的。变速箱位于发动机前面，并带有一个液压泵，作为铲斗和绞盘用的传动，铲斗固定在变速箱之上。侧传动和转向机构都装在车前部，在斜度很小的前装甲板上有绞盘钢丝绳的出口，前甲板上还装着一块浮渡时用的大防浪板，不用时，可向后折回。铲斗安装在车后，铲斗是铝合金结构，并带有钢齿，铲土量为 1.7 立方米。车上装有一个小型吊臂，用来起吊修配用的备件，吊臂固定的铲斗上，它的起重量为 4 吨。对工程牵引车在水上行驶很有好处。铲斗上捆有一块泡沫塑料，使车辆在水中保

持平衡，另外，当防浪板垂直时，防浪板下面的浮囊充气膨胀，这有助于车辆入水时，使车首抬起。喷水推进器喷口恰好的铲斗液压臂两侧和履带限制板的上方。战斗工程牵引车是没有武装的，只有一个自卫用的烟幕弹发射器。该车的用途很广泛，能完成下列各项作业任务：推土方；排除障碍物；渡河前的准备工作；准备炮兵阵地；拖运水上浮桥；帮助架桥；帮助抢救沉陷的车辆；铺设便携式的道轨或路轨（道轨卷起装在铲斗内）；牵引补给物资拖车；清除雷区；最后一项作业是牵引一台用两辆拖车拉着的"简特威帕"装置。（FV180 的牵引杆位于车前。因此，牵引时它通常是倒着开车）。"简特威帕"装置是一根装满炸药的软管。可用火箭把该装置射出，横穿地雷区，引起爆作，炸出一条通道。

【VⅡ号有线遥控动力排险车】　英国研制的一种遥控车。用来处理一些危险物品。是无人驾驶装甲车，将承担以前用军事爆破人员亲自处理的工作。由于使用了这种装置，减少了处理人员的危险性。该车多次改进，从 I 号到 VⅡ 号车都是"莫尔弗克斯"有限公司制造的，英国国防部参加了研制。70 年代初试制完成。VⅡ 号车为最新车型采用齿轮驱动，而不是链条驱动；有无级变速操纵；用机械手代替了以前的剪刀式夹具。VⅡ 号车只有 1.22 米长（操纵夹具除外），重量仅 195 公斤，可逆转的电动机的电源是两个 12 伏的电瓶，可连续使用两小时使车子速度最高达 33.5 米／分。使用标准电缆和电缆卷筒时，其操作距离可达 100 米。该车的操纵设备和可能执行的任务如下：有三种类型的悬臂，用以夹吊和放置各种部件，其吊起物品的高度为 2.5 米；有全景镜头电视摄像机，主要用以研究可疑物体，该机带有 228 毫米监视荧光屏；有玻璃击碎装置，使用时，要与一种小型击穿弹药一起使用（例如，处理装载炸药的汽车）；有一个用来拆卸十分危险机械（可疑的致命装置）的抓斗；有一个可用手控杆执行的引钩，将危险车拖（用长的牵引绳）到安全的地区后，再进一步研究；还有一支自动猎枪，内装 5 发子弹，用来击毁可疑物体（例如，击碎门锁，强行进入建筑物）；还有两支能射出钉子的枪（放在车前两个角之间），当车开进建筑物时，把长钉钉入地板内，既能防止屋门重新关闭，又便于车子撤退出来。

【AMX30D 工程抢救车】　法国制造的一种专门用在战场抢修主战坦克和其他装甲车的车辆。用 AMX30 主战坦克底盘改装而成。主要用

于战场救援或者在战场附近抢救及修配主战坦克。也用于为战斗坦克清除地形障碍。如果有特殊需要，这种车辆也能冒着炮火执行任务。目前，在英国和联邦德国部队都已使用这种车辆。该车有4名乘员。该车装有一个绞盘吊车，是液压操纵的。吊臂转向起重量为13吨，吊臂定点起重量为20吨。绞盘的动力来于坦克主发动机，其牵引力为35吨。另有一个辅助绞盘，它是用来执行较小抢救任务的，其牵引力为4吨。前置的液压操纵推土铲的驻锄用来清除道路上的障碍，也在使用吊车或绞盘时用来做地面支承。在炮塔上，有一挺由车长控制的7.62毫米机枪。全车重36吨，在抢救车车厢内，若带上AMX30发动机传动组合总成时，则全重为40吨。

【AMX30坦克架桥车】 法国研制的专门用于在战场上架设临时桥梁的车辆。用AMX30主战坦克底盘改成。桥架长22米，有效跨距达20米，桥架呈"剪刀"式，折迭成长方形，位于车顶部。折迭时枢轴在车和托架后部，车上有液压支架。全车乘员有车长、架桥操作者和驾驶员。驾驶员座位与AMX30坦克内座位相同，位于前斜甲板内左侧。当架桥作业时，车向后退到壕沟边上，将稳定器降到地面，以承受重量。桥向上抬起同时展开。桥架的轨面宽为3.10米，应用加宽板加宽桥面时可达3.92米。全重为43吨，桥架可承受负荷为40吨，在紧急情况时，最大负荷可达46吨。

【"豹"Ⅱ式抢救车】 联邦德国制造的专门用于在战场上抢修主战坦克和其他装甲车的车辆。"豹"Ⅱ装甲抢救车采用了"豹"式坦克的底盘，将"豹"式坦克炮塔去掉后，上部安装了低矮的矩形车箱、旋转吊车和推土铲。吊车安装在车体右侧，最大起重量为20000公斤，旋转角度为270°，吊车的主要作用之一是用来吊换发动机。它可将抢救车后甲板上备用的发动机整体吊到"豹"式坦克中，更换发动机的时间不超过30分钟。当在车前起重诸如整台坦克之类的重物，以及推土一类的工程作业时，必须使用推土铲，以便平衡车辆。另一个比较重要的设备是绞盘，其牵引力为35吨。许多国家包括联邦德国本身都已购买了"豹"式装甲抢救工程车。该装甲工程车在外观上与抢救坦克相似；但该车在旋转吊车上增设了钻孔机。

【Brobv-941坦克架桥车】 瑞典研制的专门用于在战场上架设临时桥梁的车辆。为包括坦克在内的各种车辆配套，该车桥梁为50吨级，因而"逊邱伦"坦克也可通过。架桥坦克的车体与Bgbv-82装甲抢救车很相似，车体全密封，为4个乘员提供了防护，但该车不配备20毫米机关炮，而是代之以枢销安装的机枪。该车的机动性能与Bgbv-82也十分相似。作为架桥车辆，具有两栖性能，是极为少见的。为适应渡水时的需要，坦克桥采用箱式，浮筒结构，由架桥车载运。坦克桥安装在乘员室后支架上的工字梁上，桥长15米，铺设时，由液力驱动。当工字梁伸向对岸到位后。桥体下降至与地面接触。然后，工字梁收回，将桥

图6-30　　Brobv-941坦克架桥车

的近端放置在地面上。最后，工字梁回复到车体上方，成水平状态。车体前部还装有一具推土铲。必要时，在架桥过程中，可借助于推土铲平整附近的地面。

【"海狸"Ⅰ型坦克架桥车】 联邦德国制造的专门用于架设临时桥梁的车辆。利用"豹"式坦克底盘制成。桥长均为 22 米，分为两段置于车体上方，近端段位于远端段的上面。A 型架桥车将桥的两段固定在枢轴横梁上，梁的前部可伸向对岸，连在一起的两段桥架，须着继续向前延伸，即可把桥架成。B 型架桥车桥的下半部从上半部的下面向前移动，形成一个完整的跨距，车的前部用驻锄支撑。桥架从车前的滑臂完全向前伸出，最后放平。B 型架桥车从 1973 年起装备部队使用，同时该架桥车被命名为"海狸"Ⅰ型。

【Bgbv-82 坦克抢救车】 瑞典研制的一种专门用于战场抢修的装甲车辆。由瑞典设计，从 1966 年开始研制，1968 年出样车，1970 年投产。该车原计划用作 S 坦克和 Pbv-302 装甲人员输送车的配套车辆。为充分利用 Bgbv-82 抢救坦克的机动性能（包括水上性能），后来又作出决定，S 坦克的战场抢救由其他 S 坦克承担，因而，

Bgbv-82 抢救坦克的装甲防护和重量都降低到相当低的限度，以保证达到所需的机动性能。车体前部为全密封，在行军途中可为乘员提供足够的防护。左侧有一个炮塔，其上装有口径为 20 毫米机关炮。车体后部是开式结构，后部车体内装有沃尔沃公司制造的 6 缸柴油机，其功率为 310 马力，还装有传动装置（位于左侧）、吊车（用 1.5 米的吊臂，工作容量为 5.5 吨；用 5.5 米吊臂，工作容量为 1.5 吨），绞车液压马达及其他抢救设备。车体后甲板的支架上，装有两个驻锄和两个支承架，分别与后车和吊车配合使用。绞车缆绳从后甲板中央的导槽内通过，其抗力为 20 吨，三个抗力为 60 吨。车体后部为乘员工作区。车体前面装有推土铲。

【67 式坦克架桥车】 日本研制的专门用于在战场上架设临时桥梁的车辆。是用去掉炮塔的 61 式战斗坦克底盘稍加改进而成的。桥架是"剪刀"式的，伸直时，其长度为 12-13 米。第二次世界大战中，英国第一个使用了这种剪式桥架。铺设过程类似美国的 M-60AVLB 架桥坦克，也是先将折迭桥架升起，使其重心落到坦克前面稳定的支承架上，然后展开伸向壕沟的对岸铺平。

七、军用车辆

图 7-1　军用车辆

1-11 小轿车：2.车体构架 3.天线 4.挡风玻璃 5.发动机罩 6.前大灯 7.前保险杠 8.转向灯 9.前车门盘：10.后车门 11.挡泥板 12-13.旅行车：13.方向 14-15.小型公共汽车：15.座椅 16.救护车 17-18.公共汽车：18.折叠式车门 19-21.越野小车：20.车篷 21.前拖钩 22-41.载重汽车：23.驾驶室 24.风窗支架 25.车外后视镜 26.散热器罩 27.前翼子板 28.拖钩 29.前桥 30.轮盘 31.踏板 32.差速器壳 33.备胎 34.车厢边板 35.轮胎 36.工具箱 37.后板挂钩 38.边板立柱 39.边板纵板 40.车厢 41.前边板；42.厢式货车　43-46.带挂车的牵引车：44.牵引车 45.挂车 46.司机；47-51.六轮载重汽车：48.大灯护罩 49.篷杆 50.汽油箱 51.灭火器：52-55.洒水车：53.水罐 54.加水口盖 55.洒水喷咀 56-57.洒水清扫车：57.扫帚 58.加油车 59-62.叉车：60.货叉 61.升降机叉架 62.举升杆 63-65.自动装货车：64.装载设备 65.链板运输机：66-70.起重汽车：67.起重机臂 68.起重机驾驶室 69.转盘 70.吊钩

【军用汽车】　军队用的汽车。按用途分为运输汽车和特种汽车。现代军用汽车通常是全驱动轮式车辆，是按军队的战术技术和经济要求制造的，具有较高的通行能力，用来输送人员、军事技术装备和武器、各种军用物资以及牵引挂车和半挂车。特种军用汽车用来安装专用设备。当出现了第

一批装有机械式发动机的运输工具之后，便产生了将汽车用于军事目的的想法。1769—1770 年，法国工程师 J.居尼奥造出了用来运输火炮的蒸气机汽车。1853—1856 年克里木战争中，英国人在围攻塞瓦斯托波尔时就曾经用过几辆蒸气机汽车来前送火炮和弹药。1899—1902 年英国-布尔战争时，英

军使用了经过改进的、装有蒸气机的军用汽车。从19 世纪 80 年代起，由于出现了内燃机，汽车制造业开始蓬勃发展起来。在 1911—1912 年意土战争中，意大利人首次使用了装有汽油发动机的汽车。第一次世界大战期间，在前线最初几次战斗中显示了军用汽车的巨大作用。到 1918 年，法军的汽车已有 92000 辆，英军已有 76000 辆，德军已有 5900 辆。

第二次世界大战期间，（美、英、法、西德）的军队里，广泛使用多用途的全驱动汽车。驱动型式为 4×4 和 6×6，载重为 0.25--10 吨不等，另外还有民用载重汽车。这些车辆的主要型号从第二次世界大战以来一直未变，但其技术性能却由于采用了柴油发动机、新的结构材料和缩减了技术保养范围而得到了改进。许多国家正在研制水陆两用战术汽车、直接在步兵战斗队形中行动的小型输送车，安装有多种燃料发动机的运输车以及轮式绞接车辆，并致力于提高乘员和车辆对大规模杀伤武器的防护能力，大量减少汽车型号和式样，并逐渐向使用多用途的统一规格的系列化军用汽车和具有各种用途的轮式牵引车过渡。

【战斗类汽车】 军队汽车按编配用途分类的一种。包括：编配在部队、基地、场站直接用于保障战斗行动、作战指挥、通信和专门运载特定人员、物资、装备的汽车，以及战斗分队的各种汽车。战斗类汽车只能用于执行战斗勤务，不能用于日常勤务。

【保障类汽车】 军队汽车按编配用途分类的一种。包括：编配在部队、基地、场站用于维护各种装备、卫生救护、驾驶教练的汽车，汽车部队的载重汽车，以及机关、院校、医院、仓库的各种汽车。

【指挥车】 装在运输工具上用来指挥军队或武器射击的全套技术兵器的总称。指挥车通常用在军队自动化指挥系统中，以完成下列任务：在战斗过程中不间断地向分队、部队和兵团的指挥员及其司令部提供有关敌人、地形、气象方面的情报；为定下决心、制定命令和号令及军队的战斗使用计划、进行战役计算、制定技术器材供应和技术保养及医疗工作计划、制定人员的输送、统记及补充计划等准备材料。

军队指挥车供指挥员、参谋组和勤备人员作业时使用。为便于军官进行标图和绘制其它图解文书及书面文件，指挥车内设有必要数量的座位。指挥车配备有能与本指挥所的其他指挥车、上下级指挥机关、友邻和与之协同的军队之间交换情况的各种指挥设备和技术器材，还携有在各种战斗情况下的人员生活保障用品。

武器射击指挥车用于对各种杀伤兵器的准备、检查、射击以及控制其飞行。车内装有检测仪器、信号操纵装置和其他必要的设备，并设有战勤班组人员的座位。武器射击指挥车通常是武器装备综合系统的一个组成部分，并依据车上仪器设备的用途和种类而有相应的名称。指挥车有轮式的或履带式的；有的有装甲，有的没有装甲；通常具有高度的通行力，可以空运，并有浮渡能力。在某些情况下，为了从空中不间断地实施对军队和武器射击的指挥，指挥车上的全套仪器设备可以装在飞机或直升机上。

【教练战斗车辆】 在专业军人单个训练、乘员合练以及分队战术演习等日常战斗训练中使用的划为专门一类的建制军事技术装备。教练战斗车辆可在较大规模的战术演习中使用。通常，将剩余寿命最少的战斗类装备用于教练。也有一些专门的教练战斗车辆，其构造与基型车不同。

【轮式车辆】 用车轮行驶的车辆。轮式车辆包括各种牌号和型号汽车、装甲汽车、轮式装甲输送车、轮式牵引车和轮式拖拉机。军用轮式车辆按用途分为：战斗车辆、教练车辆和运输车辆。

轮式车辆可以装有各种发动机：汽油机——用轻油作燃料的活塞式或转子式内燃发动机；柴油机——用重油作燃料的活塞式内燃发动机；煤气机——用煤气作燃料的煤气内燃发动机；燃气轮机——涡轮式内燃发动机；原子能发动机——利用核反应释放的能量进行工作的动力装置。目前正在进行电动汽车的研制工作。

轮式车辆按两侧车轮总数和驱动轮数量来区分，并用驱动型式来表示。军用轮式车辆的驱动型式有 4×2，4×4，6×4，6×6，8×8 等几种。根据主动轮数量的多寡，轮式车辆具有不同的通行能力。根据这一特征，轮式车辆分为一般通行能力、较高通行能力和高通行能力三种。一般通行的轮式车辆用来在公路和土路上行驶，它们包括驱动型式为 4×2 并装有普通螺旋线型花纹轮胎和非闭锁式差速器的担负一般运输任务的民用轮式车辆。军事上广泛采用 4×4，6×4，6×6 等较高通行能力的轮式车辆。它们装有宽断面轮胎、调压轮胎、部分或全部闭锁式差速器。这种轮式车辆既可在公路上行驶，也可在越野条件下行驶。高通行能力的轮式车辆是指装有超低压轮胎、人字纹轮胎或滚筒式轮胎的全驱动式汽车。这种轮式车辆可用专门的总体布置和提高通行能力的辅助装置。高通行能力的轮式车辆可以是水陆两用的，并能在特别困难的条件下行驶。

【轮式–履带式车辆】 轮式和履带式推进器相结合的一种战斗运输车辆。

在同一台车上既能发挥轮式推进器的长处，又能发挥履带式推进器的优点，吸引着各国设计师们的注意，出现了许多结构独特的轮式履带式车辆。它们的推进器由充气轮胎组成，外面围绕以橡胶金属带，或者由履带组成，但履带板由充气滚筒所代替。前者原则上仍然是普通的履带式推进器，但对道路的破坏要轻得多；而后者则与已知道的所有结构有着根本的区别。它的驱动部分由两排圆柱形低压充气滚筒组成，充气滚筒用链条连接，由普通的主动轮驱动，起着推进器和悬挂装置的作用。还研制了一种拥有橡胶金属履带和负和理轮的轮式–履带式车辆的方案。履带用来在困难的道路条件下行驶，而电动车轮则用于在公路和坚硬的土路上行驶。

【越野车辆】 在无道路条件下使用的车辆。越野车辆要求具有高度的通行能力和良好的通过水障碍的适应能力。越野车辆的通行能力分为表面通行能力和承载通行能力两种：前者是指该车在其零件不触及地面凸起部的情况下沿坎坷路面或在无路条件下行驶的能力；后者是指该车在松软和泥泞路段上行驶的能力。保证越野车辆表面通行能力的方法是：赋予必要的车底距离高、必要的接近角和离去角以及对地貌良好的适应能力等。越野车辆获得对地貌适应能力的方法是：采用悬挂结构或非整体车架，这种结构允许车轴倾斜和车轮上下移动，而不改变其负荷。提高承载通行能力的方法是：减小地面单位压力和改善轮胎与地面的附着力。为此，履带式越野车辆采用较宽的履带，而轮式越野车辆则需减小轮胎行驶时的气压，采用防滑链等。为改善越野车辆的牵引性能，采用全轮驱动，在传动装置中增加减速传动部件，安装功率较大的发动机，以克服因路质低劣而增大的行驶阻力和保证车辆具有高达 50–65% 的爬坡能力。越野车辆通常装有由传动部分通过机械传动装置带动的绞盘，可以拖救淤陷车辆和自救。越野车辆的涉水深度可达 0.6—0.8 米。水陆两用越野车辆具有不透水的和有一定浮力的车体、专门的水上推进器、浮渡驾驶操纵机构和辅助设备。水陆两用越野车辆的水上时速一般为 8–12 公里。

许多国家的军队里都广泛地使用越野车辆。它是北极和其它道路网欠发达地区必不可少的运输工具，它亦被用来在野外执行特殊作业。

【摩托车】 两轮或三轮运输车辆。它有一台内燃发动机，其工作容积较汽车上。摩托车出现于 19 世纪末，很快就作为通信车辆被许多国家的军队所采用，并用来进行侦察和作为战斗兵器使用。摩托车分为公路摩托车、运动摩托车和特种摩托车。用于军事目的的有公路摩托车，也有特种摩托车。摩托车的主要组成部分和机构有：动力装置、驱动一个或两个车轮的传动装置、带悬挂装置或超低压轮胎的传动部分、转向机构和制动系统。以上这些机构均安装在车架上。摩托车有带照明灯的电气设备、一个或两个座垫、一套检测仪表和附属设备。有些摩托车的油箱上还设有标图板。根据摩托车的用途，斗车上可设座椅，军用摩托车的斗车上还有用以配置步兵武器和反坦克武器、火箭筒、弹药或专用设备的固定器具。摩托车上通常安装汽化器式发动机，其工作容积可达 1200 立方厘米，功率高达 256 千瓦。摩托车可作为制造轮式、履带式或雪橇式越野车的底盘。许多国家的军队都有用摩托车装备起来的摩托车部队。

【两栖车辆】 水陆皆可通行的战斗或运输车辆。两栖车辆的浮力靠其密闭车体造成的必要排水量来保证。使用螺旋桨，履带和喷水器作为水上推进装置。最初的两栖坦克 20 年代初期在法国和美国制成。第二次世界大战时，美军在太平洋和欧洲一系列登陆战役中均使用了两栖车辆。战后时期，水陆两用坦克、装甲输送车和装甲汽车在许多国家军队里得到了广泛使用，然而"两栖"这一术语对于上述几种车辆来说已经很少使用。

【摩托雪橇】 靠螺旋桨拉力在雪地和冰上运行的器具。在滑雪板上固定车箱，用以装载人员和货物。曾用于第一次世界大战和第二次世界大战。实践经验证明：在冬季无道路的情况下，摩托雪橇是通信联络、运输货物、巡逻勤务和后送伤员的重要活动工具之一。

【水陆两用车辆】 不需预先准备即可通过水障碍的轮式或履带式车辆。

最初的水陆两用车辆，即所谓汽车船或两栖车辆，出现于 20 世纪初。第二次世界大战中，许多军队都使用了水陆两用车辆。现代军队拥有水陆两用的汽车、履带式输送车和装甲输送车、步兵战车和轻型坦克。水陆两用车辆除了具有作为陆用车辆组成部分的动力部分、传动部分、行动部分和操纵机构，还具有能使车辆获得浮力的密闭车体、水上推进装置、水上操纵机构以及其他附属设备。

为了能在水上行驶，水陆两用车辆通常采用螺旋桨式、转筒螺旋桨式、喷水式、履带式或轮式推进器。螺旋桨式推进器因其构造简单可靠而获得最为普遍的应用。转筒螺旋桨式推进器用于在沼泽地、沙地、深雪地及在泥水里行驶的水陆两用车辆上。它由两个或四个转筒组成，转筒上焊有叶板，形成螺旋面。从50年代起，喷水推进器得到了广泛应用。履带式推进器的推力是靠没入水中的履带下部的移动而产生的。轮式推进器的推力则是靠轮子的转动而产生的。水陆两用车辆的水上时速约为10—16公里，而水上滑行车辆则可达到50公里，甚至更高。履带式或轮式推进器可保证时速5—8公里。若要提高水陆两用车辆的速度，可采用水下翼或气垫。这些舰船用得已越来越广。水陆两用车辆借助水上操纵机构来实现其水上机动。

水陆两用车辆按其用途分为：战斗车辆；登陆输送车辆——用以在陆上通过水障碍时输送人员、武器装备、物资器材和用以输送登陆兵上陆以及在没有海边码头设备时卸载舰船用的水陆两用汽车；特种车辆——浮桥的自行桥脚和自行门桥，用来架桥的浮动装置，以及其他主要装备工程兵部队用以进行水上作业的车辆。70年代后生产的水陆两用车辆一般均有带超压和空气滤清设备的全密闭舱室。水陆两用的输送车和汽车配备有自卫用的机枪。某些型号的水陆两用车辆还有夜视仪器和简单的导航设备及电台。

【特种车辆】 装有指挥部队和射击的专用设备以及保障部队战斗行动的装置的车辆。其底盘可以是多用途的，也可以是专用的，并可有轮式的、履带式的、混合式的或其它型式的推进器。水陆两用特种车辆可安装水上推进器。

根据用途，特种车辆主要分为下面几类：军队指挥车——装有通信设备和自动化指挥等工具；武器射击指挥车——装有用来对各种杀伤兵器进行射击前准备、检查、发射及控制其飞行的设备和装置；战斗保障车——装有用于侦察、保障部队移动和防护的特种设备和装置，其中包括技术侦察车、舟桥纵列、登陆渡河车、工程侦察和化学侦察车以及对武器、车辆和人员进行专门处理的车辆等；特种保障车——装备有用来标示空情、发现空袭兵器、判明其坐标和编成、准备地形和气象资料的必要设备和装置；技术保障车——配备有相应的设备，用来进行车辆和武器战斗使用前的准

备、检查和试验及对其进行技术保养、修理和抢救，属于这类车的还有运输装弹车和加油车等等；后勤保障和服务车。在研制特种车辆时，力求其达到最大限度的通用化，而为达到生产的标准化和价格低廉的目的，通常采用国民经济部门或军队中广泛使用的车辆的底盘部分。

【机动遥控巡逻车】 应用自控与遥控技术，使用一套实时音频与显像传输系统，在无人监督的情况下，对指定的环形防线进行巡逻。车上可携带机枪、导弹等武器。

【炮兵测地车】 又称连测车。装有导向设备的自动化测地专用车。车上安装有陀螺测向仪、路程传感器、坐标计算机、瞄准装置和电源设备。作业时，在坐标计算机上装定起始点的坐标和起始车向坐标方位角，陀螺测向仪测出测地车运动瞬时方向的坐标方位角，测地车前轮通过前桥带动路程传感器测量路程增量。坐标方位角和路程增量自动输入坐标计算机，刻度盘上即显示出该车所在地的坐标。用一测量炮阵地、观察所、仪器侦察哨的坐标和坐标方位角，引导部队在夜间或地形点稀少的条件下行进。车上还带有测距机、陀螺经纬仪或方向盘，用以定向和测定测地车不能到达的点的坐标。

【火炮前车】 弹性连接或刚性连接的双轮车，用于某些带有轮式或履带式炮架的火炮在行军过程中支撑火炮大架尾部。火炮前车的后部有一个供与火炮大架牵引环相连结的挂钩，前面有牵引装置或独辕杆。现代火炮通常没有前车。

【高炮牵引车】 牵引火炮、炮瞄雷达、指挥仪的专用车辆。有轮胎式和履带式两种。通常的100毫米高射炮、炮瞄雷达用8吨以上牵引力的车辆牵引；57毫米高射炮、指挥仪用5吨以上牵引力的车辆牵引。

【防化侦察车】 装有化学、辐射侦察器材的车辆。是防化侦察分队的装备。有汽车和装甲车两种类型。它以行进间侦察为主，能在较大地域内执行快速侦察任务，必要时可停车侦察或使用携行的侦察仪器下车侦察。

【架桥车】 用来运输以及在障碍物上架设和拆除桥梁结构的履带式或轮式车辆。它分为在战场上保障坦克前进的架桥车和编入全套机械化桥梁内的架桥车。前者具有装甲履带式车辆底盘，车内装有乘员无须离车即可完成各种作业的设备。后者采用轮式或履带式底盘；数台这样的架桥车依次把桥身架设在障碍物上，就构成了一座多跨度的桥

梁。架桥车的桥节可制成折叠式或非折叠式的；车辙式或板式的。非折叠式桥节的长度为 10—14 米，折叠式桥节的长度则可达 20 米乃至更长。有些架桥车可用来作桥墩，并在架桥时停放在障碍的底部。分解桥梁时，架桥车既可从原岸也可从对岸将桥梁从障碍物上撤收。

【布雷车】　装有布雷设备，实施机动布雷的车辆。有火箭布雷车和机械布雷车等。

【障碍清除车】　一种能推土、排雷和挖掘的车辆。该车将推土、排雷和挖掘设备集于一身，有助于陆军部队迅速克服雷场、反坦克壕和城区碎石等障碍。

【混合扫雷车】　装有多种扫雷器，用于在障碍物中开辟通路的装甲车辆。能以多种手段开辟通路。

【多功能反障碍车】　一种具有铲、推、挖等用途的排障碍车辆。装备有可伸缩的长臂铲斗和复合扫雷犁或推土铲。双臂铲斗全部伸展、升降。主要用于克服雷场、防坦克壕及城市残垣断壁等障碍。

【抢修列车】　抢修铁路建筑物和设备的专用列车。由机车、装载工程机械和器材的车辆及人员生活用车等组成。

【地形联测车】　备有地面导航仪的轮式或履带式专用车辆。用于：炮兵发射阵地、导弹发射阵地、观察所以及炮兵侦察哨的大地联测；炮兵战斗队形地形联测成果的概略检查；指挥部队夜间行军或地物点稀少地区行军；描绘图上未标出的道路和急造军路。地形联测车由下列部件组成：地面导航仪；定向仪、测距仪；辅助仪表和备件。动点坐标根据航向系统和航迹自绘仪的数据和起始点坐标在联测过程中连续求出，同时在地形图上指示位置。地形联测车上计算动点坐标和图上记录行进路线的仪器称为航迹自绘仪。陀螺罗盘和罗盘仪用于测定方向线的真方位角。相对起始点的坐标测定精度以中间误差表示，约为测程的 0.6—0.8%。

【气象车】　装有气象设备，用于遂行动气象保障任务的专用车。按用途分炮兵气源制液。其特点是机动性和适应性较好，适于平战两用。

【地空导弹运输车】　简称导弹运输车。用以运输装箱的地空导弹的二级火箭和弹翼的车辆。是地空导弹部队的专用兵器车辆。

【对接车】　带有密封车体的专用车，装载导弹弹头、控制器、检测弹头和保持规定的温、湿度的设备，用于弹头和导弹对接以及在阵地区域范围内运输。对接车是导弹全套地面设备的组成部分，按地面设备的结构对接分为垂直对接和水平对接。在地下井发射装置中采用垂直对接，而在活动的和地面固定的导弹设备中采用水平对接。控制器是一种专用设备，它能钳住并箍紧弹头，保证弹头的空间定位和与导弹的对接。

【地空导弹运输装填车】　简称运输装填车。地空导弹部队装备的专用车辆。用途是：为放置或运输已对接装配好的导弹；平时可用本车氧化剂箱代替导弹贮存氧化剂，临战前用本车加注设备向导弹氧化剂箱转注；向发射架装填导弹或从发射架上退出导弹。

【地空导弹氧化剂加注车】　简称氧化剂加注车。用于给运输装填车上的氧化剂贮箱加注氧化剂的车辆。也可直接给地空导弹加注氧化剂。是地空导弹部队装备的专用车辆。

【地空导弹燃料加注车】　简称燃料加注车。专门用于给地空导弹加注燃料和涡轮推进剂的车辆。是地空导弹部队装备的专用兵器车辆。

【地空导弹中和冲洗车】　简称中和冲洗车。对地空导弹排放出的液体推进剂进行冲洗的车辆。是地空导弹部队技术保障的专用车辆。其主要作用为在冲洗时供水。冲洗的目的是防止残存的推进剂对容器的腐蚀。

【起动车】　装有航空蓄电池供飞机起动和通电检查用的非机动车辆。

【空气起动车】　装有空气压缩装置的起动车辆。主要供三叉戟、波音、伊尔—62 型等大型飞机起动使用。

【充冷车】　装有向飞机灌充冷气的设备的机动车辆。经冷氧站充足冷气后，向飞机灌充。

【制冷充冷车】　装有制取和向飞机灌充冷气的设备的机动车辆。用电动机或汽车发动机作动力进行制冷。

【制氧车】　装有制取氧气、氮气设备的机动车辆。是以空气为原料，用深度冷冻法将空气液化，根据氧、氮沸点的不同进行分离，最后获得氧气和氮气。

【充氧车】　装有向飞机灌充氧气设备的机动车辆。

【充液氧车】　装有向飞机灌充液氧设备的机动车辆。充液氧时是利用蒸发器中液氧受热增压向飞机灌充。余氧还可用液氧泵加压气化后充入氧气瓶。

【潜水工作车】　专供在湖泊、内河、水库及船只不易到达的海实施潜水作业的机动工作车辆。有加压仓、空压机和轻、重潜水装具等设备。

【航空水雷吊运车】 吊放和运输航空鱼雷、水雷的专用车辆。车上设有吊车和固定水雷、鱼雷的装置。

【输送车】 用于运输人员、军事技术装备、物资器材的履带式车辆和轮式车辆；此种车辆具有防护装甲时则称装甲输送车。输送车的主要组成部分是：车体、动力装置、传动装置、行路部分和附加设备。按推进器的种类，分为轮式输送车和履带式输送车。输送车亦可水陆两用。

常见的输送车有下列数种：多用途输送车与牵引输送车；小型输送车——载重量 0.25—0.80 吨，用于在靠近部队战斗接触线的地方运输物资和后送伤员；工程输送车——水陆两用汽车、特种桥车、门桥车及其他汽车；登陆输送车——用于将人员、武器等从舰船运送的岸上的载重量大的水陆车辆；越野输送车——轮式车辆，装有宽轮胎、气动轮胎或特大型轮胎，用于在无路条件下运输物资。履带式雪地沼泽地输送车和牵引输送车的单位压力低，用于在承载力低的地面以及覆雪极北地区运输。

【牵引车】 通常用拖拉机或载重汽车底盘为基础制成的一种自行车辆，用于牵引挂车及其他车辆。牵引车按推进器的种类，为轮式牵引车和履带式牵引车。轮式牵引车有单轴式、双轴式和多轴式。按照连接挂车的方法，牵引车分为拖挂式和鞍式。履带式火炮牵引车可以牵引与其自身重量相等的挂车。履带式输送牵引车还能运输人员和各种物资。在承载力低的土地和雪地上行驶时，使用作用于地面的压强小的雪地沼泽地两用履带式输送车。牵引挂车装备有牵引车装置、绞盘和用于制动挂车的系统等。

【履带式牵引运输车】 用来牵引火炮和特种挂车，输送人员和军用技术器材以及安装和运输武器及军事技术装备的车辆。履带式牵引运输车辆按其用途分为火炮牵引车、输送车、运输牵引车以及多用途的运输牵引车。第一次世界大战时期，首先是把履带式农用拖拉机用作牵引车，后来便制造出了专门牵引火炮的拖拉机。

【铰接式车辆】 由用铰连装置连接在一起的两节或更多的车身组成的轮式车辆和履带式车辆；使用专门液压机构，能够使车身相对地在水平面或垂直纵断面上移动。一般轮式车辆靠转向轮的转动改变前进方向，履带式车辆靠一侧履带的移动改变方向，而铰接式车辆则不同，它靠各车身之间的连接环的相互转动而改变前进方向。这种结构能将两节或更多的车身连接成一个统一的系统，并且不增大最小转弯半径。铰接式车辆按推进轮类型，可分为轮式和履带式；按车身的数量，可分为两节式和多节式；按连接方式，可分为拖挂式和半拖挂式。半拖挂式可以是鞍式或车箱式。为减少各车身在垂直纵断面上的角振动，通常要垂直安装液压缸，其功能与铰连环节的作用相配合，就能保障车辆行驶时的高度平稳性和对地形的适应性。使用充气轮胎作为支重轮和使用扭力轴式悬挂装置，能减少车体的颠簸并使压力均匀分布在支撑面上，从而提高车辆的通行能力。

第一辆铰接式履带车是 1913 年制造的。在 30 年代曾对一些军用铰接式履带车和轮式车进行过反复的试验。40 年代，南、北极考察团使用了在雪地上行驶的铰接式履带车。70 年代末期，许多国家其中有加拿大、美国、瑞典、德意志联邦共和国等国采用了铲接式车。最大型的铰接式履带车"马科斯-奥克斯"（美国）能载重 22.7 吨，每小时行驶 24 公里。铰接式轮式车（美国 M520E1 型），最大载重量为 7.3 吨，每小时行驶 48 公里。铰接式履带车，如 BV-202（瑞典）、M57（美国）和铰接式轮式车 M56（美国）还可在水中航行，进速 2.2—3.2 公里，载重为 1 吨。

【载重平板挂车】 一种轮式挂车，用来运载笨重、无法分解或特殊的货物。使用载重平板挂车可保存所运车辆的发动机寿命、保护其行动部分，缩短其远距离运送时间避免路面被其履带损坏。载重平板挂车与相应的轮式牵引车配合使用。载重平板挂车采取二轴、三轴、四轴及多轴挂车形式或二轴及二轴以上的多轴半挂车形式。

载重平板挂车配备有进行装卸作业的辅助设备——桥板及绞盘等。有些结构还能使整个平车或其一侧借助液压千斤顶放落至地面，以便于车辆的装卸。为固定装载的车辆，载重平板挂车还备有全套专用工具：系紧绳索、系绳钩、链条及可调的侧面限动器等。

【挂车】 一种无发动机，靠汽车牵引的运输工具，用来运输货物或安装在其上面的武器和技术装备。挂车自重和所运货物的全部垂直载荷通过轮子传到支撑面上。此外还有半挂车，其垂直载荷一部分经轮子传到支撑面上，另一部分则经牵引汽车传到支撑面上。半挂车用支撑-牵引装置与牵引汽车连接。用来运载长尺寸物资的长器材挂车的载荷也是这样分布的。

挂车、半挂车和长器材挂车按行动部分型式分为轮式和车轮－滑雪板式二种；按轴数分为单轴式、双轴式、三轴式和多轴式几种；按用途分为一般运输和专用二种；按载重量分为小型、中型和大型三种；按牵引力传递给车轮的方式分为驱动轴式和非驱动轴式二种。

为保障挂车的曲线运动，车上装有转向装置。该装置或为转盘式，或为四关节式机构。采用这种装置可使转向轻便。挂车还装有制动系统。该系统可与牵引车制动器协调一致工作，也可在挂车与牵引车紧急脱开时开始工作；此外，制动系统通常还可保证挂车与牵引车分开情况下对其进行手制动。载重量不大的单轴挂车可不装制动器。挂车、半挂车和长器材挂车还有发光器——外廓灯等。

【工程机械基础车】 安装和驱动工程机械作业装置的车辆。主要由动力、传动、行驶、操纵装置和车体组成。按行驶装置分为轮胎式和履带式两种。

【运油车】 亦称油罐车。运输油料的特种车。装有油缸、软管箱等设备。根据需要，运油车上可加装手摇泵和附属油桶，有时还加装压缩空气管、流量表、加油软管、加油枪等，使之兼有加油的功能。运油车具有灵活、便于机动的特点，适于执行紧急或短途运油任务。

【加油车】 用于对航空技术装备和地面技术装备进行机械化加油的特种车辆。加油车的主要组成部分是：底盘，安装在底盘上的油罐，油罐加油、吸油、发油的设备。

加油车可接收与短期储存燃料，可给飞机、直升机、轮式车辆和履带式车辆加注滤过的燃料。加油车可同时给若干车辆加油。油泵由车辆的发动机或单独的发动机驱动。加油车的输油管线由钢管或铝管、橡胶耐压吸油软管和发油软管组成。发油软管配有自动注油开关或手控注油开关，飞机与直升机的加油车，除上述设备外，还有为密闭加油专用的加油嘴。

【越野加油车】 一种履带式野战加油车辆。英国制造。采用履带式装甲输送车底盘，乘员室为重装甲防护。车后平台是由 2730 升的油箱、油泵、电动机、滤清器和分油设备组成的可装卸的加油系统。

【燃料油加油车】 为用油装备加注汽油、柴油、或喷气燃料的特种车。通常由越野能力较强

的车辆或半挂车改装。配有油罐、油泵、过滤器、流量表、管组、加油枪等加油设备。能用于燃料油的抽吸、输转、掺混、运输、加注等作业。

【滑油加油车】 给机械装备加注润油的特种车。车上通常装有储油罐、滑油泵、过滤器、流量表、输油管组织和软管、加油枪等设备，可用于滑油的抽吸、输转、掺混、运输和加注等作业。

【油泵车】 装有油泵的特种车辆。通常以越野性能较好的机动车辆改装，备有输油泵及其它附属输油设备。油泵一般由车辆本身的发动机驱动，操作可靠，展开方便，常被作为野战管线输油的首泵站。

【消防车】 用以扑灭火灾的特种车辆。包括：供指挥用的通信指挥车；装备灭火设备的水罐泵浦车、二氧化碳消防车、泡沫消防车、干粉消防车、干粉泡沫联用消防车等；供其它专勤用的云梯车、曲臂登高车、破拆车、排烟车、照明车等。

【卫生技术车辆】 用于战场或现场开展伤病防治工作，或为医疗救治机构提供药品器材的专用车辆。有整体式、拖挂式和载运式三种结构形式。按用途可分为：医疗救治车辆；卫生侦察、洗消车辆；医疗卫生物资补给车辆；专用诊断车辆；附属专用车辆。与野战手术车、微生物检验车、消毒杀虫车、洗消车、淋浴车、制氧车、野战运血车等均属卫生技术车辆。其主要特点是机动迅速，展开和撤收方便，适合平战需要。

【救护车】 运送伤病员并能在运送途中对伤病员实施急救处置的专用卫生运输汽车。按载运量可分为轻型、中型和大型救护车。轻型救护车能载运 1—3 名担架伤员或 3—4 名坐姿伤员；中型救护车能载运 4—6 名担架伤员或 8 名坐姿伤员；大型救护车能载运 8 名以上担架伤员或数名坐姿伤员，它们分别适于前沿地区、师以后地域和后方医院使用。车上装备有担架及其减震固定支撑装置、急救医疗器材和设备以及通风、取暖、照明等装置。其特点是乘坐较舒适，便于担架上下和实施急救。

【伤员运输车】 供战时运送伤员的专用汽车。战时利用带篷卡车临时改装，配有可拆卸的担架固定装置等设备，载运量较大，主要用于短距离后送伤员。

【野战手术车】 对伤病员实施外科手术治疗的专用车辆。有轮式和履带式两种。由机动车辆底盘或拖车底盘改装而成。车箱结构一般为固定式。车上配备手术台、手术灯、手术器械、器械

台、麻醉机、氧气瓶、药品敷料柜等成套设备，以及洗手、消毒、供水、供电、通风、取暖、降温装置，有的还配附加帐篷等用品。其特点是机动性较强，展开和撤收迅速，车内工作环境较好，适于平战两用。

【野战 X 线诊断车】 对伤病员进行 X 线诊断的专用车辆。可对胸、腹、四肢等部位进行 X 线透视、摄影和金属异物的简单定位。一般由载重汽车改装而成。车内分隔为驾驶室、诊断室和暗室三部分，配备有 X 线机、发电机组以及必要的辅助设备，适于部队平时巡回体检和战时医疗诊断。

【野战化验车】 野战条件下分析化验毒剂和测定放射性活度的技术车辆。主要用于化验毒剂、毒物、毒素、消毒剂；测定染毒浓度及消毒彻底程度；测定粮秣、水源放射性活度。车上装备有色谱仪、光谱仪、质谱仪、放射性沾染测量仪等分析测定仪器及各种玻璃器皿、试剂、溶剂。此外，还安装有采样、供水、供电、通风、采暖系统。

【野战制液车】 供医疗救治机构现场制取符合药典要求的注射用水及各种注液的专用车辆。车上装有制水、配液和灭菌成套设备，可利用各种水源制液。其特点是机动性和适应性较好，适于平战两用。

【野战制氧车】 为野战医疗救治机构制备医疗用氧的专用车辆。一般采用深冷分离法制备，车上安装有空气压缩机、制冷机、液氧泵、分馏塔等设备。可用于机场和氧站等的流动制氧。

【野战运血车】 亦称机动血库。贮、运血液的专用车辆。战时用于从基地血站向一线医疗救治机构送运血液，平时用于长途运输血液或短期贮存血液等。一般用汽车底盘改装而成。也有用拖车底盘改装的。车上配有制冷、加热、自动恒温报警以及血液隔震等装置。其贮血室隔热保温良好。

【防疫侦察车】 对军事行动地区和部队驻地进行流行病学调查的专用车辆。用于发现和查明流行病因。车上配有侦察、采样和检验器材。适用于大面积快速侦察。

【辐射化学侦察车】 机动侦察手段，该车的用途是：发现空气、地面和物体是否遭到放射性沾染和染毒；对各种介质取样，尔后进行分析；报知和传递侦察情报；确定和标出受染区边界。辐射化学侦察车保证对受染的行军路线、军队配置地域、后方目标和居民点实施辐射和化学侦察。

辐射化学侦察车的产生是因为必须保证指挥员和司令部掌握充分可靠的资料，以估算现代战斗高度机动和军队分散配置条件下的辐射和化学沾染情况。汽车或各种装甲坦克车辆均可作为辐射化学侦察车底盘。

辐射化学侦察车装有辐射和放射性沾染程度监测仪器，连续或定期检查空气染毒程度的自动仪器。为在车辆难以到达的地方确定毒剂类型和实施辐射及化学侦察，专用设备中有便携式侦察器材。侦察车上的无线电台和通话装置传递侦察情报，并保证乘员之间、与其它车长和上级首长的通讯联络。辐射化学侦察车还装有报知信号器材、受染边界标志及其设置和夜间使用的设备、气象监测仪器，个人和集体防护器材、受染车辆洗消器材以及其它辅助器材和物品。

【微生物检验车】 供检验细菌、病毒等的专用技术车辆。平时主要用于自然疫源地及传染病流行区的病原微生物检验和鉴定；战时主要用于检验细菌、病毒等病原微生物战剂。可用载重汽车改装。车厢内分隔为驾驶室、检验室、洗消室三部分，配备有相应的检验器材、设备与试剂，车内设有通风、换气、采暖、降温装置与水、电供应系统，具有机动性好、适应性强、工作安全和可靠的特点。

【淋浴车】 供受染对象以淋浴方式进行洗消的专用车辆。主要用于消除人员的放射性沾染和对消毒、灭菌后的人员进行卫生处理。淋浴车由蒸气锅炉、淋浴设备等组成。由车长、驾驶员、洗消员协同操作。淋浴时的水温，夏季为 36-40℃，冬季为 40—45℃。

【喷洒车】 以喷洒特制液体实施洗消的车辆。是洗消分队的主要装备之一。主要用于对武器、技术装备和地面的消毒和消除沾染，也可用来运输和分装各种液体，必要时还可以施放烟幕和对地面布毒。由车体、桶、泵、导管、压力测量装置、喷管、器材箱等组成。喷洒车由车长、驾驶员、洗消员协同操作。

【消毒车】 对武器、军事技术装备、运输工具、服装、防护器材、防御工事和地段实施消毒、消除沾染、灭菌杀虫用的机械化器材。消毒车的专用设备通常安装在汽车底盘上。消毒车的构造和作用原理取决于被处理对象类型的处理方法。对军事技术装备进行消毒、消除沾染和灭菌时，用溶液或气流进行处理，使用自动喷洒车，它安装有装料桶、泵、导管和带喷头的软管。对服装和防护器材用蒸气混合气和煮沸法进行消毒灭菌和杀菌。

【消毒杀虫车】 装备有消毒杀虫器材的专用技术车辆。

【灭菌淋浴车】 供人员全部卫生处理或淋浴以及供服装、装具和个人防护器材灭菌用的全套设备。安装在汽车底盘上的灭菌淋浴专用设备包括下列部件：蒸气锅炉；1—2个灭菌室；向锅炉注水用的手摇泵和蒸气吸扬器。蒸气吸扬器用来将水加热到 38—42°C，由此送往淋浴架。可装卸的设备有淋浴装备、胶布软管和其他附件及备件。安装有通过式卫生处理室，供人员淋浴，它分三间：脱衣间；淋浴间和穿衣间。在灭菌室用锅炉的蒸气对服装进行灭菌。防化分队、医疗部队和医疗机关都装备有各种类型的灭菌淋浴车。

【医疗器械修理车】 为保持和恢复医疗救治机构的医疗器械的良好技术性能的专用修理车辆。车上装配有小型机床、附件以及检验、校正器材。主要用于现场对医疗器材进行修理和调整。

【卫生列车】 战时运输伤病员的专用列车。通常用于战役后方和战略后方转运伤病员。一般由重伤员车、轻伤员车、隔离车、诊疗车、厨房车、工作人员寝车、仓库行李车等 12—14 节车厢组成。各种车厢按一定位置排列编组，配有相应的医护人员、医疗护理器材、设备和通讯工具。在运行途中，可对伤病员进行护理、治疗和施行紧急手术。有专用卫生列车与临时卫生列车两种。前者所有车厢根据卫勤保障需要和战术技术要求专门设计制造或改装；后者除诊疗车等少数专用车厢外，其它的根据卫勤保障需要临时调配客车、棚车等组成。主要特点是装载量大、速度快、后送条件好、便于连续救治，能在短时间内疏散大量伤病员。

【野战炊事车】 直接担负战场饮食加工任务的野战炊事装备。其作用是：能减轻炊事人员的负荷量，提高工作效率，增强炊事班的机动能力，减轻天候对野外做饭的影响等。

1、 运输、牵引车辆

【M151A2 型汽车】 美国研制。载重量 250 公斤。车长 3370 毫米，车宽 1630 毫米，车高 1800 毫米。动力装置为福特 1660425 型发动机，功率 72 马力。驱动型式 4×4。离地间隙 220 毫米。最高车速 104 公里／小时。爬坡度 75%。涉水深度 1.5 米。续驶里程 480 公里。

【M274A5 型汽车】 美国研制。载重量 500 公斤。车长 3020 毫米，车宽 1260 毫米，车高 1250 毫米。发动机功率 12.5 马力。驱动型式 4×4。最高车速 40 公里／小时。涉水深度 1.2 米。离地间隙 220 米。续驶里程 125.6 公里。

【M561 型汽车】 美国研制的水陆两栖车。载重量 1250 公斤。车长 5750 毫米，车宽 2120 毫米，车高 2070 毫米。动力装置为 GM553 型发动机，功率 104 马力。驱动型式 6×6。最高车速 94 公里／小时。爬坡度 60%。离地间隙 380 毫米。续驶里程 836 公里。

【M715 型汽车】 美国研制。载重量 1250 公斤。车长 5490 毫米，车宽 1560 毫米，车高 2410 毫米。发动机功率 132.5 马力。驱动型式 4×4。离地间隙 254 毫米。最高车速 94 公里／小时。爬坡度 60%。涉水深度 1.5 米。续驶里程 360 公里。

【M35A2C 型汽车】 美国研制。载重量 2500 公斤。车长 6710 毫米，车宽 2440 毫米，车高 2467 毫米。动力装置为 LD465—1 型发动机，功率 142 马力。驱动型式 6×6。离地间隙 277 毫米。最高车速 90 公里／小时。爬坡度 60%。涉水深度 1.98 米。续驶里程 482 公里。

【M880 型汽车】 美国研制。载重量 1250 公斤。车长 5560 毫米。车宽 2020 毫米，车高 1870 毫米。

【M809 型汽车】 美国研制。载重量 5000 公斤。车长 7700 毫米，车宽 2500 毫米，车高 2900 毫米。驱动型式 6×6。最高车速 84 公里／小时。续驶里程 563 公里。

【M915 型汽车】 美国研制。载重量 10000 公斤。车长 6490 毫米，车宽 2490 毫米，车高 2930 毫米。驱动型式 6×4。最高车速 107 公里／小时。

【M911 型汽车】 美国研制。载重量 22500 公斤。车长 9144 毫米，车宽 2885 毫米，车高 3175 毫米。驱动型式 6×6。最高车速 71 公里／小时。爬坡度 20%。续驶里程 344 公里。

【M746 型汽车】 美国研制。载重量 22500 公斤。车长 8229 毫米，车宽 3048 毫米，车高 3048 毫米。驱动型式 8×8。最高车速 62 公里／小时。爬坡度 15%。续驶里程 322 公里。

【M813A1 型汽车】 美国研制。载重量 5000 公斤。车长 7650 毫米，车宽 2390 毫米，车高 2650 毫米。驱动型式 6×6。离地间隙 266 毫米。最高车速 83.6 公里／小时。续驶里程 563 公里。

【M520 型汽车】 美国研制的两栖车。载重量 8000 公斤。车长 9753 毫米，车宽 2743 毫米，车高 2463 毫米。驱动型式 4×4。动力装置为 D33 型发动机，功率 215.9 马力。离地间隙 590 毫米。爬坡度 60%。续驶里程 483 公里。

【M125A1 型汽车】 美国研制。载重量 10000 公斤。车长 8500 毫米，车宽 3370 毫米，车高 2820 毫米。动力装置为 V8-300 型发动机，功率 204 马力。驱动型式 6×6。离地间隙 517 毫米。最高车速 70.8 公里／小时。涉水深度 1.98 米。续驶里程 563 公里。

【M939A2 型汽车】 美国 BMY 公司生产的军用运输车。载重量 5000 公斤。驱动方式 6×6。发动机型号为 6CTAB。

【格斯 51 型载重汽车】 苏联制造。驾驶室型式为长头，双门，封闭式，驾驶室座位数为 2 个，载重量：公路行驶为 2500 公斤，土路行驶 3500 公斤。牵引总重量在公路行驶 3500 公斤，按前外轮轨迹计最小转弯半径为 7.6 米，车厢为木质结构，后板可放倒。

在满载、无拖挂时公路上行驶最高车速为 70 公里／小时，经济车速为 30—40 公里／小时，在满载无拖挂时干硬路面上最大爬坡度为 14°36′ (26%) 在满载无拖挂时最大涉水深度为 0.64 米，在满载无拖挂时干硬路面上车速 30 公里／小时制动距离为 8 米，每百公里燃油消耗量为 26.5 米，经济车速百公里燃油消耗量为 20 升，续驶里程 700 公里。

发动机型号为 ГА350 型，型式为四冲程，水冷，汽化器式。

【吉尔型载重汽车】 苏联制造。驾驶室型式为长头，双门，封闭式，驾驶室座位数为 3 个，载重量：公路行驶时为 6000 公斤，土路行驶 5000 公斤。牵引总重量：载重 5000 公斤时为：

5000 公斤，最大牵引总重为 8000 公斤，最小转弯半径，按前外轮轨迹计为 8 米，按前外轮翼子板计为 8.8 米，车厢为木质结构，三面拦板可放倒。

在满载无拖挂时公路行驶最高车速为 90 公里／小时，经济车速为 30—40 公里／小时，在满载无拖挂、干硬路面上车速 30 公里／小时时制动距离为 11 米。每百公里燃油消耗量在车速为 30—40 公里／小时时为 28 升，燃油续驶里程为 600 公里。

发动机型号为 ЗИЛ130 型，型式为四冲程，水冷，顶置汽门，汽化器式。

【格斯 69 型轻型越野汽车】 苏联制造。驱动型式为 4×4，座位数为 8，牵引总重量为 850 公斤。满载时前、后桥下的最小离地间隙为 210 毫米，按前外轮轨迹计最小转弯半径为 6 米，按前外轮翼子板计为 6.5 米。车身为金属结构，有大梁，装有活动顶篷和可拆卸侧窗。设双门，后座纵列，后棚可放倒。在满载、无拖挂、公路行驶时的最高车速为 90 公里／小时，经济车速为 30—50 公里／小时。满载，干硬路面、无拖挂时的最大爬坡度为 30°，牵引 850 公斤时为 20°。满载，无拖挂、干硬路面、车速 30 公里／小时的制动距离为 6 米。每百公里燃油消耗量为 14 公斤，续驶里程 500 公里。发动机型号为 ГА369 型，四冲程、水冷、汽化器式。

【格斯 69A 型轻型越野汽车】 苏联制造。座位数为 5，本身是金属结构，有大梁。装有活动顶篷和可拆卸倒窗，设四门。百公里燃油消耗量为 14 公斤，续驶里程为 430 公里。其余同"格斯（ГАЗ）69 型轻型越野汽车"。

【格斯 63 型越野汽车】 苏联制造。驱动型式为 4×4，驾驶室型式为长头，双门，封闭式，2 座越野行驶时载重量为 1500 公斤，公路行驶时载重量为 2000 公斤。载重 1500 公斤时的牵引重量为 2000 公斤。载重 2000 公斤时的最小离地间隙为 270 毫米。按前外轮轨迹计最小转弯半径为 8.7 米，按前外轮翼子板计为 9.7 米，纵向通过半径为 2.7 米。车厢为木质结构，高栏板，边板装有分成两段的可拆收的座凳，后板可放倒。在满载、无拖挂、公路行驶时的最高车速为 69 公里／小时，最低稳定车速为 6.2 公里／小时。满载、无拖挂、干硬路面的最大爬坡度为 28°，满载、无拖挂时的最大涉水深度为 0.7 米。满载，无拖挂、干硬路面、车速 30 公里／小时的制动距离为 8 米。百公里燃油消耗量为 25 公斤，续驶里程为

780 公里。发动机型号为ΓA363型、四冲程、水冷、汽化器式。

【格斯-66 型汽车】 苏联制造。载重量2000公斤。车长 5655 毫米，车宽 2322 米，车高 2440 毫米。动力装置为3M3-66型发动机，功率 115 马力。驱动型式 4×4。离地间隙 315 毫米。涉水深度 0.8 米。爬坡度 60%。续驶里程 875 公里。绞盘拉力 3500 公斤。

【卡尔巴阡型越野汽车】 苏联制造。驱动型式为 4×4。驾驶室型式为长头，双门，封闭式，座位数为 3。越野行驶时的载重量为 2000 公斤，公路行驶时为 2000 公斤。牵引总重量为 2000 公斤。载重 2000 公斤时的最小离地间隙为 270 毫米，按前外轮轨迹计算最小转弯半径为 8.5 米。车厢为木质结构，后板可放倒，装有篷杆。

满载、无拖挂、公路行驶时的最高车速为 95 公里／小时，经济车速为 50 公里／小时。满载、无拖挂、干硬路面的最大爬坡度为 32°。满载、无拖挂、干硬路面、车速为 30 公里／小时的制动距离不大于 8 米。每百公里燃油耗量为 26 公斤，续驶里程为 1200 公里。发动机的型号为 SR211 型，四冲程，水冷，顶置汽门，汽化器式。

【吉尔 157 型越野汽车】 苏联制造。驱动型式为 6×6。驾驶室型式为长头，双门，封闭式，座位数为 3。越野行驶的载重量为 2500 公斤，公路行驶时的载重量为 4500 公斤。载重 2500 公斤时的牵行总重量为 3600 公斤。载重 2500 公斤时的最小离地间隙为 310 毫米，按前外轮轨迹计最小转弯半径为 11.2 米，按前外轮翼子板斗为 12 米。车厢为木质结构，高栏板，边板装有可拆收的座凳，后板可放倒。载重 4500 公斤，无拖挂，公路行驶时最高车速为 64 公里／小时，经济车速为 30—40 公里／小时。载重 2500 公斤，无拖挂，干硬路面的最大爬坡度为 28°。最大涉水深度为 0.85 米。载重量为 4500 公斤。无拖挂、干硬路面、车速为 30 公里／小时时的制动距离不大于 12 米。每百公里燃油消耗量为 42 公斤，续驶里程为 500 公里。发动机型号为 3ИЛ157 型，四冲程，水冷，汽化器式。

【吉比西 8MT 型越野汽车】 苏联制造。驱动型式为 6×6，驾驶室型式为长头、双门、可拆篷顶，座位数为 3。载重量为 4000 公斤，牵引总重量为 4000 公斤。满载时，分动器下的最小离地间隙为 500 毫米，前、中、后桥下为 284 毫米。最小转弯半径为 10.5 米。车厢为钢板

冲制，边板有可拆收的座凳，后板可放下。在满载、无拖挂、公路行驶时的最高车速为 82 公里／小时，最低稳定车速小于 4 公里／小时。满载、无拖挂、干硬路面的最大爬坡度为 26°34′，满载、无拖挂时的最大涉水深度为 1.2 米。每百公里燃油消耗量为 35—40 公斤，续行驶里程为 500 公里。发动机型号为 M520B 型，四冲程压燃式，水冷、球形燃烧室。

【吉西爱区型越野汽车】 苏联制造。驱动型式为 6×6，驾驶室型式为平头、四门、封闭式，座位数为 4。越野行驶时的载重量为 6000 公斤，单车无拖挂公路行驶时为 1000 公斤。越野行驶时牵行总重量为 10000 公斤，载重 6000 公斤时公路行驶的牵引总重量为 15000 公斤。载重 6000 公斤时的最小离间隙为 300 毫米，按前外轮轨迹计最小转弯半径为 9 米。车厢为铁木混合结构底板，金属边板。边板装有可拆收的座凳，各分为两段。后板可放倒。在满载、无拖挂、公路行驶时的最高车速为 68 公里／小时，满载、无拖挂、干硬路面的最大爬坡度为 31°（60%），最大涉水深度为 1.2 米。满载无拖挂、干硬路面，车速为 30 公里／小时制动距离不大于 9.5 米。每百公里燃油消耗量为 50 公斤。续驶里程为 800 公里。发动机型号为 MC640A 型，四冲程压燃式，水冷、球形燃烧室。

【乌阿斯-469 型汽车】 苏联研制。载重量 600 公斤。车长 4.025 毫米，车宽 1.805 毫米，车高 2050 毫米。动力装置为 451M 型发动机，功率 75 马力。驱动型式 4×4。离地间隙 300 毫米。涉水深度 0.7 米。爬坡度 60%。续驶里程 650 公里。

【乌阿斯-452A 型汽车】 苏联研制。载重量 800 公斤。车长 4360 毫米，车宽 1940 毫米。车高 2090 毫米。动力装置为 YM3-451M 型发动机，功率 75 马力。驱动型式 4×4。离地间隙 220 毫米。涉水深度 0.7 米。爬坡度 58%。续驶里程 740 公里。

【吉尔-131 型汽车】 苏联研制。载重量 3500 公斤。车长 7040 毫米，车宽 2500 毫米，车高 2975 毫米。动力装置为吉尔 130 型发动机，功率 150 马力。驱动型式 6×6。离地间隙 330 毫米。涉水深度 1.4 米。爬坡度 60%。续驶里程 850 公里。绞盘拉力 4500 公斤。

【乌拉尔 375 型越野汽车】 苏联制造。驱动型式为 6×6，驾驶室型式为长头，双门、封

闭式，座位数为 3。有绞盘车载重量为 4500 公斤，无绞盘车载重量为 5000 公斤。越野行驶时的牵引总重量为 5000 公斤，公路行驶时不降低轮压时的牵引总重量为 10000 公斤。车桥下的最小离地间隙为 400 毫米。按前外轮轨迹计最小转弯半径为 10.5 米，按前外轮翼子板计为 10.8 米。车厢为全金属结构，边板装有可拆收的座凳，后板可放倒。满载、无拖挂、公路行驶时的最高车速为 75 公里／小时，满载、无拖挂、干硬路面的最大爬坡度为 30°，满载、无拖挂时的最大涉水深度为 1.5 米，满载、干硬路面、车速为 30 公里／小时时的制动距离在无拖挂时为 10 米，拖挂 5000 公斤时为 15 米。每百公里燃油消耗量不大于 48 公斤，续驶里程为 750 公里。发动机型号为 3NЛ375 型，四冲型，水冷，顶置汽门，汽化器式。

【克拉斯—255Б 型汽车】 苏联制造。载重量 7500 公斤。车长 8645 毫米，车宽 2750 毫米，车高 2940 毫米。动力装置为雅姆斯—238 型发动机，功率 240 马力。驱动型式 6×6。离地间隙 360 毫米。涉水深度为 1 米。爬坡度 58%。续驶里程 750 公里。绞盘拉力 12000 公斤。

【吉尔 135 型汽车】 苏联研制。载重 10000 公斤。车长 9260 毫米，车宽 2800 毫米，车高 2530 毫米。装有吉尔—375 型发动机，功率 360 马力。驱动型式 8×8。离地间隙 580 毫米。涉水深度 0.58 米。爬坡度 57%。续驶里程 500 公里。

【玛斯—543 型汽车】 苏联研制。载重 20000 公斤。车长 11660 毫米，车宽 2980 毫米，车高 2950 毫米。动力装置为Д12А—525 型发动机，功率 525 马力。驱动型式 8×8。爬坡度 30%。续驶里程 1525 公里。绞盘拉力 15000 公斤。

【贝德福德卡车】 英国制造。驾驶室座位 2 个。驱动方式 4×4。最大载重量 4000 公斤，车长 6.36 米，宽 2.39 米，高 2.602 米。续驶里程 400 公里。最大爬坡度 33%。

【利兰 FV1103 火炮牵引车】 英国制造。驾驶室座位 12 个。满载重量 18640 公斤。车长 8.185 米，宽 2.591 米，高度 3.073 米。最大速度 56.3 公里／小时。续驶里程 563 公里。由利兰汽车公司生产。

【陆上流浪者 V—90 汽车】 英国制造。载重量为 3500 公斤。装有 5 个挡速的变速箱，有十个前进挡和 2 个后退挡。是英军在 80 年代后期装备的新型运输车。

【"斯卡梅尔"式自动翻斗卡车】 英国制造。一种集起吊、翻卸、运输于一身的多性能车辆。最大载重量 9 吨，最大时速 79 公里。其翻斗货厢可装载 7 个北约标准集装厢，还可以拖挂。车上有一部自动装卸起重机，吊钩最大延伸半径为 6.23 米，距地面最高为 9.65 米。起吊重量为 2—6 吨。

【"雪铁龙"FOM 卡车】 法国制造。最大载重量 3000 公斤。公路牵引重量 5000 公斤。长 7.01 米，宽 2.48 米，高 2.77 米。续驶里程 800 公里。涉水深 0.5 米。该车为雪铁龙公司生产，越野性能好。

【FL—501 轻型车】 法国制造。是一种空降用越野车。专供空降部队使用。该车长 2.41 米，宽 1.5 米，最大空载重量 500 公斤，最大公路时速 80 公里。该车具有较强的越野能力，涉水深 0.4 米，最大爬坡度 60°。除作为迫击炮牵引车外，亦可用作救护车和导弹发射平台。

【奔茨 LG315／46 卡车】 联邦德国制造。驾驶室座位 2 个，驱动方式 4×4。最大载重量 5000 公斤。车长 8.14 米，宽 2.5 米，高 3.1 米。最大速度 70 公里／小时。续驶里程 510 公里。最大爬坡度 60%，涉水深 0.85 米，由墨谢台斯—奔茨公司生产。

【"克拉卡"自行平车】 联邦德国制造。一种用于空降的自行运载车辆。车长 2.75 米，宽 1.51 米，高 1.2 米，自重 740 公斤，载重 1610 公斤，最大时速 53 公里，涉水深 0.5 米，最大爬坡能力约为 28.5 度。该车从 5 米高抛下，完好无损，可用来输送士兵，运载轻型火炮和反坦克导弹。

【N4510 型汽车】 联邦德国研制。载重量 5000 公斤。车长 7970 毫米、宽 2500 毫米、高 2860 毫米。动力装置为 F8L413F 型发动机，功率 256 马力。最高车速 88 公里／小时。离地间隙 415 毫米。爬坡度 27 度。涉水深度 1.2 米。续驶行程 800 公里。

【N4520 型汽车】 联邦德研制。载重量 7000 公斤。车长 8570 毫米、宽 2500 毫米、高 2860 毫米。驱动型式 6×6。动力装置为 BFL413F 型发动机，功率 320 马力。最高车速 88 公里／小时。离地间隙 415 毫米。爬坡度 27 度。涉水深度 1.2 米。续驶行程 800 公里。

【N4540 型汽车】 联邦德国研制。载重量 10000 公斤。车长 10070 毫米、宽 2500 毫米、高

2860 毫米。动力装置为 BF8L413F 型发动机，功率 320 马力。驱动型式 8×8。最高车速 88 公里／小时。离地间隙 415 毫米。爬坡度 27 度。涉水深度 1.2 米。续驶行程 800 公里。

【斯蒂尔 680M 卡车】 奥地利制造。驾驶室是两门全钢前置形，其顶篷有一个观察口，室内有加热器和通风装置。后载货区备有可拆卸弓形篷杆和防水篷布，车厢内有可坐 20 人的折叠座位，后厢板可放下。标准设备包括一个较盘和一根直径 13 毫米、长 90 米的缆绳。驾驶室座位 1+1，驱动型式为 4×4，重量（空载，带绞盘）5830 公斤，前轴点重量（空载）3260 公斤，后轴负重（空载）2570 公斤，最大载重量（公路）6170 公斤，（越野）4170 公斤，牵引重量（公路）8000 公斤，（越野）4000 公斤，载货面积（长×宽）4.06×2.2 米，车长 6.57 米，宽度 2.4 米，高度（驾驶室）2.63 米，（车篷）2.85 米，（载货区）1.16 米，离地间隙 0.3 米，轮距（前）1.81 米，（后）1.67 米，轴距 3.7 米，最大速度（公路）80 公里／小时，续驶里程 450 公里，油箱容量 160 升，最大爬坡度（低挡，载重量为 10000 公斤）59%，涉水深度 0.5 米，发动机为 geeyr WD610.23 型 6 缸直射水冷柴油机在 2800 转／分时，其功率为 132 马力变速箱为手柄操纵，有 5 个前进挡，1 个倒挡。离合器为单片、干式。分动箱为 2 速。悬挂为前后半椭圆形弹簧，轮胎数为 6+1（备用），制动为双路液压式，气力辅助。

【FN4RM／62 卡车】 比利时制造。此车底盘包括加强的箱形纵梁和四根钢性横梁。前控制型驾驶室装有可拆御帆布顶篷，空运时可拆下顶篷以减少车的高度，后载货区是全钢结构，后厢板可放下，弓形篷杆和帆布篷可拆御。前后轴上的差速器闭锁装置通过一根单杆控制。

【"国际"卡车】 澳大利亚制造。驾驶室座位为 1+1。驱动型式 6×6。自重 7007 公斤，最大载重量（公路）6804 公斤，（越野）4536 公斤。牵引重量（公路）8165 公斤，（越野）5900 公斤。载货面积（长×宽）3.657×2.133。车长 6.527 米，宽度 2.438 米，高度（驾驶室）2.616 米，车篷 3.022 米。离地间隙 0.33 米。轴距（第一轴至后平衡悬架中心）3.784 米。最大速度（公路）77 公里／小时。续驶里程 483 公里。最大爬坡度 60%，涉水深度 0.914 米，发动机"国际" AGD-283 型 6 缸直列水冷汽油机，在 3400 转／

分时，功率为 150 制动马力。

【73 式吉普车】 日本研制。载重量 340 公斤。车长 3750 毫米、宽 1650 毫米、高 1950 毫米。发动机功率为 80 马力。最高车速 100 公里／小时。

【73 式中型卡车】 日本研制。载重量 2000 公斤。车长 5360 毫米、宽 2090 毫米、高 2490 毫米。发动机功率 100 马力。最高车速 90 公里／小时。

【73 式大型卡车】 日本研制。载重量 6000 公斤。车长 6670 毫米、宽 2410 毫米、高 3020 毫米。发动机功率 175 马力。最高车速 90 公里／小时。

【74 式特大型卡车】 日本研制。载重量 10000 公斤。车长 9222 毫米、宽 2490 毫米、高 3005 毫米。发动机功率 300 马力。最高车速 100 公里／小时。

【BJ212 型轻型越野汽车】 中国制造。座位数为 5，载重量 425 公斤，牵引总重量 800 公斤。最小转弯半径（按前外轮轨迹计）小于 6 米，纵向通过半径 1.76 米，横向通过半径 1.045 米。车身型式为金属结构，有大梁，装有活动顶篷和可拆卸侧窗，设四门。

在满载、公路行驶、无拖挂时的最高车速为 98 公里／小时；经济车速为 30-40 公里／小时，最低稳定车速不大于 3 公里／小时。在干燥、坚硬土路上无拖挂时的最大爬坡度为 26°，拖挂 800 公斤时为 19°；在干燥、坚硬碎石路上无拖挂时为 30°，拖挂 800 公斤时为 22°。最大涉水深度（满载、无拖挂）为 500 毫米。满载、无拖挂、干硬路面的制动距离：车速 30 公里／小时时为 6.5 米，车速 50 公里／小时为 15 米。每百公里燃油消耗量 17 升，续驶里程 500 公里。

发动机型号 492 型，四冲程，水冷，顶置汽门，汽化器式。

【BJ212A 型轻型越野汽车】 中国制造。座位数 8，牵引总重量 800 公斤。其他与"BJ212 型轻型越野汽车"相同。

【NJ230 型越野汽车】 中国制造。驱动型式为 4×4，驾驶室型式为长头、双门、封闭式。驾驶室座位数 2。越野行驶时载重量 1500 公斤，公路行驶时 2000 公斤；牵引总重量 2000 公斤。载重 2000 公斤时的最小离地间隙 270 毫米；按前外轮轨迹计时的最小转弯半径不大于 8.5 米，按前外轮翼子板计时不大于 9.5 米；纵向通过半径为

2.7 米。车箱由木质高栏板组成，边板装有可拆收的座凳，后板可放倒。在满载、无拖挂、公路行驶时的最高车速为 76 公里／小时，经济车速为 40 公里／小时。在满载、无拖挂、干硬路面的最大爬坡度为 30°，满载、无拖挂时的最大涉水深度 800 毫米。满载无拖挂、干硬路面，车速为 30 公里／小时的制动距离 8 米。超越垂直障碍高度为 460 毫米。跨越壕沟宽度为 630 毫米。每百公里燃油消耗量 25 升，续驶里程 600 公里。发动机型号为 NJ70A 型，四冲程、水冷、汽化器式。

【解放牌 CA10B 型载重汽车】　中国制造。驾驶室型式为长头、双门、封闭式，驾驶室座位数 3，载重量 4000 公斤，牵引总重量 4500 公斤，最小转弯半径：按前外轮轨迹为 8.6 米，按前外轮翼子板计：9.2 米，车厢为木质结构，三面栏板可放倒。

满载，无拖挂公路行驶时，最高车速 75 公里／小时，经济车速为 30—40 公里／小时，在满载、无拖挂、干硬的路面上最大爬坡度为 11°24′（20%）；在满载、无拖挂时最大涉水深度 450 毫米；在满载、无拖挂、干硬路面上车速 30 公里／小时时制动距离不大于 8 米，每百公里燃油消耗量 29 升，续驶里程 700 公里。

发动机型号为 CA10B，型式为四冲程，水冷，汽化器式。

【解放牌 EQ140 型载重汽车】　中国制造。驾驶室型式为长头、双门、封闭式，驾驶室座位数 3 个，载重量 5000 公斤，牵引总重量 4500 公斤，按前外轮轨迹计的最小转弯半径 8 米，车厢为铁木混合结构，三面可放倒。

在满载，无拖挂的公路行驶最高车速 85 公里／小时，经济车速 30—50 公里／小时，最小稳定车速 9 公里／小时，最大爬坡度在满载、无拖挂、干硬路面时为 15°40′（28%），在满载、无拖挂、干硬路面上车速为 30 公里／小时时制动距离 8 米，每百公里燃油消耗量 32 升，续驶里程为 500 公里。发动机型号为 Q6100 型，型式为四冲程，水冷，汽化器式。

【EQ240 型越野汽车】　中国制造。驱动型式为 6×6，驾驶室座位数 3。越野行驶时的载重量为 2500 公斤，公路行驶时为 4000 公斤，牵引总重量 2500 公斤。载重 2500 公斤时前桥下的最小离地间隙 285 毫米，中、后桥下 285 毫米。按前外轮轨迹计时最小转弯半径 8 米。车厢是高栏板铁木混合结构，装有可放下的座凳，后板可放

下。在载重 2500 公斤、无拖挂、公路行驶时的最高车速 80 公里／小时，经济车速 30—50 公里／小时。载重 2500 公斤、无拖挂、干硬路面的最大爬坡度为 30°，满载、无拖挂时的最大涉水深度 850 毫米。在载重 4000 公斤、无拖挂、干硬路面、车速 30 公里／小时的制动距离 10 米。超越垂直障碍高度为 630 毫米。每百公里燃油消耗量为 36 升，续驶里程为 550 公里。发动机型号为 Q6100 型。四冲程，水冷，顶置汽门，汽化器式。

【CA30A 型越野汽车】　中国制造。驱动型式为 6×6，驾驶室型式为长头、双门、封闭式，驾驶室座位数 3。越野行驶时的载重 2500 公斤，公路行驶时 4500 公斤。超越行驶时牵引总重量 3600 公斤，公路行驶时 4500 公斤，载重 2500 公斤时最小离地间隙为中、后桥下 300 毫米。按前外轮轨迹计最小转弯半径不大于 11.2 米，按前外轮翼子板计不大于 12 米。车厢是木质高栏板结构，后板可放倒，边板装有可拆收的座凳。在载重 4500 公斤、无拖挂、公路行驶时的最高车速 65 公里／小时；经济车速 20—30 公里／小时。载重 2500 公斤、无拖挂、干硬路面的最大爬坡度为 28°，满载、无拖挂时的最大涉水深度 850 毫米。载重 4500 公斤、无拖挂、干硬路面，车速 30 公里／小时时的制动距离不大于 12 米。超越垂直障碍高度 695 毫米，跨越壕沟宽度 600—700 毫米。每百公里燃油消耗量为 42 升，续驶里程为 500 公里。发动机型号为 CA30A 型。四冲程，水冷，汽化器式。

【东方红 665 型越野汽车】　中国制造。驱动型式为 6×6 驾驶室型式为长头、双门、封闭式，驾驶室座位数 3。越野行驶时载重量为 5000 公斤，公路行驶时 8000 公斤；越野行驶时的牵引总重量为 6000 公斤，公路行驶时 8000 公斤。载重 5000 公斤时前、中、后桥下的最小离地间隙 360 毫米。按前外轮轨迹计最小转弯半径 9.5 米。车厢由铁木混合结构而成，边板装有可拆收的座凳，后板可放下。在满载，无拖挂、公路行驶时的最高车速 75 公里／小时，经济车速 35—50 公里／小时，最小稳定车速 4 公里／小时。在满载、无拖挂、干硬路面上的最大爬坡度为 31°（60%），满载、无拖挂时的最大涉水深度 1.2 米。满载、无拖挂、干硬路面，车速 30 公里／小时的制动距离不大于 10 米。超越垂直障碍高度为 700 毫米，跨越壕沟宽度为 700 毫米。每百公里燃油消耗量为 40

升，续驶里程为 500 公里。发动机型号为 8120F 型。四冲程，压燃式，风冷，球形燃烧室。

【延安牌 SX250 型越野汽车】 中国制造。驱动型式为 6×6，驾驶室型式为平头，四门、封闭式，驾驶室座位数 4，越野行驶时的载重量 5000 公斤，公路行驶时 10000 公斤。牵引总重量 6500 公斤。载重 5000 公斤时前、中、后桥下的最小离地间隙为 355 毫米。按前外轮轨迹计最小转弯半径不大于 9 米。车厢为全金属结构，后板可放倒，边板装有可折收的座凳。

在满载、无拖挂，公路行驶时的最高车速 70 公里／小时，经济车速 30-40 公里／小时，最低稳定车速不大于 1.5 公里／小时。在满载，干硬路面无拖挂时的最大爬坡度为 30°，拖挂 6500 公斤时为 22°。满载，无拖挂时的最大涉水深度 1.2 米。载重 10000 公斤、无拖挂、干硬公路、车速为 30 公里／小时时的制动距离不大于 10 米。每百公里燃油消耗量为 36 升，续驶里程为 600 公里。发动机型号为 6130 型，四冲程压燃式，水冷，球形燃烧室。

【红岩牌 CQ261 型越野汽车】 中国制造。驱动型式为 6×6，驾驶室型式为平头，四门，封闭式，座位数 4，越野行驶能载重 6000 公斤，牵引 10000 公斤；载重 8000 公斤，能牵引 10000 公斤。公路行驶载重 10000 公斤或 6000 公斤，牵引 15000 公斤；载重 8000 公斤，可牵引 15000 公斤。载重 8000 公斤时前桥下的最小离地间隙 345 毫米，中、后桥下 380 毫米。按前外轮轨迹计最小转弯半径为 9 米，纵向通过半径为 1.9 米。车厢底板为铁木混合结构，设有三块活

板。金属栏板，边板装有可拆收的分成两段的座板，边板和后板可放下。前栏板右角设有联络讯号装置。在满载、无拖挂、公路行驶时的最高车速 61 公里／小时。载 8 吨，无拖挂、干硬路面时的最大爬坡度为 31°。满载，无拖挂时的最大涉水深度 1.2 米。满载、无拖挂、干硬路面，车速 30 公里／小时时的制动距离不大于 9.5 米。每百公里燃油消耗量为 50 升，续驶里程为 800 公里。发动机型号为 6140B 型，四冲程压燃式，水冷，多种燃料，球形燃烧室。

【黄河牌 JN150，151 型载重汽车】 中国制造。驾驶室型式为平头，双门、封闭式，驾驶室座位数 4，公路行驶时载重量为 8000 公斤，土路行驶时载重量 6500 公斤，牵引总重量 6000 公斤，按前外轮轨迹计最小转弯半径为 8.25 米，纵向通过半径为 3.6 米，车厢为铁木混合结构，木质底板，金属边板分成两段，可分别放倒。

在满载，无拖挂的公路行驶最高车速 71 公里／小时（JN150），67 公里／小时（JN151），经济车速为 40 公里／小时，最低稳定车速 14 公里／小时，在满载，无拖挂，干硬的路面上最大爬坡度 15°8′（27%），在满载、无拖挂、干硬路面上车速 30 公里／小时时制动距离为 10 米，每百公里燃油消耗量为 24 升（JN150），25（JN151），续驶里程为 500 公里。

发动机型号 6135Q（JN150），6120Q-1（JN151），型式为四冲程压燃式，水冷，"W"型燃烧室（JN150）四冲程压燃式，水冷，球型燃烧室（JN151）

2、 专用车辆

【M116 履带雪地车】 美国研制的一种两栖雪地车，1961 年开始生产。可在各种气候条件下运送货物和人员。此车身为全焊接结构，关键部位用熟铝板加强。驾驶座位在车前左边，乘客载货区在后面，后厢板能向下打开。运载乘客时，车后面可安装长凳。通常安装一个全封闭的硬顶棚，必要时可以拆掉，以便于空运。M116 为两栖车，在水中由其履带推进。能安装御寒装置。可在华氏零

下 65° 的气温下正常行驶、驾驶室座位 12，最大载重量 1360 公斤，牵引重量 1088 公斤。车长 4.778 米，宽 2.085 米，高 2.01 米，离地间隙 0.355 米，轮距 1.485 米，着地压力 0.22 公斤厘米$_2$，最大速度，公路为 59.5 公里／小时，水中为 6.43 公里／小时，续驶里程 480 公里，最大爬坡度 60%，通过垂直障碍高 0.457 米，通过壕沟宽 1.473 米，发动机功率为 160 马力。

【M57 拖式布雷车】 70 年代初由美国研制，1972 年开始装备美军。用于布设美军 M15 防坦克地雷。它是在两轮拖车上装上侧升犁刀，雷槽等构成的。由 5 吨卡车或装甲输送车牵引，车上有储雷架。车上作业人员把地雷放入雷槽，地雷按一定间隙滑入由犁刀开出的犁沟中，然后复土伪装。作业时也可以把犁刀提升，将地雷放置在地面上。但该布雷车不适于在坚硬的土质或横坡上作业。作业人数 4 名，每小时布雷数量 385 个，最大埋设深度 152 毫米。

【GT-SM 履带式两栖雪地车】 苏联研制的一种雪地车（或称嘎斯-71）。由于此车着地压力很小，所以广泛地在沼泽地和雪地使用。GT-SM 是两栖车、在水中靠履带推进。发动机和驾驶室在车前部、驾驶室为封闭式，两边有门，顶棚有两个天窗。载货区通常有帆布篷，其后面及两侧开有窗户。通过车后的两扇门，可以进入车后部。悬挂为扭力杆式，它由六个大的负重轮组成，最后的负重轮也起张紧作用，驱动链轮在前。没有托带辊。其规格和基本性能：乘员 12 人，最大载重量 1000 公斤，牵引重量 2000 公斤。车长 5.365 米，宽 2.582 米，高 1.74。离地间隙 0.38 米，轮距 2.8 米，着地压力 0.24 公斤／厘米^2，最大速度，公路为 50 公里／小时，水中为 5～6 公里／小时，续驶里程 500 公里。

【БТР-152 轮胎式装甲输送车】 苏联制造。是一种旧车辆，1964 年装备部队。该型车截至 1961 年止曾作了一些改进，如上开式车厢改为密封式，采用 14.5 毫米口径机枪，车内增设了三防装置等。战斗全重 8.6 吨，乘员 2 人，车内人员容量 12 人。车长 6550 毫米，宽 2320 毫米，高 2050 毫米，车底距地高 300 毫米，最大装甲厚度 13.5 毫米。装 14.5 或 7.62 毫米机枪一挺。最大爬坡度 30°，越壕宽 0.8 米，涉水深 0.8 米。最大时速 65 公里，最大行程 600 公里。发动机功率 110 马力。

【БТР-40K 轮胎式装甲输送车】 苏联制造。1958-1962 年间装备部队。该车为四轮驱动，车厢部分为密闭式。战斗全重 5.7 吨。乘员 1 人，车内人员容量 7 人。发动机功率 80 马力。装有 7.62 毫米机枪 1 挺。车宽 2200 毫米，车 1900 毫米，车 5520 毫米。

【БТР-40ЛБ 轮胎式水陆装甲侦察车】 苏联制造。1966 年装备部队。是 БТР-40Л 式的改进型，曾称 БРДМ-2。增设了一个炮塔（安装机枪）。主要装备师属侦察营、团属侦察连和空降部队，担任侦察巡逻、通讯联络任务。战斗全重 7 吨，乘员 4，车内人员容量 3 人。车长 5490 毫米，车宽 2180 毫米，车高 2150 毫米。装有 14.5 和 7.62 毫米机枪各 1 挺。陆上最大时速 100 公里，水上最大时速 10 公里。最大行程约 300 公里。发动机功率 140 马力。

【БТР-40Л 轮胎式水陆装甲侦察车】 苏联制造。1958 年装备部队。该车是 БТР-40 式的改进型，曾称 БРДМ-1。车内装有电台一部，并有乘员自卫武器射孔。该车越野性能好，速度快，主要是担任侦察任务，也可作通讯联络使用。战斗全重 5.6 吨，乘员 2 人，车内人员容量 3 人。车长 5700 毫米，车宽 2250 毫米，车高 1900 毫米。车底距地高 315 毫米。最大装甲厚度 15 毫米。装有 12.7 和 7.62 毫米机枪各 1 挺。最大爬坡度 30 度。越壕宽 1.1-1.2 米。最大时速 78 公里。平均时速：公路 45-50 公里、土路 25-30 公里。最大行程约 500 公里。发动机功率 90 马力。

【БТР-60Л 轮胎式水陆装甲输送车】 苏联制造。1962 年开始装备摩托化步兵营，取代 БТР-152 式装甲输送车。战斗全重 9.8 吨，乘员 2 人。车内人员容量 14 人。车长 7520 毫米，车宽 2906 毫米，车高 2105 毫米。车底距地高 475 毫米。车体装甲厚度 10 毫米。装有 7.62 毫米机枪 1 挺。最大爬坡度 30°。越壕宽 2 米，陆上最大时速 64-80 公里，水上最大时速 9.6 公里。陆上最大行程 500 公里，在水上所行驶 10 小时。发动机功率 180 马力。

【БТР-60ЛК 轮胎式水陆装甲输送车】 苏联制造。1964 年由 БТР-60Л 式改进而成，车内密封设备好，能防原子沾染和化学毒剂。战斗全重 10 吨，乘员 2 人。车内人员容量 12 人。车长 7500 毫米，车宽 3000 毫米，车高 2000 毫米。车体装甲厚度 10 毫米。装有 14.5 毫米机枪 1 挺，7.62 毫米机枪 1-2 挺。最大爬坡度 30 度。越壕宽 2 米，陆上最大时速 64-80 公里，水上最大时速 9.6 公里，陆上最大行程 567 公里。发动机功率 180 马力。

【БТР-60ЛБ 轮胎式水陆装甲输送车】 苏联制造。1965 年由 БТР-60ЛК 式改进而成，增装了单人旋转小炮塔和红外线观察镜（驾驶员用）。1966 年装备部队。战斗全重 10 吨，乘员 2 人。车内人员容量 12 人。车长 7500 毫米，车宽 3000 毫米，车高 2400 毫米。车体装甲厚度 10 毫米。装有 14.5 毫米机枪 1 挺，7.62 毫米机枪 1—2 挺。最大爬坡度 30°。越壕宽 2 米。陆上最大时速 64—80 公里，水上最大时速 9.6 公里。最大行程 500 公里。发动机功率 180 马力。

【БАВ（ЗНЛ—485）轮胎式水陆汽车】 苏联制造。主要用于强渡江河作战时输送人员。车重 7.4 吨，乘员 2 人。车内容量 20 人或 2.5 吨物资。车长 9540 毫米，宽 2500 毫米，高 2660 毫米。陆上最大时速 75 公里，水上最大时速 10 公里。陆上最大行程 530 公里。发动机功率 110 马力。

【NЛP 水陆工程车】 苏联制造。是一种水陆两用工程车辆，这种车能在 11 米深的水中行驶，并能清除江河渡口的障碍。乘员座位在车的前部。左前部乘员有一部潜望镜。车前部的两侧有液压的传动臂，传动臂的末端是一把小铲，不使用时，向后固定在车的顶上。车顶中央有通气管，使用时可以竖起来，其高度约 10 米。

【ГМ3 装甲自动布雷车】 苏联于 60 年代初研制的一种布雷车。它以 SA—4 地对空导弹发射车为基础车，由储雷架、开启机构、输出机构、转换机构、犁刀和复土装置等组成。开启机构用于控制地雷从储雷架到传送带。输出机构保证布雷的雷距。转换机构使地雷进入战斗状态。该车的犁刀和复土装置跟 ЛМР—3 拖式布雷车相同。此种布雷车配备有红外夜视仪，通讯设备和 7.6 毫米机枪一挺，能在夜间作业。地雷可以设置在地面上或埋在土中。通常是 4 辆车编组作业，在 10～13 分钟内可以构筑一个正面宽 1100 米，布雷密度为 0.75 的地雷场。地雷从储雷架上传送到地面或土中的整个过程是全自动化的，无需作业人员进行辅助操作。车全长 10.3 米，宽 3.1 米，高 2.5 米。战斗全重 24 吨。作业人数 3 名。载雷量为 208 个 TM57 防坦克地雷。爬坡 60%，越壕宽 3.2 米，越垂直障碍 1 米。布雷间隔 4～5.5 米，布雷速度 4～15 公里／小时。

【ЛМР—2 拖式布雷车】 苏联研制的一种较早的布雷车，适用于布设苏联各种防坦克地雷。它是在两轮拖车上装上两个布雷槽构成的，通常由 ЗНЛ—157 汽车或 БТР—152 装甲输送车牵引。布雷槽的上端有一开阔的入雷口，槽中有带两个滚轮的传送装置和输出机构。该车设有挖掘装置。作业手把地雷放入布雷槽上端的入雷口，然后地雷被传送到输出机构，它使地雷按 4 或 5.5 米的雷距布设在地面上。载雷量：汽车 200 个；装甲输送车 120

个。重量 900 公斤。作业人数 4 名。布雷速度每小时 4～10 公里。

【ЛМР—3 拖式布雷车】 苏联制造。适于布设各种防坦克地雷。此车是一种单轴拖车，它由一个布雷槽、挖掘和伪装装置等构成。雷槽中有控制雷距的机构。挖掘及伪装装置由犁刀、深度限制器和复土铲组成。该车通常由 БТР—152 装甲输送车或汽车牵引，车上有放置地雷的储雷架。作业人员把地雷放入布雷槽，地雷可布设在地面上，或送入犁刀开出的型沟中，然后由复土铲复土伪装。按 4 米雷距 5 分钟可以布设一个长 500 米的雷列。载雷量：汽车 200 个，装甲输送车 120 个。重量 1300 公斤。作业人数 4～5 名。埋雷深度 300～400 毫米。该车长 3 米，宽 2 米，高 2.5 米。

【AFB—3M 型消毒车】 苏联制造。主要用途是利用热空气蒸气氨混合气进行消毒，或利用热空气蒸气混合进行灭菌和杀虫。它由四辆车组成：一辆动力车、两辆消毒车和一辆辅助车。动力车上装有锅炉，其蒸气供消毒和灭菌用。消毒车上备有 3～4 个衣物消毒灭菌室。

【棒状地雷布雷车】 70 年代初由英国皇家军械研究与发展中心研制。用于布设英军棒状防坦克地雷。此种布雷车由装甲输送车或卡车牵引，埋雷的深度和雷距由机械控制。在这种单轴拖车的每个轮子旁边有一个笼式辅助轮，以适应各处复杂的地形和提高快速布雷时的稳定性。作业人员把地雷放在布雷槽的传送带上，然后送入由犁刀挖掘出的型沟中，车后的两个圆轮和一根链条把土复盖在地雷上，并将地面拖平。每小时能布设 600—700 个地雷。该车长 4.19 米，宽 1.6 米，高 1.27 米。作业人数 3 名，重量为 3 吨。

【马太宁布雷车】 法国马太宁公司制造。用于布设法军 HPD 型防坦克地雷。此种布雷器由卡车牵引，由操作台、布雷槽及装在布雷槽下端的两个轮子组成。并可拆成三部分，以利运输。作业手把地雷放进布雷器，经过布雷槽布设在地面上，并在这个过程中地雷自动进入战斗状态。布雷器重 150 公斤，每小时布雷 1800 个。

【马太宁自动布雷车】 1971 年由法国研制。并装备法国陆军。用于布设法国 HPD 型防坦克地雷。此种布雷车采用马太宁挖掘机 4×4 轮式底盘车，车上设有由 4 个框架构成的储雷架，每个框架内可装 112 个 HPD 型防坦克地雷。该车采用"注人"式液压推进作业机构并有一套控制布雷、停车和行进的液压联动机构，整个布雷过程是全自动化的。遂行布雷作业时，由液压推进布雷器把地雷"注入"土中，然后，由后面的滚轮把植被重新压回去，使地表面的植被几乎无变化。每小时平均布雷约 400 个，埋设深度 15～30 厘米，雷距在 2.5～10 米间任选。该车长长 7.3 米，宽 2.5 米，高 2.8 米。作业人数 3 名，战斗全重 16 吨。越垂直障碍 0.45 米，越壕宽 0.65 米，涉水深 1.2 米，转弯半径 11 米。

【ARE 拖式布雷车】 70 年代法国研制的一种布雷车。用于布设法军 HPD 型防坦克地雷。此车是一种单轴拖车，由布雷槽、输出机构、犁刀和复土装置等组成。输出机控制雷距，复土装置的两块复土板呈 V 形配置。布雷时，由越野载重汽车或履带车辆牵引，以每小时 4.5 公里的行驶速度沿布雷路线前进，由两名作业手供雷。地雷经传送装置和输出机构落入由犁刀开出的犁沟中，然后由 V 形复土装置复土，并由其后的滚轮将土压平进行伪装。作业人数 4 名。该车长 4.5 米，宽 2.32 米，高 1.7 米。重量 1700 公斤。埋雷深度 0～150 毫米，雷距 2.5、3.3 或 5 米，每小时布雷 900～1500 个。

【Trac 雪地车】 瑞典研制的一种雪地车。此车底盘为全钢焊接结构，车身由铝合金板构成。车的发动机在前，旅客载货区在后。驾驶员座位在前面的左边、普通方向转向，其它控制器与一般小车一样。载人时，人员舱两边可放长凳。此车既可安装封闭式后门乘员舱，也可换成敞车，可以带挡风玻璃。Trac 雪地车有一整套标准行驶用灯，以便于在公路上行驶。它是一种具有高传动比的车，其最大速度可达 30 公里／小时。其规格和基本性能：最大载重量 500 公斤，牵引重量 500 公斤，长度为 3.64 米，宽度 1.9 米，高度 1.85 米。离地间隙 0.3 米，着地压力 0.05 公斤／厘米^2，续驶时间为 8 小时，最大爬坡度为 60%，发动机功率为 53 马力。

【BV-106 雪地沼泽地履带输送车】 瑞典新研制成的一种雪地沼泽地履带输送车。该车重 4.3 吨，可运送 17 名全副武装的军人或 2 吨物资。这种车由前后两部分组成。前一部分装有功率为 125 马力的柴油发动机，配有司机和 5～6 名陆战队员的座位；后一部分是拖车，可乘载 11 名陆战队员。两个部分的车身都是用玻璃塑料制作的。在陆地行驶时，时速为 50 公里；在水中行时的时速为 3.5 公里。在硬土地上行驶，可爬 31 度的陡坡；在积雪厚达 80 厘米的斜面上行驶，可爬 17

度的陡坡。直升机和运输机均可装运这种车。

【FFV 拖式布雷车】 由瑞典 FFV 公司研制。是专门为布设瑞典 FFV-028 防坦克地雷而设计的布雷车。此种布雷车是一种单轴拖车，由布雷槽、传送输出机构、犁刀和复土装置等组成，通常使用卡车牵引。该车有良好的越野性能，犁刀在坚硬的土质地区仍能有效工作。作业时，作业人员把地雷的运输保险销拔除，然后放入布雷槽。经过传送和输出机构送入由犁刀开出的犁沟里，尔后，由复土装置复土伪装。布雷时，这种布雷车以每小时 7 公里的速度行驶，每分钟能布设 20 个地雷。牵引车为瑞典 Volvo BM860TC 卡车，载雷量 1000 个。作业人数 2～4 名。该车重量 1700 公斤。长 4.3 米，宽 2.4 米。埋设深度 250 厘米，雷距 3.5～13 米。

【南斯拉夫拖式布雷车】 南斯拉夫生产。用于布设 TMRP-6 防坦克地雷，现已装备南斯拉夫军队。它由带输出机构的布雷槽、犁刀和复土装置等组成。这种布雷车由 4×4 或 6×6 卡车牵引，作业手把地雷放入布雷槽，经输出机构滑到地面上或进入由犁刀开挖出的犁沟，然后，由复土装置的刮板将土复盖到地雷上，加以伪装。作业人数 3 名。

【MLG-60 拖式布雷车】 民主德国研制的布雷车。适于布设各种防坦克地雷，这种布雷车与苏军 ЛМР-3 拖式布雷车非常相似，也是一种由雷槽、犁刀和复土装置等组成的单轴拖式布雷车。它与 ЛМР-3 的主要差别是两块刮板较大。此车由 БТР-152 装甲输送车或 6×6 卡车牵引，作业手把地雷放在雷槽上端入雷口的平台上，经传送装置和输出机构滑到地面上或者送入由犁刀开出的犁沟中，然后由复土装置的刮板复土.伪装。作业人数 2 名，重量 800 公斤。长 5.9 米，宽 1.87 米，高 2.1 米。布雷速度为每小时 3～5 公里。

【60（或 61）式雪地车】 日本制造的一种雪地车。现已装备日本自卫队。这两种型号的雪地车外形相似，发动机在前，乘务员和旅客／载货区在后，载货区的顶和侧面盖有可拆卸的帆布篷。60 式车能运载 900 公斤货物或 10 人（61 式车能运载 11 人和 1280 公斤货物），也可牵引一辆挂车或火炮（例如一门 105 毫米榴弹炮），牵引重量可达 3200 公斤。其规格和主要性能：重量为 3700 公斤，长度 4.07 米，宽度 1.98 米，高度 2.05 米。最大速度为 36 公里／小时，续驶里程 100 公里。发动机为柴油机，3400 转／分时，其功率为

105 马力。

【83 式拖式布雷车】　80 年代日本研制的一种布雷车。用于布设防坦克地雷。此种布雷车是一种单轴拖车，它由布雷槽、输出机构、犁刀和复土装置等组成。由输出机构控制雷距。布雷时由装甲输送车或 73 式卡车牵引，由两名作业手供雷。地雷由布雷槽滑入由犁刀开出的犁沟里，然后由复土装置的刮板把土盖在地雷上。车长 3.9 米，宽 2.4 米，高 2.4 米，重量 2.4 吨。每小时布设 300 多个防坦克地雷。

【60 式中型履带牵引车】　中国制造。驾驶室型式为平头、双门、封闭式。驾驶室座位数为 3。空车重量（包括水、润滑油、燃油、随车工具）为 13000 公斤，载重量为 5000 公斤，牵引总重量为 15000 公斤。轨距，即两履带轴心距为 2150 毫米。最小离地间隙为 400±20 毫米；最小转弯半径为 2.15 米。后拖钩引伸距离为 200 毫米；后拖钩摆动角度是左、右各 30°。车厢为铁木混合结构，后板可放倒，边板装有可折收的座凳和栏杆。空载时对地面的单位压力的 0.56 公斤／厘米^2。无牵引时最高车速为 45 公里／小时。满载满牵时的平均车速为 25 公里／小时。发动机 1600 转／分时的行驶车速：一档为 5.82 公里／小时；二档为 12.45 公里／小时；三档为 17.5 公里／小时；四档为 26.7 公里／小时；五档为 42.5 公里／小时；倒档时为 6.55 公里／小时。满载、无拖挂时的最大爬坡度为 30°；满载拖挂 1500 公斤时为 15°。最大侧倾角为 26°。涉水深度为 1 米。每小时燃油耗量不大于 50 公斤，续驶里程为 300 公里。有 12.7 毫米高射机枪一挺。发动机型号为 12150L-1 型，为四冲程压燃式，水冷，直接喷射式。另有特种装置：绞盘、起动加温器、自卫火力。

【Q$_1$-5（Q51）型汽车起重机】　中国制造。Q$_1$-5（旧称 Q51 型）汽车起重机是全回转、机械传动和机械操纵的起重机、结构简单。其起重设备安装在解放牌 CA10B 型载重汽车底盘上。全长 8740 毫米，总宽为 2420 毫米，总高为 3400 毫米。总重量为 7500 公斤，行驶速度为 30 公里／小时。钢丝绳的型号为 D-6×19+1-14-160-1-Z-b；支腿为机械千斤顶式，其纵向距离为 2098 毫米，横向展开距离为 3100 毫米。

【Q$_2$-5H 型汽车起重机】　中国制造。Q$_2$-5H 型汽车起重机是全回转、液压传动和液压

操纵、吊臂可伸缩的后置式动臂起重机，结构紧凑，操作简便，工作平稳。用以起吊重物和抢救车辆等，亦可吊、拖汽车行驶。起重设备安装在解放牌 CA30A 型越野汽车底盘上。它的起升和回转速度分别为 9 米／分、2 转／分；起臂和落臂时间都为 12 秒；伸臂和缩臂时间都为 29 秒；放支腿和收支腿时间都为 30 秒。液压油箱的容量为 150 升。当气温高于 15℃时，工作油液为 HG-20 机械油；气温低于 15℃时，为 YH-10 航空液压油。钢丝绳的型号为 D-6×19+1-12.5-180-1-z-b 型，直径为 12.5 毫米，长度为 34 米。支腿为液压滑槽蛙型，纵向距离为 2935 毫米，横向展开距离为 3300 毫米。全长 7660 毫米。总宽 2315 毫米，总高 2500 毫米。底盘自重 4310 公斤。起重设备重量为 4260 公斤，总重为 8570 公斤，前桥的重量 2000 公斤，中，后桥的重量 6570 公斤。接近角为 32°，离去角为 34°。行驶速度 30 公里／小时。

【Q$_2$-7 型汽车起重机】　中国制造。Q$_2$-7 型汽车起重机是全回转、液压传动和液压操纵吊臂可伸缩的动臂起重机，操纵简单，工作平稳。其起重设备安装在解放牌 CA30A 型越野汽车底盘上。当油泵 1500 转／分时的起升速度为 11.8 米／分，回转速度 2.5 转／分。液压油箱的容量 170 升，工作油液为 YH-10 航空液压油。钢丝绳的型号为 D-6×19+1-14-160-I-z-b 型，直径 14 毫米，长度 62 米。支腿为液压 H 型。纵向距离 3360 毫米。横向展开距离 3500 毫米。全长 8740 毫米，总宽 2300 毫米。总高 3280 毫米。无绞盘时底盘自重 4990 公斤，起重设备自重 5310 公斤，无绞盘时总重为 10300 公斤，行驶车速每小时 50 公里。无绞盘时的接近角为 32°，离去 24°30′。

【Q$_2$-8 型汽车起重机】　中国制造。Q$_2$-8 型汽车起重机是全回转、液压传动和液压操纵吊臂可伸臂的动臂起重机，操作简便，工作平稳，微动性能良好。其起重设备安装在黄河 JN150（151）型载重汽车底盘上。

【421 型轻型越野救护车】　中国制造。用北京牌 BJ212 型轻型越野汽车底盘改装，主要用于野战条件下运送伤员。担架数为 2，必要时可在中间地板上增放 1 个。包括驾驶员可乘座 7 人，载重 525 公斤。全长 4230 毫米，总宽为 1840 毫米，空载时总高为 2050 毫米，满载时总高为 2035 毫米。空车重量 1900 公斤，满载总重 2425 公斤。车厢地板离地高度 705 毫米，车厢内高 1320

毫米。满载时前、后桥下的最小离地间隙为 220 毫米，暖气外壳下的最小离地间隙 300 毫米。按前外轮轨迹计它的最小转弯半径不大于 6 米；纵向通过半径 1.76 米；横向通过半径 1.045 米。接近角为 38°，离去角为 35°。在干燥坚硬路面上的最大爬坡度为 30°。最高车速 95 公里／小时，最小稳定车速不大于 3 公里／小时，经济车速为 30—40 公里／小时。百公里燃油消耗量为 17.6 升。

八、舰　船

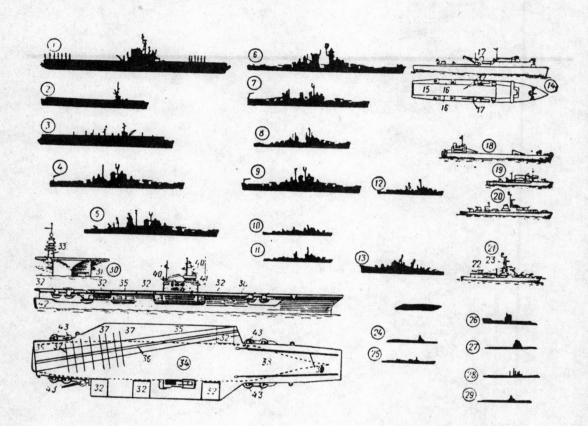

图 8-1　军舰

1.攻击航空母舰　2.护航航空母舰　3.轻型航空母舰　4.巡洋舰　5.重型导弹巡洋舰　6.重型巡洋舰　7.轻型巡
洋舰　8.轻型防空巡洋舰　9.轻型导弹巡洋舰　10.驱逐舰　11.护航驱逐舰　12.雷达哨驱逐舰　13.驱逐领舰
14～17.船坞登陆舰；　15.甲板　16.舰体　17.起重机；18.坦克登陆舰　19.扫雷舰　20.布雷舰　21～23.破冰
船；22.直升机起落平台　23.格式桅杆；24.潜艇　25.导弹潜艇　26.反潜潜艇　27.核动力潜艇　28.雷达哨潜
艇　29.靶标潜艇　30～43　航空母舰；31.舰侧凸出炮座　32.飞机升降机　33.上层建筑　34～39.飞机甲板
；35.降落甲板　36.起飞降落跑道　37.阻拦索　38.起飞甲板　39.弹射器；40.雷达和无线电天线　41.救生筏
42.尾突出部　43.速射高炮

【军舰】　列入海军编成的、用于完成战斗任务和保障任务的战斗舰艇和特种舰艇。现代军舰一般装有导弹、鱼雷、火炮、反潜武器、水雷、反水雷武器和其它兵器。有的还载有战斗机和直升机等，为了操纵武器，保障航海、通信和对空中、水面及水下观测，舰上装有电子设备和其它技术器材。军舰的动力装置为：蒸汽动力装置、柴油机动力装置、燃气轮机动力装置和联合动力装置，到20世纪50年代又出现了核动力装置。军舰是由战船发展而来。战船是在古代随舟船的发展和战争的需要而产生的。最早的战船主要用桨划行，有时也辅以风帆，由船上弓箭手和投石手攻击敌人。公元前3世纪中国出现水军，并装备战船，后称戈船、楼船。7世纪，威尼斯人在罗马"利布尔纳"型战船的基础上建成了新型桡桨战船—大桡战船。10—11世纪，在地中海水域除有桡桨战船外，还出现了纯粹的风帆战舰—"内夫"型帆船（排水量达600吨）。从桡桨战船过渡到风帆战舰延续了几个世纪，直到18世纪方告结束。风帆战舰的主要武器是火炮。根据排水量大小、火炮数量和舰员人数，风帆战舰分为六等或六级。一、二、三级舰火炮最强，作战时排成一线进行射击，因此称为战列舰。它们构成海军的基本战斗核心。四、五级舰即巡航舰，火炮较弱，但航速较快，其使命是进行侦察和于海运线上活动。六级舰主要用于通信勤务。纵火船和各种辅助船只不列入等级。

19世纪上半叶在军舰发展史上占有特殊地位。这是从帆船向蒸汽船过渡的时期。1814—1815年美国建成第一艘装有20门火炮的蒸汽舰（浮动炮台）"德莫洛戈斯"号。最初，蒸汽舰用明轮推进，这在某种程度上限制了战船的发展。1836—1837年发明螺旋桨后，蒸汽机终于成为舰上的主机，尽管在长时期内舰上还保留着风帆作为辅助推进装置。19世纪60年代末，战船中开始装备从炮尾装弹的线膛炮，线膛炮发射的不是球形弹，而是长形炮弹。舰炮效率的提高促使军舰不得不采用装甲防护，于是装甲舰逐渐成为海军的主要突击力量。19世纪下半叶水雷和鱼雷武器的出现对这种军舰的建造产生了很大影响。到19世纪末，人们曾试图在军舰上使用汽轮机。第一艘装有汽轮机的军舰是1904年下水的英国"紫石英"号巡洋舰（排水量3000吨），第二艘是1906年建成的英国"无畏"号装甲舰。俄国最先将汽轮机用于驱逐舰，于1911—1913年建成了当时同级舰中火力最强、航速最快的"诺维克"号驱逐舰。此后，汽轮机成了战

列舰、航空母舰、巡洋舰和驱逐舰的主要动力装置。1907年俄国造船厂开始建造8艘"风雪"型江河炮舰（浅水重炮舰），一年后又开始建造"卡尔斯"号和"阿尔达汉"号炮舰。这是世界上第一批安装内燃机（柴油机）的水面舰艇。柴油机比蒸汽机更经济，更能提高舰艇的续航力。20世纪初出现了水上航行使用柴油机、水下航行使用电动机的潜艇。

第一次世界大战中出现了些新的舰种：航空母舰、反潜舰艇和鱼雷艇。海上战斗活动表明，潜艇的作用极为重要。战列巡洋舰由于与战列舰作战时易于被战列舰击毁，战后再没有建造。在两次世界大战之间的间隙时期建造了战列舰、航空母舰、巡洋舰、驱逐舰、潜艇和其它类型的军舰。由于航空兵的发展，30年代中期出现了一种新型舰艇—装备大量高射炮的防空巡洋舰。第二次世界大战期间，装备火炮的大型水面军舰战列舰失去了主导作用，航空母舰和潜艇则成为海洋战区作战中主要的海军突击力量，因此，反潜舰艇（小护航舰、轻护航舰、护航舰等）发展很快。战争期间还建造了大量驱逐舰。驱逐舰主要用于反潜和防空，仅在个别情况下用来进行鱼雷攻击。舰炮和水、鱼雷武器获得了很大发展。雷达和水声器材的广泛应用，对提高军舰的战斗效能起了重要作用。

军事上的革命对军舰的发展产生了决定性的影响。五十年代后半期和六十年代初期，核潜艇和核动力水面舰艇先后服役。与此同时，导弹核武器开始装备水面舰艇和核潜艇，反潜舰艇和登陆舰艇也得到进一步发展。现代军舰按其使命、武器装备和排水量分为舰种、舰级、舰型；按其所属兵种分为水面舰艇和水下舰艇；按发动机类型分为核动力舰艇和常规动力舰艇。为了确定官兵的法律地位及制定物质技术保障的标准，军舰按其排水量和武器装备划分为不同的等级。

【战斗舰艇】　用于海上机动作战，进行战役突击，保护或破坏交通线，进行封锁反封锁，支援登陆或抗登陆战斗行动的舰艇。主要分为水面战斗舰艇和潜艇两大类。按任务不同，又可分为不同的舰种。水面战斗舰艇有：航空母舰、战列舰、巡洋舰、驱逐舰、护卫舰、护卫艇、鱼雷艇、导弹艇、猎潜艇、布雷舰、反水雷舰艇和登陆舰艇等。潜艇有：战略导弹潜艇和攻击潜艇等。在同一舰种中，按其排水量，武器装备的不同，又区分为不同的舰级。在同一舰级中，按其外型，构造和战术技术性能不同，又区分为不同的舰型。水面战斗舰艇

标准排水量在 500 吨以上的通称为舰；500 吨以下的通称为艇。潜艇则一律称为艇。

【艇】 小型轻便的船只。其使用类别及动力装备种类较多。军事上用于遣送侦察兵和登陆兵上陆，援救应急降落和跳伞落水的飞机机组人员。

【古代战船】 古代为作战目的建造或改装的武装船舶。古代战船一般可分为大、中、小 3 种类型。大型的是主力战船，称为"舰"或"楼船"，有 2 层、3 层、4 层、甚至 4 层以上的。中型的是用于攻战追击的战船。小型的是用于哨探巡逻的快船。依动力的不同可分为桨船，帆船，轮船和桨帆船。其中桨船又分为单列桨战船，双列桨战船和多列桨战船；帆船又分为单桅战船，双桅战船和多桅战船。适应作战时能抢上风和追歼敌船的需要，大多数战船是专为作战而设计建造的，以保证具有较好的适航性能、操纵性能和较高的速度。也有一些战船是采用渔船或商船的船型加以改进和建造的，或临时用渔船或商船加以改装，使其能符合作战的需要。

【旗舰】 指挥员指挥下属兵力时所在的军舰。旗舰可以是专门的指挥舰，也可以是编队中一艘装有必要指挥技术器材的战斗舰只。旗舰上有司令部的主要成员，并建立不间断的作战值班。旗舰昼夜悬挂司令（指挥员）的职称旗，即使司令暂时离舰时也不降下。夜间，旗舰主桅上悬挂旗舰灯。

【指挥舰】 作战中保障对海军兵力实施指挥的专用军舰。现代海军作战的特点是，空间范围大，同时参加作战的兵力和兵器种类多。在这种条件下，能保证指挥灵活性和不间断性的指挥舰起着重要作用。指挥舰适航性好，续航力大，自给力强。作为水上的活动指挥所，舰上的技术设备应能保证编队指挥员和参谋人员在战斗中工作便利，能及时把命令和号令下达给所属编队、舰艇和部队的指挥员，能保证上级首长和下属兵力的双向通信。指挥舰上装有专用技术器材，其中包括：收集、处理和显示日常通报用的无线电电子系统及装置；传达命令和接收报告用的无线电和水声系统；电子计算机，等等。指挥舰的自卫武器、航海设备和其它技术器材与其它战斗舰艇上的没有很大差别。这种舰有的是专门建造，有的是由其它舰艇改装而成。过去舰队司令员指挥下属舰艇所乘坐的旗舰是指挥舰的雏形，就舰上的指挥器材来说，它与其它舰艇没有区别。随着海上斗争新兵力与新兵器的出现和发展，舰队必须配有专业化的指挥舰。

【袭击舰】 在敌海上交通线上独立作战，通过消灭和捕获商船以及隐蔽布雷，达到破坏敌人航运目的的水面军舰或武装船只。在以往战争中，一般用装甲巡洋舰、轻巡洋舰和辅助巡洋舰作袭击舰，在第二次世界大战中则使用重巡洋舰和战列舰作袭击舰。

在现代条件下，由于军事技术装备，特别是飞机、导弹和观测器材的发展，袭击舰很容易被发现和被消灭，因此使用袭击舰的可能性不大。

【教练舰】 一种专门建造或改装的、供海军院校学员实习用的军舰。教练舰的舰员由舰上固定编制的舰员和流动人员组成。流动人员充当见习水兵、见习军士、见习军官在舰上实习，以获得使用维护武器和技术器材、执行舰规、担任值日和值更勤务等知识技能。教练舰舰长负责组织舰上实习，而上舰的教员则直接指导实习。教练舰上的所有流动人员均按战位分配，履行舰艇部署表所规定的职责。

【侦察通信舰】 担负侦察和通信勤务的航速较快的军舰。意大利和法国海军曾专门建造过这种军舰。

【扫雷舰艇】 搜索和消灭水雷并引导舰船随扫雷具之后通过水雷障碍的战斗舰艇。分为远海扫雷舰、基地扫雷舰、停泊场扫雷舰和扫雷艇。远海扫雷舰用于远海扫雷，其排水量为 660—1300 吨，航速约为 18 节，武器有 20—40 毫米高射机关炮数门（有的安装 1—2 门 76—100 毫米火炮）。基地扫雷舰和停泊场扫雷舰一般在已方的濒陆水域扫雷。基地扫雷舰的排水量约为 500 吨，航速约为 16 节，武器有 20—40 毫米高射机关炮数门。停泊场扫雷舰的排水量约为 250 吨，航速约为 24.5 节，武器有 20 毫米高射机关炮数门。扫雷艇用于港湾、内河和运河内扫雷。有高射机枪数挺。最早的扫雷舰由辅助船只改装而成，首先使用于日俄战争（1904—1905）时期的旅顺口。

第一次世界大战中，尤其是第二次世界大战中，由于大规模使用水雷武器，各交战国海军的扫雷舰艇急剧增多。

现代远海扫雷舰、基地扫雷舰和停泊场扫雷舰装备有搜索水雷和对水雷进行分类的声纳和电视，配有不同用途的扫雷具、水雷引爆炸药包和遥控装置（探雷器和灭雷器）。战时，可用改装的渔船进行扫雷。

【反潜舰艇】 专门用来与潜艇作斗争的水面舰艇。根据排水量和武器装备，划分为下列舰级：反潜巡洋舰、大型反潜舰、反潜舰、小型反潜舰和反潜艇。反潜巡洋舰和大型反潜舰可以在远海和大洋活动，反潜舰可在开阔海活动，小型反潜舰和反潜艇则在近海活动。

为了深测和跟踪潜艇以及发出目标指示，许多国家海军的反潜舰艇上装备有水声器材和记录潜艇非声学物理场（热场、磁场、水压场等）的器材。反潜舰艇上装有消灭潜艇用的火箭助飞鱼雷、自导鱼雷和深水炸弹，其中包括火箭深水炸弹。反潜巡洋舰和大型反潜舰上都载有装备搜索器材和反潜武器的直升机。舰上直升机的数量取决于该舰的排水量和结构。

反潜舰上装有必要的自卫武器：火炮和防空导弹系统。火炮通常为高平两用炮。舰上还装备有航海器材、无线电通信器材、无线电技术侦察器材和电子对抗器材等。反潜舰艇可单舰执行任务，也可在同一舰种的搜索突击群内或在诸舰种合成的舰群内执行任务。由于潜用导弹核武器系统问世，反潜舰艇的作用大大提高；

美国、英国和某些其他国家，除建造专门的反潜舰艇外，还在攻击航空母舰、驱逐舰、护航舰和其它水面舰艇上装备了相应的武器和器材，作为反潜之用。

【辅助舰船】 保障潜艇、水面舰艇和水上飞机战斗活动和日常活动用的舰船。包括供应舰、综合补给船、近海干货船（运输船、冷藏船、干货驳）、客船、客艇、医院船、液货船（油船、运水船、液货驳）、近海拖船、破冰船、防险救生和技术保障船（救生船、打捞船、海上潜水工作船、修理船、布缆船和无线圈消磁船等）、试验船、军训保障船（靶船和捞雷船等）、防化船（洗消船、辐射侦察和化学侦察船、消防—洗消船）、海洋调查船和水道测量船。第二次世界大战以后，辅助船只出现了专业分工更细的趋势。如美国海军中有专为核潜艇中队服务的供应舰和浮船坞、导弹运输船、核武器运输船等等。辅助船只是海军的一个重要组成部分，海军的状况和战备程度均与辅助船只有很大关系。

【航空母舰】 以舰载航空兵为主要突击力量的水面战斗军舰。1910—1911 年，美、英两国首先进行了水面军舰上使用航空兵的尝试。第一次世界大战爆发前，某些国家已拥有专门用来将水上飞机放入水中并吊起的舰船。1916 年，英国建造了一艘可供飞机在舰上起飞和降落的专用军舰。航空母舰，作为一个新的舰种，在第一次世界大战以后才开始广泛建造。最初的航空母舰可载 20—30

架飞机。有关航空母舰的任务及其战斗使用的看法，是在两次世界大战之间逐渐产生，而在第二次世界大战过程中定型的。在两次世界大战之间的间隙时期，战列舰被看作海军的主要突击力量，而航空母舰则编入大型水面军舰编队，担负编队的侦察和防空任务；用舰载飞机突击敌舰艇集团；为战列舰和巡洋舰校正火炮射击。到第二次世界大战爆发时，各主要国家都拥有航空母舰：美国 5 艘、英国 7 艘、日本 6 艘、法国 1 艘。

在第二次世界大战过程中，日本母舰航空兵于 1941 年 12 月偷袭珍珠港以后，特别是 1942 年 6 月中途岛海战以后，已经看出，战列舰已失去它原来的重要性，而让位于航空母舰。从此，航空母舰的建造速度加快，尤以美、英、日三国为甚，并且出现了重型、轻型、护航等不同舰级的航空母舰。第二次世界大战期间建造的航空母舰共 194 艘。重型航空母舰可载飞机 100—120 架。第二次世界大战中，航空母舰担负的任务是：歼灭海上和基地内的敌海军兵力；歼灭机场和空中的敌航空兵；摧毁岸上的重要设施；保卫和破坏海洋交通线；保障登陆兵航渡和上陆；消灭敌登陆兵。为了完成上述任务，专门建立了航空母舰突击编队。

第二次世界大战后，只有美国海军进一步发展了航空母舰，用核武器装备了母舰航空兵，使之成为海军的主要突击力量。后来，随着航空母舰的专门化分工，又相继出现了新的舰级，如攻击航空母舰、反潜航空母舰和登陆直升机母舰。近几年又出现了把攻击航空母舰用于多种目的（攻击和反潜）的趋势。航空母舰的弱点是：由于载有大量易燃易爆物资，容易发生火灾，因而也易被常规武器毁伤；飞机起飞降落时，母舰机动受限制；舰载飞机的使用受天气条件影响较大（海浪不得超过 5—6 级）。

【航空基地舰】 装备有可供飞机停放、维修、起吊、起飞和降落用设施的舰艇。现在，"航空基地舰"一词已为航空母舰所代替。

【直升机母舰】 一种携带直升机，用以输送登陆兵先遣支队上陆或搜索、攻击敌潜艇的水面战斗军舰。按其用途分为登陆直升机母舰和反潜直升机母舰。最初由大吨位的旧军舰和运输船改装而成。例如，美国于 1955—1960 年间曾将 7 艘护航航空母舰改成直升机母舰。从 1955 年起，开始建造专门的直升机母舰。各种直升机母舰均有飞行甲板、机库、直升机的升降机和为直升机进行技术保养、加油、装载弹药、保障飞行等所需的设备以及舰员和登陆人员的住舱。母舰上还装备有各种自卫兵器。1961年美国建造的"硫黄岛"号直升机母舰是一艘最有代表性的、专门设计的登陆直升机母舰。其排水量为18340吨，最大航速20节，可载直升机32架，并可同时运送携带轻武器的海军陆战队员2000名。

反潜直升机母舰载主反潜直升机。直升机上有搜索潜艇的设备和反潜武器。由第二次世界大战时的一艘美国航空母舰改装成的西班牙"台达洛"号直升机母舰，是典型的反潜直升机母舰，其排水量为15800吨，最大航速32节，可携带直升机20架。

【战列舰】　①17世纪至19世纪前半期，帆船舰队中最大的三桅战船。根据甲板的数量，分为双层甲板战列舰和三层甲板战列舰。战列舰是随着1665—1667年第二次英荷战争中海军战术的改变而出现的。这种武器装备最强的战船不进行接舷格斗，而是排成单纵进行炮战，"战列舰"即由此得名。17世纪末，战列舰排水量为1500—1750吨，装有火炮80—100门，舰员600—700人。19世纪中期的风帆战列舰排水量达5000吨，火炮达120—130门，舰员达800人。19世纪60年代初，由于舰船上采用了蒸汽机、螺旋桨、线膛炮和装甲，风帆战列舰遂被淘汰，出现了装甲舰。

②蒸汽装甲舰队中一种主要的大型军舰，用来消灭各种舰船及对岸上目标实施强大的炮火突击。20世纪初，战列舰的先驱英国"无畏"号装甲舰建成后，恢复了"战列舰"这一名称。第一次世界大战期间，战列舰排水量为18000—32000吨，航速21—25节；武器有：280—381毫米火炮8—12门，100—152毫米火炮12—20门，40—88毫米高炮4—8门；舰员900—1200人。30年代，战列舰的发展方向是增大火炮口径、增加装甲厚度、提高航速和生命力。第二次世界大战期间，战列舰标准排水量为20000—65000吨，航速20—33节；武器有：280—457毫米火炮8—12门、100—152毫米高平两用火炮达20门、小口径高炮和大口径高射机枪达140门（挺）；舰员1500—2800人。装甲厚度局部达457—483毫米，其重量占全舰重量40%。第二次世界大战中，战列舰主要用来保护航空母舰免遭敌袭击和保障登陆战役。第二次世界大战还在进行时，战列舰即开始逐渐丧失其战斗作用。战后，随着导弹核武器的出现和航空兵、潜艇的日益完善，战列舰的作用很难发挥。至20世纪70年代，各国战列舰逐步退出现役。

【"袖珍"战列舰】　德国"德意志"号（后为

"吕佐夫"号）、"舍尔海军上将"号和"斯比海军上将"号等三艘军舰的非正式名称。是在1919年的凡尔赛和约所限制的范围内于1928—1934年间建造的。称作"袖珍"战列舰是因其尺寸较小，德国把"袖珍"战列舰列为装甲舰。实际上这些舰是属于重巡洋舰。标准排水量为11700吨，满载排水量达16200吨，航速26节。航速19节时，续航力为19000海里（约35000公里）。武器有280毫米火炮6门，150毫米火炮8门，105毫米高射炮6门，小口径高射炮28门，四管鱼雷发射器2座，水上飞机2架。主机为8部柴油机，总功率42000千瓦，舰员1150名。"袖珍"战列舰下水时，其武器装备强于当时的巡洋舰，航速则超过战列舰。第二次世界大战期间，"袖珍"战列舰活动于大西洋、印度洋及北极地带的交通线上。英国人曾派出大量兵力对付这几艘军舰。"斯比海军上将"号在拉普拉塔湾附近与3艘英国巡洋舰战斗后，逃到蒙得维的亚停泊场，1939年12月17日在该地由舰员炸毁。战争末期，剩下的两艘"袖珍"战列舰在波罗的海活动，1945年4月被红旗波罗的海舰队航空兵和英国飞机击伤，失去战斗力。

【战列巡洋舰】　战列舰的一种，速度比战列舰快，但火炮威力和装甲防护较弱。用于远距离侦察、重兵战斗的开始和奔袭等。第一艘战列巡洋舰英国的"无敌"号于1907年下水，排水量17300吨，航速26.5节；武器：305毫米火炮8门，102毫米火炮16门。后来，德国和日本也开始建造战列巡洋舰。

海上作战实践表明，战列巡洋舰极易被炮火摧毁。在1916年5月31日的日德兰半岛海战中，英国"无敌"号、"不屈"号和"玛丽女王"号战列巡洋舰中弹爆炸，德国"吕佐夫"号中弹沉没，由于这种军舰作用不大，第一次世界大战后即停止了建造。

【巡洋舰】　用来破坏敌人海上交通线、加入编队进行海上战斗、保护已方海上交通线、保障登陆兵上陆以及布设水雷障碍和执行其它任务的水面军舰。巡洋舰作为一种战斗舰出现于19世纪60年代，在70年代得到各国海军的肯定。装甲巡洋舰先在俄国建成，随后其他国家相继建造。第二次世界大战期间，巡洋舰按武器装备分为重巡洋舰和轻巡洋舰。重巡洋舰排水量达28000吨；武器：203—305毫米炮塔炮6—9门，100—127毫米高平两用炮8—12门，20毫米和40毫米自动高射炮80—90门。重巡洋舰的装甲是按防御敌巡洋舰炮火的要求而设计的。轻巡洋舰排水量达12000

吨；武器：133—180 毫米炮塔炮 6—15 门，75—127 毫米高平两用炮 8—12 门，20 毫米和 40 毫米高射机关炮 16—20 门。轻巡洋舰仅中央部位、炮塔、弹药舱等要害部位有装甲。巡洋舰甲板上可放置 160—170 枚水雷；大多数巡洋舰装有鱼雷发射器。有的巡洋舰上载有 1—2 架飞机，利用弹射器起飞。有些国家的海军拥有战列巡洋舰和防空巡洋舰。重巡洋舰航速达 38 节，轻巡洋舰航速达 42 节。20 世纪 50 年代末至 60 年代初，由于新式兵器出现，以火炮为主要武器的旧式巡洋舰已失去原来作用，世界各国都不再建造。取代它们的新型巡洋舰，装有各种用途的导弹，但其主要造船要素仍与旧式巡洋舰相近似。这种巡洋舰称为导弹巡洋舰，标准排水量为 5200 吨至 14200 吨，主要武器有对空导弹和反潜导弹。火炮：76—135 毫米高平两用炮 1—12 门，20 毫米和 40 毫米高射机关炮若干门。还装有鱼雷发射管 4-6 个和反潜深水炸弹发射炮，主机功率 44.2—88.4 兆瓦，航速 30—34 节。核动力导弹巡洋舰的续航力实际上是无限的，蒸汽动力导弹巡洋舰的续航力达 9000 海里。大多数巡洋舰上载有 1—2 架利用弹射器起飞的轻型飞机或直升机，用于侦察或校正炮火。某些国家海军的反潜巡洋舰或直升机巡洋舰也装备有对空导弹、反潜导弹和反潜直升机。

【驱逐巡洋舰】　鱼雷和火炮武器较强的大型雷击舰，用于对付敌雷击舰。排水量 400—700 吨，航速 18—25 节。装有 37—47 毫米火炮 8—15 门和鱼雷发射器 2—5 座。世界上第一艘驱逐巡洋舰 "伊林中尉" 号系彼得堡的波罗的海造船厂建造，1887 年开始服役。1904—1905 年日俄战争后，驱逐巡洋舰未继续发展。

【辅助巡洋舰】　由快速货船或客船改装而成的水面舰艇，战时用于袭击敌海上交通线的运输船、布设水雷障碍、执行护航勤务和巡逻勤务。通常，在建造客船和货船时，应考虑到能将其改装成辅助巡洋舰。许多国家都曾用辅助巡洋舰加强正规的巡洋兵力，从 19 世纪中期起就把快速帆船和机帆船改装成辅助巡洋舰，以后又将货船和客船改装成辅助巡洋舰，第一次和第二次世界大战期间，辅助巡洋舰排水量为 3500—20000 吨，航速 14—24 节，武器：100—150 毫米火炮 4—8 门，20—47 毫米火炮达 12 门，鱼雷发射器 4 座，水雷 60—300 枚。有些辅助巡洋舰上，还配有 1—2 架侦察机。辅助巡洋舰主要在远洋交通线上单个活动。

【装甲巡洋舰】　10 世纪后半期至 20 世纪初，海军中担负侦察任务，破坏或保护海洋交通线、协同舰队装甲舰进行海战的一种水面军舰。其主炮口径和装甲厚度均不如舰队装甲舰，但航速较高。最早的 "海军元帅" 型装甲巡洋舰，是俄国在 19 世纪 70 年代初期建造的。后来英、法等国也相继建造了这种舰。按 1907 年分类法，装甲巡洋舰划为仅次于战列舰的独立舰种。1915 年的分类法，又将装甲巡洋舰划入巡洋舰这一舰种。

【驱逐舰】　用于消灭敌人的潜艇、水面舰艇和船舶，担任己方大型军舰和护航运输队警戒以防止敌驱逐舰、潜艇和鱼雷艇攻击的一种战斗舰艇。此外，驱逐舰还可用于侦察、巡逻、对岸射击、布设水雷障碍和遂行其它任务。驱逐舰是在 20 世纪初，由雷击舰和驱逐巡洋舰演变发展而成的一个独立舰种。第一次世界大战爆发前，驱逐舰的排水量为 1000—1300 吨，速度 30—37 节，装有汽轮机，燃油锅炉，450 毫米和 533 毫米双管鱼雷发射器，88—102 毫米火炮。以后，驱逐舰经过不断改进武器装备和提高航海性能而逐步得到发展。第二次世界大战期间，这种军舰在许多国家的海军中成为数量最多的军舰。战后，驱逐舰发展的特点是增大排水量，加强反潜武器和高射武器，装备导弹和无线电电子设备。驱逐舰实际上是一种多用途军舰，首先是用作反潜舰和防空舰，但仍使用驱逐舰这一老的名称。

【驱逐领舰】　驱逐舰型战斗军舰，但排水量较大，火炮较强，用于率领驱逐舰进行攻击。第一批驱逐领舰是第一次世界大战末期在英国开始建造的。20 年代到 30 年代，西班牙，意大利、法国也建造这种军舰。第二次世界大战经验表明，没有一个国家海军的驱逐领舰率领过驱逐舰进行攻击。60 年代末，驱逐领舰作为一个舰种在各国海军都已淘汰。

【护卫舰】　用来警戒海上航渡的和在无屏障停泊场锚泊的大型军舰、运输船、登陆舰（船）以防敌潜艇、鱼雷艇和飞机攻击的战斗舰艇。也可用于在沿岸附近及己方基地和港口附近担任巡逻任务。第一次世界大战末期，不少参战国的海军都有这种军舰，但护卫舰得到广泛应用还是在第二次世界大战中。护卫舰武器有：76—127 毫米高平两用炮 1—4 门，20—40 毫米自动炮约 10 门，火箭式反潜深水炸弹发射炮，反潜导弹和深水炸弹；有的还有鱼雷发射器。护卫舰还装备有雷达和水声仪器。现在已有装备防空导弹系统和直升机的护卫舰。有一些国家的海军把护卫舰称为护航舰、轻护航舰或巡逻艇。

【护卫艇】　排水量小、在濒陆海区和已方基地接近地执行护卫和巡逻勤务的战斗舰艇。第二次世界大战时期的护卫艇，其排水量为 25—100 吨，航速约 25 节。武器有：20—57 毫米炮 1—2 门，机枪 12 挺，投弹器 2 座，深水炸弹约 30 枚。护卫艇还广泛用来为进出基地的潜艇和濒陆交通线上的运输船担任航行警戒。

【护航舰】　第二次世界大战中使用过的一种军舰。现代护航舰其排水量大致与驱逐舰相仿，有良好的适航性，装有防空导弹综合系统、火箭助飞鱼雷、鱼雷发射器及火炮等武器。其使命是：搜索与消灭潜艇，舰艇和运输船的对潜、对空和对导弹防御。现代海军中，护航舰的职能由反潜舰艇担任。

【轻护航舰】　第二次世界大战期间英美等国海军专门建造的一种以往复机为动力装置的军舰，为运输船担任防潜和防空，也用于执行巡逻勤务。排水量 500—1600 吨；航速 16—20 节；武器：76—102 毫米高平两用炮 1—3 门，20—40 毫米高射机关炮 2—6 门，火箭式深水炸弹发射炮，深水炸弹，对潜、对空无线电观测器材。

【小护航舰】　第二次世界大战期间，外国海军把为运输船队担任警戒的低速护卫舰叫作小护航舰。其排水量为 1500—2000 吨；航速 16—20 节；武器有 2—6 门 100 毫米炮，4—8 门 20—40 毫米高射机关炮，火箭式深水炸弹发射炮，深水炸弹。其排水量和武器均超过轻护航舰，但不如护航舰。

【炮舰】　在江河湖泊和濒陆海域进行战斗行动的火炮舰艇。可用来对付小型舰艇，对陆军（包括对登陆兵）进行火力支援，布设水雷障碍，担任护航和巡逻勤务。最初的桡桨炮舰出现于 17 世纪，装有 4—8 门火炮。19 世纪中叶以前，登陆兵上陆和围攻要塞时，在濒陆海域一直使用这种炮舰。19 世纪后半期，开始建造蒸汽动力的炮舰。炮舰分为海上炮舰和江河炮舰。有的是专门建造，有的是由吃水浅的商船或渔船改装而成的。第二次世界大战后，由于导弹武器的发展，炮舰的作用显著下降，70 年代以后只有个别国家的海军还保留着炮舰。

【导弹艇】　以"舰对舰"巡航导弹作为主要武器、排水量小、用于消灭水面舰船的高速战斗舰艇。导弹艇的排水量为 125—380 吨；武器有：导弹 2—6 枚，30—76 毫米炮 1—2 门。有的导弹艇上还装有鱼雷发射管。艇员 10—40 人。燃气轮机导弹艇的续航力约 600 海里，柴油机导弹艇的续航力约 2000 海里。现代导弹艇大部分采用燃气轮机，但最有前途的还是联合动力装置。一般装有 2—3 台主机。

【巡逻艇】　在指定海区内巡察以及执行某些特殊任务的艇。许多国家的海军都将巡逻艇列入战斗舰艇这一舰种。排水量约 250 吨，航速达 45 节。武器有：2—8 座"舰对舰"导弹发射装置，1—2 门 40—76 毫米炮，4 挺双联装机枪。

【鱼雷艇】　用鱼雷打击敌人舰船的小型高速战斗舰艇。首次使用鱼雷艇是在第一次世界大战期间。第二次世界大战中广泛使用了鱼雷艇。

根据结构和运动原理，鱼雷艇可分为排水型艇—航速达 50 节；水翼艇及气垫艇—航速达 70 节。武器：装有 450—533 毫米鱼雷的鱼雷发射器 2—6 座，20—23 毫米机关炮 2—6 门，以及机枪和深水炸弹等。鱼雷艇也可以装水雷，还有烟幕施放器。鱼雷艇通常编成艇群进行活动。现代由于导弹艇的发展，许多国家已缩减鱼雷艇的建造。

【水雷艇】　对敌舰艇进行水雷攻击的蒸汽艇。最初装备的是撑杆水雷或拖带水雷，后来装备了自航水雷。平均排水量为 14—16 吨，艇长达 20 米，航速达 14 节。最先出现于 1861—1865 年美国南北战争时期。19 世纪 60 年代自航水雷的出现，要求增大水雷艇的排水量和航速，于是建造了雷击艇这一新舰种，后来又建造了雷击舰、驱逐巡洋舰和驱逐舰等新舰种。水雷艇是现代鱼雷艇的雏型。

【登陆舰】　为了运输和遣送登陆兵上岸而专门建造的军舰。一般认为，现代登陆舰的前身是俄国黑海舰队 1916 年使用的称作"埃尔皮迪福尔"（希腊文，意为"希望的使者"）的船只。这是一种平底货船，吃水不大，排水量 1000—1300 吨。现代的登陆舰备有供技术兵器和登陆人员上下舰船用的装置、航海仪器、通信工具、导弹和火炮。通常一艘登陆舰能运送一个或几个分队及其武器、技术兵器和加强器材。航速 20—25 节，带足备用油料时续航力可达 10000 海里。舰上有供登陆人员用的住舱和卫生生活舱室。轮式和履带式技术装备可经跳板直接开上登陆舰。坦克、装甲输送车、汽车、导弹发射装置、火炮和其它技术装备均放在登陆舰舱中，并按航行要求用专门绳索固定。登陆舰上配有 20—127 毫米炮、大口径机枪、"舰对地"和"舰对空"导弹。根据战斗情况、岸滩特点和航海条件的不同，登陆舰可将登陆兵直接送到岸上或者在海上进行换乘。换乘时，能航行的技术装备自行接岸，其它技术装备和人员则由登陆上陆工具或直升机运送上岸。

根据登陆舰（船）的用途及其所使用的上陆工具，美、英、法三国海军的登陆舰（船）可分为以下五种类型：（1）登陆直升机母舰，排水量达38500吨，其用途是运输登陆兵先遣支队，并用直升机将其遣送上岸；（2）船坞登陆舰和登陆船坞运输舰，排水量达17000吨，其用途是将登陆兵及其技术装备运至登陆地区，然后用直升机和航渡中放在坞室内的登陆工具将登陆兵及其装备运送上岸；（3）坦克登陆舰。大型坦克登陆舰排水量4000—8000吨，小型坦克登陆舰排水量约1000吨，能将15—30辆坦克和500—700名海军陆战队员送上无设备的滩岸；（4）登陆运输舰，排水量12000—20000吨，其用途是运送登陆兵的基本兵力及其技术兵器和物资；（5）通用登陆舰，排水量达40000吨，兼有登陆直升机母舰、船坞登陆舰和坦克登陆舰的性能。为了把登陆人员的技术兵器从登陆舰运送上滩岸，还使用登陆工具。这些工具是一些尺度较小，排水量不超过100—150吨的自航驳船和小艇以及汽垫船、轮式或履带式水陆两用车辆。在登陆战役过程中，登陆舰（船）应在战斗舰艇和海军航空兵的掩护下活动。

【坦克登陆舰】　　将坦克（其它装甲车辆）运到登陆地域或直接送上无设备岸滩所用的一种登陆舰。大型坦克登陆舰排水量通常为4000—8000吨，航速约20节，可载坦克约30辆。坦克经登陆舰的跳板开出。当坦克登陆舰不能接近岸滩时，水陆两用坦克自行上岸，而非水陆两用坦克则由上陆工具或直升机送上岸上。

【破雷舰】　　用来销毁水雷，为舰艇或运输（登陆）船只突破水雷障碍开辟安全航道的军用船只。触发水雷由破雷舰撞爆，非触发水雷由舰上造成的磁场、声场、水压场等物理场诱发水雷引信起爆。第二次世界大战期间，破雷舰曾用于突破布雷密度很大的水雷障碍。破雷舰通常由运输船改装而成。从70年代中期起，海军编制中即已取消这种舰。

【布雷舰】　　布设水雷障碍以对付敌水面舰船和潜艇的军舰。水面布雷舰有专门建造的，也有由其它军舰、运输船和辅助船只改装的。布雷舰上通常装有起重机或吊杆、水雷吊柱和水雷甲板，用以装载水雷、作布雷准备和布放水雷。水雷甲板上装有2—4条雷轨，对水雷的检查和布放前的最后准备以及随后沿布雷斜板投雷等都在此甲板上进行。专门建造的大型布雷舰上还设有水雷仓（内设水雷架、水雷固定装置、往甲板运送水雷的升降机、温湿度调节装置和防爆防火器材），雷管舱，储藏室，水雷输送机，布雷操纵台以及保证在指定海区准确布雷用的航海设备。专门建造的布雷舰排水量达2000吨，航速15—20节，武器：76—127毫米火炮1—4门、20—40毫米高射机关炮2—8门，水雷达400个。舰员达200人。第一、二两次世界大战期间，曾用装有专门布雷设备的巡洋舰、驱逐舰和其它水面舰艇，以及潜艇作为布雷舰进行布雷。世界上最早的特制布雷舰"布格河"号和"多瑙河"号于1892年在俄国建成。

【布网舰】　　布设网障碍物和防栅以阻止敌潜艇、导弹艇、鱼雷艇、鱼雷和水下破坏者通过的军舰。分为海洋布网舰和停泊场布网舰。有专门建造的，也有用渡船、拖网渔船和其它船只改装而成的。海洋布网舰在设置舰艇锚地、防潜地区和临时基地时担负布网任务。停泊场布网舰担负保护停泊场和港口入口的布网任务。布网舰上设有起重机（或吊杆）、接受和存放网障器材的舱室、无上层建筑的布网甲板。专门建造的布网舰排水量500—3500吨，航速10—15节，经济航速时的续航力2000—3500海里，自给力3—15昼夜。舰员30—120人。20—40毫米高射机关炮2—8门。舰上航海仪器和无线电技术设备可保证准确地将网布在指定地点。布网舰的主机通常采用总功率达1472千瓦的柴油机或柴油机—电动机装置。

【鱼雷打捞船】　　一种小型保障船。在水面舰艇、潜艇、鱼雷飞机进行鱼雷攻击训练和在鱼雷试射站进行试射时，用以寻找、打捞或拖带发射过的操演用鱼雷。鱼雷打捞船通常在已射出的鱼雷后面跟进，找到后将其送往基地或原发射舰艇。鱼雷打捞船的排水量50—200吨，航速可达20节。船上可载4—10条鱼雷。

【潜艇】　　一种能潜入水中并能在水下长时间活动以隐蔽性作为最重要战术性能的战斗舰艇。用于消灭敌水面舰艇、潜艇和运输船只，摧毁敌领土上的地面目标以及执行需要隐蔽进行的各种特殊任务（如侦察、遣送破坏小组登陆等）。

潜艇上可装备弹道导弹、巡航导弹、鱼雷和水雷。弹道导弹通常用于摧毁地面目标。巡航导弹、鱼雷和水雷用于消灭海上敌人。

潜艇按其主要武器分为导弹潜艇和鱼雷潜艇。

水雷通常由鱼雷潜艇布放。潜艇按其主要动力装置又可分为核潜艇和柴油机潜艇。核潜艇由于采用了核动力装置，其水下活动实际上不受时间限制。柴油机潜艇装有柴油机—蓄电池动力装置，水上航行时使用柴油机，水下航行时使用蓄电池供电的电动机。蓄电池系由柴油机充电，而柴油机工作需要氧气，因此这种潜艇不得不长时间处于水面状态，从而失去其隐蔽性并降低其战斗能力。为提高隐蔽性，柴油机潜艇安装了保证柴油机在潜望深度工作的特殊装置。

潜艇可分为单壳体、一个半壳体和双壳体三种。耐压壳是水密的，能承受较大的外部水压。根据其所能承受的静水压力值确定潜艇下潜的最大深度。艇员、武器、主机、辅机、各种系统和装置，以及燃油、淡水和食物均配置在耐压壳内。外壳是非水密的，它使潜艇呈流线型。壳体内配置水下航行时不需人员照管的压载水柜、管路、进排气总管、锚装置等。耐压壳内由水密舱壁将其分 4—8 舱室，以保证潜艇在战斗破损或事故破损时的生命力。

潜艇下潜通过给专门的压载水柜注水，抵消其贮备浮力的方法实现。上浮则是用压缩空气排除压载水柜的水，恢复贮备浮力。为使潜艇获得能进行潜水和水下机动的零浮力的微小纵倾，要对潜艇进行均衡。潜艇在水下用方向舵和升降舵操纵。为保障完成战斗任务，潜艇上装有各种无线电电子设备：声纳站、雷达。无线电通信器材、导航综合系统、导弹和鱼雷射击指挥仪等。为了在水下对水面和空中进行目视观察，艇上装有潜望镜，并配有升降装置，以减少潜艇被发现的概率。为了给现代潜艇创造正常的生活和工作条件，艇上有各种生活保障设备。

第一艘潜艇是荷兰人科尼利斯·范·德雷布尔 1620 年在英国建造的。1776 年北美的 D.布什内尔设计了一艘铜板壳体的单座潜艇，艇上装有水雷。发明者的意图是想把水雷固定到敌舰舷上。但这些有关潜艇战斗使用的尝试都未成功。1801 年美国工程师 R.富尔顿在法国建造了"鱼"号潜艇，这是一艘装有两枚水雷的铁骨架铜壳潜艇。潜艇在水下靠手摇螺旋桨，在水上靠桨帆行驶。1834 年根据俄国工程师 K.A.希尔德的设计建造了一艘最早装有潜望镜、撑杆水雷、燃烧火箭和爆破火箭的潜艇。根据美国南军人士阿奴列伊的设计建造的"大卫"号潜艇于 1861—1865 年美国内战期间首次用于实战，用撑杆水雷击沉了北军的木壳轻巡航舰

"胡萨托尼克"号，自己也同时葬身海底 (1864.2.17)。1866 年，俄国根据 И.Ф.亚历山德罗夫斯基的设计建造了世界上第一艘使用压缩空气发动机的潜艇。1878 年俄国工程师 C.K.杰韦茨基建造了一艘有脚踏传动装置的螺旋桨潜艇，接着他又在 1884 年建成第一艘使用电动机的潜艇，艇上装有经过改进的潜望镜和空气再生系统。

到 20 世纪初，所有主要沿海国家都开始建造潜艇。第一次世界大战前，各主要国家的海军编成中都有数十艘潜艇。战争期间，仅德国就建造了 334 艘潜艇。战争证明：潜艇是海上，首先是在海洋交通线上进行作战的有效的新式兵器。整个战争期间，潜艇击沉战斗舰艇 192 艘和运输船只 5800 艘，其总排水量超过 1400 万登记吨。在此期间，交战国的海军共损失潜艇 265 艘。

第一次和第二次世界大战之间的间隙期间，各海军强国十分重视建造潜艇。第二次世界大战期间潜艇的主要战术技术性能如下：水上排水量 2000 吨，水下排水量 2500 吨，下潜深度 200 米，续航力 16500 海里，水上速度 20 节，水下速度 10 节，自给力 2 个月。武器：10—14 个鱼雷发射管和 20—36 条鱼雷。1—2 门 100—140 毫米火炮，1—2 门高射机关炮；潜艇也可以不装鱼雷而改装水雷。第二次世界大战中，潜艇是海洋战区的一种有效的战斗兵器，在战斗行动中起了重要作用。

战后，潜艇的发展主要是增大下潜深度，提高水下航速和续航力，降低噪声和减小航迹，改进武器和无线电电子设备。50 年代开始建造核动力潜艇，其水下续航力实际上是无限的，水下航速大为提高，艇员的居住条件也得到改善。

战略导弹核潜艇，其排水量 9000 吨，水下航速 30 节，下潜深度达 300 米。多用途鱼雷核潜艇的排水量可达 5000 吨，水下航速 35 节，下潜深度 400 米；装备鱼雷、火箭助飞鱼雷和水雷。

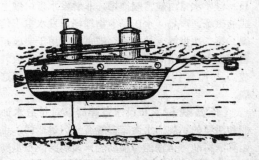

图 8-2　按俄国军事工程师 K·A·希尔德 1834 年的设计建造的潜艇

【核潜艇】 装有核动力装置的潜艇。美苏两国于 50 年代开始建造。核潜艇的尺度和功率重量比远远超过柴电潜艇的相应数据。核动力装置通常由反应堆辅助系统、蒸汽发生器和汽轮机组成，总功率为 11000 千瓦，可使潜艇的水下航速达到 30 节。核潜艇仍由螺旋桨推进。美国核潜艇装有 16 枚"北极星"导弹，射程 2200—5600 公里。武器系统、技术装备和潜艇本身的操纵都已自动化。艇中装有高效能空气再生装置，故水下自给力较大，可在水下活动数月之久，而且能不浮出水面对敌方国土上的目标实施突击或对敌水面舰艇和潜艇进行攻击。核潜艇由于航速很高，一昼夜的航程达 600 海里，因此可由世界大洋的某一水域迅速转至另一水域。核潜艇分为导弹核潜艇和多用途核潜艇。前者装有弹道导弹，后者装有普通装药或核装药的鱼雷和水雷。导弹核潜艇用于袭击地面和水面目标，多用途核潜艇用于攻击敌水面舰艇和潜艇。核潜艇突击力强、航速高、机动性和隐蔽性好，是现代战争的重要力量。

【反潜潜艇】 专门建造或经过改装用于对付敌潜艇的一种水下舰艇。装备有搜索和消灭潜艇用的完善的器材。主要的搜索器材是专门的综合声纳系统，它能在远距离高度准确地发现水下目标，对目标进行分类和跟踪，并能把有关数据提供给武器的指挥仪。许多国家还研制了其它能记录潜艇各种物理场的搜索器材。消灭潜艇的武器有反潜鱼雷、火箭助飞鱼雷、水雷。核动力反潜潜艇装有航海设备和自动操纵器材。

【布雷潜艇】 为了在敌海军兵力展开水域、敌海上交通线、海峡、航道以及海军基地和港口接近地隐蔽敷设水雷障碍而专门建造的潜艇。布雷潜艇的水雷通常存放在艇首倾斜布雷管或艇尾水平布雷管内，有些潜艇的水雷存放在舷外垂直筒（舷侧套管）内。第一艘布雷潜艇是俄国发明家 М.П.纳廖托夫于 1904 年研制成功的。第一次世界大战期间，德、法、意等国也建造了布雷潜艇。布雷潜艇装有 12—60 枚水雷。第二次世界大战爆发前，各主要海军强国的海军都编有布雷潜艇，并用于各海洋战区。布雷潜艇的排水量：水上 500—1700 吨，水下 720—2180 吨；水雷数量：20—66 枚。第二次世界大战以后，因水雷可由鱼雷潜艇布放，不再建造布雷潜艇。

【伪装猎潜船】 伪装成商船或渔船以消灭敌潜艇的战斗舰艇。1915 年 7 月英国首次用这种船对付曾击沉过非武装船只的德国潜艇。第一次世界大战中，伪装猎潜船装有火炮、机枪，有的还有鱼雷发射器。与潜艇相遇时，伪装猎潜船则停止行驶，船员佯装慌乱、企图弃船，当处于水上状态的敌潜艇一进入武器的有效射程，即突然开炮（发射鱼雷）。有时，伪装猎潜船拖曳一艘位于水下负责实施突然攻击的已方潜艇。1915—1917 年，英国的伪装猎潜船共击沉 12 艘潜艇。1917 年 2 月，从德国统帅部宣布无限制潜艇战之后，潜艇便不提出警告即袭击商船。此后，使用伪装猎潜船便失去作。第二次世界大战中，英、美曾用几艘装备有火炮、深水炸弹、火箭式深水炸弹发射炮以及雷达和声纳的伪装猎潜船对付德国潜艇，但毫无效果，因此 1943 年以后英美不再使用伪装猎潜船。

【军用勤务船】 海军编成内的保障船。悬挂辅助船旗（在苏联和其他一些国家的海军中）或国旗，配有一定数量的船员。用于为驻泊点和海上的军舰实施补给和服务。

【补给船】 海军保障船中一种专门补充物资的运输船，其用途是给军舰运输和传送物资，以使军舰保持战斗准备。补给船是海上和驻泊点内的水面舰艇编队、舰群、单舰后勤保障系统中的一个重要环节。这种船航速不高，约 10—14 节，航行自给力约 30 昼夜，续航力 3000—5000 海里。20 世纪 60 年代以前的补给船有：油船，淡水船，弹药、食品和其它物质器材运输船。传送物资通常采用并靠法，即补给船和被补给舰均停航系靠在一起，海上在航补给只能传送液体物资。

60 年代开始，由于不断要求缩短舰船海上补给时间，补给船得到迅速发展。发达国家的海军建造了战术技术性能高的新型补给船，航速达到 20 节以上，自给力约 90 昼夜，续航力 10000 海里。现代补给船的发展趋势是为军舰提供综合补给。为了缩短传送货物的时间，补给船装有可同时向几艘舰进行补给和同时传送几种不同物资的设备。现在的补给船分为：运载燃油、弹药、食品等各类物资的通用补给船；以运载燃油为主的舰队油船；舰队弹药运输船和专用补给船。补给船通常编入在海上活动的水面舰艇特混编队。其传送物资的方法见舰艇的海上补给。美国海军的"萨克拉门托"型补给船就是大型通用补给运输船的典型代表。其满载排水量为 53000 吨，航速 26 节，续航力 10000 海里，76 毫米炮 8 门、直升机 2 架。这种补给船可运载燃油 28200 吨，弹药 2150 吨，食品和干货约 1000 吨。

【邮船】 递送邮件和执行通信勤务的小帆

船。18 世纪至 19 世纪初，俄国帆船舰队中编有这种邮船。其排水量为 200—400 吨，武器有：火炮数门。英国、德国、荷兰及其他一些国家，一直到 19 世纪末，还将蒸汽动力的定期邮船和客邮班船统称为邮船。

图 8-3　十九世纪的俄国邮船

【破冰船】　为保持冰区通航而在冰间航行的船只。用于引导船队或单艘船只通过江河湖海的冰封区，也可用于破坏冻港和冰封锚地的冰层。破冰船通常在冰原上开辟一条水道，其他船只尾随其后自航前进。如果船的主机功率不足或船体强度小，则可由破冰船拖带。

破冰船分为海洋破冰船、湖泊破冰船和江河破冰船。海洋破冰船又分为用于引导船只远航的强力破冰船和在封冻港口及薄冰区作业的辅助破冰船。强力破冰船长 100—140 米，吃水 9—11 米，排水量 10000—23500 吨，主机功率 7.4—55.2 兆瓦，可以强行通过厚达 4 米的冰原。港内破冰船的参数要小得多。破冰船的结构与一般船的结构区别很大。船体水下部分结构特殊；强度较高，设有双层水密底。首尾及两舷还有压载水柜。船艏水下部分外形较尖，横截面呈圆形，船艏前倾，与水平面的夹角达 30°。这种船型能提高破冰能力，可降低冰对船的挤压力，便于破冰船"爬上"冰层。破冰船船体强度很高，因为船体装有加强构架，而且船壳板采用很厚的高强度钢板。

一般认为，世界上第一艘破冰船是"派洛特"号小型轮船，它于 1864 年改装而成，用于冰冻期间在喀琅施塔得至奥兰宁鲍姆航线上航行。根据 C.O.马卡罗夫海军上将的设计建议，1899 年英国为俄国建造了世界上第一艘用于北极航行的破冰船"叶尔马克"号破冰船。苏联建造的世界上第一艘核动力破冰船"列宁"号，于 1959 年底开始使用，

其动力装置是遥控和自动化的。1975—1977 年又有两艘功率更大的"北极"号和"西伯利亚"号核动力破冰船开始服役。1977 年 8 月 17 日，"北极"号破冰船在航海史上首创到达地理北极的纪录。美国、加拿大、芬兰、瑞典和丹麦都有大量的破冰船。有些国家的海军破冰船作为辅助船。

【核动力破冰船】　在北极水域进行各种破冰作业为其它船只开辟航道的装有核动力装置的海船。核动力破冰船与普通的柴油机—电动机或涡轮机—电动机破冰船不同。后者耗尽全部燃料最长只能在海上停留 40 昼夜。前者可长期在海上作业，仅当需要补充食物和淡水以及船员需要休息时才返回基地。

1956—1959 年，苏联建成世界上第一艘核动力破冰船"列宁"号。其核动力装置由三个独立部分组成，每个部分均有一个原子反应堆、一个蒸汽发生器和一个汽轮发电机组。三个螺旋桨由三部电动力机直接带动。"列宁"号核动力破冰船的功率重量比为：每吨排水量 2024 千瓦，比普通破冰船大 0.5 倍左右，因此可在冰厚两米多的冰区继续前进。"列宁"号核动力破冰船主汽轮机的功率为 32384 千瓦，满载排水量为 16000 吨，在无冰水域的航速为 18 节。1975 年，苏联一艘功率更大的、排水量为两万吨的、更加先进的核动力破冰船"北极"号开始服役。

【堵塞船】　装上压载物，沉于港湾入口和水道上用以堵塞入口的船只。第一、二次世界大战中都曾使用过这种船只。

【卫生运输船】　用于运送伤病员并能在航行途中进行治疗的辅助船只。可由客船或货船改装而成。卫生运输船可用来为远离基地的战斗舰艇编队服务。第二次世界大战，几乎所有参战国的海军都有卫生运输船。

【救生船】　装有专门设备而用于防险救生保障、进行打捞作业及各种水下作业的辅助船只。这种船航海性能好，生命力强，航行自给力大。可分为：援潜救生船、救助拖船、消防船、潜水工作船和打捞船。援潜救生船是用于援救因失事而沉在海底的潜艇，其装备有：深水潜水设备；营救艇员脱险用的可容纳 8—10 人的救生钟；向沉没潜艇输送压缩空气用的软管装置；向潜艇传送救生器材和食物用的密封缸；通过水中声道及失事信号浮标与潜艇进行联系的通信器材。援潜救生艇艇员，也可用救生船上携带的自航式特制救生器。个别情况下，援潜救生船可为沉没潜艇的主水柜和舱室排

水，使潜艇上浮到水面。救助拖船用于援救进水、起火的水面舰艇、水上状态潜艇、船只以及其它浮动设施，心脏拖带搁浅和丧失航行能力的舰船。拖船装有完成这些任务所需的相应设备。大型救生船上还可配备救生直升机。消防船用于扑灭舰船和岸边设施的火灾以及水面的油火。备有消防泵、起沫剂和其他灭火枪。此外，还装有防火水幕系统和拖走起火舰船用的拖带设备。潜水工作船为修补舰体破损、清除螺旋桨和舵上的附着物、搜寻和打捞沉没物品等水下作业提供保障。也可在港湾、停泊场和水深20—60米的濒陆水域进行潜水作业。船上备有相应的潜水设备和装具。打捞船用于打捞沉没的潜艇、水面舰艇和船只。装有起重量不等的起重机，使用打捞浮筒用的设备，冲泥和排泥器材，使用套索时用的绞车，潜水装具和装备，水下金属气焊、气割、电焊和电割器材。某些船上还有起重量约4000吨的特制抓抱设备。打捞船还可装备水下电视设备和专门的可潜器。

【航空救生艇】 供空勤组在海域上空被迫脱离飞机或在水上迫降时救生用的浮动工具，其结构的主要部分是用防水布制成的气囊。航空救生艇有供单人用和集体用的两种。供单人用的救生艇配备有：碳酸气瓶，手拉风箱，浮锚，勺子，堵漏用的橡皮塞等。供集体用的航空救生艇，除上述物品外，还备有帆、桨、药箱、信号器材和无线电台。还有一种可以从飞机上用降落伞投下的大型航空救生艇，这种救生艇可以靠遥控设备自动靠近海上遇险者。

【拖船】 拖带非自航浮动工具（如驳船、浮船坞、木排、浮吊、拖靶等）和援救失事船只用的辅助船只。各种拖船的共同特点是发动机功率大，机动性能好，有专用拖带设备、灭火器材和排水器材。拖船分为：远洋拖船、近海拖船、锚地拖船、港内拖船和内河拖船。远洋拖船：排水量在1000吨以上，动力装置的功率在4000千瓦（6000马力）以上，用于在大洋上援救大吨位舰船，以及长距离拖带浮动工具。近海拖船：排水量在1000吨以下，主机功率约3000千瓦，用于在海上拖带丧失航行能力的舰船和其它浮动工具，也可在基地、港口和锚地拖带大吨位船只以及在海上进行防险救生作业。锚地拖船：排水量不超过600吨，主机功率约700—800千瓦，用于在基地、港口与锚地拖带和顶推舰船以及拖带非自航浮动工具。港内拖船：排水量在300吨以内，主机功率400—500千瓦，用于移动非自航浮动工具和那些因港池

所限而不宜或无法使用本身主机推进的舰船。为提高锚地拖船和港内拖船的机动性能，两种船上均装有附加推进器、侧向推力器以及螺旋桨导管，使拖船能进行横向运动或原地转向，这在狭窄水区尤为重要。在多数情况下，港内拖船往往兼作锚地拖船。内河拖船：主机功率可超过700千瓦，按其动力装置可分为蒸汽机拖船和内燃机拖船，按其推进装置可分为螺旋桨式、明轮式和喷水式拖船。顶推拖船的首部装有专供顶推用的连接装置和支撑装置。

【水道测量船】 为了在海洋、海峡和海湾等地进行水道测量、水文调查和地球物理调查等作业而专门建造的（或改装的）船只。在水道测量勤务归海军管辖的国家，水道测量船属于辅助船只，船员或者全由军人组成，或者全由职工组成，或者既有军人又有职工。

【布设船】 一种辅助船，其用途是在海军基地和港口的水区和外停泊场执行下列任务：布设和撤收系船浮筒；设置防潜、防艇障碍；敷设水下建筑物的混凝土块；拆除板桩墙；清除港区水底的各种碍航物；将小艇和港口小型浮动工具从水中吊到岸上；参加打捞作业等。布设船与起重船不同，要水平移动重物时，布设船必须与之同时移动。布设船的排水量为300—1100吨。港湾布设船起重量达25吨；停泊场布设船起重25—70吨；海上布设船起重量达100吨。

【目标舰】 为保障海军的战斗训练而专门建造或改装的舰船，可对其进行导弹、火炮和鱼雷实习射击，也可供飞机进行投鱼雷和投炸弹的训练。目标舰一般都比较小，装有专门设备和各种模拟器，能模拟不同舰种的水面战斗舰艇。航渡和停泊时由专门人员操纵管理，射击期间操作人员即撤离该舰。保障目标舰航行、机动及其与外部的通信联络等各主要系统、机械和装置都是自动遥控的。自动遥控由其目标舰根据指令改变航向和航速，并把武器命中的情况和其它所需情报用无线电发出。目标舰有时又称靶船。

【火炮舰艇】 以身管炮和火箭炮为主要武器的水面舰艇。这种舰艇上火炮的数量和口径视舰艇的战斗任命而定。帆船时代，除纵火船外，所有战船都装有火炮，都是火炮舰艇。航空母舰出现之前，海战主要靠舰炮火取胜。第二次世界大战后，虽然海军装备了导弹核武器，配备了导弹舰艇，但火炮舰艇并未失去作用，各国海军中仍有火炮舰艇。目前火炮舰艇的主要武器是180毫米以上的大口

径炮或100—152毫米的高平两用炮。以火炮为主要武器的近海炮艇和内河炮艇的使命是在濒陆海区和江河湖泊消灭小型水面目标、杀伤有生力量、击毁技术装备和进行巡逻。炮艇通常装有57—76毫米高平两用炮和12.7—14.5毫米机枪。

【装甲舰】 火炮威力强，船体装甲厚，主要用于海上战斗的水面舰只。19世纪后半期至20世纪初期，装甲舰是许多国家海军装甲舰队的主要舰种。建造装甲舰的思想，在火炮开始用于海军时即已萌芽，1782年西班牙人和法国人围攻直布罗陀时首次付诸实现——他们把装甲（板）安在军舰上以防岸炮击毁。但是，直到1853年锡诺普海战之后，建造装甲军舰的思想才为各海军大国所接受，随后开始大规模建造这种军舰。起初是在木壳或铁壳军舰两舷中部或整个船舷装上装甲列板。蒸汽机功率不足则辅以风帆。19世纪60年代初，出现了第一批装甲航舰，舷装甲厚达129毫米。60年代后半期，开始建造暗堡炮装甲舰和护墙炮装甲舰，这种舰能射击锐舷角内的目标。与此同时，开始出现射界增大、主炮防护加强的炮塔装甲舰。但是，直到70年代工业能够生产马力大而又经济可靠的蒸汽机，使装甲舰完全不用风帆之后，才开始大规模建造炮塔装甲舰。装甲舰随着其装甲厚度、舰炮口径和舰炮威力的不断增大而日趋完善。此后，由于一系列技术和经济原因，火炮口径和装甲厚度无法再继续增大。1877年发明了钢铁复式装甲，大大减小了装甲厚度，而线膛炮的改进，不仅使火炮口径不再增大，甚至还有所减小。

20世纪初各海军大国开始建造一种更加完善的称之为战列舰的军舰，以代替舰队装甲舰。

【水翼艇】 利用水翼支持艇体离开水面的一种动力支撑艇。第一艘水翼艇是1891年俄国发明家C.A.兰伯特设计的。水翼艇的水翼系统和用水翼产生的升力使艇体离开水面，从而大大减小水对艇体运动的阻力，提高其航速。

一些国家，对建造导弹火炮水翼艇非常重视，主要是用来在海战区对付水面舰船，同时也作为警戒艇和巡逻艇使用。美国"飞马"号水翼艇，排水量约220吨，装备有一枚"舰对舰"导弹和一门76毫米火炮，航速超过50节。

【滑行艇】 小型高速船。底部形状特殊，行进时主要依靠流水的动压力支托船体。艇首在行进时稍稍抬起，艇依托尾部便在水面滑行，因而减少了运动阻力，提高了航速。艇上装轻型内燃机或燃气轮机，推进器为螺旋桨、喷水器，空气螺旋桨

用的较少。世界上许多国家都有滑行艇。第二次世界大战中，主要在濒陆海域、礁石区和江河上执行战斗任务。水翼船、气垫船出现后，滑行艇的建造剧减，不过，在许多国家的海军中仍然保留。

【舢舨】 用桨、帆和摩托推进的无甲板小船的总称。舢舨分为：勤务舢舨、救生舢舨和运动舢舨三种。勤务舢舨属于舰船上装备，配置在两舷的露天甲板上，用以同岸上和其它舰船进行交通联络、运送物资、进行各种作业、救援沉没舰艇的舰员及本舰的落水人员等。

舰上设有专门的舢舨装置，用以吊放舢舨。舰用舢舨，按推进方式分为划桨舢舨、桨帆舢舨和桨帆摩托舢舨；按壳体材料分为木壳舢舨、金属壳舢舨、塑料舢舨、橡皮舢舨和混合结构的舢舨；按船尾形状分为方尾型舢舨和尖尾型舢舨。海军使用下述几种类型的划桨舢舨和桨帆舢舨。大型舢舨——最大的舢舨，有14—22支桨。与其它类型的舢舨比较，其适航性最好，但体积太大，现代军舰上已不使用，仅在海军的岸上部队中用于运送人员、物资和进行体育训练。中型舢舨——有10—18支桨的中等大小的舢舨，用于运送物资、人员以及体育训练。梭形舢舨——首尾均呈尖形的轻型桨帆舢舨。小型舢舨——小型勤务舢舨，分为：六桨舢舨，有良好的适航性和坚固性；四桨舢舨，主要配备在较小的船上；双桨舢舨，用于短途运送人员；单人双桨舢舨——最小的双桨舢舨，仅能容纳一名桨手，配置在小型舰艇上和用于遮蔽的停泊场。气胀式橡皮舢，在潜艇、海军航空兵和陆军中用于侦察、登陆和救生。

图8-4 金属制封闭式救生舢舨(艇)

救生舢舨通常为梭形舢舨和中型舢舨，用于客船、运输船、海军辅助船只、岸上的救生站和救生所。这种舢舨有良好的适航性和很大的储备浮力，即使舢舨灌满水也能漂浮在水面上。救生舢舨分为：划桨的、驶帆的、摩托的或兼用以上几种推进手段的。通常，划桨的救生舢舨可容纳60人，摩托的或装有螺旋桨手摇传动力装置的可容纳60—100人，只有摩托的可超过100人。

【帆船】 利用帆具依靠风力推进的船。在十九世纪中期以前的帆船舰队时代，帆船是组织舰队的基础。到 20 世纪 70 年代，帆船仅用作小吨位的运输船、渔船、科学考察船、训练船、动力船和游览船。根据帆装（帆、圆材、索具的总称）的外形及其它结构特点，帆船分类如下。按桅杆的数量可分为：单桅帆船、双桅帆船、三桅帆船等。按有无甲板和甲板数量可分为：单层甲板帆船、双层甲板帆船、三层甲板帆船和无甲板帆船。按主帆的外形及其固定方法可分为横帆船、横杆帆、撑杆帆、百慕大帆和拉丁帆。

【喷水推进船】 喷水推进器推进的船只。其特点是吃水浅，可用在浅水区运输物资、拖带非自航船、运送登陆兵和侦察组上岸等。该种船具有高度的机动性，对拖船、救生船、自航浮吊、登陆舰船及某些类型的扫雷舰和布雷舰来说均具有重要意义。由于喷水推进器以一定工作状况工作时对水声仪器产生的干扰比螺旋桨为小，因此有可能建造反潜用的喷水推进船。

1、 古近代舰船

【腓尼基平底战船】 古代腓尼基人使用的战船。是已有记载中世界最早用于海战的战船（约公元前 26 世纪）。该种船由贸易船改造而成，木质，平底，以桨为动力。

【托里列姆战船】 古希腊战船。该船是公元前 7 世纪希腊人在腓尼基人战船基础上改建而成。船为木质，尖底，尖头。长约 425 米，重约 500 吨。船内设 70 支桨，分三组排列在船两侧，船上设单桅帆。该船轻捷，快速，坚固，即可由船内士兵射击敌人，也可用船头撞击敌船。

【卡塔夫拉克特型战船】 波斯战争后在古希腊出现的战船。出现于公元前 6—3 世纪。卡塔夫拉克特同以前使用的仅在船头及船尾装有甲板的舰只不同，它具有连续甲板和保护桨手的木板防护装置。

【亚历山大"潜水器"】 公元前 4 世纪中叶，亚历山大大帝进攻埃克蒂雷岛时发明的一种潜水工具。形状似大鱼缸，四周以木为框，六面镶有玻璃。上面开一孔，装有通气管。里面装有蜡烛，以备照明。"潜水器"可以移动。人可在其中观察水中的障碍物。

【三桡战船】 古罗马（公元前三至二世纪）时代的桡桨战船。大小和桨的层数与古希腊的三层桨战船相似。排水量约 300 吨，船员近 350 人，武器为弹射机械。有进行接舷战斗时拖住敌船用的吊锤，乌鸦吊和跳板。船首冲角为辅助武器。

【单层桨战船】 古代希腊、腓尼基、迦太基、罗马海军中的一种单层桨无甲板桡桨战船。通常有 12 对桨，每支桨配备 2 名桨手。另外还装有四角帆，顺风时可张挂在桅杆上。排水量约 50 吨。

【三层桨战船】 古希腊的一种桡桨战船。其主要武器为船首冲角，即船首柱向前突出的部分。排水量达 230 吨，长 40—45 米，宽 4—6 米，吃水 2.5 米。主要的推进工具是桨，多达 170

图 8-5 三层桨战船

支，桨长 4—4.5 米，辅助推进工具为横帆。每舷上下各配置三层桨，但只在作战时才同时使用所有三层桨。划桨时最大航速可达 6 节。船员包括：无武装的桨手约 170 人；进行接舷战的战士 18—50 人；驶帆和维护战船的水手 12—16 人；船长三层桨战船船长、舵手、副舵手和桨手长。战士配有矛、剑、弓、标枪和盾牌等武器。三层桨战船型的战船用船首冲角顺利撞击敌人，但船体不够牢固，经不住敌船的冲角撞击。如果敌战船受到船首冲角撞击后仍未沉没，则用接舷战结束战斗。

【白令船】　古罗马时代的轻型战船。该船在腓尼基平底战船基础上改良而成。船两侧设双层排桨，船上设单桅宽帆。船内可载 300 名划手，100 名战士。船速较以前的战船更快。

【四层桨战船】　古罗马桨船舰队的一种战船。每舷各有四层桨。上层桨最长，由最强壮、最有耐力的桨手操作。排水量可达 260 吨，可载 260 人。

【皮罗格型船】　美洲中、南部和大洋洲某些民族所使用的瘦长形小船。有一木制骨架，外面包以树皮或兽皮。用树根缝接在一起，接缝处涂以树脂。用树干挖制或烙制成的独木舟也称皮罗格型船。以前，这种船在军事上用来进行奔袭。

【大桡战船】　公元 7 世纪在威尼斯出现的木制军用桨船。长达 60 米，宽达 7.5 米，吃水约 2 米。主要推进装置是桨：每舷各有 26—32 把长约 16 米的桨，排成一列，每桨配有 4—6 名桨手。船员包括战士在内，共约 450 人。桨划平均航速约 7 节。船上有 1—3 根悬挂三角帆或四角帆的桅杆，顺风时可扬帆行驶。14 世纪中叶以前，船上的主要武器为尖长的水上船首冲角、弹射机和弩，以后安装了火炮。这种船在俄国出现于彼得一世时期，在俄国海军中一直使用到 18 世纪后半期。

图 8-6　　大桡战船

【维京船】　古代维京人的海盗船。盛行于公元 9 世纪地中海。船体非常坚固，船体小。船内设单桅四角方形帆，两侧设单排桨。耐航性强。适用于袭击作战和浅海航行。

【拉季亚型船】　古斯拉夫人的海船及江船。东斯拉夫人在江河，黑海和里海航行中最广泛使用的拉季亚型船，是用粗大椴树或橡树干挖凿而成的独木舟。为了加高干舷，舟的两舷加有木板

（叫"加舷拉季亚型船"）。这种船有桨若干支，小帆一张，特点是吃水浅，可越过河中石滩。船长 20 米，宽 3 米。为了便于将船拖过连水陆路，船上装有滚子或轮子。船首有用于战斗的木冲角。船两端都做成尖形，因此无论用船首或船尾均可前进，而无须掉头转向。这一点在战斗情况下具有很重要的意义，南俄罗斯的拉季亚型船能载 60 人，连同其装具和食物，总载重量达 15 吨。北方的"远海拉季亚型船"是一种平底船，船上有帆具和保护桨手与战士的甲板。

图 8-7　　拉季亚型船

【卡拉维拉型帆船】　公元 13 世纪至公元 17 世纪的一种单层甲板航海帆船，先在意大利，后在西班牙和葡萄牙广泛使用。5 世纪以前，这种船的排水量约 20 吨，15 世纪起增至 200—400 吨。航海性能良好，上层建筑很高，船尾的上层建筑更高，有 3—4 根桅杆和复杂的风帆设备。哥伦布和伽马及其他一些航海家都是乘这种帆船航行的。

【"鸥"型桨帆船】　公元 16 世纪至 17 世纪扎波罗热哥萨克人的一种适用于海上征战的内河船。"鸥"型船的基部是用一段粗大的树干挖凿而成的木槽，槽沿装有木板做成的壳板。船舷外侧包上一道用树皮缠捆的厚实的芦苇箍，以提高"鸥"型船在大浪中的稳性和抗沉性。"鸥"型船长达 20 米，宽 4 米，高 4 米，可容纳 50—70 人，备有 10—15 对桨和 1 根桅杆。在船头和船尾还各有 1 支桨。由于有这些设备，"鸥"型船在机动性和速度方面都胜过土耳其的大桡战船。"鸥"型船上装有 2—4 门小型火炮。在地中海和巴尔干半岛各国中，内河船和沿岸航行船只也叫"鸥"型船。

【大桨帆战船】　大桡战船型的桨帆战船，长达 80 米。公元 16 至公元 17 世纪，欧洲许多国家的海军都拥有这种战船。船上有一列船桨，每桨 9—10 名桨手，又有三根悬挂纵帆的桅杆。船员

800—1200 人。武器有各种口径火炮 70 门和一个水上船首冲角。威尼斯人在 1571 年勒班陀附近的海战中最先使用这种战船。

【什尼亚瓦型帆船】 斯堪的纳维亚半岛各国和俄国在公元 17 世纪至 18 世纪流行的一种商用或军用的小型双桅横帆海船。军用什尼亚瓦型帆船用于执行侦察和通信勤务。其排水量可达 150 吨，武器为 14—16 门小口径火炮，船员约 80 人。

【轻型大桡战船】 公元 18 世纪俄国大桡舰队的一种快速战船。岩岛作战时用于运输陆军部队，输送登陆兵上陆，对登陆兵进行火力支援，并担任侦察和警戒。船长约 30 米。有 12—18 对桨和 1—2 根桅，桅上有顺风时使用的三角帆。有 1—2 门小口径火炮，安装在船首。可容纳约 150 名水手和进行接舷战的士兵。首批轻型大桡战船是在彼得一世时期建造的。一直使用到 18 世纪末。

图 8-8 俄国轻型大桡战船

【夏贝卡型帆船】 中世纪地中海上的一种小型三桅桨帆船。有数张纵帆，无风时可划桨行驶。其外部显著特征是：前桅向前倾伴，船体狭长，船首甲板附近的外廓突然变宽，以保证船在波浪中具有良好的适航性。船体结构与卡拉维拉型帆船和大桡战船相似，但在航速、适航性和武器装备方面优于这两种船。夏贝卡型帆船曾编入海军。海盗进行奔袭时也用这种船运送物资。

18 世纪下半期，俄国的一种桡桨战船。也称"夏贝卡"型帆船。用以代替大桡战船在濒陆海区作战。有 40 支桨，3 根桅杆，顺风时可扬帆行驶。长达 35 米，武器为 32—50 门小口径火炮。

【布里根廷型帆船】 用于侦察、通信和输送部队的小型帆船。装有小口径火炮 6—8 门，公元 17 世纪至公元 19 世纪许多国家的海军都有这种船。海盗和商船队都使用过。

【布里格型帆船】 帆船时代的一种战船，用于侦察、巡航、巡逻、通信以及为商船护航。装有两根桅杆、数张横帆和 10—24 门火炮，排水量 200—400 吨，航速达 12 节，船员约 120 人。公元 18 世纪至公元 19 世纪，各国海军都有这种船。

【斯库纳型帆船】 一种双桅或多桅帆船。通常装备斜桁帆，少数装备百慕大帆。公元 19 世纪出现了有混合帆装（纵帆和横帆）的斯库纳型帆船，船上除斜桁帆外，还有两、三张横帆，这种帆船分别叫作有上横帆的斯库纳型帆船或有高横帆的斯库纳型帆船。特殊形状的斯库纳型帆船有：双桅的布里格—斯库纳型帆船、3—5 桅的巴克—斯库纳型帆船。斯库纳型帆船由于帆装简单，操纵方便，成为最流行的帆船。这种帆船根据其用途分为：运输用的、捕鱼用的、运动用的和训练用的。18—19 世纪斯库纳型帆船编入帆船舰队，作为通信船。俄国舰队的斯库纳型帆船的排水量为 100—800 吨，武器约 16 门火炮。二十世纪建造的斯库纳型帆船有木壳船和钢壳船，其排水量达 5000 吨。现代的斯库纳型帆船除帆外，一般还装有内燃机，可在无风天气和在狭窄航道航行。

【克利珀型帆船】 公元 19 世纪用于侦察、巡逻和通信勤务的一种三桅风帆快速战船。排水量 600—1500 吨，航速 12—15 节，上甲板装有 20—24 门火炮。船体尖形，帆具完备，因而航速较快，在帆船舰队向汽船过渡时期，船上安装了功率为 736—957 千瓦的蒸汽机，火炮减少到 8—15 门，船员不超过 200 人。

【坦德型帆船】 一种用于执行通信、侦察和巡逻勤务的单桅风帆战舰。1817—1861 年俄国海军中曾有过这种帆船。长约 28 米，宽约 5 米，排水量约 200 吨，武器有 6—12 门小口径滑膛炮。有一种独特的风帆设备，这种风帆设备在公元 19—20 世纪初还广泛使用于小型货船和海上游艇。

【纵火船】 帆船时代满载燃料和炸药用以纵火焚烧敌舰的船只，曾为海军兵器之一。通常用旧船作纵火船，纵火船多利用黑夜或雾天，顺风、顺流漂向敌方。这种船的装药应能快速点燃，一与敌船相撞，就使敌船立即起火燃烧。

【巡航舰】 帆船舰队中的一种三桅战舰。

武器威力和排水量仅次于战列舰，速度却高于战列舰。主要用于在海上交通线上活动。19世纪中叶出现蒸汽明轮式巡航舰，即汽轮式巡航舰。尔后，又出现螺旋桨式巡航舰，多为木结构、铁结构或混合结构。1806年起，部分巡航舰采用了装甲，被称作装甲巡航舰。

【小巡航舰】　18世纪下半期到19世纪初的一种三桅横帆战船。排水量300—900吨，上甲板和火炮甲板上配置有16—28门火炮。其使命为执行侦察、巡逻和通信勤务。也可用作运输船和考察船。

【轻巡航舰】　17世纪至19世纪帆船舰队时代用于侦察、通信、有时用于巡航的军舰。最初为排水量约200吨的单桅小型战舰，18世纪前半期开始改为双桅，后来改为三桅横帆船，排水量为400—600吨，舰上配备暴露炮队（20—32门炮）或隐蔽炮队（14—24门炮）。世纪40年代，先后出现明轮式和螺旋桨式机帆轻巡航舰，排水量为800—3500吨，航速达14节，上甲板安装火炮12—32门。

【攻坚舰】　17世纪末至19世纪初的一种两桅、三桅帆船，船壳坚固，装有大口径滑膛炮，用以袭击岸防工事和濒海要塞。1681年法国首先使用攻坚舰，后来许多国家的海军都有这种军舰。

【浅水重炮舰】　一种吃水浅的低舷装甲军舰。用于对敌岸上目标、军队和军事技术装备实施炮火突击，消灭濒陆海区和江河上的敌舰艇。"浅水重炮舰"一词源自1861—1865年美国南北战争时期北军建造的第一艘这种军舰的名称。第一次世界大战期间，英国建造了数艘浅水重炮舰，用来摧毁岸防工事。威力最大的浅水重炮舰排水量达8000吨；装备有381毫米火炮2门，102毫米火炮8门、76毫米高炮2门、40毫米火炮2门；装甲厚度达330毫米；航速14节。第二次世界大战中，英国又建造了两艘性能与此相同、但对空火力较强的浅水重炮舰。这两艘舰均在50年代末退役。

江河浅水重炮舰用于炮火支援陆军，遣送登陆兵的最初投入部队登陆，保卫已方江河交通线和破坏敌方江河交通线。第二次世界大战后，由于航空兵和导弹核武器的发展，各国建造近海浅水重炮舰和江河浅水重炮舰的工作均已停止。

【雷击舰】　用鱼雷消灭敌舰的战斗舰艇。1863年美国南北战争中首次使用的、装备有撑杆水雷的水雷艇就是雷击舰的雏形。这种艇排水量为23—34吨，动力为蒸汽机，装有一个单管鱼雷发射器或1—2枚撑杆水雷，只能在濒陆水域活动。雷击舰进一步发展，便演变为鱼雷武器更强和大口径火炮数量更多的军舰，即所谓歼击雷击舰或加强雷击舰。同时，排水量增大了，航海性能提高了，航速增至26—30节，火炮和鱼雷武器也有了改进。歼击雷击舰的发展，使新型的雷击舰，即驱逐巡洋舰和驱逐舰相继问世。第一次世界大战开始以后即不再设计和建造雷击舰。

【"隐身船"】　18世纪初莫斯科近郊波克罗夫斯科耶村的农民叶菲姆菲·普罗科菲耶维奇·尼科诺夫建造的俄国第一艘潜艇。1718年他向彼得一世申请建造一艘"能在风平浪静时在水下用炮弹击毁敌舰"的船只。1721年尼科诺夫在彼得堡制作了一个模型，1724年该船造成。造船用的材料有：橡木和松木板、皮革、粗麻布、树脂、铁条、铜皮等。第一次下潜时船底损坏，1725年继续试验。彼得一世逝世后，人们对这位自修成名的发明家的兴趣逐渐淡薄。1727年进行了最后几次试验，因未能做到水密，于是研制"隐身船"的工作便半途中断。

【无畏号装甲舰】　英国建造。1905年在朴次茅斯建成。1906年服役，在战斗性能上大大优于当时所有的同型军舰。该舰是二十世纪战列舰这一舰种的始祖。它的排水量17900吨，航速21节。武器装备为305毫米火炮10门，分别配置在5座炮塔内，其中3座在首尾线上，2座在2舷；76毫米炮24门，供抗击雷击舰的攻击用。它的两舷、炮塔和指挥室的装甲厚达280毫米，还有5具18英寸水下鱼雷发射管，4台螺旋桨推进器。这种军舰是第一次用汽轮机作主机的军舰。无畏号与当时所有的其它装甲舰的主要区别是主炮的数量增加了，没有中口径火炮。

【牛虹号战舰】　德国建造。它的排水量4000吨，具有34节高速，同时安装了4门5.9英寸火炮。

【盘城号炮舰】　日本近代海军军舰。该舰体为木质，排水量708吨。659马力，航速10节。该舰配备火炮4门，战斗乘员122人。1878年下水。

【凤翔号炮舰】　日本近代海军军舰。该舰体为木质，排水量321吨。217马力，航速为7.5节。该舰配备火炮5门，战斗乘员96人。

【大岛号炮舰】　日本近代海军军舰。该舰体为钢质，排水量630吨。1217马力，航速13节。该舰配备火炮4门，战斗乘员130人。1891

年下水。

【摩耶号炮舰】 日本近代海军军舰。该舰体为铁质，排水量 622 吨。963 马力，航速 12 节。该舰配备火炮 2 门，战斗乘员 105 人。1886 年下水。

【爱岩号炮舰】 日本近代海军军舰。该舰体为钢骨铁皮，排水量 622 吨。963 马力，航速 12 节。该舰配备火炮 2 门，战斗乘员 105 人。1887 年下水。

【乌海号炮舰】 日本近代海军军舰。该舰体为铁质，排水量 622 吨。963 马力，航速为 10.25 节。该舰配备火炮 2 门，战斗乘员 89 人。1887 年下水。

【赤城号炮舰】 日本近代海军军舰。该舰体为钢质，排水量 622 吨。舰长 167.32 尺，1963 马力，航速 10.25 节。该舰装备火炮 10 门，战斗乘员 126 人。1888 年下水，曾参加中日甲午海战。

【松岛号海防舰】 日本近代海军军舰。该舰体为钢质，排水量 4278 吨。舰长 314.81 尺，5400 马力，航速 17.5 节。该舰本备火炮 31 门，鱼雷管 4 具，战斗乘员 355 人。1890 年下水，曾参加中日甲午海战。

【岩岛号海防舰】 日本近代海军军舰。该舰体为钢质，排水量 4278 吨。舰长 314.81 尺，5400 马力，航速 17.5 节。该舰配备火炮 32 门，鱼雷管 4 具，战斗乘员 355 人。1889 年下水，曾参加中日甲午海战。

【桥立号海防舰】 日本近代海军军舰。该舰体为钢质，排水量 4278 吨。舰长 314.81 尺，5400 马力，航速 17.5 节。该舰配备火炮 32 门，鱼雷管 4 具，战斗乘员 355 人。1891 年下水，曾参加中日甲午海战。

【戈船】 中国古代战船。《汉书·武帝纪》："归义越侯严为戈船将军，出零陵，下离水。"颜师古注引臣瓒曰："《伍子胥书》有'戈船'，以载干戈，因谓之戈船也。"宋祁注："戈船今有之，设干戈于船上，以御敌也。"

【拍船】 中国古代装有抛车的船。产生在梁元帝时代。可以用于水上战斗，其性能与抛车相近。

【楼船】 中国古代一种有楼的巨型战舰。创造于春秋末期，盛行于秦汉至唐代。木制。上建楼橹二层、三层，甚至四层。有的可容上千人，可奔马驰车。备有锚、桅、棹、帆等船具。船舷、船楼上列女墙，战格，树旗帜。装备战炮，拍杆、弓弩等。水兵战器。《史记》记载："越欲与汉用船战逐，乃大修昆明池，列观环之；沿楼船高十余丈，旗帜加其上，甚壮。"晋武帝远征东吴使用的楼船"连舫方为二十步，受二千余人，以木为城，起楼橹，开四门，其上皆能驰马往来"。

图 8-9　楼船

【车船】 中国古代一种明轮战船。由水军士兵踏动船舷两侧的车轮，轮翼击水，推动船身行进。具有航速快，机动性强等特点。唐将军李皋在前人设计的基础上改进建造。是南宋时期水战的主要战舰。

图 8-10　车船

【海船】 中国古代一种攻击性大型战舰。北宋温州、明州（浙江宁波）建造。分大中小三等，大的阔 2 丈 4 尺以上，面阔而底尖，面阔与底阔之比约为 10∶1（如面阔 3 丈，底宽仅 3 尺），舰上配置"望斗、箭隔、铁箍、硬弹、石炮、火炮、火箭及兵器等。"专门适用于东海和南海，是当时战斗力较强的大型战舰。

【游艇】　中国古代一种小型军用船艇。一游艇比走舸小。"无女墙，舷上桨床左右随艇大小长短，四尺一床，计会进止，回军转阵，其疾如风"。水战中作为传令、通信的交通艇。

【联环舟】　中国明代连体火攻战船。长约四丈左右，从外面看和普通船一样，实际是两舟对接，前半截占三分之一，后半截占三分之二，中间以铁环相联。前截满载火炮、火铳、神烟、神沙、毒火等火器，船头钉大型倒须钉数枚。后截载运兵士，两旁旋桨。接敌时，抢占上风（或上流），直撞敌船，船头钉钉在敌舰上。纵火后，后截脱走，驶回本营。

图8-11　联环舟

【鸳鸯桨船】　中国明代双舟并体战船。该船由二船活扣在一起。每舟各长三丈五尺，阔九尺，船舱上蒙以生牛皮，里面藏有火器和其它兵器，留有射击窗口，船两边各设六把桨，如追击敌舰，可以两边摇桨。近战时分为二船，左右夹攻敌船。

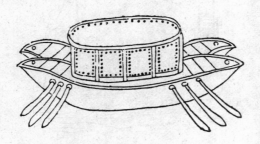

图8-12　鸳鸯桨船

【蒙冲】　中国古代一种航速较快的轻型攻击战船。又称艨艟。因为舰背上蒙上生牛皮，以冲突敌船，所以称做蒙冲。这种船木制，以生牛皮蒙底和厢。形制狭长，两厢开掣棹孔，左右有弩窗和矛穴。"外狭而长窗、矛穴，可以四面发射弓弩，或以白刃刺击敌舰兵士。它的结构轻巧，"务在捷便，

乘人之不便"，故运动灵活，便于机动作战，是秦汉至唐代主要攻击战船之一。

【沙船】　中国古代一种小型巡哨船。产于长江下游南京、太仓、崇明、嘉定等地，平底，适于沿海航行，不能深入远洋。船上不设遮蔽物，可作协守、出哨之用。

【鹰船】　中国古代一种轻型近战战船。鹰船两头俱尖，不辨首尾，进退如飞，其旁茅竹板密钉，如福船旁板之状。竹间设窗，可出铳箭。水战时，先用此舟冲敌，打入敌舰队形中，其它船随后而进，短兵相接。

图8-13　鹰船

【斗舰】　中国古代一种攻击战船。船舷上设女墙，可蔽半身。墙下开掣棹，船内五尺又建棚，与女墙齐，棚上又建女墙。重列战士，船顶上无覆盖，前后左右竖牙旗、金鼓"，斗舰比蒙冲稍大。舰上列两层女墙，提高了防护能力。船上无覆盖，便于作战。

【走舸】　中国古代一种轻便快船。船舷上立女墙，单列排桨，船面不起楼台，无遮盖。金鼓、旌旗列之于上。船上棹夫多，战卒少，皆是勇力精锐者。这种船设备轻便，人员精悍，固之行动敏捷。

【福船】　中国古代远洋作战战舰。多在福建制造，因此称福船。该舰木制，底尖上阔，首昂尾高，傍护以板，耐风涛，并有防护设施。上下四层，最下一层装土石压舱，第二层为水兵休息居住处，第三层为主要操作场所；四层为作战空间。吃水4米，舱面设木女墙和炮床。可载水兵百人，首尾高耸，可居高临下发射矢石火器，容易取得进攻上的优势，是明代水师的主要战舰。福船有六种型号，一号、二号称福船。明代水师多装备2号福船。三号称草撇船，又称哨船，比福船略小，两旁钉竹皮，用于攻战，追击。四号为海沧船，又名冬

船。吃水七、八尺深，风小时也可行驶，其形制、性能与草撇船相似，只是两旁不钉竹皮。五号为开浪船，又称鸟船。其头尖，吃水三、四尺，四桨一橹，不管风向、潮汐、顺逆都能行驶。船上可容三、五十人，用于哨探或捞取敌人首级。六号船为快船，形体与鸟船相似，而稍小。

【叭喇唬船】　中国古代一种军用快船。通用于浙中一带。底尖面阔，首尾一样。底用龙骨透前后，阔约一丈，长约四丈，尾有小官舱。每边设桨八至十枝，行进如飞。如遇有风，竖桅杨帆，这时可将桨斜向后，作为偏舵使用，便于追逐、哨探。

图 8-14　叭喇唬船

【苍山船】　中国古代一种渔船改进而成的战船，又名苍山铁船。船体较小，高出水面五尺，吃水六、七尺。首尾皆阔，帆橹兼用。风顺则扬帆，风息则荡橹。船分三层：底层盛压舱石，中层住人，上层为战场和操作之处。苍山船灵捷轻使，可用于追敌和捞取首级。稍大的叫艟艃，不设立壁，遇上敌舰无论大小，都可进攻。

【网梭船】　中国明代舰队中最小的战船。原为浙江沿海一带捕鱼打紫菜，谷菜的小型渔船。吃水七、八寸。船上仅容二人操桨，一人在船首，一人在船尾。有风时，可在竹桅上扯帆；风浪大时，可拖于大船之后。船上装备鸟铳二、三只。可用来传递情报，哨探敌情；也可以聚集数十只，围攻敌舰；如敌人追逼，可弃船而去。

【蜈蚣船】　中国明代炮船。形如蜈蚣，底尖面阔，两旁单列桨数十枚，也可升帆行驶。每船架设佛郎机铳 12 副。

【赤龙舟】　中国明代火力船。外形似龙，分作三层，内藏器械、火具、龙头昂起，龙口中容兵一人，负责侦察敌情。脊背部用竹片、菱角钉密钉，以防御矢石。中层开口，施放火器，两旁各用兵一名使桨。船头竖帆，有风扬帆，无风荡桨。敌船离近时舟中暗机一动，神火、毒烟、神箭、飞弩一齐发射。

【火龙船】　中国明代诱敌火力船。外形似海船，周围以牛皮革为障，或剖竹为笆，上留铳眼、箭窗。分为三层，首尾设暗舱，以通上下。中层铺设刀板、钉板，两旁列飞桨或轮，乘浪排风，往来如飞。船面以 4 人为水手，精兵暗伏下舱。作战时常诱敌登船，转动动力机关，使敌落入中层钉板上，加以生擒。也可冲入敌船队，两旁暗伏火器百余件向敌射击。

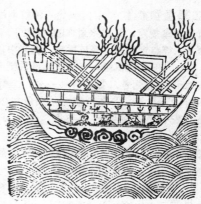

图 8-15　火龙船

【海鹘】　中国古代战船。头低尾高，前大后小，如鹘之形，舷上左右置浮板，形如鹘翼翅肋，助其航。虽风涛怒涨而无侧倾，腹背左右以生牛皮为城，竖牙旗金鼓，适宜在海上作战。

【铁壁铧嘴平面海鹘战船】　中国古代一种攻击性大型战舰。创于南宋初期，船长 10 丈，11 个仓，梁头宽 1 丈 8 尺，船底板宽 4 尺，厚 1 尺，中仓深 8 尺 5 寸，可载水军 100 余人，水手 40 余人，两弦装设铁板，船首并装有铁尖。具有进攻力强，防护性好等特点。使用金属作为造舰材料，这也是最早的记载。

【广船】　中国古代一种大型尖底海船。该种船创始于广东，因称广船，又名鸟槽，横江船。广船用铁栗木建造，十分坚固。体大底尖，下窄上宽，状如两翼，禁风浪能力不太强，只宜于近海航行。

【黄鹄号轮船】　中国第一艘内燃动力船。

由徐涛等人设计，江宁军械所1866年试制成功。该船为木壳，长约55旧尺（17.5米），载重25吨，主机为往复式蒸汽机。顺水满载航速每小时28旧里（8.7节），空载每小时达40多旧里，逆水时满载航速每小时为16旧里（约5节）。

【一等鱼雷艇】　中国清代海军一种较大的鱼雷艇，清军规定凡排水量在70吨以上的为一等鱼雷艇。清代海军最大的鱼雷艇是福建舰队的福龙号航洋鱼雷艇。艇体为钢质排水量115吨，1500马力，航速23节。艇上配备火炮2门，鱼雷发射管3具，1885年下水。北洋舰队拥有左队一号、左队二号、左队三号、右队一号、右队二号、右队三号等一等鱼雷艇。排水量108吨，航速18—24节。艇上配备火炮2门，鱼雷发管2—3具，战斗乘员28—29人。各艘鱼雷艇分别于1885—1887年下水。

【二等鱼雷艇】　中国清代一种较小的鱼雷艇。清代海军规定，凡排水量在69吨以下，20吨以上的为二等鱼雷艇。二等鱼雷艇主要集中在广东舰队，有一号航洋鱼雷艇、二号航洋鱼雷艇、雷天号、雷坎号、雷兑号、雷离号、一号、二号、三号、四号、五号等二等鱼雷艇。排水量在26—50吨左右，配备鱼雷发射管1—2具。大部分于19世纪80年代下水。

【威远号练习舰】　中国清代海军军舰。该舰体为铁骨木皮，排水量1300吨，840马力，航速12节。该舰配备火炮11门，战斗乘员124人。1877年下水，编入北洋舰队。

【康济号练习舰】　中国清代海军军舰。该舰体为铁骨木皮，排水量1300吨，750马力，航速9.5节。该舰配备有火炮11门，战斗乘员124人。1881年下水，编入北洋舰队。

【泰安号练习舰】　中国清代海军军舰。该舰体为铁骨木皮，排水量1258吨，600马力，航速10节。该舰配备火炮5门，战斗乘员180人。1876年下水，编入北洋舰队。

【镇海号练习舰】　中国清代海军军舰。该舰体为铁骨木皮，排水量950吨，480马力，航速为9节。该舰配有火炮5门，战斗乘员100人。1871年下水，编入北洋舰队。

【操江号练习舰】　中国清代海军军舰。该舰体为铁骨木皮，排水量950吨，400马力，航速9节。该舰配备火炮5门，战斗乘员91人。1865年下水，编入北洋舰队。

【湄云号练习舰】　中国清代海军军舰。该舰为铁骨木皮，排水量578吨，400马力，航速9节。该舰配备有火炮4门，战斗乘员70人。1869年下水，编入北洋舰队。

【寰泰号巡洋舰】　中国清代海军军舰。该舰体为铁骨木皮，排水量2700吨，2400马力，航速15节。该舰配备火炮16门，鱼雷发射管2具，战斗乘员213人。1886年下水，编入南洋舰队。

【镜清号巡洋舰】　中国清代海军军舰。该舰体为铁骨木皮，排水量2700吨，2400马力，航速15节。该舰配备火炮16门，鱼雷发射管2具，战斗乘员213人。1884年下水，编入南洋舰队。

【南瑞号巡洋舰】　中国清代海军军舰。该舰体为钢质，排水量2200马力，航速15节。该舰配备火炮15门，战斗乘员为250人。1883年下水，编入南洋舰队。

【南琛号巡洋舰】　中国清代海军军舰。该舰体为钢质，排水量2200吨，2400马力，航速15节。该炮配备火炮19门，战斗乘员250人。1883年下水，编入南洋舰队。

【开济号巡洋舰】　中国清代海军军舰。该舰体为铁骨木皮，排水量2200吨，2400马力，航速15节。该舰配备火炮18门，战斗乘员260人。1883年下水，编入南洋舰队。

【保民号巡洋舰】　中国清代海军军舰。该舰体为铁质，排水量1477吨，2400马力，航速10节。该舰配备火炮12门，战斗乘员280人。1884年下水，编入南洋舰队。

【策电号炮舰】　中国清代海军军舰。该舰体为铁质，排水量400吨，310马力，航速9节。该舰配备火炮5门，战斗乘员61人。1877年下水，编入南洋舰队。

【飞廷号汽船】　中国清代海军军舰。该舰体为铁质，排水量为400吨，310马力，航速为9节。该舰配备火炮5门，战斗乘员61人。1877年下水，编入南洋舰队。

【龙骧号炮舰】　中国清代海军军舰。该舰体为铁质，排水量319吨，310马力，航速9节。该舰配备火炮5门，战斗乘员60人。1876年下水，编入南洋舰队。

【虎威号炮舰】　中国清代海军军舰。该舰体为铁质，排水量319吨，310马力，航速9节。该舰配备火炮5门，战斗乘员60人。1876年下水，编入南洋舰队。

【威靖号炮舰】 中国清代海军军舰。该舰体为木质，排水量 1100 吨，600 马力，航速为 12.5 节。该舰配备火炮 14 门，战斗乘员 145 人。

【测海号炮舰】 中国清代海军军舰。该舰体为木质，排水量 700 吨，430 马力，航速为 12.5 节。该舰配备火炮 7 门，战斗乘员 117 人。

【登瀛号炮舰】 中国清代海军军舰。该舰体为木质，排水量 1258 吨，600 马力，航速为 10 节。该舰配备火炮 11 门，战斗乘员 158 人。1876 年下水。编入南洋舰队。

【靖远号炮舰】 中国清代海军军舰。该舰体为木质，排水量 578 吨，480 马力，航速为 9 节。该舰配备火炮 9 门，战斗乘员 118 人。1872 年下水，编入南洋舰队。

【福靖号炮舰】 中国清代海军军舰。该舰体为钢骨木皮，排水量 1000 吨，1200 马力，航速 17 节。该舰配备火炮 7 门。1893 年下水，编入福建舰队。

【琛航号运送舰】 中国清代海军军舰。该舰体为木质，排水量 1450 吨，600 马力，航速 10 节。该舰配备火炮 8 门，战斗乘员 107 人。1874 年下水，编入福建舰队。

【靖海号炮舰】 中国清代海军军舰。该舰体为木质，排水量 578 吨，480 马力。该舰配备火炮 7 门。1873 年下水，编入福建舰队。

【艺新号炮舰】 中国清代海军军舰。该舰体为木质，排水量 240 吨，170 马力，航速 9 节。该舰配备火炮 5 门，乘员 58 人。1876 年下水，编入福建舰队。

【长胜号炮舰】 中国清代海军军舰。该舰体为木质，排水量 195 吨，340 马力，航速 10 节。该舰配备火炮 1 门，1875 年下水，编入福建舰队。

【元凯号通报舰】 中国清代海军军舰。该舰体为木质，排水量 1258 吨，600 马力，航速 10 节。该舰配备火炮 9 门，战斗乘员 84 人。1875 年下水，编入福建舰队。

【超武号通报舰】 中国清代海军军舰。该舰体为铁骨木皮，排水量 1209 吨，750 马力，航速 12 节。该舰配备火炮 7 门，战斗乘员 84 人。1878 年下水，编入福建舰队。

【伏波号运送兼通报舰】 中国清代海军军舰。该舰体为木质，排水量 1260 吨，600 马力，航速 10 节。该舰配备火炮 7 门。1871 年下水，编入福建舰队。

【海镜号运送兼通报舰】 中国清代海军军舰。该舰体为木质，排水量 1450 吨，580 马力，航速 10 节。该舰配备火炮 3 门。1873 年下水，编入福建舰队。

【飞捷号军舰】 中国清代海军军舰。该舰体为木质，排水量 1033 吨，110 马力。1890 年下水，编入福建舰队。

【广甲号巡洋舰】 中国清代海军军舰。该舰体为铁骨木皮，排水量 1296 吨，舰长 221 尺，1600 马力，航速 15 节。该舰配备火炮 10 门，鱼雷管 4 具，战斗乘员 145 人。1887 年下水，编入北洋舰队，曾参加中日甲午海战。

【广乙号巡洋舰】 中国清代海军军舰。该舰体为钢骨木皮，排水量 1000 吨，1200 马力，航速 17 节。该舰配备火炮 11 门，鱼雷发射管 4 具，战斗乘员 110 人。1890 年下水，编入广东舰队。

【广丙号巡洋舰】 中国清代海军军舰。该舰体为钢质，排水量 1000 吨，舰长 226 尺，1200 马力，航速 17 节。该舰配备火炮 11 门。1891 年下水，曾编入北洋舰队、广东舰队，曾参加中日甲午海战。

【镇东号炮舰】 中国清代海军军舰。该舰体为木质，排水量 170 吨，170 马力。该舰配备火炮 3 门。1867 年下水，编入广东舰队。

【蓬洲海号炮舰】 中国清代海军军舰。该舰体为铁骨木皮，排水量 800 吨，500 马力。该舰配备火炮 6 门。1869 年下水，编入广东舰队。

【执中号炮舰】 中国清代海军军舰。该舰体为木质，排水量 500 吨，300 马力。该舰配备火炮 6 门。1879 年下水，编入广东舰队。

【海镜清号炮舰】 中国清代海军军舰。该舰体为铁骨木皮，排水量 450 吨，310 马力。该舰配备有大小火炮 6 门。1882 年下水，编入广东舰队。

【镇涛号炮舰】 中国清代海军军舰。该舰体为铁骨木皮，排水量 450 吨，265 马力，航速 7 节。该舰配备火炮 7 门。1867 年下水，编入广东舰队。

【安澜号炮舰】 中国清代海军军舰。该舰体为铁骨木皮，排水量 400 吨，265 马力，航速 7 节。该舰配备火炮 7 门。1872 年下水，编入广东舰队。

【海东雄号炮舰】 中国清代海军军舰。该舰体为铁骨木皮，排水量 350 吨，200 马力，航速

8 节。该舰装备火炮 5 门。1882 年下水。编入广东舰队。

【海长清号炮舰】 中国清代海军军舰。该舰体为木质，排水量 320 吨，200 马力。该舰配备火炮 4 门。1872 年下水，编入广东舰队。

【辑西号炮舰】 中国清代海军军舰。该舰体为铁骨木皮，排水量 320 吨，200 马力。该舰配备火炮 6 门。1872 年下水，编入广东舰队。

【联济号炮舰】 中国清代海军军舰。该舰体为木质，排水量 200 吨，180 马力。该舰配备火炮 4 门。1883 年下水，编入广东舰队。

【广安号炮舰】 中国清代海军军舰。该舰体为木质，排水量 150 吨，150 马力。该舰配备火炮 7 门。1867 年下水，编入广东舰队。

【澄波号炮舰】 中国清代海军军舰。该舰体为木质，排水量 150 吨，100 马力，航速 6 节。该舰配备火炮 2 门。编入广东舰队。

【神机号炮舰】 中国清代海军军舰。该舰体为木质，排水量 150 吨。该舰配备火炮 3 门。1867 年下水，编入广东舰队。

【静波号炮舰】 中国清代海军军舰。该舰体为铁骨木皮，排水量 150 吨，100 马力，航速 6.5 节。编入广东舰队。

【靖安号炮舰】 中国清代海军军舰。该舰体为木质，排水量 150 吨，100 马力，航速 6 节。该舰配备火炮 2 门。编入广东舰队。

【定远号装甲炮舰】 中国清代海军军舰。该舰体为钢质，排水量 7335 吨，舰长 298.6 尺，6000 马力，航速 14.5 节。该舰装备火炮 22 门，鱼雷管 3 具，战斗乘员 331 人。1880 年下水，编入北洋舰队，曾参加中日甲午海战。

【镇远号装甲炮舰】 中国清代海军军舰。该舰体为钢质，排水量 7335 吨，舰长 298.6 尺，6000 马力，航速 14.5 节。该舰配备火炮 22 门，鱼雷管 3 具，战斗乘员 331 人。1880 年下水，编入北洋舰队，曾参加中日甲午海战。

【来远号装甲炮舰】 中国清代海军军舰。该舰体为钢质，排水量 2900 吨，舰长 270.4 尺，5000 马力，航速为 15.5 节。该舰配备火炮 14 门，鱼雷管 4 具，战斗乘员 202 人。1887 年下水，编入北洋舰队，曾参加中日甲午海战。

【经远号装甲炮舰】 中国清代海军军舰。该舰体为钢质，排水量 2900 吨，舰长 270.4 尺，5000 马力，航速 15.5 节。该舰装备火炮 14 门，鱼雷管 4 具，战斗乘员 202 人。1887 年下水，编

入北洋舰队，曾参加中日甲午海战。

【致远号巡洋舰】 中国清代海军军舰。该舰体为钢质，排水量 2300 吨，舰长 267 尺，5500 马力。航速 18 节。该舰配备火炮 23 门，鱼雷管 4 具，战斗乘员 202 人。1886 年下水，编入北洋舰队，曾参加中日甲午海战。

【靖远号巡洋舰】 中国清代海军军舰。该舰体为钢质，排水量 2300 吨，舰长 267 尺，5500 马力，航速 18 节。该舰配备火炮 22 门，鱼雷管 4 具，战斗乘员 202 人。1886 年下水，编入北洋舰队，曾参加中日甲午海战。

【济远号巡洋舰】 中国清代海军军舰。该舰体为钢质，排水量 2300 吨，舰长 233.2 尺，5500 马力，航速 15 节。该舰配备火炮 18 门，鱼雷管 4 具，战斗乘员 204 人。1883 年下水，编入北洋舰队，曾参加中日甲午海战。

【超勇号巡洋舰】 中国清代海军军舰。该舰体为钢质，排水量 1350 吨，舰长 220 尺，2400 马力，航速 15 节。该舰配备火炮 18 门，战斗乘员 135 人。1881 年下水，编入北洋舰队，曾参加中日甲午海战。

【扬威号巡洋舰】 中国清代海军军舰。该舰体为钢质，排水量 1350 吨，舰长 220 尺，2400 马力，航速 15 节。该舰配备火炮 18 门，战斗乘员 135 人。1881 年下水，编入北洋舰队，曾参加中日甲午海战。

【平远号巡洋舰】 中国清代海军军舰。该舰体为钢质，排水量 2100 吨，舰长 200 尺，2300 马力，航速 14.5 节。该舰配备火炮 11 门，鱼雷管 1 具，战斗乘员 145 人。1889 年下水，编入北洋舰队，曾参加中日甲午海战。

【镇南号炮舰】 中国清代海军军舰。该舰体为钢质，排水量 440 吨，舰长 127 尺，350 马力，航速 8 节。该舰配备火炮 5 门，战斗乘员 55 人。1879 年下水，编入北洋舰队，曾参加中日甲午海战。

【镇中号炮舰】 中国清代海军军舰。该舰体为钢质，排水量 440 吨，舰长 125 尺，750 马力，航速 8 节。该舰配备火炮 5 门，战斗乘员 55 人。1881 年下水，编入北洋舰队，曾参加中日甲午海战。

【"大同"号炮舰】 中国清朝和民国同时期服役的军舰。该舰始建于光绪二十八年（1902 年），在福州船政局制造，原名"建安"号后因年久废置。1929 年冬海军部以该舰机件尚好，船壳亦

属堪用，交由江南造船所改造，1931 年全部完工。改造后该舰更名为"大同"号，舰长 260 英尺，舰宽 26.5 英尺，吃水深 8.8 英尺，排水量 1050 吨，速率每小时 17 海里。后编入第一舰队服役。抗日战争中于 1937 年 8 月自沉于长江江阴航道上。

【"咸宁"号浅水炮舰】　中华民国建立后建造的第一艘舰艇。民国十六年（1927年）由江南造船所承造，该舰长 170 英尺，宽 24 英尺，吃水深 6 英尺，速率 17.5 海里，排水量 420 吨，设主炮 3 门，高射炮 1 门，三磅炮一门，机关枪 4 挺，动力为锅炉。1928 年 11 月完成试航，1928 年 1 月编入第 2 舰队服役。

【"永绥"号炮舰】　民国时期炮舰。先由大中华公司设计，后转交江南造船所承造。该舰长 225 英尺，宽 31 荷尺，吃水深 6 英尺，速率 18 海里。舰上配有主炮 2 门，并有小炮、机关炮若干。动力为锅炉，共计 4800 马力。1929 年 1 月 27 日下水，8 月 31 日全部竣工。后编入第 2 舰队服役。

【"胜"字号军舰】　国民党统治时期一批中小型海军舰艇。民国时将一批接收清朝政府从国外购置和国内建造的中小型舰艇以"胜"字命名，计有"威胜"、"德胜"等 10 余艘，种类和技术性能各不相同。在二十年代末到三十年代初先后由江南造船所等工厂整修改造，编入各舰队服役。

【"重庆"号巡洋舰】　中国国民党最大的一艘军舰。"重庆"号巡洋舰原系英国皇家海军地中 K 舰队旗舰，1943 年初赠给国民党。1948 年 5 月国民党派员从英国接抵上海。该舰长 153 米，宽 15.2 米，排水量 7500 吨，最大航速 32 节，装有双联 152 毫米主炮 3 座，双联 105 毫米副炮 4 座，四联 40 毫米高炮 2 座，双联 20 毫米机关炮 3 座，3 联 530 毫米鱼雷发射管若干座。舰上编有官兵 650 名。

1949 年 2 月 25 日凌晨，"重庆"号在上海吴淞口宣布起义，于次日 6 时抵达解放区烟台。蒋介石对"重庆"号起义极为气愤，亲自策划"讨伐"，从 3 月 3 日到 3 月 19 日多次出动"黑寡妇"式轻型轰炸机和 B—29 重型轰炸机轮番轰炸，使该舰受重伤，为保护舰上人员，经我党指示，"重庆"号巡洋舰于 3 月 19 日夜 12 时自沉。1951 年 6 月 4 日"重庆"号复被打捞出水，供教学参观多年。

【"逸仙"号轻巡洋舰】　中国民国时期建造的第一艘轻巡洋舰。由江南造船所承建。舰长 270

英尺，宽 26 英尺，吃水深 11 英尺，排水量为 1550 吨。动力为水管锅炉三座，总计 4000 马力，速度为每小时 19 海里。该舰的主要武器有：首尾主炮各一门，高射炮机关炮 10 余门。1930 年 11 月 12 日下水。次年 5 月试航成功。编入第一舰队服役。

【"民权"号炮舰】　中国民国时期所建炮舰。该舰江南造船所建造。全长 200 英尺，宽 26 英尺，吃水深 6 英尺，速率为 17 海里。以锅炉为动力，共计 2400 马力。舰上配主炮 2 门，高射炮，机关炮 10 余门。全舰用镀铝板制造，以求坚固，并加用避弹板。1930 年正式试航，后编入第 2 舰队服役。

【"宁"字号炮艇】　中国民国时期建造的一批浅水炮艇。1931 年国民党政府决定建造"宁"字浅水炮艇 10 艘，分期动工，由江南造船所承造。该型炮艇一般艇长约为 120—140 英尺，宽 20 英尺，吃水深 7 英尺，速率每小时 10 海里，排水量 300 吨。

1931 年建造了"江宁"、"海宁"、"抚宁"、"绥宁"号，1932 年建造了"威宁"、"肃宁"、"崇宁"、"义宁"号，1933 年建造了"正宁"、"长宁"号，共计 10 艘，均编入"海岸巡防队"。抗日战争爆发后"宁"字号炮艇多用于布雷，巡逻等任务，除"威宁"、"义宁"外均先后被日本飞机炸沉。此外，江南造船所还建有"泰宁"号炮舰等，"宁"字号舰船若干艘。

【"自强"号轻巡洋舰】　中国清朝和中国民国时期服役的军舰。"大同"号军舰改造成功后（见［"大同"号炮舰］条），海军部又将从清朝政府接收的"建威"号军舰交由江南造船所改建。1931 年 1 月开工，6 月竣工。改造后该舰更名"自强"号。舰长 260 英尺，舰宽 26.5 英尺，排水量 1050 吨，速率每小时 17.5 海里。后编入第一舰队服役。1937 年 8 月自沉于长江江阴航道上。

【"民生"号炮舰】　中国民国时期建造的炮舰。该舰为江南造船所承建。该舰尺寸、设备、武器、马力均与"民权"号炮舰相同。1931 年 5 月 5 日下水，同年 11 月 12 日竣工，后编入第 2 舰队服役。

【"中"字号军舰】　解放前国民党政府接受美国"援助"以"中"字为首字命名的一批军舰。抗日战争结束后，国民党政府为打内战成立海军训练团，美国给以积极支持，1946 年初，首批赠送 4 艘登陆舰。蒋介石示意舰名要含有"中美合作"的意义，遂将这第一批舰艇以"中"字为首，命名为"中

海"、"中权"、"中鼎"、"中兴"。后国民党政府又从美国接收2艘废舰，命名为"中洲"、"中练"，即训练

舰之意。此后国民党政府又陆续接收一些"中"字舰，如"中正"号军舰等。

2、　航空母舰

【尼米兹级核动力航空母舰】　美国纽波特纽斯造船公司建造。共计划建造6艘（CVN68-73），截至1986年底已有4艘（CVN68-71）建成服役。1986年底服役的罗斯福号（CVN71），其舰载机每隔20秒可起飞一架。各舰数据有所不同，以首制舰为主。此舰标准排水量81600吨，满载排水量90944吨。舰长332.9米，宽40.8米，飞行甲板宽76.8米。吃水11.3米。动力装置为2座A4W／A1G型反应堆，装料一次可使用13-15年。4台蒸汽轮机，26万马力。航速30节以上，续航力71000海里／30节。编制人数军官161人，士兵3040人，共计3204人；另外舰载航空兵2480人；总计5684人。贮油量为航空汽油365万加仑，可飞行16天。航空弹药为3000吨。舰上还配有4座蒸汽式飞行弹射器，4部飞机升降机，90余架飞机，最多可载120架飞机。还有3座MK29八联装北约海麻雀导弹发射架，3座MK16 20毫米炮（CVN-70-73为4座）。配有SPS48三座标雷达，SPS10F对海搜索雷达，SPS43A远程对空搜索雷达及LN66导航雷达。指挥仪有3部MK115、3部MK91（导弹）。干扰器材有SLQ29。特种设备有QE82卫星通信天线，SSR1接收机和海军战术数据系统。

图8-16　尼米兹级核动力航空母舰

【尼米兹号航空母舰】　美国纽波特纽斯造船公司建造。舰级尼米兹级。1968年6月动工，1972年5月下水，1975年5月服役。部署在美军太平洋舰队。

【艾森豪威尔号航空母舰】　美国纽波特纽斯造船公司建造。舰级尼米兹级。1970年8月动工，1975年10月下水，1977年10月服役。部署在美军大西洋舰队。

【文森号航空母舰】　美国纽波特纽斯造船公司建造。舰级尼米兹级。1975年10月动工，1980年3月下水，1982年2月服役。部署在美军太平洋舰队。

【罗斯福号航空母舰】　美国纽波特纽斯造船公司建造。舰级尼米兹级。1981年10月动工，1984年10月下水，1986年9月服役。部署在美军大西洋舰队。

【华盛顿号航空母舰】　美国纽波特纽斯造船公司建造。舰级尼米兹级，1986年8月动工，1989年9月下水，1991年12月服役。

【亚伯拉罕·林肯号航空母舰】　美国建造。舰级尼米兹级。这艘先进的航空母舰排水量为100000吨，全长1092英尺，是美国有史以来建造的最大的战舰。该舰的防空武器还包括"麻雀"舰对空导弹和密集阵武器系统。

【企业级核动力航空母舰】　美国纽波特纽斯造船公司建造。仅1艘（CVN65）。1971年1月更换核反应堆堆芯。1979年1月至1982年3月曾进行大修和改装，并更换核反应堆堆芯，耗资2.6亿美元。此舰级标准排水量75700吨，满载排水量90970吨。舰长331.6米，宽40.5米，飞行甲板宽76.8米。吃水11.9米。动力装置为8座A2W反应堆，装料一次可使用10到13年；4台蒸汽轮机；28万马力。航速约35节。续航力400000海里／20节，140000海里／全速。编制人数军官163人，士兵3190人，共计3353人；另外有舰载航空兵2480人，总计5833人。舰上还配有4座蒸汽式飞机弹射器，4部飞机升降机，约90架飞机，3座MK57八联装北约海麻雀导弹发射器，3座MK16.20毫米炮、3座MK68.20毫米炮。雷达有SPS48三座标雷达，SPS49对空搜索

雷达，SPS65 对空搜索雷达，SPS10B 对海搜索雷达，SPN35A 飞机进场控制雷达，SPN41 飞机进场控制雷达，SPN42 飞机进场控制雷达，SPN44 飞机进场控制雷达，LN66 导航雷达。3 部 MK91 指挥仪，干扰器材有 SLQ29；SLQ32V 电子战系统，4 座 MK36 干扰火箭发射器。特种设备有战术数据系统及塔康，OE82 卫星通信天线，SSR1 接收机。

图 8—17　企业级核动力航空母舰

【企业号航空母舰】　美国纽波特纽斯造船公司建造。舰级企业级。1958 年 2 月动工，1960 年 9 月下水。1961 年 11 月服役。部署在美军太平洋舰队。

【小鹰级航空母舰】　美国建造。共 4 艘（CV63—64；66—67），原为攻击航母，1973—1975 年改为多用途航母。计划 1988—2002 年间陆续进行延长服役期改装。此舰级标准排水量 60100 吨，满载排水量 81123 吨。舰长 318.8 米。动力装置为 4 台蒸汽轮机，28 万马力。航速 30 节以上，续航力为 4000 海里／30 节，8000 海里／20 节。编制人数军官 162 人，士兵 2999 人，计有 3161

图 8—18　小鹰级航空母舰

人；另外有舰载航空兵 2480 人，总计 5641 人。燃油贮油量 7800 吨，航空汽油贮油量 5882 吨。舰上配有 4 座蒸汽式飞机弹射器，4 部飞机升降机，约 85 架飞机，3 座 MK29 八联装北约海麻雀导弹发射架，3 座 MK16.20 毫米炮，还装有 SPS49 对空搜索雷达，SPS48 三座标雷达，SPS37 对空搜索雷达，SPS65 对空搜索雷达，SPS10 对海搜索雷达，SPN35 飞机进场控制雷达，SPN41 飞

机进场控制雷达，SPN42 飞机进场控制雷达，SPN43 飞机进场控制雷达，LN66 导航雷达。3 部 MK91 指挥仪。干扰器材有 SLQ29、26；WLR、11 电子战系统，4 座 MK36 干扰火箭发射器。特种设备有海军战术数据系统及塔康，OE82 卫星通信天线，SSR1 接收机，WSC3 收发信机。

【小鹰号航空母舰】　美国纽约造船公司建造。舰级小鹰级。1956 年 12 月动工，1960 年 5 月下水。1961 年 4 月服役。部署在美军太平洋舰队。

【星座号航空母舰】　美国海军船厂建造。舰级小鹰。1957 年 9 月动工，1960 年 10 月下水。1961 年 10 月服役。部署在美军太平洋舰队。

【美国号航空母舰】　美国纽波特纽斯造船公司建造。舰级小鹰级。1961 年 1 月动工，1964 年 2 月下水。1965 年 1 月服役。部署在美军大西洋舰队。

【肯尼迪号航空母舰】　美国纽波特纽斯造船公司建造。舰级小鹰级。1964 年 10 月动工，1967 年 5 月下水。1968 年 9 月服役。部署在美军大西洋舰队。

【福莱斯特级航空母舰】　美国建造。共 4 艘（CV59—62）。按计划均进行延长服役期改装，改装后服役期可由 30 年延长到 45 年。萨拉托加号（CV60）和福莱斯特号（CF59）已分别于 83 年 2 月和 85 年 5 月改装完毕。独立号（CV62）和突击者号（CV61）按计划分别于 1986 年和 1996 年改装完毕。此舰级标准排水量 59060 吨，满载排水量 79250 吨。舰长 331 米，宽 39.5 米，飞行甲板宽 76.8 米。吃水 11.3 米。动力装置为 4 台蒸汽轮机，26 万马力。航速 33 节，续航力 4000 海里／30 节，8000 海里／20 节。编制人数军官 160 人，士兵 2859 人，共计 3019 人；另有舰载航空兵 2480 人，总计 5499 人。燃油贮油量 7800 吨，航空汽油贮油量 5882 吨。舰上配有 4 座蒸汽式飞机弹射器，4 部飞机升降机，约 90 架飞机，3 座 MK29 八联装北约海麻雀导弹发射架，3 座 MK16.20 毫米炮。还有 SPS10 对海搜索雷达，SPS48 三座标雷达，SPS49 对空搜索雷达，SPS58 对空搜索雷达，SPS43 对空搜索雷达，SPS65 对空搜索雷达，SPS37 对空搜索雷达，SPN35 飞机进场控制雷达，SPN41 飞机进场控制雷达，SPN42 飞机进场控制雷达，SPN43 飞机进场控制雷达，LN66 导航雷达。3 部 MK91 指挥仪。干扰器材有 SLQ26 电子战系统，4 座 MK36 干扰火箭发射

器。特种设备有战术数据系统及塔康，OE82卫星通信天线，SSR1接收机，WSC3收发信机。

图8-19　福莱斯特级航空母舰

【福莱斯特号航空母舰】　美国纽波特纽斯造船公司建造。舰级福莱斯特级。1952年7月动工，1954年12月下水。1955年10月服役。部署在美军大西洋舰队。

【萨拉托加号航空母舰】　美国纽约海军船厂建造。舰级福莱斯特级。1952年12月动工，1955年10月下水。1956年4月服役。部署在美军大西洋舰队。

【突击者号航空母舰】　美国纽波特纽斯造船公司建造。舰级福莱斯特级。1954年8月服役。部署在美军太平洋舰队。

【独立号航空母舰】　美国纽约海军船厂建造。舰级福莱斯特级。1955年7月动工，1958年6月下水。1959年1月服役。现在正在改装中。

【中途岛级航空母舰】　美国纽波特纽斯造船公司建造。共2艘（CV41、43）。两舰分别于55年，58年进行改装，中途岛于66-70年再次改装，加大飞行甲板，更换新的飞机弹射器及电子设备。86年再次加大飞行甲板，更换新型舰载战斗

图8-20　中途岛级航空母舰

机F／A-18。珊瑚海79-83年也再次进行了改装，更换飞行甲板，计划90年代初将接替列克星顿号担任训练航母。此舰级标准排水量51000吨，满载排水量64002吨。舰长298.4米，宽36.9米，飞行甲板宽72.5米。吃水10.8米，动力装置为4台蒸汽轮机，21.2万马力。航速32节，续航力14300海里／20节。编制人数军官133人，士兵2400人，共计2533人；另外有舰载舰空兵2239人，总计4772人。贮油量120万加仑。舰上配有2座MK25八联装海麻雀导弹发射架，中途岛上有2座飞机弹射器，珊瑚海上有3座飞机弹射

器，3部飞机升降机，约75架飞机，3座MK16.20毫米炮。还有多部雷达、2部MK115导弹指挥仪。干扰器材为ULQ6；WLR1、10、11；电子对抗系统，4座MK36干扰火箭发射器。特种设备有战术数据系统及塔康，WSC3收发信机，OE82卫星通信天线。

【中途岛号航空母舰】　美国纽波特纽斯造船公司建造。舰级中途岛级。1943年10月动工，1945年3月下水。1945年9月服役。部署在美军太平洋舰队。

【珊瑚海号航空母舰】　美国纽波特纽斯造船公司建造。舰级中途岛级。1944年7月动工，1946年4月下水。1947年10月服役。部署在美军大西洋舰队。

【汉科克级航空母舰】　美国伯利恒钢铁公司建造。共7艘。除列克星顿外，均已退出现

图8-21　汉科克级航空母舰

役。列克星顿号于1962年10月由反潜航母改成训练航母，专用于舰载机甲板着舰训练，预计90年代初将退出现役。此舰级轻载排水量29783吨，满载排水量42113吨。舰长270.9米，宽31.4米，飞行甲板宽58.5米。吃水9.5米。动力装置为4台蒸汽轮机，15万马力。航速30节以上，续航力15000海里／15节。编制人数军官75人，士兵1365人，共计1440人。贮油量6750吨。舰上配有2座蒸汽式飞机弹射器，3部飞机升降机。雷达有SPS10对海搜索雷达，SPS12对空搜索雷达，SPS43对空搜索雷达。

【列克星顿号航空母舰】　美国伯利恒钢铁公司建造。舰级汉科克级。1941年7月动工，1942年9月下水。1943年2月服役。部署在美军大西洋舰队。

【克里姆林宫号核动力航空母舰】　苏联黑海船厂建造。西方有关报道称该航空母舰为克里姆林宫级。1981年2月动工，1987年下水，估计1989-1991年装备苏军。满载排水量65000吨。舰

长 300 米，宽 73 米。水线长 275 米，水线宽 38 米。吃水 11 米。动力装置为核反应堆 2 座，蒸气涡轮机 4 台，4 轴。功率 150000 马力。航速 30—32 节。舰载飞机：苏式或米格式舰载攻击机 50—60 架，反潜直升机 10 架。

【基辅级航空母舰】 苏联黑海船厂建造。共造 4 艘。标准排水量 32000 吨。满载排水量 37100 吨。舰长 273 米，宽 47.2 米。水线长 249.5 米，水线宽 32.7 米。吃水 8.5 米，最大吃水 10.5 米。动力装置为蒸气涡轮机 4 台（4 个螺旋桨，2 舵）。功率 140000 马力。航速 32 节，续航力 13000 海里／18 节，4000 海里／30 节。编制人数 1200 人。舰载飞机：雅克-36A 型垂直起降飞机 12 架，B 型 1-3 架，卡-25 型反潜直升机 20 架（改装后部分直升机换成卡-27 型）。飞行甲板长 189 米，宽 38 米。机库面积 2750 平方米。导弹发射架有 4 座双联装 SS-N-12 舰对舰导弹发射架，带弹 24 枚；2 座双联装 SA-N-3 舰对空导弹发射架，带弹 72 枚，2 座双联装 SA-N-4 舰对空导弹发射架，带弹 40 枚；1 座双联装 SUW-N-1 反潜导弹发射架，带弹 24 枚。火炮有 2 座 76 毫米双联装两用全自动火炮，8 座 30 毫米六管全自动速射炮。反潜兵器有 2 座 RBU6000 十二管反潜火箭发射器。2 座五联装 553 毫米鱼雷发射管。电子设备有多部、侧球电子对抗仪 8 部、顶帽 A 型电子对抗仪 4 部、顶帽 B 型电子对抗仪 4 部、钟系列电子对抗仪 12 部、V 形栅无线电通信天线 2 副、T 形柱红外测视仪 2 部、高杆 B 故我识别器 2 部、4 座双联装干扰火箭发射器。声纳为拖曳式变深声纳 1 部、球鼻首声纳 1 部。

【基辅号航空母舰】 苏联黑海船厂建造。舰级基辅级，1970 年动工，1972 年下水，1975 年装备苏军。部署在苏北方舰队。

【明斯克号航空母舰】 苏联黑海船厂建造。舰级基辅级。1972 年动工，1975 年下水，1978 年装备苏军。部署在苏军太平洋舰队。

【诺沃罗西斯克号航空母舰】 苏联黑海船厂建造。舰级基辅级。1975 年动工，1981 年下水，1984 年装备苏军。部署在苏军太平洋舰队。

【巴库号航空母舰】 苏联黑海船厂建造。舰级基辅级。1978 年动工，1983 年下水，1986 年装备苏军。部署在苏军北方舰队。

【莫斯科级直升机航空母舰】 苏联纳辛科船厂建造。共建造 2 艘。标准排水量 14400 吨。满载排水量 17000 吨。舰长 189 米，宽 34

米，全长 178 米，水线宽 23 米。吃水 7.6 米，最大吃水 8.5 米。动力装置为蒸气涡轮机 2 台，2 轴水管式锅炉 4 个，功率 100000 马力。储油量 3000 吨。航速 31 节，续航力 4500 海里／28 节，14000 海里／12 节。编制人数 840 人。舰载飞机有卡-25A 型反潜直升机 14 架，B 型机 2 架。飞行甲板长 86 米，宽 34 米。机库面积 1536 米。飞机升降机 2 部。导弹发射架有 2 座双联装 SA-N-3 舰对空导弹发射架，带弹 48 枚）、1 座双联装 SUW-N-1 反潜导弹发射架，带弹 24 枚。火炮为 2 座 57 毫米双联装全自动高炮。反潜武器为 2 座 RBU6000 十二管反潜火箭发射器。电子设备有雷达多部、侧球电子对抗仪 8 部、钟系列电子对抗仪 6 部、T 形柱红外测视仪 2 部、高杆 B 敌我识别器 2 部、2 座双联装干扰火箭发射器。声纳为拖曳式变深声纳 1 部、塔米尔或武仙星座声纳 1 部。

【莫斯科号直升机航空母舰】 苏联纳辛科船厂建造。舰级莫斯科级。1962 年动工，1964 年下水，1967 年装备苏军。部署在苏黑海舰队。

【列宁格勒号直升机航空母舰】 苏联纳辛科船厂建造。舰级莫斯科级。1964 年动工，1966 年下水，1968 年装备苏军。部署在苏黑海舰队。

【竞技神号反潜／突击航空母舰】 英国建造。1944 年 6 月开始建造，1959 年 11 月服役。原为攻击航母，1973 年 8 月改装为突击航母，1977 年 1 月又改装为反潜航母，但仍保留突击支援能力，1980 年安装了 7.5°滑行起飞跳板。第二艘常胜级反潜航母服役后该舰退役。印度购买后服现役。此舰标准排水量 23900 吨，满载排水量 28700 吨。舰长 226.9 米；宽 27.4 米，甲板宽 48.8 米。吃水 8.7 米。航速 28 节。动力装置为蒸汽涡轮机，7.6 万马力。编制人数军官 143 人，士兵 1207 人，共计 1350 人。舰载人数紧急情况时，可载运 1 个陆战营约 750 人。装甲厚度飞行甲板为 19 毫米，弹药库、机房上方为 25-50 毫米。舰上配有 5 架海鹞垂直起降飞机、9 架海王 MK2 直升机。2 座 4 联装海猫舰对空导弹发射架。993 型搜索雷达，965 型警戒雷达。声纳 184 型。

【常胜级反潜航空母舰】 英国建造。计划建 3 艘，主要作为反潜部队的旗舰。它的标准排水量 16000 吨，满载排水量 19500 吨。舰长 206.6 米，飞行甲板长 167.8 米，舰宽 27.5 米，甲板宽 31.9 米。吃水 7.3 米。航速 28 节，续航力 5000 海里／18 节。动力装置为 4 台燃气涡轮机，112000 马力。编制人数军官 131 人，士兵 869 人，共计 1000 人（不包括舰载航空兵）。舰上配有 9 架海王直升机，5 架海鹞垂直起降飞机。1 座双联装海标枪舰对空导弹发射架。雷达有 992R 型搜索雷达，1022 型警戒雷达。声纳为 2061 型。

【常胜号航空母舰】　亦称无敌号。英国建造。1973 年 7 月开始建造，1980 年 6 月服役。为增加海鹞飞机的载重量和缩短起飞滑行距离，装有 7°滑行起飞跳板。它的造价为 1.85 亿英镑（1980 年价格）。

【光辉号航空母舰】　英国建造。1982 年服役。为增加海鹞飞机的载重量和缩短起飞滑行距离，装有 7°滑行起飞跳板。

【皇家方舟号航空母舰】　英国建造。它的满载排水量 19500 吨，舰长 209.1 米，宽 27.5 米。装备有"海标枪"舰对空导弹，2 座 20 毫米"密集阵"近战武器系统，2 座 20 毫米 GAM-B01 型火炮。

【坎帕尼亚号航空母舰】　英国建造。排水量 18000 吨，航速 22 节。

【惩罚号航空母舰】　英国建造。排水量 9750 吨，航速 29 节。

【百眼巨人号航空母舰】　英国建造。排水量 15775 吨，航速 20 节。

【克莱蒙梭级航空母舰】　法国建造。共造两艘。它的满载排水量 32780 吨，舰长 265 米，宽 51.2 米。空载吃水 7.5 米，满载吃水 8.6 米。航速 32 节，续航力 7500 海里／18 节，4800 海里／24 节。动力装置为 2 台齿轮涡轮机，126000 马力。编制人数 1338 人。舰上配有 2 个蒸汽式飞机弹射器。飞机 40 架左右。8 门 100 毫米高炮。雷达有 DRBV20C 对空搜索雷达，DRBV23B 对空搜索雷达，DRRV50 近程对空搜索雷达，DRBI10 三座标雷达。声纳为 SQS505 型。

【克莱蒙梭号航空母舰】　法国建造。舰级克莱蒙梭级。1961 年 11 月服役装备法国海军。1977 年 9 月至 1978 年 11 月进行大修和改进，可载携带战术核武器的超军旗战斗机。装有战术数据自动处理系统。

【福煦号航空母舰】　法国建造。舰级克莱蒙梭级。1963 年 7 月装备法国海军。1980 年进行大修和改装，可载携带战术核武器的超军旗战斗机。装有战术数据自动处理系统。

【圣女·贞德号直升机航空母舰】　法国建造。1960 年开始建造，1964 年装备法海军。可用作反潜直升机和攻击直升机母舰，平时作初级军官训练舰。该舰结构较强，舰体采用屈服点为 80 公斤／平方毫米的高强度结构钢焊接而成，重要部位有装甲防护，并采用了多种三防设施。它的标准排水量 10000 吨，满载排水量 12365 吨。舰长 182 米，宽 24 米。空载吃水 6.6 米，满载吃水 7.4 米。航速 26.5 节，续航力 68000 海里／16 节，3750 海里／25 节。动力装置为 2 台齿轮涡轮机，40000 马力。编制人数 627 人。舰上配有飞机升降机 1 台，直升机 8 架。还有 4 门 100 毫米高炮，6 座飞鱼 MM38 舰对舰导弹发射架。

【朱塞佩·加里波的号轻型直升机航空母舰】　意大利自行建造的第 1 艘航空母舰。属于 1975 年制定的海军装备十年现代化规划项目。1980 年正式开始建造，1984 年服役。该舰可对海、对空和对潜作战，也可进行海域侦察和作为混合舰队的指挥中心。因其装备较强，亦称"直升机巡洋舰"。它的标准排水量 10100 吨，满载排水量 13370 吨。舰长 180.2 米，宽 30.4 米。满载吃水 6.7 米。航速 29.5 节，续航力 7000 海里／20 节。动力装置为 4 台 FIAT／GELM2500 燃汽轮机，80000 马力。编制人数 825 人。舰上配有 18 架多用途 SH3D 海王型直升机。有 4 座奥托玛特 MKZTESEO 舰对舰导弹发射架，3 座 8 联装毒蛇舰对空导弹发射架，2 座 105 毫米多管反潜火箭发射架，6 门 40 毫米火炮，2 具三联 MK32 型鱼雷发射管，各种对空对海搜索雷达系统。声纳为 1 部舰壳声纳。特种设备有 4 套电子侦察设备，3 套电子对抗设备。

【"朱塞普·加里瓦尔迪"号轻型航空母舰】　意大利建造。这是意大利海军的第一艘轻型航空母舰。该舰于 1981 年开工，1984 年下水，1987 年交付海军使用。舰体为直通甲板型，搭载大型直升飞机，用于大规模反潜战。它的排水量 10100 吨。舰长 180.2 米，宽 23.4 米，飞行甲板宽 30.4 米。吃水 6.7 米。主机功率 80000 马力，航速 30 节。武器装备有"蝮蛇"防空导弹发射架 2 座，"奥托马特"反舰导弹发射架 4 座，40 毫米双联机关炮 3 门，三联短鱼雷发射管 2 座。该舰可载"海王"反潜直升机 16 架。机库只能容纳 12 架，有 4 架露天停放。飞行甲板可供 6 架直升机同时起降。舰上的飞机升降机平台，比现装备的"海王"直升机尺寸大。

【"阿斯图里亚斯亲王"号航空母舰】 西班牙建造。该舰 1979 年 10 月 8 日动工，1982 年 5 月 22 日下水，1987 年 5 月服役。全舰长 196 米，宽 24.4 米，吃水 9.1 米，飞行甲板总面积为 175 米×32 米，可搭载 20 架垂直短距起降飞机和直升机，其中有 AV-8B 战斗机、"海王"直升机和 AB212 直升机。该舰满载排水量 15150 吨，装有 2 台 LM2500 燃汽轮机，46000 马力，航速 26 节，续航力 7500 海里（航速 20 节时）。编制舰员 791 人，另配有航空联队人员。舰上装"梅罗长"20 毫米十二联装近距离武器系统 4 套、MK36 型干扰物投放器 4 部、数字控制与指挥系统和下列雷达：SPS-55 型对海搜索雷达，SPS-52C 型三座标雷达，"VPJS-2"型炮瞄雷达、SPN-35A"塔康"飞机导航雷达。

【"米纳斯吉拉斯"号航空母舰】 巴西海军军舰。"米纳斯吉拉斯"号航母原属英国"巨人"级，建造厂家是英国的斯旺·亨特与威甘·理查森公司，1942 年 11 月 16 日动工，1944 年 2 月 23 日下水，1945 年 1 月 15 日在英国皇家海军服役，1948-1049 年舾装后进行了试验性远航。巴西政府于 1956 年 12 月 14 日购入，并在 1957 年至 1960 年期间进行了改装。它的标准排水量 15890 吨，满载排水量 19890 吨。舰长 211.8 米，宽 24.4 米。吃水 7.5 米。动力装置双轴，40000 马力。装载燃油 3200 吨，速度 24 节。续航力 12000 海里／14 节，6200 海里／23 节。舰员 1300 人。舰上配有蒸汽弹射器 1 个。载有 20 架各类飞机，其中有 9 架"搜索者"双引擎反潜机，4 架"海王"直升机。10 门 40 毫米，2 门 47 毫米火炮。4 台电站，汽轮发电机组 2500 千瓦。配有 SPS12 型对空警戒雷达，SPS4 型对海搜索雷达，SPS8B 飞机导航雷达，SPG34 型火控雷达，MP1402 型导航雷达。

【"五月二十五日"号航空母舰】 阿根廷海军军舰系英国建造，属"巨人"级。该舰 1942 年 12 月 3 日动工建造，1943 年 12 月 30 日下水，1945 年 1 月 17 日在英国海军服役。1948 年 4 月 1 日，荷兰购买该航母并于同年 5 月 28 日交荷兰海军使用。1968 年 10 月 15 日，又转卖给阿根廷。它的舰长 211.3 米，宽 24.4 米，吃水 7.6 米。可载固翼飞机 18 架，直升机 4 架。编制人数 1000 名，另外还有 500 名航空联队人员。该舰标准排水量 15892 吨，满载排水量 19896 吨，装有涡轮机 2 座、锅炉 4 个。40000 马力，航速 24 节，续航力 12000 海里／14 节，6200 海里／23 节。该舰还装有计算机辅助战斗情报系统，LW-01 型和 LW-02 型对空监视雷达，"2W-01"型对海警戒导航雷达，DA-02 型目标指示与战术雷达，"VI"型测高雷达，10 门瑞典博福斯公司生产的 L90 型单管 40 毫米舰炮。

【凤翔号航空母舰】 日本建造。1919 年开始设计建造，1923 年建成下水。它是世界上第一艘按航空母舰要求设计建造的航空母舰。标准排水量 7470 吨，舰员 550 人，航速 25 节。舰载飞机 21 架。其外型尺寸与后来英国皇家海军专门设计建造的"竞技神"号航空母舰（现为印度海军军航）大体相仿。舰上有 2 部升降机。火炮装备数量较少。

【信浓号航空母舰】 日本建造。1940 年 5 月开始建造，1944 年 10 月下水，1944 年 11 月服役。它是当时世界上最大的超级航空母舰。这一纪录，直至美国海军"企业"号核动力航空母舰建成、服役才告打破。该舰满载排水量 72000 吨。舰长 266.58 米，宽 36.3 米。其防护能力极强，能抵御 500 公斤炸弹的轰炸。1944 年 11 月 28 日，该舰在服役后不久就被美国潜艇"射水鱼"号用鱼雷击沉。该舰也因此被世人称之为世界上寿命最短的大型航空母舰。

【"维克兰特"号航空母舰】 印度海军军舰"维克兰特"号航母原属英国"尊严"级。它于 1943 年 10 月 14 日由英国维克斯-阿姆斯特朗公司开工建造，1945 年 9 月 22 日下水。1957 年 1 月印度从英国购入这艘航母。1961 年 3 月 4 日，该航母开始在印度海军服役并正式命名为"维克兰特"号。该航母先后进行了两次大的改装，现在该航母既可搭载常规"贸易风"反潜机，也可搭载"海鹞"式垂直短距起降歼击机。它的标准排水量 16000 吨，满载排水量 19500 吨。舰长 213.4 米，宽 24.4 米，飞行甲板宽 39 米。吃水 7.3 米。动力装置为单机减速齿轮透平机，双轴，40000 马力。装载燃油 3200 吨。舰上装备 7 门 40 毫米火炮。雷达有 LW-05 对空警戒雷达，ZW-06 搜索雷达，ZW10／11 战术雷达，963 型导航雷达。航速 24.5 节，续航力 12000 海里／14 节，6200 海里／23 节。锅炉装置蒸汽压力为 28 公斤／厘米^2，温度为 371°C。

3、　战列舰

【衣阿华级战列舰】　　美国建造。共 4 艘 (BB61-64)，原已封存。经启封和改装后，新泽西、衣阿华和密苏里号已先后于 82、84、86 重新加入现役。威斯康星号后改装，1989 年重新加入现役。改装后，该级战列舰加装了新的电子设备和导弹系统，可作指挥舰。此级战列舰标准排水量 45000 吨，满载排水量 58000 吨。舰长 270.4 米.宽 3.3 米。吃水 11.6 米。动力装置为 4 台蒸汽轮机，21.2 万马力。航速 35 节，续航力 5000 海里／30 节，15000 海里／17 节。编制人数军官 65 人，士兵 1445 人，共计 1510 人。燃油贮油量 6840 吨。舰上配有 3 架 SH-60B 直升机，(战时可增加一架)，8 座 MK141 四联装战斧导弹发射架，载弹 32 枚；4 座四联装鱼叉导弹发射架，载弹 16 枚；3 座 MK7 三联装 406 毫米／50 身倍炮，6 座 MK38 双联装 127 毫米／38 身倍炮，4 座 MK15.20 毫米炮。雷达为 SPS49 对空搜索雷达，SPS67 对海搜索雷达，SPS64 对海搜索雷达。指挥仪 MK25、MK38 各 2 部。干扰器材有 SLQ25 鱼雷欺骗装置，SLQ32V 电子战系统，8 座 MK36 干扰火箭发射器。特种设备有 OE82 卫星通信天线，SSR1 接收机，WSC3 收发信机。

图 8-22　衣阿华级战列舰

【衣阿华号战列舰】　　美国纽约海军船厂建造，舰级衣阿华级。1940 年 6 月动工，1942 年 8 月下水。1943 年 2 月服役。部署在美军大西洋舰队。

【新泽西号战列舰】　　美国费城海军船厂建造，舰级衣阿华级。1940 年 9 月动工，1942 年 12 月下水。1943 年 5 月服役。部署在美军太平洋舰队。

【密苏里号战列舰】　　美国纽约海军船厂建造，舰级衣阿华级。1941 年 1 月动工，1944 年 1 月下水。1944 年 6 月服役。部署在美军太平洋舰队。

【威斯康星号战列舰】　　美国费城海军船厂建造，舰级衣阿华级。1941 年 1 月动工，1943 年 12 月下水。1944 年 4 月服役。部署在美军大西洋舰队。

【无畏号战列舰】　　英国建造。是 20 世纪初英国战列舰，首次在军舰上全部装备大口径火炮，称霸世界海军近 40 年。该舰于 1906 年建成。有 4 台用蒸汽涡轮推动的螺旋桨，排水量 21845 吨，航速 21 节，有 5 座双联装 12 英寸火炮。

【俾斯麦号战列舰】　　德国建造。该舰具有出色的船体结构，良好的适航性能和完美的机动性能。1936 年动工，1939 年下水、1940 年服役。满载排水量 50900 吨，标准排水量 35000 吨。航速 30.1 节，续航力 9280 海里／16 节。武器装备有 8 门 380 毫米对海舰炮、12 门 150 毫米对海舰炮。6 架 Ar196 飞机。舰员 2100 人。该舰在第二次世界大战中被英国海军击沉。

【丹多洛号炮塔战列舰】　　意大利建造。最大航速 15 节。装有 4 门巨大英制火炮，每门重达 100 吨，口径 17.7 英寸。水线以下重要的部位和炮塔有厚装甲带保护。

【大和号战列舰】　　日本建造。1937 年动工，1941 年服役。是历史上世界最大的战列舰之一（另一艘武藏号与此同型）在太平洋战争中是日海军联合舰队旗舰。1945 年 4 月被美国海军舰载机击沉。该舰舰长 263 米，舰宽 38.9 米，吃水 10.4 米。标准排水量 64000 吨，满载排水量 72809 吨，载油量 6300 吨，航速 27 节。动力装置为 4 台汽轮机、续航力 7200 海里／16 节。武器装备有 3 座三联装 460 毫米火炮，该炮最大射程约 40000 米，弹重 1460 公斤。还有 4 座三联装 155 毫米炮，6 座双联装 127 毫米高炮。水上侦察机和观测机共 7 架。舰员约 2500 名。

4、 巡洋舰

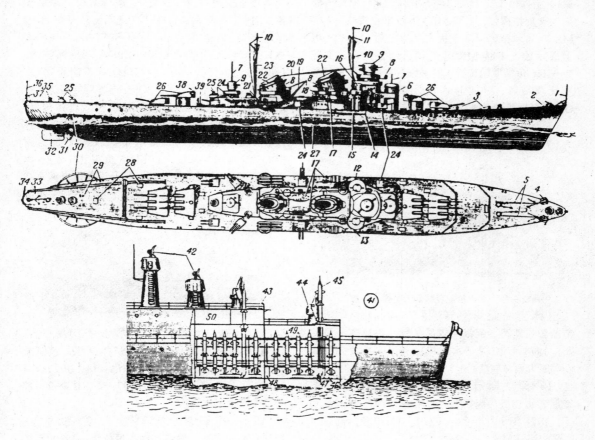

图 8-23 巡洋舰

1.舰首旗杆 2.锚链孔 3.防浪板 4.主锚 5.锚链 6.指挥台 7.潜望镜 8.信号探照灯 9.测距指挥台 10.雷达天线 11.前桅 12.左舷灯 13.右舷灯 14.舷梯 15.吊艇杆 16.稳定瞄准部位 17.值勤艇 18.汽艇 19.吊艇起重机 20.无线电天线 21.三联装鱼雷发射器 22.烟囱 23.主桅 24.100毫米高平两用炮 25.多管自动高射炮 26.三联装主炮炮塔 27.水线 28.出入口 29.系柱 30.螺旋桨护架 31.右舷螺旋桨 32.舵 33.雷轨 34.尾锚 35.尾绞盘 36.尾旗杆 37.尾航行灯 38.炮瞄雷达天线 39.舷梯 40.桅灯 41-50.重型巡洋舰尾部防空导弹系统：42.防空导弹制导台 43.扬弹机系统舱口盖 44.发射装置 45.发射架上的防空导弹 46.纵向供弹系统装置 49.防空导弹舱 50.发射检查部

【弗吉尼亚级核动力导弹巡洋舰】 美国纽波特纽斯造船公司建造。该级舰共 4 艘（CGN38-41）。原定为导弹护卫舰，1975 年 6 月改定为导弹巡洋舰。它的标准排水量 8623 吨，满载排水量 11000 吨。舰长 178.4 米，宽 19.2 米。吃水 9 米。动力装置为 2 座反应堆，2 台蒸汽轮机，10 万马力。航速 30 节以上。编制人数军官 29 人，士兵 533 人，共计 562 人。舰上配有 2 架 SH-60B 有机库直升机，2 座 MK26 双联装标准防空导弹／阿斯洛克反潜导弹发射架，2 座 MK141 四联装鱼叉导弹发射架，2 座 MK143 战斧导弹发射架，2 座 MK32 三联装鱼雷发射管，2

座 MK45 单 127 毫米／54 身倍炮，2 座 MK16 20 毫米炮。雷达有 SPS48A 三座标雷达，SPS40B 对空搜索雷达，SPS55 对海搜索雷达，LN66 导航雷达，SPG51 导弹制导雷达，SPG60D 导弹制导雷达，SPQ9 导弹制导雷达。声纳为 SQS53（舰艉）。指挥仪 1 部 MK13 目标指示，1 部 MK86 导弹、火炮指挥仪，1 部 MK116 反潜指挥仪，1 部 MK74 导弹指挥仪。干扰器材为 1 部 SLQ32V 电子战系统，4 部 MK36 干扰火箭发射器，1 部 T-MK6 鱼雷欺骗装置。特种设备有海军战术数据系统及塔康、SR1 接收机，WSC3 收发信机，OE82 卫星通信天线。

图 8-24 弗吉尼亚级核动力导弹巡洋舰

【弗吉尼亚号巡洋舰】 美国纽波特纽斯造船公司建造，舰级弗吉尼亚级。1972 年 8 月动工，1974 年 12 月下水。1976 年 9 月服役。部署在美军大西洋舰队。

【得克萨斯号巡洋舰】 美国纽波特纽斯造船公司建造，舰级弗吉尼亚级。1973 年 8 月动工，1975 年 8 月下水。1977 年 9 月服役。部署在美军太平洋舰队。

【密西西比号巡洋舰】 美国纽波特纽斯造船公司建造，舰级弗吉尼亚级。1975 年 2 月动工，1976 年 7 月下水。1978 年 8 月服役。部署在美军大西洋舰队。

【阿肯色号巡洋舰】 美国纽波特纽斯造船公司建造，舰级弗吉尼亚级。1977 年 1 月动工，1978 年 10 月下水。1980 年 10 月服役。部署在美军太平洋舰队。

【加利福尼亚级核动力导弹巡洋舰】 美国纽波特纽斯造船公司建造。该级舰共 2 艘（CGN36-37）。原定为导弹护卫舰，1975 年 6 月改定为导弹巡洋舰。它的标准排水量 9561 吨，满载排水量 10450 吨。舰长 181.7 米，宽 18.6 米。吃水 9.6 米。动力装置为 2 座 D2G 反应堆，2 台

蒸汽轮机，6 万马力。航速 32 节。编制人数军官 30 人，士兵 554 人，共计 584 人。舰上有直升机平台，无机库。还配有 2 座 MK141 四联装鱼叉导弹发射架，2 座 MK13 鞑靼人／标准防空导弹发射架，载弹 80 枚。反潜武器有 1 座 MK16 八联装阿斯洛克反潜导弹发射架，2 座 MK32 三联装鱼雷发射管。2 座 MK45 单 127 毫米／54 身倍炮，2 座 MK16 20 毫米炮。雷达有 SPS10 对海搜索雷达，SPS40 对空搜索雷达，SPS48 三座标雷达，LN66 导航雷达，4 部 SPG51D 导雷制导雷达，SPG60 导弹制导雷达，SPQ9A 导弹制导雷达。声纳 SQS26CX（舰艉）。1 部 MK114 反潜指挥仪，1 部 MK86 火炮指挥仪、2 部 MK74 导弹指挥仪，1 部 MK13 目标指示指挥仪。干扰器材 SLQ32V 电子战系统，T-MK6 鱼雷欺骗装置，4 座 MK36 干扰火箭发射器。特种设备配有海军战术数据系统，OE82 卫星通信天线，SSR1 接收机，WSC3 收发信机。

图 8-25 加利福尼亚级核动力导弹巡洋舰

【加利福尼亚号巡洋舰】 美国纽波特纽斯造船公司建造，舰级加利福尼亚级。1970 年 1 月动工，1971 年 9 月下水。1974 年 2 月服役。部署在美军太平洋舰队。

【南卡罗来纳号巡洋舰】 美国纽波特纽斯造船公司建造，舰级加利福尼亚级。1970 年 12 月动工。1972 年 7 月下水。1975 年 1 月服役。部署在美军大西洋舰队。

【特拉克斯顿级核动力导弹巡洋舰】 美国纽波特纽斯造船公司建造，仅 1 艘（CGN35）。该舰标准排水量 8322 吨，满载排水量 9127 吨。动力装置为 2 座 D2G 反应堆，2 台蒸气轮机，6 万马力。航速 30 节。编制人数军官 31 人，士兵 536 人共 567 人。该舰作指挥舰时加配指挥所人员 18 人（军官 6 人，士兵 12 人）。舰载 SH-2F 反潜机 1 架。配有 2 座 MK141 四联装鱼叉导弹发射架；1 座 MK10 双联装小猎犬／标准防空导弹发射架，带弹 40 枚；阿斯洛克反潜导弹两用发射架，带弹 60 枚。反潜武器为 4 个 MK32 固定反潜鱼雷发射管。舰炮为 1 座 MK42 单 127

毫米／54身倍炮，2座MK16 20毫米炮。雷达为SPS10F对海搜索雷达、SPS40D对空搜索雷达、SPS48C三座标雷达、SPG53F导弹制导雷达、SPG55B导弹制导雷达、LN66导弹雷达。声纳为SQS26（舰艏）。指挥仪为1部MK11目标指示指挥仪、1部MK114反潜指挥仪、1部MK68火炮指挥仪、2部MK76导弹指挥仪。干扰器材为1部SLQ32V电子战系统，1部MK36干扰火箭发射器。特种设备有海军战术数据系统、塔康OE82卫星通信天线、4部WSC3收发信机、SSR1接收机。

图8-26　特拉克斯顿级核动力导弹巡洋舰

【特拉克斯顿号巡洋舰】　美国纽约造船公司建造。舰级特拉克斯顿级。1963年6月动工，1964年12月下水。1967年5月服役。部署在美军太平洋舰队。

【班布里奇级核动力导弹巡洋舰】　美国伯利恒钢铁公司建造。该舰轻载排水量7804吨，满

图8-27　班布里奇级核动力导弹巡洋舰

载排水量8592吨。舰长172.3米，宽17.6米。吃水7.7米。动力装置为2座D2G反应堆，2台蒸汽轮机，6万马力。航速30节。编制人数军官32人，士兵534人，共计566人。该舰作指挥舰时加配指挥所人员军官6人，士兵12人，共计18人。舰上有直升机起降平台，无机库。配有2座

MK141四联装鱼叉导弹发射架，2座MK10双联装小猎犬／标准导弹发射架，带弹80枚。反潜武器有1座MK16八联装阿斯洛克反潜导弹发射架，2座MK32三联装反潜鱼雷发射管。舰炮为2座MK16 20毫米炮。雷达有SPS10D对海搜索雷达、SPS37对空搜索雷达、SPS52对空搜索雷达、LN66导航雷达、4部SPG55A导弹制导雷达。声纳SQQ23（舰艏），BQR20A接收机。1部MK14目标指示指挥仪，4部MK76导弹指挥仪，1部MK111反潜指挥仪。干扰器材1部SLQ32V电子战系统，4座MK36干扰火箭发射器。特种设备有OE82卫星通信天线，SSR1接收机，3部WSC3收发信机。

【长滩级核动力导弹巡洋舰】　美国伯利恒钢铁公司建造。仅1艘（CGNg）。是世界上第一艘核动力水面舰船。该舰标准排水量15540吨。舰长219.9米，

图8-28　长滩级核动力导弹巡洋舰

宽22.3米。吃水9.1米。动力8万马力，航速30节。编制人员825人。舰上有直升机起降平台，无机库。武器装备有2座MK141四联装鱼叉导弹发射架，2座MK10双联装小猎犬／标准导弹发射架，2座MK143四联装战斧导弹发射架，2座MK30单127毫米炮，2座MK16 20毫米炮，1座八联装阿斯洛克反潜导弹发射架，2座MK32三联装反潜鱼雷发射管。

【提康德罗加级导弹巡洋舰】　美国建造。计划建造28艘（CG47-74）。截至86年底，已有6艘服役。该级舰为美国海军首次装备宙斯盾系统的舰艇，从CG52开始，将安装2座MK41导弹垂直发射系统以取代MK26导弹发射架。它的标准排水量7260吨，满载排水量9600吨。舰长172.5米、宽16.8米。吃水9.5米。动力装置为4部LM2500燃气轮机，8万马力。航速30节以上，续航力60000海里／20节。编制人数军官37人、士兵358人，共计395人。舰上配有2座MK141四联装鱼叉导弹发射架，2座MK26双联装标准／阿斯洛克反潜导弹发射架，带弹86枚

(CG47-51)；2 座 MK41 三联装标准／阿斯洛克导弹发射系统（CG51 后续舰）。舰炮有 1 座 MK54 单 127 毫米／54 身倍炮，2 座 MK16 20 毫米炮。直升机 2 架 SH-60B。反潜武器有 2 座 MK32 三联装鱼雷发射管。雷达有 SPS49 对空搜索雷达，SPS55 对海搜索雷达，SPS64 导航雷达，LN66 导航雷达，SPQ9 对海搜索雷达，SPY1 相控阵雷达。声纳 SQS53A（舰艏）；SQR19（拖曳）。1 部 MK7 宙斯盾武器系统指挥仪，1 部 MK116 反潜指挥仪，4 部 MK99 导弹指挥仪，1 部 MK86 火炮指挥仪。干扰器材有 SLQ32V 电子战系统，4 座 MK36 干扰火箭发射器。特种设备有 OE82 卫星通信天线，4 部 SSR1 接收机，2 部 WSC3 收发信机。

图 8-29 提康德罗加级导弹巡洋舰

【提康德罗加号巡洋舰】 美国英格尔斯造船公司建造，舰级提康德罗加级。1980 年 1 月动工，1981 年 4 月下水。1983 年 1 月服役。部署在美军大西洋舰队。

【约克城号巡洋舰】 美国英格尔斯造船公司建造，舰级提康德罗加级。1981 年 10 动工，1983 年 1 月下水。1984 年 7 月服役。部署在美军大西洋舰队。

【文森斯号巡洋舰】 美国英格尔斯造船公司建造，舰级提康德罗加级。1982 年 10 月动工，1984 年 1 月下水。1985 年 7 月服役。部署在美军太平洋舰队。

【福吉谷号巡洋舰】 美国英格尔斯造船公司建造，舰级提康德罗加级。1983 年 4 月动工，1984 年 6 月下水。1986 年 1 月服役。部署在美军大西洋舰队。

【盖茨号巡洋舰】 美国巴斯钢铁公司建造，舰级提康德罗加级。1984 年 8 月动工，1985 年 12 月下水。1986 年 5 月服役。部署在美军太平洋舰队。

【邦克山号巡洋舰】 美国英格尔斯造船公司建造，舰级提康德罗加级。1984 年 1 月动工，1985 年 3 月下水。1986 年 9 月服役。

【莫比尔湾号巡洋舰】 美国英格尔斯造船公司建造。舰级提康德罗加级。1984 年 6 月动工，1985 年 8 月下水。1987 年 2 月服役。

【贝尔纳普级导弹巡洋舰】 美国建造。共 9 艘（CG26-34）。该级舰标准排水量 6570 吨，满载排水量 8200 吨。舰长 166.7 米，宽 16.7 米。吃水 8.8 米。动力装置为 2 部蒸汽轮机，8.5 万马力。航速 32.5 节，续航力 7100 海里／20 节。编制人数军官 25 人，士兵 488 人，共计 513 人。贝尔纳普号（CG26）用作指挥舰时，可加配指挥所人员军官 6 人，士兵 12 人，共计 18 人。舰上配有 2 座 MK141 四联装鱼叉导弹发射架；2 座四联装战斧导弹发射架；1 座双联装小猎犬／阿斯洛克反潜导弹发射架，带弹 60 枚。反潜武器为 2 座 MK32 三联装鱼雷发射管。直升机 1 架 SH-2D。舰炮有 1 座 MK42 单 127 毫米／54 身倍炮；2 座 MK16.20 毫米炮。雷达有 SPS10 对海搜索雷达，SPS48 三座标雷达，SPS49 对空搜索雷达，SPG53F 导弹制导雷达，SPG55B 导弹制导雷达，LN66 导航雷达。声纳为 SQS26（舰艏）。1 部 MK68 火炮指挥仪；1 部 MK14 目标指示指挥仪；2 部 MK76 导弹指挥仪；1 部 MK114 反潜指挥仪。干扰器材有 SLQ32V 电子战系统，4 座 MK36 干扰火箭发射器，1 部 T-MK6 鱼雷欺骗装置。特种设备有 OE82 卫星通信天线；4 部 SSR1 接收机；2 部 WSC3 收发信机。

图 8-30 贝尔纳普级导弹巡洋舰

【贝尔纳普号巡洋舰】 美国巴斯钢铁公司建造，舰级贝尔纳普级。1962 年 2 月动工，1963 年 7 月下水。1964 年 11 月服役。部署在美军大西洋舰队。

【丹尼尔斯号巡洋舰】 美国巴斯钢铁公司建造，舰级贝尔纳普级。1962 年 4 月动工，1963 年 12 月下水。1965 年 5 月服役。部署在美军大西洋舰队。

【温赖特号巡洋舰】 美国巴斯钢铁公司建造，舰级贝尔纳普级。1962 年 7 月动工，1964 年 4 月下水。1966 年 1 月服役。部署在美军大西洋舰队。

【朱厄特号巡洋舰】 美国普吉特海峡海军船厂建造,舰级贝尔纳普级。1962 年 9 月动工,1964 年 6 下水。1966 年 12 月服役。部署在美军太平洋舰队。

【霍恩号巡洋舰】 美国旧金山海军船厂建造,舰级贝尔纳普级。1962 年 12 月动工,1964 年 10 月下水。1967 年 4 月服役。部署在美军太平洋舰队。

【斯特雷特号巡洋舰】 美国普吉特海峡海军船厂建造,舰级贝尔纳普级。1962 年 9 月动工,1964 年 6 月下水。1967 年 4 月服役。部署在美军太平洋舰队。

【斯坦德利号巡洋舰】 美国巴斯钢铁公司建造,舰级贝尔纳普级。1963 年 7 月动工,1964 年 12 月下水。1966 年 7 月服役。部署在美军太平洋舰队。

【福克斯号巡洋舰】 美国托德造船公司建造,舰级贝尔纳普级。1963 年 1 月动工,1964 年 11 月下水。1966 年 5 月服役。部署在美军太平洋舰队。

【比德尔号巡洋舰】 美国巴斯钢铁公司建造,舰级贝尔纳普级。1963 年 12 月动工,1965 年 7 月下水。1967 年 1 月服役。部署在美军大西洋舰队。

【莱希级导弹巡洋舰】 美国建造。共 9 艘(CG16-24)。1967 年起陆续进行了改装,加强了防空能力。该级舰标准排水量 5670 吨,满载排水量 8203 吨。舰长 162.5 米,宽 16.6 米。吃水 7.6 米。动力装置为 2 部蒸汽轮机,8.5 万马力。航速 32.7 节,续航力 8000 海里／20 节。编制人数军官 25 人,士兵 488 人,共计 513 人。该级舰

图 8-31 莱希级导弹巡洋舰

用作指挥舰时,可加配指挥所人员军官 6 人,士兵 12 人,共计 18 人。舰上配有 2 座 MK／41 四联装鱼叉导弹发射架,2 座 MK10 双联装标准／小猎犬导弹发射架,带弹 80 枚。直升机有起降平台,无机库。舰炮为 2 座 MK16.20 毫米炮。反潜

武器为 1 座 MK16 八联装阿斯洛克反潜导弹发射架。雷达为 SPS10 对海搜索雷达,SPS48 三座标雷达,SPS49 对空搜索雷达,SPG53F 导弹制导雷达,导弹制导雷达,SPG55 导弹制导雷达,LN66 导航雷达。声纳 SQQ23(舰艏)。1 部 MK14 目标指示指挥仪,2 部 MK76 导弹指挥仪,1 部 MK114 反潜指挥仪。干扰器材有 SLQ32V 电子战系统,4 座 MK36 干扰火箭发射器。特种设备有海军战术数据系统,2 部 WSC3 收发信机,OE82 卫星通信天线,SSR1 接收机。

【莱希号巡洋舰】 美国巴斯钢铁公司建造,舰级莱希级。1959 年 12 月动工,1961 年 7 月下水。1962 年 8 月服役。部署在美军太平洋舰队。

【亚内尔号巡洋舰】 美国巴斯钢铁公司建造,舰级莱希级。1960 年 5 月动工,1961 年 12 月下水。1963 年 2 月服役。部署在美军大西洋舰队。

【沃登号巡洋舰】 美国巴斯钢铁公司建造,舰级莱希级。1960 年 9 月动工,1962 年 6 月下水。1963 年 8 月服役。部署在美军太平洋舰队。

【戴尔号巡洋舰】 美国纽约造船公司建造,舰级莱希级。1960 年 9 月动工,1962 年 7 月下水。1963 年 11 月服役。部署在美军大西洋舰队。

【特纳号巡洋舰】 美国纽约造船公司建造,舰级莱希级。1961 年 1 月动工,1963 年 4 月下水。1964 年 6 月服役,部署在美军大西洋舰队。

【格里德利号巡洋舰】 美国普吉特海峡造船公司建造,舰级莱希级。1960 年 7 月动工,1961 年 7 月下水。1963 年 5 月服役。部署在美军太平洋舰队。

【英格兰号巡洋舰】 美国托德造船公司建造,舰级莱希级。1960 年 10 月动工,1962 年 5 月下水。1963 年 12 月服役。部署在美军太平洋舰队。

【哈尔西号巡洋舰】 美国旧金山海军船厂建造,舰级莱希级。1960 年 8 月动工,1962 年 1 月下水。1963 年 7 月服役。部署在美军太平洋舰队。

【里夫斯号巡洋舰】 美国普吉特海峡海军船厂建造,舰级莱希级。1960 年 7 月动工,1962 年 5 月下水。1964 年 5 月服役。部署在美军太平

洋舰队。

【CG-47级导弹巡洋舰】 美国建造。系斯普鲁恩斯级驱逐舰的改进型,将装备"宙斯盾"防空系统,计划建造16艘,于80年代中期服役。它的满载排水量9055吨。舰长171.1米,宽17.6米。吃水9.5米。航速30节以上。动力装置为燃气涡轮机,8万马力。编制人数316人。舰上配有2架多用途反潜直升机。舰炮有2门127毫米54身倍长炮,2座20毫米密集阵火炮系统。2座双联装标准防空导弹/阿斯洛克反潜导弹两用发射架,2座8管鱼叉反舰导弹发射架。反潜武器有阿斯洛克导弹,鱼雷发射管。雷达有SPS-49对空搜索雷达,SPS-55对海搜索雷达。声纳SQS-53。

【基洛夫级核动力导弹巡洋舰】 苏联波罗的海船厂建造。共造2艘。标准排水量24000吨。满载排水量28000吨。舰长248米,水线长230米,宽28米,水线宽24米。吃水8.8米,最大吃水10.5米。动力装置为核反应堆2座,蒸气

图8-32 基洛夫级核动力导弹巡洋舰

涡轮机2台,2轴,电动机8台,功率150000马力。储油量2500吨。航速32节,核动力航速27节。续航力150000海里/25节。编制人数800人。舰载飞机卡-27反潜直升机3架。导弹发射架有20座SS-N-19舰对舰导弹垂直发射架,带弹20枚;16座8管SA-N-8舰对空导弹垂直发射架(伏龙芝号装);12座8管SA-N-6舰对空导弹垂直发射架,带弹96枚;2座双联装SA-N-4舰对空导弹发射架,带弹40枚;1座双联装SS-N-14舰对潜导弹发射架,带弹8-12枚[伏龙芝未装]。火炮为2座100毫米单管两用全自动火炮(只装基洛夫号),1座130毫米双联装全自动火炮(只装伏龙芝号),8座30毫米六管全自动速射炮。反潜武器有1座RBU6000十二管反潜火箭发射器、2座RBU1000六管反潜火箭发射器。鱼雷发射器为2座四联装533毫米鱼雷发射管。电子设备有顶对三座标远程对空雷达1部、顶舵三座标远程对

空雷达1部、棕榈阵导航雷达3部、击球卫星导航雷达2部、发辫卫星导航雷达1部、顶罩导弹制导雷达2部、排枪导弹制导雷达2部、眼球导弹制导雷达2部、鸢鸣炮瞄雷达1部、低音鼓炮瞄雷达4部、侧球电子对抗仪8部(只装基洛夫号)、怪盆电子对抗仪4部(只装基洛夫号)、钟系列电子对抗仪10部、不明型号电子对抗仪8部(只装伏龙芝号)、V形管无线电通信天线2副(只装基洛夫号)、大球卫星通信雷达2部(只装伏龙芝号)、圆屋直升机导航雷达2部、飞鸣直升机导航雷达1部、T形柱红外测视仪2部、高杆B敌我识别器2部、4座双联装干扰火箭发射器。声纳为拖曳式变深声纳1部、球鼻首声纳1部。

【基洛夫号巡洋舰】 苏联波罗的海船厂建造。舰级基洛夫级。1974年动工。1977年下水。1981年装备苏军。部署在苏北方舰队。

【伏龙芝号巡洋舰】 苏联波罗的海船厂建造。舰级基洛夫级。1977年动工,1981年下水。1984年装备苏军。部署在苏太平洋舰队。

【光荣级导弹巡洋舰】 苏联61个公社社员船厂建造。标准排水量7375吨。满载排水量10200吨。舰长185.3米,水线长171米。全宽20米,水线宽18.6米。吃水6.4米,最大吃水8米。动力装置为燃气轮机4名,2轴,功率121000马力。储油量2400吨。航速33节,续航力3000海里/30节,10000海里/16节。编制人

图8-33 光荣级导弹巡洋舰

数共计510人。军官30人,士兵480人,舰上载飞机卡-25B型反潜直升机1-2架。8座双联装SS-N-12舰对导弹发射架,带弹16枚、8座8管SA-N-6舰对空导弹垂直发射架,带弹64枚、2座双联装SA-N-4舰对空导弹发射架,带弹40枚。火炮有1座130毫米双联装全自动火炮、6座30毫米六管全自动速射炮。反潜武器有2座RBU6000十二管反潜火箭发射器,2座五联装533毫米鱼雷发射管。电子设备有顶对三座标远程

对空雷达1部、顶舵三座标对空雷达1部、棕榈阵导航雷达3部、击球卫星导航雷达2部、顶罩导弹制导雷达1部、正门导弹制导雷达1部、排枪导弹制导雷达2部、鸢鸣炮瞄雷达1部、低音鼓炮瞄雷达3部、侧球电子对抗仪8部、怪盆电子对抗仪4部、T形柱红外测视仪2部、高杆B敌我识别器1部、2座干扰火箭发射器。声纳为中频舰首声纳1部、拖曳式变深声纳1部。

【光荣号导弹巡洋舰】 苏联61个公社社员船厂建造。舰级光荣级。1977年动工。1980年下水。1984年装备苏军。部署在苏黑海舰队。

【喀拉级导弹巡洋舰】 苏联61个公社社员船厂建造。共造7艘。标准排水量8200吨，满载排水量9700吨。舰长173.8米，水线长165米，宽18.8米，水线宽18.3米。吃水6.6米，最大吃水7.5米。动力装置为燃气轮机4台，2轴，功率130000马力。储油量1500吨。航速34节，续航力3000海里／30节、8800海里／15节。编制人数，军官30人，士兵490人共计520人。舰载飞机卡-25A型反潜直升机1架，舰尾机库1个。装备有2座四联装SS-N-14舰对潜导弹发射架，带弹8枚；2座双联装SA-N-3舰对空导弹发射架，带弹48枚（不装亚速夫号）；4座6管SA-N-6舰对空导弹垂直发射架，带弹36枚（只装亚速夫号）；2座双联装SA-N-4舰对空导弹发射架，带弹40枚。舰载火炮有2座76毫米双联装两用全自动炮、4座30毫米六管全自动速射炮。反潜武器有2座RBU6000十二管反潜火箭发射器、2座RBU1000六管反潜火箭发射器（部分舰装备）。2座五联装533毫米鱼雷发射管。电子设备有顶帆三座标远程对空雷达1部、首网C三座标对空对海雷达1部、顿河K导航雷达2部、顿河2导航雷达1部、前灯导弹制导雷达2部（亚速夫号装备1部前灯和1部顶罩导弹制导雷达）、排枪导弹制导雷达2部。枭鸣炮瞄雷达2部。低音鼓炮瞄雷达2部、侧球电子对抗仪8部、钟系列电子对抗仪6部、T形柱红外测视仪2部、高杆B敌我识别器2部、2座双联装干扰火箭发射器。声纳为球鼻首声纳1部、拖曳式变深声纳1部。

【尼古拉耶夫号导弹巡洋舰】 苏联61个公社社员船厂建造。舰级喀拉级。1969年动工，1970年下水。1972年装备苏军。部署在苏太平洋舰队。

【奥恰科夫号导弹巡洋舰】 苏联61个公社社员船厂建造。舰级喀拉级。1970年动工，

1971年下水，1973年装备苏军。部署在苏黑海舰队。

【刻赤号导弹巡洋舰】 苏联61个公社社员船厂建造。舰级喀拉级。1971年动工，1972年下水，1975年装备苏军。部署在苏黑海舰队。

【亚速夫号导弹巡洋舰】 苏联61个公社社员船厂建造。舰级喀拉级。1972年动工，1973年下水，1977年装备苏军。1978年进行改装，现主要在该舰上试验新式武器装备及电子装备。部署在苏黑海舰队。

【彼得罗巴甫洛夫斯克号导弹巡洋舰】 苏联61个公社社员船厂建造。舰级喀拉级。1973年动工，1974年下水，1977年装备苏军。部署在苏太平洋舰队。

【塔什干号导弹巡洋舰】 苏联61个公社社员船厂建造。舰级喀拉级。1975年动工，1976年下水，1978年装备苏军。部署在苏太平洋舰队。

【塔林号导弹巡洋舰】 苏联61个公社社员船厂建造。舰级喀拉级。1976年动工，1977年下水，1979年装备苏军。部署在苏太平洋舰队。

【克列斯塔Ⅱ级导弹巡洋舰】 苏联日丹诺夫船厂建造。共造10艘。标准排水量6000吨，满载排水量7700吨。舰长158.5米。水线长150米，宽16.9米，水线宽16.5米。吃水6米，最大吃水6.8米。动力装置为蒸气轮机2台，2轴，功率100000马力。储油量1100吨。航速35节，续航力2400海里／32节、10500海里／14节。编制人数380人。装备卡-25A型反潜直升机1架，舰尾机库1个。有2座四联装SS-N-14舰对潜导弹发射架，带弹8枚；2座双联装SA-N-3舰对空导弹发射架，带弹48枚。火炮有2座57毫米双联装全自动高炮、4座30毫米米六管全自动速射炮。反潜武器有2座RBU6000十三管反潜火箭发射器、2座RBU1000六管反潜火箭发射器。2座五联装533毫米鱼雷发射管。电子设备有顶帆三座标远程对空雷达1部，首网C三座标对空对海雷达1部，顿河K导航雷达2部，前灯导弹制导雷达2部，圆套筒炮瞄雷达2部，低音鼓炮瞄雷达2部，侧球电子对抗仪8部，钟系列电子对抗仪5部，T形柱红外测视仪2部，高杆B敌我识别器2部，2座双联装干扰火箭发射器。声纳为球鼻首声纳1部。

【喀琅施塔德号导弹巡洋舰】 苏联日丹诺夫船厂建造。舰级克列斯塔Ⅱ级。1966年动

工，1968 年下水，1969 年装备苏军。部署在苏北方舰队。

【伊萨科夫号导弹巡洋舰】 苏联日丹诺夫船厂建造。舰级克列斯塔Ⅱ级。1967 年动工，1969 年下水，1970 年装备苏军。部署在苏北方舰队。

【纳希莫夫号导弹巡洋舰】 苏联日丹诺夫船厂建造。舰级克列斯塔Ⅱ级。1968 年动工，1970 年下水，1971 年装备苏军。部署在苏北方舰队。

【马卡洛夫号导弹巡洋舰】 苏联日丹诺夫船厂建造。舰级克列斯塔Ⅱ级。1969 年动工，1971 年下水，1972 年装备苏军。部署在苏北方舰队。

【伏罗希洛夫号导弹巡洋舰】 苏联日丹诺夫船厂建造。舰级克列斯塔Ⅱ级。1970 年动工，1972 年下水，1973 年装备苏军。部署在苏太平洋舰队。

【奥克加勃尔斯基号导弹巡洋舰】 苏联日丹诺夫船厂建造。舰级克列斯塔Ⅱ级。1970 年动工，1972 年下水，1973 年装备苏军。部署在苏太平洋舰队。

【伊萨钦科夫号导弹巡洋舰】 苏联日丹诺夫船厂建造。舰级克列斯塔Ⅱ级。1971 年动工，1973 年下水，1974 年装备苏军。部署在苏北方舰队。

【铁木辛哥号导弹巡洋舰】 苏联日丹诺夫船厂建造。舰级克列斯塔Ⅱ级。1972 年动工，1974 年下水，1975 年装备苏军。部署在苏北方舰队。

【夏伯阳号导弹巡洋舰】 苏联日丹诺夫船厂建造。舰级克列斯塔Ⅱ级。1973 年动工，1975 年下水，1976 年装备苏军。部署在苏太平洋舰队。

【尤马舍夫号导弹巡洋舰】 苏联日丹诺夫船厂建造。舰级克列斯塔Ⅱ级。1974 年动工，1976 年下水，1977 年装备苏军。部署在苏波罗的海舰队。

【克列斯塔Ⅰ级导弹巡洋舰】 苏联日丹诺夫船厂建造。共造 4 艘。标准排水量 6150 吨，满载排水量 7600 吨。舰长 155.5 米，水线长 148.5 米，宽 17 米，水线宽 16.5 米。吃水 6 米，最大吃水 6.7 米。动力装置为蒸气涡轮机 2 台，2 轴，水管式锅炉 4 个；功率 100000 马力。储油量 1150 吨。航速 35 节，续航力 2400 海里／32 节、10500

海里／14 节。编制人数 380 人。舰载飞机卡-25B 型反潜直升机 1 架，舰尾机库 1 个。导弹发射架有 2 座双联装 SS-N-3b 舰对舰导弹发射架，带弹 4 枚；2 座双联装 SA-N-1 舰对空导弹发射架，带弹 48 枚。火炮有 2 座 57 毫米双联装全自动高炮、4 座 30 毫米六管全自动速射炮（德罗兹德号上装备）。反潜武器有 2 座 RBU6000 十二管反潜火箭发射器、2 座 RBU1000 六管反潜火箭发射器。鱼雷发射管为 2 座五联装 533 毫米鱼雷发射管。电子设备有大网远程对空雷达 1 部，首网 C 三座标对空对海雷达 1 部，柱网对海雷达 2 部，顿河 K 导航雷达 1 部，双铲导弹制导雷达 1 部，桔皮群导弹制导雷达 2 部，圆套筒炮瞄雷达 2 部，低音鼓炮瞄雷达 2 部（德罗兹德号上装备），侧球电子对抗仪 8 部，钟系列电子对抗仪 5 部，高杆 B 敌我识别器 1 部，2 座双联装干扰火箭发射器。声纳为武仙星座声纳 1 部。

图 8-34 克列斯塔Ⅰ级导弹巡洋舰

【佐祖利亚号导弹巡洋舰】 苏联日丹诺夫船厂建造。舰级克列斯塔Ⅰ级。1964 年动工，1966 年下水，1967 年装备苏军。部署在苏北方舰队。

【海参崴号导弹巡洋舰】 苏联日丹诺夫船厂建造。舰级克列斯塔Ⅰ级。1965 年动工，1967 年下水，1968 年装备苏军。部署在苏太平洋舰队。

【德罗兹德号导弹巡洋舰】 苏联日丹诺夫船厂建造。舰级克列斯塔Ⅰ级。1965 年动工，1967 年下水，1968 年装备苏军。部署在苏北方舰队。

【塞瓦斯托波尔号导弹巡洋舰】 苏联日丹诺夫船厂建造。舰级克列斯塔Ⅰ级。1966 年动工，1968 年下水，1969 年装备苏军。部署在苏太平洋舰队。

【肯达级导弹巡洋舰】 苏联日丹诺夫船厂建造。共造 4 艘。标准排水量 4600 吨。满载排水量 5500 吨。舰长 141.7 米，水线长 134 米，宽

15.8 米，水线宽 15.4 米。吃水 5.4 米，最大吃水 6.1 米。动力装置为蒸气涡轮机 2 台，2 轴，高压锅炉 4 个，功率 90000 马力。储油量 1000 吨。航速 36 节，续航力 2050 海里／34 节，6800 海里／15 节。编制人数 375 人。舰尾有直升机平台甲板，可起降直升机，为舰对舰导弹射击时作"中继站"使用。导弹发射架有 2 座四联装 SS-N-3b 舰对舰导弹发射架，带弹 8—16 枚；1 座双联装 SA-N-1 舰对空导弹发射架，带弹 24 枚。2 座 76 毫米双联装两用全自动火炮，4 座 30 毫米六管全自动速射炮（瓦良格、格罗兹尼装备）。反潜武器有 2 座 RBU6000 十二管反潜火箭发射器。2 座三联装 533 毫米鱼雷发射管。电子设备为首网 C 三座标对空对海雷达 2 部（部分装备首网 A）、顿河 2 导航雷达 2 部、双铲导弹制导雷达 2 部、桔皮群导弹制导雷达 1 部、枭鸣炮瞄雷达 1 部、低音鼓炮瞄雷达 2 部、钟系列电子对抗仪 6 部、顶帽电子对抗仪 4 部、高杆 B 敌我识别器 2 部。声纳为武仙星座声纳 1 部。

图 8-35　肯达级导弹巡洋舰

【格罗兹尼号导弹巡洋舰】　苏联日丹诺夫船厂建造。舰级肯达级。1959 年动工，1961 年下水，1962 年装备苏军。部署在苏黑海舰队。

【福金号导弹巡洋舰】　苏联日丹诺夫船厂建造。舰级肯达级。1960 年动工，1961 年下水，1963 年装备苏军。部署在苏太平洋舰队。

【戈洛弗柯号导弹巡洋舰】　苏联日丹诺夫船厂建造。舰级肯达级。1961 年动工，1963 年下水，1964 年装备苏军。部署在苏黑海舰队。

【瓦良格号导弹巡洋舰】　苏联日丹诺夫船厂建造。舰级肯达级。1962 年动工，1964 年下水，1965 年装备苏军。部署在苏太平洋舰队。

【斯维尔德洛夫级指挥舰】　苏联波罗的海船厂建造。共造 2 艘。标准排水量 12900 吨、满载排水量 17200 吨。舰长 210 米，水线长 205 米，宽 22 米，水线宽 21.6 米。吃水 7.2 米。动力装置为蒸气涡轮机 2 台，2 轴，水管式锅炉，功率

110000 马力。储油量 3800 吨。航速 32 节，续航力 2470 海里／32 节、8700 海里／18 节。编制人数军官 70 人，士兵 940 人，共计 1010 人。辛亚文号有直升机 3 架，机库可容 2 架；日丹诺夫号有 1 架。导弹发射架为 1 座双联装 SA-N-4 舰对空导弹发射架，带弹 20 枚。火炮为 152 毫米三联装半自动火炮（辛亚文号 2 座，日丹诺夫号 3 座）、6 座 100 毫米双联装两用半自动火炮，16 座 37 毫米双联装半自动高炮、30 毫米双联装全自动高炮（日丹诺夫号 4 座，辛亚文号 8 座）。水雷 200 个。电子设备为顶槽对空雷达 1 部、低筛对海雷达 1 部、顶弓炮瞄雷达 2 部、顿河 2 导航雷达 1 部、长耳炮瞄这雷达 1 部、圆顶炮瞄雷达 2 部、排枪导弹制导雷达 1 部、遮阳 B 炮瞄雷达 2 部、蛋杯炮瞄雷达 7 部、鼓炮瞄雷达（日丹诺夫号 2 部，辛亚文号 4 部）、高杆 A 敌我识别器 1 部、方首敌我识别器 2 部、V 形锥无线电通信天线 1 副。声纳为塔米尔声纳 1 部。

图 8-36　斯维尔德洛夫级指挥舰

【日丹诺夫号指挥舰】　苏联波罗的海船厂建造。舰级斯维尔德洛夫级。1949 年动工，1951 年下水，1952 年装备苏军。1968 年至 1971 年在尼古拉耶夫的船厂改装成指挥舰，1972 年加装导弹系统。部署在苏里海运舰队。

【辛亚文号指挥舰】　苏联波罗的海船厂建造。舰级斯维尔德洛夫级。1952 年动工，1953 年下水，1954 年装备苏军。1968 年至 1972 年在海参崴船厂改装成指挥舰，1972 年加装导弹系统。部署在苏太平洋舰队。

【斯维尔德洛夫级巡洋舰】　苏联波罗的海船厂、纳辛科船厂、海军联合船厂、北德文斯克船厂建造。共造 10 艘。标准排水量 12900 吨，满载排水量 17200 吨。舰长 210 米，水线长 205 米，宽 22 米，水线长 21.6 米。吃水 7.2 米。动力装置为蒸气涡轮机 2 台，2 轴，水管式锅炉 6 个，功率 110000 马力。储油量 3800 吨。航速 32 节，续航力 2200 海里／32 节、8700 海里／18 节。编

制人数军官 70 人，士兵 940 人。共计 1010 人。装甲指挥塔 150 毫米，前后甲板 40~50 毫米。火炮有 4 座 152 毫米三联装半自动火炮、6 座 100 毫米双联装两用半自动火炮、16 座 37 毫米双联装半自动高炮。水雷 200 个。电子设备为细网对空对海雷达 1 部、大网对空雷达或刀架对空雷达 1 部、低筛对海雷达 1 部、海王星导航雷达 1~2 部、顿河 2 导航雷达 2 部（部分舰装备）、长耳炮瞄雷达 2 部、圆顶炮瞄雷达 2 部、顶弓炮瞄雷达 2 部、遮阳 B 炮瞄雷达 2 部、蛋杯炮瞄雷达 8 部、高杆 A（或方首）敌我识别器 2 部。声纳有塔米尔声纳 1 部。

图 8-37 斯维尔德洛夫级巡洋舰

【斯维尔德洛夫号巡洋舰】 苏联波罗的海船厂建造。舰级斯维尔德洛夫级。1949 年动工，1950 年下水，1951 年装备苏军。部署在苏波罗的海舰队。

【涅夫斯基号巡洋舰】 苏联海军联合船厂建造。舰级斯维尔德洛夫级。1950 年动工，1951 年下水，1952 年装备苏军。部署在苏北方舰队。

【拉扎列夫号巡洋舰】 苏联波罗的海船厂建造。舰级斯维尔德洛夫级。1950 年动工，1951 年下水，1952 年装备苏军。部署在苏太平洋舰队。

【捷尔任斯基号巡洋舰】 苏联纳辛科船厂建造。舰级斯维尔德洛夫级。1949 年动工，1950 年下水，1952 年装备苏军。部署在黑海舰队。1959~1962 年在尼古拉耶夫船厂改装，装备了 1 座双联装 SA-N-2 舰对空导弹系统。

【库图佐夫号巡洋舰】 苏联纳辛科船厂建造。舰级斯维尔德洛夫级。1951 年动工，1953 年下水，1954 年装备苏军。部署在苏黑海舰队。

【乌沙科夫号巡洋舰】 苏联波罗的海船厂建造。舰级斯维尔德洛夫级。1951 年动工，1952 年下水，1953 年装备苏军。部署在苏黑海舰队。

【苏沃洛夫号巡洋舰】 苏联海军联合船厂建造。舰级斯维尔德洛夫级。1951 年动工，1952 年下水，1953 年装备苏军。部署在苏太平洋舰队。

【波扎尔斯基号巡洋舰】 苏联波罗的海船厂建造。舰级斯维尔德洛夫级。1951 年动工，1952 年下水，1953 年装备苏军。部署在苏太平洋舰队。

【十月革命号巡洋舰】 苏联北德文斯克船厂建造。舰级斯维尔德洛夫级。1951 年动工，1953 年下水，1954 年装备苏军。部署在苏波罗的海舰队。

【摩尔曼斯克号巡洋舰】 苏联北德文斯克船厂建造。舰级斯维尔德洛级。1952 年动工，1954 年下水，1955 年装备苏军。部署在苏北方舰队。

【暴怒号战列巡洋舰】 英国建造。排水量 22000 吨，航速 32 节。

【汤级轻巡洋舰】 英国建造。它的排水量 5250 吨。航速 25 节。装有 8 门 6 英寸炮。

【狮级战列巡洋舰】 英国建造。是当时建成的巨型战舰。1910 年下水，排水量 30000 吨。航速 28 节，携带各种重型装备。

【科尔贝尔号导弹巡洋舰】 法国建造。1953 年动工，1956 年下水，1959 年服役。原为常规巡洋舰，1970 年~1972 年改装成导弹巡洋舰。它的标准排水量 8500 吨，满载排水量 11300 吨。舰长 180.8 米，宽 19.7 米。吃水 7.9 米。航速 31.5 节，续航力 4000 海里／25 节。动力装置为 2 台齿轮涡轮机，86000 马力。编制人数 562 人。舰上配有火炮 2 门 100 毫米 55 身倍长炮，6 门双联装 57 毫米 60 身倍长炮。1 座双联装马絮卡舰对空导弹发射架。雷达有 DRBV20 对空搜索雷达，DRBV23C 对空搜索雷达，DRBV50 近程对空搜索雷达，DRBI20D 三座标雷达。

【科尔堡级轻巡洋舰】 德国建造。它的排水量 4350 吨。航速 27 节。装有 12 门 4.1 英寸的火炮。

【维托里奥·威尼托号直升机巡洋舰】 意大利建造。为意海军作战舰队旗舰，于 1965 年开始建造，1969 年交付海军使用。它的标准排水量 7500 吨，满载排水量 9500 吨。舰长 179.6 米，宽 19.4 米。吃水 6 米。航速 32 节，续航力 6000 海里／20 节。动力装置为 2 台双轴蒸气轮机，73000 马力。编制人数 560 人。

5、 驱逐舰

【伯克级导弹驱逐舰】 美国巴斯钢铁公司建造。该级舰为美国海军最新型驱逐舰,计划建造 29 艘 (DDG51-69)。首次采用宽船体设计,装有宙斯盾系统。首制舰 (DDG51) 于 1989 年服役。它的标准排水量 6500 吨,满载排水量 8300 吨。舰长 142.1 米,宽 18 米。吃水 9.1 米。动力装置为 4 部 LM2500 燃气轮机,8 万马力。航速 30 节以上,续航力 5000 海里 / 20 节。编制人数军官 23 人,士兵 280 人,共计 303 人。舰上配有 2 座 MK141 四联装鱼叉导弹发射架;2 座 MK41 导弹垂直发射装置,可发射战斧导弹、标准Ⅲ防空导弹和阿斯洛克反潜导弹,带弹 90 枚。直升机有起降平台,无机库。舰炮为 1 座 MK45 单 127 毫米 / 54 身倍炮;2 座 MK16 20 毫米炮。反潜武器有 2 座 MK32 三联装鱼雷发射管。雷达有 SPY1D 相控阵雷达;SPS67 对海搜索雷达;SPG62 导弹制导雷达。声纳 SQS53C (舰艇);SQR19 (拖曳)。3 部 MK99 制导指挥仪;1 部 MK116 反潜指挥仪;1 部 MK160 舰炮指挥仪。干扰器材为 SLQ32V 电子战系统;4 座 MK36 干扰火箭发射器。特种设备有自动数据获取系统及塔康,敌我识别仪;卫星导航系统。

图 8-38 伯克级导弹驱逐舰

【伯克号驱逐舰】 美国巴斯钢铁公司建造,舰级伯克级。1985 年 7 月动工,1988 年 1 月下水。1989 年 10 月服役。

【基德级导弹驱逐舰】 美国英格尔斯造船公司建造。该级舰共 4 艘 (DDG993-996)。原为伊朗海军预购,后为美国海军所接收。它的轻载排水量 6210 吨,满载排水量 8300 吨。舰长 171.6 米,宽 16.8 米。吃水 9.1 米。动力装置为 4 部 LM2500 燃气轮机,8 万马力。航速 33 节,续航力 6000 海里 / 20 节。编制人数军官 24 人,士兵 322 人,共计 346 人。舰上配有 2 座 MK141 四联装鱼叉导弹发射架;2 座 MK10 双联装标准 / 小猎犬 / 阿斯洛克反潜导弹发射架,带弹 68 枚。直升机为 2 架 SH-60B。反潜武器为 2 座 MK32 三联装鱼雷发射管。舰炮有 2 座 MK45 单 127 毫米 / 54 身倍炮;2 座 MK16 20 毫米炮。雷达有 SPS48C 三座标雷达;SPS55 对海搜索雷达;SPQ9A 对海搜索雷达;2 部 SPG51D 导弹制导雷达;SPG60 导弹制导雷达;SPG53 炮瞄雷达。声纳为 SQS53A (舰艇);SQR19 (拖曳)。1 部 MK13 目标指示指挥仪;1 部 MK86 舰炮指挥仪;2 部 MK74 导弹指挥仪,1 部 MK116 反潜指挥仪。干扰器材有 SLQ32V 电子战系统;4 座 MK36 干扰火箭发射器。特种设备有自动数据获取系统及塔康;OE82 卫星通信天线;SSR1 接收机;3 部 WSC3 收发信机。

图 8-39 基德级导弹驱逐舰

【基德号驱逐舰】 美国英格尔斯造船公司建造,舰级基德级。1978 年 6 月动工,1979 年 8 月下水。1981 年 6 月服役。部署在美军大西洋舰队。

【卡拉汉号驱逐舰】 美国英格尔斯造船公司建造,舰级基德级。1978 年 10 月动工,1979 年 12 月下水。1981 年 8 月服役。部署在美军太平洋舰队。

【斯科特号驱逐舰】 美国英格尔斯造船公司建造,舰级基德级。1979 年 2 月动工,1980 年

3月下水。1981年10月服役。部署在美军大西洋舰队。

【钱德勒号驱逐舰】 美国英格尔斯造船公司建造，舰级基德级。1979年5月动工，1980年5月下水。1982年3月服役。部署在美军太平洋舰队。

【孔茨级导弹驱逐舰】 美国建造。该级舰共10艘（DDG37—46）。法拉格特号上的阿斯洛克反潜导弹可重新装填。它的标准排水量4580吨，满载排水量6150吨。舰长156.3米，宽16米。吃水7.1米。动力装置为4部蒸汽轮机，8.5万马力。航速33节，续航力5000海里／20节。编制人数军官27人，士兵440人，共计467人。在作指挥舰时，加配指挥所人员军官7人，士兵12人，共计19人。燃油贮油量900吨。舰上配有导弹2座MK141四联装鱼叉导弹发射架；2座MK10双联装标准／小猎犬导弹发射架，带弹40枚。直升机有起降平台，无机库。舰炮为2座MK42单127毫米／54身倍炮。反潜武器有1座八联装阿斯洛克导弹发射架；2座MK32三联装鱼雷发射管。雷达有SPS10对海搜索雷达；SPS29E对空搜索雷达；SPS48C三座标雷达；SPS49对空搜索雷达；SPG53导弹制导雷达；2部SPG55B导弹制导雷达；LN66导航雷达。声纳为SQQ23。1部MK14目标指示指挥仪；1部MK111反潜指挥仪；2部MK74导弹指挥仪；1部MK68舰炮指挥仪。干扰器材有SLQ32V电子战系统，4部MK36干扰火箭发射器。特种设备有T-MK6鱼雷欺骗装置；自动数据获取系统及塔康；OE82卫星通信天线；SSR1接收机；3部WSC3收发信机。

图8-40 孔茨级导弹驱逐舰

【法拉格特号驱逐舰】 美国伯利恒钢铁公司昆西船厂建造，舰级孔茨级。1957年6月动工，1958年7月下水。1960年12月服役。部署在美军大西洋舰队。

【卢斯号驱逐舰】 美国伯利恒钢铁公司昆西船厂建造，舰级孔茨级。1957年10月动工，

1958年12月下水。1961年5月服役。部署在美军大西洋舰队。

【麦克多诺号驱逐舰】 美国伯利恒钢铁公司昆西船厂建造，舰级孔茨级。1958年4月动工，1959年7月下水。1961年11月服役。部署在美军大西洋舰队。

【孔茨号驱逐舰】 美国普吉特海峡海军船厂建造，舰级孔茨级。1957年3月动工，1958年12月下水。1960年7月服役。部署在美军大西洋舰队。

【金号驱逐舰】 美国普吉特海峡海军船厂建造，舰级孔茨级。1957年3月动工，1958年12月下水。1960年11月服役。部署在美军大西洋舰队。

【马汉号驱逐舰】 美国旧金山海军船厂建造，舰级孔茨级。1957年7月动工，1959年10月下水。1960年8月服役。部署在美军大西洋舰队。

【达尔格伦号驱逐舰】 美国费城海军船厂建造，舰级孔茨级。1958年3月动工，1960年3月下水。1961年4月服役。部署在美军大西洋舰队。

【普拉特号驱逐舰】 美国费城海军船厂建造，舰级孔茨级。1958年3月动工，1960年3月下水。1961年11月服役。部署在美军大西洋舰队。

【杜威号驱逐舰】 美国巴斯钢铁公司建造，舰级孔茨级。1957年8月动工，1958年11月下水。1959年12月服役。部署在美军大西洋舰队。

【普雷布尔号驱逐舰】 美国巴斯钢铁公司建造，舰级孔茨级。1957年12月动工，1959年5月下水。1960年5月服役。部署在美军大西洋舰队。

【查·亚当斯级导弹驱逐舰】 美国建造。该级舰共23艘（DDG2-24），其上层建筑为铝合金。约翰·金、麦考密克、罗比森、科克兰和伯德号上未装鱼叉导弹。它的标准排水量3370吨，满载排水量4500吨。舰长133.2米，宽14.3米。吃水6.1米。动力装置为2座燃气轮机，7万马力。航速30节，续航力4500海里／20节。编制人数军官21人，士兵363人，共计384人。舰上配有1座MK11双联装鞑靼人／标准导弹发射架，带弹42枚（DDG2-14）；1座MK13鞑靼人／标准导弹发射架，带弹40枚（DDG1、

5-24);2 座三联装鱼叉导弹发射架。舰炮为 2 座 MK42 单 127 毫米／54 身倍炮。反潜武器有 1 座八联装阿斯洛克反潜导弹发射架,2 座 MK32 三联装鱼雷发射管。雷达有 SPS10 对海搜索雷达;SPS39A 三座标雷达;SPS40 对空搜索雷达;SPS52C 三座标雷达;SPS29 对空搜索雷达;SPG51C 导弹制导雷达;SPG52 导弹制导雷达;LN66 导航雷达。声纳 SQQ23A、SQS23D。1 部 MK114 或 MK111 反潜指挥仪;2 部 MK68 或 MK86 舰炮指挥仪;2 部 MK74 导弹指挥仪。干扰器材有 SLQ32V 电子战系统;4 部 MK36 干扰火箭发射器;T-MK6 鱼雷欺骗装置。特种设备有 OE82 卫星通信天线;2 部 WSC3 收发信机;1 部 SSR1 接收机。

图 8-41　查·亚当斯级导弹驱逐舰

【查·亚当斯号驱逐舰】　美国巴斯钢铁公司建造,舰级查·亚当斯级。1958 年 3 月动工,1960 年 3 月下水。1961 年 4 月服役。部署在美军大西洋舰队。

【约翰·金号驱逐舰】　美国巴斯钢铁公司建造,舰级查·亚当斯级。1958 年 8 月动工,1960 年 1 月下水。1961 年 2 月服役。部署在美军大西洋舰队。

【劳伦斯号驱逐舰】　美国纽约造船公司建造,舰级查·亚当斯级。1958 年 10 月动工,1960 年 2 月下水。1962 年 1 月服役。部署在美军大西洋舰队。

【里基茨号驱逐舰】　美国纽约造船公司建造,舰级查·亚当斯级。1959 年 5 月动工,1960 年 6 月下水。1962 年 5 月服役。部署在美军大西洋舰队。

【巴尼号驱逐舰】　美国纽约造船公司建造,舰级查·亚当斯级。1959 年 5 月动工,1960 年 12 月下水。1962 年 8 月服役。部署大美军大西洋舰队。

【威尔逊号驱逐舰】　美国迪福造船公司建造,舰级查·亚当斯级。1958 年 2 月动工,1959 年 4 月下水。1960 年 12 月服役。部署大美军太平洋舰队。

【麦考密克号驱逐舰】　美国迪福造船翁建造,舰级查·亚当斯级。1958 年 4 月动工,1960 年 9 月下水。1961 年 6 月服役。部署在美军太平洋舰队。

【托尔斯号驱逐舰】　美国托德造船公司建造,舰级查·亚当斯级。1958 年 4 月动工,1959 年 4 月下水。1961 年 6 月服役。部署在美军太平洋舰队。

【桑普森号驱逐舰】　美国巴斯钢铁公司建造,舰级查·亚当斯级。1959 年 3 月动工,1960 年 9 月下水。1961 年 6 月服役。部署在美军大西洋舰队。

【塞勒斯号驱逐舰】　美国巴斯钢铁公司建造,舰级查·亚当斯级。1959 年 8 月动工,1960 年 9 月下水。1963 年 10 月服役。部署在美军大西洋舰队。

【罗比森号驱逐舰】　美国迪福造船公司建造,舰级查·亚当斯级。1959 年 4 月动工,1960 年 4 月下水。1961 年 12 月服役。部署在美军太平洋舰队。

【霍埃尔号驱逐舰】　美国迪福造船公司建造,舰级查·亚当斯级。1959 年 6 月动工,1960 年 8 月下水。1962 年 6 月服役。部署在美军太平洋舰队。

【布坎南号驱逐舰】　美国托德造船公司建造,舰级查·亚当斯级。1959 年 4 月动工,1960 年 5 月下水。1962 年 2 月服役。部署在美军太平洋舰队。

【伯克利号驱逐舰】　美国纽约造船公司建造,舰级查·亚当斯级。1960 年 6 月动工,1961 年 7 月下水。1962 年 12 月服役。部署在美军太平洋舰队。

【约·斯特劳斯号驱逐舰】　美国纽约造船公司建造,舰级查·亚当斯级。1960 年 12 月动工,1961 年 12 月下水。1963 年 4 月服役。部署在美军太平洋舰队。

【科宁厄姆号驱逐舰】　美国纽约造船公司建造,舰级查·亚当斯级。1961 年 5 月动工,1962 年 5 月下水。1963 年 7 月服役。部署在美军大西洋舰队。

【塞姆斯号驱逐舰】　美国阿冯达尔造船公司建造,舰级查·亚当斯级。1960 年 8 月动工,1961 年 5 月下水。1962 年 12 月服役。部署在美军大西洋舰队。

【塔特诺尔号驱逐舰】　美国阿冯达尔造

船公司建造，舰级查·亚当斯级。1960 年 11 月动工，1962 年 8 月下水。1963 年 4 月服役。部署在美军大西洋舰队。

【戈尔兹巴罗号驱逐舰】 美国普吉特海峡造船公司建造，舰级级查·亚当斯级。1961 年 1 月动工，1961 年 12 月下水。1963 年 11 月服役。部署在美军太平洋舰队。

【科克兰号驱逐舰】 美国普吉特海峡造船公司建造，舰级查·亚当斯级。1961 年 7 月动工，1962 年 7 月下水。1964 年 3 月服役。部署在美军太平洋舰队。

【斯托德特号驱逐舰】 美国普吉特海峡造船公司建造，舰级查·亚当斯级。1962 年 6 月动工，1963 年 1 月下水。1964 年 9 月服役。部署美军太平洋舰队。

【伯德号驱逐舰】 美国托德造船公司建造，舰级查·亚当斯级。1961 年 4 月动工，1962 年 2 月下水。1964 年 3 月服役。部署在美军大西洋舰队。

【瓦德尔号驱逐舰】 美国托德造船公司建造，舰级查·亚当斯级。1962 年 2 月动工，1963 年 2 月下水。1964 年 8 月服役。部署在美军太平洋舰队。

【斯普鲁恩斯级驱逐舰】 美国英格尔斯造船公司建造。该级舰共建造了 31 艘（DDG963-997）。是美国海军首批采用燃气轮机的大型水面舰艇。按计划该级舰于 1986 年开始安装垂直导弹发射架和战斧导弹。它的轻载排水量 5770 吨，满载排水量 7810 吨。舰长 171.7 米，宽 16.8 米。吃水 8.8 米。动力装置为 4 台 LM2500 燃气轮机，8 万马力。航速 33 节，续航力 6000 海里／20 节。燃油贮油量 1400 吨。编制人数军官 20 人，士兵 304 人，共计 324 人。舰上配有直升机 2 架 SH-60B。配有 1 座 MK29 八联装北约海麻雀防空导弹发射架，带弹 24 枚；2 座四联装鱼叉导弹发射架；2 座 MK45 单 127 毫米／54 身倍炮；2 座 MK16、20 毫米炮；1 座八联装阿斯洛克反潜导弹发射架，带弹 24 枚；2 座 MK32 三联装鱼雷发射管，带弹 14 枚。雷达有 SPS40 对空搜索雷达；SPS55 对海搜索雷达；SPG60 导弹制导雷达；SPQ9 对海搜索雷达。声纳 SQS53（舰艏）；SQR19。MK116 反潜指挥仪；MK91 导弹指挥仪；MK86 舰炮指挥仪。干扰器材有 SLQ32V 电子战系统；4 座 MK36 干扰火箭发射器；T-MK6 鱼雷欺骗装置。特种设备有 OE82 卫星通信天线；

WSC3 收发信机；SSR1 接收机。

图 8-42 斯普鲁恩斯级驱逐舰

【斯普鲁恩斯号驱逐舰】 美国英格尔斯造船公司建造，舰级斯普鲁恩斯级。1972 年 11 月动工，1973 年 11 月下水。1975 年 9 月服役。部署在美军大西洋舰队。

【福斯特号驱逐舰】 美国英格尔斯造船公司建造，舰级斯普鲁恩斯级。1973 年 2 月动工，1974 年 2 月下水。1976 年 2 月服役。部署在美军太平洋舰队。

【金凯德号驱逐舰】 美国英格尔斯造船公司建造，舰级斯普鲁恩斯级。1973 年 4 月动工，1974 年 5 月下水。1976 年 7 月服役。部署在美军太平洋舰队。

【休伊特号驱逐舰】 美国英格尔斯造船公司建造，舰级斯普鲁恩斯级。1973 年 7 月动工，1974 年 8 月下水。1976 年 9 月服役。部署在美军太平洋舰队。

【埃利奥特号驱逐舰】 美国英格尔斯造船公司建造，舰级斯普鲁恩斯级。1973 年 10 月动工，1974 年 12 月下水。1976 年 1 月服役。部署在美军太平洋舰队。

【雷德福号驱逐舰】 美国英格尔斯造舰公司建造，舰级斯普鲁恩斯级。1974 年 1 月动工，1975 年 3 月下水。1977 年 4 月服役。部署在美军大西洋舰队。

【彼得森号驱逐舰】 美国英格尔斯造船公司建造，舰级斯普鲁恩斯级。1974 年 4 月动工，1975 年 6 月下水。1977 年 7 月服役。部署在美军大西洋舰队。

【卡伦号驱逐舰】 美国英格尔斯造船公司建造，舰级斯普恩斯级。1974 年 7 月动工，1975 年 6 月下水。1977 年 10 月服役。部署在美军大西洋舰队。

【戴维·雷号驱逐舰】 美国英格尔斯造船公司建造，舰级斯普鲁恩斯级。1974 年 9 月动工，1975 年 8 月下水。1977 年 11 月服役。部署在美军太平洋舰队。

【奥尔登多夫号驱逐舰】 美国英格尔斯造船公司建造，舰级斯普鲁恩斯级。1974年12月动工，1975年10月下水。1978年3月服役。部署在美军太平洋舰队。

【约翰·扬号驱逐舰】 美国英格尔斯造船公司建造，舰级斯普鲁恩斯级。1975年2月动工，1976年2月下水。1978年5月服役。部署在美军太平洋舰队。

【格拉西号驱逐舰】 美国英格尔斯造船公司建造，舰级斯普鲁恩斯级。1975年4月动工，1976年3月下水。1978年8月服役。部署在美军大西洋舰队。

【奥布赖恩号驱逐舰】 美国英格尔斯造船公司建造，舰级斯普鲁恩斯级。1975年5月动工，1976年7月下水。1977年12月服役。部署在美军太平洋舰队。

【梅里尔号驱逐舰】 美国英格尔斯造船公司建造，舰级斯普鲁恩斯级。1975年6月动工，1976年9月下水。1978年3月服役。部署在美军太平洋舰队。

【布里斯科号驱逐舰】 美国英格尔斯造船公司建造，舰级斯普鲁恩斯级。1975年7月动工，1976年12月下水。1978年6月服役。部署在美军大西洋舰队。

【斯顿普号驱逐舰】 美国英格尔斯造船公司建造，舰级斯普鲁恩斯级。1975年8月动工，1977年1月下水。1978年8月服役。部署在美军大西洋舰队。

【康诺利号驱逐舰】 美国英格尔斯造船公司建造，舰级斯普鲁恩斯级。1975年9月动工，1977年2月下水。1978年10月服役。部署在美军大西洋舰队。

【穆斯布鲁格号驱逐舰】 美国英格尔斯造船公司建造，舰级斯普鲁恩斯级。1975年11月动工，1977年7月下水。1978年12月服役。部署在美军大西洋舰队。

【约·汉科克号驱逐舰】 美国英格尔斯造船公司建造，舰级斯普鲁恩斯级。1976年1月动工，1977年10月下水。1979年3月服役。部署在美军大西洋舰队。

【尼科尔森号驱逐舰】 美国英格尔斯造船公司建造，舰级斯普鲁恩斯级。1976年2月动工，1977年11月下水。1979年5月服役。部署在美军大西洋舰队。

【约·罗杰斯号驱逐舰】 美国英格尔斯造船公司建造，舰级斯普鲁恩斯级。1976年8月动工，1978年2月下水。1979年7月服役。部署在美军大西洋舰队。

【莱夫特维奇号驱逐舰】 美国英格尔斯造船公司建造，舰级斯普鲁恩斯级。1976年11月动工，1978年4月下水。1978年8月服役。部署在美国太平洋舰队。

【库欣号驱逐舰】 美国英格尔斯造船公司建造，舰级斯普鲁恩斯级。1976年12月动工，1978年6月下水。1979年9月服役。部署在美军太平洋舰队。

【希尔号驱逐舰】 美国英格尔斯造船公司建造，舰级斯普鲁恩斯级。1977年1月动工，1978年8月下水。1979年11月服役。部署在美军太平洋舰队。

【奥邦农号驱逐舰】 美国英格尔斯造船公司建造，舰级斯普鲁恩斯级。1977年2月动工，1978年9月下水。1979年12月服役。部署在美军大西洋舰队。

【索罗恩号驱逐舰】 美国英格尔斯造船公司建造，舰级斯普鲁恩斯级。1977年8月动工，1978年11月下水。1980年2月服役。部署在美军大西洋舰队。

【戴约号驱逐舰】 美国英格尔斯造船公司建造，舰级斯普鲁恩斯级。1977年10月动工，1979年1月下水。1980年3月服役。部署在美军大西洋舰队。

【英格索尔号驱逐舰】 美国英格尔斯造船公司建造，舰级斯普鲁恩斯级。1977年12月动工，1979年3月下水。1980年4月服役。部署在美军太平洋舰队。

【法伊夫号驱逐舰】 美国英格尔斯造船公司建造，舰级斯普鲁恩斯级。1978年3月动工，1979年5月下水。1980年5月服役。部署在美军太平洋舰队。

【弗莱彻号驱逐舰】 美国英格尔斯造船公司建造，舰级斯普鲁恩斯级。1978年4月动工，1979年6月下水。1980年7月服役。部署在美军太平洋舰队。

【海勒号驱逐舰】 美国英格尔斯造船公司建造，舰级斯普鲁恩斯级。1980年10月动工，1982年3月下水。1983年5月服役。部署在美军太平洋舰队。

【改装谢尔曼级导弹驱逐舰】 美国建

造。1967-68 年将 4 艘谢尔曼级驱逐舰改装为导弹驱逐舰。它的标准排水量 2850 吨,满载排水量 4150 吨。舰长 127.5 米,宽 13.4 米。吃水 6.1 米。航速 31 节,续航力 3800 海里／20 节。动力装置为蒸气涡轮机,7 万马力。编制人数 337 人。舰上配有火炮为 1 门 127 毫米 54 身倍长炮,1 座鞑靼人防空导弹发射架。反潜武器有 1 座 8 管阿斯洛克反潜火箭发射架,2 座三联装鱼雷发射管。雷达为 SPS-10 对海搜索雷达,SPS-29E 对空搜索雷达,SPS-48 三面雷达。声纳 SQS-23。

【谢尔曼级驱逐舰】 美国建造。1955 年至 59 年建成服役,共 14 艘,其中 8 艘已改装成反潜驱逐舰,增加了阿斯洛克反潜导弹发射架。它的标准排水量 2800／3000 吨,满载排水量 3960／4200 吨。舰长 127.4 米,宽 13.7 米。吃水 6.1 米。航速 33 节,续航力 4000 海里／20 节。动力装置为蒸气涡轮机。常规型编制人数 292 人,反潜型编制人数 304 人。舰上配有 2 门反潜型 127 毫米 54 身倍长炮,1 门常规型 76 毫米 50 身倍长炮。反潜武器有 1 座反潜型 8 管阿斯洛克反潜导弹发射架,2 座三联装鱼雷发射管。雷达有 SPS-10 对海搜索雷达,SPS-37 对空搜索雷达。声纳 SQS-23。

【无畏级大型导弹驱逐舰】 苏联延塔船厂、日丹诺夫船厂建造。标准排水量 6500 吨,满载排水量 8200 吨。舰长 163.5 米,水线长 150 米,宽 18.8 米,水线宽 17.8 米。吃水 6.2 米。动力装置为 4 台燃气轮机,2 轴,功率 120000 马力。储油量 1800 吨。航速 35 节,续航力 2500 海里／32 节、5000 海里／20 节。编制人数军官 30 人,士兵 330 人。共计 360 人。舰载机为 2 架卡-27 反潜直升机(双机库)。配备 2 座四联装 SS-N-14 舰对潜导弹发射架,带弹 8 枚;8 座 6 管 SA-N-8 舰对空导弹垂直发射架,带弹 48 枚。有 2 座 100 毫米单管全自动火炮,4 座 30 毫米六管全自动速射炮。2 座 RBU6000 十二管反潜火箭发射器,2 座四联装 533 毫米鱼雷发射管。电子设备有双撑面对空对海雷达 2 部、棕榈阵导航雷达 3 部、眼球导弹制导雷达 2 部、不明型号导弹制导雷达 2 部(制导 SA-N-8)、鸢鸣炮瞄雷达 1 部、低音鼓炮瞄雷达 2 部、不明型号卫星导航雷达 2 部、圆屋直升机导航雷达 2 部、飞鸣直升机导航雷达 1 部、钟系列电子对抗仪 4 部、2 座双联装干扰火箭发射器、高杆 B 敌我识别器 2 部。声纳有拖曳式变深声纳 1 部、低频球鼻首声纳 1 部。

【无畏号导弹驱逐舰】 苏联延塔船厂建造。舰级无畏级。1977 年动工,1981 年下水,1982 年装备苏军。部署在苏北方舰队。

【库拉科夫号导弹驱逐舰】 苏联日丹诺夫船厂建造。舰级无畏级。1978 年动工,1982 年下水,1983 年装备苏军。部署在苏波罗的海舰队。

【瓦西列夫斯基号导弹驱逐舰】 苏联延塔船厂建造。船级无畏级。1979 年动工,1983 年下水,1984 年装备苏军。部署在苏北方舰队。

【扎哈罗夫号导弹驱逐舰】 苏联日丹诺夫船厂建造。舰级无畏级。1980 年动工,1984 年下水,1985 年装备苏军。部署在苏北方舰队。

【斯皮里多诺夫号导弹驱逐舰】 苏联延塔船厂建造。舰级无畏级。1980 年动工,1984 年下水,1985 年装备苏军。部署在苏太平洋舰队。

【现代级大型导弹驱逐舰】 苏联日丹诺夫船厂建造。标准排水量 6300 吨,满载排水量 7900 吨。舰长 156 米,水线长 145 米,宽 17.3 米,水线宽 16.5 米。吃水 6.5 米。动力装置为 4

图 8-43 现代级大型导弹驱逐舰

台蒸气涡轮机,2 轴,高压锅炉 4 个,功率 110000 马力。储油量 1500 吨。航速 34 节,续航力 2400 海里／32 节、10500 海里／14 节。编制人数军官 30 人,士兵 350 人。共计 380 人。舰载机为 1 架卡-25B 反潜直升机。配有 2 座四联装 SS-N-22 舰对舰导弹发射架,带弹 8 枚;2 座 SA-N-7 舰对空导弹发射架,带弹 48 枚。有 2 座 130 毫米双联装全自动火炮,4 座 30 毫米米六管全自动速射炮,2 座 RBU1000 六管反潜火箭发射器,2 座双联装 533 毫米鱼雷发射管,水雷 100 个。电子设备有顶舵三座标远程对空雷达 1 部、棕榈阵导航雷达 3 部、音乐台导弹制导雷达 1 部、前罩导弹制导雷达 6 部、鸢鸣炮瞄雷达 1 部、低音鼓炮瞄雷达 2 部、不明型号炮瞄雷达 1 部、钟系列电子对抗仪 6 部、2 座双联装干扰火箭发射器、高杆

B敌我识别器1部。声纳有低频球鼻首声纳1部。

【现代号导弹驱逐舰】 苏联日丹诺夫船厂建造。舰级现代级。1976年动工，1980年下水，1981年装备苏军。部署在苏北方舰队。

【拼命号导弹驱逐舰】 苏联日丹诺夫船厂建造。舰级现代级。1977年动工，1981年下水，1982年装备苏军。部署在苏北方舰队。

【出色号导弹驱逐舰】 苏联日丹诺夫船厂建造。舰级现代级。1978年动工，1982年下水，1983年装备苏军。部署在苏北方舰队。

【周密号导弹驱逐舰】 苏联日丹诺夫船厂建造。舰级现代级。1979年动工，1983年下水，1984年装备苏军。部署在苏太平洋舰队。

【改装卡辛级导弹驱逐舰】 苏联日丹诺夫船厂建造。共造7艘。标准排水量3950吨，满载水量4600吨。舰长146米，水线长137米，宽15.8米，水线宽14.6米。吃水6.1米。动力装置为燃气轮机4台（4台备用），2轴，功率96000马力。储油量900吨。航速37节，续航力4000海里／20节、1500海里／35节。编制人数军官30人，士兵270人，共计300人。

图8-44 改装卡辛级导弹驱逐舰

舰上配有4座SS-N-2C舰对舰导弹发射架，带导弹4枚；2座双联装SA-N-1舰对空导弹发射架，带导弹48枚。有2座76毫米双联装两用全自动火炮、4座30毫米六管全自动速射炮。2座RBU6000十二管反潜火箭发射器，1座五联装533毫米鱼雷发射管，水雷约30枚，滑轨长60米。电子设备有首网A对空对海雷达2部（或首网C、大网雷达各1部）、顿河K导航雷达2部、桔皮群导弹制导雷达2部、枭鸣炮瞄雷达2部、低音鼓炮瞄雷达2部、钟系列电子对抗仪4部、4座十六管干扰火箭发射器、高杆B敌我识别器1部。声纳有拖曳式变深声纳1部、舰首声纳1部。有直升机平台甲板（无机库）。

【火力号导弹驱逐舰】 苏联日丹诺夫船厂建造。舰级改装卡辛级。1970年动工，1973年下水，1973年装备苏军。部署在苏北方舰队。

【乖巧号导弹驱逐舰】 苏联日丹诺夫船厂建造。舰级改装卡辛级。1971年动工，1974年下水，1974年装备苏军。部署在苏北方舰队。

【镇静号导弹驱逐舰】 苏联61个公社社员船厂建造。舰级改装卡辛级。1972年动工，1975年下水，1975年装备苏军。部署在苏黑海舰队。

【光荣号导弹驱逐舰】 苏联日丹诺夫船厂建造。舰级改装卡辛级。1972年动工，1975年下水，1975年装备苏军。部署在苏波罗的海舰队。

【大胆号导弹驱逐舰】 苏联日丹诺夫船厂建造。舰级改装卡辛级。1973年动工，1976年下水，1976年装备苏军。部署在苏黑海舰队。

【伶俐号导弹驱逐舰】 苏联尼古拉耶夫船厂建造。舰级改装卡辛级。1976年动工，1978年下水，1981年装备苏军。部署在苏北方舰队。

【整齐号导弹驱逐舰】 苏联61个公社社员船厂建造。舰级改装卡辛级。1976年动工，1981年下水，1981年装备苏军。部署在苏北方舰队。

【卡辛级导弹驱逐舰】 苏联61个公社社员船厂、日丹诺夫船厂建造。共造12艘。标准排水量3800吨，满载排水量4500吨。舰长143.3米，水线长134米。宽15.8米，水线宽14.6米，吃水4.7米。动力装置为燃气轮机4台（4台备用），2轴，功率96000马力。储油量900吨。航速35节，续航力4000海里／20节，1500海里／35节。编制人数军官30人，士兵250人，共计280人。舰上配有2座双联装SA-N-1舰对空导弹发射架，带弹48枚，2座76毫米双联装两用全自动火炮，2座RBU6000十二管反潜火箭发射器，2座RBU1000六管反潜火箭发射器，1座五联装533毫米鱼雷发射管，水雷约30枚，滑轨长60米。电子设备有首网A三座标对空对海雷达2部（或者首网C、大网雷达各1部）、顿河2导航雷达2部、桔皮群导弹制导雷达2部、枭鸣炮瞄雷达2部、钟系列电子对抗仪4部、T形柱红外测视仪2部、高杆B敌我识别器1部。声纳有舰首声纳1部。有直升机平台甲板（无机库）。

【乌克兰共青团号导弹驱逐舰】 苏联61个公社社员船厂建造。舰级卡辛级。1960年动工，1962年下水，1962年装备苏军。部署在苏黑海舰队。

【灵敏号导弹驱逐舰】 苏联61个公社社

员船厂建造。舰级卡辛级。1962 年动工，1964 年下水，1964 年装备苏军。'部署在苏北方舰队。

【模范号导弹驱逐舰】 苏联日丹诺夫船厂建造。舰级卡辛级。1963 年动工，1965 年下水，1965 年装备苏军。部署在苏波罗的海舰队。

【天赋号导弹驱逐舰】 苏联日丹诺夫船厂建造。舰级卡辛级。1964 年动工，1966 年下水，1966 年装备苏军。部署在苏太平洋舰队。

【守护号导弹驱逐舰】 苏联日丹诺夫船厂建造。舰级卡辛级。1965 年动工，1967 年下水，1967 年装备苏军。部署在苏太平洋舰队。

【红色高加索号导弹驱逐舰】 苏联 61 个公社社员船厂建造。舰级卡辛级。1966 年动工，1968 年下水，1968 年装备苏军。部署在苏黑海舰队。

【坚决号导弹驱逐舰】 苏联 61 个公社社员船厂建造。舰级卡辛级。1966 年动工，1968 年下水，1968 年装备苏军。部署在苏黑海舰队。

【严峻号导弹驱逐舰】 苏联 61 个公社社员船厂建造。舰级卡辛级。1967 年动工，1969 年下水，1969 年装备苏军。部署在苏太平洋舰队。

【敏捷号导弹驱逐舰】 苏联 61 个公社社员船厂建造。舰级卡辛级。1967 年动工，1969 年下水，1969 年装备苏军。部署在苏黑海舰队。

【红色克里木号导弹驱逐舰】 苏联 61 个公社社员船厂建造。舰级卡辛级。1968 年动工，1970 年下水，1970 年装备苏军。部署在苏黑海舰队。

【才能号导弹驱逐舰】 苏联 61 个公社社员船厂建造。舰级卡辛级。1969 年动工，1972 年下水，1972 年装备苏军。部署在苏太平洋舰队。

【迅速号导弹驱逐舰】 苏联 61 个公社社员船厂建造。舰级卡辛级。1970 年动工，1972 年下水，1973 年装备苏军。部署在苏黑海舰队。

【卡宁级导弹驱逐舰】 苏联日丹诺夫船厂、海参崴船厂建造。共造 8 艘。卡宁级由克鲁普尼级改装而成。克鲁普尼级于 1958—1963 年建成。改装时拆去 SS-N-1 舰对舰导弹系统，加装了 SA-N-1 舰对空导弹系统。它的标准排水量 3680 吨，满载排水量 4750 吨。舰长 140.5 米，水线长 130.5 米，宽 14.2 米。吃水 5.8 米。动力装置为蒸气轮机 2 台，2 轴，高压锅炉 4 个，功率 84000 马力。储油量 900 吨。航速 36 节，续航力 4550 海里／15 节、1075 海里／32 节。编制人数军官 25 人，士兵 325 人，共计 350 人。舰上配有

1 座双联装 SA-N-1 舰对空导弹发射架，带弹 24 枚。有 2 座 57 毫米四联装两用半自动火炮，4 座 30 毫米双联装全自动高炮，3 座 RBU6000 十二管反潜火箭发射器，2 座五联装 533 毫米鱼雷发射管。电子设备有首网 C 三座标对空对海雷达 1 部、顿河 K 导航雷达 2 部、桔皮群导弹制导雷达 1 部、鹰鸣炮瞄雷达 1 部、歪鼓炮瞄雷达 2 部、钟系列电子对抗仪 2 部、顶帽电子对抗仪 4 部、高杆 B 敌我识别器 2 部。声纳有舰首声纳 1 部。有直升机平台甲板（无机库）。

图 8-45　卡宁级导弹驱逐舰

【轰鸣号导弹驱逐舰】 苏联日丹诺夫船厂建造。舰级卡宁级。1966 年动工，1968 年下水，1968 年装备苏军。部署在苏北方舰队。

【炽热号导弹驱逐舰】 苏联日丹诺夫船厂建造。舰级卡宁级。1967 年动工，1969 年下水，1969 年装备苏军。部署在苏北方舰队。

【果敢号导弹驱逐舰】 苏联日丹诺夫船厂建造。舰级卡宁级。1968 年动工，1970 年下水，1970 年装备苏军。部署在苏北方舰队。

【锐利号导弹驱逐舰】 苏联日丹诺夫船厂建造。舰级卡宁级。1969 年动工，1971 年下水，1971 年装备苏军。部署在苏北方舰队。

【活泼号导弹驱逐舰】 苏联日丹诺夫船厂建造。舰级卡宁级。1970 年动工，1972 年下水，1972 年装备苏军。部署在苏北方舰队。

【愤怒号导弹驱逐舰】 苏联海参崴船厂建造。舰级卡宁级。1971 年动工，1973 年下水，1973 年装备苏军。部署在苏太平洋舰队。

【倔强号导弹驱逐舰】 苏联海参崴船厂建造。舰级卡宁级。1970 年动工，1973 年下水，1973 年装备苏军。部署在苏太平洋舰队。

【自豪号导弹驱逐舰】 苏联海参崴船厂建造。舰级卡宁级。1971 年动工，1974 年下水，1974 年装备苏军。部署在苏太平洋舰队。

【改装基尔丁级导弹驱逐舰】 苏联 61

个公社社员船厂建造。共造 3 艘。它的标准排水量 3000 吨，满载排水量 3500 吨。舰长 126.5 米，水线长 120 米，宽 12.9 米，吃水 5.6 米。动力装置为蒸气轮机 2 台、2 轴、高压锅炉 4 个，功率 72000 马力。储油量 850 吨。航速 38 节，续航力 3600 海里／18 节、1050 海里／32 节。编制人数军官 25 人，士兵 300 人，共计 325 人。舰上配有 4 座 SS-N-2C 舰对舰导弹发射架，带弹 4 枚。有 4 座 57 毫米四联装两用半自动火炮，2 座 76 毫米双联装两用全自动火炮，2 座 RBU2500 十六管反潜火箭发射器，2 座双联装 533 毫米鱼雷发射管。电子设备有首网 C 三座标对空对海雷达 1 部、顿河 2 导航雷达 2 部、鹰鸣炮瞄雷达 2 部、枭鸣炮瞄雷达 1 部、警犬电子对抗仪 2 部、高杆 B 敌长识别器 1 部。声纳武仙星座声纳 1 部。

【难找号导弹驱逐舰】　苏联 61 个公社社员船厂建造。舰级改装基尔丁级。1970 年动工，1973 年下水，1973 年装备苏军。部署在苏黑海舰队。

【厉害号导弹驱逐舰】　苏联 61 个公社社员船厂建造。舰级改装基尔丁级。1972 年动工，1974 年下水，1974 年装备苏军。部署在苏黑海舰队。

【远见号导弹驱逐舰】　苏联 61 个公社社员船厂建造。舰级改装基尔丁级。1974 年动工，1976 年下水，1976 年装备苏军。部署在苏波罗的海舰队。

【基尔丁级导弹驱逐舰】　苏联共青城船厂建造。共造 1 艘。它的标准排水量 2900 吨，满载排水量 3500 吨。舰长 126.5 米，水线长 120 米，宽 12.9 米，水线宽 12.6 米。吃水 5.5 米。动力装置为蒸气轮机 2 台、2 轴，高压锅炉 4 个，功率 72000 马力。储油量 850 吨。舰速 38 节，续航力 3600 海里／18 节、1050 海里／32 节。编制人数军官 25 人，士兵 300 人，共计 325 人。舰上配有 1 座 SS-N-1 舰对舰导弹发射架，带弹 6 枚。有 4 座 57 毫米四联装两用半自动火炮，2 座 RBU2500 十六管反潜发射器，2 座双联装 533 毫米鱼雷发射管。电子设备有平网对空对海雷达 1 部、细网对空对海雷达 1 部、刀架对空对海雷达 1 部、海王星导弹雷达 1 部、鹰鸣炮瞄雷达 2 部、顶弓炮瞄雷达 1 部、警犬电子对抗仪 2 部、方首敌我识别器 2 部、高杆 A 敌我识别器 1 部。声纳有武仙星座声纳 1 部。

【无阻号导弹驱逐舰】　苏联共青城船厂

建造。舰级基尔丁级。1957 年动工，1959 年下水，1960 年装备苏军。部署在苏太平洋舰队。

【改装科特林级Ⅱ型舰对空导弹驱逐舰】　苏联尼古拉耶夫船厂、列宁格勒船厂、海参崴船厂建造。共造 9 艘。它的标准排水量 2900 吨，满载排水量 3500 吨。舰长 126.5 米，水线长 120 米、宽 12.9 米、水线宽 12.6 米。吃水 5.5 米。动装置为蒸气涡轮机 2 台，2 轴，高压锅炉 4 个，功率 72000 马力。储油量 850 吨。航速 38 节，续航力 1050 海里／34 节、3600 海里／18 节。编制人数军官 25 人，士兵 300 人共计 325 人。舰上配有 1 座双联装 SA-N-1 舰对空导弹发射架，带弹 20 枚。有 1 座 130 毫米双联装两用半自动火炮，3 座 45 毫米四联装两用半自动火炮（Ⅱ型只装 1 座），4 座 30 毫米双联装半自动火炮（Ⅱ型装备），2 座 RBU2500 十六管反潜火箭发射器，1 座五联装 533 毫米鱼雷发射管。电子设备有首网 A 对空对海雷达 1 部、海王星导航雷达 1 部、顿河 2 导航雷达 1 部、桔皮群导弹制导雷达 1 部、鹰鸣炮瞄雷达 1 部、遮阳 B 炮瞄雷达 1 部、蛋杯炮瞄雷达 1 部、蜂头炮瞄雷达 1 部、歪鼓炮瞄雷达 2 部（Ⅱ型）、高杆 B 敌我识别器 1 部。声纳为武仙星座声纳 1 部。

【牢靠号Ⅱ型舰对空导弹驱逐舰】　苏联尼古拉耶夫船厂建造。舰级改装科特林级。1965 年动工，1967 年下水，1967 年装备苏军。部署在苏北方舰队。

【机智号Ⅱ型舰对空导弹驱逐舰】　苏联尼古拉耶夫船厂建造。舰级改装科特林级。1966 年动工，1968 年下水，1968 年装备苏军。部署在苏波罗的海舰队。

【谦虚号Ⅱ型舰对空导弹驱逐舰】　苏联列宁格勒船厂建造。舰级改装科特林级。1966 年动工，1969 年下水，1969 年装备苏军。部署在苏北方舰队。

【坚持号Ⅱ型舰对空导弹驱逐舰】　苏联苏联尼古拉耶夫船厂建造。舰级改装科特林级。1968 年动工，1970 年下水，1970 年装备苏军。部署在波罗的海舰队。

【激动号Ⅱ型舰对空导弹驱逐舰】　苏联海参崴船厂建造。舰级改装科特林级。1967 年动工，1970 年下水，1970 年装备苏军。部署在苏太平洋舰队。

【隐蔽号Ⅱ型舰对空导弹驱逐舰】　苏联海参崴船厂建造。舰级改装科特林级。1968 年动工，1971 年下水，1971 年装备苏军。部署在苏太平洋舰队。

【自觉号Ⅱ型舰对空导弹驱逐舰】　苏联尼古拉耶夫船厂建造。舰级改装科特林级。1970动工，1972 年下水，1972 年装备苏军。部署在苏黑海舰队。

【沸腾号Ⅱ型舰对空导弹驱逐舰】　苏联海参崴船厂建造。舰级改装科特林级。1966 年动工，1968 年下水，1968 年装备苏军。部署在苏太平洋舰队。

【无踪号Ⅱ型舰对空导弹驱逐舰】　苏联海参崴船厂建造。舰级改装科特林级。1966 年动工，1968 年下水，1968 年装备苏军。部署在苏太平洋舰队。

【改装科特林Ⅰ型舰对空导弹驱逐舰】　苏联 61 个公社社员船厂建造。共造 1 艘。它的标准排水量 2825 吨，满载排水量 3500 吨。舰长126.5 米，水线长 120 米，宽 12.9 米，水线宽 12.6米，吃水 5.6 米。动力装置为蒸气涡轮机 2 台、2轴、高压锅炉 4 个，功率 72000 马力，储油量 850吨。航速 38 节，续航力 1050 海里／34 节、3600海里／18 节。编制人数军官 26 人，士兵 310 人，共计 336 人。2 座 130 毫米双联装两用半自动火炮、4 座 45 毫米四联装两用半自动火炮、4 座 25毫米双联装两用半自动火炮。舰上配有 2 座RBU2500 十六管反潜火箭发射器、2 座 RBU600六管反潜火箭发射器。有 1 座五联装 533 毫米鱼雷发射管，水雷 70 枚，滑轨长 150 米。电子设备有细网对空对海雷达 1 部、海王星和顿河 2 导航雷达 1 部、长弓炮瞄雷达 1 部、鹰鸣炮瞄雷达 2 部、遮阳 B 炮瞄雷达 1 部、蛋杯炮瞄雷达 2 部、蜂头炮瞄雷达 1 部、警犬电子对抗仪 2 部、方首敌我识别器 1 部、高杆 A 敌我识别器 1 部。声纳有塔米尔声纳 1 部。

【威武号Ⅰ型舰对空导弹驱逐舰】　苏联61 个公社社员船厂建造。舰级改装科特林级。1956 年动工，1961 年下水，1962 年装备苏军。部署在苏黑海舰队。

【改装科特林级驱逐舰】　苏联建造，共10 艘。该级舰标准排水量 2825 吨，满载排水量3500 吨，舰长 126.5 米，水线长 120 米，舰宽12.9 米，吃水 5.6 米。动力装置为蒸气涡轮机 2台、1 轴、高压锅炉 4 个，功率 72000 马力。储油量 850 吨。航速 38 节，续航力 1050 海里／34节、3600 海里／18 节。武器装备有 2 座 130 毫米

双联装两用半自动火炮，4 座 45 毫米四联装两用半自动火炮，4 座 25 毫米双联装两用半自动火炮，2 座 RBU2500 十六管反潜火箭发射器，2 座RBU600 六管反潜火箭发射器。1 座五联装 533 毫米鱼雷发射管，水雷 70 枚，滑轨长 150 米。电子设备有细网对空对海雷达 1 部，海王星和顿河 2 导航雷达 1 部，长弓炮瞄雷达 1 部，鹰鸣炮瞄雷达 2部，遮阳 B 炮瞄雷达 2 部，蛋杯炮瞄雷达 2 部，蜂火炮瞄雷达 1 部，警犬电子对抗仪 2 部，方首敌我识别器 1 部，高杆 A 敌我识别器 1 部。塔米尔声纳 1 部。编制人数 336 人（军官 26，士兵310）。

【辉煌号驱逐舰】　苏联尼古拉耶夫船厂建造。舰级科特林改进级。1958 年动工，1960 年下水。1960 年服役，部署在苏波罗的海舰队。

【渊博号驱逐舰】　苏联日丹诺夫船厂建造。舰级科特林改进级。1958 年动工，1960 年下水，1960 年服役。部署在苏黑海舰队。

【莫斯科共青团员号驱逐舰】　苏联日丹诺夫船厂建造，舰级科特林改进级。1959 年动工，1961 年下水服役。部署在苏北方舰队。

【高尚号驱逐舰】　苏联尼古拉耶夫船厂建造。舰级科特林改进级。1961 年动工，1963 年下水服役。部署在苏黑海舰队。

【火焰号驱逐舰】　苏联尼古拉耶夫船厂建造。舰级科特林改进级。1961 年动工，1963 年下水服役。部署在苏黑海舰队。

【坚毅号驱逐舰】　苏联尼古拉耶夫船厂建造。舰级科特林改进级。1962 年动工，1964 年下水服役。部署在苏黑海舰队。

【老练号驱逐舰】　苏联日丹诺夫船厂建造。舰级科特林改进级。1962 年动工，1965 年下水服役。部署在苏北方舰队。

【鼓舞号驱逐舰】　苏联海参崴船厂建造。舰级科特林改进级。1962 年动工，1964 年下水服役。部署在苏太平洋舰队。

【召唤号驱逐舰】　苏联海参崴船厂建造。舰级科特林改进级。1963 年动工，1964 年下水服役。部署在苏太平洋舰队。

【忍耐号驱逐舰】　苏联海参崴船厂建造。舰级科特林改进级。1964 年坞工，1964 年下水，1965 年服役。部署在苏太平洋舰队。

【科特林级驱逐舰】　苏联日丹诺夫船厂、共青城船厂建造。共造 7 艘。它的标准排水量2825 吨，满载排水量 3500 吨。舰长 126.5 米，水

线长 120 米，宽 12.9 米，水线宽 12.6 米。吃水 5.6 米。动力装置为蒸气涡轮机 2 台，2 轴，高压锅炉 4 个，功率 72000 马力。储油量 850 吨。航速 38 节，续航力 1050 海里／34 节，3600 海里／18 节。编制人数军官 26 人，士兵 310 人，共计 336 人。舰上配有 2 座 130 毫米双联装两用半自动火炮、4 座 45 毫米米四联装两用半自动火炮、2 座 25 毫米双联装两用半自动火炮（部分舰装备）、6 门深水炸弹发射炮。有 2 座五联装 533 毫米鱼雷发射管，水雷 70 枚，滑轨长 150 米。电子设备备有细网对空对海雷达 1 部、海王星导航雷达 2 部、长弓炮瞄雷达 1 部、鹰鸣炮瞄雷达 2 部、遮阳 B 炮瞄雷达 1 部、蛋杯炮瞄雷达 2 部、蜂头炮瞄雷达 1 部、警犬电子对抗仪 2 部，方首敌我识别器 1 部、高杆 A 敌我识别器 1 部。声纳有武仙星座声纳 1 部。

【紧急号驱逐舰】　苏联日丹诺夫船厂建造。舰级科特林级。1953 年动工，1955 年下水，1955 年装备苏军。部署在苏波罗的海舰队。

【平静号驱逐舰】　苏联日丹诺夫船厂建造。舰级科特林级。1954 年动工，1956 年下水，1956 年装备苏军。部署在苏北方舰队。

【光明号驱逐舰】　苏联日丹诺夫船厂建造。舰级科特林级。1955 年动工，1957 年下水，1957 年装备苏军。部署在苏波罗的海舰队。

【沉重号驱逐舰】　苏联共青城船厂建造。舰级科特林级。1955 年动工，1957 年下水，1957 年装备苏军。部署在苏太平洋舰队。

【愤慨号驱逐舰】　苏联共青城船厂建造。舰级科特林级。1957 年动工，1959 年下水，1959 年装备苏军。部署在苏太平洋舰队。

【权威号驱逐舰】　苏联共青城船厂建造。舰级科特林级。1957 年动工，1959 年下水，1959 年装备苏军。部署在苏太平洋舰队。

【远东共青团员号驱逐舰】　苏联共青城船厂建造。舰级科特林级。1958 年动工，1960 年下水，1960 年装备苏军。部署在太平洋舰队。

【改装快速级驱逐舰】　苏联日丹诺夫船厂、尼古拉耶夫船厂、海参崴船厂建造。它的标准排水量 2300 吨，满载排水量 3181 吨。舰长 121.2 米，水线长 116 米、宽 12 米，水线宽 11.8 米。吃水 4.3 米。动力装置为 2 台蒸气涡轮机，2 轴水管式锅炉 4 个，功率 60000 马力。储油量 750 吨。航速 34 节，续航力 840 海里／30 节，3500 海里／14 节。编制人数军官 22 人，士兵 258 人，共计

280 人。舰上配有 2 座 130 毫米双联装半自动火炮、5 座 57 毫米单管两用半自动火炮、2 座 RBU2500 十六管反潜火箭发射器。1 座五联装 533 毫米鱼雷发射管，水雷 80 个，滑轨长 148 米。电子设备有细网对空对海雷达 1 部、顿河 2 导航雷达 1 部、顶弓炮瞄雷达 1 部、鹰鸣炮瞄雷达 2 部、警犬电子对抗仪 2 部、方首敌我识别器 2 部。声纳有飞马星座 2M 型声纳 1 部。

【火红号改进型驱逐舰】　苏联日丹诺夫船厂建造。舰级改装快速级。1958 年动工，1960 年下水，1960 年装备苏军。部署在苏波罗的海舰队。

【坚忍号改进型驱逐舰】　苏联日丹诺夫船厂建造。舰级改装快速级。1959 年动工，1961 年下水，1961 年装备苏军。部署在苏波罗的海舰队。

【清楚号改进型驱逐舰】　苏联日丹诺夫船厂建造。舰级改装快速级。1959 年动工，1961 年下水，1961 年装备苏军。部署在苏北方舰队。

【无声号改进型驱逐舰】　苏联尼古拉耶夫船厂建造。舰级改装快速级。1959 年动工，1961 年下水，1961 年装备苏军。部署在苏太平洋舰队。

【无忌号改进型驱逐舰】　苏联尼古拉耶夫船厂建造。舰级改装快速级。1959 年动工，1961 年下水，1961 年装备苏军。部署在苏太平洋舰队。

【自由号改进型驱逐舰】　苏联海参崴船厂建造。舰级改装快速级。1959 年动工，1961 年下水，1961 年装备苏军。部署在苏太平洋舰队。

【快速级驱逐舰】　苏联日丹诺夫船厂建造。共造 25 艘。它的标准排水量 2300

图 8-46　快速级驱逐舰

吨，满载排水量 3181 吨。舰长 121.2 米，水线长 116 米、宽 12 米，水线宽 11.8 米。吃水 4.3 米。

动力装置为 2 台蒸气涡轮机，2 轴水管式锅炉 4 个，功率 60000 马力。储油量 750 吨。航速 34 节，续航力 840 海里／30 节、3500 海里／14 节。编制人数军官 22 人，士兵 258 人，共计 280 人。舰上配有 2 座 130 毫米双联装半自动火炮、1 座 85 毫米双联装半自动火炮、7 座 37 毫米单管半自动高炮、4 门深水炸弹发射炮。有 2 座五联装 533 毫米鱼雷发射管，水雷 80 个，滑轨长 148 米。电子设备有交啄鸟或刀架对空对海雷达 1 部、顿河 2 导航雷达 1 部、高筛对海雷达 1 部、半弓炮瞄雷达 1 部、四眼炮瞄雷达 2 部、警犬电子对抗仪 2 部、方首敌我识别器 2 部。声纳有塔米尔声纳 1 部。

【暴躁号驱逐舰】 苏联日丹诺夫船厂建造。舰级快速级。1948 年动工，1950 年下水，1951 年装备部队。部署在苏波罗的海舰队。

【展望号驱逐舰】 苏联日丹诺夫船厂建造。舰级快速级。1948 年动工，1950 年下水，1951 年装备苏军。部署在苏波罗的海舰队。

【严酷号驱逐舰】 苏联日丹诺夫船厂建造。舰级快速级。1948 年动工，1950 年下水，1951 年装备苏军。部署在苏波罗的海舰队。

【随便号驱逐舰】 苏联日丹诺夫船厂建造。舰级快速级。1949 年动工，1951 年下水，1952 年装备苏军。部署在苏波罗的海舰队。

【神速号驱逐舰】 苏联日丹诺夫船厂建造。舰级快速级。1949 年动工，1951 年下水，1952 年装备苏军。部署在苏波罗的海舰队。

【严正号驱逐舰】 苏联日丹诺夫船厂建造。舰级快速级。1949 年动工，1951 年下水，1952 年装备苏军。部署在苏黑海舰队。

【强击号驱逐舰】 苏联日丹诺夫船厂建造。舰级快速级。1950 年动工，1951 年下水，1952 年装备苏军。部署在苏波罗的海舰队。

【坚固号驱逐舰】 苏联日丹诺夫船厂建造。舰级快速级。1950 年动工，1951 年下水，1952 年装备苏军。部署在苏波罗的海舰队。

【完善号驱逐舰】 苏联日丹诺夫船厂建造。舰级快速级。1950 年动工，1951 年下水，1952 年装备苏军。部署在苏黑海舰队。

【端正号驱逐舰】 苏联日丹诺夫船厂建造。舰级快速级。1950 年动工，1951 年下水，1952 年装备苏军。部署在苏波罗的海舰队。

【郑重号驱逐舰】 苏联日丹诺夫船厂建造。舰级快速级。1951 年动工，1952 年下水，1952 年装备苏军。部署在苏波罗的海舰队。

【无畏号驱逐舰】 苏联日丹诺夫船厂建造。舰级快速级。1949 年动工，1950 年下水，1951 年装备苏军。部署在苏黑海舰队。

【无瑕号驱逐舰】 苏联日丹诺夫船厂建造。舰级快速级。1949 年动工，1950 年下水，1951 年装备苏军。部署在苏黑海舰队。

【完美号驱逐舰】 苏联纳辛科船厂建造。舰级快速级。1949 年动工，1950 年下水，1951 年装备苏军。部署在苏黑海舰队。

【狂暴号驱逐舰】 苏联纳辛科船厂建造。舰级快速级。1951 年动工，1952 年下水，1952 年装备苏军。部署在苏黑海舰队。

【小心号驱逐舰】 苏联北德文斯克船厂建造。舰级快速级。1950 年动工，1951 年下水，1951 年装备苏军。部署在苏波罗的海舰队。

【责任号驱逐舰】 苏联北德文斯克船厂建造。舰级快速级。1950 年动工，1951 年下水，1951 年装备苏军。部署在苏北方舰队。

【锐利号驱逐舰】 苏联北德文斯克船厂建造。舰级快速级。1951 年动工，1952 年下水，1952 年装备苏军。部署在苏北方舰队。

【猛烈号驱逐舰】 苏联北德文斯克船厂建造。舰级快速级。1952 年动工，1953 年下水，1953 年装备苏军。部署在苏北方舰队。

【活跃号驱逐舰】 苏联北德文斯克船厂建造。舰级快速级。1952 年动工，1953 年下水，1953 年装备苏军。部署在苏北方舰队。

【智谋号驱逐舰】 苏联共青城船厂建造。舰级快速级。1952 年动工，1953 年下水，1953 年装备苏军。部署在苏太平洋舰队。

【突然号驱逐舰】 苏联共青城船厂建造。舰级快速级。1952 年动工，1953 年下水，1953 年装备苏军。部署在苏太平洋舰队。

【留心号驱逐舰】 苏联共青城船厂建造。舰级快速级。1952 年动工，1953 年下水，1953 年装备苏军。部署在太平洋舰队。

【启蒙号驱逐舰】 苏联共青城船厂建造。舰级快速级。1952 年动工，1953 年下水，1953 年装备苏军。部署在苏太平洋舰队。

【郡级导弹驱逐舰】 英国建造。共 8 艘，1962-1970 年建成服役，已有 3 艘退役，是英海军第 1 批装备导弹的驱逐舰。它的标准排水量 5440 吨，满载排水量 6200 吨。舰长 158.7 米，宽 16.5 米。吃水 6.3 米。航速 30 节。动力装置为蒸气涡轮机，3 万马力，4 台燃气涡轮机，3 万马力。编制人数军官 33 人，士兵 438 人，共计 471 人。舰上配有 2 门 MK6 型 115 毫米 45 身倍长炮。1 架威赛克斯直升机。4 座飞鱼舰对舰导弹发射架，1 座双联装海蛇Ⅱ型舰对空导弹发射架，带弹 36 枚，2 座 4 联装海猫对空导弹发射架。雷达 992Q 型警戒雷达，278 型测高雷达。声纳 184 型。

【82 型导弹驱逐舰】 亦称布里斯托号。英国建造。1967 年 11 月开始建造，1973 年 3 月服役。装有作战数据自动处理系统和 SCOT 卫星通信系统。轮机由舰上控制中心遥控。该类舰原计划作为攻击航母的护航舰，后因航母计划取消和该类舰造价太高，只造了 1 艘。它的标准排水量 6100 吨，满载排水量 7100 吨。舰长 154.5 米，宽 16.8. 吃水 5.2 米。航速 29 节，续航力 5000 海里／18 节。动力装置为 2 台蒸气涡轮机，3 万马力，2 台燃气涡轮机，3 万马力。编制人数军官 29 人，士兵 378 人，共计 407 人。舰上配有 1 架黄蜂直升机。1 门 MK8 型 115 毫米 55 身倍长炮，2 门 20 毫米炮，1 座双联装海标枪舰对空导弹发射架，带弹 40 枚。反潜武器为 1 座伊卡拉反潜导弹发射架。雷达有 992Q 型搜索雷达，965 型警戒雷达。声纳为 162、170、182、184、185、189 型。

【谢菲尔德级（42 型）导弹驱逐舰】 英国建造。第一艘于 1970 年 1 月开始建造，1975 年 2 月服役，现有 7 艘，另有 7 艘在建造中。是世界上采用全燃动力装置最早的驱逐舰，主要担任防空任务，具有对舰对多目标攻击能力。装有 SCOT 卫星通信系统。它的标准排水量 3500 吨，满载排水量 4100 吨。舰长 125 米，宽 14.3 米。吃水 5.8 米。航速 29 节，续航力 4000 海里／18 节。动力装置为 2 台燃气涡轮机，56000 马力。编制人数军官 21 人，士兵 249 人，共计 270 人。舰上配有 1 架山猫型直升机。山猫直升机现装备 MK44 型鱼雷，将装备海鸥空对舰导弹。舰上装有 1 门 MK8 型 115 毫米 55 身倍长炮，2 门 20 毫米炮，1 座双联装海标枪舰对空、舰对舰导弹发射架，带弹 22 枚。反潜武器为 2 具 3 联装鱼雷发射管。雷达为 965 尺型或 1022 型搜索雷达，992Q 型警戒和目标指示雷达。

【M 级驱逐舰】 英国建造。它是英国 270 艘驱逐舰中最新的一种，其排水量 1000 吨，航速 35 节，同时装有 3 门 4 英寸火炮和 4 具 21 英寸鱼雷发射管。

【S 级驱逐舰】 英国建造。它是英国典型的最多的一种驱逐舰。其排水量 1075 吨，航速 36 节，同时装有 3 门 4 英寸火炮和 4 具 21 英寸的鱼雷发射管。

【V 级、W 级驱逐舰】 英国建造。是比较大型的驱逐舰，其排水量 1272 吨，航速 34 节，同时装有 4 门 4 英寸的火炮（有些装有 4 门 4.7 英寸火炮）和 4 具或 6 具 21 英寸的鱼雷发射管。

【乔治·莱格级导弹驱逐舰】 法国建造。该级舰排水量 4170 吨，舰长 139 米，舰宽 14 米，吃水 5.9 米。动力装置为 2 台燃气轮面，2 台柴油机，功率 52000 马力／30 节、10000 马力／20 节。航速 30 节。续航力为 95000 海里／18 节。该级舰既可用于反潜作战，也可用于水面作战。武器装备为 4 座单"飞鱼"导弹发射架，1 座八联装"响尾蛇"导弹发射架，1 门 100 毫米炮，2 门 20 毫米炮，2 座反潜鱼雷发射管。舰载直升机 2 架。雷达为 DRBV-26 对空雷达；DRBV-51C 对海雷达；台卡 1226 导航雷达 2 部。DUBV-23 球鼻艏声纳 1 部。塞尼特-4 战术指挥系统。编制人数 242 人（其中军官 15 人）。

【汉堡级（101A 型）驱逐舰】 联邦德国建造。联邦德国海军共装备 4 艘，1964-1968 年先后建成服役。1974 年-1977 年又对这些舰只进行了现代化改装，主要加强了武器装备。它的标准排水量 3340 吨，满载排水量 433 吨。舰长 134 米，宽 13.4 米。吃水 5.2 米。航速 35 节，续航力 6000 海里／13 节。动力装置为蒸气涡轮机，72000 马力。编制人数 284 人。舰上配有 3 门 100 毫米高炮，8 门 40 毫米高炮，4 门 20 毫米高炮，4 座飞鱼 MK38 型舰对舰导弹发射架。反潜武器为 6 具鱼雷发射管，2 座反潜火箭发射架，投放水雷设备。

【大胆级导弹驱逐舰】 意大利建造。为多用途导弹驱逐舰，能完成作战编队的防空、护航、反潜、与其它海空兵力协同作战、两栖作战中提供火力支援等任务。共装备 2 艘。它的标准排水量 3500 吨，满载排水量 4554 吨。舰长 136.6 米，宽 14.23 米。吃水 4.6 米。航速 33 节，续航力 4000 海里／25 节。动力装置为 2 台双轴蒸气涡轮机，73000 马力。编制人数 380 人。武器装备有 1 座鞑靼／标准舰空导弹发射架，2 座 20 管 105 毫米反潜火箭发射架，2 具三联 MK32 反潜鱼雷发射管，4 具固定式线导鱼雷发射管，2 门 127 毫米高炮，4 门 76 毫米高炮。配有 2 架 AB-204B 或 1

架 SH3D 反潜直升机。雷达有 1 部 SPS52 三座标雷达，1 部 SPS12 对空搜索雷达，1 部 SPQ2 对海搜索雷达。声纳 1 部 CWE610 型。特种设备有 1 套电子战系统，1 套海军战术数据系统，1 套 NA-10 火炮指挥仪。

【勇敢号导弹驱逐舰】　意大利建造。1968 年开始建造，1972 年服役。

【大胆号导弹驱逐舰】　意大利建造。1968 年开始建造，1973 年服役。

【罗赫尔·德·劳里亚级驱逐舰】　西班牙建造。西海军共装备 2 艘，由原奥肯多级驱逐舰改装而成。两艘舰在原舰基础上加长加宽，并由舰队驱逐舰改装为反潜驱逐舰后，分别于 1969 年 5 月和 1970 年 9 月重新服役。舰上装备的火炮、雷达和声纳均为美国造。它的标准排水量 3012 吨，满载排水量 3785 吨。舰长 119 米，宽 13 米。满载吃水 5.5 米。航速 31 节，续航力 4500 海里／15 节。动力装置为齿轮涡轮机，60000 马力。装载燃料量 700 吨。编制人数 255 人。武器装备有 3 门双联 127 毫米高炮，8 具反潜鱼雷发射管。1 架休格 369HM 反潜直升机。雷达为 SPS-10 和 SPS-40 型。声纳为 SQS 和 SQA 型。

【特罗姆普级导弹驱逐舰】　荷兰建造，共装备 2 艘，分别于 1975 年和 1976 年开始服役，1983 年至 1988 年进行改装。两舰火力配备较强，具有较好的反舰，反潜和防空能力。它的标准排水量 4300 吨，满载排水量 5400 吨。舰长 138.4 米，宽 14.8 米。吃水 4.6 米。航速 30 节，续航力 5000 海里／18 节。动力装置为 2 台燃气涡轮机，50000 马力，2 台巡航燃气涡轮机，8000 马力。编制人数 306 人。舰上配有 1 架小羚羊直升机。武器装备有 2 门 120 毫米炮，16 枚鱼叉式舰对舰导弹，40 枚鞑靼人式舰对空导弹，16 枚海雀式舰对空导弹。反潜武器为 6 具 MK32ASW 型鱼雷发射管。雷达有 1 部 HSA3D 搜索和指示雷达，1 部 HSAWM25 火控雷达，1 部 SPG-51 导弹制导雷达，2 部 Decca 导航雷达。声纳 CWE610 型。

【DD145 级导弹驱逐舰】　日本建造。该级舰满载排水量 4500 吨。舰长 150 米，舰宽 15.6 米，吃水 5.8 米。航速 32 节。为多用途新型舰队驱逐舰，防空武器性能极佳。武器装备为 1 座标准 MR 导弹发射架，2 座四联装鱼叉导弹发射架，2 门 127 毫米炮，2 座六联装 20 毫米构成"近程武器系统"。1 座阿斯洛克反潜导弹发射架，6 座反潜鱼雷发射管。

【榛名级直升飞机驱逐舰】　日本建造。共 2 艘。该级舰系专为反潜作战而设计建造的大型驱逐舰，配备有反潜武器，特别是反潜直升机。拥有加拿大制造的直升机甲板助降装置。装有减摇鳍。该级舰排水量 4700 吨。舰长 153 米，舰宽 17.5 米，吃水 5.1 米。动力为 70000 马力，航速 32 节。续航力 7000 海里／20 节。武器装备有 1 座八联装海麻雀导弹发射架，2 门 127 毫米炮，533 鱼雷发射管 6，阿斯洛克反潜导弹发射架 1 座反潜鱼雷发射管 6，反潜直升机 3 架。雷达为 OPS-11 对空雷达，OPS-17 对海雷达。QQS-3 舰壳声纳。舰员 364 人。

【旅大级导弹驱逐舰】　中国建造。舰艇空载 2454 吨，标准排水量 2844 吨，满载排水量 3536 吨。舰长 132 米，高 12.8 米，桅高 25.46 米。最大吃水量 6.04 米，最大航速 36 节，经济航速 14.5 节，续航力 4000 海里，适合 8 至 9 级的海情，具有不沉性，即相邻三舱进水不沉，自持力 10 昼夜，回转直径 1161 米。舰艇主机主要有 453 汽轮机 2 台，每台 36000 马力。武器装备有三联舰舰导弹发射架 2 座，带海鹰 1 号舰舰导弹 6 枚；双 130 舰炮 2 座；双 57 舰炮 4 座；双 25 舰炮 4 座；12 管火箭式深水炸弹发射炮 2 座，带弹 72 枚；大型深水炸弹发射炮 4 门；投掷器 2 座，带弹 48 枚，还可搭载大型触发水雷 28 个或非触发 20 个。舰上还备有超短波电台 5 部，短波电台 4 部，发信机 3 部，收信机 6 部，发信终端机 2 机，对空海警戒雷达各 1 部、三座标雷达 1 部、航海雷达 1 部。炮瞄雷达 3 部、导弹攻击雷达 1 部、回音声纳 2 部，通信声纳 1 部，中程导航接收机，电罗经等设备。

6、 护卫舰

【佩里级导弹护卫舰】 美国建造。该级舰共计划建造 52 艘（FFG7-61），截至 1986 年底为止，已有 50 艘服役。其中 FFG7.9-16 已转入后备役，FFG19-27 亦将转入后备役。FFG17、18、35、44 售予澳大利亚。它的轻载排水量 2750 吨，满载排水量 3585 吨。舰长 135.6 米，宽 13.7 米，吃水 7.5 米，动力装置为 2 台燃气轮机，4 万马力。航速 29 节，续航力 4500 海里／20 节。编制人数军官 12 人，士兵 188 人，共计 200，内含直升机机组人员军官 5 人，士兵 44 人，共 19 人。舰上配有 1 座 MK13 鱼叉（4 枚）／标准（36 枚）导弹发射架。直升机为 2 架 SH-2D 或 SH-60B。舰炮为 1 座 MK75 单 76 毫米 162 身倍炮，1 座 MK16、20 毫米炮。反潜武器有 2 座 MK32 三联装鱼雷发射器。雷达有 SPS49 远程搜索雷达，SPS55 搜索与导航雷达，SPG60 火控雷达。声纳 SQS56（舰艏），SQR19（FFG36-43，45-60），SQR18A（其余各舰）。MK32 武器系统指挥仪，MK92 武器系统指挥仪。干扰器材 SLQ32 电子战系统，MK36 干扰火箭发射架。特种设备 OE82 卫星通信天线，SSR1 接收机，WSC3 收发信机。

图 8-47 佩里级导弹护卫舰

【麦金纳尼号护卫舰】 美国巴斯钢铁公司建造，舰级佩里级。1977 年 11 月动工，1978 年 11 月下水。1979 年 11 月服役。部署在美军大西洋舰队。

【穆尔号护卫舰】 美国托德造船公司建造，舰级佩里级。1978 年 12 月动工，1979 年 10 月下水。1981 年 11 月服役。部署在美军太平洋舰队。

【安特里姆号护卫舰】 美国托德造船公司建造，舰级佩里级。1978 年 6 月动工，1979 年 3 月下水。1981 年 9 月服役。部署在美军大西洋舰队。

【弗拉特利号护卫舰】 美国巴斯钢铁公司建造，舰级佩里级。1979 年 11 月动工，1980 年 5 月下水。1981 年 6 月服役。部署在美军大西洋舰队。

【法里昂号护卫舰】 美国托德造船公司建造，舰级佩里级。1978 年 12 月动工，1979 年 8 月下水。1982 年 1 月服役。部署在美军大西洋舰队。

【普勒号护卫舰】 美国托德造船公司建造，舰级佩里级。1979 年 5 月动工，1980 年 3 月下水。1982 年 4 月服役。部署在美军太平洋舰队。

【威廉斯号护卫舰】 美国巴斯钢铁公司建造，舰级佩里级。1980 年 2 月动工，1980 年 8 月下水。1981 年 9 月服役。部署在美军大西洋舰队。

【科普兰号护卫舰】 美国托德造船公司建造，舰级佩里级。1979 年 10 月动工，1980 年 7 月下水。1982 年 8 月服役。部署在美军太平洋舰队。

【加勒里号护卫舰】 美国巴斯钢铁公司建造，舰级佩里级。1980 年 5 月动工，1980 年 12 月下水。1981 年 12 月服役。部署在美军大西洋舰队。

【提斯代尔号护卫舰】 美国托德造船公司建造，舰级佩里级。1980 年 3 月动工，1981 年 2 月下水。1982 年 11 月服役。部署在美军太平洋舰队。

【布恩号护卫舰】 美国托德造船公司建造，舰级佩里级。1979 年 3 月动工，1980 年 1 月下水。1982 年 5 月服役。部署在美军大西洋舰队。

【格罗夫斯号护卫舰】 美国巴斯钢铁公司建造，舰级佩里级。1980 年 9 月动工，1981 年 4 月下水。1982 年 4 月服役。部署在美军大西洋舰队。

【里德号护卫舰】　美国托德造船公司建造，舰级佩里级。1980年10月动工，1981年6月下水。1983年2月服役。部署在美军太平洋舰队。

【斯塔克号护卫舰】　美国托德造船公司建造，舰级佩里级。1979年8月动工，1980年5月下水。1982年10月服役。部署在美军大西洋舰队。

【霍尔号护卫舰】　美国巴斯钢铁公司建造，舰级佩里级。1981年1月动工，1981年7月下水。1982年6月服役。部署在美军大西洋舰队。

【贾勒特号护卫舰】　美国托德造船公司建造，舰级佩里级。1981年2月动工，1981年10月下水。1983年7月服役。部署在美军太平洋舰队。

【菲奇号护卫舰】　美国巴斯钢铁公司建造，舰级佩里级。1981年4月动工，1981年10月下水。1982年10月服役。部署在美军大西洋舰队。

【安德伍德号护卫舰】　美国巴斯钢铁公司建造，舰级佩里级。1981年8月动工，1982年2月下水。1983年1月服役。部署在美军大西洋舰队。

【克罗姆林号护卫舰】　美国托德造船公司建造，舰级佩里级。1980年5月动工，1981年7月下水。1983年6月服役。部署在美军太平洋舰队。

【柯茨号护卫舰】　美国托德造船公司建造，舰级佩里级。1981年7月动工，1982年3月下水。1983年10月服役。部署在美军太平洋舰队。

【多伊尔号护卫舰】　美国巴斯钢铁公司建造，舰级佩里级。1981年11月动工，1982年5月下水。1983年5月服役。部署在美军大西洋舰队。

【哈利伯顿号护卫舰】　美国托德造船公司建造，舰级佩里级。1980年9月动工，1981年10月下水。1984年1月服役。部署在美军大西洋舰队。

【麦克拉斯基号护卫舰】　美国托德造船公司建造，舰级佩里级。1981年10动工，1982年9月下水。1983年12月服役。部署在美军太平洋舰队。

【克拉克林号护卫舰】　美国巴斯钢铁公司建造，舰级佩里级。1982年2月动工，1982年9月下水。1983年8月服役。部署在美军大西洋舰队。

【撒奇号护卫舰】　美国托德造船公司建造，舰级佩里级。1982年3月动工，1982年12月下水。1984年3月服役。部署在美军太平洋舰队。

【德沃特号护卫舰】　美国巴斯钢铁公司建造，舰级佩里级。1982年6月动工，1982年12月下水。1983年11月服役。部署在美军大西洋舰队。

【伦茨号护卫舰】　美国托德造船公司建造，舰级佩里级。1982年9月动工，1983年7月下水。1984年6月服役。部署在美军太平洋舰队。

【尼古拉斯号护卫舰】　美国巴斯钢铁公司建造，舰级佩里级。1982年9月动工，1983年4月下水。1984年3月服役。部署在美军大西洋舰队。

【范德格里夫特号护卫舰】　美国托德造船公司建造，舰级佩里级。1981年10月动工，1982年10月下水。1984年11月服役。部署在美军太平洋舰队。

【布莱德利号护卫舰】　美国巴斯钢铁公司建造，舰级佩里级。1982年12月动工，1983年8月下水。1984年8月服役。部署在美军大西洋舰队。

【泰勒号护卫舰】　美国巴斯钢铁公司建造，舰级佩里级。1983年5月动工，1983年11月下水。1984年12月服役。部署在美军大西洋舰队。

【加里号护卫舰】　美国托德造船公司建造，舰级佩里级。1982年12月动工，1983年11月下水。1984年11月服役。部署在美军太平洋舰队。

【卡尔号护卫舰】　美国托德造船公司建造，舰级佩里级。1982年3月动工，1983年2月下水。1985年7月服役。部署在美军大西洋舰队。

【霍斯号护卫舰】　美国巴斯钢铁公司建造，舰级佩里级。1983年8月动工，1984年2月下水。1985年2月服役。部署在美军大西洋舰队。

【福特号护卫舰】　美国托德造船公司建

造，舰级佩里级。1983年7月动工，1984年6月下水。1985年6月服役。部署在美军太平洋舰队。

【埃尔罗德号护卫舰】 美国巴斯钢铁公司建造，舰级佩里级。1983年11月动工，1984年5月下水。1985年5月服役。部署在美军大西洋舰队。

【辛普森号护卫舰】 美国巴斯钢铁公司建造，舰级佩里级。1984年2月动工，1984年8月下水。1985年8月服役。部署在美军大西洋舰队。

【詹姆斯号护卫舰】 美国托德造船公司建造，舰级佩里级。1983年11月动工，1985年2月下水，1986年2月服役。部署在美军太平洋舰队。

【罗伯茨号护卫舰】 美国巴斯钢铁公司建造，舰级佩里级。1984年5月动工，1984年12月下水。1986年4月服役。部署在美军大西洋舰队。

【考夫曼号护卫舰】 美国巴斯钢铁公司建造，舰级佩里级。1985年8月动工，1986年3月下水。1987年2月服役。

【戴维斯号护卫舰】 美国托德造船公司建造，舰级佩里级。1985年2月动工，1986年1月下水。1986年12月服役。

【英格拉哈姆号护卫舰】 美国托德造船公司建造，舰级佩里级。1986年12月下水，1987年11月下水。1988年12月服役。

【布鲁克级导弹护卫舰】 美国建造。该级舰共6艘（FFG1-6）。FFG4-6的阿斯洛克反潜导弹可自动装填。它的标准排水量2640吨，满载排水量3426吨。舰长126.3米，宽13.5米。吃水7.4米。动力装置为1台蒸汽轮机，3.5万马力。航速27.2节，续航力4000海里/20节。编制人数军官20人，士兵312人，共计332人。舰上配有1座MK22鞑靼人/标准防空导弹发射架，带弹16枚。直升机1架SH-2D。舰炮为1座MK30单127毫米/38身倍炮。反潜武器为1座八联装阿斯洛克反潜导弹发射架，2座MK32三联装鱼雷发射管。雷达有SPS10对海搜索雷达，SPS52三座标雷达，SPG51C导弹制导雷达，SPG35炮瞄雷达，CRP3100导航雷达。声纳SQS26（舰艏）。MK74导弹指挥仪，MK56舰炮指挥仪，MK114反潜指挥仪，MK4目标指示反潜指挥仪。干扰器材SLQ32V电子战系统，4部

MK36干扰火箭发射器，T-MK6鱼雷欺骗装置。特种设备OF82卫星通信天线，SSR1接收机，WSC3收发信机。

图8-48 布鲁克级导弹护卫舰

【布鲁克号护卫舰】 美国洛克希德造船公司建造，舰级布鲁克级。1962年12月动工，1963年7月下水。1966年3月服役。部署在美军太平洋舰队。

【拉姆齐号护卫舰】 美国洛克希德造船公司建造，舰级布鲁克级。1963年2月动工，1963年10月下水。1967年6月服役。部署在美军太平洋舰队。

【斯科菲尔德号护卫舰】 美国洛克希德造船公司建造，舰级布鲁克级。1963年4月动工，1963年12月下水。1968年5月服役。部署在美军太平洋舰队。

【塔尔伯特号护卫舰】 美国巴斯钢铁公司建造，舰级布鲁克级。1964年5月动工，1966年1月下水。1967年4月服役。部署在美军大西洋舰队。

【佩奇号护卫舰】 美国巴斯钢铁公司建造，舰级布鲁克级。1965年1月动工，1966年4月下水。1967年8月服役。部署在美军大西洋舰队。

【弗雷尔号护卫舰】 美国巴斯钢铁公司建造，舰级布鲁克级。1965年7月动工，1966年7月下水。1967年11月服役。部署在美军大西洋舰队。

【诺克斯级护卫舰】 美国建造。该级舰共46艘（FFG1052-1097）主要用于反潜、护航。其中FF1053、1054、1058、1060、1061、1072、1091、1096已转入后备役。舰上战斧导弹可由阿斯洛克反潜导弹发射架发射。它的标准排水量3011吨，FF1052-1077的满载排水量3877吨，其余各舰满载排水量4200吨。舰长133.5米，宽

14.3 米。吃水 7.8 米。动力装置为 1 台蒸汽轮机，3.5 万马力，航速 27 节，续航力 4500 海里／20 节。编制人数军官 19 人，士兵 310 人，共计 329 人。舰上配有 2 座四联装鱼叉导弹发射架，战斧导弹 4 枚。直升机为 1 架 SH-2D。舰炮为 1 座 MK42 单 127 毫米／54 身倍炮，1 座 MK16.20 毫米炮。反潜武器为 1 座八联装阿斯洛克反潜导弹发射架，4 座 MK32 固定鱼雷发射管。雷达为 SPS10 对海搜索雷达，SPS40 对空搜索雷达，LN66 导航雷达。声纳 SQS26（舰艏），SQS35。MK68 火炮指挥仪，MK115 导弹指挥仪，MK114 反潜指挥仪。干扰器材有 SLQ32V 电子战系统，MK36 干扰火箭发射器，4 部 WLR1 电子对抗系统。特种设备 OE82 卫星通信天线，SSR1 接收机，WSC3 收发信机。

图 8-49　诺克斯级护卫舰

【诺克斯号护卫舰】　　美国托德造船公司建造，舰级诺克斯级。1965 年 10 月动工，1966 年 11 月下水。1969 年 4 月服役。部署在美军太平洋舰队。

【赫伯恩号护卫舰】　　美国托德造船公司建造，舰级诺克斯级。1966 年 6 月动工，1967 年 3 月下水。1969 年 7 月服役。部署在美军太平洋舰队。

【康诺尔号护卫舰】　　美国阿冯达尔造船公司建造，舰级诺克斯级。1967 年 3 月动工，1968 年 7 月下水。1969 年 8 月服役。部署在美军大西洋舰队。

【拉斯伯恩号护卫舰】　　美国洛克希德造船公司建造，舰级诺克斯级。1968 年 1 月动工，1969 年 5 月下水。1970 年 5 月服役。部署在美军太平洋舰队。

【西姆斯号护卫舰】　　美国阿冯达尔造船公司建造，舰级诺克斯级。1967 年 4 月动工，1969 年 1 月下水。1970 年 1 月服役。部署在美军大西洋舰队。

【惠普尔号护卫舰】　　美国托德造船公司建造，舰级诺克斯级。1967 年 4 月动工，1968 年 4 月下水。1970 年 8 月服役。部署在美军太平洋舰队。

【里森纳号护卫舰】　　美国洛克希德造船公司建造，舰级诺克斯级。1969 年 1 月动工，1970 年 8 月下水。1971 年 7 月服役。部署在美军太平洋舰队。

【洛克伍德号护卫舰】　　美国托德造船公司建造，舰级诺克斯级。1967 年 11 月动工，1968 年 9 月下水。1970 年 12 月服役。部署在美军太平洋舰队。

【斯坦号护卫舰】　　美国洛克希德造船公司建造，舰级诺克斯级。1970 年 6 月动工，1970 年 12 月下水。1972 年 1 月服役。部署在美军太平洋舰队。

【希尔兹号护卫舰】　　美国托德造船公司建造，舰级诺克斯级。1968 年 4 月动工，1969 年 10 月下水。1971 年 4 月服役。部署在美军太平洋舰队。

【哈蒙德号护卫舰】　　美国托德造船公司建造，舰级诺克斯级。1967 年 7 月动工，1968 年 5 月下水。1970 年 7 月服役。部署在美军太平洋舰队。

【弗里兰号护卫舰】　　美国阿冯达尔造船公司建造，舰级诺克斯级。1968 的 3 月动工，1969 年 6 月下水。1970 年 6 月服役。部署在美军大西洋舰队。

【巴格利号护卫舰】　　美国洛克希德造船公司建造，舰级诺克斯级。1970 年 9 月动工，1971 年 4 月下水。1972 年 5 月服役。部署在美军太平洋舰队。

【唐斯号护卫舰】　　美国托德造船公司建造，舰级诺克斯级。1968 年 9 月动工，1969 年 12 月下水。1971 年 8 月服役。部署在美军太平洋舰队。

【巴杰尔号护卫舰】　　美国托德造船公司建造，舰级诺克斯级。1968 年 2 月动工，1968 年 12 月下水。1970 年 12 月服役。部署在美军太平洋舰队。

【皮尔里号护卫舰】　　美国洛克希德造舰公司建造，舰级诺克斯级。1970 年 12 月动工，1971 年 6 月下水。1972 年 9 月服役。部署在美军太平洋舰队。

【霍尔特号护卫舰】 美国托德造船公司建造，舰级诺克斯级。1968 年 5 月动工，1969 年 5 月下水。1971 年 3 月服役。部署在美军太平洋舰队。

【特里普号护卫舰】 美国阿冯达尔造船公司建造，舰级诺克斯级。1968 年 7 月动工，1969 年 11 月下水。1970 年 9 月服役。部署在美军大西洋舰队。

【范宁号护卫舰】 美国托德造船公司建造，舰级诺克斯级。1968 年 12 月动工，1970 年 1 月下水。1971 年 7 月服役。部署在美军太平洋舰队。

【奥利特号护卫舰】 美国阿冯达尔造船公司建造，舰级诺克斯级。1969 年 1 月动工，1970 年 1 月下水。1971 年 12 月服役。部署在美军太平洋舰队。

【约休斯号护卫舰】 美国阿冯达尔造船公司建造，舰级诺克斯级。1969 年 5 月动工，1970 年 3 月下水。1971 年 4 月服役。部署在美军大西洋舰队。

【鲍恩号护卫舰】 美国阿冯达尔造船公司建造，舰级诺克斯级。1969 年 7 月动工，1970 年 5 月下水。1971 年 5 月服役。部署在美军大西洋舰队。

【保罗号护卫舰】 美国阿冯达尔造船公司建造，舰级诺克斯级。1969 年 9 月动工，1970 年 6 月下水。1971 年 8 月服役。部署在美军大西洋舰队。

【艾尔温号护卫舰】 美国阿冯达尔造船公司建造，舰级诺克斯级。1969 年 11 月动工，1970 年 8 月下水。1971 年 9 月服役。部署在美军大西洋舰队。

【蒙哥马利号护卫舰】 美国阿冯达尔造船公司建造，舰级诺克斯级。1970 年 1 月动工，1970 年 11 月下水。1971 年 10 月服役。部署在美军大西洋舰队。

【库克号护卫舰】 美国阿冯达尔造船公司建造，舰级诺克斯级。1970 年 3 月动工，1971 年 1 月下水。1971 年 12 月服役。部署在美军太平洋舰队。

【麦坎德利斯号护卫舰】 美国阿冯达尔造船公司建造，舰级诺克斯级。1970 年 6 月动工，1971 年 3 月下水。1972 年 3 月服役。部署在美军大西洋舰队。

【比尔里号护卫舰】 美国阿冯达尔造船公司建造，舰级诺克斯级。1970 年 7 月动工，1971 年 5 月下水。1972 年 7 月服役。部署在美军大西洋舰队。

【布鲁顿号护卫舰】 美国阿冯达尔造船公司建造，舰级诺克斯级。1970 年 10 月动工，1971 年 7 月下水。1972 年 7 月服役。部署在美军太平洋舰队。

【柯克号护卫舰】 美国阿冯达尔造船公司建造，舰级诺克斯级。1970 年 12 月动工，1971 年 9 月下水。1972 年 9 月服役。部署在美军太平洋舰队。

【巴贝号护卫舰】 美国阿冯达尔造船公司建造，舰级诺克斯级。1971 年 2 月动工，1971 年 12 月下水。1972 年 11 月服役。部署在美军太平洋舰队。

【布朗号护卫舰】 美国阿冯达尔造船公司建造，舰级诺克斯级。1971 年 4 月动工，1972 年 3 月下水。1973 年 2 月服役。部署在美军大西洋舰队。

【安斯沃斯号护卫舰】 美国阿冯达尔造船公司建造，舰级诺克斯级。1971 年 6 月动工，1972 年 4 月下水。1973 年 3 月服役。部署在美军大西洋舰队。

【哈特号护卫舰】 美国阿冯达尔造船公司建造，舰级诺克斯级。1971 年 10 月动工，1972 年 8 月下水。1973 年 7 月服役。部署在美军大西洋舰队。

【卡波丹诺号护卫舰】 美国阿冯达尔造船公司建造，舰级诺克斯级。1971 年 10 月动工，1972 年 10 月下水。1973 年 11 月服役。部署在美军大西洋舰队。

【法里斯号护卫舰】 美国阿冯达尔造船公司建造，舰级诺克斯级。1972 年 2 月动工，1973 年 12 月下水。1974 年 1 月服役。部署在美军大西洋舰队。

【特鲁特号护卫舰】 美国阿冯达尔造船公司建造，舰级诺克斯级。1972 年 4 月动工，1973 年 2 月下水。1974 年 6 月服役。部署在美军大西洋舰队。

【莫伊内斯特号护卫舰】 美国阿冯达尔造船公司建造，舰级诺克斯级。1972 年 8 月动工，1973 年 5 月下水。1974 年 11 月服役。部署在美军大西洋舰队。

【加西亚级护卫舰】 美国建造。该级舰共 10 艘（FF1040、1041、1043、1045、

1047—1051）。它的标准排水量 2620 吨，满载排水量 3403 吨。舰长 126.3 米，宽 13.5 米。吃水 7.3 米。动力装置是 1 台蒸汽轮机，3.5 万马力。航速 27.5 节，续航力 4000 海里／20 节。编制人数军官 20 人，士兵 301 人，共计 321 人。舰上配有 1 架 SH-2D 直升机（FF1048—1050 无）。舰炮为 2 座 MK30 单 127 毫米／38 身倍炮。反潜武器为 1 座八联装阿斯洛克反潜导弹发射架，2 座 MK32 三联装反潜鱼雷发射管。雷达有 SPS10 对海搜索雷达，SPS40 对空搜索雷达，SPG36 炮瞄雷达，LN66 导航雷达。声纳 SQS26（舰艏）。MK56 舰炮指挥仪，MK114 反潜指挥仪，MK1 目标指示指挥仪。干扰器材为 WLR6，ULQ 电子对抗系统，特种设备海军战术数据系统，OE82 卫星通信天线，SSR1 接收机，WSC3 收发信机。

图 8-50　加西亚级护卫舰

【加西亚号护卫舰】　美国伯利恒钢铁公司建造，舰级加西亚级。1962 年 10 月动工，1963 年 10 月下水。1964 年 12 月服役。部署在美军太平洋舰队。

【布雷德利号护卫舰】　美国伯利恒钢铁公司建造，舰级加西亚级。1963 年 1 月动工，1964 年 3 月下水。1965 年 5 月服役。部署在美军太平洋舰队。

【麦克唐纳号护卫舰】　美国阿冯达尔造船公司建造，舰级加西亚级。1963 年 4 月动工，1964 年 2 月下水。1965 年 2 月服役。部署在美军大西洋舰队。

【布伦比号护卫舰】　美国阿冯达尔造船公司建造，舰级加西级。1963 年 8 月动工，1964 年 6 月下水。1965 年 8 月服役。部署在美军大西洋舰队。

【戴维德森号护卫舰】　美国阿冯达尔造船公司建造，舰级加西亚级。1963 年 9 月动工，1964 年 10 月下水。1965 年 12 月服役。部署在美军太平洋舰队。

【沃奇号护卫舰】　美国迪福造船公司建

造，舰级加西亚级。1963 年 11 月动工，1965 年 2 月下水。1966 年 11 月服役。部署在美军大西洋舰队。

【萨姆普尔号护卫舰】　美国洛克希德造船公司建造，舰级加西亚级。1963 年 7 月动工，1964 年 4 月下水。1968 年 3 月服役。部署在美军太平洋舰队。

【凯尔奇号护卫舰】　美国迪福造船公司建造，舰级加西亚级。1964 年 2 月动工，1965 年 6 月下水。1967 年 6 月服役。部署在美军大西洋舰队。

【艾·戴维德号护卫舰】　美国洛克希德造船公司建造，舰级加西亚级。1964 年 4 月动工，1964 年 12 月下水。1968 年 10 月服役。部署在美军太平洋舰队。

【沃克勒汉号护卫舰】　美国迪福造船公司建造，舰级加西亚级。1964 年 2 月动工，1965 年 10 月下水。1968 年 7 月服役。部署在美军太平洋舰队。

【格洛弗级护卫舰】　美国巴斯钢铁公司建造，仅 1 艘（FF1098）。原为专供研究用的护卫舰，1979 年改为常规护卫舰。它的标准排水量 2643 吨，满载排水量 3426 吨。舰长 126.3 米，宽 13.5 米。吃水 7.3 米。动力装置为 1 台蒸汽轮机，3.5 万马力。航速 27 节，续航力 4000 海里／20 节。编制人数军官 17 人，士兵 311 人，共计 328 人。舰上配有 1 架 SH-2D 直升机。舰炮为 2 座 MK30 单 127 毫米／38 身倍炮。反潜武器为 1 座八联装阿斯洛克反潜导弹发射架，2 座 MK32 三联装反潜鱼雷发射管。雷达为 SPS10 对海搜索雷达，SPS40 对空搜索雷达，SPG35 炮瞄雷达，LN66 导航雷达。声纳为 SQS26（舰艏），SQS35。还有 MK56 舰炮指挥仪，MK1 目标指示指挥仪，MK114 反潜指挥仪。干扰器材为 WLR1，WLR3，ULQ6 电子对抗系统，2 部 MK33 干扰火箭发射器。特种设备为 OE82 卫星通信天线，SSR1 收信机。

图 8-51　格洛弗级护卫舰

【格洛弗号护卫舰】　美国巴斯钢铁公司建

造，舰级格洛弗级。1963 年 7 月动工，1965 年 4 月下水。1965 年 11 月服役。部署在美军大西洋舰队。

【布朗斯坦级护卫舰】 美国建造。该级舰共 2 艘（FF1037、1038）。它的标准排水量 2360 吨，满载排水量 2650 吨。舰队长 113.2 米，宽 12.3 米，吃水 7 米。动力装置为 1 台蒸汽轮机，2 万马力。航速 26 节，续航力 3200 海里／20 节，4000 海里／15 节。编制人数军官 16 人，士兵 289 人，共计 305 人。舰上配有 2 座 MK33 双 76 毫米 50 身倍炮。反潜武器为 1 座八联装阿斯洛克发射器，2 座 MK32 三联装鱼雷发射管。雷达为 SPS10 对空搜索雷达，SPS40 对空搜索雷达，SPG35 炮瞄雷达。声纳 SQS26（舰艏），SQR15（FF1038）。配有 MK56 舰炮指挥仪，MK114 反潜指挥仪，MK1 目标指示指挥仪。干扰器材为 WLR1，WLR3，ULQ6 电子对抗系统，T-MK6 鱼雷欺骗装置。特种设备 OE82 卫星通信天线。SSR1 接收机。

【布朗斯坦号护卫舰】 美国阿冯达尔造船公司建造，舰级布朗斯坦级。1961 年 5 月动工，1962 年 3 月下水。1963 年 6 月服役。部署在美军太平洋舰队。

图 8-52 布朗斯坦级护卫舰

【麦克洛伊号护卫舰】 美国阿冯达尔造船公司建造，舰级布朗斯坦级。1961 年 9 月动工，1962 年 6 月下水。1963 年 10 月服役。部署在美军大西洋舰队。

【克里瓦克Ⅱ级导弹护卫舰】 苏联延塔船厂建造。共造 11 艘。标准排水量 3100 吨，满载排水量 3800 吨。舰长 123 米，水线长 115.5 米，宽 13.5 米，水线宽 14.2 米，吃水 5.5 米。动力装置为燃气轮机 4 台，2 轴。功率 7200 马力。储油量 700 吨。航速 33 节，续航力 4500 海里／16 节、700 海里／30 节。编制人数 220 人。舰上配有 1 座四联装 SS-N-14 舰对潜导弹发射架，带弹 4 枚；2 座双联装 SA-N-4 舰对空导弹发射架，带弹 40 枚；2 座 100 毫米单管全自动火炮，2 座 RBU6000 十二管反潜火箭发射器，2 座四联装

533 毫米鱼雷发射管，水雷 50 枚，滑轨长 54 米。电子设备有首网 C 三座标对空对海雷达 1 部、顿河 K 导航雷达 1 部、旋转槽导航制导雷达 1 部、排枪导弹雷达 1 部、眼球导弹制导雷达 2 部、鸢鸣炮瞄雷达 1 部、钟系列电子对抗仪 4 部、4 座十二管干扰火箭发射器、高杆 B 敌我识别器 1 部。声纳有拖曳式变深声纳 1 部、舰首声纳 1 部。

【淘气号导弹护卫舰】 苏联延塔船厂建造。舰级克里瓦克Ⅱ级。1973 年动工，1975 年下水 1976 年装备苏军。部署在苏北方舰队。

【凛列号导弹护卫舰】 苏联延塔船厂建造。舰级克里瓦克Ⅱ级。1974 年动工，1976 年下水，1977 年装备苏军、部署在苏军太平洋舰队。

【惊奇号导弹护卫舰】 苏联延塔船厂建造。舰级克里瓦克Ⅱ级。1975 年动工，1977 年下水，1978 年装备苏军。部署在苏军黑海舰队。

【威胁号导弹护卫舰】 苏联延塔船厂建造。舰级克里瓦克Ⅱ级。1975 年动工，1977 年下水，1978 年装备苏军。部署在苏军太平洋舰队。

【不屈号导弹护卫舰】 苏联延塔船厂建造。舰级克里瓦克Ⅱ级。1976 年动工，1978 年下水，1979 年装备苏军。部署在苏波罗的海舰队。

【常任号导弹护卫舰】 苏联延塔船厂建造。舰级克里瓦克Ⅱ级。1976 年动工，1978 年下水，1979 年装备苏军。部署在苏北方舰队。

【响亮号导弹护卫舰】 苏联延塔船厂建造。舰级克里瓦克Ⅱ级。1977 年动工，1979 年下水，1980 年装备苏军。部署在苏北方舰队。

【高傲号导弹护卫舰】 苏联延塔船厂建造。舰级克里瓦克Ⅱ级。1977 年动工，1979 年下水，1980 年装备苏军。部署在苏军太平洋舰队。

【勤劳号导弹护卫舰】 苏联延塔船厂建造。舰级克里瓦克Ⅱ级。1978 年动工，1980 年下水，1981 年装备苏军。部署在苏军太平洋舰队。

【谒诚号导弹护卫舰】 苏联延塔船厂建造。舰级克里瓦克Ⅱ级。1979 年动工，1981 年下水，1981 年装备苏军。部署在苏军太平洋舰队。

【热情号导弹护卫舰】 苏联延塔船厂建造。舰级克里瓦克Ⅱ级。1979 年动工，1982 年下水，1982 年装备苏军。部署在苏黑海舰队。

【克里瓦克Ⅰ级导弹护卫舰】 苏联延塔船厂、扎利夫船厂、日丹诺夫船厂、建造。共造 21 艘。标准排水量 3100 吨，满载排水量 3800 吨。舰长 123 米，水线长 116 米，宽度 14 米，吃水 4.7 米。动力装置为燃气轮机 4 台，2 轴。功率

72000 马力。储油量 700 吨，航速 32 节。续航力 4500 海里／16 节、700 海里／30 节。编制人数 220 人。舰上配有 1 座四联装 SS—N—14 舰对潜导弹发射架，带弹 4 枚；2 座双联装 SA—N—4 舰对空导弹发射架，带弹 40 枚。还有 2 座 76 毫米双联装两用全自动火炮，2 座 RBU6000 十二管反潜火箭发射器。2 座四联装 533 毫米鱼雷发射管，水雷 50 枚，滑轨长 54 米。电子设备有首网 C 三座标对空对海雷达 1 部、顿河 K 导航雷达 1 部、旋转槽导航雷达 1 部、排枪导弹制导雷达 2 部、眼球导弹制导雷达 2 部、枭鸣炮瞄雷达 1 部、钟系列电子对抗仪 4 部、4 座十二管干扰火箭发射器、高杆 B 敌我识别器 1 部。声纳有拖曳式变深声纳 1 部、舰首声纳 1 部。

【警惕号导弹护卫舰】 苏联延塔船厂建造。舰级克里瓦克 I 级。1968 年动工，1970 年下水，1971 年装备苏军。部署在苏波罗的海舰队。

【朝气号导弹护卫舰】 苏联延塔船厂建造。舰级克里瓦克 I 级。1969 年动工，1971 年下水，1971 年装备苏军。部署在苏波罗的海舰队。

【不愧号导弹护卫舰】 苏联延塔船厂建造。舰级克里瓦克 I 级。1969 年动工，1971 年下水，1972 年装备苏军。部署在苏北方舰队。

【凶猛号导弹护卫舰】 苏联延塔船厂建造。舰级克里瓦克 I 级。1969 年动工，1971 年下水，1972 年装备苏军。部署在苏波罗的海舰队。

【有力号导弹护卫舰】 苏联延塔船厂建造。舰级克里瓦克 I 级。1970 年动工，1972 年下水，1973 年装备苏军。部署在苏波罗的海舰队。

【警戒号导弹护卫舰】 苏联延塔船厂建造。舰级克里瓦克 I 级。1970 年动工，1972 年下水，1973 年装备苏军。部署在苏军太平洋舰队。

【英勇号导弹护卫舰】 苏联扎利夫船厂建造。舰级克里瓦克 I 级。1971 年动工，1973 年下水，1974 年装备苏军。部署在苏北方舰队。

【理智号导弹护卫舰】 苏联延塔船厂建造。舰级克里瓦克 I 级。1971 年动工，1973 年下水，1974 年装备苏军。部署在苏太平洋舰队。

【打击号导弹护卫舰】 苏联延塔船厂建造。舰级克里瓦克 I 级。1971 年动工，1973 年下水，1974 年装备苏军。部署在苏太平洋舰队。

【友谊号导弹护卫舰】 苏联日丹诺夫船厂建造。舰级克里瓦克 I 级。1972 年动工，1974 年下水，1975 年装备苏军。部署在苏波罗的海舰队。

【炎热号导弹护卫舰】 苏联延塔船厂建造。舰级克里瓦克 I 级。1972 年动工，1974 年下水，1975 年装备苏军。部署在苏北方舰队。

【积极号导弹护卫舰】 苏联扎利夫船厂建造。舰级克里瓦克 I 级。1973 年动工，1975 年下水，1976 年装备苏军。部署在苏黑海舰队。

【勤奋号导弹护卫舰】 苏联延塔船厂建造。舰级克里瓦克 I 级。1973 年动工，1975 年下水，1976 年装备苏军。部署在苏军太平洋舰队。

【列宁格勒号导弹护卫舰】 苏联日丹诺夫船厂建造。舰级克里瓦克 I 级。1974 年动工，1976 年下水，1977 年装备苏军。部署在苏北方舰队。

【共青团号导弹护卫舰】 苏联日丹诺夫船厂建造。舰级克里瓦克 I 级。1974 年动工，1976 年下水，1977 年装备苏军。部署在苏北方舰队。

【飞翔号导弹护卫舰】 苏联日丹诺夫船厂建造。舰级克里瓦克 I 级。1975 年动工，1977 年下水，1978 年装备苏军。部署在苏太平洋舰队。

【热情号导弹护卫舰】 苏联日丹诺夫船厂建造。舰级克里瓦克 I 级。1976 年动工，1977 年下水，1978 年装备苏军。部署在苏黑海舰队。

【忘我号导弹护卫舰】 苏联扎利夫船厂建造。舰级克里瓦克 I 级。1976 年动工，1978 年下水，1979 年装备苏军。部署在苏黑海舰队。

【好斗号导弹护卫舰】 苏联日丹诺夫船厂建造。舰级克里瓦克 I 级。1977 年动工，1979 年下水，1980 年装备苏军。部署在苏北方舰队。

【无瑕号导弹护卫舰】 苏联扎利夫船厂建造。舰级克里瓦克 I 级。1978 年动工，1980 年下水，1981 年装备苏军。部署在苏黑海舰队。

【顺利号导弹护卫舰】 苏联扎利夫船厂建造。舰级克里瓦克 I 级。1979 年动工，1981 年下水，1982 年装备苏军。部署在苏黑海舰队。

【振奋号导弹护卫舰】 苏联扎利夫船厂建造。舰级克里瓦克 I 级。1980 年动工，1983 年下水，1983 年装备苏军。部署在苏军太平洋舰队。

【米尔卡 I 级小型护卫舰】 苏联延塔船厂建造。共造 9 艘。标准排水量 1000 吨，满载排水量 1150 吨。舰长 82 米，水线长 79 米，舰宽 9.1 米，水线宽 8.7 米，吃水 3.3 米。动力装置为燃气涡轮机 2 台、柴油机 2 台，2 轴。功率 3800

马力。储油量 140 吨，航速 34 节。续航力 5000 海里／10 节，500 海里／30 节。编制人数 98 人。舰上配有 2 座 76 毫米双联装两用全自动火炮，4 座 RBU6000 十二管反潜火箭发射器，1 座五联装 406 毫米反潜鱼雷发射管，电子设备有细网对空对海雷达 1 部、顿河 2 导航雷达 1 部、鹰鸣炮瞄雷达 1 部、警犬电子对抗仪 2 部、方首敌我识别器 1 部。声纳有武仙星座声纳 1 部。

【米卡Ⅰ号小型护卫舰】 苏联延塔船厂建造。舰级米尔卡Ⅰ级。1963 年动工，1964 年下水，1965 年装备苏军。部署在苏波罗的海舰队。

【米尔卡Ⅱ号小型护卫舰】 苏联延塔船厂建造。舰级米尔卡Ⅰ级。1963 年动工，1964 年下水，1965 年装备苏军。部署在苏波罗的海舰队。

【米尔卡Ⅲ号小型护卫舰】 苏联延塔船厂建造。舰级米尔卡Ⅰ级。1963 年动工，1964 年下水，1965 年装备苏军。部署在苏波罗的海舰。

【米尔卡Ⅳ号小型护卫舰】 苏联延塔船厂建造。舰级米尔卡Ⅰ级。1964 年动工，1965 年下水，1966 年装备苏军。部署在苏黑海舰队 2 艘。

【米尔卡Ⅴ号小型护卫舰】 苏联延塔船厂建造。舰级米尔卡Ⅰ级。1964 年动工，1965 年下水，1966 年装备苏军。部署在苏波罗的海舰队 4 艘。

【米尔卡Ⅵ号小型护卫舰】 苏联延塔船厂建造。舰级米尔卡Ⅰ级。1964 年动工，1965 年下水，1966 年装备苏军。部署在苏波罗的海舰队。

【米尔卡Ⅶ号小型护卫舰】 苏联延塔船厂建造。舰级米尔卡Ⅰ级。1964 动工，1965 年下水，1966 年装备苏军。部署在苏波罗的海舰队。

【米尔卡Ⅷ号小型护卫舰】 苏联延塔船厂建造。舰级米尔卡Ⅰ级。1965 年动工，1966 年下水，1967 年装备苏军。部署在苏波罗的海舰队。

【斯拉德科夫号小型护卫舰】 苏联延塔船厂建造。舰级米尔卡Ⅰ级。1965 年动工，1966 年下水，1967 年装备苏军。

【米尔卡Ⅱ级小型护卫舰】 苏联延塔船厂建造。共造 9 艘。标准排水量 1000 吨，满载排水量 1150 吨。舰长 82 米，水线长 79 米，舰宽

9.1 米，水线宽 8.7 米，吃水 3.2 米。动力装置为，涡轮机 2 台，柴油机 2 台，2 轴。功率 38000 马力。储油量 140 吨。航速 34 节。续航力 500 海里／10 节，500 海里／30 节。编制人数 98 人。舰上配有 2 座 76 毫米双联装两用全自动火炮，2 座 RBU6000 十二管反潜火箭发射器，2 座五联装 406 毫米反潜鱼雷发射管。电子设备有支撑曲面或细网对空对海雷达 1 部、顿河 2 导航雷达 1 部、鹰鸣炮瞄雷达 1 部、警犬电子对抗仪 2 部、高杆 B 敌我识别器 1 部。声纳有武仙星座声纳 1 部、舰尾浸入式声纳 1 部。

【米尔卡Ⅹ号小型护卫舰】 苏联延塔船厂建造。舰级米尔卡Ⅱ级。1965 年动工，1966 年下水，1966 年装备苏军部署在苏波罗的海舰队。

【米尔卡Ⅺ号小型护卫舰】 苏联延塔船厂建造。舰级米尔卡Ⅱ级。1965 年动工，196 年下水，1966 年装备苏军。部署在苏波罗的海舰队。

【甘古特人号小型护卫舰】 苏联延塔船厂建造。舰级米尔卡Ⅱ级。1965 年动工，1966 年下水，1967 年装备苏军。部署在苏波罗的海舰队。

【米尔卡ⅩⅢ号小型护卫舰】 苏联延塔船厂建造。舰级米尔卡Ⅱ级。1965 年动工，1966 年下水，1967 年装备苏军。部署在苏波罗的海舰队。

【米尔卡ⅩⅣ号小型护卫舰】 苏联延塔船厂制造。舰级米尔卡Ⅱ级。1965 年动工，1966 年下水，1967 年服役。部署在苏波罗的海舰队。

【米尔卡ⅩⅤ号小型护卫舰】 苏联延塔船厂建造。舰级米尔卡Ⅱ级。1966 年动工，1967 年下水，1967 年装备苏军。部署在苏黑海舰队。

【米尔卡ⅩⅥ号小型护卫舰】 苏联延塔船厂建造。舰级米尔卡Ⅱ级。1966 年动工，，1967 年下水，1967 年装备苏军。部署在苏黑海舰队。

【米卡尔ⅩⅦ号小型护卫舰】 苏联延塔船厂制造。舰级米卡尔Ⅱ级。1966 年动工，1967 年下水，1967 年服役。部署在苏黑海舰队。

【罗曼斯特号小型护卫舰】 苏联延塔船厂建造。舰级米尔卡Ⅱ级。1966 年动工，1967 年下水，1968 年装备苏军。部署在苏黑海舰队。

【别佳Ⅲ级小型护卫舰】 苏联延塔船厂建造。共造 2 艘标准排水量 950 吨，满载排水量 1100 吨。舰长 82.3 米，水线长 79 米，舰宽 9.1 米，水线宽 8.7 米，吃水 3.2 米。动力装置为燃气

轮机 1 台，3 轴，柴油机 1 台。功率 36000 马力。航速 32 节。续航力 850 海里／30 节，5000 海里／10 节。编制人数 98 人。舰上配有 2 座 76 毫米双联装两用全自动火炮、2 座 RBU6000 十二管反潜火箭发射器、1 座五联装 406 毫米鱼雷发射管、水雷 40 枚，滑轨长 65 米。电子设备有支撑曲面对空对海雷达 1 部、顿河 2 导航雷达 1 部、鹰鸣炮瞄雷达 1 部、警犬电子对抗仪 2 部、高杆 B 敌我识别器 1 部。声纳为拖曳式变深声纳 1 部。

【1 号小型护卫舰】 苏联延塔船厂建造。舰级别佳Ⅲ级。1977 年动工，1978 年下水，1978 年装备苏军。部署在苏黑海舰队。

【2 号小型护卫舰】 苏联延塔船厂建造。舰级别佳Ⅲ级。1977 年动工，1978 年下水，1978 年装备苏军。部署在苏黑海舰队。

【别佳Ⅱ级小型护卫舰】 苏联延塔船厂、哈巴罗夫斯克船厂建造。共造 26 艘。标准排水量 950 吨，满载排水量 110 吨。舰长 82.3 米，宽 9.1 米，吃水 3.2 米。动力装置为燃气轮机 2 台、柴油机 1 台，3 轴。功率 36000 马力。储油量 140 吨。航速 32 节。编制人数 98 人。舰上配有 2 座 76 毫米双联装两用全自动火炮、2 座 RBU6000 十二管反潜火箭发射器、2 座五联装 406 毫米鱼雷发射管，水雷 40 枚，滑轨长 65 米。电子设备有支撑曲面对空对海雷达 1 部、顿河 2 导航雷达 1 部、鹰鸣炮瞄雷达 1 部、警犬电子对抗仪 2 部、高杆 B 敌我识别器 1 部、声纳武仙星座声纳 1 部。

【别佳Ⅰ级小型护卫舰】 苏联延塔船厂、塞瓦斯托波尔船厂、哈巴罗夫斯克船厂建造。共造 20 艘。标准排水量 950 吨，满载排水量 1100 吨。舰长 82.3 米，宽 9.1 米，吃水 3.2 米。动力装置为燃气轮机 2 台、柴油机 1 台，3 轴。功率 36000 马力。储油量 140 吨。航速 32 节。续航力 850 海里／30 节，5000 海里／10 节。编制人数 98 人。舰上配有 2 座 76 毫米双联装全自动火炮、4 座 RBU2500 十六管反潜火箭发射器、1 座五联装 406 毫米鱼雷发射管，水雷 40 枚，滑轨长 65 米。电子设备有细网对空对海雷达 1 部、海王星导航雷达 1 部、鹰鸣炮瞄雷达 1 部、警犬电子对抗仪 2 部、方首敌我识别器 1 部、武仙星座声纳 1 部。

【里加级护卫舰】 苏联延塔船厂、纳辛科船厂、哈巴罗夫斯克船厂建造。共造 47 艘。标准排水量 1050 吨，满载排水量 1320 吨。舰长 91 米，宽 10.2 米。吃水 4.4 米。动力装置为蒸气涡轮机 2 台，2 轴，水管式锅炉 2 个。功率 20000 马

力。储油量 230 吨。航速 28 节。续航力 2000 海里／15 节。编制人数 175 人。舰上配有 3 座 100 毫米单管两用半自动火炮，2 座 37 毫米双联装半自动高炮，2 座 25 毫米双联装两用半自动火炮，2 座 RBU2500 十六管反潜火箭发射器，4 门深水炸弹发射炮（部分舰装备），1 座双联装或三联装 533 毫米鱼雷发射管，水雷 50 枚，滑轨长 80 米。电子设备有细网对空对海雷达 1 部、海王星导航雷达 1 部、或顿河 2 导航雷达 1 部、蜂头炮瞄雷达 1 部、遮阳 B 炮瞄雷达 1 部、警犬电子对抗仪 2 部、方首敌我识别器 2 部、高杆敌我识别器 1 部。声纳有飞马星座或武仙星座声纳 1 部。建造时间从 1952 年至 1960 年。部署在苏波罗的海舰队 6 艘，后备役 3 艘。黑海舰队 5 艘，后备役 3 艘。太平洋舰队 11 艘，后备役 3 艘。北方舰队 8 艘，后备役 5 艘。里海区舰队 3 艘。

【科尼级导弹护卫舰】 苏联高尔基船厂建造。共造 14 艘。标准排水量 1700 吨，满载排水量 2100 吨。舰长 95 米，水线长 89 米，宽度 11.8 米。吃水 3.8 米。动力装置为燃气轮机 1 台、柴油机 2 台，3 轴。功率 30000 马力。储油量 300 吨。航速 30 节。续航力 2000 海里／14 节。编制人数 120 人。舰上配有 1 座双联装 SA－N－4 舰对空导弹发射架、2 座 76 毫米双联装全自动火炮、2 座 30 毫米双联装全自动高炮、2 座 RBU6000 十二管反潜火箭发射器、水雷 60 枚，滑轨长 64 米。电子设备有支撑曲面对空对海雷达 1 部、顿河 2 导航雷达 1 部、排枪导弹制导雷达 1 部、鹰鸣炮瞄雷达 1 部、歪鼓炮瞄雷达 1 部、高杆 B 敌我识别器 1 部。声纳为武仙星座声纳 1 部。

【德尔芬号导弹护卫舰】 苏联高尔基船厂建造。舰级科尼级。1975 年动工，1976 年下水，1976 年服役。主要向东德、南斯拉夫、阿尔及利亚和古巴进行军援出口。

【罗斯托克号导弹护卫舰】 苏联高尔基船厂建造。舰级科尼级。1976 年动工，1977 年下水，1978 年装备苏军。

【柏林号导弹护卫舰】 苏联高尔基船厂建造。舰级科尼级。1978 年动工，1979 年下水，1979 年装备苏军。

【利安德级（伊卡拉类）通用护卫舰】 英国建造。共 26 艘，1959 年开始建造，1963－1973 年先后服役。1972 年起进行改装，分为 3 类：第 1 类为伊卡拉类，共 8 艘；第 2 类为飞鱼类，共 8 艘；第 3 类为宽体类，共 10 艘。第 2

类改装已经接近完成，装有 4 座飞鱼舰对舰导弹、3 座海猫导弹发射架、2 座鱼雷发射管和 2 门 40 毫米火炮。它的标准排水量 2450 吨，满载排水量 2860 吨。舰长 113.4 米，宽 12.5 米。吃水 5.5 米。航速 28 节，续航力 4000 海里／15 节。动力装置为 2 台蒸汽轮机，3 万马力。编制人数 257 人。舰上配有 1 架黄蜂直升机或山猫Ⅱ型直升机。火炮为 2 门 40 毫米 60 身倍长炮。反潜武器有伊卡拉反潜导弹，1 门反潜炮。导弹有 2 座 4 联装海猫舰对空导弹发射架。雷达为 994 型对空对海警戒雷达。声纳为 170、184 型。

【女将级（21 型）通用护卫舰】 英国建造。共 8 艘，第 1 艘于 1969 年开始建造，1974 年服役。是速度高、对空对舰攻击能力较强的护卫舰。后续型将装备海狼的舰对空导弹。部分舰只装 SCOT 卫星通信系统。它的标准排水量 2750 吨，满载排水量 3250 吨。舰长 117 米，宽 12.7 米。吃水 5.8 米。航速 30 节，续航力 1200 海里／30 节，巡航速度的续航力 4000 海里／17 节。动力装置为 2 台燃气轮机，5.6 万马力；2 台燃气轮机，8500 马力，供巡航用。编制人数军官 13 人，士兵 162 人，共计 175 人。舰上配有 1 架山猫Ⅱ型直升机。火炮为 1 门 MK8 型 115 毫米 55 身倍长炮，2 门 20 毫米炮。反潜武器有 2 具 3 联装鱼雷发射管。4 座飞鱼舰对舰导弹发射架，1 座 4 联装海猫舰对空导弹发射架，带弹约 20 枚。雷达为 992Q 型警戒和目标指示雷达。

【大刀级（22 型）通用护卫舰】 英国建造。计划建造 9 艘。第 1 艘于 1975 年 2 月开始建造，1979 年 3 月服役；第 2 艘于 1980 年 3 月服役，有 4 艘正在建造中。主要任务是反潜，将装备："式鱼雷。虽可载 2 架直升机，但一般只配备 1 架。直升机将装备海鸥空对舰导弹。此类舰将成为英海军主要作战舰只之一。它的标准排水量 3500 吨，满载排水量 4000 吨。舰长 131.2 米，宽 14.8 米。吃水 6 米。航速 30 节，续航力 4500 海里／18 节。动力装置为 2 台燃气轮机，5.6 万马力；2 台燃气轮机，8500 马力，供巡航用。编制人数军官 18 人，士兵 205 人，共计 223 人。舰上配有 2 架山猫Ⅱ型直升机。火炮为 2 门 40 毫米 60 身倍火炮。反潜武器有 2 具三联装鱼雷发射管。4 座飞鱼舰对舰导弹发射架，2 座 6 联装海狼舰对空导弹发射架。雷达有 967、968 型警戒雷达。声纳 2016 型。

【絮弗伦级导弹护卫舰】 法国建造。共 2 艘。它的标准排水量 5090 吨，满载排水量 6090 吨。舰长 157.6 米，宽 15.54 米。吃水 7.25 米。航速 34 节，续航力 5000 海里／18 节，2000 海里／30 节。动力装置为 2 台齿轮涡轮机，72500 马力。编制人数 355 人。舰上配有 2 门 100 毫米高炮，4 门 20 毫米高炮。反潜武器有 1 座马拉丰反潜导弹发射架，2 具鱼雷发射管。配 1 座双联装马絮卡舰对空导弹发射架，4 座飞鱼 MM38 舰对舰导弹发射架。雷达有 DRBV50 近程对空搜索雷达，DRBI23 三座标雷达。声纳为 DUBV23 型，DUBV43 型。

【絮弗伦号导弹护卫舰】 法国建造。1967 年服役。此舰具有较强的反潜与防空能力。

【迪凯斯纳号导弹护卫舰】 法国建造。1970 年服役。具有较强的反潜与防空能力。

【C65 型反潜护卫舰】 法国建造。共 1 艘，1973 年服役。它的标准排水量 3000 吨，满载排水量 3840 吨。舰长 127 米，宽 13.4 米。吃水 4.05 米。航速 27 节，续航力 500 海里／18 节，1600 海里／27 节。动力装置为 1 台齿轮涡轮机，28650 马力。编制人数 232 人。舰上配有 2 门 100 毫米 55 身倍高炮。反潜武器有 1 座马拉丰反潜导弹发射架，2 具反潜鱼雷发射管，1 门 305 型反潜迫击炮。雷达有 DRBV13 对空搜索雷达，DRBV22A 对空搜索雷达。声纳 DVBV13 型，DVBV43 型。

【C70 型反潜护卫舰】 法国建造。1974 年开始建造，计划建造 6 艘，第 1 艘于 1979 年服役，其余在建造中。主要用于反潜，由于装备飞鱼导弹，也有攻击水面舰艇的能力。每艘价格为 4.7 亿法郎（1980 年）。它的标准排水量为 3830 吨，满载排水量 4170 吨。舰长 139 米，宽 14 米。吃水 5.5 米。燃气涡轮机航速 30 节，柴油机航速 21 节，续航力 100 海里／30 节，柴油机续航力 9500 海里／17 节。动力装置为 2 台燃气涡轮机，52000 马力，2 台柴油机，2×5200 马力。编制人 216 人。舰上配有 2 架 WG13 山猫或云雀Ⅲ直升机。火炮有 1 门 100 毫米 55 身倍炮，2 门 20 毫米炮。反潜武器有 2 具反潜鱼雷发射管。4 座飞鱼 MM38 舰对舰导弹发射架。雷达有 DRBV26 对空搜索雷达，DRBV51C 近程对空搜索雷达。声纳 DUBV23 型，DUBV43 型。

【F67 型反潜护卫舰】 法国建造。共 3 艘，1974–1977 年先后服役。3 艘舰分别于 1979、1980、1981 年装备了响尾蛇舰对空导弹。除反潜外，还具有攻击水面舰只和防空能力。它的标准排水量 4800 吨，满载排水量 5800 吨。舰长 152.75 米，宽 15.3 米。吃水 6.48 米。航速 32 节，续航力 4500 海里／18 节，1900 海里／30 节。动力装置为 2 台齿轮涡轮机，54400 马力。编制人数 282。舰上配有 2 架 WG13 山猫直升机。火炮为 2 门 100 毫米 55 身倍炮。反潜武器为 1 座马拉丰反潜导弹发射架，2 具反潜鱼雷发射管。有 6 座飞鱼 MM38 舰对舰导弹发射架，1 座响尾蛇舰对空导弹发射架。雷达有 DRBV26 对空搜索雷达，DRBV51B 近程对空搜索雷达。声纳 DVBV43 型，DUBV23 型。

【C70 型防空护卫舰】 法国建造。1979 年开始建造，计划造 3 艘，第 1 艘于 1986 年服役，这是法国建造的首批防空护卫舰。除防空外，还有一定攻击水面舰只和反潜能力。它的标准排水量 3900 吨。舰长 139 米，宽 14 米。吃水 5.5 米。航速 30 节。动力装置为 4 台柴油机，42200 马力。编制人数 200 人。舰上配有 1 架山猫 WG13 直升机。火炮为 2 门 100 毫米高炮，2 门 20 毫米高炮。反潜武器为 2 具反潜鱼雷发射管。有 1 座 MK13 防空导弹发射架，4 座飞鱼 MM38 舰对舰导弹发射架或 8 座飞鱼"MM40 舰对舰导弹发射架。雷达 DRBV26 对空搜索雷达，DRBJ11 三座标雷达。声纳 DUBV25 型。

【A69 型通信护卫舰】 法国建造。1974 年开始建造，计划造 15 艘。第 1 艘于 1976 年服役，现法海军装备 1 艘其余在建造中。主要用于近海反潜，可运载 18 名突击队员。它标准排水量 1100 吨，满载排水量 1250 吨。舰长 86 米，宽 10.3 米。吃水 3 米。航速 24 节，续航力 4500 海里／15 节。动力装置为 2 台柴油发动机，12000 马力。编制人数 105 人。舰上配有 1 门 100 毫米高炮，2 门 20 毫米高炮。反潜武器为 4 具反潜鱼雷发射管，1 具 375 型反潜火箭发射管。有 2 座飞鱼 MM38 舰对舰导弹发射架。雷达为 DRBV51 近程对空搜索雷达。声纳 DUBA25 型。

【西北风级导弹护卫舰】 意大利建造。该舰为"狼"级导弹护卫舰的改进型，是以反潜为主的多用途护卫舰，其战斗系统与"狼"级舰相似，只是对舰导弹数量减半。意大利海军首批订购 6 艘，已于 1978 年起陆续建造。它的排水量 3040 吨。舰长 122.73 米，宽 12.88 米。吃水 8.35 米。航速 33 米，续航力 6000 海里／15 节，3800 海里／22 节，1500 海里／30 节。动力装置为 2 台柴油机，

2 台燃气轮机，50000 马力。编制人数 232 人。武器装备有 4 座奥托玛特舰对舰导弹发射架，1 座八联装腹蛇舰对空导弹发射架，2 门斯克勒 105 毫米多管火箭炮，2 具三联装小型鱼雷发射管，2 具大型鱼雷发射管，1 门 127 毫米高炮，4 门双管 40 毫米高炮。2 架 AB-212 型反潜直升机或 1 架 SH-3D 型直升机。雷达 1 套 RAN·LOS 型主搜索雷达，1 套 SMA·702 型搜索雷达。

【狼级导弹护卫舰】 意大利建造。为意大利本国设计建造的新型多用途快速导弹护卫舰，具有较好的总体性能，布局紧凑、火力强、作战指挥能力好、动力装置先进、武器系统生命力好，是具有西欧水平的导弹护卫舰。该级舰于 70 年代初列入意大利海军建造计划，共 4 艘，首舰"狼"号于 1977 年 9 月装备海军，另 3 艘分别于 1978 年、79 年、80 年交付海军使用。它的标准排水量 2208 吨，满载排水量 2525 吨。舰长 113.7 米，宽 11.98。吃水 3.84 米。航速 35 节，续航力 5500 海里／16 节，1050 海里／31.7 节。动力装置为 2 台 LM2500 型燃气轮机，2×25000 马力；2 台 GMTA2320 柴油机，2×3900 马力。编制人数 186 人。武器装备有 8 座奥托玛特舰对舰导弹发射架；1 座八联装蝮蛇舰对空导弹发射架；2 座 105 毫米反潜火箭发射架；6 具 MK32 反潜鱼雷发射管；1 门 127 毫米密封高炮；2 门双管 40 毫米高炮。配 1-2 架 AB-212 型反潜直升机。雷达有 2 部 RAN10S 型和 RAN11L 型对空对海搜索雷达；1 部 3RM20 型导航雷达。声纳艾多 610E 型。恬设备 2 套 NA10 型电子火控系统；2 套达多电子反导弹火控系统；1 套拉姆达电子战系统；1 套 IPN10 型作战指挥系统。

【E-71 级护卫舰】 比利时建造。共 4 艘，先后于 1978-1979 年开始服役。它的标准排水量 1880 吨，满载排水量 2283 吨。舰长 106.38 米，宽 12.3 米。吃水 5.58 米（包括声纳舱）航速 29 节，续航力为 4500 海里／18 节，5000 海里／14 节。动力装置为 1 台燃气涡轮机，28000 马力，2 台柴油机，2×300 马力。编制人数 160 人。舰上配有 1 门 100 毫米高炮，2 门 20 毫米高炮，4 座飞鱼 MM38 舰对舰导弹发射架，1 座海麻雀舰对空导弹发射架，2 具 L5 鱼雷发射管。反潜武器为 1 座博福斯 375 毫米 6 管反潜火箭发射架。雷达有 HSA DA05 对空对海搜索雷达，HSA WM25 对空对海搜索跟踪雷达。声纳 SQS505A 型。

【科顿艾尔级导弹护卫舰】 荷兰建造。1975 至 1979 年共建造 12 艘，1978 年至 1983 年陆续装备荷兰海军。它的标准排水量 3050 吨，满载排水量 3630 吨。舰长 130.5 米，宽 14.4 米。吃水 6.2 米。航速 30 节，续航力 4700 海里／16 节。动力装置为 2 台 TM3B 燃气涡轮机，50000 马力；2 台 RMIC 燃气涡轮机，8000 马力。编制人数 167。舰上配有 1 架小羚羊直升机。火炮有 1 门 76 毫米火炮，1 门 40 毫米火炮。有 2 座鱼叉式舰对舰导弹发射架，1 座海麻雀式舰对空导弹发射架。反潜武器为 4 具 MK32 型反潜鱼雷发射管。雷达有 1 部 DA−05 对海搜索雷达，LW−08、WM−25 和 STIR 火控雷达各 1 部，1 部 ZW−06 导航雷达。声纳 SQS505 型。

【彼得·斯卡姆级导弹护卫舰】 丹麦建造。共装备 2 艘。它的标准排水量 2030 吨，满载排水量 2720 吨。舰长 112.5 米，宽 12 米。吃水 3.6 米。燃气轮机航速 32.5 节，柴油机航速 16.5 节。高速动力装置为 2 台燃气轮机，37000 马力，巡航动力装置为 2 台柴油机，4800 马力。编制人数 115 人。武器装备有 1 门双联 127 毫米高炮，4 门 40 毫米高炮，1 座四联装海麻雀式舰对空导弹发射架，2 座 4 联装鱼叉式舰对舰导弹发射架，4 具 533 毫米鱼雷发射管。雷达有 2 部 CWS3 型警戒雷达，3 部 CGS1 型火控雷达，1 部 NWS1 型战术雷达。

【彼得·斯卡姆号导弹护卫舰】 丹麦建造。舰级彼得·斯卡姆级。1966 年服役。1976 年至 1978 年间进行了改装。目前此舰具有较强的反舰、反潜和防空能力。

【赫鲁夫·特罗勒号导弹护卫舰】 丹麦建造。舰级彼得·斯卡姆级。1967 年服役。1976 年至 1978 年间进行了改装。目前此舰具有较强的反舰，反潜和防空能力。

【尼尔斯·尤尔级导弹护卫舰】 丹麦建造。计划共建造 6 艘，第 1 批为 3 艘，第 1 艘于 1978 年下水，1980 年装备丹麦海军。第 2、3 艘原计划于 1980 年 2 月和 1981 年 2 月服役，均已推迟。其特点是速度快，火力强，除上述武器外，还计划在 RAM−SMD 型舰对空导弹研制成功后也装备该舰只。它的满载排水量 1320 吨，舰长 84 米，宽 10.3 米。吃水 4 米。航速 30 节。动力装置为 1 台燃气轮机，14000 马力；1 台柴油机，3000 马力。编制人数 90 人。武器装备为 2 座 4 联装鱼叉式舰对舰导弹发射架；1 座八联装海麻雀式舰对空导弹发射架；4 具鱼雷发射管；1 门 76 毫米火炮；布雷设备。

【不来梅级（112 型）护卫舰】 联邦德国、荷兰联合建造。1975 年两国达成共同研制协议。这是一种多用途舰只，可用于执行反潜、攻击水面舰只和防空等任务。它的标准排水量 2900 吨，满载排水量 3500 吨。舰长 128 米，宽 14.4 米。吃水 6 米。航速 30 节，续航力 4000 海里／18 节。动力装置为 2 台燃气涡轮机，2×2500 马力；2 台柴油发动机，2×4000 马力。编制人数 196 人。舰上配有 2 架反潜鱼雷直升机。1 门 76 毫米高炮，6 具鱼雷发射管，2 座四联装鱼叉舰对舰导弹发射架，1 座八联装海麻雀舰对空导弹发射架。

【安纳冈利斯级护卫舰】 加拿大建造，仅 2 艘。排水量 3000 吨。舰长 113.1 米，舰宽 12.8 米，吃水 4.9 米。航速 28 节。续航力 4750 海里／14 节。武器装备有 2 门 76 毫米炮。"地狱"增程深弹发射炮 1 门，反潜鱼雷发射管 6 具。直升机 1 架。雷达有 SPS−12 对空雷达 1 部，SPS−10 对海雷达 1 部，SPG−48 炮喵雷达 1 部。塔康战术导航系统。配备 SQS−505，SQS−501 声纳。舰员 210 人。

【夕张级护卫舰】 日本建造，仅 2 艘。系多用途新型护卫舰，计划再建造 6 艘。该级舰排水量 1400 吨。舰长 91 米、舰宽 10.8 米，吃水 3.5 米。航速 25 节。武器装备有 2 座四联装鱼叉导弹发射架，1 门 76 毫米、2 座六联装 20 毫米炮，1 门火箭深弹发射炮，反潜鱼雷发射管 6 具。

【江湖级导弹护卫舰】 中国建造。排水量 2000 吨。舰长 103.2 米，舰宽 10.2 米，吃水 3.1 米，舰速大于 26 节，续航力 4000 海里／15 节。武器装备有 2 座双联装 SS−N−2 导弹发射架，4 门 100 毫米炮，12 门 37 毫米炮，2 门火箭深弹发射炮，4 门深弹发射炮，2 座深弹拦放架。雷达为细纲综合雷达，舰底有反潜声纳。舰员 195 人。

【江东级导弹护卫舰】 中国建造。排水量 2200 吨。舰长 103.2 米，舰宽 10.2 米，吃水 3.1 米，航速大于 26 节，续航力 4000 海里／15 节，武器装备有 2 座双联装防空导弹发射架，4 门 100 毫米炮，8 门 37 毫米炮，2 门增程深弹发射炮，4 门深弹发射炮，2 座深弹投放器。装有中国设计的新型综合雷达，是中国第一代防空护卫舰。舰员 190 人。

7、　扫雷、布雷舰艇

【复仇者级水雷对抗舰】　美国建造。共计划造 14 艘（MCM1-14），木壳。首制舰于 1987 年建成服役。它的满载排水量 1312 吨。舰长

图 8-53　复仇者级水雷对抗舰

68.3 米，宽 11.9 米。吃水 3.5 米。动力装置为 4 台柴油机，2400 马力。航速 14 节。编制人数军官 5 人，士兵 67 人，共计 72 人。舰上配有 2 门机关炮。扫雷具有 AMK4V；AMK63B（音响）；MMK5；MK6；MK7（磁性）。SPS55、56 对海搜索雷达。声纳 SQQ30 或 SQQ32（猎雷）。特种设备：OE82 卫星通信天线，WSC3 收发信机，SSR1 收信机。

【北美红雀级扫／猎雷舰】　美国建造。

图 8-54　北美红雀级扫／猎雷舰

美国海军共计划造 17 艘（MSH1-17），采用气垫技术，舰壳为玻璃钢材料。第一艘北美红雀级扫／猎雷舰于 1988 年服役。它的标准排水量 334 吨，满载排水量 441 吨。舰长 57.6 米，宽 11.9 米。吃水 3.7 米。动力装置为 2 台柴油机，1200 马力。航速 20 节，扫雷时为 12 节。编制人数 43 人。扫雷具为 AMK4V；AMK6G（音响），MK5（磁性）。雷达为 SPS64（V）对海搜索雷达。声纳 SQQ30（猎雷）。

【进取级远洋扫雷舰】　美国建造。美国海军共拥有 19 艘（其编号在 MSO427-492 之间），该种舰舰体为木质材料。现在大部分在后备役。仅 3 艘（MSO443、448、490）留在现役。它的轻载排水量 620 吨，满载排水量 735 吨。舰长 52.4 米，宽 11 米。吃水 4.2 米。动力装置为 4 台柴油机，2280 马力。航速 14 节，续航力 3000 海里／10 节。编制人数军官 7 人，士兵 79 人，共计 86 人。雷达为 SPS53L 对海搜索雷达。声纳 SQQ14（猎雷声纳）。特种设备：OE82 卫星通信天线，SSR1 收信机。

图 8-55　进取级远洋扫雷舰

【MSB 内河扫雷艇】　美国建造。共建 49 艘，现仅存 7 艘。木壳。MSB29 艇身稍长。它的轻载排水量 30 吨，满载排水量 39 吨。艇长 17.4 米，宽 4.7 米。吃水 1.2 米。动力装置为 2 台柴油机，600 马力。航速 12 节。编制人数 6 人。

图8-56 MSB内河扫雷艇

【娜佳I/II级扫雷舰】 苏联建造。标准排水量680吨，满载排水量750吨。舰长61米，宽9.6米。吃水2.4米。动力装置为柴油机2台，2轴。功率8000马力。航速20节，续航力1800海里/16节。编制人数50人。舰上配有2座SA-N-5舰对空导弹发射架（带弹16枚，II级装备）。2座30毫米双联装全自动高炮，2座25毫米双联装两用半自动火炮（I级装备）。反潜武器为2座RBU1200五管反潜火箭发射器（II级装备）、水雷10个。电子设备有顿河2导航雷达1部、歪鼓炮瞄雷达1部、方首敌我识别器1部、高杆B鸽我识别器1部。声纳为塔米尔声纳1部。舰体为钢壳。娜佳I级34艘，1970年动工，1971年服役。1980年停建。部署在苏太平洋舰队7艘，北方舰队12艘，波罗的海舰队4艘，黑海舰队11艘。该舰尤尔卡级后继型，80年后部分援外。娜佳II级2艘1981年动工，1981年服役。部署在苏北方舰队1艘，黑海舰队1艘。据称为新型猎雷舰的试验型。

【尤尔卡级扫雷舰】 苏联建造。共造45艘。1963年标准排水量400吨，满载排水量460吨。舰长52米，宽9.3米。吃水2米，动力装置为柴油机2台，2轴。功率4000马力。航速18节。续航力1100海里/18节。编制人数45人。火炮为2座30毫米双联装全自动高炮。水雷10个。电子设备有顿河2导航雷达1部、歪鼓炮瞄雷达1部、方首敌我识别器1部。声纳为塔米尔声纳1部。舰体为钢壳。1963年服役，1972年停建。部署在苏太平洋舰队14艘，北方舰队11艘，波罗的海舰队10艘，黑海舰队9艘，里海区舰队1艘。少部分卖给埃及和越南等国。

【T-43级扫雷舰】 苏联建造。共造43艘。1948年动工，标准排水量500吨，满载排水量580吨，舰长58米，宽8.4米。吃水2.1米。

动力装置为柴油机2台，2轴。功率2200马力，航速15节。续航力3000海里/10节。编制人数65人。舰上配有2座37毫米双联装半自动高炮，2座25毫米双联装两用半自动火炮（II型舰），8挺14.5毫米双管高身机枪（II型舰），2座深水炸弹发射器，水雷16个。电子设备有尾球对海雷达1部、海王星导航雷达1部、歪鼓炮瞄雷达1部、方首敌我识别2部、高杆A敌我识别器1部。舰体为钢壳。1948年服役，1957年停建。部署在苏太平洋舰队7艘，北方舰队8艘，波罗的海舰队13艘，黑海舰队5艘，里海区舰队10艘。部分为海军后备役，部分交边防部队，部分改为雷达哨舰，只有几艘仍为扫雷舰。

【安德留莎级特种扫雷艇】 苏联建造。1975年动工，共2艘。标准排水量320吨，满载排水量360吨。艇长47米，宽8.5米。吃水2米。动力装置为柴油机2台，2轴。功率2200马力。航速15节。续航力3000海里/10节。编制人数40人。艇体为玻璃钢，用于深水扫雷。1975年服役，1976年停建。部署在苏波罗的海舰队。

【热尼亚级扫雷艇】 苏联建造。1969年动工，共3艘。艇体为玻璃钢。标准排水量220吨，满载排水量300吨。艇长42.7米，宽7.5米。吃水1.8米。动力装备柴油机2台，2轴。功率2400马力，航速18节。编制人数40人。有1座30毫米双联装全自动高炮，水雷6个。电子设备为顿河2导航雷达1部、方首敌我识别器2部、高杆B敌我识别器。1970年服役，1972年停建。部署在苏波罗的海舰队。

【改装瓦尼亚级扫雷艇】 苏联建造。标准排水量200吨，满载排水量260吨。艇长40米，宽7.3米。吃水1.8米。动力装置为柴油机2台。功率2200马力，航速16节，续航力2400海里/10节。编制人数30人。火炮为1座25毫米双联装两用半自动火炮。水雷12个。电子设备有顿河K导航雷达1部、方首敌我识别器1部、高杆B敌我识别器1部。艇体为木壳。可作为猎雷艇使用。

【瓦尼亚级扫雷艇】 苏联建造。1961年动工，共67艘标准排水量200吨，满载排水量260吨。艇长40米，宽7.3米。吃水1.8米。动力装置为柴油机2台，2轴。功率2200马力。航速18节。编制人数30人。有1座30毫米双联装全自动高炮，水雷8个。电子设备有顿河2导航雷达1部、方首敌我识别器2部、高杆B敌我识别器1

部。艇体为木壳。1962 年服役，1973 年停建。部署在苏太平洋舰队 16 艘，北方舰队 12 艘，波罗的海舰队 20 艘，黑海舰队 14 艘，里海区舰队 5 艘。

【萨莎级扫雷艇】　苏联建造。1956 年动工，共 10 艘。标准排水量 250 吨，满载排水量 280 吨。艇长 45.1 米，宽 6.1 米。吃水 2 米。动力装置为柴油机 2 台，2 轴。功率 2200 马力。航速 18 节。续航力 2100 海里／12 节。编制人数 25 人。有 2 座 25 毫米双联装两用半自动火炮，1 座 57 毫米单管两用半自动火炮或 45 毫米炮。电子设备有尾球对海雷达 1 部、高杆 B 敌我识别器 1 部、死鸭敌我识别器 1 部。艇体为钢壳。1957 年服役，1963 年停建。部署在苏波罗的海舰队 4 艘，黑海舰队 3 艘，里海区舰队 3 艘。

【叶夫根尼亚级内海扫雷艇】　苏联建造。1969 年动工，共 42 艘。标准排水量 70 吨，满载排水量 90 吨，艇长 26 米，宽 6 米。吃水 1.5 米，动力装置为柴油机 1 台，功率 850 马力，航速 11 节。续航力 300 海里／10 节，编制人数 10 人。舰上配有 1 挺 14.5 毫米双管高射机枪。电子设备有顿河 2 导航雷达 1 部、高杆 B 敌我识别器 1 部。声纳为小型艇首声纳 1 部。艇体为玻璃钢。1970 年服役。部署在苏太平洋舰队 6 艘，北方舰队 7 艘，波罗的海舰队 16 艘，黑海舰队 9 艘，里海区舰队 4 艘。1977 年以后开始援外。

【伊留莎级内海扫雷艇】　苏联建造。1970 年动工，同年服役。共 10 艘。标准排水量 50 吨，满载排水量 70 吨。艇长 24.4 米，宽 4.9 米。吃水 1.4 米。动力装置为柴油机 1 台。功率 500 马力。航速 12 节。续航力 300 海里／9 节。编制人数 10 人。电子设备有转槽指挥仪 1 部、高杆 B 敌我识别器 1 部。另外此艇可采用短距无线电遥控，进行无人驾驶扫雷。

【奥里亚级内海扫雷艇】　苏联建造。1975 年动工，共 5 艘。标准排水量 50 吨，满载排水量 70 吨，艇长 25.5 米，宽 4.5 米。吃水 1.4 米。动力装置为柴油机 2 台，2 轴。功率 600 马力。航速 15 节，续航力 500 海里／10 节。编制人数 15 人。火炮有 1 座 25 毫米双联装两用半自动火炮。电子设备为转槽指挥仪 1 部。1976 年服役。

【阿廖莎级布雷舰】　苏联建造。1965 年动工，共 3 艘。标准排水量 2900 吨，满载排水量 3500 吨。舰长 98 米，宽 14.5 米。吃水 5.4 米。动力装置为柴油机 4 台，2 轴。功率 8000 马力，储油量 5000 吨。航速 20 节，续航力 8000 海里／14 节。编制人数 190 人。1 座 57 毫米四联装两用半自动火炮。水雷 400 个，滑轨 4 条。电子设备有支撑曲面对空对海雷达 1 部、顿河 2 导航雷达 1 部、圆套筒炮瞄雷达 1 部、高杆 B 敌我识别器 1 部。1966 年服役，1968 年停建。部署在苏太平洋舰队 1 艘，北方舰队 1 艘，黑海舰队 1 艘。

【索尼亚级猎雷艇】　苏联建造。1973 年开始动工建造，共 40 艘。标准排水量 350 吨。满载排水量 400 吨。艇长 48 米。宽 8.5 米。吃水 2 米。动力装置为柴油机 2 台，2 轴，功率 2200 马力。航速 15 节。编制人数 43 人。有 1 座 30 毫米双联装全自动高炮，1 座 25 毫米双联装两用半自动火炮，水雷 5 个。电子设备有顿河 2 导航雷达 1 部、方首敌我识别器 2 部、高杆 B 敌我识别器 1 部。艇体为木壳，外涂一层玻璃纤维护层。1974 年服役，1984 年停建。部署在苏太平洋舰队 15 艘，北方舰队 5 艘，波罗的海舰队 15 艘，黑海舰队 5 艘。

【狩猎级扫雷／猎雷艇】　英国建造。1975 年开始建造，计划建造 24 艘。能担任猎雷、扫雷双重任务。玻璃钢艇壳，非磁性和低声性好。造价 2400-3000 万英磅。它的标准排水量 615 吨，满载排水量 725 吨。艇长 60 米，宽 10 米。吃水 2.5 米。航速 17 节，续航力 1500 海里／12 节。编制人数军官 6 人，士兵 39 人，共计 45 人。动力装置为 2 台柴油机，3540 马力。有 1 门 40 毫米火炮。猎、扫雷装置有 PAP104 猎雷器，机械和磁声扫雷器。声纳为 193M 型。

【351 型扫雷艇】　联邦德国建造。共装备 6 艘，1958-1959 年建成服役。1978 年进行了现代化改装，主要采用了三驾马车式扫雷装置，其特点是，人员可从舰上遥控该装置进行扫雷，从而减少了排雷人员遭受伤亡的危险。它的标准排水量 370 吨，满载排水量 420 吨。艇长 47.7 米，宽 8.5 米。吃水 2.6 米。航速 16 节，续航力 850 海里／16.5 节。动力装置为 2 台柴油发动机，3300 马力。编制人数 44 人。1 门 40 毫米高炮，2 门 20 毫米高炮。扫雷器为三驾马车式扫雷装置。

【莱里齐级玻璃钢扫雷艇】　意大利建造。该级扫雷艇系意大利新设计，计划建造 10 艘，首批 4 艘已于 1981-1985 年期间开始正式服役。它的标准排水量 470 吨，满载排水量 502 吨。艇长 49.9 米，宽 9.44 米。吃水 25 米。航速

14 节，续航力 1500 海里／14 节。动力装置为 1 台柴油发动机，1600 马力。编制人数 40 人。扫雷设备有 1 套扫雷定位系统，2 具灭雷器，1 套拖缆扫雷器。武器为 1 门 20 毫米炮或 1 门双联装 40 毫米炮。

【瓦伊达尔级布雷舰】 挪威建造。目前装备该级舰 2 艘，先后于 1977 年 10 月和 1978 年 1 月服役。可执行布雷、打捞鱼雷、输送人员物资及教练等任务。它的标准排水量 1500 吨，满载排水量 1673 吨。舰长 64.8 米，宽 12 米。吃水 4 米。航速 15 节。动力装置为 2 台柴油机，4200 马力。编制人数 50 人。武器装备有 2 门 40 毫米高炮。布雷设备三轨道自动升高水雷投射器，携带 320 个水雷。

【卡尔斯克罗纳级布雷舰】 瑞典建造，仅 2 艘。可作水雷战指挥舰用。常用于训练。该级舰排水量 32000 吨。舰长 105.7 米，舰宽 15.2 米，吃水 4.8 米。航速 20 节。动力装置为 4 台柴油机，功率 10400 马力。武器装备有 2 门 57 毫米炮，2 门 40 毫米。舰载直升机 1 架。载雷 105 个。雷达有 9LV200 对空对海及炮瞄雷达；导航雷达 2 部。编制舰员 110 人。

【兰德索尔特级猎雷艇】 瑞典建造，共 6 艘。该级艇也装有布雷设备。玻璃钢船体。排水量 340 吨。艇长 47.5 米，艇宽 9.6 米，吃水 2.4 米。航速 13 节。动力装置为 4 台柴油机，功率 1260 马力。武器装备为 1 门 40 毫米柴油机，功率 1260 马力。武器装备为 1 门 40 毫米火炮。雷达有 gMJ400 导航和警戒雷达。TH-CSF2022 声纳。艇员 22 人（军官 12 人）。

【宗谷级布雷舰】 日本建造，共 2 艘。该级舰排水量 3050 吨。舰长 99 米，舰宽 15 米，吃水 4.2 米。航速 18 节。动力装置为 4 台柴油机，功率 6400 马力。武器装备有 2 门 76 毫米炮、2 门 20 毫米炮。反潜鱼雷发射管 6 具。装载水雷 200 枚、直升机 1 架。雷达有 OPS-14 对空雷达，OPS-16 对海雷达，MK1 对空雷达。SQS-11A 舰壳声纳。编制舰员 180-1845 人。

【初岛级猎雷扫雷艇】 日本建造，共 13 艘。为新型猎雷扫雷艇，拥有远距离破雷装置。该级艇排水量 440 吨。艇长 55 米，艇宽 9.4 米，吃水 2.6 米。航速 14 节。动力装置为 2 台柴油机、功率 1440 马力。武器装备有 1 门 20 毫米火炮。编制艇员 45 人。

【三国型扫雷／猎雷艇】 法国、荷兰、比利时三国合作研制生产。法国计划生产 15 艘（波江星座级）、荷兰计划生产 15 艘（阿尔克马尔级）、比利时 10 艘。船壳由各国分别生产，电子设备由比利时，法国提供，发动机由荷兰提供，扫猎雷设备由法国提供。该艇为玻璃钢船体，续航力较大，导航设备先进，于 1981 年起先后服役，第 1 艘已于 1981 年开始在法国海军中服役。它的标准排水量 510 吨，满载排水量 544 吨。舰长 49.1 米，宽 8.9 米。吃水 2.5 米。航速 15 节，续航力 3000 海里／12 节。动力装置为 1 台柴油发动机，2280 马力；2 台辅助机，119.7 马力。编制人数 34 人。武器装备有 1 门 20 毫米火炮（执行巡逻任务时增加短程导弹系统）。扫猎雷装置有 2 台 PAP 型猎雷器，1 台齿轮扫雷机。雷达为 1 台自动导航雷达。声纳为 DUBM-21A 型。

8、　　两栖舰船

【兰岭级两栖指挥舰】 美国建造。该级舰共 2 艘，兰岭号（LCC19）和惠特尼山号（LCC20），供两栖登陆作战指挥用。兰岭号现担任第 7 舰队旗舰，惠特尼山号现担任第 2 舰队旗舰。舰部有直升机平台，可载效用直升机。此级舰轻载排水量 16790 吨，满载排水量 18372 吨。舰长 189 米，宽 25 米，主甲板宽 32.9 米。吃水 8.8 米。动力装置为 1 台蒸汽轮机，2.2 万马力。航速 23 节，续航力 13000 海里／16 节。编制人数军官 72 人，士兵 742 人，共计 814 人。指挥所人员军官 200 人，士兵 500 人，共计 700 人。装载量 2 艘车辆人员登陆艇，3 艘人员登陆艇。舰上配有 2 座 MK25 八联装海麻雀导弹发射架。舰炮为 4 座 MK33 双 76 毫米／50 身倍炮，2 座 MK16 20 毫米炮。雷达有 SPS48C 三座标雷达，SPS40C 对空搜索雷达，SPS62 对空搜索雷达，SPS10 对海搜索

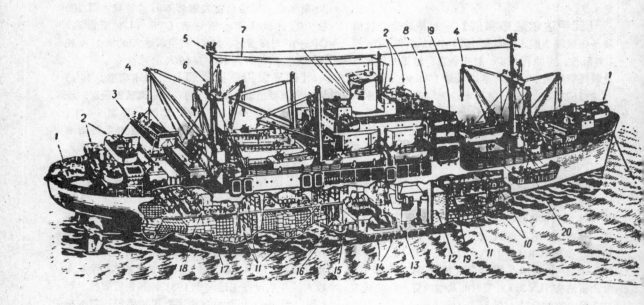

图 8-57 登陆舰

1.火炮 2.自动高射炮 3.坦克登陆驳船 4.吊杆 5.舰尾望台 6.观察员装甲护盖 7.无线电天线 8.驾驶台 9.驾驶室 10.登陆部队战斗技术装备 11.登陆人员住舱 12.燃油舱 13.机炉舱 14.双层底液舱(供储存液体燃料和水) 15.淡水舱 16.冷冻库 17.货舱(供储存弹药和食品) 18.甲板间舱 19.船员住舱 20.登陆驳

雷达，LN66 导航雷达。2 部 MK115 导弹指挥仪。干扰器材 SLQ32V 电子战系统，MK36 干扰火箭发射器。特种设备：OE32 卫星通信天线，SSR1 接收机，4 部 WSC3 收发信机，海军战术数据系统和塔康，两栖指挥信息系统，海军情况处理系统。

图 8-58 兰岭级两栖指挥舰

【兰岭号两栖指挥舰】 美国费城海军船厂建造，舰级兰岭级。1967 年 2 月动工，1969 年 1 月下水。1970 年 11 月服役。部署在美军太平洋舰队。

【惠特尼山号两栖指挥舰】 美国纽波特纽斯造船公司建造，舰级兰岭级。1969 年 1 月动工，1970 年 10 月下水。1971 年服役。部署在美军大西洋舰队。

【黄蜂级两栖攻击舰】 美国英格尔斯造船公司建造。计划建造 5 艘 (LHD1-5)。首制舰于

图 8-59 黄蜂级两栖攻击舰

1989 年服役，用以取代硫黄岛级两栖攻击舰。该级舰还设有一个拥有 600 张床位、6 个手术室的医院。它的轻载排水量 28233 吨，满载排水量 40532

吨。舰长 250 米，舰宽 32.3 米。吃水 8 米。动力装置为 2 台蒸汽轮机，14 万马力。航速 23 节。编制人数军官 98 人，士兵 982 人，共计 1080 人。装载量为 1 个加强陆战营 1873 人及其装备，3 艘气垫登陆艇。舰上配有飞机升降机 2 部，艏、艉各 1。2 座 MK25 八联装北约海麻雀导弹发射架。3 座 MK16 20 毫米炮。雷达有 SPS67 对海搜索雷达，SPS64 对海搜索雷达，SPS52 三座标雷达，SPS49 对空搜索雷达，MK23 目标探测雷达。干扰器材 SLQ32V 电子战系统，MK36 干扰火箭发射器，SLQ25 鱼雷欺骗装置。特种设备 OE82 卫星通信天线，SSR1 接收机，WSC3 收发信机。

【黄蜂号两栖攻击舰】 美国英格尔斯造船公司建造，舰级黄蜂级。1985 年 5 月动工。1989 年服役。

【塔拉瓦级两栖攻击舰】 美国英格尔斯造船公司建造。该级舰共 5 艘 (LHA1-5)，是多种两栖舰船的综合型，舰上导弹发射架将为 MK16 20 毫米炮取代。该级舰必需时可载 AV-8A 和 OV-10D 型飞机，舰上设有一个拥有 300 张床位，3 个手术室的医院。它的轻载排水量 25120 吨，满载排水量 39300 吨。舰长 250 米，宽 32.3 米，甲板宽 36 米。吃水 7.9 米。动力装置为 2 台蒸汽轮机，7 万马力。航速 24 节，续航力可达

图 8-60 塔垃瓦级两栖攻击舰

1000 海里／20 节。编制人数军官 56 人，士兵 879 人，共计 935 人。装载量 1 个加强陆战营及其装备 (1703 人)，4 艘效用登陆艇，6 艘机械化登陆艇或 45 辆履带人员登陆车。舰上配有直升机 9 架 CH-53 或 12 架 CH-46 在甲板上，19 架 CH-53 或 26 架 CH-46 在机库里。飞机升降机 2 部，艏、艉各 1 部。有 2 座 MK25 八联装海麻雀导弹发射架。舰炮有 3 座 MK45 单 127 毫米／54 身倍炮，2 座 MK16.20 毫米炮 (LHA2)，6 座 MK67 单 20 毫米炮。雷达有 SPS52C 三座标雷达，SPS40B 对空搜索雷达，SPS10F 对海搜索雷达，SPG60 导弹制导弹，SPG9A 火控雷达，LN66 导

航雷达。4 部 MK86 舰炮指挥仪，2 部 MK115 导弹指挥仪。干扰器材为 SLQ32V 电子战系统，MK36 干扰火箭发射器。特种设备有 OE82 卫星通信天线，SSR1 接收机，WSC3 收发信机。

【塔拉瓦号两栖攻击舰】 美国英格尔斯造船公司建造，舰级塔拉瓦级。1971 年 11 月动工，1973 年 12 月下水。1976 年 5 月服役。部署在美军太平洋舰队。

【塞班号两栖攻击舰】 美国英格尔斯造船公司建造，舰级塔拉瓦级。1972 年 7 月动工，1974 年 7 月下水。1977 年 10 月服役。部署在美军大西洋舰队。

【贝洛伍德号两栖攻击舰】 美国英格尔斯造船公司建造，舰级塔拉瓦级。1973 年 3 月动工，1977 年 4 月下水。1978 年 9 月服役。部署在美军太平洋舰队。

【纳索号两栖攻击舰】 美国英格尔斯造船公司建造，舰级塔拉瓦级。1973 年 8 月动工，1978 年 1 月下水。1979 年 7 月服役。部署在美军大西洋舰队。

【佩利卢号两栖攻击舰】 美国英格尔斯造船公司建造，舰级塔拉瓦级。1976 年 11 月动工，1978 年 11 月下水。1980 年 5 月服役。部署在美军太平洋舰队。

【硫黄岛级两栖攻击舰】 美国建造。该

图 8-61 硫黄岛级两栖攻击舰

级舰共 7 艘 (LPH2、3、7、9-12)，舰上导弹将被 MK16 20 毫米炮取代。该级舰必要时亦可载 4 架 AV-8A 型飞机。舰上设有一个 300 张床位的医院。90 年代起该级舰将逐渐被黄蜂级取代。它的轻载排水量 11000 吨，满载排水量 18042 吨。舰长 183.7 米，宽 25.6 米，甲板宽 31.7 米。吃水 7.9 米。动力装置为 1 台蒸汽轮机，2.2 万马力。航速 23 节。续航力 1000 海里／20 节。编制人数军官 55 人，士兵 699 人，共计 754 人。舰上配有直升机 1 架 CH-46 或 4 架 CH-53 在甲板上，20 架 CH-46 或 11 架 CH-53 在机库里。飞机升降机 2

部。装载量为 1 个加强陆战营 1746 人及其装备，1000 吨物资。舰炮有 4 座 MK33 双 76 毫米／50 身倍炮，2 座 MK16、20 毫米炮。有 2 座 MK25 八联装海麻雀导弹发架。雷达有 SPS40 对空搜索雷达，SPS10 对海搜索雷达 SPG58 三座标雷达，LN66 导航雷达，CRP-1500B 导航雷达（LPH9）。2 部 MK115 导弹指挥仪。干扰器材 WLR6 和 ULQ6 干扰机，SLQ32V 电子战系统，4 部 MK□□ 干扰火箭发射器。特种设备 OE82 卫星通信天线，SSR1 接收机，4 部 WSC3 收发信机。

【硫黄岛号两栖攻击舰】 美国普吉特海峡海军船厂建造，舰级硫黄岛级。1959 年 4 月动工，1960 年 9 月下水。1961 年 8 月服役。部署在美军大西洋舰队。

【冲绳岛号两栖攻击舰】 美国费城海军船厂建造，舰级硫黄岛级。1960 年 4 月动工，1961 年 8 月下水。，1962 年 4 月服役。部署在美军太平洋舰队。

【瓜达卡纳尔岛号两栖攻击舰】 美国费城海军船厂建造，舰级硫黄岛级。1961 年 9 月动工，1963 年 3 月下水。1963 年 7 月服役。部署在美军大西洋舰队。

【关岛号两栖攻击舰】 美国费城海军船厂建造，舰级硫黄岛级。1962 年 11 月动工，1964 年 8 月下水。1965 年 1 月服役。部署在美军大西洋舰队。

【特里波利号两栖攻击舰】 美国英格尔斯造船公司建造，舰级硫黄岛级。1964 年 6 月动工，1965 年 7 月下水。1966 年 8 月服役。部署在美军太平洋舰队。

【新奥尔良号两栖攻击舰】 美国费城海军船厂建造，舰级硫黄岛级。1966 年 3 月动工，1968 年 2 月下水。1968 年 11 月服役。部署在美国太平洋舰队。

【仁川号两栖攻击舰】 美国英格尔斯造船公司建造，舰级硫黄岛级。1968 年 4 月动工，1969 年 5 月下水。1970 年 6 月服役。部署在美军大西洋舰队。

【奥斯汀级两栖船坞运输舰】 美国建造。该级舰共 11 艘（LPD4-10、12-15）。按计划于 80 年代末开始进行延长服役期改装，改装周期约 14 个月。它的轻载排水量 8900 吨，满载排水量 16900 吨。舰长 173.8 米，宽 30.5 米。吃水 7 米。动力装置为 2 台蒸汽轮机，2.4 万马力。航速 21 节，续航力 7700 海里／20 节。编制人数军官

29 人，士兵 396 人，共计 425 人。指挥所人员 90 人（LPD7-10；12；13）。装载量 930 名武装人员（LPD4-6、14、15），840 名武装人员（LPD7-10、12、13），2 艘气垫登陆艇。舰上配有 6 架 UH-34 或 CH-46 直升机。舰炮为 2 座 MK33 双 76 毫米／50 身倍炮，2 座 MK16 20 毫米炮。雷达有 SPS40B 对空搜索雷达，SPS10F 对海搜索雷达，LN66 导航雷达。干扰器材有 SLQ32V 电子战系统，4 部 MK36 干扰火箭发射器。特种设备：塔康和 OE82 卫星通信天线，SSR1 接收机，WSC3 收发信机。

【奥斯汀号两栖船坞运输舰】 美国纽约海军船厂建造，舰级奥斯汀级。1963 年 2 月动工，1964 年 6 月下水。1965 年 2 月服役。部署在美军大西洋舰队。

【奥格登号两栖船坞运输舰】 美国纽约海军船厂建造，舰级奥斯汀级。1963 年 2 月动工，1964 年 6 月下水。，1965 年 6 月服役。部署在美军太平洋舰队。

【德卢斯号两栖船坞运输舰】 美国纽约海军船厂建造，舰级奥斯汀级。1963 年 12 月动工，1965 年 8 月下水。1965 年 12 月服役。部署在美军太平洋舰队。

【克利夫兰号两栖船坞运输舰】 美国英格尔斯造船公司建造，舰级奥斯汀级。1964 年 11 月动工，1966 年 5 月下水。1967 年 4 月服役。部署在美军太平洋舰队。

【杜比克号两栖船坞运输舰】 美国英格尔斯造船公司建造，舰级奥斯汀级。1965 年 1 月动工，1966 年 8 月下水。1967 年 9 月服役。部署在美军太平洋舰队。

【丹佛号两栖船坞运输舰】 美国洛克希德造船公司建造，舰级奥斯汀级。1964 年 2 月动工，1965 年 1 月下水。1968 年 10 月服役。部署在美军太平洋舰队。

【朱诺号两栖船坞运输舰】 美国洛克希德造船公司建造，舰级奥斯汀级。1965 年 1 月动工，1966 年 2 月下水。1969 年 7 月服役。部署在美军太平洋舰队。

【施里夫波特号两栖船坞运输舰】 美国洛克希德造船公司建造，舰级奥斯汀级。1965 年 12 月动工，1966 年 10 月下水。1970 年 12 月服役。部署在美军大西洋舰队。

【纳什维尔号两栖船坞运输舰】 美国洛克希德造船公司建造、舰级奥斯汀级。1966 年 3

月动工，1967 年 10 月下水。1970 年 2 月服役。部署在美军大西洋舰队。

【特伦顿号两栖船坞运输舰】 美国洛克希德造船公司建造，舰级奥斯汀级。1966 年 8 月动工，1968 年 8 月下水。1971 年 3 月服役。部署在美军大西洋舰队。

【庞塞号两栖船坞运输舰】 美国洛克希德造船公司建造，舰级奥斯汀级。1966 年 10 月动工，1970 年 5 月下水。1971 年 7 月服役。部署在美军大西洋舰队。

【罗利级两栖船坞运输舰】 美国纽约海军船厂建造。该级舰共 2 艘（LPD1-2），是两栖运输舰，两栖货船，船坞登陆舰的综合型，其船坞长 51.2 米，宽 15.2 米。此级舰轻载排水量 8000 吨，满载排水量 13600 吨。舰长 159.1 米，宽 30.5 米。吃水 6.7 米。动力装置为 2 台蒸汽轮机，2.4 万马力。航速 21 节，续航力 9600 海里／16 节，16500 海里／10 节。编制人数军官 29 人，士兵 400 人，共计 429 人。装载量 930 名武装人员，1 艘效用登陆艇，2 艘气垫登陆艇，3 艘机械化登陆艇，或 20 辆履带登陆车，甲板上还可放 2 艘机械化登陆艇或 4 艘大型人员登陆艇。舰上配有 6 架 UH-34 或 CH-46 直升机。舰炮为 6 座 MK33 双 76 毫米／50 身倍炮，2 座 MK16 20 毫米炮。雷达有 SPS40 对空搜索雷达，SPS10 对海搜索雷达，LN66 导航雷达。干扰器材有 SLQ32V 电子战系统，MK36 干扰火箭发射器。特种设备：OE82 卫星通信天线，SSR1 接收机，WSC3 收发信机。

【罗利号两栖舰船】 美国纽约海军船厂建造，舰级罗利级。1960 年 6 月动工，1962 年 3 月下水。1962 年 9 月服役。部署在美军大西洋舰队。

【凡库弗号两栖舰船】 美国纽约海军船厂建造，舰级罗利级。1960 年 11 月动工，1962 年 9 月下水。1963 年 5 月服役。部署在美军太平洋舰队。

【惠德贝岛级船坞登陆舰】 美国洛克希德造船公司建造，该级舰计划建造 8 艘（LSD41-48）。截止 1987 年底，已有 3 艘服役，用以取代托马斯顿级船坞登陆舰。它的标准排水量 11125 吨，满载排水量 15726 吨。舰长 185.6 米，宽 25.6 米。吃水 6.3 米。动力装置为 4 台 16PC25-V400 柴油机，4.16 万马力。航速 20 节以上。编制人数军官 18 人，士兵 337 人，共计 355 人。装载量为 4 艘气垫登陆艇或 21 艘登陆艇，

450 名武装人员。装卸设备 60 吨，20 吨吊杆各一部。舰上可载 6 架直升机或垂直／短距起降飞机（无机库）。舰炮为 2 座 MK16 20 毫米炮。雷达为 SPS49V 对空搜索雷达、SPS67V 对海搜索雷达，SPS64 导航雷达。干扰器材为 MK36 干扰火箭发射器。特种设备：OE82 卫星通信天线，SSR1 接收机，WSC3 收发信机。

【惠德贝岛号船坞登陆舰】 美国洛克希德造船公司建造，舰级惠德贝岛级。1981 年 8 月动工，1983 年 6 月下水。1985 年 2 月服役。部署在美军大西洋舰队。

【日尔曼城号两栖船坞登陆舰】 美国洛克希德造船公司建造，舰级惠德贝岛级。1982 年 8 月动工，1984 年 6 月下水。1986 年 2 月服役。部署在美军太平洋舰队。

【麦克亨利堡号船坞登陆舰】 美国洛克希德造船公司建造，舰级惠德贝岛级。1983 年 6 月动工，1986 年 2 月下水。1987 年 6 月服役。

【安克雷奇级船坞登陆舰】 美国建造。该级舰共 5 艘（LSD36-40），主要用于运送登陆物资和登陆艇。船坞长 131.1 米，宽 15.2 米。舰上有直升机平台。它的轻载排水量 8600 吨，满载排水量 13700 吨。舰长 168.6 米，宽 25.6 米。吃水 6 米。动力装置为 2 台蒸汽轮机，2.4 万马力。航速 20 节以上。编制人数军官 24 人，士兵 350 人，共计 374 人。装载量 376 名武装人员，其中军官 24 人，士兵 348 人；3 艘效用登陆艇，4 艘气垫登陆艇；1 艘机械化登陆艇；1 艘大型人员登陆艇。装卸设备 2 部 50 吨吊车。舰炮为 6 座 MK33 双 76 毫米／50 身倍炮，2 座 MK16、20 毫米炮。雷达为 SPS10 对海搜索雷达，SPS40 对空搜索雷达，LN66 导航搜索雷达。干扰器材为 SLQ32V 电子战系统，4 部 MK36 干扰火箭发射器。特种设备：OE82 卫星通信天线，SSR1 接收机，WSC3 收发信机。

【安克雷奇号船坞登陆舰】 美国英格尔斯造船公司建造，舰级安克雷奇级。1967 年 3 月动工，1968 年 5 月下水。1969 年 3 月服役。部署在美军太平洋舰队。

【波特兰号船坞登陆舰】 美国通用动力公司昆西船厂建造，舰级安克雷奇级。1967 年 9 月动工，1969 年 12 月下水。1970 年 10 月服役。部署在美军大西洋舰队。

【彭萨科拉号船坞登陆舰】 美国通用动力公司昆西船厂建造，舰级安克雷奇级。1969 年

3 月动工，1970 年 7 月下水。1971 年 3 月服役。部署在美军大西洋舰队。

【弗农山号船坞登陆舰】 美国通用动力公司昆西船厂建造，舰级安克雷奇级。1970 年 1 月动工，1971 年 4 月下水。1972 年 5 月服役。部署在美军太平洋舰队。

【费希尔堡号船坞登陆舰】 美国通用动力公司昆西船厂建造，舰级安克雷奇级。1970 年 7 月动工，1972 年 4 月下水。1972 年 12 月服役。部署在美军太平洋舰队。

【托马斯顿级船坞登陆舰】 美国英格尔斯造船公司建造。该级舰共 8 艘（LSD28—35），其中，LSD28—32，35 已退役，LSD33、34 预计将于 80 年代末退役。舰上有直升机平台。它的轻载排水量 6880 吨，满载排水量 12000 吨。舰长 155.5 米，宽 25.6 米。吃水 5.8 米。动力装置为 2 台蒸汽轮机，2.4 万马力。航速 22.5 节，续航力 5300 海里／22.5，13000 节省／10 节。编制人数军官 20 人，士兵 385 人，共计 405 人。装载量为 340 名武装人员，21 艘机械化登陆艇或 3 艘效用登陆艇，16 艘机械化登陆艇或 80 辆履带登陆车。装卸设备 2 部 50 号吊车。舰炮有 6 座 MK33 双 76 毫米／50 身倍炮。雷达有 SPS6 对空搜索雷达，SPS10 对海搜索雷达，LN66 导航雷达。特种设备：OE82 卫星通信天线，SSR1 接收机，WSC3 收发信机。

【斯皮格尔丛林号船坞登陆舰】 美国英格尔斯造船公司建造，舰级托马斯顿级。1955 年 11 月下水，1956 年 6 月服役。部署在美军大西洋舰队。

【阿拉莫号船坞登陆舰】 美国英格尔斯造船公司建造，舰级托马斯顿级。1956 年 1 月下水。1956 年 8 月服役。部署在美军太平洋舰队。

【赫米蒂奇号船坞登陆舰】 美国英格尔斯造船公司建造，舰级托马斯顿级。1956 年 6 月下水。1956 年 12 月服役。部署在美军大西洋舰队。

【新港级坦克登陆舰】 美国建造。该级舰共 20 艘（LST1179—1198），其中，LST1190、1191 已退役。该级舰艏部有一艏吊门，舰部装有艉门，可大大提高装卸速度。舰上有直升机平台。它的轻载排水量 4973 吨，满载排水量 8450 吨。舰长 159.2 米，宽 21.2 米，吃水 5.3 米，动力装置为 6 部柴油机，1.6 万马力。航速 20 节，续航力 2500 海里／20 节。编制人数军官 18 人，士兵 272

人，共计 290 人。装载量为 400 名武装人员，其中军官 20 人，士兵 380 人；500 吨物资或坦克、车辆等。舰上装备有 4 座 MK33 双 76 毫米／50 身倍炮，2 座 MK16 20 毫米炮。雷达有 SPS10F 对海搜索雷达，LN66 导航雷达。干扰器材有 MK36 干扰火箭发射器。特种设备有 OE82 卫星通信天线，SSR1 接收机，WSC3 收发信机。

图 8—62 新港级坦克登陆舰

【新港号坦克登陆舰】 美国费城海军船厂建造，舰级新港级。1966 年 11 月动工，1968 年 2 月下水。1969 年 6 月服役。部署在美军大西洋舰队。

【马尼特活克号坦克登陆舰】 美国费城海军船厂建造，舰级新港级。1967 年 2 月动工，1969 年 6 月下水。1970 年 1 月服役。部署在美军大西洋舰队。

【萨姆特号坦克登陆舰】 美国费城海军船厂建造，舰级新港级。1967 年 11 月动工，1969 年 12 月下水。1970 年 6 月服役。部署在美军大西洋舰队。

【弗雷斯诺号坦克登陆舰】 美国国家钢铁与造船公司建造，舰级新港级。1967 年 12 月动工，1968 年 9 月下水。1969 年 11 月服役。部署在美军太平洋舰队。

【皮奥里亚号坦克登陆舰】 美国国家钢铁与造船公司建造，舰级新港级。1968 年 2 月动工，1968 年 11 月下水。1970 年 2 月服役。部署在美军太平洋舰队。

【弗雷德里克号坦克登陆舰】 美国国家钢铁与造船公司建造，舰级新港级。1968 年 4 月动工，1969 年 3 月下水。1970 年 4 月服役。部署在美军太平洋舰队。

【斯克内克塔迪号坦克登陆舰】 美国国家钢铁与造船公司建造，舰级新港级。1968 年 8 月动工，1969 年 5 月下水。1970 年 6 月服役。部署在美军太平洋舰队。

【凯乌加号坦克登陆舰】 美国国家钢铁与造船公司建造，舰级新港级。1968年9月动工，1969年7月下水。1970年8月服役。部署在美军太平洋舰队。

【塔斯卡卢萨号坦克登陆舰】 美国国家钢铁与造船公司建造，舰级新港级。1968年11月动工，1969年9月下水。1970年10月服役。部署在美军太平洋舰队。

【萨吉诺号坦克登陆舰】 美国国家钢铁与造船公司建造，舰级新港级。1969年5月动工，1970年2月下水。1971年1月服役。部署在美军大西洋舰队。

【圣贝纳迪诺号坦克登陆舰】 美国国家钢铁与造船公司建造，舰级新港级。1969年7月动工，1970年3月下水。1971年3月服役。部署在美军太平洋舰队。

【斯帕坦堡县号坦克登陆舰】 美国国家钢铁与造船公司建造，舰级新港级。1970年3月动工，1970年11月下水。1971年9月服役。部署在美军大西洋舰队。

【查尔斯顿级两栖货船】 美国纽波特纽斯造船公司建造。该级船共5艘（LKA113—117），专用于运送两栖登陆部队的重型装备和补给品，舰上有直升机平台。它的轻载排水量10000吨，满载排水量20700吨，船长175.4米，宽18.9米。吃水7.7米。动力装置为1台蒸汽轮机，1.925万马力。航速20节，续航力13000海里/10节。编制人数军官22人，士兵334人，共计356人。装载量为226名武装人员，其中军官15人，士兵211人；9艘机械化登陆艇。装卸设备2部78.4吨吊车，2部40吨吊杆，8部15吨吊杆。船上配有6座MK33双76毫米/50身倍炮，2座MK16、20毫米炮。雷达有SPS10F对海搜索雷达，LN66导航雷达。干扰器材有SLQ32V电子战系统，MK36干扰火箭发射器。

【查尔斯顿号两栖货船】 美国纽波特纽斯造船公司建造，舰级查尔斯顿级。1968年12月服役。部署在美军大西洋舰队。

【达勒姆号两栖货船】 美国纽波特纽斯造船公司建造，舰级查尔斯顿级。1969年5月服役。部署在美军太平洋舰队。

【莫比尔号两栖货船】 美国纽波特纽斯造船公司建造，舰级查尔斯顿级。1969年9月服役。部署在美军太平洋舰队。

【圣路易斯号两栖货船】 美国纽波特纽斯造船公司建造，舰级查尔斯顿级。1969年11月服役。部署在美军太平洋舰队。

【埃尔帕索号两栖货船】 美国纽波特纽斯造船公司建造，舰级查尔斯顿级。1970年1月服役。部署在美军大西洋舰队。

【两栖绞滩拖船】 美国建造。共2艘（LWT1—2）。铝制船身，可载于船坞运输舰，船坞登陆舰或坦克登陆舰。主要用于协助浮桥码头上陆。它的排水量61吨。船长25.9米，宽6.7米。吃水2.1米。动力装置为2台柴油机，420马力。航速9节。编制人数6人。

【绞滩拖船】 美国建造。它的排水量120吨。船长28.3米，宽7米。吃水2米。动力装置为2部舷外推进装置。航速6.5节。

【LCAC气垫登陆艇】 美国建造。该级艇由JEFF—A、B两型发展而成，计划至少建造90艘，主要装在LHA、LFD、LSD、LHD等舰上。截至86年中，已有3艘建成服役。该级艇气垫形成后，在陆上行进跨越高度1.22米。它的空重排水量87.2吨，全重排水量170吨。艇长26.8米，宽14.3米。吃水0.9米。动力装置为4台燃气轮机，12280马力。航速50节。续航力200海里/50节，300海里/35节。编制人数5人。装载量为60吨物资或1辆主战坦克。

图8—63 LCAC气垫登陆艇

【JEFF—A型气垫登陆艇】 美国建造。

图8—64 JEFF—A型气垫登陆艇

仅 1 艘，供试验用，艇体为铝制。另有 1 艘 JEFF—B 型，性能基本相同。它的空重排水量 90 吨，全重排水量 167 吨。艇长 29.3 米，宽 14.6 米。动力装置为 4 台燃气轮机，1.5 万马力。航速约 50 节，续航力 200 海里／50 节，续航时间 4 小时。编制人数 6 人。装载量 54.5 吨物资。

【LCU1610 型效用登陆艇】 美国建造。共 51 艘，另有数艘属海军后备役和美陆军。它的轻载排水量 200 吨，满载排水量 375 吨。LCU1680—81 排水量 404 吨。艇长 41.1 米，宽 8.8 米。吃水 1.9 米。动力装置为 4 台柴油机，2000 马力。航速 11 节，续航力 1200 海里／8 节。编制人数军官 2 人，士兵 12 人，共计 14 人。装载量为 3 辆 MK103 或 MK48 坦；克或 170 吨物资；或 350 名武装人员。武器 2 挺机枪。雷达为 LN66 导航雷达。

图 8-65 LCU1610 型效用登陆艇

【LCM8 型机械化登陆艇】 美国建造。该级艇有两种型号，Ⅰ型为钢制艇身，Ⅱ型为铝制艇身，Ⅱ型排水量稍小于Ⅰ型，亦装备美陆军，它的轻载排水量 62.65 吨，满载排水量 115 吨艇长 22.5 米，宽 6.4 米。吃水 1.6 米。动力装置为 2 台柴油机，650 马力。航速 9 节。满载时续航力 150 海里／9 节。编制人数 5 人，装载量为 1 辆 MK48 或 MK60 坦克，或 60 吨物资。

图 8-66 LCM8 型机械化登陆艇

【LCM6 型机械化登陆艇】 美国建造。

它的满载排水量 62 吨。艇长 17.1 米，宽 4.3 米。吃水 1.2 米。动力装置为柴油机，450 马力。航速 9 节，续航力 130 海里／9 节。编制人数 5 人。装载量为 34 吨物资，或 1 辆轻型坦克，或短距运送 80 名带野战装备的人员；或 120 名不带野战装备的人员。

图 8-67 LCM6 型机械化登陆艇

【LCVP 型车辆人员登陆舰】 美国建造。此艇为木壳或玻璃钢过壳，主要用于运送人员和轻型车辆、装备。它的满载排水量 13.5 吨。艇长 10.9 米，宽 3.2 米。吃水 1.1 米。动力装置为柴油机，325 马力。航速 9 节，续航力 110 海里／8 节。编制人数 2 至 3 人。武器装备有 2 挺机枪。装载量为 4 吨物资，36 名武装人员。

图 8-68 LCVP 型车辆人员登陆艇

【LVPT7 型人员登陆车】 美国建造。此车是美海军陆战队普遍装备的两栖登陆车辆，取代 LVPT5 型。1967 年开始研制，1972 年开始装备部队。1974 年停产。可在 3 米高的海浪中行驶。部分车辆攻装为指挥、滩头扫雷等专用车。此车乘员 3 人，时速陆上 64 公里，水上 13 公里。续航力陆上 480 公里，水上 90 公里，车长 7.94 米，宽 3.3 米，高 3.12 米。全重 22.9 吨。武器装备有 1 挺 12.7 毫米机枪。装载量为步兵 25 人或货物 4.5 吨。

【气垫登陆艇】 美国建造。下水试验后于

80 年代装备美军。它的空载重 90 吨，满水载重 167 吨。艇长 29.3 米，宽 14.6 米。吃水 7.1 米。航速 50 节，续航力 200 海里。编制人数 6 人。装载量 5.4 吨。

【罗戈夫级大型登陆舰】 苏联建造。标准排水量 11000 吨，满载排水量 13000 吨。舰长 159 米，宽 24.5 米，吃水 6.5 米-8.5 米。动力装置为燃气涡轮机 2 台，2 轴。功率 20000 马力。航速 20 节。续航力 12500 海里／14 节，8000 海里／20 节。编制人数 200 人。舰载机为 4 架卡-25 或卡-27 直升机。舰上装备 1 座双联装 SA-N-4 舰对空导弹发射架，带弹 20 枚（尼古拉耶夫舰上装备 SA-N-5 舰对空导弹发射架），1 座 76 毫米双联装两用自动火炮，4 座 30 毫米六管全自动速射炮，1 座 122 毫米 BM-21 火箭发射器。电子设备有首网 C 三座标对空对海雷达 1 部、顿河 K 导航雷达 1 部、排枪导弹制导雷达 1 部、低音鼓炮瞄雷达 2 部、枭鸣炮瞄雷达 1 部、钟系列电子对抗仪 3 部、高杆 B 敌我识别器 1 部。装载量为一个陆战营 550 人，20 辆坦克或 40 辆装甲车，3 艘气垫船及其他装备）。装载面积 1250 平方米（船坞长 70 米，宽 16 米）。

【蟾蜍级大型登陆舰】 苏联建造。标准排水量 2600 吨，满载排水量 3600 吨。舰长 113 米，宽 15 米，吃水 3.6 米。动力装置为柴油机 2 台，2 轴，功率 10000 马力。航速 18 节。续航力 3500 海里／16 节，600 海里／12 节。编制人数 70 人。部分舰装有 4 座四联装 SA-N-5 舰对空导弹发射架带弹 32 枚。火炮为 2 座 57 毫米双联装全自动高炮。装载量为 230 人或 450 吨物资。装载面积为 600 平方米。电子设备有支撑曲面对空对海雷达 1 部、顿河 2 导航雷达 1 部、圆套筒炮瞄雷达 1 部、高杆 B 敌我识别器 1 部。

【锷鱼级大型登陆舰】 苏联建造。标准排水量 3400 吨。满载排水量 4700 吨。舰长 114 米，宽 16 米。吃水 4.5 米。动力装置为柴油机 2 台，2 轴。功率 9000 马力。航速 18 节。续航力 10000 海时／15 节。编制人 75 人。舰上配有 3 座四联装 SA-N-5 舰对空导弹发射架带弹 16 枚。火炮为 1 座 57 毫米双联装半自动高炮，2 座 25 毫米双联装两用半自动火炮。火箭为 1 座 122 毫米 BM-21 火箭发射器。电子设备为顿河 2 导航雷达 1 部或旋转槽导航雷达 2 部、圆套筒炮瞄雷达 1 部。装载量 107-吨可载 39 辆坦克。装载面积 1075 平方米。

【北方级登陆舰】 苏联建造。标准排水量 780 吨（A 型），890 吨（B 型）、1000 吨（C 型）满载排水量 1000 吨（A 型），1100 吨（B 型），1300 吨（C 型），舰长 73 米（A 型）、76 米（B 型）、82 米（C 型）。吃水 1.8-2.6 米。动力装置为柴油机 2 台，2 轴。功率 4000-5000 马力。航速 18 节。续航力 900 海里／18 节；1500 海里／14 节。编制人数 40 人。舰上配有 2 座四联装 SA-N-5 舰对空导弹发射架带弹 16 枚（A 型装备），4 座四联装 SA-N-5 舰对空导弹发射架带弹 32 枚，（B 型、C 型装备）。有 2 座 140 毫米 18 管火箭发射器，1 座或 2 座 30 毫米双联装全自动高炮。电子设备为顿河 2 导航雷达 1 部、或旋转槽导航雷达 1 部、正歪鼓炮瞄雷达 1 部、高杆 B 敌我识别器 1 部。装载量为 350 吨物资，或 8 辆坦克。装载面积为 330 平方米。

【MP-4 级登陆舰】 苏联建造。标准排水量 620 吨，满载排水量 780 吨。舰长 56 米，宽 8 米。吃水 2.7 米。动力装置为柴油机 1 台。功率 1100 马力，航速 10 节。续航力 9000 海里／8 节。编制人数 50 人。设 2 座 25 毫米双联装两用半自动火炮。电子设备为顿河导航雷达 1 部、装载面积 230 米平方米，装载量为 300 吨物资或 6 辆坦克。

【水獭级登陆艇】 苏联建造。标准排水量 425 吨，满载排水量 600 吨。舰长 54.8 米，宽 7.7 米，吃水 2 米。动力装置为柴油机 2 台。功率 1000 马力，航速 12 节。续航力 2500 海里／10 节，编制人数 20 人。电子设备有旋转槽导航雷达 1 部，高杆 B 敌我识别器 1 部，装载量为 250 吨物资或 3 辆坦克。

【SMB-1 级登陆艇】 苏联建造。标准排水量 180 吨，满载排水量 300 吨，舰长 48.5 米，宽 6.5 米，吃水 2 米。动力装置为柴油机 2 台。功率 600 马力，航速 10 节。编制人数 16 人。电子设备为高杆 B 敌我识别器 1 部，装载量为 150 吨物资或 3 辆坦克，装载面积 150 平方米。

【鼹鼠级登陆艇】 苏联建造。标准排水量 90 吨，满载排水量 145 吨，舰长 24 米，宽 6 米，吃水 1.5 米。动力装置为柴油机 2 台，2 轴。功率 300 马力，航速 10 节。续航力 500 海里／5 节。编制人数 10 人。装载量为 50 吨物资或 1 辆坦克。

【T-4 级登陆艇】 苏联建造。标准排水量 45 吨，满载排水量 93 吨，舰长 19 米，宽 4.3

米。吃水 1 米。动力装置为柴油机 2 台，2 轴。功率 550 马力。航速 10 节。编制人数 5 人。装载量为 40 吨物资或 1 辆轻型坦克。

【鹳级气垫船】　苏联建造。满载排水量 250 吨，船长 47.3 米，宽 17.8 米。动力装置为燃气轮机 2 台，4 轴（驱动 4 部空气螺旋桨，4 部升力风扇），功率 3350 马力。航速 80 节，续航力 350 海里／60 节。编制人数 10 人。船上装有 2 座 30 毫米双联装全自动高炮。电子设备有旋转槽导航雷达 1 部、歪鼓炮瞄雷达 1 部、高杆 B 敌我识别器 1 部。装载量为 220 人或 PT-76 坦克 4 辆。

【天鹅级气垫船】　苏联建造。满载排水量 85 吨，船长 25 米，宽 11.5 米。动力装置为航空发动机 2 台，2 轴（驱动 2 部空气螺旋桨，2 部升力风扇），功率 5000 马力，航速 70 节，续航力 200 海里／60 节。大部分船装有机枪 2 挺。装载量为轻型坦克 2 辆或 40 吨物资或 120 人。

【鹅级气垫船】　苏联建造。满载排水量 270 吨，船长 21.3 米，宽 7.3 米。动力装置为 3 部燃气轮机，2 轴（驱动 2 部空气螺旋桨，1 部升力风扇，功率 2340 马力。航速 60 节，续航力 200 海里／43 节。编制人数 2 人。电子设备有旋转槽导航雷达 1 部、高杆 B 敌我识别器 1 部。装载量为 25 人及其装备，或 50 人。

【爵士级登陆舰】　英国建造，共 5 艘。系两栖作战后勤支援舰。排水量 5670 吨。舰长 125 米，舰宽 19.6 米，吃水 4.3 米。航速 17 节，续航力 8000 海里／15 节。武器装备为 2 座单 40 毫米。可搭载 20 架直升机，16 艘装甲艇，34 艘摩托艇，150 吨物资，340 名兵员。雷达有 975 导航雷达，舰员 68 人（军官 18 人）。

【无恐号两栖攻击舰】　美国建造。共 2 艘，姊妹舰为勇猛号。1962 年开始建造，1965 年、1967 年先后服役。与一般坦克登陆舰相比，有较强的抗风浪能力，较快的速度和较远的航程。舰上有可供陆战营（旅）使用的作战指挥室。它的标准排水量 11060 吨，满载排水量 12120 吨。舰长 158.5 米，宽 24.4 米。吃水 6.2 米。航速 21 节，续航力 5000 海里／20 节。动力装置为 2 台蒸汽轮机，2.2 万马力。编制人数 580 人。舰上配有 2 门 40 毫米 70 身倍长炮，4 座四联装海猫舰对空导弹发射架。装载量为 380-400 名武装人员，短时间可超载 700 名陆战队人员；15 辆坦克、7 辆 3 吨卡车、20 辆 1／4 吨卡车；8 艘登陆艇，5 架直升机。雷达 994 型对空对海搜索雷达。

【暴风级两栖攻击舰】　法国建造。1965 年装备法海军，现共有 2 艘。它的标准排水量 5800 吨，满载排水量 8500 吨。舰长 149 米，宽 21.5 米。吃水 5.4 米。航速 17.3 节，续航力 4000 海里／15 节。动力装置为 2 台柴油发动机，8600 马力。编制人数 214 人。舰上配有 4 门 40 毫米高炮，2 门 120 毫米迫击炮。装载量为 3 架超黄蜂直升机或 10 架云雀直升机；2 艘步兵、坦克登陆艇或 18 艘小型坦克登陆艇；武装人员 349 人。雷达为 1 台 DRBN32 型。声纳为 SQS17 型。

【赖努伊松级两栖坦克登陆舰】　挪威建造。共建造 5 艘。该舰装载量较大，可运载 7 辆中型坦克。它的排水量 550 吨。舰长 51.4 米，宽 10.3 米。吃水 1.85 米。航速 11.7 米。动力装置为 2 台 MTU 型柴油机。编制人数 9 人。武器装备为 3 门 20 毫米火炮，4 挺 12.7 毫米高射机枪，1 具水雷发射器，共携带 120 个水雷。装载量为 7 辆豹式坦克，80-180 人。

【赖努伊松号两栖坦克登陆舰】　挪威建造。舰级赖努伊松级。1972 年服役。

【苏鲁伊松号两栖坦克登陆舰】　挪威建造。舰级赖努伊松级。1972 年服役。

【莫尔松号两栖坦克登陆舰】　挪威建造。舰级赖努伊松级。1972-1973 年服役。

【罗特松号两栖坦克登陆舰】　挪威建造。舰级赖努伊松级。1972-1973 年服役。

【博格松号两栖坦克登陆舰】　挪威建造。舰级赖努伊松级。1973 年服役。

9、小型水面作战舰艇

【高点级水翼巡逻艇】 美国建造。仅 1 艘（PCH1），供试验用。艇上原装备的 2 座双联装反潜鱼雷发射管及 40 毫米炮均已拆除。它的标准排水量 58 吨，满载排水量 110 吨。艇长 35 米，宽 9.4 米。使用水翼时吃水 1.8 米；收起水翼时吃水 5.2 米。动力装置为 1 台柴油机，600 马力，2 台燃气轮机，6200 马力。使用水翼时航速 48 节，收起水翼时航速 12 节。续航力 2000 海里／12 节，500 海里／45 节。编制人数军官 1 人，士兵 12 人，共计 13 人。

图 8—69　高点级水翼巡逻艇

【PHM 水翼导弹巡逻艇】 美国 1971 年开始研制，计划建造 6 艘，第 1 艘已于 1977 年 7 月服役。它的满载排水量 239 吨。使用水翼时艇长 40 米，收起水翼时艇长 45 米，艇宽 8.6 米。使用水翼时吃水 7.1 米，收起水翼时吃水 1.9 米。航速 48 节，续航力 600 海里／40 节，1000 海里／20 节。编制人数 21 人。艇上配有 2 座四联装舰对舰导弹发射架。火炮为 1 门 76 毫米 62 身倍火炮。

【飞马座级导弹水翼艇】 此艇共 6 艘（PHM1-6），为美国与联邦德国、意大利海军共同研制。上层建筑为铝合金。它的轻载排水量 198 吨，满载排水量 239.6 吨。使用水翼时艇长 40.5 米，收起水翼时艇长 44.3 米，艇体宽 8.6 米。使用水翼时吃水 2.3 米，收起水翼时吃水 7.1 米。动力装置为 1 台 LM2500 燃气轮机，1.8 万马力。用水翼航速 48 节，不用水翼航速 12 节，续航力 1700 海里／9 节，700 海里／40 节。编制人数军

官 4 人，士兵 20 人，共计 24 人。艇上配有 2 座四联装鱼导弹发射架，1 座 MK75 单 76 毫米 162 身倍炮。雷达有 SPS63 导航雷达。指挥仪为 MK92 或 MK94。干扰器材为 MK34 干扰火箭发射器。特种设备有 OE82 卫星通信天线，SSR1 收信机，WSC3 收发信机。

图 8—70　飞马座级导弹水翼艇

【纳努契卡 I、III 级小型导弹舰】 苏联列宁格勒船厂建造。共造 22 艘。标准排水量 780 吨，满载排水量 930 吨。舰长 59.3 米。宽 13 米。吃水 2.6 米。动力装置为柴油机 6 台，3 轴，功率 30000 马力。航速 36 节，续航力 2500 海里／12 节。编制人数 50 人。舰上配有 2 座三联装 SS-N-9 舰对舰导弹发射架，1 座双联装 SA-N-4 舰对空导弹发射架，带弹 20 枚，1 座 76 毫米单管两用全自动火炮（III 级），1 座 57 毫米双联装全自动高炮（I 级），1 座 30 毫米六管全自动速射炮（III 级）。电子设备有双桔皮对海雷达 1 部、顿河导航雷达 1 部、音乐台对空对海雷达 1 部、排枪导弹制导雷达 1 部、鱼缸炮瞄雷达 2 部、圆套筒炮瞄雷达 1 部（I 级）、低音鼓炮瞄雷达 1 部（III 级）、方首敌我识别器 1 部，高杆敌我识别器 1 部。

【纳努契卡 I 级小型导弹舰】 苏联列宁格勒船厂建造。1968 年动工，1969 年装备苏军。1978 年停建。分布在苏太平洋舰队 5 艘、北海舰队 3 艘，波罗的海舰队 5 艘，黑海舰队 3 艘。

【纳努契卡 III 级小型导弹舰】 苏联列宁格勒船厂建造。1977 年动工，1978 年装备苏军。

1980 年停建。部署在苏北海舰队 3 艘,波罗的海舰队 3 艘。

【格里莎Ⅲ级猎潜舰】 苏联哈巴罗夫斯克船厂建造。共造 33 艘。1975 年动工。标准排水量 950 吨,满载排水量 1200 吨,舰长 72 米,宽 10 米。吃水 3.7 米。动力装置为柴油机 2 台,16000 马力;燃气轮机 1 台,24000 马力,功率 40000 马力。航速 30 节。编制人数 80 人。舰上配有 1 座双联装 SA-N-4 舰对空导弹发射架,带弹 20 枚,1 座 57 毫米双联装全自动高炮,1 座 30 毫米六管自动速射炮,2 座 RBU6000 十二管反潜火箭发射器,2 座双联装 553 毫米鱼雷发射管。电子设备有支撑曲面对空对海雷达 1 部、顿河 2 导航雷达 1 部、排枪导弹制导雷达 1 部、圆套筒炮瞄雷达 1 部、低音鼓炮瞄雷达 1 部、高杆 B 敌我识别器 1 部、声纳有武仙星座声纳 1 部。1976 年下水服役。部署在苏太平洋舰队 15 艘,北方舰队 5 艘,波罗的海舰队 4 艘,黑海舰队 9 艘。

【格里莎Ⅰ级猎潜舰】 苏联卡梅什布伦船厂(刻赤)建造。共造 13 艘。1968 年动工。标准排水量 950 吨,满载排水量 1200 吨。舰长 72 米,宽 10 米。吃水 3.7 米。动力装置为柴油机 2 台,16000 马力、燃气轮机 1 台,24000 马力,功率 40000 马力。航速 30 节。编制人数 80 人。舰上配有 1 座双联装 SA-N-4 舰对空导弹发射架,带弹 20 枚。有 1 座 57 毫米双联装全自动高炮,2 座 RBU6000 十二管反潜火箭发射器,深水炸弹浪架 2 座,深水炸弹 12 个,2 座双联装 533 毫米鱼雷发射管。电子设备有支撑曲面对空对海雷达 1 部、顿河 2 导航雷达 1 部、排枪导弹制导雷达 1 部、圆套筒炮瞄雷达 1 部、高杆敌我识别器 1 部。声纳为武仙星座声纳 1 部、1969 年下水服役,1974 年停建,部署在苏太平洋舰队 3 艘,北方舰队 5 艘,黑海舰队 5 艘。

【波蒂级猎潜艇】 苏联建造。共造 59 艘。1961 年动工。标准排水量 500 吨,满载排水量 580 吨。艇长 59 米,宽 7.9 米。吃水 2.8 米。动力装置为柴油机 2 台,8000 马力、燃气轮机 2 台,30000 马力 2 轴。最大航速 38 节。续航力 4500 海里／10 节。编制人数 50 人。艇上配有 1 座 57 毫米双联装全自动高炮,2 座 RBU6000 十二管反潜火箭发射器,4 个 406 毫米鱼雷发射管。电子设备有支撑曲面对空对海雷达 1 部、顿河 2 导航雷达 1 部、圆套筒炮瞄雷达 1 部、警犬电子对抗仪 1-2 部。声纳为武仙星座声纳 1 部。1961 年下

水服役,1970 年停建,部署在苏太平洋舰队 12 艘,北方舰队 14 艘波罗的海舰队 20 艘,黑海舰队 13 艘。

【毒蜘蛛Ⅰ/Ⅱ级导弹猎潜艇】 苏联彼得罗夫斯基船厂建造。共造 11 艘。1978 年动工。标准排水量 510 吨,满载排水量 580 吨。艇长 56 米,宽 10.5 米。吃水 2.5 米。动力装置为柴油机 2 台,2000 马力、燃气轮机 2 台,30000 马力,功率 32000 马力。航速 36 节。编制人数 50 人。艇上配有 2 座双联装 SS-N-2C 舰对舰导弹发射架(Ⅰ级)、1 座四联装 SA-N-5 舰对空导弹发射架,2 座双联装 SS-N-22 舰对舰导弹发射架(Ⅱ级)。有 76 毫米单管两用全自动火炮、2 座 30 毫米六管全自动速射炮。电子设备有板片对空对海雷达 1 部、旋转槽导航雷达 1 部、低音鼓炮瞄雷达 1 部、方首敌战我识别器 1 部、高杆敌我识别器 1 部、Ⅱ级装有音乐台导弹制导雷达。1979 年下水服役,部署在苏太平洋舰队 3 艘,波罗的海舰队 5 艘,黑海舰队 3 艘。

【蜘蛛级导弹猎潜艇】 苏联列宁格勒船厂建造。共造 15 艘。1979 年动工。标准排水量 510 吨、满载排水量 580 吨。艇长 58 米,宽 10.5 米。吃水 2.5 米。动力装置为柴油机 4 台,功率 16000 马力。航速 34 节。编制人数 40 人。艇上配有 1 座四联装 SA-N-5 舰对空导弹发射架,1 座 76 毫米单管两用全自动火炮,1 座 30 毫米六管全自动速射炮,2 座 RBU1200 五管反潜火箭发射器。4 个 406 毫米反潜鱼雷发射管。深水炸弹浪架 2 个、深水炸弹 12 个。电子设备有板片对空对海雷达 1 部、低音鼓炮瞄雷达 1 部、顿河 2 导航雷达 1 部。声纳为浸入式声纳 1 部。1980 年下水服役,部署在苏太平洋舰队 6 艘,波罗的海舰队 6 艘,黑海舰队 3 艘。

【蝗虫级水翼导弹艇】 苏联列宁格勒船厂建造。共造 1 艘。1977 年动工。标准排水量 280 吨,满载排水量 320 吨。艇长 45 米,宽 11 米。吃水 2.8 米。水翼时长 50.6 米,宽 23.5 米。吃水 7.3 米。动力装置为柴油机 2 台,燃气轮机 2 台,功率 22000 马力。航速 45 节,续航力 2500 海里／12 节。编制人数 35 人。艇上配有 2 座双联装 SS-N-9 舰对舰导弹发射架,带弹 4 枚,1 座双联装 SA-N-4 舰对空导弹发射架,带弹 20 枚,1 座 30 毫米六管全自动速射炮。电子设备有音乐台对空对海雷达 1 部、排枪导弹制导雷达 1 部、低音鼓炮瞄雷达 1 部、方首敌我识别器 1 部、高杆敌我识

别器 1 部。1978 年下水、服役，同年又停建。部署在苏黑海舰队。

【蜂王级水翼导弹艇】 苏联列格勒船厂建造。共造 16 艘。1978 年动工。标准排水量 200 吨，满载排水量 250 吨。艇长 39.6 米，宽 7.6 米。吃水 2 米。水翼时长 41 米，宽 12.5 米。吃水 3.2 米。动力装置为柴油机 3 台，3 轴。功率 15000 马力。航速 40 节。编制人数 30 人。艇上配有 2 座 SS-N-2C 舰对舰导弹发射架。有 1 座 76 毫米单管两用全自动火炮、1 座 30 毫米六管全自动速射炮。电子设备有板片对空对海雷达 1 部、方形结对海雷达 1 部、低音鼓炮瞄雷达 1 部、高杆 B 敌我识别器 1 部、2 个十六管干扰箔片发射器。1978 年下水、服役，部署在苏波罗的海舰队 10 艘、黑海舰队 6 艘。

【黄蜂Ⅱ级导弹艇】 苏联列宁格勒船厂建造。共造 40 艘。1969 年动工。标准排水量 165 吨，满载排水量 210 吨。艇长 39 米，宽 7.8 米。吃水 1.8 米。动力装置为柴油机 3 台，3 轴，功率 15000 马力。航速 40 节。编制人数 30 人。艇上配有 4 座 SS-N-11（SS-N-26）舰对舰导弹发射架（部分艇装有 SA-N-5 舰对空导弹发射架）。有 2 座 30 毫米双联装全自动高炮。电子设备有方形结对海雷达 1 部、歪鼓炮瞄雷达 1 部、高杆敌我识别器 1 部、方首敌我识别器 1 部。1969 年下水服役，1976 年停建，部署在苏波罗的海舰队 25 艘，黑海舰队 8 艘，太平洋舰队 5 艘，里海区舰队 2 艘。

【黄蜂Ⅰ级导弹艇】 苏联列宁格勒船厂建造。共造 65 艘。1959 年动工，标准排水量 160 吨，满载排水量 210 吨。艇长 38.5 米，宽 7.8 米。吃水 1.8 米。动力装置为柴油机 3 台，3 轴，功率 12000 马力。储油量 40 吨。航速 38 节。续航力 800 海里／30 节。编制人数 30 人。艇上配有 4 座 SS-N-2a 舰对舰导弹发射架。有 2 座 30 毫米双联装全自动高炮。电子设备有方形结对海雷达 1 部、歪鼓炮瞄雷达 1 部、高杆敌我识别器 1 部、方首敌我识别器 1 部。1959 年下水、服役，1966 年停建，部署在苏太平洋舰队 40 艘，北方舰队 25 艘。

【图利亚级水翼鱼雷艇】 苏联建造，共 29 艘。1971 年动工，1972 年服役，1979 年停建。该级艇的标准排水量 190 吨，满载排水量 250 吨。艇长 39.6 米，艇宽 7.6 米，吃水 1.8 米。动力装置为柴油机 3 台，3 轴，功率 15000 马力。航速

42 节（用水翼），32 节（不用水翼）。续航力 820 海里／25 节。武器装备有 1 座 25 毫米双联装两用半自动火炮，1 座 57 双联装全自动高炮，4 个 533 毫米鱼雷发射管，2 个深水炸弹滚架，深水炸弹 12 个。电子设备有罐形鼓对海雷达 1 部，圆套筒炮瞄雷达 1 部，高杆敌我识别器 1 部，方首敌我识别器 1 部。浸入式声纳 1 部。编制人数 25 人。部署在太平洋舰队 16 艘，波罗的海舰队 8 艘，黑海舰队 5 艘。

【蝴蜂级鱼雷艇】 苏联建造，共 30 艘。1963 年动工，1963 年服役，1970 年停建。该级艇标准排水量 145 吨，满载排水量 170 吨。艇长 34.7 米，艇宽 6.7 米，吃水 1.5 米。动力装置为柴油机 3 台，3 轴，功率 12000 马力。储油量 30 吨。航速 45 节。武器装备有 2 座 30 毫米双联装全自动高炮，4 个 533 毫米鱼雷发身管，2 个深水炸弹滚架，12 个深水炸弹，2 条水雷滑轨，6 枚水雷。电子设备有罐形鼓对海雷达 1 部，歪鼓炮瞄雷达 1 部，方首敌我识别器 1 部，高杆敌我识别器 1 部，2 个十六管干扰箔片发射器。编制人数 23 人。部署在苏北方舰队 12 艘，波罗的海舰队 12 艘黑海 6 艘。

【蝴蝶级水翼巡逻艇】 苏联建造。共造 1 艘。满载排水量 440 吨，舰长 50 米，宽 8.5 米，吃水 4 米。水翼时长 51.5 米，宽 10.5 米。吃水 5.9 米。动力装置为燃气轮机 3 台。3 轴，功率 30000 马力。航速 45 节。编制人数 45 人。武器装备为 2 座 30 毫米六管全自动速射炮，2 座四联装 406 毫米反潜鱼雷发射管。同时装备新型艇体和动力试验平台。电子设备有低音鼓炮瞄雷达 1 部。1978 年服役，同年又停建。该舰部署在苏黑海舰队。

【牛虹级巡逻艇】 苏联彼得罗夫斯克船厂建造。共造 1 艘。1970 年动工。满载排水量 210 吨，舰长 39 米，宽 8 米，吃水 1.8 米，动力装置为燃气轮机 3 台，3 轴，功率 12000 马力。航速 36 节。编制人数 30 人。武器装备为 1 座 76 毫米单管两用全自动火炮，1 座 30 毫米双联装全自动高炮。同时装备新式 57 炮试验平台。电子设备有顿河 2 导航雷达 1 部、歪鼓炮瞄雷达 1 部。1978 年服役，同年双停建。部署在苏黑海舰队。

【大刀级导弹艇】 法国建造，共 4 艘。属巡逻艇类远洋导弹艇。该级艇排水量 130 吨。艇长 37 米，艇宽 5.5 米，吃水 1.6 米。动力装置为 2 台柴油机，功率 4000 马力。航速 26 节，续航力

1500 海里／15 节。武器装备有 1 座 SS-12 六管装导弹发射架，1 门 40 毫米炮，1 挺 12.7 毫米机枪。艇员 19 人（军官 2 人）。

【S143A 级导弹艇】 联邦德国建造，共 10 艇。该级艇排水量 390 吨，艇长 57.6 米，艇宽 7.8 米，吃水 2.6 米。动力装置为 4 台柴油机，功率 16000 马力。航速 36 节，续航力 2600 海里／16 节。1979 年动工，1984 年服役。该级艇武器装备为 4 座单飞鱼导弹发射架，1 具 RAM 导弹发射器，1 门 76 毫米炮。雷达有 3RM-20 对海雷达，WM-27 对海和炮瞄雷达。艇员 34 人（军官 4 人）。

【惠勒摩斯级导弹艇】 丹麦建造，共 10 艘。系沿海导弹快艇，仿瑞典"角宿一星Ⅱ"级。该级艇排水量 260 吨，艇长 46 米，艇宽 7.4 米，吃水 2.4 米。航速 40 节。武器装备有 2 座四联装鱼叉导弹发射架，1 门单 76 毫米炮，"533"鱼雷发射管 2～4 具。雷达有 NWS-3 导航雷达，9LV-200 火控雷达。艇员 25 人（军官 6 人）。

【海狮级鱼雷艇】 丹麦建造，共 6 艘。该级艇排水量 120 吨。艇长 30.3 米，艇宽 7.6 米，吃水 1.9 米。航速 54 节，续航力 500 海里.46 节。武器装备有 1 门单 40 毫米炮，"533"鱼雷发射管 4 具。艇员 29 人。

【战士级Ⅲ-B 型导弹艇】 法国援助希腊建造，共 6 艘。该级艇排水量 430 吨。艇长 56.2 米，艇宽 8 米，吃水 2.6 米。动力装置为 4 台柴油机，功率 18000 马力。航速 36 节。续航力 2000 海里／15 节。武器装备有 6 座企鹅导弹发射架，2 门 76 毫米炮，4 门 30 毫米炮。雷达有海神对海对空雷达，海狸炮瞄雷达，北河三星炮瞄雷达。还有 CSEE 熊猫光学电子指挥仪 2 部。艇员 42 人（军官 5 人）。

【角宿-星级鱼雷艇】 瑞典建造，共 6 艘。该级艇排水量 230 吨。艇长 42.5 米，艇宽 7.3 米，吃水深 1.6 米。动力装置为 3 台燃汽轮机，功率 12750 马力。航速 40 节。武器装备有 1 门 57 毫米炮。"533"鱼雷发射管 6 具，105 火箭发射器 4 具，"57"火箭发射器 6 具。雷达为 M-22 综合武器和炮瞄雷达。艇员 28 人（军官 7 人）。

【隼级导弹艇】 挪威建造，共 14 艘。系挪威与瑞典海军共同研制的导弹快艇。该级艇排水量

156 吨。艇长 36.5 米，艇宽 6.2 米，吃水 1.6 米。动力装置为 2 台柴油机，功率 7000 马力。航速 34 节，续航力 440 海里／34 节。武器装备有 6 座企鹅导弹发射架，1 门 40 毫米火炮，1 门 20 毫米炮，"533"鱼雷发射管 4 具。台卡 TM-1226 对海雷达 2 部。艇员 22 人。

【海鸟级猎潜艇】 日本建造，共 5 艘。1963 年动工，1963 年下水，1964 年服役。该级艇排水量 480 吨。艇长 60 米，艇宽 7.1 米，吃水 2.3 米。动力装置为 2 台柴油机，功率 4000 马力。航速 20 节，续航力 2000 海里／12 节。武器装备有 2 门 40 毫米炮。刺猬弹发射器 1 具，反潜鱼雷发射器 6 具，反潜深弹投掷器 1 具。雷达有 OPS-36 对海雷达，OPS-16 对海雷达，MK63 火控雷达。SQS-11A 舰壳声纳。艇员 80 人。

【PT 级鱼雷艇】 日本建造，共 5 艘。1970 年动工，1976 年服役。该级艇排水量 100 吨。艇长 35.5 米，艇宽 9.2 米，吃水 1.2 米。航速 40 节。武器装备有 2 门 40 毫米炮，"533"鱼雷发射管 4 具。OPS-13 对海雷达。艇员 26-28 人。

【海南级猎潜艇】 中国建造。由苏联的 SO-1 级发展而来，但船身较大，艇壳声纳。用于反潜及沿岸警戒。该级艇排水量 400 吨。艇长 58.8 米，艇宽 7.2 米，吃水 4.3 米。动力装置为 4 台柴油机，功率 8000 马力。航速 30 节。续航力 1300 海里／15 节。武器装备有 4 门 57 毫米炮，4 门 25 毫米炮，深弹发射炮 4 座，反潜深弹发射架 2 座，火箭深弹发射炮 4 座，并有布雷设备。艇员 69 人。

【黄蜂级导弹艇】 中国建造。第一艘为 1956 年苏联转让，其余为中国建造。1962 年动工，1976 年服役。该级艇排水量 210 吨。艇长 39 米，艇宽 8.1 米。动力装置为 3 台柴油机，功率 12000 马力。航速 30 节以上。续航力 800 海里／25 节。武器装备有 4 座单 SS-N-2 导弹发射架，4 门 30 毫米炮或 2 门 25 毫米炮。艇员 40 人。

【湖川级水翼鱼雷艇】 中国建造。该级艇排水量 45 吨，艇长 21.8 米，艇宽 5 米，吃水 1 米。动力装置为 3 台柴油机，功率 3600 马力。航速 55 节。续航力 500 海里。武器装备有 4 挺 14.5 机枪，"533"鱼雷发射管 2 具。

10、 潜艇

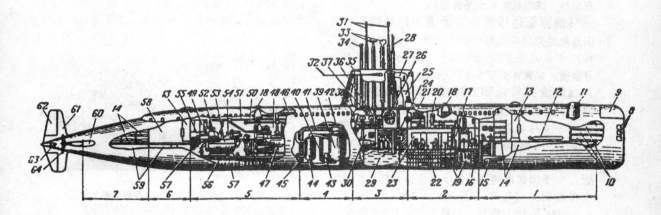

图 8-71 潜艇

1-64.核动力鱼雷攻击潜艇： 1.首鱼雷舱 2.住舱和蓄电池舱 3.指挥舱 4.反应堆舱 5.机舱 6.住舱 7.尾舱 8.鱼雷防波板 9.声纳导流罩 10.鱼雷发射管 11.首升降舵 12.备用鱼雷架 13.救生设闸室 14.艇员住舱 15.氧气瓶 16.化验室 17.厨房 18.出入口 19.储藏室 20.军官集会室 21.艇长室 22.蓄电池 23.艇员餐室 24.指挥舱 25.海图室 26.潜望镜室 27.驾驶台 28.潜望镜 29.压载水柜 30.无线电通信辅助设备 31.无线电升降天线 32.折倒天线 33.雷达天线 34.些油机水下工作装置进气管 35.柴油机水下工作装置排气管 36.总指挥部位 37.雷达室 38.声纳室 39.反庆堆 40.核反庆堆一次屏蔽 41.核反庆堆二次屏蔽 42.核反庆堆控制棒 43.一回路(载热剂)主循环泵 44.蒸汽发生器 45.(核动力)蒸汽发生装置 46.柴油机排气消单器 47.柴油发电机 48.空气调节装置 49.动力装置操纵台 50.通风管道 51.主蒸汽管道 52.高压汽轮机 53.主冷凝器 54.低压汽轮机 55.减速器 56.润滑油 57.凝水泵 58.尾轴隧 60.水平稳定翼 61.垂直稳定翼 62.方向舵 63.升降舵 64.螺旋桨

【俄亥俄级核动力弹道导弹潜艇】 美国通用动力公司电船分公司建造。共计划建造 24 艘 SSBN726-749，截止到 1986 年底，已有 8 艘服役。80 年代末，潜射战略导弹将换装三叉戟Ⅱ型，射程为 11000 公里。艇员为两班制，轮流出海，周期为 70 天，休息 25 天，每 9 年大修一次，每次约一年时间。此艇水面排水量为 16600 吨，水下排水量 18700 吨。艇长 170.7 米，艇宽 12.8 米。吃水 10.8 米。动力装置为 1 座 S8G 型核反应堆，6 万马力。水面航速 28 节，水下航速 30 节。下潜深度 300 米。编制人数 171 人。弹道导弹为 24 枚三叉戟Ⅰ型导弹。鱼雷发射管 MK68，4 个（533 毫米，艇艏）。雷达为 BPS15A 对海搜索雷达。声纳为 BQQ5；BQS13；BQS15；

BQR15；BQR19。指挥仪为 MK18（鱼雷）、

图 8-72 俄亥俄级核动力弹道导弹潜艇

MK98（导弹）。干扰器材为 WLR8 电子战系统。特种设备有 WSC3 卫星通信收发信机和 UYK7 计算机。

【俄亥俄号核动力弹道导弹潜艇】 美国通用动力公司电船分公司建造，舰级俄亥俄级。1976 年 4 月动工，1979 年 4 月下水。1981 年 11 月服役，部署在美军太平洋舰队。

【密执安号核动力弹道导弹潜艇】 美国通用动力公司电船分公司建造，舰级俄亥俄级。1977 年 4 月动工，1980 年 4 月下水。1982 年 11 月服役，部署在美军太平洋舰队。

【佛罗里达号核动力弹道导弹潜艇】 美国通用动力公司电船分公司建造，舰级俄亥俄级。1977 年 6 月动工，1981 年 11 月下水。1983 年 6 月服役。部署在美军太平洋舰队。

【佐治亚号核动力弹道导弹潜艇】 美国通用动力公司电船分公司建造，舰级俄亥俄级。1979 年 4 月动工，1982 年 11 月下水。1984 年 2 月服役。部署在美军太平洋舰队。

【亨利·杰克逊号核动力弹道导弹潜艇】 美国通用动力公司电船分公司建造，舰级俄亥俄级。1981 年 1 月动工，1983 年 10 月下水。1984 年 10 月服役。部署在美军太平洋舰队。

【阿拉巴马号核动力弹道导弹潜艇】 美国通用动力公司电船分公司建造，舰级俄亥俄级。1981 年 8 月动工，1984 年 5 月下水。1985 年 5 月服役。部署在美军太平洋舰队。

【阿拉斯加号核动力弹道导弹潜艇】 美国通用动力公司电船分公司建造，舰级俄亥俄级。1983 年 3 月动工，1985 年 1 月下水。1986 年 1 月服役。部署在美军太平洋舰队。

【内华达号核动力弹道导弹潜艇】 美国通用动力公司电船分公司建造，舰级俄亥俄级。1983 年 8 月动工，1985 年 9 月下水。1986 年 11 月服役，部署在美军太平洋舰队。

【田纳西号核动力弹道导弹潜艇】 美国通用动力公司电船分公司建造，舰级俄亥俄级。1985 年动工，1986 年下水。1987 年 12 月服役。

【拉斐特级核动力弹道导弹潜艇】 美国建造。共计 31 艘（SSBN616－617，619－620，622，624－635，640－645，645－659）。其中 SSBN635 的导弹发射管已封闭。原装备北极星导弹 1970－1977 年陆续改装海神导弹。后 12 艘（640－659）的主机噪音小，1978－1982 年陆续改装三叉戟 I 型导弹。通常艇员为两班制，轮流出海，周期 70 天，休息 30 天。每 6 年大修一次，每次 22－23 个月。潜艇水上排水量为 7250 吨，水下排水量为 8250 吨。艇长 129.5 米，艇宽 10.1

米，吃水 9.6 米。动力装置为 1 座 S5W 型反应堆，1.5 万马力。水面航速 20 节，水下航速约 30 节，下潜深度约 300 米。编制人员军官 15 人，士兵 144 人，共计 159 人。弹道导弹为 16 枚海神导弹或三叉戟 I 型导弹。鱼雷发射管 MK65 4 个（553 毫米，艇艏）。雷达为 BPS11A 对海搜索雷达。声纳为 BQR7；BQR15；BQR19；BQS4。指挥仪 MK113（鱼雷、导弹）。干扰器材为 WLR8 电子战系统。特种设备有 WSC3 卫星通信收发信机。

图 8-73 拉斐特级核动力弹道导弹潜艇

【拉斐特号核动力弹道导弹潜艇】 美国通用动力公司电船分公司建造，舰级拉斐特级。1961 年 1 月动工，1962 年 5 月下水。1963 年 4 月服役。部署在美军大西洋舰队。

【汉密尔顿号核动力弹道导弹潜艇】 美国通用动力公司电船分公司建造，舰级拉斐特级。1961 年 6 月动工，1962 年 8 月下水。1963 年 6 月服役。部署在美军大西洋舰队。

【安德鲁·杰克逊号核动力弹道导弹潜艇】 美国马雷岛海军船厂建造，舰级拉斐特级。1961 年 4 月动工，1962 年 9 月下水。1963 年 7 月服役。部署在美军大西洋舰队。

【约翰·亚当斯号核动力弹道导弹潜艇】 美国朴茨茅斯海军船厂建造，舰级拉斐特级。1961 年 5 月动工，1963 年 1 月下水。1964 年 5 月服役。部署在美军大西洋舰队。

【门罗号核动力弹道导弹潜艇】 美国纽波特纽斯造船公司建造，舰级拉斐特级。1961 年 7 月动工，1962 年 8 月下水。1963 年 12 月服役。部署在大西洋舰队。

【威尔逊号核动力弹道导弹潜艇】 美国马雷岛海军船厂建造，舰级拉斐特级。1961 年 9 月动工，1963 年 2 月下水。1963 年 12 月服役。部署在美军大西洋舰队。

【克莱号核动力弹道导弹潜艇】 美国纽波特纽斯造船公司建造，舰级拉斐特级。1961 年

10 月动工，1962 年 11 月下水。1964 年 2 月服役。部署在美军大西洋舰队。

【韦伯斯特号核动力弹道导弹潜艇】 美国通用动力公司电船分公司建造，舰级拉斐特级。1961 年 12 月动工，1963 年 4 月下水。1964 年 4 月服役。部署在美军大西洋舰队。

【麦迪逊号核动力弹道导弹潜艇】 美国纽波特纽斯造船公司建造，舰级拉斐特级。1962 年 3 月动工，1963 年 3 月下水。1964 年 7 月服役。部署在美军大西洋舰队。

【特库姆塞号核动力弹道导弹潜艇】 美国通用动力公司电船分公司建造，舰级拉斐特级。1962 年 6 月动工，1963 年 6 月下水。1964 年 5 月服役。部署在美军大西洋舰队。

【布恩号核动力弹道导弹潜艇】 美国马雷岛海军船厂建造，舰级拉斐特级。1962 年 2 月动工，1963 年 6 月下水。1964 年 4 月服役。部署在美军大西洋舰队。

【卡尔霍恩号核动力弹道导弹潜艇】 美国纽波特纽斯造船公司建造，舰级拉斐特级。1962 年 6 月动工，1963 年 6 月下水。1964 年 9 月服役。部署在美军大西洋舰队。

【格兰特号核动力弹道导弹潜艇】 美国通用动力公司电船分公司建造，舰级拉斐特级。1962 年 8 月动工，1963 年 11 月下水。1964 年 7 月服役。部署在美军大西洋舰队。

【冯斯托本号核动力弹道导弹潜艇】 美国纽波特纽斯造船公司建造，舰级拉斐特级。1962 年 9 月动工，1963 年 10 月下水。1964 年 9 月服役。部署在美军大西洋舰队。

【普拉斯基号核动力弹道导弹潜艇】 美国通用动力公司电船分公司建造，舰级拉斐特级。1963 年 1 月动工，1964 年 2 月下水。1964 年 8 月服役。部署在美军大西洋舰队。

【斯杰克逊号核动力弹道导弹潜艇】 美国马雷岛海军船厂建造，舰级拉斐特级。1962 年 7 月动工，1963 年 11 月下水。1964 年 8 月服役。部署在美军大西洋舰队。

【雷伯恩号核动力弹道导弹潜艇】 美国纽波特纽斯造船公司建造，舰级拉斐特级。1962 年 12 月动工，1963 年 12 月下水。1964 年 12 月服役。部署在美军大西洋舰队。

【富兰克林号核动力弹道导弹潜艇】 美国通用动力公司电船分公司建造，舰级拉斐特级。1963 年 5 月动工，1964 年 12 月下水。1965 年 10 月服役。部署在美军大西洋舰队。

【博利瓦号核动力弹道导弹潜艇】 美国纽波特纽斯造船公司建造，舰级拉斐特级。1963 年 4 月动工，1964 年 8 月下水。1965 年 10 月服役。部署在美军大西洋舰队。

【卡梅亚梅亚号核动力弹道导弹潜艇】 美国马雷岛海军船厂建造，舰级拉斐特级。1963 年 5 月动工，1965 年 1 月下水。1965 年 12 月服役。部署在美军大西洋舰队。

【班克罗夫特号核动力弹道导弹潜艇】 美国通用动力公司电船分公司建造，舰级拉斐特级。1963 年 8 月动工，1965 年 3 月下水。1966 年 1 月服役。部署在美军大西洋舰队。

【刘易斯－克拉克号核动力弹道导弹潜艇】 美国纽波特纽斯造船公司建造，舰级拉斐特级。1963 年 7 月动工，1964 年 11 月下水。1965 年 12 月服役。部署在美军大西洋舰队。

【波尔克号核动力弹道导弹潜艇】 美国通用动力公司电船分 5 公司建造，舰级拉斐特级。1963 年 11 月动工，1965 年 5 月下水。1966 年 4 月服役。部署在美军大西洋舰队。

【马歇尔号核动力弹道导弹潜艇】 美国纽波特纽斯造船公司建造，舰级拉斐特级。1964 年 3 月动工，1965 年 5 月下水。1966 年 4 月服役。部署在美军大西洋舰队。

【斯廷森号核动力弹道导弹潜艇】 美国通用动力公司电船分公司建造，舰级拉斐特级。1964 年 4 月动工，1965 年 11 月下水。1966 年 8 月服役。部署在美军大西洋舰队。

【卡弗号核动力弹道导弹潜艇】 美国纽波特纽斯造船公司建造，舰级拉斐特级。1964 年 8 月动工，1965 年 8 月下水。1966 年 6 月服役。部署在美军大西洋舰队。

【弗朗西斯·基号核动力弹道导弹潜艇】 美国通用动力公司电船分公司建造，舰级拉斐特级。1964 年 12 月动工，1966 年 4 月下水。1966 年 12 月服役。部署在美军大西洋舰队。

【瓦利霍号核动力弹道导弹潜艇】 美国马雷岛海军船厂建造，舰级拉斐特级。1964 年 7 月动工，1965 年 10 月下水。1966 年 12 月服役。部署在美军大西洋舰队。

【罗杰斯号核动力弹道导弹潜艇】 美国通用动力公司电船分公司建造，舰级拉斐特级。1965 年 3 月动工，1966 年 7 月下水。1967 年 4 月服役。部署在美军大西洋舰队。

【海狼级核动力攻击潜艇】　美国建造。该级潜艇（SSN21）计划建造 30 艘，用以取代洛杉矶级核动力攻击潜艇。首制艇计划从 1989 年开始动工建造，1995 年建成服役。潜艇水下排水量 9150 吨。艇长 99.37 米，宽 12.9 米。吃水 10.94 米。动力装置为 1 座压水式反应堆，6 万马力。水下航速 35 节以上。编制人员军官 15 人，士兵 134 人，共计 149 人。导弹为鱼叉、战斧导弹。鱼雷发射管 8 个（609 毫米，艇艏；可发射鱼叉、战斧导弹）。反潜武器有 MK48 鱼雷、远程反潜火箭。

图 8-74　海狼级核动力攻击潜艇

【洛杉矶级核动力攻击潜艇】　美国建造共计划建造 67 艘（SSN 688–725；750–778）截至 1987 年 8 月，已有 37 艘服役。主要用于攻潜，有布雷和冰下作战能力。计划从 SSN719 开始安装战斧导弹垂直发射系统，可载弹 15 枚。潜艇水面排水量 6000 吨，水下排水量 6927 吨。艇长 109.7 米，宽 10.1 米。吃水 9.9 米。动力装置为 1 座 S6G 型核反应堆（装料一次可使用 10 至 13 年），

图 8-75　洛杉矶级核动力攻击潜艇

3.5 万马力。水下航速 30 节以上下潜深度 450 米。编制人员军官 13 人，士兵 129 人，共计 142 人。导弹为 4 枚鱼叉导弹，8 枚战斧导弹。鱼雷发射管 4 个（533 毫米，艇中部）带弹 12 枚（SSN 688–718）。反潜武器为萨布洛克反潜火箭，MK48 反潜鱼雷。雷达为 BPS15 搜索雷达。声纳为 BQS15；BQQ5（艇艏）。指挥仪为 MK117（鱼雷）。干扰器材为 BRD7；WLR98；WLR12 电子

战系统。特种设备为 WSC3 卫星；通信收发信机；UYK7 计算机。

【洛杉矶号核动力攻击潜艇】　美国纽波特纽斯造船公司建造，舰级洛杉矶级。1972 年 1 月动工，1974 年 4 月下水。1976 年 11 月服役。部署在美军太平洋舰队。

【巴吞鲁日号核动力攻击潜艇】　美国纽波特纽斯造船公司建造，舰级洛杉矶级。1972 年 11 月动工，1975 年 4 月下水。1977 年 6 月服役。部署在美军大西洋舰队。

【费城号核动力攻击潜艇】　美国通用动力公司电船分公司建造，舰级洛杉矶级。1972 年 8 月动工，1974 年 10 月下水。1977 年 6 月服役。部署在美军大西洋舰队。

【孟菲斯号核动力攻击潜艇】　美国纽波特纽斯造船公司建造，舰级洛杉矶级。1973 年 6 月动工，1976 年 4 月下水。1977 年 12 月服役。部署在美军大西洋舰队。

【奥号哈号核动力攻击潜艇】　美国通用动力公司电船分公司建造，舰级洛杉矶级。1973 年 1 月动工，1976 年 2 月下水。1978 年 3 月服役。部署在美军太平洋舰队。

【辛辛那提号核动力攻击潜艇】　美国纽波特纽斯造船公司建造，舰级洛杉矶级。1974 年 4 月动工，1977 年 2 月下水。1978 年 6 月服役。部署在美军大西洋舰队。

【格罗顿号核动力攻击潜艇】　美国通用动力公司电船分公司建造，舰级洛杉矶级。1973 年 8 月动工，1976 年 10 月下水。1978 年 7 月服役。部署在美军大西洋舰队。

【伯明翰号核动力攻击潜艇】　美国纽波特纽斯造船公司建造，舰级洛杉矶级。1975 年 4 月动工，1977 年 10 月下水。1978 年 12 月服役。部署在美军大西洋舰队。

【纽约城号核动力攻击潜艇】　美国通用动力公司电船分公司建造，舰级洛杉矶级。1973 年 12 月动工，1977 年 6 月下水。1979 年 3 月服役。部署在美军太平洋舰队。

【印第安那波利斯号核动力攻击潜艇】　美国通用动力公司电船分公司建造，舰级洛杉矶喙。1974 年 10 月动工，1977 年 7 月下水。1980 年 1 月服役。部署在美军太平洋舰队。

【布雷默顿号核动力攻击潜艇】　美国通用动力公司电船分公司建造，舰级洛杉矶级。1976 年 5 月动工，1978 年 7 月下水。1981 年 3 月

服役。部署在美军太平洋舰队。

【杰克逊维尔号核动力攻击潜艇】　美国通用动力公司电船分公司建造，舰级洛杉矶级。1976 年 2 月动工，1978 年 11 月下水。1981 年 5 月服役。部署在美军大西洋舰队。

【达拉斯号核动力攻击潜艇】　美国通用动力公司电船分公司建造，舰级洛杉矶级。1976 年 10 月动工，1979 年 4 月下水。1981 年 7 月服役。部署在美军大西洋舰队。

【拉乔拉号核动力攻击潜艇】　美国通用动力公司电船分公司建造，舰级洛杉矶级。1976 年 10 月动工，1979 年 8 月下水。1981 年 10 月服役。部署在美军太平洋舰队。

【菲尼克斯号核动力攻击潜艇】　美国通用动力公司电船分公司建造，舰级洛杉矶级。1977 年 7 月动工，1979 年 12 月下水。1981 年 12 月服役。部署在美军大西洋舰队。

【波士顿号核动力攻击潜艇】　美国通用动力公司电船分公司建造，舰级洛杉矶级。1978 年 8 月动工，1980 年 4 月下水。1982 年 1 月服役。部署在美军大西洋舰队。

【巴尔的摩号核动力攻击潜艇】　美国通用动力公司电船分公司建造，舰级洛杉矶级。1979 年 5 月动工，1980 年 12 月下水。1982 年 7 月服役。部署在美军大西洋舰队。

【科珀斯克里斯蒂城号核动力攻击潜艇】　美国通用动力公司电船分公司建造，舰级洛杉矶级。1979 年 9 月动工，1981 年 4 月下水。1983 年 1 月服役。部署在美军大西洋舰队。

【阿尔布凯克号核动力攻击潜艇】　美国通用动力公司电船分公司建造，舰级洛杉矶级。1979 年 12 月动工，1982 年 5 月下水。1983 年 5 月服役。部署在美军大西洋舰队。

【朴茨茅斯号核动力攻击潜艇】　美国通用动力公司电船分公司建造，舰级洛杉矶级。1980 年 5 月动工，1982 年 9 月下水。1983 年 10 月服役。部署在美军大西洋舰队。

【明尼阿波利斯圣保罗号核动力攻击潜艇】　美国通用动力公司电船分公司建造，舰级洛杉矶级。1981 年 1 月动工，1983 年 3 月下水。1984 年 3 月服役。部署在美军大西洋舰队。

【里科弗号核动力攻击潜艇】　美国通用动力公司电船分公司建造，舰级洛杉矶级。1981 年 7 月动工，1983 年 8 月下水。1984 年 7 月服役。部署在美军大西洋舰队。

【奥古斯塔号核动力攻击潜艇】　美国通用动力公司电船分公司建造，舰级洛杉矶级。1982 年 4 月动工，1984 年 1 月下水。1985 年 1 月服役。部署在美军大西洋舰队。

【旧金山号核动力攻击潜艇】　美国纽波特纽斯造船公司建造，舰级洛杉矶级。1977 年 5 月动工，1979 年 10 月下水。1981 年 4 月服役。部署在美军太平洋舰队。

【亚特兰大号核动力攻击潜艇】　美国纽波特纽斯造船公司建造，舰级洛杉矶级。1978 年 8 月动工，1980 年 8 月下水。1982 年 3 月服役。部署在美军大西洋舰队。

【休斯敦号核动力攻击潜艇】　美国纽波特纽斯造船公司建造，舰级洛杉矶级。1979 年 1 月动工，1981 年 3 月下水。1982 年 9 月服役。部署在美军太平洋舰队。

【诺福克号核动力攻击潜艇】　美国纽波特纽斯造船公司建造，舰级洛杉矶级。1979 年 8 月动工，1981 年 10 月下水。1983 年 5 月服役。部署在美军大西洋舰队。

【布法罗号核动力攻击潜艇】　美国纽波特纽斯造船公司建造，舰级洛杉矶级。1980 年 1 月动工，1982 年 5 月下水。1983 年 11 月服役。部署在美军太平洋舰队。

【盐湖城号核动力攻击潜艇】　美国纽波特纽斯造船公司建造，舰级洛杉矶级。1980 年 8 月动工，1982 年 10 月下水。1984 年 5 月服役。部署在美军大西洋舰队。

【奥林匹亚号核动力攻击潜艇】　美国纽波特纽斯造船公司建造，舰级洛杉矶级。1981 年 3 月动工，1983 年 4 月下水。1984 年 11 月服役。部署在美军太平洋舰队。

【檀香山号核动力攻击潜艇】　美国纽波特纽斯造船公司建造，舰级洛杉矶级。1981 年 11 月动工，1983 年 9 月下水。1985 年 7 月服役。部署在美军太平洋舰队。

【普罗维登斯号核动力攻击潜艇】　美国通用动力公司电船分公司建造，舰级洛杉矶级。1982 年 10 月动工，1984 年 8 月下水。1985 年 8 月服役。部署在大西洋舰队。

【匹兹堡号核动力攻击潜艇】　美国通用动力公司电船分公司建造，舰级洛杉矶级。1983 年 4 月动工，1984 年 12 月下水。1985 年 11 月服役。部署在美军大西洋舰队。

【芝加哥号核动力攻击潜艇】　美国纽波特

特纽斯造船公司建造，舰级洛杉矶级。1983 年 1 月动工，1984 年 10 月下水。1985 年 12 月服役。部署在美军太平洋舰队。

【**基韦斯特号核动力攻力潜艇**】 美国纽波特纽斯造船公司建造，舰级洛杉矶级。1983 年 7 月动工，1985 年 7 月下水。1987 年 1 月服役。

【**俄克拉荷马城号核动力攻击潜艇**】 美国纽波特纽斯造船公司建造，舰级洛杉矶级。1984 年 1 月动工，1985 年 11 月下水。1987 年 7 月服役。

【**路易斯维尔号核动力攻击潜艇**】 美国通用动力公司电船分公司建造，舰级洛杉矶级。1984 年 9 月动工，1985 年 12 月下水。1987 年 1 月服役。

【**海伦娜号核动力攻击潜艇**】 美国通用动力公司电船分公司建造，舰级洛杉矶级。1985 年 3 月动工，1986 年 6 月下水。1987 年 7 月服役。

【**纽波特纽斯号核动力攻击潜艇**】 美国纽波特纽斯造船公司建造，舰级洛杉矶级。1984 年 3 月动工，1986 年 3 月下水。1987 年 10 月服役。

【**利普斯科姆级核动力攻击潜艇**】 美国通用动力公司电船分公司建造。仅 1 艘 (SSN685)，是美国海军唯一采用涡轮一电动推进装置的核动力攻击潜艇。它的水面排水量 5813 吨，水下排水量 6480 吨。艇长 111.3 米，宽 9.7

图 8-76 利普斯科姆级核动力攻击潜艇

米。吃水为 9.5 米。动力装置为 1 座 S5Wa 型反应堆。水面航速 18 节，水下航速 25 节以上。编制人数军官 13 人，士兵 128 人，共计 141 人。导弹为 4 枚鱼叉导弹，8 枚战斧导弹。鱼雷发射管 4 个 (533 毫米，艇艏中部)。反潜武器有萨布洛克反潜火箭和 MK48 反潜鱼雷。雷达为 BPS15 搜索雷达。声纳 BQS14；BQQ5 (艇艏)。指挥仪为 MK117 (鱼雷)。特种设备有 WSC3 卫星通信收

发信机。

【**利普斯科姆号核动力攻击潜艇**】 美国通用动力公司电船分公司建造，舰级利普斯科姆级。1971 年 6 月动工，1973 年 8 月下水。1974 年 12 月服役。部署在美军大西洋舰队。

【**一角鲸级核动力攻击潜艇**】 美国通用动力公司电船分公司建造。仅 1 艘 (SSN671)。艇上鱼叉、战斧导弹通过鱼雷发射管发射。水面排水量 4450 吨，水下排水量 5350 吨。艇长 95.9 米，宽 11.5 米。吃水为 8.2 米。动力装置为 1 座 S5G 型反应堆，1.7 万马力。水面航速 20 节以上，水下航速 30 节以上。编制人数军官 13 人，士兵 128 人，共计 141 人。导弹为 4 枚鱼叉导弹，8 枚战斧导弹。鱼雷发射管 4 个 (533 毫米，艇中部)。反潜武器为 MK48 反潜鱼雷。雷达为 BPS15 搜索雷达。声达 BQS8；BQQ5 (艇艏)。指挥仪 MK117 (鱼雷)。特种设备 WSC3 卫星通信收发信机。

图 8-77 一角鲸级核动力攻击潜艇

【**一角鲸号核动力攻击潜艇**】 美国通用动力公司电船分公司建造，舰级一角鲸级。1966 年 1 月动工，1967 年 9 月下水。1969 年 7 月服役。部署在美军大西洋舰队。

【**鲟鱼级核动力攻击潜艇**】 美国建造。共 37 艘 (SSN637－639；646－653；660－670；672－684；686；687)，具有冰下作战能力。SSN684 经改装可用于人员输送，SSN666、672、680 可载深潜器。潜艇水面排水量 3640 吨，水下

图 8-78 鲟鱼级核动力攻击潜艇

排水量 4640 吨。艇长 89 米，宽 9.5 米。吃水 7.9

米。动力装置为 1 座 S5W 型反应堆，1.5 万马力。水面航速 20 节以中，水下航速 30 节以上，下潜深度 400 米。编制人数军官 13 人，士兵 128 人，共 141 人。导弹为 4 枚鱼叉导弹，8 枚战斧导弹。鱼雷发射管 4 个（533 毫米，艇艏中部）。反潜武器有萨布洛克反潜火箭和 MK48 鱼雷。雷达为 BPS14 或 BPS15 搜索雷达。声纳 BQQ2 或 BQQ5（艇艏）。指挥仪 MK117（鱼雷）。干扰器材 WLR4 电子战系统。特种设备为 WSC3 卫星通信收发信机。

【鲟鱼号核动力攻击潜艇】　美国通用动力公司电船分公司建造，舰级鲟鱼级。1963 年 8 月动工，1966 年 2 月下水。1967 年 3 月服役。部署在美军大西洋舰队。

【鲸鱼号核动力攻击潜艇】　美国通用动力公司昆西船厂建造，舰级鲟鱼级。1964 年 5 月动工，1966 年 10 月下水。1968 年 10 月服役。部署在美军大西洋舰队。

【食用鱼号核动力攻击潜艇】　美国英格尔斯造船公司建造，舰级鲟鱼级。1964 年 1 月动工，1967 年 4 月下水。1968 年 8 月服役。部署在美军太平洋舰队。

【茴鱼号核动力攻击潜艇】　美国朴茨茅斯海军船厂建造，舰级鲟鱼级。1964 年 5 月动工，1967 年 6 月下水。1969 年 10 月服役。部署在美军大西洋舰队。

【鲱鱼号核动力攻击潜艇】　美国英格尔斯造船公司建造，舰级鲟鱼级。1964 年 5 月动工，1967 年 6 月下水。1971 年 5 月服役。部署在美军太平洋舰队。

【金吉鲈号核动力攻击潜艇】　美国英格尔斯造船公司建造，舰级鲟鱼级。1964 年 11 月动工，1967 年 11 月下水。1969 年 2 月服役。部署在美军太平洋舰队。

【翻车鱼号核动力攻击潜艇】　美国通用动力公司昆西船厂建造，舰级鲟鱼级。1965 年 1 月动工，1966 听 10 月下水。1969 年 3 月服役。部署在美军大西洋舰队。

【海鳊号核动力攻击潜艇】　美国通用动力公司电船分公司建造，舰级鲟鱼级。1964 年 6 月动工，1966 年 9 月下水。1968 年 1 月服役。部署在美军大西洋舰队。

【女王鱼号核动力攻击潜艇】　美国纽波特纽斯造船公司建造，舰级鲟鱼级。1964 年 5 月动工，1966 年 2 月下水。1966 年 12 月服役。部署在美军太平洋舰队。

【河豚号核动力攻击潜艇】　美国英格尔斯造船公司建造，舰级鲟鱼级。1965 年 2 月动工，1968 年 3 月下水。1969 年 8 月服役。部署在美军太平洋舰队。

【鳐鱼号核动力攻击潜艇】　美国纽波特纽斯造船公司建造，舰级鲟鱼级。1965 年 4 月动工，1966 年 6 月下水。1967 年 4 月服役。部署在美军大西洋舰队。

【玉筋鱼号核动力攻击潜艇】　美国朴茨茅斯海军船厂建造，舰级鲟鱼级。1965 年 1 月动工，1969 年 11 月下水。1971 年 9 月服役。部署在美军大西洋舰队。

【黑鱿号核动力攻击潜艇】　美国纽波特纽斯造船公司建造，舰级鲟鱼级。1965 年 7 月动工，1966 年 12 月下水。1967 年 12 月服役。部署在美军大西洋舰队。

【鲂鱿号核动力攻击潜艇】　美国马雷岛海军船厂建造，舰级鲟鱼级。1964 年 12 月动工，1967 年 5 月下水。1968 年 12 月服役。部署在美军太平洋舰队。

【撞木鲛号核动力攻击潜艇】　美国纽波特纽斯造船公司建造，舰级鲟鱼级。1965 年 11 月动工，1967 年 4 月下水。1968 年 6 月服役。部署在美军大西洋舰队。

【华脐鱼号核动力攻击潜艇】　美国纽波特纽斯造船公司建造，舰级鲟鱼级。1966 年 4 月动工，1967 年 10 月下水。1969 年 1 月服役。部署在美军大西洋舰队。

【犁头鲛号核动力攻击潜艇】　美国马雷岛海军船厂建造，舰级鲟鱼级。1965 年 12 月动工，1968 年 7 月下水。1972 年 9 月服役。部署在美军太平洋舰队。

【玳瑁号核动力攻击潜艇】　美国马雷岛海军船厂建造，舰级鲟鱼级。1966 年 9 月动工，1969 年 4 月下水。1971 年 2 月服役。部署在美军太平洋舰队。

【玫瑰鱼号核动力攻击潜艇】　美国通用动力公司电船分公司建造，舰级鲟鱼级。1966 年 4 月动工，1968 年 2 月下水。1969 年 6 月服役。部署在美军大西洋舰队。

【锹鱼号核动力攻击潜艇】　美国纽波特纽斯造船公司建造，舰级鲟鱼级。1966 年 12 月动工，1968 年 5 月下水。1969 年 8 月服役。部署在美军大西洋舰队。

【海马号核动力攻击潜艇】　美国通用动力公司电船分公司建造，舰级鲟鱼级。1966 年 8 月动工，1968 年 6 月下水。1969 年 9 月服役。部署在美军大西洋舰队。

【长须鲸号核动力攻击潜艇】　美国纽波特纽斯造船公司建造，舰级鲟鱼级。1967 年 6 月动工，1968 年 12 月下水。1970 年 2 月服役。部署在美军大西洋舰队。

【青花鱼号核动力攻击潜艇】　美国马雷岛海军船厂建造，舰级鲟鱼级。1967 年 10 月动工，1969 年 8 月下水。1971 年 9 月服役。部署在美军太平洋舰队。

【飞鱼号核动力攻击潜艇】　美国通用动力公司电船分公司建造，舰级鲟鱼级。1967 年 6 月动工，1969 年 5 月下水。1970 年 4 月服役。部署在美军大西洋舰队。

【海参号核动力攻击潜艇】　美国通用动力公司电船分公司建造，舰级鲟鱼级。1967 年 10 月动工，1969 年 9 月下水。1970 年 8 月服役。部署在美军大西洋舰队。

【鲹鱼号核动力攻击潜艇】　美国通用动力公司电船分公司建造，舰级鲟鱼级。1968 年 3 月动工，1970 年 1 月下水。1971 年 1 月服役。部署在美军大西洋舰队。

【帆鱼号核动力攻击潜艇】　美国通用动力公司电船分公司建造，舰级鲟鱼级。1968 年 9 月动工，1970 年 5 月下水。1971 年 3 月服役。部署在美军大西洋舰队。

【鲹鱼号核动力攻击潜艇】　美国马雷岛海军船厂建造，舰级鲟鱼级。1968 年 8 月动工，1970 年 5 月下水。1972 年 4 月服役。部署在美军太平洋舰队。

【射水鱼号核动力攻击潜艇】　美国通用动力公司电船分公司建造，舰级鲟鱼级。1969 年 6 月动工，1971 年 1 月下水。1971 年 12 月服役。部署在美军大西洋舰队。

【银鱼号核动力攻击潜艇】　美国通用动力公司电船分公司建造，舰级鲟鱼级。1969 年 10 月动工，1971 年 6 月下水。1972 年 5 月服役。部署在美军大西洋舰队。

【贝茨号核动力攻击潜艇】　美国英格尔斯造船公司建造，舰级鲟鱼级。1969 年 8 月动工，1971 年 12 月下水。1973 年 5 月服役。部署美军太平洋舰队。

【黄貂号核动力攻击潜艇】　美国通用动力公司电船分公司建造，舰级鲟鱼级。1970 年 2 月动工，1971 年 10 月下水。1972 年 9 月服役。部署在美军大西洋舰队。

【金枪鱼号核动力攻击潜艇】　美国英格尔斯造船公司建造，舰级鲟鱼级。1970 年 5 月动工，1972 年 6 月下水。1974 年 1 月服役。部署在美军太平洋舰队。

【鲷鱼号核动力攻击潜艇】　美国英格尔斯造船公司建造，舰级鲟鱼级。1970 年 12 月动工，1973 年 1 月下水。1974 年 8 月服役。部署在美军太平洋舰队。

【棘鳍号核动力攻击潜艇】　美国通用动力公司电船分公司建造，舰级鲟鱼级。1970 年 6 月动工，1972 年 2 月下水。1973 年 2 月服役。部署在美军太平洋舰队。

【里弗斯号核动力攻击潜艇】　美国纽波特纽斯造船公司建造，舰级鲟鱼级。1971 年 6 月动工，1973 年 6 月下水。1975 年 2 月服役。部署在美军大西洋舰队。

【拉塞尔号核动力攻击潜艇】　美国纽波特纽斯造船公司建造，舰级鲟鱼级。1971 年 10 月动工，1974 年 1 月下水。1975 年 8 月服役。部署在美军太平洋舰队。

【艾伦级核动力攻击潜艇】　美国纽波特纽斯造船公司建造。共 4 艘（SSN609－611；618），其中 SSN610、618 已退役。该级艇原为弹道导弹潜艇，1981 年改为核动力攻击潜艇。水面

图 8-79　艾伦级核动力攻击潜艇

排水量 6955 吨，水下排水量 7880 吨。艇长 125 米，宽 10.1 米。吃水 9.8 米。动力装置为 1 座 S5W 型反应堆，1.5 万马力。水面航速 20 节，水下航速 30 节，下潜深度 300 米。编制人数军官 13 人，士兵 130 人，共计 143 人。鱼雷发射管 4 个（533 毫米，艇艏）。反潜武器为 MK48 反潜鱼雷。雷达为 BPS15 搜索雷达。声纳为 BQS4；BQR15；BQR19。指挥仪 MK112（鱼雷）。特种

设备有 WSC3 卫星通信收发信机。

【豪斯顿号核动力攻击潜艇】 美国纽波特纽斯造船公司建造，舰级艾伦级。1959 月 12 月动工，1961 年 2 月下水。1962 年 3 月服役。部署在美军太平洋舰队。

【约翰·马歇尔号核动力攻击潜艇】 美国纽波特纽斯造船公司建造。舰级艾伦级。1960 年 4 月动工，1961 年 7 月下水。1962 年 5 月服役。部署在美军大西洋舰队。

【大鲹鱼级核动力攻击潜艇】 美国建造。此艇水面排水量 3750 吨，水下排水量 4300 吨，艇长 84.9 米，宽 9.6 米。吃水 8.7 米。动力装置为 1 座 S5W 反应堆，1.5 万马力。水面航速 20 节以上，水下航速 30 节以上。编制人数共计 143 人，导弹为 4 枚鱼叉导弹。鱼雷发射管 4 个（533 毫米，艇中部）。反潜武器为萨布洛克反潜火箭和 MK48 鱼雷。雷达为 BPS11 搜索雷达。声纳 BQQ5（艇艏）。指挥仪 MK117（鱼雷）。特种设备有 WSC3 卫星通信收发信机。

图 8-80 大鲹鱼级核动力攻击潜艇

【大鲹鱼号核动力攻击潜艇】 美国马雷岛海军船厂建造，舰级大鲹鱼级。1959 年 7 月动工，1961 年 7 月下水。1962 年 5 月服役。部署在美军太平洋舰队。

【潜水者号核动力攻击潜艇】 美国马雷岛海军船厂建造，舰级大鲹鱼级。1960 年 3 月动工，1961 年 12 月下水。1962 年 11 月服役。部署在美军太平洋舰队。

【石首鱼号核动力攻击潜艇】 美国英格尔斯造船公司建造，舰级大鲹鱼级。1959 年 11 月动工，1962 年 2 月下水。1963 年 8 月服役。部署在美军太平洋舰队。

【鳌绿鳕号核动力攻击潜艇】 美国纽约造船公司建造，舰级大鲹鱼级。1960 年 3 月动工，1962 年 3 月下水。1964 年 5 月服役。部署美军太平洋舰队。

【座头鲸号核动力攻击潜艇】 美国纽约造船公司建造，舰级大鲹鱼级。1960 年 9 月动工，1962 年 8 月下水。1964 年 12 月服役。部署在美军太平洋舰队。

【小梭鱼号核动力攻击潜艇】 美国朴茨茅斯海军船厂建造，舰级大鲹鱼级。1960 年 9 月动工，1963 年 4 月下水。1967 年 3 月服役。部署在美军大西洋舰队。

【黑鲹号核动力攻击潜艇】 美国朴茨茅斯海军船厂建造，舰级大鲹鱼级。1959 年 11 月动工，1961 年 12 月下水。1964 年 10 月服役。部署在美军大西洋舰队。

【鲦鱼号核动力攻击潜艇】 美国英格尔斯造船公司建造，舰级大鲹鱼级。1960 年 6 月动工，1962 年 8 月下水。1964 年 4 月服役。部署在美军大西洋舰队。

【鹤鱼号核动力攻击潜艇】 美国纽约造船公司建造，舰级大鲹鱼级。1961 年 2 月动工，1965 年 5 月下水。1966 年 12 月服役。部署在美太平洋舰队。

【三叶尾鱼号核动力攻击潜艇】 美国通用动力公司电船分公司建造，舰级大鲹鱼级。1961 年 4 月动工，1963 年 6 月下水。1966 年 7 月服役。部署在美国太平洋舰队。

【鲦身鱼号核动力攻击潜艇】 美国通用动力公司电船分公司建造，舰级大鲹鱼级。1961 年 8 月动工，1964 年 4 月下水。1967 年 11 月服役。部署在美军大西洋舰队。

【小鲨鱼号核动力攻击潜艇】 美国通用动力公司电船分公司建造，舰级大鲹鱼级。1961 年 12 月动工，1964 年 5 月下水。1968 年 1 月服役。部署在美军大西洋舰队。

【黑线鳕号核动力攻击潜艇】 美国英格尔斯造船公司建造，舰级大鲹鱼级。1961 年 4 月动工，1966 年 5 月下水。1967 年 12 月服役。部署在美军太平洋舰队。

【白鱼级核动力攻击潜艇】 美国通用动

图 8-81 白鱼级核动力攻击潜艇

力公司电船分公司建造。仅 1 艘（SSN597），首次采用艇艏声纳，现已不用作第一线攻击潜艇。潜艇水面排水量 2317 吨，水下排水量 2640 吨。艇长 83.2 米，宽 7.1 米。吃水 6.4 米。动力装置为 1 座 S2C 型反应堆，2500 马力。编制人数军官 6 人，士兵 50 人，共计 56 人。水面航速 15 节以上，水下航速 20 节以上。鱼雷发射管 4 个（533 毫米，艇艏中部）。反潜武器为 MK64 反潜鱼雷。雷达为 BPS12 搜索雷达。声纳为 BQQ2（艇艏）。指挥仪为 MK112（鱼雷）。

【白鱼号核动力攻击潜艇】 美国通用动力公司电船分公司建造，舰级白鱼级。1958 年 5 月动工，1960 年 4 月下水。1960 年 11 月服役。部署在美军大西洋舰队。

图 8-82 鲣鱼级核动力攻击潜艇

【鲣鱼级核动力攻击潜艇】 美国建造。共建 6 艘（SSN585；588-592）其中，石鱼号（SSN589）于 1968 年 10 月失事沉没。艇上主机工作寿命可达 4000 小时以上。水面排水量 3075 吨，水下排水量 3513 吨。艇长 76.7 米，宽 9.6 米。吃水 8.9 米。动力装置为 1 座 S5W 反应堆，1.5 万马力。水面航速 16 节以上，水下航速 30 节以上。编制人数军官 12 人，士兵 108 人，共计 120 人。鱼雷发射管 6 个（533 毫米，艇艏）。反潜武器为 MK48 反潜鱼雷。雷达为 BPS12 搜索雷达。声纳 BQS4。指挥仪 MK101（鱼雷）。

【鲣鱼号核动力攻击潜艇】 美国通用动力公司电船分公司建造，舰级鲣鱼级。1956 年 5 月动工，1958 年下水。1959 年 4 月服役。部署在美军大西洋舰队。

【阔鼻鲈号核动力攻击潜艇】 美国马雷岛海军船厂建造，舰级鲣鱼级。1959 年 1 月动工，1960 年 10 月下水。1961 年 6 月服役。部署在美军大西洋舰队。

【大头鱼号核动力攻击潜艇】 美国英格尔斯造船公司建造，舰级鲣鱼级。1958 年 2 月动工，1960 年 3 月下水。1961 年 6 月服役。部署在美军大西洋舰队。

【鲨鱼号核动力攻击潜艇】 美国纽波特纽斯造船公司建造，舰级鲣鱼级。1958 年 2 月动工，1960 年 3 月下水。1961 年 2 月服役。部署在美军大西洋舰队。

【梭鱼号核动力攻击潜艇】 美国英格尔斯造船公司建造，舰级鲣鱼级。1958 年 4 月动工，1960 年 10 月下水。1961 年 10 月服役。部署在美军大西洋舰队。

【鳐鱼级核动力攻击潜艇】 美国建造。共建 4 艘（SSN578；579；583；584）。其中，SSN584 已退役，SSN579 使用的反应堆为 S4W 型。该级艇可在北极冰下潜航，现已不用作第一线攻击潜艇。水面排水量 2310 吨，水下排水量 2360 吨。艇长 81.5 米，宽 7.6 米。吃水 6.7 米。动力装置为 1 座 S3W 反应堆，6600 马力。水面航速 20 节以上，水下航速 25 节以上。编制人数军官 12 人，士兵 109 人，共计 121 人。鱼雷发射管 8 个（553 毫米，艇艏 6，艇尾 2）。反潜武器为 MK48 反潜鱼雷。雷达为 BPS12 搜索雷达。声纳 BQS4。指挥仪 MK101（鱼雷）。

【鳐鱼号核动力攻击潜艇】 美国通用动力公司电船分公司建造，舰级鳐鱼级。1955 年 7 月动工，1957 年 5 月下水。1957 年 12 月服役。部署在美军太平洋舰队。

【旗鱼号核动力攻击潜艇】 美国朴茨茅斯海军船厂建造，舰级鳐鱼级。1956 年 1 月动工，1957 年 8 月下水。1958 年 9 月服役。部署在美军太平洋舰队。

【棘鬣鱼号核动力攻击潜艇】 美国马雷岛海军船厂建造，舰级鳐鱼级。1956 年 2 月动工，1957 年 10 月下水。1958 年 10 月服役。部署在美军太平洋舰队。

图 8-83 长颌须鱼级攻击潜艇

【长颌须鱼级攻击潜艇】 美国建造。共 3 艘（SS580-582），是美国海军最后一批常规动力攻击潜艇。水面排水量 2145 吨，水下排水量 2894 吨。艇长 66.8 米，宽 8.8 米。吃水 8.5 米。动力装置为 3 部柴油机，4800 马力；2 部电机，3150 马力。水面航速 15 节，水下下潜深度 21 节。编制人数军官 8 人，士兵 77 人，共计 85 人。鱼雷发射管 6 个（533 毫米，艇艏）。反潜武器为 MK48 反潜鱼雷。雷达为 BPS12 搜索雷达。声纳 BQS4。指挥仪为 MK101（鱼雷）。

【长颌须鱼号常规动力潜艇】　美国朴茨茅斯海军船厂建造，舰级长颌须鱼级。1956 年 5 月动工，1958 年 7 月下水。1959 年 1 月服役。部署在美军太平洋舰队。

【红大马哈鱼号常规动力潜艇】　美国英格尔斯造船公司建造，舰级长颌须鱼级。1957 年 4 月动工，1959 年 5 月下水。1959 年 10 月服役。部署在美军太平洋舰队。

【北梭鱼号常规动力潜艇】　美国纽约造船公司建造，舰级长颌须鱼级。1957 年 6 月动工，1958 年 11 月下水。1959 年 7 月服役。部署在美军大西洋舰队。

【海鲫级攻击潜艇】　美国通用动力公司电船分公司建造。仅 1 艘（SS576），母港为日本佐世保，是美国海军唯一仍装备 MK37 反潜鱼雷的常规动力攻击潜艇。水面排水量 1720 吨，水下排水量 2388 吨。艇长 86.7 米，宽 8.3 米。吃水 5.8 米。动力装置为 3 部柴油机，4500 马力；2 部电机，5500 马力。水上航速 19.5 节，水下航速 14 节。编制人数军官 8 人，士兵 85 人，共计 93 人。鱼雷发射管 8 个（553 毫米，艇艏 6、艇尾 2）。反潜武器为 MK37 反潜鱼雷。雷达为 BPS11 搜索雷达。声纳：BQG4；BQS4。指挥仪为 MK106（鱼雷）。

图 8-84　海鲫级攻击潜艇

【海鲫号常规动力潜艇】　美国通用动力公司电船分公司建造，舰级海鲫级。1954 年 11 月动工，1956 年 5 月下水。1956 年 10 月服役。部署在美军太平洋舰队。

【海豚级辅助潜艇】　美国朴茨茅斯海军船厂建造。仅 1 艘（AGSS555），艇上无武备，专用于深潜及声纳试验。水下连续潜航时间约 24 小时，海上一次活动时间 14 天。该艇亦作为飞机对潜激光通信和新型耐压材料的试验平台。水面排水量 800 吨，水下排水量 930 吨。艇长 46.3 米，宽 5.9 米。吃水 5.5 米。动力装置为 2 部柴油机，1 部电机，1650 马力。水下航速 15 节以上。编制人数军官 7 人，士兵 15 人，另外科研人员 4~7 人，共计 30 人左右。雷达为 SPS53 对海搜索雷达。声纳为 BQR2 和 BQS15。

图 8-85　海豚级辅助潜艇

【海豚号常规动力潜艇】　美国朴茨茅斯海军船厂建造，舰级海豚级。1962 年 11 月动工，1968 年 6 月下水。1968 年 8 月服役。部署在美军太平洋舰队。

【T 级（台风级）核动力弹道导弹潜艇】　苏联共青城船厂、北德文斯克 402 船厂建造。共造 3 艘。1978 年动工。它的排水量 25000 吨。艇长 159 米，宽 23 米。吃水 14~15 米。动力装置为核反应堆 2 座，蒸气涡轮机 2 台，2 轴。功率 80000 马力。航速 27 节。编制人数 140 人。艇上配有 SS-N-20 潜对地导弹发射管 20 个，533 毫米鱼雷发射管 6~8 个。声纳有低频艇首声纳 1 部、基阵被动声纳 1 部。1980 年 9 月服役。部署在北方舰队。

【D Ⅳ 级核动力弹道导弹潜艇】　苏联北德文斯克 402 船厂建造。共造 2 艘。1982 年动工。水上排水量 11200 吨、水下排水量 14100 吨。艇长 160 米，宽 12 米，吃水 8.8 米。动力装置为核反应堆 1 座，蒸汽涡轮机 2 台，2 轴。功率 60000 马力。水面航速 18 节，水下航速 24 节。下潜深度 360 米，最大下潜深度 400 米。编制人数 130 人。艇上装有 SS-N-23 潜对地导弹发射管 16 个，533 毫米鱼雷发射管 6 个（鱼雷 18 条）。雷达有窥探盘对海雷达 1 部、声纳有低频艇首声纳 1 部、高频主动式声纳 1 部。1985 年服役，部署在苏北方舰队。

【D Ⅲ 级核动力弹道导弹潜艇】　苏联建

造。共造 14 艘。1976 年动工。水面排水量 10500 吨，水下排水量 13250 吨。艇长度 155 米，宽 12 米。吃水 8.7 米。动力装置为核反应堆 1 座，蒸气涡轮机 2 台，2 轴，功率 60000 马力。水面航速 18 节，水下航速 24 节。编制人数 120 人。艇上装有 SS—N—18 潜对地导弹发射管 16 个，533 毫米鱼雷发射管 6 个（鱼雷 18 条）。雷达为窥探盘对海雷达 1 部。声纳为低频艇首声纳 1 部。1977 年下水服役，1981 年停建。部署在苏太平洋舰队 7 艘，北方舰队 7 艘。

【DⅡ级核动力弹道导弹潜艇】　苏联北德文斯克 402 船厂建造。共造 4 艘。1972 年动工。水面排水量 10000 吨，水下排水量 12750 吨。艇长 155 米宽 11-8 米。吃水 8.8 米。动力力装置为核反应堆 1 座，蒸气涡轮机 2 台，2 轴，功率 60000 马力。水面航速 18 节，水下航速 24 节。自持力 90 天。编制人数 132 人。艇上装有 SS—N—8 潜对地导弹发射管 16 个，533 毫米鱼雷发射管 6 个（鱼雷 18 条）。雷达为窥探盘对海雷达 1 部。声纳为低频艇首声纳 1 部。1972 年下水服役，1975 年停建。部署在苏北方舰队。

【DI级核动力弹道导弹潜艇】　苏联北德文斯克 402 船厂、共青城船厂建造。共造 18 艘。1971 年动工。水面排水量 9000 吨、水下排水量 11750 吨。艇长 140 米、宽 11.6 米。吃水 8 米。动力动力装置为核反应堆 1 座，蒸气涡轮 2 台，2 轴，功率 50000 马力。水面航速 18 节，水下航速 25 节。最大潜水深度 400 米，潜航持续时间 70 天以上。自持力 90 天。编制人数 120 人。艇上装有 SS—N—8 潜对地导弹发射管 12 个，533 毫米鱼雷发射管 6 个（鱼雷 18 条）。雷达有窥探盘对海雷达 1 部。声纳为低频艇首声纳 1 部。1971 年下水服役，1975 年停建。部署在苏太平洋舰队 9 艘，北方舰队 9 艘。

【YⅡ级核动力弹道导弹潜艇】　苏联北德文斯克 402 船厂建造。共造 1 艘。1978 年动工。水面排水量 7900 吨、水下排水量 9600 吨。艇长 129.5 米，宽 11.6 米。吃水 8.8 米。动力装置为核反应堆 1 座，蒸气涡轮机 2 台，2 轴，功率 45000 马力。水面航速 20 节、水下航速 27 节。最大潜水深度 400 米。自持力 90 天。编制人数 120 人。艇上装有 SS—N—17 潜对地导弹发射管 12 个，533 毫米鱼雷发射管 6 个（鱼雷 18 条）。雷达有窥探盘对海雷达 1 部、声纳为低频艇首声纳 1 部，被动式基阵声纳 1 部。1978 年下水服役。同

年停建。部署在苏北方舰队。

【YI级核动力弹道导弹潜艇】　苏联北德文斯克 402 船厂、共青城船厂建造。共造 21 艘。1966 年动工。水面排水量 7900 吨、水下排水量 9600 吨。艇长 129.5 米，宽 11.6 米。吃水 8.8 米。动力装置为核反应堆 1 座，蒸气涡轮机 2 台，2 轴。功率 45000 马力。水面航速 20 节、水下航速 27 节。最大潜水深度 400 米。自持力近 90 天。编制人数 120 人。艇上装有 SS—N—6 潜对地导弹发射管 16 个，533 毫米鱼雷发射管 6 个（鱼雷 18 条）。雷达为窥探盘对海雷达 1 部。声纳为低频艇首声纳 1 部、被动式基阵声纳 1 部。1967 年下水服役，1974 年停建，部署在苏北方舰队 12 艘，太平洋舰队 9 艘。

【HⅢ级核动力弹道导弹潜艇】　苏联北德文斯克 402 船厂建造。共造 1 艘。水面排水量 5500 吨、水下排水量 6400 吨。艇长 130 米，宽 9.1 米。吃水 7 米。动力装置为核反应堆 1 座，蒸气涡轮 2 台，2 轴，功率 30000 马力。水面航速 20 节、水下航速 25 节。最大潜水深度 400 米。自持力 60 天。编制人数 90 人。艇上装有 SS—N—8 潜对地导弹发射管 6 个，533 毫米鱼雷发射管 6 个（艇首）、406 毫米鱼雷发射管 4 个（艇尾）、携带鱼雷 20 条。雷达为窥探盘对海雷达 1 部。声纳为中频艇首声纳 1 部、被动式声纳 1 部。1970 年下水服役，部署在苏北方舰队。

【GⅢ、GV级常规动力弹道导弹潜艇】　苏联北德文斯克船厂（402）建造。水面排水量 3000 吨、水下排水量 3400 吨。艇长 110 米，宽 8.5 米。吃水 6.4 米。动力装置为柴油机 3 台，6000 马力；电动机 3 台，5300 马力；3 轴。储油量 420 吨。水面航速 16 节、水下航速 12 节。最大潜水深度约 280 米。续航力 22700 海里（水面巡航 8 节），9000 海里（通气管状态 5 节）。编制人数军官 12 人，士兵 75 人，共计 87 人。艇上装有 SSN—8 潜对地弹道导弹发射管 1 个（GV级），533 毫米鱼雷发管 6 个（艇首鱼雷 12 条），406 毫米鱼雷发射管 4 个（艇尾鱼雷 8 条）。雷达有窥探盘对海雷达 1 部。声纳有中频艇首声纳 1 部。部署在苏北方舰队。

【GⅡ级常规动力弹道导弹潜艇】　苏联北德文斯克 402 船厂，共青城船厂建造。GⅡ级是 1961 年-1972 年间由 GI 级改装而成，GI 级原造 14 艘，除 13 艘改装为 GⅡ级外，另 1 艘于 1968 年在太平洋沉没。水面排水量 2350 吨，水下排水

量 2850 吨。艇长 98 米，宽 8.5 米。吃水 6.4 米。动力装置为柴油机 3 台，6000 马力；电动机 3 台，5300 马力；3 轴。储油量 420 吨，水面航速 17 节、水下航速 14 节。续航力 22700 海里（水面巡航 8 节）、9000 海里（通气管状态 5 节）。最大潜水深度约 280 米。自持力 70 天。编制人数，军官 12 人，士兵 75 人。共计 87 人。艇中装有 SS—N—5 潜对地导弹发射管 3 个，533 毫米鱼雷发射管 6 个（艇首鱼雷 12 条），406 毫米鱼雷发射管 4 个（艇尾鱼雷 8 条）。雷达有窥探盘对海雷达 1 部。声纳为中频艇首声纳 1 部。1961 年下水服役，1972 年停建，部署在苏太平洋舰队 7 艘，波罗的海舰队 6 艘。

图 8-86　GⅡ级常规动力弹道导弹潜艇

【鲨鱼级核动力巡航导弹潜艇】　苏联建造。1983 年动工，它的排水量 8000 吨，艇长 107 米，宽 11.2 米。吃水 7.5 米。动力装置为核反应堆 1 座，蒸气涡轮机 2 台，功率 45000 马力。艇上装有 SS—N—21 远程潜对地巡航导弹发射管，SS—N—16 潜对潜导弹 12 枚，用鱼雷发射管发射。还有 533 毫米鱼雷发射管 6 个（艇首）。1985 年下水服役，部署在苏北方舰队。

【M 级核动力巡航式导弹潜艇】　苏联建造。共造 1 艘。1982 年动工。水面排水量 8000 吨、水下排水量 9700 吨。艇长 110 米，宽 12 米。吃水 9 米，动力装置为核反应堆 1 座，蒸气涡轮机 2 台，功率 45000 马力。水下航速 28 节。最大潜水深度 500 米。编制人数 115 人。艇上装有 SS—N—21 远程潜对地巡航导弹发射管，533 毫米鱼雷发射管 6 个。雷达为窥探盘对海雷达 1 部。备注：M 级艇体为钵合金。1984 年下水服役，部署在苏北方舰队。

【S 级核动力巡航导弹潜艇】　苏联建造。共造 1 艘。1982 年动工。水面排水量 5200 吨，水下排水量 6500 吨。艇长 105 米、宽 11 米。吃水 8 米。动力装置为核反应堆 1 座，蒸气涡轮机 2 台，功率 40000 马力。水下航速 32 节。最大潜水深度 400 米。编制人数 100 人。艇上装有

SS—N—21 远程潜对地巡航导弹发射管。还有 533 毫米鱼雷发射管 6 个（艇首）。1984 年下水服役，部署在苏北方舰队。

图 8-87　S 级核动力巡航式导弹潜艇

【O 级核动力飞航式导弹潜艇】　苏联北德文斯克 402 船厂建造。共造 2 艘。1979 年动工。水面排水量 11500 吨、水下排水量 14500。艇长 146 米，宽 17.5 米。吃水 11 米。动力装置为核反应堆 1 座，蒸气涡轮机 2 台，2 轴，功率 80000 马力。水下航速 35 节。潜水深度 500 米。攻击深度 700 米。编制人数 130 人。艇上装有 SS—N—19 潜对舰导弹发射管 24 个，533 毫米鱼雷发射管 8 个（鱼雷 24 条）。可发射 SS—N—16 潜对潜导弹（导弹 18 枚）。雷达为窥探盘对海雷达 1 部。声纳为低频艇首声纳 1 部、基阵被动声纳 1 部。1980 年下水服役，部署在苏北方舰队。

【CⅡ级核动力飞航式导弹潜艇】　苏联高尔基船厂建造。共造 6 艘。1972 年动工。水面排水量 4300 吨、水下排水量 5100 吨。艇长 103 米，宽 10 米，吃水 8 米。动力装置为核反应堆 1 座，蒸气涡轮机 2 台，2 轴，功率 30000 马力。水面航速 22 节，水下航速 26 节。最大潜水深度约 300 米。编制人数 85 人。艇上装有 SS—N—9 潜对舰导弹发射管 8 个，SS—N—15 潜对潜导弹发射管 12 个，533 毫米鱼雷发射管 6 个（艇首）。雷达有窥探盘对海雷达 1 部。声纳为低频艇首声纳 1 部、被动式声纳 1 部。1972 年下水服役，1981 年停建，部署在苏北方舰队。

【CⅠ级核动力飞航导弹潜艇】　苏联高尔基船厂建造。共造 11 艘。1967 年动工。水面排水量 4000 吨，水下排水量 4900 吨。艇长 95 米，宽 10 米，吃水 8 米。动力装置为核反应堆 1 座，蒸气涡轮机 2 台，2 轴，功率 30000 马力。水面航速 22 节，水下航速 27 节。最大潜水深度约 300 米。编制人数 80 人。艇上装有 SS—N—7 潜对舰导弹发射管 8 个，SS—N—15 潜对潜导弹发射管 12 个，533 毫米鱼雷发射管 6 个（鱼雷 18 条）。雷达为窥探盘对海雷达 1 部。声纳为低频艇首声纳 1 部、被动式声纳 1 部。1967 年下水服役，1972 年停建，

部署在苏北方舰队 3 艘，太平洋舰队 8 艘。

图 8-88 CI 级核动力飞航式导弹潜艇

【EⅡ级核动力飞航式导弹潜艇】 苏联北德文斯克船厂、共青城船厂建造。共造 28 艘。1961 年动工。水面排水量 5000 吨、水下排水量 6000 吨。艇长 117.3 米，宽 9.1 米。吃水 7.5 米。动力装置为核反应堆 1 座，蒸气涡轮机 2 台，2 轴，功率 25000 马力，水面航速 20 节，水下航速 23 节。最大潜水深度 400 米。编制人数 90 人。艇上装有 SS-N-3a 潜对舰导弹发射管 8 个（约 8 艘改装 SS-N-12 潜对舰导弹），533 毫米鱼雷发射管 6 个（艇首），406 毫米鱼雷发射管 4 个（艇尾）。雷达为窥探盘对海雷达 1 部、正板导弹制导雷达 1 部、正门导弹制导雷达 1 部、停车灯被动电子对抗仪 1 部。声纳为艇首声纳 1 部。1962 年下水服役，1967 年停建，部署在苏北方舰队 14 艘，太平洋舰队 14 艘。

【P 级核动力飞航式导弹潜艇】 苏联北德文斯克 402 船厂建造。共造 1 艘。1969 年动工。正面排水量 6400 吨、水下排水量 8500 吨。

图 8-89 P 级核动力飞航式导弹潜艇

艇长 109 米，宽 12 米。吃水 9.5 米。动力装置为核反应堆 1 座，蒸气涡轮机 2 台，2 轴，功率 60000 马力。水面航速 25 节、水下航速 39 节。最大潜水深度 400-500 米。编制人数 85 人。艇上装

有 SS-N-9 潜对舰导弹发射管 10 个。533 毫米鱼雷发射管 6 个（艇首）。雷达为窥探盘对海面雷达 1 部、停车灯被动电子对抗仪 1 部。声纳为中频低频声纳 1 部。1971 年下水服役，1971 年停建，部署在苏北方舰队。

【J 级常规动力飞航式导弹潜艇】 苏联高尔基船厂建造。共造 13 艘。1960 年动工。水面排水量 3000 吨，水下排水量 3750 吨。艇长 90 米，宽 10 米。吃水 7 米。动力装置为柴油机 2 台，7000 马力；电动机 2 台，5000 马力；2 轴。储油量 400 吨。水面航速 16 节、水下航速 8 节。续航率 9000 海里（7 节）。最大潜水深度 400 米。自持力 60 天。编制人数 79 人。艇上装有 SS-N-3a 潜对舰导弹发射管 4 个，533 毫米鱼雷发射管 6 个（艇首），406 毫米鱼雷发射管十个（艇尾），携带鱼雷 22 条。雷达为窥探板对海雷达 1 部、正板导弹制导雷达 1 部、正门导弹制导雷达 1 部、停车灯被动电子对抗仪部。声纳为艇首声纳 1 部、武仙星座声纳 1 部。1961 年下水服役，1968 年停建，部署在苏北方舰队 5 艘，波罗的海舰队 3 艘，黑海舰队 2 艘，太平洋舰队 3 艘。

图 8-90 J 级常规动力飞航式导弹潜艇

【W 级长箱型常规动力飞航式导弹潜艇】 苏联列宁格勒船厂建造。共造 1 艘。W 级长箱型由 W 级改装而成，同时改装的还有 3 艘 W 级双筒型，但于 1983 年全部退役。水面排水量 1190 吨、水下排水量 1500 吨。艇长 83 米，宽 6.3 米。吃水 5 米。动力装置为柴油机 2 台，4000 马力；电动机 2 台，2500 马力；2 轴。储油量 140 吨。水面航速 14 节、水下航速 18 节。续航力 6000 海里／5 节。自持力 45 天。最大潜水深度 200 米。编制人数 60 人。艇上装有 SS-N-3a 潜对舰飞航式导弹发射管 4 个，533 毫米鱼雷发射管 4 个。（艇首鱼雷 8 条）。雷达为窥探盘对海雷达 1 部。停车灯被动电子对抗仪 1 部。声纳有塔米尔声纳 1 部、菲尼克斯声纳 1 部。1961 年下水服役，

部署在苏波罗的海舰队。

【A级核动力鱼雷攻击潜艇】 苏联苏达米赫船厂建造。共造6艘。1972年动工。水面排水量2900吨、水下排水量3680吨。艇长81米，宽9.5米。吃水7米。动力装置为核反应堆1座，蒸气涡轮机2台，功率24000马力。水下航速42—45节。潜水深度600米，攻击深度900米。编制人数45人。艇上装有533毫米鱼雷发射管6个（艇首），可发射SS-N-15和SS-N-16反潜导弹。雷达有窥探盘对海雷达1部。声纳有低频艇首声纳1部、被动式声纳1部。1979年下水服役，部署在苏北方舰队。

【VⅢ级核动力鱼雷攻击潜艇】 苏联海军部造船厂、共青城船厂建造。共造20艘。1978年动工，水面排水量4600吨、水下排水量5800吨。艇长106米，宽10米。吃水7米。动力装置为核反应堆1座，蒸气涡轮机2台。功率30000马力。水面航速26节、水下航速29节。潜水深度400米。攻击深度600米。编制人数85人。艇上配有533毫米鱼雷发射管8个（艇首），可发射SS-N-15和SS-N-16潜对潜导弹。雷达有窥探盘对海雷达1部。声纳有低频艇首声纳1部 被动式声纳1部。1979年下水服役。部署在苏太平洋舰队10艘，北方舰队10艘。

【VⅡ级核动力鱼雷攻击潜艇】 苏联海军部造船厂建造。共造7艘。1971年动工。水面排水量4500吨、水下排水量5680吨。艇长100米，宽10米。吃水7米。动力装置为核反应堆1座，蒸气涡轮机2台。功率30000马力。水面航速26节，水下航速28。潜水深度400米，攻击深度600米。编制人数80人。艇上装有533毫米鱼雷发射管8个（艇首），可发射SS-N-15和SS-N-16潜对潜导弹。雷达有窥探盘对海雷达1部。声纳有低频艇首声纳1部、被动式声纳1部。1972年下水服役，部署在苏北方舰队。

【VI级核动力鱼雷攻击潜艇】 苏联海军部船厂建造。共造16艘。1965年动工。水面排水量4300吨、水下排水量5100吨。艇长95米，宽10.5米。吃水7米。动力装置为核反应堆1座，蒸气涡轮机2台，功率30000马力。水面航速26节、水下航速32节。下潜深度400米，攻击深度600米。编制人数80人。艇上装有533毫米鱼雷发射管8个（鱼雷18条），可发射SS-N-15潜对潜导弹。雷达有窥探盘对海雷达1部。声纳为低频艇首声纳1部。1967年下水服役，1974年停建，

部署在苏北方舰队13艘，太平洋舰队3艘。

【Y级核动力鱼雷攻击潜艇】 苏联北德文斯克402船厂建造。共造10艘。该艇原为第一代核动力弹道导弹潜艇，1978年后陆续由YI级拆除弹道导弹而改为鱼雷攻击潜艇。水面排水量7800吨、水下排水量9600吨。艇长130米，宽11.6米。吃水7.8米。动力装置为核反应堆1座、蒸气涡轮机2台，2轴，功率40000马力。水面航速18节，水下航速26节。潜水深度约400米。编制人数80人。艇上装有533毫米鱼雷发射管8个（艇首）。雷达有窥探盘对海雷达1部。声纳为被动式声纳1部。1964年下水服役，部署在苏北方舰队7艘，太平洋舰队3艘。

【E级核动力鱼雷攻击潜艇】 苏联共青城船厂建造。共造5艘。该艇原带有SS-N-3C潜对舰导弹，于1970年-1974年拆除。水面排水量4500吨、水下排水量5500吨。艇长110米，宽9.5米。吃水7.5米。动力装置为核反应堆1座，蒸气涡轮机2台，2轴，功率25000马力。水面航速20节，水下航速25节。最大潜水深度300米。攻击深度420米。自持力60天。编制人数75人。艇上装有533毫米鱼雷发射管6个（艇首）、406毫米鱼雷发射管4个（艇尾）。雷达为窥探盘对海雷达1部、停车灯被动电子对抗仪1部。声纳为低频艇首声纳1部，被动式声纳1部。部署在苏太平洋舰队。

【H级核动力鱼雷攻击潜艇】 苏联北德文斯克402船厂、共青城船厂建造。共造3艘。1962年动工。水面排水量4750吨，水下排水量5600吨，艇长115.8米，宽9.1米。吃水7米。动力装置为核反应堆1座，蒸气涡轮机2台，2轴。功率30000马力。水面航速20节，水下航速26节。最大潜水深度400米，自持力60天。编制人数90人。艇上装有533毫米鱼雷发身管6个（艇首）、406毫米鱼雷发射管4个（艇尾），携带鱼雷20条。雷达有窥探盘对海雷达1部。声纳为中频艇首声纳1部、被动式声纳1部。该型潜艇为原H-Ⅱ级核动力弹道导弹潜艇的改装型，拆除SS-N-5潜对地导弹。1963年下水服役，1968年停建，部署在苏北方舰队，太平洋舰队，黑海舰队。

【N级核动力鱼雷攻击潜艇】 苏联北德文斯克402船厂建造。共造12艘。1958年动工。水面排水量4550吨、水下排水量5250吨。艇长109.7米，宽9.1米。吃水7.7米。动力装置为核

反应堆 1 座，蒸气涡轮机 2 台，2 轴，功率 30000 马力，水面航速 16 节，水下航速 30 节。最大潜水深度 300 米，攻击深度 420 米，自持力 60 天，编制人数 80 人。艇上装有 533 毫米鱼雷发射管 8 个（艇首），406 毫米鱼雷发管 4 个（艇尾），携带鱼雷 32 条。雷达为窥探盒对海雷达 1 部，停车灯被动电子对抗仪 1 部。声纳有武仙星座声纳 1 部、被动式声纳 1 部。1959 年下水服役，1964 年停建，部署在苏北方舰队 8 艘，太平洋舰队 4 艘。

【K 级常级动力鱼雷攻击潜艇】　苏联共青城船厂建造。共造 7 艘。1979 年动工。水面排水量 2500 吨，水下排水量 3200 吨。艇长 67.3 米，宽 9.5 米。吃水 6 米。动力装置为柴油机 2 台。水面航速 12 节，水下航速 16 节。最大潜水深度 500 米。编制人数 60 人。艇上装有 533 毫米鱼雷发射管 6 个。雷达为窥探盘对海雷达 1 部。声纳有低频艇首声纳 1 部、被动式声纳 1 部。1980 年下水服役，部署在苏黑海舰队 1 艘，太平洋舰队 6 艘。

【T 级常规动力鱼雷攻击潜艇】　苏联高尔基船厂建造。共造 19 艘。1971 年动工。水面排水量 3000 吨，水下排水量 3700 吨。艇长 91.5 米，宽 9 米。吃水 7 米。动力装置为柴油机 3 台，6000 马力、电动机 3 台，6000 马力。功率 12000 马力，水面航速 20 节，水下航速 18 节。最大潜水深度 400 米。编制人数 72 人。艇上装有 533 毫米鱼雷发射管 6 个（艇首），携带 SS-N-15 与 SS-N-16 反潜导弹各 2 枚。雷达为窥探盘对海雷达 1 部。声纳有低频艇首声纳 1 部。1972 年下水服役，部署在苏北方舰队 17 艘，黑海舰队 2 艘。

【F 级常规动力鱼雷攻击潜艇】　苏联苏达米赫船厂建造。共造 53 艘。1958 年动工。水面排水量 1950 吨，水下排水量 2400 吨。艇长 91.5 米，宽 7.5 米。吃水 6 米。动力装置为柴油机 3 台，6000 马力；电动机 3 台，5500 马力。储油量 360 吨。水面航速 16 节，水下航速 15.5 节。续航力 11000 海里／8 节。自持力 70 天。最大潜水深度 300 米。编制人数 78 人。艇上装有 533 毫米鱼发射管 6 个（艇首），406 毫米鱼雷发射管 4 个（艇尾），携带鱼雷 22 条。雷达为窥探盘对海雷达 1 部、停车灯被动电子对抗仪 1 部。声纳有武仙星座声纳 1 部、被动式声纳 1 部。1958 年下水服役，1971 年停建，部署在苏北方舰队 29 艘，波罗的海舰队 4 艘，太平洋舰队 17 艘，黑海舰队 3 艘。

【ZIV 级常规动力鱼雷攻击潜艇】　苏联苏达米赫船厂建造。共造 4 艘。1951 年动工。水面排水量 1900 吨、水下排水量 2350 吨。艇长 90 米，宽 7.5 米。吃水 6 米。动力装置为柴油机 3 台，6000 马力；电动机 3 台，5300 马力。续航力 9500 海里／8 节。水面航速 18 节，水下航速 16 节。最大潜水深度 230 米。自持力 70 天。编制人数 70 人。艇上装有 533 毫米鱼雷发射管 6 个（艇首），406 毫米鱼雷发射管 4 个（艇尾），携带 24 条鱼雷或 4 条鱼雷，40 个水雷。雷达为窥探片对海雷达 1 部、停车灯被动电子对抗仪 1 部。声纳为塔米尔 5L 声纳 1 部、菲尼克斯声纳 1 部。1951 年下水服役，1955 年停建，部署在苏太平洋舰队 3 艘，波罗的海舰队 1 艘。

【R 级常规动力鱼雷攻击潜艇】　苏联高尔基船厂建造。共造 8 艘。1958 年动工。水面排水量 1330 吨，水下排水量 1700 吨。艇长 77 米，宽 6.7 米。吃水 4.9 米。动力装置为柴油机 2 台，4000 马力；电动机 2 台，3000 马力。储油量 140 吨。续航力 7000 海里／5 节。水面航速 15 节，水下航速 13 节。最大深度 300 米。自持力 45 天。编制人数 54 人。艇上装有 533 毫米鱼雷发射管 8 个（艇首 6 个，艇尾 2 个）。雷达有窥探片对海雷达 1 部、停车灯被动电子对抗仪 1 部。声纳有武仙星座声纳 1 部、菲尼克斯声纳 1 部。1958 年下水服役，1961 年停建，部署在苏太平洋舰队 4 艘，黑海舰队 4 艘。

【W 级常规动力鱼雷攻击潜艇】　苏联高尔基船厂建造。共造 48 艘。1951 年动工。水面排

图 8-91　W 级常规动力鱼雷攻击潜艇

水量 1050 吨，水下排水量 1350 吨。艇长 76 米，宽 6.3 米。吃水 5 米。动力装置为柴油机 2 台，4000 马力，电动机 2 台，2500 马力。储油量 160 吨。续航力 6000 海里／5 节，水面航速 17 节，水下航速 13.5 节。自持力 45 天。最大下潜深度 200

米。编制人数 56 人。艇上装有 533 毫米鱼雷发射管 6 个（艇首 4 个，艇尾 2 个）、携带鱼雷 12 条或水雷 24 个。雷达为窥探片对海雷达 1 部。声纳为塔米尔声纳 1 部，被动声纳 1 部。1951 年下水服役，1957 年停建，部署在苏北方舰队 2 艘，波罗的海舰队 15 艘，太平洋舰队 21 艘，黑海舰队 10 艘。

【改进 GI 级常规动力通讯指挥潜艇】
苏联北德文斯克 402 船厂、共青城船厂建造。共造 3 艘。1978 年动工。水面排水量 2300 吨，水下排水量 2800 吨。艇长 98 米，宽 8.5 米。吃水 6.4 米。动力装置为柴油机 3 台，电动机 3 台，3 轴，功率 11500 马力。水面航速 17 节，水下航速 14 节。续航力 9000 海里／5 节。编制人数 87 人。艇上装有 533 毫米鱼雷发射管 6 个（艇首鱼雷 12 条）。雷达为窥探盘对海雷达 1 部、可移动长波浮标 1 个。声纳为主动式声纳 1 部、被动式声纳 1 部。1978 年下水服役，同年又停建。部署在苏北方舰队 1 艘，太平洋舰队 2 艘。

【W 级帆布袋型雷达哨潜艇】
苏联建造。1959 年动工，它的水面排水量 1050 吨，水下排水量 1350 吨，艇长 76 米，宽 6.3 米。吃水 5 米。动力装置为柴油机 2 台，4000 马力；电动机 2 台，2500 马力。储油量 160 吨。水面航速 17 节，水下航速 13.5 节，续航力 6000 海里／5 节。自持力 45 天。最大下潜深度 200 米。编制人数 56 人。艇上装 533 毫米鱼雷发射管 4 个，携带鱼雷 8 条。有船帆对空对海雷达 1 部，窥探片对海雷达 1 部，停车灯被动电子对抗仪 1 部。另外还有塔米尔声纳 1 部，被动声纳 1 部。1959 年下水服役，1963 年停建。部署在苏黑海舰队。

【I 级救援潜艇】
苏联建造。共造 2 艘。1978 年动工。水下排水量 4800 吨，艇长 106 米，宽 10 米。动力装置为柴油机 3 台，6000 马力；电动机 3 台，6000 马力。水面航速 18 节。可携带 2 艘深潜救助小艇。1979 年下水服役。部署在苏北方舰队 1 艘，太平洋舰队 1 艘。

【L 级调查潜艇】
苏联苏达米赫船厂建造。共造 1 艘。水面排水量 2050 吨、水下 2500 吨。艇长 86 米，宽 9 米。吃水 6 米。动力装置为柴油机。该艇 1979 年在列宁格勒苏达米赫船厂建造，用于海道测量，当时仅有 1 艘。部署在苏黑海舰队。

【B 级训练潜艇】
苏联共青城船厂建造。1966 年动工。水面排水量 2400 吨、水下 2900

吨。艇长 70.1 米，宽 9.8 米。吃水 7.3 米。动力装置为柴油机 2 台，4000 马力；电动机 2 台，4000 马力。水面航速 14 节，水下航速 16 节。编制人数 60 人。艇上装有 533 毫米鱼雷发射管 6 个（艇首）。雷达为窥探盘对海雷达 1 部。声纳为被动式声纳 1 部。1967 年下水服役，1970 年停建，部署在苏北方舰队 1 艘，太平洋舰队 1 艘，黑海舰队 2 艘。

【Q 级训练潜艇】
苏联苏达米赫船厂建造。共造 4 艘。1954 年动工。水面排水量 460 吨、水下排水量 540 吨。艇长 56.4 米，宽 5.1 米。吃水 3.8 米。动力装置为柴油机 1 台，3000 马力，电动机 2 台，2200 马力，3 轴。储油量 50 吨。水面航速 18 节，水下航速 16 节，续航力 4500 海里／16 节。编制人数 30 人。艇上装有 533 毫米鱼雷发射管 4 个（艇首，鱼雷 8 条），雷达为窥探片对海雷达 1 部、停车灯被动电子对抗仪 1 部。声纳为塔米尔声纳 1 部。1954 年下水服役，1957 年停建。

【"十二月党人"号潜艇】
苏联建造的第一批潜艇。其首艇始建于 1927 年，"Д"型潜艇是在吸取本国经验和对世界造船成就进行理论研究的基础上建造的。"Д-1"潜艇于 1930 年 11 月 12 日开始在波罗的海舰队服役。水上排水量 933 吨，水下排水量 1354 吨。艇长 76 米，宽 6.4 米，吃水 3.8 米。动力装置为 2 台柴油机 1619 千瓦，2 台电机 736 千瓦。水上航速 14.7 节，水下航速 9 节。水上续航力 7000 海里／9 节，水下续航力达 150 海里／3 节。武器装备为艇首鱼雷发射管 6 个，艇尾鱼雷发射管 2 个，100 毫米和 45 毫米火炮各一门。艇员 53 人。"Д"型潜艇（共建造 6 艘）的结构与以前建造的潜艇有很大区别：它采用了双壳结构，耐压壳内用舱壁隔成若干水密舱室，蓄电池室是密闭的，各舱间主水柱的排气装置互不连通，此外还设有速潜柜，等等。

【"无畏"号核潜艇】
1960-1963 年英国建造的第一艘核潜艇。潜艇水上排水量 3000 吨，水下排水量 4000 吨，水下航速约 30 节。武器有鱼雷发射管 6 个。

【勇士级核动力攻击潜艇】
英国建造。共 2 艘，1962 年 1 月开始建造，1966 年服役。它的标准排水量 4400 吨，水下排水量 4900 吨。艇长 86.9 米，宽 10.1 米。吃水 8.2 米。潜水深度 300 米。水下航速 28 节。动力装置为 1 座压水堆，蒸气轮机。编制人数军官 13 人，士兵 90

人，共计 103 人。鱼雷发射管 6 具，口径 533 毫米。备份鱼雷 26 枚。雷达 1006 型搜索雷达。声纳为 2001、2007、197、183 型。

【决心级核动力战略导弹潜艇】 英国建造。共 4 艘，1964 年 2 月开始建造，1967 年 10 月-1969 年 12 月间先后开始服役。它的水上排水量 7500 吨，水下排水量 8400 吨。艇长 129.5 米，宽 10.1 米。吃水 9.1 米。水面航速 20 节，水下航速 25 节。动力装置为 1 座压水堆，蒸气轮机。编制人数军官 13 人，士兵 130 人。共计 143 人。有导弹发射管 16 具，16 枚北极星 A3 型导弹。鱼雷发射管 6 具，口径 533 毫米，艇首。雷达为 L 波段搜索雷达，声纳 2001、2007 型。

【勇士号核动力攻击潜艇】 英国建造。艇级勇士级。1962 年 1 月建造，1966 年服役，曾于 1967 年 4 月以 28 天连续航行 12000 海里，由新加坡返回英国，创英潜艇潜航记录。勇士号于 1978-1980 年花费 4000 万英磅进行检修。

【邱吉尔级核动力攻击潜艇】 英国建造共 3 艘，1962 年 1 月开始建造，1971 年服役。它的性能同"勇士级"。

【快速级核动力攻击潜艇】 英国建造。共 6 艘，1969 年 6 月开始建造，1973-1980 年先后服役。潜水深度 300 余米，略大于勇士级。装备虎鱼式 MK24 型鱼雷，重新装填一枚鱼雷雷 15 秒。它的标准排水量 4200 吨，水下排水量 4500 吨。艇长 82.9 米，宽 9.8 米。吃水 8.2 米。水下航速 30 节。动力装置为 1 座压水堆，蒸气轮机，1.5 万马力。编制人数军官 12 人，士兵 85 人，共计 97 人。有鱼雷发射管 5 具，口径 533 毫米，备份鱼雷 20 枚。雷达为 1006 型搜索雷达。声纳为 2001、2007、197、183 型。

【"蚊"式袖珍潜艇】 英国建造。水面排水量 30 吨，水下排水量 34 吨。水面航速 6.5 节，续航力 1000 海里／节，水下航速 6 节，续航力 60 海里／节。下潜深度 60 米。艇上装有 2 枚水雷。

【E 级潜艇】 英国建造，这是英国 1902 年到 1914 年 8 月止在役潜艇 80 艘中最新的一种。其水下排水量 660 吨，水下排水量 800 吨。水上航速 15 节，水下航速 10 节，同时装有 5 具 18 英寸鱼雷发射管（发射管布置有两种，第一种用于水上，第二种用于水下发射用）。

【L 级潜艇】 英国建造。水上排水量 890 吨，水下排水量 1070 吨。水上航速 17 节，水下航速 10 节，同时装有 6 具鱼雷发射管和 1 门 4 英寸的火炮。

【K 级潜艇】 英国建造。水上排水量 1883 吨，水下排水量 2565 吨，蒸汽机驱动。水上航速 24 节，水下航速 9 节，同时装有 8 具鱼雷发射管和 1 门火炮。K 级潜艇准备用来配合主力舰队作战。

【M 级潜艇】 英国建造。水上排水量 1600 吨，水下排水量 1950 吨。水上航速 15 节，水下航速 10 节，同时装有 4 具鱼雷发射管和 1 门为突袭敌岸使用的 12 英寸火炮。

【可畏级核动力战略导弹潜艇】 法国建造。现有 5 艘，第一艘于 1971 年 12 月服役，造价达 12.4 亿法郎（1980 年，不包括导弹）。法国第 6 艘核动力战略导弹潜艇刚毅号的性能基本同于可畏级，但将装备 M4 集束式多弹头导弹，85 年服役。它的水上排水量 7500 吨，水下排水量 7900 吨。艇长 128 米，宽 10.6 米，吃水 10 米，潜水深度 300 米。水上航速 20 节，水下航速 25 节，续航力 27000 海里。动力装置为核反应堆 1 座，蒸气涡轮机，15000 马力。编制人数 135 人。有导弹发射管 16 个，16 枚 M20 导弹。鱼雷发射管 4 具，口径 533 毫米，艇首。

【SNA72 型核动力攻击潜艇】 法国建造。第 1 艘于 1976 年开始建造，1979 年 7 月下水，1982 年服役，计划共造 10 艘。艇内除装有 1 座热功率为 48000 千瓦核反应堆外，还有 1 组柴油发动机作为应急动力。潜艇噪音小，海上续航时间为 135 天，若轮换乘员可达 180 天。可搜索跟踪近海以外有威胁性的舰只，深入远洋对敌舰艇发起攻击。它的水上排水量 2385 吨，水下排水量 2670 吨。艇长 72.1 米，宽 7.6 米。吃水 6.4 米。潜水深度 300 米。航速 25 节。最大潜航时间 40 天。动力装置为核反堆 1 座，12000 马力，柴油发动机。编制人数 66 人。武器装备有 4 个 533 毫米鱼雷发射管（14 枚鱼雷）或飞鱼 SM39 潜对舰导弹。

【阿戈斯塔级潜艇】 法国建造。1977 年装备法海军，现共有 4 艘。自动化程度较高，采取了减轻噪音措施。续航时间可达 45 天。该级潜艇已为巴基斯坦、埃及等国采购。它的水上排水量 1450 吨，水下排水量 1725 吨。艇长 67.57 米，宽 6.8 米。吃水 5.4 米。潜水深度 300。水下航速 20 节，续航力 8500 海里／9 节（使用通气管）。动力装置为 1 台主机，4700 马力。编制人数 54 人。鱼雷发射管 4 具，口径 550 毫米，艇首，20 枚鱼雷。

【U31 级潜艇】 德国建造。水上排水量 685 吨,水下排水量 844 吨。水上航速 16 节,水下航速 10 节,同时装有 4 具 19.7 英寸鱼雷发射管和 1 门 3.4 英寸的火炮。

【U515 级巡洋潜艇】 德国建造。水上排水量 1512 吨,水下排水量 1875 吨。水上航速 12 节,水下航速 5 节,同时装有 2 具鱼雷发射管和 2 门火炮。

【U51 级远洋潜艇】 德国建造。水上排水量 712 吨,水下排水量 902 吨。水上航速 17 节,水下航速 9 节,同时装有 4 具鱼雷发射管和 1 门火炮。

【UB111 级近岸潜艇】 德国建造。水上排水量 508 吨,水下排水量 639 吨,同时装有 5 具鱼雷发射管和 1 门火炮。

【IIA 式小型潜艇】 德国在第二次世界大战前夕建造。它的水上排水量 254 吨,水下排水量 303 吨。艇长 40.9 米,宽 4.1 米。水面航速 13 节,水下航速 6.9 节,水上续航力 1050 海里／12 节,水下续航力 35 海里／4 节。下潜深度 80 米,下潜时间 40 秒。舰上装有 1 门 20 毫米的火炮,带弹 850 发。动力装置为 1 台螺旋桨电动机,水上功率 700 马力,水下功率 360 马力,储油量 11.6 吨,自给力 14 昼夜。艇员 25 人。

【VIIA 式中型潜艇】 德国第二次世界大战前夕建造。它的水上排水量 625 吨,水下排水量 745 米。艇长 64.5 米,宽 59 米。水上航速 16 节,水下航速 8 节,水上续航力 4300 海里／12 节,水下续航力 90 海里／4 节,下潜深度 100 米,下潜时间 50 秒。艇上装有 1 门 88 毫米的火炮。带弹 200 发,1 门 20 毫米的火炮,带弹 1500 发。动力装置为 2 台螺旋桨电动机,水上功率 1050 马力;水下功率 375 马力,储油量 67 吨,自给力 30 昼夜。艇员 44 人。从 1942 年起拆除火炮改为 20 毫米双联装自动高射炮和 37 毫米自动炮。战争末期部分艇上装置为柴油机水下工作装置。

【206 型潜艇】 联邦德国建造。共装备 18 艘,1973～1975 年先后建成服役。该艇船体采用高强度抗磁钢材建成。它的标准排水量 450 吨,水下排水量 600 吨。艇长 48.6 米,宽 4.6 米。吃水 4 米。水下航速 10 节,水上航速 20 节,续航力 4500 海里／5 节。动力装置为 2 台柴油机,1800 马力。编制人数 22 人。鱼雷发射管 8 具,口径

533 毫米。水雷 24 个。

【萨乌罗级潜艇】 意大利建造。系意海军继"托蒂"级潜艇后的第 2 批潜艇,共订购 4 艘。它的水上排水量 1450 吨,水下排水量 1630 吨。艇长 63.85 米,宽 6.83 米。吃水 5.7 米。潜水深度 250 米。水上航速 19.3 节,水下航速 11 节,续航力 12500 海里／4 节(通气管或下潜综合状态)。动力装置为 3 个柴油发电机组,共 2160 马力,1 台电力发动机、2600 马力。编制人数 45 人。反潜武器为 6 具首部游出式鱼雷发射管,533 毫米线导或制导鱼雷。雷达为搜索雷达(在伸缩桅杆上)。声纳为主动与被动声纳。

【萨乌罗号潜艇】 意大利建造。艇级萨乌罗级。1974 年开始建造,1978 年服役。

【菲齐亚迪科萨托号潜艇】 意大利建造。艇级萨乌罗级。1975 年开始建造,1980 年初交付海军使用。

【"福卡"式布雷潜艇】 意大利建造。水上排水量 1121 吨,水下排水量 1533 吨。水上航速 16 节,续航力 8500 海里／8 节;水下航速 8 节,续航力 106 海里／4 节。艇上装有 16 枚水雷,1 门 100 毫米的火炮。

【达·芬奇号潜艇】 意大利建造。艇级萨乌罗级。1981 年服役。

【马尔科尼号潜艇】 意大利建造。艇级萨乌罗级。1981 年服役。

【"古·马克尼"式大型潜艇】 意大利建造。水上排水量 1036 吨,水下排水量 1460 吨。水上航速 18 节,续航力 8500 海里／9 节;水下航速 8.5 节,续航力 80 海里／4 节。艇上装有 2 门 100 毫米的火炮。

【海象级潜艇】 荷兰建造。系荷兰最新式潜艇,为"旗鱼"级潜艇(仿美军"长颌须鱼"级潜艇建造,荷政府 1980 年 11 月决定向台湾出售 2 艘)的改进型,船体采用法国新式的高强度钢,潜水深度比"旗鱼"级潜艇增加 50%。装备火控和电子指挥系统,广泛采用电子装置,使乘员从 67 人减为 49 人。计划共建造 4 艘,自 1979 年开始建造,1983 年开始服役。它的水上排水量 1900 吨,水下排水量 2500 吨。艇长 67 米,宽 8.4 米。吃水 7 米。水下航速 21 节。动力装置为 3 台 SEMT-匹尔斯梯克柴油发动机。编制人数 49 人。武器装备有 6 具 533 毫米鱼雷发射管,20 枚鱼雷。雷达为 Decca 型导航雷达。声纳为汤姆森 CSF 声纳。特殊设备为 SEWACOVⅢ 指挥系统。

【水怪级潜艇】 瑞典建造。共装备 3 艘，它的水上排水量 980 吨，水下排水量 1125 吨。艇长 41 米，宽 6.1 米。吃水 4.1 米。水下航速 25 节。动力装置为 1 个发电机组，1544 千瓦，1 台发动要，1496 马力。编制人数 19 人。鱼雷发射器为 6 具 533 毫米鱼雷发射管，每管有 2 枚 M61 型备份鱼雷。

【水怪号潜艇】 瑞典建造。艇级水怪级。1978 年下水，1979 年开始服役。

【水中仙女号潜艇】 瑞典建造。艇级水怪级。1978-1979 年下水，1979 年至 1980 年开始服役。

【罗马海神号潜艇】 瑞典建造。艇级水怪级。1979 年下水，1980 年服役。

【涡潮级常规动力潜艇】 日本建造。是最新的一级常规动力攻击型潜艇。以美之"长颌须鱼"级为母型。采用水滴形艇体，外表极似美核攻击潜艇。本艇的设计思想主要在于提高水下航速和机动性，加强水下探测能力，减少噪音，并提高集中控制和自动化程度。首制艇"涡潮"号于 1968 年 9 月动工，1970 年 3 月下水。标准排水量 1850 吨。艇长 72 米，宽为 9.9 米，最大吃水量 7.5 米。下潜深度 300 米。航速 12—20 节。艇员 80 名。本艇采用双壳结构，耐压体材料为 NS63 型号钢材，其屈服限为 6300 公斤／厘米^2，潜深 300 米。该种潜艇的动力装置为两台川崎 MANV8 V24／34ANTL 型中高速柴油机。其单机功率为 1700 马力。用一台功率为 7200 马力的主推进电机带动螺旋浆。装有 6 具 533 毫米鱼雷发射管。装备有三因次自动操纵装置以自动稳定深度和航向。艇的运动完全由电子计算机控制、正常情况下艇的操纵可几乎不用人力。其计算机还可监视艇的运动和各操纵装置的工作情况，并进行重量平衡的计算。

【R 级型鱼雷潜艇】 中国建造。潜艇空开排水量 1079 吨，标准排水量 1154 吨，水上排水量 1319 吨，超载排水量 1474 吨，水下排水量 1712 吨。艇身长为 76.6 米，宽为 6.7 米。最大吃水量 5.43 米。水上最大航速 15 节，续航力 4650 海里；经济航速 9 节续航力 140000 海里；通气管最大航速 10 节；经济航速 8 节，续航力 9000 海里；水下最大航速 13 节，续航力 13 海里；经济航速 2 节续航力 350 海里。下潜工作深度 270 米，极限深度 300 米，适合 12 级海情，具有不沉性，也就是说任一耐压舱及其一舷相邻的二个主压载水舱进水不沉，可自行维持 60 昼夜，回转直径 390 米，水下逗留时间 600 小时。潜艇主机主要有 6E390C 中柴油机 2 台，每台 2000 马力。主电机 2 台，每台 1350 马力。经济电机 2 台，每台 50 马力。蓄电池 2 组共 224 块。武器装备有 533 鱼雷管 8 个，包括指挥仪 1 部，可带鱼雷 14 条或带 1000 型沉底水雷 28 个。艇上还备有超短波电台 2 部，发信机 2 部，收信机 2 部，发信终端机 2 部，鱼雷攻击雷达 1 部，雷达侦察接收机 1 部，敌我识别回答器 1 部，综合声纳 1 部，通信声纳 1 部，侦察声纳 1 部，声速梯度仪 1 部，中程导航接收机，电罗经等设备。

【夏级核动力弹道导弹潜艇】 中国建造。1978 年动工，1981 年下水、服役。该级艇是中国第一种装上战略导弹的核潜艇，它使中国核攻击或反击能力大增。第一次水下发射导弹是 1982 年 4 月 30 日，射程约 1800 公里。第二次发射是 1982 年 10 月 20 日，射程约 2800 公里。该级艇排水量 8000 吨，航速大于 25 节。武器装备有 CSS-N-314 或 16 具水下发射弹道导弹系统；533 鱼雷发射管 6 个。

11、 辅助舰船

【冈珀斯级驱逐舰供应舰】 亦称黄石级。美国建造。共6艘（AD37-38、41-44）。能同时供应，维修6艘导弹驱逐舰，有维修导弹，反潜武器，原子反应堆和电子设备的能力。舰上有43张床位的医院及手术室，有直升机平台、机库。该级舰可担任舰队旗舰。它的满载排水量20500吨。舰长196.3米，宽25.9米。吃水6.9米。动力装置为蒸汽轮机，2万马力。航速20节。编制人数1681人，其中军官4人，女兵96人。舰上配有4座MK67单20毫米炮（AD37-38），2座MK67单20毫米炮（AD41-44），2座MK14单40毫米炮。装卸设备30吨、6.5吨吊车各2部。雷达有SPS10对海搜索雷达，LN66导航雷达。特种设备有OE82卫星通信天线，WSC3收发信机。

【迪克西级驱逐舰供应舰】 美国建造。共5艘（AD14-15，17-19），其中AD14，17已退役。经现代化改装，可维修驱逐舰上的反潜火箭和电子设备。该级舰可担任驱逐舰编队旗舰。它的轻载排水量9876吨，满载排水量18018吨。舰长161.7米，宽22.3米。吃水7.8米。动力装置为蒸汽轮机，12万马力。航速18.2节。编制人数军官46人，士兵979人，共计1025人。舰上配有4座MK67单20毫米炮。雷达为SPS10对海搜索雷达。特种设备有OE82卫星通信天线，SSR1收信机。

图8-92 迪克西级驱逐舰供应舰

【斯皮尔级潜艇供应舰】 美国建造。共5艘（AS36-37，39-41），专用于核动力攻击潜艇的供给与保障，亦可作潜艇中队旗舰。每艘舰可同时对4艘核潜艇进行补给，提供压缩空气、水、油、鱼雷等。舰上可载直升机，并有一个23张床位的医院。它的标准排水量13000吨，满载排水量23000吨。舰长196.2米，宽25.9米。吃水8.7米。动力装置为蒸汽轮机，2万马力。航速20节，续航力1000海里／12节。编制人数AS36，37人数为605人，AS39，41人数为617人。指挥所人数军官25人，士兵44人，共计69人。舰上配有2座MK49单40毫米炮（AS39-41），4座MK67单20毫米炮（AS36，37）。雷达有SPS10对海搜索雷达（AS36，37），SPS55对海搜索雷达（AS39-41）。特种设备有OE82卫星通信天线，SSR1收信机，WSC3收发信机。装卸设备有1部30吨吊车，2部5吨吊车。

【西蒙湖级潜艇供应舰】 美国建造。共2艘（AS33-34），专用于弹道导弹潜艇的供给与保障，每艘可同时对3艘海神导弹潜艇进行补给和维修保养。经改装后，亦可对三叉戟弹道导弹潜艇进行补给。舰上可载直升机。AS33满载排水量为19934吨，AS34排水量21089吨。舰长196.2米，宽25.9米。吃9.1米。动力装置为蒸汽轮机，2万马力。航速20节。编制人数军官90人，士兵1338人，共计1428人。舰上配有4座MK33双76毫米／50身倍炮。雷达为SPS10对海搜索雷达。特种设备有OE82卫星通信天线，SSR1收信机，WSC3收发信机。装卸设备有2部30吨吊车，4部5吨吊车。

【亨利级潜艇供应舰】 美国建造。共2艘（AS31，32），专用于弹道导弹潜艇的供给与保障，每艘同时对3艘海神导弹潜艇进行补给和维修保养。舰上可供300名潜艇官兵住宿，有52个工作间。舰上可载直升机。此舰标准排水量10500吨，满载排水量19000吨。舰长182.6米，宽25.3米。吃水8.2米。动力装置为柴油-电动机，1.5万马力。航速19节。编制人数军官144人，士兵2424人，共计2568人。舰上配有4座MK68单

20 毫米炮。雷达为 SPS10 对海搜索雷达。特种设备有 OE82 卫星通信天线，SSR1 收信机，WSC3 收发信机。装卸设备为 2 部 30 吨吊车。

【富尔顿级潜艇供应舰】 美国建造。共 4 艘 (AS11、17-19)，其中，AS17 已退役，AS19 普罗蒂厄斯号于 1960 年经改装成为弹道导弹潜艇供应舰，其余 2 艘均为核动力潜艇的供应舰。它的标准排水量 9734 吨，满载排水量 17020 吨。舰长 161.7 米，宽 22.3 米。吃水 7.8 米。动力装置为柴油-电动机，11200 马力。航速 15.4 节。编制人数军官 86 人，士兵 1214 人，共计 1300 人。舰上配有 4 座 MK67 单 20 毫米炮。雷达为 SPS10 对海搜索雷达。特种设备有 OE82 卫星通信天线，WSC3 收发信机，SSR1 收信机。

【鸽子级潜艇救援舰】 美国建造。共 2 艘 (ASR21-22)，舰体为双体形。舰上 MKⅡ型深潜系统可在水深 300 米处工作，执行救援任务。舰上可载直升机。它的满载排水量 3411 吨。舰长 76.5 米，宽 26.2 米。吃水 6.5 米，动力装置为 4 台柴油机，6000 马力。航速 15 节，续航力 8500 海里／13 节。编制人数军官 4 人，士兵 10 人，共计 14 人。深潜器操纵员军官 4 人，士兵 20 人，共计 24 人。舰上配有 2 座 MK68 单 20 毫米炮。雷达为 SPS53 对海搜索雷达。特种设备有 OE82 卫星通信天线，SSR1 收信机，WSC3 收发信机。

【雄鸡级潜艇救援舰】 美国建造。共 4 艘 (ASR9、13-15)，舰上装有大功率泵，重型压缩机，救生舱，氢-氧潜水装置。它的轻载排水量 1653 吨，满载排水量 2320 吨。舰长 76.7 米，宽 13.4 米。吃水 4.9 米。动力装置为柴油-电动机，3000 马力。航速 15 节。编制人数军官 7 人，士兵 104 人，共计 111 人。舰上配有 2 座 MK68 单 20 毫米炮。雷达为 SPS53 对海搜索雷达。特种设备有 OE82 卫星通信天线，SSR1 收信机。

【马兹级战斗补给舰】 美国建造。共 7 艘 (AFS1-7)，有 5 个货舱 (其中 1 个冷冻舱)，可进行多种补给。它的轻载排水量 9200 吨，满载排水量 18078 吨。舰长 177.1 米，宽 24.1 米。吃水 7.3 米。动力装置为蒸汽轮机，2.2 万马力。航速 20 节，续航力 10000 海里／18.5 节。编制人数军官 23 人，士兵 415 人，共计 438 人。装载量 7000 吨物资舰上配有 2 架 UH-46 直升机。舰炮为 4 座 MK33 双 76 毫米／50 身倍炮，2 座 MK16、20 毫米炮。雷达有 SPS10 和 LN66 导航

雷达。干扰器材有 SLQ32 电子战系统，MK36 干扰火箭发射器。特种设备有 OE82 卫星通信天线，SSR1 收信机，WSC3 收发信机，塔康。

【天狼星级战斗补给舰】 英国建造。共 3 艘 (T-AFS8-10)，原为英国莱尼斯级军需船。美国于 1981 年购进，配属军事海运司令部。它的轻载排水量 9010 吨，满载排水量 16792 吨。舰长 159.7 米，宽 22 米。吃水 6.7 米。动力装置为 1 台柴油机，11520 马力。航速 18 节，续航力 12000 海里／16 节。编制人数军官 1 人，士兵 17 人，文职人员 98 人，共计 116 人。舰上配有 2 架 UH-46 直升机。

【萨克拉门托级快速战斗支援舰】 美国建造。共 4 艘 (AOE1-4)，每艘 1 小时可向舰船补给物品 90 吨。舰上海水淡化设备，2 小时可淡化海水 8 万加仑。它的轻载排水量 19200 吨，满载排水量 53600 吨。舰长 241.7 米，宽 32.6 米。吃水 12 米。动力装置为蒸汽轮机，10 万马力。航速 26 节，续航力 10000 海里／20 节。编制人数军官 23 人，士兵 592 人，共计 615 人。装载量油料，约 24000 吨，军火 2150 吨物资 750 吨其中冷冻食品 250 吨。舰上配有 1 座 MK29 海麻雀导弹发射架。2 座 MK16、20 毫米炮。2 架 CH-46 直升机。设有 SPS40 对空搜索雷达，SPS10F 对海搜索雷达，SPS68 对空搜索雷达，LN66 导航雷达。1 部 MK91 导弹指挥仪。干扰器材有 WLR1 电子对抗系统，MK36 干扰火箭发射器。特种设备有 OE82 卫星通信天线，WSC3 收发信机，SSR1 收信机。

【拉萨尔号杂务指挥舰】 美国建造。仅 1 艘 (AGF-3)，原为罗利级船坞运输舰，1972 年改为杂务指挥舰，任中东特混舰队旗舰，活动于波斯湾、阿拉伯海和印度洋海域。1981-82 年间曾进行过大修。它的轻载排水量 11000 吨，满载排水量 15000 吨。舰长 159.1 米，宽 30.5 米。吃水 6.7 米。航速 20 节。动力装置为蒸汽轮机，24 万马力。编制人数军官 25 人，士兵 415 人，共计 440 人。指挥所人员军官 12 人，士兵 47 人，共计 59 人。舰上配有 1 架 SH-3G 直升机。舰炮为 4 座 MK33 双 76 毫米／50 身倍炮，2 座 MK16、20 毫米炮。雷达有 SPS10D 对海搜索雷达，SPS40 对空搜索雷达，LN66 导航雷达。干扰器材有 WLR1 电子对抗系统，MK36 干扰火箭发射器。特种设备有 OE82 卫星通信天线，SSR1 收信机，WSC3 收发信机。

【诺顿海峡级导弹试验船】 美国建造。仅 1 艘（AVM1），原为水上飞机供应舰，1951 年改为导弹试验船。后经多次改装，专用于各种导弹、火箭的试验。它的标准排水量 9106 吨，满载排水量 15170 吨。船长 164.8 米，宽 21.8 米。吃水 7.2 米。动力装置为 2 台蒸汽轮机，1.2 万马力。航速 19 节。编制人数军官 22 人，士兵 360 人，共计 382 人。船上配有 1 座 MK26 双联装标准导弹发射架，1 套 EX4113 管导弹垂直发射系统。雷达有 SPS40 对空搜索雷达，SPY1A 多功能相控阵雷达。

【洛马角级辅助深潜支援舰】 美国建造。仅 1 艘（AGDS2），原为船坞货船，1974 年改为辅助深潜支援舰。它的标准排水量 9415 吨，满载排水量 14000 吨。舰长 150 米，宽 23.8 米。吃水 6.7 米。动力装置为蒸汽轮机，6000 马力。航速 15 节。编制人数 160 人。雷达有 SPS10 对海搜索雷达。特种设备 OE82 卫星通信天线，SSR1 收信机。

【3000 吨级水面效用舰】 美国建造。正在试验中，拟用作驱逐舰或护卫舰。它的满载排水量 3000 吨。舰长 82.3 米，宽 32.9 米。舰体吃水 9.45 米，气垫吃水 4.27 米。航速 80 节。编制人数 125 人。舰上配有直升机，对空、对海搜索雷达及拖曳式声纳。

【2000 吨级水面效用舰】 美国建造。正在试验中，拟用作驱逐舰或护卫舰。舰重 2000 吨。舰长 73.2 米，宽 30.5 米。航速 80～100 节。舰上配有 2 架 SH-3 直升机，鱼叉舰对舰导弹发射架，海麻雀舰对空导弹发射架。

【C4-S-69b 型货轮】 美国建造。仅 1 艘，美洲特洛伊人号。军事海运司令部 1982 年 12 月租赁，1983 年 1 月配属于近期预置部队。此货轮总容积 9493 吨，载重容积 9749 吨。动力装置为 2 部蒸汽轮机，21000 马力。航速 20 节。船长 176.5 米，宽 25 米。吃水 9.1 米。编制人数 36 人。

【拉希型货轮】 美国建造。仅 1 艘，美洲老兵号。1984 年 2 月配属于水上预置部队。1984 年 4 月部署在印度洋迪戈加西亚。它的总容积 20406 吨；载重容积 30298 吨。动力装置为 2 部蒸汽轮机，32000 马力。航速 22.5 节。船长 250 米，宽 30.5 米。吃水 10.7 米。编制人数 33 人。

【水上装卸型货轮】 美国建造。仅 1 艘，美洲鸬鹚号（T-AKF）。配置于迪戈加西亚预置舰中队。它的总容积吨 10196 吨，载重容积吨 47230 吨。动力装置为 1 部柴油机，19900 马力。航速 16 节。船长 225 米，宽 39.6 米。编制人数 19 人。

【运输油轮】 美国建造。共 3 艘，侨民艾丽斯号、侨民瓦尔德斯号和侨民维维安号。（T-AOT1203-1205）。1983 年-1984 年先后编入水上预置部队。它的总容积 20897 吨，载重容积 38421 吨。动力装置为 2 部蒸汽轮机，15000 马力。航速 16.5 节。船长 201.2 米，宽 27.5 米。吃水 11.2 米。编制人数 27 人。

【猎鹰领袖号油轮】 美国建造。1985 年 2 月编入水上预置部队。它的总容积吨 17735 吨，载重容积吨 36000 吨。速度 16 节。船长 203.4 米，宽 25.6 米。航速 16 节。

【基拉韦厄级军火船】 美国建造。共 8 艘（AE26-29，32-35），其中 AE26 已划拔军事海运令部。主要用于快速补给导弹和其他军火，可同时对两艘舰进行补给。它的满载排水量 18088 吨。船长 171.9 米，宽 24.7 米。吃水 8.5 米。动力装置为蒸汽轮机，2.2 万马力。航速 20 节。编制人数军官 23 人，士兵 421 人，共计 441 人。装载量 6500 吨物资。船上配有 4 座 MK33 双 76 毫米／50 身倍炮，2 座 MK16、20 毫米炮。2 架 UH-46 直升机。雷达有 SPS10F 对海搜索雷达，LN66 导航雷达。干扰器材有 MK36 干扰火箭发射器。特种设备有 OE82 卫星通信天线，SSR1 收信机，WSC3 收发信机。

图 8-93　基拉韦厄级军火船

【苏里巴奇级军火船】 美国建造。共 5 艘（AE21-25），六十年代进行了改装，装有快速自动输送设备，以便迅速输送导弹。舰上有 3 个货舱；可载直升机。一般每小时可向舰艇补给军火 141 吨，最多可达 312 吨。它的轻载排水量 7470 吨，标准排水量 10000 吨，满载排水量 15500 吨。船长 156.1 米，宽 21.9 米。吃水 8.8 米。动力装置为蒸汽轮机，1.6 万马力。航速 20.6 节，续航力 10000 海里／18.5 节。编制人数军官 22 人，士兵 395 人，共计 417 人。装载量 7500 吨物资。船上配有 4 座 MK33 双 76 毫米／50 身倍炮。雷达为 SPS10 对海搜索雷达。干扰器材为 MK36 干扰火箭发射器。特种设备有 OE82 卫星通信天线，SSR1 收信机。

【参宿七星级粮食船】　美国建造。仅 1 艘 (T-AF58)，1975 年移交给军事海运司令部。舰上可载直升机。它的轻载排水量 7950 吨，满载排水量 15540 吨。船长 153 米，宽 22 米。吃水 8.2 米。动力装置为蒸汽轮机，1.6 万马力。航速 16 节。编制人数军官 1 人，士兵 16 人，文职人员 116 人，共计 133 人。装载量 4650 吨物资。雷达装置为 CAS1650／6X。

【改装 C_3-SS-33$_a$ 型货船】　美国建造。共 5 艘 (T-AK284-286，295-296)，配属军事海运司令部。其中 T-AK286 已改装为可供应 16 枚三叉戟导弹的舰队弹道导弹支援舰。它的满载排水量 15404 吨，船长 147.2 米，宽 20.7 米。吃水 12.6 米。动力装置为蒸汽轮机，1.21 万马力。航速 19 节。编制人数 67 人，其中海军人员 7 人。

【诺沃克级货船】　美国建造。共 3 艘 (T-AK280-282)，配属军事海运司令部，其中 T-AK281 已交海运管理署，T-AK280 改为海底电缆运输船。它的轻载排水量 7000 吨，满载排水量 11000 吨。船长 138.8 米，宽 18.9 米。吃水 6.7 米。动力装置为蒸汽轮机，8500 马力。航速 17 节。编制人数 70 人。装载 16 枚海神导弹及武器零配件，43 万加仑燃油，35.5 万加仑柴油。雷达为 TM／RM1650／6X，TM1660／125。

【流星级车辆货船】　美国建造。仅 1 艘 (T-AKR9)，配属军事海运司令部，为滚装货船，可运输各种车辆。它的轻载排水量 11130 吨，标准排水量 16940 吨，满载排水量 21700 吨。船长 164.7 米，宽 25.3 米。吃水 8.9 米。动力装置为蒸汽轮机，1.94 万马力。航速 20 节，续航力 10000 海里。编制人数 54 人，乘员 12 人。雷达装置为 TM1650／6X，TM1660／12S。

【卡拉汉将军级车辆货船】　美国建造。仅 1 艘 (T-AKR)，为滚装货船，长期租给军事海运司令部，可在 27 小时内把货物全部卸完并重新装货。它的满载排水量 21500 吨。船长 211.5 米，宽 28 米。吃水 8.8 米。动力装置为 2 台 LM2500 燃气轮机，34.9 万马力。航速 26 节。编制人数 33 人。装载量为 750 辆各型车辆。

【慧星级车辆货船】　美国建造。仅 1 艘

(T-AKR7)，为滚装货船，配属军事海运司令部。它的轻载排水量 8973 吨，满载排水量 18286 吨。船长 152.1 米，宽 23.8 米。吃水 8.8 米。动力装置为蒸汽轮机，1.32 万马力。航速 18 节。编制人数 73 人。装载量为 700 辆各型车辆（后舱）及一般货物（前舱）。雷达为 TM1650／6X。

【威奇塔级补给油船】　美国建造。此船轻载排水量 12500 吨，满载排水量 37360 吨。船长 200.9 米，宽 29.3 米。吃水 10.2 米。动力装置为蒸汽轮机，3.2 万马力。航速 20 节。编制人数军官 24 人，士兵 474 人，共计 498 人。装载量 16 万桶油料 600 吨军火，200 吨物资，100 吨冷冻食品。船上配有 2 架 UH-46 直升机。1 座 MK29 海麻雀导弹发射架。4 座 MK67 单 20 毫米炮，2 座 MK16、20 毫米炮。雷达有 LN66 导航雷达，SPS10F 对海搜索雷达，SPS58 对空搜索雷达 (AOR3、7)。1 部 MK91 导弹指挥仪。干扰器材有 WLR6 电子对抗系统，MK36 干扰火箭发射器。特种设备有 OE82 卫星通信天线，SSR1 收信机，WSC3 收发信机。

【亨利·凯泽级油船】　美国建造。共计划建造 18 艘 (T-AO187-204)，配属军事海运司令部，为美海军新一代油船。它的满载排水量 40000 吨。船长 206.7 米，宽 29.7 米。吃水 10.5 米。动力装置为 2 台柴油机，32540 马力。航速 20 节。编制人数 116 人，其中军人 21 人。载油量为 18 万桶。

【西马伦级油船】　美国建造。共 5 艘 (AO117-180，186)，专用于航母舰队海上补给。船上可载直升机。它的轻载排水量 8210 吨，满载排水量 26110 吨。船长 180.5 米，宽 26.8 米。吃水 10.7 米。动力装置为 1 台蒸汽轮机，2.4 万马力。航速 20 节。编制人数 135 人。载油量 18 万桶。船上配有 2 座 MK16、20 毫米炮。雷达有 SPS55 (AO177-179) 对海搜索雷达，SPS10B (A180-186) 对海搜索雷达，N66 (AO177-178) 对海搜索雷达。干扰器材为 MK36 干扰火箭发射器。特种设备有 OE82 卫星通信天线，SSR1 收信机，WSC3 收发信机。

【波特马克级运输油船】　美国建造。仅 1 艘 (T-AOT181)，1976 年购进，配属军事海运司令部，它的轻载排水量 7333 吨，满载排水量 34800 吨，容积吨 27467 吨。船长 189 米，宽 25.5 米。吃水 10.4 米。动力装置为蒸汽轮机，20460 马力。航速 18 节。载油量 20 万桶。雷达装置为

RM1650／6X，TM1660／12X。

【美洲探险家级运输油船】 美国建造。仅1艘（T-AOT165），配属军事海运司令部。它的轻载排水量8400吨，满载排水量31300吨。容积吨22525吨。船长187.5米，宽24.4米。吃水9.8米。动力装置为蒸汽轮机，2.2万马力。航速20节。编制人数53人。载油量190300桶。

【海运级运输油船】 美国建造。共9艘（T-AOT168-176），为军事海运司令部长期租用。它的满载排水量34100吨。容积吨27500吨。船长178.9米，宽25.6米。吃水10.6米。动力装置为2台柴油机，19200马力。航速16节，续航力12000海里／16节。编制人数32人。载油量225154桶。

【莫米级运输油船】 美国建造。共3艘（T-AOT149，151-152），配属军事海运司令部，其中151号已退役。它的轻载排水量7761吨，满载排水量32953吨。容积吨25000吨。船长189米，宽25.5米。吃水9.8米。动力装置为蒸汽轮机，18600马力。航速18节。编制人数53人。载油量达 203216桶。雷达装置为TM1650／6X TM1660／12S。

【尼奥肖级油船】 美国建造。共6艘（T-AO143-148），配属军事海运司令部。船上可载直升机。它的轻载排水量9553吨，满载排水量26840吨。船长199.6米，宽26.2米。吃水10.7米。动力装置为蒸汽轮机，2.8万马力。航速20节。编制人数128人，其中军人21人。载油量为180000桶。雷达装置为 RM1650／12X 或 TM1650／6X。

【改装西马伦级宽体油船】 美国建造。共3艘（AO51，98-99），六十年代中，经改装增加了载货能力。其中AO51已退役。它的满载排水量34040吨。船长196.3米，宽22.9米。吃水10.7米。动力装置为蒸汽轮机，1.35万马力。航速18节，续航力18000海里。编制人数军官23人，士兵398人，共计421人。装载量184524桶油料，175吨军火，100吨冷冻食品。船上配有2座 MK26 双 76毫米／50 身倍炮。雷达有RM1650／6X（AO98），SPS10（AO99）对海搜索雷达。

【米斯皮利恩级宽体油船】 美国建造。共5艘（T-AO105-109），配属军事海运司令部，舰上可载直升机。它的轻载排水量9486吨，满载排水量35091吨。船长196.3米，宽22.9米。吃

水10.8米。动力装置为蒸汽轮机，1.35万马力。航速16节。续航力18000海里。编制人数132人，其中军人21人。载油量15万桶。雷达TM1650／6X。

【阿拉特纳级汽油运输船】 美国建造。共2艘（T-AOG81-82），配属军事海运司令部。原已封存，经改装后1982年重新服役。船上可载直升机。它的轻载排水量2366吨，满载排水量7300吨，容吨积3659吨。船长92.1米，宽18.6米。吃水5.8米。动力装置为涡轮-电机，1000马力。航速13节。编制人数51人。载油量3万桶。

【诺德威级汽油运输船】 美国建造。仅1艘（T-AOG78），配属军事海运司令部。它的轻载排水量2100吨，满载排水量6047吨。船长99.1米，宽14.7米。吃水5.8米。动力装置为1台柴油机，1400马力。航速10节。编制人数41人。载油量3万桶。

图8-94 诺德威级汽油运输船

【卫士级打捞船】 美国建造。计划造4艘（ARS50-53），为美海军新型打捞船。它的满载排水量2880吨。船长77.7米，宽15.5米。吃5.2米。动力装置为4台柴油机，4200马力。航速14节，续航力8000海里／12节。编制人数87人。船上配备2座 MK67 单20毫米炮。雷达为 SPS55 对海搜索雷达。

【垫枕级打捞船】 美国建造。共6艘（ARS38-43），其中ARS38、40-42已退役。专用于打捞、拖带失事潜艇。它的标准排水量1530吨，满载排水量1970吨。船长65.1米，宽13.4米。吃水4米。动力装置为柴油电机，3060马力。航速14.8节。编制人数军官6人，士兵100人，共计106人，船上配有2座 MK68 单20毫米炮。雷达有 SPS10 对海搜索雷达，SPS53 对海搜索雷达，LN66 导航雷达。

【伊登顿级打捞拖船】 美国建造。共3艘（ATS1-3）。船上配有MK1型深潜系统，能保障4名潜水员在水深259米处作业。它的满载排

水量 2929 吨。船长 86.1 米，宽 15.2 米。吃水 4.6 米。动力装置为 4 台柴油机，600 马力。航速 16 节。编制人数军官 7 人，士兵 122 人，共计 129 人。船上配有 2 座 MK68 单 20 毫米炮 (ATS2-3)，2 座 MK24 双 20 毫米炮 (ATS1)。雷达为 SPS53 对海搜索雷达。

【波瓦坦级舰队远洋拖船】 美国建造。共 7 艘 (T-ATF166-172)，配属军事海运司令部。它的满载排水量 2260 吨。船长 68.9 米，宽 12.8 米。吃水 4.6 米。动力装置为柴油机，7200 马力。航速 14.5 节。编制人数 23 人，其中军人 6 人。船上战时安装 2 座 20 毫米炮。

【阿贾克斯修理船】 美国建造。共 4 艘 (AR5-8)，亦称火神级。它的标准排水量 9140 吨，满载排水量 16380 吨。船长 161.3 米，宽 22.3 米。吃水 7.1 米。动力装置为蒸汽轮机，1.1 万马力。航速 19.2 米。编制人数 1004 人。船上配有 4 座 MK67 单 20 毫米炮。雷达为 SPS10 对海搜索雷达。特种设备有 OE82 卫星通信天线，SSR1 收信机，MSC3 收发信机。

【宙斯级海底电缆修理船】 美国建造。仅 1 艘 (T-ARC7)，配属军事海运司令部。它的轻载排水量 8370 吨，满载排水量 14157 吨。船长 153.2 米，宽 22.3 米。吃水 7.6 米。动力装置为柴油-电机，12500 万马力。航速 15.6 节，续航力 10000 海里／15 节。编制人数 126 人，其中军人 6 人。

【海神级海底电缆修理船】 美国建造。共 2 艘 (T-ARC2, 6)，配属军事海运司令部，专用于海底电缆的铺设和维修。它的满载排水量 8500 吨。船长 112.5 米，宽 14.3 米。吃水 8.2 米。动力装置为柴油-电机，4000 马力。航速 14 节。编制人数 92 人。雷达装置为 RM1650／6X。

【海斯级海洋研究船】 美国建造。仅 1 艘 (T-AGOR16)，配属军事海运司令部，双船体，1986 年改为音响研究船 (AG195)。它的满载排水量 3860 吨。船长 73.4 米。宽 27.4 米。吃水 6.7 米。动力装置为柴油机，5400 马力。航速 10 节续航力，6000 海里。编制人数 74 人。雷达装置为 TM1650／6X，TM1660／12S。

【罗·康拉德级海洋研究船】 美国建造。共 6 艘 (T-AGOR7, 12-13, AGOR3, 9-10)，主要用于对重力、磁力、水温、声音在水中的传输以及海底概貌等的研究。它的轻载排水量 1200 吨，满载排水量 1370 吨。船长 63.7 米，宽

12.2 米。吃水 4.7 米。动力装置为柴油机-电机，1000 马力。航速 13.5 节，续航力 12000 海里／13 节。编制人数 41 人。雷达装置为 TM1650／6X，TM1660／12S。

【改装天龙座级海洋研究船】 美国建造。共 2 艘 (T-AGOR8, 11) 配属军事海运司令部。原为货船，船上有各种水下探测设备。它的轻载排水量 2596 吨，满载排水量 3886 吨。船长 81.1 米，宽 15.7 米。吃水 5.7 米。动力装置为柴油-电机，2700 马力。航速 12 节。编制人数 68 个，其中军人 5 人。雷达装置为 TM1650／6X。

【斯托尔沃特级海洋监视船】 美国建造。计划造 26 艘 (T-AGOS1-26)，截至 1985 年底，已有 7 艘服役，配属军事海运司令部。专用于远洋潜艇探测。它的排水量 2285 吨。船长 68.3 米，宽 13.1 米。吃水 4.6 米。动力装置为柴油-电机，3200 马力。航速 11 节。编制人数 30 人，共中军人 10 人。装备拖曳阵列监视传感器系统。

【赫斯级测量船】 美国建造。仅 1 艘 (T-AGS38)，原为商船，1978 年改为测量船。配属军事海运司令部。它的轻载排水量 13521 吨，满载排水量 21235 吨。船长 163.3 米，宽 23.2 米。吃水 9.1 米。动力装置为蒸汽轮机，19250 马力。航速 20 节。编制人数 117 人，其中军人 46 人。雷达装置为 RM160／6X，RM1660／12S。

【改装胜利级测量船】 美国建造。共 2 艘 (T-AGS21-22)，原为胜利级货船，1958 年改为测量船，主要测量磁场和重力。配属军事海运司令部。它的轻载排水量 4700 吨，满载排水量 13050 吨。船长 138.7 米，宽 19 米。吃水 7.6 米。动力装置为蒸汽轮机，8500 马力。航速 17 节。编制人数 101 人，其中军人 28 人。雷达装置有 TM1650／9X，TM1660／12S。

【肖维纳级测量船】 美国建造。共 2 艘 (T-AG29, 32)，配属军事海运司令部。主要用于水文，海洋地理测量。船上可载直升机。它的轻载排水量 3035 吨，满载排水量 4330 吨。船长 119.8 米，宽 16.5 米。吃水 4.9 米。动力装置为柴油机，3600 马力。航速 15 节。编制人数 177 人，其中军人 103 人。雷达装置为 TM1650／6X，TM1660／12S。

【赛·本特级测量船】 美国建造。共 4 艘 (T-AGS26-27, 33-34)，配属军事海运司令部。它的标准排水量 1935 吨，满载排水量 2800 吨。船长 87 米，宽 14.6 米。吃水 4.6 米。动力装

置为柴油-电机，3000 马力。航速 15 节。编制人数 74 人。雷达装置为 RM1650／9X，TM1660／12S。

【改装教会级导弹靶场仪器船】 美国建造。共 2 艘（T-AGM19-20），1966 年由教会级油船改装而成，配属军事海运司令部。T-AGM19 于 1980 年改为杂务舰（T-AG194）。它的轻载排水量 13882 吨，满载排水量 24710 吨。船长 181.4 米，宽 22.9 米。吃水 7.6 米。动力装置为涡轮机，1 万马力。航速 14 节。编制人数 165 人。雷达装置为 TM1650／9X，TM1660／12S。

【观察岛级导弹靶场仪器船】 美国建造。仅 1 艘（T-AGM23），亦称改装罗盘岛级。配属军事海运司令部。曾用于海神导弹的发射试验。现船上装有可收集外国弹道导弹试验数据的监测设备。它的轻载排水量 13060 吨，满载排水量 17015 吨。船长 171.6 米，宽 23.2 米。吃水 7.6 米。动力装置为蒸汽轮机，19250 马力。航速 20 节。编制人数 143 人。

【靶场哨兵级导弹靶场仪器船】 美国建造。仅 1 艘（T-AGM22），亦称改装哈斯克尔级，配属军事海运司令部。原为改装运输舰，1969 年改为导弹靶场仪器船。它的轻载排水量 8853 吨，满载排水量 12170 吨。船长 138.7 米，宽 18.9 米。吃 7.9 米。动力装置为蒸汽轮机，8500 马力。航速 17.7 节。编制人数 124 人，其中军人 43 人。雷达装置为 TM1650／6X，TM1660／12S。

【范登堡将军级导弹靶场仪器船】 美国建造。仅 1 艘（T-AGM10），配属军事海运司令部。原为部队运输舰，1964 年改为导弹靶场仪器船。它的轻载排水量 13661 吨，满载排水量 17120 吨。舰长 168.5 米，宽 21.8 米。吃 8 米。动力装置为蒸汽轮机，8500 马力。航速 17 节。编制人数 205 人。雷达装置为 TM1650／12X，TM1660／12S。

【科罗纳多号杂务指挥舰】 美国建造。仅 1 艘（AGF-11），原为奥斯汀级船坞运输舰，1980 年底改为杂务指挥舰。曾任中东特混舰队、第 6 舰队旗舰。1986 年底担任第 3 舰队旗舰。它的轻载排水量 11482 吨，满载排水量 16912 吨。舰长 173.8 米，宽 30.5 米。吃水 7 米。动力装置为蒸汽轮机，2.4 万马力。航速 21 节。编制人数军官 106 人，士兵 1247 人，共计 1353 人。指挥所人员约 90 人。舰上配有 2 架直升机。舰炮有 2

座 MK33 双 76 毫米炮，2 座 MK16、20 毫米炮。雷达有 SPS40C 对空搜索雷达，SPS10F 对海搜索雷达，LN66 导航雷达。干扰器材 SLQ32V 电子战系统，MK36 干扰火箭发射器。特种设备有 OE82 卫星通信天线，SSR1 收信机，WSC3 收发信机。

【乌格拉Ⅱ级教练舰】 苏联建造。标准排水量 6750 吨，满载排水量 9600 吨。舰长 145 米，宽 17.7 米。吃水 6.5 米。动力装置柴油机 4 台，电动机 2 台，2 轴，功率 8000 马力。航速 17 节，续航力 21000 海里／10 节。编制人数 250 人。可载实习生 400 人。舰上配有 4 座 57 毫米双联装全自动高炮。电子设备为支撑曲面对空对海雷达 1 部，圆套筒炮瞄雷达 2 部、顿河 2 导航雷达 3 部、方首敌我识别器 2 部、高杆 B 敌我识别器 1 部。

【斯莫尔尼级教练舰】 苏联建造。标准排水量 6500 吨，满载排水量 8500 吨。舰长 138 米，宽 18 米。吃水 6.2 米，动力装置为柴油机 2 台，2 轴，功率 15000 马力。航速 20 节，续航力 12000 海里／15 节，编制人数 150 人。可载实习生 200 人。舰上配有 2 座 76 毫米双联装两用全自动火炮、2 座 30 毫米双联装全自动高炮。反潜武器为 2 座 RBU-2500 十六管反潜火箭发射器。电子设备为首网 C 对空对海雷达 1 部、枭鸣炮瞄雷达 1 部、圆套筒炮瞄雷达 2 部、歪鼓炮瞄雷达 1 部、顿河 2 导航雷达 4 部、高杆 A 敌我识别器 1 部、方首敌我识别器 1 部、警犬电子对抗仪 2 部。声纳为舰首声纳 1 部。

【MP-8 级教练舰】 苏联建造。标准排水量 800 吨，满载排水量 1300 吨。舰长 75 米，宽 10.6 米。吃水 2.7 米。动力装置为柴油机 2 台，功率 2200 马力。航速 13 节。编制人数 40 人。舰上配有 2 座 57 毫米双联装半自动高炮。电子设备为海王星导航雷达 1 部、高杆敌我识别器 1 部。

【水运工作员级教练舰】 苏联建造。标准排水量 1800 吨，舰长 72 米，宽 12 米。吃水 5 米。动力装置为柴油机 2 台，2 轴，功率 3600 马力。航速 17 节，续航力 7500 海里／11 节。编制人数 70 人可载实习生 150 人。

【灯塔级教练舰】 苏联建造。满载排水量 950 吨，舰长 54.3 米，宽 9.3 米。吃水 3.6 米。动力力装置为柴油机 1 台，1 轴，功率 830 马力。航速 16 节，续航力 9400 海里／11 节。编制人数 20 人，可载实习生 30 人。

【玛利纳级导弹支援舰】 苏联建造。满载排水量 15000 吨。舰长 136 米，宽 22 米。吃水 5 米。动力装置为燃气轮机 1 台。舰上装飞机库 3 个。2 座 30 毫米双联装全自动高炮另外该型舰具有维修核反应堆和为核动力舰潜提供勤务保障的能力。

【拉马级导弹支援舰】 苏联建造。标准排水量 4500 吨，满载排水量 6000 吨。舰长 112.8 米，宽 15 米。吃水 4.4 米。动力装置为柴油机 2 台，2 轴，功率 4000 马力。航速 14 节，续航力 6000 海里／10 节。编制人数 200 人。舰上配有 4 座双联装 SA-N-5 舰对空导弹发射架（部分装备）。1 座 57 毫米四联装两用半自动火炮。电子设备为细网对空对海雷达 1 部、支撑曲面对空对海雷达 1 部、顿河 2 导航雷达 1 部、鹰鸣炮瞄雷达 2 部、方首敌我识别器 2 部、高杆 A 敌我识别器 1 部。

【阿姆加级导弹支援舰】 苏联建造。标准排水量 4800 吨，满载排水量 5800 吨，舰长 102 米，宽 18 米。吃水 4.5 米。动力装置为柴油机 2 台，2 轴，功率 9000 马力。航速 16 节。续航力 4500 海里／14 节。编制人数 210 人。舰上配有 2 座 25 毫米双联装两用半自动火炮。电子设备为顿河 2 导航雷达 1 部、高杆 B 敌我识别器 1 部。

【改装安集延级导弹支援舰】 苏联建造。标准排水量 4500 吨，满载排水量 6800 吨。舰长 104 米，宽 14.4 米。吃 6.6 米。动力装置为柴油机 1 台，功率 2500 马力。航速 14 节，续航力 6000 海里／13 节。编制人数 100 人。电子设备为顿河 2 导航雷达 2 部、方首敌我识别器 2 部、高杆敌我识别器 1 部。

【MP-6 导弹支援舰】 苏联建造。满载排水量 1870 吨。舰长 74.7 米，宽 11.3 米。吃水 4.4 米。动力装置为柴油机 1 台，1 轴，功率 1000 马力。航速 10.5 节，续航力 3300 海里／9 节。电子设备为海王星导航雷达 1 部。

【乌格拉 I 级潜艇支援舰】 苏联建造。标准排水量 6750 吨，满载排水量 9000 吨。舰长 145 米，宽 17.7 米。吃水 6.5 米。动力装置为柴油机 4 台，电动机 2 台，2 轴，功率 8000 马力。航速 17 节，续航力 21000 海里／10 节。编制人数 240 人。舰上配有 2 座四联装 SA-N-5 舰对空导弹发射架，带弹 16 枚，部分舰上装备。直升机平台 1 个。4 座 57 毫米双联装全自动高炮。电子设备为支撑曲面对空对海雷达 1 部、顿河 2 导航雷达 2 部、圆套筒炮瞄雷达 2 部、方首敌我识别器 2

部、高杆 A 敌中识别器 1 部。

【顿河级潜艇支援舰】 苏联建造。标准排水量 6730 吨，满载排水量 9000 吨。舰长 140 米，宽 17.6 米。吃水 5.4 米。动力装置为柴油机 4 台，电动机 2 台，2 轴，功率 8000 马力。航速 17 节，续航力 21000 海里／10 节。编制人数 300 人。起重机的起重力为 100 吨。直升机在马加丹共青团号和柯杰尔尼柯夫号上装备。火炮为 4 座 57 毫米双联装半自动高炮、4 门 100 毫米单管两用自动火炮。电子设备为细网对空对海雷达 1 部、或支撑曲面对空对海雷达 1 部。顿河 2 导航雷达 1 部。海王星导航雷达 1 部、鹰鸣炮瞄雷达 1 部，方首艇识别器 2 部、高杆 A 敌我识别器 1 部。

【第聂伯河级潜艇支援舰】 苏联建造。标准排水量 4500 吨，满载排水量 5300 吨。舰长 113 米，宽 16.5 米。吃水 4.4 米。动力装置柴油机 1 台，功率 2500 马力。航速 12 节续航力 6000 海里／8 节。编制人数 430 人。电子设备为顿河 2 导航雷达 2 部、高杆 A 敌我识别器 1 部。

【托姆巴级潜艇支援舰】 苏联建造。标准排水量 4000 吨，满载排水量 5700 吨。舰长 107 米，宽 17 米。吃水 5 米。动力装置为柴油机 1 台，1 轴，功率 5500 马力，航速 18 节，续航力 7000 海里／14 节。编制人数 80 人。电子设备顿河 2 导航雷达 1 部、高杆敌我识别器 1 部。

【鲍威尔级潜艇支援舰】 苏联建造。标准排水量 4726 吨，满载排水量 5600 吨。舰长 133 米，宽 16 米。吃水 5 米。动力装置机 4 台，功率 12000 马力。储油量 650 吨。航速 20 节，续航力 9000 海里／13 节。编制人数 290 人。可收容 425 人。电子设备有海王星导航雷达 1 部、尾球对海雷达 1 部、方首敌我识别器 1 部。

【阿特列克级潜艇支援舰】 苏联建造。标准排水量 3410 吨，满载排水量 5386 吨。舰长 102:4 米，宽 14.5 米。吃水 5.5 米。动力装置蒸汽轮机 1 台，功率 2400 马力。储油量 800 吨。航速 14 节，续航力 6900 海里／13 节。编制人数 44 人。舰上装有 1-3 座 37 毫米双联装半自动高炮。装载量有备用鱼雷 32 条，400 人。电子设备为顿河 2 导航雷达 2 部。

【卢德尼茨基级救援舰】 苏联建造。满载排水量 10700 吨，舰长 130.3 米，宽 17.3 米。吃水 7.3 米。动力装置为柴油机 1 台、1 轴，功率 6700 马力。航速 16 节，续航力 12000 海里／15.5 节。编制人数 70 人。电子设备为顿河 2 导航雷达

2 部。还有 40 吨和 20 吨起重机各 2 部。

【帕米尔级救援舰】 苏联建造。标准排水量 1443 吨。满载排水量 2050 吨。舰长 78 米，宽 12.8 米。吃水 4 米。动力装置为柴油机 2 台，2 轴，功率 4200 马力。航速 17 节，续航力 15000 海里／17 节。编制人数 77 人。电子设备为顿河 2 导航雷达 1 部、海王星导航雷达 1 部、高杆 A 敌我识别器 1 部。还有 10 吨起重机 1 部、1.5 吨起重机 2 部。

【因古耳河级救援舰】 苏联建造。标准排水量 3200 吨，满载排水量 4000 吨。舰长 92 米，宽 15 米。吃水 5.9 米。动力装置为柴油机 2 台，2 轴，功率 9000 马力。航速 20 节，续航力 9000 海里／19 节。电子设备为顿河 2 导航雷达 2 部、高杆敌我识别器 1 部、方首敌我识别器 1 部。

【苏拉级救援舰】 苏联建造。标准排水量 2370 吨，满载排水量 3150 吨。舰长 87 米，宽 14.8 米。吃水 5 米。动力装置为柴油机 1 台，功率为 2240 马力。储油量 2500 吨。航速 12 节，续航力 2000 海里／11 节。编制人数 40 人。电子设备为顿河 2 导航雷达 2 部。还有 65 吨和 5 吨级起重机各一部。

【奥廖尔级救援舰】 苏联建造。标准排水量 1200 吨，满载排水量 1760 吨。舰长 61.4 米，宽 12 米。吃水 4.5 米。动力装置为柴油机 1 台，1 轴，功率 1700 马力。航速 15 节，续航力 14000 海里／13.5 节。编制人数 40 人。电子设备为顿河 2 导航雷达 1 部，无线电测向仪 1 部。

【海神级救援舰】 苏联建造。标准排水量 700 吨，满载排水量 1200 吨。舰长 57.3 米，宽 11.4 米。吃水 3.3 米。动力装置为蒸气机 2 台，2 轴，功率 1000 马力。航速 12 节。编制人数 25 人。电子设备为海王星导航雷达 1 部。

【厄尔布鲁士级潜艇救援舰】 苏联建造。标准排水量 19000 吨。满载排水量 22500 吨。舰长 171.5 米，宽 24.5 米。吃水 8.5 米。动力装置为柴油机 4 台，2 轴，航速 17 节。编制人数 400 人。舰上配有卡-25 直升机 1 架。2 座 30 毫米双联装全自动高炮。电子设备为顿河 2 导航雷达 1 部、顿河 K 导航雷达 2 部。该级舰在波罗的海建造。1981 年发现，可载 2 个深潜救助小艇，有直升机库和甲板。

【涅帕河级潜艇救援舰】 苏联建造。满载排水量 10000 吨。舰长 129.5 米、宽 18.9 米。吃水 6 米。动力装置为柴油机 4 台，2 轴，功率

8000 马力。航速 16 节。续航力 8000 海里／14 节。编制人数 170 人。电子设备为顿河 2 导航雷达 2 部、高杆 B 敌我识别器 1 部。

【普鲁特级潜艇救援舰】 苏联建造。标准排水量 2120 吨，满载排水量 3200 吨。舰长 90.2 米，宽 14.3 米。吃水 5.5 米。动力装置为柴油机 4 台，2 轴，功率 10000 马力。航速 20 节，续航力 9000 海里／16 节。编制人数 120 人。电子设备为海王星导航雷达 1 部、支撑曲面对空对海雷达 1 部。

【瓦尔代级潜艇救援舰】 苏联建造。标准排水量 725 吨，满载排水量 930 吨。舰长 72 米，宽 9 米。吃水 3 米。动力装置为柴油机 2 台，2 轴，功率 4000 马力。航速 17 节，4000 马力，续航力 2500 海里／12 节。编制人数 60 人。电子设备为顿河 2 导航雷达 1 部、高杆敌我识别器 1 部、方首敌我识别器 1 部。

【阿穆尔级修理舰】 苏联建造。标准排水量 5000 吨，满载排水量 6500 吨。舰长 122 米，宽 17 米。吃水 5.5 米。动力装置为柴油机 1 台，功率 3000 马力。航速 12 节，续航力 13000 海里／8 节。编制人数 145 人。电子设备为顿河 2 导航雷达 1 部。

【奥斯科尔级修理舰】 苏联建造。标准排水量 2500 吨，满载排水量 3000 吨。舰长 91.5 米，宽 12.2 米。吃水 4.4 米。动力装置为柴油机 2 台，2 轴，功率 5000 马力。航速 18 节，续航力 13000 海里／8 节。编制人数 100 人。舰上配有火炮为（Ⅱ型装备）、1 座 57 毫米双联装半自动高炮、2 座 25 毫米双联装两用半自动火炮。电子设备为顿河 2 导航雷达 1 部、圆套筒炮瞄雷达 1 部（奥斯科尔上装备）、高杆敌我识别器 1 部。

【别列津纳级补给舰】 苏联建造。满载排水量 40000 吨。舰长 212 米。宽 26 米。吃水 12 米。动力装置为柴油机 4 台，2 轴，功率 60000 马力。航速 22 节，续航力 15000 海里／16 节。编制人数 500 人。装载量共 16000 吨，其中水 500 吨，弹药 2000 吨，粮食 500 吨等及油料。舰载飞机为卡-25 直升机 2 架。舰上装备 1 座双联装 SA-N-4 舰对空导弹发射架，带弹 20 枚。2 座 57 毫米双联装全自动高炮、4 座 30 毫米六管全自动速射炮。2 座 BRU1000 六管反潜火箭发射器。电子设备为支撑曲面对空对海雷达 1 部、排枪导弹制导雷达 1 部、歪低音鼓炮瞄雷达 2 部、圆套筒炮瞄雷达 1 部、顿河 2 导航雷达 2 部、高杆 B 敌我识

别器 2 部。声纳为球鼻首声纳 1 部。

【奇利金级补给舰】 苏联建造。标准排水量 15000 吨，满载排水量 24450 吨。舰长 162.3 米，宽 21.4 米。动力装置为柴油机 1 台，1 轴，功率 9600 马力。航速 17 节，续航力 10000 海里／16 节。编制人数 75 人。装载量共 13000 吨，其中弹药 400 吨，备用品 400 吨，水 500 吨，粮食 400 吨，及油料。同时舰上装有 2 座 57 毫米双联装全自动高炮。电子设备为支撑曲面对空对海雷达 1 部、圆套筒炮瞄雷达 1 部、顿河 K 导航雷达 2 部、高杆 B 敌我识别器 1 部。

【杜勃纳河级补给舰】 苏联建造。满载排水量 13500 吨，舰长 130 米，宽 20 米。吃水 7.2 米。动力装置为柴油机 1 台，1 轴，功率 6000 马力。航速 16 节，续航力 7000 海里／16 节，编制人数 70 人。装载量共 7000 吨，其中水 300 吨，补给品 1500 吨，油料 4000 吨等。电子设备为顿河 2 导航雷达 2 部。

【卡兹别克级补给舰】 苏联建造。标准排水量 12500 吨，满载排水量 16500 吨。舰长 145.5 米，宽 19.2 米。吃水 8.2 米。动力装置为柴油机 1 台，1 轴，功率 4000 马力。航速 15 节，续航力 18000 海里／12 节。编制人数 46 人。装载量 10500 吨。电子设备为顿河 2 导航雷达 2 部、高杆 A 敌我识别器 1 部。

【极地勘察员号油船】 苏联建造。满载排水量 12500 吨，船长 132 米，宽 16.2 米。吃水 7.8 米。动力装置为柴油机 2 台，2 轴。功率 7000 马力。航速 15 节编制人数 57 人。船上装有火炮 2 门 37 毫米单管半自动高炮。装载量 5600 吨，其中包括油料、水、干货物等。电子设备为顿河 2 导航雷达 2 部。

【阿尔泰山级油船】 苏联建造。标准排水量 5500 吨，满载排水量 7300 吨。船长 106.2 米，宽 15.5 米。吃水 6.7 米。动力装置为柴油机 1 台，1 轴，功率 3200 马力。储油量 2500 吨。航速 14 节，续航力 8600 海里／12 节。编制人数 60 人。电子设备为顿河 2 导航雷达 2 部。

【索非亚级油船】 苏联建造。满载排水量 62600 吨。船长 231.2 米，宽 31 米。吃水 11.6 米。动力装置为蒸气涡轮机 1 台，1 轴，功率 21000 马力。航速 17 节，续航力 10000 海里／17 节。编制人数 75 人。装载量为 45000 吨油料。电子设备有顿河 2 导航雷达 2 部。

【加里宁格勒级油船】 苏联建造。满载

排水量 8600 吨。船长 116 米，宽 17 米。吃水 6.5 米。动力装置为柴油机 1 台，1 轴，功率 3850 马力。航速 14 节，续航力 5000 海里／14 节。编制人数 32 人。

【乌达级油船】 苏联建造。标准排水量 5500 吨满载排水量 7200 吨。船长 122.1 米。宽 15.8 米。吃水 6.2 米。动力装置为柴油机 2 台，2 轴，功率 9000 马力。航速 17 节，续航力 4000 海里／15 节。编制人数 85 人。船上配有 2 座 57 毫米四联装两用半自动火炮。装载量为 3000 吨油料。电子设备为顿河 2 导航雷达 2 部。

【改装奥廖克马级油船】 苏联建造。标准排水量 4000 吨，满载排水量 7400 吨。船长 105.1 吨。宽 15.1 米。吃水 6.7 米。动力装置为柴油机 1 台，1 轴，功率 2900 马力。航速 14 节，续航力 10000 海里／13 节。编制人数 40 人。装载量为 4500 吨油料。电子设备为海王星或顿河 2 导航雷达 1 部。

【奥廖克马级油船】 苏联建造。标准排水量 5500 吨，满载排水量 6600 吨，船长 105 米，宽 15.5 米。吃水 6.7 米。动力装置为柴油机 1 台，功率 2900 马力。航速 14 节，续航力 8600 海里／12 节。编制人数 44 人。电子设备为海王星或顿河 2 导航雷达 1 部。

【彼韦克级油船】 苏联建造。标准排水量 4300 吨，满载排水量 6700 吨。船长 105.4 米，宽 14 米。吃水 6.2 米。动力装置为柴油机 1 台，1 轴，功率为 2900 马力。航速 14 节，续航力 10000 海里／13 节。编制人数 40 人。电子设备为顿河 2 导航雷达 1 部。

【康达级油船】 苏联建造。标准排水量 1178 吨，满载排水量 1980 吨。船长 69 米，宽 10.1 米。吃水 4.3 米。动力装置为柴油机 1 台，1 轴，功率 1600 马力。航速 12 节，续航力 2200 海里／11.5 节。编制人数 36 人。电子设备为顿河 2 导航雷达 1 部。

【巴斯昆恰克级油船】 苏联建造。满载排水量 2300 吨。船长 83.1 米，宽 12 米。吃水 3.8 米。动力装置为柴油机 1 台，功率为 2000 马力。航速 13 节。编制人数 30 人。电子设备为顿河 2 导航雷达 2 部，无线电测向仪 1 部。

【涅尔查级油船】 苏联建造。标准排水量 1080 吨，满载排水量 1800 吨。船长 63.5 米，宽 10.1 米。吃水 4.3 米。动力装置为柴油机 1 台，1 轴，功率 1000 马力。航速 11 节，续航力 2000 海

里/10 节。编制人数 25 人。电子设备为顿河 2 导航雷达 1 部。

【霍比河级油船】 苏联建造。标准排水量 700 吨，满载排水量 1500 吨。船长 63 米，宽 10.1 米。吃水 4.5 米。动力装置为柴油机 2 台，2 轴，功率 1600 马力。航速 13 节，续航力 2500 海里/12 节。编制人数 30 人。电子设备为海王星或顿河 2 导航雷达 1 部、旋转槽导航雷达 1 部。

【瓦拉河级特种液体运输船】 苏联建造。排水量 3100 吨，船长 76.2 米，宽 12.5 米，吃水 5 米。动力装置为柴油机 1 台，1 轴，功率 1000 马力。航速 14 节，续航力 2000 海里/11 节。编制人数 30 人。机枪为 2 挺 12.7 毫米双管高射机枪。电子设备为高杆 B 敌我识别器 1 部。

【乌拉尔级特种液体运输船】 苏联建造。标准排水量 2600 吨，船长 90 米，宽 10 米。吃水 3.7 米。动力装置为柴油机 2 台，功率 1200 马力。航速 10 节，续航力 3000 海里/9 节。编制人数 30 人。电子设备为旋转槽导航雷达 2 部、高杆 B 敌我识别器 1 部。

【卢扎河级特种液体运输船】 苏联建造。满载排水量 1900 吨。船长 62.5 米。宽 10.7 米。吃水 4.3 米。动力装置为柴油机 1 台，1 轴，功率 2200 马力。航速 12 节。续航力 2000 海里/11 节。编制人数 60 人。电子设备为顿河 2 导航雷达 1 部、旋转槽导航雷达 1 部、高杆 B 敌我识别器 1 部。

【戈林级拖船】 苏联建造。排水量 2240 吨，船长 63.5 米，宽 14 米。吃水 5.1 米。动力装置为柴油机 1 台，功率 3500 马力。航速 15 节。编制人数 43 人。电子设备为顿河 2 导航雷达 2 部。

【索鲁姆级拖船】 苏联建造。排水量 1660 吨。船长 58 米，宽 12.6 米。吃水 4.6 米。动力装置为柴油机 2 台，电动机 1 台，1 轴，功率 2500 马力。航速 14 节，续航力 6750 海里/13 节。编制人数 35 人。电子设备为顿河 2 导航雷达 2 部、高杆 B 敌我识别器 1 部。

【卡通河 I／II 级救援拖船】 苏联建造。满载排水量 1000 吨（I），1200 吨（II）。船长 62 米，宽 10.1 米。吃水 3.5 米。动力装置为柴油机 2 台，2 轴，功率 4000 马力（I 型）、5000 马力（II 型）。航速 17 节，续航力 2000 海里/17 节。编制人数 30 人。电子设备为旋转槽导航雷达 1 部、高杆 A 敌我识别器 1 部。

【奥赫坚斯基级拖船】 苏联建造。排水量 930 吨。船长 47.6 米，宽 10.4 米。吃水 4.1 米。动力装置为柴油机 2 台，电动机 1 台，1 轴，功率 1500 马力。储油量 187 吨。航速 13 节，续航力 8000 海里/7 节。编制人数 30 人。雷达为顿河 2 或海王星导航雷达 1 部。

【罗斯拉夫尔级拖船】 苏联建造。排水量 750 吨，船长 44.5 米，宽 9.5 米。吃水 3.3 米。动力装置为柴油机 2 台，电动机 1 台，1 轴，功率 1200 马力。航速 12 节，续航力 6000 海里/11 节。编制人数 30 人。电子设备为顿河 2 导航雷达 1 部。

【巴尔扎姆级侦察船】 苏联建造。满载排水量 4000 吨。船长 105 米，宽 15.5 米。吃水 5 米。动力装置为柴油机 2 台，功率 18000 马力。航速 20 节，续航力 7000 海里/16 节。编制人数 200 人。船上装有 2 座四联装 SA-N-5 舰对空导弹发射架，带弹 16 枚。1 座 30 毫米六管全自动速射炮。

【登山运动员级侦察船】 苏联建造。满载排水量 1140 吨。船长 54 米，宽 10.5 米。吃水 4 米。动力装置为柴油机 1 台，功率 1300 马力。航速 13 节，续航力 7000 海里/13 节。雷达为顿河 2 导航雷达 1 部。

【滨海级侦察船】 苏联建造。标准排水量 3400 吨，满载排水量 5000 吨，船长 83.6 米，宽 13.7 米。吃水 7 米。动力装置为柴油机 2 台，功率 2000 马力。航速 12 节，续航力 10000 海里/10 节。编制人数 110 人。船上配有 2 座四联装 SA-N-5 舰对空导弹发射架带弹 16 枚，464、501、591 号上装备四联装，590 号上装单发射架。

【祖博夫级侦察船】 苏联建造。标准排水量 2674 吨，满载排水量 3021 吨。船长 89.7 米，宽 13 米。吃水 4.6 米。动力装置为柴油机 2 台，2 轴，功率 5000 马力。航速 16 节，续航力 11000 海里/14 节。编制人数 85 人。船上配有 3 座四联装 SA-N-5 舰对空导弹发射架带弹 24 枚，468、469 号上装备。

【改装帕米尔级侦察船】 苏联建造。标准排水量 1443 吨，满载排水量 2240 吨。船长 78 米，宽 12.8 米，吃水 4 米。动力装置柴油机 2 台，功率 4200 马力。航速 18 节，续航力 21000 海里/12 节。编制人数 60 人。船上配有 3 座四联装 SA-N-5 舰对空导弹发射架，带弹 24 枚。

【莫马河级侦察船】 苏联建造。标准排水量 1240 吨，满载排水量 1600 吨，船长 73.3 米，宽 11.2 米。吃水 3.9 米。动力装置为柴油机 2 台，2 轴，功率 4000 马力。航速 17 节，续航力 9000 海里／11 节。编制人数 85 人。船上配有 2 座四联装 SA-N-5 舰对空导弹发射架带弹 16 枚，472、514、木星号上装备。

【和平级侦察船】 苏联建造。满载排水量 1250 吨，船长 63.4 米。宽 9.5 米。吃水 4.2 米。动力装置为柴油电动机 4 台，功率 3100 马力。航速 18 节，续航力 8700 海里／11 节。编制人数 80 人。船上配有 2 座四联装 SA-N-5 舰对空导弹发射架，带弹 16 枚，改装的船上装备。

【灯塔级侦察船】 苏联建造。满载排水量 950 吨，船长 54.3 米，宽 9.3 米。吃水 3.6 米。动力装置为柴油机 1 台，1 轴，功率 830 马力。航速 16 节，续航力 9500 海里／7.5 节。编制人数 75 人。船上配有 2 座四联装 SA-N-5 舰对空导弹发射架，带弹 16 枚，除 239 号外均装备。2 座 14.5 毫米双管高射机枪。

【第聂伯级侦察船】 苏联建造。满载排水量 950 吨，船长 52.7 米，宽 9 米。吃水 3.5 米。动力装置为柴油机 2 台，功率 4000 马力。航速 11 节，续航力 9000 海里／9 节。编制人数 50 人。火炮为分度器号装有一挺 14.5 毫米双管高射机枪。电子设备为顿河 2 导航雷达 1 部。

【海洋级侦察船】 苏联建造。满载排水量 750 吨，船长 51 米，宽 8.8 米。吃水 3.7 米。动力装置为柴油机 1 台，功率 540 马力。航速 13 节，续航力 7900 海里／11 节。编制人数 70 人。船上配有 2 座四联装 SA-N-5 舰对空导弹发射架，带弹 16 枚。电子设备为顿河或海王星导航雷达 1 部。

【伦特拉级侦察船】 苏联建造。标准排水量 250 吨，满载排水量 480 吨，船长 39.2 米，宽 7.4 米，吃水 2.8 米。动力装置为柴油机 1 台，1 轴，功率 330 马力。航速 11 节，续航力 6000 海里／9 节。编制人数 40 人。

【奥涅加河级测量船】 苏联建造。标准排水量 2150 吨，满载排水量 2500 吨。船长 86 米。宽 10.5 米。吃水 4.5 米。动力装置为燃气轮机 2 台，2 轴，航速 20 节，编制人数 90 人。雷达为顿河 2 导航雷达 1 部。无线电测向仪 1 部。

【莫马河级测量船】 苏联建造。标准排水量 1240 吨，满载排水量 1600 吨。船长 73.3 米，宽 10.2 米。吃水 3.9 米。动力装置为柴油机 2 台，2 辆，功率 4000 马力。航速 17 节，续航力 9000 海里／11 节。编制人数 50 人。电子设备为顿河 2 导航雷达 2 部、高杆 A 敌我识别器 1 部。

【萨马拉级测量船】 苏联建造标准排水量 1000 吨，满载排水量 1270 吨。船长 59 米，宽 10.5 米，吃水 3.9 米。动力装置为柴油机 2 台，2 轴，功率 3000 马力。航速 15 节，续航力 6200 海里／10 节。编制人数 45 人。电子设备为顿河 2 导航雷达 1 部。

【捷尔诺夫斯克级测量船】 苏联建造。标准排水量 1050 吨、满载排水量 1201 吨。船长 70 米，宽 10 米，吃水 4 米。动力装置为柴油机 2 台，2 轴，功率 1600 马力。航速 11 节，续航力 3000 海里／9.5 节。编制人数 50 人。雷达为顿河 2 导航雷达 1 部、高杆敌我识别器 1 部。

【海枣级测量船】 苏联建造。满载排水量 1100 吨。船长 61.5 米，宽 10.2 米，吃水 3 米。动力装置为柴油机 2 台，功率 1100 马力。航速 13 节。编制人数 30 人。

【比亚级测量船】 苏联建造。标准排水量 750 吨，满载排水量 100 吨。船长 55 米。宽 9.8 米。吃水 2.6 米。动力装置为柴油机 2 台，2 轴。功率为 1200 马力。航速 13 节，续航力 4700 海里／11 节。编制人数 25 人。雷达为顿河 2 导航雷达 1 部。

【卡缅卡级测量船】 苏联建造。满载排水量 700 吨。船长 53.5 米。宽 9.1 米。吃水 2.6 米。动力装置为柴油机 2 台，2 轴，功率为 1800 马力。航速 14 节，续航力 4000 海里／10 节。编制人数 25 人。雷达为顿河 2 导航雷达 1 部。

【美利托波尔级测量船】 苏联建造。标准排水量 674 吨，满载排水量 775 吨。船长 57.6 米，宽 9 米。吃水 4.3 米。动力装置为柴油机 1 台，功率 600 马力。航速 10 节，续航力为 2500 海里／10 节。编制人数 50 人。

【原 T-43 级测量船】 苏联建造。标准排水量 500 吨、满载排水量 570 吨。船长 58.5 米，宽 9 米。吃水 2.1 米。动力装置为柴油机 2 台，功率 2200 马力。储油量 60 吨。航速 16 节，续航力 3200 海里／10 节。雷达为海王星导航雷达 1 部。

【伦特拉级测量舰】 苏联建造。标准排水量 250 吨、满载排水量 480 吨。船长 39.2 米，宽 7.4 米。吃水 2.8 米。动力装置为柴油机 1 台，功率 330 马力。航速 11 节，续航力 6900 海里／9

节。编制人数 30 人。雷达为海王星或顿河 2 导航雷达 1 部。

【克雷洛夫院士级调查船】 苏联建造。标准排水量 6600 吨、满载排水量 9100 吨。船长 147 米、宽 18.5 米，吃水 6.2 米。动力装置为柴油机 2 台，功率 14500 马力。航速 16 节，续航力 23000 海里／15 节。舰尾有直升机平台。雷达为顿河 2 导航雷达 2 部。无线电测向仪 1 部、高杆敌我识别器 1 部。

【阿布哈齐亚级调查船】 苏联建造。标准排水量 5460 吨、满载排水量 7500 吨。船长 124.2 米、宽 17.1 米。吃水 6.4 米。动力装置为柴油机 2 台，功率 10500 马力。航速 17 节，续航力 20000 海里／16 节。编制人数 105 人。卡-25 直升机 1 架。雷达为顿河 2 导航雷达 2 部、V 形锥无线电通讯天线 1 副。

【极地级调查船】 苏联建造。标准排水量 4560 吨，满载排水量 6700 吨。船长 111.6 米，宽 14.1 米。吃水 6.3 米。动力装置为柴油电动机 1 台，功率 3700 马力。航速 14 节，续航力 25000 海里／12 节。编制人数 120 人。直升机平台 1 个。雷达为顿河 2 导航雷达 1 部。

【改装尼基季奇级调查船】 苏联建造。满载排水量 3900 吨。船长 70 米。宽 18 米。嘱水 6 米。动力装置为柴油电动机 1 台，功率 5000 马力。航速 14 节，续航力 8000 海里／13 节。编制人数 60 人。该级调查船仅 1 艘，原为破冰船，用于北极地区考察、调查。

【祖博夫级调查船】 苏联建造。标准排水量 2674 吨、满载排水量 3021 吨。船长 89.7 米、宽 13 米。吃水 4.6 米。动力装置为柴油机 2 台、2 轴，功率 5000 马力。航速 16.5 节，续航力 11000 海里／14 节。编制人数 50 人。雷达为支撑曲面对海对空雷达 1 部、顿河 2 导航雷达 2 部。

【尼维尔斯科伊级调查船】 苏联建造。满载排水量 2600 吨。船长 86 米。宽 13 米。吃水 4.5 米。动力装置为柴油机 1 台，功率 4000 马力。航速 16 节，续航力 10000 海里／11 节。编制人数 100 人。雷达为顿河 2 导航雷达 1 部、高杆敌我识别器 1 部。

【南方级调查船】 苏联建造。满载排水量 2500 吨。船长 82.5 米，宽 13.5 米。吃水 3.9 米。动力装置为柴油机 2 台，功率 4000 马力。航速 15 节，续航力 11000 海里／12 节。编制人数 66 人。计划装备 3 座 25 毫米双联装两用半自动火炮。

【阿姆古埃玛级极地调查船】 苏联建造。满载排水量 15100 吨。船长 133 米，宽 19 米。吃水 8.6 米。动力装置为柴油电动机 1 台，功率 7200 马力。航速 15 节。电子设备有顿河 2 导航雷达 1 部。

【科洛姆纳级民用调查船】 苏联建造。满载排水量 6700 吨。船长 102.5 米。宽 14.4 米。吃水 6.7 米。动力装置为柴油机 1 台，功率 2450 马力。航速 13 节。实验室 16 个。电子设备为海王星导航雷达 1 部。

【库尔恰托夫院士级民用调查船】 苏联建造。标准排水量 5400 吨，满载排水量 6680 吨。船长 124.1 米，宽 17 米。吃水 4.6 米。动力装置为柴油机 2 台，功率 8000 马力。航速 18 节，续航力 20000 海里／16 节。科研人员 81 人。编制人数 86 人。电子设备为顿河导航雷达 2 部、V 形锥无线电通信天线 1 副。

【勇士级民用调查船】 苏联建造。满载排水量 6000 吨。船长 111 米，宽 16.6 米。吃水 5.7 米。动力装置为柴油机 2 台，功率 6400 马力。航速 17 节，续航力 18000 海里。编制人数 64 人。科研人员 73 人。实验室 20 个舱室。

【绿宝石号民用调查船】 苏联建造。标准排水量 2640 吨，满载排水量 3862 吨。船长 99.4 米，宽 14 米。吃水 4.7 米，动力装置为柴油电动机 1 台。航速 13.8 节。有 V 形锥无线电通信天线 1 副。

【烈别杰夫级民用调查船】 苏联建造。标准排水量 2561 吨、满载排水量 3650 吨。船长 94 米，宽 14 米。吃水 5.6 米。动力装置为柴油机 1 台，功率 2400 马力。航速 14 节。雷达为海王星导航雷达 2 部、高杆敌我识别器 1 部、实验室 20 个舱室。

【贸易风级民用调查船】 苏联建造。标准排水量 3280 吨，满载排水量 3311 吨。船长 101 米，宽 14.8 米。吃水 5.1 米。动力装置为柴油机 2 台，2 轴，功率 4800 马力。航速 16 节。编制人数 60 人。科研工作者 48 人。电子设备为顿河 2 导航雷达 1 部、V 形锥无线电通信天线 1 副。

【改装马雅科夫斯基级民用调查船】 苏联建造。排水量 3000 吨。

【奥夫秦级民用调查船】 苏联建造。标准排水量 1550 吨、满载排水量 1800 吨。船长 67 米，宽 11.9 米。吃水 4.6 米。动力装置为柴油电动机 1 台，功率 2200 马力。航速 16 节，续航力

5700 海里／13 节。编制人数 52 人。电子设备为海王星导航雷达 1 部。

【乌里瓦耶夫级民用调查船】　苏联建造。标准排水量 350 吨。满载排水量 700 吨。船长 55 米，宽 9.5 米。吃水 4 米。动力装置为柴油机 1 台，功率 850 马力。航速 12 节。

【加加林级民用宇宙空间跟踪船】　苏联建造。标准排水量 37500 吨，满载排水量 45000 吨。船长 236 米，宽 31 米。吃水 9.2 米。动力装置为蒸气涡轮机 2 台，功率 19000 马力。航速 17 节。编制人数 340 人。电子设备为大型抛物面天线 2 副、舰球跟踪测量雷达 2 部、V 形锥无线电通信天线 2 副。

【涅德林级宇宙空间跟踪船】　苏联建造。满载排水量 25000 吨。船长 214 米，宽 27.1 米。吃水 7.7 米。

【科罗列夫级民用宇宙空间跟踪船】　苏联建造。标准排水量 17114 吨、满载排水量 21250 吨。船长 182 米，宽 25 米。吃水 7.9 米。动力装置为柴油机 1 台，功率 12000 马力。航速 17 节。编制人数 300 人。电子设备为 V 形锥无线电通信天线 2 副、舰球跟踪测量雷达 2 部。

【柯马洛夫级民用宇宙空间跟踪船】　苏联建造。标准排水量 11090 吨，满载排水量 17500 吨。船长 155.8 米，宽 23.38 米。吃水 8.5 米。动力装置为柴油机 1 台，功率 9000 马力。航速 17.5 节。编制人数 335 人。电子设备为 V 形锥无线电通信天线 2 副、直径 16 米天线罩 2 个。直径 3.5 米天线罩 1 个。

【别尔雅耶夫级民用宇宙空间跟踪船】　苏联建造。标准排水量 4900 吨，满载排水量 8920 吨。船长 122.2 米，宽 16.8 米。吃水 6.8 米。动力装置为柴油机 1 台，功率 5200 马力。航速 16 节。

【威帖格腊列斯级民用宇宙空间跟踪船】　苏联建造。满载排水量 5280 吨。船长 122.2 米，宽 16.8 米。吃水 6.8 米。动力装置为柴油机 1 台，功率 5200 马力。航速 14.4 节。编制人数 92 人。

【西伯利亚级导弹靶场仪器船】　苏联建造。标准排水量 3816 吨，满载排水量 4800 吨。船长 108.2 米，宽 14.7 米。吃水 6.4 米。动力装置为蒸气涡轮机 1 台，功率 2500 马力。航速 12 节，续航力 9800 海里／12 节。编制人数 200 人。电子设备为大网远程对空对海雷达 1 部、海王星导航雷达 1 部。直升机 1 架。

【迭斯纳河级导弹靶场仪器船】　苏联建造。原称楚米坎级。标准排水量 9700 吨，满载排水量 13600 吨。船长 139.6 米，宽 18 米。吃水 7.9 米，动力装置为柴油机 2 台，功率 5200 马力。航速 16 节，续航力 20000 海里／13 节。编制人数 300 人。电子设备有首网 B 对空雷达 1 部、顿河 2 导航雷达 1 部、V 形锥无线电通信天线 2 副、高杆 B 敌我识别器 1 部、舰球空间跟踪雷达 1 部。直升机 1 架。

【俄罗斯级核动力破冰船】　苏联建造。排水量 23500 吨，船长 150 米，宽 29.9 米。吃水 10.3 米。动力装置为核反应堆 2 个，3 轴，功率 75000 马力。航速 21 节。编制人数 170 人。直升机 2 架。

【勃列日涅夫级核动力破冰船】　苏联建造。标准排水量 19300 吨，满载排水量 24460 吨。船长 148 米，宽 30 米。吃水 11 米。动力装置为核反应堆 2 个，3 轴，功率 75000 马力。航速 21 节。编制人数 170 人。船上配有直升机 2 架。首网 C 三座标对空对海雷达 1 部、顿河 K 导航雷达 1 部。该级舰原为北极级，1982 年 11 月改为现级。

【列宁级核动力破冰船】　苏联建造。标准排水量 15940 吨，满载排水量 19240 吨。船长 134 米，宽 27.6 米。吃水 10.5 米。动力装置为核反应堆 2 个、3 轴、蒸气涡轮机 4 台，功率 44000 马力。航速 19.7 节。编制人数 230 人。船上配有直升机 2 架。

【叶尔马克级破冰船】　苏联建造。满载排水量 20241 吨，船长 135 米，宽 26 米。吃水 11 米，动力装置为柴油机 9 台，41000 马力，3 轴，电动机 36000 马力。航速 19.5 节，续航力 40000 海里／15 节。编制人数 118 人。船上配有直升机 2 架。

【莫斯科级破冰船】　苏联建造。标准排水量 13290 吨，满载排水量 15360 吨，船长 122.2 米，宽 24.5 米。吃水 10.5 米。动力装置为柴油-电动机 8 台，3 轴，功率 22000 马力。储油量 3000 吨。航速 18 节。续航力 20000 海里／12 节。编制人数 100 人。船上配有直升机 2 架。

【改装索罗金船长级破冰船】　苏联建造。排水量 11900 吨。船长 132.1 米，宽 26.5 米。吃水 8.5 米。动力装置为柴油-电动机 6 台，3 轴，功率 24800 马力。航速 19 节。编制人数 85

人。船上配有直升机 2 架。

【索罗金船长级破冰船】　苏联建造。排水量 14900 吨。船长 131.9 米，宽 26.6 米。吃水 8.5 米。动力装置为柴油-电动机 6 台，3 轴，功率 24800 马力。航速 19 节。编制人数 19 节。编制人数 92 人。船上配有直升机 2 架。

【别洛乌索夫船长级破冰船】　苏联建造。标准排水量 4375 吨，满载排水量 5350 吨。船长 83.3 米，宽 19.4 米。吃水 7 米。动力装置为柴油-电动机 6 台，功率 10500 马力。储油量 740 吨，航速 14.9 米。编制人数 75 人。

【斯特罗普捷夫级破冰船】　苏联建造。排水量 4200 吨。船长 72.7 米。宽 18 米。吃水 6.5 米。动力装置为柴油机 2 台，2 轴，功率 7600 马力。航速 15 节。编制人数 40 人。

【尼基季奇级破冰船】　苏联建造。满载排水量 2940 吨。船长 73 米，宽 181 米。吃水 6.1 米。动力装置为柴油机，电动机各 3 台，3 轴，功率 5400 马力。航速 14.5 节，续航力 5500 海里／12 节。编制人数 45 人。船上配有 1 座 25 毫米双联装两用半自动火炮、2 门 37 毫米单管半自动高炮、1 座 57 毫米双联装半自动火炮。顿河 2 导航雷达 2 部、无线电测向仪 1 部。

【采契金船长级破冰船】　苏联建造。排水量 2240 吨。船长 77.6 米，宽 16.3 米。吃水 3.3 米。动力装置为柴油电动机 3 台，3 轴，功率 4490 马力。航速 14 节。编制人数 28 人。

【叶夫多基莫夫船长级破冰船】　苏联建造。排水量 2150 吨。船长 76.5 米，宽 16.6 米。吃水 2.5 米。动力装置为柴油-电动机 3 台，功率 6500 马力。航速 13.5 节。编制人数 25 人。

【伊兹马伊洛夫船长级破冰船】　苏联建造。排水量 2045 吨。船长 56.5 米，宽 15.7 米。吃水 4.2 米。动力装置为柴油-电动机 2 台。2 轴，功率 3400 马力。航速 13 节。

【威帖格腊列斯级供应舰】　苏联建造。标准排水量 4900 吨，满载排水量 8900 吨。船长 122.2 米，宽 16.8 米。吃水 6.8 米。动力装置为柴油机 1 台，1 轴，功率 5200 马力。航速 15 节。编制人数 150 人。船上配有卡-25 型直升机 1 架。电子设备为顿河 2 导航雷达 2 部、V 形锥无线电通信天线 2 副。

【马内奇级供应舰】　苏联建造。标准排水量 6500 吨，满载排水量 7800 吨。船长 116 米，宽 15.7 米。吃水 7 米。动力装置为柴油机 2 台，轴，功率 9000 马力。航速 18 节，续航力 7500 海里／16 节。编制人数 90 人。装载量 4400 吨。船上配有 2 座 57 毫米双联装全自动高炮。电子设备为支撑曲面对空对海雷达 1 部、顿河 K 导航雷达 2 部、圆套筒炮瞄雷达 2 部、高杆 B 敌我识别器 1 部。

【淡水级冰船】　苏联建造。标准排水量 2100 吨、满载排水量 3000 吨。船长 81.5 米，宽 11.5 米。吃水 4.3 米，动力装置为柴油机 2 台，2 轴，功率 9000 马力。航速 18 节，续航力 3000 海里／12 节。编制人数 90 人。装载量 1500 吨。电子设备为顿河 2 导航雷达 1 部、高杆 A 敌我识别器 1 部。

【鄂比河级医院船】　苏联建造。满载排水量 11000 吨。船长 152 米，宽 19.4 米。吃水 6.2 米。动力装置为柴油机 2 台，2 轴，功率 14000 马力。航速 20 节，续航力 20000 海里／18 节。编制人数 80 人（另有 200 医务人员）。船上配有卡 25 型直升机 1 架，机库 1 个。电子设备为顿河 2 导航雷达 3 部、高杆 A 敌我识别器 1 部。

【阿姆古埃玛级货船】　苏联建造。满载排水量 1500 吨。船长 133.1 米，宽 19 米。吃水 9 米。动力装置为柴油-电动机 4 台，功率 7200 马力。航速 16 节，续航力 7000 海里／15 节。编制人数 100 人。电子设备为顿河 2 导航雷达 2 部。

【克伊拉级轻型货船】　苏联建造。满载排水量 2400 吨。船长 78.8 米，宽 10.5 米。吃水 4.6 米。动力装置为柴油机 1 台，1 轴，功率 1000 马力。航速 12 节。编制人数 26 节。电子设备为顿河 2 导航雷达 1 部。

【克拉斯马级电缆敷设船】　苏联建造。标准排水量 6000 吨。满载排水量 6900 吨。船长 130.5 米，宽 16 米。吃水 5.8 米。动力装置为柴油机 5 台，功率 5000 马力。航速 14 节，续航力 120000 海里／14 节。编制人数 85 人。电子设备为顿河 2 导航雷达 2 部、无线电测向仪 1 部。

【佩利姆级消磁船】　苏联建造满载排水量 1300 吨。船长 65.5 米，宽 11.6 米。吃水 3.4 米。动力装置为柴油机 2 台，2 轴，功率 4000 马力。航速 14 节。编制人数 70 人。

九、航天器、浮空器

图 9-1　　航天器

1.东方红 1 号　2.金星 4 号　3.水手 10 号　4.各种卫星　5.月球轨道飞行器 1 号　6.月球 9 号　7.海盗 1 号
登陆舱　8.阿波罗 11 号登月舱　9.海盗 19 轨道飞行舱　10.先驱者 10 号　11.航天飞机

【飞行器】　　　　　在大气层内或大气层外空
（太空）飞行的器械。飞行器分为三类：航空
、航天器、火箭和导弹。在大气层内飞行的飞行
称为航空器，如气球、飞艇、飞机等。它们靠空
的静浮力或空气相对运动产生的空气动力升空飞
。在太空飞行的飞行器称为航天器，如人造地球
星、载人飞船、空间探测器、航天飞机等。它们
运载火箭的推动下获得必要的速度进入太空，然
在引力作用下完成与天体类似的轨道运动。装在
天器上的发动机可提供轨道修正或改变姿态所需
动力。火箭是以火箭发动机为动力的飞行器（火
发动机也常简称火箭），可以在大气层内，也可

以在大气层外飞行。它不靠空气静浮力，也不靠空
气动力，而是靠火箭发动机推力升空飞行。导弹有
主要在大气外飞行的弹道导弹和装有翼面在大气
内飞行的地空导弹、巡航导弹等。有翼导弹在飞行
原理上，甚至在结构上与飞机颇为相似。导弹是装
有战斗部的可控制的火箭。通常火箭和导弹都只能
使用一次，人们往往把它们归为一类。

【航空器】　　　　能在大气层内进行可控飞行的
各种飞行器。任何航空器都必须产生一个大于自身
重力的向上的力，才能升入空中。根据产生向上力
的基本原理的不同，航空器可划分为两大类：轻于
空气的航空器和重于空气的航空器，前者靠空气静

浮力升空，又称浮空器；后者靠空气动力克服自身重力升空。

轻于空气的航空器的主体是一个气囊，其中充以密度较空气小得多的气体（氢或氦），利用大气的浮力使航空器升空，气球和飞艇都是轻于空气的航空器，二者的主要区别是前者没有动力装置，升空后只能随风飘动，或者被系留在某一固定位置上，不能进行控制；后者装有发动机、空气螺旋桨、安定面和操纵面，可以控制飞行方向和路线。

重于空气的航空器的升力是由其自身与空气相对运动产生的。固定翼航空器主要由固定的机翼产生升力。旋翼航空器主要由旋转的旋翼产生升力。

【航天器】 在地球大气层以外的宇宙空间，基本上按照天体力学的规律运行的各类飞行器统称为航天器，或叫空间飞行器。航天器分为无人航天器和载人航天器两大类。无人航天器按是否环绕地球运行分为人造地球卫星和空间探测器，载人航天器按飞行和工作方式分为载人飞船、航天站和航天飞机。

世界上第一个航天器是苏联 1957 年 10 月 4 日发射的"人造地球卫星"1 号，第一个载人航天器是苏联航天员尤利·加加林乘坐的"东方号"飞船，第一个把人送到月球上的航天器是美国的"阿波罗" 11 号飞船，第一个兼有运载火箭、航天器和飞机特征的航天飞机是美国的"哥伦比亚"号航天飞机。

【人造地球卫星】 环绕地球在空间轨道上运行（至少一圈）的无人航天器。简称人造卫星。人造卫星是用途最广、发展最快的航天器，其发射数量约占航天器发射总数的 90% 以上。按照用途人造卫星可分为科学卫星、应用卫星和技术试验卫星几类。50 年代末到 60 年代初期，各国发射的人造卫星主要用于探测地球空间环境和进行各种卫星技术试验。60 年代中期，人造卫星开始进入应用阶段，各种应用卫星先后投入使用。从 70 年代起，各种新型专用卫星相继出现，性能不断提高。

到 1989 年底为止，世界上能够独立研制并用本国的火箭发射人造卫星的国家一共有八个，它们发射第一颗人造卫星的时间依次是：苏联—1957 年 10 月 4 日；美国—1958 年 1 月 31 日；法国—1965 年 11 月 26 日；日本—1970 年 2 月 11 日；中国—1970 年 4 月 24 日；英国—1971 年 10 月 28 日；印度—1980 年 7 月 18 日；以色列—1988 年 9 月 19 日。

【科学卫星】 人造卫星的一类。用于观测空间环境和地球自然现象。观测项目有：太阳辐射、微流星、日冕、高能粒子、X 射线、γ 射线、宇宙线、太阳风、磁场、电离层、云层、风、陆地与海洋温度、地面与地下目标物的辐射频谱等。通过科学卫星的观测，扩大了人类对自然界的认识，为开展天体演化、生命探索、空间物理、气候变迁、环境保护和地震预报等科学研究提供资料和方法，以此带动基础科学和技术科学的研究，并发展了各种用途的应用卫星。

【技术试验卫星】 进行新技术试验或为应用卫星进行试验的卫星。航天技术中的新原理、新技术、新方案、新仪器设备和新材料往往需要在轨道上进行试验，试验成功后才投入实用。这类卫星数量较少，但试验内容广泛，如重力梯度稳定试验，电火箭试验，生物对空间环境适应性的试验，载人飞船生命保障系统和返回系统的验证试验，交会对接试验，无线电新频段的传输试验，新遥感器的飞行试验和轨道上截击试验等。

【应用卫星】 专供地面上实际业务应用的卫星。可分为民用和军用卫星两种。前者有：气象、通信、广播、测地、导航、地球资源勘测等卫星。后者有：气象、通信、照相侦察、电子侦察、测地、导航、导弹预警、海洋监视、反卫星等卫星。军用卫星一般具有保密或抗干扰等措施，对遥感精度的要求也较高。某些卫星如气象、通信、导航、测地等卫星，在急需时可以民用与军用兼用，也可转借使用。

【空间探测器】 对月球和月球以远的天体和空间进行探测的无人航天器。又称深空探测器。空间探测器包括月球探测器、行星和行星际探测器。空间探测器是深空探测的主要工具。探测的主要目的是：了解太阳系的起源、演变和现状；通过对太阳系内的各主要行星的比较研究，进一步认识地球环境的形成和演变；了解太阳系的变化历史；探索生命的起源和演变。空间探测器实现了对月球和行星的逼近观测和直接取样探测，开创了人类探索太阳系内天体的新阶段。

1959 年 1 月，苏联发射了第一个月球探测器—"月球"1 号，此后美国发射了"徘徊者"号探测器、"月球轨道环行器"、"勘测者"号探测器和"阿波罗"号飞船。60 年代初期，美国和苏联发射了多种行星和行星际探测器，分别探测了金星、火星、水星、木星和土星，以及行星际空间和彗星。其中有"先驱者"号探测器（美）、"金星"号探测器（苏）、"水手"号探测器（美）、"火星"号探测器（苏）、"探测器"（苏）、"太阳神"号探测器（美国与联邦德国

合作)、"海盗"号探测器（美)、"旅行者"号探测器
(美) 等.

【载人飞船】 能保障航天员在外层空间生活和工作以执行航天任务并返回地面的航天器. 又称宇宙飞船. 它是运行时间有限, 仅能一次使用的返回型载人航天器. 载人飞船一般包括卫星式载人飞船和登月载人飞船. 载人飞船可以独立进行航天活动, 也可作为往返于地面和航天站之间的"渡船", 还能与航天站或其他航天器对接后进行联合飞行. 载人飞船容积较小, 受到所载消耗性物资数量的限制, 不具备再补给的能力, 而且不能重复使用. 1961 年苏联发射了第一艘"东方"号飞船, 后来又发射了"上升"号飞船和"联盟"号飞船. 与此同期, 美国也相继发射成功"水星"号飞船、"双子星座"号飞船和"阿波罗"号飞船等载人飞船. 后者是登月载人飞船, 把人送上了月球.

载人飞船具有多种用途, 主要是: ①进行近地轨道飞行, 试验各种载人航天技术, 如轨道交会和对接, 航天员在轨道上出舱, 进入太空活动等; ②考察轨道上失重和空间辐射等因素对人体的影响, 发展航天医学; ③进行载人登月飞行; ④为航天站接送人员和运送物资; ⑤进行军事侦察和地球资源勘测; ⑥进行临时性的天文观测.

【航天站】 可供多名航天员巡访、长期工作和居住的载人航天器. 又称空间站或轨道站. 在航天站运行期间, 航天员的替换和物资设备的补充可以由载人飞船或航天飞机运送, 物资设备也可由无人航天器运送. 1971 年苏联发射了世界上第一个航天站——"礼炮"1 号航天站, 1973 年美国发射了"天空实验室"航天站, 1983 年 11 月 28 日欧洲空间局的"空间实验室"航天站随美国"哥伦比亚"号航天飞机进入轨道, 进行了 70 多项空间实验后, 于同年 12 月 8 日返回地球.

航天站在科学研究、国民经济和军事上都有重大价值. 它有下列用途: ①天文观测: 在航天站上进行天文观测, 飞行高度高, 观测时间长, 没有大气影响, 航天员可以直接操纵仪器; ②勘测地球资源: 发现矿藏、海洋资源、森林资源和水利资源等; ③医学和生物学研究: 完成有人参与的生物医学试验, 寻找治疗某些疾病的新方法, 试制新的药品和试剂; ④发展新工艺、新技术: 利用太空高真空、高纯净和微重力的特殊环境制取新型合金和超纯材料, 制造高级玻璃, 获得大晶体和掺杂高度均匀的半导体, 进行晶体生长和材料焊接试验等; ⑤大地测量、军事侦察以及试验和发射航天武器或航

天器等; ⑥为人在空间长期居住、开展航天活动和开发太空资源提供场所.

【航天飞机】 可以重复使用的、往返于地球表面和近地轨道之间运送有效载荷的飞行器. 在轨道上运行时可在机载有效载荷和乘员的配合下完成多种任务. 航天飞机通常设计成火箭推进的飞机, 返回地面时像滑翔机或飞机那样下滑和着陆. 航天飞机集中了许多现代科学技术成果, 是火箭、航天器和航空器技术的综合产物. 它的特点是可以多次重复使用, 发射成本较低和用途广泛. 航天飞机为人类自由进出空间提供了很好的工具, 是航天史上的一个重要里程碑. 1972 年 1 月, 美国确定了航天飞机方案. 在 70 年代, 苏联、法国、日本等国也开始探索或研制航天飞机. 1981 年 4 月, 世界上第一架航天飞机, 即"哥伦比亚"号航天飞机试飞成功. 1982 年 11 月, 航天飞机开始首次商业性飞行. 1988 年 11 月 15 日, 苏联第一架航天飞机"暴风雪"号成功地进行了不载人的试验飞行. 美苏两国的航天飞机, 外型几乎一样, 其主要区别在于运载火箭系统. 美国航天飞机的运载火箭不是独立系统, 它是由固体火箭助推, 第二级动力装置就是和轨道器结合在一起的主发动机, 它只能把航天飞机本体部分发射上天. 苏联发射航天飞机, 用的是自成系统的"能源"号运载火箭, 它全部由液体火箭组成, 不但能够把"暴风雪"号航天飞机送入轨道, 还可以发射其它的大型航天器. 另外, 苏联的航天飞机能够在无人驾驶的状态下自动飞行和自动着陆, 而美国的航天飞机仅能够自动起飞入轨, 而着陆则须由人操纵. 航天飞机的出现, 标志着航天运载器由一次使用的运载火箭转向重复使用的航天运载器的新阶段的到来.

【地球同步卫星】 运行周期与地球自转周期 (23 小时 56 分 4 秒) 相同的顺行人造地球卫星. 地球同步卫星每天在相同时间经过相同地方的上空, 它的星下点轨迹是一条封闭的曲线. 对地面观察者来说, 每天相同时刻地球同步卫星会出现在相同的方向上.

【地球静止卫星】 沿圆形轨道运行的倾角为零的地球同步卫星. 其星下点轨迹是赤道上的一点. 在地面上的人看来, 这种卫星好象静止不动地"挂"在天上, 故称"静止卫星". 其实这种卫星并非不动, 只是它绕地轴转动的角速度和地球自转角速度大小相等, 方向相同. 静止卫星距地面的高度35786 公里, 运动速度为 3.07 公里／秒. 由于静止卫星位置高, 观测范围广, 一颗卫星就可覆盖三

分之一以上的地球表面，如果在静止卫星轨道上等间距地配置三颗卫星，就将近可以覆盖全球，加上这种卫星和地面保持相对静止，跟踪简单，使用方便，能够 24 小时连续工作，因此用途非常广泛。通信、气象、广播、导弹预警、电子侦察等多种民用和军用卫星都采用静止卫星。

【太阳同步卫星】 沿太阳同步轨道运行的人造地球卫星。所谓太阳同步轨道，指轨道平面绕地球自转轴旋转的方向和地球公转方向相同、旋转角速度等于地球公转的平均角速度（即 0.9856°／天或 360°／年）的人造地球卫星轨道。太阳同步轨道属于逆行轨道，倾角必须大于 90°。太阳同步卫星以相同方向经过同一纬度的当地时间是相同的，所以，选择适当的发射时间，可以使卫星经过一些地区时，这些地区始终具有比较好的光照条件，以便于观察、摄影和为卫星上的电池供电。另外，太阳同步卫星倾角稍大于 90°，兼有极轨道卫星的特点，可以俯视整个地球表面。因此，气象卫星、地球资源卫星和照相侦察卫星常取太阳同步轨道。

【极轨道卫星】 倾角为 90° 的人造地球卫星。极轨道卫星每天都要飞经地球两极上空，可以俯视包括两极在内的整个地球表面，故常作为气象卫星、地球资源卫星和侦察卫星使用。在工程上，常把倾角稍稍高于 90°，但仍能覆盖全球的卫星也称为极轨道卫星，太阳同步卫星即属于此。

【军用卫星】 用于各种军事目的的人造地球卫星。军用卫星发射数量最多，约占世界各国航天器发射数量的三分之二以上。50 年代末期，人造地球卫星开始试验用于军事目的；到 60 年代中期各种军用卫星已相继投入使用。70 年代之后，军用卫星得到很大发展，已经成为一些国家现代作战指挥系统和战略武器系统的重要组成部分。军用卫星按用途一般可分为侦察卫星、军用通信卫星、军用气象卫星、军用导航卫星、军用测地卫星和反卫星卫星。一些民用卫星也兼有军事用途。军用卫星的主要发展趋势是提高生存能力和抗干扰能力，实现全天时、全天候覆盖地球和实时传输信息，延长工作寿命。

【侦察卫星】 用于获取情报的人造地球卫星。卫星利用光电遥感器或无线电接收机等侦察设备，从轨道上对目标实施侦察、监视或跟踪，以搜集地面、海洋或空中目标的情报。侦察设备搜集到目标辐射、反射或发射出的电磁波信息，用胶卷、磁带等记录存贮于返回舱内，在地面回收；或者通过无线电传输的方法实时或延时传输到地面接收站，而后经光学设备和电子计算机等处理加工，从中提取有价值的情报。

卫星侦察的优点是侦察面积大、范围广、速度快、效果好，可定期或连续监视一个地区，不受国界和地理条件限制，能取得其他手段难以获得的情报，对于军事、政治、经济和外交等均有重要作用。侦察卫星自 1960 年前后出现以来，发展迅速，已成为有能力发射这类卫星的国家获取情报的有效工具，成为现代作战指挥系统和战略武器系统的重要组成部分。根据执行的任务和侦察设备的不同，侦察卫星一般分为照相侦察卫星、电子侦察卫星、海洋监视卫星和导弹预警卫星。

【照相侦察卫星】 利用光电遥感器对地面摄影以获取情报的侦察卫星。分为普查卫星和详查卫星两种。前者的照相侦察设备视角大而分辨力低，适于作大面积侦察和监视。后者则视角小而分辨力高，用于对可疑目标作详细侦察。通常先进行普查，发现可疑处再作详查。卫星装有可见光照相或红外照相、多光谱照相、电视侦察、侧视雷达等设备。其相应的特点是：分辨力高、可夜间侦察、能识别伪装、工作寿命长又可实时传输图像、能全天候侦察。照相侦察卫星常用近地椭圆轨道，近地点约 150–200 公里。某些卫星还有机动变轨能力，以利用云层间隙摄像或降低高度而提高分辨力。美国 1971 年起发射的"大鸟"卫星，是普查和详查兼用的侦察卫星，重约 12 吨，装有照相机和电视摄像机，分辨力达 0.3 米，具有机动变轨能力。

【电子侦察卫星】 用于侦收雷达、通信和遥测等系统所辐射的电磁信号，并测定辐射源地理位置的侦察卫星。这种卫星一般运行在高度约 500 公里至 1000 多公里的近圆轨道上。它是卫星电子侦察系统的空间部分。卫星将侦收到的电磁信号进行预处理后，发送到地面接收台站，以分析电磁信号的各种参数和进行辐射源的定位并从中提取军事情报。电子侦察卫星不受地域、天气条件的限制，能在各种天气条件下对大面积地区长期监视和侦察，获得时效性强的情报，电子侦察卫星已经成为现代战略情报侦察不可缺少的手段。

【导弹预警卫星】 用于监视和发现敌方发射战略导弹，并发出警报的侦察卫星。这种卫星通常发射到地球静止卫星轨道或周期约 12 小时的大椭圆轨道上，一般由几颗卫星组成预警网。预警卫星利用卫星上的红外探测器，探测导弹主动段飞行期间发动机尾焰的红外辐射。卫星上一般还装有 X 射线探测器、γ 射线探测器和中子计数器等，以兼顾探测核爆炸的任务。

【海洋监视卫星】 用来监视海上舰只和潜艇活动，侦察舰艇上雷达信号和无线电通信的侦察卫星。海洋监视卫星能有效探测和鉴别海上舰船并准确地确定其位置、航向和航速。这种监视由主动型和被动型两类卫星成对协同进行。主动型卫星能提供舰船尺寸的情报；被动型卫星能提供舰船上电子设备的情报。卫星常采用倾角为 63.4°（临界倾角）、高度为 1000 公里左右的近圆轨道。这种轨道近地点和远地点所在的纬度不变，以保证成对卫星之间的距离不变。

【军用通信卫星】 担负各种军事通信任务的卫星。包括战略通信卫星和战术通信卫星。前者提供全球性的战略通信，后者提供地区性战术通信以及军用飞机、舰船、车辆乃至单人背负终端的机动通信。80 年代以来战略通信卫星和战术通信卫星的区分已不明显。美国的军用通信卫星采用地球静止轨道并与民用分开，典型的有"国防通信卫星" I 号、"林肯"号试验卫星、"战术通信卫星"、"国防通信卫星" II 号、"舰队通信卫星"和"国防通信卫星" III 号等，实现了美国全球战略和战术通信。苏联用于军用的通信卫星有混编在"宇宙"号卫星系列中的较低轨道的通信卫星，大椭圆轨道的"闪电"号通信卫星以及地球静止轨道的"虹"号、"荧光屏"号和"地平线"号等通信卫星。英国和北大西洋公约组织分别拥有"天网"号和"纳托"号通信卫星。

【军用气象卫星】 为军事需要提供气象资料的卫星。它通常利用各种气象遥感器拍摄云图和获取其他定量气象参数，提供全球范围的战略地区和任何战场上空的实时气象资料。军用气象卫星具有保密性强和图像分辨率高的特点。美国的军用气象卫星有"布洛克"号国防气象卫星，苏联的军用气象卫星混编在"宇宙"号卫星系列中。

【军用导航卫星】 通过发射无线电信号为地面、海洋和空中军事用户导航定位的人造地球卫星。军用导航卫星定位精度高，能在各种天气条件下和全球范围内提供导航信息，而且用户设备简单。军用导航卫星主要为核潜艇提供在各种天气条件下全球导航定位服务，也能为地面战车、空中飞机、水面舰艇、地面部队甚至单兵提供精确位置、速度和时间信息。"子午仪"号导航卫星和"导航星"

全球定位系统是美国的军用导航卫星，前者已部分解密转为民用。苏联的军用导航卫星混编在"宇宙"号卫星系列中。

【军用测地卫星】 为军事目的而专门用于大地测量的人造地球卫星。主要用于测定地球上任何点的坐标和所需地区的地形图，确定本国战略导弹发射点（地下井或核潜艇）的坐标，测定地面或海面上打击目标的坐标。军用测地卫星有美国的"安娜"号和"西可尔"号等测地卫星。这两种卫星有的已和军用导航卫星兼用。

【反卫星卫星】 专门用来对付人造卫星的卫星。反卫星卫星与空间观测网、地面发射－监控系统组成反卫星武器系统。这个系统在接到命令后，将反卫星发射到预定轨道上，根据目标卫星的运行轨道，启动变轨发动机，作变轨机动去接近目标卫星，使用非核弹头和火箭将其摧毁。受变轨机动所消耗推进剂的制约，最大作战高度在 2000 公里以内。目前反卫星激光器和粒子束武器正处在技术发展和探索阶段。

【卫星式武器】 从人造地球卫星运行轨道上攻击地面目标和外层空间目标（卫星、飞船、航天飞机、弹道导弹等）的武器。它分为轨道武器和截击卫星两类。前一类在敌对行动开始时，从地面发射入轨，环绕地球轨道运行，在接到命令以后再入大气层攻击地面目标，称为轨道轰炸系统。发射后，绕地球轨道运行不足一圈就再入大气层实施攻击的称为部分轨道轰炸系统，苏联在 60 年代中期到 70 年代初曾作过多次试验。部分轨道轰炸系统由于轨道低（高 160 公里），雷达发现晚，预警时间短，可从地球两个侧面打击同一地面目标，使对方防御困难。但所携带核弹重量小，命中精度也差。后一类是携带攻击武器的卫星，采用自身爆炸、发射激光和火箭等方法摧毁空间目标。

【地球资源卫星】 勘测和研究地球自然资源的人造地球卫星。它利用所载多光谱遥感设备获取地物目标辐射和反射的多种波段的电磁波信息，将这些信息发送给地面接收站。地面接收站根据事先掌握的各类物质的波谱特性，对这些信息处理和判读，从而得到各类资源的特征、分布和状态等资料。地球资源卫星能迅速、全面、经济地提供有关地球资源的情况，对于资源开发和发展国民经济有重要的作用。根据观测重点的不同，地球资源卫星分为陆地资源卫星和海洋资源卫星。

1、 无人航天器

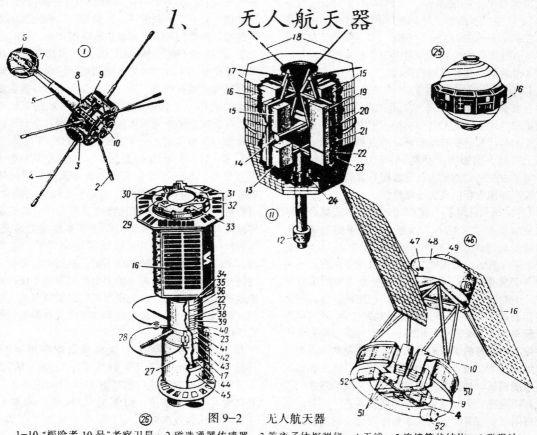

图9-2　无人航天器

1-10."探险者10号"考察卫星　2.磁选通器传感器　3.等离子体探测仪　4.天线　5.连接管状结构　6.磁强计　7.偏移球体　8.连接销　9.光学观测装置　10.电子仪器舱；　11-24."中继"通信卫星；　12.宽频带天线　13.接收机和行波管激励器　14.行波管　15.行波管电源　16.太阳电池　17.蓄电池组　18.遥测天线　19.辐射效应测量仪　20.接收机激励器　21.编码器　22.译码器　23.接收机和副载波解调器　24.辐射传感器　25."子午"导航卫星　26-45."探险者11号"考察卫星；　27.指令接收天线　28.环状天线　29.太阳传感器　30.温度传感器　31.可卸盖板　32.地球传感器　33.γ射线望远镜　34.磁带自动记录器　35.测量仪器舱　36.指令接收机　37.多波道调制器　38.变换器和多波道调制器　39.变换器和输入脉冲选择器　40.脉冲计数器　41.天线分离滤波器　42.跟踪系统发射机　43.遥测发射机　44.分配器　45.天线部分；46-52."雨云"气象卫星；47.定向燃气舵　48.控制部分　49.蓄电池舱　50.调温百叶窗　51.电视摄象机　52.红外线扫描装置

【"探险者"1号卫星】　美国发射的第一颗人造地球卫星。1958年1月31日从卡纳维拉尔角用丘辟特-C火箭发射。卫星外形为带锥头的圆柱体，重14公斤；近地点360.4公里，远地点2550公里；倾角33.34°；运行周期114.8分钟。卫星上带有盖革计数器、微流星撞击计数器、测温感应元件，进行了宇宙线和微流星测量，还测量了卫星内部和外壳的温度。这颗卫星的主要成果，是发现了地球内辐射带（又称"范爱伦辐射带"），这个辐射带内的高能带电粒子对载人空间飞行和卫星材料、仪器都有一定的危害性。"探险者"1号卫星于1958年5月23日停止工作。"探险者"1号卫星的发射成功，使美国成为世界上第二个能够用自制火箭发射人造卫星的国家。

【"发现者"号卫星】　美国的综合性军用试验卫星。自1959年2月到1962年2月共发射了

38 颗卫星。其主要任务是进行空中照相侦察，其次是进行生物辐照、空是环境探测、导弹预警试验和电子侦察试验。"发现者"号卫星在航天技术方面取得世界第一的成果有：1959 年 4 月 13 日"发现者"2 号进入近圆形极地轨道，同时完成了三轴姿态控制。"发现者"13 号于 1960 年 8 月 11 日在轨道上接收地面指令控制，弹射出一个装有照相胶卷的再人密封舱并在海上回收成功。

【"萨莫斯"号卫星】　美国最早的无线电传输普查型照相侦察卫星。星上装有自动扫描相机，拍摄的照片在卫星上自动冲洗，用电扫描方式，将底片上的信息转变成电信号，当卫星飞经指定地面站上空时发回地面。"萨莫斯"号卫星的发射成功，证实了由卫星对地面工程设施进行普查、测量和以无线电传输摄影信息的可能性。

【"大鸟"卫星】　美国的普查、详查结合型照相侦察卫星。又称 647 计划。卫星采用近极地太阳同步轨道，直径 3 米，轨道重量 11 吨以上，是美国迄今最大、最重的综合型照相侦察卫星。它携带两套成像系统：一套是分辨率为 2 米的普查相机，平时对侦察地区连续拍照，以无线电方式传至地面判读中心；另一套系统是焦距 2.44 米、地面分辨率达 0.3 米的详查相机。卫星上带有 4~6 个胶卷舱，拍照好的详查胶卷用回收舱定期或按指令送回地面。为了提高侦察效果，"大鸟"卫星上还装有多谱段相机、长波红外扫描仪、红外测绘装置、可变焦距远摄镜头电视摄像机和侧视雷达等；有时还携带电子侦察卫星上天。多种手段配合运用，以便获取更多的军事情报。

【"锁眼"卫星】　美国的普查型全天候长寿命低分辨率照相侦察卫星。首星于 1976 年 12 月发射成功。卫星运行在数百公里高的太阳同步轨道上，可在每天最佳光照条件下对目标实施侦察，侦察所得的信息通过模／数转换器变为数字化图像信号，并几乎瞬时用无线电发送回地面判读中心，判读中心可根据需要把数字信号再转换成照片或硬拷贝如正片或透明片，也可在计算机终端显示。寿命为 770~1175 天，地面分辨率为 1.5~3 米，虽比不上回收胶卷效果好，但由于不存在胶卷舱耗尽问题，加上轨道较高，寿命又长，可实现全年覆盖，并经常保持有两颗卫星同时在轨道上工作。在监视局部战争、发现异常动向和配合航天飞机发射中，都发挥了重要作用。

【"搜索者"号电子侦察卫星】　美国的中轨道电子侦察卫星。采用约 500 公里高度的圆形轨道。星上装有高灵敏度的侦察接收机和天线，对选定的无线电台和雷达发射的电磁波进行侦收和记录，测定其工作特性参数，精确核定辐射源的位置并定位编目，为导弹和轰炸机实施突防提供情报。据报道，此类卫星曾截获别国指挥所与前线部队之间的通信联络信号和发给潜艇舰队的密电。

【"流纹岩"电子侦察卫星】　美国的静止轨道电子侦察卫星。它是由各级窃听手段组成的全球性监视网中最有威力、最先进的侦听手段，能够截获微波通信、无线电话及洲际导弹试验的遥测信号，是美国、加拿大、澳大利亚、英国在全世界收集情报合作协定中的一个重要组成部分。

【"P-11"电子侦察卫星】　美国空军的电子侦察卫星。采用 600 多公里的圆形轨道，星上除载有侦察接收机和天线外，还有一台磁带记录器，可存贮 3 小时 874，800 比特的数据，其回放速度可变，最快可在 15 分钟内将这些数据发回地面。"P-11"卫星作为子卫星随照相侦察卫星一起发射，重点是探测未知的辐射系统，包括对新型雷达的研制和试验，从技术上确定由新型雷达系统构成的武器系统的能力；同时也监视已知辐射源的活动规律和频繁程度，并进行配合临时性任务的无线电窃听等。

【"维拉"号卫星】　美国核爆炸探测卫星。1963 年 10 月到 1970 年 4 月共发射 12 颗。"维拉"号卫星是成对发射的。卫星重 136~260 公斤，采取高度 9~12 万公里、倾角 32°~40°、周期 85~112 小时的近圆轨道，工作寿命约 1.5~5 年。"维拉"号卫星的任务是探测大气层和外层空间的核爆炸。这个卫星系列停止发射后，其任务改由 647 预警卫星担负。

【647 预警卫星】　美国的弹道导弹预警卫星。又称综合型导弹预警卫星。其任务，一是探测地面和水下发射的洲际弹道导弹尾焰并进行跟踪，可提前获得 15-30 分钟的预警时间；二是探测大气层内和地面的核爆炸并进行全球性的气象观测。卫星采用地球静止轨道，1971 年第一颗工作型预警卫星发射成功。前期由两颗卫星组网，1979 年 6 月后改为三星组网。它能够在导弹点火后的 90 秒之内，探测到飞出稠密大气层的导弹尾焰，并在 3-4 分钟内将警报传送到美国本土，且预报出导弹的大致发射地点和攻击的大致区域。据报道，从 1971 年以来该系统已观测到苏联、法国、美国和中国所进行的一千多次导弹发射。

【"白云"号海洋监视卫星】　美国的电子侦

察型海洋监视卫星。采用"一箭四星"方式发射，1976年4月第一组"白云"号卫星正式投入使用，1977年和1980年又相继发射第二、第三组。每组由一颗母卫星和三颗子卫星组成，通过星载电子情报接收机侦察船舰雷达和通信信号，确定被侦察舰队规模和动向。卫星轨道高度约1000公里，能接收到大约2000英里远处水面舰只的无线电信号。一组四颗卫星同时工作，相互协调配合，可提高测量精度。三组卫星的轨道面互相间隔120°，组网工作。其后发射的卫星都用作替补失效的卫星。

【国防通信卫星】 美国的军用静止通信卫星。从1966年正式开始发射，先后经历了三个阶段。第一阶段称为"初级国防通信卫星"，即"国防通信卫星"I号，每颗卫星携带转发器2台（1台备用），最大通信容量为12条活路，主要满足远程战略通信的需要；第二阶段称为"高级国防通信卫星"，亦即"国防通信卫星"Ⅱ号，每颗卫星携带转发器4台（2台备用），通信容量大大增加，可通1300条双向话路或高达100兆比特／秒的数据库，既能担负战略通信，又能担负战术通信。以上两个阶段均由美国空军负责组织。1982年10月后发射的新一代"国防通信卫星"Ⅲ号，改由美国国防部发射。这是一种先进的军用静止通信卫星，每颗卫星装有7台转发器和10副不同类型的天线，总带宽为375兆赫，能够以频分多址、码分多址和单路单载波多种通信体制工作，通信灵活，机动性抗干扰性强，具有全球战略通信和局部战术通信的双重功能。

【舰队通信卫星】 美国的军用静止通信卫星。舰队通信卫星系统是一个以美国海军为主，海、空军联用的特高频军用卫星通信系统。卫星分布在静止轨道上，旨在为美国海军舰队提供除两极地区以外的全球卫星通信，并为美国海、空军的飞机提供战术通信。1978年2月发射的第一颗舰队通信卫星，携带12台一次变频转发器，通信容量为30条话路和21路电传；以后发射的舰队通信卫星，每颗携带23台超高频转发器，可满足大容量全球通信的需要。

【"子午仪"号导航卫星】 美国的低轨道导航卫星。又称海军导航卫星系统。其主要功用，是为核潜艇和各类海面舰船提供高精度断续的二维定位，并用于海上石油勘探和海洋调查定位、陆地用户定位和大地测量（测定极移、地球形状和重力场等）。"子午仪"号卫星取高度约1千公里的近圆极轨道，采用双频多普勒测速导航体制，由轨道面均匀分开的4—5颗卫星组成围绕地球的空间导航网（导航星座），可使全球任何地方的导航用户能在平均每隔1.5小时左右利用卫星定位一次，导航定位精度一般为20—50米。"子午仪"导航卫星系列从1960年4月开始发射并进行试验鉴定，1964年6月正式交付美国海军使用；1967年7月"子午仪"导航卫星组网实用并允许民用。截止八十年代，"子午仪"卫星共发射30颗，美国国内外有许多用户。

【"导航星"卫星】 美国的国防导航卫星。1978年2月开始发射第一颗卫星，计划到八十年代后期用18颗"导航星"构成全球定位系统实用星座。其主要任务是使海上舰船、空中飞机、地面用户及目标、近地空间飞行的导弹以及卫星和飞船实现各种天候条件下连续实时的高精度三维定位和速度测定，还可用于大地测量和高精度卫星授时等。"导航星"全球定位系统取中高度圆轨道，采用双频伪随机噪声测距导航体制。系统由18颗实用卫星和3颗备用卫星组成，均匀分布在6个轨道面内，高度约2万公里，倾角为63°。实用"导航星"卫星还装有单通道卫星通信转发器和探测秘密核试验的敏感器。全球定位系统有较高的军用价值，定位精度可达10几米左右，测速精度优于0.1米／秒，授时精度优于1微秒。民用时定位精度一般为100米左右。

【"布洛克"卫星】 美国的军用气象卫星。计划代号为DMSP-417，"布洛克"是它的别名。该系统是在越美战争期间建立起来的，第一座地面数据读出站建造在越南的新山一基地，直接为美军第七航空队服务。第一颗"布洛克"卫星于1965年1月发射成功，尔后系统日趋完善，逐渐形成全球性气象卫星网，负责向美三军实时或非实时提供全球气象数据。照相侦察卫星也是它的主要用户之一，因为气象卫星可准确预报几小时后待侦察地区的天气情况。卫星运行在约800公里高的近极地太阳同步轨道上，可以实施全球覆盖。两颗卫星组成系统，每颗卫星一次扫描宽度为2963.2公里，两颗卫星交替运转，升点分别在清晨和中午，地面站每天能在四个较适宜的时间接收卫星的数据资料。

【陆地卫星】 美国地球资源卫星。曾称作"地球资源技术卫星"。自1972年7月23日发射"陆地卫星"1号以来，到1984年3月1日已发射到"陆地卫星"5号。"陆地卫星"的主要任务是调查地下矿藏、海洋资源和地下水资源，监视和协助管理农、林、畜牧业和水利资源的合理使用，预报和鉴别农作物的收成，研究自然植物的生长和地貌，考察和预报各种严重的自然灾害（如地震）和环境污染，拍摄各种目标的图像，借以绘制各种专题图（如地质图、地貌图、水文图）等。卫星采用900公里近圆形太阳同步轨道，周期103分钟，每天绕地球14圈，第二天向西偏!70公里，18天后又回到原轨道运行。每帧图像的地面覆盖面积为183×98平方公里，相邻两帧重叠14公里。"陆地卫星"用以收集地球信息的装置有多谱段扫描仪和返束光导管摄像机。这些信息以电信号形式记录，卫星飞经地面接收站上空时把电信号发送给接收站，经处理后供用户使用。卫星还装有数据收集系统，为分布在各地的150个地面数据自动收集平台中继传输数据。这些平台收集当地的河水流量、雨量、积雪深度、土地含水量以及火山活动情况等数据，经卫星中继以后集中送给用户。"陆地卫星"不仅在勘测地球资源和环境管理上有很大的优越性，而且有重要的军事应用价值。

【海洋卫星】 美国地球资源卫星。是世界上第一颗专门用于海洋观测试验的卫星。"海洋卫星"的主要任务是鉴定利用微波遥感器从空间观测海洋及其有关海洋动力学现象的有效性。1978年6月发射了"海洋卫星"1号卫星，轨道高度776～800公里；倾角108°；周期100.63分钟。卫星上携带有合成孔径雷达、雷达测高计、微波散射计系统、扫描式多信道微波辐射计、可见光和红外扫描辐射计等科学仪器。

【徘徊者号探测器】 美国为"阿波罗"号飞船登月作准备而发射的月球探测器。从1961年8月到1965年3月共发射9个，各重300～370公斤。探测的任务是在月面硬着陆前逼近月球拍摄照片，测量月球附近的辐射和星际等离子体等。"徘徊者"1～6号的试验都因故障而失败。第一次取得成功的是7号，它向地球传送了4300多幅电视图像，其中最后的那些图像是在离月面只有300米处拍摄的，显示出月球上一些直径小到1米的月坑和几块不到25厘米宽的岩石。"徘徊者"8号和9号传送了约1.2万张清晰的月球照片，为"阿波罗"号飞船登月选点作了先行的探测工作。

【先驱者号探测器】 美国的太阳系探测器。1958—1973年共发射11次，并依次编号。"先驱者—4号"于1959年3月发射，为本系列首次发射成功。"先驱者—10号"于1972年3月2日发射，成为木星探测器，并于1973年12月在木星附近14万公里处飞过，受木星引力加速达到脱离太阳系引力速度，飞入恒星际空间。"先驱者—11

号"于1973年4月5日发射，并于1974年12月飞往距离木星4万公里处，1979年飞近土星。

【水手号探测器】 美国向火星、金星和水星发射的行星际探测器。1962—1973年共发射10次，并依次编号。通过一系列的探测和拍摄近距火星的照片，发现火星表面有类似月球的环形山，测定了火星和金星表面温度和大气密度，证实了火星上没有什么"运河"，尚未发现火星和金星上有磁场和辐射带以及火星上有生命现象。其中"水手—9号"还成为第一颗人造火星卫星，"水手—10号"在飞过水星时，把水星表面环形山结构，用无线电传真发回地球。

【海盗号探测器】 美国向火星发射的行星际探测器。为二十世纪七十年代最大型的行星际飞行器。海盗号探测器由轨道舱和着陆舱组成。1975年8月和9月先后发射"海盗—1号"、"海盗—2号"，并分别于1976年7月20日和9月4日在火星表面软着陆。主要任务是探测火星是否有水，分析火星空气成分，取火星土样作研究，并进行生物实验，借以证实火星上有无生命存在。此外，还用海盗号轨道舱和着陆舱上的两台彩色电视摄相机，拍报火星表面照片，从而了解火星地质、地理、气象等状况，为研究太阳系起源与演化、地球形成过程提供资料。从目前发回地球的数据分析，火星上不存在任何生命，甚至连微生物都没有。

【旅行者号探测器】 美国向木星和土星发射的行星际探测器。1977年8、9月连续发射两次，于1979年3月接近木星，1980年11月接近土星，对木星和土星进行比较研究。研究项目包括木星的卫星、土星的光环以及它们周围区域的研究，并对土星和地球间的行星际空间的介质进行探测。载有宇宙线传感器、等离子体传感器、低能荷电粒子传感器、磁强计、光电偏振计、广角和窄角电视照相机、红外干涉仪和辐射计等。预计旅行者号于1981年经过土星后在1986年飞临天王星，并对它进行飞行考察。1989年穿过冥王星轨道，飞出太阳系，进入银河系，以寻找太阳系外是否有文明的高等动物存在。为此，旅行者号还用磁带录制了"地球之音"，其内容有115幅照片和图表、近60种语言问候语、35种自然界音响、27种古典和现代音乐等，用于地外生命探索。

【月球轨道环行器】 美国为"阿波罗"号飞船登月作准备发射的月球探测器。从1966年8月到1967年8月共发射5个，每个重380～390公斤。它是研究月球环境和表面结构的人造月球卫星，主要任务是在绕月轨道飞行时拍摄月球正面和背面的详细地形照片，绘制0.5米口径的火山口或其他细微部分的月面图，为"阿波罗"号飞船选择着陆点。这5个"月球轨道环行器"共对月面约99%的地区拍摄了高分辨率照片，借助这些照片选择了8个平坦的月面区作为"阿波罗"号飞船可能的安全着陆点，同时还获得了月球表面的放射性和矿物含量等资料以及有关月球引力场等数据。

【勘测者号探测器】 美国为"阿波罗"号飞船登月作准备而发射的不载人月球探测器。它的主要任务是进行月面软着陆试验，探测月球并为"阿波罗"号飞船载人登月选择着陆点。从1966年5月到1968年1月共发射7个。其中除2号由于姿态控制发动机失灵坠毁于月面，4号在预定着陆点撞毁外，其余都在月面软着陆成功，并取得了预期的探测结果。

【"人造地球卫星"1号卫星】 苏联发射。"人造地球卫星"1号，于1957年10月4日发射，是全世界第一颗人造地球卫星，它是人类航天新纪元开始的标志。卫星为铝质球体，重83.6公斤，从咸海附近的拜科努尔发射。发射卫星用的运载火箭是用P-7（SS-6）洲际导弹改装而成的。卫星近地点215公里，远地点947公里；倾角为65°；运行周期96.2分钟。卫星上共有两台交替工作的无线电发射机，用脉冲调制方式发送信号。"人造地球卫星"1号共运行了92天，绕地球飞行约1400圈，于1958年1月4日再入大气层烧毁。

【"宇宙"号卫星】 苏联的混编有各种应用卫星、科学卫星和技术试验卫星的人造地球卫星系列。它是世界上卫星数量最多的一个系列，自1962年到1989年底，已发射2000多颗。"宇宙"号系列中多数为军用卫星，其中包括照相侦察卫星（每年发射几十颗，每颗重约5吨，可回收胶卷）、军用通信卫星（一次发射8颗的小型通信卫星，运行在高度约为1500公里的近圆形轨道上）、电子侦察卫星、海洋监视卫星、导弹预警卫星、导航卫星和卫星式武器。在这一卫星系列中还有气象卫星、试验通信卫星、生物卫星、空间物理探测卫星、天文卫星、地球资源卫星等。另外，在"宇宙"号卫星系列中还编入一些没能进入预定轨道的空间探测器和试验型无人飞船。

【"宇宙"号照相侦察卫星】 苏联的照相侦察卫星。从1967年4月发射成功第一颗普查型卫星"宇宙"4号以来，已经发展了五代，其发射数量占"宇宙"号卫星总数的40%左右。开始携带一个胶卷舱，采用整星回收。后来携带多个胶卷舱，每拍摄完一个回收一个。回收舱上均装有自爆装置，一旦回收失败而胶卷舱有可能落入别国手中时，即实行自爆。卫星运行周期固定为90分钟，这样，每隔16圈将通过地球的一特定地区，每日一次。卫星采用多种倾角，更利于对特定地区的侦察覆盖。卫星多取200-300公里的近圆低轨道。1968年以后，开始采用机动变轨技术，可使近地点下降，使分辨率提高。在担任详查任务时，地面分辨率最高可达0.4-0.9米；普查时优于2米。工作时间从最初的数天逐步增到数十天。由于发射数量较多，可保证全年覆盖。有时为了随时掌握特定地区或特定目标活动情况，还发射"宇宙"号"快查型"战术侦察卫星。其特点是轨道机动灵活，侦察目的明确，短期内可连续发射，并可根据需要提前回收。

【"宇宙"号电子侦察卫星】 苏联的电子侦察卫星。从1967年3月开始发射，其数量在"宇宙"号卫星系列中仅次于照相侦察卫星和战术通信卫星而居第三位。"宇宙"号电子侦察卫星采用高度几百公里的中低轨道，根据执行任务的不同而取不同的轨道。卫星不实时传输数据，而将在侦察过程中收集到的无线电信号和雷达信号存贮起来，待飞经本国专用地面站上空时用无线电将情报发回。

【"宇宙"号预警卫星】 苏联的导弹预警卫星。分大椭圆轨道和地球同步轨道两种。大椭圆轨道预警卫星从1972年开始发射，倾角62.8°左右，轨道近地点一般选在600-650公里之间，远地点在39000-40100公里之间，运行周期约12小时。地球同步轨道预警卫星从1975年开始发射，与大椭圆轨道预警卫星配合使用，可对洲际导弹和潜射导弹发射取得较好的预警效果。

【"宇宙"号海洋监视卫星】 苏联的海洋监视卫星。分两类：（1）、雷达型的"宇宙"号海洋监视卫星。星上装有大孔径监视雷达，靠小型核反应堆提供能源。卫星沿高度为200多公里的圆轨道运行，倾角为65°，能探测到海上活动的较小的目标物。在正常情况下，当卫星在轨道上工作数十天完成任务后，核反应堆舱段与星体分离，并被推到大约1000公里高的轨道，在那里运行600年，使反应堆的核辐射逐渐消失。1978年1月24日，苏联"宇宙"954号核动力海洋监视卫星发生故障，核反应堆舱段未能升高而自然陨落，未燃尽的带有放射性的卫星碎片散落在加拿大境内，造成严重污染；以后又发生过类似现象。(2)、电子侦察型海洋监视卫星。星上载有被动式电子侦察接收机，运行在高度 450 公里左右的圆轨道上，靠探测舰队通信和雷达信号来监视水面舰只活动。星上装有离子助推器，可以调整轨道，以长时间监视某一海域。卫星工作寿命一般为 8—11 个月，完成任务后，在轨道上自行爆炸。

【"宇宙"号通信卫星】　苏联的军事战术通信卫星。以"一箭八星"方式成批发射，采用约 1500 公里近圆形轨道，每年发射 2—3 批，24 颗卫星组网，为苏联海军提供一个环球通信系统，以便保证苏海军各舰队及其舰艇与海军作战部之间的通信联络。

【"闪电"号通信卫星】　苏联的大椭圆轨道军民兼用国内通信卫星。"闪电"号卫星的近地点选在南半球上空，高约 500 公里；远地点在北半球上空，高约 40000 公里，运行周期 12 小时左右；倾角 65°。对于苏联的高纬度地区，使用静止通信卫星不能保证全部覆盖，而采用大椭圆轨道的"闪电"号通信卫星，每天两次经过苏联上空，第一次约 8—10 个小时，第二次约 6 小时。按一定间隔部署 3—4 颗"闪电"号卫星，不仅能保证苏联全境昼夜 24 小时连续通信，而且可供苏联与欧、亚各国和北美、中美之间的通信联络。由苏联一方提供的苏美首脑之间的卫星"热线"，便是通过"闪电"号卫星实现的。

【"虹"号通信卫星】　苏联的静止通信卫星。1975 年 12 月首次发射成功，卫星上有一个电视转发器和 20 个通信转发器，可同时转发 1 路电视和大约 1000 路电话，提供昼夜连续的军、民用电话、电报、无线电通信与电视节目。

【"地平线"号通信卫星】　苏联的军民兼用静止通信卫星。1979 年 6 月首次发射成功。每颗卫星装有 6 台转发器，频带宽为 34 兆赫，可同时提供 1400 个信道并转发 1 路电视。除为苏联军事部门提供通信业务外，还为以苏联为首的"国际卫星"通信组织提供通信服务。

【"流星"号卫星】　苏联的军民兼用业务气象卫星。分 I 型和 II 型两种。I 型从 1969 年 3 月开始发射，由 3 颗工作寿命为半年至 2 年的卫星在约 850—900 公里高的近圆轨道上组网工作。卫星运行周期 102 分钟，倾角 81.2°。星上装有用于观测云和冰雪覆盖情况的可见光电视摄像机、用以观测云和冰的分布情况的红外电视摄像机和扫描辐射仪。"流星"II 型卫星上装有可见光和红外扫描辐射

仪、垂直温度探测器和自动图像传输系统。流星系列的每一颗卫星绕地球一圈可以获得 8—10% 的地球表面云层覆盖和辐射的数据，两颗卫星在 24 小时之内就能对整个半球观测一次。这些数据由卫星上存贮设备记录下来，然后根据地面中心站的指令在几分钟内传输给地面进行处理。

【火星号探测器】　苏联向火星发射的行星际探测器。1962—1973 年共发射 7 次，并依次编号。其中"火星—2 号"将苏联国徽投掷在火星表面。"火星—3 号"放出着陆舱，第一次获得火星软着陆实验成功。"火星—2 号"和"火星—3 号"本体都成为环绕火星运行的人造卫星。

【金星号探测器】　苏联向金星发射的行星际探测器。1965—1975 年共发射 10 次，并依次编号。其中 1967 年发射的"金星—4 号"的着落舱在金星表面软着陆首次成功。金星号的主要任务是测定金星的磁场、辐射带、大气成分以及金星表面的气象状况。

【月球号探测器】　苏联不载人月球探测器。从 1959 年 1 月到 1976 年 8 月共发射 24 个。它们的任务是以逼近飞行、绕月飞行、硬着陆、软着陆、取回样品等不同方式，通过拍照、自动测量、采样分析、月球车实地考察对月球和近月空间探测。

"月球"1～3 号于 1959 年发射，1 号和 3 号在距月球数千公里处飞过，2 号实现了月面硬着陆。"月球"4～14 号在 1963～1968 年间发射。它们都预先进入人造地球卫星轨道，然后再从这个轨道飞向月球。"月球"15～24 号于 1969～1976 年间发射，发展成为月球自动科学站。1970 年 9 月 12 日发射的"月球"16 号由着陆舱和回收舱组成，在航天史上第一次实现了不载人探测器自动挖取月球岩石样品并自动送回地球的目的。"月球"17 号和 21 号各自携带一辆月球车，由地球站遥控操纵在月面上自动考察。"月球"24 号于 1976 年 8 月 18 日在月球危海东南部软着陆，挖掘机从 2 米深处挖取了约 1 公斤的月球岩样，22 日回收舱携带月球岩样在苏联西伯利亚地区降落。

【"进步"号航天运输飞船】　苏联的自动控制的运货航天器的名称。用以向载人航天站上运送科学仪器设备、摄影胶片、航天员生命活动保障设备、仪器和部件等。利用航天运输飞船还可对站上动力装置添加各种推进剂，补充生活舱中的空气损耗。卸货之后，航天运输飞船可以装上已用过的仪器设备和各种废物。"进步"号发射重量为 7 吨，可

运送有效载荷 2.3 吨，单独飞行时间最长可达 3 昼夜，与航天站联合飞行最长时间可达 30 昼夜。航天运输飞船由三个基本舱体组成：带有对接装置的货舱、加注装置舱、仪器设备舱。第一个自动控制和航天运输飞船"进步-1"号是 1978 年 1 月 20 日发射的，1 月 22 日同航天复合体"礼炮-6"号——"联盟-27"号对接。截止 1988 年底，苏联先后发射了 36 艘"进步"号运输飞船上天，与空间站对接，总共送去了几十吨燃料、氧气、食品和邮件。

【"幸运"号卫星】 英国发射的第一颗人造地球卫星。它使英国成为世界上第六个能够用本国自制火箭发射人造卫星的国家。"幸运"号卫星重约 65.8 公斤，外形为高 0.7 米、直径 1.1 米的多面柱体，1971 年 10 月 28 日从英国伍麦拉发射场发射。近地点 547 公里，远地点 1582 公里；倾角 82.06°；运行周期 106.5 分钟。这颗卫星主要是试验未来卫星用的轻型太阳电池帆板、热控系统的电子设备，并测量宇宙尘。

【"天网"号通信卫星】 英国的军用静止通信卫星。第一颗星于 1969 年 11 月发射，定位于东经 45°赤道上空，卫星由美国制造和发射，英国国防部买用，星上装有 2 台转发器（1 台备用），可提供 600 条话路和 1 路电视，解决英国与远东之间的秘密通信。第二颗星由英国制造，美国发射，1975 年 2 月正式交付使用，接替第一颗卫星工作。

【试验卫星 A-1】 法国发射的第一颗人造地球卫星。它使法国成为世界上第三个能够用本国自制火箭发射人造卫星的国家。"试验卫星 A-1"是直径为 50 厘米的双截头锥体，重约 14 公斤；1965 年 11 月 26 日从哈马基尔发射场发射，近地点 526.2 公里，远地点 1808.9 公里；倾角 34.24°；运行周期 108.6 分钟。发射目的主要是试验"钻石"号火箭的性能。卫星上没有携带科学仪器，只带有发送无线电信号的发射机，入轨 10 天后即停止工作。

【斯波特卫星】 法国的第一颗地球资源卫星，也是世界上第一颗可以进行立体摄影的卫星。1986 年 2 月发射成功，沿着高度为 832 公里的圆形太阳同步轨道运行，周期 101.8 分钟；倾角为 98.7°。卫星上装有 2 台高分辨率 CCD 器件可见光照相机、2 个图像数据记录器和一个向地面接收站发射图像的遥测装置。所提供的全色（黑白）照片地面分辨率为 10 米，有较高的几何精度，可用于绘制 1：10 万、1：5 万甚至 1：2.5 万比例尺的

地图。它提供的多谱段照相包括绿、红和近红外三个波段，地面分辨率为 20 米。斯波特卫星可以通过组合不同的角度连续拍摄同一区域，进行立体照相。由于星上的可见光照相机的入口为可变向镜面，在不改变卫星轨道的情况下，可进行斜视瞄准，2 台相机配合使用，能够观测到 950 公里宽度的任何区域，这不仅对跟踪快速变化的目标十分有利，而且可缩短照相期限（避免云层覆盖）；也能根据需要，在确定的日期观测特殊区域。另外，还可建立土地数字模型，用于各种军用和民用项目。斯波特卫星虽系地球资源卫星，但从已经公布的照片中，可以清晰地看出许多重要军事设施和目标，说明它具有相当明显的军事应用价值。

【"大隅"号卫星】 日本发射的第一颗人造地球卫星。它使日本成为世界上第四个能够用本国自制火箭发射人造卫星的国家。"大隅"号卫星重 9.4 公斤，外形是长 1 米、直径 0.48 米的圆柱体，1970 年 2 月 11 日用兰达-4S 火箭从日本鹿儿岛内之浦发射场发射，近地点 351 公里，远地点 5124 公里；倾角 31.38°；运行周期 144.4 分钟。卫星上带有信标发射机、遥测发射机、温度计、精密加速度计。首次发射的目的，是试验运载工具级分离和第四级入轨情况。发射 30 小时后，蓄电池出了毛病，发射机停止工作。

【"星 1-B"卫星】 印度发射的人造地球卫星。它使印度成为世界上第七个能够用本国火箭发射人造卫星的国家。"星 1-B"卫星重 40 公斤，外形为直径 0.5 米的椭球体，1980 年 7 月 18 日从印度斯里哈里科塔空间中心发射。近地点 306 公里，远地点 919 公里；倾角 44.8°；运行周期 96.9 分钟。发射目的是验证和评价 SLV-3 运载火箭和各种星载系统及地面控制系统的性能。

【"地平线-1"卫星】 以色列发射的第一颗人造地球卫星。"地平线-1"卫星于 1988 年 9 月 19 日用二级"沙维特"固体火箭从泰尔阿维夫南边的一个专用发射场发射，重 156 公斤；近地点 250 公里，远地点 1155 公里；倾角 142.86°（属逆行轨道）；运行周期 99.8 分钟。"地平线-1"卫星的发射成功，使以色列成为世界上第八个能够独立研制和发射人造地球卫星的国家。

【"纳托"号通信卫星】 北大西洋公约组织的军用静止通信卫星。定点在西经 18°赤道上空，为北约组织与其海、陆基地及各成员国之间提供通信联络。卫星上装有 2 台转发器（1 台备用），可用总频带宽 22 兆赫。该卫星系统有 12 座

地球站分布在 12 个国家内，其中有 7 座大容量地球站，每个站可传输一个多址的 24 条话路的调频载波；另外 5 座中容量地球站，每个站能传输一个 3 条活路的多址调频载波。

【太阳神号探测器】 联邦德国与美国合作发射的空间探测器。1974 年 12 月 10 日发射"太阳神"1 号，到达近日点为 0.309 天文单位（约 4635 万公里）的日心轨道；1976 年 1 月 15 日发射"太阳神"2 号，到达近日点为 0.29 天文单位的日心轨道，比以前所有空间探测器都更接近太阳。它们的任务主要是研究太阳、太阳-行星关系和水星轨道以内的近日行星际空间，探测太阳风、行星际磁场、宇宙线、微流星体等。

【"东方红"1 号卫星】 中国发射的第一颗人造地球卫星。1970 年 4 月 24 日用"长征"1 号运载火箭在酒泉卫星发射场发射。它的任务是进行卫星技术试验，探测电离层和大气密度。卫星重 173 公斤，外形为直径约 1 米的近似于球体的多面体；近地点 439 公里，远地点 2384 公里；倾角 68.5°；运行周期 114 分钟。卫星以固定频率发射《东方红》乐音、工程遥测参数和科学探测数据。同年 5 月 14 日停止发送信号。

"东方红"1 号卫星的发射成功，使中国成为世界上第五个能够独立研制和发射人造地球卫星的国家，并由此侪身于世界航天大国的行列。

【中国试验通信卫星】 中国用于电话、电报、电视和广播传输试验的第一颗静止通信卫星。1984 年 4 月 8 日由"长征"3 号三级液体火箭发射，4 月 16 日定点在东经 125°赤道上空。卫星命名为"东方红"2 号。这颗试验通信卫星的发射成功，使中国成为世界上第五个自行发射地球静止轨道卫星的国家。

2、 载人航天器

【水星号飞船】 美国第一代宇宙飞船。共六艘。各载员一名。目的是研究人在空间飞行过程中的反应和能力，以及飞船绕地球飞行安全返回的实验。1961 年 5 月和 7 月各发射一次，作载人的亚轨道（即不进入卫星轨道就返回地球）飞行试验。1962 年 2 月第三次发射入轨，为美国首次载人上天飞行，飞行 4 小时 56 分，绕地球 3 圈后返回，在太平洋溅落。飞船高 2.9 米，底部为直径 1.9 米的锥体，重 1.3 吨，近地点 157 公里，远地点 257 公里。船上装有生命维持系统、遥测系统、回收系统、同地面保持联系的电视和无线电传输系统等。1963 年 5 月 15 日发射最后一艘飞船，飞行 34 小时 20 分，绕地球 22 圈。

【双子星座飞船】 美国第二代宇宙飞船。为水星号宇宙飞船的继续和发展。载宇航员两名。共 14 艘，并依次编号。目的是研究阿波罗载人登月飞行所必须具备的技术，如轨道上交会、对接、宇航员出舱和长期飞行的经验。"双子星座-1 号"和"双子星座-2 号"为不载人飞行。"双子星座-2 号"和"双子星座-6 号"发射失败。1965 年 3 月发射的"双子星座-3 号"，首次实现载人飞船变轨。该飞船形状为圆锥形，其头部呈圆柱体，底部直径 2.3 米，顶部直径 0.8 米，高 5.7 米。飞船重 3.2 吨。"双子星座-4 号"宇航员进行了船外空间活动。"双子星座-7 号"突破飞行时间记录，达 330 小时 35 分钟。"双子星座-6A 号"与"双子星座-7 号"在轨道上交会，"双子星座-10 号"与"阿吉纳"目标卫星首次对接成功。双子星座宇宙飞船在飞行中宇航员还拍摄了各国的地形。

【阿波罗飞船】 美国阿波罗计划中的宇宙飞船。飞船总高 25 米，总重约 50 吨。由四部分组成：（1）登月舱—多面体，高 9 米，直径 4 米，重 14.5～16 吨。分上升段和下降段两部分：上升段有可载宇航员两名的密封加压舱、仪器设备和上升发动机等；下降段有月球车、仪器设备和下降发动机等。（2）指令舱—圆锥体，高 3.33 米，底部直径 4 米，重 6 吨。载宇航员三名。（3）辅助舱—圆柱体，高 7 米，直径 4 米，重 24～29 吨。装有飞船的主发动机、氢气与氧气、水与推进剂等。（4）发射逃逸装置—高 10 米，由小火箭和塔架组成，连接在指令舱顶部，一旦飞船起飞时运载火箭发生故障，即可启动小火箭将飞船拉离运载工具而逃生。

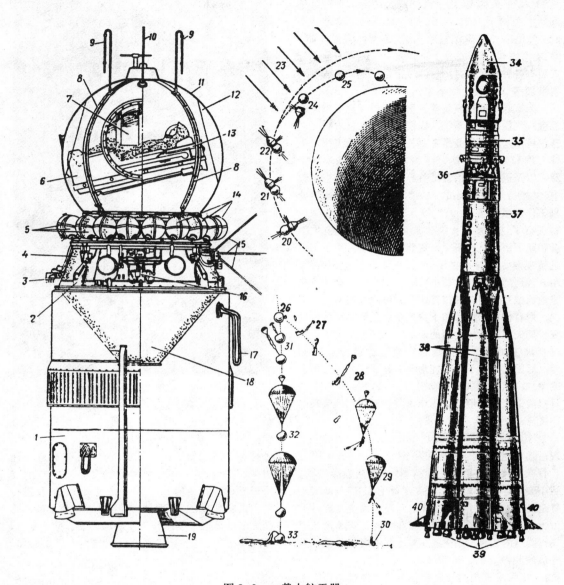

图 9-3　　载人航天器

1-19."东方号"航天飞船设备图：　1.末级运载火箭　2.轨道遥测控制系统天线　3.定向喷嘴　4.仪器舱　5.氧气瓶　6.弹射座椅　7.降落伞舱口　8.紧箍　9.指令天线　10.号系统天线　11.返回舱　12.出舱口　13.航天员降落伞系统开伞装置　14.定向系统压缩气瓶　15.双向无线电话通信天线　16.定向系统组件　17.遥测天线　18.贫机　19.末级发动机喷管；　20-25."东方号"航天飞船脱离轨道下降：20.开始定向(搜索太阳)　21.定向飞行　22.制动发动机点火　23.太阳辐射方向　24.运载火箭和返回舱分离　25.进入稠密大气层；　26-33．"东方号"航天飞船着陆和航天员弹射伞降示意图：26.舱门分离和航天员弹射　27.减速伞开伞　28.减速伞分离和主伞开伞，航天员与弹射椅分离　29.落地应急备品及橡皮艇分离　30.航天员着陆；　31-33."东方号"航天飞船返回舱(内有航天员)着陆示意图：31.舱门分离和减速伞开伞　32.减速伞分离和主伞开伞　33.用主伞降落；　34-40."东方号"运载火箭　34.头部整流罩　35.末级(第三级)运载火箭及其内部的"东方号"航天飞船　36.末级(第三级)发动机喷管　37.第二级运载火箭　38.助推器　39.运载火箭各发动机喷管　40.空气动力舱

【天空实验室】 大型载人科学工作轨道空间站。美国于 1973 年 5 月 14 日发射。轨道高度430 公里。外形呈圆柱状，长 35 米，直径 7 米，重约 77.5 吨。室内分上下两层。上层为工作室，安装有各种感觉和量测仪器、记录装置、无线电发射装置等；下层为生活室，设有厨房、卧室、厕所、浴室和垃圾箱设备等。室内保持与地面相同的温度、气压和通风系统，以便宇航员在室内时无须穿宇宙服。主要任务是考察长时间的空间飞行对人体心理和生理的影响，观测太阳、彗星和地球资源，以及进行空间冶金试验等。发射后，"天空实验室"共接待三批航天员，每批三人，在航天站内分别工作和生活了 28 天、59 天和 84 天。用 58 种仪器进行了 270 多项天文、地理、遥感、宇宙生物学和航天医学试验研究。重要的项目有：用太阳望远镜观测太阳并拍摄了 18 万张太阳活动的照片；用 6 种遥感仪器对地球进行了观测，共拍摄 4 万多张地面照片；用 7 种仪器研究太阳系和银河系的情况；用自行车功量计和下身负压装置等医疗器械研究长期失重对人体生理的影响；还进行了失重下的材料加工试验。原计划它在轨道上运行至 1983 年，后因太阳黑子活动加强，引起高层大气分子密度增加，从而增加其运动阻力，于 1979 年 7 月 12 日提前进入大气层，坠毁在澳大利亚西部地区和南印度洋。

【"哥伦比亚"号航天飞机】 第一架成功实现近地轨道飞行的美国航天飞机。1981 年 4 月 12 日首次试飞，在轨道上运行 54 小时后安全着陆。到 1984 年 10 月共飞行 5 次。"哥伦比亚"号航天飞机全长 56.14 米，高 23.34 米，整个系统总起飞推力为 3,141 吨，起飞重量约 2,042 吨。主要由轨道飞行器（内装有三副火箭引擎，设有驾驶员舱、乘务员舱和载货舱，可载 3 名宇航员和 4-7 名乘务员）、提供推进剂的外贮箱和两枚固体燃料火箭助推器三大部分组成。可象火箭垂直发射，在运行过程中先后将工作完毕的固体燃料火箭助推器和推进剂外贮箱抛掉，轨道飞行器进入空间近地轨道运行，完成任务后，又能象飞机返回地面。其中回收的固体燃料火箭助推器和返回地面的轨道飞行器经整修后可供再次发射。主要任务有空间运输、卫星服务、星际天文观测、军事应用和大型空间结构建造等。

图 9-4 "哥伦比亚"号航天飞机

【"挑战者"号航天飞机】 美国的可复用型载 7 人航天飞机。1983 年 4 月 4 日投入飞行。性能较"哥伦比亚"号航天飞机有一定的改进，减少了外挂燃料箱和轨道器的重量，增加了有效载荷能力。到 1985 年底，"挑战者"号航天飞机共进行了 5 次成功的飞行。但是，当 1986 年 1 月 28 日进行第六次发射时，由于固体火箭助推器发生故障和管理方面的原因，刚刚起飞 73-74 秒钟，飞行到 14 公里高度时，"挑战者"号航天飞机发生了大爆炸，不仅七名宇航员全部丧生，而且使价值 12 亿美元的航天飞机和随机发射的一颗重要的跟踪和数据中继卫星同时化为灰烬；美国航天飞机的发射也由此中断数年。

【"发现者"号航天飞机】 美国的可复用型载 5 人航天飞机。1984 年 4 月 6 日第一次投入飞行，以后又发射多次。"发现者"号航天飞机第一次在轨道上完成了修理卫星和施放长期辐照设备的工作；第一次把轨道上收回的卫星送回地球，并完成了从太空施放卫星和其它多项科研任务。

【"阿特兰第斯"号航天飞机】 美国的可复用型载 5（或 7）人航天飞机。1985 年 10 月 3 日首次飞行，尔后又发射多次。在 1985 年 12 月 3 日进行第二次发射时，宇航员曾在轨道上进行了搭建空间站的技术试验，成为世界上第一个进行轨道装配的乘员组。

【东方号飞船】 苏联第一代宇宙飞船。其六艘，各载宇航员一名。1961 年 4 月 12 日，世界上第一个宇航员尤利·加加林乘东方 1 号飞船到达地球轨道，进行了人类首次上天飞行，经过 1 小时 48 分钟，绕地球一圈后回地面。由飞行员季托夫驾驶的东方 2 号飞船，于 1961 年 8 月 6 日发射入轨，绕地球运行 17 圈，历时 25 小时 18 分，证明人在较长时间失重状态下，虽然有某些不适感，但对工作能力没有明显影响。东方 3 号、4 号两艘飞船最大限度地接近时为 6.5 公里，而东方 5 号、6 号最大限度接近时为 5 公里。东方 6 号是由世界第一个女宇航员捷列什科娃驾驶的宇宙飞船。该飞船于 1961 年 6 月 16 日发射入轨，主要任务是研究宇宙飞行对人体的影响，包括比较分析对男性和女性的影响。东方 6 号在轨道上飞行三天、绕地球 48 圈后，女宇航员捷列什科娃与驾驶东方 5 号的男宇航员贝科夫斯基于 6 月 19 日同一天返回地面。

【上升号飞船】 苏联第二代宇宙飞船。系"东方"号飞船的改进型。共两艘。上升 1 号重 5320 公斤，于 1964 年 10 月 12 日发射，进入近地点 177 公里远地点 409 公里的近地轨道，飞船上载有驾驶员、技术科学家和医生各一名，不穿宇宙服。这是科学家首次绕地球飞行。飞船成功地测试了新式多人宇宙飞船及其系统和装置的结构，技术科学家研究了液体中的气体在失重状态下的状况，医生对乘员进行了医学观察，飞船飞行 18 圈后，宇航员和飞船一起于 10 月 13 日完整无损地着陆于地面。上升 2 号于 1965 年 3 月 18 日发射，轨道高度与上升 1 号大体相同，宇航员列昂诺夫进行了人类首次走出航天器进入宇宙空间的试验，证明人可以在自由空间停留。

【联盟号飞船】 苏联第三代宇宙飞船。从 1967 年 4 月至 1981 年 5 月共发射了 40 艘。"联盟"号飞船由三个舱体组成：轨道上工作舱、起飞与着陆用座舱和服务舱。飞船重约 6500 公斤，可载宇航员 2 至 3 名，轨道高度约 200 公里，倾角 51.7°。飞行结束后仅座舱返回地面。主要任务是试验载人飞行的基本技术、观测地面和近地空间、为建立长期运行的轨道空间站作技术准备。所做的试验有：长时期续航、同另一飞船交会对接和宇航

员在船间往返、真空和失重状态下焊接等。从 1971 年开始，联盟号飞船曾多次和礼炮号空间站进行对接试验，并把宇航员送入礼炮号航天站，在轨道失重环境中长期生活和工作。1975 年 7 月发射的联盟 19 号飞船还与美国的阿波罗飞船在轨道上进行了对接和联合飞行，并合作进行科学技术试验。飞行过程大体是：苏联的"联盟"号飞船于 1975 年 7 月 15 日载两名宇航员首先发射入轨；7.5 小时后，美国的"阿波罗"飞船载 3 名宇航员发射上天。7 月 17 日，两艘飞船在葡萄牙西面大西洋上空 225 公里处实现对接，两国宇航员往来于两船之间。两艘飞船在联合状态下飞行了两天，并进行了 27 项科学和技术试验后相互分离；之后，"联盟"飞船和"阿波罗"飞船分别于 7 月 21 日和 24 日返回地面。

【联盟 T 飞船】 苏联的载人宇宙飞船。它是"联盟"号飞船的改进型，不仅具有"联盟"号载人运输的特点，而且具有"进步"号自动运货飞船的能力。1979 年 12 月首次发射，以后又发射多次，并进行了大量科学和技术实验，包括：天体物理学和地球物理学实验；对地球表面的观测和摄影；研究地球大气、行星间物质、银河系和银河系外辐射源；医学和生物学研究等。

【"礼炮"号航天站】 苏联第一个载人航天站系列。自 1971 年 4 月 19 日到 1983 年底共发射 7 个"礼炮"号航天站。它们的任务是完成天体物理学、航天医学、生物学等方面广泛的科研计划，考察地球自然资源和进行长期失重条件下的技术实验。

"礼炮"号航天站由对接舱、轨道舱和服务舱三个部分组成，总重约 18 吨，总长约 14 米。对接舱有一个供"联盟"号飞船对接的舱口，航天员由此舱口进出航天站。轨道舱由直径各为 3 米和 4 米的两个圆筒组成。它是航天员工作、进餐、休息和睡眠的场所，舱内的小气候保持与地面相同。服务舱内装机动变轨发动机和推进剂。"礼炮"号航天站一般在离地面 200～250 公里高的轨道上运行，轨道倾角 51.6°左右。航天员乘"联盟"号飞船与之对接，然后进入航天站。苏联航天员在"礼炮"号航天站中生活的时间，最长一次达到 366 天。

【"暴风雪"号航天飞机】 苏联的第一架航天飞机。长 36 米，直径 5.6 米，翼展 24 米，有效载荷舱长 18.3 米，直径 4.7 米；乘员舱近 70 立方米，可容纳 2-4 名宇航员和 6 名乘客。航天飞机重约 70 吨，可运载 29.5 吨有效载荷。1988 年 11

月 15 日，"暴风雪"号航天飞机由"能源"号重型运载火箭推动，从拜克努尔发射场起飞，进入近地点 247 公里、远地点 256 公里的近圆轨道飞行，轨道倾角 51.6°，运行周期 89.5 分钟。绕地球运行 2 圈后，按地面指令返回，在离发射场不远处的跑道上安全着陆。

3、浮空器

【"齐伯林"式飞挺】 一种内有金属骨架外包织物蒙皮的硬式飞挺，该艇是根据德国退伍将军 F·齐伯林（1838-1917年）提出的构造原理研制的，容积为 11300 立方米。第二艘于 1905 年制造。第三艘"齐伯林"式飞舰于 1906 年开始建造，交军事部门使用，第一次世界大战之初，德国拥有 11 艘"齐伯林"式飞艇，容积为 1.8-2.7 万立方米。飞行速度为 80-90 公里／小时，飞行高度为 2500-3000 米，有效载重量为 8-11 吨。飞艇装上火炮、机枪和炸弹等武器之后，曾用来轰击敌方的城市和军事设施，攻击潜艇，探测地（水）雷场和进行海上侦察。1914-1918 年间，共制造"齐伯林"式飞艇担负着多条航线的运输任务（LZ-127"齐伯林伯后"号的容积为 10.5 万立方米，LZ-130 飞艇的容积为 20 万立方米）。

【齐伯林 M 型飞艇】 德国制造，动力为 3 台迈巴赫 C-X 直列式 210 马力发动机，最大时速 50 英里，容积 794500 立方英尺，有效升力 20250 磅。

【齐伯林 p 型飞艇】 德国制造。动力为 4 台迈巴赫 C-X 直列式 210 马力发动机，最大时速 50 英里，容积 1264100 立方英尺，有效升力 39000 磅。

【齐伯林 q 型飞艇】 德国制造。动力为 4 台迈巴赫 HSLU 直列式 240 马力发动机。最大时速 57.5 英里，容积 1264100 立方英尺，有效升力 39000 磅。

【齐伯林 r 型飞艇】 德国制造。动力装置为 6 台迈巴赫 HSLU 直列式 240 马力发动机。最大时速 66 英里，容积 1977360 立方英尺。有效升力 68000 磅。

【齐伯林 v 型飞艇】 德国制造。动力装置为 5 台迈巴赫 HSLu 直列式 240 马力发动机。最大时速 66 英里，容积 1977360 立方英尺。有效升力 85000 磅。

【齐伯林 W 型飞艇】 德国制造。动力装置为 5 台迈巴赫 HSLu 直列式 240 马力发动机。最大时速 64 英里。容积 2418700 立方英尺。有效升力 114500 磅。

【法国军用气球】 在夏尔的氢气球被发明出来以后法国人很快将其用于军事，并在陆军中成立了气球部队。1794 年气球部队参加了费勒鲁斯的作战，对战争胜利作出了贡献。这支部队在后来被拿破仑解散。此外，在美国的南北战争中，法国的巴黎之围中以及在英国远征加纳和苏丹的战争中都使用过气球。

【"梅尔林-300"型飞碟】 90 年代美国人发明的一种小型飞行器。是最新一种飞行器。这种飞碟共有 6 台发动机，每台功率为 147 千瓦，重约 38 公斤，其中 3 台装在飞行器尾部，2 台分别装于两侧，另一台安装在前部尖尖的"长鼻子"下面。飞碟没有展翼，靠螺旋桨起飞和飞行。当飞行速度超过每小时 200 公里时，整个飞碟就象空中一只停止拍动翅膀的飞鸟，这时即使关闭 3 台发动机也不会发生危险。飞行中一旦 6 台发动机同时出现故障，备用的降落伞会自动打开，使飞碟平稳着陆。飞碟两侧安装有 4 部计算机。协助飞行员掌握飞行方向和速度，监视工作状况。

在一般气候条件下，"梅尔林-300"型飞碟时速 480 公里时，百公里耗油量仅 16 升，全部储油可供飞行 1200 公里，比其他各种小型飞行器要远得多。这种飞行器可载三人飞行，而且安全、快速、节油、航程远。

【浮空器】 填充物质轻于空并借以产生升力的飞行器。以往出现的浮空器有气球和飞艇。

【气球】 一种浮空器。1783 年第一个载人热气球各空。同年实现了氢气球第一次载人飞行。并很快被用于军事。法国陆军中成立了气球部队。从 18 世纪末到 19 世纪末气球一直被应用于战争。曾在战争中起到过重要作用。成为人类历史上第一代空中兵器。

【飞艇】 一种可操纵的轻于空气的飞行器。它一般是靠密封在气囊内的氢和氦的浮力支持在空中的。它装有一台或几台产生水平飞行拉力的发动机。飞艇的主要部分是：充满气体的长型艇体；尾翼；一个或几个供配置乘员组、旅客、发动机、装具、设备和货物用的短舱。飞艇分软式、半硬式和硬式3种。在软式和半硬式飞艇上，用浸胶布制成的艇体同时又是气囊。此外，半硬式飞艇的下部还有金属构架，能使负载均衡分布在气囊上，并防止气囊变形。软式和半硬式飞艇的外形，是由充满空气的副气囊产生的气体余压保持不变的，而硬式飞艇的外形则是由金属骨架保持不变的。用气密材料制成的气囊装在金属骨架内部。软式飞艇的体积为1000－7000立方米，半硬式飞艇的体积为8000－35000立方米，硬式飞艇的体积达20万立方米。飞艇的速度可达150公里／小时。制造可操纵气球是在18世纪开始的。但是，飞艇制造业从19世纪末才开始发展，1899年，在法国完成了带汽油发动机的飞艇的第一次飞行。

1911－1912年意土战争期间，意大利最早把软式艇用于军事目的。第一次世界大战爆发前，德国有15艘飞艇，俄国"齐柏林"号硬式飞艇开始袭击英国。1915年，俄国"翠菊"号、"金雕"号和"兀鹰"号飞艇完成了对德国后方的几次袭击，但是，由于歼击航空兵和高射炮兵的发展，从1917年初开始，飞艇仅仅用于海上巡逻和侦察勤务。战争期间一共制造了466艘飞艇其中英国213艘。德国123艘，法国52艘，美国50艘。20－30年代，英国、德国、美国、意大利的飞艇制造业曾风行一时。1926年，R·阿蒙森和U·诺比莱乘坐意大利制造的"挪威"号飞艇用71小时完成了沿斯匹次卑尔根——北极——阿拉斯加航线的长途飞行。此后，意大利的"意大利"号、美国的"阿克伦"号和

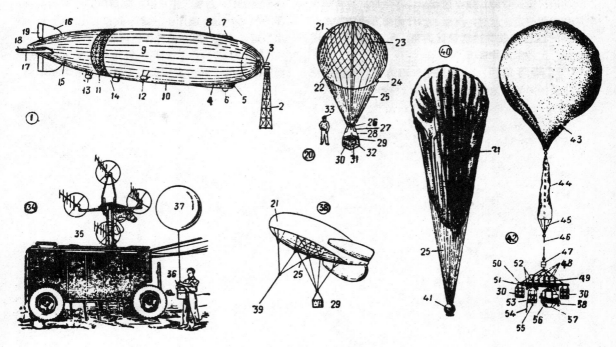

图9－5 浮空器

1-19.飞艇：2.系留塔 3.系留装置 4.旅客吊舱 5.操纵吊舱 6.气体缓冲器 7.观测台 8.排气活门 9.艇体 10.外壳 11.气囊袋 12.测发动机吊舱 13.尾发动机吊舱 14.螺旋桨 15-19.艇尾：16.垂直安定面 17.水平安定面 18.升降舵 19.方向舵 20-33.气球：21.外壳挂系统 26.活门绳 27.吊环 28.吊篮绳 29.吊篮 30.压载物 31.锚 32.操纵索 33.气球驾驶员；34-37 无线电探空仪的施放；38-39.系留(纸式)气球：39.上升索；40-41 平流层气球：41 密封吊篮；42-58.照相察气球：43.气球 44.引导伞 45.承力带 46.吊绳 47.转动机构 48.主伞 49.稳定降落伞 50.大梁 51.小梁 52.传爆管 53.无线电设备箱 54.短波天线 55.超短波天线 56.天线杆 57.照相机匣 58.锚绳

"梅肯"号、英国的 R-38 号和 R-101 号、德国的"兴登堡"号飞艇相继失事，延缓了飞艇制造业的发展。1937 年，苏联 B-6 号飞艇（1.9 万立方米）创造了留空时间 130 小时 27 分的世界纪录。1945-1947 年苏联"胜利"号飞艇用于在黑海搜索水雷和沉船。第二次世界大战期间，美国制造了 168 艘各种类型的飞艇。其中有 134 艘体积为 1.2 万立方米的海上巡罗飞艇和 4 艘体积为 2 万立方米的飞艇。其速度分别为 120 和 130 公里／小时。美国飞艇主要用于对付潜艇（搜索潜艇，在指定海域上空巡逻，为商船队护航）。70 年代中期。美国专家设计了"马加利弗特"号硬结构飞艇的方案，其体积为 180 吨，巡航速度为 330 公里／小时，飞行距离为 1.6 万公里。1974 年，德意志联邦共和国制造了一艘软式飞艇，其体积为 6000 立方米，速度为 100 公里／小时。

和平时期，飞艇可以用于给地面交通难以达到的地区运送货物。航空照相，探寻鱼群，森林防火和材积测定。战时，飞艇加以作为防空和防火箭系统的远程警戒雷达运载器使用，可以用于对付潜艇，运送军用物资等。

【降落伞】 利用空气阻力使人或物从空中缓慢降落到地面的工具。它广泛应用于空降兵作战、训练，飞行人员救生，跳伞运动，空投物资，回收飞行器和设备等。降落伞按用途分为人用伞和物用伞。人用伞有救生伞、伞兵伞、运动伞和备份伞。物用伞有投物伞、回收伞等。

降落伞一般由引导伞、伞衣、伞绳、背带系统、伞包、开伞设备等组成，用化学纤维或棉、麻、丝织物制成，强度大，折叠包装后体积小。伞衣的气动外形有半球形、圆锥形，方形等。物用伞的伞衣面积，小的不足 1 平方米，大的达 300 平方米以上，人用伞的伞衣面积通常为 40～90 平方米，下降速度一般不大于 7 米／秒，开伞冲击力较小，下降稳定，操纵灵活。

1878 年，法国人 L·S·勒诺芒研制了带刚性骨架的降落伞。1797 年，法国人 A·J·加纳兰用降落伞从气球上跳伞成功。20 世纪初期，欧美一些国家先后发明了能折叠包装的降落伞，随后用于飞行人员救生。70 年代研制成翼型降落伞，伞衣面积约 20 平方米，它从空中降落时，具有类似机翼的气动外形，能产生一定升务和约 10 米／秒的水平运动速度，有良好的操纵性能。

【阻力伞】 利用空气阻力缩短飞机着陆滑行距离的工具。其构造与原理同降落伞基本相同。

十、军用飞机

图 10-1　军用飞机

1-48.飞机　1.双翼机　2-48.单翼机　2.下单翼机　3.中单翼机　4.上单翼机　5.梯形或矩形机翼飞机　6.后掠翼飞机　7.三角翼飞机　8.环翼飞机　9.单机身飞机　10.双机身飞机　11.双翼撑式飞机　12.飞翼式飞机　13.单垂尾飞机　14.双筐尾飞机　15.V形尾翼飞机　16.鸭式飞机　17.无尾飞机　18.后三点飞机　19.前三点飞机　20.自行车式起落架飞机　21.垂直起降飞机　22.单发动机飞机　23.双发动机飞机　24.四发动机飞机　25.机身内发动机飞机　26.机身上发动机飞机　27.机翼下发动机飞机　28.机翼内发动机飞机　29.翼尖发动机飞机　30.涡轮喷气发动机飞机　31.冲压式喷气发动机飞机　32.涡轮螺旋桨发动机飞机　33.复合动力飞机　34.核[原子]发动机飞机　35-42.垂直起飞飞机　35.机翼和螺旋桨转向式飞机　36.螺旋桨转向式飞机　37.螺旋桨后气流转向式飞机　38.发动机转向式飞机　39.发动机燃气流转向式飞机　40.装升举和推进发动机的飞机　41.普通机翼飞机　42.环翼飞机；43-44.水上飞机　43.水陆两用飞机　44.飞船　45.航空母机　46-48.空中加油；47.空中加油式飞机　48.空中受油飞机；49-52.直升机　49.单旋翼直升机　50.纵列式双旋翼直升机　51.组合式直升机　52.直升式飞机；53.旋翼机

【飞机】　有动力装置和机翼的重于空气的飞行器。动力装置用于产生推力，机翼则在大气中运动时产生升力。飞机速度快、载重量大、使用安全，是一种应用最广的飞行器。按用途分，军用飞机有：歼击机、歼击截击机、歼击轰炸机、强击机、侦察机、多用途飞机、反潜机、军用运输机、通信飞机、卫生飞机等。飞机的主要部分有：机翼、机身、尾翼、起落装置、动力装置、操纵系统和各种设备。军用飞机上还有军械和特种设备。

机翼的功用：在大气中运动时产生升力，安装飞机横侧操纵机构——副翼。在没有尾翼的飞翼型飞机和"无尾"飞机上机翼还用于安装纵向操纵机

构和属于起落装置的机翼增升装置。机身的功用是安置机组人员、乘客、装载设备、燃料、货物、军械、动力装置等等。机翼、尾翼都固定在机身上。有的飞机的起落架支柱也固定在机身上。军用飞机的机身下部，有时悬挂军械、油箱和加速器。飞行中相当大的一部分迎面阻力（20-50%）是机身造成的，但机身也具有一定的升力。尾翼是保障飞机的稳定性和操纵性的升力面。尾翼分水平尾翼和垂直尾翼。水平尾翼保障飞机的俯仰稳定性和操纵性（绕飞机横轴）。亚音速飞机的水平尾翼，通常由固定的水平安定面和活动的升降舵组成。超音速飞机一般都没有升降舵，水平尾翼都制成全动式水平

安定面。垂直尾翼保障飞机的航向稳定性的操纵性,它同机翼、副翼和水平安定面一起还可保障飞机的横向稳定性和操纵性。垂直尾翼通常由一个固定的垂直安定面和一个活动的方向舵组成。还有双垂直尾翼和不常见的三垂直尾翼结构。按机翼与尾翼的关系位置来区分,有三种结构形式:"正常"式的、"鸭"式的和"无尾"式的。"正常"式飞机最为多见,其水平尾翼在机翼的后方,"鸭"式飞机的水平尾翼在机翼前方,而"无尾"式飞机则根本没有水平尾翼。起落装置用于保障飞机起飞,着陆和在地面运动。它包括起落架、机翼增升装置、加速和减速装置。为了减小迎面阻力,起落架在飞行中一般都收起。机翼增升装置用于减小飞机起飞时的离地速度、着陆前的下滑速度和着陆速度。为了缩短起飞滑跑距离、现代军用飞机都有专门的加速装置-起飞加速器。为了缩短飞机着陆滑跑距离,通常使用机轮刹车、减速伞及其他装置,有时也使用发动机反推力装置。动力装置包括航空发动机及保障发动机工作的各种装置和系统,进气道、螺旋桨、喷管等。动力装置的主要功能是产生飞机运动所必需的推力和给飞机各系统提供工作需用的能量。现代飞机的动力装置,最常用的是燃气涡轮发动机,包括涡轮喷气发动机、涡轮风扇发动机和涡轮螺旋桨发动机。70年代末,活塞发动机只用于轻型飞机。火箭发动机用于试验飞机和加速器上。一架飞机装一台或数台发动机。发动机可以装在机翼上、机翼下、机翼内、机身前段或后段、机身尾部两侧及机身下。从五六十年代开始,许多国家都在研究创造垂直起飞和着陆的飞机。这种飞机的优点是不需要很长的起飞着陆跑道。这种飞机的动力装置产生的推力,必须比飞机的重量大20%以上。垂直起飞和着陆所必需的垂直推力通过如下方式产生:改变升推发动机喷口的方向,机翼连同发动机一起改变方向,改变螺旋桨旋转平面的方向,也可使用专门的升力发动机。发动机有专门供油的燃油系统。飞机重心位置因供油而发生的变化绝不能影响飞机的稳定性和操纵性。许多军用飞机都可以在飞行中补充加油。操纵系统是操纵飞机在空中和地面运动的各种机上机构的总称。操纵系统分主操纵系统和辅助操纵系统。控制飞行轨迹的系统为主操纵系统。属于主操纵系统的有:飞行员座舱内的操纵杆、脚蹬、连接升降舵、方向舵、副翼、扰流片等舵面的传动系统,以及其他专门机构和执行装置。前推、后拉驾驶杆时,偏转升降舵,以实现纵向操纵。向左或向右压驾驶杆时,副翼或扰流片跟着偏转,飞

机便向需要的方向倾斜,实现横向操纵。蹬脚蹬能使方向舵偏转,以实现航向操纵。随着飞行速度的增大,转动舵面需要的力也随之增大。为了减小操纵机构上的负荷,通常采用液压助力器、气压助力器或电动助力器和助力补偿机构。垂直起落飞机低速飞行时,常规的空气动力舵不起作用,要用专门的燃气舵操纵飞机。操纵襟翼、减速板等的机构属于辅助操纵系统。飞机操纵系统分为非自动、半自动和全自动操纵系统。如果整个操纵过程都是由飞行员直接实施的,这种系统叫非自动操纵系统。设有能改善操纵过程并使操纵省力的机构和装置的操纵系统叫半自动操纵系统。操纵过程全部由自动驾驶设备实施,而飞行员只需调整和观察自动驾驶设备的工作是否正确的操纵系统,叫自动操纵系统。

现代化飞机的设备包括:驾驶领航仪表、动力装置工作检查仪表、无线电通信设备、雷达设备、领航系统、电气设备、机组(乘客)的生命保障系统、防冰系统等。军用飞机上还有电子对抗设备。军用飞机的军械包括航空射击军械、轰炸军械、无控火箭和可控火箭、航空水雷、航空鱼雷、燃烧箱等,以及保证上述武器战斗使用的各种装置。作战飞机的型别和用途不同,所使用的军械及其组成也不相同。

从构造上看,飞机通常是按机翼的数量和安装位置,以及机身、发动机、起落架的形式或其它特征分类的。按机翼数量,区分有单翼飞机和双翼飞机。如果下翼比上翼短,这种飞机叫长短翼双翼机。单翼机是现代飞机的主要形式。在30年代中期以前,双翼机的机动性最好,曾广泛地为歼击机所采用。但是它的迎面阻力大,影响速度,所以现代的军用飞机都不用双翼了。按机翼在机身上按装位置区分有:机翼靠下的下单翼飞机,机翼大致位于整个机身高度中间的中单翼飞机,机翼固定在机身上部的上单翼飞机。按机身型式区分,有单机身飞机和带乘员组短舱(有时是发动机短舱)的双梁式机身飞机。按起落架型式区分有陆上飞机、水上飞机和水陆两用飞机。陆上飞机的起落架有轮式、滑橇式和履带式的(舰载飞机只用轮式起落架)。轮式起落架用得最普遍。按支撑点的型式分,轮式起落架又有后三点与前三点之分。40年代初期以前主要是后三点,而从40年代中期开始,前三点则成为作战飞机和运输飞机起落装置的主要型式。有的飞机上使用双支撑点起落架。这种飞机的全部负荷都落在机身下面的两个支撑点上,在机翼端部装有辅助支撑点。滑橇式起落架在70年代用得极

少，只用于轻型飞机；履带式起落架实际上没有使用。水陆两用飞机介于陆上飞机和水上飞机之间，主要用在海上活动，实际上是水上飞机的变型。

飞机发展的基本方向是增大速度、高度、机动性和航程。以70年代末与第二次世界大战期间相比，批量生产的飞机的最大速度增大了三至三倍半，升限大约提高了两倍，航程增大了一至两倍。这期间，主要致力于提高飞机的速度，军用飞机如此，民用客机也是如此。进入超音速时代以后，要求大大提高发动机功率，制造高强度和耐高温的新材料。与此同时，还进行了超音速和高超音速空气动力学方面的研究和试验，从而创造了速度可达3300—3500公里／小时的飞机。在六七十年代里，运输机的载重量大大增大，达到了100—120吨，大型快速客机的客容量大大增多，达到了450—500人。现在，许多国家都在研究试验制造轨道飞机和航空航天飞机。

【军用飞机】 专门或主要用于军事用途的飞机。是航空兵的主要技术装备。军用飞机主要包括：歼击机、战斗机、轰炸机、歼击轰炸机、强击机、攻击机、反潜巡逻机、武装直升机、侦察机、预警机、电子对抗飞机、炮兵侦察较射飞机、水上飞机、军用运输飞机、空中加油机和教练机等。1909年，美国陆军装备了第一架军用飞机，机上装有1台30马力的发动机，最大速度68公里／小时。同年制成1架双座莱特A型飞机，用于训练飞行员。至20世纪20年代，军用飞机在法、德、英等欧洲国家得到迅速发展，远远超过了美国。飞机最初用于军事主要是执行侦察任务，偶尔也用于轰炸地面目标和攻击空中敌机。

图10-2 二十世纪初最早用于军事的飞机

第一次世界大战期间，出现了专门为执行某种任务而研制的军用飞机，其中有主要用于空战的歼击机，专门用于突击地面目标的轰炸机和用于直接支援地面部队作战的强击机。第二次世界大战前夕，单座单发动机歼击机和多座双发动机轰炸机，已经大量装备部队。30年代后期，具有实用价值的直升机问世。第二次世界大战中，俯冲轰炸机和

鱼雷轰炸机等得到广泛的使用，还出现了很长时间在高空飞行、有气密座舱的远程轰炸机。军用飞机主要由机体、动力装置、起落装置、操纵系统、液压气压系统、燃料系统等组成，并有机载通信设备、领航设备以及救生设备等。直接用于战斗的飞机，还有机载火力控制系统和电子对抗系统等。

70年代以来研制的直接用于战斗的飞机，往往将机载领航设备和火力控制系统合并为领航攻击系统，其自动化程度很高，适于全天候作战。飞机雷达告警器和飞机电子干扰设备，合并为统一的自卫电子对抗系统，可根据接收到的对方信号自动进行干扰。有些飞机的机载通信设备和地面对空指挥系统也结合起来，可随时接收地面指令，并实施自动显示。飞行员只需按照显示器上出现的信息操纵飞机，调节油门位置，即可保障飞机从有利位置接近目标并实施攻击。对地攻击时，目标及沿途地标的坐标，都可预先存入计算机，在飞行过程中，随时显示飞机位置及其与预存点的相对位置，引导飞机准时到达目标上空，并根据预定方案自动选用武器，进行攻击。飞机上还有可供飞行人员了解飞行状态、各系统工作情况以及地面指令的显示装置。中、高空作战用的飞机，其座舱通常是密封的，舱内气压和温度可自动调节。当发生紧急情况，飞行人员需要离开飞机时，可借助救生设备迅速弹出，安全降落。随着航空技术装备的日趋复杂，保障飞机工作可靠和维修简便，日益显得重要，这同提高飞机出勤率，缩短再次出动准备时间和提高飞机作战效能密切相关。为此，80年代初的军用飞机已在以下四个方面取得进展：①飞机的大型部件如发动机、雷达等，改为单元体结构，排除故障只需更换有故障的单元；②重要系统和部件具有自行检测和监控能力；③在飞行中，飞机有自动记录故障的能力；④在防止人为差错、改善维护条件方面已有明显成效。有的歼击机每飞行1小时所需进行维护工作的时间，已从60年代的约50工时减少到10～15工时。飞机的定期维修，也逐步改为视情维修与定期维修相结合的方式。

60年代以来，歼击机的最大速度，在高度17000米时已达到M2.8（约3000公里／小时），多数歼击机在高空的最大速度为M2.0左右。轰炸机的最大速度是M2.2，高空高速侦察机达M3.0以上，军用运输机也已达到900～950公里／小时。飞机在低空飞行时，由于空气密度大，机体结构可承受的速压强度与滞止温度有限，飞行速度不能太大。80年代初，军用飞机靠近海平面飞行，

最大允许速度不超过 1500 公里／小时。近 20 年来，只就技术条件的可能性而言，直接用于战斗的飞机的最大速度还颇有提高的余地，但从作战需要和经济效益全面考虑，付出很大代价并不值得，因此，最大速度并没有多大提高。

由于直接用于战斗的飞机并不需要飞得太高，60 年代以来，军用飞机的最大飞行高度（称升限）变化也不大。歼击机的实用升限在 20000 米左右，高空侦察机如美国的 SR-71 和苏联的米格-25P，实用升限约 25000 米。用急跃升的方法所能达到的最大飞行高度（称动升限），有的军用飞机已达 35000 米或更高一些。轰炸机和歼击轰炸机的实用升限，多数不超过 1600 米。现代直接用于战斗的飞机，为避免被对方雷达早期发现，常从低空或超低空突防，某些起飞重量超过 100 吨的轰炸机，突防高度可低至 150 米左右，强击机的突防高度为 50～100 米。

军用飞机的航程和续航时间一直在逐渐增加。歼击机的最大航程达 2000 公里，带副油箱时可达 4000 公里。轰炸机、军用运输机的最大航程达 14000 公里。高空侦察机的航程超过 7000 公里。如果对飞机进行空中加油，每加一次，航程可增加 20～40%；进行多次空中加油，其最大航程就不受机内燃料数量的限制，而取决于飞行人员的耐力、氧气储存量或发动机的滑油量等因素。飞机的航程与发动机燃料消耗率（发动机工作 1 小时，平均产生每公斤推力所消耗的燃料公斤数）、起飞载油系数（机上燃料重量与飞机起飞重量之比）、巡航升阻比（巡航时飞机升力与阻力的比值）有关。60 年代以来，飞机的起飞载油系数变化不大（歼击机为 0.28～0.3，轰炸机为 0.4～0.55），巡航升阻比也没有明显提高，主要靠降低发动机燃料消耗率来增大航程。涡轮喷气式发动机的燃料消耗率，由 60 年代的 0.9 公斤／公斤·小时降至 0.6 公斤／公斤·小时，涡轮风扇发动机则更低一些。现代歼击机、歼击轰炸机和强击机的续航时间为 1～2 小时，带副油箱时达 3～4 小时。有的轰炸机、反潜巡逻机和军用运输机不进行空中加油，能连续飞行 10 多个小时。

军用飞机的作战半径与载机在战区活动时间长短、发动机使用方式、飞行高度等有关。谈到现代直接用于战斗的飞机的作战半径，通常应说明出航、突防和返航时的高度范围，例如"高、低、高"作战半径，即表示"出航时飞高空，接近目标突防时改为低空，返航时又飞高空"条件下的作战半径。喷气式飞机在大气对流层飞行时，飞得高一些比较省油，所以"高、低、高"作战半径较大。歼击机和歼击轰炸机的作战半径，约为航程的 1／4～1／3（在战区活动时间 3～5 分钟）。轰炸机的作战半径约为航程的 1／3～2／5。

军用飞机可装航炮和携带导弹、火箭、炸弹和鱼雷等武器，用于攻击空中、地面、水面、或水下目标。歼击机、歼击轰炸机、强击机、多数轰炸机和部分军用运输机等都装有航炮作为攻击或自卫武器。现代歼击机大都装有航炮，携带中、远距拦射空空导弹和格斗空空导弹。根据 70 年代后期以来多次局部战争的经验，现代空战主要应使用适于近距空战的空空导弹，即格斗导弹。70 年代研制的空空导弹中，格斗导弹多靠目标辐射的红外线制导；中、远距拦射导弹多数用机载雷达制导，个别的如美国 AIM-120 导弹本身装有雷达，在接近目标时，可进行末段自动寻的制导。拦射导弹一般不受天气影响，能攻击高于载机 10～12 公里的目标，或从 4～5 公里高度攻击超低空飞行的目标，能从目标的各个方向发射，所以也称为"三全"（全天候、全高度、全方向）型导弹。

现代直接用于战斗的飞机，一般都具有对地（或水面、水下）攻击能力，所用武器可分两类：一类是非制导武器，如航炮和一般炸弹；另一类是制导武器，如无线电遥控炸弹、激光制导炸弹、电视制导炸弹和空地导弹、空舰导弹和反潜导弹等。

【滑翔机】　没有发动机的重于空气的飞行器。在静止大气中，能在自重作用下沿倾斜轨迹下降，在有上升气流的大气中，能作不掉高度或爬高飞行——滑翔。滑翔机是由飞机拖曳起飞的，最初是用橡筋绳弹射器起飞或用特制的绞盘车牵引，后来又用汽车牵引。滑翔机和飞机一样，有机身、机翼和尾翼。滑翔机通常是借助专门的滑橇、单轮或双轮起落架起飞和降落。滑翔机的翼展可达 30 米，下滑速度约 100 公里／小时，拖曳或俯冲时的最大允许速度约 250 公里／小时。滑翔机按其座位的数量可分为单座滑翔机、双座滑翔机和多座滑翔机；按其用途可分为教练滑翔机。和练飞滑翔机。

最早的风筝式滑翔机试飞是英国人 D.凯里于 1799—1811 年进行的。1868 年，法国人 J.勒布里埃用马牵引的滑翔机曾在空中逗留了数秒钟。1891—1896 年，德国工程师 O.利林塔尔乘自制的滑翔机进行过多次飞行。美国的 O.莱特和 W.莱特兄弟于 1901—1902 年进行的滑翔机成功飞行，促使他们在 1903 年制成了飞机。1907—1908 年，K.K.阿尔采乌洛夫和 A.B.希乌科夫在俄国乘自制的滑翔机进行过飞行。

1942 年，苏联研制了能把 T-60 轻型坦克运往敌后的"KT"（"坦克之翼"）滑翔机。1944 年，在诺曼底的一次机降中，盟军动用了约 2600 架不同结构的滑翔机，其中包括美国威柯飞机公司制造的 CG-4A（载重量 1.7 吨）、CG-10A 和 CG-13A（载重量 6 吨），英国的"霍萨"（载重量 3.4 吨）和"汉弥尔卡"（载重量 6 吨）滑翔机。第二次世界大战后，许多国家的空军都装备了空降滑翔机。苏联的空降滑翔机有：齐宾设计的 Ц-25、雅科夫列夫设计的 Як-14、伊留申设计的 Ил-32。50 年代末，由于军用运输机和直升机更加完善，遂从装备中取消了空降滑翔机。从 70 年代中期起，滑翔机仅用于体育运动方面。

【**火箭助推滑翔机**】 靠机上喷气发动机增速，然后在大气中完成飞行的滑翔飞行器。它靠消耗增速过程中所积累的动能实施机动和达到规定航程。火箭助推滑翔机与飞航式导弹不同。前者的储备燃料在主动段即消耗净尽，后者的燃料一般是在飞行的全过程逐渐地由化学能转变为推力的。火箭助推滑翔机分为有人驾驶的和自动控制的两种。火箭助推滑翔机曾被用于进行高超音速飞行试验。

【**水上飞机**】 具有特殊结构、能在水面起降的飞机。按结构类型可分为船式水上飞机、浮筒式水上飞机和水陆两用飞机。船式水上飞机的机身外形象船（由此而得名），这种飞机的机身是水密的且有浮力，能浮在水上不沉。左右机翼下各有一浮筒，因此飞机横向稳定性增大。浮筒式水上飞机有两个雪茄烟形浮筒，而没有普通飞机的那种起落架。水陆两用飞机是一种有收放式起落架的船式水上飞机，因此它既能在水上起降，又能在陆地机场起降。水上飞机机体底部的外形采用特型设计，能产生流体动升力，并能保证起飞滑跑稳定，过载最小，溅水最少。水上飞机在水上，是靠拖船拖带，或者利用发动机、空气舵和水舵来进行机动的。水上飞机的发动机装在上部，距水面有一定的距离，以防水进入进气口和溅到螺旋桨上，并可防止起降滑跑时螺旋桨等受到损伤。由于水上飞机结构独特，其飞行技术性能比普通飞机略差。水上飞机的机组配有个人用和集体用的水上救生器材。

在固定的水上机场起降的水上飞机停放在有混凝土上下坡道的岸边场地上，并在该处做好起飞准备。船式水上飞机的下水和上岸，利用可卸的轮式托架进行。水上飞机的基本用途是：进行海上侦察，搜索和消灭敌潜艇，编入反潜兵力、舰艇集团（编队）和护航运输队进行活动，以及进行海上救生等。苏联、法国、美国、英国、德国、意大利和日本也都制造了水上飞机。美国的装 2 台活塞式发动机的"卡塔林纳"式水陆两用飞机，在第二次世界大战中用得最普遍。美国造的第一批涡轮螺旋桨式水上飞机有"康维尔"P-5Y 式和 R-3V"贸易风"式，以及带有后掠机翼的"康维尔"XF-2V1"海矛"式水上飞机。英国于 1947 年研制出"桑德斯·罗"SR-1A 式水上战斗机的试验用样机。

【**活塞式飞机**】 以活塞式航空发动机作为动力装置的飞机。适于低空亚音速飞行，飞行速度一般小于 750 公里／小时。20 世纪初，人类历史上第一次飞行成功的飞机就是活塞式飞机。第二次世界大战后，除一些轻型飞机外，活塞式飞机逐渐被喷气式飞机所取代。

【**喷气式飞机**】 以空气喷气发动机作为动力装置的飞机。适于高亚音速和超音速飞行。20 世纪 70 年代，喷气式飞机的最大平飞速度已达到 3 倍音速以上，飞行高度已超过 3 万米。世界上第一架喷气式飞机于 1939 年飞行成功。

【**火箭飞机**】 20 世纪 30 年代对装有火箭发动机的有人驾驶飞行器的称谓。如苏联设计的 РП-1、OP-2、РП-318 液体推进剂火箭发动机。因为 РП-318 是借助 P-5 飞机起飞的，所以把它叫做火箭加速滑翔机更确切些。

【**核动力飞机**】 以原子弹能发动机作为动力的飞机。与普通喷气式飞机相比，携带的燃料很少，而航程却大大增加，可连续飞行几十天不需添加燃料。但由于吸收核反应产生的有害射线所需的防护层重量很大，热交换等方面的问题也还未妥善解决，所以核动力飞机目前尚处于研制阶段。

【**亚音速飞机**】 平飞最大速度小于音速的飞机。其飞行马赫数在 0.6～0.8 以下。

【**超音速飞机**】 平飞最大速度大于音速的飞机。其飞行马赫数在 1.2～5.0。飞行速度大于 5 倍音速的飞机称高超音速飞机。

【**高超音速飞机**】 能以 5 倍音速或大于 5 倍音速的速度在大气层中飞行的飞机。能否制成高超音速飞机取决于能否解决下列问题，即：能否找到在高超音速飞行时动力加热严重的条件下仍能保证结构具有必要的强度和各系统能正常工作的耐热材料；能否研制成飞机结构的防热系统和燃料箱的隔热系统；能否制造出保证亚音速、超音速和高超音速飞行的动力装置；能否研究出可保证高升阻比的空气动力布局和所需要的燃料。

【航空航天飞机】 这是一种未来攻击性的战略航空兵器。这种飞机将具有无限的航程，能够在接到命令后几分钟内即可从普通机场起飞，在90分钟内到达地球任何角落，对目标实施攻击。此外，它还可在大气层或近宇宙空间做改变飞机轨道平面飞行，因而能对近地球轨道上的航天目标进行广泛的攻击。

按长期计划，美国、英国、法国、西德等正在加紧研制此种飞机。制造航空航天飞机，首先要掌握高超音速技术，M 数 10～15 以上，其中最关键的课题之一就是研制相应的动力装置。在初期，航空航天飞机为有人驾驶飞机，将来则改为无人驾驶机，这样的飞行器可由机载人工智能电子计算机实现自动操纵。

按当前技术水平推断，航空航天飞机的技术指标可以达到以下的水平：有效载荷与飞行器空重的比值为 0.25，续航时间达 2 昼夜，每年可飞行 40 次，预定的飞行架次为 500 次，使用寿命近 15 年，返修时间为 100 飞行架次。

美国参加制定航空航天飞机技术要求的军事专家认为，单级高超音速航空航天飞机，带 9000 公斤有效载荷，在亚轨道上飞行，其起飞重量不会大于 680000 公斤。这样的飞机如执行军事任务，在按常规方式起飞后，可进入中间轨道，高度达 80 公里，接近目标，对近地球轨道上的航天目标进行多次攻击；进入大气层，高度 30 公里，可对地面进行攻击；再返回 150 公里的轨道上，由此轨道上返航着陆。航空航天飞机为执行侦察任务，只需要飞行一或两圈，而要摧毁地面目标只需 90 分钟。

基于基础科学及应用科学的技术储备，以及现有的工艺制造水平。可以毫不夸张地预测，在今后 10～15 年内，研制第一代高超音速航空航天飞机的主要问题将会顺利得到解决，第一代军用航空航天飞机将会出现，它摧毁地面和空间目标的作战能力，将远远超过传统的航空兵器，如战略轰炸机、歼击机和导弹的作战能力。

【扑翼机】 装有扑动机翼的重于空气的飞行器。现已知某些扑翼机航空模型在飞行上获得了成功。目前在研制载人飞行的扑翼机方面正从事各种实验。

【单翼飞机】 具有一个主升力面的飞机。20 世纪初，除单翼飞机外，还常把飞机设计成 2 翼或 3 翼的，机翼分层配置。随着飞行速度的增长，迎面阻力比双翼飞机小的单翼飞机，在飞机制造业中得到了极大的普及。根据机翼在机身上安装位置的高低，单翼飞机分为三种型式：下单翼机、中单翼飞机和上单翼飞机。根据有无加固外翼的钢索和斜支柱，单翼飞机有下列几种型式：张线式、斜支柱式和张臂式。70 年代制造的飞机几乎全是张臂式的。

【双翼飞机】 有上下 2 个机翼的飞机。由于这种飞机的机翼有足够的强度和刚性，机动性好，起飞着陆速度小于 100 公里／小时，所以在航空发展初期直至 20 世纪 30 年代曾被广泛地采用。后来，双翼飞机被飞行速度更大的单翼飞机所代替。但是，个别类型的双翼飞机仍在继续制造。其中民用航空飞机有：苏联的 AH-2，美国的格鲁门；体育航空飞机有德国的比克尔，美国的皮兹、史密斯等。

【变后掠翼飞机】 飞行中机翼的后掠角可以改变的飞机。改变后掠角的目的是为了满足飞机在不同速度条件下的飞行性能最优化的要求。高速飞行用较大后掠角，以减小飞行阻力。起飞、着陆和低速飞行用较小的后掠角，以缩短起飞着陆滑跑距离，增大航程和续航时间。目前的变后掠翼飞机的最大速度在 2 倍音速以上，后掠角变化范围约为 20°～70°。变后掠翼飞机于本世纪 60 年代初开始研制，最早投入使用的为美国的 F-111。机翼带前掠角的称前掠翼飞机。

【垂直起落飞机】 兼有直升机和固定翼飞机性能的飞行器。这种飞机象直升机那样靠螺旋桨拉力垂直起落。将螺旋桨和发动机或者将装有螺旋桨和发动机的整个机翼转动 80—90°（使螺旋桨轴呈水平状态）之后，它能象普通飞机那样平飞，垂直起落飞机（推拉力换向式飞机）可以不使用机场，飞行速度也大于直升机。垂直起落飞机的型式多种多样，但是，由于结构复杂，这种飞机尚未得到推广。

【短距起落飞机】 能在很短距离内起飞和着陆的飞机。一般认为起飞和着陆距离在 150～300 米的飞机属于短距起落飞机。使用此种飞机可缩短机场跑道的长度，降低跑道的质量要求，节约建筑机场的时间和费用。

【原型机】 新研制、未定型的飞机。试制及少量生产若干架，供试验、改进用。

【随控布局飞机】 采用自动控制技术，使操纵面随飞行状态变化自动偏转，以满足飞机气动布局要求的飞机。机上装有传感器、计算机、自动控制系统。在飞行过程中，计算机根据飞行员的意图、飞机的姿态、周围的气流条件，及时、主动地控制各种操纵面、发动机、火控系统等，使作用在飞机上的气动力、有关机构的工作状态按需要变化，更好地发挥操纵系统的潜力，改善飞机的气动性能，减轻飞机结构重量，简化驾驶技术，提高战术技术性能。

【地表效应飞机】 能够在等于 0.05—0.2 翼展的高度上利用地表效应贴近水面、冰面或平坦地面飞行的运输工具和作战工具。与高空飞行相比，地表效应能大大提高飞行器的升阻比。这是因为在贴近地表飞行时机翼升力增大（机翼下面的压力升高），同时，机翼的诱导阻力则因气流流过的条件改变而减小。有些地表效应飞机能在地表效应范围以上的数百米高度上飞行（这时载重量显著减小）。这种地表效应飞机常称为超地表效应飞机。

地表效应飞机的主要结构特点如下：一般为展弦比小的低机翼（机翼长度的平方与面积之比为 1.5—2）；机翼两端的下方各有一个端板或浮筒，用来减小高压区空气的外流；高置水平尾翼（大地表和机翼后方气流的影响范围以外）用来保证地表效应飞机的纵向稳定性；有辅助起飞装置（前缘襟翼、后缘襟翼、换向气门、水下翼和增升喷气发动机等。）

1935 年 T.卡里奥制成世界上第一架地表效应飞机时。许多国家制造这类飞机的飞行技术性能如下：飞行重量为 0.3—4.3 吨；有效载荷为 1—5 人；1—2 台发动机，总功率为 11.8—380；16—520 马力；飞行速度为 22—438 公里／小时。地表效应飞机在平静水面上空飞行时升阻比增大，有效载荷比普通飞机大 25—50%，或者说，运送同等重量的货物所需的发动机推力小，因而，燃油消耗率也低。多数地表效应飞机是按水上起飞和降落的要求设计的。但是也有些地表效应飞机只能在陆上使用。

美国，曾发表过许多关于各种作战用途的地表效应飞机的设计方案，其中有地表效应攻击飞机、地表效应反潜飞机、地表效应巡逻飞机、地表效应空降飞机、地表效应运输飞机等。地表效应飞机比气垫船优越之处，在于它能够达到相当大的运动速度（500—550 公里／小时）。根据地表效应飞机的用途和所遂行的任务，在设计方案中规定了相应的武器装备：飞航式导弹、防空导弹、机关炮、机枪、反潜鱼雷，以及必需的无线电设备。70 年代末，西德根据国防部提出的任务，制造并试飞了 5 个座位的 X-114 军事运输（巡逻、救护）水陆两用地表效应飞机，其飞行重量为 1350 公斤，速度为 200 公里／小时，航程为 1000 多公里，升限为 800 米。

【运输机】 用以运送人员和物资的飞机。通常装有较完善的通信、领航设备，能在昼夜复杂气象条件下飞行。多为亚音速飞机。大型运输机装有 2 台以上的喷气式发动机，有气密座舱、氧气设备和自动驾驶仪等，适于远程、高空飞行，并具有较大的载重能力。运输机分军用和民用两种。军用运输机能够实施空运、空投、保障地面部队从空中实施快速机动。

【教练机】 为训练飞行人员专门研制或改装的飞机。训练飞行员的教练机设前后 2 个座舱，或在 1 个座舱里并排设 2 个座椅，有 2 套互相联动的操纵机构和指示仪表，分别供教员和学员使用。通常分为初级、中级和高级三种。初级教练机构造简单，一般为单发动机，着陆速度小，易于操纵，安全经济，便于初学飞行者掌握初级驾驶技术。中级和高级教练机用以训练飞行员掌握大型或高速飞机的驾驶技术。此外还有训练空中领航员、雷达员、专业人员等所用的专业教练机。

【直升机】 靠旋翼产生升力和前进动力的航空器。直升机能垂直起落，能向任何方向飞行，能定点悬停。直升机最常见的结构型式有三种：单旋翼式直升机、双旋翼共轴式直升机和双旋翼纵列式直升机。单旋翼式直升机除了一副旋翼之外，还有一副用于平衡反作用力矩的尾桨。双旋翼共轴式直升机有两副旋翼，分别装在机身的前部和后部，旋转方向相反。直升机的旋翼由发动机（活塞式发动机或燃气涡轮发动机）带动旋转。直升机能在发动机不工作的情况下利用旋翼自转状态着陆。直升机由下列部分组成：带起落架的机身、旋翼系统、尾桨、传动机构、发动机、发动机工作保障系统（燃料系统、滑油系统等）、直升机和发动机操纵系统、电气设备、无线电电子设备。大多数直升机的旋翼桨叶都有活动关节，这有助于减小振动和通过改变桨叶安装角操纵直升机。

直升机飞行靠两个系统操纵：周期变距系统和总桨距操纵系统。借助于自动倾斜器使桨距发生周期性变化。各式直升机的方向操纵方法各不相同：在有尾桨的单旋翼式直机上，用改变尾桨桨叶安装角的方法操纵转弯；在双旋翼纵列式直升机上，使两副旋翼的拉力方向同时向相反的侧向倾斜，即可操纵转弯；在双旋翼共轴式直升机上，靠上下两副旋翼总桨距差动变化操纵转弯。

70年代中期，装有活动关节式桨叶的直升机的最大速度是350公里／小时。许多国家正在研究无活动关节的旋翼桨毂，这将基本上有可能使速度增大到500—600公里／小时。

直升机是利奥纳多·达·芬奇设想出来的。他曾绘制过类似结构的飞行器的草图。19世纪后半期，许多科学家试图解决直升机问题。直升机的制造问题是极其复杂的。虽然有过大量的试验直升机，但是，直到1930年还不能制造出能够可靠地飞行的直升机。

直升机按其战术技术性能不同，在许多国家的军队里，被用于运送部队、军事技术装备和其他物质器材，机降空降兵，摧毁地面目标，反潜作战，海上扫雷，从战场上后送伤员，布设水雷、地雷障碍，敷设通信线路，进行辐射侦察和工程侦察，校正炮兵射击，保障指挥通信，以及作为空中指挥所使用。军用直升机，根据其所担负的任务不同，分为作战直升机（对地面部队进行火力支援的直升机、反潜直升机、运输空降直升机）；战斗保障直升机（侦察直升机、通信直升机、校射直升机、布雷直升机、加油直升机等）；辅助用途直升机（起重直升机、救护直升机、训练直升机、教练直升机）等。50年代末到60年代初，在阿尔及利亚战争期间，法国军队首先将直升机用于军事目的：用直升机进行侦察，运送小分队对阿尔及利亚爱国者作战。60年代末至70年代初，美国军队在越南大量地使用了直升机。美国不但把直升机作为运送军队的运输工具使用，而且也作为兵器使用。作战直升机在热带丛林、山地和其他复杂条件下活动时显示出了很高的效能。同时，也暴露出直升机的致命弱点—容易被防空兵器和轻武器击中。因此，直升机必须有局部装甲。60年代，许多国家都制成了作战直升机，用来从空中摧毁地面兵器、暴露的有生力量和技术装备。作战直升机通常属于陆军航空兵编成之内，与陆军紧密协同作战。作战直升机的武器有机枪、导弹、纵火箱等。在近东，1967年以色列入侵时，直升机主要是作为机降空降兵、运送军队和物资的运输工具使用的，但到1973年，在这个地区就广泛使用作战直升机了。作战直升机除用来杀伤有生力量外，还用于反坦克作战。此外，还有配置在海军舰艇（反潜舰、登陆舰、运输船、巡洋舰等）上的直升机。许多国家为这类直升机建造了或用航空母舰改造成了专用的登陆和反潜直升机母舰。各国军队装备的直升机主要的有：美国的火力支援直升机AH-1G"休伊-眼镜蛇"、运输空降直升机CH-47"支奴干"和UH-1D"易洛魁"、反潜直升机SH-3D"海王"，通信侦察直升机OH-58A"基俄瓦"和OH-6A"恺尤斯"；法国的多用途直升机"云雀"和"超黄蜂"；英国的反潜直升机"黄蜂"。英法合制的直升机"小羚羊"、"美洲豹"、"大山猫"等正在装备部队。

【自转旋翼机】 不同于飞机的一种飞行器，其升力的产生不仅依靠机翼，而且依靠安装在垂直轴上的被迎面气流吹动而自由旋转的旋翼转子。自转旋翼机的平飞拉力依靠发动机带动的普通螺旋桨产生。自转旋翼机是1922年西班牙工程师H.德拉席尔瓦发明的。自转旋翼机的特点是着陆、起飞速度小和着陆、起飞滑跑距离短，没有坠入螺旋的危险。自转旋翼机有别于直升机，它不能垂直起落，也不能空中悬停。自转旋翼机的飞行速度为30—240公里／小时。军事上自转旋翼机用于通信、侦察和校正炮兵射击。由于直升机的出现和不断改进，自转旋翼机的生产遂告停止。直升机具有许多胜过自转旋翼机的优点和优良的战术技术性能。

【旋翼定翼机】 兼有直升机和飞机性能的垂直起落飞行器。旋翼定翼机与直升机的区别在于，它的升力不仅靠旋翼，而且也靠机翼产生。旋翼定翼机借助于旋翼作垂直起落、小速度飞行和悬停动作，这一点与直升机相同。旋翼定翼机上升到一定高度之后，即靠旋翼和拉进式或推进式螺旋桨或空气喷气发动机加速。在达到空气动力舵面生效的速度之后，旋翼定翼机就象普通飞机一样，利用机翼升力飞行。旋翼定翼机的操纵，在起飞和降落工作状态时，与直升机相同，而在前进飞行工作状态时，则既用飞机的操纵方法，也用直升机的操纵方法。同直升机相比较，旋翼定翼机可以达到更大的速度，但是，在载重量相同的情况下，就结构而言，旋翼定翼机更为复杂笨重。苏联双旋翼运输用旋翼定翼机Ka-22，装有2台功率各为4300千瓦的涡轮轴发动机，飞行重量为37吨，曾于1961年创造了8项世界纪录。1965年，美国洛克希德飞机公司制成了AH-56A型"齐恩尼"作战旋翼定翼机（见图）。这种作战旋翼定翼机装有1台功率为2500千瓦的涡轮轴发动机，在最大飞行重量7700公斤的情况下，飞行速度曾达到408公里／小时。

【作战飞机】 能以机载武器、特种装备对

空中或地面、水上目标进行攻击和担负其他作战任务的各类飞机。包括：歼击机、截击机、轰炸机、强击机、武装直升机、反潜机、侦察机、电子干扰飞机和武装运输机。

【强击机】 使用炸弹、火箭和火炮从低空和超低空袭击地面、海上小型活动目标的作战飞机。为了保护空勤组和飞机最重要的部位不受敌高射火力的伤害，一般都有装甲。强击机通常都用在战术地幅直接支援陆军和海军。第二次世界大战前，在西班牙和远东作战中使用强击机的经验表明，它们存在严重的弱点。1939年，苏联制成了单发双座的 Ил-2 装有 2 门 20 毫米的 ШВАК 机关枪（后来为 2 门 23 毫米的 ВЯ 机关炮）和 2 挺 7.62 毫米的 ШКАС 机枪，8 枚 PC-82 火箭弹，能携带 600 公斤炸弹。1944 年末，制成了更为完善的全金属强击机——Ил-10。第二次世界大战期间，法西斯德国研制成了"亨舍尔-129"双发攻击机。但因作战性能差未能广为采用。英国和美国曾使用普通轰炸机和战斗机进行强击活动。战后装备强击机的有法国、瑞典以及其他一些国家的空军。海军航空兵也用强击机。从 50—70 年代，在许多国家的空军中，强击机的任务由歼击轰炸机承担，从而战术航空兵就不装备强击机了。母舰航空兵的强击机仍在继续改进。

【海军强击机】 用于对水面或地面目标实施低空或超低空攻击的海军飞机。能携带空舰导弹、航空鱼雷、中小型炸弹、航空火箭等。装有海上航行和轰炸设备。要害部位装有装甲。速度快，低空性能和机动性好。既可担任突击任务，又可担任压制敌对空火力的任务。

【攻击机】 即强击机。

【歼击机】 用于在空中消灭敌人飞机和无人驾驶兵器的作战飞机。它也可用于摧毁地面、海上目标和进行空中侦察。歼击机的主要作战形式是空中战斗。在第一次世界大战期间，开始使用歼击机对付飞机、飞艇和气球。与当时的侦察机和轰炸机相比，歼击机，要有较大的速度和良好的机动性能，装有 1—2 挺机枪，个别的还装有航空机关炮，这就使歼击机在火力和战术上优于其他用途的飞行器。歼击机是沿着提高主要战斗性能的方向加以改进的。歼击机的速度特性、机动性能和其他飞行性能不断地得到了提高。这是增大发动机功率、研究更完善的空气动力外形和采用新材料的结果。采用新材料可以制成结构既轻而又有足够强度的、能经受巨大过载的飞机。要使歼击机获良好的飞行

性能，就必然会使飞机重量受到限制，所以歼击机通常都是单座的。由于采用了喷气发动机，歼击机的飞行速度和飞行高度进一步在提高。采用喷气发动机不仅克服了音障，而且获得了超过音速几倍的飞行速度。

无线电电子学的发展使歼击机的改进工作产生了第二次质的飞跃。借助于机载雷达瞄准具能够在云中和夜间在目力看不见目标的条件下摧毁目标。瞄准具的进一步改进，使发现空中目标的距离显著地增大了，而地面和机载无线电技术设备的应用，则使歼击机能在昼夜复杂天气条件下飞行，并能在目力看不见机场的条件下按仪表进入着陆。作为歼击机主要武器的可控的和自导的航空火箭的出现，使火力杀伤空中目标的距离和威力明显地增大了。这是歼击航空兵发展过程中出现的又一次新的飞跃。由于航空兵面临的任务越来越复杂，所以在 40 年代末研制了专业化的歼击机——歼击轰炸机和歼击截击机。许多国家航空兵配备有所谓战术战斗机。根据所进行的任务，战术战斗机可作为战斗轰炸机使用，或者作为战斗截击机使用。现代歼击机是喷气式超音速全天候导弹运载机。在没有目视能见度的条件下，它们能从远距离以猛烈的导弹突击消灭空中敌人，或者使用射击武器和导弹武器进行近距机动空战。使用导弹时，武器本身的机动能够增补飞机的机动性能，能够消灭高空高速目标。现代歼击机的主要组成部分有：配置空勤组座舱、发动机、各种设备、燃料和军械用的机体；1—2 台喷气发动机；保障空勤组生命活动，以及发动机和军械在飞行中发挥效能的全套无线电电子设备及其他特种设备；导弹武器和射击武器。现代歼击机通常装备有轰炸军械和火箭武器，所以必要时也能摧毁地面目标。70 年代中期主要的歼击机有：苏联的 МИГ-21 和其他飞机；美国的 F-4"鬼怪"式、F-5"自由战士"式、F-14"雄猫"式、F-15"鹰"式和 F-16；法国的"幻影"F.1 式；英国的"闪电"式、"鹞"式等。

【战斗机】 即歼击机。

【歼击截击机】 歼击机的异型。由于某些类型的歼击机装备了机载雷达瞄准具，能在目力看不见空中目标的条件下发现和击毁空中目标，所以 20 世纪 40 年代末，文献中便出现了"歼击截击机"这一术语。歼击截击机与一般歼击机比较，能在更加复杂的气象条件下进行战斗活动。越来越复杂的飞行条件，要求专门培训单座歼击截击机飞行员和研制双座歼击截击机。双座歼击截击机的机长主要

负责战斗活动的实施，另一成员则履行无线电技术设备操作员的职责。

70年代中期军事科学技术的进步，特别是电子学方面的进步，为歼击截击机装备测控距离更远的机载雷达瞄准具创造了条件，从而大大提高了歼击截击机的战斗能力。战斗任务范围的扩大及其多样化，要求制造能在昼夜任何天气条件下，在低空和同温层，以及在离被保卫目标极远的地方消灭空中目标的歼击截击机。现代的歼击截击机与其他类型的歼击机的区别是：活动半径增大了，机载雷达瞄准具和导弹的使用距离更远了，根据战斗使用条件和被袭击目标的特点所要求的专业化程度更高了。某些类型的现代歼击截击机因为要发挥其特殊性能而没有装备枪炮武器，不大适于进行机动空战，也不大适于在土跑道机场上起降。许多国家军队的空军也都研制并使用了歼击截击机。现代战斗截击机主要有以下几种：美国的F—106A"三角标枪"式、F—102A"三角剑"式；英国的"闪电"式、F.MK.6等。

【轰炸机】 用炸弹或导弹杀伤破坏敌地面和海上目标的作战飞机。按用途和执行任务的性质，轰炸机可分为战术的和战略的两种；按飞行重量，可分为轻型、中型和重型三种。第一批轰炸机是在第一次世界大战开始前制成的。俄国装有4台发动机的伊里亚·穆罗梅茨飞机就是其中的一种。那时的轰炸机绝大部分是木质结构的双翼飞机，其飞行速度不大，飞行高度较低，航程较短。二三十年代，在许多国家中轰炸机发展的方向是提高飞行性能和改进武器装备。后来出现了俯冲轰炸机。在第二次世界大战过程中，轰炸机继续得到了改进和发展，尤其是远程（战略）轰炸机，其战斗性能有了显著的提高。这种飞机的武器装备中，出现了雷达轰炸瞄准具和引导系统、大圆径的爆破弹、导向炸弹和原子弹，而且还加强了防御武器。现代轰炸机的性能特点是：超音速、飞行高度高、航程远。空中补充加油使远程（战略）轰炸机和导弹载机实际上能达到位于任何距离上的目标。轰炸机能在广阔的速度和高度范围内飞行，并采用不固定的飞行剖面。由于有了强大功率的无线电电子成套设备和其他成套特种设备，轰炸机能在昼夜任何气象条件下飞行和突击固定的或活动的目标。轰炸机的武器装备一役包括轰炸军械、防御军械和各种施放无线电干扰的设备。从构造上看，现代轰炸机是一种全金属的单翼飞机，有密封的空勤组座舱、燃油箱和武器装备。现代轰炸机一般装有2—4台喷气发动机。机上成套的无线电电子设备包括：航行系统、目标搜索和观测系统、武器控制系统、对地面或空中的雷达照射源警报系统、复杂气象着陆保障系统。此外，轰炸机还装有生命保障系统、供空勤组在应急情况下使用的救生系统和其他装置。

【歼击轰炸机】 用于消灭地面、海上小目标和运动目标的作战飞机。它也可用于对付空中的敌人飞机、直升机和无人驾驶兵器。歼击轰炸机的飞行技术性能与歼击截击机相近似。为了摧毁地面目标，歼击轰炸机装有航空核炸弹和普通航空炸弹、燃烧箱、可控的和无控的空对地航空火箭。为了摧毁空中目标，可使用空对空导弹。枪炮武器可用于对付各种目标。歼击轰炸机的电子设备包括雷达瞄准具或光学瞄准具、低空自动投弹系统、惯性和无线电导航系统、昼夜复杂气象条件下飞行的保障设备。为了抗击防空兵器，歼击轰炸机可装备机载无线电电子综合防御系统：直接侦察电台、机载电子计算机、积极干扰电台和消极干扰电台。70年代主要的战斗轰炸机有：F—4"鬼怪"式、F—5"自由战士"式、F—111、F—16（美国）；"鹞"式G.R.MK.1（英国）；"美洲豹"式（法国、英国）；"幻影"III式、"幻影"5式、"幻影"F.1式（法国）。

【重型轰炸机】 亦称远程轰炸机。用于对敌人深远后方重要目标实施战略轰炸的飞机。必要时也可用于支援陆军、海军作战。起飞重量一般在100吨以上，航程在8000公里以上，载弹量在10吨以上，大都可携带核弹和空地导弹。主要特点是航程大、自卫能力强、载弹量大。

【中型轰炸机】 亦称"中程轰炸机"。主要用于对敌人后方重要目标实施战略轰炸的飞机。必要时也可用于支援陆军、海军作战。起飞重量一般在40～90吨，航程为3000～6000公里，载弹量为5～10吨，可携带核弹及空地导弹。

【轻型轰炸机】 亦称"近程轰炸机"。用于对敌人战术目标进行轰炸的飞机。主要用于对敌方供应线、前沿阵地和各种活动目标进行轰炸，支援陆军、海军作战。起飞重量一般为15～30吨，航程可达3000公里，载弹量3～5吨。

【海军轰炸机】 用于轰炸敌舰船和陆上目标的海军飞机。能携带空舰导弹、航空鱼雷、航空水雷、炸弹和核武器等。装有海上航行和轰炸、投雷设备。主要任务是：单独或在其他兵力协同下消灭敌舰船；布设水雷障碍，封锁航道；突击敌海军基地及其他重要目标等。它航程远、载弹量大、突击威力强，但体积大、机动性较差。以鱼雷或水雷为主要武器的海军轰炸机，又称水鱼雷机。

【海军战斗轰炸机】　主要用于攻击水面或地面目标的海军多用途飞机。也可用以实施空战。能携带空舰导弹、航空鱼雷、航空水雷、中小型炸弹、航空火箭和空空导弹等；并装有机关炮。速度快、低空性能好。

【反潜飞机】　装有搜索和攻击潜艇设备的飞机。分为岸基飞机（美国和北大西洋公约组织的其他一些国家称为巡逻机）和以航空母舰和反潜巡洋舰为基地的舰基飞机。为了搜索潜艇，飞机上装备了主动式探测器材和被动式探测器材。主动式探测器材有：能探测处于水上状态或潜望状态的潜艇的雷达以及能接收由爆炸声源所造成的潜艇顺波的声纳浮标系统〔美国的"朱利"（"Julie"）系统〕。被动式探测器材包括：能记录潜艇所产生的各种物理场（声场、磁场、热场等）的记录设备。属于这类设备的有：接收潜艇噪音的声纳浮标，记录潜艇金属壳体引起地磁场变化的磁强计，能测出潜艇柴油机排出的低浓度废气的气体分析仪，通过各种方法记录潜艇尾流中温差的红外线装置，等等。现代的反潜飞机可装备上述器材的全部或其中的大部，并且所装备的器材均与电子计算机相联，组成一个搜索瞄准系统。为了击毁潜艇，飞机上还装有自导鱼雷、深水炸弹、导弹和水雷。

【海上巡逻机】　用于海上巡逻和侦察的海军飞机。它有多种侦察手段和较长的续航时间。主要用于在各种气象条件下遂行警戒、搜索与监视敌海上空中目标等任务。

【反潜巡逻飞机】　在海洋指定水域执行巡逻勤务的反潜飞机。执勤目的是搜索和消灭敌潜艇，以及对水区进行侦察。由岸基航空兵的反潜巡逻飞机执行这种任务最有成效。许多国家都把反潜巡逻飞机列入作战飞机。反潜巡逻飞机有专门设计制造的，如美国的P-3C"猎户座"、P-2E"海王星"，英国的M.P3"沙克尔顿"、M.P Mk.1"猎迷"。也有用运输机改装的，如法国和西德的"大西洋"1150，英国的"防御者"。这一类巡逻飞机的航程达9000公里，最大速度达900公里／小时（巡逻速度近350公里／小时），实用升限约12公里，配有两班乘员，总人数为12—16名，能持续巡逻20小时。这种飞机装有搜索潜艇用的仪器，配有深水炸弹、反潜鱼雷，有时也备有水雷、火炮和火箭武器。搜索和消灭潜艇，也可使用舰载航空兵的反潜巡逻飞机，如美国的S-2"搜索者"、S-3"海贼"，法国的"贸易风"1050。不过，这种飞机航程短（2100—5400公里），巡逻时间也较短（约6小时）。

【侦察机】　专门用于从空中获取情报的军用飞机。是现代战争中的主要侦察工具之一。按任务范围，可分为战略侦察机和战术侦察机。战略侦察机一般具有航程远和高空、高速飞行性能，用以获取战略情报，多是专门设计的。战术侦察机具有低空、高速飞行性能，用以获取战役战术情报，通常用歼击机改装而成。

侦察机一般不携带武器，通常装有航空照相机、侧视雷达和电视、红外侦察设备，有的还装有实时情报处理设备和传递装置。侦察设备装在机舱内或外挂的吊舱内。侦察机可进行目视侦察、成像侦察和电子侦察。成像侦察是侦察机实施侦察的重要方法，它包括可见光照相、红外照相与成相、雷达成相、微波成相、电视成相等。

【照相侦察飞机】　专门执行照相侦察任务的飞机。机上装有相应的航空照相设备。

【电子侦察飞机】　专门执行电子侦察任务的飞机。机上装有电子侦察设备，用以侦察敌方无线电台和雷达的性能与配系。分有人驾驶和无人驾驶的两种。多用于对敌方浅近纵深地区实施不定期的电子侦察，是电子侦察的重要手段。

【战略侦察飞机】　用于执行战略侦察任务的飞机。它装备有较先进的电子和摄影设备，具有高空、高速飞行性能，且航程较远，用以对敌人后方进行侦察。

【战术侦察飞机】　用于执行战术侦察任务的飞机。其航程较短，通常由歼击机、强击机、轻型轰炸机等改装而成。

【无人驾驶侦察飞机】　由无线电遥控设备或自身程序控制的不载人的侦察飞机。

【炮兵侦察校射飞机】　又称炮兵校正机、校射机。炮兵进行航空侦察和校正射击的飞机。通常使用轻型飞机、教练机、观察直升机和小型无人驾驶侦察机作为炮兵侦察校射飞机。它装有望远镜、航空照相机、电子侦察仪器和无线电通讯器材等。用于侦察地面观察所难以观察的目标并校正射击。

【观察机】　凭借眼力观察敌情的飞机。最早的空中观察工具是气球。第一次世界大战中，飞机代替气球进行空中观察。

【电子干扰飞机】　专门执行电子干扰任务的飞机。主要用于对敌人防空体系内的各种雷达（警戒引导雷达、目标指示雷达、制导雷达、炮瞄雷达）和陆空指挥通信设备等实施电子干扰，阻止攻击机群突防和作战。电子干扰飞机主要装有大功率杂波干扰机、无源干扰投放器和侦察、引导接收机。其基本工作程序是：接收机收到信号后，经计算机处理，引导释放有源和无源干扰。

【电子对抗飞机】 用以对敌方雷达、无线电通信设备和电子制导系统实施侦察、干扰和袭击的飞机。包括电子侦察飞机、电子干扰飞机和反雷达飞机。电子侦察飞机装有宽频带的电子侦察系统，可侦收、识别和录取电磁信号，为指挥中心和作战部队提供有关情报。电子干扰飞机主要装有大功率杂波干扰机、无源干扰投放器和侦察、引导接收机，用以对敌方雷达、通信设备和电子制导系统实施干扰。反雷达飞机装有告警引导接收系统、反雷达导弹和其他制导武器，主要以反雷达导弹袭击地面火控雷达。电子干扰飞机通常用其他军用飞机（包括直升机和无人驾驶飞机）改装。电子对抗飞机最早出现于第二次世界大战中。

【反雷达飞机】 主要用于袭击地面火控雷达的飞机。它装有告警引导接收系统、反雷达导弹和其他制导武器。其基本工作程序是：接收系统收到信号后，识别出雷达类型，测出其位置，发射反雷达导弹进行攻击。

【通信飞机】 传递战斗文书和接送通信联络人员的专用飞机。通常为直升机或其他小型飞机。

【转信飞机】 在空中担负无线电中转通信任务的飞机。主要用于对低空、远距离或在地形复杂区域活动的飞机进行中继联络。

【预警机】 用于搜索、监视空中或海上目标，并可指挥引导己方飞机执行作战任务的飞机。预警机具有探测低空、超低空目标性能好和便于机动等特点，战时可迅速飞往作战地区，进行警戒和指挥引导任务；平时可沿边界或公海巡逻，侦察敌方动态，防备突然袭击。早期的预警机，只有预警功能。预警机通常由大型运输机改装而成。机身上装有带罩的雷达天线，机舱内装有预警雷达，以及敌我识别、情报处理、指挥控制、通信、领航和电子对抗设备等。预警机可在数百公里距离内发现、识别、跟踪数十至数百批目标，向地面或海上指挥系统提供情报，为地面防空武器系统指示目标，并引导己方飞机执行作战任务。舰载预警机可随航空母舰进入远洋活动，扩大预警范围。预警机在探测低空、超低空和海上目标时，机载雷达的探测范围受地球曲面的限制相对减小，因而与舰载雷达或地面雷达相比，能在更远的距离发现目标。预警机雷达波束作俯角扫描时，受地物和海浪强杂波的强烈干扰，所以这类雷达都具有良好的下视能力，能从强杂波背景中检测出目标信号。

【舰载机】 以航空母舰或其他军舰为基地的海军飞机。用于攻击空中、水面、水下和地面目标，并执行预警、侦察、巡逻、护航、布雷、扫雷和垂直登陆等任务。舰载机是海军航空兵的主要作战手段之一，是在海洋战场上夺取和保持制空权、制海权的重要力量。舰载机按使命分为歼击机、强击机（攻击机）、反潜机、预警机、侦察机和电子对抗飞机等。按起落原理分为普通舰载机、舰载垂直／短距起落飞机和舰载直升机。普通舰载机只能搭载在航空母舰上，借助母舰飞行甲板上的弹射器起飞，降落时用机身后下方的尾钩，钩住飞行甲板上的拦阻索，强行停住，以缩短滑跑距离；机体结构坚固，起落架减震能力和随载能力强；主轮轮距较大，抗倾倒能力强；可系留在母舰上，以防止母舰摇摆时翻倒；机翼和有的尾翼可折叠。舰载垂直／短距起落飞机能在飞行甲板较小的母舰上起落。舰载直升机能搭载在航空母舰和设有飞行平台的大、中型军舰上，其旋翼和必需尾梁大多可折叠。舰载机能适应海洋环境。普通舰载机一般在6级风、4～5级浪的海情下，仍能在航空母舰上起落。舰载机能远在母舰舰炮和战术导弹射程以外进行战斗；借助母舰的续航力，可远离本国领土，进入各海洋活动。舰载歼击机多兼有攻击水面、地面目标的能力，舰载强击机（攻击机）多兼有空战能力，以充分发挥有限数量舰载机的最大效能。舰载机在母舰出海时上舰，母舰返回基地时飞回岸上机场。一艘航空母舰可搭载数十至百余架舰载机。通常是多机种同时搭载，以形成综合作战能力。

【军用运输机】 用于运送军事人员、武器装备和其他军用物资的飞机。具有较大的载重量和续航能力，能实施空运、空降、空投，保障地面部队从空中实施快速机动；它有较完善的通信、领航设备，能在昼夜复杂气象条件下飞行。有些军用运输机还装有自卫武器。军用运输机按运输能力分为战略运输机和战术运输机。战略运输机航程远，载重量大，主要用来载运部队和各种重型装备实施全球快速机动。战术运输机用于战役战术范围内进行空运任务。有的具有短距起落性能，能在简易机场起落。军用运输机由机体、动力装置、起落装置、操纵系统、通信设备和领航设备等组成。机身舱门宽敞，分前开式、后开式和侧开式。装有前开式和后开式舱门的运输机，在舱门处设有货桥，与飞机底板相接，底板上有滚动装置，机舱内有起吊装置；舱门、货桥和起吊装置由液压或电动机构操纵，便于快速装卸大型装备和物资。机翼一般采用上单翼布局，机翼前、后缘装有高效增升装置，以改善起落性能。动力装置多数为2～4台涡轮风扇或涡轮螺旋桨大功率发动机，有的在主起落架舱内或尾部装有辅助动力装置，用于在地面起动发动机。起落架多采用多轮式，装中、低压轮胎。有的起落架装有升降机构，用以调节机舱底板的离地高度，便于在野战条件下进行装卸。

【载机】 用来携带飞机，运载特种武器和特定装置的。如运载航天飞机、核武器和巡航导弹的飞机。

【核载机】 向目标区域投掷核弹用的作战飞机。所投核弹通常有：炸弹、水雷、地雷、导弹、鱼雷等。

【运载飞机】 运送较轻型的有人驾驶或无人驾驶飞机用的作战飞机。

【航空母机】 能运载一架或几架可在空中脱离的轻型飞机的远程重型飞机。50年代，美国在试验 X-1"空中火箭"式和其他型别的飞机时，为了既节省燃料，又能获得最大飞行高度和速度，曾用 B-29 和 B-25 轰炸机把这种试验飞机带到空中起动放出。被运送的小飞机可在空中脱离母机独立行动，然后降落到最近的机场或回到载机上。

【鱼雷飞机】 一种用航空鱼雷打击敌战斗舰艇和运输船只，以及用于布设水雷障碍的作战飞机。飞机用鱼雷突击海上目标的事例，早在第一次世界大战时就已出现。1915年，英国的水上飞机在马尔马拉海用鱼雷击沉一艘排水量为500吨的土耳其船。但专门的鱼雷飞机则是在30年代初才开始在许多国家的海军中出现。第二次世界大战时期，鱼雷飞机得到了广泛使用。鱼雷飞机与轰炸飞机相比，它能击毁舰船最薄弱的水下部分。鱼雷飞机通常携带两条鱼雷，按不同的机型鱼雷可挂在机身、机翼下或炸弹仓内。由于50年代中期海上防空兵器的加强以及制造了飞机使用的远距离击毁目标的导弹，航空鱼雷打击水面舰艇便失去了原来的作用，因而鱼雷飞机也被导弹飞机所取代。

【卫生飞机】 亦称救护飞机。运送伤病员的专用飞机。有直升机和运输飞机两种机型，并有专用与临时调用之分。专用卫生飞机根据卫勤保障任务改装，配备有完善的急救器材、医疗用品和医护人员，可在运送途中对伤病员进行急救处置。临时卫生飞机为客运、货运飞机现场改装，由陪送的医护人员携带相应的急救物品，供后送途中使用。

【海上救护机】 用于海上援救遇险人员和运送伤病员的飞机。机上装有急救、护理所必需的设备和药品，及寻找、救捞遇险人员的专用设备。担任海上救护机的有直升机和水上飞机。实施救护时，直升机低空悬停，水上飞机降落在水面。

【空中加油飞机】 在空中给飞行器补充加油的飞机。加油飞机的设备有附加油箱、输油泵、端部装有锥形套和燃料传感器的软管和软管胶盘。有的加油飞机上不用软管，而用可伸缩的套管，受油飞机上应有可伸缩的管式受油器或其他专门的受油装置。受油器通常装在飞机头部，加油时插入带燃料传感器的锥形套内。70年代末，美国空军主要用 KC-135A 型喷气式飞机作加油飞机。这种飞机能在1850公里的航程上，以每分钟4.5吨的速度为其他飞机输油24.5吨。美国还研制了一种运输加油飞机，这种飞机既可用来为其他飞机加油，也可用来运送货物和人员。英国空军使用的加油飞机是"胜利者"K1 和 K2，最大输油量可达23吨。

【靶机】 高射炮、防空导弹和航空导弹在实弹射击时用作空中靶标的无人驾驶飞机。靶机有专门制造的，也有用老式飞机改装的；有一次使用的，也有多次使用的。靶机上的设备和专门装置有：飞行控制系统（包括程序控制或无线电指令控制），射击准确性的测定装置，向地面传送飞行参数的无线电遥测装置，模拟敌典型空袭兵器的红外线辐射和有效散射面积的设备，无线电干扰模拟设备等。特制的靶机能模拟任何型别的空中目标的空间机动动作。多次使用的靶机可借助降落伞系统用起落架着陆，也可用特制的滑橇或直接用机身着陆。靶机的使用特点取决于起飞方法和控制方法。使用靶机须有一系列的辅助技术设备，它们连同靶机一起配成一套靶标综合设备。

【航模靶机】 供对空实弹射击用的航模机。

【效用机】 具有多种用途的飞机。通常可用于作战指挥，运送作战人员，运送军用物资和伤病员等。

【"隐身"飞机】 利用各种技术减弱雷达反射波、红外辐射等特征信息，使敌方探测系统不易发现的飞机。"隐身"仅是一种借喻，并非指飞机在肉眼视距内不能被看到。飞机的特征信息，还包括声波和可见光。现在军用飞机采用的"隐身"技术，是专门对付敌方雷达和红外传感器的，已有可能使它们对飞机探测的距离减小到 1／2 左右，甚至更小一些。"隐身"飞机减小雷达有效探测距离的主要方法是：机身和机翼之间圆滑过渡（身翼融合），合理选择进气口的外形和位置，使机体表面各部分的连接处，尽可能避免直角相交；机体尽量采用非金属材料，飞机表面的金属部位涂以能吸收电磁波的材料。减小红外传感器探测距离的主要方法是：发动机采用二元喷管，喷口四周加隔热层或红外挡板，改变喷口方向；用冷空气降低喷气温度，以改变红外辐射峰值频率。

【无人驾驶飞机】　由无线电遥控设备或自备程序控制系统操纵的不载人飞机，简称无人机。通常是专门设计的，也有用其他飞机改装的。它结构简单，造价低廉，能完成有人驾驶飞机不宜执行的某些任务，在军事上已得到广泛应用。无人机可由载机携带从空中投放，也可从地面发射或起飞；可由操纵员在地面或空中利用遥控设备操纵，也可通过自备程序控制系统控制飞行。无人机有一次使用的，也有多次使用的。多次使用的无人机，可自动着陆，或用降落伞回收。机上控制系统主要包括：无线电遥控遥测设备、程序控制装置、自动驾驶仪、发动机自动操纵装置、自动领航设备、自动着陆或回收设备等。根据不同任务，无人机可选装上述设备或加装其他设备。无人机的主要用途之一是作靶机，用于飞机、高射炮、导弹等兵器试验和性能鉴定，训练飞行员和高射炮、地空导弹、雷达操纵人员。靶机上的专用设备有：脱靶量指示器、模拟红外辐射和雷达反射面的设备、电子干扰设备等。无人机还可用于侦察、电子对抗、中继通信，以及科学试验等。

【武装直升机】　装有机载武器系统的直升机。主要用于攻击地面、水面和水下目标，为运输直升机护航，有的还可与敌直升机进行空战。它具有机动灵活，反应迅速，适于低空、超低空抵近攻击，能在运动和悬停状态开火等特点。武装直升机通常是指用来突击地面目标的直升机，故又称强击直升机或攻击直升机，多配属于陆军航空兵，是航空兵实施直接火力支援的新型机种。关于武装直升机用于空战，夺取超低空优势问题也已引起普遍重视。武装直升机可分为专用型和多用型两类。专用型是专门为进行攻击任务而设计的，其机身窄长，机内只有前后乘坐的 2 名乘员（射击员、飞行员），作战能力较强。多用型除用来进行攻击任务

外，还可用于运输、机降、救护等。武装直升机多为中、小型，最大飞行速度一般为 300 公里／小时左右，作战半径 100～300 公里，续航时间 2～3 小时。武器系统包括机载武器和机载火力控制系统。机载武器有机枪、枪榴弹、航炮、火箭、炸弹、导弹等，多数悬挂在机身外部两侧的挂架上，有的还在机身前下方装有要旋转的活动机枪或炮塔。为提高生存力，武装直升机通常在结构、材料等方面采取必要的措施，使其具有一定的抗弹和耐坠毁性能。武装直升机的主要活动方式是：贴地飞行，隐蔽接敌，突然袭击，迅速转移。反坦克作战是武装直升机的主要用途之一，它与坦克对抗时，在视野、速度、机动性及武器射程等方面具有明显的优势。

【强击直升机】　用于突击装甲战斗车辆和火炮、导弹发射阵地等地面目标的武装直升机。通常装备有火箭、反坦克导弹和机关炮。有的可运载小分队，进行空中机动作战。多配属于陆军航空兵，是航空兵实施直接火力支援的新型机种。

【救生直升机】　用于海上救生的直升飞机。机上装备有搜索、观察、通信、吊放和打捞等设备。它能快速搜索水面和水下目标，援救落水人员，引导救生船迅速赶往遇难地点等。

【救护直升机】　专供搜索、营救和后送伤病员的直升飞机。通常用于作战条件许可下，直接从战场救护伤员，或执行海上、岛屿及边远地区抢救、后送伤病员和营救遇难人员等任务。机上配备有专用担架固定装置、医疗救治设备、通讯工具、救生器材等。能水平、垂直、侧向飞行和空中盘旋，具有伤病员登机、担架上下和医疗护理方便，适合执行多种救护任务，后送速度快等特点。

【反潜直升机】　装有搜索和攻击潜艇设备的直升机。是一种正得到迅速发展的反潜兵器。反潜直升机能以较低的速度飞行并能在指定的地点上空悬停，从而可使用吊放式和拖曳式声纳搜索潜艇。起飞重量约 11 吨，最大航速约 270 公里／小时，航程约 1000 公里。反潜直升机既可在陆上机场起降，也可在航空母舰、直升机母舰、巡洋舰、驱逐领舰、驱逐舰和其他种水面军舰上起降。外国海军目前已使用从舰上用无线电指令操纵的无人驾驶直升机。反潜直升机攻击潜艇用的兵器的反潜鱼雷和深水炸弹（无人驾驶直升机仅携带鱼雷）。

1、歼击机、强击机

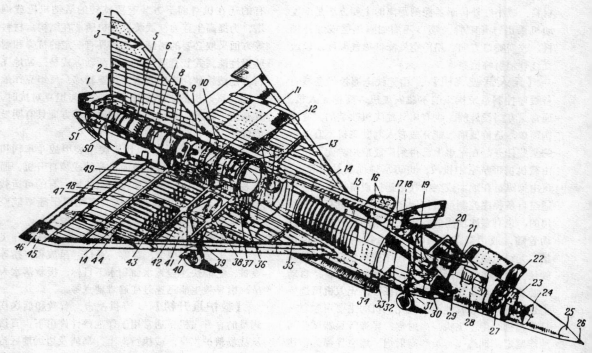

图 10-3　歼击机

1.减速板　2.方向舵　3.多普勒雷达天线　4.垂尾尖　5.隔热钛筒　6.加力燃烧室供油管　7.涡轮　8.环管燃烧室　9.高压压气机　10.鞍形滑油箱　11 进气口防冰系统空气导管　12.低压压气机　13.发动机进气道外壳 14.燃油箱　15.敌我识别器天线　16.电子设备舱舱门　17.座舱排气孔　18.座舱盖开闭作动筒　19.弹射座椅　20.座舱盖构架　21.前密封隔壁　22.火控系统舱门　23.着陆下滑接收机天线　24.主雷达天线　25.介电质整流罩　26.空速管　27.前起落架舱门　28.火控系统前主舱　29.前起落架舱门　30.弹射座椅脚蹬　31.前起落架　32.中部电子设备舱舱门　33.火箭巢舱舱门　34.火箭舱侧门　35.前缘襟翼　36.冲压空气涡轮　37.锻造隔框　38.起落架液压收放作动筒　39.主起落架　40.主起落架舱门　41.燃油系统可卸检查口盖　42.燃油系统通气孔 43.翼助　44.蜂窝夹心导流片　45.翼情　46.航行灯　47.加强翼肋　48.机翼后缘　49.交流发电机　50.整流罩　51.喷口控制机构

【柯蒂斯 7S-1 型舰载歼击机】　1922 年美国制造。可载 1 挺 0.3 英寸机枪。速度 125 英里／小时，航程 482 英里。

【柯蒂斯 F6C 型舰载歼击机】　1925 年美国制造。可载 2 挺 0.3 英寸机枪。速度 155 英里／小时，航程 361 英里。

【波音 FB-1 型舰载歼击机】　1925 年美国制造。可载 1 挺 0.5 英寸和 1 挺 0.3 英寸机枪。速度 167 英里／小时，航程 509 英里。

【波音 F3B 型舰载歼击机】　1927 年美国制造。可载 1 挺 0.5 英寸和 1 挺 0.3 英寸机枪。速度 156 英里／小时，航程 500 英里。

【波音 F4B 型舰载歼击机】　1929 年美国制造。可载 1 挺 0.5 英寸和 1 挺 0.3 英寸机枪。速度 187 英里／小时，航程 401 英里。

【格鲁曼 F2F 型舰载歼击机】　美国制造。1934 年首次订购。动力为 1 台普拉特·惠特尼的十双黄蜂式发动机，650 马力。最大速度 233

英里／小时。最大载荷航程 535 英里。乘员 1
人。

【格鲁曼 F3F 型舰载歼击机】 1935 年
美国制造。可载 2 挺 0.3 英寸机枪。速度 264 英里
／小时，航程 980 英里。

【柯蒂斯 P-36 型舰载歼击机】 美国制
造。1936 年首次订购。动力为 1 台莱特的旋风
GR-18205A 型发动机，1200 马力。最大速度 239
英里／小时。最大载荷航程 960 英里。乘员 1
人。

【布鲁斯特 F2A 型舰载歼击机】 1939
年美国制造。可载 1 挺 0.5 英寸和 1 挺 0.3 英寸机
枪。速度 301 英里／小时，航程 1095 英里。

【洛克希德 P-38 闪电式歼击机】 美国
制造。1940 年首次订购。可载 1 门 20 毫米航炮，
4 挺 0.50 英寸机枪。最大速度 414 英里／小时。
最大载荷航程 2260 英里。爬升率为 12 分钟爬高
至 25000 英尺。

【北美 P-51 野马式歼击机】 美国制
造。1940 年首次订购。可载 4 或 6 挺 0.50 英寸机
枪，2 枚 1000 磅炸弹或 10 枚 5 英寸火箭弹。最大
速度 443 英里／小时。最大载荷航程 2080 英里。
爬升率为 7.5 分钟爬高至 20000 英尺。升限 41900
英尺。

【共和 P-47 雷电式歼击机】 美国制
造。1941 年首次订购。可载 6 或 8 挺 0.50 英寸机
枪，2 枚 1000 磅炸弹或 10 枚 5 英寸火箭弹。最大
速度 429 英里／小时。最大载荷航程 925 英里。
爬升率为 13 分钟爬高至 20000 英尺。升限 36100
英尺。

【诺思罗普 P-61 黑寡式歼击机】 美国
制造。1941 年首次订购。可载 4 门 20 毫米航炮，
4 挺 0.50 英寸机枪。最大时速 362 英里／小时。
最大载荷航程 600 英里。爬升率为 10 分钟爬至
20000 英尺。升限 33100 英尺。乘员 3 人。

【格鲁曼 F6F 恶妇式歼击机】 美国制
造。1942 年首次订购。可载 6 挺 0.50 英寸机枪。
最大时速 372 英里／小时。最大载荷航程 1495 英
里。爬升率为 10 分钟爬高至 20000 英尺。升限
37300 英尺。乘员 1 人。

【钱斯·沃特 F4 海盗式歼击机】 美国
制造。可载 6 挺 0.50 英寸勃朗宁式机枪，2 枚
1000 磅炸弹或 8 枚 5 英寸火箭弹。最大时速 446
英里／小时。最大载荷航程 1562 英里。爬升率为
7.7 分钟爬高至 20000 英尺。升限 41000 英尺。乘

员 1 人。

【F-4U"鬼怪"歼击机】 美国麦克唐纳公
司为海军研制的远程舰队防空歼击机。后来美国空
军也大量采用，成为美国空、海军 60—70 年代的
主力战斗机。1956 年开始设计，1958 年 5 月原型
机试飞。生产型于 1961 年 10 月开始交付海军使
用，1963 年 11 月开始进入空军服役。F-4 各方面
的性能都比较好，不但空战能力好，对地攻击能力
也很强，是 60 年代以来美国生产数量最多的战斗
机。主要型别有：A 型，舰队防空型；B 型，海军
的全天候型；RF-4B，B 型的侦察型；C 型，空
军的战术战斗机；RF-C，侦察型；D 型，空军的
战斗轰炸型；E 型，空军的制空型；F-4EJ，日本
仿制型；RF-4E，西德等国使用的侦察型；F
型，西德订购的简化单座型，共生产 175 架；J
型，美海军的舰队防空型；K、M 型，分别为英
国海军和空军的使用型；S 型，J 型的改进型；
F-4G"野鼬鼠"，空军的反雷达攻击型。其中
F-4E 的装备和性能如下：

动力装置为 2 台 J79-GE-17 涡喷发动机，最
大推力 2×5385 公斤，加力推力 2×8120 公斤。
主要设备有：AN／AJB-7 全高度轰炸系统，
AN-ASA-64A 导航计算机，AN／APQ-120 火
控雷达，AN／ASA-32 自动火力控制系统，
AN／ASQ-91 武器投放系统，AN／ASG-26 前
置角计算光学瞄准具，AN／APR-36、37 雷达寻
的和警戒系统。武器有：1 门 M61A1 六管机炮。
6 枚"麻雀"Ⅲ或 4 枚"麻雀"Ⅲ和 4 枚"响尾蛇"空对
空导弹；空对地武器包括 AGM-12"小斗犬"空对
地导弹、AGM-62A"白星眼"电视炸弹、
AGM-65A"幼畜"电视炸弹、AGM-45 和
AGM-78 反辐射导弹、各种常规炸弹和核弹等。
最大载弹量 7250 公斤。

该机翼展 11.77 米，机长 19.20 米，机高 5.02
米，机翼面积 49.24 米^2，机翼后掠角（1／4 弦
线）45 度，机翼展弦比 2.82，机翼相对厚度（平
均）5.1%、（翼尖）3%，主轮距 5.46 米，前主轮
距 5.92 米。空重 13760 公斤，作战起飞重量
18820 公斤，最大起飞重量 28030 公斤，最大着陆
重量 20870 公斤，燃油量（机内）7760 公斤、（包
括 3 个副油箱）12830 升。最大平飞速度（高空）
M2.27／2410 公里／小时，（海平面）M1.1／1350
公里／小时，巡航速度 960 公里／小时，爬升率
（M0.9，高度 9000 米，半油，带导弹）110 米／
秒，实用升限 18000 米，作战半径（挂副油箱，4

枚导弹）1200 公里，转场航程 3200 公里。

图 10-4　　F-4C 战术战斗机（"鬼怪Ⅱ"）

【F-5E"虎"歼击机】

美国诺斯罗普公司在 F-5A 的基础上研制的轻型战术歼击机。F-5A 曾是美国 60 年代大批出口的"军援"战斗机。1970 年 11 月美国政府决定 F-5E 作为"军援"战斗机代替 F-5A。第一架 F-5E 于 1972 年 8 月试飞。首批生产的 F-5E 于 1973 年春开始交付。

F-5E 是以苏联的米格-21 和苏-7 为主要作战对象研制的，其中低空性能与米格-21 相近，具有制空、拦截、战斗轰炸、近距支援等多种作战功能。同 F-5A 相比，在气动外形上变化不大，机身加长 0.35 米，翼展增加 0.43 米，机翼面积增加到 17.3 米^2（F-5A，15.79 米^2），采用了推力更大发动机。型别有：RF-5E，侦察型；F 型，E 型的双座教练／战斗型，保留了原来的火控系统，但去掉一门机炮；G 型，现称 F-20。动力装置为 2 台 J85-GE-21B 涡喷发动机，加力推力 2×2270 公斤。主要设备有：AN／APQ-159 轻量级微型 X 波段脉冲雷达，AN／APX-101 敌我识别器，中心大气数据计算机，LN-33 惯性导航系统，AN／ARN-108 仪表着陆系统，CPU-129／A 飞行指引仪计算机和完全盲目飞行设备等。武器有：翼尖发射架带两枚 AIM-9"响尾蛇"空对空导弹。机身头部装两门 20 毫米 M39A2 型机炮。1 个机身下挂架和 4 个机翼下挂架可选挂"蛇眼"炸弹、"玛特拉"、"迪朗达尔"空对地导弹、激光制导炸弹及各种常规炸弹。最大载弹量 3180 公斤。

该机翼展 8.13 米（不带翼尖导弹）、8.35 米（带翼尖导弹），机长 14.45 米（包括机头传感器），机高 4.06 米，机翼面积 17.3 米^2，展弦比 3.82，副翼面积 0.86 米^2，后缘襟翼面积 1.95 米^2，前缘襟翼面积 1.14 米^2，垂尾面积 3.85 米^2，方向舵面积 0.57 米^2，水平安定面面积 5.48 米^2，主轮距 3.80 米，前主轮距 5.17 米。空重 4410 公斤，正常起飞重量 6830 公斤（带两枚导弹），最大起飞重量 11210 公斤。最大平飞速度（高度 10980

米）M1.64／1740 公里／小时，最大巡航速度（高度 10975 米）M0.98／1040 公里／小时，实用升限 15790 米，最大爬升率 175 米／秒（海平面），作战半径 220～1060 公里，航程 2480～2860 公里，起飞滑跑距离（重量 7050 公斤）610 米，着陆滑跑距离（重量 5230 公斤，打开阻力伞）762 米。

【F-8"十字军战士"歼击机】

美国钱斯·沃特公司为海军研制的舰载超音速歼击机。1953 年 5 月开始设计，原编号 F-8U。1955 年 3 月原型机首次试飞，1957 年 3 月开始交付美国海军使用。特点是采用可变安装角机翼，起飞着陆期间，飞机上的液压自锁动作筒可把机翼安装角调大 7°，这样既增加升力，又使机身基本上与飞行甲板或跑道保持平行，避免因机头抬起而影响飞行员的视界，平飞时，机翼再回到原来的位置。机翼外段是可向上折叠的便于舰上停放。主要型别有：A 型，单座昼间战斗机；B 型，有限全天候型；RF-8A，侦察型；C 型，A 型的改型，空战能力加强；D 型，有限全天候型，M 数接近 2.0；E 型，D 型的改进型；F-8E（FN），法国海军订购的 E 型。

1965 年各型全部停产，共生产 1259 架。根据美国海军的"生产后改进和现代化计划"，为延长使用寿命和加强作战能力，在上述 F-8 各型基础上改装而成的新型别主要有：RF-8G（由 RF-8A 改装，计 73 架）、H 型（由 C 型改装，计 89 架）、J 型（由 E 型改装，计 136 架）、K 型（由 C 型改装，计 87 架）、L 型（由 B 型改装，计 63 架）。其中 F-8E 型的主要装备和性能如下：

动力装置为 1 台普拉特·惠特尼公司的 J57-P-20 涡喷发动机，加力推力 8170 公斤。主要设备有：沃特公司研制的自动驾驶仪，APQ-97 搜索和火控雷达；AN／ASS-15 红外扫描器，配合"响尾蛇"空对空导弹，也可挂 8 枚"阻尼"火箭弹，后来生产的 F-8E 又增加两个挂架，挂载方案有 12×113 公斤炸弹、4×227 公斤炸弹、2×454 公斤炸弹、2×907 公斤炸弹或 24 枚"阻尼"火箭弹等。最大载弹量 2270 公斤。

该机翼展 10.72 米，机长 16.61 米，机高 4.80 米，机翼面积 32.50 米^2，展弦比 3.53，主轮距 2.94 米，前主轮距 5.51 米。空重 8170 公斤，正常起飞重量 13380 公斤，最大起飞重量 15420 公斤，机内燃油量 6，300 升（可空中加油）。最大平飞速度（高度 12200 米）M1.7／1810 公里／小时～M2.0／2124 公里／小时，巡航速度（高度 12200 米）M0.9／956 公里／小时～M0.95／1010 公里／小时，实用升限 17000 米，爬升率 130 米／秒，作战半径 370～800 公里，转场航程 2250 公里。

【F-14"雄猫"歼击机】 美国格鲁门公司研制的变后掠翼重型舰载多用途歼击机。1969 年 1 月美国海军与公司签订合同开始研制 12 架原型机。第一架原型机于 1970 年 12 月首次试飞。1972 年 10 月开始装备舰队。F-14 已代替 F-4 成为美国海军的主力舰载重型战斗机。F-14 采用串列双座、双发、双垂尾、变后掠布局形式。飞行中机翼后掠角变化范围为 20°～68°，由机载设备按飞行状态自动调节，使后掠角始终处于最佳位置。舰上停放时，最大后掠角达 75°。机翼固定段前缘有前置扇翼，超音速时能自动转出以控制压力中心移动，最大转角 15°。F-14 所装的 AWG-9 火控雷达搜索距离达 160 公里，可同时跟踪 24 个目标，与 AIM-54"不死鸟"远程空对空导弹配合，使 F-14 能同时攻击 80～100 公里远的 6 个威胁最大的目标。型别有：A 型，最初生产型；B 型和 C 型；D 型，A 型的改进型，主要改进雷达和电子设备并换装 F110 发动机；F-14／TARPS，侦察型，装战术空中侦察吊舱系统。其中 F-14A 型的主要装备和性能如下：

动力装置为 2 台 TF30-P414A 涡扇发动机，加力推力 2×9490 公斤。1983～1986 年生产的 F-14A 装 TF30-P414A 涡扇发动机。主要设备有：AN／AWG-9 脉冲多普勒雷达，AN／ASN-92 惯性导航系统，以及雷达警戒、敌我识别、数据传输、目视目标截获、多目标显示等设备。机下吊舱装有红外跟踪器和电视光学装置。还有 AN／ALQ-91A 主动电子对抗装置。F-14A 的电子设备，可保证全天候作战。

武器有：1 门 20 毫米 M61A1 型六管机炮，备弹 675 发，机身下有 4 个挂架，机翼固定段各有一个挂架（每个可挂两枚导弹）。可同时挂 6 枚 AIM-54"不死鸟"远程空对空导弹加两枚"响尾蛇"近距空对空导弹，或同时挂 4 枚"麻雀"中程空对空导弹加 4 枚"响尾蛇"导弹。对地攻击时可挂各种炸弹。最大外挂载荷为 6580 公斤。

该机翼展（后掠 20°、68°、75°）19.45 米、11.65 米、10.15 米，机长 19.1 米，机高 4.88 米，机翼面积 52.49 米^2，展弦比 7.28，主轮距 5 米，前主轮距 7.02 米。空重 18，110 公斤，正常

起飞重量 26570 公斤，最大起飞重量 33720 公斤。最大平飞速度（高空）M2.34／2490 公里／小时，最大巡航速度 740～930 公里／小时，最大爬升率（海平面）150 米／秒，实用升限 17070 米，作战半径（机内燃油，4 枚"麻雀"导弹，在 3050 米高度作战 2 分钟）720 公里，最大航程 3220 公里，最小起飞距离 390 米，最小着陆距离 820 米，使用过载 6.5g。

【F-15"鹰"歼击机】 美国麦克唐纳·道格拉斯公司研制的重型制空歼击机。1965 年美国空军开始考虑研制，第一架原型机 1972 年 7 月首次试飞。1975 年开始装备部队。主要用于夺取战区制空权，也用于对地攻击。F-15 采用单座双发上单翼布局。机翼平面形状呈切角三角形，机翼无前缘机动襟翼，靠固定弯度的锥形扭转来提高空战机动性能。机体结构大量采用钛合金和复合材料。F-15 推重比大，翼载小，机动性能好，具有较好的机载设备，特别适用于近距格斗和超视距导弹攻击，是目前世界上第一流的制空战斗机。型别有：A 型，美国空军的基本型；B 型，A 型的双座教练型，也可用于制空作战；C 型，A 型改型；D 型，C 型的双座型；J 型，日本引进专利生产的 F-15；DJ 型，J 型的双座型；E 型，战斗轰炸型。以下内容适合 F-15C。动力装置为 2 台 F100-PW-100 涡扇发动机，最大推力 2×6660 公斤，加力推力 2×10820 公斤。主要设备有：APG-63X 波段脉冲多普勒雷达，中央计算机，平视显视器，AN／ALQ-135 机内通讯装置，ALR-56 雷达预警系统及电子干扰和电子战设备。武器有：1 门 20 毫米 M61A1 六管机炮，备弹 940 发。可同时携带 4 枚 AIM-9L／M"响尾蛇"和 4 枚 AIM-7F／M"麻雀"空对空导弹或 8 枚 AIM-120 先进中程空对空导弹。空对地武器包括各种炸弹、火箭弹等。最大载弹量 7620 公斤。该机翼展 13.05 米，机长 19.43 米，机高 5.63 米，机翼面积 56.5 米^2，机翼后掠角（前缘）45°，机翼展弦比 3，主轮距 2.75 米，前主轮距 5.42 米。使用空重 12520 公斤，正常起飞重量 20210 公斤（截击任务，机内满油，带 4 枚"麻雀"导弹），最大起飞重量 39850 公斤（装保形油箱），最大燃油量 15920 公斤。最大平飞速度（高空）M2.5／2660 公里／小时，实用升限（带 4 枚"麻雀"导弹）18300 米，作战半径（4 枚导弹，挂副油箱）1200 公里，稳定盘旋半径（M0.9，高度 9000 米，半油，带导弹）1820 米，稳定盘旋角速度（M0.9，

高度 9000 米，半油，带导弹）8.7 度／秒，稳定盘旋过载（M0.9，高度 9000 米，半油，带导弹）4.3g，爬升率（M0.9，高度 9000 米，半油，带导弹）150 米／秒，转场航程 5560 公里（带保形油箱），起飞滑跑距离 275 米，着陆滑跑距离 760 米，最大设计过载+7.33g～3.0g，加速时间（从 M0.9 加速至 M1.6）48 秒。

图 10-5 F-15 "鹰"歼击机

【F-15B"野鼬鼠"歼击机】 美国麦克唐纳·道格拉斯公司制造的歼击机。动力为 2 台 F100-PW-100 加力式涡轮风扇发动机。翼展 13.05 米，机长 19.43 米，机高 5.36 米。空重 20070 公斤，最大起飞重量 30845 公斤。最大水平速度（高空短时间）M2.3，（低空）M1.2。带 4 枚"麻雀"导弹时实用升限 18300 米。

【F-16"战隼"歼击机】 美国通用动力公司研制的轻型歼击机。主要用于空战，也可用于近距支援。是美国空军 80—90 年代使用的主力轻型战斗机，并向世界许多国家和地区出口。F-16 于 1972 年开始设计。1974 年 2 月原型机 YF-16 开始试飞，生产型于 1978 年 8 月开始交付使用。采用边条翼、空战襟翼、翼身融合体、高过载座舱、电传操纵系统、放宽静稳定性等新技术，加上较好的电子设备和武器，使之具有结构重量轻、外挂载荷量大、对空和对地作战能力比较好等特点。主要型别有：A 型，基本型；B 型，双座战斗／教练型；C 型，A 型改型；D 型，B 型改型；E 型，战斗轰炸型；F-16／79，简化出口型。其中 F-16A 型的主要装备和性能如下：

动力装置为 1 台 F100-PW-200 涡扇发动机，最大推力 6660 公斤，加力推力 10820 公斤。主要设备有：APG-66 脉冲多普勒距离和角度跟踪雷达，下视距离 37～56 公里，上视距离 46～74 公里。AN／ARN-108 仪表着陆系统，SKN-2400 惯性导航系统，雷达光-电显示设备，中央大气数据计算机，飞行控制计算机等。武器

有：1 门 20 毫米 M61A1 多管机炮，备弹 515 发。全机有 9 个武器挂点：两翼尖各 1 个，机身下 1 个，翼下 6 个。外挂武器包括 AIM-9J／L"响尾蛇"空对空导弹，制导炸弹，核弹及常规炸弹。最大外挂载荷 4760 公斤（机内满油）、6890 公斤（机内减油）。

该机翼展 9.45 米、10.01 米（带翼尖导弹），机长 15.09 米，机高 5.46 米，机翼面积 27.87 米^2，前缘后掠角 40°，展弦比约 3.0，相对厚度约 4%，主轮距 2.36 米，前主轮距 4.0 米。空重 7070 公斤，正常起飞总重 10570 公斤（空战任务，不带副油箱），最大起飞总重 16060 公斤，机内燃油量 3170 公斤，3 个副油箱装油量 3070 公斤。最大平飞速度（高度 12200 米）M2.0／2120 公里／小时，巡航速度（高度 11000 米）M0.8／849 公里／小时，实用升限 15240 米，爬升率（M0.9，高度 9000 米）128 米／秒，水平加速度（M0.9，高度 9000 米）4.58 米／秒^2，稳定盘旋过载（M0.9，高度 9000 米）4.1g，稳定盘旋角速度（M0.9，高度 9000 米）8.15 度／秒。

【F-16B"野鼬鼠"歼击机】 美国通用动力公司研制的歼击机。动力装置为 1 台 F100-200 型涡轮风扇发动机。其性能近于标准型飞机。

【F-16／79 歼击机】 美国通用动力公司在 F-16 的基础上改装的中等性能歼击机。专供出口。该机的费用和性能介于 F-5E 和 F-16、F-18 之间。1980 年 2 月开始设计，同年 10 月原型机首次试飞，至 1983 年 1 月累计飞行 313 小时。该机以不受美国出口限制的 J79-GE-119 涡喷发动机与 F-16 机体配伍而成，此外对进气道作了修改，机身加长 45 厘米，重量增加 817 公斤。J79 发动机与原 F-16 上用的 F100 发动机在技术上相差一代，因此 F-16／79 的性能明显不及 F-16。有 A 型（单座型）和 B 型（双座型）两种。

动力装置为 1 台 J79-GE-119 涡喷发动机，最大推力 5390 公斤，加力推力 8160 公斤。武器有：1 门 20 毫米 M61A1 六管机炮。2～6 枚 AIM-9J／L"响尾蛇"空对空导弹及各种炸弹。最大载弹量 4000 公斤。

该机翼展 10.01 米，机长 15.09 米，机高 5.01 米，机翼面积 27.87 米^2。空重 8070 公斤，正常起飞重量 11630 公斤，最大起飞重量 16060 公斤。最大平飞速度（高度 11000 米）M2.0／2120 公里／小时、（海平面）M1.13／1380 公里／小时，实用升限 15240 米，作战半径 880 公里，航程 3700

公里。

【F／A-18"大黄蜂"歼击机】 美国麦克唐纳·道格拉斯公司和诺斯罗普公司研制的舰载歼击机。主要用于舰队防空，也用于对地攻击。1974年美国海军提出发展计划，1975年5月，海军决定以诺斯罗普公司的实验机 YF-17 作为 F／A-18 的原型机进行发展。共造11架原型机，第一架1978年11月试飞。1983年1月正式服役。F／A-18 采用双发、双垂尾和带边条小后掠角机翼布局。该机为一机两型，攻击型 A-18 与空战型 F-18 机体完全相同，只是更换了座舱显示器，机身下挂的"麻雀"导弹换挂激光和前视红外跟踪吊舱，两翼尖挂自卫空对空导弹，其它挂架挂对地攻击武器。F／A-18 的特点是可靠性和维护性好，生存力强，大迎角下飞行特性好，武器投射精度高。但结构超重，成本高，性能也未能完全达到原设计指标。试飞和使用中出现不少问题。目前在边生产，边使用，边修改。

型别有：F-18A，单座战斗／截击型；A-18，攻击型；TF／A-18，双座战斗教练型；F-18L，岸基型。以下内容适合 A-18A。

动力装置为：2 台通用电气公司的 F404-GE-400 低涵道比涡扇发动机，加力推力 2×7260 公斤。主要设备有：AN／APG-65 多模态数字式空对空和空对地跟踪雷达，空对空模态包括远距搜索跟踪、边搜索边测距、边跟踪边扫描（跟踪10个目标，显示给飞行员8个）和迅速检查攻击效果。全天候着舰系统，两台 AYK-14 数字式计算机，四余度飞行控制系统，利顿公司的惯性导航系统。多用途座舱显示设备包括平显和三个阴极射线管。武器有：1 门 20 毫米 M61 型六管机炮，备弹 570 发。有 9 个武器挂点：翼尖两个挂 AIM-9"响尾蛇"空对空导弹；外半翼下两个挂 AIM-7"麻雀"和"响尾蛇"空对空导弹或各种空对面武器；内半翼下两个挂副油箱或空对地武器；短舱处两个机身挂架挂导弹或 AN／ASS-38 前视红外跟踪吊舱；机身下中心处挂架挂副油箱及武器。最大载弹量 7710 公斤。

该机翼展 11.43 米、（带翼尖导弹）12.31 米、（机翼折叠）8.38 米，机长 17.07 米，机高 4.66 米，机翼面积 37.16 米²，平尾翼展 6.92 米，主轮距 3.11 米，前主轮距 5.42 米。空重 9300 公斤，起飞总重 15740 公斤（空战任务）、22320 公斤（攻击任务）。最大平飞速度（高度 11000 米）M1.8／1910 公里／小时，（海平面）M1.1／1170

公里／小时，实用升限 15240 爬升率 254 米／秒，作战半径（空战任务）740 公里、（攻击任务）1070 公里，转场航程（空中不加油）3700 公里，起飞滑跑距离 430 米，着陆滑跑距离 850 米。

【F-19 歼击机】 美国洛克希德公司为美空军秘密研制的隐身机。它的各种情况于 1975 年开始设计 F-19，1977 年原型机试飞，1981 年完成试飞工作，F-19 的主要任务是对敌方防空导弹和雷达阵地实施压制性攻击和进行战略／战术侦察。其特点是雷达反射面积小，红外辐射量低、目视观测特征弱，具有"隐身"能力，在入侵过程中不易被对方发现和攻击。主要隐身措施有：光滑干净的气动外形，大量采用复合材料，平板拼成的屏蔽进气道，辅助进气口设在机身上面，屏蔽尾喷口，武器内挂，防辐射涂层，速燃、热迹少的燃料等。F-19 采用可伸缩的前翼，用以改善起落和亚音速性能，机翼可以向上折叠以便于用 C-5 运输机空运和在航空母舰上使用。

动力装置为 2 台 F404-GE-400 涡扇发动机，最大推力 2×4800 公斤，加力推力 2×7260 公斤。武器有空对空和空对地导弹等。该机空重 10000 公斤，总重 15000 公斤。翼展 8.9 米（折叠 5.0 米），机长 17.8 米，机高 3.6 米。最大速度 M2.0，实用升限 20000 米，作战半径 700～1000 公里。

【F-20"虎鲨"歼击机】 美国诺斯罗普公司在 F-5E 的基础上专为出口而研制的轻型中等性能多用途歼击机。1975 年左右开始考虑设计方案，1978 年完成初步设计，同年 10 月卡特总统否决了向台湾出售这种改型飞机的提案，使发展计划搁置起来。1980 年 1 月，美国改变政策，允许各飞机公司发展中等水平的战斗机出口，F-20 的发展计划才得以复活。F-20 的原型机于 1982 年 8 月首次试飞。机上装有较先进的电子设备，并采用先进和座舱布局。具有全天候作战能力。

动力装置为 1 台 F404-GE-400 涡扇发动机，加力推力 7260 公斤。生产型将装加力推力为 7700 公斤的 F404-GE-100 涡扇发动机。主要设备有：全综合数字式导航和攻击系统，其核心是 AN／APG-67 (v) X 波段相干脉冲多普勒多功能雷达，该雷达的上视范围 46～745 公里，下视范围 37～54 公里。激光陀螺惯性平台。固态数字式电子计算机，通用电气公司的平视显示器，AN／ALR-46 雷达预警接收机，AN／ARC-182

(v) 甚高频／超高频-调幅／调频固态无线电收发两用机。武器有：前机身下方各 2 门 20 毫米 M39A2 机炮，每门备弹 280 发。共 7 个武器外挂点：机身下一个，机翼 4 个，两翼头各 1 个。根据不同挂弹方案可挂 3 个 GPU-5／A30 毫米机炮吊舱、6 枚 AIM-9 "响尾蛇" 空对空导弹、4 枚 "幼畜" 空对地导弹，两枚 AIM-7E "麻雀" 空对空导弹、4 枚 "鱼叉" 空对舰导弹，9 颗 MK82 炸弹或 4 颗激光制导炸弹。最大外挂载荷 3770 公斤。

该机翼展 8.13 米、（翼尖带导弹）8.53 米，机长 14.71 米（不包括空速管），机高 4.22 米，机翼面积 17.28 米^2。空重 5090 公斤，作战起飞重量 7830 公斤，最大起飞重量 12470 公斤，机内燃油量 2290 公斤，最大外挂燃油量 2920 公斤。最大平飞速度（高空）M2.0／2120 公里／小时，最大爬升率（海平面）178 米／秒，实用升限 16770 米，持续盘旋角速度（M0.8，高度 4570 米）11.1 度／秒，作战半径（带炸弹，高-低-高）710 公里、（三个副油箱，战斗巡逻）560 公里，转场航程 3000 公里，起飞滑跑距离（无钱挂）490 米、（最大起飞重量）1280 米，着陆滑跑距离 790 米，限制过载 9g。

【F-86 "佩刀" 歼击机】 美国原北美航空公司（现并入罗克韦尔国际飞机公司）研制的美国第一种后掠翼喷气式歼击机。是美国、北约集团及日本在 50 年代使用最多的战斗机。1945 年 5 月开始设计，1947 年 10 月原型机试飞，1949 年 5 月开始装备部队。F-86 有 A、D、E、F、H、K、L 等型。美国和其它一些国家共生产了 11400 架左右。使用的国家和地区有美国、加拿大、意大利、南斯拉夫、土耳其、日本、泰国、菲律宾和南朝鲜等。F-86 早已退出现役，现在美国海军武器研究中心已将其修改成无人驾驶靶机，用于作战训练。其中 F 型的主要装备和性能如下：

动力装置为 1 台通用电气公司的 J47-GE-27 涡轮喷气发动机，推力 2710 公斤。武器有 6 挺 M-3 型 12.7 毫米机枪。翼下可挂 2 枚 "响尾蛇" 空对空导弹或 2 颗 454 公斤炸弹，或 8～16 枚 127 毫米的火箭弹。

该机翼展 11.90 米，机长 11.45 米，机高 4.50 米，机翼面积 29.20 米^2。空重 5050 公斤，正常起飞重量 6890 公斤，最大起飞重量 9350 公斤。最大速度 960 公里／小时（高度 10700 米），实用升限 15000 米，巡航速度 850 公里／小时，爬升率 40 米／秒，作战半径 750 公里（带两个副油箱），

转场航程 2460 公里，续航时间 2.9 小时。

【F-100 "超佩刀" 歼击机】 美国原北美航空公司研制的世界上第一种具有超音速平飞能力的喷气式歼击机。1949 年 2 月开始装备部队。F-100 的主要型别有 A 型，昼间型战斗机，生产 203 架；C 型和 D 型，战斗轰炸机，分别生产 276 架和 1274 架；F 型，双座战斗轰炸、制空和教练型，生产 399 架。F-100 各型共生产 2300 多架，1959 年全部停产。使用的国家除美国外，还有法国、土耳其、丹麦等。F-100 曾在越南战场上执行战斗轰炸任务，1973 年从美国战术空军退役转入美国空军国民警卫队服役，有的被修改成无人驾驶靶机。以下内容适合 D 型。

动力装置为 1 台普拉特·惠特尼公司的 J57-P-21A 涡轮喷气发动机，加力推力 7690 公斤。武器有：除机炮外，可带 2～4 枚 "响尾蛇" 空对空导弹，2 枚 "小斗犬" 空对地导弹，各种炸弹，火箭弹及原子弹、核弹等。最大载弹量 3400 公斤。

该机翼展 11.82 米，机长 15.40 米，机高 4.94 米，机翼面积 35.70 米^2。空重 9530 公斤正常起飞重量 13500 公斤，最大起飞重量 15800 公斤。最大速度（高度 10670 米）M1.3／1400 公里／小时，实用升限 12250 米，最大爬升率 71 米／秒，作战半径 500-700 公里，航程（带两个副油箱）2100 公里。

【F-102A 战斗机（"三角剑"）】 美国制造。原型机于 1954 年 12 月首次试飞，1956 年 5 月开始装备美空军。该型机具有低空拦截和一定的抗干扰能力。F-102E 为其改进型，装有空中加油装置。TF-102A 为亚音速教练机。目前美空军已不再使用。乘员 1 人。动力装置为 J57-P-23 或 -25 涡轮喷气式，推力 1×4945 或 5310 公斤（加力 7710 或 7810 公斤）。最大时速 1330 公里（高度 11000 米），马赫 1.25；1130 公里（海平面），马赫 0.92。巡航时速 960 公里，马赫 0.9。实用升限 16500 米。最初爬高率 3650-3960 米／分。最大航程 1500-2000 公里。活动半径 600-800 公里。续航时间约 1 小时 30 分。武器装备为 4-6 枚 "猎鹰"（AIM-4A 或 4C），或数枚 "原子猎鹰" 空空导弹，27 枚 "巨鼠" 火箭（均置于机身导弹舱内）。特种设备有 MG-10 火力控制系统，红外搜索跟踪装置，拦截数据计算机，L-10 自动驾驶仪，APX-6A 敌我识别器。翼展 11.62 米。机长 20.81 米，机高 6.46 米。全重 13100 公斤（最大重

量 14300 公斤）。

图 10-6 F-102A 战斗机（"三角剑"）

【F-104"星"歼击机】 美国洛克希德公司研制的单座超音速制空战斗机。1951 年开始研制，1954 年 2 月原型机首次试飞。1958 年开始装备部队。因其航程短，载弹量小，未成为美国空军的主力战斗机。1958 年公司在 C 型基础上重新设计的 F-104G 却被西德等北约国家和日本选作主力战斗机大量仿制。F-104 的主要型别有：A 型，截击型；C 型，战斗轰炸型；G 型，全天候多有途型；J 型，G 型的日本仿制型；S 型，意大利改进的截击型，CF-104，G 型的加拿大仿制型。以下内容适合 G 型。

动力装置为 1 台 J79-GE-11A 涡喷发动机，加力推力 7170 公斤。武器有：1 门 20 毫米机炮。执行截击任务带"麻雀"Ⅲ和"响尾蛇"空对空导弹各 2 枚；执行对地攻击任务带"小斗犬"空对地导弹、普通炸弹或一颗 900 公斤的核弹。

该机翼展 6.68 米，机长 16.69 米，机高 4.11 米，机翼面积 18.22 米^2，主轮距 2.71 米，前主轮距 4.59 米。空重 6390 公斤，正常起飞重量 9480 公斤，最大起飞重量 13050 公斤。最大平飞速度（高度 11000 米）M2.2／2330 公里／小时，最大巡航速度 M0.95，实用升限 17680 米，海平面最大爬升率 250 米／秒，作战半径 370～1100 公里，转场航程 3510 公里。

【F-100F"野鼬鼠"强击机】 美国北美航空公司研制的强击机。动力装置为 1 台 J57-P21A 涡轮喷气发动机。翼展 11.81 米，机长 16.00 米，机高 4.96 米。空重 10115 公斤，加载重量 13925 公斤。最大速度（高度 10668 米）1390 公里／小时。实用升限 13720 米。航程（带 2 个副油箱）2415 公里。最大载弹量 2722 公斤。

【F-105F"野鼬鼠"强击机】 美国共和飞机公司研制的强击机。动力装置为 1 台 J57-P-19W 涡轮喷气发动机。翼展 10。65 米，机长 21.21 米，机高 6.24 米。最大速度（海平面）1328 公里／小时；（高度 10937 米）2157 公里／小时。作战半径 1448 公里。

【F-105G"雷公"强击机】 美国共和公司研制的强击机。性能与 F-105F 相同，电子设备与外部载荷与 F-105 不同。

【F-106"三角标枪"截击机】 美国通用动力公司康维尔分公司研制的单座全天候超音速截击机，主要用于国土防空。该机由 F-102A 超音速截击机发展而来。1955 年开始设计，1956 年 12 月原型机首次试飞，1959 年 7 月生产型开始交付美空军使用。型别有：A 型，单座截击机；B 型，串列双座截击／教练机。

动力装置为 1 台普拉特·惠特尼公司的 J75-P-17 涡轮喷气发动机，加力推力 11100 公斤。武器有：机身武器舱内可装 4 枚半主动雷达制导的 AIM-4E 或红外制导的 AIM-4F"超苍鹰"空对空导弹，一枚 AIR-2A"妖怪"或一枚 AIR-2B"超妖怪"空对空核火箭弹。从 1973 年起又加装一门 20 毫米 M61 六管机炮。

该机翼展 11.67 米，机长 21.56 米，机高 6.18 米，机翼面积 64.83 米^2，主轮距 4.71 米，前主轮距 7.35 米。空重 10730 公斤，正常起飞重量 15900 公斤，最大起飞重量 17350 公斤，最大燃油量 7190 升。（A 型）最大平飞速度（高度 12000 米）m2.3／2440 公里／小时，巡航速度（高度 12000 米）M0.92／975 公里／小时，实用升限 17400 米，作战半径 740～920 公里，爬升率（海平面）102 米／秒，转场航程 3700 公里，起飞滑跑距离 1260 米，着陆滑跑距离 1850 米。

【A-1E 舰载攻击机（"空中袭击者"）】 美国制造。1935 年 7 月开始生产，该型机经改装可进行昼间攻击、夜间攻击、照相侦察、托靶、早期警报、反潜搜索和攻击、救护（可载 4 付担架）或运输（可载客 8 人）等任务。现在美海军又不使用，仅供海军陆战队特种部队进行"反游击战"用，但美空军，在侵越战争中仍用其掩护直升机进行救援活动。乘员 2 人。动力装置为 R-3350-26W 活塞式，1×2700 马力。最大时速 584 公里，巡航时速 480 公里。实用升限 7620 米。最初爬高率 870 米／分。航程 1600 公里。载弹量为 3630 公斤。武器装备有 4 门 20 毫米炮、炸弹、火箭等。翼展 15.24 米。机长 12.20 米，机高 4.75 米。全重 8350 公斤。

【A-4"空中之鹰"攻击机】 美国原道格拉斯公司研制的轻型舰载攻击机。主要用于对海上和沿岸目标进行常规轰炸，执行近距支援和浅纵深遮断任务。1952年6月开始设计。原型机于1954年6月首次试飞，同年10月生产型开始装备部队。该机设计精巧，造价低廉，具有载弹量大、维护简单、出勤率高等优点。有近20个型别。其中A-4M型的主要装备和性能如下：

动力装置为1台J52-P-408A涡喷发动机。静推力5080公斤。主要设备有：AN／AJB-34低空轰炸系统，AN／APG-53火控雷达等。武器有：2门20毫米MK12机炮，外挂武器有战术核武器、空对地和空对空导弹、炸弹和制导鱼雷等。

该机翼展8.38米，机长12.29米，机高4.62米，机翼面积24.16米^2。空重4900公斤，最大起飞重量（陆上起飞）11100公斤，载弹量4530公斤。最大平飞速度1080公里／小时，爬升率52米／秒，作战半径540公里，转场航程3230公里。

图10-7 A-4 "空中之鹰"攻击机

【A-6"入侵者"攻击机】 美国格鲁门公司研制的双座全天候重型舰载攻击机。其主要任务是以高亚音速低空突防，对敌方纵深地面目标实施核和非核攻击。适合于在夜间和不良天气下使用。1957年5月开始设计，原型机于1960年4月试飞，生产型于1963年1月开始服役。飞机的电子设备复杂，每飞行小时的维护工时多达90小时，出勤率不高。

型别有：A型，基本型；B型，由A型改装19架，加装了目标识别和截获系统，能带"标准"型反雷达导弹；C型，由A型改装，提高了夜间攻击能力；KA-6D，改装的空中加油型，也能执行海面救护和夜间攻击任务；E型，改进的攻击型；A-6E／TRAM，E型的改进型，装目标识别和攻击多探测系统；EA-6A，A型的电子战改进；EA-6B，EA-6A的改型；CCWA-6A把环流机翼装在A型机体上的试验机。其中A-6E型

的主要装备和性能如下：

动力装置有：2台普拉特·惠特尼公司的J52-P-8A涡喷发动机，推力2×4220公斤。在座舱风挡的前上方有空中受油管。主要设备有：诺登公司的AN／APQ-148多功能雷达，能同时进行地形测绘和对固定或活动目标进行识别、跟踪和测距，也能进行地形跟踪。IBM公司的AN／ASQ-133晶体管数字式电子计算机，它与机载雷达导航、惯性导航和多普勒导航设备、通讯设备及自动飞行控制系统配合工作。凯泽航宇和电子公司的AN／AVA-1多功能显示器。武器有：5个武器悬挂点，每个可挂1630公斤载荷。最大载弹量8170公斤。典型挂弹方案是30枚225公斤的炸弹或3枚900公斤的炸弹和1140升的副油箱。从1981年开始，具有携带6枚"鱼叉"空对舰导弹的能力。

该机翼展16.15米、7.72米（折叠后），机长16.69米，机高4.93米，机翼面积49.1米^2，机翼后掠角（1／4弦线）25°，机翼平均气动弦长332米，主轮距3.32米。空重12130公斤，最大起飞重量27400公斤，最大着陆重量20410公斤。最大平飞速度（海平面）M0.85／1040公里／小时，巡航速度760公里／小时，实用升限12930米，最大爬升率（海平面）39米／秒，最小起飞滑跑距离610米，最小着陆滑跑距离520米，航程1780公里（低空，最大外载），转场航程4400公里。

【A-7"海盗"攻击机】 美国凌·特姆科·沃特公司研制的亚音速轻型攻击机。主要执行近距支援和浅纵深遮断任务。是美国当前的主力攻击机。1963年6月凌·特姆科·沃特公司在F-8战斗机基础上开始发展。第一架A-7于1965年9月首次飞行，同年美空军决定发展A-7的岸基型。A-7A的生产型于1966年10月开始装备海军，外形与F-8相似。主要更改是把推力较大涡喷发动机换成推力较小但耗油率较低的涡扇发动机；加大翼展，缩短机身；增加挂架，更换电子设备等，使一架M2.0级的超音速战斗机变成一架高亚音速的、航程远并且载弹量多的攻击机。主要型别有：A型，海军基本型，装TF30-P-6涡扇发动机；B型，A型的改型，装一台TF30-P-8发动机，推力加大；TA-7C，由B型等改装的双座教练型；D型，美空军用的岸基型，装TF-41-A-1（斯贝-25的改型）发动机，按空军要求改装了设备；E型，海军型，改装发动机和设备；H型，E型的陆

基型，按希腊空军要求改装；K 型，美空军的教练型；P 型葡萄牙空军用的 A 型的改型。其中 A-7 型的主要装备和性能如下：

动力装置为 1 台艾利逊公司的 TF41-A-2 不加力式涡轮风扇发动机，静推力 6800 公斤。主要设备有：AN／ASN-91（V）导航／武器投放电子计算机；AN／APN-190（V）多普勒雷达；AN／APQ-126（V）前视雷达；AN／AVQ 平视显视器及 AN／ALQ-126 主动电子干扰装置等。武器有：1 门 M61A 型 20 毫米机炮，备弹 1000 发。有 8 个武器挂架，可选挂空对空导弹、反坦克和反雷达导弹、电视和激光制导武器、普通炸弹、火箭弹、机炮舱和副油箱等。最大载弹量 6800 公斤。

该机翼展 11.80 米、7.24 米（外翼折叠），机长 14.06 米，机高 4.90 米，机翼面积 34.83 米²，机翼后掠角（1／4 弦线）35°，平尾展长 5.53 米，主轮距 2.9 米，前主轮距 4.40 米。空重 8680 公斤，正常总重 13320 公斤（最大 19050 公斤），燃油量（机内）4200 公斤，7950 公斤（带 4 个副油箱）。最大平飞速度（海平面）M0.9／1110 公里／小时，M0.85／1040 公里／小时（1530 米高度，带 12 颗 MK82 炸弹），巡航速度（高度 10670 米）M0.72～0.80，实用升限（无外挂）14780，活动半径（不带副油箱，6 颗炸弹）600 公里，转弯半径（高度 1525 米，总重 10350 公斤，带 6 个挂架，两枚"响尾蛇"导弹，过载 4.3g）1615 米，起飞滑跑距离（最大起飞重量）1700 米，着陆滑跑距离（总重 11340 公斤）1340 米，转场航程 4600 公里。

图 10-8 A-7A 舰载攻击机（"海盗Ⅱ"）

【AV-8A 垂直起降战斗攻击机】 即英国制造的"猎兔狗 MK50"型飞机。美海军陆战队先从英国购买了 12 架，后由美国自己生产，使用功率较大的发动机，改名为 AV-8A。乘员 1 人。动力装置为"飞马"-11 涡轮风扇式推力 1×9752 公斤。最大时速 1160 公里（高度 300 米），马赫

0.95。实用升限 15240 米。最大航程 3700 公里（带副油箱转场，不进行空中加油）5560 公里（一次空中加油）。作战半径 644 公里（带副油箱）。续航时间 7 小时（一次空中加油）。起飞滑跑距离 61-91 米。载弹量 2265 公斤（5 枚 454 公斤炸弹）。武器装备有 2 门 30 毫米炮（炮弹共 260 发），19 个 68 毫米火箭筒。特种装备有 541 惯性导航和攻击系统，平视显示器，空中数字计算机，APN-198 雷达高度表，AD1400 高频／甚高频机载战术通讯设备。翼展 7.70 米。机长 13.91 米，机高 3.43 米。全重 10400 公斤。

图 10-9 AV-8A 垂直起降战斗攻击机

【A-10"雷电"攻击机】 美国费尔柴尔德公司研制的亚音速近距支援攻击机。主要用于攻击坦克群和战场上的活动目标及重要火力点，是目前美国空军的主要近距支援攻击机。原型机 1972 年 5 月首次试飞。1975 年生产型 A-10A 交付使用。A-10 采用平直机翼—双垂尾布局，两台发动机悬挂在后机身两侧偏上的位置，这既有利于避免起飞和降落时吸入异物和机炮射击时吞烟，又可腾出机身和机翼下的空间悬挂各种载荷。A-10 的低空亚音速性能好，它可以 277 公里／小时的速度、离地 10 米的高度攻击地面目标；生存力高，座舱周围有"澡盆"式厚度为 3.8 厘米的防弹装甲，机身腹部的装甲厚 5 厘米，全机装甲总重 550 公斤，可承受 23 毫米炮弹的打击；此外还有结构简单，反应灵活，短距起落等优点。其缺点是夜间捕获和攻击目标的成功率不高。

动力装置为 2 台 TF34-GE-100 涡扇发动机，推力 2×4175 公斤。主要设备有：凯策公司的平视显示器，能给出空速、高度和俯仰角。战术突防设备，与激光目标识别器配合使用的武器投放设备，"幼畜"空对地导弹和"响尾蛇"空对空导弹发射设备，X 波段应答器及主动和被动式电子对抗设备等。武器有：1 门 30 毫米 GAU-8／A 七管速射机炮，备弹 1350 发，可击穿较厚的装甲目标，主要用于攻击坦克和装甲车辆。11 个挂架，

最大外挂载荷能力为 7250 公斤。典型的挂弹方案有：28 颗 MK80 炸弹；20 颗"石眼"Ⅱ集束炸弹，若干 GBU-52／71／38／70 子母弹箱；6 枚 AGM-65"幼畜"空对地导弹和两枚 AIM-9E／J "响尾蛇"空对空导弹；4 个火箭发射架等。

该机翼展 17.53 米，机长 16.26 米，机高 4.47 米，机翼面积 47.01 米²，展弦比 6.54，相对厚度 12%，主轮距 5.25 米，前主轮距 5.40 米。出厂空重 9770 公斤，使用空重 11320 公斤，最大起飞重量 22680 公斤，正常起飞重量 20320 公斤，燃油量（机内）4850 公斤，（副油箱）3×2270 升。最大平飞速度（海平面，无外挂）706 公里／小时，巡航速度（高度 1525 米，最大起飞重量）620 公里／小时，实用升限 9144～11000 米，爬升率（海平面，设计重量）35 米／秒，近距支援活动半径 463 公里，纵深攻击活动半径 1000 公里，转场航程 4850 公里，起飞距离（前线机场起飞重量）422 米，着陆距离（前线机场起飞重量）396 米。

【F-117A 战斗机（"隐身"）】 美国洛克希德公司研制生产的隐身飞机。1988 年 11 月 10 日，美国国防部向新闻界首次公布了 F-117A 隐身战斗机的照片，照片显示了这种飞机的基本轮廓，是在内华达州托那帕试飞场拍摄的。F-117A 是洛克希德公司研制，已经秘密试飞了七年。以前曾称为 F-19"隐身"战斗机。

洛克希德公司从 70 年代中期开始秘密研制"隐身"战斗机，称其为"先进研究计划"（ADP），即通常所说的"臭鼬工程"。1977 年改名为"海弗兰"计划，并于同年原型机进行了试飞，1978 年开始 F-117 的全面研制工作。1981 年 6 月 F-117A 首次试飞，同年开始生产，1983 年 10 月生产型飞机开始交付使用，美空军共订购 59 架，迄今已交付 52 架，其余 7 架正在研制中，最后一架将在 1990 财年交付。

F-117A 外形奇特，翼身融为一体，整个机身表面几乎全部由多个小平面拼合而成，机体将雷达波以各种角度散射。据估计，F-117A 采用了大量的复合材料，并且在机体表面涂上了隐身涂料。

为了在机体内安装发动机、座舱和武器舱，飞机中段明显加粗。在平面方向上，整个机体呈规则的等腰三角形，机翼一直延伸到机头前部，其后掠角约为 45°，机翼后段带有分段式襟翼。尾翼呈 V 字形，安装在机身后端，前后缘均带有活动操纵面。

对于 F-117A 飞机，美国没有公布任何数据，但从照片上分析，该机的尺寸与 A-7D 飞机相近，机身较翼展短一些，翼展近 12 米，机高约 4.5 米。F-117A 采用前三点起落架，没有外挂架，军械设备均在机内武器舱，可带 900 公斤激光制导炸弹。

据报道，F-117A 装 2 台 F-404 发动机，无加力装置，只能作亚音速飞行。发动机进气口的位置稍后于座舱，进气口下唇靠近机翼前缘。而上唇后错了很多。这种进气口有利于防止发动机后气涡轮对雷达波的反射，尤其对地面防空雷达更有效。发动机喷管沿翼根顺机身上侧向后延伸，喷口紧靠在尾翼后缘，尾喷流流过后机身上表面，向下的热辐射被阻挡。

【YF-12 截击机】 美国洛克希德公司研制的 M3 级的高空调整截击机。公司编号 A-11。1959 年应美国空军的要求开始密秘研制，1962 年 4 月首次试飞，共生产 4 架。于 1966 年停止发展，改作高空调整研究机。YF-12 采用无尾带前缘边条的三角翼、翼身融合体和双垂尾布局。发动机装在半翼展的二分之一处。为承受大 M 数下出现的气动加热，在结构上大量采用钛合金，其重量占机体重量的 93%。精心的气动布局、大推力的发动机与钛合金结构相结合，使飞机的最大速度达 M3.2。曾创造多项世界飞行记录。

【YF-17（P-600）轻型战斗机】 美国制造。设计的主要要求是超音速机动性，原型机于 1974 年试飞。乘员 1 人。动力装置为 YJ—101 涡轮喷气式，推力 2×6800 公斤（加力）。最大时速马赫 2。武器装备为 1 门 M-61 型 20 毫米炮（炮弹共 500 发），2 枚红外导弹（翼尖）。翼展 10.67 米。机长 16.92 米，机高 4.42 米。全重 9525 公斤。

图 10-10　YF-17 轻型战斗机

【YF-22A 战斗机】 1986 年 10 月 31 日，美国空军宣布，ATF（先进技术战斗机）计划经 7 家方案竞争，已确定从洛克希德公司和诺斯罗普公司的方案中进行选择。这两家公司各获得6.91亿美元的经费，在50个月内造出试飞原型机，以决出最后的胜者。预计1989年10月原型机首次试飞，但从现在情况看，首飞日期将推迟。

YF-22A是美空军给洛克希德样机的命名。日刊估计，该机可能作为第一预选方案。

YF-22A采用双发、双立尾鸭式布局。主翼为大三角翼。一对高置鸭翼位于座舱之后。两台并列发动机带有可改变喷气方向的二元喷口。进气口前缘与机翼前缘挨得很近。其设计细节没有透露，可能应用了"隐身"技术。

该机装2台普·惠公司研制的YF119发动机（EPPW5000），其加力推力可达13600～15800公斤，较之现役的F100和F110发动机，YF119具有推重比大、耗油省、构造简单、可靠性高等特点，它的推重比约为9～10。

由于洛克希得公司在YF-22A上应用了各种最尖端的技术。如主动控制技术、隐身技术、翼身融合和保形技术、复合材料、变弯度机翼、大推比发动机、三元喷口、先进的航空电子设备、先进的座舱显示系统以及高性能的武器系统等，因而该机将具有良好的机动性、较小的雷达反射截面积、较高的可靠性以及超音速巡航能力、短矩起降能力和很强的作战能力。

洛克希德加州分公司已宣布与通用动力公司和波音公司合作，生产YF-22A的原型机。如能中选，将在1995～1996年间装备部队，并达到年产72架的生产水平。美空军要求，按装备750架ATF计算，其单价不得超过3500万美元。

【YF-23A战斗机】 美国诺斯罗普公司参加ATF先进技术战斗机计划竞争的方案，已被美空军命名为YF-23A。诺斯罗普公司宣布，它将与麦克唐纳·道格拉斯公司合作，生产YF-23A的原型机，以便和洛克希德公司的YF-22A方案作最后的决赛。

YF-23A没有采用目前最流行的鸭式主动布局，而是选择了无尾布局，主翼为菱形翼。

该机装2台通用电气公司的YF-120发动机（即GE37）。进气口向YF-22A一样，其前缘几乎与机翼前缘平齐。这是一个新的特点，值得注意。如此设计，可能是为了减少雷达反射截面积。

大量采用新技术，使YF-23A也具有超音速巡航能力、短矩起降能力和隐身能力。

美空军对ATF的基本要求是：起飞重量22680公斤；起飞滑跑距离460米；最大速度M＝2.5；不开加力，M数要大于1.4，作战半径1200～1300公里，ATF在亚音速飞行时的机动性与现役战斗机一样，但超音速飞行时的机动性应比现役战斗机好，在M＝1.8情况下，其持续过载可达6g。

【MP-18垂直起降"隐身"战斗机（"龙"）】

美国方阵集团研制，在第36届巴黎航空博览会上展出了他们的研制方案。

"龙"式战斗机是一种双座型的垂直起降"隐身"战斗机。它的雷达反射截面积、红外特征和噪音均很小。据称该机能超音速巡航，留空时间达10小时。

"龙"式战斗机样子很古怪，机头扁平，象一把铲子。进气道一反常规，装在机翼上方驾驶舱两侧，看上去如同一个风斗。夹在两个立尾之间的发动机喷口为二元的，它可向下偏转90°，产生推力升力。

方阵集团声称，"龙"式战斗机在陆空作战中的性能表现远比LH（先进轻型军用直升机）优越。它能执行36种军事任务。加上采用了先进的隐身技术和复合材料，其前景十分乐观。

该机翼展5.49米、3.20米（机翼折叠），展弦比1.8，前翼翼展2.74米，机长7.09米，机高1.83米，座舱长2.13米，座舱最大宽度1.06米，座舱高1.22米。机翼面积16.72米^2，前翼面积2.09米^2。基本空重2295公斤，最大内部燃油816公斤，最大武器载荷816公斤，最大起飞重量3946公斤。最大水平M数0.96，最大爬升率（海平面）大于7620米／分，实用升限大于18300米，地面滑跑距离12.20米，正常航程3215～3860公里，转场航程7240～8045公里。

【波列卡波夫И-16型歼击机】 苏联制造。1934年首次订购。动力为1台M-62型发动机，约850马力。最大速度326英里／小时。最大载荷航程5000英里。乘员1人。

【拉沃奇金的拉-5歼击机】 苏联制造。1941年首次订购。可载2门20毫米航炮，330磅炸弹。最大速度341英里／小时。最大载荷航程400英里。爬高率为5分钟爬高至16400英尺。升限34490英尺。

【БИ-1歼击机】 苏联第一架装有燃料火箭发动机的歼击机。1942年首次飞行，其飞行速度比活塞式飞机大得多。飞机的主要数据：翼展7.5米，机翼面积7.5平方米，空重950公斤，起飞重量达1.5吨，速度达800公里／小时。发动机燃料：燃烧剂——煤油，氧化剂——硝酸。尺寸不大的液体燃料火箭发动机安装在机身尾部。燃料剂和氧化剂箱以及压缩空气瓶均装在机身内。借助于压缩空气将燃烧剂和氧化剂压入发动机内。机身头部装有2门炮。

【米格－15 歼击机（"柴捆"）】 苏联米高扬设计局研制的高亚音速歼击机。大约在1946年开始设计，1947年开始试制原型机，同年6月2日首次试飞，1948年3月投入批量生产，年底开始交付空军。该机主要改进型有米格－15БИС和双座教练机米格－15У，БИС型于1949年投入生产。乘员1人。动力装置为ВК-1涡轮喷气式，推力1×2700公斤。最大时速1076公里（海平面）。实用升限15500米（БИС型）。最初爬高率53米／秒。最大航程1330公里（БИС型，机内燃油）。续航时间2小时06分（БИС型）。载弹量2×100公斤（БИС型）。空重3636公斤。正常起飞重量4960公斤，最大起飞重量6130公斤。武器装备1门Н-37航炮（弹40发）、2门НС-23КМ航炮（弹160发）。特种设备АСЛ-1Н瞄准具、РСИ-6无线电台。翼展10.08米。机长10.10米，机高3.7米。翼面积20.6米²。起飞滑跑距离620米，着陆滑跑距离680米。

图 10-11　　米格-15 歼击机（"柴捆"）

【米格－17 歼击机（"壁画"）】 苏联米高扬设计局研制的高亚音速歼击机。主要用于争夺前线制空权和国土防空，也可用于近距对地攻击。1948年开始设计，1949年12月原型机试飞，1951年开始服役。米格－17是在米格－15БИС基础上发展比较成功的轻型歼击机。批生产的主要型别有米格－17、米格－17П、米格－17Ф、米格－17МФ等，其中Ф型和ПФ型生产数量最多，前者的白天型，后者是有限全天候型。60年代末在苏联已退出第一线。其中Ф型的主要装备和性能如下：

动力装置为1台ВК-1Ф涡喷发动机，最大推力2600公斤，加力推力3380公斤。武器有：1门

Н-37机炮（备弹40发），2门НР-23机炮（备弹160发），可挂2×250公斤炸弹。

该机翼展9～6米，机长11.3米，机高3.8米，机翼面积22.6米²、后掠角45°、相对厚度8.8%，主轮距3.85米，前主轮距3.37米。空重3940公斤，正常起飞重量5340公斤，最大起飞重量6070公斤，燃油量1170公斤（机内）+664公斤（2个副油箱）。最大速度（高度3000米）1145公里／小时，（海平面）1060公里／小时，实用升限16600米爬升率（3000米高度）76米／秒，航程（机内燃油）1340公里，起飞滑跑距离590米，着陆滑跑距离820～850米。

图 10-12　　米格-17Ф 歼击机（"壁画"）

【米格－17Ф 歼击机（"壁画"）】 苏联米高扬设计局在米格－15基础上研制的歼击机。中、低空机动性能较好。约1948年设计，1949年12月试飞，乘员1人。动力装置为ВК-1Ф涡轮喷气式，推力1×2600公斤（加力3380公斤）。最大时速1145公里（高度3000米），1060公里（海平面）。巡航时速800公里。实用升限15100米（不开加力）、16600米（最大上升所需时间10000米／3.7分钟（开加力）10000米／6.2分钟（不开加力）。最大航程1340公里（不带副油箱）、1850公里（带副油箱）。作战半径300公里（高度10000米）、240公里（高度8000米）、210公里（高度3000米）。续航时间2小时44分（带副油箱）。载油量1170公斤（带两个副油箱1834公斤）。载弹量200或500公斤（不带副油箱）。空重3939公斤。正常起飞重量5340公斤。最大起飞重量6069公斤。武器装备1门37毫米航炮（弹40发）、2门23毫米航炮（弹共160发）。翼展9.6米，机长11.36米，机高3.8米，翼面积22.6米²。起飞滑跑距离590米，着陆滑跑距离820—850米。

【米格－17ПФ 防空歼击机（"壁画"）】 苏联米高扬设计局研制的主要用于截击夜间和云中目标的歼击机。外形与米格－17Ф的区别主要是进气口上方有帽舌形雷达整流罩。乘员1人。动力装

置为 BK-1Φ 涡轮喷气式，1×2600 公斤（加力
3380 公斤）。最大时速 1123 公里（高度 5000
米）。巡航时速 800 公里（高度 10000 米）。实用
升限 15850 米，上升所需时间 5000 米／2.5 分
钟，最大航程 1870-1930 公里。作战半径 300 公
里（高度 10000 米）、240 公里（高度 8000 米）、
210 公里（高度 300 米）。续航时间 2 小时 44 分—
2 小时 51 分。最大起飞重量 6352 公斤。武器装备
3 门 23 毫米航炮（弹 300 发）。后期型拆去航炮，
改装 4 枚 AA-1 空对空导弹或 4 个火箭筒（每筒 8
枚 57 毫米火箭）。特种设备机头装 PЛ-5 截击雷
达。翼展 9.6 米，机长 11.68 米，机高 3.8 米，翼
面积 22.6 米²。

【米格-19 歼击机（"农夫"）】 苏联米高
扬设计局研制的轻型歼击机。是苏联空军装备的第
一种超音速歼击机。1951 年 9 月原型机首次试
飞，1955 年初开始装备部队。米格-19 是一种性
能比较好的轻型歼击机，具有易于操纵和使用维护
简便的特点。型别有：E-350，原型机，装两台不
带加力燃烧室的 AM-5 涡喷发动机（单台推力
2000 公斤）；米格-19，早期生产的白天型前线歼
击机，装两台 AM-5 发动机，1 门 37 毫米和两门
23 毫米机炮，生产数量不多；米格-19C，前线歼
击机，装两台带加力燃燃室的 РД-9Б 涡喷发动
机，平尾改成全动式平尾，装 3 门 30 毫米 HP-30
机炮；米格-19CФ，高空歼击机，在 C 型基础上
去掉一些设备和 1 门机炮，改装高空性能更好的
РД-9БФ 发动机，升限 18500 米；米格-19П，全
天候截击型，在 C 型基础上去掉机炮，改装 4 枚
K-5 空对空导弹；米格-19ПМ，改进的全天候截
击型，带 4 枚空对空导弹，后期生产的又加装了机
炮，是最后一种生产型。

动力装置为 C 型及其以后的型别装 2 台
РД-9Б 涡轮喷气发动机，最大推力 2×2600 公
斤，加力推力 2×3250 公斤。

主要设备有：РСИУ-4В 通信电台，PB-2 高
度表，МРП-56 信标机，СРО-1 识别器，
АРК-5 无线电罗盘，АСП-5H 瞄准具，
СРД-1М 测距器（全天候型装 РП-5 雷达）。武
器：2 门 30 毫米的 HP-30 机炮，备弹 140 发，翼
下可挂 4 纽 8 枚 57 毫米火箭弹，4 枚 K-5 空对空
导弹，2 颗 250 公斤炸弹。

该机翼展 9.0 米，机长 14.64 米（不计空速
管），机高 3.89 米，机翼面积 25.0 米²、后掠角
（1／4 弦线）55°、展弦比 3.24、相对厚度

8.24%，主轮距 4.16 米，前主轮距 4.94 米。空重
5450 公斤，正常起飞重量 7500 公斤，最大起飞重
量 8830 公斤，载油量 1800 升，载弹量 2×250 公
斤，作战翼载 266 公斤／米²，作战推重比 0.89。
最大平飞速度（高度 11000 米）M1.36／1440 公
里／小时，实用升限 17500～18500 米，最大爬升
率（高度 500 米）185 米／秒，航程 1390 公里
（不挂副油箱）、2160 公里（转场），续航时间 1 小
时 43 分，加速性能（高度 10000 米，由 M0.9 至
M1.35 秒）135 秒、（高度 10000 米，由 M0.9 至
M1.28）78 秒，最小盘旋半径（高度 5000 米）
1200 米，起飞滑跑距离 650 米，着陆滑跑距离
（890 米、用减速伞）610 米。

图 10-13　　米格-19 歼击机

【米格-19C 歼击机（"农夫"）】 苏联米
高扬设计局研制的轻型歼击机。该机 1951 年开始
研制，1952 年首次试飞，1955 年开始服役，1961
年停产。C 型为昼间歼击机，П 型为全天候歼击
机，ПМ 型是完全以导弹为武器的全天候歼击
机，CB 型是高空歼击机，升限可达 18500 米。由
于飞机推重比大，中、低空爬高性能很好。乘员 1
人。动力装置为 РД-9Б 涡轮喷气式，推力 2×
3250 公斤（开加力）。最大时速 1452 公里（高度
10000 米），马赫 136。巡航时速 900 公里。实用
升限 17500—17900 米（开加力）。爬高率 180 米
／秒（高度 50000 米，开加力）。最大航程 1390
公里（不带副油箱）、2200 公里（带副油箱）。作
战半径约 300 公里。续航时间 1 小时 43 分（不带
副油箱）、2 小时 37 分（带副油箱）。载油量 1800
公斤。载弹量 500 公斤（不带副油箱）。空重 5447
公斤。正常起飞重量 7560 公斤。最大起飞重量
8832 公斤。武器装备 3 门 30 毫米航炮（弹 201
发）；不挂副油箱时，可挂 2—4 组火箭筒，每组
57 毫米火箭 8 枚。翼展 9 米，翼长 146 米（包括
空速管），机高 3885 米，翼面积 25 米²，起飞滑跑
距离 650—890 米，着陆滑跑距离 610 米（用减速
伞）。

【米格-21 歼击机（"鱼窝"）】 苏联米高扬设计局研制的轻型超音速歼击机。1953年开始设计，1955年原型机试飞，1958年开始装备部队，米格-21是60年代苏联空军的主力飞机。主要型别有：-21Ф，白天截击机，装推力5750公斤（指加力，下同）的Р11Ф-300发动机；-21ПФ，有限全天候型，装推力5950公斤推力的Р11Ф2-300发动机，去掉机炮，装РП-21雷达，2～4枚空对空导弹；-21ПФС，ПФ的改进型；-21ФЛ，ПФ的出口型；-21ПФМ，ПФС的改进型；-21ПФМА，ПФМ改进的多用途型；-21М，印度仿制的ПФМА型；-21Р，ПФМА改装的侦察型；-21МФ，多用途型，1970年开始交付使用，生产数量较多；-21СМТ，МФ的改进型；-21БИС，最新的多用途型，装推力7500公斤的Р25发动机，改进机体结构和电子设备，增加塔康系统，雷达探测距离可达30公里。其中МФ型的装备和性能如下：

动力装置为1台Р13-300（Р25）涡喷发动机，最大推力5100（5400）公斤，加力推力6600（7500）公斤。

主要设备有РП-21МА雷达，搜索距离20（30）公里，РСИУ-5超短波电台，АРК-10无线电罗盘，СОД-57М应答机，РВ-УМ无线电高度表，МРП-56П信标接受机，СР30-2识别系统，СПО-10护尾器等。武器：1门ГШ-23双管炮，备弹200发。4枚К-13А红外制导的空对空导弹，或4枚"先进环礁"雷达制导的空对空导弹，火箭弹，250公斤的或500公斤的炸弹，载弹量1000公斤。

该机翼展7.15米，机长15.4米，机高4.13米，机翼面积23.0米^2、前缘后掠角57°、展弦比2.2、相对厚度5%，主轮距2.97米，前主轮距4.71米。使用空重5900公斤（6050公斤），正常起飞重量8250公斤（8350公斤），最大起飞重量9600公斤（9680公斤），载油量2290公斤，作战翼载309公斤／米^2，作战推重比0.9（1.04）。最大速度（高空）M2.10／2230公里／小时（M2.20／2330公里／小时），实用升限18000米，最大爬升率150（170）米／秒，航程（不挂副油箱）1300（1500）公里，作战半径270公里，续航时间1小时40分，水平加速度（高度5000米）6米／秒^2，最小盘旋半径（高度5000米）1400（1320）米，最大转弯角速度（高度5000米）8.2（9.0）度／秒，着陆速度270公里／

小时，起飞滑跑距离800米，着陆滑跑距离950米。

【米格-21МФ 歼击机（"鱼窝"J）】 苏联米高扬设计局研制的轻型超音速歼击机。乘员1人。动力装置为РД-13-300涡轮喷气式。推力1×5100公斤（加力6600公斤）。最大速度马赫2.1（高空）。实用升限18000米。最大爬高率150米／秒，最大航程1060公里（机内燃油）、2100公里（带3个副油箱）。作战半径370公里（挂2枚500公斤炸弹）、740公里（挂2枚250公斤炸弹，带副油箱）。续航时间1小时41分（带2枚空对空导弹，1个407公斤副油箱）。载油量2191公斤（机内）+1×664公斤+2×407公斤副油箱。载弹量1300公斤。空重5900公斤。正常起飞重量8212公斤，最大起飞重量9660公斤，武器装备1门双管23毫米ГШ-23航炮（备弹200发），5个挂架，可挂2-4枚К-13А空对空导弹，或2枚500公斤（或250公斤）炸弹，或火箭等。特种设备РП-21截击雷达，"天空一号"自动引导系统，光学瞄准具，全向警告系统等。翼展7.15米，机长15.4米（包括空速管）。机高4.125米，翼面积23米^2，起飞滑跑距离800米（无助推），着陆滑跑距离950米（吹气，不用伞）。

【米格-21ПФ 歼击机（"鱼窝"）】 苏联米高扬设计局研制的轻型超音速歼击机。1953年开始装备部队。米格-21六十年代曾是苏联前线航空兵的主力机种。米格-21已有二十几种型号，其中：Ф型为昼间歼击机，机身右侧装1门30毫米航炮，可挂2枚АА-2空对空导弹；ЛФ型是全天候歼击机，早期型拆除了航炮，后期型又装1门ГШ-23舫炮。

该机乘员1人。动力装置Р-11Ф2-300涡轮喷气式，推力1×3900公斤（加力6175公斤）。最大时速：2185公里（高度12000米），马赫2.05，1100公里（海平面）。巡航时速925公里。实用升限18700米，爬高率135米／秒（高度5000米），最大航程：1300公里（不带副油箱）、1600公里（带一个副油箱0，作战半径350公里（高度5000米）、360公里（高度10000米）、380公里（高度15000米）。续航时间1小时43分（不带副油箱）、2小时（带副油箱）。载油量2226公斤（机内）+1×407公斤副油箱。载弹量1000公斤，空重5700公斤。正常起飞重量7820公斤，最大起飞重量9100公斤。武器装备2枚АА-2空对空导弹。特种设备РП-9-21截击雷达，发现目标距离约 20 公里。翼展 7.15 米，机长 14.5 米（包括空速管），机高 4.125 米，翼面积 23 米²，起飞滑跑距离 800—850 米，着陆滑跑距离 5000 米（用减速伞）。

【米格-21БИС 歼击机（"鱼窝"N）】　苏联米格扬设计局研制的轻型超音速战斗机。乘员 1 人。动力装置为 P-25-300 涡轮喷气式，推力 1× 5400 公斤（加力 7500 公斤）。最大速度马赫 2.2（高空）。巡航时速 720—800 公里。实用升限 17800 米，最大爬高率 170 米／秒，最大航程 980 公里（机内燃油）、1900 公里（带 3 个副油箱、2 枚导弹）。作战半径 270 公里，续航时间 1 小时 40 分，载油量 2366 公斤（机内）+1×664 公斤+2× 407 公斤副油箱。载弹量 1300 公斤，空重 6050 公斤。正常起飞重量 8350 公斤，最大起飞重量 9680 公斤。武器装备 1 门双管 23 毫米 ГШ-23 航炮（备弹 200 发），4 枚空对空导弹（AA-2 和 AA-8 型），或 2 枚 250 公斤（或 500 公斤）炸弹。特种设备 "＿鸟" 截击雷达，探测距离 30 公里，"天空一号"自动引导系统，全向警告系统。翼展 7.15 米，机高 4.125 米，翼面积 23 米²。起飞滑跑距离 800 米，着陆滑跑距离 950 米。

图 10-14　　米格-21БиС 歼击机（"鱼窝"и）

【米格-23 歼击机（"鞭打者"）】　苏联米高杨设计局研制的变后掠翼截击歼击机。1963 年开始设计，1966 年夏原型机首次试飞，1970 年试生产型开始装备部队。米格-23 是一种单座单发变后掠翼飞机，是在加强前线航空兵战术攻击力量的思想指导下设计的米格-21 的后继机。与以往的苏联歼击机相比，米格-23 具有重量大、航程远、设备全、火力强的特点。飞机采用单台大推力发动机，两侧进气，机头锥内有足够的空间可装大型火控雷达，在飞行中变后掠翼能使用 18°40′、47°40′ 和 74°40′ 三个位置。米格-23 在 70 年代初开始装备部队。主要型别：米格-23，原型机；'米格-23С．МФ，制空型，苏联空军的主力前线歼击机；米格-23У 型，双座教练机，也可用于作战；米格-23МС，С 型的出口型，设备简

化，用 "　鸟" 雷达（搜索距离 29 公里）代替了 "高空云雀" 雷达（搜索距离 85 公里），用性能较差的 "环礁" 空对空导弹代替了性能较好的 AA-7 和 AA-8 空对空导弹。其中 C 型的情况和数据如下：

动力装置为 1 台 P-29-300 双转子涡喷发动机，最大推力 8300 公斤加力推力 12500 公斤。主要设备有："高空去雀"火控雷达，搜索距离 85 公里，截获距离 54 公里；红外传感器或激光测距仪，多卜勒导航设备，雷达警告系统，仪表着陆设备，电子对抗设备等。主要武器：前机身下装 1 门 ГШ-23 双管机炮，有 5 个外挂点，可挂 4 枚 AA-7"尖顶"中距或 AA-8"蚜虫"近距空对空导弹，或空对地导弹、各种炸弹、800 升的副油箱等。最大载弹量 2000 公斤。

该机翼展 14.0 米（后掠角 18°40′）、7.78 米（后掠角 74°40′），机长 15.88 米（不计空速管）、16.71 米（含空速管），机高 4.82 米，机翼面积 34.16 米²，后掠角 18°40′／47°40′／74°40′，展弦比 5.26～1.48，主轮距 2.80 米，前主轮距 5.18 米。正常起飞重量 15260 公斤，最大起飞重量 18810 公斤，载油量 4415 公斤（机内）、6470 公斤（带 3 个副油箱），作战翼载 393 公斤／米²，作战推重比 0.93。最大速度（高空）M2.35／2400 公里／小时、（低空）M1.2／1470 公里／小时，实用升限 17900 米，最大爬升率（高度 2000 米）160 米／秒，作战半径 930 公里（带 4 枚导弹，挂副油箱），转场航程 2900 公里，加速性能（后掠角 74°40′，高度 5000 米，M0.5 至 M1.2）61 秒，稳定盘旋过载（M0.9，高度 9000 米，半油，带导弹）2.68g，稳定盘旋半径（条件同上）5.11 度／秒，爬升率（条件同上）67.4 米／秒，起飞滑跑距离 530 米，着陆滑跑距离 750 米，最大过载 8g。

图 10-15　　米格-23 歼击机（"鞭打者"）

【米格-25 歼击机（"狐蝠"）】　苏联米高杨设计局研制的高空高速截击歼击机。50 年代末开始设计，原型机于 1964 年首次试飞，1969 年左

右开始装备部队。米格-25的最大飞行速度为M3.0,可以在24000米高度上以M2.8的速度持续飞行,动升限可达2800～30000米,是世界上闯过"热障"的仅有两种实用飞机之一。在飞机结构上采用不锈钢而不是钛合金来解决气动力加热问题,所以飞机结构重量大、航程比较短。米格-25高空高速飞行性能好,曾多次创造速度、高度和爬升世界纪录。1976年9月一名苏联飞行员驾驶一架米格-25叛逃到日本,从而结束了苏联对米格-25的极端保密状态。米格-25的型别有:米格-25Π,高空高速截击型,装4枚空对空导弹,装备苏联国土防空兵;米格-25P,高空高速侦察机,装备苏联前线航空兵;米格-25У,双座教练型;米格-25MΠ,改进的高空高速截击型,发动机推力加大,火力加强,有下视下射能力。下述情况主要适用于米格-25Π。

动力装置为2台P-31(P-266)涡喷发动机,最大推力2×9300公斤,加力推力2×12300公斤,采用喷甲醇和水混合液来提高推力。主要设备:J波段的"狐火"雷达,搜索距离90公里,截获距离50公里,PCEH近距导航系统,"兰天"一号半自动指挥引导系统,CПO-10雷达警戒系统,CP-30-2敌我识别器,COД-57M雷达应答器,APK-15无线电罗盘,MPΠ-56Π信标接收机,PB-4无线电高度表,PБ31超高频通信电台,PCИУ-5甚高频通信电台,PCБ-70高频通信电台等。武器:4枚AA-6"毒辣"远距空对空导弹,红外制导型与半主动雷达制导型混装,前者射程25公里,后者射程50～60公里。亦可带AA-7"尖顶"中距空对空导弹和AA-8"蚜虫"近距空对空导弹。

图10-16　米格-25Π防空歼击机("狐蝠"A)

该机翼展13.95米,机长22.3米,机高5.7米,机翼面积56.2米²,机翼前缘后掠角42°(内

侧)、40°(外侧),机翼展弦比3.3,机翼相对厚度4%。空重20000公斤,正常起飞重量36000公斤,最大起飞重量37500公斤,载油量14000公斤(机内)+2×1000公斤(付油箱),作战翼载荷516公斤/米²。作战推重比0.85。最大速度M3.0/3180公里/小时(高度18300米),最大作战速度M2.8/2970公里/小时(高度17000米)、M0.85/1040公里/小时(海平面高度),巡航速度M0.9/960公里/小时(高度11000米),害用升限24400米,动升限28000米,海平面爬升率210米/秒,爬升时间(至11000米高度)2分30秒,航程1850公里(机内燃油)、2500公里(带副油箱),作战半径460～830公里,高空加速性能(M2.1至M2.4)1分钟,最小盘旋半径(高度5000米,M0.9)3450米,最小机动表速500公里/小时,着陆速度320公里/小时,起飞滑跑距离1250米,着陆滑跑距离1500米,使用过载+4g,-2g。

【米格-29歼击机("支点")】

苏联米高扬设计局研制的高机动性制空歼击机。1978年在拉明斯克试飞中心进行飞行试验被发现,估计于1985年前后装备部队。米格-29是一种双发双垂尾切角三角翼歼击机。飞机的推重比大于1.0,机动性好,具有下视下射和较强的超视距攻击及近距格斗能力。

动力装置为2台涡喷发动机,加力推力2×8500公斤。主要设备:火控雷达是米格-23所装"高空云雀"雷达的发展型,探测距离100公里以上,跟踪距离70公里以上。武器:1门23毫米双管机炮,2枚AA-9中距空对空导弹,2枚AA-8"蚜虫"近距空对空导弹。

图10-17　米格-29歼击机("支点")

该机翼展11.0米,机长15.5米,机高4.2米,机翼面积36米²。空重9000公斤,总重14000～16000公斤,燃油量5000公斤。最大速度M2.3/2440公里/小时(高度12000米)、M1.18/1440公里/小时(海平面),实用升限

18000 米，作战半径 700 公里（制空）、320～600 公里（对地攻击）。

【米格-29C 战斗机】 苏联米高扬设计局研制的高机动性制空歼击机。是从 A 型发展而成。特别是电子战系统比较先进。

【米格-31 截击战斗机（"狐提"）】 由米格-25 发展来的截击战斗机。1976 年以前开始研制，1978 年被发现用于模拟攻击低空入侵的巡航导弹。1984 年开始装备苏军。该机是苏联第一种具有俯视俯射能力的防空截击机，1976 年首次发现，1981 年 9 月开始装备防空军部队。

该机系米格-25 防空截击机的渐改型，仍采用上单翼、双垂尾、两侧进气布局，与米格-25 相比，增设 1 个武器操纵员座舱，采用串列式布局，主翼加宽，展弦比增至 3.6（米格-25 为 3.3），翼端取消了航颤振配重，而加装了电子警戒装置。武器外挂点与米格-25 有明显区别，即在机腹下可挂

图 10-18　米格-31 截击战斗机（"狐提"）

4 枚 AA-9 空对空导弹（前后各 2 枚），机翼下还有两个挂架，可挂 2 枚 AA-9 空对空导弹。该机可以截击低空巡航导弹，也可以截击高空高速目标（如 SR-71 等）。乘员 2 人。动力装置为双转子涡轮风扇式，推力 2×12600 公斤（加力 14600 公斤）。最大速度马赫 2.4-2.8（高度 15000 米以上）、马赫 0.89（海平面）。实用升限 24000 米（或 30500 米）。最大爬高率 380 米／秒。作战半径 715 公里（马赫 2.4 截击）、920 公里（马赫 2.4，带副油箱）、1500 公里（亚音速巡航）。续航时间 4 小时 30 分。载油量 14500 公斤，副油箱共 4000 公斤。载弹量 6000 公斤。空重 21500 公斤。正常起飞重量 29500-31750 公斤，最大起飞重量 44000 公斤。武器装备 1 门 30 毫米航炮；共 6 个挂架，可挂 6 枚 AA-9 或 4 枚 AA-9 雷达制导和 2 枚红外制导空对空导弹。特种设备为"狐火"M 截击雷达，最大探测距离 200 公里，具有全方位、俯视射能力，可同时跟踪 10 个目标，引导导弹攻击 4 个目标。红外搜索跟踪装置，最大作用距离

50 公里。还装有空对空数据系统和平视显示仪。翼展 14 米，机长 23.9 米，机高 5.65 米，翼面积 56.6 米²。

【米格-2000 歼击机】 苏联米高扬设计局正在研制的新一代歼击机。西方推测，苏联新一代米格飞机将于 2000 年前后服役，故称之为米格-2000。

米格-2000 可能采用单座、双发鸭式布局。美国专家认为未来的米格-2000 将具有缩短起降能力，能在中高空以超音速和在低空以跨音速进行有效的作战。飞机和动力系统及整个布局设计可使它的雷达反射截面积减小。米格-2000 的前翼和主翼均为可曲三角翼。动力装置为 2 台采用了二元可转向喷口和可变形状进气道的发动机。主翼与前翼部分重叠，把进气道夹在中间。

该机的另一个特点是主翼翼尖可全动。鸭式翼配上可转向喷口、全动翼尖、电传操纵系统和放宽静安定度等新技术，将使其具有很好的机动能力。估计米格-2000 的机动部分部件会采用复合材料，并使用隐身技术。

美国人推测的米格-2000 的几何参数和机动性如下：翼面积 50.63 米²。机长 18.29 米。最大起飞重量 18234 公斤。机内燃油 7257 公斤。载弹量（机内）1360 公斤。发动机涵道比 0.5。不加力推力 8164 公斤，加力推力 12247 公斤。最大 M 数 2.6。爬升率大于 330 米／秒。盘旋角速度约为 20°／秒。

【苏-9 截击机（"捕鱼笼"）】 苏联苏霍伊设计局研制的三角翼超音速全天候截击机。1953 年开始研制，1959 年开始装备苏联国土防空军。苏-11 是苏-9 的发展型，改装了发动机，加长了机身，进气锥加大，增加了背鳍，改进了电子设备，加强了攻击火力。

动力装置为 1 台 AJI-7Φ-1 涡喷发动机，最大推力 7000 公斤，加力推力 1000 公斤。主要设备：与同期的米格-21 大致相同，但所装 PΠ-9У 雷达与 K-5 空对空导弹配合使用具有较强的截击能力，该雷达对中等目标的搜索距离为 17～20 公里，跟踪距离 9～10 公里。武器：4 枚 K-5 空对空导弹，不装机炮。

苏-9 翼展 7.9 米、苏-1 翼展 18.43 米；机长 15.10 米（苏-9）、17.0 米（苏-11）；机高 4.9 米；机翼面积 39.50 米²，后掠角 57°，展弦比 2.32。空重 9070 公斤，正常起飞重量 12250 公斤，最大起飞重量 13600 公斤，燃油量 3100 公

斤，最大速度 M1.8／1900 公里／小时（高度 11000 米）、1160 公里／小时（高度 3000 米），实用升限 17000 米，最大爬升率 180 米／秒，航程 1650 公里（带副油箱），作战半径 580 公里，起飞滑跑距离 1550 米。

【苏-11 截击机（"捕鱼笼"C）】 苏联苏霍伊设计局研制的超音速全天候截击机。该机系苏-9 的渐改型，该机加长了机头，形状不如苏-9 尖削，机头中心锥加大，背上有两条细长的整流罩，机身和起落架与苏-7Б的一样。大约 1966-1967 年服役。现已退出现役。乘员 1 人。动力装置 АЛ-7Ф-1 涡轮喷气式，推力 1×7000 公斤（加力 10000 公斤）。最大速度马赫 2（高度 11000 米）。实用升限 18900 米，最大爬高率 137 米／秒，最大航程 1125 公里（高空，带 2 个副油箱）。作战半径 580 公里。载油量 3100 公斤，空重 9000 公斤，最大起飞重量 12250 公斤，武器装备 2 枚 АА-3 空对空导弹（雷达制导和红外制导各 1 枚），特种设备 РП-9y 截击雷达。翼展 8.43 米，机长 18.29 米（含空速管），机高 4.88 米，翼面积 26 米²。

【苏-15 截击歼击机（"细嘴瓶"）】 苏联苏霍伊设计局研制的全天候高空截击歼击机。60 年代初开始设计，原型机于 1965 年首次试飞，批生产型于 1969 年开始服役，逐步取代苏-9／11，成为苏联的主力国土防空截击歼击机。是苏联第一种性能比较完善的全天候截击歼击机，采用有尾三角翼、尖机头两侧进气的总体布局，机头有较大空间适应装载大型机载火控系统的需要。飞机推重比大，翼载荷比较小，具有较好的飞行和机动性能。与西方同类飞机相比，其缺点是航程比较短，电子设备不完善，座舱视界较差。主要型别有："细嘴瓶"A，预生产型，供部队鉴定和试用，装 2 台 Р-11Ф2-300 发动机（加力推力 2×6200 公斤）；"细嘴瓶"C，双座教练型，具有作战能力；"细嘴瓶"E，第二个批生产型，加装 1 门 ГШ-23 机炮，改进了电子设备；"细嘴瓶"F，使用中的最新型别，苏联的编号是苏-15ВД，其特点是机头雷达罩比其它型别粗大，估计机载火控系统有比较大的改善。下边介绍的情况主要适用于 E／F 型。

动力装置为 2 台 Р-13Ф-300 涡喷发动机，最大推力 2×6600 公斤，加力推力 2×7200 公斤。主要设备：机头装大型 X 波段雷达（北约组织给的绰号是"跳跃旋转"），搜索距离 56～74 公里。СОД-57M 空中交通管制／选择识别装置，

CPO-2 敌我识别器，"警笛"雷达警戒系统。主要武器：机身下 1 门 23 毫米 ГШ-23 双管机炮，备弹量 200 发。两侧下各有 2 个挂架，正常情况下，外半翼下的两个挂架各挂 1 枚 АА-3"阿纳布"空对空导弹，1 枚为红外制导的，1 枚为雷达制导的；内半翼下的两个各挂 1 枚红外制导的"蚜虫"近距空对空导弹，机身下的两个挂架可挂其它武器或副油箱。

翼展 10.5 米，机长 21.4 米，机高 5.0 米，机翼面积 37.2 米²。空重 11340 公斤，正常总重 15880 公斤，最大起飞重量 18140 公斤。燃油量 6500 升＋2×600 升（副油箱）。最大速度 M2.4／2540 公里／小时（高度 12200 米，无外挂）、M1.1／1340 公里／小时（海平面），作战速度 M2.12／2220 公里／小时（高度 12200 米，带外挂），巡航速度 M0.9／980 公里／小时（高度 12200 米），实用升限 18000～20000 米，海平面爬升率 225 米／秒，爬升时间（从松开刹车至 11000 米高度）2.5 分钟，航程 1500 公里（机内燃油）、1850 公里（带副油箱），作战半径 370～740 公里，起飞距离 800 米，着陆距离 800 米。

图 10-19　苏-15 截击歼击机（"细嘴瓶"）

【苏-21 截击歼击机（"细嘴瓶"F）】 由苏联苏霍伊设计局研制的防空歼击机。该机是使用中的最新型别，其特点是机头雷达罩比其它型别粗大，机载火控系统有比较大的改善，该机开始的编号为苏-15БД，现新的编号为苏-21。乘员 1 人。动力装置 Р-13Ф2-300 涡轮喷气式，推力 2×6600 公斤（加力 7200 公斤），最大速度马赫 2.05（2177 公里，高度 10970 米）。巡航时速 980 公里，实用升限 20000 米，最初爬高率 230 米／秒，最大航程 1500 公里（机内燃油），作战半径 725 公里（高空拦截）。载油量 6500 升＋2×600 升副油箱。空重 11340 公斤。正常起飞重量 15880 公斤，最大起飞重量 18140 公斤。武器装备 1 门双管 23 毫米 ГШ-23 航炮（备弹 200 发），可挂 4 枚 АА-3"阿纳布"空对空导弹（雷达寻的和红外寻的各 2 枚），或 2 枚 АА-3 和 2 枚 Р-60"蚜虫"空

对空导弹，机身下 2 个挂架可挂其他武器或副油箱。特种设备 X 波段"跳跃旋转"雷达，搜索距离 56—74 公里。翼展 10.53 米，机长 20.50 米，机高 5.0 米，翼 37.2 米²。起飞滑跑距离 800 米，着陆滑跑距离 800 米。

【苏-25 强击机（"蛙足"）】 苏联苏霍伊设计局研制的亚音速近距支援对地攻击机。1978 年原型机首次试飞，1981 年开始装备部队，苏-25 能在靠近前线的简易机场上起飞，载各种炸弹以低空在战场上配合地面部队作战，攻击坦克、装甲车等活动目标和重要火力点。苏-25 主要靠低空机动性来躲避敌方战斗机的截击和地面炮火的打击。苏-25 采用大展弦比（约为 6.0）梯形直机翼，机身短粗，两台发动机装在后机身侧下方，发动机尾喷口作了红外屏蔽处理，以减少红外幅射。

动力装置为 2 台 P13-300 涡喷发动机（无加力），推力 2×5100 公斤。武器：1 门 23 毫米机炮，有 8 个挂架，可挂火箭、炸弹等各种对地攻击武器，最大载弹量 4000 公斤。

翼展 15.0 米，机长 14.2 米，机高 4.6 米，机翼面积 35.4 米²。空重 9500 公斤，总重 14500～16400 公斤，载油量 5600 升+2×850 升（副油箱）。最大速度 M0.85／920 公里／小时（高度 10000 米）、M0.73／880 公里／小时（高度 1000 米），实用升限 12200 米，航程 1850 公里，作战半径 560 公里（高-低-高）、300 公里（低-低-低）。

图 10-20　苏-25 强击机（"蛙足"）

【苏-27 歼击机（"侧卫"）】 苏联苏霍伊设计局研制的重型歼击机。1978 年被西方发现在苏联的拉明斯克飞行试验中心进行飞行试验。是一种与美国的 F-15 同级的大型超音速全天候空战歼击机，具有下视下射和超视距攻击能力，同时也可以执行对地攻击任务。总体布局与美国的 F-15 很类似，尺寸也差不多。苏-27 具有很强的空战武器，可以挂 8 枚空对空导弹，超视距攻击武器可能是新研制的 AA-X-10 新型中距空对空导弹。于 1985 年左右装备部队。

动力装置为 2 台 P29 涡喷发动机，最大推力 2×8160 公斤，加力推力 2×13270 公斤。武器：1 门 23 毫米机炮，4～8 枚空对空导弹。

机长 20 米，翼展 12.5 米，机翼面积 46 米²。空重 17700 公斤，起飞总重 25000～28800 公斤，内部燃油量 7000 公斤，外挂油量 3180 公斤，最大速度 M2.3／2440 公里／小时（高度 12200 米）、M1.18／1440 公里／小时（海平面），作战半径 830 公里（高空，无外挂）、650 公里（带 8 枚空对空导弹）、600 公里（带 12 枚 500 公斤炸弹）。

图 10-21　苏-27 歼击机（"侧卫"）

【雅克-25M 截击机（"闪光"A）】 由苏联雅克福列夫设计局研制的防空歼击机。1952 年试飞，1955 年装备部队。该机型号还有：轰炸侦察型（B 型），机上装 1 门 30 毫米炮，载弹 1000 公斤；另一种轰炸侦察型（D 型），又称雅克-26，翼展较长；歼击型（C 型）又称雅克-27，机头改为尖形雷达罩，翼根部分加大后掠角，翼展加长；还有一种高空侦察型（西方称为"曼行列克"式与美 RB-57、U-2 相似。乘员 2 人。动力装置 РД-9 涡轮喷气式，推力 2×2600 公斤（加力 3250 公斤）。最大时速 980 公里，巡航时速 950 公里（高度 8000 米），实用升限 15250 米，最初爬高率 51 米／秒。最大航程 1070 公里。作战半径 330 公里，续航时间 1 小时 15 分，空重 6300 公

图 10-22　雅克-25 歼击机

斤，正常起飞重量 9500 公斤。最大起飞重量 11000 公斤。武器装备 2 门 37 毫米航炮、4 个火箭筒（每筒 19 枚火箭）。特种设备 РД-6 截击雷达（有效搜索距离 10 公里，截获跟踪距离 4 公

里，雷达搜索角度：方位左右各 38°，向上 25°，向下 20°）翼展 11 米，机长 14.5 米，包括空速管，机高 4.5 米，翼面积 28 米²。

【雅克-28 轰炸截击机（"火棒"、"阴谋家"）】 苏联雅克福列夫设计局研制的轰炸截击机。1954 年开始设计，1959 年原型机试飞，60 年代初开始服役。"阴谋家"A、B、C 是双座战术轰炸机，外形特点是机头有玻璃透明的领航／轰炸员座舱，机身中部有弹舱，现在已退出第一线，改用于电子战、侦察和作战训练。"火棒"编号为雅克-28P，是并列式双座全天候远程截击歼击机，圆锥形机头里装截击雷达，机翼下挂 AA-3"阿纳布"空对空导弹，现仍有 200 架在苏联国土防空军服役。正在使用的型别还有"阴谋家"D，侦察型，在弹舱中装照像机，有 200 架在服役；"阴谋家"E，苏联的第一种电子对抗飞机，电子对抗舱高在弹舱里，发动机舱内侧挂固定副油箱，机翼外侧挂火箭弹，约有 40 架在服役。下述内容主要适用于雅克-28P。

动力装置为 2 台与 P-11 类似的加力式涡喷发动机，加力推力 2×5950 公斤。主要设备：机头装火控雷达，机尾有护尾警戒雷达。翼展 11.95 米，机长 21.65 米，机高 3.95 米。最大起飞重量 15880 公斤。最大水平速度 M1.88／2000 公里／小时（高度 10670 米），巡航速度 920 公里／小时，实用升限 1675 米，最大作战半径 930 公里。

【雅克-28Π 截击机（"火棒"）】 由苏联雅克福列夫设计局研制防空截击机。该机系雅克-28 系列的歼击型，主要执行中、低空拦截任务，1960 年首次试飞。该机机关不装有雷达天线罩，比轰炸型长 1.25 米，取消了内部弹舱。乘员 2 人。动力装置为 P-11 涡轮喷气式，推力 2×4500

图 10-23　雅克-28 歼击机（"火棒"）

公斤（加力 6000 公斤）。最大速度马赫 1.6（高度 11000 米）、马赫 0.86（海平面）。巡航时速 920 公里（高度 11000 米）、实用升限 17000 米。最初爬高率 188 米／秒，最大航程 2000 公里。作战半径 740-800 公里（高空）、500 公里（低空，带副油箱）。续航时间 1 小时 22 分（带 2 枚空对

空导弹）。载油量 3400 公斤+2×200 升副油箱，空重 13150 公斤。最大起飞重量 20000 公斤。武器装备 1 门 30 毫米航炮，AA-3 和 AA-2 空对空导弹各 2 枚。箭种设备 РП-9У 截击雷达或 РП-11 截击雷达，后者搜索距离为 45 公里，跟踪距离为 34.2 公里。翼展 12.5 米，机长 22.9 米，机高 3.95 米，翼面积 37.6 米²，起飞滑跑距离 1000 米，着陆滑跑距离 1400 米。

【雅克-36 歼击攻击机（"铁匠"）】 苏联雅克福列夫设计局研制的舰载垂直起落歼击攻击机。用于对海面和地面目标实施攻击、侦察和舰队防空。原型机于 1971 年试飞，1977～1978 年开始布署在"基辅"和"明斯克"号航空母舰上。每舰配备 10 架左右。雅克-36 采用升力发动机和转喷口主发动机相结合的方案。机身内装一台涡喷主发动机，进气道在前部机身两侧，可旋转的两个尾喷口设在后机身两侧。两台升力发动机装于座舱后机身内，其轴线向前倾斜与垂线成 15°安装角。其进气口设在座舱后机身上部，为一后铰接式的百叶窗，垂直起飞时打开，调整飞行时关上。当飞机垂直起飞时，主发动机的一对可旋转尾喷口从向后位置向下向前旋转 100 度，与垂线成 10 度角，从而使主发动机的推力与升力发动机的推力构成 V 形推力矢量。推动飞机垂直离舰起飞。垂直起飞后在甲板上空 5～6 米高度完成由垂向转到水平方向的过渡飞行。降落时从舰手减速进场，在距母舰 400 米处改为平飞，以 5 公里／小时左右的速度越过舰尾在甲板上方 10～14 米高度悬停并垂直下降。该机起飞平稳、着舰准确，但不能作短距起落，在前飞中也不能利用推力转向增加飞机的机动性。雅克-36 采用常规气动布局，机翼面积较小，在半翼展 1／2 处向上折叠，以减少在舰上的停放面积。机翼后缘内侧是富勒襟翼，外侧是副翼。机翼前缘后掠角 45°，后缘平直，相对厚度约 5%。所有翼面都有后掠角。雅克-36 有两种型别："铁匠"A，基本型，单座歼击／攻击机，主要任务是侦察、攻击小型舰艇和舰队防空；"铁匠"B，双座教练型，在正常座椅前设置了第二个座椅，水泡形舱盖。每艘航空母舰上配备 2～3 架。

动力装置为主发动机是 1 台 АЛ-21 改型的涡喷发动机，推力 7940 公斤；2 台科索夫升力发动机，推力 2×2500 公斤。发动机耗油率高，在起飞和降落阶段要消耗总燃油量的 1／3。

主要设备有：雷达测距器，红外瞄准器，平视显示器等。

武器：每侧翼下各有两个挂架，内侧的可挂454公斤的炸弹、500升的副油箱、火箭、空对空导弹、照相侦察舱等；外侧的可挂装1门ГШ–23机构的吊舱。执行截击任务时带4枚K–13"环礁"或AA–8"蚜虫"空对空导弹，最大载弹量1000公斤。

翼展7.1米、4.5米（折叠时），机长15.2米，机高3.2米，机翼面积15.8米²。空重6800公斤，正常起飞重量8390公斤（最大11340公斤），燃油量2900升+2×500升。最大速度M0.95／1020公里／小时（高度10000米），M0.85／1040公里／小时（海平面高度），巡航速度M0.7／810公里／小时（高度5000米），海平面爬升率78.67米／秒，实用升限12000米，作战半径280～390公里（带副油箱）。

【雅克–38舰载歼击机（"铁匠"）】 苏联雅克福列夫设计局研制的垂直起降歼击机。主要用于对地面和海面目标实施低空攻击和侦察，并具有一定歼击作战能力。该机60年代末开始研制，原称雅克–36МП，现在正式命名雅克–38，有A、B两种型号，A型是单座作战型，B型为双座教练机。乘员1人。动力装置为АЛ–21涡轮喷气式，推力1×7940公斤；升力发动机，推力2×3630公斤。最大速度马赫1.1（高空），1009公里／小时，马赫0.85（低空）。978公里／小时。巡航速度马赫0.7（高度5000米），实用升限12000米，最大爬高率75米／秒，最大航程2900公里（带4个副油箱），作战半径240公里（最大载弹量，低空），370公里（最大载弹量，高–低–高）。载油量2900升+2×500升副油箱，载弹量1350公斤。空重7250公斤。正常起飞重量8400公斤，最大起飞重量11565公斤。武器装备1门双管23毫米航炮（备弹200发），翼下共有4个挂架，可挂4枚AA–2或AA–8空对空导弹，或炸弹、侦察照相舱等。特种设备机头部装有雷达测距器，红外瞄准具，全自动起降控制系统。翼展7.32米（外翼折叠后为4.88米）。机长15.25米，机高4.37米，翼面积15.8米²。

【费尔雷飞行捕手式舰载歼击机】 1923年英国制造。可载2挺0.303英寸机枪。速度133英里／小时，航程311英里。作为歼击机使用。

【格洛斯特斗士Ⅰ型歼击机】 英国制造。1935年首次订购。动力为布里斯托尔的水星Ⅸ型，856马力。最大速度253英里／小时。最大载荷航程254英里。乘员1人。

【霍克飓风Ⅰ型歼击机】 英国制造。1936年首次订购。动力为罗尔斯·罗伊斯的默林Ⅱ型发动机，1030马力。最大速度324英里／小时。最大载荷航程525英里。乘员1人。

【秀波马林喷火Ⅰ型歼击机】 英国制造。1936年首次订购。动力为罗尔斯·罗伊斯的默林Ⅱ型发动机，1030马力。最大速度365英里／小时。最大载荷航程395英里。乘员1人。

【格洛斯特海上斗士式舰载歼击机】 1937年英国制造。可载4挺0.303英寸机枪。速度245英里／小时，航程425英里。作为歼击机使用。

【博尔顿·保罗的无畏式歼击机】 英国制造。1937年首次订购。动力为罗尔斯·罗伊斯的默林Ⅲ型发动机，1440马力。最大速度304英里／小时。最大载荷航程460英里。乘员2人。

【德哈维兰的蚊式歼击机】 英国制造。1940年首次订购。可载4门20毫米航炮，4挺0.303英寸机枪。最大速度378英里／小时。最大载荷航程1830英里。爬升率为12.85分钟爬高至20000英尺。升限34500英尺。

【秀波马林喷火式Ⅸ歼击机】 英国制造。1941年首次订购。可载2门20毫米航炮，4挺0.303英寸机枪。最大速度415英里／小时。最大载荷航程1530英里。爬升率为8.05分钟爬高至30000英尺。升限41000英尺。

【霍克风暴式Ⅴ歼击机】 英国制造。1942年首次订购。可载4门20毫米航炮，2000磅炸弹或8枚60磅火箭弹。最大速度435英里／小时。最大载荷航程1530英里。爬升率为14分钟爬高至30000英尺。升限36500英尺。

【格洛斯特流星式F·3喷气式战斗机】 英国制造。1942首次订购。动力为2台罗尔斯–罗伊斯德文特1型涡轮喷气发动机，静推力2000磅。可载4门20毫米航炮。最大时速458英里。最大载荷航程1340英里。爬升率为每分钟3980英尺。升限4400英尺。

【"鹞"战斗机】 英国原霍克飞机公司和布里斯托尔航空发动机公司研制的世界上第一种实用型垂直短距起落飞机。其主要任务是空中近距支援和战术侦察。从开始研制到交付使用，"鹞"的发展历时12年，经历了P.1127试验原型、"茶隼"鉴定用型和"鹞"原型三个阶段。1957年，公司开始研制P.1127原型机。1960年10月P.1127原型机开始试飞；1966年8月"鹞"的原型机试飞，1969年

4月开始装备英国空军。从外形上看，"鹞"与P.1127和"茶隼"相似，但95%是重新设计的，并且换装了发动机。"鹞"是一种亚音速单座垂直／短距起落战斗机，采用带下反角的后掠上单翼，转场时翼尖可更换以增加航程。起落架为自行车式并辅以翼尖护轮。1台"飞马"发动机，有4个可旋转0°～98.5°的喷口，提供垂直起落、过渡飞行和常规飞行所需的动升力和推力。机翼翼尖、机尾和机头有喷气反作用喷嘴，用于控制飞机的姿态和改善失速性能。"鹞"具有中低空性能好、机动灵活、分散配置、不依赖永久性基地、可随同战线迅速转移等特点。其最大缺点是垂直起飞时航程和活动半径短、载弹量小并且陆上使用时后勤保障困难。

除英国外，使用"鹞"的还有美国、印度和西班牙。"鹞"的主要型别有："鹞"GR.MK1、1A和3，均为单座攻击／侦察型；"鹞"T.MK2、2A、4、4A和4RN，均为双座教练型；"鹞"GR.MK5，英国用的AV-8B的编号；"鹞"MK5（AV-8A），美海军陆战队用的单座攻击／侦察型；"鹞"MK55，西班牙海军订购的AV-8A，编号为AB-8S；"鹞"MK60，印度海军订购的两架双座教练型；"海鹞"FRS.1和51，分别为英国和印度海军使用型。其中"鹞"MK3的主要设备和性能如下：

动力装置为1台"飞马"103涡扇发动机，静推力9750公斤。

图10-24 "鹞"MK3垂直／短距起降攻击机

主要设备有：FE541惯性导航／攻击系统，大气数据计算机和电子平视显示器，106型激光测距仪和目标跟踪器，1983年开始加装马可尼-策斯机内主动电子战设备。武器：典型带弹方案为1对30毫米"阿登"机枪舱，3颗454公斤炸弹，1对"马特拉"155火箭发射筒，以及"响尾蛇"导弹等。

该机翼展（作战翼尖）7.70米，机长13.89米，机高3.45米，机翼面积（作战翼尖）18.68米^2，机翼后掠角（1／4弦线）34°。基本使用空重5580公斤，最大起飞重量11340公斤，内部燃油量22950公斤，最大载弹量2270公斤。最大平飞速度（高度300米）M0.97／1185公里／小时，最大俯冲速度M1.3，爬升时间（垂直起飞至12200米高度）2分22秒，最大爬升率180米／秒，实用升限15240米，作战半径（载弹量1360公斤，垂直起落）92公里、418公里（短距起落，滑跑300米），转场航程（带4个副油箱）3330公里。

【AV-8"鹞"战斗机】 英国应美国的要求改制的垂直起落战斗机。是美国海军陆战队购买的英国"鹞"MK.50垂直起落战斗机，主要用于近距离空中支援和侦察。"鹞"MK.50与英国的"鹞"G.R.MK.3基本上一样，只是应美国要求作了更改，如安装了"响尾蛇"导弹的挂架等，头10架装"飞马"102发动机，以后的改装"飞马"103发动机。美国海军陆战队共购买102架AV-8A，后来又订购8架装"飞马"103发动机的双座"鹞"MK.54，改名为TAV-8A，用于作战训练。第一架AV-8A于1971年交付美国海军陆战队，至1977年全部交付完毕。

【AV-8B"鹞"战斗机】 美国和英国联合研制的垂直起落战斗机。是AV-8A的改进型。由美国麦克唐纳·道格拉斯公司与英国BAe公司联合研制，装备美国海军陆战队的称AV-8B"鹞"Ⅱ；装备英国空军的称为"鹞"G.R.5。利用AV-8A改装的原型机YAV-8B于1981年11月首次试飞，接着制造了另外4架原型机，用于飞行试验。与AV-8A相比，AV-8B的主要改进是：机翼采用最新的超临界翼型，在翼根处增加边条，后掠角减少10度，翼展增加20%，机翼面积增加14%，展弦比由3.2提高到4.0；整体油箱的容积由2870升增加到约4000升；机翼上的辅助起落架由翼尖移到机翼内侧；不但在机翼结构上大量采用复合材料，在前机身等处也大量使用复合材料，使复合材料的比重达到结构重量的23.3%，与金属材料相比，减轻重量150公斤；提高座舱位置，采用水滴形座舱盖，改善空战视界；通过改变旋转喷口周围的结构布局，可使垂直起落时的动升力增加550公斤；采用推力增加180公斤的"飞马"11-21E（美国编号F402-RR-406）发动机；大量使用已在F-15、F-18上使用的机载电子设备

动力装置为1台英国的"飞马"11-21E（F402-RR-406）喷口转向涡扇发动机，最大推力9750公斤。主要设备采用F-15、F-18、A-4M等飞机上的先进电子设备。武器有：1门25毫米

GAu-12 或 1 门 30 毫米"阿登"机炮。机身和机翼下有 7 个挂点，可挂各种炸弹、空对空导弹及副油箱。最大载弹量 4170 公斤。

该机翼展 9.23 米，机长 14.10 米，机高 3.53 米，机翼面积 21.36 米²，机翼后掠角 24°、展弦比 4.0。使用空重 5620 公斤，起飞总重 13490 公斤，最大设计着陆重量 8800 公斤，最大着陆重量 7940 公斤，机内燃油重量 3400 公斤，最大燃油量 7180 公斤。最大速度（高空）M0.93 / 986 公里 / 小时、M0.88 / 1075 公里 / 小时（海平面），作战半径 185 公里（垂直起飞，带 3580 公斤武器）、280 公里（短距离起飞，带 12×340 公斤炸弹），短距起飞滑跑距离（最大起飞重量）366 米，转场航程（不重新加油，带 4 个 1130 升副油箱）4560 公里，限制过载 +7.0g，-3.0g。

【"海鹞"战斗机】　由"鹞"GR.MK3 改型而来的多用途舰载垂直短距起落战斗机，用于海上巡逻、舰队防空、攻击海上目标、侦察和反潜等。1975 年 5 月开始设计，1978 年 8 月原型机首次飞行。1979 年 6 月交付试飞，英海军定货 48 架，使用"海鹞"的国家还有印度。与"鹞"相比，"海鹞"最大的变化是加高了座舱，更新了电子设备，安装"兰狐"雷达和"飞马"104 发动机。其优点是中低空性能好，占甲板面积小，可在中、小型舰上使用。但垂直起飞时航程和载重损失太大，要增加航程和载弹量还得靠短距滑跑起飞。

动力装置为 1 台"飞马"MK104 涡扇发动机，静推力 9750 公斤。武器：基本与"鹞"GR.MK3 相同，外加 2 枚"响尾蛇"空对空导弹和 2 枚"海鹰"或"鱼叉"空对地导弹。

图 10-25　"海鹞"MK1 垂直 / 短距起降战斗机

该机翼展 7.70 米，机长 14.50 米、12.73 米（折转机头），机翼面积 18.68 米²。重量大致与"鹞"GR.MK3 的相同。最大平飞速度（高空）M1.25 / 1330 公里 / 小时、M0.97 / 1185 公里 / 小时（低空），典型巡航速度（高空，机内燃油，飞 1 小时以上）M0.8 / 980 公里 / 小时、650～833 公里 / 小时（低空，可迅速加速到 1110 公里 / 小时），作战半径（攻击任务）463 公里。

【"美洲虎"攻击机】　英、法联合研制的超音速攻击机。单座型执行近距支援和遮断攻击任务，双座型是高级教练机，亦可执行作战任务。1965 年首次试飞，第一架生产型"美洲虎"于 1972 年 5 月开始交付使用。型别有："美洲虎"A，法国的单座攻击机，1972 年 5 月开始交付使用，法国订购 160 架；"美洲虎"B，英国的双座作战教练机（英空军编号为 T.MK.2），共制造 37 架；"美洲虎"E，法国的双座高级教练机，1972 年 5 月交付使用，共生产 40 架；"美洲虎"S，英国的单座战术攻击机（英空军编号为 GR.MK.1），与法国的 A 型基本相同，但设备更先进，1972 年 11 月交付使用，共生产 165 架；"美洲虎"的出口型装有推力更大"阿杜尔"MK.804 发动机，改善了飞机的性能。此外，英国空军还利用"美洲虎"改装了电传操纵和复合材料机翼试验机。

动力装置为法国型装 2 台"阿杜尔"102 涡扇发动机，最大推力 2×2275 公斤，加力推力 2×3250 公斤；英国型和出口型装 2 台"阿杜尔"MK104 和 MK804，最大推力 2×2340 公斤，加力推力 2×3825 公斤，发动机进气道不可调，A、S 型可空中加油。主要设备（法国型）有：甚高频 / 超高频无线电设备，甚高频全向信标 / 仪表着陆系统和敌我识别装置，AN / ARN-52 塔康和克鲁泽 10 型导航指示器，SFIM 公司 153-6 双陀螺惯性平台等；（英国型）B、S 型的基本电子设备相同，包括 PTR377 甚高频 / 超高频无线电设备，马可尼公司的高频无线电设备，哥索公司的 CIL75 仪表着陆系统等，S 型机头装有激光测距仪和标识目标搜索仪等。主要武器（攻击型）有：A 型装 2 门 30 毫米"德发"机炮；S 型装 2 门 30 毫米"阿登"机炮。5 个外挂点，最大载重 4,540 公斤。教练型：E 型装 2 门 30 毫米"德发"机炮；B 型装 1 门 30 毫米"阿登"机炮，双座教练型的外挂武器能力与攻击型相同，亦可执行攻击任务。

该机翼展 8.69 米，机长（A、S 型）15.52 米、（B、E 型）16.42 米，机高 4.89 米，机翼面积 24.0 米²，后掠角（1 / 4 弦线）40 度，展弦比 3.12，主轮距 2.40 米，前主轮距 5.69 米。（攻击型）空重 6100 公斤，正常起飞重量 10500 公斤，最大起飞重量 14800 公斤，最大着陆重量 8450 公斤，燃油量 4200 升 +3×1200 升。（攻击型）最大速度 M1.5 / 1590 公里 / 小时（高度 11000 米）、M1.1 / 1350 公里 / 小时（海平面高度），巡航速度 M0.65／690 公里／小时（高度 12000 米，最大外挂），实用升限 14000 米，作战半径 1310 公里（高-低-高，带副油箱），835 公里（低-低-低，带副油箱），转场航程 4200 公里，起飞滑跑距离 580 米，着陆滑跑距离 470 米。

图 10-26　"美州虎"攻击机

【"狂风"战斗机】　英国、西德、意大利共同研制的变后掠翼多用途战斗机，有两种型别：对地攻击型（IDS）和防空型。对地攻击型是基本型，装备英国、西德、意大利三国空军和西德海军航空兵。其主要任务是对地（包括对海）攻击，同时兼顾空战、侦察和电子对抗任务。"狂风"于 1969 年开始设计，1974 年 8 月第一架原型机试飞，生产型于 1982 年开始交付使用。"狂风"机翼后掠角的变化范围是 25 度至 68 度，装推重比为 8 一级的高性能发动机，以及各种先进的电子设备。飞机具有速度范围宽、起落滑跑距离短、能低空高速突防和全天候作战的特点，"狂风"具有 60 米高度的超低空高速入侵能力。其缺点是使用维护比较复杂和价格昂贵。

动力装置为 2 台 RB199-34R-04 型三转子涡扇发动机，静推力 2×4080 公斤，加力推力 2×7260 公斤。发动机带双档板式反推力装置，推重比为 8。外压式二元矩形进气道有可调斜板。主要设备有：PTR1712 或超高频／甚高频无线电通信电台，超高频归航天线，水平情况显示器，备用高度和航向参考系统，塔康导航系统，电视图表显示器，仪表着陆系统，雷达高度表，自动驾驶仪和飞行指引仪，通信控制系统，自监控数字计算机。作战用电子设备主要是 1 套自备式导航／攻击系统，它包括多功能前视雷达，三轴惯性导系统和组合式雷达显示器，台卡 72 型多普勒雷达，大气数据计算机，16 位中央数字计算机。其它电子设备还有带照相机的电子平视显示器，激光测距器，标识目标接受机，方位、距离、航向指示器，等高线地图显示器，SSR-3100 敌我识别器，雷达警戒设备，电子对抗设备和飞行数据记录器等。主要武器有：（攻击型）2 门 27 毫米"毛瑟"机炮（备弹量 2×

125 发）。外挂架 7 个，机身下 3 个，每侧翼下 2 个。可以外挂：1500 升的副油箱，MW-1 多用途武器，"响尾蛇"、"天空闪光"、"麻雀"等空对地导弹，AS.30、"玛特尔"、PT3"鸬鹚"和"大象"等空对地导弹，以及核弹、制导炸弹和各种常规炸弹等。正常武器载重 5000 公斤，最大载弹量 7500 公斤。

该机翼展（25°／68°）13.68／8.59 米，机长 16.70 米，机高 5.73 米，机翼面积 30 米^2，后掠角 25°～68°，平尾翼展 6.8 米，主轮距 3.10 米，前主轮距 6.2 米。使用空重 13600 公斤，起飞总重 18700 公斤（最大 27270 公斤），燃油量 6400 升+2×1000 升。最大速度 M2.1／2230 公里／小时（高度 11000 米），M1.1／1350 公里／小时（高度 150 米），实用升限 15240 米，爬升时间（到 9150 米高度）少于 2 分，转场航程 3890 公里，作战半径 1330 公里（高-低-高，2250 公斤载重）、370～720 公里（低-低-低），起飞滑跑距离 610～700 米，着陆滑跑距离 365～850 米。

【"狂风"ADV 截击机】　英国防空截击机。是英、西德、意大利联合研制的"狂风"IDS 的发展型，由英国单独承担研制工作和费用，只装备英国空军。原型机于 1979 年 10 月首次试飞，1984 年开始交付使用，预计采购 165 架。"狂风"防空型结构的 80% 与战斗轰炸型的相同，主要改动之处有：中、后机身加长 71.12 厘米，以带"天空闪光"空对空导弹；机头加长 48.88 厘米，以容纳新的"猎狐手"雷达；机翼固定段前缘前伸，加大了前缘后掠角；在机身和垂尾内增装燃油 1000 公斤，去掉左侧机炮，另外还增加数据舆系统、目视增益系统、电子式俯视显视器和雷达警告器等。

动力装置为 2 台 RB.199-34R-4 涡扇发动机，最大推力 2×4080 公斤，加力推力 2×7260 公斤。主要设备有"猎狐手"雷达，搜索距离 185 公里，有下视和边瞄准边搜索能力。武器：1 门 27 毫米机炮，机身下半埋式悬挂 4 枚"天空交光"中距空对空导弹，机翼下挂 2 枚"响尾蛇"近距空对空导弹。

该机翼展 13.68 米（后掠角 25°）、8.59 米（后掠角 68°），机长 18.06 米，机高 5.73 米，机翼面积 30.0 米^2。空重 14090 公斤，起飞总重 23590 公斤（最大 27270 公斤）。最大速度 M2.2／2330 公里／小时（高空）、M1.1／1350 公里／小时（高度 150 米），实用升限 15240 米，转场航程 3700 公里。

【NA.39"掠夺者"攻击机】 英国原布莱克苯公司为英国海军研制的低空攻击机。其主要任务是以低空亚音速突防对纵深目标进行轰炸，也用于侦察。1954 年英海军提出要求，1955 年 7 月与公司签订合同研制 20 架原型机。第一架原型机于 1958 年 4 月首次试飞。生产型于 1962 年 7 月开始装备部队。除英国海军外，英国空军也使用，并出口至南非。主要型别有：S.MK1，舰载攻击型；S.MK2A，S.MK1 的改型；S.MK2B，英空军用的陆基攻击／侦察型；S.MK50，南非空军用的陆基攻击型。

动力装置为 2 台罗尔斯·罗伊斯公司的 RB.168-1A"斯贝"101 涡扇发动机，推力 2×5040 公斤。

S.MK2B 型翼展 13.41 米（机翼不折叠）、6.07 米（折叠后），机长 19.33 米，机高 4.95 米，机翼面积 47.82 米²。(S.MK2B) 型最大平飞速度（高度 60 米）M0.85／1040 公里／小时，最大巡航速度（高度 900 米）M0.76／917 公里／小时，作战半径 810～970 公里，实用升限 16000 米，起飞滑跑距离（重量 20870 公斤）720 米，着陆滑跑距离（重量 15880 公斤）960 米。

【"闪电"战斗机】 是英国原电气公司研制的英国第一种超音速喷气式战斗机。1949 年 4 月第一架原型机 P-1B 开始试飞，生产型于 1960 年 7 月装备英国空军。"闪电"的设计自成一格，2 台发动机上下并列安置，机体采用"面积律"。与同期的美国 F-104、苏联米格-21 和法国的"幻影"Ⅲ相比，生产数量不多，出口也较少。型别有："闪电"F.1、F.1A、F2A、F.3、F.6，均为单座截击型；T.4、T.5 和 T.55，均为双座教练型；F.53，多用途型，供出口。其中 F.6 型的主要设备和性能如下：

动力装置为 2 台"埃汶"300 涡喷发动机，加力推力 2×7400 公斤。武器有：2 枚"火光"或"红头"空对空导弹，火箭发射巢以及 2 颗 454 公斤的炸弹。

该机翼展 10.61 米，机长 16.84 米，机高 5.79 米，机翼面积 44.08 米²，正常起飞重量 18000～19000 公斤，最大起飞重量 21770 公斤。最大速度（11，000 米高度）M2.2／2335 公里／小时，实用升限 18300 米，作战半径 370～830 公里，最大爬升率 254 米／秒，起飞和着陆距离 1100 米，航程 2040 公里。

【莫拉纳·索尔尼埃 MS-406 型歼击机】 法国制造。1936 年首次订购。动力为 1 台西班牙-瑞士 12Y-31 型发动机，860 马力。最大速度 302 英里／小时。最大载荷航程 497 英里。乘员 1 人。

【布洛赫 MB-150／150 型歼击机】 法国制造。1983 年首次订购。动力为 1 台格诺姆-罗纳 14N-25 型发动机，1080 马力。最大速度 301 英里／小时。最大载荷航程 373 英里。乘员 1 人。

【德瓦丁内 D-520 型歼击机】 法国制造。1939 年首次订购。动力为 1 台西班牙-瑞士 12Y 型发动机，1000 马力。最大速度 329 英里／小时。最大载荷航程 620 英里。乘员 1 人。

【"幻影"Ⅲ战斗机】 法国达索·布雷盖公司研制的单座发三角翼战斗机。其主要任务是全天候截击，并能执行对地攻击任务。1956 年 11 月原型机首次试飞，第一种生产型 (ⅢC) 1960 年试飞，之后交付部队使用。主要型别有（数字为生产架数）："幻影"ⅢA，预生产型；"幻影"ⅢB，双座教练型；"幻影"ⅢBE，ⅢE 的双座型；"幻影"ⅢC，全天候截击和昼间对地攻击型；"幻影"ⅢD，澳大利亚仿制的双座型；"幻影"ⅢE，远程战斗轰炸型；"幻影"ⅢO，澳大利亚仿制的ⅢE 型；"幻影"ⅢR，ⅢE 的侦察型；"幻影"ⅢRD，法国空军的侦察型；"幻影"ⅢS，瑞士生产的ⅢE 改型；"幻影"5，ⅢE 的简化出口型，减少了电子设备，增加了挂架和燃油，主要用作战斗轰炸机，"幻影"5 也有双座教练型和侦察型；"幻影"50，"幻影"5 的改进型，但装了推力更大的发动机，可执行制空、截击、对地攻击和侦察等多种任务。其中ⅢE 型的装备和性能如下：

动力装置为 1 台法国国营航空发动机研究制造公司的"阿塔"9C 涡轮喷气，，加力推力 6200 公斤；"幻影"50 装 1 台"阿诺 9K-50 涡轮喷气发动机，加力推力 7200 公斤。机载设备有：双套超高频电台，塔康系统，CSF"西拉诺"Ⅱ火控雷达，导航计算机，轰炸计算机，自动射击瞄准器具等。武器有：2 门 30 毫米"德发"552A 机炮（备弹量 2×125 发），2 颗 454 公斤炸弹，或机身下带 1 枚 AS Ⅲ30 空对地导弹和翼下挂 2 颗 454 公斤炸弹。翼下挂架可选择带 JL-100 火箭发射巢（每个带 18 枚火箭）和副油箱。截击时机身下可带 1 枚玛特拉 R530 中距空对空导弹，翼下可带 2 枚玛特拉 R550 近距空对空导弹。

该机翼展 8.22 米，机长 15.03 米，机高 4.50

米，机翼面积 35.00 米²，机翼后掠角 60°、展弦比 1.94、相对厚度 4.5～3.5%，主轮距 3.15 米，前主轮距 4.87 米。空重 7050 公斤，起飞重量（无外挂）9600 公斤，最大起飞重量 13700 公斤，载油量 2650 公斤。（无外挂）最大平飞速度（高度 12000 米）M2.2 / 2350 公里 / 小时，巡航速度（高度 11000 米）M0.9 / 957 公里 / 小时，实用升限 17000 米，爬升时间：爬升到 11000 米（M0.9）3 分钟、爬升到 15000 米（M1.8）6 分 50 秒，作战半径（对地攻击）1200 公里，航程 3300 公里，着陆速度 290 公里 / 小时，起飞滑跑距离 700～1600 米，着陆滑跑距离（用减速伞）700 米。

【"幻影"F.1 战斗机】 法国达索·布雷盖公司研制的轻型战斗机。是"幻影"Ⅲ 的后继机。该机主要执行截击制空作战任务，亦可执行对地攻击等任务。1964 年，达索公司开始在垂直起落试验机"幻影"ⅢT 的基础上研制后掠翼战斗机，先设计了"幻影"F.1，原型机试飞后，因机体大、价格高而未投产。"幻影"F.1 是达索公司自费研制的"幻影"F.2 的缩小型，获空军订货投入批生产。1966 年 12 月，"幻影"F.1 的原型机首次试飞。第一架生产型于 1973 年 3 月正式向法国空军交付。1977 年 10 月开始向国外用户提供。主要型别有：F1A，简化设备的出口型；F.1C，最初的生产型，主要用于防空，也可执行对地攻击任务，法空军装备 250 架；F.1B，双座教练型；F.1E，制空 / 对地攻击型，用于出口；F.1R，侦察型；F.1C-200，F.1C 的改进型。

动力装置为 1 台"阿塔"9K-50 涡轮喷气发动机，加力推力 7200 公斤。主要设备有：汤姆逊-CSF 公司的"西拉诺"Ⅳ火控雷达，6200 伏尔 / 仪表着陆系统，塔康系统和 NR-AI-4A 敌我识别系统，中央大气数据计算机，505 自动驾驶仪，CSF 平视显示器，轰炸计算机，导航计算机，位置指示器和激光测距器等。主要武器有：2 门 30 毫米"德发"553 机炮（备弹量 26125 安），翼下每侧有 2 个挂架，中机身下有一个挂架。翼尖挂架可各带 1 枚空对空导弹。执行截击任务时带 2 枚玛特拉超 R530 中距空对空导弹，2 枚玛特拉 R550"魔术"（或 AIM-9J"响尾蛇"）近距空对空导弹；执行对地攻击任务时典型外挂武器包括：1 枚 ARMAT 反雷达导弹，或 1 枚 AM39"飞鱼"反舰导弹，或 14 颗 250 公斤炸弹，或 144 枚火箭。另外，还可携带激光制导炸弹、空对地导弹等。最大

载弹量 4000 公斤。

该机翼展 8.40 米，机长 15.30 米，机高 4.50 米，机翼面积 25 米²、前缘后掠角 47°30′、展弦比 2.8、相对厚度 4.5～3.5%，主轮距 2.5 米，前主轮距 5.0 米。空重 7400 公斤，起飞重量（无外挂）10900 公斤，最大起飞重量 15200 公斤，载油量（机内）3300 公斤，推重比 0.66。最大平飞速度（高空）M2.2 / 2330 公里 / 小时，（低空）M1.2 / 1480 公里 / 小时，实用升限 20000 米，最大爬升率（海平面）213 米 / 秒，作战半径（截击、带一枚中距导弹、高空）740～1060 公里、（对地攻击、2000 公斤炸弹、带副油箱）630～1080 公里，转场航程 3300 公里，着陆速度 230 公里 / 小时，起飞滑跑距离 450 米（起飞重量 11500 公斤）、640 米（典型截击任务），着陆滑跑距离 500～610 米，最大过载 7g。

图 10-27　　"幻影"F.1 战斗机

【"幻影"2000 战斗机】 法国达索·布雷盖公司研制的轻型超音速战斗机。主要任务是防空截击和制空，也能执行对地攻击和侦察任务。

1975 年 12 月，法国政府决定选用"幻影"2000 作为 80 年代中期以后的主要战斗机。"幻影"2000 采用了电传操纵系统、放宽静稳定度和复合材料等先进技术，是继美国 F-16 之后第二架采用电传操纵系统的飞机。共制造了 5 架原型机，其中第二架原型机于 1984 年 5 月 9 日在进行带外挂载荷的试验中坠毁。第一架生产型"幻影"2000C1 于 1982 年 11 月首次飞行，1983 年开始装备部队。

目前"幻影"2000 三种主要型别有：防空截击型；双座对地攻击型"幻影"2000N，可执行核轰炸任务；出口型。

动力装置为 1 台 M53-5 涡轮风扇发动机，最大推力 6530 公斤，加力推力 9000 公斤。主要设备有：初期截击型装汤姆逊-CSF 公司的 RDM 多功能多普勒雷达（搜索距离 100 公里），以后装具有下视能力的 RDI 脉冲多普勒雷达，萨吉姆公司的于利斯 52 惯性平台，ESD 公司的中央数字计算机，汤姆逊-CSF 公司的 VE-130 平视显示器和

VMC-180 俯视显示器，法国航空导航设备公司的605 自动驾驶仪，汤姆逊–CSF 公司和 ESD 公司的电子对抗装置，另外还有塔康和敌我识别器，伏尔系统，仪表着陆系统，指点标接收机，无线电高度表，超高频和甚高频／超高频电台等。主要武器有：2 门 30 毫米"德发"554 机炮（备弹量 2×125发），9 个外挂架，机身下 5 个，翼下每边各 2个。执行截击任务时带 2 枚玛特拉超 R530 中距空对空导弹和 2 枚玛特拉 R550"魔术"近距空对空导弹，执行对地攻击任务的"幻影"2000N 最大外挂载荷 6000 公斤，可载各种炸弹、火箭、空对地导弹及核弹。

该机翼展 9.0 米，机长 14.5 米，机高 5.0 米，机翼面积 41 米^2、前缘后掠角 58°，主轮距 3.4米，前主轮距 5.00 米。空重 7400 公斤，正常起飞重量 10000 公斤，最大起飞重量 16500 公斤，载油量（机内）3800 升。最大平飞速度（高空）M2.3／2440 公里／小时，最大持续速度（高空）M2.2／2330 公里／小时，实用升限 18000 米，爬升率（海平面）250 米／秒，作战半径（带 4 枚空对空导弹、2×1700 升副油箱）700 公里，航程（带 4 枚 250 公斤炸弹）1480 公里，（带 2 个 1700公斤副油箱）1850 公里，进场速度 260 公里／小时，起飞滑跑距离 460 米，着陆滑跑距离 640米。

图 10-28　"幻影"2000 战斗机

【"超幻影"4000 战斗机】　法国达索·布雷盖公司研制的多用途战斗机。其主要任务是截击和制空，也可对远离基地的地面目标进行低空攻击。"超幻影"4000 单发轻型战斗机"幻影"2000 的双发放大型，进气道两侧装小型前翼。该机与"幻影"2000 平行发展，1979 年 3 月原型机首次试飞，目前已生产装备部队。

动力装置为 2 台法国国营航空发动机研究制造公司的 M53 涡轮风扇发动机，单台静推力 6560

公斤，加力推力 9000 公斤。武器有：进气道下部装 2 门 30 毫米"德发"机炮。共有 11 个外挂点。空战用远距和近距空对空导弹；对地攻击可挂各种炸弹、空对地导弹和火箭弹，亦可带侦察吊舱。最大外挂载荷 8000 公斤。

该机翼展 12.00 米，机长 18.70 米，机翼面积73 米^2，主轮距 4.36 米，前主轮距 6.90 米。总重量 17000～18000 公斤（机内满油，无外挂），25000 公斤（带外挂），作战重量 16100 公斤。最大平飞速度（高空）M2.3／2440 公里／小时，持续最大速度（高空）M2.2／2330 公里／小时，最大爬升率（海平面）305 米／秒，爬升时间（到15000 米，M2）3 分钟，实用升限 20000 米。最大作战半径（带副油箱和侦察设备舱）1850 公里。

图 10-29　"幻影"4000 战斗机

【"超军旗"攻击机】　法国达索·布雷盖公司研制的单座单发轻型舰载攻击机。该机系"军旗"Ⅳ–M 的后继机，主要执行对舰队空中掩护、攻击海面和地面目标及照相侦察等任务。60 年代初，法国海军开始考虑舰载攻击"军旗"Ⅳ的后继机。60年代末，达索公司着手"超军旗"最初设计方案的研究工作。法国海军曾考虑用"美洲虎"M 或美国的A–4M 或 A–7 来代替它，后因种种原因未成，于是在 1973 年 1 月，指示达索公司继续发展"超军旗"的预订合同。两架原型机是在标准的"军旗"Ⅳ–M 机体上改装的。第一架于 1974 年 10 月首次试飞，试飞计划包括发动机的发展工作，随后在1978 年进行了外挂能力试验和"飞鱼"AM–39 空对舰反舰导弹的发射导弹的发射试验。第二架原型机在 1975 年 3 月首次试飞，用于试验"超军旗"的导航系统和轰炸能力，随后又在地中海以外的公海进行了舰载使用试验。生产型从 1978 年 6 月开始装备法国海军。动力装置为 1 台法国国营航空发动机研究制造公司的"阿塔"8K–50 不加力涡轮喷气发动机，推力为 5000 公斤。机载设备有："阿加芙"

搜索／跟踪／遥测／导航雷达，ENTA 惯导／攻击系统，数字式自动驾驶仪，多工作状态显示器，萨吉姆公司的于利斯 52 惯性导航系统，克鲁泽公司 80 型大气数据计算机，汤姆逊－CSFVE－130 平视显示器和数字式自动武器抽射系统。主要武器：2 门 30 毫米"德发"机炮，位于发动机进气口下方，每门备弹量 125 发。机身下挂架可带 2 枚 250 公斤的炸弹，一个 600 升的副油箱，或一个空中加油设备吊舱。翼下 4 个挂架，可挂 4 枚 250 公斤或 400 公斤的炸弹，2 枚玛特拉"魔术"空对空导弹，或 4 个火箭弹吊舱。内翼挂架上可带 2 个 625 升或 1100 升的副油箱，或 1 枚 AM39"飞鱼"反舰导弹和 1 个副油箱。最大武器载荷 2100 公斤。

该机翼展 9.60 米、7.8 米（折叠后），机高 3.86 米，机翼面积 28.40 米^2，展弦比 3.23、后掠角（1／4 弦线）45°、相对厚度 6～5%、下反角 1°，主轮距 3.5 米，前主轮距 4.8 米。空重 6500 公斤，起飞总重 9450～12000 公斤，最大载油量（包括 2 个 1100 升翼下油箱）4800 公斤。最大平飞速度（高度 11000 米）约 M1.0／1060 公里／小时、（低空）1180 公里／小时，实用升限 13700 米，作战半径（高－低－高，带 2 枚 AM39 空对地导弹和 2 个副油箱）850 公里，着舰时进场速度（重量 7800 公斤）250 公里／小时。

图 10-30　"超军旗"攻击机

【"阵风"战斗机】　　法国达索·布雷盖公司正在着于研制的先进战斗机，将成为法国空、海军 90 年代制式战斗机。法国政府将道德订购 2 架"阵风"D 原型机：1 架为空军型（双座型）；1 架为海军型。"阵风"D 的原型机是在"阵风"A 技术验证机的基础上研制的。

"阵风"A 技术验证机已顺利地完成了飞机试验计划。根据试验结果，法国政府决定"阵风"战斗机于 1990 年首飞，其批生产型将于 1996 年装备部队。"阵风"战斗机预计生产 330 架：空军型 250 架；海军型 80 架。

法国空军将首先用"阵风"D 战斗机取代"幻

影"ⅢE／5 及"美洲虎"飞机。法国海军将用"阵风"D 战斗机取代 F-8E（FN）舰载战斗机。

"阵风"飞机的批生产型已决定装备 2 台 M88 发动机，静推力 2×7500 公斤，加力推力 2×11000 公斤。但对其火探雷达并未做出决定，法汤姆森－CSF 公司向其推荐了 RDX-E$_2$ 的雷达研制方案。

其武器装备，预定挂载 2 枚"魔术"导弹，4 枚"迈卡"导弹以及 AM39"飞鱼"空对地导弹，ASMP 中距空地导弹，AWS 反舰导弹以及各种制导和非制导炸弹、火箭弹等。

据推算，"阵风"D 主要数据如下：

翼展 10.72 米，机长 14.98 米，机高 5.10 米，翼面积 44 米^2。使用空重 8600 公斤，机内燃油量 3946 公斤，外挂重量 6500 公斤，最大起飞重量 18200 公斤。最大平飞速度（海平面）1480 公斤／小时，M1.2。最大速度（10362 米高度）M2.2，爬升时间（至 10362 米高）3 分钟，作战半径 555～925 公里。

【梅塞施米特 Bf109E 型歼击机】　德国制造。1938 年首次订购。动力为戴姆勒·本茨 DB601A 型发动机，1100 马力。最大速度 354 英里／小时。最大载荷航程 412 英里。乘员 1 人。

【梅塞施米特 Bf110 型歼击机】　德国制造。1938 年首次订购。动力为 2 台戴姆勒·本茨 DB601A 型发动机，840 马力。最大速度 349 英里／小时。最大载荷航程 585 英里。乘员 2 人。

【福克－武尔夫 FW109A 歼击机】　德国制造。1940 年首次订购。可载 2 挺 7.9 毫米机枪，4 门 20 毫米航炮和 1 枚 550 磅炸弹。最大速度 395 英里／小时。最大载荷航程 380 英里。爬升率为 4.75 分钟爬高至 16500 英尺。升限 37000 尺。

【Me109G 歼击机】　德国制造。1941 年首次订购。可载 2 挺 13 毫米机枪，3 门 20 毫米航炮。最大速度 387 英里／小时。最大载荷航程 450 英里。爬升率为 6 分钟爬高至 19000 英尺。升限 38500 英尺。

【梅塞施米特 Me163B 慧星式喷气式战斗机】　德国制造。1942 年首次订购。动力为瓦尔特 HWK109 型液火箭发动机，静推力 3750 磅。可载 2 门 30 毫米航炮，24 枚 R4M50 毫米火箭弹。最大时速 596 英里。爬高率每分钟 31500 英尺。升限 54000 英尺。

【梅塞施米特 Me262A-1 喷气式战斗

机】 德国制造。1943 年首次订购。动力为 2 台容克斯尤莫 004B 涡轮喷气发动机，静推力 1980 磅。可载 2 枚 1100 磅弹，4 门 30 毫米航炮，24 枚 R50 毫米箭弹。最大时速 528 公里。最大载荷航程 652 英里。爬升率为 6.8 分钟爬高至 19686 英尺。升限 39370 英尺。

【阿拉多 Ar234 闪电式喷气式战斗机】

德国制造。1943 年首次订购。动力为 2 台容克斯尤莫 109-004B 型涡轮喷气发动机，静推力 1984 磅。可载 3086 磅炸弹，2 门 20 毫米航炮。最大时速 425 英里。最大载荷航程 416 英里。爬升率为 26.9 分钟爬高至 26248 英尺。升限 28873 英尺。

【亨克尔 He162 人民战士式喷气式战斗机】

德国制造。1944 年首次订购。动力为 BMW003E-1 涡轮喷气发动机，静推力 1760 磅。可载 2 门 20 毫米或 30 毫米航炮。最大时速 522 英里。最大载荷航程 620 英里。爬升率为每分钟 4200 英尺。升限 39400 英尺。

【福克-武尔夫 Ta152 歼击机】

德国制造。1944 首次订购。可载 1 门 30 毫米航炮，4 门 20 毫米航炮。最大速度 468 英里／小时。最大载荷航程 565 英里。爬升率为 5.6 分钟爬高至 26250 英尺。升限 42650 英尺。

【菲亚特 G-50 型歼击机】

意大利制造。1938 年首次订购。动力为 1 台菲亚特 A-74RC38 星型发动机，840 马力。最大速度 293 英里／小时。最大载荷航程 420 公里。乘员 1 人。

【菲亚特 CR-42 型歼击机】

意大利制造。1939 年首次订购。动力为 1 台菲亚物 A-74RC38 星型发动机，840 马力。最大速度 244 英里／小时。最大载荷航程 480 英里。乘员 1 人。

【马基 C202 歼击机】

意大利制造。1940 年首次订购。可载 2 挺 12.7 毫米机枪，2 挺 7.7 毫米机枪。最大速度 360 英里／小时。最大载荷航程 373 英里。爬升率为 6.5 分钟爬高至 18000 英尺。升限 36100 英尺。

【雷贾尼 R2001 歼击机】

意大利制造。1941 年首次订购。可载 2 挺 12.7 毫米机枪，2 挺 7.7 毫米机枪，4 枚 220 磅炸弹。最大速度 337 英里／小时。最大载荷航程 646 英里。爬升率为 6 分 20 秒爬高到 J6400 英尺。升限 39200 英尺。

【AM-X 攻击机】

意大利和巴西联合研制的轻型亚音速攻击机。主要用于近距海上和陆地目标攻击及侦察，亦可用于空战。1977 年开始讲座设计方案，原型机于 1984 年 5 月首次试飞，1986 年交付使用。

动力装置为 1 台罗·罗公司的"斯贝"MK807 涡扇发动机，最大推力 5000 公斤。主要设备有：超高频和甚高频通讯设备，小型雷达，数字式惯性导航攻击系统，平示显示器和电子对抗设备等。武器有：1 门 20 毫米"火神"或 1 门 30 毫米"德发"机炮，有 5 个外挂点，可挂普通炸弹、集束炸弹、火箭弹等各种空对面攻击武器，亦可挂侦察吊舱，此外两翼尖还可挂 2 枚红外空对空导弹，最大载弹量 3500 公斤。

该机使用空重 6000 公斤，最大起飞总重 10750～11500 公斤。翼展 8.87 米（带翼尖导弹 10.0 米），机长 13.58 米，机高 4.58 米，机翼面积 21.0 米^2，主轮距 2.15 米，前主轮距 4.71 米。最大速度（高空）M0.9／954 公里／小时，（低空）1020 公里／小时，作战半径 370 公里（低-低-低，带 2720 公斤炸弹），520 公里（高-低-高，带 2720 公斤炸弹），转场航程 2960 公里，起飞滑跑距离 915 米（最大起飞重量），限制过载 +7.33g，-3g。

【Saab-32 战斗机（"矛"）】

瑞典飞机公司制造。原为双座全天候攻击机，以后又发展出全天候战斗型和侦察型。1953 年提出批生产订货，1956 年开始服役。共存三种型别：A-32A 双座全天候攻击型，共生产 280 架，1958 年停产，1972 年开始退役，由 Saab-37 取代；J-32B 双座全天候战斗机，1957 年 1 日试飞，1958 年交付使用，1960 年停产，共生产 150 架；S-32C 照相侦察型，1957 年 3 月试飞，1958 年交付使用，1960 年停产，共生产 35 架。

下面的数据是只适合于 A-32A 型。

动力装置为 1 台防制的"埃汶"RA7A 加力涡轮喷气发动机，瑞内编号为 RM5A2，推力 3600 公斤，加力推力 4500 公斤。该机翼展 13.00 米，机长 14.65 米，机高 4.75 米，栅翼面积 37.40 米^2。正常起飞重量 10410 公斤，最大起飞重量 13000 公斤，空重 7440 公斤。最大平飞速度 1009 公里／小时（高度 11000 米），巡航速度 850 公里／小时（高度 11000 米），实用升限 15000 米，爬升率 3600 米／分（海平面）。武器有：4 门 20 毫米机炮，可外挂 2 枚，Rb-04C 空对地导弹，或 4 枚 250 公斤（或 2 枚 500 公斤，或 12 枚 100 公斤）炸弹，或 24 枚 135 毫米（或 150 毫米）火箭弹。最大载弹量 1200 公斤。

【Saab-35 战斗机（"龙"）】

瑞典飞机公司研制的多用途超音速战斗机。可执行截击、对地攻击、照相侦察等多种任务。1951 年开始设计，1955 年 10 月原型机首次试飞，预生产型于 1958 年 2 月试飞。截止于 1973 年共生产 589 架。是 60 年代瑞典空军的主力战斗机。其型别有：A、B、D、F 型，是具有对地攻击能力的截击机；C 型，双座教练型；E 型，战术照相侦察型；XD 型是向丹麦出口的攻击／侦察型；XS 型是向芬兰出口的截击型。其中 D、F 型的主要装备和性能如下：

动力装置为 1 台 RM-60 涡喷发动机，最大推力 5800 公斤，加力推力 8000 公斤，主要设备有：火控系统，自动驾驶仪等。武器有：2 门 30 毫米"阿登"机炮，9 个外挂架，可挂 4 枚"苍鹰"或"响尾蛇"空对空导弹；用于对地攻击时，最大载弹量 4500 公斤（XD 型）。

该机翼展 9.4 米，机长 15.35 米，机高 3.89 米，机翼面积 49.2 米^2。空重 7450 公斤，最大起飞重量 15000 公斤，燃油量（机内，F 型）4000 升。最大平飞速度 M2.0／2120 公里／小时（高度 11000 米），实用升限 18300 米，海平面爬升率 200 米／秒，转场航程 3250 公里，作战半径（高-低-高）560～720 公里，起飞滑跑距离 460～550 米，着陆滑跑距离 510 米。

【Saab-37 战斗机（"雷"）】

瑞典飞机公司研制的全天候多用途战斗机。主要用途是对地攻击、截击、侦察和教练，是根据"一机多型"的多用途设计思想研制的，即设计一个基本型的机体，然后在此基础上根据不同的要求改型成为攻击、截击、侦察、教练等不同的型别。1962 年 2 月开始设计，共制造 7 架原型机，1969 年 2 月第一架原型飞机试飞，生产型于 1971 年中开始交付使用。

该机通过采用三角翼短间距鸭式布局利用了前翼与主翼涡流的有利干扰，提高了飞机的总升力，使飞机获得良好的升阻特性和横侧稳定性。再加上发动机采用反推力装置，使飞机具有 500 米以下的短距起落的能力，能在瑞典的公路跑道上起落。型别：AJ-37，全天候击攻型，1971 年交付；JA-37，全天候截击型，1979 年开始交付；SF-37，全天候武装侦察型，1977 年开始交付；SH-37，全天候海上侦察型，也可执行攻击任务，1975 年 6 月交付；SK-37，串列双座教练型，1972 年开始交付。

动力装置除 JA-37 外其他各型均采用 1 台 RM-8A 涡扇发动机，最大推力 6700 公斤，加力推力 11800 公斤；JA-37 装 1 台 RM-8B 涡扇发动机，最大推力 7350 公斤，加力推力 12800 公斤。两种发动机均装有反推力装置。主要设备有：1 台 CK-37 机载数字计算机 UAP-1023X 波段脉冲多普勒雷达。平视显示器，多普勒导航系统等。

AJ-37 的武器：7 个外挂架，可挂 RB04E 和 RB05A 空对地导弹、RB57 电视制导的"幼畜"导弹以及火箭弹、炸弹、鱼雷、30 毫米"阿登"机炮吊舱；也可带空对空导弹执行截击任务。内装 1 门 30 毫米"奥利康"机炮，外挂 2 枚"天空闪光"中距雷达制导的空对空导弹和 2 枚红外制导的空对空导弹。SF／SH-37 的武器有：2 枚空对空导弹。

该机翼展 10.60 米，机长 16.30 米（JA-37：16.40 米），机高 5.8 米（JAS-37：5.9 米）机翼面积 46.0 米^2，展弦比 2.45，前翼展机长 5.45 米，前翼面积 6.20 米^2，主轮距 4.76 米，前主轮距 5.6 米（JA-37：5.69 米）。空重 1000 公斤，起飞重量 15000～20500 公斤（AJ-37），15000～17000 公斤（JA-37）。JA-37 型最大平飞速度 M2.0／2120 公里／小时（高度 11000 米）、M1.1／1350 公里／小时（高度 100 米），实用升限 18500 米，作战半径 1000 公里（高-低-高作战剖面）、500 公里（低-低-低作战剖面），爬升时间（从松开刹车至高度 10000 米，开加力）1 分钟 40 秒，进场速度约 220 公里／小时，起飞滑跑距离 400 米，着陆滑跑距离 500 米，使用过载 8g。

【JAS39 战斗机】

瑞典飞机公司正在研制的轻型多用途战斗机。预定在 90 年代用于空战、对战攻击、侦察等多种任务。原型机于 1987 年试飞。采用短间距鸭式布局，装 1 台高推重比发动机，采用电传操纵和随控布局技术，大量使用复合材料，装比较先进的电子设备。全动式前翼与主翼后缘的襟副翼及垂尾的方向舵一起构成飞机的三向操纵面，可减少阻力，提高飞机的操纵性和机动性。座舱采用综合显示和数字技术，可大大减轻飞行员负担。飞机在只有 1 名乘员的情况下，可完成全天候全高度截击、对地对舰攻击和战术侦察等作战任务。

动力装置为 1 台 F404J 涡扇发动机，加力推力约 8170 公斤。主要设备有：脉冲多普勒火控雷达，座舱装应用数字技术的综合显示系统。武器有：2 门 27 毫米机炮，新型中距和近距空对空导弹，空对舰导弹，各种对地攻击武器。

该机翼展 8.0 米，机长约 14.0 米，机高约 5.0 米，机翼面积约 25.0 米^2。空重 5080 公斤，起飞总重 8170 公斤（截击任务），机内燃油 2400 公斤。最大速度 M2.0（高度）、M1.2（低空）。

【"狮"战斗机】 以色列飞机工业公司现正在研制的 90 年代战斗机。它将取代现用的"幼狮" C.2／C.7 成为以色列空军的主力战斗机。1981 年开始研制，原型机 1986 年试飞，预计 1990 年交付部队试用。该机是一种小型轻量高机动性战斗机，采用单发、三角翼短间距鸭式布局，其前翼是全动式的，机翼前缘装机动襟翼、后缘装襟副翼。该机应用了电传操纵和放宽静稳定性技术，在机体结构上使用了较多的复合材料，电子设备也比较先进。

动力装置为 1 台美国普·惠公司的 PW120 涡扇发动机，推重比 8，加力推力 9350 公斤。主要设备有：脉冲多普勒火控雷达、座舱综合显示等较先进的电子设备。武器：空对空导弹、各种炸弹，最大外挂能力 5900 公斤。

该机翼展 8.71 米，机长 14.39 米，机身长 13.64 米，机高 5.28 米。空重 5900 公斤，正常起飞重量 9660 公斤，机内燃油量 2720 公斤。最大速度 M1.85 公里／小时（12000 米高度），M1.2／1470 公里／小时（海平面），实用升限大于 15250 米，航程 3700 公里（带副油箱），作战半径 460～12000 公里，在高度 5000 米、M0.8 时：单位剩余功率 164 米／秒，持续盘旋角速度 13.2 度／秒，瞬时盘旋角速度 24.3 度／秒。

【三菱 A5M 克劳德式歼击机】 日本制造。1936 年首次订购。动力为 1 台中岛的 3 型发动机，640 马力。最大速度 280 英里／小时。最大载荷航程 746 英里。乘员 1 人。

【中岛 Ki-27 内特式歼击机】 日本制造。1936 年首次订购。动力为 1 台中 Ha-1b 型发动机，710 马力。最大速度 292 英里／小时。最大载荷航程 340 英里。乘员 1 人。

【三菱 A5M2 型舰载歼击机】 1937 年日本制造。可载 2 挺 7.7 毫米机枪，速度 265 英里／小时，航程 460 英里。作为歼击机使用。

【三菱 A6M2 型舰载歼击机】 1939 年日本制造。可载 2 挺 20 毫米航炮和 2 挺 7.7 毫米机枪。速度 316 英里／小时，航程 1165 英里。作为歼击机使用。

【中岛陆军 1 型 Ki-43"奥斯卡式"歼击机】 日本制造。1940 年首次订购。可载 2 挺 12.7 毫米机枪，2 枚 550 磅炸弹。最大时速 304 英。最大载荷航程 750 英里。爬升率为 5 分 30 秒爬高至 16400 英尺。升限 36800 英尺。乘员 1 人。

【川崎 Ki-61"托尼"式歼击机】 日本制造。1941 年首次订购。可载 2 门 20 毫米航炮，2 挺 12.7 毫米机枪，2 枚 550 磅炸弹。最大时速 348 英里。最大载荷航程 1185 英里。爬升率为 6 分钟爬高到 16400 英尺。升限 32800 英尺。乘员 1 人。

【中岛 Ki-84"弗兰克"式歼击机】 日本制造。1943 年首次订购。可载 2 门 20 毫米航炮，2 挺 12.7 毫米机枪，1100 磅炸弹。最大时速 388 英里。最大载荷航程 1815 英里。爬升率为 6 分钟 26 秒爬高至 16400 英尺。升限 35000 英尺。乘员 1 人。

【三菱 J2M3"杰克"式歼击机】 日本制造。1943 年首次订购。可载 4 门 20 毫米航炮。最大时速 380 英里。最大载荷航程 655 英里。爬升率 5 分 50 秒爬高至 19865 英尺。升限 37800 英尺。乘员 1 人。

【川西 N1K2-J"乔治"式歼击机】 日本制造。1943 年首次订购。可载 2 门 20 毫米航炮，2 挺 7.7 毫米机枪，2 枚 550 磅炸弹。最大时速 362 英里。最大载荷航程 890 英里。爬升率为 5 分 50 秒爬高至 19865 英尺。升限 35000 英尺。乘员 1 人。

【F-1 战斗机】 日本由其 T-2 教练机发展的战斗机。用以代替 F-86 攻击海面舰船和执行近距支援及战区制空等任务。1972 年开始研制，1977 年开始交付部队使用，由 T-2 发展成 F-1，后座舱改成电子设备舱，按照对地攻击要求改装了设备和武器以及相关部分。

动力装置为 2 台 RBI／T260（TF40-IHI-801A"阿杜尔"涡扇发动机，最大推力 2×2140 公斤，加力推力 2×3120 公斤。主要设备有 2 个超高频通信电台，塔康，敌我识别器／选择识别器，J／AWG-12 平视显示器，6TNJ-F 惯性导航系统，大气数据计算机，火力控制系统和轰炸瞄准具计算器，雷达警告系统等。武器有：1 门 20 毫米 M6IAI 机炮，机身和机翼下共有 5 个挂点，可挂副油箱、炸弹、火箭、空对地和空对空导弹等，载弹量 2710 公斤。

该机尺寸数据同 T-2。空重 6360 公斤，正常起飞重量 10000 公斤（最大 13670 公斤）。最大速度 M1.6／1700 公里／小时（高度 11000 米），海平面爬升率 178 米／秒，爬升时间（至 11000 高度）2 分，实用升限 15240 米，转场航程 2870 公里，作战半径 280 公里（截击任务）、560 公里（对地攻击任务），起飞滑跑距离 890～1220 米，着陆滑跑距离 600～610 米。

【LCA 战斗机】　印度在大量购买欧州生产的军用飞机和购买、仿制苏联战斗机的同时，也在积极发展自己的轻型战斗机。LCA 战斗机就是在这种背景下产生的。

印度计划在 90 年代末用它取代米格-21，并向外出口。在早先的报道中，该机采用鸭式气动布局，现在已改为两侧进气的无尾三角翼布局。其大小和外形接近幻影 2000 战斗机，但该机的机翼前缘采用了数段不同的后掠角。法国的达索公司曾为 LCA 飞机的研制提供咨询。

该机最大起飞重量 10400 公斤，最大飞行 M 数 2。其动力装置为 1 台 8000 公斤推力级的涡扇发动机。可供选装的这一级别的发动机有：英国的 RB199、法国的 M88、美国的 F404-F2J3、苏联的 R-33D 和印度自行研制的一种涡扇发动机。由于自行研制发动机遇到了困难，因此印度决定先购买 11 台 F404-F2J3，作为原型机的动力装置。LCA 采用了不少新技术，如复合材料、先进的机载设备等，其总体性能水平估计与幻影 2000 差不多。

【"新霍"Ⅲ歼击机】　中国国民党政府所属的第一飞机制造厂研制的歼击机。1936 年制成，仿美制"霍克"Ⅲ型。木质结构，单座，发动机 745 马力。最高时速 388 公里，实用高度 8168 米，极限高度 8473 米，航程 930 公里。

【"忠 28 乙"歼击机】　中国国民党政府所属第一飞机制造厂研制的歼击机。1937-1938 年制成，仿苏制 E15 歼击机。主要性能与"新霍"Ⅲ大体相同。

【F-6 歼击机】　中国制造的超音速轻型歼击机。可以用于防空和夺取前线制空权，亦可完成一定的对地支援任务。F-6 飞机尺寸小重量轻、推重比大、机动性好，适合于近距格斗空战。飞机结构简单，使用维护方便，F-6 采用大后掠角梯形中单翼和大后后掠角尾翼，两台发动机并列装于后机身内，发动机进气道位于机身头部。座舱内装零高度火箭弹射座椅，可以保证地面起飞滑跑零高度弹射救生及海上、低空弹射跳伞的安全。减速度伞舱位于垂尾方向舵下方，减速伞可以大大缩短

F-6 飞机的着陆滑跑距离。

动力装置为 2 台 WP-6 涡喷发动机，最大推力 2×2600 公斤，加力推力 2×3250 公斤。

该机翼展 9.0 米，机长 12.54 米，机高 3.89 米，机翼面积 25.0 米^2。空重 5400 公斤，正常起飞重量 7500 公斤（最大 8830 公斤）。最大平飞速度 M1.35／1450 公里／小时（高度 10000 米，无外挂），实用升限 17500 米，最大爬升率 180 米／秒（高度 5000 米），航程 2110 公里，起飞滑跑距离 515 米，着陆滑跑距离 610 米。

【F-7 歼击机】　中国制造的轻型歼击机。可以用于国土防空和夺取前线制空权，并能完成一定的对地攻击任务。该机飞行性能好，尺寸小重量轻，机动灵活，有很强的近战火力，使用维护方便。F-7 歼击机机身细长，机头进气道内装无级调节进气锥。机身前部是座舱和设备舱，在后机身上部装大后掠角垂尾，下部有腹鳍，水平尾翼是全动的。机翼是采用对称翼型、前缘后掠角为 57°的薄三角翼，有 2°下反角。机翼后缘是轴气动补偿副翼和浮动式襟翼。座舱盖是后铰结式的，向后打开。座舱内装零高度弹射座椅，弹射速度是 180～850 公里／小时。座椅高度可以上下调节，以使驾驶员获得良好的视野。座舱可以自动调整温度、压力和氧气供应，为飞行员提供良好的工作条件。F-7 装前三点式起落架，通过使用刹车系统和阻力伞来缩短着陆滑跑距离。阻力伞位于垂尾根部后缘。

图 10-31　F-7M 歼击机

动力装置为 1 台 WP-7B 涡喷发动机，最大推力 4400 公斤，加力推力 6100 公斤。

该机翼展 7.15 米，机长 13.94 米，机高 4.10 米，机翼面积 23 米^2。空机重量 5150 公斤，正常起飞重量 7370 公斤。最大速度 M2.05／2170 公里／小时（高度 12500～18500 米），静升限 19200 米，实用升限 18800 米，最大航程 1200 公里（高度 11000 米，带导弹）、1490 公里（带导弹和副油

箱），起飞速度 310~330 公里／小时，起飞滑跑距离 800~1000 米，着陆速度 300~320 公里／小时，着陆滑跑距离 800~1000 米（用减速伞），最大使用过载 7g（带 2 枚导弹）。

【A-5 强击机】 中国早期设计制造的轻型超音速强击机。其任务是以低空或超低空高速突破敌方防线，攻击步兵集结点、火箭和导弹发射阵地、坦克群、机场、通讯中心、沿海舰船等各种目标。主要对地攻击武器是各种炸弹和火箭弹，主要攻击方式是水平或俯冲轰炸。在执行对地攻击任务时，可以用火箭和机炮与敌机进行自卫性空战，也可专门装备空对空导弹用于空战。A-5 的机头呈锥形，发动机进气道位于座舱两侧。座舱周围有防弹装甲。机射采用跨音速面积律，中机身呈蜂腰形。在垂尾根部后缘有阻力伞舱，通过释放阻力伞可以大大缩短着陆滑跑距离。机翼是大后掠角中单翼，1／4 弦线后掠角是 52.5 度，有 4 度下反角，展弦比 3.37。机翼内侧装后退式襟翼；外侧装内封补偿式副翼。机翼上表面有翼刀以减少展向流，防止翼尖失速。全动平尾的面积为 5 米²，装于机身尾端上部；垂尾由垂直安定面和方向舵组成，总面积是 4.64 米²。

机身内有 5 个燃油箱，前部 3 个，后部 2 个，总的内部油量是 3720 升，此外还可挂 2 个 760 升副油箱。A-5 座舱内装低速零高度火箭弹射座椅，在紧急情况下可以保证驾驶员在 250~850 公里／小时范围内零高度安全弹射。

动力装置为 2 台 WP-6 涡喷发动机，最大推力 2×2600 公斤，加力推力 2×3250 公斤。

该机翼展 9.7 米，机长 16.73 米，机高 4.51 米，机翼面积 27.95 米²。空机重量 6950 公斤，起飞总重 9530 公斤（无外挂），最大起飞总重 12000

公斤。最大平飞速度 M1.12／1190 公里／小时（高度 11000 米，无外挂）、M0.99／1210 公里／小时（海平面高度），实用升限 16000 米，最大爬升率 83~103 米／秒（高度 5000 米），起飞速度 300 公里／小时（无外挂）、330 公里／小时（最大外挂），起飞滑跑距离 700~750 米（无外挂）、1250 米（最大外挂），着陆速度 278~307 公里／小时，着陆滑跑距离 1060 米（不用减速伞时），最大技术航程大于 2000 公里（带 2×760 升副油箱），作战半径 600 公里（最大外挂，低-低-低作战剖面）。

图 10-32　　A-5 强击机

【F-8 歼击机】 中国设计制造的高性能超音速歼击机。具有良好的飞行性能，最大飞行速度超过 M2.0。主要用于防空和争夺前线制空权，并具有良好的对地攻击能力。

图 10-33　　F-8Ⅱ歼击机

2、轰炸机

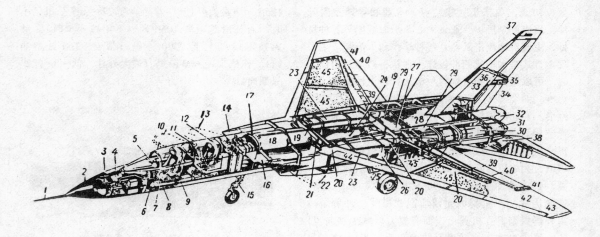

图 10-34 轰炸机

1.空速管 2.雷达天线整流罩 3.雷达扫描天线 4.导航系统和轰炸系统的雷达设备 5.飞行员座舱仪表板 6.脚蹬 7.驾驶杆 8.装有发动机操纵杆的左控制盘 9.飞行员弹射座椅 10.飞行员座舱盖 11.领航员座舱内的仪表板、雷达荧光屏和导航系统 12.领航员弹射座椅 13.领航员座舱盖 14.电子设备舱 15.前轮支柱 16.进气道 17.油箱加注口 18.机身油箱 19.通涡轮喷气 20.通机翼油箱的输油管路 21.油泵 22.三段式减速板 23.通涡轮喷气发动机的空气导管 24.炸弹舱 25.起落架主轮 26.主轮支柱 27.环形供油管 28.滑油箱 29.涡轮喷气发动机 30.涡轮喷气发动机延伸管 31.加力燃烧室 32.可投抛的炸弹舱尾锥 33.筐直尾翼 34.机身油箱应急放油管路 35.机身油箱应急放油孔和尾部航行灯 36.天线 37.垂直尖上的天线 38.水平尾翼转轴 39.襟翼 40.扰流板 41.机翼油箱应急放油孔 42.翼梢 43.翼尖航行灯 44.前缘襟翼 45.机翼燃油箱

【波音 B-17C 飞行堡垒式轰炸机】 美国制造。1935 年首次订购。动力为 4 台莱特旋风式 R1820-65 型发动机，1200 马力。最大载荷航程 2000 英里。乘员 6-8 人。

【道格拉斯 B-18 波洛式轰炸机】 美国制造。1937 年首次订购。动力为 2 台莱特旋风式 R1820-53 型发动机，1000 马力。最大载荷航程 1100 英里。乘员 6 人。

【柯蒂斯 SBC-3 型舰载轰炸机】 美国 1937 年制造。可载 500 磅炸弹和 2 挺 0.3 英寸机枪。速度 220 英里／小时，航程 635 英里。

【道格拉斯 TBD 型舰载轰炸机】 美国 1937 年制造。可载 1 枚 21 英寸鱼雷或载弹 1000 磅、1 挺 0.3 英寸和 1 挺 0.5 英寸机枪。速度 206 英里／小时，航程 435 英里。

【沃特 SB2U 型舰载轰炸机】 美国 1937 年制造。可载 1000 磅炸弹和 2 挺 0.3 英寸机枪。速度 250 英里／小时，航程 635 英里。

【波音 B-17G 轰炸机】 美国 40 年代制造。最大载弹量 17600 磅。最大航程 1850 英里。

【波音 B-29 轰炸机】 美国 40 年代制造。最大载弹量 12000 磅。最大航程 3250 英里。

【北美 B-25 米彻尔式轰炸机】 美国 40 年代制造。最大载弹量 4000 磅。最大航程 1275 英里。

【联合兀鹰 B-24 解放者式轰炸机】 美国 40 年代制造。最大载弹量 5000 磅。最大航程 1700 英里。

【B-1 轰炸机】 美国洛克韦尔国际公司为美国空军研制的变后掠翼超音速远程战略轰炸机，

是 B—52 的后继机。B—1 采用变后掠机翼和翼身融合体布局，具有低空高亚音速突防能力强、生存力高、载弹量大、航程远的特点，在结构上是按新颁发的断裂力学规范进行设计的。第一架由 B—1A 修改的 B—1B 于 1983 年 3 月试飞。预生产型 B—1B 于 1984 年 11 月试飞。生产型于 1985 年底—1986 年开始交付部队。B—1A 的设计思想是既可高空高速又可低空高亚音速突防，所以其高空最大飞行速度为 M2.2。B—1B 则是以作为巡航导弹载机和低空高亚音速突防为主导思想而设计的，其高空最大飞行速度为 M1.2。B—1B 与 B—1A 主要区别是：可调式进气道改为固定式，采用了新的发动机和简化的机翼整流罩，最大后掠角由 67.5° 改为 59.5°，使最大速度由 M2.2 降至 M1.2。作这些修改主要考虑是，在高亚音速发射巡航导弹，不要求飞机有 M2.2 的速度，而要求有好的高亚音速突防能力。还加强了起落架，前武器舱加一活动隔板，以使携带武器的范围更广。

动力装置为装 4 台 F101—GE—F102 涡扇发动机，最大推力 4×8000 公斤，加力推力 4×14000 公斤。主要设备有 B—1B 装备有完善的通讯导航设备，以及以 AN／APQ—164 多功能攻击火控雷达为主的进攻性电子系统和以 AN／ALQ—161 为基础发展来的防御性电子系统。有三个武器舱，可带 8 枚 AGM—86B 巡航导弹或 24 枚 AGM—69 近距导弹，亦可带核弹和普通炸弹。

该机翼展 41.67 米（后掠 15°）／23.84 米（后掠 59.5°），机长 44.81 米，机高 10.36 米，翼面积 181.2 米^2。最大设计起飞重量 216370 公斤，标准载弹量 29030 公斤。最大平飞速度 M1.25，巡航速度（高度 15000 米）M0.85／902 公里／小时，低空突防速度（高度 60 米）M0.8／965 公里／小时，航程 12000 公里。

图 10—35　B—1A 轰炸机

【B—2 隐身轰炸机】美国诺斯罗普公司为美空军研制的 90 年代战略轰炸机。其最大特点是具有隐身性能，B—2 轰炸机的雷达反射面积是

B—1B 的十分之一，是 B—52 的千分之一，地面雷达很难发现，突防能力大大提高。

1988 年 11 月 22 日，美空军在加尼福尼亚州棕榈谷的 42 工厂公开展出 B—2 轰炸机，并公布了一些简单的数据，更详细的情况尚未公开。

1980 年，美决定研制先进技术轰炸机（ATB）（B—2 的最初名称），目前，B—2 的研制工作已基本结束。按照计划，到 90 年代初期，B—2 将形成初步作战能力。90 年代后期，美战略空军将大量装备，用它来替代 B—1B 执行远程轰炸任务。美空军准备购买 132 架 B—2 轰炸机，将有 120 架用于执行战略轰炸任务，单机造价高达约 5.7 亿美元。

B—2 是一架纯粹的"飞翼"式飞机，整个外形呈三角形，机身、机翼、发动机舱融为一体，既无尾翼、前翼，也无垂直安定面，飞机机体的后缘呈锯齿状，外侧机翼向后伸出很多。这使雷达反射面积大为降低。另外，B—2 的机身还涂上深灰色的隐身涂料，这种涂料对于雷达、红外及可见光均具有隐身特性。

动力装置为 4 台通用电气公司生产的 F118 发动机，是 F101 的改型。采用了大量先进技术，以减少雷达和红外特征。发动机装在机翼内部，采用背部进气方式，进气口上沿向前下方探出，目的是为了减小对空中预警飞机的雷达反射。进气道为"S"形的，可使发动机免遭雷达波的直接照射。发动机采用二元喷口，并与机翼融为一体。二元喷口的雷达和红外特征以及噪音都明显低于普通喷口，同时也可利用喷口转向使飞机机动飞行。

该机还采用了大量的复合材料和吸波涂料。

据称，B—2 轰炸机的航程可达 12000 公里。能携带 34000 公斤炸弹和常规或核巡航导弹，每架可携带 17 枚核弹头。装备波音飞机公司生产的施转式发射架。座舱内采用先进的显示和控制系统，飞行员只要作简单操作即可获得所需信息，还装有先进的飞行控制系统和矢量推力操纵系统，可对飞机实施有效的控制。该机乘员 2 人，但最初曾考虑采用 3 名乘员。机长 21 米，翼展 52 米，机高 5.2 米。最大起飞重量 187000 公斤。

【B—52 轰炸机（同温层堡垒）】　美国波音公司研制的亚音速远程战略轰炸机。主要用于远程常规轰炸和核轰炸，1948 年 10 月开始设计，1952 年原型机首次试飞，1955 年 6 月生产型 B—52B 开始装备部队。飞机最大总重 233 吨，是当前世界上最重的轰炸机。B—52 从开始服役至今已有 30 年，现仍是美国战略核攻击力量的主要运载工具之一。主要型别有：A 型，生产型原型机；B 型，首批生产型；C 型，B 型的改进型；D 型，与 C 型相似，可兼做侦察机用；E 型，D 型的改进型；F 型，E 型的改进型；G 型，F 型的改进型，减轻了结构重量，增大了航程，能挂空对地导弹，1959 年交付部队使用；H 型，G 型的改进型，换装 KTF33-P-3 涡扇发动机，是 B-52 中最后一个型别，也是电子设备最好的型别，1961 年装备部队。

动力装置：翼下吊装 8 台发动机，除 H 型装单台推力为 7720 公斤的 TF30-P-3 涡扇发动机外，其他型分别装不同型别的 J57 涡喷发动机（单台推力 3950~6240 公斤）。主要设备：装有较完善的远距通信、导航设备，如后期型别所装的 AN/ARC-58 通讯系统可作环球通讯；有较好的电子干扰设备和雷达警戒系统。G 型和 H 型的机载设备做了全面更新，提高了突防能力和导航及武器投放精度，可靠性提高 25%，故障间隔时间提高 2 倍。

武器有：B~G 型尾炮塔内装 4 挺 12.7 毫米机枪或 2 门 20 毫米机炮，H 型装一门 20 毫米六管炮。在弹舱内和翼下可挂 27.2 吨常规炸弹，0.5 万吨级~2400 万吨级（TNT 当量）核弹；H 型可在翼下和弹舱内装 20 枚 AGM-69 近距攻击导弹。G 型可带 8 枚 AGM-86B 巡航导弹。

该机翼展 56.4 米，机长（G、H）49.05 米，机高（G、H）12.40 米，机翼面积 371.6 米^2，后掠角 35°，主轮距 2.74 米（小车式，带翼尖辅助轮），前主轮距 15.24 米。空重（B 型）约 81 吨，总重（G、H 型）22135 吨，载油量 132482 升+2×2564 升（副油箱）。最大速度（H 型，高度 12200 米）M0.95/1010 公里/小时，巡航速度（高度 9000-15000 米）800-896 公里/小时，低空突防速度（G、H）652-676 公里/小时，实用升限（G H）16770 米，最大爬升率 17 米/秒，最大燃油航程（H 型，无空中加油）16090 公里，起飞滑跑距离（H 型）2900 米。

图 10-36　　B-52D 轰炸机（"同温层堡垒"）

【B-57 轰炸机（入侵者）】　　美国马丁公司制造的全天候双座轻型轰炸机。它是在英国的"坎培拉"轰炸机基础上发展的，为满足美空军要求，结构有所改进。主要型别有：B-57A，首批生产型，1953 年 7 月试飞；RB-57A，侦察型；B-57B，双座夜间袭击战术轰炸型；B-57C，有双套操纵系统，可用于飞行训练；RB-57D，高空侦察型；B-57D，高空轰炸型；B-57E，C 型的改进型，可用于战术轰炸或作高速拖靶机使用；RB-57F，改装的高空侦察型；B-57G，改装的夜间攻击型。B-57 共生产了 403 架。

动力装置为 2 台 J65-W-5 涡轮喷气发动机，推力 2×3260 公斤。武器：机身中部的弹舱内和翼下挂弹架，可挂各种空对地攻击武器。轰炸型固定武器是 8 挺 12.7 毫米机枪，每挺备弹 300 发，或改装 4 门 20 毫米机炮。

该机翼展 19.51 米，机长 19.96 米，机高 4.88 米，机翼面积 89.2 米^2。空重 13600 公斤，正常起飞重量 22200 公斤，最大起飞重量 25000 公斤，载弹量 2700 公斤。最大速度 930 公里/小时，巡航速度 880 公里/小时，实用升限 14480 米，作战半径 1760 公里，最大航程 4180 公里。

【B-58A 中型轰炸机（"盗贼"）】　　美国制造。原型机于 1956 年 11 月首次试飞，1960 年 8 月开始装备美空军，该型机腹下吊装一"囊"（长 12.2 米），"囊"的下半部可做副油箱使用，上半部根据任务可装氢弹、炸弹以及照相侦察或小干扰设备。能在高、低空轰炸。由于机体结构和其他方面原限制，不能以垂直爬高的机动动作甩投炸弹。可空中加油。自卫火力差，载弹量小。该机乘员 3 人（驾驶员、领航轰炸员、射击员）。动力装置为 J79-GE-5B 涡轮喷气式发动机，推力 4×4535 公斤（加力 7050 公斤）。最大时速 2100 公里（高度 13000 米以上），M2。巡航时速 990 公里（高度 12000 米），M0.9。实用升限 18300 米。最大航程 4500 公里，活动半径 1000-1500 公里，续航时间 5 小时（亚音速飞行），1 小时 30 分（超音速飞行）。载油量 34000 公斤（带副油箱，45300 公斤）。载弹量 5000 公斤以上。武器装备有 1 门 20 毫米 6 管炮（机尾），1 枚"大猎犬"空地导弹。特种设备有 ASQ-42 天体"多普勒"惯性综合领航轰炸系统以及多种电子设备，照相侦察设备。翼展 17.32 米，机长 29.49 米，机高 9.12 米。全重 72800 公斤。

【FB-111 轰炸机】　　美国通用动力公司研

制的变后掠翼中程超音速战略轰炸机。用于常规和核轰炸，以高空高速和低空高速突防，对目标进行核轰炸或发射近距攻击导弹。FB-111A 是由重型战斗机 F-111A 发展来的，翼展加长，换装推力更大的发动机，改装机载设备。原型机于 1967 年 7 月试飞。生产型于 1969 年 10 月开始交付空军使用，共生产 76 架，到 1971 年停产。

动力装置为装 2 台普拉特·惠特尼公司的 TF30-P-7 涡扇发动机，加力推力 2×9070 公斤。主要设备有：MKⅡ-B 导航／轰炸系统，武器投放计算机，攻击雷达，APQ-128 地形跟踪雷达和雷达高度表等。武器：在机翼后掠 26°时，最多可带 50 颗 340 公斤的常规炸弹；机翼后掠为 45°时，可带 38 颗 340 公斤的常规炸弹；机翼完全后掠时，可带 20 颗 340 公斤常规炸弹；也可带 6 枚 69A 型近距攻击核弹头导弹，或 5000 公斤核弹。

该机翼展 21.34 米（全展开）、10.34 米（全后掠），机长 22.4 米，机高 5.22 米，机翼后掠角 16°-72°30′。空重 21550 公斤，最大起飞重量 45400 公斤，载弹量 9500-17000 公斤。最大速度（高度 12，200 米）M2.2／2337 公里／小时、（海平面）M1.0／1225 公里／小时，实用升限 16800 米，正常作战航程 3200-4400 公里，转场航程 6100 公里。

【F-15E 战斗轰炸机】 美国麦克唐纳·道格拉斯公司在 F-15 战斗机的基础上改装而成的战斗轰炸机。该机在加大纵深攻击能力的同时仍保持原有的空战能力，所以又称"双重任务"战斗机。F-15E 的特点是对地攻击能力强，载弹量大，航程和作战半径远，完成任务的效率高。

1977 年公司开始用一架 F-15B 改装成验证机。1980 年 7 月该机首次试飞，与 F-15B 相比，F-15E 验证机的主要变化是加装了保形油箱，更改了前后座舱，用合成孔径技术改进了 APG-63 雷达，增加了 2 个对地武器挂点。F-15E 的生产型在气动外形上与 F-15D 相同，它换装 2 台推力更大的 PW1128（单台加力推力 12440 公斤）或 2 台 F110-GE-100（单台加力推力 13150 公斤）涡扇发动机。

主要设备有：前部座舱装广角平视显示器，取代了原来的指引地平仪、空速表和高度表等机械仪表。一个 5 英寸（127 毫米）彩色和两个 6 英寸（152 毫米）单色阴极射线管显示器。后部座舱有 2 个 5 英寸彩色和 2 个 6 英寸单色阴极射线显示器。改进的 APQ-63 雷达具有较高的分辨率，如

在空对地地形测绘状态中，能分辨 18.5 公里处的 2.6 米的目标。IBM 公司的中央任务计算机，容量和速度比制空型 F-15 上的计算机分别提高 4 倍和 3 倍。"宝石钉"前视红外／激光跟踪器。生产型上将装 LANTIRN（夜间低空导航和红外瞄准）系统和先进的综合飞行／火力控制系统。

武器：1 门 M61 多管炮，11 个武器挂点。空对空武器有 AIM-7F／M"麻雀"和 AIM-9L"响尾蛇"空对空导弹各 4 枚。空对地武器包括空对地（舰）导弹，反雷达导弹及各种炸弹，还可挂 3 个内装一门 30 毫米 4 管机炮的机炮吊舱，每门炮备弹 940 发，射速 2400 发／分。最大载弹量 11110 公斤。

翼展 13.05 米，机长 19.43 米，机高 5.62 米，机翼面积 56.48 米^2。空重 12970 公斤，正常总重 24310 公斤，最大起飞重量 34020 公斤，机内燃油量 6100 公斤，保形油箱装油 4400 公斤。最大平飞速度（高度 12，200 米）M2.4／2550 公里／小时、（高度 300 米）M1.10／1，330 公里／小时，实用升限 15000 米，爬升率（海平面）250 米／秒，作战半径 1400-1700 公里（对地攻击任务），航程 4800 公里。

【F-105"雷公"战斗轰炸机】 美国原共和飞机公司研制的超音速战斗轰炸机。其主要任务是执行战术核轰炸，也可带常规炸弹实施对地攻击，并有一定的空战能力。1951 年公司开始设计，1955 年 10 月原型机首次试飞。最初生产型 F-105B 于 1958 年 5 月开始装备部队。F-105 的载弹量大、突防能力强、攻击性能好，在越南战争中曾作为美空军轰炸越南北方的主力机种。主要型别有：B 型，昼间战斗轰炸型；D 型，全天候战斗轰炸型；F 型，双座教练／战斗轰炸型；G 型，由 F 型改装的反雷达攻击型。

动力装置为 1 台 J75-P-19W 涡喷发动机，加力推力 11000 公斤。武器有：1 门 20 毫米 M61 六管机炮。弹舱内可装 1 颗 1，000 公斤或 4 颗 110 公斤的炸弹或核弹。翼下挂架可挂各种常规炸弹、"小斗犬"空对地导弹和"响尾蛇"空对空导弹等，最大载弹量 5900 公斤。

该机翼展 10.65 米，机长 19.85 米，机高 5.99 米，机翼面积 35.76 米^2。空重 12470 公斤，正常起飞重量 17250 公斤（最大 23830 公斤）。最大平飞速度 M2.0，实用升限 15850 米，最大爬升率 175 米／秒，作战半径 386-1460 公里，转场航程 3700 公里。

图 10-37　F-105"雷公"战斗轰炸机

【F-111 战斗轰炸机】　美国通用动力公司和格鲁门公司研制的一种变后掠翼战斗轰炸机。是世界上第一种实用型变后掠翼飞机。该机的特点是航程远、载弹量大、能全天候攻击，主要用于在夜间和不利气象条件下执行常规和核攻击任务。1962 年开始研制，空军的 A 型原型机于 1964 年 12 月首次试飞；海军的 B 型原型机于 1965 年 5 月试飞。A 型的生产型从 1967 年 10 月开始装备部队。B 型因结构超重于 1968 年停止发展。F-111 采用并列双座双发布局形式。机翼后掠角的变化范围为 16°-72.5°，可满足各种高度和速度下飞行对空气动力的要求。

型别有：C 型，为澳大利亚空军生产的型别；D 型和 E 型，均为 A 型的改进型，改变了发动机的型别，改装了电子设备和重新设计了进气道；F 型，基本同 D 型，换装了推力更大的发动机和更好的电子设备其中 E 型的装备和性能如下：动力装置为 2 台 TF30-P-9 涡扇发动机，静推力 2×5650 公斤，加力推力 2×9500 公斤。主要设备有：APQ-110（或 APQ-128）防撞雷达，APQ-113（或 APQ-130）火控雷达，APN-185（或 APN-189）多普勒雷达，AJQ-20（或 N-16H 惯性导航仪，ARL-52 塔康导航系统，ADG-23 光学瞄准具，ALE-28 消极干扰设备等。电子设备比较齐全，能保证超低空飞行和全天候作战。武器有：1 门 20 毫米 M-61 型 6 管机炮，备弹 2000 发，机身弹舱可带炸弹或核弹。翼下 8 个挂架可带小型核弹、炸弹、火箭弹等。最大载弹量 13610 公斤。

该机翼展 19.2 米（后掠角 16°）、9.74 米（后掠角 72.5°），机长 22.40 米，机高 5.22 米，机翼面积 57 米^2（后掠角 72.5°），机翼展弦比 1.34-7.56。空重 21700 公斤，正常起飞重量 36800 公斤（内部满油，无外挂），最大起飞重量 41500 公斤。最大平飞速度（高度 11000 米以上）M2.2／2340 公里／小时、（海平面）M1.2／1470 公里／小时，实用升限 15500 米，作战半径（低-低-低）500-1000 公里、（高-低-高）1100-2100 公里，最大转场航程 10000 公里，起飞滑跑距离 900 米，着陆滑跑距离 900 米。

【"伊里亚·穆罗梅茨"号飞机】　俄国制造世界第一架装有 4 台发动机的重型轰炸机。这架飞机是 1913 年底在俄罗斯波罗的海工厂制造的，由 1912 年冬制成的装有 4 台发动机的"俄罗斯勇士"号飞机发展而成。"伊里亚·穆罗梅茨"号飞机曾于 1914 年 6 月创造了一项世界记录：以 14 小时 38 分钟飞完从基辅到彼得堡的 1000 多公里距离，中途着陆一次。在第一次世界大战中，曾用这种飞机对敌人后方进行过空袭。国内战争期间，苏联飞行员也曾驾驶这种飞机对敌人后方进行过空袭。作为重型轰炸机的"伊里亚·穆罗梅茨"号飞机，在载弹量、武器装备和航程方面，多年内均未有任何飞机可与之相匹敌。空勤组成员为 4-8 人。武器装备多达 8 挺机枪。曾经做过在飞机上安装 76 毫米机关炮的试验。载弹量达 400 公斤，超载时可达 700-800 公斤。飞机上装有驾驶和领航仪表以及轰炸瞄准具，机身内能挂航空炸弹，并首次采用了电动投弹器。1914 年 12 月，由"伊里亚·穆罗梅茨"号飞机编成了重型飞机大队，这是世界上第一个重型轰炸机部队。1914 至 1918 年间，总共生产了 73 架"伊里亚·穆罗梅茨"号飞机。在最完善的 E 型"伊里亚·穆罗梅茨"号飞机上装过 4 台功率各为 162 千瓦的发动机，飞机的起飞重量为 6100 公斤，最大速度为 137 公里／小时，升限 4000 米，航程 540 公里。

【西科尔斯基 РБВ3 伊里亚·穆罗麦茨 HM-V 型轰炸机】　1916 年俄国制造。动力为 4 台 РБВ3 直列式发动机，每台 150 马力。最大速度 80 英里／小时。升限 11,500 英尺，续航时间 5.5 小时。可载 3 挺机枪，以及多达 1,870 磅炸弹。兼有重型轰炸机和侦察机两种用途。

【图波列夫 СБ-2 型轰炸机】　苏联制造。1934 年首次订购。动力为 2 台 M-103 型发动机，990 马力。最大载荷航程 1430 英里。乘员 3 人。

【伊留申 Ⅱ Б-3 型轰炸机】　苏联制造。1937 年首次订购。动力为 2 台 M-88B 型发动机，1000 马力。最大载荷航程 1620 英里。乘员 3-4 人。

【佩特利亚科夫 Пe-2 轰炸机】　苏联 40 年代制造。最大载弹量 2200 磅。最大航程 1200

英里。

【伊留申 ИЛ-4 轰炸机】 苏联 40 年代制造。最大载弹量 4400 磅。最大航程 2500 英里。

【图波列夫 СБ-2 轰炸机】 苏联 40 年代制造。最大载弹量 1320 磅。最大航程 1430 英里。

【图-160 重型轰炸机("海盗旗")】 苏联图波列夫设计局设计的远程变后掠翼战略轰炸机。于 1976-1977 年开始全面设计,西方于 1981 年在莫斯科附近的拉明斯科耶发现该机。

动力装置为 4 台涡扇发动机,最大推力为 $4\times$ 13600 公斤,加力推力 4×22200 公斤。主要设备:除通常的远距通信、导航和一般设备外,装有用于攻击、地形跟踪和尾部预警和雷达及主动和被动式电子对抗设备。武器:各种常规炸弹和核弹;20 枚新型 AS-X-15 空射式巡航导弹;机腹下部还可半埋入地挂一枚射程为 3200 公里的大型 BL-10 型空对地导弹。

该机翼展($20°$后掠/$60°$后掠)54 米/36.7 米,机高 13.5 米,机长 53 米,机翼面积 370 米^2。使用空重 118000 公斤,最大起飞重量 267600 公斤,最大载弹量 16330 公斤。高空最大速度 M2.1,作战半径 7300 公里(不空中加油)。

【苏-24 轻型轰炸机("剑术师")】 苏联苏霍伊设计局研制的变后掠翼轻型轰炸机。西方国家曾多次称其为歼击轰炸机,近年来才逐渐把其列入近程轰炸机行列。苏-24 原型机 1969 年开始试飞,1972 年 6 月开始批量生产,1974 年 12 月装备苏军。乘员 2 人。动力装置为 P-29Б-300 涡轮喷气式发动机,推力 2×8600 公斤(加力 12500 公斤)。最大速度 M2.18(高空)、M1.2(海平面)。巡航时速 740 公里,(M0.8,高空)。实用升限 17500 米。最大爬高率 180 米/秒(海平面),最大航程 6440 公里(带 6 个副油箱)。作战半径 322 公里(低-低-低,带 8000 公斤弹)、950 公里(低-低-高,带 2500 公斤弹)、1800 公里(高-低-高,带 2500 公斤炸弹和 2 个副油箱)。载油量 10000 公斤(机内)$+2\times1660$ 公斤或 2×2490 公斤副油箱,载弹量 8000 公斤(最大)、5000 公斤(正常)。空重 18000 公斤。正常起飞重量 29000 公斤,最大起飞重量 39500 公斤。武器装备 2 门 30 毫米航炮,8 个挂架,可挂 AS-7、AS-9、AS-10、AS-11 空对地导弹,以及各种型号的炸弹。特种设备地形跟踪雷达,导航攻击雷达,远近距导航系统,高频、甚高频/特高频电台,数据传

输设备,激光测距仪,平视显示仪,地图显示仪,武器系统计算机和自动飞行控制系统等。翼展 17.15 米(后掠 $16°$),9.53 米(后掠 $68°$),机长 21.29 米,机高 5.50 米,翼面积 46.4 米^2(掠 $16°$)。起飞滑跑距离 1400 米,着陆滑跑距离 900 米。

【伊尔-28 轰炸机("猎兔犬")】 苏联伊留申设计局设计的轻型轰炸机。可对前沿军事目标和水面舰艇进行战术轰炸。1947 年首次试飞,1949 年交付部队。伊尔-28 采用上单翼,2 台发动机装于机翼上的短舱内。该机结构简单,造价较低,在 50-60 年代曾被广泛采用,伊尔-28 除轰炸型外,尚有伊尔-28P 侦察型和伊尔-28 教练型。伊尔-28 教练型将机头领航员座舱改为第二座舱,拆除了机炮。动力装置为 2 台 BK-1A 离心式涡喷发动机,推力为 2×2700 公斤。机身两侧可装火箭助推器,以增加起飞推力。武器:弹舱内可带 4 枚 500 公斤或 12 枚 250 公斤炸弹、也可运载小型核弹,载弹量 1000-3000 公斤,机首和尾部各装 2 门 23 毫米机炮,总备弹量 650 发。

该机翼展 21.45 米,机长 17.65 米,机高 6 米,机翼面积 60.8 米^2。空重 12890 公斤,正常起飞重量 18400 公斤(最大 21200 公斤)。最大速度 900 公里/小时,巡航速度 415 公里/小时,升限 12300 米,爬升率 15 米/秒,航程 2260 公里,起飞滑跑距离 875 米,着陆滑跑距离 1170 米。

【图-16 中型轰炸机("獾")】 苏联图波列夫设计局设计的高亚音速中程轰炸机。1950 年开始研制,1952 年首次试飞,1955 年交付使用。该机采用细长流线机身,后掠机翼,两台涡喷发动机紧靠机身两侧,平尾和垂尾都有较大后掠角。有一些改作加油、电子干扰、侦察型。图-16 各型外形基本相同,只是设备不同或局部外形有些修改。主要型别有:A 型为战略轰炸机的基本型,带核弹和常规炸弹,乘员 7 名,机头下面有小型雷达罩,在机头、机身上下炮塔及尾部炮塔内装 7 门 23 毫米机炮;B 型为海军型,机翼下装两枚 AS-1 "狗窝"空对舰导弹;C 型为海军型,机头装有大型制导雷达,机身下挂一枚 AS-2 "鳟鱼"空对舰导弹;D 型为海上电子侦察型,机头同 C 型,机身中部下面串置 3 个泡形整流罩;E 型为 A 型改进型,弹舱中增装照相机;F 型基本上同 E 型,但翼下挂架上有电子侦察舱;G 型 A 型的改进型,翼下挂两枚 AS-5 "鲑鱼"(Kelt)空对舰导弹,主要装备海军航空兵反潜部队,H 型为护航电子干

扰型，弹舱内装电子干扰物，施放口在弹舱后；J型为专用电子干扰机；K型为电子侦察机，在弹舱及其前装雷达罩。

动力装置为早期型装 2 台 AM-3 型涡喷发动机，海平面静推力 2×8750 公斤，后来的装 2 台 РД-3М 型涡喷发动机，海平面静推力为 2×9500 公斤。主要设备有：遥控天文罗盘 ДАК，远距通讯电台 IPCБ-70 或 IPCБ-70M，超短波电台 РСИ-3M，应急救生电台 АВРА-45，机内通话设备，盲目着陆系统，敌我识别系统，电子侦察干扰系统，轰炸瞄准雷达 РБП-4 或 РБП-6（与光学瞄准具 ОПБ-11Р 协调工作），射击瞄准雷达等。武器：6.5 米长的弹舱位于机身中段，正常载弹量 3000 公斤，最大载弹量 9000 公斤，可装核弹和各种炸弹。海上作战可装鱼雷或水雷，经改装的图-16 可装每枚重 2000 公斤的遥控炸弹。翼下挂架可挂 AS-1～AS-5 等各种空对舰导弹。机上共装 7 门 23 毫米机炮。

该机翼展 33 米，机长 34.80 米，机高 10.80 米，机翼面积 165.65 米²，后掠角 35°、展弦比 6.6，主轮距 9.78 米，前主轮距 10.90 米。空重 37040 公斤，正常起飞重量 72000 公斤，最大起飞重量 75800 公斤，允许着陆重量 48000 公斤，最大载油量 34360 公斤。最大速度 992 公里／小时，实用升限 12800 米，续航时间 7 小时 20 分，最大航程 6000 公里，活动半径 2300 公里，允许使用过载 3.17g（总重 55000 公斤）、2.6g（总重 >55000 公斤）。

【图-20 重型轰炸机（"熊"）】 苏联图波列夫设计局设计的远程战略轰炸机。具有远程轰炸能力。图-20 又称图-95，1951 年开始研制，1954 年首次试飞，1957 年交付空军使用。图-20 速度慢，不适于在 3000 米高度下飞行，自卫能力差，主要改作执行电子侦察、照相侦察、海上巡逻或导弹载机等任务。主要型别：A 型，基本型，机头下装额式雷达罩，机背和腹部的遥控炮塔及尾部炮塔可装 3 对 23 毫米机炮，弹舱内可装 2 枚核弹或各种常规炸弹；B 型，机头装有较大型雷达罩，携带 1 枚大型空对地导弹（射程约 650 公里）；C 型，海上巡逻型；D 型，电子侦察型；E 型，海上照相侦察型；F 型，海上巡逻反潜型。另外，还有新近发展起来的 H 型，加装了机载电子干扰设备，加挂了先进的远程空射巡航导弹 AS-15，具备超视距攻击能力，打进范围大为提高。

动力装置为机翼上装 4 台库兹涅佐夫设计的

HK-12МB 涡桨发动机，额定功率 4×14800 马力，排气推力 4×1200 公斤，耗油率 0.24 公斤／小时。发动机驱动 2 个 AB-60H 型反转的可逆桨距推进螺桨，螺桨直径 6.5 米。

主要设备：早期的图-20 装有 РБП-4 型轰炸瞄准雷达，后来改用 РБП-6 型。这种雷达的频率为 14775-15225 兆周，搜索方位角范围 360°或 45°扇形，脉冲功率 65 千瓦，作用距离不大于 200 公里，可以自动调频。它可用于领航、轰炸和敌我识别应答，可与光学瞄准具交联使用，也可与自动驾驶仪、计算机交联使用，按预定方案自动投弹。炮塔上方还装有射击瞄准雷达。导航设备除无线电罗盘 АРК-11 和天文领航设备外，主要使用 РБIМС 系统。

主要武器：机身上部、下部和尾部炮塔内各装 2 门 23 毫米机炮，有原型别去掉了机身上的炮塔。机身弹舱可载常规炸弹 15-25 吨，也可装水雷、鱼雷、遥控炸弹和核弹。机身下部还可挂一枚大型 AS-3"袋鼠"（Kangaroo）空对地导弹。

该机翼展 50.4 米，机长 49.4 米（含加油管）、45.4 米（不包括加油管），机高 11.6 米，机翼后掠角（1／4 翼弦）35°，机翼面积 302 米²。最大燃油量 84000 公斤。最大速度（高度 12500 米）M0.76／805 公里／小时，最大巡航速度 760 公里／小时，实用升限 15000 米，最大爬升率 26 米／秒，航程 12000／14000 公里。

【图-22 中型轰炸机（"眼罩"）】 图波列夫设计局为苏联空军设计的第一种超音速中程轰炸机。是图-16 的后继机，主要供苏联空军远程航空兵中程轰炸机部队使用。该机 1955 年开始设计，1958 年原型机试飞。1961 年在苏联航空节公开表演，1962 年开始装备部队。

机头细而尖，机翼很薄且后掠角大，机身外形光滑。两台发动机安装在机身尾部上方，垂尾的两侧。平尾和垂尾均有较大的后掠角，座舱内有乘员 3 人。该机主要靠速度以及采用夜间电子干扰保护自己。

主要型别：A 型，轰炸侦察型，机身弹舱内可带自由落体核弹或常规投弹，最大航程只有 2,250 公里，生产架数不多；B 型，轰炸型，外形像 A 型，但性能优于 A 型，弹舱内可带有核弹头的空对地导弹，机头雷达增大，机头上有部分可收入的空中受油探管；C 型，海上侦察型，机头有空中受油探管，弹舱门上有六个照相窗口，有些还装有电子对抗设备或电子情报搜集设备；D 型，教练型，教员座舱在标准座舱之后，位置略高，且舱盖加长；还有一种由图－22改型的远程截击型，带空对空导弹，用于远距离截击入侵轰炸机。

动力装置为装2台Д－15型涡轮喷气发动机，静推力为2×8700公斤，加力推力2×12250公斤。发动机安装在垂尾两侧，进气口前缘是环形的，并可调节使之与短舱内壁形成环形缝以增加进气量。喷管整流罩里有一收敛扩散段，可增加推力和航程。

主要设备有：轰炸型飞机在机头装有轰炸领航雷达，尾部有预警雷达，有的飞机还装有干扰用的金属屑撒布器和轰炸判定照相机。

主要武器：机身中部的弹舱内可挂常规炸弹3－5吨或挂每颗重2000公斤的244H核弹，亦可半埋式地挂一枚AS－4"厨房"式空对地导弹。尾部炮塔装一门自卫用的30毫米机炮。

该机翼展27.70米，机长40.53米，机高10.67，机翼面积188.5米^2，后掠角（外段）45°、（内段）50°、展弦比4.1。空重34000公斤，总重75000公斤，最大起飞重量83900公斤，载弹量5－9吨，燃油量35－40吨。最大速度（高度12200）M1.5/1593公里/小时，巡航速度（高度12200米）M0.9/956公里/小时，实用升限18300米，海平面爬升率102米/秒，最大航程5500公里，起飞滑跑距离1500米，着陆滑跑距离2100米，活动半径约2200公里，续航时间7小时30分，起飞速度360公里/小时，着陆速度230公里/小时，允许速压约3900－4860公斤/米^2。

图10－38　图－22中型轰炸机（"眼罩"）

【图－22M中型轰炸机（"逆火"）】　苏联图波列夫设计局研制的变后掠翼中型轰炸机。1964年左右开始设计，1969年首次试飞，1974年开始服役。该机型号有：A型，原型机，每侧翼根后缘有一个起落架舱，现已停产；B型，改进型，翼下起落架舱整流罩比A型要小，翼展加长，增加了空中加油设备，性能比A型有较大提

高；C型，新改型，进气道调节板改为垂直方向，发动机经过了改进，机身加长并更加流线型，航程增大，飞行速度有所提高。苏还拟将图－22M改装成AS－15空射巡航导弹载机。乘员4人。动力装置为HK－144双转子涡轮风扇式发动机，推力2×13000公斤（加力21000公斤）。最大速度M1.7－1.8（高空）、M0.85（海平面）。巡航时速870公里（M0.82）。实用升限15240米。最大爬高率75米/秒（海平面）。最大航程5700公里（不空中加油）。作战半径2000－2500公里。续航时间4小时30分。载油量55000公斤，载弹量7500公斤（正常），10000公斤（最大）。最大起飞重量122500公斤。武器装备1门ГШ－23航炮，弹舱内可挂1枚90000公斤核弹，或15枚500公斤炸弹，腹下可挂1枚AS－4，或翼下2枚AS－6空对地导弹。特种设备轰炸导航雷达，护尾与火控雷达，地形回避雷达，多普勒导航计算系统、惯导系统，通信密话装置，电子干扰设备等。翼展34.5米（20°），26.21米（55°），机长40.23米，机高10.06米，翼面积168米^2（20°），134.5米^2（55°）。起飞滑跑距离1525米。

【图－95巡航导弹载机（"熊"H）】　苏联图波列夫设计局研制的导弹载机。该机于1981年开始生产，专门作为AS－15空射巡航导弹载机。乘员7－8人。动力装置为HK－12MB涡轮螺旋桨式，4×14795马力。最大时速885公里（M0.83，高度12000米）。巡航时速605公里（经济巡航），实用升限15000米。最大航程12550公里。作战半径5795公里（挂4枚AS－15巡航导弹）。载油量84000公斤。载弹量10000－25000公斤。空重90000公斤。最大起飞重量190000公斤。武器装备：机身尾部和后机身上部各有一座炮塔，各装2门23毫米航炮，可挂6枚－12枚AS－15远程空射巡航导弹。特种设备多功能导航攻击雷达，电子干扰设备，远距通信设备等。翼展51.05米，机长50.14米，机高12.15米，翼面积310.50米^2。起飞滑跑距离1800米，着陆滑跑距离1000米。

【米格－27歼击轰炸机（"鞭打者"D／J）】　是由米格－23歼击机派生的变后掠翼歼击轰炸机。原型机于1970年首次试飞，生产型于1972年开始交付部队。该机最初编号为米格－23Б，由于与米格－23差别比较大，后来被赋予新的编号米格－27。米格－27的机翼和尾翼与米格

—23 的基本相同，对机身进行了重新设计，为改善座舱向前向下的视界，机头缩短，并改为鸭咀形，座舱盖加高，风档倾角减少，座舱两侧加装了 10 厘米厚的防弹钢板，风档改装防弹玻璃。由于发动机采用短加力燃烧室，后机身缩短了 40 厘米。为使飞机适于在粗糙简单的野战机场上起落，主起落架改为大尺寸的低压轮胎。为增加航程，在垂尾内也设油箱。米格—27 的作战方式以低空高亚音速突入为主，飞机的高空最大速度仅为 M1.7。

动力装置为 1 台 Р—29Б 涡轮喷气发动机，最大推力 8000 公斤，加力推力 11500 公斤。在超载起飞时，后机身两侧可装起飞助推火箭。

主要设备：按对地攻击要求改装机载设备，取消了机头的主要用于空对空作战的火控雷达，加装了地形跟踪雷达、激光测距器、ДИСС—7 多卜勒导航雷达和 РБ—5Р 无线电高度表，并加强了电子对抗设备。其他主要设备还有 РСИУ—5Т 通信电台、АРК—5 无线电罗盘、МРП—56Р 无线电信标接收机、СР—30—2 敌我识别器、СОД—57М 雷达应答器、С—3М 雷达警告装置、РСБН—60 近距导航系统等。

主要武器：1 门 23 毫米 ГШ—23 双管机炮，共有 7 个挂架：机身下 3 个，固定翼下 2 个，活动翼下 2 个。活动翼下的挂点只能挂副油箱，挂副油箱时机翼不能改变后掠角，投掉油箱时需把挂架一起投掉。机身中心线挂架上也可以挂 1 个副油箱。在用于远程攻击时米格—27 可挂 3 个 800 升副油箱。其他挂点可挂火箭弹、各种炸弹、空对地导弹以及自卫用的 AA—2"环礁"空对空导弹等。最大载弹量 3000 公斤。

翼展 14 米（后掠 18°40′）、7.7 米（后掠 74°40′），机长 15.7 米（不计空速管），机高 4.82 米，机翼面积 34.16 米²、后掠角 18°40′／47°40′／74°40′，展弦比 1.48—5.26，主轮距 2.86 米，前主轮距 5.81 米，空重 10700 公斤，正常起飞重量 15570 公斤、17750 公斤（挂 3 个副油箱），最大起飞重量 20750 公斤，正常着陆重量 11800 公斤，最大应急着陆重量 15200 公斤，载油量 4480 公斤（机内）、6470 公斤（带 3 个副油箱）。最大速度（高度 12000 米）M1.7／1800 公里／小时，低空最大速度 1350 公里／小时，实用升限 17000 米、（带 3000 公斤炸弹）15000 米，海平面爬升率 200 米／秒，作战半径 250—600 公里（低空）、830 公里（高—低—高作战剖面），航程 2000 公里、（带副油箱）2780 公里，起飞滑跑距

离 780 米，着陆速度 250 公里／小时，着陆滑跑距离 800—850 米、（不用减速伞）1100 米。

图 10—39　米格—27 歼击轰炸机（"鞭打者"D／J）

【苏—7 歼击轰炸机（"装配匠"A）】　苏联苏霍伊设计局研制的轻型歼击轰炸机。1953 年原作为截击／制空歼击机开始设计，1955 年首次试飞，1958 年作为歼击轰炸机投入批生产，1959 年开始装备部队，成为苏联前线航空兵的标准歼击轰炸机。

动力装置为 1 台 Ал—7ф—1 涡喷发动机，加力推力 10000 公斤。主要设备：СРД—5М 测距雷达、АСН—5НД 瞄准具等。武器：2 门 30 毫米机炮，各备弹 70 发，4 个翼下挂架可挂火箭弹和炸弹，最大载弹量 1500 公斤。

翼展 8.93 米，机长（含空速管）17.37 米，机高 4.57 米，机翼面积 34 米²，后掠角（1／4 弦线）60°、展弦比 2.54，主轮距 3.83 米，前主轮距 5.10 米。空重 8620 公斤，正常总重 12000 公斤，最大起飞重量 13500 公斤，载油量（含副油箱）4130 公斤，最大着陆重量 9450 公斤。最大速度 M1.6／1700 公里／小时（高度 11000 米，无外挂）、M1.2／1270 公里／小时（高度 11000 米，带外挂），实用升限 15150 米，海平面最大爬升率 150 米／秒，最大航程 1050 公里，作战半径 320—480 公里，起飞滑跑距离 1300 米，着陆滑跑距离 1200 米。

【苏—7Б 歼击轰炸机（"装配匠"A）】　苏联苏霍伊设计局研制的轻型歼击轰炸机。1955 年首次试飞，1958 年开始服役。低空投弹性能较好，主要作为战术攻击轰炸机，如不挂弹也可执行截击任务。苏—7 还有双座教练型、苏—7М 型（1964 年以后生产的）等型别，但性能上变化不大。乘员 1 人。动力装置为 АЛ—7ф—1—100 涡轮喷气式发动机，推力 1×6800 公斤（加力 9600 公斤）。最大时速 2230 公里（高度 13000 米，无外挂），1200 公里（海平面）。巡航时速 950 公里（高度 12000 米），M0.9。实用升限 19500 米（无

外挂，开加力）。爬高率 130-140 米／秒。航程 1380 公里（载弹 1000 公斤，带 2 个副油箱）、480 公里（载弹 2000 公斤）。作战半径 300 公里（低空，带 2 个副油箱）、560 公里（高空，带 2 个副油箱）。续航时间 1 小时 48 分（载弹 1000 公斤，带 2 个副油箱）。载油量 2760 公斤（副油箱 2×640 升），载弹量 2000 公斤或小型原子弹（当量 1000-75000 吨级）。空重 8620 公斤。正常起飞重量 12000 公斤，最大起飞重量 13500 公斤。武器装备 2 门 30 毫米航炮（弹共 130 发）、2-4 个火箭筒（每筒 16 枚 57 毫米火箭）或 2 枚空空导弹，或炸弹。翼展 9.3 米，机长 16.61 米，机高 5.16 米，翼面积 34 米^2，起飞滑跑距离 1300 米，着陆滑跑距离 1200 米（用一个减速伞 900 米）。

【苏-17／20／22 歼击轰炸机（"装配匠"）】 苏联苏霍伊设计局研制的变后掠翼歼击轰炸机。

"装配匠"F 是在 D 型基础上设备简化的出口型，即苏-22，1977 年开始向秘鲁出口，1980 年援助给越南；"装配匠"J 也是苏-22 出口型，1981 年美国海军发现利比亚空军装备了这种飞机，该机与 H 型基本相似，背鳍和进气道都进行了改进，可挂 AA-2 空对空导弹。乘员 1 名，动力装置为 P-29БС-300 涡轮喷气式发动机，推力 1×8000 公斤（加力 11500 公斤）。最大速度 M2.17（高空）、M1.05（海平面）。实用升限 16700 米。最大爬高率 192 米／秒。最大航程（带弹 1000 公斤、2×600 升副油箱时）1210 公里（低空）、2075 公里（高空）。作战半径（带弹 1000 公斤、2×600 升副油箱时）400 公里（低空）、700 公里（高空）。载油量 4868 升+2×600 升和 2×1150 升副油箱。载弹量 4000 公斤。空重 10363 公斤。正常起飞重量 14900 公斤，最大起飞重量 18500 公斤。武器装备：2 门 30 毫米航炮（备弹 2×80 发），8 个挂架，可挂 100、250、500 公斤炸弹，或火箭筒、火箭，或空对地战术导弹，或 4 枚 P-3C 或格斗型空对空导弹。特种设备雷达测距器，激光测距器、敌我识别、雷达警戒系统、"塔康"战术导航系统等。翼展 13.656 米（30°）、10.04 米（63°），机长 18.907 米（含空速管）。机高 4.856 米，翼面积 38.49 米^2（30°）、34.5 米^2（63°）。起飞滑跑距离 800 米，着陆滑跑距离 850 米（用伞）。

【雅克-28 轻型轰炸机（"阴谋家"）】 苏联雅克福列夫设计局研制的轻型轰炸机。该机于 1954 年设计。1959 年试飞，1960 年起装备部队。

它有下列型别："阴谋家"A／B／C 是轻型轰炸机；"阴谋家"D 是侦察型；"阴谋家"E 是电子干扰型。乘员 2 人。动力装置 P-11Ф-300 涡轮喷气式发动机，推力 2×4000 公斤（加力 5650 公斤），最大时速 1690 公里（高度 11000 米），M1.6。巡航时速 930 公里（高度 11000 米），实用升限 17000 米，最初爬高率 141.67 米／分。航程 2000 公里，2300 公里（带副油箱）、活动半径 800-900 公里（高空）、515 公里（低空）。载油量 3400 公斤+2×200 升副油箱。载弹量 1000-3000 公斤。最大起飞重量 20000 公斤。武器装备 1 门 30 毫米航炮，炸弹或 1 枚小型核弹（当量 10 万吨级）。特种设备 2 种轰炸瞄准雷达：① ЛСБН-М 型（适用高度 900-13000 米，最大搜索距离 100 公里）；② РБЛ-4 型（适用高度 3000-15000 米，最大搜索距离 180 公里）。翼展 12.5 米，机长 21.65 米，机高 3.95 米，翼面积 37 米^2。起飞滑跑距离 1000 米，着陆滑跑距离 1400 米。

图 10-40 雅克-28 轻型轰炸机（"阴谋家"）

【米亚-4 重型轰炸机（"野牛"）】 苏联研制的重型轰炸机。该机于 1951 年开始设计，1953 年夏首次试飞，1957 年开始服役。主要有 3 种型别：A 型为轰炸型（苏称 3M），现已大部分改装为空中加油机；B 型为海上侦察型（苏称 103M；C 型为海上侦察反潜型（苏称 201M）、C 型同前已退出现役。乘员 9-10 人。动力装置为 AM-3Д 涡轮喷气式，推力 4×8700 公斤（B／C 型为 Д-15，13000 公斤）。最大时速 1060 公里（高度 8000 米）。巡航时速 835 公里（高度 10000 米）。实用升限 14600 米（A 型重量 140 吨）。最高爬高率 900 米／分（用 AM-3Д 发动机）、1500 米／分（用 Д-15 发动机）。最大航程 8000 公里（弹舱部分改装油箱）、5500 公里（载弹 9 吨，载油 65 吨）。作战半径 2200—3200 公里。续航时间 11 小时 30 分。载油量 70000 公斤。载弹量 4500—90000 公斤（最大 12000 公斤）。空重 75000 公斤。正常起飞重量 140000 公斤。最大起飞重量 165000 公斤。武器装备共 5 座炮塔 10 门 23 毫米航炮（103M 和 201M 为 6 门航炮），弹舱可带炸弹、鱼雷、水雷，机腹下可挂 1 枚 AS—2 空对地导弹。特种设备 РБЛ—6 雷达，搜索距离 150—200 公里；备有远距通信电台。翼展 50.48 米（A 型），51.82 米（C 型），机长 47.20 米（A 型），49.38 米（C 型），机高 11.3 米，翼面积 380 米^2。起飞滑跑距离 1550 米，着陆滑跑距离 1500 米。

图 10—41　米亚—4 重型轰炸机（"野牛"）

【索普威思一个半支柱式轰炸机】　英国 1916 年制造。动力为克莱热气缸旋转式发动机，100 马力。最大速度 106 英里／小时。升限 17000 英尺，续航时间 4.5 小时。可载 1 挺刘易斯式机枪和 1 挺维克斯式机枪，12 枚小型炸弹。兼有歼击机和轻型轰炸机两种用途。

【汉莱·培基 0／100 型轰炸机】　英国 1916 年制造。动力为 2 台罗尔斯·罗伊斯鹰 II 型直列式发动机，每台 250 马力。最大速度 85 英里／小时。升限约为 8500 英尺，航程 700 英里。最多可带 4 挺刘易斯式机枪和 1800 磅炸弹。

【布莱克本的巴芬式舰载轰炸机】　英国 1934 年制造。可载 1765 磅鱼雷或载弹 2000 磅，2 挺 0.303 英寸机枪。速度 136 英里／小时，航程 450 英里。

【费尔雷的旗鱼式舰载轰炸机】　英国 1936 年制造。可载 1610 磅鱼雷或载弹 1500 磅，2 挺 0.303 英寸机枪。速度 139 英里／小时，航程 1030 英里。

【阿姆斯特朗·惠特沃思的惠特利式轰炸机】　英国制造。1936 年首次订购。动力为 2 台阿姆斯特—西德利的虎 VIII 型发动机，860 马力。最大载荷航程 1500 公里。乘员 5 人。

【布里斯托尔的布伦海姆 I 型轰炸机】　英国制造。1936 年首次订购。动力为 2 台布里斯托尔的水星 VIII 型发动机，840 马力。最大载荷航程 1090 公里。乘员 3 人。

【汉莱—培基的汉普登式轰炸机】　英国制造。1936 年首次订购。动力为 2 台布里斯托尔的飞马 XVIII 型发动机，1000 马力。最大载荷航程 1460 公里。乘员 4 人。

【维克斯的惠灵顿式 I 型轰炸机】　英国制造。1936 年首次订购。动力为 2 台布里斯托尔的飞马 XVIII 型发动机，1000 马力。最大载荷航程 1600 公里。乘员 6 人。

【布莱克本的大欧式舰载轰炸机】　英国 1938 年制造。可载弹 500 磅，4 挺 0.303 英寸机枪。速度 225 英里／小时，航程 760 英里。作为俯冲轰炸机使用。

【维克斯的惠灵顿式轰炸机】　英国 40 年代制造。最大载弹量 6000 磅。最大航程 1325 英里。

【肖特的斯特式轰炸机】　英国 40 年代制造。最大载弹量 14000 磅。最大航程 1930 英里。

【汉莱—培基的哈利法克斯式轰炸机】　英国 40 年代制造。最大载弹量 13000 磅。最大航程 1030 英里。

【阿弗罗的兰开斯特式轰炸机】　英国 40 年代制造。最大载弹量 22000 磅。最大航程 1660 英里。

【D.H.蚊式轰炸机】　英国 40 年代制造。最大载弹量 4000 磅。最大航程 1370 英里。

【瓦赞 3 型轰炸机！】　法国 1916 年制造。动力为康东——于内水冷星型发动机，120 马力。最大速度 70 英里／小时，升限 11,000 英尺，航程 125 英里。可载 1 挺霍奇基斯式机枪，以及 124 磅炸弹。作为轰炸机使用。

【阿米奥 143Bn4／5 型轰炸机！】　法国制造。1934 年首次订购。动力为 2 台格诺姆—罗纳 14 型发动机，870 马力。最大载荷航程 640 英里。乘员 5—7 人。

【卢瓦尔—纽波特 41 型舰载轰炸机！】　1937 年法国制造。可载弹 496 磅，3 挺 7.5 毫米机枪。速度 162 英里／小时，航程 745 英里。作为俯冲轰炸机使用。

【利奥雷—奥利维 eO—451 型轰炸机！】　法国制造。1937 首次订购。动力为 2 台格诺姆—罗纳 14N48148 型发动机。最大载荷航程 1530 英里。乘员 4 人。

【"幻影"Ⅳ轰炸机】 法国达索飞机公司研制的双座超音速轰炸机。主要用于投掷核武器。"幻影"Ⅲ的基础上放大外形尺寸,并将 1 台发动机换装 2 台发动机而研制成的。原型机于 1959 年 6 月试飞。实用型于 1963 年 1 月试飞,1964 年底交付法国空军使用,共生产 62 架,其中有 12 架改成侦察型。"幻影"Ⅳ采用三角形中单翼、无平尾、大后掠垂尾、后机身中 2 台发动机的布局,是一种小型的廉价超音速战略轰炸机,其弱点是航短程,载弹量不足。

动力装置为装 2 台"阿塔"9K 涡喷发动机,最大推力为 2×4700 公斤,加力推力 2×7000 公斤。主要设备有:CSF 雷达,多普勒雷达及计算机、电子对抗设备和自动驾驶仪。武器:可带 1 枚50000 吨级的核弹,或 16 枚 454 公斤炸弹,或 4枚 AS-37"马尔特"空对地导弹,正常载弹量 6.4吨。

该机翼展 11.85 米,机长 23.50 米,机高 5.65米。空重 14500 公斤,正常起飞重量 31600 公斤,最大起飞重量 33500 公斤。最大速度(高度11000 米)M2.2/2337 公里/小时,高空作战速度 M1.8,巡航速度(高度 12200 米)M0.9/960公里/小时,实用升限 20000 米,航程 3700 公里,作战半径 1250-1600 公里。

图 10-42 "幻影"Ⅳ轰炸机

【布莱里奥飞机】 20 世纪初法国生产的飞机。1909 年的飞行纪录(布莱里奥 ⅩⅡ 型)是:速度为 47.85 英里/小时,航程为 145.59 公里,高度为 1486 英尺。1911 年 10 月意大利用这种飞机对土耳其阵地进行轰炸。这是历史上第一次空中轰炸。

【戈塔 GⅢ 型轰炸机】 1916 年德国制造。动力为 2 台默尔策德斯 DIVa 直列式发动机,每台 260 马力。最大速度 92.5 英里/小时。升限20500 英尺,航程 500 英里。可载 2 挺帕拉贝吕姆式机枪,1000 磅炸弹。

【AEGGⅣ 型轰炸机】 1916 年德国制造。动力为 2 台默尔策德斯 DIVa 直列式发动机,

每台 260 马力。最大速度 103 英里/小时。升限14760 英尺,续航时间 4-5 小时。可载 2 挺帕拉贝吕姆式机枪,880 磅炸弹。

【亨克尔 He111H 型轰炸机】 德国制造。1936 年首次订购。动力为 2 台容克斯的尤莫211F 型发动机,1140 马力。最大载荷航程 1311英里。乘员 5 人。

【道尼尔 Do17I 型轰炸机】 德国制造。1936 年首次订购。动力为 2 台布拉莫 323 型发动机,1000 马力。最大载荷航程 745 英里。乘员4-5 人。

【容克斯 Ju87B 型轰炸机】 德国制造。1936 年首次订购。动力为 1 台容克斯的尤莫 211D型发动机,1100 马力。最大载荷航程 342 英里。乘员 2 人。

【容克斯 Ju88A 型轰炸机】 德国制造。1937 年首次订购。动力为 2 台容克斯的尤莫211B1 型发动机,1210 马力。最大载荷航程 2546英里。乘员 4 名。

【亨克尔 He111 轰炸机】 德国 40 年代制造。最大载弹量 5510 磅。最大航程 1740 英里。

【道尼尔 DO217 轰炸机】 德国 40 年代制造。最大载弹量 5150 磅。最大航程 1500 公里。

【Ju88A-6 轰炸机】 德国 40 年代制造。最大载弹量 5720 磅。最大航程 1696 英里。

【亨克尔 He177 轰炸机】 德国 40 年代制造。最大载弹量 14400 磅。最大航程 2795 英里。

【福克—武尔夫 FW-200 轰炸机】 德国 40 年代制造。最大载弹量 4626 磅。最大航程2760 英里。

【卡普罗尼 Ca33 型轰炸机】 意大利1916 年制造。动力为 3 台伊索塔-弗拉斯基尼V4B 直列式发动机,每台 150 马力。最大速度 85英里/小时。升限 13400 英尺,续航时间 3.5 小时。最多可装 4 挺雷韦利式机枪,1000 磅炸弹。

【萨沃亚—马尔凯蒂 SM-79 鹞鹰式轰炸机】 意大利制造。1936 首次订购。动力为 3 台阿尔法-罗密欧 126RC34 型发动机,780 马力。最大载荷航程 1000 英里。乘员 4-5 人。

【菲亚特 BR-20 奇科尼亚式轰炸机】意大利制造。1936 年首次订购。动力为 2 台菲亚特 A80RC-41 型发动机,1030 马力(起飞时)。最大载荷航程 1150 英里。乘员 6 人。

【萨沃亚—马尔凯蒂 SM-79 轰炸机】

意大利 40 年代制造。最大载弹量 2750 磅。最大航程 1243 英里。

【菲亚特 BR-20 轰炸机】 意大利 40 年代制造。最大载弹量 3520 磅。最大航程 1860 英里。

【皮亚焦 P-108B 轰炸机】 意大利 40 年代制造。最大载弹量 7716 磅。最大航程 1550 英里。

【"幼狮"战斗轰炸机】 以色列飞机工业公司研制的战斗轰炸机。用于执行空战和对地攻击任务。1969 年开始设计，1972 年"幼狮"的前身"鹰"开始交付以色列空军使用，1974 年"幼狮"的第一个批生产型别 C.1 开始生产。1975 年交付部队使用。该机是在法国的战斗轰炸机"幼影"5 的机体上装美国 F-4E 战斗机的发动机（J79-GE-17）而成的一种"杂交"式战斗机。由于发动机推力增加了 30%，大大改进了飞机的作战能力。对机身进行重新设计，机内总体布局也重新作了安排，增加了机内油箱，重新设计了座舱，加装了以色列制造的电子设备，外挂以色列制造的空对空导弹。"幼狮"的型别有：C.1 型，第一种批生产型，1974 年投产，以色列空军装备了 50 架，作教练机使用；C.2 型，主要批生产型，以空军大约装备了 150 架左右，C.2 型于 1974 年开始批生产，与 C.1 型不同之处是在发动机进气口后上方装了后掠的鸭式前翼，机头雷达罩两侧装了小边条，在机翼半翼展 40% 左右处增加锯齿前缘，对座舱做了重新安排。这些变化改进了操纵性，减小了起落滑跑距离，降低了低空飞行的阵风效应，增加了飞机的机动性；C.2 型的双座型，机头加长 84 厘米以增加第二个座椅，并增加了一些设备；C.7 型，C.2 的发展型，装 J79-J1E 发动机、新的 WDNS341 导航／攻击系统、数字式计算机和座舱综合显示系统。下述情况和数据是 C.2 型的。

动力装置为 1 台 J79-GE-17 涡喷发动机，最大推力 5385 公斤，加力推力 8，120 公斤。主要设备有：MBT 双计算机飞行控制系统，自动驾驶仪，雷达高度表，EIbitS-8600 多工作方式导航和武器投放系统，大气数据计算机，塔康系统，EIta EL／M-2001B 或 EL／M-2021X 波段空对空、空对地脉冲多普勒雷达，平示显示器和自动炮瞄装置等。武器：2 门 30 毫米"德发"机炮（备弹 250 发），7 个外挂点（机身下 3 个，每侧翼下 2 个）。执行截击任务时挂 2-4 枚"谢里夫"红外空对空导弹；执行对地攻击任务时，可挂 2 颗 454 公斤和 4 颗 227 公斤炸弹，还可挂火箭弹、"百舌鸟"或"幼畜"空对地导弹、电子干扰舱或副油箱等。

该机翼展 8.22 米，机长 15.55 米，机高 4.25 米，机翼面积 34.85 米², 展弦比 1.94，前翼翼展 3.9 米，前翼面积 1.7 米², 主轮距 3.15 米，前主轮距 4.87 米。空重 7390 公斤，起飞重量 10900-14700 公斤，燃油量 3240 升+3×500 升。最大速度 M2.29／2430 公里／小时（高度 12000 米）、M1.12／1370 公里／小时（海平面），海平面爬升率 240 米／秒，作战升限 17700 米，爬升时间（到 11000 米高度）1 分 45 秒，航程（带副油箱）3700 公里，作战半径 370 公里（截击）、520-770 公里（对地攻击），起飞滑跑距离 760 米，着陆滑跑距离 460 米。

【三菱 B1M 型舰载轰炸机】 日本 1923 年制造。可载 1 枚 18 英寸鱼雷或载弹 1070 磅，2 挺 7.7 毫米机枪。速度 127 英里／小时，航程 230 英里。作为鱼雷轰炸机使用。

【爱知 D1A 型舰载轰炸机】 日本 1934 年制造。可载弹 682 磅，2 挺 7.7 毫米机枪。速度 174 英里／小时，航程 659 英里。作为俯冲轰炸机使用。

【三菱 Ki-21 陆军突击式轰炸机】 日本制造。1936 年首次订购。动力为 2 台中岛 Ha-5 型发动机，1900 马力。最大载荷航程 1670 英里。乘员 7 人。

【三菱海军 96 式 G3M 内尔式轰炸机】 日本制造。1936 年首次订购。动力为 2 台三菱的近世 42 型发动机，1000 马力（起飞时）。最大载荷航程 2900 英里。乘员 7 人。

【中岛 B5N2 型舰载轰炸机】 日本 1937 年制造。可载 1 枚 18 英寸鱼雷或载弹 1765 磅，4 挺 7.7 毫米机枪。速度 235 英里／小时，航程 609 英里。作为鱼雷轰炸机使用。

【爱知 D3A 型舰载轰炸机】 日本 1938 年制造。可载弹 814 磅，3 挺 7.7 毫米机枪。速度 242 英里／小时，航程 1131 英里。作为俯冲轰炸机使用。

【HF-24MK.1 战斗轰炸机（"风神"）】 是印度斯坦航空公司为印度空军研制的单座战斗轰炸机，也是印度国内研制的第一种超音速战斗机。第一架原型机于 1961 年 6 月试飞，第二架原型机于 1962 年 10 月试飞。18 架预生产型的第一架于 1963 年 3 月首次飞行。1964 年 5 月 2 日 2 架预生产型交付印度空军，之后又交付了 12 架，其余 4

架用于试飞与发展计划。其中有一架在 1966 后用于改装带加力的"奥菲斯"703 发动机的试验。

第一架生产型的 HF-24 于 1967 年 11 月首次试飞。1977 年停产，共制造 129 架 HF-24MK1。

该机动力装置为 2 台印度斯坦航空公司仿制的罗尔斯·罗伊斯公司（布里斯托尔分公司）的"奥菲斯"703 涡轮喷气发动机，并排装在后机身里，推力 2×2200 公斤。机载设备有标准设备，包括本迪克斯公司的 DFA-73 系统，本迪克斯公司的带 20 个预调频道的 TA／RA228 其高频通信电台，费伦第公司的 F124 综合攻击和截击瞄准系统及 BATMK·10 敌我识别器。另外还可增加警戒系统和双工无线电通讯系统。武器有，机头装 4 门 30 毫米"阿登"MK.2 机炮（每门备弹 120 发），在前起落架后边的下机身处可装收放式"玛特拉"103 火箭发射器，其中带 50 枚 68 毫米 SNEB 空对空火箭弹。在翼下可托 454 公斤炸弹，凝固汽油弹，116 型 SNEB 火箭发射器，T.10 空对地集束火箭弹，副油箱等。

该机翼展 9.00 米，展弦比 2.90 米，机长 15.87 米，机高 3.60 米，机翼面积 28.00 米²。空重 6195 公斤，起飞重量（无外挂，带腹部副油箱）10908 公斤，最大翼载 390 公斤／米²，推重比（起飞重量 8951 公斤，无外挂）0.49。最大平飞速度（12000 米高度）M1.02，最大允许速度（海平面，表速）1112 公里／小时，失速速度（起飞重量 8951 公斤）256 公里／小时，正常着陆速度 268 公里／小时，起飞滑跑距离（海平面）850 米。

【B-5 轰炸机】 中国生产的轻型轰炸机。用以执行战术轰炸任务和作为海军的鱼雷攻击飞机使用。

B-5 具有良好的操纵性和维护性，且结构简单，造价低，使用寿命长，是具有一定作战能力的战术轰炸机。

动力装置 2 台 WP-5 无加力涡轮喷气发动机，最大推力 2×2700 公斤。

该机长 17.77 米，翼展 21.45 米，机高 6.2 米。正常起飞重量 18400 公斤（最大 23200 公斤），正常载油量 4800 公斤（最大 6600 公斤），最大载弹量 3000 公斤。最大速度（高度 5500 米）900 公里／小时，实用升限 12500 米，最大航程（高度 10000 米）2400 公里，最大续航时间 4 小时 15 分。

【B-6 轰炸机】 中国生产的一种中程亚音速轰炸机。可以载普通炸弹和空对地导弹执行战略轰炸任务。

动力装置为装 2 台 WP-8 无加力涡喷发动机，额定推力为 2×7650 公斤，最大推力 2×9500 公斤。

该机机长 34.8 米，机高 10.208 米，翼展 32.989 米，翼面积 164.65 米²。空重 37700 公斤，正常起飞重量 72000 公斤（最大 75000 公斤），正常载弹量 3000 公斤（最大 9000 公斤），正常载油量 31050 公斤（最大 34360 公斤）。最大平飞速度（高度 6250 米）1014 公里／小时，巡航速度（高度 11000 米）796 公里／小时，实用升限 13100 米，最大航程 5760 公里，最大爬升率（海平面，起飞重量 72000 公斤）16.1 米／秒，作战半径 2600 公里。

图 10-43　B-6 轰炸机

3、运输机

【AC-47 武装运输机】　美国制造。AC-47 是 1946 年由 C-47 改装而成。该型机通常在夜间活动。动力装置为 R-1830-92C 活塞式，推力 2×1200 马力。最大时速 350-368 公里，巡航时速 240-285 公里。实用升限 7400 米。最初爬高率 356 米／分。最大航程 2500-4900 公里，活动半径 1100-2300 公里。续航时间约 19 小时 24 分（最大）。载油量 3100 公升。武器装备有 3 挺 7.62 毫米机枪（机身左侧），特种设备有被动式夜视仪，照明弹。翼展 28.90 米，机长 19.63 米，机高 5.15 米。

【AC-119G 武装运输机（"影子"）】　美国制造。该机由 C-119G 改装而成。AC-119K 除装 C 型的全套设备外，还增装 2 门 20 毫米炮（位于 4 挺机枪两侧）、APN-147"多普勒"导航雷达、AAD-4 前视红外夜视仪、APQ-133 侧视雷达等，另在机翼下加装了 2 台 J85-17 喷气发动机（每台推力 1290 公斤）。从加装设备看，近似美空军的 AC-119G 型机。乘员 10 人。动力装置为 R-3350-89W 活塞式，推力 2×3500 马力。最大时速 474 公里，实用升限 7600 米，最初爬高率 230 米／分，最大航程 3680 公里。载油量 9930 公升。武器装备有 4 挺 7.62 毫米机枪（机身左侧，每挺弹 3000 发），特种设备有 APR-25 或 26 警戒系统，夜视仪和照明灯（机翼前方左侧），照明弹投放器（机身后部右侧），射击瞄准具，模拟式计算机（用于火力控制），防弹钢板和供电设备等。翼展 33.32 米，机长 26.38 米，机高 8 米。

【AC-130E 武装运输机（"大力士"）】　美国制造。该机系在 C-130E 基础上加装一些特种设备（主要是夜视设备）和武器而成的，主要执行夜间对地面攻击任务。动力装置为 T56-A-7A 涡轮螺旋桨式，推力 4×4050 马力，另加助推器 8×454 公斤。最大时速 618 公里，巡航时速 547-592 公里。实用升限 7010 米，最初爬高率 558 米／分。最大航程 7560 公里。续航时间约 14 小时。载油量 26344 公升（带 2 个副油箱，36636 公升）。武器装备 4 挺 7.62 毫米机枪（机身左

侧），4 门 20 毫米炮。特种设备有夜视设备（包括 AAD-4 前视红外夜视仪、ASQ-145 微光电视摄相机、AVQ-18 激光测距／照射器），APN-59 搜索雷达系统（包括 APN-59 雷达、ASQ-14 压力供给系统），APQ-133 侧视雷达，ARN-21"塔康"导航系统、ARN-14"伏尔"系统、ARN-92"罗兰"导航系统、APN-147"多普勒"雷达、CP-622／ASN-35"多普勒"计算机、ARA-25 超高频定向机、ARA-26 遇难信号器。翼展 40.41 米，机长 29.78 米，机高 11.66 米。

【C-1A 舰载运输机（"商船"）】　美国洛克希德公司研制的军用运输机，由 S-2A 反潜机发展而成。1955 年 1 月首次试飞，不久装备美海军，乘员 2 人。动力装置为 R-1820-82 活塞式，推力 2×1525 马力。最大时速 467 公里，巡航时速 330-402 公里。最初爬高率 610 米／分。航程 1287 公里。装载量 9 人或载货 1589 公斤。翼展 22.14 米。机长 13.27 米。机高 5.06 米，全重 12258 公斤。

图 10-44　C-1A 舰载运输机（"商船"）

【C-2A 舰载运输机（"快轮"）】　美国洛克希德公司研制的军用运输机。由 E-2A 警戒机发展而成。1964 年 11 月首次试飞，1966 年装备美海军。乘员 2 人。动力装置 T56-A-8／8A 涡轮螺旋桨式，推力 2×4050 马力。最大时速 567 公

里。实用升限 8780 米，最初爬高率 710 米／分。航程 2660 公里。载油量 9175 或 10313 公升（最大 16747 或 17885 公升）装载量 39 名士兵，或 20 付担架及 4 名医务人员，或 4535 公斤货物。翼展 24.56 米。机长 17.27 米，机高 4.85 米。全重 24870 公斤。

【C-5A 重型运输机（"银河"）】 美国洛克希德公司研制的亚音速重型军用运输机。1963 年开始研制，1968 年 6 月原型机首次试飞，1970 年春开始交付部队。C-5A 主要用于运载坦克、导弹及其发射装置、架桥设备等大尺寸、大重量的武器装备，美国陆军师所配属的各类武器中有 97% 以上都能由 C-5A 运载。运兵时可载 350 名全付武装的士兵。C-5A 的载重能力高达 120 吨。

美国空军为保证战略机动力量，决定给 77 架 C-5A 换装新机翼。换装工作从 1982 年开始。同时还将生产 C-5B 新型机。

动力装置：4 台 TF39-GE-1 涡轮发动机，推力 4×18600 公斤。C-5B 为 4 台 TF39-GE-1C，推力 4×19500 公斤。主要设备：除按军用要求装有保证远程飞行的各种通信和导航无线电设备外，还装备 3 套德尔科惯性导航装置，该装置具有三重组合能力。专用设备有能检测和分析 800 多个试验点的多功能电子检测、分析和记录系统。C-5B 还将装备本迪克斯彩色气象雷达。

该机翼展 67.88 米，机长 75.54 米，机高 19.85 米，机翼面积 576 米^2，客舱门高×宽 1.83 米×0.91 米，离地高度 3.56 米，后货舱门（放下货桥）最大高度 3.93 米，最大宽度 5.79 米，机舱（不含驾驶舱）长 30.19 米（上舱）、36.91 米（下舱，不含货桥）、44.07 米（下舱、含货桥），货舱最大宽度 4.20 米（上舱前段）、3.96 米（上舱后段）、5.79 米（下舱），货舱最大高度 2.29 米（上舱）、4.11 米（下舱），货舱地板面积 122.30 米^2（上舱）、213.8 米^2（下舱，不含货桥）、货舱容积 227.40 米^3（上舱）、985 米^3（下舱）。使用空重（装设备）168000 公斤，最大起飞重量 362900 公斤，最大载重量 120000 公斤，最大载油量 150800 公斤，最大着陆重量 288400 公斤，最大无燃油重量 288000 公斤。最大巡航速度（高度 7620 米）890～910 公里／小时，经济巡航速度（高度 7620 米）833 公里／小时，海平面最大爬升率 8.75 米／秒，实用升限 10900 米，起飞滑跑距离（海平面、国际标准大气）2530 米，着陆滑跑距离（最大着陆重量、海平面、国际标准大气）725 米，最

大载重航程（余油 5% 或留空 30 分钟）4390 公里，最大油量航程（余油条件同上）11020 公里。

图 10-45　C-5A 重型运输机（"银河"）

【C-7A 效用运输机（"驯鹿"）】 美军装备的全天候短距起降效用运输机。原是加拿大制造，1959 年美向加购买了 159 架，装备美陆军命名为 CV-2。1967 年 1 月其中大部分转交给美空军，改名为 C-7。乘员 2 人。动力装置 R-2000-7M2 活塞式，2×1450 马力。最大时速 347 公里，巡航时速 293 公里。实用升限 7560 米，最初爬高率 413 米／分，最大航程 2103 公里，390 公里（最大载重），起飞滑跑距离 221 米，着陆滑跑距离 204 米，载油量 3137 公升，装载量 32 名武装士兵，或 26 名全副武装伞兵，或 22 名担架伤病员、4 名轻伤病员及 4 名医务人员，或 3000 公斤货物，翼展 29.15 米，机长 22.13 米，机高 9.70 米，全重 12928 公斤。

【C-9A 航空医疗运输机（"夜莺"）】 美国洛克希德公司研制的军用运输机。由 DC-9-30 型民航机改装而成，用于空运伤病员。乘员 2 人，动力装置 JT8D-9 涡轮风扇式，推力 2×6575 公斤。巡航时速 909 公里，最大航程 2775 公里。起飞跑道长度 2075 米，着陆跑道长度 1500 米。载油量 13925 公升。装载量 30-40 名担架伤病员，40 名轻伤员及 2 名护士，3 名航医技术员。翼展 28.47 米，机长 36.37 米，机高 8.38 米，全重 44450 公斤。

图 10-46　C-9A 航空医疗运输机（"夜莺"）

【C—46A 中型运输机（"突击"）】 美国洛克希德公司研制的中型运输机 1942 年装备部队，可担任空降，空投任务。乘员 4 人。动力装置 R—2800—51（或—75）活塞式，2×2000 马力。最大时速 420 公里，巡航时速 296 公里。实用升限 8300 米，最初爬高率 274 米／分。最大航程 4140 公里。续航时间 16 小时 30 分。装载量 50 名武装士兵，或 32—36 名伞兵，或 24 付担架，或 4630 公斤货物。翼展 33.00 米。机长 23.30 米，机高 6.65 米。全重 20450 公斤。

【C—47 轻型运输机（"空中列车"）】 美国研制的轻型运输机。由 DC—3 民航机改装而成。1942 年开始装备部队。用于战区内送送人员和物资。乘员 3—4 人，动力装置 R—1830—92 活塞式，2×1200 马力。最大时速 350 公里，巡航时速 240—285 公里。实用升限 7400 米，最初爬高率 356 米／分，最大航程 4900 公里（平常 2500 公里）。活动半径 2300 公里（平常 1100 公里）。续航时间约 19 小时 24 分（平常 8 小时）。载油量 2418 公斤，装载量 27 名武装士兵，或 24 名伞兵，或 18 付担架，或 2270 公斤货物：翼展 28.90 米。机长 19.63 米，机高 5.15 米。全重 14980 公斤。

【C—54 中型运输机（"空中霸王"）】 美国研制的中型运输机。由 DC—4 民航机改装而成，1942 年装备部队。稍加改装可用于空降，无空投装置。乘员 5—6 人。动力装置 R—2000—9 活塞式，4×1450 马力。最大时速 490 公里。巡航时速 382 公里。实用升限 8500—9150 米。最初爬高率 326 米／分。最大航程 4900 公里。活动半径 1960 公里。起飞距离 1800 米（至 15 米高度），着陆距离 817 米（自 15 米高度）。载油量约 11000 公斤。装载量 50 名士兵，或 36 付担架，或 14545 公斤货物。翼展 35.80 米。机长 28.60 米，机高 8.40 米。全重 37455 公斤。

【C—118A 中型运输机】 美国研制的中型运输机。由 DC—6A 民航机改装而成，1951 年开始装备美空军。美海军原代号为 R6D—1。乘员 5 人。动力装置 R—2800—52W 活塞式，4×1800 马力（最大 2500 马力）。最大时速 570 公里，巡航时速 350—480 公里。实用升限 7650 米，最初爬高率 326—374 米／分。最大航程 5850 公里（载重 10000 公斤）。活动半径 2950 公里（载重 10000 公斤）。起飞距离 1900 米（最大全重至 15 米高度），着陆距离 945 米（最大着陆重量，自 15 米

高度）。载没量 16300 公斤。装载量 76 名武装士兵，或 60 付担架，或 13608 公斤货物。翼展 35.80 米。机长 32.20 米，机高 8.66 米。全重 44130 公斤（最大 48530 公斤）。

【C—119F 中型运输机（"飞行车厢"）】 美国制造。1947 年 11 月首次试飞。乘员 5 人。动力装置 R—3350—85 活塞式，2×3500 马力。最大时速 430 公里，巡航时速 328 公里。实用升限 7300 米，最初爬高率 250 米／分。最大航程 4700 公里（载重 5400 公斤），810 公里（载重 13600 公斤）。续航时间 20 小时 21 分。装载量 62 名武装士兵，或 42—52 名伞兵，或 7300（标准）—13600（最大）公斤货物。翼展 33.32 米。机长 26.38 米，机高 8.00 米。全重 33050 公斤。

【C—119G 中型运输机（"飞行车厢"）】 美国制造。1953 年 5 月装备美空军。该型机主要用于战区内空运、空降与空投。乘员 4—5 人。动力装置 R—3350—89W 活塞式，2×3500 马力。最大时速 474 公里（高度 5185 米），巡航时速 320 公里。实用升限 7600 米，最初爬高率 230 米／分。最大航程 3680 公里。载油量 7720 公斤，装载量 62 名武装士兵，或 42—52 名伞兵，或 35 付担架及 4 名医务人员，或 12700 公斤货物。翼展 33.32 米。机长 26.38 米，机高 8.00 米。全重 33050 公斤（最大）。

【C—121C 中型运输机（"星座"）】 美国制造。1953 年 2 月首次试飞，1955 年 6 月交付美空军使用。该型机主要担任远航空运。无空降、空投设备。乘员 6 人。动力装置 R—3350—34 活塞式，推力 2×3250 公斤。最大时速 602 公里（高度 3000 米），巡航时速 380—410 公里（高度 3000 米）。实用升限 8400 米，最初爬高率 350—530 米／分。最大航程 6100 公里（载重 5000 公斤）。活动半径 2800 公里（载重 5000 公斤）。起飞滑跑距离 830—1130 米，着陆滑跑距离 800—880 米。载油量 23000 公斤。装载量 75 名士兵（最多 106 名），或 47 付担架和医务人员，或 14000 公斤（最大 18144 公斤）货物。翼展 37.49 米。机长 34.65 米，机高 7.65 米。全重 62145—65830 公斤。

【C—123B 中型运输机（"供应者"）】 美国制造。原型机于 1949 年 10 月首次试飞，1955 年 7 月开始装备美空军。乘员 2—4 人。动力装置 R—2800—99W 活塞式，2×2500 马力。最大时速 392 公里，巡航时速 260—304 公里。实用升限 7600 米，最初爬高率 420 米／分。航程 2250 公里

（载重 5000 公斤），活动半径 1000 公里以上（载重 5000 公斤）。续航时间 8—13 小时 30 分。载油量 7000 公斤。装载量 60 名武装士兵，或 50 付担架，或 1 门 155 毫米榴弹炮和 1 辆卡车，或 8100 公斤货物。翼展 33.53 米。机长 23.24 米，机高 10.39 米。全重 27240 公斤。

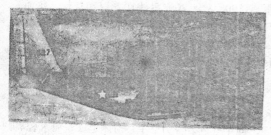

图 10—47　C—123B 中型运输机（"供应者"）

【C—124C 重型运输机（"环球霸王"）】
美国制造。由 C—124A 改进而成。主要用于美国本土与海外战区之间的远程空运。可装载中程弹道导弹等重型装备。乘员 5 人，动力装置 R—4360—63A 活塞式，4×3800 马力（喷水）。最大时速 476—520 公里，巡航时速 422 公里。实用升限 6730—9150 米，最初爬高率 244 米／分。航程 5760 公里（载重 18000 公斤），6448 公里（载重 11900 公斤）。载油量 32400 公斤。装载量 200—222 名士兵，或 127—148 付担架，或 33400 公斤货物。翼展 53.10 米。机长 39.77 米，机高 14.72 米。全重 83915 公斤（最大 86220 公斤）。

图 10—48　C—124C 重型运输机（"环球霸王"）

【C—130 运输机"大力士"】　　美国洛克希德公司研制的多用途战术运输机。1951 年开始设计，1954 年 8 月原型机首次试飞，1956 年 12 月生产型飞机交付空军使用。这种飞机可运送或空投军事人员和货物，返航时又能很快改装以撤运伤员。专门改型后，还可执行各种任务。基本型别有 C—130A、B、E、H；专用型别有 C—130C、D、F、K、M 等用于试验研究、南极空运、军援出口等；武装型有 AC—130、A、E、H 等；发射和控制靶的型别有 GC—130，DC—130A、E、H；电子监视空中指挥，控制和通信型有 EC—130、EC—130E 等；此外还有搜索救援和回收型、空中加油型、起落架改滑橇型、美国空军特种任务型、空中探测和侦察型、气象探测型、海上巡逻型、C—130WBC 和 C—130VLS 是公司提出的两项为满足 90 年代战术运输要求的 C—130H 的改型方案。

动力装置：（H 型）为 4 台艾利逊 T56—A—15 涡轮螺旋桨发动机，功率 4×4510 当量马力。

主要设备（H 型）AN／ARC—164 超高频通信设备、2 套 621A—6A 空中交通管制应答机、2 套 51RV—4B 甚高频导航设备、CMA771 欧米加导航、LTN—72 惯性导航设备等通信导航设备，以及 51Z—4 指点标接收机、RDR—7F 气象雷达、MK11 近地报警系统、AP—105V 自动驾驶仪、两套 FD—109 飞行指引仪等。

H 型的翼展 40.41 米，机长 29.79 米，机高 11.66 米，机翼面积 162.12 米^2，后货舱门高×宽 2.77 米×3.05 米，离地高度 1.03 米，机舱（不含驾驶舱）长 12.22 米（不含货桥）、15.73 米（含货桥），机舱最大宽 3.13 米，机舱最大高度 2.81 米，机舱地板面积 39.5 米^2（不含货桥），机舱容积 127.4 米^3（含货桥）。使用空重 34360 公斤，最大正常起落重量 70310 公斤，最大超载起飞总重 79380 公斤，最大载重 19690 公斤，可运载 92 名士兵或 64 名伞兵，乘员 4 名。最大巡航速度 602 公里／小时，经济巡航速度 556 公里／小时，海平面最大爬升率 9.65 米／秒，实用升限（起飞重量 58970 公斤）10060 米，起飞滑跑距离 1090 米，着陆滑跑距离（着陆重 58970 公斤）518 米，最大载重航程（5% 余油或海平面待飞 30 分钟）4000 公里，最大油量航程（带副油箱，载重 7290 公斤，其它条件同上）7600 公里。

【C—130B 中型运输机（"大力士"）】　　美国洛克希德公司研制的中型运输机由 C—130A 改进而成，于 1958 年 11 月试飞，1959 年 6 月开始装备美空军。乘员 4 人。动力装置 T56—A—7A 涡轮螺旋桨式，4×4050 马力，另加助飞器推力 8×454 公斤。最大时速 616 公里，巡航时速 595 公里（最大）。实用升限 9754（重 53000 公斤），爬高率 610 米／分。最大航程 3700 公里（最大载重），6165 公里（载重 9300 公斤）。续航时间约 11 小时。起飞距离 1310 米（至 15 米高度），着陆距离 732 米（自 15 米高度）。载油量 20500 公斤。装载量 92 名武装士兵，或 64 名伞名，或 70—74 付担架及 2 名医务人员，或乘客 55 人，或 20400 公斤货物。翼展 40.41 米。机长 29.78 米，机高 11.71 米。全重 61238 公斤（最大）。

图 10-49　C-130B 中型运输机（"大力士"）

【C-130E 中型运输机（"大力士"）】　美国洛克西德公司研制的中型运输机。1961 年 8 月首次试飞，1962 年 4 月开始装备部队。用于远航输送。一次可装载"试实约翰"火箭 3 枚或"下士"（或"中式"）导弹 2 枚，或"波士克"导弹 1 枚，或 155 毫米榴弹炮 1 门。乘员 4~5 人。动力装置 T56-A-7A 涡轮螺旋桨式，4×4050 马力，另加助飞器推力 8×454 公斤。最大时速 610 公里，巡航时速 547~592 公里。实用升限 7010 米，最初爬高率 558 米／分。最大航程 7560 公里（载重 9070 公斤）3895 公里，（最大载重）。续航时间约 14 小时。起飞距离 1700 米（至 15 米高度，最大全重），着陆距离 1143 米（自 15 米高度，最大全重）。载油量 20550 公斤（带 2 个副油箱，28550 公斤）。装载量 92 名士兵，或 64 名伞兵，或 74 付担架及 2 名医务人员，或 20400 公斤货物。翼展 40.41 米。机长 29.78 米，机高 11.66 米。全重 70310 公斤（最大）。

图 10-50　C-130E 中型运输机（"大力士"）

【C-133B 重型运输机（"货机霸王"）】美国洛克希德公司研制的重型运输机。1959 年 10 月首次试飞，1960 年 3 月装备美空军。该型机用于担负美国本土与海外战区之间的重装备输送任

务。可载运中程或洲际弹道导弹，乘员 4 人。动力装置 T34-P-9W 涡轮螺旋桨式，4×7500 马力。最大时速 560 公里（高度 2740 米），巡航时速 500 公里。实用升限 6100~6390 米，最初爬高率 400 米／分。最大航程 6440~7000 公里，活动半径 2576~2800 公里，续航时间约 13 小时。起飞滑跑距离 1908 米，着陆滑跑距离 1207 米。载油量 53470 公斤。装载量 200 名士兵，或 45400~53526 公斤货物。翼展 54.75 米。机长 48.00 米，机高 14.70 米。全重 129.7 吨（最大 136 吨）。

【C-135A 重型运输机（"同温层运输"）】美国洛克希德公司研制的重型运输机。由 KC-135 加油机发展而成，1961 年 5 月首次试飞，同年 6 月装备美空军。对跑道质量要求较高，货舱门在侧方，不便于装卸，机上没有空投设备。乘员 4 人，动力装置 J57-P-59W 涡轮喷气式，推力 4×6240 公斤。最大时速 965 公里，巡航时速 850 公里。实用升限 15250 米，最初爬高率 457 米／分（1 台发动机关车）。航程 7445 公里（载重 24500 公斤），14485 公里（转场）。活动半径 2978 公里。起飞滑跑距离 2180 米。装载量 126 名士兵，或 44 名担架伤病员和 54 名轻伤员，或 40400 公斤货物。翼展 39.88 米。机长 41.00 米，机高 11.68 米。全重 123.4 吨。

【C-141 运输机（"运输星"）】　美国沃克希德公司研制的大型军用运输机，主要用运送兵员和武器装备。1961 年 3 月开始设计，1963 年 12 月原型机首次试飞，1964 年 10 月开始交付。主要型别：C-141A，基本型；C-141B，是 A 型的改装型；沃克希德公司根据空军的要求，对 C-141A 进行改装，主要是加长机身，机翼前加长 4.06 米，机翼后加长 3.05 米，货舱容积增加 61.48 米 3，机上安装了空中受油设备。改装了机翼根部的整流罩。

动力装置为 4 台 TF33-P-7 涡轮风扇发动机，起飞推力 4×9530 公斤。主要设备（A 型）：标准的全天候设备包括：双套无线电全罗盘，伏尔／定位标接收机，下滑标和指点信标设备，ARN-21"塔康"导航仪，APN-147 和 ASN-35 多普勒雷达，罗兰 C，APN-59B 导航和气象雷达，两套高频和甚高频通信设备。

B 型的翼展 48.74 米，机长 51.29 米，机高 11.96 米，后货桥打开时大货舱门高×宽 2.77 米×3.12 米，离地高度 1.27 米，机舱长度（不含驾驶舱和货桥）28.44 米，机舱最大宽度 3.11 米，机舱

最高度 2.77 米，机舱容积（含货桥）322.70 米^3。

B 型的使用空重 67190 公斤，最大起飞重量 155580 公斤（2.25g），最大商载 41220 公斤（2.5g），乘员 4 名，可载 154 名士兵或 123 名伞兵（A 型），最大无燃油重量 108400 公斤（2.5g），最大着陆重量 155580 公斤。

B 型（2.5g 时）最巡航速度（高度 7400 米）9100 公里／小时，远程巡航速度 796 公里／小时，海平面爬升率 14.8 米／秒，起飞距离（至 15 米高）1770 米，着陆距离（自 15 米高）1128 米，最大载重航程（载重 31100 公斤，余油 5% 和海平面待飞 30 分钟用油）4700 公里，最大油量航程（载重 14460 公斤，余油 5%，海平面待飞 30 分钟用油）10280 公里。

【C-141A 重型运输机（"运输星"）】 美国洛克希德公司研制的重型运输机。1963 年 12 月首次试飞，1965 年装备美空军。主要用于美国本土与海外战区之间的远程空运任务。乘员 4 人，动力装置 TF33-P-7 涡轮风扇式，推力 4×9525 公斤。最大时速 918 公里（高度 7600 米）巡航时速 815 公里。实用升限 12680 米（重 113.4 吨）。最初爬高率 976 米／分（最大全重）。最大航程 9880 公里（载重 14600 公斤），6565 公里（最大全重）11000 公里（转场），起飞距离 1722 米（最大全重，至 15 米高度），着陆距离 1265 米（自 15 米高度）。载油量 69650 公斤。装载量 154 名士兵，或 127 名伞兵，或 80 付担架及 8 名医务人员，或 32136-39103 公斤货物。特种设备：ARN-21"塔康"导航仪，APN-147，ASN-35"多普勒"雷达，ANP-59B 航行与气象雷达。翼展 48.80 米。机长 44.20 米，机高 11.98 米。全重 143.6 吨。

【DC-7C 远程客机】 美国麦克唐纳·道格拉斯公司研制远程客机。该机于 1955 年 12 月首次试飞，1956 年 6 月开始在航线上飞行。乘员 3-5 人。动力装置为 4 台 R-3350-18EA1／EA4 活塞式 3400 马力发动机。最大时速 653 公里，巡航时速 557 公里。实用升限 6615 米。最大航程 7460 公里（最大载重），（载重 6945 公斤）9070 公里。载油量为 29575 公升。旅客座位数 62-99 人。最大载重量 9750 公斤。翼展 38.80 米。机长 34.23 米，机高 9.65 米全重 64865 公斤。

【DC-8 远程运输机】 美国麦克唐纳·道格拉斯公司研制的远程运输机。1955 年 6 月着手设计，1958 年 5 月首次试飞。1959 年投入航线使用。主要型别系列有；DC-8-10 系、-20 系、国

内干线型，载客 176 名；-30 系、-40 系、-50 系，国际航线型，载客量 189 人；-60 系，加长型、载客量 259 人。1979 年春又开始研制 DC-8 超 70 系，用以替代 60 系各型飞机，1982 年 4 月开始交付使用。DC-8 客机各系列的总体布局基本相同，主要区别是加长机身、更换发动机和改进机载设备。

动力装置超 70 系装 4 台 CFM56-2-1C 涡扇发动机，推力 4×10890 公斤；60 系装 JT3D-7 涡扇发动机，推力 4×8620 公斤。（DC-8-63）翼展 45.23 米，机长 57.12 米，机高 12.92 米，机翼面积 271.9 米^2，机舱容积 70.83 米^3。使用空重 70000 公斤（-63 型）、73800 公斤（-71 型），最大起飞重量 158760 公斤（-63 型），147420 公斤（-71 型），最大商载 30240 公斤（-71 型），最大载油量 71090 公斤（-71 型），最大着陆重量 108860 （-71 型）。最大巡航速度 965 公里／小时（-63 型、-71 型），巡航速度（高度 10670 米）854 公里／小时（-71 型），起飞场地长度 2700 米（-71 型），最大载重航程 7490 公里。

【DC-9 客机】 美国麦克唐纳·道格拉斯公司研制的中短程客机。1962 年开始设计，1965 年 2 月首次试飞，12 月开始投入航线使用。

主要型别有：DC-9-10，最初生产型，载客 90 人；DC-9-20，翼展加长 1.2 米，适于高温、高原地区使用；DC-9-30，加长型载客 119 人；DC-9-40，机身又加长 1.93 米，载客量 132 人；DC-9-50，机身再加长 2.42 米，载客 139 人；C-9A 和 C-9B，军用型。

动力装置 DC-9-10～50 装 2 台普·惠公司 JT8D-17 涡扇发动机（推力 2×7260 公斤），MD-80 装两台 JT8D-200 系涡扇发动机（推力 2×9840 公斤）。

【MD-80 中短程客机】 以前称 DC-9 超 80，是美国麦克唐纳·道格拉斯公司在 DC-9-50 基础上发展的新型中短程客机。气动布局变化不大、机身、机翼、尾翼尺寸放大，更换了大推力的发动机，采用了先进的电子设备。于 1977 年完成设计，1979 年 10 月试飞。型别有：MD-81，基本型；MD-82，适用于高温和高原地区；MD-83，远程型，MD-87，MD-80 的缩小型。

主要设备：采用全数式电子设备，包括双套斯佩里公司的综合飞行系统，斯佩里公司的ⅢA 级自动着陆装置，自动驾驶仪和增稳系统，带有数字式全时自动油门的速度控制装置，推力状态指示器

系统，双套大气数据系统，自动备用推力装置，自动无线电测向系统和彩色气象雷达显示器。还可选用平视仪。

MD-82型的主要数据如下：翼展32.87米，机长45.06米，机高9.04米，机翼面积118米^2，客舱门（左舷前部）高×宽1.83米×0.86米、离地高度2.24米，货舱和行李舱门高×宽1.27米×1.35米，机舱长（不含驾驶舱）30.78米、最大宽度3.07米、最大高度2.06米、地板面积89.65米^2，货舱容积（前+中+后）13.14米^3+9.80米^3+12.54米^3。使用空重36465公斤，载油量17750公斤，最大起飞重量67812公斤，最大零燃油重量53520公斤，最大着陆重量58060公斤。最大平飞速度926公里／小时，最大巡航速度898公里／小时，正常巡航速度821公里／小时，FAA起飞场地长度2090米 FAA着陆场地长度1400米，最大油量航程4930公里。

【DC-10客机】　美国麦克唐纳·道格拉斯公司研制的中远程宽机身客机。1966年中期开始设计，1970年8月首次试飞，1971年8月开始航线飞行。基本的生产型：DC-10-10，基本型，最大载客量345人；DC-10-15，更换了发动机，增加了航程；DC-10-30，远程型，翼展加大，改变了起落架，换装推力更大的发动机；DC-10-30ER，-30系的发展型，航程加大；DC-10-40（最初称为DC-10-20），远程型，主要特点是将-10系CKF6-6D发动机更换成JT9D发动机；此外，还有：DC-10-10CF和DC-10-30CF，是由-10系和-30系改成的货机型；KC-10A，最大起飞总重267620公斤，最大载油能力161000公斤，是美国空军订购的空中加油和货运机；MD-100，一种新的先进的宽机身改型，有两种远程型，即270座的-10系和333座机身加长的-20系，分别将于1987年和1988年投入航线使用。

动力装置：-10、-15、-3013ER、-40型分别装3台通用电气公司的CF6-6D／6D1（单台推力18140～18600公斤）、CF6-50C2F（单台推力21090公斤）、CF6-50A／C（单台推力22230公斤）、CF6-50C／C2B（单台推力24490公斤）和普拉特·惠特尼公司的JT9D-20（单台推力22410公斤）涡轮风扇发动机。所有发动机都装有供着陆使用的反推力装置，发动机进气口有吸音壁板，以降低噪音。

主要设备：除装有一般仪表、导航、机内外通讯、中央大气数据计算机和气象雷达外，还满足Ⅲ级气象条件下双套故障后保持工作的着陆系统。在DC-10-30和DC-10-40上装有满足ARINC561要求的3套惯性导航系统，还可选用双套区域导航系统。

（-30型）翼展50.41米，机长55.50米，机高17.70米，机翼面积367.7米^2，机舱长度（不含驾驶舱）41.45米、最大宽度5.72米、高度2.41米，前行李舱／货舱集装货物容积72.5米^3、散装货物容积86.2米^3，中行李舱／货舱集装货物容积45.3米^3、散装货物容积54.8米^3，后舱散装货物容积14.4米^3。

（-30型）基本空重121200公斤，最大起飞重量259450～263090公斤，最大商载48330公斤，最大着陆重量182800公斤。

（-30型）最大平飞速度（高度7620米）M0.88／982公里／小时，最大巡航速度（高度9.145米）M0.84／908公里／小时，正常巡航速度M0.82，最大爬升率（海平面）14.7米／秒，实用升限10180米，FAA起飞场地长度3170米，FAA着陆场地长度1630米，最大油量航程（无商载）12060公里，最大载重航程7410公里。

【DC-130E无人驾驶侦察机母机】　美国洛克希德公司研制的载机母机现有A和E两种型别，分别由C-130A和E改装而成，可在机翼吊架携带2-4架无人架驶侦察机。母机上有无人机

图10-51　DC-130E无人驾驶侦察机母机

的投放、遥控、监控等电子设备。乘员4-5人。动力装置为T56-A-7A涡轮螺旋桨式，4×4050马力，助推器推力8×454公斤。最大时速618公里。巡航时速547-592公里。实用升限7010米。最初爬高率558米／分。最大航程7560公里（载重9070公斤），3895公里（最大载重时）。续航时间约14小时。起飞距离1700米（至15米高度，

最大全重时）。着陆距离 1143 米（自 15 米高度，最大全重）载油量 20550 公斤（带 2 个副油箱，28550 公斤）。翼展 40.41 米。机长 29.78 米。机高 11.66 米。全重 70310 公斤（正常），79380 公斤（最大）

【EC-135C 空中指挥所飞机】 美国制造。由 KC-135B 空中加油机改装而成，是美战略空军的"空中指挥所"。EC-135"空中指挥所"除 C 型外，还有 H、J、K、L、N 等型号，H 型（装 4 台 J57 涡轮喷气发动机）和 J 型是美空军夜间"空军指挥所"，K 型是美战术空军"空中指挥所"，L 型是通讯中继机和"空中指挥所"两用的飞机、N 型是专用于"阿波罗"宇宙飞船与美航空和宇宙航行局之间的通讯继机。乘员 5 人。动力装置为 TF33-P-5 涡轮风扇式，推力 4×8165 公斤。最大时速 1030 公里（高度 3000 米），M0.88。巡航时速 856 公里（高度 9300-13700 米）实用升限 15000 米。最初爬高率 393 米／分，177 米／分（一台发动机关车）。最大航程 6500-10000 公里。活动半径 2600-4000 公里。续航时间 5 小时 30 分。翼展 39.88 米。机长 41.53 米。机高 11.68 米。

【HC-130H 救护运输机】 美国制造。由 C-130H 改装而成，主要在机头安装了一个可伸缩的新型抢救系统，于 1964 年 12 月首次试飞，HC-130N 是专门搜索、救援宇宙航行员的救护运输机，采用高级定向设备，HC-130P 由 HC-130H 改装而成。具有给直升机空中加油和空中回收伞载装备的能力。执行加油任务时，机内共装油 33385 公斤，其中 22000 公斤供加油用。乘员 10-12 人（2-3 名驾驶员、1-2 名领航员、2 名机械员、1 名无线电员、2 名装载长、2 名救援技术员）。动力装置为 T56-A-15 涡轮螺旋桨式，4×4500 马力。最大时速 618 公里。巡航时速 589 公里，220-260 公里（152 米高度救援时）。最初爬高率 555 米／分。起飞滑跑距离 1091 米。起飞距离 1372 米（至 15 米高度）。着陆距离 1143 米（自 15 米高度）。载油量 36636 公升（最大 49004 公升）。救援设备 4 只救生筏（每只可容 6 人、2 付担架、床铺、救援用绞车、10 个照明弹发射器和 16 付个人装具等）。翼展 40.41 米。机长 30.10 米（抢救系统收起时）、32.41 米（抢救系统张开时）。机高 11.66 米。全重 70310 公斤（正常）79380 公斤（最大）。

【"空中王"运输机】 美国比奇公司研制的小型双发运输机。用于客货运输和行政公务等，广泛地被民用部门和军队所采用，是美国最畅销的小型飞机之一。飞机采用增压座舱，载客 6-13 人。"空中王"的原型机于 1964 年 1 月首次试飞交付使用之后，不断改进改型，至今仍在生产。生产的主要型别有：90 系列，4～6 座，1964 年开始生产，100 系列，纲身加长型，标准座位为 8 座，1966 年开始生产，200 系列，加大座舱和增加机翼面积，13 座，1973 年开始交付，300 系列，装两台 PT6A-60A 发动机（功率 2×1050 马力），1984 年开始交付使用。下述内容适合"超空中王"B200。动力装置为最 2 台 PT6A-41 涡桨发动机，功率 2×850 马力。翼展 16.61 米，机长 13.34 米，机高 4.57 米，机翼面积 28.15 米²，展弦比 9.8，机舱长度 6.71 米，最大宽度 1.37 米，最大高度 1.45 米，容积 11.10 米³，客舱门高×宽 1.31 米×0.68 米，货舱门（选装）高×宽 1.32 米×1.32 米。空重 3420 公斤，最大起飞和着陆重量 5670 公斤，燃油量 1650 公斤，最大载客量 13 名。最大巡航速度（高度 7620 米）536 公里／小时，经济巡航速度（高度 7620 米）523 公里／小时，海平面爬升率 12.45 米／秒，实用升限 10670 米，最大燃油航程（高度 10670 米）3650 公里，起飞滑跑距离 592 米，着陆滑跑距离 536 米。

【赛斯纳 404 运输机】 美国赛斯纳飞机公司研制的小型多用途运输机。座舱不增压。主要用于支线客货运输和行政公务旅行等。赛斯纳 404 是在小型多用途运输机赛斯纳 401／402 基础上发展的。原型机于 1975 年 2 月首次飞行，1976 年 10 月开始交付使用，至 1981 年底交付使用 330 架。现有 7 种型别在生产出售，主要有："泰坦大使"，客运型；"泰坦信使"，公务型；"泰坦货运者"，货运型。每种型别中的 II 型是具有比较好的仪表和电子设备的改进型。"泰坦大使"III 是装备包括气象雷达在内的更好机载设备的机型。下述内容适合于"泰坦大例"型。

动力装置为 2 台大陆公司的 GTSIO-502M 活塞式发动机，装 3 叶定速螺旋桨，功率 2×375 马力。

翼展 14.12 米，机长 12.04 米，机高 4.04 米，机翼面积 22.48 米²，展弦比 9.0，机舱长度 5.72 米、最大宽度 1.42 米、最大高度 1.13 米、容积 8.97 米³，客舱门高×宽 1.28 米×0.61 米。使用空重 2300 公斤，最大起飞重量 3810 公斤，最大着陆重量 3670 公斤，燃油量 1290 升，最大载重

1100 公斤，载客量 8～9 名，最大巡航速度（高度 6100 米）402 公里／小时，经济巡航速度（高度 6100 米）302 公里／小时，海平面爬升率 8 米／秒，实用升限 7930 米，最大载重航程 1080 公里，最大航程（载重 620 公斤）2120 公里，起飞滑跑距离 545 米，着陆滑跑距离 335 米。

【湾流-I 客机】　美国制造。是美国 60 年代生产的中型客机。动力装置采用 R.R 公司生产的 DAET MK529-8 型涡轮喷气发动机，台数推力为 2×1990 公斤。

翼展 23.88 米，全长 22.96 米，全高 7.01，主轮距 7.37 米。

最大起飞重量 16300 公斤，最大着陆重量 15600 公斤，基本重量 10700 公斤。燃油容量 5867 升，乘客 37 人，载重 3360 公斤。

最大速度 0.765 马赫，起飞场地长度 1480 米，着陆场长度 844 米，最大航程 4023 公里，升限 9145 米。

【湾流-ⅡB 客机】　美国制造。该机是 1966 年 10 月生产出厂的小型客机。动力装置采用 R.R 公司生产的 SPEYMK-511-8 型涡轮喷气发动机，台数推力 2×11400Lb。

翼展 23.72 米，全长 24.36 米，全高 7.47 米，主轮距 4.22 米。

最大起飞重量 31615 公斤，最大着陆重量 26535 公斤，基本重量 17735 公斤。燃油容量 12836 公斤，乘客 19 人，载重 1315 公斤。

最大速度 0.85 马赫，起飞场地长度 1783 米，着陆场地长度 1036 米，最佳巡航速度 0.77 马赫。最大航程 7357 公里，升限 13710 米。

【湾流-Ⅲ 客机】　美国制造。1980 年 9 月生产出厂。该机是湾流-ⅡB 的改进型。动力装置仍采用 R.R 公司生的 SPEYMA-511-8 型涡轮喷气发动机，台数推力为 2×5176 公斤。

翼展 23.72 米，全长 25.93 米，全高 7.43 米。

最大起飞重量 30900 公斤，最大着陆重量 26500 公斤，基本重量 17200 公斤。燃油容易 12000 公斤，乘客 19 人。最大速度 0.85 马赫，着陆速度 252 公里／小时。起飞场地长度 1738 米，着陆场长度 1040 米。最大航程 6760 公里，升限 13720 米。

【赛斯那呼唤Ⅱ 客机】　美国制造。1977 年 1 月生产出厂，该机是一种专用型小型客机。动力装置采用 2 台 P.W.公司生产的 JT150-4 型发动机。

翼展 15.76 米，全长 14.39 米，全高 4.51 米，主轮距 5.36 米。

最大起飞重量 6033 公斤，最大着陆重量 5730 公斤，基本重量 3264 公斤。燃油容量 2272 公斤，乘客 6-10 人，载量 522 公斤。起飞场长度 727 米，着陆场长度 692 米。最大速度 0.73 马赫，最佳巡航速度 718 公里／小时，最大航程 3153 公里，升限 13105 米。

【B-200"超空中国王"客机】　美国制造。1981 年 3 月生产出厂，该机是小型客机。动力装采用 CANADAP.&W 生产的 PT6A-42 型螺旋桨发动机，台数推力为 2×850shp。

翼展 16.61 米，全长 13.34 米，全高 4.57 米，主轮距 5.23 米。

最大起飞重量 5670 公斤，最大着陆重量 5670 公斤，基本重量 3419 公斤。燃油容量 1650 公斤，乘客 13 人，载量 1289 公斤。最大速度 545 公里／小时，起飞场长度 786 米，着陆场长度 867 米。最佳巡航速度 523 公里，最大航程 2209 公里，升限 10670 米。

【PA-31-350 运输机（"酋长"）】　美国派珀公司研制的小型运输机。是在该公司的小型运输机"印第安人"的基础上把机身延长和装更大推力的发动机而成。1972 年 9 月开始交付使用，除 8～10 座的支线客运型以外，还有改变座舱布局的 6 座的公务型和家用型。"酋长"轻型运输机易于使用维护，T-1020 是在"酋长"基本型基础上改善座舱舒适性、加强起落架和舱门强度的发展型，最大载客量 11 名，该型是 1981 年开始交付使用的。T-1040 是在 T-1020 基础上改进机翼和改装 PT6A-11 涡桨发动机的改进型，1982 年开始交付使用。下述内容适合于 T-1040 型。

动力装置为 2 台 PT6A-11 涡桨发动机，功率 2×500 马力。

翼展 12.52 米，机长 11.18 米，机高 3.87 米，机翼面积 21.27 米^2，机舱长度 3.84 米，最大宽度 1.27 米，最大高度 1.31 米，容积 5.73 米^3，舱门高×宽 1.17 米×0.70 米。使用空重 2180 公斤，最大起飞和着陆重量 4080 公斤，燃油量 912 公斤，载客量 11 名。最大巡航速度（高度 3360 米）437 公里／小时，经济巡航速度（高度 3340 米）371 公里／小时，海平面爬升率 8.18 米／秒，实用升限 7320 米，最大载重航程 1110 公里，最大航程 1240 公里，起飞距离（至 15 米高）808 米，着陆距离（自 15 米高）640 米。

【波音-707 远程客机】 美国波音公司生产的远程喷气式客机。该机的原型机-367-80 型试验研究机于 1954 年 7 月首次飞行，之后在此原型机基础上为空军研制了 KC-135 空中加油机进行大量生产。1955 年 7 月波音公司在 KC-135 的基础上发展民用客机波音-707。1957 年 12 月首次试飞，投入航线后不断改型，主要型别有：波音-707-120，第一种生产型；707-220，-120 的改进型；707-320、-320B、320C、707-420 国际型；此外还有客货混合型和全货运型等。下述内容适用于-320C 型。

动力装置：4 台 JT3D-7 涡扇发动机，推力 4×8165 公斤。

翼展 44.42 米，机长 46.61 米，机高 12.93 米，机翼面积 283.4 米^2 使用空重 66410 公斤，最大起飞重量 151320 公斤，最大商载 40320 公斤，最大载客量 219 人，乘员 4 名，最大载油量 72500 公斤，最大着陆重量 112040 公斤。最大平飞速度 1010 公里／小时，最大巡航速度 973 公里／小时，经济巡航速度 886 公里／小时，最大爬升率 20.3 米／秒，实用升限 11890 米，起飞距离 3050 米，着陆距离 1910 米，最大油量航程 9270 公里，最大载重航程 6300 公里。

【波音 707-120 远程客机】 美国制造，波音 707 系由军用型 KC-135 加油机改进发展而成，120 为其基本型。第一架 120 型机于 1957 年 12 月首次试飞，1958 年 10 月开始加入航线飞行。发展型 120B 装有 4 台 JT3D-1（或-3）涡轮风扇发动机，每台推力 7718（或 8165）公斤，巡航速度提高，跑道要求降低，1960 年 6 月首次试飞。707-220 亦是 120 的发展型，其结构和设备布置与 120 型基本相同，反发动机改用 JT4A-3 涡轮喷气式，每台推力 7176 公斤，适于在机场标准高和气温较高的航线上使用。目前已停止生产。乘员 3-4 人。动力装置为 JT3C-6 涡轮喷气式，推力 4×6124 公斤。最大时速 1002 公里。巡航速度 884-919 公里。实用升限 11430 米。最初爬高率 731 米／分。最大航程 7485 公里，5177 公里（最大载重时）。起飞距离 3215 米（至 10.7 米高度）。着陆距离 1925 米（自 15 米高度）。着陆滑跑距离 840 米。载油量 51202 公升。旅客座位数 100-181。最大载重量 23590 公斤。翼展 39.87 米。机长 44.04 米。机高 12.80 米。全重 116575 公斤。

【波音 707-320B 远程客机】 美国制造，由波音 707-320（洲际型发展而成，1962 年 1 月首次试飞，6 月正式载客飞行。后期生产的 707-320B 装置了功率更大的 JT3D-7 涡轮风扇发动机（每台推力 8618 公斤），巡航时速最大可达 973 公里，升限增为 11885 米。707-320C 是货机或客货两用的飞机，其最大装载量，货机为 41543 公斤；客货两用机，能载货 38190 公斤或载客 219 人。乘员 3-4 人。动力装置为 JT30-3 或 3B 涡轮风扇式，推力 4×8172 公斤。最大时速 1010 公里。巡航时速 886-966 公里。实用升限 11735 米。最初爬高率 1082 米／分。最大航程 12030 公里，10040 公里（最大载重时）。起飞距离 3054 米（至 10.7 米高度）。着陆距离 1905 米（自 15 米高度）。着陆滑跑距离 785 米。载油量 90299 公升。旅客座位数 149-219。最大载重量 24448 公斤。翼展 44.42 米。机长 46.61 米。机高 12.94 米。全重 151315 公斤。

【波音 707-420 远程客机】 美国制造，基本上与波音 707-320（洲际型）相同，仅发动机改用英国制造的康维 508 内外涵式涡轮风扇发动机。此机于 1960 年开始交货，目前已停止生产。乘员 3-4 人。动力装置为康维 508 涡轮风扇式，推力 4×7945 公斤。最大时速 1002 公里。巡航时速 854-954 公里。实用升限 12800 米。最初爬高率 884 米／分。最大航程 10840 公里，7830 公里（最大载重时）。起飞距离 3245 米（至 10.7 米高度）。着陆距离 2220 米（自 15 米高度）。着陆滑跑距离 910 米。载油量 90299 公升。旅客座位数 108-195。最大载重量 25855 公斤。翼展 43.41 米。机长 46.61 米。机高 12.93 米。全重 141520 公斤。

【波音 720 中程客机】 美国制造，系由 707-120 发展而成，飞机的基本结构和外形与 707-120 相似，仅机身缩短 2.36 米，载重与航程亦较小。由于机翼前缘改进，后掠角加大及展弦比减少，起飞性能及巡航速度均有提高。第一架波音 720 于 1959 年 11 月试飞，1960 年 7 月开始加入航线飞行。乘员 3-4 人。动力装置为 JT3C-7（或 12）涡轮喷气式，推力 4×5670 公斤（或 5902 公斤）。最大时速 1010 公里。巡航时速 897-945 公里。实用升限 12200 米。最初爬高率 731 米／分。最大航程 8430 公里，6820 公里（最大载重时）。起飞距离 2865 米（至 10.7 米高度）。着陆距离 1890 米（自 15 米高度）。着陆滑跑距离 790 米。载油量 56136 公升。旅客座位数 112。最大载重量 12790 公斤。翼展 39.87 米。机长 41.68 米。机高 12.67 米。全重 103870 公斤。

【波音 720B 中程客机】 美国制造，系波音 720 改进型，主要用 4 台涡轮风扇发动机，起飞性能、巡航速度、航程及载重均有所提高。1961 年 8 月正式载客飞行。乘员 3-4 人。动力装置为 JT3D-1（或-3）涡轮风扇式，推力 4×7710 公斤（或 8165 公斤）。最大时速 1010 公里。巡航时速 897-983 公里。实用升限 12800 米。最初爬高率 1243 米/分。最大航程 9205 公里、6690 公里（最大载重时）。起飞距离 1966 米（至 10.7 米高度）。着陆距离 1935 米（自 15 米高度）。着陆滑跑距离 825 米。载油量 56325 公升。旅客座位数 112。最大载重量 19692 公斤。翼展 39.87 米。机长 41.68 米。机高 12.67 米。全重 106140 公斤。

【波音-727 中短程客机】 美国波音公司研制的中短程喷气式客机。1956 年 2 月开始方案研究，1959 年 6 月开始设计。第一架波音 727-100 生产型于 1963 年 2 月首次试飞，此后又投入 4 架飞机进行飞行试验，同年 12 月取得适航证。该机早期的主要型别有 727-100、727-100C、727-100QC 等；后来的主要型别是：727-200，加长型，可乘 163 人，最多乘 189 人；改进的 727-200，载油量增加，航程增加 1290 公里；727-200F，货运型。以下内容适合 727-200 型。

动力装置为 3 台普拉特·惠特尼 JT8D-9A 涡轮风扇发动机，推力 3×6580 公斤，带反推装置。

翼展 32.92 米，机长 46.69 米，机高 10.36 米，机翼面积 157.9 米^3。使用空重 45360 公斤，最大起飞重量 83820 公斤，最大商载 18140 公斤，最大零燃油重量 62600 公斤，最大着陆重量 70080 公斤。最大平飞速度 1020 公里/小时，最大巡航速度 953 公里/小时，经济巡航速度 872 公里/小时，起飞距离 2880 米，着陆距离 1430 米，航程（远程巡航，12470 公斤商载）3710 公里，最大商载航程 2840 公里。

【波音 727-100 中近程客机】 美国制造，系波音 727 的基本型，1963 年 2 月首次试飞，1964 年 2 月开始加入航线飞行。727-100C 是一种客货两用的飞机，作客机用时，能载客 94 人，或载客 52 人及载货 10295 公斤；作货机用时，能载货 17236 公斤，1966 年加入航线飞行。

乘员 3 人。动力装置为 JT80-7（或-9）涡轮风扇式，推力 3×6350 公斤（或 6575 公斤）。最大时速 1071 公里。巡航时速 917-977 公里。实用升限 11125 米。最初爬高率 884 米/分。最大航程 4430 公里（载重 11790 公斤），3260 公里（最大载重时）。起飞距离 2377 米（至 10.7 米高度）。着陆距离 1497 米（自 15 米高度）。起飞滑跑距离 899 米。载油量 30985 公升。旅客座位数 70-131。最大载重量 13154-15649 公斤。翼展 32.92 米。机长 40.59 米。机高 10.36 米。全重 72575-76655 公斤。

【波音 727-200 中近程客机】 美国制造，系波音 727-100 的发展型，机身加长，发动机推力增大，1967 年 7 月首次试飞，同年年底开始载客飞行。其改进型 727-200（高级）采用了 3 台 JT8D-15 涡轮风扇发动机，航程增大 1287 公里，并装有良好的消音装置，1972 年中期开始交货。乘员 3 人。动力装置为 JT8D-9（或-11、-15）涡轮风扇式，推力 3×6575 公斤（或 6804、7030 公斤）。最大时速 999-1017 公里。巡航时速 917-964 公里。实用升限 10060-10210 米。最初爬高率 762-793 米/分。最大航程 4260 公里（载重 11520 公斤），2685 公里（最大载重时）。起飞距离 2591-2847 米（至 10.7 米高度）。着陆距离 1430 米（自 15 米高度）。起飞滑跑距离 2301-2515 米。着陆滑跑距离 853 米。载油量 30985 公升。旅客座位数 163-189。最大载重量 16782-18597 公斤。翼展 32.92 米。机长 46.69 米。机高 10.36 米。全重 78015-86405 公斤。

【波音-737 中短程客机】 美国波音公司研制的中短程客机。1964 年 5 月开始设计，1967 年 4 月原型机首次飞行。之后投入航线使用。早期的 737-100、737-200、737-200C 和 737-200QC 均已停产。目前还生产的是 737-200 系的各种改进型别和 737-300，后者是在-200 系基础上发展的，机体与 737-200 有 70% 是相同的，但机身加长，采用新一代涡扇发动机，噪音较低，在比 737-200 少耗油 21% 的情况下，可多载 20 名旅客。737-300 于 1980 年开始设计，1984 年 3 月首次试飞，同年 11 月开始交付。波音-737 载客量 115～149 人。

动力装置（-300 型）为 2 台 CFM56-3 涡轮风扇发动机，推力 2×9070 公斤。

（-300 型）翼展 28.91 米，机长 33.40 米，机高 11.13 米，机翼面积 91.04 米^2。（-300 型）最大

起飞重量 61160 公斤，最大着陆重量 51640 公斤，最大零燃油重量 48240 公斤，空机重量（装设备）31260 公斤。（-200 型）最大巡航速度（平均巡航重量 45360 公斤，高度 10060 米）856 公里／小时，经济巡航速度（高度 10060 米）M0.73，FAR 起飞距离（至 10.7 米，起飞总重 49350 公斤）2030 米（装 JT8D-9A 发动机），FAR 着陆距离（自 15 米高，着陆重量 46720 公斤）1370 米，航程（130 名乘客）4180 公里。起飞噪音 95.3 分贝，进场噪音 101.9 分贝，侧向噪音 100.6 分贝。

【波音 737-100 近程客机】 美国制造，系波音 737 的基本型，机体结构与波音 727 相似。1967 年 4 月首次试飞，同年年底前开始交货。乘员 2 人。动力装置为 JT8D-7（或-9）涡轮风扇式，推力 2×6350 公斤（或 6575 公斤）。最大时速 943 公里。巡航时速 814-917 公里。最初爬高率 1146 米／分。最大航程 3360 公里、2960 公里（最大载重时）。起飞距离 1676 米（至 10.7 米高度）。着陆距离 1207 米（自 15 米高度）。载油量 19465 公升。旅客座位数 103-115。最大载重量 12700 公斤。翼展 28.35 米。机长 28.35 米。机高 11.28 米。全重 45575-49885 公斤。

【波音 737-200 近程客机】 美国制造，由波音 737-100 发展而成。该机机身加长，发动机推力增大，于 1967 年 8 月首次试飞。737-200C 是客货两用的飞机其最大装载量 14923 公斤（用作客机时）—16465 公斤（用作货机时）。737-200（高级）与 737-200 相似，由于前者采用了先进的增升系统和较好的制动装置，并装有 JT8D-15 新型涡轮风扇发动机，因之能在 1220 米跑道上起降，截至 1971 年 5 月，已制成 3 架。据悉，美空军订购了 29 架，于 1973 和 1974 两年内交货，定名为 T-43，代替 T-29 活塞式领航教练机。乘员 2 人。动力装置为 JT8D-9（或-7、-15）涡轮风扇式，推力 2×6575 公斤（或 6350、7030 公斤）。最大时速 943 公里。巡航时速 814-927 公里。最初爬高率 1146 米／分。最大航程 4075 公里、3815 公里（最大载重时）。起飞距离 1676 米（至 10.7 米高度）。着陆距离 1207 米（自 15 米高度）。载油量 19465 公升。旅客座位数 115-130。最大载重量 13471-16193 公斤。翼展 28.35 米。机长 30.48 米。机高 11.28 米。全重 49440-52390 公斤。

【波音-747 远程客机】 美国波音公司研制的四发涡扇式宽机身远程客机。1969 年 2 月首次飞行，1970 年 1 月投入航线使用。波音-747 有以下型别：747-100，基本型，可载客 550 人；747-100B，-100 型的改进型；747SP，-100B 的派生型，减轻了重量、增大了航程，用于低密度航线，机身短 14.35 米，载客 331-440 人；747SR，短程客机型；747-200B，客运型；747-200B 客货混合型，也可全载客；747-200C 客货变换型，可同时载客载货，也可全载客或全载货；747-200F，货运型；747-300，747 的一种备选型，前机身上部加长 7.11 米，上层舱载客量从 32 人增加到 91 人；E-4，747 的空中指挥所型，美空军使用。

动力装置各型分别选装 4 台普拉特·惠特尼公司的 JT9D-7AW（单台推力 22030 公斤），或者 JT9D-7FW／7J／7Q／70A（单台推力 22680～24040 公斤），或通用电气公司的 CF6-50E／E1／E2（单台推力 23810 公斤），或罗尔斯·罗伊斯公司的 RB·211-524B／C（单台推力 22730～23410 公斤）等型涡轮风扇发动机。

主要设备：标准设备包括 2 套 ARINC 566 甚高频通讯系统，2 套 ARINC533A 高频通讯系统，1 套 ARINC531 选择呼叫机，3 套 AR-INC547 伏尔／仪表着陆导航系统，2 套 ARINC570 无线电罗盘，指点标接收机，2 套 ARINC568 测距设备，2 套 ARINC572 空中交通管制装置，2 套 ARINC552 小量程无线电高度表，2 套 ARINC564 气象雷达装置，2 套 ARINC565 中央大气数据系统，3 套 ARINC561 惯性导航系统、失速警告、中央仪表警告、贴地警告系统，为保证二类和三类着陆条件提供自动稳定、航迹控制和驾驶员辅助功能的综合电子飞行控制系统，及航向参考系统，机内通话装置，飞行记录器等。

基本型的翼展 59.64 米，机长 70.66 米，机高 19.33 米，机翼参考面积 511 米^2，客舱门 1.93 米×1.07 米，行李舱门（前舱）1.68 米×2.64 米、离地高度 2.64 米，行李舱门（后舱前门）1.68 米×2.64 米、离地高度 2.69 米，机舱长 57 米，最大宽度 6.13 米、最大高度 2.54 米，客舱地板面积 327.9 米^2，客舱容积 789 米^2，前行李舱容积 78.4 米^3，后行李舱容积 68.6 米^3，散装货舱容积 28.3 米^3。（装 RB.211-524B2／C2 发动机的基本型）使用空重 175090 公斤，最大起飞重量 371950 公斤，最大商载 63730 公斤、107050 公斤（-200F

型），最大着陆重量 255830 公斤，最大零燃油重量 238820 公斤。

最大平飞速度 969 公里／小时，经济巡航速度 935 公里／小时，巡航升限 13715 米，FAR 起飞距离 2880 米，FAR 着陆距离 2110 米，航程（起飞重量 377840 公斤）10560 公里，转场航程 12600 公里。

【波音 747-100 远程客机】 美国制造，系波音 747 的基本型。1969 年 2 月首次试飞，1970 年 1 月开始正式加入航线飞行。后期生产的 747-100 最大起飞重量增为 333390 公斤。乘员 3 人。动力装置是 JT9D-3 涡轮风扇式，推力 4×19730 公斤。最大时速 958 公里。实用升限 13715 米。最大航程 9138 公里。起飞距离 3170 米（至 10.5 米高度）。着陆跑道长度 2057 米。载油量 178702 公升。旅客座位数 382-500。最大载重量 80596 公斤。翼展 59.64 米。机长 70.51 米。机高 19.33 米。全重 332050-333390 公斤。

【L100（382B 型）中远程客机】 美国制造。该机系在军用 C-130E 基础上发展的一种民用型货机。1970 年曾加入航线飞行。乘员 3 人。动力装置为 4 台 501-D22 涡轮螺旋桨式 4050 马力发动机。巡航时速 575 公里。实用升限 7010 米。最初爬高率 588 米／分。航程 3588 公里（满载时）空载时 5182 公里。起飞跑道长度 2024 米，着陆跑道长度 1450 米。载油量 19393 公升（带 4 个副油箱，36523 公升）。最大载重量 22116 公斤。翼展 40.41 米，机长 29.79 米，机高 11.66 米。全重 70308 公斤。

【康维尔 880-22 中程客机】 美国制造。该机系康维尔 880 的基本型，形状大体与波音 707 和 DC-8 相似，但载重较小，航程较短，航速较快，1959 年 1 月首次试飞，1960 年 5 月正式载客飞行。乘员 5 人。动力装置为 4 台 CJ-805-3 涡轮喷气式 5080 公斤的发动机。巡航时速 871-990 公里。最大航程 5040 公里（未载重时）最大载重时 4575 公里。起飞距离 2000 米（至 15.25 米高度），着陆距离 1800 米（自 15.25 米高度）起飞跑道长度 2667 米，着陆跑道长度 1905 米。载油量 40064 公升。旅客座位数 88-110。最大载重量 10205 公斤。翼展 36.58 米，机长 39.42 米，机高 11.00 米。全重 83690 公斤。

【康维尔 990A 中程客机】 美国制造。该机系由康维尔 880 发展而成，1963 年初加入航线飞行。乘员 3 人。动力装置为 4 台（J-805-23B

涡轮风扇式 7280 公斤发动机。最大时速 M0.87，巡航时速 M0.84。实用升限 12500 米。航程 6115 公里。起飞跑道长度 2985 米（最大起飞全重时），着陆跑道长度 1650 米（全重 77110 公斤时）。载油量 58910 公升。旅客座位数 96-121。最大载重 11690 公斤。翼展 36.58 米，机长 42.43 米，机高 12.04 米。全重 114760 公斤。

【波音-757 中短程客机】 美国波音公司研制的一种中、短程运输机。1979 年 3 月，波音公司在与美国东方航线公司和英国航线公司签订正式订货合同后，宣布开始投产波音-757。第一架波音-757 于 1982 年 2 月首次飞行，1983 年初批生产型投入航线使用，编号为波音 757-200。1972 年，波音公司预计 60 年代投入航线的中短程客机在运载能力、经济性和噪音水平等方面到 80 年代就不能满足民航运输需要的状况，决定研制一种 190 座级的中、短程客机波音-757，为降低研制和生产费用，降低飞机价格，缩短研制周期，抢先投入航线使用，决定在过去最成功的波音-727 的基础上加长机身，采用新的机翼和新发动机来进行研制。波音-757 的机翼后掠角比波音-727 的小，采用低阻力的超临界翼型。装 2 台新型高涵道比涡扇发动机。波音-757 进行了 4000 小时的风洞试验以确定气动外形。在结构上采用了三种优质铝合金（7150-T651、2324-T3951、2224-T351）、优质钛合金复合材料。优质铝合金可使重量减轻 227 公斤，复合材料则可减轻 360 公斤。该机的驾驶舱、辅助动力装置、空调设备、发动机舱、机翼技术及材料，与同期开始研制的新型中远程客机波音-767 基本相同。波音-757 的机舱可采用 178、186、201 或 205 座的混合舱布局，或者采用 212、218、223、224 或 239 座的全经济舱布局。

动力装置为 2 台罗尔斯·罗伊斯公司 RB.211-535C（单台推力 16970 公斤）或 RB:211-535E4（单台推力 18140 公斤），或者普拉特·惠特尼公司的 PW2037（单台推力 17330 公斤）涡轮风扇发动机。主要设备：包括柯林斯公司 FCS-700 自动驾驶飞行指引仪系统，EFIS-700 电子飞行仪表系统，发动机指示和机组报警系统，RMI-743 无线电距离磁指示器，杭尼韦尔公司的惯性座标系统，飞行控制计算机系统，数字式大气数据计算机等。

翼展 37.95 米，机长 47.32 米，机高 13.56 米，机翼面积 181.25 米^2，客舱门高×宽 1.83 米×084 米（左舷前部）、1.83 米×0.76 米（左弦后

部）、服务舱门高×宽 1.65×0.76 米（右舷前部）、1.83 米×0.84 米（右舷，正对第二个客舱门）、1.83 米×0.76 米（右舷后部），机舱长 36.07 米，地板下货舱容积（散装货物）：前舱 19.82 米³，后舱 30.87 米³。（186 座，装 RB·221-535C 发动机）使用空重 58260 公斤，最大起飞重量（中程）104330 公斤，最大商载 24000 公斤，最大着陆重量 89810 公斤，最大零燃油重量 83460 公斤。（186 座，混合舱，起飞重量 90720 公斤）最大巡航速度 915 公里／小时，经济巡航速度 850 公里／小时，进场速度 245 公里／小时，初始巡航高度 11795 米，起飞场地长度（海平面，29°C）1820 米，最大燃油航程 4240 公里，最大载重航程 2220 公里。

【波音-767 中远程客机】 美国波音公司研制的半宽机身中远程客机。。1979 年 7 月投产。1981 年 9 月第一架飞机首次飞行。1982 年 7 月获得联邦航空局适航证，同年 9 月投入航线使用。日本和意大利也参加波音-767 的研制和生产工作，他们各自分担 15% 的生产任务。波音-747 采用全新的机体，机身宽 5.03 米，这个宽度既适于采用舒适的两条机舱过道布局，又能适应货运时使用已有的标准集装箱和货盘。机翼采用超临界翼型。结构上与波音-757 一样，由于采用优质合金材料而减重 363 公斤，由于采用新型复合材料而减重 450 公斤。

动力装置：基本型选装 2 台普拉特·惠特尼公司的 JT9D-7R4D（单台推力 21580 公斤）或通用电气公司的 CF6-80A（单台推力 21630 公斤）涡轮风扇发动机。主要设备：标准电子设备包括 ARINC700 系列的设备，柯林斯公司的报警装置，双套数字式飞行管理系统和 3 套数字式飞行控制计算机，包括 FCS-700 飞行控制系统，EFIS-700 电子飞行仪表系统和 RMI-743 无线电距离磁指示器。杭尼韦尔公司的惯性座标系统，斯佩里飞行系统公司的飞行控制计算机系统和数字式大气数据计算机。

翼展 47.57 米，机长 48.51 米、54.10 米（-300 型），机高 15.85 米，翼面积 283.3 米²，客舱门高×宽 1.88 米×1.07 米，货舱门高×宽 1.75 米×1.78 米，选装货舱门（左舷前部）高×宽 1.75 米×3.40 米，机舱长（不含驾驶舱）33.93 米、最大宽度 4.72 米、最大高度 2.87 米、地板面积 154.9 米²，机舱容积 428.2 米³，行李舱容积（放集装箱用）74.8 米³，散装货物舱容积 12.2 米

³，行李舱和散装货舱总容积 107.5 米³（-300 型）。（装 JT9D-7R4D 发动机的 767-200 基本型）使用空重 80550 公斤，最大起飞重量 136080 公斤，最大着陆重量 122470 公斤，最大零燃油重量 122490 公斤，最大载重 30710 公斤。（767-200 基本型）最大巡航速度（高度 9150 米）937 公里／小时，经济巡航速度（高度 11900 米）850 公里／小时，最大载重航程 4110 公里，最大油量航程（载重 7240 公斤）9080 公里进场速度（最大着陆重量）252 公里／小时，起飞场地长度（海平面，29°C）1800 米，设计航程 5520 公里。

【湾流-1C 客机】 美国湾流飞机公司制造的客机，是在美国格鲁门公司 50 年代产品湾流-1（19 座通用运输机）的基础上发展的。湾流飞机公司于 1979 年初开始设计并进行可行性研究，同年 6 月正式决定在湾流-1 的基础上改型，定名为湾流-1C。其主要更改有：机身加长 3.25 米，最大载客量增至 37 人；换装发动机提高剩余功率；更新机载系统，以满足美国联邦航空条例 FAR121 部分的要求。第一架湾流-1C 于 1979 年 10 月 25 日首次飞行，1980 年底投入航线使用，是航线上使用的第一种具有增压客舱的 30～40 座客机。

动力装置为 2 台罗·罗公司"达特"MK529-81 涡桨发动机，功率 2×1990 当量马力。

翼展 23.88 米，机长 22.96 米，机高 7.01 米，机翼面积 56.7 米²，客舱门高×宽 1.55 米×0.91 米，机舱（驾驶舱后框到后行李舱）长度 13.21 米、最大宽度 2.24 米、最大高度 1.85 米，行李舱容积 7.11 米³。基本空重 10700 公斤，最大起飞重量 16330 公斤，最大商务载重 3360 公斤，乘员 3 人，乘客 38 人，最大载油量 4700 公斤，最大着陆重量 15550 公斤。最大巡航速度 571 公里／小时，海平面最大爬升率 9.70 米／秒，FAR 平衡起飞场地长度 1480 米，FAR 着陆距离 844 米，最大载重航程（留余油）800 公里，最大油量航程（无余油）4000 公里。

【比奇 1900 客机】 美国比奇飞机公司研制的小型支线客机。1979 年 9 月展出样机。1981 年制造了 3 架试飞用原型机和 2 架静力试验、疲劳试验机体。1982 年 9 月 3 日原型机首次试飞，1983 年末获得 SFAR 第 41C 部分的适航证，随后交付使用。主要型别有客运型、货运型和行政专机型。

动力装置为 2 台加拿大普拉特·惠特尼公司 PT6A-65B 涡桨发动机平稳功率 2×1100 马力。

翼展 16.61 米，机长 17.63 米，机高 4.54 米，机翼面积 28.15 米^2，左侧前、后客舱门高×宽 1.32 米×0.66 米，离地高度 1.28 米（前门），机舱（含驾驶舱和行李舱）长 12.02 米、最大宽度 1.37 米、最大高度 1.45 米、地板面积 15.28 米^2，行李舱容积 5.00 米^3。空重 3950 公斤，最大起飞重量 7530 公斤，载油量 1635 升，载客量 19 名，最大着陆重量 7300 公斤。最大巡航速度（高度 2440 米，起飞重量 6800 公斤）487 公里/小时，海平面最大爬升率 12 米/秒，实用升限 9150 米，起飞距离（至 15 米）1100，着陆距离（自 15 米，最大着陆重量）945 米，最大油量航程（巡航高度 2440 米，45 分钟余油）1110 公里。

【“大篷车”-1 型飞机】 美国赛斯纳飞机公司研制的多用途轻型飞机。除可用作客、货运输外，换装专用设备后，可完成空中救火、空中摄影、农业喷洒、边境巡逻、跳伞和空投物资、中空救护以及监视飞行等任务。该机 1982 年 12 月首次试飞，1985 年中交付使用。“大篷车”-1 型飞机是赛斯纳公司全新设计的第一种单发多用途轻型飞机，但仍采用传统的常规布局，机翼仍是带斜撑杆的普通上单翼，外翼为梯形。该机打算用来补充或替换正在世界各地执行多种任务的上千架加拿大德·哈维兰公司生产的“海狸”和“水獭”，以及赛斯纳公司生产的 180、185 和 206 型小型飞机。根据美国联邦航空条例第 23 部的要求，“大篷车”支线型客机的载客量限为 10 人，但如果在美国以外不受条例限制的其它地区使用，飞机的最大载客量可达 14 人。机舱内座椅布置为三座一排，中间设过道，地板上设有座椅固定装置，也可用来固定货物。运货时舱内可装 2 个典型的 D 型集装箱或 10 个 208 升油箱。机舱地板承载能力是 976 公斤/米^2。起落装置，根据不同任务要求可选用机轮、浮筒或滑撬，因此，飞机不但可在陆上机场起落，也可在水面或雪地上起落，飞机结实、可靠，特别适用于在未开垦的边远地区使用。飞机操纵品质良好，舵面操纵力较轻，具有短距起落性能。

动力装置：一台加拿大普拉特·惠特尼公司的 PT6A-114 涡桨发动机，平稳功率为 600 轴马力。发动机转数 1900 转/分，采用 3 叶复合材料累桨。主要设备：驾驶舱中的标准仪表显示装置有高度表、磁罗盘、姿态和方向陀螺、空速表、垂直速度指示器等。基本电子设备有赛斯纳 300 系导航/通信装置，无线电罗盘和应答机等。自动驾驶仪和气象雷达根据用户要求选装。

翼展 15.8 米，机长 11.6 米，机高 4.32 米，机翼面积 25.97 米^2，翼弦比 9.61，机舱门（带登机梯）高×宽 1.27 米×0.61 米，货门高×宽 1.27 米×1.24 米，机舱（不含行李舱）长 4.57 米、最大宽度 1.57 米、最大高度 1.30 米，机舱容积 9.66 米^2。空重 1680 公斤，最大行李重量 136 公斤，最大载油量 1010 公斤，最大停机坪重量 3330 公斤，最大起落重量 3310 公斤，载客 10~14 人。（陆上型、最大起飞重量）最大巡航速度（高度 3050 米）342 公里/小时，失速速度（发动机停车，襟翼收上位置）134 公里/小时，海平面最大爬升率 6.1 米/秒，实用升限 9145 米，起飞距离（至 15 米高）413 米，着陆距离（自 15 米高）461 米，航程（最大油量、最大巡航功率、45 分钟余油）1830 公里。

【VC-137 客机】 美国制造，有两种型。VC-137B 由波音 707-120 改装而成（初期定名为 VC-137A，换用 JT3D-3 涡轮风扇发动机后，改称 VC-137B）。VC-137C 由波音 707-320B 改装而成机内设备与 VC-137B 相似。是美军事空运司令部的高级专机。乘员 7~8 人。动力装置 JT3D-3 涡轮风扇式，推力 4×8172 公斤（有反推力装置）。最大时速 1002 公里，巡航时速 886~966 公里。实用升限 11735 米，最初爬高率 1082 米/分。载油量 65616 公升（B 型），90299 公升（C 型）。装载量 40 人（B 型），49 人（C 型）。机内设备：前舱有通讯中心、厨房、盥洗室和 8 个座位。中舱是“空中活动中心”，有会议桌，转椅，电影银幕，2 张坐卧两用沙发。后舱有 14 人双人躺座、2 张桌子，还有厨房、盥室的厕所。翼展 39.87 米（B 型）44.24 米（C 型）。机长：44.04 米（B 型），46.61 米（C 型）。机高：12.80 米（B 型），12.93 米（C 型）。全重：117 吨（B 型），146 吨（C 型）。

【“曼托罗”小型客机】 美国费尔柴尔德飞机公司研制的小型支线客机。是在该公司 6~8 座小型运输机“默林”的基础上放大而成，采用增压座舱。1968 年 8 月开始研制，1969 年 8 月试飞，1970 年 9 月取得适航证并开始交付使用。至 1982 年 3 月各型“曼托罗”已生产 500 架，广泛地被美国、欧洲、中美、非洲等地区所采用。是美国生产的支线客机代表之一。主要型别有：I 型，装加雷特公司的 TPE331-303G 发动机；II 型，设备改进型；III 型，改进机翼、换装更大功率的发动机的发展型，1981 年开始交付使用；III A 型，装

PT6A-45R 发动机的改型，1983 年末开始交付使用。下述内容适合于"曼托罗"Ⅲ型。

动力装置为 2 台加雷特 TPE331-11U-601G 涡桨发动机，功率 2×1100 马力。

翼展 17.37 米，机长 18.09 米，机高 5.08 米，机翼面积 28.71 米^2、展弦比 10.5，机舱长度 7.75 米、最大宽度 1.57 米、最大高度 1.45 米，后货舱容积 3.85 米^3，前货舱容积 1.27 米^3，舱门高×宽 1.35 米×0.64 米。使用空重 3690 公斤，最大起飞重量 6580 公斤，燃油量 1970 公斤，载客数量 19～20 名。最大巡航速度（高度 4575 米）515 公里／小时，经济巡航速度（高度 7620 米）472 公里／小时，海平面爬升率 12 米／秒，实用升限 8380 米，航程（19 名乘客，45 分钟余油）1610 公里，起飞距离（至 15 米高）1010 米，着陆距离（从 15 米高）827 米。

【"奖状"Ⅲ行政机】 美国赛斯纳公司生产的一种小型涡扇式行政机。是赛斯纳公司进入高速中等尺寸公务飞机市场的标志。第一架原型机 1979 年 5 月首次试飞，第二架 1980 年 5 月首次试飞。1983 年春正式交付使用。是一种小型行政专机，座舱备有增压和空调设备，环境舒适。客舱内最多可容纳 9 名乘客，标准布局为 6 座。驾驶舱内两名空勤人员，飞机飞行速度快，试飞时最大速度达到 M0.83，俯冲时最大速度达 M0.90。

动力装置为 2 台美国加雷特公司 TFE731-3B-100S 涡扇发动机，起飞推力 2×1656 公斤。

翼展 16.31 米，机长 16.90 米，机高 5.27 米，机翼面积 29.00 米^2，座舱（不含驾驶舱）长 5.66 米，最大宽度 1.73 米，最大高度 1.78 米标准空重 5090 公斤，最大载油量 3390 公斤，最大无燃油重量 6440 公斤，最大起飞重量 9530 公斤，最大着陆重量 7710 公斤。最大巡航速度（高度 10670 米，重量 7260 公斤）874 公里／小时，海平面最大爬升率 21 米／秒，升限 15550 米，FAR25 起飞场地长度（海平面）1325 米，FAR25 着陆跑道长度（最大着陆重量）780 米，航程（2 名空勤人员+6 名乘客，45 分钟余油）4820 公里。

【L-1011"三星"中短程客机】 美国洛克希德飞机公司研制的宽机身中短程客机。1966 年开始初步设计，1968 年 6 月进入生产设计阶段。1970 年 11 月首次飞行。1972 年 4 月之后各型 L-1011 陆续投入航线使用。主要型别：L-1011-1，基本型，载客量 256～400 名，1972

年投入航线使用；L-1011-100，加大航程型；L-1011-200，用于跨洋航线，换装推力更大的 RB·211-524 发动机，适合在高温和高原地区使用；L-1011-500，过程型，机身缩短了 4.11 米，最大载油量达 96160 公斤，最大起飞重量 224980 公斤，前货舱装 12 个 LD3 集装箱，或 4 个 2.24 米×3.17 米的货盘，中部货舱装 7 个 LD3 集装箱，混合级舱可载客 246 人，最大载客布局 330 人，1979 年开始航线使用。

动力装置：-1 型和-100 型装 3 台罗斯·罗伊斯公司的 RB·211-22B 涡扇发动机，推力 3×19050 公斤；-200 型和-500 型装 3 台 RB·211-524（推力 3×21770 公斤）或 RB·211-524B／B4（推力 3×22680 公斤）涡扇发动机。主要设备：标准设备包括 2 台 ARINC546 甚高频通信电台，2 个 ARINC546 甚高频导航系统，2 台 ARINC568 询问机，1 部 ARINC564 气象雷达 165 公斤，中央大气数据计算机，2 台 ARINC572 空中交通管制应答机，3 个垂直陀螺仪和全套仪表飞行设备。剩下的空间装两台 ARI-NC533A 高频电台和一套双重卫星通信系统，全自动飞行操纵系统能保证自动起飞、爬高、巡航、下滑、进场着陆和刹车，该系统能在ⅢB 类气象条件下完成自动着陆。

基本型的翼展 47.34 米，机长 54.17 米，机高 16.87 米，机翼面积 320 米^2，客舱门高×宽 1.93×1.07 米，机高 16.87 米，机翼面积 320 米^2，客舱门高×宽 1.93×1.07 米，离地高度 4.6 米，行李和货舱门（后）高×宽 1.22 米×1.12 米，离地高度 2.92 米，机舱长（不含驾驶舱）41.43 米、最大宽度 5.77 米、最大高度 2.41 米、地板面积 215.5 米$_2$，行李／货舱容积 110.4 米^3.使用空重 109630 公斤，最大起飞重量 195050 公斤，最大商载 37780 公斤，最大零燃油重 147420 公斤，最大着陆重 162390 公斤。最大巡航速度（高度 9145 米）964 公里／小时，经济巡航速度 890 公里／小时，最大爬升率（海平面）14 米／秒，实用升限 12800 米，FAR 起飞场地长度 2440 米，FAR 着陆场地长度 1730 米（最小着陆重量），最大载.重航程 4970 公里，最大载油航程 7880 公里。

【L1011-1 中近程客机】 美国制造。该机使用英国制造的发动机。1970 年 11 月首次试飞，1972 年 4 月开始载客飞行，乘员 3 人。动力装置为 3 台 RB·211-22B 涡轮风扇式 19050 公斤的发动机。最大时速 M0.9（高度 9145 米），巡航时速 M0.82-0.85。实用升限 12800 米。最初爬高率 853 米／分。航程 7189 公里（载重 18145 公斤），最大载重时为 4629 公里。起飞跑道长度 2371 米，着陆跑道长度 1762 米。载油量 88200 公升。旅客座位数 256-400。最大起飞重量 41150 公斤。翼展 47.34 米，机长 54.35 米，机高 16.87 米。全重为 195045 公斤。

【里-2 近程运输机("出租汽车")】 苏联研制。该机系仿美 DC-3 型机制造而成，分"п"、"т"两种型号："п"是客机，"т"是货机。客机可载 14 人（软座），货机可载 12 人（硬座）。乘员 5-6 人。动力装置为 АШ-62иР 活塞式，推力 2×1000 马力。最大时速 325 公里。巡航时速 240 公里。最大升限 6400 米。爬高率 2-3 米／秒。最大航程 2650 公里。续航时间 12 小时。载油量 2504 公斤。起飞重量 16800 公斤（最大 17250 公斤）。装载量 2300 公斤／14（座位）。翼展 28.8 米，机长 19.65 米，机高 5.15 米，翼展面积 28.8 米。起飞滑跑距离 455 米，着陆滑跑距离 380 米。

图 10-52 里-2 近程运输机("出租汽车")

【安-2 轻型运输机("马驹")】 苏联安东诺夫设计局研制的多用途轻型运输机，1947 年首次飞行，1948 年使用。主要型别有安-2п 标准型，安-2C 农业型，安-2B 水机型，安-23A 高空气象研究型，安-2P 灭火水机型，安-2тд 跳伞型等。乘员 2-4 人。动力装置 АШ-62ИР 活塞式，1×1000 马力。最大时速 258 公里。巡航时速 185 公里。实用升限 5000 米。爬高率 3.5 米／秒。最大航程 1750 公里（载重 750 公斤），续航时间 8 小时。载油量 980 公斤。载重量 1500 公斤（最大）。空重 3450 公斤。正常起飞重量 5250 公斤。最大起飞重量 5500 公斤。装载能力可载 12 名乘客，或 6 副担架。翼展 18.18 米（上），14.24 米（下），机长 12.74 米，机高 4.0 米，翼面积 71.60 米²。起飞滑跑距离 180 米，着陆滑跑距离 140-160 米。

【安-8 短程运输机("菜窖")】 苏联安东诺夫设计局研制的短程运输机。该机设计用于部分代替里-2，原型机于 1955 年秋试飞。可从简易机场起降和执行空投、空降和搜集核爆炸放射性尘埃样品等任务。乘员 7 人。动力装置为 АИ-20д 涡轮螺旋桨式，2×4000 马力。最大时速 520 公里。巡航时速 470 公里（高度 7500 米）。最大升限 9600 米，爬高率 450 米／分。航程 2800-3900 公里。活动半径 1100 公里。起飞重量 35000 公斤（最大 40000 公斤）。武器装备 1 门 20 毫米炮（机尾）。载运量 12000 公斤或 42-75 名士兵。翼展 37 米，机长 30.74 米，机高 11 米，翼面积 117.2 米² 起飞滑跑距离 750 米，着陆滑跑距离 650 米。

【安-10 中程运输机("猫")】 苏联安东诺夫设计局研制中程运输机。该机又称"乌克兰"型，1951 年 3 月首次试飞，1959 年 7 月投入航线使用。安-10 有三种型别：最早生产的基本型可载客 84 人；安-10A 机身加长 2 米，可载客 100 人，如将客舱布置改为交错排列的座位，可载客 120-130 人；安-106（或称安-16）机身加长 4 米，并将地板下货舱的高度加大到 1.2 米，可载客 132 人。乘员 4~5 人。动力装置为 AN-20 涡轮螺旋将式，4×4000 马力。巡航时速 680 公里（最大，高度 1000 米），630 公里（经济，高度 1000 米），最大航程 1200 公里（最大载重）、4057 公里（最大载油）。载油量 10250 公斤。载动量 14500 公斤／84-132（座位）。起飞重量 55100 公斤。翼展 38 米，机长 34 米，机高 9.83 米，翼面积 120 米²。起飞滑跑距离 700-800 米，着陆滑跑距离 500-650 米（逆桨）。

图 10-53　安-10 中程运输机("猫")

【安-12 中远程运输机("幼狐")】 苏联安东诺夫设计局研制的军用运输机，是从安-10 旅客机发展来的，但重新设计了后机身和机尾。该机 1956 年首次试飞，1958 年投入批生产并交付使用。安-12 曾是苏联运输航空兵的主力，但从 1974 年起逐渐被伊尔-76 取代。安-12БП 是标准军用型、也是出口的主要型别，此外还有电子情报搜集型、电子对抗型、客货混合运输型、北极运输型等。

动力装置为 4 台伊夫钦科 AN-20K 涡桨发动机，起飞功率 4×4000 当量马力。

翼展 38.00 米，机长 33.10 米，机高 10.52 米，机翼面积 121.70 米^2，后货舱门长×宽 7.70 米×2.95 米，货舱长度 13.50 米、最大宽度 3.5 米、最大高度 2.60 米，货舱容积 97.20 米^3。空重 28000 公斤，最大起飞重量 61000 公斤，最大载重 20000 公斤，乘员 5～6 人，可运载 100 名武装人员。最大平飞速度 777 公里／小时，最大巡航速度 670 公里／小时，海平面最大爬升率 10 米／秒，实用升限 10200 米，起飞滑跑距离 700 米，着陆滑跑距离 500 米，最大载重航程 3600 公里，最大油量航程 5700 公里。

【安-14 轻型运输机（"愚人"）】 苏联安东诺夫设计局研制的轻型运输机。该机原型机于 1958 年 3 月试飞，1965 年投产。军用型和民用型外形与性能基本相同。其发展型安-14M 即是具有固定起落架的安-28 型，装 2 台涡轮螺旋桨发动机（单台起飞功率 810 当量马力），机身加长，可载 15 人，最大巡航时速约 300 公里，航程为 1150 公里。乘员 1～2 人。动力装置为 АИ-14Ф 活塞式，2×350 马力。巡航时速 190 公里（最大）、175 公里（经济）。实用升限 5000 米。最初爬高率 5.80 米／秒。最大航程 650 公里（最大载重）、800 公里（最大载油）。载运量 720 公斤，或 7～8 人，或 6 付担架和 2 名医护人员。起飞重量 3600 公斤（最大）。翼展 21.99 米，机长 11.44 米，机高 4.63 米。翼面积 39.72 米^2。起飞滑跑距离 90 米（从草皮场地），着陆滑跑距离 110 米（在草皮场地）。

【安-22 重型运输机（"雄鸡"）】 苏联安东诺夫设计局研制的远程重型军用运输机。主要用于运载重型军事装备，是世界上最大的运输机之一。1962 年开始研制，1965 年 2 月首次试飞，1966 年投入批生产，1967 年开始交付使用，主要用来空运部队和大尺寸、大重量的军事装备，能在简易机场起落。安-22 货舱容积 640 米^3，可运载地空导弹、火箭发射车、导弹运输车、坦克及桥梁、汽车等。驾驶舱内乘员 5～6 人，驾驶舱后面有一个与主货舱隔开的可容纳 28～29 名乘客的机舱。

动力装置：4 台库兹涅佐夫 HK-12MA 涡轮螺桨发动机功率 4×15000 轴马力，每台发动机驱动一对直径为 6.4 米的四叶同轴对转螺桨，着陆时可反桨，缩短着陆距离。

翼展 64.40 米，机长约 57.92 米，机高 12.53 米，机翼面积 345 米^2，货舱（不含驾驶舱）长 33.00 米、最大宽度 4.40 米、最大高度 4.40 米。空重 114000 公斤，最大起飞重量 250000 公斤，最大载重 80000 公斤，最大载油量 43000 公斤。最大平飞速度 740 公里／小时，最大巡航速度 685 公里／小时，起飞滑跑距离 1300 米，着陆滑跑距离 800 米，最大载重航程 5000 公里，最大油量航程（载重 45000 公斤）10950 公里。

图 10-55 安-22 重型运输机（"雄鸡"）

【安-24 中短程运输机（"焦炭"）】 苏联安东诺夫设计局研制的中、短程运输机。1958 年开始设计，原型机 1960 年 4 月首次试飞，1963 年 9 月进入航线使用。主要改型有：安-24B 标准型，载客 50～52 人；安-24N 森林灭火型；安-24PB，和安-24B 基本相同；安-24Γ 货运型，与安-24B 基本相同；安-24PT 货运型，用于高温高原地区。下述内容除注明外均指 B 型。

动力装置为 2 台伊夫钦科学设计局的 АИ-24A 涡桨发动机（带 68 公斤喷水装置），功率 2×2500 当量马力。

翼展 29.2 米，机长 23.53 米，机高 8.32 米，机翼面积 74.98 米^2，后客舱门（左侧）高×宽 1.40 米×0.75 米（Γ、B 型除外），离地高度 1.40 米，机舱长度（52 座，不含驾驶舱）9.69 米，最大宽度 2.76 米，最大高度 1.91 米，地板面积 39.95 米^2，货舱容积（Γ 型）50 米^3。使用空重 13300 公斤，最大起落重量 21000 公斤，最大商务载重 5500 公斤，乘员 3 名，载乘客 44～52 人，最大载油量 4760 公斤。正常巡航速度（高度 6000 米）450 公里／小时。海平面最大爬升率 7.7 米／秒，实用升限 8400 米，起飞滑跑距离 600 米，着陆滑跑距离 880 米，最大载重航程（留余油）550 公里，最大油量航程（50 分钟余油）2400 公里。

【安-26 中短程运输机（"卷发"）】 苏联

安东诺夫设计局研制的涡轮螺桨中、短程运输机。是在安-24PT货机基础上研制的，但后机身是重新设计的，并使用功率更大的 АИ-34BT 发动机。安-26的标准型是货运机，但可以方便地改成客机、球护机或伞兵运输机。安-26 1968年首次试飞，1969年开始服役，主要有两种型别：安-26初始型和安-26B改进型。

动力装置为2台伊夫钦科设计局的 АИ-24BT 涡轮螺桨发动机，功率 2×2820 马力。

翼展29.20米，机长23.80米，机高8.50米，机翼总面积 74.98 米²，空勤人员舱门高×宽1.40米×0.60米、离地高度1.47米，货舱地板长11.50米，货舱宽度2.40米，货舱最大高度1.91米。空重15.020公斤，正常载重4500公斤，最大载重5500公斤，乘员5名，可载50名伞兵，正常起落重量23000公斤，最大起落重量24000公斤。巡航速度（设计6000米）425～435公里/小时，海平面最大爬升率8米/秒，实用升限7500米，起飞距离（至15米高）1240米，着陆距离（从15米高）1740米，最大载重航程（无余油）1100公里，最大油量航程（无余油）2550公里。

【安-28 运输机（"硬币"）】 苏联安东诺夫设计局研制的轻型多用途运输机。是活塞式安-14飞机的放大型。原型机（最初称安-14M）1969年9月首次试飞，第一架预生产型飞机1975年4月首次飞行。安-28的总体布局和安-14的主要区别是机身增大并装固定式前三点起落架。安-28的设计目的是供苏联民航局的短途航线使用，能在高温地区和山区机场起落，可用来完成客运、货运、邮政、科学考察、地质勘探、森林火警巡逻和森林灭火、空中球护和球援、以及跳伞训练及农用等任务。

动力装置为2台波兰制造的格鲁申科夫设计局的 TVD-10B 涡桨发动机功率 2×960 轴马力。

翼展22.07米，机长13.10米，机高4.90米，机翼面积 39.72 米²，机舱（不含驾驶舱）长5.26米，最大宽度1.74米，最大高度1.60米。空重3500公斤，最大起落重量6500公斤，最大商务载重1750公斤，乘员2人，乘客15～20人，最大载油量1580公斤。巡航速度（高度3000米）337公里/小时，海平面最大爬升率8米/秒，起落场地长度550～600，最大载重航程560公里，最大油量航程1400公里。

【安-32 中短程运输机（"斜坡"）】 苏联安东诺夫设计局研制的涡桨式中短程运输飞机。是安-26的发展型，机体有一些小的更改，但换装了功率更大的发动机。1976年首次试飞。批生产安排在基辅的乌兰乌德的航空工厂进行。安-32有两种型别：一种装单台功率为4200马力的 АИ-20M 涡桨发动机另一种装单台功率为5110马力的 АИ-20DM 涡桨发动机。后者主要用于高温、高原环境，能在海拨4000～5000米的机场或气温在国际标准大气+25℃的环境下起落。

动力装置为2台 АИ-20M 涡桨发动机，功率 2×4200 当量马力或2台 АИ-20DM 涡桨发动机，功率 2×5100 当量马力。

翼展29.20米，机长23.80米，机高8.58米，机翼总面积 74.98 米²。最大起飞重量26000公斤，最大载重6700公斤，乘员5人，可载39名乘客或兵员30人，最大载油量5500升。正常巡航速度510公里/小时，最佳巡航高度8000米，实用升限9500米，起飞滑跑距离500米，最大载重航程（45分种余油）800公里。最大油量航程（45分钟余油）2200公里。

【安-72 运输机（"运煤船"）】 苏联安东诺夫设计局研制的短距起落货运飞机。是安-26的后继机，其外形与美国波音公司的 YC-14 很相象。发动机尾喷流从上翼面吹过产生附壁效应，使气流贴襟翼面下，升力增大，因而具有短距起落我。飞机装低压轮胎和多轮起落架，既能在土跑道或冰雪覆盖的跑道上起落，也能在未铺筑的自然着陆场地或欧洲的小机场起落。安-72主要是作为民用运输机设计的，也可改型作军用运输机。驾驶舱有3名乘员，主机舱主要按装货要求设计的，但沿舱壁有32个折叠椅，救护型可容纳24名伤员和一名护理人员。安-72原型机于1977年12月首次试飞。

动力装置为2台洛塔列夫的 Д-36 高涵道比涡扇发动机，额定起飞推力 2×6500 公斤。

翼展25.83米，机长26.58米，机高8.24米，机翼面积约 90 米²，主舱长9.00米、宽（地板高处）2.10米、最大高度2.20米。最大载重10000公斤（正常）、3500公斤（短距起落），最大起飞重量26000公斤（从1000米跑道起飞）、30500公斤（从1200米跑道起飞）。最大巡航速度720公里/小时，实用升限11000米，正常使用高度8000～10000米，起飞滑跑距离470米，最大载重航程（30分钟余油）1000公里，最大油量航程（30分钟余油）3800公里。

【安-124 运输机("秃鹰")】 苏联安东诺夫设计局研制的重型军用战略运输机。1982 年 12 月开始试飞，1987 年至 1988 年进入服役。安-124 是苏联为运载坦克及其它重型军事装备以便和美国的战略运输机 C-5 相抗衡而发展的。安-124 是目前世界上最大的飞机，其外形与美国的 C-5A 相似，机身长度和宽度也与 C-5 相差不多，但推力增加 25%，机翼比 C-5A 的大，并采用低平尾布局。安-124 将逐步替换涡轮螺桨式安-22 战略运输机。安-124 装四台洛塔列夫设计局的 20000 公斤级 Д-18T 涡扇发动机，这种发动机是苏联设计的第一种高涵道比涡扇发动机。据估计，安-124 比 C-5A 重 10～15%，最大有效载重为 120000 公斤或载 200 名全副武装的士兵，满载航程可达 4600 公里。安-124 能快速布置 SS-20 中程弹道导弹，并可完成载运坦克及其它重型武器装备的任务。

动力装置为 4 台洛塔列夫 Д-18T 涡轮风扇发动机，推力 4×22760 公斤。

翼展 73 米，机长 70 米，机翼面积 690 米²。使用空重 170000 公斤，最大有效载重 120000 公斤，最大起飞重量 395000 公斤。巡航速度 M0.85，满载航程 4000 公里。

【安-30 运输机】 苏联制造。1974 年生产出厂，该机是中型客货两用机。动力装置采用伊夫钦科厂生产的 AI-24VT 型飞机发动机，台数推力为 2×2820 公斤。

翼展 29.20 米，全长 24.26 米，全高 8.32 米，主轮距 7.90 米。

最大起飞重量 23000 公斤，最大着陆重量 23000 公斤，基本重量 15590 公斤燃油容量 6200 升。

最大速度 540 公里／小时，着陆速度 175 公里／小时，起飞场地长度 710 米，着陆长度 670 米。最佳巡航速度 430 公里／小时，最大航程 2630 公里，升限 8300 米。

【伊尔-14 短程运输机("条篓")】 苏联伊留申设计局研制的短程运输机。该机为伊尔-12 的改进型。1950 年首次试飞，1954 年服役。伊尔-14П 为其标准型，可载客 18-26 人。伊尔-14M 的机身加长 1 米，最多可载客 32 人。乘员 5-6 人。动力装置为 AШ-82T 活塞式，2×1900 马力。最大时速 412 公里，巡航时速 340 公里。最大升限 7500-9200 米。爬高率 2-3 米／秒。最大航程 1785 公里，续航时间 8 小时 10 分。载油量 3520 升。空重 12500 公斤。最大起飞重量 17500 公斤，18000 公斤（M 型）。载运量 4000 公斤／18-32（座位）。翼展 31.7 米，机长 21.31 米（п 型）、22.31 米（M 型）。机高 7.8 米。翼面积 99.7 米²。起飞滑跑距离 500 米，着陆滑跑距离 600 米。

【伊尔-18 中程运输机("黑鸭")】 苏联伊留申设计局研制的中程运输机。该机 1955 年开始设计，1957 年 7 月原型机试飞，1959 年 4 月加入航线使用。伊尔-18 基本型，载客 84 人，B 是标准型，110 座，Д 是改进型，65 个座位，相当于一级客舱标准。苏联还将伊尔-18 改装成伊尔-20 电子侦察机。伊尔-22 空中指挥机，伊尔-38 反潜巡逻机。乘员 8 人。动力装置为 AN-20K（或 AN-20M）涡轮螺旋桨式，4×4000（或 4×4250）马力。最大时速 675 公里。巡航时速 650 公里。最大升限 9500-10000 米。最大航程 6500 公里（最大燃油）、3700 公里（最大载重）。续航时间 8-11 小时，载油量 18000 公斤（6、B 型）、24000 公斤（Д 型）。空重 35000 公斤。正常起飞重量 54000-58000 公斤。最大起飞重量 61500 公斤（Д 型为 64000 公斤）。载运量 11000-13000 公斤／84-111（座位）。翼展 37.4 米，机长 35.9 米，机高 10.17 米，翼面积 140 米²。起飞滑跑距离 1000-1200 米，着陆滑跑距离 800-850 米。

【伊尔-62 远程客机("文豪")】 苏联伊留申设计局设计的苏联第一种远程喷气式客机。高密度布局时载客 186 人。研制工作 1962 年开始，1963 年 1 月第一架原型机开始试飞。伊尔-62 有 3 种型别：伊尔-62，初期型，早已停产；伊尔-62M（也称作伊尔-62M-200），发展型，机体几何尺寸不变，但换装了推力更大的发动机，每对发动机的外侧装蚌壳型反推力装置，降低了进场速度，也改善了吊舱尾部的气流，尾翼上装油箱，加大了航程，机上装备的自动飞行控制系统可保证飞机和国际民航组织规定的 II 类气象条件下自动着陆，还可进一步改装以完成 III 类自动着陆，生产型伊尔-62M 于 1974 年投入莫斯科至哈瓦那航线，并逐步承担了苏联全部远航任务；伊尔-62MK，1978 年出现的改型，飞机几何尺寸和动力装置与 M 型的相同，但加强了机翼，使疲劳寿命增加，内部布局重新设计，座椅数改为 195 座，最大起飞重量 167000 公斤。

动力装置（M 型和 MK 型）：4 台索洛维叶夫 D-30KU 涡轮风扇发动机，水平成对地安装在后机身两侧，起飞推力 4×11000 公斤，耗油率 0.49 公斤／公斤推力／小时（起飞推力）。

主要设备有：高频和甚高频电台，双通道自动驾驶仪，NV-PB-1 多普勒导航计算机，SVS-PN-15 大气数据系统，双套 SAU-1T 自动飞行控制系统，无线电高度表和气象雷达等。

翼展 43.20 米，机长 53.12 米，机高 12.35 米，机翼面积 279.55 米^2，客舱门高×宽 1.83 米×0.86 米，离地高度 3.55 米，机舱最大宽度 3.49 米、最大高度 2.12 米，机舱容积 163 米^3，货舱容积 48 米^3。（M 型）使用空重 69000 公斤，最大起飞重量 165000 公斤，最大商务载重 23000 公斤，乘员 5 名，乘客 198 名，最大无燃油重量 94600 公斤，燃油重量 83300 公斤，最大着陆重量 105000 公斤。（M 型，最大起飞重量）正常巡航速度 820～900 公里／小时，正常巡航高度 10000～12000 米，平衡起飞场地长度（海平面，国际标准大气）3300 米，着陆滑跑距离（海平面，国际标准大气）2500 米，最大商载航程（5100 公斤余油）7800 公里，最大油量航程（载重量 10000 公斤，有余油）10000 公里。

【伊尔-76 中远程运输机（"耿直"）】 苏联伊留申设计局研制的中远程军民两用运输机。和美国 C-141 军用运输机相当。60 年代末开始设计，原型机于 1971 年 3 月首次试飞，1975 年开始批生产伊尔-76 的军用型于 1975 年开始在苏联空军运输航空兵中服役。主要型别有：伊尔-76，初始生产型；伊尔-76T 发展型，机身上部机翼中段增加了辅助油箱；伊尔-76M，军用改型，增装尾炮塔和小型电子干扰设备整流罩；伊尔-76TD，民用型，增加了燃油，也可能换装更省油的发动机，大约在 1982 年 9～10 月交付给苏联民航局；伊尔-76MD，军用型，M 型的发展型；伊尔-76 预警型（北约组织称为"主牵条"），改型工作 70 年代开始，用以替换图-126"苔藓"预警机。

动力装置为 4 台索洛维叶夫 Д-30Кπ 涡轮风扇发动机，起飞推力 4×12000 公斤，耗油率 0.49 公斤／公斤推力／小时。

主要设备：机上装全天候飞行用的所有设备，包括自动飞行控制系统和自动进场着陆计算机；气象和地形测绘雷达装在机头下方和雷达罩内；左起落架整流罩内装有辅助动力装置，用于直动发动机，并且当飞机停地面上时为飞机各系统提供动力，飞机装有随机装卸系统，使飞机不依赖地面设备支持。翼展 50.50 米，机长 46.59 米，机高

14.76 米，机翼面积 300 米^2，后装货舱门高×宽 3.40 米×3.45 米，机舱长 20.0 米（不含跳板）、24.50 米（含跳板），机舱宽 3.0 米（不含跳板）、24.50 米（含跳板），机舱宽 3.40 米，机舱高 3.46 米，机舱容积 235.3 米^3。空重 7000 公斤，最大起飞重量 170000 公斤，最大商务载重量 40000 公斤，机务乘员 3～5 人，可运载 150 名士兵或伞兵 120 名，容许的地板承载 1450～3100 公斤／米^2。最大平飞速度 850 公里／小时，巡航速度 750～800 公里／小时，正常巡航高度 9000～12000 米，起飞速度 210 公里／小时，绝对升限约 15500 米，起飞滑跑距离 850 米，着陆滑跑距离 450 米，正常航程（最大载重）5000 公里，最大油量航程（有余油）6700 公里。

【伊尔-86 中远程运输机（"小船坞"）】 苏联伊留申设计局研制的宽机身中远程运输机。1970 年左右开始研制，1973 年确定最后方案，共制造三架原型机，1976 年 12 月原型机首次试飞，1979 年 9 月开始向苏联民航交付。伊尔-86 是苏联第三代喷气式飞机，也是苏联设计的第一种采用翼下吊挂发动机布局的民航客机。其总体布局与美国的宽机身客机波音 747 有些相似。机舱分上、下两层，上层是客舱；下层是行李舱和货舱，舱内有行李架和货物混装系统。伊尔-86 的起落架由一个双轮前起落架和 3 个四轮小车式主起落架构成。这使它可以在跑道路面较薄的机场上使用。伊尔-86 的机体设计寿命 40000 飞行小时或 20000 次起落。改型方案有：货运型前机身增设一个大货门，改装后将和伊尔-76 共同分担国内和国际航线的货运任务；加油机型可载油 52000 升，如果使用苏联的新式空中加油设备，每分钟可输油 3000 升；运兵型如果上下舱都用于运兵，一架飞机可运载 420 名士兵，如果运载伞兵，每架飞机可运载 250～300 名全副武装的伞兵；预警机型将和伊尔-76 预警型飞机一起使用，用于替换图-126"苔藓"预警机。

动力装置：4 台库兹涅佐夫 HK-86 涡轮风扇发动机，推力 4×13000 公斤，装于翼下吊舱中，涵道比为 1.3，备有反推力装置和噪音衰减装置。主要设备：全部电子设备都装在机身气密舱内，机上装有自动编程的多普勒导航系统，飞行控制和导航设备可自动控制飞机爬升和下降，仪表着陆系统允许飞机在ⅢA 级气象条件下自动着陆。

翼展 48.06 米，机长 59.54 米，机身长 56.10 米，机高 15.81 米，机翼面积 320 米^2，机身直径

6.08 米，机舱高度 2.61 米，机舱最大宽度约 5.70 米。空重 120000 公斤，最大起飞重量 190000～206000 公斤，最大商务载重 4200 公斤，乘员 3～4 名，乘客 350，最大载油量 86000 公斤，最大着陆重量 175000 公斤。正常巡航速度 900～950 公里／小时，正常巡航高度 9000 米～11000 米，进场速度 240～260 公里／小时，起落场地长度 2300～2600 米，航程（载重 40000 公斤）3600 公里，最大油量航程 4600 公里。

【图-1046 中程运输机（"骆驼"）】 苏联图波列夫设计局研制的中程运输机。该机系在图-16 中型轰炸机基础上设计而成，1955 年 6 月试飞，该机有四种型别：早期型装 2 台 AM-3 涡轮喷气发动机，只能载客 50 人；A、B、6 型改装 2 台 AM-3M 发动机，它们的性能大体相同，仅客舱布置有所不同，其中 6 型机身加长了 1.2 米。乘员 5 人。动力装置为 AM-3M-500 涡轮喷气式，推力 2×9700 公斤。巡航时速 800 公里（经济）、990 公里（最大）。最大航程 4300 公里（最大燃油），4000 公里（最大载重）。载油量 26500 公斤，最大起飞重量 76000 公斤。载运量 9000 公斤／100（座位）。翼展 34.54 米，机长 40.05 米（6 型），机高 11.2 米，翼面积 180 米^2，起飞滑跑距离 2200 米，着陆滑跑距离 2000 米。

【图-114 远程运输机（"夹板"）】 苏联图波列夫设计局研制的远程运输机。该机系在图-95 重型轰炸机基础上设计而成。1957 年原型机试制成功，1961 年加入航线使用。该机有两种型别：一是标准型，正常座位 170 个，最多 220 个，适用于近程航线；另一种是 Д 型，基本上与标准型相同，但机身较短较细，适用于远程航线，

图 10-56　图-114 远程运输机（"夹板"）

载运较少的旅客、邮件和紧急物资。乘员 5 人。动力装置为 HK-12MB 涡轮螺旋桨式，4×14795 马力。巡航时速 800 公里（最大，高度 10000 米）、740 公里（经济，高度 10000 米）。最大航程 10000 公里（最大燃油）、8970 公里（最大载重）。载油量 60800 公升。最大起飞重量 165000

公斤。载运量 25000 公斤／120-220（座位）。翼展 51.1 米，机长 54.1 米，机高 11.8 米，翼面积 310.5 米^2，起飞滑跑距离 2850 米（至 15 米高度），着陆滑跑距离 2648 米（自 15 米高度）。

【图-124 中近程运输机（"莱锅"）】 苏联图波列夫设计局研制的中程运输机。该机 1958 年开始设计，1960 年 3 月首次试飞，1962 年 10 月加入航线飞行。该机有标准型、"B"、"K" 和 "K" 4 种型别，性能相同，客舱布置不一，可在无铺筑面的机场起落。图-124，已停产。乘员 3-4 人，动力装置为 Д-20п 涡轮风扇式，推力 2×5400 公斤。最大时速 965 公里。巡航时速 800-870 公里。实用升限 11300 米。最初爬高率 17 米／秒。最大航程 2100 公里（最大燃油）、1200 公里（最大载重）。续航时间 3 小时。载油量 10500 公斤。最大起飞重量 38000 公斤。载运量 6000 公斤／50-60（座位）。翼展 25.55 米。机长 30.58 米，机高 8.08 米，翼面积 119.4 米^2。起飞滑跑距离 1030 米，着陆滑跑距离 930 米。

【图-134 中近程运输机（"硬壳"）】 苏联图波列夫设计局研制的中远程运输机。该机系在图-124 基础上发展而成，1967 年正式加、航线。机上装有完善的无线电、雷达及仪表着陆设备，保证了飞机全天候使用。该机有图-134 和图-134A 两种型别。乘员 4 人。动力装置为 Д-30 涡轮风扇式，推力 2×6800 公斤。巡航时速 870 公里（最大）、750 公里（经济）。最初爬高率 14.7 米／秒。航程（最大燃油）3500 公里、3200 公里（A 型），（最大载重）1970 公里、2000 公里（A 型）。载油量 13000 公斤、14400 公斤（A 型）。最大起飞重量 44500 公斤、47000 公斤（A 型）。载运量 7700 公斤／64-72（座位）、8200 公斤／76-80（座位）（A 型）。翼展 29 米，机长 35 米、37.05 米（A 型），机高 9.02 米、9.144 米（A 型）。翼面积 127.3 米^2。起飞滑跑距离 1000 米、1400 米（A 型），着陆滑跑距离 800-865 米、780 米（A 型）。

图 10-57　图-134 中近程运输机（"硬壳"）

【图-144 超音速运输机（"军马"）】 图波列夫设计局设计的超音速运输机。总体布局与英、法合搞的"协和号"超音速运输机极其相似。1962 年开始研制，1968 年 12 月原型机道次试飞。

动力装置为 4 台库兹涅佐夫设计局的 HK-144 双转子涡扇发动机，推力 4×20000 公斤。

翼展 28.80 米，机长 65.70 米，机高 12.85 米，机翼面积 438 米^2，客舱高度 1.93 米，行李舱容积 20 米^3。使用空重 85000 公斤，最大起飞重量 180000 公斤，最大商务载重 14000 公斤，最大载油量 95000 公斤，最大着陆重量 120000 公斤。最大巡航速度 M2.35／2500 公里／小时，正常巡航速度 M2.2／2300 公里／小时，巡航高度 16000～18000 米，平衡起飞场地长度（海平面，最大起飞重量）3000 米，着陆滑跑距离 2600 米，最大航程（140 座）6500 公里。

图 10-58　图-144 超音速运输机（"军马"）

【图-154 中远程运输机（"轻率"）】 苏联图波列夫设计局设计的中远程客机，1966 年春开始研制，1968 年 10 月原型机首次试飞，共有 6 架原型机和预生产型飞机投入研制试飞。1971 年 5 月开始交付使用。共有三种型别：图-154，基本型，载客量 167 名，已被 A 型和 B 型取代；图-154A，发展型，1973 年下半年首次飞行，于 1975 年投入定期航线使用，其外形尺寸和载客量与基本型大致相同，但换装了推力更的库兹涅佐夫设计局的 NK-8-2u 发动机，改进了设备和系统，增加了总重，改善了性能和可靠性，降低了维护要求。在 3 台发动机中任何一台停车情况下均可正常飞行，使用一台发动机也能在低空飞行；图-154B，改进型，从 1977 年开始，B 型是图-154 尚在生产的唯一型别，动力装置与 A 型的相同，但装备了供 II 级自动着陆用的自动飞行控制系统和导航系统。座舱载客量增加到 180 人。

动力装置：基本型装 3 台库兹涅佐夫设计局的 HK-8-2 涡扇发动机，流量比为 1，静推力 3×9500 公斤。A 型和 B 型装 3 台 HK-8-2u 涡扇发动机，推力 3×10500 公斤，在高度 11000 米、速度 900 公里／小时飞行时，每台发动机的额定推力为 2650 公斤，此时耗油率为 0.79 公斤／公斤推力／小时。主要设备：标准设备有自动飞行控制系统；惯性导航系统，其误差约为 3.7 公里／飞行小时，即精度为每飞行 450 公里误差 2 公里；活动地图显示器，记录惯性导航系统或无线电导航系统的数据；还装有各种普通仪表和通讯电台。

翼展 37.55 米，机长 47.90 米，机高 11.40 米，机翼面积 201.45 米^2，客舱门高×宽 1.73 米×0.80 米，离地高度 3.10 米，机舱最大宽度 3.58 米，机舱最大高度 2.02 米，机舱容积 163.2 米^3，行李舱容积 43 米^3。使用空重 43500 公斤，最大商载 20000 公斤，乘员 3～4 人，最大载客量 169 人，最大载油量 33150 公斤，最大起飞重量 90000 公斤，最大零油重量 63500 公斤，最大着陆重量 80000 公斤。

（除注明外均指最大起飞重量情况）最大巡航速度（高度 9500 米）975 公里／小时，经济巡航速度（高度 11000～12000 米）900 公里／小时，起飞滑跑距离（正常起飞重量，国际标准大气）1140 米，着陆场地长度（最大着陆重量，海平面）2060 米，最大载重航程（158 名旅客加 5 吨货物）2520 公里，标准油量航程（载客 70 人，1 小时余油）6900 公里。

图 10-59　图-154 中远程运输机（"轻率"）

【图-204 中程运输机】 苏联图波列夫设计局研制的中程运输机。该机的研制工作于 1982 年至 1983 年着手进行，图-204 是该机的暂时命名，该机将广泛采用复合材料，其机身设计寿命 45000 小时（30000 个起落）。乘员 3 人。动力装置为涡轮风扇式，推力 2×16000 公斤。巡航时速 850 公里（M0.8，高度 11000-12000 米）。最大航程 2600 公里（载 212 名乘客）、35000 公里（载 17200 公斤货物）。载运量 17200 公斤货物，或 198-212 名乘客。

【雅克—40 短程运输机（"小鳕鱼"）】 苏联雅克福列夫设计局研制的短程喷气式运输机。主要用来替换里—2 和伊尔—12 等活塞式运输机。60年代初开始研制，原型机 1966 年 10 月首次试飞，1968 年 9 月开始航线飞行。雅克—40 有客运型（16～32 座）、专机型、货运型、客货混合型及医疗救护型等型别，除 40 座的雅克—40M 型的机身加长 2 米之外，其它机型都只是机舱的布置不同，结构基本相同，货运型飞机 d 机身左侧增加了一个 1.5 米×1.5 米的货舱门。

动力装置：3 台伊夫钦科设计局 АИ—25 涡扇发动机，静推力 3×1500 公斤，这种发动机适合高原机场和边远地区使用，耗油率 0.56 公斤／公斤推力／小时（起飞）、0.837 公斤／公斤推力／小时（巡航）。

主要设备：标准设备有盲目飞行仪表，АРК—10 无线电罗盘，КУРС—МЛ—2 伏尔和仪表着陆系统，Гроса—40 气象雷达，ПРNВОД 飞行指引系统，КРЕМЕНb 40E 自动驾驶仪。飞机能在国际民航标准 II 级气象条件下自动着陆，有可能发展到 III 级气象条件下自动着陆。

翼展 25.00 米，机长 20.36 米，机高 6.5 米，机翼面积 70.00 米^2，客舱门高×宽 1.74 米×0.94 米，机舱（不含驾驶舱）长 7.07 米，机舱最大宽度 2.15 米，机舱最大高度 1.85 米。（27 座）空重 9010～9400 公斤，最大起飞重量 16000 公斤，正常起飞重量 12360～15500 公斤，最大商载 2300 公斤，最大载油量 2125～4000 公斤。

性能数据（27 座）最大巡航速度（高度 7000米）550 公里／小时，海平面最大爬高率 8 米／秒，起飞滑跑距离 700 米，着陆滑跑距离 320米，最大油量航程（高度 8000 米，速度 420 公里／小时，45 分钟余油）950 公里，最大航程（高度 8000 米，速度 420 公里／小时，无余油）1450公里。

图 10—60　雅克—40 短程运输机（"小鳕鱼"）

【雅克—42 近程客机（"猛击"）】 苏联雅克福列夫设计局研制的中短程喷气式客机。70 年代初开始设计，原型机 1975 年 3 月首次试飞，1980 年投入使用。雅克—42 的三架原型机中，第一架和第二架的机翼后掠角分别是 11°和 23°，经过试飞比较，第三架原型机机翼后掠角选用 23°。因为在高速巡航、经济性和低速操纵性等方面，23°后掠角机翼优于 11°后掠角机翼，故生产型飞机的机翼也选用 23°后掠角。另外，生产型飞机采用四轮小车式主起落架代替了原来两轮式的，以便降低着陆场地的要求。

雅克—42 有 100 座和 120 座两种型别：100 座的支线型；120 座的干线型。雅克—42 飞机安全性好，飞行过程中规定使用 3 台发动机以巡航推力工作，任何一台发动机故障时，飞机仍能继续起飞和正常飞行，而且只一台发动机工作就可维持水平飞行。雅克—42 的使用温度范围是—50°C 到+50°C。其机体设计寿命为 30000 飞行小时或 30000 次起落，即保用 15 年。发动机寿命是 18000 工作小时。

动力装置：3 台洛塔列夫设计局的 Д—36 高流量比（5.34：1）3 轴涡扇发动机，静推力 3×6500公斤，巡航耗油率 0.65 公斤／公斤推力／小时，起飞耗油率 0.36 公斤／公斤推力／小时。

主要设备有：全天候飞行和导航设备，SAU—42 自动飞行控制系统和区域导航系统。翼展 34.20 米，机长 36.38 米，机高 9.80 米，机身直径 3.80 米，机翼面积 150 米^2，前客舱门高×宽 1.81 米×0.83 米，离地高度 1.45 米；机舱长 19.89米、最大宽度 3.60 米、最大高度 2.08 米，前行李舱容积 29.3 米^3，后行李舱容积 9.5 米^3。空重 28960 公斤，最大起飞重量 53500 公斤，最大商务载重 14500 公斤，乘员 2 人，乘客 100～120 人，最大载油量 18500 公斤。最大巡航速度（高度 7620 米）810 公里／小时，经济巡航速度 750 公里／小时，最大巡航高度 10000 米，起飞场地长度 1800 米，着陆距离（自 15 米）1100 米，最大载重航程（高度 9000 米，速度 770 公里／小时）900 公里，最大航程（载重 6500 公斤）3000 公里。

【别—30 轻型运输机（"拳击"）】 苏联别里也夫设计局设计的小型短程运输机。主要在民航干线附近的平均航段距离 150～300 公里的各支线上使用。别—30 原型机于 1967 年 3 月首次试飞，生产型飞机装涡轮螺桨发动机。飞机采用上单翼高置发动机短舱布局和低压轮胎，具有短距起落能力，能在土跑道上起落。别-30起落性能与安-2差不多，但巡航速度却比后者大得多，故可替换苏联国内广泛使用的安-2飞机。驾驶舱内有正、副驾驶员或一位驾驶员加一位乘客，主舱口有14个座位。别-30除了做短途客运外，还可以改型成货运、医疗救护、地质勘探、沿海作业和鱼群探测等专用飞机。

动力装置为2台ТВД-10涡轮螺桨发动机，功率2×970马力。

翼展17米，机长15.7米，机高5.46米、机翼面积32米²，机舱（不含架驶舱）长度5.66米、最大宽度1.50米、最大高度1.82米，货舱容积2.2米³。最大商务载重1500公斤，正常商务载重1250公斤。最大巡航速度（高度2000米）480公里/小时，经济巡航速度460公里/小时，起飞滑跑距离170米，着陆滑跑距离130米，正常载重航程（商载1250公斤，30分钟余油）600公里，最大油量航程（商载900公斤，30分钟余油）1300公里。

【安-225巨型运输机】 苏联安东诺夫设计局研制的世界上最大的运输机。该机由总设计师布拉年科设计，1988年制成。翼展88.4米，机高18.1米，机长84米，满载全重600吨。载重量250吨。时速850公里。运载200吨货物时，航程4500公里。可以运载航天飞机和运载火箭等大型设备。

图10-61 安-225巨型运输机

【"三叉戟"客机】 英国德·哈维兰公司设计的中短程客机。1957年开始设计，1959年7月开始机体制造，第一架"三叉戟"飞机于1962年1月首次试飞。1964年春投入航线使用。

主要型别："三叉戟"1，初始生产型，载客103名，生产24架；"三叉戟"1E，载油量增加，航程增大，载客115人，共生产15架，有4架是139座的；"三叉戟"2E，1E型的发展型，装推力更大

的发动机，载油量和航程都增大，混合舱布局载客115人，高密度舱布局载客149人，1968年开始交付使用；"三叉戟"3B，高密度短程型，是由1E型发展而来的，机身加长5米，载客128～180人，发动机和2E的相同，但机尾增装一台涡喷发动机，用以改善起飞和爬升性能，1971年开始服役；超"三叉戟"3B，3B的改进型，燃油量增加，航程加大，混合舱布局载客152人，高密度布局载客180人，1975年首次试飞。

动力装置：3台罗斯·罗伊斯公司"斯贝"RB163-25MK512-5W涡轮风扇发动机，推力为3×5420公斤。2台装在机身尾部两侧的发动机短舱内，1台装在后机身内。3B型机身尾部还加装1台推力2380公斤的RB162-86涡喷发动机，在起飞和爬升时提供附加推力。

主要设备：2套伏尔/仪表着陆系统，另包括第3台定向器（供自动着陆导航用），一整套带飞行系统的导航设备，2套无线电罗盘、甚高频和高频通信装置（带选择呼叫）。

2E的主要数据如下：翼展29.87米，机长34.97米，机高8.23米，机翼面积135.82米²，客舱门高×宽1.78米×0.71米、离地高度2.87～3.12米，前左货舱门高×宽0.89米×1.22米、离地高度1.37米，后左货舱门高×宽0.81米×0.89米、离地高度1.37米，机舱长度（不含驾驶舱）20.46米、最大宽度3.44米、最大高度2.02米、地板面积65.77米²、容积125.7米³、前后货舱容积21.53米³。使用空重33250公斤，最大起飞重量65320公斤，最大商载13430公斤，最大无燃油重量45360公斤，燃油量29090升，最大着陆重量51270公斤。最大巡航速度（高度9150米）927公里/小时，经济巡航速度（高度10700米）812公里/小时，最大油量航程4030公里，最大载重航程3910公里。

【BAe-111中短程运输机】 英国航宇公司研制的中、短程喷气运输机。用于取代"子爵"涡桨式民航机。BAe-111于1961年开始制造，1963年8月开始试飞，1965年4月取得适航证，并开始投入航线使用。型别：200型、300型、400型、475型和500型。BAe-111-475型，采用400型的标准机身、座舱布局以及500型的机翼、动力装置和改进的起落架。原型机1970年8月首次飞行，第一架生产型1971年4月开始试飞；BAe-111-500型，300型和400型的发展型，机身加长4.11米，载客量增至97～119人。加长了

翼尖，使机翼加长 1.52 米，换装推力更大的发动机，飞机的起落性能得到提高。为适应全机增重，还加强了起落架，加厚了机翼的整体蒙皮壁板。原型机 1967 年 6 月首次飞行，第一架生产型飞机 1968 年 2 月首次飞行，另外，BAe-111 还改装成货运型和行政专机型。-500 型的主要情况如下：动力装置为 2 台罗斯·罗伊斯公司"斯贝" MK512-14DW 涡轮风扇发动机，推力 4×5690 公斤。

主要设备：装有符合 ARINC546 和 ARINC547A 规范的双套甚高频通信系统，包括下滑道接收机和信标接收机、飞行中机内服务通话系统等，空中交通管制应答机，柯林斯 860E2 测距设备，埃尔科 E190 或本迪克斯 RDRIE 气象雷达，埃里奥特 2000 系自动驾驶仪系统等。-500 型还可加装自动油门控制和指点标接收机等其它设备。翼展 28.50 米，机长 32.61 米，机高 7.47 米，机翼面积 95.78 米^2，客舱门高×宽 1.73 米×0.81 米，离地高度 2.13 米，机舱（不含驾驶舱）长 21.44 米、宽 3.15 米、最大高度 1.98 米，机舱地板面积 59.5 米^2。使用空重 24390 公斤（190 座），最大起飞重量 45200～47400 公斤，最大商务载重 12360 公斤或旅客 119 名，乘员 2 名，最大着陆重量 39460 公斤。最大巡航速度（高度 6400 米）870 公里／小时，经济巡航速度（高度 10670 米）760 公里／小时，海平面爬升率 12.2 米／秒，最大巡航高度 10670 米，起飞滑跑距离 1980 米，着陆滑跑距离 1460 米，无风航程（典型载重，45 分钟余油）2730 公里，最大无风航程（留 370 公里备用机场燃油和 45 分钟余油）3560 公里。

【SC.7 短程运输机（"空中货车"）】 英国肖特兄弟公司研制的小型短途多用途运输机。1959 年开始研制，1963 年 1 月原型机首次试飞，1964 年 2 月开始批生产，1965 年 10 月批生产型首次试飞。"空中货车"的特点是具有短距起落性能，适用于交通不便的地区或设备较差的机场。机身为方形截面，机尾开有大舱门，能装卸大件货物或车辆，适合客货混用。采用固定式前三点起落架，主起落架和前起落架均为单轮。主要型别有：1 型和 1A 型是原型机；2 型为预生产型；3 型是标准的民用型飞机，1967 年 12 月首次试飞，机组乘员 1～2 人，座舱内可乘 19 名旅客或 12 副担架和 2 名护理人员或 2090 公斤货物，也可运车辆和农机设备，驾驶舱和客舱均不增压；3M 是 3 型的军用改型，机头雷达罩内装一台 RDR-100 气象

雷达，1970 年初首次试飞。可用于空降、空投和运送部队与装备。座舱内容纳 22 名武装士兵或 16 名伞兵和一名空投调度员；公司还准备再发展一种 3M-200 军用型飞机，起飞重量增加到 6800 公斤。

动力装置为 2 台美国加雷特公司航空研究分公司的 TPE331-201 涡轮螺桨发动机，功率 2×715 马力，耗油率 0.27 公斤／马力／小时。主要设备：采用欧、美通用的电子设备，其中包括双套甚高频无线电台，双套伏尔／仪表着陆系统等。还可选用高频电台，测距设备，脉冲收发报机，本迪克斯公司自动驾驶仪，气象雷达和盲目飞行仪表。

翼展 19.79 米，机长（不含雷达罩）12.21 米，机高 4.60 米，机翼面积 34.65 米^2，螺旋桨直径 2.59 米，客舱门高×宽 1.52 米×0.51 米、离地高度 1.14 米，货舱门高×宽 1.98 米×1.96 米、离地高度 0.74 米，机舱（不含驾驶舱）长 5.67 米、宽度 1.98 米、最大高度 1.98 米，地板面积 11.15 米^2，机舱容积 22.09 米^3。-3M 型的主要数据如下：基本使用重量 3340 公斤，最大起飞重量 6200 公斤，最大商务载重（正常起飞重量）2360 公斤，总载油量 1330 升，最大着陆重量 6120 公斤。最大巡航速度（高度 3050 米）324 公里／小时，经济巡航速度（高度 3050 米）278 公里／小时，海平面爬升率 7.76 米／秒，实用升限 6710 米，起飞距离（到 15 米）380 米（-3M 型），着陆滑跑距离（最大着陆重量）212 米（-3M 型），航程（45 分钟余油）386 公里（-3M 型，载重 2270 公斤），最大油量航程（45 分钟余油）1080 公里（-3M 型）。

【肖特 360 客机】 英国肖特飞机公司在肖特 330 基础上研制的支线客机。1980 年 7 月开始设计，1981 年 6 月原型机首次试飞，1982 年 12 月开始投入航线使用。肖特 360 保持了肖特 330 的基本构形和设计特点，其主要差别是机身加长，增加 6 个座位，机翼翼展加大，双立尾改成单立尾和更换燃油效率更高、功率更大的发动机等。肖特 360 主要设计思想是短途飞行经济性好，不使用增压座舱以降低成本。该机适用于客流量小、航程短的航线，能在热带地区使用，对机场跑道机要较低。

动力装置为 2 台加拿大普拉特·惠特尼公司的 PT6A-65R 涡桨发动机，功率 2×1330 马力。

翼展 22.81 米，机长 21.59 米，机高 7.21 米，机翼面积 42.1 米^2，客舱门高×宽 1.57 米×0.69

米、离地高度 0.94 米，行李舱容积 7.55 米³。使用空重（36 座）7670 公斤，最大起飞重量 11790 公斤，最大商务载重 3180 公斤（乘客 36 人，乘员 2），最大载油量 1740 公斤，最大着陆重量 11660 公斤。巡航速度 393 公里／小时，起飞距离（海平面，国际标准大气）1340 米，着陆距离（海平面，最大着陆重量）1250 米，最大载重航程（高度 3050 米，速度 393 公里／小时，无余油）806 公里，最大油量航程（条件同上）1700 公里。

【ATP 客机】 英国航宇公司正在研制的先进涡轮螺桨支线客机。1982 年开始考虑方案，1984 年 3 月开始设计，计划 1986 年 8 月原型机首次试飞，1987 年 9 月取得合格证，1987 年 10 月开始交付使用。是在 BAe.748 支线客机基础上研制的，机身加长 6 米，载客数增至 64 人；采用了新的发动机；重新设计了机头和垂尾；在非主承力件上较多地采用了复合材料；操纵台采用很多新设计，以减轻驾驶员的工作负担。是采用新技术比较多的支线客机，主要特点是使用成本低和噪音小。在中途不加油的情况下，飞机可连续飞 4 个 275 公里航段。

动力装置为 2 台普拉特·惠特尼 PW124 涡桨发动机，功率 2×2400 马力，采用汉密尔顿先进技术 6 叶复合材料螺旋桨。

翼展 30.63 米，机长 26.06 米，机高 7.5 米，主轮距 8.46 米，客舱长 19.20 米、宽 2.46 米、高 1.92 米，行李舱容积 11.8 米³ 使用空重 13590 公斤，最大有效载重 6720 公斤，最大起飞重量 22590 公斤，最大着陆重量 21770 公斤，载油量 6360 升。巡航速度（最大起飞重量）490 公里／小时，起飞场地长度（最大起飞重量）1540 米，着陆场地长度（最大着陆重量）1097 米，最大载重航程（185 公里余油或在 3050 米高空留空 45 分钟）1140 公里，转场航程 4060 公里。

【BAe.146 短程运输机】 英国航宇工业公司研制的短程运输机。1981 年 9 月原型机首次试飞，1983 年 5 月开始交付使用。主要型别：BAe.146-100 基本型，原型机 1981 年 5 月出厂试飞。1983 年 2 月获得民用适航性管理局（CAA）运输机类合格证，同年 5 月开始定期航班飞行。驾驶舱内标准空勤人员 2 人，客舱中正常载客量 71～88 人，可在简陋的、地面设备较差的短跑道机场上起落；BAe.146-200 加长型，机身增加 5 个隔框，加长 2.39 米，载客量 82～109 人，1983 年 6 月交付使用。

动力装置：4 台阿芙科·莱康明公司的 ALF50R-3 涡扇发动机（-100 型），额定推力 4×3040 公斤，起飞耗油率 0.41 公斤／公斤推力／小时；4 台 ALF502R-5 涡扇发动机（-200），额定推力 4×3160 公斤。

主要设备：史密斯 SEP10 自动飞行控制和飞行导引系统，包括一套单通道的 I 类自动驾驶仪，增加额外的设备和布线后可达到 II 类自动着陆水平；还备有气象雷达、空中交通管制应答机等基本设备。

-100 型的主要数据如下：翼展 26.34 米，机长 26.16 米，机高 8.61 米，机翼面积 77.30 米²，左侧前、后客舱门高×宽 1.83 米×0.85 米，离地高度 1.93 米，座舱（不含驾驶舱）长度 15.42 米，最大宽度 3.38 米、最大高度 2.02 米、地板面积 49.24 米²，地板下行李舱容积 14.16 米³。典型使用空重 21320 公斤，最大起飞重量 34470 公斤，最大商务载重 8300 公斤，最大着陆重量 32820 公斤，最大载油量 9220 公斤。

最大巡航速度（高度 7930 米）778 公里／小时，经济巡航速度（高度 9150 米）709 公里／小时，起飞距离（到 15 米高）1120 米，FAR 着陆距离（自 15 米高，最大着陆重量）1020 米，最大载重航程（239 公斤余油+45 分钟余油）833 公里，最大油量航程（条件同上）2870 公里。

【"喷气流"31 客机】 英国宇航公司研制的小型双发支线客机。是在汉得利·佩季公司研制的小型支线客机"喷气流"MK.1 的基础上发展的。1978 年开始设计，原型机于 1980 年 3 月首次试飞，1981 年 1 月开始批生产。

动力装置为 2 台加雷特公司的 TPE331-10UF 涡桨发动机。功率 2×940 马力，采用 4 叶螺旋桨。

翼展 15.85 米，机长 14.37 米，机高 5.32 米，机翼面积 25.20 米²，展弦比 10，机舱长度 7.39 米，最大宽度 1.85 米，最大高度 1.80 米、容积 16.92 米³，手提行李舱容积 1.94～2.53 米³，舱门（机身后左侧）高×宽 1.42 米×0.86 米。使用空重 4340 公斤，最大起飞重量 6900 公斤，最大着陆重量 6600 公斤，燃油量 1370 公斤，最大载重 1620 公斤，载客数 8～18 人，乘员 2 名。最大巡航速度（高度 4570 米）488 公里／小时，经济巡航速度（高度 7620 米）426 公里／小时，海平面爬升率 10.58 米／秒，航程（支线型、载客 18 名）1250 公里、（行政型、载客 8-10 名）1980 公里。

起飞跑道长度 1430 米，着陆跑道长度（最大着陆重量）1230 米。

【BN-2 运输机（"岛民"）】 英国的皮勒斯·布莱顿·诺曼公司研制的小型多用途运输机。1964 年开始研制；1965 年 6 月原型机首次试飞。至 1984 年 1 月各型共交付 1031 架。BN-2、BN-2A 是早期型；BN-2B，改进型，现仍在生产；BN-2T，换装艾利逊公司的 250-B17C 发动机；"防御者"和"海上防御者"，军用型，用于搜索、救援、巡逻、空运等军事和国家安全任务。

动力装置为可选装 2 台莱康明 O-540-E4C5（功率 2×260 马力）或 IO-540-KIB5（功率 2×300 马力）活塞发动机。

翼展 14.94～16.15 米，机长 10.86 米，机高 4.18 米，机翼面积 30.19～31.31 米^2，机舱长度 3.05 米、最大宽度 1.09 米、最大高度 1.27 米，前行李舱容积 0.62 米^3，后行李舱容积 0.85～1.39 米^3，全货运货舱容积 4.7 米^3。使用空重 1730～1790 公斤，最大起落重量 2990 公斤，燃油量 741 升（带辅助油箱），最大载重 1020 公斤，载客量 9～10 名。最大巡航速度（高度 2140 米）257～264 公里／小时，经济巡航速度（高度 2750 米）248～254 公里／小时，海平面爬升率 4.4～5.7 米／秒，实用升限 4060～5760 米，航程 1030～2030 公里，起飞滑跑距离 264～370 米，着陆滑跑距离 140～170 米。

【A300B"空中公共汽车"】 由欧洲空中公共汽车工业公司的法国、联邦德国、英国、荷兰和西班牙各国政府支持下研制的双发宽机身客机。1969 年 9 月开始试制，1972 年 10 月原型机首次试飞，1976 年 5 月开始交付使用。欧洲空中公共汽车工业公司是由上述各国的飞机制造公司专门为研制 A300 而成立的研制公司。主要型别有：A300B1，原型机，装 CF-56A 发动机，仅生产 2 架；A300B2-100 系，最初生产型，机身加长 2.65 米，载客 331 人；A300B2-200 系，适用于热带高原机场；A300B4-100 系，基本远程型，增加了载油量；A300B4-200 系，远程型，机体结构加强；A300B2-600 系和 A300B4-600 系，是在 B2-200 和 B4-200 基础上发展的短程型和远程型，增加了客、货运载量，装备更加先进，使用新型数字式电子装置，选用更先进的发动机；A300C4／F4 是 B4 的货用改型。

动力装置：根据不同要求可选装下面的发动机：2 台 CF6-50C 涡扇发动机（B2-101／201 和 B4-101／201）、单台推力 23133 公斤；2 台 CF6-50C2 涡扇发动机（B4-103／203），单台推力 23800 公斤；或 2 台 JT9D-59A（B2-220 和 B4-120／220）或 JT9D-59B（B4-221），单台推力 24040 公斤。

主要设备：除一般的仪表、设备和气象雷达外，还可选装多普勒导航和自动着陆设备，机上装有 2 套自动着陆系统，可保证飞机完成ⅢA 类标准的自动着陆，还可进一步发展到能完成ⅢB 类气象条件下自动着陆。

B2 和 B4-600 型的翼展 44.84 米，机长 54.08 米，机高 16.62 米，机翼面积 260.0 米^2，客舱门高×宽 1.93 米×1.07 米、离地高度（前门）4.6 米，机舱（不含驾驶舱）长 40.21 米、最大宽度 5.28 米、最大高度 2.54 米，货舱容积 147.4 米^3。B4-600 型使用空重 87830 公斤，最大起飞重量 165000 公斤，最大商务载重 42170 公斤，最大载油量 49800 公斤，最大着陆重量 138000 公斤。B4 型最大使用速度（高度 7740 米）639 公里／小时，最大巡航速度（高度 7620 米）911 公里／小时，远程巡航速度（高度 9450 米）847 公里／小时，起飞场地长度（海平面、国际标准大气 +15℃）2970 米，着陆场地长度 1490 米，最大油量航程 6300 公里（无载），最大载客航程（269 人和行李）4910 公里。

【A310 客机】 欧洲空中公共汽车工业公司在 A300B 的基础上研制的新型中、短程客机。目的在于与美国的波音 757、767 争夺 80 年代 DC-8、波音 707、727 等退役后出现的这一级飞机的市场。A310 于 1978 年 7 月开始研制、原型机 1982 年 4 月首次试飞，1983 年 3 月开始交付。A310 载客 200～250 人，但和 A300B 有相同的续航能力。A310 的总体布局与 A300 相似，但采用了新技术，外形、结构和设备作了重大的更改，机身缩短 6.9 米，取消了 13 个隔框，重新设计了先进技术的机翼，增加了展弦比，减少了翼面积，改进了增升装置，起落架也重新设计。有三种型别：A310-200，客运型，其中 A310-202 装装 CF6-80A3 发动机、A310-221 装 JT9D-7R4D1 发动机，A310-240 装 CF6-80A1 发动机、A310-203 装 RB.211-524B4 发动机；A310C-200，客货两用型；A310F-200，货运型。公司还准备发展一种 A310-300 远程型，预计 1986 年初投入使用。

动力装置：依机型不同可选装下述发动机：2

台 CF6—80A1 或 JT9D—7R4D1 涡扇发动机，单台推力分别是 21770 公斤和 22690 公斤；2 台 CF6—80A3 或 RB·211—524B4 涡扇发动机，单台推力 22680 公斤。

主要设备：除装有一般仪表、导航设备和气象雷达外，标准设备还有数字式自动飞行控制系统，可保证飞机在Ⅱ类或Ⅲ类气象条件下自动着陆；数字式飞行管理系统。用户还可选用平视显示设备。翼展 43.89 米、机长 46.66 米，机高 15.80 米，机翼面积 219 米^2、前客舱门高×宽 1.93 米×1.07 米、离地高度 4.54 米，机舱（不含驾驶舱）长 33.24 米、最大宽度 5.28 米、最大高度 2.33 米，客舱容积 210.0 米^3、货舱总容积 102.1 米^3。—200 型的主要数据如下：使用空重 78650 公斤，最大起飞重量 132000 公斤，最大商务载重 32850 公斤，最大载油量 44160 公斤，最大着陆重量 121500 公斤。最大使用速度 667 公里／小时，典型高速巡航速度（高度 9150 米）895 公里／小时，典型远程巡航速度（高度 9150 米）895 公里／小时，典型远程巡航速度（高度 11280 米）828 公里／小时，航程（最大着陆重量，海平面）5860 公里。

【"协和"客机】 英、法两国合作研制的超音速客机。原型机于 1969 年初试飞。1976 年 1 月正式投入航线使用。"协和"号飞机没有大批生产，主要存在两个问题：一是经济性差、耗油量高、载客少、航程短。二是飞机起落时噪音太高。

动力装置为装 4 台"奥林普斯"593MK610 涡轮喷气发动机，推力 4×17260 公斤（带 17% 加力）。

翼展 25.56 米，机长 62.10 米，机高 11.40 米，机翼面积 358.25 米^2，客舱门高×宽 1.67 米×0.76 米。空重 78700 公斤，最大起飞重量 185070 公斤，最大商载 12700 公斤，载客 128～144 人，最大无燃油重量 92080 公斤，最大着陆重量 111130 公斤。最大巡航速度 M2.04，海平面爬升率 25.3 米／秒，起飞距离（至 10.7 米高）3410 米，着陆距离（自 10.7 米高）2220 米，最大油量航程 6580 公里，最大载重航程 5110 公里。

【"神秘一隼"50 运输机】 法国达索—布雷盖公司研制的行政运输机。1976 年 11 月原型机首次飞行。1979 年 7 月开始交付。是"神秘一隼"20 的发展型，驾驶舱内 2 名乘员，客舱标准布局为 8 座。

动力装置为 3 台加雷特 TFE731-3 涡扇发动机，起飞推力 3×1680 公斤。

翼展 18.86 米，机长 18.50 米，机高 6.97 米，客舱门高×宽 1.52 米×0.80 米，离地高度 1.30 米，机舱长 6.67 米、最大宽度 1.86 米、最大高度 1.79 米，行李舱容积 2.55 米^3。空重 9150 公斤，最大有效载重 1570 公斤，乘员 2 人，乘客 8～12 人，最大载油量 7040 公斤，最大起飞重量 17600 公斤，最大着陆重量 16200 公斤。最大使用速度（高度 7225 米）685 公里／小时，最大巡航速度 880 公里／小时，实用升限 13800 米，FAR25 平衡场地长度 1430 米，FAR121 着陆距离 1050 米，航程（8 座，45 分钟余油）6480 公里。

【隼—900 客机】 法国制造。1983 年 5 月生产出厂。该机是一种亚音速的小型客机。动力装置采用 3 台 GARRETT 公司生产的 TFE731—5 型发动机。

翼展 19.33 米，全长 19.70 米，主轮距 3.98 米。

最大起飞重量 20635 公斤，最大着陆重量 19000 公斤。燃油容量 7040 公斤。乘客 16 人。起飞场地长度 1555 米，着陆场长度 1175 米。最大速度 0.84 马赫，最大航程 7040 公里，升限 15550 米。

【ATR.42 运输机】 法国航宇公司和意大利飞机公司研制的支线运输机。原型机 1984 年 8 月首次飞行，计划 1985 年秋季开始交付使用。ATR·42 是按 FAR25 部和 JAR·25 部的适航标准设计的，飞机在气动、结构和设备上采用了很多先进技术，并采用了计算机辅助设计和制造技术。其基本设计指标是经济性好；起落性能好；具有Ⅱ类气象条件下的仪表着陆能力；具有宽机身飞机的舒适性，全增压座舱。驾驶舱内两座，客舱内最多可安排 49 座，每排 4 座，座距 76 厘米。有 2 种型别：ATR.42—100 标准型，载客量 42 人，最大起飞重量 14900 公斤，航段长度 1300 公里；ATR.42—200 型，载客量增至 49 人，最大起飞重量 15750 公斤，航段长度 1450 公里。后来公司决定取消 ATR.42—100 型，把—200 型作为标准型。公司还准备搞 54～58 座的加长型、客货布局快速更换型、具有后部装货斜板的军用型和民用货运型等。

动力装置为 2 台加拿大普拉特·惠特尼公司 PW120 涡轮螺桨发动机，平稳功率 2×1800 轴马力，耗油率 0.22 公斤／轴马力／小时（起飞功率）。除一般的通信、导航设备外，还可选装近地报警装置、微波着陆系统、区域导航装置、斯佩里数字式故障消极防护自动驾驶仪、彩色阴极射线管飞行仪表（EFIS）和彩色气象雷达等设备。

翼展 24.57 米，机长 22.67 米，机高 7.586 米，机翼面积 54.5 米^2，客舱门高×宽 1.75 米×0.75 米、离地高度 1.45 米，机舱（不含驾驶舱，但含行李舱）长 13.87 米、最大宽度 2.75 米、最大高度 1.91 米，行李舱容积 10.90 米^3。使用空重 9480 公斤（－100 型）、9610 公斤（－200 型），最大起飞重量 14900 公斤（－100 型）、15750 公斤（－200 型），最大商务载重 5020 公斤（－100 型）、4890 公斤（－200 型），最大载油量 45000 公斤，最大着陆重量 14900 公斤（－100 型）、15300 公斤（－200 型）。最大巡航速度（高度 6100 米）511 公里／小时（－100 型），正常是大使用速度 463 公里／小时，海平面最大爬升率 9.45 米／秒，巡航升限（爬升率 1.5 米／秒）7620 米，起飞平衡场地长度（海平面、最大起飞重量）960 米（－100 型）、1080 米（－200 型），着陆场地长度（海平面、最大着陆重量）920 米（－100 型）、960 米（－200 型），航程（42 座、160 公里或 45 分钟余油）1350 公里。

【C-160 中型运输机（"协同"）】　联邦德国和法国的飞机公司为两国军队研制的中型军用运输机。原型机于 1959 年开始研制，1963 年 2 月开始试飞，生产型于 1967 年开始交付两国军队，至 1972 年未第一次停产时共生产 169 架飞机。1976 年两国工业界又达成协议，合作生产新型 C-160。新的 C-160 增加了燃油，加大了起飞重量，改装了新的电子设备。1981 年 4 月新飞机开始试飞，同年 12 月开始交付法国空军。

动力装置为 2 台罗·罗公司 RTy20MK22 涡轮螺桨发动机，功率 2×6100 当量马力。

翼展 400 米，机长 32.40 米，机高 11.65 米，机翼面积 160.00 米^2，机舱（不含驾驶舱）长度 13.51 米、宽度 3.15 米、最大高度 2.98 米，机舱容积 115 米^3。最小使用空重 28000 公斤，最大起飞重量 51000 公斤，最大载重量 16000 公斤，93 名士兵或 61～81 名伞兵，乘员 3 名，最大载油量 28000 升，最大着陆重量 47000 公斤。最大平飞速度（高度 4875 米）513 公里／小时，海平面爬升率 6.6 米／秒，实用升限（总重 45000 公斤）8230 米，起飞滑跑距离（襟翼 20°）715 米，着陆滑跑距离（正常）550 米，最大油量航程（转场）8860 公里，最大载重航程 1850 公里。

【Do.228 运输机】　联邦德国道尼尔公司研制的小型支线运输机，1979 年底开始研制，1981 年 3 月首次试飞，1982 年夏交付使用。型别有：Do.228-100，基本型，标准客舱布局 15 座，座距 76 厘米，经过改装可作为货运型、客货混合型、行政专机型、旅游型、海上侦察型（机头下装有搜索雷达）、航线校准型、搜索救援和教练型等；Do.228-200，机身加长型，载客量增至 19 名，座距 76 厘米，后行李舱加大，其它方面与 Do.228-100 相同。

Do.228 飞机飞行性能和经济性均较好，座舱不增压，飞机价格便宜。按美国 FAR23 部要求设计和制造，机体寿命 24000 飞行小时，以每年飞行 1600 小时计算，估计使用寿命为 15 年。Do.228 的两种使用型各制造了一架原型机和一架静力试验机体。Do.228-100 的原型机于 1981 年 3 月首次试飞，1982 年夏第一批生产型交付使用。Do.228-200 的原型机 1981 年 5 月首次试飞，1982 年中开始交付使用。

动力装置为 2 台美国加雷特公司 TPE331-5 涡轮螺桨发动机，功率 2×715 轴马力，耗油率 0.28 公斤／轴马力／小时。主要设备根据用户要求选用。

翼展 16.97 米，机长 15.03 米（－100）、16.55 米（－200），机高 4.68 米，机翼面积 32.00 米^2，客舱门高×宽 1.34 米×0.65 米、离地高度 0.60 米，机舱长 6.30 米（－100）、7.80 米（－200）、最大宽度 1.35 米、最大高度 1.61 米，机舱地板面积 8.50 米^2（－100）、10.55 米^2（－200），行李舱容积 197 米^3（－100）、3.17 米^3（－200）。标准空重 2960 公斤（－100 型）、3070 公斤（－200 型），使用空重 3410 公斤（－100）、3550 公斤（－200 型），最大起飞重量 5700 公斤，最大着陆重 5500 公斤，最大商务载重 2130 公斤（－100 型）、1990 公斤（－200 型）。最大平飞速度（高度 3050 米）432 公里／小时，经济巡航速度（高度 3050 米）332 公里／小时，海平面最大爬升率 10.4 米／秒，实用升限 9020 米，起飞滑跑距离 415 米，最大航程（巡航高度 3050 米，最大巡航速度、无余油）1730 公里（－100 型）、1030 公里（－200 型），转场航程 2700 公里。

【G·222 中程运输机】　意大利飞机公司研制的中程军用运输机。1963 年开始研制，1970 年 7 月原型机首次试飞，1976 年开始交付部队使用。

主要型别有：G·222，标准型军用运输机；G·222VS，电子战型；G·222RM，无线电／雷达校定型，在3050米以下高度飞行，用以校准机场航道和无线电辅助设备；G·222SAMA，喷水灭火型，这种飞机能以222公里／小时的速度在45米高度飞行，用8分钟时间把6.8吨水喷洒在305米长的火区内；G·222T，是装罗尔斯·罗伊斯公司"苔茵"涡桨发动机的试验飞机，是专为黎巴嫩空军研制的（黎空军的编号为G·222L）。目前，意大利飞机公司还在积极研制另外三种改型：轻型预警型、海上巡逻和反潜型、无人机机发射机型。

动力装置（G·222T除外）：2台费亚特公司的T64-GE-P4D涡桨发动机，平稳功率2×3400当量马力（国际标准大气+25°C），耗油率0.218公斤／当量马力／小时。主要设备有：标准通信设备有3500通道的超高频电台，2套1360通道的甚高频-调幅、920通道甚高频-调频、28000通道高频／单边带通信设备，导航设备有奥和加系统（带真空速计算机）、自动驾驶仪、飞行指引仪和2部罗盘，与地面设备配合工作的设备有2套伏尔、指点标接收机，2套自动仪表着陆系统，无线电罗盘，2套塔康或测距设备，以及水平位置指示器等。标准型的翼展28.7米，机长22.7米，机高9.80米，机翼面积82.00米²，后装货跳板／舱门高×宽2.25米×2.45米，机舱（不含驾驶舱）长8.58米、宽2.45米、高2.25米、地板面积21.00米²（不含跳板）、25.68米²（含跳板），机舱容积58.0米³。使用空重15700公斤，最大起飞重量28000公斤，最大载重9000公斤，可载44名武装士兵和3个充气艇。最大载油量9400公斤，最大着陆重量26500公斤。最大平飞速度（高度4580米）540公里／小时，远程巡航速度（高度6000米）439公里／小时，空投速度（伞兵或货物）204～259公里／小时，海平面最大爬升率8.66米／秒，实用升限7620米，起飞滑跑距离662米，着陆滑跑距离（最大着陆重量）545米，最大载重航程（最大巡航速度和高度）1370公里，最大油量航程4630公里，过载限制+2.5g。

【SF.340运输机】 瑞典萨伯-斯康尼亚航空公司和美国费尔柴耳德航空公司合作研制的支线运输机。1980年开始研制，1983年1月首次试飞，1984年6月开始定期航班飞行。型别：客运型，驾驶舱内2座，客舱内标准布局为34座，中途不加油情况下可连续飞4个192公里航段；公务专机型，载客12～16人，装通用电气公司的功率为1700马力的CT7-7E发动机。

动力装置（支线客运型）2台通用电气公司CT7-5A涡桨发动机，起飞功率2×1630轴马力，耗油量1.23公斤／公里（飞278公里航段）、0.89公斤／公里（远航程）。主要设备：标准电子设备以FAR121部为基础，装有柯林斯综合数字式飞行制导和自动驾驶系统（FGAS），包括姿态、航向参考系统；电子飞行显示设备；故障-消极防护自动驾驶仪／飞行指引系统；彩色气象雷达；卢卡斯公司驾驶舱仪表板荧光显示盘；道蒂电子公司微处理驾驶中心警告系统等。还可根据用户要求选装其它设备。

翼展21.44米，机长19.71米，机高6.87米，机翼面积41.81米²，客舱门高×宽1.6米×0.69米，离地高度1.63米，机舱（不含驾驶舱）长10.57米、最大宽度2.16米、最大高度1.83米、地板宽1.70米，行李舱／货舱容积6.4米³。典型使用空重7190公斤，最大起飞重量11790公斤，最大着陆重量11570公斤，正常商载2470公斤，最大商载3240公斤，最大载油量2670公斤。最大巡航速度（高度4580米）508公里／小时，经济巡航速度（高度7620米）430公里／小时，海平面最大爬升率9.16米／秒，实用升限7620米，FAR25起飞场地长度（海平面，国际标准大气+15°C）1340米，FAR25着陆场地长度（海平面，最大着陆重量）1160米，航程（240公里或45分钟余油）1690公里（最大载客量）、3240公里（最大油量）。

【CN-235运输机】 西班牙航空制造公司和印度尼西亚纳塔尼奥飞机公司联合生产一种新型支线运输机。1980年1月着手设计，1981年5月开始制造原型，1983年9月原型机同时出厂，并完成首次飞行，CN-235采用悬臂式上单翼、低平尾布局，机体设计寿命50000飞行小时，在襟翼、副翼等一些次要结构使用碳纤维复合材料。该机是新一代支线飞机中唯一装有后大门的飞机，因此可方便地改装成军用型和民用货运型。座椅可在20分钟内从轨道上拆除，以便白天载客，晚上运货。客运时最多可安排39座，货运时能容纳4个LD-3或五个LD-2标准集装箱或2个2.23米宽的货盘。驾驶舱内标准乘员2人。在总体布局上机身留有加长余地，公司准备在80年代末搞一种载客51～59人的加长型CN-235。

动力装置为2台通用电气公司CT7-7涡桨式

发动机，平稳功率 2×170 轴马力，可在当地气温高达 33°C 的情况下起飞。主要设备标准设备都是美国科林斯公司生产的，包括 VHF-22 甚高频通信电台，1 台 TKR-90 空中交通管制应答机，1 台 WXR-300 或 WXR-270 气象雷达，2 台 EAD1-85 指引地平仪和 2 台 EHS1-85 水平位置指示器，以及无线电高度表等设备。阴极射线管显示装置是选用设备。翼展 25.81 米，机长 21.35 米，机高 8.177 米，机翼面积 59.10 米^2，客舱门长×宽 1.7 米×0.73 米，离地高度 1.215 米，后装货跳板长×宽 3.042 米×2.349 米，机舱（不含驾驶舱）长 9.65 米，最大宽度 2.70 米，最大高度 1.90 米，地板面积 22.12 米^2，行李舱容积 7.0 米^3。使用空重 8230 公斤，最大起飞重量 13000 公斤，最大商务载重 3580 公斤，最大载油量 4000 公斤，最大着陆重量 12800 公斤。最大平飞速度（高度 6100 米）509 公里／小时，最大使用速度 407 公里／小时，最大巡航速度（高度 4580 米）454 公里／小时，海平面最大爬升率 9 米／秒，实用升限 8690 米，起飞滑跑距离 415 米，着陆滑跑距离 340 米，最大载重航程（高度 5490 米，最大巡航功率，410 公斤余油）796 公里，转场航程（无载、其它条件同上）3710 公里。

【F.28 中短程客机（"伙伴"）】 荷兰福克-联合航空技术公司在联邦德国梅伯布公司和联合航空技术-福克公司以及英国肖特史弟公司的协作下研制的中短程客机。1962 年开始研制，1967 年 5 月原型机首次试飞。型别有：MK3000 短机身型，载客 45 人，可改装在航程 4070 公里的 15 座要人专机型 MK4000 机身加长型，载客 85 人，座距 74 厘米。动力装置为 2 台罗尔斯·罗伊斯公司 RB183-2MK55-15P 涡轮风扇发动机，推力 2×4490 公斤。主要设备：标准电子设备包括柯林斯公司甚高频收发报机，甚高频导航系统，测距设备，空中交通管制应答机，2 套罗盘系统，史密斯 SEP6 自动驾驶仪，FD-108 飞行指引仪，指点标接收机，RCA 气象雷达。选用设备包括 II 类气象条件仪表着陆设备。

翼展 25.07 米，机长 27.04 米（-3000）、29.61 米（-4000），机高 8.47 米，机翼面积 79.90 米^2，客舱门高×宽 1.93 米×0.86 米，机舱（不含驾驶舱）长度 13.10 米（-3000）、15.31 米（-4000），最大宽度 3.10 米，最大高度 2.02 米，地板面积 38.4 米^2（-3000）、44.8 米^2，行李舱容积 2.3 米^3。使用空重 16970 公斤（-3000）、17650 公斤

（-4000），最大起飞重量 33110 公斤，最大商务载重 8440 公斤（-3000）、10480 公斤（-4000）、载客 65～85 人+乘员 3 人，标准载油量 10500 公斤，最大着陆重量 29030 公斤（-3000）31520 公斤（-4000）。最大巡航速度（高度 7000 米）843 公里／小时，经济巡航速度（高度 9150 米）678 公里／小时，最大巡航高度 10680 米，FAR 起飞场地长度（海平面，最大起飞重量）1590 米，FAR 着陆场地长度（海平面，最大着陆重量）1070 米，最大载重航程 1540 公里，最大油量航程 3380 公里。

【F.27 运输机（"友谊"）】 荷兰福克-联合航空技术公司研制的军、民两用运输机。原型机 1955 年 11 月首次试飞，生产型飞机 1958 年 11 月开始交付使用。

动力装置为 2 台"达特"MK551 涡桨式发动机，功率 2×2330 当量马力。

翼展 29 米，机长 23.56 米，机高 8.5 米，机翼面积 70 米^2，客舱门高×宽 1.65 米×0.73 米、离地高度 1.22 米，机舱（不含驾驶舱）长度 14.46 米、最大宽度 2.49 米、最大高度 1.93 米，行李舱容积 7.61 米^3。使用空重 12010 公斤，最大起飞重量 20820 公斤，最大商务载重 5900 公斤，载客 44～60 人，乘员 2 人，标准载油量 5980 公斤，最大着陆重量 19050 公斤。正常巡航速度（高度 6100 米）480 公里／小时，海平面爬升率 7.5 米／秒，升限 8990 米，起飞距离 988 米；着陆距离 1003 米，航程（44 座，30 分钟余油）1926 公里。

【F.50 运输机】 荷兰福克飞机公司正在研制的涡桨式支线运输机。1983 年 11 月开始研制计划，1985 年 9～10 月份原型机开始试飞，1986 年 7 月开始交付使用。F.50 是 F.27 的后继飞机，外形尺寸和 F.27 基本相同，但换装加拿大普拉特·惠特尼公司 PW124 涡桨发动机，使用道蒂·罗托尔公司新型 6 叶螺旋桨，桨叶直径 3.66 米，此螺桨可减少舱内噪音。机上 2 名驾驶员，标准客舱布局为 50 座，每排 4 座，座距 81.3 厘米。飞机在短舱、雷达罩、水平安定面和机翼前缘等处大量采用复合材料。

动力装置为 2 台 PW124 涡桨发动机，功率约为 2×2150 轴马力。翼展 29.00 米，机长 25.19 米，机高 8.60 米，机翼面积 70.00 米^2，客舱门高×宽 1.78 米 0.76 米、离地高度（前门）1.04 米，座舱长 15.96 米、最大宽度 2.49 米、最大高度 1.96 米，行李舱容积 9.6 米^3。使用空重 12400 公

斤，最大起落重量 19000 公斤，最大载重 5760 公斤，最大载油量 4100 公斤。最大使用速度 M0.5070，典型巡航速度 530／小时，最小爬升率 1.5 米／秒，平衡起落场地长度（海平面）1070 米，最大载重航程 1300 公里。

【F-100 客机】　荷兰制造。1986 年生产出厂。是荷兰生产的大型客机。该机动力装置采用 R.R 公司生的 MK620-15 型发动机，台数推力为 2×60.3KN。

翼展 28.08 米，全长 35.31 米，全高 8.50 米。

最大起飞重量 41500 公斤，最大着陆重量 38300 公斤，基本重量 23200 公斤。燃油容量 13040 升，乘客 107 人，载重 11500 公斤。

最大速度 0.75 马赫，着陆速度 237 公里／小时，起飞场地长度 1616 米，最大航程 2224 公里，升限 10670 米。

【L-410 运输机（"小涡轮"）】　捷克研制的小型支线运输机。1966 年开始设计，1969 年 4 月原型机道次试飞，1971 年开始交付。主要型别：L-410AF，首批生产型，装 2 台 PT6A-27 发动机；L-410AF，照相／测量型；L-410M，客动型，载客 17 名，装 2 台 M601A 发动机，生产 110 架；L410UVP，标准型，用于客货运输、跳伞、灭火、照相观测等，可在草地、砂砾、冰雪跑道上起降，能适应-50°～+45°C 的条件，2 名乘员，载客 15 名。下述内容适于 L-410UVP。

动力装置为 2 台活尔特 M601B 涡桨发动机，功率 2×730 当量马力。喷水可短时增加到 2×790 马力。使用 3 叶螺浆。

翼展 19.48 米，机长 14.47 米，机高 5.83 米，机翼面积 35.18 米²，机舱长度 6.34 米，最大宽度 1.95 米，最大高度 1.66 米，客货舱门高×宽 1.46 米×1.25 米（0.8 米客舱门）。空重 3800 公斤，最大起飞重量 5500 公斤，燃油量 1000 公斤，最大载重 1310 公斤。最大巡航速度（3000 米高度）365 公里／小时，经济巡航速度 300 公里／小时，海平面爬升率 7.6 米／秒，最大使用高度 6000 米，单发升限 2550 米，起飞滑跑距离 410 米，着陆滑跑距离 328 米，最大航程（载重 850 公斤）1040 公里，最大载重航程 460 公里。

【DHC-5 运输机（"水牛"）】　加拿大德·哈维兰公司研制的短距起落多用途运输机。是为满足美国的陆军的新型短距起落战术运输机要求而发展的。第一架原型机 1964 年 4 月首次飞行，1966 年原型机移交美国陆军。

动力装置为 2 台通用电气公司 CT64-820-4 涡桨发动机，功率 2×3130 轴马力。

翼展 29.26 米，机长 24.08 米，机高 8.73 米，机翼面积 87.8 米²，机尾舱门长×宽 6.33 米×2.34 米、离地高度 1.17 米，机舱（不含驾驶舱）长 9.58 米、最大宽度 2.67 米，最大高度 2.08 米。使用空重 11400 公斤，最大起飞重量 18600 公斤，最大商务载重 5370 公斤，乘员 2 人，乘客 44 人（-5E），最大着陆重量 17740 公斤。最大巡航速度（高度 3050 米）467 公里／小时，海平面爬升率 11.8 米／秒，实用升限 9450 米，起飞滑跑距离 289 米，着陆滑跑距离 168 米，最大载重航程 416 公里，最大油量航程（无载）3280 公里。

【DHC-6 运输机（"双水獭"）】　加拿大德·哈维兰公司研制的多用途短距起落运输机。1964 年 1 月开始设计，同年 11 月开始制造第一批 5 架飞机，第一架 1965 年 5 月首次试飞。生产型 1966 年 7 月开始交付，"双水獭"的 100 系、200 系及 300S 系均已停产，目前仍在生产的是 300 系。300 系于 1969 年开始交付使用，有陆基型和水基型。1982 年 7 月又出现一种-300M 军用型及一种军用型改装的海上侦察型-300MR。

动力装置为 2 台 PT6A-27 涡桨发动机，功率 2×652 当量马力。翼展 19.81 米，机长 15.77 米，机高 5.94 米，机翼面积 39.02 米²，机舱（不含驾驶舱）长度 5.64 米、宽度 1.61 米，行李舱容积 3.57 米³。典型使用重量 3360 公斤，最大起飞重量 5670 公斤，正常商务载重 1940 公斤，乘员 1～2 人、乘客 20 人，最大载油量 1450 升，最大着陆重量 5580 公斤。最大巡航速度（高度 3050 米）338 公里／小时，海平面爬升率 8.1 米／秒，实用升限 8140 米，起飞滑跑距离 262 米，着陆滑跑距离 290 米，最大油量航程（载重 860 公斤）1700 公里。

【DHC-7 运输机】　加拿大德·哈维兰公司研制的短距起落运输机。共制造了 2 架预生产型飞机和两架静力和疲劳试验机体。2 架预生产型分别于 1975 年 3 月和 6 月首次试飞。1977 年未 DHC-7 开始交付。有 3 种型别：DHC-7 100 系，客运型，标准布局为 50 座，座距 81.28 厘米，客舱完全增压和空调；DHC-7 101 系，货运型，已投入航线使用，1979 年还向加拿大武装部队提供了这种飞机；DHC-7R，侦察／巡逻型，原型机 1979 年年底试飞，1980 年生产型交付使用。DHC-7R 的载油量增加到 7710 公斤，巡逻时间 9 小时，巡航距离可达 1900 多公里，机头增装一台 LASR-2 机载搜索雷达，舱内增装了海上侦察用的各种机载电子设备和其它设备。另外，目前公司还在研制 DHC-7-300 加长型，机身加长 5.6 米，载客量可达到 70～78 人，换装功率为 1500 马力的 PT6A 发动机。下述内容适于 DHC-7 100 系。

动力装置为 4 台加拿大普拉特·惠特尼公司 PT6A-50 涡桨发动机，功率 4×1120 轴马力，耗油率 0.254 公斤／轴马力／小时。

主要设备有：飞行数据记录器，2 套独立的甚高频通信系统，2 套独立的甚高频伏尔／仪表着陆无线电导航系统：低频无线电导航系统，空中交通管制应答机，气象雷达，使用飞行计算机和 ADC-200 中央大气数据计算机的 SPZ-700 自动驾驶仪／飞行指引仪系统等。翼展 28.35 米，机长 24.58 米，机高 7.98 米，机翼面积 79.90 米^2，客舱门高×宽 1.75 米×0.76 米，离地高度 1.09 米，机舱（不含驾驶舱）长度 12.04 米，宽度 2.59 米，最大高度 1.94 米，行李舱容积 6.8 米^3。使用空重 12560 公斤，最大起飞重量 19958 公斤，最大商务载重 5130 公斤，载客 50 人乘员 4 人，最大载油量（标准油箱）4500 公斤，最大着陆重量 19050 公斤。最大巡航速度（高度 4580 米）420 公里／小时，海平面爬升率 6.2 米／秒，实用升限 6400 米（起飞重量 18600 公斤），FAR25 起飞场地长度（襟翼 25°）689 米，FAR25 短距起落着陆滑跑距离 594 米，最大载重航程（50 座及其行李）1230 公里，最大标准油量航程 2150 公里。

【C-7A 效用运输机（"驯鹿"）】　加拿大制造的全天候短距起降效用运输机，1959 年美向加购买 159 架装备美陆军，命名为 CV-2，1967 年 1 月其中大部分移交给美空军，改名为 C-7A。乘员 2 人。动力装置为 R-2000-7M2 活塞式，2×1450 马力。最大时速 347 公里，巡航时速 293 公里。实用升限 7560 米。最初爬高率 413／分。最大航程 2103 公里，最大载重时 390 公里。起飞滑跑距离 221 米，着陆滑跑距离 204 米。载油量 3137 公升。装载量 32 名武装士兵，或 26 名全副武装伞兵，或 3000 公斤货物。翼展 29.15 米，机长 22.13 米，机高 9.70 米。全重 12928 公斤。

【DHC-8 运输机（"冲锋"）】　加拿大德·哈维兰公司研制的支线运输机。主要设计目标是低噪音、高燃油效率。1983 年 6 月第一架原型机首次试飞，1984 年 10 月开始交付使用。有两种型别：支线运输型，乘员 2 人，载客 36 人，座距 79 厘米，可在标准商载情况下连续飞 4 个（甚至 5 个）185 公里航段而不需再加油；专机型，航程增加，载重 544 公斤时航程可达 3700 公里，并按仪表飞行规则留余油。DHC-8 是介于 19 座的 DHC-6 和 50 座的 DHC-7 之间的机种，采用上单翼和 T 形尾翼布局，具有良好的低速操纵品质和短距起落能力，飞机满载时可在 1000 米以下的跑道上起落。

动力装置：2 台加拿大普拉特·惠特尼公司 PW120 涡桨发动机，使用 14FS-1 4 叶定速螺旋桨，桨叶表面敷以复合材料，可以降低噪音。起飞功率 2×1800 轴马力，耗油率 0.22 公斤／马力／小时。

主要设备：标准设备有 DFE-800 双通道数字式自动飞行控制系统，航向参考系统，双套数字式大气数据系统，电子机械飞行仪表，彩色气象雷达，数字式标准导航通信装置等。选装设备有音响综合系统，燃油监控系统等。翼展 25.895 米，机长 22.25 米，机高 7.44 米，机翼面积 54.35 米^2，客舱门高×宽 1.68 米×0.76 米，离地高度 1.09 米，机舱长 9.19 米，最大宽度 2.49 米，最大高度 1.88 米、地板宽度 2.03 米，货舱容积 8.5 米^3。使用空重 9150 公斤，最大起飞重量 13830 公斤，最大商务载重 3550 公斤（客运）、3860 公斤（货运），最大载油量 2660 公斤，最大着陆重量 13610 公斤。最大巡航速度（高度 4580 米，95%最大起飞重量）500 公里／小时，最大巡航高度 7620 米，海平面最大爬升率 10.5 米／秒，FAR25 部起飞场地长度（海平面，国际标准大气+15°C）887 米，FAR25 部着陆场地长度（海平面，国际标准大气+15°C）908 米，最大载重航程（36 座，仪表飞行规则余油）1110 公里，最大油量航程（远程巡航功率，无余油）3350 公里。

【CL-215 水陆两用飞机】　加拿大飞机有限公司生产的水陆两用飞机。1967 年 10 月陆上型首次试飞，1968 年 5 月水上型首次试飞，1981 年 12 月开始交付使用。CL-215 主要用于森林灭火，同时也可完成运输、喷洒农药、搜索和救援等多种任务。飞机使用维护简单，可在小型机场、湖泊、海湾等场地起落。CL-215 目前仍以月产 1 架的速度生产。

动力装置为 2 台普拉特·惠特尼公司 R-2800-CA3 18 缸星形发动机，功率 2×2100 马力。

翼展 28.60 米，机长 19.82 米，机高 8.92 米（陆上型），机翼面积 100.33 米^2，前舱门高×宽 1.37 米×1.03 米，机舱（不含驾驶舱）长度 9.38 米、最大宽度 2.39 米、最大高度 1.90 米、地板面积 19.69 米^2，机舱容积 35.03 米^3。典型使用空重 12670 公斤，最大商务载重 3840 公斤（杂用型）、5455 升（灭火型载水量），乘员 4 员，载客量 36 人，最大起飞重量 19730 公斤（陆上型），最大着陆重量 15600 公斤（陆上型）。巡航速度（高度 3050 米）290 公里／小时，海平面最大爬升率（持续最大功率 5.08 米／秒，起飞距离（到 15 米）811 米（陆上型），着陆距离（自 15 米）732 米（陆上型），航程（载重 1590 公斤）1700 公里（最大巡航功率）、3090 公里（远程巡航功率）。

【N-22 运输机（"牧羊人"）】 是澳大利亚政府飞机厂研制的小型多用途运输机。60 年代初开始设计，1971 年 7 月 N$_2$"牧羊人"原型机首次飞行。生产型编号为 N22，定名为"牧羊人"，1975 年 12 月开始交付使用。主要生产型有 N22B 和 N24A 两种。N22B 是短机身民用型，1975 年 8 月获得澳大利亚型号合格证，驾驶舱中设单座，客运型可运送 13 名乘客；另外还有货运、医疗救护、勘探及装浮筒的改型。澳大利亚陆军、菲律宾等国空军还购买 N22B 的军用运输改型。N-24A 是机身加长型，机舱加长 1.14 米，载客量增加到 17 人，1978 年 5 月获得澳大利亚型号合格证。N-24A 也有医疗救护型、货运型以及用于军用搜索的改型。以下情况指 N22B。

动力装置为台艾利逊 250-B17C 涡桨发动机，功率 2×420 轴马力。

翼展 16.52 米，机长 12.56 米，机高 5.52 米，机翼面积 30.10 米^2。使用空重 2150 公斤，最大起落重量 3860 公斤，最大载油量 803 公斤（标准型）。正常巡航速度 311 公里／小时，海平面最大爬升率 7.4 米／秒，实用升限 6400 米，起飞滑跑距离（FAR23）223 米，着陆滑跑距离（FAR23）212 米，最大航程（标准燃油，45 分钟余油）1070 公里。

【EMB-110 运输机（"先锋"）】 是巴西航空工业公司研制的轻型运输机。原型机 1968 年 10 首次飞行，第一架生产型飞机 1972 年 8 月首次飞行，1973 年 2 月开始交付。EMB-110 是巴西制造的第一种现代轻型多用途运输机，能同时满足民用和军用要求，可完成运输、空中摄影、领航训练和伤员运送等多种军、民用任务。主要型别：

EMB-110 基本型，12 座，军用编号 C-95；EMB-110A，导航系统检查和校准型，军用编号 EC-95；EMB-110B 空中测绘型；EMB-110C 标准民用型，15 座，1979 年 4 月投入使用；EMB-110E（J），行政专机型，7 座；EMB-110F 和 EMB-110K1，货运型，其中 K1 机身加长 0.85 米；EMB-110P，支线客运型，18 座，是该机最重要的一种改型，主要为满足巴西支线航线需要而发展的，1976 年初投入使用；EMB-110P1，客／货用布局快速更换型；EMB-110P2，支线客运型，21 座；EMB-110P3，客舱增压型，19 座；EMB-110S1，地球物理勘探型；EMB-111，陆基海上巡逻型，军用编号 R-95，机头加装大型雷达罩，内装搜索雷达，另外还备有翼尖油箱。

动力装置（EMB-110P2）为 2 台加拿大普·惠公司 PT6A-34 涡轮螺桨发动机，功率 2×750 轴马力，耗油率 0.27 公斤／轴马力／小时。

主要设备：有 3 套标准设备供用户选用。第一套主要包括 2 台柯林斯 618M-3 360 通道甚高频无线电收发报机，2 台柯林斯 VIR-30A 伏尔／仪表着陆／指点标接收等；第二套主要有 1 台柯林斯 51Z-6 指点标接收机，1 套柯林斯 618M-2B VHF1 系统和 1 套惠纳尔 TC-609VHF2 系统，1 套柯林斯 51R-7A／51V-5 伏尔／仪表着陆接收机等；第三套主要包括两套 king kx175BE 甚高频导航／通信电台，2 台 king KN75 下滑道接收机，2 台 King KR21 指点标接收机等。选用设备有本迪克斯 RDR-1200 气象雷达，本迪克斯 M4-C 或 M4-D 自动驾驶仪等。

翼展 15.32 米，机长 15.10 米，机高 4.92 米，机翼面积 29.10 米^2，客舱门高×宽 1.35 米×0.85 米，机舱最大长度 9.53 米、宽度 1.60 米、高度 1.60 米、地板面积 12.00 米^2，机舱容积 20.4 米^3。空重（带设备）3500 公斤，最大起飞重量 5670 公斤，最大商载 1680 公斤，最大着陆重量（最大零油重量）5450 公斤。（最大起飞重量，国际标准大气）最大平飞速度（高度 2440 米）460 公里／小时，最大巡航速度（高度 3050 米）417 公里／小时，经济巡航速度（高度 3050 米）326 公里／小时，海平面最大爬升率 9.08 米／秒，实用升限（起飞重量 5300 公斤）7350 米，起飞滑跑距离 430 米，着陆滑跑距离 565 米，标准载重航程（飞行高度 3050 米，45 分钟余油）497 公里，最大油量航程（条件同上）1900 公里。

【EMB-120 运输机 ("巴西利亚")】 巴西航空公司在 EMB-110 基础上研制的客货两用支线运输机。原型机 1983 年 7 月首次试飞，1985 年初开始交付。

设计工作是 1977 年开始的。1980 年 4 月木质模型在巴西首次展出，EMB-120 原型机 1983 年 7 月首次试飞，首批 6 架飞机中的头 3 架用于飞行试验，累计试飞时数要求达到 1000～1200 飞行小时。第 4、第 5 架飞机分别用于静力和疲劳试验，第 6 架准备作为预生产型验证机。计划 1984 年 8 月获得巴西适航证后，在 1984 年底拿到美国、英国和法国的适航证。EMB-120 是按美国 FAR25 部要求设计的，设计寿命约为 40000 飞行小时或 60000 次起落。这种飞机主要是为飞 185 公里航段的短途航线设计的，中途不再次加油的情况下可连续飞 3 个 185 公里航段，并留有 185 公里或 45 分钟余油。该机有 2 个型号：客运型，载客 30 个，机舱备有空调和增压系统；货运型，在后机身左侧增开一个 2.00 米×1.60 米的大货舱门。公司还计划发展海上巡逻型和电子干扰型等军用改型以及专机型飞机。

动力装置为 2 台加拿大普拉特·惠特尼公司 PW115 涡桨发动机，平稳功率 2×1500 轴马力，发动机耗油率 0.24 公斤／轴马力／小时。

主要设备：除一般的通信、导航设备外，还可根据用户需要选装 WXR-300 气象雷达，2 套 EFIS-86 电子飞行仪表系统，1 套 MFD-85 多功能显示器，以及惯性导航、欧米加导航和卫星导航设备等。翼展 19.78 米，机长 20.00 米，机高 6.35 米，机翼面积 39.43 米^2，客舱门高×宽 1.70 米×0.77 米，离地高度 1.47 米，机舱（不含驾驶舱和行李舱）长 9.35 米、最大宽度 2.10 米、最大高度 1.76 米，后行李舱容积 6.4 米^3（30 座）、2.70 米^3（全货型）。基本使用空重 5580 公斤，最大起落重量 9600 公斤，最大商务载重 3020 公斤，最大载油量 2550 公斤，最大停机坪重量 9680 公斤，最大零油重量 8600 公斤。最大平飞速度（高度 6100 米）574 公里／小时，最大巡航速度（高度 6100 米）533 公里／小时，经济巡航速度（高度 6100 米）467 公里／小时，海平面最大爬升率 13.3 米／秒，实用升限 9750 米，FAR25 起飞场地长度 1080 米，着陆距离（自 15 米）740 米，最大载重航程（30 座、185 公里或 45 分钟余油）1070 公里，最大油量航程（载重 1380 公斤、余油条件同上）2910 公里。

【HS-748-Ⅱ 运输机 ("阿佛罗")】 印度制造。由印度斯坦飞机制造分公司生产，已生产 14 架。

该机乘员 3 人。翼展 30.02 米。机长 20.42 米。机高 7.57 米。总重 17915 公斤。动力装置为 2 台 R.DA.7MK531 涡轮螺旋桨式，2×2105 马力。最大时速 502 公里（4875 米高度）。巡航时速 440 公里（4875 米高度）。实用升限 7260 公里（最大载油时）、1170 公里（最大载重时）。活动半径 479 公里。载油量 6400 公升。运载量 40 人，或 4500 公斤货物。

【C-1 运输机】 日本川崎重工业公司研制的中型战术运输机。C-1 的设计要求是具有在日本列岛内不中途加油飞到全国各地的续航能力，具有全天候性能和空投、空降和短距起落能力等。C-1 于 1966 年开始初步设计，1968 年正式签定研制合同，两架原型机分别于 1970 年 11 月和 1971 年 1 月开始试飞，一架试验用机体于 1974 年 11 月完成全机疲劳试验。

动力装置为 2 台 JT8D-M-9 涡扇发动机，推力 2×6580 公斤。翼展 30.60 米，机长 29.00 米，机高 9.99 米，机翼面积 120.5 米^2，机尾舱门高×宽 2.67 米×2.70 米，离地高度 1.25 米，机舱（不含驾驶舱）长度 10.80 米、宽度 3.60 米、最大高度 2.55 米，机舱容积 73.8 米^3。空重 23320 公斤，最大起飞重量 45000 公斤，最大载重 11900 公斤，最大载油量 15200 升。最大平飞速度 806 公里／小时，经济巡航速度 657 公里／小时，海平面爬升率 17.7 米／秒，使用升限 11580 米，起飞滑跑距离 640 米，着陆滑跑距离 910 米，正常载重航程 1300 公里，最大油量航程 3350 公里。

【YS-11 中短程运输机】 日本飞机制造公司在政府资助下研制的中、短程涡桨式运输机。1961 年 3 月开始制造，1962 年 8 月原型机首次试飞，1965 年 3 月交付，有 6 个型别：YS-11-100 基本型，载客 60 人；YS-11-200 客运型，标准载客量 60 人，载重量增加 1000 公斤，向美国出口；YS-11-300 客货混合型，载客 46 人，装货空间 15.3 米^3，向南美等地出口；YS-11-400 货运型，装货空间 81 米^3，仅供军用；YS-11-500 和 600 型，分别类似于-200 和-300 型，总重增加 500 公斤。

动力装置为 2 台罗·罗公司"达特"MK-542-10K 涡桨发动机，功率 2×3060 当量马力。

翼展 32 米，机长 26.30 米，机高 8.98 米，机翼积面 94.8 米^2。使用空重 15419 公斤，最大起飞重量 24500 公斤，最大着陆重量 24000 公斤，最大商务载重 6580 公斤，总燃油量 7270 升，最大巡航速度（高度 4575 米）469 公里／小时，经济巡航速度 452 公里／小时，海平面爬升率 6.2 米／秒，实用升限 6580 米，起飞距离（至 10.7 米高）1110 米，着陆距离（自 15 米高）660 米，最大载重航程 1090 公里，最大油量航程 3215 公里。

【MU-2 运输机】 日本三菱公司研制的小型短距起落多用途运输机。用于支线客货运输，公务旅行、空中巡逻、观测、侦察和医疗救护等各种任务。1960 年开始设计，1963 年 9 月原型机首次试飞，1965 年 10 月开始交付使用。MU-2 投入批生产后不断改进改型，生产的型别有 A～P 等十几个型别，现在生产的主要型别是 N 型和 P 型，分别称为"宝石"和"钻石"。下述内容适合于 MU-2 "宝石"型飞机。

动力装置为 2 台加雷特公司的 TPE331-10-501M 涡桨发动机，装 4 叶螺桨，功率 2×715 当量马力。

翼展 11.94 米（含翼尖油箱），机长 12.02 米，机高 4.17 米，机翼面积 16.55 米^2，机舱（含飞行舱）长度 6.56 米、最大宽度 1.47 米、最大高度 1.30 米、容积 9.83 米^3。空重 3470 公斤，最大起飞重量 5250 公斤，最大载重 1040 公斤，载客量 7～9 人，燃油量 1526 升。最大巡航速度（高度 4880 米）571 公里／小时，经济巡航速度（高度 6100 米）547 公里／小时，海平面爬升率 11.17 米／秒，实用升限 9070 米，航程（45 分钟余油）1400 公里，起飞滑跑距离 564 米，着陆滑跑距离 402 米。

【MU-300 运输机（"金钢石"）】 日本三菱公司研制的小型运输机。采用增压座舱。1978 年 8 月首次试飞，经过 350 小时试飞后于 1979 年把 2 架原型机运往美国试飞，1982 年 7 月开始交付使用，型别有："金钢石"I，正在生产的标准型；"金钢石"II，改进型，装更大推力的 JT15D-5 发动机，1985 年开始交付使用，"金钢石"III，机身加长型。下述内容适合于"金钢石"I 型。

动力装置为 2 台加拿大普拉特·惠特尼公司 JT15D-4D 涡扇发动机，最大推力 2×1135 公斤。

翼展 13.25 米，机长 14.75 米，机高 4.19 米，机翼面积 22.43 米^2、展弦比 7.45，机舱长度 4.76

米、最大宽度 1.5 米、最大高度 1.45 米，行李舱容积 1.4 米^3（载货 295 公斤）。使用空重 4270 公斤，最大起飞重量 7360 公斤，燃油量 1930 公斤，载重量 840 公斤，乘员 2 名，载各 7 名。最大巡航速度（高度 9150 米）805 公里／小时，经济巡航速度（高度 11890 米）695 公里／小时，海平面爬升率 15.5 米／秒，最大使用高度 12500 米，最大航程（载客 4 名）2330 公里，起飞跑道长度 1174 米，着陆跑道长度 853 米。

【中运-式运输机】 中国 1942 年根据英制"道格拉斯 C-47"式运输机的构造原理加以改进，自行设计制造的一种木质运输机。由 2 人驾驶，可载 10～11 人，总重量为 4536 公斤，最高时速达 402 公里。巡航时速 286 公里，航程 1696 公里。装 2 台 450 马力的发动机。

【Y-5（运-五）运输机】 中国生产轻型多用途运输机。飞机具有较好的飞行性能和低空机动性，并具有经济性好、使用维护简单、安全可靠等特点。Y-5 采用后三点固定式起落架、普通双翼布局。起落架使用大行程油液减震器和低压轮胎，以便在简易机场上起落。Y-5 的主要型别有货运型、客运型、农业型（可带 3 套农业设备）、跳伞和空中支援型、救护型等。

动力装置为 1 台 1000 马力的九缸星形气冷式活塞发动机和一具 J-12-G154 叶自动变距金属螺旋桨。

翼展 18.18 米（上翼）、14.24 米（下翼），机长 12.74 米，机高 6.10 米，翼面积 43.6 米^2（上翼）、28.0 米^2（下翼）。最大起飞重量 5500 公斤，正常起飞重量 5250 公斤，最大着陆重量 5250 公斤，空机重量（基本型）3266 公斤，燃油重量 900 公斤。最大平飞速度（高度 1750 米）256 公里／小时，经济巡航速度（最大重量）140～220 公里／小时，海平面最大爬升率 2.9 米／秒，实用升限 4500 米，起飞滑跑距离 153 米，着陆滑跑距离 173 米，最大技术航程（高度 1000 米）845 公里，农用时药箱容积 1400 升，作业速度 160 公里／小时，有效喷幅宽度 60 米（喷粉）、50 米（常量喷液）、60 米（超低容量喷液）。

【Y-7（运-七）中短程运输机】 中国研制的中、短程支线运输机。经国家批准已正式投产，1984 年初开始交付民航使用。是一种 48 座／52 座的双发涡桨式运输机，Y-7 原型机 1970 年 12 月首次试飞。1980 年 7 月用 4 架飞机换装了 WJ5A-1 发动机，并进行了高原高温条件下的适航性试飞。采用大展弦比的平直上单翼、低平尾气动布局，2 台发动机短舱装于内侧机翼上。Y-7 机身是普通半硬壳式结构，分前、中、后 3 段。前、中段是气密式的。驾驶舱中设 5 座：正、副驾驶员、领航员、通讯员和空中机械师。客舱基本布局是 48 座，座距 78 厘米；经济舱布局为 52 座，座距 72 厘米。机翼由长方形的中央翼、梯形中翼和外翼组成。适应地形复杂、气温多变的地理和气候条件，是适应性较好、能满足航空支线运输需要的机种。

动力装置为 2 台 WJ5A-1 涡轮螺旋桨发动机，起飞功率 2×2900 当量马力，大修期为 1000 飞行小时。

主要设备有：飞行仪表有自动驾驶仪，陀螺半罗盘，陀螺感应罗盘，磁罗盘地平仪，高度表，速度表，转弯指示仪等；无线电导航设备有航行雷达，无线电罗盘，无线电高度表，信标接收机等；通讯设备有短波电台，超短波电台，机内通话器等。

翼展 29.20 米，机长 23.708 米，机高 8.553 米，机翼面积 75 米^2。客舱门高×宽 0.75 米×1.40 米，货舱门高×宽 1 米×1.2 米，客舱长 10 米、宽 2.76 米、高 1.86 米，行李舱容积 11.25 米^3。使用空重 14900 公斤，最大起落重量 21800 公斤，最大载油量 3950 公里（无附加油箱）、4790 公斤（有附加油箱），最大商载 4700 公斤。最大平飞速度（重量 21000 公斤，高度 6000 米）518 公里/小时，巡航速度（0.7 额定功率）423 公里/小时，海颏最大爬升率 7.5 米/秒，实用升限 8750 米，起飞滑跑距离 640 米，着陆滑跑距离 645 米，最大油量航程 1900 公里，最大载客航程约 1000 公里。

【Y-8（运-八）中型运输机】 中国制造的中型运输机。1974 年 12 月原型机首次试飞，1980 年定型后已投入小批量生产。是一种用途广泛，发展潜力大，适合于多种用途的运输机。空运物资时，一次最多可运载散装货物 20 吨，或集中货物 16 吨；空投时最大单件货物重量 7400 公斤。Y-8 飞机货舱宽敞，舱门尺寸大，后开门式，能装运一般侧开门飞机无法装运的大体积货物，如机器设备、卡车和各种集装箱等，可从后门直接驶入或牵引进舱。Y8 机装 4 台 WJ-6 涡轮螺桨发动机，任意一台发动机停车时飞机仍能继续起飞，任意 2 台发动机在 5000 米以下空中停车时，飞机仍可安全着陆。Y-8 机除能在常规机场的水泥跑道起落外，还可以在土跑道、草地、雪地、砂砾地起落。机翼是平直梯形悬臂式上单翼，翼剖面为低阻层流翼型，在保持较小的阻力条件下，有很好的升力特性，可保证在大迎角时有较好的稳定性和操纵性。增升装置采用双缝后退式襟翼，外侧是差动式副翼。中外翼和中央翼前后梁之间安装 26 个壁厚为 1.5 毫米的软油箱，外翼内是整体油箱。

动力装置为 4 台 WJ-6 涡轮螺桨发动机，起飞功率 4250×4 当量马力。主要设备机载设备比较完善，飞机能在复杂气象条件下昼夜安全飞行。电子设备主要有短波单边带通讯电台，超短波电台，航行雷达，多普勒雷达，无线电罗盘和无线电高度表。

翼展 38 米，机长 34.03 米，机高 11.16 米，机翼面积 121.86 米^2，机尾大货舱门高 2.16 米～3.1 米、宽 7.67 米，货舱长 13.5 米、宽 3～3.5 米、高 2.4～2.6 米，货舱容积 123.3 米^3。空机重量 35500 公斤，最大起飞重量 61000 公斤，最大着陆重量 58000 公斤，最大载货量 20000 公斤，最大载油量 22066 公斤。最大平飞速度（高度 7000 米）650 公里/小时，经济巡航速度（高度 8000 米）516 公里/小时，海平面爬升率（起飞重量 51000 公斤）10 米/秒，实用升限 10200 米，起飞滑跑距离 1270 米，着陆滑跑距离 1050 米，最大航程（起飞重量 61000 公斤）5463 公里，最大续航时间 10 小时 50 分钟。

【Y-10（运-十）中远程客机】 中国研制的中远程客机。1971 年开始设计，1980 年 9 月 26 日首次试飞，机翼为悬臂式下单翼，采用双梁整体壁板式铝合金铆接结构，四分之一弦线的后掠角 33.5°，翼剖面为尖峰翼型，上反角 7°，装有前缘缝翼。后缘双缝襟翼由内、中、外三段组成，使飞机具有良好的起落性能和低的进场速度。平尾和垂尾均有 35°的后掠角，平尾安装角可调，长降舵和方向舵均有平衡板式的内补偿。半硬壳式机身，共有 81 个隔框，1～74 框为气密舱。客舱增压压差为 0.6 公斤/厘米^2。客舱按旅游级布置是 149 座（座距为 88 厘米）；混合级布置是 124 座（其中 16 座是一级座舱）；经济级布置是 178 座（座距为 81 厘米）。驾驶舱按 5 人制设计（包括正、副驾驶员，随机工程师，领航员和通讯员）。机身座舱地板下，前后各有一个容积为 17 米^3 和 21 米^3 的行李舱。起落架是前三点四轮小车式，前起落架是双轮结构，左右转向 56°，能在 36 米宽的跑道上作 180°转弯。

动力装置为 4 台美国普·惠公司 JT3D-7 涡轮风扇发动机，地面最大静推力 4×8615 公斤。

主要设备：电子设备有导航计算机，气象雷达，多普勒雷达，无线电罗盘，全向信标／仪表着陆计算机，自动领航仪，大气数据计算机等。还备有短波单边带电台 2 套，超短波电台 2 套，救生电台和机内通话器等。翼展 42.24 米，机长 42.93 米，机高 13.42 米，机翼面积 244.6 米^2，客舱长 30.4 米、宽 3.48 米、高 2.2 米，行李舱容积 37.92 米^3。（飞国内航线）最大起飞重量 102 吨，最大着陆重量 86 吨：最大零油重量 79.56 吨，最大商载 21.4 吨，最大燃油重量 27.8 吨。最大巡航速度 974 公里／小时，经济巡航速度 917 公里／小时，最大巡航高度 12300 米，海平面最大爬升率（最大起飞重量）20 米／秒，起飞场地长度 2070 米，着陆场地长度 1925 米，最大商载航程 3150 公里，最大油量航程（商载 4 吨）4930 公里。

【Y-11（运-十一）运输机】 中国制造的小型多用途运输机。1975 年首次试飞，1977 年开始制造首批 15 架飞机，1977 年开始用于农业施肥作业。目前该机主要用于农业、林业和地质勘探等业务。

采用双发、双驾驶、前三点起落架、上单翼单垂尾的总体布局。机翼上装 2 台活塞 6 甲型发动机及 J9-G12 叶螺旋桨。双梁铰接矩形机翼用斜撑杆固定到机身下部的子翼上。机身截面为长文形。机身前部为驾驶舱；中部是客／货舱，舱内可乘 8 名旅客或装载货物、农药、地质勘探设备等；尾部安装梯形垂尾的矩形平尾。固定式前三点起落架使用低压轮胎，飞机可在土跑道上起落。

动力装置为 2 台活塞 6 甲发动机，功率 2×285 马力。主要设备：常规飞行仪表，发动机仪表，CT-1 超短波电台和 WL-7 无线电罗盘等通讯领航设备，供飞机正常飞行和转场飞行用。

（基本型）翼展 17 米，机长 12.017 米，机高 4.64 米，机翼面积 34 米^2，货舱长 3.58 米、宽 1.27 米、高 1.48 米。空重 2140 公斤，最大起飞重量 3500 公斤，最大载油量 390 公斤，农业型载药量 940 公斤（超低容量）。最大速度 218 公里／小时，巡航速度 170～200 公里／小时，作业速度 160 公里／小时，最大爬升率 3.5 米／秒，实用升限 3950 米，起飞滑跑距离 190 米，着陆滑跑距离 155 米，实用航程 900 公里。

【Y-12（运-十二）轻型运输机】 中国制造的轻型多用途短距起落运输机。1979 年确定研制方案，1980 年开始设计，1982 年 7 月首次飞行成功，是 Y-11 的发展型。采用带斜撑杆的双梁矩形机翼，机翼前缘装有缝翼，后缘内侧为后退式富勒襟翼，外侧是副翼。机身是四边稍有弧形的矩形剖面结构，使之比同类飞机的客舱更宽敞。机舱左侧有一个大舱门，便于装卸大型货物。舱门对面有一个应急出口，当飞机用于跳伞作业时，可将此应急出口稍加改装加大，14 名伞兵可从左右两侧同时空降。驾驶舱视界良好，舱门设在机身左侧，主要改型有：短途运输型，客运时可安排 17 个座椅，舱内光线充足，涡桨发动机装在机翼上，舱内噪音和振动水平均低。农业型，可载一个 1200 升容量的药箱，适合于粉状和液状化学药物和化肥，可完成正常容量或超低容量的喷洒或空中播种、施肥、人工降雨、农林灭虫和火种侦察等任务；地质勘探型，机上可安装航电仪发射探头、航空放射性探头、航磁探头、航电仪接收探头等设备，可勘探金属、石油及放射性元素。Y-12 飞机具有良好的低速低空性能，航程和商载较大，安全性好，很适合于地质勘探和其它科学研究工作；军用型，由于 Y-12 是上单翼布局，并有大货舱门，所以适合于跳伞训练和空投物品，舱内备有可乘坐 16 人的条凳。Y-12 起落性能好，可在草地或土跑道上起落。另外，如果装备专用设备，Y-12 还可完成侦察鱼群，以及空中摄影等。

动力装置：（Ⅱ型）2 台 PT6A-27 涡轮螺桨式发动机，功率 2×620 轴马力，大修期为 3500 小时。主要设备：机上装有超短波电台，机内通话装置，短波电台，无线电罗盘，无线电高度表，信标机等无线电设备。

翼展 17.235 米，机长 14.86 米，机高 5.575 米，机翼面积 34.27 米^2，舱门（高×宽）1.38 米×1.45 米，机舱长 4.82 米、宽 1.46 米、高 1.7 米，机舱容积 13.11 米^3，行李舱容积 2.66 米^3。使用空重 3000 公斤，设计起落重量 5000 公斤，最大商务载重 1700 公斤，最大可用燃油 1230 公斤。最大巡航速度（高度 3000 米）320 公里／小时（Ⅰ型）、328 公里／小时（Ⅱ型），作业速度 180 公里／小时，海平面爬升率 6.5 米／秒（Ⅰ型）、8.3 米／秒（Ⅱ型），升限 7000 米，FAR 起飞滑跑距离 234 米（Ⅰ型）FAR 着陆滑跑距离 219 米，最大技术航程（高度 3000 米，45 分钟余油）1440 公里。

4、 效用机、侦察机、预警机、反潜机

【AU-23A 武装效用机（"和事佬"）】

美国制造。由美、瑞（士）两国合制的"搬运者"效用机改装而成的一种短距起降武装效用机。该机主要进行运输、对地面攻击、照相侦察、投掷传单、广播等任务。第一架于 1970 年初制成。乘员 1-2 人。动力装置为 TPE331-1-101F 涡轮螺旋桨式，1×665 马力。最大时速 280 公里。巡航时速 240-259 公里（高度 3050 米）。实用升限 9150 米。最初爬高率 482 米／分。最大航程 1020 公里（不带副油箱）、1620 公里（带 2 个副油箱）。起飞滑跑距离 110 米。着陆滑跑距离 73 米。续航时间 4 小时 15 分（不带副油箱）、6 小时 45 分（带 2 个副油箱）。载油量 480-644 公升（带 2 个副油箱，860-1024 公升）。载弹量 586 公斤（最大）。武器装备：1 门 20 毫米炮，或 2 挺机枪（装弹共 2000 发），或 2 个机枪吊舱及 2 枚 144 公斤炸弹（或 14 枚 70 毫米火箭）。特种设备有：火力控制系统，导航通讯设备，3 具 70 毫米 P-2 型相机，还有高音喇叭、照明弹等。翼展 15.13 米。机长 11 米，机高 3.20 米。

【AU-24A 武装效用机（"种马"）】

美国制造的短距起降武装效用机。由 H-550A 民用型效用机改装而成。乘员 2 人。动力装置为 PT6A-27 涡轮螺旋桨式，1×680 马力。最大时速 348 公里（高度 3050 米）。巡航时速 257-332 公里（高度 3050 米）。实用升限 8530 米。最初爬高率 671 米／分。最大航程 1755 公里，最大载重时为 716 公里。起飞滑跑距离 98 米。着陆滑跑距离 76 米。载油量 455 公升（带 2 个副油箱，849 公升）。载弹量 1043 公斤。武器装备 1 门 20 毫米炮，炸弹等。翼展 12.50 米。机长 12.07 米。机高 2.81 米。全重 2857 公斤。

【HU-16B 两栖效用机（"信天翁"）】

美国制造的用于海上救护的飞机。有 A、B 两种型号："A"是基本型，1949 年 7 月装备部队；"B"是改进型，翼展比"A"型增长 5.03 米，速度和航程亦有所提高，1957 年起交付使用。目前日本、菲律宾以及台湾军队等均装备有 HU-16A 型机。乘员 4-6 人。动力装置为 R-1820-76A 活塞式，2×1425 马力。最大时速 379 公里。巡航时速 200 公里（经济）、362 公里（最大）。实用升限 6550 米。最初爬高率 442 米／分。最大航程 4587 公里。活动半径 1830 公里。起飞滑跑距离 357 米（使用助飞器 213 米）。着陆滑跑距离 457 米。载油量 4818 或 5196 公升（最大 6332 公升）。装载量 10-22 人或 12 付担架。武器装备：翼下可挂炸弹（或挂救护艇、副油箱等）。特种设备：机头有雷达舱；利用机身左、右两侧的救护舱门，可从事倾斜照相；还可装 3 只救生艇。翼展 29.46 米。机长 19.18 米。机高 7.87 米。吃水深度 1 米。全重 13768 公斤（最大 17000 公斤）。

【KA-3B 舰载加油机】

美国制造。由 A-3B 改装而成，机上加装了一个 4923 公升油箱和空中加油装置。有的 A-3B 改装成 EKA-3B，既用作电子干扰，又用作空中加油。电子干扰设备有 ALQ-41、-51、-55 回答式干扰机。乘员 3 人。动力装置为 J57-P-10 涡轮喷气式，推力 2×4763 公斤（喷水 5630 公斤），另加助飞器 12×2040 公斤。最大时速 1040 公里。实用升限 13720 米。最大航程约 5000 公里。活动半径约 2000 公里。续航时间约 5 小时。翼展 22.11 米。机长 22.41 米。机高 6.91 米。全重 38100 公斤。

【KC-135A 加油机（"同温层油船"）】

美国制造。由波音 707 原型机发展而成，主要为战略轰炸机加油，亦为战术战斗机加油，于 1956 年 8 月首次试飞，1957 年 6 月开始装备美空军，1965 年 1 月已停止生产。其中部分改装为 C-135 运输机、RC-135C、D、E 电子侦察机、RC-135A 航测机、WC-135B 气象侦察机、EC-135 空中指挥机和 VC-135 专机等。乘员 4 人（正、副驾驶员，领航员，输油员）。动力装置为 J57-P-59W 涡轮喷气式，推力 4×5080 公斤（喷水 6237 公斤）。最大时速 1030 公里（高度 3000 米），马赫 0.88。巡航时速 856 公里（高度 9300-13700 米）。实用升限 15000 米。最初爬高率 393 米／分。最大航程 10000 公里（平常 6500 公

里）。活动半径 2600-4000 公里。续航时间 5 小时 30 分（执行加油任务）。起飞滑跑距离 2760 米。着陆滑跑距离 580 米（重 47720 公斤）。载油量 106910-118100 公升（内 41130-69790 公升供加油用）。装载量不用于加油时，可载 80 名乘客或 25 吨货物。特种设备 APN-59 导航雷达。翼展 39.88 米。机长 41.53 米。机高 11.68 米。全重 111130-134715 公斤。

图 10-62　KC-135A 加油机（"同温层油船"）

【U-3A 效用机】　美国制造。U-3 有 A、B 两种型号，先后于 1957 年和 1961 年装备美空军。乘员 2 人。动力装置为 IO-470-VO 活塞式，2×260 马力。最大时速 379 公里。巡航时速 295 公里。实用升限 5943 米。最初爬高率 456 米／分。最大航程 2782 公里。起飞滑跑距离 280 米。着陆滑跑距离 210 米。载油量 696 公升。可乘载 3-4 人。翼展 11.25 米。机长 8.92 米。机高 3.20 米。全重 2404 公斤。

【U-4A 效用机（"空中指挥官"）】　美国制造。U-4 有 A、B 两种型号，1957 年开始装备美空军和陆军（陆军型分别定名为 U-9B、C）。乘员 2 人。动力装置为 GO-480-B 活塞式，2×270 马力。最大时速 375 公里。巡航时速 338 公里。实用升限 6860 米。最初爬高率 442 米／分。最大航程 1770 公里（高度 3050 米）。活动半径 708 公里。载油量 492 公升。可乘载 5-7 人。翼展 13.42 米。机长 10.44 米。全重 2722 公斤。

【U-5A 效用机（"双子 H500"）】　美国制造。具有短距起降能力，1963 年开始装备美空军。乘员 1 人。动力装置为 O-540 活塞式，2×250 马力。最大时速 298 公里。巡航时速 267 公里。实用升限 5940 米。最初爬高率 500 米／分。最大航程 2415 公里，3860 公里（转场）。起飞滑跑距离 94 米。着陆滑跑距离 84 米。载油量 454 公升（带副油箱，992 公升）。可乘载 5 人。翼展 12.50 米。机长 9.75 米，机高 2.69 米。

【U-6A 效用机（"海狸"）】　美国军队装备。1961 年大量订购，装备陆、空军，用于进行观察、联络任务。乘员 1-2 人。动力装置为 R-985 活塞式，1×450 马力。最大进速 225 公里。巡航时速 201-217 公里。实用升限 5490 米。最初爬高率 311 米／分。最大航程 1252 公里（带副油箱）、777 公里（最大载重）。载油量 359 公升（带 2 个副油箱，523 公升）。可装载 5 人或 620 公斤货物。翼展 14.64 米。机长 9.24 米。机高 2.75 米。全重 2313 公斤。

【U-IA 效用机（"水獭"）】　美国军队装备。美陆军于 1960 年大量订购，并装备部队，用于执行侦察、联络及少量输送任务。乘员 2 人。动力装置为 R-1340-S1H1-G 或 S3H1-G 活塞式，1×600 马力。最大时速 245 公里。巡航时速 180 公里，实用升限 5730 米。最初爬高率 222 米／分。最大航程 1545 公里。起飞滑跑距离 570 米。着陆滑跑距离 420 米。续航时间 7 小时 10 分。载油量 830 公升。可装载 9-10 人，或 1130 公斤货物。翼展 17.69 米。机长 12.80 米。机高 3.83 米。全重 3630 公斤。

【U-2 高空侦察机】　美国制造。该机 1955 年试飞，1956 年开始装备美空军。该型机可进行照相和电子侦察，飞行高度 20000 米时，照相收容地面宽度（可供判读）左右各 75 公里，电子侦察距离约 600 公里。机上各种特种设备的用途是：第 6 系统主要侦察对象是地面及舰载脉冲雷达；第 3 系统主要侦察对象是陆空、空空无线电指挥通话；第 9 系统主要是用于发现对方机载雷达的讯号，干扰圆锥扫描制导的空空导弹，干扰连续波制导的空空导弹及工作较长的"多普勒"近爆引信；第 12 系统主要是接收地空导弹的制导雷达讯号，及时发现地空导弹的阵地位置；第 13 系统主要是半自动回答式干扰机，与 12 系统配合使用，专门用于干扰对方雷达制导的地空导弹。据称，该型机还装有第 7 系统。该机乘员 1 人。动力装置为 J75-P-13 涡轮喷气式，推力 1×7700 公斤。最大时速 850 公里，M0.8。巡航时速 750-800 公里（高度 15000 米以上）。实用升限 22870 米。侦察高度 21000 米左右。最初爬高率 2040-2340 米／分（最大 3000 米／分）。最大航程 7200 公里（改装 13 系统后为 5513 公里）。活动半径 2800 公里（改装 13 系统后为 2200 公里）。续航时间 8 小时 30 分（改装 13 系统后为 7 小时 30 分左右）。载油量 4350 公斤。特种设备有电子侦察（第 3、6 系统），照相侦察（73-B、D-2、F-3 等几部相机），自卫设备（第 9、12、13 系统和金属档板）。翼展 24.60 米，机长 15.24 米，机高 4.65 米。全重 8000 公斤（带副油箱时 8700 公斤）。

图 10-63　U-2 高空侦察机

【U-7A 效用机（"超幼熊"）】　美国制造。60 年代初期装备美空、海军，用作侦察。乘员 2 人。动力装置为 O-320 活塞式，1×150 马力。最大时速 208 公里。巡航时速 169 公里。实用升限 5795 米。最初爬高率 293 米／分。最大航程 735 公里。起飞滑跑距离 61 米。着陆滑跑距离 107 米。载油量 136 公升。翼展 10.73 米。机长 6.88 米，机高 2.02 米。全重 794 公斤。

【U-8D 效用机（"塞米诺"）】　美国制造。由 A、B 型发展而成，1955 年装备美陆军，主要进行全天候战场侦察任务。U-8F 为其发展型，乘员 1-2 人。动力装置为 IGSO-480-AIE6 活塞式，2×340 马力。最大时速 370 公里，巡航时速 280 公里，实用升限 7770 米。最初爬高率 495 米／分。最大航程 2655 公里。起飞滑跑距离 420 米。着陆滑跑距离 440 米。载油量 680 公升（带副油箱，872 公升）。特种设备：UPD-1 及 APS-85 型侦察雷达。翼展 13.81 米。机长 9.61 米，机高 3.46 米。全重 3175 公斤。

【U-10A 效用机（"快信差"）】　美国制造。1958 年开始试飞，供战术空军的"空中别动队"和空军国民警卫队使用。能以 48 公里的最小时速从事目视侦察飞行。能从各种场地以最短的距离起降，包括从海滩和公路上起降。装有浮筒后，能从河溪、稻田、沼泽地起飞。乘员 2 人。动力装置为 GO-480-G1D6 活塞式，1×295 马力。最大时速 269 公里。巡航时速 241-265 公里（高度 2600 米）。实用升限 6250 米。最初爬高率 350 米／分。最大航程 2220 公里。起飞滑跑距离 102 米。着陆滑跑距离 82 米。载油量 455 公升（最大 1023 公升）。可装载 4 人及 454 公斤货物。翼展 11.89

米。机长 9.45 米，机高 2.69 米。最大起飞重量 2005 公斤。

【U-11A 效用机（"阿孜特克族人"）】　美国制造。60 年代初期装备美海军。乘员 1 人。动力装置为 IO-540 活塞式，2×250 马力。最大时速 348 公里。巡航时速 314-338 公里。实用升限 6430 米。最初爬高率 455 米／分。最大航程 1947 公里。起飞滑跑距离 250 米。着陆滑跑距离 259 米。载油量 544 公升。翼展 11.34 米。机长 9.52 米，机高 3.15 米。全重 2360 公斤。

【U-17A 效用机】　美国制造。供空军使用的效用机。原型机于 1960 年首次试飞。乘员 1 人。动力装置为 IO-520-D 活塞式，1×300 马力。最大时速 286 公里。巡航时速 208 公里。实用升限 5229 米。最初爬高率 308 米／分。最大航程 1730 公里。起飞滑跑距离 235 米。着陆滑跑距离 146 米。载油量 246 或 318 公升。可乘载 6 人。翼展 10.92 米。机长 7.85 米，机高 2.36 米。全重 1519 公斤。

【U-21A 效用机】　美国制造。该型机于 1967 年 5 月开始装备美陆军。其侦察型飞机有 RU-21A、B、C、D、E 五种，其中 D 和 E 型专门执行电子侦察任务。乘员 2 人。动力装置为 PT6A-20 涡轮螺旋桨式，2×550 马力。最大时速 401 公里。巡航时速 328-395 公里。实用升限 7775 米。最初爬高率 610 米／分。最大航程 2697 公里。起飞滑跑距离 518 米。着陆滑跑距离 390 米。载油量 1400 公升。可装载 10 名武装士兵或 3 付担架、3 名轻伤病员及医务人员，或 1360 公斤货物。翼展 13.98 米。机长 10.82 米，机高 4.33 米。全重 4377 公斤。

【O-1A 观察效用机（"鹰犬"）】　美国制造的用于观察目标和引导大速度飞机前往攻击的飞机。1950 年开始装备美陆军。O-1 飞机有 A、B、C、D、E、五种型号，其中：A、E 装备陆军；B、C 装备海军陆战队；D 型是教练机，乘员 2 人。动力装置为 O-470-11 活塞式，1×213 马力。最大时速 184 公里。巡航时速 157 公里。实用升限 5640 米。最初爬高率 350 米／分。最大航程 848 公里。起飞滑跑距离 280 米。着陆滑跑距离 220 米。续航时间 4 小时 30 分。载油量 155 公升。翼展 10.90 米，机长 7.89 米，机高 2.23 米。全重 1090 公斤。

【O-2A 观察机】　美国制造。该机有 A、B 两种型号，A 型为观察机，可载 2-4 人，B 型用

于"心理战"。1967 年开始装备美空军。乘员 2
人。动力装置为 IO-360C／D 活塞式，2×210 马
力。最大时速 320 公里。巡航时速 241-306 公
里。实用升限 5490 米。最初爬高率 335 米／分。
最大航程 2068 公里。起飞滑跑距离 305 米。着陆
滑跑距离 213 米。载油量 484 公升。武器装备：
翼下挂 2 个 7.62 毫米机枪吊舱和 2 个"巨鼠"火箭
吊舱（每个内装 7 枚）。翼展 11.63 米。机长 9.07
米，机高 2.84 米。全重 2100 公斤。

【YO-3A 观察机】　美国制造。机身由
SGS2-32 型滑翔机改装而成。乘员 2 人。动力装
置为 IO-360-D 活塞式，1×210 马力。装有红外
探测设备。翼展 17.37 米。机长 9.14 米。

【Y-22 神秘飞机】　美国贝尔和波音公司
研制的一种新型飞机。该机具有普通飞机和直升机
的两种性能。其涡轮螺旋桨发动机能改变工作状
态。起飞时能和直升机一样，发动机处于垂直状
态，飞行时，发动机又可和普通飞机一样处于水平
状态。该机可以在很小的场地起飞降落。

【OV-1A 观察机（"莫霍克"）】　美国制
造的用于战场侦察的一种短距起降观察机，1961
年装备部队。当进行直接火力支援任务时，可带
12.7 毫米机枪、12.7 厘米火箭、"响尾蛇"导弹、炸
弹、化学弹、凝固汽油弹等武器。该机有 A、B、
C、D、E 五种型号。B 型仅装侧视雷达，C 型只
装 UAS-4 红外装置，D 型能装侧视雷达也能换装
红外装置，E 型装电子侦察设备。乘员 2 人。动力
装置为 T53-L-3 涡轮螺旋桨式，2×1005 马力。
最大时速 496 公里（高度 1525 米）。巡航时速
334-489 公里（高度 1525 米）。最初爬高率 900 米
／分。最大航程 2270 公里（带副油箱）。起飞滑
跑距离 145 米。着陆滑跑距离 138 米。载油量
1125 公升（带 2 个副油箱，2259 公升）。特种设
备：KA-30 光学照相系统、UAS-4 红外侦察设
备、APX-44 测高雷达。翼展 12.80 米。机长
12.50 米，机高 3.86 米。全重 5748 公斤（最大
6818 公斤）。

【OV-10A 轻型武装侦察机（"野马"）】
美国制造。1965 年 7 月首次试飞，1967 年开始
装备美海军陆战队和空军。除进行侦察和指示飞机
攻击目标外，还可对地面部队进行火力支援。乘员
2 人。动力装置为 T76-G-410／411 涡轮螺旋桨
式，2×715 马力。最大时速（无外载时）449 公
里（海平面）、417 公里（高度 6100 米）。巡航时
速 312 公里。实用升限 6500 米。最大航程 2300

公里（带副油箱转场）。活动半径 367 公里（满载
时）。续航时间 3 小时。起飞滑跑距离 226 米（正
常全重）。着陆滑跑距离 226 米（正常全重）、268
米（最大全重）。载油量 976 公升（带 1 个副油
箱，1544-1874 公升）。载弹量 1633 公斤。武器装
备：4 挺 7.62 毫米机枪，2 枚"响尾蛇"导弹及炸弹
（包括激光炸弹）。特种设备有"多普勒"导航系统、
电视侦察系统和超高频无线电设备。翼展 12.19
米。机长 12.67 米，机高 4.62 米。全重 4494 公斤
（正常）、6563 公斤（最大）。

【SR-71 侦察机】　美国在 YF-12 的基础
上发展的双座战略侦察机。1963 年 2 月开始发
展，1964 年 12 月首次试飞，1966 年 1 月交付美
国空军侦察联队使用充当继 U-2 飞机之后的间谍
侦察机。SR-71 可在 24000 米高度以 M3 的速度
持续飞行，每小时的侦察面积可达 15 万 5 千平方
公里。SR-71 的型别有：A 型，双座战略侦察
机；B 型，双座教练型；C 型，修改的教练型，由
A 型改型而来。

动力装置为 2 台普拉特·惠特尼公司的
JT11D-20B 涡扇发动机，静推力 2×10340 公
斤，加力推力 2×14740 公斤。主要设备有：天文
导航装置，精度高于 1.85 公里／小时，甚至在日
光下也能跟踪星体。杭尼韦尔公司的大气数据计算
机和自动飞行控制系统，AN／APQ-73 合成孔径
天线侧视雷达等。侦察设备分为几等，有简单的战
场侦察系统，入侵侦察用的多探测装置系统，以及
能在 24000 米高度每小时侦察面积达 15 万 5 千平
方公里的战略侦察系统。还有各种照像、探测设
备。

该机翼展 16.95 米，机长 32.74 米，机高 5.64
米，机翼面积 167.23 米^2，主轮距 5.18 米，前主轮
距 10.36 米。空重 33500 公斤，正常起飞重量
63500 公斤，最大起飞重量 77110 公斤，燃料重量
36300 公斤。最大平飞速度（高度 24000 米）
M3.2／3430 公里／小时，巡航速度（高度 21000
米）M3.0／3190 公里／小时，（高度 9100 米）
M2.0／2160 公里／小时，侦察高度 24000 米，实
用升限 26600 米，燃料消耗 30280 升／小时，最
大升阻比（M1.0 以下时）11.5，（M3.0 以上时
）6.5，典型作战半径 1930 公里，航程（高度 24000
米，M3.0 巡航，不空中加油）4800 公里，最大留
空时间（高度 24000 米，M3.0 巡航，不空中加
油）1 小时 30 分钟。

【E-2 预警机（"鹰眼"）】　美国格鲁门公

司研制的螺旋桨式舰载空中预警机。其主要任务是舰队防空预警和空中导引指挥，也可作为岸基预警机使用。E—2 是 E—1 的后继机，1956 年 3 月开始设计。共造 3 架原型机。第一架原型机于 1960 年 10 月 21 日首次飞行。1964 年 1 月 19 日开始交付美国海军使用。

E—2 的布局独特，机翼可折叠，有 4 个垂直安定面，机翼和垂直安定面前缘都有充气式防冰套。背部的大园盘是旋转雷达天线罩，飞行中每分钟转 6 转，停机时天线罩可降低 0.64 米，以利存放；E—2 一般在己舰和己机周围巡逻，高度为 9150 米，可探测和判明 480 公里远的敌机威胁。机载雷达在监视海上交通的同时，可探测周围 1250 万立方公里空域内的空中目标，至少能自动和连续跟踪 250 个目标并能控制其中 30 个进行空中截击。型别有：E—2A，最初生产型；E—2B，A 型的改型（所有 E—2A 均已改成 E—2B）；E—2C，1971 年中期后的生产型，是 E—2 的主要型别；TE—2C，E—2C 的教练型；C—2A，由 E—2A 派生的运输型。除美国外，使用 E—2 的国家和地区还有日本和以色列。

动力装置为 2 台艾利逊公司的 T56—A—425 涡轮螺桨发动机，功率 2×4910 当量马力。主要设备有：AN／APA—171 旋转雷达天线罩（雷达和敌我识别系统天线），AN／APS—125 先进的雷达处理系统，RT—988A 敌我识别问答机，利顿公司的 AN／ALR—59 被动监视系统，AN／APA—172 控制指示器组，ASM—440 飞行性能监测器，AN／ASN—92（LN—15C）CAWS 机载惯性导航系统，CP—1085／AS 大气数据计算机，APN（V）多普勒，APN—171（V）雷达高度表，ARC—51A 甚高频电台，ASN—50 航向和姿态参考系统，ARC—158 甚高频数据链，ARQ—34 高频数据链。

该机翼展 24.56 米，折叠后翼展 8.94 米，机长 17.54 米，机高（雷达天线罩升高时）5.58 米、（雷达天线罩降低时）4.94 米，机翼面积 65.03 米²，雷达天线罩直径 7.32 米，雷达天线罩厚度 0.79 米。空重 17270 公斤，最大起飞重量 23560 公斤，最大机内可用燃油量 5630 公斤。最大平飞速度 590 公里／小时，最大巡航速度 580 公里／小时，转场巡航速度 500 公里／小时，进场速度 190 公里／小时，实用升限 9390 米，最小起飞滑跑距离 610 米，起飞至 15 米高距离 790 米，最小着陆滑跑距离 440 米，转场航程 2580 公里，值勤持续

时间（离母舰 320 公里）3～4 小时，续航时间（最大燃油量）6 小时 6 分钟。

图 10—64　E—2B 早期警戒机（"鹰眼"）

【E—3 预警机（"望楼"）】　美国波音飞机公司研制的空中预警飞机。该机具有下视能力，主要用于搜索监视水上、陆地、空中目标和引导己方飞机作战，亦可对台风中心进行跟踪。E—3 是以波音 707 民航机为基础更换发动机并加装旋转雷达天线罩和电子设备改成的。旋转雷达天线罩横截面呈椭园形。雷达工作时，天线罩每分钟转 6 转，雷达不工作时，每分钟转 1／4 转，目的是保持轴承滑润。该机一般在 9000 米高度值勤，能探测半径为 370 公里范围内的目标。可向空中指挥员显示敌我双方陆海空三军在当地战场上的作战态势，同时指挥己方空中力量完成空中格斗、近距支援、截击、遮断、空运、空中加油和救援等任务。型别有：A 型（最初生产型）、B 型和 C 型。

动力装置为 4 台普拉特·惠特尼公司的 TF33—PW—100／100A 涡轮风扇发动机，推力 4×9525 公斤。

主要设备有：威斯汀豪斯公司的 AN／APY—1 S 波段脉冲多普勒雷达，能以脉冲和脉冲多普勒两种体制监视飞机，并有 6 种工作方式：脉冲多普勒垂直扫描；多普勒扫描；超地平线远距搜索；海面监测；混合和被动方式。IBM4πCC—1 电子计算机，IBM4πCC—2。海策汀公司的状态显示台和辅助显示装置。导航与导引设备有 2 个迪尔科公司的 AN／ASN—119"轮盘木马"IV 惯性导航平台，1 部诺斯罗普公司的 AN／APN—120"奥米加"导航设备。通讯设备是联合战术情报分配系统（JTIDS）。

该机翼展 44.2 米，机长 46.61 米，机高 12.73 米，机翼面积 282 米²，雷达天线罩直径 9.14 米，雷达天线罩厚度 1.83 米。空重 78000 公斤，最大起飞重量 147420 公斤。最大平飞速度 853 公里／小时，实用升限 12000 米，值勤巡航高度 9140 米，值勤巡航时间 6 小时（基地距值勤点 1610 公

里），最大续航时间（不空中加油）11 小时。

【EA-3B 电子侦察机（"天空战士"）】
美国制造。该机由 A-3B 攻击机改装而成，1958
年 12 月首次试飞，1959 年 11 月开始交付美海军
使用。乘员 7 人。动力装置为 J57-P-10 涡轮喷气
式，推力 2×4760 公斤（喷水 5630 公斤）。最大
时速 980 公里（高度 3000 米），M0.83。巡航时速
800 公里。实用升限 12500 米。最大航程约 4630
公里，活动半径约 1700 公里。续航时间 6 小时 40
分。载油量 15948 公斤（最大 19650 公斤）。特种
设备有 ALQ-41、-51、-55 多频带回答式干扰机
与电子侦察设备（机身下有雷达罩）。翼展 22.11
米，机长 23.04 米，机高 6.91 米。全重 33110 公
斤。

图 10-65　EA-3B 电子侦察机（"天空战士"）

【EA-6A 电子干扰机（"入侵者"）】　美
国制造。该机由 A-6A 改装而成，1963 年开始装
备美海军和海军陆战队。该型机装有 30 多付天
线，主要配合攻击机进行电子干扰任务，也具有一
定的对地攻击能力。乘员 2 人。动力装置为
J52-P-8A 涡轮喷气式，推力 2×4220 公斤。最大
时速 1000 公里，巡航时速 775 公里。实用升限
11800 米。最大航程 4820 公里（带副油箱）。载油
量 7193 公斤。载重量最大 4556 公斤（外载）。特

图 10-66　EA-6A 电子干扰机（"入侵者"）

种设备有 ALQ-99 杂波干扰机（2 个挂翼下，1 个
在垂尾顶端），ALQ-100 回答式干扰机，ALQ-92
通讯干扰机，ALR-42 雷达警戒接收机。翼展
16.15 米，机长 16.84 米，机高 4.95 米。全重

25630 公斤。

【EB-66 电子侦察干扰机】　美国制造。
该机由 A-3 飞机发展而成，原名 RB-66，1956 年
开始使用，主要是通过发现并干扰对方警戒、炮
瞄、截击等雷达的方法，掩护攻击机群进入目标。
执行任务时经常是两架同时出动，一架为 EB-66B
（乘员 5 人，机上只有 25 部对付各种雷达的积极
干扰机，没有装备无线电侦察设备），另一架为
EB-66C。有时 EB-66C 也单独出动执行电子侦察
任务。该机乘员 6 人。动力装置为 J71-A-13 涡轮
喷气式，推力 2×4630 公斤。最大时速 990 公里
（高度 3000 米）、950 公里（高度 11000 米）。巡航
时速 756-810 公里（高度 8000-9000 米）。实用升
限 12500 米。最大航程 2400 公里。活动半径 960
公里。载油量约 17000 公斤。侦察警戒设备有 4
部 APR-14 侦察接收机（30-1000 兆赫），2 部
APR-9 侦察接收机（1000-10750 兆赫），3 部
ALA-5 脉冲分析器（可测每秒 45-20000 个脉冲
的重复频率，可测的脉宽为 0-100 微秒），1 部
APA-74 脉冲分析器（可测每秒 50-40000 个脉冲
的重复频率，可测脉宽为 0.2-50 微秒），1 部
APS-54 警戒接收机（2600-11000 兆赫），1 部
APR-25 警戒接收机（2000-4000 兆赫），1 部
APR-26 警戒接收机（4000-8000 兆赫），1 部
APD-4 自动定向侦察接收机（30-10750 兆赫）。
还有 4 部定向器，1 部 QRC-292 侦察接收机放大
器和 4 部 ANH-2 记录设备。干扰设备有积极干
扰机 9 部（有效作用距离 148 公里），其中 1 部
ALT-16（500-1000 兆赫），2 部 ALT-15
（30-300 兆赫），1 部 ALR-18（8500-10750 兆
赫），还有 2 部 ALE-1 消极干扰投放器（每部各带
150 包干扰丝，干扰丝有两种型号：一种是干扰米
格机机载雷达的 RR59，另一种是干扰导弹和炮瞄
雷达的 RR44）。翼展 22.11 米，机长 22.90 米，机
高 71.8 米。全重 35835 公斤。

图 10-67　EB-66C 电子侦察干扰机（"破坏者"）

【EC-121D 雷达警戒机】　美国制造。该
机由 C-121D 运输机改装而成，是美空军一种远

程雷达警戒机。美海军使用的有 EC-121K、L、M 等几种型别,性能与 EC-121D 基本相同。乘员 31 人。动力装置为 R-3350 涡轮螺旋桨式,4×3250 马力。最达时速 490 公里,巡航时速 324 公里。实用升限 7200 米。最初爬高率 348 米／分。最大航程 7700 公里。续航时间 24 小时。载油量 33100 公斤。特种设备有 APS-45 测高雷达(飞行高度 7260 米时,作用距离为 320 公里)、APS-70 或 APS-20 搜索测距雷达,风暴预警雷达,"罗兰"导航仪等(全部电子设备,约重 5.5 吨)。翼展 37.60 米,机长 35.40 米,机高 8.20 米,全重 68040 公斤。

图 10-68　EC-121D 雷达警戒机

【EF-111A 电子对抗机】　美国格鲁门公司在通信动力公司 F-111A 的基础上研制的变后掠翼专用电子对抗飞机。主要执行远距干扰、突防护航和近距支援任务。第一架原型机于 1977 年 3 月试飞。生产型 1981 年 10 月交付美国空军。与 F-111A 基本相同。主要修改之处有:采用 NACA64A210.68 翼型,翼尖前缘修形,16°后掠角时上反角 1°,16°后掠时的翼尖安装角和翼根安装角分别为-3°和 1°,加强结构的垂直安定面上增一整流罩,改进环境控制系统,重新安排座舱布局并加装或换装一些电子设备。在执行远距干扰任务时,F-111A 在已占区上空敌方地面武器射程之外实施干扰,使已方的攻击机的飞行路线和机动方式不被发现;在执行突防护航任务时,同攻击机一起突入敌人防线,连续实施干扰,直达重要目标,造成敌防空系统发生混乱,延迟失误或丧失能力,保护自己的攻击力量;执行近距支援任务时,伴随击攻机一块儿出击,利用自己的干扰能力,使敌方雷达陷于瘫痪,与此同时,攻击机向目标投射武器。EF-111A 不带武器。一般和反雷达飞机及其它战术飞机一起出动。

动力装置为 2 台普拉特·惠特尼公司的 TF30-P-3 涡轮风扇发动机,推力 2×5650 公斤,加力推力 2×9500 公斤。最大内部燃油量 14740 公斤。主要设备有:AN／ALQ-99E 战术干扰系统,AN／APQ-110 地形跟踪雷达,AN／AIC 机

内通话装置,AN／ARN-118 塔康,AN／AJQ-20A 惯性导航系统,AP／ALQ-137 V4 电子对抗自卫系统,AN／ALR-62(V)4 终端威胁告警系统,AN／ALR-123 雷达干扰接收系统。

该机翼展 19.20 米(完全伸出)、9.74 米(完全后掠),机长 23.16 米,机高 6.10 米,机翼面积 48.77 米^2(最大,后掠角 16°),空重 25070 公斤,设计起飞重量 33000 公斤,作战起飞重量 31750 公斤,最大起飞重量 40370 公斤,最大着陆重量 38420 公斤。最大平飞速度 2280 公里／小时,最大作战速度(作战重量)2220 公里／小时,平均速度(战区上空)595 公里／小时,失速速度(发动机停车)264 公里／小时,海平面爬升率(中等功率)16.7 米／秒、(一台发动机停车,加力)17 米／秒,实用升限(开加力,作战重量)13720 米,起飞滑跑距离 1350 米,着陆滑跑距离(重量 26970 公斤)945 米,作战半径(留余油)370 公里、1500 公里(突防),转场航程 3710 公里,续航时间(不空中加油)4 小时。

【P-2H 反潜巡逻机("海王星")】　美国制造。此种飞机主要用于海上侦察、轰炸,但亦用于海上巡逻、布雷。乘员 7 人。动力装置为 R-3350-32W 活塞式,2×3500 马力(最大 4000 马力);另加 J34-WE-36 涡轮喷气式,推力 2×1540 公斤。最大时速 678 公里(全部发动机开车)、573 公里(仅用活塞式发动机)。巡航时速 278-333 公里(高度 300 米)。实用升限 9500 米(全部发动机开车)、6700 米(仅用活塞式发动机)。最初爬高率 945 米／分。最大航程 5930-6960 公里,活动半径 2784 公里。续航时间 16-22 小时。起飞滑跑距离约 1500 米。载油量 8316 公升(带副油箱,10962 公升)。载弹量为 3629 公斤(通常挂 16 枚 227 公斤炸弹,或 8 枚 454 公斤炸弹,或 4 枚 907 公斤炸弹,或 2 枚 982 公斤鱼雷,或 2 枚 907 公斤水雷,或 12 枚 147 公斤深水炸弹)。武器装备有 10 门 20 毫米炮(机头 6、机背 2、机尾 2),2 枚"海燕"或"小斗犬"空地导弹,或 16 枚 12.7 厘米火箭,或 4 枚"响尾蛇"空空导弹,还有炸弹、鱼雷、水雷、深水炸弹等。特种设备有 APQ-23、APS-20B、APS-31 搜索雷达、APN-22 无线电高度表、APN-70"罗兰"导航仪、ARN-6 无线电自动罗盘仪、ARN-14 超高频全向无线电信标机、ARN-12 指点信标接收机、P-1 自动驾驶仪,还有磁性探测器、声纳浮标

等。翼展 31.65 米（带翼尖副油箱），机长 27.94 米，机高 8.94 米。全重 36191 公斤（最大）。

图 10—69　P—2H 反潜巡逻机（"海王星"）

【P—3"奥利安"反潜机】　美国洛克希德公司为美国海军研制的重型螺旋桨式岸基反潜机，是在"依列克特拉"民航机的基础上发展的。1957 年开始设计，1958 年 8 月第一架原型机首次试飞，最初生产型于 1962 年 8 月开始交付美国海军。P—3 有乘员 10 名。型别有：P—3A，最初生产型，已停产；WP—3A，气象侦察型；P—3B，装 T56—A14 螺旋桨发动机的生产型；EP—3B，电子侦察型；P—3C，装先进航空电子设备的新型别，是 P—3 的主要型别，该型中还包括更新Ⅰ、更新Ⅱ和更新Ⅲ型；RP—3D，用一架 P—3C 改装的地球磁场测绘机；WP—3D，用 P—3C，改装的大气研究和气象变化试验机；EP—3E，电子侦察型；P—3F，伊朗空军使用型；CP—140，P—3 的加拿大空军使用型；还有 P—3 的空中预警型，1984 年 6 月首次试飞，尚未投产。其中 P—3C 型的主要设备和性能如下：

动力装置为 4 台 T56—A—14 涡桨发动机，功率 4×4910 轴马力。主要设备有：ASQ114 通用数字式计算机，2 套 LTN—72 惯性导航系统，各种显示器，ARR—72 声纳接收机，AQA—7"迪发尔"声纳浮标指示器，ASQ—81 磁异探测器，APS—115 雷达装置（360°视野），ASW—31 自动飞行控制系统等。武器：前机身下方有一武器舱，翼下有 10 个武器挂点，依不同作战方案可带 6 颗 908 公斤的水雷，两颗 MK101 深水炸弹，4 条 MK44 鱼雷，87 个声纳浮标，以及信号枪、信号弹、照明弹。最大武器装载量 8740 公斤。

该机翼展 30.37 米，机长 35.61 米，机高 10.29 米，机翼面积 120.77 米^2，主轮距 9.50 米，前主轮距 9.07 米，螺旋桨直径 4.11 米，机舱长（不含驾驶舱和放置电器段）21.06 米、最大宽度 3.30 米、最大高度 2.29 米、容积 120.6 米^3。空重 27890 公斤，正常起飞重量 61240 公斤，最大起飞重量 64410 公斤，燃油量 34830 升。最大平飞速度（高度 4570 米）760 公里／小时，巡逻速度（高度 457 米）380 公里／小时，最大爬升率（高度 457 米）10 米／秒，实用升限 8630 米，最大活动半径 3840 公里，起飞滑跑距离 1280 米，着陆距离（自 15 米高）1670 米。

图 10—70　P—3C 猎户座反潜巡逻机

【P—5B 反潜巡逻机（"马林"）】　美国制造。P—5 有 A、B 两种型别，A 型于 1953 年交给海岸警卫队，B 型于 1954 年 6 月开始装备美海军，1960 年 12 月停止生产。该机乘员 8 人。动力装置为 R—3350—32W（或 32WA）涡轮螺旋桨式，2×3400 马力。最大时速 404 公里，138 公里（着水时）。巡航时速 230 公里。升限 6830 米。最大航程 3300 公里（执行反潜任务）4900 公里（转场）。活动半径 1930 公里。续航时间 21 小时。载油量 15047 公斤。载弹量 5448 公斤。武器装备有 2 门 20 毫米炮（机尾），4 枚鱼雷及炸弹。特种设备有 ASQ—8 磁性探测仪（机尾），APS—44A（或—80）战术雷达（机头）。翼展 36.00 米。机长 30.66 米，机高 9.97 米。全重 34761 公斤。

【S—2A 反潜机（"搜索者"）】　美国制造。1952 年 12 月原型机首次试飞，1954 年 2 月装备美海军，有 A、B、C、E4 种型别。有少量曾卖给意大利、巴西、日本和荷兰。岸基航空兵使用的 S—2A 航程及全重较舰载的 S—2A 大。乘员 4 人。动力装置为 R—1820—82 活塞式，2×1525 马力。最大时速 450 公里。巡航时速 278 公里（高度 1500 米）。巡逻时速 240 公里（高度 460 米）。实用升限 7625 米。最初爬高率 590 米／分。最大巡航时速 1920—2160 公里。活动半径 770—860 公里。续航时间 8 小时。载油量 2600 公升。载弹量 2700 公斤。武器装置有翼下 6 枚 12.7 厘米火箭或深水炸弹，弹舱内 1 枚鱼雷、水雷或深水炸弹。特种设备有 APS—38A 搜索雷达（机腹）、ALD—3 测向器、7000 万支烛光探照灯（右翼下）、声纳浮标、ASQ-8（或-16）磁性探测器（机尾）。翼展21.24米，机长12.88米，机高4.96米。全重11000-11940公斤。

【S-3反潜机（"北欧海盗"）】 美国洛克西德公司研制美国第一种装涡轮风扇发动机的舰载反潜机。其主要作战任务是对潜艇进行持续搜索、监视和攻击，对已方航空母舰、特混舰队等重要海军兵力实行反潜保护。S-3机身短粗，机翼展弦比大，吊舱外部的机翼可向上和向内折叠，垂尾可向下折。采用涡轮风扇发动机及较好的反潜综合电子设备。S-3可高亚音速飞行，能迅速抵达目标海域，具有搜索水域范围大、续航时间长及全天候作战能力。S-3有4名乘员。型别有：A型，最初生产型，至1978年中期已交付187架；B型，A型改进型，采用合成孔径雷达，增加了水下声处理系统，电子对抗系统，能携带"鱼叉"反舰导弹，US-3A，舰上用的运输型；KS-3A，S-3A的空中加油型。其中S-3A型的主要设备和性能如下：

动力装置为2台TF34-GE-2涡扇发动机，静推力2×4200公斤。

主要设备：装有较齐全的反潜搜索、数据处理、通讯、导航等各种电子设备，主要有：数字计算机，AN／APS-116高分辨率雷达，AN／APN-200地速系统，ASW-92（V）CALINS惯性导航仪，AN／ASQ-81磁异探测和校正设备，还有通讯设备及"罗发尔"（SSQ-41）等6种声纳浮标。主要武器：分隔式武器舱视不同任务可挂4个MK-36自炸器，4条MK-46鱼雷，4颗MK-82炸弹，2颗MK-57或4颗MK-54深水弹炸，或者4颗MK-53水雷。两翼挂架可挂Suu-44／A照明弹发射器、MK-52~56水雷、MK-20集束炸弹等。

该机翼展20.93米（外翼折叠时8.99米），机长16.26米（垂尾下折时，15.06米），机高6.93米（垂尾下折时，4.65米），机翼面积55.56米²，机舱：最大宽度2.18米，最大高度2.29米。空重12090公斤，正常反潜任务起飞重量19280公斤，最大着舰重量17100公斤，燃油量7190升（机内）+2×1136升（副油箱）。（正常反潜任务重量）最大平飞速度830公里／小时，最大巡航速度690公里／小时，巡逻速度300公里／小时，失速速度160公里／小时，进场速度185公里／小时，最大爬升率（海平面）21米／秒，实用升限10670米，起飞滑跑距离670米，着陆滑跑距离（着陆重量为16560公斤时）490米，作战航程

3710公里，转场航程5590公里。

图10-71　S-3A北欧海盗反潜机

【RA-5C舰载攻击侦察机（"民团团员"）】 美国制造。1962年6月首次试飞，1964年装备部队。该型机能全天候、高低空进行照相或电子侦察，是目前美海军舰载重型侦察机。乘员2人。动力装置为J79-GE-8涡轮喷气式，推力2×4944公斤（加力7711公斤）。最大时速1917公里（高度12000米），M1.8；1100公里（海平面），M0.83。巡航时速900公里。实用升限18000米。最大航程4800公里，活动半径约1900公里。载油量约6750公斤（带4个副油箱，约11400公斤）。特种设备有APX-6B、APA-89敌我识别器，ASQ-17综合电子中心，雷达、惯性综合导航系统，APN-122"多普勒"雷达，APR-25警戒系统，ALQ-49电子干扰设备，ALE-29A消极干扰设备。侦察设备有KA-51相机，KA-56A全景相机，AAS-21红外相机，APD-7侧视雷达，ALQ-61电子侦察设备。翼展16.15米，机长22.31米，机高5.91米。全重24500-25400公斤。

【RB-57F高空侦察机】 美国制造。该机由B-57B改装而成，可实施照相、电子和核幅射侦察，1963年开始试飞。该型机翼下设有若干安装点，可挂多种设备或武器，必要时，腹下还可安装炸弹舱门，从事轰炸。乘员2人。动力装置为TF33-P-11涡轮风扇式，推力2×8170公斤；另加J60-P-9涡轮喷气式，推力2×1500公斤。最大时速1000公里。巡航时速750-800公里。实用升限22870米。最大航程8000公里以上，活动半径3200公里以上。续航时间约10小时。特种设备估计装有光学和红外相机，雷达侦察设备，气象侦察设备及核幅射样品搜集设备。翼展37.32米，机长21.03米，机高5.79米。全重24000-25000公斤。

【RF-8G舰载照相侦察机（"十字军战士"）】 美国制造。该机由F-8A改装而成，原称RF-8A，翻修后改称RF-8G，1956年12月

首次试飞，可进行昼间照相侦察和航测照相制图，是美海军主要照相侦察机。照相宽度小，760米低空照相时，照片比例为1:10000（收容地面宽1.8公里，长114公里）。乘员1人。动力装置为J57-P-4A涡轮喷气式，推力1×4500公斤（加力7327公斤）。最大时速1600公里。巡航时速1100-1160公里。实用升限12680米。最初爬高率5200米／分。最大航程2408公里。活动半径965公里。载油量3970公斤。侦察设备CAX-12（焦距38.1厘米）混合式三镜头相机3部，K-17垂直相机2部。翼展10.87米，机长16.53米，机高4.80米。全重12500公斤。

【RF-101C 战术侦察机（"巫毒"）】

美国制造。该机由F-101C改装而成，主要用于在昼间执行高低空照相侦察任务。在11000米高度照相时，可获取1:12000（收容地面宽11.3公里，长270公里）和1:72000（收容地面宽6.16公里，长3190公里）比例照片；在750米高度照相时，可获取1:5000（收容地面宽42公里，长217公里）比例照片。该机乘员1人。动力装置为J57-P-13涡轮喷气式，推力2×4630公斤（加力6800公斤）。最大时速1640公里（高度11000米），M1.54，1475公里（高度7000米），M1.31，1110公里（高度150米以下）。巡航时速865-880公里（高度11000米）。实用升限15400-16700米。最初爬高率7560米／分。最大航程2320公里（不带副油箱）、3240公里（带副油箱）。活动半径880-1040公里。续航时间2小时30分（不带副油箱）、3小时40分（带副油箱）。载油箱6630公斤（带3个副油箱，10600公斤）。特种设备有ARN-21"塔康"导航仪，APS-54雷达警戒系统，ARN-31仪表着陆系统，ARN-59A无线电罗盘，ASN-7领航计算仪，ARN-32信标机，ARA-25自动定向仪，APX-6、-25敌我识别器，ARC-34通讯设备，QRC-160干扰机等。侦察设备装有3种类型的相机共6部，分别装于前后两个照相舱内在前照相舱内，向机头装有KA-2（焦距30.5厘米）相机一部，带有反光镜；其后并列地安装有3部KA-2（焦距15.2厘米）相机，其中1部垂直向下，另两部分别向左右两侧倾斜；在后照相舱内，装有2部KA-1（焦距91.4厘米）相机，除相机外，尚有取景器，速度-高度比例计，操纵控制盒等。翼展12.10米，机长21.10米，机高5.49米。全重19530公斤（最大21300公斤）。

【RF-4C 战术侦察机（"鬼怪Ⅱ"）】

美国制造。该机由F-4C改装而成，1965年装备美空军，用来代替RF-101型侦察机。该型机可昼、夜间进行高、低空侦察照相。采用垂直照相的相机，高度1500米，可获取照片比例1:10000（收容地面宽570米，长342公里）；高度300米，可获取照片比例1:2000。KA-56全景相机的收容范围（每张照片）是从左侧天地线到右侧天地线，前后74°，每张底片尺寸是114×235毫米。红外照相，高度1500米（昼、夜间通常都在这个高度照相），可获取照片比例1:60000；高度300米（昼间最低高度），可获取照片比例1:12000。雷达照相，通常在6000-9000米高度进行垂直广角拍照，收容宽度左右两侧各9公里，10秒种可拍下18公里宽，1.8公里长的地区。该机乘员2人（正、副驾驶员）。动力装置为J79-GE-15涡轮喷气式，推力2×4948公斤（加力7718公斤）。最大时速2160公里（高空），1080公里（侦察时）。巡航时速720公里（照相时速810公里）。实用升限18400米（照相升限12000米）。照相高度6000米（最大，昼间），1500-1800米（通常、昼间），300-500米（最低，昼间），1500米（夜间），6000-9000米（雷达照相）。续航时间带一个副油箱时2小时10分

图10-72　RF-4C 战术侦察机（"鬼怪Ⅱ"）

（不进行空中加油），2小时40分（1次空中加油），3小时10分（2次空中加油）。载油量7425公斤（带1个副油箱；9195公斤，每次空中加油增加2265公斤）。特种设备有APQ-99地面搜索雷达（有2个萤光屏），ASN-56惯性导航仪，ASN-46导航设备，ASQ-88综合电子中心（包括"塔康"系统和仪表着陆系统），APN-159雷达高度表，ASQ-90（或91）辅助数据处理系统，ARC-105单边带高频电台，2部超高频无线电台。侦察设备有APQ-102侧视雷达相机1部，AAS-18红外相机1部，KA-55（高度）或-56（低空）全景相机1部，KS-92普通垂直相机2-4部，VF-57取景器（直径10厘米）1具，T-11、

KC-1 或 KC-1A 航空测绘相机，电子侦察设备（需要时安装），ALR-17 闪光弹 40 枚（每枚闪光持续时间 1 秒种）。翼展 11.70 米，机长 18.60 米，机高 4.96 米。全重约 24000 公斤。

【RF-104G 战术侦察机（"星"）】 美国制造。该机由 F-104G 改装而成，在 10700 米高度拍摄的照片比例是 1：70000（收容地面宽 4 公里、长 1000 公里）；在 380 米高度拍摄的照片比例是 1：10000（收容地面宽 570 米、长 142 公里）；在 1500 米高度拍摄的照片比例是 1：10000（收容地面宽 562 米、长 140 公里）和 1：40000（收容地面宽 2.25 公里、长 562 公里）。乘员 1 人。动力装置 J79-GE-11A 涡轮喷气式，推力 1×4540 公斤（加力 7170 公斤）。最大时速 2300 公里，M2.15。巡航时速 980 公里，M0.92。实用升限 18000 米（动力升限 21000 米）。最初爬高率 12180 米／分最大航程 2960 公里。活动半径 1100 公里（低空约 540 公里）。续航时间约 3 小时。载油量 4335-5154 公斤。武器装备有 2 枚"响尾蛇"导弹。特种设备装有 AN-3 惯性导航系统，"塔康"导航仪，APX-46 敌我识别器，红外瞄准具。侦察设备有 KS-67 型相机 4 部，焦距分别为 30.5 厘米（高度 10700 米收容地面宽 8 公里）、15.2 厘米（高度 150 米收容地面宽 2.3 公里）、7.6 厘米和 3.8 厘米。翼展 6.68 米，机长 16.69 米，机高 4.11 米。全重 9480 公斤（最大 13050 公斤）。

图 10-73 RF-104G 战术侦察机（"星"）

【147G 型无人驾驶高空侦察机（"火蜂"）】 美国制造。147 型无人驾驶侦察机系于 1962 年在原 BQM-34A"火蜂"式靶机基础上改制而成。共有各种改型约 30 种。其中 147G 型（亦称 BMQ-31A）是初期的改型，机身全部为黑色。动力装置为 J69-T-29 涡轮喷气式，推力 1×770 公斤。时速 775 公里（侦察时）。实用升限 18500 米。侦察高度 18000 米。最大航程 3080 公里。续航时间 4 小时 25 分。载油量 490 公斤。侦察设备 HR-233 型机机 1 部。翼展 8.18 米，面长 8.53 米，机高 2.04 米。前缘后掠角 35°，翼面积

7.45 米²。全重约 1500 公斤。

【154 型无人驾驶高空远程侦察机（"萤火虫"）】 美国制造。1966 年开始研制，现已制成 20 多架，美空军改称为 AQM-91A。该机发动机在背部，外形与 U-2 类似。在设计上特别强调减小飞机的雷达反射讯号和红外线幅射讯号。该机由 DC-130 母机带至空中投放（每架只能同时带 2 架），返航后利用母机式地面上的 UPQ-3 微波指令制导系统，可在 320 公里距离外引导控制其伞降回收。据称，1972 年春美空军拟将 AQM-91 进一步改进为一种续航时间长达 30 小时的无人驾驶高空侦察，该机机翼面积更大，翼展更长，并改用 1 台小型涡轮风扇发动机。动力装置为 1 台 J97 涡轮喷气式。实用升限 22000 米以上。侦察设备有 1 部 KA-80A 全景相机（全重 147 公斤，焦距 61 厘米，载胶卷 1982 米，可拍摄长 114 厘米、宽 11.4 厘米的照片 1500 张，照相清晰度超过 100 线／毫米）和一部自行扫描的红外线制图相机以及电子侦察设备。特种设备有"多普勒"惯性自动导航系统（包括"多普勒"雷达、惯性稳定平台和数字计算机）和遥测讯号转发机与指令接收机。翼展 14.95 米，机长 10.67 米。

【无人驾驶高空超音速侦察机】 美国制造。该机系由母机携挂在空中投放，先用火箭助推器加速到超音速后冲压发动机点火工作。同 147 型无人驾驶侦察机相比，除高度高、速度大以外，其侦察手段（光学照相）和目的基本相同。该机回到基地上空后方能回收设备舱（内有相机及电子设备），飞机自行坠毁，不能再次使用。侦察结果要将相机回收后才能取得，侦察过程中基本上不向外发讯号。动力装置为冲压式发动机，推力 1×10340 公斤。时速 3600 公里（侦察时）。实用升限 27000 米。侦察高度 24000 米。最大航程 4000 公里。续航时间 1 小时 30 分。载油量 2715 公斤。侦察设备有 1 部光学相机（胶片宽度 228 毫米）。翼展 5.88 米，机长 13.10 米，机高 2.20 米。前缘后掠角 75°，翼面积 36.8 米²。全重 4600 公斤。

【"火蜂" I 无人驾驶飞机】 美国特里达因·瑞安公司研制的一种亚音速无人驾驶飞机。其主要任务是用于鉴定各种空对空和地对空武器系统，训练战斗机驾驶员和防空部队，以及进行空中监视、照像侦察、电子战、飞行，具有使用高度范围大、性能好、价格便宜、改装方便等特点，在现代武器系统和部队训练中，能相当逼真地模拟真实目标。原型机于 1951 年 3 月进行滑翔试验，同年

夏天进行带动力试飞。最初生产型代号为XM21，1953年最先交付美陆军使用，后来又发展了供美三军使用的各种型别。早期生产的飞机陆军编号124E，海军编号KDA，空军编号Q-2。最典型的型别是Q-2系列中的Q-2C（生产型于1960年1月首次飞行）。"火蜂"Ⅰ采用常规外形。机翼、平尾和垂尾均后掠。机翼是悬臂式中单翼。全机主要采用铝合金结构。该机可在地面或舰上用火箭助推器发射，或由母机带到空中投放。因无起落架，靠自带的降落伞在陆上或水上回收，也可由专用直升机在半空钩挂其降落伞进行回收。飞机在飞行中由地面站进行跟踪、控制和遥测。

动力装置为1台J69-T-29涡轮喷气发动机，海平面静推力770公斤。发动机静重152公斤。主要设备：A／A37G-3或A／A37G-8飞行控制系统。遥控系统包括AN／DRW-29机载接收机、继电器盒及天线。接收机重4.08公斤，体积140×190×180毫米^3；继电器盒重0.92公斤，体积115×105×70毫米^3；天线重0.105公斤，体积108毫米^3，直径为4.5毫米。遥测系统包括TM-4-31A遥测发射机、发射天线、遥测控制盒和传感器4部分。发射机重9.125公斤，体积200×150×350毫米^3；控制盒重0.88公斤，体积115×105×800毫米^3。"火蜂"Ⅰ按不同任务可装各种积木式设备，诸如可视或雷达反射旗靶、雷达波或红外拖靶装置、被动式雷达显靶或红外显靶等。机上还有电子干扰设备、照像舱和子母弹箱等。

该机翼展3.93米，机长6.98米，机高2.04米，机翼面积3.34米^2，机身最大直径0.94米。空重680公斤，正常总重934公斤，最大发射重量1134公斤，燃油重量295公斤。最大平飞速度（高度1980米）M0.93／1112公里／小时，最大巡航速度（高度15240米，重量816公斤）1015公里／小时，最大爬升率（海平面，重量1000公斤）81米／秒，使用高度范围15～18300米，最大航程1280公里，续航时间75分30秒（包括燃油耗尽后滑行2分40秒）。

【"火蜂"Ⅱ无人驾驶飞机】　美国特里达困·瑞安航空公司在"火蜂"Ⅰ的基础上研制的超音速无人驾驶飞机。主要供美国空军和海军进行空对空和地对空武器打靶及鉴定用，也用于飞行研究。"火蜂"Ⅱ于1968年完成使用试验和鉴定计划，1972年首先装备美国海军。该机既能作亚音速飞行，又能作超音速飞行。"火蜂"Ⅱ与"火蜂"Ⅰ主要不同之处是采用高度流线型外形，机翼为上单翼，

装较大推力的发动机。使用中的"火蜂"Ⅱ主要有三种型别：BQM-34E，海军型；BQM-34F，空军型；BQM-34T，海军装综合跟踪与控制系统的型别。以下内容适合BQM-34E。

动力装置为1台YJ-69-T-406涡喷发动机，静推力163公斤。主要设备有AN／AKT-21遥测系统，AN／APX-71L波段信标及AN／DRW-29无线电控制接收机和AN／PLQ-3电子干扰设备等。其它设备基本与"火蜂"Ⅰ相同。

翼展2.71米，机长8.89米，机高1.71米。空重658公斤，有效载荷67公斤，最大空中发射重量856公斤。最大平飞速度（海平面）M1.1／1347公里／小时，使用高度范围15～18300米，实用升限18300米，遥控距离370公里，标准航程（带副油箱，低空亚音速巡航／跨音速冲刺）409公里，最大航程1430公里，续航时间1小时14分。

【E-1B早期警戒机（"追踪者"）】　美国制造。该机由C-1A改装而成，1960年开始装备美海军，适于在各型航空母舰上起降。乘员4人。动力装置为R-1820-82活塞式，2×1525马力。最大时速440-463公里，巡航时速240公里。实用升限6700米。最大航程2180公里。特种设备APS-82早期警戒系统。翼展22.05米，机长13.82米，机高5.13米。全重12250公斤。

【QU-22B轻型警戒机】　美国制造。该机系比奇公司制造的"红运（BONAN2A）"式A-36军用型飞机。乘员1人。动力装置为CTSIO-520活塞式，1×375马力。巡航时速333公里（空机）250公里。最大航程4820公里（转场，带副油箱）。活动半径510公里（不带副油箱）755里（带副油箱）。起飞滑跑距离265米（空机）485米。翼展约10.20米，机长8.13米，机高2.57米。全重约2358公斤。

【别-6侦察、反潜、运输水上飞机（"马季"）】　苏联别里也夫设计局研制。乘员8人。动力装置为AⅢ-73活塞式，2×2400马力。最大时速416公里。巡航时速280公里。实用升限6560米。最初爬高率5000米／22分。最大航程4000公里。活动半径1600公里，续航时间16小时。载弹量4000公斤（另外可载2枚150公斤鱼雷或水雷）。装载量登陆兵40人或载重5170-10770公斤。最大起飞重量28000公斤。武器装备5门23毫米炮（弹共1050发）。特种设备

机尾装磁异探测器，翼展33米，机长23.5米。机高7.49米。装备军种为海军。

【别—12 侦察、反潜水上飞机（"邮件"）】 苏联别里也夫设计局研制。该机原型机于1960年首次试飞，1961年苏联航空节时展出，1965年开始装备部队，用以代替贝—6。该机可携带28个声纳浮标。至1986年初，有90架贝—12反潜机在苏联海军服役。乘员5人。动力装置为АИ—20Д 涡轮螺旋桨式，2×4000马力。最大时速610公里。巡航时速400公里。巡逻时速320公里（高度300米）实用升限11280米。最初爬高率915米／分。最大航程4000—5000公里，活动半径1600—2000公里。载弹量5000—10000公斤。空重2000公斤。最大起飞重量29500公斤。武器有鱼雷、水雷、深水炸弹、火箭特种设备搜索雷达（机头），磁异探测器（机尾）。翼展29.71米。机长30.17米，机高7米，翼面积105米²。

【别—10 侦察、反潜水上飞机（"锦葵"）】 苏联别里也夫设计局研制。该机1961年首次出现，用以取代贝—6。目前该机已退出现役。乘员7人。动力装置АЛ—7НВ 涡轮喷气式，推力2×6500公斤。最大时速900公里（高度6100米），马赫0.8。巡航时速740公里。实用升限12000—14970米。最大航程4000—4600公里。活动半径1600—1840公里，载弹量5000—8000公斤。起飞重量40000公斤（最大45400公斤）。武器装备2门23毫米航炮（尾炮塔），2枚AS—1空对舰导弹，翼下可挂鱼雷或深水炸弹。翼展22.3—24.4米，机长31.1—33米，机高10.1米，翼面积111米²，装备军种为海军。

【安—12 电子侦察机（"幼狐"B／D）】 苏联安东诺夫设计局研制。有B、D2种型别，B型机于70年代初开始服役，在机身前部和中下部安装有4个泡型整流罩，至少有14部辅助天线；D型机机身前部至尾部下方有4个泡型整流罩，机身下部还装有4个方盒天线罩。该机曾在苏联空、海军中服役，主要用来探测、监视、记录和分析敌方舰船、飞机和地面的电子信号。乘员13—20人。动力装置为АИ—20K 涡轮螺旋桨式，4×4000马力。最大时速777公里，巡航时速670公里，实用升限10200米。最初爬高率10米／秒。最大航程5700公里（最大燃油）、3600公里（最大载重）。巡航时间11小时。载油量22300公斤。载运量20000公斤。空重28000公斤。最大起飞重量61000公斤。武器装备尾部炮塔航炮拆除。特种设备有"短角"目标搜索雷达，无线电侦察仪，雷达侦测机，电子干扰设备等。翼展38.00米，机长33.10米，机高10.53米，翼面积121.7米²。起飞滑跑距离700米，着陆滑跑距离500米。

【安—12 电子干扰机（"幼狐"）】 苏联安东诺夫设计局研制。该机由安—12运输机改装而成，于70年代初首次发现。该机尾部炮塔已被锥型介质雷达天线罩取代，干扰机和天线安装在机身下侧和前部，并加厚了该机的后舱门。该机目前仍在苏联空军中服役。乘员5—6人。动力装置为АИ—20K 涡轮螺旋桨式，4×4000马力。最大时速777公里，巡航时速670公里，实用升限10200米。最初爬高率10米／秒。最大航程5700公里（最大燃油）、3600公里（最大载重）。续航时间11小时，载油量22300公斤。空重28000公斤。最大起飞重量61000公斤。武器装备无炮塔。特种设备有"短角"目标搜索雷达、7—8部高功率干扰机（干扰范围100—10000兆赫），消极干扰投放器、导航及敌我识别系统。翼展38.00米，机长33.10米，机高10.53米，翼面积121.7米²。起飞滑跑距离700米，着陆滑跑距离500米。

【安—30 航测、侦察机（"丁当"）】 苏联安东诺夫设计局研制。该机是在安—24运输机基础上研制的一种航测和侦察两用飞机。乘员5—6人。动力装置为АИ—24ВГ 涡轮螺旋桨式2×2820马力，Ру19А—300 涡轮喷气式，1×800公斤。最大时速440公里，巡航时速430公里，实用升限8300米，最初爬高率350米／分，最大航程2600—3000公里。续航时间7小时。载油量5500公斤。最大起飞重量23000公斤。特种设备有8个照相舱口，分别装测图相机和侦察相机。翼展29.2米，机长24.26米，机高8.32米，翼面积74.98米²。起飞滑跑距离770米，着陆滑跑距离640米。

【米格—21P 侦察机（"鱼窝"H）】 苏联米高扬设计局研制。该机已知有3种型别：一种是在座舱下机身腹部安装有3部相机（摇摆相机1部、倾斜相机2部）；另一种挂有侦察吊舱，吊舱装有前视相机1部、倾斜相机2部，以及红外侦察设备，其照相侦察高度1500—5500米，收容宽度达50公里，可倾斜照相30公里内的目标，图像清晰；还有一种在右翼根部装一部АфА—39相机，机翼下可挂4部Аф—1型相机（镜头直径15厘米），或安装无线电接收机，并装有钢丝录音机

3台。乘员1人。动力装置为РД-В-300涡轮喷气式。推力1×5100公斤（加力6600公斤）。最大速度M2.1，巡航时速970公里，实用升限18000米。最大爬高率150米／秒。最大航程1580公里。作战半径600公里，续航时间2小时。载油量2191公斤（机内）+2×407公斤（副油箱）。载弹量1300公斤，空重5900公斤，正常起飞重量8212公斤，最大起飞重量9660公斤。武器装备为1门双管23毫米ГШ-23航炮（备弹200发），可挂空对空导弹，或火箭、炸弹。特种设备有"天空一号"自动引导系统，全向警告系统，侦察设备有АФА-39和АФ-1型相机、无线电接收机、红外侦察设备、钢丝录音机等。翼展7.15米，机长15.4米（包括空速管），机高4.125米，翼面积23米²，起飞滑跑距离800米（无助推），着陆滑跑距离950米（吹气，不用伞）。

【米格-25P 侦察机（"狐蝠"B／D）】

苏联米高扬设计局研制。该机乘员1人。动力装置为P-31涡轮喷气式，推力2×9300公斤（加力12250公斤）。最大速度M3.2。巡航时速1800公里，实用升限27000米。最初爬高率208米／秒，最大航程2700-3000公里。作战半径1425公里（最大），续航时间45分，载油量14000公斤，空重19600公斤，最大起飞重量33400公斤。无武器装备，保留翼下外挂点。特种设备为照相侦察型，机身头部装5部相机（1部垂直相机，2部左右倾斜45度）和红外侦察设备。电子侦察型，主要装备了侧视雷达和无线电信号接收装置。翼展13.40米，机长23.82米（含空速管），机高5.65米，翼面积小于56.83米²。起飞滑跑距离1380米，着陆滑跑距离2180米。

【苏-17P 侦察机（"装配匠"H／K）】

苏联苏霍伊设计局研制。该机是由苏-17／22"装配匠"H、K型机改装的，于1978年装备部队。乘员1人。动力装置P-29-300双转子涡轮喷气式，推力1×8000公斤（加力11500公斤）。最大速度M2.1，实用升限16700米，最初爬高率192米／秒，最大航程1216公里（低空，带弹1吨），2085公里（高空，带副油箱、弹1吨）。作战半径400-700公里。载油量4868升+2×1150升副油箱。载弹量4000公斤。空重10363公斤，正常起飞重量14900公斤，最大起飞重量18500公斤。武器装备2门30毫米航炮（备弹2×80发），可挂P-3C空对空导弹、炸弹或火箭。特种设备为超短波调幅通信电台，自备式自动导航系统，选择识

别／敌我识别装置，雷达警戒器，激光测距器，侦察设备吊舱，长6.8米，重800公斤，吊舱前部装3部相机和152个照相闪光弹，后部装有电子接收装置。翼展13.656米（30°）、10.01米（63°）。机长18.907米，机高4.856米，翼面积38.49米²（30°），34.5米²（63°）。起飞滑跑距离800米，着陆滑跑距离850米（用伞）。

【雅克-25P 战术侦察机（"闪光"B)】

苏联雅克福列夫设计局研制。该机由歼击型雅克-25改进而成，机头改尖，透明罩。该机除执行战术侦察任务外，还具有一定的对地攻击能力。已被淘汰。乘员2人。动力装置РД-9涡轮喷气式，推力2×2600公斤（加力3250公斤）最大速度M0.9，实用升限15250米。最初爬高率51米／秒，最大航程1070公里，活动半径330公里。载弹量1000公斤。起飞重量9500公斤（最大11350公斤）。武器装备1门37毫米航炮。翼展11米，机长15.5米，机高4.4米，翼面积28米²。

【雅克-26 战术侦察机（"灌木"）】 苏联

雅克福列夫设计局研制。该机亦称"闪光"D式，由雅克-25P发展而成，1959年装备部队，采用了带加力装置的РД-9Б发动机，翼展加大，机腹装有照相舱，2个机翼挂架可吊挂各种电子侦察设备舱。乘员2人。动力装置为РД-9Б涡轮喷气式，推力2×2600公斤（加力3250公斤）。最大时速1104公里（高度11000米），M0.95。巡航时速917公里（低空），M0.75。实用升限15250米。最初爬高率80米／秒。活动半径320公里（低空）、805公里（高度11000米）。载弹量1000公斤，空重6300公斤。正常起飞重量9500公斤，最大起飞重量11350公斤。武器装备为1门30毫米炮。翼展11.75米，机长15.5米，18.9米（包括空速管），机高4.4米，翼面积31.5米²。

【雅克-25 高空侦察机（"曼德列克"）】

苏联雅克福列夫设计局研制。该机由雅克-25歼击机改进而成，机身与雅克-25同，但改用很长的平直机翼，且机翼位置稍向后移。该机主要用于高空战略侦察，与美RB-57D和U-2近似，约于60年代初装备部队。乘员1人。动力装置为ВК-7涡轮喷气式，推力2×4000公斤。最大时速756公里（高度14000米），巡航时速644公里，实用升限21000米，最大航程4000公里。活动半径1930公里，最大起飞重量9900公斤。特种设备载有照相和电子侦察设备。翼展21.64米，机长15.54米。

【雅克-28P 战术侦察机（"阴谋家"D）】

苏联雅克福列夫设计局研制的战术侦察机。该机由轰炸型雅克-28改制而成，弹舱取消、内装燃油，主要用于中、低空战术侦察。乘员2人。动力装置为P-11Φ2-300涡轮喷气式，推力2×4100公斤（加力6200公斤），最大时速1690公里（高度11000米），M1.6、1050公里（海平面），M0.86。巡航时速920公里（高度11000米），M0.85。实用升限17000米。最初爬高率188米/秒。最大航程2000公里。活动半径740-800公里，最大起飞重量。武器装备为1门30毫米炮。特种设备：机腹下装有侦察设备舱，舱内装有4部AФA-42/75和1部AФA-37相机，或电子侦察设备。翼展12.5米，机长21.6米，机高3.95米。翼面积37米^2。起飞滑跑距离1000米，着陆滑跑距离1400米。

图 10-74　雅克-28P 战术侦察机（"阴谋家"）

【伊尔-28P 战术侦察机（"猎兔犬"）】

苏联伊留申设计局研制的战术侦察机。该机为伊尔-28轰炸机的改型，翼尖可挂2个副油箱。乘员3人。动力装置BK-1A涡轮喷气式，推力2×2700公斤。最大时速800公里。巡航时速600公里。实用升限12350米。最初爬高率5000米/6.5分。最大航程3040公里。活动半径1200公里，

图 10-75　伊尔-28P 战术侦察机（"猎兔犬"）

续航时间4小时46分。载油量7850公斤、9370公斤（翼尖带2个副油箱）。武器装备为3门23毫米炮（其中尾炮塔2门）。侦察设备有AФA-33型相机4部（其中焦距75或100厘米摇摆相机2部，20或50厘米垂直相机1部，50或75厘米左

倾斜相机1部），另可装雷达相机一部。翼展22.6米，机长17.65米，机高6.7米，最大起飞重量22680公斤。

【图-16 侦察机（"獾"F）】

苏联图波列夫设计局研制。该机的主要型号有："獾"D型，60年代开始服役，其主要特征是机身中部下面串列3个泡形整流罩，装有电子侦察设备；"獾"E型是照相侦察型，炸弹舱中装有6部相机及电子干扰设备；"獾"F型翼下装有电子侦察吊舱以及照相和电子干扰设备；"獾"K型，1981年发现，其外部特征是镶玻璃的头部、机头下面的天线罩、机身中部的2个泡形整流罩。乘员8人。发动机为РД-3M涡轮喷气式，2×9500公斤。最大时速992公里。巡航时速865公里（高度11000米）。实用升限12800米。最初爬高率21米/秒，最大航程5760公里（最大燃油）。作战半径2415公里，续航时间7小时20分。载油量43800公斤。空重37200公斤。最大起飞重量72000公斤。武器装备为7门23毫米HP-23型航炮（备弹2300发）。特种设备有无线电侦察仪2部，目标侦察雷达2-3部，雷达侦测机1部，雷达照相机，航空相机，远距离情报传递系统。翼展32.93米，机长34.8米，机高10.8米，翼面积是164.65米^2。起飞滑跑距离2180米，着陆滑跑距离1655米。

【图-16 电子干扰机（"獾"H/J）】

苏联图波列夫设计局研制。该机有H、J两种，H型主要用于投放消极干扰，弹舱内装有消极干扰投放器，弹舱前后有2个泡形天线罩；J型，在弹舱下面有一个船形整流罩，该机装有阻塞式、瞄准式和噪声干扰。乘员6-7人。发动机为РД-3M涡轮喷气式，推力2×9500公斤。最大时速992公里。巡航时速865公里（高度11000米）实用升限12800米，最初爬高率21米/秒，最大航程5760公里（最大燃油）。作战半径2415公里，续航时间7小时20分。载油量43800公斤。空重37200公斤。最大起飞重量72000公斤。武器装备为6门23毫米HP-23航炮。特种设备有导航轰炸雷达，干扰发射机7部（干扰频率范围120-5200兆赫），消极干扰投放器。翼展32.93米，机长34.8米，机高10.8米，翼面积164.65米^2。起飞滑跑距离2180米，着陆滑跑距离1655米。

【图-22P 侦察机（"眼罩"A/C）】

苏联图波列夫设计局研制。该机有A、C两种型别，A型为轰炸侦察型，已被淘汰；C型为海上侦察型，共生产60架，其弹舱门上有6个照相窗口，机上

装有各种侦察设备，外部天线有 20—25 个以上，至少有一架飞机上装有侧视雷达。乘员 3—4 人。动力装置为 Д-15 涡轮喷气式，推力 2×8700 公斤（加力 12247 公斤）。最大速度 M1.5（1593 公里，高度 12200 米）。巡航时速 956 公里（高度 12200 米）。实用升限 18300 米。最初爬高率 102 米／秒，最大航程 5500 公里，续航时间 7 小时 30 分。载油量 35000—40000 公斤。空重 34000 公斤。最大起飞重量 83900 公斤。尾部炮塔装 1 门 30 毫米航炮。特种设备有轰炸领航雷达，航空相机，电子侦察设备，个别飞机装有侧视雷达。翼展 28.0 米，机长 41.5 米，机高 10.4 米，翼面积 155 米²。起飞滑跑距离 1500 米，着陆滑跑距离 1700 米。

【图-95 战略侦察机（"熊"D）】 苏联图波列夫设计局研制。该机于 1967 年首次发现，其主要特征是玻璃头部，头部下面有一个天线罩，机身腹部有一个大的雷达罩；部分 D 型机加装了整体尾锥，可能里面装有电子侦察和电子对抗设备。该机主要用于海上目标侦察，导弹控制和电子侦察。乘员 11 人。动力装置为 HK-12MB 涡轮螺旋桨式，4×14795 马力。最大时速 926 公里。巡航时速 720 公里。实用升限 15000 米，最初爬高率 26 米／秒。最大航程 12000—14000 公里。续航时间 16 小时 30 分。载油量 84000 公斤，空重 90000 公斤。最大起飞重量 180000 公斤。机身上部、下部和尾部炮塔内各装 2 门 23 毫米航炮（有的 D 型机用整体尾锥取代了尾部炮塔）。特种设备有导航系统，远距情报传递系统，护尾、敌我识别设备等；侦察设备有，无线电侦察仪，雷达侦测机 2 部，目标侦察雷达 3 部（侦察距离 250—300 公里），"卡里"电视侦察和传真设备（作用距离 250 公里）AФA-42／100 航空相机，ФAP-HA 特种摄影机，PA-39 低空倾斜摄相机。翼展 50.4 米，机长 49.4 米（含加油管），45.4 米（不含加油管），机高 11.6 米，翼面积 302 米²，起飞滑跑距离 1800 米，着陆滑跑距离 1000 米。

【图-126 空中预警与控制飞机（"苔藓"）】 苏联图波列夫设计局研制。是图-114 型运输机改装而成的，1962 年首次试飞，1970 年开始服役。该机雷达探测距离约 370 公里，可同时处理 8 个目标，能同时控制指挥 18 架歼击机。可进行空中加油，加一次油（活动半径 1500 公里、高度 8000 米）可在指定空域巡逻飞行达 18 小时。乘员 17—20 人。动力装置为 HK-12MB 涡

轮螺旋桨式，4×14795 马力。最大时速 850 公里，巡航时速 780 公里，作战巡航时速 650 公里。实用升限 11000 米。最初爬高率 11 米／秒。最大航程 12550 公里。执行任务盘旋留空时间 9 小时（半径 1000 公里）、6 小时（半径 2000 公里）。盘旋高度 6000 米。载油量 60000 公斤。空重 95000 公斤。最大起飞重量 175000 公斤。特种设备有机载警戒雷达，预警雷达，电子计算机，各种主、被动电子干扰设备，超高频／甚高频、高频电台和数据链系统，机背旋转雷达天线罩（直径 11 米，厚度 1.9 米）。翼展 51.2 米，机长 55.2 米，机高 15.5 米，机面积 310 米²。起飞滑跑距离 1800 米，着陆滑跑距离 1800 米。

图 10-76　图-126 空中预警与控制飞机（"苔藓"）

【图-142 反潜、侦察机（"熊"F）】 苏联图波列夫设计局研制。该机是由图-95 型轰炸机改进而成。1976 年开始装备苏联海军航空兵。该机与 E 型机（海上侦察型）外形基本相同，机身下安装有雷达天线罩，垂直尾翼上安装有小型探测器。该机活动高度通常在 600—4500 米，一般在高度 600 米时投放声纳浮标，在 900 米高度投放反潜鱼雷。乘员 5—11 人。动力装置为 HK-12MB 涡轮螺旋桨式，4×14795 马力。最大时速 925 公里（高度 12000 米）。巡航时速 708 公里。实用升限 12500 米。最初爬高率 600 米／分。最大航程 12550 公里（载重 11340 公斤）。作战半径 8285 公里（不加油，载重 5000 公斤），载弹量 11350 公斤。空重 95000 公斤。最大起飞重量 188000 公斤。武器装备有 6 门 23 毫米航炮，反潜鱼雷、深水炸弹等。特种设备有搜索雷达（机身下），磁异探测设备（垂直尾翼上），声纳浮标等。翼展 51.10 米，机长 52.27 米，机高 12.15 米，翼面积 310.5 米²。起飞滑跑距离 2700 米，着陆滑跑距离 1800 米。

【伊尔-38 反潜巡逻机（"五月"）】 苏联伊留申设计局研制。该机系由伊尔-18 运输机发展而成的。原型机于 1968 年试飞，1970 年开始装备

美海军。该机在机头的后下部安装有一个大型蘑菇头状的搜索雷达天线罩，尾部是磁异探测器，向外伸出约 4.7 米，机身下部是很大的武器舱，主翼下有 4 个武器挂架，可挂火箭弹，可换装空对舰（或空对潜）导弹，这种导弹发射重量为 800 公斤，射程为 92 公里，惯性加末端雷达自导引。乘员 12—15 人。动力装置为 AN—20M 涡轮螺桨式，4×4250 马力。最大时速 645 公里。巡航时速 595 公里（高度 8230 米）。巡逻时速 388—460 公里（高度 610 米）。最大航程 7240 公里。续航时间 12 小时（高度 610 米）。载油量 24900 公斤。空重 36000 公斤。最大起飞重量 63500 公斤。武器装备有音响引导鱼雷、深水炸弹、反潜导弹。特种设备有搜索雷达（机头后下部），磁异探测装置（在尾后），中、长波电子对抗设备，声纳浮标（40 个）。翼展 37.4 米，机长 39.60 米，机高 10.17 米，翼面积 140 米^2。起飞滑跑距离 1300 米，着陆滑跑距离 850 米。

【伊尔—76 空中预警与控制飞机（"中坚"）】

苏联伊留申设计局研制。该机是以伊尔—76 远程运输机改装的空中预警与控制飞机。70 年代初开始研制，1978 年底生产出原型机。该机在 8000 米高度飞行时，能在杂乱回波的情况下探测到距离 620 公里、高度 15000 米以上高空飞行和距离 465 公里、高度 180 米以下低空飞行的轰炸机。对低空飞行的巡航导弹，最大探测距离为 170 公里。该机具备自动控制歼击机的能力，能同时指挥 12 架歼击机作战。乘员 3—5 人（不含工作人员）。动力装置 Д—300KЛ 涡轮风扇发动机，推力 4×12000 公斤。巡航时速 759 公里。最大航程 5500 公里，距基地 800 公里，高度 8000—10000 米可持续飞行 6 小时至 12 小时（空中加油一次）。载油量 70000 公斤。最大起飞重量 180000 公斤。特种设备有脉冲多普勒雷达（能同时提供目标的方位、距离和高度，探测距离 620 公里）。翼展 50.50 米，机长 46.59 米，机高 14.76 米，翼面积 300 米^2。起飞滑跑距离 850 米，着陆滑跑距离 450 米。

【尤特卡级 WIG 飞行器】

苏联有关设计局多年来一直在潜心研究的一种称为 WIG（地面效应机翼）飞行器的新型水上飞机。

尤特卡级 WIG，尺寸庞大，外形奇特，但性能非常好。

尤特卡采用的是比较少见的三翼面气动布局。其前翼由 8 台 D—30 涡轮风扇发动机组成（单台推力 6800 公斤）

WIG 飞行器在作接近水面或地面的平飞时，由于存在有利干扰，其升阻比要比高空时大许多，载重系数比普通飞机约高一倍，油耗降低一半，航程可增加 50%。

如果利用发动机能量，在机翼下部形成"气垫"，则增升效果会更好。尤特卡级的地面效应飞行器就大胆地采用了这一新技术。

尤特卡向其它水上飞机一样，具有船形机身，因此，它可以自由地在海面上起降。良好的气动特性赋予它较高的机动能力和较大的活动半径，使之能作远距离跨海航行。这种飞行器的速度比舰船快得多，又可做超低空飞行，其隐蔽性极好，不易被敌方的雷达和红外等探测系统发现，也不易被地面和舰船上的防空火力所击中。

上述这些优点，使它具有极大的军事价值：执行反潜、布雷、侦察、巡逻、救生等任务；为舰队、岛屿和沿海军事要地提供补给；在登陆和抗登陆作战中担负输送兵员的使命。据分析，尤特卡级 WIG 飞行器一次可搭载几百名士兵。

除了上面这些用途外，WIG 飞行器还可配武器，直接与敌军对抗。

尤特卡在机身背部安装有 6 个导弹发射舱，导弹两个一对并置在垂直支撑架上。翼下不能挂载武器。导弹舱内装的是较大型的面对面导弹，这些导弹主要用于攻击水面舰船等目标。苏联海军可能会让这类飞行器执行沿海防御和登陆、抗登陆等作战任务。

尤特卡的出现，将会对未来海战产生重大影响。

该机翼展 38 米，机身长 122 米，全重 31300 公斤，载重 94000 公斤，它能以 550 公里／小时的速度在水面上 3.5～14 米的高度飞行。

【"大西洋"ATL2 巡逻机】

英国同西欧的几个北大西洋公约组织成员国的飞机制造公司联合生产的双涡桨反潜巡逻机。第一架原型机于 1981 年 5 月首次试飞，第二架原型机于 1982 年 3 月试飞。"大西洋"ATL2 在结构中采用了较好的胶接技术，蒙皮壁板间密封技术和较好的防腐措施，并为提高疲劳寿命和维护经济性而作了必要的修改。该机有乘员 12 人。"大西洋"ATL2 具有飞抵目标海域速度快和由巡航高度到巡逻高度的下降速度快、低速巡航时间长、低空机动性好、携带武器范围大等特点。可在全天候条件下攻击潜艇和海上目标。能执行布雷、后勤支援、运输、救援等任务，经修改也可作为空中加油机和空中预警机。

动力装置为原型机装 2 台罗尔斯·罗伊斯公司的"苔茵"RTy.20MK21 涡轮螺旋桨发动机，功率 6220 当量马力，每台驱动一具 4 叶恒速螺旋桨；生产型飞机可能采用直径更大、重量更轻的复合材料螺旋桨桨叶。主要设备有：SAT／TRT 前视红外传感器；汤姆逊公司-CSF 公司的搜索雷达，可监视 275～300 公里内的大型舰船，也可探测 100 公里内平静或汹涌水域的小型目标；地形显示器的大气数据计算机；克鲁泽公司的磁异探测器；2 套 uiss-53 惯性导航系统。主要武器：下机身非增压的主武器舱内可装北大西洋公约组织的各种标准炸弹，深水炸弹，3 条寻的鱼雷或 2 枚空对舰导弹（典型的带弹方案是：3 条鱼雷和 1 枚 AM.39"飞鱼"导弹）。4 个翼下挂架可挂空对舰武器或容器。武器舱后的隔舱可存放 100 个声纳及浮标和照明弹。

该机翼展（包括翼尖舱）37.42 米，机长 33.63 米，机高 10.89 米，螺旋桨直径（生产型）5.20 米、（原型机）4.88 米，座舱长 18.50 米，座舱最大宽度 3.60 米，座舱最大高度 2.0 米，座舱容积 92 米³。空重（标准任务）25500 公斤，反潜任务起飞重量 43900 公斤，最大超载起飞重量 46200 公斤，燃油量 23000 升。（起飞重量 45000 公斤，采用金属桨叶）最大平飞速度（6100 米高度）675 公里／小时，海平面最大速度 590 公里／小时，最大巡航速度（7620 米高度）560 公里／小时，正常巡逻速度（从海平面至 1525 米高度）320 公里／小时，最大爬升率（海平面，起飞重量 30000 公斤）15 米／秒，实用升限 9150 米，起飞距离（至 10.5 米高）1840 米，着陆距离（自 15 米高度）1500 米，最大油量转场航程 9080 公里，最大续航时间 18 小时。

【布里斯托尔侦察员式飞机】 英国 1914 年制造。发动机 110 马力，最大速度 110 英里／小时，升限 16400 英尺，续航时间 2 小时。可载轻武器和飞行员，主要用于搜索。

【B.E.2b 型飞机】 英国 1914 年制造。发动机 70 马力，最大速度 70 英里／小时，升限 10000 英尺，续航时间 3 小时。可载一名观察员，主要用于侦察。

【费尔雷 IIIF 型舰载飞机】 英国 1928 年制造。可载 2 挺 0.303 英寸机枪和 500 磅炸弹。速度 120 英里／小时，航程 450 英里，作为侦察机使用。

【"猎迷"AEW·MK3 预警机】 英国宇航公司配制的空中预警机。1976 年 6 月首次试飞。与 E-3 等空中预警机相比，"猎迷"AEW·MK3 的最大不同之处在于采用一对雷达天线罩，并分别装在机头和机尾，而不是支架在机身上。整个机身外形如同一个大哑铃。2 个天线共用一部发射机，由波导开关控制完成 360°全方位搜索。该机的动力装置、机翼和起落架基本与"猎迷"MR·MK1 的相同，但翼尖处加装了预警支援设备舱，左翼副油箱改为气象雷达舱，后机身作了修改，垂尾加高 0.91 米，平尾加大展长，原"猎迷"MR·MK1 的武器舱改为机身油箱，并有空中加油受油管。座舱内有 10 名乘员，4 名飞行员和 6 名系统操纵员。"猎迷"AEW·MK3 空中预警机能完成全雷达复盖、空中监视、保密数据通讯、协调搜索和救援、指挥战斗机和攻击机袭击目标等各项战斗任务，具有与地面站、海上舰只保持联系的能力。在 6000～9000 米高度值勤时，"猎迷"AEW·MK3 可探测半径为 300～500 公里范围内的低空目标和舰只。

动力装置为 4 台 RB168-120"斯贝"MK250 涡扇发动机，静推力 4×5510 公斤。主要设备：马可尼·埃里奥特公司的 E／F 波段 3 千兆赫脉冲多普勒雷达，波长为 10 公分，具有良好的动目标识别与杂波抑制能力。2 个雷达天线罩均为椭园形，宽 2.43 米，高 1.83 米，各自监视 180°方位并略有重叠，以消除死区。6 个 12 英寸的战术显示器，2 个惯性导航平台。通讯系统包括 7 部超高频电台、2 部甚高频电台、2 部高频电台、1 部低频收发报机和 Link11 型数据链。数据处理系统由 1 台大规模集成电路 GEC-4080M 中央计算机和 40 多台微处理机组成，系统存储量为 10×10⁶ 比特，每秒可处理 50 万个指令。此外还有电子对抗设备和科萨尔公司研制的敌我识别器。

该机翼展 35.08 米，机长 41.97 米，机高 10.67 米。最大起飞重量约 80000 公斤。最大平飞速度 925 公里／小时，实用升限 12800 米，续航时间约 10 小时，其它性能数据大体与"猎迷"MR·MK2 相同。

【HS·801"猎迷"巡逻反潜机】 英国原霍克·西德利公司研制的一种四发远程岸基巡逻反潜机。是世界上最先装涡轮风扇发动机的反潜机。1964 年 6 月开始设计，第一架于 1967 年 5 月首次试飞，第二架原型机于 1967 年 7 月首次试飞，生产型装"斯贝"发动机，1968 年 6 月 28 日首次试飞，1969 年 10 月开始装备英国皇家空军。"猎迷"

是在"彗星"4C 民航机的基础上改装而成的，机身缩短 1.98 米；加大了进气口、机组座舱立窗和上部窗口，机身下加装一作战设备和武器舱。电子支援及磁异探测设备分别装在垂尾顶部和机翼尾梁的玻璃钢整流罩内。右翼下副油箱前端增加一个搜索灯。下机身前段有一玻璃钢整流罩，内装搜索雷达。座舱内乘员 12 名。其任务是对舰支援；对潜艇和水面舰只进行监视、定位和攻击；搜索和救援以及保护渔船作业等。其中 MR·MK1 型的主要设备和性能如下：

动力装置为 4 台 RB168-20"斯贝"MK-250 涡轮风扇发动机，静推力 4×5510 公斤。主要设备：3 台处理机，分别用于战术导航、雷达和声学装置。以 1 台 920ATC 计算机为中心的马可尼公司的中心战术系统，EMI 机载远程水面舰只探测雷达，费伦第公司的 FM1600D 数字式计算机，AQS901 声学处理和显示装置，若干主动和被动式声纳浮标。从 1981 年开始加装一个马可尼公司的 ACT-1 机载乘员教练系统。

图 10-77 "猎迷"MK2 海上巡逻机

主要武器：机身下武器舱，长 14.18 米，可带 9 枚鱼雷及炸弹；机身增压舱后部有一 9.14 米长的舱，内存和发射主动、被动海上浮标；翼下主轮舱外侧的武器悬挂点可依不同任务，携带两枚"响尾蛇"空对空导弹、一枚"捕鲸叉"空对舰导弹及火箭弹，或机炮吊舱，或水雷。

该机翼展 35 米，机长 38.63 米，机高 9.08 米，机翼面积 197 米^2，机舱长度 26.82 米，机舱最大宽度 2.95 米，机舱最大高度 2.08 米，机舱容积 124.14 米^3。空重 39000 公斤，正常起飞重量 80510 公斤，最大起飞重量 87090 公斤，最大燃油 45790 公斤。最大作战速度（国际标准大气压，+20℃）926 公里／小时，标准低空巡逻速度（双发工作）370 公里／小时。作战高度：超低空至 12800 米。起飞滑跑距离（重量 80510 公斤）1463 米，着陆滑跑距离（重量 54430 公斤）1615 米，标准转场航程 8340～9270 公里，标准续航时间 12 小时。

【英拉纳·索尔尼埃 N 型飞机】 法国 1914 年制造。发动机 80 马力，最大速度 102 英里／小时，升限 13125 英尺，续航时间 1.5 小时。可载飞行员及机枪。主要用于搜索。

【布莱里奥 XI-2 型飞机】 法国 1941 年制造。发动机 70 马力，最大速度 66 英里／小时，升限 13000 英尺，续航时间 3.5 小时。可载一名观察员，主要用于侦察和炮兵弹着观察。

【法尔芒 M·F·11 型飞机】 法国 1914 年制造。发动机 100 马力，最大速度 66 英里／小时，升限 12500 英尺，续航时间 3.5 小时。可载 1 名观察员，主要用于侦察。

【阿尔巴特罗斯 B·II 型飞机】 德国 1914 年制造。发动机 100 马力，最大速度 65 英里／小时，升限 9840 英尺，续航时间 4 小时。可载 1 名观察员，主要用于侦察。

【埃特里希鸽式飞机】 德国和奥匈帝国 1914 年制造。发动机 100 马力，最大速度 71.5 英里／小时，升限 9840 英尺，续航时间 4 小时。可载 1 名观察员，主要用途是侦察。

【PC-6 效用机（"涡轮—搬运工"）】 瑞士皮拉蒂斯公司制造的一种多用途飞机，能在小的简易机场使用，具有良好的短矩起落性能。能由货运型迅速改为客运型，也能改做救护（装 2 付担架，5 个座位）、室中照相、空投、伞兵教练和农用喷酒及播种等。1957 年开始设计，1959 年 5 月，5 架原型机中的第一架首次试飞。到 1961 年夏，有 20 架装 340 马力的"莱康明"发动机的 PC-6 已经交付。后来的改型有：装活塞式发动机的 PC-6 和 PC-6／530；装涡轮螺旋桨发动机的 PC-6／A，A1，A2，B 和 CL-HZ。现在生产的型号是 PC-6／13Z-HZ"涡轮—搬运工"，装 1 台 550 轴马力的 PT6A-27 涡轮螺旋桨发动机，1970 年 6 月获得适航证。截止到 1979 年 4 月，各种型号的 PC-6 共生产 440 架，已有 50 多个国家使用这种飞机。

执行农用任务时，可根据农用作业要求装必要的设备。

机翼为支撑式上单翼，机身为全金属硬壳式结构，尾翼为悬臂式全金属结构，不可收放的后三点式起落架。动力装置为装一台加拿大普拉特·惠特尼公司的 PT6A-27 涡轮螺旋桨式发动机，1×550 轴马力。机载设备（农用型）台卡 MK8A 导航仪，台瞳 Hi-Fix 无线电台，台卡多普勒 72 雷达、CL-11 感应式陀螺磁罗盘和 SR54A 无线电高度表。该机翼展 15.13 米，展弦比 7.96，机长 10.90 米，机高（尾翼放下）3.20 米，主轮距 3.00 米，后主轮距 7.87 米，螺旋桨直径 2.56 米。空重 1215 公斤（喷液），最大起飞和着陆重量 2770 公斤（喷液）。

【"猛犬"无人驾驶飞机】 以色列塔迪兰电子工业公司配制的微型无人驾驶飞机。可执行实时侦察、遥控摄影、诱惑机动、电子战等任务。"猛犬"于 1973 年以后设计，1978 年开始交付。"猛犬"有 MK1、MK2 和 MK3 三种型别。目前生产中的为 MK3 型，可常规起飞或发射起飞。着陆时尾钩挂住能量吸收器间的捕获索以停机。"猛犬"在敌方的雷达上能"电子放大"到有人驾驶飞机大小的尺寸，诱敌导弹开火，使其暴露雷达频率，提供攻击情报。经过 1982 年 6 月的战争考验，该机被认为设计比较成功，1984 年为美国海军购买。以下内容适合"猛犬"MK3。

动力装置为 1 台气冷式双缸活塞发动机，功率 22 马力，螺旋桨为 2 叶推进式，主要设备有：电视摄像机，微型全景照像机，各种电子战设备，激光指示器和微型前视红外探测器等。

翼展 4.25 米，机长 3.30 米，机高 0.80 米，机翼面积 2.16 米^2。空重 60 公斤，最大起飞／发射重量 115 公斤，最大有效载荷 30 公斤。（最大起飞／发射重量）最大平飞速度 167 公里／小时（海平面），巡航速度 83~130 公里／小时，最大爬升率 5 米／秒（海平面），最大使用高度 3050 米，航程 100 公里，续航时间 6 小时。

【克里沙克（2 型）校射机】 印度制造。该机乘员 2-3 人。翼展 11.43 米。机高 2.36 米。机长 8.41 米。总重 1270 公斤。动力装置为 1 台"大陆 O-470-T"式，1×225 马力。最大时速 209 公里（高度为 1500 米时，时速 187 公里）。爬高率 275 米／分。实用升限 5940 米。最大航程 805 公里。起飞距离 114 米，着陆距离 91 米。

【PS-1 反潜机】 日本新明和工业公司研制的一种远程、短距起落巡逻反潜飞机。1966 年 11 月开始研制，公司编号 SS-2，海上自卫队编号 PS-1。是一种水上飞机。PS-1 的第一架原型机于 1967 年 10 月首次试飞，第二架原型机于 1968 年 6 月首次试飞。PS-1 机头两侧有挡水板，螺旋桨旋转面后部的船身下两侧有防浪抑波槽。座舱内乘员 12 名。PS-1 的抗浪性高，能在风速达 46 公里／小时、激浪高度为 3 米的汹涌海面上工作，并具有起落速度小、能水上短距起落的特性。在反潜任务中，其主要作战方式是：当飞达目标海域着水后，把提吊式大型声纳投入 150 米深处进行搜索，声纳的有效工作半径为 27.8 公里，工作 6 分钟（听音探测 3 分钟，收放声纳用 3 分种）后，收起声纳并且前飞 56 公里再着水探测，连续进行 20 次，搜索距离可达 1110 公里。从 1970 年 6 月开始，新明和工业公司在 PS-1 的基础上又为日本海上自卫队发展了一种水陆两用搜索和救生型，公司编号 SS-2A，海上自卫队编号 US-1。发展型飞机于 1974 年 10 首次从水上起飞，1974 年 12 月首次从陆上起飞。生产型于 1975 年 3 月交付使用，动力装置为 4 台 GET64-1H1-10 涡轮螺旋桨发动机，功率 4×3060 当量马力。每台发动机驱动一副 63E 60-19 三叶恒速可反距螺旋桨。主要设备有：AZ／APN 多普勒雷达，AN／AYK-2 导航计算机，AN／APS-80 搜索雷达，AN／ARR-52A 声纳浮标接收机，HQS-101B 深水声纳。武器有：4 颗 150 公斤反潜炸弹，12 颗炸弹，20 个声纳浮标和 3 个发射器及 AQA-3"朱择贝尔"远程声纳搜索装置，"朱利"主动音响浮标系统。外挂武器包括 2 条寻的鱼雷，3 枚 12.7 厘米火箭弹。

该机翼展 33.15 米，机长 33.46 米，机高 9.82 米，机翼面积 135.8 米^2，螺旋桨直径 4.42 米。空重 26300 公斤，正常起飞重量 36000 公斤，最大起飞重量 43000 公斤。最大平飞速度（高度 1525 米）550 公里／小时，巡航速度（高度 1525 米）460 公里／小时，最大爬升率（海平面）11.5 米／秒，离水滑跑距离 250 米，着水滑跑距离 180 米，正常航程 2170 公里，最大转场航程 4740 公里，续航时间 15 小时。

【"海鹰"—号海岸巡逻机】 中国马尾船政局飞机制造处制造的水上巡逻飞机。主要制造材料为木质，型式为双翼飞船式。发动机 200 马力。1924 年制成，试飞失事坠毁。改造后又制成"海鹰"二号和"海雕一号"，其性能与"海鹰"一号相同。

【"海宁"号侦察机】 中国马尾船政局飞机制造处设计制造的水上侦察机。木质结构，双桴双翼。发动机 100 马力。1934 年 7 月制成。

5、教练机、靶机

【T-28A 活塞式教练机（"特洛伊人"）】
美国制造的活塞式初级教练机。1950 年开始生产。乘员 2 人，动力装置 R-1300-1 活塞式，1×800 马力，最大时速 456 公里，巡航时速 304 公里，实用升限：8845 米，最初爬高率 628 米／分，最大航程 1612 公里，载油量 473 公升，翼展 12.23 米，机长 9.76 米，机高 3.86 米，全重 3068 公斤。

【T-29B 教练机】　美国制造。由康维尔 240 民航机改装而成，作为训练领航、电子、轰炸等空勤人员的教练机。机上有 14 个供学员实习的导航台，每个台有航引图桌、远程导航仪显示器、高度表、无线电罗盘板等设备，机上还有 4 个天文航行舱、5 个偏航计、8 付天线、一个雷达天线罩、潜望式六分仪等装置。动力装置 R-2800-99W 活塞式，2×2500 马力，最大时速 480 公里，巡航时速 368 公里，实用升限 6320 米，最初爬高率 418 米／分。航程 2400 公里。翼展 27.98 米，机长 22.77 米，机高 8.31 米，全重 19780 公斤。

【T-33A 喷气式教练机（"流星"）】　美国制造的喷气式高级教练机。1948 年 3 月首次试飞，1959 年 8 月停止生产。乘员 2 人。动力装置 J33-A-35 涡轮喷气式，推力 1×2090 公斤（最大 2360—2450 公斤）。最大时速 960 公里，实用升限 14500 米，最初爬高率 1715 米／分。最大航程 2152 公里。活动半径 860 公里。续航时间 3 小时 07 分。武器装备：2 挺 12.7 毫米机枪。翼展 11.85 米，机长 11.48 米，机高 3.55 米，全重 5432 公斤（最大 6557 公斤）。

【T-34A 活塞式教练机（"教练"）】　美国制造的活塞式初级教练机。原型机于 1948 年 12 月首次试飞，1957 年停止生产。乘员 2 人。动力装置 O-470-13 活塞式，1×225 马力。最大时速 302 公里，巡航时速 274 公里。实用升限 5945 米，最初爬高率 354 米／分，最大航程 1711 公里，活动半径 468 公里。载油量 225 公升。武器装备：2 挺 7.62 毫米机枪（两翼内），翼下有炸弹

挂架或火箭发射架（共 6 支火箭）。翼展 10.00 米，机长 7.90 米，机高 2.90 米，全重 1354 公斤。

【T-38 教练机（"禽爪"）】　美国诺斯罗普公司为美国空军研制的超音速教练机。原型机 1959 年 4 月试飞。1961 年 3 月交付使用。T-38 是一种比较安全可靠的超音速教练机，在美国空军所有的超音速飞机中，其事故率始终保持最低。美国国家航空和宇航局（NASA）也用 T-38 来训练宇航员。

动力装置为 2 台通用电气公司的 J85-GE-5 涡轮喷气发动机，推力 2×1216 公斤，加力推力 2×1750 公斤。主要设备有：AN／ARC-34X 超高频无线电台，AN／ARN-65 塔康导航系统，AN／AIC-18 机内通讯设备，AN／ARN-58 仪表着陆系统等。

该机翼展 7.7 米，机长 14.13 米，机高 3.92 米，机翼面积 15.79 米^2，主轮距 3.28 米，前主轮距 5.93 米。空重 3460 公斤，正常起飞重量 5490 公斤，最大起飞重量 5900 公斤，载油量（机内）2206 升。最大平飞速度（50%燃油，高度 11000 米）M1.23／1310 公里／小时，最大巡航速度（高度 11000 米）0.95M／1010 公里／小时，经济巡航速度 M0.88，实用升限（50%燃油）16340 米、（50%燃油，一台发动机停车）12200 米，爬升率（海平面）152 米／秒，航程（最大燃油，海平面续航 20 分钟的余油，2 名乘员）1760 公里、（1 名乘员）1820 公里，起飞滑跑距离 756 米，着陆滑跑距离 930 米。

【T-46A 教练机】　美国费尔柴德公司为美国空军正在研制中的下代并列双座型初级教练机。T-46A 具有在 7620 米高度上作 2.5g 盘旋的能力，能在多支空域上方进行训练，也可避开不良天气的影响，从高空转移到其它空域去训练。这两种方式都提高了使用效率。此外，T-46A 在 450 米高度作 1.5 小时的编队飞行训练后，还能转移到 560 公里以外的基地去。T-46A 将有五种改型：T-46A 基本型；全程教练型；加油机-运输机-轰

炸机的教练型；侦察型；纵列双座型，可能用作 T-34 的后继机。

动力装置为 2 台加雷特公司 F109-GA-100 (TFE76-4A) 涡扇发动机，静推力 2×604 公斤，燃油消耗为 60 美加仑/小时。噪音比 T-37 上的 J69 涡喷发动机低 20 分贝。主要设备：在机头舱和行李舱后的机身内装 AN／ARN-118 塔康导航系统、AN／ARN-127 伏尔／仪表着陆系统／指点标接收机、APX-101（V）敌我识别器、AN／ARC-164 特高频／调幅通信电台、AN／ARC-186（V）甚高频／调幅通信电台和 AN／AIC-118 机内通话装置。

该机翼展 11.27 米，机长 8.99 米，机高 3.04 米，尾翼翼展 3.86 米，机翼展弦比 8.5，机翼面积 14.95 米²，主轮距 2.26 米，前后轮距 3.20 米。空重 2200 公斤，最大起飞重量 2930 公斤，载油量 570 公斤。最大平飞速度（10670 米高度）741 公里／小时，最大巡航速度（高度 13410 米）708 公里／小时，经济巡航速度（13720 米高度）616 公里／小时，实用升限 14180 米，最大爬升率（海平面）23 米／秒，转场航程 2210 公里，起飞滑跑距离 320 米，着陆滑跑距离 399 米。

【雅克-18、A／пм 教练机】 苏联雅克福列夫设计局研制。该机 1946 年生产，A 型教练机 1957 年生产，пм 是技巧运动飞机，1965 年生产。雅克-18T 是轻型运输机，系由雅克-18A 活塞式初级教练机改进而成，1967 年首次出现。作为轻型客机使用时，可载 4 人，将座位移去可用作货机。进行空中医护勤务时，可载 1 付担架和 1 名医务人员。雅克-18T 亦作为基础教练机使用，进行起落航线、仪表、领航等训练，机上载教员 1 人，学员 3 人。乘员 2 人（18、A），1 人（пм）。动力装置 M-11ФP（18）活塞式，160 马力。M-14P（A）活塞式 260 马力。M-14РФ（пM）活塞式 300 马力。最大时速 245 公里（18）、254 公里（A）、320 公里（пм）。实用升限 4000 米（18）、5060 米（A）、7000 米（пм）。最大航程 1095 公里（18）、710 公里（A）、400 公里（пм）。载油量 112 升（18）、95 升（A）、50 升（пм）。起飞重量 1060 公斤（18）、1316 公斤（A）、1110 公斤（пм）。载运量 436 公斤，4 个座位（运输型）。翼展 10.6 米，机长 8.1 米（18）、8.35 米（A、пм）。机高 3.35 米，翼面积 17 米²。起飞滑跑距离 400 米，着陆滑跑距离 500 米。

【雅克-50 教练机】 苏联雅克福列夫设计

局研制。该机是单座教练机，1975 年首次飞行。外形与早期型号的雅克-18пM 相同，只是换装了马力更大的发动机，机翼缩短，后机身采用了串硬壳式结构。乘员 1 人。动力装置 M-14п 九缸气冷星型螺旋桨式，1×360 马力。极限速度 420 公里／小时。最大平飞时速 320 公里，实用升限 5500 米。最初爬高率 16 米／秒。最大航程 495 公里（最大燃油，高度 1000 米）。续航时间 48 分（最大燃油，高度 500 米）。空重 765 公斤。最大起飞重量 900 公斤。翼展 9.50 米，机长 7.676 米，机高 2.95 米。翼面积 15 米²。起飞滑跑距离 200 米，着陆滑跑距离 250 米。过载+9g／-6g。

【雅克-52 教练机】 雅克福列夫设计局设计的初级教练机。用来取代初级教练机雅克-18。雅克-52 是雅克-50 单座运动机的纵列双座型，翼展和机长都没有变化，只是起落架在某种程度上可以起到保护整机的安全作用。雅克-52 于 1975 年开始进行设计，其原型机于 1976 年首次飞行，1980 年开始批生产。雅克-52 的机翼系单梁承力蒙皮全金属结构的悬臂式下单翼。无后掠角。机翼上装有布蒙皮开缝副翼和轻合金分裂式后缘襟翼。尾翼为悬臂式轻合金结构。固定面是金属蒙皮，而操纵面是布蒙皮。起落架为半收放前三点式，均为单轮，前轮向后收，主轮向前收，机轮，能保证在 -42°C 气候条件下起落。采用长玻璃舱盖，纵列式座椅。座椅和复式飞行操纵机构是可调整的。座舱有加热和通风设备。飞机无液压系统，独立的主冷气系统和应急冷气系统用于操纵襟翼、收放起落架、起动发动机，并用于机轮刹车。

动力装置为：1 台 360 马力的维杰聂夫 M-14P 九缸气冷式星型发动机，驱动一副双桨叶变距螺桨（V-530TA-D35），没有桨毂整流罩。靠发动机机头整流罩前面的百叶窗冷却。机头整流罩从水平中心线分成上、下两部份。两个油箱分别位于翼梁前的翼根处，每个油箱可容纳 61 升燃油。倒飞油箱的容量 5.5 升，在飞机倒飞期间向发动机供应燃油。飞机内部总燃油量为 122 升。滑油容量为 22.5 升。

主要设备：发动机仪表和飞行仪表均为 2 套。包括 GMK-1A 陀螺罗盘，ARK-15M 自动无线电罗盘，巴克兰-5 甚高频通信系统和 SPU-9 内部通讯系统。

该机翼展 9.30 米，机长 7.745 米，机高 2.70 米，螺旋桨直径 2.40 米，机翼面积 15 米²，机翼弦长 1.997 米（翼根部）、1.082 米（翼尖部），机翼展弦比 5.77，尾翼翼展 3.16 米，主轮距 2.715 米，前主轮距 1.86 米。空重 1000 公斤，最大起飞重量 1290 公斤，最大载油量（机内）100 公斤。最大平飞速度（500 米高度）300 公里／小时，最大巡航速度（1000 米高度）270 公里／小时，经济巡航速度（1000 米高度）190 公里／小时，实用升限（不带氧气）4000 米、（带氧气）6000 米，最大爬升率（海平面）7 米／秒，航程（最大燃油）550 公里，续航时间（满油）2 小时 50 分，着陆速度 110 公里／小时，起飞滑跑距离 170 米，着陆滑跑距离 300 米，过载+7g，−5g。

【"隼"教练机】 英国原霍克·西德利公司（现并入英国航宇公司）为英国空军设计的中、高级喷气教练机，用以代替"喷气校长"、"蛟"和"猎人"式教练机。主要供高级飞行训练以及无线电、导航和武器训练使用。除飞行训练外，它还具有对地攻击和近距支援能力。1971 年 10 月开始研制。未制造原型机，1974 年 8 月预生产型首次飞行。1976 年 11 月进入部队服役。

动力装置为：英国空军教练型装 1 台罗尔斯·罗伊斯公司和透博梅卡公司合制的"阿杜尔"MK151 不加力涡扇发动机，推力 2358 公斤；"隼"的早期出口型装 1 台"阿杜尔"MK851 发动机，推力 2422 公斤。目前出口型装 1 台"阿杜尔"MK861 发动机，推力为 2585 公斤。主要设备：英国空军的标准飞行仪表设备有费伦蒂公司的陀螺和换流器，2 台斯佩里陀螺仪公司的 RAI-44 远距离指引地平仪和 1 个磁性探测装置，1 个露易斯公司的罗盘系统。无线电通信和导航设备有超高频、甚高频通信装置，CAT.700 塔康系统，带 CILS.75／76 定位器／下滑着陆接收机和信标接收机的 ILS 自动着陆装置，以及敌我识别器／二次监视雷达。武器：教练型装 1 门 30 毫米"阿登"（每个装 18 枚 70 毫米直径空对地火箭弹）或两组教练炸弹（每组 4 颗）。在执行训练任务时，最大外载荷约为 680 公斤。攻击型的外挂总重量 2567 公斤。

该机翼展 9.39，机长（不包括空速管）11.17 米，机高 3.99 米，机翼面积 16.69 米²，机翼弦长（翼根处）2.65 米、（翼尖处）0.90 米、展弦比 5.248，后掠角（1／4 弦线）21°30′、相对厚度 9～10.9%，尾翼翼展 4.39 米，主轮距 3.47 米。空重量 3650 公斤，起飞重量（教练型，不带外挂）5040 公斤、（教练型，带武器）5570 公斤，最大起飞重量 7750 公斤，载油量（机内）1704 升。最大平飞速度 1040 公里／小时，最大巡

航速度（高度 9144 米）650 公里／小时，实用升限 15240 米，最大爬升率（海平面）37.3 米／秒，作战半径（带 2540 公斤武器）560 公里、（带 1360 公斤武器）1040 公里，转场航程（无外挂）2430 公里、（带 2 个 455 升的副油箱）3100 公里，爬升时间（至 9145 米高度）6 分 6 秒，续航时间约 4 小时，起飞滑跑距离 550 米，着陆滑跑距离 490 米，作战过载（机内满油）+8g，−4g。

【"阿尔发"喷气教练机】 是法国达索·布雷盖公司和联邦德国道尼尔公司共同研制的教练机。1970 年开始研制，1972 年末法国、西德政府批准了这项计划。共造 6 架原型机，其中 2 架机体供静力和疲劳试验用。01 号原型机于 1973 年 10 月首次飞行，1977 年 1 月完成了结构试验。"阿尔发喷气"共有 4 个型号：先进的教练／轻型攻击型（原称"阿尔发喷气"E）；近距支援型（原称"阿尔发喷气"A 型）；供选择的近距支援型，它是由法国达索·布雷盖公司研制的，机头锥内装的新的导航攻击系统，1982 年 4 月 9 日首次飞行。

动力装置（"阿尔发喷气"NGEA 型除外）为 2 台法国国营飞机发动机研究制造公司／透博梅卡公司的"拉扎克"04−C5 涡轮风扇发动机，推力为 2×1349 公斤。主要设备：标准设备包括甚高频和超高频电台、敌我识别／电码选编识别装置等。法国使用型有 SFIM550 陀螺平台、汤姆森 CSF 公司 902 型武器瞄准计算机、电话器材公司的微型塔康、EAS720 甚高频全向无线电指向标／仪表着陆系统／信标机。联邦德国使用型装备 KM808 平视显示器、IR-1416 导航计算机、LDN 多普勒导航系统等设备。

武器：机身下炮舱可装 1 门 30 毫米"德发"或 1 门 27 毫米"毛瑟"机炮（备弹 150 发）。机身下挂架可带炸弹或靶机拖曳系统。每个机翼有 2 个挂架，可挂火箭发射器、炸弹，以及"魔术"、"幼畜"等空对空、空对地导弹或侦察舱，有 50 多种基本武器方案供训练和战术空中支援选用，载弹量 2500 公斤。

该机翼展 9.11 米，机长（教练型）12.29 米、（近距支援型，包括空速管）13.23 米，机高 4.19 米，机翼面积 17.50 米²，空重（教练型）3350 公斤、（近距支援型）3520 公斤，正常起飞重量（教练型，无外挂）5000 公斤，最大起飞重量 8000 公斤，载油量（机内）1520 公斤或 1600 公斤。

（无外挂）最大平飞速度（10000 米高度）M0.85、（海平面）1000 公里／小时，实用升限

14630 米，最大爬升率（海平面）57 米／秒，高空活动半径（教练型，无外挂，机内满油）1230 公里，转场航程（机内燃油和 4 个 450 升副油箱）4000 公里，起飞滑跑距离 410 米，着陆滑跑距离 610 米。

【CM.170"教师"教练机】　法国原富加公司为法国空军研制的双岁双座轻型喷气教练机，是欧洲最成功的教练机之一。原型机于 1952 年 7 月首次试飞。预生产型飞机于 1954 年 7 月首次飞行。生产型于 1956 年 2 月 29 日首次飞行。"教师"的主要型别有：CM170、CM175、CM170"超教师"等。

动力装置为 2 台透博梅卡公司的"玛波尔"涡轮喷气发动机，推力 2×480 公斤。主要设备除一般通信导航设备外，还装敌我识别器、无线电罗盘、机内通话和盲目飞行设备、塔康导航系统等。武器为 2 挺 7.5 毫米或 7.62 毫米机枪。翼下挂架可携带 2 颗 25 公斤，一颗 50 公斤炸弹，或挂火箭发射器。

该机翼展 12.15 米（带翼尖油箱）、11.4 米（不带翼尖油箱），机长 10.06 米，机高 2.08 米，机翼面积 17.30 米²。空重 2310 公斤，正常起飞重量 2850 公斤，最大起飞重量 3200 公斤，载油量（机内）980 升。最大平飞速度（海平面）700 公里／小时、（9000 米）725 公里／小时，实用升限（3100 公斤总重量）12000 米，最大爬升率（海平面、3100 公斤总重量）19 米／秒，航程 1400 公里，起飞滑跑距离（总重 3100 公斤）600 米。

【MB.339 教练机】　意大利马基航空公司为意大利空军研制的教练机。意大利空军用它代替 MB.326 和 G.91T 教练机执行中级和高级训练任务，作为全程喷气教练机用。是在该公司 50 年代研制的中级教练机 MB.326 的基础上研制的，采用了推力更大的"威派尔"632 发动机，重新设计了前机身，提高了后座椅，垂直安定面面积增大了 25%，并更换了电子设备。原型机于 1976 年 8 月首次试飞，1978 年 7 月第一架生产型教练机 MB.339A 首次试飞。第一架于 1979 年 8 月交付。1982 年有 15 架 MB.339PAN 交付给意大利空军特技飞行队。1982 年 9 月意大利空军开始接收涂伪装的 MB.399A，用于应急近距空中支援。MB.339A 还向国外出口。

动力装置为 1 台意大利专利制造的罗尔斯·罗伊斯公司的"威派尔"MK.632-43 涡轮喷气发动机，推力 1814 公斤。机身内有 2 个 390 升橡皮油

箱，还有 2 个 316 升翼尖油箱。

主要设备：典型的电子设备包括柯林斯公司 AN／ARC-159（V）-2 超高频通信电台，AN-ARN-118（V）塔康或柯林斯公司 860E-5 测距导航系统，柯林斯公司 51RV-4B 甚高频全向无线电信标／仪表着陆系统，MK1-3 无线电信标。标准仪表包括 ARU-2B／A 姿态航向指示器，AQU-6／A 航道罗盘，AS-399 姿态和航向参考系统，AG-5 备用姿态指示器以及飞行航向系统。武器：翼下内侧 4 个挂架各挂 454 公斤载荷。外侧 2 个挂架各挂 340 公斤载荷。最大载荷 1815 公斤。武器包括各种炸弹、火箭发射器、30 毫米"德发"炮舱、12.7 毫米机枪舱、"响尾蛇"空对空导弹等。

该机翼展（带翼尖油箱）10.86 米，机长 10.97 米，机高 3.99 米，机翼面积 19.30 米²。空重 3125 公斤，正常起飞重量（无外挂）4400 公斤，最大起飞重量 5895 公斤，载油量（机内）1100 公斤。最大平飞速度 898 公里／小时（海平面）、817 公里／小时（9150 米高度），实用升限（30.5 米／分爬升率）14630 米，最大爬升率（海平面）33.5 米／秒，作战半径 390～590 公里，最大航程（不带副油箱）1760 公里，着陆速度 165 公里／小时，起飞滑跑距离（无外挂）465 米，着陆滑跑距离（国际标准大气）415 米，过载+8g，-4g。

【S.211 教练机】　意大利 SIAI-马歇蒂公司自费研制的中级教练机。原型机于 1981 年 4 月首次飞行。取低成本、轻重量的原则来满足空军 80 年代降低训练成本的要求。

动力装置为 1 台 JT15D-4 涡扇发动机，静推力 1134 公斤。主要设备：除 1 套通信导航设备外，还装多普勒雷达、敌我识别器、平视仪、雷达警戒系统和电子对抗设备等。武器：机翼下有 4 个挂架，可挂各种炸弹、火箭弹、机炮吊舱、侦察舱和副油箱，最大载弹量 600 公斤。

该机翼展 8.43 米，机长 9.13 米，机高 3.80 米，机翼面积 12.60 米²。空重 1620 公斤，最大起飞重量（教练型，无外挂）2500 公斤、（攻击型）3100 公斤，载油量（带副油箱）1130 公斤。最大巡航速度（7600 米高度）667 公里／小时，实用升限 12200 米，典型作战半径（高-低-高任务）560 公里，转场航程 2480 公里，最小盘旋半径（海平面）305 米，起飞滑跑距离 400 米，着陆滑跑距离大约 366 米，设计过载+6g，-3g。

【Saab-105 教练机】　瑞典飞机公司研制

的双发喷气式多用途教练机。除作教练机和攻击机外，也可作侦察、拖靶和联络用。原型机于1963年6月首次试飞。生产型于1966年春开始交付瑞典空军。主要型别有：SK60A，教练型；SK.60B，攻击型；SK.60C，具有侦察能力的攻击型；SK60XT，攻击/教练型；Saab-105O，向奥地利出口型；Saab-105XH，改进型；Saab-105G，改进型，电子设备改进，载重量增加。其中Saab-105G型的主要设备与性能如下：

动力装置为2台通用电气公司的J85-GE-17B涡轮喷气发动机，静推力2×1290公斤。主要设备有：2台甚高频或超高频电台，1台无线电罗盘/测距设备和甚高频全向信标仪表着陆系统等。武器：翼下有6个挂架，可挂各种炸弹、火箭弹、机炮舱和"响尾蛇"空-空导弹等。

该机翼展9.50米，机长10.08米，机高2.70米，机翼面积16.3米²。空重量3065公斤，正常起飞重量（教练型，无外挂）4860公斤，最大起飞重量6500公斤，载油量2000升。最大平飞速度875公里/小时，实用升限13000米，最大爬升率56.7米/秒，作战半径（高-低-高任务）695公里，航程1980公里，起飞滑跑距离410米，着陆滑跑距离675米。

【C.101教练机（"航空喷气"）】 西班牙航空制造公司在西德MBB公司及美国诺斯罗普公司帮助下设计的中/高级军用喷气教练机。它是西班牙第二代教练机，用来代替原有的HA200/220教练机。C.101适于特技飞行，也能执行诸如对地攻击、侦察、护航、武器训练、电子对抗和照像等任务。1975年9月签订研制合同。原型机于1977年6月首次试飞。1978年，4架原型机交西班牙空军供试飞用。1980年3月开始交付使用。主要型号：C.101EB，西班牙空军使用型；C.101BB，武装出口型，装推力加大的TFE731-3发动机；C.101CC，轻型攻击型，装1台较大推力的发动机，改单座。下列内容除注释者外，适用于C.101EB型。

动力装置为1台加雷特航空研究制造公司的TFE731-2-2J涡轮风扇发动机，静推力为1588公斤。发动机具有良好的维护性。用30分钟即可更换发动机。主要设备有RT-1168/ARC-164超高频通信电台，AN/ARC-134甚高频通信电台，AN/ARN-127甚高频全向信标/仪表着陆系统/指点标，AN/ARN-118塔康，RT-1063B/APX-101敌我识别器/电码选编

（敌我）识别器，以及SPI-402飞行指引仪系统。武器有：腹部挂架挂30毫米"德发"机炮舱、2挺12.7毫米M3机枪舱、侦察照相舱、电子对抗设备舱或者激光照射器等。6个翼下挂架总挂载量2250公斤。内侧挂架可携带500公斤外挂物，中间挂架可带375公斤外挂物，外侧挂架可带250公斤外挂物。固定武器是1门30毫米机炮或2挺12.7毫米机枪。

该机翼展10.60米，机长12.5米，机高4.25米，机翼面积20米²。机翼弦长（中心线）2.36米、（翼尖）1.41米、后掠角（1/4弦线）1°53′、展弦比5.6、相对厚度15%，尾翼翼展4.32米，主轮距2.83米，前主轮距4.87米。空重量（带设备）3450公斤，起飞重量4850公斤（教练型，无外挂）、5600公斤（对地攻击型），载油量（机内）1930公斤。C.101BB型的最大M数0.80，最大平飞速度（海平面）690公里/小时、（7620米高度）800公里/小时，经济巡航速度（9145米高度）660公里/小时，离地速度210公里/小时，接地速度180公里/小时，实用升限12200米，最大爬升率（海平面）19米/秒，作战半径（近距空中支援、低-低-高飞行剖面、带4个48×6.8厘米火箭发射器和1门30毫米机炮、在战场上空留空50分钟，30分钟余油）280公里、（遮断、低-低-高飞行剖面、带4颗250公斤炸弹和1门30毫米机炮、在战场上空留空3分钟、30分钟余油）380公里，最大续航时间7小时，转场航程（30分钟余油）3700公里，起飞滑跑距离630米，着陆滑跑距离480米，过载（4800公斤总重量）+7.5g，-3.9g，（5600公斤总重）+5.5g，-2.4g。

【G-4教练机（"超海鸥"）】 南斯拉夫索科公司为南空军研制的喷气式教练机。用来代替早期的G2-A"海鸥"和在南斯拉夫空军内进行中、高级训练的T-33教练机。原型机于1978年7月首次飞行。生产型1983型开始交付南空军使用。

动力装置为1台罗尔斯·罗伊斯公司"威派尔"MK632涡喷发动机，推力1814公斤。主要设备：座舱内装复式操纵系统和盲目飞行仪表设备，标准导航/通信设备有AD370B无线电罗盘，VIR-30伏尔/仪表着陆系统，伏尔指点标接收机，DME40和TRTAHV-6无线电高度表，特高频和甚特高频通讯设备，陀螺平台等。武器："超海鸥"机身下的可拆卸机腹炮舱装1门23毫米的GSh-23L双管速射机炮，备弹200发。有4个翼

下挂架可挂各种炸弹和火箭弹，最大载弹量 1350 公斤。

该机翼展 9.88 米，机长 11.86 米，机高 4.28 米，翼面积 19.5 米²。空重（带设备）3250 公斤，正常起飞重量（教练型）4760 公斤，最大起飞重量 6330 公斤，载油量（机内）1720 升。最大平飞速度（6000 米高度）910 公里／小时，绝对升限 15000 米，最大爬升率（海平面）30 米／秒，作战半径（低—低—低任务）300 公里，着陆速度 165 公里／小时，起飞滑跑距离 600 米，着陆滑跑距离 550 米，过载+8g，−4.2g。

【L−29 教练机（"幻境"）】　捷克斯洛伐克生产的高级教练机。1959 年 4 月 5 日首次试飞，1963 年开始生产。L−29 还有攻击侦察型。乘员 2 人。动力装置为 M−701C500 涡轮喷气式，推力 1×890 公斤。最大时速 655 公里（高度 5000 米）。巡航时速 460 公里。实用升限 11000 米，爬高率 840 米／分。最大航程 890 公里（带副油箱）。续航时间 2 小时 30 分（带副油箱）。载油量 870 公斤+2×125 公斤副油箱。空重 2280 公斤。正常起飞重量 3280 公斤。最大起飞重量 3540 公斤。武器装备：翼下可安装 2 门 7.62 毫米机枪吊舱或 2 枚 100 公斤炸弹，8 枚空对地火箭。特种设备有甚高频无线电台，照相枪和炮瞄准具。翼展 10.3 米，机长 10.8 米，机高 3.12 米。翼面积 19.8 米²。起飞滑跑距离 550 米，着陆滑跑距离 440 米。

【L−39 教练机（"信天翁"）】　捷克国营活多乔迪航空公司研制的双座喷气式中、高级教练机，是 L−29 的后继机。L−39 还具有对地攻击能力。原型机于 1968 年 11 月首次飞行，预生产型飞机于 1971 年试飞。L−39 是以费用低为主要目标而设计的一种教练机，对学员进行中／高级飞行训练和初步的武器使用训练。飞机易于操纵，适合于基础训练，由于配备了一套高级飞行训练用设备，所以适用于广泛的飞行训练大纲。学员在飞过螺旋桨式初级教练机之后可以直接上 L−39；飞过 L−39 后可以直接上高性能战斗机。飞机采用低翼载和双缝襟翼，使飞机的失速速度低达 155 公里／小时，飞机安全性较好。主要型号：L−39，基本型，用作中、高级飞行训练，目前正在生产；L−39VO，装拖曳靶绞车的教练型；L−39ZO，翼下有 4 个武器挂架，用作武器训练，目前正在生产中；L−39ZA，是 L−39ZO 的对地攻击型和侦察型，目前正在生产中；公司还正在发展一种全新型，机身、发动机和机载设备均有改进。

动力装置为 1 台 AI−25−TL 涡扇发动机，推力为 1720 公斤。机身内装 5 个橡皮主油箱，翼尖装两个固定式油箱。

主要设备：标准电子设备包括 R−832M 双波段甚高频／超高频电台，RKL−41 无线电罗盘（150−1，800 千赫），RV−5 无线电高度表，MRP−56P／S 无线电信标接收机，SRO−2 敌我识别器和 RSBN−5S 导航和着陆系统，伏尔／仪表着陆系统。武器（L−39ZO 和 ZA 型）：机身下炮舱内装 1 门 23 毫米苏联 GSh−23 双管炮，备弹 150 发，炮舱上有机炮开火、火箭发射和武器投放控制装置，包括电控 ASP−3NMU−39Z 机炮瞄准具，前舱有 FKP−2−2 机炮照像枪，翼下 4 个挂架可携带各种炸弹、火箭舱或空对空导弹，最大外载量 1100 公斤。

该机翼展 9.46 米，机长 12.13 米，机高 4.77 米，机翼面积 18.80 米²，展弦比 4.4，相对厚度 12%，尾翼展长 4.4 米，主轮距 2.44 米，前后轮距 4.39 米。空重量（带设备，无外挂）3570 公斤，正常起飞重量（L−39ZA，无外挂）4550 公斤，最大起飞重量 4600 公斤，载油量 1255 升。最大平飞速度（L−39ZA）755 公里／小时，最大巡航速度 175 公里／小时，实用升限（总重 4300 公斤）11500 米，最大爬升率（海平面，总重量 4300 公斤）22 米／秒，作战半径 200～450 公里，航程（5000 米高度，机内油箱满油）1000 公里，着陆速度（L−39ZA）170 公里／小时，起飞滑跑距离（总重 4300 公斤）480 米，着陆滑跑距离（总重 4300 公斤）650 米。

【EMB−312 教练机】　巴西飞机制造公司为巴西空军研制的基础教练机。巴空军编号为 T−27，用来取代 T−34C 教练机。1978 年 1 月开始设计，原型机于 1980 年 8 月首次飞行。该机具有较高的安定性，能在简易跑道上短距起落，前后座舱采用中间无框架的整体座舱盖，前后座舱视界良好，采用马丁·贝克公司的弹射座椅。机体结构的疲劳设计寿命为 6000 小时。在制造上采用了数控整体机械加工、化学铣切、金属胶接等先进的工艺技术。

动力装置为 1 台加拿大普拉特·惠特尼公司的 PT6A−25C 涡桨发动机，功率为 250 轴马力，驱动一副哈策尔公司的 HC−B3TN−3C／T10178H−8R3 叶恒速螺桨。每侧机翼有 2 个整体油箱，共有 4 个整体油箱，总容量为 694 升。油箱内装有防爆用的泡沫塑料。燃油系统允许飞机最多只能做 30 秒的倒飞。

主要设备：标准电子设备包括 2 台 VHF-20A 甚高频无线电接收机，1 套 EMBRAER 无线电传输系统，1 台 VIR-31A 伏尔／仪表着陆系统／信标接收机，1 台 TRD-90 空中交通管制应答机，1 台 DME-40 测距设备，一个 PN-101 陀螺磁罗盘和 1 台 ADF-60A 无线电罗盘。上述设备都是柯林斯公司生产的。武器：每侧翼下有 2 个挂点，每个挂点最多能挂 250 公斤。使用 MA-4A 挂架。典型载荷是：2 个装 12.7 毫米或 7.62 毫米 MS10-21／22-10A 机枪的机枪舱，每个备弹 500 发；4 枚 11.3 公斤 MK76 教练弹；4 枚 113 公斤 MK81 多用途炸弹，或 4 个 LM-37／7A 或 LM-70／7 火箭发射架，每个带 7 枚火箭。

该机翼展 11.4 米，机长 9.86 米，机高 3.40 米，机翼面积 19.4 米^2。基本空重 1810 公斤，最大起飞重量 3175 公斤，载油量（机内）529 公斤。估计起飞重量 2550 公斤，最大平飞速度（4115 米高度）485 公里／小时，最大巡航速度（3350 米高度）441 公里／小时，经济巡航速度（3050 米高度）347 公里／小时，实用升限 8750 米，最大爬升率（海平面）9.65 米／秒，作战半径（带 4 颗 113 公斤炸弹）260 公里，航程（6100 米高度，满油，30 分钟余油）1920 公里，起飞滑跑距离 470 米，着陆滑跑距离 325 米，过载（最大起飞重量，带外载）+4.4g，-2.2g。

【"金迪维克"靶机】　澳大利亚政府飞机厂研制的喷气式靶机。1948 年 3 月开始设计，原型机于 1952 年 8 月首次飞行。使用的国家有澳大利亚、英国、美国等。该机采用下／中单翼、常规平尾布局形式。机身截面呈椭圆形，表面整流好，气动阻力小。"金迪维克"从跑车上起飞，返场时靠滑撬着陆。每个翼尖依不同任务可携带 MK5、MK8 或 MK9 照像舱。该机有低空、高空和超高空 3 种工作方式。低空工作时，翼展为标准尺寸；高空工作时，安装尺寸更大的外延翼面，并在后机身加装腹鳍。其主要型别有 MK3B 和 MK4，两者的主要区别在于 MK4 采用更合理的供电系统、综合电子系统，并增加了机动过载（达到 6g）和续航时间（机身增加一个容积为 91 升的油箱）。MK3 系列中的 MK203HB 和 MK103BL 于 1976 年开始交付。MK4 于 1981 年 3 月投入生产。至 1982 年 1 月，"金迪维克"仅在英国和澳大利亚就飞了 6600 个起落，其中一架 MK3A 成功地飞过 285 次之后才坏掉。

动力装置为 1 台威派尔 MK201 涡轮喷气发动机，静推力 1260 公斤。发动机有空中熄火后重新点火的能力。MK3 和 MK4 的机内燃油分别为 464 和 555 升。若带 MK9 舱，MK4 的总燃油量达 727 升。

主要设备和系统：非再生气压系统，用以驱动襟翼和着陆橇；自动盘旋和自毁系统；电源系统包括发动机驱动的无刷直流电机和 24 伏直流应急电池；飞机地面遥测设备有 2 部接收选择器、中继接收机、变换器及发射机；记录设备；打靶设备主要有供主动式、半主动式或波束制导导弹试验用的各种应答器和微波反射器。

该机翼展 6.32 米（低空型）、7.92 米（高空型）、9.78 米（超高空型），机长 7.11 米（不包括机头探头）、8.15 米（有机头探头），机高 2.08 米（伸出滑橇），机翼面积 7.06 米^2（低空型）、9.48 米^2（高空型）、10.68 米^2（超高空型）。空重 1315 公斤，最大有效载荷 250 公斤（低空型）、180 公斤（高空和超高空型），最大起飞重量 1660 公斤（低空型）、1470 公斤（高空型）、1500 公斤（超高空型）。（A：低空型；B：高空型；C：超高空型）最大平飞速度（最大使用升限高度）M0.86／908 公里／小时（A，B）、M0.82／870 公里／小时（C），最小使用高度 15 米（A），最大使用升限 16460 米（A）、19200 米（B）、20420 米（C），飞至最大使用升限时间 30 分钟（A，B）、34 分钟（C），打靶点最大续航时间 1 小时 56 分（A）、1 小时 24 分（B）、1 小时 28 分（C），最大航程 1480 公里（A）、1370 公里（B）、1670 公里（C）。

【HF-24MK.1T 双座教练机（"风神"）】　印度斯坦航空公司为印空军研制的教练机。是在 HF-24MK.1 基础上改型而成的串置双座教练型，共制造 32 架原型机，第一架于 1970 年 4 月首次试飞，第二架于 1971 年 3 月开始试飞。MK.1T 与 MK.1 的区别很小，只是拆除了可收放的"玛特拉"火箭发射器，以便增装一个马丁·贝克公司的 MK84C 弹射座椅；装双套操纵系统；可以选装各种设备以完成双飞和单飞训练、全天候对地攻击训练、仪表飞行训练、武器发射的训练等各种高级教练任务。至 1977 年停产时，其生产了 18 架 MK.1T 型。

该机空重 6250 公斤，最大起飞重量 10812 公斤，最大翼载 386 公斤／米^2，最大水平速度（高度 12000 米）M1.00，作战半径（附室）238 公里、（截击、12000 米高度）396 公里，转场航程（高度 9150 米）1445 公里。

【MKⅡ教练机（"瑞瓦蒂"）】 印度制造。于 1970 年 5 月 20 日试飞，1972 年 10 月 31 日定型，随后装备部队。

该机乘员 2-3 人。翼展 9.4 米。机长 7.6 米。机高 3.0 米。总重 623 公斤。动力装置为 1 台 M74DC54 螺旋桨式，1×145 马力。最大时速 193 公里（平飞）、260 公里（俯冲）。巡航时速 169 公里，实用升限 3050 米。最初爬高率 182 米／分。最大航程 643 公里（带副油箱时为 804 公里）。起飞距离 228 米，着陆距离 201 米。

【T-2 教练机】 日本研制的高级教练机。用于飞行员训练。1967 年 3 月开始设计，1971 年 4 月原型机首次试飞，1975 年开始交付日本航空自卫队使用。

该机动力装置为 2 台 RB.172／T260（TF40-IHI-801A）"阿杜尔"涡扇发动机，最大推力 2×2140 公斤，加力推力 2×3120 公斤。主要设备有：超高频通信电台，J／ARN-53 塔康，J／APX-101 敌我电码选编识别器，搜索和测距雷达，平视显示器等。武器：1 门 M61A120 毫米机炮，机身下有 1 个挂点，机翼下有 4 个挂点，可挂 2 枚空对空导弹，各种炸弹和副油箱。

该机翼展 7.88 米，机长 17.85 米，机高 4.45 米，机翼面积 21.17 米^2。空重 6200 公斤，起飞总重 9670 公斤，最大起飞重量 12900 公斤。最大速度（高度 11000 米）M1.6／1700 公里／小时，失速速度 222 公里／小时，海平面爬升率 178 米／秒，实用升限 15240 米，作战半径 280 公里（截击训练，不带副油箱），560 公里（对地支援训练，带副油箱、炸弹），起飞滑跑跑离 914 米（带 1 个副油箱，2 颗 340 公斤炸弹），着陆滑跑距离 610 米。

【T-4 教练机】 日本川崎重工业公司研制的中级教练机，1981 年开始研制，原型机 XT-4 于 1985 年 7 月试飞，用以代替已经过时的 T-1 和 -33 中级教练机。T-4 选用中等后掠角、带锯齿前缘及新的跨音速翼型的机翼，以使飞机具有良好的亚、跨音速性能。

动力装置为 2 台日本防卫厅技术研究本部与石川岛播磨公司研制的 F-3 涡扇发动机，最大推力 2×1660 公斤，推重比 5，耗油率 0.7 公斤／公斤推力／小时。

该机空重 3700 公斤，起飞重量 5500 公斤

（最大 7500 公斤），燃油量 1650 公斤。翼展 10.0 米，机长 12.6 米，机高 4.2 米，机翼面积 21.6 米^2、前后掠角（内侧）31°、（外侧）34°、后掠角 12°。最大速度（高度 7620 米）M0.9／1000 公里／小时、（海平面）M0.8／980 公里／小时，失速速度 167 公里／小时，海平面爬升率 52.7 米／秒，实用升限 15240 米，航程 1310 公里，转场航程 2600 公里，起飞滑跑距离 472 米，着陆滑跑距离 610 米，使用过载+7.33g～-3g。

【冯如单翼飞机】 1910 年中国飞机制造师冯如设计制造。飞机发动机 30 马力，飞行高度 700 尺（约 213 米），巡航速度每小时 65 哩（约 104 公里），航程 32 公里。是中国人设计的第一架飞机。是当时世界上处领先地位的飞机。之后冯如还设计制造了一架双翼飞机，发动机 70 马力。

【谭根水上飞机】 1910 年中国旅美华侨谭根设计的水上飞机。是中国人最早设计的水上飞机。曾参加万国飞机制造大会比赛，获得第一名。

【庚式水上飞机】 中国 1931 年自行设计制造的一种双翼双桴高等教练飞机。木质，165 马力，最高时速 118 英里（水）～122 英里（陆），巡航时速 97 英里（水）～100 英里（陆），实用高度 9620 英尺（水）～11000 英尺（陆），航程 716 英里（水）～785 英里（陆）。

【甲型—号教练机】 中国马尾船政局飞机制造处制造的水上教练机。型式为双桴双翼，100 马力。1919 年 8 月制成，飞机为木质结构，木材采用国产材料；其他材料，如钢线铝条等为国外采购。因试飞失事坠毁。1920 年和 1921 年又相继制成"甲型二号"和"甲型三号"。其性能与"甲型一号"相同。

【乙型—号教练机】 中国马尾船政局飞机制造处制造的水上教练机。主要材料为木质，型式为双桴双翼。发动机 90 马力。1922 年 1 月制成。

【丙型—号水上教练机】 中国马尾船政局飞机制造处制造的水上教练机。主要制造材料为木质，型式为双桴双翼。发动机 120 马力。1924 年 4 月制成。1925 年又制成"丙型二号"，性能与"丙型一号"相同。

【"江"字号教练机】 中国马尾船政局飞机制造处制造的水陆交换式教练机。木质结构，双桴双翼式。发动机 100-120 马力。1926 年-1935 年先后制成："江鹳"、"江凫"、"江鹭"、"江鸿"、"江雁"、"江鹤"、"江凤"、"江娴"、"江鹅"、"江鹨"号教练机。

【"新复兴甲"教练机】 中国国民党政府所属第一飞机制造厂研制的初级教练机。双座，发动机为 400 马力。最高时速 295 公里，巡航时速 241 公里，实用高度 6828 米，航程 1577 公里。1942 年该厂还制成丙型教练机，性能有所提高。

【T-6 教练机】 中国设计、制造的活塞式初级教练机。用于初级阶段的飞行员训练。经 T-6 训练后的飞行员可以进入高级喷气教练机训练。T-6 可以进行初级训练所需的全部特技飞行。飞机结构坚固，安定性好，操纵灵敏，设备完善，能进行夜航训练。T-6 的耗油率低，续航时间长，起落距离短，能在土跑道上起飞着落。

动力装置为 1 台活塞 6 甲气冷星型 9 缸发动机，功率为 285 马力。主要设备有航向陀螺 TH-3、磁罗盘 LC-2、CT-1 型电台、JT-2A 型机内通话器、WL-5 无线电罗盘、无线电航向指示器 ZHW-2A 等。

该机翼展 10.22 米，机长 8.46 米，机高 2.94 米，机翼面积 17 米^2。空重 1095 公斤，正常飞行重量 1400 公斤，载油量 110 公斤。最大平飞速度（海平面）287 公里／小时，巡航速度（高度 1000 米）170 公里／小时，实用升限 6250 米，爬升率（海平面）6.5 米／秒，技术航程 690 公里，最小盘旋半径（高度 500 米，速度 170 公里／小时）126 米，最大允许俯冲速度 370 公里／小时，续航时间 3.9 小时，着陆速度 115 公里／小时，起飞滑跑距离 280 米，着陆滑跑距离 350 米，最大使用过载 6g。

【TF-6 教练机】 中国设计制造的超音速教练机。主要用于培训 F-6 的驾驶员。与 F-6 相比，TF-6 增加了第 2 个座舱，为此机身前段增长 0.84 米。TF-6 前、后座舱均装有弹射座椅，后座稍高于前座，后舱乘员有良好的视野。TF-6 的减速伞装在机身尾部上方方向舵根部的流线型外罩里。减速伞以大幅度减少着陆滑跑距离。

动力装置为 2 台 WP-6 涡喷发动机，加力推力 2×3266 公斤，最大推力 2×2600 公斤。主要设备有 CT-1 型超短波通讯电台，WL-5A 型无线电罗盘，WG-2A 型无线电高度表，XS-6 型半导体信标接收机，LCF-3 型雷达测距器，JT-2A 型机内通话器。武器有：1 门 30 毫米 1 型机炮，备弹 55 发；2 个 HF-2A 航空火箭发射器，每个装 8 枚 57 毫米 1 型航空火箭弹。

该机长（不包括空速管）13.44 米，其它与 F-6 相同。正常起飞重量（不带副油箱）7480 公斤，载油量（机内）1570 公斤。最大平飞速度 1160 公里／小时，实用升限 14000 米，最大爬升率（海平面）95 米／秒，最大航程（不带副油箱）940 公里，着陆速度 240 公里／小时，起飞滑跑距离 750 米，着陆滑跑距离（用减速伞）634 米，最大使用过载 8g。

【D-1 无人驾驶飞机】 中国制造的一种高空无人驾驶飞机。可用于训练炮兵、导弹和雷达操作员，还可用于地质勘探，是一种多用途无人驾驶飞机。机上装有各种设备，能克服地球表面的物理化学干扰，勘探深山、高原、原始森林、沼泽和沙漠等人烟稀少或人不易到达地带的矿藏。该机采用常规气动布局，发动机位于机身下侧。全机结构简单，重量轻。飞机有雷达舱、照像舱、发动机短舱、油箱、电子舱和降落伞舱。电子舱内的各种设备可自动控制飞机完成预定的任务。该机由母机带到空中投放起飞，然后自动爬升，按预定任务程序飞行。飞行的高度、速度、航程、时间等均由程序控制。返航后，进入指定的着陆场，打开降落伞自动回收。回收后进行检查，若有机件损坏，及时进行修复，该机可多次放飞，是国防和科研用无人驾驶飞机。

【D-5 无人驾驶飞机】 中国制造的无人驾驶飞机。主要用于空对空导弹和地对空导弹打靶鉴定，训练部队。该机采用常规气动布局，机翼、平尾和垂尾均为矩形，机身为细长旋转体，翼下可挂副油箱以增加留空时间，翼尖可挂曳光弹，加之采用较好的设备，使其具有飞行稳定性和操纵性好、轻便灵活、使用效率高等特点。该机利用起飞车滑行起飞。在滑行中，若飞机出现航向偏差，起飞车内的纠偏系统可自动纠正。当达到预定的速度后，飞机与起飞车自动脱离，然后逐渐升空。地面人员发出无线电指令，控制和指挥飞行。D-5 具有多次进入射击航区的能力。若一次不被击中，指挥人员则发出指令，使其再次或多次进入，或者将其引导到预先选定的着陆场地，安全回收。回收后如有损坏，经修复后可再次使用。

动力装置为 1 台涡轮喷气发动机。主要设备有无线电遥控、遥测设备和电气设备，自动驾驶仪，高度速度传感器，攻角侧滑角传感器，雷达反射器。

翼展 7.50 米，机长 8.40 米，机高 2.96 米。总重量 2360 公斤。平飞速度 720～850 公里／小时，使用高度 500～600 米，续航时间 45～55 分钟，航程 620～750 公里。

6、直升机

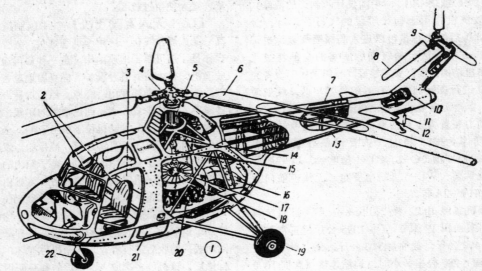

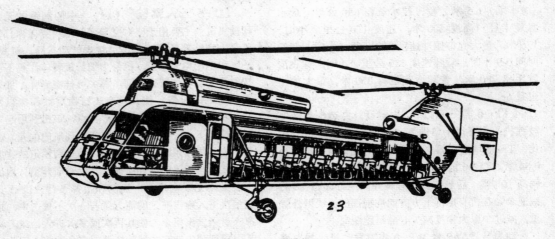

图 10—78　直升机

1—22.带机械传动装置的单旋翼直升机：2.飞行员座椅　3.旅客座位　4.旋翼桨毂和自动倾斜器　5.主减速器 6.旋翼桨叶　7.尾轴　8.尾桨　9.尾减速器　10.中间减速器　11.尾撑　12.水平安定面　13.尾梁　14.自由离 合器　15.万向轴　16.滑油散热器风道　17.离合器　18.风扇　19.(起落架)主轮　20.气冷式发动机　21.汽油箱 22.(起落架)前轮

【UH－19B 效用直升机（"契卡索人"）】

美国西科斯基飞机公司研制的效用直升机。其民用型为 S-55。原型机于 1949 年 11 月试飞。UH-19 本身有 A、B、C、D、E、F5 种型号，性能基本相同。A、B 为空军使用的型号，C、D 为陆军使用的型号，F 为海军使用的型号；此外海军陆战队和海岸警卫队亦装备这种飞机，分别命名为 CH-19E 和 HH-19G。目前国民党陆军装备的是 UH-19C 型，主要用于搜索救护。乘员 2 人。动力装置为 R-1300-3 活塞式，1×800 轴马力。最大时速 180 公里。巡航时速 148 公里。实用升限 3200 米。悬停升限 1770 米（有地面效应），700 米（无地面效应）。最初爬高率 311 米／分。最大航程 570 公里。活动半径 225 公里。续航时间约 4 小时。载油量 700 公升。装载量 10 名士兵或 6 付担架。主旋翼直径 16.16 米。机身长 12.88 米。机高 4.07 米。全重 3583 公斤。

【S-61 直升机】 美国西科斯基飞机公司研制的多用途直升机。1957 年 9 月开始研制，1959 年 3 月原型机首次试飞，1961 年 9 月开始交付使用。主要型别有：SH-3A"海王"，美国陆军的最初反潜型，公司编号为 S-61B，海军编号 SH-3A（后为 HSS-2）。该型装两台 1250 轴马力的 T58-GE-8B 涡轮轴发动机；CH-124，加拿大军用型，类似 SH-3A；S-61A，两栖运输型，该机座舱可容纳 26 名士兵或 15 副担架，也可装运货物；要人专机型，可载 12 名旅客；S-61A-4 Nuri，马来西亚空军型，用于运输士兵、货物和救生；HH-3A，SH-3A 的改进型，用来执行搜索和救生任务；SH-30"海王"，美国海军的标准反潜直升机，装两台 1400 轴马力的 T58-GE-10 发动机，1966 年 6 月开始交付使用；S-61D-4，阿根廷海军型；VH-3D，要人专机型；SH-3G，在 SA-3A 的基础上改装的海军通用型；SH-3H，SH-SA-3A 的基础上改装的海军通用型；SAH-3H，SH-3G 的多用途型，装 2 台 1400 轴马力的 T58-GE-10 涡轮轴发动机；YSH-3J，用于武器试验，只生产了 2 架；S-61L／N，非两栖型的两栖型的民用运输型；S-61R，S-61B 的发展型。下述内容除注明者外，主要适用于 SH-3D，旋翼和尾桨场为 5 片桨叶，旋叶翼型为 NACA 0012，桨叶可互换，能自动折叠。尾桨桨叶由铝合金蒙皮，实心前缘金属大梁和蜂窝夹芯组成。机身采用全金属半硬壳式机腹结构，机身尾段可以折叠。后 3 点式起落架，主起落架可收放，尾起落架不可收放。

动力装置为 2 台 T58-GE-10 发动机，单台功率 1400 轴马力。

主要设备有：探测范围为 180°的 AQS-13 声纳自动增稳设备，ADN-130 多普勒雷达，雷达高度表，救生绞车等。

武器有：381 公斤军械，包括寻的鱼雷。

该机旋翼直径 18.90 米，尾桨直径 3.23 米，机长 22.15 米，机高（至旋翼桨毂顶部）4.72 米，机宽 4.98 米，驾驶舱门高×宽 1.68 米×0.91 米，主舱门高×宽 1.52 米×1.73 米，座舱容积 28.9 米^3；空重 4430 公斤（S-61A）、5380 公斤（S-61B），正常起飞重量 9300 公斤（S-61A）、8190 公斤（SH-3A 反潜型）、8450 公斤（SH-3D 反潜型）；最大起飞重量 9750 公斤（S-61A）、9300 公斤（S-61B）、9530 公斤（SH-3H）。最大平飞速度 315 公里／小时，巡航速度 207 公里／小时，最大爬升率 10.3 米／秒，实用升限 4480 米，航程 1230 公里，悬停升限（有地效）1530 米、（无地效）975 米。

【SH-3A 反潜直升机（"海天"）】 美国西科斯基公司研制的第一种具有搜索、攻击能力的全天候反潜直升机。是 S-61 的一个机型。1961 年 9 月正式装备美海军。日本、加拿大等亦使用这种飞机。乘员 4 人。动力装置 T58-GE-8 涡轮轴式，2×1250 马力。最大时速 267 公里。巡航时速 219 公里。实用升限 4480 米。悬停升限 3200 米（有地面效应），2500 米（无地面效应）。最初爬高率 670 米／分。最大航程 1005 公里。载油量 2650 公升。特种设备：AQS-13 声纳（搜索角 180°），APN-130"多普勒"导航系统，APN-117 测高仪，还有自动稳定装置等。主旋翼直径 18.90 米。机身长 16.69 米。机高 5.13 米。全重 8185 公斤（最大 9300 公斤）。

【S-61R 直升机】 美国西科斯基公司研制的双发两栖运输直升机。该种直升机是在 SH-3A 的基础上发展起来的，第一架 1963 年 6 月首次试飞，采用全金属全铰接式 5 片桨叶旋翼，旋翼带有刹车装置，不能折叠。尾桨有 5 片铝合金桨叶。机身为全金属半硬壳式吊舱尾桨式结构，座舱基本上为正方形截面。机腹为船底形机腹，可以两栖使用。水平安定面位于尾斜梁右侧。可收放前三点式起落架，每个起落架为双轮。主起落架向前收入翼梢浮筒，每个浮筒能提供 2176 公斤浮力。驾驶舱可容纳 2 名驾驶员和一名空中机械师。座舱在正常情况下可容纳 25 名全副武装士兵。改变布局后，也可容纳 30 名士兵或 15 副担架，或 2270 公斤的货物。座舱右前侧有可滑动的舱门。座舱和驾驶舱之间有门相通，机身尾部有液压作动的后货舱门跳板，用于装卸车辆。

动力装置为 2 台 1500 轴马力的通用电气公司的 T58-GE-5 涡轮轴发动机，并列安装在座舱顶棚上，通过自由行程离合器和旋翼刹车到主减速器驱动旋翼，同时并通过主减速器经中间减速器和尾减速器驱动尾桨。两个囊式燃油箱放在座舱地板下面，总燃油量为 2430 升。加油口在机身左侧。滑油容量 26.5 升。

该机旋翼直径 18.90 米，尾桨直径 3.15 米，旋翼桨叶弦长 0.46 米，旋翼桨叶中心距 11.22 米，机长 22.25 米，机高（至旋翼桨毂顶部）4.90 米，机宽（至起落架外侧）4.82 米，主轮距 4.06 米，前主轮距 5.21 米，座舱门高×宽 1.65 米×1.22 米，座舱门离地高度 1.27 米，后货舱门跳板长×宽 4.29 米×1.85 米，座舱（不包括驾驶舱）长×宽 7.89 米×1.91 米，地板面积 15.61 米^2，容积 29.73 米^3。空重 6010 公斤，正常起飞重量 9600 公斤，最大起飞重量 10000 公斤。（正常起飞重量）最大平飞速度（海平面）261 公里／小时，巡航速度（最大航程）232 公里／小时，最大爬升率（海平面）6.7 米／秒，实用升限 3390 米，悬停高度（有地效）1250 米，最小地面转弯半径 11.29 米，跑道载荷等级值（最大起飞重量）4.75，航程（最大燃油、10%余油）748 公里。

【CH-3C 两栖运输直升机）】 美国西科斯基公司研制的两栖运输直升机。是 S-61R 直升机的一个型别。该机系根据美空军特种作战要求，在海军型 SH-3A 反潜直升机基础上改制而成，采用收放式起落架，可在海面降落。1966 年起装备美空军。乘员 2-3 人。动力装置为 T58-CE-1 涡轮轴式，2×1300 轴马力。最大时速 260 公里，巡航时速 250 公里。实用升限 3600 米。悬停升限 1130 米（无地面效应）。航程 750 公里。载油量 2650 公升（带 1 个副油箱，4373 公升）。装载量 25 名全付武装士兵，或 15 付担架，或 2270 公斤货物。主旋翼直径 18.90 米，机身长 17.50 米，机高 5.51 米，全重 9980 公斤。

【CH-3E 两栖运输直升机】 美国西科斯基公司研制的两栖运输直升机。是 S-61R 的一个型别。该机系于 1966 年由 CH-3C 改进而成，除换装发动机外，机内还安装 7.62 毫米机枪等武器。HH-3E 即 CH-3E，是供美空军航空空间救援回收中心使用的直升机。截至 1970 年 1 月，已向美空军交付 118 架 CH-3E 和 HH-3E。乘员 2-3 人。动力装置为 T58-CE-5 涡轮轴式，2×1500 轴马力。最大时速 261 公里，巡航时速 232 公里。实用升限 3385 米，悬停升限 1250 米（有地面效应）。最初爬高率 400 米／分。最大航程 748 公里。载油量 2430 公升。装载量 25 名全付武装士兵，或 30 名士兵，或 15 付担架，或 2270 公斤货物。主旋翼直径 18.90 米，机身长 17.45 米，

机高 5.51 米。全重 10000 公斤。

【S-61N 直升机】 美国西科斯基公司研制的全天候航线直线机。是两栖旅客型，与 S-61L 类似。具有水密机腹和稳定浮筒。座舱可容纳 26～28 名乘客。1962 年 8 月首次试飞。

动力装置与 S-61L 同，比 S-61L 多带 924 公升的副油箱。主要设备与 S-61L 同。

主要数据如下：旋翼直径 18.90 米，尾桨直径 3.23 米，机高（至旋桨毂皮托管顶部）5.32 米，机宽（起落架外侧）6.02 米。机长（旋翼前后放置）22.20 米。空重 5670 公斤，最大起重 9980 公斤。最大巡航速度 241 公里／小时，有地效旋停高度 2650 米，无地效悬停高度 1158 米。航程（带副油箱）796 公里。

【S-61L 直升机】 美国西科斯基公司研制的全天候航线直升机。与 S-61A 和 S-61B 基本相似，加长了机身。"运输装载机"是 S-61N 的简易型，重量比标准型轻 907 公斤，但有效载荷却多 4990 公斤。这种改型可用于伐木、建筑、动力线安装等工作。

采用的旋翼与 S-61 的军用型 S 61A／B、SH-3A／D 上的类似，但不能折叠。机身为全金属半硬壳式结构，两栖型为船底结构。起落架为不可收放 3 点式起落架，带有油气减震器；

动力装置为 2 台 1500 轴马力的 CT58-140-1 或-2 涡轮轴发动机，2 个囊式燃油箱安装在机腹里，总燃油容量为 1553 升。S-61N 还可带 924 升的副油箱，滑油容量为 26.5 升。座舱内有驾驶员、副驾驶员和空中机械师各 1 名，主舱可容纳 30 名旅客，座舱右侧有两个舱门。主要设备：可选装无线电台和雷达。标准设备包括盲目飞行仪表。S-61L 型的主要数据如下：旋翼直径 18.90 米，尾桨直径 3.23 米，机长（旋翼前后放置）22.21 米，机高（至旋翼桨毂皮托管顶部）5.18 米，机宽（起落架外侧）4.47 米，座舱门高×宽 1.68 米×0.81 米，货舱门高×宽 1.68 米×1.27 米，座舱长×宽×高 9.73 米×1.98 米×1.92 米，座舱容积 36.95 米^3。空重 5310 公斤，最大起飞重量 9300 公斤，平均巡航速度 222 公里／小时，最大爬升率（海平面）6.6 米／秒，实用升限 3810 米，悬停高度 2740 米（有地效）、1189 米（无地效）。航程（标准燃油，30 分钟余油）426 公里，

【S-62 直升机】 美国西科斯基飞机公司研制的两栖运输直升机，是在 S-55 的基础上发展起来的。机身腹部为水密船底机身，可在水面或雪

地降落。于 1957 年开始设计，1958 年 5 月第一架原型机首次试飞，1960 年 7 月开始交付使用。改型有：S-62A，该型采用了 S-55 直升机的许多部件，包括旋翼系统，但其动力装置为通用电气公司的 1250 轴马力的 CT58-110 涡轮轴发动机；S-62B，类似于 S-62A，但采用了 S-58 直升机的旋翼系统，直径比原来的小；S-62C，HH-52A 的民用型和军用出口型；HH-52A，供美国海岸警卫队用来执行搜索和救生任务。

采用全铰式 3 片桨叶的旋翼。桨叶由铝合金大梁和后段件组成，可折叠。尾桨为 2 片由铝合金空心梁和隔板装配件组成的桨叶。旋翼带有刹车装置，采用钢管传动轴，主减速器位于旋翼桨毂下面，中间减速器位于尾斜梁根部，尾减速器位于尾斜梁顶部。旋翼与发动机的转速比为 1：85.757，尾桨与发动机的转速比为 1：6.818。机身为铝合金半硬壳式结构。机身两侧装有两个稳定浮筒，用来防止着水与在水面停泊时发生俯仰和横滚。半收放式主起落架利用液压作动可收到稳定浮筒内，减震支柱为油气式。尾轮不可收放。驾驶舱内可容纳 2 名并排的驾驶员座椅。座舱可容纳 12 名全副武装士兵或 10 名旅客和行李，舱门开在座舱右侧。

动力装置为 1 台通用电气公司的 1250 轴马力的 CT-58-110-1（军用型上为 T58-GE-8）涡轮轴发动机。3 个燃油箱，总燃油量为 1560 升。滑油容量 9.5 升。主要设备：有海岸警卫队专用的无线电设备。选装设备有：ARC-210、ARC-21 机内通话系统，618F 无线电台，盲目飞行仪表，救生绞车，外部货物吊钩，自动增稳设备，救生平台的海锚等。

该机旋翼直径 16.16 米，尾桨直径 2.67 米，机长 13.86 米，机高 4.88 米（至旋翼桨毂顶部）4.33 米，机宽（旋翼折叠）4.80 米，座舱门高×宽 1.52 米×1.22 米，座舱长×宽×高 4.27 米×1.62 米×1.83 米，座舱容积 12.45 米^3，行李舱容积 1.25 米^3。空重 2250 公斤，最大起飞重量 3580 公斤。最大平飞速度 163 公里／小时，最大巡航速度 148 公里／小时。最大爬升率 5.78 米／秒。悬停高度 4300 米（有地效），1400 米（无地效）。航程 743 公里。

【HH-52A 两栖运输直升机】 美国西科斯基公司研制的两栖运输直升机。是 S-62 直升机的一个机型。该机系美海岸警卫队作搜索、救护的运输直升机。该型可在水上或雪地上降落，机上装有盲目飞行仪表，救护用的升降机（乘载能力 270 公斤）和锚等设备。1963 年 1 月开始交付使用。乘员 2 人。动力装置为 1 台 T58-GE-8 涡轮轴式 1250 轴马力发动机。最大时速 175 公里，巡航时速 158 公里。实用升限 3410 米，有地效悬停升限 3720 米，无地效悬停升限 520 米。最初爬高率 329 米／分。最大航程 763 公里。载油量 1560 升。装载量 12 名全付武装士兵，或 1368 公斤货物。主旋翼直径 16.16 米，机身长 13.58 米，机高 4.88 米。全重 3765 公斤。

【S-64 直升机】 美国西科斯基公司研制的起重直升机。是在 S-60 试验的基础上发展起来的并采用了 S-56 的旋翼，动力装置改装 2 台普拉特·惠特尼公司的 JFTD-12-4A（军用型 T73P-1）涡轮轴发动机，截至 1974 年 6 月，除民用外，共为美国陆军生产了 96 架。改型有：S-64A 试验用原型机，第一架 1962 年 5 月首次试飞；CH-54A，美国陆军用起重直升机，用来运输装甲车辆、大型设备和回收损坏了的飞机，西科斯基公司为 CH-54A 研制了通用军用吊舱，1968 年 6 月，又研制了专门用于运输人员的吊舱，其内部尺寸（长×宽×高）8.36 米×2.96 米×1.98 米，最大承载能力为 9072 公斤，可运输 45 名士兵或 24 副担架，或用作野外外科医院、指挥所和通讯部；S-64E，改进的民用型，1969 年获得美国联邦航空局适航证，广泛用于伐木，石油勘探、动力线铺设等；CH-54B，CH-54A 的加大载重型，为美国陆军使用，共制造了 2 架；S-64F，CH-54B 的民用型。

该机采用全铰接式 6 片桨叶旋翼，桨叶用铝合金制成，桨毂用铝合金和钢制成。尾桨由 4 片铝合金桨叶组成，旋翼带有刹车装置。传动系统采用钢管传动轴，主减速器的额定功率在 CH-54A 型和 S-64E 型上为 6600 轴马力，在 CH-54B 型和 S-64F 型上为 7900 轴马力。机身为铝合金的钢制成的半硬壳吊舱尾梁式结构。机身在驾驶舱后面部份采用可卸吊舱形式。水平安定面固定在尾斜梁顶右侧。CH-54B 的尾梁用铰接复合材料加强。着陆装置为不可收放前 3 点式起落架。为装卸货物方便，起落架可通过液压操纵伸长或缩短。前驾驶舱内有 2 个并排的正副驾驶员的座椅，后座舱内有操纵货物装卸的第三个驾驶员的座椅。

动力装置为：S-64E 采用 2 台普拉特·惠特尼公司 JFTD-12-4A（军用型 T73P-1）涡轮轴发动机，单台起飞功率为 4500 轴马力，最大连续功率为 4000 轴马力。CH-54B 和 S-64F 采用 2 台

JFD-12-5A 涡轮轴发动机，单台起飞功率为 4800 轴马力，最大连续功率为 4430 轴马力。2 台燃油箱的总油量为 3328 升，辅助油箱容量为 1664 升，总油量为 4992 升。

该机旋翼直径 21.95 米，尾桨直径 4.88 米，机长 26.97 米，机高（至旋翼桨毂顶部）5.61 米、（旋翼和尾桨转动）7.75 米，机宽（桨叶折叠）6.65 米。(S-64E) 空重 8720 公斤，最大起飞重量 19050 公斤。(S-64E，正常起飞重量 17240 公斤) 最大平飞速度（海平面）203 公里／小时，最大巡航速度 169 公里／小时，最大爬升率（海平面）6.75 米／秒，悬停升限（有地效）3230 米、（无地效）2100 米，航程（最大燃油，10% 余油）370 公里。

【CH-54A 重型运输直升机（"空中吊车"）】 美国西科斯基公司研制的重型运输直升机。是 S-64 直升机的一个机型。该机是一种飞行吊车式直升机。即民用型 S-64A。原型机于 1962 年 5 月首次试飞，1965 年初开始装备美陆军。其主要特点是，机身设有活动吊车，可安装各种"车厢"或装备，能遂行运输（人员、物资、导弹）、扫雷、反潜、野战救护等多种任务。乘员 3 人。动力装置为 2 台 T73-P-1 涡轮轴式 4050 轴马力发动机（起飞时可达 4500 轴马力）。最大时速 204 公里，巡航时速 175 公里。实用升限 3960 米，无地效悬停升限 2100 米。最初爬高率 518 米／分。航程 407 公里。载油量 3328 公升（带 1 个副油箱，4992 公升）。装载量 67 名武装士兵，或载运（或吊运）9072 公斤货物。主旋翼直径 21.95 米，机身长 21.41 米，机高 7.75 米。全重 19050 公斤。

【S-65 直升机】 美国西科斯基公司研制的重型突击运输直升机。美国海军编号为 CH-53，美国空军编号为 HH-53，美国海军陆战队编号为 CH-53 和 RH-53。1962 年 8 月开始研制，1964 年 10 月首次试飞，1966 年 6 月开始交付使用。S-65 有以下几种改型：CH-53A，最初生产型，美国海军陆战队用来执行突击运输任务，机身腹部为水密船底式，机身后部装有带斜跳板的大尺寸后舱门，动力装置为 2 台 T64-GE-6 涡轮轴发动机，单台功率为 2850 轴马力；HH-53B，美国空军用来执行航空和航宇救生和回收任务，共生产了 8 架；HH-53C，HH-53B 的改进型，装 2 台 3925 轴马力的 T64-GE-7 发动机，共生产了 64 架；3HH-53C，用来执行夜间搜索和救生任务；CH-53D，CH-53A 的改进型，其动力装置为

2 台 T64-GE-412 或 -413 发动机，功率分别为 3695 或 3925 轴马力，这种型号的座舱可容纳 55 名全副武装士兵，主旋翼和尾梁和尾梁可以自动折叠，1969 年 3 月开始交付使用；RH-53D，为美国海军发展的扫雷型，也可以执行运输任务；重型多用途直升机；CH-53G，联邦德国按专利生产的陆军型；S-65-De，奥大利亚按专利生产的空军救护型。

CH-53A 采用 6 片全铰接式铝合金桨叶旋翼，桨叶可折叠，桨毂由钛合金和钢制成。尾桨由 4 片铝合金桨叶组成。旋翼带有刹车装置。机身为 S-61 的放大型，由铝合金、钛合金和钢制成的半硬壳式结构。尾斜梁可自动折叠。尾斜梁右侧装有大面积的水平安定面，左侧装有尾桨。着陆装置为可收放的前三点式起落架。驾驶舱可容纳 3 名空勤人员，座舱可容纳 37 名全副武装士兵或 24 副担架，外加 4 名医务人员。主舱门在座舱右前侧，机身后部有装货用斜跳板式舱门。

动力装置为通常采用 2 台 2850 轴马力的 T64-GE-6 涡轮轴发动机。总燃油量为 2384 升。

该机旋翼直径 22.02 米，尾桨直径 4.88 米，机长（旋翼转动）26.90 米，机高（至旋翼桨毂顶部）5.22 米，机宽（旋翼折叠））4.72 米，机身宽 2.69 米，座舱长×宽×高 9.14 米×2.29 米×1.98 米。HH-53C 型的主要数据如下：空重 10690 公斤，最大起飞重量 19050 公斤。最大平飞速度（海平面）315 公里／小时，巡航速度 278 公里／小时，最大爬升率（海平面）631 米／分，实用升限 6220 米、悬停高度（有地效）3570 米、悬停高度（无地效）1310 米，航程（4520 公斤燃油，10% 余油，2 分钟暖车）869 公里（1850 公斤燃油，巡航速度，10% 余油，2 分钟暖车）413 公里。

【CH-53A 重型运输直升机（"海上种马"）】 美国西科斯基公司研制的重型运输直升机。是 S-65 直升机的一个机型。该机系根据美海军陆战队提出的要求，在民用型 S-65A 直升机基础上研制的。该型机使用于直升机航空母舰与陆地战区之间，并可在海面降落。1964 年 10 月首次试飞，1966 年中期装备美海军陆战队。乘员 3 人。动力装置为 T64-GE-6 涡轮轴式，2×2850 轴马力。最大时速 315 公里，巡航时速 245—280 公里。实用升限 5655 米，悬停升限 3320 米（有地面效应），1460 米（无地效应）。爬高率 495 米／分。航程 412 公里（不带副油箱）。活动半径 185

公里。载油量 2354 公升（带 2 个副箱油，5760 公升）。装载量 38 名武装士兵，或 24 付担架及 4 名医务人员，或 2 辆吉普车，或 2 个"霍克"导弹发射架，或 8000 公斤货物。主旋翼直径 22.02 米，机身长 20.47 米，机高 7.60 米。全重 15875 公斤（最大 19050 公斤）。

图 10-79 CH-53A 重型运输直升机（"海上种马"）

【HH-53B 重型运输直升机】　美国西科斯基公司研制的重型运输直升机。是 S-65 直升机的一个机型。该机在海军陆战队 CH-53A 运输直升机基础上改制而成，1967 年 7 月开始交付美空军使用。乘员 3 人。动力装置为 2 台 T64-GE-3 涡轮轴式 3080 轴马力发动机。最大时速 299 公里，巡航时速 278 公里。实用升限 5610 米，有地效悬停升限 2470 米，无地效悬停升限 490 米。最初爬高率为 440 米／分。航程 869 公里（带 2 个副油箱）。载油量 2354 公升（带 2 个副油箱，5760 公升）。装载量 38 名武装士兵，或 24 付担架及 4 名医务人员，或 8000 公斤货物。主旋翼直径 22.02 米，机身长 20.47 米，机高 7.60 米。全重 16964 公斤（最大 19050 公斤）。

【S-70 直升机】　美国西科斯基飞机公司研制的通用战术运输直升机。美国空军编号为 HH-60D"夜鹰"。1974 年 10 月，第一架原型机 YUH-60A 首次试飞，1978 年 10 月，第一架生产型 UH-60A 试飞。1979 年 6 月开始交付使用。除美国外，购买 S-70 的国家和地区有瑞士、菲律宾和中国的台湾等。改型有：EH-60A，电子对抗型；EH-60B，远距离目标跟踪系统型；SH-60B"海鹰"，美国海军反潜／反舰导弹防御型；HH-60D"夜鹰"，全天候格斗救援型；HH-60E，没有前视红外探测系统和目标跟踪雷达的"夜鹰"型；SH-60F，美国海军用的作战型；S-70A／C，美国陆军 UH-60A 的出口军事通用型。UH-60A 采用了 4 片桨叶的铰接式旋翼。桨叶由钛合金大梁、Nomex 蜂窝、石墨后缘和桨根、玻璃钢蒙皮、塑料前缘配重以及钛合金前缘包

铁组成。尾桨由 4 片复合材料十字梁结构的叶片组成。尾桨桨线上仰 20°。机身为普通的半硬壳式轻合金抗堕毁结构。不可收放单轮后三点式起落架。驾驶舱与主舱相通，载 3 名乘员和 11 名全副武装士兵。

动力装置为 2 台 1560 轴马力的 T700-GE-700 涡轮轴发动机，并车输出功率为 2828 轴马力，2 个防撞、防弹油箱总燃油量为 1368 升。

主要设备有：AN／ARC-114 甚高频调幅通信电台，AN／ARC-15A 甚高频调幅通信电台，ARC-164 超高频通信电台，AN／ARC-186(V) 超高频调频调幅通讯电台，AN／APC-100 敌我识别应答器，AN／ASN-43 陀螺磁罗盘，AN／ASN-128 多普勒寻航系统，AN／APN-209(V)2 雷达高度表，AN／APR-39(V)1 雷达警告接收机等。武器有：1 挺或 2 挺 M60 机枪、"海尔法"导弹、火箭等，此外还有 AN／ALQ-14 红外干扰机，XM130 敷金属干扰丝投放装置。

该机旋翼直径 16.36 米，旋翼桨盘面积 210.05 米²，尾桨直径 3.35 米，尾桨桨盘面积 8.38 米²，机长 19.76 米，机高（尾桨转动）5.13 米，（至旋翼桨毂）3.76 米，客舱门高×宽 1.37 米×1.75 米，客舱容积 10.90 米³。UH-60A 型的主要数据如下：空重 4820 公斤，任务起飞重量 7380 公斤，最大起飞重量 9190 公斤，最大平飞速度（海平面）296 公里／小时，最大巡航速度（高度 1220 米）268 公里／小时，垂直爬升率（海平面）2.28 米／秒，实用升限 5790 米，悬停升限（有地效，35°C）2895 米、（无地效，35°C）1705 米，航程（最大内部燃油，最大起飞重量，30 分钟余油）600 公里。

【S-70L 直升机】　美国西科斯基飞机公司研制的 S-70 的改型运输直升机。美国海军编号为 SH-60B"海鹰"和 SH-60F。SH-60B"海鹰"主要任务是用来反潜和反水面舰艇，次要任务是搜索救生、垂直补给和后撤伤员。该型于 1977 年 9 月开始设计。1979 年 12 月，第一架原型机开始试飞。1983 年 2 月，第一架生产型试飞。SH-60F 的主要任务是保护己方舰队免遭潜艇的攻击，次要任务是搜索救援和回收。SH-60 采用的旋翼系统与 UH-60A 相似，但旋翼可以电动折叠。SH-60B 的机体与 UH-60A 基本相同，但增加了 2 个浮囊。尾斜梁除改成密封的外:尾斜梁可向机身左侧

折叠，平尾可向前折叠。起落装置为不可收放前3点式起落架，主轮为单轮，尾轮为双轮。主轮距缩小了 46.6%。驾驶舱内可容纳 1 名驾驶员和 1 名副驾驶员（兼航行设备操作员）。声纳操作员备有专用工作台。左侧滑动舱门上有一个可抛舷窗。座舱内有加温、通风和空调设备。

动力装置为 2 台 1690 轴马力的通用电气公司 T-700-GE-401 涡轮轴发动机。后机身装有防碰撞的双油箱燃油系统，总容量为 2241 升。油箱 1/3 以下部分能自封。左侧有加油口，具有空中悬停加油能力。机身挂架可挂 2 个副油箱。

主要设备有 AN／APN-217 多普勒雷达，AN／APS-124 搜索雷达，AN／AYK-14 数字计算机，AN／ARC-159 超高频和 AN／ARC174 高频电台，AN／APX-76 和 AN／APX-100 敌我识别应答器，TSEC／KY-75 保密通讯系统，AN／ARC-75 和 R-1651／ARC 声纳浮标接收机，AN／ASQ-165 武器控制显示器。此外，选装设备有外部货物吊钩及急救绞车。武器为两枚 MK46 鱼雷。

该机旋翼直径 16.36 米，尾桨直径 3.75 米，旋翼桨叶弦长 0.53 米，机长（旋翼和尾桨转动）19.76 米、（旋翼和尾斜梁折叠）12.47 米，机身长 15.26 米，机宽（旋翼和尾斜梁折叠）3.26 米，机高（尾桨转动）5.18 米、（至桨毂顶部）3.63 米、（尾斜梁折叠）4.04 米，平尾翼展 4.37 米，主轮距 2.79 米，前后轮距 4.83 米。反潜型的主要数据如下：空重 6191 公斤，任务总重 9182 公斤。冲刺速度（高度 1525 米，酷热天）234 公里／小时，垂直爬升率（海平面，32.2℃）3.6 米／秒，（海平面，32.2℃，一台发动机停车）2.3 米／秒。

【S-76 直升机】 美国西科斯基公司研制的全天候运输直升机。该机于 1976 年 5 月开始设计，1977 年 3 月首次试飞。1982 年 3 月 1 日以后交付的直升机编号为 S-76Ⅱ，这种型号比原来的 S-76 有 40 多处重大改进。1982 年 2 月，S-76Ⅱ 打破了苏联米-24 自 1975 年 8 月 1 日保持的 12 项国际航空协会 Eid 级和 Ele 级纪录。主要型号；S-76，通用全天候运输机，主要用于近海油田开发和其它民用运输任务，1983 年 3 月停产；S-76Ⅱ 1983 年 3 月以后交付的通用全天候运输直升机；S-76 通用型，主要用于搜索、救援、后勤支援和伤员后撤；AUH-76 武装型，主要用于部队运输、后勤支援、空中侦察、武装搜索和救援等；在执行部队运输任务时可运送 10 名全副武装士兵；在执行医疗伤员后撤时，座舱内可放置 3 副担架和供 2 名医护人员用的长椅。S-76 的旋翼系统包括 4 片桨叶的旋翼和 4 片复合材料桨叶的尾桨。旋翼的桨尖后掠。传动装置包括主减速器及需要润滑的中间减速器和尾减速器。机身为多种材料结构，包括玻璃纤维机头，轻合金蜂窝机舱，半硬壳式轻全金尾梁以及"凯芙拉"塑料门和整流罩。尾部为尾斜梁结构，尾桨在左侧，全动式平尾由"凯芙拉"／环氧树脂／石墨大梁和"凯芙拉"蒙皮组成。

动力装置为 2 台 650 轴马力的艾利逊 250-C303 涡轮轴发动机，装在座舱上部的旋翼轴后面，油箱容量为 1060 升。

主要设备有：双套操纵机构，座舱灭火器，甚高频无线电台，选装设备包括各种航空电子设备，如甚高频无线电导航接收机，应答机，气象雷达，飞行指点标系统，测距设备以及甚低频导航系统等。

武器（AUH-76）有：1 挺或 2 挺 7.62 毫米或 12.7 毫米的机枪，70 毫米和 127 毫米的火箭弹吊舱，"奥利康"空对地火箭弹，此外，还可携带"海尔法"、"陶"、"海鸥"和"毒刺"导弹以及 MK46 鱼雷。

该机旋翼直径 13.41 米，尾桨直径 2.44 米，机身长 13.22 米，机身宽 2.13 米，机高（尾桨转动）4.41 米（Ⅱ型）、4.52 米（通用型），机舱容积 5.78 米³，行李舱容积 1.08 米³。空重 2540 公斤，最大起飞重量 4670 公斤。：总重量 4536 公斤，通用型：总重 3810 公斤，最大允许速度 286 公里／小时，最大巡航速度 269 公里／小时（Ⅱ型）、286 公里／小时（通用型），最大爬升率（海平面）6.85 米／秒，悬停升限（有地效）1890 米（Ⅱ型）、3415 米（通用型），航程（12 名乘客，标准燃油，30 分钟余油）748 公里，航程（8 名乘客，带副油箱，开发近海油田任务）1112 公里。

【贝尔 205 直升机】 美贝尔公司在贝尔 204 的基础上发展的通用直升机。军用编号 UH-1，绰号"易洛魁"。贝尔 205 与 204 一样，都是世界上生产数量最大的直升机。其主要改型有：UH-1D，美国陆军型，装 1 台功率为 1100 轴马力的 T53-L-11 涡轮轴发动机，1961 年 8 月首次试飞，1963 年 8 月开始交付使用，只交付了少数几架就为 UH-1H 所取代；UH-1H，UH-1D 的改型，装 1 台 1400 轴马力的 T53-L-13 涡轮轴发动机，1967 年 9 月开始交付作用；CH-118 为加拿大生产的 UH-1；HH-1H，美国空军的救护型，1970 年 11 月美空军定购了 30 架，1973 年交付完毕；EH-1H，在 UH-1H 的基础上为美国陆军改装的电子对抗型；贝尔 205A-1 民用型，装 1 台 1400 轴马力的 T53-13B 涡轮轴发动机，该型主要用于执行空运、空中起重、救护、救生以及行政任务，货舱总容积（包括尾梁内的行李舱在内）为 7.02 米³，座舱两侧各有一个 2.34 米×1.24 米的舱门，可起吊 2268 公斤重货物。

旋翼系统采用全金属半刚性跷跷板式旋翼，桨叶由挤压铝合金大梁和层压板组成。尾桨有两片桨叶，尾桨桨叶为全金属蜂窝结构。机身采用全金属半硬壳式结构，尾梁后部有水平尾面和垂直尾面，座舱空间为 6.23 米³，可容纳 1 名驾驶员 11～14 名士兵。用于救护机使用时，可装 6 副担架和 1 名医务人员，用于货运机使用时，可装 1759 公斤货物。起落装置采用滑撬式起落架。

动力装置：不同型别采用不同型号发动机。

主要设备：电了设备包括，调频、甚高频、超高频无线电设备，敌我识别应答机，陀螺磁罗盘系统，测向器，甚高频全向信标及机内通话装置等。另外，还可选装寻航／通讯系统。贝尔 205A-1 的标准电子设备包括垂直陀螺系统，陀螺姿态指示器，陀螺磁罗盘，350 波道甚高频收发报机及机内通话系统。

该机旋翼直径 14.63 米，尾桨直径 2.59 米，全长 17.40 米，机身长（UH-1D）12.77 米、（205A-1）12.65 米，机高（UH-1D）4.42 米、（205A-1）4.39 米。空重（205A-1）2370 公斤，使用空重（205A-1）4309 公斤，最大起飞重（205A-1）4763 公斤。最大平飞速度 204 公里／小时，经济巡航速度 204 公里／小时，最大爬升率（205A-1）4.3 米／秒，动升限（205A-1）8.5 米／秒，最大垂直爬升率（205A-1）4480 米，有地效悬停升限（205A-1）3170 米，无地效悬停升限（205A-1）1830 米，航程（海平面、无余油、205A-1）500 公里。

【UH-1H 效用直升机（"易洛魁人"）】

美国贝尔公司研制的效用直升机。是贝尔 205 直升机的一个机型。由 UH-10 效用直升机改装而成，1967 年开始交付美陆军使用，UH-1H 主要执行运输任务，也可携带机枪、火箭，手榴弹发射架，进行空中支援。UH-10 的用途和性能基本与 UH-1H 相同，乘员 1 人。动力装置为 T53-L-13 涡轮轴式，1×1400 轴马力。最大时速 204 公里。巡航时速 204 公里。实用升限 3840 米。悬停升限

4145 米（有地面效应），最初爬高率 488 米／分。最大航程 511 公里。载油量 823 公升（正常），1968（最大）。装载量 11-14 名士兵，或 6 付担架及 1 名医务人员，或 1759 公斤货物。主旋翼直径 14.63 米。机身长 12.77 米。机高 4.42 米。全重 4309 公斤。

图 10-80　UH-1 多用途直升机

【贝尔 212 直升机】

美国贝尔公司在 UH-1 基础上改装的军民两用通用直升机。美国军方编号为 UH-1N，1970 年，首次向美国空军交付使用。1971 年 5 月首次向加拿大武装部队提供使用。贝尔 212 民用型为大批生产型，装 PT6T-3 涡轮轴发动机，1980 年 6 月改用 PT6T-3B 涡轮轴发动机，1973 年 1 月，贝尔 212 由目视飞行型改为仪表飞行型。1977 年 6 月，改装成有固定漂浮装置的单人驾驶仪表飞行型。贝尔 212 的旋翼系统为 2 片全金属半刚性旋翼桨叶，可互换。桨叶由铝合金挤压成型的大梁和层压材料组成。周期变距轴桨毂为悬挂式，其上有稳定杆。尾桨由 2 片全金属桨叶组成。驾驶舱上下左右都装有较大的有机玻璃窗，视野较宽。座舱内可容纳 6～9 名乘客，也可布置成载客 14 名的密集型。机身两侧各有一个向前开的铰接式舱门和一个向后滑动的货舱门，内部载荷为 1600 公斤。外挂载荷为 1900 公斤，作为救护机时，座舱内可布置 3～6 副担架和 1 名医务人员座椅。起落装置为管状滑撬式起落架。还可选装固定漂浮装置和可充气浮囊，用于水上降落。

动力装置为 2 台加拿大普拉特·惠特尼公司的 PT6T-3B"涡轮双派克"涡轮轴发动机，通过并车减速器由一根共同的轴输出功率，输出功率 1800 轴马力，起飞时降低使用功率 1290 轴马力，连续使用功率 1130 轴马力。1 台发动机停车后，另一台在 2.5 分钟内可提供 1025 轴马力，或 30 分钟内提供 970 轴马力，或 800 轴马力的连续使用功

率。

主要设备；仪表飞行设备包括 2 台 KTR-900A 无线电电台、2 台 KNR660A 伏尔／着陆航向信标／无线电磁罗盘接收机。KMD-700A 测距仪、KXP-750A 应答机，2 套 ~~syn~~-444 三轴陀螺、增稳操纵系统以及自动飞~~空~~制系统。选装设备有外挂货物吊索、救生绞车、应急快速充气漂浮装置和高滑撬式起落架。

该机旋翼直径 14.69 米，尾桨直径 2.59 米，机长 17.46 米，机身长 12.92 米，机高 4.53 米，机高（至桨毂）3.91 米，行李舱门 1.71 米×0.53 米，客舱容积 6.23 米³，行李舱容积 0.78 米³，客舱门 1.88 米×1.24 米。空重（目视飞行加有用燃油）2787 公斤，最大起飞重量 5080 公斤。最大平飞速度（海平面）259 公里／小时，最大巡航速度（海平面）230 公里／小时，最大爬升率（海平面）402 米／分，实用升限 4330 米，悬停高度（有地效）3350 米，最大航程（海平面、无余油、标准燃油）420 公里。

【贝尔 206 直升机（"喷气突击队员"）】
美国贝尔公司在 OH-4A 轻型观察直升机的基础上发展的轻型多用途直升机。这种直升机可用于载客、运兵、运货、救援、救护、测绘、农田作业、开发油田，以及行政勤务等任务。该机于 1966 年 1 月首次试飞。

主要的改型：贝尔 206A，在 OH-4A 的基础上发展的基本民用型，装 1 台 317 轴马力的艾利逊 250-C18A 涡轮轴发动机；TH-57A"海上突击队员"，美国海军的轻型初级教练型；OH-58A"基奥瓦"，美国陆军的轻型观察型；贝尔 206B"喷气突击队员"Ⅱ，贝尔 206A 的改型，改装 1 台 400 轴马力的艾利逊 250-C20 涡轮轴发动机，从 1971 年春开始交付使用，共交付了 1619 架；贝尔 206B"喷气突击队员"Ⅱ，贝尔 206B"喷气突击队员"Ⅰ 的改型，改装 1 台台艾利逊 250-C20B 涡轮轴发动机，发动机起飞功率为 420 轴马力，进一步提高了高温高原性能；贝尔 206L"远程喷气突击队员"，贝尔 206B 基础上发展的 7 座轻型通用直升机，机身加长，机舱容积增大到 2.35 米³，主减速器增加 3.6 公斤，但吸收功率却增大了 1／3；贝尔 206L-1"远程喷气突击队员"Ⅱ，改装艾利逊 250C-28B 涡轮轴发动机，发动机功率大约增加了 20%，进一步改善了高温高原性能；贝尔 206L"得克萨斯突击队员"，206L 基础上发展的武装型，装 1 台文利逊 250-C30 涡轮轴发动机，该型为适应

第三世界国家需要而发展的武装直升机，可装 4 枚"陶"式反坦克导弹，或 14 枚无控火箭，或其它武器；贝尔 206LM，4 片桨叶旋翼系统试验机，贝尔 412 的旋翼系统曾在这种试验机上进行了 700 小时的飞行试验。贝尔 206 旋翼系统采用 2 片桨叶的半刚性跷跷板式旋翼，为保证旋翼工作平稳，采用了预锥度和悬挂装置。尾桨桨叶为铝合金结构。座舱前面的两个并排驾驶员座椅，驾驶员座椅后面的可供 3 人用的长椅。座椅两侧各有前开的舱门。座椅后有可装 113 公斤货物的行李舱。机身左侧有一个小舱门。

贝尔 206"喷气突击队员"型的主要数据如下：旋翼直径 10.16 米，机身长 9.50 米，机高 2.91 米，空重 660 公斤，最大起飞重 1451 公斤，（海平面）最大平飞速度 225 公里／小时，最大爬升率 384 米／分，实用升限＞6100 米，有地效悬停升限 3445 米，无地效悬停升限 1700 米，航程（最大燃油、最大载荷、高度 1525 米、无余油）624 公里。

【OH-4A 观察直升机】　美国贝尔公司研制的用于观察的直升机。是贝尔 206 直升机的一个机型。该机于 1964 年开始装备美陆军，用以代替 O-1A、OH-13 及 OH-23 型观察直升机。乘员 1 人。动力装置为 1 台 T63 涡轮轴式 250 轴马力发动机。最大时速 224 公里，巡航时速 185 公里。装载量 3 人或 181 公斤货物。武器装备 4 挺 7.62 毫米机枪，或 2 挺 7.62 毫米机枪及 1 具掷弹筒。主旋翼直径 10.00 米，机身长 9.14 米，机高 2.70 米。全重 1135 公斤（最大 1315 公斤）。

【OH-5A 观察直升机】　美国贝尔公司研制的观察机。1963 年首次试飞，1965 年装备美陆军。乘员 2 人。动力装置为 T63—A—5 涡轮轴式，1×250 轴马力。最大时速 235 公里。巡航时速 204 公里。最初爬高率 560 米／分。载油量 261 公升（带 2 个副油箱，519 公升）。装载量 2 人或 180 公斤货物。武器装备 4 挺 7.62 毫米机枪，或 2 具 40 毫米掷弹筒，或 2 挺 7.62 毫米机枪及 1 具 40 毫米掷弹筒。主旋翼直径 10.64 米。机身长 11.88 米。机高 2.86 米。全重量 1129 公斤。

【OH-58A 轻型观察直升机（"基奥瓦人"）】　美国贝尔公司研制的轻型观察直升机是贝尔 206 直升机的一个机型。于 1969 年 5 月装备陆军。乘员 2 人。动力装置为 T63-A-700 涡轮轴式，1×317 轴马力。最大时速 222 公里。巡航时速 188 公里。实用升限 5760 米。悬停升限 4145

米（有地面效应），2682 米（无地面效应）。最初爬高率 543 米／分。最大航程 560 公里。续航时间 3 小时 30 分。载油量 276 公升。武器装备 1 挺 7.62 毫米机枪。主旋翼直径 10.77 米。机身长 9.93 米。全重量 1360 公斤。

图 10-81　OH-58A 轻型观察直升机（"基奥瓦人"）

【贝尔 209 直升机】　美国贝尔公司研制的第一代专用武装直升机。陆军编号为 AH-1G／Q／R／S，海军和海军陆战队编号为 AH-1J／T。贝尔 209 沿用了 UH-1C 的旋翼系统、动力和传动装置，重新设计了机身，并采用纵列式座舱布局。该机于 1965 年 9 月首次试飞，1967 年 6 月开始交付使用，截至目前为止，AH-1 各型已生产了 2000 多架。型号有：AH-1G "休伊眼镜蛇"，美国陆军的最初生产型，装 1 台 1400 轴马力的 T53-L-13 涡轮轴发动机；AH-1J "海眼镜蛇"，为美国海军陆战队研制的双发型，装 1 台 T400-CP-400 组合式涡轮轴发动机；AH-1Q "休伊眼镜蛇"，在 AH-1G 基础上改装的临时反坦克型，装 1 台功率为 1400 轴马力的 T53-L-13 涡轮轴发动机；AH-1R "休伊眼镜蛇"，与 AH-1G 相似，改装 1800 轴马力 T53-L-703 涡轮发动机，不装 "陶" 式导弹；AH-1S "休伊眼镜蛇"，AH-1G／Q 的先进型；AH-1T "改进的海眼镜蛇"，AH-1J 的改进型，装台功率为 2050 轴马力的 T400-WV-402（PT6T-6 的军用型）涡轮轴发动机。可用载荷增大一倍。AH-1G／J／Q／R 各型均采用 540 型 "门铰链" 式旋翼系统。桨叶弦长为 69 厘米，可以互换。尾桨为 2 片全金属柔性梁蜂窝结构。机身为全金属半硬壳式结构。AH-1T 机身加长了 0.31 米，尾梁加长了 0.79 米。各型的机身两侧均有短翼，用来携带武器和在飞行中为旋翼卸载。

各型机分别采用不同的动力装置。

主要武器：单发型装 1 套包括 6 管 20 毫米机炮的 XM-35 武器分系统，或 1 套包括米尼岗机枪／榴弹的 XM-28 武器分系统，或 8 枚 "陶" 式空对地导弹；双发型在机头炮塔上装一门 XM-1973 管 20 毫米机炮。短翼下有 4 个外挂点，可装 2 个 XM-18E1 米尼岗机槌吊舱或 2 个 XM-157 或 XM-159 火箭弹吊舱。

该机旋翼直径（J／Q／S）13.41 米、（T）14.63 米，尾桨直径（J／Q／S）0.69 米、（T）0.84 米，机长（Q／S）13.54 米、（J）13.59 米、（T14.68 米，机宽（Q／S）0.915 米、（J／T）0.98 米，机高（Q／S）4.12 米、（J）4.15 米。

使用空重（J）3294 公斤、（S）2939 公斤、（T3940 公斤。

最大平飞速度（Q）277 公里／小时、（S）227 公里／小时、（J）333 公里／小时，最大爬升率（Q）6.3 米／秒、（J）5.5 米／秒、（S）8.2 米／秒，动升限（Q）3475 米、（J）3215 米、（S）3720 米，有地效悬停升限（Q）3015 米、（J）3794 米、（S）3720 米，无地效悬停升限（S，标准大气）1159 米，航程（Q，8％余油）574 公里、（J，无余油）577 公里、（S，8％余油）507 公里

【UH-1A 效用直升机（"易洛魁人"）】　美国贝尔公司研制的效用直升机。1959 年 6 月装备部队。主要进行火力支援任务。乘员 1 人。动力装置为 T53-L-1A 涡轮轴式，1×860 轴马力。最大时速 227 公里。巡航时速 185 公里。悬停升限 4400 米（有地面效应）、3500 米（无地面效应）。爬高率 640 米／分。最大航程 340 公里。续航时间 1 小时 30 分。载油量 475 公升。装载量 5 人或 1360 公斤货物（不带武器时）。武器装备 6 枚 "SS-11" 空地导弹，或 16 枚 70 毫米空地火箭及 2 挺 7.62 毫米机枪，或 4 挺 7.62 毫米机枪。主旋翼直径 13.40 米。机身长 12.08 米。机高 3.84 米。全重 3266 公斤。

【UH-1B 效用直升机（"易洛魁人"）】　美国贝尔公司研制的效用直升机。是 UH-1A 效用直升机的发展型，1961 年开始交付美陆军使用。该型机除执行运输任务外，也可对地面进行火力支援。乘员 2 人。动力装置为 T53-L-11 涡轮轴式，1×1100 轴马力。最大时速 222 公里。巡航时速 203 公里。实用升限 5155 米。悬停升限 3810 米（无地面效应）。爬高率 715 米／分。最大航程 407 公里（载重 363 公斤）。活动半径 162 公里。载油量 625 公升（正常），1250 公升（最大）。装载量 7 名士兵，或 3 付担架及 1 名医务人员，或

1360 公斤货物（不带武器时）。武器装备有 4 挺 7.62 毫米机枪（每挺装弹 2000 发）和 16 枚 70 毫米火箭，或 6 枚"SS-11"空地导弹。主旋翼直径 13.41 米。机身长 12.08 米。机高 3.80 米。全重 3856 公斤。

【UH-1F 效用直升机（"易洛魁人"）】

美国贝尔公司研制的效用直升机。是贝尔 205 直升机的一个机型。由 UH-1B 改装而成，1964 年 2 月首次试飞，同年 9 月开始装备空军。乘员 2 人。动力装置为 T58-GE-3 涡轮轴式，1×1272 轴马力。最大时速 185 公里。巡航时速 222 公里。实用升限 4100 米。悬停升限 3139 米（有地面效应）、1219 米（无地面效应）。最初爬高率 375 米／分。最大航程 558 公里。载油量 945 公升（正常），1552 公升（最大）。装载量 10 名士兵，或 1815 公斤货物。主旋翼直径 14.63 米。机身长 12.80 米。机高 3.80 米。全重约 4300 公斤。

【AH-1G 武装直升机（"休伊眼镜蛇"）】

美国贝尔研制的武装直升机。该机在 UH-1B 效用直升机基础上发展而成，射击员位于机头，驾驶员位置在后方高于射击员座椅，主要部位安装有防弹钢板。1966 年 9 月首次试飞，1967 年 11 月装备美陆军。乘员 2 人。动力装置为 T53-L-13 涡轮轴式，1×1400 轴马力。最大时速 352 公里，巡航时速 267 公里。实用升限 3475 米，悬停升限 3015 米（有地面效应）。最初爬高率 375 米／分。最大航程 574 公里。载重量 900 公斤。武器装备 2 挺 7.62 毫米机枪（每挺装弹 4000 发）及 2 具 40 毫米掷弹筒（每筒装弹 300 发），或 1 挺 7.62 毫米机枪及 1 具 40 毫米掷弹筒（机头下方炮塔内），1 门 20（或 30）毫米 3 联装炮，76 枚 70 毫米火箭，8 枚"陶"式反坦克导弹。主旋翼直径 13.41 米，机身长 13.54 米，机高 4.14 米。全重 4309 公斤。

【AH-1S 直升机（"休伊眼镜蛇"）】

美国贝尔公司为美国陆军研制的专用武装直升机。美国陆军编号为 AH-1S。AH-1S 和早期发展的"休伊眼镜蛇"在结构上主要区别：旋翼系统，改进了减速器和传动系统，装上了新的复合材料旋翼桨叶和钨碳轴承座套，这种桨叶具有能承受 23 毫米口径炮弹抗弹伤能力；机身，为增强对 20 毫米口径炮弹的抗弹伤能力，加强了尾梁。整个机身涂有抗红外漆层。为了在贴地飞行过程中减少光的折射和被目视发现的可能性，采用了新的平板式座舱玻璃。加高了座舱高度。

动力装置为改装 1 台 1800 轴马力的 T53-L-703 涡轮轴发动机。

该机旋翼直径 13.41 米，尾桨直径 2.59 米，机长 16.14 米，机身长 13.54 米，机宽 0.915 米，机高 4.12 米，短翼翼展 3.15 米，平尾翼展 2.11 米。使用空重 2939 公斤，任务总重 4524 公斤，最大起飞重量 4535 公斤。最大允许速度 315 公里／小时，最大平飞速度 227 公里／小时，最大爬升率 8.2 米／秒，动升限 3720 米，有地效悬停升限 3720 米，无地效悬停升限（标准大气）1159 米，(+35°C、高度 1220 米) 366 米，航程（8% 余油）527 公里，作战半径（携带 4 枚导弹）250 公里、（携带带 8 枚导弹）242 公里。

【贝尔 412 直升机】

美贝尔公司在贝尔 212 的基础上发展中型运输直升机。是贝尔公司正式投产的第一种多桨叶旋翼直升机。1979 年 8 月首次试飞。1981 年 1 月开始正式交付使用。旋翼系统采用了先进的复合材料桨叶，软平面柔性梁和钛合金桨毂。桨叶可人工折叠。尾桨为 2 片全金属桨叶组成的拉进式尾桨。机身为全金属半硬壳式结构。机舱分驾驶舱和座舱，可容纳 1 名驾驶员和 14 名乘客。运货型座舱的容积为 7.02 米³。

动力装置为 2 台 PT6-3B"双派克"涡轮轴发动机。输出功率为 1800 轴马力。主要设备有增稳控制系统和自动飞行控制系统。

该机旋翼直径 14.02 米，尾桨直径 2.59 米，机长（旋翼和尾桨转动）17.46 米，机身长 12.92 米，机高 4.32 米，机宽（旋翼折叠）2.86 米。重量数据：空重（包括可用滑油）2753 公斤，最大起飞重量 5216 公斤。性能数据：（最大起飞重量、海平面）最大允许速度 259 公里／小时，最大巡航速度 230 公里／小时，实用升限 4330 米，有地效悬停高度 3350 米，最大航程（标准燃油，无余油）420 公里。

【贝尔 222 直升机】

美国贝尔公司研制的轻型民用直升机。1974 年 9 月 1 日开始 5 架原型机的生产，1976 年 8 月 13 日首次试飞，1979 年 8 月 16 日获得联邦航空局的批准，1980 年 1 月 16 日首次交付使用。

改型有：222A，基本型；222B，改进型；222 行政型，装有全套单套驾驶和双套驾驶的仪表飞行设备和全套自动飞行控制系统；222 近海作业型，装有海上用双套驾驶仪表飞行设备，应急漂浮系统、辅助油箱及航空电子设备；222UT 通用型，着陆装置为管形滑撬，滑撬上装有可拆卸的供地面操纵的机轮。旋翼系统采用 2 片旋翼桨叶, 桨叶采用"沃特曼"090 翼型, 相对厚度为 8%。尾桨有 2 片桨叶, 为不锈钢结构。旋翼桨叶不能折叠。机身为轻合金半硬壳式结构, 关键部位采用了破损安全结构。座舱可容纳 1 名驾驶员和 7 名乘客。或正、副驾驶员各 1 名和 6 名乘客, 高密度布局可另加 2 名乘客。座舱前段两侧紧靠短翼前面各开一个舱门。座舱后的行李舱容积为 1.05 米^3, 右侧有货舱门。

动力装置: 贝尔 222A 上装有 2 台阿芙科·莱康明 LTS101-650C-3 涡轮轴发动机, 每台发动机的起飞功率为 620 轴马力。222B 和 222UT 都装 2 台 LTS101-750C-1 涡轮轴发动机, 每台起飞功率为 684 轴马力。发动机采用波节梁悬挂结构。222A 和 222B 型机身和短翼内部装有 5 个抗堕毁油箱, 总容量为 710 升。222UT 型最大油量为 908 升, 机身右侧有一个单独的注油口, 每台发动机的滑油容量为 3.2 升。

主要设备: 甚高频无线电通讯设备, 标准的仪表飞行设备。其它电子设备有盲目飞行仪表设备及 Bendix RDR-1400 气象雷达, 以及应用户要求而安装的承载能力为 1134 公斤的货钩, 222B 和 222UT 型的货钩承载能力为 1270 公斤。

(A: 222A, 222 行政型, 222 近海作业型; B: 222B, 222UR) 旋翼直径: A 12.12 米、B 12.80 米, 尾桨直径: A 1.98 米、B 2.10 米, 机身长: A 12.50 米、B 12.85 米, 机宽 3.18 米, 机高 3.51 米。货舱门高 0.62 米、宽 0.89 米, 机舱容积 5.52 米^3。

(A: 222A; B: 222B; C: 222UT) 空重: A 2204 公斤、B 2223 公斤、C 2192 公斤, 最大起飞重量 (内部载货) A 3560 公斤、B、C 3180 公斤。

(最大起飞重量, 海平面, 国际标准大气, A 222 A、222 行政型及 222 近海作业型; B: 222B; C: 222UT) 最大平飞速度: A、B、C 278 公里 / 小时, 最大巡航速度 (海平面): A、C 246 公里 / 小时, B 259 公里 / 小时; 最大爬升率: A 487 米 / 分、B、C 482 米 / 分, 实用升限: A 3900 米、B 4815 米、C 4755 米, 有地效悬停升限: A 1280 米、B、C 2165 米, 无地效悬停升限: A 1400 米、B、C 1950 米, 航程 (最大燃油、1220 米高度、20 分钟余油): A 523 公里、B 532 公里、C 663 公里。

【休斯 77 直升机】 美国休斯直升机公司

为美国陆军研制的反坦克武装直升机。军用编号为 AH-64。原型机 YAH-64 于 1975 年 9 月首次试飞。AH-64 旋翼系统由 4 片玻璃钢桨叶和柔性板桨毂组成。桨叶采用 HH-02 翼型, 桨尖后掠, 采用 4 根不锈钢盒形多路传动大梁。桨叶蒙皮为玻璃钢结构, 后段件为 Nomex 蜂窝结构。桨毂为柔性板结构, 省去了挥舞铰和轴向铰。桨毂通过两个轴承安装在一根固定的轴套上, 轴套只承受旋翼的飞行载荷。位于轴套内的旋翼轴与传动装置相连, 只承受传动装置的扭矩。这种双轴式旋翼传动轴具有良好的故障—安全性。尾桨选用的是 4 片桨叶的设计方案, 两副跷跷板式尾桨装在同一叉形件上, 相互成 60° / 120° 夹角。AH-64 机身为半硬壳式铝合金结构。座舱采用串列式布局, 后座舱比前座舱高出 48.3 厘米, 座舱前方、上方、两侧和座舱之间及座舱下部和地板均有防弹装甲。机身两侧装有悬臂式短翼, 短翼后缘装有襟翼, 最大向上偏转角为 35°, 最大向下偏转角为 20°。空运时, 短翼可拆除。起落装置为后 3 点式起落架, 这种起落架以 128 米 / 秒速度堕地后可吸收 57% 的撞击能量。

AH-64 座舱、操纵系统、燃油系统、旋翼系统、传动系统、液压系统均采用了抗弹伤措施, 机身、起落架、动力装置、传动装置、旋翼系统、燃油系统均采取了抗堕毁措施。因此, AH-64 下半球任何部位命中一发 12.7 毫米爆破弹后, 仍能继续安全飞行 30 分钟。AH-64 如以 12.8 米 / 秒垂直速度堕地, 可保证座舱容积减小量不超过 15%, 机组人员有 95% 的生存率。

动力装置为 2 台 T100-GE-700 涡轮轴发动机, 最大功率 2×1543 轴马力, 最大连续功率为 2×1250 轴马力。

武器为 1 门 30 毫米"链"式机炮, 两侧短翼可选装 70 毫米火箭弹或"海尔法"激光制导反坦克导弹。为使之具有"发射后不管"能力, 今后可能改装毫米波或中红外制导"海尔法"空对地导弹和相应的空对空导弹。

该机旋翼直径 14.63 米, 尾桨直径 2.60 米, 机长 17.56 米, 机身长 15.05 米, 机高 3.84 米, 短翼翘展 4.58 米, 主轮距 2.03 米。空重 4660 公斤, 最大起飞重量 8000 公斤。最大允许速度 378 公里 / 小时, 最大平飞速度 309 公里 / 小时, 最大巡航速度 293 公里 / 小时, 最大垂直爬升率 14.6 米 / 秒, 实用升限 6250 米, 最大悬停高度 (有地效) 4630 米、(无地效) 3780 米, 最大航程

610 公里，转场航程 1800 公里，最大续航时间 3 小时 23 分钟。

图 10-82　AAH-64 攻击直升机

【OH-6A 观察直升机（"小马"式）】　美国休斯直升机公司研制的轻型观察机。1966 年夏装备美陆军。OH-6C 为其改进型，目前尚在试飞中。乘员 2 人。动力装置为 T63-A-5A 涡轮轴式，1×317 轴马力。最大时速 278 公里。巡航时速 216-241 公里。实用升限 4815 米。悬停升限 3595 米（有地面效应），2225 米（无地面效应）。最初爬高率 560 米／分。最大航程 611 公里（正常），2510 公里（转场，空中加油）。载油量 232 公升。武器装备 2 具 40 毫米掷弹筒，或 1 挺 7.62 毫米机枪（弹 1200 发）主旋翼直径 8.03 米。机身长 7.01 米。机高 2.48 米。全重 1090 公斤（最大 1225 公斤）

【休斯 500 直升机】　美国休斯直升机公司的轻型观察直升机 OH-6A 的基础上发展起来的轻型多用途直升机。1968 年 11 月开始正式生产。军用型有下列型号：休斯 500M，休斯 500 基础上改装的出口军用型；休斯 500MD"防御者"，与休斯 500M 相似，装各种武器的发射装置；休斯 500MD 侦察"防御者"，用于执行侦察和巡逻任务；休斯 500MD 反潜"防御者"，机头装有搜索雷达和磁异探测器；休斯 500 反坦克"防御者"，装 4 枚"陶"式反坦克导弹；休斯 500MD"防御者"、休斯 500MG"防御者"Ⅱ，能执行多种任务，旋翼有 5 片标准桨叶，尾桨有 4 片"低噪音"桨叶；休斯 500MG"防御者"，装 1 台 420 轴力的 250-C20B 涡轮轴发动机；休斯 530MG"防御者"，最新全天候反坦克武装直升机。休斯 500 旋翼系统，除休斯 500D／MD 外，均为 4 桨叶全铰接式旋翼。尾桨由 2 片桨叶组成。起落架为滑撬式。

不同型别采用不同型号发动机

武器：可选用 1 挺 7.62 毫米机枪；1 挺 12.7 毫米机枪；1 门 30 毫米"链"式机炮；14 枚 70 毫

米火箭；4 枚反坦克导弹；2 枚空对地导弹；1～2 条鱼雷。

其中 500E 型的主要数据是：旋翼直径 8.05 米，尾桨直径 1.30 米，机身长 7.49 米，机高（至旋翼桨毂）2.59 米。空重 646 公斤，最大正常起飞重量 1361 公斤。最大允许速度（海平面）282 公里／小时，最大巡航速度（海平面）258 公里／小时，最大爬升率（海平面）579 米／分，实用升限 4570 米，有地效悬停升限（国限标准大气）2590 米，无地效悬停各限（国际标准大气）1830 米，航程（标准燃油，无余油，海平面），482 公里。

【休斯 530MG 武装直升机（"防御者"）】　美国休斯直升机公司研制的全天候反坦克武装直升机。主要情况与休斯 500 直升机相近。数据如下：旋翼直径 8.05 米，尾翼直径 1.45 米，机身长 7.38 米，机高（至旋翼桨毂 3.41 米），机宽 2.71 米。最大巡航速度（海平面）221 公里／小时。最大爬升率（海平面）631 米／分，实用升限 4800 米，有地效悬停升限（国际标准大气）5060 米，无地效悬停升限（国际标准大气）4300 米，航程（标准燃油，无余油，海平面）333 公里。

【波音·伏托耳 114 直升机】　美国波音·伏托耳公司研制的中型运输直升机。美国陆军编号为 CH-47"支奴干人"。CH-47 于 1956 年开始研制，1961 年 9 月第一架首次悬停飞行。此后，该公司主要型别：CH-47A，最初生产型，装 2 台 2200 轴马力的 T55-L-5 或 2 台 2650 轴马力的 T55-L-7 涡轮轴发动机，约生产 350 架；CH-47B，发展型；CH-47C，装 2 台 3750 轴马力的 T55-L-11A 发动机，载重能力提高 25%；CH-147，CH-47 的加拿大型；CH-47D，A、B、C 各型改装型，主要是改装新发动机，采用复合材料旋翼，先进的飞行控制系统，加大传动系统功率等，飞行性能有较大提高，1982 第 2 月第一架"生产型"CH-47D 首次飞行，1983 年 4 月开始交付使用；"支奴干人"HC.MK1，CH-47 英国型。除美国、加拿大、英国外，伊朗、澳大利亚、意大利、西班牙等国也购买了 CH-47。CH-47D 采用 2 具纵列式 3 叶旋翼，直径相等，旋向相反。玻璃纤维叶片采用 D 形玻璃纤维大梁和波音·伏托耳 VRT 和 VR8 翼型。叶片都能手工折叠。全铰式旋翼。可选装旋翼刹车。机身采用正方形截面半硬壳式全金属结构。驾驶舱有双套操纵系统，2 名飞行员。客舱内容纳 33 到 44 名乘客或 24 副担架加 2 名医护人员，也可载车辆、货物等。典型的装载是一个炮兵排，包括人员和弹药。整套"潘兴"地对地导弹系统都可以用 CH-47 运送。

动力装置（CH-47D）为 2 台阿芙科·莱康明公司 T55--L-712 涡轮轴发动机。最大功率 2×4500 轴马力，其联合输出功率为 7500 轴马力。总燃油量为 4000 升，滑油容量为 14 升。

主要设备有：标准电子设备有 ARC-102 高频无线电通信系统，应答器，机内通话设备，多向接收机，无线电高度表，ARN-123 伏尔／下滑信号灯／信标台接收机等，飞行仪表包括 ARU-6A 水平姿态显示器，飞行自动控制系统等，专门设备在液压绞车、后观镜、承载能力 9072 公斤的外挂货钩等。

该机旋翼直径 18.29 米，2 副旋翼中心距离 11.94 米，机长（旋翼转动）30.18 米，机身长 15.54 米，机宽（旋叶折叠）3.78 米，高度 5.68 米（至后旋翼桨毂顶部），横向轮距 3.20 米，纵向轮距 6.86 米，客舱门（高×宽）1.68 米×0.91 米，座舱长（不含驾驶舱）9.20 米、平均宽度 2.29 米、高度 1.98 米。空重 10480 公斤、总重 22680 公斤，有效载重 5890～6800 公斤。最大速度 269 公里／小时，巡航速度 256 公里／小时，实用升限 2590 米，悬停高度（无地效）1040 米，转场航程 2020 公里。

【CH-46A 中型运输直升机（"海上骑士"）】 美国波音伏托耳公司研制的中型运输直升机。该机在民用型基础上改制而成。1962 年 10

图 10-83 CH-46 中型运输直升机（"海上骑士"）

月首次试飞，1965 年 6 月装备美海军陆战队。乘员 3 人。动力装置为 2 台 T58-GE-8B 涡轮轴式 1250 轴马力发动机。最大时速 256 公里，巡航时速 237-249 公里。实用升限 3960 米。悬停升限 2765 米（有地面效应），1707 米（无地面效应）。最初爬高率 439 米／分。航程 370 公里，活动半径 185 公里。装载量 17-25 名全付武装士兵，或 15 付担架及 2 名医务人员，或 1814 公斤货物。主旋翼直径 15.24 米。机长 13.59 米，机高 5.09 米。全重 9706 公斤。

【CH-47A 中型运输直升机（"支奴干人"）】 美国波音·伏托耳公司研制的中型运输直升机。是波音伏托耳 114 的一个机型。该机系一种双旋翼纵列式运输直升机，由 CH-46 发展而成，1961 年 4 月首次试飞，1963 年装备美陆军，可载运"潘兴"、"霍克"导弹，"小约翰"火箭等武器。乘员 2 人。动力装置为 T55-L-5（或-7）涡轮轴式，2×2200 轴马力（或 2650 轴马力）。最大时速 241 公里，巡航时速 212-241 公里。实用升限 3625 米，悬停升限 3810 米（无地面效应）。最初爬高率 644 米／分。最大航程 1548 公里（转场）活动半经 185 公里（执行任务）。载油量 2350 公升。装载量 33-34 名武装士兵，或 24 付担架及 2 名医务人员，或载运（或吊运）2722 公斤货物。旋翼直径 18.02 米，机身长 15.54 米，机高 5.67 米。全重 14970 公斤。

【CH-47C 中型运输直升机（"支奴干人"）】 美国制造。该机系最新型的 CH-47，性能比 CH-47A、B 有较大提高，1967 年 10 月首次试飞，1968 年春装备美陆军。乘员 2 人。动力装置为 2 台 T55-L-11 涡轮式 3750 轴马力发动机。最大时速 286 公里，巡航时速 257 公里。实用升限 3110 米，悬停升限 2925 米（无地面效应）。最初爬高率 623 米／分。最大航程 2285 公里（转场）。活动半径 185 公里（执行任务）。载油量 4273 公升。装载量 33-34 名武装士兵，或 24 付担架及 2 名医务人员，或 1 个满员炮兵组及弹药，或载运（或吊运）5443 公斤货物。旋翼直径 18.29 米，机身长 15.54 米。机高 5.67 米。全重 20865 公斤。

【"海妖"直升机】 美国卡曼公司研制的多用途直升机。主要用于反潜、反导弹防御、搜索、救援和观察。"海妖"为公司编号。美国海军编号为 UH-2、HH-2 和 SH-2。"海妖"原型机于 1959 年 7 月首次试飞，生产型于 1962 年 12 月交付使用。

主要改型有：UH-2A，最初生产型，装 1 台 1250 轴马力的 T58-GE-8 涡轮轴发动机；UH-2B，UH-2A 的改型；UH-2C，"海妖"的双发型，装 2 台 1250 轴马力的 T58-GE-8B 涡轮轴发动机，1967 年海军决定把所有的 UH2A／2B 都改装成 UH-2C，再后又进一步改装成 SH-2 型；NUH-2C，能发射"麻雀"Ⅲ和"响尾蛇"导弹的"海妖"；NHH-2D，环量控制旋翼试验机；HH-2C，标准的 UH-2C 的武装型，共改装了 6架，后又都改装成 SH-2 型；HH-2D，非武装型，后改装成 SH-2F 型；SH-2D，HH-2D 的"轻型空中多用途系统"型，主要用于反潜、反导弹防御和其它任务；YSH-2E，HH-2D 的 MKⅢ"轻型空中多用途系统"型，主要用来为海军在舰上进行试验；SH-2F，SH-2D 的改进型，主要用来执行反潜、反导弹防御、搜索救生、以及观察等任务。SH-2F 旋翼系统采用卡曼公司的 101 旋翼系统。旋翼桨毂由钛合金制成。旋翼桨叶为铝合金、玻璃纤维结构，并具有挥舞伺服操纵装置。桨叶可人工折叠。机身为全金属半硬壳式结构，机身能防水。机头整流罩可以从中线分开向后折叠到两侧，以减少存放时所需要的空间。座舱前面可容纳驾驶员、副驾驶员和声纳操纵员，后面可容纳 1 名乘客或 1 副担架和"轻型空中多用途系统"设备，或 4 名乘客或 2 副担架和可拆卸的声纳浮标发射装置。

动力装置为：2 台 T58-GF-8F 涡轮轴发动机，单台功率为 1350 轴马力。主要设备有：监视雷达、磁异探测器、电子对抗设备、被动和主动声纳浮标、多普勒雷达、以及救生绞车。

武器为 MK44 或 MK46 反潜寻的鱼雷。

该机尺寸数据旋翼直径 13.41 米，尾桨直径 2.49 米，机长（旋翼转动）16.03 米，机高（旋翼转动）4.72 米。空重 3193 公斤，正常起飞重量 5805 公斤。最大平飞速度（海平面）265 公里／小时，正常巡航速度 241 公里／小时，最大爬升率（海平面）744 米／分，实用升限 6860 米，有地效悬停高度 5670 米，无地效悬停高度 4695 米，正常航程（最大燃油）679 公里。

【CH-53E 直升机】 美国西科斯基公司研制的重型多用途直升机。是在 CH-53D 的基础上发展的，除双发改三发外，几乎对所有的重要部件都作了修改。为了提高飞行性能，采用 7 片新的主旋翼桨叶，桨叶大梁由钛合金制成，传动系统功率加大到 11570 轴马力，从而使 CH-53E 成为除苏联的米-6 以外的世界上最大的、功率最强的、现在仍在继续生产的直升机。于 1971 年开始研制，1974 年 3 月第一架原型机首次试飞，1975 年 12月第一架生产型原型机试飞，1981 年 6 月开始向美国海军陆战队交付使用。海军陆战队将 CH-53E 用于两栖作战，它可运送 55 名全副武装的士兵、重型设备和武器，以及回收战斗中损坏了的飞机。海军则把 CH-53E 用于垂直补给，运输作战设备，以及从航空母舰甲板上吊运损坏了的飞机。

CH-53E 采用全铰接式 7 片桨叶旋翼，桨叶由钛合金大梁、Nomex 蜂窝和玻璃纤维环氧树脂复合材料蒙皮组成。桨毂由钛合金和钢制成。旋翼桨叶可液压折叠。尾桨由 4 片铝合金桨叶组成，安装在向左倾斜 20°的尾斜梁上。机身为水密式半硬壳轻合金、钢、钛合金结构。尾梁可向右舷液压折叠。驾驶舱可容纳 3 名空勤人员。主座舱可容纳 55 名士兵。起落装置为可收放的前 3 点式起落架。

动力装置为 3 台通用电气公司的 T64-GE-416 涡轮轴发动机，每台发动机 10 分钟最大功率为 4380 轴马力，30 分钟的平均功率为 4145 轴马力，最大连续功率为 3696 轴马力。

该机旋翼直径 24.08 米，尾桨直径 6.10 米，机长（旋翼转动）30.19 米、（旋翼和尾斜梁折叠）18.44 米，机身长 22.48 米，机高（尾桨转动）8.66 米、（旋翼和尾斜梁折叠）5.66 米，机身宽 2.69 米，机舱长×宽×高 9.14 米×2.29 米×1.98 米。空重 15070 公斤，最大起飞重量 33300公斤，有效载荷（内部装载，活动半径 185 公里）13160 公斤、（外挂时，活动半径 185 公里）14520 公斤。（国际标准大气，起飞重量 25400 公斤）最大平飞速度（海平面）315 公里／小时，巡航速度（海平面）278 公里／小时，最大爬升率（海平面）13.96 米／秒，实用升限（最大连续功率）5640 米，悬停高度（有地效，最大功率）3520 米、（无地效，最大功率）2895 米，航程（经济巡航速度）2080 公里。

【AH-56A 武装直升机（"齐恩尼人"）】 美国制造。该机 1967 年 9 月首次试飞，1969 年开始装备部队。是美陆军的主要武装直升机，其主要特点是具有全天候活动能力。乘员 2 人。动力装置为 T64-CE-16 涡轮轴发动式，1×3925 轴马力。最大时速 393 公里，巡航时速 362 公里。实用升限 6100 米，悬停升限 2835 米（无地面效应）。最初爬高率 914 米／分（最大）。最大航程 1400 公里（执行任务）、1971 公里（转场）。活动半径 560 公里，续航时间 5 小时 48 分（执行任务）。武器装备有 1 具 40 毫米掷弹筒，1 挺 7.62 毫米机枪（机头炮塔，旋转角 180°），1 门 30 毫米 6 管炮（机腹炮塔，旋转角 360°），"陶"式反坦克导弹和 70

毫米火箭。特种设备有自动飞行控制系统,"多普勒"导航雷达,惯性导航系统和高级光学瞄准具。主旋翼直径 15.62 米,机身长 16.66 米,机高 4.18 米。全重 8300—11739 公斤。

【HH-43B 救护直升机("哈斯基")】
美国制造。该机 1959 年中期装备美空军。乘员 2 人。动力装置为 1 台 T53-L-1B 涡轮轴式 860 轴马力发动机。最大时速 193 公里,巡航时速 177 公里。实用升限 7620 米,有地效悬停升限 6400 米,无地效悬停升限 5480 米。最初爬高率 610 米 / 分。最大航程 445 公里。载油量 755 公升。装载量 8—10 人。设备为消防和救护。主旋翼直径 14.33 米,机身长 7.67 米,机高 3.84 米。全重 2708 公斤(最大 4150 公斤)。

【CH-Z1B 轻型运输直升机("肖尼人")】
美国制造。该机 1952 年 4 月首次飞行。CH-Z1 主要有 A、B、C、D 四种型别。A 型为救护直升机,B 和 C 型为部队或货物运输直升机,性能基本相似。D 型仅有 2 架,由 C 型改装 2 台 T58 发动机而成,改装后载货量增加 40%,巡航时速达 240 公里,升限也有新提高。乘员 2 人。动力装置为 R-1820-103 活塞式,1×1425 马力。最大时速 211 公里,巡航时速 158 公里。悬停升限 1880 米(有地面效应)、1710 米(无地面效应)。最初爬高率 329 米 / 分,航程 640 公里,装载量 20 名士兵或 12 付担架。旋翼直径 13.42 米,机身长 16.00 米,机高 4.68 米。全重 6810 公斤(最大)。

【CH-34A 效用直升机("乔克托人")】
美国制造。该机原型机于 1954 年 3 月首次试飞,除 CH-34A(装备美陆军)外,还有 SH-34C、J(美海军反潜直升机)、UH-34D(美国海军陆战队效用直升机)等型号,性能相同。乘员 2 人。动力装置为 R-1820-84 活塞式,1×1525 马力。最大时速 196 公里,巡航时速 156 公里。实用升限 2900 米,悬停升限 1490 米(有地面效应)、730 米(无地面效应)。最初爬高率 335 米 / 分。最大航程 400 公里。续航时间约 2 小时。载油量 1159 公升(带 1 个副油箱,1727 公升)。装载量 18 名武装士兵,或 8 付担架,或 1812 公斤货物。武器装备有火箭等(海军型装有 48 枚 70 毫米火箭和 4 挺机枪)。主旋翼直径 17.07 米,机身长 14.25 米,机高 4.85 米。全重 5900 公斤(最大 6300 公斤)。

【CH-37A 中型运输直升机("摩哈维人")】
美国制造。该机 1956 年装备美陆军,执行空中机动及垂直登陆任务。乘员 3 人。动力装置为 R-2800-50 活塞式,2×2100 马力。最大时速 209 公里,巡航时速 144 公里。实用升限 2650 米,悬停升限 1386 米(有地面效应),334 米(无地面效应)。最初爬高率 277 米 / 分。最大航程 368 公里。续航时间 1 小时 30 分。载油量 1515 公升(带副油箱,3800 公升)。装载量 23—25 人,或 4500 公斤货物。主旋翼直经 21.95 米,机身长 19.58 米,机高 6.71 米。全重 14061 公斤。

【OH-23G 观察直升机("乌鸦")】
美国制造。系 OH-23 的最新型号,1963 年开始装备美陆军。乘员 1 人。动力装置为 VO-540-C2B 活塞式,1×305 马力。最大时速 154 公里。巡航时速 145 公里。实用升限 4630 米。悬停升限 2900 米(有地面效应),1770 米(无地而效应)。最初爬高率 393 米 / 分。最大航程 703 公里。载油量 174 公升(带 2 个副油箱,326 公升)。可乘 2 人。主旋翼直径 10.08 米。机身长 8.69 米。机高 2.83 米。全重量 1270 公斤(最大 1405 公斤)。

【OH-23D 观察直升机("乌鸦")】
美国制造。OH-23 有 A、B、C、D、F、G 等型号,性能相似。D 型列为美陆军标准装备,1957 年底开始生产,1958 年交付使用,1963 年停止生产。乘员 1 人。动力装置为 VO-435-A1C 活塞式,1×250 马力。最大时速 153 公里。巡航时速 132 公里。实用升限 4020 米。悬停升限 1585 米(有地面效应),380 米(无地面效应)。最初爬高率 320 米 / 分。最大航程 330 公里。续航时间 2 小时。载油量 181 公升(带 1 个副油箱,245 公升)。可乘 2 人。主旋翼直径 10.82 米。机身长 8.23 米。机高 2.95 米。全重 1225 公斤。

【OH-13H 观察直升机("苏安人")】
美国制造。由民用型 47G-2A 直升机改制而成,1960 年开始大量装备美三军部队。陆军定名为 OH-13H,海军为 TH-13H,空军为 UH-13H。乘员 1 人。动力装置为 VO-435-23 活塞式,1×250 马力。最大时速 169 公里。巡航时速 145 公里。实用升限 3750 米。悬停升限 1370 米。爬高率 192 米 / 分。最大航程 480 公里。续航时间 2 小时 10 分。载油量 227 公升。可乘 2 人或装载 200 公斤货物。主旋翼直径 11.28 米。机身长 9.63 米。机高 2.83 米。全重 1293 公斤。

【OH-13S 观察直升机("苏安人")】
美国制造。由民用型 47C-3B 直升机改制而成

1963 年开始装备美陆军。乘员 1 人。动力装置为 TVO-435-25 活塞式，1×260 马力。最大时速 169 公里。巡航时速 145 公里。实用升限 5640 米。悬停升限 5160 米（有地面效应），3885 米（无地面效应）。爬高率 260 米／分。最大航程 418 公里。载油量 216 公升。可乘载 2 人或 454 公斤货物。主旋翼直径 11.28 米。机身长 9.63 米。机高 2.83 米。全重 1338 公斤。

【MH-53E 直升机】 美国西科斯基公司在 CH-53E 的基础上改装的扫雷直升机。海军编号为 RH-53D，主要用来扫除机械水雷、音响水雷和磁性水雷，也可用来执行运输任务。1982 年，第一架 MH-53E 试飞。1983 年，第一架预生产型 MH-53E 完成了首次试飞。其基本构造、动力装置、主要尺寸和重量及技术性能与 CH-53E 直升机相同。

【卡-25 反潜直升机（"激素"）】 苏联卡莫夫设计局设计的通用直升机。主要用于执行反潜任务。1961 年 7 月原型机首次飞行主要型别有："激素"-A 基本反潜型；"激素"-B 舰载目标截获型，主要用来为舰艇发射导弹截获目标；"激素"-C 通用搜索和救生型。

动力装置：后期型装 2 台 990 轴马力 ГТД-3BM 涡轮轴发动机。主要设备有自动驾驶仪、导航系统、无线电罗盘、深水声纳、磁异探测器等。有的型别上还有光电探测器。武器有反潜鱼雷、核深水炸弹和其它武器等。有的型别上装有小型空对舰导弹。军械舱门扩大后可装备有线制导鱼雷。

该机旋翼直径 15.74 米，机身长 9.75 米，机高（至桨毂顶部）5.37 米，机宽（包括尾梁上两个垂直安定面）3.76 米，座舱门高×宽 1.10 米×1.20 米。空重 4770 公斤，最大起飞重量 7500 公斤。最大平飞速度 210 公里／小时，正常巡航速度 190 公里／小时，实用升限 3500 米，航程（标准燃油，有余油）400 公里、（外部油箱，有余油）650 公里。

【卡-26 轻型多用途直升机（"恶棍"）】 苏联卡莫夫直升机设计局设计的轻型多用途直升机。该机 1965 年首次试飞，至 1977 年，共生产 600 多架，1979 年以后改装涡轮轴发动机。在设计中强调经济性、使用寿命和快速改装，广泛适用于救护、货运、客运、消防、探矿、敷设输油管和架设输电线和喷洒农药。运输时，可装可卸客货舱，舱内可运输大型货物，也可乘坐 6 名乘客。如

运输大型货物，可在驾驶舱后安装载货平台，或用吊带或吊网运输货物。作为救护时，座舱内可容纳 2 副担架，4 名坐着的伤员和 1 名医务人员，机上还可以安装承载能力为 150 公斤绞车。森林灭火时，可将 6 名消防人员和救火器材运往失火地点。为进行物理勘探，卡-26 可装电磁脉冲发生器。机身右侧携带拖曳式接收机。旋翼系统采用反向旋转的共轴式双旋翼，旋翼前倾 6°，桨叶为复合材料结构。旋翼有由同位素结冰报警器控制的甘油酒精防冰系统。机身由承力顶棚、驾驶舱和双尾梁组成。为提高对农药的耐腐性，在结构上广泛采用了玻璃钢和玻璃钢蒙皮蜂窝结构。卡-26 的塑料零部件约占全机空重的 20%。尾部为双尾梁结构，水平尾面装在尾梁上，垂直尾面装在水平尾面上。采用不可收放式 4 点起落架。驾驶舱内设有正、副驾驶员座椅和双套操纵机构。驾驶舱两侧有滑动式舱门。驾驶舱后面有电气、无线电设备舱。喷洒农药时，为了使驾驶员免遭农药的侵害，驾驶舱由鼓风机经可卸过滤器压入清洁空气。驾驶舱后面，中央动力舱以下的空间可根据使用的需要改装不同的座舱、容器和部件。喷洒农药时，可安装农药容器和喷洒器具。用于运输时，可安装可卸客货舱、载货平台、吊带和吊网。

动力装置为 2 台 M-14B-26 星形气冷式活塞发动机，单台功率为 325 马力。发动机用弹性联轴节与主减速器传动轴相连，每台发动机都可以带动 2 副旋翼，如果 1 台出了故障，另 1 台可同时驱动 2 副旋翼。如果 2 台发动机都出了故障，旋翼传动装置可自动与发动机脱开，并以自转下滑使直升机降落。主要设备有无线电通讯设备、无线电罗盘、无线电高度表，以及其它飞行和导航设备。必要时，还可选装 2 通道自动驾驶仪。

图 10-84 卡-26 轻型多用途直升机（"恶棍"）

该机旋翼直径 13.00 米，2 副旋翼的垂直间距 1.17 米，机身长 7.75 米，全高 4.05 米，机宽（包括发动机外侧）3.64 米、（包括喷洒器具外侧）11.20 米、横向轮距（主机轮）2.42 米、（前机

轮）0.92 米，纵向轮距 3.48 米，客舱门（长×宽）1.40 米×1.25 米，客舱（长×宽×高）1.83 米×1.25 米×1.40 米。空重 1950 公斤，最大起飞重量 3250 公斤。最大平飞速度 170 公里／小时，经济巡航速度 90～110 公里／小时，实用升限 3000 米，悬停升限（有地效、起飞重量 3000 公斤）1300 米、（无地效、起飞重量 3000 公斤）800 米，最大航程（有辅助油箱）1200 公里，续航时间（经济巡航速度）3 小时 42 分。

【卡-27 反潜直升机（"蜗牛"）】 苏联研制。该机是卡-25 的后继机，1978 年首次试飞，1980 年装备部队，1983 年发现苏联基辅级航母诺法罗西斯克号上部署有该机（至少有 16 架）。该机有 3 种型别：A 型为基本反潜型，B 型为导弹目标截获与弹道中段制导型，C 型为海上救护型。1986 年初已有 50 架卡-27 在苏联海军服役。另外，还有卡-32 是卡-27 的民用型，1985 年 6 月在苏联航空节首次展出，可载运 16 名乘客，或载货 4000 公斤或机外吊挂 5000 公斤。乘员 3 人。动力装置为 ТВ-3-117Б 涡轮轴式，2×2225 轴马力。最大时速 260 公里，实用升限 3658 米（卡-27）、5000 米（卡-32）。最大航程 600 公里，作战半径 300 公里。空重 5250 公斤。最大起飞重 10500 公斤，12600 公斤（卡-32）。特种设备有搜索雷达，拖曳式磁异探测装置（可收入机舱内），声纳浮标若干个，旋翼直径 16.75 米（卡 27）15.9 米（卡-32）机身长 11.00 米（卡-27）、11.3 米（卡 32）.机高 5.50 米，装备军种为海军。

图 10-85　卡-27 反潜直升机（"涡牛"）

【"虚伪"战斗直升机】 苏联研制。该机是苏联卡莫夫设计局专为战场上空对空作战设计的新式战斗直升机，主要供陆军航空兵使用。其设计特点与米里设计局设计的直升机有明显的不同，它使用两副共轴反向旋转的水平旋翼，有小型垂直尾翼，没有尾桨，水平尾翼安装有辅助垂直安定面及

方向舵。该机 1984 年夏季开始试飞，现正在生产。乘员 2 人。动力装置为涡轮轴式，2×1340 轴马力。最大时速 350 公里。作战半径 250 公里。最大起飞重量 5450 公斤。武器装备 1 门 23 毫米航炮，可挂 4-6 枚红外型空对空导弹。旋翼直径 18.2 米，机身长 16.0 米，机高 5.4 米。

【雅克-24 直升机（"马"）】 苏联研制。该机原型机于 1953 年试飞，1955 年左右装备部队。机身前后各有一个 4 叶旋翼，机身下可吊运 4990 公斤。雅克-24л 改用涡轮轴式。乘员 2 人。动力装置为 АШ-82В 活塞式，2×1700 马力。最大时速 210 公里。巡航时速 140-180 公里，实用升限 5500 米，最大航程 200-300 公里，活动半径 80-120 公里。最大起飞重量 16000 公斤。载运量 20 名武装士兵或 18 付担架，或 40 人，或一辆"嘎斯-69"连同 1 挺 14.5 毫米双管高射机枪和 6 名操纵手。旋翼直径 24 米，机身长 24.4 米，机高 6.4-7 米。

图 10-86　雅克-24 直升机（"马"）

【米-1 轻型直升机（"野兔"）】 苏联研制。该机是苏联生产的第一架直升机，1948 年 9 月首次试飞，1951 年 5 月开始生产。该机的型别有：米-1C 为救护直升机；T 型和 2KH 型为货运

图 10-87　米-1 轻型直升机（"野兔"）

机；IO 型重新设计了客舱，可并排坐 2 名乘员。米-1 的民用型主要用于喷洒农药。该机现已不再使用。乘员 1 人。动力装置为 AN-26B7 缸星形发动机，1×575 马力。最大时速 205 公里，巡航时速 145 公里。最大航程 590 公里。空重 1760 公

斤。最大起飞重量 2550 公斤。可载运 2 名乘客。旋翼直径 14.35 米，机身长 12.1 米，16.9 米（总长），机高 3.3 米。

【米-2 轻型直升机（"甲兵"）】

苏联研制。该机 1961 年 9 月首次试飞，1964 年由波兰生产，截止 1981 年已生产 4000 多架，年生产量为 300 架。其中，交付苏联 2000 多架，古巴、捷克斯洛伐克、波兰和罗马尼亚空军也装备此种飞机。乘员 1 人。动力装置为 ГТД-350П 涡轮轴式 2×400 或 450 轴马力。最大时速 210 公里（高度 500 米），实用升限 4000 米。最大航程 580 公里（最大燃油），170 公里（最大载重）。空重 2365 公斤。正常起飞重量 3550 公斤。最大起飞重量 3700 公斤。武器装备 2 个火箭筒或 4 枚 AT-3 反坦克导弹。载运量 800 公斤，8 个座位，或 4 副担架。旋翼直径 14.50 米，机身长 11.40 米，机高 3.75 米。

【米-4 直升机（"猎犬"）】

苏联研制。该机是一种多用途直升机。1951 年设计，1952 年 8 月试飞，1953 年投产。该机有基本军用型米-4、农业型米-4C 和旅客型米-4Л 三种型别。军用型可载 14 名士兵或 1600 公斤货物。米-4 的近距支援型在吊舱前方装有机枪，并装有空对地火箭。米-4 的反潜型在机头装有搜索雷达，机身后部装有

图 10-88 米-4 直升机（"猎犬"）

磁异探测器。机身两侧，主起落架前装有照明弹、标志弹或声纳浮标。乘员 2-3 人。动力装置为 АШ-82В 活塞式，1×1700 马力。最大时速 200 公里（木质旋翼），250 公里（金属旋翼）。巡航时速 160 公里（木质旋翼），200 公里（金属旋翼）。实用升限 5500 米（木质旋翼）、6500 米（金属旋翼）。爬高率 3-5 米／秒。最大航程 500 公里（油量 950 升）、800 公里（油量 1500 升）。续航时间 3 小时 35 分（油量 950 升）、5 小时（油量 1500 升）。载油量 1000 升（主油箱）、500 升（副油箱）。空重 5268 公斤。正常起飞重量 7500 公斤，最大起飞重量 7800 公斤。载运量 1610 公斤或

8-11 人。旋翼直径 21 米。机身长 16.79 米，机高 5.18 米。起飞滑跑距离 0 米（垂直起飞）、40 米（滑跑起飞），着陆滑跑距离 0 米（垂直着陆）、20 米（滑跑着陆）。

【米-6 运输直升机（"吊钩"）】

苏联米里直升机设计局设计的重型运输直升机。1957 年试飞，同年秋季公开展出。大约有 400 架服役于苏联前线航空号部队。印度尼西亚、阿尔及利亚、埃及、伊拉克、叙利亚和越南等国都装备有这种直升机。采用 5 片桨叶的旋翼，有电加热防冰系统。尾桨由 4 片金属桨叶组成，尾斜梁起垂直尾面作用，平尾安装角可调。机身为传统的全金属铆接半硬壳吊舱及尾梁式结构。起落架上方装有悬臂式短翼，在巡航飞行时，短翼提供的升力大约占总升力的 20%，米-6 作为飞行吊车时，短翼可拆除。驾驶舱内可容纳正、副驾驶员、领航员随机机械师和无线电报务员。驾驶舱有 4 个可抛舱门。2 个客舱门分别位于左侧主起落架前后。民用时，可运送 65～90 名乘客；军用时，可运 70 名全副武装士兵；救护时，可容纳 41 副担架和 2 名医护人员。机上备有轻便的氧气设备供伤员使用。机舱地板承载能力为 2000 公斤／米²。标准设备包括 1 台承载能力为 800 公斤的电动绞车和滑轮组。机舱地板上有中央舱口，以便外挂大型货物。起落架为不可收放三点式起落架。

动力装置为 2 台索洛维也夫设计局的 Д-25В（ТВ-2ВМ）涡轮轴发动机，单台功率 5500 轴马力。主要设备有：高频和甚高频无线电通讯电台、机内通话装置、无线电高度表、无线电罗盘、三通道自动驾驶仪及整套全天候飞行仪表。

武器为军用型在机身头部装有 1 挺 12.7 毫米口径的机枪。该机旋翼直径 35.00 米，尾桨直径 6.30 米，旋翼与尾桨的中心距离 21.09 米，机长（旋翼旋转）41.74 米，机长（不包括机身头部机枪及尾桨）33.18 米，机高 9.86 米，短翼翼展 15.30 米，主轮距 7.50 米，前主轮距 9.09 米，尾部货舱门高×宽 2.70 米×2.65 米，前客舱门高×宽 1.7 米×0.80 米，后客舱门 1.61 米×0.80 米，地板中央舱口 1.44 米×1.93 米，客舱长 12.00 米，客舱容积 80 米³。

空重 27240 公斤，最大内部载荷 12000 公斤，最大外挂货物 8000 公斤，舱内燃油重量 6315 公斤，舱外燃油重量 9805 公斤，最大起飞重量（在 1000 米以下，带外挂货物）38400 公斤，最大起飞重量（垂直起飞）42500 公斤。（最大起飞重

量）最大平飞速度 300 公里／小时，最大巡航速度 250 公里／小时，实用升限 4500 米，航程（带8000 公斤有效载荷）620 公里，航程（带外部油箱及 4500 公斤有效载荷）1000 公里，最大转场航程（座舱内带附加油箱）1450 公里。

图 10-89　米-6 运输直升机（"吊钩"）

【米-8 运输直升机（"河马"）】　苏联米里直升机设计局设计的通用型运输直升机。该机于1961 年 6 月首次试飞。米-8 第一架原型机装 1 台功率为 2700 轴马力的涡轮轴发动机，旋翼由 4 片桨叶组成，第二架原型机改装 2 台功率为 1500 轴马力涡轮轴发动机。1964 年以来，米-8 旋翼系统开始改装 5 片桨叶，北约组织称其为"河马"-B。70 年代末，开始出现米-8 的武装型"河马"-C，"河马"-E 和出口的武装型"河马"F。米-8 各型至今总共生产了大约 7500 架，大量装备了苏联空军和民航部门，并出口到 20 多个国家。米-8 的旋翼系统为 5 片矩形全金属铰接式旋翼，桨叶翼型为NACA230 系列。桨叶前缘有电防冰装置，尾桨为3 片全金属矩形桨叶。机身为变截面全金属半硬壳式结构。驾驶舱内并排设有正，副驾驶员座椅，驾驶舱过道设有一个机械师座椅。客舱型座舱内设有14 副双座椅，每侧 7 副，可载 28 名旅客。座舱后部设有衣帽间和行李舱。不设衣帽间可载 32 名旅客。运送兵员时，可载 24 名全副武装士兵；作救护型作用时，可安放 12 副担架和一个医护人员用的折迭座椅；作为运输型作用时，可运送车辆、工程设备，以及各种大型货物。装卸货物时，后舱门可以打开。货舱内设有承载能力为 150 公斤的电动绞车。外挂系统最大承载能力为 2500 公斤。装不可收放前三点起落架。

动力装置为 2 台 TB-2-117A 涡轮轴发动机，起飞功率 2×1500 轴马力，最大连续功率 2×1000轴马力。"河马"-E 型改装 2 台 TB-3 涡轮轴发动机，功率 2×2200 轴马力。主要设备有 P-824 短波、P-860 甚高频无线电台，APK-9 自动无线电罗盘、PB-3 带"危险高度"警告的无线电高度表，

4 通道自动驾驶仪，自稳设备，导航设备，以及各种全天候飞行仪表。武装型可携带各种武器。"河马"-C 可携带炸弹，座舱两侧挂架可挂 4 个 57 毫米火箭发射筒，每个发射筒装 32 枚火箭弹，E 型机头装 1 挺固定式 12.7 毫米机枪，座舱两侧共有6 个武器挂点，可挂 6 个 57 毫米火箭弹发射筒，每个发射筒装 32 枚火箭弹，另外还可装 4 枚"斯瓦特"B 型（AT-2B）有线制导反坦克导弹，F 型可装 6 枚"萨格尔"（AT-3C）红外半自动制导反坦克导弹。

该机旋翼直径 21.29 米，尾桨直径 3.91 米，机长（旋翼旋转）25.24 米，机身长 18.31 米，机高 5.65 米，主轮距 4.50 米，前主轮距 4.26 米，客舱长×宽×高 6.30 米×2.34 米×1.82 米，货舱长×宽×高 5.34 米×2.34 米×1.82 米，货舱容积 23米³。

空重（军用型）7260 公斤、（客运型）6800公斤，正常起飞重量 11100 公斤，最大平飞速度（海平面）250 公里／小时，巡航速度 225 公里／小时，实用升限 4500 米，悬停升限（有地效）1900 米，（无地效）800 米，航程 465 公里。

图 10-90　米-8 运输直升机（"河马"）

【米-8 战斗直升机（"河马"E）】　苏联研制。该机有多种改型，其西方编号有："河马"A 为原型机，1961 年 6 月试飞，装 1 台 2700 轴马力的涡轮轴发动机，主旋翼为 4 片桨叶；"河马"B 主旋翼改为 5 片桨叶（以后的型别均为 5 桨叶旋翼）；"河马"C 改装 2 台 1500 轴马力的 TB-2-117A 涡轮轴发动机，1962 年 9 月试飞，分军用型和民用型两种，该型进行了大量生产："河马"D 为无线电接力通信机；"河马"E 为战斗直升机，1980 年出现；"河马"G 为空中指挥通信机；"河马"J 为电子干扰机，机头下面有个前向搜索传感器，在机尾部装有刀形天线；"河马"K 为电子干扰机，在机舱两侧装有八木天线。乘员 2 人。动力装置为 TB-3 涡轮

轴式 2×2200 轴马力。最大时速 250 公里,巡航时速 225 公里。实用升限 4500 米。最大航程 163 公里 (最大载重),406 公里 (正常载重),940 公里 (带副油箱)。作战半径 200 公里。空重 6816 公斤。最大起飞重量 12000 公斤。武器装备 1 挺 12.7 毫米"卡特林"机枪。机舱两侧起落架上方装有武器挂架,可装 6 个火箭发射筒和 4 枚反坦克导弹,或 6 枚 250 公斤或 2 枚 500 公斤炸弹。载重量 4000 公斤 (机舱),2500 公斤 (外挂)。旋翼直径 21.29 米,机身长 18.31 米,机高 5.65 米。装备军种为空军。

图 10—91 米—8 战斗直升机("河马"E)

【米—10 重型起重直升机("哈克")】 苏联米里设计局研制的重型起重直升机。该机由米—6 发展而来,1960 年完成首次试飞,1961 年于苏联航空节上首次展出。米—10 在座舱窗口线以上部分几乎完全与米—6 相同,但机身高度显著降低,尾梁下移。米—10 的动力装置、传动系统、减速器、自动倾斜器、尾桨、操纵系统,以及大部分设备都可以和米—6 互换。米—10 采用不可收放的长行程四点式起落架,前、后起落架均为双轮,装油气减震器。起落架虽然很高,但能保证平稳着陆和以 100 公里／小时的速度滑跑起飞。为运输大型货物,直升机可以滑行到所要吊挂的货物的上方,可使用液压夹具,在 1.5~2 秒钟内起吊长 20 米、宽 10 米、高 3.1 米的大型货物。座舱内也可以装载附加货物或运送旅客。米—10K 是米—10 的改进型,最明显的修改是起落架的高度缩短了,尾梁更细了。米—10K 前机身下面加装了吊舱,其内有全套飞行操纵装置和面向后的座椅,因此,在悬停飞行时,也可由坐在吊舱的驾驶员操纵直升机。在装卸货物时,驾驶员的视野不会受到任何限制。米—10 为传统的单旋翼带尾桨布局。旋翼为 5 片矩形全金属桨叶,旋翼轴向前倾斜 45′。机身为传统的半硬壳式结构。驾驶舱可容纳正、副驾驶员和随机机械师。座舱沿侧壁设有 28 副可折叠座椅。座舱内设有承载能力为 200 公斤的电动绞车,并备有

外部吊挂装置。

动力装置为 2 台 Д—25B 涡轮轴发动机,功率 2×5500 轴马力。米—10K 改装 2 台 Д—25BФ 涡轮轴发动机,功率为 2×6500 轴马力。主要设备与米—6 相同。

该机旋翼直径 35.00 米,尾桨直径 6.3 米,机长 (旋翼旋转) 41.89 米,机身长 32.86 米,机身下表面离地高度 3.75 米,机高 9.80 米 (米—10K 为 7.80 米),前后起落架横向轮距分别为 6.10 米和 6.92 米 (米—10K 为 5.10 米),纵向轮距 8.29 米 (米—10K 为 8.74 米),货舱门高×宽 1.56 米× 1.26 米、离地高度 3.92 米 (米—10K 为 1.82 米),座舱长×宽×高 14.04 米×2.5 米×1.68 米,座舱容积 60 米^3。

空重 27300 公斤 (米—10K 为 24680 公斤),载货平台最大载重 (包括平台) 15000 公斤,最大起飞重量 43700 公斤 (吊挂货物时为 38000 公斤)。最大平飞速度 200 公里／小时 (米—10K 为 250 公里／小时),巡航速度 180 公里／小时 (米—10K 为 202 公里／小时),实用升限 3000 米,航程 (载货平台载重 12000 公斤) 250 公里,转场航程 (带辅助油箱) 795 公里 (米 10—K)。

【米—10K 重型起重直升机("哈克")】 苏联研制。该机由米—10 改进而成,在设计上作了若干重要更改,最明显的更改是米—10K 的起落架高度缩短 2 米 (最大吊挂载重增至 11000 公斤),如果采用 2 台 6500 轴马力的 Д—25Bф 型涡轮轴式

图 10—92 米—10K 重型起重直升机("哈克"Ф)

发动机,最大吊挂载重可增加到 14000 公斤。该机 1965 年前完成首次飞行。1966 年 3 月 26 日于莫斯科首次公开展出。乘员 2 人。动力装置 Д—25B 涡轮轴式,2×5500 轴马力。巡航时速 250 公里 (空机)、202 公里 (吊挂货物)。实用升限 3000 米,最大航程 795 公里 (带附加油箱转场)。载油量 8670 公斤 (包括座舱内附加油箱)。空重 24680 公斤。最大起飞重量 38900 公斤 (吊挂货物时)。最大吊挂载重 11000 公斤。翼展 35 米,翼

身长 32.86 米,机高 7.8 米。

【米-12 重型运输直升机("信鸽")】 苏联研制。该机采用了两组米-6 或米-10 的旋翼和动力装置,是目前世界上最大的重型运输直升机。1965 年开始设计,1968 年试飞,1971 年起投入生产,但只生产了 4 架。该机货舱内装有电动平台式起重机,4 个起吊点同时起吊起 10000 公斤单件货物。乘员 6 人。动力装置为 Д-25Вф 涡轮轴式,4×6500 轴马力。最大时速 260 公里,巡航时速240 公里。实用升限 3500 米。最大航程 500 公里(载重量 35400 公斤)。全重 97000 公斤(最大105000 公斤)。载运量 25000 公斤(垂直起降),30000 公斤(短距起降)。旋翼直径 35 米,机身长37 米,机高 12.5 米。

图 10-93　米-12 重型运输直升机("信鸽")

【米-14 反潜直升机("烟雾")】 苏联米里直升机设计局在米-8 的基础上研制的岸基反潜直升机。1974 年初,首次试飞成功。该机在外形尺寸、动力装置和动部件上大体与米-8 相似,可乘坐 28～32 人。米-14 在苏联主要用来进行岸基反潜和扫雷,苏联海军现在大约装备了 100 多架。米-14 与米-8 的区别是机身下部为船形结构,后机身两侧各装一个浮筒,尾梁下装有一个固定浮筒,尾桨移置尾斜梁左侧。米-14 还装有可收放的前三点式起落架,因此,具有两栖作战能力。为了装鱼雷、水雷和声纳浮标,机身较长的武器舱。米-14 分 A 型和 B 型:A 型为反潜型,机身后方有磁异探测舱,后机身两侧浮筒间装有一个可收放的深水声纳装置,机头下方的整流罩内装探测雷达;B 型为扫雷型,该型与 A 型在外形上很相似,只是在 A 型装磁异探测器位置上改装水雷引爆滑撬。扫雷时,直升机可拖曳滑橇在海面上滑行。

动力装置为 2 台 TB3-117 涡轮轴发动机,功率 2×2200 轴马力。

该机旋翼直径 21.30 米,旋翼桨盘面积 355 米2,机长 18.15 米,机高 5.65 米。空重 7260 公斤,最大总重 12000 公斤,桨盘载荷 34 公斤／米2。最大速度 220 公里／小时,巡航速度 215 公里／小时,实用升限 1000 米,航程 400 公里。

【米-17 运输直升机("河马 H")】 苏联米里直升机设计局在米-8 的基础上发展起来的通用运输直升机。尾部和上部机身装置与米-14 的岸基反潜型机同。米-17 分客运型和货运型,客运型可载 24 名乘客或 12 副担架。货运型内部载荷为4000 公斤,外挂载荷为 3000 公斤。旋翼系统为 5片全金属矩形桨叶的铰接式旋翼,旋翼轴前华倾4.5°。尾桨改装在尾斜梁左侧,为拉力螺桨(米-8 尾桨为推力螺桨)。

动力装置为装 2 台 TB3-117MT 涡轮轴发动机,功率 2×2200 轴马力。进气道前装有砂粒分离器。

该机旋翼直径 21.29 米,尾桨直径 3.96 米,旋翼尾桨中心间距 12.66 米,全长 25.26 米,机身18.42 米,机高(至旋翼桨毂)4.76 米,尾桨中心离地高度 3.57 米,机身离地高度 0.45 米,纵向轮距 4.29 米,横向轮距 4.51 米,　座舱长×宽×高5.43 米×2.34 米×1.80 米,座舱容积 23 米3。空重7100 公斤,最大内载 4000 公斤,最大外载 3000公斤,最大起飞重量 13000 公斤。最大平飞速度250 公里／小时,巡航速度 240 公里／小时,悬停升限(无地效)1760 米,航程(5%余油)495 公里。

图 10-94　米-17 运输直升机("河马"H)

【米-24 战斗直升机("雌鹿")】 苏联米里直升机设计局设计的苏联第一代专用武装直升机。该机于 60 年代末开始研制,1971 年定型,1972 年底完成试飞并投入批生产,1973 年正式开始装备部队使用。米-24 共发展了 A、B、C、D、E 和 F 六种型号,生产了大约 2000 架。米-24A,初期生产型,驾驶舱内有 4 名机组人员(驾驶员、副驾驶员、炮手兼领航员和前视观测员),机身两侧的短翼有 20°后掠角和 15°下反角,每侧短翼各有 3 个武器挂架,翼尖挂架有无线电制导的 AT-2B 反坦克导弹，内侧挂架梗别箭发射筒，机头装一挺 12.7 毫米机枪；米-24B，短翼无上、下反角，每侧短翼各有两武器挂架，该型未投入大量生产；米-24C，教练型；米-24D，目前苏联武装直升机群的主力，机身为重新设计的窄机身，驾驶舱改为前后串列式布局，炮手坐在前面，有较宽的视野（水平视野为 270°，前下方视野为 45°），驾驶员坐在后面，视野较差（前下方视野为 15°）。机头防弹玻璃右上方装有一低空速探测

图 10-95　米-24 战斗直升机（"雌鹿"）

器，用来指示火箭弹最大散布面的最佳条件，机头下方改装一挺 4 管 12.7 毫米机枪，这种机枪具有对空和对地的攻击能力，短翼上所挂的武器与 A 型基本相同；米-24E 型，机头改装一门火力更强的双管 23 毫米机炮，短翼上改装性能更好的"螺旋"（AT-6）型激光制导反坦克导弹；米-24F，空中格斗型，短翼上可挂空空导弹，也可挂 AS-10 空地导弹米-24 采用的是单旋翼带尾桨布局，旋翼有 5 片玻璃钢桨叶，每片桨叶均装有调整片和电加热防冰装置。米-24 机身采用全金属半硬壳式结构，驾驶舱上半部随任务不同而有所不同。驾驶舱后的机舱可容纳 8 名全副武装士兵，有一个大型可向后滑动的舱门。驾驶舱前部为平防直弹风挡玻璃，重要部位装有防护装甲。起落装置为可收放的前三点式起落架，前起落架为双轮式，主起落架为单轮式，并有低液压油气减震支柱和低压轮胎。

　　动力装置为 2 台 TB-2-117A 涡轮轴发动机，单台推力为 1500 轴马力。米-24 最新改型改装 2 台 TB3-117 涡轮轴发动机，单台推力为 2200 轴马力。

　　主要设备有双套电气系统和增稳系统，以及带有地图显示的无线电罗盘的导航系统。

　　该机旋翼直径 17.00 米，尾桨直径 3.90 米，短翼翼展 6.60 米，机长 17.50 米，机宽 1.70 米，机高 5.50 米。空重 7000 公斤，正常有效载重

1700 公斤，最大有效载重 4000 公斤，起飞重量（垂直起落）10500 公斤、（短距起落）12000 公斤，燃油量（内部、包括辅助油箱）2250 公斤。最大平飞速度 340 公里／小时，巡航速度 250 公里／小时，最大爬升率（起飞重量 8000 公斤）17 米／秒、（起飞重量 12000 公斤）10 米／秒，作战半径（最大燃油）310 公里。

　　【米-26 重型运输直升机（"光环"）】　苏联米里设计局设计的重型运输直升机。1971 年开始设计，1977 年 12 月完成首次试飞。可用于军事运输。米-26 是当今世界上起飞总重最大的直升机，也是世界上第一架成功地使用 8 片桨叶旋翼的直升机。米-26 采用全铰接式 8 片桨叶旋翼，桨叶采用钢制大梁，外敷玻璃钢蒙皮，前缘包有钛合金防蚀条。为构成最佳翼型，整片桨叶由 26 个翼型段件组成。桨叶厚度沿展向向翼尖方向变薄，以使桨叶的升力均匀分布。桨叶后缘有调整片，可在地面上按所需要的飞行状态进行调节，尾桨由 5 片玻璃钢桨叶组成。为适应高寒地区使用，旋翼和尾桨桨叶前缘均装有电防冰装置。旋翼桨毂用钛合金制成，重约 3 吨。机身为传统的全金属半硬壳式铆接结构，尾部有蚌壳式货舱门及跳板。垂尾后掠，巡航时可为尾梁卸载。平尾位于垂尾与尾梁的对接处，飞行中位置不变，在地面可以调整，以适应最佳飞行状态。驾驶舱可容纳 5 名空勤人员。1 名机长兼正驾驶员，1 名副驾驶员，1 名随机工程师，1 名领航员和 1 名装卸长。货舱左侧有 2 舱门，右侧有 1 个舱门。为便于装卸货物，舱内左右两侧各有 1 条能承载 2.5 吨的传送带。作为军用型，座舱可容纳 100 名士兵，或 1 辆 BMD-1 装甲运兵车，或两辆 БРММ-2 导弹装甲车，或 3 辆 ЭСО-57 反坦克炮运载车。起落装置为不可收放前三点式起落架，均为双轮，尾梁末端有尾橇。

　　动力装置为 2 台 Д-136 涡轮轴发动机，单台最大功率为 11400 轴马力。是当前世界上功率最大的涡轮轴发动机。单台起飞功率为 8600 轴马力，1 小时连续功率为 7000 轴马力，长时间连续功率为 5800 轴马力。油箱有 10 个，最大贮油量为 7.5 吨。传统的传动装置，主减速器为 BP-26 型，额定功率为 20000 轴马力。

　　主要设备有：多普勒导航系统，活动地图显示系统，自动飞行控制系统，自动增稳系统以及气象观测和地形测绘两用雷达。

　　可装 1 挺 12.7 毫米口径的机枪。

　　该机旋翼直径 32.00 米，尾桨直径 7.60 米，

机长（旋翼转动）40.025 米，机身长（不包括尾桨）33.727 米，机高（至旋翼桨毂）8.145 米，主轮距 5.9 米，前后轮距 8.95 米，货舱长×宽×高 12.00 米×3.25 米×2.95 米～3.17 米，容积 121 米³，空重 28200 公斤，最大有效载荷（内部或外部）20000 公斤，正常起飞重量 49500 公斤，最大起飞重量 56000 公斤。最大平飞速度 295 公里／小时，正常巡航速度 255 公里／小时，实用升限 4600 米，悬停升限（无地效、国际准标大气）1800 米，航程（最大燃油、最大起飞重量、5%余油）800 公里。

图 10-96　米-26 重型运输直升机（"光环"）

【米-28 战斗直升机（"浩劫"）】

苏联米里直升机设计局研制的最新武装直升机。其基本设计思想是用来攻击地面坦克，攻击近距支援攻击机和直升机，拦截和下射低空飞行的巡航导弹，攻击地面活动目标和进行战场侦察。米-28 可能于 1976 年或 1977 年开始研制，1986 年或 1987 年装备部队使用。米-28 机身比较细长，机身壁板蒙皮采用装甲壳体结构，起保护座舱的作用。串列式前后舱上下有较大的高差，并倾斜 25 度角，以保证驾驶员有良好的视野。座椅采用了能吸收撞击能量的座椅，座椅两侧和后方均装有防护装甲，风挡和座舱之间的隔板均采用防弹玻璃。机身两侧装有 1 副短翼，每侧短翼下方各有 2 个武器挂架，起落装置为固定式起落架，装有能吸收堕地撞击能量的减震器。旋翼系统条用的是半刚性铰接式结构。为了提高高速飞行时的机动能力，米-28 的旋翼桨叶采用了新的翼型。与其它翼型相比，新的翼型可以提高后行桨叶的升力。尾桨为 3 片桨叶。桨毂为钛合金结构，主减速器可能选用与米-26 减速器相似的圆弧形齿轮，这种齿轮与常用的螺旋齿轮相比，有结构紧凑的优点。

动力装置为 2 台新研制的涡轮轴发动机，单台功率为 1500 轴马力。发动机采用了球形进气口和向上转折的尾喷管，这种结构不但可以减少向前的红外辐射，而且还可以降低噪音。

主要设备：装有先进的电子设备，如自动导航系统、昼间和夜间目视系统、火控系统、诱骗系统和干扰系统。机头圆罩内装有 1 个完全可控抛物线形雷达天线，可提供 90°全向天线扫描；装有可在 30～40 千赫频率范围内工作的脉冲雷达；机头雷达罩上方装前视红外系统；在尾梁内装有大量红外曳光弹和箔条，作为抗干扰之物用。

武器：1 门 23 毫米机炮，短翼下的 4 个挂架可挂 16 枚射程为 7～8 公里的改型的 AT-6 "螺旋"导弹，这种导弹具有 "发射后不管"能力；为执行反直升机任务，也可以挂 SA-14 导弹，这种导弹是在 SA-7 肩射式地空导弹的基础上发展起来的空空导弹。

该机旋翼直径 15 米，尾桨直径 3.5 米，短翼翼展 6.4 米，机身长度 14.3 米，机身宽度 1.75 米，机高（至旋翼顶部）3.9 米。空重 3700 公斤，起飞重量（带 16 枚 AT-6 反坦克导弹）7100 公斤、（带 8 枚 SA-14 反直升机导弹）6300 公斤，最大起飞重量 7500 公斤。最大飞行速度 300 公里／小时，巡航速度 250 公里／小时，最大爬升率 18 米／秒，悬停高度（有地效）3660 米，作战半径（带 16 枚导弹）240 公里。

【韦斯特兰 30 直升机】

英国韦斯特兰公司在 "山猫"基础上研制的通用直升机。韦斯特兰 30 的最初编号为 WG30，其军用型计划用于战术运输、战场支援和医疗救护。研制工作从 1976 年初开始。1979 年 4 月原型机首次飞行。与 "山猫"的主要区别有：采用了全新的容积更大的机身和新的自动飞行控制系统及简单的电器系统，增加了旋翼和尾桨直径和燃油容量，动部件 85%采用 "山猫"的，提高了有效载荷／航程性能。韦斯特兰 30 民用型用于客货运、专机及油田井架支援工作。主要型别：100 系，最初生产型，1981 年 9 月首次飞行，装 2 台罗尔斯·罗伊斯公司 "宝石"41-1 发动机，最大应急功率 2×1135 轴马力，最大连续功率 2×890 轴马力；100-60 系，后来的产生型，装 2 台 "宝石"60-3 发动机，最大应急功率 2×1260 轴马力，最大连续功率 2×1150 轴马力；200 系，加大功率型，装 2 台通用电气公司 CT7-2B 发动机，最大应急功率 2×1712 轴马力，最大连续功率 2×1260 轴马力，该机类似于 100 系，但采用了新的发动机侧向进气道、发动机控制系统和直流电系统，1983 年 9 月首次飞行；300 系，200 系的改进型，有民用型、通用型和海军型三种，座舱布置同标准生产型，旋翼桨叶改用 5 片先进翼型的复合材料桨叶，加大了尾桨直径，从而提高了有效载荷／航程和巡航速度。民用型可运送 17 名旅客。大约已交付 100 系 12 架。韦斯特兰 30 为单旋翼带尾桨式布局。2 台涡轮轴发动机并列安装在座舱上方。不可收放前三点式起落架。旋翼系统为 4 桨叶半刚性旋翼和 4 桨叶尾桨。机身为普通硬壳式轻合金结构。驾驶舱设 2 名驾驶员座椅，也可设 1 名驾驶员。军用型座舱可容纳 14 名全副武装士兵（每人 127 公斤）；医疗救护型可容纳 6 副担架和坐姿伤员或医务人员；民用型可容纳 17 名旅客；高密度型可容纳 19 名旅客。其中 100 系的主要设备和性能如下：

动力装置为 2 台涡轮轴发动机。主要设备有标准目视飞行仪表、双套飞行控制系统和双套增稳系统等。

该系旋翼直径 13.31 米，尾桨直径 2.44 米，机长（旋翼、尾桨转动）15.90 米，机高（旋翼、尾桨转动）4.72 米，座舱（含驾驶舱）容积 13.03 米^3，行李舱容积 1.98 米^3。空重（含基本设备）3167 公斤，最大燃油重量 1043 公斤，最大起飞重量 5602 公斤，最大巡航速度（海平面，标准大气+20°C）222 公里／小时，悬停高度（有地效，标准大气）1158 米、（无地效，标准大气）792 米，航程（1814 公斤载荷，无余油）352 公里。

【"山猫"-3 直升机】 英国韦斯特兰公司研制的一种多用途军用直升机。是在英法合作研制的"山猫"直升机基础上发展的。原型机于 1984 年 6 月首次飞行，仍装"山猫"桨叶，计划在生产型上装先进旋翼，计划生产 2 种型别。要求陆军型能挂反坦克导弹和运送反坦克小组，还能完成其它多种任务。要求海军型能在所有"山猫"载舰上使用，尾梁可折叠，起落架能承受 6.1 米／秒的下降速度"山猫"-3 为单旋翼带尾桨式布局。2 台涡轮轴发动机并列安装在机身上方。不可收放前三点式起落架。旋翼系统为 4 片桨叶半刚性旋翼和 4 片桨叶尾桨旋翼桨叶为韦斯特兰公司的复合材料结构，装英国试验旋翼计划（BERP）桨尖，使旋翼效率提高 40%。旋翼桨叶可折叠。尾桨桨叶是复合材料结构。机身为普通轻金属半硬式结构。座舱按美国军用标准 MIL-STD-1290 抗堕毁要求设计。驾驶舱设并列的两个驾驶员座椅，座椅有装甲保护并有减振结构。驾驶舱比标准型"山猫"加长了 30 厘米，使前机身更加细长，从而扩大了后视界。座舱有足够的空间放置备份导弹；或运送带导弹和发射器的机动反坦克小组。此外，还采用战术显示飞行数据

管理系统，使驾驶员的工作负担降至最小。

动力装置为 2 台罗尔斯·罗伊斯公司"宝石"60 涡轮轴发动机。最大连续动率 2×1115 轴马力。最大应急功率 2×1346 轴马力。发动机进气道有砂粒分离器。抗堕毁燃油系统。可选装红外抑制装置。

主要设备：电子设备尚未最后确定，但它将包括航空电子设备数据总线.导航系统也许以斯佩里公司 GM9 陀螺磁罗盘系统、台卡战术空中导航系统和多普勒为基础。任务电台设备可能有马丁·马丽埃塔公司目标截获标识系统（TADS）和驾驶员夜视系统（PNVS）以及旋翼轴瞄准具或机头瞄准具或机身上部瞄准具。

武器：陆军反坦克型有 8 枚"梅尔法"激光制导反坦克导弹或"霍特"或"陶"式有线制导反坦克导弹和座舱内 1 个基数备份导弹。此外，可根据不同任务挂载火箭弹、机炮或机枪、或空空导弹、或敷金属条投放器等。机头上方还装有电缆切断器。海军型有 2 条鱼雷等。

该机旋翼直径 12.80 米，尾桨直径 2.44 米，机长（旋翼、尾桨转动）15.47，机宽（旋翼折叠）3.02 米，机高（旋翼、尾桨转动）3.33 米。最大燃油重量 1000 公斤，有效载荷 1533 公斤，最大正常起飞重量 5443 公斤。巡航速度 259 公里／小时，最大航程 703 公里，续航时间 3 小时 30 分。

【"战场山猫"直升机】 英国韦斯特兰集团研制的直升机，和"超山猫"一样，是对该公司与法国合作发展的多用途"山猫"军用直升机的改进型，以适应九十年代部队作战需要。

"战场山猫"是多用途战地支援直升机，重 5126 公斤，时速 296 公里，装罗罗公司"宝石"42 发动机和轮式起落架，其旋翼采用根据"英国试验型旋翼计划"发展的先进桨叶，该机在昼夜敌对环境下能担负广泛的作战任务，既是有威力的攻击直升机，也是执行武装护航、侦察任务和战术运输的理想直升机。该机能载 12 名全副武装人员。根据任务不同可携带 7.62～20 毫米的机枪或机炮，或"毒刺"、"霍特"、"海尔法"导弹。

【"超山猫"直升机】 该机是英国韦斯特兰集团公司近期对该公司与法国合作发展的多用途"山猫"军用直升机的改型方案。该机是一种小型舰载直升机，配备有对付未来海上威胁的武器和设备，装有深水声纳和 360°雷达。航程和有效载重均比"山猫"有所增加。飞机重 5126 公斤。担负反

舰任务时,"超山猫"可把数据传递给本舰,或用"鱼"、"企鹅"、"海鸥"等导弹攻击敌舰。担任反潜任务时,"超山猫"能独立作战,可携带轻型声纳,能探测和攻击离舰队160公里的目标。作为搜索和营救直升机用,"超山猫"在昼夜24小时的任何气象条件下能探测小型目标和进行营救,能载8名伤病员,飞机上配有一部270公斤的铰车。

"超山猫"采用复合材料旋翼,装两台罗罗公司"宝石"42发动机。反向旋转的尾桨使该机在强逆风中有较好的着舰能力。

【EH101直升机】 英国与意大利联合作研制的多用途直升机。具有昼夜全天候使用能力,能在陆基和大、小型舰艇(包括商船)及油井平台上工作,能在海情6级、舰艇姿态任意、风向任意及风速93公里/小时时从3500吨级护卫舰上起降。海军型主要任务是,反潜、反舰监视和跟踪、反水面舰只、两栖作战、搜索和救援。其它任务是空中预警、垂直补给和电子对抗。通用型主要用于后勤支援,通过后舱门直接装卸车辆的货物。EH101为单旋翼带尾桨式布局。3台发动机安装在机身上方。采用可收放前三点式起落架。旋翼系统为5桨叶旋翼和4桨叶尾桨。旋翼桨叶为复合材料结构,具有先进翼型和英国试验旋翼计划(BERP)的高速桨尖。海军型旋翼桨叶可自动折叠并有电防冰装置。旋翼桨毂根据多路传力线路和破损安全设计。尾桨和尾斜翼为复合材料结构。海军型尾桨可自动折叠。驾驶舱可容纳1~2名乘员。反潜型还有观察员和声学系统操作员。民用型可运送30名旅客。通用型可运送28名武装士兵或等重量货物。

动力装置为3台通用电气公司T700-GE-401发动机,最大应急功率3×1730轴马力,最大连续功率3×1440轴马力。

主要设备有:双套数字式自动飞行控制系统,一个综合军用通讯系统以及多普勒导航设备等。

海军武器有4条寻的鱼雷或其它武器。

该机旋翼直径18.59米,尾桨直径4.00米,机长(旋翼、尾桨转动力)22.9米,机宽(旋翼、尾梁折叠)5.49米,机高(旋翼、尾桨转动)6.50米。基本空重7030公斤,使用空重8620公斤,最大燃油重量(民用型、内部油箱)3860公斤,最大起飞重量13000公斤(海军型)、14180公斤(民用型)。最大巡航速度(标准大气)278公里/小时,航程(30名旅客、有余油)1020公里,续航时间(带武器、任务载重)5小时。

【"山猫"直升机】 英、法两国合作研制的多用途军用直升机。主要用于战术运输、后勤支援、反坦克、反潜及搜索和救援等。共制造13架原型机,第一架于1971年3月首次飞行。1974年初开始批生产。主要机型有:AH.MK1,英国陆军通用型;HAS.MK2,英国海军型;MK2,法国海军型;HAS.MK3,英国海军加大功率型,装"宝石"41-1发动机,最大连续功率890轴马力;MK4,法国海军型;AH.MK5,英国陆军型;MK21,巴西海军型;MK23,阿根廷海军反潜型;MK25,荷兰海军搜索和救援型;MK27,MK.81,荷兰海军反潜型;MK28,卡塔尔警察型;MK80,丹麦海军反潜和海岸巡逻型;MK86,挪威空军搜索和救援型;MK87,阿根廷海军型;MK88,联邦德国海军反潜型;MK89,尼日利亚海军反潜及搜索和救援型。"山猫"为单旋翼带尾桨式布局。2台涡轮轴发动机并列安装在机身上方。滑撬式起落架。海军型为不可收放前三点起落架。旋翼系统为4桨叶半刚性旋翼和4桨叶尾桨。旋翼有刹车,桨叶可折叠。机身为普通轻金属半硬壳式结构。海军型的尾斜梁可人工折叠。驾驶舱并列设正、副驾驶员座椅。高密度型可运送10名武装士兵或伞兵。

动力装置为:"山猫"AH.MK1、HAS.MK2和早期出口型装2台罗·罗公司"宝石"2发动机。最大连续功率2×750轴马力。

主要设备:各型装标准航行灯、座舱灯和驾驶灯、可调着陆灯、防撞信标等。适于通用型和海军型设备有马可尼公司的双套3轴自动稳定设备、台卡战术空中导航系统的台卡71多普勒雷达等。按任务需要可选装马可尼自动飞行控制系统,考林斯ARN-118塔康,马可尼AD370和AD380无线电罗盘等。

图10-97 "山猫"多用途直升机

陆军型主要武器:1门20毫米机炮和8枚"霍特"或"陶"式导弹等;海军反潜型主要武器:2条鱼雷和6个海上浮标,或2颗深水炸弹。通用型的主要数据如下：旋翼直径 12.8 米，尾桨直径 2.21 米，机身长 12.06 米，机高（旋翼和尾桨转动）3.66 米，座舱容积 5.20 米^3。使用空重 3070 公斤，最大起飞重量 4535 公斤，最大巡航速度 260 公里／小时，最大垂直爬升率 7.9 米／秒，悬停高度（无地效）3230 米，航程 540 公里。

【SA321"超黄蜂"直升机】 法国国营航宇工业公司研制的中型多用途直升机。在旋翼系统设计、制造和试验工作中曾得到美国西科斯基公司的帮助，主减速器由意大利菲亚特公司提供。SA321"超黄蜂"于 1960 年开始设计，1962 年 12 月第一架原型机首次试飞，1963 年 5 月第二架原型机（海军型）开始试飞。SA321"超黄蜂"能执行多种任务，如运输、撤退伤员、搜索、救援、海岸警戒、反潜、扫雷、布雷等等。"超黄蜂"发展了以下几种型号：SA321F 客货型。客舱内可设 34～37 个座椅，此外，也可选用 8、11、14、17、23、26 个座椅布局，作为货运型，座舱内的客运设备可迅速拆除，机身两侧各有一个大的流线型密封行李舱，必要时可在水上降落；SA321G 反潜型，该型装有侧向稳定浮筒、海上飞行和反潜用的导航、探测和定位装置，以及反潜武器；SA321H 空军和陆军型，该型可运输 27～30 名全副武装士兵，5000 公斤内部载荷或外挂载荷，15 副担架伤病员和 2 名医护人员；SA321J 民用型，1976 年 7 月首次试飞，1971 年 12 月取得法国适航证；SA321Ja 多用途运输型，主要用于运输人员或货物，用于客运时，可载 27～30 名乘客，用于救护伤员时，可装 3 副担架和 21 个座椅，也可装 15 副担架和 1 个医务人员用的座椅，搜索救援时机上可装 1 个承载能力为 275 公斤的起重绞车。旋翼系统采用 6 片全金属桨叶，桨毂装有垂直铰和水平铰，桨叶根部装有变距操纵接头、液压减摆器及限制桨叶挥舞运动的离心式限动器。尾桨位于机身左侧，由 5 片全金属桨叶组成。机身采用水密全金属半硬壳式结构，机身腹部呈船底型。起落装置为不可收放的前三点式起落架，装有油气减震支柱。主起落架是固定的，前起落架可以由驾驶员操纵自由转向或固定于中心位置。

动力装置为 3 台"透默"ⅢC6 涡轮轴发动机，单台功率为 1550 轴马力。主要设备：（反潜型）全套探测、跟踪和攻击设备。武器：主机舱两侧各携带 2 条自动寻的鱼雷，亦可带 2 枚"飞鱼"式导弹。

该机旋翼直径 18.90 米，尾桨直径 4.00 米，全长 23.04 米，机身长 14.90 米，机高（至尾桨）6.66 米，机宽 2.24 米，横向轮距 4.30 米，纵向轮距 6.57 米。空重 6863 公斤（SA 321G 型），6702 公斤（SA 321H），6980 公斤（SA 321Ja 型），最大起飞重量 13000 公斤。（海平面）最大允许速度 275 公里／小时，巡航速度 250 公里／小时，最大爬升率 400 米／分，实用升限 3125 米，正常航程 820 公里，航程（有效载荷 3500 公斤）1020 公里，续航时间（执行反潜任务）4 小时。

【SA365"海豚"直升机】 法国国营航宇工业公司研制的通用型直升机。型别有：单发型 SA36C，1970 年年中正式决定研制，1972 年 6 月开始试飞，后来改装 1 台 1050 轴马力的"阿斯泰阴"ⅩⅧA 自由涡轮涡轮轴发动机。其生产型于 1975 年 4 月首次试飞。单发型 SA361H／HCL 反坦克武装型，1973 年 1 月开始试飞，装 1 台自由涡轮涡轮轴发动机，功率为 1400 轴马力，在执行反坦克任务时，可携带 8 枚"霍特"导弹，执行对地攻击时，可装 20 毫米机炮、火箭和 7.62 毫米机枪，运输时，可运送 8～10 名全副武装士兵；双发型 SA365C，装 2 台"阿赫耶"涡轮轴式发动机，单台功率 650 轴马力；双发型 SA365N 为民用直升机，1977 年年中开始研制，1979 年 3 月首次试飞，该型改装 2 台"阿赫耶"1C 自由涡轮式涡轮轴发动机，单台功率为 710 轴马力；双发型 SA365M 为正在研制中的反坦克武器直升机，1961 年首次在巴黎航展中展出样机；双发型 SA365F 为海军用直升机；双发型 SA366，为美国海岸警卫队型。

SA365N 旋翼系统采用 4 片玻璃钢桨叶，桨叶采用 O▲2212-207 翼型，扭转 10°，桨尖后掠 45°，桨叶由桨根到桨尖厚度递减，旋翼效率指数为 0.75。旋翼桨叶可人工折叠。旋翼有刹车。桨毂为星形柔性桨毂，保留了轴向铰，取消了垂直铰和水平铰。涵道风扇尾桨，直径为 0.90 米（转速为 4700 转／分。机身采用了大量复合材料，从而使"海豚"直升机设计效率（最大起飞重量与空重之比）达 1.95。座舱可容纳一名驾驶员和 13 名士兵；或一名驾驶员及 2 名医务人员和 4 名担架伤员。

动力装置不同型别采用不同型号发动机。

主要设备有：甚高频和高频通信／导航设备，甚高频全向信标，仪表着陆系统，无线电罗盘，应答机，测距设备，雷达。选装设备为 1500 公斤承载能力的吊索和 275 公斤承载能力的绞车。

武器可选装整套反潜和搜索水面舰艇的机载雷达武器。

其中 SA365 型的主要数据为：旋翼直径 11.68米，机长 11.40 米，机高 3.50 米，前主舱门高×宽 1.16 米×1.14 米，后主舱门高×宽 1.16 米×0.87 米，座舱容积 5.00 米³。空重 1823 公斤，最大起飞重量 3400 公斤。最大允许速度 315 公里／小时，巡航速度 280 公里／小时，最大爬升率 600米／分，实用升限 4575 米，有地效悬停升限 3900米，无地效悬停升限 2900 米航程（最大燃油）870 公里。

【AS332"超美洲豹"直升机】 法国航宇公司在 SA330"美洲豹"直升机的基础上发展的多用途直升机。1974 年开始设计，1975 年 6 月获得法国政府的正式批准。1977 年 9 月第一架原型机首次试飞。

型号有：AS332B，军用型，可运送 21 名兵员；AS332C 民用型，可乘座 2 名空勤人员加 19名乘客；AS332F 海军型，具有折叠式尾桨；AS332L 与 AS332C 相似，可运送 2 名空勤人员和22 名乘客；AS332M 与 332B 相似，但座舱加长0.76 米，从而增加 4 个座椅。旋翼系统采用 4 片复合材料桨叶，全铰接式桨毂。旋翼桨叶前缘敷有钛合金包条，叶尖后掠，尾桨由 5 片叶片组成，只有挥舞铰。机身为全金属半硬壳结构，具有抗堕毁能力，尾桨位于硬壳式尾梁右侧，左侧装有水平安定面。驾驶舱内可容纳 1 名驾驶员（目视飞行型）或 2 名并排驾驶员，此外备有为另 1 名乘员或伞兵空投组组长乘座的折叠座椅。军用型驾驶员座椅装有复合材料装甲。座舱每侧各有可投滑动舱门，旋翼中心下方开有舱口，用于吊挂货物，吊索承载能力为 4000 公斤。救生绞车装在机身右侧，承载能力为 215 公斤。

动力装置为 2 台透博梅卡·马基拉涡轮轴发动机，每台发动机的应急功率为 1780 轴马力，连续工作功率为 1535 轴马力。

主要设备：选装通讯设备有甚高频、超高频、战术高频单边带无线电台及机内通话系统。导航设备有无线电磁罗盘，无线电高度表，甚高频奥米加、台卡导航仪及飞行航向记录仪，多普勒雷达，甚高频全向信标带下滑路线／仪表着陆系统，SF2m155 自动驾驶仪，导航及微波着陆系统，全套的仪表飞行系统。近海型机头上装有雷达，搜索和救援型机头上装 RDR1400 或 RCAPrimus40 或50 搜索雷达，多普勒及台卡自足式导航系统。反潜和反舰型，机头可安装 ORB32ASD360°雷达。主要武器：执行陆军／空军典型任务时可携带1 门 20 毫米机炮，2 挺 7.62 毫米机枪，或 2 个火箭发射器，每个火箭发射器装有 36 枚 68mm 火箭弹或 19 枚 70mm 火箭弹，海军型可携带导弹或 2条鱼雷和声纳等。

其基本型旋翼直径 15.60 米，尾桨直径 3.05米，机长 18.46 米，机身长（不包括尾桨）14.76米，机宽（旋翼桨叶折叠）3.75 米，机高 4.92米，主轮距 3.00 米，纵向轮距 4.49 米，客舱门长×宽 1.35 米×1.35 米，客舱容积 11.40 米³。空重4200 公斤（AS332B），最大起飞重量（正常内部载荷）8350 公斤。（基本型、最大起飞重量）最大巡航速度（海平面）280 公里／小时，经济巡航速度（海平面）260 公里／小时，最大爬升速度（海平面）8.8 米／秒，实用升限 4600 米，悬停升限（有地效 2700 米、（无地效）2100 米，航程（海平面，无余油）635 公里（标准油箱），最大续航时间（海平面，无余油）3 小时 20 分钟（标准油箱）。

【SA315B"美洲驼"直升机】 法国国营航宇工业公司发展的多用途直升机。该机于 1968 年底开始设计，1969 年 3 月首次试飞。"美洲驼"适用于完成高原地区运输、联络、观察、通讯、照相、救护、救援，以及农田灭虫、施肥等任务。1969年，"美洲驼"载 2 名乘员和 140 公斤燃油，创造了7500 米高原地区着陆和起飞纪录，1972 年 6 月，创造了 12442 米直升机绝对飞行高度纪录。旋翼系统采用 3 片全金属全铰接式旋翼，前缘敷有不锈钢包皮。垂直铰装有液压减摆器。旋翼有标准刹车装置。桨叶可人工折叠。尾桨由 3 片全金属桨叶组成，前缘敷有不锈钢包皮。机身前部为轻金属框架的玻璃座舱。座舱内共有 5 个座位，驾驶员及 1 名乘客并排在前，另 3 名乘客在后排。

动力装置为 1 台阿都斯特－3B 涡轮轴发动机，功率为 870 轴马力。

该机旋翼直径 11.02 米，全长 12.92 米，全高3.09 米，机长 10.26 米，尾桨直径 1.91 米。空重1041 公斤，最大正常起飞重量 1950 公斤，最大外挂起飞重量 2300 公斤。（起飞重量 2200 公斤，外挂货物）最大巡航速度 120 公里／小时，最大爬升率（海平面）250 米／分，实用升限 4000 米，悬停升限（有地效）3750 米、（无地效）2800米。

【AS350"松鼠"直升机】 法国国营航宇工

业公司研制的多用途轻型直升机。原型机于1974年6月试飞。1978年交付使用。AS350有B、T、D三个型别。AS355"松鼠"2为AS350的双发型，亦有三个型别：E、F和F₁。AS350／AS355旋翼系统均采用3片玻璃桨叶，桨毂为玻璃钢星形柔性桨毂。尾桨采用2片桨叶。机身为轻金属冲压件，蒙皮及行李舱门主要由热成形塑料制成。座舱前排有2个座椅，后排有两个双座条椅。座舱后为行李舱。起落装置为钢管滑撬，也可选用应急浮筒。

动力装置为1台641轴马力"阿耶尔"涡轮轴发动机（SA350B）或1台615轴马力"莱康明"涡轮轴发动机（SA350D），或2台425轴马力"艾利逊"涡轮轴发动机（SA355）。

该机旋翼直径10.69米，尾桨直径1.86米，机长12.99米，机宽1.80米，机高3.02米，座舱长×宽×高2.42米×1.65米×1.35米。（SA355）空重1288公斤，最大外挂载荷1045公斤，最大起飞重量（内部载荷）2400公斤。（SA355）最大允许速度278公里／小时，最大巡航速度（海平面）230公里／小时，最大爬升率（海平面）7.6米／秒，实用升限3700米，悬停升限（有地效）2350米、（无地效）1670米，航程（最大燃油、海平面、无余油）720公里。

【SA330"美洲豹"直升机】 法国航宇公司根据法国陆军的要求于1963年初开始研制的中型运输直升机。能全天候执行作战运输任务。原型机共有2架，第一架于1965年4月首次飞行。制造6架预生产型。第一架生产型于1969年9月开始飞行，1968年春开始交付法国陆军。SA330有以下各型：SA330B，1969年1月首次飞行，装"透默"ⅢC4发动机，单台起飞功率1328轴马力，最大连续功率1185轴马力；SA330C／H，供出口的军用型，分别装"透默"NB／C发动机；SA330E，英国皇家空军使用，编号为"美洲豹"HC.MK1，共生产40架，装透默ⅡC4发动机，SA330F／G，客运或民用货运型，分别装ⅣA／C发动机，单台起飞功率1290／1515轴马力，最大连续功率1180／1280轴马力；SA330J／L，分别为民用／军用型，是1976年旋翼桨叶改用复合材料的型别；SA330Z，是第5架预生产型的现在编号，1975年9月起，装涵道尾桨和T形水平尾面。目前主要生产AS332"超美洲豹"。SA330"美洲豹"为单旋翼带尾桨式布局，2台涡轮轴发动机并列安装在座舱上部、主减速器前面。起落架为半收放前三点式。除J／L的旋翼桨叶使用复合材料外，其它各型均采用4片全金属旋翼桨叶和5片全金属桨叶铰接式尾桨。机身为普通全金属半硬壳式结构，驾驶舱并列设有正、副驾驶员抗堕毁座椅。还备有第三名乘员的折叠座椅。座舱可容纳16名武装士兵，或6副担架和6名坐姿伤员，或等重量货物。

动力装置为2台透博梅卡公司涡轮轴发动机。

主要设备：HC MK1型的标准设备有：甚高频、超高频通讯电台，超高频导航设备，机内通话设备，敌我认别器，台卡导航系统等。

主要武器：可装20毫米机炮、7.62毫米机枪、导弹和火箭弹等。

该机旋翼直径15.00米，尾桨直径3.04米，机长18.15米，机身长14.06米，机宽（旋翼折叠）3.50米，机高5.14米，座舱可用容积11.40米³。空重3766公斤（J型）、3615公斤（L型），最大起飞重量7400公斤。其J／L型，（起飞重量7400公斤）最大巡航速度258公里／小时，最大爬升率（海平面）6.1米／秒，实用升限4800米，悬停高度（有地效，标准大气）2300米（有地效，标准大气+20°C）1600米、（无地效，标准大气）1700米、（无地效，准标大气，+20°C）1050米，最大航程（正常巡航速度、无余油）550公里。

图10-98　SA330"美州豹"直升机

【SA341／342"小羚羊"直升机】 由法国国营航宇工业公司和英国韦斯特兰公司共同研制的轻型多用途直升机。2架原型机编号为SA340，分别于1967年4月和1968年4月首次试飞。第一架生产型编号为SA341"小羚羊"，于1971年8月首次试飞。"小羚羊"有下列几种型号：SA341B英国陆军型，装"阿斯泰阻"3N涡轮轴发动机，英国陆军编号"小羚羊"AH.MK1；SA341C英国海军型，英国海军编号HT.MK2；SA341D英国皇家空军教练型，英国皇家空军编号"小羚羊"

HCC.MK4；SA341F，最初的法国陆军型，装"阿斯泰阻"3C 涡轮轴发动机；SA341G 民用型，装"阿期泰阻"3A 涡轮轴发动机；SA341H 出口军用型，装"阿斯泰阻"3B 发动机；SA342J 与 SA342L 型相似，涵道风扇尾桨略有改进；SA342K 军用型，装"阿斯泰阻"14H 发动机；SA342L 军用型，与 SA342J／K 相似，装"阿斯泰阻"14A 发动机；SA342M 武装型，装"阿斯泰阻"14M 发动机。截止 1985 年，"小羚羊"直升机共生产 1200 架。"小羚羊"旋翼系统采用 3 片玻璃钢桨叶组成的半刚性旋翼。旋翼具有无阻力铰桨毂，桨叶通过弹性减摆器使其在摆动方向上具有部分刚性，这种减摆器除提供摆动刚度外，还提供正常工作所需要的阻尼。尾桨为涵道风扇尾桨，正常转速为 5774 转／分。驾驶舱和座舱合二为一，前排有 2 个座椅，后排有 3 个座椅。运货时，可卸去 4 个座椅。起落装置由 2 根轻合金管状滑撬组成。

图 10-99 "小羚羊"直升机

动力装置不同型别采用不同型号的发动机。

主要设备：选装的通讯设备有超高频电台、甚高频电台、高频电台、机内通话系统和归航台。选装的导航设备有无线电罗盘、无线电高度表和甚高频全向信标。此外，能选装承载 700 公斤的货物吊挂系统，承载能力 135 公斤的救生绞车。

武器：4 枚"霍特"反坦克导弹；或 4 枚 AS.11 反坦克导弹；或 2 枚 AS.12 反坦克导弹；或 4 枚"陶"式反坦克导弹。此外，还可选装 2 个 70 毫米或 68 毫米火箭吊舱；或 2 挺 7.62 毫米机枪。

该机旋翼直径 10.50 米，尾桨直径 0.695 米，机长 11.97 米，机身长 9.53 米，机高 3.15 米，主舱门高×宽 1.05 米×1.00 米，主舱门离地高度 0.63 米，辅助舱门高×宽 1.05 米×0.48 米，辅助舱门离地高度 0.63 米，座舱长×宽×高 2.20 米×

1.32 米×1.21 米，座舱容积 1.80 米³。（SA341G）空重 917 公斤，最大起飞重量 1800 公斤。最大巡航速度 264 公里／小时，最大爬升率（海平面）540 米／分，实用升限 5000 米，有地效悬停升限 2850 米，无地效悬停升限 2000 米，航程（海平面、最大燃油）670 公里。

【NH90 直升机】 法国与西德、意大利和荷兰等国联合研制的北大西洋公约组织 90 年代中型军用直升机。重约 8～9 吨，动力装置可能采用 2 台 RTM322 或 T700 涡轮轴发动机。

目前确定 NH90 分为两种型别：NFH 为海军型，适于在恶劣的气象条件下，从护卫舰甲板上起飞执行反潜任务，该型将装备西德未来的 123 型护卫舰，意大利将把它用于在小型护卫舰上搭载；TTH 为战术运输型，供陆军和空军使用，可携带 2 吨有效载荷和各种武器，执行运输、搜索、救护、攻击和部队补给等任务。预计海军型最大速度约为 259 公里／小时，巡航速度约为 222 公里／小时。战术运输型最大速度约为 297 公里／小时，巡航速度约为 259 公里／小时，续航时间为 2.5 小时。

预计 NH90 将于 1992 年将进行原型机首次试飞，1997 年将开始成批生产。

NH90 直升机采用电传操纵、全复合材料结构、主动控制等新技术。

【BK-117 直升机】 联邦德国 MBB 公司和日本川崎重工业公司联合研制的多用途直升机。考虑了民用和军用，主要执行支援近海油田以及搜索和救援等任务。川崎公司生产的第一架原型机在日本进行地面试验。MBB 公司生产的第二架原型机和川崎公司生产的第三架原型机分别于 1979 年 6 月和 8 月首次飞行。MBB 公司生产的第四架原型机进行耐久试验。川崎公司的第一架生产型和 MBB 公司的第一架生产型分别于 1981 年 12 月和 1982 年 4 月首次飞行。1983 年初，两公司生产的 BK-127 开始交付。BK-117 为单旋翼带尾桨式布局，2 台发动机并列安装在机身上部。起落架为滑橇式。BK-117 采用 4 片玻璃钢桨叶无铰钢性旋翼。旋翼桨叶是 BO-105 桨叶的放大型，可折叠。旋翼桨毂同 BO-105 的一样，由钛合金制成。2 片玻璃钢桨叶跷跷板式尾桨。机身类似于 BO-105。座舱具有多种不同的布置形式：行政勤务型，1 名驾驶员和 6 名乘客；标准型和海上仪表飞行型，1 名驾驶员和 7 名乘客；高密度型，1 名驾驶员和 10 名乘客。

动力装置为 2 台阿芙科·莱康明 LTS101-650B-1 涡轮轴发动机。起飞和最大连续边率 2×550 轴马力，2 分半钟和 30 分钟应急功率 2×592 轴马力。主要设备有：单驾驶目视飞行仪表设备，包括空速表、高度表、升降速度表、地平仪、转弯和侧滑指示器、磁罗盘等。根据需要可选装通讯、导航及其它电子设备，包括多功能雷达、雷达高度表、高频和甚高频电台及增稳系统等。

该机旋翼直径 11.00 米，尾桨直径 1.916 米，机长（旋翼、尾桨转动）13.00 米，机身最大宽度 1.60 米，机高 3.36 米，客舱容积 3.20 米³，货舱容积 1.30 米³。空重（装设备）1650 公斤，最大起飞重量 2850 公斤，标准燃油重量 480 公斤。（最大起飞重量、标准大气）经济巡航速度（海平面）230 公里/小时，最大爬升率（海平面）9.9 米/秒，悬停高度（无地效）2500 米，航程（海平面、标准燃油、标准型、无余油）500 公里。

【PAH-2/HAC-3G/HAP 直升机】
联邦德国和法国联合研制的反坦克武装直升机/火力支援/护航直升机。PAH-2 为联帮德国陆军反坦克型；HAC-3G 及 HAP 分别为法国陆军反坦克型及火力支援和护航直升机。1978 年 7 月已进行了第一阶段联合研究工作，计划发展一种"核心"直升机，在此基础上发展三种改型。三种改型间有 70～80% 的通用性，包括：导航、自动驾驶仪、飞行管理及武器系统等的数字元件。是专门针对欧洲战场的需要设计的，具有高的战场生存力。技术特点是：考虑使用综合数字式航空电子设备、复合材料旋翼桨叶，减少雷达信号特征；采用隐形技术，减少被发现和拦截的可能；发动机采用单元体结构；传动系统能"干"运转 30 分钟；按美国军用标准 MIL-STD-1290 进行抗堕毁设计，能承受 6 米/秒的下降速度；对原子、生物、化学战具有防护能力以及火力强。德法两国总共需要 400 多架，联邦德国 212 架 PAH-2，法国 140 架 HAC-3G 和 75～80 架 HAP。预计 HAP 于 1987 年中首次飞行，1991 年开始服役，PAH-2 于 1992 年服役，HAC-3G 于 1995 年后服役。

新直升机为单旋翼带尾桨式布局。2 台发动机并列安装在机身上方。不可收放轮式起落架。按专用武装直升机要求设计.旋翼系统为 4 片桨叶旋翼，尾桨桨叶德方提出 4 片，法方提出 3 片或涵道式，德方方案占优势。旋翼桨叶为复合材料结构，采用最新超临界翼型，有抗 23 毫米炮弹弹伤能力。旋翼桨毂尚未决定用 MBB 公司的半刚性桨毂还是航宇公司的技术保密的星形柔性桨毂。机身按 MIL-STD-129 抗堕毁要求设计，能承受 6 米/秒下降速度。机身窄而体积小。专为反坦克和其它火力支援任务设计，不能运送士兵或货物。驾驶舱为纵列式布局。驾驶舱盖采用平板式玻璃，以减少反光。采用装甲座椅。

动力装置为 2 台联邦德国发动机涡轮联合公司和法国透博梅卡公司联合研制的 MTM385-R 涡轮轴发动机，额定功率 2×1130 轴马力。发动机排气管装有高性能红外抑制装置。燃油箱和减速器具有抗 23 毫米炮弹弹伤能力。传动系统可"干"运转 30 分钟。

主要武器：PAH-2：8 枚"霍特"-2 反坦克导弹和 4 枚"毒刺"空对空导弹，1995 年后用欧导公司的 PARS-3 第三代反坦克导弹代替"霍特"-2；HAC-3G：PARS-3 反坦克导弹；HAP：1 门 30 毫米机炮和"密史脱拉风"空对空导弹或 68 毫米火箭弹。

该机旋翼直径 13.00 米，尾桨直径 2.50 米。最大起飞重量 4700 公斤，也有可能是 5000 公斤。最大巡航速度 269 公里/小时，悬停高度（无地效、国际标准大气＋10°C）1980 米（PAH-2）、2500 米（HAC-3G 和 HAP），作战续航时间（20 分钟余油）2.5 小时。

【BO-105 直升机】 联邦德国 MBB 公司研制的 5 座轻型多用途直升机。1962 年 7 月开始设计，原型机于 1967 年 2 月首次飞行。预生产型于 1971 年 1 月首次飞行。BO-105 有下列批生产型：BO-105C，最初的标准生产型，装 400 轴马力的艾利森 250-C20 涡轮轴发动机；BO-105CB，1975 年以来的标准生产型；BO-105CBS，该型机身比 BO-105CB 长 0.25 米，可增设座椅或提高货运能力，有 5 座行政勤务型和 6 座高密度型；BO-105D，供给英国的型号，改进了设备；BO-105LS，高温高原型，装 550 轴马力的艾利森 250-C28C 发动机，1981 年 10 月首次飞行，空重 1330 公斤，最大起飞重量 2400·公斤，最大巡航速度（海平面）244 公里/小时，最大爬升率（海平面）9.9 米/秒，垂直爬升率（海平面）5.9 米/秒，悬停高度（有地效）3850 米、（无地效）3300 米，最大航程 536 公里；BO-105M（VBH），联邦德国陆军的联络和轻型观察直升机，以代替"云雀"Ⅱ直升机，1980 年开始交付；BO-105P（PAH-1），反坦克型，可挂 6 枚"霍特"反坦导弹。还发展了一种挂 8 枚

"陶"式反坦克导弹的反坦克型，政府批准陆军购买212架 PAH-1，1980 年 12 月开始交付，1983 年中已全部交付，空重 1913 公斤，最大起飞重量 2400 公斤，最大巡航速度（海平面）220 公里／小时，最大爬升率（海平面）9 米／秒，悬停高度（无地效）1580 米。美国波音·伏托耳公司以及菲律宾、印尼和西班牙等国也进行专利生产。

BO-105 为单旋翼带尾桨式布局。2 台发动机并列安装在机身上部、主减速器后面。滑橇式起落架。旋翼系统采用 4 片玻璃钢桨叶无铰刚性旋翼，2 片玻璃钢桨叶跷跷板式半刚性尾桨和刚性模锻钛合金桨毂。机身为轻合金半硬壳式结构。驾驶舱和座舱相连，可容纳 1 名驾驶员和 4 名乘客或 2 副担架。下面介绍的内容适于 BO-105CB。

动力装置为 2 台艾利逊 250-C20B 涡轮轴发动机。功率 2×420 轴马力，最大连续功率 2×400 轴马力。主要设备有：基本飞行仪表和发动机仪表。选装设备包括多普勒雷达、搜索雷达、双套操纵系统等。

该机旋翼直径 9.84 米，尾桨直径 1.90 米，机长（不包括旋翼）8.56 米，机高 3.0 米，座舱容积 3.30 米³，货舱容积 1.5 米³。空重 1256 公斤，最大起飞重量 2400 公斤。（标准大气）最大巡航速度（海平面）242 公里／小时，最大爬升率（海平面）7.5 米／秒，垂直爬升率 3.05 米／秒，悬停高度（有地效）2560 米（无地效）1615 米，最大航程 575 公里。

【A109AMKⅡ直升机】　意大利阿古斯特公司研制的通用运输直升机。它是基本型 A109A 的功率加大型。1981 年 9 月开始交付。A109AMKⅡ有陆军型、海军型和警察型。陆、海军型的特点是，装有标准双套操纵装置和仪表设备、旋翼刹车、尾桨操纵磁性刹车、滑动门、环境控制系统、应急浮筒、装甲座椅、大容量电瓶、粒子分离器、外部货钩、多用途通用挂架、救生绞车及承载能力大的地板。此外，海军型还可装 4 轴自动飞行控制系统、雷达高度表、机内辅助油箱、不可收放起落架、搜索雷达、拉降装置和自动导航系统等。陆军型的任务为：侦察、反坦克和其它攻击任务、指挥和控制、通讯中继、电子对抗和通用任务。陆军型的武器为：4 或 8 枚"陶"式导弹；或 2 个机枪吊舱，各装 1~2 挺 7.62 毫米机枪或 1 挺 12.7 毫米机枪；或 2 个机枪吊舱和 2 个火箭发射巢。海军型的任务为：攻击海面舰只、电子对抗、侦察和反潜等。反潜武器为 1~2 条寻的鱼雷和 6

个海上浮标。该机为单旋翼带尾桨式布局。2 台发动机并列安装在机身上部、主减速器后面。采用可收放的前三点单轮式起落架。旋翼系统采用 4 片桨叶全铰接式旋翼，2 片桨叶半刚性三角铰式尾桨。旋翼桨叶翼型为前缘下垂型。桨叶可人工折叠。可选装旋翼刹车。机身为铝合金半硬壳式结构。上和下后掠式垂尾安装在机梁上。平尾中置在垂尾前。驾驶舱可容纳 1 或 2 名驾驶员，可选装双套操纵装置。机舱可容纳 6 名旅客，第 7 名旅客可坐在驾驶舱左座副驾驶员位置上。

动力装置为 2 台艾利逊 250-C20B 涡轮轴发动机。起飞功率 2×420 轴马力，最大连续功率 2×400 轴马力，最大巡航功率 2×370 轴马力。

主要设备有标准的飞行仪表和设备。可选装目视飞行或仪表飞行用设备，包括气象雷达、"罗兰"或"奥米加"导航系统等。

该机旋翼直径 11 米，尾桨直径 2.03 米，机长（旋翼转动）13.05 米，机身 10.7 米，机身最大宽度 1.42 米，机高 3.3 米，机舱容积（含驾驶舱）2.82 米³，货舱容积 0.52 米³。空重 1466 公斤，最大正常起飞重量 2450 公斤。（海平面、标准大气、起飞重量 2450 公斤）最大巡航速度 267 公里／小时，最大爬升率 8.2 米／秒，实用升限 4970 米，悬停高度（有地效）2985 米，（无地效）2040 米，最大航程 565 公里，最大续航时间 3 小时 30 分钟。

图 10-100　A-109 反坦克直升机（"燕子"）

【A129"猫鼬"直升机】　意大利阿古斯特公司研制的专用反坦克武装直升机。也是欧洲研制的第一架专用武装直升机。1977 年阿古斯特公司根据意大利陆军的战术技术要求决定单独进行研制。陆军具体要求是：高的生存力，良好的抗堕毁能力，以 12.8 米／秒垂直下降速度着陆时，90% 的乘员存活，驾驶舱内部变形不大于 20%，座椅的弹跳能从 43g 阻尼到 15g；起落架在以 5 米／秒速度接地时不损伤机体；良好的抗弹伤能力，能防 800 米远处射来的 12.7 毫米枪弹；乘员和重要部位有装甲保护；机身横截面小；传动系统有 30 分钟干运转能力；具有昼夜和复杂气象条件下使用的能力；最大起飞重量 3.7 吨（反坦克时）、国际标准大气+20°C 时无地效悬停高度 2000 米、爬升率 10 米／秒、巡航速度 250 公里／小时。1983 年 9 月原型机首次飞行。共制造 4 架试飞原型机和 1 架地面试验机。1984 年中完成飞行试验。该机为单旋翼带尾桨式布局。采用短翼。2 台发动机并列安装在机身上部、主减速器后面。流线型窄机身。纵列式座舱布局。可收放后三点式起落架。4 将叶全铰接式旋翼。2 桨叶半刚性三角铰式尾桨。旋翼桨叶由玻璃钢大梁、Nomex 蜂窝芯、玻璃钢蒙皮和不锈钢前缘包条组成，具有抗 12.7 毫米枪弹弹伤能力。尾桨桨叶为具有不锈钢前缘的复合材料结构，也具有抗 12.7 毫米枪弹弹伤能力。机身为普通半硬壳式结构，按抗堕毁要求设计。全机过载限制为+3.5～0g。

动力装置为 2 台罗尔斯·罗伊斯公司"宝石"2MK1004D 涡轮轴发动机。最大连续功率 2×915 轴马力，2 分半钟最大应急功率 2×952 轴马力。主要设备：装有先进的通讯导航设备、2 套主动和被动自卫系统以及自动灭火系统。

武器：短翼下有 4 个挂点，其承载限制为：内侧 2 个挂点各挂 300 公斤、外侧 2 个挂点各挂 200 公斤。可挂 8 枚"陶"式或"霍特"导弹，或 6 枚"海尔法"导弹，或内侧挂 7.62、12.7 或 20 毫米机枪或机炮吊舱以及外侧挂 70 毫米火箭发射巢等。

该机旋翼直径 11.9 米，尾桨直径 2.24 米，机长（旋翼、尾桨转动）14.29 米，机身长 12.27 米，机高 3.35 米，机身最大宽度 0.95 米。空重 2529 公斤、最大设计起飞重量 3700 公斤。（起飞重量 3665 公斤、高度 2000 米、标准大气+20°C）最大水平速度（海平面）270 公里／小时，巡航速度 250 公里／小时，最大爬升率（海平面）10.6 米／秒，悬停高度（有地效）3290 米、（无地效）2390 米，续航时间（反坦克任务、无余油）2 小时 30 分，最大续航时间 3 小时，过载限制+3.5～0g。

【ALH 轻型多用途直升机】　印度斯坦航空公司在该公司生产几百架法国国营航宇公司的"美州驼"和"云雀"Ⅱ型直升机的经验基础上，在德国 MBB 公司的技术援助下，研制的单旋翼带尾桨的轻型多用途直升机。它是印度斯坦航空公司迄今研制的最先进的直升机。

ALH 直升机的技术设计于 1984 年 11 月 1 日

开始。印度斯坦航空公司成立了一个由 250 名具有丰富经验的人组成的设计组。ALH 直升机的设计工作已于 1987 年完成，并随后制造了一个尺寸木制工艺模型和一个接口检查装置，目前正在对旋翼和尾桨进行地面测试，测试工作将于 1990 年结束。计划生产 4 架原型机，目前第一架正在制造中，预计 1990 年末进行试飞。4 架原型机将进行 3 年的试飞。批生产将于 1993 年开始。

该机将成为多用途直升机，既可军用，又可民用。军用型又分陆军型、空军型和海军型。陆军型，将用于执行反坦克、空中突击布雷任务；海军型，将用于执行搜索救援、反潜和反舰任务；空军型，将用于执行反坦克、救伤、搜索救援、空中侦察和后勤保障任务。民用型既有内销型又有外销型。

陆军型和空军型将采相同的机体，净重 2216 公斤，燃料载荷 1032 公斤，海平面最大时速 290 公里，航程 400 公里，吊挂载荷 700 公斤，续航时间 3 小时。军械包括 20 毫米单管航炮的 621 型轻型直升机炮塔 Z（或 20 毫米三管"卡特林"式航炮的"宇宙"炮塔）和"米兰"导弹（或第三代"纳格"导弹）。

海军型的净重 2352 公斤，燃料载荷 110 公斤，吊挂载荷 1500 公斤。将装备收放式三轮起落架，折叠式尾桨和旋翼；机侧定出部可容纳主起落架、浮筒和电池；一个压力加油系统和一个板救生系统。还将装备 1 个深水声纳，1 个能发现水下潜艇的潜望雷达和 1 个搜索用的彩色气象雷达。海军型将具备从各种军舰上起落的能力。

ALH 的动力装置是 2 台法国透博梅卡公司的 TM333-2B 型涡轴发动机，单台海平面功率 1000 轴马力。

【"蜂鸟"号直升机】　中国制造。该机是中国昆明飞机制造厂厂长朱家仁在 1945 年到 1948 年研制试验的直升机，是我国最早的直升机，先后制成试验用的"蜂鸟"号双叶，其轴式直升机甲型和乙型各一架。

乙型直升机上动力装置为 KinnerB-5 发动机，功率为 125 马力。该机宽 2.34 米，高 2.63 米，旋翼直径 7.62 米。空重 589.5 公斤，总重 725.5 公斤。巡航速度 112 公里／小时，最大速度 136 公里／小时，爬升速度 140 米／分，悬停顶点 910 米，最大航程 219 公里。

【Z-5 直升机】　中国制造的多用途直升机。可执行联络救护、抢险救灾、森林灭火、空中作业、地质勘探、科学研究、运送物资、起吊重物和空降伞兵等任务。Z-5 的特点是机动灵活，使用方便，价格便宜，适合白天和复杂气象条件下飞行。机上装有运输、空降和救护设备，能运送 11～15 名全副武装的伞兵，或运送 1200～1500 公斤重的小型装备和货物。执行救护任务时，可载 8 名担架伤病员和一名医护人员。进行吊运作业时，可起吊 1300 公斤的重物。根据需要，Z-5 可以很方便地改成客运或其它用途的直升机。

动力装置为 1 台强制气冷式星型 14 缸活塞发动机，功率 1700 马力。主要设备：航行驾驶仪，发动机工作仪表及各系统的检查仪表。无线电设备包括 CT-1 超短波无线电台，WL-5 自动无线电罗盘，WG-2A 无线电低高度表和 BJ-2 机内通话器。

该机旋翼直径 21 米，旋翼桨盘面积 346.36 米 2，尾桨直径 3.6 米，机长 21 米，机高 4.4 米，货舱尺寸长×宽×高 4.15 米×1.86 米×1.78 米。空重 5082 公斤，正常起飞重量 7250 公斤，最大起飞重量 7600 公斤。最大平飞速度 210 公里／小时，实用升限 5500 米，巡航速度 170 公里／小时，航程 520 公里，续航时间 3～4 小时。

【Z-8 直升机】
中国制造。1985 年生产出厂，该机是仿造法国"超黄蜂"直升机，自行生产的中型直升机，性能与"超黄蜂"相近，有些指标优于"超黄蜂"。动力装置为航空工业部 370 厂生产的涡轴-6 型涡轮轴发动机，功率为 3×1130 千瓦。

主旋翼直径 18.90 米，全长 23.04 米，全高 6.66 米。乘客 27 人。最大载油 3080 公斤，最大速度为 275 公里／小时，巡航速度为 232 公里／小时。悬停升限 1900 米，实用升限 305 米，航程 800 公里。最大起飞重量 13000 公斤。

【Z-9 直升机】
中国从法国引进"海豚" 2SA365N 型专利生产的快速民用型直升机。这种直升机可用于人员运输、近海支援、救护、外部吊挂、空中摄影、海上巡逻、海上救险、观测鱼群、护林防火等任务。Z-9 旋翼由 4 片玻璃纤维和碳纤维桨叶组成，桨叶前缘敷有不锈钢薄片保护。桨叶采用 OH2212-27 翼型，扭转 10°，桨尖后掠 45°，从桨根到桨尖，厚度递减，旋翼桨叶可人工折叠，旋翼有刹车。桨毂为星形柔性桨毂，由玻璃纤维环氧树脂制成，只有轴向铰，取消了传统的垂直铰和水平铰。这种桨毂具有结构简单，重量轻，维护简便，结构坚固，安全可靠，不需要润滑等优点。尾桨为涵道风扇尾桨，由 13 片全金属叶片组成。高速飞行时，垂直偏转可提供大部或全部反扭转力矩。机身采用了大量复合材料。尾桨装有水平安定面，两端装有侧向垂尾。起落装置为可收放式前三点起落架。前轮为双轮，可自动定向，后轮为单轮。座舱有各种布局，最多可布置 14 个座椅。驾驶员和副驾驶员座椅为斗式靠背座椅，可前后调节。

动力装置为 2 台"阿赫耶"1C 自由涡轮轴发动机，单台功率为 710 轴马力。主要设备有：EAS TR800R 超高频／调幅电台、EAS NR810R 伏尔自动着陆系统、TB31 机内通话系统、SILEC56905 耳机、EAS AD850CR 无线电罗盘、FAS DM870 测距装置、TRT AH-V8 无线电高度表、BENDIX1400B 气象雷达、SFIM FA155 三轴自动驾驶仪。选装设备包括带测力计和外部反射镜的吊挂装置、"空中设备"电动铰车（C／W90 米钢索）、"清风"电动铰车（74 米钢索）。

该机旋翼直径 11.68 米，尾桨直径 0.90 米，机身长 13.29 米，机高 3.81 米，主轮距 2.03 米，前后轮距 3.61 米，主舱门（前、两侧）高×宽 1.16 米×1.14 米，主舱门（后、两侧）高×宽 1.16 米×0.87 米，行李舱门（右侧）高×宽 0.51 米×0.93 米，座舱（长×高×宽）2.30 米×1.92 米×1.40 米、地板面积 4.20 米^2，容积 5.00 米^3，空重（不包括任何选装设备重量）1975 公斤，发动机滑油 12 公斤，有效载荷 2013 公斤，最大外挂载荷 1600 公斤，最大起飞重量 4000 公斤。最大限制速度 324 公里／小时，最大巡航速度 280 公里／小时，正常巡航速度 260 公里／小时，最大垂直爬升率 4.2 米／秒，最大倾斜爬升率 7.7 米／秒，实用升限 6000 米，有地效悬停升限（起飞功率、起飞重量 4000 公斤、标准大气）2000 米，无地效悬停升限（起飞功率、起飞重量 4000 公斤、标准大气）600 米，航程（正常巡航速度、标准燃油、无余油）860 公里，航程（正常巡航速度、加装辅助油箱、无余油）1030 公里。

十一、火　箭

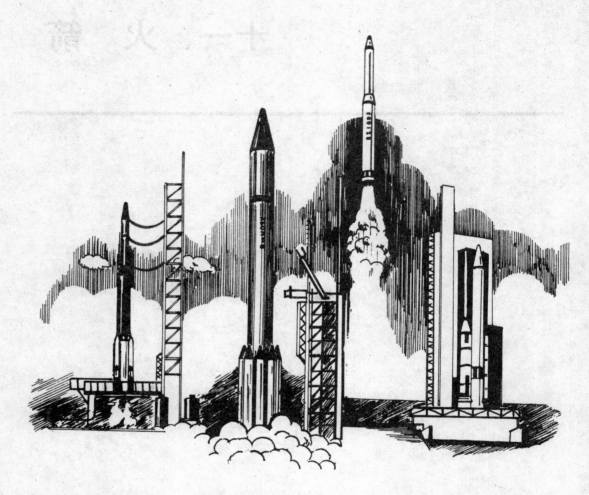

图 11-1　火箭

【火箭】　依靠火箭发动机向后喷射工质产生的反作用力而推进的飞行器。它自身携带燃料和氧化剂，不需要空气中的氧助燃，既可在大气中，又可在没有大气的外层空间飞行。现代火箭是快速远距离投送工具，可用于探空、发射人造卫星、载人飞船、航天站以及助推其他飞行器等。它用于投掷弹头，便构成火箭武器，其中可制导的又称为导弹。

火箭是中国古代重大发明之一。北宋后期，民间流行的能升空的"流星"，是世界上最早的用于观赏的火箭。南宋时期，出现了军用火箭。到明朝初年，军用火箭已相当完善并广泛用于战场，被称为"军中利器"。明代初期兵书《火龙神器阵法》和明代晚期兵书《武备志》以及其他有关中外文献，均详细记载了中国古代火箭的形制和使用情况。仅《武备志》便记载了20多种火药火箭，其中的"火龙出水"已是二级火箭的雏型。19世纪末20世纪初，液体燃料火箭技术开始兴起。1944年，德国首次将有控的弹道式液体火箭 V-2 用于战争。

火箭通常可分为固体与液体火箭，有控与无控火箭，单级与多级火箭，近程、中程与远程火箭等。有控火箭的组成部分有动力装置，制导系统与箭体。近40年来，火箭技术得到了飞速发展和广泛应用，其中尤以各种导弹和空间运载火箭发展最为迅速。各类导弹均已发展到相当完善的地步，反导弹、反卫星火箭武器也正在研制和完善之中。各类火箭武器正继续向高精度、反拦载、抗干扰和提高生存能力的方向发展。在地地导弹基础上发展起来的运载火箭，已广泛用于发射各种卫星、载人飞船和其他航天器。到 80 年代初，苏、美两国已分别研制出六、七个系列的运载火箭。其中，美国载人登月的"土星—5"号火箭，直径 10 米，长 111 米，起飞重量约 2920 吨，近地轨道的运载能力上百吨，是当前世界上最大的火箭。运载火箭正朝着高可靠，低成本、多用途和多次使用的方向发展。

【液体火箭】 液体燃料火箭的简称。采用液体火箭发动机作为动力装置的火箭。其推进剂包括燃烧剂和氧化剂两种。

【固体火箭】 固体燃料火箭的简称。采用固体火箭发动机作为动力装置的火箭。

【核动力火箭】 安装有核火箭发动机、用于航天飞行的火箭。制造核动力火箭的工作尚处在研制和试验阶段。在研制过程中应解决许多复杂的技术问题，其中包括航天器乘员对核反应堆辐射的防护问题。

【电动火箭】 安装有电火箭发动机的火箭。正处在研制阶段，设想预先用化学或核火箭发动机火箭送入轨道以后，在宇宙中再使用电动火箭，对航天器的姿态和位置进行调整。

【化学火箭】 靠化学推进剂在燃烧室进行化学反应释放出能量为推力的火箭。是当前广泛应用的一种火箭。其发动机分为：液体火箭发动机、固体火箭发动机、固—液或液—固火箭发动机。

【单级火箭】 使用一级火箭单独完成运载任务的飞行器。一般由发动机系统、控制系统和承力壳体等组成。

【多级火箭】 由两级以上火箭组成的运载工具。每一级火箭都装有发动机与推进剂。其工作方式是：当第一级火箭工作完后即从整体中脱离，第二级火箭开始工作，使飞行器继续加速飞行，依

次类推，直至达到预定的速度。最后一级火箭推进剂用完时，飞行器依靠惯性继续运动。采用多级火箭能够提高火箭的最终速度。

【起飞火箭】 为增加飞行器起飞动力所使用的火箭。通常为固体火箭或液体火箭。使用起飞火箭可以缩短飞行器起飞滑跑距离以及增大飞行器的起飞载重。

【运载火箭】 通常为多级弹道式火箭，是将人造地球卫星和其它飞行器射入宇宙空间的基本工具。现代运载火箭的最典型的结构形式是采用串联和并联的形式配置各级。它可把 100 吨重的有效载荷射入地心轨道。一次性使用的现代运载火箭起飞重量达 3000 吨。发射前的准备及发射都在航天器发射场内进行。有些运载火箭在主动段可持续飞行几分钟；一般都在宽广的高空和距离范围内实施飞行和控制。1957 年 10 月 4 日，苏联制造的运载火箭第一次把人造地球卫星发射入轨。

【反推火箭】 产生与飞行器飞行方向相反（反推）或成一定角度（下推或横推）的推力的小火箭。目的是使飞行器减速、改变轨道或者使飞行器与运载工具分离。

【宇宙火箭】 能将有效载荷送入宇宙空间的火箭。用作宇宙飞船、空间站和星际探测器等的运载工具。

【探空火箭】 亦称探测火箭。用于发射探测大气层各种物理现象的仪器和设备的火箭。

【气象火箭】 探测高层大气物理特性和现象的火箭。对大气温度、湿度、气压等多利用火箭本身携带的感应仪器在飞行中测量，或利用在预定高度弹出的降落伞携带的测量仪器，在飘移、下落过程中测量，并将探到的数据用无线电发送到地面遥测接收设备。对高空风一般利用火箭释放的金属箔条或金属伞等作示踪物，由地面雷达进行跟踪定位和自动计算，测出高空风向、风速。

1、 古代火箭

【中国古代火箭】 世界第一支以火药为动力的箭。中国宋代岳义方于公元 969 年造。这种

箭由箭身、药筒组成。药筒由竹、厚纸制成，内充火药，前端封死，后端引出导火绳。点燃后，火药

气体向后喷出，以气体反作用力把箭推向前进。

图 11-2　中国古代火箭

【一窝蜂】　中国明代火药动力多发火箭。一窝蜂外壳为一只上大下小的木桶，内装箭隔板两层，装火箭 32 枝。火箭上药筒长四寸，箭杆长四尺二寸。每支火箭有引信通向火门板的小口外，点火后同时发射，射程可达三百多步。

图 11-3　一窝蜂

【飞刀箭】　中国明代制造的以火药为动力的火箭，又称飞枪箭，飞剑箭。箭杆长 6 尺，粗五、六分，箭镞长三寸，药筒长八寸，粗一寸二分，缚于箭镞之下，引线向后，箭头涂毒药，射程可达五百步，能穿铠甲。与敌交锋时，架在树枝或冷兵器上，待敌近前，即点火发射。

【神火飞鸦】　中国古代一种多火药筒并联火箭。盛行于宋、元、明代。用竹篾或细苇编成篓子，形如小鸡，外用绵纸封牢，内装火药，身下斜钉 4 支火箭，前后安上头尾和纸制翅膀，如乌鸦飞在空中的姿势。鸦身下面斜装 4 支起飞的火箭，鸦背钻火眼安引信 4 根，各长尺许，分别连在 4 支起飞的火箭上。点燃火箭，鸦可靠火箭推力，飞行百多丈，到达目标时，鸦体内的火药爆发，即可引起目标着火燃烧。

【飞空击贼震天雷】　中国古代有翼火箭。明代制造。是用竹篾编成，形状如圆球，直径 3 寸 5 分，两旁安翅膀，球内装爆炸药和几枚涂有虎药的棱角，中间夹一个长 2 寸、内装发射药的纸筒，有引信与球内的爆炸药相连，外面用纸糊十多层，涂成红色。攻城时，顺风点火，火箭飞入城中爆炸。爆炸时烟飞雾障，迷目钻孔，棱角乱钉人。

【百虎齐奔箭】　中国明代多发火箭。外壳为一桶形容器，内装 100 余支捆有药筒的火箭，各支火箭的药线连在一根总线，点燃总线后，各箭同时发火，一齐射出，射击密度大。作战时常以数十筒乃至百筒并列，实行多发齐射。

【火龙出水】　中国明代多级火箭。它是最早见于史书记载的多次火箭。系用毛竹 5 尺，去节刮薄，两头装上木雕刻的龙头尾制成。龙口向上，龙腹内装火箭数支，龙头下面两边安装斤半重的火箭筒两个，龙尾两旁亦安装火箭筒两个。这四个火箭筒的引信总会一处，并与龙腹内火箭的引信连接好。进行水战时，可离水面三四尺点火，能在水面上飞行二三里远。发射时，先点燃龙头和龙尾下面的四支火箭，推动火龙前进，待推动前进的火箭燃烧将完时，连接的引信已经引燃龙腹内的火箭，这时，龙腹内的火箭即由龙口飞出继续前进，飞向目标，使敌军船只着火焚烧。可水陆两用。

图 11-4　火龙出水

【火箭溜】　中国古代火箭发射架，最初由明代赵士桢发明。其形状类似短枪，内设一个滑槽，将火箭置其上，操纵者通过转动火箭溜控制发射方向。火箭溜的另一种是毛竹做成，叫竹溜子。

【飞空沙筒】　中国明代多级火箭。能飞出又飞回来，是明代火箭中突出的发明之一。它用薄竹片做箭身，连药筒共长七尺。将两个起飞的药筒颠倒缚于前端的左右，飞去的药筒筒口向后，这个药筒的上面，再连接一个长 7 寸、直径 7 寸、内装燃烧药和特制的毒细沙的药筒，筒顶上安几根薄倒须枪；飞回的药筒筒口向前，三个药筒依次用引信连接好，使用"竹溜子"发射。发射时，先点燃飞去的药筒的引信，对准敌船放去，刺在敌船蓬或船帆上，喷射火焰和细沙，敌人救火时，细沙落于眼内，很难医治。当前面的药筒喷射火焰和细沙时，通过引信把筒口向前的药筒发动起来，火箭便飞回来了，使敌人莫名其妙，引起敌军惊恐。

【群豹横奔箭】　中国明代多发火箭。系用一个上大下小的匣子，匣内安设上下格板，装火箭

40 支。箭杆为荆木，长 2 尺 3 寸，箭翎后加小铁锤。药筒长 5 寸，引信连于火门外，点火齐发，射程可达四百多步。

2、 现代火箭

【"侦察兵"（SLV-1A）空间运载火箭】
美国研制。1958 年开始动工，1960 年首次发射，1961 年 2 月首次把一颗 7 公斤重的"探险者"卫星送入轨道。556 公里轨道、近地轨道、逃逸轨道的有效载荷分别为 181 公斤、150 公斤、34 公斤，动力装置由第一级、第二级、第三级、第四级四台不同型号的发动机组成，使用固体燃料作推进剂，第一级到第四级的推力分别为 48.53 吨、28.03 吨、12.70 吨、2.59 吨，起飞重量为 21.41 吨，长度为 22.89 米，直径为 1.13 米，采用自动驾驶仪制导。用于发射各种小型轨道卫星和再入飞行器。

【"宇宙神ⅢA"（SLV-3A）空间运载火箭】　美国"宇宙神"族空间运载火箭之一。1963 年 7 月首次发射，发射时两具助推火箭和芯体火箭的发动机同时点火，发射场在美国的肯尼迪空间飞行中心。低轨道和逃逸轨道的有效载荷分别为 2270 公斤、430 公斤，动力装置由两具助推火箭、一具芯体火箭和末级火箭组成，使用液氧／煤油作推进剂，起飞推力为 195.05 吨，助推火箭、芯体火箭和末级火箭的推力分别为 167.83 吨、27.22 吨、7.26 吨，起飞重量为 141.07 吨，长度为 21.24 米（不含末级火箭），直径为 3.05 米。采用惯性制导，用于发射各种军用和科学卫星以及"水手号"行星探测器。

【"阿金纳 D"末级火箭】　美国空间运载火箭的标准末级火箭。具有多次起动能力，上面载有再入舱，依靠重新起动火箭发动机的动力，将再入舱射回地面，回收侦察或实验成果。185 公里轨道和同步轨道的有效载荷（指"宇宙神ⅢA—阿金纳 D"的有效载荷）分别为 3810 公斤、1225 公斤，有一台 YLR-81BA-11 发动机和一台多次起动火箭发动机，使用红烟硝酸／偏二甲肼作推进剂，推力为 7.26 吨，重量为 6.82 吨，长度为 7.10 米，直径为 1.52 米。制导系统由惯性基准装置，时统装

置和红外水平传感器组成，用于同"大力神-ⅢB"、"宇宙神-ⅢA"和"雷神"组合成运载火箭，回收有效载荷。

【"宇宙神ⅢD"（SLV-3D）空间运载火箭】　美国研制。1963 年 11 月首次飞行，1966 年 5 月首次将"勘探者 1 号"月球探测器发射到月球。地球轨道、185 公里轨道、逃逸轨道的有效载荷分别为 3900 公斤、1361 公斤、1250 公斤，动力装置由两具助推火箭，一具芯体火箭和末级火箭组成，使用液氧／煤油作推进剂，起飞推力为 195.05 吨，助推火箭、芯体火箭和末级火箭的推力分别为 167.83 吨、27.22 吨、13.61 吨，不含末级火箭时长 24.08 米，直径为 3.05 米。采用惯性制导，用于发射行星探测器。

图 11-5　"宇宙神-人马星座"空间运载火箭

【"人马星座"末级火箭】　美国空间运载火箭的标准末级火箭。有 D-1A 和 D-1T 两种型号，均具有多次起动能力。185 公里轨道、同步轨道、185 公里轨道和逃逸轨道的有效载荷分别为 9072 公斤、5126 公斤、567 公斤。动力装置有两台主机和十二台小型加速发动机组成，主机使用液氧／液氢作推进剂，小型发动机使用过氧化氢作推进剂，推力为 13.61 吨，重量为 15.86 吨，长 9.14 米，直径 3.05 米。采用惯性制导，同"宇宙神-ⅢD"和"大力神-ⅢE"组合成空间运载火箭，用于发

射宇宙探测飞行器。D-1A 型与"宇宙神-ⅢD"组合，D-1T 型与"大力神-ⅢE"组合。

图 11-6 "宇宙神-人马星座"空间运载火箭

【长贮箱"德尔他"空间运载火箭】 美国研制。925 公里轨道有效载荷 721 公斤，动力装置由三具助推火箭和第一级、第二级两台发动机组成，第一级使用液氧／煤油作推进剂，第二级使用四氧化二氮／混肼-50 作推进剂，起飞推力为 114.3 吨，起飞重量约 90 吨，长度为 32.4 米，含助推火箭时直径 4 米，第一、二级的直径分别为 2.4 米、1.5 米。

【"德尔他 2914"空间运载火箭】 美国宇航局研制的"德尔他"改进型空间运载火箭。1974 年 4 月首次发射。据美刊称，起飞时，第一级火箭和六具助推火箭同时点火，在前六具助推火箭熄火的同时，后三具助推火箭点火。同步轨道、逃逸轨道的有效载荷分别为 703 公斤，481 公斤，动力装置由九具助推火箭和第一级、第二级、第三级三台发动机组成，第一级使用液氧／煤油推进剂，第二级使用四氧化二氮／四氧化二氢—偏二甲肼推进剂，起飞推力为 234.45 吨，助推火箭、第一级、第二级、第三级的推力分别为 212.28 吨、92.99 吨、4.47 吨、6.80 吨，起飞重量 132.90 吨，全长 35.4 米，第一、第二、第三级的长度分别为 22.37 米、5.88 米、2.32 米，有效载荷的长度为 4.83 米，含助推火箭直径 3.96 米，助推火箭的直径为 0.76 米，第一、二级直径 2.44 米，第三级直径 0.98 米。用于发射各种科学卫星和应用卫星。

【"德尔他 3914"空间运载火箭】 美国宇

航局研制的"德尔他"改进型空间运载火箭。1974 年 4 月首次发射。据美刊称，起飞时火箭点火的顺序与"德尔他 2914"空间运载火箭相同。同步轨道、逃逸轨道的有效载荷分别为 929 公斤、635 公斤，动力装置由九具助推火箭和第一、二、三级三台发动机组成，第一级使用液氧／煤油推进剂，第二级使用四氧化二氮／四氧化二氢—偏二甲肼推进剂，起飞推力 286.27 吨，助推火箭、第一、二、三级的推力分别为 347.90 吨、92.99 吨、4.47 吨、6.80 吨，起飞重量 190.74 吨，全长 35.4 米，助推火箭、第一、二、三级的长度分别为 11.16 米、22.37 米、5.88 米、2.32 米，有效载荷 4.83 米，含助推火箭直径为 3.96 米，助推火箭直径为 0.76 米，第一、二级直径为 2.44 米，第三级直径为 0.98 米。用于发射各种科学卫星和应用卫星。

图 11-7 "德尔他 3914"空间运载火箭

【"大力神ⅢA"（SLV-5A）空间运载火箭】 美国"大力神Ⅱ"型运载火箭的派生型。基本结构是由"大力神Ⅱ"两级主体火箭和一个"过渡级"组成的。1964 年 9 月至 65 年 5 月，共进行了四次发射，以后用作"大力神ⅢC"运载火箭的芯体火箭，不再单独发射。185 公里轨道有效载荷为 3630 公斤，动力装置由第一级、第二级、"过渡级"组成，使用四氧化二氮／四氢化二氮—偏二甲肼推进剂，起飞推力为 195.04 吨，第二级、"过渡级"的推力分别为 45.36 吨、7.26 吨，起飞重量 177.8 吨，全长 28.97 米（不含有效载荷部分），第一、二级、过渡级的长度分别为 19.2 米、8.2 米、1.57 米，直径为 3.05 米。采用惯性制导，用于发射"双子星座"载人飞船和军用卫星。

【"大力神ⅢB"（SLV-5B）空间运载火箭】 美国研制的一种军用标准运载火箭。能与不同的标准末级火箭组合，发射各种有效载荷。其基本结构是"大力神ⅢA"的第一、二级。1966 年 7 月首次发射，在历次发射中，都是与"阿金纳 D"末级火箭组合，发射美空军的秘密卫星。185 公里轨道的有效载荷为 3630 公斤，动力装置由第一、二级和末级火箭组成，使用四氧化二氮／四氢化二氮—偏二甲肼推进剂，起飞推力为 235.87 吨，第二级推力为 45.81 吨，起飞重量 169.87 吨，全长 30.78 米（不含有效载荷部分），直径 3.05 米。采用惯性制导，用于发射照相侦察卫星。

【"大力神ⅢC"（SLV-5C）空间运载火箭】 美国"大力神ⅢA"运载火箭的派生型。其基本结构是"大力神ⅢA"外加二具助推火箭，助推火箭绑在芯体火箭的两侧。1965 年 6 月开始发射，一次可发射几颗卫星。发射场在美国范登堡空军基地。185 公里轨道、同步轨道、逃逸轨道的有效载荷分别为 13154 公斤、1428 公斤、1202 公斤，动力装置由助推火箭、芯体火箭、第二级、"过渡级"组成。使用四氧化二氮／四氢化二氮—偏二甲肼推进剂，起飞推力为 1324.49 吨，助推火箭、芯体火箭、第二级、"过渡级"的推力分别为 1088.62 吨、235.87 吨、45.81 吨、7.26 吨，起飞重量为 631.40 吨，不含有效载荷部分全长 38.9 米，助推火箭长 25.8 米，含助推火箭直径 9.14 米，芯体火箭直径 3.05 米。采用惯性制导，用于发射军用卫星。

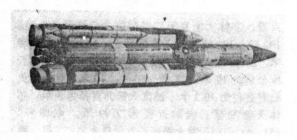

图 11-8　　"大力神ⅢC"空间运载火箭

【"大力神ⅢD"（SLV-5D）空间运载火箭】 美国研制的一种大型军用标准运载火箭。

可与不同的标准末级火箭组合，发射各种有效载荷。其基本结构是以"大力神ⅢB"为主体，外加两具助推火箭。1974 年 2 月空军首次发射，发射场是在美国的范登堡空军基地。近地轨道、同步轨道的有效载荷分别为 13608 公斤、1905 公斤，动力装置为由助推火箭、芯体火箭、第二级、末级火箭组成，使用四氧化二氮／四氢化二氮—偏二甲肼推进剂，起飞推力为 1324.49 吨，助推火箭、芯体火箭、第二级的推力分别是 1088.62 吨、235.87 吨、45.8 吨，起飞重量为 589.67 吨（不含末级火箭），不含有效载荷部分长度为 32.31 米，助推火箭长 29.26 米，含助推火箭时直径为 9.14 米，芯体火箭的直径为 3.05 米。采用惯性制导，用于发射"大鸟"照相侦察卫星。

图 11-9　"大力神ⅢE"空间运载火箭

【"大力神ⅢE"（SLV-5E）空间运载火箭】 美国宇航局的大型空间运载火箭。主要用于发射探测火星、木星、土星的飞行器，如"太阳号"、"海盗号"和"水手号"。发射场是美国"肯尼迪"空间飞行中心。1963 年 7 月首次发射。近地轨道、同步轨道、逃逸轨道、的有效载荷分别是 17237 公斤、3629 公斤、3175 公斤，动力装置是由助推火箭、芯体火箭、第二级和末级火箭组成，使用四氧化二氮／混肼-50 推进剂，起飞推力为 1324.49 吨，助推火箭、芯体火箭和末级火箭的推力分别为 1088.62 吨、235.87 吨、45.36 吨，起飞重量 641.19 吨，不含末级火箭长度为 48.8 米，芯体火箭长 29.8 米，含助推火箭时直径为 9.14 米，芯体火箭直径为 3.05 米。采用惯性制导。

【"土星 1"空间运载火箭】 美宇航局的大型运载火箭。用于"阿波罗"宇宙飞船计划，"土星"族运载火箭之一。有效载荷为 10500 公斤，动力装置由第一级和第二级组成，第一级使用液氧/煤油推进剂，第二级使用液氧/液氢推进剂，第一级、第二级的推力分别为 680 吨、40.8 吨，长度为 38 米，直径 6.55 米。用于发射"飞马座"宇宙探测器。

【"土星 1B"空间运载火箭】 美宇航局的大型运载火箭。"土星 I"的改进型，亦属于"土星"族。1966 年 2 月首次进行不载人"阿波罗 CSM"飞

图 11-10 "土星 IB"空间运载火箭

船亚轨道飞行，1968 年 10 月首次发射载人"阿波罗 CSM"飞船。地球轨道、185 公里轨道的有效载荷分别为 18144 公斤、16600 公斤，动力装置由第一级和第二级组成，第一级使用液氧/煤油推进剂，第二级使用液氧/液氢推进剂，第一、二级的推力分别为 744 吨、102 吨，起飞重量 585 吨，长度 43 米，直径 6.55 米，含"阿波罗 CSM"飞船时长 68.8 米。用于发射"阿波罗"飞船。

【"土星 5"空间运载火箭】 美国最大型的空间运载火箭，"土星"族运载火箭成员之一。1967 年 11 月首次将不载人"阿波罗 4 号"飞船送入月球轨道，1969 年 7 月载人"阿波罗 11 号"首次登月。地球轨道、196 公里轨道、432 公里轨道、逃逸、登月、同步轨道的有效载荷分别为 129273 公斤、127000 公斤、90600 公斤、45000 公斤、24600 公

斤，动力装置由第一级、第二级、第三级组成，第一级使用液氧/煤油推进剂，第二级使用液氧/液氢推进剂，第一、二、三级的推力分别为 3434 吨、510 吨、102 吨，起飞重量 2843 吨，85.6 米长，直径 10 米，包括"啊波罗"飞船长 110.6 米。采用惯性制导，用于发射"阿波罗"飞船。

【"东方号"空间运载火箭】 苏联 1958—1960 年研制。1960 年 5 月首次发射，1967 年在巴黎公开展出。该火箭地球轨道有效载荷为 6170 公斤，由四具助推火箭、一具芯体火箭和一具末级火箭作动力装置，推进剂是液氧/煤油，起飞推力为 510 吨，助推火箭的推力为 408 吨，芯体火箭推力为 102 吨，末级火箭推力为 90 吨，起飞重量为 325 吨，空重为 32.6 吨。此火箭全长为 38 米，助推火箭长 19 米，芯体火箭长 28 米，末级火箭长 10 米，含助推火箭时直径为 10.3 米，助推火箭、芯体火箭和末级火箭的直径分别为 3 米、2.99 米、2.6 米。"东方号"空间运载火箭用于发射载人宇宙飞船和重型人造卫星。

【"宇宙号"（A 型）空间运载火箭】 苏联研制。1962 年首次发射。有 A 型、B 型、C 型三种型号。近地轨道有效载荷为 450 公斤，由一具主体火箭和一具末级火箭作动力装置，主体火箭使用液氧/酒精作推进剂，末级火箭使用液氧/偏二甲肼作推进剂，起飞推力约 74 吨，末级火箭的推力为 11 吨。火箭全长 30 米，主体火箭和末级火箭的长度分别为 20 米和 10 米，主体火箭和末级火箭的直径分别为 1.7 米、1.65 米。"宇宙号"（A 型）空间运载火箭用于发射"宇宙号"系列中的科学卫星。

【"联盟号"（SL-4）空间运载火箭】 苏联研制，系 SS-6 型洲际导弹的改进型。地球轨道有效载荷 7484 公斤，动力装置由四具助推火箭、一具芯体火箭、第二级和一具末级火箭组成，使用液氧/煤油作推进剂，起飞推力为 510 吨，助推火箭、芯体火箭和第二级的推力分别是 408 吨、102 吨、102 吨，起飞重量为 326.58 吨，全长 48 米，助推火箭、芯体火箭、第二级和末级火箭的长度分别为 19 米、28 米、10 米、10 米，含助推火箭时直径为 10.3 米，助推火箭的直径为 3 米，芯体火箭和第二级的直径为 2.99 米。"联盟号"（SL-4）空间运载火箭用于发射载人宇宙飞船、地球轨道实验室和侦察卫星。

【"上升号"空间运载火箭】 苏联研制。1964 年 10 月首次发射"上升号"宇宙飞船。飞船的

长是 7.62 米，直径为 3.96 米。有效载荷 5990 公斤（"上升号"宇宙飞船重量），动力装置由四具助推火箭、一具芯体火箭和一具末级火箭组成，使用液氧／煤油作推进剂，起飞推力为 510 吨，助推火箭、芯体火箭、末级火箭的推力分别为 408 吨、102 吨、140 吨，火箭全长 44 米，助推火箭、芯体火箭、末级火箭的长度分别为 19 米、28 米、16 米，含助推火箭时直径为 10.3 米，助推火箭、芯体火箭、末级火箭的直径分别为 3 米、2.99 米、2.6 米。"上升号"空间运载火箭用于发射"上升号"宇宙飞船。

图 11-11　"上升号"空间运载火箭

【"钻石 A"型空间运载火箭】　法国研制。1965 年 11 月发射法国第一颗人造卫星，1966-67 年相继发射了三颗科学卫星。480 公里轨道有效载荷 80 公斤，动力装置为第一、二、三级组成，第一级使用白烟硝酸／松节油推进剂，起飞推力为 30 吨，第二、三级推力分别为 15 吨、5.3 吨，起飞重量 18.4 吨，全长 18.9 米，第一级长 10 米，第一、二、三级直径分别为 1.4 米、0.8 米、0.65 米。采用惯性制导，用于发射实验卫星和科学卫星。

【"钻石 B"型空间运载火箭】　法国研制。1970 年 3 月，法国与西德合作首次在圭亚那库鲁空间飞行中心用"钻石 B"火箭发射了一颗重 115 公斤重的西德科学卫星。同年 12 月，又发射了一颗重 70 公斤的实验型气象卫星。480 公里轨道的有

效载荷为 120 公斤，动力装置由第一、二、三级组成，第一级使用四氧化二氮／偏二甲肼推进剂，起飞推力为 35.6 吨，第二、三级的推力分别为 15.3 吨、4.6 吨，起飞重量为 24.98 吨，全长约 23 米，直径 1.4 米。采用惯性制导，用于发射科学卫星、气象卫星。

【"阿里安"空间运载火箭】　法国正在研制中的大型空间运载火箭。1000 公里轨道、逃逸轨道有效载荷分别为 2700 公斤、970 公斤，动力装置由第一、二、三级组成，第一、二级使用四氧化二氮／偏二甲肼推进剂，第三级使用液氧／液氢推

图 11-12　"阿里安"空间运载火箭

进剂，起飞推力为 269.43 吨，第二、三级推力分别为 58.95 吨、6.12 吨，起飞重量为 205.35 吨，全长约 47.6 米，第一、二、三级和整流罩的直径分别为 3.78 米、2.59 米、2.59 米、3.2 米，翼展 7.6 米。采用惯性制导，用于发射各种卫星。

【"兰达-4S"空间运载火箭】　日本研制。1966 年 9 月首次发射，1970 年 2 月"兰达-4S"5 号发射成功，并把日本第一颗人造卫星"大隅"（重 9.4 公斤）送入 339-5138 公里的椭圆轨道。发射场在日本鹿儿岛空间中心。480 公里轨道有效载荷 20 公斤，动力装置由助推火箭、芯体火箭、第二、三、四级组成，使用固体燃料推进剂，起飞推力为 63 吨，助推火箭推力为 26 吨，芯体火箭推力为 37 吨，起飞重量为 9.4 吨，全长 16.5 米，直

径 0.74 米。用于发射应用卫星。

【"N-1"型空间运载火箭】 日本研制。200公里轨道，逃逸轨道，地球同步轨道的有效载荷分别为 1000 公斤、130 公斤、100 公斤，动力装置由助推火箭、芯体火箭、第二级、第三级组成，芯体火箭使用液氧／煤油推进剂，第二级使用四氧化二氮／混肼-50 推进剂，起飞推力为 148.76 吨，起飞重量为 90.4 吨，全长 32.6 米，助推火箭长7.25 米，含助推火箭时直径 4.02 米，助推火箭、芯体火箭、第二、三级直径分别为 0.79 米、2.44米、1.62 米、1.65 米。采用姿态控制制导，用于发射各种应用卫星。

【"N-2"型空间运载火箭】 日本研制。逃逸轨道有效载荷 450 公斤，动力装置由助推火箭、芯体火箭、第二、三级组成，芯体火箭使用液氧／煤油推进剂，第二级使用四氧化二氮／混肼-50 推进剂，起飞推力为 289 吨，助推火箭、芯体火箭、第二、三级的推力分别是 211.6 吨、78吨、4.3 吨、6.8 吨，起飞重量 135 吨，全长 30.54米，助推火箭长 7.25 米，含助推火箭直径为 4.02米，助推火箭直径为 0.79 米，芯体火箭直径为2.44 米。用于发射各种应用卫星。

【"缪-4S"空间运载火箭】 日本研制。1970 年 9 月首次发射，1971 年 2 月日本用"缪-4S"2 号火箭发射第一颗人造卫星"淡青"，1971年 9 月，日本用"缪-4S"3 号火箭成功地发射了第三颗人造卫星，1972 年 8 月，日本用"缪-4S"4 号火箭成功地发射了第四颗人造卫星。发射场在日本鹿儿岛空间中心。245-6291 公里的椭圆形轨道的有效载荷为 75 公斤，动力装置由助推火箭、芯体火箭、第二、三、四级组成，使用固体燃料推进剂，起飞推力为 155 吨，助推火箭推力为 80 吨，芯体火箭推力为 75 吨，起飞重量 43.78 吨，全长23.57 米，直径 1.41 米。用于发射应用卫星。

【"长征 1 号"运载火箭】 中国研制的运载火箭。1970 年 4 月将中国第一颗人造地球卫星"东方红号"（重 173 公斤）送入 439～2384 公里的椭圆轨道，71 年 3 月又用它成功地发射过"实践 1号"人造地卫星。"长征 1 号"运载火箭由三级火箭组成，第一、二级箭体直径 2.25 米，采用液体火箭发动机，以浓硝酸／偏二甲肼为推进剂，第三级箭体直径 1.70 米，采用固体火箭。400 公里地球轨道有效载荷 300 公斤。

【"长征 2 号"运载火箭】 中国研制的运载火箭。1975 年 11 月成功地将中国第一颗返回式应用卫星送入预定轨道。"长征 2 号"为二级运载火箭，采用液体火箭发动机，以四氧化二氮／偏二甲肼为推进剂，箭体总长度 32 米，直径 3.35 米，起重推力 280 吨，400 公里轨道有效载荷 1800 公斤。

【"长征 3 号"运载火箭】 中国为发射地球同步卫星而研制的三级运载火箭。1984 年 4 月成功地将中间第一颗地球同步卫星关入预定轨道。三级火箭皆采用液体火箭发动机，第一、二级发动机以四氧化二氮／液氧为推进剂。一二级火箭直径3.35 米，三级火箭直径 2.25 米，火箭总长 42 米，起重推力 288 吨，同步轨道有效载荷 1400 公斤。

【"长征 4 号"运载火箭】 中国研制。1988年 9 月用于发射中国第一颗太阳同步卫星。"长征4 号"运载火箭为三级火箭皆采用液体火箭发动机，一、二级发动机采用四氧化二氮／偏二甲肼推进剂，三级发动机采用液氧／液氢推进剂，一、二级直径 3.35 米，三级直径 2.25 米，火箭总长度 43米，起重推力 300 吨，太阳同步轨道有效载荷1250 公斤。

【"长征 2E"运载火箭】 中国正在研制的三级火箭。拟于 1992 年前用它发射澳大利亚的二颗"AVSSAT-B"地球同步卫星。"长征 2E"运载火箭全长 51 米，一、二级直径 3.35 米，三级直径 2.25米，一、二级采用四氧化二氮／偏二甲肼推进剂，三级采用液氧／液氢推进剂，一级有四个助推器，每个助推器直径 2.25 米，起重推力 600 吨，起飞重量 462 吨，200 公里轨道有效载荷 8500 公斤，同步轨道有效载荷 2500 公斤。

十二、导 弹

图 12-1　导弹

1-14.导弹按发射地点和目标位置的分类：1."地对地"　2."岸对舰"　3."舰对岸"　4."舰对舰"　5."舰对水下目标"　6."潜对舰"　7."潜对地"　8."空对地"　9."空对水下目标"　10."空对舰"　11."地对空"　12."舰对空"　13."潜对空"　14."空对空"　15-27.导弹的种类　15-18.弹道导弹：16.战术导弹　17.战役战术导弹　18.战略导弹　19-22.有翼导弹：20.防空导弹　21.反坦克导弹　22.飞航式导弹；23-27.机载导弹　23-25."空对空"导弹：24.非制导导弹[火箭]　25.导弹　26.航空鱼雷　27.制导炸弹；28-31.导弹战斗部的位置：29.在中部　30.在头部　31.在尾部。

【导弹】　　依靠自身动力装置推进，由制导系统导引，控制其飞行路线并导向目标的武器。它的弹头可以是普通装药的、核装药的或化学、生物战剂的。其中装普通装药的称常规导弹；装核装药的称核导弹。

　　导弹的出现约有 50 年历史。这是因为科学技术发展到 20 世纪 30 年代末期，才提供了研制导弹的技术基础，同时在军事上也提出了研制这种武器的需求。最早研制出导弹的是德国。第二次世界大战后期，它为了挽回败局，使用了所谓"复仇武器"1 号和 2 号。前者称 V-1，是一种飞行距离约 300 公里的巡航导弹，后者称 V-2，是一种射程约

320 公里的弹道导弹。这两种导弹装的都是普通装药弹头。此外，德国还研制了用来对付英、美轰炸机群比高射炮更有效的地空导弹，如"龙胆草"和"莱茵女儿"导弹，以及反坦克，反舰导弹等。这些导弹，后来都成为其他国家发展导弹的借鉴和参考。

　　导弹按发射点和目标位置通常分为：从地面发射攻击地面目标的地地导弹；从地（水）面发射攻击空中目标的地（舰）空导弹；从空中发射攻击地（水）面目标的空地（舰）导弹；从水下用潜艇发射攻击目标的潜地导弹；从水面舰艇上发射攻击水面舰船的舰舰导弹；从岸上发射攻击水面舰船的岸

舰导弹；用于拦截敌方远程弹道导弹的反导弹导弹；用于击毁敌方坦克等装甲目标的反坦克导弹；用于摧毁敌方雷达的反雷达导弹等。此外，导弹也可按飞行方式分为：在大气层内以巡航状态飞行的巡航导弹，穿出稠密大气层后作自由抛物体弹道飞行的弹道导弹。导弹还可按作战使用分为战略导弹的战术导弹。

　　发射导弹要有导弹系统、侦察瞄准系统和指挥系统；导弹在飞行中不断控制和校正弹道，以保证飞行稳定，减少各种干扰造成的误差，提高命中精度，还要有一个制导分系统和弹头分系统；以及弹体结构分系统和弹上电源分系统。导弹除便携式反坦克，反飞机等小型导弹外，一般均需有供导弹运输，测试和发射的专门设备，即地面设备系统。导弹、地面设备、侦察瞄准和指挥等四大系统，就构成了导弹武器系统。导弹系统由推进、制导、弹头、弹体结构和弹上电源等五个分系统组成。

　　导弹武器，特别是核导弹的射程远，速度快，命中精度高，杀伤破坏威力大，是武器发展史上一次质的飞跃，给未来战争带来一系列新的特点。

【液体推进剂导弹】　　以液体推进剂火箭发动机为动力装置的导弹。简称液体导弹。液体导弹多数为战略导弹，也有战术导弹。液体导弹的火箭发动机比冲高，推力大，可携带较大的弹头，发动机能多次点火，推进剂流量可调节。但液体导弹的动力装置需要有专门的推进剂贮箱和增压、输送系统，以及发动机的喷注、冷却系统等，因此体积较大，结构复杂。最早的液体导弹，是第二次世界大战末期德国研制V-2导弹。战后，苏联、美国、中国等研制了液体导弹。导弹最初使用的推进剂沸点低，不便贮存。20世纪60年代以来，广泛使用了可贮液体推进剂。70年代，美国的"长矛"导弹等还使用了预包装可贮液体推进剂。美国装备的液体导弹，早在60年代中期开始，就逐步用固体导弹替换。苏联到80年代初装备的战略弹道导弹，多数仍是液体导弹。

【预装式液体导弹】　　在全服役期内处于加注状态的液体导弹。它采用了可长期贮存的推进剂、耐腐蚀的结构材料和提高推进剂系统气密性的一系列设计工艺措施。使用井式发射装置的导弹，还可在装有导弹的发射井或发射管内造成小气候做为附加手段，以保障导弹的长期贮存。

【固体推进剂导弹】　　以固体推进剂火箭发动机为动力装置的导弹。简称固体导弹。这种导弹有战术导弹，也有战略导弹。固体战略导弹都携带核弹头。固体战术导弹多携带常规弹头，少数携带核弹头，有的既可携带常规弹头，又可携带核弹头。固体导弹的火箭发动机结构简单，推进剂贮存在燃烧室常备待用，能适应自旋姿态下工作，失重状态下点火容易，地面设备较少。因此，这种导弹维护使用方便，发射准备时间较短，便于携载和机动。但是，固体推进剂药柱通常受环境温度和湿度影响较大，比冲较低，发动机的推力调节和多次启动困难。尽管如此，固体导弹以其特有的优越性，被各国广泛采用。

【飞航式导弹】　　一种由气动升力、喷气发动机推力和重力决定其飞行轨迹的无人驾驶飞行器。飞航式导弹的主要组成部分是：弹体、起飞发动机和主发动机、控制系统、战斗部。弹体由壳体、承力面、操纵面及稳定面组成。壳体内装有主发动机、推进剂箱、控制系统和战斗部。可选取装平面弹翼和飞机外形或十字形弹翼和尾翼。根据气动力面的相互位置，通常采用下列外形：正常式、鸭式和旋转弹翼式。可使用固体火箭发动机、液体火箭发动机、冲压式空气发动机、涡轮喷气发动机或脉动式空气喷气发动机。控制系统分为自主控制系统、遥控系统、自动导引系统和复合控制系统。通常在弹道末段采用自动导引系统，而在弹道初段和中段采用自主控制或遥控。飞航式导弹不装战斗部时，可安装侦察仪器或电子对抗设备。

　　飞航式导弹可分为"面对面"、"面对空"、"空对面"和"空对空"导弹。"面对面"飞航式导弹从地面或舰艇上发射，毁伤陆上或海上目标。"面对空"飞航式导弹从地面或舰艇上发射，毁伤空中目标。"空对面"飞航式导弹从飞行器上发射，毁伤雷达站、坦克、水面或水下舰艇等。"空对空"飞航式导弹从飞行器上发射，毁伤空中目标。有时，对采用飞机外形的飞航式导弹，也称做巡航导弹。

【自动导引导弹】　　装有弹上自动导引仪器的导弹。用于毁伤空中、地面和水面目标、军事和工业设施及军事技术装备。自动导引导弹可从地面发射装置和空中、水面及水下运载工具上发射。其仪器包括自动导引头、放大器和自动驾驶仪。可将这些仪器组成一个多功能的组合。自动导引导弹广泛应用于防空导弹综合系统、"空对空"、"空对地"航空导弹系统以及海上发射的飞航式导弹系统。

【可控火箭弹】　　装有飞行控制系统，靠火箭发动机推力到达目标的无人驾驶飞行器。导弹的旧称。20世纪40年代末到50年代初，"可控火箭弹"这一术语广为流行，从60年代始逐渐不用。

【诱惑导弹】　　带有电子干扰装置用作假目标的空地导弹。通常由远程轰炸机携带，在突防时发射。发射后，作为一个假目标，以电子干扰信号引诱和迷惑敌方雷达、截击机和其他防空兵器，辅助远程轰炸机突防。武装型诱惑导弹带有装药战斗部，除起诱惑作用外，还能攻击敌方区域防御设施，以增强突防能力。

【惰性弹】　　装有惰性战斗部的导弹。其战斗部不能引爆，只供打靶用。

【遥测弹】　　装有遥测仪器，供试验用的导弹。弹上各系统装有相应的遥测设备；可在试飞中采集各部分的工作数据，为进行故障分析、射程分析、精度分析的修改设计提供资料。

【远程导弹】　　射程 3000～8000 公里的导弹。

【中程导弹】　　射程 1000～3000 公里的导弹。

【近程导弹】　　射程在 1000 公里以下的导弹。

【战略导弹】　　用于打击战略目标的导弹。进攻性战略导弹，通常射程在 1000 公里以上，携带核弹头，主要用于打击敌方政治经济中心。军事和工业基地、核武器库、交通枢纽等重要战略目标。战略导弹是战略核武器的主要组成部分。

战略导弹按发射点与目标位置分为地地战略导弹，潜地战略导弹，空地战导弹等；按用途分为进攻性战略导弹，防御性战略导弹；按飞行方法分为战略弹道导弹和战略巡航导弹，按射程分为中程，远程和洲际导弹。

战略弹道导弹主要由弹体、动力装置、制导系统和弹头等组成。其发射方式为：地地战略弹道导弹，可采用地面固定发射、机动发射或地下井发射。潜地战略弹道导弹，采用潜艇水下发射。战略巡航导弹，可在地面、舰艇、潜艇或飞机上发射。

第二次世界大战后，美国和苏联在德“V-1”、“V-2”导弹基础上，开始发展战略导弹。中国于 50 年代末开始研制战略导弹，1966 年 10 月 27 日成功地进行了导弹核武器试验。此后，又发展了远程、洲际弹道导弹。法国亦于 50 年代末开始研制地地和潜地战略弹道导弹，70 年代初装备部队。70 年代初期和中期，美苏两国装备的分导式多弹头战略导弹，提高了突防能力和打击多个目标的能力。目前，美苏等国先后研制和装备的战略导弹已达几十种型号，现装备的有 30 余种，经过几次更新换代。

战略导弹的发展趋势是继续研究改进制导技术，注意发展多种发射方式和多种弹头；对导弹和导弹发射井采取抗核加固；在进一步完善大型战略导弹的同时，注意研究机动的，小型的和单弹头的战略弹道导弹；简化发射装置和设备，使之轻便化和提高机动能力。

【战术导弹】　　用于直接支援战场作战，打击战役战术纵深内目标的导弹。其射程通常在 1000 公里以内，属近程导弹。它主要用于打击敌方战役战术纵深内的核袭击兵器、集结的部队、坦克、飞机、舰船、雷达、指挥所、机场、港口、铁路枢纽和桥梁等目标。

战术导弹种类繁多。有打击地面目标的地地导弹、空地导弹、舰地导弹、反雷达导弹和反坦克导弹；打击水域目标的岸舰导弹、空舰导弹、舰舰导弹、潜舰导弹和反潜导弹；打击空中目标的地空导弹，舰空导弹和空空导弹等。这些导弹采用的动力装置有固体火箭发动机、液体火箭发动机和各种喷气发动机。战术导弹的弹头有普通装药弹头、核弹头和化学，生物战剂弹头等。

战术导弹首先由德国在第二次世界大战期间制成并使用。战后，战术导弹得到了迅速发展，一些国家于 20 世纪 50 年代后陆续将其装备部队。随着科学技术的发展，战术导弹的战术技术性能有了不断改进和提高；制导方式多种多样，主要有无线电制导、惯性制导、红外制导、雷达制导和激光制导等，有的导弹还采用复合制导，命中精度不断提高；发射方式由最初的地面固定发射发展到车载、机载、舰载发射，有的由单兵肩扛发射，机动性能不断提高。50 年代以来，常规战术导弹曾在多次局部战争中被广泛使用，成为现代战争中的重要武器之一。

战术导弹的发展趋势主要是进一步改进制导系统，提高命中精度；简化发射方式，减少地面设备，提高机动性能和快速反应能力；实行武器系统的标准化、系列化和通用化；加强电子对抗能力，研制新型核弹头和各种不同功能的常规弹头等。

【洲际导弹】　　通常指射程在 8000 公里以上的导弹。由于各国所处的地理位置和作战对象不同，对洲际导弹的射程规定也不一致。洲际导弹分弹道导弹和巡航导弹两类，是战略核武器的重要组成部分。

1957 年 8 月苏联首次试射成功第一枚 SS-6 陆基洲际弹道导弹，射程约为 8000 公里。同年，美国研制成功射程为 8000 公里的“鲨蛇”洲际导弹，后因性能较差，停止发展，而加紧研制射程达10000公里的"宇宙神"洲际弹道导弹，于1959年开始装备部队。到20世纪70年代，出现了潜地洲际导弹。陆基洲际导弹几经更新换代，战术技术性能大大提高。命中精度从数公里提高到几百米；射程可达一万余公里；采取了抗核加固措施；发展到集束式和分导式多弹头，提高了突防和摧毁目标的能力。

洲际弹道导弹通常采用多级液体或固体火箭发动机，采用惯性制导或复合制导，携带核装药单弹头或多弹头。它具有推力大，飞行速度快，射程远，命中精度高，杀伤破坏威力大等优点。但多数存在体积大，笨重和不便机动和等弱点。陆基洲际弹道导弹，一般配置在地下发射井内，采用自力发射或外力发射方式。潜地洲际弹道导弹，配置在核动力潜艇上，从水下发射。美国现役洲际弹道导弹有"民兵"陆基洲际弹道导弹和"三叉戟"潜地洲际弹道导弹等数种型号；苏联则装备有SS-13、SS-19陆基洲际导弹和SS-N-18潜地洲际导弹等十余种型号。中国已拥有自己的洲际导弹。

洲际导弹总的发展趋是：在改进完善大型导弹的同时，注意发展小型，机动的陆基洲际弹道导弹，增大潜地洲际弹道导弹的射程，研制新型洲际巡航导弹，采用机动弹头，进一步提高导弹的精度、生存能力、突防和攻击能力。

【弹道导弹】　　主动段在推力作用下按预定弹道飞行，被动段按自由抛物体轨迹飞行的导弹。这种导弹的整个弹道分为主动段和被动段。在主动段，导弹在火箭发动机推力和制导系统作用下飞行；在被动段，导弹按照在主动段终点获得的给定速度和弹道倾角做惯性飞行。弹道导弹按射程分为洲际、远程、中程、近程导弹。

弹道导弹能按预定的弹道飞行，准确攻击目标，主要是由制导系统实现的。其制导方式有无线电遥控制导、惯性制导、星光-惯性制导等。近30年来，各国研制的弹道导弹，绝大多数采用惯性制导。

由于惯性制导技术的不断发展，使弹道导弹的命中精度有很大提高。如20世纪60年代初服役的"宇宙神"洲际弹道导弹，射程10000公里，命中精度（圆公算偏差）2.77公里，而70年代末服役的"民兵"Ⅲ洲际弹道导弹，射程13000公里，命中精度已提高到0.185公里。

弹道导弹的主要特点是：导弹沿着一条预定的弹道飞行，攻击固定的目标；通常采取垂直发射，使导弹平稳起飞上升，缩短在大气层中飞行的距离，以最低的能量损失去克服作用于导弹的空气阻力；导弹绝大部分弹道处于稀薄大气层或外大气层内；弹头再进入大气层时速度大，空气动力加热剧烈，弹头结构要采取防热措施。

【洲际弹道导弹】　　射程在8000公里以上的弹道导弹。现代洲际弹道导弹的射程多为10000-11000公里。洲际弹道导弹是用于毁伤地球上离发射点很远目标的战略导弹。可从地面发射装置发射，也可从潜艇上发射。其结构是多级的，使用液体或固体推进剂火箭发动机，可安装核装药的单弹头或多弹头（霰射弹头）。

【巡航导弹】　　依靠空气喷气发动机的推力的弹翼的气动升力，主要以巡航状态在大气层内飞行的导弹。早期称飞航式导弹。它可从地面、空中、水面或水下发射，攻击固定目标或活动目标。既可作战术武器，也可作为战略武器。

巡航导弹主要由弹体，制导系统。动力装置和战斗部组成。弹体包括壳体和弹翼等。

第二次世界大战末期，德国首先研制成功V-1巡航导弹。战后，美国和苏联等国家都发展了巡航导弹。美国首先研制了"斗牛士"、"鲨蛇"等地地巡航导弹，随后又研制了"天狮星"舰载巡航导弹，"大猎犬"机载巡航导弹等十几种型号。这些巡航导弹体积大，飞行速度慢，机动性能差，易被对方拦截，多数在20世纪50年代末被淘汰。苏联研制巡航导弹基本上是与弹道导弹同时进行的。继美、苏两国之后，中、法、英、意等国也都研制了巡航导弹。

70年代，随着科学技术的迅速发展，美国重新研制新一代的巡航导弹，先后研制成功AGM-86B机载巡航导弹和BGM-109"战斧"舰载巡航导弹；苏联也研制了SS-N-12舰载巡航导弹和AS-6机载巡航导弹，还研制了新型SS-NX-21潜射巡航导弹，和SSC-X-4陆基巡航导弹等，并对现役型号进行了技术改进。

巡航导弹在70年代得到广泛的发展。不少国家已将战术巡航导弹装备部队，用于实战。现代巡航导弹与50年代研制的型号相比，其主要特点是：体积小、重量轻，便于隐蔽和机动发射；命中精度高，可打击导弹发射井一类的坚固目标，提高了毁伤目标的能力；导弹的雷达波有效反射面小，可在低空机动飞行，对方不易发现和拦截，提高了突防能力；既能在地面、空中发射，也能在水面、水下发射，攻击活动的和固定的各种点目标和面目标，是一种比较理想的多用途进攻性武器。

为发展新型巡航导弹。特别是为研制远程和洲际巡航导弹，一些国家正在研制高性能和高推重比的发动机，以提高导弹的飞行速度和增大射程；选择性能好的结构材料和吸收材料，以减轻导弹的重量，减小雷达波有效反射面，进一步提高导弹的突防能力，发展新的制导系统，使导弹可以自行搜索，识别和攻击目标。

【地地导弹】 从陆地发射打击陆地目标的导弹。地地导弹由弹体、弹头或战斗部、动力装置和制导系统等组成。它与导弹地面指挥控制，探测跟踪，发射系统等构成地地导弹武器系统。地地导弹按飞行方式分为巡航式和弹道式两类。最早的地地导弹，是德国在第二次世界大战末使用的 V-1 巡航导弹和 V-2 弹道导弹。战后各国在此基础上研制了各种地地战术导弹，以及中程、远程和洲际地地战略导弹。地地战略导弹携带单个或多个核弹头，具有射程远、威力大、精度高等特点。地地战术导弹携带核弹头或常规弹头，射程较近，用于打击战役战术纵深内的目标。近 40 年来，地地导弹发展迅速，种类繁多，装备数量也大。地地战略导弹已成为战略核武器的重要组成部分，地地战术导弹已成为地面部队的重要武器。地地导弹既可打击地面固定目标，也可打击地面活动目标；既可打击面目标，又可打击点目标。可采用地面、地下，固定、机动，垂直、倾斜等多种发射方式。地下井发射的地地导弹通常需采取抗核加固措施，提高在核条件下作战的生存能力。

【舰地导弹】 从舰船上发射，攻击陆地上目标的导弹。

【潜地导弹】 由潜艇发射攻击地面固定目标的导弹。它由艇上的导航系统和导弹指挥控制，检测，发射系统等构成潜地导弹武器系统。其机动性大，隐蔽性好，生存能力强，便于实施核突击，是战略核武器的重要组成部分。

潜地导弹分弹道式和巡航式两大类。潜地弹道导弹多用固体火箭发动机作动力装置，采用惯性制导或天文加惯性制导，携带核弹头。核弹头有单弹头、集束式多弹头和分导式多弹头，爆炸威力为数万吨～百万吨 TNT 当量。射程 1000～10000 余公里。导弹装在潜艇中部的垂直发射筒内，每艘潜艇一般有 12～14 具发射筒，每具装一枚导弹。潜地巡航导弹通常用空气喷气发动机。

第二次世界大战后，美、苏两国先研制出陆基战略导弹，随后发展潜地战略导弹。苏联于 1955

年 9 月首次用潜艇在水面发射了一枚由陆基战术导弹改装的弹道导弹，1958 年正式装备了水面发射的 SS-N-4 弹道导弹。1963 年开始装备水下发射的 SS-N-5 潜地弹道导弹，射程 1000 余公里。随后相继装备了几种潜地导弹，射程提高到 2000 余公里至近万公里。

美国于 1955 年将"天狮星"I 巡航导弹装备潜艇。1960 年 7 月，从"乔治·华盛顿"号核潜艇上首次水下发射"北极星"AI 潜地弹道导弹，射程 2200 公里。1970 年研制成第二代潜地弹道导弹"海神"，射程 4600 公里，携带分导式多弹头，能攻击彼此相距 100 公里左右的不同目标，其圆公算偏差约 0.54 公里。1971 年开始研制第三代潜地弹道导弹"三叉戟"I，采用三级固体火箭发动机，射程 7400 公里，携带 8 个分导式弹头，1979 年首次装艇。技术更先进，射程达 12000 公里的"三叉戟"II 潜地弹道导弹，正在研制之中。70 年代后期，美国还研制成潜艇发射的战略巡航导弹"战斧"，最大射程 2500 公里，圆公算偏差约 30 米。继美、苏两国之后，法国和美国也装备了潜地弹道导弹。1982 年 10 月，中国用潜艇在水下向预定海域发射运载火箭获得成功。

潜地导弹的发展趋势，主要是增大射程，增强突防能力，提高命中精度和摧毁能力。

【反雷达导弹】 导向雷达辐射源的导弹。用于摧毁雷达站。反雷达导弹既可利用雷达站天线系统的主辐射，也可利用背景辐射实现制导。可在高空或低空、平飞、爬高、俯冲，以及直接对准目标飞行中，从运载飞机上发射。外军反雷达导弹的主要战术技术性能是：发射重量 170-900 公斤，战斗部重 60-200 公斤，固体推进剂发动机，发射高度由 150-200 米至 20-22 公里，射程 7-370 公里，最大速度 1500 米／秒，破片数由 3000-5000 块到 23000 块，破片重量由 1 克到 10-15 克，制导系统为被动式或复合式。反雷达导弹主要的作战方法是打击预先选定的雷达站。发射前要对雷达站进行侦察，测定其辐射参数和所在位置。

反雷达导弹的改进方向是：扩大工作频率范围，增加导弹的最大射程和飞行速度，提高制导系统的精度，增大战斗部的威力。

【防空导弹】 用于击毁空中目标的装有喷气发动机的无人驾驶飞行器。其主要构件有：弹体、弹上制导设备、导弹弹头和发动机装置。弹体由壳体和空气动力面组成。壳体用于安装战斗部、弹上制导设备和发动机装置。导弹的气动外形有三种：正常式、鸭式和旋转弹翼式。导引方法有以下几种：遥控导引、自动寻引和复合制导。防空导弹可装普通装药或核装药战斗部。由触发引信或非触发引信引爆。采用得最广泛的是固体火箭发动机，但也用液体火箭发动机、冲压式空气喷气发动机和火箭冲压式发动机。防空导弹有单级的和两级的；有地面的和舰载的；有亚音速的和超音速的。70年代中期防飞机综合系统中的防空导弹的射程为0.5—700公里，击毁目标的高度为15米到30公里以上，发射重量为8公斤到7.3吨，最大飞行速度为270—1600米／秒。

【地空导弹】　从地（水）面发射攻击空中目标的导弹。又称防空导弹。它与地面（舰上）的探测跟踪、制导、发射系统等构成地空导弹武器系统。

地空导弹由弹体、弹上制导装置、战斗部和电源组成。弹体的气动外形通常有正常式、鸭式和转动弹翼式。弹上制导装置主要是自动驾驶仪。动力装置多使用固体火箭发动机，也有用液体火箭发动机，冲压喷气发动机或固体冲压一体化发动机的。除主发动机外，多装有起飞发动机。战斗部由壳体、装药、引信和传爆装置组成。地空导弹多用普通装药，也用核装药；多用非触发引信，也用触发引信。弹上电源多采用蓄电池。

目标探测跟踪系统通常由搜索，识别和目标指示等设备组成。搜索设备多是专用雷达，有些近程地空导弹武器系统也用光学设备；识别设备用来确定目标的属性，通常包括敌我识别器和目标种类识别设备；目标指示设备用于将搜索设备所获得的空情进行分析处理，供指挥控制中心实施指挥控制。

制导系统由地面制导设备和弹上制导装置组成，或仅由弹上制导装置组成。通常包括目标和导弹运动参数的测量设备，计算机，指令传输设备，以及指令执行装置等。地空导弹的制导方式有遥控制导，寻的制导和复合制导。为了准确地引导导弹打击空中活动目标，制导系统需要不断地测定目标和导弹的相互位置，并按照一定的导引规律，确定导弹的飞行路线，形成修正导弹航迹的指令。然后将此指令与弹上仪器感受的信息综合放大，形成控制信号，驱动舵机改变弹体姿态，控制导弹沿着确定的飞行路线飞向目标，并适时地控制引信启动或直接控制战斗部起爆。

发射系统用于装退，支撑和发射导弹，主要由发射控制设备组成。发射装置多是机动式，通常采用变角倾斜发射方式，发射前带动导弹跟踪、瞄准。发射控制设备用于控制导弹发射。

以上各分系统的具体组成和结构形式，取决于武器系统的作战使命，作战性能，使用原则以及对整个武器系统组成的特殊要求。有的对空导弹武器系统在其组成内包括几个制导、发射系统，以实现对多目标射击。

各国对地空导弹武器系统分类的方法和标准不尽相同。按作战使命，可分为国土防空、野战防空和舰艇防空三种。按机动力性能，可分为固定式、半固定式和机动式三种。其中，机动式又分为牵引式，自行式和便携式。按同时攻击目标数，可分为单目标通道和多目标通道两种，后者如美国的"爱国者"，可同时制导数枚导弹，攻击多个目标。按射程可分为远程、中程和近程三种。

地空导弹武器系统的战斗过程，大体可分为几个阶段：①搜索、发现、识别和指示目标；②跟踪、瞄准和发射导弹；③制导导弹飞向目标；④起爆战斗部摧毁目标。最早的地空导弹，是德国在第二次世界大战后期研制的"龙胆草"、"莱茵女儿"、"蝴蝶"和"瀑布"等导弹。战后，美、苏、英等国在上述研究成果的基础上，有计划地开始了地空导弹的发展工作。20世纪50年代，美、苏、英和瑞士等国先后研制成各自的地空导弹武器系统，相继装备部队。这些武器系统多属中、高空，中、远程，主要用于国土防空。中国人民解放军在50年代开始装备地空导弹。60年代后，越南抗美战争，中东战争使用地空导弹的实践，促进了低空突防和电子对抗的发展。各国在提高中、高空地空导弹武器系统反电子干扰能力和改进低空作战性能的同时，大力发展了机动能力强的低空近程地空导弹武器系统。至70年代，一些国家的地空导弹武器系统已构成远、中、近程，高、中、低空的火力配系，成为地面防空火力的主要组成部分。70年代以来，现代空袭的特点，集中表现为多种空袭兵器和各种战术手段的综合运用，并对地空导弹武器系统的发展提出了许多新课题：要求采用数字计算机和先进的软件系统，应用相控阵技术和系统工程的理论和方法，合理综合各种制导技术和制导方法，进一步提高抗干扰、抗饱和攻击和对付多目标的能力，以全面提高地空导弹武器系统和地面防空火力配系的综合作战效能，各国正争相探索，研制和完善各种多功能，多用途的地空导弹武器系统，地空导弹与其它防空武器相结合的综合武器系统和专用的反弹道导弹系统。

【舰空导弹】　从舰艇发射攻击空中目标的

导弹,是舰艇主要防空武器之一。它与舰艇上的指挥控制、探测跟踪、水平稳定、发射系统等构成舰空导弹武器系统。

舰空导弹按射程分为远程、中程、近程三类;按射高分为高空、中空、低空三类;按作战使用分为舰艇编队防空导弹和单舰艇防空导弹。

舰空导弹的最大射程达 100 余公里,最大射高 20 余公里,飞行速度为数倍音速。其动力装置多为固体火箭发动机,也有用冲压喷气发动机的。制导方式一般采用遥控制导或寻的制导,有的采用复合制导。战斗部多采用普通装药,由近炸或触发组合式引信起爆。20 世纪 50 年代中期,美国首先将"小猎犬"I 型舰空导弹装备于巡洋舰;又陆续发展出"黄铜骑士"、"鞑靼人"、和"标准"等型号的舰空导弹。有些国家的舰队也相继装备了舰空导弹。70 年代以来发展的某些舰空导弹,除能打击飞机和拦截反舰导弹外,还具有打击水面舰船的能力。1983 年初美国装备的"宙斯盾"舰空导弹武器系统,采用多功能相控阵雷达和复合制导,能同时对付多个目标。80 年代中期,中国装备了舰空导弹。海战实例表明,舰空导弹是一种有效的舰艇防空武器。其发展方向主要是:增大飞行速度和机动性,扩大作战空域,提高快速反应、抗干扰和对付多个目标的能力。

【潜空导弹】 从潜艇上发射,攻击空中目标的导弹。

【反弹道导弹导弹】 拦截敌方来袭的战略弹道导弹的导弹。也称反导弹导弹。它与多种地面雷达,数据处理设备和指挥控制通信系统等,组成防御战略弹道导弹的武器系统,简称反导系统。

反弹道导弹导弹是在地空导弹基础上发展起来的。美、苏两国都已部署的这类导弹,通常是两级或三级的有翼导弹,用固体火箭发动机推进,装核弹头,采用无线电指令制导(有的加寻的末制导),控制导弹对来袭弹头进行拦截。其发射方式有两种:一种是自力发射,在发射井内点火,垂直发射;另一种是弹射,即在发射井内用燃气将导弹推出地面,随之点火垂直上升。按拦截空域,可分为高空拦截导弹和低空拦截导弹。前者主要用于在 100 公里以上的大气层外实施拦截,利用核爆炸产生的高能粒子和 X 射线破坏目标;后者主要用于在稠密大气层中实施拦载,利用核爆炸产生的中子流和冲击波等多种效应摧毁目标。这两类拦截导弹在几秒钟内要达到很高的飞行速度和 100g 的加速度,因而弹体外形常设计成圆锥型,为了防止气动

加热烧坏,弹体外表面加有烧蚀防热层。

随着弹道导弹的出现,美国从 20 世纪 50 年代中期起,就开始研究对弹道导弹的防御问题。20 多年来,在反导系统的研制方面投资 160 多亿美元,进行过大量的基础研究,通过多种方案的探讨和系统试验,证实以导弹拦截带有简单突防装置的单个来袭弹头是可行的,先后发展了"奈基—宙斯"和"卫兵"两代反导系统。1970 年开始在北达科塔洲的大福克斯空军基地建造"卫兵"系统的第一个发射场。苏联也是在 50 年代中期开始研究对弹道导弹的防御问题,60 年代初研制出兼有反弹道导弹能力的 SA-5 远程地空导弹系统,1964 年 11 月在莫斯科展示出 ABM-1 高空拦截导弹,1967 年开始组成莫斯科反导防区。

一枚射程上万公里的洲际弹道导弹,从发射到命中目标仅需 30 分钟左右,可供拦截的作战时间很短,加之装的是核弹头,并带有轻、重诱饵等不易被雷达识别的突防装置,有的还携带多弹头,一旦漏防,后果严重。因此,拦截弹道导弹在技术上要求很高,必须做到及时发现,正确识别、精密跟踪和有效拦截,方能奏效。

第一代反导系统是美国于 60 年代初期研制的"奈基—宙斯"系统,由射高 100~160 公里的拦截导弹与截获、识别、跟踪、引导四部脉冲体制机械扫描雷达,以及指挥控制中心和数据处理设备等组成。"奈基—宙斯"系统原计划用于地面防御,保卫大城市。由于来袭弹头突防技术的发展,该系统识别真、假弹头的能力有限,难以对付多个目标,拦截效率和系统本身抗核袭击的能力低,因而没有部署。

第二代反导系统是美国于 70 年代研制的"卫兵"系统,比第一代反导系统有较大改进,采用高、低空两种拦截导弹进行双层拦截。高空拦截导弹"斯巴达人",最大射程 640 公里,可在大气层外构成大面积防御空域,低空拦截导弹"短跑",具有承受高加速度的能力,反应速度快,能在 10~20 秒内拦截经过雷达识别出的漏防来袭弹头,重点保卫"民兵"洲际导弹基地。此外,"卫兵"系统还采用两部新型相控阵雷达取代四部机械扫描雷达的功能,在多台大型高速电子计算机配合下,远程截获雷达能同时跟踪上百个目标;导弹场地雷达能在大气层中筛选识别目标,并可同时制导多枚拦截导弹拦截多个目标。

随着战略弹道导弹突防技术的发展,美、苏两国分别于 70 年代初期和中期装备了分导式多弹

头，继续发展机动式多弹头。反导系统要对付的目标日益增多和复杂，而其本身作战效能有限，生存能力低，代价太高，不能根本解决反导技术上面临的难题。1976 年 2 月，美国陆军关闭"卫兵"场地，只保留远程截获雷达，作为空军的攻击效果判定系统的设备。苏联一直保留莫斯科反导防区，1980 年 3 月宣布撤除其 54 枚 ABM-1 高空拦截导弹的一半，但系统的改进试验工作仍继续进行。

80 年代以来，美、苏两国都把注意力转向研究新的反导技术和探索新的反导途径。1983 年 10 月，美国国防部制定的"战略防御倡议"得到总统里根批准后，于 1984 年 4 月成立战略防御局，专管此项计划。计划在 1984~1989 财政年度期间，拨款 250 亿美元，全面论证用于保护整个国土的反导系统在技术上的可行性。初步设想的反导，是采用多层次，多种手段和以地面、空中、空间为基地的系统。它可以在来袭弹道导弹的各飞行段（主动段、中间段和再入段）进行逐层拦截。采用的探测手段有微波雷达、激光雷达和红外探测器等。拦截手段包括：高能激光、非核拦截导弹，中性粒子束和电磁炮等。实施计划的技术基础包括：采用长波红外探测器，在大气层外捕获跟踪和初步识别来袭弹头。1982 年验证了利用自适应光学原理，补偿大气层对光束传输影响的技术；1983 年以来，在太平洋导弹靶场进行过多次非核拦截导弹的飞行试验。在 1984 年的一次试验中，装有长波红外探测器的非核拦截导弹，直接碰撞击毁了目标，随着反导技术的发展，一枚非核拦截导弹有可能携带几十个能独立摧毁目标的弹头；1982 年验证了一种以氟化氙激光器为基础，经过喇曼转换使光束质量更为提高的激光器，以及发展较成熟的氟化氢化学激光器，有可能作为空间的反导系统。此外，以小型核装置作能源的 X 射线激光器，以及在自由电子激光，准分子激光和中性粒子束等反导武器的研究方面也取得了进展。

【空空导弹】 从飞行器发射攻击空中目标的导弹。是歼击机的主要战斗武器，也用作歼击轰炸机、强击机的空战武器。空空导弹由弹体与弹翼、制导装置、战斗部、动力装置等组成。它与机载火力控制、探测跟踪、发射系统等构成空空导弹武器系统。

空空导弹可分为近距格斗导弹，中距拦射导弹和远距拦射导弹。近距格斗导弹多采用红外寻的制导，射程一般为零点几公里至 20 公里，主要用于近距格斗，也能攻击视距以外的目标，具有较高的机动能力，如美国的"响尾蛇"AIM-9L 近距格斗导弹。中距拦射导弹多采用半主动雷达寻的制导，射程一般为 10 余公里到上百公里。空战时，由指挥所引导载机进入作战空域，通过机载火力控制系统搜索，载获，识别目标后，在视距范围以外发射导弹，如苏联的 AA-7 中距拦射导弹。远距拦射导弹采用复合制导，载机能连续发射数枚导弹，对上百公里以外的数个目标实施攻击，如美国的 F-14 战斗机，可携带 6 枚"不死鸟"ALM-54 远距拦射导弹，在数十秒钟内，可将全部导弹发射出去，分别攻击上百公里以外的 6 架敌机。中、远距拦射导弹还具有全天候、全方向作战能力。

1944 年 4 月，德首先研制了 X-4 有线制导空空导弹，但未使用，20 世纪 50 年代中期、美、苏等国研制的空空导弹陆续装备部队，如美国的"响尾蛇"AIM-9B、苏联的 K-5 等，均采用尾追攻击。50 年代末，中国开始研制空空导弹，并陆续装备部队。60 年代初，美国装备了半主动雷达制导的"麻雀"AIM-7D。在越南战争，中东战争中，双方都使用了空空导弹取得了一定战果，但也暴露了当时的空空导弹不适宜攻击大速度或高度机动的目标等弱点。后来发展了近距格斗导弹，并研制出远距拦射导弹。1982 年，英国，阿根廷在马尔维纳斯群岛之战中，使用了"响尾蛇"AIM-9L 近距格斗导弹。实战证明，空空导弹是现代飞机进行空战的主要武器。空空导弹今后的发展，主要是进一步增强抗干扰能力，增大制导系统的功能，提高中距拦射导弹的近距格斗能力。

【格斗空空导弹】 能对目视距离内高度机动中的目标进行攻击的空空导弹。也能攻击视距以外的目标。主要用在空中格斗中攻击歼击机。最小发射距离约为 300~500 米。最大射程 18 公里。具有快速发射、快速反应、机动性好、承受过载能力强等特点。发射时允许载机作较大机动。通常采用红外制导。

【远距攻击空空导弹】 能从远距离进行全向攻击的空空导弹。它具有较强的上射和下射的能力。通常最大发射距离为 30~140 公里，最大飞行马赫数为 4.5~6，使用高度为 15~30000 米。主要用来截击高性能轰炸机和巡航导弹。多采用半自动雷达寻的制导和主动雷达寻的末制导。战斗部装高能炸药或核装药。

【全向攻击空空导弹】 能从目标的任何方向（后方、侧方和前方）对目标进行攻击的空空导弹。通常最大发射距离为 8~22 公里。最大使用高度为 15～25 公里，最大飞行马赫数为 2～3。机动性较好，承受过载能力强。采用侧方或前方攻击时，最小发射距离较大。

【尾追攻击空空导弹】　用来从目标后方较小投影比范围内进行攻击的空空导弹。通常发射距离为 1.2～12 公里，使用高度多在 15 公里以下，最大飞行马赫数为 1.7～2.5。机动性较差，发射时只允许载机作较小机动，适于攻击机动性能较差的目标。

【空地导弹】　从飞行器上发射攻击地（水）面目标的导弹。是航空兵进行空中突击的主要武器之一。空地导弹由弹体、战斗部，动力装置、制导系统等组成。弹体的气动外形多为正常式。动力装置可采用固体火箭发动机、涡轮喷气发动机或涡轮风扇喷气发动机等。其制导方式有自主式制导、遥控制导、寻的制导和复合制导，空地导弹与飞行器上的探测跟踪、制导、发射系统等构成空地导弹武器系统。空地导弹按作战使用分，有战略空地导弹和战术空地导弹；按专门用途分，有反舰导弹、反雷达导弹、反坦克导弹、反潜导弹以及多用途导弹等。此外，还可按射程、飞行轨迹分类。

战略地空导弹多采用自主式或复合式制导，最大射程可达 2000 多公里，弹重在 10 吨以内，速度可达三倍音速以上，通常采用核战斗部。20 世纪 80 年代初，战略空地导弹主要有美国的 AGM-86B 巡航导弹，苏联的 AS-6 巡航导弹等。

战术空地导弹的动力装置一般采用固体火箭发动机，制导方式多采用无线电指令，红外、电视、激光或雷达寻的制导。射程大多在 100 公里以内，弹重数十到数百公斤，采用常规战斗部。80 年代初，战术空地导弹主要有美国的"小牛" AGM-65，法国的 AS-30 等。专门用于反雷达的战术空地导弹，主要有美国的"百舌鸟" AGM-45A，法、英两国合制的"战槌" AS-37 等。由武装直升机装载，专门用于反坦克的战术空地导弹，主要有联邦德国、法国合制的"霍特"，美国的"陶"等。

第二次世界大战期间，德国曾将 V-1 导弹装在飞机上发射。战后，随着地空导弹等防空兵器的发展和使用，为了有效地攻击目标和减少对飞行器的威胁，美、苏、英、法等国研制和装备了多种类型的空地导弹。

空地导弹的发展趋势，主要是增大射程和速

度，进一步提高抗干扰，突防和攻击多目标能力。

【舰舰导弹】　从水面舰艇发射攻击水面舰船的导弹，是舰艇的主要攻击武器之一。它与舰艇上的指挥控制、探测跟踪、水平稳定、发射系统等构成舰舰导弹武器系统。

舰舰导弹主要由弹体、战斗部、动力装置、制导系统和电源等组成。其战斗部有聚能穿甲型、半穿甲型和爆破型，可采用普通装药或核装药，配备触发引信或非触发引信。射程一般为 40 公里左右，当导弹靠外界提供信息，进行中继制导时，射程可达数百公里。其飞行速度多为高亚音速，也有超音速的。舰舰导弹的固体火箭助推器用于助推导弹起飞，爬高升空后脱落。然后靠火箭发动机的动力继续飞行。飞行弹道分自控段和自导段。在自控段由自动驾驶仪和无线电高度表控制，使其按预定弹道飞行，巡航高度为十几米至数百米；在自导段由自导装置和自动驾驶仪协同工作，使其导向目标。导弹在掠海面飞行时，通常由无线电高度表和惯性加速度表组合控制。

20 世纪 50 年代，国外装备的舰舰导弹有瑞典的"罗伯特"315 和苏联的 SS-N-1 等。60 年代初，中国装备了舰舰导弹。1967 年 10 月 21 日，埃及使用"蚊子"级导弹艇发射 SS-N-2 舰舰导弹，击沉了以色列的"埃拉特"号驱逐舰。这是舰舰导弹击沉军舰的首次战例，引起了各国海军的重视。舰舰导弹和舰炮相比，特点是射程远、命中率高，威力大，但易受干扰。70 年代以来，舰舰导弹的战术技术性能不断得到改进，主要是缩短反应时间，提高速度和制导精度，降低飞行高度，增强抗干扰和突防能力。

【空舰导弹】　从飞行器发射攻击舰船的导弹。它也可用于攻击某些陆上目标。空舰导弹通常由弹体、弹翼、战斗部、动力装置、制导系统等组成。它与飞行器上的探测跟踪、制导、发射系统构成空舰导弹武器系统。空舰导弹一般以火箭发动机或空气喷气发动机为动力装置，采用寻的制导或复合制导，能有效地搜索和捕捉目标。战斗部常用普通装药，也有用核装药的。速度多为跨音速或超音速，射程一般为数十公里，最大可达数百公里，可在被攻击舰船的防空武器射程以外发射。其弹道变化范围较大，当末段弹道为水平飞行时，其高度可根据战术需要预先设定，也可掠海面飞行，攻击舰船水线附近的部位，使被攻击的舰船较难组织有效的抗击。20 世纪 70 年代以后，空舰导弹的战术技术性能不断改进，飞行速度，抗干扰和捕捉目标的能力迅速提高。

【岸舰导弹】 从岸上发射攻击水面舰船的导弹。亦称岸防导弹，是海军岸防兵的主要武器之一。岸舰导弹由弹体、战斗部、动力装置和制导系统等组成。它与地面指挥控制、探测跟踪、发射系统等构成岸舰导弹武器系统。岸舰导弹配置在沿海重要地段上，通常分为固定式和机动式。前者配置在坚固的永备工事内，采用固定发射，有固定的射击区域，阵地分散隐蔽，生存能力较强，能连续作战；后者由车辆装载，可机动发射。其射程为数十到数百公里，飞行速度多为高亚音速。与海岸炮相比，岸舰导弹射程远，命中精度高，破坏威力较大。岸舰导弹是在第二次世界大战后发展起来的。20世纪50年代，苏联将 AS-1 空舰导弹改装成岸舰导弹。60年代后，瑞典，挪威和法国等相继发展了岸舰导弹。中国研制成功"海鹰"等岸舰导弹，并装备部队。岸舰导弹的发展方向，主要是提高突防能力，增大射程和提高毁伤目标的威力。

【潜舰导弹】 从潜艇上发射，攻击水面舰艇和潜艇的导弹。

【反潜导弹】 用于攻击潜艇的导弹。当导弹的战斗部为鱼雷时，又称火箭助飞鱼雷。它与水面舰艇、潜艇或飞机上的指挥控制、探测跟踪、发射系统等组成反潜导弹武器系统。反潜导弹按发射方式分为水面舰艇、潜艇和飞机发射三类；按弹道特点分为弹道式和巡航式两类。其射程主要取决于舰载，机载声纳和磁探等探测设备的性能，一般为数公里至数十公里，也可上百公里。同反潜鱼雷相比，反潜导弹具有速度快，射程远等优点，是现代反潜战的主要攻击武器。

反潜导弹由弹体、战斗部、动力装置、制导装置、电源和减速伞等组成。弹体用于安装弹上设备。战斗部可以是声自导鱼雷或核深水炸弹，装在弹体前部或腹部内。动力装置一般采用固体火箭发动机，装在弹体尾部或腹部后端。导弹采用无线电指令制导或惯性制导，制导装置一般装在弹体腹部或尾部。减速伞用于弹头减速入水。

从舰艇上发射反潜导弹，是利用舰载声纳所提供的目标信息进行瞄准发射的。导弹点火升空后，由弹上制导装置控制飞行。如战斗部是声自导鱼雷，当导弹升空到预定点，战斗部与弹体分离后，从鱼雷尾部拉出减速伞，使鱼雷减速入水。尔后，减速伞自动脱落，鱼雷自身的动力装置工作，自导装置开始机动搜索和跟踪目标，并将其击毁。如战斗部是核深水炸弹，则不用减速伞，战斗部与弹体

分离后，核深水炸弹高速坠落水中，下沉到水中预定深度爆炸，利用核爆炸威力摧毁目标。潜艇在水下发射反潜导弹，是利用鱼雷发射管进行的。发射时，内装导弹的保护筒从鱼雷管中推出，靠浮力倾斜升到水面。当保护筒顶端的传感器感觉到出水时，爆炸螺栓分离头罩，导弹在筒内点火起飞，在制导装置控制下飞行到预定点，战斗部与弹体分离后，即飞向目标区并在一定高度减速入水。从飞机上发射反潜导弹通常在中空进行。当飞机转向战斗航向，距目标约30公里时投放导弹，导弹自由下降一段后在空中点火，并接收载机发出的遥控信号。导弹到达攻击区域上空时，战斗部与弹体分离，并减速入水。从潜艇或飞机上发射反潜导弹，战斗部入水后的情况与从舰艇上发射相同。

第二次世界大战后，美国开始发展反潜导弹，1961年装备了由水面舰艇发射的"阿斯罗克"反潜导弹，射程十余公里；1964年，装备了由潜艇发射的"萨布罗克"反潜导弹，射程55公里；20世纪80年代初，开始研制新型远程反潜导弹。苏联从70年代起，相继装备了 SS-N-4、SS-N-15、SS-N-16 反潜导弹。其他国家也发展了反潜导弹，如法国的"马拉丰"、澳大利亚的"依卡拉"和日本的 R-109 等。反潜导弹的发展趋势是：增大射程，提高制导精度，采用垂直发射系统和先进战斗部，以进一步提高反潜作战能力。

【舰潜导弹】 从舰艇上发射，攻击水下潜艇的导弹。

【空潜导弹】 从空中飞行器上发射，用以攻击水下潜艇的导弹。

【反坦克导弹】 反坦克导弹最初叫做反坦克可控火箭弹，是反坦克导弹综合系统的主要组成部分。第一代反坦克导弹有法国的 SS-10、SS-11、SS-12、"安塔克"，英国的"威基兰特"，西德的"柯布拉"，瑞典的"班塔姆"等，出现于20世纪50年代中期。70年代初装备军队的第二代反坦克导弹有美国的"橡树棍"、"陶"、"龙"，法国的 SS-11B1、"阿尔朋"、"阿克拉"，法国西德合制的"米兰"、"霍特"，英国的"斯文费厄"等，具有半自动控制系统。飞行速度较快，220-500米/秒，体积较小，重量较轻，最大距离的飞行时间较短，5-7秒，对活动目标的命中精度较高。

【轨道弹头】 弹头进入卫星轨道，运行一圈以上。在预定点制动。再入大气层攻击目标的导弹武器。运行不到一圈的，称部分轨道武器。这种武器突防能力强，反导系统拦截比较困难。

【导弹弹头】 导弹毁伤目标的专用装置。亦称战斗部。它一般安装在导弹前部，是导弹的重要组成部分。主要由壳体、战斗装药、引爆装置和保险装置组成。战略弹道导弹弹头有的还装有制导装置和突防装置。壳体是放置战斗装药等的构件，一般为尖锥或钝形。由于弹头的使命和承受高温、高压气流的要求不同，壳体材料也不同。战斗装药是导弹毁伤目标的能源。采用核装药、普通装药、化学战剂、生物战剂或其他预制杀伤件。引爆装置用于适时引爆战斗部，主要由信号接收、传递和执行机构组成，通常分为触发引信和非触发引信两大类。保险装置用于保证弹头在运输、贮存，发射和飞行时的安全，通常采用多级保险装置。战斗制导系统用于战略弹道导弹弹头上，以提高其突防能力、命中精度和摧毁目标的能力。

为使战略弹道导弹具有突破敌方反导弹系统的能力，采用的突防装置和突防技术主要有：释放诱饵，采用隐身技术以减少弹头的雷达有效反射面，提高弹头的再入大气层速度，增大再入角度；采用多弹头和机动弹头，对弹头进行抗核加固等。

按每枚导弹所携带的弹头数量，可分为单弹头和多弹头。其中，单弹头，可分为在整个飞行期间与弹体呈刚性连接的不分离弹头和只在弹道主动段与弹体相连的分离弹头。多弹头可分为集束式，分导式和机动式。按弹头在弹道被动段的可控性，可分为有控弹头和无控弹头。按作战任务，可分为战术导弹弹头和战略导弹弹头，有的国家还有战役战术导弹弹头。按战斗装药，可分为核弹头、普通装药弹头、化学战剂弹头和生物战剂弹头。其中核弹头有核子弹头、氢弹头和中子弹头等。普通装药弹头有：利用爆炸时的碎片和预制件杀伤目标的杀伤弹头，利用爆炸时产生的冲击波摧毁目标的爆破弹头，利用聚能效应穿透装甲和混凝土建筑物的聚能弹头，以及燃烧弹头等。

导弹弹头最早出现在第二次世界大战后期。德国研制的 V-2 导弹，是采用普通装药的不分离单弹头。20 世纪 50 年代初，美国和苏联等国开始研究分离单弹头。60 年代初，美国和苏联为了对付来袭战略弹道导弹的威胁，先后研制成功了第一代反导弹系统，促使战略弹道导弹采用诱饵和干扰丝等单弹头突防手段。60 年代末，反导弹系统采用相控阵雷达，高空、低空双层拦截和借助大气过滤等措施，使单弹头突防手段的有效性大大降低，这就促进了多弹头技术的发展，出现了集束式多弹头和分导式多弹头。为提高弹头在核环境下的生存和

突防能力，还对弹头采取了抗核加固措施。70 年代初，为进一步解决战略弹道导弹的突防问题，美国研制了不带末制导系统的机动式多弹头。70 年代中期，美国又开始研制带末制导系统的机动式弹头，增加了弹头数量，提高了命中精度。法国也研制成功分导式多弹头。

战略弹道导弹将进一步改进分导式多弹头和发展机动式弹头，以提高弹头的命中精度和突防能力。战术导弹将发展新型普通装药弹头和中子弹头等特种核弹头，进一步提高命中精度和毁伤目标的能力。

【机动式多弹头】 在同一个母舱内装多个弹头，释放后能按预定程序分别作机动飞行，寻找和攻击各自目标的导弹弹头。母舱由整流罩，制导装置和释放装置等组成。机动式多弹头脱离母舱后能机动飞行，使对方反导弹系统难以跟踪和拦截，提高了突防能力。装有末制导装置的机动式多弹头，还可以各自修正其机动飞行中的误差，较准确地攻击各自的目标，以提高命中精度和毁伤能力。20 世纪 70 年代初，美国首先研制了"MK-500"机动式弹头，采用折锥和移动配重的方法，使弹头在气动力和重力作用下，产生滚动力，基本解决了机动飞行问题。但这种弹头没有末制导，命中精度不如分导式多弹头高。70 年代中期，美国开始研制有末助推火箭发动机、三轴惯性平台和带地图匹配末制导的新型机动式多弹头。

【分导式多弹头】 在有制导装置的母舱内装多个弹头，由母舱按预定程序逐个释放，使其分别导向各自目标的导弹弹头。母舱由整流罩、末助推发动机、制导装置和释放装置等组成，分导式多弹头能攻击相隔一定距离的数个目标，也能集中攻击一个面目标，从而提高了导弹的突防能力，命中精度和毁伤效果。

分导式多弹头是继集束式多弹头之后，在精确制导系统，高比威力核弹头和小型火箭发动机等关键技术获得突破的基础上，于 20 世纪 60 年代开始发展的。70 年代美国首先研制成功，配备在"民兵"Ⅲ等导弹上。苏联和法国也相继研制成功。为提高多弹头的命中精度和摧毁点目标的能力，有的国家正在研制带末制导系统装置的分导式多弹头。

【集束式多弹头】 在无制导的母舱内装多个弹头，同时释放后作惯性飞行，攻击同一个面目标的导弹弹头，也称霰弹式多弹头。母舱由整流罩和释放装置等组成。导弹把母舱送到预定释放点，利用释放装置（弹射装置或小型火箭发动机）将弹

头推离母舱，使其沿大致相同的弹道，保持一定的间隔，飞向目标。

集束式多弹头，是在 20 世纪 60 年代初，为突破对方反导弹系统开始研制的。这种弹头与单弹头相比，提高了突防能力，对面目标毁伤效果较好，但弹头不能分导，精度较低，不宜打点目标。因此，美国和苏联先后将其装备一定数量后即停止生产。

1、 弹道导弹

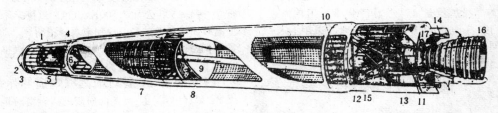

图 12-2　弹道导弹

1.战斗部　2.头锥　3.爆炸螺栓　4.球形罩　5.计算装置　6.横梁　7.隔框　8.固体反向火箭　9.绝热导管　10.氧气瓶　11.主发动机　12.三角架　13.作动筒　14.游动发动机　15.涡轮泵

【SM-75 地对地中程弹道导弹（"雷神"）】　美国研制的一种地对地中程弹道导弹。1955 年 12 月签定研制合同，1957 年 1 月开始飞行试验，1958 年 12 月开始批量生产，1959 年 10 月底交付使用。该弹采用为"宇宙神"导弹研制的助推发动机，头锥和制导系统。1963 年退役，后用作运载火箭第一级。最大射程 3200 公里，最小射程 2400 公里。命中精度 4～8 公里。反应时间 15 分。可靠性 70～80%。弹长 19.8 米，弹径 2.44 米。起飞重量 49900 公斤。弹头采用 MK-1 型热沉式头锥，重量 1800 公斤，威力为 100 万吨 TNT 当量。制导为全惯性制导。动力装置为一台 LR-79 主发动机，两台游动发动机。推进剂为 RP-1 煤油和液氧。推力 667KN。工作时间 157 秒。地面发射。

【SM-78 弹道导弹（"丘辟特"）】　1955 年美国研制的一种弹道导弹。1957 年 3 月开始飞行试验，1959 年 3 月开始部署，1963 年退役。射程 2400 公里。命中精度 4～8 公里。弹长 18.4 米，弹径 2.67 米。起飞重量 48000 公斤。弹头为单个热核弹头，重量 1500 公斤。威力 100 万吨 TNT 当量。制导为惯性制导或无线电惯性混合制导。动力装置为 S-3 型液体火箭发动机，主动发动机一台，游动发动机两台。推进剂为 RP-1 煤油和液氧。推力 657KN。发射方式为地面发射架发射。

【SM-65 洲际弹道导弹（"宇宙神"）】　1951 年美国开始研制的一级半液体洲际弹道导弹。有 A、B、C、D、E 和 F 六种型别，其中 A、B、C 为试验型；D 为训练型；E、F 为作战型。1957 年开始飞行试验，1959 年 9 月定型并装备部队。1965 年由"民兵"洲际弹道导弹取代，1965 年后用作运载火箭。射程 12070 公里。命中精度 1.85 公里（D 型），2.77 公里（E、F 型）。弹长 25.146 米，弹径 3.05 米。弹尾裙部最大直径 4.88 米。起飞重量 121000 公斤。弹头采用 MK-3 或 MK-4 核弹头。制导为无线电-惯性混合制导系统（D 型），惯性制导系统（E、F 型）；动力装置为 3 台液体火箭发动机。推进剂为液氧和煤油。推力 1597.4KN（D 型）；1734.6KN（E、F 型）。

【HGM-25A 弹道导弹（"大力神 I"）】　美国 1955 年开始研制的一种两级液体洲际弹道导弹。1959 年 2 月首次飞行试验，1962 年 4 月装备部队。服役三年后被"大力神 II"取代，1965 年全部退役。射程 10140 公里。命中精度 2 公里。反应时间 15 分。发射成功率 70%。弹长 29.9 米，第一级弹径 3.05 米，第二级弹径 2.40 米。起飞重量 99790 公斤。弹头采用 MK4 弹头，重量 2000

公斤，威力 500 万吨 TNT 当量。制导为无线电-惯性混合制导系统。一级采用二台 LR-87-AJ-3 液体火箭发动机，二级采用一台 LR-91-AJ-3 液体火箭发动机组成。推进剂为液氧+RP-1。一级推力 1336KN，二级推力 353KN。发射方式为地下井贮存．地面发射。

【UGM-27A 潜对地中程弹道导弹（"北极星 A-1"）】　　美国最早研制的潜对地中程弹道导弹。1957 年开始研制，1959 年进行首次飞行试验，1960 年年底开始部署，1965 年退役。射程 2200 公里。命中精度 1850 米。弹长 8.69 米，弹径 1.37 米。起飞重量 12900 公斤。起飞推力 311KN。投掷重量 454 公斤。弹头采用核弹头，重量 399 千克，60 万吨 TNT 当量。采用 MK-1 惯性制导系统。第一、二级各用一台固体火箭发动机。潜艇水下发射。

图 12-3　　"北极星 A-1"导弹

【MGM-118A 洲际弹道导弹（"和平保卫者"）】　　1979 年美国开始研制的一种大型固体洲际弹道导弹。1983 年 6 月首次飞行试验，1986 年开始部署。射程 11100 公里。命中精度 90 米，弹长 21.6 米，弹径 2.34 米。起飞重量 86.4t。投掷重量 3600 公斤，威力 10×500Kt TNT 当量。制导为惯性制导。前三级为固体火箭发动机，末助推级液体火箭发动机。推进剂为端羟基聚丁二烯（一．二级），硝酸酯增塑聚醚复合药柱（三

级），四氧化二氮和一甲基肼（末助推级）。推力 2213KN（一级，真空推力），1332.8KN（二级），343KN（三级）。发射方式为地下井发射。

【"侏儒"洲际弹道导弹】　　美国正在研制的一种固体洲际弹道导弹（又称小型洲际弹道导弹）。1988 年末开始首次飞行试验，预计 1992 年具备初步作战能力。主要用于打击导弹地下井这一类硬目标，通过机动性提高导弹发射前的生存能力，以弥补 MX 导弹在这方面的不足。射程 10000～12000 公里。命中精度 146～182 米。弹长 16.15 米，弹径 1.17 米。起飞重量 16800 公斤。弹头采用 MK21 单弹头或 MK12A 的一个子弹头，重量 194～500 公斤，500Kt TNT 当量。采用轻型高级惯性参考球加中段和末端修正制导。动力装置为两级或三级固体火箭发动机。第二级推力为 182KN。发射方式以公路机动为主。

【UGM-96A 潜对地远程弹道导弹（"三叉戟 I"（C-4)）】　　美国研制的一种潜对地远程弹道导弹。1973 年 10 月开始全面工程研制，1977 年进行首次飞行试验，1979 年 10 月开始部署。该弹是三级固体导弹。射程 7400 公里。命中精度 230～500 米。弹长 10.4 米，弹径 1.88 米。起飞重量 31500 公斤。投掷重量 1315 公斤，弹头采用 8 个 MK4 分导式多弹头，子弹头重 96 公斤，威力 8×100Kt TNT 当量。采用为星光惯性制导系统。第一、二、三级均采用固体火箭发动机。潜艇水下发射。

【"三叉戟 II"（D-5）潜对地远程弹道导弹】　　美国研制的一种潜对地远程弹道导弹。是在"三叉戟 I"导弹的基础上研制的。1984 年开始全面工程研制，1987 年进行首次研制性试飞试验，1989 年 12 月开始部署。该弹是三级固体导弹。射程大于 7400 公里。命中精度 130～185 米。弹长 13.5 米，弹径 2108 毫米。起飞重量 58.9 吨。投掷重量 2300 公斤。弹头采用 8 个 MK5 分导式多弹头，子弹头重 200 公斤、威力 475Kt TNT 当量。采用星光惯性制导系统。潜艇水下发射。

【"红石"PGM-11 近程地对地弹道导弹】　　1950 年美国开始研制的一种近程地对地弹道导弹。1953 年 5 月首次试射，1956 年初开始批量生产，1957 年 9 月正式装备炮兵部队。该弹在结构上与 V-2 相似，都是单级火箭，区别在于导弹弹体在发动机关车后要与弹头分离。射程 320～480 公里。命中精度 300 米。弹长 19.2 米，弹径 1.78 米。翼展 3.67 米。起飞重量 20400 公斤。弹头采

用常规弹头或核弹头，重量 3000 公斤。制导为惯性制导。动力装置为一台 A-6 型再生冷却式液体火箭发动机。推进剂是液氧和酒精。推力 284KN。地面发射。

【MGM-31A 地对地战术导弹（"潘兴 I"）】 美国研制的一种固体机动地对地战术导弹。用于取代"红石"液体导弹。1960 年 2 月首次飞行试验，1962 年交付使用。该弹为两级固体导弹，是依照机动、可靠和便于维护等原则设计的。它是一个自容系统，整个导弹系统装在四辆覆带车上运输和发射，也可用直升机和飞机空运。射程最大 724 公里，最小 160 公里。命中精度 400 米。反应时间 15 分。可靠性 87%。弹长 10.51 米，弹径 1.01 米。发射重量 4600 公斤。采用核弹头，弹头重量 600 公斤，威力 400Kt TNT 当量。制导为全惯性制导。采用燃气舵加空气舵控制。动力装置为两级固体火箭发动机。推进剂是聚丁二烯丙烯酸+过氯酸铵+16% 铝粉。第一级推力 119KN，第二级推力 69.2KN。地面机动发射。

图 12-4 潘兴 I 导弹

【MGM-31A 地对地战术导弹（"潘兴 IA"）】 美国研制的一种地对地战术导弹。"潘兴 I"的改进型，用于取代"潘兴 I"。为延长服役期，不断用新技术对该弹进行模块式改进。1972 年开始研制自动定基准系统和连续发射转接器，1977 年采购新的安全保险装置，改进无线电系统。射程最大 740 公里，最小 160 公里。命中精度 370 米。可靠性 84%。弹长 10.5 米，弹径 1.01 米。翼展 2 米。起飞重量 4200 公斤。采用 W50 核弹头，弹头重量 570 公斤，威力为 40、60、400Kt TNT 当量。制导为全惯性制导。由燃气舵加空气舵控制。动力装置为两级固体火箭发动机。推进剂是聚丁二烯丙烯酸／过氯酸铵／16% 铝粉。第一级推力 119KN，第二级推力 69.2KN。陆地机动发射。

【"潘兴 II"地对地战术导弹】 1974 年美国研制的一种地对地战术导弹。该弹是"潘兴 Ia"的发展型。在研制中采用了许多新技术，使性能明显提高。射程最大 1800 公里，最小 160 公里。命中精度约为 40 米。可靠性 80%。弹长 10 米，弹径 1 米。翼展 2 米。起飞重量 7260 公斤。弹头采用核弹头，重量 1360 公斤，威力 5-50Kt TNT 当量。采用惯性制导加雷达相关末制导。由摆动喷管加空气舵控制。动力装置为两极固体火箭发动机。推进剂是基聚丁二烯。陆地机动力发射。

【MGM-52C 地对地战术导弹（"长矛"）】 美国研制的第二代地对地战术导弹。用

图 12-5 长矛 MGM-52C 导弹

来取代"诚实的约翰"和"中士"导弹。"长矛"在研制过程中共有 MGM-52A、B、C 三种型号，分别代表基本型、海射型和加大射程型。

【T-22 地对地战术导弹（"突击破坏者"）】 美国研制的一种单级固体地对地战术导

弹。该弹是"长矛"导弹的改进型，改用环形激光陀螺数字式捷联惯性加无线电指令制导系统，使命中精度提高六倍。

【XLIM—49A 反弹道导弹导弹（"斯帕坦"）】　美国研制的一种反弹道导弹导弹。该弹是"奈克-宙斯"导弹的攻进型，是美国"卫兵"反弹道导弹系统的高空拦截导弹。作战半径最大 640～960 公里，最小 185 公里。最大作战高度 320 公里，最小 160 公里。制导体制为无线电指令制导。地下井垂直发射。弹长 16.6 米，弹径 1.1 米。翼展 2.94 米。战斗部为核战斗部，当量 200 万吨 TNT，杀伤半径大于 8 公里。动力装置为三级固体火箭发动机。

【"斯普林特"反弹道导弹导弹】　美国研制的一种实施低空拦截的高加速近程导弹。用来在洲际导弹进攻的末端截击再入弹头。1963 年开始研制，1965 年 3 月开始进行飞行试验。作战半径最大 48 公里，最小 32 公里。作战高度最大 30 公里，最小 15 公里。制导体制为无线电指令制导。弹长 Ⅰ 级 3.2 米，Ⅱ 级 5 米。弹径最大 1.37 米，Ⅱ级 0.85 米。战斗部为核战斗部，1000 吨级 TNT 当量，杀伤半径 400 米。动力装置为两级固体火箭发动机。

【SS-4 中程弹道导弹（"凉鞋"）】　1955 年苏联开始研制的一种单级液体中程弹道导弹。1959 年开始装备部队。1962 年被用作"宇宙"B 型运载火箭的第一级。1977 年以后停止发展。射程 1930 公里。命中精度 2300 米。弹长 21 米，弹径 1.65 米。起飞重量 27200 公斤。起飞推力 635KN。最大速度 M＝6.7。弹头为核弹头或常规弹头。采用惯性制导。采用液体火箭发动机。陆地机动发射。

【SS-5 中程弹道导弹（"短剑"）】　1958 年苏联开始研制的单级液体中程弹道导弹。是 SS-4 导弹的发展型。1961 年开始装备部队。1964 年开始用作"宇宙"C 型运载火箭的第一级。射程 3500 公里。命中精度 2.8 公里。弹长 24.5 米，弹径 2.44 米。起飞重量约 55000 公斤。弹头采用 100 万吨 TNT 当量的核弹头。动力装置为两台双燃烧室液体火箭发动机。发射方式为地下井发射。

【SS-6 洲际弹导弹（"警棍"）】　1954 年苏联开始研制的第一代洲际弹道导弹。(苏联代号是 P-7)。1957 年 8 月首次全射程试验，60 年代初退役。射程 8000 公里。命中精度 8 公里。弹长 30 米，弹径 8.5 米。翼展 10.3 米。起飞重量

300t，起飞推力 4030KN。弹头采用单个热核弹头，重量 3000 公斤，威力 5Mt TNT 当量。采用无线电制导。动力装置为液体火箭发动机，一台 РД-108 主发动机，四台 РД-107 助推发动机。使用液氧和煤油为推进剂。地面发射。

【SS—7 洲际弹道导弹（"鞍工"）】　苏联研制的两级洲际弹道导弹。1961 年开始部署。该弹采用可贮液体推进剂和全惯性制导，缩短了发射准备时间，提高了命中精度。射程 11000 公里。命中精度 2 公里。弹长 32.5 米，弹径 3.1 米。起飞重量 100 吨。投掷重量 1800 公斤。弹头采用单个热核弹头，威力 5Mt TNT 当量。制导为惯性制导。动力装置为可贮液体火箭发动机。发射方式为地下井热发射。

【SS-8 洲际弹道导弹（"黑羚羊"）】　苏联研制的两级洲际弹道导弹。在性能上与 SS-7 导弹接近。该弹装在铰接的运输拖车上运输，由全封闭式牵引车牵引。于 1963 年开始服役，配置在地下井中，现已退役。射程 11000 公里。命中精度 2 公里。反应时间约 60 秒。发射成功率约 70%。弹长 25.5 米，弹径 2.9 米。起飞重量 78 吨。投掷重量 1800 公斤。弹头采用单个热核弹头，威力 5Mt TNT 当量。采用惯性制导。动力装置为液体火箭发动机。推进剂为硝酸和偏二甲肼。发射方式为地下井热发射。

图 12-6　黑羚羊 SS-8 导弹

【SS-9 洲际弹道导弹（"悬崖"）】　苏联研制的第二代洲际弹道导弹。1965 年开始服役。该弹先后发展了五种型别。Ⅰ、Ⅱ、Ⅳ 型作为战略武器装备部队，Ⅲ型和Ⅴ型由 SS-9 助推级加不同的上面级构成，分别用作部分轨道轰炸系统和试验型反卫星导弹。射程 12000 公里。命中精度 1 公里。发射成功率 70～80%。弹长 37 米，弹径 3.05 米。起飞重量 200 吨。起飞推力 2942KN。投掷重量 5000 公斤。弹头采用单个热核弹头（Ⅰ、Ⅱ、Ⅲ型），三个集束式热核弹头（Ⅳ型），非核战斗部（Ⅴ型）。威力：20Mt（Ⅰ型），25Mt（Ⅱ型），3×5Mt（Ⅳ型）TNT 当量。动力装置为可贮液体火

箭发动机。推进剂为硝酸和偏二甲肼。发射方式为地下井热发射。

【SS-10 地对地洲际弹道导弹（"瘦子"）】 1959年苏联开始研制的三级地对地洲际弹道导弹。是苏联最后一种使用低温推进剂的导弹。该弹因不适合作战使用要求，最后没有得到部署。射程12000公里。弹长约38米，弹径约3米。起飞推力1627KN。动力装置为液体火箭发动机。

【SS-11 洲际弹道导弹（"赛果"）】 苏联研制的两级洲际弹道导弹。它是苏联部署最多的一种洲际导弹。运输时装在直径3米，长约20米的圆筒内，放在运输拖车上由牵引车牵引。该弹先后有三种型别。Ⅰ、Ⅱ、Ⅲ型。射程10000公里（Ⅰ型），13000公里（Ⅱ型），8800公里（Ⅲ型）。命中精度1.4公里（Ⅰ、Ⅱ型），1.1公里（Ⅲ型）。发射成功率约70%。弹长19.5米，弹径2.4米。起飞重量50吨。投掷重量700公斤。采用单弹头（Ⅰ、Ⅱ型）、多弹头（Ⅲ型）。威力为1Mt（Ⅰ、Ⅱ型）、3×300Kt（Ⅲ型）TNT当量。采用惯性制导。动力装置为液体火箭发动机。地下井发射。

【SS-13 洲际弹道导弹（"野人"）】 苏联研制的固体洲际弹道导弹。1965年首次展出。1968年开始服役。该弹与美国"民兵"洲际导弹相当，由三级组成，各级直径不等，从第一级向上依次减小。射程8000~10000公里。命中精度1300米。弹长20米（全弹），8.7米（第一级），4米（第一级），3.5米（第三级），2.3米（头部）。弹径1.7米（第一级），1.4米（第二级），1米（第三级和头部）。底部直径2米（第一级），1.9米（第二级），1.4米（第三级）。起飞重量35吨。起飞推力980KN。采用单个热核弹头，重量500公斤，百万吨TNT当量。制导为惯性制导。动力装置为固体火箭发动机。地下井热发射。

【SS-14 弹道导弹（"替罪羊"）】 苏联研制的一种固体机动远程战略弹道导弹。用来取代SS-3中程导弹。1965年5月首次展出。该弹装在履带车上的一个密闭的金属容器内，由SS-13洲际弹道导弹的上面两级组成，但弹头有所不同。射程4000公里。命中精度2公里。反应时间15分钟。可靠性约70%。弹长10.6米，第一级长4米，第二级长3.5米。弹径第一级1.4米，第二级1米。起飞重量28吨。起飞推力362KN。弹头采用热核弹头，重量500公斤，威力500Kt TNT当量。惯性制导。动力装置为固体火箭发动机。陆地

机动力发射。

【SS-15 弹道导弹（"啬徒"）】 苏联研制的机动战略弹道导弹。1965年11月首次展出。1970年开始装备部队。该弹是两级固体导弹，携带单个热核弹头，采用惯性制导系统。射程5000公里。命中精度2公里。反应时间约为15分钟。发射筒长18.9米。发射筒直径2米。一级直径1.7米。起飞重量26吨。弹头威力百万吨TNT当量。惯性制导。动力装置为固体火箭发动机。陆地机动发射。

图12-7 啬徒SS-15导弹

【SS-16 洲际弹道导弹】 苏联研制的第三代洲际弹道导弹。用来取代SS-13导弹。该弹是三级固体导弹。于1972年开始进行研制性飞行试验。1977年成功地进行了陆地机动发射试验，获得了有限的越野机动能力。射程9000公里。命中精度约500米。发射成功率90%（地下井发射）和70%（地面机动发射）。弹长20米，弹经2米。起飞重量36吨。起飞推力980KN。投掷重量约900公斤。弹头采用单个热核弹头，威力约为百万吨TNT当量。惯性制导。动力装置为固体火箭发动机。陆地机动发射或地下井热发射。

【SS-17 洲际弹道导弹】 苏联研制的一种洲际弹道导弹。用来取代SS-11导弹。该弹是两级导弹，具有摧毁导弹地下井一类硬目标的能力。有三种型别，即Ⅰ、Ⅱ、和Ⅲ型。1972年下半年开始进行研制性飞行试验，1975年开始装备部队。射程10000公里（Ⅰ、Ⅲ型），11000公里（Ⅱ型）。命中精度560米（Ⅰ、Ⅲ型），450米（Ⅱ型）。发射成功率70%。弹长24米。弹径2.5米。起飞重量65吨。投掷重量2700千克。战斗部采用单弹头（Ⅱ型）；分导式多弹头（Ⅰ、Ⅲ型），威力4×750Kt（Ⅲ型）；1×3.6Mt（Ⅱ型）TNT当量。惯性制导。动力装置为液体火箭发动机。地下井冷发射。

【SS-18 洲际弹道导弹】 苏联研制的第

三代洲际弹道导弹。用来取代 SS-9。它是世界上最大的两级液体导弹。1972-1974 年间作为多用途大型洲际弹道导弹进行研制，1975 年开始服役。有四种型别，I、II、III 和 IV 型。射程：I 型 12000 公里，II 型 11000 公里，III 型 16000 公里，IV 型 11000 公里。命中精度：I 型 430 米，II 型 420 米，III 型 350 米，IV 型 260 米。发射成功率 70～80%。弹长 36.6 米，弹径 3.35 米。起飞重量 220000 公斤。弹头采用核装药，I、III 型是单弹头；II、IV 型为分导式多弹头。弹头重量：I 型为 6100 公斤；II 型为 6800 公斤；III 型为 5000 公斤；IV 型为 1300 公斤。威力：I 型 25Mt TNT 当量；II 型 10×1Mt TNT 当量；III 型 20Mt TNT 当量；IV 型 10×500Kt TNT 当量。制导为惯性制导。动力装置为可贮存液体火箭发动机。地下井冷发射。

【SS-19 洲际弹道导弹】 苏联研制的第三代洲际弹道导弹。用于取代 SS-11。该弹是两级可贮液体推进剂导弹。有三种型别，即 I、II、III 型。1975 年开始装备部队。可用来攻击导弹地下井一类硬目标。射程 10000 公里。命中精度 0.3～0.6 公里。发射成功率约 70%。弹长 25 米，弹径 2.75 米。起飞重量 80000 公斤。弹头采用核装药，I、II 型是分导式多弹头；II 型是单弹头。重量：I 型 3300 公斤；II 型 3100 公斤。威力：I 型 6×550Kt TNT 当量；II 型 4.3Mt TNT 当量；III 型 6×500Kt TNT 当量。惯性制导。动力装置为可贮存液体火箭发动机。地下井发射。

【SS-20 中程弹道导弹】 1966 年苏联开始研制的一种固体机动中程弹道导弹。用于取代 SS-4 和 SS-5 导弹。1975 年开始试射，1977 年开始部署。射程 5000 公里。命中精度 400 米。可靠率：地下井发射 90%。地面机动发射 70%。弹长 16.5 米，弹径：第一级 1.7 米；第二级 1.4 米。起飞重量 33000 公斤。投掷重量 1100 公斤。弹头采用分导式多弹头，重量 280 公斤，威力 3×150Kt TNT 当量。惯性制导。动力装置为固体火箭发动机。地下井发射或地面机动发射。

【SS-24 洲际弹道导弹】 70 年代苏联开始研制的一种三级固体洲际弹道导弹。1982 年 10 月首次发射试验，1985 年具备初步作战能力。该导弹尺寸上类似于美国 MX 导弹，用以取代苏联 70 年代中后期部署的 SS-11、SS-17 导弹。命中精度高，弹头威力大，有可逃避对方探测、监视和武器控制核查等特点。最大射程 13000 公里，最小 10000 公里。命中精度 200 米。弹长 21～22 米，弹径 2 米。起飞重量 65000 公斤。弹头采用分导式多弹头。威力 10×350Kt TNT 当量。惯性制导。动力装置为固体火箭发动机。早期由地下井发射，后改用铁路机动发射。

【SS-25 洲际弹道导弹】 七十年代苏联开始研制的一种三级固体洲际弹道导弹。1982 年以来进行多次飞行试验。该导弹的尺寸相当于美国的"侏儒"洲际导弹，可携带单弹头或多弹头，具有重新装弹能力。射程 9976 公里。命中精度 260 米。弹长 18～19 米，弹径 1.8 米。起飞重量 35000 公斤。采用单弹头或多弹头。惯性制导。动力装置为固体火箭发动机。早期地下井发射，后用轮式车辆公路机动发射。

【SS-N-4 潜射弹道导弹（"萨克"）】 苏联研制的第一代单级液体潜射弹道导弹。用于攻击陆地战略目标。50 年代中期研制成功，之后开始装备部队。现已全部退役。该弹装备在苏联 Z 级、G 级 I 型和 H 级潜艇。射程 650 公里。命中精度 3.7 公里。弹长 14.6 米，弹径 1.8 米。起飞重量 19000 公斤。起飞推力 470KN。弹头重量 680 公斤，威力 1Mt TNT 当量。惯性制导。动力装置为可贮液体发动机。使用可贮液体推进剂。潜艇水面发射。

【SS-N-5 潜对地弹道导弹（"塞尔布"）】 苏联研制的第二代潜对地弹道导弹。该弹于 1964 年开始服役。为单级液体导弹。装备 G II 级常规潜艇和 H II 级核潜艇。射程 1300 公里。命中精度 3.7 公里。弹长 10.7 米，弹径 1.5 米。起飞重量 18000 公斤。起飞推力 490KN。弹头重量 680 公斤，威力为 1Mt TNT 当量。惯性制导。推进剂可贮液体推进剂。潜艇水下发射。

【SS-N-6 潜对地弹道导弹（"索弗莱"）】 苏联研制的一种潜对地弹道导弹。于 1968 年开始服役。该弹为两级液体导弹，有 I、II、III 三种型别。射程：2400 公里（I 型），3000 公里（II、III 型）。命中精度 0.9 公里（I、II 型），1.4 公里（III 型）。弹长 9.14 米，弹径 1.65 米。起飞重量 20000 公斤。弹头重量 720 公斤，TNT 当量分别为 1Mt（I、II 型）、2×（200～350）Kt（III 型）。惯性制导。推进剂为可贮液体推进剂。潜艇水下发射。

【SS-N-8 远程潜对地弹道导弹】 苏联研制的一种远程潜对地弹道导弹。1973 年开始服役。该弹是两级可贮液体导弹，采用星光惯性制导系统。它有 I、Ⅱ、Ⅲ 三种型别。I 型携带单弹头，Ⅱ型用集束式多弹头，Ⅲ型改用三个分导式多弹头。射程 7800 公里（I 型），9100 公里（Ⅱ、Ⅲ型）。命中精度 1.3 公里（I 型），0.9 公里（Ⅱ型），0.45 公里（Ⅲ型）。弹长 12.2 米，弹径 1.83 米。起飞重量 28000 公斤。弹头重量 820 公斤，威力 1Mt TNT 当量（I 型）。推进剂为可贮液体推进剂。潜艇水下发射。

【SS-N-17 潜对地弹道导弹】 苏联研制的第一种两级固体潜对地弹道导弹。用于取代 SS-N-6，1977 年装备部队。该弹携带单弹头或多弹头，命中精度高。装备 Y 级Ⅱ型核潜艇。射程 450 公里。命中精度 0.46 公里。弹长 11.06 米，弹径 1.65 米。起飞重量 20000 公斤。弹头威力 1×750Kt TNT 当量。制导采用惯性制导。使用固体推进剂。潜艇水下发射。

【SS-N-18 潜对地弹道导弹】 苏联研制的第一种带分导式多弹头的两级液体潜对地弹道导弹。1975 年开始地面试验并于同年年底进行潜艇发射试验，1978 年开始服役。该弹有 I、Ⅱ、Ⅲ 三种型别。装备苏联 D 级Ⅲ型核潜艇。射程 6500 公里（I、Ⅲ型），8000 公里（Ⅱ型）。命中精度 1.4 公里（I 型），0.6 公里（Ⅱ、Ⅲ型）。弹长 14.1 米，弹径 1.83 米。起飞重量 20000～30000 公斤。投掷重量 820～1315 千克。I、Ⅲ型弹头采用分导式弹头；Ⅱ型采用单弹头，威力 3×200Kt（I 型）；450Kt（Ⅱ型）；7×200Kt（Ⅲ型）TNT 当量。采用星光惯性制导。推进剂是可贮液体推进剂。潜艇水下发射。

【SS-N-20 潜对地弹道导弹】 苏联研制的一种三级固体潜对地弹道导弹。1980 年 1 月先进行陆地发射的飞行试验。该弹具有射程远、精度高、威力大的特点。射程 8300 公里。命中精度 500～556 米。弹长 15 米，弹径 2.2 米。投掷重量 2500 公斤。采用 6～9 个分导式多弹头，威力为（6～9）×200Kt TNT 当量。推进剂是固体推进剂。潜艇水下发射。

【SS-N-23 远程潜对地弹道导弹】 苏联研制的一种远程潜对地弹道导弹。1987 年开始服役，装备 D 级 Ⅳ 型核潜艇。该弹的命中精度与美国"海神"导弹接近。射程 8500 公里。命中精度 595 米。弹长 16.9 米，弹径 1.8 米。起飞重量 35.6 吨。投掷重量 1520 公斤。弹头采用 6 个分导式多弹头，威力 6×250Kt TNT 当量。星光惯性制导。动力装置为液体火箭发动机。潜艇水下发射。

【SS-1 地对地弹道导弹（"讨厌者"）】 1946 年苏联开始研制的一种地对地弹道导弹。1948 年进行首次飞行试验，不久即交付使用。该弹以德国 V-2 导弹为蓝本略加改进而成，性能与 V-2 接近。五十年代初退役后用作地球物理火箭。射程 300 公里。弹长 14.96 米，弹径 1.65 米。翼展 3.564 米。起飞重量 13 吨。起飞推力 265KN。弹头采用常规弹头，重量 1000 公斤。惯性制导。动力装置为液体火箭发动机。地面发射。

图 12-8　　SS-1 导弹在运输途中

【SS-2 地对地弹道导弹（"同胞"）】 1949 年苏联开始研制的一种地对地弹道导弹。是 SS-1 导弹的改进型。1949 年开始飞行试验，五十年代初部署。退役后改为地球物理火箭。射程约为 600 公里。弹长 17.68 米，弹径 1.65 米。起飞重量 2000 公斤。起飞推力 363KN。采用常规弹头，弹头重量 1500 公斤。惯性制导。动力装置为液体火箭发动机。地面发射。

【SS-3 近中程地对地弹道导弹（"讼棍"）】 苏联研制的一种近中程地对地弹道导弹。1957 年首次公开展出，1950-1954 年初研制成功，不久即装备部队。射程 1200 公里。弹长 20.75 米，弹径 1.65 米。起飞重量 28400 公斤。起飞推力 432KN。弹头采用核或常规弹头，重量 1300 公斤。制导为惯性制导。动力装置为一台液体火箭发动机。地面发射。

【SS-1b 地对地战术弹道导弹（"飞毛腿 A"）】 苏联研制的一种地对地战术弹道导弹。1957 年开始服役。该弹采用头体分离，车载越野机动发射方式。射程 48～110 公里。命中精度 370 米。反应时间约为 15 分。弹长 10.6 米，弹径 880 毫米。翼展 1.5 米。起飞重量 4500 千克。弹头采用常规弹头或核弹头。制导为简易惯性制导。由燃气舵控制。动力装置为可贮液体火箭发动机。推进剂是硝酸／煤油。

【SS-1C 地对地战术弹道导弹（"飞毛腿 B"）】 苏联研制的一种地对地战术弹道导弹。

五十年代末开始研制，1965 年装备部队。B 型是 A 型的改进型，用于取代 A 型。该弹提高了射程和命中精度，增强了越野机动力能力，缩短了作战反应时间。射程 50～300 公里。命中精度 300 米。从预测阵地到发射 45 分，从瞄准到发射 7 分钟。弹长 11.16 米。弹径 880 毫米。翼展 1.81 米。起飞重量 6300 公斤。采用常规弹头或核弹头。惯性制导。动力装置为可贮液体火箭发动机。推进剂是硝酸／煤油。推力 131KN。工作时间 62 秒。车载地面机动发射。

【SS-12 近中程地对地弹道导弹（"薄板"）】 苏联研制的一种机动近中程地对地弹道导弹。是"飞毛腿 B"导弹的改进型，长度不变，但直径大些，射程远些。1967 年首次展出，1969 年开始服役。该弹具有很高的机动能力，可在公路上和越野机动。射程 700～800 公里。命中精度 900 米。反应时间 20 分。弹长 11.25 米。弹径 1 米。起飞重量 6800 公斤。弹头采用核弹头或常规弹头，重量 680 公斤或 450 公斤。1Mt TNT 或 20、40、100Kt TNT 当量。捷联惯性制导。动力装置为可贮液体推进剂火箭发动机。陆地机动发射。

【SS-21 战术弹道导弹（"圣甲虫"）】 苏联研制的一种机动发射的战术弹道导弹。1985 年 5 月首次展出，用以取代"蛙"式火箭弹。1976 年开始服役。该弹采用固体火箭发动机，尺寸较小，机动能力强，比"蛙"7 型火箭弹的射速高，配有机动力性能好的后勤电子制导车。射程 120 公里。命中精度 50 米。弹长 9.44 米。弹径 460 毫米。弹头可采用常规弹头、化学弹头或核弹头。动力装置为固体火箭发动机。陆地机动发射。

【SS-22 战术弹道导弹】 70 年代苏联研制的一种战术弹道导弹。用以取代 SS-12 导弹。1979 年开始部署。射程 900 公里。命中精度 300 米。弹头配制采用分导式多弹头，威力约为 500Kt TNT 当量。动力装置为固体火箭发动机。陆地机动发射。

【SS-23 战术弹道导弹（"蜘蛛"）】 苏联研制的一种机动发射的单级战术弹道导弹。用以取代使用液体推进剂的"飞毛腿"导弹。1980 年开始服役。射程 300～500 公里。命中精度 150～200 米。弹头采用常规、化学或核弹头，威力 200Kt TNT 当量（核弹头）。动力装置为固体火箭发动机。陆地机动发射。

【ABM-1B 反弹道导弹导弹（"橡皮套鞋"）】 苏联研制的一种反弹道导弹导弹。用以拦截洲际弹道导弹或低轨道卫星。1957 年开始研制，1964 年开始部署，1969 年正式投入使用。作战半径最大 350～640 公里。作战高度最大 320 公里。制导体制为无线电指令制导。弹长 15.5 米，弹径 2.04 米。战半部为核装药战斗部，有效杀伤半径为 6～8 公里。动力装置为一台固体助推器加一台液体火箭发动机。

图 12-9 橡皮套鞋导弹

【ABM-X-3 反弹道导弹导弹】 苏联研制的一种反弹道导弹导弹分层防御系统。采用 SH-04 和 SH-08 两种装核弹头的拦截导弹。SH-04 是从"橡皮套鞋"演变而来，类似于美国"斯帕坦"导弹的作用，用于大气层外的拦截，作为高层防御。SH-08 类似于美国"斯普林特"导弹，用于大气层内的拦截，作为低层防御。这两种导弹均从地下井垂直发射。导弹目标跟踪雷达为"双面"雷达，制导雷达为"当铺"雷达。

【"普吕东"地对地战术弹道导弹】 法国研制的一种单级固体机动地对地战术弹道导弹。（该弹又称"冥王星"）1967 年初开始研制，1969 年进入试飞阶段，1975 年开始装备部队。该弹具有机动性能好，反应迅速，工作可靠，但射程较小等特点。最大射程 120 公里，最小 10 公里。命中精度 150～300 米。弹长 7.64 米，弹径 0.65 米。翼 1.415 米。起飞重量 2423 公斤。弹头采用 AN-51 核弹头，威力 15-25Kt TNT 当量。制导为简易捷联惯性制导系统。动力装置为固体火箭发动机，推力 265KN。车载机动发射。

【"哈德斯"战术弹道导弹】 法国正在研制的一种半弹道式机动战术导弹。是"普吕东"导弹的后继型号。1984 年下半年开始研制，预计 1992 年装备部队。与其所要替换的"普吕东"导弹相比，具有体积小、重量轻、精度高、射程远、弹头威力大、机动性能好等优点。射程最大 350 公里，最小 120 公里。命中精度 100 米。弹长 7 米，弹径 650 毫米。翼展 1.41 米。起飞重量 1820 公斤。弹头采用核弹头或中子弹头，威力 10～35Kt TNT 当量。惯性制导。动力装置为单级固体火箭发动机。轮式车辆陆地机动发射。

【M-1潜对地弹道导弹】 1965年5月法国开始研制的第一种潜对地战略弹道导弹。1971年12月服役。该弹为两级固体导弹，外形与美国"北极星"导弹相似，尺寸和重量稍大些。因技术性能较低，1975年后被性能更好的M-2导弹取代。射程25000公里。命中精度1公里。弹长10.4米，弹径1.5米。起飞重量18000公斤。采用核弹头，威力500Kt TNT当量。惯性制导。动力装置为两台固体火箭发动机。推进剂是聚氨基甲酸酯／过氯酸铵／铝粉。推力：第一级442KN，第二级176.4KN。潜艇水下发射。

【M-2潜对地弹道导弹】 1969年法国开始研制的一种潜对地弹道导弹。是M-1导弹的改进型，1974年开始服役。其技术性能相当于美国"北极星A-2"导弹，装备"闪电"号潜艇。该弹为两级固体导弹，1976年开始退役后逐步被性能更好的M-20导弹取代。射程3000公里。命中精度1公里。弹长10.7米，弹径1.5米。起飞重量20000公斤。弹头采用核弹头，威力500Kt TNT当量。惯性制导。动力装置为两台固体火箭发动机。推进剂是聚氨基甲酸酯／过氧酸氨／铝粉（第一级），端羟基聚丁二烯（第二级）。推力：第一级441KN，第二级314KN。潜艇水下发射。

【M-20中程潜对地弹道导弹】 1971年法国开始研制的一种固体中程潜对地弹道导弹。是M-2的改进型，1976年3月开始装备核潜艇。该弹为两级固体导弹，其弹体布局与结构、采用的动力装置均与M-2导弹相同。射程3000公里。命中精度1公里。弹长10.7米，弹径1.5米。起飞重量20000公斤。弹头采用单个热核弹头，威力1Mt TNT当量。惯性制导。动力装置为两台固体火箭发动机。推进剂是聚氨基甲酸酯／过氯酸铵／铝粉（第一级），端羟基聚丁二烯（第二级）。潜艇水下发射。

【M-4潜对地弹道导弹】 法国研制的一种固体潜对地弹道导弹。1978年进行各种试验。该弹的总体布局与美国"三叉戟I"型潜对地导弹相似，为三级固体导弹。较之M-1、M-2、M-20三种导弹在技术性能上有了较大的改进和提高。射程4000～6000公里。命中精度300米。飞行时间20分。弹长11.05米，弹径1.93米。起飞重量35000公斤。弹头采用热核弹头，威力6×150Kt TNT当量。惯性制导。动力装置为三台固体火箭发动机。推进剂是端羟基聚丁二烯。第一级推力686KN，第二级推力294KN，第三级推力98KN。潜艇水下发射。

【V-2导弹】 第二次世界大战时期德国研制的一种导弹，这是一种弹道主动段为自主控制的单级弹道导弹。美国和其它国家都把V-2导弹作为

图12-10　　V-2　导弹

研制弹道导弹的样弹。V-2导弹重约13吨，长14米，最大直径1.65米。战斗部配置在头部，炸药重800公里。液体火箭发动机。推进剂为75%的酒精（3.5吨）和液氧（5吨），最大推力270千牛顿，最大飞行速度达1700米／秒（6120公里／时），射程320公里，弹道高约100公里。采用带程序装置及计算飞行速度仪器的自主式陀螺控制系统。垂直发射。1944年9月8日进行了第一次实战发射，作战应用效果极差：命中精度很低，可靠性差。在V-2导弹的基础上，德国又设计出射程5000公里的两级弹道导弹的方案。

【"火神"中程弹道导弹】 印度研制的地对地中程弹道导弹。射程约为2500公里，装有二级火箭发动机，第一级为固体发动机、第二级为液体发动机，装有以微处理机为基础的制导系统。

2、 巡航导弹

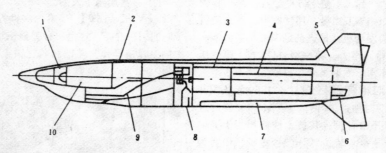

图 12—11　巡航导弹

1.多模制导系统组件　2.前燃油箱　3.整体式火箭冲压发动机燃烧室壳体　4.固体火箭推进剂　5.控制舵机组件　6.后燃油箱　7.发动机控制器　8.进气道　9.战斗部

【BGM—109A 对陆核攻击导弹（"战斧"）】　美国研制"战斧"多用途巡航导弹发展计划中的对陆核攻击导弹。用于在紧急事件和全球性制海任务中攻击敌方陆上高价值战略目标。最大有效射程 2500 公里。巡航高度：海面或地面障碍物上 7.62～152.4 米。最大巡航速度 M＝0.72。命中精度：圆概率误差 30 米。可靠性大于 80%。弹长：带助推器 6.17 米，不带助推器 5.56 米。弹径 527 毫米。翼展 2.65 米。发射重量 1443 公斤。战斗部采用一颗 20 万吨级 W80-0 核弹头，重 122.5 公斤。制导系统为地形匹配辅助惯性导航系统。主发动机是一台 F107—WR—400 型涡扇发动机，助推器是一台固体火箭。

【BGM—109B 反舰导弹（"战斧"）】　美国研制的"战斧"多用途海射巡航导弹发展计划中的反舰导弹。该弹的弹体外形尺寸、重量、发射平台、助推器等均和 BGM—109A 相似。以远方敌舰或舰队为打击目标。射程 463～556 公里。发射重量 1430 公斤。惯性导航加主动雷达末制导。战斗部采用"小斗犬"B 半穿甲战斗部，重量 454 公斤。主发动机是 J402—CA—400 涡喷发动机；助推器是固体助推火箭。

【BGM—109C 对陆常规攻击导弹（"战斧"）】　美国研制的"战斧"多用途海射巡航导弹发展计划中的对陆常规攻击战术导弹。可装备攻击型核潜艇和护卫舰级以上的水面战舰. 主要用于攻击敌方海军航空兵基地等重要战场目标。1982 年1 月开始装备潜艇。射程 112—1297 公里。可在海上 7—15 米高度上掠海飞行；在陆上平坦地区可降到 60 米以下，崎岖山区可增至 150 米左右。制导系统为惯性导航加地形匹配加数字式景象匹配区域相关器。战斗部采用与 BGM—109B 一样的 454 公斤的"小斗犬"B 高能战斗部。发射重量约为 1500 公斤。

【BGM—109G 陆上发射巡航导弹】　美国研制的一种陆上机动式巡航导弹。1979 年进入全面工程发展阶段，10 月进行首次样弹试验，1984 年 3 月开始部署。该弹是"战斧"海射导弹的改进型，与其基本相似，不同的只是战斗部选用了低当量的热核弹头 W84。最大射程 2500 公里。巡航速度最大 M＝0.72。巡航高度：地面障碍物上 50—150 米起伏飞行。命中精度：圆概率误差 30 米。弹长：不带助推器 5.56 米，带助推器 6.17 米。弹径 527 毫米。翼展 2.65 米。发射重量 1450 公斤。战斗部采用一颗 1—5 万吨级 W84 小型变当量热核弹头。采用地形匹配制导辅助的惯性导航系统，雷达高度表测高。主发动机采用 F—107—WR—450 涡扇发动机，推力 2.67KN；助推器固体火箭，推力 31.1KN。

【AGM—86 空中发射巡航导弹】　美国研制的一种巡航导弹。该弹是美国 70 年代初研制的各种巡航导弹中，唯一用于执行战略作战任务的导弹。1973 年首先决定研制空中发射巡航导弹 AGM-86A，它是在亚音速武装诱饵弹（SCAD）基础上，经改进而成，1977 年中止发展，将研制重点转向 1976 年就已着手研制的 AGM-86B。

【AGM-86B 空中发射巡航导弹】 美国研制的一种空对地战略巡航导弹。主要装备 B-52G／H、FB-111H、B-1B 等轰炸机。1982 年开始部署，1984 年停止生产。最大有效射程 2500 公里。弹长 6.36 米，弹径 693 毫米，弹高 1.22 米。翼展 3.66 米。发射重量 1430 千克。战斗部为 20 万吨级 W80-1 核弹头，重 122.5 公斤。制导方式为惯性导航加地形匹配修正系统制导。动力装置为一台 F-107-WR-101 型涡扇发动机，推力 2.67KN。

【先进巡航导弹（ACM）】 美国研制的一种巡航导弹。用于取代 AGM-86B 空射巡航导弹。主要发射平台是 B-1B 轰炸机。射程大于 2750～4200 公里。巡航高度选用超低空帖近地面障碍物上空飞行。采用多种"隐身"技术和弹载主动式雷达、红外对抗措施，提高导弹突防能力。战斗部沿用 AGM-86B 的 W80-1 20 万吨级热核弹头。制导为惯性导航加地形匹配加主动末制导或景象匹配或小型 GPS 导航卫星接收机。1987 年以前采用 F112-WR-100 涡扇发动机，90 年代将改用更先进的回流换热或复合循环涡扇发动机。

【先进战略空中发射导弹（ASALM）】 美国研制的一种超音速中程战略巡航导弹。兼有空对空和空对地两种作战能力。1979 年首次飞行试验，拟装备 B-52、FB-111、B-1B 以及未来的先进技术轰炸机。弹长 4.27 米，弹径：带下颌式进气道 635 毫米，不带时 533 毫米。尾翼展长 910 毫米。发射重量约 1225 公斤。战斗部为核或常规弹头，核弹头可能用 W80。制导中段选用现代化捷联式惯性制导，末端用被动式寻的或频率捷变主动雷达导引头。动力装置为一台整体式火箭冲压组合发动机。

【SM-62A 巡航导弹（"鲨蛇"）】 美国研制的一种战略地对地洲际巡航导弹。用来配合远程战略轰炸机执行战略核攻击任务。于 1946 年开始研制，1956 年飞行试验，50 年代末装备部队。60 年代中期退出现役。最大射程 8000 公里。巡航高度 18～22.5 公里。弹长 22.57 米，弹径 1.38 米，弹高 4.5 米。翼展 12.9 米。发射重量 22600 公斤。动力装置为一台 J57-P-17 型涡轮喷气主发动机，二台固体火箭助推器。惯性导航加天文导航制导。战斗部为 100 万吨级 W39 核战斗部。

【SM-64 巡航导弹（"那伐鹤"）】 美国研制的一种地对地超音速洲际巡航导弹。于 1946 年开始研制，1957 年首次飞行成功，最大射程 8000 公里。巡航高度 24 公里。弹长约 16 米，弹径 1.2 米。发射重量 136 吨。动力装置为 3 台冲压主发动机，3 台 XLR-76 液体火箭发动机。天体导航系统加末段惯性制导。战斗部为核战斗部或常规战斗部。

图 12-12　SM-64A　那伐鹤导弹

【SSM-N-8 巡航导弹（"天狮星Ⅰ"）】 美国研制的一种潜（舰）对地亚音速巡航导弹。用于攻击陆上固定战略目标。1947 年开始研制，1952 年生产，1955 年装备舰队。1964 年全部退役。最大射程 960 公里（带副油箱可达 1600 公里）。最大巡航高度 1200 米。弹长 10.06 米，弹径 1.37 米。翼展 6.4 米（折叠后 2.5 米）。弹高 2.89 米。发射重量 6587 公斤。战斗部为 4～5 万吨级 W5 核弹头或常规弹头。初期用无线电指令制导，后改为惯性制导。一台 J33-A-18A 涡轮喷气主发动机，两台 FTV-8 型固体火箭助推器。

【SSM-N-9 巡航导弹（"天狮星Ⅱ"）】 美国研制的一种超音速潜（舰）对地战略巡航导弹。1956 年首次飞行试验，自潜载"北极星"弹道式导弹研制后，撤销了该弹的研制计划。最大射程 1609 公里。最大巡航速度 M＝2。巡航高度最大 21 公里。弹长 17.37 米，弹径 1.83 米。翼展 6.1 米（折叠时 2.79 米）。战斗部为几百万吨的 W27 核战斗部。无线电指令加惯性制导。动力装置为一台 J79-GE-3A 涡轮喷气发动机，一台固体火箭助推器。发射重量 15785 公斤。

【TM-61A／C 巡航导弹（"斗牛士"）】

美国研制的地对地战术巡航导弹。用来配合战斗轰炸机的执行全天候战术攻击任务。1946 年开始研制，先后设计了 TM-61A、TM-61B 和 TM-61C 三个型号。TM-61A 于 1954 年投产，同年 9 月开始装备部队。改进型 TM-61C 于 1957 年取代 TM-61A，1959 年开始退役。最大射程 1040 公里。最大巡航高度 10675 米。总长 12.1 米（包括后伸的助推器）。弹径 1.37 米。翼展 8.49 米。发射重量 5443 公斤。战斗部为 W5 核弹头，当量 4～5 万吨，总重量约 990 公斤。TM-61A 型用 MSQ 雷达指令制导，TM-61C 型用 MSQ 雷达指令加双曲线导航。动力装置为一台 T33-A-37 型涡轮喷气主发动机，一台固体火箭助推器。

【TM-76 巡航导弹（"马斯"）】

美国研制的一种战术地对地巡航导弹。于 1954 年在"斗牛士"基础上研制的，主要用于配合战斗轰炸机执行全天候轰炸任务。根据制导系统，分为 A 型和 B 型。1957 年开始生产，1958 年夏装备部队。最大射程 1120 公里。巡航高度 300～12000 米。弹长 13.42 米（包括助推器），弹径 1.37 米。翼展 6.98 米。发射重量 6260 公斤。战斗部为 W28 100 万吨级核战斗部。A 型用自动地形识别系统制导，B 型用惯性系统制导。

【AGM-28A／B 巡航导弹（"大猎犬"）】

美国研制的一种空地超音速战略巡航导弹。A 型带核弹头，用于攻击战略要地，B 型装被动雷达导弹引头，用于攻击地面警戒雷达。1957 年研制，1960 年使用，1963 年停止生产，1976 年退役（其性能见空对地导弹部分）。

图 12-13　　"马斯 A"型战术巡航导弹

【AGM-86A 亚音速巡航武装诱惑弹】

美国研制的一种用来提高 B-52 轰炸机突防攻击能力的诱惑弹。主要用来压制远程截击机、雷达指挥所组成的区域防空力量，攻击无核防御或核防御能力不足的目标。1970 年批准研制，1973 年计划终止。该弹最大射程为 1207 公里。投放高度从 400 米到 B-52 的最大升限。弹长 4.27 米，弹径 0.46 米，翼展 2.44 米。战斗部采用"近程攻击导弹"的 W-80 核战斗部。动力装置为一台威廉 F107-101 涡扇发动机，净推力 2669N（海平面）。制导为惯性加地形匹配制导。欺骗设备有噪音发射机、连续波发射机、定位接收机、目标欺骗转发器，欺骗设备重约 91 公斤。载机为 B-52G／H 和 B-1 轰炸机。

【AGM-129 高级巡航导弹】

美国研制。其基本尺寸与 AGM-86B 空射巡航导弹大致相同。它采用先进的隐身技术、发动机和制导技术。其射程和精度都超过 AGM-86B。

【SS-N-3C 巡航导弹（"沙道克"）】

苏联研制的一种巡航导弹。1951 开始研制，1959 年开始装备部队。受中制导控制的射程约为 460 公里，最大射程在 800 公里以上。发射重量大于 5400 公斤。制导系统为无线电指令制导或惯性导航加末制导。动力装置为一台涡喷主发动机，两台固体火箭助推器。战斗部为 80 万吨级热核弹头。

【SS-N-21 巡航导弹】

苏联研制的一种巡航导弹。1978 开始研制，1983 年装备于退役的 6 艘"Y-I"级弹道式导弹核潜艇，从原来发射 SS-N-6 弹道导弹垂直发射管发射，亦可以水面舰和"O"、"C"两级巡航导弹潜艇的鱼雷管发射。估计其射程为 3000 公里左右，直径 533 毫米。制导系统和动力装置类似于美国"战斧"海射巡航导弹，采用等高线地形匹配（TERCOM）辅助惯性导航系统和涡扇发动机。

【SSC-X-4 巡航导弹】

苏联研制的一种现代化机动式陆射巡航导弹。该弹的配置很象美国的 GLCM，在一辆大卡车上装有四联装发射装置。据估计，其射程为 3000 公里以上，可能是 SS-N-21 的陆射型号，装有核弹头或常规弹头。

【AS-15 巡航导弹（"撑竿"）】

苏联研制的一种机载重型远程空地巡航导弹。用以取代较老的 AS-6 空地导弹。射程估计为 2400～2700 公里。命中精度大约为 45 米。动力装置为一台涡喷发动机。制导系统为惯性导航加地形匹配修正制导。战斗部用热核弹头。可以在区域或洲际作战中，从低空或防空区外攻击目标。

【BL-10 巡航导弹】

苏联研制的一种从轰炸机上发射的高空超音速巡航导弹。射程约为 3700 公里。

【英国巡航导弹】 英国研制的一种两用空地巡航导弹。该弹既可用作常规武器又可投掷核弹头，是在现有"海鹰"反舰导弹基础上发展的。用于攻击机场和其它二梯队目标。最大射程 650 公里。巡航高度为几千米的中、高空。弹长 4.14 米，弹径 0.4 米，翼展最大 1.2 米。发射重量大于 550 公斤。战斗部为子弹头投放装置、常规战斗部、核战斗部等，引信视战斗部而定。制导为惯性加景象匹配系统制导。动力装置为涡喷发动机。

【法国巡航导弹】 法国研制的一种巡航导弹。采用投掷战术核武器或用于携带子母弹头投放装置，以打击敌方陆上第二梯队的纵深目标；在海上拟用作远程反舰导弹，代替"飞鱼"导弹。最大射程 2000 公里。高空或超低空巡航飞行。弹长均 7 米，弹径约 0.7 米。翼展最大约 4 米。发射重量 1800 公斤。战斗部为 10~15 万吨级热核弹头，空中或地面引爆。制导为惯性导航加地形匹配修正系统。动力装置为涡喷发动机加固体助推器。

【V-1 导弹】 第一次世界大战时期德国研制的一种导弹。这种导弹先用弹射器发射（有时从运载机上发射），然后用控制系统导向预定弹道。V-1 导弹重 2.2 吨，弹长 7.6 米，最大直径 0.82 米，翼展 5.3 米；使用脉动式空气喷气发动机，以汽油作推进剂。当时速 550~600 公里时最大推力约 2.7 千牛顿，此时射程达 370 公里。飞行高度 2000 米。战斗部装炸药重 700 公斤。自主式磁陀螺飞行控制系统保障将 V-1 导弹导向预定高度，以必要的速度在规定高度和航向进行水平飞行，尔后向目标俯冲。

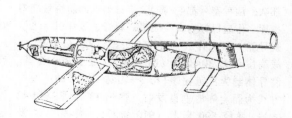

图 12-14 V-1 导弹

【PTA 靶机／巡航导弹】 印度研制的一种巡航导弹。初始型号是靶机，用作飞机或导弹试验靶标；后继型号则转为研制巡航导弹，装有常规子母弹头或核弹头，用以远距离攻击敌方指挥控制中心、舰船、跑道等目标，发展两种型号：车载型和机载型。靶机型 1984 年开始试验，1987 年首批生产。

3、 地对空导弹

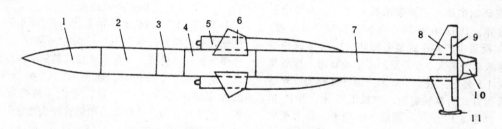

图 12-15 地对空导弹

1.半主动雷达导引头 2.战斗部 3.无线电引信 4.自动驾驶仪与舵机 5.进气道 6.全动式弹翼 7.固·冲组合发动机 8.稳定尾翼 9.副翼 10.尾喷口 11.接收天线

【CIM-10 远程地对空导弹("波马克")】

美国研制的第一代远程地对空导弹。用于拦截中、高空飞机和飞航式导弹。1951年开始研制,1952年第一部基本型(A型)样机进行试验,1956年定型,1957年生产,1960年开始装备美国空军防空部队,1964年全部退役改做靶机。1958年开始研制改进型(B型),1961年装备部队。两种型号都受"赛其"半自动地面防空系统的指挥。作战目标为高空飞机,超音速轰炸机,飞航式导弹。最大作战半径700公里(320公里)。作战高度最大30公里(18公里),最小300公里。制导体制为预定程序+指令+雷达主动寻的。发射方式为固定阵地垂直发射。弹长13.72米(14.43米),弹径890毫米(910毫米)。翼展5.54米(5.5米)。弹重7257公斤(6800公斤)。最大速度M=2.8(M=2.5),采用核装药或列性炸药,用近炸引信。动力装置为一台固体助推器(A型用液体助推器),两台冲压式主发动机。

【MIM-14 中、高空地对空导弹("奈基Ⅱ")】

美国五十年代研制的一种全天候高空防空导弹。1953年美国陆军在原"奈基I"型基础上研制的,1954年12月首次飞行试验,1957年开始生产,1958年装备部队并逐渐取代"奈基I"。1980年退役。以高空飞机、战术弹道式导弹和巡航导弹为作战目标。最大作战半径139公里。作战高度最大45公里,最小1公里。杀伤概率65~80%。制导体制为无线电指令。采用固定和野战两种发射方式,近似垂直(85°)发射。野战发射装置转移阵地时需用专用车运送。弹长12.4米,弹径790毫米。翼展2.28米。弹重4.767吨。最大速度M=3.3。战斗部采用装烈性炸药545公斤或核装药,采用近炸引信。动力装置为四台固体助推器加一台固体主航发动机。

【FIM-43 近程地空导弹("红眼睛")】

美国研制的第一代筒装单兵肩射、白天使用的防空导弹。1962年至1963年间进行试验及改进,1966年批量生产并正式装备部队。1972年停止生产。作战半径最大3.6公里,最小500米。作战高度最大1.5公里,最小150米。制导体制为红外寻的。发射方式为单兵肩射。弹长1.22米,弹径70毫米,弹重8.17公斤。翼展148毫米。最大速度M=1.7~2。战斗部为破片杀伤式战斗部,装烈性炸药0.5公斤,采用触发引信引爆。动力装置为M115型两级固体火箭发动机。

【MIM-72 超近程地空导弹("小槲树")】

美国研制的一种晴天候型、近程、低空防空导弹。该弹由"响尾蛇1C"空对空导弹移植而成。作为野战防空用于对付低空高速飞机和直升飞机。1965年开始研制,1966年小批量生产,1969年装备部队,"小槲树"基本型,代号MIM-72A。由于该型只能在白天、晴天条件下使用,且为尾追攻击不能全向作战,于1970~1974年对MIM-72A型进行改进,1977年改进型MIM-72C开始装备部队。后又根据不同要求,又把改进型分成三种类型:自行式M48型,固定式M54型和牵引式。

【MIM-72C 超近程地空导弹("小槲树")】

美国研制的一种晴天候、近程、低空防空导弹。该弹是MIM-72A的改进型,1977年开始装备部队。作战半径5公里。作战高度最大2.5公里,最小50米。杀伤概率50%。制导体制为光学瞄准加红外寻的。发射方式为四联装倾斜发射。弹长2.9米,弹径120毫米。翼展640毫米。弹重86.2公斤。战斗部为连杆杀伤战斗部,重约4.5公斤,装烈性炸药。战斗部改进型M-250,重约5千克,采用无线电近炸引信。动力装置为固体火箭发动机。

【MIM-104 地对空导弹("爱国者")】

美国研制的第三代全天候、全空域地对空导弹。1972年开始工程研制,1973年首次发射试验,1982年批量生产,1985年初装备部队。该弹能在严重电子干扰环境中同时对付多目标,作战能力强。作战半径最大80~100公里,最小3公里。作战高度最大24公里,最小300米。制导体制为程序+指令+TVM的复合制导。采用四联装箱式倾斜发射。弹长5.3米,弹径410毫米。翼展870毫米。弹重约1000公斤。战斗部为破片杀伤式战斗部,重约68千克,烈性炸药或核装药,杀伤半径20米。采用无线电近炸引信。动力装置为单级TX-486型高能固体火箭发动机。

【"陆麻雀"地对空导弹】

美国研制的一种机动式全天候近程防空导弹。是以"麻雀Ⅲ"空对空导弹为基础移植的。该弹未单独装备部队,而是和其它防空武器结合作用。"麻雀-霍克"中"麻雀"的最大作战半径约为10公里。最大作战高度3公里。制导方式为连续波雷达和单脉冲雷达导引头制导。倾斜发射。最大速度M>3,弹长3.66米,弹径204毫米。翼展1米。弹重204公斤。战斗部为连杆式战斗部,重约40公斤,装烈性炸药。采用主动雷达引信引爆。动力装置为一台MK582

型双推力固体发动机。

【FIM-92A 地对空导弹（"尾刺"）】 美国研制的一种肩射近程防空导弹。主要用于战区前沿和要地防空，对付低空、超低空飞机和直升飞机。该弹是在"红眼睛"导弹基础上发展改进而成。1972 年 7 月开始研制，1973 年 8 月首次试飞，1981 年 2 月服役。作战半径最大 5.6 公里，最小 500 米。制导体制为光学瞄准加红外寻的。发射方式为单兵肩射。弹长 1.52 米，弹径 70 毫米。翼展 90 毫米。弹重 10.13 公斤。战斗部为破片杀伤式战斗部，重 1 公斤。采用触发式引信。动力装置为两台固体火箭发动机。白天使用。

【"复仇者"地对空导弹】 美国研制的一种新型近程低空防空导弹系统。该弹采用"尾刺"导弹发射车并配有红外及光学探测跟踪系统，具有迎击目标能力，用于摧毁近距飞机和直升机。1984 年完成样机的研制。"复仇者"系统是目前世界上第一个能在行进中发射的防空导弹武器系统。最大作战半径 4.8 公里。最大作战高度的 1.48 公里。最大速度 M＝2。制导体制为红外寻的。弹长 1.52 米，弹径 70 毫米。翼展 90 毫米。重量 10.13 公斤。战斗部为预成形破片杀伤式战斗部，重 1 公斤。采用触发式引信。动力装置为两台固体火箭发动机。

【"军刀"地对空导弹】 美国研制的一种单兵便携式地对空导弹系统。为既能打飞机又能打坦克的两用导弹。1983 年首次展出。制导体制为激光驾束。战斗部采用聚能装药。能攻击各种亚音速飞机，也能打地面装甲车辆。

【SA-1 地对空导弹（"吉尔德"）】 苏联研制的第一代地对空全天候中程中、高空导弹。该导

图 12-16   SA-1 导弹

弹音译"萨姆-1"，苏称 207 型。主要用于对付飞机，配制导雷达，可同时跟踪 30 个以上目标。1948 年开始研制，1954 年装备部队，该导弹已停产，该导弹固定阵地发射，只能作为要地防空。最大作战半径 32 公里，最大速度 M＝3。射高 2000-20000 米。战斗部装 70 公斤烈性炸药。动力装置为一台固体燃料火箭发动机。雷达跟踪无线电指令制导。全长 12 米，直径 0.7 米，翼展 2.4 米，发射重量 3000 公斤。

【SA-2 地对空导弹（"盖德莱"）】 苏联研制的该导弹音译为"萨姆-2"，是为对付远程高空轰炸机和高空侦察机而设计的。1950 年开始研制，1958 年装备部队，改进型有：В-75В（11Д）、В-750ВМ（11ДМ）、В-755А（20ДА）等。它的舰用型为 SA-N-2，最大射程 47 公里。射程 12-30 公里（1Д）、5-34 公里（11Д）、48 公里（20ДА）、54 公里（20ДБ）。最大速度 1.5-4 马赫。射高：3-22 公里（1Д）、0.5-27 公里（11Д）、0.3-24 公里（20ДА）、1-34 公里（20ДБ）。战斗部：总重 190 公斤，装烈性炸药 140 公斤（11Д）；总重 196 公斤 ±$^2_1$ 公斤，烈性炸药 113-118 公斤，破片数 8000（20ДА）；烈性炸药或核装料（20ДБ）。动力装置为一台液体燃料主航发动机，一台固体燃料助推器，无线电指令制导。固定阵地发射。全长：10.8 米（1Д）、10.6 米（11Д）、10.79 米（20ДА）。直径：0.51 米（续航发动机）、0.66 米（助推器）。翼展 2.56 米、1.68 米（20ДА）、发射重量：2270 公斤（1Д）、2283 公斤（11Д）、2375.4 公斤（20ДА）、2500 公斤（20ДБ），装备防空军和陆军。

【SA-3 地对空导弹（"果阿"）】 苏联研制的第二代地对空全天候中程中、低空导弹。该导弹音译为"萨姆-3"，配用"低吹"制导雷达，并与"平面"和"匙架"目标指示雷达配合使用。五十年代初开始研制，1961 年装备部队，主要用于要地防空，也可用于野战防空。初期装备的 SA-3 采用双联装发射架，后改为 4 联装发射架，也可以双发装在运输装填车上进行机动。它的舰用型 SA-N-1，用于舰艇防御近程中低空目标，并具有对舰攻击能力。射程 3-30 公里。最大速度 M＝2-2.5。射高 800-15000 米，战斗部重 84 公斤，烈性炸药。动力装置为一台固体燃料主航发动机和一台固体助推器，制导系统无线电指令制导。主要抗干扰措施：采用变频动目标显示、雷达／光学复合制导。地面机动发射。全长 5.95 米。直径 0.55 米（第一级）、0.38 米（第二级）。翼展 2.08 米。发射重量 952 公斤。

【SA-4 地对空导弹（"加涅夫"）】 苏联研制的一种全天候中程高空导弹。该导弹音译为

"萨姆-4"，约五十年代中期开始研制，1964年5月首次出现。导弹和发射架均装在履带式发射车上，可在车上进行发射，配"拍手"制导雷达，与SA-6配合使用，填补SA-6的杀伤间隙。射程8-74公里。最大速度2.5马赫。射高24000-29000米。战斗部为烈性炸药，破片杀伤式。动力装置为一台冲压式喷气主体火箭发动机，4台固体燃料助推火箭。采用无线电指令制导加末段半主动雷达寻的制导。地面机动发射。全长8.8米。直径0.9米。翼展2.6米（尾翼），2.3米（弹翼）。发射重量1800公斤。装备陆军集团军和方面军属防空火箭旅。

【SA-5 地对空导弹（"甘蒙"）】 苏联研制的一种远程高空战略防空导弹。该导弹音译为"萨姆-5"，1967年开始装备苏联防空军，主要用于拦截远程高空快速飞机，有一定的反低速导弹能力。最大射程为250公里。最大速度3-5马赫。射高29000米。战斗部为核装料或70公斤烈性炸药。动力装置为一台固体燃料主航发动机和4台固体燃料火箭助推器，弹头部还装一台小型固体燃料火箭发动机。采用无线电指令加半主动雷达寻的制导。固定阵地发射。该导弹全长16.5米。弹径为1.07米（第一级）、0.85米（第二级）。导弹翼展3.65米。发射重量为10000公斤，装备防空军。

【SA-6 地对空导弹（"根弗"）】 苏联研制的一种机动式全天候中近程中、低空防空导弹。该导弹音译为"萨姆-6"，整个系统分装在两辆履带车上，一辆为三联装导弹发射车，一辆为雷达制导车。50年代末开始研制，60年代中装备部队。射程3-35公里（防低空）、3-60公里（防中空）。速度2.8-3马赫。射高50-17700米（光学）、100-18000米（雷达）。战斗部重约80-90公斤，装烈性炸药40公斤，近爆引信。动力装置为一台固体燃料火箭和冲压一体化发动机。主要抗干扰措施：采用多波段，多种频率，动目标显示全程半主动雷达寻的制导、比例导引。地面机动发射。全长6.2米，直径0.34米。翼展1.22米（尾翼），0.95米（弹翼），发射重量550公斤。装备陆军摩步师和坦克师属防空火箭团。

【SA-7 地对空导弹（"格雷尔"）】 苏联研制的一种近程地空导弹。该导弹音译为"萨姆-7"，与美国的"红眼睛"导弹相似。对付低空慢速目标，尤以对付直升机最有效。1966年开始装备部队。该导弹有箭-2和箭-2M两种型号，除能单兵发射外，还可以4、6、8联装在履带车或轮式装甲车上进行单射或齐射。最大射程：尾追0.5-3.4公里（箭-2）；4.2公里（箭-2M）。迎击1-2.5公里（箭-2）、1-2.8公里（箭-2M）。速度1.3马赫（箭-2），1.5马赫（箭-2M）。射高：尾追50-1500米（箭-2），50-2300米（箭-2M）。战斗部重1.8公斤，装有烈性炸药0.37公斤。动力装置为一台发射发动机，一台双推力固体燃料火箭发动机。采用红外寻的制导，比例导引法。可以单兵肩射或车载发射。全长1.42米（前-2）、1.44米（箭-2M）。直径0.072米。发射重量9.15公斤（箭-2）、9.8公斤（箭-2M）。装备防空军和陆军。

【SA-8 地对空导弹（"壁虎"）】 苏联研制的一种复式制导的全天候近程低空导弹。该导弹音译为"萨姆-8"，于1975年11月7日首次出现，由SA-N-4舰空导弹发展来的。4联装发射架，搜索雷达和制导雷达都装在一辆三轴轮式车上。在车身后部两侧还可各储存4枚导弹，并能自动装弹。SA-8改进型采用6联装，箱式发射架。最大射程8-16公里。速度约2马赫。射高45～6100米。战斗部重约50公斤，烈性炸药。动力装置为一台固体燃料火箭发动机。采用雷达或光学跟踪、无线电指令制导。全长3.2米。直径0.21米。翼展0.64米。全重180-200公斤。车载发射。装备陆军。

【SA-9 地对空导弹（"甘斯肯"）】 苏联研制的一种晴天候型近程低空导弹。该导弹音译为"萨姆-9"，它是在SA-7基础上发展而成的，主要用于野战防空。1968年装备部队。整个系统装在一辆БТ9-40ЛБ装甲车上，4联矩形筒式发射架，车内储存8枚导弹。射程0.5-7公里。最大速度1.5-2马赫。射高20-6096米。战斗部重约7公斤，烈性炸药，破片杀伤式。动力装置为一台固体燃料火箭发动机。采用光学瞄准和红外寻的制导。车载发射。弹长2.0米，弹径0.12米。翼展0.3米。破片杀伤式战斗部，重约5公斤。由近炸引信起爆，有效杀伤半径1.5米。装备陆军摩步团、坦克团属防空连。

【SA-10 地对空导弹（"牢骚"）】 苏联研制的一种中程全高度防空导弹。该导弹音译"萨姆-10"是SA-5的后继型。1973年开始研制，1979年开始少量装备部队。该导弹装在轮式车辆上，一个分队装备4-6部拖载发射架（每个发射架装4个垂直发射的发射筒，每筒1枚导弹），一部远程搜索雷达，一部低空搜索雷达，一部相控阵跟踪雷达和一些辅助电子设备车。机动速度为6-8小时40公里，并在预有准备的阵地做完发射准备。该导弹可在36公里范围内拦截飞行高度90米的轰炸机，也可在23公里范围内拦截飞行高度60米的巡航导弹。SA-10系统可以同时向多个目标发射导弹。最大射程100公里，最大速度6马赫。射高300米-25000米。战斗部为烈性炸药。动力装置为一台固体燃料火箭发动机。采用主动雷达寻的制导。轮式车载机动发射。全长6.2米，直径0.45米，翼展1.2米，发射重量约1500公斤。装备防空军。

【SA-11地对空导弹（"牛虻"）】 苏联研制的一种新型中近程全高度防空导弹。该导弹音译为："萨姆-11"，于1979年装备部队，用以取代SA-6。该导弹系统由4联装导弹与制导雷达发射车和远程预警雷达车组成，预警雷达负责远距离目标搜索，导弹与制导雷达发射车进行目标跟踪（能同时跟踪、捕获和打击4个目标）。射程3-30公里。最大速度了马赫。射高25—15000米。战斗部重90公斤，烈性炸药。动力装置为固体燃料火箭发动机。半主动单脉冲雷达寻的制导。履带车载发射。全长5.6米，直径0.4米，翼展1.2米，发射重量650公斤，最大过载238。

【SA-12地对空导弹（"角斗士"）】 苏联研制的一种全天空域远程地空导弹。该导弹音译为"萨姆-12"，采用"浅锅"相控阵雷达，能够同时制导多发导弹，拦截多个目标。美国认为SA-12是一种反弹道导弹，1986年苏开始在SS-25洲际导弹发射场周围部署这种导弹。射程5-100公里，射高100-30000米，动力装置为固体燃料火箭发动机，装备防空军。

【SA-13地对空导弹（"金花鼠"）】 苏联研制的一种近程低空防空导弹。该导弹音译为"萨姆-13"，用来替换摩步团和坦克团属防空连装备的SA-9。武器系统由一部被动式雷达测距仪和4联装箱式发射装置组成，装在一辆MT-ЛБ履带式装甲输送车上。据信该导弹于1975年已装备苏军。射程0.5-10公里，最大速度1.5马赫以上，射高10-5000米。战斗部重6公斤，装烈性炸药。动力装置为一台固体燃料火箭发动机，制导系统为双波段红外自导引制导。履带车载发射。全长2.2米。直径0.12米。翼展0.4米，发射重量55公斤。装备陆军摩步团和坦克团属防空连。

【SA-14地对空导弹（"小妖精"）】 苏联研制的一种地对空导弹。该导弹译音"萨姆-14"，是SA-7地对空导弹的后继型，于80年代初开始研制。该导弹与SA-7相比，除手柄托、瞄准具和温差电池安装的位置不一样外，主要区别是，SA-14导弹的红外整流罩为锥形，突出在发射筒外，而SA-7导弹的红外整流罩为圆形，隐藏在发射筒内；SA-14导弹在红外探测器上安有冷气瓶，冷却装置可以减少温差干扰，使导弹延长射程提高命中率。SA-14还改装成空对空导弹，装在米-28战斗直升机上，性能与SA-14基本相同，其带弹发射架总重量为35公斤，红外导引，具有迎头攻击能力。射程0.3-6公里。最大速度1.5马赫。射高50-2500米。战斗部装烈性炸药。动力装置为一台固体燃料火箭发动机。被动式光电红外制导。发射方式为单兵肩射，全长1.5米，直径0.07米，发射重量10.5公斤。

【"警犬1"地对空导弹】 英国研制的第一代地对空导弹。用来对付来袭的高空高速飞机，作为固定阵地的面防御防空导弹系统。1949年开始研制，1958年装备部队。60年代中全部退役，完全由"警犬2"型代替。最大作战半径60公里。制导体制为全程脉冲式制导。采用支撑式倾斜发射。弹长7.7米，弹径530毫米。翼展2.83米。战斗部为烈性炸药。采用近炸引信。动力装置为两台冲压发动机，四台固体助推器。

【"警犬2"地对空导弹】 英国研制的一种地对空导弹。该弹针对"警犬1"型射程不足、低空性能差、命中精度低和杀伤威力小等缺点从1958年开始进行研制，1964年8月装备部队。最大作战半径84公里。制导体制为全程连续波半主动雷达寻的制导。发射方式为支撑式倾斜发射。弹长8.46米，弹径550毫米。翼展2.82米。战斗部为烈性炸药或核装药。采用近炸引信。动力装置为两台冲压发动机，四台固体助推器。

【"雷鸟"地对空导弹】 英国早期研制的一种中程中、高空地对空导弹。1950年开始研制，1957年装备部队。主要对付20公里以下的各类跨音速飞机。最大作战半径56公里。最大作战高度20公里。全程单脉冲式半主动雷达寻的制导。发射方式为支撑式倾斜发射。弹长6.4米，弹径530米。翼展中弹翼1.7米，稳定尾翼2.4米。战斗部为破片式战斗部。采用无线电近炸引信。动力装置为一台固体主发动机，四台固体助推器。

【"雷鸟2"地对空导弹】 英国研制的一种中程中、高空地对空导弹。由于"雷鸟1"型的射程与杀伤威力较小，脉冲制导雷达精度不高，易受干扰，且不能对付低空目标，因此，该弹在"雷鸟1"型的基础上改进而成，于1965年装备部队。最大作战半径75公里。最大作战高度20公里。制导体制为全程连续波半主动雷达寻的制导。发射方式为支撑式倾斜式发射。弹长6.35米，弹径530米。弹翼1.63米，稳定尾翼2.4米。战斗部为破片式战斗部。采用无线电近炸引信。动力装置为一台固体主发动机，四台固体助推器。

图12-17　"雷鸟"导弹外貌图

【"山猫"地对空导弹】　英国研制的一种机动式近程低空地对空导弹。主要用于点防御，为前沿阵地、机场、桥梁等提供防空，能对付低空高速飞行的飞机。该弹是从"海猫"舰对空导弹改装而成，1967年第一次发射，1970年开始装备部队。光学跟踪或雷达跟踪加无线电指令制导。发射方式采用三联装发射架倾斜发射。弹长1.4米，弹径190毫米。翼展650毫米，弹重63公斤。战斗部为连杆式，装烈性炸药，总重15公斤。采用近炸或触发引信起爆。动力装置为一台固体主发动机和一台固体助推器。

【"长剑"地对空导弹】　英国研制的一种近程低空地对空导弹。主要用于野战防空点防御，拦截各类低空、超低空攻击的飞机。该弹有"长剑I"、"长剑II"两种型别。"长剑I"型（又称基本型）于1963年开始研制，1972年起装备部队。"长剑II"型（又称盲射型）于1967年开始研制，1978年起装备部队。最大作战半径6.2公里，最小800米。制导体制：I型为光学跟踪目标／电视跟踪导弹＋无线电指令制导，II型为光学跟踪目标／电视跟踪导弹或雷达跟踪目标和导弹＋无线电指令制

导。采取吊挂式倾斜发射。弹长2.33米，弹径133毫米。翼展381毫米。弹重42.6公斤。战斗部为半穿甲型战斗部，重4.2公斤，装烈性炸药1.34公斤。采用压电式触发引信，直接命中目标，也可用电磁近炸引信。动力装置为单级双推力固体火箭发动机。

图12-18　"长剑"地对空导弹

【"吹管"地对空导弹】　英国研制的一种便携式单兵肩射的近程、低空地对空导弹。主要用于对付低空慢速飞机和直升飞机及小型舰艇和地面车辆。60年代初研制，1973年装备部队。最大作战半径4.8公里，最小300米。最高作战高度1.8公里。制导体制为光学跟踪＋无线电指令制导。弹长1.35米，弹径76毫米。翼展274毫米。弹重11公斤。战斗部为破片式战斗部，总重2.2～3.6公斤，装烈性炸药1.45公斤。对付地面或水面目标时，采用空心装药战斗部。由近炸引信或触发引信起爆。动力装置为一台固体主发动机和一台固体助推器。

【"标枪"地对空导弹】　英国研制的一种单兵肩射近程防空导弹。它是在"吹管"的基础上发展起来的。主要用于前沿部队的低空近程防御，以对付飞机和武装直升飞机的袭击。1979年开始研制，1983年开始生产，1985年初装备部队。最大作战半径6公里，最小为300米。作战高度1.8公里。制导体制为光学跟踪＋无线电指令及电视自动跟踪制导。单兵肩射。弹长1.35米，弹径76毫米。翼展270毫米。战斗部为破片杀伤式战斗部。采用近炸和触发引信。动力装置为一台固体起飞发动机＋一台固体主火箭发动机。

【"轻剑"防空导弹】　英国宇航防务公司研制的一种低空防空导弹，它是世界上最先进入实用阶段和最成功的一种低空防空导弹。该导弹可装在轻型履带两栖装甲车上或由罗弗公司生产的"陆地

漫游者"轻型越野车牵引，机动能力较高。

【"激光火"防空导弹】 英国宇航记务公司研制的一种防空导弹。该型导弹是"轻剑"防空导弹的改型，其效费比很高，价格与便携式防空导弹相当，专供出品。

【"响尾蛇"地对空导弹】 1964 年法国开始研制的一种地对空导弹。1977 年 12 月装备法军。响尾蛇导弹为全天候低空导弹系统，机动性强，由发射车和搜索指挥车组成。发射车系四联装发射装置。1974 年法海军决定采购舰载型八联装"响尾蛇"现已装备 5 艘舰。法还生产专供出口的"响尾蛇"改进型"夏安"，导弹装在 AMX30 履带车上，由四联装改为六联装。有效射程 8.5 公里（最大）。500 米（最小）。有效射高 3500 米（最高）。最大时速 2.3 马赫。战斗部重 15 公斤，装烈性炸药。动力装置为固体燃料火箭。制导系统为雷达制导。发射方式为地面机动发射或舰载发射。全长 2.80 米。直径 0.15 米。全重 83 公斤。

图 12-19 "响尾蛇"地对空导弹发射状态

【TSE5000 地对空导弹（"响尾蛇"）】 法国研制的一种机动、全天候、低空近程地对空导弹。主要用于对付低空、超低空攻击的战斗机、武装直升飞机。1964 年开始"响尾蛇"原型的研制，1971 年装备部队。在原型"响尾蛇"的基础上，研制出"响尾蛇"2000 型代号 TSE5000，于 1973 年起装备部队。最大作战半径 8～8.5 公里，最小 0.5 公里。制导体制为无线电指令制导，三点法导引。吊挂式筒式倾斜发射。弹长 2.94 米，弹径 156 毫米。翼展 547 毫米。弹重 85 公斤。战斗部为破片聚焦式战斗部，总重 13. 斤。采用红外近炸引信，杀伤半径 6～8 米。动力装置为一台单级固体发动机。

【TSE5100 地对空导弹（"沙伊纳／西卡"）】 法国研制的一种全天候、近程、低空地对空导弹。该弹是"西卡"新型导弹系列中的第一个型号，适用于野战防空和要地防空。有"沙伊纳

1"、"沙伊纳 2"两种型别。"沙伊纳 1"于 1977 年开始研制，1983 年停止生产。1984 年开始"沙伊纳 2"的研制。最大作战半径 13 公里，最小 500 米。制导体制为雷达或电视跟踪＋无线电指令制导。筒式倾斜发射。弹长 3.13 米，弹径 156 毫米。翼展 592 毫米。弹重 105 公斤。战斗部为破片杀伤式战斗部，重约 15 公斤，其中炸药 5 公斤。"沙伊纳 1"用红外近炸引信，"沙伊纳 2"用雷达近炸引信。杀伤半径大于 8 米。动力装置为一台固体火箭发动机。

【SA-90 地对空导弹】 法国研制的一种全天候、中程地对空导弹。用来对付 90 年代空中威胁。要求该弹能同时对付从几个方向进行密集攻击的高速机动导弹和飞机。预计 90 年代中期可提供使用。最大作战半径 30 公里。最大作战高度大于 20 公里。制导体制为惯性＋无线电指令＋主动雷达寻的制导。垂直发射。弹径 180 毫米。弹重约 300 公斤。战斗部为爆破聚焦式战斗部，重约 15 公斤。采用近炸和触发引信。动力装置为冲压发动机。

【"西北风"地对空导弹】 法国研制的一种轻型多用途防空导弹。弹重 18 公斤，弹头 3 公斤（比同类导弹大 2～3 倍），采用近炸引信，威力大；速度高达 2.5 马赫，5 秒钟内可达 3000 米，机动性能好，采用极敏感的红外寻的头，它可打击快速机动的飞机和反舰导弹。"西北风"导弹既可单兵携带，也可装在地面车辆上、水面舰艇上或直升机上。

【MFS-2000 地对空导弹】 联邦德国研制的一种新型防空导弹。1988 年开始全面工程研制，预计 90 年代投产，90 年代中期服役。该弹无弹翼，是一个高度灵活的导弹。最大射程为 30 公里。采用垂直发射方式。系统分两个制导段，初始制导用惯性指令制导，末段由雷达寻引头主动寻的制导。该弹可能具有反战术弹道导弹能力。

【"靛青"地对空导弹】 意大利研制的一种机动式全天候近程低空导弹。主要用于对付跨音速飞机，担负要地和野战防空，可单发或两发齐射攻击一个目标。"靛青"系统分牵引式（基本型）和自行式（改进型）两种。基本型于 1962 年开始研制，1971 年装备部队。改进型 1971 年开始研制，1982 年小批量生产。最大作战半径 10 公里，最小 1 公里。最大作战高度 5 公里，最小 15 米。制导体制为雷达或光学跟踪＋无线电指令制导。发射方式箱式倾斜发射。弹长 3.3 米，弹径 195 毫米。翼

展 813 毫米。弹重 120 公斤。战斗部为破片杀伤式，总重 21 公斤。采用触发引信和红外近炸引信起爆。动力装置为一台固体火箭发动机，采用无烟双基推进剂，重约 40 千克。

【"斯帕达"地对空导弹】 意大利研制的一种全天候低空、近程地对空导弹。主要对付低空和超低空跨音速飞机和巡航导弹。该弹分牵引式和自行式两种。1969 年开始研制，牵引式于 1978 年装备部队，自行式 1983 年交付使用。最大作战半径 15 公里，最小 1 公里。最大作战高度 6 公里，最小 20 米。制导体制为半主动雷达寻的或被动式电子干扰寻的制导。该弹采取箱式倾斜发射。弹长 3.7 米，弹径 203 毫米。前翼 800 毫米，后翼 640 毫米。弹重 220 公斤。战斗部为破片杀伤式，重约 34 公斤。采用无线电近炸引信和触发引信，杀伤半径为 10 米。动力装置为单级固体火箭发动机。

【"奥利康"地对空导弹】 瑞士研制的一种全天候中程、中高空地对空导弹。既可用于要地防空，也可用于野战防空。1946 年开始研制，50 年代末服役，60 年代初停产，现已退役。最大作战半径 30 公里，最小 3 公里。最大作战高度 30 公里。制导方式为驾束制导。该弹采取倾斜发射方式。弹长 5.7 米，弹径 360 毫米。翼展 1.3 米。战斗部为高爆破片杀伤式战斗部，总重 40 公斤。采用近炸引信引爆。动力装置为一台固体助推器和一台固体主发动机。

【"米康"地对空导弹】 瑞士研制的一种陆基机动的全天候中程、中高空地对空导弹。用以对付速度 M=2 的空中飞机目标，担负要地防空任务。该弹是在"奥利康"基础上改进成的。1959 年开始研制，60 年代后期装备部队，现已停产。最大作战半径 35 公里，最小 3 公里。最大作战高度 22 公里。制导体制为雷达驾束制导。弹长 5.4 米，弹径 420 毫米。翼展 3 米。舵展 1.5 米。弹重 800 公斤。战斗部为高能破片杀伤式战斗部，重 70 公斤。采用红外近炸引信。动力装置为一台双推力固体发动机，普通装药，重 440 公斤。

【RBS-70 地对空导弹】 瑞典研制的一种便携式近程防空导弹。用来对付高速飞机及直升飞机，也可与其它高炮系统相配合，形成点防御，保卫重点设施。1969 年开始工程研制，1978 年装备部队。最大作战半径 5 公里，最小 200 米。最大作战高度 3 公里。制导体制为激光驾束制导。发射方式为筒式倾斜发射。弹长 1.59 米（含助推器）、1.32 米（不含助推器）。弹径 106 毫米。翼展 320 毫米。弹重 15 公斤。二级弹重 13.1 公斤。战斗部为预制破片杀伤式，重 1.1 公斤。采用激光近炸和触发引信，杀伤半径 3～3.5 米。动力装置为一台固体主航发动机，一台固体起飞发动机。

【"鹰眼"地对空导弹】 埃及在苏联 SA-7 基础上改进的一种便携式地对空导弹。用来对付近程低空、低速飞机。1985 年 3 月开始小批量生产，然后陆续装备部队。最大作战半径 4.4 公里，最小 500 米。最大作战高度 2.4 公里，最小 50 米。制导体制为红外寻的制导。弹长 1.44 米，弹径 72 毫米。翼展 230 毫米。弹重 9.8 公斤。战斗部为高能炸药，破片杀伤式战斗部。采用近炸和触发引信。动力装置为两级固体火箭发动机。

【"近程萨姆"地对空导弹】 日本研制的一种低空近程防空地对空导弹。用于保卫军事基地及其他重要目标，也可用来进行野战防空。1966 年开始研制，1971 年前首次发射。1982 年 2 月初步具备作战能力。近几年进一步改型，使其具有模式化特点。最大作战半径约为 7 公里。最大作战高度约为 6 公里，最小 15 米。制导体制为初段惯性+末段红外寻的制导。弹长 2.7 米，弹径 160 毫米。翼展 600 毫米。发射重量 100 公斤。战斗部为破片杀伤式，装烈性炸药。采用触发或近炸引信。动力装置为单级固体火箭发动机，最大推力 812.9N。

【"凯科"地对空导弹】 日本研制的一种单兵便携式地对空导弹。80 年代后期装备部队，以取代现装备的"尾刺"便携式地对空导弹。该弹为肩射式，采用红外线导引头。具有全向攻击能力和高的抗干扰能力。

【"罗兰特"地对空导弹】 联邦德国和法国联合研制的低空近程防空导弹。主要用于野战防空，也可用作点防御。共发展了三种型号："罗兰特I"、"罗兰特II"、"罗兰特III"。I 型为晴天候型、II 型和 III 型为全天候型。I 型于 1964 年开始研制，1976 年开始装备部队。II 型于 1966 年开始研制，1976 年装备部队。最大作战半径 6 公里（I 型）、6.3 公里（II 型），最小 15 米。最大作战高度 4.5 公里，最小 15 米。I 型为光学跟踪，II 型为光-电复合+无线电指令制导。该弹采取双联装筒式倾斜发射。弹长 2.4 米，弹径 163 毫米。翼展 0.5 米。弹重 I 型 63 公斤，II 型 71 公斤。战斗部为多效应空芯装药战斗部，重 6.5 公斤，装药重 3.5 公斤，杀伤半径 6 米。采用无线电引信和触发引信引爆。

动力装置为一台固体火箭助推器，一台固体主发动机。

【"阿达茨"地对空导弹】 瑞士和美国共同研制的反飞机、反坦克的两用导弹。用于对付低空飞机、直升飞机和坦克等地面装甲目标。该弹具有全天候及在电子干扰环境下作战的能力。1979年开始研制，1987年装备部队。最大作战半径8公里（飞机），6公里（坦克），最小1公里（飞机），500米（坦克）。作战高度5公里。制导体制为光学瞄准+激光驾束。发射方式为筒式倾斜发射。弹长2.05米，弹径152毫米。弹重51公斤。战斗部为既能聚能破甲，又能破片杀伤的双用途战斗部，重约12公斤。采用激光近炸引信和触发引信。动力装置为一台无烟双基推进剂的固体火箭发动机。

【"罗兰"地对空导弹】 1964年法、联邦德国开始联合研制的一种地对空导弹。1978年装备。法国现有68台发射车，联邦德国计划装备140台发射车。该导弹系中距离防低空武器系统。装备有目标搜索雷达、红外探测器、指令计算机和三防设备等。有效射程6.2公里（最大），500米（最小）。有效射高3000米（最高）。最大时速1.6马赫。战斗部重6.5公斤，烈性炸药。动力装置为固体燃料火箭。制导系统为雷达跟踪或红外光学跟踪制导。发射方式为地面机动发射。全长2.4米。直径0.16米。全重73公斤。

【HQ-2地对空导弹】 中国制造。此弹射高24.5公里，有效射程12到32公里，制导雷达发现目标距离不小于75公里，导弹的最大飞行速度每秒不小于420米。可击毁的目标速度每秒60米，杀伤概率三发不小于94%，无线电指令制导，一次可发射导弹1到3发，转移火力时间不大于2分钟，间隔6秒能抵抗部分回答式干扰和杂波干扰，这种弹必须在海拔2000米以下，温度在零下40度到50度间，湿度不大于98%，风速每秒不大于20米（8级风）使用。

【HQ-2B地对空导弹】 中国研制的一种高速度、高效率、全天候、全方位作战、可移动式的中、高空要地防空武器系统。它的主要特点是：抗干扰能力强；被射击目标的速度范围大（$V_M <$ 750米／秒）；作战空域大，杀伤概率高；作战高度为1～27公里，射程为7～35公里。对$V_M <$ 560米／秒的目标，单发杀伤概率$P_1 > 0.92$，对V_M < 750米／秒的目标，单发杀伤概率$P_1 < 0.73$；射击机动目标能力强；广泛采用数字电路，指挥和控制系统应用电脑控制。弹长10.8米，弹径0.65米，发射重量为2322公斤。导弹最大飞行速度1250米／秒（$M = 4.2$）。

【HQ-2J地对空导弹】 中国制造。其组成和性能、几何尺寸与HQ-2B基本相同。它除了可以对付各种空中目标外，必要时还可以对付地面和海上目标。它具有从正面和尾部攻击目标的能力，作战高度0.5～27公里，射程5～34公里。采用全方位无线电指令制导，也还可以选择其它多种制导方法。HQ-2J的制导站可以同时制导3枚导弹对付同一个目标。

【HQ-61防空导弹】 中国制造的半主动寻的的中、低空防空导弹。双联发射架，有地对空和舰对空两种型式。其制导精度高，杀伤力强，最大翼展1.166米，总重300公斤，最大速度$M = 3$。

【HN-5导弹】 中国制造。该弹为便携式肩射超低空导弹，体积小、重量轻、操作灵活简便，命中率高，是对付超低空飞机的有效武器。HN-5导弹有HN-5A和HN-5C型。

【FM-80导弹】 中国研制的一种全天候低空和超低空点防御导弹系统。通常以两枚并联的方式装在发射架上，也可装在不同底盘的车辆或拖车上。它可以为机场，油田、重要的军事设施等提供点防御。

4、 舰对空导弹

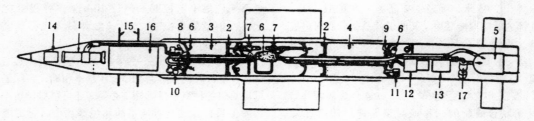

图 12—20 舰对空导弹

1.燃气发生器 2.推进剂箱的游动活塞 3.燃烧剂(甲醇) 4.氧化剂(硝酸) 5.燃烧室 6.燃气过滤器 7.燃气保险活门 8.冷却室气活门 9.冷却室气活门出口 10.甲醇注入口 11.硝酸注入口 12.涡轮传动的交流发电机 13.控制机构 14.加速度表组 15.天线 16.弹上制导设备 17.燃料过滤器

【"宙斯盾"舰对空导弹】 美国研制的一种全天候、全空域舰载防空导弹。用来保卫航空母舰，或进行舰队的区域防御，被列为第三代舰空导弹系统。1969年12月开始研制，1983年装备"提康德罗加"号巡洋舰（CG-47）。最大作战半径74公里。最大作战高度24公里。制导体制为惯性／指令+末段半主动寻的制导。弹长4.5米，弹径340毫米。翼展1.1米。弹重640公斤。战斗部为MK90型高能炸药破片杀伤式战斗部。采用MK45型主动式雷达近炸引信与触发式引信。动力装置为MK56型双推力固体火箭发动机。

【RIM-72舰对空导弹（"海小槲树"）】美国研制的一种晴天候近程、低空舰对空导弹系统。该弹是在陆用"小槲树"地对空导弹基础上移植的，可装在轻型舰艇上作为单舰防御武器。1971～1972年装备部队。最大作战半径18公里。制导体制为光学瞄准+红外寻的。倾斜发射。弹长2.87米，弹径127毫米。翼展619毫米。弹重86.1公斤。战斗部为连杆杀伤式。采用主动式激光近炸引信。动力装置为固体火箭发动机。

【"西埃姆"舰对空导弹】 美国研制的一种自卫式近程、低空防空导弹。主要用于对付固定翼飞机和直升飞机等反潜飞机。1977年正式开始研制，1980年成功地进行了首次发射试验，80年代末将陆续装备部队。制导体制为雷达／红外双模寻的制导。发射方式为垂直发射。弹长2.54米，弹径145毫米。弹重67.5公斤。战斗部为破片杀伤式战斗部。采用近炸引信引爆。动力装置为二级固体发动机。

【RIM-8G舰对空导弹（"黄铜骑士"）】美国研制的一种舰对空导弹。1958年开始装备美海军，计划使用到80年代初期。主要用于攻击超音速和亚音速目标（空地导弹及携带此种导弹的飞机），亦可攻击岸上目标。最大射程120公里。最大时速M=2.5。最大射高26500米。战斗部为核装料或烈性炸药158公斤。动力装置为冲压喷气发动机一台，固体燃料助推器一具，总推力9072公斤。制导系统为雷达波束加末段半主动跟踪制导。全长9.53米，直径0.76米。翼展2.90米。全重3175公斤。

【RIM-24B舰对空导弹（鞑靼人）】美国研制的一种舰对空导弹。1960年开始装备驱逐舰和部分巡洋舰。可攻击高空和低空的飞机。最大射程16-19公里。最大时速2665公里，M=2.5。有效射高300-12000米。战斗部装烈性炸药52公斤。动力装置为固体燃料火箭一具，推力约6810公斤。制导系统为半主动雷达波束寻的制导。全长·4.57米，直径0.34米。翼展0.51米。

全重 680 公斤。

图 12-21　位于发射架上的"鞑靼人"导弹

【RIM-66A 舰对空导弹（"标准"）】 美国研制的一种舰对空导弹。系美海军目前最新型的舰空导弹，将代替"鞑靼人"，主要对付低空飞机和飞航式导弹，亦可用作地对地导弹。"标准"将与海军新的高级地面导弹系统 AECIS 一起使用。最大射程 18～24 公里。最大时速 M＝2。最大射高 20000 米。战斗部为烈性炸药。动力装置为一级固体燃料火箭。半主动雷达寻的制导。全长 4.57 米，直径 0.305 米。翼展 0.50 米。全重 590 公斤。

【RIM-67A 舰对空导弹（"标准增程"）】
美国研制的一种舰对空导弹。系美海军新型的舰空导弹，将取代"小猎犬"，主要对付低空飞机和飞航式导弹，亦可用作地对地导弹。最大射程 55 公里。最大时速 2.5 马赫。最大射高 20000 米。战斗部装烈性炸药。动力装置为二级固体燃料火箭。半主动雷达寻的制导。全长 8.23 米，直径 0.305 米。翼展 0.50 米，全重 1060 公斤。

【RIM-2F 舰对空导弹（"小猎犬"）】 美国研制的一种舰对空导弹。1963 年开始装备巡洋舰、驱逐领舰、攻击型航母。系最新型"小猎犬"导弹。"小猎犬"导弹还有 RIM-2B、-2D、-2E 几种型号，其中 RIM-2D 可带核弹头或普通弹头。据称，"小错犬"导弹将全部由"标准"导弹取代，换装工作已开始进行。最大射程 35 公里。最大时速 2665 公里，M＝2.5。最大射高 20000 米。战斗部系烈性炸药。动力装置为二级固体燃料火箭。半主动雷达波束寻的制导。全长 8.23（带助推器）、4.60 米（不带助推器），直径 0.31 米。翼展 0.51 米。全重 1,360 公斤。

【RIM-7H 舰对空导弹（"海麻雀"）】
美国研制的一种舰对空导弹。由"麻雀Ⅲ"空空导弹发展而成，主要供航母低空防御用，亦可攻击舰船。美海军航母上已装备此型导弹，其外形及性能与"麻雀Ⅲ"基本相同。最大射程 22.2 公里。最大时速 2.5 马赫以上。射高 3000 米。战斗部烈性炸药 30 公斤。动力装置为一级固体燃料火箭。半主动连续波雷达寻的制导。全长 3.66 米，直径 0.20 米。翼展 1.02 米。全重 204 公斤。

【SA-N-1 舰对空导弹（"果阿"）】 苏联研制的一种全天候型近程舰对空导弹。主要用于舰队防空，以对付中低空亚音速和超音速入侵的各种飞机。该弹是由陆用的 SA-3 地对空导弹移植而来，所采用的导弹与陆用的相同，制导雷达和发射架与陆用不同。60 年代初开始装备部队。作战半径最大 25 公里，最小 3 公里。采用"桔皮群"跟踪制导雷达。发射方式为横摇稳定的标准式双联发射架发射。弹长全长 5.95 米，Ⅱ级 4.13 米。弹径Ⅰ级 550 毫米，Ⅱ级 380 毫米。发射重量 952 公斤，助推器 530 公斤，Ⅱ级导弹 422 公斤。采用破片杀伤式战斗部。和无线电引信，杀伤半径 50 米。动力装置为固体助推器＋固体主发动机。

【SA-N-2 舰对空导弹（"盖德莱"）】 苏联研制的一种较大的全天候型中高空舰对空导弹武器系统。是由陆用 SA-2 移植到"捷尔任斯基"号巡洋舰上的。导弹本身和制导雷达与 SA-2 完全相同，只是发射架不同。最大作战半径 30 公里（1Д）、34 公里（11Д）、48 公里（20ДА）。最大作战高度 22 公里（1Д）、27 公里（11Д）、32 公里（20ДА）。为无线电指令制导。该型导弹采用双联装导弹发射架倾斜发射。弹长 10.89 米（1Д）、10.84 米（11Д）、10.79 米（20ДА）。一级弹径 0.654 米，二级 0.5 米。一级翼展 2.56 米，二级 1.69 米。其定向爆炸的破片杀伤式战斗部，装烈性炸药 135 公斤（1Д）、139 公斤（11Д）、118 公斤（20ДА）。采用无线电近炸引信。动力装置为一级固体助推器和二级液体发动机。

【SA-N-3 舰对空导弹（"高脚杯"）】 苏联研制的一种全天候型高、中、低空舰对空导弹武器系统。主要用于对付高速飞机，也具有反舰能力。1967 年开始服役。作战高度最大 25 公里，最小 0.15 公里。采用无线电指令制导。弹长约 6 米，弹重 540 公斤。采用破片杀伤式战斗部，装烈性炸药 40 公斤。采用双联装两用发射架倾斜发射方式。

【SA-N-4 舰对空导弹】 苏联 60 年代发

展的一种全天候型近程低空舰对空导弹武器系统。主要用于对付直升飞机，也可攻击逼近的敌人舰艇。该系统采用陆用型 SA-8 导弹。从 70 年代初开始装备部队。最大作战半径 12 公里，最小作战半径 1.3 公里。最大作战高度 6.1 公里，最小作战高度 45 米。雷达或光学跟踪+无线电指令制导。弹长 3.20 米，弹径 210 毫米。翼展 640 毫米。弹重 180～200 公斤。战斗部为破片杀伤式，总重约 30 公斤，装烈性炸药。动力装置为一台双推力固体火箭发动机。

【SA-N-5 舰对空导弹】 苏联研制的一种晴天候型、近程、低空舰对空导弹武器系统。主要用来对付空中慢速目标，保护舰船自身免受空中攻击。该系统是由陆用的便携式 SA-7 系统移植而来。发展成海射型系统，只是把单兵肩扛发射改为转动式四联装发射架发射。其它情况均与陆用 SA-7 相同。

【SA-N-6 舰对空导弹】 苏联研制的全天候型中程高、中低空舰对空导弹武器系统。由陆基 SA-10 系统派生而来，可同时攻击来自不同方向和不同高度的多种空中目标，包括各种飞机和空对面反舰导弹。该弹于 1979 年开始服役。最大作战半径 65 公里，最小 10 公里。最大作战高度 30 公里，最小 300 米。中段指令+末段 TVM 寻的制导。垂直发射。弹长约 7 米，弹径 350 毫米。翼展 900 毫米。发射重量约 1500 公斤。破片杀伤战斗部，总重约 90 公斤。动力装置为一台固体火箭发动机。

【SA-N-7 舰对空导弹】 苏联研制的一种全天候型近程中低空舰对空导弹武器系统。主要用于舰队防空，可同时对付多批目标。它是由陆用型 SA-11 系统移植到舰上的。苏联于 70 年代中和 80 年代初先后将 SA-N-7 装备在一艘改进型"卡辛"级和两艘"现代"级导弹驱逐舰上。最大作战半径 28 公里，最小 3 公里。最大作战高度 14 公里，最小 300 米。全程半主动雷达寻的制导。箱式四联装倾斜发射。弹长 5.5 米，弹径 400 毫米。翼展 800 毫米。动力装置为两台固体火箭发动机。

【SA-N-8 舰对空导弹】 苏联研制的一种垂直发射的全天候型中近程舰对空导弹武器系统。

【"海蛇"舰对空导弹】 英国研制的第一代全天候、中程中低空舰对空导弹。主要用于舰队防空以对付轰炸机的攻击，也能对付水面目标。该弹

分 I 型和 II 型两种。"海蛇 II"型比"海蛇 I"型射程远，对付低空飞机的性能更好。最大作战半径 32～40 公里（I 型）、45～58 公里（II 型）。雷达波束制导+末段半主动寻的制导。双联装发射架倾斜发射。弹长 6 米（I 型）、6.1 米（II 型），弹径 410 毫米。翼展 1.6 米。弹重含助推器 1100 公斤（I 型），1815 公斤（II 型）。不含助推器 900 公斤。战斗部为破片杀伤式，总重 90 公斤，装烈性炸药。采用无线电近炸引信。

【"斯拉姆"舰对空导弹】 英国研制的一种近程低空舰或潜对空导弹武器系统。主要用来对付反潜直升飞机和巡逻艇。1968 年开始研制，1973 年装备使用。该系统使用的是"吹管"导弹，因此其制导方式仍是光学跟踪和无线电指令制导。其主要战术技术指标与导弹本身的情况均与"吹管"导弹系统相同。

【"海狼"舰对空导弹】 英国研制的一种舰载近程低空防空导弹系统。标准"海狼"采用 GWS25 火控系统，用来对付超音速飞机，反舰导弹等各种来袭目标。1968 年开始全面研制，1979 年 3 月正式装备部队。最大作战半径 5 公里，雷达或电视跟踪+无线电指令制导。箱式倾斜发射。弹长 2 米，弹径 190 毫米。翼展 560 毫米。弹重 80 公斤。战斗部为破片杀伤式，重约 14 公斤。采用触发或近炸引信，杀伤半径为 8 米。动力装置为一台固体火箭发动机。

【"海猫"舰对空导弹】 1958 年英国开始研制的一种近程低空舰对空导弹武器系统。1962 年起陆续装舰使用。因结构简单，成本低，迄今继续生产，并大量输往国外。最大有效射程 5 公里。射高 3500 米。最大时速 2 马赫。战斗部装烈性炸药。动力装置为固体燃料火箭。光学或雷达跟踪，无线电指令制导。全长 1.48 米，直径 0.19 米。翼展 0.65 米。全重 63 公斤。

图 12-22 "海猫"导弹系统外貌图

【"海标枪"舰对空导弹】 1962 年英国开始

研制的一种新型全天候中程舰对空导弹。1971 年服役。主要用于对付中高空和超低空飞机，也能对付飞航式导弹和水上目标。主要装备英海军 42 型、82 型驱逐舰。最大射程 74 公里。射高 30—18 公里。最大时速 M＝3.5。战斗部装烈性炸药，破片杀伤式。动力装置为 1 台冲压发动机、1 台固体燃料助推器。全程半主动雷达自导引。全长 4.36 米，直径 0.42 米。翼展 0.91 米。发射重 550 公斤。

【"玛舒卡"舰对空导弹】 法国研制的一种中程舰对空导弹系统。用来对付中高空飞行的各类超音速飞机的攻击。50 年代初开始研制，最初的原型是无线电控制的 MK1 型导弹，后又在此基础上研制出 MK2-2 型和 MK2-3 型导弹，分别于 1968 年和 1970 年开始服役。最大作战半径 45 公里。最大作战高度 23 公里。制导体制：2 型为无线电指令制导，3 型采用半主动雷达寻的制导。弹长含助推器 8.6 米，不含助推器 5.29 米。弹径 0.41 米。弹翼 0.77 米，助推器尾翼 1.5 米。弹重 1850 公斤（2 型）、2080（3 型）。战斗部为连杆式，装烈性炸药。采用无线电近炸引信。动力装置为一台固体主发动机和一台固体助推器。

【"萨德拉尔"舰对空导弹】 法国研制的一种舰对空导弹。1981 年开始研制。可装在小型护卫舰上，亦可做小型舰艇和后勤支援运输舰的自卫防空武器，用来对付低空飞机，直升飞机和掠海反舰导弹的攻击。

【"萨玛特"舰对空导弹】 法国研制的防空导弹系统。共有三种型号。"萨玛特 1"为近程舰对空导弹系统，具有反导弹能力。该弹采用 MICA 空对空导弹的弹体和发动机，"西北风"导弹的红外导引头，射程为 10 公里。90 年代初服役。"萨玛特 2"为全天候近程舰对空导弹武器系统。具有反飞机反导弹能力。准备 90 年代取代"海响尾蛇"导弹系统。该弹用 MICA 空对空导弹的弹体和发动机，采用主动雷达导引头，用固体火箭发动机。可以垂直发射导弹，发射重量约 100 公斤。"萨玛特 3"为车载式中程地对空导弹武器系统。准备 90 年代取代现役的"响尾蛇"、"罗兰特"和"霍克"等导弹系统。采用固一冲组合全发动机，最大射程为 35 公里。末段为主动雷达寻的制导。选用"萨玛特 2"的导引头，能对付多目标。预计 90 年代末可装备部队。

【SAN-90 舰对空导弹】 法国研制的一种舰对空导弹。是 SA-90 地对空导弹系统的舰载型号。1983 年开始研制。该系统用作舰艇的自卫防空武器，主要对付 90 年代的反舰导弹，高速俯冲导弹和超音速飞机。预计 90 年代中期初具作战能力。该弹除采用固体火箭发动机与 SA-90 用冲压发动机不同外，其余与 SA-90 完全相同。最大作战半径可达 15 公里。

【"海靛青"舰对空导弹】 意大利研制的一种全天候近程舰对空导弹武器系统。主要用于军舰自身防空，也可协同作战用于舰队防空。主要对付低空飞机和直升飞机。该弹是由陆基型"靛青"导弹系统移植而来。1964 年开始研制，现已停止使用。最大作战半径 10 公里，最小 1 公里。最大作战高度 5 公里，最小 15 米。制导体制为雷达或光学跟踪+无线电指令制导。箱式倾斜发射。弹长 3.3 米，弹径 195 毫米。翼展 813 毫米。战斗部为破片杀伤式，总重 21 公斤。采用触发引信和红外近炸引信起爆。动力装置为一台固体火箭发动机，无烟双基推进剂，重约 40 公斤。

【"信天翁"舰对空导弹】 意大利研制的一种全天候近程舰对空导弹。用来对付低空飞机和掠海反舰导弹。1968 年开始研制，1972 年投产，1981 年装备部队。该弹开始采用美国的"麻雀Ⅲ"导弹，1979 年改用"阿斯派德"导弹。最大作战半径 13 公里（15 公里），最小 0.3 公里（0.5 公里）。制导体制为全程半主动雷达寻的制导。发射方式为箱式倾斜发射。弹长 3.66 米（3.7 米），弹径 203 毫米（203 毫米）。翼展 1.02 米。弹重 204 公斤（220 公斤）。均为破片杀伤式战斗部。采用触发和近炸引信起爆。

注：（ ）内为"阿斯派德"导弹指标，（ ）外为"麻雀"导弹指标。

【"巴拉克"舰对空导弹】 以色列研制的一种近程点防御舰对空导弹武器系统。分原型和改进型两种，具有全天候，昼夜间作战能力。可对付飞机、直升机、空对地导弹和掠海反舰导弹等。最大作战半径 10 公里，最小 0.3 公里。原型为半主动雷达寻的制导。发射方式为箱式倾斜发射，改进型垂直发射。弹长 2.17 米，弹径 150 毫米。翼展 700 毫米。弹重约 90 公斤。战斗部为高能破片杀伤式，重 22 公斤。采用激光近炸或触发引信。动力装置为一台双推力固体火箭发动机。

【RIM-116A 舰对空导弹（"拉姆"）】 美国、联邦德国和丹麦联合研制的一种近程、低空、快速反应的单舰防空导弹。用以拦击掠海飞行的反舰导弹和高速飞机。1979 年开始工程研制，

1980 年首次发射试验，1986 年底具备初步作战能力。作战半径 9.1 公里。制导体制为被动雷达寻的／红外寻的或全程被动雷达寻的制导。箱式倾斜发射。弹长 2.79 米，弹径 127 毫米。翼展 420 毫米。弹重 70.7 公斤。战斗部为连杆式。采用近炸或触发引信。动力装置为 MK36-8 单级固体火箭发动机。

5、 空对空导弹

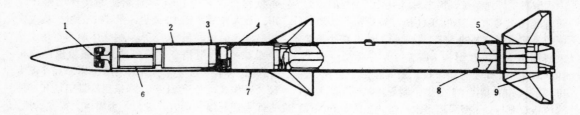

图 12—23   空对空导弹

1.天线   2.电子设备   3.惯性参考装置   4.目标探测器   5.执行机构   6.电池,发射机   7.战斗部   8.火箭发动机   9.数据传输装置

【AIM-7A 空对空导弹("麻雀I")】   美国研制的雷达制导中距空对空导弹。1946 年开始研制，1951 年开始生产，1955 年进入舰队服役，1956 年停止使用。该弹主要用于对付 M＞1 的轰炸机。最大射程 8 公里。攻击方式为尾追攻击。使用条件为全天候。弹长 3.8 米，弹径 203.2 毫米，翼展 700 毫米。弹重 148 公斤，采用惯性+雷达驾束制导。动力装置为固体火箭发动机。

【AIM-7B 空对空导弹("麻雀II")】美国研制的一种主动式雷达制导空对空导弹。1951 年开始研制。主要特点是载机发射导弹后可立即机动。射程 12 公里。弹长 3.66 米，弹径 203.2 毫米。翼展 1000 毫米。弹重 160 公斤。制导为主动雷达制导。

【AIM-7C 空对空导弹("麻雀III")】美国研制的全天候全向攻击的半主动连续波雷达制导的空对空导弹。1953 年开始飞行试验和试生产，1958 年 1 月开始交付，同年 8 月装备部队。由于采用半主动连续波制导方式，该弹低空性能较好。射程 13 公里。攻击方式：拦射，尾追。使用条件为全天候。弹长 3.66 米，弹径 203.2 毫米，翼展 1020 毫米。弹重 173 千克。动力装置为 1.8KS 7800 型固体火箭发动机。

【AIM-7D 空对空导弹("麻雀III_A")】

美国研制的一种可超音速发射的半主动连续波制导的空对空导弹。是在 AIM-7C 基础上改进的。该弹于 1961 年装备部队，1964 年停止实战使用和生产。可拦射攻击目标，具有一定的抗干扰能力。射程 15 公里。使用高度 15 公里。使用条件为全天候。弹长 3.7 米，弹径 203.2 毫米。翼展 1018.46 毫米。发射重量为 178 公斤。采用半主动连续波雷达制导。采用多卜勒雷达近炸引信和触发引信。战斗部为预制破片杀伤式，杀伤半径为 12～15 米。动力装置为 Mark6 Mod3 单级固体火箭发动机。

【AIM-7E 空对空导弹("麻雀III_B")】

美国研制的中距空对空导弹。1963 年 1 月开始生产，1964 年装备部队。该弹与"麻雀III_A"相比，加大了射程，能远距离攻击。射程 26 公里。使用高度 18 公里。攻击方式为拦射、尾追。使用条件为全天候。弹长 3.65 米，弹径 203.2 毫米。翼展 1010 毫米。发射重量 204 公斤。制导为半主动连续波雷达制导。采用 MK5·35 型半主动无线电近炸引信和触发引信。战斗部为连续杆式，重约 29.5 公斤。动力装置为 MK·38 Mod2 固体火箭发动机，重约 70.4 公斤。

【AIM-7E-2 空对空导弹("麻雀III_B")】

美国研制的一种半主动雷达制导的过渡型格斗

导弹。该弹是在 AIM-7E 基础上改型而成的，射程、速度、机动性都有所提高，高空性能较好，具有一定格斗能力。动力装置为 Mk·38 Mod4 固体火箭发动机。战斗部重约 32 公斤。其它战术技术指标基本上与 AIM-7E 相同。

【AIM-7F 空对空导弹（"麻雀ⅢB"）】
美国研制的脉冲多卜勒兼连续波半主动雷达制导的空对空导弹。1967 年开始研制，1977 年开始生产，1981 年停产。该导弹低空性能得到较好的发挥，具有鉴别编队目标的能力。当用连续波半主动制导时最大发射距离为 46.7 公里，用脉冲多卜勒半主动制导时最大发射距离为 61 公里，最小发射距离为 305 米。最大使用高度 18.3 公里。全天候全向攻击。弹长 3.66 米，弹径 203.2 毫米。翼展 1010 毫米。发射重量 227 公斤。制导为脉冲多卜勒兼连续波半主动雷达制导。采用主动近炸引信。战斗部为 Mk71 型，高能炸药，连续杆式，杀伤范围为 20 米。动力装置为 MK58 型双推力固体火箭发动机。

【AIM-7G／H 空对空导弹（"麻雀ⅢB"）】 美国研制的空对空导弹。AIM-7G 是"麻雀"空对空导弹系列中的一个试验性型号。动力装置为 MK58 Mod0 火箭发动机。头部用高频波导管，采用 KU 波段的半主动雷达制导系统。AIM-7H 是从 AIM-7E 改进而来的，装有一部远距离雷达制导系统，采用固体电路，装有更大推力的固体火箭发动机。

【AIM-7M 空对空导弹（"麻雀ⅢB"）】
美国研制的采用倒置接收机、单脉冲导引头的半主动脉冲多卜勒雷达制导空对空导弹。1975 年开始研制，1983 年 2 月验收服役。该弹是"麻雀"空对空导弹改进较完善的一个型号。射程 45 公里。使用高度为全高度。全向攻击。使用条件为全天候。弹长 3.66 米，弹径 203.2 毫米。翼展 1.01 米。弹重 231 公斤。制导为半主动雷达制导。采用主动无线电引信。战斗部为高能炸药，连续杆式，重 40 公斤。动力装置为 MK58 Mod4 助推-巡航火箭发动机。

【AIM-4 空对空导弹（"猎鹰"）】 美国研制的一种空对空导弹。是世界上最早投入服役使用的空对空导弹。该系列导弹兼有被动红外和半主动雷达制导两种对应型号。1947 年开始研制，1954 年交付使用。射程 8 公里。使用高度 15 公里。尾追攻击。弹长 1.97 米，弹径 163 毫米。翼展 508 毫米。发射重量 50 公斤。半主动雷达制导。战斗部为高能炸药，重 9 公斤。动力装置为固体燃料火箭发动机。

【AIM-4A 空对空导弹（"猎鹰"）】 美国研制的空对空导弹。该弹是在 AIM-4 的基础上继续研制的，1956 年末服役使用。射程 9.7 公里。使用高度 15 公里。该弹采取尾追攻击方式。弹长 1.98 米，弹径 163 毫米。翼展 508 毫米，发射重量 54 公斤。制导为半主动雷达制导。战斗部为高能炸药破片式，重 9 公斤。动力装置为固体燃料火箭发动机。

【AIM-4B 空对空导弹（"猎鹰"）】 美国研制的一种空对空导弹。该弹是 AIM-4A 的对应红外制导型，1956 年服役使用。射程 9.7 公里。使用高度 15 公里。该弹采取尾追攻击方式。弹长 2.02 米，弹径 163 毫米。翼展 508 毫米，发射重量 59 公斤。制导为被动红外制导。战斗部为高能炸药破片式，重 9 公斤。动力装置为固体燃料火箭发动机。

【AIM-4C 空对空导弹（"猎鹰"）】 美国研制的一种空对空导弹。该弹是 AIM-4B 的改型。主要改进是红外导引头的性能更好，可以在更远的距离上截获目标，从而扩大了攻击范围，且具有较大的抗过热，过冷的能力。主要装备 F-101B 和 F-102B 截击机。射程 9.7 公里。使用高度为 15 公里。尾追攻击。弹长 2.02 米，弹径 163 毫米。翼展 508 毫米。发射重量 61 公斤。制导为被动红外制导。战斗部为高能炸药破片式，重 9 公斤。动力装置为固体燃料火箭发动机。

【AIM-4D 空对空导弹（"猎鹰"）】 美国研制的一种空对空导弹。该弹由 AIM-4A／C 的弹体和"超猎鹰"AIM-4G 的红外导引头组合而成。具有较高的机动能力和导引精度，是美国空军用于战斗机之间空战的第一种格斗导弹。能全向攻击。射程 9.7 公里。使用高度 15 公里。弹长 2.02 米，弹径 163 毫米。翼展 508 毫米。发射重量 61 千克。被动力红外制导。战斗部为高能炸药破片式，重 9 公斤。动力装置为固体燃料火箭发动机。

【AIM-4E 空对空导弹（"超猎鹰"） 美国于 1958 年研制的一种空对空导弹。该导弹射程为 11.3 公里，速度 M=4。弹长 2.18 米，弹径 168 毫米。翼展 610 毫米。发射重量为 68 公斤。采用半主动雷达制导和高能炸药破片式战斗部。动力装置为固体燃料火箭发动机。该弹为"超猎鹰"的基础型也是过渡型导弹。

【AIM-4F 空对空导弹（超猎鹰）】 美

国于 1960 年研制的空对空导弹。射程为 11.3 公里；使用高度为 21.3 公里。弹长 2.18 米，弹径 168 毫米。翼展 610 毫米。发射重量为 68 公斤。采用半主动雷达制导，战斗部装高能炸药，重 18 公斤。动力装置为 M46 型双推力固体燃料火箭发动机，推力为 26.68KN。该弹可进行全向攻击。

【AIM-4G 空对空导弹（"超猎鹰"）】
美国研制的一种空对空导弹。是 AIM-4F 的对应红外改进型。发展该弹的目的是使截击机同时装备两种制导方式的空对空导弹。射程 11.3 公里。使用高度 21.3 公里。攻击方式为全向攻击。弹长 2.06 米，弹径 168 毫米。翼展 610 毫米。发射重量 66 公斤。被动红外制导。战斗部为高能炸药，重量 18 公斤。动力装置为 M46 型双推力固体燃料火箭发动机。

【AIM-4H 空对空导弹（"猎鹰"）】
美国研制的一种空对空导弹。是 AIM-4D 的改型。为进行近距空战，该导弹进一步提高了机动性。装备飞机为 F-4D、F-101B、F-102A、F-106。射程 11.3 公里。攻击方式为全向攻击。弹长 2.03 米，弹径 168 毫米。翼展 610 毫米。发射重量 73 公斤。被动红外制导。采用主动激光引信。战斗部为高能炸药破片式，重 9 公斤。动力装置为固体燃料火箭发动机。

【AIM-26 空对空导弹（"核猎鹰"）】
美国研制的一种空对空导弹。是带核战斗部的新型"猎鹰"。提高了迎头攻击单发杀伤概率。是"核猎鹰"的基础型。射程 8 公里。使用高度 15.2 公里。攻击方式全向攻击。弹长 2.13 米，弹径 279 毫米。翼展 620 毫米。发射重量 91 公斤。半主动雷达制导。战斗部为核装药，1.5Kt TNT 当量。动力装置为 M60 型固体燃料火箭发动机，推力 26.7kN。

【AIM-26A 空对空导弹（"核猎鹰"）】
美国研制的一种空对空导弹。于 1960 年交付试验和使用。装备 F-102 全天候截击机。射程 8 公里。使用高度 15.2 公里。该弹可进行全向攻击。弹长 3.14 米，弹径 279 毫米。翼展 620 毫米。发射重量 92 公斤。制导为半主动雷达制导。采用主动式无线电近炸引信。战斗部为核装药，威力为 1.5Kt TNT 当量。动力装置为 M60 型固体燃料火箭发动机，推力 26.7kN。

【AIM-26B 空对空导弹（"核猎鹰"）】
美国研制的一种空对空导弹。该弹外形类似于 AIM-26A 导弹。装有较大的普通炸药战斗部。射程 9.7 公里。使用高度 15.2 公里。该弹可进行全向攻击。弹长 2.07 米，弹径 290 毫米。翼展 620 毫米。发射重量 119 公斤。半主动雷达制导。采用近炸引信。采用高能炸药战斗部。动力装置为固体燃料火箭发动机。

【AIM-47A 空对空导弹（"猎鹰"）】
美国研制的一种空对空导弹。该弹是"猎鹰"导弹系列中体积最大的一个成员。1959 年改作 YF-12A 截击机计划的一部分，后又将其改装在 F-106X 飞机上。射程为 213 公里。使用高度为 21～24 公里。攻击方式为全向攻击。弹长 3.2 米，弹径 335 毫米。翼展 838 毫米。发射重量 363 公斤。制导为半主动雷达中段制导＋被动红外末制导。战斗部为高能炸药或核装药。动力装置为预贮存液体火箭发动机。

【AIM-9B 空对空导弹（"响尾蛇"）】
美国研制的世界上第一种被动式红外制导空对空导弹。1948 年开始研制，1953 年 9 月首次发射试验成功，1956 年 7 月装备部队。主要用于从尾后攻击速度比较慢的轰炸机。发射距离 1～7.6 公里。射程 11 公里。使用高度 0～15 公里。弹长 2.84 米，弹径 127 毫米。翼展 609 毫米。发射重量 75 公斤。采用被动式红外制导。采用红外近炸引信和触发引信，作用半径 0～9 米。破片式战斗部，重 11.4 公斤，杀伤半径 10～11 米。动力装置为一台固体火箭发动机，推力 26.68KN。

【AIM-9C 空对空导弹（"响尾蛇"）】
美国研制的一种空对空导弹。美国 50 年代中开始在 AIM-9B 的基础上作了多次改型，形成了该导弹系列的第二代。其中有 AIM-9C、AIM-9D、AIM-9G、AIM-9H、AIM-9E、AIM-9J。该弹为此系列中唯一的半主动雷达制导导弹，于 1965 年开始装备部队。因实践使用效果极差而退役。射程 18.53 公里。尾追攻击。弹长 2.87 米，弹径 127 毫米。翼展 630 毫米。发射重量 84 公斤。采用半主动雷达制导或被动红外制导和红外或无线电近炸引信。战斗部为 MK48 型，连杆式杀伤，重 11.4 千克。动力装置为一台 MK36 Mod5 型固体火箭发动机。

【AIM-9D 空对空导弹（"响尾蛇"）】
美国研制的一种空对空导弹。该弹首次采用了红外探测器氮气致冷技术，提高了导引头的灵敏度，发动机总冲增加，红外或无线电近炸引信任选。于 1965 年开始装备部队。射程 18.53 公里。尾追攻击。弹长 2.87 米，弹径 127 毫米。翼展 630 毫米。发射重量 88.5 公斤。半主动雷达制导或被动红外制导。战斗部为 MK48 型，连杆式，重 11.4 公斤。动力装置为一台 MK36 Mod5 型固体火箭发动机。

【AIM-9E 空对空导弹("响尾蛇")】

美国研制的一种空对空导弹。该弹装用了热电致冷的硫化铅探测器，并采取了提高导引头跟踪角速度的措施，采用了新的电子部件，增大了低空对活动目标的攻击范围。射程 4.2 公里。尾追攻击。弹长 3 米，弹径 127 毫米。翼展 559 毫米。发射重量 74.5 公斤。制导为被动红外制导。采用红外近炸引信。战斗部为破片式。动力装置为固体燃料火箭发动机。

【AIM-9F 空对空导弹("响尾蛇")】

美国研制的一种空对空导弹。由 AIM-9B 装 FGW Mod2 型导引头而成。1966 年首次试验，1969 年投入生产。射程 3.7 公里。尾追攻击。弹长 2.91 米，弹径 127 毫米。翼展 609 毫米。发射重量 75.8 公斤。被动红外制导。采用红外近炸引信和触发引信。以及破片式战斗部，动力装置为固体火箭发动机。

【AIM-9G 空对空导弹("响尾蛇")】

美国研制的一种空对空导弹。该弹是截获范围扩大方式的 AIM-9D，即对 AIM-9D 的导引头作了改进，扩大了截获范围。1970 年装备部队。射程 17.7 公里。弹长 2.87 米，弹径 127 毫米。翼展 630 毫米。发射重量 86.6 公斤。被动红外制导。动力装置为一台固体燃料火箭发动机。

【AIM-9H 空对空导弹("响尾蛇")】

美国研制的一种空对空导弹。该弹 AIM-9D 的固态型。该导弹采用固体电路，改进了可靠性和维护性；缩短了最小发射距离，并具有离轴截获和跟踪能力。射程 17.7 公里。弹长 2.87 米，弹径 127 毫米。翼展 630 毫米。发射重量 84.5 公斤。被动红外制导，连续杆式战斗部。动力装置为一台固体燃料发动机。

【AIM-9J 空对空导弹("响尾蛇")】

美国研制的一种空对空导弹。该弹是采用部分固体电路的 AIM-9B / 9E。射程 14.5 公里。弹长 3.07 米，弹径 127 毫米。翼展 609 毫米。发射重量 78 公斤。被动红外制导，破片式战斗部。动力装置为一台固体燃料发动机。

【AIM-9L 空对空导弹("响尾蛇")】

美国研制的一种空对空导弹。该弹是"响尾蛇"导弹系列的第三代。它是以 AIM-9H 为基础，吸取 AIM-9J 的技术研制而成。1975 年 3 月完成研制，1983 年停产。射程 18.53 公里。该弹可进行全向攻击、攻击角可大于 90°、具有近距格斗能力。弹长 2.87 米，弹径 127 毫米。翼展 630 毫米。发射重量 86 公斤。被动红外制导。WDU-17 / B 型连杆式杀伤战斗部。动力装置为一台固体燃料火箭发动机。

【AIM-9M 空对空导弹("响尾蛇")】

美国研制的一种空对空导弹。是 AIM-9L 的改型。改进了格斗性能：提高了抗干扰能力，采用闭环式致冷技术。

【AIM-9N 空对空导弹("响尾蛇")】

美国研制的一种空对空导弹。是 AIM-9J 的进一步改型，大量采用固体电路，改进了制导和控制舱，装用了更可靠的近炸引信。

【AIM-9P 空对空导弹("响尾蛇")】

美国研制的一种空对空导弹。是在 AIM-9J 的基础上提高了制导系统的可靠性，装有与 AIM-9L 相同的主动激光引信和固态电子器件，改装了消烟火箭发动机。1979 年投入使用。

【AIR-2A 空对空导弹("妖怪")】

美国研制的一种带核弹头的无控火箭弹。1954 年开始研制，1956 年首次发射试验。1957 年开始装备部队，现已全部退役。射程 9.6 公里。使用高度 15 公里。弹长 2.74 米，弹径 430 毫米。翼展 1000 毫米。发射重量 370 公斤。无制导系统，由尾翼和陀螺仪进行稳定。战斗部为核装药，1.5Kt TNt 当量。动力装置为 SR49-TC-1 型固体火箭发动机。此弹后改型为"妖怪"AIR-2B，装有制导装置。

【"鹰"空对空导弹】

美国研制的一种空对空导弹。该弹导引头由"波马克 B"导弹的 DPN-53 改进而成，整流罩能保证导弹以 M=4 的速度进行长距离飞行，甚至通过暴雨和冰雹区。射程随目标而不同，最大可达 204 公里。弹长：带助推器 4.91 米，不带助推器 3.53 米。发射重量：带助推器 582 公斤，带助推器 296 公斤。主动雷达制导。战斗部为核装药。

【AIM-54A 空对空导弹("不死鸟")】

美国研制的一种远距、全天候、全高度超音速空对空导弹。主要用于攻击空中目标、控制空域和保卫舰队等。1962 年开始研制，1971 年投产，1974 年装备使用，1980 年停产。射程 200 公里。使用高度 15 米～30 公里。弹长 3.95 米，弹径 380 毫米。翼展 910 毫米。发射重量 447 公斤。雷达制导、初始段为预编程序，中制导为半主动，末制导为主动脉冲多卜勒。采用触发引信、多卜勒近炸引信。战斗部为高能炸药，连续杆式。动力装置为MK47 Mod0 型或MK60 Mod0 型固体燃料火箭发动机。

图 12-24　　AIM-54A　导弹

【AIM-54C 空对空导弹（"不死鸟"）】

美国研制的一种空对空导弹。是 AIM-54A 的改进型。1976 年开始研制，1979 年首次发射试验，1982 年正式投产。最大射程 150 公里。作用高度 30 公里。弹长 3.96 米，弹径 380 毫米。翼展 915 毫米。发射重量 454 公斤，采用惯性+半主动雷达寻的中制导+主动多卜勒末制导。采用 MK334 近炸、触发引信均可。战斗部为高能炸药，连续杆式，重 60 公斤。动力装置为洛克达因 MK470 型单级固体推进剂。

【AAAM 空对空导弹（"先进"）】

美国研制的一种空对空导弹。主要用于航空母舰特混舰队的防空，要求能够在敌机到达发射反舰导弹的发射区之前将其摧毁。计划在 90 年代中期装备部队。射程 185 公里。发射重量 270 千克。制导为主动雷达末制导。采用自适应爆炸控制引信。战斗部为环形破片式。动力装置为整体式火箭冲压发动机。

【AIM-82A 空对空导弹】

美国研制的一种近距格斗空对空导弹。采用推力矢量控制系统，弹尾部有小的稳定翼，可用管式发射。后因美国空军的 AIM-82A 和海军的近距格斗空对空导弹采用较多的共同制造工艺，所以这两种格斗导弹日趋相同。1975 年取消了该弹的发展计划。

【"敏捷"空对空导弹】

美国研制的一种空对空导弹。1970 年开始研制。该弹机动能力比迄今为止的其它的空对空导弹大很多，能快速发射及越肩攻击。后因技术和经济等原因而停止了该导弹的发展。最小发射距离 305 米，最大 3.22 公里。弹长 2.45 米，弹径 200 毫米。制导系统为红外或双色十字形阵列。高能炸药战斗部。动力装置为固体火箭发动机。

【XAIM-97A 空对空导弹（"追蝠"）】

美国研制的一种高空远距空对空导弹。该弹采用了"标准反辐射导弹"的弹体，使用更大推力的动力装置。导弹发射前，制导系统就能在载机上捕获并锁定目标。拦截高度可达 24.3 千米。1972 年底和1973 年初曾作过打靶试验。

【"手臂"空对空导弹】

美国研制的一种空对空反辐射导弹。用于压制敌机载雷达的使用，如阻止敌机使用雷达探测水面舰船和引导反舰导弹进行攻击。该弹是在"麻雀"空对空导弹基础上研制的，1974 年 4 月从 F-4D 上进行了首次发射试验。

【机载反卫星导弹】

美国研制的一种机载反低轨道卫星的空对天导弹。由 F-15 载机在万米以上的高空对着目标发射，利用自动寻的装置高速撞击目标来将其击毁。1976 年正式研制，1985 年首次太空打靶试验，计划 1988 年开始装备部队。作战高度最大可达 10000 公里。发射高度 10688～15240 米。弹长 5.4267 米，弹径 501.9 毫米。尾翼展 752.8 毫米。发射重量 1221.36 公斤。动力装置第一级为一台脉冲式固体火箭发动机，第二级为一台 AltairⅢ型固体火箭发动机。惯性加红外自动寻的制导。

【AIM-120 先进中距空对空导弹】

美国空、海军联合研制的一种中距空对空导弹。1981 年开始研制。用于对付 80 年代已有的和 90 年代可能出现的战斗机、战斗轰炸机及巡航导弹。最大射程 80 公里，最小 800 米。使用高度 20 公里。拦射攻击。使用条件为全天候。弹长 3.65 米，弹径 178 毫米。弹翼翼展 526 毫米，舵翼翼展 627 毫米。弹重 152 公斤。惯导或指令制导+主动末制导。采用多卜勒主动近炸引信。高能炸药预制破片定向战斗部，重 23 公斤。动力装置为双推力固体燃料火箭发动机。

【AIR-2A 空对空火箭（"吉尼"）】

美国研制的一种空对空火箭。1958 年底开始使用。装备该型火箭的飞机主要有 F-106A 等。最大射程 9.6 公里。最大时速 M＝3。最大高度 18000 米。战斗部核装料，当量 1.5Kt，杀伤半径 305 米。动力装置为一具固体燃料火箭，推力约 16330 公斤，燃烧时间约 1.5 秒。全长 2.91 米，直径 0.44 米。翼展 1.00 米。发射重量 370 公斤。

【"巨鼠"空对空火箭】

1949 年美国开始研

制的一种空对空火箭。1956 年正式使用。装备此种火箭的飞机有 F-4、F-5A、F-86D、F-100D、F-102A、F-104G、F-105D、F-111A、A-4、A-6A、A-7A、UH-1、AH-1G、T-37 等。最大射程 6.4 公里。有效射程 1.8-3.6 公里。最大时速 3300 公里，M=2.7，战斗部烈性炸药 1.58 公斤，杀伤半径 4.5 米。动力装置为一具固体燃料火箭，推力 340-410 公斤，燃烧时间 1.5 秒。全长 1.22 米，直径 0.07 米。翼展 0.18 米。全重 8.39 公斤。

【AA-1 空对空导弹（"碱"）】 苏联研制的一种空对空导弹。苏称 K-5 或 PC-2-y 型。主要装备防空军后期型米格-17пФ、米-19пм、苏-9、雅克-25 等型机。依靠机上雷达波束引导、跟踪，导弹发射后，载机仍须稳定跟踪引导直至击中目标。最大射程 6-8 公里，最大速度 2 马赫。实用高度 16600 米（高度在 2500-1000 米以下时，只能用固定波束（人工目视瞄准）发射）。战斗部重 13 公斤（装炸药 10 公斤），无线电引信，杀伤半径 10 米。动力装置为固体燃料火箭发动机一台，最大推力 1300-1500 公斤，工作时间 3.5-5.5 秒，最大 7 秒。雷达波束制导。全长 1.88 米，直径 0.18 米，翼展 0.58 米，发射重量 82 公斤。

【AA-2 空对空导弹（"环礁"）】 苏联仿美"响尾蛇 1A"而制成的一种空对空导弹。该导弹苏称 K-13 型。该型导弹不能透过云雾或面向阳光发射（须偏开太阳大于 20°才能发射）。主要装备空军、防空军米格-21、雅克-28п 等型机，从后半球攻击空中目标。AA-2-2"环礁-2"式是 AA-2 的改进型，为半主动雷达寻的制导，射程为 0.9-12 公里。最大射程 5-6.5 公里（高度 500 米以下，1-1.3 公里）。最大速度 M=2.5。实用高度 21000 米，战斗部重 11.3 公斤，烈性炸药，杀伤半径为 10-11 米。动力装置为固体燃料火箭发动机一台，最大推力 2500 公斤（最小 1000 公斤），工作时间 1.7-3.2 秒。红外线制导，截获区 ±1.75°，自动跟踪角度 ±25°。全长 2.84 米直径 0.127 米，翼展 0.528 米，发射重量 75.3 公斤。

【AA-3 空对空导弹（"阿纳布"）】 苏联研制的一种空对空导弹。该导弹有红外线制导型和半主动雷达寻的制导型两种，主要装备防空军苏-9、苏-15 和雅克-28 等型歼击机。最大射程 12.4 公里，最大速度 M=2.8。战斗部重 40 公斤，装烈性炸药。动力装置为一台固体燃料火箭发动机。

红外线或半主动雷达寻的制导（可以换用）。全长 4.11 米（红外线制导型），3.99 米（半主动雷达寻的制导型）；直径 0.28 米，翼展 1.3 米。发射重量 300 公斤。

【AA-4 空对空导弹（"锥子"）】 苏联研制的一种空对空导弹。该导弹外形与美"麻雀Ⅲв"空对空导弹相似，弹翼和尾翼呈梯形。装备空军米格-23 型机。最大射程约 9.15 公里（高空）。最大速度 M=2.6。战斗部烈性炸药，重约 50 公斤。动力装置为固体燃料火箭发动机一台。半主动雷达寻的制导。全长 5.0 米。直径 0.3 米。翼展 1.52 米。发射重量约 360 公斤。

【AA-5 空对空导弹（"灰"）】 苏联研制的一种空对空导弹。该导弹是一种三角翼导弹，外形与英"火光"式空对空导弹相似，主要装备防空军图-28（"提琴手"式）歼击机，通常在机翼下带红外型和雷达型各 2 枚。最大射程约 11 公里（高空）最大速度约 M≈2.6。战斗部重约 70 公斤。动力装置为固体燃料火箭发动机一台。红外线或半主动雷达寻的制导（可以换用）。全长 5.21 米（红外线制导型）、5.5 米（半主动雷达寻的制导型），直径 0.3 米，翼展 1.3 米，发射重量 390 公斤。

【AA-6 空对空导弹（"毒辣"）】 苏联研制的一种空对空导弹。1975 年发现米格-25"狐蝠"A 歼击机挂这种导弹。最大射程 25 公里（红外制导型）、100 公里（半主动雷达寻的制导型）。最大速度 M=4.5。战斗部重 100 公斤，烈性炸药。动力装置为固体燃料火箭发动机一台。红外制导或半主动雷达寻的制导。全长 5.80 米（红外制导型）、6.15 米（半主动雷达寻的制导型），直径 0.39 米。翼展 2.25 米。发射重量 650 公斤（红外制导型）、850 公斤（半主动雷达寻的制导型）。

【AA-7 空对空导弹（"尖顶"）】 苏联研制的一种空对空导弹。该导弹于 1975 年底装备苏军，是 AA-3 空对空导弹的渐改型。主要装备米格-23 型歼击机，还可作为米格-25 型截击机的备用导弹。最大射程 33-50 公里（半主动雷达寻的制导型）。15-20 公里（红外制导型）。最大速度 M=3.5。战斗部重 40 公斤，烈性炸药。动力装置为固体燃料火箭发动机一台。半主动单脉冲雷达制导或红外线制导。全长 4.50 米（半主动雷达寻的制导型）、4.22 米（红外制导型），直径 0.26 米。翼展 1.40 米，发射重量 320 公斤。

【AA-8 空对空导弹（"蚜虫"）】 苏联研制的一种近距格斗空对空导弹。为 AA-2 空对空导弹的渐改型，其苏联编号为P-60。主要装备米格-21和米格-23型机，以及苏海军雅克-36／38舰载机。最大射程15公里（半主动雷达寻的制导型）、7公里（红外制导型）。最大速度M＝3。战斗部重6公斤，烈性炸药。动力装置为固体燃料火箭发动机一台。半主动雷达寻的制导，红外制导。全长2.2米（半主动雷达寻的制导型）、2.0米（红外制导型），直径0.13米，翼展0.52米，发射重量55公斤。

【AA-9空对空导弹】　苏联1976年开始研制的一种空对空导弹。1981年装备米格-31型截击机，还将装备米格-29和苏-27型歼击机。射程：低空迎头19-23公里，尾追8-9公里、中空迎头30-40公里，尾追9-10公里，高空迎头40-45公里。最大速度M＝4。战斗部重45公斤。动力装置为固体燃料火箭发动机，制导系统为多普勒雷达制导。全长4米，直径0.28米，翼展1.2米，发射重量300公斤。

【AA-10空对空导弹】　苏联研制的中程空对空导弹。性能与AA-9相似，为半主动雷达寻的制导。1984年交付使用，主要装备米格-29和苏-27型歼击机。

【AA-XP-1和AA-XP-2空对空导弹】　苏联研制的两种高性能雷达制导的空对空导弹。具有全向攻击、下视、下射能力，装单级固体燃料火箭发动机。这两种导弹是在"AA-9"导弹基础上发展研制的。"AA-XP-1"的低空射程为20公里，高空为35公里；"AA-XP-2"的低空射程为40公里，高空为70公里。

【"闪光"空对空导弹】　英国研制的第一个空对空导弹。于1949年开始研制。1954年从NF·11上进行了首次无制导发射试验。射程4.8公里。尾追攻击。弹长2.84米，弹径152毫米。翼展7.13毫米。弹重136公斤。雷达波束制导。采用近炸引信和触发引信。战斗部为高能炸药。动力装置为两个固体燃料助推器。

【"火光"空对空导弹】　英国研制的第一个红外制导的空对空导弹。1951年开始设计，该弹的设计重点为红外导引头和涡轮交流发电机，主要要求是简单、可靠。1958年装备部队。1969年停产。射程1.2～8公里。使用高度15公里。尾追攻击。弹长3.19米，弹径222毫米。翼展750毫米。发射重量136公斤。红外制导。采用红外近炸引信。战斗部为高能炸药，重22.7公斤。动力装置为固体燃料火箭发动机。

【"红头"空对空导弹】　英国研制的一种空对空导弹。是1957年在"火光"的基础上开始改进的，具有全向，全高度攻击能力，比较适应各种防空环境的要求。最大杀伤1～12公里。最大使用高度18公里。可进行全向攻击。弹长3.27米，弹径222毫米。翼展910毫米。弹重150千克。红外制导。采用红外近炸引信和连续杆式战斗部。动力装置为固体火箭发动机。

【近距空对空导弹】　英国研制的一种被动红外制导的近距格斗空对空导弹。该弹的设计要求可靠性高、重量轻、成本低，能适应于各种类型的战斗机和攻击机，并能在极短距离内攻击高度机动的目标。射程0.2～2公里。攻击方式为全向攻击。弹长2.8米，弹径170毫米。发射重量90公斤。制导为红外和推力矢量控制。战斗部为高能炸药，重10公斤。动力装置为固体火箭发动机。

【"天空闪光"空对空导弹】　英国研制的一种空对空导弹。1973年12月开始研制，1977年底定型，1978年装备部队。该弹是在"麻雀"AIM-7E-2导弹基础上研制的。最大动力射程40公里。最小发射距离500米。可全向攻击。弹长3.6米，弹径203.2毫米。翼展1020毫米。发射重量193公斤。连续波半主动雷达，单脉冲体制制导。采用微波主动引信，脉冲多卜勒体制。战斗部为链条式杀伤战斗部，重30千克。动力装置为AIM-7E-2的MK52Ⅱ型固体火箭发动机。

【超R530空对空导弹】　法国研制的一种空对空导弹。1978年投入批量生产。1979年12月装备法空军幻影F1截击机。主要用于摧毁高空高速飞行目标，采用抗干扰性能极高的半主动脉冲雷达制导，自动寻的瞄准目标。射程为30-35公里。速度M＝4.5。战斗部装烈性炸药。动力装置为固体燃料火箭。采用半主动脉冲雷达制导。全长3.54米，直径0.26米。翼展0.9米。全重200公斤。

【R.530空对空导弹】　法国研制的一种中距空对空导弹。有红外，雷达两种类型。1957年开始研制，1961年1月完成试验，1963年服役。1978年停产。最大射程18公里。使用高度25公里。可进行全向攻击。弹长3.28米，弹径260毫米。翼展1.1米。发射重量195公斤。被动红外或半主动雷达寻的制导，可以互换。采用近炸和触发引信。战斗部为连续杆式和破片式。动力装置为双推力火箭发动机。

【超530F空对空导弹】　法国研制的一种

半主动雷达制导的中程空空导弹。1971 年开始研制，1973 年开始进行试验，1980 年装备部队。装备法国的 F·1 和"幻影 2000"截击机。射程从几百米至 19 公里。最大使用高度约 30 公里。可进行全向攻击。弹长 3.54 米，弹径 263 毫米。翼展 640 毫米。发射重量 250 公斤。变系数比例导引，半主动雷达制导。采用无线电近炸引信和触发引信。战斗部为破片杀伤式，重 30 公斤。动力装置为固体燃料火箭发动机。

【**超 530D 空对空导弹**】 法国研制的一种空对空导弹。该弹是超 530F 的改进型。主要是对发动机，电子部件进行了较大的改进。用来装备装有 RDI 雷达的幻影 2000 战斗机。1986 年开始装备法空军。可进行全向攻击。弹长 3.8 米，弹径 263 毫米。翼展 565 毫米。发射重量 265 公斤。采用无线电近炸引信。

【**R.550 空对空导弹（"魔术"）**】 法国研制的一种空对空导弹。主要用于近距格斗，也可用于拦载。1967 年开始研制，1975 年底正式装备部队。该弹能用于多种类型的飞机，并能从标准的"响尾蛇"导弹发射架上发射。发射距离最小 500 米，低空最大 2～3 公里；中空 6 公里；高空 10 公里。使用高度 0～21 公里。弹长 2.748 米，弹径 157 毫米。鸭翼翼展 470 毫米，弹翼翼展 660 毫米。发射重量 90 公斤。制导为红外比例导引。采用红外近炸引信，作用半径 8 米；触发引信。战斗部为高能炸药破片式，重 12 公斤。动力装置为固体燃料火箭发动机。

【**"魔术 2"空对空导弹**】 法国研制的一种空对空导弹。是 R550"魔术"空对空导弹的改进型。于 1978 年开始研制，1985 年初具作战能力。弹长 2.75 米，弹径 157 毫米，重约 89 公斤。采用双鸭式气动布局。该弹主要改进是采用了多元红外导引头及能抗电子干扰的电磁近炸引信，动力装置为新的 Richard 固体火箭发动机。除了由载机火控系统集中控制发射外，还可自主发射。

【**"麦卡"空对空导弹**】 法国研制的下一代近距格斗和中距拦射空对空导弹。1985 年开始研制，计划将在 1993 年进行批量生产，装备法国的"幻影 2000"飞机。射程 50～60 公里。速度为超音速。最大发射距离 55 公里，最小发射距离 500 米。从翼尖或吊舱架进行导轨发射。弹长 3.10 米，弹径 320 毫米。翼展 610 毫米。弹重 110 公斤。采用近炸引信。战斗部为高能炸药战斗部。动力装置为固体燃料火箭发动。

【**"阿斯派德"空对空导弹**】 意大利研制的一种多用途导弹。该弹是在美制"麻雀 III B"（AIM-7E）基础上研制的。1971 年开始研制，1979 年批量生产，1980 年装备使用。动力射程最大上射高度差为 9～12 公里，最大动力射程为 50 公里。可进行全向攻击。弹长 3.7 米，弹径 203 毫米。翼展 1024 毫米。发射重量 220 公斤。雷达半主动寻的制导，单脉冲天线，连续波体制。采用主动式雷达引信，脉冲多卜勒体制。战斗部为破片式，重 30 公斤。动力装置为单级固体火箭发动机。

【**"萨伯 372"空对空导弹**】 瑞典研制的一种空对空导弹。1975 年 7 月开始研制。计划用作"雷"式飞机 JA37 型的主要空战武器。按要求，此导弹既能全天候中距拦射，又能近距格斗。后因瑞典决定采购英国的"天空闪光"而停止了发展。射程估计为 3.8 公里。弹长 2.63 米，弹径 175 毫米。翼展 607 毫米。发射重量约 110 公斤。动力装置为固体燃料火箭发动机。

【**"蜻蜓"空对空导弹**】 以色列研制的一种空对空导弹。是在美国的"响尾蛇"导弹的基础上研制的。60 年代初开始研制，1969 年装备部队。最大射程 18.3 公里。最大使用高度 20 公里。最大发射距离 5.5 公里，最小 600 米。被动红外制导，从机翼下的发射架上发射。翼展 520 毫米。弹重 93 公斤。战斗部为预制破片式，重 11 公斤。采用红外近炸引信。动力装置为单级固体火箭发动机。

【**"怪蛇 III"空对空导弹**】 以色列研制的第三代空对空导弹。在"蜻蜓 II"的基础上研制的。该弹具有类似于美国"响尾蛇"AIM-9L 的性能特点。能用于各种类型的空中作战。1975 年开始研制，1983 年批量生产。射程 500 米～15 公里。弹长 3 米，弹径 160 毫米。弹重 120 公斤。采用主动微波近炸引信和触发引信。战斗部为 11 公斤。

【**AAM-1 空对空导弹（"三菱"）**】 日本研制的一种空对空导弹。于 1969 年生产和装备部队，代替"响尾蛇"，外形与"响尾蛇"相似。装备飞机为 F-86F、F-104J。射程 5 公里。攻击方式为尾追。弹长 2.5 米，弹径 150 毫米。发射重量 76 公斤。红外制导。战斗部为高能炸药。动力装置采用固体火箭发动机。

【**AAM-2 空对空导弹（"三菱"）**】 日本研制的一种空对空导弹。该弹是 AAM-1 的后继型。1966 年开始研制。导引头采用锑化铟红外光敏元件，扩大了导弹的攻击区，使其具有全向攻击能力。外型象美国的"猎鹰"AIM-4D。装备飞机为 F-4E、F-4J。

【AIM-132 先进近距空对空导弹】　英国和联邦德国联合研制的一种近距空对空导弹。预计 90 年代初装备部队。最大发射距离 10 公里，最小 1000 米。速度为高超音速。弹长 2.73 米，弹径 168 毫米。翼展 200 毫米。弹重 70 公斤。制导为红外成像制导。战斗部为冲击波破片式，高能炸药。采用激光近炸引信和触发引信。动力装置为双级固体燃料火箭发动机。

6、　空对地导弹

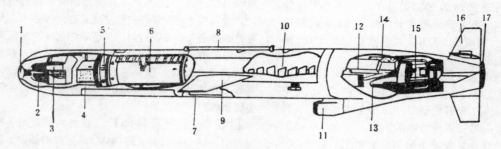

图 12-25　空对地导弹

1.红外窗口　2.红外成像导引头　3.末制导装置　4.DSMACⅡ导航修正装置　5.数据传输装置　6.WDU-18／B 战斗部　7.DSMACⅡ照明器　8.悬挂装置　9.弹翼　10.中段燃料　11.进气道　12.电子设备　13.发动机整流罩　14.TERCOM 软件　15.J402 涡轮喷气发动机　16.尾翼　17.喷管

【AGM-69A／B 近程攻击导弹】　美国研制的一种超音速战略空对地导弹。1971 年研制成功并开始批量生产，1972 年装备美空军。1975 年 3 月停止生产。该弹高空射程为 160-220 公里，低空为 56-80 公里。弹长 4.25 米，弹径 0.45 米，最大翼展 0.76 米。发射重量 1012 公斤。动力装置为一台双脉冲固体火箭发动机，推力 30400～34300N。制导方式为惯性+雷达高度表制导。采用 W-69 或 W-80 核战斗部，W-69 当量 200Kt，W-80 当量 200-250KtTNT。

【先进战略空射导弹】　美国研制的一种即具有空对地攻击能力、又具有空对空作战能力的多用途超音速战略导弹。该弹射程 575～927 公里。巡航飞行高度 24000 米，最大设计飞行高度 35000 米。弹长 4.27 米，弹径 0.53 米，翼展 0.91 米。发射重量 1224 公斤。中段为惯性+被动修正制导；末段被动雷达寻的或主动频率捷变雷达导引头制导。采用核战斗部或常规高爆战斗部。装备机种有 B-52、FB-111、B-1B、ATB。

【AGM-86 空射巡航导弹】　美国研制的一种携带核战斗部的战略空对地导弹。该弹 1974 年开始研制，共有三个型号。A 型因射程太近，未能投产就设计了 B 型；B 型改进了气动性能，加长了燃料箱，并采用新的发动机，从而使射程增加到 2500 多公里。该型 1976 年首次飞行试验，1982 年年低停产。据说 C 型采用更大推力的发动机和复合结构材料，速度更快、射程更远，并具有更小的雷达散射截面，加上采取有源对抗措施，可对付具有下视下射能力的截击机和具有反巡航导弹能力的 SA-10 地空导弹系统。但该型后来并未投产。

【XAGM-131A 近程攻击导弹】　美国研制的一种超音速、低雷达散射截面的战略空对地导弹。是现役"近程攻击导弹"的后继型。1984 年开始研制，计划 1989 年生产，90 年代初具备初步作战能力。该弹长度为 3 米。直径为 0.375-0.4 米，射程预计 200 公里。速度 M＞3.5，动力装置采用固体推进剂火箭发动机。制导方式仍为惯性制导，但将使用新的环形激光陀螺捷联式系统，还可能采用容错式航空电子设备及隐身技术。

【ZAGM-84A 空对地导弹（"鱼叉"）】

美国研制的一种空对地导弹。1975 年装备美海军。装备这种导弹的飞机有 P-3、S-3、A-6、A-7 等。美还将它改装为舰对舰导弹（定名 RGM-84A-1），主要增加了一具串列式固体燃料助推火箭，全长增加到 4.57 米。最大速度 M＞1。动力装置为一台涡轮喷气发动机，一具固体燃料助推火箭。采用惯性制导加末段主动式雷达寻的制导。全 3.84 米，直径 0.34 米。翼展 1.00 米。全重 500 公斤。

【AGM-69A 空对地导弹（"近程攻击"）】

1966 年 10 月美国开始研制的一种空对地导弹。1972 年 3 月开始陆续交付美空军使用。设计用于装备战略轰炸机以压制和摧毁航线上和目标区的各种对空防御火力，为轰炸机对主要战略目标实施核突击扫清障碍。采用惯性制导和地貌制导，可根据需要，以高空半弹道轨道或低空沿地貌飞行等不同方式打击目标。装备该型导弹的飞机有：FB-111A、B-52G、H 和研制中的 B-1A 等战略轰炸机。最大射程 160 公里（高空）54 公里（低空）。最大时速 4400 公里（M=3.6）。战斗部为核装料，当量 10-20 万吨。动力装置为一级固体燃料火箭。全长 4.27 米，直径 0.44 米。全重 1016 公斤。

【AGM-12 空对地导弹（"小斗犬"）】

美国研制的一种空对地导弹。"小斗犬"是美军的一系列无线电指令制导的空地导弹的总称，共包括六种型号，是美军的第一代空对地导弹，用来攻击各种地面和水面目标。该弹 50 年代开始研制，先后研制了多种型号，已知情况如下：AGM-12A 是小斗犬的原型，原编号为 ASM-N-7。该弹使用固体火箭发动机推进。AGM-12B"小斗犬 A"原编号 ASM-N-7A，使用预包装液体火箭发动机推进，1960 年装备部队，1964 年开始使用。该弹最大射程 11.3 公里。发射高度为 1500~4500 米。弹长 3.2 米，弹径 0.305 米。翼展 0.95 米。发射重量 259 公斤。战斗部重 113 公斤。AGM-12C"小斗犬 B"是"小斗犬 A"的改进型，主要的改进是增大了战斗部，射程和速度。1960 年研制，1962 年生产，1963 年装备部队。该弹最大射程 16~17 公里。发射高度为 1500~4500 米。弹长 4.07 米，弹径 0.44 米。翼展 1.18 米。发射重量 812 公斤。战斗部重 454 公斤。AGM-12D"核小斗犬"是"小斗犬 A"的核战斗部改型，可携带可互换的核或常规战斗部。1960 年研制，1962 年生产，1963 年装备，但只装备美空军。该弹最大射程 16.5 公里。发射高度 1500~4500 米。弹长 3.48 米。弹径 0.33 米。翼展 0.905 米。发射重量 327 公斤。采用 W45 核战斗部。AGM-12E 也只装备美空军的型号，它携带集束弹战斗部。ATM-12A 为"小斗犬"的训练弹。"小斗犬"系列导弹是美军大量生产的一种导弹，但对于严密设防的目标；只取得了有限的成功。该弹目前已不生产，但仍在美武器库中，装备的机种很多，有美空军的 A-4A／E、A-5A、A-6A、A-7 攻击机，F-4B／C、F-6、F-8、F-100D、F-104、F-105D、F-111 战斗机和 D-3B 等。还有英空军的"海盗"和"蚊"等。

【AGM-12B 空对地导弹（"小斗犬 A"）】

美国研制的一种空对地导弹。系美海、空军共同装备的一种空地导弹。1959 年开始使用。装备该型导弹的飞机，海军有 A-4、A-5、A-6、F-4、F-8E、P-3 等，空军有 F-100、F-105、F-4 等。最大射程 12 公里（俯冲角 18°）。9.5 公里（俯冲角 45°）。最大速度 M=1.8。使用高度 9000 米（最大）。500 米（最小）。最近发射距离 3000 米。战斗部装烈性炸药 114 公斤。动力装置为一具可储液体燃料火箭，推力 5400 公斤。无线电指令制导。全长 3.30 米，直径 0.305 米。翼 0.94 米。全重 260 公斤。

图 12-26　"小斗犬 A"空对地导弹

【AGM-12C 空对地导弹（"小斗犬 B"）】

美国研制的一种空对地导弹。"小斗犬"导弹有 AGM-12B、-12C、-12D、-12E 几种型号，目前在使用的主要是 12B 和 12C 两种。空军型 AGM-12D 能携带核装料（海军型 AGM-12D 不能携带核装料），ACM-12C 采用多碎片杀伤方式的弹头。最大射程 16.5 公里。最大速度 M > 2。战斗部装烈性炸药 454 公斤。动力装置为可储液体燃料火箭一具。无线电指令制导。全长 4.15 米，直径 0.46 米。翼展 1.22 米。全重 810 公斤。

【ADM-20 诱惑导弹（"鹌鹑"）】 美国研制的一种空对地导弹。该弹不装战斗部，只装有电子对抗设备，用以干扰敌雷达。另外，它具有同 B-52 一样强的雷达散射截面，能模拟 B-52 的飞行轨迹。使敌雷达无法识别真假 B-52，从而达到扰乱敌方，实现突防目的。该弹 1955 年研制，1961 年生产，1962 年装备 B-52。射程为 640 公里。速度 M = 0.9。发射高度 16000 米。弹长 3.93 米，弹高 1.03 米，弹径 0.76 米。翼展 1.65 米。发射重量 545 公斤。动力装置为一台通用动力公司的 J85-GE-7 涡喷发动机，推力为 10878N。制导方式为程序制导，由自动驾驶仪实施。

【AGM-45A/B 空对地导弹（"百舌鸟"）】 美国研制的第一代反辐射导弹。主要用于摧毁地对空导弹和高炮炮瞄雷达。该弹 50 年代末开始研制，1963 年研制成功，1964 年生产。据统计，该弹型号有 20 种之多。最大射程为 45 公里，有效射程 8～18.5 公里，速度 M = 2，发射高度 1500～10000 米。弹长 3.05 米，弹径 0.203 米。弹翼为 0.914 米，尾翼为 0.46 米。发射重量 181～189 公斤。动力装置为一台固体火箭发动机，推力 33342N，制导方式为被动直检式比辐单脉冲雷达导引头跟踪导引制导。采用破片杀伤战斗部，重 66.7 公斤，装烈性炸药 25 公斤。装备机种有 A-4、A-6、A-7、F-105G、F-4G。

【AGM-53A 空对地导弹（"秃鹰"）】 美国研制的一种空对地导弹。用以攻击地面和海上目标。该弹 1966 年开始研制，1971 年首次进行全弹飞行试验，1975 年完成作战鉴定试验。但由于该弹成本太高，以后再未恢复生产。该弹主要是为 A-6A/E 型飞机设计的，但也可装备其它美制飞机。射程为 60-80 公里。速度 M = 0.95。弹长 4.22 米，弹径 0.43 米。翼展 1.35 米。发射重量 966 公斤。战斗部为爆破型，烈性炸药，重 286 公斤。制导方式为程序加电视制导。动力装置为一台固体火箭发动机。

【AGM-62A 空对地导弹（"白星眼"）】 美国研制的一系列无动力装置的电视制导滑翔炸弹。用来攻击地面和海上点状目标。"白星眼"导弹系列由四个型号组成："白星眼 I"于 1963 年开始研制，1966 年生产，1967 年装备美海军在越南战场使用，1970 年停产。该弹射程为 9 公里。发射高度 500-9000 米。最大速度 M = 0.5-0.9。弹长 3.44 米，弹径 0.39 米。翼展 1.16 米。发射重量 510 公斤。战斗部重量为 385 公斤。"白星眼 II"于 1968 年开始研制，1974 年开始生产，1975 年停产。该弹发射高度为 500-9000 米。最大速度 M = 0.5-0.9。弹长 4.05 米，弹径 0.457 米。翼展 1.37 米。发射重量 1089 公斤。战斗部重 907 公斤。"增程白星眼 II" 1971 年正式开始研制，1973 年进行作战使用鉴定，1976 年生产装备部队。该弹最大射程 56 公里，发射高度 500-9000 米。最大速度 0.5-0.9 马赫。弹长 4.05 米，弹径 0.457 米。翼展 1.74 米。发射重量 1089 公斤，战斗部重 907 公斤。"增程白星眼 I"是将"白星眼 I"加装双路数据传输装置而成。发射高度 500-9000 米。最大速度 M = 0.5-0.9。弹长 3.38 米，弹径 0.39 米。翼展 1.16 米。发射重量 510 公斤。战斗部重 385 公斤。以上"白星眼"导弹的四个型号的装备机种均为 A-6A、A-7A、F-4D、F-111A、F105D。

【ZAGM-64A 空对地导弹（"大黄蜂"）】 美国研制的一种空对地导弹。原计划是用来攻击坦克、车辆、机场飞机和野战指挥所等目标的，后来被改用作新型制导系统的飞行器。该弹 1963 年开始工程研制，1964 年首次进行试射，其后又进行了一系列发射试验，其中有光电导引、磁导引等多种方式。该弹最大射程为 57 公里。最大速度 M = 2。发射重量 8 公斤。弹长 2.31 米，弹径 152 毫米。动力装置为一台 TX-439-1 固体火箭发动机，推力为 970N。

【AGM-65 空对地（舰）导弹（"幼畜"）】 美国研制的空地（舰）导弹。用以攻击地面和水上目标。该弹已有六个型别，组成"幼畜"导弹系列，各型的主要区别在于导引头和战斗部不同。该弹最小射程 0.6 公里，最大射程 48 公里。发射高度是低空～高空。巡航速度 M = 1。直接命中概率大于 85%。可根据作战环境用电视、红外、激光导引头。弹长 2.49 米，弹径 305 毫米。翼展 720 毫米。发射重量：A、B、D 型为 210 公斤，C、E 型为 299 公斤，F 型为 306 公斤。战斗部：A、B、D 型采用爆破型，重 58.7 公斤；C、E、F 型采用穿甲爆破-破片杀伤型，重 135 公斤。制导方式：A、B 型为电视制导，C、E 型为半主动激光制导，D、F 型为红外成像制导。动力装置为一台固体燃料火箭发动机。

【AGM-78 反辐射导弹（"标准"）】 美国研制的第二代反辐射导弹。用来攻击地面或舰载各种雷达。该弹 1966 年开始研制，1967 年进行飞行试验，1968 年投入批量生产，以后又陆续研制了一批性能更好的型号，主要用以下几个型号：FGM-78A，"标准"反辐射导弹原型。1968-1970 年生产，使用"百舌鸟"AGM-45A-3 的导引头。AGM-78B，装有马克森电子公司的宽频带导引头，能攻击搜索、地面引导、地空导弹制导雷达和其它雷达，1969-1971 年生产。AGM-78C，使用具有更高灵敏度和频率覆盖范围的导引头，1971-1973 年生产。AGM-78D，1970-1971 年研制，1974 年停产。AGM-78D-2，只装备美空军的 F-4G，1976 年停产。另外，还有一个舰载派生型 RGM-66D。该弹射程大于 25 公里，最大可达 56 公里。发射高度为 3000～6000 米。最大速度 M=2.5。弹长 4.57 米，弹径 343 毫米。翼展 1.09 米。该弹发射重量 635 公斤。动力装置为一台双推力固体火箭发动机 MK27Mod4（AGM-78B、MK27Mod5／6（AGM-78C／78D。制导方式为两种宽带被动雷达寻的导引头制导。采用预制破片杀伤战斗部，采用触发和近炸两种引信。装备机种有 A-6B、F-4G、F-105F 和 F-105G。

【AGM-83A 空对地导弹（"大斗犬"）】 美国研制的第一种激光制导的空地导弹。该弹 1969 年开始研制，1973 年开始生产。该弹最大射程 11.3 公里。速度 M=2。发射高度为 1500-4200 米。弹长 2.98 米，弹径 305 毫米。翼展 950 毫米。发射重量 272 公斤。动力装置为一台 MK8Mod2 固体火箭发动机或一台 LR-58-RM-4 液体火箭发动机。制导方式为激光半主动制导。战斗部为 MK19Mod0 烈性炸药战斗部。

【AGM-88A 高速反辐射导弹】 美国研制的空对地反辐射导弹。1972 年研制，1982 年 10 月交付海军使用，主要攻击目标是各种雷达，尤其是防空导弹的制导雷达、炮瞄雷达和警戒雷达。该弹射程大于 20 公里。速度 M=3。弹长 4.17 米，弹径 250 毫米。翼展 1.13 米。发射重量 362 公斤。动力装置为双推力固体火箭发动机。制导方式为被动雷达寻的，比例导引制导。采用破片杀伤战斗部，重 66 公斤，采用激光近炸引信。

【STM 超音速战术导弹】 美国研制（但未成功）的一种超音速战术空对面导弹。该弹采用整体式固体火箭冲压发动机推进，其原来的意图是用来攻击舰船和陆上面目标。该研制计划始于 1977 年，导弹长约 4.8 米，直径 0.432 米，无弹翼，由弹身和四个配置在后部的长进气道提供升力，并由尾部的四个控制舵进行操纵。该弹的试验飞行器的最后一次试验射程达 161 公里，速度可达到 M=2.7。此后再也没有进行新的飞行试验。

【AGM-109H／L 中程空对面导弹】 美国研制但尚未研制成功就终止了研制的一种战术空对面导弹。该弹于 1980 年开始研制，计划研制两种基本型，AGM-109H 和 AGM-109L。H 型装备空军，用来攻击机场目标，L 型装备海军，用来攻击地面坚固点目标和海上舰船目标。然而，由于海军与空军对此计划的目的意见不一致，1981 年退出联合计划，1983 年空军宣布终止整个计划。该弹射程：H 型为 500 公里，L 型为 600 公里。速度 M=0.6-0.7，飞行高度 10～250 米。弹长：H 型为 5.9 米，L 型为 4.87 米；弹径 0.54 米，翼展 2.61 米。发射重量：H 型为 1400 公斤，L 型为 1000 公斤。动力装置为一台涡轮喷气发动机。制导系统：H 型采用惯性加地形匹配加数字式景象匹配区域相关器。L 型采用惯性加地形匹配加数字式景象区配区域相关器／红外成像。H 型战斗部为反跑道子弹药，L 型为单一整体式战斗部。

【AGM-122A 反辐射导弹（"响尾蛇"）】 美国研制的一种近程反辐射导弹，主要装备美海军陆战队的攻击直升机和固定翼攻击机，用来攻击高炮炮瞄和近程地空导弹的制导雷达。该弹 1981 年开始研制，1986 年开始进行作战使用试验。最大射程约 5 公里。最大速度 M=2.5。弹长 2.91 米，弹径 0.127 米，翼展 0.64 米。发射重量 113 公斤。动力装置为一台固体火箭发动机。采用宽带被动雷达寻的制导。战斗部为破片杀伤战斗部，重 11.4 公斤，装药 2.74 公斤，杀伤半径 10-11 米。装备机种有 AH-1 攻击直升机、AV-8B、F-4G 以及一切可携带"响尾蛇"空对空导弹的飞机。

【AGM-123A 空对地导弹（"机长 2"）】 美国研制的一种近程空对面导弹，计划装备美海军的 A-4、A-6、A-7 和 F／A-18 等飞机，用来从防空区外攻击海面或陆上点目标。该弹 1978 年开始研制，1983-1985 年进行飞行试验和使用鉴定试验，1985 年开始生产。该弹最大射程为 25 公里。速度为亚音速。弹长 4.112 米，弹径 0.356

米，翼展 1.63 米。发射重量为 582 公斤。动力装置为一台改进的"百舌鸟"导弹 MK78Mod0 固体火箭发动机，编号 WPU—5／B。激光半主动制导，导引头为得克萨斯仪器公司生产的"宝石路 2"导引头的改进型，气动作动控制。战斗部采用 MK83 454.54 公斤通用炸弹。

【AGM—130A／B／C 空对地导弹】

美国研制的一种模式空地导弹。该弹分 A、B、C 三种型号，A 型 1984 年开始全面工程研制，并已进行飞行试验，B 型在研究过程中于 1986 年撤销，改为研制 C 型。该弹攻击目标为各种严密设防的目标。射程 24.95 公里，速度 M＝0.55。发射高度最低 60 米。命中精度（CEP）1～2 米。弹长：A 型 3.94 米，B 型 4.02 米，弹径：A 型 0.46 米，B 型 0.52 米。翼展 1.5 米。发射重量：A 型 1323 公斤，B 型 1316 公斤。动力装置为一台固体火箭发动机。制导方式采用电视或红外成像加双路数据传输装置再加雷达高度表。战斗部：A 型使用 907 公斤的 MK84 通用炸弹，B 型使用 907 公斤的 SUU—54 集束弹，内装 396 颗 BLU—97B 组合效应弹或 15 颗 BLU—106BKEP 反跑道弹和 75 颗 HB76 区域封锁雷组合子弹药。C 型使用 BLU—109／B 坚固目标弹。装备机种有 F—111、F—4、F—15、F—16 和 A—10 等。

【ADSM 防空压制导弹】

美国研制的一种从直升机上发射，用来压制敌防空火力的导弹。该弹射程大于 4 公里，攻击目标是防空武器控制雷达。速度为超音速。弹长 1.77 米，弹径 0.07 米，尾翼展 0.0914 米。发射重量 15.8 公斤。动力装置为一台助推火箭发动机和一台固体主发动机。采用被动射频／红外复合制导，比例导引。采用"毒蛇"导弹的高爆战斗部，重 4.76 公斤。

【SLAM 空对地导弹】

美国研制的一种远程对地攻击导弹。由麦道导弹系统公司制造。这种导弹是"鱼叉"反舰导弹的衍生型。它采用"鱼叉"导弹的气动外形、推进系统和控制系统，制志系统为"小牛"导弹的红外成像寻的头、"白星眼"导弹的数据链和全球定位系统接收／处理机。该导弹由海军舰载飞机发射，可以攻击高价值的目标、陆上固定目标和海上或港内的舰船。射程大于 111 公里。

【"铺路"Ⅲ型激光制导炸弹】

美国德克萨斯仪表公司研制的一种激光制导炸弹。主要用于低空远距攻击目标。该弹采用先进的微处理机技术，装有高升力的折叠翼和改进的导引头。

【AS—1 空对地（舰）导弹（"狗窝"）】

苏联研制的一种反舰艇飞航式导弹。外形与美"火烽"式靶机相似，主要装备海军图—16 型轰炸机，每架可带 2 枚，挂在机翼下。该型导弹的对海防御型为"KCC"（"幼鲑"式，即"SSCD—1"型），两者的外形和性能基本相同，但"KCC"型加装一台 СПРД—15 型固体燃料助推火箭。最大射程 90 公里。最大速度 M＝0.9。实用高度 4000—5000 米。战斗部为烈性炸药，重 933 公斤；或核装料，重 500 公斤以下，当量 50 万吨。动力装置为涡轮喷气发动机一台。采用波束或无线电指令，加末端主动或被动雷达寻的制导。全长 8.58 米，直径 1.2 米。翼展 4.9 米。发射重量 2760 公斤，装备海军。

【AS—2 空对地（舰）导弹（"鳟鱼"）】

苏联研制的一种飞航式空地导弹。制导雷达装在载机机头内，外形与美"大猎犬"空地导弹相似，但性能较差，主要装备海军图—16 型轰炸机和空军米亚—4 重型轰炸机，每架可带一枚，半"埋藏"于机腹下。最大射程 180—260 公里，最大速度 M＝1.4。战斗部为核装料，当量 500 吨的原子弹头，重约 1000 公斤；或当量 200 万吨的氢弹头，重约 1000 公斤。动力装置为一台涡轮喷气发动机。巡航阶段由自动驾驶仪制导，末端为主动雷达寻的制导。全长 9.45 米，直径 1.14 米，翼展 4.88 米，发射重量 4500 公斤，装备海军、空军。

【AS—3 战略空对地导弹（"袋鼠"）】

苏联研制的一种战略空对地（舰）导弹。该弹主要用于攻击港口设施、铁路枢纽、机场、城市等大型固定目标和大型军舰。该弹 1963 年装备部队，主要载机是图—20"熊"B 和 C。最大射程：指令制导时为 480 公里，惯性制导时为 180～650 公里。发射高度 8000—11000 米，最大速度：高空为 M＝2，海平面为 M＝1。弹长 14.96 米，弹径 1.85 米。翼展 9.14 米。发射重量为 11000 公斤。采用核战斗部。无线电指令加末段红外或惯性加末段主动雷达制导。动力装置为一台涡轮喷气发动机，推力为 5001KN。

【AS—4 空对地导弹（"厨房"）】

苏联研制的战略空对地（舰）导弹，主要用以攻击海上大型目标和对陆上重要目标实施战略突击。该弹 1961 年首次挂在图—22"眼罩"式轰炸机上展出，1967 年装备部队，主要载机有图—22，图—20"熊"式和图—22M"逆火"式轰炸机。该弹已不再生产。"厨房"AS—4 导弹的最大射程为 460 公里，最大速度：M＝2.5。发射高度 10000—12000 米。弹长 10.98 米，弹径 1 米。翼展 3.5 米。发射重量 6000 公斤。动力装置为一台液体火箭发动机。采用惯性加末段主动雷达或被动雷达寻的制导。采用核战斗部（200Kt TNT 当量）或 1000 公斤的常规战斗部。

【AS—5 空对舰（地）导弹（"鲑鱼"）】 苏联研制的一种空对舰（地）导弹。该弹系在 AS—1 基础上发展而成。分为主动雷达寻的型和反辐射寻的型两种。它与 AS—1 不同之处是：采用液体燃料火箭发动机，头部为半球形，其整流罩内可能有大型雷达。装备海军图—16 型轰炸机，每架可带 2 枚，挂在机翼下。反辐射寻的型能捕捉频率 2—4 个兆赫的辐射体。最大射程 180—320 公里，速度 M＝0.9，战斗部为核装料或烈性炸药。动力装置为液体燃料火箭发动机一台。惯性加末端雷达寻的制导。全长 9.45 米，直径 1.2 米，翼展 4.57 米，发射重量 4500 公斤。装备海军。

【AS—6 战略空对地（舰）导弹（"王鱼"）】 苏联研制的第二代空地（舰）导弹，主要用以攻击海上大型目标和对陆地重要目标实施战略轰炸。该弹 60 年代中期开始研制，1977 年挂在图—16G 和图—22M 飞机翼下，战斗出动时，图—22M 携带两枚，图—16G 携带一枚（有时两枚）。该弹射程：海平面为 250 公里；高空时为 650 公里。发射高度为 10000—12000 米。最大速度：M＝3（高空），M＝1.2（海平面）。弹长 10.7 米，弹径 0.9 米。翼展 2.4 米。发射重量 5000 公斤。战斗部采用烈性炸药或核装药。制导为惯性加末段主动雷达（或被动雷达）制导。动力装置为一台固体火箭发动机。

【AS—7 空对地导弹（"黑牛"）】 苏联研制的一种近程战术空对面导弹。该弹的尺寸和外形大致与美国的"小斗犬"导弹相当，用来攻击地面火炮阵地、桥梁、交通枢纽和海上小型舰船目标，1971 年初具作战能力，80 年代中期大量装备部队。该弹射程 10 公里。速度 M＝0.6。发射高度 300～600 米。发射重量 300～400 公斤（有的报道 1200 公斤）。弹长 3.5 米，弹径 0.31 米。动力装置为单级固体火箭发动机。采用指令制导或驾束制导。使用高爆战斗部，重约 100 公斤。

【AS—8 空对地导弹】 苏联研制的一种空对地导弹。AS—8 是苏军装备攻击直升机的新型"发射后不管"导弹，类似于美国的"海尔法"空地导弹，用以攻击地面车辆和执行防空压制任务。1977 年开始装备部队，主要用于米—24"雌鹿"A、D 型直升机，也广泛装备苏空、海军其它轻型战斗直升机。最大射程 8-公里，速度 M＝0.5-0.8。动力装置为一台固体燃料火箭发动机，制导系统为被动雷达导引。

【AS—9 空对地导弹（"飞镖"）】 苏联研制的一种空对地（舰）反辐射导弹。主要用于攻击地面或舰艇防空雷达。1975 年具有初始作战能力。载机有苏—17、苏—24 和米格—27 等型机。最大射程 80—90 公里，速度 M＝0.8。战斗部重 130—200 公斤，装烈性炸药。动力装置为固体燃料火箭发动机一台。被动雷达寻的制导。全长 6.03 米，直径 0.49 米，发射重量 700 公斤。

【AS—10 空对地导弹（"克伦"）】 苏联研制的一种类似美国"幼畜"导弹的空对地导弹。该弹射程约 10 公里，速度 M＝0.8 马赫，弹长 3 米，最大弹径 0.31 米。发射重量约 300 公斤，采用固体火箭发动机推进，激光半主动制导。装备机种有苏—24、苏—17 和米格—23 等。每架苏—24 飞机最多可携带四枚，均挂在翼下，用来攻击高价值目标。装备苏空军部队。

【AS—11 空对地导弹】 苏联研制的一种空对地导弹。该导弹性能及外形与美国"幼畜"空对地导弹相似。目前正在飞行试验，将装备苏—24 等型飞机。最大射程 50 公里，最大速度超音速，战斗部装烈性炸药。动力装置为固体火箭发动机，采用中段控制惯性导航、末端电视制导加双路数据传输制导。

【AS—12 空对地导弹（"投球手"）】 苏联研制的一种新型反辐射导弹。该弹是 AS—9 的改进型，所不同的只是采用不同的导引头，并且具有更好的飞行性能，射程也是 90 公里。装备的机种有苏—17、苏—24 和图—22M。

【AS—14 空对地导弹（"小锚"）】 苏联研制的一种大型战术空对地导弹。该弹用来攻击如飞机库这样的高价值目标，弹长约 4.1 米，弹径 0.45 米。翼展 1.3 米。该弹的尺寸与美国的 GBU—15 相当，但它有动力装置（固体火箭发动机），重量约 900—950 公斤，其中战斗部重量约占 40%。制导方式现在还不清楚。

【AS—15 空对地巡航导弹】 苏联研制的一种空对地巡航导弹。西方 1979 年 2 月 1 日首次发现苏正在研制 AS—15，1984 年已开始装备图—95H 型轰炸机，并将装备"海盗旗"式轰炸机。最大射程 3000 公里，巡航速度 M＝0.5-0.7。飞行高度 200—1000 米。战斗部重 250 公斤，核装料或烈性炸药。动力装置为涡轮风扇发动机，制导系统为地形匹配校正的惯性制导或多普勒制导。全长 7 米，直径 0.5 米。翼展 3 米。

【（"蓝剑"）空对地导弹】 英国研制的一种远程战略空对地导弹。该弹 1954 年开始研究，1958 年进行飞行试验，1962 年装备部队。载机是"火神"和"胜利者"轰炸机。到 1972 年，只有两个轰炸机中队装备这种导弹。目前，该弹已全部退役。该弹射程为 320—370 公里，速度 M = 1.6，弹长 10.67 米，最大弹径 1.28 米。翼展 3.96 米。主要攻击目标是战略要地，发射重量 6800 公斤，动力装置为液体火箭发动机，最大推力 88847N。采用惯性制导，战斗部使用热核弹头。

【空射反辐射导弹】 英国研制的一种防御压制导弹。该弹用途是通过摧毁其雷达来压制地对空导弹和雷达控制的高炮武器，掩护攻击机实施纵深突防。该弹于 1978 年开始研制，1987 年达到初步作战能力，射程大于 20 公里，速度 M = 2。弹长 4.06 米，弹径 0.23 米，翼展 0.73 米，发射重量 280 公斤（含发射架重量），采用捷联式惯导加被动雷达寻的制导。动力装置为双推力固体火箭发动机，战斗部使用高爆破片杀伤战斗部，激光近炸引信。装备机种有"狂风"、"美洲虎"、"鹞"、"霍克"、F—16 等。

图 12—27 空射反辐射导弹

【ASMP 中程空对地导弹】 法国研制的一种战略和战术两用空对地巡航导弹。该弹装备法空军的"幻影"4P 和"幻影"2000N 轰炸机及海军的"超军旗"战斗轰炸机，用来攻击严密设防的地面战略和战术目标及海上大型目标。该弹 1978 年开始研制，1983 年进行发射试验，1986 年装备法战略空军的第一个"幻影"4P 飞行大队，最大射程：高空弹道 250 公里，低空弹道 84 公里；速度：高空为 M = 3，低空为 M = 2。命中精度（CEP）约 350～400 米，发射时载机速度 M = 0.6～0.95，弹长 5.38 米，弹径 0.42 米，尾翼展 0.956 米。发射

重量 840 公斤。动力装置为一台整体式液体冲压发动机。采用惯性加程序制导，战斗部使用热核战斗部，TNT 当量约 300Kt。

【AS·11 空对面导弹】 法国研制的一种有线指令制导的多用途轻型空对面导弹。该弹主要装备直升机，是 SS·11 反坦克导弹的机载型，可用来攻击地面各种小型目标。详情可参见反坦克导弹部分。

【AS·12 空对面导弹】 法国研制的一种轻型多用途空对面导弹。该弹是 SS·12 有线指令制导反坦克导弹的机载型，主要装备直升机，除用作反坦克外，也可攻击其它小型目标，详情可参见反坦克导弹部分。

【AS·20 高速空对地导弹】 法国研制的一种无线电指令制导的高速空对地导弹。该弹用于攻击地面目标或水上舰船目标，50 年代开始研制，1961 年投产，1974 年停产。该弹射程为 3～7 公里，速度 M = 1.7，弹长 2.59 米，弹径 0.25 米。翼展 0.78 米。发射重量 143 公斤。动力装置为一台固体助推器和一台固体主发动机。采用无线电指令制导。使用穿甲、杀伤和爆破战斗部，重 30 公斤。

【AS·30 空对地导弹】 法国研制的一种近程战术空对地导弹。该弹是在 AS·20 导弹的基础上于 1968 年开始研制的，1973 年投产，1977 年停产。该弹装备法海空军，攻击目标是陆上点目标和海上舰船目标，射程 11～12 公里，速度 M = 1.5，发射高度 50～10000 米。发射时载机速度为 M = 0.7～0.9（高度 2600 米时），命中精度（CEP）小于 10 米。弹长：装 X12 型战斗部时 3.84 米，装 χ35 型战斗部时 3.89 米，弹径 0.342 米。翼展 1 米。发射重量 520 公斤，动力装置为一台固体助推器和一台固体主发动机。采用无线电指令制导，战斗部使用高爆炸药，重 230 公斤。

【AS·30L 空对地导弹】 法国研制的一种激光制导的空对地导弹。该弹于 1973 年开始研制，1976 年进行飞行试验，1983 年正式投产。最大射程 10～12 公里，最小射程 3 公里，速度 M = 1.5。发射高度 50—10000 米，弹长 3.65 米，弹径 0.342 米。翼展 1 米。发射重量 520 公斤，动力装置为一台固体助推器和一台固体主发动机。采用激光半主动寻的，比例导引制导。使用爆破和半穿甲两种战斗部，重 240 公斤。

【阿玛特空对地导弹】 法国研制的一种远程防御压制武器，装备法国"幻影"2000 和 F—1

飞机，用来攻击地面固定的防空雷达目标。该弹采用 AS·37 导弹的弹体，其固体火箭发动机也基本相同，但弹上使用了更先进的电子设备和新的全固体化被动雷达导引头。该弹 1981 年开始研制，1983 年进行飞行试验，1984 年装备法空军。射程 93 公里，弹长 4.267 米，弹径 0.396 米。翼展 1.219 米。速度 M＞1。发射重量为 544 公斤。动力装置为二级固体火箭发动机，采用被动雷达寻的加辅助惯性导航系统制导。使用高爆破片杀伤战斗部，重 150 公斤。

【Rb05 空对地导弹（"萨伯"）】

瑞典研制的一种战术空对面导弹。该弹共有两种型号；一种叫做 Rb05A，1960 年开始研制，1969 年投产，装备瑞典 AJ37 和萨伯 105 飞机，现仍在使用；另一种是 Rb05B，该型 1975 年开始研制，由于费用太高，1977 年撤销了此计划。该弹攻击目标是地面和水面目标，射程 9 公里，最大速度 M＞1，发射高度 300－400 米，发射时载机速度 M＝0.4-1.4。弹长：Rb05A 为 3.6 米，Rb 05B 为 3.64 米。弹径 0.3 米。翼展 0.8 米。发射重量：Rb05A 为 305 公斤，Rb05B 为 330 公斤。动力装置为预包装液体火箭发动机。Rb05A 采用无线电指令，Rb05B 采用电视制导。使用为高爆战斗部。

【RBS70 直升飞机自卫导弹】

瑞典研制的一种直升机自卫导弹。该弹是 1981 年将 RBS70 便携式地对空导弹改装到攻击直升飞机上而成的，用来在战场上攻击敌直升机和地面目标。该弹射程为 5 公里，速度为超音速。飞行时间 8.5 秒，反应时间小于 5 秒，重新装填时间小于 60 秒（4 枚导弹）。弹长 1.32 米，弹径 0.12 米。翼展 0.33 米。弹重 15 公斤，吊舱加四枚导弹重 137 公斤，控制装置重 54 公斤。动力装置为两级固体火箭发动机。激光驾束制导。

【MAS-1 空对地导弹（"长脚鹰"）】

巴西研制的一种装备轻型攻击机的空对地导弹。据称于 1973 年开始研制。使用电视指令制导。有关该弹的资料很少，是否装备部队还不清楚。

【"翠鸟"空对地导弹】

阿根廷研制的一种近程空对面导弹。估计 70 年代中期开始研制，英阿马岛战争前后装备部队，攻击目标是中小型水面舰艇和地面目标。射程 2.5～9 公里。速度最大 M＞2.3，弹长 2.94 米，弹径 0.219 米。翼展 0.73 米。发射重量 140 公斤。动力装置为一台固体火箭发动机。无线电指令制导。使用爆破型战斗部，重 40 公斤。

【鲁兹-1 空对地导弹】

以色列研制的一种远程空对地导弹。该弹于 1971 年开始研制。最大射程 80 公里，发射重量 200 公斤，采用电视指令制导和破片杀伤战斗部。

【AS·37／AJ168 空对地导弹（"玛特尔"）】

英法两国合作研制的一种空对面战术导弹。该弹有两种不同型号，一种使用被动雷达寻的导引头，定名为 AS·37，由法国玛特拉公司负责研制生产，用来攻击雷达目标；另一种使用电视指令传输制导，定名为 AJ168，由英国负责生产，用来攻击桥梁，发电站、机场及水面舰船等固定或活动目标。1964 年英、法两国开始合作研制该弹，1967 年进行飞行试验，1969 年进行作战使用鉴定，1972 年开始生产装备部队。该弹最大射程 60 公里，有效射程 30 公里。发射高度 15～14000 米，速度 M＝0.9。弹长：AJ168 为 3.9 米，AS·37 为 4.2 米。弹径 0.4 米。翼展 1.2 米。发射重量：AJ168 为 550 公斤，AS·37 为 530 公斤。动力装置为一台固体助推器和一台固体主发动机。AJ168 为爆破战斗部，AS·37 为破片杀伤战斗部。

7、 反舰导弹

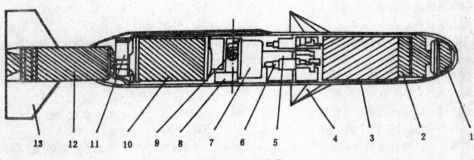

图 12-28　反舰导弹

1.导引头　2.导引头电子设备　3.战斗部和安全保险装置　4.操纵翼　5.热电池　6.操纵翼作动马达　7.电子设备　8.高度表　9.陀螺和气瓶　10.主发动机　11.发动机点火延迟装置　12.助推器　13.稳定尾翼

【标准反辐射舰对舰导弹】　美国研制的一种舰对舰导弹。该弹是美国空对地"标准反辐射导弹"的舰射型。1971年开始研制，1973年装备部队。

【RGM-84A 舰对舰导弹（"捕鲸叉"）】

美国研制的一种全天候高亚音速飞航式舰对舰导弹。它能攻击多达12种大小不同的水面舰艇。1977年3月完成作战鉴定试验，同年10月开始批量生产并装备部队。最大射程110公里，最小11公里。±90°扇面发射。弹长4.581米，弹径344毫米。翼展914毫米。发射重量667公斤。动力装置为一台固体助推器，推力64.7KN；一台涡轮喷气发动机，推力2940N。采用中段惯导，末段主动雷达制导。战斗部为半穿甲爆破型，重约230公斤。采用延迟触发和近炸引信。

图 12-29　捕鲸叉 RGM-84A 导弹

【BGM-109B 舰对舰导弹（"战斧"）】

美国研制的一种战术型舰对舰导弹。1972年开始研制，1983年开始装备水面舰艇。射程450公里。弹长6.248米，弹径517毫米。翼展2.62米。发射重量1200公斤。动力装置为一台涡喷发动机和一台固体火箭助推器。采用惯性+主动雷达导引头制导。战斗部重454公斤。

【127 毫米炮射导弹】　美国研制的一种攻击水面舰艇和支援陆上作战的一种小型导弹。1977年4月开始研制，1981年定型生产。射程24公里。冲击过载25000克，加速过载10000克。作战环境为晴天。弹长1.54米，弹径127毫米。发射重量47.5公斤。一台固体火箭发动机。采用半主动激光，比例导引制导。战斗部为破片型或空心装药型，重13.6公斤。

图 12-30　　127 毫米炮射导弹

【AGM-12 空对舰导弹（"小斗犬"）】

美国研制的一种包括 AGM-12A、B、C、D 和 E 五种型号的空对舰和空对地近程导弹。实用型为"小斗犬 A"（AGM-12B）和"小斗犬 B"

(AGM-12C)。1954年开始研制，1959年开始服役。

【AGM-12B 空对舰导弹（"小斗犬A"）】 美国研制的一种空对舰近程导弹。该弹为实用型。1954年研制，1959年开始装备部队。射程11公里。飞行速度M＝1.8。弹长3.2米，弹径305毫米。翼展952.5毫米。发射重量258公斤。动力装置为一台LR58型预贮液体火箭发动机，推力53.4KN。无线电指令制导。战斗部为高能炸药，总重113.4公斤。

【AGM-12C 空对舰导弹（"小斗犬B"）】 美国研制的一种空对舰导弹。该弹为实用型。1954年开始研制；1959年开始服役。射程17公里。飞行速度M＝2.4。弹长4.07米，弹径439毫米。翼展1217.26毫米。发射重量812公斤。动力装置为一台LR62型预贮液体火箭发动机，推力147KN。无线电指令制导。战斗部为高能炸药，总重453.6公斤。

【RGM-66F 空对舰导弹（"主动标准导弹"）】 美国研制的一种空对舰导弹。是根据"中程标准舰对空导弹"RIM-66A"改型的反舰导弹，可装在飞机或舰艇上进行发射。该弹是作为"捕鲸叉"反舰导弹的后备型于1971年开始研制的，但随着"捕鲸叉"反舰导弹的研制成功和服役，该弹的发展也随之停止。射程大于18公里。弹长4.72米，弹径343毫米。尾翼展1.07米。发射重量655公斤。动力装置为一台双推力固体火箭发动机。制导方式为单脉冲多普勒主动寻的导引头制导。战斗部为高能炸药。采用触发和近炸引信。

【AGM-84A 空对舰导弹（"捕鲸叉"）】 美国研制的一种全天候高亚音速掠海飞行的飞航式空对舰导弹。该弹能攻击110公里以内的现有一切海面目标。1977年3月完成作战鉴定试验并开始批量生产，1979年开始装备海军飞机。最大射程110公里，最小11公里。巡航高度61米。±90°扇面发射。弹长3.84米，弹径344毫米。翼展0.914米。发射重量522公斤。动力装置为单轴涡喷发动机，推力2.94KN。制导方式为中段惯性，末段主动雷达导引制导。战斗部为半穿甲爆破型，重约230公斤。采用延时触发和近炸引信。

【AGM-65F 空对舰导弹（"海军幼畜"）】 美国研制的一种近程空对舰导弹。该弹是在AGM-65D和AGM-65E的基础上发展的。采用了D型的红外导引头，E型的发动机和战斗

部。1981年开始研制，1983年开始飞行试验。射程24～48公里。飞行速度超音速。弹长2.49米，弹径300毫米。发射重量306公斤。动力装置为一台TX633型双推力固体火箭发动机。采用红外成像制导。战斗部为高能炸药，总重136.36公斤。采用适于反舰的引信。

【UGM-84A 潜对舰导弹（"捕鲸叉"）】 美国研制的一种亚音速全天候中程飞航式战术反舰导弹。潜射反舰导弹有着天然的隐蔽性和良好的突然袭击性。因此，1972年在"捕鲸叉"反航导弹研制计划中增加了水下发射要求。该弹1981年开始装备部队。最大射程110公里，最小11公里。巡航高度中段61米，末段15米。发射方式为水下扇面发射，扇角±90°。弹长4.581米，弹径344毫米。发射重量667公斤。动力装置为固体肋推器和涡轮喷气发动机。制导方式为中段惯性制导，末段主动雷达导引。战斗部为半穿甲爆破型，重约230公斤。采用延迟触发和近炸引信。

【BGM-109B 潜对舰导弹（"战斧"）】 美国研制的一种远程反舰导弹。1972年6月开始研制，1983年11月定型装备。作战目标为各种大型水面舰艇。射程450公里。巡航高度大于15米。可在高海情下作战。弹长6.248米（无助推时为5.547米），弹径517毫米。翼展2.62米。发射重量1200公斤（不含助推器），1450公斤（包括助推器）。动力装置为一台涡轮喷气发动机和一台固体火箭助推器。采用惯性+主动雷达导引头制导。常规战斗部，重量454公斤。

【远程两用导弹】 美国正在研制的一种既可用于战略，又可用于战术使用的超音速反舰和防空两用导弹。计划90年代初开始服役。动力装置为整体式火箭冲压发动机。战斗部为核装药或常规。

【RUR-5A 反潜导弹（"阿斯洛克"）】 美国研制的一种水面舰艇发射的短程弹道式反潜导弹。该弹是在"海燕"、"阿尔法"、"阿斯托尔"反潜武器发展经验的基础上于1955年开始研制的，1961年开始装备。现已有MK1、MK2等多种弹型。MK1射程3.2～9公里（装MK17导弹），MK2射程为1～8公里（装MK44和MK46鱼雷）。MK1弹长3.94米，MK2为24.5米。MK1、MK2弹径分别为349毫米和336.7毫米。翼展均为838毫米。发射重量分别为427.7公斤和486.25公斤。动力装置为一台固体火箭发动机。制导方式为程序控制+音响寻的制导。

【"UUM–44A 反潜导弹（"萨布洛克"）】

美国研制的一种潜艇水下发射弹道式反潜核导弹。1958 年开始研制，1964 年定型，1965 年开始装备。作战目标为各种潜艇。最大射程 40～56.5 公里（取决于发射深度）。可在高海情下使用。弹长 6.42 米（第一级 3.45 米，第二级 2.97 米）；弹径第一级 533 毫米，第二级 339 毫米；翼展不大于 533 毫米（第二级）。发射重量 1814 公斤。动力装置是一台 TE–260G 固体火箭发动机。惯性制导。战斗部为 W55 核深水炸弹，TNT 当量为 1000 吨，杀伤半径 4～6 公里。

【"海长矛"反潜导弹】

美国研制的一种可在敌防区外实施攻击的弹道式反潜导弹。计划用该导弹取代现役的"萨布洛克""阿斯洛克"导弹装备各级核攻击潜艇。射程 100 公里。攻击深度 600 米。飞行速度超音速。采用水下鱼雷管发射。弹长 6.1 米，最大弹径 533 毫米。动力装置为一台固体火箭发动机。惯性制导。战斗部为核深水炸弹或轻型鱼雷。

【SS–N–1 舰对舰导弹（"扫帚"）】

苏联研制并装备的第一代飞航式舰对舰导弹。该弹是世界上最早实用的舰对舰导弹。用来攻击航空母舰和大型水面舰艇，也可用来攻击港口和海岸目标。有效射程 22 公里，最大射程 185 公里。弹长 7.6 米，弹径 1 米。翼展 4.6 米。发射重量 3200 公斤。发动机为一台涡轮喷气发动机，一台固体火箭助推器。采用无线电指令+主动雷达或红外末制导。携带常规战斗部或核战斗部，其常规战斗部重 7650 公斤；核弹头当量为 1000 吨级。

【SS–N–2A 舰对舰导弹（"冥河"）】

苏联研制的一种近程亚音速飞航式舰对舰导弹。主要装备小型快艇。用作近岸防御武器。1959 年或 1960 年开始在苏联海军中进行装备。射程最大 42 公里，最小 9.2 公里。作战环境为全天候。弹长 6.25～6.5 米，弹径 760 毫米。翼展 2.4 米。发射重量 2100～2500 公斤。发动机为一台液体火箭主发动机和一台固体火箭助推器。自动驾驶仪+主动雷达末制导。战斗部为聚能爆破型，重 500 公斤。采用触发引信。

【SS–N–3B 舰对舰导弹（"沙道克"）】

苏联研制的一种远程超音速飞航式舰对舰导弹。由"沙道克"A 潜对舰改进而来。1961～1962 年间开始装备部队。最大射程 500 公里；最大有效射程 460 公里（有中段修正），55 公里（无中段修正）。弹长 10.9 米，弹径 860 毫米 翼展 2.58

米。发射重量 4500 公斤。发动机为一台涡轮发动机，两台固体火箭助推器。制导方式为自动驾驶仪+中段修正+主动雷达或红外末制导。采用常规或核战斗部，其核战斗部 TNT 当量为 350 吨。

【SS–N–9 舰对舰导弹（"海妖"）】

苏联研制的一种飞航式反舰导弹。1969 年装备苏联海军。最大射程 75 公里（借助飞机中继制导的为 275 公里）。巡航高度 20～130 米，巡航速度 M＝0.8。弹长 9.1 米，弹径 800 毫米。翼展（折叠弹翼）：折叠时 1.6 米，展开时 2.5 米。发射重量 3.2 吨。动力装置为一台涡轮喷气发动机和两台固体助推器。制导方式为自动驾驶控制+中段指令修正+主动雷达末制导。战斗部为 200Kt 级 TNT 核弹头或高能炸药。

【SS–N–10 舰对舰导弹】

苏联研制的一种近程飞航式舰对舰导弹。射程 28 公里。弹长 8.5 米。采用程序与自动驾驶仪中制导，雷达末制导。固体火箭发动机推进，常规战斗部或核战斗部。

【SS–N–11 舰对舰导弹 （SS–N–2B）】

苏联研制的一种飞航式舰对舰导弹。该弹是在"冥河"SS–N–2A 基础上改进的，1965 年开始装备苏联制造的"黄蜂Ⅱ"型快艇。射程 8.3～40.2 公里，巡航高度 50～300 米，巡航速度 M＝0.9。弹长 6.4 米，弹径 760 毫米。翼展 2.4 米（折叠后 1.7 米）。发射重量 2500 公斤。动力装置为一台固体火箭主发动机，一台固体火箭助推器。战斗部为高能炸药。

【SS–N–12 舰对舰导弹（"沙箱"）】

苏联研制的第二代远程舰射和潜射飞航式导弹。其打击对象是水面各种舰船。该弹 1973 年研制成功，1976 年开始装备苏联海军。它是 SS–N–3"沙道克"导弹的后继型。最大射程 50 公里（借助飞机中继制导为 550 公里）。巡航高度 275～13500 米，巡航速度 M＝2.5。弹长 10.8 米，弹径 900 毫米。翼展 1.8～2.6 米。发射重量 4.8～5 吨。动力装置为一台涡轮喷气发动机和两台固体助推器。制导方式为自动驾驶仪控制+中段指令修正+主动雷达或红外末制导。战斗部为 900 公斤高能炸药或 350Kt 级核装药。

【SS–N–22 舰对舰导弹】

苏联 70 年代中、后期研制的一种中、远程舰对舰导弹。1981 年装备"塔伦图尔Ⅱ"号轻型导弹艇，1983 年又装备在"斯拉伐"号驱逐舰上。射程 120 公里（无舰外制导设备），200 公里（利用舰外制导设备）。巡航高度 50~300 米。弹长 9.1~9.5 米，弹径 800 毫米。翼展 2.5 米（折叠后为 1.6 米）。发射重量 3500 公斤。动力装置为一台涡轮喷气发动机，两台固体火箭助推器。制导方式为自动驾驶仪中制导，主动雷达或被动红外末制导。核战斗部 TNT 当量 200Kt；常规战斗部重 500 公斤。

【AS-1 空对舰导弹（"狗窝"）】 苏联最早研制的一种空对地（舰）导弹。用以攻击航行在海上，河流上或停泊在港口内的大型舰船，金属结构的海岸设施，军事工业中心，铁路枢纽和大型桥梁等。50 年代初开始研制，1963 年开始服役。现已全部退役。射程 70 公里（发射高度 5000 米时），射程为 90 公里（发射高度 8000 米时）。发射方式为水平投弹。弹长 8.29 米，弹径 1.2 米。翼展 4.72 米。发射重量 2760 公斤。动力装置为一台涡轮喷气发动机。制导方式为波束+末段半主动雷达制导。战斗部为聚能爆破型，重 933 公斤，装药 800 公斤。

【AS-5 空对舰导弹（"鲑鱼"）】 苏联研制的一种中程空对面飞航式导弹。该弹由 AS-1（狗窝）和"冥河"导弹改进而来，1966 年装备苏军。最大射程 140~150 公里，最小 50 公里。弹长 8.647 米，弹径 1 米。翼展 4.54 米。发射重量 4077 公斤。动力装置为一台液体火箭发动机。制导方式为全程主动雷达寻的制导。战斗部为穿甲和爆破型，重 840 公斤。

【直升机空对舰导弹】 苏联研制的一种空对舰导弹。是苏联装备舰载卡-20 反潜直升机的小型导弹。弹长 2.44 米，弹径 300 毫米。翼展 910 毫米。动力装置为一台固体火箭发动机。

【SSC-1B 岸对舰导弹（"萼片"）】 苏联研制的一种飞航式机动岸对舰导弹。大约于 50 年代初开始研制，50 年代末服役。作战目标为各种水面舰艇。射程 450 公里。弹长约 10 米，弹径约 1 米。动力装置为一台涡轮喷气发动机和两台固体火箭助推器。采用无线电指令+主动雷达导引头制导。战斗部为核装药或常规装药。

【SSC-2A 岸对舰导弹（"萨利士"）】 苏联研制的一种中程亚音速飞航式岸对舰导弹。可攻击各种水面舰艇。50 年代初开始研制，中、后期装备部队。射程 100 公里。飞行高度约 400 米。弹长约 8 米，弹径 1.2 米。翼展 4.7 米。发射重量约 3500 公斤。动力装置为一台涡轮喷气发动机和一台固体火箭助推器。采用波束+半主动雷达寻的制导。战斗部重约 1000 公斤。

【SSC-2B 岸对舰导弹（"幼鲑"）】 苏联研制的一种飞航式岸对舰导弹。可打击水面各种舰船目标。最大射程 100 公里（采用中继制导后为 200 公里）。发射方式为岸射。弹长 7 米。翼展 5 米。发射重量 3 吨。动力装置为涡轮喷气主发动机和固体火箭助推器。采用无线电指令+半主动雷达寻的制导。战斗部为高能炸药，重约 933 公斤，或核弹头。

图 12-31　　SSC-2B 岸对舰导弹（"幼鲑"）

【SSC-3 岸对舰导弹】 苏联研制的一种机动岸对舰导弹。由"冥河"舰对舰导弹发展而来。估计 70 年代中期开始研制，80 年代初开始装备部队。作战目标为各种水面舰艇。射程 80~90 公里。巡航速度为亚音速。巡航高度 15~100 米。采用主动雷达或被动红外末制导。战斗部为高能炸药。

【SS-N-3A 潜对舰导弹（"沙道克"A）】 苏联研制的一种远程亚音速飞航式导弹。有 A、B、C 三种型号，A 型为潜对舰型，B 型为舰对舰型，C 型为战略型。该弹 CA 型主要用于攻击航空母舰和大型水面舰艇或舰队。1958 年正式装备部队。最大射程 550 公里，有效射程 180 公里（有中段修正制导）。巡航高度 3000~6000 米。水面发射。弹长 10.8 米，弹径 900 毫米。翼展 2.4 米。发射重量 4500 千克。动力装置为一台涡轮喷气发动机，两台固体火箭助推器。采用自动驾驶仪+中段修正+末段自动寻的制导。常规战斗部为 1000 公斤高能炸药，核战斗部为 350 千吨级（战略型为 800 千吨级）。

【SS-N-7 潜对舰导弹】 苏联研制的第一代水下发射的飞航式潜对舰导弹。是世界上最早的水下发射反舰导弹。1968 年开始装备部队。主要装备 C-I 级核动力潜艇。最大射程 100 公里，最小 10 公里，最大有效射程 45～53 公里。巡航高度 30 米。弹长 6.7 米，弹径 550 毫米。发射重量 3500 公斤。动力装置为固体火箭发动机。制导方式为自动驾驶仪+主动雷达或红外末制导。战斗部重 500 公斤，内装高能炸药；核弹头当量为 200 千吨。

【SS-N-9 潜对舰导弹（"海妖"）】 苏联研制一种飞航式多用途反舰导弹。该弹于 1969 年装备苏联新建的"纳努契卡"级大型导弹快艇。1971～1972 年装备 P 级核动力潜艇。

【SS-N-12 潜对舰导弹（"沙箱"）】 苏联研制的一种远程多用途超音速反舰导弹。1967 年开始服役。最先装备"基辅"号航空母舰，70 年代末开始用来取代 E-Ⅱ 级核动力潜艇上的 SS-N-3A 型潜对舰导弹。

【SS-N-13 潜对舰导弹】 苏联研制的一种多级弹道式战术反舰导弹。是迄今世界上唯一的弹道式远程反舰导弹。于 60 年代初开始研制，1969 年已初具作战能力。作战目标为航空母舰及大型水面舰艇和舰队。射程 185～1100 公里。水下垂直发射。弹长 10 米，弹径 1 米。动力装置为两级，均用液体火箭发动机。采用惯性+主动雷达制导。战斗部为核弹头。

【SS-N-19 潜对舰导弹】 苏联研制的一种远程超音速掠海飞行的多用途反舰导弹。70 年代初开始研制，1981 年正式服役。该弹装备新设计的大型"奥斯卡"级核动力巡航导弹潜艇。射程大于 500 公里（有艇外制导设备），用发射艇上的声纳探测目标时，射程为 55 公里。巡航高度 70 米（掠海段 10～20 米）。弹长 10.5～11 米，弹径 0.8～1.1 米。翼展 2.6 米（折叠后为 1.6 米）。发射重量 5～7 吨。动力装置为一台涡轮喷气主发动机，两台固体火箭助推器。制导方式为惯性+主动雷达末制导。战斗部为核装药或常规装药。

【SS-NX-24 潜对舰导弹】 苏联正在研制的一种新的潜艇发射的战术反舰导弹。该弹已用 Y 级核潜艇在海上进行发射试验。

【FRAS-1 反潜导弹】 苏联研制的一种携带深水炸弹的火箭助推反潜导弹。60 年代初、中期开始服役。最大射程 30 公里。弹长 6.2 米，弹径 550 毫米。动力装置为一台固体火箭发动机。战斗部为核深水炸弹，当量 5 千吨级。

【SS-N-14 反潜导弹（"石英"）】 苏联研制的一种飞航式反潜导弹。60 年代初开始研制，1968 年开始装备。该型导弹以反潜为主，兼有反舰能力。射程 55 公里。最大飞行高度 750 米。弹长 7.6 米，弹径 600 毫米。翼展 1.5 米。重量 2.7 吨。动力装置为固体火箭发动机。采取程序+自动驾驶仪+无线电指令制导，入水后音响寻的制导。战斗部为核深水炸弹，重 100 公斤。

【SS-N-15 反潜导弹】 苏联研制的一种水下发射的弹道式反潜导弹。该弹采用水下-空中-水下飞行方案。最大射程 45～50 公里。惯性制导，飞行中无外加修正制导。作战负荷为核深水炸弹。采用直径大于标准鱼雷管的鱼雷管发射。1972 年开始装备，装备的潜艇有 V 级、V-I 级、C-I 级、T 级和新建的 Alfa 级潜艇。

【SS-N-16 反潜导弹】 苏联研制的一种潜艇水下发射的弹道式反潜导弹。该弹采用直径比标准鱼雷管（直径 533 毫米）大的鱼雷管发射，鱼雷为作战负荷。最大射程 45～50 公里。鱼雷作战深度为 300 米。70 年代后期开始服役。

【"海鹰"P.5T 舰对舰导弹】 英国研制的一种舰对舰导弹。该弹是在空对舰型"海鹰"的基础上研制的。导弹后部两侧各装了一台固体火箭助推器。

【"海鸥"舰对舰导弹】 英国研制的短程舰对舰导弹。该弹是在其直升飞机发射的"海鸥"空对舰导弹基础上改进的。最大射程 15 公里。可以高亚音速掠海飞行。弹长 2.5 米，弹径 250 毫米。翼展 720 毫米。动力装置为固体火箭助推器和固体火箭主发动机。采用全程半主动制导。战斗部为半穿甲爆破型，重 20 公斤。

【"恶妇"空对舰导弹】 英国研制的一种空对舰导弹。是英国制"海猫"舰对空（舰）导弹的空中发射型。1968 年装备直升飞机，用于攻击快速巡逻艇，水面潜艇以及运输船队等水面目标。最大射程 6.86 公里，最小 1.37 公里。巡航高度 15.2 米（最小），弹长 1.48 米，弹径 191 毫米。翼展 640 毫米。发射重量 68 公斤。动力装置为一台双推力固体火箭发动机。制导方式为光学跟踪+无线电指令制导。战斗部为高能炸药。采用触发和近炸引信。

【"海鸥"空对舰导弹】 英国研制的一种直升机载掠海飞行的全天候空对舰导弹。主要用于攻击巡逻快艇等水面目标，为护卫舰提供中、远程的自卫能力。1972 年开始研制，1981 年正式装备英国海军的"山猫"直升机。最大射程 15～24 公里，最小 3 公里。巡航高度 5～100 米。全天候。弹长 2.5 米，弹径 250 毫米。翼展 720 毫米。发射重量 145 千克。动力装置为一台固体火箭助推器和一台固体火箭主发动机。

【"海鹰"P.3T 空对舰导弹】 英国研制的一种中程反舰导弹。1976 年开始研制，1981 年 4 月首次飞行试验，1986 年开始生产，并达到初步作战能力。最大射程约 110 公里。弹长 4.14 米，弹径 400 毫米。翼展 1.2 米。发射重量 600 公斤。动力装置为一台 TRI-1-067 型涡轮喷气发动机，推力 3428N。采用惯性+主动雷达导引头制导。战斗部为半穿甲爆破型，重 230 公斤。采用触发和近炸引信。

图 12-32 海鹰 P.37 空对舰导弹

【"超音速海鹰"空对舰导弹】 英国正在研制的一种超音速反舰导弹。该弹选用整体式火箭冲压发动机作为动力装置。80 年代中、后期进行工程研制，90 年代初定型装备。

【水下发射导弹（USGW）】 英国研制的一种水下发射反舰导弹。该弹是在"战槌"空对舰（地）导弹基础上发展的。1973 年制定研制计划，1975 年撤销研制计划。作战目标为驱逐舰以下的各种水面舰艇。射程约 50 公里。亚音速。弹长 6.1 米，弹径第一级约为 500 毫米，第二级为 380 毫米。翼展 1.12 米（折叠后约为 500 毫米）。动力装置为两级固体火箭发动机。采用自动驾驶仪+主动雷达导引头制导。常规战斗部。

【SS.11M 舰对舰导弹】 法国研制的一种舰艇上发射的反舰、反潜导弹。主要用于装备各种小型舰艇。1959 年开始服役。射程 3.5 公里。飞行高度约 10 米。弹长 1.22 米，弹径 160 毫米。翼展 660 毫米。发射重量 27.9 公斤。动力装置为一台固体火箭主发动机，一台固体火箭助推器。采用有线制导。战斗部为穿甲型或破片型，重 5.8 公斤。

【SS.12M 舰对舰导弹】 法国研制的一种舰艇上发射的反舰、反潜导弹。主要用于装备各种小型舰艇。1967 年开始服役。射程 8.14 公里。飞行高度约 10 米。弹长 1.87 米，弹径 180 毫米（头部为 210 毫米）。翼展 650 毫米。发射重量 75 公斤。动力装置为一台双推力固体火箭发动机。有线制导。战斗部为穿甲型或空心装药型或破片型，重 24.4 公斤。

【"飞鱼"MM38 舰对舰导弹】 法国研制的一种亚音速近程掠海飞行的舰对舰导弹。1967 年开始研制，1972 年开始服役。射程 4～42 公里，有动力航程约 37 公里。巡航高度 15 米；末段 2.5 米、4.5 米和 8 米（视海情而定）。±30°扇面发射。作战环境为全天候。弹长 5.21 米，弹径 348 毫米。翼展 1.004 米，尾翼展 750 毫米。发射重量 735 公斤。动力装置为一环形固体火箭助推器，一固体火箭主发动机。采用简易惯导+主动雷达末制导。战斗部为半穿甲延时爆破型，重 165 公斤。采用触发延时和近炸双重引信。

【"飞鱼"MM40 舰对舰导弹】 法国研制的一种高亚音速，掠海飞行，超视距作战反舰导弹。是在"飞鱼"MM38 和"飞鱼"AM39 的基础上发展的。1973 年开始研制，1981 年初开始装备部队。该导弹有舰对舰和岸对舰型。最大射程大于 70 公里（有动力段 64 公里）。±90°扇面发射。作战环境为全天候。弹长 5.78 米，弹径 350 毫米。翼展 1.135 米，尾翼展 760 毫米。发射重量 855 公斤。动力装置为一台固体火箭主发动机和一台固体火箭环形助推器。制导方式为中段简易惯导，末段主动雷达导引头制导；直升飞机超视距目标定位。战斗部为半穿甲爆破型，重 165 公斤。采用触发延时引爆引信。

【MM-15 舰对舰导弹】 法国研制的一种全天候轻型舰对舰导弹。该弹是在 AS-15-TT 基础上发展的，射程 15 公里。巡航高度 10 米。弹长 2.3 米，弹径 180 毫米。翼展 530 毫米。发射重量 100 千克。动力装置为一台固体火箭主发动机，一台环形助推器。指令制导。战斗部为半穿甲爆破型，重 30 公斤。该弹主要装备各种小艇。

【AS·12 空对舰导弹】 法国研制的一种空对舰、空对地多用导弹。该弹于 60 年代初在 AS·11 的基础上发展的。最大射程 8 公里。弹长 1.87 米，弹径 210 毫米。翼展 650 毫米。发射重量 76 公斤。采用固体火箭发动机和有线指令制导。战斗部为高能炸药，总重 28.4 公斤。

【"飞鱼"AM39 空对舰导弹】 法国研制的一种超低空掠海飞行的空对舰导弹。装备直升飞机和固定翼飞机，攻击海上各种舰船目标。该弹于1972年在"飞鱼"MM38舰对舰导弹基础上研制的，1980年装备部队。最大射程为50～70公里。巡航高度15米。发射方式为扇面发射，扇面角±30°。作战环境为全天候。弹长4.688米，弹径350毫米。翼展1.1米。发射重量为652公斤。动力装置为一台环形助推器和一台固体火箭发动机。制导方式为惯性+末段主动雷达寻的。战斗部为半穿甲型，总重165公斤。采用延迟和近炸双重引信。

【AS–15–TT空对舰导弹】 法国研制的一种全天候轻型空对舰，岸对舰和舰对舰通用导弹。该型导弹装备直升飞机，用来攻击导弹快艇之类的中小型舰艇。1977年开始研制，1985年开始批量生产。最大射程大于15公里，最小2～3公里。发射高度15～600米。可在高海情下使用。弹长2.3米，弹径181毫米和187毫米。翼展564毫米。采用指令制导，高度表控制飞行高度。动力装置为一台固体火箭助推器和一台固体火箭主发动机。战斗部为半穿甲爆破型，重30公斤。

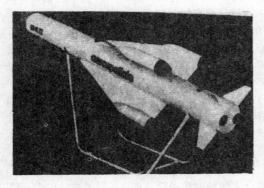

图12–33　　AS–15–TT空对舰导弹

【"飞鱼"SM39潜对舰导弹】 法国研制的一种飞航式近程亚音速潜对舰导弹。1977年正式开始研制，1982年12月首次潜射试验，1985年装备部队。该弹采用有动力运载器，从标准鱼管发射，水下可机动转弯，出水角为45°。射程最大45～50公里，最小5公里。巡航高度15米，末段3～5米。弹长4.288米，弹径350毫米。翼展980毫米，尾翼展880毫米。发射重量625公斤。动力装置为一台固体火箭环形助推器和一台固体火箭主发动机。制导方式为简易惯导+主动雷达末制导。战斗部为GPI黑索金高能炸药。采用延时和近炸引信。

【"玛拉丰"反潜导弹】 法国研制的一种水面舰艇发射的飞航式近程反潜导弹。该弹利用"玛拉法斯"舰对舰导弹弹体和以音响寻的鱼雷为作战负荷而组成的。50年代中期开始研制，60年代中期开始服役。射程13公里。巡航高度100米（弹道最大高度230米）。弹长6.15米，弹径650毫米。翼展3.3米。发射重量1500公斤。动力装置为两台固体火箭发动机。采用无线电指令制导。

【"鸬鹚I"AS·34空对舰导弹】 联邦德国研制的一种近程掠海飞行空对舰导弹。用以装备F–104G战斗机，攻击海上和沿海目标。1968年开始研制，1975年开始生产。最大射程约40公里，有效射程约30公里。自动跟踪状态发射或雷达扇形扫描锁定状态下发射；无雷达数据则用光学方式发射。弹长4.4米，弹径344毫米。翼展1米。发射重量600公斤。动力装置为一台固体火箭主发动机，推力2.8KN，两台固体助推器。制导方式为中段惯性+雷达高度表，末段雷达导引头制导。战斗部为重160公斤。采用延时触发引信。

【"鸬鹚II"空对舰导弹】 联邦德国研制的一种全天候中程高亚音速空对舰导弹。该弹是在"鸬鹚I"导弹基础上发展的。1985年开始进行载飞试验，1988年装备部队。最大射程约70公里。巡航高度末段3～5米。弹长4.4米，弹径300毫米。翼展1米。发射重量630公斤。动力装置为一台固体火箭发动机和一台环形固体助推器。

【"爱吐斯"空对舰导弹】 意大利研制的一种近程、全天候战术空对舰导弹。用以攻击高速行进的目标。该弹由"海上凶手I"改进而成。于1969年开始研制。射程最大11公里，最小3公里。巡航高度10米。发射高度500米。弹长3.9米，弹径206毫米。翼展857毫米。发射重量191公斤。动力装置为固体火箭发动机，推力19.6KN。制导方式为主动雷达引头和无线电高度表。战斗部为高能破片型，重35公斤。采用触发和近炸引信。

【"火星I"空对舰导弹】 意大利研制的一种从直升机上发射的全天候掠海飞行反舰导弹。用以摧毁或重创中小型海上舰艇。1969年开始研制，1979年装备部队。射程20公里，最小6公里。该弹要求在150米高度机上投放。弹长4.7米，弹径206毫米。翼展999毫米。发射重量300公斤。动力装置为一台固体助推发动机，一台固体主发动机。制导方式为雷达或光学指令瞄准线和无线电高度表制导。战斗部为高能半穿甲破片型，重

70公斤。采用触发和近炸引信。

图 12—34　火星 I 空对舰导弹

【"火星Ⅱ"空对舰导弹】　意大利研制的一种空对舰导弹。该弹是在"火星 I"基础上发展的,采用了"奥托马特"反舰导弹上的主动雷达导引头取代"火星 I"使用的指令制导系统。1984年飞行试验成功。射程大于 20 公里。末段巡航高度 3～5 米,掠海飞行。发射方式为 150 米高度飞机投放。弹长 4.48 米,弹径 316 毫米。翼展 980 毫米。发射重量 330 公斤。动力装置为两级固体串联,一台固体助推发动机,一台固体主发动机。制导方式为中段自动驾驶仪和无线电高度表;末段主动雷达制导。战斗部为高能半穿甲破片型,重 70公斤。采用触发和近炸引信。

【"奥托马特 I"舰对舰导弹】　意大利和法国联合研制的一种中程反舰导弹。1968 年由意大利和法国分别开始研制,1970 年联合,1977 年定型生产。该弹是西方第一个采用小型涡轮喷气发动机推进的超视距作战的反舰导弹。有效射程 60 公里,最大射程 80 公里。巡航高度 30 米。可以全向发射。弹长 4.82 米,前段弹径 400 毫米,后段460 毫米。翼展 1.196 米。发射重量 770 公斤(无助推器 550 公斤)。动力装置为两台固体火箭助推器,工作时间 4 秒;一台 Arbizon Ⅲ B 涡轮喷气发动机。制导方式为惯性+主动雷达末制导。战斗部为半穿甲爆破型,重 210 公斤,装药 65 公斤。

【"奥托马特Ⅱ"舰对舰导弹】　意大利和法国联合研制的一种超视距制导舰对舰导弹。是"奥托马特 I"的增程型。1969 年开始超视距制导设备的研制,70 年代末,80 年代初试验成功。射程100～180 公里。巡航高度 25 米。可全方位发射。作战环境 3～4 级海情。弹长 4.46 米。前段弹径400 毫米,后段 460 毫米。翼展 1.36 米,折叠后1.14 米。重量 770 公斤,无助推时 550 公斤。动力装置为一台 ARBIZDN Ⅲ B 型涡轮喷气发动机,两台固体火箭助推器。采用惯性中制导,超视

距修正制导,主动雷达末制导。战斗部为半穿甲爆破型,重 210 公斤,炸药 65 千克。

【RBS-15 潜对舰导弹】　瑞典研制的一种潜对舰导弹,1983 年开始该弹的水下发射方案的论证研究。性能参见 RBS-15M 舰对舰导弹。

【"罗伯特"315 舰对舰导弹】　瑞典研制的一种飞航式舰对舰导弹。1957 年开始生产,装备"哈兰德"和"司麦兰德"号驱逐舰。射程约 18.5 公里。弹长约 7.2 米,弹径 670 毫米。翼展 2.1 米。发射重量 1360 公斤。动力装置为四台固体火箭助推器,一台脉冲式喷气发动机。采用无线电指令制导。战斗部为常规装药,重 454 公斤。

【RBS-15M 舰对舰导弹】　瑞典研制的一种中程反舰导弹。该弹为基本型。于 1979 年开始研制,1983 年定型生产。有效射程 70 公里,最大射程 150 公里。巡航高度超低空,末段掠海。发射方式为 ±90° 扇面发射。可在高寒海域使用。弹长 3.35 米,弹径 500 毫米。翼展 1.4 米(折叠后为 0.85 米)。发射重量 770 公斤。动力装置为一台 TRI60-2-077 型涡轮喷气发动机,两台固体火箭助推器。中制导为程序、惯性、高度表制导,末制导为主动雷达导引头制导。战斗部为半穿甲爆破型,重约 200～250 公斤。

【超音速 RBS-15 舰对舰导弹】　瑞典正在研制的一种反舰导弹。它是以现有 RBS-15 反箭导弹为基础,改用整体式火箭冲压发动机推进的中程反舰导弹。预计 90 年代初装备部队。

【Rb-08 岸对舰导弹】　瑞典研制的一种包括舰对舰型和岸对舰型的多用中程反舰导弹。该导弹系统主要由导弹,火控系统和发射装置等组成。其导弹与舰载型完全相同。火控系统与舰载火控系统相类似。发射装置分固定式和机动式两种。

【RBS-15G 岸对舰导弹】　瑞典研制的一种岸对舰导弹。该弹是在 RBS-15M 舰对舰导弹的基础上研制的。1984 年开始研制,计划 80 年代后期装备部队。最大射程 150 公里。该型导弹超低空掠海飞行。±90° 扇射角发射。弹长 3.35米,动力装置为一台 TRI60-2-077 型涡轮喷气发动机,两台固体助推器。采用惯性+主动雷达导引头制导。战斗部为半穿甲爆破型,重 200～250 公斤。

【"海尔法"岸对舰导弹】　瑞典研制的一种短程岸对舰导弹。是美国洛克韦尔国际公司导弹系统分部用其"海尔法"反坦克导弹为瑞典改型发展的。"海尔法"反坦克导弹有激光型、防空压制型和

红外型等。该导弹首先应用长 1.779 米，直径 177.8 毫米。翼展 330 毫米。重 43 公斤，射程 5 公里的激光型为基础进行改型发展。

【"萨伯"04 空对舰导弹】 瑞典研制的一种近程飞航式空对舰导弹。该弹经多次改进，发展成为包括 Rb-04C、Rb-04D 和 Rb-04E 的系列化导弹。Rb-04C 于 1949 年定型，1950 年生产，1958 年正式装备。Rb-04D 于 1971 年生产装备部队，取代 Rb-04C，载机为 A32A。Rb-04E 于 1968 年开始研制，1973 年大量生产，1978 年停产，取代 Rb-04D，载机主要是 AJ37"雷电"全天候攻击机。射程：D 型最大 20 公里；最小 6 公里，E 型最大 32 公里。E 型为扇面发射。弹长 4.45 米，弹径 500 毫米。翼展 1.97 米。发射重量：C、D 型 600 公斤，E 型 616 公斤。动力装置为一台固体火箭主发动机，一台固体助推器。自动驾驶仪+主动雷达导引头制导。战斗部为常规装药，爆破型，重 300 公斤。采用触发和近炸引信。

【"企鹅"1 舰对舰导弹】 挪威研制的一种近程亚音速反舰导弹。1962 年开始研制，1972 年开始服役，装备"奥斯陆"级护卫舰，"风暴"级和"斯纳格"级快艇。该弹现已停止生产。射程大于 20 公里。巡航高度 60～100 米。该型导弹适于狭窄海湾作战。弹长 3 米。弹径 280 毫米。翼展 1.4 米。发射重量 360 公斤。动力装置为两级固体火箭发动机。制导方式为惯性+红外末制导。战斗部为半穿甲爆破型，重 120 公斤。采用触发引信。

【"企鹅"2 舰对舰导弹】 挪威研制的一种多用途反舰导弹。是在"企鹅 1"的基础上发展的。它包括原型"企鹅 2"和改进型"企鹅 2"。其改进型于 70 年代初开始研制，1975 年定型。射程最大 30 公里，最小 2.5 公里。巡航高度 60～100 米。弹长 3 米，弹径 280 毫米，翼展 1.42 米。发射重量 340 公斤。动力装置为两级固体火箭发动机。采用可编程惯导+红外导引头制导。战斗部为半穿甲爆破型，重 120 公斤。采用延时触发引信。

【"企鹅"3 空对舰导弹】 挪威研制的一种空对舰导弹。该弹是在"企鹅 2"的基础上发展的。1980 年开始全面工程研制，计划 1987 年装备部队。主要载机为挪威的 F-16 战斗机。用以打击中、小型水面舰艇。最大射程 50 公里，最小 7 公里。低、或超低空掠海飞行。该型导弹可在狭窄海湾作战。弹长 3.2 米，弹径 280 毫米。翼展 1 米。发射重量 350 千克。动力装置为单级固体火箭发

动机。制导方式为惯性+红外末制导。战斗部为半穿甲爆破型，重 120 公斤。采用触发引信。

图 12-35　　企鹅 3 空对舰导弹

【"企鹅"岸对舰导弹】 挪威研制的一种岸对舰导弹。该弹是在"企鹅"舰对舰导弹的基础上发展的，分固定型、半机动型、机动型和两栖型。固定型和半机动型是挪威发展的，70 年代后期已装备部队。机动型和两栖型是挪威与瑞典共同发展的，该导弹的各型射程均大于 20 公里。巡航高度陆上较高，海上 60-100 米。弹长 3 米，弹径 280 毫米。翼展 1.4 米。发射重量 340 公斤。动力装置为两级固体火箭发动机。制导方式为惯性+红外末制导。战斗部为半穿甲爆破型，重 120 公斤。采用触发引信。

【SM-70 舰对舰导弹】 巴西研制的一种舰对舰导弹。弹径为 336 毫米，采用一台固体火箭主发动机和一台固体火箭助推器推进，采用惯性制导。

【"斯科骠恩"舰对舰导弹】 南非研制的一种舰对舰导弹。装备在"莫得"级快艇上。

【"伊卡拉"反潜导弹】 澳大利亚研制的一种舰载飞航式近程反潜导弹。1959 年开始研制，

图 12-36　　"伊卡拉"反潜导弹

1964 年开始装备。可以打击各种潜艇。最大射程 18 公里。巡航高度 300 米。巡航速度为高亚音速。弹长 3.43 米，弹高 1.57 米。翼展 1.52 米。发射重量 550 公斤，不包括鱼雷为 294 公斤。动力

装置为两级"姆拉瓦"助推巡航组合式固体火箭发动机。采用无线电指令制导。作战负荷为 MK44 和 MK46 等鱼雷。

【"迦伯列"I 舰对舰导弹】 以色列研制的一种亚音速飞航式反舰导弹。该弹是一种以中、小舰艇为目标的近程舰对舰导弹，主要装备快艇，用于近海作战。1962 年开始研制，1968 年开始生产，装备"萨尔 2"型快艇。最大射程 18 公里，最小 2 公里，飞行高度 100 米（末段 2.5 米）。该弹要求对着目标发射。弹长 3.35 米，弹径 340 米，翼展 1.35 米（尾翼展 0.6 米）。发射重量 430 公斤。动力装置为一台固体火箭主发动机和一台固体火箭助推器。采用雷达和半主动导引头制导。战斗部为普通炸药，重 100 公斤。

【"迦伯列"II 舰对舰导弹】 以色列研制的一种亚音速近程舰对舰导弹。该弹是在"迦伯列 I"的基础上发展的，主要改进是增大了射程和改进了制导技术。1972 年开始研制，1977 年开始飞行试验，1978 年定型并装备部队。射程 36 公里。飞行高度 100 米（末段 2.5 米）。发射时要对着目标发射。弹长 3.41 米，弹径 340 毫米，翼展 1.35 米。发射重量 520 公斤。动力装置为一台固体火箭主发动机和一台固体火箭助推器。制导方式为自动驾驶仪，半主动雷达制导。战斗部为高能炸药，重 100 公斤。

【"迦伯列"III 舰对舰导弹】 以色列研制的一种近程亚音速舰对舰导弹。是在"迦伯列 II"的基础上发展的。1978 年开始研制，1981 年定型，1982 年开始生产装备。最大射程 36 公里。最小 6 公里。巡航高度 20 米（末段 1.5 米或 2.5 米）。发射方式：±30°扇面发射。弹长 3.95 米，弹径 340 毫米，翼展 1.35 米。发射重量 560 公斤。动力装置为一台固体火箭主发动机，一台固体火箭助推器。在初始段和中段用自主控制或通过火控系统数据线路控制制导，末段主动或半主动雷达导引头制导。战斗部为半穿甲延时爆破型，总重 150 公斤。

【"超音速迦伯列"舰对舰导弹】 以色列研制的一种超视距超音速反舰导弹。该弹是一种以整体式火箭冲压发动机为动力、速度 M = 2～3、射程超过舰载雷达视距的小型化舰舰导弹，不仅速度高，而且还具有很高的机动能力。它将采用一种新的导引头，该导引头不仅有很强的抗干扰能力，并且能自动判别真假目标。80 年代初开始研制，预计 1991 年到 1995 年进行研制性飞行试验。

【XSSM-1 岸对舰导弹】 日本正在研制的一种机动中、远程岸对舰导弹。计划在 1990 年定型装备部队。以大中型水面舰艇为作战目标。射程 150 公里。飞行高度：超低空巡航，末段掠海飞行。巡航速度为亚音速。弹长 5 米，弹径 350 毫米。翼展 1.19 米。发射重量约 650 公斤。动力装置为一台 TJM2 型涡轮喷气发动机，一台固体火箭的助推器。制导方式为惯性+高度表+主动雷达末制导。战斗部为半穿甲爆破型。

【ASM-1 空对舰导弹】 日本研制的一种亚音速近程空对舰导弹。1972 年开始研制，1981 年定型，1982 年装备部队。作战目标为大、中型水面舰艇。最大射程 50 公里，通常 25 公里。巡航高度 15 米。弹长 4 米，弹径 350 毫米。翼展 1.2 米。发射重量 610 公斤。动力装置为一台固体火箭发动机。制导方式为惯性+主动雷达末制导。战斗部为半穿甲爆破型，重 200 公斤。采用触发和近炸引信。

【ASM-2 空对舰导弹】 日本正在研制的一种中、远程空对舰导弹。是在 XSSM-1 岸舰导弹计划的基础上发展的。ASM-2 空对舰导弹的结构基本上与 XSSM-1 岸对舰导弹相同，但采用了先进的隐身技术和抗干扰能力强的新的主动雷达导引头，以满足 90 年代的作战需要。这种导弹计划将于 1990 年前后定型，90 年代初期装备部队。

【超音速反舰导弹】 法国和联邦德国联合研制的新一代反舰导弹。该弹采用先进的整体式火箭冲压发动机推进动力装置。目前正加速研制，计划 1990 年投入使用。作战目标为各种水面舰艇。最大射程约 200 公里。弹长 5.5 米。发射重量 900 公斤。动力装置为一台整体式固体火箭冲压发动机。制导方式为惯性+主动雷达导引头制导。战斗部为半穿甲爆破型，重 200 公斤。

【"布拉尼克"反舰导弹】 英国、澳大利亚和意大利联合研制的一种反舰导弹。该导弹是在澳大利亚和英国联合研制的"依卡拉"改进型基础上发展起来的。

【"奥托马特"岸对舰导弹】 法国和意大利联合研制的一种岸对舰导弹系统。是在其舰对舰型基础上发展的，其导弹完全相同。作战目标为各种水面舰艇。射程 160～180 公里。巡航高度：海上 20 米。弹长 4.46 米，前段弹径 400 毫米，后段 460 毫米。翼展 1.36 米。发射重量 770 公斤。动力装置为一台 ArbizonⅢB 型涡轮喷气发动机，推力 3237N，两台固体火箭助推器。制导为惯性+中段修正+主动雷达导引头制导。战斗部为半穿甲爆破型，重 210 公斤，装药 65 公斤。采用触发和近炸引信。

【"奥托马特"空对舰导弹】　法国和意大利联合研制的一种空对舰导弹。是同名舰对舰导弹的机上发射型，装备固定翼飞机和直升飞机，攻击海面舰艇和执行反潜战任务。1970 年开始研制。射程 100～180 公里。巡航高度 25 米。弹长 4.8 米，弹径 450 毫米。翼展 1.2 米。发射重量 750 公斤（带助推器），600 公斤（不带助推器）。动力装置为涡轮喷气发动机和两台固体助推器。巡航段采用惯性+无线电高度表制导，末段采用主动雷达制导。战斗部为半穿甲爆破型，重 210 公斤。采用触发和近炸引信。

【空射超音速反舰导弹】　法国和联邦德国正在联合研制的一种整体式火箭冲压发动机推进的超音速掠海飞行反舰导弹。计划于 90 年代初用来取代法国的"飞鱼"AM39 和联邦德国的"鸬鹚"空对舰导弹。最大射程约 200 公里。末段飞行高度 2～5 米。弹长 5.5 米，弹径 500 毫米。发射重量 900 公斤。动力装置为一台固体火箭冲压发动机。制导方式为惯性+主动雷达导引头制导。战斗部为半穿甲爆破型，重 200 公斤。

【HY-2 反舰导弹】　中国制造。此弹最大动力航程 105 公里，有效射程 20 至 95 公里，内自导飞行 9 至 15 公里，最大平飞速度每秒 306 米，平飞高度 100～300 米，起飞重量 2998 公斤。弹体全长 7.48 米，最大直径 0.16 米，弹高包括两种，一种带助推器，1.69 米高；另一种不带助推器为 1.29 米高，它的翼展长度 2.40 米。战斗总重 513 公斤。装有固体助推器，它的总重为 570 公斤。装有双基药，固体火药柱 11 根 285 公斤重，工作时间为 2.1 秒，最大推力 36 吨。氧化剂重量 874 公斤，燃烧剂重量 286 公斤，Ⅱ级平飞俯冲推力 604 公斤。最大工作时间 312 秒，弹体备有定时电引信 2 个。触发机械引信 1 个。主要由自导雷达、自动驾驶仪。操纵系统控制。保险期 3 年。

【HY-3 反舰导弹】　中国研制的一种超音速反舰导弹。采用先进的冲压式发动机。

【HY-4 反舰导弹】　中国制造，这是一种中程多用途反舰导弹。装备有先进的高效涡轮喷气发动机和火控系统。HY-4 防卫空域大、操作储运方便，有岸对舰和空对舰两种型号。有效射程：35～135 公里。巡航速度：0.8～0.85M。巡航高度：200～70 米。单发命中概率：70%。起飞重量：2000 公斤（岸对舰）、1740 公斤（空对舰）。弹头采用聚能装药，重 500 公斤。

【上游 1 号舰舰导弹】　中国制造。有效射程 8 到 35 公里，自导 5 至 12 公里，单发命中概率对单舰约 70%，击沉一艘轻巡洋舰平均必须命中 4 枚；击沉一艘驱逐舰和护卫舰平均必须命中的导弹数分别为 2 枚和 1 枚。平均飞行速度每秒 312.5 米，平飞高度 100 米到 300 米。制导体制由自控和自导组合而成，发射方式为单射或齐射，齐射间隔约 5 秒。起飞重量 2095 公斤。弹体全长 6.55 米，最大直径 0.76 米，弹高分两种：一种是带助推器高为 1.57 米，另一种是不带助推器高为 1.46 米。翼展为 2.4 米。战斗总重量 513 公斤。舰上装有固体助推器，它的总重为 348 公斤，助推器上装有双基药，固体药柱 7 根 140 公斤，工作时间为 1.35 秒，最大推力为 28 吨。另外，在液体火箭发动机上，有 410 公斤的氧化剂，134 公斤的燃烧剂。当它为Ⅰ级时爬高推力 1200 公斤，工作时间约 35 秒；当它为Ⅱ级时，平飞俯冲推力为 550 公斤。最大工作时间 115 秒。弹体备有电引信 2 个，机械引信 1 个，由自导雷达、自动驾驶仪。操纵系统控制，为了抗干扰，可以调整导弹上自导雷达的频率。此弹可在温度零下 20°到零上 40°，水平风速每秒小于 15 米，即 7 级风左右使用。保险期 3 年。

【C601 空对舰导弹】　中国制造。具有抗电子干扰和抗海浪干扰的能力。命中精度高，使用可靠，维护简便。载机上装有导弹火控系统。

【C801 导弹】　中国制造。对舰的 C801 导弹系统具有抗干扰性能好，命中率高，战斗部威力强，超低空突防能力强的特点。C801 采用固体火箭发动机，结构简单，使用方便。拥有带抗干扰回路的单脉冲制导雷达；飞行高度低至 20～30 米。C801 可在舰艇或飞机上发射。

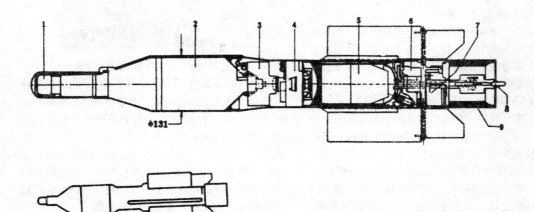

1.探头 2.战斗部 3.引信 4.驾驶仪舱 5.动力装置舱 6.舵机舱 7.喷管 8.点火装置 9.导线及线管

【"橡树棍"MGM-51A反坦克导弹】　美国研制的一种轻型、近程支援的炮射反坦克导弹。主要用于地面攻击坦克、装甲车辆，也可从直升机上发射。1966年定型试验，1968年大量生产，1971年停产。射程最大3000米，最小200米。弹长1.14米，弹径152毫米。翼展290毫米。动力装置为单级固体箭发动机。制导方式为目视瞄准，红外自动跟踪，指令制导，三点法导引。采用火炮发射。战斗部为聚能破甲型，重6.8公斤，配触发引信。

【"橡树棍"MGM-51C反坦克导弹】　美国研制的一种反坦克导弹。1967年开始装备英陆军。该导弹从152毫米炮或发射架上发射。"橡树棍"有A、B、C三种型号，A、B型除射程约为2、5公里外，余同C型。最大射程4.6公里。最大时速M＝0.7。战斗部为烈性炸药。动力装置为一级固体燃料火箭。采用红外制导系统，光学跟踪。全长1.14米。直径0.15米。全重27公斤。

【"龙"XM-47反坦克导弹】　美国研制的一种由肩上发射的中型反坦克导弹。由跟踪系统、纤维玻璃发射筒、导弹三部分组成，拟代替现装备的90毫米火箭筒。最大射程460-1370米。战斗部装烈性炸药。动力装置为一级固体燃料火箭。有线制导系统制导，光学跟踪。该弹采取地面机动发射方式。全长0.76米，直径0.17米。翼展0.34米。全重6.12公斤（导弹）、13.6公斤（包括导弹和发射器）。

【"龙"FGM-77A反坦克导弹】　美国研制的一种单兵携带的轻型反坦克导弹。1964年开始研制，1972年开始生产该导弹的M47型。整个武器系统具有结构紧凑、重量轻、使用维护简单、首发命中率高等优点。射程25～1000米。发射方式为单兵肩扛发射。弹长774毫米，弹径114毫米。翼展330毫米。弹重6.3公斤。聚能破甲战斗部，重量2.5公斤。动力装置为60个侧向小固体火箭发动机组成的组合式发动机。制导方式为红外半自动有线制导。

图12-38　"陶"式反坦克导弹

【"陶"BGM-71反坦克导弹】　美国研制的一种筒式发射、光学跟踪、导线传输指令、车载的第二代重型反坦克导弹。1965年发射成功，

1970 年大量生产并装备部队。最大射程 3000 米，最小 65 米，直升飞机发射（最大）3750 米。导弹全长 1164 毫米，筒装导弹全长 1280.5 毫米。筒装导弹最大外径 218 毫米。弹翼 466.5 毫米，舵翼 445.7 毫米。筒装导弹重 24.5 公斤，导弹重 18.47 公斤。武器系统全重 102 公斤。战斗部为聚能破甲型，重 3.65 公斤，采用电引信。动力装置为两级固体火箭发动机。制导方式为光学跟踪、导线传输指令，三点法导引、红外半自动制导。使用发射筒发射，经过配换不同装具，可在各种车辆及直升飞机上发射。

【"陶" XBGM-71A 反坦克导弹】 1964 年美国陆军研制的一种人工操纵的反坦克导弹。能击毁重型坦克，发射装置可分解为发射管、三脚架、瞄准镜及电子仪器四部分。由步兵携带，亦可由吉普车或直升机载运。射程 1828 米（最大），460 米（最小）。最大时速 1.2 马赫。战斗部装烈性炸药 3.9 公斤。动力装置为二级固体燃料火箭。有线制导系统制导，光学跟踪。全长 1.17 米，直径 0.15 米。导弹全重 17.6 公斤。如果包括纤维发射管、三脚架和一枚导弹，则全重达 102 公斤。

【"陶" BGM-71A 反坦克导弹】 美国研制的一种反坦克导弹。于 1978 年 3 月开始进行改进"陶"式导弹的研究工作。其目的在于充分利用现有设备，通过新技术措施提高破甲威力，增加射程，以改善作战效能。该弹采用两个固体燃料火箭发动机，战斗部为改进型的 M-207E1 式战斗部。

【"海尔法" AGM-114A 反坦克导弹】 美国研制的一种直升机载、激光半主动制导的重型、第三代反坦克导弹。主要配备在 AH-64 攻击直升机上，用以攻击地面坦克、装甲目标，也可由地面车辆发射。1972 年开始研制，1985 年具备初步作战能力。最大射程（机载发射）7 千米。弹长 1.779 米，弹径 177.8 毫米。翼展 330 毫米。发射重量 436 公斤。战斗部为双锥串联型聚能破甲战斗部，重 9 公斤，采用触发引信，制导方式为激光半主动制导，比例导引。动力装置为 TX-657 型单级固体火箭发动机。发射方式为机载架式发射。

【"沃斯普" 反坦克导弹】 美国研制的一种机载发射的全自动大面积反装甲小型导弹。用来攻击敌后纵深的静止和运动中的集群坦克和装甲车辆。1978 年开始研制，预计 80 年代末开始服役，射程 20 公里。弹长 1.505 米，弹径 205 毫米。翼展 628 毫米。弹重 61.4 公斤。采取机载吊舱发射，可单发射击也可齐射。战斗部.为聚能破甲战

斗部或自锻破片战斗部。动力装置为一台助推器，两台平行的续航固体火箭发动机。制导方式为脉冲式毫米波雷达制导。

图 12-39 "沃斯普"反坦克导弹

【"坦克破坏者" 反坦克导弹】 美国研制的一种单兵筒式发射的轻型反坦克导弹。该弹具有较高的毁伤率，于 1980 年 4 月开始研制。最大射程大于或等于 2000 米，最小小于或等于 50 米。单兵肩扛筒式发射。弹长小于 1.2 米，弹径约 100 毫米。弹重小于 16 公斤。动力装置为二级串联式助推/续航固体燃料火箭发动机。制导方式为红外热成像制导。战斗部为聚能破甲战斗部。

【"超高速" 反坦克导弹】 美国研制的一种小型空对地反坦克导弹。该弹由飞机吊舱发射，利用导弹超高速飞行的动能来穿透现代坦克装甲。射程 500～5000 米。该型导弹由战术攻击机机翼下悬挂的吊舱发射。弹长 2.62 米，弹径 99.6 毫米。发射重量 21.36 公斤。动力装置为一台助推/续航整体式固体火箭发动机。制导方式为二氧化碳激光雷达波束制导。战斗部为特种材料制成的动能穿甲战斗部，采用触发引信。

【"斯达夫" 反坦克导弹】 美国研制的一种步兵使用的轻便型反坦克导弹。用于对付重型坦克及其他重型装甲车辆。1978 年开始研制。该弹标志着无控炮弹使用自动寻的新技术的新方向。最大射程 1.5～2 公里。弹径 155 毫米，弹重约 15 公斤。战斗部为二个自锻破片战斗部。采用被动毫米波自动寻的制导。使用线膛炮发射。

【"萨达姆" 反坦克导弹】 美国研制的一种自动寻的遥感反装甲子母弹。用于攻击集群坦克、装甲目标。该弹可由常规火炮发射，也可以由火箭炮、多管火箭系统、无人驾驶飞机等运载与投放。1985 年开始研制，于 1989 年开始投入生产。最大射程 30 公里。运载体直径 203 毫米，运载体长度 1.14 米。在这种子母弹的弹药中安装毫米波传感器，用于探测捕获目标。

【AT-1 反坦克导弹（"甲鱼"）】 苏联研制的第一代重型反坦克导弹。50 年代初开始研制，1964 年装备部队。现该弹已退役。作战目标

为坦克、装甲车辆及其他防御工事。最大射程2300 米，最小 500 米。发射方式为地面或车载发射。弹长 1.12 米，弹径 140 毫米，翼展 660 毫米。发射弹重 22.25 公斤。战斗部为聚能破甲型，重 5.5 公斤。采用目视瞄准跟踪、三点导引、手动有线传输指令制导。动力装置为单级固体燃料火箭发动机。

【AT-2 反坦克导弹（"蝇拍"）】 苏联研制的一种反坦克导弹。该导弹主要装备米-8E 和米-24A／D 型战斗直升机。射程 600 米（最小）"2500 米（最大）。速度 150 米／秒。穿甲厚度 50 厘米，动力装置为一台固体燃料火箭发动机。制导系统为指令制导、红外寻的。全长 1.12 米，直径 0.15 米。翼展 0.66 米。发射重量 26.5 公斤公斤。

【AT-3 反坦克导弹（"萨格尔"）】 苏联研制的第一代反坦克导弹。用来攻击 500～3000 米距离上的坦克或装甲目标，也可用于摧毁敌火力点和野战工事。于 60 年代发展并开始装备部队。最大射程 3000 米，最小 500 米。弹长 831 毫米，弹径 120 毫米。翼展 393 毫米。弹重 11.3 公斤。武器系统全重 30.5 公斤。采用聚能破甲战斗部，重 2.5 公斤。采用全保险型触发式压电引信。采用目视瞄准跟踪、三点导引，手动有线传输指令制导。动力装置为二级固体火箭发动机。

【AT-3C 反坦克导弹（"萨格尔"）】 苏联研制第二代反坦克导弹。是第一代"萨格尔"反坦克导弹的改进型。于 60 年代末开始研制，70 年代初装备部队。其主要改进是将目视跟踪、手控改为红外跟踪，半自动操纵，使命中概率由原来的 80% 提高到 90% 以上。70 年代中期开始装备部队。射程最大 3000 米（半自动、手动），最小 500 米（手动）；400 米（半自动）。弹重 11.4 公斤。制导为红外跟踪、三点导引、有线传输指令，半自动和手动兼用。

【AT-4 反坦克导弹（"塞子"）】 苏联研制的第二代轻型反坦克导弹。70 年代初开始研制，中期开始装备。作战目标为坦克、装甲车辆及其他防御工事。最大射程 2000 米，最小 70 米。发射方式为地面或车载筒式发射。筒装导弹长 1.25 米，导弹长 1.2 米，弹径 120 毫米。发射弹重 10～12 千克。采用聚能破甲战斗部，重 3.5 公斤。采用光学跟踪、红外半自动有线传输指令制导。动力装置为固体燃料火箭发动机。

【AT-5 反坦克导弹（"拱肩"）】 苏联研制的重型第二代反坦克导弹。苏军代号为9M113。该导弹长 1.3 米，弹径 155 毫米。发射重量大于 12 公斤。采用光学跟踪，红外半自动、有线传输指令制导和聚能破甲战斗部，其破甲深度为 600～700 毫米。固体燃料火箭发动机，五联装车载发射。最大射程 4000 米，最小 25 米，飞行速度约为 175 米／秒。

【AT-6 反坦克导弹（"螺旋"）】 苏联研制的一种由发射管发射的反坦克导弹。主要装备米-24"雌鹿"D 式战斗直升机，改进型于 1978 年装备"雌鹿"E 式战斗直升机，采用 4 联装发射架（总重 200 公斤）。射程 5—7 公里（原型）、7—8 公里（改进型）。穿甲厚度 80 厘米。原型采用瞄准线无线电指令和红外指令制导。改进型采用毫米波雷达（94 千兆赫）制导，全长 1.45 米，弹径 0.135 米，发射重量 40 公斤。

【"警惕"反坦克导弹】 英国研制的一种轻型便携式反坦克导弹。主要用于步兵携带，地面发射，攻击坦克、装甲车辆及其他硬壁或防御工事。1956 年开始研制，1963 年装备使用。该弹在研过程中发展了两种型号，即 891 型与 892 型。最大射程 1600 米，最小 180 米。发射方式为箱式发射。弹长 1.07 米，弹体直径 114 毫米，战斗部直径 131 毫米。翼展 280 毫米。发射重量 12 公斤。战斗部为聚能破甲战斗部，重 5 公斤。采用触发引信。制导方式为目视瞄准与跟踪、速度式手动操纵三点导引、导线传输指令制导。动力装置为单室双推力固体燃料火箭发动机。

【"军刀"反坦克导弹】 英国研制的一种超音速、激光半主动制导的空对地小型导弹。主要用于攻击坦克、装甲车辆，特别是用于对付集群装甲车辆的一种有力武器。于 1974 年开始研制，但一直没有生产装备。射程最大 6000 米，最小 1000 米。发射方式为机载架式发射。弹长 2.54 米，弹径 152 毫米。翼展 380 毫米。发射重量 56 公斤。该型导弹有破甲、杀伤与爆破型战斗部，重 8～12 公斤。采用激光半主动制导、比例导引、空气舵控制制导。动力装置为单室双推力固体燃料火箭发动机。

【"米林"反坦克导弹】 英国研制的一种 81 毫米末制导反装甲迫击炮弹。设计该弹时要求不改动现有 81 毫米迫击炮和不增加任何附件的情况下，能按迫击炮发射条件发射；在末制导、大着角时，聚能破甲战斗部能穿透现有和将装备的坦克顶装甲；能攻击 300×300 米^2 区域内的活动目标；在贮存，运输时不附加后勤或行军载重量；以此弹毁伤一辆坦克成本较低。

【"旋火"反坦克导弹】 1958 年英国开始研制的一种反坦克导弹。1969 年起装备部队。装甲师属炮兵反坦克连装备 26-30 辆导弹发射车（6 辆 FV102，20~24 辆 FV438），每辆车载导弹 10-14 发。驻英本土炮兵团，每团配备 12 辆导弹发射车。需要时，发射车可停于隐蔽处，操纵手可在离车 100 米距离内操纵发射。最大射程 4 公里，最小射程 150 米。速度 185 米／秒。战斗部重 7 公斤，空心装药。动力装置为固体燃料火箭。采用 FV438 型装甲车载（双联装）发射或 FV102 型装甲车载（5 联装）发射。全长 1.067 米，直径 0.17 米。翼展 0.373 米。全重 37 公斤。破甲厚度 500 毫米。

【SS·10 反坦克导弹】 法国研制的第一代反坦克导弹。于 1946 年开始研制，1955 年研制成功并开始批量生产，1956 年正式装备并投入使用。主要用于攻击坦克、装甲车辆、舰船及地面碉堡等硬壁工事。最大射程 1600 米，最小 300 米。发射方式为架式发射。弹长 860 毫米，弹径 165 毫米。翼展 750 毫米。发射重量 14.8 公斤。战斗部为聚能破甲战斗部，重量 5 公斤。采用弹底触发引信。采用目视瞄准与跟踪、手动操纵三点导引、导线传输指令制导。动力装置为两级固体燃料火箭发动机。

【"安塔克"MGM-32A 反坦导弹】 法国研制的第一代轻型反坦克导弹。用于攻击坦克，装甲车辆及硬壁防御工事。1954 年开始研制，1961 年研制成功并开始装备部队。最大射程 2000 米，最小射程：对固定目标 400 米，对活动目标 800 米。有效射程 1000~1500 米，发射方式兼有架式与箱式发射。破甲弹长 820 毫米，杀伤弹长 800 毫米。破甲弹弹径 150 毫米，杀伤弹弹径 130 毫米。破甲弹翼展 380 毫米，杀伤弹翼展 360 毫米。破甲战斗部重 4 公斤，杀伤战斗部重 3.9 公斤。采用触发引信和电力引信。制导方式为目视瞄准与跟踪、手动操纵三点导引，导线传输指令制导。动力装置为两级固体燃料火箭发动机。

【SS／AS·11SS·11B1 反坦克导弹】 法国研制的第一代重型反坦克导弹。用于代替 SS·10 和安塔克导弹。可供地面车辆、海军舰船发射使用，通常以地面发射使用，攻击装甲、坦克车辆、军舰、船只等。1953 年开始研制，1958 年正式装备部队。最大射程 3000 米，最小射程 500 米。发射方式为架式发射，定向器（导轨）导向。

弹长 1.2 米，弹径 164 毫米。翼展 500 毫米。发射重最 29.9 公斤。备有破甲与杀伤两类战斗部，战斗部重 7.5 公斤。采用触发引信。制导为目视瞄准与跟踪、手动操纵、三点法导引，导线传输指令制导。动力装置为两级固体燃料火箭发动机。

【"阿尔朋"反坦克导弹】 法国研制的第二代重型反坦克导弹。该弹由 SS·11B1 反坦克导弹改进而成，不仅可用于攻击坦克、装甲车辆等地面目标，也可用于攻击军舰、船只和低空飞行的飞机。1962 年开始研制，1971 年正式装备部队。最大射程 3000 米，最小射程 400 米。发射方式为架式发射。弹长 1.215 米，弹径 164 毫米。翼展 500 毫米。发射重量 30.4 公斤。战斗部有杀伤、破甲两种类型战斗部，总重 7.5 公斤。采用弹底触发引信。制导为目视瞄准与跟踪（三点导引、红外半自动有线指令制导。动力装置为二级固体燃料火箭发动机。

【SS／AS·12 反坦克导弹】 法国研制的一种重型反坦克导弹。由 SS·11 改进发展而来。可用于攻击坦克、装甲车辆、舰艇及其它硬壁防御工事。于 1958 年开始研制，1962 年装备部队。最大射程 6000 米，最小射程 500~800 米。发射方式为架式发射。弹长 1.87 米，弹身直径 180 毫米，头部最大直径 210 毫米。发射重量 75 公斤。采用聚能破甲战斗部、杀伤爆破榴弹战斗部、杀伤战斗部三种，可装核弹头。采用触发引信。制导方式为目视瞄准、红外跟踪、三点导引、导线传输指令制导。动力装置为两级固体燃料火箭发动机。

图 12-40 SS／AS·12 反坦克导弹

【"阿克拉"反坦克导弹】 法国研制的第三代反坦克导弹。1962 年开始研制，1975 年后进行小量生产。最大射程 3800 米，最小 25 米。使用 142 毫米滑膛炮发射。弹体全长 1.25 米，飞行状态长 1.22 米，弹径 142 毫米。翼展 420 毫米。导弹全重（包括发射药筒）35公斤，起飞重量26公斤。采用聚能破甲战斗部及杀伤战斗部，战斗部全重7公斤。采用激光驾束制导、空气舵控制、三点导引制导。动力装置为单级固体推进剂火箭发动机。

【短程反坦克导弹】 法国研制的一种小型便携式反坦克导弹。单兵携带，用于近距离攻击坦克，装甲车辆。1980年开始研制，预计1990年以前即可投入使用。最大射程600米，最小25米。发射方式为筒式发射。弹长：950毫米（战术包装筒内携行状态），840毫米（导弹飞行状态）。筒装导弹弹径160毫米，导弹直径150毫米。待发状态弹药重10.5公斤，携行状态弹药重11千克。战斗部为破甲战斗部，重3.9公斤。制导方式为电荷耦合器件（CCD）摄像机的半自动跟踪导线传输指令制导系统，三点导引制导。动力装置为小型固体燃料助推器加主发动机。

【"独眼巨人"反坦克导弹】 法国研制的一种光纤制导的反坦克导弹。该反坦克导弹是在联邦德国MBB公司已进行多年的光纤制导飞行器（LL-LFX）研究计划基础上进一步实施的。该反坦克导弹拟用两级固体燃料火箭发动机，采用垂直发射或大倾角的倾斜发射。能截击由人工或天然屏障掩护的目标，能攻击远距离的装甲目标并能打薄弱的顶部装甲。也可作为侦察导弹使用。

【AGM-22反坦克导弹】 法国制造的一种反坦克导弹。美陆军装备后种导弹这改称"AGM-22"，在直升机上使用，将逐步由"陶"反坦克导弹取代。射程0.5~3公里。巡航时速580公里（0.48马赫）。战斗部装烈性炸药8公斤。动力装置为二级固体燃料火箭。有线电指挥制导。全长1.20米。直径0.16米。翼展0.50米。全重29公斤。

【"柯布拉"反坦克导弹】 联邦德国研制的第一代反坦克导弹。可单兵使用，亦可车载使用，除了用于反坦克，还可用地海岸防御对付登陆艇。1957年在瑞士"柯布拉Ⅰ"导弹基础上发展了该弹。于1960年装备部队。导弹最大射程1600米，最小400米，弹长960毫米，弹径100毫米。翼展480毫米。重量10.4公斤。战斗部为聚能破甲型，重2.65公斤。采用触发引信。制导方式为目视瞄准跟踪、三点导引、手动有线传输指令制导。动力装置为两级固体燃料火箭发动机。利用弹翼支撑于地面直接发射或车上发射。

【"柯布拉"2000反坦克导弹】 联邦德国研制的一种反坦克导弹。是在"柯布拉"BO-810导弹基础上改进的。增长了续航发动机，配备有破甲和破甲杀伤两种可互换的战斗部。最大射程2000米，最小400米，弹长950毫米，弹径100毫米，翼展480毫米。重量10.3公斤。其战斗部为聚能破甲战斗部时，重2.7公斤；ATS反坦克／榴霰弹，重2.7公斤。采用目视瞄准跟踪、三点导引、手动有线传输指令制导。动力装置为固体推进续航发动机和安装在弹体下面不可分离的起飞发动机。可以利用弹翼支撑于地面直接发射或在车上发射。

【"曼姆巴"反坦克导弹】 联邦德国研制的一种反坦克导弹。该弹系"柯布拉"2000的改进型。最大射程2000米，最小300米，弹长955毫米，弹径120毫米。重量11.2公斤。武器系统全重64.75公斤；战斗部为聚能破甲型，重2.7公斤。采用目视瞄准跟踪、三点导引、手动有线传输指令制导。动力装置为单室双推力固体推进剂斜推力火箭发动机。可以利用弹翼支撑于地面直接发射或车上发射。

图12-41 "曼姆巴"反坦克导弹

【"鹞"反坦克导弹】 意大利研制的一种重型反坦克导弹。于1968年开始研制，80年代初完成研制计划。整个武器系统主要用于车载，也可装备直升机或轻型飞机。最大射程3000米，最小75米。弹长1180毫米，弹径145毫米。翼展350毫米。弹重16.5公斤。战斗部重4公斤。采用聚能破甲战斗部，采用触发引信。动力装置为两级固体燃料火箭发动机。制导方式为红外半自动导引加红外寻的头制导。筒式发射。

【"马福"反坦克导弹】 意大利研制的一种轻型反坦克导弹。主要用于攻击坦克、装甲车辆等。于80年代初开始研制。最大射程3000米，弹径130毫米。战斗部为聚能破甲型。采用激光驾束、三点导引制导。

【"宝剑"反坦克导弹】 西班牙研制的一种轻型便携式反坦克导弹。主要用于攻击坦克，装甲车辆等。最大有效射程2000米，最小200米。最大速度300米／秒，初速度20米／秒。发射方式为筒式发射，直接攻击。弹长 927 毫米，弹径 115 毫米。翼展 345 毫米。导弹重 15 公斤。采用聚能装药破甲战斗部。制导方式为激光驾驶束制导，三点导引制导。动力装置为起飞发动机加单室双推力固体燃料火箭。

【"矮脚鸡"反坦克导弹】　1956 年瑞典开始研制的一种反坦克导弹。分别于 1963 年和 1967 年装备瑞典和瑞士陆军。该导弹既可由单兵携带，也可车载和机载。其特点是重量轻，发射准备时间短，单兵发射准备只需 25 分钟。最大射程 2 公里。最小射程 250 米。速度 85 米／秒。战斗部空心装药。动力装置为固体燃料火箭。采用有线制导。可以人携、车载、机载发射。全长 0.85 米，直径 0.11 米。翼展 0.4 米。发射重 7.5 公斤。全重 20 公斤。破甲厚度 500 毫米。命中率 95−98%（800−2000 米时）。

【"斑塔姆"BS−53 反坦克导弹】　瑞典研制的一种反坦克导弹。属第一代反坦克导弹。1961 年研制成功，1962 年装备部队。该弹主要用于单兵携带发射，也可从吉普车和直升机上发射。最大射程 2000 米，最小 300 米。速度 90 米／秒。弹长 850 毫米，弹径 110 毫米。翼展 400 毫米，弹重 7.5 公斤。动力装置为两级固体燃料火箭发动机。　制导方式为目视瞄准及跟踪、导线传输指令、手动操纵制导。筒式发射。

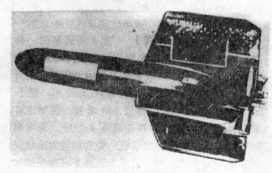

图 12−42　"斑塔姆"BS−53 反坦克导弹

【"比尔"RBS−56 反坦克导弹】　瑞典研制的一种轻型反坦克导弹。属于第二代反坦克导弹。该弹便于携带和操作，具有单兵携带和车载两种形式。1980 年开始研制，1986 年装备部队。最大射程 2000 米，最小 150 米。巡航高度在沿瞄准线上方 1 米。弹长 900 毫米，弹径 150 毫米。翼展 410 毫米。弹重 18 公斤（含贮存筒和防护罩）。战斗部为聚能破甲战斗部，采用触发与近炸引信。动力装置为固体燃料火箭发动机。采用光学瞄准与跟

踪，三点导引，红外半自动指令制导。发射方式为筒式发射。

【"斯特勒克斯"反坦克导弹】　瑞典研制的一种 120 毫米末制导反坦克导弹。该弹是作为步兵对抗坦克和装甲车的一种有效装备。最大射程 8 公里，最小 600 米。弹长 800 毫米，弹径 120 毫米。发射重量 20 公斤。制导方式为红外寻的制导。使用 120 毫米迫击炮发射。

【"马尔卡拉"反坦克导弹】　澳大利亚研制的一种反坦克导弹。于 1951 年开始研制，1958 制成，现已退役。该弹属第一代反坦克导弹。最大射程 3200 米，最小 1800 米。速度 150 米／秒。弹长 1950 毫米，弹径 220 毫米。翼展 790 毫米。弹重 90.7 公斤。战斗部为聚能破甲型，重 25 公斤。动力装置为固体燃料火箭发动机。制导方式为目视瞄准及跟踪、三点法导引、导线传输指令、手动操纵制导。架式发射。

【"玛帕斯"反坦克导弹】　以色列研制的一种反坦克导弹。该弹可单兵携带，也可车载使用。1979 年开始研制，现已投入生产并装备部队。该弹最大射程 4.5 公里，最小 60 米。初速度 70 米／秒，最大速度 315 米／秒。筒装导弹全长 1.5 米，发射前导弹全长 1.45 米，弹径 148 毫米。弹翼翼展 478.4 毫米，舵翼翼展 381 毫米。武器系统总重 95 公斤。战斗部为聚能破甲型，重 5.6 公斤，采用触发引信。动力装置为二级固体燃料火箭发动机。采用激光驾束制导，三点法导引制导。筒式发射。

【"哨兵"反坦克导弹】　以色列研制的一种肩射、近距离、自主控制的反坦克导弹。用于步兵抗击装甲目标。现已进行生产。射程 500 米。射击精度：轨道散布直径 1 米。弹长 760 毫米，弹径 81 毫米，弹重 4.2 公斤。武器系统全重 6 公斤。战斗部为聚能破甲型。动力装置为两级固体燃料火箭发动机。采用惯性制导。该弹采取筒式发射。

【"玛珞哥"反坦克导弹】　阿根廷研制的一种轻型反坦克导弹。用以抗击坦克和装甲车辆。属第一代反坦克导弹。主要装备单兵和兵组，也可从车辆、直升飞机或轻型飞机上发射。于 1978 年完成试验计划，现已投入生产。最大射程 2100 米，最小 350 米。速度 90 米／秒。弹长 998 毫米，弹径 102 毫米，弹重 11.3 公斤。动力装置为两级固体燃料火箭发动机。制导方式为目视瞄准及跟踪、导线传输指令，手动操纵制导。发射方式为箱式发

射。

【"64式马特"反坦克导弹】 日本研制的一种反坦克导弹。于1957年开始研制，1964年发射试验，属于第一代反坦克导弹。该弹是一种中程反装甲武器，主要供步兵使用。射程350~1800米。飞行速度85米／秒。弹长1020毫米，弹径120毫米。翼展600毫米。弹重15.7公斤。动力装置为两级固体火箭发动机。采用目视瞄准及跟踪、手动操纵、导线传输指令、三点法导引制导。架式发射。

【"重型马特"反坦克导弹】 日本研制的一种管式发射的反坦克导弹。主要用于攻击地面与海上装甲目标。于1964年开始研制，1976年装备部队。最大射程4000米。飞行速度200米／秒。弹长1565毫米，弹径152毫米。翼展330毫米。弹重30公斤。动力装置为两级固体燃料火箭发动机。采用目视瞄准、红外自动跟踪、有线传输指令制导。

【"米兰"反坦克导弹】 1963年法、联邦德国开始研制的一种反坦克导弹。该导弹重量轻，携带和操作方便。最大射程2公里。最小射程25米。速度75-200米／秒。战斗部重3公斤，烈性炸药。动力装置为固体燃料火箭发动机。采用光学瞄准与跟踪制导、红外半自动三点导引导线传输指令制导。车载或单兵发射。全长1.275米。直径0.116米。全重6.7公斤。破甲厚度550毫米。

【"霍特"反坦克导弹】 1964年法、联邦德国开始联合研制的一种反坦克导弹。1977年开始装备。法国将导弹装在轮式装甲车或直升机上。联邦德国则装在美洲豹3型履带装甲车上。最大射程4公里。最小射程75米。速度75-260米／秒。战斗部重6公斤，装烈性炸药。动力装置为两级固体燃料火箭发动机。制导系统为有线制导或红外自动遥控。车载或直升机载发射。全长0.75米，直径0.136米。全重22公斤。破甲厚度700毫米。

十三、核武器

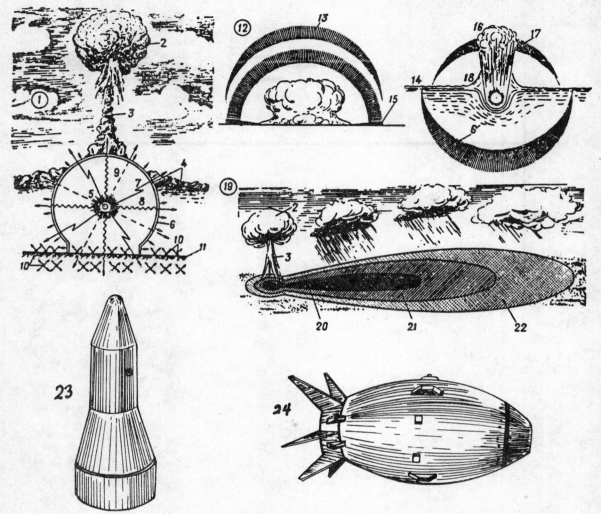

图 13-1　核武器

1—11.核爆炸：2.蘑菇状烟云　3.尘柱　4.尘土　5.爆心投影点　6—11.核爆炸杀伤破坏因素：6.冲击波　7.光辐射　8—9.早期核辐射：8.中子流　9.γ射线流；10.地面放射性沾染　11.地面；12—15.空中爆炸时冲击波的形成：13.入射波　14.反射波　15.合成波；16—18.水下爆炸击波的形成：17.空中冲击波　18.基雾；19—22.放射性沾染运区；23.核弹头　24."胖子"核航弹

【核武器】　亦称原子武器。利用原子核反应的各种效应起杀伤破坏作用的武器。按核装料和主要杀伤因素分，有原子弹、氢弹和中子弹；按作战使用范围分，有战略核武器和战术核武器两类；按配用的武器分，有核弹头导弹、核炸弹、核炮弹、核地雷、核水雷、核鱼雷和核深水炸弹等；按当量分，有特大当量、大当量、中当量、小当量和特小当量核武器等。根据使用目的和袭击目标的性质，核武器可采用空中爆炸、地（水）面爆炸、地（水）下爆炸等方式。爆炸后产生冲击波、光辐射、早期核辐射（贯穿辐射）、放射性沾染和核电磁脉冲五种杀伤破坏因素。核武器在地爆或空爆时，首先出现耀眼的闪光和炽热的火球，伴有巨大响声，火球迅速上升和扩大，同地面吸起的尘柱形成蘑菇状烟云。

【战略核武器】　用于攻击战略目标的核器的总称。主要有：陆基战略导弹，携载战略导弹和核航弹的舰艇和战略轰炸机以及反弹道导弹导弹等。战略核武器作用距离可远至上万公里，突击性强，核爆炸威力通常有数十万吨、数百万吨乃至上千万吨梯恩梯当量。攻击的战略目标主要有：军事基地，工业基地，交通枢纽，政治、经济中心和军事指挥中心等。

1945年，美国首先研制成功原子弹。20世纪50年代初期，又出现了威力更大的氢弹。但当时的运载工具只有轰炸机。美、苏两国为了使核武器的运载手段多样化，着手研制携带核弹头的战略导弹。50年代中期，有的国家开始装备中程核导弹和携载航弹的新型战略轰炸机。50年代后期，苏、美两国先后试验成功弹道导弹，苏联还将战略导弹装备在常规动力潜艇上。60年代初期，美国核动力弹道导弹潜艇开始服役。到60年代中期，由于核弹头小型化和比威力的提高，主要核国家给部分战略弹道导弹安装了集束式多弹头。中国于1964年10月16日，成功地爆炸了第一颗原子弹；1966年10月27日，进行了导弹核武器试验；1967年6月17日，氢弹试验成功。60年代末期，掌握战略核武器的国家已有美、苏、英、法和中国；美、苏双方都研制并部署了反弹道导弹防御余系。70年代，主要核国家发展战略核武器的做法是：发展核装药的分导式和机动式多弹头，提高核导弹的突防能力和命中精度，增强核打击能力；加固导弹发射井，研制陆基机动发射的战略导弹，提高战略导弹武器系统的生存能力；发展大型核动力导弹潜艇和远程潜地导弹，扩大导弹核潜艇的作战海域；研制新型战略轰炸机和战略巡航导弹，确保多种打击手段。80年代初，美、苏两国开始装备战略巡航导弹和大型战略导弹核潜艇等新的战略核武器。到80年代末，美、苏又开始装备了陆基机动发射的战略导弹。核武器的出现，给军队的编制体制、作战规模与样式、保障勤务和军事学术等方面都带来了深刻的影响。

【战术核武器】 用于打击战役战术纵深内重要目标的核武器的总称。主要有：战术核导弹、核航弹、核炮弹、深水核炸弹、核地雷、核水雷和核鱼雷，以及具有战役战术核攻击能力的飞机、舰艇等。

战术核武器的特点是：体积小，重量轻，机动性能好，命中精度高，爆炸威力有百吨，千吨，万吨和十万吨级梯恩梯当量，少数地地导弹的核弹头达百万吨级。战术核武器少数固定配置在陆地和水域，多数采用车载、机载、舰载进行机动投射。战术核武器主要用于打击对军事行动有直接影响的目标，诸如导弹发射阵地、指挥所、集结的部队、飞机、舰船、坦克群、野战工事、港口、机场、铁路枢纽，重要桥梁和仓库等。

美国从1946年开始研制战术核武器，1951年试验了千吨和百吨级的核装置，1953年5月在内华达试验场，用280毫米加农炮发射了第一发核炮弹，同年10月将这种核炮弹部署在欧洲地区，1954年开始装备战术核导弹。苏联于50年代中期将首批战术核武器装备地面部队，60年代装备空军和海军。法国于60年代初期着手研制战术核武器，70年代初装备部队。英国在60年代也装备了战术核武器。有的国家为了战场使用的特殊需要，又研制了特种战术核武器，如美国在70年代后期研制成功了中子弹。80年代初期，战术核开器的战术技术性能都已达到相当高的水平，种类和数量也大大超过了战略核武器。美、苏两国是拥有战术核武器最多的国家。

【导弹核武器】 以导弹作为运载系统的一种核武器。是核武器的主要组成部分，是一种大规模杀伤破坏性武器。按所完成任务的性质，可分为战略导弹核武器、战役导弹核武器和战术导弹核武器。可配置在地面、舰艇和飞机上使用。主要战斗性能是射程远、杀伤威力大、命中精度高、飞行速度快、高度高、战斗部反射面小、发射隐蔽、不受气象条件和昼夜的限制等。

【特小当量核武器】 梯恩梯当量低于1千吨的核武器。

【小当量核武器】 梯恩梯当量为0.1—2万吨的核武器。

【中当量核武器】 梯恩梯当量为2—10万吨的核武器。

【大当量核武器】 梯恩梯当量为10—50万吨的核武器。

【特大当量核武器】 梯恩梯当量超过50万吨的核武器。

【核弹药】 利用核装药的爆炸能量产生杀伤作用的弹药。属于核弹药的有：装有核装药的导弹和鱼雷的头部、航空炸弹、炮弹、深水炸弹、应用地雷等。

核弹药的基本组成部分是：弹壳、核装药、自动爆炸系统、引信和电源。弹壳用于放置核弹药的所有组成部分，并保护它们免受外部介质的作用。在很多情况下，如对导弹和鱼雷的头部、航空炸弹、炮弹等来说，弹壳起着与保障运输特征有关的辅助作用。有些种类的核弹药利用导弹的弹体作为弹壳。核装药是释出核能形成爆炸的装置。核弹药的自动爆炸系统保障已方军队在核弹药的储存、运输和战斗使用过程中的安全，并保障核装药在必要瞬间或在给定弹道点爆炸。引信用于根据对目标的给定坐标指令自动系统引起核弹药爆炸的装置。根据核弹药的种类和目标的性质，可使用触发引信、非触发引信电池。核弹药的威力用梯恩梯当量表示，核弹药可按威力分为五种：超小型（1千吨以下）、小型（0.1—1万吨）、中型（1—10万吨）、大型（10—100万吨）、超大型（100万吨以上）。使用火箭、鱼雷、飞机、火炮将核弹药送向目标。根据核弹药的威力和运载工具的种类，可将核弹药装备到不同的军、兵种，用于完成战术、战役和战略任务。

【核航弹】 带核装药的航空炸弹。美国制造的梯恩梯当量约为2万吨的核航弹，首先投到了日本的广岛和长崎。现代核航弹的梯恩梯当量从几十吨到几百万吨不等。最小核航弹的重量为100公斤。核航弹可从高空或低空投掷。从低空投掷时，为了保障载机的安全，核航弹装有降落伞（减速装置），或采用上仰投弹法等等。歼击机、歼击轰炸机和轰炸机均可作为核弹载机。

【卫星核弹】 一种在人造卫星轨道上发射的核弹。它是把带有核弹头的导弹发射到人造卫星轨道上，在预定位置上启动反喷射火箭降低速度，然后使一个或多个核弹头脱离轨道，飞向指定的目标。卫星核弹有两种，一种是导弹在卫星轨道上运行一周以上后投弹，即多轨道轰炸系统；另一种是在轨道上运行第一周结束之前投弹，称为部分轨道轰炸系统。

【核地雷】 用于构成地雷障碍的一种核弹头。核地雷由具有一定威力的核装药、起爆系统、保险装置、控制系统和电源组成。根据重量和大小，可整体或分开包装运输。设置在土中、不同深度的雷井内或水中。其主要杀伤破坏因素取决于爆炸的类型。这些因素有：空气冲击波、放射性沾染、爆炸局部作用、光辐射、贯穿辐射、爆震波。核地雷依靠独立定时装置，通过无线电或导线操纵进行引爆。可单个、成组或密集使用。

【核钻地弹】 专门用于攻击地下目标的核弹。分为深钻地弹和浅钻地弹。可用飞机投掷或用火箭、大炮发射，钻入地内再爆炸。主要用于摧毁地下加固目标，如地下指挥中心、导弹发射井、潜艇港口等。可钻地几十米深。

【原子弹】 利用铀235或钚239等重原子核的裂变反应，瞬时释放出巨大能量的核武器。也称裂变弹。原子弹的威力通常为几百～几万吨级梯

恩梯当量，有很大的杀伤破坏力。它可由不同的运载工具携带而成为核导弹、核航弹、核地雷和核炮弹等。

原子弹主要由引爆系统、炸药层、反射层、核装料和中子源等部件组成。引爆系统用来起爆炸药；炸药是推动、压缩反射层和核装料的能源；反射层由铍或铀238构成。铀238不仅能反射中子，而且密度较大，可以减缓核装料在释放能量过程中的膨胀，使链式反应维持更长的时间，从而能提高原子弹的爆炸威力。原子弹的核装料主要是铀235和钚239。为了触发链式反应，必须有中子源提供"点火"中子。

原子弹爆炸产生的高温高压以及各种核反应产生的中子、γ射线和裂变碎片，最终形成冲击波、光辐射、早期核辐射、放射性沾染和电磁脉冲等杀伤破坏因素。原子弹是科学技术的最新成果迅速应用到军事上的第一个突出例子。

1939年10月，美国政府决定研制原子弹，1945年造出了三颗。此后，原子弹技术不断发展，体积、重量显著减小，战术技术性能日益提高。原子弹小型化对于提高核武器的战术技术性能和用作氢弹的起爆装置，具有重要意义。目前，为适应战场使用的需要，发展了多种低当量和威力可调的核武器；为改进原子弹的性能，发展了加强型原子弹。炸药的起爆方式和核装置结构也在不断改进，目的是为了提高炸药的利用效率和核装料的压缩度，从而增大威力，节省核装料。此外，提高原子弹的突防和生存能力以及安全性能，也日益受到重视。

【氢弹】 利用氢的同位素氘、氚等轻原子核的聚变反应瞬时释放出巨大能量的核武器。又称聚变弹或热核弹。氢弹的杀伤破坏因素与原子弹相同，但威力比原子弹大得多。原子弹的威力通常为数百～数万吨梯恩梯当量，氢弹的威力则可大至几千万吨。此外，通过设计还能增强或减弱氢弹的某些杀伤破坏因素，因而它的战术技术性能比原子弹更好，用途也更广泛。

1942年，美国科学家在研制原子弹的过程中，推断原子弹爆炸提供的能量有可能点燃轻核，引起聚变反应，并想以此来制造一种威力比原子弹更大的超级弹。50年代初至60年代后期，美国、苏联、英国、中国和法国都相继研制成功氢弹，并装备了部队。

氢弹的具体结构是保密的。

三相弹是目前装备得最多的一种氢弹。这种氢

弹的放能过程有裂变—聚变—裂变三个阶段，其特点是威力和比威力都较大，但放射性沾染较严重，所以也称为"脏弹"。

氢弹的运载工具一般是导弹或飞机。为使武器系统具有较好的作战性能，要求氢弹自身体积小、重量轻、威力大。因此，威力的大小是氢弹技术水平高低的重要标志。60 年代中期，大型氢弹的比威力已达到了很高的水平。小型氢弹经过 60 年代和 70 年代的发展，比威力也有较大幅度的提高。但一般认为，无论大型氢弹还是小型氢弹，比威力似乎都已接近极限。

在实战条件下，氢弹必须在核战争环境中具有生存能力和突防能力，因此，对氢弹进行抗核加固、以及必须采取的对氢弹的贮存、运输和使用过程中的安全措施，是一个重要的研究课题。此外，对氢弹的研究与改进还有：①提高比威力和使之小型化；②提高突防能力、生存能力和安全性能；③研制各种特殊性能的氢弹。

80 年代初，已研制出一些能增强或减弱某种杀伤破坏因素的特殊氢弹，如中子弹、减少剩余放射性武器等。中子弹是一种以中子为主要杀伤因素的小型氢弹；减少剩余放射性武器其特点是放射性沉降少，主要杀伤破坏因素是冲击波，因而是一种较好的战术武器。

今后对氢弹的研究，更多的注意力可能会转向特殊性能武器方面。

【中子弹】 利用核裂变反应与核聚变反应而提高中子射线产额的核弹。核裂变链式反应只用来将原料加热（至摄氏几千万度）。大部分爆炸能由核聚变反应产生，并主要以快中子流的形式向四周释放。在贯穿辐射成分中，快中子流对人员，包括对位于坦克、装甲输送车、掩蔽所内的人员起着主要杀伤作用。据称，中子弹爆炸时所产生的中子量要比以裂变反应为原理的核弹爆炸时所产生的能量大几十倍。中子弹是以氘氚混合物为主要原料的。

美国的中子弹研制工作始于 20 世纪 60 年代。

【"清洁"核弹】 由几乎不产生放射性物质的热核反应放出主要能量的一种"理想"核弹头的名称。有人把中子弹也列为"清洁"核弹。完全利用重原子核裂变反应的核弹爆炸时，单位威力装药对周围介质造成的放射性沾染最严重。随着在总爆炸能量中热核聚变反应放出的那部分能量的增加，放射性沾染的范围就会缩小。核裂变物质装药爆炸的能量在"清洁"核弹爆炸的总能量中是很小的。因此，

在"清洁"核弹爆炸时所放出的放射性物质相对少些。但是，由于聚变反应要通过裂变反应来创造条件，因此，"清洁"核弹的能量不可能全部来源于聚变。所谓"清洁"也只是相对而言的。由于在原子起爆管起爆时分裂出许多"碎片"，以及爆炸时产生的中子对弹结构材料和被照射物体、土壤、水等的活化作用，"清洁"核弹的作战应用也将对地物和军事技术装备带来严重的放射性沾染。

【放射性武器】 用非核爆炸方式散布放射性物质，以其衰变产生的核辐射作为杀伤因素的武器。也称放射性战剂。放射性物质通过炸药爆炸等方式散布，沾染水域、地面、空气和军事技术装备等，以杀伤主要有生力量为主要目标。放射性武器还可与化学、生物武器结合作用。

放射性武器所用的放射性物质可以从核反应堆的废料中分离，也可在反应堆中用中子照射某些化学元素制取。核反应堆生产的某些核原料，也可用于放射性武器，如钴 60、钚 239 等。钴 60 放出的 γ 射线，一般对人体造成外照射伤害；钚 239 进入人体内，除本身有剧毒外，其放出的 α 射线还会造成人体内部损害。放射性物质既对人员造成急性损伤，还可能造成不良的遗传后果等远期效应。杀伤效果大小，取决于放射性物质的种类、用量和散布情况。

第二次世界大战后不久，国外曾有人设想用放射性武器补充当时为数很少的核武器，但至今并未见到有关设备或使用这种武器的报道。1948 年，联合国常规军备委员会曾通过决议，把放射性武器列为大规模毁灭性武器之一。1969 年，联合国大会讨论了控制和防止使用放射性武器问题。1980 年 3 月，在日内瓦裁军谈判委员会中成立了放射性武器特设工作小组。中国支持禁止研制、生产、贮存和使用放射性武器的立场。

【感生辐射弹】 一种加强放射性沾染的核武器。它利用感生辐射造成杀伤力。其原理是核爆产生的中子与弹体内的选定材料相互作用，产生感生放射性物质，在一定的时间和地区造成污染，从而达到迟滞敌方行动和杀伤敌有生力量之目的。

【γ 射线弹】 一种新的核炸弹。它爆炸后产生的 γ 射线不会立即使人死亡，但能释放核辐射，迫使敌人撤离爆炸区。有人称它为"精神慈悲武器"，它比氢弹、中子弹更高级、更有威慑作用。

【电磁脉冲弹】 突出核爆炸电磁脉冲效应的一种核武器。由于核爆炸产生的 γ 射线与空气分子碰撞，产生康普顿电子脉冲，这一电子脉冲在地

磁场作用下加速和偏转，产生了电磁脉冲。它能破坏敌方的电子设备，中断指挥通讯，甚至造成大范围停电。电磁脉冲弹现在还处于理论研究阶段。

【冲击波弹】 又称削弱剩余辐射弹。一种增强冲击波和光辐射而削弱剩余辐射的战区核武器。它可以用来破坏机场跑道、摧毁建筑物和地下指挥所等，也可以炸出一条障碍，阻挡对方前进。

据分析，这种核武器可能是一种小型的聚变弹，它采用了俘获中子而不产生或少产生放射性产物的结构材料和慢化、吸收中子的屏蔽材料，以减少中子与周围物质和土壤的活化作用，抑制高能中子反应产物的产生。由于活化产物少，裂变当量小，所以剩余辐射少，己方部队可以迅速进入爆区。目前，美国的冲击波弹已进入方案论证阶段。

1、核航弹

【"小男孩"核弹】 美国制造的第一颗核航弹。1943 年由美国洛斯·阿拉莫斯国家研究所开始研制，1945 年 8 月 6 日上午 8 时 15 分投在日本广岛。该弹重 4082 公斤，弹长 3.05 米，弹径 0.711 米，装料为 10 公斤铀 235。当量 1.25 万吨。该弹由 B-29"恩诺拉格"号飞机携带，驾驶员是蒂贝茨样，投弹手是托马斯·费雷比少校，军械师是帕桑斯海军上校，电子技术军官是摩利斯·杰普逊海军上尉。该弹在 9900 米高空投下，在广岛偏离相生桥 240 米上空爆炸，高度为 608 米。造成死亡 71000 人，伤 68000 人。遭到破坏的总面积 12 平方公里，遭到破坏的建筑物 5 万余所。该弹是用于实战的第一颗核弹，它的爆炸，揭开了核时代的序幕。

图 13-2 "小男孩"核弹

【"胖子"核弹】 美国制造的一颗核航弹。1943 年由美国洛斯·阿拉莫斯国家研究所开始研制。1945 年 8 月 9 日上午 11 时 2 分投在日本长崎。该弹总重量为 4536 公斤，弹长 3.25 米，弹径 1.52 米。装料为 60 公斤钚 239，当量 2.2 万吨。投弹时，运载飞机的驾驶员是斯威尼少校，投弹手

是 K·比汉上尉，军械师是阿希活斯海军中校。投弹高度为 8808 米，爆炸高度为 500 米。死亡人数约 3.5 万。受伤数约 6 万。毁坏房屋 19587 所，破坏面积 4.7 平方公里。

【MK-I 核弹】 美国制造的核航弹。1945 年由美国洛斯·阿拉莫斯国家研究所开始研制。1945 年交付给国防部。是美国生产的第一批热核弹之一，是"小男孩"核弹的生产型。

【MK-II 核弹】 美国制造的核航弹。是美国洛斯·阿拉莫国家研究所研制的第一颗内爆式核弹。因效率和可靠性没有达到设计要求而被取消生产。

【MK-III 核弹】 美国制造的核航弹。1943 年由美国洛斯·阿拉莫斯国家研究所开始研制，1947 年装备美国空军。是胖子核弹头的首次生产型。于 1950 年退役。

【MK-IV 核弹】 美国制造的核航弹。1947 年由美国洛斯·阿拉莫斯国家研究所开始研制，是 MK-III 的改进型，也是美国生产的第一颗标准型核弹。1949 年装备美军，1953 年退役。

【MK-5 核弹】 美国制造的第一个战术自由落体核航弹。1949 年由洛斯·阿拉莫斯国家研究所开始研制，重 1360 公斤。1952 年装备美军，1963 年退役。

【MK-6 核弹】 美国制造的核航弹。1949 年由美国洛斯·阿拉莫斯国家研究所开始研制，1951 年装备美军，1961 年退役。

【MK-7 核弹】 美国制造的核航弹。是为战术飞机设计的内装外挂的多功能战术自由落体核弹，重 770 公斤。1949 年由洛斯·阿拉莫斯国家研究所开始研制，1952 年装备美军，1967 年退

役。

【MK-8 核弹】 美国制造的第一批热核航弹之一。是"小男孩"3 型的改进型。适用于各种用途。1950 年由洛斯·阿拉莫斯国家研究所开始研制，1951 年装备美海军，1956 年退役。

【B41 核弹】 美国制造的核航弹，亦可作霍克导弹弹头。当量可达 100—500 吨或 2000 吨 TNT。1957 年由洛斯·阿拉莫斯和劳仑斯·利弗莫尔国家研究所共同开始研制，1960 年装备空军，1976 年退役。

【B43 核弹】 美国制造。适用于美国大部分具有核能力的战略和战术飞机投放的大当量核航弹。当量 100 万吨。重量 934—1057 公斤，长 365.8 厘米，直径 45.7 厘米。裂变材料为浓缩铀，用氚化锂-6 和氘作聚变材料。1956 年由洛斯·阿拉莫斯国家研究所开始研制，50 年代后期生产（七十年代到现在一直未生产），1961 年首次部署。

【B53 核弹】 美国制造。适用于 B-52 轰炸机内载的重型战略航弹。当量 900 万吨。重量 4014 公斤。长 376 厘米，直径 127 厘米。裂变材料为浓缩铀（没有钚），聚变材料为氚化锂-6。1958 年由洛斯·阿拉莫斯国家研究所开始研制，1966 年到六十年代后期生产，1962 年首次部署。

【B61 核弹】 美国制造。是一种重量轻、多用途的新型战术热核弹，具有六种改进型，可广泛用于包括战略轰炸机在内的多种型号的飞机上。在 10—50 万吨范围内设有 4 种当量。最低当量可能为 1 万吨，最大当量为几十万吨。重量低于 381

公斤，长 361 厘米，直径 34 厘米。裂变装药为浓缩铀；助爆剂可能是氘-氚。B61-0、1 和 2 型使用的初级高能炸药可能是 PBX9404；B61-3、4 型则采用 PBX9502 钝感高能炸药。1963 年由洛斯·阿拉莫斯国家研究所开始研制。

【B83 核弹】 美国制造。计划用来代替老式的大当量核航弹 B-28、B-53 和 B-43。将是 B-IB 飞机所携带的主要的自由下落核航弹，能在低空以高速投放。当量可能大于 100 万吨 TNT。重 1092 公斤，长 3.7 米。采用钚和浓缩铀混合装料。1979 年交付劳仑斯·利弗莫尔国家研究所研制。1983 年开始生产，1984 年首次部署。供空军和海军使用。

【BБ-1 核弹】 苏联制造。用于"野牛"、"米格-21"等轰炸机，当量 2.5 万吨。

【BБ-2 核弹】 苏联制造。用于"野牛"、"熊"、"眼罩"等轰炸机。当量 500 万吨。

（注：目前尚无有关苏联核弹头名称的准确资料，本书为编排方便起见，采用了一些代号。"BБ"为俄文"航弹"的缩写，其后的数字为序号。）

【A.N.11 核弹】 法国研制的核航弹，是法国最早研制并装备部队的核武器。

【A.N.22 核弹】 法国研制的核航弹，是 A.N.11 的改进型。当量为 6 万吨 TNT，是一种裂变核弹。运载工具为"幻影"4 轰炸机。

【A.N.52 核弹】 法国研制的核航弹。当量为 2.5 万吨 TNT，是一种裂变核弹。由"幻影"3 驱逐机或"美洲豹"驱逐机运载。1972 年装备部队。1980 年，"超级军旗"飞机也携带这种弹头。

2、导弹弹头

【W25 核弹头】 美国制造。适用于吉尼无制导战略防空导弹。当量 0.15 万吨。重量 377.8 公斤。长 2.9 米，直径 44.2 厘米。裂变材料为浓缩铀；初级高能炸药是 cyclotol（75% 的三甲撑三硝基胺）。1954 年由洛斯·阿拉莫斯国家研究所开始研制，1956 年生产，1957 年首次部署。1962 年停产。

【W27 核弹】 美国制造。用于天狮星 II 型战略巡航导弹。重 990 公斤，当量在几百万吨以

上。1955 年由劳仑斯·利弗莫尔国家研究所和洛斯·阿拉莫斯国家研究所共同开始研制，1958 年装备海军。1964 年退役。

【W28 核弹】 美国制造。用于大猎犬导弹，当量为 35 万吨 TNT。用于马斯导弹，当量为 100 万吨。1955 年由洛斯·阿拉莫斯国家研究所开始研制。1958 年开始在空军部署，1975 年退役。

【W31 核弹】 美国制造。是适用于战场支

援用的"诚实约翰"地地导弹和"奈基—Ⅱ"地空导弹的弹头。有 1 千—2 万吨级三种当量。重量：诚实约翰的为 561.5 公斤；奈基—Ⅱ 的为 509.4 公斤。诚实约翰的弹头部分所用的 M480E₁ 钢制运输箱长 341.6 厘米、宽 111.8 厘米、高 132.1 厘米；奈基—Ⅱ 的弹头部分所用的 M409 钢制运输箱长 250.1 厘米，宽 137.8 厘米，高 157.5 厘米。裂变材料为浓缩铀；诚实约翰导弹的 M47 和 M48 弹头部和奈基—Ⅱ导弹的 M97 弹头部内含有氚；可能采用 cyclotol（75%三甲撑三硝基胺）作初级高能炸药。1954 年由洛斯·阿拉莫斯国家研究所开始研制，50 年代开始生产，70 年代停产，1958 年首次部置。

【W38 核弹】 美国制造。当量为 100 万吨 TNT。由劳仑斯·利弗莫尔国家研究所研制。1958 年被选作空军的宇宙神 D／E 导弹弹头，1960 年又用于大力神 I 导弹。1965 年退役。

【W39 核弹】 美国制造。主要用于鲨蛇地对地洲际巡航导弹，当量为 100 万吨 TNT。1956 年由洛斯·阿拉莫斯国家研究所开始研制，1958 年装备空军，1961 年退役。

【W45 核弹】 美国制造。适用于海军的小猎犬舰空导弹或作中型核地雷。当量：小猎犬导弹的弹头当量据报道为 0.1 万吨 TM。中型核地雷的当量在 0.1—1.5 万吨。可能有三种当量。重量：小猎犬导弹的弹头为 166 公斤；中型核地雷小于 177.3 公斤。中型核地雷的运输箱（H815）长 108 厘米，宽 62.2 厘米，高 71.1 厘米。可能是裂变武器。1956 年由洛斯·阿拉莫斯国家研究所开始研制，1965 年中型核地雷首次部署。

【W47 核弹】 美国制造。用于北极星 A1／A2 导弹。当量为 80 万吨 TNT。1957 年由劳仑斯·利弗莫尔国家研究所开始研制。1960 年装备海军。1968 年退役。

【W49 核弹】 美国制造。当量为 100 万吨 TNT。1957 年由洛斯·阿拉莫斯国家研究所开始研制。1958 年用于空军的雷神导弹，1959 年用于陆军的丘辟特导弹，都于 1963 年退役。1960 年还被选为空军的宇宙神 E／F 导弹和大力神 I 导弹的弹头，1965 年退役。

【W50 核弹】 美国制造。是适用于潘兴 Ia 战术弹道导弹的核弹头。据报道，三种弹头当量分别为 6 万吨、20 万吨和 40 万吨。重量低于 316 公斤。弹头部分的长度为 372.6 厘米。可能采用氘—氚加强的裂变材料器。1958 年由洛斯·阿拉莫斯国

家研究所开始研制，1963 年改型 1 首次部署。

【W53 核弹】 美国制造。是适用大力神Ⅱ洲际弹道导弹的 MK-6 再入飞行器中的大当量热核弹头。当量 900 万吨（在美库存核弹头中当量最大），重量 3753-3992 公斤、长 259 厘米。弹头中部直径为 92.8 厘米。裂变材料为浓缩铀（没有钚）；聚变材料为氚化锂-6；用标准高能炸药作为起爆炸药。1960 年洛斯·阿拉莫斯国家研究所开始研制，1961 年至 60 年代中期生产，1962 年首次部署。

【W55 核弹】 美国制造。是萨布罗克反潜火箭弹头部 MK-57 用的低当量核装置。它是攻击型潜艇上唯一的核武器。当量 1000-5000 吨，重量低于 306 公斤。萨布罗克的运输箱（H863）长 124.5 厘米；宽 53.3 厘米，高 58.4 厘米。火箭的直径 33 厘米。材料可能是钚。1959 年由洛斯·阿拉莫斯国家研究所开始研制，1964—1968 年、1972—1974 年期间生产，1965 年首次部署。

【W56 核弹】 美国制造。是适用于民兵Ⅱ洲际弹道导弹 MK—11 再入飞行器中的大当量热核弹头。当量通常认为是 100—200 万吨。重量 725.7~997.8 公斤。裂变材料为钚。聚变材料为氚化锂-6。1960 年由洛·阿拉莫斯国家研究所开始研制，1965 年首次部署。

【W59 核弹】 美国制造。民兵 I 导弹弹头。重约 600 公斤，威力 100 万吨 TNT 当量。底部直径 0.813 米，长度 2.44 米。1960 年由洛斯·阿拉莫斯国家研究所开始研制。1961 年装备空军，1969 退役。

【W62 核弹】 美国制造。是适用于部分民兵Ⅲ洲际弹道导弹的分导式多弹头 MK-12 再入飞行器的核弹头。当量 17 万吨（每枚导弹携带 2 或 3 个 17 万吨的 W62 弹头），亦有报道当量为 20 万吨。重量低于 363 公斤。裂变材料为钚，助爆剂可能是氘—氚。1964 年由劳仑斯·利弗莫尔国家研究所开始研制，1970 年 6 月首次部署。

【W68 核弹】 美国制造。是适用于海神 C₃ 潜射弹道导弹分导式多弹头 MK-3 再入飞行器的核弹头。当量 4—5 万吨（每枚导弹可携带 14 枚 W68 弹头，平均为 10 枚）。重量 167 公斤。裂变材料为钚，助爆剂可能是氘—氚，初级高能炸药是 LX-09 及 LX-10。1966 年由劳仑斯·利弗莫尔国家研究所开始研制，1970 年—70 年代末生产，1971 年 3 月首次部署。

【W69 核弹】 美国制造。是适用于由

B-52 和 FB-111 战略轰炸机携带的近程攻击导弹的核弹头。当量在 17—20 万吨。重量据报道大于 W80 的重量。裂变材料为钚。1967 年由洛斯·阿拉莫斯国家研究所开始研制,1970 年—1976 年生产,1970 年首次部署。

【W70 核弹】 美国制造。是适用于陆军使用的"长矛"战术弹道导弹的核弹头。长矛导弹是一种高度机动,有制导的近程地地导弹。W70-1、2 在不到 1000 吨至 10 万吨的范围内可调节三种当量。通常选 1 万吨为代表性的裂变当量值。中值当量为 5 万吨。W70-3 有两种可调当量,一挡略低于 1000 吨,另一挡略大于 1000 吨。两者的裂变份额和聚变份额均为 40% 和 60%。重量为 211 公斤~204 公斤。长 246 厘米,直径 56 厘米。裂变材料为钚。由劳伦斯·利弗莫尔国家研究所研制。1969 年生产出 W70-1,W70-1／2 在 1971—1977 年期间生产。1973 年 W70-1 首次部署。1976 年,W70-3～4 由劳伦斯·利弗莫尔国家研究所研制。1978 年 10 月,W70-3 增强辐射弹头开始生产。1981 年 W70-3 首次部署。

【W76 核弹】 美国制造。是适用于三叉戟 I-C₄ 潜射弹道导弹分导式多弹头再入飞行器 MK-4 的核弹头。当量 10 万吨,重量 164 公斤。裂变材料可能是钚,助爆剂可能是氘—氚。1973 年由洛斯·阿拉莫斯国家研究所开始研制,1977 年开始生产,1978 年首次部署。

【W78 核弹】 美国制造。是用于部分民兵 Ⅲ 洲际弹道导弹部队装备的 MK-12A 分导式多弹头再入飞行器的子弹头。当量 33.5 万吨,重量小于 363 公斤,长小于 181.3 厘米,直径 54.3 厘米(MK-12A 底部的直径)。裂变材料为钚。聚变材料可能是氘化锂 6。1974 上由洛斯·阿拉莫斯国家研究所开始研制,1979 财政年度—1983 财政年度生产,1977 财年完成工程研制阶段,1979 年 9 月造出第一枚生产型弹头,1980 年 6 月首次部署。据报道,在 1981 财年 W78 的生产暂被延缓。

【W80 核弹】 美国制造。是适用于战略空军空射巡航导弹及海军"战斧"海射巡航导弹共用的弹头。当量可调,约为 20 万吨;亦有报道为 25 万吨。重量 122.6 公斤,长 6.33 米,直径 69.3 厘米。裂变材料为浓缩铀;O 型用超级钚;1 型的装料可能是浓缩铀和氚。初级高能炸药是纯感高能炸药(PBX-9502)。1976 年由洛斯·阿拉莫斯国家研究所开始研制。

【W81 核弹】 美国制造。"初级"B61 的改进型,标准 2 舰空和舰舰导弹弹头。当量低于 1000 吨。据报道用浓缩铀作裂变材料。1978 年交付洛斯·阿拉莫斯国家研究所研制,1987 年开始装备海军。

【W84 核弹】 美国制造。用于空军的战斧巡航导弹。可能是在 B61 3／4 型自由下落核航弹的核装置及有关组件的基础上改进的。当量可变,约为 1-5 万吨级,重量较轻,以浓缩铀为裂变材料。1978 年 9 月交付劳仑斯·利弗莫尔国家研究所研制,1983 年开始生产,同年 12 月开始部署。

【W85 核弹】 美国制造。为潘兴Ⅱ远程战区弹道导弹发展的核弹头。当量可调:低于 1 千吨;5 千-5 万吨;1-2 万吨。重量小于 725 公斤。长度 105.9 厘米,直径 31.5 厘米。采用浓缩铀装料。1979 年交付洛斯·阿拉莫斯国家研究所研制。1983 年开始装备陆年。

【W86 核弹】 美国制造。准备用于潘兴Ⅱ导弹的钻地核弹。1979 由洛斯·阿拉莫斯国家研究所开始研制,此后进行过多次试验。1981 年被取消。

【W87 核弹】 美国制造。用于 MX 导弹,也可能用于三叉戟Ⅱ导弹。采用浓缩铀装料,当量可调,可从最初的 30 万吨迅速变换至 47.5 万吨。底部直径 55.4 厘米,全长 175 厘米。1983 年由劳仑斯·利弗莫尔国家研究所开始研制,1986 年首次部署。主要供空军使用,海军也可使用。

【НГ-1 核头】 苏联制造。用于 SS-4("凉鞋")SS-5("短剑")战略弹道导弹。重量大,比威力小。单弹头,当量为 100 万吨 TNT。六十年代末期研究。

(注:目前尚无有关苏联核弹头名称的准确资料,本书为编排方便,采用了一些代号。"НГ"为俄文"陆基导弹"的缩写,其后的数字为序号。以下同。)

【НГ-2 核弹】 苏联制造。用于 SS-7("鞍工")SS-8("萨辛")和老式的 SS-9("悬崖")战略弹道导弹。单弹头,笨重,当量 500 万吨 TNT。六十年代研制。

【НГ-3 核弹】 苏联制造。用于 SS-11(Ⅰ型)战略弹道导弹。单弹头,当量 95 万吨 TNT,重量约 700 公斤。大约在 1963 年~1966 年研制。

【НГ-4 核弹】 苏联制造。用于 SS-11(Ⅱ型)战略弹道导弹。单弹头,当量 110 万吨 TNT,重量约 800 公斤。1963 年~1966 年研制。

【НГ—5 核弹】 苏联制造。用于 SS—11 （Ⅲ型）战略弹道导弹。集束式多弹头，当量 3×35 万吨 TNT，重量约 1000 公斤。60 年代中后期研制。

【НГ—6 弹】 苏联制造。用于 S—17（Ⅰ型）洲际弹道导弹。分导式多弹头，当量 4×75 万吨 TNT，重量约为 2600 公斤。70 年代初研制。

【НГ—7 核弹】 苏联制造。用于 SS—18（Ⅰ型）洲际弹道导弹。单弹头，当量为 2400 万吨 TNT，重量约 6100 公斤。

【НГ—8 核弹】 苏联制造。用于 SS—19（Ⅰ型）洲际弹道导弹。分导式多弹头，当量为 6×55 万吨，重量约为 3300 公斤。70 年代初研制。

【НГ—9 核弹】 苏联制造。用于 SS—20（Ⅰ型）中程地地弹道导弹。分导式多弹头，当量为 3×15 万吨 TNT，重量 2809 公斤。大约在 70 年代初研制。

【ПГ—1 核弹】 苏联制造。用于 SS—N—5（"塞尔布"）潜射弹道导弹。单弹头，当量为 100 万吨 TNT，重量约为 500 公斤。大约在 60 年代中后期研制。

（注："ПГ"为俄文"潜基导弹"的缩写，其后的数字为序号。以下同。）

【ПГ—2 核弹】 苏联制造。用于 SS—N—8 和 SS—N—17（Ⅰ型）潜射弹道导弹。单弹头，当量为 100 万吨 TNT，重量约为 820 公斤。

【MR—41 核弹】 法国研制的潜地导弹核弹头。当量 50 万吨。1964 年开始研制，以铀 235 为原料，并加氘氚混合物。是一种裂变加强核弹。该弹头用于"M—1"和"M—2"中程潜地导弹上。

【MR—50 核弹头】 法国研制的地地导弹核弹头。当量 1 万吨，"冥王星"地地导弹的弹头。是一种裂变核弹。1974 年装备部队。

【MR／TN60 核弹头】 法国研制的潜地导弹核弹头。当量 100 万吨，是 M—20 潜地导弹弹头。是一种热核武器。

【MR／TN61 核弹头】 法国研制的中程导弹核弹头。特点是重，经过抗核加固。当量 100 万吨，5—3 中程导弹的弹头，1980 年装备部队，是一种热核武器。

3、其他核弹

【3.1 核弹】 美国最早制造的试验用核弹头。1943 年由洛斯·阿拉莫斯国家研究所研制。1945 年 7 月 16 日上午 5 时 29 分，在新墨西哥州的阿拉戈尔多进行试验。爆炸的巨响传到 160 公里远、震动波及 290 公里远，蘑菇云上升到 10668 米高空。这颗核弹的爆炸成功，使核裂变武器用于军事成为现实。该弹采用钚 239 装料。

【MK—9 核弹】 美国制造的一种核炮弹。适用于 280 毫米榴弹炮。1950 年由洛斯·阿拉莫斯国家研究所开始研制，1952 年装备美陆军，1957 年退役。

【W19 核弹】 美国制造。用于 280 毫米榴弹炮。1953 年由洛斯·阿拉莫斯国家研究所开始研制，1956 年装备美陆军，1963 年退役。

【W23 核弹】 美国制造。用于海军 406 毫米火炮。1953 年由洛斯·阿拉莫斯国家研究所开始研制。1956 年首次部署，1959 年退役。

【W30 核弹】 美国制造的战术核地雷，亦可用于黄铜骑士导弹。1955 年由洛斯·阿拉莫斯国家研究所开始研制，1959 年装备陆军和海军陆战队。1966 年退役。

【W33 核弹】 美国制造。适用于 203 毫米榴弹炮。有两种不同的型号，当量通常认为是 0.5~1 万吨 TNT。重量约为 110—120 公斤。长 94 厘米，直径 20.3 厘米。裂变材料为浓缩铀。1945 年由洛斯·阿拉莫斯国家研究所开始研制，50 年代生产，70 年代停止生产。1956 年首次部署。

【W34 核弹】 美国制造。用于 MK—101 深水核炸弹（又称"鲁鲁"）1955 年由洛斯·阿拉莫斯国家研究所开始研制。1958 年装备海军，1976 年退役。

【W44 核弹】 美国制造。适用于深水核炸弹的战斗部，由装在水面舰艇上的阿斯罗克反潜火箭发射。当量 1 千吨 TNT，重量低于 127 公斤。

其配备的 H-651 运输容器的尺寸是：长 88.9 厘米，宽 50.8 厘米，高 55.9 厘米。可能是裂变弹，1956 年由洛斯·阿拉莫斯国家研究所开始研制，1961 年首次部署。

【W48 核弹】 美国制造。适用于 155 毫米榴弹炮。当量不到 1000 吨，重量 54.2 公斤，长 86.4 厘米，直径 15.2 厘米，裂变材料可能是钚。1957 年由洛斯·阿拉斯国家研究所开始研制，1962 年到 60 年代末期生产，1963 年首次部署。

【W54 核弹】 美国制造。适用于特种核地雷，有两种不同的结构，即 M129 和 M159。当量有两种，范围在 10-1000 吨 TNT。弹头重 26.6 公斤，整个核地雷的重量不到 74 公斤。其运输箱（H913）长 88.9 厘米，宽 71.1 厘米，高 81.3 厘米。裂变材料可能是钚。1960 年由洛斯·阿拉莫斯国家研究所开始研制，1964 年首次部署。该弹头还可用于大卫罗克特火箭，当量约为 0.25 千吨 TNT。

【W79 核弹】 美国制造。是适用于 203 毫米榴弹炮的改进型核炮弹 M753 的增强辐射弹头。当量可调。W79-0 最大当量为 1 万吨；W79-1 可能为 1000 吨。当量最低值时，裂变、聚变各占 50%；当量最大值时，聚变占 70% 至 75%。重量约为 98 公斤，长 109 厘米，直径 20.3 厘米。采用钚和氚装料。1973 年 12 月由劳仑斯·利弗莫尔国家研究所开始研制，1981 年 7 月首次部署。

【W82 核弹】 美国制造。用于 155 毫米大炮。是一种具有增强辐射能力的弹头，能方便地把裂变装约改换成加强辐射型装药。裂变型可能用钚装料，加强辐射型则用大量氚装料。当量大于 100 吨、小于 2000 吨 TNT。重量大约 43.5 公斤，长度 87.12 厘米，直径 15.23 厘米。1977 年 9 月交付劳仑斯·利弗莫尔国家研究所研制。1986 年开始装备美陆军和海军陆战队及其盟国的炮兵部队。

【T4 核弹】 美国制造的一种核地雷。由洛斯·阿拉莫斯国家研究所研制。1957 年装备美陆军，1963 年退役。

【B57 核弹】 美国制造。适用于反潜战和地面战的轻型多用途深水核炸弹，亦可作核航弹。当量低于 0.1-2 万吨，可选择不同的当量，通常认为是 0.5-1 万吨。重量不超过 322 公斤，长不超过 302.3 厘米，直径 37.5 厘米。1960 年由洛斯·阿拉莫斯国家研究所开始研制，1964 年首次部署。

十四、化学武器

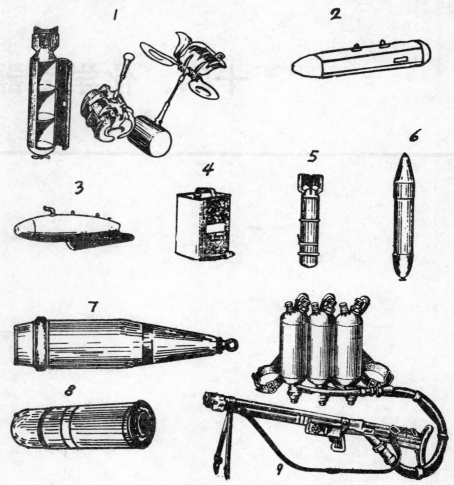

图 14—1　化学武器

1.蝴蝶弹　2.毒剂管投弹器　3.飞机布洒器　4.化学地雷　5.化学炸弹　6.汽油弹　7.毒剂炮弹　8.毒剂弹　9.喷火器

【化学武器】　以毒剂杀伤有生力量的武器。包括装有毒剂的化学炮弹、航弹、火箭、导弹和化学地雷、飞机布洒器、毒烟施放器材、以及装有毒剂前体的二元化学炮弹、航弹等。化学武器在使用时，将毒剂分散成蒸气、液滴、气溶胶或粉末等状态，使空气、地面、水源和物体染毒，以杀伤、疲惫敌方有生力量，迟滞敌方军事行动。

20 世纪初，化学工业在欧洲的迅速兴起和军事上的需要，为现代化学武器的发展提供了条件，第一次世界大战期间，化学武器逐步形成具有重要军事意义的制式武器。战争开始后不久，德军就使用过装有喷嚏性毒剂的榴霰弹，法军使用过装有催泪性毒剂的栓榴弹，由于毒性低，装量少，都没有起到决定性的作用。1915 年 4 月，德军利用大量液氯钢瓶，吹放具有窒息作用的氯气，使英法联军遭受严重伤亡。但是，钢瓶吹放仅适于少数低沸点毒剂，使用时准备工作复杂，并受风向风速的制约。因此，有的国家大力研制专用武器。例如，英军先后使用了"李文斯"投射器（每弹装填毒剂约 15 公斤）和"司托克斯"迫击炮（每弹装填毒剂 3-4 公斤）。这两种抛射式武器比吹放钢瓶有很大改进，但仍较笨重，射程近，机动性能差。随着毒剂的发展，交战国又竞相研制化学炮弹。1916 年 2 月，法军使用了 75 毫米装有光气的致死性化学炮弹。1917 年 7 月，德军使用了能透过皮肤杀伤的芥子气炮弹。利用火炮发射的化学弹，既可装填多种毒剂，又便于实现突然、集中、大量用毒的战术要求。因此，1918 年火炮发射的毒剂量，已达交战各国所用毒剂总量的 90% 以上。

化学武器在第一次世界大战中的大量使用，受到全世界舆论的强烈谴责，但发展从未停止。随着炮兵、空军技术兵器、毒剂及其分散技术的改进，相继出现了定距空爆的各种化学炮弹，着发和定距空爆的化学航空炸弹，以及飞机布洒器、布毒车等。1936 至 1944 年，德国先后研制出几种神经性毒剂，其毒性较原有的毒剂大几十倍。还有一些国家继续加强毒剂及其使用技术的研究，着重发展远程火炮、多管火箭炮、飞机等投射的大面积杀伤化学武器。50 年代以来，先后出现了神经性毒剂化学火箭弹、导弹和二元化学武器。装有多枚至上百枚小弹的子母弹、集束弹，成为大口径化学弹药的重要构型。毒剂及其投射工具的发展，确立了化学武器在现代军事技术中的重要地位。现代化学武器与常规投射兵器的广泛结合，使火力密度、机动范围和同重量毒剂的覆盖面积，都达到了更高的水平。此外，有些国家的军队还将植物杀伤剂用于军事目的。50 年代初，英军在马来亚丛林作战时，首先用植物杀伤剂使树叶脱落；60 年代，美军在侵略越南战争中用其大规模地毁坏森林和农作物。

化学武器按毒剂的分散方式可分为：爆炸分散型，通常由弹体、毒剂、装药、爆管和引信组成，借炸药爆炸分散毒剂，如液态毒剂化学弹、化学地雷及部分固态毒剂化学弹等。热分散型，借烟火剂等热源将毒剂蒸发、升化，形成毒烟、毒雾，如装填固态毒剂的毒烟罐、毒烟手榴弹、毒烟炮弹，以及装填液态毒剂的毒雾航弹等。布撒型，通常由毒剂容器和加压输送装置组成，使用固态毒剂溶液、低挥发度液态毒剂或粉末状毒剂，经喷口喷出造成地面和空气染毒。如飞机布洒器、布毒车、气溶胶发生器，以及喷洒型弹药等。

化学武器按其装备于不同的军种、兵种可分为：步兵化学武器，主要有毒烟罐、化学手榴弹、地雷、小口径化学迫击炮弹和布洒车等。炮兵、导弹部队化学武器，主要有各种身管火炮、火箭炮的化学弹，化学火箭、导弹等。舰用化学武器亦属此类。航空兵化学武器，主要有化学航空炸弹和飞机布洒器等。

化学武器与常规武器比较，有以下特点：杀伤途径多。染毒空气可经呼吸道吸入、皮肤吸收中毒；毒剂液滴可经皮肤渗透中毒；染毒的食物和水可经消化道吸收中毒。多数爆炸分散型化学弹药还有破片杀伤作用。持续时间长。化学武器的杀伤作用可延续几分钟、几小时，有时达几天、几十天。

杀伤范围广。化学炮弹比普通炮弹的杀伤面积一般要大几倍至几十倍。染毒空气并能随风扩散，渗入不密闭、无滤毒通风装置的装甲车辆、工事、建筑物等，沉积、滞留于沟壕和低洼处，杀伤隐蔽的有生力量。化学武器与常规武器、核武器结合使用，还能增大杀伤效果。受气象、地形条件的影响较大。如大风、大雨、大雪和近地层空气的对流，都会严重削弱毒剂的杀伤作用，甚至限制某些化学武器的使用。不同地形对毒剂传播、扩散和毒剂蒸发的影响，也能造成使用效果的较大差别。

化学武器是一种威力较大的杀伤武器。一些国家正在加紧研制和生产杀伤力更大、机动性更好的新型化学武器。但是，化学武器的使用有一定的局限性，及时采取防护措施，可大大降低其杀伤作用。

【二元化学武器】 由两种以上毒剂前体装成的新型化学武器。它是将两种以上可以生成毒剂的无毒或低毒的化学物质——毒剂前体，分别装在弹体中由隔膜隔开的容器内，在投射过程中隔膜破裂，化学物质靠弹体旋转或搅拌装置的作用相互混合，迅速发生化学反应，生成毒剂。二元化学武器在生产、装填、储存和运输等方面均较安全，能减少管理费用，避免渗漏危险和销毁处理的麻烦，毒剂前体可由发用工厂生产。但二元化学武器弹体结构复杂，化学反应不完全，相对降低了化学弹药的威力。20 世纪 60 年代以来，有些国家已研制了沙林、维埃克斯等神经性毒剂的二元化学炮弹、航弹等，有的国家还计划发展适用于化学战武器系统的二元化学导弹弹头等。

【军用毒剂】 以毒害作用杀伤人、畜的化学战剂，是化学武器的基本组成部分。装填于各种弹药、布洒器内，弹头爆炸或布洒分散成液滴、蒸气、气溶胶或粉末等状态，使空气、地面、水源和物体染毒，经人、畜呼吸道、皮肤、眼和口腔，引起中毒，造成伤亡。化学物质用作毒剂，必须具有特定的物理、化学性质，并符合以下要求：毒性大，作用快，能多途径中毒；具有一定的杀伤浓度和密度；难以发现、防护和救治；性质稳定，便于储存；能大量生产，价格低廉。

毒剂通常按毒理作用和杀伤作用持续时间分类。按毒理作用可分为六类：神经性毒剂，如沙林、梭曼、维埃克斯；糜烂性毒剂，如芥子气、路易氏气；窒息性毒剂，如光气；全身中毒性毒剂，如氢氰酸、氯化氰、刺激性毒剂，如苯氯乙酮、亚当氏气、西埃斯、西阿尔；失能性毒剂，如毕兹。

按杀伤作用持续时间，可分为持久性毒剂和暂时性毒剂。前者一般是高沸点、挥发度小的液体毒剂，主要呈液滴状态用于地面染毒，其杀伤作用可持续数小时、数天，甚至数十天，如芥子气，维埃克斯等。后者一般是低沸点、易挥发的毒剂或常温时的固体毒剂，主要呈蒸气、气溶胶等状态用于空气染毒，产生随风移动和迅速扩散的云团，其杀伤作用可持续数分钟至数十分钟，如沙林、氢氰酸、西埃斯、苯氯乙酮等。毒剂的杀伤作用持续时间，还决定于使用方法。如芥子气完全分散成气溶胶则为暂时性毒剂，西埃斯以粉末态大量布洒则为持久性毒剂。此外，毒剂还有其他分类方法：按基本杀伤类型，可分为致死性毒剂（如维埃克斯、沙林、光气、氢氰酸等）和非致死性毒剂（如毕兹、西埃斯等）；按中毒症状出现快慢，可分为速效性毒剂（无潜伏期或潜伏期极短）和非速效性毒剂（潜伏期较长）。

毒剂引起肌体的中毒是一个复杂过程。毒剂侵入肌体后与重要的生命物质如酶、受体、核酸等发生作用，破坏肌体正常的生理过程，引起功能紊乱，从而出现一系列中毒症状。毒害剂量是毒剂毒性大小的量度，一般以毒剂的浓度和暴露时间的乘积或以每公斤体重所接受的毒剂量表示。使 50% 人员死亡的剂量，称半致死剂量（LCt50 或 LD50）；使 50% 人员失能的剂量称半失能剂量（ICt50 或 ID50）。刺激性毒剂的毒害剂量，用最低刺激浓度和不可耐浓度表示。

毒剂在战场上的大规模使用，始于第一次世界大战。1915 年 4 月 22 日，德军在比利时伊普尔地区向英法联军突然使用了大量氯气，英法联军缺乏防护器材，伤亡严重。后来，英法联军采用了简易口罩和面罩，使氯气的威力大大削弱。以后，交战双方使用了毒性比氯气更大的光气。装备防毒面具和加强防毒训练后，中毒率从原来的 50-70% 下降到 10-20%。1917 年 7 月 12 日，德军又首先使用了主要对皮肤、粘膜等产生糜烂作用的芥子气，导致了防毒衣的出现。部队穿着防毒衣，严重影响战斗行动和增加后勤负担。芥子气当时被称为"毒气之王"，迄今仍未失去军事使用价值。在第一次世界大战中，使用了 45 种以上毒剂，约 12.5 万吨，伤亡 100 多万人。造成伤亡最大的毒剂是芥子气、氯气、光气，以及氯气和光气的混合毒剂。

第一次世界大战后，许多国家对毒剂进行了研究，由于有机磷化学的迅速发展，20 世纪 30 年代至 40 年代德国研究成功了塔崩、沙林和梭曼，美

军称其为 G 类神经性毒剂，其特点是剧毒、速杀和中毒途径多样。G 类毒剂的出现，促进了防护、侦检、消毒和救治的发展。50 年代出现了 V 类神经性毒剂，美军筛选出维埃克斯（VX）作为制式毒剂。维埃克斯比 G 类神经性毒剂具有更大的毒性和更强的皮肤渗透能力。因此，它对防护、侦检、消毒和救治提出了更高的要求。50 年代末致 70 年代初，又相继出现了失能性毒剂毕兹（BZ）、刺激性毒剂西埃斯（CS）和西阿尔（CR）。现有的防护器材，对这些毒剂均能有效地防护。此外，美军在侵略越南的战争中，还大量使用了植物杀伤剂。

70 年代有些国家军队装备的毒剂，主要是沙林、梭曼、维埃克斯、芥子气、氢氰酸和西埃斯等（见下表），其中神经性毒剂是主体。为了增强毒性和改进其使用性能，有些国家还研究了毒剂的混合使用、胶粘化和微包胶等技术。随着化学、分子生物学等的发展，还广泛研究天然毒素、合成毒物、高效药物等高毒性、高活性物质的军事应用，研究范围包括致死、麻痹、瘫痪、皮肤伤害、失能等毒物。

【神经性毒剂】　主要作用于神经系统的毒剂。主要指剧毒有机磷酸酯类毒剂，包括氟膦酸酯（G 类）、硫赶膦酸酯（V 类）等类化合物。主要代表物有沙林（甲氟膦酸异丙酯）、梭曼（甲氟膦酸特己酯）和维埃克斯（β-二异丙胺基乙基甲基硫赶膦酸乙酯）。是一些外国军队重要的装备毒剂。神经性毒剂为速杀性致死剂，可经呼吸道、皮肤等多种途径使人员中毒，抑制胆碱酯酶，破坏神经冲动传导。主要症状有缩瞳、流涎、恶心、呕吐、肌颤、痉挛和呼吸麻痹。这类毒剂为无色油状液体，可用以装填多种弹药和导弹弹头，美军还将沙林、维埃克斯等神经性毒剂发展为二元化学武器。神经性毒剂可作为暂时性和持久性毒剂使用，造成空气、地面或物体表面和水源染毒，杀伤有生力量，封锁重要军事地域和交通枢纽。防毒面具和皮肤防护器材能有效防护，通常用阿托品和吡啶醛肟类药物作为解毒药，但梭曼较难解毒。

【糜烂性毒剂】　以皮肤糜烂作用为伤害特点的毒剂。兼有全身中毒作用，可致死亡。芥子气（β，β'-二氯二乙基硫醚）是最重要的糜烂性毒剂，第一次世界大战时被称为"毒气之王"。日军在侵华战争（1937-1945 年）中对中国军民也使用过芥子气，现仍为一些外国军队的装备毒剂。其他重要种类还有氮芥气（β，β'，β''-三氯三乙基胺），

路易氏气（β-氯乙烯基二氯胂）。糜烂性毒剂属细胞毒物，可破坏细胞中重要的酶及核酸，造成组织坏死，吸入时损伤呼吸道、肺组织及神经系统。接触皮肤和粘膜时能引起红肿、起泡、糜烂，对眼睛可造成严重伤害。芥子气、氮芥气有数小时潜伏期，路易氏气潜伏期较短，甚至可立即伤害皮肤。

糜烂性毒剂可装填于多种弹药，以蒸气、气溶胶、液滴状态造成空气、地面、物体表面染毒，可作持久性和暂时性毒剂使用。对芥子气等糜烂性毒剂的防护比较复杂，必须使用防毒面具和皮肤防护器材。路易氏气可用二巯基丙醇解毒，芥子气、氮芥气尚无解毒药。

【全身中毒性毒剂】 又名血液中毒性毒剂，主要是损伤人体细胞和组织内的呼吸酶系的一类毒剂，有氢氰酸和氯化氰。它进入机体后破坏细胞色素氧化酶传递氧的作用，造成全身性组织缺氧，特别是呼吸中枢易因缺氧而受到损伤，出现呼吸麻痹，严重时可致死。全身中毒性毒剂曾在第一次世界大战中使用过。氢氰酸是一种有苦杏仁味的无色液体，沸点 26℃，易气化，吸入中毒，无潜伏期，中毒较重者可在几分钟内出现昏迷、痉挛和呼吸困难等症状，如不及时救治迅即死亡。氯化氰对眼和上呼吸道有强烈刺激，全身中毒症状与氢氰酸相似。全身中毒性毒剂可装填在炮弹、航空炸弹和火箭弹中使用，造成空气染毒。防毒面具可有效地防护，亚硝酸异戊酯等为急救解毒药。

【窒息性毒剂】 又名伤肺性毒剂，主要是损伤肺组织，使血浆渗入肺泡引起肺水肿的一类毒剂。中毒者出现肺水肿时，肺泡内气体交换受限，血液摄氧能力降低，机体缺氧以致窒息死亡。这类毒剂曾在第一次世界大战中使用过，主要有光气、双光气、氯气和氯芥气等。当时光气曾是重要毒剂之一，占毒剂生产总量的 25%。光气的化学名称为二氯化碳酰，是一种有烂草味的无色气体，低温时液化，沸点为 7.6℃。吸入光气后，一般经几小时的潜伏期后才出现肺水肿症状，表现为呼吸困难、胸部压痛、呼吸频率升高、血压下降，严重时出现昏迷以至死亡。有些窒息性毒剂对眼、鼻、喉还有不同程度的刺激作用。窒息性毒剂可装填于炮弹和航空炸弹中使用，造成空气染毒，使用防毒面具可对其有效地防护。

【失能性毒剂】 使人员中毒后暂时失去正常的精神或躯体功能（或两者兼有）从而丧失战斗力的毒剂。它是 20 世纪 50 年代发展起来的一类新毒剂。通常分为精神失能剂和躯体失能剂。其作用有致幻、麻醉、瘫痪、血压降低、暂时失明等。这类毒剂的主要特征是致死剂量与失能剂量的差值较大，一般不引起死亡或造成永久性伤害。60 年代初，美军装备了精神失能剂毕兹（BZ），学名为二苯羟乙酸-3-喹咛环酯，毒理上属胆碱能拮抗剂。毕兹为白色固体，可装填于炮弹、航空炸弹、热发生器内使用，造成气溶胶使空气染毒。呼吸道吸入中毒的半失能剂量为 110 毫克·分／立方米，潜伏期 0.5—1 小时，主要症状为口干、瞳孔散大、眩晕、步态蹒跚、丧失定向力和产生幻觉等，可持续数小时以至数天，毒扁豆碱为有效解毒药。使用防毒面具能有效地防护。

【刺激性毒剂】 主要是刺激眼、鼻、喉、皮肤的一类毒剂。中毒后有流泪、眼痛、喷嚏、咳嗽、恶心、呕吐、胸痛、头痛以及皮肤灼痛等症状。人员接触毒剂后，会立即出现症状，脱离接触几分钟至几小时后症状即可消失。大量吸入时也可造成肺部损伤甚至死亡。刺激性毒剂分为：催泪性毒剂，以眼的刺激症状为主，如苯氯乙酮、西阿尔（CR）；喷嚏性毒剂，以鼻、喉刺激症状为主，如亚当氏气；复合型刺激剂，对眼及鼻、喉均有刺激症状，如西埃斯（CS），美军在侵略越南的战争中曾大量使用。这些毒剂为芳香性固体，可装填于毒烟罐、手榴弹、炮弹、火箭弹、航空炸弹以及毒剂布洒器等。防毒面具能有效地防护。

【植物杀伤剂】 引起植物损伤或毁灭的化学品。植物杀伤剂按其对植物的作用，分为脱叶剂、干燥剂（使植物根部干燥）、除莠剂和树丛除草剂（消灭乔木灌木丛的杂草）。植物杀伤剂渗入叶子和根部会导致叶子的局部枯萎或植物枯死；植物杀伤剂落在果实、种籽及幼芽上，对其后代产生有害影响。某些物质非常稳定并能长时间污染土壤。个别植物杀伤剂甚至对人、畜、禽有毒害作用，在一定浓度时能对他们引起不同程度的伤害。美军在 1963 年侵越战争期间在军事上曾广泛使用植物杀伤剂，以消灭沿战略要道、要地、水道等的树丛，以后又利用植物杀伤剂毁坏农田甚至污染牧场。其主要使用方式是飞机布洒。个别植物杀伤剂可用于农业杀虫以及棉花收获前脱叶。

【消毒剂】 同毒剂发生有效的相互作用时能使其变为无毒化合物的化学制剂。消毒剂通常分氧化-氯化消毒剂和碱性消毒剂。属于前类消毒剂的有次氯酸盐（次氯酸钙或次氯酸钠）。使用最广的是次氯酸钙（漂白粉）。其干粉用来对地面进行消毒，悬浮液用来对武器、军事技术装备和运输工具等进行消毒。次氯酸盐的水溶液和悬浮液当温度在零上时能将芥子气氧化，使有机磷毒剂分解。当温度接近0℃时，次氯酸盐的消毒效果很小。在这种情况下，为了对军事技术装备进行消毒，必须使用氯胺的有机溶剂（醇、二氯乙烷和其它溶剂）溶液。但是氯胺不能对象沙林和梭曼这样的毒剂消毒，而碱性消毒剂（苛性碱、碳酸钠、氨、铵盐和其它碱性物质）则可用来对这些毒剂消毒。以某些醇钠和胺类化合物为基本成分制成的消毒剂具有多效作用。水和各种有机溶液（二氯乙烷、三氯乙烯、汽油和其它）都可用作溶剂。在选择溶剂时，要考虑它对溶液物理化学性质（冰点、沸点和贮存稳定性）的影响。消毒溶液依其性质的不同有的可对所有已知毒剂消毒，有的只对其中某些毒剂消毒。消毒溶液的使用量对军事技术装备消毒时为0.5—0.6升／平方米，对地面消毒时为1.5—2升／平方米。消毒剂及其溶液对人体会产生有害作用，因此在操作时通常使用个人防护器材。

【解毒药】　解毒剂能将毒物解除毒性或清除于体外以及预防与消除毒物引起毒效的药物。毒物在胃中被解毒药解毒，解毒时毒物被破坏、中和或转化为不溶解的化合物。某些毒物可在血液吸收后被解毒。我们知道，某些解毒药并不与毒物化合，但可通过对同样的生物化学或生理过程发生相反的作用来预防和消除中毒时所产生的功能破坏。在敌人使用化学武器条件下，解毒药可用来减弱毒剂和有毒化学品的杀伤作用。其中有些解毒药如预防性解毒药可在受到毒剂伤害的威胁时提前使用。另一些解毒药则可在出现初期症状时使用。当发生毒物和毒剂中毒时，使用解毒药的时间越早，疗效越高。当发生毒剂及有毒化学品中毒时，及时使用解毒药可避免人员的死亡或减轻受伤害的严重程度。

【化学弹药】　装填军用毒剂或军用除莠剂的弹药。化学弹药构成化学武器的基础。火箭战斗部、身管炮和火箭炮的化学炮弹、化学迫击炮弹、化学航空炸弹、子母炸弹和容器、化学地雷、毒烟罐及化学手榴弹等均属化学弹药范畴。布洒器和喷粉器在一定条件下也属于化学弹药。可用运载常规弹药和核弹药的一切现代化手段将化学弹药送达目标。用爆炸、热升华、喷粉等方法可将军用毒剂转成战斗状态。根据这个特征可相应地区分为：爆炸作用的化学弹药；热作用的化学弹药；布洒器；分散器。爆炸作用的化学弹药借助引信在预定的高度、撞击障碍物时或经过一定时间起爆；热作用的

化学弹药中装有含军用毒剂的燃烧混合物，受引燃剂的作用而燃烧。布洒器和喷粉器借助迎面气流，压缩气体的作用或其他途径将军用毒剂转为战斗状态。化学弹药的杀伤效力取决于军用毒剂的类型、毒剂使用方法，有生力量的遮蔽和防护程度以及气象条件和地形等。

【化学炮弹】　以军用毒剂杀伤人、畜及造成地面染毒的炮弹。是化学武器重要组成部分。由装有军用毒剂的弹体、炸药或火药的爆炸装药以及引信组成。通常借助炸药的爆炸能量将弹体炸开，装料飞散。此时军用毒剂变成蒸气状、气溶胶状或液滴状。化学炮弹与着发、非触发或空炸的弹头引信配套，能在目标上空或目标表面爆炸。子母弹型的化学炮弹，内装许多小弹，弹壳在高空爆开时，诸小弹呈面形散开并自行爆炸。据外国军事专家的观点，火力齐射的火箭系统在射击时具有最大的战斗杀伤力。破片杀伤的化学炮弹兼有破片杀伤弹与化学弹二者的性能。这种炮弹的军用毒剂装量较小，以保证炮弹的破片杀伤作用，炸药的爆炸装药约占炮弹内腔容积的30%。

【航空化学炸弹】　以持久性和暂时性毒剂沾染地面和杀伤有生力量的航空炸弹。1925年日内瓦议定书禁止使用毒剂。但在某些帝国主义国家的军备中，却有各种配方毒剂（芥子汽、梭曼、维埃克斯、沙林、氢氰酸、等）的航空化学炸弹。航空化学炸弹装有撞发引信、定时引信（在200米高度上爆炸）或非触发引信（在50米高度上爆炸）。当装药爆炸时，航空化学炸弹的薄壁弹体破裂，液态毒剂分散成小点滴向各方飞溅，从而以持久性毒剂杀伤人员，沾染地面和目标，或造成暂时性毒气团，污染空气。小圆径（0.4—0.9公斤）航空化学炸弹的构造也是人们知道的、其弹体为球形，由塑料制成。这种航空化学炸弹使用时无须引信，在碰地瞬间，其弹体破裂，毒剂即行扩散。

【穿甲化学弹】　一种能穿透钢板结构并在内部分散化学战剂的新型弹药。其前部装上战剂分散器，发射后即可杀伤隐蔽在工事、坦克内的人员。该弹主要由下列部件组成：弹头由二层铝合金材料冲压成卵形，其质韧而易变形；铝制锥形分散器，装在装药的空心锥处，用来固定聚能装药和装战剂；壳体和尾部托架用炮弹钢制作并焊接或铆接在一起，以承受火箭发动机的推力并用来容纳装药；爆炸系统由奥托金+TNT混合炸药压制成的空心锥形装药、引爆药柱、保险装置、以及引信和电源电路等组成。发射前把保险打开，当弹体飞行

200 英尺后，除锥体上的触发开关外，其余电路即已跟电池接通。一经与目标钢板结构接触，锥体上的触发开关接通，引信激发锥形装药爆炸，使弹体击穿钢甲，尔后分散器边缘破裂，化学战剂就喷射出来分散在目标物内部。

【化学地雷】　亦称毒剂地雷。装填化学毒剂的地雷。爆炸后能造成染毒地段，主要用作防步兵障碍物。

【化学战攻击模拟器】　法国制造。重 45 公斤，6 管发射。其射弹呈球状，直径 156 毫米，内装 1.5 升红色或紫色染料水。射弹分空爆型和碰撞型 2 种。6 枚射弹一起发射时，距发射器 100 米外的 10,000 平方米的地区，可不同程度地受到染料水的"化学污染"。该发射器可在隐蔽地面炮台上使用，亦可在拖车上使用。发射准备只需 3 分钟，2 枚、4 枚或 6 枚均可同时发射。

1、　古代化学武器

【猛火油】　即石油。古代用于火攻。中国古代从 6 世纪起已有用猛火油的记载，北宋时汴京设有"沥青作"、"猛火油作"（作场）。作战时将猛火油用"筒柜"、"火罐"等机械装置喷出，烧敌人马、器械等。

【猛火油柜】　中国古代一种喷火器具，猛火油即石油。据《武经总要》记载，用熟铜为柜，下有 4 脚，上有 4 个铜发，管上横置唧筒，与油柜相通，每次注油 3 斤左右。唧筒前部装有"火楼"，内盛引火药。发射时，用烧红的烙锥点燃"火楼"中的引火药，然后用力抽拉唧筒，向油柜中压缩空气，使柜中石油经过火楼喷出时，遇热点燃，"成烈焰"，用以烧伤敌人或焚毁战具，水战时"则可烧浮桥、战舰"。

【毒龙喷火神筒】　中国古代喷毒火器。始创于明代。用一根长约三尺的竹筒，内装"毒火药"和"烂火药"，悬于高杆上，进攻城寨时，持向敌城墙垛，顺风燃放，使敌中毒糜烂或昏迷。

【火球】　中国古代装有火药的燃烧性球形火器，又称为火炮。最早记载见于宋代。其结构一般以硝、硫、炭及其他药料的混合物为球心，用多层纸、布等裱糊为壳体，壳外涂敷沥青、松脂、黄蜡等可燃性防潮剂。大者如斗，小者如蛋。使用时先点燃（初以烧红的铁锥烙透发火，后改进为引信发火），再用马或人力抛至敌方，球体爆破并生成烈焰。还可通过改变药物配合或掺杂铁蒺藜、小纸包等，达到施毒、布障、发烟、鸣响等多种效应。主要用来焚烧敌方城垒车船，杀伤和惊扰敌军。

【弓射柘榴箭】　中国古代一种火箭。明代制造，属燃烧性兵器。明初焦玉著《火龙经》载，该箭是用火药用棉纸二、三层，中间穿箭杆，用药依箭根部包成柘榴状，外加麻布缚紧，以脂熬化，封固。点燃药线发火后即可射出。

【木火兽】　古代火器，盛行于宋、元、明代。是用轻质木材制成架子，安装头尾，高 3 尺，长 5 尺 2 寸，四脚装上木轮子，里外糊纸，用颜色画成虎豹形象，再涂上白矾，耳内藏两个烟瓶，口中装置竹喷筒，左右两旁拴火铳，眼内装火药，都用引信连络在一起。用时一人推行，冲入敌阵，从后面点火，烟焰喷射，火铳自发，用以惊骇扰乱敌人。

【神行破阵猛火刀牌】　中国古代攻守结合的化学兵器。其基本形制是一面盾牌，以生牛皮制，上端雕龙、虎等图型，牌中下端有横排圆孔，暗设神火、毒火、烂火、烈火共 36 支喷筒。交战时士兵左手持牌，右手持刀，点燃牌后喷筒，火可喷二三丈，使敌中毒，烧伤。史书记载，一面牌足以抵挡 10 名敌兵。

【毒药烟球】　古代蒙古军使用的一种毒剂弹。《武经总要》记载，毒药烟毯重五斤，用硫黄十五两、焰硝一斤十四两、草乌头五两、芭豆五两、狼毒五两、小油二两半、沥青二两半、黄蜡一两、麻茹一两一、桐油二两半、木炭末五两、砒霜二两、麻茹一两一，捣合为毯。贯之以长一丈二尺。重半斤的麻绳，为弦子。再以故纸十二两半、麻皮十两、沥青二两半、黄蜡二两半、黄丹一两一、炭末半斤，捣合涂敷于外。点燃后以手或弩炮等抛出。其气熏人则口鼻出血。

【五毒膏】　中国古代窒息性毒剂。明代创制。《武备志》载，五毒膏基本成分是川乌、草乌、南星、半夏、狼毒。加入神水内炼成膏，再加巴豆末和砂、焙干麻。使用时一般事先用好火药、皂角末、川椒末、干姜末、狼毒等，加上五毒膏，和在隔纸末内，用瓦瓮盛装，临阵在上风头点燃，产生烟雾和毒气，杀伤敌人，也可用于穴道。

【追魂雾】 中国古代一种全身中毒性毒剂。《武备志》记载，其配方为：硝火 10 两、硫火 10 两、红砒 2 两、狼毒 3 两、磺一两、毒蛇骨 2 两、孔雀尾一两，以上药品研成细末即成。发射器具是开关如南竹的一支筒，长 1 尺 8 寸，后带一支小柄。使用时将药填入，封口，临敌上风燃放。其烟雾可破坏组织细胞氧化功能，中毒者七窍流血，即刻丧生。

【毒药喷筒】 古代燃烧、化学武器。中国明代创制。用 2 寸直径的圆竹筒一根，长 2 尺多，以麻绳密缠，筒下端安上 5 尺长的竹、木柄。装药时先下炭多硝少的慢药（燃烧药）、次下喷药（发射药）、再下含有砒霜的药饼，一枚为一层，共装 5 层。发射药装配多少，要根据竹筒的粗细和药饼的大小适当增减，如配制得法，喷射火焰可远达数十丈。粘上船帆、船篷或其他目标，立即引起燃烧，并使敌人中毒。多用于攻守城寨和水战。

【轰雷炮】 古代一种手抛毒炸弹。制作方法是用腾沙胎，晒干，用纸糊约百层，中间隔 10 层布，内装一半毒药，一半火药和地老鼠，口端放置毒蒺藜、钩针、包松香、硫黄，封好火口后锥入药线。使用时点燃药线以人力抛出，水陆战皆宜使用。

【希腊纵火剂】 7-15 世纪海战和夺取要塞的战斗中所使用的燃烧剂。其成分可能有硝石、硫磺、石油、树脂等等。这种纵火剂遇水不熄。海军舰船用装在舰首和两舷的铜管和大桶投放纵火剂。

围攻要塞时，则用"手提喷管"、"土炮"、"喷火嘴"、"火焰角"等喷管进行喷射，或者装在桶、玻璃球和陶土球内，用弹射器械弹射出去。因希腊人于 673 年成功地运用了这种纵火剂而得名。射击武器出现后，这种纵火剂便失去作用。

图 14-2　　希腊纵火剂的使用

【拜占庭液火喷射器】 使用液体燃料喷火的兵器。公元 717 年穆斯林首闪围攻君士坦丁堡时，拜占庭最先开始使用。在击退穆斯林的进攻战中，发挥了巨大作用。有关它的易爆易燃材料的确切成分的资料也未能幸存至今。这种喷火器采用了硫磺、石脑油、生石灰等混合而成的材料，一但遇水便能烧起大火。

这种易燃混合材料装在包有黄铜的木铜管壳或管状容器内。水经软管用高压打入管状容器，易燃材料便能立即燃烧起来。依靠它自己的膨胀力和水的压力能使火焰喷出相当远的距离。这种武器对于木船或敌人的肉体有很大的伤害威力。

2、　军用毒剂

【路易氏剂】 具有糜烂作用、全身中毒作用和刺激作用的持久性毒剂。同芥子气的区别在于没有潜伏期。它是根据 1917 年建议将其作为毒剂使用的美国化学家 W.L.路易斯的名字而命名的。工业路易氏剂是一种深褐色液体，具有强烈刺激嗅味，不溶于水而易溶于有机溶剂。路易氏剂是在催

化剂（$ALCL_3$，$HgCL_{-2}$ 等）存在的条件下由乙炔同三氯化砷发生反应而生成的。路易氏剂刺激眼睛的不可耐浓度为 2×10^{-3} 毫克／升，刺激上呼吸道的不可耐浓度为 2×10^{-2} 毫克／升。作用于呼吸器官的致死浓度为 0.25 毫克／升（15 分钟内）；落在皮肤上的致死浓度为 25 毫克／公斤。对路易氏

剂的防护器材是防毒面具和防护服。

【脱叶剂】 引起植物落叶的化学物质。在农业上，用于种子和果实的催熟或清除妨碍农作物收获的叶子。在军事上脱叶剂可用来：标示拟进行空中打击的边界和目标；发现重要的目标和掩蔽工事；清除道路地带、通讯线路和输电线路上的植物；毁灭仓库、基地、飞机场及其他重要守卫目标附近的植物。许多脱叶剂有毒害作用，并危害人畜。脱叶剂可用飞机呈粉末状喷洒或利用喷洒机械及分散器施放。根据美国武装力量的野战条令M101-40(《化学和生物武器使用概则及对其防护》) 中的规定脱叶剂属于生物武器。美军在越南南方和除莠剂一起广泛使用了脱叶剂。1962 年至1969 年间，有二万多平方公里的森林和二千多平方公里的农业用地遭到脱叶剂的损害。结果大片的红树森林枯死和足能供六十万人口一年口粮的庄稼被毁。和平居民中毒事件大量发生。

【除莠剂】 用于消灭各种植物的化学物质。根据其性能分为：消灭各种植物的全效除莠剂和只消灭某些植物而不伤害其他植物的选择性除莠剂。这种划分是相对的，因为大部分除莠剂根据它们的浓度、消耗量和使用条件，既可以作为全效的，也可作为选择性的。除莠剂配成溶液、乳剂和粉剂使用。主要使用方式是喷洒。在和平条件下，全效除莠剂用于消灭各种场地 (靶场、机场、公路和铁路两旁、库区、运河两岸、池塘和湖泊) 的植物；选择性除莠剂用于农作物的田间除草。1952 至 1954 年，英国军队第一次在马来亚将除莠剂用于军事目的。自 1965 年起，美国在南越解放区广泛使用除莠剂消灭农作物，使树叶脱落。同时所用除莠剂的剂量超过规定的农业用量许多倍。据世界卫生组织的资料统计，美国在南越解放区撒下了50 多万吨除莠剂。有 43% 的耕地 (13，000 平方公里) 和 44% 的森林 (25，000 平方公里) 遭到破坏。在撒过除莠剂的地区，达 45% 的树木和20% 的灌木枯死，昆虫和大量的鸟、鱼被毒死，人畜发生严重疾病，土壤长时间不能生长植物。美国空军在南越使用的除莠剂，多数对人体和牲畜有毒害作用，刺激皮肤、眼睛、呼吸道、食道，引起头痛、抽搐、恶心和肠胃疾病，破坏条件反射。有些除莠剂还对遗传有不良影响。

【橙色剂】 美国制造的一种植物杀伤剂。橙色剂是标准 A 植物杀伤剂。其成分为 2，4-D 和 2，4，5-T 的正丁酯的混合物，其比例为 50: 50。此剂为黑褐色的油状液体，不溶于水，可溶于油类。使用量通常为每亩 3 加仑。该剂能渗入叶子表面的蜡层，被植物内部吸收，从而影响植物的生长，造成植物的死亡。

【兰色剂 (菲特 5609)】 美国制造的一种植物杀伤剂。兰色剂是一种每加仑约含 3 磅二甲基胂酸钠盐的水溶液。破坏农作物的用量规定是每亩1-2 加仑。当植物完全洒上兰色剂时，植物在用药后 2-4 天内就会枯死，甚至烧焦。

【梭曼】 神经麻痹性毒剂 (化学名称为甲氟膦酸特己酯)。是一种具有芳香樟脑气味难挥发的无色透明液休，沸点 190℃，熔点-80℃，比重1.013 (20℃时)，饱和蒸气的最大浓度 3 毫克／升(20℃时)，略溶于水，易溶于有机溶剂；易渗入多孔表面和涂漆表面。梭曼的杀伤作用特点与沙林相同，但毒性更大。梭曼经呼吸器官作用时，绝对致死的毒害剂量为 0.075 毫克·分／升。液滴和蒸气对皮肤作用时，会引起机体全面中毒。防毒面具和防护服可用来对梭曼进行防护。

【芥子气】 糜烂性毒剂。以比利时伊珀尔城的名字命名，1917 年 7 月 12 日德国人在此地区对英法联军首次使用了芥子气。化学纯的芥子气是一种无色液体，熔点 14.5℃，沸点 227℃，比重1.280 克／立方厘米 (15℃时)；饱和蒸气的最大浓度为 0.625 毫克／升 (20℃时)，略溶于水(0.05%)；易渗入多孔材料、涂漆表面和食物。工业芥子气系有芥末和大蒜气味的深褐色液体。芥子气同氯化剂及氧化剂反应强烈，生成无毒物质。可利用这些反应对芥子气消毒。芥子气同重金属盐反应生成有色化合物，据此反应可发现 (侦检) 芥子气。芥子气具有多方面的杀伤性能。其特点是有全身中毒作用 (以任何方式侵入机体时)、窒息作用 (经呼吸道侵入时) 和糜烂作用 (接触皮肤时)。经呼吸器官中毒的绝对致死毒害剂量为 2-3 毫克·分／升，液滴状芥子气经皮肤中毒的绝对致死毒害剂量为 70 毫克／公斤，芥子气蒸气对眼睛作用的半数失能毒害剂量 (50% 杀伤) 为 0.2-0.3 毫克·分／升。液滴状芥子气落在皮肤上，浓度在0.1 毫克／平方厘米时便会产生溃疡。芥子气作用的潜伏期可达 12 小时以上。防毒面具和专用防护服可用来保护呼吸器官和皮肤不受芥子气伤害。

【沙林】 神经麻痹性毒剂 (化学名称为甲氟膦酸异丙脂)。是一种具有极微弱水果香味的无色透明液体，沸点 151.5℃，熔点-57℃，比重1.094 (20℃时)。饱和蒸气的最大浓度为 11.3 毫克／升 (20℃时)。易同水混合，并能溶于有机溶剂。易渗入多孔表面和涂漆表面。对无机酸的作用，特别是对碱、氨和胺的水溶液的作用不稳定，同这些物质反应后生成无毒物质。这些反应能用于对沙林消毒。所有神经麻痹性毒剂中，沙林的挥发度最高。它对瞳孔具有强烈的收缩作用（缩瞳）。当沙林以各种方式（如随同空气、食物及饮水、经呼吸道、皮肤、肠胃道）侵入机体时，其毒害作用是能损伤神经肌肉的传导（局部痉挛，对生命至关重要器官的麻痹）。沙林的潜伏期极短（至数分钟）。沙林经呼吸道中毒时，其绝对致死剂量为 0.1 毫克·分／升，半数致死剂量（50% 致死性杀伤）视体重的不同为 0.07－0.025 毫克·分／升。防毒面具可用来对沙林进行防护。

【苯氯乙酮】 催泪性毒剂（催泪剂）。纯品为无色结晶物质，熔点 55℃，沸点 247℃；其蒸气比空气重 4.3 倍。苯氯乙酮难溶于水、而易溶于有机溶剂，可用苯乙酮进行氯化的方法制取。

苯氯乙酮的阈浓度为 0.0003 毫克／升，不可耐浓度为 0.0025 毫克／升（2 分钟）。浓度在 0.05 毫克／升时可引起肺水肿，而在 0.1 毫克／升时出现对皮肤的刺激作用。第一次世界大战末期苯氯乙酮被选作毒剂。防毒面具可防止苯氯乙酮的毒害作用。

【塔崩】 二甲胺基氰磷酸乙酯。神经麻痹性毒剂。纯品是无色液体，工业品为有微弱甜味的褐色液体：低浓度时有水果香味，高浓度时有鱼腥味。熔点 50℃，沸点约 230℃，挥发度（饱和蒸气的最大浓度）在 20℃ 时为 0.6 毫克／升，比重 1.087（20℃ 时）。塔崩微溶于水（12%），易溶于有机溶剂；可渗入橡胶制品和漆层。同碱、氨和胺（有机氮化合物）的水溶液起猛烈反应。这一性质可用于对塔崩的消毒。不论受塔崩的蒸气作用还是其液滴落在皮肤上均可发生杀伤作用。中毒症状的出现几乎无作用潜伏期。塔崩在空气中暴露一分钟的致死浓度为 0.4 毫克／升；液滴落于皮肤上的致死浓度为 14 毫克／公斤；浓度在 0.01 毫克／升时（2 分钟）引起严重缩瞳（瞳孔缩小）。对塔崩的防护可用防毒面具和防毒服。

塔崩是法西斯德国在第二次世界大战前最初制得的；未曾在战斗中使用过。

【氢氰酸】 全身中毒性毒剂。是具有苦杏仁味的无色易流动液体，剧毒。它是 1782 年由瑞典化学家谢勒发现的。20℃ 时比重为 0.688 克／厘米^3，沸点 26℃，熔点 -14℃。工业上，氢氰酸主要由甲烷和氨的混合物经氧化制得。

氢氰酸随同空气、水和食物侵入机体后，体内细胞的氧化－还原过程受到遏制而引起组织缺氧。中枢神经系统的细胞特别容易受到损伤，因而导致脑中枢麻痹、严重中毒和致死性中毒。氢氰酸的杀伤力取决于它的剂量和浓度。吸入中毒时的致死剂量为 2－5 毫克·分／升，随水或食物服进体内的致死剂量为 0.7 毫克／公斤。战斗中只能使用蒸气状的：利用氢氰酸造成近地空气层短时间的染毒和杀伤无防护器材的有生力量（吸入中毒）。氢氰酸盐亦能引起人员中毒。在国民经济，氢氰酸主要用来制造塑料和聚合材料，对钢材进行渗氮处理，以及用以消灭农业害虫。对氢氰酸的防护可用防毒面具。

【苦味酸】 一种猛炸药。对冲击、摩擦的感度比梯恩梯炸药大。为淡黄色结晶体。用硝硫混酸硝化苯酚制成。熔点 122.5℃（不分解），爆热 4.4 兆焦耳／公斤（1,050 千卡／公斤），爆速在密度 1.6 克／立方厘米时为 7,100 米／秒。难溶于冷水，易溶于酒精、树脂、清漆、沸水等。受潮时与金属（除锡外）或金属氧化物相互作用，产生比苦味酸本身更为敏感的盐类——苦味酸盐。因此和平时期不用于装填弹药。

【光气】 窒息性毒剂。光气在常温条件下为无色气体，具有令人讨厌的烂干草或烂苹果气味；沸点 8℃，熔点 -118℃。气态光气比空气重 2.5 倍；易溶于有机溶剂，在水中迅速水解（分解）。光气同醇、羧酸盐、金属氧化物等的反应可用于工业制取溶剂、染料和医药等。光气是用一氧化碳、氯气的相互反应制取的。光气在第一次世界大战中作为毒剂使用过；它可损伤肺部，引起肺水肿。光气具有积累作用（重复中毒时作用加强）。光气在 0.005 毫克／升左右浓度时暴露 60－90 分钟会造成伤害，0.5 毫克／升时 10 分钟便可致命。光气中毒时有作用潜伏期，视中毒程度的不同潜伏期可持续 2 至 8 小时。对光气的防护可使用防毒面具。

3. 化学弹药

【大眼式二元化学炸弹】 一种新型化学炸弹。美国研制。重 500 磅,由两部分组成:置于弹架下端的杆状装药管与炸弹主体,各装有不同的无毒化学物质。在装上飞机时,将杆状装药管插入炸弹内。炸弹投掷前,两种化学物质自动混合,产生毒性。

【BLU−80 / B 二元 VX"巨眼"航弹】 美国制造的一种神经性毒剂航弹。此弹主要有以下部件组成:弹头整流罩、MARK339MODI 定时引信、尾翼装置、投放装置、弹体。弹体内装有 BBU−18 / B 火药压缩气体发生器、MAC−132A / B 热气发动机、MXU−695 / B 气囊、CCU−13B 气囊吹胀筒、带槽的不锈钢筒、搅拌浆及布洒器。在航弹悬挂到飞机之前,装入 MXU−695 / B 气囊。航弹在投放前,启动 BBU−18 / B 压缩气体发生器,压缩气体驱动热气发动机,引起不锈钢筒旋转,使气囊吹胀筒吹胀气囊膨胀使带槽钢筒发生破裂,同时将靠近气囊的二元组分之一(硫磺微粒)挤入钢筒与弹体之间的反应室。此时发动机带动搅拌浆转动,使两种二元组分充混合反应,反应在 10−15 秒内完成。航弹投入后,引信引爆炸药将弹壳上预制的薄弱部分炸开,液体毒剂由炸开的洞流出。随着航弹的下降,流出液体毒剂被冲成小液滴,分布于目标区。86.5 公斤二元 VX 毒剂可在 1−2 秒内分散完毕。

【M110 型 155 毫米芥子气榴弹】 美国制造的一种糜烂性毒剂弹。由 M1−M1A1 和 M44 型 155 毫米榴弹炮发射。整弹重 44.9 公斤。弹全长为 67.8 厘米。装料种类为芥子气。装料的重量为 4.4 千克。

【M121A1 型 155 毫米沙林榴弹】 美国制造的一种神经性毒剂弹。由 M1−M1A1 和 M44 型 155 毫米榴弹炮发射。整弹重 45.4 公斤。弹全长为 67.8 厘米。装料种类为沙林。装料重为 2.95 公斤。

【M121A1 型 155 毫米 VX 毒剂榴弹】 美国制造的一种神经性毒剂弹。由 M1−M1A1 和 M44 型 155 毫米榴弹炮发射。整弹重 45.4 公斤。弹全长为 67.8 厘米。装料种类为 VX 毒剂。装料重量为 2.95 公斤。

【M360 型 105 毫米沙林榴弹】 美国制造的一种神经性毒剂弹。由 M2A1,M2A2,M49,M102 等型号的 105 毫米榴弹炮发射。最大射程为 11150 米。整弹重 20 公斤。带引信全弹长 79.2 厘米。装料种类为沙林毒剂。装料重量为 0.74 公斤。

【M426 型 203 毫米沙林榴弹】 美国制造的一种神经性毒剂弹。由 M2,M2A1,M2A1E1,M47 型 203 毫米榴弹炮发射。最大射程为 14631 米。整弹重 90.4 公斤。带引信弹全长 89.2 厘米。装料种类为沙林毒剂。装料重量为 6.5 公斤。

【M426 型 203 毫米 VX 毒剂榴弹】 美国制造的一种神经性毒剂弹。由 M2,M2A1,M2A1E1 和 M47 型 203 毫米榴弹炮发射。最大射程为 14631 米。整弹重 90.4 公斤。弹全长(带引信)为 89.2 厘米。装料种类为 VX 毒剂。装料重量为 6.5 公斤。

【M2A1 型 107 毫米芥子气迫击炮弹】 美国制造的一种糜烂性毒剂弹。由 107 毫米迫击炮发射。整弹重 11.36 公斤。弹全长为 53.4 厘米。装料种类为芥子气。装料的重量为 2.72 公斤。

【MC−1 型 750 磅沙林航弹】 美国制造的一种非持久性毒剂弹。可供轰炸机和战斗轰炸机内载或外挂。可低空投入,也可在 18288 米高空投放。最大投弹速度为 1112 公里 / 小时,瞬时复盖面积为 1.3 公顷。整弹重 329 公斤。全弹长 3286 毫米。装料种类为沙林毒剂。装料重量为 100 公斤。

【XM629 型 CS 毒剂炮弹】 美国制造的一种刺激性毒剂炮弹。类型为半定装底喷式炮弹。整弹重 19 公斤,弹丸重 14.5 公斤。长度为 81.7 厘米。口径为 105 毫米。装料种类为 CS 和烟火混合剂,装料重量为 1.5 公斤。燃烧时间为 60 秒。最大射程为 13600 米。引信种类为机械定时与瞬发引信。最小爆炸距离为 61 米。最佳爆炸高度为 100—150 米。

【XM630 型 CS 毒剂炮弹】 美国制造的一种刺激性毒剂炮弹。类型为底喷式迫击炮弹。弹丸重 11.8 公斤，长度为 65.3 厘米。口径为 4.2 寸。装料种类为 CS 和烟火混合剂，装料的重量为 1.8 公斤。燃烧时间为 60 秒。最大射程为 5650 米。引信种类为机械定时与瞬发引信。最小爆炸距离为 61 米。最佳爆炸高度为 100—150 米。

【XM631 型 CS 毒剂炮弹】 美国制造的一种刺激性毒剂炮弹。类型为分装底喷式炮弹。弹丸重 44 公斤。长度为 60.4 厘米。口径为 155 毫米。装料种类为 CS 和烟火混合剂。装料重量为 4.4 公斤。燃烧时间为 90 秒。最大射程为 15000 米，引信种类为机械定时与瞬发引信。最小爆炸距离为 61 米。最佳爆炸高度为 100—150 米。

【XM651 型 CS 毒剂炮弹】 美国制造的一种刺激性毒剂炮弹。类型为定装榴弹。整弹重 0.282 公斤，弹丸重 0.205 公斤。长度为 11.4 厘米。口径为 40 毫米。装料种类为 CS 和烟火混合剂。装料重量为 0.053 公斤。燃烧时间为 25 秒。最大射程为 400 米。引信为弹头引信。最小爆炸距离为 30 米。

【XM54 型 CS 毒剂手榴弹】 美国制造的一种施放毒剂的手榴弹。装有 8—12 秒延期引信。可从 1500 尺的高空投下。它既可从飞机上用手投掷，也可以用枪榴弹发射器发射。弹体由薄金属板制成，直径为 6.35 厘米，弹长 14.6 厘米。装有一个延期引信。115 克颗粒状 CS 毒剂和 185 克烟火混合剂。弹重 454 克。

【XM58 型小型 CS 毒剂手榴弹】 美国制造的一种毒剂手榴弹。是一种小而轻的手榴弹，可装在底袋内携带。弹长 9.2 厘米，直径为 3.3 厘米，重约 120 克。它由两部弹体结合而成，装有 42 克 CS 毒剂和烟火混合剂。这种手榴弹采用带险片的 1—3 秒延期引信，CS 毒剂施放时间为 12—20 秒。手投距离约 45 米。

【XM674 型 CS 毒剂弹】 美国制造的一种毒剂弹。是用手投或枪榴弹发射器发射的燃烧型 CS 毒剂弹。它是由铝合金药筒、发射器塑料接头和火帽组成。该弹长 22.4 厘米，直径为 4.1 厘米，重约 340 克。药筒内有一橡皮束，装有 50 克 CS 毒剂和 50 克烟火混合剂。发射时，CS 毒剂弹在药筒内黑色火药的作用下飞向目标。径 3.2 秒后，引燃 CS 毒剂和烟火混合剂，CS 毒剂自橡皮

囊的四个发烟孔排出。

【XM54 型塑性黄磷杀伤跳雷】 美国制造的一种野战用燃烧器材。是将塑性黄磷杀伤地雷装在一个抛射器中，并装上机械引信和电引信。它靠脚踩或碰触纤线引爆，也可电控引爆。起爆后地雷跳起 3 米并炸开，杀伤半径为 25 米。跳雷的直径为 13.25 寸，高度 5.25 寸。重量为 30 磅。跳雷炸开后在半径为 25 米的地区飞散出黄磷和金属破片。

【TMU—28／B 型 VX—毒剂布洒器】 美国制造的一种神经性毒剂布洒器。可挂于 F111A 型或 F105 型飞机上。总重量为 879.5 公斤。全长 470 厘米。装料种类为 VX—毒剂。装料重量为 616 公斤。

【M23 型 2 加仑持久性 VX 毒剂地雷】 美国制造的一种神经性毒剂地雷。用以设置化学障碍，迟滞敌方行动，并可用来进行爆破筑城染毒。全重量为 10.5 公斤。直径为 343 毫米。高为 127 毫米。装料钟类为 VX 毒剂。装料重量为 5.2 公斤。

【M9E1—7 型轻喷火器】 美国制造的一种使用火焰造成伤亡的武器。战斗重量为 50 磅。喷火距离（用胶状油料时）为 40—50 米，喷火时间为 5—8 秒。

【ОХАБ—100—90Л 炸弹】 苏联制造的一种神经性毒剂弹。毒剂的种类为沙林。毒剂重 27 公斤。炸药重 2.5 公斤。弹丸总重 97 公斤。爆炸方式为触发。单发弹 60 秒造成的中等伤害面积为 20000 米^2。

【ХАБ—250—110Н 炸弹】 苏联制造的一种中毒性毒剂弹。毒剂的种类为氢氰酸。毒剂重 40 公斤。炸药重 8.16（TNT+KCL）公斤。弹丸总重 116 公斤。爆炸方式为触发。单发弹 60 秒造成中等伤害的面积为 7000 米^2。

【ОХАБ—250—235Л 炸弹】 苏联制造的一种神精性毒剂弹。毒剂的种类为沙林。毒剂重 47 公斤。炸药重 10.0 公斤。弹丸总重量 233 公斤。爆炸方式为触发。单发弹 60 秒造成中等伤害的面积为 25000 米^2。

【ХАБ—500—200Н 型炸弹】 苏联制造的一种中毒性毒剂弹。毒剂的种类为氢氰酸。毒剂重 82 公斤。炸药重 8.16（TNT+KCL）公斤。弹丸总重 203 公斤。爆炸方式为触发。单发弹 60 秒造成中等伤害面积为 18000 米^2。

【ХСО 型 85 毫米沙林炮弹】 苏联制造

的一种神经性毒剂炮弹。使用的兵器为：85 毫米加农炮。毒剂的种类为：沙林。毒剂重 0.4 公斤。炸药重 0.23 公斤。弹丸总重 9.5 公斤。爆炸方式为：触发。单发弹 60 秒造成中等伤害的面积为：750 米^2。

【XCO 型 122 毫米沙林炮弹】 苏联制造的一种神经性毒剂炮弹。使用的兵器为：122 毫米火炮。毒剂种类为沙林。毒剂重 1.33 公斤。炸药重 1.4 公斤。弹丸总重为 22 公斤。爆炸方式为触发。单发弹 60 秒造成中等伤害面积为 800 米^2。

【XCO 型 130 毫米沙林炮弹】 苏联制造的一种神经性毒剂炮弹。使用的兵器为：130 毫米加农炮。毒剂种类为沙林。毒剂重 1.33 公斤。炸药重 1.4 公斤。弹丸总重为 33.5 公斤。爆炸方式为触发。单发弹 60 秒造成中等度伤害的面积为 800 米^2。

【XCO 型 152 毫米沙林炮弹】 苏联制造的一种神经性毒剂炮弹。使用的兵器为 152 毫米火炮。毒剂种类为沙林。毒剂重 2.8 公斤。炸药重 1.3 公斤。弹丸总重 40 公斤。爆炸方式为触发。单发弹 60 秒造成中等度伤害的面积为 1200 米^2。

【XCO 型 160 毫米沙林迫击炮弹】 苏联制造的一种神经性毒剂炮弹。使用的兵器为：160 毫米迫击炮。毒剂种类为沙林。毒剂重 4.25 公斤。炸药重 1.78 公斤。弹丸总重 41.6 公斤。爆炸方式为触发。

【XCO 型 MC-14 沙林火箭弹】 苏联制造的一种神经性毒剂炮弹。使用的兵器为 PM-14 火箭炮。毒剂的种类为沙林。毒剂重 2.17 公斤。炸药重 1.1 公斤。弹丸总重 39.6 公斤。爆炸方式为触发。单发弹 60 秒造成的中等伤害面积为 1950 米^2。

【XCO 型 MC-24 沙林火箭弹】 苏联制造的一种神经性毒剂炮弹。使用的兵器为：PM-24 火箭炮。毒剂种类为沙林。毒剂重 7.2 公斤。炸药重 3.44 公斤。弹丸总重 112.4 公斤。爆炸方式为触发。单发弹 60 秒造成中等伤害面为 2740 米^2。

【XH 型 MC-24 氢氰酸火箭弹】 苏联制造的一种中毒性毒剂炮弹。使用的兵器为：PM-24 火箭炮。毒剂的种类为氢氰酸。毒剂重 12.55 公斤。炸药重 28 公斤 (TNT+KCL)。弹丸总重 111.0 公斤。爆炸方式为：触发。单发弹 60 秒造成中等伤害的面积为：1900 米^2。

十五、生物武器

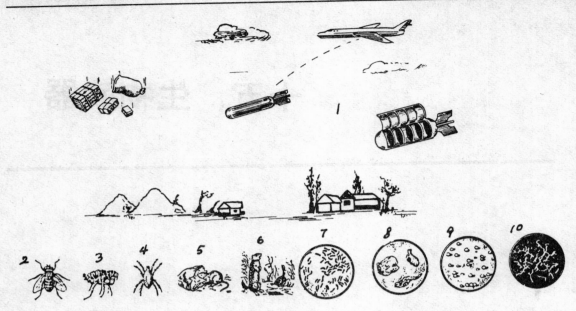

图 15—1　生物武器

1.细菌战剂的施放器材(如从飞机投下的纸包、口袋、盒子、细菌弹和集装箱)　2—10.一些疾病的媒介：2.苍蝇　3.跳蚤　4.虱子　5.家鼠　6.黄鼠；7—10.微生物：7.细菌　8.立克次氏体　9.病毒　10.真菌

【生物武器】　　亦称细菌武器。利用微生物的致病特性引起人员、动植物感染疾病的特种破坏性武器。主要由生物战剂和施放器材组成。第一次世界大战期间，德国曾首先研制和使用生物武器。日军在侵华战争中，美军在朝鲜战争中，也曾研制和使用细菌武器。第二次世界大战后，一些国家违反国际公约，漠视舆论谴责，仍继续研究和生产新的生物武器。

生物战剂的施放方式有：利用飞机投弹，施放带菌昆虫动物；利用飞机、舰艇携带喷雾装置，在空中、海上施放生物战剂气溶胶；或将生物战剂装入炮弹、炸弹、导弹内施放，爆炸后形成生物战剂气溶胶。生物战剂主要用于攻击敌方军队集结地域、后方地域、交通枢纽、经济区和居民区。生物战剂有极强的致病性和传染性，能造成大批人、畜受染发病，并且多数可以互相传染。受染面积广，大量使用时可达几百或几千平方公里。危害作用持久，炭疽杆菌芽胞在适应条件下能存活数十年之久。带菌昆虫、动物在存活期间，均能使人、畜受染发病，对人、畜造成长期危害。但生物战剂受自然条件影响大，在使用上受到限制。日光、风雨、气温均可影响其存活时间和效力。

【基因武器】　　亦称遗传武器。利用重新组织遗传基因、细胞融合和培养、生物反映等技术手段制造的生物武器。其致病菌有很强的抗药性，并能利用人种生化特征上的差异，使这种致病菌只对特定遗传型的人种有致病作用，以达到有选择地对某些人种进行杀伤的目的，从而克服普通生物武器在杀伤区域上无法控制的缺点。遗传武器与普通生物武器在作用机理上相同，但两者生产方法上不完全一样。普通生物武器是用生物学方法复制生产，而遗传武器还可以用化学方法生产。美国马里兰州的美军医学研究院即是基因武器研究中心。苏联也有基因武器研究机构。有的国家已经研究出利用酿酒菌传播裂谷热病细菌基因的方法。此种武器有灭亡族种的毒害力。有的研究者将常见的肉毒杆菌的一种基因，移植在另一种特别的基因上，产生出"热毒素"。试验者称，这种奇特的巨毒物质有空前的毒害力。只需 20 克就可以使 50 亿人死于一旦。制造基因武器已属可能。据统计，用 5000 万美元建立的基因武器库，比 5 亿美元建立的核武器库具有更大的威力。基因武器造价低、保密性好。有人称之为"世界末日武器"。

【生物战剂】　　具有使人畜或农作物致病作用，并用以和准备用以杀伤和破坏敌有生力量的微生物。按生物性质分为：细菌、病毒、立克次体、依原体、毒素和真菌。按引起疾病的严重程度不同，一般分为致死性战剂和失能性战剂（即病死率低，仅使患者失去工作或战斗能力）两类。前者如鼠疫杆菌、霍乱弧菌、炭疽杆菌、野兔热杆菌、肉毒杆菌毒素、落矶山斑疹热立克次体、斑疹伤寒立克次体、黄热病病毒、东方马脑炎病毒等；后者如布氏杆菌、Q热立克次体、球孢子菌等。按能否在人与人之间传播，可分为传染性战剂和非传染性战剂。

【生物战剂施放器材】 用来施放生物战剂以达成军事目的工具。是生物武器的重要组成部分。主要包括：喷雾装置和弹休。这些器材通常要借助运载工具来实施生物战剂施放。

【生物弹】 装有生物战剂的各种弹体。包括生物炸弹和导弹弹头。可用飞机、导弹等运载工具投掷。通过爆炸方法等产生气溶胶并施放生物战剂。

1、生物战剂

【生物战剂气溶胶】 生物战剂的液体或固体微粒在空气中形成的悬浮体。可用装有气溶胶发生器的飞机、军舰或其他运载工具直接产生，也可用飞机、导弹等投掷生物弹或气溶胶发生器产生。生物战剂气溶胶，具有覆盖面积大、渗透能力强、对方难发现、人体途径多、攻击成效大等特点是生物战剂主要施放方式。但其衰亡率较大，且易受自然因素影响。

【细菌战剂】 用于生物战的细菌。所使用的主要细菌有：鼠疫杆菌、炭疽杆菌、霍乱弧菌、野兔热杆菌、布氏杆菌等。

【毒素】 微量侵入机体后能引起生理机能破坏，致使人畜患病或死亡的细菌类、动物类或植物类的物质。毒素分为蛋白质毒素和非蛋白质毒素。蛋白质结构的毒素被作为潜在的军用毒剂，进行广泛研究。它们的毒性极高并能大规模生产。从最简单的多细胞动物、某种类型的蜘蛛、蝎子和蛇，及许多有毒植物分离出来的毒素也具有蛋白质结构。蛋白质毒素的毒害作用主要是破坏神经系统的功能。毒素毒害作用的潜伏期取决于毒素的类型、剂量和侵入机体的途径，能持续数分钟至数昼夜。作为可能的毒剂，意义最大的有：A型肉毒杆菌毒素，可引起致死性伤害，B型葡萄球菌肠毒素可引起暂时失能。非蛋白质结构的毒素是从某些动植物中分离出来的，诸如黄曲霉毒素、箭毒蛙毒素、河豚毒素等。

【毒素战剂】 用于生物战的毒素。所使用的主要毒素有：肉毒毒素等。其中"A型"毒素和葡萄球菌肠毒素最有军事意义。

【衣原体战剂】 用于生物战的衣原体。所使用的衣原体主要是鹦鹉热衣原体。

【立克次体战剂】 用于生物战的立克次体。新使用的主要立克次体有：Q热立克次体、斑疹伤寒立克次体等。

【病毒战剂】 用于生物战的病毒。所使用的主要病毒为：黄热病病毒及各种脑炎病毒。

【真菌战剂】 用于生物战的真菌。所使用的主要真菌有球孢子菌等。

【鼠疫生物战剂】 一种细菌类致死性生物战剂。借助气溶胶或跳蚤的传播。通过人的呼吸道、消化道或皮肤侵入人体。自然死亡率30-100%。

【炭疽生物战剂】 一种细菌类致死性生物战剂。借助气溶胶传播。通过人的呼吸道、消化道、皮肤侵入人体。自然死亡率为：95-100%。

【鼻疽生物战剂】 一种细菌类致死性生物战剂。借助气溶胶传播。自然死亡率为：90-100%。

【类鼻疽生物战剂】 一种细菌类致死性生物战剂。借助气溶胶传播。通过人的呼吸道、消化道、皮肤侵入人体。自然死亡率为：95-100%。

【霍乱生物战剂】 一种细菌类致死性生物战剂。借助污染水或虫传播。通过人的消化道侵入人体。自然死亡率为10-80%。

【野兔热生物战剂】 一种细菌类致死性生物战剂。借助气溶胶传播。通过人的呼吸道、消化道、皮肤侵入人体。自然死亡率为：0-60%。

【布氏杆菌病生物战剂】 一种细菌类失能性生物战剂。借助气溶胶传播。通过人的呼吸道、消化道、皮肤侵入人体。自然死亡率为：2-5%。

【肠伤寒生物战剂】 一种细菌类致死性生

物战剂。借助气溶胶、污染水及食物传播。通过人的消化道侵入人体。自然死亡率为4—20%。

【志贺氏痢疾生物战剂】 一种细菌类致死性生物战剂。借助污染水或食物传播。通过人的消化道侵入人体。自然死亡率2—20%。

【肉毒毒素生物战剂】 一种毒素类致死性生物战剂。借助气溶胶、污染水、食物传播。通过人的呼吸道、消化道侵入人体。自然死亡率15—90%。

【葡萄球菌肠毒素】 一种毒素类失能性生物战剂。借助气溶胶或污染食物传播。通过人的呼吸道、消化道侵入人体。自然死亡率0—5%。

【鸟疫（鹦鹉热）生物战剂】 一种衣原体类致死性生物战剂。借助气溶胶传播。通过人的呼吸道、消化道、皮肤侵入人体。自然死亡为10—100%。

【黄热病生物战剂】 一种病毒类致死性生物战剂。借助气溶胶或蚊虫传播。通过人的呼吸道或皮肤侵入人体。自然死亡率为：4—100%。

【森林脑炎生物战剂】 一种病毒类致死性战剂。借助气溶胶或蜱传播。通过人的呼吸道、消化道、皮肤侵入人体。自然死亡率0—30%。

【东方马脑炎生物战剂】 一种病毒类致死性生物战剂。借助气溶胶或蚊虫传播。通过人的呼吸道和皮肤侵入人体。自然死亡率为：0—69%。

【西方马脑炎生物战剂】 一种病毒类致死性生物战剂。借助气溶胶或蚊虫传播。通过呼吸道及皮肤侵入人体。自然死亡率为2—15%。

【天花生物战剂】 一种病毒类致死性生物战剂。借助气溶胶传播。通过人的呼吸道和皮肤侵入人体。自然死亡率0—30%。

【乙型脑炎生物战剂】 一种病毒类致死性生物战剂。借助气溶胶或蚊虫传播。通过人的呼吸道或皮肤侵入人体。自然死亡率为：0—20%。

【委内瑞拉马脑炎生物战剂】 一种病毒类失能性生物战剂。借助气溶胶或蚊虫传播。通过人的呼吸与皮肤侵入人体。自然死亡率为：0—2%。

【登革热生物战剂】 一种病毒类失能性生物战剂。借助气溶胶或蚊虫传播。通过人的呼吸道或皮肤侵入人体。自然死亡率为：0—1%。

【基孔肯雅热生物战剂】 一种病毒类失能性生物战剂。借助气溶胶或蚊虫传播。通过人的呼吸道或皮肤侵入人体。自然死亡率为0—1%。

【立夫特山谷热生物战剂】 一种病毒类失能性生物战剂。借助气溶胶或蚊虫传播。通过人的呼吸道或皮肤侵入人体。自然死亡率为0—1%。

【流感生物战剂】 一种病毒类失能性生物战剂。借助气溶胶传播。通过人的呼吸道侵入人体。自然死亡率0—1%。

【流行性斑疹伤寒生物战剂】 一种立克次体类致死性生物战剂。借助气溶胶传播。通过人的呼吸道、皮肤侵入人体。自然死亡率为10—40%。

【落矶山斑疹热生物战剂】 一种立克次体类致死性生物战剂。借助气溶胶或蜱传播。通过人的呼吸道、皮肤侵入人体。自然死亡率为10—30%。

【Q热生物战剂】 一种立克次体类失能性生物战剂。借助气溶胶传播。通过人的呼吸道、消化道、皮肤侵入人体。自然死亡率为1—4%。

【球孢子菌病生物战剂】 一种真菌类失能性生物战剂。借助气溶胶传播。通过人的呼吸道侵入人体。自然死亡率为0—50%。

【组织胞浆菌病生物战剂】 一种真菌类失能性生物战剂。借助气溶胶传播。通过人的呼吸道侵入人体。自然死亡率为0—50%。

2、生物战剂施放器材

【M5步枪】 美国制造的一种生物战剂发射武器。可发射炭疽或葡萄球菌B型肠毒素。

【USD—2无人驾驶飞机】 美国制造的一种专门用于施放生物战剂的小型飞机。可装102千克野兔热战剂。作用方式为喷雾。

【E41撒布器】 美国制造的一种生物战剂施放工具。该器是长方形，可装载并撒布10克炭疽或野兔热干战剂。

【E32 发生器】 美国制造的一种生物战剂发射武器。可发射 1 公斤炭疽生物战剂。

【A／B45-1 液体战剂喷洒箱】 美国制造的一种生物战剂发射武器。

【A／B45Y-1 液体战剂喷洒箱】 美国制造的一种生物战剂发射武器。可用以稻瘟菌孢试验。主要作用方式为喷洒。

【14B 液体战剂喷雾罐】 美国制造的一种生物战剂发射武器。可装 32 公斤葡萄球菌肠毒素或委马炎病毒。主要作用方式为喷雾。

【A／B45Y-4 干粉喷洒箱】 美国制造的一种生物战剂发射武器。用以 PG 毒素试验。

【A／B45-4-4 干粉喷洒箱】 美国制造的一种生物战剂发射武器。

【带伞纸筒】 投掷生物战剂的一种器材。外形与照明弹相似，系在降落伞下，适用于散布生命较脆弱的蚊虫类生物战剂。

【薄壳器】 一种生物战剂施放工具。外壳为右灰质球形薄壳，内装昆虫、小动物，落地时破裂，带菌昆虫、小动物散出。

【E61R4 炸弹】 美国制造的一种生物战剂炸弹。

【M114 集束弹】 美国制造的一种生物战剂集束弹。装有布氏杆菌战剂。

【CBU-2A／A 集束弹】 美国制造的一种生物战剂集束弹。

【CBU-7／A 集束弹】 美国制造的一种生物战剂集束弹。

【M143 球型小炸弹】 美国制造的一种生物战剂小型炸弹。装 950 公斤野兔热战剂。

【E120 小型炸弹】 美国制造的一种生物战剂小炸弹。可装 180 公斤野兔热战剂。

【四格弹】 投掷生物战剂的一种器材。其状与重型炸弹相似。分为四格。在投掷时，离地面 30 米处裂开，将带有生物战剂的昆虫、小动物、羽毛或玩具等杂物散开。

十六、雷达、声纳

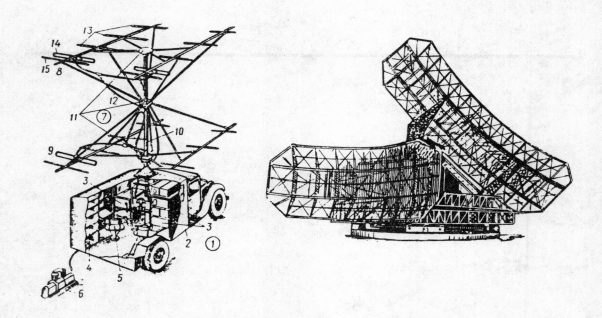

图 16—1　雷达

1—15.侦察和目标指示雷达：2.雷达工作车　3.雷达机　4.器材箱　5.操纵员座位　6.电源部件　7—15.八木式
天线：8.上天线　9.下天线　10.天线主杆　11.减速器和天线架固定盘　12.馈线　13.引向振子　14.有源振子
15.反射体

【雷达兵器】　由雷达及其附属设备所组成的系统兵器。附属设备包括：发电机组、地面询问机、图像传输设备、专用车辆等。

【雷达】　运用无线电定位方法，探测、识别目标，测定目标座标和其它特性的装置。"雷达"一词是英文 RADAR（radio detection and ranging 的缩写）的音译，原意是无线电探测和测距。雷达具有发现目标距离远，测定目标坐标速度快，能全天候使用等特点。因此在警戒、引导、武器控制、侦察、航行保障、气象观测、敌我识别等方面获得广泛应用，成为现代战争中一种重要的技术装备。

雷达的基本单元有：发射机，接收机，天线系统，输出装置，防干扰设备和电源。根据雷达的工作原理，其总体可以多种多样，但雷达本身，就其工作原理所采用的无线电定位方法而论，可以分

为：接收无源回波的有源雷达，接收有源回波的有源雷达，半有源雷达和无源雷达。

发射机产生高频振荡，由天线辐射到空间；所有雷达（无源雷达除外）都有发射机，这些雷达可以是连续波雷达，也可以是脉冲雷达。发射机的分类如下：按振荡部分的结构分为单级振荡器和多管振荡器；按振荡类型分为电子管振荡器，磁控管振荡器，速调管振荡器和铂管振荡器等。在现代雷达中，运用最广的是脉冲发射机，它由振荡器、调制器和电源组成。这种发射机由专门的装置实现同步，该装置以相等的时间间隔产生同步脉冲。根据雷达的不同用途，发射机产生的脉冲，其宽度在几十亿分之一秒到几十分之一秒范围内，功率在几百瓦到几十兆瓦之间。如果天线系收发共用，当产生高频脉冲时，发射机就自动接通天线，而接收机由通过天线转换开关同天线断开；在其余时间接收机

接通天线。发射机至天线和天线至接收机的高频振荡传输线路采用波导管或同轴电缆。波导管用于分米波和更短的波，同轴电缆则主要用于米波。

接收机用于选择、放大和变换天线所接收的信号。接收机可以不变换信号载频，也可以变换载频。在大多数情况下，接收机采用超外差电路。这种接收机接收一定频率和形式的非常微弱的信号，将其进行高频放大，并先变换成较低频率的信号，以便进一步放大，然后再变换成低频信号，该信号在接收机内再进行放大，并送入雷达的输出装置。在接收机内有雷达的防干扰电路，增益控制电路，频率微调电路和动目标选择电路等。

天线系统用于辐射和接收无线电波；根据雷达的战术用途、装设地点和所用的无线电波段等因素，天线系统制成不同的形式。米波和分米波的长波部分采用偶极天线；分米波的短波部分、厘米波和毫米波波段采用反射器天线、喇叭天线、透镜式天线和介质天线以及相控阵天线等。给定波长时，天线的波束宽度同天线的尺寸成反比。因而，为了压缩天线波束宽，通常通过缩短波长和加大天线尺寸来实现。天线波束在空间的移动有如下几种方法：使用电动机带动伺服机构使整个天线进行机械旋转；机电方法——在空间仅移动天线的辐射单元；电方法——改变若干辐射器所辐射信号的相位、频率、振幅及其他参数，以控制波束及其形状。

输出装置把信号变换成便于利用雷达信息的形式。为了使雷达和通常在自动跟踪大量目标时所用的计算机相结合，使用信号自动处理设备。

防干扰设备用于在反射干扰和辐射干扰背景内选择目标。

电源有汽油发电机组、柴油发电机组和燃气轮发电机组，即内燃发动机及其与联用的发电机组合而成。雷达也可以利用工业电网作为电源。在某些情况下，也可采用蓄能器、化学电池、太阳能电池和热电变换器作为电源。雷达电源功率在几瓦到数百和数千瓦范围内。

雷达按照任务不同，可分为：用于警戒和引导的雷达、用于武器控制的雷达、用于侦察的雷达、用于航行保障的雷达、用于气象观测的雷达。按雷达架设位置的不同，可分为地面雷达、机载雷达、舰载雷达、导弹载雷达、航天雷达、气球载雷达等。按工作频段不同，可分为米波雷达、分米波雷达、厘米波雷达、毫米波雷达等。按发射信号形式不同，可分为脉冲雷达、连续波雷达、脉冲压缩雷达等。按天线波束扫描控制方式不同，可分为机械

扫描雷达、机电扫描雷达、频扫雷达和相控阵雷达等。

地面雷达通常分为移动式和固定式两种。按其用途分为搜索引导目标指示雷达，炮瞄雷达，地面炮兵侦察雷达，以及防空导弹制导雷达，弹道导弹预警雷达，反导弹导弹制导雷达，迫击炮和飞航式导弹侦察雷达，航空管制雷达和气象雷达等。超视距雷达是一类特殊的雷达，它不同于上述在雷达视距范围内探测目标的所有地面雷达，而能够监视雷达视距以外的空域。超视距雷达的工作原理是，利用地面远距离散射无线电波的效应，无线电波在被地球电离层反射之后又返回发射源。这种雷达可用于预警弹道导弹的发射并粗测其座标，探测核爆炸，监视人造地球卫星的运行等。超视距雷达是固定式和多通道的，具有复杂的天线和大功率发射机。其辐射和接收特性，根据电离层的状态和所执行的任务进行调整。超视距雷达采用无线电短波（10 米）波段，作用距离达几千公里。

舰载雷达用于探测空中和水面目标，并进行目标指示，引导防空导弹和火炮，以及导航。为了保障雷达具有必要的视域，舰载雷达的天线系统安装在船桅上，并采取稳定措施以避免晃动。

机载雷达一般是多功能的，并具有自适应能力；它采用相控阵天线和电子计算机。这种雷达的一个重要特点，就是能够探测和跟踪地面反射干扰背景内的目标。机载雷达的主要类型有截击雷达和地面搜索全景雷达。后者用于飞行器空中导航、轰炸和侦察；这种雷达可以是有源的，也可以是无源的。为了观察广阔地段，研制成三种全景环视雷达。这种雷达是扇形波束，波束以每分钟 25-30 转的速度绕垂直轴旋转，或在给定的扇形区内摆动。为完成空中侦察和地形测绘等任务，使用测视雷达。这种雷达安装在飞行器上，其固定天线长8-10 米，在水平面上形成窄波束，或者采用合成孔径天线。

典型的雷达是脉冲雷达，主要由天线、收发转换开关、发射机、接收机、定时器、显示器、电源等部分组成。发射机产生强功率高频振荡脉冲。具有方向性的天线，将这种高频振荡转变成束状的电磁波，以光速在空间传播。电磁波在传播过程中遇到目标时，目标受到激励而产生二次辐射，二次辐射中的一小部分电磁波返回雷达，为天线所收集，称为回波信号。接收机将回波信号进行放大和变换后，送到显示器上显示，从而探测到目标的存在。为了使雷达能够在各个方向的广阔空域内搜索、发

现和跟踪目标，通常采用机械转动天线或电子控制波束扫描的方法，使天线的定向波束以一定的方式在空间扫描。定时器用于控制雷达各个部分保持同步工作。收发转换开关可使同一副天线兼作发射和接收之用。电源供给雷达各部分需要的电能。

目标的距离是根据电磁波从雷达传播到目标所需要的时间和光速相乘而得的。目标的方位角和仰角是利用天线波束的指向特性测定的。根据目标距离和仰角，可测定目标的高度。当目标与雷达之间存在相对运动时，雷达接收到目标回波的频率就会产生变化。这种频移称为多普勒频移，它的数值与目标运动速度的径向分量成正比。据此，即可测定目标的径向速度。

主要战术技术性能包括：雷达的最大作用距离，最小作用距离，方位角和仰角工作范围，精确度，分辨力，数据率，反干扰能力，生存能力，机动性、可靠性、维修性和环境适应性；以及雷达的工作体制，载波频率，发射功率，信号形式，脉冲重复频率，脉冲宽度，接收机灵敏度，天线的波束形状和扫描方式，显示器的形式和数量等。

精确度指雷达测定目标的方位、距离和高度等数据时偏离其实际值的程度。分辨力指雷达在方位、距离和仰角上分辨两个相邻目标的能力。反干扰能力是指雷达抑制敌方施放的有源干扰和无源干扰以及自然界存在的地物、海浪与气象干扰的能力。通常采取的反干扰措施有：将各种不同频段、不同类型的雷达组成雷达网，互相利用数据，对干扰飞机进行多站定位；展宽雷达工作频段，快速电子跳频，降低天线副瓣电平，增大发射功率、脉冲压缩、脉冲多普勒滤波等。

20世纪20年代末至30年代初，许多国家开展了对雷达的研究。1936年，英国人R.A.沃森-瓦特设计的"本土链"对空警戒雷达，部署在英国泰晤士河口附近，投入使用。该雷达频率为22~28兆赫，对飞机的探测距离可达250公里。到1941年，沿英国海岸线部署了完整的雷达警戒网。1938年，英国又研制出最早的机载对海搜索雷达ASV Mark Ⅱ。同年，美国海军研制出最早的舰载警戒雷达 XAF，安装在"纽约"号战列舰上，对飞机的探测距离为137公里，对舰艇的探测距离大于20公里。在此期间，苏联、德国、日本等国也各自研制出本国的雷达用于战争。

20世纪40年代，由于微波多腔磁控管的研制成功和微波技术的发展，出现了微波雷达。它具有测量精度高、设备体积小、操作灵活等优点，因而

雷达的用途逐步扩大到武器控制、炮位侦察、投弹瞄准等方面。美国在1943年中期研制成最早的微波炮瞄雷达 AN／SCR-584，工作波长为10厘米，测距精度为22.8米，测角精度为0.06度，它与指挥仪配合，大大提高了高炮射击的命中率。1944年，德国发射 V-1 导弹袭击伦敦时，最初英国击落一枚 V-1 平均需发射上千发炮弹，而使用这种炮瞄雷达后，平均仅需50余发炮弹。

50~60年代，航空和空间技术迅速发展，超音速飞机、导弹、人造卫星和宇宙飞船等都以雷达作为探测和控制的重要手段。60年代中期以来研制的反洲际弹道导弹系统，使雷达的探测距离、跟踪精度、分辨能力和目标容量等方面获得了进一步提高。

雷达的工作频段将继续向电磁频谱的两端扩展；应用微电子学和固态技术成果，将实现雷达的小型化；统一和综合配套，改善雷达的战术技术性能和使用性能，如机动性、可运输性、抗干扰能力等；利用计算机管理的控制雷达，将实现操作、校准、性能和故障检测的自动化，并发展自适应抗干扰技术；在中小型地面、舰载、机载雷达中，相控阵技术将获得广泛应用，以实现雷达的多功能；将提高雷达对目标实际形象、尺寸大小、运动姿态和诱饵识别能力，增强雷达抗核袭击和抗反辐射导弹摧毁的能力；并将发展新的雷达体制如多基地雷达、无源雷达、扩频雷达、噪声雷达等。

【军用雷达】　利用电磁波发现目标并测定其位置、速度和其他特性的军用电子装备。雷达本身就是随着战争的需要应运而生的，军事领域是雷达应用最为广泛的领域。

【热雷达】　借助红外波段的电磁波束探测目标并测定其位置的一种光电子装置。热雷达是光雷达的一种。它由光系统、发射机、接收机、显示器、同步部分、控制部分和电源组成。热雷达与无线电雷达一样，也以电磁波照射目标，接收目标的部分反射波，并将其转换成可见图像或电信号。搜索和跟踪目标是通过发射机红外射束和接收机瞬间视界角的空间同步扫描的方法来实现的。被探测目标的角座标是根据瞄准目标瞬间光学系统的轴位置来测定的，而目标距离则是根据红外辐射从热雷达到目标或是相反的传输时间来测定的。如果热雷达只测定目标的距离，它就称为红外测距仪；如果热雷达能探测和测定目标角坐标，它就可起到红外测向仪的作用。热雷达的优点是测定目标坐标的精度高，具有从目视观察中识别伪装目标的能力，其缺

点是探测距离受气象条件的影响极大。

【无线电热雷达】　利用无线电热定位原理，探测目标、测定目标角座标和获取目标某些物理特性信息的无线电电子设备。无线电热雷达的组成部分有：辐射探测仪，天线装置，显示器，辅助装置和电源。无线电热雷达的天线方向图通常很窄，它能够测定目标角座标、距离，并对目标进行角座标自动跟踪。无线电热雷达对空域的观测，通常采用单行或多行探测法，按照目标辐射强度和特点，测定目标辐射能力及其它一些类似的特性。对地面和水面进行观测的机载无线电热雷达使用最为广泛，在其显示器光屏上，示出地形、冰情和岸界等的无线电热像图，相似于光学图像。无线电六分仪是一种无线电热雷达，目前使用比较普遍，它能根据地球以外的无线电辐射源测量经纬度，对舰船和飞行器进行导航。飞行器上的导航无线电热雷达系根据其所接收信号的频率的变化测定飞行器的地速；探测喷气式发动机及其他发动机的火焰，借以引导导弹，等等。

【激光雷达】　利用激光束对目标进行探测和定位的雷达。主要用于目标测距和测绘等。一般由激光发射机、接收机、信号放大及脉冲电子线路、显示设备、电源等部分组成。激光雷达测距精度高，距离和角度分辨力好。但在雨、云、雾等气象条件下，因大气对激光衰减严重而不能有效工作。多功用的和结构完整的激光雷达，能够测量目标的距离、方位、运动速度，并能自动跟踪目标。单一功用的激光雷达，有激光测距雷达和激光测速雷达等。

【红外雷达】　利用目标本身所辐射的红外线而对其进行探测和跟踪的雷达。主要由搜索系统、跟踪系统、测距系统、数据处理系统、显示记录系统等组成。具有隐蔽性能好、体积小、重量轻、跟踪精度高的优点，但作用距离近、识别目标比较困难。主要用于导弹制导、侦察等。

【微波雷达】　工作波长在1米以下的分米波雷达、厘米波雷达和毫米波雷达的统称。

【米波雷达】　亦称超短波雷达。工作波长为1—10米，相应频率为300—30兆赫的雷达。具有作用距离远、工作稳定、受气象干扰影响小的优点。但天线体积较大、测定目标坐标的精度较低，主要作为地面警戒雷达使用。

【分米波雷达】　工作波长为10—100厘米，相应频率为3000—300兆赫的雷达。其性能和特点介于米波雷达和厘米波雷达之间，既可以作为警戒雷达，又可以作为引导雷达使用。

【厘米波雷达】　工作波长为1—10厘米，相应频率为30000—3000兆赫的雷达。测量坐标的精度较高，主要作为引导、测高雷达使用，但易受气象干扰的影响。

【毫米波雷达】　工作波长为1—10毫米，相应频率为300000—30000兆赫的雷达。具有体积小、重量轻、测定目标坐标精度高的优点，但受气象影响大，作用距离近。

【多普勒脉冲雷达】　利用多普勒效应测定目标的位置和相对运动速度的雷达。它具有较好的抑制地物干扰的能力。

【相控阵雷达】　利用控制天线阵中每个单元的馈电相位，实现天线波束控制的雷达。天线阵中每一个单元都有单独的收发信道，通常由电子计算机进行综合控制。具有数据率高、作用距离远、抗干扰性能好、适应性和可靠性强的优点，能同时对付多个目标和完成多种功能。

【被动雷达】　亦称无源雷达。本身不辐射电磁波，而直接利用被测目标自身辐射的能量，探测目标位置的雷达。不易被敌发现和干扰，并具有体积小、重量轻、可靠性高等优点，但对接收机的灵敏度要求高，识别目标特征的能力低。主要用于导航、导弹制导和侦察等。

【全息雷达】　采用雷达和全息术原理而工作的技术设备。全息雷达用双阶段法获得目标的雷达立体图像，类似于光全息术。第一阶段获得无线电全息图。为此，发射机天线向给定的探测区进行照射。目标反射的电磁波进入接收机天线，接收机测定每一点上波前的振幅和相位值。存储系统记录这些数据，形成无线电全息图。在第二阶段，用计算机和显示系统再现波前，形成目标输出图像。全息雷达的主要优点是：无线电全息图可以多次处理和所获的立体图像详细。全息雷达由于有许多问题尚未解决，所以还没有得到普遍使用。然而，它有发展前景，各技术发达国家对此十分重视。

【合成孔径侧视雷达】　利用合成孔径技术的一种机载的，能对航迹下方的两侧地带，进行照射和扫描的地形测绘雷达。其特点是分辨率高且与距离无关，能全天候使用，它所拍摄的照片具有较高的清晰度。

【超视距雷达】　亦称超地平线雷达。探测范围不受地球曲率影响，可探测地平线以下远距离目标的雷达。它是利用短波无线电波，在电离层和地面之间的跳跃传播而实现对远距离地面以上目标的探测，因而能发现刚离开地面的导弹等高速空袭兵器，可为防空系统提供较长的预警时间。但测量目标坐标的精度差，受电离层影响大，只能探测电离层以下的目标。

【舰载雷达】 装备在舰艇上的各种雷达的总称。用于探测和跟踪海面、空中目标，为武器系统提供目标坐标等数据，引导舰载机飞行和着舰，保障舰艇安全航行和战术机动等。舰载雷达按战术用途，分为警戒雷达、导弹制导雷达、炮瞄雷达、鱼雷攻击雷达、航海雷达、舰载机引导雷达和着舰雷达等。警戒雷达有对空警戒雷达和对海警戒雷达，用于发现和监视海面、空中目标，与敌我识别系统相配合判定目标的敌我属性，给导弹制导雷达和炮瞄雷达提供目标指示等。对海警戒雷达通常还具有抑制海浪杂波的能力，还可用于探测低空、超低空飞机和掠海飞行的反舰导弹。导弹制导雷达有舰舰导弹制导雷达和舰空导弹制导雷达，用于跟踪海面和空中目标，为导弹武器系统的计算机或射击指挥仪提供目标的坐标和运动数据，并配合导弹武器系统控制导弹飞行。炮瞄雷达用跟踪海面和空中目标，为火炮射击指挥仪或火控计算机提供目标的坐标数据和炸点偏差数据，以控制火炮射击。鱼雷攻击雷达装在鱼雷快艇和潜艇上，用于搜索、跟踪海面目标，为鱼雷攻击指挥仪提供目标的坐标和运动数据，以控制鱼雷攻击。航海雷达用于观测岛岸目标，以确定舰位，并根据航路情况，利用计算机进行避碰解算和显示，引导舰船安全航行。有些航海雷达还配有询问器，能与直升机上的应答器协同工作，以指挥引导舰载直升机的飞行。舰载机引导雷达一般装在航空母舰上，用于对舰载机进行指挥引导。着舰雷达一般装在航空母舰上，用于在复杂气象条件下引导舰载机安全着舰。

各种舰艇上装备的雷达种类和数量，取决于舰艇的战斗使命、武器装备和吨位大小。通常小型战斗舰艇装 1~2 部；大、中型战斗舰艇装 10 多部，有的多达 20 余部。为减小各雷达之间和雷达与舰上其他电子设备之间的相互干扰，采取了合理分配频率、统筹天线布局以及屏蔽、滤波等电磁兼容性措施。舰载雷达的天线，通常安装在桅杆上或专设的平台上；对海、对低空警戒雷达的天线，通常安装在桅杆顶部，以增大探测距离。雷达天线多采取纵横摇机械稳定或波束指向校准，以减小舰艇摇摆对雷达性能产生的影响。为适应海洋环境，舰载雷达还具有良好的防潮、防霉、防盐雾性能。

1938 年，美国海军研究试验室最早研制出频

率为 195 兆赫、对飞机探测距离达 137 公里的 XAF 型舰载警戒雷达，安装在"纽约号"战列舰上。第二次世界大战期间，美、英、苏、日等国海军的部分舰艇，陆续装备了对空、对海警戒雷达，主要用于及早发现敌方飞机和舰艇，以保障适时和有效的攻击。如在 1941 年 3 月 28 日马塔潘角海战中，英国舰队由于装备了舰载雷达，得以在黑夜中探测到意大利舰队的位置，争取了主动，取得了击沉意巡洋舰 3 艘、驱逐舰 2 艘的战果。大战末期至 20 世纪 50 年代，各国海军舰艇先后装备了炮瞄雷达、鱼雷攻击雷达和导弹制导雷达。60 年代，有些舰艇装备了三坐标雷达。这种雷达既能担负警戒任务，又能为武器系统提供目标指示和对舰载机进行引导，成为舰艇作战指挥系统中的重要设备。70 年代，各国海军十分重视对电子干扰和掠海飞行反舰导弹的防御，应用了频率捷变、单脉冲跟踪、脉冲压缩、动目标显示、脉冲多普勒、多目标跟踪、数字技术和光电技术等先进技术成果，研制并装备了一些抗干扰性能好、具有探测低空飞机和掠海飞行反舰导弹能力的新型警戒雷达和跟踪雷达。

舰载雷达今后的发展趋势是：发展多功能雷达，以提高雷达效能，减少舰上雷达的数量；进一步提高抗干扰能力，抑制海浪杂波，克服低空多路径效应，改善低空探测和跟踪性能。

【机载雷达】 装在飞机上的各种雷达的总称。主要用于控制制导武器，实施空中警戒、侦察，保障准确航行和飞行安全。机载雷达的基本原理和组成与其他军用雷达相同，其特点是：一般都有天线平台稳定系统或数据稳定装置；通常采用 3 厘米以下的波段；体积小，重量轻；具有良好的防震性能。机载雷达按用途可分为：截击雷达、轰炸雷达、空中侦察与地形测绘雷达、航行雷达和预警雷达等。

截击雷达用于为空空导弹、火箭和航炮等提供目标数据。它与火控计算机、飞行数据测量和显示设备等组成歼击机火控系统。截击雷达一般有搜索和跟踪两种功能。在搜索时，雷达发射和测定载机前方给定空域内的目标，截获后即转入跟踪状态，连续提供瞄准和攻击目标所需的数据。有的截击雷达有目标照射装置，用于导引半主动寻的导弹。截击雷达发现空中目标的距离一般为几十公里，有的可达一、二百公里；搜索和跟踪角一般为 ±60 度左右；测距精度为几十米；测角精度为十分之几度。脉冲多普勒截击雷达能抑制地（海）面杂波，

提取动目标信息，具有下视能力，装备这种雷达的歼击机能对低空、超低空目标实施攻击。较先进的截击雷达能边搜索边跟踪，即对一定空域搜索的同时，还能跟踪多个目标。有的截击雷达还具有多种功能，既能用于对空中目标的拦截，也能用于对地(海)面目标的攻击。

轰炸雷达主要用来为瞄准轰炸、制导空地导弹和领航提供目标信息。它可单独工作，也可与光学瞄准具、计算机配合使用，构成轰炸瞄准系统。轰炸雷达按搜索方式可分为前视和环视两类。前视雷达的天线波束指向载机前下方，在一个扇形地区内搜索。环视雷达的天线波束成扇形，指向载机下方作圆周搜索。它有搜索和瞄准两种工作状态。搜索时，天线作圆周扫描，当显示器画面上目标进入瞄准区时，雷达转入瞄准状态，将测得的目标数据送到计算装置，会同其他参数标出投弹点并显示在显示器上。当目标信号与投弹标志重合时，发射投弹指令，实现自动轰炸。轰炸雷达的作用距离一般为150～300公里，方位分辨力约为1°～3°。

空中侦察与地形测绘雷达用于提供地(海)面固定目标和移动目标的位置和地形资料。它通常是一种侧视雷达，具有很高的分辨力。其天线安装在机身两侧，波束指向载机左右下方并垂直于航线，随载机飞行向前扫描。侧视雷达分为真实口径侧视雷达和合成孔径侧视雷达两类。真实孔径侧视雷达的天线沿机身纵向长达8～10米，在飞机机身两侧形成很窄的波束，分辨力较全景雷达高10倍左右。合成孔径侧视雷达的天线实际尺寸并不大，但它利用载机的前进运动，通过对相干信号的存储和处理，可获得有效长度为几公里的天线孔径，从而极大地提高了雷达的分辨力。由这种雷达获得的地形图，其清晰度与航空照相的效果相接近。侧视雷达能昼夜进行空中侦察和地形测绘，可在不飞越对方阵地的情况下侦察和显示对方纵深一、二百公里内的目标。

航行雷达用观测载机前方的气象状况、空中目标和地形地物，保障飞行准确航行和飞行安全。有一类专门用来保障飞机低空、超低空飞机安全的航行雷达，叫地形跟随雷达和地物回避雷达，通常装在执行低空突防任务的飞机上。地形跟随雷达与计算机和飞行控制系统配合，控制飞行高度随地形起伏变化，使飞机始终保持一定的安全高度，地物回避雷达为飞行员显示选定高度上地面障碍物的分布情况，提供回避信号，使飞机绕过障碍物，保证飞行安全。利用工作转换开关，上述两种雷达可以交替使用。还有一种专门用于测定载机的偏流角和地速的航行雷达，叫多普勒导航雷达，可提供导航和轰炸所需数据，通常装在轰炸机和运输机上。

机载预警雷达是预警机的主要电子设备，用于空中警戒和指挥引导，也可用于空中交通管制。它已成为现代防空体系的重要组成部分。与地面对空情报雷达相比，它的盲区小，发现低空、超低空目标的距离远，机动性较强。

1938～1939年，英国研制出第一批ASVMkⅡ型机载对海搜索雷达和AI型机载截击雷达。随后，英国和美国又研制出H₂S型(10厘米)、H₂X型(3厘米)微波轰炸雷达，并于1942～1943年先后投入使用。20世纪50年代中期至60年代，机载雷达采用单脉冲角跟踪、脉冲压缩和合成孔径等新技术，其抗干扰能力、作用距离、分辨力和测量精度有了明显提高，应用范围也随之扩大，除控制火炮或投弹瞄准外，还能制导空空或空地导弹。并且出现了气象、地形跟随、地物回避等雷达。70年代，数字电子计算机和脉冲多普勒技术在机载雷达中应用，提高了雷达的信息处理、抑制地(海)面杂波和自适应等能力，并有较完善的机内自检系统和故障隔离装置。

中国于50年代开始装备机载雷达，60年代自行设计和研制出单脉冲体制机载截击雷达和轰炸雷达。70年代，又研制了多种体制和多功能的机载雷达。

随着电子技术的发展和战术要求的不断变化，机载雷达在作用距离、目标分辨力和识别能力、抗干扰能力和可靠性等方面将进一步发展。搜索、跟踪多个目标和具有多种功能的机载相控阵雷达将获得较为广泛的应用。机载雷达的小型化、自动化程度和自适应能力也将进一步提高。

【机载侧视雷达】　载于飞机下部对飞机下方两侧进行扫描的雷达。可在昼夜各种气象条件下进行侦察和测绘，获得高分辨率的雷达图像或信息数据。机载侧视雷达分为真实孔径侧视雷达和合成孔径侧视雷达。

【机载轰炸瞄准雷达】　机载的能显示地面雷达图像和根据飞行速度、高度及风速，结合炸弹参数自动计算投弹距离，在显示器上形成一个投弹环，以瞄准或自动投弹的雷达。

【机载警戒雷达】　装载在飞机上的搜索警戒雷达。主要用于低空警戒，弥补地面雷达的盲区和扩大警戒范围。

【武器控制雷达】　炮瞄雷达，用于连续测

定目标坐标的实时数据，通过射击指挥仪控制火炮瞄准射击。有地面型和舰载型。导弹制导雷达，用于引导和控制各种战术导弹的飞行。有地面型和舰载型。鱼雷攻击雷达，安装在鱼雷快艇和潜艇上，用于测定目标的坐标数据，通过指挥仪控制鱼雷攻击。机载截击雷达，安装在歼击机上，用于搜索、截获和跟踪空中目标，并控制航炮、火箭和导弹瞄准射击。机载轰炸雷达，安装在轰炸机上，用于搜索和识别地面或海面目标，并确定投弹位置。末制导雷达，安装在导弹上，在导弹飞行的末段，自动控制导弹飞向目标。弹道导弹跟踪雷达，在反导武器系统和导弹靶场测量中，用于连续测定飞行中的弹道导弹的坐标、速度，并精确预测其未来位置。

【制导雷达】 用来引导和控制地空导弹飞行的雷达。能搜索跟踪射击目标，并给导弹控制信号，使其按预定弹道准确地飞向目标。

【末制导雷达】 用于最后自动寻找目标，修正导弹飞行轨迹，保证命中目标的雷达。

【截击雷达】 歼击机上用于搜索、识别和自动跟踪空中目标的一整套设备，以保证歼击机实施接近目标的机动，提供使用机上导弹和射击武器所需的数据，在某些情况下，还可提供在制导中控制导弹用的数据。截击雷达的基本设备是机载雷达，截击雷达还可包括红外、电视、激光或光学瞄准具。截击雷达有两种主要的工作状态，一种是监视空间的搜索状态，使用自动跟踪系统发现并截获目标，另一种是自动跟踪状态，解决接敌和瞄准的任务，此外，还有照射状态，用于引导装有半主动式寻的头的导弹。70 年代截击雷达的战术技术性能如下：发现空中目标距离达 100—150 公里，搜索扇形区的方位角和高低角达 ±90°，截获目标自动跟踪的距离为发现距离的 60—80%，坐标测定精度——距离误差为几十米，方位角和高低角误差为几度。

【轰炸雷达】 轰炸和领航用的一种机载雷达。能比较全面地显示地貌和地物。可以单独或者和光学瞄准具交联工作，主要用来在夜间或复杂气象条件下，对雷达能发现的目标实施轰炸。也可以用空中领航。

【导弹攻击雷达】 为导弹射击指挥提供目标坐标和运动要素，以保障导弹攻击的雷达。

【鱼雷攻击雷达】 为鱼雷攻击指挥仪提供目标坐标和运动要素，以保障鱼雷攻击的雷达。

【炮瞄雷达】 用于自动跟踪空中目标，测定目标坐标，并通过指挥仪控制高射炮瞄准射击的雷达。又称火炮控制雷达。它是高射炮系统的组成部分。

炮瞄雷达一般都具有搜索和跟踪目标的能力。由于作用距离近，雷达波束窄，通常要根据目标指示雷达提供的情报搜索目标，必要时也可自行搜索目标。它用方向性很强的天线，定向发射针状波束和接收目标回波信号。发现目标后，转入自动跟踪，使天线轴对准目标。当目标偏离天线轴方向时，即产生方位角和高低角误差信号。误差信号作用于天线控制装置，使天线轴又迅速转向目标。在自动跟踪过程中，炮瞄雷达连续不断地测出目标的方位角、高低角和距离，并将这些坐标数据传给指挥仪，从而控制高射炮瞄准射击。

炮瞄雷达多工作于厘米波段或更高的波段，测定目标坐标的精度高，跟踪速度快，反应时间短，机动性能好。它按角度跟踪方式，分为圆锥扫描雷达、隐蔽圆锥扫描雷达和单脉冲雷达等。圆锥扫描雷达需要接收一系列的回波脉冲才能实现自动跟踪，受回波信号幅度起伏影响较大，限制了跟踪精度。单脉冲雷达则只需要一个回波脉冲，就可给出目标角度的信息，不受回波信号的幅度起伏的影响，提高了跟踪精度。按作用距离，分为大中口径和小口径高射炮炮瞄雷达。大中口径高射炮炮瞄雷达，搜索和跟踪距离较远，一般在 35 公里以上，但角跟踪速度较小，体积较大。小口径高射炮炮瞄雷达，搜索和跟踪距离较近，一般在 10～40 公里、角跟踪速度大，达 140 度／秒，体积小，重量轻，测定目标坐标的精度较高，多与计算机、高射炮结合成为一体。

1938 年美国制成了最早的炮瞄雷达 SCR—268，用于控制探照灯在夜间照射目标，引导高射炮对目标射击。1943 年美国研制成第一部圆锥扫描自动跟踪的微波炮瞄雷达 SCR—584，用于控制高射炮瞄准射击。20 世纪 50 年代中期，炮瞄雷达多用于控制大中口径高射炮.50 年代中期以后，转向于发展控制小口径高射炮的炮瞄雷达。70 年代以来，发展了单脉冲小口径高射炮炮瞄雷达，如瑞士的"空中卫士"系统中的 Var1021 型炮瞄雷达。

随着电子技术的发展，炮瞄雷达将进一步采用电扫描和边搜索边跟踪的体制，从而实现多目标跟踪；与激光、红外、电视结合，扩大雷达功能；提高低仰角跟踪和抗干扰、抗反辐射导弹摧毁的能力。

【岸防雷达】 用于对海防御探测和岸防武

器控制的雷达，是岸防作战指挥控制系统的组成部分。包括海岸警戒雷达、岸舰导弹制导雷达和海岸炮炮瞄雷达等。它具有较好的抗海浪杂波干扰的能力，其安装形式有固定式和机动式两种。固定式安装在永备工事内，或用气球悬空；机动式安装在车辆上。海岸警戒雷达一般设置在海岸和岛屿的高地上，以增大对海面和低空目标的探测距离。

【弹道导弹预警雷达】 一种远距离搜索雷达。用于发现洲际、中程和潜地弹道导弹，测定其瞬时位置、速度、发射点和弹着点等参数，为国家军事指挥机关提供弹道导弹来袭的情报。也用于担负空间监视和人造地球卫星等飞行器编目的任务。

弹道导弹预警雷达配有高性能的计算机数据处理系统，探测来袭目标的置信度高，虚警率低。平时，将空间运行的航天器和空间杂物编成星历表，不断预测其衰变期，避免其再入大气层陨毁时误判为导弹攻击。预警工作时，在其责任方位区内，形成 1～2 个低仰角搜索扇面，进行警戒。发现目标后，测定其位置，数据处理系统计算弹道轨迹，并与星历表中的卫星轨道、极光及流星余迹进行比较识别。如判定是导弹攻击，则进行跟踪，或移交给弹道导弹跟踪雷达，作进一步的精确判断，计算出来袭导弹的发射点、弹着点、再入时间和落地时间，并将上述情报发往预警中心。

弹道导弹预警雷达按性能和工作体制，可分为机械扫描、机电扫描和电扫描三种。

机电扫描的预警雷达采用固定的天线阵面，利用馈源位置的变化形成波束扫描，有两个波束在固定的低仰角上作方位扇扫。根据目标通过两个波束的时间、位置和速度，计算出近似的弹道轨迹，但预测弹着点的精确度较差，有时还需配置远程跟踪雷达，提高测定轨道的精度。如美国的 AN／FPS-50 型弹道导弹预警雷达，天线高 50 米，宽 122 米，方位覆盖范围 38 度，作用距离 4800 公里。

电扫描的预警雷达是一种多功能雷达，有频相扫阵和相控阵两种类型。它在较宽的责任方位区形成搜索扇面，发现目标后，在搜索的同时能跟踪 100～200 个目标，对多弹头目标有较高的识别能力和测量精度。如美国的全固态相控阵的 AN／FPS-115 型潜地导弹预警雷达，采用双阵面结构，方位覆盖范围达 240 度，作用距离大于 4000 公里。

弹道导弹预警雷达通常架设在国土边缘地区，用若干部雷达组成预警网，每部雷达负责指定的责任方位区，用数据传输通信系统与预警指挥中心联系在一起，完成国土的全方位预警。所提供的预警时间，对洲际导弹为 15～20 分钟，对潜地导弹为 2.5～20 分钟。

20 世纪 50 年代后期，洲际弹道导弹出现之后才开始研制弹道导弹预警雷达。60 年代初期，美国研制的 AN／FPS-50 雷达首先投入使用。60 年代后期，美、苏先后装备电扫描预警雷达。70 年代末，美国增设了全固态相控阵潜地导弹预警雷达，苏联架设了先进的频相扫描预警雷达。弹道导弹预警雷达今后的发展趋势，主要是进一步提高对来袭导弹的判定能力和改进计算机数据处理系统，以适应对多弹头和远程潜地弹道导弹的预警任务。

【弹道导弹跟踪雷达】 一种远距离跟踪雷达。用于跟踪洲际、中程和潜地弹道导弹，连续测定其坐标和速度，识别真假弹头，并精确预测其未来位置，制导反弹道导弹导弹等。也用于弹道导弹试验的靶场测量和鉴定。它是反导弹武器系统和靶场测量系统不可缺少的组成部分。

弹道导弹跟踪雷达按用途分为导弹截获雷达、导弹阵地雷达、导弹目标特性测量雷达和精密跟踪测量雷达等。

导弹截获雷达是一种多功能电扫描雷达。它依据预警信息搜索、截获来袭导弹，跟踪和识别目标，计算出来袭导弹的轨道和己方反导弹导弹的拦截弹道，对远程反导弹导弹进行初制导，并给导弹阵地雷达指示目标。如苏联的一种导弹截获雷达，天线阵面高 120 米，宽 150 米，外型为 A 型结构，有前后两个阵面。收发阵结构相似且分开设置，可双向发射或接收，作用距离 2800 公里。

导弹阵地雷达有单脉冲和相控阵两种体制，其主要任务是跟踪和识别来袭导弹，并制导反导弹导弹拦截来袭目标。它采用灵活的信号波形和数字信号处理机，根据目标群再入大气层的减速特性、目标大小、速度和尾流特性等，从假目标中识别出真弹头。一个四阵面的相控阵导弹阵地雷达，可全向搜索、跟踪和处理上百个目标，制导多个反导弹导弹拦截多个来袭弹头。

导弹目标特性测量雷达是远程相参单脉冲雷达，其主要任务是测量记录目标轨迹和回波特点，并从中推算出目标的动力学特性和物理特性。它采用灵活的信号波形，多种极化形式的天馈线，能进行速度分辨和跟踪，有较高的分辨力，常用多频段进行目标特征测量，给出目标尺寸大小、尾流特性和进行形体分析。如美国的 ALCOR 型雷达,工作频率为 5665 兆赫,信号带宽为 500 兆赫,距离分辨力为 0.5 米,可独立分辨出目标上各个散射中心,推算出近似的目标外形。

精密跟踪测量雷达是弹道导弹外弹道的测量雷达。担负靶场航区安全、火箭推力评定、火箭级间分离、多弹头相对位置及再入落点测量等任务。有时多部精密跟踪雷达组成雷达链,用跟踪信标的方法来测量远射程导弹的弹道。如美国的 AN / FPS-16 型雷达,工作在 5 厘米波段,测角精度 0.1 密位,测距误差 1.5 米,测速误差 0.05 米 / 秒。信标跟踪距离大于十万公里。

弹道导弹跟踪雷达在 20 世纪 40 年代后期开始使用,最初采用圆锥扫描体制。50 年代中期研制出单脉冲精密跟踪测量雷达,60 年代中期在靶场使用了反导弹试验性相控阵雷达,60 年代后期出现了宽带波形的目标特性测量雷达。70 年代以后加强了导弹阵地雷达识别技术的研究。今后的发展趋势是:采用自适应环境变化的信号波形,提高对小目标检测和在杂波干扰中检测目标的能力;采用宽带波形获得距离、速度的高分辨力,进行目标物理特性分析;采用多站雷达体制,以提高测定目标坐标的精度;进一步改进信号处理系统;加强识别技术和识别算法的研究等。

【侦察雷达】 专门用于侦察的雷达。主要包括:战场侦察雷达,陆军侦察分队用于侦察和监视战场上敌方运动中的人员的车辆。炮位侦察校射雷达,地面炮兵用于侦察敌方火炮发射阵地位置,测定已方弹着点的坐标,以校正火炮射击。活动目标侦察校射雷达,用于测定地面或海面的活动目标,并测定炮弹炸点或水柱对目标的偏差以校正地炮或岸炮射击。侦察与地形测绘雷达,安装在飞机上,用于侦察地面、海面的活动目标与固定目标和测绘地形,它采用合成孔径天线,具有很高的分辨力,所获得的地形图像,清晰度与光学摄影相接近。

【侦察校射雷达】 用以侦察地面或水面目标和校正火炮射击的雷达。一般由发射机、接收机、显示器、定时器、天线、馈线、天线控制设备、电源等部分组成。侦察校射雷达工作频率较高,分辨力强,测量精确,能连续跟踪目标和测量目标的瞬时坐标。能测定炮弹在地面或水面炸起飞溅物的坐标和炸点对目标的偏差量,为校正火炮射击提供数据。

【战场侦察雷达】 一种探测地面活动目标的雷达。主要装备于陆军部队,用于警戒、侦察敌方运动中的人员、车辆和坦克等目标,测定其方位、距离和活动路线,提供敌军地面活动的情报。

根据雷达作用距离的不同,战场侦察雷达可分为近距离便携式和中远距离车载式二种类型。根据雷达发射波形的不同,又有连续波和脉冲波两种体制。这种雷达一般采用 3 厘米或者更短的波长,以提高精度和减少体积、重量。由于目标周围环境中常伴有很多地物,这种雷达通常采用动目标检测技术,以便将活动目标信号从强烈的地物杂波中检测出来。

20 世纪 40 年代后期,有些国家就开始研制战场侦察雷达,但到 50 年代后期才陆续装备部队。70 年代开始装备脉冲多普勒体制战场侦察雷达。随着雷达技术的不断发展,这种雷达将采用更短的波长,以提高分辨和识别目标的能力;发展直升机载和系留气球载的雷达,以扩展探测范围;组织多部雷达和计算机、通信工具相结合,组成野战的情报指挥系统,以适应作战快速反应的要求。

【地炮雷达】 地面炮兵用于侦察敌方火炮位置和活动目标,校正火炮射击的雷达。主要有炮位侦察校射雷达和活动目标侦察校射雷达两种。与其他侦察器材比较,具有侦察速度快、距离远、全天候工作等特点。

炮位侦察校射雷达用于探测敌方正在射击的火炮位置,并测定已方弹着点的坐标以校正火炮射击。它装有扫描速度快、范围宽的方位扫描器和计算机装置。侦察敌方炮位时,雷达波束在敌方射弹弹道的升弧段上搜捕射弹,根据捕获射弹飞行的一段轨迹或两点以上的参数,以弹道外推方法确定敌方炮位的坐标。校正己方射弹时,在弹道降弧段上搜捕射弹以同样的方法确定弹着点的坐标,视其对目标坐标的偏差以校正射击。这种雷达可发现在遮蔽物后射击的火炮位置,以及已方火炮弹着点。侦察和校射距离,对迫击炮 6~12 公里,对榴弹炮 7~16 公里;测定坐标的误差 20~50 米、测定一次坐标需 10~30 秒。炮位侦察校射雷达出现于 20 世纪 40 年代初,由炮瞄雷达发展而来。最初用于侦察迫击炮位置,后来也用于侦察射角较大的榴弹炮位置。50 年代以前基本上采取跟踪式,需要对弹道上的射弹进行跟踪才能测出火炮位置。60 年代以来多为非跟踪式,即用双波束或多波束扇扫,只要射弹穿过波束,即可测出火炮位置。70 年代出现了相控阵体制的炮位侦察校射雷达,如美国的 AN / TPQ-37。它具有边扫描边跟踪和较强的抗干扰能力，可以探测射角较小的火炮位置，并能同时测定多门火炮的位置，定位过程全部自动化。

随着炮兵武器和雷达技术的发展，地炮雷达正向着改革工作体制，增大作用距离，增强抗干扰能力，提高机动性能，与地炮射击指挥系统结合，提高自动化程度等方面发展。

【炮位侦察雷达】 能通过测定飞行中的炮弹坐标而判明敌人火炮阵地位置的雷达。由发射机、接收机、天线、馈线、定时器、显示器、天线控制设备、电源等部分组成。其工作原理是：当敌炮射击时，雷达测量系统即迅速测定出按一定轨迹飞行的炮弹飞经某两点的坐标，并将数据自动送给计算机。计算机则根据这两点的坐标数据和火炮弹道推算出敌火炮阵地的位置。该雷达也可用于测定己方火炮射击的弹着点，校正射击偏差。

【活动目标侦察校射雷达】 地面炮兵用于发现活动目标并测定其坐标，校正火炮射击的雷达。它有扫描速度快，范围宽的方位扫描器和动目标检测装置。侦察目标时，雷达波束快速扫描搜索目标，操纵人员观察显示器上回波的变化来发现活动目标。校正射击时，雷达波束在预定区域搜索，操纵人员通过观察炸点的回波对目标回波的偏差以校正火炮射击。这种雷达对车辆或坦克的侦察距离为 11－20 公里，对 105 毫米以上口径火炮的校射距离为 9－16 公里；对目标的距离分辨力为 15－35 米，方位分辨力为 0.42－1 度；测定活动目标和炸点坐标的精度。距离为 1.5－50 米，方位为 1－10 密位。它于 20 世纪 40 年代中期由岸防雷达发展而来。

【双部检查雷达】 高射炮兵避开射击时，跟踪飞机和观察射击结果的雷达。主要用于观察距离偏差。

【对海侦察校射雷达】 海岸炮兵和守岛炮兵侦察海上目标，并测定己方弹着水柱偏差量的雷达。

【前沿阵地侦察雷达】 配置在前沿阵地上以监视敌人行动的雷达。通常作用距离较短。

【景象雷达】 对周围 360°方位的广大区域进行搜索，测定目标的方位和距离并能显示地形大致轮廓的雷达。有较好的方位测量精度和分辨率。

【航行保障雷达】 用于飞机、航船航行或着陆的雷达。主要有：航行雷达，安装在飞机上用于观测飞机前方气象情况、空中目标和地形地物，以保障飞机安全飞行。航海雷达，安装在舰艇上用

于观测岛屿和海岸目标，以确定舰位，并根据所显示的航路情况，引导、监督舰艇航行。地形跟随与地物回避雷达，安装在飞机上，用于保障飞机低空、超低空飞行安全。它和有关机载设备结合起来，可使飞机在飞行过程中保持一定的安全高度，自动避开地形障碍物。着陆（舰）雷达，在复杂气象条件下，用于引导飞机安全着陆或着舰。通常架设在机场或航空母舰甲板路道中部的一侧。有些雷达上还装有雷达敌我识别系统，用于判定所发现目标的敌我属性。它由配属于各种雷达的询问机和安装在已方各种飞机、舰艇上的应答机组成，以密码问答方式完成对目标的识别。

【导航雷达】 为飞机或舰船导航的雷达。一般由定时器、发射机、接收机、天线、馈线、显示器、天线控制设备、电源等部分组成。按其用途可分为飞机导航雷达和舰船导航雷达。飞机导航雷达用于飞机的远程领航，指挥和监督飞机的一般飞行或作战飞行，引导飞机着陆等；舰船导航雷达也叫航海雷达，用于观测岛岸目标，以确定舰船位置，并根据它显示的航路情况，引导舰船安全航行，指挥舰船进出港口和停泊。导航雷达通常由三坐标雷达担任，也可用两坐标雷达和测高雷达共同担任。

【着陆雷达】 在复杂气象条件下，引导飞机着陆的雷达。发射航向、下滑两个波束，测定和显示着陆飞机相对于跑道中心线和预定下滑线的关系位置。通常设在跑道中部的一侧。

【航行雷达】 能测定地面和空中目标，保证飞机准确航行的机载雷达。通常安装在大型飞机上。主要用来观察空中目标和飞机前方地形地物，判断雷雨区，提供空中领航所需的数据。是在复杂气象条件和在地形复杂地区航行时，保证安全的重要设备之一。

【气象雷达】 用于气象观测的雷达。主要用途是：探测空中云、雨的状态，测定云层的高度和厚度，测定不同大气层里的风向、风速和其他气象要素。它包括测雨雷达、测云雷达、测风雷达等。

【警戒、引导雷达】 用于警戒和引导的雷达。主要有：对空情报雷达，用于搜索、监视和识别空中目标。它包括对空警戒雷达、引导雷达和目标指示雷达，还有专门用来探测低空、超低空突防目标的低空雷达；对海警戒雷达，用于探测海面目标的雷达。一般安装在各种类型的水面舰艇上或架设在海岸、岛屿上；机载预警雷达，安装在预警机

上，用于探测空中各种高度上的飞行目标，并引导己方飞机拦截敌机、攻击敌舰或地面目标。它具有良好的下视能力和广阔的探测范围；超视距雷达，利用短波在电离层与地面之间的跳跃传播，探测地平线以下的目标。它能及早发现刚从地面发射的洲际弹道导弹和超低空飞行的战略轰炸机等目标，可为防空系统提供较长的预警时间，但精度较低；弹道导弹预警雷达，用来发现洲际、中程和潜地弹道导弹，并测定其瞬时位置、速度、发射点、弹着点等弹道参数。

【对空情报雷达】 搜索、监视与识别空中目标并确定其坐标和运动参数的雷达，也称对空搜索雷达。它所提供的情报，主要用于发布警报、引导歼击机截击敌方航空器和为防空武器系统指示目标，也用于保障飞行训练和飞行管制。是现代战争中获取空中目标情报的重要技术装备。

对空情报雷达的性能主要包括：探测目标的最大距离和高度，测定目标的精度的分辨力，数据率，情报容量，反干扰能力，机动性，可靠性和维修性。

情报容量是衡量对空情报雷达在单位时间内空情处理能力的重要指标。手工操作的雷达每分钟只能处理十多批空情；现代雷达具有自动录取设备，天线每搜索一周，可处理数十至数百批空情。反干扰能力是对空情报雷达的关键性能，通常采用多种反干扰技术来提高雷达抑制有源和无源干扰的能力，还可采用多部不同频率的雷达交错配置和对干扰源交叉定位等措施，对抗敌电子干扰。对空情报雷达通常具有良好的可靠性和维修性，即具有较长的平均故障间隔时间和较短的平均故障修复时间，以保证长时间的连续工作。

在战斗使用中，对空情报雷达常采用不同性能的多部雷达组成雷达网，各雷达的探测范围互相衔接构成一定的对空警戒和引导空域。雷达站测得的目标情报，上报到各级雷达情报中心。现代化雷达网采用数字通信设备和电子计算机，自动传递和处理情报，极大地提高了雷达网的效能。

对空情报雷达按用途分为警戒雷达、引导雷达和目标指示雷达；按同时测定目标坐标的数目，分为三坐标雷达、两坐标雷达和测高雷达；按探测距离的远近，分为远程（400公里以上）、中程（200—400公里）和近程（200公里以内）雷达。

【警戒雷达】 用以及早发现远方目标并概略测定其位置的雷达。一般由发射机、接收机、天线、馈线、定时器、显示器、天线控制装置、电源等部分组成。用于对空或对海警戒。主要特点是探测距离远，测定目标坐标的精度不高。按其警戒对象不同，可分为对空警戒雷达和对海警戒雷达，按其设置位置不同，可分为地面警戒雷达和机载警戒雷达；按其作用距离不同，可分为超远程警戒雷达、远程警戒雷达、中程警戒雷达和近程警戒雷达。

【引导雷达】 用其测定的目标数据并指引飞机飞往目标实施攻击的雷达。用于保障飞机截击空中目标或突击地面和水上目标。一般由三坐标雷达担任，必要时，也可用两坐标雷达加配测高雷达代替。引导雷达能较准确地测定目标的方位、距离和高度。

【目标指示雷达】 ①高射炮兵用以掌握空情和指示目标的雷达。探测距离较远，具有良好的搜索、发现目标的能力。②地空导弹兵用以为指挥所和制导雷达直接提供近方空中目标坐标数据的雷达。其作用是保障射击指挥的制导雷达能迅速地捕捉目标。

【测距雷达】 用于测一定角度范围内目标距离的单功能机载雷达。通常只安装在歼击机上。与射击瞄准具交联工作，或给出距离信号，提醒飞行员发射导弹。这种雷达不能测目标的方位角和俯仰角，但有的可以测出目标的速度。

【测高雷达】 主要用于测定飞行目标高度的雷达。测高雷达能准确地测定目标的高度，但全面监视空中目标比较困难，通常与没有测高装置的两坐标雷达配合使用。

【三坐标雷达】 能同时测定目标的方位、距离和高度三个坐标的雷达。现代三坐标雷达具有高数据率和大容量的特点，并有边搜索、边跟踪的能力，能比较有效地发现与掌握高速度、大批量、多层次、多方向的空中目标，因而在警戒、引导、导弹制导和飞行管制等方面获得广泛应用。

【二次雷达】 依靠接收飞行器上发出的应答信号进行工作的雷达。由地面站与飞行器上的应答机配合工作。具有作用距离远、不受地物回波和气象干扰影响的特点，但不能探测无应答信号的目标，一般与其它雷达配合，用于识别敌我、飞行管制等。

【声纳】 英文缩写字"Sonar"的音译，原意为"声导航与测距"。现意为利用声波在水中的传播特性，通过电声转换和信号处理，探测水下目标和实施水下通信等的技术器材。配备在潜艇、水面舰艇和反潜机上，或海岸声纳站；有的还可由水员携带。用于搜索、测定、识别和跟踪水中目标，进行水声对抗、水下战术通信、导航和武器制导。按工作方式可分为主动式声纳和被动式声纳。主动式声纳主要由换能器基阵、发射机、接收机、收发转换装置、终端显示设备、系统控制设备和电源等组成。它能辐射水下声波并能接收反射波。被动式声纳主要由换能器基阵、接收机、显示控制台和电源等部分组成。它只能接收远距离所发的水下声波。按用途可分为搜索声纳、攻击声纳、侦察声纳、探雷声纳、对抗声纳、导航声纳、声纳浮标等。按装备对象可分为舰艇声纳、航空声纳、海岸声纳和便携声纳。按搜索方式可分为多波束声纳、三维声纳、扫描声纳和旁视声纳等。

【舰用声纳】　装备在舰艇上的声纳。它包括水面舰艇、潜艇和其它船只上装备的各种声纳。按用途可分为搜索声纳、攻击声纳、侦察声纳、探雷声纳、对抗声纳、导航声纳、声纳浮标等。

【岸用声纳】　设在岸上的声纳。用于航道、港湾和海峡等的防潜警戒。由水下基阵、海底电缆、海底听音机和电子设备等组成。其基阵（天线）放置在警戒水域，用电缆和岸上机组联接。其工作方式有主动式和被动式两种。岸用声纳与舰用声纳相比，其基阵尺寸大，工作频率低，功率大，作用距离远。

【航空声纳】　亦称机载声纳。装备在反潜机上的声纳。用以发现、测定潜艇的位置和运动要素。按工作方式可分为主动式声纳和被动式声纳。按使用方式可分为吊放声纳和拖曳式声纳和空投声浮标等。

【水面舰艇声纳】　装备在水面舰艇上的声纳。包括警戒声纳、攻击声纳、侦察声纳、导航声纳、对抗声纳等。其工作方式以主动式为主，被动式使用较少。

【潜艇声纳】　装备在潜艇上的声纳。用以经常不断地搜索、监听水下目标。近代潜艇上通常装有几部到几十部各种功用的声纳，如侦察声纳、警戒声纳、攻击声纳、对抗声纳、导航声纳、水声通信机等。因潜艇本身要求具有隐蔽性，故潜艇声纳的工作方式以被动式为主，主动式很少使用。潜艇声纳的特点是作用距离远，测向精度高，并能长期可靠地工作。

【回声声纳】　发射声波，根据目标反射的回声来发现潜艇和其他水中目标的声纳。是主动式声纳，主要装在水面舰艇和潜艇及海岸声纳站，用于提供目标坐标数据，以保障使用武器和航海。它

可用噪声接收方式工作或以水声通信方式工作。

【噪声声纳】　本身不发射声信号，利用水中目标辐射的噪声进行工作的声纳。是被动式声纳。大都装在潜艇或执行水下侦察任务的水面舰船上。用于对水下目标进行搜索、跟踪、测向、测距和识别。有较好的隐蔽性，但不能探测无声目标。

【吊放声纳】　装在反潜直升机上的声纳。是航空声纳之一。由换能器、液压升降系统、吊放电缆和目标显示装置等组成。工作时，飞机在海面超低空悬停，将换能器吊放到水下一定深度进行搜索。转移探测点时，将换能器收回。吊放声纳以回音定位工作方式为主。其载体机动方便，因而它搜索扇面大，速度快。但受直升机螺旋桨噪声干扰大。

【拖曳声纳】　换能器基阵由反潜直升机和反潜舰艇拖带的声纳。分为由水面舰艇拖带的变深声纳和由水面舰艇、潜艇、直升机拖带的拖曳线列阵声纳。前者由拖曳体、拖缆、绞盘和电子设备等构成。换能器基阵装在流线型拖曳体内。这种声纳深度可变，能在恶劣水文条件下探测深水散射层或温跃层以下的目标。后者通常以噪声测向方式工作。

【舰壳声纳】　换能器基阵安装在舰艇壳体上的声纳。

【多波束声纳】　在一定的搜索范围内同时形成多个波束的声纳。它搜索速度快，能一次探测较大角度内的目标，同时观察跟踪不同方向的多个目标，且不易丢失接触，基阵利用率高，相当于多部单波束声纳同时工作。但其电子设备较复杂，且需保持各波束通道一致。

【侦察声纳】　亦称水声侦察仪。用于侦察敌主动式声纳的战术技术参数的声纳。它能接收对方主动式声纳的声波信号，测定其方位、工作频率和信号形式等。是被动声纳。多装于潜艇和执行水下侦察任务的水面舰艇。因敌方主动声纳信号是未知的，所以侦察声纳的接收机的频带较宽，一般在1—50千赫或更宽一些。

【对抗声纳】　水声对抗器材的统称。包括侦察声纳和干扰器材。侦察声纳用于侦察主动式声纳的方位、工作频率和信号形式，以便采取相应的对抗措施；干扰器材能发射宽频带的干扰信号或制造某些假信号进行干扰和伪装，以破坏对方的声纳和声自导鱼雷的正常工作。

【综合声纳】　使用上有联系的几部声纳结合在一起，共用换能器基阵、显示器等，具有多种

功能的声纳。能进行噪声测向、噪声测距、回声定位、侦察和识别目标等。使用综合声纳,可节省舰艇空间。

【搜索声纳】 用于搜寻水中目标和海区警戒的声纳。有主动式声纳和被动式声纳。发现目标后,可引导攻击声纳跟踪目标。它作用距离远,搜索速度快,观察扇面大,但测向、测距精度不高。

【攻击声纳】 用于提供水中目标的方位、距离、位变率和距变率,求出射击诸元,以保证武器系统实施攻击的声纳。它能对目标自动或半自动跟踪,定位精度较高;但作用距离近。攻击声纳一般为回声声纳,但潜艇也可用噪声测距声纳作为攻击声纳。

【探雷声纳】 用于探测水雷的声纳。主要装备在扫雷舰和猎雷艇上,用以发现和识别水雷、测定其方位和距离、引导灭雷装置爆破水雷。还可装在其它舰艇上,以保证舰艇在雷区航行的安全。其特点是分辨力较高,作用距离较近。

【导航声纳】 水声导航器材的统称。用以提供海区情况和有关舰船位置的数据,保障舰船安全航行。导航声纳包括测深仪、测冰仪、多普勒声纳等。

1、雷 达

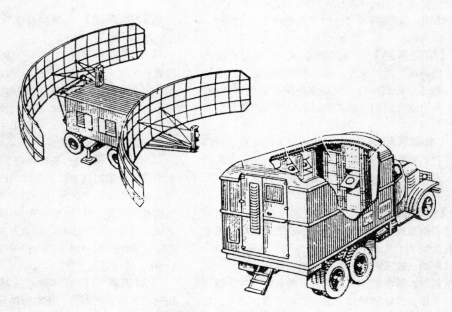

图 16—2 搜索引导目标指示雷达站(苏联)

【SPS30 型雷达】 美国制造。1960 年装备海军,现已停产。工作频率 2000—4000 兆赫。工作波段 E／F 波。扫描范围为仰角 0—36°。天线转速 10 转／分。发射功率为 1000 千瓦。功能:测高。装备平台为航母、驱逐舰。

【SPS10 型雷达】 美国制造。60 年代初期装备海军,现广泛装备在各类型水面舰艇上。工作频率 5450—5825 兆赫。工作波段 15—30 厘米(L 波)。天线转速 15 转／分。发射功率为 500 千瓦。探测距离 50 公里。功能为对海搜索。装备平台为各种水面舰艇。

【SPS29 型雷达】　美国制造。宽作频率215—224 兆赫。工作波段为 B 波。天线转速 5 转／分。发射功率 2000 千瓦。探测距离 370 公里。功能为对空搜索。装备平台为各种水面舰艇。

图 16-3　　SPS29 型雷达

【SPS37A 型雷达】　美国制造。1958 年装备海军，1962 年停产。工作频率 215.5—224.5 兆赫。工作波段 60—150 厘米（B 波）。天线形状为矩形栅网阵列。天线转速 2.5—15 转／分。发射功率 180 千瓦。探测距离 555 公里，功能为远程对空搜索。装备平台为驱逐舰。

图 16-4　　SPS37A 型雷达

【SPS40 型雷达】　美国制造。60 年代初期装备部队，已研制出 A、B、C、D 四种型号。工作频率 400—450 兆赫。工作波段 30—100 厘米（E／F 波）。天线形状为角空心网状反射体。发射功率 1000 千瓦。探测距离 320 公里。功能为对空搜索。装备平台为航母、巡洋舰、驱逐舰、护卫舰。

【SPS43A 型雷达】　美国制造。60 年代初

装备部队。最近其末端放大器全部改成固态。工作频率 214.5 兆赫。工作波段 60—150 厘米（B 波）。天线形状为矩形空心网状反射体。发射功率 1000—2000 千瓦。探测距离 400 公里。功能为远程对空搜索。装备平台为巡洋舰、驱逐舰、两栖指挥舰。

图 16-5　　SPS43A 型雷达

【SPS49 型雷达】　美国制造。该雷达主要用来搜索低空目标。工作频率 2910—3100 兆赫。工作波段 10 公分（E 波）。天线形状平面阵，蛇形波导馈源。天线转速 6 转／分。探测距离 400 公里。功能为远程对空搜索。装备平台为航母巡洋舰、护卫舰。

图 16-6　　SPS49 型雷达

【SPS63 型雷达】　美国制造。该雷达原型为意大利制 3TM20—H 型，是水翼艇的标准导航雷达。工作频率 9375 兆赫。天线形状为抛物圆柱面反射体。天线转速 25 转／分。发射功率 20 千瓦。探测距离 76 公里。功能为导航。装备平台为小型舰艇。

【SPS67 型雷达】　美国制造。该雷达 1983 年装备部队，用以取代 SPS10 型雷达。工作波段 C 波。探测距离 370 公里，功能为导航，搜索。装备平台为战列舰、船坞登陆舰。

【SPS39 型雷达】　美国制造。该雷达可用

作"鞑靼人"、"小猎犬"舰对舰导弹的跟踪制导雷达，有 A、B、C 三种型号。工作频率 2919-3100 兆赫。工作波段 7.5-15 厘米（E／F 波）。扫描范围为方位 360°，仰角 100°。天线形状为圆柱抛物面反射体，蛇形波导馈源。发射功率 1000 千瓦。探测距离 250 公里。功能为对空搜索。装备平台为巡洋舰。

【SPS48 型雷达】　美国制造。该雷达 1966 年装备部队，已有 A、B、C、D、E 五种型号。新研制的 E 型主要用来在有电子干扰的情况下探测飞机发射的导弹，也可用于为导弹的中间制导提供定位数据。可自动探测和跟踪多个空中目标。

图 16-8　　SPQ9 型雷达

【SPS65 型雷达】　美国制造。该雷达可与 SPS10 共用一付天线。是 SPS-58 系列的最新型号。主要用于点防御系统。工作频率 1360 兆赫。工作波段 D 波。天线开关为空心网状反射体。天线转速 15 转／分。发射功率 75 千瓦。探测距离 40 公里。功能为低空探测。装备平台为航空母舰。

图 16-7　　SPS48 型雷达

【SPS52 型雷达】　美国制造。该雷达 1966 年装备部队，已有 A、B、C 三种型号。A 型已退出现役。工作频率 2910-3100 兆赫。工作波段 7.5-15 厘米（E 波）。扫描范围为方位 360°，仰角 90°。天线转速 7.5 转／分。发射功率 2.2 兆瓦。探测距离 296 公里。功能为三座标对空搜索。装备平台为航母、巡洋舰、驱逐舰、护卫舰、两栖舰。

【SPY1／A10 型雷达】　美国制造。该雷达为美海军宙斯盾舰队防空导弹系统研制的一种固定式电扫描相控阵雷达，1969 年开始研制，1983 年装备部队。主要装备于导弹巡洋舰上。工作频率 2000-4000 兆赫。工作波段 7.5-15 厘米（E／F 波）。天线形状为 4 个八边形平面阵。发射功率为数兆瓦。探测距离 370 公里。功能为搜索，跟踪，制导。装备平台为宙斯盾系统舰只。

【SPQ9 型雷达】　美国制造。该雷达是 MK86 火控系统的组成部分。工作波段为 X 波。扫描范围为方位 360°，仰角 25°，天线转速 60 转／分，探测距离 37 公里。功能为对海、对空搜索，跟踪。装备平台为巡洋舰、驱逐舰，两栖攻击舰。

图 16-9　　SPS65 型雷达

【SPS58 型雷达】　美国制造。该雷达与 SPS10 共用一付天线。工作频率 1360 兆赫，工作波段为 D 波。天线开关为空心网状反射体，喇叭馈源。天线转速 15 转／分。发射功率 75 千瓦。探测距离 40 公里。功能为对空搜索，装备平台为各型舰船。

【SPS53A 型雷达】　美国制造。工作频率 9345-9405 兆赫。工作波段 2.5-3.75 厘米（X 波）。扫描范围为方位 1.6°，仰角 20°，天线转速 15 转／分，发射功率 35 千瓦，探测距离 60 公里。功能为对海搜索。装备平台为航母、战列舰、巡洋舰，护卫舰。

【SPS55 型雷达】　美国制造。该雷达为美新一代搜索导航雷达，可探测海上较小目标，潜艇及低空飞行目标。工作频率 9050—10000 兆赫。工作波段 G 波。扫描范围为方位 1.5°，仰角 20°。天线开关为两背靠背的端馈缝隙列阵。天线转速 16 转／分。发射功率 130 千瓦，探测距离 50 公里。功能为对海搜索，导航。装备平台为驱逐舰、巡洋舰、护卫舰。

【SPS64 型雷达】 美国制造。工作频率 900、1800、3600 兆赫。工作波段为 E 波。扫描范围为方位 1.5°，仰角 20°。天线开关为缝隙波。天线转速 33 转／分。发射功率 60 千瓦。功能为对海搜索。装备平台为小型舰船。

【LN 型雷达】 美国制造，该雷达为 W1200 火控系统的组成部分。工作频率 9345—9450 兆赫。工作波段 X 波。天线转速 22—44 转／分。发射功率 75 千瓦。探测距离为视距。功能为短距导航。装备平台为各种水面舰艇。

【BPS5 型雷达】 美国制造。工作频率 8740—8890 兆赫。工作波段为 X 波。发射功率为 75—110 千瓦。探测距离 146 公里。功能为对海搜索，通信，导航。装备平台为潜艇。

【BPS9 型雷达】 美国制造。工作频率 8740—8890 兆赫。工作波段为 X 波。天线转速 0—8 转／分。发射功率为 75—100 千瓦。探测距离 146 公里。功能为对海搜索，导航。装备平台为潜艇。

【BPS11 型雷达】 美国制造。工作频率 8740—8890 兆赫。工作波段为 X 波。发射功率为 75—100 千瓦。探测距离 146 公里。功能为对海搜索，导航。装备平台为潜艇。

【BPS12 型雷达】 美国制造。工作频率 8500—9600 兆赫。工作波段为 X 波。发射功率 75 千瓦。探测距离 146 公里。功能为对海搜索，导航。装备平台为潜艇。

【BPS15 型雷达】 美国制造。工作频率 8795—8855 兆赫。工作波段为 X 波。天线转速 0—9 转／分。发射功率为 50 千瓦。探测距离 145 公里。功能为对海搜索，导航。装备平台为潜艇。

【SPG51 型雷达】 美国制造。该雷达为 MK74 导弹控制系统的制导雷达和鞑靼人及标准 —ER 导弹的制导和跟踪雷达，已有 A、B、C、D 四种改进型。工作频率 4000—12000 兆赫。工作波段为 G 波。扫描范围方位 360°，仰角 —30°～+83°。功能为跟踪、制导。装备平台为巡洋舰、驱逐舰、护卫舰。

【SPG55 型雷达】 美国制造。工作频率 5200—10900 兆赫。工作波段为 J 波。发射功率 50 千瓦，探测距离 50 公里。功能为跟踪、制导。装备平台为巡洋舰、驱逐舰、护卫舰。

【SPG60 型雷达】 美国制造。该雷达为 MK86 制导系统和"标准—ER"导弹的跟踪和制导雷达。工作频率 8000—12000 兆赫。工作波段为 X 波。扫描范围—30°、+83°。探测距离 93 公里。功能为制导。装备平台为巡洋舰、驱逐舰、两栖攻击舰。

【SPG62 型雷达】 美国制造。该雷达为宙斯盾系统的制导雷达。工作频率 8000—12000 兆赫。工作波段为 X 波。探测距离 93 公里。功能为制导。装备平台为巡洋舰。

【SPG35 型雷达】 美国制造。工作频率为 8700—8900 兆赫。工作波段 X 波。发射功率 60 千瓦。探测距离 27 公里。功能为火炮控制。装备平台为护卫舰。

【SPG52 型雷达】 美国制造。工作频率 16400—16600 兆赫。功能为火炮控制。装备平台为驱逐舰。

【SPG53 型雷达】 美国制造。该雷达为 MK68 火控系统的组成部分。为"鞑靼人"和"标准"导弹提供目标制导。工作波段为 X 波。装备平台为驱逐舰。

【SPG49 型雷达】 美国制造。工作频率 5400—5900 兆赫。工作波段为 C 波。探测距离为 290 公里。功能为制导。装备平台为巡洋舰。

【SPN35 型雷达】 美国制造。工作频率为 9000—9600 兆赫。工作波段为 X 波。扫描范围方位 360°，仰角 36°。天线转速 16 转／分。发射功率 175 千瓦。功能为飞机进场控制。装备平台为航母。

【SPN41 型雷达】 美国制造。工作频率为 15112—15688 兆赫。工作波段为 J 波。天线形状为抛物面反射体。发射功率为 2.2 千瓦。探测距离 93 公里。功能为飞机进场控制。装备平台为航母。

【SPN42 型雷达】 美国制造。工作频率为 33000—33400 兆赫。工作波段为 J 波。扫描范围为方位左 30°、右 75°、仰角 +30°、—30°。天线形状为前偏置馈电的抛物柱面反射体。天线转速 18 转／分。发射功率 50 千瓦。探测距离 15 公里。功能为飞机进场控制。装备平台为航母。

【SPN43 型雷达】 美国制造。该雷达另有定向／非定向敌我识别器天线。工作频率高，扫描范围方位 360°（搜索天线）。天线转速 15 转／分（搜索天线）。发射功率 850 千瓦。功能为飞机进场控制、对空监视。装备平台为航母。

【SPN44 型雷达】 美国制造。工作频率 1000—10250 兆赫。工作波段 X 波。探测距离 3.5 公里，功能为飞机进场测速。装备平台为航母。

【首网 C 三座标对空对海雷达】 苏联制造。功能为远程对空搜索，海上目标指示。体制为 V 型波束三座标。作用距离：空中目标为 110—130 公里、水面目标为 37 公里。工作频段为 E、F。扫瞄器由两部首网 A 天线背靠背组合而成。其中，一部天线水平倾斜角为 30 度。装备对象为航空母舰、导弹巡洋舰、导弹驱逐舰、测量船、破冰船。1967 年装备部队。

【顶帆三座标远程对空雷达】 苏联制造。功能为远程对空搜索，目标指示。体制为频扫三座标。作用距离为对空 550 公里。工作频段为 D。扫描器为柱截型格栅抛物面反射体，线性馈源。装备对象为航空母舰、导弹巡洋舰。装备时间为 1967 年。

【顶对三座标远程对空雷达】 苏联制造。功能为远程对空搜索，体制为频扫三座标／两座标。作用距离为对空 550 公里。工作频段为 D、E、F。扫描器由一部顶帆和一部大网雷达天线背靠背组合而成。装备对象为导弹巡洋舰。装备时间为 70 年代后期。

【顶舵三座标远程对空雷达】 苏联制造。功能为远程对空对海搜索，飞机引导。体制为频扫三座标／两座标。作用距离为对空 550 公里。工作频段为 D、E、F。扫描器由一部顶帆和一部首网 A 雷达天线背靠背组合而成。装备对象为航空母舰、导弹巡洋舰、导弹驱逐舰。装备时间为 70 年代后期。

【大网对空雷达】 苏联制造。功能为远程对空搜索。体制为两座标。作用距离为高空目标 370 公里，中空目标 185 公里。工作频段 C、D。扫描器为椭圆网状抛物面反射体，悬挂式，刺叭馈源。装备对象为导弹巡洋舰、巡洋舰、导弹驱逐舰、雷达哨舰、卫星跟踪船。装备时间为 1959 年。

【顶槽对空雷达】 苏联制造。功能为远程对空搜索，目标指示。作用距离为对空 555 公里。工作频段为 C、H。扫描器为平面缝隙结构，长约 3—4 米，安装在方格支架上。装备对象为斯维尔德洛夫级巡洋舰。装备时间为 1960 年。

【交啄鸟对空雷达】 苏联制造。功能为远程对空搜索。作用距离最大 500 公里，中空目标 56 公里。工作频段为 A。扫描器尤达八木阵列天线，4×2 振子。装备对象为老式驱逐舰、护卫舰、潜艇支援舰。

【刀架对空雷达】 苏联制造。功能为远程对空搜索。作用距离最大 370 公里、高空目标 170 公里。工作频段为 A。扫描器为甚高频、高增益，八木阵天线高度 8.6 米。装备对象为老式巡洋舰、驱逐舰及部分扫雷舰。装备时间为 1958 年。该雷分 A、B 两种型号，其功能大致相同。

【海鸥对空雷达】 苏联制造。功能为远程对空搜索。作用距离最大 370 公里。工作频段 A。扫描器为尤达八木阵列天线。装备对象为老式巡洋舰。装备时间 1951 年。

【首网 A 对空对海雷达】 苏联制造。功能为对空、对海搜索，目标指示。作用距离为中空目标 110—130 公里，对海 37 公里。工作频段 E、F。扫描器为椭圆网状抛物面反射体，喇叭馈源。装备对象为导弹巡洋舰、巡洋舰、导弹驱逐舰。装备时间 1959 年。

【首网 B 对空对海雷达】 苏联制造。功能为对空、对海搜索，目标指示。作用距离为中空目标 110—130 公里，对海 37 公里。工作频段 E、F。扫描器由两部首网 A 天线背靠背组合而成，装备对象为导弹驱逐舰、卫星跟踪船，装备时间 1965 年。

【支撑曲面对空对海雷达】 苏联制造。功能为对空对海搜索，作用距离为最大 280 公里，中空目标 110 公里，对海 38 公里，工作频段 E、F，扫描器为钝角形格栅抛物面反射体，喇叭馈源，装备对象为巡洋舰、驱逐舰、护卫舰、登陆舰、导弹支援舰、供应舰。装备时间 1960 年。

【双撑面对空对海雷达】 苏联制造。功能为对空对海搜索，作用距离最大 300 公里，工作频段 E、F，扫描器由两部支撑曲面天线背靠背组合而成，装备对象为无畏级导弹驱逐舰等，装备时间 70 年代末期。

【细网对空对海雷达】 苏联制造。功能为对空对海搜索，作用距离最大 330 公里，中空目标 28 公里，工作频段 E、F，扫描器为钝角形直格条抛物面反射体，喇叭馈源，装备对象为巡洋舰、导弹驱逐舰、驱逐舰、护卫舰、支援舰船，装备时间 1953—54 年。

【发网／海网对空对海雷达】　苏联制造。功能为对空对海搜索，作用距离最大 300 公里，中空目标 28 公里，工作频段为 E、F，扫描器垂直格条抛物面反射体，3.3×1.8 米，下悬式喇叭馈源，装备对象为老式巡洋舰、驱逐舰，装备时间为 1951 年。

【平网对空对海雷达】　苏联制造。功能为对空对海搜索，作用距离最大 280 公里，中空目标 110 公里。对海 37 公里，工作频段 D、E，扫描器为水平格条抛物面反射体，倾斜安装，喇叭馈源，装备对象为老式导弹驱逐舰，1958 年装备部队。

【板片对空对海雷达】　苏联制造。功能为对空对海搜索，该雷达装备小型舰艇。

【曲板对海雷达】　苏联制造。功能为对海搜索，工作频段 E、F，扫描器为实体抛物面反射体，由两个弓架支撑，喇叭馈源装在一个球形有机玻璃罩中，装备对象为喀拉级导弹巡洋舰，装备时间为 1972 年。

【柱网对海雷达】　苏联制造。功能为对海搜索（兼中空），目标指示，作用距离对海 37 公里，中空目标 150 公里，工作频段为 E、F，扫描器为偏馈椭圆格栅状，下悬式喇叭馈源，装备对象为导弹巡洋舰，导弹驱逐舰，装备时间为 1962 年。该雷达主要用于对海搜索，也用于为 SA-N-1 导弹制导雷达提供目标指示。

【方形结对海雷达】　苏联制造。功能为对海搜索，目标指示，作用距离最大 130 公里，对海 25—28 公里，工作频段为 I、J，扫描器为椭圆格栅抛物面反射体，外伸例悬式刺叭馈源；装备对象为导弹艇，1959 年装备部队。

【罐形鼓对海雷达】　苏联制造。功能为对海搜索，辅助导航，作用距离最大 83 公里，对海 38 公里，工作频段 I、J，扫描器为平顶圆柱形天线罩，直径 1.5 米，装在桅杆顶端，装备对象为护卫艇、鱼雷艇、水翼艇，装备时间为 1958 年，该雷达可采用无源探测方式，抗干扰能力较强。

【罐首对海雷达】　苏联制造。功能为对海搜索，辅助导航，作用距离为对海 38 公里，工作频段 1、J，扫描器为平顶圆柱形天线罩，直径 1.5 米，装在桅杆顶端，装备对象为护卫艇、鱼雷艇、巡逻艇，装备时间为 1960 年。该雷达为皮头雷达改进型。

【低筛对海雷达】　苏联制造。功能为对海搜索，作用距离为对海 38 公里，最大 350 公里，工作频段 E、F，扫描器为水平筛网细长格条抛物面反射体，装备对象为巡洋舰、驱逐舰，装备时间为 1957 年。

【高筛对海雷达】　苏联制造。功能为对海搜索，作用距离为中空目标 46 公里，对海 38 公里，工作频段 E、F，扫描器为倒圆角形水平网状抛物面，喇叭馈源。装备对象为老式巡洋舰、驱逐舰。装备时间为 1954 年。

【皮头对海雷达】　苏联制造。功能为对海搜索，作用距离对海 20 公里，工作频段为 I、J，扫描器为天线加罩、呈套筒形，直径 0.8 米，高 1 米，装备对象为鱼雷艇，巡逻艇、登陆舰艇，装备时间为 1953 年。

【尾球对海雷达】　苏联制造。功能为对海搜索，辅助导航，作用距离为有效 37 公里，工作频段 E、F，扫描器为整体抛物面反射体，喇叭形辐射器放在球状有机玻璃罩内。装备对象为护卫舰、扫雷舰。该雷达为"炮球"雷达改进型。

【炮球对海雷达】　苏联制造。功能为对海搜索，作用距离为有效 37 公里，工作频段 E、F，扫描器为整体抛物面反射体，喇叭形辐射器放在球状有机玻璃罩内，装备对象为护卫舰艇、扫雷舰、通信舰，装备时间为 1950 年。

【窥探片潜艇雷达】　苏联制造。功能为近程对海搜索，作用距离为有效 19 公里，工作频段 I、J，扫描器为实体抛物面反射体，上、下缘是平的，侧缘为半圆头，支架可收缩，装备对象为常规潜艇，潜艇支援舰，装备时间为 1953 年，该雷达常与"停车灯"等无源电子战系统配合使用。

【窥探极潜艇雷达】　苏联制造。功能为中程地海搜索，作用距离最大 130 公里，有效 25 公里，工作频段 I、J，扫描器为实体抛物面反射体，上缘呈倒圆状，下缘倾斜，装备对象为常规动力潜艇，装备时间为 1963 年。

【窥探盘潜艇雷达】　苏联制造。功能为中远程对海搜索，作用距离最大 185 公里，有效 25 公里，工作频段 I、J，扫描器为实体抛物面反射体，近似正方形向下倾斜约 25 度，装备时间为 1962 年，装备对象为核动力潜艇，常规动力潜艇。

【船帆潜艇雷达】　苏联制造。功能为远程对空对海搜索，作用距离最大 330 公里，中空目标 150 公里，低空目标 90 公里，工作频段为 D、E，扫描器为钝角形格栅抛物面反射体，后连 U 形支架，可折叠和伸缩。装备对象为雷达哨潜艇，装备时间为 1961 年。

【棕榈阵导航雷达】 苏联制造。功能为导航，扫描器为实体抛物面反射体，装备对象为新型导弹巡洋舰、新型导弹驱逐舰，装备时间为 70 年代末。

【海王星导航雷达】 苏联制造。功能为导航，工作频段为 H、I，扫描器为钝角形实体抛物面反射体，背面有水平和垂直肋条。装备对象为老式巡洋舰、老式驱逐舰、护卫舰、登陆舰，以及支援舰，装备时间为 1954 年，该雷达 1957 年改为海王星 M 型，但仍称海王星型。

【顿河导航雷达】 苏联制造。功能为导航，工作频段为 H、I，扫描器为钝角形实体抛物面反射体，由垂直杆和水平杆共同支撑，偏置喇叭馈源，装反射体下方，装备对象为各级老式舰艇，装备时间 1959 年，该雷达为海王星导航雷达的改进型。

【顿河-2 导航雷达】 苏联制造。功能为导航，工作频段为 H、I，扫描器体积较小，采用水平缝隙天线，安装在方形基础上，装备对象为各型舰艇。装备时间为 1961 年。该雷达为顿河导航雷达的改进型。

【顿河 K 导航雷达】 苏联制造。功能为导航，对海搜索，作用距离最大 185 公里，低空目标 56 公里，对海 28 公里。工作频段 H、I，扫描器外形类似顿河雷达，装备对象为导弹舰只、卫星跟踪船，装备时间为 1967 年，该雷达为顿河导航雷达的另一种改进型。

【旋转槽导航雷达】 苏联制造。功能为导航，工作频段 H、I，扫描器为缝隙天线，外形类似顿河-2 型雷达，长度 1.5 米，高度 0.18 米，装备对象为小型舰艇、登陆舰艇，装备时间为 1965 年。

【双桔皮导航雷达】 苏联制造。功能为导航，工作频段 H、I，扫描器由两部雷达天线迭合构成，单部天线外形类似顿河 K 雷达天线，装备对象为小型导弹舰艇，装备时间为 1969 年。

【顶结导航雷达】 苏联制造。功能为战术空中导航，扫描器天线安装在球形罩内，置于主樯顶端，装备时间为 1974 年，该雷达为舰载机精密着陆导航雷达。

【音乐台导弹制导雷达】 苏联制造。功能为导弹制导，对空对海搜索，作用距离 110 公里，扫描器天线罩为一巨大长套筒形，顶部呈圆形，高度 4.5 米，直径 3.2 米，罩内为圆抛物面反

射体，装备对象 SS-N-9 导弹，装备时间为 1969 年，该雷达常与鱼缸导弹制导雷达配合使用。

【眼球导弹制导雷达】 苏联制造。功能为导弹制导，作用距离为 45 公里，工作频段 C／F，扫描器为小型圆盘抛物面反射体，天线可翻转，装备时间 1970 年，该雷达可能为前灯导弹制导雷达的简易型，分辨力强，低空推测能力好。

【前灯导弹制导雷达】 苏联制造。功能为导弹制导，体制为边跟踪边扫描，作用距离 72-144 公里，工作频段 G（大型天线）、I（小型天线）、D（指令天线），扫描器由五部网状天线构成，小天线在上，直径 1.8 米，大天线在下，直径 3.8 米，装备对象为 A 型制导 SA-N-3 导弹，B 型制导 SS-N-14 导弹，装备时间为 1967 年，该雷达分 A、B 两种型号。

【桔皮群导弹制导雷达】 苏联制造。功能为导弹制导，体制为边跟踪边扫描，单脉冲，作用距离 55-75 公里，工作频段 H／I，扫描器由 4 部椭圆实体反射体组成，装备对象 SA-N-1 导弹，装备时间为 1961 年，该雷达目标指示可能由首网雷达提供。

【排枪导弹制导雷达】 苏联制造。功能为导弹制导，体制为单脉冲，作用距离 48 公里，工作频段 H、I、J，扫描器由三部雷达天线组成，装备对象 SA-N-4 导弹，装备时间 1969 年，该雷达由于采用单脉冲和跳频技术，具有极强抗干扰能力。

【双铲导弹制导雷达】 苏联制造。功能为导弹制导，体制为边跟踪边扫描，作用距离 60-100 公里，工作频段 E，扫描器由两部同轴旋转天线，一上一下安装在一起，天线为椭圆网状抛物面反射体，双喇叭馈源，装备对象 SS-N-36 导弹，装备时间 1960 年，该雷达同时具有对海搜索能力。

【活板门导弹制导雷达】 苏联制造。功能为导弹制导，体制为边跟踪边扫描，作用距离 480 公里，工作频段 E，扫描器为小型抛物面，可伸缩，平时收入舰首的甲板室内，装备对象为 SS-N-12 导弹，装备时间为 1974 年。

【顶罩导弹制导雷达】 苏联制造。功能为导弹制导，远程跟踪，扫描器为球形天线罩，装备对象为 SA-N-6 导弹，70 年代后期装备部队。

【前罩导弹制导雷达】 苏联制造。功能为导弹制导，远程跟踪，扫描器为球形天线罩，装备对象为 SA-N-7 导弹，1981 年装备部队。

【扇歌 E 导弹制导雷达】　苏联制造。功能为导弹制导，体制为双频，边跟踪边扫描，作用距离 75-150 公里，工作频段 H、G，扫描器 3 个圆形抛物面，1 个水平扫描天线，1 个垂直扫描天线，互成直角，装备对象 SA-N-2 导弹，装备时间 1962 年，该雷达与高月测高雷达同时使用，可以同时捕捉 6 个目标，并制导 3 枚以上导弹拦截目标。

【高月测高雷达】　苏联制造。功能为与扇歌 E 配合进行导弹制导，工作频段为 E／F，扫描器为立式格栅抛物面反射体，背面有 16 根交错撑杆，抛物面长 5-6 米，装备对象 SA-N-2 导弹，装备时间为 1964 年。

【正门导弹制导雷达】　苏联制造。功能为潜（舰）对舰导弹制导，扫描器为钝角形格栅状抛物面反射体，装备对象 SS-N-3a 导弹，装备时间为 1962 年。

【正板导弹制导雷达】　苏联制造。功能为潜对舰导弹制导，扫描器为钝角形格栅状抛物面反射体，装备对象为 SS-N-3a 导弹，装备时间为 1962 年，该雷达常与正门导弹制导雷达配合使用。

【低音鼓炮瞄雷达】　苏联制造。功能为火炮控制，作用距离 28 公里，工作频段为 H，扫描器为外壳似鼓状，倾斜 30 度，长 1.7 米，直径 1.5 米，里边是整体抛物面反射体，装备对象为 30 毫米六管自动速射炮和部分 57 毫米双联装全自动火炮，装备时间为 1972 年。

【歪鼓炮瞄雷达】　苏联制造。功能为火炮控制，作用距离 38 公里，工作频段 I，扫描器为外壳似鼓状，长 1.7 米，直径 1.1 米，塑料罩内是整体抛物面反射体，装备对象为 25 毫米双联装半自动高炮，30 毫米双联装半自动高炮，装备时间为 1962 年。

【鹰鸣炮瞄雷达】　苏联制造。功能为火炮控制，体制为圆锥扫描，工作频段 H，扫描器为圆盘反射体，直径约 2 米，馈源由 4 根支柱支撑，与天线中心成 90 度，装备对象为 57 毫米双联装半自动高炮，76 毫米双联装两用全自动火炮，45 毫米四联装两用半自动火炮，57 毫米四联装两用半自动火炮，装备时间为 1954 年，该雷达具有对海上目标射击控制和探测弹着点的能力。

【枭鸣炮瞄雷达】　苏联制造。功能为火炮控制，体制为圆锥扫描，工作频段为 H，扫描器为外形同鹰鸣雷达天线，但直径略大，为 2.5 米，装备对象为 76 毫米双联装两用全自动火炮，装备时间为 1962 年，是鹰鸣雷达的改进型。

【鸢鸣炮瞄雷达】　苏联制造。功能为火炮控制，体制为单脉冲，工作频段为 H，扫描器为外形同枭鸣炮瞄雷达天线，但外罩较小，馈源支撑部分伸出较长，装备对象为 100 毫米单管两用全自动火炮，装备时间为 1980 年，是枭鸣雷达改进型。

【圆套筒炮瞄雷达】　苏联制造。功能为火炮控制，工作频段为 H，扫描器为外形同歪鼓雷达，天线罩下有一个 1 米长的电子设备箱，装备对象为 57 毫米双联装半自动高炮、57 毫米双联装全自动高炮，装备时间为 1963 年，能提供仰角扫描。

【长弓炮瞄雷达】　苏联制造。功能为目标指示，工作频段为 I，扫描器为钝角形实体抛物面反射体，偏置馈源，装备对象为老式驱逐舰火炮，装备时间为 1975 年。

【顶弓炮瞄雷达】　苏联制造。功能为目标指示，工作频段为 H、I，扫描器为椭圆抛物面反射体，安装在圆锥形马达上，装备对象为 100 毫米双联装两用半自动火炮，130 毫米双联装半自动火炮，152 毫米三联装半自动火炮，装备时间为 1952 年，可用来制导 SS-N-1 舰对舰导弹。

【圆顶炮瞄雷达】　苏联制造。功能为火炮控制，工作频段为 H，扫描器为实体抛物面反射体，长度约 2 米，装备对象为老式 100 毫米炮，老式 130 毫米炮，装备时间为 1949 年，该雷达常与遮阳雷达合用。

【蜂头炮瞄雷达】　苏联制造。功能为火炮控制，工作频段 H，扫描器为实体抛物面反射体，长度约 2 米，装备对象为老式 130 毫米炮，老式 100 毫米炮，装备时间为 1950 年，该雷达常与遮阳雷达合用。

【遮阳 B 炮瞄雷达】　苏联制造。功能为火炮控制，工作频段为 H、I，扫描器为实体抛物面反射体，介质馈源装在由反射体前伸的横梁上，装备对象为 100 毫米双联装两用半自动火炮，130 毫米双联装两用半自动火炮，装备时间为 1956 年，常与圆顶或蜂头雷达合用，可进行 360 度方位扫描。

【半弓炮瞄雷达】　苏联制造。功能为目标指示，工作频段 I，扫描器为钝角形实体抛物面，天线不稳定，装备对象为 130 毫米双联装半自动火炮，装备时间 1951 年。

【四腿炮瞄雷达】 苏联制造。功能为火炮控制，扫描器与光测仪配合安装，光测仪为双筒型，基线长 4.5 米，装备对象为老式 130 毫米炮，装备时间为 1948 年。

【蛋杯炮瞄雷达】 苏联制造。功能为火炮控制，工作频段 I，扫描器为拱形圆状外罩，内装圆形抛物面反射体，向前倾斜 20 度，装于炮塔之上。装备对象为 A 型控制 152 毫米三联装半自动火炮，B 型控制 100 毫米双联装两用半自动火炮，

装备时间为 1949 年。

【舰球跟踪测量雷达】 苏联制造。功能为跟踪测量，工作频段为 E／F，扫描器为巨型抛物面反射体，直径 12 米，外罩直径 16.5 米，装备对象为卫星跟踪船，装备时间为 1964 年，可对卫星及导弹进行测量。

【舰轮跟踪测量雷达】 苏联制造。功能为跟踪测量，装备对象为卫星跟踪船，装备时间为 1959 年。

2、声纳

【SQS-53 型球鼻艏声纳】 美国制造。工作频率 3.5 千赫。工作方式为全向搜索，定向探测。作用范围 10-15 海里（水面波道）、15-20 海里（海底反射），30-35 海里（全聚区）。发射功率 150 千瓦。功能为搜索和射击指挥。装备平台为驱逐舰、护卫舰。

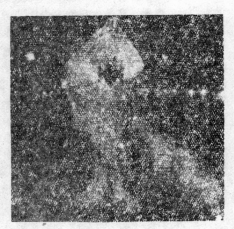

图 16-10　SQS-53 型球鼻艏声纳

【SQS-35 型拖曳声纳】 美国制造。该雷达是一种小型变深声纳。60 年代中期装备部队。工作方式为全向、定向探测。作用范围 8-10 海里。功能搜索。装备平台驱逐船、护卫舰。

【SQQ-23 型舰壳声纳】 美国制造。该声纳为 SQQ-23 的改进型。60 年代初装备部队。工作频率 5 千赫。工作方式为全向搜索，定向探测。作用范围 8-10 海里。发射功率为 100 千瓦。功能为搜索和射击指挥。装备平台为航母、巡洋

舰。

【SQQ-14 型探雷声纳】 美国制造。该声纳有两个探测阵和识别阵。1968 年装备部队。工作方式为定向探测，作用范围为 5-10 链（单个锚雷）、2-3 链（沉底雷）。功能为水雷探测和识别。装备平台为扫／猎雷舰。

图 16-11　SQQ-14 型探雷声纳

【BQR-7 型潜艇声纳】 美国制造。该声纳为 BQR-2 型声纳系统的组成部分。1962 年装备部队。工作频率为 0.5-1.4 千瓦。工作方式为全向探测、跟踪。作用范围为 8-60 海里（全向探测）、2-18 海里（自动跟踪）。功能为被动探测和跟踪。装备平台为潜艇。

【BQR-20 型潜艇声纳】 美国制造。该声纳为 1974 年装备部队。工作方式为全向探测、跟踪。作用范围 8-60 海里（全向探测）、2-18 海里（自动跟踪）。动能为被动探测和跟踪。装备平台为核动力攻击潜艇。

【BQR-2 型潜艇声纳】 美国制造。该声

纳已发展到第四代，BQR-2C 型已改进成数字多波束。1974 年装备部队。工作频率 20-30 千赫。工作方式为全向探测。作用范围为 60 海里。功能为被动探测和跟踪。装备平台为弹道导弹潜艇。

【BQG-4 型潜艇声纳】 美国制造。该声纳为 BQQ-2 型声纳系统的组成部分。1962 年装备部队。工作方式为被动测距。作用范围为 6 海里。功能为反潜武器射击指挥。装备平台为核动力攻击潜艇。

【BQS-4 型潜艇声纳】 美国制造。该声纳 1959 年装备部队，已发展到第三代，即 BQS-4／4A／4B，现多数装备 4B 型。工作频率 30 千赫。工作方式为定向探测。作用范围 10 海里。功能为主动探测和跟踪，反潜武器射击指挥。装备平台为常规和弹道导弹潜艇。

【BQS-13 型潜艇声纳】 美国制造。该声纳为 BQQ-5 型声纳系统组成部分。1974 年装备部队。工作方式为全向、定向探测、自动跟踪。功能为被动探测和跟踪、反潜武器射击指挥。装备平台为核动力攻击潜艇。

【SSQ-41B 型声纳浮标】 美国制造。该声纳 1963 年装备部队。工作方式为被动式。沉放深度 18.3 米或 305 米。重量为 9 公斤。寿命 1、3、8 小时。音频为 10-10000 赫。无线电频道 31 个。无线电功率 1 瓦。投放高度 30.5-12200 米。装备平台为 S-3A 反潜机，SH-3H 反潜直升机。

【SSQ-47B 型声纳浮标】 美国制造。1963 年装备部队。工作方式为主动式。沉放深度 18.3 米或 244 米。重量 14.5 公斤。声纳频道为 6 个（高频）。无线电频道 12 个，无线电功率 14.5 瓦。装备平台为各种反潜机。

【SSQ-50 型声纳浮标】 美国制造。工作方式为主动式。沉放深度为 18 米或 457 米。重量 17.7 公斤。声纳频道 4 个。无线电频道 31 个。装备平台为 P-3C，S-3A。

【SSQ-53A 型声纳浮标】 美国制造。工作方式为被动式。沉放深度为 27 米或 305 米。重量 11.3 公斤。寿命 1 或 4 小时。音频 10-2400 赫。无线电频道 31 个。装备平台为 P-3C，S-3A。

【SSQ-53B 型声纳浮标】 美国制造。工作方式为被动式。沉放深度为 27 米、122 米或 305 米（电子选择）。重量 11.3 公斤。寿命 1.3 或 8 小时（电子选择）。投放高度 30-12200 米。无线电频道 99 个（电子选择）。无线电功率 1 瓦。装

备平台为 P-3C，S-3A。

【SSQ-57A 型声纳浮标】 美国制造。工作方式为被动式、校准音频，沉放深度 18-91 米。音频 10-20000 赫。重量 8.6 公斤。寿命 1.3 或 8 小时（电子选择）。投放高度 30-12200 米。无线电频道 31 个。无线电功率 1 瓦。

【SSQ-62B 型声纳浮标】 美国制造。工作方式为主动式。沉放深度为 27、119、457 米。重量 8.6 公斤。寿命 0.5 小时。声纳通道 4 个。无线电频道 31 个，无线电功率 0.25 瓦。装备平台为 P-3C，S-3A。

【SSQ-77 型声纳浮标】 美国制造。工作方式为被动式。沉放深度 305 米。重量为 13.1 公斤。寿命为 4 或 8 小时。投放高度 30-9144 米。无线电频道 99 个（电子选择）。无线电功率 1 瓦。音频为 10-2400 赫。

【武仙星座主动式高频舰（艇）首声纳】 苏联制造。工作频率为 20 千赫，工作方式为定向探测，全向探测，作用距离 3.5-4.8 公里，换能器系统为圆柱形基阵，安装在舰（艇）首上甲板处，工作情况为 0 度-360 度扫描，功能为搜索、火控，该声纳第二代初级海军声纳系统，50 年代末装备潜艇和部分水面舰只。

【飞马星座型主动式高频舰壳声纳】 工作频率 23-31 千赫，散播音响功率 2 千瓦，平均探测距离 1.6 公里，最大跟踪距离 3.6-4 公里，功能为跟踪。第一代声纳系统，装备中型水面舰船。

【塔米尔型主动式高频舰（艇）首声纳】 苏联制造。工作频率 24-38 千赫，散播音响功率 0.1-2 千瓦，工作方式定向探测。工作情况为机械转动步距或扫描，平均探测距离 0.8-1.3 公里，最大跟踪距离 2.5-3.3 公里，功能为搜索、火控，第一代海军声纳系统，装备潜艇，塔米尔Ⅱ系列装备水面舰只。

【贴艇壳形基阵被动式声纳】 苏联制造。工作方式为定向探测，工作情况为水平扫描范围约 0 度-270 度（艇尾方向 90 度范围为盲区），作用距离约 15-25 公里，换能器系统为基阵贴在潜艇首部鱼雷发射管上方，形成马蹄型基阵，功能为水中目标警戒，该声纳 60 年代大量装备潜艇，与主动式声纳配合使用。

【激素型中频吊放式直升机声纳】 苏联制造。工作频率 14-16.5 千赫，散播音响功率 5 千瓦，距离划分 2-10 公里，平均探测距离 5 公里，

最大跟踪距离 7.5 公里。

【主动式低频拖曳式可变深度声纳】

苏联制造。工作频率 8-10 千赫，散播音响功率 20 千瓦，距离划分 5-20 公里，平均探测距离 7 公里，最大跟踪距离 18 公里，功能为对深潜潜艇测位、火控，该声纳为现代化拖曳式变深声纳，据判，只装基辅级和基洛夫级等新型水面舰船。

【主动式低频球鼻首（或舰壳）声纳】

苏联制造。工作频率 3-5 千赫，散播音响功率 50 千瓦，距离划分 5-65 公里，最大跟踪距离 25 公里，功能为搜索、火控，该声纳为现代化海军声纳系统，七十年代中期开始装备新型主要水面舰只。

【主动式低频新型潜艇声纳】　苏联制造。工作频率 2.5-3.5 千赫，散播音响功率 50 千瓦，距离划分 2-75 公里，最大跟踪距离 24 公里，该声纳装备 O 级、M 级、S 级等新型攻击潜艇和部分现代化战略核潜艇。

【主动式中低频浸入声纳】　苏联制造。工作频率 9-10.5 千赫，散播音响功率 5 千瓦，距离划分 5-20 公里，最大跟踪距离 17 公里，功能为对深潜潜艇测位、跟踪。该声纳 60 年代中期开始装备中小型水面舰只。

【大力神型主动式中频球鼻首（或舰壳）声纳】　苏联制造。工作频率 15-23 千赫兹，工作方式为定向探测，安装在舰首底部，平均探测距离 1.8 公里，最大跟踪距离 6-8 公里，功能为水中目标测定、火控。

十七、军用仪器、器材、工程机械

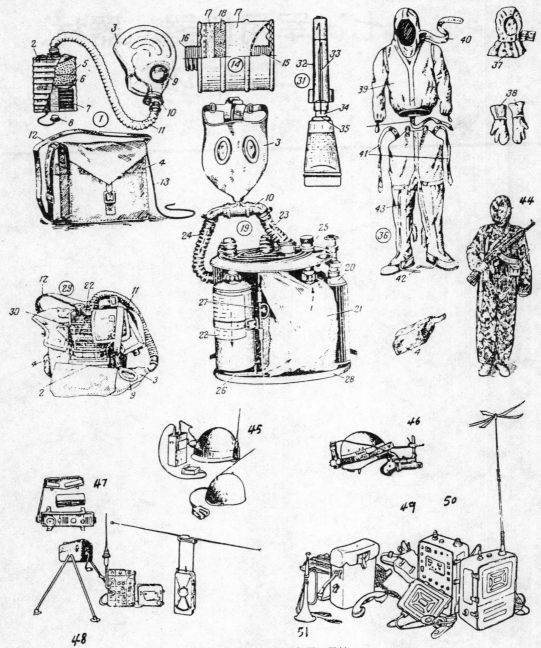

图 17-1　军用仪器、器材

1-13.过滤式防毒面具：2.滤毒罐 3.盔式面罩 4.面具袋 5-6.装填层：5.化学吸收剂 6.活性炭 7.滤烟层 8.橡皮塞 9.眼窗 10.11.导气管 12.背带 13.腰带；14-18.霍加拉特盒：15.螺纹套 16.罐颈 17.干燥剂 18.霍加拉特剂；19-28.隔绝式氧气面具：20.氧气瓶 21.气囊 22.再生罐 23.吸气导管 24.呼气导管 25.供氧调节机构 26.下部连接管 27.余压活门 28.外壳；29-30.隔绝式生氧面具：30.框架；31-35.阿托器注射器：32.护针帽 33.针头 34.颈 35.薄膜；36-43.轻便防毒衣：37.帽垫 38.三指手套 39.带头罩上衣 40.颈带 41.背带 42.鞋带 43.连靴裤；44.伪装；45.钢盔式电台 46.红外线望远镜 47.步谈机 48.电台 49.电话机 50.步话机 51.军号

【军用仪器】 用以获取、分析、处理信息的设备和指挥器材。可以作为独立的设备使用，也可以作为设备的单独组成部分使用，还可以同其它器材组合成综合系统。仪器可根据一些主要特征进行分类，按用途可分为：测量仪器，检验仪器，调节仪器，防护仪器，指挥仪器，计算仪器，观察和瞄准仪器，操作手、驾驶员以及各类人员的训练仪器等；按装设位置可分为内装附属式和外装独立式；按执行任务的作用分为战斗用仪器和维护用仪器；按操作手参加操作的程度分为非自动式、半自动式和自动式；按运输方式分为便携式、运载式和固定式；按作用原理分为机械仪器、机电仪器、压电仪器、光学仪器、光学机械仪器、电子仪器、光电仪器。按使用范围和遂行任务的性质分为炮兵仪器，观察侦察仪器，航空仪器，辐射、化学侦察仪器，生物侦察仪器等。

【指北针】 一种利用地磁作用指示方向的多用途袖珍仪器。其主体由一根可绕立轴转动的磁针和方位刻度盘构成。在水平测量情况下，磁针指向地磁场的南北极。方位刻度盘采用密位和角度两种分划制。

军用指北针除袖珍磁罗盘外，一般还装有距离估定器、里程测量机构、俯仰测量机构和坐标梯尺等。可用于目测估定距离，测定方位角和俯仰角，还可根据地图的比例尺，使用里程测量机构，直接从里程表上读出地图两点间的实际里程。并可利用坐标梯尺，推算出地图上任何一点的坐标。指北针是行军、作战和军事训练常用的装具之一。

图 17-2 指北针

【指南针】 中国对指北针的传统称谓。古籍中称"司南"。指南针是中国古代四大发明之一。据《韩非子·有度篇》记载，战国时期已有了一种最古老的指向装置——"司南"。它是由一个天然磁石琢磨成勺形的磁石勺，放在一块光滑的有方位刻度

的青铜方盘上组成的，拨动勺柄，停止转动时，勺柄就大体上指向南方。中国在宋代已掌握了人工磁化技术，在 1044 年成书的《武经总要》中记载了用薄铁片剪成鱼形，经磁化后，浮在水面上用以指示南北方向的"指南鱼"。这是世界上最早用于军事的指南针。1119 年，中国已有把指南针用于航海的记载。12 世纪末以后，欧洲也开始出现了在航海上使用的磁针罗盘。

【罗盘】 测定航向或目标方向的仪器。用于航海、空中领航、炮兵、地形测量作业和大地测量作业、部队现地判定方位、水下作业人员水中判定方位、构筑地下坑道、开凿隧道和敷设管道等。

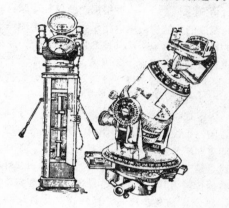

图 17-3 舰用罗盘

罗盘按工作原理通常分为磁罗盘、陀螺罗盘、天文罗盘和无线电罗盘。磁罗盘是利用磁针始终顺着磁子午线指南北方向的特性制成的。陀螺罗盘是利用自由悬挂的快速旋转的转子始终保持其旋转轴方向不变，并能使旋转轴保持在地理子午线平面内的特性制成的。天文罗盘是利用专门装置不断跟踪天体以测定子午线方向的，从而知道本身的坐标，并依此求出地理子午线方向的罗盘。无线电罗盘能指示出正在工作的地面、海上或空中无线电台的方向。

16 世纪，航海磁罗盘安上了方向支架，以便减小舰船摇摆的影响。从 17 世纪起，罗盘上开始装定向仪。磁罗盘由于体积小、重量轻、工作可靠和不需要能源，直至现在还广泛使用于舰船上和陆军中。其主要缺点是：必须根据磁子午线和地理子午线方向之差来修正其读数；受舰艇磁场和电磁场的影响；在高纬度地区和乱磁区附近工作不稳定。近年来对磁罗盘进行了一系列改进，旨在提高其工作的可靠性和稳定性。现代航海磁罗盘的读数误差达到 0.3—0.5°。

陀螺罗盘出现于 20 世纪，并经不断改进而变成了复杂的电子设备和电动机械设备。陀螺罗盘比磁罗盘的重量和体积都大，但能稳定地指示地理子午线的方向，其误差仅为 0.1—0.2°。这样高的精确度对于保证航海和使用现代化兵器来说是很重要的。在某些飞行器和坦克上使用所谓陀螺半罗盘。这种陀螺半罗盘是根据陀螺在一定时间内能使其旋转轴方向在空间保持不变的特性制成的。陀螺罗盘不能在地理极区使用。这一缺点在现代的导航系统里已不存大。现代导航系统可在所有纬度上指示出航向。在航空、航海和军事上，现正广泛使用根据各种航向指示原理制成的综合系统。

【陀螺罗盘】　一种根据陀螺仪和地球自转原理而制成的导航仪，用以指示舰船相对于地理子午线的航向，并确定对不同地面物体的方位。陀螺罗盘也可以安装在坦克、装甲输送车、汽车及其它车辆上，以便在特殊条件下保障其能够正常行进，并易于现地判定方位。

固定式陀螺罗盘称为陀螺经纬仪，用于确定定向方向、布设大地测量控制网、导弹瞄准系统、开凿隧道和矿井建设等。同磁式罗盘相比，陀螺罗盘的优点是：不受地球磁场影响；工作稳定性好；可把数据传输给其它导航仪、导弹、火炮和鱼雷控制仪，以及雷达和水声站；当所在载体振动和运动时，陀螺罗盘的指示精度很高。舰船上使用最普遍是双转子陀螺罗盘，这种罗盘几乎完全可以消除由于摆动而引起的指示误差。

【无线电罗盘】　飞机上用于测定飞机纵轴与无线电信标台或无线电发射台方向之夹角的领航仪表。无线电罗盘的工作原理是通过能自动对准信号源的天线确定无线电信标台的方位。无线电罗盘的组成部件有：天线装置；能选择和放大与天线电轴方向和辐射源方向的夹角成比例的信号的接收机；能处理偏离量并使天线电轴与指示方向重合的随动系统；反映偏离角的指示器。天线装置是两副天线的组合。由环形天线和鞭状天线构成的天线装置的电轴根据最小信号差来确定。在起始状态下，天线电轴和指示器的"0"位与飞机纵轴重合，因此，该指示器所指示的是正对无线电信标台的航向。在某些无线电罗盘中，采用无线电信标台发射的、可供确定相对于正北方向的航向角的信号。在确定飞机位置、引导飞机飞向机场地域、进入着陆和遂行其他任务时，均广泛使用无线电罗盘。

【方向盘】　测量仪器，用以测量磁子午线和目标方向之间的水平角。地形测图中，可用于标定

测图板和测定磁偏角。其主要部件有：旋转磁针、刻度环、照准器或照准目标的光学望远镜。角度以度计量，或以密位计量。炮兵方向盘是炮兵射击指挥、目标指示、地形研究和目标、射击观察以及发射阵地和观察所地形联测的主要仪器之一，由有大方向盘或定向方向盘的光学和测角仪器组成。

【屈光度刻度环】　光学仪器目镜外框上的刻度。能根据使用者的视力调整所观察物体图像的清晰度。刻度环调到零度上，相应于正常视力，调到带加号的刻度为远视，带减号的刻度为近视。

【望远镜】　由两个平行的、相互连接的镜筒组成的光学仪器。用于以双眼观察远处物体。在军事上，它用于观察战场，研究地形和侦察目标，以及进行最简易的角度测量。镜筒由物镜、棱镜转象系统和目镜组成。望远镜的性能包括：放大倍率、视界、光力、物镜入射光瞳直径和双眼视觉。按光学系统，望远镜分为普通望远镜和棱镜式望远镜。普通望远镜中，物镜中心间隔与目镜中心间隔相等，均为 64 毫米。这种类型的望远镜结构简单，产生的是物体正象，光力强，但视界小，并且不能安装测角分划镜。因此，在军事上通常不使用这种望远镜，棱镜式望远镜使用最广泛，其视场较大，双眼视觉较强。这种望远镜可在物镜和目镜的焦面

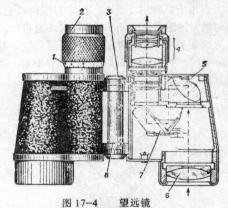

图 17—4　望远镜

上安装测角分划镜。棱镜式望远镜的两个镜筒铰链在公共轴上，因而能根据观察者的瞳孔间距调整两个目镜的间距。物镜和转象系统的透镜固定在镜筒内，而目镜可根据观察者的视力进行调整。为此，在目镜筒上刻有视度分划。军用望远镜按放大倍率分为两类：中倍率望远镜和大倍率望远镜。现在制造一种广角望远镜，其视界达 70 度以上。测角分划镜上的每一个划值等于 5 密位。为了改善在雾中、强阳光下或冬季在积雪背景下的观察效果，可在望远镜的目镜上罩上黄绿色滤光镜。为了发现夜

间工作的红外仪器，有些望远镜装有特制的红外线敏感片。有些望远镜为了更便于戴防毒面具时进行观察，出射光瞳至目镜的最后一块透镜的距离加大至 22—23 毫米。近来，使用一种所谓变倍望远镜，能从四至二十倍或更大的范围内逐渐地改变放大倍率。此时，视界大小按反比变化。这种望远镜，在定向搜索时，可使用小倍率和大视界，研究观察的目标时，可使用大倍率、小视界。

【稳像望远镜】 一种装有陀螺稳像装置的望远镜。其结构特点是：在光路中加入了一个与陀螺仪直接联在一块的反射镜。它能消除车、船、飞机晃动时望远镜随之晃动所造成的目标图像不清的影响，并且比普通望远镜看得更远、更清楚。通常在装甲车、直升机、舰艇上使用。

【黑夜望远镜】 不借助外部光源便可在黑暗中看清物体的新式望远镜。这种望远镜的工作原理是把不足以见到的光迹聚在一起，进而密集放大，从而反映出要看的物像。使用这种望远镜在夜间观察目标不需要探照灯，也可以在白天和光线极暗的时候使用，它体积小、重量轻、不受撞击和震动的影响，可以固定在各种武器上。

【潜望镜】 从掩蔽工事、坦克、水面舰艇的内舱和处在潜望深度的潜艇内进行观察的光学仪器。潜望镜分为炮兵潜望镜、坦克兵潜望镜、步兵潜望镜和舰艇潜望镜。潜望镜是一种单目望远镜或双目望远镜。这种望远镜有对来自观察物体的光线进行反射和折射并将其传输到观察者眼睛的光学系统。潜望镜的结构部件和光学性能依潜望镜的用途、架设的位置和镜筒长度而定。潜望镜的主要指标是潜望高、放大倍率和视场。许多潜望镜有进行环视、在现地测量高低角和方向角、决定被观察物体距离的专门装置。潜艇潜望镜的结构最为复杂，它装有升降传动装置。这种潜望镜能决定目标方位和距离，能实施对空观察和通过测量水平面上空星体的高度以决定潜艇的位置，而潜艇无须升到水面。

【两用望远镜】 一种能观察可通信的望远镜。它的右镜筒是标准的 7 倍单目望远镜，左镜筒为通信组件。当左镜筒安装红外组件时，通信距离为 1 公里；安装微波组件时，通信距离可达 30 公里。镜体左侧还有用导线连接的耳机和话筒。这种两用望远镜的全部重量只有 1.5 公斤。由于微波组件全天候性能好，在小雨、小雪、薄雾等不良气候条件下，仍可使用。它的抗干扰性能强，又不易被对方截获。所以，这种望远镜特别适用于前线观察

员和侦察员使用。

【激光器】 一种以量子系统——原子、分子等受激辐射原理为基础的可见光、红外光和紫外光波段的电磁波源。有时也称光量子振荡器。

激光辐射与普通光源发出的光辐射不同，在空间和时间上相干，单色，以很窄的光束定向传播，其特点是能量高度集中。在焦斑处的激光功率密度达每平方厘米几亿瓦。

激光的工作原理是以电磁场与进入振荡器工质的原子和分子中的结合电子相互作用为基础的。因而，电子以及整个原子的能量都仅能取一系列确定的称为能级的不连续值。能量最低的称作基能级，其余为激发能级。具有本级能量的原子数称为该能级粒子数。原子可从一个能级转到另一个能级。在这种情况下，根据能量守恒定律，放出或吸收一部分能量——能量量子，它等于两个能级的差值。由吸收或辐射电磁能产生的跃迁，称为光跃迁。在发生这种跃迁时，光量子的能值由电磁辐射的频率和产生跃迁的能级所决定。在一定条件下，处于低能级的原子可吸收能量并转升到高能级。这样的原子将处于不稳定的激发态。经过一定时间，该原子又回到基态，同时辐射出电磁波。这一过程称为自发辐射，这时跃迁也称为自发跃迁。自发地在任一瞬间辐射的电磁波具有各种不同的传播方向、相位和偏振性。因此自发辐射为不相干的和非单色的。

受激原子不仅能自发地辐射电磁波，而当频率与其能级差相当的电磁波作用它时，它也能降到低能级，并辐射光子。这个过程称为受激辐射或被迫辐射。这时，辐射的光子与初始的光子没有差别，具有同样的频率、相位、方向和偏振性。因此，如果使频率相应于能级差的光波通过原子处于激发态的物质，则由于受激辐射而会产生光波放大。为使光放大，须作用于介质，使其高能级的粒子数超过低能级——造成粒子数反转。这一过程称为泵浦。在其中建立粒子数反转的介质称为激活媒质。为使激活媒质的辐射能量相干，必须进行正反馈，即部分辐射能返回到激活媒质中以实现受激辐射。

正反馈是借助光学谐振腔来实现的。最简单的谐振腔是由两块同轴排列的平面镜构成，其中一块是半透明的。可形成粒子数反转的工质放在两镜中间。自发辐射产生的光量子通过激活媒质时，由于受激辐射而放大。射到镜上的光被反射回来，通过激活媒质再次被放大。在被半透明镜反射时，一部分光被透射出去，一部分又回到谐振腔，再通过激活物质。在一定条件下，激活物质内部的光子流，

靠受激辐射开始急剧增强，即开始光振荡。

激光器的主要组成部分：具有一定能级的工质；在工质中造成粒子数反转的泵浦源；光学谐振腔。

工质应有一对合适的可在其间造成粒子数反转的能级。根据工质类型激光器可分为固体、半导体、液体和气体激光器。固体激光器的工质可以是各种晶体和非晶体介质。晶体中用得最多的是红宝石，它是一种掺铬的氧化铝。非晶体中用得最多的是掺钕或其他稀土元素的玻璃。半导体激光器中，利用半导体作为工质，用得最广泛的是砷化镓。液体激光器采用有机染料溶液，稀有金属的无机化合物等。气体激光器的工质是气体和各种元素及化合物的蒸气。

用于造成粒子数反转的泵浦源有下列型式：光泵浦、气体放电泵浦、注入式泵浦、电子激发泵浦、热泵浦、化学泵浦。采用强闪光灯作为光泵浦的辐射源。光泵浦实际上是在固体和液体激光器中造成粒子数反转的唯一方法。在一定频率的外部泵浦光辐射的作用下，工质的原子吸收外部光辐射而跃迁到更高的能级上。在某些情况下，由于泵浦光辐射的作用，受激原子积聚起来，在能级之间出现粒子数反转，随之激光对相干光开始产生振荡。气体放电泵浦是气体激光器中通过电子碰撞造成粒子数反转的主要方法。电子在气体放电中与工作气体的原子碰撞并激发它，使其跃迁到高能级。当工作气体中的电流达到某一数值时，便出现粒子数反转。载流子注入式泵浦是在半导体激光器中造成粒子数反转的应用最广的一种方法。当一正向电流通过半导体时，在其作用下，出现电导区剩余电子，从而产生相干光振荡。电子激发泵浦（真空中电子束照射）是在纯半导体中造成粒子数反转的方法。热泵浦是在高功率气体激光器中实现粒子数反转的方法。在不同能级间的工作气体快速绝热冷却时出现可供光振荡的粒子数反转。为了快速冷却气体，首先在燃烧室中对其加热，然后再通过超音速喷管。造成粒子数反转的化学方法对制造高功率气体激光器是有前途的。在这种情况下，利用化学反应能为泵浦，化学反应的产物处于激发态，即处于上能级。

激光的光学谐振腔是由两块镀有反射层的平行板组成的振荡系统，在其中可激发出弱衰减的连续光波电磁振荡。

激光器的基本特性：波长、功率、辐射能、光束发散角、光谱和效率。激光器在宽广的电磁波波谱范围内工作，从远红外波段到紫外波段。激光振荡频率从 4×10^{11} 到 6×10^{16} 赫。固体激光器中应用最广的是红宝石激光器和钕玻璃激光器。气体激光器中，最典型的波长是 $\lambda = 0.63$ 微米（氦氖激光器）；$\lambda = 0.5$ 微米；$\lambda = 10.6$ 微米。气体激光器的连续输出功率已达几十万瓦左右。固体激光器的脉冲输出功率已达几千亿瓦，脉冲能量达数千焦耳左右。激光的重要特点是光速发散角小，现代激光中，气体激光的发散角可达几十个角秒；固体激光可达十个角分。气体激光的谱线宽度当载频约为 15^{15} 赫时为几十千赫。激光的效率分两种：量子效率和工作效率。量子效率——为辐射的光子能与亚稳态上能级和基态下能级之间的能量差之比；工作效率——为激光器输出功率和泵浦源功率之比。固体和气体激光器的工作效率达百分之几。二氧化碳分子激光器的工作效率达 27%，而量子效率为 40%。直接变电能为光能的半导体激光器具有最大的量子效率。

从 50 年代末开始发展起来的激光，到 70 年代中期，已在科学和技术领域中得到了广泛应用。在军事方面，激光可应用于定位、通信、导航、侦察、武器控制系统以及射击教练，重要目标警卫，研制特种兵器等方面。

在定位方面，激光装置可用作测距仪、测高仪和跟踪雷达。激光测距机能迅速准确地测定目标的距离、方位及高低角。到 70 年代中期，许多资本主义国家已把火炮激光测距仪、坦克激光测距仪、大地测量激光测距仪以及其他激光测距仪装备了军队。可以认为，飞行器用的激光测高仪是激光测距仪的变型。它可以保证在 4000 米高空飞行时，测量精度达 1—1.5 米。更为复杂的设备是用于测定目标的距离、角位置和移动速度的激光雷达跟踪系统。这种系统的首批产品曾用于跟踪装有反射器的飞机、直升飞机、导弹和卫星。应用多普勒效应的激光雷达可测量 0.0003 厘米／秒-8 公里／秒范围内的移动速度。所有的激光雷达都有一共同的缺点：即受大气纯度和气象条件的影响，会使其作用距离显著降低。

激光通信系统，由于其方向性好、抗干扰性能强和通带宽，较无线电通信有很多优点。借助激光束可在 10^{13}—10^{15} 赫的频带内传输信号。激光束的宽度很窄，这实际上排除了敌方截获情报的可能性。激光通信系统的作用距离在非良好天气条件下为 2—3 公里，晴朗天气时达 50 公里，而在大气上层和在宇宙空间中的作用距离则大大增加。

激光陀螺应用于导弹、飞机、航天飞船和潜艇等的制导和导航系统中。它们具有许多可贵的特点：没有活动零件；瞬间即可进入工作状态；所需电能不多；能在较大的过载和转速条件下可靠工作。在 70 年代中期，激光陀螺可测的角速度从 0.001°／秒到 12000°／秒。

激光照明装置用于夜间条件下的观测、照相侦察和电视侦察。众所周知，这种系统可在夜间从飞行时速 600 公里、高度 1000 米的空中拍摄高质量的航空照片。据外刊报道，国外正在研制坦克和直升飞机用的夜间激光瞄准具。

激光广泛用于各种类型的武器控制。许多国家都有激光航空轰炸系统。该系统借激光测距仪来测定目标所在位置、距离和移动速度。激光用于各制导系统的目标照明，如装有自动寻的头的航弹和空—空、空—地、地—地导弹。小巧紧凑的半导体激光器可用作炮弹和各种导弹的非触发引信。

在进行各类武器的射击教练时，激光可用来测定命中目标的精度。这时，激光接收器就是靶标。为警卫重要目标，可利用红外波段的激光器，当其发出的光束被切断时，就会启动专用的信号装置。

从 70 年代中期开始，许多国家都在进行利用激光作为射束武器的研究工作。这种武器杀伤作用的特点在于激光束的能量高度集中，可把物体材料加热到很高的温度，使之熔化，甚至蒸发，破坏目标的光敏元件，损害视觉器官以及把人烧伤等。射束武器的特点是作用隐蔽（无火焰、无烟、无声），高度准确，实际上是瞬时作用。但是，射束武器的应用只能限于直视范围内，在雾、雨、降雪以及大气中烟尘弥漫的条件下杀伤作用降低。可以认为，制造摧毁洲际弹道导弹弹头和军用人造地球卫星的激光武器是很有发展前途的。

【光学仪器】　以通过光学系统获得图像的光波特性作为工作原理的技术器材。光学仪器的主要部分是物镜和目镜。物镜是指向被观察物体一方的光学系统，用于物体成像。目镜也是一种光学系统，供观察者观察物体所成的像。光学仪器的主要性能包括：放大率、视界、入射光瞳和出射光瞳的直径、出射光瞳距离、光力、透光强度和光散、分辨能力、双眼视觉、潜望性。

放大率是光学仪器决定发现和识别物体距离、瞄准精度、影像比例的主要性能。放大率分为线放大率和角放大率。线放大率是用肉眼观察时影像的线性尺寸与物体的线性尺寸之比。角放大率是用仪器和用肉眼看到物体的视角的正切之比。放大率以倍数表示。例如，2 倍的放大率表示物体在仪器中所成的像比用肉眼观察物体大 1 倍。光学仪器的放大率或倍数以数字加符号"×"表示（$4^×$、$6^×$、$10^×$——放大率是 4 倍、6 倍、10 倍）。视界是在不动仪器的情况下从器材内看到的空间部分。它表示光学仪器的搜索能力，是由从仪器中看到的视界的直径的两端点的立体角决定的。光学仪器的放大率与视界成反比：放大率越大，视界越小。入射光瞳是在仪器的物镜（或物镜前的光学部件）中限制光线进入仪器的最小孔径，以毫米计量。通常在仪器上有标记。出射光瞳是从光学仪器的目镜射出的光束的最小横截面上得到的入射光瞳图像。出射光瞳直径决定光学仪器的光力和黄昏时低照度条件下的工作能力。出射光瞳距离，可评估戴防毒面具作业时仪器的适应性。光力表示用仪器观察时物体在眼睛视网膜上的图像照度。光力相对地可以用出射光瞳直径的平方数表示。例如，光学仪器的出射光瞳直径为 5 毫米时，光力等于 25。透光度和光散以相应的系数表示。由于光学系统的吸收和光学系统表面的反射而造成的光损失会降低图像的亮度和反差，减小对物体的视距，特别是对反差小的物体的视距。分辨能力是在镜体内单独成像的被观察物体的两个离开的相邻点间的最小角度。光学仪器的放大率和入射光瞳直径越大，则分辨能力越高。双眼视觉是双目光学仪器使观察者具有被观察空间的深度和立体感的一种性能。潜望性表示光学仪器在掩蔽工事内的工作能力，由入射光瞳和出射光瞳中心之间的垂直距离决定。

在制造光学仪器的实践中，根据光学仪器的不同用途对其性能的要求有所侧重，这就规定了光学仪器的多样性。光学仪器按其主要用途分为：观察仪器、测距仪器；测量角度、方向和高差的仪器；瞄准具和瞄准仪器；导航仪器；光通信仪器；摄影和观察–摄影仪器。

观察仪器用于从地面观察所、移动侦察车和移动侦察所、飞机、直升机、水上和水下舰艇等实施侦察。装备于各军种，用于观察敌人的行动，发现和详细研究敌目标，校正炮兵射击，研究地形等等。观察仪器一般分为单目式和双目式，潜望式和非潜望式。观察仪器包括：单目镜、单目望远镜、潜望镜、望远镜、炮队镜和侦察经纬仪。

测量角度、方向和高差的光学仪器包括方向盘、光学经纬仪、普用仪、平板仪、水准仪、高炮测角器、炮兵陀螺罗盘。经纬仪、普用仪、平板仪和水准仪主要供军事测地分队进行野战仪器测图用。高炮测角器用于测定磁方位角、空中目标高低角和炸点偏差量，在现代条件下使用有限。

导航仪器包括六分仪、光学瞄准镜、倾角仪、方位镜、天文测向仪等。这些仪器主要用于海军和空军。

摄影和观察—摄影仪器包括各用途的照相机、摄影经纬仪、电影摄影经纬仪。摄影经纬仪和电影摄影经纬仪用于观察和精确测定目标在空中的运动参数。通常自动跟踪目标，用照相软片和电影软片记录目标。对火箭飞行进行弹道测量时使用得特别广泛。

【反射器】 能够在各个方向反射入射电磁波的装置。用于设置假目标、干扰雷达设备、增强或减弱雷达对目标的可发现度，还用于气象观测。常见的有偶极子反射体、角反射器、透镜反射器和反射器—定相阵列转发器。

偶极子反射体是用金属箔、喷涂金属纸带、玻璃纤维或卡普纶纤维制成的无源振子。振子的长度约为雷达波长的一半，纸带的宽度从几毫米到几厘米，纤维的直径从几十到几百微米。它能保证有效地反射与谐振波频率相差 10—15% 的电磁波。为了造成对雷达的无源干扰，偶极子反射体按一定数量捆扎成束，使其散开后对雷达波的反射信号超过被伪装目标的反射信号，或者与其相近似。偶极子束由飞机和军舰上的专门装置投放，或者用火箭撒布。迎面的气流会使偶极子束散开，形成反射电磁波"云"。

角反射器是一种由几个互相垂直的三角形、扇形或矩形反射平面组成的装置，能将入射的电磁波向相反方向反射回去。其有效散射面积取决于入射波的辐射方向和波长、反射面的形状和尺寸以及各平面之间的直角加工精度等。当必须隐蔽地面、海上和空中目标，使其不被敌人雷达发现时，角反射器用来模拟目标，对反雷达设备形成干扰。

透镜反射器是一种反射入射电磁波的球形装置。楞伯透镜是由数层介电常数不同的电介质构成的球体，因此它能将入射的平行电磁波束在球体表面上聚焦成一点。为了提高反射能力，部分球体表面喷涂金属层。李普曼透镜与楞伯透镜的区别在于，它的半个球面没有金属层，其有效散射面积约为楞伯透镜的十分之一。

反射器—定相阵列转发器是将离对称中心等距离的偶极子用同样长度的电缆成对联接而成，能把入射电磁波按相反方向反射回去。定相阵列的最大反射能力是在与其平面相垂直的方向上。

【雷达显示器】 能将雷达接收机输出的电脉冲变为便于操纵员视觉器官或听觉器官感受的信号的一种装置。通常有指针式、音响式和发光式几种。使用最广的是电子射线管显示器。这种显示器具有很高的分辨力，能保证所显示的信息非常直观，信号清晰可辨。这种显示器采用幅度标志法或光点标志法标示信号，以确定目标的座标。

在幅度标志法显示器上可观察到信号的形状及其变化特性，从而使操纵员有可能进一步发现和识别目标。但是，这种显示器仅能显示目标的一个参数。例如，采用直线刻度的距离显示器可给出目标距离的精确读数，但不能给出目标的角座标和速度。

光点标志法显示器能同时显示目标的两个参数。环视显示器就是这类显示器的一种，利用它可读出目标的距离和方位角。在飞机雷达上采用环视显示器，能取得雷达地形图式的地形全景图像；而在地面警戒雷达上采用环视显示器，则可取得搜索区内空中目标的图像。目标的距离和方位角，根据荧光屏上的亮点来确定。距离通过荧光屏上同心光环状的电刻度标志读出，而方位角则通过装在荧光屏周围的环形机械刻度盘和可转动的透明标尺读出。有时也采用径向亮线状的电方位刻度。必要时，光点标志法显示器也可按规定的形式在荧光屏上显示出第三种座标或其他补充信息。例如，为了显示目标国籍的信息，除目标的基本光点外，还能给出专用的补充标记；又如：在有的飞机雷达显示器上，距离是根据光点的大小来判定的，角座标则是根据水平轴和垂直轴来判定的。用类似的方法也可显示雷达工作方式等其他信息。为了在显示器荧光屏上增加显示的信息量，广泛地采用了一种专用电子射线管——电位管。

【微波激射器】 超高频无线电波量子振荡器。能显著地提高空间通信的地面系统、雷达站和无线电天文设备的灵敏度。脉泽通常用于地面接收系统，而不宜用作机上设备，因为它太复杂，并且重量和体积都比较大。

【无线电遥测仪器】 一组无线电电子设备和仪器。用于测量远距离的各种物理量，并将其转变成电信号，然后用无线电多路信道传输出去。无线电遥测装置包括测量设备、无线电发射设备、无线电接收设备、数据处理设备、记录设备以及显示设备。测量数据可直接从测量目标或通过其存储装置进行传输，此时，发射与接收时刻对统一的时间度标的关连，可利用从测量目标传输来的同步信号，或利用专用的随航时标的时统装置来实现。

在军事、航天、气象、生物、医学以及其它科技领域中，无线电遥测装置已广泛用于远距离测量并传输各种目标和过程的状态及参数的信息。现代的无线电遥测装置可在数亿公里的距离上传输测量数据，能以每秒钟数百万二进制符号的速度同时传输几千个参数；测量精度达千分之几；使用可靠性达到无故障工作数年。无线电遥测装置主要工作在米、分米和厘米波段，其发展趋势是提高处理测量数据的自动化程度、全套装置的小型化以及提高数据传输速度。

【电子测量仪器】　　用来测量电量的装置。所测的电量有电流强度、电压、电功率、电能、电阻、电容、电感等。电子测量仪器包括安培计和直流伏特计、综合仪表、电流计、功率计、电度表、相位计、相位指示器、频率计、电阻、电容和电感测量仪、线圈测量仪、分流器、电桥和电位计等。在被测电量的作用下，仪器的可动部分通常相对固定部分转动。无论通过哪一种电流的作用都会产生转矩。最完善的电子测量仪器是数字式的，以被测电量编码的原理为基础，因此，被测电量是不连续的。数字式电子测量仪器的测量过程在很大程度上或完全是自动进行的。

电子测量仪器分为直接测量仪表、间接表示所测电量值的仪表以及通过与有关度量相比较的方法再现所测值的仪表。电子测量仪器还包括积分电测仪和相加电测仪（用不同通道提供两个或两个以上的测量值，如对几台发电机功率求和的瓦特计）。电子测量仪器按工作方法和测量装置的结构特点可分为以永久磁铁和带电流的框架相互作用为基础的磁电测量仪器；带电流的回路和软磁性材料铁心相互作用为基础的电磁测量仪器；以带电流的可动和固定回路相互作用为基础的电动测量仪器；与电动测量仪表不同、在固定线圈上有铁芯的动铁式电测仪器；以交变磁通量与活动部分的感应电流相互作用为基础的感应测量仪器；以两个或几个充电导体相互作用为基础的静电测量仪器；以钢片的谐振现象为基础的振动测量仪器；基于利用电流热作用的热测量仪器；以直流电通过电解液的化学作用为基础的电解测量仪器；磁电测量装置与整流线路相结合的整流测量仪器；磁电装置与一个或几个热交换器相结合的热电测量仪器。电子测量仪器在各种军事技术装备上已广泛应用。

【大地测量仪器】　　在布设天文大地网和水准网时，在进行军队战斗行动的测绘保障、地形测量、工程设施的设计及建筑中，测定角度、长度和高差的机械、光机、光电和无线电电子仪器设备。

测角仪器用于测量水平角和竖直角。经纬仪是最常用的测角仪器，按应用范围分为三种：高精度经纬仪，用于一、二等国家大地网角度测量；精密经纬仪，用于低等大地网、军队战斗队形联测和大型工程建筑；工程经纬仪，用于布设经纬仪导线和工程勘测。长度测量采用光电测距仪和无线电测距仪。配有专用反射镜的相位式光电测距仪，用于测定 0.6—40 公里的边长，精度为 1：20 万—1：100万。无反射镜的量子脉冲式光电测距仪用于军队测绘保障。无线电测距仪用于布设大地网和军队测绘保障，精度为 1：1 万—1：40 万。精度为 1：1000—1：2000 的 20、24 和 50 米长的钢卷尺，用于测量短距离。配用铟钢带尺的基线测量仪器用于精密测量距离，精度为 1：50 万—1：100 万。

经纬仪也可用于三角高程测量，即测出照准线倾角，必要时用测距仪测定相应点间的距离，即可求出地面点高差。其他测量仪器，如水准仪、气压水准仪、气压测高仪、流体静力水准仪等，也可用于测定地面点高差。水准仪用于几何水准测量。借助水准器和光学系统整平水准仪，照准竖于两相邻点上的标尺，并读数，然后算出两点间高差。水准仪分为四种：用于布设一等水准路线的高精度水准仪；用于布设二等水准路线的精密水准仪；用于布设三、四等水准路线的普通水准仪和工程水准仪。气压水准仪是以两点上同时测定大气压的方法求出两点间的高差，用于布设专用大地网和军队测绘保障。流体静力水准仪的工作原理是平衡连通管中的水平面，精度接近普通水准仪，用于军事工程的测绘保障。

陀螺经纬仪是独立测定天文方位角的光机电仪器，用陀螺作为方向传感器。

【无线电测量仪表】　　用以测量音频、高频、超高频波段内电量、磁量和电磁量的装置。无线电测量的特点是必须排除仪表固有参数对测量过程的影响。在不同的频率上测量同一种值，要求用不同的方法。因此，无线电测量仪表的工作原理、测量范围、精确度和其他指标取决于进行测量的波段。在许多情况下，进行无线电测量采用间接测量法。这样，就不只需要使用测量仪表，而且还需要采用辅助仪表——各种频率的电流源和电压源。在音频波段，采用电子管和晶体管音频振荡器作为电源；在高频波段，采用由集总参数元件构成的振荡器；在超高频波段，采用三极管振荡器、速调管和磁控管等。

70 年代初，无线电测量仪表已有 1000 多种型号；根据其用途，可分成以下几类：

测量电压和电流的仪表，测定视频脉冲和无线电脉冲的振幅值、正弦电压和直流电压。属于这一类的有直流伏特计、交流伏特计、脉冲伏特计、矢量表、电压测量计等。

测量功率的仪表，用高频和超高频工作时，将高频能量转换成其他较便于测量的能量。测量功率最精确和最可靠的是量热仪器，它能将全部输入功率转换成热能。

测量分布常数和集总常数元件、通路和电路参数的仪表测定电感、电容、电阻、驻波比、阻抗等。它们的值多半是用谐振法测量的。例如，一振荡回路由电感和电容组成，电容待测量。利用振荡器选择与回路谐振的频率，根据已知的频率和电感值可以测出电容。在超高频频段内测量驻波比、阻抗、波长、相位、反射系数等采用测试线。确定线路故障点的传输线测量仪表是这一类仪表中的另外一组。

测量频率和时间的仪表包括频率时间标准振荡器、频率计、频率同步器、同步指示器等。频率时间标准振荡器在航行、无线电通信、无线电遥测、无线电导航等系统中用作高稳定频率源。在超高频频段，测量频率采用短路线式和波导管式的谐振式波长计以及空腔谐振器式波长计。

测量相移和波群延迟时间的仪表包括相位计和不同频率信号通过时间测量计。观察、测量和检查信号波形和频谱的仪表——各种用途的示波器，测量调幅系数的调幅度表，频偏计，频谱分析仪等已经广泛应用。对无线电设备进行调谐、调整和监视时，使用观察和检查其特性的仪表。属于这一类的有噪声系数测量计、幅频特性测量仪表等。

测量脉冲的仪表是一组专门的无线电测量仪表。此外，还有全息摄影测量仪表和低温下工作的装置的参数测量仪表。能接收、放大和产生无线电信号的无线电测量仪表有着重要的作用。测量电子管和半导体器件参数，使用电子管和晶体体管测试仪。

为把测量仪表接上被测对象，使用一些辅助装置：通路模型、转换接头、衰减器、匹配器、移相器、高频转换开关、T 形接头、等效天线、混频头和检波头、滤波器、负载等。实际应用中，这些部件可有三种形态：波导形的、同轴形的和带形的。此外，测量仪表与各种变换器相结合还可用于无线电测量的方法来测定一些非电量。

【声响测向仪】 可根据各种物体在空气介质中的声辐射测定其方向的仪器。工作原理是测定声波到达集音器的时差或测定辐射强度差。测定活动目标方位的平均误差约为 1°。接收活动目标声辐射的距离决定于辐射强度、气象条件和接收设备的灵敏度，通常不超过 12 公里。

【热力测向仪】 能发现热辐射量超过周围环境热辐射量的目标并测定其方向的仪器。主要是以选择性光接收器作为热辐射接收机。与无线电测向仪相比，热力测向仪的测向精度高、抗干扰能力强、工作隐蔽性好。但在有雨、雪、云层等气象条件下热辐射被大量吸收，使用受到限制。其作用距离由 1—2 公里到几十公里不等。热力测向仪用于搜索各种军事目标、以及海上，空中和宇宙导航。

【无线电测向仪】 用具有指向性的天线接收辐射源信号的方法测定其方向的仪器。无线电测向仪有地面的、飞机用的和舰船用的。按接收无线电波的范围可分为中波、短波和超短波无线电测向仪；按其测向方法可分为两大类：搜索时天线不转动即能测定辐射源方向的无线电测向仪和带有随动装置的无线电测向仪，后一种测向仪的输出电压能使天线对准无线电辐射源的方向。无线电测向仪由天线馈线设备和接收指示器组成。无线电测向仪的作用距离可达 350 公里，600—1000 公里，1200—2400 公里，5000—6000 公里，测定方位的精度为 0.7°—3°。

【声源定向器】 在防空中用于搜索敌机、指引探照灯、保障高射炮兵射击和保障歼击航空兵活动的声测仪器。分为监听式声源定向器和测向式声源定向器两种。最早出现于第一次世界大战期间，在 50 年代末为雷达所代替。

【观察仪器】 用于侦察敌情、地形、指示目标，观察炸点，校正射击的光学器具。其种类一般分为单眼镜式和双眼镜式，潜望式和非潜望式。包括各式望远镜、潜望镜、炮队镜、指挥镜、侦察经纬仪和红外、微光观察仪。

【夜视仪器】 利用红外线或天然微光，借助光电成像器件实现夜间观测的器具。用于夜间观察、侦察、瞄准、驾驶、指挥、读图，以及制导、遥控、工程抢险和战地救护等。按其工作波段分为红外夜视仪器和微光夜视仪器。前者装有光电变换器，能观察辐射红外线或被红外线探照灯照射的物体；后者装有多级光电变换器，通过放大物像亮度，观察物体。当前应用最广泛的有主动式红外夜视仪器、微光夜视仪器、热成像夜视仪器。现代某些火炮、坦克、飞机、舰艇、车辆、观察仪器和轻武器上装有夜视仪器。

【红外仪器】 以红外辐射及其物理特性为工作原理的器具。在军事上用于目标搜索、观察、分析、测量、瞄准、跟踪、监控、红外照相和向目标引导杀伤武器，以及地面和航天通信等。包括：红外探测和测量仪，夜间观察和照相仪，物体热辐射温度遥测仪，保密信号仪，地面和航天通信设备，地面、海上和空中目标的红外热辐射探测仪，红外瞄准具，红外测距仪，炮弹和导弹的目标引导装置。按原理不同分为主动式红外仪器和被动式红外仪器。主动式红外仪器主要由红外线辐射源、红外线接收装置、电源组成。工作时，利用红外线辐射源照射目标，接收装置接收反射回来的红外线，实现对目标的观察或测量。被动式红外仪器没有红外线辐射源，直接接收目标本身的红外辐射，热成像仪器即属此类。红外仪器怕强光照射，在不良的气象条件下，工作性能差。

【红外夜视仪】 用光电转换技术，将目标反射的红外线或其自身的红外辐射，加以处理变成可见图像的仪器。用于夜间观察、瞄准和驾驶。有主动式和被动式两种。

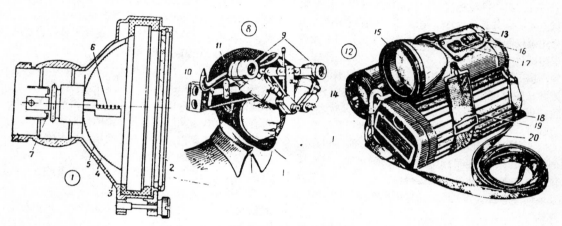

图 17-5 红外夜视仪

1-7.红外头灯：2.红外滤光片 3.外壳 4.头灯抛物面镜 5.涂层 6.灯丝 7.灯座；8-11.汽车驾驶用红外双目镜：9.光电双筒瞄准器 10.电源 11.头盔；12-20.红外线指示器：13.外壳 14.光学系统 15.照明源 16.三位行程开关 17.信号按钮 18.发电机手柄 19.弹性带 20.背带

【坦克夜视仪器】 利用红外线或放大天然微光的原理，进行夜间观察和瞄准的仪器。前者能观察辐射红外线或被红外线探照灯照中的物体；后者通过放大物体图像的亮度观察物体。

【红外测距仪】 用调制的红外光进行精密测距的仪器。测程一般为 1—5 公里。

【光电测距仪】 亦称光速测距仪。用调制的光波进行精密测距的仪器。测程可在 25 公里左右。用于高精度测距，但仅能用于夜间作业。

【侦察经纬仪】 双筒潜望式侦察和测角用的光学仪器。主要用于侦察敌情、地形，交会目标、炸点和校正射击。也可用于测定炮阵地、观察所的坐标。由双筒潜望式望远镜、方向测角机构、高低测角机构、读数显微镜、定向磁针和三脚架组成。双筒潜望式望远镜的镜筒是合拢为一体的，放大倍率为 10× —20× ，视场 3°—6° 。方向测角范围为全圆周，测角精度为 0.2—0.3 密位。高低测角范围一般为−500 至+800 密位，测角精度为 0.2—1 密位。侦察经纬仪出现于第二次世界大战期间。

【光学瞄准镜】 利用光学原理制成的瞄准镜。由镜头、镜体和照明装置组成。

【红外线瞄准镜】 利用目标反射红外光，使光电变换成象而进行夜间瞄准的仪器。由红外线探照灯、光电变压器、瞄准镜和电源等组成。

【子弹窃听器】 一种带有窃听装置的子弹。这种子弹外形和普通子弹一样，它的内部装有一个超高频的收发射器。这种收发射器灵敏度极高，能把方圆几十米以内的各种情报，迅速发射回去。子弹可用枪直接射入对方指挥部墙壁内，用来窃听对方会议内容和谈话。并及时将窃听到的内容发射出去。

【轻武器激光指示器】 一种轻武器用小型激光指示器。这种指示器重 255 克，结构小巧紧凑，可在手枪、机枪等各种轻武器上使用，它与夜视镜配合使用，可使射手通过夜视镜看到目标上的激光投影点，从而准确地进行射击。该激光指示器上有一个只有戴夜视镜的射手方能见到的固有光圈，可用于目标识别；指示器中的一个垂线标记，可用作距离估算；还能用它来为水中武器指示目标。这种激光指示器的使用寿命为一万小时。

【陀螺仪】 利用陀螺特性制成的精密测量仪表，用于测量运动物体的角度和角速度。主要由框架和轴承支承的高速旋转的转子组成。按自由度的数目分二自由度陀螺仪和三自由度陀螺仪；按测量对象和安装方式分为水平陀螺仪、垂直陀螺仪、积分陀螺仪和微分陀螺仪等；按支承方式分为滚珠轴承陀螺仪、液浮陀螺仪、气浮陀螺仪、静电陀螺仪等；按工作原理分为机电陀螺仪、激光陀螺仪、核磁共振陀螺仪、挠性陀螺仪、回转轴承陀螺仪等。陀螺仪是惯性制导系统中最重要的敏感元件之一。它被广泛应用于航空、航天、航海和火控系统中。

【陀螺方位仪】 用于保持其主轴开始标定的任意方位、测定目标绕垂直轴的旋角的一种陀螺仪器。在飞机、火箭、鱼雷等航向自动稳定系统以及地面导航系统和军舰射击操纵系统中，广泛采用陀螺方位仪。

【星球仪】 天体的模型仪器。可利用它选星、认星和解算有关天文问题。

【经纬仪】 一种便携式大地测量仪器，供进行大地测量、海道测量、建筑、矿山测量等作业时，以及进行地形测量和射击测地准备时测量方向角和高低角使用。

经纬仪的主要工作部件是金属的或玻璃的水平度盘和垂直度盘。金属度盘的读数装置有显微测微器、刻度显微镜和游标，玻璃度盘读数装置有光学测微器。带有玻璃度盘的经纬仪称为光学经纬仪。在 70 年代苏联工业进入了只生产光学经纬仪的阶段。经纬仪分为高精密的、精密的和工程用的三种。高精密经纬仪用于建立国家一等和二等三角测量和导线测量网。精密经纬仪用于建立三等和四等三角测量和导线测量网以及专门的大地测量网。工程经纬仪用于建立图根网，实施经纬仪测量和视距测量。还有各种专用经纬仪：天文经纬仪——用于测量地理坐标和方位角；矿山测量经纬仪——用于矿场作业；补偿器经纬仪；编码经纬仪和自动视准目镜经纬仪，这两种经纬仪可将测量结果记录

在穿孔纸带上，以便输入电子计算机。火箭兵和炮兵使用高空气象经纬仪和侦察经纬仪。高空气象经纬仪用于测量测风气球的高低角和方位角；侦察经纬仪用于实施光测侦察。

全套经纬仪还包括磁针仪、潜望镜、方位镜、测距装置、定向杆照明器。

【天顶仪】 天文大地测量仪器，用以测量恒星天顶距微差，从而求得观测地的地理纬度。天顶仪的主要组成部分是固定在地平经装置上的天文望远镜，其焦点平面上装有目镜测微器。天顶仪望远镜按天顶距定位时须绕水平轴转动，按方位角定位时须绕垂直轴转动天顶仪上部的安装架。在观测过程中，望远镜天顶距的稳定程度，可通过两个高精度的水准仪进行检查。根据两颗恒星的天顶距之差，可求得观测点的地理纬度。现代天顶仪测定纬度的精度为 ±0.10—0.15 角秒。

【准直仪】 用来获得平行光束的光学器材。准直仪由凹镜或物镜焦面上被照亮的物体组成。这种物体通常是带有任意形状孔径的不透明光阑，或带有十字刻线、刻度或其它标记的分划镜。物镜和物体固定在镜筒内。内部涂黑的镜筒壁吸收与要求的方向不相符合的光线。焦距、有效孔径、物体的开关和大小根据准直仪的用途选定。在某些火炮标定器的镜体上装有机械式概略瞄准具。在能见度不良的情况下和不存在自然地物的条件上，火炮标定器要用来代替火炮和迫击炮的远方瞄准点。这样发射阵地就可以选择在任何地形上。火炮标定器还可以作为小口径高射炮和不使用周视瞄准镜的迫击炮的瞄准装置。准直仪是许多测量检查用机械光学仪器的组成部分。特别是在天文学方面，用它来检查大型测量仪器和确定仪器的准直误差，规正棱镜中心消除图象的倾斜，以及完成其它同使用光学仪器有关的工作。准直仪属于高灵敏度的自动准直装置，利用它可以进行方向检查和角度测量。

【变量测定仪】 用于测定某一处地球物理量变化的仪器。可测定地磁及测定地球引力场的某些特性。

【六分仪】 测定观测者位置坐标用的测角仪器。分为光学六分仪和射电六分仪。光学六分仪又分为普通光学六分仪和人工地平或人工垂线六分仪两种。普通六分仪能测量各种天体的高度以及岸上方位物之间的水平夹角或目标的垂直角，供观测者航海定位之用。人工地平六分仪只能用于测量天体高度。光学六分仪的构造原理是以平面镜的光反射定律为基础。光学六分仪的部件为两个反射镜：大

的为动镜，小的为定镜。动镜转动一个角度，定镜的反射光线即改变自己的方向，其大小为动镜转角的两倍。光学六分仪可通过同时瞄准两个目标测出140°以下的角度。当目标在望远镜视野中央精确重合时，固定在游标尺——指标杆上的动镜的位置即与所测角相一致。测角的读数是从刻度弧上通过读数装置读得。人工地平或人工垂线六分仪的构造原理与普通六分仪相似，但有敏感元件，人工地平由球形气泡水准器或由指示垂线方向的陀螺仪提供。自动航空六分仪也属于人工地平六分仪。它借助能不断跟踪天体的光电系统来测量天体高度。测得的高度是相对于人工地平的高度。光电随动系统采用陀螺稳定。光学六分仪的测量精度可达零点几弧分。

射电六分仪是通过定向接收太阳月亮的自然射电来自动测量其高度和方位的无线电导航设备。射电六分仪的主要元件包括：设在稳定平台上带扫描器的锐定向天线；射电源高度和方位自动跟踪系统；稳定与读数系统；高灵敏度的辐射探测器；计算装置。射电六分仪可用于有密云和有雾的天气。

1699年，I.牛顿提出了光学六分仪的构造原理。1730年，英国科学家J.赫德利和美国工程师T.戈德菲分别设计出普通光学六分仪。最初的六分仪只能测圆周的八分之一，称为八分仪。后来，所测弧长增大到圆周的六分之一，故名"六分仪"。现代六分仪的弧长可达圆周的五分之一。

【航迹自绘仪】　自动计算舰位坐标并在海图或绘图板上自动绘出舰船航迹的仪器。作航迹运算标绘用的原始数据有：起始点坐标、陀螺罗盘传来的航向、计程仪传来的航程或航速。航迹自绘仪用三个解算机构进行计算：第一个计算航程，第二个计算航迹角，第三个由两个计算器组成，分别计算纬度差和东西距的增值。航迹自绘仪能自动将流压、风压、陀螺罗盘修正量和航艇偏航角计算进去。算出的舰位坐标随时传送到本舰有关部位、系统和仪器。航海长对航迹自绘仪自动标绘的航迹应进行检查。为此，航迹自绘仪自动标绘的麦克特海图或绘图板应固定在专用桌的底板上，而航海和手工绘算的海图固定在专用桌的透明桌面上。将航迹自绘仪自动标绘的舰位投影到上方的海图上，即可对两种标绘结果进行核对。

【象限仪】　一种旧式圆心角为90°、弧形板上刻有度、分的扇形测角仪器。1805年俄国炮兵开始装备，射击时用于赋定炮身射角。现代火炮中各种瞄准装置代替了象限仪，而象限仪只用于检

验瞄准装置，以及火炮在靶场进行试验时使用。

【电影经纬仪】　在靶场条件下对军事技术装备样机作飞行试验时用以进行弹道测量的光－电子仪器。这种经纬仪是具有随动光轴的测量仪器，由观测目标的光学系统、光电记录系统、瞄准和控制系统、摄影系统、坐标记录系统等组成。对光电经纬仪观测目标系统光轴的姿态控制可用手控瞄准、程序瞄准和自动瞄准的方法来进行。在大多数情况下，现代化的光电经纬仪能保证上述瞄准方法的应用。测量相对于光电经纬仪光轴的目标姿态可按目标在胶片上的图象而定；空间摄影时，光电经纬仪、光轴的角位置由拍照下来的分度盘度标记录或者把从变换器得来的高低角和方位角的数据记录下来。测量目标的坐标通常采用定向法。在这种情况下，至少要用两台光电经纬仪。测得的信息应与统一的时间相联系。光电经纬仪主要的优点是测量精度高。为了达到实际测量中的高精度，应考虑光波在大气中的传播条件，尤其是高低角小时的条件。光电经纬仪的缺点是摄影质量、摄影距离都依赖于测量瞬间目标与周围背景的可见对比度和测量结果处理难于实现自动化。

【测距机】　测量距离的仪器。用于炮兵射击、轰炸、地形测量、航海、大地工程测量、天文学、摄影等。按工作原理分为主动式测距机和被动式测距机。

主动式测距机利用本身的发射机照射目标，然后通过测量信号到达目标和被反射回来所需的时间决定出距离。此时信号传播速度是已知的。根据使用的电磁波的波段和振荡的物理性质，分为光速测距机、无线电测距机和声波测距机。光速测距机分为脉冲式测距机和相位式测距机。脉冲式测距机直接测量光脉冲往返目标的间隔时间。相位式测距机是利用连续光通量测距的，而光通量的强度经过了外加的高频改变。平稳地改变调制的频率时，发射的和反射的光通量的调制相位差发生变化。根据观察到的光通量强度最大值和最小值的数目决定传输的时间，然后根据该时间算出距离。按测量距离和精度，光速测距机分为大型测距机、中型测距机和小型测距机。激光测距机是光速测距机的一种变型。脉冲激光测距机在其快速转镜处在一定状态时发射短脉冲，这种短脉冲到达目标后被反射回来，并被接收部分的光学系统所接收。根据脉冲传输的时间自动求出距离，并在专门的显示器上显示出来。激光测距机能迅速而准确地测出目标距离，而且其特点是结构紧凑，重量轻。例如，用激光测距

机测量月球的距离误差仅数米。激光测距机的缺点是结构比较复杂，且受气象条件影响。无线电测距机主要利用厘米波和毫米波的电磁波测距。无线电测距机可分为被动反射式和主动反射式两种。而按发射信号的种类又可分为脉冲测距机和连续波测距机。被动反射式无线电测距机测距时有两个信号——直接信号和延迟信号输入接收机，而主动反射式无线电测距机测距时使用两台测距机——架设在测线两端的主台和副台。副台接收的无线电信号经过变换，传输到主台。距离是根据发射波和接收波的相位差算出的。为了测量水中的距离，使用声波测距机，因为在这样的条件下，由于电磁波大量被水介质吸收和散射，所以利用电磁波实际是不可能的。

被动式测距机的测距原理是根据已知一边及其所对之锐角求解等腰三角形的高。这两个数值中的一个是常数，而另一个则是所测之值。因此，被动式测距机分为固定角度测距机和固定基线测距机。固定角度测距机是一种带有两条平行线的望远镜，可移动的标杆是它的基线。应用于大地测量仪器中，相对误差为 0.3—1%。在固定基线测距机中使用最广的是所谓内基线光学测距机，这种测距机又分为两类：单目测距机和双目测距机。单目测距机利用眼睛来辨别两条线的微小位移，双目测距机利用体视效应。

【弹道摄影机】　用于拍摄发射现象及伴随发射在膛内膛外发生的诸过程的专用装置，摄影的目的是为了从质量和数量上确定武器的弹道特性。摄影通过透射光或反射光来完成。弹道摄影机能在所研究过程发展的个别瞬间，对此过程的任一阶段实施一次瞬间摄影和对某一过程不同阶段实施拍摄一串物像的连续快速摄影。按照曝光方法，弹道摄影机分火花摄影机、弧光放电管摄影机、光电快门摄影机和 X 射线脉冲摄影机等几种。

【缩放仪】　用机械法将图形从一平面转绘到另一平面的仪器。图形保持相似，常缩绘为较小的比例尺。借助缩放仪转绘图形时，转绘片上保持原始制图资料的投影。目前，很少用缩放仪转绘地理图，它主要用于下列情况：原始制图资料需要多倍缩小；按小倾角航空照片编绘平原地图；使用不宜摄影的彩色制图材料。现在缩放仪逐渐为高效率的精密光学仪器所取代。但是一些摄影测量仪器，采用缩放仪原理在图纸上复制作业员在摄影测量模型上测绘出的图形。某些导航装置也备有缩放仪。

【测谎器】　在审讯或进行专门的考查谈话时记录人的心理状态和其机体内生理变化的专门仪器。在向被审讯人提出问题及其回答时传感器同步地记录下读数。借助测谎器获得的关于人在受审时机体状态的资料由专家——心理学家、医生作仔细研究，并同审讯记录进行对照。这样就可发现被审讯者状态的变化与所提问题性质间的相互联系，从而在一定程度上可以判断回答的相对真实性。例如美国法律规定，用测谎器获得的材料只能作为侦察机关、反侦察机关和警察局进行业务活动和侦察活动的定向材料。这些侦察材料可以交给法院使用。用测谎器核查口供是一种严峻的心理考验。意志薄弱的和心理上未受过适应检查训练的人往往经受不住这种查。但对受过这种训练、意志坚强、情绪镇定的人来说，用测谎器核查却往往收效甚微。

【积分器】　用积分法解算某些算题的计算装置。能独立地解算数学题和模拟物理过程，还可用作自控系统或计算机的组成部分。现代军事技术装备如导弹控制系统、舰船、潜艇、飞机和航天器等的导航系统，均普遍采用积分器。积分器的作用，在于对所测得的物体加速度进行积分，以确定其速度和座标等运动参数。

【觇孔照准器】　1.最简单的瞄准装置，是垂直固定在旋转尺两端或者固定在与器械分开的圆环上的两个金属板。其中一个金属板上有一个目视小孔或窄缝。另一个金属板上有一条带细线的缝。瞄准时，转动此照准器，使接目孔通过对物窗的细线对准目标。从前，觇孔照准器曾广泛用在各种大地测量仪器上，如今它仅用在某些型号的罗盘仪上；2.步兵射击武器上瞄准装置的一部分，是由带孔的盘构成的，射手通过瞄准孔使准星与目标重叠。

【纵倾指示器】　测定舰船或浮动设施纵倾用的仪器。有气泡纵倾指示器、机械纵倾指示器和液压纵倾指示器。安装在潜艇的中央舱或指挥室及升降舵操纵部位、水面舰船和浮动设施的损害管制指挥所和航行驾驶室。安装的位置与舰船和浮动设施的中线面平行。气泡纵倾指示器是一个两端封死的玻璃弯管，管内尽量装满染色酒精，仅留一个小气泡；玻璃弯管装在金属护壳内，护壳上有刻度。0 度在中央，两侧各 20—25°。纵倾变化时，管内的气泡向最高位置移动，从刻度上便可看出纵倾度数，其误差为 ±0.5°。机械纵倾指示器有一摆锤悬吊于圆形壳体内，壳体的正面有刻度盘和指针。有的摆式纵倾指示器装有精确读数盘，使测量纵倾的精度在百分之几度。液压纵倾指示器由两个用管子连通的玻璃筒构成，筒内各装有半筒染色液体。指示器按连通器原理工作，当出现纵倾或纵倾变化时，液体就由一个玻璃筒流入另一个玻璃筒。筒中新液面所对的刻度即为纵倾值。

【数字微分分析器】　主要用数字方法解算微分的专用计算装置。数字微分分析器的优点是仪器设备不复杂，课题编排比较简单，能与数字和模拟系统结合；缺点是运算速度较低。它主要用于解算自动控制缓慢流程的课题。

【军用标准器】　用于复制和保持某一物理量的单位所使用的精确度最高的单件测量器。利用标准器可将其量度移到部队测量器上。军用标准器需按规定程序正式批准，并按有关某些量值的专门规格制成。这些量值为：长度、重量、时间、频率、温度、平面角、压力、运动参数、液体与气体消耗参数、电气与无线电技术量度等。在苏联武装力量中，单位量度的移转须按军用校正程序图进行。图中列有从军用标准器上将物理量的单位量度移到部队标准测量器上和由后者移到部队工作测量器上的程序、工具、方法与精度。军用校正程序图所列的级数按照苏联武装力量计量机构的组成与分布以及其他因素，取决于部队工作测量器的精度单位和量度移转的合理组织。苏联武装力量中度量衡的统一通过下列办法得以保证：军用标准器同国家标准器相校正，按照军用校正程序图规定的隶属层次定期校正部队全部测量器。

【瞄准具】　使武器瞄向目标的仪器。也可以用于观察战场和选择目标。武器种类决定瞄准具的结构、主要技术性能和瞄准的物理原理。

瞄准具经历了一个演变过程，它从最简单的机械装置发展到能保障对快速运动目标进行自动瞄准，以及为发现目标而采用各种不同物理原理的复杂综合系统。最早在15世纪初使用的最简单的瞄准装置就是画在火炮身管外表面上的一条瞄准线。空中射击、轰炸和鱼雷投放瞄准具是现代最复杂的瞄准具。瞄准具按其配用的武器可分为火炮瞄准具、航空瞄准具、枪械瞄准具、坦克瞄准具、火箭综合系统瞄准具等；按基本瞄准装置的作用原理可分为机械瞄准具、光学瞄准具、电视瞄准具、激光瞄准具和雷达瞄准具等；按瞄准过程中人员参与的程度分为自动瞄准具、半自动瞄准具和非自动瞄准具。

【枪械瞄准具】　用于枪械瞄准的装置。有机械瞄准具和光学瞄准具两种。机械瞄准具是直接安装在武器上，在枪管尾部有照门和在枪口部有准星的一种装置。它可以改变照门对准星的位置，使

瞄准线与枪膛轴线成各种不同角度。根据瞄准线移动装置的结构，各种机械瞄准具的表尺可分为柱形表尺、框形表尺、梯形表尺和弧形表尺。机械瞄准具工作可靠，不容易发生故障，但瞄准精度低，尤其对运动目标瞄准的精度更低，瞄准距离有限。因此，有些枪械装有光学瞄准具，其光学系统与直接瞄准的火炮瞄准具的光学系统有许多相同之处。

【火炮瞄准具】　用以保障火炮在水平面和垂直面内进行瞄准的仪器。为此，可通过直接对准目标的方法实施，或者在水平面上对辅助点，在垂直面内发定对炮口水平面的读数来实施。大多数现代地面炮、高射炮和海军炮既可进行直接瞄准，也可进行间接瞄准。瞄准具按其与火炮连接的特点分为非独立瞄准线式瞄准具和独立瞄准线式瞄准具。后者便于进行间接瞄准。间接瞄准的瞄准装置由周视瞄准镜和瞄准具组成。瞄准具包括高角装定器和炮目高低角装定器，借助高低机赋予炮身所要的射角。为了排除炮耳轴倾斜对瞄准精度的影响可利用倾斜调整器。直接瞄准用火炮光学瞄准具是一个带有高低角装定器的镜筒，固定在火炮起落部分上，其光轴与枪膛轴线平行。这种瞄准具的光学系统的平面平行板上刻有各种炮弹的距离分划、方向提前量分划和对准目标用的指标。瞄准具的主要光学性能：放大倍率、视场、出射光瞳直径和出射光瞳距离。红外线瞄准具是另一种类型的光学瞄准具，供各种枪、反坦克炮和坦克炮夜间瞄准射击用。现代迫击炮瞄准具有各种角度装定器、光学瞄准镜和转动部分，因而可保障迫击炮进行间接瞄准和从遮蔽发射阵地射击。

【炮队镜】　潜望式双目光学仪器。用于从遮蔽物后观察战场和炮弹的炸点，详细研究地形和目标，测量方向角和高低角，还可以用来测量距离。炮队镜由两个用关节连接的单目镜筒、分划环、支承座和测量高低角的装置组成，配套的附件有三角架、放大镜等。两镜筒采用关节连接，可以保障不论两镜筒在合拢的情况下，还是在张成180°以内的任何角度的情况下都能实施观察。随着张开角度的增大，体视感也随着增加，两镜筒在合拢情况下潜望高（在遮蔽物后工作的能力）最大。炮队镜的放大倍率为10倍。在右目镜内装分划镜。高低角和方向角的测量精度以等于0.5密位的中间误差表征，有些炮队镜在镜筒的目镜上装有活动护圈，戴防毒面具或不戴防毒面具都可进行观察，分划环和分划镜都有照明装置。苏军曾装备小型和大型炮队镜。

【火炮周视瞄准镜】 地炮和火箭炮现代瞄准具的瞄准和测角光学仪器，用于对地形进行环形观察、火炮瞄准和标定。

周视瞄准镜是由垂直放置的镜体、回转镜头和目镜筒组成的弯管状的仪器。通过光学系统各部件的相互配置、各部件的形状、大小和相对转动可以在固定目镜中得到位于任何方向上的被观察物体的正象。这在火炮瞄准时，不论瞄准点对火炮位置如何，都能使瞄准线与任一瞄准点重合。在周视瞄准镜的视场内有十字线或分划镜，在目镜筒一侧有一小窗供夜间照明十字线或分划镜用。周视瞄准镜的分划分有方向本分划和方向补助分划。方向转螺转动一圈相当于方向本分划环移动一个刻线。因此，周视瞄准镜的方向本分划分为6000密位。周视瞄准镜的镜头与固定在镜头上的方向本分划环一起转动可以保证对着固定指标装定任一给定角度，以便对目标或其他点进行方向瞄准，并且可以在水平面上标定火炮。瞄准镜的俯仰机构用于对高于或低于炮口水平面的目标进行瞄准。转动俯仰转螺时，瞄准线在零位置上下300密位的垂直面上移动。当瞄准镜处在基本装定分划位置时和火炮射角等于零时，瞄准线与炮膛轴线平行，与瞄准零线重合。周视瞄准镜的基本光学性能：倍率4ˣ、视场10°、光力16、入射光瞳直径16毫米、潜望高180毫米。当周视瞄准镜的光学部分发生故障时，可利用概略瞄准具进行概略瞄准。操作时周视瞄准镜固定在瞄准具坐筒内，行军时装在瞄准镜箱内运输。在舰艇上，当对看不见的岸上目标射击时和在没有中心瞄准仪器时使用周视瞄准镜。

【火炮射击指挥仪】 用以计算火炮的射击诸元，指挥火炮进行射击的仪器。是火力控制系统中的重要组成部分。其种类按配属武器的不同，可分为高射炮射击指挥仪，地面炮射击指挥仪，坦克炮控制计算机，舰炮射击指挥仪，导弹火控计算机等。其工作原理是，根据目标位置的数值、目标运动的参数及射击条件的修正量等，以"解析法"或"向量法"求出火炮所需的射击诸元。其构造一般由接收装置、测速装置、解算装置及输出装置等组成。指挥仪出现于20世纪30年代。目前，指挥仪正朝着小型化、多功能、通用化、数字化方向发展。

【炮兵测距机】 炮兵测量距离的光学仪器。有光学测距机和激光测距机两类。光学测距机一般由双筒望远镜、距离测量装置、方向测角装置、高低测角装置和三角架组成。地炮光学测距机

的基线为0.3—2米，放大倍率为5ˣ—20ˣ，视场为3°—10°，测距范围50—20000米。高炮光学测距机的基线一般为1—3米，放大倍率为10ˣ—32ˣ，视场1°50′—6°，测距范围500—30000米。激光测距机通常由发射装置、接收装置、计数器、显示器、瞄准镜、电源、方向测角装置、高低测角装置和三角架组成。其工作原理是：根据发射装置发出的激光光束到达目标后被反射回来所需的往返时间之半乘光速，即求出目标距离并在显示器上显示出来。测距误差一般为5—10米。手持式激光测距机的测距范围一般为150—1000米，重2—3公斤；支架式激光测距机的测距范围一般为200—20000米，重5—30公斤。

【炮兵方向盘】 简称方向盘。炮兵测角、定向和观察用光学仪器。能测量磁方位角、水平角和高低角；与标杆配合可测量距离。主要用于赋予火炮、观测器材的基准射向和测定炮阵地、观察所的坐标，也可用于观察敌情、地形和测定炸点对目标的偏差量。由单筒望远镜、方向测角机构、高低测角机构、定向机构、潜望镜和三脚架组成。望远镜放大倍率4ˣ—8ˣ，视场5°—10°。方向测角范围为全圆周。高低测角范围为-400至+800密位。测角精度一般为1密位。方向盘出现于19世纪末。

【测角器】 火炮瞄准装置中，定向和侦察器材中的测角仪器的一部分——测角机构，其用途是根据给定的读数方向在仪器上构成方向角和高低角，并且为了在现地测量这些角度。它由瞄准镜、方向本分划环或方向本分划板和带有方向转螺的蜗杆机构组成。对不能观察目标射击时，火炮借助于方向机通过测角器可以在水平面内进行瞄准。

【弦线量角器】 炮兵使用的专用测量器材，在进行测地作业和以图解法决定射击装定诸元时用于测量和绘制角度，以及在地图上测量和量取距离。弦线量角器是由金属薄板制成，一面是弦线量角器，另一面是两个复比例尺。弦线量角器是一弦线图，该图决定以一定长度为半径所画圆的弦长与以密位表示的角度值之间的关系。弦线图是按复比例尺原理制作的。弦线量角器的复比例尺用于在1∶50000和1∶25000的地图上测量和量取距离，使用弦线量角器作业时应使用量规。

【送弹机】 向火炮炮膛内送炮弹的装置。有弹簧式、气动式和电动式三种。

【高射瞄准具】 在瞄准手瞄准目标时使炮身指向提前位置的装置。它分为环形高射瞄准具、

矢量高射瞄准具和测速高射瞄准具。环形高射瞄准具分为非光学的和光学的两种。各环的直径与一定的目标飞行速度相适应。光学环形瞄准具由物镜、目镜和置于物镜或目镜焦面上的分划镜组成。分划镜用于计算目标运动的速度和方向。矢量瞄准具的主要组成部分有火炮尺、航路尺、瞄准尺和高低标定尺，以及跟踪目标的光学瞄准镜。在这些尺上分别刻有决定提前角的刻度值。测速瞄准具由瞄准器、目标瞄准线移动的角速度发送器和计算元件组成。利用通过发送器测定的瞄准线移动的角速度值并考虑目标距离来计算火炮对准提前位置的角度。高射瞄准具作为主要的或预备的瞄准器材使用。

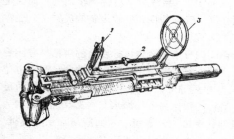

图 17-6　　高射瞄准具

1.照门(照准器)　2.表尺框　3.同心瞄准环架

【高射炮兵仪器】　　其用途是在高射炮兵的单炮或分队对空中目标射击时决定诸元。高射炮兵仪器能保障发现、识别、跟踪目标和测定目标坐标的机械化或自动化，对射击过程中所必需的方位角、射角和引信装定分划进行计算和处理，以及为射击选择目标，决定开始射击和停止射击的时机、弹药消耗量等。高射炮兵仪器的工作原理、组成和技术水平决定对目视观察的目标或对雷达搜索区域内的目标的射击能力。高射火器，及其战斗使用的方法和条件的多样性决定高射炮兵仪器的多样性。

【高炮测高机】　　高射炮兵用以测定空中目标高度和距离的仪器。

【高射炮兵火炮群射击指挥仪器】　　某些单独射击指挥装置和机件的综合体。指示目标的方法是将目标搜索雷达捕获的目标传输给目标跟踪雷达和与该雷达同步工作的测高机，由它们测定目标坐标，并将目标坐标传输给高射炮兵射击指挥仪。计算数据经炮兵连的和各炮的配电箱输入方向瞄准角、火炮射角和引信装定分划的受信装置。带反馈的动力随动传动装置根据处理过的量赋予火炮所需的空间位置。动力传动装置通常与人工传动装置或半自动传动装置是重叠的。高射炮兵射击指挥仪在

结构上可以同目标跟踪雷达或测高机安装在一起。

仪器系统搜索、识别、跟踪目标，不断求取对空中目标，必要时对地面目标的射击诸元。按结构和解题的数学内容，仪器系统在原理上与高射炮兵连射击指挥仪一样。但是高射炮综合仪器系统的各部件的布局和采用的技术有自己的特点。计算装置计算射击诸元，并同时加入气象条件、弹丸初速、自行高炮的倾斜角，以及射击持续时间等各方面的修正量，对整个射击指挥系统进行功能检查。潜望光学瞄准镜用于目视搜索、跟踪目标、观察战场、对地面目标进行瞄准。

【高炮避开仪】　　高射炮兵避开射击时，跟踪飞机和观察射击结果的光学仪器。主要用于观察角度偏差。

【高炮指挥镜】　　对空观测的光学仪器。高射炮兵用于搜捕和指示目标并观测射击效果。由瞄准手观察镜、指挥员观察镜、方向测角装置、高低测角装置和三脚架组成。瞄准手观察镜放大倍率 $10^{\times}$—$15^{\times}$，视场 $4.5°$—$7°$，能发现较远距离上的空中目标。指挥员观察镜放大倍率一般为 $8^{\times}$，视场 $6°$，用以提示目标和检查瞄准手操作精度。方向测角范围为全圆周，高低测角范围为−300—+1400 密位，测角精度一般为 5 密位。

【坦克瞄准装置】　　用于坦克炮瞄准和射击的装置。包括测距瞄准镜、光学瞄准镜和带装定瞄准角传动机构的计算装置。用测距瞄准镜测得的至目标距离输进计算装置。射击的弹道条件和气象条件对距离的修正量亦可装入此装置。计算出的瞄准角输入瞄准镜，坦克炮便根据这一角度进行瞄准。坦克炮瞄准镜有稳定的瞄准线，可避免坦克和火炮的震动影响行进间的射击精度。

【飞机自动驾驶仪】　　飞机上自动控制飞行状态的装置。用来自动稳定飞机姿态和飞行高度、速度；根据飞行状态给定器或与自动驾驶仪交联的其他系统给定的信号，自动操纵飞机改变飞行状态。轰炸机上的自动驾驶仪还用来稳定轰炸瞄准具的方位和对目标作定向瞄准。飞机自动驾驶仪主要由测量装置、放大器、舵机和操纵台等部分组成。测量装置是自动驾驶仪的信号源，用来测量自动驾驶仪中自动控制飞机角运动参数和自动控制飞行轨迹的参数，并输出这些参数的信号。放大器的主要作用是对测量装置、给定装置和回输装置所输出的信号进行放大和控制，放大后再输送给舵机。舵机是自动驾驶仪的执行部分，它根据放大器输出的信号，操纵飞机的各个舵面。操纵台用于飞行员控制

自动驾驶仪工作。按功用不同，自动驾驶仪可分为轰炸机自动驾驶仪、歼击机自动驾驶仪和运输机自动驾驶仪等。自动驾驶仪和飞机操纵系统共同操纵飞机的方式有两种：一种是两者的操纵彼此独立，互不影响；另一种是自动驾驶仪工作时，飞机完全由自动驾驶仪操纵，只有在断开自动驾驶仪后，飞机才由飞机机械操纵系统操纵。有些飞机的自动驾驶仪只能控制飞机的飞行姿态。

【深海调查器】 海洋深处进行科研和观测的专用技术设备的总称。用于：进行航海所需的水文研究和海底地貌研究；试验新造舰船；搜索沉于深水中的水面舰艇、潜艇及其它物体；判定沉没舰船的破损程度和实施打捞作业。

深海调查器有：系缆可潜器、深潜球、深潜器、深潜潜艇以及由水面船只控制或按预定程序工作的其它深潜工具。最初的深海调查器（深潜球）在 19 世纪末制成。深海调查器通常有以下几种分类：（1）按排水量分为可潜水器和水下实验室；（2）按能否载人分为载人式和不载人式；（3）按下潜深度分为小深度、中深度、大深度和极限深度潜水器；（4）按依赖基地的程度和在不同水层保持位置的方法，分为系缆式和自给式；（5）按机动能力分为自航式和非自航式。深海调查器的战术技术性能多种多样，根据作业特点和下潜深度的不同而各异。载人深海调查器装有向外观察用的舷窗和保障乘员生活用的各种设备，在水下停留的时间从几小时到几昼夜不等。它还装有失事时能使其自动上浮到海面的设备。根据任务的不同，深海调查器上可安装：航海系统、水声仪器、水文仪器、地球物理仪器和其它专用科学仪器、水质和底质取样器、各种机械手、电视机、照相机、电影摄影机、照明器材及其它器材。

【水压仪】 能随所在水深的不同而反应出水压变化的仪器。军事上可用于鱼雷航行深度的自动控制系统，称为定深器。

【测深仪】 从船舷测量洋海湖河深度的仪器。有各种结构的测深仪，最简单的是手操水砣——固定在带有长度标记的绳索上的重锤。在船速为 5 节以下时，水砣可测水深达 50 米。测量更大的水深则需使用机械测深仪和回声测深仪。机械测深仪通常分卷车、重锤、金属索和用于计算索从船舷下落米数的计数器几个部分组成。重锤到底时，卷车自动停转。机械测深仪在航速不超过 16 节时，可测深 10—200 米。汤姆逊式测深仪是根据压力随深度不同而变化的原理制造的。根据水声定位原理制作的回声测深仪最为完善，它是通过测定超声波到达水底的往返时间来测深的。

【测向仪】 测定目标方向角的仪器。是声测站、水声站、热力测向站和无线电测向台的组成部分。按其测向方法可分为：目力测向仪、声响测向仪、热力测向仪和无线电测向仪。一般采用光学仪器作为目力测向仪。最简单的测向仪是一种可旋转的瞄准尺，两端各装有一个瞄准器。这种测向仪早在 17 世纪即已用于航海罗径。

声响测向仪可根据各种物体在空气介质中的声辐射测定其方向。工作原理是测定声波到达集音器的时差或测定辐射强度差。测定活动目标方位的平均误差约为 1°。接收活动目标声辐射的距离决定于辐射强度、气象条件和接收设备的灵敏度，通常不超过 12 公里。

水声测向仪用于搜索目标发出的声信号并测定其方向。其工作原理与声响测向仪相同。测定方位的精度为 0.5—3°。作用距离决定于接收机的灵敏度，目标的噪声强度和海水的水文状况，通常为数公里到数十公里。潜艇、水面舰艇、反潜飞机、反潜直升机和海岸观察哨均装有水声测向仪。

测向仪用耳机、指针式仪表、数字显示器等作指示器。

【回声测深仪】 通过水声定位法不断地自动测定水深的一种导航仪器。其用途是：保障舰船在浅水区及有水下碍航物海区的航行安全；根据特有的水深粗测舰位；进行海洋考察和深水考察等等。其工作原理是通过测量从发射超声波信号到收到海底回波脉冲所用的时间来计算水深。按用途分为航海回声测深仪和专用回声测深仪。属于专用回声测深仪的有：浅海回声测深仪、深海回声测深仪和鱼探仪。航海回声测深仪测深范围达 4500 米，浅海回声测深仪的测深范围达 500 米，深海回声测深仪的测深范围达 12000 米，鱼探仪的测深范围达 1000 米。回声测深仪的主要组成部分有：振荡器、发射换能器、接收换能器、放大器、中央显示器。

【回声测冰仪】 潜艇冰下航行的专用仪器。用于测定是否有冰及冰的厚度，测量潜艇顶点到冰层底面的距离，探查冰层中是否有冰间穴和冰原间水面并测定其界限等。这种测冰仪通过自动记录器可不间断地记录冰层的情况。回声测冰仪的工作原理同回声测深仪相同。所不同的是回声测冰仪向海面垂直发声声脉冲。其主要组成部分有：定深器、发射换能器、接收换能器和记录装置。回声测冰仪的作用距离为 200 多米，测量精度为作用距离的 0.5%。潜艇下潜深度在 100 以内时，回声测冰仪可提供最完整的有关冰层情况的数据。

【无线电测向仪】 舰船上用以接收指向标站发射的信号，以测定舰船方位的仪器。

【无线电定位仪】 船船上用于接收导航台信号测定舰位的仪器。根据地面发射台的作用距离，分为近程定位仪、中程定位仪和远程定仪。

【偏航角测量仪】 测量舰船真航向与舰船受风、浪、流影响后的航迹线之间的夹角的仪器。偏航角的大小与下列因素有关：风力，浪高，流速，风、浪、流的方向与舰船中线面的夹角，舰船的吃水，水上部分的外形和尺寸。有一种流体动力式偏航角测量仪，其工作原理是测出作用于两舷接收装置上的压力之差。出现压力差时，测量仪的接收装置便开始转动，直到两舷的压力相等为止。转动的角度即偏航角。如果没有偏航角测量仪，则可根据真航向与尾迹线之间的差确定舰船的偏航角。

【消摆仪】 消除或减少舰船摇摆的仪器。包括减摇鳍、减摇水舵、防摇回转仪等。

【计程仪】 测量舰船航速及航程的航海仪器。计程仪能测量舰船相对于水的航速、相对于地面的航速以及在水流影响下产生的牵连航速。使用得最广的是测量相对航速的计程仪。按工作原理，这种计程仪可分为水压计程仪、感应计程仪和转轮计程仪。水压计程仪测量舰船运动时水流所产生的压力；感应计程仪测量紧紧固定在舰船上的电磁铁在水中运动时感生的电动势；转轮计程仪根据转轮（叶轮）在水流中的转数测量流速。计程仪测得的压力、电动势和转轮转数与舰船航速成正比，通过不同的传动装置换算为航速及航程读数。

舰船相对于地面的实际航速可用水声计程仪和地磁计程仪进行测量。水声计程仪利用多普勒效应的原理工作；地磁计程仪的工作原理是，测量随舰船在地磁场中运动的测试用的导体所感生的电动势。

帆船舰队时代测量舰船航速使用的是手操计程仪。为了计算向水中放出的绳索长度，绳上每隔 50.67 英尺用彩色旗布打一个结。根据半分钟内放出舷外的绳索节数，即可求出舰船每小时航行的海里数。海上航速单位—节就是来源于这种手操计程仪。

【鱼雷射击指挥仪】 供水面舰艇和潜艇对敌方水面舰艇和潜艇实施鱼雷攻击而进行射击解算所用的光学机械装置、陀螺仪装置、机电装置和电子设备。鱼雷射击指挥仪能测得目标舰的有关数据，进行鱼雷射击解算，处理数据并将其输入到鱼雷发射器和鱼雷的执行机构。

【舰炮射击指挥仪】 为海军炮对海、对岸和对空射击进行解算的无线电电子装置、光学装置、电气装置、机电装置和计算装置。这些装置组合在一起便构成射击指挥仪系统。按解算的问题和结构形式，海军舰炮射击指挥仪分为：只保障对海或对空射击的，有保障对海和对岸射击的，有保障对各种目标射击的。使用最广的是通用射击指挥仪系统，这种系统中对空射击用的那部分最复杂。

射击指挥仪安装在舰上或海岸炮兵连的专门部位。按射击解算的精度和全面程度，射击指挥仪分为全解式和简解式两种。全解式系统全部是根据各种仪器测得的数据自动进行射击解算，同时考虑到各种气象修正量和弹道修正量。简解式系统则不完全根据仪器测得的数据进行解算，而且也不考虑全部修正量。

【船舶气象仪】 舰船用于遥测一定范围海面的气温、水温、湿度、风向和风速等的气象仪器。

【气象传真机】 传送和接收气象图像资料的无线电设备。

【声线轨迹仪】 用以测量海水中声速——深度分布曲线，计算声线轨迹，显示声线图的仪器。

【声速梯度仪】 用以测量声波传播速度随海水温度、盐度和静压力变化而变化的仪器。它能为声纳提供所在海区准确的声速——深度分布曲线，以便充分发挥声纳的作用。

【扫海具】 由船只拖曳进行扫海测量的工具。有软扫海具和硬扫海具。软扫海具由缆绳、浮子和重锤等组成；硬扫海具由管材构成。

【导航仪器】 用来测量舰艇、飞行器及其他航行体的运动要素、获取确定舰艇、飞行器和其它航行体位置的导航参数以及使用武器所需的原始数据的各种装置。

导航仪器分为自主式和非自主式两类。自主式导航仪器不须借助舰艇或飞行器以外的其他装置而能测量和计算运动要素与导航参数。非自主式导航仪器装在航行体上，可根据地面、海上或空中装置的信号计算出导航参数。在舰艇航海和飞机领航方面广泛采用的无线电导航、水声导航、卫星导航及其它许多导航系统的接收指示器都属于非自主式导航仪器。

导航仪器按作用原理可分为陀螺、磁力、水压、无线电技术、水声、惯性、光学、红外线和机械等导航仪器。按用途可分为：指示罗经方向或真方向的；指示舰艇航速和航程的，指示飞行器飞行速度的，给出位置的推算坐标或其增量的；指示飞行高度的、指示水深的、指示潜艇至水面距离或冰层厚度的；指示位置垂线方向的以及指示舰船横摇角和纵摇角的；计算推算坐标和航向修正量的；计时器；测定水文气象要素的仪表；天文仪器。

无线电导航系统和水声导航系统的接收指示器用于测定发射台的方向或至发射台的距离差，然后根据这些数据用电子计算机自动算出或用专门图表手工算出舰艇的位置坐标。空间导航系统的接收指示器根据在空间预定轨道上航行的人造导航卫星的无线电信号，高精度地测定舰艇在地球表面任意点的位置坐标和航向修正量。属于校正仪器的还有天文导航仪器和射电六分仪。

为了提高测定飞行器运动要素的精度和可靠性，为了取得导航参数，为使飞机领航和舰艇导航解题自动化以及确保现代化武器的使用，可利用专门的导航电子计算机和其它计算装置将所有导航仪器合并成导航综合系统。

【航空仪表】 装在飞行器上的自主测量设备。其用途是接收、处理和输出有关飞行器飞行情况、动力装置及其他系统工作参数的信息。航空仪表的组成部分有接受输入物理量的敏感元件、变换器、放大器、计算器和信息输出装置。有些需要的信息不能直接测得，从而要制造复杂的航空仪表。这是一种能够容纳许多输入物理量并且有包括电子计算机在内的复杂计算器的测量系统。航空仪表分为：发动机仪表、驾驶领航仪表、导航综合系统以及辅助性航空仪表。发动机仪表包括：压力表、温度表、转速表、测量燃料数量和消耗量的仪表。

【高度表】 测量飞行器飞行高度的仪表，分气压高度表和无线电高度表。气压高度表的工作原理是以测量大气压力值为依据的，大气压力值则取决于飞行高度。高度表的敏感元件为真空膜盒，膜盒的弹性变形程度取决于大气压力，并通过机械方式传递给指示器的指针，或转变成电信号。高度表的刻度盘上刻有千米、百米和十米的刻度。利用高度表上的旋钮，可以调定起飞机场在大气压力值或101325 帕的压力。在第一种情况下，高度表将指示出相对于机场的高度，在第二种情况下，则指示出相当于 101325 帕压力的水平面所相对的高度。为了准确地保持高度，必须考虑到高度表的仪表误

差修正量和空气动力误差修正量。后者是由于空气压力受感器附近的大气压力的畸变而产生的。

高空无线电高度表的工作原理，通常以测量发出电磁直达脉冲和接收反射脉冲之间的时间为依据的。低空无线电高度表则利用按频率调制的无线电波的连续辐射。此时，辐射的无线电信号的频率和由地表面反射的无线电信号的频率之间的差即表示飞行高度。无线电高度表的指示与真实飞行高度相一致。某些国家正在试制离子高度表、辐射式高度表和激光高度表。

【升降速度表】 航空用的一种驾驶仪表。可根据所测得的大气压力差指示飞行高度的变化速度。

【航空磁力仪】 安装在飞行器上的测量地球磁场及磁场部异常的仪器。用于对矿藏进行地球物理勘探，寻找地下或水下磁性物体。航空地磁仪由一个磁敏元件、一组电子元件和一个测量装置组成。航空地磁仪分为探铁式地磁仪、质子地磁仪和量子地磁仪三种，其磁敏元件能沿着所测磁场参数自动定向。探铁式航空地磁仪能把磁场高出规定数值的增量不断地记录下来，磁敏元件的临阈灵敏度为 10^{-7}—$^{-5}$ 安培／米。质子航空地磁仪每隔一秒钟能测出一次磁场强度的全向量，误差为 10^{-6} 安培／米。20 世纪 60 年代，许多国家研制的量子航空地磁仪具有更高的临阈灵敏度，能在更大的范围内连续测定磁场强度。飞行器上的各种干扰源所造成的干扰，使各类航空地磁仪的实际临阈灵敏度略低于上述数值。为了减弱干扰的影响，可用自动补偿器把航空地磁仪的灵敏传感器屏蔽起来，并安装在远离干扰源的机翼或机尾处或吊舱中，以防止飞行器自身的磁场干扰。

【磁力探测仪】 反潜机用以通过探测地磁场变化，以搜索潜艇的仪器。其原理是根据潜艇所引起的局部地磁场变化，发现和测定潜艇的位置。

【航空瞄准具】 用以使飞机上投射的弹药命中目标的瞄准装置。现代飞机的瞄准具，通常由参数测量装置、计算装置和显示装置等部分组成。按用途分为射击瞄准具、轰炸瞄准具和射击轰炸瞄准具。射击瞄准具通常装在歼击机上，主要用于发射枪、炮弹和火箭弹的瞄准；轰炸瞄准具通常装在轰炸机上，主要用于投掷炸弹、鱼雷和水雷，实施水平轰炸瞄准；射击轰炸瞄准具通常装在强击机或轰炸机上，主要用于对地面目标进行攻击瞄准，它是以轰炸瞄准功能为主、兼顾射击功能的综合瞄准具。以航空瞄准具为基础，包括驾驶仪等设备构成

的机载火力控制系统，可使武器的命中率大大提高。

【轰炸瞄准具】 用以观测和瞄准目标，确定投弹点，以准确实施轰炸的航空瞄准具。一般分为光学轰炸瞄准具和雷达轰炸瞄准具两类。光学轰炸瞄准具以光学系统观测目标，判定目标与本机的相对位置，并通过方向、距离瞄准系统确定投弹点。雷达轰炸瞄准具是在光学轰炸瞄准具的基础上，增加一套雷达设备和交联机构。雷达设备用来显示目标图象，判定目标与本机的相对位置；交联机构是雷达设备和光学轰炸瞄准具之间的连接装置，使雷达设备能配合光学轰炸瞄准具实施轰炸。

【航空射击瞄准具】 使飞机上发射的炮弹、火箭命中目标和使导弹处于正确发射位置的航空瞄准具。以参数测量装置测出目标和本机的相对位置和运动参数，通过计算机解算，在显示装置上显示出瞄准标志；射手将瞄准标志瞄向目标，武器即处于正确的射击位置。按操纵瞄准线的方式，射击瞄准具分为间接操纵和直接操纵两类。前者由射手操纵武器来间接操纵瞄准线，如前置计算光学瞄准具和"热线"瞄准具。后者由射手直接操纵瞄准线，如头盔瞄准具和轰炸机上的炮塔瞄准具。

【电子地图显示器】 一种新型的机载电子地图系统。该系统可适时地映出彩色或黑白的电子活动地图，一种是平面图，一种是飞机前方地形透视图。其信息来自机载雷达或其它传感器，并与飞机惯导系统相连接，信息能够自动更新。在复杂地形空域低空飞行时，飞行员借助于这种电子地图显示器，可以避免危险。该系统有 4 个主要部件：数字式地图数据存贮器、高速数据处理机、地图显示发生器和系统的辅助设备。存贮器存贮的数据，足以覆盖 65 万平方公里的区域。

【飞机起飞弹射器】 舰载机起飞时的助飞装置。它装在航空母舰的飞行甲板上。分蒸汽式、内燃式和液压式三种。该装置能使处于起飞状态的舰载机，在短距离内迅速获得所需要的起飞速度。

【拦阻索】 亦称绊机索。对降落的舰载飞机进行绊阻减速装置。它通常装在航空母舰的飞行甲板上。由拦阻索、滑轮和缓冲器组成。飞机降落时，尾部挂钩勾住拦阻索，即可迅速减速，在降落后 70—90 米距离内停止滑行。

【拦阻网】 甲板上对降落的飞机进行拦阻的保险装置。它多由高强度尼龙带组成。通常装在航空母舰上。在舰载机尾部挂钩失灵或其他原因下不能复飞时使用。它可以兜住一定重量的降落飞机，

使飞机在每小时 300 公里左右的减速运动下，连机带网冲出 40—50 米后停止滑行，以防止飞机坠落海中。

【航空地平仪】 一种用以判断飞行器与天然地平线或真垂线方向的相对位置的陀螺仪表，也就是用以测量飞行器的倾斜角和俯仰角的陀螺仪表。航空地平仪的主要组成部分，是一个能保持自转轴空间位置不变的三自由度陀螺和能消除陀螺自转轴偏离垂直线的系统。航空地平仪能输出倾斜角电信号和俯仰角电信号。航空地平仪有时被直接用来稳定各种装置的空间位置。如果航空地平仪的陀螺是装在指示器壳体内的，那么，指示系统就与陀螺框架的轴有直接联系或远距联系。获得广泛应用的远距式航空地平仪，是由能够传送倾斜角信号和俯仰角信号的陀螺传感器和指示器组成的。航空地平仪是现代飞机的主要驾驶仪表。它的指示器安装在飞行员仪表板的中央。我们所知道的 70 年代中期以前的航空地平仪，在飞行器加速度大时，会出现很大的误差。所以，不受加速度影响的惯性垂直陀螺得到了推广。

【空中航行地球仪】 在计划和准备飞机的远距离飞行时用的大型地理地球仪。在地球仪上，先选择一条航线的大圆轴线，量出其长度和方向，再求算所选定航路的大圆各段的要素。空中航行地球仪的内容和外形可供人们概括了解和比较判断对航空有用的目标位置。空中航行地球仪呈硬球体形状，上面贴以按子午线等距投影的、一千万分之一的地理地图扇形块。空中航行地球仪装在特制的环形支架上，能向各个方向自由旋转。为了测量距离和方向，还有与航行地球仪配套的量具：圆型量角器和刻有毫米刻度的钢尺。

【航摄仪】 在大气层中从飞行器上进行航空摄影的光学机械仪器。现代航摄仪按其用途分为航空侦察摄影机和航测摄影仪两种。航空侦察摄影机用于执行侦察任务，航测摄影仪用于测图摄影和其他与精密测量有关的摄影。这两种航摄仪可互换使用。航摄仪还可分为：(1) 昼间摄影仪，利用地面的天然照明摄影；(2) 夜间摄影仪，利用地面的人工照明摄影。人工照明使用焰火光源（航空照相炸弹、摄影照明弹、摄影照明火箭）或电光源；(3) 通用摄影仪，即昼夜两用的航摄仪。

根据构造上的主要特点，航摄仪又分为画幅式、缝隙式和全景式摄影仪，有影像位移补偿装置和无影像位移补偿装置的摄影仪，飞行中能处理底片和不能处理底片的摄影仪。

衡量航摄仪战术性能的重要参数是：焦距、像幅和像片数量、分辨率、工作周期、曝光时间范围和镜头相对孔径。现代航摄仪的焦距范围大，像角宽，像幅长，工作期短，分辨率高，操纵与控制自动化程度高。航空侦察摄影机的构造特点和主要参数直接影响它的使用范围。低空高速飞行时，须用带影像位移补尝装置、曝光时间短的缝隙式和全景式短焦矩航摄仪。高空多采用带影像位移补偿装置的画幅式或全景式长焦距航摄仪。在这种条件下拍摄的像片，影像质量相当高，比例尺适用于空中侦察，能发现和识别小型目标。航测摄影仪通常装有象差小的短焦矩宽角镜头。拍摄的像片影像清晰，几何精度高。在一个飞行器上可装数台航摄仪，以便在各种飞行高度上昼夜进行空中侦察。

【交换机】 一种接通、断开和转接电路的技术装置。交换机在通信技术中用来接续两边同型终端机的用户线或接续两边的通信通路，组成一个直通线路，传递信息。交换机用在固定的或活动的通信枢纽中。

交换机按接续方法可分为人工交换机和自动交换机两种。在人工交换机上，操作员根据表示信息传递方向的通讯地址指令实施交换；在自动交换机上，不用操作员，按照来自终端机的信号实施交换。

交换机按信息传递方法分为通路交换机和通信交换机两种。通路交换时，通过中心站把两个终端点连接起来，组成一个直通线路，以传递信息。通信交换时，是将传递的信息同通讯地址一起发送到有关的装置，并在记忆装置里储存起来。然后，采用中间站转发的方法，把信息逐段地传到指定站。交换机也按容量分类。

【电话机】 电话通信中变换和收发话音用的装置。初次远距离传送话音是在 1876 年，由美国人 A.G.贝尔用两个电磁式受话器实现的。电话装置的进一步改进在于制造送话器。随送话器之后采用的电话感应线圈又大大地增加了通话距离。

电话机按送话器的供电方式，可分为磁石式电话机和共电式电话机两种。磁石式电话机的送话器由本机电源供电。这类电话机广泛应用于野战条件下的通信联络。共电式电话机的送话器由中心电话站的电源供电。通信线路不太长时，可用共电式电话机，因此它们主要用于司令部、机关、军事院校、仓库建立内部电话通信。共电式电话机呼叫电话站时，须将话筒从叉簧上取下。现代野战电话机是通用型的，这种电话机既可在磁石式系统，又可在共电式系统工作。

【电报机】 通过各种通信信道发送和接收电报信息的装置。根据发送信息用的编码方法，电报机可分为不均匀电码电报机和均匀电码电报机两种。

在 50 年代中期以前，用不均匀电码进行有线电通报时，采用的电报机是按照电码用电键以一定的速度接通和断开电路的方法发送信号的。在接收端电磁铁同步联动并将电报符号记录在纸带上。由于不均匀电码不经济，发送速度不快，发送和阅读电文均需有专门训练，故在有线电通信线路上不使用这种通报方法，在无线电通信线路上的使用也受到限制。用无线电线路发送不均匀电码的电报信息是通过用发报电键或专门的键盘发报机进行的。用键盘发报机发报可提高电报字符的拍发速度和质量，并可避免出现那种成为敌人识别标志的所谓"手法"的个人发报特点。发报机的键盘类似打字机的键盘，因而可简化对报务员的训练。

打字电报机的机械装置完成相当复杂的收、发和打印字符的工作。它的发送和接收部分都有自动装置：与发信机联在一起的自动发报机和与译码机装在一起的凿孔机。电码组合，或用字键人工拍发，或用自动发报机自动拍发。电码组合的接收是用电报机接收部分的两个机构——打字设备和凿孔机——同时进行的。在译码机译出电码组合后，打字设备即将所收信息的字母、数字和符号打印在纸带或卷筒纸上；凿孔机在特制的凿孔纸条上凿出与接收信号相应的孔。

【传真机】 发送和接收通过信道传送的静止图像用的设备。传真机可以传送打印、印刷和手书文稿、表格、蓝图、略图、曲线图、气象图、地形图、照片等。传真机的工作原理是：将图像的各微小单元的亮度信息依次在信道中传送。在传送时，由光变换器把微小单元范围内的光信息转变成电信号，静止图像的微小单元通过平面扫描或滚筒扫描依次传送。在接收端，根据传真接收机的不同类型，或者利用光点在感光材料上，或者由机械书写装置在电化学纸上或普通纸上复制出图像。这种传真机的工作速度以每分钟传送的行数来计量。采用的速度有 60 行／分、120 行／分、240 行／分和 480 行／分；传送大小为 200×300 毫米的电报纸分别需要 25 分钟、12 分钟、6 分钟和 3 分钟。目前，已广泛应用传真机来发送和接收彩色图像。

【密码机】 按照一定程序为信息加密和脱密用的设备，程序由密码机的编码器工作算法和密钥确定。密码机由密钥和信息输入装置，编码器和信息输出装置组成。加密是将输入密码机中的明文变换成以一定代码表示的字母或数字的随机序列——暗码。暗码可根据具体情况，利用通信技术设备、邮局、通信员等任何一种手段传送。收到的暗码仍用加密时所使用的密钥脱密。密码机不要求有固定的信道。必要时，它可以与保障线路加密的设备一起配套使用。

【送话器】 将声振动变成电振荡的电声器件。英国科学家 D.尤塞发明的并称之为送话器的第一个这类器件是炭棒送话器。现代送话器按作用原理分为炭精送话器、电动式送话器、电容送话器、保电体送话器、压电送话器和电磁送话器。按方向图分为全向送话器、单向送话器和双向送话器。表示送话器工作特性的主要参数是：再生频带、频率特性曲线的不均匀性和频率为 1000 赫时的轴向灵敏度。

喉头送话器和防噪声送话器是广泛采用的送话器的一种变体，这种送话器接收说话者声带和喉软骨或颅骨的机械振荡并将这种振荡变成电信号的器件。这些器件对外来噪声毫不灵敏，所以能够从固有噪声电平很高的目标进行无噪声送话。送话器在军事上、在各种通信和控制系统、军队指挥自动化系统、无线电对抗以及其他系统中得到广泛的应用。它们可以当作单独的器件使用，或者作为通放设备、无线电设备、无线电中继设备或宇宙通话设备、施放干扰设备以及其他设备的组成部分。

【扩音器】 把话音集中到一定方向上的圆锥形喇叭。能大幅度放大音量的是电喇叭——带喇叭的轻便的电放大装置。在噪声很高的地方下达号令和口令时，以及对繁忙的公路交通进行调度时，都使用扩音器。在军事上，在行军、阅兵、野外演习和野外作业时，在作业场、靶场、坦克教练场等处使用扩音器。

【变换放大器】 亦称中间装置。将敏感装置测得的微弱信号进行变换综合放大，并输给伺服机构的装置。按结构可分为电子式、机电式、电磁式、气压式、液压式等。

【军用无线电台】 用于实施无线电通信的一套技术设备。无论在战争时期或在和平时期，各军种都用它来指挥部队和控制武器。在海军、空军和坦克部队，无线电台是主要的通信和指挥手段。

无线电台可分为：发信台、收信台或收发信台。无线电收发信台由天线馈线设备、无线电发射机和无线电接收机（收发两用机）、终端设备和电源组成。无线电台可以用收信和发信交替进行的单工方式工作，或者用收信和发信可同时进行的双工方式工作。无线电台按照通信用的波长，分为超长波电台、长波电台、中波电台、短波电台和超短波电台——米波电台、分米波电台；按照信号传递方式分为电话机、电报机、报话机；按照功率分为小功率电台、中功率电台和大功率电台。

电台的作用距离，主要由波段、发射机功率、发射和接收天线的增益和接收机的灵敏度决定。用短波无线电台可以达到最大的直达通信距离。小功率超短波无线电台的作用距离，限于它们天线之间的视距范围。

在某一个军事行动地段内，各电台能够使用同一个波段而相互干扰最小的决定性参数，是电台工作频率的数目和工作频率间的间隔。工作频率间的间隔大小，主要由无线电发射机和无线电接收机的频率稳定度决定。现代无线电台，依靠在无线电发射机的激励器中和无线电接收机的本机振荡器中采用装在恒温器中的晶体振荡器来达到频率的高度稳定。工作频率的调制方法或传播媒质中的信号形式也是影响无线电通信质量的电台技术特性。传递模拟信息的，采用振幅调制（AM）、频率调制（FM）和单边带调制。传递离散信号的，采用振幅键控、频率键控和相对相位键控。

按照执行的任务，电台可分为终端台和中间台。终端台直接为通信枢纽、指挥所、司令部和机关服务。中间台开设在终端台之间，用以增加通信距离，它包含两套电台。

无线电台有单路的、两路和多路的。超长波电台、长波电台和中波电台通常是单路的和两路的；短波电台是单路的或多路的：军队高级指挥机关干线上用的短波电台是两路的或多路的，小功率短波电台是单路的。战术指挥分队用的超短波电台一般为单路的。军用无线电台不同于民用无线电台，区别是：前者对通信质量和可靠性的要求更高；采取了加强抗震强度和抗冲击强度的专门措施；在周围媒质随气候发生变化的条件下，严格要求参数仍保持稳定。

按照用途和使用条件，军用收发信电台分为便携式、移动式和固定式。

便携式电台主要用于保障战术指挥单位的无线电通信。便携式电台，在结构上通常装配成适合于由一名无线电员携带和使用的一个包装件。如果便携式电台由两个包装件组成，则一件内装发射机和接收机，而另一件内装电源、天线话筒、辅助装置以及备用件。这种电台可用背负、挂在身侧、胸前和腰带上，装在飞行帽上等方式携带。它们无论竖放或横放都可以接通工作。便携式电台的接收机和发射机通常装在同一个底座上，是一个称作收发信机的统一的组合结构。为了减小便携式电台的重量和体积，把发射机和接收机的某几个级设计成公用的。在便携式电台中，作为一次电源使用蓄能器、原电池或电池组。

移动式电台的用途：在移动通信枢纽的组成中，保障指挥所的无线电通信；在指挥车上指挥部队时，保障指挥员和司令部的无线电通信，保障对运动中的作战兵团、部队和某些兵器的指挥。它们可安装在各种移动工具、战斗车辆、舰艇、飞机等上面。移动式电台的功率为几瓦至几十千瓦。它可进行单工工作或双工工作；双工工作时，接收和发射使用不同的通信频率和各自的天线。它的电源由蓄电池、运输工具的供电线路、自备的供电机或交流电网供给。移动式电台可以包括：操纵台、遥控和远控设备、配电盘、终端报话机、交换设备以及其他设备。大型车载电台可以分别装在几辆汽车上。就地架设这种电台时，发信车和收信车与通信枢纽的终端机连接，而这些车辆彼此间则用有线电或无线电接力的遥控线路相互连接。这样，发信车就可由收信车来控制。

固定式电台用于实施长途干线军事通信。保障大型指挥所无线电通信用的固定式收信台群和发信台群，通常组合成无线电收信中心和无线电发信中心。这些电台分别配置于专门的建筑物和工事中，这些建筑物中设置有：机房、供应备用电源的蓄电池室、联动机室。

【无线电大地测量仪】 无线电测量综合系统，用于测定大地点和某些物体的坐标，联测军队的战斗队形，以及在地物稀少或通视不良条件下确定军队行动时的位置。它包括无线电大地测量系统的地面台和机载台，具有测量精度高、体积小、重量轻等优点。

地面发射台建立一个由几簇所谓的位置线组成的场。目标的位置用机载台测定，即不同簇的两条位置线的交点，位置线有方向、圆、双曲线和椭圆等形式。据此无线电大地测量仪可分为测角、测距、微分测距和积分测距等系统，还有测距测角系统可同时给出几种形式的位置线。精度最高的测距和微分测距系统应用最广，在军事上也广泛应用。

微分测距系统通常采用中波波段，可能采用脉冲相位式或相位式。包括设在已知点的发射台3

个、中继台1个，还有测定目标坐标的接收台——接收指示器。微分测距系统的测程为150—200公里，精度为3—15米。

测距系统也可能是脉冲相位式或相位式，包括设在已知点的地面发射台2—3个；机载台1个，通常安置在飞机、直升机或舰船上。采用分米波或米波。脉冲相位式测距系统的测程为400—800公里，精度为30—40米。相位式测距系统的精度最高。

无线电大地测量仪也包括测高仪和自动处理信息的专用计算机。

【磁力仪】 测定磁场特性和物质（材料）磁性的仪器。用于磁矩和铁磁性材料磁化强度的测定、磁力异常的研究、岩石磁性和磁场强度的测定和磁力探测。磁力仪还广泛用作探伤法、地球物理学、空间物理学和核子物理学等的自动装置元件和控制器材。磁力仪分为两种，一种用于测定磁场特性的绝对值，一种用于测定磁场随空间和时间的相对变化。前者按所测值又分为：磁强仪、磁倾仪和磁偏仪、泰斯拉磁通密度仪和韦伯磁通仪等，后者称为变量测定仪。磁力仪还可按工作条件和仪器原理分类。按工作条件分为固定磁力仪和移动平台式磁力仪。按作用原理分为：静磁力仪，用于测定磁场中带动仪器指示磁铁的机械力矩；电磁力仪，用于比较所测磁场和标准螺管线圈磁场的强度；感应磁力仪，系以电磁感应为原理的仪器，即当通过测量线圈的磁通量发生变化时，在该线圈内就产生电动势；电磁磁力仪，系以所测磁场中电荷轨道弯曲为原理的仪器；可自动记录磁力变化的磁力仪称为地磁记录仪。

【锥笼敌我识别器】 苏联制造。功能为敌我识别，扫描器由2块平板和3只偶极子组成，装备对象为部分航空母舰和导弹巡洋舰，装备时间为1972年。

【死鸭敌战识别器】 苏联制造。功能为敌我识别，工作频段为B，扫描器由一排3个直立的偶极子组成，装备对象为小型作战舰艇，装备时间为1961年。

【高杆A／B敌我识别器】 苏联制造。功能为敌我识别，工作频段为C／D，扫描器为天线偶极子，呈酒瓶状，两根同轴电缆从下部引入天线底部，装备对象为各种舰艇，装备时间为1957年。

【方首敌我识别器】 苏联制造。功能为敌我识别，工作频段B，扫描器由两排偶极子组成，安装在矩形垂直格栅反射体支架上，由一部旋转马达带动，天线尺寸为 1.4×2 米，装备对象为各级舰艇，装备时间为 1957 年。

【侧球电子对抗仪】　苏联制造。功能为电子对抗，工作频段为 400—18000 兆赫，扫描器为电子对抗天线 8 个，每个外有球形固定外罩，装备对象为航空母舰和导弹巡洋舰。

【钟系列电子对抗仪】　苏联制造。功能为电子对抗，扫描器为比侧球更小的球状天线罩，装备对象为航空母舰、导弹巡洋舰，装备时间为 60 年代，该对抗仪包括叩钟、敲钟、击钟、撞钟等不同型号。

【鳌犬电子对抗仪】　苏联制造。功能为电子对抗，体制为无源电子战系统，扫描器为多波束固定测向天线阵，装备对象为导弹巡洋舰、巡洋舰，导弹驱逐舰。

【V 形锥天线】　苏联制造。该天线 60 年代开始装备于改装斯维尔德洛夫级 V 系列通信天线。另有 V 形栅（VEEBARS）、V 形管等型号。

【电子计算机】　装有总控制机构、用以按给定算法使情报处理过程自动化的一整套技术设备。电子计算机在军事上广泛用于兵器自动化控制系统、军队自动化指挥系统、情报检索系统和计算中心。根据提供信息的表述形式，可分为模拟电子计算机、数字电子计算机和混合电子计算机三类。

模拟电子计算机是用连续方式提供信息的计算机。即与原始物理性质和比例系数不同的机器变数瞬时值，必须与输入计算的每个原始变数的瞬时值准确一致。处理信息的算法是通过运用一系列物理定律的方法来实现的。这些物理定律的特点是具有严格的机器值的确定联系，机内物理过程的数学描述与原始方程相同。每个独立的数学运算都是由计算机独立的解算元件来完成的。在所求结果的精度和使用范围受到限制的同时，根据提供原始值和建立解算元件的特点可在很大程度上预测出计算机运算速度的快慢和程序设计的难易。与数字机相比模拟电子计算机的通用性较小，因为从一种题解转换到另一种题解需要改变机器的结构和解算元件的数量。这种电子计算机由于运算快速、结构比较简单和使用方便，最适宜用作各种不同现象和过程的数学模拟。它们可用来解线性和非线性的程序设计课题，进行统计研究，控制操作过程和目标，研究描述微分方程的各种系统等。从结构上来说，模拟电子计算机由一系列单个的部件组成。这些部件彼此之间按照适应所解具体方程的顺序相连结。电子计算机的部件包括线性的、非线性的和逻辑的解算元件，它们能完成求和、积分、符号变换等运算。模拟机按结构可分为人工控制的和程序（半自动和自动）控制的两种类型。在人工控制的电子计算机中，解算元件开始工作之前按照原始算题给出的数学运算的顺序要相互联接。在程序控制的电子计算机中，完成各步数学运算的顺序按照给出的解题算法在解题过程中相应变化。

数字电子计算机是用不连续方式提供信息的计算机，即数学量的每个瞬时值在机器中都是数码。多数情况下，采用二进制来表示数学量。数字电子计算机包括以下主要设备：完成算术运算和逻辑运算的运算器；保存计算程序、原始数据和解题结果的存贮器；将原始信息输入数字计算机存贮的输入装置；给出解题结果的输出装置；根据解题程序确保数字电子计算机的所有设备协调运转的控制装置。此外，数字电子计算机通常还有联结计算机贮存器的多通道和选择通道、控制装置和外围设备。数字电子计算机完成的运算可分为算术运算、逻辑运算、控制运算、输入输出运算等等。在数字电子计算机中信息处理的算法是通过执行数学运算和逻辑运算的一定顺序来实现的。数字电子计算机的特点是所得结果精度高、通用性大。数字电子计算机的计算能力主要决定其运算速度和存贮容量。现代数字电子计算机有字符式的存贮系统。每级存贮器都具有存贮器的容量和转向存贮器的时间的特点。

数字电子计算机本身可有各种输入装置，以保证从穿孔卡片、穿孔带、专用键盘台式计算器、专用打字机键盘、数字通信通道、文件复印表格上以及从其它载体上把信息输入机内。信息输出则可通过穿孔卡穿孔带的穿孔装置、字母-数字印刷、书写机、信号盘、屏幕、打字机、电传打字机、数字通信通道和其它装置来实现。数字电子计算机按其用途可分为通用电子计算机和专用电子计算机。通用机不同于专用机的是解题的范围广泛，有运算分系统、存贮器字符结构和先进的信息输入输出系统。数字式电子计算机是兵器自动化控制系统和军队自动化指挥系统的主要组成部分，在科学研究、制订计划和定下决心等方面得到了广泛应用。

混合电子计算机集中了模拟机和数字机的长处。这种计算机是用混合的解算元件组装的，用数码和模拟余数提供信息，或者采用模拟元件和数字元件提供信息。混合计算机系统（即由若干台用于提供各种信息并以统一的控制系统相联接的电子计算机组成的综合体）是在数字和模拟计算机的基础上研制而成的。混合电子计算机之所以出现，是因为要求解与控制运动目标、控制系统的最佳化和进行模拟等有关的大量课题，而分别采用模拟机和数字机均感不足。由于用整体中模拟机和数字机进行单独运算解题时计算过程分散，减少了数字机承担的演算量，从而大大提高了混合计算机的运算速度。制造有效的混合计算机之前，应对所要解算的课题作详细分析，由此才能使混合系统具有合理的结构。

在发展电子计算机的年代里，各种电子计算机已经更新了三代，使得计算机的工艺基准、元件基础、结构和软件都日臻完善。随着电子计算机发展而来的就是扩大了运算存贮器的容量，提高了运算速度和可靠性以及电子计算机的能力和效率，完善了软件，更便于使用并缩小了尺寸。第三代电子计算机拥有组件结构、通用的通信系统、联机的和信息程序的兼容能力、全套信息输入输出设备和先进的程序保证系统。在机器结构中，引入了通信处理机并使与处围设备相连接的装置标准化。这使得改进和扩大计算机的品种有了广泛的可能性。70年代末期，开始了向第四代数字电子计算机过渡，其工艺基准是集成化水平更高的集成电路和微处理机。

【体载数字计算机】 指安装在运动物体上的电子计算机，用于自动控制对象的解题和处理与体载系统功能有关的信息。

航天学、多用途飞机和其他运动物体的发展，性质各异结构不同的信息的不断增多，以及处理这些信息所需精度的不断提高，均要求在运动物体上使用通用的计算技术装备。体载数字计算机解题时，可从乘务组和各种传感器获得一切必要的信息，这些信息或者直接以数字形式、或者用输入变换器将模拟形式变为数字形式而输入计算机。求解的结果应传送到运动物体各个装置中去，以便于控制或以对乘务组方便的形式将信息显示给他们。体载数字计算机突出的工作特点在于控制信号是以真实（实际）时间发出的。体载数字计算机由运算器、存储器和控制器组成。运算器完成算术运算、逻辑运算，并编制计算程序全部自动化所需的一系列信号；存储器中应存储计算机工作程序、原始数据、中间数据和最后结果；控制器则保证计算机按程序和按乘务组信号进行工作时其全部装置的协调一致。

每台体载数字计算机通常都是按预先编制好的、不再改变的程序进行工作的。这种程序能可靠地处理信息和控制运动物体。

体载数字计算机最重要的特性是运算速度高。多数体载系统的动态特性，容许控制信号的延迟不得大于 0.1—0.5 秒。在此时间内，体载数字计算机应完成数万和数十万次运算，即：现代这类计算机每秒应能运算 10^5—10^6 次。

提高体载数字计算机效率的可能方法是计算机多机联用，直接在运动物体上处理信息。

为检测体载数字计算机是否完好无损，应注意发现和预见可能发生的故障并加以排除。在这种计算机总的算法程序中，加上专用的检测程序，借助它不仅能发现故障，而且还可指出故障发生的位置。被发现的损坏部件即被更换。通常不采用别的直接在运动物体上修机的方法。

【专用电子计算机】 用于求解一定的算题的电子计算机。电子计算机之所以实行专用化还同对电子计算机的某些使用特性提出了额外要求有关，如：提高可靠性，限制重量和尺寸，在一定的使用条件下具有对解题的适应能力等等。根据提供和处理信息的方法，专用电子计算机可以是模拟的、数字的和混合式的。专用电子计算机应用的主要范围是各种目标的控制系统。专用电子计算机也可和通用电子计算机配合使用，以便解信息准备和处理方面的部分算题。这时，它们的功能只限于解诸如导航、武器控制、飞行控制、监测体载设备系统是否完好等具体的算题。这种电子计算机专用化的特点是：广泛利用线路来实现解题程序，具有相对的结构刚度和高度的实时工作适应能力，能接通专用传感器和信息接收机，在操作过程中可使用专用的人–机有效联系设备等。例如，在防空导弹设备的自动化控制系统中，实时专用电子计算机可保证接收搜索雷达和跟踪雷达的信息，按给定程序处理信息，解目标分布算题，准备火箭发射数据以及保证发射并引导火箭。专用电子计算机解算战斗任务进程中的信息显示在跟踪的显示器上，供指挥员和战勤人员判断情况、监测和校正专用电子计算机的工作之用。

电子计算机专用化的思想在计算技术发展的过程中是有变化的。最初，为了解范围很窄的算题，根据选定的机器功能系统而设计了专用电子计算机。这时，专用电子计算机与通用电子计算机相比结构较简单，造价较经济，因而得到了广泛的应用。在更换元件基础进一步发展计算技术的过程中，以及实现微小型化和积累设计电子计算机经验等过程中，通用电子计算机的主要指标一直在改变着。因此，发现在一系列情况下，依靠程序保障来实现所需的专门化后，使用通用电子计算机解专门的算题更为有利。据认为，电子计算机实行专用化无论在制造解各种专门算题的专用电子计算机方面，还是使通用电子计算机在其程序保障专用化基础上更加广泛适应于解同样算题方面，都将得到发展。

【键式计算机】 用人工控制和输入原始数据来进行计算的设备。键式计算机通常分为统计用和其他运算用的两类。统计用的键式计算机主要用来进行加、减运算。它们又可分为十键写数计算机和十键文本计算机。写数键式计算机可把原始数据和计算结果自动写在磁带或纸带上。文本计算机装有数字和字母键盘，并可把计算机构与打字机连接起来。它们进行计算时，要求按列和行将数字相加写入字母文本。有几种文本计算机具有穿孔带输入输出装置，这就保证可沿电报信道传送文本和计算结果，还可把键式计算机与穿孔计算机和电子计算机结合起来使用，使计算过程全部机械化和自动化，以利于军队指挥。

其他运算用的键式计算机主要用来进行乘、除运算，以及一些其他运算。根据计算过程的自动化程度，这种键式计算机可分为非自动化计算机、机电半自动计算机、机电和电子自动计算机。小型非自动化键式计算机可保证手控完成全部算术运算。这种计算机设备简单，不需要电源，但其效率低于其它几种计算机。机电半自动计算机在完成算术运算的同时可写入字母－数字文本。计算－字母计算机可用于编写各种不同用途的文件。机电和电子自动计算机可保证自动完成四则算术运算及其它一些运算。利用键式计算机可提高计算速度2—5倍以上。

【穿孔计算机】 将记录在穿孔卡片上的原始数据自动输入的计算机的总称。穿孔计算机通常在固定条件下用来求解最浩繁的计算、决算、统计、计划经济等任务，这些任务的特点是初始的和最终的信息容量大和计算算法比较简单。

按照技术功能和用途，穿孔计算机可分为五类：准备机、组合机、处理机、重新编码机和多功能机。准备型穿孔计算机是供穿孔卡片穿孔和检查穿孔卡片上的信息传送是否正确用的。组合机是为信息的数学处理准备穿孔卡片用的。穿孔处理机是用来把记录在穿孔卡片上的信息进行数学处理用的。重新编码机保证把记录在穿孔卡片上的数据和代码的其它变换打印出来。多功能机可进行上述前

四类计算机所承担的全部或部分运算。每一类穿孔计算机还可分为若干小类。准备机有五小类：键式穿孔卡片机、键式检验机、复孔机、读出穿孔机和总计穿孔机。组合机有两小类：分类机和选择－分置机。数学处理机分为制表机和穿孔计算机。穿孔重新编码机包括：译码机和把数据从穿孔卡片转录到穿孔纸带或其它信息载体的机器。多功能机是以能完成功能的数量来区分的。穿孔计算机还可按照一系列其它特征来分类。例如，按初始数据的输入和操纵水平的性质，它们有手工输入和手工操纵的、自动输入和自动操纵的。按记录和处理信息的方式，穿孔计算机可分为利用数字数据和字母－数字信息两种。根据所处理的穿孔卡片的容量，穿孔计算机可分为专用型和通用型两种，前者使用45、80和90列的穿孔卡片，后者可用各种容量的穿孔卡片。按照基本构件，穿孔计算机可分为机械的、机电的和电子的。

大多数穿孔计算机是组合化的。为了处理记录在穿孔卡片上的数据，应使用穿孔计算机机组，机组内各机按一定的顺序工作。

【坦克火炮弹道计算机】 自动赋予火炮射角的仪器。根据射击距离、弹种、气象、目标方位、车辆与目标相对运动角速度等因素进行计算，自动赋予火炮射角。

【弹上计算机】 安装在导弹上的计算装置。由运算器、存储器、控制器、输入部件、输出部件等组成。它将来自测量装置的数据与预先装定的程序数据进行计算比较，确定出偏差，形成控制信号，输给控制系统，使导弹按预定的弹道飞行。

【自动投雷仪】 亦称自动轰炸仪。飞机以鱼雷、炸弹突击海上目标的自动瞄准计算装置。它以计算机为核心，与机载雷达、自动驾驶仪等设备交连。能根据目标运动要素，飞行条件，鱼雷、炸弹的弹道性能和空中风等，自动地计算投雷瞄准诸元和投雷、投弹。它操作方便，投雷、投弹命中率较高。

【探雷器】 能探测出雷场和地雷位置的电子技术器材。通常由探头、信号处理单元和报警装置三大部分组成。按携带方式分为便携式探雷器、车载式探雷器和机载式探雷器。便携式探雷器供单兵搜索地雷使用，又称单兵探雷器，多以耳机声响变化作为报警信号。车载式探雷器以吉普车、装甲输送车作为运载车辆，用于道路和平坦地面上探雷。它探雷速度快，适宜于伴随和保障坦克、机械化部队行动。机载式探雷器使用直升机作为运载工具，

用于在较大地域上对地雷场实施远距离快速侦察。

【磁性探雷器】 简称磁探仪。利用测磁原理探测水雷的仪器。能发现和辨别一定距离内的暴露或埋入泥沙的大、中型沉底水雷。

【声纳探雷器】 利用声波探测水雷的仪器。

【水下电视探雷器】 利用水下电视探测水雷的仪器。水下电视装于水面舰艇上。其搜索宽度为 10—50 米，搜索水深 10—50 米，搜索航速 3.5—6 节。水下电视探雷器的缺点是不能发现被泥沙掩埋的水雷，受海水透明度影响较大，难于分辨真假水雷。

【探雷针】 插入土、雪、水中用以探测地雷具体位置的针状工具。

【扫雷具】 扫除水雷的专用兵器。通常由扫雷舰艇或专用直升飞机拖带。有接触扫雷具和非接触扫雷具。前者由拖索、浮体、展开器、定深器、爆破筒和割刀或网具等组成，用来扫除触发水雷；后者由拖索、浮体、电缆、电源和发声器等组成，用来扫除非触发水雷。

【磁性扫雷器】 人工模拟目标磁场，诱爆使用磁感应引信的地雷、水雷、炸弹的装置。

【机械扫雷器】 安装或悬挂在坦克、装甲车上的扫雷装置。有滚压式、锤击式（以压力或锤击使地雷爆炸）、犁刀式、挖掘式（将地雷挖出并推向两旁）扫雷器等。

【非接触扫雷具】 利用模拟舰船物理场引爆非触发水雷的扫雷具。

【声波扫雷具】 利用发声器产生的声场引爆声波水雷的扫雷具。有声频扫雷具和次声扫雷具。

【电磁扫雷具】 利用电缆通电所产生的电磁场引爆磁性水雷的扫雷具。有开口电磁扫雷具、环圈电磁扫雷具和螺线管电磁扫雷具。

【水压扫雷具】 利用模拟舰船水压场引爆水压水雷的扫雷具。

【接触扫雷具】 利用割刀、铣刀、小型爆破筒等与水雷直接接触以扫除水雷的扫雷具。

【截割扫雷具】 带割刀的扫雷具。用以割断锚雷或护雷具的系雷钢索，使雷体或浮体浮出水面后，便于销毁。

【截割爆破扫雷具】 带割刀和爆破筒的扫雷具。用以割断或炸断锚雷或护雷具的钢索或直接将其炸毁。

【双舰拖曳扫雷具】 由两艘舰艇拖曳的扫雷具。

【网式扫雷具】 形似渔网的用以扫除漂雷的扫雷具。

【航空扫雷具】 飞机扫雷的专用兵器。它能扫除单一引信和联合引信的水雷。按使用方式分有拖曳式扫雷具和遥控式扫雷具。前者靠飞机拖带进行扫雷；后者具有动力装置，由飞机在空中对其遥控进行扫雷。

【灭雷器】 在探雷器的指引下，自动接近并爆破水雷的水中兵器。

【防雷自卫具】 水面舰艇装备的，用以排开航线上的触发锚雷或在水雷破坏半径外引爆非触发水雷的自卫器材。通常在强渡雷区时使用。有防锚雷用的自卫具和防音响水雷用的自卫具等。

【单人掩体爆破器】 快速构筑单人掩体的制式爆破器材。

【火箭爆破器】 以火箭作动力拖带爆炸带对目标实施爆破的制式爆破器材。由火箭弹、爆炸带和发射架组成。主要用于在障碍物中为步兵开辟通路。

【遥控爆破器】 在一定距离上控制炸药包爆炸的点火机具。有无线电遥控爆破器和有线电遥控爆破器。

【爆破筒】 筒状的制式爆破器材。由金属外壳、炸药、引信组成。可单节使用，也可数节连接或捆扎起来使用。主要用于毁坏敌筑城工事、坦克和杀伤其有生力量，也可用于在敌人铁丝网、鹿砦和地雷场等障碍物中开辟通路。

【菱形拒马】 可移动的、不爆炸的防坦克、防步兵和防登陆的工程设施，用来在道路和街巷以及便于登陆兵登陆的濒陆区域附近地段上设置障碍。制法是将 3 根两米长钢轨或金属梁焊接成十字形。防步兵拒马用 3 根木桩制作，两端削尖，中间和末端用有刺的铁丝捆扎。

【军刀带】 一种障碍器材，1977 年由布朗里公司生产。这种带倒刺的钢丝网与一般的电网不同，不会象电网那样短路，它装有光导纤维，一旦剪断就会被发觉。它最大的优越性是能成为侵犯的障碍，同时在提供警报方面它的作用与微波、红外、激光和声辐射器等相同，但却比它们便宜得多。经多次试验和鉴定，一个简单的带光导纤维的装有倒刺钢丝钢的军刀带设施，就具备与标准通信系统同等可靠性，并且还不会发出假警报。

【快速放列倒刺带】 一种障碍器材。为了便于运输和存放，一般用途的倒刺带绕放在一个约一米见方的泡沫塑料容器内。用时，一端固定在地面上，拉开另一端，倒刺带便放列为直径近 1 米、长 20 余米的螺旋形障碍物。八个这样的容器放在一个货盘箱上，组成用车辆运载的一组放列装置，只用 2 分钟就放列成 2.286 米宽、182 米长的障碍物，也可在同一时间放列到 6 组装置。

【倒刺带蛇腹形钢丝网】　一种障碍器材。由单股弹簧钢丝和单股的、牢牢地绕在钢丝上的倒刺带组成。每一盘直径大约是 1 米。每米有 4—5 个连续不断的螺旋圈，用钢夹连接成菱形的圆柱体。每一头都有四根线，收紧时可用来栓紧钢丝盘，每一头还有两个钢提手。每一个钢丝网最长可以拉伸到 15.25 米而不发生永久变形，放松后，还可缩回并紧紧地成为一盘。最新制造的双蛇腹形钢丝网是由两盘不同直径的倒刺带蛇腹形钢丝网连在一起组成的极为密实的障碍物，其放列方法与单蛇腹形钢丝网一样。战争实践证明，双蛇腹形钢丝网是一种高级的威慑物和障碍物，能使入侵者延误不止一倍的时间。

【炸药倒刺铁丝网障碍物】　一种障碍器材。该障碍物由绕在卷轴上的倒刺铁丝网构成。卷轴直径约 0.5 米。厚约 0.3 到 0.35 米，卷轴的空心中装填两公斤的炸药，然后封好。在地面上立一个桩，长约 1 米，直径 150 毫米，埋入地下 300 毫米，倒刺铁丝网卷轴就安置在桩子的顶部。障碍物可用各种方法引爆。可以象抗步兵地雷那样，用拉发线引爆，或在安全地域遥控引爆。有两种控制爆炸的方法：如是近距离，引线可以从两个或 4 个障碍物上拉出销子。如在远距离时，可用导爆索将障碍物中的炸药与引信连结，观察员在自己位置上用单独引线拉出引信的销子而使导爆索引爆。

【"巴拉居达"雷达散射网】　瑞典研制的一种伪装器材。若使用得当，可以大大减少被这种网覆盖的车辆或其他设备的对雷达波的反射效果。这种网的材料是用聚氯乙烯薄膜制成，膜层中间夹有特殊添加剂，网的重量是每平方米在 300 到 350 克之间。在实际使用中，对 3 厘米雷达波（X-频带）可减弱大约 10 分贝，实验证明，该网对 1 厘米（30 千兆赫）、1.5 厘米（20 千兆赫）和 10 厘米（3 千兆赫）的波长也起作用。物体加上网的回波与周围地形的回波大致相同。

【空降充气假目标】　一种假目标。这种假目标是用合成橡胶包着的尼龙制成的。由低压充气管作骨架，外面套上模仿车辆外形的罩，用颜色勾出其最重要的部分，比如轮子和舱口，用支撑杆和

缆绳使之固定。装有一个压力安全阀，以便在充气或温度增加时把压力限制在 0.07 公斤／平方厘米。使用电池操作的小压气机用 5 至 7 分钟就可以给假目标充好气，用 2 至 3 分钟就可以架好支撑杆和缆绳。几个放气管可同时快速放气。两个人只用 10 钟就可以把一个假目标的气放掉和包装收藏好。每一个假目标都装在军用背包里，便于携带和储存。这些假目标是为了训练空军前方引导员识别真假目标，以便他们能引导执行对地面攻击任务的飞机攻击装甲战斗车和其他队形。

【烟幕伪装】　一种伪装器材。已研制成的一种地面烟幕，只用两秒钟就能布好。火箭发射的烟幕，用 5 秒钟就可以在飞机攻击的航道上散布一道空中烟障，长 183 米，高 121 米。这种火箭发射的烟幕在 91、61 和 30 米高度爆炸，可以阻滞或牵制高速飞机的攻击，此外，还在研制和发展适用于 155 毫米和 105 毫米火炮的发烟弹以及适用于坦克和其他装甲车的快速烟幕遮障。这正如苏联设在 T-45／T-62 坦克上面的装置一样，将气化柴油喷入排气管中而产生浓密的烟幕。烟幕屏障不仅可以做为伪装，而且可以广泛地做为假目标来使用。

【防雷达伪装网】　具有散射、吸收和隔绝雷达波性能的伪装网。构成掩盖遮障后能形成与背景接近一致的回波信号，按照背景特征分为林地型、雪地型和沙漠型。同时也具有防光学侦察的性能。

【伪装饰片】　为降低目标显著性，改变目标外形的片状伪装材料。通常设置在遮障和伪装网上。

【侦毒器】　侦检毒剂的化学侦察器材。用于发现空气中、地面和各种武器、装备上沾染的毒剂，查明其种类及在空气中的概略浓度。侦毒器有多种结构形式，通常由侦毒管、抽气装置和辅助件三部分组成。一般侦毒器能侦检 G 类神经性毒剂、芥子气、路易氏剂、氢氰酸、光气、亚当氏剂、苯氯乙酮、一氧化碳等。侦毒器可随身携带，操作较简单，得出结果较快。

【气体检测器】　用于发现空气中有毒物质的一种用手操作的仪器。军用气体检测器用于侦检毒剂。气体检测器的灵敏部件是侦毒管——盛有填料的玻璃安瓿。用检测器唧筒抽取空气试样时，若有毒剂存在，填料的颜色即产生变化。将得到的颜色与比色表进行比较，便可判断毒剂的类型和浓度。若使用专用头罩，还可用来发现土壤、军事技

术装备和其它物体表面上的毒剂。

【毒气报警器】 一种对空气状况进行连续监控，并当空气中出现毒物蒸汽时就报警的自动化仪器。用于化学侦察部门。毒气报警器分为就地报警器和远距离报警器两种：前者监控其安放地的大气成分，后者测定毒云的临近。就地毒气报警器具有同型的气体系统，其中包括：空气采样设备；烟尘过滤器；反应室；送风机和记录系统——记录设备；放大器；信号设备和电源设备。采用测电、测光和光谱并示方法的各种毒气报警器，得到了极其广泛的应用。测电毒气报警器判断被分析物质是否出现，是根据空气导电率的变化或溶液导电率的变化，以及电流强度等电气参数的变化而定。测光式毒气报警器根据显示带颜色的变化来记录毒气的有无。至于光谱式毒气报警器，则反应室用单色光照射，单色光的波长相当于被分析物质紫外或红外波段吸收。使用激光器可使记录设备远离辐射源，从而制成远距离毒气报警器。

【剂量仪】 测量人员在沾染地面停留期间所受到的电离辐射剂量用的仪器。可对放射性辐射进行监督。根据用途，剂量仪可分为队用和个人用两种。依据队用剂量仪的读数可以判断出分队、舰艇和民防组织人员的战斗力。个人剂量仪用来诊断射线伤害。剂量仪所依据的工作原理可分为电离法、照像法、化学法或发光法。在队用剂量仪中最普遍应用的是电离法。

【剂量率仪】 测量电离辐射剂量率的仪器。以前剂量率仪叫做辐射级仪。它是一种主要的辐射侦察仪器。通常由电离辐射探测器、电信号变换装置、记录器、高压电源、和供电电源所组成。

【剂量探测仪器】 测量电离辐射及其有关量值的装置。军用剂量探测仪器用于辐射侦察和人员遭受辐照的剂量监督，以及用来确定食物和各种物体的沾染程度。它包括射线指示仪、剂量率仪（辐射级仪）、辐射探测仪和剂量仪。剂量探测仪器的主要组成部分是：接收装置（探测仪器）、测量装置、输出装置和电源。做为军用剂量探测仪器的接收装置可使用电离室、气体计数管、闪烁计数管、化学和发光系统、以及半导体探测器。在探测器中会产生辐射能量的吸收，从而导致辐射效应的发生，辐射效应值可借助测量装置加以测定。剂量探测仪器的读数可利用指针式仪表、电动机械计数器、气体放电指示器、各种信号报警器等输出装置加以记录。

【剂量计算尺】 预测地面核爆炸的地面放

射性沾染和判断辐射情况用的计算绘图工具。它可测定出放射性沾染区域的可能范围、爆后任一时间的辐射级、辐射剂量、军队在沾染地面停留期间所受的辐射伤害、开始克服沾染地段的容许时间或在沾染区域内的停留时间。及时预测放射性沾染区域可以预警部队和兵团免遭超过容许标准的电离辐射剂量的照射。在司令部和计算分析站使用剂量计算尺进行计算。剂量尺的结构多种多样。最常见的剂量计算尺系由两块透明板和两个旋转圆盘所组成，在圆盘上标有同心圆周刻度、数据表和文字说明。

【辐射探测仪】 用于发现和测量各种表面和介质受放射性沾染的剂量探测仪器。辐射探测仪可供分队在野外条件使用，亦可用于核弹药仓库、舰艇、其它核能设施以及原子能工业。

【射线指示仪】 一种剂量探测仪器，用来发现地面的放射性沾染情况和概略测量 0.1—0.2 到 50 仑／时的辐射级。射线指示仪分为携带式和固定式两种。许多国家的军队均装备有射线指示仪。

【高压蒸汽灭菌器】 利用高压蒸汽破坏致病微生物体内成份达到灭菌目的的设备。用于金属器械、敷料、药液、橡胶制品、搪瓷制品和玻璃仪器等物品的灭菌。一般由外壳、夹层、消毒室、压力表和安全阀等部分组成。按型式可分为手提式、立式和卧式三种，卧式又有方形和圆形之分。手提高压灭菌器用工业纯铝或铝合金制造。体积小，重量轻，携带方便，可用柴或煤油作热源；卧式高压蒸汽灭菌器一般由碳钢或不锈钢制造，体积和重量大，用蒸汽、电、煤油等作热源，通常适用于平时。高压蒸汽灭菌效果可靠，至今仍被广泛使用。

【核爆炸观测仪】 观测核爆炸有关参数的仪器。用于确定核爆炸的时间、地点、方式和当量等。所获参数用以估算部队受损情况和地面放射性沾染情况。可分为自动测量仪器和目视观测仪器两类。前者通常由探测器、脚架、操纵箱和连接电缆组成，自动测量核爆炸的有关参数。后者包括方向盘、炮队镜或专用的光学仪器，由人员操作观察。

【射线报警器】 用于发现丙射线的自动报警仪器。除报警外，还可概略测量出地面照射率。

【辐射和化学侦察仪器】 用来发现放射性物质及毒剂并确定受染地域的边界和以地面、人员、技术装备、粮食和水的受染程度的仪器。为发现放射性物质和对其辐射进行测量，可使用剂量探测仪器，其中主要是剂量仪、剂量率仪、射线指示仪和辐射探测仪。化学侦察仪器用于发现和鉴定毒剂，并测定其浓度。它分部队用的和化学兵专业分队用的两种。部队用的化学侦察仪器有侦检器材、气体检测器和自动毒剂报警器。现代辐射和化学侦察仪器的主要发展方向是研制远距离侦察仪器，利用各种物理探测方法和其它方法。

【生物侦察仪器】 用于发现敌人使用生物武器的事实和确定生物战剂的类别属性的仪器。是进行生物侦察的主要器材之一。利用生物侦察仪器可对大气中是否存在生物战剂胶进行经常普遍的监督，当出现生物战剂气溶胶时，便发出信号，并取样。根据外国专家的意见，使用生物武器最普通的事实是在空气中不仅粗分散的气溶胶总饱和度增加，而且细分散的总饱和度也增加。自动作用的弦线计数管、光电计数管和远距离气溶胶激光定位器就能提供这种情报。基于测定蛋白质、氨基酸和微生物酶活性以及其它方法的生物侦察仪器就能给出关于气溶胶生物性质的较可靠情报。所有的生物侦察仪器通常由取样系统、记录系统和信号系统组成。生物侦察仪器用于军队战斗队形及其配置地域。生物侦察仪器同特效分析方法相结合，就能保证综合解决生物侦察面临的主要任务。

【防毒面具】 保护人员呼吸器官、眼睛和面部免受毒剂、生物战剂和放射性灰尘等有害物质伤害的个人防护器材。有过滤式防毒面具和隔绝式防毒面具两种。前者由面罩和滤毒罐组成，它依靠过滤罐过滤受染空气使之成为清洁空气供人呼吸；后者通过面具提供的氧气来满足呼吸的需要，它分贮气式、贮氧式和化学生氧式三种。

【救生钟】 用于援救失事潜艇艇员的钟型耐压体。是救生船的重要装备之一。使用时由起吊设备将其放入水中，在潜水员协助下与失事潜艇的救生仓口联接，以接出潜艇艇员。

【防毒衣】 防止毒剂、生物战剂、放射性灰尘通过皮肤引起伤害的个人防护器材。分隔绝式和透气式两种类型。前者使人体同外界隔绝，主要用于与大量皮肤渗透性毒剂以及特殊有害物质接触的场合。后者具有较好的透气散热性能，主要用于对雾滴状和蒸汽状毒剂的防护，必要时还可作为战斗服使用。

【复合式防毒衣】 一种透气式的防毒装具。此种防毒衣分内外层复合结构。外层保护内层免受日晒雨淋或磨损，内层是防毒层，它由三层组成，第一层是加强布，使用棉纱经过含氟化物处理，第二层是尼龙和胶粘纤维的混合织物，并浸渍了活性炭；第三层是衬里，防止炭粉与皮肤接触。

防毒原理是利用活性炭对毒剂的物理吸附作用达到防毒目的。它具有对毒剂气溶胶吸附力强、能散热、防火、防水、耐磨、柔软等优点。

【潜水钟】 亦称潜水员运送器。用于使潜水员不经水中减压，直接将其提出水面，转入加压仓再行减压的钟型耐压体。是救生船的深潜设备之一。

【氧化罐】 防止人员吸入一氧化碳中毒的器材。适用于一氧化碳浓度不很高的场合。可直接连在防毒面具的面罩上，也可与滤毒罐相连接。

【可燃气体测爆仪】 测定可燃气体浓度是否低于爆炸下限的仪表。用以判断所测地点是否可以动用明火。通常用热效应原理制成，由抽取气样装置、电源（干电池或蓄电池）、电桥、微安表等组成。微安表的表盘以可燃气体的爆炸下限为百分之百来分度。超过百分之百为红色区，指示气样中可燃气体含量超过爆炸下限，随时有爆炸可能。在百分之百范围以内标有橙色、黄色、绿色区，当表针指在橙色、黄色区内时，表示可燃气体含量接近爆炸下限，有危险，应引起注意；若表针指在绿色区，则表示作业点安全，可以动用明火。

【航空照相枪】 飞机上用来记录射击效果的小型摄影机。在按下射击按钮的同时，航空照相枪也开始工作，将目标、航空瞄准具的瞄准标志连续拍摄下来。这样就可以从胶卷上判读出目标的距离、进入角和瞄准误差，从而判定射击效果。训练中，借助航空照相枪，不用实弹射击，即可进行射击练习。

【红外线扫描航空照相机】 利用扫描照相摄取目标自身辐射的红外线而成像的航空照相器材。主要由光学扫描装置、红外探测器和成像装置三个部分组成。

【航空照相机】 用于航空照相摄取目标景像的器材。其镜头焦距较长，自动化程度较高。

【潜水装具】 潜水员潜水时穿着和佩带的器具。根据不同下潜深度和用途不同，可分为轻、重两种。

【水中呼吸器】 个人背囊式水下呼吸器。靠气瓶内的压缩空气，保证呼吸。压缩空气由软管经自动降低空气压力的活门引出。使用水中呼吸器可潜入水下 40 米。

【救生衣】 水上单人制式救生器材之一。包括背心式和双浮式两种。穿着救生衣后具有足够的浮力，保证落水者漂浮水面。

【防弹衣】 具有防弹性能的特制衣服。防弹衣是第二次世界大战以后发明的，大体分为硬式、软硬式和软式三种。硬式防弹衣，有的借助前胸和后背的钢板或钢丝网，避免子弹穿透，重达20公斤；还有以陶瓷板代替钢板防弹的，重量仍在10公斤以上。这种硬式防弹衣比较笨重，穿着不舒适，行动不便。软硬式防弹衣，是用克夫勒的化学纤维制成的。该防弹衣以多层克夫勒叠合，中间加上陶瓷板，增强防弹功能，强度为同等重量钢材料的5倍。软式防弹衣，即不夹陶瓷板，完全靠克夫勒化学纤维的韧性避弹。这种防弹衣柔软、舒适，重量不到2公斤，颜色和款式皆富于变化，可当作内衣随时穿着。

【钢盔】 军人作战时戴的防护帽，是头盔的一种。用金属和玻璃纤维等材料制成，有一定的防弹作用。

【电脑头盔】 为军事侦察人员研制的新型观察工具。侦察人员戴上这种装有电脑系统的头盔，只要眼睛能看见目标，头盔下的感应器就会马上将目标的位置、高度、距离传入电脑，电脑又将计算所得的资料传给后面的炮兵或导弹部队，从而迅速摧毁目标。

【军用工程机械】 军队实施工程保障和国防工程施工使用的机械。通常分为野战工程机械、军事建筑机械和保障机械。野战工程机械是根据军队作战需要，按战术技术要求设计、制造的专用工程机械；军事建筑机械和保障机械除军队特殊需要外，多选自民用工程机械。参见"野战工程机械"、"军事建筑机械"。

【军事建筑机械】 实施国防工程建筑作业所使用的机械。主要包括：推土机、平地机、铲运机、压路机、空气压缩机、凿岩机、装岩机和钢筋混凝土作业机械、石料加工机械、木材加工机械等。主要用于构筑永备工事、国防公路、军港、军用机场、导弹技术阵地、导弹发射阵地和军用仓库等工程设施。

【野战工程机械】 在野战条件下遂行工程保障任务所使用的机械。主要包括：装甲工程车、多用工程车、坦克架桥车、开路机、挖壕机、挖坑机、挖掘机和装载机等。主要用于敌火下克服障碍物和在野战条件下抢修军用道路，构筑急造军路、野战工事和防坦克壕等。野战工程机械的行驶装置有履带式和轮胎式两种。履带式的多以坦克和火炮牵引车的底盘改装成基础车，一般公路行驶时速

45—60公里，爬坡为30—35度，功率250—750马力；轮胎式的多为专门设计、制造的基础车，一般公路行驶时速35—75公里，爬坡为20—25度，功率80—375马力。野战工程机械有些可以空运、浮渡或潜渡；有些还有夜视和无线电通信设备、防护装甲，对毒剂、生物战剂、放射性物质的防护设施及自卫武器。

【保障机械】 配合和保障工程机械作业的机械。如摩托锯、圆锯拖车、拖平车、切筋机、弯筋机、锻钎机、起重机、移动式电站、电焊机、工程修理车等。

【阵地机械】 构筑阵地使用的各种机械。如挖壕机、挖掘机、装载机、内燃凿岩机等。

【渡河架桥机械】 渡河、架桥作业所使用的各种机械。主要有操舟机、牵引汽艇、打桩机、拔桩机、架桥车等。

【给水机械】 野战给水作业中所使用的机械。主要有水源侦察车、钻井机、净水车、抽水机、运水车。用于侦察水源、构筑给水站和供水作业。

【筑路机械】 构筑道路使用的各种机械。如推土机、铲运机、平路（地）机、压路机、开路机等。

【铲运机】 一种铲土运输机械。可进行铲、装、运、卸和平土等作业。工作装置为容量3—25立方米的带刀片的铲斗。用于修筑道路和机场、填筑路堤、开挖路堑以及其它目的。铲运机按铲斗容量、牵引形式和装卸方法分类。按铲斗容量分为小型、中型和大型。按牵引形式分为拖式、半拖式和自行式。拖式铲运机通常为双轴式。作业时由履带式或轮式拖拉机牵引。半拖式铲运机一般是单轴式，与单轴牵引车联在一起进行作业。自行铲运机可为轮式或履带式。铲斗利用被铲土层的压力或者借助链板机构进行装土。卸土可为强制式和自由式。前者使后斗壁前移卸土；后者靠倾翻铲斗卸土。铲运机操纵系统有液压式和钢索式两种。最常用的是液压式操纵系统；钢索式操纵系统很少使用，而且只用在拖式铲运机上。

【刮土机】 一种层层挖土的土工-装运机械。在修建机场、挖掘沟渠及进行地面平整作业时，通常与排土桥、带式输送机或抛土机配套使用。按其运行方式，有自行式或拖式。

图 17-7　军用工程机械

1-19.军用挖土机械　1-6.快速挖壕机：2.牵引车　3.绞盘　4.驾驶室　5.转轮[多斗]式挖壕机　6.半轮：7-10.犁式挖壕机：8.犁刀　9.机架　10.牵引装置：11-19.万能单斗挖掘机：12.旋转台　13.挖掘机动力机构　14.驾驶室　15.斗臂　16.挖斗　17.动臂　18.六轮汽车　19.备胎：20-42.军用筑路机械　20-24.敷路机：21.作业装置　22.升降架　23.倾斜装置　24.推架：25-34.自行平路机：26.前桥　27.转向轮　28.主车架　29.操纵机构　30.发动机　31.轮胎　32.刮刀回转机构　33.作业装置　34.前大灯：35-37.推土坦克：36.悬挂推土装置　37.坦克：38-40.火炮牵引车推土装置：39.车体　40.重型火炮牵引车：41-42.除雪坦克：42.坦克。

图 17—8   筑路机械

1—6.履带式单斗挖掘机： 2.操纵室 3.履带装置 4.斗臂 5.挖掘机铲斗 6.半齿；7—12.后倾式自卸车；8.后倾车身 9.加强肋 10.保护挡板 11.驾驶室 12.散粒物料；13—15.混凝土搅拌机；14.进料斗 15.搅拌筒；16—18.履带式刮土机；17.刮板 18.刮板刃；19—22.自行平路机；20.松土犁 21.刮刀 22.刮刀回转机构；23—25.窄轨铁路；24.窄轨内燃机车头 25.翻斗；26—27.内燃机式夯实机；27.操纵手柄；28—30.推土机；29.铲刀 30.推臂；31—35.碎石摊铺机；32.夯实梁 33.平整板 34.侧墙 35.承斗壁；36—38.三滚筒压路机；37.压滚 38.遮阳篷；39—40.移动式柴油压缩机；40.储气筒；41—42.扫雪车；42.铲雪板；43—45.沥青摊铺机；44.侧墙 45.沥青承料斗；46—47.沥青加热喷洒机；47.沥青油罐；48—54.自动沥青搅拌机；49.斗式输送机 50.搅拌筒 51.上料机构 52.进料口 53.粘结材料斗 54.出料口。

【挖掘机】　一种土工机械。用于挖土并将土运送至料堆或装载到运输工具上。分单斗和多斗两种。

单斗挖掘机因作业过程是循环的，故作业效率不如多斗挖掘机。但由于通用性好，即能遂行军队作战行动的各项工程保障任务，因而获得广泛应用。可用于挖掘掩体，挖掘避弹所、掩蔽部和军事技术装备掩蔽所的平底坑，进行道路作业、机场作业和装卸作业，采集建筑材料，也可用于建筑安装作业。

单斗挖掘机由行驶装置、回转机构和工作装置组成。行驶装置可为轮式、履带式或步行式。各国军队中用得最多的是以轮式越野汽车为底盘的单斗挖掘机。履带式挖掘机用得较少。回转机构用于安装工作装置、动力装置和主要的传动、操纵机构。单斗挖掘机的可换装置有抓斗、拉铲、起重装置、疏松冻土和岩石的松土器等。军队中使用的多斗挖掘机用于挖掘掩体、堑壕和交通壕等。

【挖坑机】　在基础车上安装有横向铣刀式、铲抛式或可摆动的链式工作装置的挖坑机械。它可以边切削边排土，作业效率高、质量好。主要用于挖掘平底坑和防坦克壕。

【挖壕机】　在基础车上装有轮斗式或链斗式的多斗挖掘壕、沟的专用机械。能在行进中完成挖掘、抛撒土壤的连续作业。主要用于挖掘堑壕和交通壕。

【开路机】　在开辟急造军路、构筑和使用部队道路时用于机械化施工的机械。该机系装有工作装置的大功率轮式或履带式牵引车。能构筑通过堑壕、壕沟、维谷及其它障碍物的通路；清除灌木丛、小树林及石块；构筑渡口进出斜坡；清除积雪；挖掘军事技术装备等用的掘开式掩蔽所。工作装置包括：由一个中间刀和两个翼刀组成的组合式铲刀、推架、滑板、功率输出装置和使铲刀升降、倾斜及转为运输状态的液压或机械传动装置。此外，还可以安装专门或辅助的工作装置。

【平路机】　一种土工机械。能铲土、移土和平土。有拖式和自行式两种。军事上用于构筑、修缮和维护军用道路和机场，构筑急造军路等。工程兵、机场工程部队和道路部队都有这种装备。

【压路机】　利用滚轮或轮胎，依靠自重和附加重量，对土、石等工程材料进行碾压的机械。主要用于压实道路、路基、机场土基等。

【破路机】　破坏（折断）铁路线上枕木的装置。在第二次世界大战时期，德国曾经使用钩式破

路机。该机系装有巨大铁钩的平车。平车上置有两个方箱，内装压载物——石碴或沙。开动以前先去掉两根枕木，然后用螺杆千斤顶将钩的工作部分放至枕木底下，为防止枕木被钩起及后轮脱轨，置有支撑。挡板可防止千斤顶受枕木块和石碴的撞击。破路机用两台机车（蒸汽机车）牵引，行驶速度为每小时 10—15 公里。

【钻井机】　用于钻凿水井的机具。由提升、旋转或冲击钻具和反循环洗井四部分组成。常用的钻井机有冲击式、回转式和复合式三种。冲击式钻井机由冲击装置、卷扬机、动力机和桅杆等组成，它以冲击装置撞击破碎岩土钻井。回转式钻井机由回转器、卷扬机、泥浆泵、动力机和钻塔（架）等组成，它以钻头在孔中旋转、研磨破碎岩土钻井。复合式钻井机是具有回转和冲击两种钻进功能的机具。

【铺管机】　在现地用于机械化铺设野战输油管干线的机械。现在用的有联合铺管机和拖挂式铺管机。联合铺管机能从运管汽车上自动把油管装到管仓内，然后把油管送到装配线上装配，并将其在现地进行铺设。铺管机由牵引车、装管仓的半挂车、装配设备与摇臂起重机组成。拖挂式铺管机是装在单轴挂车上的装配设备，挂车由运管汽车牵引。使用铺管机与人工相比较，装配速度可以提高 2—3 倍。联合铺管机可以装配直径大于 100 毫米的输油管，而拖挂式铺管机只能装配直径 100 毫米的输油管。

【电缆敷设机】　敷设地下和水下电缆的牵引式或自行式机械。按其工作机构的构造，分为刀式、转轮式和液压式三种。

在军事上，应用最广的是刀式电缆敷设机，它能保障高速敷设电缆。该机由带有电缆盘的履带式牵引车和装有电缆敷设工作机构的拖车组成。牵引车行进时，工作机构先在土中开沟，然后将电缆敷设进去。为了找到要撤收的电缆线路，该机装有电子自动跟踪仪。撤收土中的电缆时，要利用专门的刀具，使其在电缆上方 2—5 厘米处经过，挖松电缆上面的覆土。在未全冻的 I—III 级土壤中，电缆埋设深度为 0.5 米时，敷设速度为 3—4 公里／小时，撤收速度为 2 公里／小时；地面敷设电缆的速度为 5—6 公里／小时。

【活动路面铺设机】　捷克斯洛伐克研制的一种活动路面铺设设备。该设备由一辆 Tatra813 卡车和车后面竖着装载的铰接式路面组成。卡车需倒行铺设路面。当卡车倒着走时，路面经过滚轮水

平展开，车后轮将道路铺平。可使用此设备连接浮桥的接岸道路。

【哥伦布地垫】　瑞典研制的一种地垫，具有广泛用途：如做爆坑的盖面，做为松软地面加固层，还可做为突击艇和袭击艇的底板垫。地垫是用15条钢丝绳固定在一起的聚乙烯管组成，其两端各有一根外径为140毫米，厚30毫米的管子，接着是8根直径为63毫米，厚15毫米的管子，其它55根管子外径是65毫米，厚5.8毫米。钢丝绳由22股细丝组成，直径为10毫米，每条钢丝绳都穿过每端的粗管子，用小环拉紧。钢丝绳端装有连接环，因而可将一些地垫连结起来，构成任意长度的路面。这种地垫的铺设或修复不需任何特别的工具和设备。可用一般的平板卡车运输，可卷放，也可折放。

【MO—地垫路面】　美国研制的一种路面设备，这种路面铺设在泥泞、沙土、雪地上，可使轮式载重车通过，还可用作直升机的停机坪等。MO—地垫路面是用叫做平流玻璃的玻璃纤维强化塑料制成的，路面被压成纹理状，厚16毫米，也有22和32毫米厚。表面还履盖了一层耐用和不打滑的材料。一般用途的MO—地垫（22毫米）重4.9公斤／平方米，而重型的MO—地垫（32毫米）重7.3公斤／平方米。MO—地垫是按标准块供应的，每块3.709米宽、14.782米长。也供应3.6米长和1.8米宽的MO—地垫。每块路面周围都备有精确的小孔，可按需要将路面板连接成任意的长度、宽度和形状。

【"雷亚德"可移动路面】　英国研制的一种路面设备。30吨级路面是为轮式车辆和有橡胶垫的车辆设计的，这种路面用轧制的铝合金板条制成，铝合金板条用联锁系留企口接合，表面不打滑，3.35米宽，一般为49.95米长。这种标准长度的路面卷在托架上，安放在一辆6×6或4×4卡车的后部。缠绕路面的卷轴安装在一个托架和转动装置上，这些装置都固定在卡车平板上。因此路面紧凑地装在卡车本身以内，并以90度的角度旋转到铺设和回收的位置。路面的铺设和准备工作三个10分钟就可完成。回收路面的作业，四个人为一组在15分钟内即可完成。规格：长度45.95米，宽度3.35米，铝板条数201条，总重量4218公斤，每条铝板规格为3.35×0.23米。

【制式桥梁器材】　列入军队装备体制的，按统一规格定型生产的成套桥梁器材。包括轻便桥、机械化桥、装配式公路钢桥器材等。

【机械化桥】　一种可多次使用的成套军用桥梁器材，由数辆装载上部结构和桥脚的轮式或履带式架桥车组成。用于在狭窄沟渠等障碍上架桥，以保障军队在战斗过程中向前推进及行军。这种桥也叫随伴桥。许多国家的军队中都作为制式军用桥梁器材使用。

机械化桥梁上部结构的形式有折叠式和非折叠式两种。中间桥脚作成四脚架柱式或框架式，其高度可在规定范围内调整。机械化桥分节架设，前一桥节架设完毕后，后面一辆架桥车即驶上已架设好的桥节进行下一桥节的架设。折叠状态的上部结构和中间桥脚由架桥车驱动的操纵杆或钢索滑轮系统展开。中间桥脚的高度，根据下沉量的大小，即可在架桥时调整，也可在使用时调整。

【军用门桥】　供人员、武器和军事技术装备通过江河障碍的浮游器材。按用途分为桥节门桥、漕渡门桥和通用门桥。桥节门桥是浮桥的一节。漕渡门桥用以漕渡人员和军事技术装备。通用门桥可用以遂行上述两项任务。军用门桥通常用制式舟桥纵列器材结构，一般有供军事技术装备上下门桥用的跳板；还可用现地渡河器材或就便器材结构。军用门桥按结构分为有独立浮游桥脚的门桥和带式门桥。前者由浮游容器、承重结构、车行部、上下门桥用的装置和水上推进器材构成；后者所有主要部件都结合成一整体，在使用相同功率的摩托化器材情况下，速度可比前者快。军用门桥在水上航行可由汽艇牵引，或由本身的发动机推进。最新的军用门桥能在陆上和水上行驶。它通常用来漕渡坦克和其他履带式战斗车辆。

【自行门桥】　本身有摩托化器材，因而能在水上自己行驶的门桥。按结构分为水陆两用门桥和自行门桥两种。按用途分为专用门桥和用舟桥纵列结合的门桥。

用特种舟桥纵列结合的自行门桥，载重量为60—200吨，用以保障军队车辆和铁路车辆渡河。舟桥纵列的舟在陆地上由专用汽车运送，在水上结合好的漕渡门桥由尾舟上的发动机和螺旋桨推进。为了靠岸，可用舟桥纵列结构浮游码头。一些国家的军队用自行舟桥纵列结构自行门桥。这种自行舟桥纵列是由能在陆上和水上单独行驶的桥车和跳板车组成。自行门桥由2—6辆载重量为30—65吨的桥车结合而成，结合时间10—20分钟。

【漕渡门桥】　用于渡送车辆、技术兵器和人员的门桥。可分为自行门桥和非自行门桥。

【锚定门桥】　用于固定浮桥的门桥。其上游投设重锚或锚组，下游用系留纲固定浮桥。通常在流急、河宽、水深等特殊情况下使用。

【伸缩门桥】　可在一定范围内伸长和缩短的门桥。用于闭塞浮桥。

【舟桥】　用于架设浮桥和结构漕渡门桥的成套技术器材。分为轻型和重型两种。包括门桥桥梁结构物、运输工具、水上摩托化器材及辅助设备。门桥桥梁结构物由舟、承重结构、车行部和码头构件组成。承重结构就是由桥梁桁架或车辙板结合而成的上部结构。车行部可以是木质的或金属的。运输工具多为通行能力较高的汽车。汽艇是水上摩托化器材，用于架桥和牵引门桥。某些舟桥纵列使用操舟机。辅助设备和附加装置有：起重机、路面铺板、锚、固定装置、索具等。有些国家的军队已装备有自行舟桥纵列。这种器材的所有主要部件与水陆舟车结合成一体。根据舟结构的不同，舟桥纵列可架设成独立浮游桥脚的浮桥和带式浮桥。

【充气桥】　一种小型制式桥。用于保障野战部队克服小型河流或沟壑障碍。这种桥重 2268 公斤，长约 27 米，充气以后，可使 18 吨的载重汽车通过。架桥时，只要使用一只携带式的压气机充气，30 分钟就能将一座桥架好。这种桥非常坚固，即使中弹，也能保持桥梁的承受力。充气桥的主要材料是一种敷塑料的聚脂织物。

【轻便桥】　亦称弹坑桥。装配式钢结构无桥脚的制式桥。具有重量轻，结构简单，架设和撤收方便等特点。适于克服弹坑、峡谷等障碍。

【特种舟桥】　用特种舟桥器材架设的，专门用在特大江河上实施定点保障的舟桥。履带式载荷为 50—100 吨的舟桥，抗风浪性能好，器材能在水上自行。

【带式舟桥】　桥脚舟与上部结构合一，架设成浮桥后形似带状的舟桥。履带式载荷可达 50 吨。特点是结构简单，架设和撤收的作业速度快，劳动强度小。

【装配式公路钢桥】　用人工拼装进行架设和撤收的下承式钢结构桁架制式桥。桁架每节 3 米，其跨径最大可达 69 米。可以保障履带式 50 吨、车轮式 30 吨荷载通过。

【坦克冲击桥】　桥跨装载于坦克基础车上，由机械装置架设，用以保障坦克和装甲战斗车辆冲击时克服沟壕障碍的桥梁。载重量通常为 50—60 吨，其架设长度 20 米左右。它越野性能好，具有装甲防护能力，可在敌火下快速架设。

【跨线桥】　为保障相交道路上的交通不间断而穿过公路或铁路的渡桥。军用跨线桥通常构筑在纵向路与横向路的交叉点，用制式器材和现地材料架设。

【拖车输油泵】　由拖车装载的一种输油泵。用汽车牵引。其主要组成部分是拖车底盘、发动机、汽油泵、传动装置、操纵装置、电器设备等。通常用于野战输油管线上进行油料输送，以及代替遭敌破坏的基地油库，完成油料的收发输转任务。

十八、探索性武器

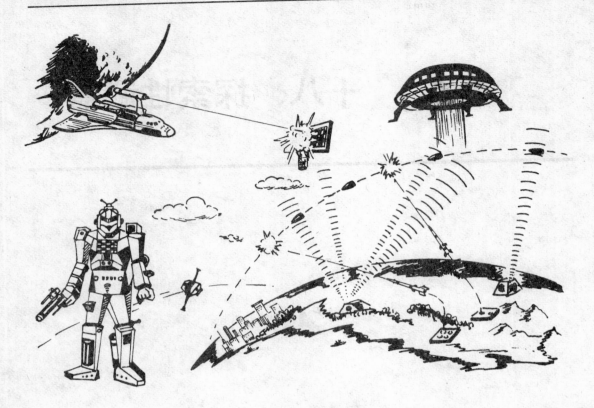

图 18-1　　探索性武器

1、定向能武器

【定向能武器】　　向一定方向上的目标发射高能量射束以毁伤目标的武器。大体包括三大类：激光武器、粒子束武器和电磁脉冲武器。

【激光武器】　　亦称"辐射武器"。直接利用激光辐射能量毁伤目标的武器。主要由激光器系统、目标搜索与跟踪系统、辐射能发射聚焦系统及指挥控制系统组成。激光武器可分为低能激光武器和强激光武器两类。低能激光武器主要用于致盲、杀伤单兵等，可广泛用于空军、海军、装甲兵、炮兵以及步兵的对抗性战斗中。有些国家的军队已使用一种轻便激光致盲武器，作用距离为 1.6 公里。

激光武器的研究始于 20 世纪 60 年代初，开展这一领域研究的国家主要有：美、苏、法、联邦德国等，美、苏两国投入的力量最大。发展激光武器要解决的主要技术难题有：研制性能优异的高能激光器；发展高精度瞄准跟踪系统；搞清激光破坏目标的机理；研究克服大气效应；研制大型反射镜和自适应光学系统。此外，还有工程组装和配备自动化指挥控制通信系统等问题。美国对激光武器一直很重视，积极发展各项单元技术，同时研制了一些试验样机，进行过演示性的验证试验。例如：1978 年，用激光照射模拟的洲际弹道导弹助推器，使其产生了变形、破裂；1983 年 5 月，用机载的二氧化碳激光器击落了五枚"响尾蛇"空空导弹，9 月又击落了 3 架模拟进攻军舰的巡航导弹的低空飞行靶机。苏联对发展强激光武器也很重视，每年的研究费用约为美国的 3～5 倍，发展水平与美国大致相当。

【低能激光武器】 利用低能激光束杀伤单兵、破坏侦察器材的定向能武器，也称激光轻武器或单兵激光武器。它所发射的激光能量一般不太高，但能使人死亡、受伤、失明或衣服起火，也可使激光或红外测距仪、各种夜视仪的光敏元件损伤、失灵。目前，有些国家的军队已有部分装备。它主要包括激光枪、激光手枪、激光致盲器等。

【激光枪】 低能激光武器的一种。能在较近距离内致人死亡或在较远距离使人致盲、受伤、衣服起火，还可使侦察器材失灵。激光枪的外形、重量、操作方法与普通步枪差不多，但它准确性更高，而且无后座力、无声响、不需要提前量，也不需弹药保障，是未来步兵作战的理想武器。

【激光手枪】 袖珍式激光武器，低能激光武器的一种。有手枪式、钢笔式、电筒式等多种样式。它能在近距离烧毁衣服、烧穿皮肉甚至致人死亡，还能使对方火药起火爆炸或侦察器材失效。

【致眩器】 美国研制的轻便式激光武器。采用镉镍电池作能源，重量为9公斤，可供单兵使用。除能对敌方的光电探测器造成"软杀伤"外，也能使人眼致盲。

【强激光武器】 利用高能激光束摧毁飞机、导弹、卫星等目标或使之失效的定向能武器。也称高能激光武器或光炮。强激光武器主要由高能激光器。精密瞄准跟踪系统和光束控制与发射系统组成。高能激光器是强激光武器的核心，用于产生高能激光束。美国要求高能激光器的平均功率至少为2万瓦或脉冲能量达3万焦耳以上。各国研究的高能激光器，有二氧化碳、化学、准分子、自由电子、核激励、X射线和γ射线激光器等。精密瞄准跟踪系统用来捕获、跟踪目标、引导光束瞄准射击，并判定毁伤效果。强激光武器是靠激光束直接击中目标并停留一定时间而造成破坏的，所以对瞄准的速度和精度要求很高。为此，国外已在研制红外、电视和激光雷达等高精度的光学瞄准跟踪设备。光束控制与发射系统的作用是将激光束快速地聚焦到目标上，并达到最佳的破坏效果。其主要部件是反射率很高、耐高能激光辐射的大型反射镜。国外已在研制直径4米甚至更大的反射镜，并积极发展用于克服大气影响的自适应光学系统。强激光武器的主要优点是：激光束以光速传播，因此射击时一般不考虑提前量，命中率极高；激光束质量近于零，几乎没有后坐力，因而能迅速变换射击方向，在短时间内拦击多个目标。其弱点是：随着射程增大，激光束发散角随之增大，使射到目标上的

激光束密度也随之降低，毁伤力减弱，使有效作用距离受到限制。此外，使用时还会受到环境影响。例如在稠密的大气层中使用时，大气会耗散激光束的能量，并使其发生抖动、扩展和偏移。恶劣天气和战场烟尘、人造烟幕对其影响更大。因此，强激光武器对拦截低空快速飞机和战术导弹，在反战略导弹、反卫星以及光电对抗中，都能发挥独特的作用。但是，它不能完全取代现有的各种武器，而是与它们配合使用。

【X射线激光武器】 一种发射X射线激光的定向能武器。它利用核爆炸产生的X射线激励X射线激光，并定向射出。1980年底美国对X射线激光的研究取得重大突破。据称在一次地下核试验中，成功地演示了一台用小型核爆炸产生的X射线激励的X射线激光装置。该装置的工作介质是一种原子致密的固态物质。专家们根据研究结果设想了一种空间武器，在轨道上的这种武器中央放了一个小型核装置，利用它爆炸产生的X射线激励向四外伸出的激光棒，同时产生数十米强大的X射线激光，用以摧毁来袭的导弹。

【粒子束武器】 一种尚在研究中的，利用高能强流亚原子束摧毁目标或使之失效的定向能武器。由粒子源、粒子加速器和探测瞄准跟踪、指挥、通信等设备组成。其工作原理是：用高能强流加速器，将粒子源产生的电子、质子的离子加速到接近光速；并用磁场聚焦成密集的粒子束流射向目标，靠粒子束流的多种效应来摧毁目标或使之失效。其主要特点是：粒子束流能量高度集中，穿透力强，脉冲发射率高，能快速改变发射方向。粒子束武器通常分两大类：在大气中使用的带电粒子束武器；在外层空间使用的中性粒子束武器。

粒子束摧毁目标或使之失效的机理大致有三种：①破坏结构。高能粒子束和目标材料分子碰撞后，使材料升温、熔化或产生热应力，使结构破坏，由于粒子束的穿透力强，还能破坏目标内部设备。②使引爆药早爆。高能粒子束能使引爆药的离子移动，从而使其内部电场分布不均匀，降低起爆温度；还能在引爆药中产生冲击波。这些因素都可能使引爆药提前起爆。③使电子设备失效。高能粒子束穿过电子设备时，使之产生电子—空穴对，从而引起脉冲电流电子，空穴对的再结合又能产生大量的热，这些因素都可能使电子设备失效。此外，当高速运动的带电粒子受到空气分子，目标材料分子的阻碍而减速时，损失的大部分能量将转化为γ射线和X射线，这些射线沿粒子束流轴向形成一

个二次辐射锥，处于该锥内的电子器件可能失效。

【高能微波武器】 亦称电磁脉冲武器，国外称其为 EMP 武器。利用强烈的电磁脉冲辐射，破坏目标系统内部电子设备的一种武器系统。按其作用范围和威力大小可分为战略型和战术型两类。战略型电磁脉冲武器，是根据核爆炸的电磁脉冲效应原理，对核武器加以改造，使其爆炸时将更多的能量转换成电磁脉冲而制成的。主要用于破坏广大地域内的雷达、通信和指挥系统。战术型电磁脉冲武器，是根据激光效应、带电粒子束效应、脉冲放射性等原理制成的。由电磁脉冲发生器和天线系统组成。主要用于破坏敌方通信网、计算机装置和光电制导武器等。目前，国外正在加紧试验这类武器。

【电磁炮】 利用电磁力沿导轨发射炮弹的装置。它主要由能源、加速器、开关三部分组成。能源通常采用可蓄存 10～100 兆焦耳能量的装置。目前实验用的能源有蓄电池组、磁通压缩装置、单极发电机，其中单极发电机是近期内最有前途的能源。加速器是把电磁能量转换成炮弹动能，使炮弹达到高速的装置。主要有使用低压直流单极发电机供电的轨道炮加速器和离散或连续线圈结构的同轴同步加速器两大类。开关是接通能源和加速器的装置，能在几毫秒之内把兆安级电流引进加速器内，其中的一种是由两根铜轨和一个可在其中滑动的滑块组成。

早在 19 世纪，科学家就发现在磁场中的电荷和电流会受到洛仑磁力的作用。20 世纪初，有人提出利用洛仑磁力发射炮弹的设想。在两次世界大战中，法国、德国和日本都曾研究过电磁炮。第二次世界大战后，其它国家也进行过这方面的研究。70 年代初以来，与电磁发射有关的技术取得了重大进展。澳大利亚国立大学建造了第一台电磁发射装置，将 3 克重的塑料块（炮弹）加速到 6000 米／秒的速度。此后，澳、美科学家制造了不同类型的实验样机，并进行过多次发射试验。用单极发电机代电的电磁炮，已能把 318 克重的炮弹加速到 4200 米／秒的速度。电磁推力是一种脉冲动力，它比火药推力大 10 倍，因而电磁炮可以把炮弹加速到高速，打破了常规炮弹初速低于 2000 米／秒的界限，而且电磁推力能分布在发射装置整个长度上，比火药发射弹丸容易控制。因此，电磁炮可用作反坦克，防空，反导弹武器。但要实际使用还有一些问题尚待解决，如设计制造结构紧凑和蓄能多的能源，提高电磁炮的强度，使之能多次使用；提高炮弹强度，研究制导方法，多电源分段供电；以及捕获，跟踪目标等问题。利用电磁推力大，同轴同步加速器反射成本低，对环境破坏小的优点，可发射低速，重量大的有效载荷，如发射重型炮弹，弹射无人机、载人机、载人飞机、甚至发射航天器。这种技术还可用于撞击核聚变实验和进行物态转换研究。

2、声波武器

【高能声波武器】 利用高能声波的强大空气压力打击敌方目标的武器。能使人产生视觉模糊、恶心呕吐的反应，也可用于扫雷等任务。

【次声武器】 利用频率低于 20 赫的次声波与人体发生共振，使共振的器官或部位发生位移和变形而造成损伤的一种武器。次声波与人体发生共振的频率和强度不同，对人体器官和部位损伤程度也不同。强度相同，杀伤程度则视次声波强度而定。次声波对人可产生精神的和机械的损伤。其主要症状有：全身不适、无力、头晕目眩、恶心呕吐、眼球震颤，严重的可发生精神失常、癫狂不止、腹部疼痛、内脏破裂等。国外实验证明，10 赫 135 分贝的次声波，可使小白鼠的内脏濒临坏死状态；0.5 赫 170 分贝左右的次声波，可使狗的呼吸困难，甚至停止。次声是不易被人察觉和听不见的声音，在大气中衰减很少，与大气沟通的掩体和工事难以防御。次声实验舱是由次声发生器、动力装置和控制部分组成，其中次声发生器是关键。次声武器的作用距离，决定于次声发生器的辐射声功率、指向性图案和声波的传播条件。次声波不易集聚成束，在空旷环境中很难产生高强次声。次声的波长很长，要使它定向传播，其聚集系统的尺寸会很大，实际上很难实现。因此，有的国家考虑采用两个频率相近的可听声波，使其频率差处在次声频率范围内, 这样可较易实现次声的定向辐射。另外还有用爆炸产生高强次声的次声弹的设想。

3、军用机器人

【军用机器人】 用于军事目的的高级自动化装置。能够模拟人的某些功能, 在复杂、危险的环境中代替人执行作战任务。从 60 年代第一个军用机器人执行军事任务开始到现在, 世界各国已研制出多种用途的军用机器人并开始在军队中"服役"。目前研究比较成熟的军用机器人主要有以下几种: 1.车辆救护机器人。这种机器人十分灵活, 能在地面上行走, 能爬上车辆, 并且可以在浅水、泥泞或沾染条件下作业。2.布雷机器人。可以自动设置雷场, 能够按使用者计划自动挖坑, 给地雷安装引信和打开保险并埋雷、填土, 可以自动标示雷场界限和绘制详细的雷场图, 还可以自动到附近的补给站装运地雷。3.排雷机器人。可以在雷场中开辟通路并标示出安全通路。4."步兵先锋"机器人。可以充当步兵班的尖兵, 探测和报告敌军位置, 并在遭敌射击时进行还击。5."战斗搬运夫"机器人。可以用于危险的环境中运送给养、弹药和后送伤员。6."欺骗系统"机器人。可以运动到各种不同的地点, 模拟一支战斗分队, 将该"分队"的特征尽可能暴露给敌人。7."观察员"机器人。用于观察某一地域, 在特定目标出现时向使用者发出警告, 并且根据命令用激光指示目标。8.战术侦察机器人。可以在敌后自动执行侦察任务, 包括观察、搜集物证以及火力侦察。此外, 还有用来运送舟桥设备、油桶、弹药的"多用途机械手"; 施烟幕的"烟幕机器人"; 三防侦察机器人; "驾驶员"机器人等等。

军用机器人到目前为止还不很完善, 其生存力、适应性以及功能等许多方面离战场实际需要还有很大距离。但它显示出来的重要作用已为世界各国所重视, 它的进一步完善和发展必将对未来战争产生深刻的影响。

【"奥德克斯" I 机器人】 美国奥德克斯公司制造的功能机器人。1983 年制造, 是世界上第 1 台会行走的多功能机器人。该机器人自身重 170 公斤, 有六条腿, 会走一种"三角架式"步伐, 每小时走 5 公里。能爬坡、下坡。可托举一个稳定的平台, 举重量为 1000 公斤, 慢走时可携 820 公斤, 正常行走时可携 450 公斤。动力装置为一个 12 伏电源电池, 一次充电后可行走 1 小时, 该机器人可通过无线电接受指令, 指挥者可通过一个控制装置与机器人的电脑进行联系。

4、人工智能武器

【人工智能武器】 具有类似人脑智能的武器。人工智能武器的智能系统, 由高级计算机组成。主要具有"视觉"、"听觉"、"识别"等"思维"功能。将广泛应用于智能化自行机械人和无人架驶机动工具, 并将大量用于军事指挥、控制和通讯。

5、气象武器

【气象武器】 通过人工的方法制造特殊气候来达成作战目标的武器系统。气象武器主要由专用或代用装备器材和化学药剂两部分组成。气象武器从 20 世纪 40 年代开始研究试验，40 年代末开始实用。其主要手段有：人工降雨、人工造雾、改变台风方向、制造干旱、制造奇寒、制造酷热等等。美军在越南战争中，于 1972 年用人工降雨的方法制造了一场水灾，给越南造成了巨大损失。进入 80 年代以来已经提出的方法有：在低空大气层布撒碘化银和碘化铅改变云的结构播云降雨；在地面上撒播干冰或释放丙烷气体进行制冷和消雾；播撒气溶胶或燃烧红磷增加雾的深度；在云中施放小火箭和播撒细金属丝、碘化银改变云层的起电条件；使用单分子箔膜材料减少局部地区海洋与大气的相互作用，抑制台风的发展和改变台风方向。在敌国上空播撒吸收太阳光的物质制造奇寒；播撒吸收地面长波辐射的物质，使敌国境内酷热；通过人工诱发闪电给敌人造成大规模火灾等等。一些科学家还提出了关于控制降雨量、控制上游天气等气象手段。所有的气象战手段都可有两方面的作用；一是利用改变气候给敌人造成破坏和损失，二是利用改变气候为已方创造有利的作战和生存条件。

附 录

①主要兵器发明时间表

时间	武器名称	发明人	发明国家和地区	备注
旧石器时代	原始石兵器		亚洲、欧洲、非洲、	主要是石刀和石斧，作为狩猎和原始农业生产工具
中石器时代	弓箭		亚洲、欧洲、非洲	
新时器时代	复合石兵器		亚洲、欧洲、非洲	木柄与石刃结合
公元前 3000~2000 年	战船		中国、埃及、腓尼基等	指可用于作战的舟船
公元前 3000~2000 年	战车		中国、埃及、亚述等	指可用于作战的车
公元前 3000~2000 年	铜兵器		中国、埃及、巴比仑等	主要是金属刀、剑、矛、矢等
公元前 3000~2000	甲胄		中国、埃及、巴比仑等	最早的用藤条或兽皮制成
公元前 2000~1000 年	马甲		中国、波斯、埃及等	
公元前 1000~300 年	铁兵器		中国、印度、埃及等	
公元前 770~405 年	抛石机		中国、埃及等	古代利用杠杆原理抛掷石弹的战具，火炮出现前是攻守战的重要兵器
公元前 400~300 年	弩机		中国、古希腊等	
公元前 400~300 年	云梯		中国	
公元前 320~310 年	潜水器	亚历山大	欧洲	
公元前 310~300 年	地听			用于侦测有声源目标方位的器材
1 世纪	纵火剂		中国、古希腊	一种喷火剂，用石油作燃料
1 世纪	古代火箭		中国	在箭杆靠近箭头处绑缚一些易燃物，用弓弩射向敌方以杀伤、烧毁敌兵士、装备等
1 世纪	马镫		中国、古希腊等	提高了骑兵作战能力
8 世纪	火药		中国	火药最迟在 808 年发明，约 10 世纪用于军事
9 世纪	杀伤火箭	冯继升 岳义	中国	
10 世纪	火蒺藜	唐福	中国	
10 世纪	手榴弹		中国	
11 世纪	指南针		中国	
12 世纪	引信		中国	
12 世纪	火炮		中国	
12 世纪	管形火器	陈规	中国	用长竹管制成，内装火药。此种火器的发明为后世的枪、炮的出现奠定了基础。
13 世纪	火铳		中国	
13 世纪	手枪		德国	
14 世纪	架火战车		中国	可载 160 多支杀伤火箭
14 世纪	赤热球形弹			即为供滑膛炮作为燃烧弹使用的一种射击前烧红的石头或金属的实心球形弹，用于对舰船和木质工事进行射击

14 世纪	滑膛枪		欧洲	
14 世纪	鸟嘴铳		中国	
14 世纪中叶	枪托			以往的枪管只是简单地夹在一根只有 4 至 5 英尺长的木杆上,枪管不稳定,命中率低
15 世纪	粒状火药			粒状火药的发明解决了手枪火药爆炸所应达到的压力问题.
15 世纪	榴弹炮		德国	17 世纪以前的榴弹炮多用于攻城部队和要塞炮兵, 17 世纪以后, 榴弹炮才用于野战.
1446	火绳枪			火绳枪于 16 世纪 30 年代的意大利战争中初次用于阵地防御.
16 世纪	遂石枪			利用遂石与铁片打火来引燃火药.到了 1699 年, 遂石枪成了欧洲各国军队的制式武器.
1520	桡帆舰		英国	
1549	水雷		中国	为人工操纵
1598	鸟嘴连铳	赵士桢	中国	可连续射击, 杀伤力很强.
16 世纪	榴弹发射器			
16 世纪	臼炮			该种炮身管短粗, 口径很大 (300~500 毫米), 用曲射火力杀伤目标
16 世纪	大桨帆战船			欧洲许多国家海军使用. 1571 年在勒班陀附近的海战中首次使用.
17 世纪	风帆战舰			
1617	降落伞	F.维兰齐奥	意大利	
1620	潜水船	科·范·德雷布尔	荷兰	船体由框架包牛皮构成, 船内装羊皮囊, 向囊内注水船潜 3-5 米.是潜艇雏形
17 世纪中叶	遂发枪		法国	
17 世纪中叶	枪剌		法国	当时发明枪剌是为弥补枪的火力不足, 把长矛与火器结合为一体
1650	左轮手枪		英国	
1716	气垫装置	E·斯韦登堡	瑞典	此发现为军用气垫船的制造奠定了基础.
1742	苦味酸炸药			当时人们还不知道苦味酸会爆炸,直到 1873 年, 人们才知道它是一种威力很大的炸药,从此才被用来装填各种枪炮弹和进行爆破作业
1756	加农榴弹炮	马尔梯诺夫	俄国	身管为口径的 10 倍左右.
1758	头盔		法国	
1769	蒸气机	詹姆斯·瓦特	英国	蒸气机的出现导致了铁路和机车的实现,从而实现了大批量兵员的运输.
1770	军用运输汽车	J·居尼奥	法国	
1775	军用潜艇	大卫·布什内尔	美国	单人驾驶, 以平摇螺旋桨为动力的木壳艇"海龟"号, 水下停留约 30 分钟, 1776 年, 曾用于攻击英国战舰.
18 世纪	曲柄枪		欧洲	
18 世纪 80 年代	无烟火药		欧洲	

1782	热气球	约瑟夫·蒙哥菲埃尔	法国	使人类实现了升空的梦想。1794年在莫伯日的法国革命战争，热气球首次用于军事
1783	氢气气球	J·A·C夏尔	法国	使气球更接近实用
1783	蒸气船	克劳德	法国	在船壳两舷安装带轮机器使蒸汽船移动
1784	人力飞艇	罗伯特	法国	设计思想包含了此后非硬式飞艇基本原理
1789	火炮后座装置	莫耶	法国	从此，火炮射击精度提高，射速也提高
1798	银雷汞	L·G·布朗哈特		通过撞击可用于点燃的炸药。
1799	滑翔机	D·凯里	英国	
1799	雷汞	E·C·霍华德		可通过撞击进行点火的炸药。
19世纪初	击发枪			有含雷汞击发的火帽，把火帽套在带火孔的击砧上，打击火帽即可引燃膛内火药。
19世纪初	火箭弹	W·康格里夫	英国	射程为2.5公里。
19世纪初	蒸气机军舰			
1812	定装式枪弹		法国	弹头、发射药和纸弹壳(装有带底火的金属基底)连成一的枪弹，从此简化了枪管尾部装填枪弹的操作。
1829	套筒炮	A·蒂埃里	法国	用铁箍紧套铸铁炮管，大大加强了炮管的强度。
1830	有线电报机	S·莫尔斯	美国	电报首次在军事上应用是在克里米战争中。
1835	自动左轮手枪	柯尔特		
1835	击针枪	德雷泽	德国	用击针打击点火药，点燃火药，发射弹头。该枪明显地提高了射速，并能以任何姿势(卧、跪或行进中)重新装弹。
1837	螺旋桨	约翰·埃里克森	瑞士	第一艘螺旋桨战舰是美国1843年建成的"普林斯顿"号
1846	线膛炮	G·长瓦利	意大利	
1849	蒸汽战列舰		法国	第一艘以蒸机为主动力装置的战列舰—"拿破仑"号，装舰炮100门，是蒸汽战列舰的先驱
19世纪中叶	穿甲弹			用弹丸的动能破甲
1850	圆锥形子弹			
1850	金属子弹壳			法国、英国、美国同时各自独立研制成功。
1851	海底电报			
1861	装甲舰		英国	最早提出航海装甲舰的是法国炮术专家贝桑将军
1863	TNT炸药	J·威尔勃兰德		20世纪初开始用TNT做为炮弹装药，并取代了苦味酸。
1864	蒸汽动力潜艇		美国	1864年,美国南军"亨利"号蒸汽动力潜艇用水雷击沉了北军"休斯郭"号巡洋舰,潜艇也同时沉没,这是潜艇首次击沉军舰的战例.

19 世纪 60 年代	手摇式"加特林"枪			
1865	自航水雷	N·Φ·亚历山德罗夫斯基	俄国	
1865	雷管	A·B·诺贝尔	瑞典	
1866	鱼雷	R·怀特	英国	利用压缩空气驱动活塞发动机带动螺旋桨推进.1877~1878 年俄土战争中,俄国海军首次用鱼雷击沉了土耳其的军舰.
1871	毛瑟步枪	毛瑟	德国	首次成功地采用了金属弹壳枪弹的机柄式步枪。
1874	带刺铁丝网			用以阻挡敌军。
1875	带壳弹头		瑞士	从此克服了铅的强度不足,保证了弹头在膛内的正常运动。
1876	电话	A·G·贝尔	美国	
1877	鱼雷艇		英国	
1883	马克沁机枪	H·S·马克沁		以火药燃气为能源首先实现了自动化，并在英布战争(1899~1902)中首次使用。
1885	汽油发动机	卡尔·苯茨等	德国	使动力飞行器的制造成为可能。
1886	无烟火药枪弹		法国	可使火药残渣减少,从而步枪的口径减少到 8 毫米以下。
1887	内燃机			
1888	测距仪	A·斯特劳德	英国	为炮兵的精确射击提供了条件。
1891	水翼船	C·A·兰伯特	俄国	
1892	布雷船		俄国	"阿穆尔"号布雷舰是世界第一艘布雷舰
1893	蓄电池动力潜艇		法国	
1893	驱逐舰		英国	"哈沃克"号和"霍内特"号鱼雷艇驱逐舰，长 548 米、宽 5.48 米、排水量 240 吨、航速 27 节，为世界最早驱逐舰
1895	无线电收发报机	G·骄尼·A·C·波波夫	意大利俄国	无线电现象是 1885 年德国的海因里希·赫兹第一次论证的。
1897	火炮反后座器		法国	从此火炮重量大减轻，机动性和射速相应提高。
1897	双壳潜艇	S·莱格	美国	两层壳体间设置可使潜艇下潜上浮的水柜
1899	破冰船		英国	第一艘破冰船是英国为俄国建造的"叶尔马克"号
19 世纪末	柴—电型潜艇	J·P·霍兰	美国	将内燃机和蓄电池电力成功结合，成为二十世纪潜艇主要推进系统
19 世纪末	巡洋舰			

时间	名称	发明人	国别	说明
19世纪末	达姆弹		印度	为头部带十字形切口或孔穴的炸裂枪弹。在英布战争中最先使用。1899年海牙国际宣言中禁止使用这种弹。
19世纪末	间谍枪			用雨伞、手杖、钢笔、烟斗、钥匙等制成的枪,便于携带和射击。
19世纪末	狙击步枪		俄国	
20世纪初	装甲汽车		英国	装甲汽车在英布战争(1880～1902)中首次使用。
1900	喷火器	R·菲德勒	德国	当时的喷火器采用石油产品的混合油料,射程仅十余米。并于1915年首先使用于战场。
1900	硬式飞艇	齐伯林	德国	
1903	飞机	莱特(兄弟俩人)	美国	在飞机出现之前约450年的时候,伦约德·达·芬奇就已经提出了这种装备的设想。飞机于1911年首次用于战争中。
1904	热动力鱼雷	E·W·布里斯	美国	内有燃烧室。航速35节,航程2740米。
1904	迫击炮	Λ·H·戈比亚托	俄国	在日俄战争(1904～1905)中首次使用。
1906	高射炮		德国	最初的高射炮是为了打空中的飞艇、气球而设计制造的。
1907	直升机	保罗·科尔尼	法国	
1907	战列巡洋舰		英国	设计思想由英国海军上将约翰·费希尔提出。
1907	侦察机			最初的侦察机是在一般飞机上对地面观察,以后才有专门的侦察机。
1909	微声枪	希拉姆·马克西姆	英国	该枪射击时声音微弱,适用于特种作战。
1901	轮式-履带车		俄国	该车履带、车轮各半,为全履带车、坦克的前身。
20世纪初	探照灯			在日俄战争(1904～1905)中首次使用。
1909	扫雷舰		俄国	最早的扫雷舰由辅助船改成,并首先使用于日俄战争中,以后才有专门设计制造的扫雷舰。
1910	喷气机	亨利·科安达	罗马尼亚	第一架带喷气推进装置的飞机,具有"函道风扇"的设计思想
1910	水上飞机	亨利·法布尔	法国	属浮筒式水上飞机
1911	航空炸弹		意大利	意大利在土耳其战争中,从飞机上投放4枚由手榴弹改制的重量为2.04公斤的炸弹,从此揭开了空对地轰炸作战的序幕。
1911	背负式救生伞	Γ·E·科捷利尼科夫	俄国	

1911	航空母舰		美国	最早的航空母舰是在巡洋舰上铺设木质飞机跑道平台。1942 年 5 月，在珊瑚海上第一次发生了以空中用舰载机轰炸或发射鱼雷的航母战。
1912	微声步枪		美国	
1913	多马达飞机	N·N·西科尔斯基	俄国	该机有四个发动机，共 400 马力。
1913	传真机	E·贝兰	法国	
20 世纪初	生物武器		德国	大量研制和使用于 30 年代
20 世纪初	装甲指挥车		法国	用"雷诺"F·T 坦克改装而成
20 世纪初	猎潜艇			主要用于近海，以深水炸弹为主要武器的小型反潜舰艇
20 世纪初	护卫舰			当时建造用的护卫舰是为了打击德军的的无限制潜艇战。用于反潜兼扫雷作战。
1914	无座力炮	戴维斯	美国	无座力炮是 15 世纪意大利达·芬奇最先设想的。
1915	坦克		英国	1916 年 9 月 16 日，第一次应用坦克于军事。早在 450 年前，伦纳德·达·芬奇就已经提出了这种装备的设想。
1915	布雷潜艇		俄国	第二次世界大战以后，因水雷可由鱼雷潜艇布放，各国不再建造布雷潜艇。
1915	冲锋枪	A·雷维尔	意大利	冲锋枪的发明弥补了手枪和步枪的火力空缺。它射速高，机动灵活，便于近距离作战。
1915	无人驾驶飞机		美国	
1916	航空火箭		法国	
1916	战车机枪		英国	战车机枪是随着坦克的出现而随后发明的。
1916	航空机关炮		法国	
1917	轰炸机	休·特化查德	英国	为第一架专门设计制造的轰炸机。
1918	坦克架桥车		英国	
1918	高射机枪		法国德国	法国和德国几乎同时制成
1918	声纳	P·朗之万	法国	声纳的研制成功为海军的发展做出了贡献
20 世纪初	扫雷坦克		英国	在 IV 型坦克上装滚压式扫雷器而成
20 世纪初	反坦克炮			
20 世纪初	轻机枪		美国	
20 世纪初	两栖坦克		法国	
1926	液体火箭	R·H·戈达德	美国	
1929	电加热式发动机	B·ɪɪ·格卢什科	苏联	用于航天器的定向和稳定

1934	探雷器	Б·Я·库德莫夫	苏联	苏芬战争中首次应用。
1934	雷达		美国	
1935	地表效飞机	Т·К·卡里奥	芬兰	该种机可贴近水面、冰面或平坦地面飞行，其升阻比很大，利于飞行。
1935	战略轰炸机		美国	
1936	军用雷达	R·A·沃森—瓦特	英国	为对空警戒雷达。1937年英国正式布设了作战雷达网。
1936	轻重两用机枪		德国	
1936	聚能破甲弹		德国	用高温、高速金属射流破甲。"聚能效应"是美国人门罗于1888年发现的。
1938	舰载雷达		美国	
1938	机载雷达		英国	为对海搜索雷达
1938	次口径穿甲弹		苏联	其穿甲厚度比自身口径大1~2倍。
1939	火箭炮		苏联	可联装16发炮弹，射程为8500米。
1940	电子计算机		美国	从诞生之日起就用于军事。
1941	喷气式飞机	F·惠特尔	英国	
1941	反坦克炮		德国	最初的反坦克炮是以高射机枪打坦克，以后才有专门设计制造的反坦克炮。
1942	火箭筒		美国	
1943	气冷式机枪	郭留诺夫	苏联	气冷式是在枪管射击发热后，以备用枪管及时替换发热的枪管，换下的枪管在空气中自然冷却。
1943	炮瞄雷达		美国	
1943	潜射火箭	韦纳·冯·布劳恩	德国	
1944	空空导弹		德国	为有线制导的空空导弹
1944	巡航导弹		德国	即V-1导弹。1967年10月21日，埃及使用苏制舰载SS-N-2巡航导弹，击沉了以色列"埃拉特"号驱逐舰，开创了用巡航导弹击沉军舰的先例。
1944	弹道导弹		德国	即V-2导弹。射程320公里。
1945	原子弹		美国	1945年8月6日，原子弹首次用于军事。
20世纪40年代	坦克登陆舰		英国	由油轮改装而成
20世纪40年代	地空导弹		德国	
20世纪40年代	空地导弹		德国	
20世纪40年代	反坦克导弹		德国	
1949	大型陆基预警机		美国	
20世纪50年代	舰空导弹		美国	1955年美国"波士顿"号战舰装备舰对空导弹
20世纪50年代	导弹艇		苏联	1967年6月埃及用苏制导弹艇击沉了以色列"埃拉特"号驱逐舰，在海战史上首创了导弹艇击沉军舰的战例。
1951	原子炮弹		美国	以前的核武器均用机载发射，原子炮弹为第一个不用飞机推带的"战术"核弹头。
1953	氢弹		苏联	

1953	导弹驱逐舰		美国	"米彻尔"级导弹驱逐舰，满载排水量5200吨装备"鞑靼人"舰空导弹
1953	加农原子炮		美国	可发射原子炮弹。
1954	步兵战车		法国	
1954	核动力潜艇	海曼·乔治·里科弗	美国	世界第一艘核动力潜艇"鹦鹉螺"号，1950年首次进行了冰层下穿越北极航行
1955	核地雷		美国	
1955	潜地导弹		苏联	潜艇在水面发射。
1957	洲际导弹		苏联	射程为8000公里。
1957	人造地球卫星		苏联	第一颗人造地球卫星的上天为太空军备拉开了帷幕
1957	核动力破冰船		苏联	"列宁"号破冰船是世界上第一艘核动力破冰船
1958	小口径自动步枪		美国	口径为5.56毫米，首开了步枪小口径化的进程。
1958	舰载预警机		美国	
1958	雷达情况指挥系统		美国	实现了半自动化指挥
1958	通信卫星		美国	
1959	导弹核潜艇		美国	第一艘战略导弹核潜艇"乔治·华盛顿"号，载16枚"北极星A-1"导弹
1959	加农坦克炮		法国	
20世纪50年代末	箭形弹枪		美国	该枪枪弹为箭形，初速高，飞行稳定，适于特种作战。
20世纪60年代	碎甲弹		英国	这种弹丸既不是用动能穿甲，也不是用金属射流破甲，而是借助于"崩落效应"在装甲内表面撕下碎片来杀伤。
20世纪60年代	短距起落军用运输机		法国	
20世纪60年代	弹道导弹预警雷达		美国	
20世纪60年代	军用卫星通信系统		美国	
20世纪60年代	直升机母舰		美国 苏联	主要用于反潜和垂直登陆
1960	导航卫星		美国	
1960	激光器	T·H·梅曼	美国	
1961	航天飞船		苏联	1961年4月12日第一次载人进入太空
1961	反潜导弹		美国	射程10多公里
1963	积木式组合枪	奥格恩·姆·斯通纳	美国	这种枪在基本不换的情况下，通过换用不同的枪管、枪托等部件，即可以组成不同的枪种。
1964	反雷达导弹		美国	
1968	分导式导弹		美国	一枚导弹有多个弹头，且可分别制导。
1969	垂直起落飞机		英国	
20世纪70年代	气垫登陆艇			具有独特两栖性和通过性的高速登陆工具

20 世纪 70 年代	非闭锁步枪	美国	该枪发射塑料弹壳枪弹，可大幅度减轻枪的重量。
20 世纪 70 年代	无壳弹步枪	联邦德国	这种枪的枪弹没有金属弹壳，因而使枪的容弹量增加，可减轻士兵的负荷。
20 世纪 70 年代	手提式激光枪	美国	
1971	航天站	苏联	
1977	中子弹	美国	
1977	预警与控制飞机	美国	该机预警、控制、指挥等多功能兼容，成为日行万里的空中指挥"大楼"。
20 世纪 70 年代	精密制导导弹		
1978	海射巡航导弹	美国	
1980	空射巡航导弹	美国	
1981	自行迫击榴弹炮	苏联	此种炮既可当迫击炮使用，又能作榴弹炮使用，适用于多种作战的需要。
1981	隐形轰炸机	美国	该机的雷达反射面积小，在 1 平方米以下，可有效地防止雷达。1986 年第一次进入作战行列。
1981	航天飞机	美国	为有人驾驶的轨道式多次使用的航天器。

②兵器发展示意图

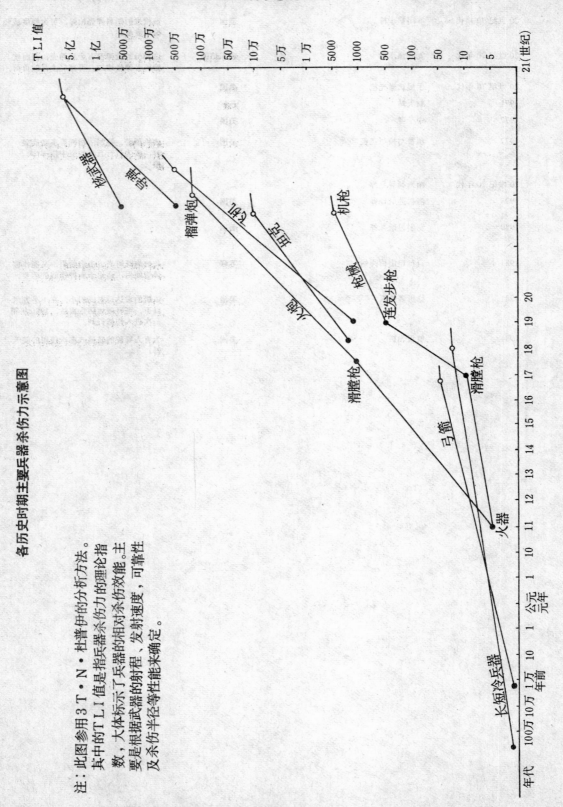

各历史时期主要兵器杀伤力示意图

注：此图参用3T·N·杜普伊的分析方法。
其中的TLI值是指兵器杀伤力中的理论指
数，大体标示了兵器的相对杀伤效能。主
要是根据武器的射程、发射速度、可靠性
及杀伤半径等性能来确定。

TLI值

5亿
1亿
5000万
1000万
500万
100万
50万
10万
5万
1万
5000
1000
500
100
50
10
5

21(世纪)

核武器
导弹
榴弹炮
飞机
坦克
机枪
枪械
连发步枪
滑膛枪
火炮
弓箭
滑膛枪
火器
长短冷兵器

年代 100万 10万 1万 10 1 公元 1 10 11 12 13 14 15 16 17 18 19 20
年前 元年

·792·

主要兵器的战斗距离示意图

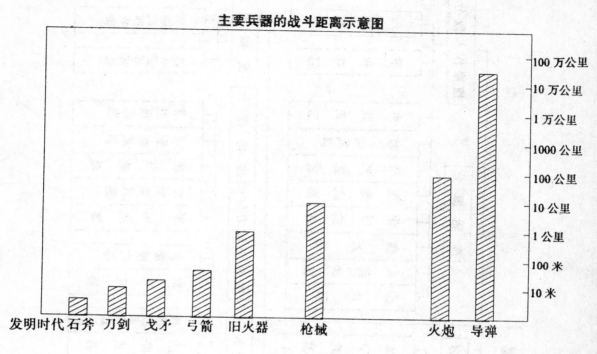

100 万公里
10 万公里
1 万公里
1000 公里
100 公里
10 公里
1 公里
100 米
10 米

发明时代 石斧 刀剑 戈矛 弓箭 旧火器 枪械 火炮 导弹

兵器发展对战争的影响示意图

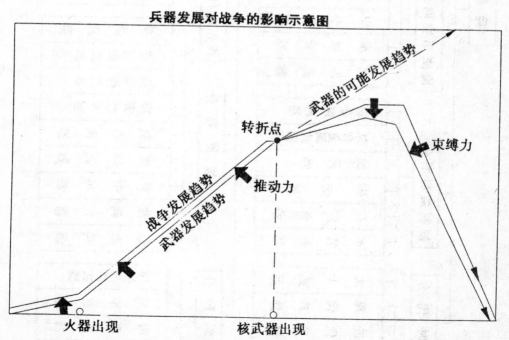

武器的可能发展趋势
转折点
束缚力
推动力
战争发展趋势
武器发展趋势
火器出现
核武器出现

③兵器分类表

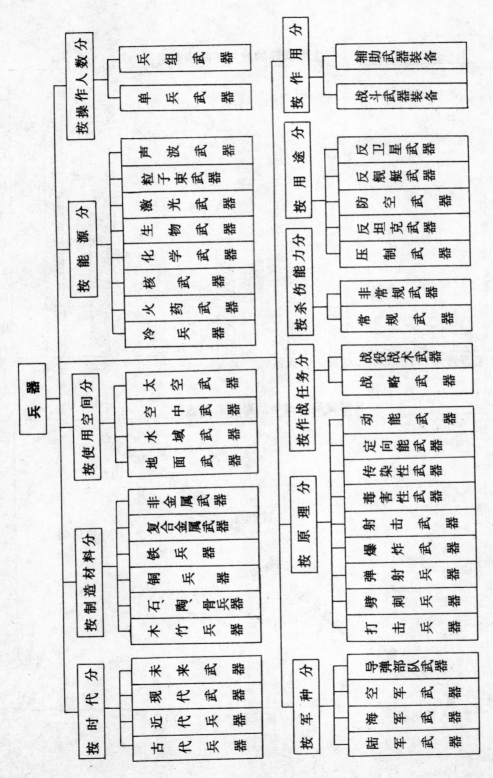

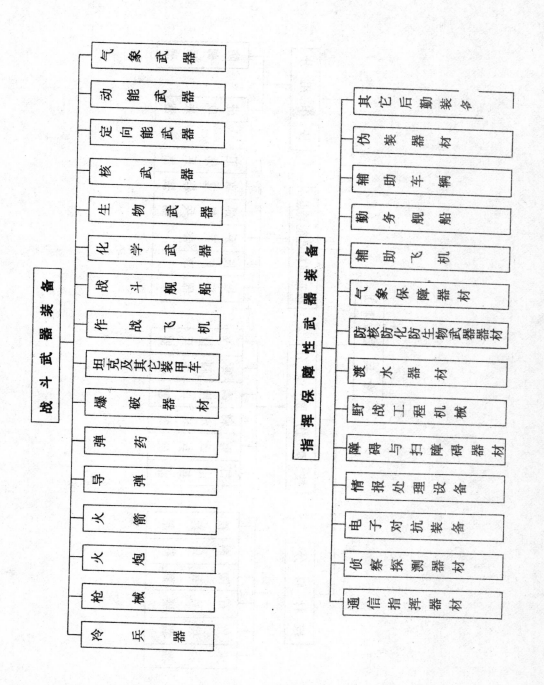

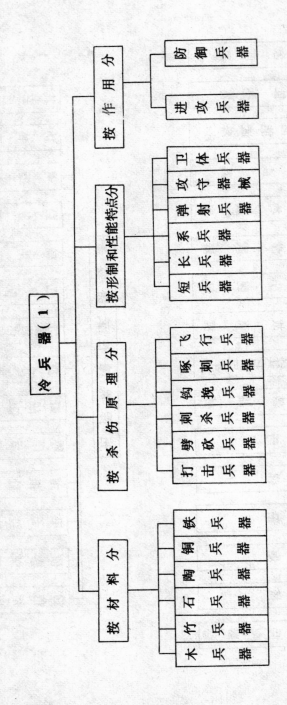

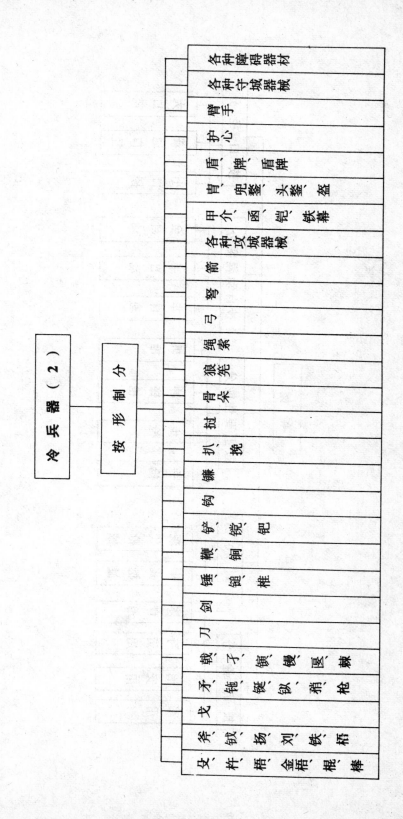

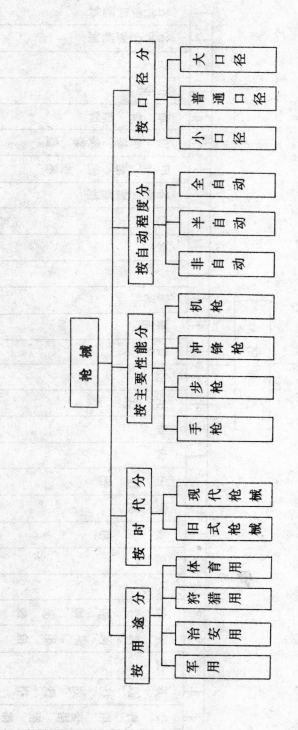

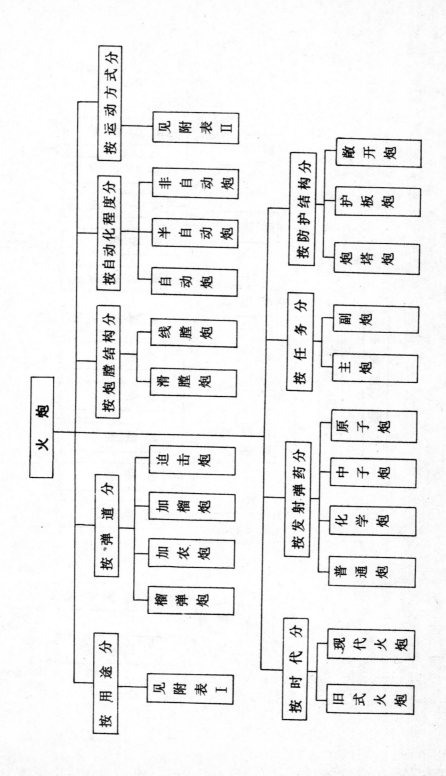

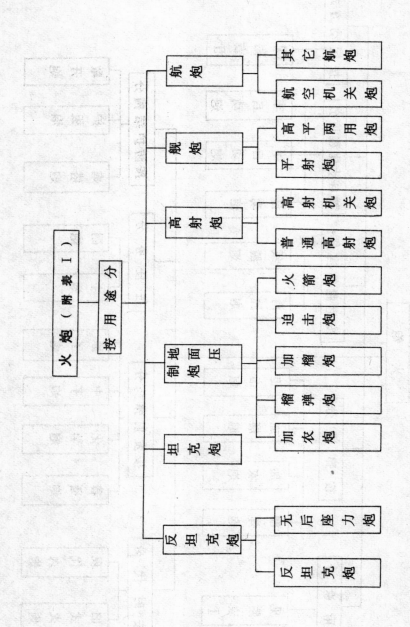

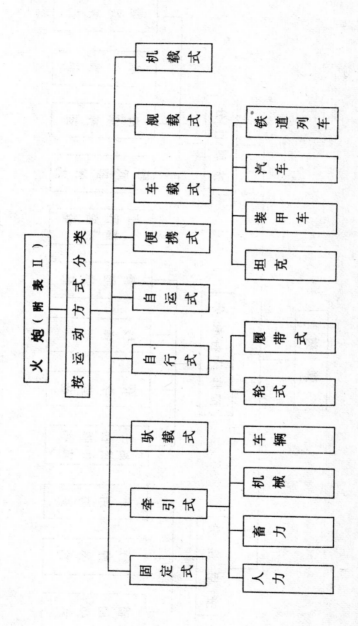

火 炮（附表Ⅱ）

按运动方式分类

- 机载式
- 舰载式
- 车载式
  - 铁道列车
  - 汽车
  - 装甲车
  - 坦克
- 便携式
- 自运式
- 自行式
  - 履带式
  - 轮式
- 驮载式
- 牵引式
  - 车辆
  - 机械
  - 畜力
  - 人力
- 固定式

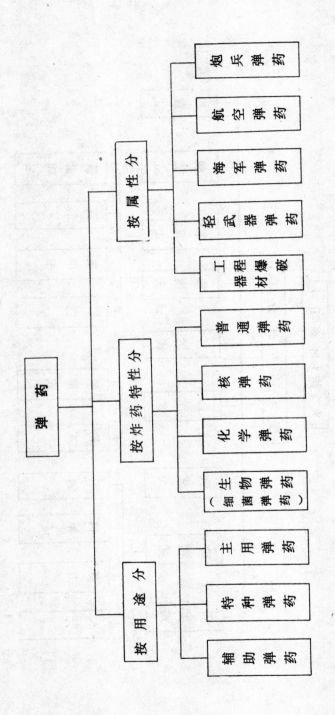

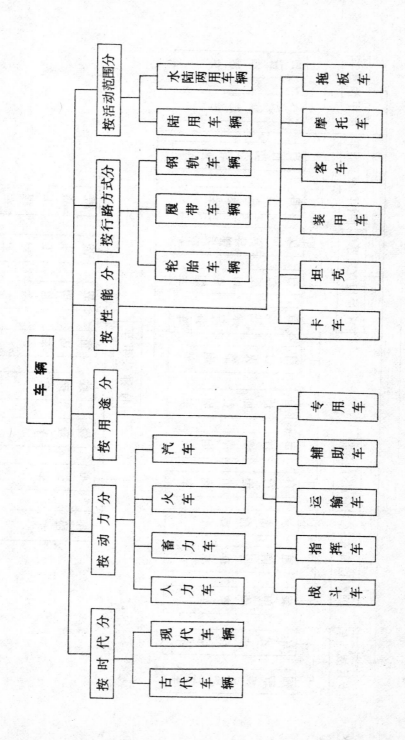

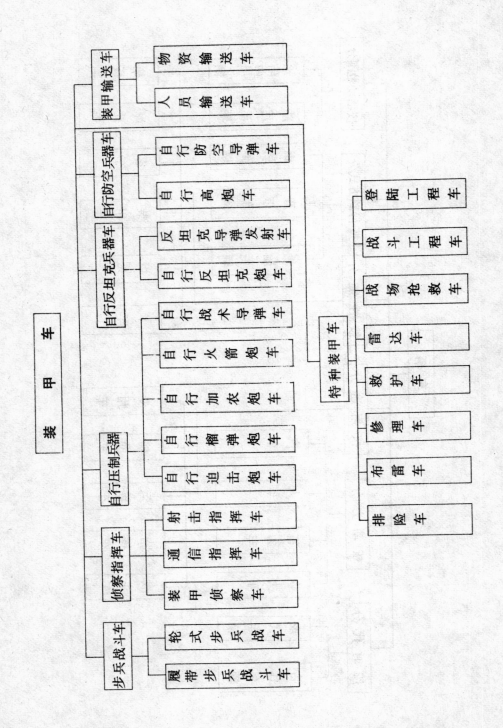

装甲车

- 装甲输送车
  - 物资输送车
  - 人员输送车
- 自行防空兵器车
  - 自行防空导弹车
  - 自行高炮车
- 自行反坦克兵器车
  - 反坦克导弹发射车
  - 自行反坦克炮车
- 自行压制兵器
  - 自行战术导弹车
  - 自行火箭炮车
  - 自行加农炮车
  - 自行榴弹炮车
  - 自行迫击炮车
- 侦察指挥车
  - 射击指挥车
  - 通信指挥车
  - 装甲侦察车
- 步兵战斗车
  - 轮式步兵战车
  - 履带步兵战斗车
- 特种装甲车
  - 登陆工程车
  - 战斗工程车
  - 战场抢救车
  - 雷达车
  - 救护车
  - 修理车
  - 布雷车
  - 排险车

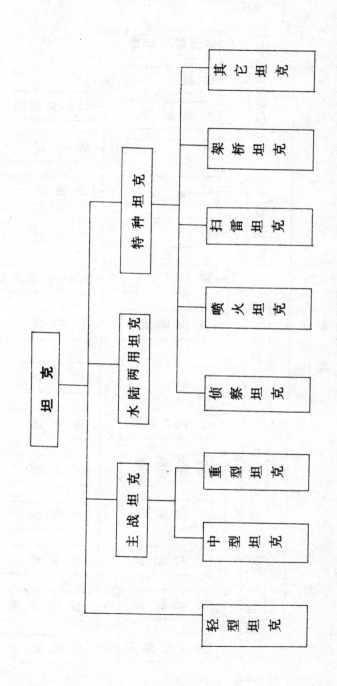

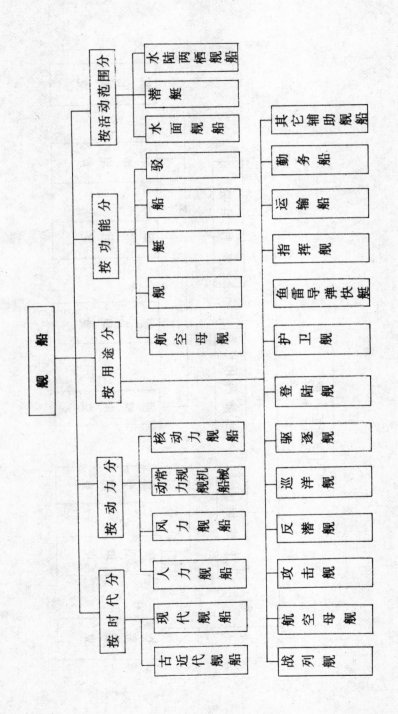

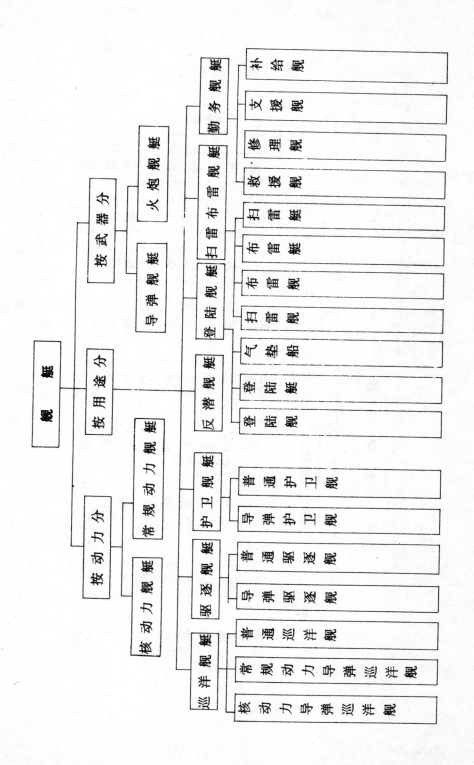

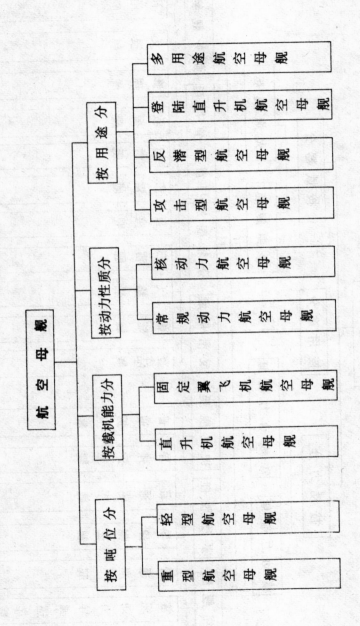

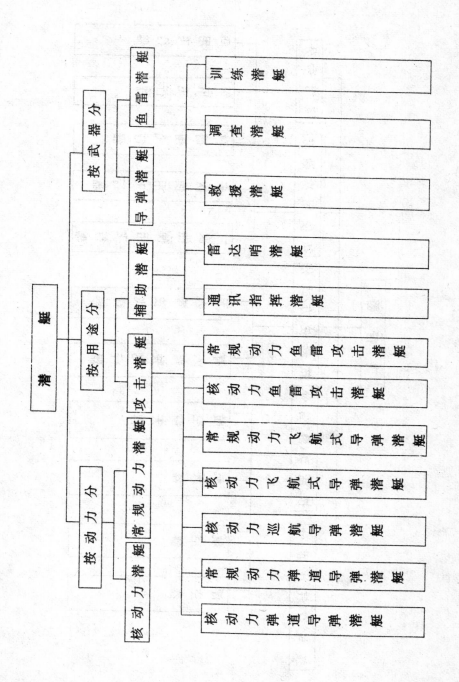

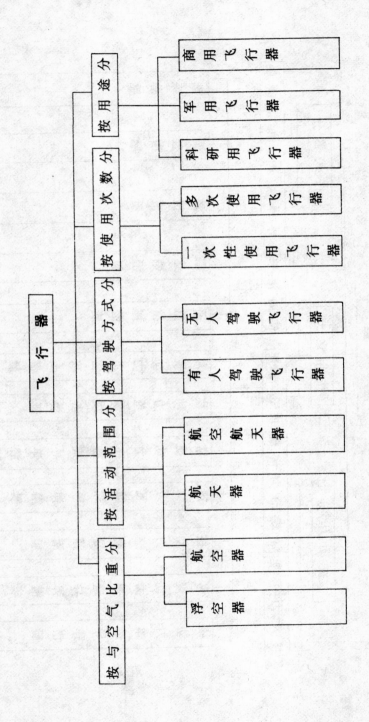

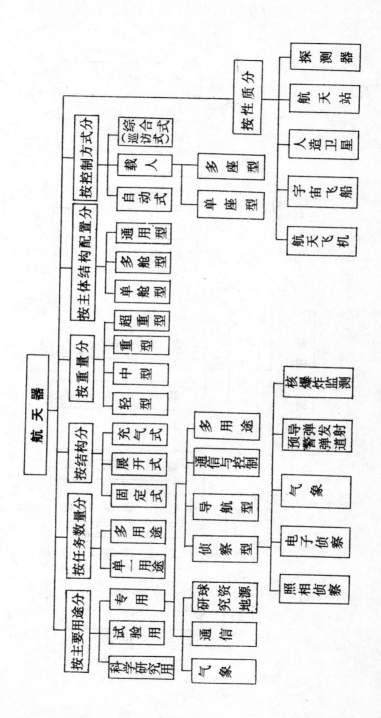

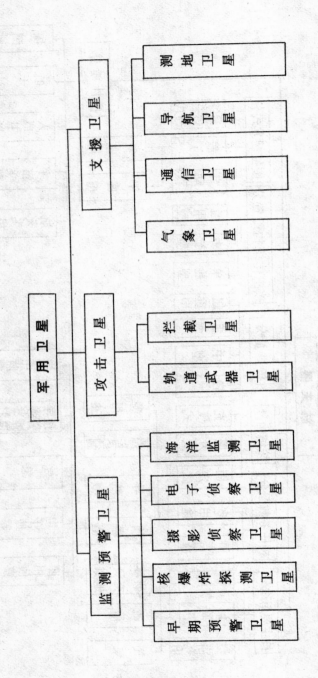

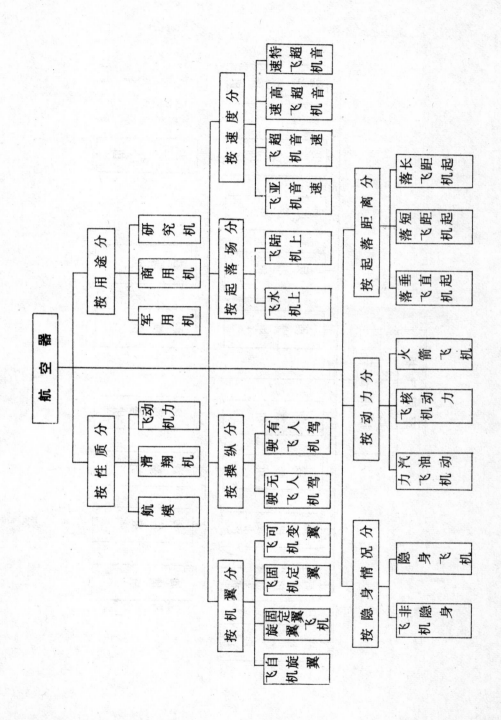

航空器

按用途分
- 军用机
- 商用机
- 研究机

按速度分
- 亚音速飞机
- 超音速飞机
- 超高音速飞机
- 特超音速飞机

按起落场分
- 水上飞机
- 陆上飞机

按起落距离分
- 垂直起落飞机
- 短距起落飞机
- 长距起落飞机

按性质分
- 航模
- 滑翔机
- 动力飞机

按操纵分
- 有人驾驶飞机
- 无人驾驶飞机

按机翼分
- 自旋翼飞机
- 固定翼飞机
- 固定翼机
- 可变翼机

按动力分
- 汽油机动力飞机
- 核动力飞机
- 火箭飞机

按隐身情况分
- 非隐身飞机
- 隐身飞机

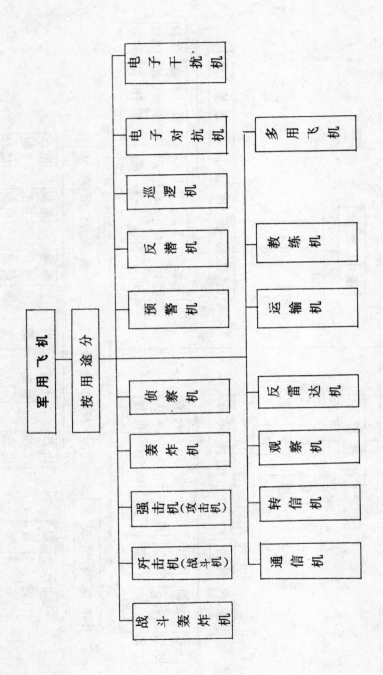

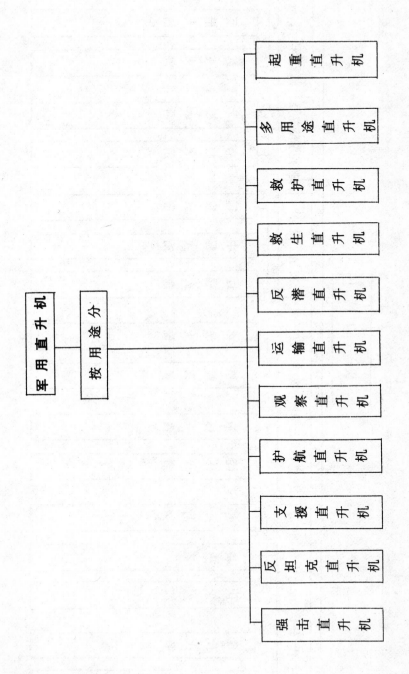

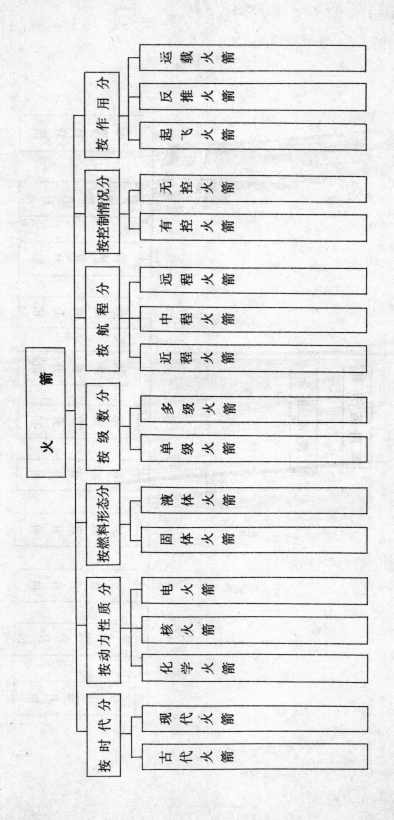

火箭

按作用分
- 运载火箭
- 反推火箭
- 起飞火箭

按控制情况分
- 无控火箭
- 有控火箭

按航程分
- 远程火箭
- 中程火箭
- 近程火箭

按级数分
- 多级火箭
- 单级火箭

按燃料形态分
- 液体火箭
- 固体火箭

按动力性质分
- 电火箭
- 核火箭
- 化学火箭

按时代分
- 现代火箭
- 古代火箭

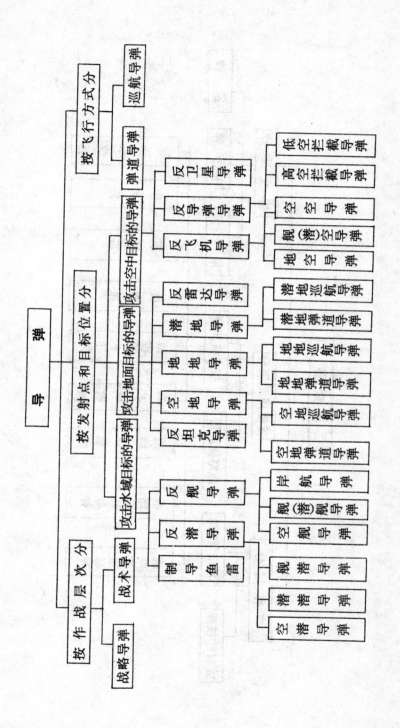

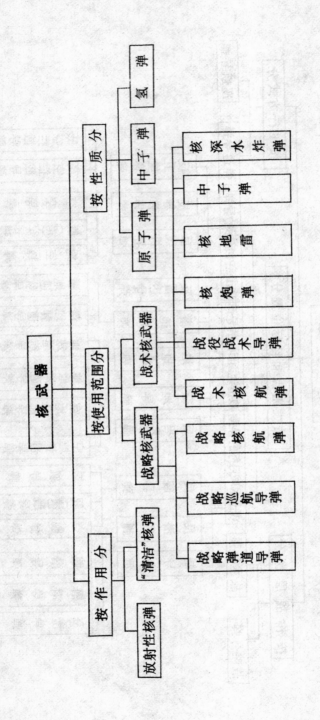

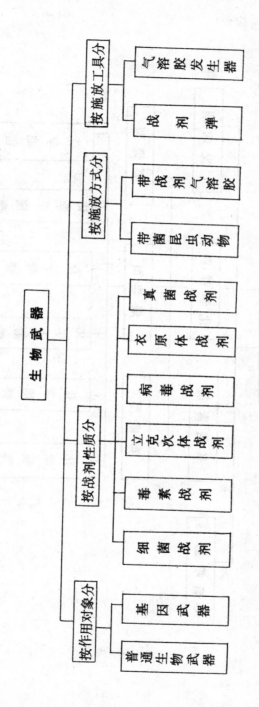

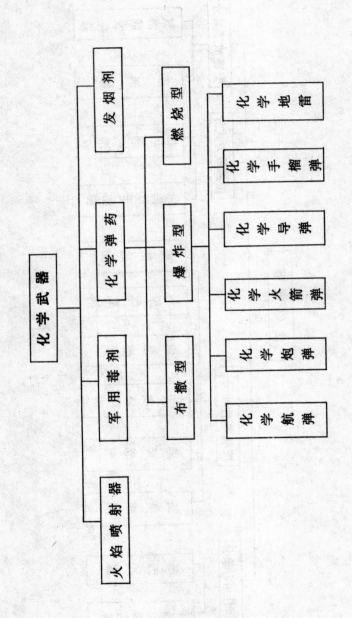

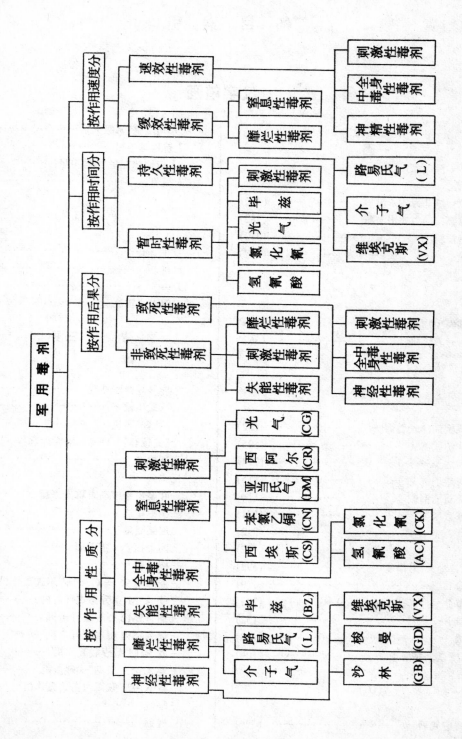

条目索引 *

汉字笔画

* 本索引按汉字笔画、阿拉伯数字、外文字母 顺序排列。

四画

（一）

（丿）

（、）

（丨）

八画
(一)

（丿）

九画

（一）

（丨）

（丨）

十三画

（一）

十四画
（一）

（丨）

（丿）

（丶）

阿拉伯数字

外文字母

世界兵器词典

編 撰 者：房　　立　　中
發 行 人：倪　　啓　　華
印 行 者：天　工　書　局
台 北 市 忠 孝 西 路 1 段 263 號
發 行 部
台北縣板橋市文化路 2 段225巷68號
電　　話：3140011・2524010
郵 政 劃 撥：01072334　天工書局
登 記 證：局 版 台 業 字 1532 號
印 刷 者：東　良　印　刷　廠
中 華 民 國 80 年 8 月 10 日 出 版

04 60　　　　　　　　　　定價900元